2023 年湖南省生态环境厅

“湖南省生态环境保护工作的发展历程及展望”重点科技项目成果

生态文明思与行

（实践篇·上）

潘碧灵◎著

湘潭大学出版社
XIANGTAN UNIVERSITY PRESS

序

生态文明建设是关系中华民族永续发展的根本大计，中国共产党历来高度重视生态文明建设，坚持节约资源和保护环境的基本国策，把可持续发展确立为国家战略。党的十八大以来，我国生态环境保护发生历史性、转折性、全局性变化，生态文明建设取得举世瞩目的成就，天蓝、地绿、水清的美丽中国新画卷正在神州大地上徐徐展开。

潘碧灵同志多年来一直致力于生态文明建设和污染防治攻坚战的研究、管理与实践，积极为生态环保鼓与呼，他所著的《生态文明思与行》全书共包括理论篇、调研篇、实践篇、建言篇、感悟篇5辑，正是其深耕生态文明建设和污染防治攻坚战领域15年的集大成者，充分体现了其政治素养、理论水平和专业水准之高，具有很强的政治性、指导性、专业性、针对性和可借鉴性。

理论篇的研究范围涉及习近平生态文明思想、“双碳”战略、人与自然和谐共生、中国式现代化、绿色发展、统筹水资源水环境水生态、环境空气质量评价体系等方面。其中，《环境空气质量评价体系改进研究》创新运用“三年滑动均值”对我国空气质量进行了对比研究；《扛起服务国家“双碳”战略新使命》《正确处理“五个重大关系”全面推进美丽中国建设》等文章，正是在习近平总书记提出全面推进美丽中国建设、加快推进人与自然和谐共生的现代化的目标后，他所做的最新研究成果，具有较高的理论水平；《以天地之心存心 以生灵之命立命》一文，从中国传统文化的哲学思想角度对生物多样性赋予了更加完整、更加全面的内涵，充分体现了他优秀的专业素养和对生态文明建设的深刻理解。

调研篇重点体现了他到全国不少省（区、市）和省内各地调研的成

果，许多都是相关省（区、市）在生态文明建设或生态环境治理领域的成功经验和积极探索。比如，《鄱阳湖生态经济区建设的学习感悟》一文，体现了江西省推动生态与经济协调发展的积极探索；《学习借鉴浙江省“五水共治”先进经验 纵深推进“一江一湖四水”系统保护和治理》一文，则充分展示了湖南省借鉴浙江省先进经验，推进水环境保护工作的成功实践；他重点关注长江经济带高质量发展，2019 年撰写的《统筹推进长江经济带大保护的调查和思考——以湖南省岳阳市推进洞庭湖、长江岸线保护和治理为例》，助力了习近平总书记“共抓大保护、不搞大开发”重要指示的落实。这些成功经验和积极探索反映了我国生态文明建设在各省（区、市）的成功实践，对于进一步深化我国生态文明建设具有重要的推广和借鉴作用。

实践篇从工作成效层面集中展示了不同时期湖南省生态环境保护工作的开展概况和推进路径，包括守护一江碧水、污染防治攻坚、美丽乡村建设、自然生态保护、环境监测执法、深化改革创新等方面，对于研究一个省域如何全面、系统、深入推进生态文明建设和污染防治攻坚战具有重要参考意义。比如，《深入推进总磷攻坚“7＋1”行动计划 全力守护洞庭湖生态环境安全》等文稿，全面介绍湖南省在水生态环境治理方面的典型经验做法和突出成效，对于指导各地开展相关工作具有重要参考作用。

建言篇是他在全国政协或民进履职时围绕生态环保、绿色发展等主题的“绿色提案”和社情民意信息。比如，在担任第十一届全国政协委员期间，他撰写的《关于规范城市生活垃圾焚烧 促进生活垃圾处理良性发展的提案》获十一届全国政协优秀提案奖；在担任第十二届全国政协委员期间，他提出土壤污染防治刻不容缓，得到中央领导高度重视，促进了国家“土十条”的出台。通过阅读此辑，读者可以从一个侧面了解我国全过程人民民主，更加深入了解国家出台生态环保相关方案、计划和政策背后的故事，对于广大人大代表和政协委员、科学研究人员、民主党派成员开展咨询建言、参政议政等工作具有学习借鉴作用。

感悟篇主要涵盖了他参加生态环境保护工作的考察日志、学习心得和思考感悟等，同时还收录了部分记者采访报道的内容，突显了他对湖南省乃至全国生态环境保护事业所作出的重要贡献和对生态环境保护工作的深

刻感悟与动人情怀。比如，《青海“三江源”“青海湖”生态环境保护工作考察日记》系列，多维度体现了他在青海考察时对我国近十年生态文明建设的深刻感受。

习近平总书记在党的二十大报告中要求“推动绿色发展，促进人与自然和谐共生”，在2023年全国生态环境保护大会上强调“全面推进美丽中国建设，加快推进人与自然和谐共生的现代化”，为新时代生态文明建设提供了根本遵循和行动指南，美丽中国在实现四个重大转变的基础上站上了新起点。2023年6月28日，十四届全国人大常委会第三次会议决定将8月15日设立为全国生态日，更是吹响了全面推进美丽中国建设的新号令。本书的出版必将为深入学习贯彻习近平生态文明思想、推动美丽中国建设产生积极的促进作用。同时，也可为各级领导干部、专家学者、高等院校师生和相关企业家等开展学习和研究提供重要的参考。

（柴立元：中国工程院院士、中南大学副校长）

目 录
CONTENTS

专题一 守护一江碧水

专题二 污染防治攻坚

专题一

守护一江碧水

统筹兼顾 积极应对洞庭湖低水位危机

洞庭湖对长江水系的洪涝调节厥功至伟，对长江流域文明的发育和发展起到了十分重要的作用。长江流域的洞庭湖具有三个极为明显的自然特征。一、入湖径流量大。多年平均入湖径流量为3018亿立方米，为黄河的6倍，鄱阳湖的3倍，太湖的10倍。湖泊补给系数（湖泊集水面积与湖泊面积之比）105.7，居全国湖泊的首位。二、江湖关系复杂。它北通巫峡，南极潇湘，从东北隅的城陵矶注入长江，与长江有着千丝万缕、割舍不断的复杂联系。入湖径流一是来自松滋、太平、藕池、调弦（1958年堵口）长江四口1119亿立方米，占37.1%；二是来自洞庭湖流域湘资沅澧四水1647亿立方米，占54.6%；三是来自洞庭湖区间的汨罗江和新墙河252亿立方米，占8.3%。三、水位变幅大。洞庭湖是吞吐长江典型的过水洪道型湖泊，每年5—10月汛期来水占入湖径流量的74.7%。多年来，洪涝灾害始终是湖区的心腹之患。丰水期湖区出水口城陵矶平均水位达33.5米时，湖泊面积达2625平方千米，相应蓄水量167亿立方米。枯水期城陵矶常年平均水位降到27米时，湖泊面积2156平方千米，蓄水量132.6亿立方米。城陵矶水文站多年平均年水位变幅13.35米，年最小变幅10.67米，绝对变幅17.76米。洞庭湖是全国湖泊水位变幅最大的湖泊，因而列入了保护生物多样性的国际重要湿地。

三峡工程的建设与运行，使长江与洞庭湖的关系发生了重大变化，既减轻了长江洪水对洞庭湖区的影响，又减轻了洞庭湖的泥沙淤积，在一定程度上缓解了洞庭湖区的治水防洪压力，保持了洞庭湖蓄水容量的基本稳定。然而任何事情都有利有弊。曾以“洞庭天下水”著称于世的洞庭湖，从三峡水库蓄水以来，开始出现“枯水危机”。洞庭湖水位和湖区地下水位均呈持续下降趋势。以三峡大坝蓄水的2003年为界，1998—2003年的6年，洞庭湖退水期（10月15日至11月15日）城陵矶平均水位为25.47米，2004—2009年，平均水位为23.91米，下降了1.56米。2009年10月，洞庭湖出现142年以来历史同期最低水位：21.62米。据湖北省气象局武汉区域气象中心发布的信息：2009年10月份洞庭湖湖泊面积仅为537.84平方千米，比上月下降59.82%，比上年同期下降53.66%。11月19日，城陵矶水位只有20.76米，湖区蓄水量约为56.5亿立方米。河道枯竭、供水困难、航运受阻、湿地缩小，洞庭湖超低水位带来一系列生态、民生和经济问题，已危及湖南水系和长江生命的健康与持续。

三峡大坝蓄水，恰巧与洞庭湖区进入少雨干旱的气候期相重合，加剧了干旱的严重性。三峡工程对坝下江湖关系的影响，才刚刚开始显露，还有待进一步监测与研究。但可以确定并亟待积极应对的是，三峡工程运行后，洞庭湖已经出现低水位危机。三峡水库总库容为坝址年径流量的十分之一，它不是多年调节水库，不会改变全年入海水量，但它改变了水量分配的数量与时间，流速、泄流沙量与输沙率等也随之变化。按照原计划调度方案，三峡水库在每年的10月份开始蓄水至175米，水库下泄流量将比天然情况减少3000—7000立方米每秒，枯水期的1—4月，下泄量将比天然情况增加600—4000立方米每秒。由此可见三峡水库蓄水时间，恰与洞庭湖的退水期重合，长江入湖水量减少，洞庭湖提前进入枯水期。枯水期延长、水位持续偏低，将成为“后三峡”时代的常态。加上湖区四水上游水库蓄水，有可能形成南北夹击截流的严峻态势，将大大加剧洞庭湖的缺水危机。在水患威胁并没有根本解除、洞庭湖依然将承担分蓄长江超额洪水的条件下，超低水位会给洞庭湖区带来饮水安全、生态环境的严重威胁，洞庭湖湿地甚至可能会因缺水而消失。

要保证洞庭湖区河流湖泊生态最小需水，维持河流生态流量，维护河流、湖泊和湿地的生态健康，必须积极应对洞庭湖低水位带来的危机。

为此，建议：

第一，充分认识洞庭湖低水位的严峻形势，增强保护“母亲湖”的危机感、责任感和紧迫感。洞庭湖缺水，造成湖床龟裂、农田干旱、人畜饮水困难、生态环境恶化，过去全国闻名的“水窝子”正在季节性地变成缺水的干旱地区。这并非危言耸听，而是当前面临的严峻现实。保护洞庭湖必须本着对人民负责、对未来负责的态度，坚持科学发展，重视以人为本，充分认识洞庭湖低水位的严峻形势，切实增强保护“母亲湖”的危机感、责任感和紧迫感。

第二，切实解决低水位情况下的民生问题，尤其是群众饮水困难。三峡工程运行后，虽然枯季下泄流量有所增加，但仍不足以补偿干流清水下泄冲刷造成的长江入湖水量的减少，四口河系枯季断流概率加大。藕池河西支2006年断流338天，目前维持常年不断流的松滋西支，枯季分流量只有10立方米每秒左右。由于断流时间加长，过流量减少，导致四口河道河槽淤塞，衰退特征极其明显。据研究，40年后藕池河、虎渡河可能完全断流。目前洞庭湖区需要解决饮水安全的人口已达350.3万人，南县、华容、安乡等地出现灌溉困难，导致农作物改种甚至绝收。针对四口水系冬春季大部分河道断流、部分河道水污染严重而引起的季节性、水质性缺水问题，要加大投入，采取闸地改建、开闸引水、泵站提水、河道疏浚、开挖新河调水等工程措施，维护江湖的连通性，并加快平原水库等蓄水工程建设，切实保障湖区人民的饮水需求和安全。

第三，建立洞庭湖低水位预警应急机制，将生态调度纳入三峡和四水水库调度总体目标。应当像应对高洪水位一样，建立超低水位的预警应急机制。当湘江、长江和洞庭湖水位低于生态极限值时，启动预警应急机制。上游水库必须坚决执行生态调度指令，加大下泄流量，确保下游饮水和生态安全。据《长江保护与发展报告2009》，三峡水库10月份蓄水，将造成下游通江湖泊滩地提前出露，湿地面积萎缩，沼泽积水明显变浅，湿地植被出现逆向演替现象，对大量珍稀候鸟越冬栖息产生不利影响。现已将水库蓄水时间提前至9月份，即拦蓄汛期洪水而不是拦蓄洪水尾水。这对于保证10—11月保持进出库水量基本平衡，以减少三峡水库调度运行对下游大型通江湖泊湿地的生态影响，将产生积极作用。但现在全球气候变暖，极端天气现象频发，建议加强分析研究，本着确保对洞庭湖的水量需求、水质安全和湿地生态保护的原则对每年的蓄水时间进行科学动态调度。翌年，根据长江主要经济鱼类等水生生物的产卵时间和习性，春季水库调度尽量采取不改变出入库流量过程峰值的方式，以减少水库调度运行对长江水生生物产卵、繁衍的影响。

第四，进一步加强环湖及四水流域污染治理，保障洞庭湖水环境安全。2006年以来湖南省对洞庭湖造纸企业污染进行的集中整治，关闭了湖区周围234家污染严重的纸厂，然而，洞庭湖的低水位使湖泊的蓄水量减少、水体自净能力降低、水环境容量减小，部分地区、内河水体富营养化和干涸现象普遍，洞庭湖水质自2008年从Ⅳ类下降为Ⅴ类，2009年水质仍无好转，一旦发生突发性环境污染事件，将对湖区生态环境造成严重损害。建议国家进一步加强和重点支持环湖及四水流域污染治理，特别是水污染治理。大力推进清洁生产，加快城镇污水处理厂建设，提高污水处理率，推进农村环境综合整治。要按水域功能区划制定排污总量控制规划，完成湘江流域污染治理目标，同时加快资水、沅水和澧水的污染治理。

第五，适应江湖关系的变化及趋势，合理调度水量，优化四口水系。进一步加强科学研究，探索洞庭湖水位、水量变化成因、规律及其调控机理，特别是要加强三峡工程建成后江湖水沙及冲淤变化的原型观测与研究工作，深入研究荆江四口分流分沙和四口河道的冲淤变化、洞庭湖的淤积变化、城陵矶至汉口河段的泄流能力变化等。从长江中游总体防洪和水资源综合利用角度对洞庭湖进行新的定位，适应江湖关系变化的新情况，按照江湖两利的原则，加强水资源管理，合理调度长江三峡下泄流量，确保下游区域和湖泊的水量需求和水质安全。提出蓄泄洪区的调整方案，优化堤防工程布局及标准。四口水系洪道交叉，水流紊乱，防汛战线长，水系急需调整。应按照因势利导、全面规划的原则，控制交叉串河、研究组织并流等水系优化措施，以缩短防汛战线，减轻防洪负担。

第六，加紧启动洞庭湖水利枢纽工程建设的规划论证。洞庭湖建坝设想早有酝酿。2005年曾有研究报告称，在洞庭湖出口的城陵矶兴建水利枢纽工程，汛期开闸泄洪，汛末拦蓄尾洪发电，蓄水保水，可维持洞庭湖枯水期水位，改善湖区水生态环境，提高航运能力，带动湖区旅游开发。目前城陵矶河段已建有洞庭湖大桥，即将新建铁路和高速公路大桥。洞庭湖水利枢纽工程规划论证工作宜早不宜迟，如能统一规划、科学设计，定会节约投资、综合受益。当然，要把改善湖区水生态环境放在优先考虑的位置。

第七，设置中央财政专项资金，用于洞庭湖综合治理与生态建设。洞庭湖汇聚湘资沅澧“四水”和长江来水，既对维护长江水系生态系统的健康、平衡和保护生物多样性具有独特的意义，又是全球重要的珍稀候鸟越冬地，生态地位十分重要。洞庭湖地区还是全国重要的粮、棉、油生产基地和人口稠密地区，是闻名遐迩的“鱼米之乡”。洞庭湖的低水位将使湿地面积下降，湿地和物种栖息地“岛屿化”和“片段化”；局部水体污染严重，物种资源减少，生物多样性降低；原生性湿地生态系统结构遭到破坏，呈现逆向演替，繁衍野生动植物资源、降解有毒物质、调节气候和调蓄洪水等湿地生态系统服务功能下降，生态安全保障能力降低等等。建议设置中央财政专项资金，加强洞庭湖区的生态和水质监测，开展水资源时空配置研究，加大环境保护力度，加强生物多样性保护，解决洞庭湖低水位带来的环境问题和生态危机。

第八，兴建洞庭湖博物馆，打造洞庭湖综合利用和保护的宣传平台。兴建洞庭湖博物馆能直观地反映洞庭湖发展变迁的历史，全面展示洞庭湖区经济社会发展、水资源综合利用和生态环境保护的成果，提高全社会对洞庭湖发展与保护的认识，推进洞庭湖的综合研究。

（2010 年 5 月 18 日）

加快启动洞庭湖生态经济区建设

人类的生存与发展、文明孕育与成长、经济的开拓与繁荣，都与江河湖泊有着十分密切的关系。作为全国第二大淡水湖，素有“鱼米之乡”盛誉的洞庭湖区以其得天独厚的地理环境和气温条件，长期以来为国家提供了大量的稻米、生猪、芦苇、苎麻等，也因此享有“湖广熟、天下足”的美誉。洞庭湖衔远山、吞长江，碧波万顷，素以气象万千、美丽富饶闻名天下。洞庭湖生态经济区处于武汉城市群和长株潭城市群之间，其承接辐射、协作、协调、联动意义非凡，区域优势非常显著。实施环洞庭湖经济圈区域合作发展战略，是继长株潭城市群“两型”社会试验区建设之后，打造湖南省第二个经济发展强大的增长极和实施中部崛起的战略支点，对于促进全国两大城市群区域协调发展、促进全国中部崛起大经济圈的形成、实现人与自然和谐和可持续发展具有重大意义。将洞庭湖区域现实发展与周边区域比较，特别是与有极大相似性的鄱阳湖区域比较，尽快启动洞庭湖生态经济区建设显得十分紧迫。

一、顶层设计洞庭湖生态经济区发展规划

作为全国最大的两个淡水湖，鄱阳湖和洞庭湖在全国生态格局中均占有重要位置。由国家发改委组织编制的《鄱阳湖生态经济区规划》已于2009 年 12 月获得国务院正式批复，目前江西正以鄱阳湖生态经济区建设为龙头，统筹鄱阳湖流域上下游、干支流的生态保护和建设，积极发展低碳、绿色产业，逐步实现产业生态化和生态经济产业化，取得了较好成效。洞庭湖生态经济区规划既要借鉴他人经验，又要有创新、有突破，必须高起点设计、高水平谋划、高标准建设。要全面分析省情区情，前瞻确

定发展定位，科学谋定目标任务，统筹进行功能分区，紧紧抓住国家深入实施主体功能区和促进中部地区崛起战略，更加重视统筹区域协调发展，更加重视生态文明建设的大好机遇，顶层设计洞庭湖生态经济区建设和发展，努力探索生态与经济协调发展的新路子。建议从中部经济圈（包括武汉城市群、长株潭城市群、昌九城市带、洞庭湖生态经济区、鄱阳湖生态经济区）的层面总体谋划洞庭湖生态经济区的定位和发展，并争取提升为国家战略。

二、准确定位洞庭湖生态经济区的建设内涵

洞庭湖生态经济区建设内涵，概括为三句话：优势是生态，核心是发展，关键是转方式。第一，优势是生态。良好的生态环境是湖南最大的比较优势，洞庭湖区域更是湖南省生态优势的集中体现。湿地是地球生态环境的重要组成部分，与森林、海洋一起并称为全球三大生态系统，俗称地球之肾。洞庭湖作为湖南省的母亲湖，区域内有东洞庭、南洞庭、西洞庭三个国际重要湿地，在调洪蓄洪、调节气候、净化水质、维持生态平衡方面起着非常重要的作用，蕴藏了非常丰富的动植物资源。区域内还有 2 个国家级自然保护区和 5 个省级自然保护区，1 个国家级生态功能保护区（洞庭湖）和 1 个省级生态功能保护区（黄盖湖），其独特水情动态和特殊的环境条件，繁衍了极其丰富的生物多样性，也是国际候鸟重要的越冬栖息地，蕴藏着珍贵的物种基因。区域的生态地位和生态优势显著。建设洞庭湖生态经济区，必须突出生态优势，坚持把生态建设和环境保护放在首要位置，努力实现经济与生态协调发展、人与自然和谐发展。严格遵守功能分区要求，在禁止开发区强化生态功能，绝不开发建设，在限制开发区构建生态屏障，严格控制开发，在优化开发区，注意集聚经济人口，进行高效集约开发，加快发展以低碳经济为主导的生态产业等，使生态优势真正变成发展生态经济和生态文明的后发优势。第二，核心是发展。建设洞庭湖生态经济区，绝不是单纯地保护生态，更不是守着金山受穷。科学发展观的第一要义是发展，建设洞庭湖生态经济区的核心也是发展，根本出发点和落脚点是把生态文明与经济社会发展有机统一起来，既保护好“绿水青山”，又垒筑起“金山银山”。生态环境就是生产力，洞庭湖生态经济

区的发展应该立足于生态优势，大力发展生态农业和生态旅游业，促进经济社会发展与人口、资源、环境相协调，走出一条生产发展、生活富裕、生态良好的文明发展之路。第三，关键是转变发展方式。实现经济与生态的协调发展、洞庭湖生态经济区建设的成败，关键在于能否真正转变发展方式。一方面要努力使“绿色 GDP”成为各级党委、政府的追求，“绿色政绩观”成为各级领导干部的追求，“绿色生产观”成为广大企业的追求，“绿色消费观”成为全社会的追求；另一方面坚持把发展低碳经济、绿色经济、推进环境友好型产业发展作为重中之重，把大力发展新兴战略性产业，积极培育新的经济增长点和竞争优势作为主攻方向，努力实现经济与生态协调发展。例如，2005 年环洞庭湖区造纸企业有 236 家，洞庭湖水质整体为Ⅴ类，局部区域达到了劣Ⅴ类。2006 年底开展了专项整治，停产整顿造纸企业 234 家，2007 年 4 月监测数据显示，洞庭湖 COD 平均 10.9 毫克/升，比整治前下降了 67.8%，洞庭湖局部水域水质已由原来的Ⅴ类、劣Ⅴ类上升到Ⅲ类。到 2010 年，湖区年制浆产能由整顿前的 90 多万吨提升到 350 万吨，年化学需氧量却下降了 2/3，水质 COD 指标保持在Ⅲ类和优Ⅲ类水平，水质显著改善。

三、严格把控洞庭湖生态经济区环保底线

一是严格保护湿地。洞庭湖湿地在湖南省乃至长江流域生态地位举足轻重，曾经的八百里洞庭，浩浩汤汤横无际涯，但随着泥沙淤积和围湖造田，流域工业化、城镇化的不断发展，湖泊面积巨幅缩减，生物多样性下降，湖泊湿地生态系统面临退化危险。近 50 年来，天然湖泊萎缩 40%，容积减少 44%，洄游性鱼类显著下降，血吸虫病的流行也成为洞庭湖区危害人民群众身体健康的一大公害，整个洞庭湖湿地生态系统面临退化威胁。洞庭湖湿地保护（退田还湖、保护生物多样性、保护水环境、防治血吸虫）是环洞庭湖生态经济区可持续发展的基础。二是加大水污染治理。洞庭湖作为过水性湖泊，环境容量相对较大，但自从三峡大坝建成后，洞庭湖基本上成了内湖，环境自净能力降低。如果各种水污染物源源不断地排进洞庭湖，洞庭湖将成为一个巨大的氧化塘，湿地生态平衡也将打破，可能引发一系列的生态灾害。根据 2008 年全国重点湖泊水库生态安全调查

与评估的结果，洞庭湖生态系统生态安全水平处于一般安全水平，比滇池、巢湖好，但比洪泽湖和鄱阳湖差。因此，应该严格环洞庭湖区的涉水污染企业环境准入门槛，加大城乡生活污水的处理力度，并不断加大对洞庭湖区域的水环境综合治理，确保“湖南之肾”不受到损害。三是加大农业面源和水产养殖污染治理。洞庭湖区是全国重要的商品粮、油料、生猪和水产重要生产基地，每年为国家提供20亿千克商品粮，农业生产氮磷污染不容忽视；近十年畜禽养殖和水产养殖发展迅速，但相关配套设施仅能满足35%污染处理要求。洞庭湖氮磷均严重超环境容量，2008年南湖的蓝藻事件就是一个典型的例子。因此，氮磷污染和富营养化将是洞庭湖今后很长一段时间主要环境问题。农业面源和水产养殖污染治理刻不容缓。四是节约能源和土地。环洞庭湖区水域广泛，人口密度大，区域内没有煤矿，又没有水电，总体来说能源紧张，因此，应该大力建设相对集中的生态化城镇体系，通过集约用地、利用太阳能、建设沼气工程、利用液化石油气等方式破解土地和能源难题。

四、分区实施洞庭湖生态经济区管控

根据2009年开展的洞庭湖生态安全保障方案的研究，将洞庭湖区域划分为中心城市污染控制区、平原生态湿地保护区和丘陵丘岗生态保育区三个区域，针对不同区域确定了不同的生态服务功能。中心城市污染控制区：增加人口密度，聚集第二、第三产业，实施“一化三基”新型工业化道路，加强点源污染的集中处置，积极推进滨岸带湿地生态修复和滨湖区湿地公园建设。平原生态湿地保护区：推广农村小城镇化，渔民上岸，集中安置，增加人口聚居度；推行耕地集约化，畜禽养殖规模化，水产养殖科学化，逐步实现农业现代化；污染型工业逐步迁出，重点控制农业面源，增建平原水库，调控水资源时空分布，保障湿地生态需水和农业灌溉用水。逐步落实洞庭湖流域外生态补偿政策。丘陵丘岗生态保育区：降低人口密度，增加人口聚集度，禁止矿山开采和污染型工业发展，适度控制种养殖业，逐步发展观光农业和生态旅游业，促进生态林业发展，集镇污染集中处置，落实区域内生态补偿政策。要严格落实分区管控的要求，研究制定相关的配套政策措施。

五、大力开展洞庭湖经济区生态文明建设

生态文明以人与人、人与自然、人与社会和谐共生为宗旨，以建立可持续的生产方式和消费方式为内涵，引导人们走上持续和谐的发展道路。建设生态文明，是党的十七大对经济社会发展提出的新要求，是贯彻落实科学发展观的应有之义。湖南省委、省政府确立的“一化三基”“四条底线”和“四化两型”战略思路，折射的就是生态文明建设的理念。2011年12月28日，中共湖南省委召开全省经济工作会议，全面部署2012年经济工作，明确提出突出抓好8条主线。其中一条就是要扎实推进“两型社会”建设，提高生态文明水平，积极创建全国生态省。目前全省14个市（州）中，已有7个市（州）开展了生态市（州）的创建工作，开展生态创建的单位国土面积达到12.09万平方千米，占全省面积的57.1%，开展生态创建单位的人口达到3161万人，占全省人口的46.4%。但环洞庭湖区域的三市中只有常德市开展了生态市创建，其他两个市的生态创建工作均没有大的进展。湖区范围的19个县（市、区）中，只有6个县（市、区）开展了生态县（市、区）创建，生态乡镇和生态村的创建还不够普遍。总体来说，区域内生态创建工作覆盖面不广，层次不高，推进的力度不大。

生态系列创建是提高生态文明水平的重要载体，经济发展和环境保护互为推力，人与自然更加和谐；是形成科学发展合力的重要手段，通过着力构建生态经济、生态环境、生态人居、生态文化、生态制度、能力支撑等六大体系，全面推进经济社会环境的可持续发展；是转变经济发展方式的重要抓手，有效促进生态经济和循环经济的发展；是实施“四化两型”战略的重要推力，通过生态创建，将有力推动“四化两型”的建设，特别是“两新”“两型”的建设。

通过加大生态系列创建力度，促进生态文化氛围浓厚，生态环保理念深入人心，资源节约型、环境友好型的生产和生活方式初步形成，提高生态文明水平，将有利于洞庭湖生态经济区着力提升生态优势，坚持把资源承载能力、生态环境容量作为洞庭湖生态经济建设的重要依据，切实保护好、建设好生态环境；着力加快推进生态产业发展，坚持在保护中发展、

在开发中保护，努力把生态优势转化为经济优势，确保走出一条生态与经济协调发展的路子。

（2012 年 2 月 22 日）

加强洞庭湖生态经济区生态环保工作
确保长江流域生态环境安全

洞庭湖跨湘鄂两省，是全国第二大淡水湖和长江最重要的调蓄性湖泊。洞庭湖生态经济区包括湖南岳阳、常德、益阳三市，长沙市望城区和湖北省荆州市，共 33 个县（市、区），总面积 6.05 万平方千米，总人口约 2360 万。洞庭湖承担着调蓄长江及湘资沅澧四水洪峰的重任，防洪保安作用突出；它是全国最大的淡水湿地之一，也是国家重点生物多样性保护和世界淡水鱼类优质种质资源基因库，独特的物种分布使其被誉为“拯救世界濒危物种的希望地”，生态功能巨大；同时洞庭湖也是湖区工农业用水来源，尤其是洞庭湖生态经济区城乡居民饮用水和农业灌溉用水的主要来源，对人民生产生活影响很大。洞庭湖生态经济区位居长株潭城市群与武汉城市群之间，在统筹区域协调发展、两型发展方面作用很大。因而，洞庭湖及洞庭湖生态经济区在生态环保方面的战略地位十分显要，对于长江流域生态环境安全和洞庭湖生态经济区人民群众的生产生活具有举足轻重的作用。

一、洞庭湖生态经济区生态环保成效显著

多年来，湖南省对于洞庭湖区域生态环保高度重视，做了大量工作。一是大力推动造纸企业污染整治。对湖区 236 家造纸企业中的 234 家实施了停产整治，对 62 家苎麻纺织企业中的 47 家实施关闭。污染整治后，洞庭湖局部水质由Ⅴ类、劣Ⅴ类上升至Ⅲ类。二是强力推进污染减排。抓好结构减排、强化工程减排、深化管理减排，持续深入推进主要污染物减排，国家规定的两项约束性指标二氧化硫、化学需氧量以及湖南省确定的

两项约束性指标砷、镉排放量均超额完成了目标任务。三是积极开展“双创”工作。岳阳、常德积极争创国家环境保护模范城市，预计年底即将通过验收；常德积极创建国家级生态示范市，辖区已有2个县获封国家生态示范区称号；同时，全区域13个乡镇、6个村分别获得国家级生态镇、生态村称号；121个乡镇347个村分别获得省级生态镇、生态村称号。四是扎实开展农村环境连片整治。近三年来，区内共24个示范区获得农村环境连片整治资金支持，开展了农村集中式饮用水水源地保护、农村生活污水和垃圾处理、畜禽养殖污染治理和历史遗留的农村工矿污染治理等工作，农村部分区域环境得到了有效提高。五是大力提升环境监管能力。积极争取中央财政支持，加大省级财政投入，加强监察监测能力建设，环境监察、监测能力建设由市（州）向县（市、区）推进，市级站均具备了150项以上的监测能力。各级部门环境执法、环境监测用房条件得到进一步改善。

二、洞庭湖生态经济区仍面临的生态环境问题

（一）水环境问题

一是水文情势及水文节律发生变化，水资源量出现逐年减少趋势。三峡水库蓄水以来，受气候变化、长江干道下切、江湖连通不畅等多重因素影响，洞庭湖出现径流量减少、水位降低、枯水期延长等现象，洞庭湖水环境容量减少。二是洞庭湖总磷、总氮持续超标。湖区农业发达，人口密集，农业面源对洞庭湖总氮、总磷贡献率超过70%，是湖泊总磷、总氮超标的主因，工业污染和城乡生活污染同样起到不容忽视的作用。三是城乡饮用水保障和安全风险加大。洞庭湖及长江四口入湖水量减少，造成局部过去的“水窝子”出现了饮用水的“水荒”。农村生活污染、农业面源污染、高密度人口等因素造成区域村镇饮用水水源粪大肠菌群、氨氮、铁、锰等不同程度超标。

（二）生态环境问题

一是湖泊水域面积减小，湿地日益萎缩。受洞庭湖水文水情变化、水

质逐年下降趋势和滨湖区大幅围垦等因素影响，洞庭湖水域面积不断减小，枯水期湖泊水域面积已不足500平方千米，湿地破碎化、陆域化演替加快，抗干扰能力减弱，生态服务功能退化。二是物种多样性降低，动植物生存空间受到威胁。洞庭湖生态环境整体退化，人工造林、大量引入外来物种、乱捕乱猎等破坏行为及水工建筑、围湖造田等经济活动，使得湿地植被规模锐减、种类单一化。三是生态系统失衡，典型生物灾害长期存在。洞庭湖区钉螺再次滋生，血吸虫病又开始呈现，严重影响湖区人民身心健康；东方田鼠严重危害农作物安全。

（三）与粮食安全相关的主要环境问题

主要表现为区域农田土壤受六六六、DDT等有机污染和镉、镍、钒等重金属污染。农药化肥选择不当、施用过多等问题，导致有毒成分残留并富集于农田土壤，给粮食安全带来潜在威胁。

三、洞庭湖生态经济区生态环保的应对之策

针对洞庭湖生态经济区的上述主要生态环境问题，应采用多项措施，以实现保证区域内湿地和饮用水、保护区域内生物多样性、保障区域内粮食生产安全，从而保障长江流域乃至国家水环境安全、生态安全、粮食安全的终极目标：

（一）重点推进N、P总量减排

1. 严格准入门槛，转变经济发展方式，不断优化产业结构。洞庭湖区应提高行业环境准入门槛，强化项目环境准入管理，促进区域产业结构优化升级。对符合国家投资方向、产业结构调整方向，满足环保准入要求，具有较高科技含量，对当地经济有重要推动作用的建设项目，优先环保审批；对不符合法律法规，不符合国家产业政策，环境质量不能满足环境功能区要求，区域没有污染物排放总量指标的项目一律不批；对“两高一资”项目严格把关，限制现有企业盲目扩张和低水平扩能，鼓励建设专业园区，积极引导污染较严重的相关行业向专业园区集中。按照“减量化、再利用、资源化”原则，积极推进循环经济发展方式，探索区域和市场发

展循环经济思路，按照循环经济模式规划、建设、改造产业园区。加快推进再生资源回收利用，鼓励企业实行清洁生产，依法实行强制性清洁生产审核。

2. 严格污染物排放总量控制。一是将农业面源污染、农村生活污染列为污染控制的重要位置。强化种植业产污排污控制，扩大生态农业覆盖面积，开展农田测土配方，调整优化用肥结构，引导和鼓励农民使用生物农药或高效、低毒、低残留农药，着力推进洞庭湖区面源污染治理工程；加强畜禽养殖和水产养殖污染防治，实施规模化畜禽养殖场及养殖小区污染治理工程，规模化畜禽养殖场和养殖小区建设畜禽养殖污染处理装置，分散式养殖户建设沼气池并配套沼渣沼液收集池或其他相应处理装置，水产养殖应开展废水净化处理和循环利用；广泛、深入开展农村环境综合整治工程。二是严格工业水污染防治。突出工业园区水污染集中治理，突出水污染行业企业污染治理。园区污水排放量达到集中处理经济规模时，必须建设废水集中处理设施，电镀、化工、皮革加工等行业内可能对园区废水集中处理设施产生影响的企业，必须建立独立的废水处理设施或预处理设施。工业企业要在稳定达标排放的基础上进行深度治理。三是加快城镇污水处理设施建设。新建、改造覆盖城乡的生活污水处理厂和处理设施，对现行污水处理厂实行挖潜改造，配套脱氮除磷设施，提高处理深度，增加处理能力；加强雨污分流排水管网改造与建设，提高污水收集能力和处理效率；建设中水回用网络，提高水资源利用率；统筹考虑配套建设污泥处理处置设施，在主要城市率先建设污水处理厂污泥集中处置工程。四是着力控制船舶流动源污染和旅游污染。调整水上运输结构，淘汰落后运输方式。分批淘汰现有不合环保要求的船舶，对所有新增运力严格审批；严格规范水上餐饮，配备水上漂浮物收集船、收集物转运车，控制水上垃圾及餐饮等内源污染；对湖区内主要集中式旅游区域开展地埋式污水处理系统建设，对湖区内所有宾馆、餐饮服务产生的污水进行达标排入，完善旅游垃圾处理设施建设，实现旅游垃圾分类回收，有效处理旅游污水排放和固废污染，控制湖区内源污染。

（二）全面加强生态环境保护

1. 加强洞庭湖区水生态系统调控。加强湿地保护，争取联合申报东、南、西洞庭湖湿地为一个完整的国家级洞庭湖湿地保护区，加大洞庭湖区重要湿地、湿地自然保护区、湿地公园、野生动植物保护栖息地的整体保护力度；加强湖区水生态系统调控，合理布局水资源调控工程，保障湿地生态需水；持续开展退田还湖，增加“双退”面积，严禁任何围湖造田及减少水面的活动；加强湖区的调查研究与监测，建立湖区“休养生息”梯级时间表；建立种源保存、人工繁殖与族群复育技术，有效保存生物种源。

2. 开展陆域生态保护。加强自然保护区、风景名胜区等重要生态功能区的建设和保护。严格控制重要生态功能区内各项建设活动，推动自然保护区、风景名胜区等重要生态功能区建设由数量规模型向质量管理型方向发展；大力推进流域水源涵养林、生态林建设，在水源涵养带采取退耕还林，开展生态林、水源涵养林建设，水源涵养林建设区森林覆盖率必须提高到80%—90%；全面开展资源开发生态环境监管，要推进建设过程中的生态环境监理，落实企业生态保护与恢复的责任机制，强化资源开发监管和执法力度；全面限制有损于脆弱区生态环境的产业扩张，促进生态脆弱区的修复进程，维护生态安全。

（三）积极推动农田土壤治理

1. 强化污染源治理，防止污染扩大。治理涉镉、镍、钒等重金属及多环芳烃类持久性有机污染物的工业污染源，从源头控制污染。

2. 加强农田污灌和施药的管理。加强农田污灌时镉、镍、钒等重金属及多环芳烃类持久性有机污染物的监测，制定切实可行的管理办法并严格执行；科学合理施用农药，坚决禁止销售和使用含有有机氯的农药。

3. 对受污染农田土壤实行分级分类治理。科学制定标准，开展区域农田土壤污染程度分级工作，建设典型农田污染场地修复示范工程。

（四）全面提升环境监管水平

1. 完善环境监测预警体系。逐步建立具备对区域内重点污染源、高危污染源、跨界断面及重要饮用水水源地水质、城市空气质量以及区域生物多样性等实施连续自动监测（监控）、预测（预警）和应急指挥能力的环境监测预警体系。

2. 强化环境监察、监管能力建设。加强各级监察队伍建设，加快环境监察信息现代化建设，进一步完善环境联合执法制度，着力提高环境监察队伍的污染源监管、现场调查取证、排污量核定、污染纠纷调处和污染事件应急处置能力，提升环境监察队伍的综合执法能力。加强自然保护区和湿地保护监管。

3. 重视环境宣教能力提升。健全环境宣传机构，提高环境宣教装备水平，搭建环境宣教网络，完善环境宣传教育体系，加强环境宣传教育和培训，提高环保队伍素质，动员全社会积极参与环境保护，逐渐形成人人参与，人人有责，共同关注的环境教育氛围。

（五）努力创新环境机制体制

1. 完善生态补偿机制。推动国家出台生态环境补偿政策，将洞庭湖地区纳入国家生态补偿试验区，建立洞庭湖流域水资源和湿地生态补偿机制，按照不同的生态功能区制定对应的补助标准。增加财政投入，加大对洞庭湖地区生态环境保护的转移支付、补偿支持力度。探索市场化生态补偿机制，建立健全考虑资源稀缺程度、环境损害成本的资源环境价格形成机制。

2. 健全法律法规体系。对洞庭湖区现有法律法规进行清理、修改、完善，抓紧对生态环境保护和生态产业发展等薄弱环节的立法，如出台《洞庭湖生态环境补偿办法》等，以进一步调整开发利用与资源、环境关系。强化《湖南省湿地保护条例》等与洞庭湖区密切相关的法律法规的执行力度。

3. 完善激励促进政策。研究制定财政、投资、税收、价格、金融政策，形成有利于生态建设和环境保护的激励机制。运用专项资金扶持企业开展生态建设和环境保护工作，结合投资体制改革加大对生态建设和环境保护的投资力度，制定鼓励生产、使用生态环保型产品的税收政策，运用价格杠杆调节水、电、煤、油、气的节约利用，制定鼓励生产、使用生态环保型产品企业的贷款融资政策。

四、洞庭湖生态经济区生态环保的几点建议

第一，将洞庭湖生态经济区建设纳入国家战略。为此，湘鄂两省专门编制了《洞庭湖生态经济区规划》，希望国家从战略层面高度重视洞庭湖区的经济社会发展和生态环境保护，在政策、资金和技术等方面给予大力支持，加快规划的实施和落实。

第二，大力推进洞庭湖湿地保护与生态恢复。实施河湖疏浚、退田还湖等工程，维护洞庭湖水域和湿地面积；加强洞庭湖湿地生物多样性调查和保护；深入研究城陵矶枢纽工程对区域环境尤其是湿地恢复的作用和影响，为工程的实施与否提供决策论证。

第三，将洞庭湖地区纳入国家湿地生态补偿试验区。在国家生态功能区划中，洞庭湖湿地已经列入其中，但现在尚未建立生态补偿机制。建议国家将洞庭湖作为国家湿地生态补偿机制试验区，加大对洞庭湖地区生态环境保护的转移支付、补偿支持力度。

第四，洞庭湖区生态经济区中的许多湖库不仅是重要的湿地，也是湖区群众重要的饮用水水源，建议将洞庭湖及洞庭湖生态经济区的重点湖泊纳入国家重点湖库保护项目，给予一定的资金支持。

第五，洞庭湖区人口密度大，农业开发强度大，畜禽水产养殖规模大，农村生产生活污染严重，建议中央大力支持洞庭湖生态经济区农村环境综合整治，争取五年内实现农村环境整治全覆盖。

（2012 年 8 月 18 日）

洞庭湖区水环境综合治理对策研究

洞庭湖是全国第二大淡水湖、长江中下游地区最大的调蓄湖泊和亚洲最大的内陆湿地，洞庭湖地区是长江重要水源、重要粮食生产和工业基地，担负着长江流域粮食安全、水安全和生态安全的重大责任。近年来，受三峡蓄水导致洞庭湖水文情势及水文节律发生重大变化、湖区及入湖河流沿岸人类开发活动加剧等多重因素的影响，洞庭湖水环境呈恶化趋势。治理与保护洞庭湖，解决洞庭湖突出的水环境问题，推进湖区生态文明建设，保障湖泊生态安全十分重要、必要和紧迫。

一、湖区主要水环境问题

（一）湖体总磷、总氮多年持续超标

洞庭湖湖体水质持续恶化，多年无法达到水域水环境功能区划要求。1990—2002 年，Ⅱ—Ⅲ类水质断面占 37%，Ⅳ类占 53%，Ⅴ类占 10%；2003—2014 年，无Ⅱ—Ⅲ类水质断面，Ⅳ—Ⅴ类达到 95%，甚至出现 5% 的劣Ⅴ类水质。超标因子主要为总磷、总氮。

（二）东洞庭湖局部多次出现蓝藻水华现象

2008 年 6—9 月东洞庭湖自然保护区大小西湖及联通附近水道约 10 平方千米水域出现水华，2009—2012 年该水域同期连续发生水华，到 2013 年 9 月，水华发生区域扩展至君山近东洞庭湖 1/3 的水域，面积约 400 平方千米。

（三）农村地下水型饮用水水源地水质达标率极低

洞庭湖区现有约60%的农村集中式供水采用地下水，散户居民多采用自打水井形式取水。洞庭湖区抽样检测地下水型饮用水水源地达标率仅仅6.67%，主要表现为粪大肠菌群、氨氮、铁、锰等超标。以安乡为例，95%的地下水氨氮超过饮用水标准，最高达到6.96毫克/升，超标34.8倍，铁最高超标20倍以上。

（四）垸内水体发黑发臭

洞庭湖区垸内诸多内湖、哑河、排渠等被填满或侵占，大部分河湖沟渠淤积不断加剧。河湖的天然水力联系被人为阻隔，水体流动性变差、水体交换减少，水体的自净能力和环境容量不断减弱。

二、主要成因分析

（一）水文情势及水文节律发生变化，水源性原因影响较大

受气候变化、三峡水库蓄水、长江干流水位下切、四水水利枢纽建设、洞庭湖水系水道采砂等多种因素影响，洞庭湖来水来沙量减少、水位降低。据测算，洞庭湖入湖水量已从年均3126亿立方米减少到2359亿立方米，减少24.5%；长江三口和湘资沅澧四水年均输沙量2003—2011年较1999—2002年分别减少约75.7%、60%。洞庭湖水资源量下降，水体纳污能力、自净能力和环境承载力降低，水资源环境的变化迫切需要建立新的水生态平衡。

另外，三峡蓄水后，洞庭湖来水来沙减少，湖水含沙量降低，水位变幅缩小，换水周期延长，总磷、总氮等污染物滞留系数增大，湖水透明度增加，藻类光合作用增长，藻类更易于生长与繁殖，从而导致湖体富营养化进程加快。

（二）社会经济快速发展导致入湖污染负荷逐年增加，水质性污染未得到完全遏制

农业面源污染已成为洞庭湖水质总氮总磷超标的首因。洞庭湖区是全

国重要的商品粮、棉、麻、油、渔生产基地，耕地面积达 1654.6 万亩（一亩约等于 0.067 公顷），年生猪出栏 1870 万余头。据统计，湖区规模化畜禽养殖小区的污染设施配套建成率仅 45%；化肥施用量高达 400—600 千克/公顷（纯养分量），远远超过发达国家为防止水体污染而设置的 225 千克/公顷的安全标准；由于产污高而治污低，农业面源污染通过地表径流入洞庭湖，导致水体水质降低。

洞庭湖流域和湖区工业迅速发展，工业布局和工业结构性污染给洞庭湖水环境带来了极大危害。近几十年来，在优先发展重工业和着力发展特色工业的方针指导下，造纸及纸制品、石油化工、纺织业等以排放水型污染物为主的行业成为湖区的优势行业，也是重点发展的行业，导致行业结构型水污染明显。2014 年环境统计数据表明，区域工业化学需氧量的排放集中在机制纸及纸板制造（25.3%）、氮肥制造（11.6%）、原油加工及石油制品制造（7.12%），工业氨氮的排放集中在氮肥制造（43.6%）和化学试剂和助剂制造（37.3%）。

人口增长过快，尤其是城镇人口增速过快，给洞庭湖水环境带来巨大压力。过去十年间，洞庭湖区城镇人口总数由 510 万增长到 729 万，新增生活污染持续增加，污染治理压力不断增大，但湖区城镇污水处理率相对较低、污水处理厂及配套管网建设普遍不足，使得城镇生活污染持续影响洞庭湖及垸内水体水质。

（三）多重外源性输入，交叉影响洞庭湖水环境

湘资沅澧四水等入湖河流带来了一定的污染物输入，尤以沅江及其支流上游省份总磷、锰输入影响突出。其中：沅江干流贵州上游总磷污染致使湖南省入境总磷持续多年严重超标，2014 年最大超标倍数达到 2.7 倍，总磷已成为沅江最主要污染物，也是洞庭湖的最主要污染物；沅江支流西水清水江地处“锰三角”地区，其黔－湘和渝－黔－湘交界断面，受贵州、重庆上游和省内的电解锰污染排放共同影响，入境锰浓度常年超标。上游地区的污染输入存在多年，给洞庭湖水质带来了一定影响。

三、主要对策建议

（一）应对江湖关系新变化，加快解决水资源短缺问题

坚持“蓄、引”结合，“引江、引湖”并举，“垸内、垸外”统筹，全面提升城乡供水保障，增强水环境承载能力。一是恢复和稳定长江入流。疏挖松滋河、虎渡河和藕池河主干河道，恢复和增加三口进入洞庭湖的水量，实现主干河道常年不断流；通过华洪运河引长江水入华容河，解决华容河水系地区的供水需求。二是增强河湖调蓄能力。建设松滋东支大湖口河等河道型平原水库及大通湖等内湖、哑河水源工程；建设松滋河西水东调工程，调水解决藕池中支以西安乡及南县大部分堤垸垸内供水灌溉和生态用水水源；配套建设洞庭湖北部地区垸内水资源配置工程，重点解决北部地区水资源短缺问题。三是构建河湖连通生态水网。垸内渠系清淤疏浚，治理黑臭水体，解决水流不动、灌排不畅及水环境差的问题，恢复垸内沟渠的连通性和输水能力；实施河湖连通等工程，构建水清岸绿、丰枯调剂、多源互补、调控自如的江河湖库生态水网。

（二）转变经济发展方式，源头减少水型污染物排放

按照生态文明理念，坚持开发与保护并重，加快推进洞庭湖流域经济发展方式转变。一是优化产业结构。坚持生态环保优先严格项目准入，促进区域产业结构优化升级。严格控制对湖区生态可能产生较大负面影响的项目，特别是废水排放项目，既从政策和法律角度严把单个项目的合规合标关，又严控各类开发建设项目的总量和节奏，控制开发强度；按期淘汰落后产能，实施“等量淘汰（置换）”或“减量淘汰（置换）”。二是推进清洁生产。鼓励企业实行清洁生产和工业用水循环利用，对《重点企业清洁生产行业分类管理名录》规定的二十一类行业重点企业实行强制性清洁生产审核，对区域内所有制浆造纸企业、化工企业、有色金属矿采选业、有色金属冶炼及压延加工业、黑色金属冶炼及压延加工业实行强制清洁生产审核。三是发展循环经济。全面推行循环型生产方式，鼓励产业集聚发展，促进企业循环式生产、园区循环式发展、产业循环式组合；提倡生态

循环农业发展。

（三）推进流域水污染防治，重点保障湖区和上游流域清水入湖

一是突出农业面源污染治理。科学划分畜禽禁养区、限养区和试养区，加大畜禽养殖污染防治设施建设；湖区所有河流、湖泊、水库、公共水域全面禁止围网养殖和投肥养殖，建立清洁健康养殖模式；大力推广高效、低毒、低残留化学农药和生物农药，减少化肥和农药使用；开展覆盖全湖区的农村环境综合整治。二是强化城乡生活污染治理。加快城镇生活污水处理设施建设与改造，实施脱氮除磷深度处理，湖区及入湖河流沿岸所有县城和镇区人口达到一定规模的重点镇实现污水处理设施建设全覆盖；推进城乡垃圾无害化处理项目建设，提高处理能力和水平。三是加大工业污染控制力度。集中治理工业集聚区水污染，突出造纸、氮肥、有色金属、印染、农副食品加工、农药、电镀等涉水污染重点行业整治，严格监管工业企业达标排放。四是加强入湖河流、湖区重点河（湖）综合整治和保护。强力推进湖南省"一号重点工程"及湘江流域保护和治理三个"三年行动计划"，摸清其他三水污染底数，全面启动资江、沅江和澧水流域污染综合治理；采取截污导流、污水治理、生态修复等多种手段，切实改善湖区污染严重、影响大的水域；全面推动水质良好湖泊开展生态环境保护试点。五是将总磷和总氮作为水污染物总量减排试点。以水环境质量改善为主线，实施环境质量和污染排放总量双控、协同控制，开展总氮、总磷总量控制试点。六是建立洞庭湖水环境保护联防联控协作机制。加强湖南与湖北、重庆、贵州等相邻省份的沟通协调，进一步完善洞庭湖水环境保护联防联控协作机制，综合治理洞庭湖外源性污染。七是推动大通湖、西毛里湖、铁山水库、柘溪水库、柳叶湖、三仙湖等具有饮用水功能且水质较好的湖泊开展生态环境保护试点。

（四）创新环境机制体制，积极推进湖区生态文明体制改革实践

一是建立生态保护红线制度和分区环境管理制度。在洞庭湖生态经济区范围内以县域为单元全面推进环境功能区划工作，编制各区县环境功能区划，划定并严守生态保护红线，建立确保生态保护红线和分区环境管理落实的制度体系，以维护洞庭湖湿地生态系统功能，保障洞庭湖生态经济区生态环境安全和人民群众健康。将湘江保护与治理湖南省“一号重点工程”覆盖范围延伸至洞庭湖。二是逐步完善生态补偿机制。建议国家出台生态环境补偿政策，建立洞庭湖流域水资源和湿地生态补偿机制，将环洞庭湖区县（市、区）纳入国家重点生态功能转移支付县，按照不同的生态功能区制定对应的补助标准，比照国家对林地补助的方式对洞庭湖湿地使用权者给予一定的补偿，并建立由中国长江三峡集团公司对洞庭湖水资源补偿和相关水利、生态环保工程建设的支持机制。增加财政投入，加大对洞庭湖地区生态环境保护的转移支付、补偿支持力度。探索市场化生态补偿机制，建立健全考虑资源稀缺程度、环境损害成本的资源环境价格形成机制。三是全面开展洞庭湖生态安全问题研究，重点研究三峡运行后洞庭湖生态安全问题，同时加大对污染治理关键核心技术、共性技术以及相关技术集成的研发，为洞庭湖综合治理提供理论和技术基础。

（2015 年）

以湘江保护与治理为示范 推进生态强省建设

湖南省高度重视生态文明建设和环境保护工作，省第十一次党代会提出着力建设“生态强省”发展目标，环境治理与全面脱贫、转型升级共同列入湖南省必须打好的三大攻坚战。

湘江流域是湖南省环境治理的主战场。2013 年湖南省将湘江保护和治理作为省“一号重点工程”，决定连续实施三个“三年行动计划”，到 2015 年底，第一个三年行动计划“堵源头”目标已经实现。2016 年湖南省启动湘江保护和治理第二个“三年行动计划”，按照“治”“调”并举的思路，全流域共实施水污染治理项目 628 个，湘江水质持续改善：干支流 180 个断面水质总体为优，Ⅰ—Ⅲ类水质断面比例为 97.8%，干流水质已达到或优于Ⅲ类标准，水体中镉、铅的平均浓度较 2012 年下降 50% 以上。

以湘江保护与治理为示范，不断加大投入，综合施策，推进工业、生活、农业全方位污染防治，是湖南推进生态强省建设的现实选择。一是以全面推进河长制为抓手，把握处理好干支流、上下游、左右岸的关系，在总结湘江保护和治理工作成功经验的基础上，推进湖南省“一号重点工程”向纵深发展、向“一湖四水”延伸，向大气、土壤和农村环境保护拓展。二是突出重点区域和关键环节，继续深入推进清水塘、锡矿山等重点区域环境综合整治，堵住工业集中污染源。三是坚持系统推进，把治水与治山、治林、治田、治湖有机结合起来，构建山水林田湖生命共同体，重点是巩固湘江沿岸畜禽养殖退出、上游河道禁止采砂、两岸退耕还湿还草试点等成果，结合美丽乡村建设，加快推进村镇生活污水、垃圾处理等基础设施建设，防控农业面源污染。四是要压紧压实责任，加强执法监督，严格考核问责，在全社会营造群防群治、共建共享的浓厚氛围，确保完成第二个“三年行动计划”目标任务，并通过湘江保护与治理的工作示范，推进全省绿色发展和绿色惠民，加快将湖南建设成天蓝地绿水清土净的生态强省。

（2017 年）

持续推进湘江保护和治理

奔腾不息的湘江因孕育一代代三湘儿女、创造辉煌灿烂的湖湘文化而成为湖南人民的母亲河。“有色金属之乡”美誉让湖南在为国家作出重大贡献的同时，也因两岸矿山的开采和有色、重化工业的布局一度使湘江成为全国重金属污染最严重的河流。党的十八大以来，在习近平生态文明思想的指引下，立足历届省委、省政府打下的基础，湖南把湘江保护和治理作为省“一号重点工程”，以壮士断腕的决心和刮骨疗毒的勇气打了一场湘江保卫战，因关停企业之多、治污力度之大、监管执法之严、环境变化之巨而被新华社誉为“中国流域综合治理样本”。湘江流域是湖南省环境治理的主战场。监测数据显示，2017 年 1—5 月，湘江流域水质总体为优，干支流 180 个省控断面中，Ⅰ—Ⅲ类水质断面 176 个，干流 43 个，省控断面均达到或优于Ⅲ类标准。与 2016 年同期可比断面相比，优良率提高 2%。

一、持续推进湘江保护工作采取的主要措施

一是全力配合中央环保督察工作。督察期间，湖南省上下按照“主动接受督察、坚决配合督察、全力支持督察”的要求，边督边改、立行立改，解决了一批突出环保问题。二是不断压实各方责任。成立了湖南省生态环境保护委员会。湖南省政府召开了环境治理战役“夏季攻势”动员会，给市（州）政府交办了任务清单。每月对市县环境质量进行考评、会商和通报。加强环保与公检法联动，保持执法监管高压态势。三是加快推进饮用水水源地环境整治。出台了专项整治方案，开展了执法专项行动，地级城市排查出的 80 个问题已整改完成 60 个。四是深入推进重点区域、

领域污染整治。五大重点区域集中整治取得了阶段性进展。加快推进十大重点行业整治、园区污染集中治理、重金属污染治理、农村环境保护、不达标水体整治等重点工作，进一步减少了流域污染负荷。五是不断深化生态文明领域改革创新。初步完成湖南省生态保护红线划定方案，持续推进湘江流域生态补偿，加快推进生态环境损害赔偿制度改革试点并积极推动社会公众参与。

二、持续推进湘江保护工作仍存在的主要问题

一是工作责任未完全落实到位。部分领导干部思想认识有待提高，“党政同责、一岗双责”还未压紧压实，推动工作不敢动真碰硬。有的部门对职责范围内的环保工作重视不够、部署不到位。二是工作能力难以适应新形势要求。基层环保部门监测、监察能力偏弱，小马拉大车问题严重。三是部分区域环境质量不容乐观。郴州市春陵水马家坪电站大坝断面为劣Ⅴ类、长沙市浏阳河黑石渡和三角洲断面为Ⅳ类。娄底市青丰河、涟溪河，郴州市临武甘溪河老桥等断面存在砷、锑、锰超标问题。长沙湘江综合枢纽工程库区氨氮和总磷指标呈上升趋势。四是环境治理任务繁重。按国家要求，年底前，湘江流域还有29个产业园区要建成污水集中处理设施，51处以上城市黑臭水体要完成整治任务，但部分项目目前才开展前期工作，难以按期完成国家考核任务。畜禽养殖污染、“小散乱污”企业、遗留污染隐患问题也比较突出。五是重点区域综合整治问题仍然不少。清水塘企业关停并转任务重；竹埠港后续开发有待跟进；水口山居民整体搬迁工程推进速度较慢；锡矿山历史遗留待处理废渣多；三十六湾甘溪河河道整治推进速度有待加快。六是饮用水安全保障难度大。2016年地级市排查的问题还有20个未解决到位，正在开展的县级城市饮用水水源地排查也初步发现不少问题。七是部分项目建设滞后。流域还有211个重金属污染治理项目未按期完成，部分项目还是2012年安排的。

三、持续推进湘江保护工作的五个应对策略

一是加强督察督办，全面构建齐抓共管工作格局。细化工作要求，健全约束和激励机制，推动齐抓共管。推进环保综合督察，强化边督边改和

督察督办，严厉问责有关责任人员。二是持续攻坚克难，突出抓好重点环境问题整改。对照中央环保督察反馈意见，制定具体整改方案，逐条抓好整改落实；对重点案件，实行领导包案、挂牌督办。按照“一个水源地、一套整治方案、一抓到底”的原则，切实保障饮用水安全。整合资源，深入推进五大重点区域综合整治和不达标水体整治。三是推动各地按期完成各项整治工作。建立环境治理年度工作任务调度、督导、考核制度，实行“月调度，季通报，半年督办，年度考评”。开展专项督察行动，及时约谈工作进展滞后的地方。加强投入保障，积极争取国家支持和社会资本投入。四是推进绿色发展，加快推动转型升级。全面贯彻落实“绿水青山就是金山银山”的发展理念，强化空间、总量、项目准入管理，推动形成绿色发展方式和生活方式。五是强化执法监管，积极营造良好氛围。加快推进环保垂改，全面实行网格化环境监管和随机抽查制度，“零容忍”环境违法行为。建立有奖举报制度，鼓励社会监督。

（2017 年）

解决洞庭湖区水生态环境问题刻不容缓

洞庭湖是全国第二大淡水湖，也是长江中下游地区最大的调蓄湖泊和国际重要湿地。作为长江重要水源、重要粮食生产和工业基地，洞庭湖担负着长江流域生态安全、水安全和国家粮食安全的重大责任。近年来，随着洞庭湖水文情势及节律发生重大变化、人类开发活动加剧等多重因素影响，湖区水环境呈恶化趋势，引起社会各界广泛关注，中央领导高度重视并作出重要指示批示。推进生态文明建设，统筹经济社会发展和生态环保，解决湖区水生态环境问题刻不容缓。

一、洞庭湖区面临的主要水环境问题

（一）洞庭湖总磷、总氮持续超标，局部水域出现蓝藻水华

20 世纪 90 年代中后期以来，洞庭湖总磷、总氮持续超标；水质以Ⅳ类、Ⅴ类为主，且整体呈逐年上升趋势。2015 年，11 个省控断面，Ⅳ类水质断面 3 个，占 27.3%，Ⅴ类水质断面 8 个，占 72.7%，总体为中度污染；2016 年，Ⅳ类水质断面有所增加，但营养状态还保持为中营养。总氮浓度较高的点位主要集中在南洞庭和东洞庭，特别是南洞庭的虞公庙水域，超标最高达 2.3 倍；总磷浓度较高的点主要集中在西洞庭水域，特别是南嘴水域，超标最高达 2.5 倍。洞庭湖总体呈中营养至轻度富营养状态，东洞庭湖局部水域综合营养状态指数已达到 50 以上，直接导致该水域多次出现局部蓝藻水华现象（2008 年 6—9 月东洞庭湖自然保护区大小西湖及联通附近水道约 10 平方千米水域出现水华，2009—2012 年该水域同期连续发生水华，到 2013 年 9 月，水华发生区域扩展至君山近东洞庭湖 1/3 的

水域，面积约400平方千米）。

（二）区域内湖、水库水质普遍劣于Ⅲ类，污染突出

2015年，湖区282个内湖有200个劣于Ⅲ类，占70.6%。其中，列入国家湿地公园名录、湖南省重要湿地名录、《水质较好湖泊生态环境保护总体规划（2013—2022年）》湖泊名录及其他面积较大的16个重要内湖有14个劣于Ⅲ类，占87.5%；2878个水库有909个劣于Ⅲ类，约占31.6%；71466条沟渠（总长度约96400千米）有8361条出现了不同程度污染，约占11.7%。

（三）部分饮用水水源铁、锰、镉超标，饮用水安全未得到保障

2014年，湖区26个县级饮用水水源地总体水质达标率为73.1%。其中，16个地表水型饮用水水源地有3个不达标，主要超标因子为铁、锰，其年均值最大超标倍数分别为0.43、0.36；7个地下水型饮用水水源地有4个不达标，主要超标因子为铁、锰，其年均值最大超标倍数分别为26.75和3.7。同时，农村安全饮水问题更为突出，守着水窝子没好水吃。

二、主要水环境问题成因分析

（一）水文情势及节律发生变化，水源性原因影响较大

受气候变化、三峡水库蓄水等多因素影响，洞庭湖来水来沙量减少、水位降低，枯水季节提前、时间延长。据水利部门统计，长江三口来水（松滋河、虎渡河、藕池河）和流域四水来水（湘江、资江、沅江、澧水）年均径流量分别从1991年、2002年的625.3亿立方米、1864亿立方米减少到2003年、2010年的500.2亿立方米、1550亿立方米，减幅分别达20%、16.8%；城陵矶出口年均高水位和年均低水位分别从1993年、2002年的26.86米、24.82米下降到2003年、2012年的25.81米、23.62米，分别下降1.05米和1.2米。洞庭湖水资源量下降引起湖体容积减少、湖面萎缩，使得水环境容量及水体纳污能力降低。同时，受不规范人类活动及长期投入不足、管理不到位等因素影响，湖区诸多内湖、哑河、排渠等被

填满或侵占，河（湖）沟渠间天然水力联系受阻，水体流动性差，水体自净能力减弱。

（二）区域内社会经济快速发展，生产生活带来的污染未得到有效控制

区域是全国重要的商品粮、棉、麻、油、渔生产基地，种植面积2000余万亩，生猪出栏2400余万头，水产养殖约涉及83%的内湖和47%的水库。湖区规模化畜禽养殖小区的污染设施配套建成率仅45.56%；化肥、农药施用强度分别达38.89千克/亩（折纯）、1.22千克/亩，为全国平均水平的1.5倍、1.3倍；水产养殖平均投放混合饲料326千克/亩。农业源产污高治污低，其对湖区总氮、总磷贡献率已超70%，已成为洞庭湖湖体总氮总磷超标的首要原因。同时，过去10年间，洞庭湖区人口增长了400多万，新增生活污染持续增加，污染治理压力不断增大。2014年，洞庭湖区城镇生活污染配套处理设施仅55套，污水管网滞后，雨污分流不彻底，城镇污水实际处理率仅54.0%，农村基本无集中治污设施，生活废水基本直排。此外，近几十年来，在优先发展重工业和着力发展特色工业方针指导下，造纸及纸制品、石油化工、氮肥制造、食品加工等排放水型污染物为主的行业成为湖区优势行业和重点发展行业，结构型水污染明显。

（三）多重外源性输入，交叉影响洞庭湖水环境质量

流域四水（湘江、资江、沅江、澧水）和长江三口（松滋河、虎渡河、藕池河）是洞庭湖的主要径流来源。2014年，上述河流入湖口断面总磷年均浓度均高于湖体均值，其中松滋河马坡湖断面高出0.09毫克/升；湘江入湖口樟树港和资水入湖口万家嘴断面总氮分别高出0.58毫克/升和0.16毫克/升。河流入湖口断面总氮、总磷浓度较高，与上游区域污染关联很大，如沅江干流贵州入境托口断面总磷最大超标倍数为2.7，松滋口上游荆江观音寺断面总磷年均浓度为湖体的1.7倍。上游地区污染物质的持续输入，给洞庭湖水质带来了影响。

（四）环境管理体制机制不健全，环境监管能力滞后

目前，区域统筹经济发展、生态环保的宏观决策与监管机制尚未建

立，环保、水利、住建、林业、农委等职能部门间、三市一区等地市间在区域环保方面存在责任不清、多头管理、监管不力等问题；针对洞庭湖区生态环保尚未制定专门的法规、条例；水资源和湿地生态补偿机制还不健全，覆盖面太小；同时环境监管能力总体上基础差，底子薄。

三、区域水环境治理对策

（一）加快实施水环境综合治理实施方案

湖南省委、省政府在系统调查、分析的基础上，2016 年会同湖北省编制上报了《洞庭湖生态经济区水环境综合治理实施方案》，明确了引水、蓄水、活水、清水、防水、节水“六水”联动的治理思路，谋划了沟渠塘坝清淤增蓄、畜禽养殖污染整治等五大专项行动和加快实施四口河系综合整治、城乡生活污染治理等十大重点工程，建议国家加大支持力度，将洞庭湖纳入国家水污染防治重点流域统筹支持范围，加快推进方案实施。

（二）构建畅通生态水网，实现主干河道常年不断流，改善河道连通性及加大过水能力

一是恢复和稳定长江入流。疏挖松滋河、虎渡河和藕池河主干河道，恢复和增加三口入洞庭湖的水量，实现主干河道常年不断流；二是恢复垸内河（湖）沟渠连通性和输水能力。垸内渠系清淤疏浚，打通毛细血管，解决水流不动、不畅及淤积重的问题。

（三）转变经济发展方式，源头减少水型污染物排放

一是优化产业结构。坚持生态环保优先，严格项目准入，按期淘汰落后产能，严控重污染项目，既从政策和法律角度严把单个项目合规合标关，又严控各类开发建设项目总量和节奏，控制开发强度。二是推进清洁生产。鼓励企业实行清洁生产和工业用水循环利用，对区内所有制浆造纸、化工等重点行业企业实行强制清洁生产审核，加快转型升级。三是发展循环经济。全面推行循环型生产方式，鼓励产业集聚发展，促进企业循环式生产、园区循环式发展、产业循环式组合；着力转变农业生产方式，

提倡生态循环农业发展。

（四）持续推进污染防治，有效解决湖区水污染加剧问题

一是突出农业面源污染治理。科学划分畜禽禁养区、限养区和适养区，加大畜禽养殖污染防治设施建设，鼓励畜禽粪便综合利用；区域内重要水域全面禁止围网和投肥养殖，建立清洁健康养殖模式；推进农业清洁生产，大力推广高效、低毒、低残留化学和生物农药，积极推广有机肥。二是强化城乡生活污染治理。积极推进城镇生活污水处理设施实施脱氮除磷改造，加快完善区域污水收集管网；开展覆盖全区的农村环境综合整治，积极推进乡镇、重点村污水处理设施建设，全面推进城乡生活垃圾收集处理一体化建设。三是加大工业污染控制力度。严格监管工业企业达标排放，突出造纸、氮肥、石化、农副食品加工等涉水污染特别是氮磷排放较大的重点行业整治，所有工业集聚区均须建设污水集中处理设施。四是加强重点区域整治。采取截污导流、污水治理、生态修复、水资源调配等多种手段，加大区域内污染严重、影响大的内湖、中小河流、城市河段、黑臭水体治理力度。

（五）实施清水入湖工程，同步解决洞庭湖上游污染输入的问题

一是加大湘资沅澧流域污染治理力度。强力推进湘江流域保护和治理3个“三年行动计划”，同步推进资江、沅江和澧水三水污染综合治理；二是完善洞庭湖水环境保护联防联控机制。加强湖南、湖北、贵州等省的沟通协调，完善联席会议、联合应急监测、跨界水体监测等联防联控机制。

（六）积极支持洞庭湖区加强饮用水安全保障工程建设

目前，洞庭湖区安全饮水问题已日趋明显，社会各界反应强烈，建议国家在饮用水水源规范化建设、供水管网建设等方面加大支持力度，确保湖区群众喝上干净水、放心水。重点加强南县、华容县等地区水源工程建设，因地制宜建设一批平原水库，缓解湖区季节性、工程性、水质性缺水问题。

（七）进一步加大科技支撑

目前，洞庭湖的污染问题主要是氮、磷的影响，洞庭湖又是过水性湖泊，如何有效降解氮磷，需要以科技支撑为基础，依托科学事实、科研数据、科技成果进行科学决策，建议国家组织优势科研力量对洞庭湖水环境整治进行集中攻关，切实提升科学治理水平。

（八）创新环境机制体制，积极推进湖区生态文明体制改革实践

一是健全工作机制和法律法规体系。建立统一的管理与协调机构，统筹区域社会经济发展、生态环境保护等各项工作；对区域现有法律法规进行清理、修改、完善，抓紧加快区域水环境保护、水污染防治的立法工作。建议国家层面出台《洞庭湖环境保护条例》等法规条例，为加强洞庭湖流域生态环境保护提供法律保障。二是建立生态保护红线制度和分区环境管理制度。在区域内以县域为单元全面推进环境功能区划，划定并严守生态保护红线，建立确保生态保护红线和分区环境管理落实的制度体系。三是逐步完善生态补偿机制。建立洞庭湖流域水资源和湿地生态补偿机制，按不同生态功能区制定对应的补助标准。增加财政投入，加大对洞庭湖地区生态环境保护的转移支付、补偿支持力度。目前洞庭湖周边25个县（市、区）中，仅6个县（市、区）纳入国家重点生态功能区统筹范围，建议国家将洞庭湖周边县（市、区）全部纳入国家重点生态功能区统筹范围，并在严格考核的基础上，逐步增加生态补偿资金额度。同时，建议建立洞庭湖保护基金，由中国长江三峡集团公司对洞庭湖水资源补偿和相关水利、生态环保工程建设进行支持。四是加强水环境监管能力建设。完善水环境监测预警体系，结合环保垂直工作加强基层监测、监察能力建设。五是进一步加大工作协调指导力度。洞庭湖涉及湖南、湖北两省，上游资水、沅水涉及贵州、重庆等省（市），需要在国家层面建立综合协调机制，确保相关地方政府守住、守好自己的责任田，有效实现区域联防联控、联动发力。

（2017年2月22日）

科学、系统、精准治理大通湖水环境

2013 年，大通湖被列入国家水质良好湖泊保护项目。近年来，大通湖区区委、区管委会把大通湖治理作为一项重大政治任务和民生工程对待，加强组织领导，细化工作措施，突出工作重点，在“禁”“减”“清”“换”“治”“保”等方面扎实开展了一系列工作：“禁”的方面。成立联合检查站，设卡全天候检查监督；在各镇组建巡逻队，实施包堤段、包码头巡查；在临湖码头和交通要道安装摄像头，实行 24 小时监控，查禁投肥、投饵、投药和捕捞底栖生物行为。“减”的方面。捕捞起鱼共计 2395 吨，其中捕捞草鱼 925 吨，目前大通湖存鱼量约为 734.7 吨。“清”的方面。主要入湖通道五七运河清淤 29.5 万方，老三运河清淤 36 万方，大通湖湖体关键点的清淤项目已经全面启动；大力推进大通湖的围栏围网拆除。一期拆除大通湖围网 70 千米，完成计划任务的 113%；二期拆除大通湖分湖围栏 1.5 千米，拆除入湖口矮围 11.2 千米。“换”的方面。启动实施了 3 轮换水工作。“治”的方面。益阳市出台《畜禽养殖污染整治奖励方案》《大通湖畜禽养殖区域规划》，对禁养区的生猪养殖全面落实退养措施，对适养区的养殖场督促建设了污染治理设施；认真组织实施了一批良好湖泊项目，已建成的镇污水处理厂和垃圾中转站运行基本正常；加强对区域内 5 家涉水企业监察，督促企业达标排放；规范船舶管理和保养操作。“保”的方面。在大通湖周边设立大型宣传牌和警示牌，公布了举报电话，广泛宣传共防共治污染入湖，征集改善水质“金点子”，增强防污治污合力。加大环保违法行为打击力度，查处了一批违法违规案件。

经过前段多措并举、综合治理，取得了一定的工作成效。2016 年第四季度，大湖水质已由劣Ⅴ类转为Ⅴ类，各项监测指标除总磷超标 2 倍多以外，其余均达到Ⅲ类及以上标准。但问题仍然突出：一是外源污染治理短期内难以全面见效。大通湖作为调蓄湖泊，是区域渍水的汇聚地，农村污染源、生活污染源、畜禽养殖污染源通过大湖周边的38个河渠电排，排入大通湖，严重影响大湖水质；二是内源污染治理上，养殖减量、禁投禁捞工作任务十分艰巨，养殖企业减量养殖、生态养殖转型不快；三是水体交换难以稳步开展。虽然开展了湖体换水工作，但是入湖河流、沟港、排渠淤积严重，水量与流速都有问题，加上湖体面积大，水体流动性差，很难有效达到水体置换的效果。四是周边协调联动难度很大。大通湖总水面82.7平方千米，岸线长49千米，除大通湖区有关乡镇外，有近一半的岸线管理在南县、沅江境内，大湖禁投、禁捕协调联防难度大。

因此，大通湖水环境治理需要进一步提高认识、统一思想，明确思路、综合施策，履职尽责、铁腕治污。

首先，要切实担负起大通湖水环境治理的政治责任。大通湖已列入国家水质良好湖泊保护项目，是“国”字号工程。同时，大通湖位于洞庭湖区腹地，是洞庭湖区最重要的内湖之一，也是唯一一个年度水质为劣Ⅴ洞庭湖区内湖，严重影响大湖周边人民群众生产生活环境和全省水环境质量，必须下大力彻底解决。

其次，要坚定大通湖水环境治理年度目标。2017年，要坚决打响大通湖消除劣Ⅴ水质攻坚战，以目标为导向，铺排一批治污减污工程，优化农业产业结构，大力发展生态农业，严格水环境管理，确保大通湖水质退出劣Ⅴ并持续稳定改善。

最后，要明确大通湖水环境治理总体思路。要认真贯彻落实习近平总书记山水林田湖草是一个生命共同体的重要指示精神，坚持“六个同治”（上下同治、内外同治、政企同治、人水同治、点面同治、标本同治），紧盯“六字措施”（禁、减、清、换、治、保），科学、系统、精准治理，举全区全社会之力，强力推进大湖水环境治理工作。

“禁”方面，对大通湖实行全面退养，加快生态修复。大通湖水质未恢复Ⅲ类水质标准前，实行“休养生息”，禁止向大通湖投放肥料、饵料、药料，禁止向大通湖放养草食性鱼类，禁止在大通湖散养河蟹，禁止捕捞大通湖底栖动物；禁止擅自向大通湖投放鱼类，对适量投放改善水质的鱼类，其品种、规格、结构、数量须经专家论证，放养行为须经批准并接受全程监管。

“减”方面，对大通湖内存量草鱼、鳊鱼实施长年捕捞，继续减少草食性鱼类，为水草生长和沿湖种草打基础。

“清”方面，清围，清除湖内除入湖口防盗、防逃和植草工程必要围栏外的所有围栏，增加水体的流动性，增强自净能力；清淤，对大通湖底泥、主要换水通道实施重点清淤。

“换”方面，调水入湖，循环活水。经科学合理调蓄，由黄茅洲船闸向大通湖补水，由老三河至金盆河至五门闸常年不间断自流；进一步衔接争取五七运河引水枢纽工程建设项目，尽快启动大通湖河湖连通水生态工程。

“治”方面，一是生态拦截，治理外源。加快构建多层次“环湖生态圈”保护系统，在入湖口及38个电排口建设由挺水植物、浮水植物、沉水植物等三大类水生植物组成的人工湿地带生态屏障；实施滨湖湿地生态建设项目，在滨湖东部、南部、西部三块区域种植植物带；适时在湖体种植吸收水体和底泥中氮磷的植物。全面清理整治入湖排污口，开展黑臭水体专项排查整治，建立居民区和河湖之间设立隔离缓冲区；探索生态转化实验。二是精准排查，治理点源。严格工业企业点源治理，既整治企业污染遗留问题，又严把环境准入门槛，停止审批增加氮磷污染物排放的新建工业项目；对涉及氮磷排放的园区、企业进行全面排查，强化治理措施；开展船舶污染物专项整治；加强城乡污水垃圾处理，进一步抓好农村清洁工程、城乡垃圾、污水处理、沿河湖岸垃圾清理整治；进一步完善城乡污水处理厂配套管网建设、管理维护和污水的尾水处理，完善垃圾收运和处理系统。三是多措并举，治理面源。大力发展生态循环农业，鼓励和引导农民采用测土配方施肥，减少农药化肥的使用量，控制农药、化肥、农膜污染；严格清理畜禽规模养殖，开展大通湖流域畜禽养殖污染专项整治行动，对超过规定治理期限而未采取有效措施的畜禽养殖场，一律取缔；加强畜禽养殖屠宰管理，责令养殖业主完善环保设施和加强运行管理，确保达标排放；推进农业面源污染治理综合示范区建设试点，在农村连片综合治理及大通湖农村生活污水、生活垃圾、畜禽污染治理项目的基础上，统筹农业生产及农村生活垃圾废弃物资源化利用，构建农业生产与农村生活相联系的综合循环体系；实施池塘水循环清洁养殖工程，开展珍珠养殖清理整治，制定池塘养殖排水标准等。

“保”方面，一是加强监管。加强对大通湖水环境破坏行为的日常监管，加强工程建设及运行监管和国家良好湖泊保护项目专项资金监管，完善水质预警应急监测体系建设，加快建立“河长制”，实现大通湖相关流域治理达标，加大宣传，切实增强群众的环保意识、参与意识、监督意识，打一场全民参与水环境治理的人民战争。二是加大打击。落实谁污染、谁治理的责任，严厉打击环境违法行为。行政主管部门、执法部门要加强执法，依法履职；公安部门对顶风作案、涉嫌犯罪的要依法进行打击。三是加快立法。加快启动大通湖湖泊生态安全立法工作，提请益阳市人大依法制定《大通湖水环境保护条例》《大通湖良好湖泊管理办法》，并系统编制《大通湖水污染防治规划》，促进大通湖生态环境和水质尽快好转并长期保持。

（2017 年 2 月 27 日）

充分发挥环保部门在洞庭湖水环境整治中的主力军作用

洞庭湖地处长江中游荆江南岸，地跨湘、鄂两省，是全国第二大淡水湖，天然湖泊面积2625平方千米，流域面积26.33万平方千米，覆盖湖南省岳阳市、常德市、益阳市，长沙市望城区和湖北省荆州市33个县（市、区）。作为长江流域重要的调蓄性湖泊、生态净化池（前置库）和亚洲最大的内陆湿地，洞庭湖在调节长江径流、维护生态平衡、保护生物多样性等方面具有不可替代的作用，素有“长江之肾”之称。湖南省委、省政府高度重视洞庭湖生态环境保护工作，湖南省环境保护厅积极组织开展了洞庭湖水环境整治工作，各方面成效显著。

一、有序有力推进洞庭湖水环境整治

（一）提高思想认识，进一步加强组织领导

湖南省环境保护厅成立了专项工作领导小组，明确了具体工作要求。将洞庭湖区域污染综合治理列为2017年度重点工作，专门组织召开全省环境治理战役推进会，要求各地层层分解落实，通过加大督促检查和考核奖惩力度确保洞庭湖水环境整治工作有力有效推进。同时，深入贯彻落实《湖南省环境保护工作责任规定（试行）》和《湖南省重大环境问题（事件）责任追究办法（试行）》等文件，推动各级各有关单位积极作为、主动作为。

（二）落实责任分工，深入推进重点领域污染整治

按湖南省政府统一部署，益阳市环境保护局印发了《洞庭湖工业污染源排查整治专项行动实施方案》，积极组织三市一区开展排查整治。截至2016年底，共排查重点工业企业1805家，整改172家，关闭造纸企业、炼油、电镀等十小企业455家；排查工业园区39个，22个已建设污水集中处理设施；排查入湖、入河排污口482个，发现存在问题的排污口47个，完成整改45个。同时，按照县为主导、整县推进的模式，在湖区三市一区全面启动农村环境连片整治工作。此外，以水环境质量改善为核心，以问题为导向，以项目为载体，持续加大湘江、资江、沅江和澧水的环境综合整治，有效削减了入湖污染物总量。

（三）严格环境准入，持续推进绿色发展

紧紧围绕富饶美丽幸福新湖南建设，组织制定了生态强省实施方案。在全省范围内组织划定生态红线，着力优化国土开发格局。围绕供给侧结构性改革工作，以“生态保护红线、环境质量底线、资源利用上线和环境准入负面清单”为依据，实施差别化环境准入政策。根据国家相关规定，在全省范围内不再审批钢铁、水泥等产能严重过剩行业新增产能项目，并进一步提高有色、化工等重污染行业建设项目环境准入关，坚决否决了一批不符合要求的项目。同时，积极开通“绿色通道”，主动对接和服务重点项目，大幅度缩短了民生、战略性新兴产业发展等项目审批时间，持续推进了经济结构调整优化。

（四）加强汇报衔接，积极争取上级部门支持

湖南省环境保护厅组织编制《洞庭湖水污染防治实施方案》，积极推动相关整治项目入选国家重点项目库，2016年，洞庭湖区域共获得国家水污染防治专项资金8.8亿元。同时，按照《关于开展“十三五”环保投资项目储备库建设工作的通知》的要求，组织汨罗江、华容河等27个流域制定了流域水污染防治总体方案，督促、指导地方筛选上报了一批重点整治项目，建立了2017年度全省环境整治项目库。此外，积极推进区域联防

联控。2017 年 4 月初，我带队赴湖北考察学习，就加强洞庭湖污染整治与湖北省环保厅及荆州市、石首市进行了深入交流。

（五）夯实工作基础，着力提升科技支撑水平

进一步规范水质监测网点设置，湖南省核定“十三五”地表水环境质量监测断面（点位）419 个，其中洞庭湖体（内湖）及环洞庭湖河流共部署监测断面（点位）58 个，认真实施《湖南省环境质量监测考评办法》，逐月对各市（州）、县（市、区）环境质量情况进行核定，每季度召开季度环境治理形势会商会，对存在问题的地方及时采取了警示、约谈、问责等措施。针对洞庭湖总氮、总磷超标问题，组织相关科研院所开展污染成因分析和对策研究，加大先进适用技术装备示范推广力度，并加强交流学习，积极吸收省内外好的做法、好的模式，着力提升水环境整治的针对性、系统性和有效性。

（六）严格执法监管，全面落实企业主体责任

深入贯彻落实新环保法及配套办法，在全省范围内建立了“属地管理、分级负责、全面覆盖、责任到人”的网格化监管体系和随机抽查制度，在各市（州）、县（市、区）成立公安驻环保工作联络机构，积极开展环保违规建设项目清理，持续加大环境执法监管力度。据《湖南省 2016 年环境保护工作年度报告》，2016 年，湖南省按日计罚案件 18 起，查封扣押案件 107 起，限产停产案件 128 起，移送行政拘留案件 192 起，移送污染环境犯罪案件 51 起，公安机关行政拘留 176 人，刑事拘留 127 人，案件数超过前三年总和，有效震慑了环境违法行为。2017 年，湖南省环保厅联合湖南省公安厅开展了打击环境污染违法犯罪 2017“清水蓝天”专项行动，并依法在造纸、火电等重点行业企业规范发放排污许可证，开展钢铁、造纸等重点行业企业全面达标排放计划，加快对固定污染源实施全过程管理和多污染物协同控制，有效落实了企业治污的主体责任。

通过努力，洞庭湖水环境质量有所改善。2016 年，洞庭湖湖体 11 个断面中，10 个断面属Ⅳ类水质，1 个断面属Ⅴ类水质，水质总体为轻度污染，主要污染物为总磷，年平均浓度为 0.084 毫克/升，较上年下降

15.7%；同时，全省98个江河省控断面中水质无明显变化，Ⅰ—Ⅲ类水质断面96个，占98.0%。2017年一季度，洞庭湖湖体12个省控断面中，Ⅲ类水质断面2个，Ⅳ类水质断面9个，Ⅴ类水质断面1个，总体为轻度污染，主要污染物为总磷，总磷平均浓度为0.072毫克/升，较上年同期下降11.1%；同时，全省376个江河省控断面中，Ⅰ—Ⅲ类水质断面368个，占97.9%。

二、突出抓好几项重点工作

洞庭湖水环境整治涉及方方面面，是一项复杂的系统工程，既要打持久战，又要打攻坚战。为切实保护好洞庭湖，还需要充分发挥环保部门在洞庭湖水环境整治中的主力军作用，并突出抓好如下几项重点工作：

（一）严格落实各方责任

根据《湖南省环境保护工作责任规定（试行）》《湖南省重大环境问题（事件）责任追究办法（试行）》《湖南省环境保护督察方案（试行）》等文件要求，强力推动“党政同责”“一岗双责”“企业主责”“社会尽责”的责任体系建设，形成一级抓一级、层层抓落实的良好局面。同时，加强协调联动，按照“统一规划、统一部署、统一标准、统一措施”的要求，深入推动洞庭湖区污染联防联控。

（二）着力完善政策措施

结合河长制推进、环保综合督察等工作，进一步理顺管理机制，建立科学的考核、评价和激励机制。加快推进洞庭湖三市河（湖）管理地方立法，积极推进制定《洞庭湖保护条例》，强化法制保障。深入推进流域生态补偿、排污权有偿使用和交易等工作，积极拓展环境治理途径，推动各级各有关方面积极作为、主动作为。以多元化筹资为方向，加快推进污染治理债券发行、合同环境服务、PPP等投融资模式，着力解决地方治理资金短缺问题。

（三）强化工业污染防治

在全面排查的基础上，深入推进钢铁、造纸等重点行业企业全面达标排放计划，加快推进造纸、农副食品加工、电镀、氮肥等重点行业清洁化改造。同时，在2017年底前，督促湖区各工业园区按规定建成污水集中处理设施，并安装自动在线监控装置；逾期未完成任务的园区，一律暂停审批和核准该园区增加水污染物排放的建设项目，并依照有关规定撤销其园区资格。

（四）突出重点流域整治

按照流域综合管理的思路和保护优先、自然恢复为主的原则，突出抓好华容河、大通湖等不达标水体综合整治，继续加强西毛里湖、柘溪水库、铁山水库等水质较好水库的生态环境保护工作。在加强工业行业、城镇生活污染整治的同时，协同有关部门加强乡镇生活污染、畜禽养殖污染、农业面源污染治理，补齐治理短板。

（五）严格饮用水水源保护

按照“一个水源地、一套整治方案、一抓到底”的原则，2017年底前，全面完成地级城市城镇集中式饮用水水源地环境隐患排查整治工作。同时，全面启动县级城镇集中式饮用水水源地环境排查整治工作，确保年底前取得重要进展。强化农村饮用水水源环境保护，完成千吨万人及千人以上集中式饮用水水源保护区的划分工作。

（六）不断提升科技支撑

洞庭湖整治既要加大人力、物力和财力投入，更要加大智力投入，推动精细化管理和精准化治理。加强沟通协调，定期召开洞庭湖水环境治理会商会，明确重点工作任务。加强华容河、大通湖、东风湖等水质不达标水体原因分析，系统开展洞庭湖总氮、总磷污染成因及对策措施研究，积极探索水生生物净化水质试点。加强管理创新，鼓励地方多出好的治水、节水、护水经验。

（七）持续强化执法监管

积极推进环保管理体制改革，明确环境监管的层级责任和监管责任，全面实行网格化环境监督管理和随机抽查监管，加大配套办法的实施力度，深入推进打击环境污染违法犯罪2017“清水蓝天”专项行动，“零容忍”各类环境违法行为。同时，在造纸、火电等重点行业依法有序发放排污许可证，对固定污染源实施全过程管理和多污染物协同控制，实现精准管理。

（2017 年 4 月 20 日）

以环境质量改善为核心
全面推进“一湖四水”保护和治理

为确保全省水环境、水生态和水资源安全，湖南省认真学习领会习近平总书记在推动长江经济带发展座谈会上的重要讲话精神，贯彻落实国家《水污染防治行动计划》，大力推进生态强省战略和环境治理战役，以改善水环境质量为核心，全面推进“一湖四水”保护和治理，着力构建富饶美丽幸福新湖南。

以环境质量改善为核心，全面推进“一湖四水”保护和治理。经过积极努力，全省水环境质量持续改善。据湖南省环保厅发布的2016年度湖南省环境质量状况，2016年主要江河水质监测断面由98个调整为376个。376个主要江河省控监测断面中，Ⅰ—Ⅲ类水质断面368个，占97.9%；Ⅳ类水质断面6个，占1.6%；Ⅴ类水质断面2个，占0.5%。与上年同期可比断面相比，全省原有98个江河省控断面水质无明显变化，Ⅰ—Ⅲ类水质断面96个，占98.0%；Ⅰ—Ⅲ类和Ⅴ类水质断面比例比上年分别增加1.0%，劣Ⅴ类水质断面比例减少2.0%。其中湘资沅澧四水、长江湖南段、环洞庭湖河流、珠江流域水质总体为优。

一、前期开展的典型工作做法

（一）明确工作重点方向

2016年，湖南省召开的湘江保护和治理委员会全体会议明确，要扎实推进湘江保护和治理省“一号重点工程”向纵深发展、向“一湖四水”延伸。2017年，湖南省环保工作会议进一步明确了“一个引领、两个坚持、三个转变、四个考验、五个重点”的工作思路，即以建设“生态强省”为引领，坚持改善环境质量为核心和服务绿色发展为主线，实现“三个转变”，经受住“四个考验”，突出抓好“五个重点”，确保全省地表水质量达到或好于Ⅲ类水体比例达到85%以上，省控断面消灭劣Ⅴ类水质；湘资沅澧干流及一级支流市（州）出境断面水质总体为优。

（二）严格环保督察整改

2017 年4 月23 日—5 月24 日，中央第六环境保护督察组对湖南省开展督察，推动解决了一大批人民群众关注度高、反映强烈的突出环境问题。湖南省委、省政府要求全省上下“把配合环保督察当作树牢‘四个意识’的具体体现，当作落实中央决策、维护中央权威的实际行动，做到主动接受督察、坚决配合督察、全力支持督察”“以中央环保督察为契机，坚决打好环境治理战役，统筹推进水、土壤、大气等领域治理，切实提升环保工作治理水平”。中央环保督察期间，湖南省责令整改企业4010 家，立案处罚1183 起，罚款金额6104. 87 万元，立案侦查131 起，行政拘留114 人，刑事拘留58 人，约谈1360 人，问责1313 人。

（三）夯实治理各方责任

为加强湖南省生态环境保护工作的协调和领导，2017 年5 月，成立了以省长许达哲任主任，省发改委、省经信委等37 个省直相关部门主要负责人为成员的湖南省生态环境保护委员会，政府领导带队对14 个市（州）进行了专项环保督察；6 月5 日，湖南省政府组织召开环境治理战役“夏季攻势”动员大会，向省直12 个部门和14 个市（州）交办了2017 年度环境治理任务清单；建立并实施了“属地管理、分级负责、全面覆盖、责任到人”的网格化监管体系和随机抽查制度，环保部门加强了与公检法联动监管，联合公安部门开展专项执法行动，省检察院、省高级人民法院等建立了环境执法联席会议制度，并分别成立了环境资源检察处、环境资源审判庭，2017 年5 月，省检察院驻省环保厅检察联络室正式揭牌成立；出台实施《湖南省关于全面推行河长制的实施意见》，要求年内全省5341 条5 千米以上的河流、10 平方千米以上的湖泊，全部建立河长制责任体系。

同时，积极探索以河长制为主体，市民参与为辅助的网络化管理格局，为政府河（湖）长管理河湖提供民间力量支持。

（四）强力推进水污染防治

一是加强城镇生活污染治理。加快实施“两供两治”方案，全省县级以上城镇生活污水和垃圾无害化收集处理设施实现全覆盖，处理率分别达到93.3%和99.2%。二是加强重点行业整治整合。深入推进有色、化工等涉重行业企业规范化整治。累积关闭淘汰涉重企业1182家，96个省级产业园区（工业集聚区）建成污水集中处理设施。三是加强农村环境整治。以县为整治单元，全省126个县（市、区）全部启动农村环境连片综合整治，目前已有21个县（市、区）通过验收。四是加强畜禽养殖污染整治。全省117个县（市、区）已科学划定禁养区、限养区和适养区，湘江干流沿岸500米范围内已全部退出2273户规模畜禽养殖场，洞庭湖区规定禁养区范围内已退出5380户规模畜禽养殖场。五是加强不达标水体整治。排查公布170处黑臭水体，目前已完成50处。同时，加快推进了浏阳河、蒸水等不达标支流的综合治理。六是严格饮用水水源环境保护。长江经济带饮用水水源地环保执法专项行动排查的80个问题已完成整改60个。

（五）抓好重点污染整治

一是持续推进湘江保护和治理。从2013年开始，将湘江保护和治理作为省“一号重点工程”，每年定期召开两次湘江保护和治理委员会全体会议。第一个“三年行动计划”已顺利完成，基本完成“堵源头”的任务。目前，按照“治与调并举”的原则，第二个“三年行动计划”也已起好步。三年多来，流域共实施3000余个整治项目，有效保护了母亲河。二是深入推进洞庭湖水环境整治。制定出台《洞庭湖生态经济区水环境综合治理实施方案》，按照引水、蓄水、活水、清水、防水和节水“六水”联动的治理思路，层层签订目标责任状，在洞庭湖区26个县（市、区）深入开展畜禽养殖污染整治、重点工业污染源排查整治等五大专项行动，启动实施农业面源污染治理、工业点源污染治理等十大工程。

（六）提高环境管理水平

围绕水环境治理工作确定一些重点调研课题，加强调查研究，为环境治理决策提供科学依据。每月编撰一期环境治理工作简报，交流省内外信息经验。出台《环境质量考评办法》，强化地方党委政府对环境质量负总责。环保部门每月召开环境治理工作会商会，认真研判月度环境质量，向市县人民政府通报。

二、当前仍存在的主要问题

湖南人口多、基础弱、底子薄，正处于工业化和城镇化加速推进阶段，结构偏重、发展不优的省情没有根本改变，环境承载能力与产业发展矛盾比较突出，还没有跨过环境高污染、高风险阶段，环境保护形势依然严峻。

（一）产业结构偏重

湖南产业重型化特征比较明显，全省大中型企业有60%左右分布在重化工领域，重工业产业占主导地位，化工等基础原材料工业和高污染、高耗能、高排放行业比较集中，工业重型化特征加大了控制工业节能减排的难度。

（二）污染物排放强度偏高

经过多年治污减排，全省主要污染物排放总量大幅下降，但仍处于高位削减状态，主要污染物排放总量削减率在全国排名靠后。据统计，2015年，全省每创造1亿元GDP需排放10.87万吨废水，污染物排放强度超过环境自净能力。

（三）环境改善压力总体偏大

湖南河网密布、水系发达。经过长期治理，水质虽然总体向好，但与控制目标仍然存在较大差距。尤其是洞庭湖水质改善难度大，益阳大通湖目前仍为劣V类水质，城镇内河水质状况堪忧，黑臭水体基数较大，湖南省地级市共有170个黑臭水体纳入全国项目库，治理任务繁重。

（四）环境风险隐患依然较多

一是重金属污染仍然突出。湖南是“有色金属之乡”，历史遗留的重金属污染问题较严重。近年来，湖南省委、省政府通过实施专项治理，有效控制和削减了部分区域流域重金属污染问题，但一些老矿区历史遗留的大量废渣、尾矿，受治理资金和技术所限，环境污染和风险隐患仍然存在。全省60个重点区域重金属水质监测断面，还有15个锑、锰因子超标。二是农业和农村面源污染存在隐忧。湖南是传统农业大省、畜禽养殖大省，由于农业生产、畜牧养殖废弃物无害化处理和综合利用率不高，容易造成地下水和土壤污染。同时，农村生活污水、垃圾大量排放，处理率较低，处理技术不成熟，也带来一些安全隐患。据分析，目前造成洞庭湖水质堪忧的主要原因就是农村、农业面源污染问题。三是敏感区域保护存在隐忧。一些企业沿江、环湖或位于敏感区域，存在区域性、布局性、结构性隐患，环境风险大。部分道路桥梁基础建设项目穿越饮用水水源地等问题解决难度较大。

（五）环保设施建设相对滞后

湖南城镇化率已达52.75%，随着城镇体量的进一步扩张，现有设施难以满足日益增长的环境治理需求。污水处理设施设计处理能力偏低，管网建设不够配套，而且大部分建制镇还没有建设污水处理设施；工业园区已建成污水集中处理设施仅占45%，离目标任务差距较大。一些地方对环境基础设施重建设轻管理，造成部分设施不能实现长期稳定运行。少数乡镇和农村污水处理设施管护机制不健全，运维经费不落实，运行不正常，甚至还存在“晒太阳”的闲置现象。

三、未来还需强化的主要措施

一是严格落实责任。按照“党政同责、一岗双责”的原则，建立完善“横向到边、纵向到底”的保护和治理责任体系，进一步加大督促检查和考核奖惩力度，形成一级抓一级、层层抓落实的良好工作局面。同时，积极推进环保综合督察，确保流域各级各有关部门守土有责、守土尽责。二是提升支撑能力。进一步完善环境监测网络体系，逐月对各市（州）、县（市、区）环境质量情况进行核定，抓好监督检查，推动考评的各项措施到位。同时，加强科技支撑，加大先进适用技术装备研发、示范推广力度，提升整治效率。三是推动绿色发展。结合供给侧结构性改革，以“生态保护红线、环境质量底线、资源利用上线和环境准入负面清单”为依据，进一步强化空间、总量、项目准入管理，积极通过环境保护优化经济增长，推动绿色、低碳发展。四是加大整治力度。以环境质量改善为核心，以问题为导向，以项目为载体，在继续抓好城市生活、工业污染防治的同时，着力补齐治理短板，加强历史遗留污染治理、农村（重点乡镇）环境综合整治、畜禽养殖污染治理、不达标水体整治等重点工作，及时解决一批突出环境问题和安全隐患。同时，加强饮用水水源地环境保护，确保群众饮水安全。五是强化执法监管。2017 年年底前完成环保垂改工作，全面实行网格化环境监督管理和随机抽查监管，加大配套办法实施力度，“零容忍”各类环境违法行为。同时，在造纸、钢铁等重点行业依法有序发放排污许可证，对固定污染源实施全过程管理和多污染物协同控制。

（2017 年 6 月 13 日）

洞庭湖水环境整治成效显现

人类的生存与发展、文明孕育与成长、经济的开拓与繁荣，都与江河湖泊有着十分密切的关系。洞庭湖跨湘鄂两省，是全国第二大淡水湖，长江最重要的调蓄性湖泊和亚洲最大的内陆湿地。洞庭湖地区是长江重要水源、重要粮食生产和工业基地，担负着长江流域粮食安全、水安全和生态安全的重大责任。近年来，随着湖区及入湖河流沿岸人类开发活动加剧等多重因素的影响，洞庭湖水环境呈恶化趋势。治理与保护洞庭湖，解决洞庭湖突出水环境问题，推进湖区生态文明建设，保障湖泊生态安全十分重要、必要和紧迫。

一、洞庭湖水环境质量状况

根据监测，2016 年，洞庭湖 11 个省控断面中，Ⅳ类水质断面 10 个，Ⅴ类水质断面 1 个，总磷平均浓度为 0.084 毫克/升，较 2015 年下降 15.7%。2017 年 1—8 月，洞庭湖 11 个省控断面均为Ⅳ类水质，总磷平均浓度为 0.068 毫克/升，较 2016 年同期下降 14.0%，其中洞庭湖入长江出口断面总磷平均浓度由 2016 年同期的 0.085 毫克/升下降至 0.074 毫克/升（2017 年 1—8 月，长江干流在湖南省 5 个断面总磷平均浓度为 0.103 毫克/升）。总体而言，2016 年以来，通过全省上下共同努力，洞庭湖水环境恶化的趋势得到遏制。

二、洞庭湖水环境整治的典型经验做法

（一）提高思想认识，进一步加强组织领导

为保护母亲湖，湖南省委、省政府高度重视洞庭湖水环境整治工作，先后开展了造纸、苎麻行业污染整治等系列工作。2017 年湖南省环保工作会议明确要求扎实开展洞庭湖区域污染综合治理，将具体整治目标和工作任务纳入了年度工作计划，纳入省政府绩效考核。6 月 5 日，湖南省政府召开环境治理战役“夏季攻势”，每月调度环境治理战役进展情况，由省政府督察室进行通报，对工作进展滞后的地方及时下达预警函，有力推进了各项工作。

（二）突出问题导向，强力推进环保督察整改

针对中央环保督察组反馈意见和现场交办的生态环境损害责任追究问题，及时制定整改方案，将洞庭湖生态环境 4 大方面 18 个具体问题以责任清单形式向地方政府和有关部门进行交办。同时，加强调度和督察力度，督促地方加快推进突出环境问题整改，并加快建立完善长效整治机制。9 月，由湖南省委督察室、省政府督察室牵头组织省直相关部门对 14 个市（州）进行现场专项督察。根据调度，中央环保督察组交办的 76 个问题细化分解为 176 个具体问题，已完成整改 43 个。

（三）注重转型升级，积极推进绿色发展

一是积极推进生态红线划定。制定了全省生态保护红线划定工作方案、技术方案，初步评估出应纳入生态保护红线的范围。二是把好环境准入关。围绕供给侧结构性改革，以“生态保护红线、环境质量底线、资源利用上线和环境准入负面清单”为依据，全面实施差别化环境准入政策，坚决否决了一批不符合要求的项目。同时，积极引导工业企业入专业园区聚集发展、集约发展。三是全面清理违规建设项目。组织常德、益阳和岳阳 3 市开展环保违规建设项目清理整治工作，共排查出违规建设项目 9032 个，淘汰关闭 821 个，整顿规范 5449 个，为湖区绿色产业、低碳产业发展

腾出了宝贵环境容量。

（四）加强协调联动，深入推进专项整治

出台《洞庭湖工业污染源排查整治专项行动实施方案》，按照“条块结合”的原则，组织对湖区工业园区和有污染物排放行为的企事业单位进行全面执法检查，对存在违法行为和环境隐患的工业园区、企事业单位实行分类整治。湖区三市共排查重点工业污染源企业1866家，其中关闭322家，整改168家。按照国家部署，在造纸、化工等15个重点行业推进新版排污许可证核发和工业污染源全面达标排放计划，加快推进造纸、印染等重点行业企业清洁化改造，加强园区污染集中治理，湖区25个产业园区（工业聚集区）建成污水集中处理设施。

（五）夯实工作基础，不断提升支撑能力

一是完善监测网络。结合“十三五”地表水监测网络建设，将水环境质量监测网点由2014年的109个增加到419个（监测评价断面345个），其中洞庭湖体（内湖）及环洞庭湖河流共部署监测断面（点位）58个。二是开展专项调查。组织开展了洞庭湖污染现状调查，对湖区本身工业、农业及生活污染源进行全面调查，并对长江和省内四水入湖输入污染进行监测分析。针对华容河、大通湖等不达标水体，组织开展了专项监测调查。三是加强环境治理形势会商。出台《湖南省环境质量考评办法》，每月召开环境治理工作会商会，对问题较多的地方及时采取警示、约谈等措施，指出整改要求。四是持续改革创新。积极完善环保责任体系，深入推进排污权交易试点、第三方污染治理、企业环境行为信用等级评价等工作，支持地方环境立法，深化公众参与，不断丰富整治手段。

（六）强化执法监管，有效震慑违法行为

全面实施网格化监管和随机抽查制度。2017年以来，先后组织开展10余个专项执法行动，及时整改了一批环境风险隐患。加强环保与公检法联动，建立健全两法衔接工作制度。2017年5月，湖南省检察院驻环保厅检察联络室正式揭牌成立，各市（州）、县（市、区）均已成立公安驻环保

工作联络机构。为保持湖区执法监管高压态势，下发了“2017 环湖利剑”涉企环境执法专项行动方案，组织对湖区开展集中排查暗访，依法对 17 家涉嫌环境违法企业进行立案查处。2017 年 1—8 月，常德、益阳、岳阳三市行政处罚案件为 484 件，处罚金额为 2342. 95 万元；办理移送行政拘留和刑事拘留案件分别为 96 件和 8 件。

三、洞庭湖水环境整治仍存在的主要问题

（一）水环境质量不容乐观

三峡工程建成后，洞庭湖水文情势及节律发生不利变化、入流减少、出流加快，湖体自净能力降低，加上入湖污染物超出水环境容量，导致目前湖体总体为Ⅳ类水质（轻度污染），营养状态为中营养。主要超标因子为总磷，2016 年，超Ⅲ类水质标准 0. 68 倍；2017 年 1—8 月，超标 0. 36 倍。同时，洞庭湖内湖大部分水质未达到Ⅲ类标准，大通湖、珊珀湖等湖库水质还为劣Ⅴ类；环洞庭湖河流中，华容河六门闸断面水质为Ⅳ类，藕池河西支官垱断面水质在枯水期为Ⅳ、Ⅴ类。此外，湖区地下水环境质量不容乐观，氨氮、铁、锰等污染物超标问题突出。

（二）污染整治压力巨大

根据调查，湖区总磷、总氮 90% 以上的排放量来源于农业源、生活源，但相关整治工作相对滞后。作为全国重要粮食、生猪生产基地，湖区化肥、农药施用强度高，畜禽养殖规模大，污染治理任务繁重，网箱投肥养殖控制难度大。同时，近年来，湖区人口总数不断增加，但城区污水管网建设不配套问题突出，城镇污水处理厂基本执行一级 B 的排放标准，部分地方农村（乡镇）生活污水、垃圾直排问题还未从根本上得到解决。水污染整治项目建设严重滞后，湖区还有 15 个产业园区（工业聚集区）未建成污水集中处理设施，其中 3 个还处于项目前期。

（三）环境违法问题容易反弹

洞庭湖区作为湖南省芦苇、麻类主产区，造纸、苎麻、制药、化工等

“高能耗”“高污染”行业企业所占比重大，产业结构短期内难以调整到位。在当前经济形势下，部分行业企业经济效益差，缺少转型升级和污染治理的积极性、主动性，环保欠账较多，部分企业守法意识不强，受利益驱动，超标排放、违法排污的行为时有发生。同时，“重建轻管”现象突出，部分治理设施未能发挥相应的环境效益。“散、乱、污”企业点多面广，监管难度大，部分养殖场粪污直接排放，严重污染周边生态环境，污染纠纷多。

（四）责任有待进一步落实

有的地方“党政同责、一岗双责”还未压紧压实，压力层层传导不够。部分领导干部还停留在传统和惯性思维上，“绿水青山就是金山银山”的思想树得不牢，在处理保护和发展上统筹不够，对湖区得天独厚的自然资源进行掠夺式开发，开发过度、保护不足。在新形势下，一些单位和工作人员推动环保工作不敢动真碰硬，不想为、不敢为、不会为的现象不同程度地存在。在饮用水水源整治、畜禽养殖污染治理、地下水污染防治等领域，责任不清、监管不力等问题客观存在，还未形成齐抓共管合力。

（五）工作基础相对薄弱

洞庭湖环境整治信息共享机制还不完善，部门协调配合力度有待加强，相关工作衔接不够，监督、评估、考核体系有待细化。科技支撑能力弱，先进适用技术研发与示范推广不够，有用可靠的管理经验少，地方政府、企业难以抉择。非工程性措施不足，部分政策措施还有待完善，系统性、针对性不够。同时，基层工作人员普遍不足，专业人才少，能力偏弱，小马拉大车的问题严重，难以适应工作任务日趋繁重、要求越来越高的新形势。

四、洞庭湖水环境整治的下一步工作重点

一是进一步落实各方工作职责。按照“党政同责、一岗双责”的原则，进一步细化洞庭湖环境治理目标任务、明确具体工作要求，并落实到具体部门和责任人。同时，加快建立健全约束和激励并举机制，强化督察

督办和责任追究，推动形成齐抓共管整治工作格局。按照湖南省政府要求落实“五个一”的工作制度（一月一调度，一月一考评，一月一会商，一月一通报，一月一交流），确保有力有序推进各项工作落实。二是进一步加快突出问题整改。对照中央环保督察反馈意见和整改方案，按照“一月一调度一通报、两月一督察一推进、三月一评议”的部署，严格落实整改责任，按时限逐条抓好洞庭湖突出环境问题整改落实。为强化长效管理，在积极推进洞庭湖立法的同时，湖南省政府应尽快出台政府通告文件，在湖区三市一区明确禁止天然水面投肥养鱼、侵占湿地等违法行为，同时，加大宣传引导力度，确保相关政策深入人心。三是进一步加大污染治理力度。洞庭湖为过水性湖泊，由于河流、湖库水质标准相差较大，为确保水质达到Ⅲ类标准，必须紧盯关键矛盾，坚持以控磷降氮为主攻方向，推动湘资沅澧四水及湖区周边同治。一方面，建立整治项目库，分期、分批实施一批工业污染源整治、畜禽养殖污染治理、城镇污水厂提标改造、乡镇（农村）生活污水处理等项目。另一方面，因地制宜抓好生态保护和修复。同时，加大工作力度，突出抓好大通湖、华容河等不达标水体整治。四是进一步提升科技支撑能力。洞庭湖整治既要加大人力、物力和财力投入，更要加大智力投入，建立精准识别、精准决策、精准施策以及精准管理的治理机制。建议在湖泊总氮总磷污染控制、水生态修复等领域，加大投入力度，鼓励先进适用技术及装备研发、示范和推广。同时，加强与发达省份、先进地方的交流学习，成立洞庭湖水环境整治专家委员会，为洞庭湖把脉，为精准治理提供技术咨询。五是进一步加强环境执法监管。深入开展“2017 环湖利剑”涉企环境执法专项行动，从 9 月到 12 月，集中时间集中力量，对洞庭湖区内的工业企业、工业园区、集中污水处理厂开展“全覆盖”“拉网式”排查，重点针对化工、造纸、食品、制药等涉水工业企业开展专项执法，按照“关闭一批、查处一批、移送一批”的总体要求，对所发现的问题责令企业拉条挂账，实行一企一档、挂号跟踪、限期办结、销号管理。

（2017 年 10 月 9 日）

准确把握水污染防治工作形势

国家高度重视水污染防治工作，2015 年，出台《水污染防治行动计划》，2016 年出台了具体的考核实施细则，2017 年以来，又先后出台《长江经济带生态环境保护规划》《重点流域水污染防治规划（2016—2020年)》等文件，对水污染防治等工作提出了更多、更细、更严格的要求。湖南省水资源丰富，水流动性强，水环境容量相对较大，应该说，水污染防治工作还是有着得天独厚的先天优势。近年来，在湖南省委、省政府的坚强领导下，各级各有关部门共同努力，水污染防治工作取得了较好的成绩，但实事求是地讲，相关工作无论是从工作重视程度、推进力度，还是从治理效果上来讲，离国家要求、群众期待、应该达到的目标相比还有不小差距。必须保持头脑清醒，认真查找差距，以问题为导向，准确把握并积极适应水污染防治工作新形势、新任务、新要求。

一、对照思想认识找差距

思想到位，行动才会到位。面对当前环境治理的严峻形势，还有部分领导干部还停留在过去的传统和惯性思维上，仍然存在“唯 GDP 至上”“等与靠”的思想，创新不够，措施不力，作风不实，精神不振，不敢担当，不敢动真碰硬，遇到问题绕着走，碰到矛盾躲着走，看见难点低头走，工作应付了事，满足于过得去。环保系统首先自身要进一步提高思想认识并推动和带动党委政府、有关部门、企业社会，始终铭记解决环境问题的政治责任和历史责任，坚决纠正各种思想偏差，着力解决好不愿为、不敢为、不会为、慢作为的问题。

二、对照环境质量找差距

国家明确要求，环境质量“只能更好，不能变差”。总体而言，湖南省水环境质量在全国比较靠前，但也还有部分区域水环境质量不容乐观，还有部分江河断面未达到Ⅲ类水质标准，甚至为Ⅴ类、劣Ⅴ类，如郴州马家坪电站大坝、浏阳河三角洲断面等。湖库的水质相对较差，全省21个湖库评价断面中，Ⅰ—Ⅲ类水质比例仅为23.8%，洞庭湖水质虽然有好转，但总磷还是超标，部分内湖水质恶化，如大通湖。2017年，预计益阳桃谷山、大通湖和湘潭涟水入河口3个断面难以达到国家考核要求，益阳龙山港、湘潭一水厂饮用水水源地水质超标，压力巨大。

三、对照目标任务找差距

国家与湖南省签订了目标责任书，明确了年度重点工作任务，如工业聚集区污水集中处理设施建设、地级以上城市黑臭水体整治、饮用水水源地环境安全整治等等。同时，2017年6月5日，在环境治理战役“夏季攻势”启动会上，湖南省政府向12个省直部门和14个市（州）政府市（州）长交办了任务清单，这些都是要不折不扣完成的硬任务、硬指标。根据调度和湖南省政府综合督察，目前，仍有不少工作进展严重滞后，如511个水环境综合治理年度项目仅完成31.9%，还有68.1%未完成。全省170个工业集聚片区，还有61个未完成污水集中处理设施建设，其中45个片区污水集中处理设施尚处在土建施工甚至前期工作阶段。年度水环境重点工作任务是纳入了环境治理战役的，是纳入了对市（州）党委政府年终绩效考核了的，完成不好年底是要问责的。各市（州）要继续攻坚克难，以“不用扬鞭自奋蹄”的精神，以抓铁有痕、踏石留印的作风，一步一个脚印向前推进，坚决完成年度目标任务。

四、对照工作基础找差距

工作基础包括两方面，一方面是污染治理，包括工业企业污染治理设施建设情况，城市（包括重点乡镇）生活污水、垃圾收集处理设施建设运营情况，畜禽养殖污染整治工作情况，农业清洁生产推进情况等，总体而言，各地工作进展相对不平衡，需要进一步梳理工作短板，找出污染物贡献大的领域，推动相关部门加强整治。另一方面是工作措施。当前，环境治理任务越来越重，要求越来越高，面对新的情况，新的形势，“老办法不管用、新办法不会用”的问题客观存在，如生活污染、面源污染的问题。针对“本领恐慌”，需要各地结合生态文明体制改革等工作，积极探索，多出亮点，不断丰富整治手段，提升工作效率。

五、要对照群众意见找差距

随着社会经济的发展和人民群众生活水平的提高，社会各界越来越关心生态环境问题，中央环保督察组在湖南省进驻仅短短的一个月，就收到了4580多个关于环境问题的投诉电话，这些投诉基本上都属实，部分群众甚至领导干部还反映投诉电话老占线，好多问题还没有反应。实事求是地讲，在发展过程中，湖南省环境保护欠账比较多，风险隐患点多面广，如三十六湾甘溪河河道矿渣淤积、娄底锡矿山遗留废渣等污染问题长期未得到有效解决，污染还在扩散。同时，还有部分饮用水水源地环境安全问题未完全整治到位，群众反应强烈，社会广泛关注。要紧紧围绕人民群众反映最强烈、最关心、最直接的环境问题，切实加大环境治理力度，增强人民群众的环境获得感。

（2017年12月28日）

强力推进洞庭湖生态环境专项整治

2017年12月29日，湖南省人民政府办公厅印发《洞庭湖生态环境专项整治三年行动计划（2018—2020年）》，这是加快改善洞庭湖生态环境、推动全省生态文明建设的纲领性文件，锚定了打好洞庭湖生态环境攻坚战的方向、思路和目标。

一、学习党的十九大报告，贯彻新发展理念，全面落实“共抓大保护、不搞大开发”的长江经济带发展要求

十九大报告指出，建设生态文明是中华民族永续发展的千年大计。必须树立和践行绿水青山就是金山银山的理念，坚持节约资源和保护环境的基本国策。湖南是块红色热土，红色是湖南的底色；同时，森林覆盖率高，绿色是湖南的特色，生态是湖南的优势。打好洞庭湖生态环境攻坚战，要认真贯彻党的十九大精神，坚持节约优先、保护优先、自然恢复为主的方针，形成节约资源和保护环境的空间格局、产业结构、生产方式、生活方式，还自然以宁静、和谐、美丽。

党的十九大报告指出，中国特色社会主义进入新时代，我国社会主要矛盾已经转化为人民日益增长的美好生活需要和不平衡不充分的发展之间的矛盾。顺应人民对美好生活的向往，既要创造更多物质财富和精神财富，也要提供更多优质生态产品，以增强人民群众的获得感、安全感、幸福感。受历史累积性污染、发展观念转变不到位等因素影响，“一湖四水”生态环境治理的任务仍很艰巨，人民群众对改善环境的要求很强烈。近年来，按照国家关于洞庭湖生态经济区的批复和规划要求，围绕建设更加秀美富饶的大湖经济区目标，湖区各市县着力实施洞庭湖水环境综合治理五

大专项行动和十大重点工程，推进了大批项目，制定了系列改革举措，解决了一批群众关切、社会关注的难点热点问题。但也要清醒认识到，洞庭湖水环境治理的任务依然艰巨、形势依然严峻。中央第六环保督察组反馈意见指出，洞庭湖Ⅲ类水质断面比例下降为0，采砂问题突出，生态破坏严重，劣Ⅴ类的黑臭水不断增加。增强“四个意识”，端正发展观念，就是要把中央环保督察问题的整改落实，作为坚决同以习近平同志为核心的党中央保持高度一致、坚决维护党中央权威和集中统一领导的具体行动，作为向习近平总书记的为民情结、政治担当和家国情怀看齐的实际举措，就是要推动形成绿色发展方式和生活方式，坚决不要带污染的GDP，真正从群众关心的事、身边的事抓起。只有让老百姓看到天变蓝了、水变清了、山变绿了、气变净了，才能说真正落实了绿色发展，才能说真正端正了发展观念，才能说贯彻党的十九大精神取得实际成效。

十九大报告指出，以共抓大保护、不搞大开发为导向推动长江经济带发展，这是对长江经济带发展提出的总要求。湖南是长江流域的重要省份，96%的区域属长江流域，必须严格落实中央关于长江经济带建设的要求，以共抓大保护、不搞大开发为指导，凡是长江经济带禁止的，“一湖四水”都应坚决做到。要按照国家统一部署，实施重要生态系统保护和修复重大工程，统筹山水林田湖草系统治理，推进全省“退林还湿”“退养还净”“退田还湖”工程，提升生态系统质量和稳定性。要按照中央统一部署，加强对生态文明建设的总体设计和组织领导，完善生态环境监管制度，坚决制止和惩处破坏生态环境的行为，真正让绿水青山成为湖南亮丽的名片。

二、坚持问题导向，切实完成洞庭湖水环境综合治理年度任务

2017年，湖南省委、省政府对洞庭湖治理进行了系列部署，比如推进中央环保督察涉及洞庭湖问题的整改，推进“五大专项行动”，推进环境治理“夏季攻势”，等等。需要一项项梳理、一条条对标、一件件落实。

一要认真抓好中央环保督察反馈问题的整改落实。中央第六环保督察组向湖南省反馈的问题中，涉及洞庭湖的共4个方面、31项具体问题。中央环保督察组反馈问题的整改落实，是必须完成的政治任务，按照中央明

确的时限全部整改到位。比如，河道采砂方面，要从控总量、严审批、治砂船、打非法入手，坚决禁止洞庭湖自然保护区、饮用水水源保护区等敏感水域采砂行为，保持对偷采盗采行为的高压态势，该关停的砂石码头要关停到位，该处置的砂船要处置到位。湖库水产养殖方面，要大力推进益阳大通湖周边农村的农业面源污染整治、南县三仙湖入湖排口封堵取缔和湖区清淤、常德安乡珊珀湖整治。禁养区内畜禽养殖场、养殖小区要全部关闭或搬迁，相关污染治理也要加大投入、同步跟进。湖区及周边生活废水、垃圾污染方面，常德市马家吉河污染严重，常德市经开区生活污水未进污水处理厂，要加快污水截流建设，确保实现全面截污。湖区三市简易填埋或堆放乡镇农村垃圾污染整治必须加快工作进度。黑杨种植破坏生态方面，要加快清理洞庭湖自然保护区内大面积种植的欧美黑杨，逐步恢复湿地。

二要认真抓好“五大专项行动”任务落实。2016 年启动实施的洞庭湖水环境治理“五大专项行动”，总体进展顺利，但有些工作还需要加大力度。沟渠塘坝清淤增蓄行动，近两年完成沟渠塘坝清淤 4.4 万千米，但主要集中在 8 个重点县（市、区）大中型沟渠，湖区仍有 5.7 万千米未完成。要继续推进清淤增蓄行动，扩大奖补范围，延长奖补政策，建立长效管护机制，做到常清淤、常疏浚、常管护。畜禽养殖污染整治和河湖围网养殖清理行动，禁养区内尚未退出的 27 家规模养殖场，必须在年底前退出；君山公园等 4 处没有拆除的矮围，要拆除到位；对所有已退养的养殖场和已拆除的矮围，要加强巡查、加强监管，联合开展综合执法行动，坚决防止反弹回潮。河湖沿岸垃圾清理行动，基本完成了清理任务，但村镇垃圾收集转运体系仍不完善，500 吨以上的陈年垃圾堆放点多达 371 处。必须抓紧清理陈年垃圾堆放点，完善村镇垃圾处理设施，推进城乡垃圾收转运一体化。重点工业污染源排查行动，湖区有近 800 家涉水企业，每年向洞庭湖排废水 2 亿吨左右。湖南省环保厅要动真碰硬，看看到底是哪些地方、哪些企业还在直排，拿出单子，抓些典型。要紧盯造纸、化工、食品、纺织、石油加工、电力热力等重点行业、重点企业，三仙湖、珊珀湖和华容河等重点区域，湖区所有企业废水必须经过处理后达标排放，坚决禁止直排，减少废水排放总量、提高废水处理深度，降低工业废水对环境的影响。

三要切实完成环境治理“夏季攻势”任务。环境治理“夏季攻势”安排的洞庭湖区水污染145个整治项目，进度相当滞后。湖体水质方面，总体为轻度污染，2017年1—9月，总磷超标0.42倍，内湖大部分水质未达到Ⅲ类标准，大通湖、珊珀湖等湖库水质为劣Ⅴ类；环洞庭湖河流中，华容河六门闸断面水质为Ⅳ类。需要加快治理项目建设，争取早建成、早发挥效益，推动湖区水质改善，尤其是大通湖、珊珀湖，要下定决心、下大力气，达到国家Ⅲ类水质标准。工业园区污水集中处理方面，2017年年底前，所有省级工业园区须建成污水集中处理设施，并安装自动在线监控装置。目前，湖区还有15家工业园区未按要求建成污水集中处理设施。环保、发改等部门要加强督办，逾期未完成的，一律暂停审批和核准其增加水污染物排放的建设项目，并依规撤销其园区资格。黑臭水体整治方面，洞庭湖三市共排查58处黑臭水体，目前已完成19处。根据国家要求，年内地级以上城市黑臭水体整治率要达到60%以上，各地要抓紧推进。

三、启动实施“三年行动计划”，坚决打赢洞庭湖生态环境治理攻坚战

要以“四个全覆盖”“三个提高”为抓手，明确工作重点和任务，深入推进洞庭湖生态环境专项整治三年行动计划。

一是推进黑臭水体治理全覆盖。要按照“闻起来不臭、看起来不黑、生态逐步恢复”的要求，加强截污管网建设，尽快实现全截污、全收集、全处理，尽快开展河湖垃圾、清淤处理，加快对水生态岸线进行修复。确保2020年底基本完成黑臭水体治理目标，其中地级市建成区黑臭水体消除比例达到95%，县区级城市全部完成治理。同时，对乡村的黑臭水体，也要全面摸底、逐步治理。

二是推进畜禽养殖粪污处理全覆盖。目前，湖区畜禽养殖规模化比重较低，即使是规模养殖场，其污染防治设施配套率也仅为56.9%，导致大量养殖粪污无法集中处理，直接污染湖区水体和环境。下一步，要优化养殖业发展布局，严格畜禽养殖准入，坚决执行畜禽养殖分区管理制度，严禁天然水域投肥投饵养殖，加强禁养区退养后续监管，实施畜禽规模养殖

场标准化改造，建设分散畜禽养殖废弃物集中收集、处理和服务体系，推进畜禽养殖废弃物资源化利用。年底前，完成现有畜禽规模养殖企业 70% 设施设备的升级改造；2018 年底前，建成覆盖湖区病死畜禽无害化收集处理体系；2020 年底前，湖区畜禽规模养殖比重超过 75%，规模养殖场粪污处理设施装备配套率达 95% 以上，畜禽养殖粪污转运处理设施全覆盖。同时，要结合农业供给侧结构性改革，加快环湖地区农业结构调整，以种植大户为重点推进测土配方、病虫害统防统治等工作，切实减少面源污染。

三是推进沟渠塘坝清淤全覆盖。湖区各类沟渠 15 万多千米，大量淤塞沟渠还没有得到整治，导致灌排不畅、水环境恶化。下一步，要按照清空见底、坡面整洁、岸线顺畅、建筑物完好、环境同步、管护到位的要求推进清淤工作，2020 年底前完成四口水系地区和湖区 57450 千米的沟渠塘坝清淤，构建旱能灌、涝能排、水清岸绿的沟渠塘坝生态活水网。

四是推进湿地功能修复全覆盖。近几十年来，洞庭湖区一些珍稀物种明显减少，一些以前在湖区比较常见的珍稀植物濒临灭绝；过去 10 年湖区湿地面积减少 24 万亩，但杨树栽植面积达 39 万亩，各类砂石码头侵占洲滩面积达 1544 亩，保护区内各类湿地资源被非法外租它用。必须加快推进欧美黑杨退出工作，加快推进退林还湿、退田还湖、湿地生态修复、巡护执法等保护工作，建立健全由国际重要湿地、自然保护区、湿地公园、保护小区等组成的洞庭湖湿地体系。2020 年底前，全面恢复被非法侵占的湿地资源，修复湿地面积 65 万亩，湿地保护率稳定在 72% 以上。

五是提高城乡生活污水和垃圾处理率。目前，湖区许多城镇仍然存在生活污水直排现象，湖区 321 个乡镇污水处理设施覆盖率仅为 14%，湖区内非法垃圾堆放规模达 288. 97 万立方米。下一步，要立即对所有污水直排口进行整改，全面加强排污配套管网建设，加快污水处理厂、垃圾焚烧发电厂、城镇生活垃圾收集和中转站建设，推行农村生活垃圾分类减量，加快卫生填埋场提质改造或封场治理工作，新建城区要实行雨污分流管网建设，老旧城区要逐步进行雨污分流改造。确保到 2020 年底，湖区基本实现建制镇污水处理设施、农村垃圾收转设施全覆盖，实现生活垃圾处理无害化、减量化和资源化利用全覆盖。

六是提高农村安全饮水普及率。目前，湖区还有直接排向水源地的排污口 10 处，部分集中式饮用水水源二级保护区内存在排放污染物的建设项目，农村饮用水安全问题仍然比较突出。要加快清理集中式饮用水水源保护区违规建设项目，完善水源地水质预警监控体系，加快已建农村饮水安全工程的配套改造、升级联网，以及规模化农村集中供水工程建设，提高农村供水工程水质达标率、自来水普及率和工程运行管理水平，确保年底前关闭所有水源地排污口，2020 年湖区农村水质达标率达到 80%、自来水普及率达到 90% 以上。

七是提高血吸虫防控率。目前，全省钉螺面积约占全国钉螺总面积的一半，血吸虫病人约占全国血吸虫病人总数的 1/4。疫区各级政府要加大血防工作力度，推进血防综合治理，实施家畜传染源控制、人传染源控制、钉螺控制、提升血防机构服务能力建设“四大工程”。确保 2020 年底前，全省实现血吸虫病传播阻断达标，41 个疫区中，26 个血吸虫病传播控制疫区要实现血吸虫病传播阻断达标，15 个血吸虫传播阻断疫区要实现血吸虫病消除达标。

在做到“四个全覆盖”“三个提高”的同时，还要抓好采砂、水上运输和工业污染整治以及生态修复等工作。采砂污染防治方面，要全面禁止洞庭湖自然保护区、饮用水水源保护区等敏感水域河道采砂，全面清理整顿采砂船只，全面关停洞庭湖自然保护区砂石码头，严控采砂产能，严格砂石资源交易管理，严厉打击非法采砂行为及其背后的保护伞和黑恶势力。水上运输污染防治方面，要加强危化品水路运输管理，严格控制船舶污染物排放，强化船舶污染物专业接收和监管。工业污染防治方面，要在完成 2017 年省级工业园区污水集中处理任务的基础上，严格湖区重污染行业准入，尽快明确湖区行业准入负面清单；建立环湖工业污染源信息网，实施企业清洁化改造。生态修复方面，要严格落实生态红线管控，确保“划得出、守得住”；优先保护湖滨生态敏感区，加强入湖河流污染治理，推进区域水系联通工程建设，制定并落实大通湖、珊珀湖、三仙湖等不达标水体限期整改方案，继续加强毛里湖、柘溪水库、铁山水库等良好湖库保护。

四、坚持人与自然和谐共生，构建湖区生态环境现代化建设新格局

洞庭湖生态环境治理是一项长期的工作任务。要加快出台实施洞庭湖生态环境专项整治三年行动计划，加强统筹协调，齐心协力构建湖区生态环境现代化建设新格局。

一是推动多规合一。按照统筹山水林田湖草系统治理的要求，坚持规划先行、多规合一，系统推进洞庭湖水生态、水环境、水污染整治。要一张图管总。在洞庭湖生态经济区规划、湖区主体功能区规划的基础上，以湖体保护区为主要范围，发挥国土资源卫星遥感应用体系作用，把工业发展、旅游开发、交通建设、水利建设、湿地保护、采砂、水源地保护、水体水质等各方面的工作和项目放到一张“蓝图”上规划，将约束性、禁止性要求落实到具体的地域、具体的措施上，确保洞庭湖发展和治理的方向、目标和措施统一协调，防止各部门的保护、治理和开发行为互相矛盾扯皮。要“一盘棋”推进。各部门和湖区各地要统一行动，杜绝各自为政、自行其是。要理顺衔接好三年行动计划、五大专项行动等实施方案，规范统一洞庭湖生态环境整治的协调推进、生态补偿和资金保障机制，各省直部门要根据省领导小组意见安排项目资金，湖区各地要根据省里要求明确重点，形成全省联动和湖区上下游、左右岸互动的工作格局。

二是创新政策投入。加强向国家部委的汇报衔接，加大洞庭湖治理项目申报力度，努力争取国家政策和项目支持。省财政将加大预算资金投入，设立洞庭湖生态经济区建设融资基金，适度扩大资金覆盖面，提高奖补标准，并采取以奖代补、先建后补等方式，谁的积极性高，就优先支持谁。各地政府要强化责任担当，牢固树立正确的政绩观，优化支出、挤出资金，加大对洞庭湖生态环境专项整治项目的投入力度。同时，要推动银政合作、银企合作，加强与洞庭湖治理项目的包装和对接，争取金融机构的专项贷款；要发挥财政资金引导作用，采取贴息、担保、补助等方式，引导金融资本和社会资本参与养殖环境治理、畜禽粪污综合利用等示范工程建设。

三是牢牢抓住重点项目、重点企业。要把企业作为洞庭湖治理的主体，重点整治造纸、苎麻、化工、印染等行业企业排污超标问题，加快淘

汰落后生产线，关停非法生产经营、资质证照不齐全、整改不合格企业生产线。加强农业养殖企业治理，推广水产健康养殖技术，依法关停未建设配套设施、未实现排放达标的规模养殖场。尤其是要按照“谁污染、谁付费、谁治理”的原则，强化和落实企业的环保责任。

四是从严压实责任。按照分级管理、属地为主，党政同责、一岗双责、失职追责的原则，将三年行动计划确定的各项任务，明确牵头责任部门，按年度分解到市县、到具体责任单位和责任人。要以考核压实责任，把洞庭湖治理工作纳入经济社会发展综合评价体系，完善考核标准，公布工作情况，建立常态化督察机制，倒逼洞庭湖治理工作扎实推进。要从严考核督察，充分运用考核结果，将各地洞庭湖治理的完成情况与省里对市县的项目安排、转移支付挂钩，与领导班子和干部考核挂钩，做到做与不做不一样，树立奖优罚劣的鲜明导向。

五是增强“狠抓落实本领”。要落实党的十九大精神，坚持说实话、谋实事、出实招、求实效，把雷厉风行和久久为功有机结合起来，勇于攻坚克难，以钉钉子精神做实做细做好各项工作。要以落实河长制为核心，切实增强洞庭湖保护、治理能力和水平。要推进依法治湖，严格依法监管、查处、追责、治污，该取缔的要取缔到位，该追责的要追责到位。要推进科技治湖，完善污染监测预警体系，运用在线监控、无人机、卫星遥感等技术实施全面监控和重点监管，提升监管效率和覆盖面。要推进协同治湖，洞庭湖生态经济区建设领导小组办公室要统一部署、统筹协调，省直相关部门要牵头协调、指导督察，各市县要责无旁贷地抓好落实，尤其是要加强与湖北荆州地区的协同联动，做到信息共享、工作互动。要推进社会治湖，建立举报奖励机制，广泛动员媒体、群众和民间组织参与监督，形成全社会共同治理的浓厚氛围。

（2018 年）

绿色发展 协同治理
让长江母亲河永葆生机和活力

湖南96%以上的省域面积位于长江流域，湘资沅澧四水通过洞庭湖汇入长江，多年平均径流量占长江的25%以上，洞庭湖素有“长江之肾”之称，具有极其重要的生态环境价值。过去一段时间内，包括湖南在内的沿江省份湿地破坏侵占、岸线无序开发、化工企业（园区）环境违法等问题较为突出，影响了长江母亲河生态环境质量。习近平总书记痛心地说，“长江病了，而且病得还不轻。”湖南省切实增强“共抓大保护、不搞大开发”的思想自觉和行动自觉，担负起“守护好一江碧水”的湖南责任，2016年以来，出台《中共湖南省委关于坚持生态优先绿色发展深入实施长江经济带发展战略 大力推动湖南高质量发展的决议》《洞庭湖生态环境专项整治三年行动计划（2018—2020年）》，国家批复实施《洞庭湖水环境综合治理规划》。加快实施洞庭湖五大专项行动、十大重点领域和九大片区整治，狠抓中央环保督察整改，严肃处理下塞湖矮围事件，累计清理保护区内欧美黑杨14.2万亩，拆除了近百处沙石码头，有效改善了洞庭湖生态环境质量。2018年，洞庭湖总磷比2015年下降38.4%，越冬候鸟达到了22万余只，同比增加了4万余只，湖南省已连续十年举办洞庭湖国际观鸟节。野生麋鹿数量由2012年的65头增加到164头。2018年4月26日，习近平总书记在岳阳现场考察时看到的长江江豚，目前数量已达到220余头，稳定栖息种群达120余头。

湖南省将持续加大长江经济带保护修复力度，重点做好四个方面的工作，为保护母亲河积极贡献湖南力量。一是提高政治站位，严守生态环境保护规矩，推动各级各有关部门守土有责、守土尽责。二是牢固树立绿水青山就是金山银山的理念，加快推动形成节约资源和保护生态环境的文化理念、产业结构、生产和生活方式，实现经济高质量发展。三是坚持山水林田湖草系统整治，突出抓好农业面源污染整治、化工污染整治等标志性战役。四是加强与沿江省份的联动协调，实现流域上下游、左右岸同治，推动社会公众积极参与，共护“一江碧水”。

（2018 年）

坚决打好洞庭湖保卫战 守护长江母亲河

洞庭湖地处长江中游荆江南岸，地跨湘、鄂两省，是我国第二大淡水湖，天然湖泊面积2625平方千米，流域面积26.33万平方千米。洞庭湖生态经济区覆盖湖南省岳阳市、常德市、益阳市及长沙市望城区和湖北省荆州市33个县（市、区）。作为长江流域重要的调蓄性湖泊、生态净化池（前置库）和亚洲最大的内陆湿地，洞庭湖在调节长江径流、维护生态平衡、保护生物多样性等方面具有不可替代的重要作用，素有“长江之肾”之称。

一、洞庭湖基本情况

（一）自然环境状况

洞庭湖东、南、西三面为山脉高地，北部为平原水网里。湖区四季分明，降水充沛，生物资源丰富，有水生高等植物311种，浮游动物90种，底栖动物67种，鱼类113种，鸟类216种，水生哺乳类动物22种，其中有中华鲟、白鲟等国家一级、二级保护动物48种，国家一、二级保护植物30多种，是国家重点保护野生动物江豚和麋鹿的栖憩地。

（二）经济社会发展情况

洞庭湖区位于长江黄金水道与京广交通动脉交汇处，具有承东启西、连南接北的独特区位优势。2016年区域（湖南部分）常住人口约1692万人，地区生产总值为8145.4亿元，三次产业结构为12∶46∶42，人均地区生产总值4.8万元，公共财政预算收入705.05亿元，城镇化率50.3%。洞庭湖区自古以来便是“鱼米之乡”和“天下粮仓”，是我国重要的大宗农产品生产基地、最大的水稻产地、商品粮调出地和畜禽水产养殖基地。工业方面初步形成了食品加工、石化、纺织、林纸等支柱产业，近年来，商贸物流、交通运输、生态旅游等现代服务业发展迅速。

（三）水资源情况

洞庭湖总蓄水量167亿立方米，南汇湘资沅澧四水，北纳松滋河、虎渡河、藕池河、华容河（1958年建闸控制）四口分泄的长江洪水，东接汨罗江和新墙河水，由城陵矶注入长江。1956—2013年多年平均入湖水量为2759亿立方米，其中四水来水1655亿立方米，荆南三河年均来水846亿立方米，区间来水288亿立方米。但径流量年内分配不均，季节性水位变化大，多年最大水位变幅达18.77米。汛期蓄水量、湖面是枯期的10倍、5倍以上。

表1　主要入湖河流特征表

序号	河流	长度（千米）	年平均流量（立方米/秒）	年均径流量（亿立方米）	2016年入湖断面水质
1	湘江	844	2070	652.2	Ⅱ类
2	资水	653	713	224.9	Ⅱ类
3	沅水	1033	2000	632.5	Ⅱ类
4	澧水	388	462	145.8	Ⅱ类
5	松滋河	401.8	1266	398.9	Ⅲ类
6	虎渡河	136.1	476	152.1	Ⅲ类
7	藕池河	332.8	934.4	295	Ⅲ类
8	华容河	85.6			Ⅳ类
9	汨罗江	253			Ⅲ类
10	新墙河	108			Ⅲ类
11	城陵矶出口		8840	2789	Ⅲ类

注：年平均流量、年均径流量采用1956—2008年数据，湘资沅澧流量分别采用湘潭、桃江、桃源、石门4个控制水文站实测数据；入湖水质数据，湘资沅澧水质分别采用樟树港、万家嘴、坡头、沙河口4个监测断面数据，松滋河、虎渡河、藕池河、华容河、汨罗江、新墙河水质分别采用马坡湖、安生、官垱、六门闸、南渡、八仙桥监测断面数据，城陵矶出口采用城陵矶监测断面数据。

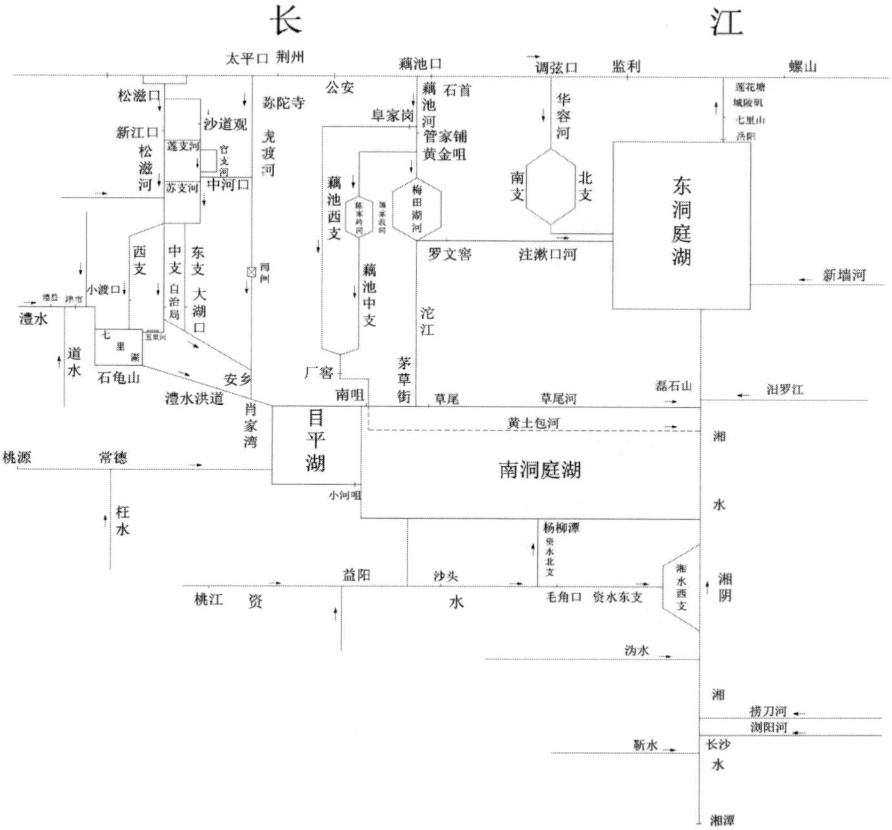

图 1　洞庭湖区水系概况图

二、存在的主要问题

洞庭湖的江湖关系十分复杂，在国内乃至世界都十分罕见。近年来，由于三峡水库建成运行，江湖关系更加错综复杂，加之城镇化、工业化、农业现代化的不断推进，洞庭湖水环境形势日益严峻，水生态问题日益突出，水流不进、流不动、留不住、污染重等问题相互交织，严重影响了湖区生产、生活和生态用水安全。

（一）洞庭湖入流减少、出流加快导致水资源短缺

三峡水库及长江上游水库群建成后，江湖关系变化带来的“水少”问

题日益显现。据统计，20 世纪 50 年代，长江入湖水量年均约 1331.6 亿立方米，但自三峡水库蓄水至 2014 年的 10 年间，年均入湖水量仅 490 亿立方米，衰减幅度达 63.2%，其中枯季（10 月至次年 3 月）入湖水量从 500 亿立方米减少至 80 亿立方米，减少了 80% 以上。另一方面，三峡水库建成运行后，长江中游河道清水冲刷下切，平均纵向深度达 2.1 米，洞庭湖出流加快，9—10 月湖区水位消落加快，提前进入枯水期。枯水期间洞庭湖成为“地上悬湖”，低枯期水域面积仅 500 平方千米左右，蓄水量不足 20 亿立方米。

表 2　洞庭湖年均来水来沙量统计表

（水量：亿立方米，沙量：万吨）

年份	入湖水量		区间水量（出湖－入湖）	出湖水量	入湖沙量		沉积沙量（出湖－入湖）	出湖沙量
	三口	四水			三口	四水		
1956—1966	1332	1524	270	3126	19590	2920	16550	5960
1967—1972	1022	1729	231	2982	14190	4080	13020	5250
1973—1980	834	1699	256	2789	11090	3650	10900	3840
1981—1992	720	1623	276	2619	10060	2403	9363	3100
1993—2002	628	1901	393	2922	6960	1580	6290	2250
2003—2012	493	1523	276	2292	1080	821	51	1850

（二）环境排量增加、容量下降导致水污染加剧

湖区人口相对密集，生产、生活污染负荷重。据统计，2016 年，湖区化学需氧量排放 34.56 万吨，总磷 0.52 万吨，总氮 28.26 万吨，加上湘资

沅澧四水及长江三口输入污染负荷。近年来，洞庭湖水环境质量不容乐观，湖体Ⅱ—Ⅲ类水质断面基本消失，长期维持在中营养水平。根据监测，2015 年，洞庭湖 11 个省控断面中，Ⅴ类水质断面 10 个，Ⅳ类水质断面 1 个，总体为轻度污染，主要污染因子为总磷，年均浓度为 0.112 毫克/升。

在导致污染的诸多原因中，农业面源污染问题最为突出，对洞庭湖总磷、总氮的贡献率已超过 70%。种植业化肥施用量每公顷超过 400 公斤，高出国际标准 1 倍，农药施用量高出全国平均水平 20%。区内年生猪出栏约 2000 万头，部分养殖场粪污治理未到位。投肥养鱼问题较为严重，高峰时每亩水面年投肥量接近 500 公斤；其次是城乡生活污染，尤其是乡镇生活污染治理率相对偏低；同时，湖区工业污染治理也还存在不少欠账。

（三）水体流动不畅、水质下降导致水生态脆弱

由于水量锐减，加上淤塞严重，垸内原本四通八达的水系被切断，造成水体流动性差，部分河湖、沟渠、塘堰大部分时间一潭死水，黑臭水体现象严重。部分内湖、河段暴发蓝藻水华生态灾害的概率增加，水生物多样性下降。因湖区特有的季节性水文节律发生变化和水位下降，过去 10 年间，洞庭湖区湿地面积减少了 24 万亩，湿地功能呈现退化、萎缩趋势。

（四）工作基础薄弱、协调同步治理机制尚未建立

部分领导干部还停留在过去的传统和惯性思维上，生态优先、绿色发展的意识和能力还适应不了新时代的新要求，“本领恐慌”问题较为明显。基层工作人员不足，能力偏弱，小马拉大车的问题严重，难以适应日趋繁重的工作任务和要求。先进适用技术研发与示范推广不够，有用可靠的管理经验少，地方政府、企业难以抉择。同时，跨流域、跨省域、跨部门综合治理还存在不协调、不统一的地方。

三、开展的主要工作

湖南省历来高度重视洞庭湖保护和治理工作，尤其是党的十八大以来，全省各级各有关部门进一步提高政治站位，牢固树立“绿水青山就是

金山银山”的思想，认真贯彻习近平总书记长江经济带“共抓大保护、不搞大开发”和“生态优先、绿色发展”的指示精神，把生态环境修复治理摆在突出位置，始终做到思想上高度重视、认识上高度统一、行动上高度自觉，直面问题，动真碰硬，纵深推进了洞庭湖生态环境修复治理工作。

（一）加强组织领导，层层落实整治责任

湖南省委、省政府成立高规格的洞庭湖生态经济区建设领导小组、生态环境保护委员会等组织领导机构，建立省、市、县、乡、村五级河长制，先后多次召开专题会议研究部署洞庭湖整治工作。2017 年 11 月，湖南省委、省政府召开省、市、县、乡、村五级干部电视电话会议，就洞庭湖生态环境专项整治工作进行再动员、再部署、再推进、再落实；2018 年 5 月，又召开了总河长暨洞庭湖生态环境综合治理会议，明确要求认真落实习近平总书记在深入推动长江经济带发展座谈会上的重要讲话精神，坚决打好洞庭湖生态环境保卫战，并将洞庭湖生态环境保护工作纳入对市（州）党委、政府和省直有关部门绩效考核、环境治理奖励，有力推动了各级各有关单位积极作为、主动作为。

（二）做好顶层设计，科学谋划综合整治

为实现湖区社会经济又好又快发展，2014 年，湖南、湖北省政府联合报请国务院批复了《洞庭湖生态经济区规划》；2015 年以来，根据新的形势和要求，会同湖北省编制了《洞庭湖生态经济区水环境综合治理实施方案》，突出将生态环境整治作为洞庭湖生态经济区建设的重中之重；2017 年，湖南省又出台了《洞庭湖生态环境专项整治三年行动计划（2018—2020 年）》，明确以“四个全覆盖”（黑臭水体治理全覆盖、畜禽养殖粪污处理全覆盖、沟渠塘坝清淤全覆盖、湿地功能修复全覆盖）、“三个提高”（提高城乡生活污水和垃圾处理率、提高农村安全饮水普及率、提高血吸虫防控率）为抓手，深入推进生态环境专项整治三年行动计划，构建湖区生态环境修复治理的新格局。

（三）注重转型升级，积极推动绿色发展

近年来，按照“生态优先、绿色发展”的要求，湖区坚持破除旧动能和培育新动能并举，相继关闭了一批“两高一低”的生产企业，进一步加大了绿色生态产业扶持力度。如益阳市按照疏堵结合的方式推动竹凉席加工企业整治整合，关停575家污染严重、工艺落后的企业，整合后引导进入凉席工业园集中发展，既有效改善了区域环境质量，又有效延续了传统产业发展。结合农业供给侧结构性改革，益阳南县推广“稻虾共生”生态种养30万亩，南县小龙虾获批为中国地理标志保护产品，小龙虾综合产值跻身全国前三强，化肥施用量减少30%左右，起到了良好的社会、经济和环境效益。

（四）持续攻坚克难，强力推进中央环保督察整改

2017年7月以来，按照中央环保督察反馈意见和整改方案，湖南省先后21次召开与中央环保督察整改工作有关的会议，主要领导9次深入整改一线调研督导，20次对环保督察整改工作做出批示，督促地方加快解决突出环境问题。各地坚持高位推进，集中资源，倒排工期，全力推进整改攻坚，加快解决了一批长期未得到有效解决的突出问题。

（五）突出问题导向，扎实推进五大专项整治行动

针对洞庭湖区突出环境问题，从2016年到2017年，按照“省协调、市为主、谁主管、谁负责”的原则，湖南省在湖区深入推进了沟渠塘坝清淤增蓄、畜禽养殖污染整治等五大专项行动，省财政筹措22.25亿元支持专项行动实施。截至2017年底，累计疏浚沟渠4.3万千米，整治塘堰2.4万口，退养畜禽养殖场8678户361万平方米，清理网箱15527口65万平方米，清理矮围网围124处35万亩，清理河湖岸线4613千米垃圾38万吨，排查整治工业企业2860家，关闭426家，整改367家。基本实现了洞庭湖矮围网围全部拆除，禁养区畜禽规模养殖全部退出，天然水域投肥养殖全面禁止。同时，持续推进农村环境综合整治，湖区南县、津市等16个县（市、区），1938个村完成农村环境综合整治现场验收，29个省级及以

上工业聚集区全部建成污水集中处理设施，县级以上城镇实现生活污水、垃圾收集处理设施全覆盖。

（六）坚持休养生息，着力加强区域生态保护和修复

按照国家要求划定了生态保护红线，对东洞庭、西洞庭、南洞庭3处国际重要湿地，4处国家级自然保护区，22个国家湿地公园，11处国家级水产种质资源保护区等实施了最严格的保护，湿地保护率达76.04%，重点推进了自然保护区杨树清理、违规采砂打击、内湖保护等工作。通过努力，洞庭湖区湿地自然保护区核心区7.99万亩杨树全面清理到位，清理采砂运砂船800多只，所有采砂船集中停放，自然保护区全面实施禁采。同时，坚持“活水”“清水”相结合，实施了四口水系、沅江片区等六大片区河湖联通工程，使江、湖、河自然水力联系恢复畅通，有效提升了区域环境容量。

（七）持续改革创新，加快完善治理体系

在全国率先出台省级生态文明体制改革方案。建立健全责任体系。修订《湖南省环境保护工作责任规定（试行）》，进一步明确各级党委、政府及其有关部门工作职责；加快完善生态环境损害赔偿制度。出台《湖南省贯彻落实〈党政领导干部生态环境损害责任追究办法（试行）〉实施细则》，制定《湖南省生态环境损害调查办法（试行）》等5项配套制度；强化经济激励。积极推进排污权交易改革，累计交易资金总额4.08亿元；加大生态补偿力度，对真抓实干成效明显的地方加大激励支持力度；加强法制保障。积极推动《洞庭湖保护条例》制定，鼓励支持常德、益阳等市（州）出台了地方水环境保护法规。

通过努力，2015年以来，洞庭湖水环境质量持续好转。根据监测，2016年，洞庭湖湖体11个断面中，10个断面属Ⅳ类水质，1个断面属Ⅴ类水质，主要污染物为总磷，年均浓度为0.084毫克/升，较上年下降15.7%。2017年，洞庭湖11个考评断面均为Ⅳ类水质，主要污染物为总磷，年均浓度为0.073毫克/升，较上年下降13%。同时，2017年，监测到越冬水鸟22.6万余只，较上年增加近23%。

四、主要政策建议

（一）纳入国家战略

洞庭湖面临的系列问题，由来已久，成因复杂。万里长江，险在荆江，长期以来洞庭湖与长江唇齿相依、相互作用，演变为极其错综复杂的江湖关系，三峡工程建成后更加剧了这种复杂程度。抓好洞庭湖及其水系的治理，对确保长江流域生态安全和防洪安全具有十分重要的作用，应将洞庭湖生态环境修复治理上升为国家战略，成为长江经济带发展战略的重要组成部分，建立省部际联席会议制度，定期召开专题会议，对洞庭湖保护和治理重大政策、重点工程、突出问题进行专题研究，国家有关部委、相关省（市）、相关企业共同努力，协调联动，形成合力。

（二）完善标准法律

推动沿江各省制定和执行严于国家标准的地方水污染物排放标准，重点行业执行水污染物特别排放限值。加强洞庭湖等湖泊水环境质量评价标准研究，根据客观实际，制定更加科学的评价标准，尤其是总磷的评价标准。国家层面制定《长江保护法》，加速《渔业法》修订，启动《畜禽规模养殖污染防治条例》修订，制定《洞庭湖生态经济区环境保护条例》《洞庭湖生态环境补偿办法》等并推进地方立法。

（三）突出污染防治

支持湖南推进洞庭湖生态环境十大重点领域和九大重点区域整治；支持湖区更多的县（市、区）建设国家级现代生态循环农业示范基地，推动湖区成为绿色食品、有机农产品主产区；围绕“一控两减三基本”的目标，出台有机肥生产和使用补贴政策，优先支持洞庭湖县（市、区）纳入国家畜禽养殖废弃物资源化利用整县推进试点，加快建设一批农业废弃物（畜禽粪污）、秸秆资源化处理及利用工程，支持湖区 80 万口精养鱼塘生态化改造。

（四）加强生态增容

支持洞庭湖区从传统的粮食主产区定位调整为生态示范区，调整湖区土地利用结构，进一步扩大生态用地比例，因地制宜加大退耕还湿，及时退出一批精养鱼塘。支持洞庭湖区65万亩湿地修复工程，加快实施国家湿地保护与恢复工程、三峡后续项目、退耕还湿、洞庭湖湿地生物多样性保护工程，将洞庭湖作为国家湿地生态补偿机制试验区。

（五）加大治理投入

生态环境治理要见成效，资金投入是关键，要用“真金白银”建设“绿水青山”。国家要切实加大对洞庭湖生态环境治理资金投入的力度，将湖区所有县（市、区）纳入国家重点生态功能转移支付县并不断加大转移支付力度，建立洞庭湖湿地和蓄滞洪区生态补偿机制；将“湘资沅澧”四水和洞庭湖纳入国家山水林田湖草生态保护修复治理项目并给予专项资金支持；中央财政每年安排一定额度的洞庭湖治理和湿地保护与修复专项资金；中央财政每年安排一定额度专项债券用于洞庭湖治理；从三峡基金和三峡总公司发电收入中提出部分资金，重点支持一批洞庭湖生态环境保护与治理项目。

（六）提升科技支撑

加强覆盖水环境质量、重点污染源、生态状况的洞庭湖区生态环境监测网络建设，建立水质监测预警系统；设立洞庭湖保护和治理科技专项，集中优势科研力量，加强基础课题研究，查清污染成因，提出治理对策，尤其是总磷、总氮治理；围绕生活废水低成本处理、饮水安全保障等方面加大先进适用技术及装备研发和示范推广力度，推动精准治理、精细化管理。

（2018年）

综合施策 持续发力
加快推进洞庭湖生态环境根本好转

长江是亚洲的第一大河，世界第三大河。长江流域蕴藏着全国1/3的水资源和3/5的水能资源，是全国水资源配置的战略水源地、珍稀生物的天然宝库，生态环境保护意义重大。国家高度重视长江保护修复工作，特别是党的十八大以来，相继启动了八大专项行动，沿江11省（市）及有关部门扎实推进长江保护修复各项工作，有效扼制了长江流域污染物排放增加与生态破坏加剧势头，长江岸线侵蚀、河道非法采砂乱象、化工围江等突出生态环境问题整改工作取得了阶段性成效，生态环境总体上呈现逐年改善、持续好转的良好态势。但是，由于受传统发展方式的影响，长江流域污染物排放基数大、水体总磷污染突出、湿地生态系统退化、水环境安全隐患多等诸多生态环境问题依然严峻，生态环境保护任务依然十分艰巨。

洞庭湖素有“长江之肾”美誉，其径流量约为长江总径流量的1/3，是长江中游水量最大的通江湖泊，是长江重要调蓄湖泊和国际重要湿地，担负着长江流域中下游水安全和国家粮食安全的重大责任。同时，洞庭湖更是长江整体生态的重要支点，尤其对长江中下游而言，其是重要生态安全屏障。洞庭湖在长江流域生态环境保护中具有极其重要的战略地位，其生态环境根本好转是改善长江流域生态环境的重要突破口。

一、洞庭湖生态环境综合治理与成效

党中央、国务院高度关注洞庭湖生态环境保护问题。习近平总书记先后多次就洞庭湖生态环境问题作出重要批示。2015年，国家批准了《洞庭湖生态经济区规划》，要求探索大湖流域生态文明建设新途径。2018 年 4 月 25 日，习近平总书记亲临洞庭湖考察并强调，要继续做好长江保护和修复工作，守护好一江碧水。党的十九届四中全会进一步提出加强长江生态环境保护，统筹山水林田湖草一体化保护和修复。湖南省委、省政府牢记习近平总书记“守护好一江碧水”的殷切嘱托，切实按照“共抓大保护、不搞大开发”的要求，全面打响洞庭湖生态环境保卫战，相继启动实施了洞庭湖水环境综合治理五大专项行动（沟渠塘坝清淤增蓄、畜禽养殖污染整治、河湖围网养殖清理、重点工业污染源排查、河湖沿岸垃圾清理）、十大治理工程（四口水系综合整治、洞庭湖北部水资源配置、河湖连通、安全饮水巩固提升、重要堤防加固、农业面源污染治理、工业点源污染治理、城乡生活污染治理、特殊水域与湿地保护、血吸虫病综合防控工程）、三年行动计划等，同步推进了洞庭湖农业、工业、城乡等十大重点领域和大通湖、珊珀湖等九大片区治理。

通过近几年的集中攻坚和整治，湖区非法采砂、养殖、捕捞等突出问题得到有效解决，洞庭湖生态环境质量持续稳中向好。一是水清了。2018 年，洞庭湖总磷下降为 0.069 毫克/升（比 2015 年下降 38.3%），2019 年 1—9 月总磷浓度持续下降为 0.061 毫克/升（同比上年下降 11.6%）。二是景绿了。整治矮围网围 201 处，共拆除围堤 1671.3 千米、土石方 1945.7 万方；稳妥清理欧美黑杨，4 个自然保护区清理杨树 25904 亩，修复杨树清理迹地 96700 亩；有序修复湿地生态，在东洞庭湖、西洞庭湖、横岭湖自然保护区实施了退耕还湿工程，扩大湿地面积 850 公顷，修复湿地面积 146800 亩。三是候鸟多了。2018 年洞庭湖越冬水鸟数量超过 24 万只，创近 10 年之最；野生麋鹿增加到 164 头，江豚稳定栖息达 120 头。

二、洞庭湖生态环境主要问题

洞庭湖生态环境保护涉及方方面面，既要打攻坚战，也要打持久战。受江湖关系调整、气候变化和人为活动等因素影响，洞庭湖面临着湖体总磷超标、内湖水质差、湿地生态系统退化、水环境监管体系薄弱等一系列生态环境问题，洞庭湖生态环境尚未实现根本好转。现存的生态环境问题表象在湖里、根源在岸上，只有查准问题、找出病根，坚持标本兼治，才能综合施策、精准发力，纵深推进洞庭湖生态环境治理工作。目前洞庭湖生态环境主要存在以下问题：

（一）水资源量减少，水生态功能退化严重，水环境承载能力下降

一是长江三口入湖水量减少，洞庭湖枯水期明显提前。三峡水库及长江上游水库群建设，改变了长江的天然流量过程。特别是清水下泄造成长江干流冲刷、河床下切，松滋、虎渡、藕池三口断流提前、时间延长，造成长江通过三口分流入洞庭湖的水量大幅减少。据统计，三口年均分流量由三峡工程运行前的625亿立方米减少至运行后的476亿立方米，减少了149亿立方米，并呈继续减少趋势。二是水系连通不畅。受三峡工程蓄水以及湖区无序、过度采砂影响，洞庭湖水位降低，输水能力变弱，同时湖区沟渠塘坝淤塞严重，水生植物腐败物堆积，导致水流不进、流不动、留不住。三是部分内湖、河流生态损害问题多。受长期投肥养殖、围网养殖等因素影响，部分内湖，如大通湖、珊珀湖、华容东湖等污染严重，生态损害问题多，志溪河、华容河水质长期不达标。四是湖滨湿地破坏严重。由于人为侵占、管控不到位等因素影响，湿地碎片化、陆域化加快，部分湖滨生态系统遭到破坏，生态拦截、污染物净化功能降低甚至丧失。

（二）总磷污染现状仍不容乐观

2016年以来，洞庭湖湖体水质持续改善，但目前水质总体仍为Ⅳ类，总磷超标普遍，2018年洞庭湖湖体总磷平均超标0.4倍。20个内湖监测断面有13个未达到Ⅲ类，包括大通湖、皇家湖、芭蕉湖、南湖等4个考核评价断面；其中5个内湖水质长期处于Ⅴ类或劣Ⅴ类，总磷是内湖主要超标因子之一。

（三）四水三口污染物输入对洞庭湖水质影响大

湘江、资江、沅江、澧水以及松滋、虎渡、藕池（“四水三口”）是洞庭湖主要入湖河流，均执行GB3838—2002中河流标准。以总磷为例，目前四水入湖总磷浓度已稳定达到Ⅱ类河流水质标准（0.1毫克/升），2018年，四水总磷年均浓度在0.06—0.076毫克/升范围内；三口入湖总磷浓度远低于Ⅲ类河流水质标准（0.2毫克/升），2018年三口总磷年均浓度在0.097—0.114毫克/升范围内。虽然四水三口入湖总磷浓度已达到河流考核标准，但仍超出湖体Ⅲ类标准限值（0.05毫克/升）的0.2—1.3倍，四水三口入湖径流量大，其输入的总磷是洞庭湖总磷主要来源，占总磷入湖总量的60.26%。

（四）湖区污染物排放总量基数高

一是农业生产污染治理相对滞后。湖区畜禽养殖点多面广，大部分规模养殖场和专业养殖户治污设施配套不足，粪污资源化利用率低，环境污染负荷高；分散养殖户数量众多，养殖总量大，且基本无治理设施，畜禽粪污大多未经处理直排环境。湖区水产养殖面积达25.4万公顷，投肥、投饵养殖较为普遍，污染治理基本为空白，部分精养鱼池总磷超湖库总磷Ⅲ类标准20倍以上。同时，湖区农田化肥施用强度达48.51千克/亩（折纯），为全国平均水平的1.6倍，氮磷流失量大，面源污染不容忽视。二是城乡生活污水处理能力不足。污水收集管网雨污不分流现象普遍，管网错接、漏接、损毁等问题较多。部分城镇污水处理厂提标改造未到位，湖区37座县以上城镇生活污水处理厂中，还有17座未达到一级A排放标准。农村生活污水治理设施覆盖率低，湖区307个乡镇建成污水处理设施的比例为35%，离2020年实现全覆盖还有较大差距。三是部分工业园区基础设施不完善。湖区部分老工业园区建设较早、规划不合理，未建集中污水处理设施，或者未纳入城镇污水处理设施系统；部分新建园区集中污水处理设施和配套管网建设滞后；工业园区污水处理厂不正常运行现象依然存在，缺乏统一的在线实时监管平台。

（五）水环境安全存在隐患

一是饮用水安全存在隐患。湖区季节性、水质性缺水问题客观存在，部分饮用水水源环境问题容易反弹，农村饮水安全工程施工标准低，安全隐患多。受背景值影响，湖区地下水铁、锰超标问题较为突出，城乡供水安全受到威胁。二是矿山开采历史遗留隐患多。洞庭湖区矿山长期无序开采，露天堆放的尾矿废渣历史遗存量大，含有重金属尾矿废渣经降雨冲刷污染下游水环境的风险高；采矿区地表裸露面大，边坡失稳，生态系统退化严重，修复任务重。三是芦苇弃收对湖体生态环境影响不容忽视。洞庭湖是全国四大产芦苇地区之一，年产芦苇92万吨。制浆造纸是湖区芦苇主要利用途径，造纸业退出后，芦苇弃收、腐解是否会对洞庭湖生态系统造成严重影响尚未有明确定论，但根据初步研究结果，结合水域特点、气候条件等各方面因素，在相对封闭缓流的高密度芦苇种植区域，芦苇集中倒伏、腐解将恶化局部区域水质。

（六）生态监控监管短板突出

生态环境监测是洞庭湖环境保护的指南针。目前，洞庭湖生态环境监测面临布局不平衡、监测能力不足、信息化程度低等问题。一是生态监测网络范围和要素覆盖不全。洞庭湖2625平方千米的湖面仅有12个水质监测点位，20个常规监测内湖分别仅设有1个监测点位，常规监测指标仅涉及总氮总磷等基本水质指标。二是预警预报能力薄弱。湖区水质在线自动监测站少，尚未实现水环境在线监控预警。三是执法手段和技术装备普遍落后。十八大以来，环境保护工作的广度和深度显著增加，湖区环境监察、执法、信息化等装备水平虽有较大的提高，但总体上基础差、底子薄的情况尚未转变，出现“小马拉大车”情况，导致环境监管中仍存在少数盲区、死角。

（七）支撑保障能力相对薄弱

一是环保政策法规滞后。目前，尚未出台洞庭湖生态环境保护相关法规、条例；国家2001年颁布的《畜禽养殖业污染物排放标准》污染物控制水平已不能满足湖区畜禽养殖业实际管控需求；湖区企业环保准入、清洁生产、绿色信贷等系列环境经济政策的制定与实施滞后，导致湖区生态环境保护资金缺乏必要政策支持。二是科技支撑能力不够。湖泊治理与修复、畜禽养殖污染治理、分散式农村生活污水处理、池塘养殖尾水净化等方面的先进适用技术研发和示范推广应用不够。三是共抓大保护格局还有待逐步形成。湖区涉及湖南、湖北两省四市一区，两省间、省内各职能部门间、各地间在生态保护方面存在分工不明、责任不清、多头管理，监管不力等问题，共管合力、精准施策水平亟待提高。

三、洞庭湖生态环境保护对策与建议

为全面打赢污染防治攻坚战，不断提升洞庭湖生态环境保护和治理能力，不断增强湖区1670万人民群众在生态环境改善中的安全感、获得感、幸福感，需聚焦上述生态环境薄弱环节，抓紧补齐生态环境短板，围绕补齐污染治理短板、减少污染物排放、修复生态环境、强化支撑保障等目标任务，按照“统筹兼顾，突出重点；远近结合，分步实施”的原则，着重开展以下工作：

（一）全面推动经济绿色转型

根据《关于加强长江经济带工业绿色发展的指导意见》，坚持优化工业布局、调整产业结构，加强源头管控，鼓励发展高新、绿色技术产业。推动有色、化工、印染等产业转型升级，培育壮大生态环保绿色产业。对重污染企业按规定实行强制性清洁生产审核，开展重点企业清洁生产审核；分年度、分行业全面推进工业污染源达标计划，全面整治各类工业污染源超标问题。

（二）推进四水三口总磷污染防控

深入调研全省四水三口总磷污染来源，解析四水三口总磷来源的重点区域、重点行业，分区制定四水三口总磷有效防控对策和措施，并强力推进实施。

（三）推进湖区畜禽养殖粪污治理

一是完善治污能力设施建设。实施限养和适养区规模养殖场污染治理设施升级改造，配套完善粪便干湿分离、粪污发酵、沼气制取以及粪污收集、输送等设施设备。二是加快畜禽粪污资源化利用工程建设。在分散式畜禽养殖密度大、污染严重、环境压力大的区域，建设一批养殖粪污收集、转运、处理和利用工程。

（四）推进湖区农业面源污染控制

扩大生态农业覆盖面积，推行“测土配方—精准施肥—水肥耦合”高效生态肥水运筹模式，严格落实化肥、农药负增长行动，积极推进有机肥生产、使用；利用现有沟塘等，配置水生植物群落、格栅和透水坝，建设生态沟渠、缓冲带、生态塘、前置库等生态拦截与尾水回用工程，拦截和净化农田排水及地表径流。

（五）推进湖区城乡生活污水收集与处理能力建设

一是污水收集管网建设与改造。加快完成城区污水管网建设，完善城区生活污水收集系统；因地制宜开展乡镇生活污水管网建设，基本实现湖区生活污水截污纳管。对雨污管网混接、设施设备老化等问题进行全面排查与整改，提高污水处理效率。二是城镇污水处理厂改扩建与提质增效。对部分城镇生活污水处理厂实施改扩建，提高城镇生活污水处理能力；加快实施湖区城镇污水处理厂提标改造，确保出水水质达到一级 A 排放标准，在出水口下游因地制宜建设人工湿地等净化工程。三是农村生活污水处理设施建设。根据地形与人口聚集程度，因地制宜新建农村生活污水处理系统，对适宜集中处理的，新建污水集中处理设施；对适宜分散处理的，建设“三格式”化粪池－小型人工湿地系统、四池净化系统、标准化氧化塘等分散式污水处理设施，提升农村生活污水处理率。

（六）推进湖区“三磷”企业及工业园区整治

一是开展“三磷”企业排查与整治。开展“三磷”问题排查，掌握问题清单，制定整改方案，分类开展整治；污水处理厂对磷化工企业排水实行梯级价格收费，通过市场手段倒逼企业，减少污水排放，降低污染物浓度。二是完善工业园区污水集中处理设施建设。完善新、老园区污水收集管网配套建设，对部分园区集中处理设施进行改扩建和提标改造工程建设，并安装污水水质水量自动在线监控装置，全面提升工业园区污水集中处理设施收集与处理能力。三是构建工业园区在线监控管理平台。开发工业园区在线监控软件系统，对洞庭湖重点涉水工业园区水质水量自动在线监测数据进行分析，实时核查各工业园区废水排放量及污染物排放浓度，强化对园区污水处理设施运行和污染物排放情况的监管。

（七）推进湖区精养鱼塘清洁化、标准化改造

按照“休一批、改一批、退一批”的要求，积极推进湖区水产养殖污染治理。加快推动70万亩养殖池塘标准化改造，完善养殖循环水工程等基础设施建设，提高养殖水体综合利用率。开展水产养殖尾水净化示范工程建设，同时逐步配套完善沉淀池、过滤坝、生物处理池、人工湿地等养殖尾水处理设施。

（八）推进饮水安全工程建设

一是水源工程建设。采取“引水、蓄水、配水、活水”等综合措施，建设一批蓄、引、提水源工程；在洞庭湖周边鼎城区、汨罗市、澧县等丘岗区，新建或扩建水库水源工程，提高水源保证率；在四口水系及其尾闾地区，新建外河引水工程，置换铁锰超标的地下水源。二是饮用水水源地规范化建设。实施饮用水水源地规范化建设工程，配套完善饮用水水源地隔离防护、排污口监控、风险防控、应急防护、警示与宣传教育等基础设施。三是城乡集中供水设施建设和改造。推进城市新旧小区配套供水管网建设，新建中途加压站和配套管网延伸工程，将具备条件的城镇周边农村居民纳入城乡一体化供水，全面提高城市供水普及率；因地制宜整合小规模水厂，建设集中连片供水的大型水厂，提高村镇集中供水率。

（九）推进湖区生态修复，提高水环境容量

一是推进河湖连通生态水网建设。实施疏浚工程，逐步解决撇洪河、哑河、灌排渠淤积问题，改善湖区垸内调蓄输水功能；实施一批引排水工程，新建或改建取水、引水、提水等泵房，将洞庭湖及其周边内湖与河流连接，科学调度与合理分配水资源，增强水体交换能力。二是推进重点片区河流生态修复工程。实施河道水面保洁工程，全面清理河道两岸垃圾堆存点、水面季节性落叶及漂浮物；实施生态护坡护岸工程，利用植物或者植物与土木工程相结合，构建植草沟、透水砖等，在固堤护岸基础上恢复

边坡自然生态环境；针对水质较差河道，实施河道水质净化工程，构建跌水设施，增强河道复氧能力；开展河滩适种植物种植与组配，构建河滩水生植物群落，提升河道水质净化能力。三是推进重污染内湖生态修复工程。对重污染内湖底泥淤积严重区域实施环保清淤，清除底泥污染，有效减少底泥污染物的二次释放；通过恢复和重建水生植物系统，调控水生动物结构，提高内湖水环境容量。四是开展环湖缓冲带建设。以自然恢复为主、人工修复为辅，系统构建灌草带、乔草带、绿篱带、生态透水地面等，形成环湖缓冲带生态系统，有效拦截与过滤入湖径流。

（十）加强科技支撑

一是加快研究探索洞庭湖芦苇高效开发利用途径，推动湖区芦苇产业转型发展。深入开展研究和调研，甄别洞庭湖芦苇弃割后高污染风险水域；提前采取措施，对高污染风险水域芦苇及时收割清理；加快探索芦苇高效开发利用途径，如通过芦苇生物质发电、芦苇规模化制燃料乙醇、芦苇制优质生物质炭棒等，壮大芦笋食品精深加工产业，发展传统芦苇特色工艺制品等，全面推动湖区芦苇产业转型发展。二是加强农业污染治理适用技术推广与应用。加大科技研发投入，研发集成一批更加经济高效的“畜禽粪污－农田排水－水产养殖尾水”处理技术与设备，积极推进湖区畜禽养殖资源化、农田污染阻控与水产养殖尾水处理等领域先进适用技术的推广与应用，强化综合示范，重点打造一批湖区农业污染综合治理示范点。

（十一）推进环境监管能力提升

一是水质监测网络优化与建设。在现有国控、省控断面设置基础上，优化洞庭湖水质监测断面设置，构建能充分反映洞庭湖水环境质量状况的水质监控网络。二是水质自动监测站建设。配套建设水质自动监测站，形成以国控、省控、市控水质监测站为支撑，覆盖湖体、内湖、主要入湖河流等的水质自动监测网络，开展水环境质量实时监测监控。三是水环境质量监控监管平台建设。开发水质评价、预测预报等系统软件，构建洞庭湖水质监控预警管理系统与数据平台，实时掌握洞庭湖各控制单元水质状况、污染整治进展情况，预警预报水质变化，实现流域水质远程监控、水质信息、污染治理信息跨部门跨行政区共享。四是采砂活动监管能力建设。严格按照《湖南省湘资沅澧干流及洞庭湖河道采砂规划（2019—2022年）》规定的禁采期与开采总量，对非法采砂和非法交易砂石行为实行网格化巡查监管制度，同时以采砂监管为核心，围绕采砂监管、运砂监管、违规电子监管等，建立湖区砂石采、运、销在线监控体系，构建湖区采砂执法监管信息化平台，加大对违法采砂的实时监管能力。

（十二）完善机制体制建设

一是完善政策法规。尽快颁布实施《湖南省洞庭湖保护条例》，加快修订出台《畜禽养殖业污染物排放标准》。二是出台与实施一系列引导和鼓励政策。落实支持有机肥生产和使用的优惠政策，对有机肥生产企业给予退税、减税优惠，对有机肥原料收储运营主体给予奖补；采用物化补贴方式，鼓励和引导农民增施有机肥、种植绿肥，开展有机肥替代化肥试点。三是建立联防联控机制，创建跨省联合共管机构。量化各省/各部门间的工作目标任务，明确属地责任、单位责任、个人责任，及时通报专项行动安排、重点工作部署、重大项目实施等方面的进展情况，真正形成上下游联动，各部门协调联动，齐抓共管，形成“中央－省－地市”洞庭湖污染防控合力。四是制定污染分区防控对策。兼顾考虑流域水文水质现状和区县行政边界，划分湖区污染控制单元，根据水功能区和控制断面水质均达标要求，计算与核定各控制单元水环境容量，确定控制单元污染负荷分配方案、排污口污染物允许排放量，制定污染分区管控对策，并强力推进实施。

（2018 年）

让一江清水更好地造福湖南人民

奔腾不息的湘江因孕育一代代三湘儿女、创造辉煌灿烂的湖湘文化而成为湖南人民的母亲河。“有色金属之乡”美誉让湖南在为国家作出重大贡献的同时，也因两岸矿山的开采和有色、重化工业的布局一度使湘江成为全国重金属污染最严重的河流。党的十八大以来，在习近平生态文明思想的指引下，立足历届省委、省政府打下的基础，湖南把湘江保护和治理作为省“一号重点工程”，以壮士断腕的决心和刮骨疗毒的勇气打了一场湘江保卫战，因关停企业之多、治污力度之大、监管执法之严、环境变化之巨而被新华社誉为“中国流域综合治理样本”。

一、大格局承载大战略——坚持“加强党对生态文明建设的全面领导”，着力形成高位推动、各负其责、全民参与的湘江保护治理工作格局

湘江保护和治理涉及面广、任务重、难度大，需要党的坚强领导，需要各方统一思想、协作发力。一是以习近平生态文明思想为引领，树立绿色发展理念和政绩观。思想是行动的先导，理论是实践的指南。党的十八大以来，习近平总书记就生态文明建设提出了一系列新理念新思想新战略，为湖南保护和治理湘江指明了方向。2013 年，湖南启动实施湘江保护与治理省“一号重点工程”，从省级层面加强顶层设计和系统谋划，制定实施三个“三年行动计划”，全面打响湘江保护与治理的攻坚战和持久战。全省上下深刻认识到，保护和治理好湘江，不仅是重要的经济问题，也是紧迫的民生诉求，更是重大的政治责任，是贯彻党中央关于生态文明建设和长江经济带“共抓大保护、不搞大开发”决策部署的生动实践。以湘江

保护和治理为契机，推动全省树立绿色发展政绩观，决不以牺牲生态环境换取一时一地经济增长，坚决不要带污染的GDP。根据国家主体功能区规划，明确全省122个县（市、区）的功能定位，实行分类考核，对79个限制开发区的县（市、区）不考评人均地区生产总值。二是把湘江保护和治理作为各级政府和部门的头等大事，建立健全责任体系。成立了湘江保护和治理委员会，每年召开2—3次会议，全面统筹湘江保护和治理各项工作。建立了湘江流域各级政府和部门治水护江协同联动机制，将湘江保护与治理任务分解到省直部门和市县，湘江流域8市市长向省长递交污染治理责任状。湘江保护和治理工作纳入绩效考核内容，作为地方领导干部和相关部门负责人综合考核评价、领导干部自然资源离任审计和生态环境损害责任追究的重要依据。把湘江保护与治理省"一号重点工程"与全面推行河长制同谋划、同部署、同推进，全面建立了湘江流域省、市、县、乡、村五级河长制。落实中央环保督察要求，组织省直有关部门对各地湘江保护和治理工作情况开展常态化督察和专项督察，确保污染防治工作的进度和成效。三是广泛动员三湘儿女，共同呵护母亲河。保护环境，既是为了群众，更要依靠群众。定期公布湘江流域内各市、县（市、区）的水环境质量状况和排名，依法推动企业向全社会公开相关环境信息。发动"绿色卫士""保护母亲河""湘江守望者"等环保志愿活动，为湘江保护与治理提供监督举报、宣传发动、记录传播等一系列志愿服务。"绿色卫士"第一个三年行动计划期间，环保志愿者共举报环境违法行为达3165次，经查证属实的有1172件。在湘潭、永州等湘江流域，数以千计的"民间河长"主动巡河、保护环境，成为"官方"河长们的"眼睛"和"左右手"。在全国率先编制《湖南省中小学两型教育指导纲要》，湘潭云龙实验小学自主编写了国内第一套"两型"教材《小学生两型教育系列读本》，两型理念、环保知识进课堂、进社区、进家庭，环保意识逐渐深入人心。

二、堵源头击重点优系统向纵深迈进——坚持"山水林田湖草是生命共同体"，着力创建堵治结合、全面系统的湘江保护治理模式

湘江保护和治理是一项系统工程，湖南按照整体保护、系统修复、综

合治理思路，着力推进全流域山水林田湖草生命共同体的保护与治理，取得积极成效。一是以“堵”污染源头为首要任务。源头不治，湘江难清。2013 年以来，湖南以工业废水、生活污水和大型畜禽养殖企业污水排放等为“堵截”重点，在湘江流域先后实施 3058 个整治项目，关停涉重金属污染企业 1182 家，退养干流 500 米范围内规模畜禽养殖场 2273 家，拆除栏舍 86. 3 万平方米，五大重点区域集中整治取得阶段性成果。县以上城镇污水和生活垃圾无害化处理设施实现全覆盖，处理率分别达到 93. 3% 和 99. 2% 。在全国率先开展湘江流域耕地土壤重金属修复试点和启动典型流域农业面源污染综合治理，通过实施两个湘江保护和治理“三年行动计划”，湘江流域干流污染源基本堵住，镉、铅平均浓度较 2012 年下降 50% 以上，湘江流域水功能区水质达标率超过 93% ，56 个省级重要饮用水水源地水质合格率达到 98. 6% 。二是以整“治”重点区域污染为攻坚之策。湘潭竹埠港、株洲清水塘、衡阳水口山、娄底锡矿山、郴州三十六湾五大主要重金属污染区域是湘江流域污染治理的“主战场”。经过艰苦卓绝的努力，目前株洲清水塘 153 家企业关停了 147 家，湘潭竹埠港 28 家化工企业全部退出，衡阳水松及合江套地区淘汰退出 219 个企业或生产线，郴州三十六湾几百家矿山企业关闭整合成 2 家，甘溪河综合整治加速推进，娄底锡矿山关闭 83 家锑冶炼企业、改造升级保留 9 家。正是凭着刮骨疗毒的勇气和“敢啃硬骨头”的胆识担当，五大重点区域实现脱胎换骨的变化，湘江逐步褪去沉疴，水质全面好转。2017 年，湘江流域水质总体为优，Ⅰ—Ⅲ类水质断面占到 97. 2% 。三是以系统“联”治为纵深推进之根本。抓好湘江保护和治理，必须有系统思考、整体谋划和综合措施，不能就“水”抓“水”、就“湘江”抓“湘江”，也不能搞单打独斗、单兵突进。湖南切实贯彻山水林田湖草系统治理理念，统筹岸上岸下，兼顾上下游、左右岸，把治水与治山、治林、治田、治湖有机结合起来，系统推进森林、湿地、耕地、小流域、江河湖泊的治理和保护。将流域保护、饮用水安全、航运通行、渔道建设、防汛排涝、生物资源与污染治理同步推进，正确处理好喝水、蓄水、用水、治水的关系，使湘江更好地为湖南人民造福。2013 年以来，湘江流域全面叫停湘江长株潭河段、自然保护区、饮用水水源保护区采砂，治理水土流失面积 755 平方千米，复绿矿山 1500 多公顷，新增造林面积500多万亩，推进退耕还林还湿试点，流域湿地保护率达72.6%，完成除险加固水库3640座（其中大中型14座），治理河道425千米，新建防洪堤64.8千米。大力实施水资源消耗总量和强度双控行动，累计解决了1000多万农村居民饮水安全问题。

三、“治”“调”并举谋求转型发展——坚持“绿水青山就是金山银山”，着力形成湘江保护治理的空间格局、产业结构、生产方式

污染在水里，根源在岸上。湖南坚持树立“绿水青山就是金山银山”理念，加大对湘江流域产业转型升级和绿色发展支持力度，在更高起点上推动湘江流域产业绿色发展、高质量发展。一是调“优”空间布局。坚决落实“三线一单”（即生态保护红线、环境质量底线、资源利用上线，环境准入负面清单），明确区域环境准入条件，细化功能分区，实施差别化环境准入政策。强化部门协调联动，严把新上项目准入关，严格限制沿江沿湖等环境敏感区建设高污染、高耗能项目，明确湘江干流两岸各20千米范围内不得新建化学制浆、造纸、制革和外排水污染物涉及重金属的项目。二是调“轻”产业结构。以供给侧结构性改革推动产业转型升级，充分发挥水耗、能耗、环境、质量、安全等标准的引领作用，出台最严格的绿色发展标准，推动钢铁、有色、煤炭、烟花爆竹、民爆等领域过剩产能加快市场化退出，加大冶金、有色、化工、轻纺、建材等重点行业技术改造支持力度，支持湘江流域和环洞庭湖地区发展绿色农业、特色农业和品牌农业和休闲旅游，努力用环境治理留住绿水青山，用绿色发展赢得金山银山，实现产业结构变“轻”、发展模式变“绿”、经济质量变“优”。与2013年比，2017年，湘江沿线8市GDP累计增长41.3%，财政收入累计增长39.4%。三是做“大”环保产业。把环保产业确定为优先培育的战略性新兴产业之一，出台促进环保产业发展意见，推行环境服务业试点，制定支持环保科技创新的具体措施，创建了一批国家级、省级环境保护工程技术中心研发平台，研发了一批居国内先进水平的环保技术和环保产品，环保产业绿色湘军异军突起，连续多年保持20%的高速增长，2017年产值2200亿元，先后涌现出中联环境、永清环保等一大批企业，为湖南发展注入了绿色动力。

四、改革创新补齐治理短板——坚持“用好改革开放‘关键一招’”，着力破解湘江保护治理资金、技术、管理瓶颈制约

资金、技术和管理是流域综合治理的三大难题。湖南充分借鉴欧洲莱茵河、日本琵琶湖以及上海苏州河治理经验，并结合实际探索出湘江保护和治理的一系列创新性办法。一是建立投融资新机制，多渠道筹措资金。没有资金投入和项目建设，湘江保护和治理就会沦为空谈。湖南在努力争取国家最大支持的同时，积极创新体制机制，扩大地方财政投入、吸引社会资本投入、争取金融信贷投入。财政投入方面，各级财政先后投入专项治理资金500多亿元。湖南省财政还通过统筹整合奖补资金，对指定重点工作予以奖补，激励市县财政支出更多向省“一号重点工程”倾斜。社会投入方面，广泛采用政府和社会资本合作方式，先后探索形成环境污染第三方治理融资“湘潭模式”、城市黑臭水体治理融资“圭塘河模式”。同时，在全国率先发行重金属污染治理专项债券，填补重大项目资金缺口。信贷投入方面，量身定制金融政策，与国家开发银行达成广泛合作协议，推动商业银行发放排污权抵押贷款等绿色贷款，争取世界银行等提供国际金融支持，缓解重金属污染治理、存量垃圾综合治理、东江湖生态环境保护与综合利用等诸多项目资金压力。二是创新应用科技新手段，攻克污染治理难题。科技是第一生产力，在湘江流域清洁生产、污染治理、环境修复等方面得到了充分体现。一方面，在原始技术创新上下功夫，推动企业、高校、科研院所携手合作，组建国家和省级科技创新平台、产业技术创新战略联盟，积极承接国家和省重大科技专项，聚焦“卡脖子”问题研发攻关。协同突破重金属废水生物处理、生物冶金、土壤重金属修复等核心技术40余项，攻克污酸治理、锑渣高效回收等多个世界性难题，为湘江流域污染治理提供了强有力科技支撑。另一方面，在科技成果转化应用上下功夫，通过国家科技惠民计划、可持续发展实验区试点示范、两型产品政府采购目录、环保实用技术目录等载体，加快先进适用科技成果推广应用，收到了很好的经济效益和社会效益。在清水塘工业区推广应用“土壤化学钝化修复技术”，大幅降低了土壤中重金属向湘江转移的风险。三是探索建立大数据新平台，提升信息化精细化水平。大数据是湘江保护与治

理的重要战略资源，用好大数据可极大提升保护治理效率效果。在数据化管理方面，湖南在饮用水水源地、入河排污口、跨界断面建立高标准自动监测设施，在线监测水质水量，显著提高了监测预警、突发事件应对能力。在目标管理方面，致力构建湘江流域命运共同体，专门出台生态补偿办法，通过区域补偿、流域补偿和要素补偿，按贡献、损益论功行赏，累计奖罚1.27亿元，充分调动起源头地区、上游地区积极性。在信用管理方面，全面实施湖南省企业环境信用评价管理办法，对企业环境信用定期进行综合评价定级，与企业税收减免、金融信贷、项目审批、资金安排等优惠和支持政策悉数挂钩，让环保信用成为无形资产，推动企业向绿色生产转型、向高质量发展迈进。

五、铁腕重拳擎起雷霆之剑——坚持“用最严格制度最严密法治保护生态环境”，着力构建湘江保护治理的地方法规制度体系

在湘江保护和治理过程中，湖南高度重视运用法治思维和法治方式，发挥法治的引领推动作用。一是探索地方立法，织密织牢法规制度笼子。推动流域保护治理，要有法可依。湖南颁布《湖南省湘江保护条例》这一全国首部江河流域保护综合性地方法规，将共抓大保护上升为全省共同意志，同时配套出台环境保护工作责任规定、重大环境问题责任追究办法等法规规章20余项。设区市同步跟进，就库区管理、支流保护等开展立法。配合“三年行动计划”，湖南研究建立了最严格的水资源管理、水环境保护、水生态修复、生态环境损害赔偿制度，为管江护江划定红线、设定底线。率先提出对领导干部自然资源资产保护责任进行离任审计，一体强制封山育林、禁采限采、保护生物多样性，科学合理、系统严密。二是推进联合执法，严查严办违法违规行为。推进流域保护治理，要执法必严。湖南狠抓湘江流域水环境保护行政执法责任制，构建起全流域、多层次联合执法体系。探索流域联合执法，建成湘江上、中、下游三大综合执法基地，各管辖300千米左右的江段，实现执法“零容忍”、全覆盖、无例外。探索区域联合执法，形成“4+1”轮值巡查执法“株洲模式”，每月由水务、海事、环保、渔政部门轮流牵头，联合公安机关巡查执法，“高压”严打。探索部门联合执法，设立省（市）县公安部门驻环保部门环境保护

工作联络室，变单兵作战为双管齐下。2017 年，全省共办理涉湘江环境违法行政处罚案件 4726 件，同比增长 194%，罚款总额 1.9 亿元，同比增长 240%，基本禁止非法采砂、水上餐饮、非法捕捞等破坏行为。三是加强司法保护，落实落细涉案主体责任。推进流域保护治理，要违法必究。顺应人民群众对史上最严环保法的新期待，湖南积极探寻专业化环保诉讼、审判路子，筑起湘江保护的"最后防线"。充分发挥检察监督职能，率先在环境保护部门设立检察联络室，探索建立专业化办案机制，积极推进湘江流域生态环境公益诉讼工作，强化湘江流域生态环境资源司法保护。2013 年，株洲市石峰区法院对李某等人非法向湘江偷排强酸案开庭宣判，对主从案犯首次以"环境污染罪"定罪量刑，极大地震慑了环境污染行为，彰显了司法对湘江保护杀一儆百的防线作用。2018 年，湘潭县检察机关在全省提起首例重大破坏湘江生态环境刑事附带民事公益诉讼案件，被告人当庭认罪服罚，彰显了很好的法律和社会效果。为更好破解湘江流域环境资源审判工作难题，湖南法院积极探索流域、生态功能区专门管辖机制，成立湘江、东江环境资源专门法庭，集中管辖湘江流域、东江水库水污染案件，铸就保护一江碧水的司法利剑。

（2018 年）

强化责任落实 突出系统整治
纵深推进“一湖四水”保护和治理

为长江母亲河永葆生机活力，按照习近平总书记“共抓大保护、不搞大开发”的指示精神，近年来，湖南省纵深推进“一湖四水”保护和治理，生态环境质量稳中向好。

一、提高政治站位，深入贯彻绿色发展理念

党的十八大以来，湖南省坚持以习近平生态文明思想为指引，始终做到思想上高度重视、认识上高度统一、行动上高度自觉，加快推动形成绿色发展方式和生活方式。湖南省十一次党代会明确要求“加快建设天蓝地绿水清土净的生态强省”，湖南省政府工作报告明确提出要打赢脱贫攻坚、转型升级和环境治理“三大战役”。作为中部欠发展省份，湖南省坚持“绿水青山就是金山银山”的绿色发展理念，按期完成全省生态红线划定，对全省 79 个限制开发区域取消人均 GDP 考核，全面实施差别化准入政策，结合供给侧结构性改革加快转型升级，推动地方逐步摆脱传统思维惯性和路径依赖，积极践行绿色发展，不断提升发展质量。如洞庭湖三市自我加压，提前全面清理湿地核心区内的 9 万多亩欧美黑杨，为还洞庭湖“一湖清水”奠定了良好基础。

二、切实加强领导，层层压紧压实工作职责

2017 年，湖南省委、省政府分别成立突出环境问题整改工作领导小组、生态环境保护委员会等高规格组织领导机构，将生态环境保护工作纳入政府绩效考核，并大幅增加考核比重，强化生态环保硬约束，有效推动

了各级各有关部门积极、主动作为。湖南省先后召开中央环保督察整改推进会、环境治理战役“夏季攻势”动员会等 10 多次会议，向省直部门和市（州）政府交办环境治理任务清单，要求各级各有关部门拉条挂账，按期完成整治任务。同时，出台《湖南省环境质量考评办法》，严格落实“五个一”工作制度（每月一调度、一考评、一会商、一通报、一交流），并通过专函警示、综合（专项）督察、约谈、挂牌督办、区域限批等形式加大督察督办力度，层层传导整治压力，有力有效推进各项整治工作。

三、勇于攻坚克难，加快解决突出环境问题

坚持问题导向，严格落实责任，湖南省上下抢抓时间攻坚克难，加快解决了一批突出问题。一是加快中央环保督察整改。截至 2017 年底，中央环保督察反馈意见指出的 76 个问题中，完成整改 55 个（72.3%）；拆分到各市（州）和省直有关单位的 176 个具体问题中，完成整改 140 个（79.5%）。二是加强饮用水水源整治。深入开展长江经济带饮用水水源地环境保护执法专项行动，按期完成地级以上城市集中式饮用水水源排查出的 80 个问题的整改，力争 2018 年 6 月底前完成县级城市排查整治。三是加强黑臭水体和不达标水体整治。全省地级以上城市排查的 170 处黑臭水体已整治完成 133 处，完成率 78.2%。11 处不达标水体全部制定并加快实施整治方案，侧水、渠水如期实现达标，华容河、汨罗江等不达标水体环境质量得到有效改善。四是加大历史遗留污染整治。以娄底锡矿山、郴州三十六湾等区域为重点，完成遗留矿渣、尾砂整治等 300 余个项目，有效控制了风险隐患扩散。

四、坚持综合施策，深入推进重点流域整治

以环境质量改善为核心，坚持分类指导、综合施策，坚定不移推进湘江保护和治理向纵深发展、向“一湖四水”延伸。一是持续推进湘江保护和治理。湖南省委、省政府将湘江保护和治理作为省“一号重点工程”，2013 年以来，先后实施 2 个“三年行动计划”，完成 3058 个整治项目，关停涉重企业 1034 家。突出抓好流域五大重点区域综合整治，湘潭竹埠港 28 家重化工企业已全部退出，正在加快污染场地整治；株洲清水塘截至

2017 年底已关停 147 家企业，剩下 6 家企业将于 2018 年全面关停。二是全面加强洞庭湖综合治理。2016 年以来，深入推进五大专项行动和十大重点工程，累计疏浚沟渠 26940 千米，关停或搬迁禁养区畜禽养殖场 7796 户，清理水产养殖网箱 16323 口、矮围 120 处，清理河湖岸线陈年积存垃圾 36. 2 万吨，排查整治重点工业 2860 家次。湖南省委、省政府出台洞庭湖水环境整治“三年行动计划”，召开省、市、县、乡、村五级党政主要领导视频会议，明确要求打赢洞庭湖保卫战。通过努力，2017 年，全省 345 个地表水监控断面水质优良率 93. 6%，洞庭湖总磷年均浓度由 2016 年的 0. 084 毫克/升下降为 0. 073 毫克/升（下降 13%）。

五、积极改革创新，不断完善整治政策措施

围绕“源头严防、过程严管、后果严惩”的思路，2014 年 6 月，湖南在全国率先出台省级生态文明体制改革方案，部署改革事项 56 项、具体任务 185 项，截至 2017 年底已完成 146 项。一是建立健全责任体系。修订《湖南省环境保护工作责任规定》，进一步明确各级各有关部门工作职责。出台《关于全面推行河长制的实施意见》，全面建立省、市、县、乡、村五级河长体系。二是加快完善生态环境损害赔偿制度。出台《党政领导干部生态环境损害责任追究办法实施细则（试行）》《开展领导干部自然资源资产离任审计试点实施方案》等 5 项配套制度，已实施赔偿 10 余起。三是强化经济激励。积极推进排污权交易改革，累计交易资金总额 4. 08 亿元。对真抓实干成效明显的地方加大激励支持力度，湖南省财政安排 17. 1 亿元对湘江流域重点工作进行了奖补。四是加快推进环保垂改。率先将环保执法机构纳入政府行政执法保障序列。同时，以夯实基层能力为重点，正在抓紧推进监测、监察垂直管理改革。

（2018 年 1 月）

坚定方向 久久为功
湖南省加大长江岸线和洞庭湖整治

为保护长江母亲河，2016年1月5日，习近平总书记在重庆召开的推动长江经济带发展座谈会上，明确指出“要把修复长江生态环境摆在压倒性位置，共抓大保护、不搞大开发”。2018年4月26日，习近平总书记在武汉召开的深入推动长江经济带发展座谈会上，又明确提出要坚定不移走“生态优先、绿色发展”之路，以长江经济带发展推动经济高质量发展。习近平总书记关于推动长江经济带发展的重要战略思想，是抓好生态环境保护工作当前和今后一个时期的根本遵循，生态环境部门要以“踏石留印、抓铁有痕”的精神将习近平总书记的指示落细落实。

一、湖南对长江岸线和洞庭湖进行整治的成效

近年来，湖南省各级各有关方面认真学习习近平生态文明思想，切实贯彻长江经济带“共抓大保护、不搞大开发”的指导精神，为修复长江生态环境、打造清洁美丽的万里长江积极贡献了湖南力量。

一是广泛凝聚了“共抓大保护”意识。为推动绿色发展，湖南省委、省政府将湘江保护和治理作为省“一号重点工程”、召开洞庭湖环境整治五级干部大会、强力推进环境治理攻坚战“夏季攻势”，充分体现了湖南省委、省政府的决心和信心，带动全省各级各有关部门进一步提高政治站位，牢固树立“绿水青山就是金山银山”的发展理念，深入践行新发展理念，思想和行动自觉明显增强。二是强力推进中央环保督察交办问题整改。各市（州）及省直有关部门持续攻坚克难，有效解决了一批突出环境问题，如洞庭湖湿地核心区内的9万多亩欧美黑杨清理。截至4月12日，

中央环保督察组反馈意见指出的76个问题整改完成50个，其中拆分到湖区三市的55个具体问题整改完成35个。三是深入实施了一批重点整治工程。近年来，湖南省以问题为导向，以项目为载体，深入推进湘江保护和治理第一个、第二个“三年行动计划”，突出抓好五大重点区域整治，140个省级及以上工业聚集区全部建成污水集中处理设施。全面完成洞庭湖五大专项行动，启动实施新一轮三年整治行动。深入推进长江经济带饮水安全专项整治行动。截至4月20日，已完成地级以上饮用水水源地70个问题的整改，纳入民生办实事的322个县级饮用水水源地问题整改完成127个。按照整县推进的模式，深入推进农村环境综合整治。全省长沙县、南县等31个县（市、区），8380个村完成农村环境综合整治现场验收，其中洞庭湖区完成16个县（市、区），1938个村验收。四是加快完善了环境治理体制。出台《湖南省环境保护工作责任规定》《湖南省重大环境问题（事件）责任追究办法（试行）》，加大绩效考核比重，严肃追责了一批不作为、慢作为、乱作为典型，有效落实了各级各有关部门的责任。同时，结合生态文明体制改造，进一步丰富了法律、市场、经济等方面的手段，有效推进了分类指导、综合施策。加快推动岳阳、常德等四市开展“三线一单”编制工作试点，在积极服务对接重点项目的同时，严格控制“两高一资”和“产能过剩”项目上马。五是有效改善了生态环境质量。2015年以来，湖南省水环境质量总体保持稳中向好。2016—2017年，全省345个省控考核评价断面中，Ⅰ—Ⅲ类水质断面比例达到93.6,%，总体为优。洞庭湖总磷浓度持续下降，由2015年的0.112毫克/升下降到2017年的0.073毫克/升。

二、湖南对长江岸线和洞庭湖进行整治面临的主要问题

一是部分区域水环境质量不容乐观。总体而言，湖南省水质达标率在全国相对比较靠前，但部分区域环境质量不容乐观。四水部分支流断面还超标。同时，洞庭湖湖体总磷浓度有所上升，超标问题短期内难以解决。湖区还有部分内湖水质未达到Ⅲ类标准，尤其是大通湖，由于内源污染重，加上生态破坏等问题，水质改善缓慢。二是历史形成的偏重产业结构未根本改变。湖南省产业结构偏重，初级产品多，精深产品少，污染物排

放总量大。“散乱污”企业整治、五大重点区域转型升级任务重。三是环境基础设施滞后。城市污水管网配套、污水处理厂升级改造任务重，乡镇污水处理设施建设滞后，饮用水水源地保护、黑臭水体整治任重而道远。四是农业面源十分突出。湖南省是农业大省，畜禽、水产养殖规模大，化肥农药施用强度大、利用率低，污染治理等方面的欠账较多。五是环境治理投入普遍不足。市（州）、县（市、区）财政困难，环境治理投入普遍不足，社会资本投入的积极性、主动性不够。六是治理基础仍很薄弱。基层能力偏弱，小马拉大车问题严重，难以适应任务日趋繁重、要求越来越高的新形势；七是工作进展不平衡。一些地方和部门，对绿色发展认识不高、能力不强、行动不实，重发展轻保护现象依然比较普遍，部分领导干部不敢、不愿较真碰硬，部分突出环境问题长期未得到有效解决。

三、湖南加大长江岸线和洞庭湖整治的对策建议

深入贯彻落实习近平总书记关于长江经济带“共抓大保护、不搞大开发”的重要指示精神，按照《湖南省污染防治攻坚战三年行动计划(2018—2020年)》部署，认真抓好落实，深入推进各项整治工作。

（一）坚持环境质量改善为核心，层层压紧压实责任

纵向上，依托国控和省控水质监测断面，进一步完善监测、评价体系，按照“只能变好，不能变差”的原则，对水环境质量下降的地方及时采取专函警示、约谈、区域限批、问责等措施，确保各级党委、政府“守土有责、守土尽责”。横向上，按照“一岗双责”的要求和“管行业必须管环保、管业务必须管环保、管生产经营必须管环保”的原则，细化部门责任分工，加强协调联动，推动形成齐抓共管工作合力。

（二）坚持“保护优先、绿色发展”，严格把握环境准入关

根据生态红线划定方案，按照“划得出、守得住”的要求，指导督促各市（州）制定出台具体管控规定，加快调整、优化国土空间开发格局。同时，围绕供给侧结构性改革，加快开展“三线一单”编制工作试点，严格控制“两高一资”和“产能过剩”项目上马，推进全省经济结构调整优

化和高质量发展。

（三）坚持两端发力，持续加大污染治理和生态保护力度

按照《湖南省污染防治攻坚战三年行动计划（2018—2020年）》和“碧水保卫战”实施方案，以问题为导向，以流域为控制单元，建立水污染防治整治项目库，加强浏阳河、捞刀河、大通湖、华容河、珊珀湖等不达标水体和片区治理；以湘江流域、洞庭湖区域为重点，补齐城镇污水收集处理、农村生活污染治理、畜禽（水产）养殖污染整治、农业面源污染整治等重点领域治理短板，持续减少氨氮、总磷等污染物排放总量。同时，按照减排与增容并举的原则，遵守自然规律，在入湖、入河口以及有条件的滨河湖带因地制宜建设一批生态保护工程，提升环境自净能力。尤其在洞庭湖区，要进一步扩大绿色生态空间，加快改造一批内湖、及时退出一批精养鱼塘。

（四）坚持严管重罚，始终保持执法监管高压态势

结合机构改革加快环保垂改工作，全面实行网格化环境监管，深入推进各项环境执法专项行动，对重点污染源实行全覆盖、拉网式排查，按照“关闭一批、查处一批、移送一批”的要求，“零容忍”各类环境违法行为，加强社会监督，及时曝光典型环境违法行为，形成良好舆论氛围。全面推进省级环保综合督察，年内对14个市（州）进行全覆盖。

（五）坚持精准施策，不断夯实环境治理基础

结合生态文明体制改革，进一步丰富治理手段，完善政策措施。加强洞庭湖等区域污染形成机理调查研究，研究制定污染控制对策，加大先进适用技术及装备研发、示范和推广力度，加强与外省（市）的交流学习，鼓励地方强化管理创新，多出治水、节水、护水经验，推动精准化治理。

（六）强化制度建设，进一步推进高质量发展

根据生态红线划定方案，制定出台具体管控规定。提高环境标准，对洞庭湖区及不达标水体周边的涉水工业企业和污水处理厂实行特别排放限值。建议每年评选生态经济发展先进案例，加强推荐，助推高质量发展。

（七）坚持约束与激励两手抓，进一步加强考核奖惩

按照“可量化、可检查、可考核、可问责”的要求，以问题为导向，进一步细化工作任务和部门责任分工，加大考核奖惩力度，扩大生态环保在绩效考核中占比，作为领导班子和领导个人年终考核的重要依据，评选生态文明建设先进单位和先进个人，树立一批先进典型，重用一批抓生态环保有功的干部。继续加大环境督察力度，扩大覆盖面，完善督察办法，加大问责力度。

（八）加大资金投入，建立财政投入动态增长机制

省级层面建立环境治理专项债券，推进乡镇污水处理厂建设和“厕所革命”。在湘江流域生态补偿的基础上全面实施“一湖四水”生态补偿，并加快发展绿色信贷、绿色金融，积极推动合同环境服务等模式，拓展投融资渠道，引导和鼓励社会资本投入。

（2018 年 5 月 2 日）

深刻领悟透习近平总书记重要指示
认真书写好长江经济带湖南篇章

2016 年 1 月，习近平总书记在重庆召开推动长江经济带发展座谈会，作出了长江经济带发展“共抓大保护、不搞大开发”的重要指示，2018 年 4 月，习近平总书记在武汉座谈会上又明确要求长江经济带发展要正确处理“五大关系”，坚持走“生态优先、绿色发展”之路。湖南作为长江中游的欠发达省份，发展与保护的矛盾比较突出，需要进一步提高政治站位，认真学习习近平生态文明思想，深刻领悟透习近平总书记关于长江经济带重要战略思想，正确处理好发展与保护的关系，认真书写好长江经济带湖南篇章。

一、湖南深入贯彻习近平总书记关于长江经济带“共抓大保护、不搞大开发”重要战略思想，坚持走“生态优先、绿色发展”之路

湖南拥有 163 千米长江岸线，境内“一湖四水”辐射全境、联通长江，是长江经济带的重要节点省份，也是长江流域重要的水源涵养地和生态屏障，承担着守护好一江碧水的重要使命。2016 年 1 月，习近平总书记在重庆召开推动长江经济带发展座谈会以来，湖南自觉践行新发展理念，坚定不移地贯彻习近平总书记“共抓大保护、不搞大开发”战略思想，坚持走“生态优先、绿色发展”之路，主动找准在沿江大布局中的位置，从根本上扭转“靠水吃水”的惯性思维和路径依赖，大力实施以“一湖四水”为重点生态环境治理，加快建设美丽富饶幸福新湖南，努力参与推进长江经济带科学发展、有序发展、高质量发展。

（一）围绕强化战略统筹，突出破立结合，大力完善顶层设计

2016年以来，湖南各级各部门深刻理解习近平生态文明和长江经济带重要战略思想的精神内涵，将其作为破除旧思维、树立新理念的重要指导，从顶层设计上做好部署。湖南省第十一次党代会报告突出强调建设生态强省。全省先后颁布了《湖南省湘江保护条例》《湖南省饮用水水源保护条例》等地方性法规。编制了经国务院同意并由国家发改委批复的《洞庭湖生态经济区规划》，配套出台了《关于加快推进洞庭湖生态经济区建设的实施意见》；制定了《湖南省贯彻落实国家〈长江经济带发展规划纲要〉实施规划》以及三年滚动发展计划；专门成立了领导小组，强化统筹调度、齐抓共管；湖南省、市、县三级都成立了生态环境保护委员会，全面实施了河（湖）长制，出台了《关于全面推行河长制的实施意见》等决定意见；制定了《湖南省环境保护工作责任规定》和《湖南省重大环境问题（事件）责任追究办法（试行）》，建立了“党政同责、一岗双责”的责任体系；对市（州）党委、政府生态文明建设情况实行年度评价、五年考核，将环境质量改善目标责任纳入省政府绩效考核内容，开展领导干部自然资源资产离任审计，有效推进了各级各有关部门积极作为、主动作为，形成了齐抓共管的强大合力。

（二）围绕强化生态修复，突出退进并举，扎实修复“一湖四水”生态功能

水情是湖南的重要省情。近年来，湖南紧紧扭住“一湖四水”系统联治这个“牛鼻子”，突出退进并举，强化生态修复。认真实施湘江保护和治理省“一号重点工程”，制定了3个“三年行动计划”，现正实施第二个三年行动计划。2013年以来，竹埠港重点区域28家企业全部退出，清水塘工业区企业已关闭退出147家企业，锡矿山192家冶炼企业重组为现在的7家，水口山关闭淘汰190多家落后企业，临武三十六湾矿区矿山企业整合为2家。湘江流域先后实施3058个整治项目，关停涉重金属污染企业1034家，治理水土流失面积755平方千米，复绿矿山1500多公顷，新增造林面积达到了500多万亩。通过努力，2017年，湘江流域水质总体为

优，157个评价考核监测断面中，Ⅰ—Ⅲ类水质断面154个，干流39个断面水质均达到或优于Ⅲ类标准。深入推进洞庭湖水环境综合整治和生态修复，实施了沟渠塘坝清淤、畜禽养殖污染整治等“五大专项行动”，启动了洞庭湖生态环境专项整治“三年行动计划”；累计疏浚沟渠4.3万千米，退养畜禽养殖场353万平方米，清理网箱65万平方米，清理矮围35万亩，彻底改变了过去网箱、围栏林立的乱象；湖区9个省级及以上园区污水处理设施全部建成。17个黑臭水体整治全部完成；洞庭湖自然保护区核心区7.99万亩杨树全面清理，并采取自然修复、半自然修复、人工促进自然修复等方式开展湿地修复，全省湿地保护率达75.44%。2017年，洞庭湖11个考评断面均达到Ⅳ类水质，总磷浓度比2016年下降13%。境内资水、沅水、澧水治理以及大通湖、毛里湖、珊珀湖生态修复也取得积极进展。

（三）围绕强化环境保护，突出治防结合，着力解决环境污染破坏问题

突出整治工业点源污染和农业面源污染。两年来，取缔地条钢企业12家，关闭煤矿366处，退出产能2432万吨，注销134家危险化学品企业安全生产许可证，2017年全省工业主要污染物中，化学需氧量排放比上年削减5.56%，二氧化硫削减6.65%，氨氮削减3.04%；着力减少农业面源污染，2017年洞庭湖和湘江流域主要农作物农药利用率由上年的33.5%提高到36.5%，农药使用量比上年减少4.8%；多次开展集中巡河巡湖。大力开展非法码头、非法采砂专项整治，构建了以公安为主体，整合水利、交通等部门力量的联合执法体系，按照“谁发现、谁执法、谁处置”原则建立了跨区域打击协作体系。两年来，长江沿线共清理移走砂石54余万吨，拆除码头机械设备69台（套），拆除长江岸线非法采砂码头39座，恢复长江岸线约10千米，洞庭湖自然保护区76个砂石码头全部关停，202艘采砂船只全部集中停靠；全省开展了党员干部参与涉矿经营专项清理活动，办理“非法采砂入刑”案7起。同时加快编制采砂规划，进一步完善监管办法；组织开展固体废弃物大排查行动；推动饮用水水源地保护专项检查，推进入河排污口整改提升，饮用水水源保护区内160个入河排污口，已完成综合整治132个；加快城乡环境综合整治，县以上城镇污水和垃圾

无害化处理率分别达到95.35%和99.6%，所有县（市、区）全部启动农村环境综合整治整县推进工作。

（四）围绕强化产业升级，突出新旧转换，加快推动绿色循环低碳发展

在加快淘汰“三高”产能的基础上，突出抓产业升级和新兴产业培育。加快传统产业升级，在钢铁、有色等7个传统制造业领域实施“互联网+”行动，认定省级智能制造示范企业25家，9家企业获批国家智能制造示范企业，支持传统产业技术改造项目4500余个。加快培育新动能，依托长株潭衡“中国制造2025”试点示范城市群等平台，打造“创新谷”“动力谷”和“智造谷”，轨道交通装备制造业、汽车制造业成为工业经济增长主引擎。20个工业新兴产业链加快发展，近年来高技术产业增速保持在15%以上。加快壮大科技创新能力，大力建设长株潭国家自主创新示范区，长株潭3市R&D投入强度分别达2.5%、2.4%和2.1%；一批工程中心、重点实验室加快建设，涌现了高铁动力与控制系统、中低速磁浮等世界先进水平科技成果。积极推动绿色发展，全省认定绿色园区2家，省级绿色工厂27家，资源综合利用企业771家（次），2017年再生资源产业实现总产值1032亿元，增长12%。省级及以上产业园区全面完成污水集中处理设施建设。着力改变农业依靠大量化肥料投放生产方式，实施化肥、农药零增长行动，主要农作物测土配方施肥率达90%以上。积极调整养殖结构，在洞庭湖区推进稻虾养殖。推动建筑垃圾资源化利用、垃圾焚烧发电、芦苇资源转型利用等产业发展。

（五）围绕强化绿色支撑，突出融通协同，积极推进基础设施优化布局

推动长江干线航道湖南段整治工程，有序推进“一湖四水”航道疏浚治理和锚地建设，完善高等级航道网络，国家规划的湘江高等级航道将于“十三五”期内全面达标。按照整合资源、理顺关系、有保有压、联动发展的思路，引导长江岸线和湘江内河岸线资源整合，启动了《岳阳港总体规划》修编工作，组建了湖南城陵矶港务集团、促成上港集团与岳阳城陵矶港合作，城陵矶港开通了岳阳－东盟、岳阳－港澳的直达班轮，2017年集装箱吞吐量达42.28万标箱，同比增长43.7%。全省高速公路通车里程达到6419千米，新改建干线公路5221千米，与沿江周边省（市）之间已形成高标准、多通道的公路网络格局。长株潭城际铁路全线贯通，将三市之间的交通时间缩短为30分钟以内。常益长、黔张常、张吉怀、怀邵衡、蒙华铁路湖南段等铁路和长益（扩容）等高速公路项目开工建设。积极参与长江中游城市群建设，探索在长株潭地区和江西赣西地区共建开放合作试验区。相继签署了长江中游城市群省会城市发展合作系列备忘录。

二、湖南落实长江经济带发展战略，守护一江碧水面临的问题和困难

近年来，在党中央的正确领导下，通过沿江各省（市）及相关部委的共同努力，长江经济带发展取得积极成效；但从湖南具体实践看，结合规划纲要落实情况，长江经济带发展也面临一些较为普遍的问题和困难。有些是思想惯性模式没彻底扭转造成的，有些是体制机制不健全带来的，有些是历史积累形成的，还有些是流域发展特殊性衍生的。这些问题有些可在省（市）层面解决，但更多的需沿江省（市）共同努力，还有不少需要国家层面高度重视、重点支持和协调推动才能解决。

（一）生态环保历史欠账多、总体压力仍然较大，修复和保护成本高

具体体现为“三多”。一是各类历史欠账多。湘江流域和洞庭湖区生态环保问题大多是历史原因积淀下来的。比如湘江流域的湘潭竹埠港、株洲清水塘、衡阳水口山过去均是重化工、有色金属基地，为全国工业发展作出了重大贡献，但长期以来受思想认识、体制机制等限制，生态环保问题没得到足够重视，形成了巨大历史欠账。洞庭湖区是国家重要的商品粮基地，过去大量围湖造田为国家粮食安全作出了重要贡献，付出了巨大环境成本。这些历史欠账导致现在湘江流域重金属污染治理、洞庭湖生态功能恢复面临较大压力。二是污染防治点面多。部分企业布局不科学、规模小、管理粗放，难以稳定达标排放。长江中游省份为传统农业省份，生猪水产养殖规模大，畜禽废弃物资源化利用不够，精养鱼塘高强度的投肥养殖，污染严重。同时，种植生产中由于追求产量和夏季气温高，化肥、农

药施用强度大大超过全国平均水平，大量使用除草剂，农业面源污染已成为洞庭湖总磷超标的重要原因。农村（乡镇）生活污染治理相对滞后，全省乡镇污水处理设施覆盖率仅15%左右。农业清洁生产技术普及难落地。三是生态修复资金筹集难度大。生态修复成本高，湘江治理与保护5年已累计投入各类资金486亿元；历史遗留污染治理没有主体，需要政府买单，这两年洞庭湖治理仅省财政就投入22亿元，常德市一个珊珀湖流域综合整治，就需投资9.48亿元，益阳市的大通湖整治需投资约69.48亿元。其他如城市黑臭水体治理、农村生活污水处理和垃圾处理厂建设、湿地保护等，投资量均较大。湖南财力相对薄弱，又要严控政府性债务，资金压力不小。

（二）生态的系统性和流域的整体性与责任主体分散化的矛盾突出，协调配合难

具体可归纳为“三难”。一是不同省（市）间协调难。长江流域上中下游涉及11个省（市），彼此地域相连、水系相通，合则两利的同时，在很多具体问题上面临矛盾。比如2015年长江水利委员会针对洞庭湖四口水系出现的生态环境和防洪问题，提出了洞庭湖四口水系综合整治工程方案，包括疏浚四口河道，引江济湖，解决洞庭湖水源问题，减轻长江荆江河段防洪压力，稳定江湖关系，加快生态环境修复和通过松滋口建闸控制改善松澧地区防洪形势。但因邻近省份认为松滋闸运用可能会影响长江荆江河段防洪，不同意松滋口建闸，导致这个“江湖”两利项目推进非常缓慢。二是不同功能间协同难。长江黄金水道涉及通航、发电、防洪、生态等多个功能，相互协同难。如长江三峡工程及上游水库群虽发挥了巨大效益，但因水库蓄水拦沙，清水下泄冲刷河床，导致中下游湖泊枯水期提前、延长，洞庭湖在枯水期提前30—40天，9—10月份水位下降超过2米，对滨湖供水及湖泊湿地生态环境影响明显。再如，内河流域很多水电站享受发电效益，但对内河航运、生态环保兼顾不足，普遍存在水利水电梯级通航建筑物标准低于航道规划标准，且很少修建过鱼设施，使一些通航河流陷入碍航困境和导致生态多样性破坏。三是不同部门间协作难。正所谓“九龙治水”，各级涉水管理部门多而杂，职能职责常有交叉，协调成本高。比如在河道采砂整治工作中，虽水利部门牵头，但涉及交通、公安等部门，仅靠水行政执法威慑有限，伺机偷采盗采执法打击难。再如船舶污染物交付、接收、处置涉及环保、海事、港航、住建、环卫等职能部门，虽构建了闭环流程，但部门之间行业局限性较大，导致管理主体等职责不明，容易出现脱节。

（三）沿江产业新旧动能转换中产业接续难，容易导致产业空心化

从现实情况看，主要面临“三道坎”。一是传统产业转型“坎”。湖南省传统产业占比较高，6 大高耗能产业占规模工业比重达 30.3%，对工业利润增长贡献超过 50%。这些传统企业大多体量庞大、历史包袱重，所需提质改造资金量大，还面临用地、用工、能源价格攀升，环保、安全、社会责任趋严约束等问题，依靠自身力量难以转型升级，可能面临关停命运。但是如果简单关停，地方又面临财税、就业等压力，导致地方陷入更无财力治理生态环境的“怪圈”。例如，洞庭湖区实行造纸产能退出，有 6000 名企业职工需转产转业，近 4 万苇农生计受到影响，地方政府任务艰巨。二是新兴动能壮大“坎”。实践表明一个产业成长成熟往往需较长时间积累，湖南省株洲轨道交通产业发展就可回溯百年历史。近年来，湖南省大力推进科技创新发展、制造强国等举措，各类科技创新带动新兴产业发展十分活跃，工业机器人、移动互联网、3D 打印等新兴产业得到较快发展，但总的看，仍还不足以成为经济增长的主动力。目前，全省战略性新兴产业占规模以上工业比重仅为 11.3%。此外，这类新兴产业区域集聚性强，在地域上与传统产业退出地区不匹配，导致部分地区产业空心化。部分地方老企业淘汰后，在缺乏新兴接续产业的情况下，原有土地大多用于房地产开发，难以形成持续发展模式。三是绿色发展推广“坎”。个别地方为了地方发展和壮大产业，在招商引资中考虑生态成本不足，少量产业转移项目刚引进就受政策限制，治理成本还高于发展收益。有些企业因利润不足或效益下滑，在生态环保、节能减排上投入能力不足。例如，岳阳纸厂污水处理设施总投资超过 2.5 亿，每年运营成本高达 4000 多万，企业环保压力巨大。在农业领域，洞庭湖区大多数退养农户，文化水平、养殖技能均有限，难以适应现代集约养殖形势。

（四）资源集约利用刚性约束弱，利益协调补偿机制不完善

具体体现为“三低”。一是河湖岸线集约利用率较低。河湖水域岸线的防洪、供水、交通、生态环境以及开发利用缺乏统筹，特别是老旧码头和企业专用码头制约优质岸线资源高效利用。湖南省现有生产用码头泊位1800多个，2004年以前投产的老码头占40%，设施机械化、专业化水平较低，功能单一，难以提供现代化港口综合服务；各类企业专用码头偏多，因过去以较低价格取得长期使用权，导致公共资源没有充分利用，没发挥出应有效益，如岳阳纸厂的生产厂区占用了城陵矶附近2000米左右港口岸线的后方陆域，但实际使用港口岸线仅730米。二是水资源集约利用较低。水资源消耗总量和强度双控机制不完善，节约用水市场机制和社会参与机制还未完全建立。2017年，湖南省农田灌溉水有效利用系数为0.515，远低于0.7—0.8的世界先进水平；万元工业增加值用水量67立方米，为世界先进水平的2—3倍；工业用水重复利用率60%左右，与国际先进水平80%—90%有较大差距。长沙、湘潭等地区水资源开发利用率已接近或超过国际公认的40%的水资源开发生态警戒线，郴州市区、长沙县、宁乡市等14个县（市、区）水资源承载能力已经处于临界超载状态。三是环境容量集约利用率较低。在生态环境总体容量限定情况下，环境容量实际已是一种稀缺资源。目前，尚未构建精细化的环境容量优化使用约束机制，“谁污染、谁付费、谁治理”机制不健全，缺少有约束性的全面生态补偿机制，低端产能和落后生产方式污染排放占据过多环境容量。个别企业利用地方招商引资迫切心理，厂区占地面积过大，不符合集约发展要求，个别地方追求城市建设“颜值”，建大广场、大马路、大景观，导致土地资源浪费；还有些地方过度追究沟渠、道路的硬化、景观化，间接影响环境容量。

（五）区际之间协调机制不够健全，区域发展竞争同质程度高

主要体现为“三弱”。一是协调机制的权威性较弱。现有的区域、部门协调机制大多是临时性的领导小组、联席会议或省（市）间自发组织的论坛活动，合作协议主要是政府间契约，不具备强制力。生态环保联防联

治机制不完善，一些区域、部门生态环保标准不一致，监测数据不能共享，执法力度、标准不统一。二是深度合作的自觉性较弱。虽然国家、省（市）层面都拟定大量城市群合作规划、政策，但受财政体制和政绩考核制度等因素影响，成效不太显著。以湖南省长株潭城市群为例，现已建构了 1 个区域规划、18 个专项规划、18 个示范片规划组成的全方位规划体系，3 市道路、管线等基础设施对接仍不畅，城市群中心半径 50 千米范围内布局了 5 个投资上百亿、占地几千亩的商贸物流综合项目，有三个综合保税区，但“物流围城”和物流“最后一公里”问题依然突出。三是产业布局的协同性较弱。长江中游地区资源禀赋趋同，大量食品纺织、装备制造、冶金化工、建材工业产业园集聚，产业同质化程度高，各地新兴产业也大多是生物医药、新能源、新材料等，产业协同发展格局不够清晰。如湖南省长株潭城市群，三市两两之间产业结构相似系数均值都超过 0.9，70% 左右的园区以工程机械、电子信息、汽车为重点产业，产业同质化竞争激烈。

三、湖南下一步贯彻长江经济带发展战略的构想

湖南全省 96% 的区域都属于长江流域，在长江经济带中生态功能重要，区位优势明显，抗灾和环境治理意义非同寻常。湖南人均水资源占有量、森林覆盖率和湿地保有量均高于全国和世界平均水平，是长江流域和全国重要的生态资源聚集区、调节区和生物基因宝库。长江黄金水道、武广和沪昆高铁、京广普铁、京港澳高速公路等国家交通主动脉在此立体交会，是全国东部沿海经济带和长江经济带的接合部，具有“一带一部”区位优势。湖南长江岸线虽然只有 163 千米，但万里长江险在荆江，历史上防洪抗洪主要任务在湖南，三峡大坝建成后防洪抗洪压力大大减少，但仍有必要防患于未然。湖南经济发展处于长江沿线 11 省（市）和全国中等水平，化工、造纸、有色冶炼等传统工业污染、传统农业面源污染、城乡居民生活污染在长江流域带有一定的共性和典型性，探索解决这些问题，对长江经济带和全国经济高质量发展都有普遍意义。

当前，全国及长江经济带发展正处于资源生态环境“三期叠加”的历史性关口。湖南应认真学习贯彻习近平生态文明思想，以习近平总书记关

于长江经济带发展战略思想为行动纲领和根本遵循，进一步增强“共抓大保护、不搞大开发”“守护好一江碧水”的自觉性。正确把握整体推进与重点突破、生态环境保护与经济发展、总体谋划和久久为功、破除旧动能与培育新动能、自身发展与协同发展的“五大关系”，坚持生态优先、江湖同治、远近结合、绿色发展，努力把湖南建设成为长江经济带中绿色生态廊道的重要节段和生态文明建设的示范区，成为富饶美丽幸福新湖南。

（一）坚持生态优先，在恢复和保护基础上推进发展

把修复和保护生态环境摆在压倒性位置，在修复和保护生态的前提下，平衡防洪、航运、供水和发电等各项需求，统筹路、港、岸、产、城等多个方面，推动生态文明建设迈上新台阶。

从生态系统整体性和长江流域系统性着眼，统筹山水林田湖草等生态要素。突出水生态修复、水环境综合治理和水资源保护利用。加强沿江沿湖森林保护和生态修复，坚持自然恢复为主，把天然林、天然湿地的保护放在更重要的位置。继续推进退耕还林还草、退田还湖、退养还清。深入推进大气和重金属污染治理，着力抓好土壤污染风险管控和修复治理。巩固整治长江岸线、取缔非法采砂场、非法码头成果。

严格、顶格执行生态资源环境约束标准。划定并公布湖南省生态红线，切实加强监督管理，实现以红线管控重要生态空间，确保生态功能不降低、面积不减少、性质不改变，从而促进人口资源环境相均衡、经济社会生态效益相统一。编制湖南省“三线一单”（生态保护红线、环境质量底线、资源利用上线，环境准入负面清单），从发展格局、空间布局、污染物排放、资源开发利用等方面提出区域差异的环境准入要求，形成落地到 14 个市（州）的环境管控体系，推进形成节约资源和保护环境的空间格局、产业结构、生产方式、生活方式。

（二）坚持江湖同治、系统推进

尊重自然规律和河流演变规律，协同治理江河湖泊、干流支流。湖南四水聚洞庭，洞庭通长江。湖南“一湖四水”的治理必须与长江治理同频共振。

洞庭湖是长江最重要的通江湖泊和最主要的调蓄湖泊，素有“长江之肾”的美誉，在保障长江流域生态安全方面具有不可或缺的重要作用。应当将洞庭湖生态环境治理上升为国家战略，成为长江经济带发展战略的重要组成部分，实施江湖同治。在国家层面，主要是优化水资源配置，增加枯水期下泄流量，保障湖区居民生活生产用水和洞庭湖生态系统恢复的生态流量；启动一批恢复洞庭湖调蓄能力和生态功能的重点治理工程；建设一批交通能源等重大基础设施项目。在湖南层面，主要是主动融入长江经济带发展，协调与长江流域各省（市）关系，扎实推进洞庭湖以及湘资沅澧四水生态环境专项整治，解决农业畜禽养殖粪污处理、城乡居民生活污水垃圾处理，沟渠塘坝清淤等突出问题；整合港口岸线资源，合理划分长江岸线和洞庭湖岸线功能，以岳阳城陵矶港为母港，把长沙常德益阳等湖区港口配套为其子港，提升港口吞吐量和利用率。

（三）坚持远近结合、有序推进

远期重在建立健全以生态价值观念为准则的生态文化体系、以产业生态化和生态产业化为主体的生态经济体系、以改善生态环境质量为核心的目标责任体系、以治理体系和治理能力现代化为保障的生态文明制度体系、以生态系统良性循环和环境风险有效防控为重点的生态安全体系等五大体系，推动生态环境领域治理体系和治理能力现代化，建成富饶美丽幸福新湖南。

短期内要重点解决突出生态环境问题，打赢污染防治攻坚战，基本恢复湖泊、湿地生态功能，基本消灭城市黑臭水体，基本消除重污染天气。按照“谁受益谁补偿”的原则，探索上中下游开发地区、受益地区和生态保护地区横向生态保护补偿机制试点；探索城市内河治理后周边土地升值部分、采砂和码头等公共资源特许经营权拍卖收入、社会捐赠等用于环境保护和治理的机制；设立全流域保护治理基金，实现市场化运作。建立健全资源环境承载能力监测预警评估机制；全面落实河（湖）长制；实行更严格的环境标准，完善、制定地方性的环境标准；加快生态环保立法进程，加快制定出台《洞庭湖生态保护条例》。

（四）坚持绿色发展、和谐发展

推动高质量发展，关键是要处理好绿水青山和金山银山的关系，探索协同推进生态优先和绿色发展新路子。

推进重化工业布局调整、技术改造和模式再造。严控中上游地区重化工项目，严控下游高污染、高排放企业向上游转移。推动园区企业转型升级、腾笼换鸟，发展飞地经济，摆脱工业地产模式，解决“小而多”“散而乱”的问题。以更高标准、更严要求倒逼企业转型升级，推动传统企业以新内涵、新内容进行升级改造、技术改造，提高“绿色”含量。利用科教资源集中、科技创新能力较强、装备制造业基础较好的优势，打造世界级高端装备制造绿色产业基地。

着力发展现代农业。大力发展循环农业，提高农业废弃物资源化利用水平，加大农业畜禽、水产养殖污染物排放控制力度，引导科学合理施肥施药，着力解决农业面源污染。加快良种选育，加大栽培等新技术推广。提高农产品加工龙头企业对当地农业资源的开发利用水平和强度，提高农产品加工转化和市场占有率。在湖区探索发展大规模农业。

合理布局交通能源等重大基础设施。在建设立体交通体系中，高度重视水运开发和营运成本低、绿色生态环保效益好的特点，着力打造黄金水道。大力完善能源网络通道，建设清洁能源保障体系。大力发展物流配送、旅游、金融等现代服务业。

四、政策建议

根据习近平总书记“共抓大保护、不搞大开发”的指示精神和要求正确把握“五大关系”的定位，结合湖南贯彻落实长江经济带发展战略面临的问题和困难，提出如下建议：

（一）建议强化长江经济带生态优先、绿色发展的法治保障

修订完善《长江经济带发展规划纲要》，抓紧制定三年滚动行动计划及配套政策。主要是三个层面。一是法治层面。考虑全国河流众多，研究制定《流域管理法》作为全国流域治理基本法；加快推动制定《长江保护

法》，对整个流域实施统一保护和监管，如短期难以出台，可考虑先制定《长江流域保护条例》。为提高环境违法成本，可考虑制定《生态环境损害赔偿法》。为统一流域生态环境执法监督，建议国务院制定《长江经济带行政程序条例》，统一长江经济带的行政执法尺度、标准。为了加强洞庭湖保护，保障流域生活、生产和生态用水安全，建议制定《洞庭湖生态经济区环境保护条例》。为完善长江经济带中游地区生态补偿，建议制定《洞庭湖生态环境补偿办法》。二是规划层面。尽快修订《长江经济带发展规划纲要》，对长江中上游水库群建设带来的江湖关系新变化提出改善举措，充实碧水攻坚战重点领域和重点区域、现代生态农业发展、长江干支流及湖泊防洪、沿江湿地保护等内容。加快制定“长江经济带发展战略三年滚动行动计划”；构建规划纲要实施监测评价指标，每年进行考核通报，提高规划纲要的权威性。三是政策层面。对长江经济带发展中涉及的生态环境补偿、综合交通运输体系建设、产业转型升级、现代生态农业发展，河湖水域岸线产权登记等，在财税、就业、国土、环保、金融等方面制定政策，赋予先行先试权力。

（二）建议从国家战略层面推进沿江重点湖泊、水系生态和防洪安全体系建设

长期以来洞庭湖、鄱阳湖与长江唇齿相依、相互作用，演变为极其错综复杂的江湖关系。抓好两湖特别是洞庭湖及其水系的治理，是长江生态环境、防洪安全的重点，建议将洞庭湖治理上升到国家战略层面布局。一是按照“江湖两利”、多功能协调运行的原则处理好江湖关系，维护江湖稳定格局。系统研究长江三峡及上游水库群建设对洞庭湖生态的影响，加强荆江河段河势变化监测，加固已护险工段，尽快解决切滩崩岸、主流摆动频繁等问题，确保干流河道平面形态稳定。支持湖南加快实施以河道疏浚和松滋口建闸相结合的四口水系综合整治工程，稳定长江分流洞庭湖水量。在枯水季节，长江三峡要向下游加大生态补水力度。二是科学划分防洪蓄洪行洪空间，加强重点堤垸水库建设，构建人水和谐格局。根据洞庭湖洪水调蓄功能定位，合理划分防洪保护区、蓄滞洪区与洪泛区空间，维护长江防洪大局安全。针对 2017 年 1 号洪水过程中洞庭湖重点垸出险比例高于蓄洪垸的情况，加快洞庭湖区重点垸加固建设，对支流堤防、湖泊堤垸按相应标准加固。推进洞庭湖区蓄滞洪区围堤达标和安全设施建设，尤其是城陵矶附近100亿立方米蓄滞洪区建设，建议中央设立蓄滞洪区生态补偿基金，引导蓄滞洪区人口、产业优化布局，构建人水和谐新格局。三是针对统筹山水林田湖草系统治理的新要求，支持洞庭湖生态功能修复。支持湖南推进洞庭湖生态环境十大重点领域和九大重点区域整治。优先支持洞庭湖县（市、区）纳入国家畜禽养殖废弃物资源化利用整县推进试点，支持洞庭湖区65万亩湿地修复工程，加快实施国家湿地保护与恢复工程、三峡后续项目、退耕还湿、洞庭湖湿地生物多样性保护工程，将洞庭湖作为国家湿地生态补偿机制试验区。支持湖南进一步扩大生态用地比例，从传统的粮食主产区定位调整为生态示范区。

（三）建议加快沿江新旧动能转换，推进长江中游打造世界级高端装备制造基地建设

支持各地立足现有资源优势、产业基础，加快技术改造、创新发展，推进产业有序接续。一是加大传统产业技术改造升级支持力度。正如大家常言“没有落后的产业，只有落后的产品”，目前传统产业仍是长江经济带大部分地区的支柱产业且拥有较大市场空间，关键是实施技术改造助推绿色发展。通过生态环保技术标准、排污税费等倒逼企业加快技术改造。从沿江省（市）油品消费税、三峡工程建设基金中提取资金设立长江经济带产业转型升级基金，重点支持沿江沿湖地区传统企业技术改造、绿色发展。二是支持发展新兴优势产业链。湖南结合自身实际筛选出了20个有研发能力、龙头企业、增长潜力和产业竞争力的新兴优势产业链。建议国家结合军民产业融合、创新示范区建设、制造强国战略实施等，对这些新兴优势产业链在重大科技攻关、重大项目安排、资金基金支持、创新中心建设等方面给予重点倾斜支持。三是支持打造世界级高端装备产业集群。结合实施“中国制造2025”，推进长沙、株洲、武汉、南昌等地加强分工协作，促进中部地区资源优化整合，围绕核心关键技术自主化、制造柔性、设备成套化、服务网络化开展合作，设立一批企业技术中心和创新中心，重点发展高档数控装备及系统、航空制造、输变电设备制造、工业机器人、中高端工程机械装备、先进轨道交通装备及核心零部件等制造，大幅提高产品档次、技术含量和附加值，共同打造世界级的高端装备制造产业集群。

（四）建议结合乡村振兴战略，支持沿江区域探索现代农业发展新模式

长江流域具有悠久的农耕历史。长江经济带是全国重要的农业生产区域，在全国9大商品粮基地中占据6席。支持沿江区域探索现代农业发展新模式，不仅有利于维护全国粮食安全，更有利于生态环境保护和资源高效利用。建议将促进现代农业发展摆在长江经济带发展的重要位置。一是稳定粮食油菜生产，建设全国粮油生产核心区。长江中下游地区是全国重要的粮油主产区，粮食油菜生产功能是区域主体功能之一。进一步优化生产布局，支持推广良种良法，完善粮食主产区补贴机制，出台油菜临时收储政策取消后新的支持措施，加大对粮油生产重点县投入力度，稳定和扩大粮食、油菜种植面积，支持油茶发展，为国家粮食食用油安全提供保障。二是支持湖区探索规模化种植模式，建设现代农业先行区。顺应农村人口变化趋势，充分发挥长江沿线湖区土地平整、肥沃等优势，以洞庭湖区为试点，科学划定国家水稻生产功能区和油菜籽、棉花生产保护区，畜禽水产养殖禁养区、限养区和适养区，支持土地规模化流转，培育种养殖大户、专业合作社，推广“基地+合作社+农户”等合作模式，促进湖区农业规模化经营，基地化运作、机械化耕种，探索形成与现代工业化大生产匹配的现代农业生产方式。出台有机肥生产、使用补贴政策，推动无化肥、农药示范区建设。三是支持发展绿色生态循环农业，建立生态农业示范区。实现化肥农药使用量负增长和主要农作物测土配方施肥覆盖率达到90%以上。扩大果菜茶有机肥替代化肥示范县规模。培育新型专业化统防统治服务组织，创建标准化区域服务站，开展病虫害全程绿色防控示范。推进环洞庭湖区高效经济作物水肥一体化。推进国家农业可持续发展试验示范区建设。开展整县推进秸秆全量化综合利用试点和乡镇秸秆收储运站试点，探索秸秆发电管理新模式。开展农药包装废弃物回收处置试点。推进大型沼气工程及生活污水净化沼气工程建设。

（五）完善沿江区域重大基础设施建设，构建强有力的绿色支撑体系

按照生态环保绿色要求，进一步完善区域重大基础建设，增强对长江经济带发展的战略支撑力。一是水运发展方面。考虑上下游衔接，将城陵矶至宜昌航道水深标准统一提高到 4.5 米。多方统筹水运资金，建立碍航闸坝整治责任共担机制，可考虑从水电站发电收益中提取部分资金专项用于通航建筑物及航道整治，或参照高速公路等有限期经营模式，水电站收益期满则国家收回，收益部分用以支持水运发展。二是铁路建设方面。加快沿江高铁建设，将常岳九快速铁路纳入沿江高铁规划。推进孟中印缅、中老泰、中越等国际运输通道建设，实现长江经济带与“一带一路”互动。三是高速公路方面。从促进长江经济带高速公路互联互通出发，对沿江省级高速公路在用地，特别是占用基本农田方面给予特殊政策支持。四是清洁能源方面。完善长江经济带清洁能源网络通道发展，协调中石油、中石化，加快推进西三线、新粤浙广西支线建设，请国网公司将雅中特高压直流项目的输送方式改为落点湖南、转送江西，提高湖南电力保障能力和降低电价。

（六）着眼形成同频共振工作合力，探索完善长江经济带发展的体制机制

主要是四个机制。一是生态补偿机制。进一步完善财政部出台的长江经济带生态补偿与保护长效机制指导意见，加大中央对沿江地区生态环保补偿力度，构建将生态环保成本内部化的税收机制；建立长江流域生态补偿大数据平台，统一规范水质监测指标、标准、评价方法并实行省（市）间共享；根据实际情况，对洞庭湖制定更加科学的考核评价评价体系，优化总磷评价标准。将生态补偿与自然资产审计、自然资产负债表等政策结合起来。健全环保中央财政投入动态增长机制，设立长江生态环境保护基金。建议国家将洞庭湖作为国家湿地生态补偿机制试验区，加大对洞庭湖地区生态环境保护的转移支付、补偿支持力度。二是资金保障机制。借鉴田纳西河流域治理，从长江流域电力、航运、水利、采砂等行业提取相应比例资金用于生态环境整治。构建长江流域产权交易市场，推广绿色贷款、绿色债券、绿色保险、绿色基金等各种绿色金融工具，由国家开发银行、农业发展银行设立长江经济带发展专项贷款；支持地方政府发行生态环境治理的专项债券，支持有收益的生态环保项目由企业发行绿色债券。央行对长江经济带生态环境治理给予再贷款支持。三是技术攻关机制。加强长江经济带生态环保技术攻关，促进沿江高校、科研院所、企业合作，对长江经济带发展面临的重大生态环保问题，联合建立科研平台、确定科研项目，开展联合技术攻关。建议国家层面组织对长江流域总磷来源分析与削减技术攻关。建立环保产业技术联盟，加大绿色环保关键核心技术的研发力度。加强重大生态环保治理技术经验共享。四是协同发展机制。加快构建具有国家事权的日常性工作机构。健全多边横向合作机制。建立流域统一的生态环保信息公开机制。完善跨省流域生态环境保护执法机制，在打击固体废物非法转移、河道非法采砂等环境违法犯罪方面加强合作。做到思想上“一条心”、行动上“一盘棋”。

（2018 年 6 月）

防治水污染 维护水生态 守护好三湘碧水

湖南省地处长江中游、江南水乡，属于亚热带气候，雨量充沛，拥有5千米以上河流5341条，滋养着三湘大地，给大家留下了许多儿时美好的回忆。随着工业化、城镇化、农业现代化的不断推进，这些曾经养育我们的河流成了排污纳垢的场所，昔日鱼翔浅底、嬉戏打闹的河流变脏了、变臭了，老百姓的舒适感、满意度下降了，水环境污染、水生态破坏已成为各级党委政府和广大人民群众的心头之患。近年来，湖南省坚持以习近平生态文明思想为指引，以“一湖四水”系统联治为重点，持续推进湘江保护和治理省“一号重点工程”和洞庭湖生态环境专项整治，加强水源地保护，加大工业污染和城市黑臭水体整治，加快补齐城镇污水收集和处理设施短板，推进农村环境整治，着力解决水污染、水生态等方面突出问题，水污染防治、水生态修复工作取得积极进展和成效，昔日漫江碧透的湘江、秀美如画的洞庭又开始逐渐呈现在我们面前。

湖南省形成了一系列的典型经验做法：

一、提高政治站位，认真学习贯彻习近平生态文明思想

湖南省牢固树立“绿水青山就是金山银山”的发展理念，坚决落实习近平总书记关于长江经济带发展“共抓大保护、不搞大开发”的指导要求，坚持生态优先，推动地方逐步摆脱传统思维惯性和路径依赖，践行绿色发展，推进高质量发展。湖南省十一次党代会明确要求“加快建设天蓝地绿水清土净的生态强省”，湖南省政府工作报告明确提出要打赢脱贫攻坚、转型升级和环境治理“三大战役”。2018年5月11日，湖南省委十一届五次全会通过了《关于坚持生态优先绿色发展深入实施长江经济带发展

战略大力推动湖南高质量发展的决议》，明确要求全面落实习近平总书记考察岳阳时“守护好一江碧水”的重要指示，坚决打赢污染防治攻坚战。6 月 13 日，湖南省生态环境保护大会召开，这是湖南省第一次由省委名义召开、第一次在家的省委常委和人大、政协主要领导全部出席的生态环境保护会议，也是第一次由环境保护工作会议升格为生态环境保护大会。会上，省委主要领导对防治水污染、维护水生态作出专门部署，对水情是湖南最大的省情再次进行了专门阐述和着重强调。

二、加强组织领导，层层压紧压实各级各有关部门责任

湖南省委、省政府先后成立了湘江保护和治理委员会、突出环境问题整改工作领导小组、生态环境保护委员会等高规格组织领导机构。湖南省委、省政府决定对污染防治攻坚战单独考核，将生态环境保护工作纳入政府绩效考核，严格奖惩，强化生态环保的硬约束，有效推动了各级各有关部门积极、主动作为。2018 年以来，湖南省制定了《湖南省污染防治攻坚战三年行动计划（2018—2020 年）》和“碧水保卫战”实施方案，并召开全省污染防治攻坚战暨“2018 年夏季攻势”动员大会，向 14 个市（州）政府交办重点整治任务，明确要求拉条挂账，层层压紧压实责任，确保按期完成整治任务。

三、勇于攻坚克难，着力解决突出环境问题

坚持问题导向，严格落实责任，全省上下倒排时间，攻坚克难，加快解决了一批突出问题。一是加快中央环保督察整改。截至目前，中央环保督察反馈意见指出的 76 个问题中，整改完成 54 个，持续推进 17 个，岳麓污水处理厂尾水排口下移、洞庭湖自然保护区核心区 7.99 万亩黑杨清理等问题得到有效解决。二是突出饮用水水源环境整治。深入开展长江经济带饮水安全专项整治行动，按期完成地级城市集中式饮用水水源排查出的 80 个问题整改；积极推进县级城市饮用水水源地 322 个问题整治。三是突出园区环境管理和污水处理厂建设。在引导工业企业入园区集聚发展的同时，完善园区污染处理设施建设，140 个省级及以上产业园区（工业集聚区）建成污水集中处理设施建设。四是加强黑臭水体和不达标水体整治。

全省地级以上城市排查的170处黑臭水体已整治完成131处，2018年启动实施县级城镇、乡镇黑臭水体整治。11处不达标水体全部制定并加快实施整治方案。五是加大历史遗留污染整治。以娄底锡矿山、郴州三十六湾等区域为重点，完成遗留矿渣、尾砂整治等300余个项目，有效控制了环境风险隐患扩散。

四、坚持综合施策，深入推进省“一号重点工程”和洞庭湖生态环境治理

一是持续推进湘江保护和治理省“一号重点工程”。2013年以来，湖南将湘江保护和治理列为省“一号重点工程”，实施并完成了第一个“三年行动计划”，推动实施第二个“三年行动计划”，不断将湘江保护和治理向“一湖四水”延伸，向纵深拓展。先后投入500多亿元，安排整治项目3058个，关停涉重企业1034家，完成522个重金属治理项目，重金属污染排放削减量、淘汰关闭涉重金属企业均比2008年下降50%。2017年，湘江干流所有监测断面重金属浓度全面达标并持续好转。针对中央环保督察反馈的尾矿库排水重金属超标、流域锑超标、部分支流断面重金属超标等多个问题，全省各级党委、政府以中央环保督察反馈问题整改为突破口，扎实推进五大重点区域（株洲清水塘、湘潭竹埠港、衡阳水口山、长沙七宝山、娄底锡矿山）综合整治，湘潭竹埠港地区28家重化工企业已于2014年10月退出后，正在有序推进污染场地修复；株洲清水塘地区在关停147家企业的基础上，剩下6家企业将于2018年全面关停；郴州三十六湾尾砂污染治理投入资金3.6亿多元，启动实施重金属污染治理专项项目16个，完成重点项目9个，正在实施7个，甘溪河治理取得重大进展；衡阳市加大资金投入，完成水口山二厂锌品车间、砷品车间及烟囱拆除和遗留废渣、物料的无害化处置，天雁机械重金属电镀废水治理，水口山二厂污染土壤修复项目；娄底市实施青丰河和涟溪河综合整治一期、二期工程、炭家湾片区废渣综合整治等5个重点项目，投资2.8亿元建设年处理能力2万吨砷碱渣无害化处理工程，对约1370万吨历史遗留废渣进行综合治理。二是全面打响洞庭湖生态环境综合整治全民保卫战。2016年以来，启动实施洞庭湖水环境综合治理，开展沟渠塘坝清淤增蓄、畜禽养殖污染

整治、河湖围网养殖清理、河湖沿岸垃圾清理、重点工业污染源排查等“五大专项行动”。中央环保督察后，湖南省委、省政府要求对中央环保督察突出问题，尤其是涉水问题加力提速整改，坚决按期完成。针对中央环保督察反馈的洞庭湖流域畜禽养殖污染、非法采砂采矿、欧美黑杨种植及断面总磷超标等18个问题，湖南省主要负责领导多次对洞庭湖水环境问题进行调研，先后召开洞庭湖治理专题会议、省（市）县乡村五级干部大会等9次会议进行安排部署，制定并启动实施《洞庭湖生态环境专项整治三年行动计划（2018—2020年）》，全面推进洞庭湖生态环境十大重点领域和九大重点区域整治。在对自然保护区违规采砂问题全面实现禁采和对84处侵占岸线、洲滩砂石的码头堆场开展全面清理的基础上，编制洞庭湖区河道采砂规划，全面规范保护区以外的河道采砂行为。对重点湖库水产养殖、捕捞造成水质下降和生态破坏问题逐一督办整改。洞庭湖自然保护区核心区7.99万亩欧美黑杨于2017年11月提前清理到位，试验区和缓冲区的清理工作正在稳步推进。两年来，累计疏浚沟渠4.3万千米，整治塘坝2.4万口；禁养区已退养8420户，拆除栏舍356.11万平方米；拆除网箱2万口共81.54万平方米，拆除矮围网围126处共35.4万亩。对湖区简易填埋或堆放乡镇农村垃圾点，已全面启动清运和无害化处理。湖区城市和乡镇污水处理厂建设全面提速。益阳市编制《大通湖水环境治理整改方案》和《大通湖水质达标方案》并实施，解除天泓渔业公司承包合同，拆除所有围栏围网，开展外转清淤及周边城乡垃圾和污水治理；常德市安乡县通过采取工程治理、生物治理、农业面源污染治理、适当补水等综合整治措施，使珊珀湖水质短短几个月即从劣Ⅴ类提升至Ⅳ类标准；岳阳市全面完成黄盖湖湖面水产养殖清理，水质稳定达到Ⅲ类，提前完成整治任务。

五、坚持严管重罚，始终保持执法监管高压态势

在全国率先将环保执法机构纳入政府行政执法保障序列，全面实施网格化监管和随机抽查制度，组织开展“洞庭湖环湖利剑”、工业污染源全面达标排放等专项执法行动，及时整改了一批环境风险隐患。加强环保与公检法联动，建立健全两法衔接工作制度。2017年5月，湖南省检察院驻环保厅检察联络室正式揭牌成立，各市（州）、县（市、区）均已成立公

安驻环保工作联络机构。2017 年，全省共办理环境违法行政处罚案件 4726 件，同比增长 194%，罚款总额 1.9 亿元，同比增长 240%。其中，自 2017 年 3 月份起在洞庭湖区开展的针对工业企业违法情况组织开展的“环湖利剑”行动，通过采取聚焦重点、开展排查、交叉检查、全力推进、分类施策、严惩重罚、舆论曝光等措施，共检查企业 3978 家，查处案件 660 起，罚款 2999 万元。

通过努力，近年来，全省水环境质量总体保持稳定。根据监测，2017 年，全省地表水水质总体为优，345 个省控监测评价断面 Ⅰ—Ⅲ类水质比例占 93.6%；洞庭湖湖体水质 11 个省控评价断面均为Ⅳ类水质，总磷浓度为 0.073 毫克/升，较 2016 年下降 13%。2018 年 1—5 月，345 个省控监测评价断面水质总体稳定为优，Ⅰ—Ⅲ类水质断面 328 个，占 95.1%。

尽管湖南省在水污染防治、水生态保护方面做了一些工作，取得一些成效，但与人民群众进一步改善水环境质量的要求相比仍有较大差距，个别工矿企业仍然存在违法排放污水、破坏水生态的行为，城乡环保基础设施建设不平衡，农村污水处理设施建设刚刚起步，农业面源污染整治任务艰巨。下一步，为坚决打好碧水保卫战这场攻坚战、持久战，守护好三湘碧水，还必须始终抓住水污染防治、水生态维护这个牛鼻子，才能切实保障人民群众饮水安全，全面改善水环境质量。

（2018 年 6 月 15 日）

认真贯彻习近平总书记重要指示精神
全力以赴打赢打好碧水保卫战

近年来，中共湖南省委、省政府认真贯彻习近平总书记“绿水青山就是金山银山”的发展理念和“守护好一江碧水”的工作要求，严格落实“党政同责、一岗双责”，坚决抓好中央环保督察整改，强力推进省“一号重点工程”和洞庭湖生态环境专项整治行动，湖南省生态环境保护工作发生了历史性、全局性、转折性变化，三湘大地天更蓝了、地更绿了、水更清了，老百姓获得感更多了，幸福感更强了，满意度更高了。

2018 年，我先后参加了民进中央、全国政协人资环委等主办的“长江保护与发展论坛”和全国政协污染防治专题议政性常委会等活动。在发言中，我宣传介绍了湖南省好的经验和做法。同时，根据相关领导讲话精神、有关部委情况介绍、外省（市）先进经验和专家意见建议，结合湖南省实际，为坚决打赢打好碧水攻坚战，切实保护好“一湖四水”，提出如下建议：

一、完善体制机制，避免“九龙治水”

当前，在水污染防治组织领导方面，湖南省有生态环境保护委员会、河长制委员会、长江经济带领导小组、洞庭湖生态经济区建设领导小组等，办公室分散在发改、环保、水利等不同部门，在指导思想、目标任务、时间安排、工作标准等方面还是有不少不一致的地方。建议结合省级以下机构改革和省以下监测监察体制改革，把治水综合协调和综合监管职能集中在一个部门，其他部门履行相关主体责任，既避免“九龙治水”，监管分散，又避免责任不明，职责不清。同时，加快建立流域综合管理机构，统筹上下游、干支流、左右岸，实现在水污染防治、水资源节约和水生态保护等方面的统一规划、管理、执法、评估、考核、问责等，提高江河湖库保护和治理的系统化、法治化、精细化水平。

二、提高环境标准，加快地方立法

在长江岸线湖南段、洞庭湖和湘江等环境敏感区域对高污染排放行业执行特别排放限值，引导、推动企业提质升级。对长江岸线湖南段、洞庭湖、湘江等环境敏感区域和不达标水体周边县级以上、建制镇城镇生活污水处理设施执行一级 A 的排放标准，对于长沙市建成区以及其他环境敏感区域，处理后的城镇生活污水还需经天然或人工湿地生物净化后才能排入天然水体。以“生态养殖，绿色发展”为目标，出台畜禽、水产养殖等污染物排放地方标准，引导、推动养殖业发展方式从粗放型向精细型过度。加强和完善生态环境保护法律法规体系，修改《湘江保护条例》，制定《洞庭湖生态保护条例》，引导推动洞庭湖和长株潭等设区的市水污染防治地方立法工作，推进相关治理工作规范、精准、严格。

三、借鉴外省经验，建立断面长制

学习借鉴江苏等外省（市）经验，以改善断面水质为核心，针对 345 个省级以上考核断面，尤其是国家“水十条”60 个考核断面全面建立断面长制，逐一明确省、市、县、乡、村各级断面长，实行“河长制” + “断面长制”双长制。对于不达标断面，逐一制定具体整治方案，明确达标时限，实行各级断面长包干负责。根据流域、区域、行业的特点，聚焦中央环保督察交办问题、群众信访重点问题等突出环境问题，针对饮用水水源地改善，工业园区、城乡污水垃圾收集处理设施，城乡黑臭水体，畜禽水产养殖，农业面源污染，造纸化工制革高污染行业等重点领域确定几大战役，明确问题清单、措施清单和责任清单，拉条挂账、挂图作业、分类指导、综合施策、精准发力、持续整治、限时办结，推动水环境质量持续好转。

四、多方筹措资金，推进生态补偿

生态环境治理要见成效，资金投入是关键，要用“真金白银”建设“绿水青山”。完善投资、价格、财税、土地、金融等政策，多渠道积极引导社会资金投入。各级财政加大生态环保投入，强化资金投入硬约束。从水电开发、河道采砂等收入中提出一定比例用于碧水攻坚战。在城镇污水收集处理等环保基础设施建设和城市黑臭水体整治等方面大力推进 PPP 建设模式。加大环境税征收力度，确保应收尽收。地方债券向生态环保倾斜。加大对企业环境违法行为处罚力度，督促企业把生态成本内置为企业内部成本，推进环境污染强制责任保险。加大公益诉讼力度，对企业损害生态环境的行为要求给予全额损害赔偿。大力推进绿色金融，大力发展环保产业。加快推进生态补偿由湘江流域向“一湖四水”拓展，制定《一湖四水生态环境补偿办法》，同时，推进跨界河流相关县（市、区）建立横向生态补偿机制。加大差别化水价实施的领域和力度，企业环境行为信用评价等级与电价、水价等挂钩。提高城市居民污水、垃圾处理费用，在乡镇逐步征收污水处理费用。完善相关政策措施，积极引导社会力量和社会资本参与污染防治攻坚战。

五、完善监测网络，提升科技支撑

加快建立市县交界断面水环境质量、重点污染源、饮用水水源地、入河排污口、城镇和工业聚集区污水处理设施、地下水等覆盖全省的水环境监测网络体系建设，建立“一湖四水”水质监测预警系统；积极对接长江生态环境保护修复联合研究中心，从国内外聘请相关环境、经济、法律、产业等领域的知名专家成立全省水污染防治专家咨询委员会，组织开展专家咨询。每年设置一批水环境专项课题，如洞庭湖总磷成因分析，加大相关科研，增强水污染治理能力保障和科技支撑，提升生态环境治理的系统性、整体性、协同性。

六、积极主动争取，落户“长江论坛”

1997 年，民进中央就开始与湖南、湖北共同研讨长江流域综合治理，

1998 年 3 月，在全国政协九届一次会议上，民进中央提交了题为《关于建立江汉、洞庭湖平原防洪体系的建议》的大会发言，由此开始了民进中央围绕长江保护与发展二十年建言献策之路。2007 年，民进中央又与水利部长江水利委员会在湖北武汉共同主办了首届长江保护与发展研讨会。此后每两年在沿江省份开展一次研讨，现已举办了 7 届。其中，2012 年在长沙就长江流域绿色经济转型与生态环境进行了研讨，为党委和政府决策科学化提供了重要参考。随着长江保护与发展研讨会的深入推进和影响扩大，自 2012 年始，全国政协人口资源环境委员会作为主办单位加入，名称也改为“长江保护与发展论坛”。该论坛是长江保护与发展一个重要的研讨、交流平台，未来还可打造成一个合作平台。建议湖南省积极主动争取下一届主办权，由省人民政府参与主办，并进一步争取论坛永久落户湖南，将其打造为与“博鳌亚洲论坛”“贵阳生态文明国际论坛”齐名的国际论坛。

（2018 年 9 月）

切实担负起“守护好一江碧水”的湖南责任

2018 年是“十三五”承上启下年，也是“污染防治攻坚战”实施第一年。2018 年以来，为保护“一湖四水”，确保全省生产、生活和生态用水，按照国家统一部署和要求，在湖南省委、省政府的正确领导下，围绕中央及省级环保督察整改、省政府“碧水攻坚战”及环境治理“夏季攻势”推进、河（湖）长制落实、饮用水水源地、黑臭水体整治等工作，湖南省环保系统团结协作、攻坚克难，有力有序有效地推进水污染防治各项工作，取得了重要进展。

一、深刻领会习近平总书记对湖南工作的总体要求，切实增强“守护好一江碧水”的思想自觉和行动自觉

党的十八大以来，党中央、国务院将生态环境保护工作摆在了更加突出的位置，生态文明建设决心之大、力度之大、成效之大前所未有。习近平总书记就生态文明建设和环境保护工作提出了“绿水青山就是金山银山”等一系列重要论断，作出了系列重要部署，对长江经济带发展发出了“共抓大保护、不搞大开发”“生态优先、绿色发展”的号召，对湖南提出了“保护好一江碧水”的明确要求。5 月 18 日—19 日，全国生态环境保护大会在北京召开，这在全国生态文明建设和生态环境保护发展历程中具有划时代的里程碑意义。大会最大的亮点就是正式确立了习近平生态文明思想，这是标志性、创新性、战略性的重大理论成果。习近平生态文明思想的主要观点涵盖八个方面：“生态兴则文明兴”的历史观，“人与自然和谐共生”的自然观，“绿水青山就是金山银山”的发展观，“良好生态环境是最普惠的民生福祉”的民生观，“山水林田湖草沙是生命共同体”的系

统观，“用最严格制度最严密法治保护生态环境”的法治观，“建设美丽中国全民行动”的共治观，“共谋全球生态文明建设”的全球观。习近平生态文明思想博大精深，观点精辟透彻，是新时代生态文明建设和生态环境保护工作的根本遵循与最高准则，为推动生态文明建设、加强生态环境保护提供了坚实的理论基础和实践动力。

湖南省水资源丰富，水系发达，水情是最大的省情。作为长江中游省份，湖南省拥有163千米长江岸线，97.7%以上区域都属于长江流域，湘资沅澧四水通过洞庭湖汇入长江母亲河，多年平均径流量超过长江总径流量的20%，在维护长江中下游生态功能和保障长江水环境安全方面具有极其重要的战略地位。2018年4月，习近平总书记在湘考察长江经济带发展时叮嘱，“绝不容许长江生态环境在我们这一代人手上继续恶化下去，一定要给子孙后代留下一条清洁美丽的万里长江”。习近平总书记在武汉主持召开深入推动长江经济带发展座谈会，明确要求推动长江经济带发展需正确把握整体推进和重点突破、生态环境保护和经济发展、总体谋划和久久为功、破除旧动能和培育新动能、自身发展和协同发展等“五大关系”，以长江经济带发展推动经济高质量发展。5月11日，中共湖南省委十一届五次全会审议通过《关于坚持生态优先绿色发展深入实施长江经济带发展战略大力推动湖南高质量发展的决议》；6月13日，中共湖南省委召开全省生态环境保护大会；6月18日，湖南省政府出台《湖南省污染防治攻坚战三年行动计划（2018—2020年）》，明确要求深入贯彻落实习近平生态文明思想，推动中央有关决策部署在湖南落地生根。牢记习近平总书记的叮嘱，守护好一江碧水，必须提高政治站位，严守政治纪律和政治规矩，牢固树立“四个意识”，坚决把思想和行动统一到习近平生态文明思想上来，切实增强政治责任感和历史使命感，切实增强“共抓大保护、不搞大开发”的思想自觉和行动自觉，切实担负起“守护好一江碧水”的湖南责任。

二、肯定成绩，正视问题，正确认识当前湖南省水污染防治工作形势

湖南省委、省政府历来高度重视水污染防治等生态环境保护工作，尤其是“十三五”以来，自上而下的重视程度、各项工作推进力度、环境治理投入强度等前所未有，生态环境保护工作发生了历史性、转折性、全局性变化，对各级党委政府及负有环保职责的部门也提出了更多、更细、更严的要求，工作压力前所未有，这既是难得机遇，也是重大挑战。近年来，湖南省坚决落实党中央、国务院的决策部署，定期研究生态环保工作，深入调研、督导整治工作，将湘江保护和治理作为“省一号重点工程”，全面打响洞庭湖生态环境保卫战，纵深推进“一湖四水”整治，为保护长江母亲河作出了积极贡献。尤其在2018年，湖南省水污染防治工作取得了积极进展，成绩值得肯定，这充分证明，付出总会有收获，做与不做，做得好与做得差，还是有较大的差距。

在水环境质量方面，省控考核断面优良率达到94%，湘资沅澧四水干流断面水质均达到或优于Ⅲ类。洞庭湖水环境质量持续好转，2018年1—10月，总磷平均浓度由0.073毫克/升下降为0.069毫克/升，同时，2015年以来，洞庭湖水环境恶化趋势得到遏制，除总磷外，其他因子均达到Ⅲ类标准，湖体总磷浓度由2015年的0.112毫克/升下降到2018年1—10月的0.069毫克/升，下降38.3%。

在重点工作推进方面，连续两年实施环境治理“夏季攻势”，集中力量，重点解决了一批难点和热点环境问题。其中纳入为民办实事的县级集中式饮用水水源地322个问题全部整治到位，湖南省成为全国率先完成水源地环境整治相关任务的4个省份之一，生态环境部在全国范围进行了通报表扬。同时，湘江保护和治理经验得到了中央财经委员会的认可，《新闻联播》《人民日报》等进行了报道。

在支撑保障方面，省财政进一步加大对污染防治攻坚战的支持力度，出台湘江、洞庭湖整治奖补政策，通过第三方治理、合同环境服务等模式，社会化融资渠道进一步扩展。依托优势科研力量，加大先进技术研究开发与示范推广力度，强化科技支撑，有效推进了精细化管理、精准化

治理。

在体制机制方面，按照“党政同责、一岗双责”的原则，实现党委、政府及（纪检）监察、审判、检察机关共38个省直相关单位环保责任全覆盖，“大环保”工作格局逐步形成。依托综合办、督察办、整改办，加强统筹协调，加快实现了“五个转变”（从多头管理向统一监管转变，从业务部门向综合管理部门转变、从事前监管向事中事后监管转变、从主要督企向主要督政转变、从行政检查向综合执法转变）。同时，深入推进生态文明体制改革，生态红线、生态补偿、生态损害赔偿等政策措施陆续出台或不断完善，丰富了整治手段。

纵向比，湖南省水污染防治工作取得了积极进展，但横向比，湖南的工作力度、成效还远低于浙江、山东等省份，如浙江省通过实施五水共治，积累了宝贵经验，取得了较好成效，国控考核断面优良率达到90%以上，高于考核要求10%以上。水污染防治是一项复杂、艰巨的系统工程，任重而道远，需要久久为功、持续推进。尤其是水生态环境是易碎品，污染破坏容易治理难，一旦松懈，不可避免会出现反弹，甚至恶化，湖南省已有较多例子，包括大通湖、珊珀湖等，付出了较为沉重的代价。总体而言，当前，湖南省水污染防治工作与国家的要求、群众的期待还有较大差距，水污染防治工作形势仍然十分严峻，主要还存在如下问题：

一是部分领导干部思想认识仍存在偏差。当前，部分领导干部还停留在过去的传统和惯性思维上，不同程度地存在“重开发、轻治理，重发展、轻保护”的思想偏差。推动生态环保工作不敢“较真碰硬”，仍然存在“等与看”的思想。有的甚至将环境保护工作理解为完成任务，应付检查，避免担责处罚的“权宜之计”，或畏难、或埋怨、或厌恶、或逃避的情绪不同程度存在。部分领导干部作风不实，不作为、乱作为、慢作为的问题客观存在，在环保督察整改中，出现一些表面整改、虚假整改、敷衍整改的典型。

二是包括环保系统在内的部分干部和企业家还未具备高质量发展的能力和水平。转型升级“不敢转”“不会转”的问题还比较普遍，高质量发展的思路不清，能力不足。环保系统的不少干部习惯于末端治理的惯性思维和管理方式，源头管控谋划不够，推动高质量发展协调推动不够。部分环保系统干部还习惯于埋头驾车，把生态环境部门作为专业技术部门，不适应综合部门的变化，协调、指导不够。

三是部分区域环境质量不容乐观。2018 年 1—10 月，60 个国家考核断面中，长沙胜利、湘潭涟水入河口、常德窑坡渡、益阳桃谷山和大通湖等 5 个断面未达到年度考核目标。全省考核评价断面中，有 23 个断面水质同比下降一个类别，其中包括长沙胜利、郴州白廊、常德窑坡渡 3 个国控考核断面。湘江、资江还有部分支流断面超标，如甘溪河、浏阳河、捞刀河、伪水河、志溪河等。洞庭湖水环境质量有所好转，但湖体总磷短时间难以降解到位，湖区大部分内湖未达到Ⅲ类水质标准，其中大通湖还为劣Ⅴ类，部分沟渠、塘坝水体发黑发臭，湿地功能呈现退化、萎缩趋势，自净能力降低。

四是环境治理任务十分繁重。作为发展中地区，湖南省环境治理基础设施建设滞后，欠账较多。洞庭湖区等环境敏感区域城镇生活污水提标改造进展较慢。大部分城市尤其是城乡接合部，污水未完全收集、雨污分流不彻底等问题突出，黑臭水体整治工作任务重。部分市、县饮用水水源地还存在超标问题，乡镇集中式饮用水水源基础薄弱，下一步整改压力较大。农村（乡镇）生活污染治理欠账较多，全省乡镇建成污水处理设施的仅 21% 左右。部分企业污染治理和清洁化水平较低，环境违法行为时有发生。大部分工业园区环境管理比较粗放，风险隐患较多。全省地下油罐完成双层罐防渗改造或已设防渗池的比例仅 83%，后继工作压力大。

五是环境信访投诉持续增加。随着社会经济的发展和人民群众生活水平的提高，社会各界越来越关心生态环境问题，环境事件已成为引发社会稳定的重要问题。2017 年，中央环保督察组在湖南省不到一个月时间，就收到 4580 件信访件，2018 年回头看期间，又收到 4230 件信访件，其中还包括部分重复上访件，如益阳市宏安矿业污染问题、宜章县小造纸污染问题，某种意义上就是群众不堪忍受而通过中央环保督察寻求解决的一种方式。同时，近年来，各社会公益组织还积极通过环境公益诉讼等形式参与环保、监督环保，相关诉讼案例已急剧增加，社会各界高度关注，反应强烈。

六是污染物排放总量偏大。长期以来，湖南省产业结构不合理，经济增长方式粗放，主要污染物排放量仍处于高位，减排压力巨大。作为农业大省，湖南省农药、化肥使用强度高、总量大，总氮、磷等流失严重。同时，湖南省年生猪出栏量6000万头，养殖强度排名长江经济带11个省（市）首位，相当部分规模畜禽养殖场粪污直排，尤其是水产养殖污染控制方面目前监管、整治还是空白，投肥、投饵养殖问题较多，农业生产排放的氨氮、总磷已成为水体超标的主要来源。

七是工作基础相对薄弱。当前，环境治理任务越来越重，要求越来越高，面对新情况、新形势，整治手段还比较单一，过度依赖行政措施，“老办法不管用、新办法不会用”的问题客观存在。科技支撑能力薄弱，先进适用技术研发与示范推广不够，有用可靠的管理经验少，地方政府、企业难以抉择。水环境管理人员严重不足，尤其是基层能力偏弱，小马拉大车问题严重，难以适应任务日趋繁重、要求越来越高的新形势，已经成为环境治理的突出短板。同时，水污染防治涉及部门较多，统筹协调还不够，存在工作脱节问题。

八是环境资金投入不足。当前，在污染防治攻坚战推进过程中，需要大量资金投入，除企业投入外，还需要财政和社会投入。但湖南省大部分市（州）、县（市、区）财政较为困难，部分地方存在“等靠要”的思想，基本依靠中央、省级资金投入，部分地方“重发展、轻保护”，环境治理投入明显不足。同时，社会公众应该承担的环境成本也未到位。此外，由于分配方式的变化，国家支持湖南省的资金难以稳定增长。还有，由于部分项目收益低，社会资本参与积极性不高，在加强政府债务管理的背景下，地方融资形势严峻，年度重点治理项目进展严重滞后。

这些问题和困难，各地不同程度存在，表现形式有所不同。各级各部门必须有清醒认识，敢于面对现实，不回避矛盾，不掩盖问题，认真组织开展辖区水污染防治问题诊断，找准根源，深入分析、认真梳理整治硬件、软件短板，拉条挂账，以“等不起”的紧迫感、“慢不得”的危机感、“坐不住”的责任感狠抓问题整治，积极适应新形势、新任务、新要求，坚决打赢“碧水保卫战”，让人民群众喝上干净水、放心水、安全水。

三、突出重点，强化保障，落实落细2019年各项整治工作

水污染防治等生态环保工作既是关系党的使命宗旨的重大政治问题，也是关系民生的重大社会问题，功在当代，利在千秋。“十三五”期间既是负重前行、大有作为的关键期，也是实现水生态环境质量改善的攻坚期、窗口期。国家明确要求打好防范化解重大风险、精准脱贫、污染防治的攻坚战，2017年以来，先后出台《长江经济带生态环境保护规划》《中共中央、国务院关于全面加强生态环境保护 坚决打好污染防治攻坚战的意见》等文件，部署打好水源地保护、黑臭水体治理、长江保护修复、农业农村污染治理攻坚战等标志性重大战役。同时，湖南省也出台《湖南省污染防治攻坚战三年行动计划（2018—2020年）》及碧水保卫战实施方案、《洞庭湖生态环境专项整治三年行动计划（2018—2020年）》等文件，部署了环境治理“夏季攻势”、一河（湖）一策、省级河长巡河等工作。总体而言，水污染防治的任务书、路线图、时间表已经明确，关键是要“对标”找差距，“对表”抓落实。2019年是落实《长江经济带环境保护规划》和打好“碧水攻坚战”三年行动计划的关键之年，也是湘江保护和治理“省一号重点工程”第三个三年行动计划的开局之年，在认真总结、梳理2018年工作的基础上，各级各部门要进一步突出重点，强化保障，综合施策，精准发力，纵深推进“一湖四水”整治。

（一）始终坚持生态环境质量改善的核心

生态环境质量是生态环境保护各项工作的出发点和落脚点，按照“只能更好，不能变差”的原则，各国控、省控断面水质需持续向好，不能恶化。2018年开始，生态环境部每季度召开“水环境达标滞后地区”调度会（约谈会），益阳市、长沙市分别参加2次和1次，其中益阳市还被要求作了1次表态发言，工作压力巨大。同时，生态环境部还印发了《长江流域水环境质量监测预警办法（试行）》，每月开展预警。在污染防治攻坚战考核中，省里也进一步加大环境质量考核比重，强化“好水”“差水”两头管控。各地要进一步突出生态环境质量改善的核心，层层落实地方党委政府的主体责任。以“水十条”60个考核评价断面、省控345个考核评价断

面为单元，省级将积极推动地方逐一明确断面长［市（州）、县（市、区）党政主要负责人］，实行“河长制” + “断面长制”，强化生态环境质量管理，变单纯“过程管理”为综合“过程 + 结果管理”。

（二）准确把握推进碧水保卫战的工作原则

水污染防治工作千头万绪，事务繁杂，不能因为任务重、头绪多而乱了阵脚，忘了初心。为更好地推进碧水保卫战，要准确把握如下工作原则：一是要坚持保护优先，绿色发展。绿水青山和金山银山绝不是对立的，关键在人，关键在思路，要充分发挥生态环境保护引领、倒逼作用，推动形成绿色发展方式和生活方式，源头减少污染破坏。二是要坚持问题导向，精准施治。根据流域、区域、行业实际特点，聚焦影响社会经济发展、损害人民群众切身利益的主要问题，因地制宜，分类施策、精准发力，确保工作实效。三是要坚持系统整治，两端发力。按照山水林田湖草是一个命运共同体的要求，推动流域上下游、左右岸联防联控、系统整治。在持续推进工业、农业、生活污染源减排的同时，加强生态保护修复力度，提升区域环境自净能力。这方面，常德海绵城市建设的经验值得各地学习借鉴。四是要坚持重点突破，梯次推进。根据任务轻重缓急，拉条挂账，科学规划，明确工作时限、责任单位（人），有力有序有效推进水污染防治工作，一个重点一个重点抓，一个阶段一个阶段深化。湘江保护和治理就明确实施三个“三年行动计划”，阶梯解决相关重点、难点问题。五是要坚持改革创新，夯实基础。积极探索，持续深化生态环境保护体制机制改革，完善相关政策措施，丰富手段，严格环境标准，完善经济政策，增强科技支撑和能力保障，提升生态环境治理的系统性、整体性、协同性。

（三）纵深推进碧水攻坚战重点工作

一是要加强饮用水水源地环境整治。饮水安全是底线，按照“一个水源地、一套整治方案、一抓到底”的要求，继续推进县级及以上饮用水水源保护区规范化整治。针对水源地水质超标问题，各地要全面排查分析，制定并实施改善整治方案，加密加严监测。对改善无望、经处理后不达标的水源，坚决加快调整。加强乡镇级（即千吨万人）饮用水水源保护区的划定和整治，早部署、早启动，避免后期工作被动。

二是加强不达标断面、水质恶化断面整治。针对2018年以来未达到考核要求、水质下降的监控断面，各地要组织加强专题分析，按照“目标实、底数清、方法准、措施硬、行动快”的要求，及时制定（完善）并实施专项综合整治方案，明确问题清单、措施清单和责任清单，综合施治，精准发力。2019年，国控、省控断面要坚决消除劣V类水体。对水环境质量持续恶化的地方，将组织开展省级专项督察。

三是加强工业园区环境整治。湖南省工业园区众多，部分环境问题突出。11月14日，中央环保督察“回头看”通报了岳阳市云溪工业园环境问题突出问题，各地要高度重视，引以为戒，继续开展园区专项排查整治，按照“一园一策”的要求强化环境管理。这些工作，地方要高度重视，绝不能走过场。必要时，可以委托第三方对重点园区进行评估，并及时向地方党委政府通报有关问题，对问题较多的园区采取挂牌督办、实行区域限批、报请取消省级园区资格等措施。

四是加强入河排污口整治。湖南省政府已明确入河排污口监管已调整到生态环境部门。据水利部门统计，全省共核查出各类入河排污口4146个（规模以上1112个），其中饮用水水源保护区内183个（规模以上58个），自然保护区核心区缓冲区内58个（规模以上6个）。下一步，要按照《湖南省入河排污口监督管理办法》《长江入河排污口专项检查行动整改提升工作湖南省整改方案》等文件要求，继续强力推进入河排污口整改，同时，还要在规模以上入河排污口建立在线监控设施。

五是加强黑臭水体专项整治督察。配合住建部门认真落实黑臭水体攻坚战实施意见，按照“控源截污、内源治理、生态修复、活水保质”的要求加快推进黑臭水体整治，提升群众环境获得感。认真组织开展专项整治督察行动，强化现场排查和定期水质监测，对生态环境部专项督察交办的问题，加强督促调度，确保及时整改到位。

六是加强农业农村污染整治。当前，影响湖南省监控断面水质达标的主要因子是总磷、氨氮等指标，下一步，农业面源污染的监管指导职责也转到了生态环境部门。各级生态环境部门要按照《农业农村污染治理攻坚战行动计划》的要求，加快推进“一保两治三减四提升”，结合农业供给侧结构性改革，重点实施农药化肥减量化行动、规模化畜禽养殖场整治、精养鱼池生态化改造等工作。在沿江沿河沿湖等环境敏感区域建设生态隔离带，扩大生态用地比例，因地制宜建设一批人工湿地等生态工程。

七是加强洞庭湖等重点流域整治。湖南省委、省政府高度重视洞庭湖整治工作，2018 年 1 月，出台了洞庭湖水环境整治三年行动计划，12 月，国务院批复了综合整治规划。同时，国家还批复湖南省纳入山水林田湖草试点统筹范围，湖南省财政明确筹集 32 亿元奖补资金加大洞庭湖整治支持力度。同时，持续推进湘资沅澧四水系统整治，切实减少污染物输入。

八是加强重点问题整改。近年来，生态环保是社会各界高度关注的热点、焦点，环保督察、审计、巡视、人大执法监测等工作交办了系列重点问题。各地要提高政治站位，高度重视，拉条挂账，逐一解决。能够及时解决到位的，要立行立改，尽快销号；短时间内难以解决的，要制定并加快实施切实可行的整改方案，做到整改不到位不放过、责任不落实不放过、群众不满意不放过。

（四）落实落细各方整治责任

湖南省政府与各地签订了水污染防治目标责任书，印发《湖南省污染防治攻坚战考核暂行办法》，明确要求按照约束与激励并举的原则加大考核奖惩力度，按照“严、真、细、实、快”的要求和“督察、交办、巡查、约谈、专项督察”的步骤，省级将进一步加大督促检查力度，推动落实各市（州）党委、人大、政府和省直相关部门工作责任。重点抓好领导干部关键，用好领导干部自然资源资产离任审计、重大环境问题（事件）责任追究、环保综合督察等措施避免乱作为、慢作为、不作为。按照“只能变好，不能变差”的要求，进一步严格落实地方党委政府的主体责任，对水质持续恶化的地方党委政府及时采取警示、约谈、区域限批和督察问责等措施。按照“管行业必须管环保、管业务必须管环保、管生产经营必须管环保”的要求，充分发挥污染防治攻坚战考核指挥棒的作用，推动各部门积极履责，形成工作合力。按照可定量、可督办、可考核、可追责，各级环保部门要切实发挥综合监管职能，推动地方政府加快建立水环境保护责任体系，将各项硬任务量化落实到具体部门和责任人，强力推动“党政同责”“一岗双责”“企业主责”“社会尽责”的落实。

（五）着力整合提升生态环境监管能力

结合机构改革和污染防治攻坚战推进，按照“统一规划、统一标准、统一环评、统一监测、统一执法”的原则，加强协调联动，整合提升生态环境治理能力和监管能力。对外，统筹好污染防治攻坚战、夏季攻势、河长制实施、长江经济带大保护、环保综合督察等工作，加强相关办公室的沟通协调，确保工作目标、思路、任务、步骤一致，避免地方重复劳动。对内，进一步环保系统内部协调联动，加强监测、管理、执法、督察、科研的协调联动，建立“测、管、查、督、研”于一体的水污染防治管理新模式，减少工作脱节。

（六）持续强化支撑保障体系

水环境治理任务繁重，唯有丰富手段，强化措施，改进作风，夯实基础，加快推动各项工作制度化、规范化、流程化，不断提升工作水平，才能更好地完成任务。湖南省生态环境厅出台了《关于进一步加强党的建设打造湖南生态环境保护铁军的意见》，结合结构改革，各级环保部门要抽调精兵强将，进一步充实水环境管理工作人员，切实提升能力水平。按照“源头严防、过程严管、后果严惩”的思路，各地要积极探索，继续深入推进生态文明体制改革，完善政策措施，丰富手段，多出好的经验、做法。各地要组织优势力量加强区域水质变化分析及对策研究，加大先进适用技术及装备推广示范，以科学事实、科研数据、科技成果为支撑，推进精细化管理、精准治污。积极破解资金短缺问题。下一步，国家、湖南省将持续加大环境投入，各地要高度重视，积极争取，但也不能等靠要，要推动建立财政投入动态增长机制，并积极引导和鼓励社会资本投入。当前，各地要积极组织筛选、上报一批重点污染减排和生态修复项目，并加快项目实施和运行管理，确保项目早建成、早发挥污染效益。

（七）积极营造良好舆论氛围

加大环境执法力度，坚持“零容忍”严厉打击各类环境违法行为，切实做到“有法必依，执法必严，违法必究”，坚决维护公平公正环境，避免劣币驱除良币现象。进一步加强信息公开和先进典型宣传报道力度，正面宣传碧水保卫战的好经验、好模式。加大各种绿色创建行动力度，通过生态环保“进机关、进企业、进学校、进社区、进乡村”，积极培育生态文化、生态道德，唤醒人民群众的生态环保意识，成为环境治理的监督者、参与者、贡献者。

逆水行舟不进则退，小进慢进也是退。新时代要有新气象，有多大担当才能干多大事业，各级生态环境部门要不断提升依法执政、驾驭风险的本领，研究新情况、解决新问题，提升环境管理能力，牢记使命宗旨，增强责任感、使命感，提高政治站位，以习近平生态文明思想为指导，以“不用扬鞭自奋蹄”的精神，以抓铁有痕、踏石留印的作风狠抓落实，坚决打好水污染防治攻坚战，推动各项工作不断取得新成效，切实满足人民群众对优美生态环境的需要。

（2018 年 12 月 20 日）

坚持问题导向、目标导向、结果导向
科学规划升级版“碧水保卫战”

水是生命之源、生产之要、生态之基。“十三五”期间，在习近平生态文明思想指引下，全国各级各方面共同努力，通过《水污染防治行动计划》等规划、计划的实施，全国水环境质量改善明显，地表水国控断面水质优良率（Ⅰ—Ⅲ类比例）由2015年的64.5%上升到2019年的74.9%，劣Ⅴ类断面比例由2015年的8.8%下降为2019年的3.4%，为社会经济发展提供了重要支撑。但目前水生态环境保护工作也面临不少问题和困难，如局部区域水生态环境质量改善不足，县及乡村黑臭水体比例高，离群众期待差距较大；流域水资源、水生态、水环境统筹不够，系统保护、源头预防不到位；城乡环境基础设施建设欠账多，收集处理率偏低；农业面源污染量大面广，保护和治理任务偏重；基层能力薄弱，支撑保障能力欠缺等。“十四五”时期是迈向美丽中国的重要阶段，需要在“十三五”污染防治攻坚战取得阶段性目标的基础上，继续保持战略定力，久久为功、攻坚克难，打好“碧水保卫战”升级版，实现水生态环境质量的根本好转。

现就科学规划编制升级版的“碧水保卫战”提出如下五点建议：

一是在规划思路上，要坚持以习近平新时代中国特色社会主义思想为指引。提高战略思维、创新思维、辩证思维、法治思维、底线思维能力，坚持“生态优先、绿色发展”“山水林田湖草是一个命运共同体”等的原则，全面贯彻落实党中央和国务院的决策部署，积极对接国民经济和社会发展规划、国土空间规划、产业发展规划等，“水资源、水环境、水生态”三水共治、“污染减排与生态扩容”两手发力，推动形成有利于节约资源和保护环境的空间格局、产业结构、生产方式、生活方式，实现经济高质量发展和生态环境高水平保护。

二是在规划目标上，要始终坚持以人民为中心的原则，把人民群众对美好生活的向往、对良好生态环境的期待作为奋斗目标，立足实际加快解决人民群众最为关注的热点、难点、焦点问题。规划编制过程中，依据可监测、可统计、可考核的原则，按照“有河有水、有鱼有草、人水和谐”的要求，以人的需要、人的感受、人的全面发展来科学设置规划目标。要把饮水安全摆在首要位置，加强源头水、管网水和龙头水全过程管控，确保群众喝上干净水、安全水、放心水。要进一步加大城镇、农村黑臭水体整治力度，确保长治久清，切实增加周边群众的获得感、幸福感。要选择有条件的河流、湖泊逐步恢复水生态系统功能，打造“清水绿岸、鱼翔浅底”的美丽河湖，满足人民群众亲水、乐水的需求。

三是在规划任务上，要统筹补齐短板和提升效能。我国幅员辽阔，各流域、区域条件不一，要实现的目标、解决的问题不尽相同，需要按照“只能变好、不能变差”的原则，统筹水资源节约、水环境治理、水生态保护三大方面的任务，坚持问题导向、目标导向、结果导向，明确针对性的措施，一河（湖）一策精准施治，体现流域特色。一方面，各流域要因地制宜建设一批城乡生活污染整治、工业污染处理、农业污染防治、历史遗留污染治理和生态保护修复等重点工程，补齐治理和保护短板。另一方面，各流域要积极推进精细化管理，确保各项工程、管理措施稳定发挥效益，进一步提升工作效能。如在城乡生活污水处理方面，既要推动收集管网、处理设施建设完善，也要着力解决错接、漏接和雨污不分流等问题，切实提升污水处理厂进口污染物浓度。

四是在保障措施上，要突出推动生态环境治理体系和治理能力现代化。水生态环境保护是一项复杂的系统工程，必须着力提升支撑保障能力，推进生态环境治理体系和治理能力现代化，为打好升级版的“碧水保卫战”注入不竭的动力。要按照“党政同责、一岗双责”的原则，用好领导干部自然资源资产离任审计、政府绩效考核、生态环保综合督察等措施，压紧压实各级各有关部门职责。要切实加大财政投入力度，积极引导社会资金参与，推进湿地生态补偿、绿色基金、绿色信贷等环境经济政策，拓展生态环境投融资渠道。要加快重点领域科技攻关力度，推广先进适用保护和治理技术和管理经验，加强生态环境大数据应用，为科学管理提供支撑。要坚持约束与激励并举，加快建设生态环境保护铁军，以县（市、区）为重点，进一步提升基层监测监管能力建设和信息化管理水平。

五是在组织形式上，要广泛动员各方面力量积极参与。规划引领资源配置、投资方向，既是党委政府履职的依据，也是社会共同行动的纲领，坚持一切从实际出发，深入分析论证，全面听取意见，凝聚各方共识、汇聚各方智慧，才能真正让规划能用、管用、好用。要大力推行开门编规划，采取问卷调查、走访调研、网络建言献策等方式积极发动群众广泛参与，问需于民、问计于民、问效于民。要强化信息公开，及时报道规划编制情况，保障群众的知情权、参与权、监督权。要分流域、分领域、分类别召开座谈会征求专家学者意见，依托相关方面的智库、行业协会加强专题研究，运用信息技术来分析问题、评估预测，提高规划的科学性。要集中力量编制规划，筛选国家、省、市、县四级业务素质高、工作责任心强的工作人员深度参与，从决策者、监督者、考核者不同角度反复加强论证、博弈，确保规划落地可行。

（2019 年）

打好湘江碧水保卫战
共建幸福美丽新湖南

湘江，这条孕育着大半个湖南的母亲河、引领着湖南高速发展的经济带，曾经因漫江碧透而美丽，也曾经在环境污染中呻吟。治好母亲河的发展病、工业病是广大湖湘儿女最大的心愿，保护好母亲河成为湖南全省人民的最强音。2013 年，湖南省委、省政府将湘江保护和治理列为“一号重点工程”，政府主导、部门配合、社会参与，通过连续开展三个“三年行动”，母亲河逐现昔日美丽容颜、沿江各市逐现两型美丽蝶变。母亲河的故事是绿色发展最好的历史见证，母亲河的心路是保护优先最为具体的践行。

党的十九大以来，以习近平生态文明思想为引领，围绕实现天更蓝、水更清、地更净，建设富饶美丽幸福新湖南，一场声势浩大的污染防治攻坚战全面打响。在湖南省委、省政府坚强领导下，各级各部门要进一步保持生态文明建设的战略定力，从湘江流域到一湖四水，从南岭山脉到洞庭之滨，打一场污染防治攻坚的人民战争。打好这场战争，需要各级党委政府及相关部门切实落实“党政同责、一岗双责”“三管三必须”，坚持问题导向，突出抓好工业园区、矿山开采、城市黑臭水体、建筑施工扬尘、禽畜水产养殖、农业农村面源、饮用水水源等方面的污染治理；打好这场战争，需要各类企业和排污单位强化意识、高度负责，主动加大污染治理投入，不断提高清洁生产、绿色发展水平；打好这场战争，需要社会力量、资本市场积极参与，主动投身污染治理各个领域、各个环节，发挥资金技术杠杆作用；打好这场战争，需要每个单位、每个家庭、每个公民从自身做起，保护一草一木、爱护身边环境，自觉践行绿色低碳生活方式、消费方式，积极参与监督管理，让破坏生态、违法排污无处遁形。作为全省生态环境保护的统一监督管理部门，湖南省生态环境厅将坚决贯彻落实省委、省政府决策部署，担当在先，冲锋在前，扎实做好各项工作，切实当好生态环境保护的排头兵。

挥毫当得江山助，不到潇湘岂有诗。在习近平生态文明思想的指引下，在湖南省委、省政府坚强领导下，在相关部门配合支持下，在广大人民群众的积极参与下，湖南省一定能取得打好打赢污染防治攻坚战的胜利，实现共同建好富饶美丽幸福新湖南的奋斗目标。

（2019 年 6 月 5 日）

认真贯彻落实习近平总书记“守护好一江碧水”的重要指示 坚决打好打赢碧水保卫战

湖南省水资源丰富，水系发达，河流湖库众多，长度在5千米以上的河流有5341条，常年水面面积1平方千米及以上的湖泊有156个，水情是最大的省情。全省96%以上区域属于长江流域，湘资沅澧四水通过洞庭湖汇入长江，在维护长江中下游生态安全等方面具有不可或缺的作用。

2018年4月25日，习近平总书记深入岳阳市视察，嘱咐湖南省“守护好一江碧水”。按照“共抓大保护、不搞大开发”的要求，全省上下坚决贯彻落实习近平总书记指示精神，把“一江一湖四水”系统联治作为增强“四个意识”、坚定“四个自信”、做到“两个维护”的自觉行动，有力有序有效推进了各项重点工作，为保护长江母亲河贡献了湖南力量。

一、守护好一江碧水的主要措施

（一）切实扛起“守护好一江碧水”政治责任

湖南省委、省政府高度重视，将贯彻落实习近平生态文明思想、习近平总书记关于长江经济带重要指示精神作为增强“四个意识”、坚定“四个自信”、做到“两个维护”的具体实践，保持生态文明建设战略定力不动摇、不松劲、不开口子，全面抓好部署落实，出台《关于坚持生态优先绿色发展深入实施长江经济带发展战略大力推动湖南高质量发展的决议》等文件。通过将污染防治攻坚战纳入绩效考核，引导地方党委、政府及相关部门树立正确政绩观，推动地方党委、政府及其相关部门落实生态环境保护主体责任。

（二）着力推进长江经济带突出生态环境问题整改

加大力度攻坚克难，统筹推进长江经济带生态环境警示片、中央环保督察及“回头看”、全国人大水污染防治法执法检查、省级环保督察等交办的突出环境问题整改，科学制定整改方案，采取调度、通报、督办、挂牌督办、约谈、曝光典型案例、开展专项督察等形式强力推进。目前，突出问题督促整改取得阶段成效，解决了长株潭“绿心”违规建设项目、衡阳大义山自然保护区生态破坏、益阳石煤矿山环境污染、东安饮用水水源锑超标等一批历史遗留问题，以及长江码头违规装卸、侵蚀长江岸线、东洞庭湖保护区违规养殖等一批直接威胁长江生态安全的问题，有效防范化解了环境风险。

（三）坚决打好长江保护修复重大标志性战役

一是系统部署污染防治攻坚战。制定实施污染防治攻坚战三年行动计划，统筹打好蓝天、碧水、净土保卫战和长江保护修复攻坚战。从 2017 年开始，持续开展污染防治攻坚战“夏季攻势”，突出重点、集中时间、集中力量打好歼灭战，2018 年、2019 年分别完成 1041 项和 1256 项具体任务。二是突出抓好长江保护修复攻坚战。制定《长江保护修复攻坚战八大重点专项行动湖南省落实方案》，组织开展重点断面整治、入河排污口排查整治、“绿盾”专项行动、长江“三磷”专项排查整治、“清废”专项行动、城市黑臭水体治理、集中式饮用水水源地保护、工业园区污水处理设施整治等八大专项行动，积极配合实施长江经济带重点工作城镇污水垃圾处理、化工污染治理、农业面源污染治理、船舶污染治理及尾矿库污染治理“4 + 1”工程，取得明显成效，特别是大通湖从 2018 年 10 月以来已连续 18 个月退出劣 V 类水体。三是加强重点区域污染治理。完成湘江保护和治理第二个三年行动计划，出台《湖南省湘江保护和治理第三个“三年行动计划”（2019—2021 年）实施方案》，五大重点区域治理成效显著，全力做好清水塘搬迁改造“后半篇文章”，完成郴州甘溪河流域 11 个重金属治理项目，累计综合治理娄底锡矿山历史遗留废渣 5200 余万吨。开展洞庭湖区五大专项行动，下塞湖矮围整治得到习近平总书记批示肯定；贯彻落实湖区专项整治三年行动计划，抓好十大重点领域和九大重点片区综合整治，积极推动湘江流域和洞庭湖山水林田湖草生态修复项目实施。

（四）积极服务经济高质量发展

一是建立健全地方法规标准。推动出台和修订《湖南省环境保护条例》《湖南省饮用水水源保护条例》等7部地方性法规，发布《农村生活污水处理设施水污染物排放标准》等7项地方标准。二是完善生态环保制度。出台环境空气质量奖惩、流域生态保护补偿等办法，健全排污许可管理、生态环境损害赔偿、环境信用评价等制度。推进环保领域“放管服”改革，向市（州）下放7类19项审批权限，简化审批程序，主动服务对接“五个一百工程”。三是强化源头管控。划定和严守生态保护红线，将全省20.2%的国土面积纳入保护范围。完成省级“三线一单”成果编制，合理划定生态空间，分类划定环境管控单元，“量身定制”生态环境准入清单，助推调整优化产业结构和布局。四是加强环境监管执法。持续开展“环湖利剑”“清废行动”“绿盾行动”等专项执法行动，加强司法衔接，保持打击环境违法行为高压态势，严禁环保督察整改、环境执法“一刀切”，维护公平竞争的市场秩序。

（五）不断提升环境监管和治理能力

一是加强监管能力体系建设。推动全省生态环境保护工作“四严四基”行动计划，推进互联网+督察、执法、审批等8个平台建设，构建生态环境大数据体系。建立完善省、市、县三级覆盖大气、水、土壤等环境要素生态环境监测网络。二是强化科技支撑。加大先进适用技术装备研发和示范推广力度，落实扶持环保产业发展政策，2019年产值达2900亿元。加强环保科技攻关，开展洞庭湖总磷来源分析与对策研究。三是深化公众参与。加大环境信息公开力度，鼓励环保志愿者（组织）加强社会监督，开通“新湖南”“时刻”客户端生态环境栏目，建立了环境保护宣传“一会、两报、两网、两微、两端”平台。加大绿色创建力度，积极引导推动社会公众参与。

二、水环境质量改善状况

湖南省水资源丰富，湘资沅澧四水通过洞庭湖汇入长江母亲河，多年平均径流量占长江流域30%左右，在维护长江中下游生态安全等方面具有极其重要的战略地位。通过共同努力，近年来，全省水环境质量全面显著改善。

（一）地表水环境质量全面提升

2019年，全省60个“水十条”国家考核评价断面中，水质优良率91.7%，高出全国平均水平16.7个百分点，比2017年上升3.4个百分点，特别是大通湖终于脱离了劣V类水质。湖南省国控断面水质优良率排名全国第11位，其中，湘西自治州、永州市、张家界市在地级城市考核排名中位列全国前30位。345个省控考核评价断面中，水质优良率为95.4%，比2017年上升1.8个百分点。2020年一季度保持了持续好转的态势。

（二）“一江一湖四水”水质整体改善

2019年，长江干流湖南段163千米水质总体为优，天子一号、君山长江取水口、城陵矶、陆城等4个断面水质均从2017年的Ⅲ类提升到Ⅱ类。洞庭湖湖体11个考核断面除总磷外，其他考评指标均达到Ⅲ类，总磷浓度为0.066毫克/升，比2017年下降9.6%。湘资沅澧四水水质总体为优（293个断面中Ⅲ类以上水质断面为290个，比2017年增加3个），其中，除资江娄底晓云渡口断面为Ⅲ类外，四水干流的其他断面水质全部达到或优于Ⅱ类以上水质。

（三）饮用水水源水质有效保障

2019年，全省29个地级城市集中式饮用水水源地有28个达标，达标率为96.6%，比2017年提高3.5个百分点，特别是益阳资江龙山港饮用水水源地实现达标。全省132个县级集中式饮用水水源地水质达标率为97.7%，同比2017年提高2.1个百分点。

三、当前存在的主要问题和困难

一是水环境质量有待进一步改善。湘资沅澧四水干流水质较好，但还有部分支流的个别污染因子超标，洞庭湖及内湖总磷超标问题治理难度大。农村饮用水安全问题仍需持续推进解决。二是长江经济带突出生态环境问题整改压力大。随着整改工作的推进，剩下的都是难啃的硬骨头，受资金、技术、周期影响，问题整改任务重、压力大。三是主要水污染物的负荷偏大。湖南省是农业大省、有色金属之乡，主要水污染物排放量仍处于高位，减排压力巨大。根据第二次污染源普查的初步结果，农业面源已成为总磷、氨氮等主要污染物排放的主要来源。四是环境治理能力还要加强。环境治理投入普遍不足，缺口较大。基层环境监管能力偏弱，监测预警预报体系不健全。环境基础建设滞后，部分城市污水收集不完全、雨污分流不彻底等问题仍存在，乡镇及农村生活污染治理欠账较多。

四、需要坚持推动的六个重点领域

尽管湖南省推进碧水保卫战取得一定成效，但客观来讲，相关工作与党和国家的要求、人民群众的期盼仍然有一定差距，必须以“等不起”的紧迫感、“慢不得”的危机感、“坐不住”的责任感，坚决守护好一江碧水。

一是坚持推动深入贯彻落实习近平生态文明思想。采取大培训、大讨论、大宣传等形式，学习贯彻习近平生态文明思想和习近平总书记对湖南工作重要指示精神，切实增强落实“共抓大保护、不搞大开发”“守护好一江碧水”政治自觉、思想自觉和行动自觉。二是坚持推动高质量发展与高水平保护协调统一。引导、推动广大干部牢固树立“绿水青山就是金山银山”新发展理念，以高质量发展为目的，结合供给侧结构性改革，充分发挥生态环境保护的引导、倒逼、推动作用，加快推动新旧动能转换，持续调整优化空间格局、产业结构、生产方式。三是坚持推动形成生态环境保护大格局。制定省级生态环境保护责任清单，加强统筹协调和考核问责，压实党委政府及相关部门生态环境保护“党政同责、一岗双责”和“三管三必须”责任。加强环境监管执法，倒逼企业落实治污主体责任。

四是坚持推动加快解决群众关切的突出环境问题。围绕人民群众反映最强烈、最关心、最直接的环境问题，切实加大环境治理力度，及时消除和化解环境风险隐患，进一步增强人民群众的环境获得感，促进社会和谐稳定发展。五是坚持推动按期完成污染防治攻坚战目标任务。突出抓好抓实污染防治攻坚战及“夏季攻势”等工作，集中力量，切实打好饮用水水源保护、城市黑臭水体整治、农业面源污染整治、化工污染整治等标志性战役，加快推进湘江流域和洞庭湖山水林田湖草生态保护修复工程。六是坚持推动营造公众参与的良好社会氛围。进一步加强信息公开和宣传报道力度，正面宣传环境保护的好经验、好模式。加大绿色创建力度，通过生态环保“进机关、进企业、进学校、进社区、进乡村”，积极培育生态文化、生态道德，唤醒人民群众的生态环保意识，成为环境治理的监督者、参与者、贡献者。

（2020 年 4 月 25 日）

保持定力 久久为功 坚决“守护好一江碧水”

湖南省96%以上的区域属于长江流域，水情是最大的省情。湖南省牢记习近平总书记“守护好一江碧水”的殷切嘱托，按照“共抓大保护、不搞大开发”的要求，切实增强抓好长江保护修复的政治自觉、思想自觉和行动自觉，确保各项重点工作落实落细落地。2019年，国控考核断面优良率达到91.7%，3个地市进入全国地表水考核断面水环境质量排名前30位，为保护长江母亲河积极贡献湖南力量。

一是突出生态优先，坚定不移走高质量发展之路。全面落实“三线一单”制度，全面开展园区规划环评，强化源头预防和管控。积极推动五大重点工矿区转型升级，其中，株洲清水塘261家有色化工企业（年产值300多亿）全部退出，正在加快推进区域改造升级“后半篇文章”。分类整治2115家“散乱污”企业，加快发展20个工业新兴产业链，全省高新技术企业突破6000家。二是狠抓专项行动，纵深推进重点领域污染整治。以问题为导向，多方筹集资金，深入推进长江保护修复攻坚八大专项行动、长江经济带生态环境污染治理“4+1”工程。全省地级城市黑臭水体整治完成率达到92.29%，937处“千吨万人”集中式饮用水水源保护区应划尽划，412座尾矿库制定并加快实施污染防治方案，144处省级及以上园区配套污水集中处理设施，27个长江岸线利用项目完成清理整治。三是集中攻坚克难，连续4年发起污染防治攻坚战“夏季攻势”。从2017年开始，湖南省政府每年开展污染防治攻坚战“夏季攻势”，统筹环保督察整改、城乡环境基础设施建设等重点工作，每年以项目化、清单化的形式向市（州）长交办重点整治任务，集中资源、集中时间攻坚克难，2018年、2019年分别完成1140和1256项具体任务，解决了一大批长期想解决而未解决的突出生态环境问题，国控考核断面全面消灭了劣Ⅴ类。四是坚持久久为功，深入推进湘江、洞庭湖保护和治理。2013年开始，将湘江保护和治理作为“省一号重点工程”，省委主要领导亲自研究部署、督促推进，明确要求连续实施3个“三年行动计划”，不获全胜绝不收兵。2019年，湘江流域水质优良率达到98.7%，干流水质全部达到Ⅱ类。在2016—2017年实施完成五大专项行动的基础上，2018年开始全面启动实施洞庭湖十大重点领域和九大重点片区综合治理。2015年以来，洞庭湖湖体总磷浓度持续下降，由0.112毫克/升下降到0.066毫克/升，下降幅度超过41%。五是强化考核奖惩，压实各级各方面政治责任。将长江保护修复等生态环保工作纳入湖南省政府绩效考核中，不仅对市（州）政府，而且对省直有关部门严格考核奖惩，压紧压实各方工作责任。同时，坚持约束与激励并举，将环境质量改善、河（湖）长制落实等4项生态环保工作纳入省政府真抓实干奖励范围，推动地方积极、主动作为。六是夯实支撑能力，加快推进环境治理体系和治理能力现代化。加快推进生态文明体制改革，6个方面53项改革任务基本完成。着力夯实基层监管执法能力，加快实施《湖南省生态环境保护工作“四严四基”三年行动计划（2019—2021年）》。建立健全地方法规标准，出台或修订《湖南省饮用水水源保护条例》等7部地方性法规，发布《水产养殖尾水污染物排放标准》等7项地方标准，制定城乡生活污染治理设施建设、化工污染整治、园区环境管理等系列规范性文件。

（2020年5月7日）

突出问题导向、目标导向、效果导向
全力攻坚克难 全面完成碧水保卫战各项目标任务

2020年是污染防治攻坚战决战决胜之年，时间紧、任务重、要求高，完成碧水保卫战必须以“等不起”的紧迫感、“慢不得”的危机感、“坐不住”的责任感，以问题和目标为导向，进一步提高认识、分析形势、查找差距、明确要求、落实责任、狠抓落实，集中时间、集中力量、集中资源攻坚克难，确保按期保质完成各项约束性指标和重点工作任务。

一、提高思想认识，坚决扛起水生态环境保护的政治责任

生态环境是关系党的使命宗旨的重大政治问题，也是关系民生的重大社会问题。党的十八大以来，以习近平同志为核心的党中央把生态文明建设摆在更加突出的重要位置，具体可以用“四个一”概括，即在“五位一体”总体布局中生态文明建设是其中一位，在新时代坚持和发展中国特色社会主义基本方略中坚持人与自然和谐共生是其中一条基本方略，在新发展理念中绿色是其中一大理念，在三大攻坚战中污染防治是其中一大攻坚战，体现了生态文明建设在新时代党和国家事业发展中的地位，体现了党对建设生态文明的部署和要求。站在坚持和发展中国特色社会主义、实现中华民族伟大复兴中国梦的战略高度，习近平总书记亲自谋划部署、亲自指导推动生态文明建设和生态环境保护，发表系列重要讲话，作出系列重要指示，形成习近平生态文明思想，指导全国生态文明建设和生态环境保护取得历史性成就、发生历史性变革。

但总体上来看，全国生态环境保护仍滞后于经济社会发展，仍是“五位一体”总体布局中的明显短板，仍是影响群众利益的突出问题。当前及

今后一段时期内，如果不痛下决心转变经济发展方式、加快解决生态环境问题，今后将会付出更大更沉重的代价。2020 年以来，习近平总书记到浙江、陕西、山西、甘肃等地调研，参加两会代表团审议时，多次强调要保持加强生态文明建设的战略定力，提出“绿水青山既是自然财富，又是经济财富”“人不负青山，青山定不负人”等重要论述，体现了习近平总书记对生态文明建设一以贯之的高度重视。为编制好“十四五”规划，国家正在组织研究制定“升级版”污染防治攻坚战行动计划。对“国之大者”，各级生态环境部门，要坚决扛起生态文明建设的政治责任，确保党中央关于生态环境保护的决策部署落到实处。

湖南省水资源丰富，江河湖库众多，水情是最大的省情。全省 96.7% 的面积都在长江流域，在维护长江中下游生态环境安全等方面具有极其重要的战略地位。2018 年 4 月 25 日，习近平总书记在岳阳视察洞庭湖时，嘱托湖南省要“守护好一江碧水”。湖南省委、省政府历来高度重视水生态环境保护工作，省委十一届五次全会审议通过《关于坚持生态优先绿色发展深入实施长江经济带发展战略大力推动湖南高质量发展的决议》等系列文件，将湘江保护和治理作为“省一号重点工程”，切实推进湘江保护和治理三个“三年行动计划”；连续 4 年发起污染防治攻坚战“夏季攻势”，牵头推进洞庭湖生态环境整治三年行动计划；先后多次研究部署、督促检查水生态环境保护有关工作。全省各地各部门共同努力，狠抓工作落实，推动水资源短缺、水环境污染、水生态破坏的状况得到明显改善，成绩来之不易。但实事求是来讲，目前湖南省水生态环境保护工作还存在不少问题和困难，相关工作离国家要求、群众期待还有较大差距。各级各有关部门要进一步提高政治站位，把系统推进“一江一湖四水”保护和治理作为增强“四个意识”、坚定“四个自信”、做到“两个维护”的具体行动，坚持方向不变、力度不减、标准不降，有力有序有效推进各项工作，为保护长江母亲河积极贡献湖南力量。

二、保持清醒头脑，深刻认识水生态环境保护面临的严峻形势

水生态环境保护涉及社会经济、自然生态等方方面面，是一项复杂的系统工程。在充分肯定前期取得积极进展的同时，各地更要清醒认识到，

当前全省水生态环境保护还存在诸多突出问题和短板。总体而言，还正处于压力叠加、负重前行的关键阶段，既要按期完成国家下达的攻坚目标任务，也要为全省后继高质量发展厚植绿色根基，任务十分繁重，形势依然严峻，犹如滚石上山，不进则退，反弹和未达考核目标的情况时有发生，必须咬紧牙关、迎难而上，对标对表找差距，紧盯问题抓整改。

一是完成目标压力大。2020 年是全面完成“十三五”目标的收官之年，根据湖南省与国家签订的目标责任状，在环境质量目标、污染物排放总量、重点工作任务等方面均有明确、严格要求，是必须完成的约束性指标和硬任务。根据调度，1—7 月，湖南省国考地表水考核断面优良比例刚好达到年度考核 93. 3% 的要求，已无半点空间，而华容河六门闸、蒸水入湘江口、捞刀河口等水质还存在反弹的风险，常德、湘西州国考地表水城市水质指数出现恶化，水质不升反降。7 月，长沙橘子洲、常德澧水三江口和窑坡渡、益阳大通湖和桃谷山、郴州东江水库、怀化舞水入河口、湘西溪子口未达到考核目标，常德西洞庭总磷达 0. 089 毫克/升，娄底、湘西国考地表水水质指数恶化超过 15% 。株洲、邵阳等城市黑臭水体消除比例低于 80% ，离年底所有地级城市黑臭水体消除比例均超过 90% 的要求差距大，部分黑臭水体还存在返黑返臭的问题。同时，千吨万人饮用水水源整治、工业园区环境整治、乡镇污水处理设施建设、港口码头污染整治等工作任务推进情况不容乐观，部分工作严重滞后，部分项目甚至还在前期阶段，如不及时采取超常措施，有些目标任务将难以完成，在后期巡视、督察、考核、审计等方面，势必面临极其被动的局面，甚至会面临被问责。

二是思想认识差距大。水生态环境保护工作最大的问题是思想上的问题、最大的差距是思路上的差距。部分同志思想认识与实际工作需求差距较大，缺乏打硬仗的信心决心，缺乏打持久战的思想准备。有的同志绿色发展理念树立得不牢固，在保护与发展之间统筹不够，定力不足。有的同志盲目乐观，认为辖区水环境质量还行，绝大部分断面达到Ⅲ类水质，却不知道辖区水质指数在恶化，相对其他地方已经在明显退步。如 2020 年湖南省进入全国水质指数排名前 30 位的地级城市已从 2019 年的 3 个退步到 2 个；有的地方自我感觉工作还过得去，比上不足，比下有余，可以松松气、歇歇脚，缺乏创先争优的意识；有的同志斗争意识不强，意志不坚定，工作不敢动真碰硬，遇到问题和困难绕着走。从此次申报水污染防治资金项目就可以看出一些问题，辖区内整治难度大，一些地方不愿意去研究解决办法、包装项目申报资金。有的项目申报不规范，完全甩手给第三方，有违法违规之嫌；有的同志工作学习调研不够，脱离实际，工作简单、浮躁、冒进，要么“层层加码、级级提速”，要么“蜻蜓点水、听之任之”；有的同志站位不高，“党政同责、一岗双责”的要求履行不到位，责任担当不够，在其位，不谋其政。

三是污染物排放总量仍处高位。湖南省是农业大省、有色金属大省，初级产品多，精深产品少，污染物排放强度高、总量大，根据二污普，湖南省化学需氧量、氨氮、总磷产生量分别达到596万吨、14万吨和7万吨（排放量分别为127万吨、7.2万吨和2.2万吨），在全国排名靠前，局部区域、部分时段远超环境容量，这也是一些断面长期超标、枯水期水质急剧下降的直接原因，包括洞庭湖以及大部分内湖总磷持续Ⅲ类标准的问题，说明湖南省污染负荷偏重的局面还未从根本上得到逆转。同时，对于主要污染物，农业源、生活源排放占比越来越多，对于总磷，农业源占比64%，生活源占比34%，工业源占比下降为1.5%。

四是环境治理欠账较多。部分工业企业清洁生产和环境治理水平不高，一些产业园区环境管理粗放，环境基础设施建设滞后。城镇污水收集管网不配套、雨污不分流等问题突出，根据近一年的在线监测数据，约20%左右的城镇污水处理厂进口COD浓度均值≤100毫克/升，郴州、永州、株洲问题尤其严重，若按BOD浓度来测算，污水处理厂进口浓度低的问题更为明显。城镇初期雨水污染重，目前重视还不够，缺方案、缺行动。乡镇、农村生活废水处理不到位，乡镇生活污水处理设施覆盖率仅30%左右，农户污水处理设施仅55%左右，还存在污水直排问题。农业面源污染防治相对滞后，农药、化肥施用强度高，畜禽养殖污染点多面广，监管难度大，水产养殖污染治理基本为空白。2020年以来，畜禽养殖、种植面积扩大，污染负荷进一步增加。此外，船舶、港口和码头污染防治问题也较多，国家先后多次下发督办通报。

五是环境风险未完全消除到位。企事业单位环境违法行为时有发生，恶意偷排、漏排等行为客观存在。娄底锡矿山、郴州三十六湾、湘西锰三角、衡阳水口山等重点工矿区遗留尾矿库、矿井涌水多，一些区域河道淤积大量尾砂，环境风险隐患大。2020 年以来，已有多个断面出现重金属超标问题，甚至流域超标。部分区域县级城市、乡镇、农村水源水质超标，部分水厂出水水质不稳定，尤其在洞庭湖区问题仍然明显。同时，蒸水、捞刀河、涟水、沩水等流域枯水期生态环境问题突出，大汛之后基本有大旱，2020 年下半年降雨情况不容乐观，各地要早做准备和打算。洞庭湖湿地保护问题较多，珊珀湖、东湖等湖库水生态破坏严重，湖区部分沟渠塘坝淤塞严重，水体发黑发臭。河湖“四乱”问题仍然存在，长江经济带生态环境警示片、河长制警示片均交办了不少问题。

六是治理体系和治理能力与实际需求严重不匹配。在规划制定、区域开发、项目建设等方面，“保护优先、绿色发展”的要求尚未真正融合，源头预防和管控不到位。部分行业生态环境保护“三管三必须”的要求落实不到位，不想管、不愿管、不会管的问题客观存在，精细化、规范化管理不够。水资源、水环境、水生态统筹不足，尤其是水生态方面的研究不系统、不深入，难以支撑后期生态保护修复工作。大部分市（州）、县（市、区）财政困难，整治资金短缺，但在争取资金方面确不积极、主动，项目实施监督管理不到位，如郴州、娄底山水林田湖草项目严重滞后。行政手段用得多，市场、经济、法律等手段用得少，科技支撑和信息化水平亟待进一步提高。实事求是来讲，面对生态环境“要求更加严格、形势更加严峻、追责更加严厉”的新挑战，各级各有关部门还没有真正准备好，本领恐慌问题突出，形式主义、官僚主义问题不同程度存在。

三、狠抓工作落实，全力以赴完成水生态环境保护各项硬指标、硬任务

（一）坚持以习近平生态文明思想为指引

把深入学习宣传贯彻习近平生态文明思想作为长期重要政治任务，做到学思用贯通、知信行统一，勇做习近平生态文明思想的坚定信仰者、忠实践行者和不懈奋斗者。要坚定不移贯彻新发展理念，牢固树立和践行绿水青山就是金山银山的理念，推动形成绿色发展方式和生活方式，以生态

环境高水平保护推动经济高质量发展。要坚持以人民为中心的发展思想，及时消除突出生态环境问题，加快改善生态环境质量，提供更多优质生态产品。要坚持山水林田湖草是一个命运共同体的科学理念，统筹水资源、水生态、水环境，按照污染减排与生态增容两手发力的原则，系统推进工业、农业、生活、航运污染治理，切实保障河湖生态流量，加大生态保护和修复力度。

（二）坚决守住水生态环境质量和安全的底线

根据湖南省与国家签订的目标责任书，相关水生态环境质量要求是约束性指标。2020 年年初，中共中央办公厅、国务院办公厅印发《污染防治攻坚战成效考核措施》，也作出了更加系统、更加具体的规定，守住水生态环境质量和安全是需要不折不扣要完成的硬任务，这是底线任务。

一是守住国考断面达标的底线。全省范围内，到 2020 年底，60 个国考断面优良率达到 93. 3% 以上，除洞庭湖湖体、大通湖 4 个断面外，其他国考断面 2020 年必须达到或优于Ⅲ类，全面消除劣Ⅴ类。对于各个市（州），各地要紧盯不放，加大辖区国控断面所在水体综合整治，确保水质持续好转，尤其是针对蒸水入湘江口、华容六门闸、沩水胜利、浏阳河三角洲、捞刀河口，西阳渡口、大通湖等国考断面，各地在加密监测的同时，要全面落实针对性整改措施，确保水质稳定达标或持续改善。同时，对于其他省控考核断面，各地也要按照“只能变好、不能变差”的要求，持续推进综合整治。

二是守住黑臭水体整治的底线。全省范围内，184 处地级城市黑臭水体消除比例要达到 90% 以上，每个地级城市整治率均要达到 90% 以上。对于各市（州），要确保已整治完成的实现“长制久清”，同时，对于株洲、湘潭、邵阳、益阳目前整治率低于 90% 的城市，要倒排工期，加快整治，确保按期完成任务。

三是守住地级城市饮用水水源保护的底线。2019 年，全省已完成超标的郴州山河水库、石埠坝更换，益阳龙山港也达标。2020 年 1—7 月，地级城市集中式饮用水水源达标率 100% 。对于各市（州），大家守土有责，要把饮用水水源保护摆在更加重要位置，加大保护力度，及时消除环境风险隐患，巩固整治成效，确保饮用水水源水质稳定达标。

四是守住水环境安全底线。2020 年以来，湖南省已陆续出现几起环境应急事件，说明环境风险隐患问题仍然突出。要加快推进生态环境风险大排查、大整治，重点加强对有色化工企业、工业园区、污水集中处理设施、尾矿库、规模畜禽养殖场等的环境监管和风险防范，严厉打击非法排污行为，加快推进无主尾矿库、矿区涌水、历史遗留废渣等的治理，加强河道采砂、施工等的环境监管。尤其是当前面对下半年枯水期，各地要早做打算，盯紧盯实重点企业事业单位、重点区域，确保必要的生态流量，严防饮用水水源、流域水环境急剧恶化，生态环境、住建、水利等部门要进一步加强协调配合。要按照国家和省里的部署，继续推动做好新冠疫情防控相关环保工作，督促建立医疗废水消毒自动监控和应急处置体系。

（三）全面完成年度攻坚任务

针对《关于全面梳理推进水污染防治重点任务的通知》交办的 65 项工作任务以及 2020 年污染防治攻坚战“夏季攻势”交办的 5 项涉水工作任务，各地各部门要认真梳理。对已完成的，要开展“回头看”，确保质量；对于未完成的，要制定任务书、作战图、时间表，拉条挂账，倒排工期，一个问题接着一个问题解决，一项任务接着一项任务完成，不获全胜、绝不收兵。重点要推进如下任务：

一是要完成中央交办的突出生态环境问题年度整改任务。各地要集中力量打好歼灭战，2020 年底前，全面完成中央环保督察反馈问题、中央生态环保督察“回头看”反馈问题、长江经济带生态环境警示片第一批及第二批披露问题、全国人大水污染防治法执法检查指出问题年度整改任务，做到“整改一个、验收一个、销号一个”。各地要持续保持整改高压态势，严把质量，坚决避免虚假整改、应付整改。

二是要完成长江保护修复攻坚任务。长江经济带生态环境保护工作是国家交办的重要任务，湖南省发展改革委、生态环境厅、住房和城乡建设厅、交通运输厅、水利厅、农业农村厅、林业和草原局要会同各市（州）共同努力完成长江保护修复攻坚战八方面的工作任务、长江经济带生态环境“4 +1”工程。省生态环境厅相关处室、各市（州）生态环境部门要牵头推进重点断面整治、入河排污口整治、“三磷”企业整治、固体废物清理、“绿盾”整改等工作八大专项行动。5 月 31 日—6 月 2 日，国务院领导在湖南调研时，再次对长江保护修复工作进行要求，各地要提高站位，坚决完成各项任务。

三是要完成饮用水水源保护区划定和环境问题整治。尽快完成千吨万人水源保护区划定批复。该项工作应于 6 月底前完成，但株洲、衡阳、常德、娄底、邵阳、怀化、张家界等 7 市未能按时限要求完成工作任务，个别地市直至 7 月底才完成划分请示，水环境管理处要抓紧时间按程序报省政府审定批复。同时，对前期已批复划定的水源保护区，各地要严格标准、完成问题整治，绝不能随意降低划定标准，随意“以调代改”。加快乡镇级千人以上水源保护区划定工作进度。全省 536 处乡镇级千人以上水源应于 9 月底前基本完成保护区划定。永州、郴州进度较快，现已完成批复。还有张家界、湘西、娄底 3 个市（州）仍未完成技术报告编制或专家评审，进度较为滞后，请相关市（州）高度重视，争取月底基本完成划定任务。加快推进其他千人以上饮用水水源保护区划定。审计署多次提出湖南省千人以上饮用水水源保护区划定进度滞后问题，省生态环境厅年初已对该项工作进行布置，要求于 11 月底前基本完成，请各地加大工作力度，争取完成不低于 70% 的任务。高度重视并强化饮用水水质提升。益阳市桃江县一水厂（资江锑超标）、南县振兴水厂和大通湖区中心城区水厂的水源水质还未达标，部分千吨万人水源和供水工程出厂水水质超标严重，需下大力加以整治，确保人民群众饮用安全。持续开展专项整治行动。持续巩固县以上城镇集中式饮用水水源整治成效，深入开展乡镇“千吨万人”饮用水水源保护区突出环境问题整治，确保 11 月底，全面整治乡镇“千吨万人”饮用水水源保护区内 676 个环境问题。截至 7 月底，邵阳、娄底、株洲、湘潭、永州、衡阳、郴州、怀化等市“千吨万人”饮用水水源环境问题整治率还低于 50%，相关市（州）要加强研究，推动县（市、区）加快整治进度。

四是要完成省级及以上工业园区环境问题整治。持续开展园区环境整治专项整治行动，以夏季攻势交办的 176 个问题为重点，围绕工业污水全收集、全处理，园区污水集中处理设施稳定达标运行、在线监控稳定联网的要求，9 月底前，洞庭湖区三市一区有关省级园区要完成整治任务，11 月底前，其他地方省级园区要完成整治任务。郴州、常德、怀化、永州、衡阳、长沙 6 个市（州）完成率还低于 50%，要加快进度，确保按期完成任务。同时，要严格落实《关于进一步规范和加强产业园区生态环境管理的通知》有关要求，推进“一园一档”建设，强化园区的日常监督管理。

五是要完成乡镇污水处理设施建设年度任务。深入推进乡镇污水处理设施建设四年行动计划，确保到 2020 年底，洞庭湖区域所有乡镇和湘资沅澧干流沿线建制镇，以及全国重点镇实现污水处理设施全覆盖，新增 340 个乡镇污水处理设施。根据调度，部分市（州）进展较慢，部分项目还在前期阶段。各地要加快进度，并加强监督管理和管网建设，确保设施稳定运行。

六是要全面推进县以上城市污水治理提质增效。按照补短板、强弱项的要求，加快推进县以上城市污水治理提质增效三年行动计划，确保到 2020 年底前，地级城市建成区以及洞庭湖区域县级城市建成区基本实现污水全收集、全处理。对进水 BOD 浓度小于 100 毫克/升的污水处理厂，各地要加强监测、认真排查，按照“一厂一策”突出抓好污水收集管网建设。

七是要完成湘江流域和洞庭湖生态保护修复工程试点。湘江流域和洞庭湖区山水林田湖生态保护修复工程试点是国家交给湖南省的重要任务，省政府已先后多次调度督促。目前，娄底、郴州相关项目进展严重滞后，要高度重视，倒排工期，确保年底交账。其他已完成的项目也要尽快完成验收销号工作。

八是要继续实施入河排污口排查整治。以长江干流湖南段、湘江为重点，在前期摸排基础上，对 4497 个入河排污口进行梳理，建立排查、监测、溯源、整治等工作规范，并加快落实，有效规范和管控入河排污口。

（四）层层压紧压实责任

千条万条，落实是第一条。当前，攻坚战各项工作任务完成时限、工作标准和责任分工已明确，省直有关部门、各市（州）要抓好严格抓好落实。一是要加强组织领导。按照“分级管理、属地负责、党政同责、一岗双责、失职追责”的原则，各相关部门、各市（州）要加大督促检查和指导力度，拧紧责任螺丝，层层压紧压实责任，不留空角、不留死档。相关负责人要以抓铁有痕、踏石留印的韧劲，具体抓好各项工作落实，做到善始善终、善作善成。大家要敢于直面问题和困难，难以解决的，要及时报请、推动政府早处理、早解决。二是要加强协调联动。各级各部门要牢固树立“一盘棋”思想，推动建立“横向到边、纵向到底”齐抓共管工作合力。省直有关部门要在项目建设、监督检查等方面做好整合、优化，共同发力。各地市要按照统一规划、统一监测、统一监管、统一评估、统一协调的要求，推动加强流域上下游、干支流联防联治。三是要严格把握质量。坚持高标准、严要求，对有关重点问题、具体任务，各市（州）要指导、督促各责任单位按照生态环保督察、“夏季攻势”等验收销号标准及时销号，确保整改质量。按照“条块结合”的原则，省直部门在加强指导的同时，也要抽查一定比例的任务现场核实。下一步，湖南省生态环境厅将加强调度、现场督促检查和综合分析，并及时反馈地方及有关部门。在水环境质量方面，省生态环境厅已制定《湖南省地表水环境质量排名方案》，将逐月对地市国控断面、县（市、区）省控断面排名，对水质指数下降严重的地方，将加大通报、督办力度，推动落实市（州）、县（市、区）政府的主体责任。在重点工作任务方面，省生态环境厅将加大调度督促力度，对进展滞后的将分别采取通报、警示、约谈、挂牌督办等措施，对问题较多、工作不到位的地方，将纳入9—11月省级生态环境保护督察统筹范围。对一些典型问题，且长期整改不到位的，省生态环境厅将适时曝光。同时，按照约束与激励并举的原则，对工作较好的地方，省生态环境厅也将加大真抓实干激励、项目资金安排等方面的力度。

四、夯实工作基础，着力推进水生态环境治理体系和治理能力现代化水平

当前及今后相当长一段时间内，水生态环境保护工作还是湖南省的重要工作，国家要求将越来越严，群众期待将越来越高，各级各部门必须适应新形势、新任务的要求，以问题为导向，加大改革创新力度，进一步完善政策措施，夯实工作基础，全面提升水生态环境治理体系和治理能力现

代化水平，为“一江一湖四水”保护和治理注入不竭的动力。

（一）着力推动完善水生态环境保护政策措施

按照“源头严防、过程严管、后果严惩”的思路，对照实行最严格的生态环境保护制度、全面建立资源高效利用制度、健全生态保护和修复制度、严明生态环境保护制度等四方面的要求，在用好用足园区和企业环境信用评价制度、流域生态补偿、生态环境损害赔偿等制度的同时，各市（州）、省直各部门要立足于本地区、本行业实际，加大改革创新力度，进一步完善行政、市场、经济、法律等方面的政策措施，推动建立“标本兼治”“上下结合”的长效体制机制。在湖南省污染防治攻坚战考核中，已明确对制度创新进行加分、奖励，各市（州）、各部门要深入调查研究，多出实用管用好用的政策措施，切实提升工作效能。

（二）加快水生态环境保护基础能力建设

加快落实《湖南省生态环境保护工作“四严四基”三年行动计划》，持续夯实水生态环境保护基础能力。一是进一步建立健全“一江一湖四水”监测与评价体系，推动建立城市下游断面、重要农产品区下游断面、重要入河（湖）排污口污染物通量监测体系，加强试点示范，重点补齐水生态监测能力。二是积极推动产业园区、重点区域第三方治理，“环境管家”等模式，借助专业力量提升保护和治理能力。三是加强项目管理，根据国家水污染防治专项资金支持方向，各市（州）要根据实际组织筛选、上报重点保护和治理项目，并加强项目建设和运行管理，确保稳定发挥效益。四是加强信息公开，畅通信访、投诉渠道，用好《关于推行生态环境违法行为举报奖励制度的实施意见》，广泛发动群众举报违法行为。五是积极培育生态文化、生态道德，加大绿色创建力度，深入推动社会公众参与。

（三）推动建设更加广泛的水生态环境保护铁军

各市（州）生态环境局要以政治建设为统领，持续强化理论武装，提高运用党的创新理论武装头脑、指导实践、推动工作的能力，认真贯彻落实《生态环境部关于加强生态环境保护铁军建设的意见》，在坚决打赢打好碧水保卫战、长江保护修复攻坚战中锤炼铁军队伍。各地要深入推进全面从严治党向纵深发展，严守政治纪律和政治规矩，深化以案为鉴，坚定不移将党风廉政建设引向深入，持之以恒加强作风建设，坚决纠正形式主义和官僚主义。同时，相关部门负责推进水生态环境保护工作的人员也是铁军的重要组成部分，也要持续提高政治境界和业务水平，牢记使命，不负嘱托。

（四）认真编制水生态环境保护“十四五”规划

按照工作计划和要求，各地应积极推进市（州）水生态环境要点编制工作，但根据调度情况来看，各地普遍重视不够，政府组织不到位，部门协调联动不够，要点编制质量不高，难以支撑下一步的工作。请大家务必要重视，要严格对照国家下发的编制细则，加强与相关规划的衔接，深入实地调研、评估和论证，多方面征求群众、专家意见，认真编制好规划，确保后期各项目标任务落地见效。一方面，要按照《中华人民共和国水污染防治法》的要求，推动落实地方政府的主体责任，各市（州）生态环境局要加强汇报，在政府统一领导下，建立强有力的工作班子，按计划推进有关工作，按程序审定有关文件。另一方面，要加强沟通衔接，生态环境、发改、住建、交通、农业、林业等部门要密切配合、共同发力，在资料收集、现场调研、座谈交流、指标确定、任务梳理、项目设置等方面加强沟通协调，形成工作合力。省直有关部门是“十四五”规划编制组的成员单位，也请大家协助完善有关内容，加强对地方的指导。

（2020 年 8 月 21 日）

构建生态环保新格局 绘就碧水东流新画卷

湖南省水资源丰富，水系发达，水情是最大的省情，全省96.7%以上的面积都属于长江流域，湘资沅澧四水通过洞庭湖向东汇入长江。2018年4月25日，习近平总书记在湖南考察时，勉励湖南省要“守护好一江碧水”。“十三五”期间，全省各级各有关方面深入学习贯彻习近平生态文明思想，牢固树立“保护优先、绿色发展”新理念，将推动长江经济带生态环境保护工作作为增强“四个意识”、坚定“四个自信”、做到“两个维护”的自觉行动，保持加强生态文明建设的战略定力，有力有序有效纵深推进“一江一湖四水”系统保护和治理工作。2020年，全省60个国考断面优良率达到93.3%，比全国平均水平高9.9个百分点；345个省考断面优良率达到95.9%，比2015年提高8.2个百分点，其中，长江干流湖南段和湘资沅澧四水干流108个省考断面全部达到或优于Ⅱ类，永州、邵阳市国家地表水考核断面水环境质量状况排名全国前30位，较好实现“水清了、景绿了、候鸟多了、群众满意了”的目标，为保护长江母亲河作出了湖南贡献。

一、坚持责任落实，聚合力

湖南省委、省政府成立高规格的省突出环境问题整改工作领导小组、生态环境保护委员会等组织领导机构，先后出台《湖南省污染防治攻坚战三年行动计划（2018—2020年）》《湖南省贯彻落实〈长江保护修复攻坚战行动计划〉实施方案》等系列文件，主要领导亲自部署、亲自检查、亲自落实，坚持“一把手”推动，“一盘棋”统筹。全面建立省（市）县乡村五级河（湖）长体系，共明确官方河（湖）长4.3万余名，民间河长

1.57万名，全省各级河（湖）长每年巡河巡湖200多万人次。强化生态环境保护硬约束，建立省级生态环境保护督察机制，将有关重点工作纳入市（州）党委政府政治巡视、省直相关部门及市（州）政府绩效考核和激励措施范畴，与河长制落实、污染防治攻坚战推进等工作一体谋划、一体部署、一体推进，加大监督检查和奖惩力度，压紧压实各级各有关方面责任。加大信息公开力度，畅通群众监督举报渠道，启动湖南绿色卫士环保公益小额资助项目，引导社会公众、志愿者（组织）深入参与，广泛营造“人人关心、人人参与”的良好社会氛围。

二、坚持绿色发展，调结构

中共湖南省委第十一届委员会第五次全体会议通过《关于坚持生态优先绿色发展深入实施长江经济带发展战略大力推动湖南高质量发展的决议》，明确要求把生态优先、绿色发展的要求落实到产业升级、乡村振兴等重点领域。湖南省政府出台《湖南省人民政府关于实施“三线一单”生态环境分区管控的意见》，建立“1+14+860”生态环境准入清单管控体系，实施差异化管理，明确湘江干流两岸各20千米范围内不得新建化学制浆、造纸、制革和外排水污染物涉及重金属的项目。综合利用能耗、环保等标准退出落后产能，分类整治3995户“散乱污”企业，突出抓好五大重点区域产业转型升级，株洲清水塘261家、湘潭竹埠港28家重化工企业全部退出。结合供给侧结构性改革，加快发展工程机械、轨道交通设备等20个工业新兴产业链，2020年，全省高新技术产业净增6804家，环保产业年产值年均增长约15%，2020年预计达到3300亿元。加大绿色创建力度，江华县、湘阴县等9个县（市、区）被评为国家级生态文明建设示范县，资兴市、永定区被评为国家“绿水青山就是金山银山”实践创新基地。

三、坚持补齐短板，堵源头

湖南省人民政府印发《关于推进城乡环境基础设施建设的指导意见》等文件，建立“长江经济带生态保护和绿色发展重点项目库”，深入推动长江保护修复攻坚八大专项行动、环境污染治理“4+1”工程，加快实施重点减排工程，持续夯实环境治理基础设施。加强城镇生活污染治理，截至2020年底，建成县以上城镇生活污水处理厂163座，668个乡镇建成（接入）污水处理设施，建成生活垃圾无害化处理设施112座、生活垃圾焚烧发电厂13座，全省县以上城镇污水处理率达到97.3%，生活垃圾无害化处理率达到99.57%。加强农业农村环境整治，83个县（市、区）完成农村环境连片整治现场验收工作，102个县实施畜禽粪污资源化利用整县推进项目，升级改造洞庭湖区74万亩精养池塘。加强工业污染防治，全部完成86389家固定污染源清理整顿和排污许可证发放任务，144家省级及以上工业园区全部配备污水集中处理设施。加强交通污染治理，完成43个港口码头环保设施改造完善，2678艘400总吨以上货船和350艘符合改造条件的400总吨以下货船全部安装生活污水处理装置。湖南省政府与三峡集团签订合作框架协议，岳阳市作为第一批合作试点城市，积极通过"厂网河（湖）一体化"治理模式破解城镇污水治理困境。

四、坚持生态修复，增容量

科学划定并严格落实生态红线制度，将全省20.23%的面积纳入保护范围，将全省435个自然保护地整合优化为306个（增加面积6.17万公顷）。坚持自然恢复为主、自然修复和人工修复相结合的方针，推动湘江流域和洞庭湖生态保护修复工程试点纳入国家第三批"山水林田湖草"生态保护修复工程试点范围统筹，高标准实施了矿区生态保护修复、生物多样性保护修复4大类工程20个子项目。持续推进造林绿化，加强森林资源管护，认真开展长株潭生态"绿心"保护修复，深度推进"一江一湖四水"生态廊道建设，五年累计完成造林面积4135.6万亩，全省森林覆盖率达到59.96%，森林禁伐面积达532.42万公顷。加强湿地保护，全省湿地保护总面积达77.27万公顷，湿地保护率达75.77%，全面完成洞庭湖自然保护区核心区13.63万亩杨树清理迹地及洲滩生态修复任务，组织34个县（市、区）开展小微湿地保护与建设试点。全面加强水生生物资源保护，持续开展鱼类人工增殖放流行动，在长江湖南段、洞庭湖、湘资沅澧"四水"干流等水域全面实行"十年禁渔"。大通湖在加强流域污染治理的同时，突出抓好生态保护修复工作，全湖近10万亩水域有水草，水质由劣

Ⅴ类好转为Ⅳ类，由过去的“水下荒漠”转变为“水下森林”。

五、坚持攻坚克难，解难题

针对中央层面交办、群众高度关注的重点任务、突出问题，从2017年开始，连续4年发起污染防治攻坚战“夏季攻势”，以项目化、清单化的形式向各市（州）交办任务，推动地方集中时间、集中资源攻坚克难，加快解决了一批突出环境问题。截至2020年底，中央环保督察反馈的76项任务完成整改70项；中央生态环保督察“回头看”反馈的41项任务完成整改销号33项；2018年、2019年长江经济带生态环境警示片交办的37个问题整改销号33个。加强饮用水水源保护，2017年、2018年全面完成地级、县级城市集中式饮用水水源环境问题排查整治，2020年基本完成乡镇“千吨万人”集中式饮用水水源环境问题排查整治。按照“一河（湖）一策”的要求推进不达标水体系统整治，浏阳河、捞刀河等水体已稳定达标。按照“源头化、系统化、流域化”的要求加快推进黑臭水体整治，地级城市建成区184处已整治完成181处，长沙圭塘河积极探索“6+”创新治河模式，中央电视台等30多家媒体进行宣传推广。加强历史遗留污染治理，累计完成600余个重金属污染治理项目，娄底锡矿山综合治理历史遗留废渣约5200余万吨，原来的不毛之地现已郁郁葱葱。

六、坚持久久为功，钉钉子

坚持问题导向、目标导向和效果导向，紧盯重点区域、流域，落实落细目标任务，一张蓝图绘到底，一任接着一任干。将湘江保护和治理作为“省一号重点工程”，2013年开始，连续实施3个“三年行动”计划，累计退出1200余家涉重企业，突出抓好五大重点区域综合整治，持续改善流域环境质量。2020年，湘江流域水质优良率达到99.4%，比2012年增加11.3个百分点，其中干流39个断面水质全部达到Ⅱ类，镉、汞、砷、铅和六价铬五种重金属浓度与2012年相比平均下降幅度达到58%。深入推进洞庭湖生态环境整治，湖南省委、省政府专题召开省（市）县乡村五级干部大会进行安排部署，2016—2017年，实施洞庭湖水环境整治五大专项行动；2018年开始，推动落实农业面源污染防治、城乡生活污染治理等十大重点领域和大通湖、华容河等九大片区综合整治，确保洞庭湖环境质量持续好转。2020 年，洞庭湖水质由 2015 年的Ⅴ类好转为Ⅳ类（除了总磷外，其他指标均达到了Ⅲ类），总磷浓度由 2015 年的 0. 112 毫克/升持续下降为 2020 年的 0. 06 毫克/升（下降 46. 4%）。2020 年监测到越冬水鸟 28. 8 万余只，同比增长 16. 6%。

七、坚持改革创新，提能力

加快推进生态文明体制改革，6 个方面 53 项改革任务基本完成，全面推进领导干部自然资源资产离任审计、企业（园区）环境行为信用等级评价、生态环境损害赔偿制度改革试点，2020 年，永州湘江纸业有限责任公司重油泄露事件责任方承担生态环境损害赔偿金额 1785. 28 万元。颁布实施《湖南省湘江保护条例》《湖南省饮用水水源保护条例》等法规，制定《湖南省农村生活污水处理设施水污染物排放标准》《湖南省水产养殖尾水污染物排放标准》等标准，强化地方法治保障。加大财政投入，出台湘江、洞庭湖保护和治理奖补政策，全面推进阶梯水价、排污权有偿使用和交易等制度，积极推进合同环境服务、第三方环境治理等模式吸引社会资金投入。与重庆、江西等建立跨省流域上下游横向生态保护补偿机制，省内水质水量生态补偿机制全面覆盖湘资沅澧四水干流和重要一、二级支流。制定突出环境问题整改验收销号（行业）标准，加大对地方的指导和帮扶，推动地方科学、精准治污。制定实施《湖南省生态环境保护工作“四严四基”三年行动计划（2019—2021 年）》，切实加强基层能力建设。

通过努力，2016 年以来，湖南省水生态环境质量持续好转，成绩的取得来之不易，得益于习近平生态文明思想的科学指引，得益于国家有关部门的大力支持，得益于湖南省委、省政府的坚强领导，得益于各级各有关方面的共同努力，以“功成不必在我”的精神境界和“功成必定有我”的历史担当持续攻坚克难，不获全胜，绝不收兵。但作为中部沿江省份、有色金属之乡和鱼米之乡，当前水生态环境保护工作也面临较多的问题和困难，如污染防治任务繁重、工作基础相对薄弱等，既要努力多还旧账，又要坚决不欠新账；既要打攻坚战，也要打持久战。按照长江经济带“共抓大保护、不搞大开发”“生态优先、绿色发展”的总体要求，下一步，湖南省将深入贯彻习近平生态文明思想，以“三高四新”战略实施为抓手，全方位推进高质量发展，统筹协调水环境、水生态、水资源、水安全、水文化，全面落实《中华人民共和国长江保护法》，坚持源头治理、系统治理、综合治理，坚持科学治污、精准治污、依法治污，深化“一江一湖四水”系统保护和治理，重点推进城乡居民饮用安全、湘江保护和治理第三个三年行动计划、洞庭湖生态保护修复、长江干支流沿线治污治岸治渔、城乡环境基础设施完善、黑臭水体整治、农村人居环境改善、美丽河湖创建等工作，为保护长江母亲河作出更大的贡献！

（2021 年 1 月）

纵深推进湘江保护和治理
切实保护好一江碧水

2021年是建党100周年，也是“十四五”开局之年，全国全面开启建设第二个百年奋斗目标新征程。各级各部门要深入贯彻落实习近平总书记在湖南考察时的重要讲话精神，全面落实2021年省总河长会议精神，纵深推进湘江保护和治理，切实保护好一江碧水，以优异成绩回报领导重视、社会关注、群众期盼。

一、坚定信心，充分肯定前期工作

湘江是湖南的母亲河，湘江流域是全省人口最稠密、社会经济最发达的区域，在湖南省社会经济发展和生态安全方面具有极其重要的战略地位。湖南省委、省政府历来高度重视湘江保护和治理工作，开展了系列富有成效的工作，2013年，明确将湘江保护和治理作为省“一号重点工程”，要求通过连续实施三个“三年行动计划”来实现“江水清、两岸绿、城乡美”的美好愿景。湖南省委、省政府主要领导多次召开会议研究部署有关工作，并多次现场督促检查、指导和协调。省直有关部门、湘江干流6市人民政府共同努力，坚决扛起“守护好一江碧水”的政治责任，以生态环境质量改善为核心，以目标和问题为导向，以河长制工作落实为抓手，统筹水环境治理、水资源节约、水生态保护，集中攻坚克难，取得了明显的成效，得到了社会各方面的高度认可。尤其是2019年，我任湘江干流省级河长，先后到衡阳、湘潭、株洲等地开展巡河，并召开推进会，对湘江保护和治理取得的成效更有深切的体会。具体而言，主要体现在以下几个方面：

（一）整治（河长）责任加快落实

湘江干流五级河长体系全面建立，各级河长将湘江保护和治理作为增强“四个意识”、坚定“四个自信”、做到“两个维护”的具体实践，坚持守水有责、管水担责、护水尽责，切实履行主体责任，层层抓调度、抓督导、抓落实，纵深推进各项工作目标任务，推动河（湖）长制从“有名”“有实”向“有力”“有效”转变。

（二）绿色发展成效显著

流域各级各部门坚定走“生态优先、绿色发展”之路，严格落实“三线一单”制度，加大清水塘、三十六湾、水口山等重点工矿区产业结构和布局调整力度，在积极稳妥化解旧动能的同时，千方百计发展壮大新动能，为高质量发展奠定了良好基础。湘江流域国家级高新技术产业园区已达到 17 家，工程机械、轨道交通、智能制造等新兴产业链发展迅猛。

（三）环境风险切实降低

围绕抓重点、补短板、强弱项的目标，城乡生活、农业、工业和交通污染治理基础设施逐步完善，流域污染物排放总量大幅降低。通过生态环境保护督察整改、河湖“清四乱”、尾矿库污染防治等专项行动，株洲四水厂水源保护、岳麓区龙王港黑臭水体等一大批影响流域生态环境质量、危害群众利益的突出生态环境问题得到有效解决。

（四）防控体系基本建立

按照“源头严防、过程严管、后果严惩”的要求，加快推动提升生态环境治理体系和治理能力现代化水平，发现问题、预防问题、解决问题的能力进一步提升。各级各有关部门深入调研，勇于创新，河长令、民间河长、“河长＋检察长”、生态补偿、环境信用等级评价等一批好的政策措施推广，对河湖保护起到了良好促进作用。遥感、在线监测、智慧环保电表等现代技术手段的应用，也为湘江保护和治理进一步赋能增效。

（五）环境质量持续改善

通过努力，近年来，湘江水质改善效果明显。2019 年、2020 年以及 2021 年 1—6 月，湘江流域省控断面水质优良率在 98% 以上，比 2012 年提高 10 个百分点左右。同时，湘江干流省控断面水质全部达到或优于Ⅱ类，2020 年，永州市进入全国水环境质量状况排名前 30 位。另外，湘江流域重点断面、支流重金属浓度与 2012 年相比也有较大幅度降低。社会各界越来越多地感受到湘江“鱼翔浅底、漫江碧透”的美丽景象，群众生态环境获得感越来越强。

成绩的取得来之不易，这得益于习近平生态文明思想的科学指引，为湘江保护和治理提供了根本遵循、不竭动力和根本保障；得益于国家有关部门的正确指导，在生态环境保护督察整改、长江经济带发展等方面给予的大力支持；得益于湖南省委、省政府的坚强领导，主要领导亲抓亲管，保持战略定力，一张蓝图绘到底；得益于各级各部门的齐抓共管，以“功成不必在我”的精神境界和“功成必定有我”的历史担当持续攻坚克难，形成“横向到边、纵向到底”的强大合力；得益于社会各方面的积极参与，凝聚起最广泛的力量，形成“保护湘江、人人有责”的良好社会氛围。

二、保持定力，深刻认识当前形势

湘江保护和治理涉及方方面面，既要多还旧账，又要不欠新账；既要打持久战，也要打攻坚战。通过各级河长共同努力，湘江保护和治理取得积极成效，但离国家要求、群众期盼还有较大的差距。总体而言，流域生态环境保护与社会经济发展长期矛盾和短期问题交织，生态环境保护结构性、根源性、趋势性压力总体上尚未根本缓解，有如逆水行舟，不进则退，“十四五”乃至今后相当长一段时间内，湘江保护和治理仍处于攻坚期、窗口期、关键期，工作要求更高、面临问题更多、触及矛盾更深，有如滚石上山、爬坡过坎，不可能“速胜”，容不得“松懈”，决不能“退却”。各地各部门客观作了分析、研判，中央第六生态环境保护督察组在 2021 年 7 月也向湖南省反馈了有关意见和问题，里面涉及湘江保护和治理的内容也较多，我们要认真学习，深入思考，积极整改，举一反三，认真梳理本地区、本部门存在的类似问题，保持清醒认识，进一步提高紧迫感、责任感，统筹落实河长制、污染防治攻坚战等工作。综合各方面的情况，目前存在的问题和困难主要表现在如下几个方面。

（一）部分地方、部门思想认识有偏差

部分地方、部门对长江经济带“共抓大保护、不搞大开发”等重大国家战略认识不到位，新发展理念树得不牢，统筹发展与保护不够。尤其在经济下行的压力下，部分领导干部不同程度地存在思想摇摆、劲头松动的问题，对河湖保护的重要性、紧迫性认识不够，过多强调资金、技术等客观条件限制，或自满松懈，或畏难退缩。

（二）部分河长职责履行有差距

一些河长对自身的主要职责认识不清，在巡河过程中走过场，调查研究不深入，问题发现不够；在推动解决问题中标准不高、作风不实，存在“蒙混过关”心态、选择性整改等问题，尤其是对于需长期整改的工作，缺乏长期持续深入抓工作的韧劲和持续性，导致一些问题反复出现，群众投诉、上级多次交办也未有效解决。2021 年换届后，市、县、乡镇河长变动较大，部分新到任的河长思想还不够重视，工作还不熟悉，履职尽责还有差距。

（三）部分区域生态环境质量不乐观

干流水质好，部分支流水质还不容乐观，舂陵水马家坪电站大坝劣 V 类水体仍未消除，捞刀河、蒸水、耒水等支流部分断面水质有反弹，湘潭、衡阳等市部分黑臭水体返黑返臭，群众反应强烈，充分证明河湖保护的艰巨性、复杂性。尤其是湖南作为重金属之乡，流域铊浓度异常等问题是悬在各市头上的一把剑，容不得半点松懈。2021 年下半年，湘江枯水期问题较为突出，上游衡阳段每天流速仅 7 千米左右，环境容量进一步降低，

（四）保护和治理任务重

流域高耗能、高污染行业增加值占规模以上工业比重高，初级产品多，高精深、高附加值的产品少，污染负荷重。城镇生活污水收集管网建设欠账多，中央生态环境保护督察指出长株潭三市排渍问题，在其他市（州）问题还会更突出。湘江流域历史遗留废渣、矿井涌水、污染场地点多面广量大，治理任务艰巨。同时，农业源、工业源、交通源的治理也还存在不少问题，任重而道远。另外，河湖生态保护才刚起步，底数不清，方法不明。

（五）支撑保障能力与新形势、新要求不适应

基层监管能力薄弱，部分地方、部门小马拉大车的问题较为突出。大部分地方财政资金紧张，保护和治理投入不到位，对社会资本的拉动撬动不够。相关法规、标准、规范等缺失，科技支撑和信息化水平不高。行政手段用得多，法律、市场、经济等方面的手段用得少，部分措施科学性、精准性不够。社会公众生态环境意识和实践能力总体偏弱，参与广度、深度不够。

三、紧盯不放，落实落细重点工作

十八大以来，着眼党和国家发展全局，顺应人民群众对美好生活的期待，党中央把生态文明建设和环境保护摆在了更加突出的重要位置，明确长江经济带“共抓大保护、不搞大开发”，作出河长制、林长制、生态环境保护督察等重要制度安排，“十三五”期间坚决打好碧水、蓝天、净土三大攻坚战，“十四五”期间还将深入推进污染防治攻坚战，全面开启建设人与自然和谐共生现代化的新征程，推动持续改善生态环境质量，促进经济社会发展全面绿色转型。2018 年 4 月 25 日，习近平总书记在视察洞庭湖时，勉励湖南省要“守护好一江碧水”。2020 年 9 月 16 日—18 日，习近平总书记再次考察调研湖南时，强调要牢固树立“绿水青山就是金山银山”理念，在生态文明建设上展现新作为。加强湘江保护和治理，是贯彻“守护好一江碧水”殷殷嘱托的必然要求，是增强“四个意识”、坚定

“四个自信”、做到“两个维护”的具体实践，事关流域发展大局、事关人民群众福祉、事关子孙后代，功在当代、利在千秋。对标对表国家、省里相关要求，根据工作实际，各地各部门要认真梳理主要任务、突出问题，拉条挂账，紧盯不放，集中力量、资源攻坚克难，坚决完成年度目标任务，确保“十四五”开好局、起好步。

（一）要坚决完成中央层面交办问题整改

近年来，中央生态环境保护督察、长江经济带生态环境警示片、水利部等国家部委督察等陆续向湖南省交办了一批突出生态环境问题，按照湖南省委、省政府的统一部署安排，有一些问题要求2021年内整改完成，如衡阳市金龙矿业有限公司环境污染整治、湘潭市湘乡市皮革工业园排水整治等。各地要提高政治站位，把突出环境问题整改作为工作的重中之重，倒排工期，确保按期保质完成整改任务，真正做到整改不到位不放过、责任不落实不放过、群众不满意不放过。

（二）坚决完成湘江保护和治理第三个“三年行动计划”工作任务

按照湖南省“一号重点工程”的安排，2021年是湘江保护和治理第三个“三年行动计划”收官之年，行动计划明确了10方面、30余项任务。各地、各部门要认真对照既定目标任务自查自纠，对未完成的抓紧冲刺，对已完成的进行“回头看”，巩固成效，必须各负其责，经得起历史的检验、经得起各级各部门的考核检查。

（三）要坚决完成湘江干流2021年河长制重点工作任务

2021年5月26日，在湖南省总河长会议上，省委、省政府主要负责同志都作出了具体要求。同时，湖南省河长办也下发了年度工作任务，包括17项重点工作，包括样板河建设、园区整治、污水处理设施建设等。要坚持目标导向、结果导向，湘江干流各级河长要认真推动落实，将任务分解到具体点位、具体项目，按时限完成。对进展较慢的，要加强督促检查，及时跟踪问效。

（四）坚决完成污染防治攻坚战“夏季攻势”工作任务

从2017年以来，以清单化、项目化的形式，湖南省连续5年部署开展污染防治攻坚战“夏季攻势”，加快解决了一批重点任务、突出问题。2021年，“夏季攻势”交办的任务中，乡镇污水处理设施建设、土壤污染治理等任务进展较为滞后，各地各部门要认真分析，落实好责任，采取针对性的措施啃下硬骨头。

（五）要坚决完成第7号总河长令工作要求

问题在水中，根子在岸上，关键在排口。省第7号总河长令明确要求，在2021年底，在省领导任河（湖）长的河（湖）开展入河排污口排查专项行动，建立入河排污口档案，这是一项关键性的基础工作，可以让河（湖）管理更为规范、权责更为清晰。各地要高度重视，各级河长亲抓亲管，抓紧时间摸清家底，建立台账，真正做到心中有数。

（六）要坚决完成河（湖）“清四乱”任务

为加强源头预防和管控，提高发现问题的能力，湖南省河长办、省自然资源厅、省水利厅联合对湘江干流开展了遥感监测，发现了不少疑似问题，包括非法占用河道、网箱养殖等。各地要认真核实有关问题，同时，要敢于动真碰硬，对新增“四乱”问题零容忍，真刀真枪解决突出问题，确保按时交账、限期销号。

（七）要坚决守住饮水安全底线

湘江干流沿线城市基本以湘江为饮用水，由于产业结构和布局不合理、企业环境违法行为等因素影响，湘江流域几次出现铊浓度异常问题，直接威胁人民群众饮水安全。湖南省生态环境厅在牵头推进铊污染专项整治，各地要始终保持执法监管的高压态势，及时消除安全隐患。各级河长务必高度重视，加强分析预判，强化统筹调度，及早制定管控、处置方案，提前落实相关应对措施。

同时，在推动各项具体工作任务中，立足于生态环境高水平保护与社会经济高质量发展，各地、各部门要进一步深化思想认识，提高政治站位，将习近平总书记在全面推动长江经济带发展座谈会上的重要讲话精神与在湖南视察时的重要指示结合起来认真学习，深刻领会其核心要义和思想精髓，牢固树立“绿水青山就是金山银山”新发展理念，围绕“三高四新”战略推进，坚定不移走生态优先、绿色发展道路，严格落实“三线一单”制度，以长株潭融城发展、郴州国家可持续发展示范区等为载体，构建国土空间开发保护新格局，全面建立资源高效利用制度，加快推进产业结构转型升级，积极培育绿色增长点，建立健全绿色低碳循环发展经济体系和生态产品价值实现机制，擦亮高质量发展的生态成色，真正实现湘江流域“产业兴、企业强、群众富、生态美”的目标。

四、落实责任，全面加强组织领导

在庆祝中国共产党成立100周年大会上，习近平总书记号召我们要“牢记初心使命，坚定理想信念，践行党的宗旨，永远保持同人民群众的血肉联系，始终同人民想在一起、干在一起，风雨同舟、同甘共苦，继续为实现人民对美好生活的向往不懈努力，努力为党和人民争取更大光荣”。在实现第二个百年奋斗目标新的赶考之路，各地、各部门要积极响应党中央的号召，牢记初心使命，坚决扛起“守护好一江碧水”的政治责任，勤奋踏实工作，主动担当作为，切实加强河长制工作组织领导，有力有序有效纵深推进湘江保护和治理，让母亲河永葆生机活力，让一江清水绵延后世、惠泽人民。

（一）要压实责任

2021年5月，水利部印发了《河长湖长履职规范（试行）》，明确了各级河（湖）长主要职责、主要任务、履职方式、组织总结考核等内容，各级河（湖）长要认真学习落实，围绕工作体系“全覆盖”、保护治理“全方位”、实施范围“全域化”、监管管理“全过程”等的要求，真正做到守水有责、守水担责、守水尽责。发改、自然资源、生态环境、住房建设、水利、交通等相关部门要积极履职，主动作为，落实责任，齐抓共管，共同推进湘江保护治理工作。按照约束与激励并举的原则，加大监督考核奖惩力度。对履职不力，不作为、慢作为、乱作为的，要严肃问责。

（二）要抓住关键

当前，各级各有关部门工作任务繁重，需要加强统筹，按照科学、精准和依法的要求，抓住关键，提升效率。抓住关键问题，既要善于抓住大事要事，又要突破重点难点；既要抓住关键带动全面，又要由点突破集中攻坚。采取关键措施。抓住问题不放，加强分析，综合施策，精准施治，始终坚持把关键措施贯穿于河长制工作始终，以关键措施应对关键问题，确保问题根本解决。实施关键工程。以问题为导向，以项目为抓手，推进实施好重点保护和治理工程，强化后期运行管理，切实发挥关键工程在湘江保护和治理中的重要作用。

（三）要夯实基础

全面深入贯彻落实《中华人民共和国长江保护法》《中华人民共和国水污染防治法》《湖南省湘江保护条例》等相关法律法规，全面推进各级政府及有关部门全面履行法定职责，用最严格的制度、最严密的法治为湘江保护和治理“保驾护航”。持续深入推进生态文明体制改革，制定出台更多更加实用的政策工具。建立体系统一、布局合理、功能完善的河（湖）监测监管监控体系，运用卫星遥感、无人机、视频监控等现代科技手段对河（湖）进行动态监控，确保监测数据精准真实。加大科技支撑，围绕饮水安全保障、重金属污染防治、农业面源污染防治等重点领域加大先进适用技术研发与示范推广。持续加大财政投入，大力推进产业园区、区域环境污染第三方治理，多渠道吸引社会资金参与，确保投入与任务相匹配。

（四）要形成合力

湘江干流6市进一步加强联防联治，完善体制机制，按照统一规划、统一监测、统一监管、统一评估、统一协调的要求，推动干流与支流、上游与下游、左岸与右岸共同扛起保护和治理责任。省直相关部门要加强沟通协调，统筹好河长制落实、湘江保护和治理、污染防治攻坚战“夏季攻势”等相关工作，按照“目标一致、规划衔接、力量整合、资金集中、措施同步”的要求，聚集重点区域、问题同向发力。按照“谁污染、谁治理，谁破坏、谁赔偿”原则，严格督促企事业单位落实环境保护主体责任。广泛动员社会力量争当民间河长，充分发挥民间河长在宣传治河政策、收集反映民意、监督河长履职、搭建沟通桥梁等方面的积极作用。加强信息公开，积极推动社会公众参与，切实增强公众对河湖保护的责任意识和参与意识，形成共治共享的良好社会氛围。

（2021 年 8 月 26 日）

湖南省长江生态环境保护工作成效显著

近年来，湖南省委、省政府坚持以习近平新时代中国特色社会主义思想为指导，坚决贯彻党中央、国务院全面加强生态文明建设系列决策部署，坚决打好打赢污染防治攻坚战，狠抓长江生态环境保护工作。2019年度中央污染防治攻坚战成效考核湖南省被评定为优秀等次，2020年度生态环境9项约束性指标全部完成。2020年湖南省60个国考断面优良率达93.3%，长江干流湖南段和湘资沅澧四水干流108个省考断面全部达到或优于Ⅱ类。2021年1—7月，湖南省147个国考断面优良率达97.9%，全国排名前三；永州、张家界、怀化、湘西自治州等4个城市进入全国地级城市水环境质量状况排名前30位。通过持续努力，湖南省较好实现了"河畅、水清、岸绿、景美"的目标，厚植了全面建成小康社会的绿色底色和质量成色。习近平总书记到湖南省岳阳市视察时，欣喜地看到白鹭翱翔、麋鹿嬉戏、江豚腾跃的美丽画面。

一、推进长江生态环境保护的主要做法

湖南水资源丰富，水系发达，96.7%的省域面积属于长江流域，湘资沅澧四水通过洞庭湖汇入长江。近年来，在习近平生态文明思想的指引下，全面推进生态文明建设和生态环境保护，大力实施"一江一湖四水"系统联治，为保护长江母亲河作出了积极贡献。重点做好了六个方面：

（一）切实扛牢"守护好一江碧水"的政治责任

湖南省委、省政府将加强长江生态环境保护作为增强"四个意识"、坚定"四个自信"、做到"两个维护"的具体实践，第一时间学习传达习

近平总书记关于长江经济带发展重要指示、批示精神，第一时间贯彻落实中共中央、国务院关于推进长江生态环境保护的决策部署，成立了湖南省生态环境保护委员会，以及省突出环境问题整改工作领导小组、推动长江经济带发展领导小组等组织领导机构，全面建立省（市）县乡村五级河（湖）长体系。严格实施《湖南省生态环境保护工作责任规定》《湖南省重大生态环境问题（事件）责任追究办法（试行）》，将有关重点工作纳入市（州）政治巡视、省直相关部门及市（州）政府绩效考核和激励措施范畴，层层压紧压实责任。

（二）切实做好长江生态环境保护的制度设计

把长江生态环境保护工作摆在重要位置，健全完善了规划、标准和制度体系。一是突出规划引领。将“一江一湖四水”系统保护和治理纳入国民经济和社会发展“十三五”和“十四五”规划纲要，出台省污染防治攻坚战三年行动计划、洞庭湖生态环境专项整治三年行动计划等政策举措，制定城乡生活污水治理、生态保护修复等领域系列专项规划，统筹推进水环境治理、水资源节约和水生态修复。二是突出立规明矩。制定省生态环境保护督察工作实施办法，拍摄突出生态环境问题警示片，加大环境风险问题排查整治力度，完善应急预案体系建设。出台关于实施“三线一单”生态环境分区管控的意见，全力守护环境安全。三是突出目标考核。推出专门考核办法，强化对“一江一湖四水”生态环境保护重点工作考核，严格兑现奖惩措施，推动各项工作落实落地。

（三）切实整改突出生态环境问题

出重拳、用重功、下大力，坚决整改中央反馈突出问题。一是强化高位统筹。建立省委、省政府主要领导挂帅、14 位省领导督办 14 个市（州）整改的高位推动机制，对重点问题，明确了“一名领导、一套班子、一个方案、一抓到底”的工作要求；省纪委监委组织开展“洞庭清波”专项行动，强化专题整治和包片跟踪监督；各市（州）、县（市、区）主要领导一线指挥、现场督办、狠抓落实。二是强化督察调度。科学制定整改工作方案，及时召开动员会、推进会、点评会，倒排工期、挂图作战，综合采取通报约谈、挂牌督办、典型曝光、区域限批等措施压实整改责任。在全国率先推出突出生态环境问题验收销号标准，加强现场检查和指导帮扶，严把验收销号关。三是强化整改落实。紧盯重点难点问题，连续四年发动“夏季攻势”，颁布“总河长令”7个，对生活污水直排、重金属污染、畜禽养殖污染等严重影响生态环境质量、群众反映强烈的问题，以工程化、项目化形式集中时间、集中力量攻坚。截至2021年6月底，第一轮中央环保督察反馈的76个问题完成整改70个；第一轮中央生态环保督察“回头看”反馈的41个问题完成整改销号33个；2018年、2019年及2020年长江经济带警示片披露57个问题，上报完成40个，其中洞庭湖区下塞湖矮围、张家界大鲵国家级自然保护区小水电清理等一批顽瘴痼疾得到有效解决，益阳宏安矿业整改工作经验被中央督察办作为十大案例在全国推介，交出了一份党中央满意的答卷。

（四）切实推动重点领域重点流域环境综合整治

主要是“七个加强”。一是加强城镇生活污染治理。建成县以上城镇生活污水处理厂163座，668个乡镇建成（接入）污水处理设施，建成生活垃圾无害化处理设施112座、生活垃圾焚烧发电厂13座。二是加强农业农村污染治理。102个县实施畜禽粪污资源化利用整县推进项目，畜禽粪污资源化利用率达85%以上，完成洞庭湖区精养池塘改造近70万亩。2015年以来湖南省化肥使用量连续5年实现负增长，农药使用量年均减量4%以上。126个县（市、区）全部启动实施农村环境连片整治，2018年以来改（新）建农村户厕300余万户、农村公厕2000余座。三是加强工业污染防治。积极推动有色、化工等行业实施清洁化改造，完成8.6万家固定污染源清理整顿和排污许可证发放任务，144家省级及以上工业园区全部配套污水集中处理设施。四是加强交通污染治理。船舶生活污水收集处置设施改造全面完成，70个船舶污染物收集点全部建成，54艘船舶污染物收集船配置到位。生活污水固定接收设施已覆盖26个码头、油污水固定接收设施已覆盖21个码头。五是加强塑料垃圾污染治理。成立可降解塑料产业创新联盟，加强对可降解塑料制品及塑料替代产品的标准制定、产品认证，以“城市矿产”示范基地、再制造产业基地等为依托推进废塑料综合回收利用，市场交易活跃的废塑料回收利用企业约200余家。六是加强湘江保护和治理。将湘江保护和治理作为省“一号重点工程”，2013年开始，连续实施3个“三年行动”计划，累计退出1200余家涉重企业。2020年，湘江流域157个省控考评断面中，Ⅰ至Ⅲ类水质断面占比99.4%。七是加强洞庭湖生态环境整治。2016年以来，先后实施洞庭湖水环境综合整治五大专项行动、生态环境专项整治三年行动计划，洞庭湖水环境质量持续好转，湖体总磷浓度由2015年的0.112毫克/升下降为2020年的0.06毫克/升（下降46.4%）。

（五）切实推进“山水林田湖草沙”系统治理

以“一江一湖四水”系统联治为主抓手、主战场，带动湖南省生态环境保护与治理修复，建设美丽家园。主要是做到“五个严格”。一是严格落实生态红线制度。将湖南省20.23%的省域面积纳入生态红线保护范围，建立“1+14+860”生态环境准入清单管控体系，湖南省435个自然保护地整合优化为306个，增加面积6.17万公顷。二是严格落实生态保护修复。高标准实施湘江流域和洞庭湖生态保护修复工程试点，积极推动退耕还林还湿，五年累计完成造林面积4135.6万亩，2018年以来共修复洞庭湖湿地面积66.88万亩，湖南省森林覆盖率达59.96%，湿地面积1530万亩，湿地保护率达75.77%。三是严格落实水生生物资源保护。加强江豚等长江珍稀濒危水生生物保护，持续开展鱼类人工增殖放流行动，2021年开始在长江湖南段、洞庭湖、湘资沅澧“四水”干流等水域全面实行“十年禁渔”。四是严格落实长江湖南段岸线整治。整治27个岸线利用项目，关闭42个泊位，退出岸线7.24千米，复绿42.3万平方米，岳阳城陵矶老港提质改造的“胶囊”形仓库，成为全国内河老港区改造的典范。五是严格落实水资源节约与生态流量保障。全面落实最严格水资源管理制度，完善水量分配，加强生态调度，明确了湖南省23条主要河流上106个断面的生态流量和最小流量控制目标。

（六）切实提升生态环境治理体系和治理能力现代化水平

抓好生态文明体制改革和法律制度建设，做好环保垂改“后半篇文章”。一是加快生态文明体制改革。统筹推进生态环境领域各项改革任务，生态环境系统机构改革、省以下垂直管理改革和综合执法改革等 6 个方面共 53 项改革任务基本完成。二是加快生态环保制度建设。完成省环境保护条例修订，出台《湖南省湘江保护条例》等地方法规，制定省农村生活污水处理排放、水产养殖尾水污染物排放等 19 个地方标准，构建了环保法规、“三线一单”、自然资源统一确权登记、国家公园试点等相协同的生态文明建设制度体系。三是加快深化部省合作。2021 年 4 月，湖南省与生态环境部签署以生态环境高水平保护促进经济高质量发展的合作框架协议，在深入打好污染防治攻坚战、积极应对气候变化、加快推动生态环境治理体系和治理能力现代化等方面积极开展合作。

通过努力，湖南省长江生态环境保护工作虽然取得明显成效，但对标国家要求、群众期待，还面临一些不足：一是生态环境形势依然复杂。湖南省产业结构、能源结构还不够优化，污染物排放强度和总量较大，污染治理任务繁重。此外，历史遗留矿山污染整治、生态修复等还需要持续发力。二是治理修复投入力度还需加大。生态环境治理与修复技术要求高、实施周期长、经济收益率低，主要依靠中央、省级专项资金，社会资金投入的积极性、主动性不够。三是保护治理推进还不够平衡。个别地方和部门存在认识不到位、标准不高、作风不实，造成环境质量改善成效不足，污染治理欠账增多，污染问题整治力度有待进一步加强。

二、下阶段工作重点及对策建议

（一）全面落实《中华人民共和国长江保护法》

加强普法宣传，加大执法监督力度，确保各级政府及有关部门全面履行法定职责，推进上下游、左右岸、干支流共建共管共护共治，提高依法治理水平。

（二）全面打好污染防治攻坚战

持续推进污染防治攻坚战“夏季攻势”和长江生态环境治理“4＋1”工程，重点抓好长江干支流沿线治污治岸治渔、洞庭湖总磷控制、五大重点区域历史遗留整治等工作，切实改善生态环境质量。

（三）全面整改突出环境问题

不折不扣完成中央生态环境保护督察、长江经济带生态环境警示片等交办问题整改，抓好重大环境风险源管控，严厉打击生态环境领域违法行为，解决突出生态环境问题。

（四）全面提升环境治理水平

持续推进生态文明体制改革，加快构建现代环境治理体系，建设生态环境大数据智慧系统，推动实现精准治污、科学治污、依法治污。

（五）进一步加强源头预防和管控

建议国家层面牵头建立长江生态环境保护和治理项目库，分期分批分重点补齐干流、重要支流水系治理短板。同时，积极引导绿色发展，出台农业、自然资源等领域治理配套政策，减少源头污染。

（六）进一步加大对洞庭湖保护和治理的支持力度

将洞庭湖区所有市县纳入国家重点生态功能区统筹范围，安排专项引导资金，支持洞庭湖综合治理。

（七）进一步加大对历史遗留污染治理的指导支持

娄底锡矿山、郴州三十六湾等重点工矿区环境遗留问题突出，污染防治工作任务重，需要国家加强指导帮扶和资金、技术支持。

（2021 年 8 月 30 日）

尽职履责 同心协力
认真开展好湘江生态环境保护民主监督工作

经中共中央批准，由中央统战部会同国家发展改革委、生态环境部共同牵头，各民主党派中央、无党派人士自2021年6月起开展为期五年的长江生态环境保护民主监督，这是继脱贫攻坚民主监督之后，开展的第二个专项民主监督。为贯彻落实中共中央有关精神和要求，中共湖南省委决定，由湖南省各民主党派省委会、无党派人士开展长江（湖南段）、湘江、洞庭湖生态环境保护民主监督。开展生态环境保护专项民主监督，我们必须提高政治站位，切实担负起政治责任和工作责任，认认真真、扎扎实实地开展好湘江生态环境保护民主监督工作，绝不辜负中共湖南省委的期望，在专项民主监督工作中尽职履责、同心协力、再创佳绩、再立新功。

一、提高政治站位，充分认识开展湘江生态环境保护民主监督工作的重大政治意义

2021年是中国共产党百年华诞，回望中国共产党走过的这一百年，是矢志践行初心使命的一百年，是筚路蓝缕奠基立业的一百年，是创造辉煌开辟未来的一百年。统一战线是党的事业重要组成部分，中国共产党的百年辉煌史，也包括了中国共产党领导的多党合作事业的伟大成就。中国共产党成立100周年之际，国务院新闻办公室发表《中国新型政党制度》白皮书，全面回顾中国新型政党制度产生、发展和不断完善的历程，充分展示中国新型政党制度在中国政治和社会生活中彰显的独特优势和强大生命力。回望历史，中国共产党同各民主党派长期共存、互相监督、肝胆相照、荣辱与共，形成了“共产党领导、多党派合作，共产党执政、多党派

参政”的政治格局，与各民主党派、无党派人士勠力同心、团结奋斗，共同走过了不平凡的光辉历程，多党合作事业取得了彪炳史册的伟大成就。特别是党的十八大以来，在以习近平同志为核心的党中央坚强领导下，多党合作思想政治基础更加牢固，制度框架更加完善，政治制度和政党制度的影响更加广泛深远。习近平总书记深刻指出，中国共产党领导的多党合作和政治协商制度是从中国土壤中生长出来的新型政党制度，在凝聚共识、优化决策、协调关系、维护稳定等方面发挥了独特作用。

民主监督是民主党派三项重要职能之一，习近平总书记高度重视民主党派民主监督职能的发挥，亲自部署了各民主党派中央对口中西部八个省（区、市）的脱贫攻坚专项民主监督，此次又亲自确定了新一轮长江生态环境保护专项民主监督工作，这是习近平总书记和中共中央交给各民主党派、无党派人士的光荣政治任务，具有重大政治意义。

对于长江生态环境保护专项民主监督工作，中共湖南省委高度重视，省委常委会进行了认真研究，结合湖南实际，决定在认真做好配合民建中央对口湖南开展长江生态环境保护专项民主监督工作的同时，由各民主党派省委会、无党派人士开展为期5年（2021年至2025年）的长江（湖南段）、湘江、洞庭湖生态环境保护民主监督工作。为此，中共湖南省委统战部、湖南省发改委、湖南省生态环境厅等有关部门进行了精心谋划、周密部署，下发了《关于支持各民主党派省委会、无党派人士开展长江（湖南段）湘江洞庭湖生态环境保护民主监督工作的实施方案》（湘统发〔2021〕14号），中共湖南省委统战部下发了《关于支持各民主党派省委会、无党派人士开展长江（湖南段）湘江洞庭湖生态环境保护民主监督工作职责分工》，明确了发改委、生态环境厅等省直部门的相关职责，根据文件精神，民进湖南省委会对口郴州市、永州市。

为推动民主监督工作的落实，2021年7月19日，中共湖南省委、省政府召开了湖南省各民主党派省委会、无党派人士开展长江（湖南段）、湘江、洞庭湖生态环境保护民主监督工作启动会，省委统战部主要领导、省人民政府分管领导专门到会并讲话。开展湘江生态环境保护民主监督工作，是做到“两个维护”、落实习近平总书记“守护好一江碧水”殷殷嘱托的坚决行动。

推动长江经济带发展是党中央作出的重大决策，是关系国家发展全局的重大战略。2016 年 1 月，习近平总书记在重庆召开的推动长江经济带发展座谈会上提出，要把修复长江生态环境摆在压倒性位置，共抓大保护、不搞大开发；2018 年 4 月，习近平总书记在视察岳阳时对湖南省提出了“守护好一江碧水”的明确要求；随后在武汉召开的深入推动长江经济带发展座谈会上，习近平总书记强调，要坚决摒弃以牺牲环境为代价换取一时经济发展的做法，坚持在发展中保护、在保护中发展，走出一条生态优先、绿色发展的新路子；2020 年 11 月，习近平总书记在南京主持召开全面推动长江经济带发展座谈会时强调，要坚定不移贯彻新发展理念，构建综合治理新体系，统筹考虑水环境、水生态、水资源、水安全、水文化和岸线等多方面的有机联系，推进长江上中下游、江河湖库、左右岸、干支流协同治理，改善长江生态环境和水域生态功能，提升生态系统质量和稳定性，推动长江经济带高质量发展，谱写生态优先绿色发展新篇章。湘江是长江的重要支流，湘江的生态环境保护工作，是长江保护的重要一环。开展湘江生态环境保护民主监督工作，就是认真贯彻落实习近平总书记关于推动长江经济带发展一系列重要指示和“守护好一江碧水”的殷殷嘱托，做到“两个维护”，主动积极参与生态文明建设和共抓大保护的具体行动。

开展湘江生态环境保护民主监督工作，是各民主党派为“生态强省”和“美丽新湖南”建设助力的积极举措。

湖南处于东部沿海地区和中西部地区过渡带、长江开放经济带和沿海开放经济带接合部，水情是湖南最大的省情，多年来，中共湖南省委、省人民政府都将生态文明建设摆在重要位置。2016 年 11 月，中共湖南省第十一次代表大会明确了“建设富饶美丽幸福新湖南”的战略思路，提出了建设“生态强省”的战略目标。要坚持不懈打好污染防治攻坚战，抓好长江“十年禁渔”，深化“一江一湖四水”系统联治，全面推行重点行业领域清洁生产、绿色化改造，持续改善生态环境。2021 年 5 月 26 日，许达哲书记在湖南省总河长会议上再次强调：“久久为功做好河湖管理保护，让湖南的水更清、岸更绿、景更美，让水的灵动成为美丽湖南最耀眼的亮色”。对于湖南省来说，“一江一湖四水”保护修复和“生态强省”建设方面任务都比较重，开展湘江生态环境保护民主监督，体现了中国特色社会主义参政党省级组织为“生态强省”和“美丽新湖南”建设建诤言、献良策、促落实的责任担当。

开展湘江生态环境保护民主监督，也是在湖南省积累了不少“高质量发展高水平保护”成功经验的基础上，为“十四五”期间的发展积极贡献参政党智慧和力量的实际行动。

2021 年是“十四五”的开局之年。近年来，湖南省在“两型社会”建设、湘江保护和治理、洞庭湖综合治理、污染防治攻坚战、中央环保督察及“回头看”整改等方面取得了重大阶段性成果，积累了很多好的经验，但生态环境保护工作仍面临不少困难和问题，生态文明的战略定力树得还不够牢，城乡环境基础设施建设还有短板，农业面源污染比较严重，重金属污染防治工作还需深入推进，铊、锑异常事件时有发生等。国家“十四五”规划将生态环境保护列为重要内容，湖南省的“十四五”规划也要认真贯彻落实。开展湘江生态环境保护民主监督，非常注重“十四五”规划中生态环境的相关内容，在制定《关于对口郴州市、永州市开展湘江生态环境保护民主监督工作的实施方案》时，特意将永州、郴州国民经济和社会发展第十四个五年规划中有关生态环境保护方面的内容，作为 2021 年度民主监督调研的重点内容之一，就是要从参政党地方组织的角度进行认真的调查研究，从另一个视角对湖南省“十四五”规划中的生态环保工作进行深入思考，提出意见建议，促进工作落实。

二、发挥优势、总结经验，切实开展好湘江生态环境保护民主监督工作

民进湖南省委会开展湘江生态环境保护民主监督工作具有一些基础和优势：

一是民进有参加长江流域生态环境保护工作的历史。民进作为中国特色社会主义参政党，始终高度关注生态文明建设和长江的保护与发展，民进中央及民进省委专门设立了人口资源环境委员会。1997 年，民进中央对长江防洪体系问题进行调研，并于次年在全国政协大会上提交了相关大会发言。从此，拉开了民进长期关注长江流域资源环境问题的序幕。2007

年，民进中央与水利部长江水利委员会在湖北武汉共同主办了首届长江保护与发展研讨会，此后，研讨会每年或隔年举办一次，2014 年更名“长江保护与发展论坛”，至今已连续举办 8 届，每年都提出了一批高质量的意见建议。民进湖南省委会每次都会派领导和专家参加“长江保护与发展论坛”，2012 年还承办过长江保护与发展研讨会，根据民进中央工作部署，2021 年还将承办民进中南六省（区）大江大河治理和社情民意信息主题年工作研讨会。前些年，根据中共湖南省委统战部统一安排，各民主党派省级组织联合开展了“保护湘江母亲河”和洞庭湖专项民主监督，同时，一直对口联系省生态环境厅和省水利厅。2020 年，民进湖南省委会还召开了“高质量发展高水平保护”专题常委会，形成了一批专题调研报告和社情民意信息成果，为保护湘江母亲河、洞庭湖母亲湖贡献了智慧和力量。

二是湖南民进有不少生态环境保护领域的人才，能够为开展湘江生态环境保护民主监督提供智力支持。民进湖南省委会设有人口资源环境医卫专门委员会和省直生态文明支部，有 30 多位从事生态环境保护及相关工作的专家教授、企业家和管理干部。过去五年在参与脱贫攻坚专项民主监督工作中，我们锻炼了队伍，磨炼了能力，增长了才干。已经培养和拥有了一支能有效开展生态环境保护参政议政和专项民主监督的专家团队、专干队伍和骨干会员。

三是积累了不少开展专项民主监督的体会和经验。过去五年，在配合民进中央对口湖南省开展脱贫攻坚民主监督过程中，民进湖南省委会全程配合、全面协调、全员参与，助力民进中央向中共中央报送了 13 篇建议，收集和反映扶贫一线干部的意见建议，跟踪和推动 200 多个相关问题在基层立行立改。我们的工作也得到了民进中央、中共湖南省委、省人民政府的高度肯定，有 7 个市委会被民进中央授予“民进全国社会服务暨脱贫攻坚工作先进集体”称号，有 9 个市委会被授予“民进全国脱贫攻坚民主监督工作先进集体”称号，有 26 名会员和专干被授予“民进全国脱贫攻坚民主监督工作先进个人”称号。民进湖南省委会参政议政处被中共湖南省委、湖南省人民政府授予“湖南省脱贫攻坚先进集体”称号，民进中央还向中共中央统战部推荐参评“全国各民主党派、工商联、无党派人士为全面建成小康社会作贡献先进集体”。

除了获得的成果和荣誉，我们还积累了一些开展专项民主监督的原则和体会：

一是注重坚持正确的监督原则。坚持“帮忙不添乱，寓支持于监督之中，务实简朴”的指导思想，以推进中共中央、国务院决策部署落实为方向，以帮助地方党委和政府改进工作为核心，了解基层实情、真实反馈问题。坚持真诚的民主协商，在面对面的协商过程中，共同推动问题及时有效的解决。坚持在监督中凝聚共识，在参与民主监督过程中，深入了解中国的国情，深刻体会各级党委政府为中国人民谋幸福的初心使命和中国特色社会主义集中力量办大事的政治优势，进一步激发跟着共产党走，建设现代化新湖南的信心和热情。

二是注重加强监督工作的计划性，突出年度重点。围绕到2020年夺取脱贫攻坚战全面胜利这一总目标，根据每年中共中央的总体部署和工作重点，结合湖南实际，认真研究、制定并出台民主监督年度工作计划和领导班子“走基层”活动方案，为民主监督画出年度“路线图”，绘制年度“工作表”，监督重点突出、目标任务聚焦、有序有力推进。

三是注重搭建监督平台和创新监督方式。每年围绕专项民主监督相关问题召开一次专题常委会，会前省、市两级民进组织围绕确定的主题开展细致、深入地监督调研，提交调研成果在会上以口头和书面形式交流，再将会议上反响较好的调研成果报送中共湖南省委、省政府，为中共湖南省委、省政府的决策起到了重要参考作用。除每年参加民进中央领导带队的监督调研活动外，还以小分队，“四不两直”方式开展经常性的监督调研，在县、村设置观察“窗口”进行持续对比监督调研。

四是注重问题研究和及时反映基层困难。每年通过摸底调查和广泛听取意见，将一些重点、难点问题，或者一些容易忽略的问题作为课题，交给专家开展民主监督调研，提高意见建议的前瞻性、针对性和可操作性。在民主监督调研过程中，发现有的问题很重要，又比较紧急，而中共地方党委、政府以及有关部门还没有关注到，或有待以更好的方式处理，就撰写成社情民意信息迅速报送到民进中央、中共中央统战部、中共湖南省委及统战部、湖南省政协等等。对于基层的一些重要的实际困难与问题，以“直通车”建议的形式直接报送中共湖南省委和省政府主要领导，既为中共湖南省委和省政府决策提供依据，也帮助基层解决一些实际问题。

五是注重加强整体联动，发挥集体的智慧和力量。在专项民主监督过程中，民进中央、省级、市级组织上下联动，各有侧重和分工。同时，领导和专家相结合。

六是注重寓“帮扶于监督”之中。充分发挥省内外民进组织的力量和优势，开展大型社会服务活动和教育扶贫帮扶行动。

三、团结合作、共同努力，为湘江生态环境保护民主监督工作增光添彩

根据民进中央、中共湖南省委及统战部的统一部署安排和工作要求，省委会高度重视，进行了认真研究，决定成立民进湖南省委会对口郴州市、永州市开展湘江生态环境保护民主监督工作领导小组及办公室、特邀专家组，研究制定了实施方案以及年度计划，明确了八个重点监督领域，同时结合郴州、永州生态环境工作实际，每年确定一些重点监督领域，以加强监督工作的针对性和时效性。开展民主监督过程中要抓住几个关键：一是要讲政治。政党很重要的属性就是政治性，民主监督是民主党派的重要职能，中共湖南省委将如此重要的专项民主监督的重任交给湖南民进，湖南民进必须切实担负起应尽的职责和使命，圆满完成专项民主监督各项工作任务。二是要加强组织领导。将专项民主监督作为民进湖南省委会会务工作的重中之重，主要领导亲自抓，专职副主委全力抓，其他副主委配合抓，领导小组办公室具体抓，以上率下，带动全会共同抓。三是要发挥骨干作用。要充分发挥民进郴州、永州市委会和特邀专家组、人口资源环境医卫专门委员会委员，民进省直生态文明支部会员的骨干作用，安排参加相关会议、阅读相关文件资料、参与调研考察、撰写调研报告和社情民意信息，原则上五年之内参与全覆盖。四是争优创先。要高质量完成专项民主监督工作任务，要撰写出高质量的调研报告和社情民意信息，要得到中共湖南省委及统战部，中共郴州、永州市委的高度评价，工作水平和实效在各民主党派中要位居前列。

当然，湖南民进的工作任务要圆满完成，除了自身的努力外，还需要中共湖南省委统战部、湖南省发改委、湖南省生态环境厅等省直相关部门

和郴州、永州党委政府及有关部门的大力支持和配合、信任和理解：一是及时通报有关信息和要求。中共湖南省委统战部需要将中共中央、中共湖南省委关于专项民主监督的有关精神和要求及时传达给湖南民进，以便认真贯彻落实；二是湖南省发改委、省生态环境厅一些相关重要会议邀请湖南民进参加，一些相关文件和方案提供学习，以便更加了解情况，掌握上级有关要求；三是配合参与监督调研活动。每年民进湖南省委会领导带队的相关调研活动，要邀请中共湖南省委统战部、湖南省发改委、湖南省生态环境厅的领导同志支持参加，加强指导；四是湖南民进的年度监督报告、一些重要意见信息及时报中共湖南省委、省政府；五是建立日常工作联系机制。可由中共湖南省委统战部、湖南省发改委、湖南省生态环境厅明确一名领导、一个相关业务处室、一名工作人员加强与民进省委会及参政议政处的日常工作联系。同时，积极对接中共湖南省委统战部，经其协调科技、工信、自然资源、住建、交通、水利、农业农村、林业等相关部门也明确相关处室和工作人员。

（2021 年 9 月 6 日）

洞庭湖生态环境整治深入推进

一、洞庭湖生态环境质量状况改善明显

根据监测结果显示，2020 年，洞庭湖水质总体由 2015 年的 V 类好转为Ⅳ类，其中，11 个考核评价断面中，益阳小河嘴断面达到Ⅲ类，其他断面达到Ⅳ类（除总磷外，其他考评指标均达到或优于Ⅲ类）。2015 年以来，洞庭湖湖体总磷浓度保持持续下降趋势，由 2015 年的 0.112 毫克/升下降为 2020 年的 0.06 毫克/升，下降幅度达到 46.4%。2021 年 1—7 月，湖体总磷浓度为 0.062 毫克/升，与 2020 年同期持平。同时，洞庭湖湿地保护率稳定在 76% 以上，2020 年，越冬水鸟超过 28.8 万只，同比增加 16.6%，江豚稳定栖息种群达 130 头左右，麋鹿种群数量也发展到 220 头。

二、推进洞庭湖生态环境整治的主要做法

（一）坚持高位推进，坚决扛起洞庭湖生态环境整治的政治责任

湖南省委、省政府成立了高规格的洞庭湖生态经济区建设领导小组、省生态环境保护委员会等组织领导机构，将洞庭湖生态环境整治工作与生态环境保护督察整改、长江保护修复攻坚、河（湖）长制落实等一体谋划、一体部署、一体推进，连续 5 年发起污染防治攻坚战“夏季攻势”，以项目化、清单化的形式向市（州）、县（市、区）层层交办重点工作，在前期完成 3897 项任务的基础上，2021 年继续部署 2693 项具体任务。出台并严格实施《湖南省生态环境保护工作责任规定》《湖南省重大生态环境问题（事件）责任追究办法（试行）》等文件，将洞庭湖生态环境整治

纳入市（州）党委政府政治巡视、省直相关部门及市（州）政府绩效考核和真抓实干激励措施范畴，强化生态环保硬约束，层层压紧压实责任。

（二）注重生态优先，坚定不移走高质量发展之路

中共湖南省委十一届十二次全会旗帜鲜明提出大力实施“三高四新”战略，出台《关于实施“三线一单”生态环境分区管控的意见》，将湖南省20.23%的省域面积纳入生态红线保护范围，建立“1+14+860”生态环境准入清单管控体系，实施差异化管理，强化源头预防和管控。加强污染物总量减排，截至2020年底，湖南省完成总磷削减量2014.2吨。按照疏堵结合的原则，加快推动株洲清水塘、衡阳水口山等五大重点工矿区转型升级，株洲清水塘261家有色化工企业已全部退出。分类整治2115家“散乱污”企业，全面退出湖区94家造纸企业，加快发展工程机械、先进轨道交通装备等20个工业新兴产业链，湖南省环保产业年产值年均增长约15%。

（三）积极补齐短板，全面实施洞庭湖水环境整治五大专项行动

2016—2017年，湖南省委、省政府在洞庭湖区集中开展畜禽养殖污染整治、河湖围网养殖清理、沟渠塘坝清淤增蓄、河湖沿岸垃圾清理、重点工业污染源排查整治等五大专项行动，累计关停退出或易地搬迁规模养殖场8827家、拆除栏舍361.53万平方米；疏浚沟渠8.78万千米、整治塘坝9.88万口；拆除矮围网围472处、124.4万亩；清理河湖岸线4613千米、清运垃圾38万吨；排查整治工业企业2860余家；清理杨树22.88万亩，初步解决了河湖天然水域养殖网箱密布、沿岸垃圾遍地等多年积累的老大难问题。

（四）强化综合施策，纵深推进洞庭湖十大重点领域和九大片区综合治理

2018年以来，按照“条块结合”的要求，加快推进城乡生活污染治理、农业面源污染防治等十大重点领域以及大通湖、华容河等九大片区综合治理。截至2020年底，湖区37座城镇污水处理厂全部完成提标改造工作，307 个乡镇污水处理设施实现全覆盖，28 个县（市、区）全部开展农村环境连片整治并完成验收；省级以上园区全部建成污水集中处理设施，排查的 43 个问题全部整改完成；升级改造精养鱼池 74 万亩，修复湿地面积 66.88 万亩。九大片区水质总体持续稳定向好，其中桃花江流域、沅江七湖、安乐湖、华容河、黄家湖、冲天湖等片区水质均达到或优于Ⅲ类，大通湖水质已从 2018 年 10 月开始退出劣Ⅴ类，由过去的“水下荒漠”转变为现在的“水下森林”。

（五）集中攻坚克难，加快解决突出生态环境问题

针对中央层面交办、群众反映强烈的突出环境问题，科学制定整改工作方案，建立 14 位省领导分片包干 14 个市（州）的高位推动整改机制，采取定期调度通报、现场督察、约谈、挂牌督办等形式强力推进，集中资源、集中时间狠抓问题整改，并加强现场检查和指导帮扶，严把验收销号关。截至 2021 年 6 月底，第一轮中央生态环境保护督察及“回头看”反馈的 117 个完成整改销号 103 个，3 期长江经济带警示片披露 57 个问题上报整改完成 40 个，一批突出生态环境问题得到有效解决。同时，持续推进“绿盾”自然保护地强化监督专项行动，全面禁止洞庭湖自然保护区采砂等违法行为，关停拆除长江干流岸线全部 39 个砂石码头并生态复绿，2020 年起在长江湖南段、洞庭湖、湘资沅澧“四水”干流实现常年禁捕。

（六）统筹督企督政，始终保持执法监管高压态势

下发《关于进一步明确生态环境执法监管等有关工作要求的通知》，指导市（州）制定环境监管正面清单，严格执行“双随机，一公开”执法监管制度。建立环境违法举报奖励制度，持续开展生态环境执法专项行动，严厉打击环境违法行为。制定《湖南省生态环境保护督察工作实施办法》，建立督察专员和日常督察制度，对 14 个市（州）分片区开展日常督察，2020 年 9—11 月，分两批次对湖南省 14 个市（州）开展了省级生态环境保护督察“回头看”，交办了一批突出生态环境问题。

（七）不断夯实基础，着力提升洞庭湖生态环境整治支撑保障能力

加快推进生态文明体制改革，积极推进领导干部自然资源资产离任审计、生态环境损害赔偿等试点工作。多渠道筹集整治资金，省预算内累计安排32亿元专项奖补资金，发行乡镇污水处理专项债券，加快推进污染第三方治理、合同环境服务等投融资模式，岳阳市加强与三峡集团的合作，积极通过PPP模式推进环境基础设施建设。出台《湖南省洞庭湖保护条例》，制定《湖南省农村生活污水处理设施水污染物排放标准》《湖南省水产养殖尾水污染物排放标准》，出台加强产业园区、饮用水水源环境保护规范性文件。出台实施《湖南省流域生态保护补偿机制实施方案（试行)》，与鄂赣两省签订《长江中游地区省际协商合作行动宣言》。加快落实《湖南省生态环境保护工作“四严四基”三年行动计划》，加强遥感、在线监测等技术应用，不断提升现代监管能力。

三、推进洞庭湖生态环境整治仍存在的主要问题

通过努力，湖南省洞庭湖生态环境保护工作取得积极成效。但目前还存在不少问题和困难。一是水环境质量持续改善压力大。由于江河湖库标准不一致（江河Ⅲ类水总磷浓度为0.2毫克/升，湖库为0.05毫克/升），作为过水性湖泊，洞庭湖总磷仍然超Ⅲ类标准0.2倍左右，短时间难以整治到位。大通湖、珊珀湖、东风湖等内湖总磷偏高，仍为Ⅳ、Ⅴ类水体。二是污染物排放总量大。作为粮食种植、生猪养殖重要基地，湖区产业结构不合理，畜禽粪污资源化利用不够，农药、化肥使用强度高，总磷、氨氮等污染物排放量大，远超区域环境容量，农业面源污染重。三是保护和治理任务艰巨。湖区城乡环境基础设施建设欠账多，尤其是管网不配套问题明显，一些乡镇、农村生活污染整治不到位。部分畜禽养殖场粪污直排，水产养殖污染治理严重滞后。洞庭湖湿地保护修复压力大，部分沟渠塘坝富营养化问题突出。四是枯水期环境问题突出。长江三峡建成后，松滋、虎渡、藕池长江三口入湖水量大幅减少，断流提前、时间延长，洞庭湖天然湖泊面积不断萎缩，低枯期水域面积不足500平方千米，环境自净能力急剧下降。五是监督管理还有短板。部分地方“绿水青山就是金山银

山”发展理念树立得不牢，路径依赖问题突出。部分行业生态环境保护“三管三必须”的要求落实不到位，源头预防和管控不到位，整治压力层层递减。六是工作基础薄弱。大部分县（市、区）财政困难，整治资金短缺，社会资金参与的积极性、主动性不够。科技支撑不足，基层监测监管能力薄弱，相关法规、标准、规范等缺失，难以适应新形势、新任务要求。

四、应对策略建议

（一）层层压紧压实责任

按照生态环境保护“党政同责、一岗双责”和“三管三必须”的要求，加大督促检查和考核奖惩力度，综合运用预警、通报、约谈、挂牌督办、督察等手段压实各级各有关方面责任。研究制定《洞庭湖总磷污染控制与削减攻坚行动计划（2022—2025年）》，明确目标任务和责任分工，推动各级各部门加强工作统筹，形成齐抓共管合力。

（二）积极推进绿色转型发展

推动各级各部门牢固树立“绿水青山就是金山银山”的理念，深入推进洞庭湖生态经济区建设，加大绿色创建力度，加快重点区域、领域转型升级。重点结合农业供给侧结构性改革和乡村振兴战略，争取国家支持洞庭湖区连片建设国家级现代生态循环农业示范基地，推动绿色农业、生态农业发展。

（三）切实加大污染减排力度

以问题为导向，建立洞庭湖保护和治理项目库，建立完善总磷等污染物减排核算体系，积极推进结构减排、工程减排和管理减排。完善城乡环境基础设施，并确保稳定运行，突出加强城镇污水处理设施配套管网建设，提高污水收集率。加大畜禽粪污、水产养殖尾水处理力度，持续推进农药、化肥减量化行动。加强排污口监督管理，严格落实水功能区限制纳污制度。

（四）全面加强生态保护修复

积极争取国家层面支持，加快推进洞庭湖四口水系综合整治。严格落实生态红线制度，继续推进山水林田草系统治理试点示范，加大洞庭湖湿地保护修复力度，积极推动在入湖、入河口建设人工湿地，加大河湖生态缓冲带建设。突出抓好大通湖、珊珀湖等内湖生态保护修复，因地制宜推进精养鱼塘、沟渠塘坝生态化改造，提高总磷、氨氮等污染物吸纳能力。

（五）持续提升能力水平

深化生态文明体制改革，完善相关政策措施。完善洞庭湖生态环境监测、评价和考核体系，充分利用遥感等技术发现生态环境问题，提升治理信息化水平。加强科技支撑，深入开展洞庭湖总磷来源与对策研究，加大先进适用治理技术研发和示范推广力度。加快落实《湖南省生态环境保护工作“四严四基”三年行动计划》，全面提升生态环境治理体系和治理能力现代化水平。

（2021 年 9 月 14 日）

保持战略定力 持续攻坚克难 以更高标准深入打好碧水保卫战

2021 年是"十四五"开局之年，也是中国共产党建党 100 周年，全国在全面建成小康社会、实现第一个百年奋斗目标之后，已开启全面建设社会主义现代化国家、向第二个百年奋斗目标进军的新征程。2021 年，全省水生态环境保护扎实推进，成效显著。客观分析当前全省水生态环境面临的形势任务，保持战略定力，持续攻坚克难，以更高标准打好碧水保卫战。

一、保持加强生态文明建设的战略定力，坚决扛起"守护好一江碧水"的政治责任

生态兴，文明兴；生态衰，文明衰。党的十八大以来，以习近平同志为核心的党中央把握人类社会发展规律、顺应时代潮流和人民意愿，站在坚持和发展中国特色社会主义、实现中华民族伟大复兴中国梦的战略高度，把生态文明建设摆在全局工作的突出位置，作出了系列重大部署安排。在习近平生态文明思想的科学指引下，全国生态文明建设从认识到实践都发生了历史性、转折性、全局性变化，包括长江保护修复攻坚、京津冀大气联防联治等重点工作成效显著，为"十四五"时期生态文明建设实现新进步，2035 年生态环境根本好转、美丽中国建设目标基本实现奠定了坚实基础。2021 年 11 月，十九届六中全会审议通过的《中共中央关于党的百年奋斗重大成就和历史经验的决议》，是一篇光辉的马克思主义纲领性文献，是新时代中国共产党人牢记初心使命、坚持和发展中国特色社会主义的政治宣言，是以史为鉴、开创未来、实现中华民族伟大复兴的行动

指南。我们要把学习好、宣传好、贯彻好十九届六中全会精神作为当前和今后一个时期的重大政治任务，不断提高政治判断力、政治领悟力、政治执行力，牢记初心使命、牢记什么是“国之大者”，切实担负起新时代推进生态文明建设、深入打好污染防治攻坚战的历史重任，为实现第二个百年奋斗目标、实现中华民族伟大复兴作出积极努力和贡献。

作为长江中游省份，水情是湖南省重要省情。2018 年 4 月，习近平总书记视察岳阳市时嘱咐湖南省“守护好一江碧水”；2020 年 9 月，习近平总书记在湖南考察时强调要“要坚持共抓大保护、不搞大开发，做好洞庭湖生态保护修复，统筹推进长江干支流沿线治污治岸治渔”“抓好总磷和农业面源污染治理”。湖南省委、省政府始终牢记习近平总书记殷殷嘱托和重要指示，一直以来把水生态环境保护工作放在更加突出的位置，主要领导亲抓亲管，将湘江保护和治理作为省“一号重点工程”，持续深入推进洞庭湖生态环境整治，“一江一湖四水”保护和治理取得积极成效。2021 年 1—10 月，国考断面水质优良率达到 97. 3%，排名全国前 5 位；永州、怀化、张家界、湘西等 4 个市（州）地表水环境质量状况排名进入全国地级城市前 30 位，一批突出生态环境问题得到有效解决。水生态环境保护涉及方方面面，作为中部加快发展省份，湖南省面上成绩不错，但点上问题仍然较多，水生态环境质量改善难，保持更难。省第十二次党代会明确要求各级各有关部门要牢记嘱托、不负使命，全面落实“三高四新”战略定位和使命任务，大力推动高质量发展，为全面建设社会主义现代化新湖南而努力奋斗。我们要切实把思想和行动统一到省第十二次党代会的部署要求上来，保持加强生态文明建设的战略定力，以“闯”的精神、“创”的劲头、“干”的作风，坚持“河湖统领、五水共治”，深化“一江一湖四水”系统保护和治理，让越来越多的河湖能够“水清岸绿、鱼翔浅底”，成为美丽湖南不可或缺的组成部分。

二、强化综合治理、系统治理、源头治理，以更高标准深入打好碧水保卫战

2021 年 11 月 2 日，中共中央、国务院印发《关于深入打好污染防治攻坚战的意见》（以下简称《意见》），明确要深入贯彻习近平生态文明思

想，以实现减污降碳协同增效为总抓手，以改善生态环境质量为核心，以精准治污、科学治污、依法治污为工作方针，统筹污染治理、生态保护、应对气候变化，保持力度、延伸深度、拓宽广度，以更高标准打好蓝天、碧水、净土保卫战，以高水平保护推动高质量发展、创造高品质生活，努力建设人与自然和谐共生的美丽中国。从“十三五”的“坚决打好污染防治攻坚战”到“十四五”的“深入打好污染防治攻坚战”，深刻体现了以习近平同志为核心的党中央对生态文明建设和生态环境保护一以贯之的高度重视，充分彰显了中国共产党建设人与自然和谐共生美丽中国的战略定力和坚强决心。《意见》明确了深入打好碧水保卫战的总体要求、主要目标、重大任务和保障措施，在具体目标上，要求到2025年，主要污染物排放总量持续下降，全国地表水Ⅰ—Ⅲ类水体比例达到85%，城市黑臭水体基本消除，新污染物治理能力明显增强，生态系统质量和稳定性持续提升；在工作任务上，既要求持续打好长江保护修复攻坚战、城市黑臭水体治理攻坚战、农业农村污染治理攻坚战，也要求巩固提升饮用水安全保障水平、推进清洁生产和能源资源节约高效利用、强化新化学物质治理、维护生态环境安全等，是深入贯彻落实习近平生态文明思想，扎实推进“十四五”水生态环境保护工作，深入打好碧水保卫战的行动指南。

按照国家的统一部署安排，“十四五”期间，湖南省147个国控断面水质优良率要持续稳定在97.3%以上，地级城市饮用水水源达标率100%，城镇黑臭水体基本消除，等等，要按期保质完成这些目标任务的压力较大，必须以更高标准深入打好碧水保卫战。要把握好新发展阶段环境治理的特点，在更大的区域、更深的层次、更广的领域奋力攻坚，在保持力度、延伸深度、拓展广度上付出艰苦卓绝的努力，着力解决工作中存在的思想认识不够深、治理能力不够强、改善水平不够高、工作成效不够稳、治理范围不够广等不足和短板，推动在重点区域、重点领域、关键指标上实现新突破。一是要树牢以人民为中心的意识。加快解决突出环境问题，创造更多的良好水生态产品，增强广大人民群众的获得感、幸福感、安全感，以生态环境保护实际成效取信于民。二是要全面推进绿色转型发展。充分发挥生态环境引领、倒逼等作用，积极探索“保护优先、绿色发展”的新路子，推动减污降碳协同增效，以持续改善环境质量促进经济社会发展全面绿色转型。三是要强化系统综合治理。坚持水资源、水环境、水生态系统治理思路，在污染减排与生态扩容两方面提出了硬招实招，推进山水林田湖草沙一体化保护和修复，强化多污染物协同控制和区域协同治理。四是要坚持精准治污、科学治污和依法治污。遵循客观规律，科学安排任务量和时序进度，因地制宜、科学施策，落实最严格制度，加强全过程监管，提高污染治理的针对性、科学性、有效性。

三、坚持目标导向和问题导向，落实落细落地具体目标指标和重点工作任务

通过努力，近年来，湖南省水生态环境保护工作取得积极进展，具体体现在整治责任加快落实、环境质量持续改善、突出问题有效解决、绿色转型深入推进、基础设施逐步完善、防控体系基本建立等方面，得到各方面高度认可，但水生态环境保护结构性、根源性、趋势性压力总体上尚未根本缓解，还存在较多的工作短板、管理弱项，环境质量改善不平衡、不充分，与国家要求、群众期待还有较大差距。各地要有清醒的认识，按照国家、省里的部署安排，保持斗争精神，以“等不起”的紧迫感、“慢不得”的危机感、“坐不住”的责任感，坚持目标导向和问题导向，结合污染防治攻坚战“夏季攻势”、长江保护修复攻坚、湘江保护和治理、洞庭湖水环境整治、河（湖）长制落实等相关工作，各市（州）要拉条挂账，集中资源持续攻坚克难，落实落细落地碧水保卫战具体目标指标和重点工作任务，做到 4 个确保、5 个突出、3 个强化。尤其是离年底只有 20 多天的时间，大家要认真梳理，加快冲刺，按期保质完成年度工作任务，确保“十四五”水生态环境保护工作起好步、开好局。

（一）严格做到 4 个确保

一是确保国考、省考断面达标。按照环境质量“只能变好、不能变差”的原则，针对 147 个国考断面、534 个省考断面，各地要科学制定并严格落实“一点一策”管控方案，针对不达标水体，加快制定并严格落实限期达标方案，确保水质稳定达标。其中，长江湖南段、湘资沅澧四水干流断面水质要稳定达到Ⅱ类，其他重点支流断面水质达到或优于Ⅲ类，同

时，要全面消除劣V类断面。二是要确保饮用水水源安全。饮用水安全是底线。要以县级及以上城镇、乡镇“千吨万人”集中式饮用水水源为重点，统筹农村其他集中式饮用水水源，持续开展专项整治行动，强化规范化建设和突出问题整改，消除环境安全隐患。要加强部门协调联动，实现从水源地到水龙头全过程监管，确保群众喝上干净水、放心水、安全水。三是要确保完成重点污染物减排目标。当前，湖南省重点水污染物排放总量仍处于高位，部分区域远超环境容量。按照下达的减排任务，各地要持续强化重点减排工程建设，持续削减化学需氧量、氨氮、总磷等污染物排放总量。四是要确保按期保质整改突出生态环境问题。针对中央、省级生态环境保护督察及“回头看”、长江经济带生态环境警示片、人大执法监测、民主党派监督等交办问题，拉条挂账，科学制定整改方案，并限期整改到位。

（二）突出抓好5项重点工作

一是要突出抓好农业农村污染防治。打好洞庭湖总磷污染控制与削减攻坚战，积极推进畜禽粪污资源化利用，强化种养平衡试点，严厉打击非法排污行为。聚集湖区精养鱼塘，严格落实尾水排放标准，借鉴江浙模式，积极推进区域统筹养殖尾水生态化处理。二是要突出抓好城镇生活污水收集处理。积极推动落实城镇污水处理提质增效三年行动，加快解决污水处理厂进水污染物浓度过低的问题。加强监督管理，确保乡镇污水处理设施稳定发挥效益。确保地级城市黑臭水体长治久清，推动启动县级城市黑臭水体排查整治。三是要突出抓好工业园区污染治理专项行动。继续以省级及以上工业园区为重点，全面排查工业园区污水收集处理设施建设运行情况，推动提升污水收集处理效能；加强化工园区环境风险防范，推进初期雨水污染控制试点示范。四是要突出抓好排污口综合整治。加快落实7号省总河长令的要求，按期完成16条河（湖）的入河排污口建档工作，按照“查、测、溯、治”的步骤，分期分批推进排污口综合整治。五是要突出抓好生态环境风险隐患化解。建立生态环境风险排查机制，重点加强对有色化工企业、工业园区、尾矿库等的环境监管和风险防范，加快推进无主尾矿库、矿区涌水、历史遗留废渣等的治理，巩固湘江流域铊整治、资江流域锑整治成效。强化医疗废水管控，补齐治理短板。

（三）全面强化3项任务

一是强化枯水期、洪水期环境管理。严格落实《关于进一步加强枯水期地表水生态环境管理工作的函》要求，各地要加快制定枯水期应急预案，并将责任落实到具体部门，推动形成齐抓共管合力。同时，积极推进汛期环境管理。二是强化美丽河湖建设。按照“有河有水、有鱼有草、人水和谐”的要求，积极支持有条件的地方创建美丽河湖，以流域为统筹，按照“一河（湖）一策”的要求，因地制宜实施生态流量保障、水生态保护修复、水环境治理等措施。三是强化水生态保护修复。全面落实长江“十年禁渔”工作，继续实施山水林田湖草沙系统治理项目，积极推进湘资沅澧水生态廊道和河湖缓冲带建设。加快推进落实河湖生态流量保障实施方案，确保生态流量得到有效保障。建立水华监测预警、应急机制，加强蓝藻水华防控。

四、持续固本强基，不断提升水生态环境治理体系和治理能力现代化水平

水生态环境保护涉及方方面面，当前，湖南省水生态环境保护工作仍处于压力叠加、负重前行的关键期，水生态环境质量改善成效并不稳固，稍有松懈就有可能出现反复，犹如逆水行舟，不进则退，小进慢进也是退。保“一湖四水”安澜，护美丽长江碧水东流是富强民主文明和谐美丽的社会主义现代化新湖南建设的重要任务和应有之义，深入打好碧水保卫战意义重大、使命光荣、任务艰巨，触及矛盾和问题的层次更深、领域更广、要求更高，需要加快构建与攻坚任务相适应的现代化治理体系和治理能力，确保工作实效。一是强化组织领导。严格落实生态环境保护“党政同责、一岗双责”的要求，抓好统筹协调，强化分工协作，加快构建“横向到边、纵向到底”齐抓共管工作格局。推动各级各部门把解决群众身边的生态环境问题作为“我为群众办实事”实践活动的重要内容，长期坚持、确保实效。坚持激励与约束并举，完善考核措施，综合应用生态环境保护督察、污染防治攻坚战考核、真抓实干激励、表扬表彰等手段，充分

调动各级各有关方面积极性、主动性。二是强化规划引领。对标对表国家、省级规划要求，根据地方实际，加快编制重点流域水生态环境保护“十四五”规划，搞清楚问题在哪里、症结在哪里、对策在哪里、落实在哪里，进一步将路线图转化为时间表、施工图，确保可操作、可落地、能见效。断面不达标或不稳定、饮用水水源不达标等问题较多的地方，还要根据实际制定专项整治方案。三是强化项目建设。以问题为导向，各地要积极筛选、包装重点整治项目，并积极纳入省级、国家水污染防治项目库统筹。按照轻重缓急的要求，分期推动实施重点项目，并确保稳定运行，切实发挥好生态环境效益。多方面筹集整治资金，推动“各级政府要把生态环境作为财政支出的重点领域，把生态环境资金投入作为基础性、战略性投入予以重点保障，确保与污染防治攻坚任务相匹配”要求的落实，推进绿色金融创新和加快市场化融资步伐。四是要强化改革创新。持续深化生态文明体制改革，深入落实和完善排污许可制度、流域生态补偿、生态环境损害赔偿、生态产品价值实现机制等制度机制，加快出台水产养殖、畜禽养殖、农村污水治理等方面地方标准、技术指南，进一步丰富完善市场、经济和法律等手段。积极学习借鉴江浙“五水共治”等先进治水管水经验，鼓励地方积极探索治理新思路、新模式、新方法。五是要强化基础建设。进一步完善水生态环境质量监测、评价和预警预报体系建设，尤其要加快补齐水生态监测能力短板。加快推进在线监测、遥感、智慧环保监管、大数据等现代技术应用，加强生态环境科技成果转化服务，积极推进污染第三方治理等模式。完善生态环境信息公开和有奖举报机制，构建生态环境治理全民行动体系。持续加强生态环境保护铁军建设，锤炼过硬作风。

（2021 年 12 月 6 日）

强化协调联动 注重系统整治
支持打好洞庭湖总磷污染控制攻坚战

作为长江之肾，洞庭湖在维系长江中下游生态平衡和江湖关系方面起着不可或缺的重要作用。2018 年 4 月，习近平总书记考察洞庭湖时，勉励湖南省“守护好一江碧水”；2020 年 9 月，习近平总书记考察湖南时，要求湖南省“做好洞庭湖生态保护修复”。党的十八大以来，以习近平生态文明思想为指引，在国家大力支持下，湖南省上下共同努力，持续深入推进洞庭湖生态环境整治，突出抓好总磷污染控制与削减，取得了积极成效。

一、抓好总磷污染控制与削减工作的主要做法及工作成效

为保护洞庭湖，湖南省委、省政府历来高度重视洞庭湖生态保护修复，聚焦总磷污染控制与削减，积极推进了如下工作：一是切实强化组织领导。成立高规格的省推动长江经济带发展领导小组、省生态环境保护委员会等组织领导机构，省委、省政府主要负责同志亲抓亲管，高位统筹推动。将洞庭湖保护和治理纳入市（州）党委政府政治巡视、省直相关部门及市（州）政府绩效考核和激励措施范畴，层层压紧压实各级各有关方面责任。二是科学制定整治规划。“十三五”期间，先后制定并落实《洞庭湖生态环境专项整治三年行动计划（2018—2020 年）》《湖南省洞庭湖水环境综合治理规划实施方案（2018—2025 年）》等文件。2021 年以来，制定《洞庭湖总磷污染控制与削减攻坚行动计划（2022—2025 年）》，明确了“十四五”洞庭湖总磷整治目标、指导思想、基本原则、重点任务和保障措施。三是持续发起“夏季攻势”。从 2017 年开始，持续发起污染防治

攻坚战“夏季攻势”，省长向市（州）长逐一交办任务，以项目化、清单化的形式推动地方集中时间、集中力量攻坚克难，加快补齐治理短板、管理弱项，前期累计完成6599项具体任务，2022年新部署2000余项具体任务。四是狠抓重点领域、区域整治。持续深入抓好畜禽养殖污染、城乡生活污染等十大领域和大通湖、珊珀湖等九大片区综合治理，湖区累计关停退出或易地搬迁规模养殖场8827家、疏浚沟渠8.79万千米、清理杨树22.88万亩，乡镇污水处理设施于2020年实现全覆盖。五是狠抓生态环境突出问题整改。拉条挂账，狠抓中央生态环境保护督察、长江经济带生态环境警示片交办问题整改，洞庭湖湿地非法采砂、常德市石板滩石煤矿区污染等一批突出环境问题得到有效解决。同时，建立省级环保督察机制，拍摄省级生态环境警示片，持续开展“洞庭清波”行动，推动建立问题及时发现、及时解决机制。六是强化支撑保障能力。持续推进生态文明体制改革，完成“四严四基”三年行动计划148项重点工作和21个制度创新试点任务。出台《湖南省洞庭湖保护条例》，制定农村污水、水产养殖尾水排放标准。开展长江生态环境保护修复驻点跟踪研究工作，推进洞庭湖总磷来源解析与对策研究，积极推广示范先进保护和治理技术。

通过努力，近年来，洞庭湖生态环境质量保持稳中向好趋势。根据监测，2021年，洞庭湖水质好转为Ⅳ类，除总磷超标0.26倍以外（2021年为0.063毫克/升，比2015年的0.112毫克/升下降约43.8%），其他考评指标均达到或优于Ⅲ类，其中西洞庭湖突破性达到Ⅲ类。同时，由于生态环境质量好转，野生动物数量进一步增多，2021年至2022年洞庭湖越冬水鸟达40.4万只，冬季候鸟数量刷新历史纪录，被称为“鸟中大熊猫”中华秋沙鸭也频繁现身，江豚、麋鹿稳定栖息分别达130头和220多头。

二、抓好总磷污染控制与削减工作的主要问题和下一步打算

洞庭湖总磷污染控制与削减涉及方方面面，目前还存在诸多问题和困难。一是水环境质量不乐观。湖体总磷仍未达到Ⅲ类标准0.05毫克/升的要求，且2021年湖体总磷浓度有所反弹。部分内湖、内河水质较差，长期处于Ⅳ类或Ⅴ类。二是水生态修复压力大。受气候变化、三峡水库蓄水等多因素影响，洞庭湖枯水期提前和延长，枯水期水面面积不足500平方千

米，湖区诸多河湖沟渠间天然水力联系受阻，水环境承载能力显著降低。三是区域污染负荷重。作为国家粮食、生猪主产区，湖区农业面源污染重，治理难度大，总磷排放占比约82%。同时，城乡生活污染治理欠账多，尤其是管网不配套问题突出。四是支撑保障能力薄弱。畜禽养殖污染治理、池塘养殖尾水净化等重点领域先进适用技术研发和示范推广应用不足，资金保障、政策支持等方面存在差距。

按照科学、精准和依法治污的要求，下一步，以问题为导向，以项目为载体，以湖体总磷浓度持续下降为核心，湖南省将深入推进《湖南省洞庭湖水环境综合治理规划实施方案（2018—2025年）》《洞庭湖总磷污染控制与削减攻坚行动计划（2022—2025年）》等文件，在保护长江母亲河上体现湖南新担当、展现新作为，重点推进如下工作：

一是层层压紧压实责任。按照生态环境保护“党政同责 一岗双责”和“三管三必须”的要求，明确目标任务和责任分工，加大督促检查和考核奖惩力度，综合运用预警、通报、约谈、挂牌督办、督察等手段压实各级各有关方面责任，推动各级各部门加强工作统筹，形成齐抓共管合力。二是积极推进绿色转型发展。推动各级各部门牢固树立“绿水青山就是金山银山”的理念，深入推进洞庭湖生态经济区建设，加大绿色创建力度，加快重点区域、领域转型升级。重点结合农业供给侧结构性改革和乡村振兴战略，积极推动绿色农业、生态农业、休闲农业发展。三是切实加大污染减排力度。严格落实《洞庭湖总磷污染控制与削减攻坚行动计划（2022—2025年）》，做好做实狠抓农业农村污染防治、深化城镇生活污水收集处理等7项重点任务和1项“禁磷限磷”专项行动，结合污染防治攻坚战“夏季攻势”，每年实施一批重点项目。四是全面加强生态保护修复。严格落实生态红线制度，继续推进山水林田湖草沙系统治理试点示范，加大洞庭湖湿地保护修复力度，积极推动在入湖、入河口建设人工湿地，加大河湖生态缓冲带建设。突出抓好大通湖、珊珀湖等内湖生态保护修复，因地制宜推进精养鱼塘、沟渠塘坝生态化改造。五是持续提升能力水平。深化生态文明体制改革，完善相关政策措施，完善洞庭湖生态环境监测、评价和考核体系，全面提升生态环境治理体系和治理能力现代化水平。加强科技支撑，加大先进适用治理技术研发和示范推广力度。

三、抓好总磷污染控制与削减工作的建议对策

一是进一步强化区域协调联动。洞庭湖生态环境保护涉及湖南、湖北两省，为加强区域协作与部门联动，按照“统一规划、统一标准、统一监测、统一监管、统一考核”的要求，建议国家层面牵头建立洞庭湖联防联控机制，加强规划、政策、重大事项、重大工程的统筹协调，加强信息共享，推进上下游、左右岸、干支流共建共管共护共治。二是深入推进农业面源污染防治。以长江经济带农业面源污染治理工程为抓手，积极推动农业清洁生产，加大畜禽粪污资源化利用工程，严格控制池塘尾水污染，严格落实化肥、农药负增长行动，推动建设生态沟渠、缓冲带等生态拦截与尾水回用工程，拦截和净化农田氮磷径流。三是积极推动解决水资源短缺问题。建议国家组织研究三峡工程建成运行对下游水资源、水生态、水环境的影响评估和对策研究。支持湖南省对长江入湖的松滋河、虎渡河、藕池河、华容河采取疏河建闸、建库配水等措施进行综合治理，支持湖区加大沟渠塘坝和内湖综合治理力度，建立定期疏浚机制，并因地制宜实施一批退田（垸）还湖、退耕还湿工程，增强河湖调蓄功能。同时，支持湖南省推进洞庭湖生态疏浚系统治理工程，强化枯水期补水。四是积极完善有关政策措施。建议国家层面安排湖泊总磷削减科技重大专项，组织优势科研力量加强基础课题研究和先进适用技术研发、示范和推广。完善生态补偿机制，在洞庭湖率先建立湿地补偿机制，从长江三峡工程发电收益中提取部分资金给予湖泊总磷削减工作支持。建立财政资金投入动态增长机制，推进 EOD、合同环境服务、污染治理第三方服务等模式，积极引导社会资金参与。

（2022 年）

团结奋斗 勇毅前行
持续深入打好碧水保卫战

党的二十大为新时代新征程党和国家事业发展指明了前进方向、提供了根本遵循，中国式现代化的宏伟复兴蓝图深入人心，催人奋进。习近平同志继续担任中共中央总书记、中央军委主席，反映了亿万人民紧跟伟大复兴领航人踔厉笃行、开创更加美好未来的共同心声和强烈愿望。坚定捍卫“两个确立”，坚决做到“两个维护”，切实增强奋进新征程的政治、思想和行动自觉，团结奋斗，勇毅前行，把党的二十大作出的各项决策部署付诸行动、见于成效。

新时代十年来，全国生态环境保护发生历史性、转折性、全局性变化。其中，全国水生态环境质量改善明显。2021 年，全国地表水优良率达到 84.9%（比 2012 年提升 23.3 个百分点），长江干流水质保持Ⅱ类，洞庭湖、鄱阳湖等湖库水生态逐步恢复，候鸟、江豚、麋鹿等逐年增多，被称为“鸟中大熊猫”的中华秋沙鸭也频繁现身。但对标对表美丽中国建设奋斗目标，全国水生态环境保护工作仍有较大差距，不平衡、不协调等问题较为明显，尤其在全球气候变化大背景下，重要江河湖库保护面临更多不确定性。2022 年 7 月以来，由于长江流域持续高温少雨，洞庭湖、鄱阳湖湖面萎缩 8 成以上，水生态环境质量下降明显，形势不容乐观。

习近平总书记在党的二十大报告中强调要推动绿色发展，促进人与自然和谐共生，要求统筹水资源、水环境、水生态治理，推动重要江河湖库生态保护治理，基本消除城市黑臭水体。新征程上，各级各部门要深学笃用习近平生态文明思想，以目标和问题为导向，坚持科学、精准和依法治污，按照流域生态系统的整体性、系统性及其内在规律，多措并举，持续深入打好碧水保卫战，让更多江河湖库呈现“水清岸绿、鱼翔浅底”美景，为人民群众提供更多优质生态产品。

一是要加强水资源保障。开展中长期气候变化情景预估和预研究，加快实施区域水网重大工程，形成以干支流骨干水库和区域输配水工程为主体的水资源配置格局。切实保障城乡居民饮水安全和河湖生态基流，因地制宜建设一批备用水源和小水源工程。全面落实最严格水资源管理制度，深入推进节水型社会建设，加大区域再生水循环利用力度。

二是要深化水环境治理。积极突破城乡面源污染防治瓶颈，强化汛期、枯水期环境管理，分类整治入河（湖）排污口。加强城镇污水处理设施及配套湿地和收集管网建设，加快城市老旧小区改造和农村人居环境整治。全面实施农业清洁生产，突出抓好化肥农药减量、畜禽粪污资源化利用和水产养殖尾水生态治理。不断深化有色、化工、造纸等行业企业（园区）整治，源头防控微塑料颗粒、抗生素等新污染物。

三是要推进水生态修复。严格落实生态保护红线制度，对重点区域天然（公益）林、湿地等重点功能区实行最严格保护，提升水源涵养净化等能力。加强河湖生态管控，实施洞庭湖、鄱阳湖等湖泊生态复苏，定期开展沟渠塘坝清淤疏浚，大力整治城乡黑臭水体。建设河湖生态缓冲带，积极恢复水生植被，全面落实“十年禁渔”，加强水生生物多样性保护，持续加强蓝藻水华防控。因地制宜推进山水林田湖草沙一体化保护和系统治理，探索新途径，积累新经验。

四是要强化支撑保障。全面加强党的统一领导，强化考核奖惩和督察检查，严格落实生态环境保护“党政同责、一岗双责”“三管三必须”。完善相关法律法规、标准规范和制度体系，加强监测执法和基层环境管理能力建设。加强科技支撑，提升信息化管理水平。多渠道筹集资金，将重要生态保护治理工程项目作为战略性、基础性投入予以重点保障。

（2022 年）

坚持问题导向 突出精准治污
以更高标准深入打好碧水保卫战

一、提高思想认识，坚定政治站位

党的十九届六中全会通过的《中共中央关于党的百年奋斗重大成就和历史经验的决议》强调要坚持人与自然和谐共生，协同推进人民富裕、国家强盛、中国美丽，为持续推进生态文明建设、朝着美丽中国建设目标迈进，指明了前进方向，注入了强大动力，提供了根本遵循。2022 年两会期间，在参加内蒙古代表团审议时，习近平总书记再次对生态文明建设作出重要指示，要求坚定不移走生态优先、绿色发展的高质量发展之路，积极稳妥推进碳中和、碳达峰。2022 年 3 月 5 日，李克强总理在政府工作报告中要求，持续改善生态环境质量，深入打好污染防治攻坚战，加大重要河湖污染整治力度。2022 年全国生态环境保护工作会议要求做好有序推动绿色低碳发展、深入打好污染防治攻坚战、加强生态保护监管、推进生态环境督察执法和风险防范、确保核与辐射安全、加快构建现代环境治理体系等 6 项重点工作。

湖南省第十二次党代会明确要求全面贯彻习近平生态文明思想，牢固树立“绿水青山就是金山银山”的理念，坚定不移走生态优先、绿色发展之路，建设全域美丽大花园，让绿色成为最亮丽的底色。湖南省生态环境保护工作会议明确要切实扛起生态文明建设的政治责任，守底线、保民生、促发展，协同推进经济高质量发展和生态环境高水平保护。要以“一江一湖四水”为主战场，深入打好碧水保卫战，重点推进长江保护修复攻坚战、洞庭湖总磷污染治理战、城市黑臭水体治理攻坚战等三个标志性战役，抓好不达标水体专项整治、饮用水水源保护、美丽河湖建设等重点工作。

我们必须进一步提高思想认识，从党的百年奋斗历程中汲取智慧和力量，不断提高政治判断力、政治领悟力、政治执行力，牢记习近平总书记“守护好一江碧水”的殷殷嘱托，切实把思想和行动统一到中央和省委决策部署上来，保持加强生态文明建设的战略定力，认真践行“绿水青山就是金山银山”理念，以“闯”的精神、“创”的劲头、“干”的作风，坚持“河湖统领、五水共治”，深化“一江一湖四水”系统保护和治理，让越来越多的河湖“水清岸绿、鱼翔浅底”，厚植湖南高质量发展的绿色底色。

二、“十四五”水生态环境保护工作实现良好开局

2021 年，按照党中央、国务院和湖南省委、省政府的决策部署，全省上下始终坚持以习近平生态文明思想为指引，以目标和问题为导向，深入推进“一江一湖四水”系统保护和治理，取得显著成效，圆满完成国家下达目标任务。

（一）保护治理责任进一步落实

按照生态环境保护“党政同责、一岗双责”的要求，通过深入开展《中华人民共和国长江保护法》《中华人民共和国水污染防治法》等法律法规执法检查，积极推进政府绩效考核、党政主要领导干部自然资源资产离任审计、生态环境保护督察、真抓实干激励、河（湖）长制等工作，严格考核奖惩，层层压紧压实各级各有关方面的责任，形成了“横向到边、纵向到底”的齐抓共管合力，真正做到守水有责、管水担责、护水尽责，实现“一江水”同治。

（二）重点工作任务进一步深化

圆满完成湘江保护和治理第三个“三年行动计划”收官之战，10 大方面 30 项具体任务基本完成。筹划推进洞庭湖总磷污染控制与削减攻坚行

动，突出抓好种植业、养殖业及城市生活污染治理，135 个治理项目基本完成。在全国率先完成“千人以上”集中式饮用水水源保护区划定，666 个“千人以上”集中式饮用水水源地环境问题基本完成排查整治。推进美丽河（湖）建设，20 条（段）河（湖）被评为省级美丽河（湖）“优秀案例”。

（三）生态环境质量进一步提升

根据监测，湖南省 147 个国考断面水质优良比例达 97. 3%，比 2020 年增加 4 个百分点，居全国第四位，为历年最好，其中，永州、张家界、怀化等 3 个市（州）进入全国水环境质量排名前 30 位。534 个省考断面水质优良率 96. 1%，长江湖南段及四水干流 126 个断面全部达到或优于Ⅱ类。洞庭湖湖体总磷浓度基本稳定，西洞庭湖（常德片区）突破性达到Ⅲ类。同时，水生态质量进一步改善，越来越多的江河湖库呈现“水清岸绿、鱼翔浅底”的美景，群众生态环境获得感越来越强。

（四）环境风险隐患进一步降低

围绕抓重点、补短板、强弱项的目标，环境治理基础设施逐步完善，历史遗留污染治理加快推进，一大批影响流域生态环境质量、危害群众利益的突出环境问题得到有效解决。按期保质解决了湘乡皮革工业园区超标排放、湘潭市港口码头污染防治不力等中央层面交办的问题。积极推进上下游突发水污染事件联防联控机制。开展湘江流域铊浓度异常专项整治，排查的 741 个问题基本整改到位，湘江流域重点断面、重点支流铊平均浓度显著下降，全年没有发生饮用水铊超标事件。

（五）支撑保障能力进一步加强

深入落实企业（园区）环境行为信用等级评价、生态环境损害赔偿制度改革试点等制度。建立“十四五”国、省控断面及饮用水水源水质考核指标体系，建成 534 个国控、省控监测评价断面，实现流域市、县跨界断面自动监测全覆盖。积极推进园区第三方环境治理。制定实施工业园区整治、饮用水水源保护、资金项目管理等重点领域管理规范，建立枯水期水环境管理联席会议制度，完善水环境质量会商及定点指导帮扶机制。

各市（州）也都取得了不少可圈可点的成绩，积累了不少好的经验和做法。如张家界澧水出境断面水质同比改善幅度达到19.26%；永州市连续3年进入全国水环境质量排名前30位；常德市洞庭湖蒋家嘴断面总磷浓度突破性地下降至0.048毫克/升；衡阳市采取联点帮扶、后期雨水排放备案制，郴州市出台《重点流域水环境质量铊因子监测预警管控实施方案》，狠抓涉铊专项整治；长沙市积极加强蓝藻水华防控等等。

三、全面认识当前全省水生态环境保护工作机遇挑战

湖南省97.6%的省域面积都在长江流域，多年平均径流量约占长江流域地表水资源的21%，为长江流域各水系之首，水情是最大的省情，水生态环境保护也是工作重中之重。通过努力，湖南省“一江一湖四水”系统保护和整治取得了明显阶段性成效，水环境质量已居于较高水平，为新发展阶段深入打好碧水保卫战奠定了坚实基础。同时，近年来，习近平总书记“共抓大保护、不搞大开发”“生态优先、绿色发展”“守护好一江碧水”“保持加强生态文明建设的战略定力”等一系列重要指示不断深入人心；各级各有关部门更加高度重视和关注；全省“三高四新”战略定位和使命任务不断落实，经济社会加快绿色转型；中央加大生态环保投入，加大对地方转移支付力度；等等，这些都为深入打好碧水保卫战增添了强大动力。但实事求是来讲，“一江一湖四水”保护和治理涉及面广，目前也存在不少问题和困难，水生态环境保护结构性、根源性、趋势性压力尚未得到根本缓解，保护与发展长期矛盾和短期问题交织，工作短板、管理弱项较多，环境质量改善不平衡、不充分，与国家要求、群众期待还有较大差距，当前及今后一段时间内仍然处于攻坚期、窗口期，不进则退、滞则掉队，机遇与挑战并举，既要打攻坚战，也要打持久战。

（一）部分水体生态环境质量改善不足

部分水体，如黄盖湖、陶家河、龙荫港水质还未达标，黄盖湖是湖南省唯一一个未达到国家考核目标的断面，武水河、冷江河、蒸水、捞刀河等水体水质不稳定或水质反弹明显，尤其是枯水期水质下降问题较为明

显。在全省 CWQI（断面综合水质指数）持续改善的情况下，岳阳、邵阳、衡阳、湘潭四市 CWQI 有所恶化，尤其是岳阳市恶化明显。部分城镇黑臭水体未实现“长制久清”，存在“返黑返臭”的问题。部分支流、湖库水生态系统功能失衡，一些区域湿地生态功能退化明显，河湖“四乱”问题仍然较多。

（二）绿色低碳转型压力巨大

“绿水青山就是金山银山”新发展理念树得不牢，区域、城乡发展不平衡，一些经济发展相对落后的地区统筹发展和保护的意愿不够、能力不足。有色、化工等重点行业、企业长期发展粗放，产业绿色低碳化发展能力有待提高。尤其受经济下行压力增大、新冠疫情等因素影响，部分地区对生态环保的重视程度减弱、工作力度减少，上马“两高”项目、重污染项目的冲动增多。作为农业大省，在“保生产、保供给，肉价鱼价上涨”等大背景下，农业清洁生产推广相对滞后。

（三）保护和治理任务十分艰巨

作为有色金属之乡，生猪养殖、粮食生产重要基地，湖南省主要污染物、重点重金属排放总量还处于高位。城乡生活污染治理基础设施建设有短板，尤其是生活污水收集管网不配套问题明显，雨污、清污不分流。农业污染点多面广量大，畜禽粪污资源化利用、水产养殖尾水治理等工作相对滞后，防治力度有待加大。同时，抗生素等新化学品污染问题逐步凸显，医疗废水、船舶污染监管也亟须引起重视。全省降雨时空分布不均匀，一些区域水资源保障难度大，枯水期缺水问题多。

（四）环境风险隐患仍然存在

中央、省级层面交办的涉水环境问题仍然较多，部分已解决的问题还存在反复问题。由于过去采选、冶炼行业粗放发展，郴州三十六湾、娄底锡矿山、湘西“锰三角”等地遗留废渣、尾矿库渗漏液、矿井涌水污染等问题较多，隐患未从根本上得到解决。部分企业、园区环境管理不到位，超标排放甚至恶意偷排漏排等环境违法行为屡禁不止，锑污染、铊污染事件时有发生等。由于气候、流速、水体富营养等问题，一些航电枢纽工程库区高温天气频繁发生蓝藻，直接影响群众饮水安全。

（五）工作作风方式有待转变

一些市、县生态环境部门监督管理和统筹协调不够，抓水生态环境保护工作的积极性、主动性不强，工作标准不高、战略定力不够，不敢较真碰硬，整治责任未层层压紧压实。一些领导干部自认为辖区水环境质量还可以，过得去，不掌握水质变化趋势以及与周边区域、历史情况的对比，对辖区断面、水体污染或恶化成因不清楚，缺少系统深入研究，水质严重恶化了才临时采取应付措施，成效不明显。部分重点领域管理粗放，工作前瞻性、系统性不够，办法不多，措施针对性不够。

（六）治理能力水平亟待提升

“重污染治理、轻生态保护”普遍存在，“五水共治”统筹能力不足，面对新形势、新任务，观念更新、管理改革、机制创新、系统集成等还存在较大差距。生态环境治理体系和治理能力现代化水平较低，基层生态环境监测、监管能力薄弱，“小马拉大车”问题突出。一些地方环境治理资金短缺问题较为明显，相关法规、标准、规范等缺失，科技支撑、信息化保障能力不足。

四、干在实处、走在前列，推动湖南省水生态环境保护工作再上新台阶

进入新发展阶段，深入打好污染防治攻坚战触及矛盾和问题的层次更深、领域更广、要求更高，中共中央、国务院印发的《关于深入打好污染防治攻坚战的意见》明确要以更高标准打好碧水保卫战。2022 年是党的二十大召开之年，全面建设社会主义现代化国家、向第二个百年奋斗目标进军的重要之年，落实湖南省第十二次党代会部署的首战之年，也是“十四五”规划实施的关键之年，做好全年水生态环境保护工作意义重大。各地要有清醒认识，始终胸怀“国之大者”，永葆创先争优意识，坚决落实湖南省委、省政府“干在实处、走在前列”的工作要求，不能有丝毫松懈思

想，确保水环境质量继续位居全国前列，水生态环境管理工作打造特色亮点。各地要按照国家、省里统一部署，结合区域流域实际，坚持目标、问题和结果导向，树牢系统观念、底线思维，针对突出问题、薄弱环节明确主攻方向，分区域、领域、因子细化分解重点任务，拉条挂账，集中资源持续攻坚克难，确保全面完成2022年目标任务。

（一）准确把握工作要求

坚持以习近平新时代中国特色社会主义思想为指导，全面贯彻党的十九大和十九届历次全会精神以及省十二届党代会精神，2022年全国、全省生态环境保护工作会议精神，坚持稳中求进工作总基调，完整、准确、全面贯彻新发展理念，服务和融入新发展格局，坚持方向不变、力度不减，以实现减污降碳协同增效为总抓手，统筹污染治理、生态保护、应对气候变化，以更高标准深入打好碧水保卫战。一是要坚持以人民为中心的发展思想。聚焦解决好与人民群众生产生活息息相关的生态环境问题，尤其是饮用水水源地的安全和黑臭水体整治，增强广大人民群众的获得感、幸福感、安全感。二是要坚持“绿水青山就是金山银山”的发展理念。推动全面建立资源高效利用制度，建立健全绿色低碳循环发展经济体系，促进形成简约适度、绿色低碳的生活方式，以持续改善环境质量促进经济社会发展全面绿色转型。三是要坚持“稳字当头、稳中求进”的工作基调。增强大局意识，主动积极服务“六稳”“六保”，保持战略定力和耐心，科学把握时序、节奏和步骤，合理确定阶段性目标，夯实基础，稳步前进。四是要坚持“流域统筹、五水共治”的工作原则。以流域为统筹，坚持水资源、水环境、水生态系统治理思路，在污染减排与生态扩容两方面采取硬招实招，推进山水林田湖草沙一体化保护和修复，强化多污染物协同控制和区域协同治理。五是要坚持精准、科学、依法治污的工作方针。遵循客观规律，强化对水环境问题、成因深入分析，因地制宜、综合施策。不仅要分析类别变化，更要分析CWQI指数、污染因子、浓度变化，精准识别和靶向治理，确保工作实效。

（二）坚决完成年度目标

在省级层面，要确保国控考核断面水质优良率达到97.3%，省控考核评价断面水质优良率稳定达到95.9%以上。洞庭湖总磷浓度持续下降，长江湖南段和湘资沅澧四水干流断面水质全部达到或优于Ⅱ类，国、省考断面基本消除劣Ⅴ类水质。地级城市集中式饮用水水源水质优良比例达到100%。完成化学需氧量、氨氮等主要污染物国家总量减排任务。

在市（州）、县（市、区）层面，按照“只能变好、不能变差”的原则，各地要确保辖区国控、省控断面稳定达标，对水质不达标或不稳定水体，各地要科学制定、严格落实“一点一策”管控方案，尤其是黄盖湖要及时采取更硬整治措施确保2022年稳定达到Ⅲ类，同时，陶家河、龙荫港也要采取系统整治措施尽快消除劣Ⅴ类。对于其他断面超标问题，各地要闻令而动，以快的速度精准溯源、以大的力度控源截污、以硬的举措整治到位，坚决守住断面水质达标底线。力争有一个市（州）获得国务院真抓实干奖励，西洞庭湖稳定达标，南洞庭湖争取达标，进入全国水环境质量前30位的市（州）保位进位，保三争四，岳阳长江经济带绿色发展示范区和郴州国家可持续发展议程创新示范区建设加快推进。

（三）加快补齐工作短板

结合污染防治攻坚战“夏季攻势”、长江保护修复攻坚、长江经济带生态环境污染治理“4+1”工程、洞庭湖总磷污染控制与削减、河（湖）长制落实等相关工作，各地要科学谋划、加快实施一批重点项目，补齐农业、生活、工业和历史遗留污染治理短板，尤其要突出抓好县以上城市污水治理提质增效三年行动和乡镇污水处理设施建设四年行动、城镇黑臭水体整治、畜禽粪污资源化利用、精养鱼塘养殖尾水整治、产业园区水环境整治、化工产业污染防治等重点工作，切实降低区域污染负荷。同时，按照减排与增容扩容的原则，各地要加快推进重点区域生态保护修复，积极开展河湖生态缓冲带修复与建设试点，加强湿地保护修复，推动实施一批水生生物多样性保护工程。加快推进落实河湖生态流量保障实施方案，确保生态流量得到有效保障，加强重点区域水资源保障，因地制宜推动实施区域再生水循环利用工程。

（四）紧盯重点持续攻坚

水生态环境保护工作涉及方方面面，必须聚焦重点难点，整合资源持续攻坚战克难，解决重点、难度和热点问题。一是要确保饮用水水源安全。饮用水安全是底线，各地要持续开展专项整治行动，强化规范化建设和突出问题整改，消除环境安全隐患。要加强部门协调联动，实现从水源地到水龙头全过程监管，确保群众喝上干净水、放心水、安全水。二是要持续深入推进洞庭湖、湘江保护和治理。以解决总磷污染、重金属污染等为重点，持续推进洞庭湖总磷削减与污染控制、五大重点工矿区整治、湘江流域铊专项整治等重点工作，在前期工作基础上，在若干难点和关键环节取得更大突破。三是要切实抓好蓝藻预警和处置。要及早部署、及早启动，加强湘江流域、洞庭湖区域蓝藻水华统筹调度和督导帮扶，建立健全蓝藻水华联防联控机制，强化监测预警，加强与住建、水利、气象等部门的协调联动，完善应急预案，提升处置能力。四是要突出抓好医疗机构污水处理。加强疫情防控期间定点医院污水处理的监测监管和技术帮扶。推进落实《关于加强医疗机构污水处理和监管工作的通知》，进一步强化医疗机构自行监测与排污许可监管，完成 872 家传染病和二级及以上医疗机构污水处理问题排查整改。五是要不断强化入河（湖）排污口管控。全面开展规模以上入河排污口监督性监测工作，深入开展入河（湖）排污口排查整治，因地制宜推进开展重点入河（湖）排污口规范化建设。健全排污口管理信息，积极推进入河（湖）排污口设置管理工作。六是要积极化解生态环境风险隐患。建立生态环境风险排查整治机制，重点加强对有色化工企业、园区等的环境监管和风险防范，逐步推进历史遗留污染治理，切实为“二十大”的胜利召开创造安全稳定的环境。七是加快完善枯水期、洪水期水环境管理制度。完善枯水期地表水环境管理办法，加快建立完善枯水期联席会商督导机制。针对区域面源污染导致汛期断面水质明显反弹等突出问题，明确管控要求，落实具体措施。同时，积极推进农业农村污染防治、城镇生活污水收集处理等工作。此外，针对中央、省级生态环境保护督察及“回头看”、长江经济带生态环境警示片、人大执法检查、党派民主监督、洞庭清波行动等交办问题，建立清单，科学制定方案并加快整改。

（五）强化整治责任落实

按照生态环境保护“党政同责、一岗双责”的要求，各级生态环境部门要切实履行好统一监管职责，树牢综合协调意识，提升综合协调能力，发挥综合协调功能，统筹好污染防治攻坚战“夏季攻势”、长江保护修复攻坚、长江经济带生态环境污染治理“4+1”工程、洞庭湖及湘江保护和治理等方面的重点工作任务，对标对表《中华人民共和国水污染防治法》《中华人民共和国长江保护法》等法律法规，拉条挂账，强化部门分工协作，层层延伸责任链条，加快构建水生态环境保护“横向到边、纵向到底”的齐抓共管工作格局。坚持激励与约束并举，完善考核措施，综合应用生态环境保护督察、污染防治攻坚战考核、真抓实干激励、表扬表彰、专项资金奖励等手段，充分调动各级各有关方面积极性、主动性。对工作不力、问题较多的地方，强化预警督办，并适时采取专项督察、明察暗访、“回头看”等方式倒逼责任落实落地、工作提速提质，推动涉水问题整改。

（六）提升支撑保障能力

积极开展多种形式培训交流，建设学习型组织，强化专业精神、提升专业素养，确保整治责任落得实，环境形势讲得清，突出问题找得准，症结原因理得透，重点任务推得顺，治理措施用得上，工作成效出得来。持续深化生态文明体制改革，深入落实或完善排污许可制度、流域生态补偿、生态环境损害赔偿、生态产品价值实现机制等制度机制，加快出台水产养殖、畜禽养殖、农村污水治理等方面的排放标准、技术指南，丰富完善市场、经济和法律等手段。多方面筹集整治资金，加强项目前期工作，严格规范项目方案编制，积极争取项目入库，积极争取国家重点生态功能区转移支付资金和中央财政对地方转移支付资金用于生态环保，推动各级政府把生态环境作为财政支出的重点领域，确保与污染防治攻坚任务相匹配。完善水生态环境质量监测、评价和预警预报体系建设，加快补齐水生态监测能力短板。加快推进在线监测、遥感、智慧环保监管、大数据等现代技术应用，加强生态环境科技成果转化服务，实现园区第三方治理全覆盖。完善生态环境信息公开和有奖举报机制，构建生态环境治理全民行动体系。

（七）全面加强自身建设

湖南省水生态环境管理部门的干部要坚决捍卫“两个确立”，增强“四个意识”，坚定“四个自信”，做到“两个维护”，始终沿着正确的政治方向坚定前行；要认真落实党的十九届六中全会关于坚持自我革命、深化全面从严治党的部署要求，坚持“严”的主基调不动摇，切实筑牢廉洁自律防线，扎实推进清廉机关建设，以永远在路上的坚定和执着推动全面从严治党向纵深发展，打造生态环境保护铁军；驰而不息纠治“四风”，力戒形式主义、官僚主义，抓铁有痕、踏石留印，以钉钉子精神抓部署、抓落实、抓督察；持续深化以党史为重点的“四史”教育，把解决群众身边的水生态环境问题作为“我为群众办实事”实践活动的重要内容，长期坚持，绵绵用力，敢于担当，勇于斗争，善于作为。

（2022 年 3 月 21 日）

牢记嘱托 持续攻坚
坚决扛起“守护好一江碧水”的政治责任

2018 年 4 月 25 日，习近平总书记考察湖南时，嘱托湖南省“守护好一江碧水”；2020 年 9 月 16 日至 18 日，习近平总书记再次考察湖南，要求湖南省牢固树立“绿水青山就是金山银山”的理念，在生态文明建设上展现新作为。近年来，湖南省坚持以习近平新时代中国特色社会主义思想为指导，深入贯彻习近平生态文明思想和习近平总书记对湖南重要讲话重要指示批示精神，全面落实“三高四新”战略定位和使命任务，将加强长江生态环境保护作为增强“四个意识”、坚定“四个自信”、坚持“两个确立”、做到“两个维护”的具体体现，纵深推进“一江一湖四水”系统保护和治理，为保护长江母亲河作出了湖南贡献。

一、“守护好一江碧水”的主要工作成效

通过全省上下坚持不懈、攻坚克难，4 年来，湖南省长江生态环境保护工作取得了重大突破和重大阶段性成果：一是 2021 年，全省 147 个国考断面水质优良率达到 97.3%，较 2017 年提高 9 个百分点，排名全国第 4 位，比 2020 年提升了 9 个位次；二是 2021 年，永州、张家界、怀化市进入全国地级城市地表水环境质量状况排名前 30 位，总数居全国第 3；三是长江干流湖南段和湘资沅澧四水干流国考、省考断面连续两年全部达到或优于Ⅱ类；四是洞庭湖总磷浓度 2021 年比 2017 年下降 13.7%，尤其是西洞庭湖突破性达到Ⅲ类标准；五是污染防治攻坚战 2019 年、2020 年连续两年获评国家优秀。与此同时，全省水生态状况也在持续好转，2021 年至 2022 年洞庭湖越冬水鸟达 40.4 万只，冬季候鸟数量刷新历史纪录，被称

为“鸟中大熊猫”的中华秋沙鸭也频繁现身，江豚、麋鹿稳定栖息分别达130多头和220多头。

二、“守护好一江碧水”的主要工作方法

（一）以习近平生态文明思想为遵循，坚决扛起“守护好一江碧水”的政治责任

湖南省第十二次党代会要求坚定不移沿着习近平总书记指引的方向前进，提出加快建设“全域美丽大花园”的目标。湖南省委、省政府出台了《湖南省生态环境保护工作责任规定》《湖南省重大生态环境问题（事件）责任追究办法》等文件，压紧压实生态环境保护“党政同责、一岗双责”和“三管三必须”责任。湖南省人大常委会审议通过《湖南省洞庭湖保护条例》，连续四年开展污染防治执法检查；湖南省政协连续四年开展湘江源头、洞庭湖民主监督；湖南省纪委监委连续四年开展“洞庭清波”专项行动；从2021年开始，各民主党派省委、无党派人士开展为期五年的长江湖南段、洞庭湖、湘江生态环境保护专项民主监督。

（二）以“生态优先，绿色发展”为导向，全力提升经济社会高质量发展水平

中共湖南省委出台《关于坚持生态优先绿色发展深入实施长江经济带发展战略大力推动湖南高质量发展的决议》，各级各部门牢固树立绿色发展理念。湖南省政府印发《湖南省“三线一单”生态环境总体管控要求暨省级以上产业园区生态环境准入清单》，构建了“1＋4＋14＋860”的生态环境准入清单体系，强化“三线一单”管控措施硬约束。全面推行园区第三方治理，将园区环保工作纳入“五好”园区评价体系，新增25家国家绿色工厂、3家国家绿色工业园区。截至2021年底，有17个县（市、区）创建为国家生态文明示范区、4个县（市、区）创建为国家“两山”理论实践创新基地，岳阳市获批长江经济带绿色发展示范区，郴州市获批国家可持续发展议程创新示范区。

（三）以污染防治攻坚战“夏季攻势”为抓手，加快补齐生态环境短板旧账

坚持问题导向，从2017年开始，连续5年开展污染防治攻坚战“夏季攻势”，按照项目化、清单化的形式，推动各地各部门集中时间、集中力量攻坚克难，狠抓重点领域整治，累计完成6599项具体任务。截至2021年底，全省建成县以上城镇生活污水处理厂163座，914个乡镇建成（接入）污水处理设施，126个县（市、区）全部启动实施农村环境连片整治；在全省有序推进长江入河排污口排查整治专项行动，取得阶段性成效；完成31家沿江化工企业关闭退出和3家沿江化工企业异地迁建工作，143家省级及以上工业园区全部配套污水集中处理设施。

（四）以生态环境质量改善为核心，持续深化重点流域保护和治理

全面完成湘江保护和治理第3个“三年行动计划”。将湘江保护和治理作为省“一号重点工程”，2013年开始，连续实施3个“三年行动”计划。截至2021年，第3个“三年行动计划”部署的10方面30项具体任务基本完成，株洲清水塘、郴州三十六湾等五大重点工矿区取得积极成效，流域水质优良率达到98.7%，比2012年提高10.6个百分点。不断深化洞庭湖生态环境整治。2015年以来，先后实施洞庭湖水环境综合整治五大专项行动、生态环境专项整治三年行动计划、水环境综合治理八年规划，2021年开始启动实施总磷削减攻坚行动，持续改善了洞庭湖生态环境质量。2021年，洞庭湖总磷浓度为0.063毫克/升，比2015年下降43.8%。持续加大不达标水体整治。按照“一河（湖）一策”的要求，强化大通湖、蒸水等不达标水体系统治理，大通湖已退出劣V类，由过去的“水下荒漠”蜕变为“水下森林”。针对枯水期、洪水期水质相对较差问题，出台针对性管控措施，强化科学精准治污。

（五）以山水林田湖草系统保护修复为途径，切实筑牢“一江一湖三山四水”生态屏障

积极开展湘江流域和洞庭湖生态保护修复工程试点，有力推进历史遗留矿山污染治理和生态修复。深入推进国家绿化行动，积极推动构建“一湖四

水”全流域生态涵养带，全省森林覆盖率达到59.97%，湿地保护率达到70.54%。落实长江“十年禁渔”，对非法捕捞形成强大震慑。加强生态流量管控，积极推进小水电清理整改，出台并落实《湖南省主要河流控制断面生态流量方案》，明确了14个市（州）水量分配份额和23条重要河流106个控制断面生态流量标准。持续组织开展“绿盾”自然保护地强化监督，积极推动省级自然保护区人类活动问题遥感动态变化实地核查、问题整改销号。

（六）以突出生态环境问题整改为重点，着力消除环境风险隐患

综合采取通报约谈、挂牌督办、典型曝光、区域限批等措施压实各级各有关部门责任，出台制定突出问题整改销号系列制度文件，细化39类整改销号行业标准，严把验收销号关，推动解决了常德市石板滩石煤矿区污染、株洲市南郊垃圾填埋场污染等一批“老大难”问题。截至2022年3月底，中央层面交办和披露湖南省的229个生态环境问题完成整改（销号）176个。其中，第一轮中央生态环保督察及“回头看”反馈的117个问题完成整改108个，第二轮中央生态环保督察反馈的56个问题完成整改15个，2018—2020年长江经济带警示片披露的56个问题完成整改53个。出台《湖南省生态环境保护督察工作实施办法》，拍摄突出生态环境问题警示片，在全省部署开展防范化解重大环境风险隐患“利剑”行动，持续加大环境风险问题排查整治力度。

（七）以改革创新为动力，着力提升生态环境治理体系和治理能力现代化水平

持续推进生态文明体制改革，与生态环境部签署强化支撑以生态环境高水平保护促进经济高质量发展的合作框架协议，完成“四严四基”三年行动计划148项重点工作和21个制度创新试点任务，持续推进企业（园区）环境行为信用等级评价、生态环境损害赔偿制度改革试点等制度体系建设，全面推行河（湖）长制和林长制，与江西、重庆签订跨省流域生态补偿协议，建成涵盖“一湖四水”的全省流域生态补偿体系。强化科技支撑，开展长江生态环境保护修复驻点跟踪研究工作，制定农村生活污水、水产养殖尾水污染物排放标准。提升信息化水平，建成生态环境监控中

心，实现污染源自动监控、环境质量监控、电力监控、视频监控“四合一”。强化环境信息公开，加强绿色创建，组织环保设施向公众开放活动，开展“绿色卫士下三湘”，深化社会公众参与。

三、“守护好一江碧水”的下阶段工作重点

一是深入贯彻新发展理念，以生态环境高水平保护促进经济高质量发展。深学笃用习近平生态文明思想，以“强省会”战略暨长株潭都市圈建设、洞庭湖生态经济区、岳阳长江经济带绿色发展示范区、郴州国家可持续发展议程创新示范区等为载体，以减污降碳协同增效为总抓手，调整优化产业结构、能源结构、交通结构和用地结构，全面推进经济社会绿色转型，加快建立健全绿色低碳循环经济体系。二是全面落实《中华人民共和国长江保护法》（以下简称《长江保护法》），加快构建共治共建共管共护新格局。深入贯彻落实《长江保护法》，全面推进各级政府及有关部门全面履行法定职责，推动各级各有关部门守土有责、守土尽责。加强工作统筹，坚持源头治理、系统治理、综合治理，推进上下游共建共管共护共治。三是保持战略定力，深入打好污染防治攻坚战。以污染防治攻坚战“夏季攻势”、长江生态环境治理“4+1”工程实施等为抓手，统筹水环境治理、水资源保障和水生态修复，深化“一江一湖四水”系统保护和治理，重点抓好洞庭湖总磷控制、老工矿区历史遗留污染治理、矿山生态修复等工作。四是持续攻坚克难，着力防范化解生态环境风险。加快整改中央生态环境保护督察、长江经济带生态环境警示片等交办问题，强化应急能力建设，抓好化工企业、尾矿库等重大环境风险源排查整治和管控，及时化解环境安全隐患。五是深化改革创新，着力提升生态环境治理体系和治理能力现代化水平。严格落实《关于构建现代环境治理体系的指导意见》，持续深入推进生态文明体制改革。加大科技支撑，强化监测监管能力建设，提升综合监管水平。

（2022 年 4 月）

有力有序有效纵深推进“一江一湖四水”系统保护和治理

按照长江经济带“共抓大保护、不搞大开发”的要求，湖南省以习近平生态文明思想为指引，按照中共中央、国务院关于全面加强生态文明建设和生态环境保护的系列决策部署，全省上下共同努力，有力有序有效纵深推进“一江一湖四水”系统保护和治理。

一、2021 年“一江一湖四水”系统保护和治理现状

（一）提高思想认识，坚决支持配合做好民主监督工作

湖南省生态环境厅专题组织学习长江经济带生态环境民主监督有关精神，要求全省生态环境系统提高思想认识、做好协调配合、狠抓整改落实，为民主监督创造条件。研究制定了《关于落实支持民建中央及各民主党派省委会、无党派人士将开展长江（湖南段）湘江洞庭湖生态环境保护民主监督工作的实施方案》，成立工作领导小组，下设协调联络、整改落实 2 个专项工作组，明确工作任务和责任分工。切实履行好长江生态环境保护民主监督议事协调机构成员单位职责，强化沟通协调，及时提供有关情况。

（二）持续攻坚克难，突出抓好污染防治攻坚战“夏季攻势”

以问题为导向，从 2017 年开始，连续 5 年开展污染防治攻坚战“夏季攻势”，按照项目化、清单化的形式，省长向各市（州）长交办任务，推动各地各部门集中时间、集中力量攻坚克难，狠抓项目建设。其中 2021 年

部署落实了乡镇污水处理设施建设、尾矿库治理等 11 个方面 2693 项任务，加快补齐了重点领域环境治理短板和管理弱项。

（三）系统综合施策，不断深化重点流域保护和治理

全面完成湘江保护和治理第三个“三年行动计划”，8 个方面目标和 30 项具体任务基本完成，2021 年，流域水质优良率达到 98.7%，比 2012 年提高 10.6 个百分点。启动实施洞庭湖总磷污染控制与削减攻坚行动，突出抓好农业面源污染防治、生活污水收集处理等工作。2021 年，湖体总磷浓度为 0.063 毫克/升，比 2015 年下降 43.8%，西洞庭湖突破性达到Ⅲ类标准。按照“一河（湖）一策”要求，推动大通湖、蒸水、龙荫港等流域系统治理，持续改善水环境质量。针对枯水期、洪水期，积极落实具体管控措施，强化科学精准治污。

（四）坚持高位推进，狠抓突出生态环境问题整改

综合采取通报约谈、挂牌督办、典型曝光、区域限批等措施压实责任，严把验收销号关，推动解决了一大批突出环境问题，整改成效得到国家充分肯定。截至 2021 年底，中央生态环保督察反馈的 173 个问题完成整改 117 个；2018—2020 年长江经济带生态环境警示片披露的 56 个问题完成整改 53 个。同时，开展省级生态环境保护督察，加大环境风险问题排查整治力度，积极妥善处置突发环境事件，全力守护环境安全。

（五）强化支撑保障，着力提升治理能力水平

与生态环境部签署强化支撑以生态环境高水平保护促进经济高质量发展的合作框架协议，持续推进环境行为信用等级评价、生态环境损害赔偿等政策措施。完善“十四五”水环境监测网络，明确 534 个省考断面考核目标。强化入河排污口监管，督促市（州）完成 6350 个排污口排查建档工作。建成生态环保督察信息化管理平台、全省污染源 24 小时监控中心。

通过努力，近年来，湖南省长江生态环境保护工作取得明显成效和重要阶段性成果，污染防治攻坚战工作连续两年获评国家优秀，水生态环境质量持续向好。根据监测，2021 年，全省 147 个国考断面水质优良率达到

97.3%，较2020年提高4个百分点，排名全国第4位，永州、张家界、怀化市进入全国地级城市地表水环境质量状况排名前30位，数量居全国第3；534个省考断面水质优良率达到96.1%，其中，长江干流湖南段和湘资沅澧四水干流131个国省考断面水质全部达到或优于Ⅱ类。打造了饮用水水源保护、湘江保护和治理、中央生态环保督察反馈问题整改、岳阳长江岸线生态廊道建设等一批特色亮点工作。

二、深入推进“一江一湖四水”系统保护和治理的对策建议

将始终牢记习近平总书记“守护好一江碧水”殷殷嘱托，按照《中共中央、国务院关于深入打好污染防治攻坚战的意见》的统一部署要求，坚持科学、精准和依法治污，不断深化“一江一湖四水”系统保护和治理。一是全力配合做好民主监督工作。积极配合做好民建中央2022年度监督工作，对监督反馈意见和发现问题，拉条挂账，明确分工，及时整改；二是及时客观报告有关情况。及时提供长江经济带生态环境保护有关情况，认真总结饮用水水源保护、湘江保护与治理、长江岸线修护等经验做法，客观反映洞庭湖整治、农业面源污染治理、重金属污染治理等基层困难和政策需求；三是深入推进污染防治攻坚战。持续推动污染防治攻坚战“夏季攻势”，重点抓好洞庭湖总磷削减、医疗机构废水整治等工作，持续降低污染负荷；四是持续强化突出环境问题整改。按期保质完成中央交办、群众反映的突出问题，在全省部署开展防范化解重大环境风险隐患“利剑”行动，全力守护环境安全；五是不断提升能力水平。深化改革创新，完善法规政策，夯实监测监管能力，强化科技支撑，加快提升生态环境治理体系和治理能力现代化水平。

（2022年4月25日）

枯水期已成为水环境管理的重点和关键

近年来，在湖南省委、省政府的坚强领导下，全省上下坚决扛起“守护好一江碧水”的政治责任，深入推进“一江一湖四水”系统保护和治理，交出了水生态环境工作的“高分成绩单”。但是，枯水期水生态环境管理仍然是当前工作的重点、难点、焦点，确保枯水期水生态环境安全需要进一步提高思想认识，强化各项工作举措，切实增强工作的责任感、紧迫感。

一、水生态环境保护工作现状

2022 年，湖南省国考断面水质优良率提升至 98.6%，排名全国前列、中部省份第 1 位；省考断面消除劣 V 类，湘资沅澧四水及长江干流湖南段 131 个断面水质连续 3 年全部达到或优于Ⅱ类；洞庭湖湖体总磷浓度下降为 0.06 毫克/升，西洞庭湖连续 2 年达到Ⅲ类，南洞庭湖突破性达到Ⅲ类；永州、张家界等四个城市水环境质量排名全国地级城市前 30 位，数量和排位均创历年最佳；32 个地级城市集中式饮用水水源水质达标率 100%。

当前，我省重点流域枯水期水生态环境质量下降问题长期未有效解决，大通湖、黄盖湖、华容河等流域水质长期未达标或不稳定，还先后发生湘江铊、资江锑等水环境污染事件，直接影响国考断面优良率、城市集中式饮用水水源达标，2021 年湖南省污染防治攻坚战考核成绩不理想。充分说明全省枯水期水生态环境管理等工作还有较大差距，除环境负荷大、历史遗留问题多等客观因素影响外，更多的是政治站位不够高、综合施策不够强、工作作风不够实等主观因素影响。

二、准确把握枯水期水生态环境保护工作的重要性

一是中央有部署。党的二十大明确“推动绿色发展，促进人与自然和谐共生”，要求“统筹水资源、水环境、水生态治理，推动重要江河湖库生态保护治理”，要牢记“国之大者”，把抓好枯水期水生态环境保护作为坚定拥护“两个确立”、坚决做到“两个维护”的具体体现。二是法规有要求。《长江保护法》规定加强长江流域生态用水保障；加大对长江流域的水污染防治、监管力度，预防、控制和减少水环境污染，《湖南省环境保护条例》要求“省人民政府应当制定枯水期环境管理办法，加强枯水期环境管理”，要切实履行法定职责，积极主动作为。三是工作有需要。问题在水中，根子在岸上。当前全省水生态环境保护工作结构性、根源性、趋势性压力尚未得到根本缓解，部分区域、领域保护和治理欠账多，中央生态环境保护督察、长江经济带生态环境警示片等交办了一大批触目惊心的问题。同时，相关污染底数不清，部分治理措施不科学精准，在执法监管、支撑保障等方面还有较多欠缺，还需要持续攻坚克难，确保工作实效。四是群众有期待。良好的生态环境是最普惠的民生福祉。对枯水期河（湖）断流缺水、水体发黑发臭等问题，社会各界高度关注，人民群众反映强烈。持续改善生态环境质量，让人民群众的获得感、幸福感、安全感更加充实、更有保障、更可持续，这就是省生态环境保护工作的目标。

三、准确把握枯水期水生态环境保护工作的根本要求

为争取在污染防治攻坚战考核中提档进位、在国务院真抓实干生态环境激励上榜上有名，综合各方面情况，加强枯水期水生态环境管理是巩固提升水环境质量的“突破口”，是消除生态环境问题的“关键点”，是推动工作再上台阶的“牛鼻子”。为提高工作的系统性、针对性和实效性，枯水期水生态环境管理要切实做到“二对标”“三聚焦”“四坚持”。

（一）严格对标，奋力争先创优

围绕“补短板、强弱项、防风险、争先进”的要求，狠抓工作落实，确保工作实效。一是严格对标中央考核要求。紧盯中央污染防治攻坚战考

核要求，要掌握工作主动权，打好翻身仗，及时全面消除扣分隐患，实现提档进位、争先创优。二是严格对标人民群众期待。坚持人民至上发展理念，要敢啃“硬骨头”，敢蹚“绊脚石”，加快解决人民群众反应强烈的突出生态环境问题，为人民群众提供更多更好的优美水生态产品。

（二）聚焦重点，靶向精准发力

善于抓主要矛盾和矛盾的主要方面，集中资源攻坚克难，科学精准发力。一是聚焦重点流域。针对枯水期水质下降明显或不稳定、饮用水安全保障困难、群众信访投诉较多的重点流域，如沩水、华容河、新墙河、汨罗江、宜水、郴州武水以及松滋河、虎渡河等，要组织深入调查，科学论证，系统谋划，综合整治，确保重点断面、水源水质稳定达标、环境风险有效消除。二是聚焦重点领域。针对畜禽（水产）养殖治理滞后、城乡生活污染治理欠账多、入河排污口管控不到位、生态流量保障不足等重点难点问题，要拉条挂账，加快补齐治理短板、管理弱项，确保如期完成国家下达的目标任务。三是聚焦重点因子。针对农业大省、有色金属之乡带来的重金属、总磷污染等问题，要保持战略定力，持续深入推进湘江铊、资江锑、湘西锰整治以及洞庭湖总磷攻坚，确保不发生重大重金属污染事件、洞庭湖总磷稳定达到国家考核要求。

（三）统筹兼顾，系统综合施策

坚持系统观念，强化统筹兼顾，做到系统施策。一是坚持底线思维。当前，枯水期水生态环境问题已成为我省生态环境保护工作的突出短板之一。2022 年 7 月以来的“大旱、长旱、极端旱”进一步暴露了有关问题，后期全球气候变化等带来的不利影响或将更加极端，要树牢底线思维，把困难评估得更充分，把工作准备得更充分，对潜在的风险要有科学预判，备足工具箱、下好先手棋、打好主动仗，以确定性的措施应对不确定的变化。二是坚持问题导向。结合相关规划、方案实施，针对城乡生活污水处理提质增效、畜禽（水产）养殖污染治理、入河（湖）排污口整治、水资源优化配置等工作，要加快建立重点项目清单，并分期分批实施，加快补齐治理短板。同时，结合洞庭湖生态经济区建设，加快推动各地、各部门绿色转型发展，源头减少环境污染和生态破坏。三是坚持“三水统筹”。按照山水林田湖草沙一体化保护和系统治理的要求，结合污染防治攻坚战“夏季攻势”、长江经济带环境污染治理“4+1”工程等重点工作，要以河（湖）为统领，持续深化水环境综合治理，着力提升水资源保障程度，深入推进水生态系统修复，不断提升河（湖）生态系统的稳定性、持续性。四是坚持“三个治污”。新形势下，枯水期水生态环境管理触及矛盾和问题的层次更深、领域更宽、要求更高，要及时调整工作思路、策略和方法，坚持科学、精准和依法治污的总方针和稳中求进的总基调，持续改革创新，在管理制度、工作模式等方面有所突破，做到问题、时间、区域、对象、措施五个精准，靶向发力，坚决不搞“一刀切”“齐步走”。

四、准确把握枯水期水生态环境保护工作的政治责任

针对枯水期水生态环境管理，《湖南省枯水期水生态环境管理强化措施》等文件已明确当前阶段的重点工作，时间紧，任务重，要求高。各地各部门要进一步提高政治站位，坚持问题导向、目标导向、结果导向，以“等不起”的紧迫感、“慢不得”的危机感和“坐不住”的责任感落实落细落地各项工作任务。

（一）严格考核奖惩

将枯水期水生态环境管理纳入污染防治攻坚战考核、河（湖）长制工作落实、生态环境保护督察等工作中统筹，严格奖惩，对成绩显著、贡献突出的单位和个人按规定给予表彰奖励；对责任不落实、工作效果不理想的部门和地区，要分类采取通报、约谈、挂牌督办、问责等措施；对问题突出的部门和地区，要适时组织开展专项环境保护督察。

（二）落实属地责任

建立完善省级统筹督导、地市负总责、县区抓落实的工作推进机制，按照水生态环境质量“只能更好、不能变坏”的原则，压实地方政府主体责任、属地责任，推动地方守土有责、守土尽责，强化系统综合整治。对华容河、黄盖湖、沩水、蒸水等重点流域以及郴州三十六湾、娄底锡矿山

等重点区域，推动相关地方制定攻坚方案，建立问题清单、任务清单、目标清单、措施清单、责任清单、时限清单等“六个清单”，并严格落实。

（三）压实部门职责

对照《关于推动职能部门做好生态环境保护工作的意见》以及枯水期“十条措施”，生环、住建、水利、农业等相关部门要细化本部门落实方案，强化工作措施，生环部门要强化水质监测和预警预报，抓好工业企业污染整治、入河排污口管控等工作，并切实发挥总牵头总协调总督办作用，完善枯水期水生态环境保护工作联席会议制度，强化部门协调联动；住建部门要强化城镇生活污水收集，确保城镇污水处理设施尾水月浓度控制在0.3毫克/升以下，洞庭湖、东江湖流域要控制在0.2毫克/升以下；水利部门要积极推动水资源优化配置，组织做好极端干旱应对准备，切实保障重点河湖生态流量，加强河道清淤疏浚、采砂、施工等的监管；交通部门要强化枯水期航运管控；农业农村部门要持续推进农业清洁生产，突出抓好畜禽粪污治理，确保水产养殖尾水循环利用或全面达标排放；商务、市场监管部门要强化含磷洗涤用品管控，在洞庭湖区、湘江干流流域禁止销售、使用含磷洗涤用品；应急部门要督促相关地方制定应急预案，提高应急处置能力；气象部门要组织开展气象监测，及时提供有关信息。后期，根据实际需求，各部门及时优化措施，拓展领域，调整要求。

（四）强化监管执法

建立健全突出问题“及时发现、有效解决”闭环管理机制，及时交办地方加快整改。持续开展枯水期专项或联合执法行动，加大在水电站、畜禽水产企业、工业企业、港口码头船舶、河道施工等方面的监管执法力度。针对各区域、各部门长期未解决的突出问题，各部门要敢于亮剑，善于亮剑，对违法问题露头就打，保持严管重罚的高压态势。紧盯重点区域、领域持续推进防患化解重大生态环境风险隐患“利剑”行动，严密防控环境风险。加强信息公开，以有奖举报等形式引导社会公众监督，及时曝光典型案例，营造良好舆论氛围。

（五）加强指导帮扶

省直相关部门要切实承担起本行业、本领域牵头监督管理和指导帮扶责任，深入基层、一线调查研究，科学论证，出硬招、出实招，帮助地方找准问题根源，细化任务措施，并进一步加大政策、技术、项目、资金等方面的支持力度，确保重点、难点问题及时有效解决。善于总结提炼工作中的好经验、好做法、好模式，积极学习借鉴外省（市）先进经验，不断改革创新，加快推进各项工作制度化、规范化、精细化，全面推动提升地方工作能力水平。

（2023 年）

系统综合施策 持续精准发力
坚决扛起“守护好一江碧水”的政治责任

作为长江中游省份，湖南省97.6%的面积都属于长江流域，生态地位十分重要。近年来，全省上下牢记习近平总书记“守护好一江碧水”的殷殷嘱托，深入贯彻习近平生态文明思想，系统综合施策，持续精准发力，有力有序有效纵深推进“一江一湖四水”系统保护和治理，为保护长江母亲河积极贡献了湖南力量。

一是水环境质量大幅改善。2022年，全省国考断面水质优良率提升至98.6%（其中Ⅰ、Ⅱ类断面比例达到91.8%），比2018年提升8.6个百分点，排名全国前列、中部省份第1位；湘资沅澧四水及长江干流湖南段省考断面水质连续3年全部达到或优于Ⅱ类；永州、张家界等4个市（州）排名全国地级城市地表水环境质量状况前30位。二是水生态状况持续好转。全省湿地保护率稳定在72%以上，洞庭湖（含长江湖南段）水域2021年监测到的水生生物种类较2018年增加近30种，越冬候鸟数量超过40.4万只，被称为“鸟中大熊猫”的中华秋沙鸭也频繁现身，江豚、麋鹿稳定栖息达到130余头和220余头。三是绿色发展加快推进。全省高新技术企业突破10000家，科技进步贡献率提高到60%以上，累计创建国家级绿色工厂100家，国家级绿色园区10家，绿色发展指数进入全国前十。四是群众环境满意度不断提升。全省生态环境质量改善“公众满意度”连续三年提升，2018年以来未发生重大及以上突发环境事件，群众环境获得感不断增强。

虽然成效显著，但是还存在一些困难和不足。在水生态环境质量持续稳定提升的同时，作为人口大省、农业大省和有色金属之乡，湖南省碧水保卫战工作仍面临较多的问题和困难，如水体环境质量改善不充分、部分区域水生态系统失衡、城镇污水收集配套管网建设欠账多、农业面源污染防治相对滞后、历史遗留污染治理任务繁重、支撑保障能力薄弱等，既要打攻坚战，也要打持久战。下阶段要重点做好以下几方面工作：

一、坚持高位推进，坚决扛起“守护好一江碧水”的政治责任

湖南省第十二次党代会要求坚定不移沿着习近平总书记指引的方向前进，提出加快建设“全域美丽大花园”的目标。省委、省政府高度重视碧水保卫战，出台《湖南省生态环境保护工作责任规定》《湖南省重大生态环境问题（事件）责任追究办法（试行）》等文件，将污染防治攻坚战纳入对市（州）党委和政府政治巡视及绩效评估、省政府真抓实干督察激励等工作中，将饮用水水源保护纳入省委、省政府“十大民生实事”，层层压紧压实生态环境保护“党政同责、一岗双责”和“三管三必须”责任。省人大常委会连续四年组织开展生态环境专项执法检查；省政协连续四年开展湘江源头、洞庭湖生态环境民主监督；省纪委监委连续四年开展“洞庭清波”专项行动。

二、强化思想引领，广泛凝聚“绿水青山就是金山银山”的普遍共识

湖南省委十二届三次全会审议通过《中共湖南省委关于深入学习宣传贯彻党的二十大精神 为全面建设社会主义现代化新湖南而团结奋斗的决定》，明确要求在生态优先、绿色发展中补齐生态文明建设短板，将“美丽湖南”纳入“6 个湖南”建设。湖南省政府印发《湖南省“三线一单”生态环境总体管控要求暨省级以上产业园区生态环境准入清单》，强化“三线一单”硬约束。积极推动生态创建，21 个县（市、区）创建为国家生态文明示范区，7 个县（市、区）创建为国家“两山”理论实践创新基地。推进生态产品价值实现，结合乡村振兴、全域旅游等工作，创建东江湖、浏阳河等 39 个省级美丽河湖优秀案例。大力发展智能制造、轨道交通等 20 条工业新兴优势产业链、22 个重点产业集群（产业链），岳阳市获批长江经济带绿色发展示范区，郴州市获批国家可持续发展议程创新示范

区。印发《以高水平保护高效益保障推动积极高质量发展的十条措施》，积极服务推动全省经济高质量发展。

三、统筹“三水共治”，深入推进山水林田湖草沙一体化保护和系统治理

一是强化水环境治理。针对环境治理短板、管理弱项，从2017年开始，连续6年开展污染防治攻坚战“夏季攻势”，采取工程化、项目化、清单化的方式推动各地各部门集中攻坚克难，累计完成8500余项涉水整治任务。截至2022年底，全省实现城镇、乡镇生活污水垃圾收集处理设施全覆盖，126个县（市、区）全部实施农村环境连片整治，144家省级及以上工业园区全部配套污水集中处理设施。二是强化水资源保障。落实最严格水资源管理制度，加快构建覆盖蓄、供、输、用、排等各涉水环节的全链条节水管理体系，全省用水总量控制在350亿立方米以内。加强生态流量管控，积极推进小水电清理整改，印发《湖南省重点河（湖）生态流量保障实施方案》，明确23条重要河流106个控制断面生态流量标准。三是强化水生态修复。出台《湖南省国土空间生态修复规划（2021—2035年）》，高标准推进湘江流域、洞庭湖区域山水林田湖草沙一体化保护和修复工程，全面修复长江干流及湘江两岸545座废弃露天矿山生态。加大封山育林、退耕还林等力度，在湘江源头等区域建设水源涵养林，全省森林覆盖率达59.97%。启动洞庭湖区水生态安全调查与评估项目，全面落实“十年禁渔”，加大45个水生生物保护区保护力度。

四、持续精准发力，坚决打好污染防治攻坚战标志性战役

一是打好洞庭湖总磷污染控制与削减攻坚战。率先出台总磷攻坚行动计划，明确了狠抓农业农村污染防治、深化城镇生活污水收集处理等7项重点任务和1项“禁磷限磷”专项行动。2021年以来，完成重点项目600余个。2022年，洞庭湖总磷浓度下降为0.06毫克/升，比2018年下降15%，西洞庭湖连续2年达到Ⅲ类，南洞庭湖突破性达到Ⅲ类。二是打好农业农村污染治理攻坚战。积极推动农业绿色转型，扎实推进畜禽（水产）养殖污染防治，109个县（市、区）整县推进畜禽粪污资源化利用，

稻渔综合种养面积达到507万亩。持续推进化肥农药减量化行动，实施典型流域农业面源污染综合治理项目40余个。统筹农村人居环境整治、生活污水处理等工作，加强农村黑臭水体整治，常德市获批首批中央农村黑臭水体试点城市。三是打好重金属污染防治攻坚战。制定“十四五”重金属污染防控工作方案，持续推进五大重点区域环境综合整治，强化有色、化工等重点行业企业管控。细化整治标准，突出抓好湘江流域铊专项整治、资江流域锑污染综合整治和湘西锰三角综合治理。四是打好城市黑臭水体整治攻坚战。按照“流域化、系统化、源头化”的治理思路，结合城镇生活污水收集处理设施提质增效等工作，14个地级城市排查的184条黑臭水体整治完成183条，19个县级城市排查的48条黑臭水体正在按计划有序整治，长沙市“建—融—管—还”的圭塘河黑臭水体整治模式得到中央媒体多次推荐。

五、突出问题导向，着力消除生态环境风险隐患

一是狠抓突出环境问题整改。严把中央生态环境保护督察、长江经济带生态环境警示片等交办问题整改、验收销号关。截至2022年底，中央层面交办湖南省的244个突出生态环境问题完成整改（销号）202个。二是强化枯水期、汛期（高温期）水生态环境管理。经湖南省政府同意，联合住建、水利等部门出台加强枯水期、汛期（高温期）生态环境管理的意见，明确枯水期10条措施、汛期（高温期）6项任务，建立部门联席会议制度，狠抓重点时段、重点区域、重点领域综合整治，华容河、蒸水等一批重点水体实现稳定达标。三是开展防范化解重大环境风险隐患“利剑”行动。组织拍摄突出生态环境问题警示片，落实群众举报有奖政策，提高主动发现和解决问题能力。针对饮用水水源保护、医疗机构污水收集处理等重点领域，扎实推进“利剑”行动，2022年4月以来，6896个风险隐患问题完成整改或实现风险降级。

六、完善制度规范，加快推进重点工作精细管理

一是严格饮用水水源环境保护。出台《关于进一步加强集中式饮用水水源保护和供水安全保障工作的通知》等文件，严格落实地方政府主

体责任和部门监管职责。率先完成乡镇、农村集中式饮用水水源保护区划定，全省共划定4763个集中式饮用水水源保护区；积极推进农村千人及以上集中式饮用水水源保护区规范化建设和专项整治，开展水源地基础信息、构筑物调查和水源保护区勘界定标。二是强化产业园区环境整治。出台《关于进一步规范和加强产业园区生态环境管理的通知》等文件，明确园区环境准入管理、环境基础设施建设等六方面的要求。深入推进园区环境污染第三方治理，持续推进144个省级及以上工业园区环境问题排查，对依托城镇污水处理设施的涉重涉化园区开展依托评估。三是规范资金项目管理。出台《湖南省水污染防治资金项目管理规定（试行）》等文件，明确项目储备、验收核查等具体要求。明确“十四五”重点支持方案，引导地方分期分批解决重点流域、区域突出问题。制定《湖南省地表水污染防治项目投资估算指南（试行）》，为项目申报、资金安排等提供参考。四是深化重点水体整治。定期组织水环境质量会商，开展重点河（湖）总磷浓度和通量时空分析，加强指导帮扶，组织形成《岳阳市水环境质量有关情况报告》《巩固提升永州市水生态环境质量的调研报告》等调研材料。推动大通湖、黄盖湖等水体制定并加快落实达标方案，明确问题、措施、责任和时限等4个清单。五是细化入河排污口监督管理。起草《湖南省入河排污口监督管理工作办法》，下发《湖南省长江入河排污口整治验收标准与销号程序的指导意见（试行）》等文件，推动建立入河排污口排查、监测、溯源、整治等工作规范体系，强化试点示范，公布入河排污口整治典型案例。

七、夯实支撑保障，加快提升生态环境治理体系和治理能力现代化水平

一是强化法制保障。颁布实施《湖南省洞庭湖保护条例》等地方法规，制定发布《湖南省水产养殖尾水污染物排放标准》等地方排放标准，推进制定《湖南省地表水锑环境质量标准》等地方质量标准。二是强化资金投入。制定出台湘江、洞庭湖生态环境整治奖补政策，加快推行EOD、污染第三方治理等模式，多渠道吸引社会资金参与。三是强化科技支撑。充分发挥长江生态环境保护修复驻点跟踪研究作用，对点解决突出问题。

加大重金属污染治理、饮用水安全保障等先进适用治理技术研究与示范推广力度，积极构建“空天地网”一体化生态环境综合监测体系。

（2023 年）

深入推进总磷攻坚“7+1”行动计划 全力守护洞庭湖生态环境安全

作为长江之肾，洞庭湖在维护长江中下游生态平衡和江湖关系上发挥着不可或缺的重要作用。在前期工作基础上，2021 年以来，湖南省各级各有关方面共同努力，系统综合施策，持续精准发力，纵深推进总磷攻坚“7+1”行动计划，取得“2 下降、1 改善、2 提升”的积极成效，有效守护了洞庭湖生态环境安全。一是湖体总磷浓度持续下降。2022 年，洞庭湖总磷浓度下降为 0.060 毫克/升，其中西洞庭湖连续 2 年达到Ⅲ类，南洞庭湖突破性达到Ⅲ类。二是入湖河流总磷浓度持续下降。湘资沅澧四水入湖总磷平均浓度为 0.046 毫克/升，华容河、新墙河及汨罗江入湖总磷平均浓度为 0.088 毫克/升，分别较 2020 年下降 7.04% 和 12.29%。三是重点内湖水质不断改善。重点监控的黄盖湖、南湖、芭蕉湖等内湖水质稳定达到Ⅲ类，华容东湖、大通湖等内湖水质明显改善。四是湖区生态质量不断提升。洞庭湖湿地总体生态良好，并总体趋于稳定状况，洞庭湖（含长江湖南段）水域 2021 年监测到的水生生物种类较 2018 年增加近 30 种。五是群众满意度不断提升。湖区三市一区生态环境质量改善“公众满意度”连续提升，群众环境获得感、安全感不断增强。

一、强化组织领导，压紧压实整治责任

湖南省委、省政府历来高度重视洞庭湖保护，尤其是党的十八大以来，全省上下坚决扛起“守护好一江碧水”的政治责任，将洞庭湖总磷攻坚作为坚定拥护“两个确立”、坚决做到“两个维护”的具体体现。一是坚持高位推动。成立高规格的省生态环境保护委员会、洞庭湖生态经济区

建设领导小组，各级各部门“一把手”亲抓亲管，强力推进。二是严格考核奖惩。将总磷攻坚纳入省政府绩效考核、省级生态环境保护督察、“洞庭清波”专项行动等工作中统筹，严格考核奖惩，推动各地各部门守土有责，守土尽责。岳阳市实施污染防治攻坚“一月一考核、一月一排名、一月一约谈”机制，市委主要领导对考核后三位的县（市）区进行约谈。三是强化部门协同。发改、生态、住建、水利、农业、林业等省直部门组建攻坚专班，加强对地方的督促指导，对重点任务“一月一调度、一月一通报、一季一督察”，狠抓重点领域源头治理、系统治理、综合整治。四是深化区域联动。严格落实湖区三市一区政府辖区总磷攻坚的主体责任，落实落细落地各项重点工作。不断完善“一江一湖四水”联防联治机制，推动形成“上下游同步推进、干支流同步治理、各领域同步发力”工作格局。

二、强化顶层设计，科学谋划攻坚行动计划

按照国家相关法律法规要求，结合洞庭湖区域实际，统筹水环境治理、水生态修复和水资源保障，在科学论证的基础上，2022 年 6 月，湖南省政府出台《洞庭湖总磷污染控制与削减攻坚行动计划（2022—2025年)》，对“十四五”总磷攻坚作出详细部署。一是坚持以生态环境质量改善为核心。明确在控制湖体总磷浓度的同时，要求持续改善湖区内湖（河）生态环境质量，满足人民群众对良好生态环境质量的期待。二是集中重点区域、领域攻坚。根据洞庭湖总磷主要来源及流域总磷时空分布，明确在湖区三市一区、农业农村污染防治以及城镇生活污染治理等重点区域、领域集中攻坚克难，协同推进污染减排、生态扩容、绿色发展和精细管理。三是明确重点工作任务。以突出生态环境问题为导向，明确了狠抓农业农村污染防治、深化城镇生活污水收集处理、强化工业污染治理、推进入河（湖）排污口综合防控、加强城乡黑臭水体整治、突出生态保护与修复、提升监管能力水平等 7 项重点任务和 1 项“禁磷限磷”专项行动，并细化为 28 项可监测、可考核和可评估的工作任务指标。四是注重工作统筹协调。按照“目标一致、规划衔接、力量整合、资金集中、措施同步”的要求，将总磷攻坚与长江保护修复、长江经济带生态环境污染治理“4

+1”工程、相关部门“十四五”规划落实等工作统筹，聚集重点区域、流域同向发力。

三、强化绿色转型，源头减少区域污染负荷

围绕高质量发展，坚持“绿水青山就是金山银山”的发展理念，以《新时代洞庭湖生态经济区规划》落实为抓手，加快生产、生活方式绿色转型，源头减少污染物产生和排放。一是推进农业绿色生产。结合农业供给侧结构性改革，积极推进生态农业、循环农业发展。在华容县等9个县（市、区）推进绿色种养循环农业试点，绿肥种植年覆盖80万亩。深入实施水产绿色健康养殖“五大行动”，加快推广示范稻渔综合种养、“设施养鱼”等生态养殖模式。澧县“创新绿色技术集成 实现化肥减量增效”等入选全国农业绿色发展典型案例。二是推进工业绿色发展。全面落实《湖南省工业绿色“十四五”发展规划》，积极引导石化、农副食品加工及食品制造业开展清洁生产改造。发挥比较优势，加快发展高端装备、新材料等战略性新兴产业，建成岳阳绿色化工产业园、常德石门经开区等一批国家级、省级绿色园区。三是推进生活绿色转型。加强洞庭湖生态环境保护宣传教育，广泛开展绿色机关、绿色校园、绿色社区、绿色家庭等创建行动，积极营造良好社会氛围。全面开展洞庭湖流域“禁磷限磷”专项行动，引导湖区居民自觉使用无磷洗涤用品。益阳市设立公布全市禁磷工作举报电话，推动提高公众的参与度、知晓度。

四、强化项目建设，积极补齐环境治理短板

将洞庭湖总磷攻坚纳入污染防治攻坚战“夏季攻势”中统筹，2021年开始，以整治项目为载体，推动地方集中资源、集中时间攻坚克难，加快补齐重点领域治理短板。一是强化农业面源污染防治。强力推进种植、养殖污染治理，持续在湘阴等9个县积极实施长江经济带农业面源污染治理项目，试点县畜禽粪污资源综合利用率达到90%以上，累计完成12.6万亩水产养殖池塘生态化改造。汉寿、沅江等地形成一批“三池两坝”池塘尾水生态处理的样板。二是强化城乡生活污染治理。结合城镇生活污水收集处理提质增效，突出抓好污水管网建设，两年来新建污水收集管网500

余千米，推动城市生活污水集中收集率上升至70.97%，提前达到“十四五”目标要求。积极推进农村人居环境整治，2021年以来，湖区累计完成农村环境整治任务村356个。三是强化工业污染整治。湖区28家省级及以上产业园区全部建成污水收集处理设施，推动落实园区污染第三方治理。持续巩固“三磷”企业整治，34家化工企业关闭退出或异地迁建。四是强化入河排污口管控。全面开展重点入河（湖）排污口排查与溯源，综合采取控源截污、生态提质、环境扩容等措施，分期分批推进重点入河排污口整治。华容县长江入河排污口“一地一策”整改措施入选全省第一批入河排污口整治典型案例。

五、强化保护修复，切实增强生态自净能力

坚持自然恢复为主、自然恢复与人工修复相结合的原则，高标准推进洞庭湖区域山水林田湖草沙一体化保护和修复工程，着力提升生态系统质量和稳定性。一是加强湿地保护修复。全面完成东洞庭湖国际重要湿地保护与恢复工程建设等项目，累计修复受损退化湿地1436余公顷，恢复湿地植被900余公顷。积极稳妥清退洞庭湖自然保护区内的欧美黑杨42.03万亩，修复清理迹地及洲滩、岸线53.72万亩。二是加强内湖（内河）修复。按照“一湖（河）一策”的原则，强化大通湖、黄盖湖、珊珀湖、华容河等内湖（河）生态保护修复，突出抓好河湖生态缓冲带建设、植被修复等。大通湖水生植被恢复超4万亩，水生植物达17种之多。三是加强黑臭水体治理。结合海绵城市建设等工作，深入推进岳阳东风湖、常德穿紫河等城市黑臭水体综合整治，并确保“长制久清”。全面推进乡镇、农村黑臭水体整治，2021年以来累计整治农村黑臭水体72条。2022年，常德市纳入首批中央农村黑臭水体试点城市统筹。四是加强生态用水保障。围绕引水、蓄水、活水等目标，积极推动洞庭湖生态复苏工程，持续推进湖区生态水网体系建设，突出抓好河（湖）连通和清淤疏浚等工作。2022年，洞庭湖北部补水二期工程连通水系41千米，湖区三市小水源供水能力恢复工程新增蓄水能力921万方。

六、强化支持保障，着力提升保护治理水平

按照科学治污、精准治污和依法治污的原则，深化改革创新，夯实工作基础，不断推进生态环境治理体系与治理能力现代化水平。一是强化监测监管。不断完善洞庭湖水生态环境监测、评价和考核体系，积极推进大通湖、黄盖湖等重点内湖（内河）专项调查、汛期及枯水期加密监测。加强在线监测、生态遥感等现代技术应用，着力构建“空天地网”一体化生态环境综合监测体系。二是强化法制保障。全面落实《长江保护法》，颁布实施《湖南省洞庭湖保护条例》《湖南省畜禽规模养殖污染防治规定》等地方法规，制定出台《湖南省水产养殖尾水污染物排放标准》《湖南省农村生活污水处理设施水污染物排放标准》等地方标准。三是强化资金投入。制定出台洞庭湖总磷攻坚财政奖补政策，加快推行 EOD、PPP、污染第三方治理等模式，多渠道吸引社会资金参与。岳阳市引入三峡集团利用 PPP 项目探索“厂网河（湖）岸”一体治理模式。四是强化科技支撑。开展《洞庭湖总磷污染来源解析及防控对策》《洞庭湖入湖河流及洞庭湖水体总磷时空分布》等专题研究，加强生态保护修复、饮用水安全保障等先进适用治理技术研究与示范推广。在湖区三市开展长江生态环境保护修复“一市一策”驻点跟踪研究，组织百名生态环境领域专家，深入基层、一线指导帮扶。

（2023 年）

我国生态环境保护的历史性成就、主要问题及对策建议

一、我国生态环境保护的历史性成就

（一）生态环境高水平保护促进了经济高质量发展

生态环境高水平保护是构建高质量现代化经济体系的必然要求，是解决污染问题的根本之策。根据党中央、国务院决策部署，我国深入推进区域重大战略生态环境保护工作，指导支持京津冀三地生态环境部门建立健全生态环保协同工作机制，印发实施黄河流域、粤港澳大湾区、成渝地区双城经济圈生态环境保护规划，开展长江三角洲区域生态环境共同保护规划实施情况跟踪评估，推进海南自由贸易港生态环境保护与建设，着力打造绿色发展高地。全面完成编制“三线一单”并做好落地应用。雄安新区最新推进的项目通过加强“三线一单”对于规划和项目环评的指导，极大地推动了工程项目的落地；长沙市严格落实“三线一单”管控要求，对不符合国家产业政策和地方性法规要求的落后产能坚决清退，重点推进“两高”项目淘汰、“长株潭”生态绿心地区工业企业退出，关停“五小”企业，倒逼企业转型升级，高质量发展。生态环境高水平保护推动经济高质量发展，浙江省不断优化调整产业结构，培育出产值超千亿的低碳高效乡村新型业态，把生态环境优势转化为生态农业、生态工业、生态旅游等经济优势。浙江省 2002 年的 GDP 总量是 8004 亿元，2022 年达到了 7.77 万亿元，但产业结构却从 8.6∶51.1∶40.3 优化到了 3.0∶42.7∶54.3，第三产业

占比不断增加，产业结构不断优化，经济高质量发展得到取得显著成效。积极稳妥推进“双碳”战略，出台《减污降碳协同增效实施方案》，着力探索减污降碳协同增效的技术方法和工作路径。自“双碳”战略提出以来，国家层面已建立碳达峰碳中和“1 + N”政策体系，坚决遏制高耗能、高排放、低水平项目盲目发展，推动各个产业升级提效、绿色转型，加快建设低碳交通运输体系，建成全球规模最大的碳市场和清洁发电体系。

（二）生态环境质量得到持续改善

截至2022年，全国空气质量持续向好，地表水环境质量稳步改善，管辖海域海水水质整体持续向好；全国土壤环境风险得到基本管控，土壤污染加重趋势得到初步遏制；全国自然生态状况总体稳定，单位国内生产总值二氧化碳排放下降达到“十四五”序时进度。

1. 大气环境质量：空气质量稳中向好。全国339个地级及以上城市$PM_{2.5}$平均浓度为29微克/立方米，“十三五”以来可比数据已实现“七连降”。6项主要污染物平均浓度连续3年稳定达标。重度及以上污染天数比例为0.9%，同比下降0.4个百分点，首次降低到1%以内。十年来，全国重点城市$PM_{2.5}$的平均浓度下降57%，我国已成为全球大气质量改善速度最快的国家。2022年，北京$PM_{2.5}$浓度降至30微克/立方米，创近十年最低；河北省所有城市已退出全国空气质量排名“后十”行列。

2. 水环境质量：十年来，全国地表水Ⅰ—Ⅲ类优良水质断面比例提高23.8个百分点，达到了87.9%，已接近发达国家水平。长江干流连续三年全线达到Ⅱ类水质，黄河干流首次全线达到Ⅱ类水质。全国近岸海域水质优良比例提高17.6个百分点。地级及以上城市建成区黑臭水体基本消除，人民群众的饮用水安全得到了有效保障。

3. 海洋环境质量：管辖海域海水水质总体稳定。近岸海域海水水质总体保持改善趋势，优良（一、二类）水质比例为81.9%。十年来，国控入海河流Ⅰ—Ⅲ水质断面比例上升25个百分点，达到71.7%；劣Ⅴ水质断面比例减少24个百分点，降到0.4%。

4. 土壤和地下水环境质量：土壤环境状况总体稳定。受污染耕地安全利用率达到90%以上，重点建设用地安全利用得到有效保障，全国地下水考核点位质量极差比例控制在15%左右，土壤和地下水环境质量总体保持稳定，污染风险基本得到管控。

5. 声环境质量：城市声环境质量总体稳定。功能区声环境质量昼间、夜间总达标率分别为96.0%、86.6%，同比分别上升0.6个百分点、3.7个百分点。

6. 生态环境质量：全国累计有468个县（市、区）获得国家生态文明建设示范区称号、187个地区获得“绿水青山就是金山银山”实践创新基地称号。“十三五”期间，国家推动了三批25个山水林田湖草生态保护修复工程被纳入试点范围，涵盖“三区四带”重点生态地区；“十四五”期间，共推进了辽宁辽河流域等19个山水林田湖草沙一体化保护和修复工程项目。当前，自然生态状况总体稳定。生态质量指数（EQI）值为59.6，森林覆盖率为24.02%，陆域生态保护红线面积约占陆域国土面积的30%以上；300多种珍稀濒危野生动植物野外种群数量稳中有升；生态质量综合评价为“二类”，属良好。

（三）污染防治攻坚战取得历史性成就

近年来，各级各部门深入贯彻习近平生态文明思想和全国生态环境保护大会精神，按照党中央、国务院决策部署，扎实推进蓝天、碧水、净土保卫战，污染防治攻坚战总体开局良好，阶段性目标任务圆满完成。

1. 持续推进蓝天保卫战。2022年，生态环境部会同有关部门印发实施深入打好重污染天气消除等攻坚战行动方案，出台《“十四五”噪声污染防治行动计划》。全国累计完成2.1亿吨粗钢产能全流程超低排放改造和4.6万余个挥发性有机物突出问题整改。完善重污染天气应急减排清单，纳入绩效分级、差异化管控的企业达到35.5万家。正式实施非道路移动机械第四阶段排放标准。推动实现北京冬奥会、冬残奥会“冬奥蓝”，冬奥会赛事期间北京市、张家口市空气质量每日优良。工业和信息化部、交通运输部、能源局等部门大力推动新能源汽车发展和推广应用，2022年新能源汽车产、销量均同比增长90%以上，全国建成充电基础设施约520万台；全国铁路、水路货运量同比分别增长4.4%、3.8%，公路货运量同比下降5.5%。

2. 持续推进碧水保卫战。生态环境部会同有关部门出台《深入打好长江保护修复攻坚战行动方案》《黄河生态保护治理攻坚战行动方案》。国办印发《关于加强入河入海排污口监督管理工作的实施意见》，全面开展入河排污口排查整治工作，累计排查24.5万千米河湖岸线，查出入河排污口16.6万余个，31%完成整治；长江、渤海排污口溯源任务完成九成以上，推动解决2万多个污水直排、乱排问题，完成黄河中上游及汾河流域6省30地市入河排污口排查。推进长江流域水生态考核试点，加强长江流域磷污染综合治理。实施长江经济带和沿黄省区工业园区水污染整治，推动1900余家工业园区建成2100余座污水集中处理设施，解决了400余个污水管网不完善、违法排污等问题。加强饮用水水源地保护，全国累计划定19633个乡镇级集中式饮用水水源保护区。水利部组织开展长江、黄河干流岸线利用项目排查整治，完成全国河道非法采砂专项整治行动。农业农村部牵头推进长江“十年禁渔”各项措施落实，完善海洋伏季休渔制度。住房城乡建设部、生态环境部会同有关部门扎实推进城市黑臭水体治理，完成县级城市黑臭水体消除40%的年度工作目标。生态环境部会同有关部门实施重点海域综合治理攻坚行动，印发实施《关于加强海水养殖生态环境监管的意见》，发布首批美丽河湖、美丽海湾优秀案例。

3. 持续推进净土保卫战。生态环境部会同有关部门不断强化农用地和建设用地土壤污染风险管控，实施124个土壤污染源头管控重大工程项目。加强受污染耕地分类管理，落实轻中度污染耕地安全利用措施和重度污染耕地严格管控措施。部署开展土壤污染重点监管单位隐患排查“回头看”，累计将1744个地块纳入建设用地土壤污染风险管控和修复名录。持续推进13个土壤污染防治先行区、21个地下水污染防治试验区建设。全国新增完成1.6万个行政村环境整治，完成900余个由国家监管的农村黑臭水体治理，600多个畜禽养殖大县编制完成污染防治规划，26个地区开展农业面源污染与治理监督指导试点。在113个地级及以上城市和8个特殊地区全面启动“无废城市”建设。印发实施《新污染物治理行动方案》，将14种类新污染物纳入重点管控清单。白河硫铁矿污染治理和“锰三角”地区锰污染综合整治工作取得重要进展。农业农村部新增实施95个畜禽粪污资源化利用整县推进项目，深入实施秸秆综合利用行动，开展地膜科学使用回收试点，推动全国95%以上村庄开展清洁行动。

（四）我国环境治理能力不断优化

政府推动建立健全绿色低碳循环发展的经济体系，健全环保信用评价、信息强制性披露、严惩重罚等制度；充分发挥了市场配置资源的决定性作用，加快培育生态环保市场主体，完善市场交易制度，建立体现生态环境价值的制度体系；完善了环境治理和生态保护市场化机制，建立自然资源资产有偿使用制度，如排污权交易制度、碳排放权交易市场体系、水权交易制度、用能权交易制度等；健全绿色金融服务体系，完善企业环境信用评价制度，支持和引导金融机构建立符合绿色产业和项目特点的信贷管理制度，推动建立银行绿色信贷业绩评价机制等；在公民中倡导了简约适度、绿色低碳的生活方式，反对奢侈浪费和不合理消费，开展创建绿色家庭、绿色社区和绿色出行等行动。

（五）生态环保产业对国民经济的贡献越来越大

2022年，中国环保产业全年营收约为2.22万亿元，2016年以来复合年均增长率为11.6%，环保企业利润率平均值为8.8%，环保产业营业收入与国内生产总值（GDP）的比值为1.9%，环保产业对国民经济的贡献总体呈逐步加大的趋势。同时环保新技术新成果不断转化应用，火电厂超低排放、大型垃圾焚烧、燃煤烟气治理技术装备达到世界领先水平，我国已建成世界上最大的超低排放火电厂群。环保产业体系和布局更加优化，我国形成全链条的环保产业体系，涵盖污染治理和生态修复技术研发、装备制造、设计施工、运行维护等环节。为响应国家“双碳”战略，我国环保产业体系正在向绿色、低碳、循环发展等领域快速拓展。环保产业服务模式不断创新，污染第三方治理、环境绩效服务、环保管家、环境金融服务呈快速发展态势，政府和社会资本合作（PPP）模式逐步规范，大数据、云计算、物联网等新一代技术正加速向环保领域渗透融合，提升精准治理效果。

二、我国生态环境保护的主要问题及对策建议

（一）环保责任落实不到位、垂直改革需进一步深化完善

1. 主要问题：垂直管理后，县生态环境局成为地市级生态环境局的派出机构，县级党委政府一定程度上失去了对生态环境质量负责的具体抓手，对其履行环保职责的主动性和积极性有些影响。许多县成立了生环委，办公室设在县生态环境局，因不是政府组成单位，合规性存疑，权威性受限，出现问题后有可能出现推诿、扯皮；垂管后，各级环境监测监察机构与当地生态环保机构不存在隶属关系，过去有效的工作业务开展机制被打破，市（地）级环保机构失去“眼睛”和“腿”，无法继续有效落实环境监管属地责任，不少地方采取聘请第三方提供服务方式委托监测，但第三方水平参差不齐，质量难以保证；垂直管理改革虽然提高了环境监察执法的统一性和有效性，但由于综合执法改革迟迟没有到位，而编制冻结，人员不能进出，已严重影响基层环境监察执法人员力量；垂直管理后，市（地）级生态环保机构领导干部由省级统一安排，与其他部门交流难度变大，出口收窄，影响干部思想稳定。

2. 对策建议：强化各级党委政府生态环保责任，重点明确县级党委政府生态环保责任；建立宏观督政、微观督企的监测监察执法机制；加快推进综合执法改革，增配专项编制；加大生态环境部门干部上下交流和生态环境部门与其他部门干部内外交流的力度，调动生态环境部门干部的积极性。

（二）我国生态环境分区管控存在的主要问题及对策建议

1. 主要问题：在全国 31 个省（区、市）和新疆生产建设兵团中，仅浙江省和广东省有生态环境监督执法正面清单管理办法，在环境监督执法中未得到普遍落实；与国土空间规划衔接不顺畅，“三线一单”和国土空间规划都对项目选址起到指导作用，但由于衔接不畅，可能出现指示矛盾的情况，造成环境风险；目前有关“三线一单”专门性立法缺失，法规建设相对滞后；生态环境分区管控制度在环评中衔接不足。

2. 对策建议：加快生态环境分区管控立法，强化顶层设计；明确“三线一单”在环评中的适用标准，优化环境准入条件；在法律中明确国土空间规划与其他政策的衔接事宜，并出台管理办法，以部门或地方规章的形式，给出“三线一单”与国土空间规划衔接更加详细的指导意见。

（三）水气土污染防治攻坚战中存在的主要问题和对策建议

1. 主要问题：污染防治攻坚战，从“坚决”到“深入”，意味着污染防治触及的矛盾问题层次更深、领域更广，要求也更高。进入新发展阶段，深入打好污染防治攻坚战还有很大空间，污染防治工作中存在的思想认识不够深、治理能力不够强、改善水平不够高、工作成效不够稳、治理范围不够广等不足和短板，在推动重点区域、重点领域、关键指标上要实现新突破。

2. 对策建议：加强党对生态文明建设和污染防治攻坚战的领导，督促各地区各部门增强“四个意识”，坚决维护党中央权威和集中统一领导，坚决扛起生态文明建设的政治责任，全面贯彻落实党中央决策部署。加快完善生态文明体系；全面推动绿色发展；把解决突出生态环境问题作为民生优先领域；有效防范生态环境风险；加快推进生态文明体制改革落地见效；建立科学合理的考核评价体系。

（四）生态保护和生态修复中存在的主要问题和对策建议

1. 主要问题：生态系统质量功能问题突出。全国森林单位面积蓄积量仅为世界平均水平的 69. 31%。天然林不同程度退化，其中，39. 36% 的天然林难以通过自然恢复达到健康稳定状态。草原生态系统整体仍较脆弱，中度和重度退化面积仍占 1/3 以上。部分河道、湿地、湖泊生态功能降低或丧失。全国沙化土地面积 1. 72 亿公顷，水土流失面积 2. 74 亿公顷，治理任务依然很重。珊瑚礁覆盖率下降、海草床盖度降低等问题较为突出，自然岸线缩减的现象依然普遍，防灾减灾功能退化，近岸海域生态系统整体形势不容乐观；生态保护和修复系统性不足。对于山水林田湖草沙作为生命共同体的内在机理和规律认识不够，落实整体保护、系统修复、综合治理的理念和要求还有很大差距。权责对等的管理体制和协调联动机制尚未建立，统筹生态保护修复面临较大压力和阻力。部分生态工程建设目标、建设内容和治理措施相对单一，一些建设项目还存在拼盘、拼凑问题，以及忽视水资源、土壤、光热、原生物种等自然禀赋的现象，区域生态系统服务功能整体提升成效不明显。

2. 对策建议：多措并举提升生态系统稳定性。坚持系统观念，科学开展大规模国土绿化行动，加快实施重要生态系统保护和修复重大工程，持续推进造林绿化落地上图入库，提高国土绿化质量成效；加快构建以国家公园为主体的自然保护地体系。推进以国家公园为主体的自然保护地体系建设，积极推动建设全世界最大的国家公园体系，加强保护法治体系建设和执法监管，形成统一规范高效的管理体制，确保重要自然生态系统、自然遗迹、自然景观和生物多样性得到系统性保护。

（五）“双碳”目标实现过程中基础能力建设存在的主要问题和对策建议

1. 主要问题：我国地域辽阔、监测设备数量庞大、各类监测数据繁杂，对碳排放监测网络的数据处理和传输等提出更高要求。当前开展的碳排放核算工作均为排放因子法，即根据区域、企业物料使用量，结合碳排放因子计算理论排放量，与真实的碳排放量可能存在一定的误差，但由于缺少“空天地”一体化的技术手段予以检验，无法进行进一步校验。

2. 对策建议：面向全球碳盘点和中国双碳目标需求，利用卫星遥感、大数据、碳同化等先进技术和方法，实现高时空分辨率、高精度、高时频的大气温室气体浓度监测，并提供高精度、高分辨率的人为碳排放和生态系统碳源汇科学数据，阐明大气温室气体的来源、并有效区分与量化人为源和自然源的通量贡献，建立“空天地”一体化碳排放监测平台。

（六）我国新兴污染物治理面临的主要问题和对策建议

1. 主要问题：我国对新污染物的研究尚处于起步阶段，生产使用和环境污染底数尚不清楚；我国现有法规中重点关注的是常规污染物，缺乏新污染物风险防范相关条款，重点行业尚未构建完善的新污染物风险评估与管控标准体系；新污染物管理理念不足，缺乏统一的协调机制，相关部门职责不明确；相关监测技术标准体系有待建立，一些被国际社会普遍关注的新污染物缺乏标准和技术规范，一些影响巨大的新污染物未被列入新污染物优先控制名录；科研投入相对较少，基础薄弱，前瞻性研究和原创成果较少。

2. 对策建议：开展新污染物基本信息调查，摸清重点行业、重点化学物质生产使用的品种、数量、用途等基本信息，开展有关生产、使用、环境排放数量和途径、危害特性等详细信息的调查。制定新污染物专项调查监测制度，依托现有生态环境监测网络，聚焦重点流域、重点行业，探索开展新污染物环境赋存状况调查，开展试点性的摸底工作，查清重点污染源的基本情况及主要污染物排放情况，建立新污染物数据库，绘制环境风险分布地图。建立新污染物环境风险评估制度，聚焦一批国内外关注度高、用量高、环境检出率高的新污染物，开展环境与健康危害测试和风险筛查，综合分析新污染物危害和环境暴露情况。建立和完善新污染物管理的标准体系，逐步推动《中华人民共和国水污染防治法》《中华人民共和国大气污染防治法》《中华人民共和国土壤污染防治法》《中华人民共和国固体废物污染环境防治法》的修订，将典型新污染物纳入生态环境质量标准，加快推动新污染物的环境监测方法标准和处置技术规范出台。

（2023 年）

专题二

污染防治攻坚

县级城镇的环境空气质量如何考核

目前，我国设区市以上城市的环境空气质量监测已全覆盖并以不同形式考核、排名，促进了这些城市的大气污染防治工作。县级城镇的环境空气质量监测在各省（区、市）进展不均衡，有的省考核到了县级城镇，相应地建成了大气自动监测站，而在中西部地区，很多县级城镇还没有建站规划，讨论考核排名为时尚早。

客观分析，县级城镇的环境空气质量监测、考核和排名势在必行，并应成为环保省级事权。对经济发达的县城，县城大气污染和大中城市基本相似，群众有诉求，应通过监测向社会公布真实状况。位于中西部的县级城镇，基建方兴未艾，城区快速扩张，PM_{10}等粗颗粒污染重；有的中西部县级城镇冬季取暖，散煤燃烧带来较严重的SO_2等污染。由此可见，县级城镇的环境空气污染是普遍现象，但存在特征污染物相差大、污染过程阶段性出现等显著特点，全面比较分析，还可总结出很多规律性。

新修订的《环境保护法》强调地方各级人民政府应当对本行政区域的环境质量负责，并实行环境保护目标责任制和考核评价制度。随着县级城镇环境空气污染逐渐受到社会关注，构建相关监测网络并发布监测信息要成为地方人民政府的基本职责，并接受上级考核。为此，要做好顶层设计，使考核抓住关键点，真实反映县级人民政府为改善环境空气质量所做的努力和成效。

一、监测指标的确定

县级城镇的环境空气质量状况存在明显的地区差别。有扩散条件好、大气污染物排放量小等优势的县级城镇，其环境空气质量稳定达标而可免检；也有很多县级城镇只是一或两项指标出现超标现象。据此，有的城镇提出能否只测特征污染物，以减轻建设和运维负担。由于 AQI 指数是基于 6 项大气监测指标计算获得的，不开展全指标监测，AQI 就失去了计算基础，也就不能进行横向比较和考核排名。因此，只要启动县级城镇环境空气质量考核和排名，每个地方都必须开展 6 项指标监测。对环境空气质量较好的县级城镇，其监测并不是多余，至少有三个方面的应用，即反映目前所能达到的最好质量水平，帮助建立指导值；为比较研究提供基础数据和对照，分析大气污染来源；指示良好人居环境，有利于树立群众对环保的信心。

二、站点数量的确定

县级城镇的面积、人口、产业规模等相差较大，按照点位布设规范，有的县级城镇建一个空气自动站即可，但多的可能要建 3—4 个，这样就会带来考核公平性的问题。只建一个站点的，倾向于在环境空气质量较好的城区选址，建 2 个及以上站点的，一方面趋好避劣，另一方面通过取平均值评价，掩盖了部分城区污染严重的事实。

根据对欧美、香港地区的考察，其大气监测贯彻以人为本的原则，即环境空气质量好的区域少设站点，而在重污染城区以及重点污染企业周边较多布点，主要目的是监控重点污染企业的排污状况和预报重污染天气，提醒市民加强健康防护，真正做到了监测为民。按照短板理论，应该优先监测环境空气最不安全区域。每个人的呼吸都是不可替代的，只有最差空气质量区域都达到合格底线，全城的环境空气质量才是有保证的。基于这种考虑，并综合考核简洁、低成本等因素，每个县级城镇只设置一个考核站点，并布点在商业中心区。

从设区城市的环境空气质量监测数据看，除一氧化碳外，其他指标在点位间的差别还是很大的，有的综合评价结果甚至存在等级差别，即在同一天，有的点位为良，另外的却达到轻度污染。大尺度地理范围内以点带面可能会存在偏差，但每个点位也都具备一叶落而知天下秋的指示作用，看准一个点位，也基本能判断一个县级城镇环境空气质量的变化趋势。尤其是以底线意识，即以最差人居核心商业区的环境空气质量来考核一个县级城镇，社会各界都能接受，经济发展不能以牺牲市民最基本的健康呼吸权益为代价。

三、考核内容的确定

考核县级城镇的环境空气质量既要城镇间排名，也要比较该城镇的历史数据。城镇间排名，反映该城镇环境空气质量在全省或特定区域内的状况；同该城镇的历史数据进行比较，可指示年度努力产生的改善效应。将二者结合起来考核是比较科学的，城镇间排名体现当前地位，将改善程度也记分，就没有抹杀在任领导作出的贡献。

为保护考核基准年的数据质量，一要发挥新环保法的震慑作用，以法治思维打击数据造假行为；二要改进考核办法，以技术手段让造假失去意义。同比历史数据，宜取前三年平均值滚动计算。此外，有些异常的数据，按程序报告并获得同意后，可以不纳入年度统计。

考核是指挥棒，也是一种价值导向，一定要鼓励真抓实干，并使考核体系科学、完备，不给投机取巧者机会。这就要在监测数据的准确性、记分体系的合理性等方面下足功夫，使考核结果经得起质疑，并与群众的感受相符。

（2015 年 10 月）

多措并举，大气污染防治取得重大进展

党的十八大以来，湖南省委、省政府高度重视大气污染防治工作，将其作为打赢环境治理战役、改善环境质量、建设富饶美丽幸福新湖南的核心内容，以落实《大气污染防治行动计划》、打好“蓝天保卫战”为抓手，全面部署，统筹安排，各项工作进展顺利，全省大气环境空气质量有效改善。2016 年，湖南省 14 个市（州）城市优良天数 293 天，比例为 81. 2%，较 2015 年增加了 9 天，比例提高了 3. 2%，比全国平均水平高 2. 4%。SO_2、NO_2年均浓度分别为 19 微克/立方米 和 26 微克/立方米，优于国家一级标准；PM_{10}年均浓度为 76 微克/立方米，较 2015 年 83 微克/立方米下降 8. 4%，较 2013 年 97 微克/立方米下降 21. 6%；$PM_{2.5}$年均浓度为 48 微克/立方米，较 2015 年 54 微克/立方米下降 9. 4%。

以上成绩的取得，得益于一系列有力有效的举措：

一、高度重视，认真贯彻落实《大气污染防治行动计划》要求，制定出台了一系列文件

一是 2013 年湖南省政府印发《贯彻落实〈大气污染防治行动计划〉实施细则》，对全省大气污染防治工作作出详细部署。二是 2015 年湖南省委、省政府相继出台《湖南省重大环境问题（事件）责任追究办法（试行)》和《湖南省环境保护工作责任规定（试行)》等文件；明确了各级政府、34 个省直部门、社会各有关方面的环境责任清单，加快推动建立“横向到边、纵向到底”的环境责任网络体系。三是 2016 年湖南省政府印发了《湖南省大气污染防治专项行动方案（2016—2017 年)》，明确了大气污染防治目标任务和重点工作的部门分工。此外，每年都制定了湖南省

大气污染防治年度实施方案并由省政府批准下发，将环境空气优良天数，$PM_{2.5}$、PM_{10}年均浓度下降，大气主要污染物减排，黄标车及老旧车辆淘汰等目标任务分解落实到了各市（州）政府。四是湖南省政府先后印发了《湖南省人民政府办公厅关于加强重污染天气应急管理工作的通知》和《长株潭大气污染防治特护期工作方案》，就加强重污染天气应急管理工作进行了详细部署。五是依据《中华人民共和国大气污染防治法》，制定出台了《湖南省大气污染防治条例》，于2017年6月1日起施行。这是湖南省首部大气污染防治方面的地方性法规，是今后一段时间内湖南省大气污染防治的重要地方性法规和指导性文件，将有力推动大气污染防治工作的依法开展。

二、积极推进产业结构调整、优化能源结构

一是制定了《湖南省人民政府关于化解产能严重过剩矛盾的实施意见》，全面部署和推进化解产能严重过剩矛盾工作。认真落实国家关于钢铁、煤炭行业去产能的相关政策措施，按照《工业和信息化部国家发展和改革委员会国家能源局国家煤矿安全监察局关于印发钢铁煤炭行业淘汰落后产能专项行动实施方案的通知》要求，开展了钢铁煤炭行业淘汰落后产能专项行动，对规定范围内的全省钢铁煤炭行业落后产能进行了排查；2016年指导督促中冶京诚（湘潭）重工设备有限公司压减50万吨炼钢产能，2016年全省关闭煤矿318处，化解产能2073万吨。二是推动重污染企业环保搬迁。结合省政府“一号重点工程”，扎实推进重点区域重污染企业有序搬迁、转型发展，湖南省共有13个城区老工业区进入国家专项建设基金或中央预算内专项资金支持范围。其中，株洲市清水塘老工业区旗滨玻璃已完成整体搬迁；中盐湖南株洲化工集团有限责任公司已关停；湘潭市竹埠港老工业区28家企业已于2014年10月全部关停。三是按照基本稳定水电、适度发展火电、加快气化湖南、积极发展新能源的原则，构筑多品种、多渠道、安全可靠、清洁高效的能源供给体系。煤炭消费总量占比持续下降，2016年煤炭消费比重约占58.9%。

三、加大工业大气污染治理和小锅炉淘汰力度

一是实现了燃煤发电机组的全面达标排放。全省41台燃煤发电机组近几年来投入大量资金，对脱硫脱硝除尘设施进行了全面升级改造。从2016年开始，大力推进燃煤电厂超低排放和节能改造，要求在2018年底全面完成全省所有具备改造条件的现役机组超低排放改造，推动燃煤电厂进一步减少污染物排放，促进大气环境质量改善；全省已完成19台燃煤火电机组的超低排放改造。二是实现新型干法水泥生产全面脱硝。全省67条新型干法水泥生产线已全部完成脱硝设施建设与改造，正全面推进除尘设施改造。三是强化工业企业堆场扬尘控制，积极推行安装视频监控设施，大力推进堆场的密闭料仓与传送、自动喷淋等装置建设或顶篷、防风墙等设施建设，实行覆绿、铺装、硬化等措施。四是开展燃煤锅炉淘汰及清洁能源改造。通过制定燃煤锅炉淘汰补贴政策和燃气优惠措施，积极推进煤改气、改油、改生物质燃料等工程，五年来全省淘汰燃煤小锅炉2480台，合计6131蒸吨，长沙市城区内已实现无燃煤锅炉。五是全面启动了挥发性有机物（VOCs）污染防治工作。一是开展重点排放企业排放量初步核定，确定排放清单；二是启动挥发性有机物污染治理项目示范，已完成了8个治理项目；三是组织开展涂装、家具、包装印刷三个行业地方排放标准制定工作；长株潭三市2017年重点开展汽车维修企业的VOCS治理。四是进一步加强油气回收治理工作，截至6月底，全省39座油库中已有35座完成油气回收治理，4340个加油站中已有3424个完成油气回收治理。

四、加强机动车环境监管与排气治理

一是全面淘汰黄标车和老旧车。2013年来全省淘汰黄标车和老旧车46.5万辆。二是加快机动车排放检验机构建设，全省已建成机动车排放检验机构160家，机动车检测线323条。三是加强新车排放监管，通过现场检查、抽样检测等方式，对新生产、销售机动车和非道路移动机械大气污染物排放状况进行监督检查。四是提升燃油品质，已在全省范围内全面供应符合国五标准的车用汽、柴油。五是推广新能源汽车，出台《湖南省节能与新能源汽车产业发展五年行动计划（2016—2020）》《湖南省2016—2020年新能源汽车

推广应用奖补政策》等政策文件，支持新能源汽车的生产和使用。

五、加强扬尘污染控制

一是加强施工工地扬尘污染控制，建筑施工现场要按照“六必须、六不准”的要求规范设置围挡，工地出入口应当设置洗车台、沉淀池和车辆清污设施；建筑土方、工程渣土等要及时清运；超过三个月不能开工建设的，要进行绿化、铺装、遮盖以及其他防尘措施；对城市建成区内的施工工地试点并推广安装在线监控设施进行监管。二是加强道路扬尘污染控制，强化城区路面养护、保洁，逐步加大机械化等低尘作业方式和环卫专业冲洗的力度，减少道路二次扬尘，重污染天气适当增加道路冲洗保洁频次；渣土、沙石等运输车辆全部采取密闭措施或其他措施防止物料遗撒造成扬尘污染，并逐步安装卫星定位系统，按照规定路线行驶。

六、加强面源污染防治

一是严格规范餐饮油烟治理，城区重点餐饮经营场所基本实现高效油烟净化设施全覆盖，并试点在部分大型餐饮场所安装在线监控设施，严格监控油烟净化效果；探索新的管理方式，疏堵结合，规范烧烤管理，逐步禁止露天烧烤。二是全面禁止秸秆、枯枝落叶、垃圾等废弃物露天焚烧，大力推进秸秆肥料化、饲料化、能源化、基料化、原料化等综合利用。三是加大烟花爆竹禁（限）放力度，各市（州）做到“全面限放、部分禁放”，进一步明确烟花爆竹禁限放区域和时段并严格落实到位，加大对违禁燃放的惩处力度。

七、强化重污染天气应对和区域联防联控

一是加强重污染天气监测预警与应急体系建设，省人民政府印发了《湖南省人民政府办公厅关于加强重污染天气应急管理工作的通知》，对重污染天气应急管理工作进行详细部署，明确了重污染天气下各级各有关部门应采取的措施，各市（州）分别发布了大气重污染应急预案。二是加强部门协作与会商，湖南省环保厅与湖南省气象局共同推进大气污染预警预报会商和预警预报信息发布，依托气象监测、环境监测网络和业务平台，

完善预报预警技术，规范预报程序，提升重污染天气监测预警能力。三是在列入大气污染防治重点区域的长株潭地区建立特护期（每年 10 月至次年 2 月）督察机制，落实重污染天气下各项预案措施，加强区域联防联控和应急响应，有效减小重污染天气的影响。

（2017 年）

准确把握目前形势 明确下阶段工作方向

一、环保工作面临的形势

对当前全国环境保护工作面临的形势，必须有一个全面、准确、清醒的认识，这样才能把准方向、有的放矢。一方面要坚定信心。习近平总书记多次强调“绿水青山就是金山银山”，党的十八大已将生态文明建设提到了“五位一体”的战略高度，加强生态文明建设和环境保护工作绝不是权宜之计，而是事关中华民族永续发展的长远大计，是习近平总书记和党中央治国理政的重大决策部署；另一方面也要看到目前的形势依然严峻。对生态文明建设和环境保护工作而言，在习近平总书记亲自部署和推动下，与过去比有了长足的进步，但实事求是讲资源环境这块短板补得还不够。可以用五个前所未有来概括目前环境保护工作面临的形势：即中央的重视程度前所未有、人民群众的期盼前所未有、环境存在的困难和问题前所未有、环境治理任务前所未有、环保部门的压力前所未有。

二、污染防治工作的重点

一是以改善环境质量为核心。人民政府为人民，一切工作的出发点和落脚点都是为了人民。从污染防治的角度看，就是要保障人民群众身体健康不受环境的影响，而一个最重要的评价指标就是环境质量，环境质量标准的制定都是充分考虑了环境对人体健康的影响。如国际上大气环境质量的公认的标准就是世界卫生组织制定的。因此，污染防治工作的核心目标就是要改善环境质量，进而保障人民群众身体健康。

二是以目标和问题为导向。环境污染不是一天造成的，要解决生态环境问题也非一日之功，污染防治既是一个攻坚战，也是一个持久战。要攻坚，就要以问题为导向，尤其是要着力解决人民群众身边突出的生态环境问题。要打持久战，就得有总目标和阶段性的工作目标，尤其是年度工作目标。年度工作目标至少应有三个层次：一是底线目标。如环境质量“只能变好，不能变差”，如果此目标不能达到，环境就不可能持续稳定改善，工作层面也可能面临着被追责问责；二是基本工作目标。这是根据国家国民经济和社会发展规划和污染防治攻坚战的总体目标任务，年度必须完成的基本工作目标任务，只有每个年度的基本工作目标任务完成了，总体目标任务才能有可能完成，否则，中期总目标就很难完成，污染防治总体工作任务就会滞后，绩效考核也会扣分；三是努力的目标。也就是跳起来摘桃子的目标，这个目标完成了，污染防治总体工作才会比较主动。

三是以打好“三大战役”为抓手。持续削减污染物排放总量，不断改善环境质量，关键还是要围绕大气、水和土壤污染防治的突出问题深入推进结构减排、工程减排、管理减排。要制定大气、水、土壤环境污染防治年度攻坚方案，明确指导思想、工作目标、重点任务和治理工程等，认认真真、扎扎实实坚决打好水、大气、土壤污染防治“三大战役”，为改善环境质量提供坚强有力的保障和支撑。

四是以生态环保督察为契机。目前，在推进生态文明建设和污染防治攻坚的过程中，大家普遍反映的一个问题是党委政府责任落实和部门联动难以到位的问题。正因为这个问题具有一定普遍性，而且对生态文明建设和污染防治工作影响很大，习近平总书记和党中央对此高度重视，专门制定了中央和省两级的生态环保督察制度，目的和重点就是督政，落实、强化地方党委政府及有关部门的责任。对环保部门而言，这是一把双刃剑。一方面，这是推动工作的一个重要平台和渠道，另一方面，也要接受监督。以前环保部门更多是一个专业技术部门，而现在已经是一个综合管理部门，尤其是要配合党委完成生态环保督察任务，这既需要转变工作思路，也需要提升综合管理能力。环保队伍的干部目前经受如何适应新常态下抓好环保工作的紧迫任务，如何做好从技术到管理的转变，如何有效推动“党政同责”“一岗双责”部门联动的考验。谁转得快，谁就有可能把工作干得好，否则，环保部门单打独斗肯定是不行的。

三、下阶段的工作方向

既然资源环境领域的形势是“五个前所未有”，就必须切实担负起生态文明建设和污染防治工作的政治责任和工作责任，要做到三个“更”：一是更高的标准。要有对标对表意识，不只是自己跟自己比过得去，自己跟自己比有进步还不够，还要对标习近平总书记关于生态文明建设和污染防治工作的重要指示精神，放到全国大格局中去对比、去分析，要有创新争优的意识；二是更严的要求。更严的要求既要体现在工作能力和水平上，也要体现在对于地方党委政府及有关部门、污染排放企业的日常监管上；三是更大的力度。着重要加强组织领导的力度、工作调度督导的力度、政策措施的保障力度、监管执法的力度等。

（2017 年 2 月 15 日）

打好秋冬大气环境治理攻坚战
提升人民群众幸福感

党的十八大以来，以习近平同志为核心的党中央站在坚持和发展中国特色社会主义、实现中华民族永续发展的战略高度，把生态文明建设作为统筹推进“五位一体”总体布局和协调推进“四个全面”战略布局的重要内容。习近平总书记围绕生态文明建设和环境保护工作发表了一系列重要讲话，形成了习近平生态文明思想。2017 年政府工作报告明确指出：“坚决打好蓝天卫战”“加快改善生态环境特别是空气质量，是人民群众的迫切愿望，是可持续发展的内在要求。必须科学施策、标本兼治、铁腕治理，努力向人民群众交出合格答卷。”

一、提高政治站位，增强责任感和紧迫感

目前，生态文明建设和环境保护已经上升为国家战略。在习近平总书记生态文明建设重要战略思想指引下，环境保护认识程度之深前所未有，污染治理力度之大前所未有，制度出台频度之密前所未有，监管执法尺度之严前所未有，环境改善速度之快前所未有。做好大气污染防治工作是检验“四个意识”强不强和以人民为中心的发展思想牢不牢的“试金石”，也是衡量各级执行力、落实力的重要标尺。要把思想和行动统一到党中央和湖南省委、省政府关于抓好大气环境治理的精神和要求上来：一是提高政治站位，要从绿水青山就是金山银山的战略高度深化思想认识，切实扛起大气环境治理的责任，以功成不必在我、建功必须有我的担当意识突破大气污染防治工作重点，打好秋冬大气环境治理攻坚战，满足人民群众对良好生态环境的新期待。二是认真对标对表，增强紧迫感，用踏石留印、

抓铁有痕的钉钉子精神来狠抓工作措施的执行落实。各项年度目标任务和环境治理战役“夏季攻势”项目务必要保质保量按照时间进度要求完成，每一项工作、每一个项目都要明确到人、压实责任。

二、科学分析当前大气污染防治现状和形势，突出重点，落实工作措施

近年来，湖南省大气环境质量持续改善，全面完成了国家下达的各项工作任务，但与周边兄弟省（市）相比，与人民群众对于良好环境质量的期盼相比仍有差距。

2017 年前三季度，湖南省 14 个城市环境空气质量平均优良天数比例为 85.2%，同比上升 1.6%；$PM_{2.5}$平均浓度 41 微克/立方米，同比下降 10.9%；PM_{10}平均浓度 67 微克/立方米，同比下降 8.2%。其中长株潭地区城市环境空气质量平均优良天数比例为 78.3%，低于全省平均水平。

目前，困扰湖南省大气污染防治的主要问题依然未得到有效解决：一方面，以燃煤为主的能源结构难以在短期内改变，产业结构偏重，污染物排放大部分集中在大中城市局部地区，城市空气质量改善压力大；大气污染治理资金投入不足，大气环境管理队伍和能力建设较弱等。另一方面，随着秋冬季节的到来，静风、逆温等不利于污染物扩散的气象条件出现频次将较春夏季节大幅增加，长株潭地区已进入“特护期”，即将面临空气质量下降和重污染天气多发的严峻考验。因此，各市（州）应结合历史数据，科学分析本地区秋冬季大气污染来源和特点，有的放矢，精准施策，突出后三个月的工作重点，不图大而全，力争准又精。一是减少工业源大气污染物排放，强化对火电、钢铁、石化、化工、有色、建材等重点排污企业的监管，督促企业达标排放。二是根据环境空气质量变化情况，实施工业企业错峰生产、限产措施并组织开展特护期工业企业错峰生产、限产专项督察。三是严厉整治“散乱污”涉气企业，对辖区内“散乱污”涉气企业开展拉网式排查，全面取缔不符合产业准入条件、当地产业布局规划的“散乱污”企业；对未配套建设污染防治设施、超标排放的“散乱污”企业一律停产整改。四是强化移动源污染防治，划定并逐步扩大高排放车辆限行区域和限行时段，对闯入限行区域的高排放车辆进行严厉处罚。五

是提高面源管理的精细化水平，严格执行施工工地和道路扬尘控制措施，城市区域内的施工工地按照绿色建筑施工要求，做到“六个100%”；严格禁止露天烧烤；严控秸秆、垃圾露天焚烧；加大烟花爆竹禁限放力度工作，重污染天气期间禁放烟花爆竹。六是做好重污染天气预报预警工作，规范预报程序，提高预报准确性，为应对重污染天气提供有力的信息支撑。

各地在完成“规定动作”的基础上，还应该做好“自选动作”，创新思路，开拓探索，因地制宜，打造一些在全省领先的特色亮点工作，出成效、出经验、出典型。如长沙市优化城市交通规划与管理，减少重型载货车辆穿行主城区；邵阳市加快淘汰城市建成区内的砖瓦企业，对建成区外的砖瓦企业加大污染治理力度；岳阳市充分发挥已建成供热管网的效益，推进华能电厂向附近工业企业和重点耗煤单位集中供气供热等。

三、不断强化监管与考核，加大宣传力度，保障大气环境治理战役顺利实施

一是加大环境监管力度。严格按照《中华人民共和国大气污染防治法》和2017年6月1日起施行的《湖南省大气污染防治条例》的要求，对工业企业达标排放、禁燃区高污染燃料禁用、扬尘污染管控、燃煤小锅炉淘汰、垃圾和秸秆禁烧、小散乱污企业整治等情况进行重点督察；强化多部门联合执法检查，加大现场检查、随机抽查力度，全面排查整改各类大气污染隐患和问题，严厉打击各类大气污染环境违法行为，对涉嫌环境污染犯罪的，依法追究刑事责任。二是严格考核。强化“气十条”目标任务、年度大气环境质量改善目标、年度减排指标、环境治理战役“夏季攻势”项目完成情况的跟踪监督和考评考核。省里每月调度工作进展情况，对进度滞后的市（州）将采取预警、通报、约谈的方式督促问题解决，相关工作任务完成情况纳入年底对市（州）党委政府绩效考核和各市（州）环保局年度重点工作考核，未完成的严格扣分并全省通报。各市（州）也要对县（市、区）进行严格的考评考核，层层传导压力，确保完成各项年度大气污染防治目标任务。三是加大宣传力度。大气污染防治是关系人民群众身体健康的大事，也是一项系统性工程，必须形成政府、企业、公众

共治的格局，才能取得空气质量持续改善的长效。各市（州）应结合《湖南省大气污染防治条例》，加强大气污染防治工作的宣传教育，利用各种新闻媒体及时发布环境空气质量状况及预警预报信息，宣传大气污染防治相关政策措施及科普知识；增强党委政府、有关部门的责任意识，强化企业环保主体意识，引导公众将生态环保意识转化为保护大气环境的意愿和行动，推动公民践行绿色生活方式和消费方式。

（2017 年 10 月 16 日）

推进治山治水治气治矿
打好生态污染治理攻坚战

打好生态污染治理攻坚战是落实以习近平同志为核心的党中央关于生态文明建设和生态环境保护决策部署重要举措，是落实以人民为中心的发展思想具体体现，是解决当前湖南省存在突出环境问题的迫切需要，需要各级各部门严格按照湖南省委、省政府的总体部署，以问题为导向，明确工作任务和目标，实施一批重大生态污染治理工程，扎实推进治山治水治气治矿工作。

一、湖南省治山治水治气治矿成效显著

湖南省是生态大省，地貌分布大体上是“七山二水一分田”，森林覆盖率为59.7%，森林蓄积量5.26亿立方米，共有各级自然保护区167个，总面积147万公顷，其中国家级23个，63.7万公顷，省级31个，38.3万公顷。湖南水系发达，5千米以上的河流有5341条，淡水面积达1.35万平方千米，洞庭湖是全国第二大淡水湖；2017年1—9月，全省地表水419个省控断面水质总体为优，Ⅰ—Ⅲ类水质断面占90.7%，其中，湘江、资江、沅江、澧水总体为优，洞庭湖为轻度污染。湖南山川地形和气候条件有一定特殊性，不少地区特定季节气候不利于污染物扩散，大气污染防治任务艰巨；2017年1—9月，全省14个城市环境空气质量平均优良天数比例为85.2%，$PM_{2.5}$平均浓度41微克/立方米，PM_{10}平均浓度67微克/立方米。湖南矿产丰富，矿种齐全，重金属污染问题累积严重，历史遗留大量尾矿、废渣，其中，全省超期贮存危险废物（废渣）总量共计185万吨。

五年来，湖南省委、省政府高度重视生态文明建设和环境保护工作，

各级各部门树立绿色发展理念，统筹推进大气、水、土壤污染防治行动计划，通过实施湘江保护与治理省“一号重点工程”、环境治理战役、洞庭湖五大专项行动等污染治理攻坚战，扎实推进中央环保督察整改，环境保护工作取得重大进展。特别是自打响“环境治理战役”以来，湖南省各级各部门高度重视，自觉将环境治理工作作为一项重大政治任务和重要民生工程，采取有力措施扎实推进，治山治水治气治矿取得新的进展，治理成效逐步显现，长效机制初步建立。

二、湖南省治山治水治气治矿主要经验做法

（一）组织开展生态红线划定，加强自然生态保护

一是组织开展湖南省生态红线划定。2015 年，湖南省在郴州市环东江湖的宜章、汝城、桂东、资兴三县一市开展生态红线制度建设改革试点工作。2016 年，启动了全省生态保护红线划定工作，形成了生态保护红线划定的初步方案。2017 年，根据国家《关于划定并严守生态保护红线的若干意见》，联合省发改委按照《生态保护红线划定指南》要求，起草了《湖南省生态保护红线划定方案（送审稿)》，先后通过了省内专家审查会议和国家专家论证会议审查。初步核定全省生态保护红线总面积 58705.45 平方千米，占国土面积比例为 27.72%。二是加强自然保护区监督管理。对自然保护区存在的各种非法违规建设等问题开展执法督察，及时下发整改督办通知。根据生态环境部统一部署，联合相关部门开展“绿盾 2017”国家级自然保护区监督检查专项行动，核查整改环境违法问题。同时，协调做好湖南乌云界、张家界大鲵和岳阳东洞庭湖三个国家级自然保护区调规工作。三是严把建设项目环评审批关。严格审查涉“三区两园”建设项目，坚决禁止在自然保护区的核心区和缓冲区内建设项目，印发《湖南省环境保护厅关于涉及国家级自然保护区建设项目的生态影响专题报告审查事项的通知》（湘环函〔2017〕71 号），严格控制建设项目对国家级自然保护区生态环境的影响。加强风电建设项目审批管理，印发《关于进一步规范风电发展的通知》（湘发改能源〔2016〕822 号），严格禁止在省级以上（含省级）自然保护区范围内建设风电项目。四是积极推进植树造林。完

成“裸露山地”造林绿化攻坚113.4万亩，“绿色通道”造林绿化与提质3.09万千米，完成退耕还林任务2151.67万亩。

（二）扎实开展重金属污染治理，推进重点流域区域水污染防治

一是持续推进重金属污染治理。“十二五”以来，大力推进《重金属污染综合防治“十二五”规划》《湘江流域重金属污染治理实施方案》《湖南省重金属污染综合防治“十二五”规划》等规划实施，启动实施750个重金属治理项目，治理成效明显，全面完成国家下达的重金属减排任务。二是持续推进湘江保护和治理。2013年，湖南省政府将湘江保护和治理作为省“一号重点工程”，通过连续实施三个“三年行动计划”确保湘江水质持续向好。2013年以来，先后实施3000余个整治项目，关停涉重金属企业1034家，顺利完成第一阶段“堵源头”的目标，第二阶段“治调并举”正在深入推进。2015年以来，湘江干流水质持续保持在Ⅲ类标准范围内，呈明显好转之势。三是加强洞庭湖水环境治理。2016年以来，深入推进沟渠塘坝清淤增蓄、畜禽养殖污染整治等五大专项行动，有效遏制了洞庭湖水质恶化趋势；湖南省环保厅2016年出台《洞庭湖区工业污染源排查整治专项行动实施方案》，湖区三市共排查重点工业污染源企业1866家，其中关闭322家，整改168家。2017年9月起，湖南省环保厅组织开展“2017环湖利剑”涉企环境执法专项行动，拉网式检查和整治企业环境违法问题。洞庭湖水质出现好转，总磷年均监测值由2015年的0.112毫克/升下降至0.071毫克/升。四是突出抓好五大重点区域整治。按照分类指导、综合施策的原则，省直牵头部门与各地共同努力，加快推进了株洲清水塘、湘潭竹埠港、衡阳水口山、娄底锡矿山、郴州三十六湾等五大重点区域综合整治，取得突破性进展，特别是湘潭竹埠港区28家重污染企业已于2014年10月全部退出，株洲清水塘重污染企业也将于2018年前全部退出。

（三）以长株潭联防联控为重点，推进重点行业领域大气污染防治

一是建立完善大气污染防治制度体系。2013年以来，湖南省先后出台《贯彻落实〈大气污染防治行动计划〉实施细则》《湖南省大气污染防治

专项行动方案（2016—2017年）》《关于加强重污染天气应急管理工作的通知》《长株潭大气污染防治特护期工作方案》《湖南省人民政府关于推进长株潭大气污染联防联控工作的意见》，颁布《湖南省大气污染防治条例》，构建了湖南省大气污染防治完善的法规制度体系。二是加大工业大气污染治理，实现污染物持续减排。湖南省已完成24台30万千瓦以上燃煤火电机组的超低排放改造，67条新型干法水泥生产线已全部完成脱硝设施建设与改造。全面启动了挥发性有机物（VOCs）污染防治，已完成了69个示范治理项目。五年来，湖南省淘汰燃煤小锅炉2488台，合计6160蒸吨，长株潭三市城区内已实现无燃煤锅炉；湖南省39座油库中已有35座完成油气回收治理，4340个加油站中已有3424个完成油气回收治理。三是加强机动车环境监管，减少尾气污染。2013年来，湖南省淘汰黄标车和老旧车辆46.5万辆，已建成机动车排放检验机构199家，机动车检测线434条。加大政策支持力度推广新能源汽车，出台《节能与新能源汽车产业发展五年行动计划（2016—2020）》《湖南省2016—2020年新能源汽车推广应用奖补政策》。四是强化重污染天气应对和区域联防联控。加强重污染天气监测预警与应急体系建设，湖南省政府印发了《关于加强重污染天气应急管理工作的通知》。加强部门协作与会商，与省气象局共同推进大气污染预警预报会商和预警预报信息发布，提升重污染天气监测预警能力。在长株潭地区建立特护期（每年10月至次年2月）联防联控工作机制，出台实施大气污染防治特护期工作方案。

（四）推进遗留矿渣污染治理，开展矿山地质环境生态修复

一是实施一批废渣治理工程，加强废渣回收利用。“十二五”以来，完成废渣治理项目135个，总治理渣量2520万吨。促进资源循环利用，永兴县国家循环经济示范园每年处理有色金属冶炼危险废物、城市矿产等80余万吨，汨罗循环经济产业园再生资源年回收量达350多万吨。二是积极开展危险废物超期贮存整改。根据此次中央环保督察反馈意见指出的相关问题，各地各部门督促相关企业积极开展整改。截至目前，95%以上的企业制定了整改方案，85%以上的企业开始实施整改。三是组织开展矿山生态环境修复。编制了《湖南省矿山地质环境保护与恢复治理规划（2016—

2020年）》《武陵山片区山水林田湖生态修复和保护重大工程试点实施方案（2016—2019年）》，组织开展系统修复和治理。2017年以来，督促矿山企业共投入1.3亿元进行矿山地质环境恢复治理。

三、湖南省治山治水治气治矿仍存在的问题

（一）自然生态保护方面

一是生态红线管控政策尚不明晰。目前国家对于生态保护红线的管控政策尚未明确，市（州）、县（市、区）存在较多顾虑，后续生态补偿资金如何测算，国家层面尚未形成正式文件，部分县区难以决策。二是经济发展与环境保护的关系统筹不到位。一些地方片面追求经济发展，对自然生态保护区、对饮用水水源地等敏感区域保护不够，缺乏系统保护规划。这次中央环保督察反馈意见也指出，湖南省部分自然保护区、饮用水水源地存在违规采砂、采矿、养殖以及违规建设项目等问题（反馈的76问题中有13个问题涉及自然生态保护区）。三是自然保护区监管任务重。湖南省自然保护区覆盖面积大、范围广，受利益驱使一些被禁止和取缔的违法违规行为反弹压力大，需要进一步加大执法监管力量、力度。

（二）水污染整治方面

一是部分区域水环境质量不容乐观。324个江河评价断面中，长沙三角洲、岳阳六门闸、益阳志溪河和郴州马家坪电站大坝4个断面水质未达Ⅲ类标准；21个湖库评价断面中，Ⅰ—Ⅲ类水质比例仅为23.8%。2017年1—9月，60个国家考核断面中，益阳桃谷山、大通湖和湘潭涟水入河口断面未达到年度考核目标。洞庭湖水环境质量有所好转，但总磷超标问题还比较明显，湖区沟渠塘坝淤塞问题较多，内湖大部分水质未达到Ⅲ类标准，大通湖、珊珀湖水质为劣Ⅴ类。二是污染治理不平衡，部分污染源负荷重。2015年，湖南省废水排放量达到31.41亿吨（不含农业源），其中工业源占24.5%，城镇生活源占75.5%。近年来，随着工业污染整治力度的加大，城镇生活污染源、农业源排放占比越来越高，需要加大治理力度。三是污水处理基础设施建设滞后。城市污水配套管网建设，尤其是老

城区雨污分流工作压力大，欠账较多。湖南省还有64个产业园区（工业聚集区）未建成污水集中处理设施。农村（乡镇）生活污水、垃圾直排问题还未从根本上得到解决，全省建成污水集中处理设施的乡镇比例仅11.6%。四是部分治理工作进展相对滞后。环境治理项目推进速度不理想，部分项目长期未实质动工，黑臭水体整治才完成48.2%、地下油罐改造仅完成62.3%，年底达到国家考核要求难度很大。同时，“重建设，轻管理”问题不同程度地存在，部分污染治理设施难以稳定发挥污染减排效益。

（三）大气污染防治方面

一是湖南省大气环境污染的成因复杂。造成湖南省大气环境污染的成因复杂，主要以传统煤烟型污染与$PM_{2.5}$臭氧等污染并存，$PM_{2.5}$和臭氧形成机理和污染来源非常复杂，众多污染源类中多种气态污染和颗粒物排放均会影响到环境空气中$PM_{2.5}$和臭氧的生成，目前还没有有效的管控手段，污染防治难度较大。二是产业和能源结构难以在短期内改变，大气污染防治后续压力大。湖南省产业结构偏重，有色、化工等重污染行业清洁生产改造和淘汰落后产能任务重；工业企业大气污染物无组织排放问题严重，挥发性有机物排放量大面广；清洁能源供需矛盾突出。大气污染物排放总量超出区域大气环境承载能力，目前我省还没有空气质量达标的城市，大气污染治理和空气质量改善任务艰巨。三是机动车尾气、城市扬尘、面源大气污染问题日渐突出。湖南省机动车保有量已超过1000万台，未来一段时间内还将呈快速增长之势，相应的管理能力建设明显滞后，对城市空气质量影响加剧。全省城市扬尘管控工作还比较粗放，精细化措施落实不到位，市政工程、建筑工地、未开发用地扬尘，渣土、沙石等运输车辆未密闭造成遗漏等问题已成为制约我省城市空气质量改善的重要原因。餐饮油烟污染，农作物秸秆、垃圾等露天焚烧，烟花爆竹燃放等对空气污染影响加重，防控机制还没有有效形成。

（四）矿山污染治理方面

一是涉重金属环境风险问题突出。一些重金属整治项目进度不理想，含重金属渣库存在风险隐患，部分尾矿库排水重金属严重超标。一些地方历史遗留的大量废渣、尾砂以及采矿渗坑、矿井水的治理和重金属污染场地修复，需要经济适用的技术支撑和巨大的资金投入。同时，涉重金属的“散乱污”企业较多，这些企业工艺落后，设备简陋，环境污染和风险不容忽视。二是矿山开采遗留环境问题处置不到位。矿山开采导致生态破坏，没有及时进行生态恢复。矿区废弃后，矿涌水中含有重金属，其处置责任主体不明确，影响周边生态环境。废弃矿渣底数不清，废弃矿区遗留矿渣没有调查数据。三是超期贮存危险废物监管任务重。湖南省存在危险废物超期贮存现象的企业共149家，其中大于100吨企业数73家，小于10吨企业数60家，10—100吨企业数16家，分别占总数的49%、40%、11%，超期贮存量大的企业占近一半，危险废物产量小且分散的企业超期贮存现象也比较突出，均需要加强监管。

三、关于做好湖南省治山治水治气治矿工作的对策建议

第一，层层压紧压实各方责任。要按照“党政同责、一岗双责”的原则，按照目标化、项目化、工程化细化山、水、气、矿环境治理工作任务，拉条挂账，落实到地方党委、政府，省直有关部门，有关重点企业，构建政府为主导、企业为主体、社会组织和公众共同参与的环境治理体系，推动形成齐抓共管整治工作格局。同时，明确工作要求和时限，加强工作调度、督办、考核和问责，确保工作目标任务如期高质完成。第二，制定生态治理补偿奖补政策。以大气、水环境质量为基础，加快推进大气、水生态补偿机制。以大气、水、土壤治理修复工程和项目为基础，加大整治奖补力度。加快建立健全约束和激励并举机制，多措并举加大治理资金投入。第三，深化环境监管体制改革。严格落实党的十九大精神，按国家统一部署成立国有自然资源资产管理和自然生态监管机构，完善生态环境管理制度。加快推进省以下监测监察垂直管理改革，建立健全环境保护督察等制度，按流域、区域设置环境行政执法机构，加强环境监管执法力度，坚决制止和惩处破坏生态环境行为。第四，切实提升科技支撑能力。加大环保科技投入，开展大气污染成因及对策分析、洞庭湖水污染成因及对策分析等专题研究，重点支持高校、科研院所和环保企业在黑臭水

体整治、农村生活污水垃圾治理、矿渣治理等方面取得新的技术突破，为加快解决突出环境问题、促进湖南省环保产业跨越式发展提供技术动力。

具体来说，可采取以下措施：

（一）严格划定生态红线，加强自然保护区监管

一是严格划定生态保护红线。根据国家要求，编制完成《湖南省生态红线划定方案》提交省委、省政府审议，报国务院审定后由省政府发布实施。二是制定生态红线和自然保护区管理制度。制定《湖南省生态保护红线监督管理办法》，推动出台生态保护红线评价、考核和生态补偿等配套政策；依据《中华人民共和国自然保护区条例》等法律法规，抓紧出台《湖南省自然保护区管理办法》，从自然保护区发展规划制定、主管部门职责分工、资金投入、开发建设活动管理、区划调整管理等方面细化明确，做好顶层设计，确保有章可循、有据可依。三是形成常态化监管机制。形成生态保护红线常态化执法机制，开展日常巡查与执法监督。推动自然保护区等禁止开发区域、生态功能极重要区域、生态极敏感极脆弱区域、重点生态功能区、主要物种及其繁衍栖息地等得到有效保护，区域生态环境安全得到有力保障。四是加强规划管控。对照国家法律法规，修订完善相关保护区规划，推动各地做好自然保护区界限核准及勘界立标工作，依法确认自然保护区的范围和功能区划，确保自然保护区土地权属明确、界址清楚、面积准确、功能区合理。

（二）推进水污染整治

一是进一步明确整治目标。按照《水污染防治行动计划》的要求，以环境质量改善为核心，按照“只能更好，不能变差”的原则，进一步明确全省、各市（州）及各县（市、区）整治目标，层层签订目标责任状。加快落实水污染防治控制单元制度，明确各断面的水质要求及重点污染物浓度控制要求。二是加快推进整治项目建设。以问题为导向，认真组织地方做好项目前期工作，建设水环境治理项目库，并及时更新。当前，按照补短板的要求，针对总磷、氨氮、化学需氧量超标问题，重点在畜禽养殖污染治理、黑臭水体整治、城镇生活废水处理设施升级改造（管网改造）、

乡镇生活污水处理等方面谋划一批整治项目。建立财政投入动态增长机制，成立环境治理基金，积极推动 PPP、合同环境服务等模式，拓展投融资方式，引导和鼓励社会资本投入，加快推进治理项目建设，确保项目早建成、早发挥效益。三是深入推进重点流域区域污染整治。持续推进湘江保护和治理省“一号重点工程”第二个、第三个“三年行动计划”。加大洞庭湖水环境治理力度，制定《洞庭湖区水环境治理三年行动方案》，加快实施污染整治项目，削减污染物排放总量，并因地制宜抓好生态保护和修复，确保“一湖四水”环境质量持续改善。同时，按照“一个水源地、一套整治方案、一抓到底”的要求，按期完成饮用水水源保护区环境问题整治，建立饮用水水源环境安全评估及定期巡查制度，确保群众饮水安全。

（三）推进大气污染防治

一是继续深入推进工业污染防治。深入推进以钢铁、火电、建材、有色、化工等行业为重点的涉气企业提标升级和清洁生产改造，严格执行特别排放限值要求；加强大气污染物无组织排放治理和管控；全面推进工业挥发性有机物污染治理；2018 年底前，完成涉气排放的“散乱污”企业的排查，实施分类处置，依法依规完成清理整顿。二是强化移动源污染防治，推进车油路综合防控。加大高排放车辆的淘汰力度，推进长株潭区域建设遥感监测系统，对道路行驶机动车实施监督、抽测，防控尾气排放不合格车辆违法上路行驶。加强工程机械等非道路移动源和船舶污染管控，严禁冒黑烟等高排放工程机械在城区内使用。加快绿色港口建设，实施港口内拖车、装卸设备等“油改气”或“油改电”进程，逐步实施岸基供电设施改造。推进城市交通优化，减少交通拥堵。加快油品升级步伐，力争 2019 年底前实现国六标准汽、柴油供应。三是深化面源大气污染综合防治。加快推进“气化湖南”工程建设，优化能源结构，控制燃煤消耗总量；推进工业园区集中供热；推进县级以上城镇建成区划定高污染燃料禁燃区并确定高污染燃料类型。到 2020 年，湖南省县级以上城镇建成区、城中村和城郊接合部的燃煤锅炉要实现清洁能源替代，淘汰 10 蒸吨及以下燃煤锅炉。四是完善联防联控机制，进一步提升污染天气应对能力。加强重污染天气预报预警，做好重污染天气过程的趋势分析。完善会商研判机制，及时发布区域空气质量监测预报预警信息。进一步完善重污染天气应急预案，建立长株潭及周边区域大气污染防治统一规划、统一标准、统一监管、统一评估、统一协调的工作机制，协同应对重污染天气。

（四）推进历史遗留矿渣污染治理

一是铁腕推动矿山环境整治。结合污染源普查，摸清矿山污染底数。针对湖南省矿山存在问题，实行台账式管理，组织相关部门进行了全面排查，“一矿一策”，制定综合整治方案，建立问题清单台账，逐一实行销号管理。系统开展矿山生态环境修复，加大矿山环境整治恢复保证金清缴力度，扎实开展矿山环境工程恢复治理。二是促进矿山资源节约和循环利用。针对矿山污染重点区域，提出矿山废渣无害化处理和资源化利用有效解决方案，本着“减量化、资源化、无害化”的原则，加强对矿山废渣的无害化处置和资源化利用。三是依法加强危险废物监管和安全处置。对存在危险废物超期贮存现象的企业要严格执法并督促整改到位。建立并完善危险废物第三方审核机制，提高危险废物监管水平。加强项目资金支持，重点支持解决历史遗留危险废物延期贮存问题。完善危险废物处置收费审核、监管制度，由省级价格主管部门对湖南省危险废物处置收费情况进行审核，强化监督管理。

（2018 年）

认真应对湖南省大气环境严峻形势
坚决打赢“蓝天保卫战”

自从2013年国务院印发《大气污染防治行动计划》（简称“大气十条”）以来，湖南省大气环境质量逐年改善，但全省大气污染防治的重视程度、工作力度，大气环境质量改善幅度与京津冀地区和周边省（市）、与人民群众的期盼相比仍有较大差距。特别是2015年10月进入特护期以来，由于对各类大气污染源的管控一直比较粗放，内源性污染没有得到有效治理，多年“温水煮青蛙”的累积效应逐步爆发，全省城市空气质量呈明显下降趋势，已多次出现了大范围的中重度污染天气，其中长株潭区域局部时段还出现了严重污染，城市空气质量排名多次进入全国后十位，长沙市在2016年10月下旬和11月上旬的20天时间里甚至有3次4天排名全国74个重点城市倒数第一。目前，全省大气环境容量趋于饱和，改善大气环境质量面临异常严峻的形势，如不采取果断、有效、过硬的措施，后续重污染天气频发将会更加严重。

一、全省环境空气质量形势严峻

一是2017年全省重污染天气不降反升，中重度污染天气发生时间提前、频次增多。2017年全省14个市（州）城市重污染天数、严重污染天数达78天次，比2016年的32天次增加一倍以上。二是剔除南方多雨因素的影响，湖南省无雨日的大气环境质量已与北方少雨城市相近，甚至更差。2017年湖南省$PM_{2.5}$年均值最高的邵阳（55微克/立方米）、常德（54微克/立方米）无雨日的平均浓度与北京（58微克/立方米）、鞍山（50微克/立方米）等北方城市的年均值相近且高于吉林（48微克/立方米）。三是与大气污染防治工作力度大、措施硬的其他省（市）改善程度相对偏低，工作差距正在拉大。如北京市 2017 年 $PM_{2.5}$平均浓度同比上一年下降 20.5%，而长沙市同比上一年仅下降 1.9 %，长沙市在全国 338 个城市中的排名逐年后退，从 2016 年的 200 位已退至 2017 年前 11 个月的 299 位。四是与湖南省经济社会发展在全国的地位不相适应。截至 2016 年底，全国 338 个地级以上城市已有 84 个城市达到了国家大气环境质量二级标准，而到目前为止，湖南省还没有一个地级及以上城市达到国家空气质量二级标准，进展明显滞后，也与经济总量全国第九的地位不相匹配。

二、改善湖南省环境空气质量面临的主要问题

（一）对于大气污染防治工作的重视程度亟待加强，齐抓共管的工作合力尚未有效形成

在 2016 年底湖南省政府组织的综合督察和 2017 年全省大气污染防治工作专项督察以及特护期重污染天气应急检查中，发现存在地方党委、政府对大气污染防治工作重视不够、紧迫感不强的问题，对大气环境质量负总责的责任层层落实不够，部署督办不力。部分市（州）党政主要领导未充分研究过大气污染防治工作，与对水污染防治的重视程度相比差距较大，且压力向下层层递减。各级各部门齐抓共管的工作机制未有效形成，协同联动不够，不少省直有关部门职责和工作措施落实缺位，开发园区管委会对大气污染防治工作普遍不重视，在一些大气污染防治重点工作的推进和重污染天气应对中，责任不清、分工不明、配合不力、标准不严、监管不力等问题客观存在。同时，气化湖南推进相对滞后。不少市政工程、建筑工地扬尘管理不到位，在城乡接合部显得尤为突出。高排放车辆管理松散。部分企业，尤其是“小散乱污”企业环境守法意识不强，环境违法行为时有发生。秸秆燃烧、鞭炮烟花燃放、露天烧烤、散煤燃烧等还比较普遍。

（二）全省大气污染治理投入严重不足

先进省（市），尤其是京津冀改善大气环境质量、推进大气污染防治

工作的经验充分证明，没有一定的资金投入作保障，要有效改善大气环境质量都是一句空话。京津冀、长三角、珠三角等重点区域省（市）每年的财政投入均超过了8亿，湖南省在大气污染防治方面一直未有较多的资金支持，历年来省级财政仅2015年、2017年分别安排了1个亿的专项资金，市（州）和县（市、区）投入很少，甚至基本没有投入，各级财政资金投入严重不足。

（三）长株潭区域城市空气质量低于全省平均水平，特护期内恶化趋势明显，已成为改善全省大气环境质量的短板

长株潭区域是国家大气污染防治三区十群的重点区域，人口密集，工业化和城镇化推进速度快，污染源点多面广，城市空气质量明显低于省内其他市（州）和省外相邻城市，$PM_{2.5}$的年均浓度几乎是国家二级空气质量标准的两倍。特别是进入特护期以来，长株潭区域特护期城市空气质量呈明显恶化趋势。据初步统计，2017年11—12月，长株潭三市环境空气质量平均优良天数比例为47.5%，比全省平均水平低12.8个百分点，比全国338个地级及以上城市平均水平77.5%低30个百分点，比京津冀地区（71.3%）、长三角区域（75.0%）、珠三角区域（86.8%）差距明显。在338个城市中，长株潭三市排名分别为262、256、291位，均处于下游靠后位置。

三、改善全省环境空气质量面临的对策

一要组织编制《湖南省“蓝天保卫战”三年行动计划》及2018年年度实施方案，进一步细化目标任务，强化工作措施。二要加快监测网络体系建设。2018年首先在长沙市建成一个空气监测超级站，并逐步在长株潭区域建成4个以上，进一步完善覆盖全省的大气环境质量监测网络。推进重点污染源全面按规范要求建成在线监测设施并正常运行。三要加强大气污染防治基础研究。加快14个市（州）全大气污染源排放清单编制。整合科技、发改、经信等部门的力量，对大气污染形成机理、来源解析、变化趋势、高效治理技术和监测预警等重点难题进行集中攻关，科学分析大气污染成因。建立湖南省大气污染防治专家库，为科学治理、精准施策提

供有力支撑。四要推进能源和产业结构调整。大力发展清洁能源，加大外电输入力度，加快“气化湖南”步伐，减少煤炭，特别是本地煤炭使用量，降低化石能源比重。推进燃煤电厂整合，实施错峰生产；推进热电联产、集中供热和工业余热利用，重点提高电煤占煤炭消费比重；实施各市（州）主城区重污染企业退城搬迁，明确搬迁改造时间表，分批分期实施关停搬迁。2018 年底前完成株洲清水塘地区工业企业的退出搬迁。五要深化工业源大气污染治理。全面实施钢铁、焦化、水泥、火电等重点行业污染治理设施改造和排放标准升级；全面推进工业 VOCs 综合治理，以汽车制造、有机化工、包装印刷、工业涂装等高 VOCs 排放行业为重点实施综合治理；深入开展“散乱污”涉气企业整治。六要强化城市扬尘管控。制定扬尘管理标准，推进长株潭城市扬尘管理地方立法；严格落实建筑工地周边围挡、物料堆放覆盖、土石方开挖湿法作业、路面硬化、出入车辆清洗、渣土、垃圾车辆密闭运输“六个百分之百”；加强城区路面养护、保洁，加强渣土运输车管理；提高城市装配化建筑比例。七要加大面源污染控制。推进餐饮油烟整治，加强露天烧烤的规范和整治；严格烟花爆竹禁放限放，严控城市规划区范围内散煤燃烧；加大秸秆综合利用力度，建立秸秆、生活垃圾禁烧网格化监管机制。

四、关于打赢“蓝天保卫战”的建议

一是加强组织领导。建议成立湖南省大气污染防治工作领导小组，研究制定相关重大政策和措施，指导、督促地方党委、政府和省直有关部门落实大气污染防治责任，制定考核问责办法。二是解决突出问题。要求省直有关部门制定大气污染防治年度专项工作方案并认真抓好落实；整体谋划和推进全省能源和产业结构调整；要求地方政府制定严格的烟花爆竹禁放限放规定。三是加大资金投入。加大省级财政资金对大气污染防治工作的支持力度，建立大气污染防治生态补偿机制，充分发挥资金的正向激励作用，同时充分发挥市场机制的作用，在发行专项地方债、大气环境治理项目市场化融资等方面有所突破。四是加大考核问责。建议将大气污染防治工作纳入对市（州）党委、政府和省直有关部门的年度绩效考核。湖南省委、省政府督察室、省生态环保委员会办公室对全省的大气污染防治工作实施统一调度和督办。每年 6 月底和 12 月底分别组织一次综合督察，对失职失责，工作措施落实不到位导致大气污染防治工作进度明显滞后、无法完成大气污染防治年度目标任务的，对在特护期间和重污染天气应急时不作为、乱作为、慢作为造成不良影响的，严格问责。

（2018 年）

加强长株潭区域扬尘防治
还人民群众蓝天白云

城市扬尘是影响大气环境质量的主要因素，也是影响公众对大气环境质量改善情况直观感受的关键因素。近年来，全省各级各部门落实《大气污染防治行动计划》，携手攻坚打响“蓝天保卫战”，大气环境优良天数逐年增多，大气环境质量得到明显改善。但总体来看，湖南省大气环境质量在全国仍处于中等靠后的水平，其中长株潭区域在全省空气环境质量排名中靠后，扬尘对城市环境空气质量产生的影响不容忽视，扬尘防治任重而道远。

一、长株潭区域扬尘防治面临的问题

一是执法监管难落实，监管能力需提高。联合执法机制未形成，建筑施工监管人员有限，存在监管盲区；道路等其他工程作业面狭长，无专门监管机构，监管难度大；各职能部门监管职责及责任边界不清。二是违规行为处理不及时。业主与施工单位互相推诿，作业全时段喷水实施不到位；车辆未冲洗就出入工地现象还较普遍；建筑垃圾资源化利用率低，清运量大；渣土运输车辆没有完成全密闭改造，城乡接合部无证车辆违规运输、抛洒滴漏等问题比较突出。三是城市道路清扫保洁地方性标准缺失。环卫部门对于城市道路的清扫保洁均沿用原建设部《城市道路清扫保洁质量与评价标准》（CJJT126—2008），只规定了每日“一冲、二扫、三洒”的保洁作业操作规范．保洁质量与评价已不能满足城市空气质量提升的要求。长株潭区域尚无统一的道路保洁质量标准，城乡接合部部分道路积尘严重。四是扬尘污染监测控制技术手段滞后。扬尘监测手段不足，网格化监管系统建设尚未全面完成，抑尘降尘新技术推广不够，扬尘治理的科学性和针对性有待提高。五是资金投入不足。扬尘防治无专项资金保证，配套政策措施不完善，城市道路清扫费没有确定标准定额，城市间差别较大。六是公众有效参与不够，社会监督作用发挥不够。公众对于完善环保政策、监督环境信息公开、监督工地扬尘违法、为政府决策出谋划策等具体环境事件的参与度低。

扬尘污染具有点多、面广、线长，且易反复、易突发等特点，治理扬尘污染需要建立长效机制。“打蛇打七寸”，要解决长株潭区域扬尘污染问题，重在“精准”，主要应在推进重点领域、重点时段、重点区域的扬尘污染防治上下功夫。

二、长株潭区域扬尘防治的对策

（一）理顺管理体制，完善权责明晰的监管体系

长株潭区域应施行统一的扬尘防治措施，推动扬尘污染防治工作的协调联动。事权下放，推行属地管理，建议尽快建立和实施建筑工地扬尘管控属地化管理、市级部门督察指导的管理模式，加快区县监管机构队伍建设；明晰权责，强化部门协作，按照“管发展必须管环保、管生产必须管环保、管行业必须管环保”的原则，充分发挥各行业主管部门在扬尘治理中的监督检查作用，完善发现处置的快速联动机制，齐抓共管、形成合力；创新体制机制，支持组建大气污染防治战略研究联盟。

（二）进一步严格执法，加大对违法违规行为的打击力度

强化建筑市场的监管约束，特别是要明确建设单位为扬尘污染治理的第一责任人；针对建筑工地扬尘污染，监管部门除采取责令整改、停工整顿、行政处罚、红黄牌警示等手段外，还要加快建立规范统一的诚信平台，通过公告、公示进行信用惩戒；推动渣土和建筑垃圾科学处置，推进建筑垃圾综合利用，逐步提高建筑垃圾的资源化利用率；完善管理标准，加强渣土运输车、混凝土搅拌车、“五小工程车”的管理。

（三）研究制定地方性道路保洁质量标准

参考上海、杭州、宁波等城市已出台的地方性道路保洁质量标准，对不同等级道路的保洁规范、机扫次数等做出详细规定，明确保洁质量和保洁费标准，为道路扬尘防治提供制度依据。

（四）提升科技手段在城市扬尘治理中的作用

建设和完善覆盖面广的大气环境质量网格化监管体系，充分发挥信息化手段对于扬尘污染控制的支撑作用；加大扬尘污染防治工艺技术装备研究、示范和推广力度，以科技手段升级扬尘治理的“武器”装备，提升有效解决扬尘问题的“作战能力”。

（五）研究激励措施，加大扬尘治理投入

发挥扬尘排污费激励作用，提取一定比例的资金作为扬尘污染防控奖励基金，对控尘措施落实不到位的单位适当提高征收标准；适时制定出台地方城市道路保洁费定额标准，并提高道路保洁费用，加大城乡接合部道路保洁的投入力度；出台政策将扬尘污染防治费用单列，作为不可竞争费用列入工程成本，并在项目开工前及时足额支付给施工单位。

（六）扩大公众参与，构建全民监督体系

组织定向定点视察、代表委员持证视察、专题调研视察等形式加强监督；建立完善志愿者监督机制，制定社会监督激励制度；畅通投诉举报渠道，及时处置扬尘污染违法行为；加大公示曝光力度，倒逼各责任主体履行职责。

（2018 年 2 月）

全力推进土壤污染防治
守护三湘净土

湖南省国土面积21.18万平方千米，土地资源开发利用程度较高，全省土地利用率达90.08%，其中土地农业利用率85.43%。“民以食为天”“食以安为先”“粮以土为本”“土以质为先”。近几年，湖南省围绕摸清土壤环境家底、改善土壤环境质量、保障农产品质量安全等目标，扎实开展了一些工作。

一、湖南省土壤污染现状

根据环保部统一部署，湖南省于2006年启动了全省土壤污染调查，采用网格布点法［耕地（8×8）平方千米，林地（16×16）平方千米］全省共布点4179个，其中采集了468个土壤背景点样品进行对比分析，结果显示：点位超标率较高，但以单项指标超标、轻微污染为主。土壤污染物点位超标率为41.7%，其中镉为19.7%，耕地土壤为50.7%，其中镉为28.2%；在超标点位中，土壤无机污染物单项指标超标比例为65.1%，有机污染物为85.0 %；土壤轻微污染比例为74.3%，镉为75.6%，耕地土壤为71.8%，镉为75.2%。

二、湖南省土壤污染原因分析

湖南省土壤污染时间长，成因复杂，主要有以下原因：一是土壤环境中重金属本底值高。除锰外，湖南省土壤中重金属本底值均高于全国平均水平，导致全省土壤，包括背景监测点位都呈现较大比例的超标。二是农业生产污染。湖南省是农业大省，农业生产大量使用化肥、农药、农膜等导致土壤中无机、有机污染物含量升高。如农业种植大量使用含磷肥的复合肥料，而磷矿中又伴生有镉等重金属，磷矿石制成磷肥后，重金属未能剔除，通过施肥进入土壤。湖南省较早开始使用有机氯农药，如六六六、滴滴涕，虽在20世纪80年代即停止生产和使用，但六六六、滴滴涕在土壤中仍有残留，导致超标。部分河流、山塘遭到重金属等污染，一些农户取水进行农业灌溉，导致土壤污染。部分畜禽养殖饲料生产中添加重金属，通过畜禽粪便污染土壤。三是工矿企业污染。湖南省有色金属开采和冶炼业比较发达，郴州、株洲、湘潭、娄底、衡阳等地矿山开采历史悠久，冶炼企业分布较多，由于历史原因，通过矿渣、烟气、污染水体等造成工矿企业周边部分土壤污染。全省每年降雨量较大，洪水频发，雨水冲刷重污染场地及尾沙库，携带大量污染物造成污染。四是耕地土壤日趋酸化。湖南省是典型的酸性土壤地区，也是中国南方受酸雨污染较为严重的区域，近年来土壤pH酸碱度呈逐年下降趋势，导致土壤中重金属活性增加，重金属污染加剧。

三、湖南省土壤污染防治主要措施

一是圆满完成全省土壤污染调查。从2006年开始，历时三年多，对全省土壤污染状况进行了全面调查。全省共布点4179个，采集样品数量6140个，分析数据27.8万个，圆满完成了全省土壤污染调查，得到了环保部的充分肯定。二是编制全省土壤环境保护与综合治理实施方案。为了加强全省土壤环境保护工作，湖南省编制完成《湖南省土壤环境保护与综合治理实施方案（2013—2020）》，拟实施项目245项，总投资估算为515亿元。三是探索开展土壤环境分区管理。考虑不同土地利用方式下对土壤环境管理的不同要求，将全省土壤环境分为三类区域：土壤环境优先保护区、土壤环境重点监控区、土壤环境治理区。其中110个国家粮食主产区、全国重要蔬菜基地、全国绿色食品原料标准化生产基地，1469个饮用水水源保护区被划为土壤环境优先保护区。四是大力推进湘江流域重金属污染治理。湖南省按国务院批准的《湘江流域重金属污染治理实施方案》双减50%的要求（涉重金属企业数减少50%，主要重金属污染物排放量削减50%），将湘江流域重金属污染治理作为全省十大环保工程之首，以项目为载体加快重金属污染治理。目前，已淘汰关闭企业675家，在长株潭地区开展遗留废渣污染治理工程14项，受重金属污染地区居民饮水工程2项。总投资20.15亿元。2012年底湖南省被环保部、财政部确定为全国重金属污染防治示范省。五是开展土壤治理修复研究试点。组织高校、科研院所和环保企业积极开展土壤污染治理修复研究工作。由中科院亚热带所领衔主持的株洲新马村土壤重金属污染防治示范项目，在污染土壤修复技术、种植结构的调整等方面取得了不少科研成果和栽培种植经验。湘江水专项针对土壤重金属面源污染，研发建立了“农艺－钝化－改制”综合治理技术体系。目前湖南省正在实施6个土壤重金属修复治理项目，石门县雄黄矿矿区周边污染土壤综合治理项目已经列为国家六大典型区域土壤污染治理与修复试点项目之一。

四、湖南省土壤污染防治主要困难

一是土壤污染防治任务艰巨。湖南省作为有色金属之乡和非金属矿之乡，矿山开采、冶炼历史悠久，土壤本底重金属含量高，局部地区污染比较严重，而湖南省又是粮食主产区，农业生产带来的土壤污染也不少，土壤污染防治任务艰巨。二是土壤污染治理技术还不成熟或不宜大面积使用。土壤污染治理物理治理方法花费巨大，化学方法不宜大面积使用，易引起土壤质量下降，生物修复方法不很成熟且耗时太长。三是土壤污染防治资金短缺。土壤污染治理花费巨大，目前国家对土壤环境保护资金投入不多，而湖南省又财力有限，土壤污染防治工作常感到心有余而力不足。四是土壤环境保护法规标准不健全。目前全国还没有专门的土壤环境保护的法律法规，土壤环境相关评价标准、技术规范缺失，影响土壤环境保护工作的推进和深化。现有部分标准、规范还欠科学，如土壤无机污染物评价因子12项，有机污染物评价因子30项，用单因子评价法，不论其危害影响程度，只要其中1项因子超标就视为土壤污染，导致土壤污染划定面积大量增加。五是问题倒逼导致土壤污染防治时间紧迫。土壤主要功能是供给农产品，全国不少食品中污染物通用标准严于国际标准。国家食品安全风险评估中心首席专家吴永宁表示：全国污染物通用标准与国际食品法典委员会（CAC）的污染物通用标准、欧盟标准相比，限量值数量较多。

其中，大米砷的限量只有中国规定了无机砷，其他国家如澳大利亚规定的是总砷。而对于铅的指标，CAC、欧盟、澳大利亚的标准只有半页规定，中国是两页，在食品中铅污染和制定污染物限量方面，中国在国际上是走在前面的。在2005年发布的污染物限量标准中，全国大米镉限量为0.2毫克/千克，就严于国际标准0.4毫克/千克，当时主要是考虑全国居民膳食结构是以大米为主。近年来，随着人民生活水平的不断提高，全国居民，尤其是城市居民膳食中每天大米的摄入量已明显减少，但2013年全国实施的大米中镉限量新标准仍维持了原标准的限量规定。按全国食品中污染物通用标准，检测发现湖南省部分地区大米镉限量超标，倒逼湖南省必须加快土壤污染治理，时间十分紧迫。

五、关于湖南省土壤污染防治工作的建议

（一）提高认识，健全机制

土壤是“生命之基，万物之母”，土壤环境受到污染，就会直接威胁农产品质量和食品安全，进而危害人民群众身体健康。唯有“净土”，才有“洁食”，而且土壤环境受到污染相比大气、水污染治理难度更大、投入更多。要充分认识土壤环境保护工作的重要性、紧迫性，切实加大土壤环境保护工作力度。土壤环境保护是一个复杂的系统工程，涉及环保、发改、农业、国土、林业、水利、粮食、卫生等多个部门，需各部门共同努力，加强协调、联动，共同推进土壤环境保护。

（二）加密详查，加强监测

第一次全国土壤污染调查采取的是较大尺度的网格布点，应该说从大尺度总体把握了土壤污染现状，但要确定每一宗需要治理的地块，尤其是耕地，深度还不够。为进一步摸清土壤污染状况，在调查基础上，要对重点区域，特别是对耕地开展加密详查，以便土壤治理修复更有针对性。将重点区域土壤纳入常规监测范围，夯实土壤污染防治工作基础，同时，加强土壤环境监测能力建设。

（三）技术攻关，完善标准

组织科研力量对土壤污染防治进行联合技术攻关，着力研发高效、适用的土壤修复治理技术。选育抗性强的农作物品种（如抗镉稻米选育等）。推动国家尽快开展土壤环境保护立法，研究土壤环境保护监督管理和污染土壤环境管理办法，制定更加完善的土壤环境质量、农作物土壤环境质量、土壤环境健康等标准，污染土壤风险评估、土壤污染治理修复等标准、技术规范。

（四）开展修复，重视预防

对工矿企业周边重污染的土地，尤其是耕地，按照因地制宜的原则，多途径开展治理修复。加强土壤污染预防工作，对目前尚未受到污染的土壤实施“土壤环境保护工程”，确定土壤保护区域，制定“以奖促保”政策。

（五）结构调整，加强监管

对有色化工等重污染排放的新批项目实施严格的环境标准、总量控制并要求进入园区，进一步加大现有工矿企业的结构调整、污染减排和环境治理。加强农膜等农业生产物资使用、回收管理。对含磷肥的复合肥料生产重金属含量提出达标要求。严格禁止在畜禽养殖饲料中添加有毒有害的重金属。加强农药施用管理，严格禁用高毒、高残留农药。加强农业灌溉管理。

（六）加大投入，争取支持

湖南省作为有色金属之乡、农业大省，土壤环境污染在全国比较严重，任务艰巨。湖南还将继续加大政府投入，大力推动企业和社会投入，同时积极争取国家项目资金技术支持，将湖南省列为土壤环境保护重点省，优先安排工程治理项目，给予资金、技术支持。

（2013 年 6 月）

多措并举开展全省土壤调查和污染防治示范

土壤是构成生态系统的基本环境要素，是人类赖以生存和发展的物质基础。同时，土壤问题还涉及群众关心的“菜篮子”“水缸子”“米袋子”，事关人民身体健康。“民以食为天”“粮以土为本”“土以质为先”。近几年，湖南省围绕摸清土壤环境家底、改善土壤环境质量、保障农产品质量安全，开展了全省土壤污染调查和土壤污染防治试点示范工作。

一、湖南省土壤环境基本状况

（一）土壤环境质量总体不容乐观

根据2006—2008年土壤污染状况调查结果，湖南省土壤环境质量状况总体不容乐观，局部地区土壤污染严重，耕地土壤环境质量堪忧，大型工业企业周边和工矿业废弃地土壤环境问题突出。

湖南省土壤环境质量总体状况有以下几大特点：

1. 全省土壤环境存在明显污染，局部地区非常突出，环境安全隐患很大。全省土壤污染物点位总超标率为46.74%。对湖南省内1055家涉砷、涉镉、涉铬、涉铅的企业进行调查，有500家企业周边存在环境安全隐患，其中170家企业周边土壤的监测结果超标3倍以上，存在比较严重的环境安全隐患。

2. 土壤环境污染以轻微污染为主，但轻度污染及以上的比例较大。轻微污染占32.4%，轻度、中度和重度污染比例分别为7.6%、4.5%和2.2%。

3. 全省土壤环境污染以无机污染为主，尤其是重金属污染十分突出。土壤中无机污染为主，镉、镍和砷等重金属超标比例较大，分别为19.8%、8.2%、8.7%，主要分布在郴州、株洲、湘潭、娄底、衡阳、永州、邵阳等地。

4. 土壤环境污染以单项超标为主，但两项及以上指标同时超标的点位较多。无机污染物单项超标占总点位的比例为34.6%，两种及以上同时超标比例为13.5%。有机项目单项超标占总点位的比例为5.1%，两种及以上同时超标比例为0.9%。

5. 全省耕地土壤污染物超标严重，对农产品安全和人民健康造成的隐患很大。全省耕地土壤污染物点位总超标率为58.22%。耕地土壤存在不同程度的无机污染，镉、镍和砷超标比例最大，分别为28.5%、11.8%、9.7%，主要分布在郴州、株洲、湘潭、娄底、衡阳、永州、邵阳等地。耕地土壤还存在少量有机污染，六六六和滴滴涕超标比例较大，分别为8.3%、8.0%，主要分布在洞庭湖区。对部分蔬菜基地、特色农产品基地等重点区域采集500多个农产品样品进行监测，结果表明砷、镉、铅等重金属的超标率在30%以上。

6. 全省土壤环境无机污染物背景含量水平较高。湖南是多种重金属的高背景区，砷、镉、钴、铬、铜、汞、镍、铅、钒、锌等重金属本底值均高于全国平均水平。

（二）土壤污染原因

湖南省土壤污染时间长，成因复杂：

1. 土壤环境中重金属本底值高。除锰外，湖南省土壤中重金属本底值均高于全国平均水平，导致全省土壤，包括背景监测点位都呈现较大比例的超标。

2. 农业生产污染。湖南省是农业大省，农业生产大量使用化肥、农药、农膜等导致土壤中无机、有机污染物含量升高。如农业种植大量使用含磷肥的复合肥料，而磷矿中又伴生有镉等重金属，磷矿石制成磷肥后，重金属未能剔除，通过施肥进入土壤。湖南省较早开始使用有机氯农药，如六六六、滴滴涕，虽在20世纪80年代即停止生产和使用，但六六六、滴滴涕在土壤中仍有残留。部分河流、山塘遭到重金属等污染，一些农户取水进行农业灌溉，导致土壤污染。部分畜禽养殖饲料生产中添加重金属，通过畜禽粪便污染土壤。

3. 工矿企业污染。湖南省有色金属开采和冶炼业比较发达，郴州、株洲、湘潭、娄底、衡阳等地矿山开采历史悠久，冶炼企业分布较多，由于历史原因，通过矿渣、烟气、污染水体等造成工矿企业周边部分土壤污染。全省每年降雨量较大，洪水频发，雨水冲刷重污染场地及尾沙库，携带大量污染物造成污染。

4. 耕地土壤日趋酸化。湖南省是典型的酸性土壤地区，也是中国南方受酸雨污染较为严重的区域。近年来土壤 pH 酸碱度呈逐年下降趋势，导致土壤中重金属活性增加，重金属污染加剧。

二、开展的主要工作

（一）以改善土壤环境质量为核心，全面贯彻落实《土壤污染防治行动计划》

1. 认真学习，深刻领会“土十条”精神。2016 年 5 月，国务院在 2013 年、2015 年分别出台了“气十条”“水十条”的基础上，正式出台了《土壤污染防治行动计划》（以下称“土十条”）是党中央、国务院推进生态文明建设，坚决向污染宣战的一项重大举措，是系统开展污染治理的重要战略部署，对确保生态环境质量改善、各类自然生态系统安全稳定具有重要作用。“土十条”是今后一个时期全国土壤污染防治工作的行动纲领。

2. 制定并发布《湖南省土壤污染防治工作方案》。按照统一部署，已完成《湖南省土壤污染防治工作方案》编制工作。与国家“土十条”相比，结合湖南省实际，进一步严格任务目标与指标；强化地方标准法规体系构建；细化具体任务措施，确保任务落地；突出风险管控与应急处置，确保舌尖上的安全；开展土壤污染综合防治先行区建设。

3. 全省土壤污染详查工作即将全面启动。一是开展湖南省土壤污染源、污染地块调查。制定了《湖南省土壤污染源、污染地块调查方案》，组织开展土壤污染源的调查、监测、监管工作，系统开展湖南省土壤污染源调查及污染地块筛查工作，旨在查明湖南省土壤工业污染源、农业污染源及生活污染源分布情况，完成潜在污染地块排查工作，为土壤详查工作打基础。二是梳理土壤污染状况详查范围的问题突出区域。省国土厅、农业委、环保厅分别开展梳理了本行政区域内拟纳入土壤污染状况详查范围的问题突出区域。三是编制完成了《湖南省土壤污染状况详查总体方案》和《湖南省土壤污染状况详查实施方案》。四是开展土壤污染重点行业企业空间位置遥感试点和核实工作。2016 年 11 月，按照环保部的要求，完成了土壤污染重点行业企业空间位置遥感核实宁乡试点工作；12 月对环保部下发湖南省的 10932 家土壤污染重点行业企业的空间位置和基本信息进行了集中核实、录入和上报工作。

4. 推进《湖南省土壤污染防治条例》立法进程。2015 年开始着手编制《湖南省土壤污染防治条例》，2016 年 12 月份召开了专家论证会，省人大已将其列入 2017 年重点立法调研计划。

5. 启动土壤风险管控能力提升宣教科普。为提高公众土壤环境保护意识，让人民群众切身体会到土壤污染的危害和土壤保护的重要，组织开展了土壤污染防治宣教和科普，制作了宣传手册、宣传挂图、电视公益广告等。

6. 建立湖南省土壤污染防治专家库和土壤污染防治技术单位信息库。建立了土壤污染防治专家库，目前共有国家级和省级专家 50 余人；已建立土壤污染防治技术单位信息库，目前共有 21 个单位。专家和技术单位实行动态管理，及时更新信息。

（二）以土壤治理修复示范为抓手，稳步推进专项资金项目工作

1. 土壤污染综合防治先行区建设。作为全国六个土壤污染综合防治先行区之一的常德市，积极推进土壤污染综合防治先行区建设，按照“防、控、治”并重，以“防”为主的总体思路，重点在五个方面开展先行工作。第一，坚持基础工作先行，全力启动土壤污染土壤详查、污染源调查和场地污染调查工作，摸清常德市农业用地和建设用地等土壤环境质量状况详细信息，为实施土壤污染综合防治提供基础保障；第二，坚持规划先行，进一步完善《常德市土壤污染综合防治先行区建设方案》和《常德市贯彻落实〈土壤污染防治行动计划〉实施方案》，按国家要求组织编写；

第三，坚持防控体系建设先行，构建“3+3”防控模式，即健全三大防控体系、建立三大防控机制；第四，坚持试点项目先行，全力推进土壤污染治理试点项目；第五，坚持技术路径先行，结合土壤试点项目开展技术路径的探索，注重土壤污染“防、控、治”技术规范化建设，力争形成一整套比较完备的土壤污染治理项目实施标准。

2. 启动2016年土壤污染防治专项资金项目。经过多级申报和审核，确定了21个项目作为湖南省2016年土壤污染治理专项资金项目，目前已全面启动实施。

3. 筹备2017年土壤污染防治项目库。组织各市（州）开展了2017年土壤污染防治项目申报，经过初筛、现场核实、场地调查报告和实施方案专家评审，确定41个土壤污染防治项目列入2017年土壤污染防治项目储备库，并已安排土壤污染防治专项资金。

三、面临的主要困难

（一）土壤污染防治任务艰巨

湖南作为有色金属之乡和非金属矿之乡，矿山开采、冶炼历史悠久，土壤本底重金属含量高，局部地区污染比较严重，而湖南又是粮食主产区，农业生产带来的土壤污染也不少，土壤污染防治任务艰巨。

（二）土壤环境保护法规标准亟待健全

目前土壤环境保护方面专项法律缺失。除了2016年年底环保部发布《污染地块土壤环境管理办法（试行）》，目前暂无土壤污染防治专门法律。全国现行《土壤环境质量标准》（GB15618－1995）存在的主要问题：一是适用范围小，仅适用于农田、蔬菜地、茶园、果园、牧场、林地、自然保护区等土壤环境质量评价，不适用居住、工业等建设用地的评价；二是项目指标少，仅规定了8项重金属和2项农药残留指标；三是全国“一刀切”规定不能反映区域差异，部分指标限值不尽合理。

四、下阶段几项重点工作

（一）提高认识，健全机制

土壤是“生命之基，万物之母”，土壤环境受到污染，就会直接威胁农产品质量和食品安全，进而危害人民群众身体健康。唯有“净土”，才有“洁食”，而且土壤环境受到污染相比大气、水污染治理难度更大、投入更多。加强土壤污染防治是构建国家生态安全体系的重要部分，是实现农产品质量安全的重要保障。土壤环境保护是一个复杂的系统工程，涉及环保、发改、农业、国土、林业、水利、粮食、卫生等多个部门，需各部门共同努力。

（二）规范管理，完善流程

为促进土壤污染防治项目管理科学化、规范化和精细化，不断提高湖南省项目管理水平。湖南省环保厅已于2016年11月组织起草了《湖南省土壤污染防治项目管理规程（试行)》，结合环保部《关于开展“十三五”环保投资项目储备库建设工作的通知》（环办规财〔2016〕26号）和《关于进一步加强环境治理保护项目储备库建设工作的通知》（环办规财〔2017〕19号）文件精神，经过内部多次研究、专家咨询、向企业和地方环境管理部门征求意见等环节，进行了十余次的修改完善，现正征求财政、审计意见，厅务会研究讨论后出台试行。

（三）开展修复，预防为主

按照“土十条”提出的“预防为主、保护优先、风险管控”总体思路，以影响农产品质量、人居环境和饮用水水源地安全为重点，有计划、有步骤地开展湖南省土壤污染防治工作。对工矿企业周边重污染的土地，尤其是耕地，按照因地制宜的原则，多途径开展治理修复。加强土壤污染预防工作，对目前尚未受到污染的土壤实施“土壤环境保护工程”，确定土壤环境保护优先区域，并在土壤环境质量评估和污染源排查的基础上，划分土壤环境质量等级，建立相关数据库，完善相关政策。

（四）加大投入，请求支持

湖南作为有色金属之乡和农业大省，土壤污染严重，工作任务十分繁重，社会影响广泛。对此，湖南省委、省政府高度重视，正加快推进“土十条”的贯彻落实。但光靠自身力量难以完成如此艰巨任务，还需要环保部对湖南土壤污染防治工作多给工作和技术指导，并进一步加大专项资金支持力度。

（2017 年 5 月）

坚决打好土壤污染防治持久战

近年来，湖南省深入学习贯彻习近平生态文明思想，认真落实国务院《土壤污染防治行动计划》，在环保部的正确领导下，立足省情，通过强化思想引领、完善保障体制、坚持综合施策，聚力土壤污染防治“持久战”，工作成效初步显现。

一、提高政治站位、强化思想引领，凝聚共治合力

一是党委政府高度重视。湖南省第十一次党代会明确“加快建设天蓝地绿水清土净的生态强省”，重点开展湘江保护和治理省“一号重点工程”，关注重点区域整治、耕地修复治理和粮食安全利用等工作。湖南省政府将土壤污染防治列入环境治理战役重点，14 个市（州）一把手在六五环境日向省长递交土壤污染防治目标责任书，创全国首例。将土壤污染防治纳入对市（州）绩效考核及市（州）环保局重点工作考核，采取月调度、月考评、月通报和年督察、年考核相结合的方式加强项目监管。2017 年对市级人民政府专函警示 5 次、约谈 2 次，各级党委、政府切实担负起主体责任。二是各部门齐抓共管。环保、农业、国土等单位对土壤污染防治分工合作、定期研究，多次联合对重点区域进行执法督察，实现防治工作“全覆盖、无死角”。2016 年来累计投入 2200 多万，在全省广泛开展土壤污染防治政策宣传、科普教育，覆盖省、市、县、乡、村及农户。湖南省主流媒体播放公益广告上百次，大型宣传牌覆盖各市（州）及开发园区，印有公益广告的公交车深入乡镇、农村；发放 900 余万册科普手册、20 余万套知识挂图，覆盖 90% 以上行政村和农户；下乡开展土壤宣讲培训上万人次。三是企业主动配合、公众积极参与。许多企业思想认识逐步提

高，近年湖南省累计淘汰关闭涉重企业1219家，其中湘江流域1034家，绝大部分企业都自觉自愿接受安排。人民群众参与监督热情高涨，目前全省注册环保公益机构134家，环保志愿者上万名，在活动组织、资金筹划以及配合职能部门开展监管方面独具特色，政府招募的“绿色卫士”在推动省“一号重点工程”中发挥了重要作用。人民群众参与保护积极性不断提升，长沙望城区白箬铺镇、益阳资阳区紫薇村等地村民自发开展垃圾分类和收集转运，乱倒垃圾的现象杜绝，非污染农田得到严格保护，两地成为知名的绿色生态旅游地。

二、加强组织领导、完善政策体制，奠定工作基础

一是完善组织体系。湖南省每年定期召开省“一号重点工程”联席会议研究土壤及重金属污染防治工作；每年召开生态环境保护委员会和环境治理战役工作会议，省政府每月调度工作进展情况；对工作滞后的市（州）进行约谈，对相关问题进行现场督办。目前，土壤详查工作由省生态环境保护委员会统筹，环保、国土、农业牵头负责，实现资源、人员“两共享”和常规事项每月、具体事情每周、重要事情每天“三调度”。二是完善规划体系。制定省“一号重点工程”三个三年行动计划，出台《湖南省土壤污染防治工作方案》，重点区域整治规划、不达标重金属断面达标规划，编制三年行动计划及年度方案，按照“可量化、可考核、可督办、可问责”原则明确重点工作任务、主要工作目标指标和具体任务清单，构建了分阶段、多层次、广覆盖的规划、计划体系。三是完善制度体系。在全国率先制定《湖南省土壤污染防治项目管理规程》。按照突出“两个重点”（解决实际问题、加强风险管控），遵循“五个优先”（重点流域断面、重点区域、中央环保督察重点任务、中央及省领导重点批示指示、社会关注热点），采用“三个层次”（县初选、市审查、省审核入库）的方式建立土壤及重金属项目储备库。全省分两批申报222个项目，其中入库A类项目119个。严格按照计划项目、计划进度，推进2016、2017年度62个中央专项资金项目实施，资金预算执行率达80%以上。进一步健全土壤污染防治资金筹措制度，除合理利用中央资金外，一方面加大省级投入，每年安排1—2个亿，另一方面带动社会资本参与，如湘潭发行债券

18亿元用于重金属污染治理。

三、把握关键环节、坚持综合施策，突出防治实效

一是调结构，减轻污染负荷。经过努力，重点区域涉重企业整治取得较大成效。湘潭竹埠港28家化工企业全部退出，正加快建设生态新城；株洲清水塘关停147家企业，剩下6家企业将于2018年全部关停；衡阳水松地区关停淘汰117个企业或生产线，合江套地区搬迁退出102家企业；郴州三十六湾矿山企业整合为2家，永兴县正将130家资源回收利用企业整合为30家并入园发展；娄底锡矿山关闭83家锑冶炼企业，改造升级保留9家。工程机械、汽车制造、电子信息、人工智能、文化旅游等已成为湖南省新的支柱产业。二是抓监管，严格源头管控。明确重点监管企业，根据企业分布和污染排放情况，共确定502家土壤环境重点监管企业，实行动态更新，向社会公布，并实施分级监管、定期检查。开展专项行动，加强粮食减产区污染源监管，做好土壤污染预防；针对全省尾矿库及采选冶炼企业环境风险，组织开展全省大排查；针对资江流域锑污染，在加快推进区域历史遗留污染治理的同时，严格涉锑企业管控。资江龙山港锑浓度由2008年超标2.7倍下降到2017年超标0.11倍。三是摸底数，掌握污染现状。出台实施方案，部署土壤污染状况详查工作。加大引智力度，形成固定技术团队，保证技术方案、路线科学可行。严格操作规程，加强样品采集、制备、流转、检测分析等四个环节的质量控制。目前，湖南省已率先完成农用地土壤污染状况详查点位布设。湖南省农业委已按150亩/点位的实施密度对长株潭全域及湘江流域10个重点县（市、区）约1400万亩耕地进行了调查，并开展了长株潭地区170万亩受污染耕地修复治理工作。下一步湖南省将自加压力，拔高目标，做到："规定动作不走样"——2018年底前完成国家规定农用地详查任务，同时完成重点企业行业用地调查任务；"自选动作高标准"——由环保、国土、农业三个部门主导，组织开展饮用水水源地周边土壤质量状况调查（约1600个点位）、农用地土壤地球化学调查（约10万个点位）和农产品安全与土壤污染耦合关系详查（约8755个点位）全覆盖，彻底摸清湖南省土壤环境质量现状。四是防风险，开展防治试点。常德市国家土壤污染综合防治先行区建设如期推

进；增加了湘潭、衡阳、郴州、娄底等 4 个先行区，拟在源头预防、风险管控、治理与修复、监管能力建设、制度建设等方面进行探索；已完成 8 个土壤污染防治试点项目建设，形成一定实践成果。为确保饮用水水源安全、农产品安全和人居环境安全，湖南省对历史遗留风险隐患进行全面排查，以问题为导向，有的放矢开展风险管控。如常德市石门县雄黄矿区土壤污染严重，环境风险度大，社会关注度高，通过系统实施 5 期重金属污染治理项目，环境污染风险得到有效管控，为其他区域土壤污染防治积累了有益的经验。

（2018 年 1 月）

深入推进涉铊污染专项整治
保证“米袋子”“菜篮子”“水缸子”安全

开展涉铊污染专项整治，是贯彻落实习近平总书记考察湖南重要讲话精神，保证“米袋子”“菜篮子”“水缸子”安全、保护人民群众身体健康的政治任务和民心工程。湖南省委、省政府和生态环境部领导对涉铊污染专项整治高度重视，相继作出批示指示和部署安排。在湖南省委、省政府的坚强领导和各级各部门的支持配合下，全省各级生态环境部门积极行动，将涉铊污染专项整治作为深入推进污染防治攻坚战的第一仗、2021 年的第一大重点任务、重点实施的“一号重点工程”，坚持“半月研究会商、一月调度通报”，并将涉铊专项整治纳入党史学习教育“我为群众办实事”、省级生态环保专项督察等的重要内容，建立省生态环境厅业务处室联点帮扶市（州）、市（州）生态环境局专人定点帮扶企业制度，开展指导帮扶，有力有序部署推进，取得了阶段性成效。

一是全面摸清了家底。经多轮排查、监测，建立重点管控企业清单和风险问题清单。确定重点管控涉铊工业企业 285 家，涉铊工业园区（片区）13 个，排查发现各类环境问题 793 个；将衡阳水口山、松木工业园，郴州永兴、嘉禾、桂阳等地区，耒水、舂陵水等重点流域，作为重点管控区域、流域。二是切实补齐了弱项。结合污染防治攻坚战“夏季攻势”和危险废物大排查大整治，针对除铊设施安装不到位、风险管控薄弱、超标排放等重点问题集中开展专项整治。截至 8 月底，全省共有 103 家企业、9 个园区（片区）安装除铊处理设施，65 家企业已经签订含铊污泥安全处置协议；同时，排查发现的 793 个问题，经省级核查核定，已整改落实 675 个，整改率 85.1% 。三是严厉打击了违法行为。截至 8 月底，各市（州）

生态环境局共对298家涉铊企业（工业园区）开展执法检查，立案查处60宗，罚款676.07万元，查封扣押案件1件，限产停产案件2宗，移送行政拘留4宗，移送环境污染犯罪案件4宗。先后公开曝光5起涉铊环境违法典型案例。同时，湖南省生态环境厅组织开展了5批次省级核查、跨市（州）交叉检查和专项执法。四是加强了预警预报。组织对重点断面、水源开展加密监测，省级统筹1580万元专项资金，在重要饮用水水源地、主要交界断面、重点涉铊企业和园区下游安装42套铊自动监测系统，郴州、衡阳自行安装5套，进一步强化溯源监测与预警预报。加强“智慧环保”监管，92家涉铊企业安装电力监测设备，145家涉铊企业在总排口、雨排口、除铊设施等重点部位安装视频监控系统。五是完善了政策标准。及时修订《湖南省工业废水铊污染物排放标准》，先后制定《加强工业企业铊污染防治与风险管控工作的指导意见》《涉铊工业企业排查整治标准》《排污单位涉铊企业废水自行监测技术指南》等21份文件，从产业布局、责任落实、企业整治及监管、监测等方面进一步明确要求。

5月31日至6月5日，生态环境部组织对衡阳、郴州5个市（州）开展湘江流域涉铊污染专项整治现场调研指导，对湖南省所做工作以及取得的初步成效给予了充分肯定，指出湖南省委、省政府及地方各级党委政府高度重视，扎实部署推进专项整治工作；细化配套措施，制度安排基本到位；加强帮扶执法，夯实专项整治基础；坚持系统筹划，强化科技支撑等。

在看到阶段性成效的同时，务必清醒看到形势仍然严峻，涉铊风险隐患仍未得到有效消除和严格控制，特别是郴州、湘潭，在2021年六七月份，又发生个别断面铊浓度异常事件，充分说明部分市县工作还没有到位，下阶段整治工作绝不能再有丝毫懈怠。结合生态环境部调研反馈意见和7月省级现场核查检查情况，目前主要还存在以下问题和差距：

1. 思想认识不到位。一是工作推进不均衡，部分市县压力传导不足，郴州永兴县、嘉禾县，湘潭县，衡阳衡南县、衡山县，娄底市冷水江市等地工作推进相对滞后，隐患仍然突出。二是市（州）把关不严格。205家涉铊企业和13个园区（片区）的污染整治已经纳入“夏季攻势”清单，市（州）7月份上报的整改完成率分别为94.6%、92.3%，许多地方上报全部完成。但是7月份省厅组织现场核查，整改完成率核减了30%；排查发现的793个问题整改完成率，永州、娄底核减率分别达到35.7%、35.4%，尤其是一些工程性措施、实质性问题，仍未整改到位。同时，省级核查时部分市（州）又发现了许多新问题，郴州、娄底、衡阳、永州、湘潭后续整改任务还比较艰巨。

2. 整治标准不严实。一是部分重点涉铊企业未安装除铊设施。永州3家，郴州、娄底各2家，湘潭、怀化各1家企业循环回用水铊浓度超标但未安装除铊设施；部分2014—2015年安装除铊设施的企业，除铊工艺、除铊效率都有待进一步提升。二是除铊设施未正常运行。相当一部分企业除铊设施形同虚设，未正常运行，没有发挥有效作用；部分企业循环回用池、初期雨水收集池铊浓度仍然很高，没有及时进行除铊处理。三是部分企业含铊污泥仍未安全处置到位。截至9月5日，仍有23家涉铊企业未签订含铊污泥处置合同，其中郴州8家、衡阳7家、湘西、永州、长沙各2家、湘潭、岳阳各1家；衡阳市铖昱锌品有限责任公司、湘潭县恒盛化工有限公司、湘乡市嘉联锌业有限公司等相当一部分涉铊重点风险企业，有设施但含铊污泥产生量、安全处置量极少，有的甚至没有产生或没有安全处置含铊污泥；湘西、株洲、永州涉铊企业含铊污泥安全转运处置量至今为0。四是部分停产企业涉铊风险隐患未清除。邵阳、衡阳、株洲、湘潭等地一些已关停或长期停产企业，厂内铊浓度很高的废渣、废液未妥善清理，存在风险隐患。五是部分企业“雨污分流”不到位。湘潭、郴州、株洲、永州、娄底、长沙、岳阳等地共有36家涉铊企业“雨污分流”不完善、废水收集不合理。部分企业还不同程度存在原料、含铊固体废物管控不到位，含铊高浓度的脱硫废水、去除氯离子的漂洗废水未进行除铊处理直接回用或去向不明等问题。

3. 监管执法不严厉。个别企业存在环境违法行为和敷衍整改情况，郴州、株洲、常德、湘潭、永州等市（州）均有企业存在超标排放问题；涉铊企业循环回用水超管控标准情况仍较多，此次现场核查共有40家企业存在类似问题，其中郴州14家、永州7家、衡阳6家、湘潭5家、娄底4家、湘西2家、岳阳、怀化各1家。永州市有2家企业存在监测报告造假的恶劣违法行为，必须严厉打击。

4. 园区管理不到位。核查检查后发现，郴州市资兴经济开发区资五工业园进水、出水铊浓度均超标；郴州市高新区技术产业园污水处理厂、衡阳松木经济开发区污水处理厂进水铊浓度超标；郴州永兴太和园区等涉铊历史遗留问题仍未得到有效解决；部分园区没有对企业加强监测监管，园区内企业整治进展缓慢，甚至存在超标排放、偷排等违法行为。

5. 产业结构不合理。部分涉铊企业管理粗放、工艺落后、污染防治设施简陋，数量较多的涉铊企业没有按要求入园，环境风险大。废弃矿山、尾矿库、工矿企业污染场地、地下水等历史遗留问题整治难度大，当务之急还只能是风险管控为主，系统解决历史遗留问题任重道远。

当前部分流域、区域已进入枯水期，专项整治也已进入攻坚期、关键期。各级各部门要充分认识这项工作的极端重要性，坚决扛起涉铊污染专项整治的政治责任，针对上述存在的问题和差距，切实加强组织领导，采取切实可行的措施，统筹调度、逐项整改、扎实推进各项任务落地落实。

一要切实提高站位，压紧压实各级责任。各级各部门和园区管委会务必进一步提高政治站位，切实加强组织领导和统筹调度。各级生态环境部门务必发挥主力军作用，结合“夏季攻势”任务推进、党史教育“为群众办实事”要求，切实加强执法监管、指导帮扶。省生态环境厅将采取通报、挂牌督办、专项督察、约谈问责等措施，加强督导调度，压紧压实各级责任。对专项整治不力、问题突出的市（州）、区县和工业园区，拟提请开展省级生态环境保护专项督察。

二要切实强化措施，全力攻坚排查整治。要围绕“环境质量持续改善，排污总量大幅减少，超标事故坚决杜绝”三个目标，紧盯重点风险问题，全力推进涉铊专项整治。要全力推进纳入“夏季攻势”任务清单的涉铊企业、园区问题整改，高标准、按程序验收销号。要加强生态环境部现场调研指出问题整改，切实抓好风险排查整治不彻底、监管执法不严实、搬迁入园进展缓慢等问题的整改。要加快推进搬迁整治，根据湖南省政府专题会议要求，湖南省生态环境厅、湖南省发展改革委、湖南省工信厅正在研究制定《关于做好涉铊重点风险工业企业搬迁整治有关工作的函》，对于省级及以上产业园区外的原有涉铊企业，由市（州）政府组织开展风险综合评估，按照“关停淘汰一批，搬迁入园一批，整改提升一批”的思路开展整治。要加强系统治理，坚持标本兼治，以治标为治本腾时间和空间，在全力以赴聚焦涉铊企业、园区治理的基础上，按照轻重缓急、分类分步原则，统筹重金属污染治理和历史遗留问题解决，部署开展尾矿库、危险废物、污染场地、废弃矿山及矿井涌水等排查整治和风险管控。重金属污染历史遗留问题较多且整治任务较重的郴州、衡阳要抓紧开展涉铊面源治理。

三要切实严格执法监管，严厉打击违法行为。要进一步严格专项执法。要坚持“严执法”的主基调，紧盯超标排放、高浓度含铊循环废水、除铊设施未安装或未正常运行、含铊污泥违规处置等违法问题，持续开展涉铊专项执法行动；对省级交叉检查移交的问题线索以及专项行动开展以来发现的违法问题，要依法从严从快查处，落实“严管重罚”的要求，该移送的坚决移送，该开展生态环境损害赔偿的依法开展；要加大涉铊违法问题的曝光力度，持续保持严执法的高压态势。要强化常态化执法监管。严格按照“全覆盖、全方位、严执法”要求，将排查出的涉铊企业全部纳入“双随机、一公开”抽查检查范围，推动落实有奖举报制度，充分发动广大群众、行业企业积极举报，精准打击涉铊企业环境违法行为，形成常态化的监管机制。要部署开展涉铊工业企业固体废物执法检查。结合危险废物大排查大整治、跨省转入危险废物监督管理、危险废物类别鉴定等工作，部署开展对涉铊企业固体废物执法检查，严厉查处含铊固体废物储运、处置不规范等违法行为。

四要切实强化监测预警，严格执法监测。各市（州）生态环境局和驻市（州）生态环境监测中心要加强协同配合，切实加强对涉铊企业和园区污水处理厂的执法监测和专项监测，为执法监管和成效评估提供支撑保障。要加强对重点断面、重要饮用水水源的常规监测和加密监测，加快完成自动监测系统安装，尽快完成监测预警体系建设。

五要切实加强支撑保障，完善政策标准体系。加快修订和出台《湖南省工业废水铊污染物排放标准》等文件，为深入推进专项整治提供政策依据。继续认真落实省生态环境厅各相关处室联点帮扶市（州）、市（州）生态环境局专人定点帮扶企业制度，切实加强对专项整治工作的指导帮扶。

（2021 年 9 月 17 日）

加强生态环境保护需要多方发力、多措并举、有力保障

一、积极调动政府、企业、公众三方面力量，让推动形成绿色生产方式和生活方式、加强生态环境保护成为普遍共识

生态环境保护，涉及人类生活的全过程、各环节，关系到人类的生存、生活、生命。推动形成绿色生产方式和生活方式，非一朝一夕之功，更与政府、企业、公众等各方面都密切相关。一是要强化“党政同责”“一岗双责”。习近平总书记强调，生态环境保护能否落到实处，关键在领导干部。生态环境保护必须积极调动各级党委、政府发挥主导作用。从湖南省的工作实际来看，湖南省第十一次党代会提出建设“生态强省”战略目标，湖南省政府明确2017年打好环境治理等三大战役；2015年，湖南省印发《湖南省环境保护工作责任规定（试行）》，明确了“党政同责、一岗双责”的环保工作机制，将环境保护各项工作职责分解落实到省直34个部门；2017年又成立生态环境保护委员会，各级政府、各个部门齐抓共管、形成合力，环境保护工作成效明显。因此，强化各个层级党委、政府的责任，各个层级都建立环境保护议事协调机构、强化部门联席会议制度，进一步调动各级各部门的力量、整合各方面资源，使得推动形成绿色生产方式和生活方式工作压力传导“横向到边、纵向到底”。二是要突出“企业主责”。从推动形成绿色生产方式和生活方式、加强生态环境保护工作来说，尤其是站在环保部门工作角度来说，如何管控好影响生态环境的污染企业是关键。一方面，要进一步把好准入关。根本改善生态环境状

况，必须改变过多依赖增加物质资源消耗、过多依赖规模粗放扩张、过多依赖高能耗高排放产业的发展模式。这就需要科学设定资源消耗上限、环境质量底线、生态保护红线，严格管控“线内线外”；细化环境准入负面清单，对于各类产业的产能条件要明确，对于企业使用的生产工艺要明确，确保新投产企业资源节约、环境友好。另一方面，要进一步严格监管。对于企业污染物排放的处理工艺尤其是排放标准要细化、全面，达不到要求的坚决采取措施勒令停产整改、取缔关闭。这其中更重要的一个问题是，要激发企业的“主人翁”意识，让自愿选择、自觉守法成为企业投产、生产的常态。在企业计划投产时，将该类产业的准入条件、提倡和禁止使用的生产工艺、污染物排放标准等列出清单，使企业清楚投产至生产各个环节的管理制约，供其决策参考。在企业生产中，充分发挥排污许可等制度的刚性约束，严格环境执法、落实处罚措施，同时配合施以节能减排奖励机制，使广大企业真正自觉的依法排污。三是要激励“人人尽责”。当前，社会公众对于环境保护关注度高、参与度低。一方面，要强化环境信息公开、生态环境污染破坏有奖举报等，切实发挥公众监督者的作用。另一方面，要加大宣传力度，采取有效措施促进社会公众树立节约集约循环利用的资源观、用最少的资源环境代价取得最大的经济社会效益，推动形成节约适度、绿色低碳、文明健康的生活方式和消费模式，切实发挥公众参与者的作用。

二、紧紧抓住资金、技术、考核三大要素，为推动形成绿色生产方式和生活方式、加强生态环境保护提供有力保障

推动形成绿色生产方式和生活方式、加强生态环境保护涉及面广、重点难点多，没有一系列的保障措施，无法取得实质性进展。要突出抓好三个方面的保障。一是资金。资金投入是基础。生态环境的保护和修复、污染的治理、生产工艺的改进、污染物排放的控制、绿色生活方式涉及的基础设施建设等等，无一不需要资金。一方面，各级政府要加大环境保护的资金投入。建立财政投入动态增长机制，采取“以奖代补”“以奖促防”“以奖促治”等方式，加大对高污染高耗能行业企业的退出、技改、环保设施建设政策和资金支持。另一方面，要鼓励、刺激社会资金参与。鼓励

银行加大对污染防治项目的信贷支持，开展节能环保设施融资、租赁业务，设立环保产业基金，引导和鼓励社会资本投入生态环保领域。二是技术。技术支撑是“利器”。环境保护工作专业性很强，例如企业废气、废水的处理，往往需要专业的技术手段。在实际工作中，就有很多困惑，例如大气污染的成因分析，似乎还没有找到科学的结论；湖南省2017年空气质量不容乐观，很大程度上归因于臭氧超标，如何防治似乎也没有找到可靠方法。因此，各级尤其是国家层面、省级层面需要紧扣生态环境保护、污染治理中存在的普遍、重大技术难题，集中各方面资源，组建重点实验室、工程技术研发中心、公共技术创新平台，整合清洁低碳技术创新平台，着力在资源循环利用、重金属污染治理、生态修复、臭氧污染治理等领域开展重大科技专项攻关。同时，完善环境保护科技成果转化机制，推广运用先进节能环保技术，大力发展节水、节能、节地、节料的环保产业，促进更多科技成果转化为现实生产力，解决实际问题。三是考核。工作考核是关键。当前全国环境保护方面的法律政策制度并不算少，不少工作规定也比较细，但是法律政策制度执行得怎么样，有时候可能没有好好地追踪追查。湖南省对《湖南省环境保护工作责任规定（试行）》实施以来各方面情况进行调度，发现各级各部门对于环境保护职责履行情况较好，但是责任落实不到位的情况真正追责的屈指可数。因此，需要真正落实领导干部任期生态文明建设责任制，切实推行自然资源资产离任审计等一系列有强大震慑作用的机制，需要进一步加大对工作计划、目标的考核力度，用考核衡量工作成果、用数据亮明工作绩效。

三、充分利用法律、信息、经济三个手段，为推动形成绿色生产方式和生活方式、加强生态环境保护创造强大引擎

推动形成绿色生产方式和生活方式、加强生态环境保护，以前依靠行政手段多，当前，这项工作已到了爬坡过坎的关键时期，剩下的都是“硬骨头”，需要充分利用多种渠道，强化各方面手段，三管齐下，相辅相成，使得前有“拉力”、后有“推力”、中间减少“摩擦力”。一是法律手段。各级政府要根据实际，制定并严格执行生态环境法律制度。加快建立有效约束开发行为和促进绿色发展、循环发展、低碳发展的生态文明法律制

度，强化生产者环境保护的法律责任，大幅度提高违法成本。建立健全自然资源产权法律制度，完善国土空间开发保护方面的法律制度，制定完善生态补偿和土壤、水、大气污染防治等法律法规，对自然资源进行有效的保护、对排污行为进行有效的约束，促进生态文明建设。二是信息手段。生态环境保护方面的基础性资料、数据体系可能还不完备，甚至可以说比较薄弱。例如，监管对象有多少家、分布在哪些地方、污染物排放情况如何，可能还没有完全摸清楚；怎么样通过长时间的数据资料，找准关键的问题、分析相应的对策，可能还需要下功夫。一方面，要摸清底数、完善数据。利用全国第二次污染源普查等契机，将生态环境保护领域方面的基础性数据、资料摸清楚，将数据、资料整合起来、形成体系，形成直观、全面的基础数据库。另一方面，要加大数据应用力度。充分利用“互联网+”现代技术，对于基础数据进行综合性分析、加强关联性处理，服务于监管，服务于决策。三是经济手段。近年来国家、各省（区、市）都出台了多项生态环境保护领域的多项环境经济政策或试点，例如生态补偿、排污权交易、环境损害赔偿、环保责任险等，这些政策出发点都很好，但在实施过程中有的推进顺利，有的还是难以推进到位，原因是多方面的。要总结经验教训，适时调整完善，将探索的成果扩大化，应用到全领域，切实发挥作用。

总之，推动形成绿色生产方式和生活方式、加强生态环境保护，需要社会各方面一起履责，需要有各方面的保障，需要利用各方面的手段。相信在党中央、国务院的正确引导下，通过各级各方面共同发力，推动形成绿色生产方式和生活方式、加强生态环境保护工作必将取得持续的、更大的进展。

（2017 年 6 月）

用好“夏季攻势”这个抓手 全力推进湖南省环境治理

加强环境治理，是党中央的重大决策部署，是全省人民的热切期盼，是建设富饶美丽幸福新湖南的必然要求。“夏季攻势”是湖南省委、省政府打好环境治理战役的强有力举措和重要抓手。

一、积极行动，以高度的政治自觉打好环境治理战役

（一）打好环境治理战役是落实“五位一体”总体布局的实际行动

党的十八大以来，以习近平同志为核心的党中央抓生态文明建设和环境保护的认识高度、推进力度、实践深度前所未有，把生态文明建设纳入“五位一体”总体布局，作出了一系列重要决策部署，全面展示了中国共产党高度的生态自觉和全新的执政理念。加强环境保护、加快污染防治是以习近平同志为核心的党中央的重大关切，开展环境保护督察是以习近平同志为核心的党中央创造性的制度设计。省级环保部门提出的打好环境治理战役，就是从讲政治的高度认识生态环保工作，自觉向习近平总书记系列重要讲话精神看齐、向中央决策部署看齐的生动实践。落实中央生态文明建设新理念新战略，既要着眼长远，也要立足当前，从山水林田湖草的整体性和关联性出发，坚持开发与保护并重，污染防治和生态修复并举，推动生态环境保护的系统治理，形成环境保护长效机制。

（二）打好环境治理战役是贯彻新发展理念的必然要求

党的十八届五中全会把绿色发展纳入“五大发展理念”重要内容，习

近平总书记强调指出，“生态兴则文明兴、生态衰则文明衰”“像保护眼睛一样保护生态环境，像对待生命一样对待生态环境”。坚持绿色发展，为当代中国人和我们的子孙后代留下天蓝、地绿、水清的生产生活环境，是中国共产党新时期执政兴国的重大责任和使命，是正确政绩观的重要体现。湖南省第十一次党代会提出，坚持绿色发展、绿色惠民，加快建设天蓝地绿水清土净的生态强省，这是深入践行习近平总书记新发展理念的具体行动，推动全省生态文明建设的有力之举。但目前湖南省绿色发展的步伐还不够快，突出表现在：一是产业结构偏重。长期形成的重化工业比重较高的产业结构和煤炭为主的能源结构尚未根本转变；工业产业中，有色、化工等基础原材料工业，以及高污染、高耗能、高排放行业比较集中。二是排放强度偏高。全省主要污染物排放总量仍处高位，化学需氧量、氨氮排放总量偏大，在全国排名靠前。三是能源消费结构不合理。煤炭消费占比超过60%，2016年六大高耗能行业综合能源消费量，占规模工业能耗的79.3%。贯彻落实中央精神，破解环境保护难题，必须正确处理经济发展与环境保护的关系，牢固树立保护生态环境就是保护生产力、改善生态环境就是发展生产力的理念，筑牢“绿水青山就是金山银山”的意识，努力走向社会主义生态文明新时代。

（三）打好环境治理战役是践行以人民为中心的发展思想的重要举措

习近平总书记指出，我们的人民热爱生活，期盼有更好的教育、更稳定的工作、更满意的收入、更可靠的社会保障、更高水平的医疗卫生服务、更舒适的居住条件、更优美的环境。人民对美好生活的向往，就是我们的奋斗目标。2017年湖南省政府工作报告要求，让每个人都能享受到更蓝的天、更绿的山、更清的水，呼吸到更清新的空气。但全省环境保护工作与党中央、国务院的要求相比，特别是与人民群众的期待相比，还有较大差距，环境改善压力总体偏大。大气环境方面，全省还没有一个城市空气质量达到国家二级标准，阶段性重污染天气尚未得到有效遏制，氮氧化物排放量仍持续增长，长沙在省会城市中排名靠后；水环境方面，湘资沅澧四水支流水质仍有超标，洞庭湖水质总体为中度污染，城市雨污合流、农村生活污水、畜牧养殖废污水直排等问题严重，地下水和饮用水水源存在隐患。土壤环境方面，全省土壤点位中度和重度污染的点位超标率在全国靠前，局部地区重金属污染严重，环境保护工作的形势依然严峻。抓生态建设、环境治理，就是造福老百姓，就是践行以人民为中心的发展思想、坚持正确的政绩观。必须以对人民群众、对子孙后代高度负责的态度和责任，真正下决心把环境污染治理好、把生态环境建设好，让老百姓在宜居的环境中享受生活，切实感受到经济发展带来的生态效益。

二、突出重点，确保完成环境治理战役“夏季攻势”目标任务

要突出重点问题，狠抓关键环节，拿出过硬措施，集中力量攻坚，确保生态环境突出问题得到有效解决，生态环境质量总体得到改善。

（一）加快环保督察交办问题整改

第一轮中央环保督察组向湖南省交办了一批突出环境问题、重点案件和信访件，各级环保部门必须提高政治站位，持续保持高压态势，严格按照中央要求抓好整改，针对各类问题梳理核查，拉条挂账，列出清单、制定方案、明确责任、立行立改、限时整改、持续整改、保质办结。以中央环保督察及整改为契机，全面提升生态环保意识和环境治理能力水平。

（二）继续推进水污染防治

2017 年全省水污染防治的目标是：地表水考核断面水质优良（达到或优于Ⅲ类）比例要达到85%以上，消除劣Ⅴ类水体，地级城市集中式饮用水水源水质达到或优于Ⅲ类比例要高于96.4%，要围绕上述目标，以硬措施完成硬任务。一是以湘江保护和治理省“一号重点工程”和洞庭湖“五大专项行动、十大重点工程”为抓手，全面推行“河长制”，坚持“治”“调”并举，实施一批重点治理项目，完善河（湖）综合治理体系。二是围绕省里制定的水污染防治行动计划中的11 类、共560 项重点项目，加大推进力度，尤其是要加强基础设施建设，省级及以上工业集聚区年底前按规定全部建成污水集中处理设施，总排污口安装自动在线监控装置。三是要加强饮用水水源和水质较好湖泊保护，重点推进大通湖、三仙湖项目的实施，确保水质改善。要加大城市黑臭水体整治，长沙市建成区年底前基

本消除黑臭水体，其他城市要达到60%。

（三）加快推进大气污染防治

各地要对照省大气污染防治年度实施方案，坚决完成环境空气质量改善目标、大气主要污染物减排任务以及环保部下达的其他考核目标。长株潭作为大气污染防治重点地区，要坚持联防联控、科学治理，使区域内空气环境质量有较大改善；郴州市要率先实现城市空气质量达标的突破。要加快推进电力超低排放改造和小火电治理工程，强力推进钢铁、水泥、有色行业污染深度治理，实施有色、建材和化工行业全面达标排放计划。要狠抓城市扬尘污染防治和面源污染控制，重点抓好道路施工、建筑施工扬尘控制以及餐饮油烟污染整治，按要求重新划定高污染燃料禁燃区。要加强机动车管理，年底前建成国家、省、市三级联网的机动车排污监控平台，基本淘汰现有黄标车。要进一步完善重污染天气的预测预报，适时启动应急预案。

（四）稳步推进土壤污染防治

到2020年，受污染耕地安全利用率达到91%左右，污染地块安全利用率不低于90%。一是摸清家底，开展土壤污染状况详查。查明本行政区域农用地土壤污染的面积、分布及其对农产品质量的影响，掌握本行政区域重点行业企业用地中的污染地块分布及其环境风险情况。二是实施农用地分类管理，实施建设用地准入管理。建立调查评估制度，严格管控土壤环境风险。从2017年开始，要建立污染地块名录及其开发利用的负面清单，落实监管责任，严格用地准入，土地开发利用必须符合土壤环境质量要求。同时，以保障农产品、人居环境、饮用水水源地安全为重点，开展土壤污染防治试点示范，组织做好2016年土壤污染防治专项资金项目的验收工作，启动41个土壤污染防治项目的实施。三是加强污染源监管。列入土壤环境重点监管企业名单的企业自2018年起要自行对其用地进行土壤环境监测，结果向社会公开；加强涉重金属行业污染防控和工业废物处理处置，不能简单地一关了之，必须把好关，确保升级改造、达标排放，决不能把污染源分散安置到不同地方。到2020年，重点行业的重点重金属排放量要比 2013 年下降 12%。

三、真抓实干，为环境治理战役“夏季攻势”提供坚强保障

环境治理战役“夏季攻势”目标任务已经明确，下一步关键是较真碰硬，落细落实。

（一）压紧压实各方责任

落实“党政同责、一岗双责”“三管三必须”的要求，理清环保责任清单，推进各项工作标准化、规范化，推进“网格化”监管，严格落实属地管理责任和部门监管责任，做到齐心协力、齐抓共管，切实形成工作合力。发挥考核的指挥棒作用，把打好环境治理战役纳入政府绩效考核的重要内容，落实领导干部任期生态文明建设责任制，实行自然资源资产离任审计，以强有力的监督考核问责推动各级领导干部坚决履行好生态环境和资源保护职责。建立环境治理目标责任体系，实行“月调度，季通报，半年总结，年度考评”，加大监督检查和考核奖惩力度。深入推进环保综合督察，对重点问题实现领导包干负责制，坚决做到“不查清不放过、不处理不放过、不销号不放过”。企事业单位要根据“谁污染、谁治理，谁污染、谁付费”的原则落实环境治理主体责任，加大技改投入，加快升级改造，最大限度减少污染排放。

（二）细化完善实施方案

湖南省现已制定了大气、水、土壤污染防治年度实施方案，明确了总体目标、主要整治任务、工作措施和保障机制，根据中央环保督察反馈意见，有针对性地进行补充完善。各地各部门要建立战役推进落实机制，按照时间节点要求，切实抓好本地本部门职责范围内工作的推进落实，及时解决战役推进中存在的问题。各地还要根据湖南省统一部署，结合本地实际，制定细化的工作方案和措施，明确重点，细化进度，倒排工期，加大力度推进。

（三）不断强化科技支撑

依托湖南省科技研发基础与优势，整合省内清洁低碳技术创新平台，重点在资源循环利用、重金属污染治理、生态修复等领域开展重大科技专项攻关，力争在关键技术、共性技术、核心技术上取得突破。要支持高校、研究机构与湖南省园区、企业组建重点实验室、工程技术研发中心、公共技术创新平台，共同推进环保领域技术创新。要完善环境保护科技成果转化机制，推广运用一批先进节能环保技术，大力发展节水、节能、节地、节料的环保产业，促进更多科技成果转化为现实生产力。

（四）健全激励约束机制

根据战役的目标任务和进度要求，需要各级各部门密切协调配合，在资金计划、项目安排上向环境治理战役倾斜，引导各方资源和力量集中投入。财政应建立投入动态增长机制，将环境保护资金列入各级政府年度财政预算，加大对高污染高耗能行业企业退出、技改、环保设施建设引导性政策支持和资金支持，采取“以奖代补”“以奖促防”“以奖促治”等方式，加快推进环境治理战役进程；科学谋划一批重大环保项目，积极主动与相关部委进行对接，争取更多项目进入国家“笼子”。鼓励引导企业切实加大环保设施投入，坚持产能上做减法，环保投入上做加法，加快技术升级改造，优化清洁生产流程，提高污染物处理能力，保证企业生产达标排放。拓宽社会融资渠道，引导银行业等金融机构加大对大气污染防治项目的信贷支持，加快开展节能环保设施融资、租赁业务；大力推进污染治理市场改革，采取设立环保产业基金、推行环境绩效合同服务、引入第三方治理、授予开发经营权益等方式，鼓励社会资本加大环境保护投入。全面划定生态红线，扩大生态补偿范围，推进绿色金融，落实生态环境损害赔偿、环境责任保险制度等，进一步丰富经济手段。加快推动省级、地方环境立法，强化法制保障。

（2017年6月5日）

提高站位 明确职责 强化举措
在环保科技和财务工作上担当有为

一、提高政治站位，切实把思想和行动统一到习近平生态文明思想和党中央、湖南省委、省政府重大决策部署上来

党的十八大以来，以习近平同志为核心的党中央，提出了一系列新理念、新思想、新战略，推动生态环保实现了历史性、转折性、全局性变化。2018 年召开的全国生态环境保护大会，一个标志性的成果就是正式确立了习近平生态文明思想。习近平生态文明思想是习近平新时代中国特色社会主义思想的重要组成部分，是对党的十八大以来习近平总书记围绕生态文明建设提出的一系列新理念、新思想、新战略的高度概括和科学总结，是新时代生态文明建设的根本遵循和行动指南，也是马克思主义关于人与自然关系理论的最新成果。在 2019 年全国两会期间，习近平总书记在参加内蒙代表团审议时强调，要保持生态文明建设的战略定力，不动摇、不松劲、不开口子，这是习近平生态文明思想的最新成果，表明以习近平同志为核心的党中央加强生态文明建设的坚强意志和坚定决心。做好新时代生态环境保护工作，最根本的就是要深入学习贯彻习近平生态文明思想和全国生态环境保护大会精神。作为污染防治攻坚战重要支撑保障的科技与财务部门，首先，要切实提高政治站位，全面系统学习领会习近平生态文明思想的丰富内涵，增强“四个意识”，做到“两个维护”，增强做好生态环境保护建设的思想自觉和行动自觉；其次，要广泛深入宣传习近平生态文明思想，凝聚广泛思想共识，形成生态文明建设的整体合力；最后，

要抓住时代机遇，积极争取多方支持，为生态环境事业发展和污染防治攻坚战提供有力支撑。

二、明确职责要求，进一步强化科技财务工作的责任担当

一是抓好“开源固本”，提升财力保障水平。兵马未动，粮草先行。财务工作是生态环境工作的基础和重要保障，面对新形势新任务新要求，要全面加强生态文明建设，坚决打好打赢污染防治攻坚战，资金需求只会越来越大，财务管理只会越来越严。对此，必须有清醒的认识和足够的思想准备，找准着力点，寻求突破口，变压力为动力，变挑战为机遇。突出资金争取。污染防治攻坚战的进程和成效与资金投入息息相关，据研究，只有生态环保投入达到地区 GDP 总量的 3% 以上，才能实现地区生态环境质量的明显改善。科技与财务工作的一项重要工作任务就是要提供资金保障，要加强向上级部门、政府领导及发改、财政等部门的积极争取、沟通协调。还要及时掌握一些财政专项资金的投资方向和使用情况，提出优化、完善意见。如国家、省重点生态功能转移支付资金；突出绩效管理。各市（州）要切实转变管理理念，不能只重视“要钱”而不重视“花钱”，不能只重视项目申报而不重视项目实施。要认真落实《湖南省环境保护专项资金使用管理办法》相关规定，坚持项目组织申报与项目实施监管并重，加快项目实施与严格验收考核并重，加强资金规范管理与资金绩效考评并重，不断提高资金使用效益，下一步将把已安排项目的实施和资金规范管理作为国家、省专项资金分配安排的重要因子；突出制度建设。健全内部控制制度，建立业务、财务、资产、政府采购和监督检查全方面的内部控制体系，明确职责和权限。按制度办事、用制度管人，推进财务工作科学化、精细化管理；突出项目储备。要高度重视项目库的建设，凡是没有进入国家项目库 A 类项目的，国家专项资金是不能给予支持的。各市（州）要认真、扎实抓好项目前期工作，舍得拿出一部分项目前期工作经费，确保储备项目的数量和质量。要坚持问题导向，围绕解决突出环境问题，改善环境质量，储备一批好项目和重点项目，并及时、积极申报国家、省项目库。

二是抓好“育种蹲苗”，培育壮大环保产业。习近平总书记在十九大

报告和全国生态环境保护大会讲话中将“壮大节能环保产业”作为“推进绿色发展”的重要内容，生态环保产业还承载了为“解决突出环境问题”“加大生态系统保护”提供产业技术支撑的重要任务。为此，要把大力发展生态环保产业摆在科技与财务工作的重中之重，作为一项经常性的、长期的工作任务，通过大力发展生态环保产业，间接解决污染防治攻坚战的资金瓶颈；要把生态环保产业当成“种苗”一般认真呵护好，全力培育好，使之尽早变成参天大树，力争通过3—5年的努力，湖南省生态环保产业产值翻一番，达到5000亿以上，提升生态环保产业的影响力和带动力，提升生态环境部门地位；要旗帜鲜明地全力支持生态环保企业发展，积极争取政府、会同有关部门出台和落实生态环境保护方面相关的财税、价格、金融、贸易等支持政策，激发生态环保产业市场主体活力，不断增强湖南省环保企业的实力和竞争力，着力打造生态环保产业“湘军”，打赢污染防治攻坚战；要关心和支持环保产业协会的工作，加强服务、联系、监管等工作，积极组织和参加各种推介会、展览会及“走出去”的活动，支持市（州）成立环保产业协会，不断扩大湖南省环保产业协会的凝聚力和影响力。

三是抓好“老树新枝”，加强环保科技协同。近年来，全省各地结合本地环保工作实际在环保科技工作方面做了不少工作，为全省污染防治攻坚战提供了有力支撑。目前，根据部门职能调整，环保科技的职能主要由科技部门承担，但这并不是说就无所作为了。至少可以从以下几个方面下功夫：一是要加强与科技部门联系，争取环保科技项目在整个科技项目体系中的比重逐年提升；二是要为环保科技研究领域和方向积极建言；三是积极参与环保科技项目咨询论证；四是针对一些重点、关键技术，采用奖补方式支持研究。同时，加强环保科普工作，推动环境科普队伍和科普基地建设，引导公众关心环保、参与环保。

三、强化工作举措，扎实推进科技财务工作落细落实

2019年湖南省科技与财务工作的工作要点已经下发，工作目标任务已经明确，现关键是要细化强化措施，狠抓工作落实。要加强组织领导。在这次机构改革中，县局作为了市局的派出机构，市（州）生态环境部门科

技与财务工作的任务明显增多，对科技财务工作的重视程度和机构人员只能加强，不能削弱。要积极争取党委政府以及财政、发改等部门的支持，足额保障工作经费，加强能力和信息化建设、设立和扩大专项资金规模，把主要任务和重点工程等纳入政府的专项规划和工作重点，制定支持生态环保产业政策措施等。要健全工作机制。加强机制建设是推进科技财务工作最有效的途径，也是把科技财务工作真正纳入规范化轨道的迫切需要。各市（州）要建立和完善项目管理、绩效考核等机制，尤其是要建立科技财务部门和业务部门分工合作、齐抓共管、协调联动的工作机制。要突出自身建设。再多的钱也不够花，何况资金的缺口还很大。因此，在资金的争取和安排上，首先是保运转。生态环保日常工作的资金必须保障到位。其次是强自身。始终把能力建设摆在重要的位置，着力加强监测、执法和信息化建设。最后是兼治理。要强调“谁污染、谁治理”，财政资金一般不直接支持企业，即使少量支持，那也只能是奖补；要大力发展生态环保产业，吸引更多的社会资金投入；要强调“一岗双责”，抓生产都要抓环保，抓发展的要抓环保，推动相关部门落实治理责任；省里今后环保专项资金主要是通过生态补偿机制进行分配，直接到项目的资金会越来越少，即使是到项目，也主要是采取奖补方式。2019 年将进一步完善大气生态补偿机制，流域生态补偿机制将从湘江流域扩展到“一湖四水”，各市（州）要想争取更多的环保专项资金，就需在改善环境质量上下功夫。

四、保持奋发有为精神，争当全省生态环境建设排头兵

“有为才有位”。改革前，湖南省财务工作和科技工作在全国生态环境系统中都位居前列。每年争取中央环保专项资金量位居全国前三，环保产业、清洁生产等工作在全国也处于领先位置。改革后，还需要继续保持良好精神状态，把“奋发”的精神转化成“有为”的行动，争当全省打造生态环保“铁军”的排头兵。一是扎实推进队伍建设。科技财务工作是一个业务性、专业性较强的工作，各级生态环境部门要高度重视科技财务人才队伍建设，加强学习，不断提高政治觉悟和业务水平。对具有专业能力、专业素养、专业精神的干部，特别是年轻干部，可以有针对性地选拔到关键岗位上培养锻炼；二是切实加强廉政建设。科技财务部门负责资金分

配，联系环保产业，权力大，责任大，常常与环保企业打交道，廉政建设显得尤为重要。科技财务部门的工作人员要切实提高反腐倡廉意识，筑牢拒腐防变的防线，做到遵纪守法，廉洁奉公。要构建亲、清的新型政商关系，既关心支持环保企业发展，又要严守纪律规矩的底线，树立科技财务干部良好的形象。

（2019 年 4 月 29 日）

不负使命 赓续奋斗 湖南省圆满完成污染防治攻坚战阶段性目标任务

2020年是全面建成小康社会决胜之年，也是完成污染防治攻坚战阶段性目标任务的收官之年。打赢污染防治攻坚战、“守护好一江碧水”，是推动习近平生态文明思想在湖南落地生根的生动实践。近年来，湖南省围绕攻坚战目标任务，精心部署、稳步推进，不断改善和提升生态环境质量，增强了人民群众的获得感和幸福感。湖南省委、省政府高度重视，各级各部门积极作为，取得了一系列经受实践检验的湖南经验，但也存在一些需要改进的问题。

一、污染防治攻坚战的湖南经验

（一）打赢污染防治攻坚战，必须保持战略定力，做到方向不变、力度不减、标准不降

着眼“一江一湖四水”主战场，把湘江保护和治理作为省“一号重点工程”，从2013年开始，滚动实施三个“三年行动计划”；先后组织开展洞庭湖水环境综合整治五大专项行动、三年行动计划；以长株潭及传输通道城市为重点，全面推进大气污染防治；积极推进长株潭地区重金属污染耕地种植结构调整及休耕治理；实施湘江流域和洞庭湖山水林田湖草生态修复工程等。2020年面对疫情防控和经济下行给污染防治带来的压力，湖南省生态环境厅在全面做好疫情应对和企业服务的同时，仍然牢牢把控生态环境管理底线，不盲目开口子、铺摊子；决不以牺牲生态环境为代价、换取一时一地的经济增长；坚持稳中求进的总基调，统筹服务“六稳”“六保”，在生态环境保护上，始终做到不松劲、不动摇，一以贯之、久久

为功。

（二）打赢污染防治攻坚战，必须对标对表、挂图作战，做到精准治污、科学治污、依法治污

一要做到问题精准。坚持问题导向，对照污染防治攻坚战年度目标任务，全面梳理短板和不足。紧盯 $PM_{2.5}$ 臭氧浓度、重污染天气防控、不达标水体整治、黑臭水体反弹、土壤重金属污染等问题及成因，有的放矢，实行靶向攻击。二要做到时间精准。一方面，对污染防治攻坚战年度重点工作、突出生态环境问题整改、“夏季攻势”主要任务，要严格完成时限，拉单列表、倒排工期，实施挂图作战；另一方面，要针对大气污染特护期、枯水期等重要时间节点，采取针对性措施治理。三要做到区位精准。把“一江一湖四水”作为碧水保卫战主战场，把长株潭及传输通道城市大气污染联防联控作为蓝天保卫战的重中之重，把五大片区和资江流域作为重金属污染防治重点区域，补短板、强弱项，以点带面，重点突破。四要做到对象精准。紧盯移动源和工业源，抓好 $PM_{2.5}$ 臭氧污染防治；狠抓城镇污水管网建设、污水处理厂运行和工业园区环境治理，提高水环境质量；重点关注尾矿库、废弃矿山、重金属重点行业企业、危险化工品企业等环境管理，强化风险防控，确保生态环境安全。五要做到措施精准。加强科技引领，深入研究解析各辖区、各领域、各行业的污染成因、污染结构和污染特性，并加大支持治理工程技术的研发，做到科学决策、科学监管、科学治理；坚持精准施策，采取“一园一档”“一企一策”“一矿一策”，把污染治理落到实处。

（三）打赢污染防治攻坚战，必须推进生态环境治理体系和治理能力现代化，做到标本兼治、纵深推进

生态环境领域治理体系和治理能力现代化，是国家治理体系和治理能力现代化的重要组成部分，是加强生态环境保护的治本之策，必须高度重视，强力推进。

一要压紧压实责任。完成了《湖南省生态环境保护工作责任规定》修订，明确各级各部门责任；坚持“属地管理、分级负责”，将污染防治攻坚战纳入政治建设考察、环保督察、绩效考核和真抓实干督察激励措施重

要内容；组织省级生态环保督察、开展县（市、区）党政主要领导干部自然资源资产离任（任中）审计，督促落实“党政同责、一岗双责”；坚持“谁污染、谁治理”，依法依规强化企业生态环境治理责任；加强宣传发动，畅通举报途径，落实有奖举报措施，充分发挥群众监督、社会监督作用，构建党委领导、政府主导、企业主体、社会组织和公众共同参与的现代环境治理体系。二要强化制度约束。健全源头严控、过程严管、损害赔偿、后果严惩等生态文明制度，实行全生命周期管理。加大制度执行力度，用硬制度管出好生态。严格落实“三线一单”生态环境分区管控的意见，落实管控措施，引导产业布局，助推转型升级。三要创新监管执法。利用信息化手段，加强监测、执法、应急等能力建设，落实“双随机、一公开”制度，提升监管执法效能。完善电力环保智慧监管平台，深度融合“能源 + 数字 + 信息技术”，提高对偷排、停运行为的查处效率。加强生态环境行政执法与刑事司法衔接，加大对违法行为的制裁和惩处力度，形成有效震慑。四要加强激励奖惩。通过健全生态补偿制度、落实环保税收返还政策、发展排污权交易、完善环保信用监管、严格监管执法等，解决“守法成本高、违法成本低”问题，增强企业和全社会保护生态环境的自觉性、主动性。

二、仍存在的主要问题

（一）污染治理投入持续加大与地方化债、经济下行之间的矛盾加大

湖南是有色金属之乡、传统农业大省和人口大省，在解决历史遗留问题、推进基础设施建设中已投入了大量资金，目前在矿山污染、重金属污染、危险废物超期贮存等方面遗留问题仍然较多，后续整改任务重，城乡环境基础设施建设滞后，农业农村污染排放量大面广，尤其是根治土壤重金属污染、全面治理农业面源污染和洞庭湖总磷削减任务艰巨而繁重，亟须大量资金支持。而当前省内各级财政吃紧，治理投融资难度大、压力大。

（二）生态环境领域推进经济高质量发展和新发展格局的政策、措施和手段还不全面、不系统

在生态环境领域的经济政策还不全面，缺乏统筹考虑和顶层设计，如环境信用评价结果的全面运用，绿色环保补贴、贴息、奖补等，第三方治理市场的引导及规范等，还需要进一步细化推进。

（三）省以下垂直管理改革后生态环境保护统一监管职能的理顺与发挥还亟待加强，生态环境治理体系治理能力现代化任重道远

目前省以下垂改工作尚未扫尾，全省大环保工作格局尚未全面建立成熟，生态环境综合执法事权边界划分，综合执法队伍机构整合，综合执法效能的形成还存在不少问题；监测事权上收以后，市县监督性监测、应急监测的保障还未能全面到位；县级生态环境部门上收到市级管理以后，县级生态环境保护工作的统筹协调及推进有待进一步理顺，尤其是在同级各部门横向工作联系上，亟须县级生态环境保护委员会设立并发挥作用。此外，生态环境治理体系中政府责任体系事权还未全面明晰；市场治理体系碎片化、尚不完备，公众参与体系引导和规范还不够；诚信体系建设存在差距。在广大基层，以信息化手段提高发现和解决突出生态环境问题的技术装备及人员配置还相对落后。

（四）防范化解重大生态环境风险中的生态风险防范还比较薄弱

生态环境厅（局）作为生态环境统一监管部门，与其他部门的监管平台尚未打通，对涉及生态领域的自然资源、农业、林业、水利等部门的监管信息获取不到位，未能有效形成监管合力。各部门职能交叉事项有的存在九龙治水、多头管理，有的又存在监管漏缺，整体生态风险防范偏重应急事中事后处理，预警机制不够完善。

三、关于后续工作的建议

（一）建议中央加大生态环境保护领域的资金整合，进一步加大转移支付力度，从中央层面制定出台相关的奖补政策

湖南是传统农业大省、有色金属之乡，历史积累污染重，部分地区环境背景值高，产业结构亟待优化，长株潭大气污染防治压力大，洞庭湖生态修复治理任务重，需要部里在资金、技术、政策上加大投入和支持。同时，湖南省是中央财政转移支付比例较高的省份，地方财政不足，在撬动国有资本、激发民间资金、运用金融工具投入污染防治攻坚的激励政策还不多，建议中央层面出台相关生态环境经济政策和更多有利于污染治理的税费政策，明确国家重点生态功能区财政转移支付用于生态环保领域的投入比例，加大对地方的政策引导，并鼓励运用更多金融工具投入污染防治攻坚。

（二）建议在国家“十四五”生态环境保护规划中，强化生态环境保护基础能力建设

包括明确执法、监测、督察的机构、人员、装备、信息化等相关标准化建设的标准规范，从国家层面加强生态环境监管能力的顶层设计，设立生态环境管理能力建设专项资金或在污染防治专项资金中明确一定比例用于监管能力的顶层设计，设立生态环境管理能力建设。

（三）建议加大生态环境领域督察激励措施

一是适当增加激励名额，以进一步激励提高地方政府重视程度、工作积极性，提高生态环境部门的话语权。二是适当增加激励范围。建议统筹考虑中部省份环境改善幅度潜力不大的实际情况，将工作措施和制度创新纳入激励范围。

（2020 年）

民进助力湖南高质量发展、高水平保护工作大有可为

民进湖南省第八届委员会每年会围绕全省经济社会发展的某一重大问题召开一次专题常委会，深入开展调研，提出意见建议。2018 年，聚焦“脱贫攻坚民主监督”，2019 年聚焦“教育”，形成了一批高质量的调研成果，得到了不少媒体的关注，社会反响也非常好。2020 年，专题常委会的主题是“高质量发展、高水平保护”。

明确这一主题，是坚决做到“两个维护”、落实习近平总书记“守护好一江碧水”殷殷嘱托的具体行动。2020 年是习近平总书记创造性提出“两山论”发展理念，即“绿水青山就是金山银山”这一重要论断 15 周年，也是作出“守护好一江碧水”重要指示两周年。2016 年 1 月，习近平总书记在推动长江经济带发展座谈会上提出，要把修复长江生态环境摆在压倒性位置，共抓大保护、不搞大开发；2018 年 4 月，习近平总书记在视察岳阳时又提出了“守护好一江碧水”的明确要求；2020 年全国“两会”期间，习近平总书记在参加内蒙古代表团审议时再次强调，要保持生态文明建设战略定力，方向不变、力度不减，走生态优先、绿色发展之路。湖南民进召开“高质量发展，高水平保护”专题常委会，就是做到“两个维护”，认真贯彻落实习近平生态文明思想和“守护好一江碧水”重要指示，主动积极参与打好污染防治攻坚战的生动实践。

明确这一主题，是我们助力“生态强省、美丽湖南”建设的积极举措。湖南处于东部沿海地区和中西部地区过渡带、长江开放经济带和沿海开放经济带接合部，水情是湖南最大的省情，“一江一湖四水”保护修复和“生态强省”建设方面任务仍然很重。2016 年 11 月，中共湖南省第十

一次代表大会明确了“建设富饶美丽幸福新湖南”的战略思路，提出了建设“生态强省”的战略目标。我们召开“高质量发展、高水平保护”专题常委会，体现了中国特色社会主义参政党省级组织为生态强省、美丽湖南建设建诤言、献良策、出高招的责任担当。

明确这一主题，也是寄望于在借鉴湖南省“高质量发展、高水平保护”成功经验的基础上，为谋划“十四五”积极贡献参政党的智慧和力量。2020年是“十三五”和污染防治攻坚战的收官之年，也是谋划“十四五”的关键之年。近年来，湖南省在“两型社会”建设、湘江保护和治理、洞庭湖专项治理、污染防治攻坚战、中央环保督察及“回头看”整改等方面取得了重大阶段性成果，积累了很多好的经验。如2020年提前两个月在全国率先完成排污许可发证登记工作，上半年14个市（州）城市的空气质量优良率达到94.3%，创近年“最佳”，国考断面水质优良率达93.3%，四水干流水质首次全部达Ⅱ类。但环境污染和生态保护所面临的严峻形势没有根本改变，城乡生活污染和农业面源污染仍较严重，环境事件多发频发的高风险态势仍然存在。目前，国家、省里都在组织编制“十四五”规划，生态环境部正在组织编制重点流域水生态环境保护“十四五”规划。我们召开“高质量发展、高水平保护”专题常委会，从参政党地方组织的角度进行认真的梳理总结，从另一个视角对湖南省生态环保工作进行深入思考，提出意见建议，对湖南省水生态环境保护“十四五”规划的编制提供有益参考。

明确这一主题，也是我们在不断探索参政党履职机制，打造履职品牌、提升履职能力过程中的一次新尝试。民进一直关注生态文明建设和长江的保护，有“长江党”之称。民进中央专门设立了人口资源环境委员会，从2007年开始，每两年牵头主办一次长江保护与发展论坛，提出了一批高质量的意见建议。民进湖南省委会2012年参与承办过长江保护与发展研讨会，与其他民主党派省级组织联合开展了“保护母亲河湘江”和洞庭湖专项民主监督。根据中共湖南省委的安排，我们一直对口联系省生态环境厅和省水利厅。我们召开“高质量发展、高水平保护”专题常委会，就是发挥民进传统和优势，为保护湘江母亲河、洞庭湖母亲湖贡献湖南民进的智慧和力量。

为打好“升级版”的污染防治攻坚战，湖南民进要坚持政治定力，提升工作定位，积极投身到生态文明建设这项“国之大者”工作中去。

一是积极通过参政议政平台建言“高质量发展、高水平保护”。根据上级精神和不同发展阶段的现实需求，密切关注“高质量发展高水平保护”，对生态强省和美丽湖南建设进行常态化的思考和研究，视情况、依需要通过课题立项方式进行重点调研，在充分调研的基础上，用好各种参政议政平台，在政党协商，政协全会及专题议政性常委会、专题协商会，“直通车”，社情民意信息等多个参政议政平台，全方位、多渠道、多形式对全省重点领域和重要区域的生态环保问题提出意见建议，助推全省生态环保工作，不断提升人民群众在生态环保领域的幸福感、获得感、安全感。

二是加强与生态文明建设相关部门的工作联系和合作。近年来，省直单位就民进省委会的政协提案来民进省委机关当面答复，已经制度化和常态化，这种工作方式，极大地促进了省政府相关部门与民进省委会的沟通了解与深度合作。在生态文明建设方面，湖南民进可以与湖南省生态环境厅、省水利厅、省自然资源厅 、省农业农村厅、省林业和草原局等部门加强交流，详细了解湖南省在生态文明建设方面的难点与薄弱环节，有针对性地开展独立调研，或与这些部门开展联合调研。作为参政党省级组织，湖南民进有两项非常重要的职权，就是可以通过“直通车”建议方式向中共湖南省委、省人民政府报送重要建议，或者通过中共湖南省委统战部，以省委统战部内部信息的形式向省领导报送重要建议，通过这两种形式，湖南民进也可以对于生态文明建设相关部门仅仅凭借本单位力量一时难以解决的问题帮助反映。

三是加强民进生态环保人才队伍建设。生态文明建设如此重要，与湖南民进工作联系如此紧密，今后湖南民进在组织建设中要注意吸纳生态建设方面的专家和人才，尤其要注意通过“优才入会工程”吸纳骨干人才。在此基础上，建好建强民进湖南省委会人口资源环境委员会以及相关省直组织，确保相关人才有梯队、能接续，确保能不断拿出高水平的参政议政成果。

四是积极宣传湖南民进在生态文明建设和污染防治攻坚战中所做出的

积极贡献。通过民进省委会的官方微信公众号、官网和《楚帆》杂志，宣传各级地方组织参与生态文明建设的经验做法，报道广大会员中涌现出来的生态文明建设先进典型，鼓励广大会员“双岗建功”，引导广大会员参与到美丽湖南建设中去。

（2020 年 8 月 28 日）

科学把握全省生态环境形势
坚定走以高水平保护促进高质量发展之路

《中共湖南省委关于制定湖南省国民经济和社会发展第十四个五年规划和二〇三五年远景目标的建议》全面贯彻了十九届五中全会和习近平总书记考察湖南重要讲话精神，彰显湖南特色，具有很强的政治性、人民性、战略性、前瞻性、系统性和操作性。良好的生态环境是高质量发展的应有之义。近年来，湖南省委、省政府深学笃用习近平生态文明思想，强力推进“生态强省”建设，污染防治攻坚战取得重大进展，生态环境质量明显好转。但湖南省历史欠账较多、生态环保压力依然较大，湖南省通过对“二污普”与“一污普”以及相关数据定量分析，以期对全省生态环境形势作出较准确判断，为“十四五”规划制定提供一些参考。

一、生态环境保护为推动高质量发展发挥了重要作用

一是推动污染减排，为高质量发展腾出空间。通过持续推进结构、工程、管理减排，截至2019年底，全省化学需氧量、氨氮、二氧化硫、氮氧化物排放总量较2015年分别下降11.35%、15.51%、25.6%、14.7%，提前完成“十三五”减排任务。二是提升环境质量，为高质量发展筑牢基础。2020年1至10月，全省14个市（州）所在城市环境空气质量平均优良天数比例达到95.2%，“四水”干流104个断面全部达到Ⅱ类水。三是调整产业结构，为高质量发展优化路径。“二污普”与“一污普”时相比，通信、汽车制造等环境友好的高新技术企业上升124.16%，采矿、冶金等“两高一资”行业企业减少51.37%。四是提升生态功能，为高质量发展擦亮底色。全省森林覆盖率达59.9%，较“一污普”时提高3.8%；湿地保

护率达75.77%，为全国第一；全省生态保护红线面积占国土面积的1/5以上，共设立了180个自然保护区，精准编制省级“三线一单”，构建了覆盖全省的生态环境分区管控体系。五是完善基础设施，为高质量发展注入动力。“二污普”与“一污普”时相比，全省新增集中式污染治理设施2076家，增加12倍；生活垃圾处置厂数量增加2倍，其中垃圾焚烧厂从0个增加至34个；危险废物处置厂增加43%。六是助力创新发展，为高质量发展增添活力。2019年，全省环保产业产值3004.6亿元，年均增长20%以上。“放管服改革”力度明显加大，95%的项目在市（州）以下完成环评审批，实现了全省144个省级以上工业园区规划环评全覆盖，完成了全省8万多家企业排污许可证核发，进度居全国第一。

二、突出生态环境问题仍是制约和影响高质量发展的重要因素

一是生态环境质量改善不足。$PM_{2.5}$和O_3污染较为突出，2019年长沙在全国168个地级以上重点城市中$PM_{2.5}$浓度位居第106位。洞庭湖总磷削减呈减缓趋势，全省有工业企业疑似污染地块1673块，占全国的19.6%，耕地土壤环境质量堪忧，农业面源污染严重。二是产业、能源、运输结构不优。2019年，全省六大高耗能行业增加值占规模以上工业比重达29.1%，综合能源消费量占全部规模工业综合能源消费量的83.2%，公路货运量占比89.3%，较全国平均水平高11.4%。三是结构性污染较为突出。“二污普”显示，农业源、生活源排放的化学需氧量、氨氮占比近95%；机动车排放的氮氧化物占比近60%，工业源对颗粒物的贡献大，占比近75%。2017年，全省危废产生量630万吨，占全国的9.58%，综合利用率低于70%。尚有207座尾矿库需要治理。四是环境基础设施建设仍然滞后。大部分城市污水收集系统不完善，全省仍有7000多千米雨污合流制管网，相当比例城镇污水处理厂进水COD偏低，根据2019年7月至2020年6月在线监测数据，全省159座县级及以上城镇污水处理厂中，在线监测进口COD浓度均值≤100毫克/升的有30座，≤60毫克/升的有8座。生活垃圾焚烧处理占比仅为37%。全省餐厨垃圾日产约为4114吨，目前日处理能力仅1060吨。五是生态环保产业发展水平仍然不高。全省环保企业整体规模较小，过百亿的企业尚无一家，A股上市环保企业仅2家

（全国为135家）。

三、坚定不移走以高水平保护促进高质量发展之路

一要牢固树立“生态优先、绿色发展”理念。始终保持生态文明建设的战略定力，坚持方向不变、力度不减、标准不降，坚决扼制以牺牲生态环境为代价换取一时经济发展的思想和行为。严格落实“党政同责、一岗双责”“三管三必须”，深化和拓展环保督察，开展对省直有关部门和省属国有企业督察。深化生态文明体制改革，加大自然资源损害赔偿制度和公益诉讼力度。加大对生态文明建设领域政绩突出干部的正向激励。二要立好促进高质量发展的规矩。加快出台《湖南省洞庭湖保护条例》，适时修订《湖南省环境保护条例》和《湘江保护条例》，完善地方生态环保标准，在环境敏感区实施特别排放限值。落实“三线一单”，加强规划环评、严格重点区域、重点行业、敏感项目环评，加强排污许可证证后监管。三要科学编制“十四五”生态环保规划。坚持以人民为中心，以高质量发展为主线，以改善生态环境质量为核心，统筹生态与经济、治理与修复、城市与农村、安全与利用、任务与保障。四要全面推动绿色发展。努力实现产业生态化，聚焦20个工业新兴优势产业链，强化全生命周期的清洁生产、绿色管理；努力实现生态产业化，大力发展生态农林业和生态旅游业；培育壮大生态环保产业。制定财税、价格、金融等方面支持政策，建议组建国有控股湖南生态环保产业集团。五要持续改善环境质量。深入打好污染防治攻坚战。以问题为导向，补短板、强弱项，科学、精准治污。蓝天保卫战突出结构调整、新能源汽车推广、秸秆综合利用、挥发性有机物治理；碧水攻坚战减排和增容需双向发力，突出农村饮用水安全、尾矿库整治、“一湖四水”总磷控制、城乡生活污水和黑臭水体治理，建议对农村新建房屋配套建设污水处理设施和控制含磷洗涤用品使用提出约束性要求；净土保卫战突出风险管控，对重度、中度、轻微污染耕地实施分类管控和治理，严格污染场地安全利用。六要着力强化支撑保障。加快推进生态环境治理体系和治理能力现代化。强化信息化手段，建设湖南省生态环境大数据智慧系统；强化生态环境监测监管能力建设，提升综合监管水平；强化企业、园区环境信用体系，实行与价格、税收、金融等政策挂钩

的奖惩政策；强化政府公共财政支出，建立绿色发展基金，全方位推进生态补偿机制，强化国家、省重点生态转移支付资金用于生态环保的约束性要求，确保生态环保投入与生态环境质量明显改善需求相匹配；积极吸纳社会资金，大力推进第三方治理，提高污染治理效率和专业化水平。

（2020 年 10 月）

2023 年湖南省生态环境厅

“湖南省生态环境保护工作的发展历程及展望”重点科技项目成果

生态文明思与行

（实践篇·下）

潘碧灵◎著

湘潭大学出版社
XIANGTAN UNIVERSITY PRESS

目 录
CONTENTS

专题三 美丽乡村建设

专题四 自然生态保护

专题五 环境监测执法监察

专题六 深化改革创新

专题三

美丽乡村建设

认真开展好湖南省农村环境综合整治目标责任制试点

农村环境保护，事关农民的切身利益，事关农业的可持续发展，事关农村的和谐稳定，也关系广大群众“米袋子”“菜篮子”“水缸子”的安全和社会全面进步。近年来，在国家积极推动农村环保工作的大背景下，湖南省农村环境保护工作取得重大进展，农村环保清洁家园、清洁水源、清洁田园、清洁能源的“四洁工程”以及长沙市的农村环保工作模式得到环保部的充分肯定。2010 年，湖南省被列为 8 个全国农村环境连片整治示范省份之一。通过大力实施“以奖促治”政策，探索落实地方政府农村环保责任，扎实开展农村环境综合整治，截至 2010 年底，湖南省开展农村环境保护工作的村庄约 4700 个，占湖南省行政村总数的 11.8%，受益人口超过 915 万人，农村环境保护工作正处于历史上最好的发展时期。

湖南省是全国第一个全覆盖开展农村环境综合整治目标责任制试点的省份，各级各部门高度重视责任制试点工作，立足当前，着眼未来，积极探索落实地方政府农村环保责任的新方法、新途径。

一、切实做好农村环境综合整治目标责任制试点工作

党的十七届三中全会已经明确，要把农村环境综合整治纳入各级党委、政府的考核体系之中。“十二五”时期，要在试点的基础上，全面推行农村环境综合整治目标责任制的定量考核。对于农村环境综合整治，环保部提出要实行多策并举，就是在深化“以奖促治”政策这条主线的基础上，抓好“以减促治”“以创促治”和“以考促治”，强化四轮驱动。只有多策并举，激励先导，强化约束，充分调动社会各界参与农村环境保护

工作的积极性，才能真正解决农村环境问题，其中，“以考促治”作为约束性机制，在明确和强化地方政府责任方面起着非常重要的作用，一定要按照试点工作方案的部署和要求，切实抓好落实。

二、不断完善农村环境综合整治目标责任制

各市（州）要按照农村环境综合整治目标责任制考核办法和实施方案的有关要求部署，抓紧完成试点工作要求的各项任务。同时，各试点市（州）要对目标责任制的考核指标、考核方式、核算体系加强研究，为进一步完善该项工作提供参考建议。尽快制定本地开展目标责任制考核工作的计划，编制实施方案，抓紧开展工作，建立一级抓一级和层层抓落实的目标责任制考核工作机制。环保部 2011 年将对各试点省、市的农村环境综合整治目标责任制试点情况进行考核，省级也将择时对各地目标责任制建立情况进行督察。通过考核和督察，不断完善目标责任制考核工作。

三、积极采取有效措施确保目标责任的落实

各市（州）政府是辖区内农村环境连片整治的责任主体和实施主体，2011 年将在湖南省全面推行目标责任制，各市（州）必须积极采取有效措施，确保本市 2011 年指标完成情况不低于《农村环境综合整治目标责任制考核办法（试行）》所要求的考核评价指标。一是成立政府领导为组长、相关单位为成员的农村环境综合整治领导小组，建立工作机制。二是制定农村环境综合整治工作方案和考核办法，明确领导小组各成员单位和县（市、区）一级政府的年度目标和任务，并与县（市、区）一级政府签订目标责任书。三是定期开展目标和任务完成情况的检查、督促、交流和考核。

农村环境保护不能简单拷贝城市与工业的做法，需要在工作中不断总结新经验，分析新形势，适应新情况，解决新问题，积极创新农村环境保护政策和制度。通过农村环境综合整治目标责任制的开展，进一步明确地方政府的责任，深入推进农村环境保护工作。

（2011 年 4 月 28 日）

湖南省农村环境连片整治示范工作进展顺利

“十一五”以来，在党中央、国务院的正确领导下，湖南省委、省政府高度重视农村环保工作，特别是2010年5月，湖南省被财政部、环保部纳入全国首批8个“农村环境连片整治示范省份”之后，湖南省委、省政府把开展农村环境连片整治示范作为贯彻落实科学发展观，构建和谐社会的重要抓手，周密部署，精心组织，迅速启动，认真落实农村环境连片整治示范各项工作，取得了一定的成效。

一、农村环境连片整治示范工作进展情况

2010年度，湖南省确定的农村环境连片综合整治示范区25片，共计37个农村环境连片整治示范项目单位，涉及湖南省14个市（州），37个县（市、区），村庄个数达到355个，受益人口70万左右。

目前，湖南省2010年度农村环境连片综合整治示范工作已进入扫尾阶段，各示范区实施方案的报备情况为100%，已开工建设的村庄355个，占总数的100%；中央和省级专项资金到位率100%；部分片区已完成全部建设任务，现垃圾池、四格净化池、畜禽养殖分户处理等设施分别建设了约90000、10000、20000个（套）。为确保专款专用，强化资金效益，湖南省全面严格实行县级报账制度，并依照政府采购相关法规规定和省政府有关要求，经过对产品性能及价格的筛选比较，已确定长沙中联重科作为农村环境连片整治示范区环保设备政府采购的设备供应商。2010年度确定的各示范区招标采购各类环保设备近7万台（套），并从日本引进了数套污水处理设备用于农村环境连片整治工作。

二、农村环境连片整治示范工作主要经验和做法

为切实抓好湖南省2010年农村环境整村连片整治示范工作，按照国家的统一要求和部省协议中的成效要求，湖南省着力抓了以下几方面工作：

（一）明确工作思路，加强组织领导

湖南省农村环境连片整治示范工作的指导思想是：以科学发展观为指导，以改善农村生产生活环境为目标，以连片整治为主要方式，以“清洁水源、清洁家园、清洁田园、清洁能源”为内容，围绕湖南省推进“四化两型”战略的总体要求，切实改善湖南省农村环境质量。突出三项基本原则，一是突出重点、综合平衡。将湖南省人口密度大、经济最发达地区、环境问题最突出的湘江流域和全国农产品基地洞庭湖区作为主要示范区域，将全国“两型”社会建设综合改革试验区的长株潭城市群作为重点示范区域。同时考虑在湖南省的示范效应，在其他地区也适当安排试点；二是多方投入、统筹安排。充分发挥中央财政资金的引导作用，建立财政、企业、社会、农户多元化投入机制。由政府牵头，整合水利、农业、卫生、移民等多部门涉农专项资金，推进农村环境连片综合整治。三是因地制宜、务求实效。根据每个示范区的实际情况确定不同的治理内容、整治规模和投入力度。示范项目务求实效，将示范区内突出环境问题是否得到解决、区域环境质量是否得到改善，作为衡量连片整治成效的主要依据。

湖南省在示范区建设中整合了相关部门涉农专项资金，建立并努力完善长效机制，确保治理一批、见效一批，促进城乡统筹一体化发展，为推进生态文明建设提供试点示范。重点是开展农村饮用水水源地和水环境的保护、生活污水治理、生活垃圾集中处置、散养密集区畜禽养殖污染防治。湖南省政府把农村环境连片综合整治示范工作纳入湖南省工作的重要议事日程，认真研究相关政策，实行省政府统一领导，部门联动配合的工作机制，成立了以分管副省长为组长，财政、发改、卫生、国土资源、环保、住建、交通运输、水利、农业、林业、旅游、农办等单位为成员的农村环境连片综合整治工作领导小组，负责农村环境连片综合整治示范工作的综合协调、资金整合、项目实施和监督管理等工作。为顺利完成湖南省

农村环境连片综合整治工作任务，湖南省政府于2010年11月30日在长沙召开了湖南省农村环境连片整治示范工作（现场）会议，会上37个示范区所在地的市（州）、县（市、区）政府向省政府递交农村环境连片整治示范工作责任书。

（二）科学选定区域，抓好项目申报

2010年度湖南省农村连片整治项目资金投入规模大、范围广，各地对农村环境连片积极性很高，农民群众期盼大。根据国家确定的示范区域选取原则，湖南省以重点流域和重要饮用水水源地为重点，选取工作基础较好、地方政府重视、有资金配套能力的地区作为示范区域。积极组织湖南省农村环境连片整治示范项目申报，深入做好调查研究，严格项目审查，抓好配套资金落实，主动接受社会监督。主要选取了湘江流域和洞庭湖区作为湖南省农村环境连片整治重点示范区域，如长沙等基础条件较好且具有示范效应，可形成较大影响力的区域，郴州、衡阳等环境问题突出且急需治理的区域，兼顾张家界等重点旅游城市等地理位置敏感且环境问题较突出的区域以及整治任务重、地方积极性高的区域。

为指导各地示范区项目申报工作，湖南省财政厅、环保厅下发了《关于申报湖南省农村环境连片综合整治示范区的通知》（湘财建〔2010〕46号）等一系列文件，于2010年在全国率先编制了《湖南省农村环境连片综合整治示范区环境建设工程技术规范及评估标准（试行）》，指导项目实施方案评审和项目完工考核验收工作。同时，确保公平公正筛选项目，湖南省制定了严格的项目筛选程序，将示范区项目申报工作分为两步：即初次申报和二次申报。初次申报资料主要包括项目申报地的流域、人口、农村环境污染情况、拟采取的治理措施、配套资金承诺函等基础信息。各地初次申报后，湖南省财政厅、环保厅根据各地初次申报的材料，结合湖南省实际及资金规模，确定入围项目。被确定为入围项目的地方，再按要求报送连片整治项目可行性报告和项目详细实施方案。湖南省财政厅、省环保厅再次组织专家进行技术评审和投资评审，对通过评审的入围项目按照突出重点、兼顾其他的原则确定各地的正式名额和资金支持额度，并在省财政厅和省环保厅门户网站上予以公示。公示无异议的，省政府再与示范区所在市（州）、省直管县市政府签订目标责任书，并由各市（州）、县（市、区）政府分别负责组织项目实施。

（三）引导资金投向，强化资金效益

为规范湖南省农村环境综合整治专项资金管理，充分发挥专项资金效益，湖南省下发了《关于加强农村环境综合整治专项资金及项目管理有关要求的通知》。同时，努力推动建立起“政府主导、村民自治、城乡统筹、科学发展”的农村环保新模式，形成农村环境整治的持久动力，实现村民在环境保护上自我教育、自愿投入、自觉约束、自身受益的目标。2010 年度湖南省农村环境连片综合整治示范区建设资金由中央、省级、市级或县级财政资金按 5：2：3 比例配套。其中，中央财政安排 2.5 亿元；省财政安排 1 亿元；省直管县县级财政负担项目剩余全部配套资金；非省直管县县级财政具体负担比例由相关市（州）根据实际情况自行确定。乡镇、村、农户的资金投入由县级政府确定。

湖南省 2010 年度的中央及省农村环保连片整治资金共 3.5 亿元已于 2010 年 10 月下达至项目所在县（市、区）财政，并要求各地按照通知要求的配套资金和投资预算情况，落实地方配套资金，保障项目的顺利进行。湖南省农村环境保护专项资金严格实行县级报账制。同时，加强监督检查和相关政策宣传，保证资金使用公开透明，切实保障广大农民的知情权，形成民众广泛参与监督的良好氛围。为了使有限的资金发挥出更大生态效益、经济效益和社会效益，湖南省各级政府因地制宜、突出重点、点面结合，整合各种涉农专项资金，全面建设示范区。如长沙市望城区开展生活污水的治理项目，与区爱卫办改厕的无害化处理系统资金结合，在连片治理的示范村由区政府统一协调，按照各自项目的要求，分项投入，整合使用，单项验收；张家界武陵源区，建设四池净化系统的同时，不但考虑其实用性，更是将其景观化、园林化、美观化，让该项目和周边的风景相融合，成了新的亮点。

（四）完善工作机制，建立长效机制

湖南省政府把农村环境连片综合整治示范工作纳入湖南省工作的重要

议事日程，实行省政府统一领导、部门联动配合的工作机制。成立了农村环境连片综合整治工作领导小组。各示范区所在县（市、区）也通过示范项目的实施，建立并逐渐完善了示范工作机制。如长沙市长沙县示范区，县政府抽调了 5 名县处级干部、20 多名科局级干部，专门设立了农村环境连片整治办公室。该办公室全面负责农村环境连片综合整治示范工程建设的日常组织、部门协调、指导服务和监管督察。按照“三统三分”即统一领导、统一规划、统一协调，分级负责、分步实施、分项验收的运作模式，各部门积极协调、协同作战，有效促进了该县农村环境连片整治工作有计划、有步骤地开展；如永州市零陵区为确保村民长期享受到农村环境改善带来的实惠，在示范区乡镇成立了环保协会，配备了垃圾车和垃圾桶，安排专人负责示范区内各村的道路清扫和垃圾站内的垃圾转运，通过村民“一事一议”的办法保障基本维护经费来源。同时，还建立了村规民约和激励机制，依靠制度引导和约束村民转变生活习惯，提高环保意识。通过示范项目实施，促进农村环保管理机构和工作机制的建立和完善，制定有益农村环保的经济政策和投融资政策，创新项目管理模式，建立农村环境综合整治长效机制。

（五）开展督察工作，狠抓落实整改

为加快示范区建设进度，确保示范区发挥更大的示范效益，2011 年 7—8 月，湖南省财政厅、环保厅及相关专家组成督察组对湖南省 2010 年度农村环境连片整治示范区建设落实情况进行了全面督察，历时 50 天，遍及 14 个市（州），37 个县（市、区）。督察组听取了各示范区建设情况的汇报，并开展了实地考察、调研，查看项目管理档案，核实项目建设内容，要求务必使实施方案科学、实用，结合当地实际情况和核定的资金量，进一步细化、优化实施方案，并与有关县（市、区）政府和乡镇有关领导交换了意见。督察组要求各示范区高度重视农村连片整治示范工作，以最高的认识、最大的力度抓好示范区建设，针对具体问题抓好整改和落实；要进一步强化措施，将有关问题进行全面的责任落实和分解，实行任务倒排、责任倒排。各示范区目前正严格按照督察组的意见，一项一项、一处一处，按质按量狠抓落实和整改。

（六）鼓励科技创新，推广实用技术

湖南省各示范区以科技创新推动农村环境保护，加大农村环保科研投入，因地制宜逐步建立以农村生活污水、垃圾处理以及农业废弃物综合利用等技术为主体的农村环保科技支撑体系。鼓励研究、开发和推广农村环保适用技术，大力发展生态农业。如郴州市永兴县，通过用建立沼气池配合四池净化系统对散户畜禽养殖粪便进行处理的模式，成效明显。该工艺技术具有成本低，日常管理和维护简单、操作方便、运行费用低等优点。同时，各示范区也鼓励研究、开发和推广农村环保适用技术，促进农村环保适用技术的应用；如长沙市望城区，针对当地生活污水排放情况和水质特点，采用模块化快渗人工湿地处理系统，不仅减少了施工周期和难度，还具有投资少、管理方便、处理效果好等优点。同时，建立农村环保适用技术发布制度，促进农村环保适用技术的应用。

（七）加强环保宣传，营造良好氛围

湖南省紧紧围绕提高农民环保意识、转变传统观念、改变落后的生产和生活方式的目标，充分利用新闻、媒体等载体宣传农村环境连片整治的内容和意义，普及环境保护的法规知识，提高农民群众的环境保护意识，引导示范区农民群众积极参与农村环境连片整治。为了保障湖南省农村环境连片整治工作顺利进行，湖南省环保厅2010年度、2011年度共举办了4期农村环境连片整治管理培训班，培训市（州）、县（市、区）、乡（镇）、村干部等相关人员1200余人，编印农村环境保护和生态创建资料上万份。培训内容涉及农村环境连片综合整治项目申报、专项资金监管、技术规范、成效评估、验收考核等方面。

各市（州）也积极开展宣传教育，如长沙市组织开展了农村家庭垃圾收集容器设计大赛、农村垃圾分类能手选拔赛、农村环保舞台剧等一系列农村环保主题活动，在长沙政法频道开展了“3R达人”总决赛，编印《长沙市农村环境综合整治工作政策文件汇编》手册与挂图，编制《长沙市农户垃圾分类减量实用小手册》，指导农户对垃圾进行合理分类，推进垃圾减量化、资源化、无害化处理。如浏阳市，为了让当地群众充分认识

和了解农村环境连片整治的内容和意义，建造宣传门楼一座，出动宣传车8次，设立宣传牌100多块，下发公开信、倡议书15000余份。同时，各示范区通过举办农村环境保护培训班、建立环保合作社、创建环保学校、编印农村环境保护资料等，对基层干部和群众进行广泛的环境保护宣传教育，使示范区内基本上形成了符合农村环境连片整治要求的生活、生产习惯，弘扬生态文明思想意识，营造了浓厚农村环境保护的社会氛围。

（2011年11月10日）

系统谋划、整体推进农村环境综合整治

近年来，党中央、国务院十分重视农村环境保护工作，将农村环境整治摆上了议事日程。中央领导多次做出重要指示批示，要求把农村环境保护纳入国家环境保护总体战略。2007 年，国家环保总局下发了《关于加强农村环境保护工作的意见》，2008 年 7 月，国务院首次召开全国农村环境保护工作电视电话会议，会议明确，农村环境保护事关广大农民的切身利益，事关全国人民的福祉和整个国家的可持续发展，必须提高思想认识，增强做好农村环保工作的紧迫感和责任感。同时，明确提出了工业与农业、城市与乡村同治的总要求。

2008 年国家出台了“以奖促治”“以奖代补”等一系列政策，中央财政首次设立农村环保专项资金，旨在通过加大农村环境保护投入，逐步完善农村环境基础设施，调动广大农民投身农村环境保护的积极性和主动性，推进农村环境综合整治。“以奖促治”政策实施前三年，中央财政投入农村环境保护专项资金达 40 亿元，支持 6600 多个村开展重点环境问题整治和生态建设示范，带动地方投资达 80 多亿元，2400 多万农民直接受益。按照国家总体部署，各地积极探索农村环保新道路，在农村环保体制建设、政策机制创新、农村环保实用技术推广等方面形成了许多典型示范经验，实现了农村环境综合整治与重点流域、区域整治等工作的有机结合。为使“以奖促治”政策发挥更大成效，国家加大了对农村环境整治的支持力度，集中资金支持连片整治示范。从 2010 年到 2012 年，环保部、财政部持续组织开展农村环境连片整治工作示范试点，2010 年在辽宁、湖南、重庆等 8 个省（区、市）率先开展农村环境连片整治示范工作，2011 年又将山东、河南等 9 个省（区、市）纳入第二批农村环境连片整治示范，2012 年示范省份还将扩大。

“以奖促治”政策的实施，着力解决群众最关心、最直接、最现实的突出农村环境问题，农村饮用水水源地保护、生活污水和生活垃圾处理、畜禽养殖污染治理在整治区域均取得重要进展，许多村庄的村容村貌明显改善，一些项目实现了生态、社会和经济效益的有机统一。与此同时，各级地方政府成立了农村环保工作领导小组，加强了对农村环境保护工作的领导，加大了配套资金投入力度。农村环境整治在社会上已经引起了较大的反响，得到了广大人民群众，尤其是农民朋友的衷心拥护和积极响应，“以奖促治”政策已成为农村环保工作的重要抓手。实践证明，农村环境连片整治是一项顺民意、解民忧、惠民生的好政策，对改善广大农村环境质量，提升农民群众幸福指数，提高农村环境保护水平发挥了积极作用。

但是，也要清醒认识到，我国仍面临经济不断发展和环境持续恶化的矛盾，特别是在广大农村地区显得更为突出，农村环境整治工作任重道远。

一、充分认识农村环境整治的紧迫性和艰巨性

总体而言，全国农村环境形势十分严峻，农村生活污染、面源污染还相当严重，工业污染、城市污染向农村转移，水土流失、土地沙化、生态功能退化等状况还在发展。对此，各级政府必须引起高度重视，进一步提高对农村环境整治紧迫性和艰巨性的认识。

（一）农村环境污染问题严重

随着农村社会经济的快速发展，农业产业化、城乡一体化进程的不断加快，农民生活水平的不断提高，农村污染越来越严重，农村环境保护明显滞后于农村社会经济发展，“农民富了，溪水脏了”。其主要特点是点源污染与面源污染共存，生活污染和工业污染叠加，各种新旧污染相互交织，工业、城市污染向农村转移加剧，农村原有的环境自净能力的自然循环被破坏，农村的产业结构从自然和谐型转变成自然危害型。据第一次全国污染源普查统计，农业源主要污染物排放（流失）量，如化学需氧量、总氮、总磷分别达到 1324.09 万吨、270.46 万吨、28.47 万吨，分别约占

各要素全国总排放量的43.7%、57.2%、67.3%，农村污染排放已占到了全国的“半壁江山”。

（二）影响环境质量食品安全

我国是世界上化肥、农药使用量最大的国家。据统计，我国化肥和农药年施用量分别达4700万吨和130多万吨，而利用率仅为35%左右，流失的化肥和农药造成土壤、地表水和地下水污染，受污染的耕地约有1.5亿亩。畜禽粪便年产生量达27亿吨，大部分规模化畜禽养殖场没有污染治理设施，在一些地区，畜禽养殖污染成为水环境恶化的主要原因。每年地膜残留量高达45万吨，造成土壤污染。化肥利用率低、流失率高，畜禽粪便随意排放，焚烧垃圾等不仅导致农田土壤污染，还通过农田径流造成对水体的有机污染、富营养化污染甚至地下水污染和空气污染。农村环境污染不仅威胁数亿农民的身体健康，还通过水、土壤等渠道影响食品安全，最终影响到城市居民和社会稳定。据有关专家分析，全国大约10%的粮食、24%的农畜产品和48%的蔬菜存在质量安全问题

（三）农村环保工作整体滞后

近年来，国家对“三农”工作越来越重视，采取了一系列重大举措扶持、支持“三农”工作，财政支农力度不断加大。2011年中央财政“三农”支出超过万亿元，增长21%。粮食直补、农机补贴等强农惠农政策大力促进了农业生产，农民收入连续8年较快增长。集体林权制度改革全面推进，农村体制创新取得新的突破。农网改造、通乡通村公路改造、水利设施建设等极大地改善了农村基础设施条件。农村义务教育、基本医疗、社保制度不断健全，农村社会事业不断发展，民生状况明显改善。相对而言，对农村环保工作重视不够，已经成为农村工作的一条“短腿”和广大人民群众，特别是农村群众关注和反映强烈的问题。十六届三中全会以来，中央提出了科学发展观，环境保护的力度明显加大，但“重城市、轻农村，重工业、轻农业，重点源、轻面源”等问题比较突出，城乡环保差距较大，农村环保欠账太多。2011年中央财政投入40亿元实施“以奖促治”政策，开展农村环境成片整治，仅占当年“三农”投入的比例不到千

分之四，公共财政对农村环保领域投入明显不足，污染治理率明显偏低，农村居民和城镇居民在环境权益上明显不平等，城乡居民所享受环境公共服务具有很大差异。全国农村每年产生生活垃圾约2.8亿吨，生活污水90多亿吨，人粪尿约2.6亿吨，绝大多数没有处理，随意排放，每年产生的6.5亿吨各类农作物秸秆有20%未综合利用，而是被焚烧或堆积于河湖沟渠或道路两侧。“污水靠蒸发，垃圾靠风刮”“室内现代化，室外脏乱差”成为许多农村形象写照。

（四）农村环境管理基础薄弱

我国的环境管理体系是建立在城市和重要点源污染防治上的，对农村污染及其特点重视不够，农村环境治理体系滞后于农村现代化进程。农村环境管理机构匮乏，绝大多数省（区、市）的环保部门没有负责农村环保的专职处（科）室，县级环保部门农村环保力量更为薄弱，乡镇基本没有专门的环境保护机构。缺乏必要的监测、监察设备和能力，无法有效开展工作。环境立法缺位，国家环保的法规、标准，主要是针对城市、工业点源污染防治制定的，有的法律法规对农村环境保护虽有原则性规定，但针对性和可操作性不强。例如，目前对污染物排放实行的总量控制制度只对点源污染的控制有效，对解决面源污染问题的操作性不够。

（五）农村环境整治范围偏小

截至目前，通过“以奖促治”政策已经整治和正在整治的村庄不到2万个，尽管财政部、环保部“十二五”规划要求对全国6万个村庄进行整治，但整治面只占全国村庄总数的10%左右。随着农村经济发展和农民生活水平的不断提高，各地要求开展农村环境整治的呼声越来越高，要求越来越迫切，目前农村环境整治覆盖范围明显偏小。

（六）农民环保意识有待提高

我国农村教育水平相对偏低，长期形成的一些生活习惯、卫生习惯要在短时间内彻底改变难度不小。农民对环境污染的危害性认识不足，有的只顾眼前利益和经济利益。如畜禽只管养，不管治，农作物只管大量使用化肥、农药增产，不考虑带来的环境危害。农民环境保护法制观念比较淡薄，环境权益意识不强。

二、明确农村环境整治总体思路和目标任务

（一）指导思想

以科学发展观为指导，以生态文明建设为统领，把农村环境整治作为改善环境质量的重要抓手，维护农民环境权益的重要内容，新农村建设的重要领域，农民幸福生活重要标志，建设绿色美好家园，为广大人民群众提供优质的公共环境服务。

（二）总体思路

政府主导、分级负责、部门联动、农民参与，以重点流域、区域和问题严重地区为重点开展农村环境集中整治，着力解决危害群众身体健康、威胁城乡居民食品安全、影响农村可持续发展的突出环境问题，不断拓展农村环境整治内容，不断扩大农村环境整治区域，切实改善农民的生产和生活环境，保障农民环境权益。

一是政府主导：基本的环境质量是一种公共产品，是政府必须确保的公共服务。要按照人民群众的迫切愿望，努力不欠新账、多还旧账，推动解决好突出环境问题。农村环境整治点多面广，基础很差，任务很重，而农业是弱势产业，农民是弱势群体，农村是落后地区，因此，各级政府必须强化农村环保的主导作用，把农村环境整治工作纳入重要议事日程，落实政府保护农村环境的责任，工业反哺农业，城乡环保同治。二是分级负责：中央负责制定农村环保的方针、政策，全面规划、总体部署全国农村环保工作，对地方政府加强指导、督促和考核，主导农村环保资金投入。省级政府要在中央统一部署下，具体负责制定地方农村环境整治规划和总体实施方案，落实有关配套资金，推进整治方案实施。市（州）政府重点加强区域内农村环境整治工作的督察，县级及以下政府具体负责治理方案的实施。尤其是乡（镇）政府要切实转变工作职能，把农村环保工作作为一项重要的公共服务积极、认真、优质、高效地提供。省级以下政府要落

实有关配套资金和农民的投工投劳。三是部门联动：环保、财政、发改、卫生、国土资源、住建、交通、水利、农业、林业等部门要各司其职，紧密配合，切实履行相关职责。各级政府应按照投入主体不变、分配渠道不变、监管方法不变，整合项目、集中投入、各记其功，加大综合整治力度，形成整体效果。要将农村环保工作与总量减排、县域经济发展，新农村建设、为民办实事工程等结合起来，有效促进农村环境整治。四是农民参与：农民参与农村环境整治的积极性，是决定农村环境整治能否取得实效的重要因素。农村环境整治，广大农民是主体，要从思想上改变落后的生产、生活习惯及环境观念，积极投身农村环境整治工作，承担相应的责任。主动提出环境整治需求，因地制宜开展农村环境整治工作。遵守国家有关法律法规，依法履行有关整治任务。主动加强农村环境监督，维护正当环境权益。

（三）主要任务

农村环境整治任务繁多，不仅城市环境污染碰到的问题在农村均不同程度存在，而且农村还有自身特殊的污染问题。如农业面源污染、畜禽养殖污染等。农村环境整治主要任务有：

1. 农村饮用水水源地保护。要把保障群众饮用水安全作为农村环境整治工作的首要任务，重点抓好农村饮用水水源地的保护和水质监测与管理，根据农村不同的供水方式采取不同的饮用水水源保护措施。划定饮用水水源保护区，加强监测和监管，坚决依法取缔农村集中式饮用水水源保护区内的排污口，禁止有毒有害物质进入保护区。加强分散供水水源周边环境保护和监测，及时掌握农村饮用水水源环境状况，防止水源污染事故发生。制定饮用水水源保护区应急预案，强化水污染事故的预防和应急处理。大力加强农村地下水资源保护，开展地下水污染调查和监测，开展地下水水功能区划，制定保护规划，合理开发利用地下水资源，通过各种有效措施，保障农村生活饮用水达到卫生标准。

2. 农村生活污水治理。开展农村水环境污染现状调查，建立水质本底数据库。建立和完善的农村水环境监测网络，为统筹安排农村生活污水治理提供监测和咨询。引导农村居民改变生活污水随意排放的传统陋习，采取分散或相对集中、生物等多种处理方式，因地制宜开展农村生活污水净化处理。在人口密度较低、环境容量较大的农村散居区域，可利用分散式、低成本、易维护的设施就地处理；在人口相对集中村庄，鼓励建设集中供水工程，以利于农村生活污水的集中处理；距离城镇供水管网较近的村庄，应优先选择城镇供水管网延伸的供水方式，实行城乡统筹、区域供水和治污。严格控制未经无害化处理的粪便、污水污染环境，以资源化利用为主体，做好生活污水处理工作。要加强农村生活污水治理设施的运行管理，保障日常运行经费，确保设施稳定运行。

3. 农村生活垃圾治理。开展农村垃圾污染现状调查，摸清污染状况和处理设施情况，为合理布局农村生活垃圾处理设施提供依据。以分类减量为指导原则，因地制宜处理生活垃圾，尽量就地资源化利用和回收利用，特别是要大力推行堆沤还田。对于不能利用、对环境有污染的，采取定点存放（如建垃圾筒、箱）、统一收集、定时转运、定点集中处理。大力推进县域垃圾处理设施的统一规划、统一建设、统一管理。积极推广户分类减量、村收集、镇（区）中转、市（县）或连片区域集中处理的垃圾处理模式，提高垃圾无害化处理水平。组织历年积存垃圾的专项清理。高度重视农村医疗废物的处理处置，防止对环境的污染和疾病传播。加强农村垃圾处理设施的运行维护，建立稳定的运行维护资金渠道，配备专职人员，建立长效机制，发挥处理设施的效益。

4. 畜禽水产养殖污染防治。加强畜禽养殖环境监管，科学划定畜禽饲养区域，改变人畜混居现象，改善农民生活环境。大力推进健康养殖，强化养殖业污染防治。鼓励适度集中建设生态养殖场和养殖小区，重点治理规模化畜禽养殖污染，加强畜禽养殖废弃物的综合利用和污染治理，通过发展沼气、生产有机肥和无害化畜禽粪便还田等综合利用方式，引导畜禽业生产在农业生态系统内的良性循环，实现养殖废弃物的减量化、资源化、无害化，对不能达标排放的规模化畜禽养殖场实行限期治理。划定禁养区和限养区，开展禁养区环境专项整治工作。在重点区域、流域、生态敏感区，严格控制新建规模化畜禽养殖场，加强源头控制，严格环保审批，严格执行环境影响评价和“三同时”制度。加强水产养殖污染防治，积极推行生态型水产养殖模式。开展水产养殖污染调查，根据水体承载能力，确定水产养殖方式，控制水库、湖泊网箱养殖规模。加强水产养殖污染的监管，禁止在一级饮用水水源保护区内从事网箱、围栏养殖，严控向库区及其支流水体投放化肥和动物性饲料。

5. 控制农业面源污染。综合采取技术、工程措施，控制农业面源污染。在农业污染源普查工作的基础上，着力提高农业面源污染的监测能力。大力推广测土配方施肥技术，积极引导农民科学施肥，在粮食主产区和重点流域要尽快普及。积极引导和鼓励农民使用生物农药或高效、低毒、低残留农药，推广病虫草害综合防治、生物防治和精准施药等技术。进行种植业结构调整与布局优化，在高污染风险区优先种植需肥量低、环境效益突出的农作物。推行田间合理灌排，发展节水农业。

6. 积极开展农村土壤污染防治。在全国土壤污染状况调查基础上，进行土壤污染加密调查，摸清土壤污染现状，开展污染土壤修复和治理技术研究，加强对主要农产品产地、污灌区、工矿废弃地等区域的土壤污染监测和修复示范。突出抓好重金属污染土壤治理和修复，实施一批土壤污染综合治理试点示范，加快推进土壤污染治理。积极发展生态农业、有机农业，严格控制主要粮食产地和蔬菜基地的污水灌溉，确保农产品质量安全。

7. 防止工业污染向农村转移。我国各地经济发展水平差异较大，在进行环境整治的过程中要严禁工业固体废物、危险废物、城镇垃圾及其他污染物从城市向农村地区转移，禁止污染严重的企业从东部向中西部和落后农村地区转移。

（四）总体目标

2020 年我国要全面建成小康社会。不仅城市居民要小康，而且农民群众要小康，不仅城乡发展，居民收入要小康，而且城乡环境要得到有效治理，城乡环境质量要得到极大改善，到 2020 年全国至少要有 80% 的村庄得到有效整治。要力争“十二五”东部地区基本实现农村环境整治全覆盖，“十三五”中部地区基本实现农村环境整治全覆盖，“十四五”西部地区基本实现农村环境整治全覆盖，到 2025 年，基本实现全国农村环境整治全覆盖。

三、切实加大农村环境整治工作力度

（一）统筹城市农村环境治理

城市环境和农村环境是有机整体、不可分割。目前，不少地方对农村环境保护还没有提到应有的重视程度，没有把城乡作为一个整体统筹考虑，城市和农村各自为战，其结果是虽然城市、工业污染治理力度很大，成效显著，但整体环境质量并未得到改善，甚至有的地区还在不断恶化，不仅影响农村居民的生存环境，经济发展，也影响城市居民的“米袋子”“菜篮子”“水缸子”的安全，城市环境也好不起来。2008 年，李克强明确提出要“统筹城乡经济社会发展和环境保护，切实把农村环保放到更加重要的战略位置”，这标志着农村环境保护已经提升到国家战略高度。因此，必须统筹城乡环境治理，协同推进，使城乡环境治理能够互相衔接、互相促进。

（二）加强农村环保工作领导

农村环保是改善环境质量，提供环境公共服务的重要内容，而我国农村环保起步晚、基础差、任务重、期望高，各级党委、政委必须切实加强领导，把农村环保纳入重要议事日程，形成主要领导亲自抓、分管领导具体抓、其他领导配合抓的工作格局，确保强力推进、有效完成农村环境整治任务。

（三）加大农村环保资金投入

全国有 60 多万个行政村，每个村治理至少需要 200 万元，按 80% 的治理率，需要投入近万亿元，这还不包括集镇污水处理、规模化畜禽养殖、农业面源污染、土壤污染等方面的治理。各级人民政府必须切实加大对农村环保的投入，同时，采取有效措施鼓励、促进社会资金投入，积极引导推动农民投工投劳探索，推进市场化运作。

（四）突出农村环保重点难点

农村环境综合整治工作内容很多，且各类污染的污染程度和治理难度不一。农村饮用水安全事关农民群众身体健康，乡（镇）、中心村和农户相对集聚区的生活污水和规模化畜禽养殖排放量大，对环境污染大，是农村环境整治的重点，农业面源污染和土壤污染涉及面广，治理技术要求高，治理难度大，是农村环境整治的难点。要认真把握农村环境整治的重点和难点，攻坚克难，确保农村环境整治实效。

（五）强化“四轮驱动”整体联动

《关于进一步加强农村环境保护工作的意见》明确要以“四轮驱动”为抓手，以深化“以奖促治”政策为主线，以开展农村生态建设示范的“以创促治”、推进农村污染减排的“以减促治”、实行农村环境综合整治目标责任制的“以考促治”为抓手，强化能力，深入研究，掌握规律，开创农村环境保护新局面，进一步加强农村环境保护工作。

1. 深入实施“以奖促治”。针对群众反映强烈、严重损害农民群众健康的突出环境问题的村庄，要集中力量优先治理，做到整治一个见效一个。针对重点流域、区域和环境问题突出地区开展集中连片治理，实现设施共建共享，降低治污成本，提高治理成效。要不断加快整治力度，加大资金投入，力争尽快实现农村环境整治全覆盖。

2. 大力推进“以创促治”。农村生态建设示范，发展了生态产业，促进了当地发展方式转变，产业结构调整，改善了农村环境质量。要继续扩大创建范围、健全创建机制、加强督察指导，确保创建质量，巩固创建成果、提高创建水平。

3. 着力抓好“以减促治”。总量减排工作是“十一五”环护工作的一个亮点，也是带动全局工作的“牛鼻子”。“十二五”规划增加了氮氧化物和氨氮两个约束性指标，减排工作向农村地区延伸。集镇生活污水和规模化畜禽养殖场（小区）是农村污染减排的重点，要按照国家“十二五”主要污染物减排要求，做好农村集镇生活污水和规模化畜禽养殖场（小区）化学需氧量和氨氮减排工作，确保减排目标和任务的实现。要建立农村污染减排的监测、统计、考核体系，把农村污染减排工作落到实处。

4. 全面推行“以考促治”。党的十七届三中全会明确，把农村环境整治纳入各级党委、政府的考核体系之中。“十二五”要在试点的基础上，全面推行农村环境综合整治目标责任制，形成一级抓一级、层层抓落实的工作局面。为了确保农村环境整治工作任务的完成，各级政府应进一步研究“四轮驱动”的相关配套措施，有效推动农村环境整治。如“以奖促治”政策最好把补助具体细化到项目，根据项目确定国家奖励、地方配套、农村自筹的标准，这样奖励政策一目了然，操作实施容易到位，配套资金便于落实，实施起来也容易到位。还可以通过先建先治先补的激励措施调动地方和农民的积极性。

5. 研定农村环保扶持政策。要研究农村环保投入的保障措施，将农村环境整治资金纳入各级财政预算，建议从土地出让金中确定一定比例用于农村环境整治。要通过建立生态补偿机制鼓励和推动农村环境整治。对于畜禽养殖污染治理，有机肥生产给予补贴。对于承担农村环境整治方案编制和具体实施的单位和公司，减免相关税费，降低相关成本。对于从事农村环保技术研究、设备制造的单位和企业给予补贴和税收优惠。

6. 开展农村环保技术推广。积极开展农村环保试点示范实用技术的推广、咨询服务。围绕“利用”“节约”“减污”“增收”，引进和推广应用国内外先进技术，如秸秆综合利用技术、植保技术和替代农药技术、测土配方施肥技术、土壤综合防治技术、人畜粪便无害化处理和综合利用技术、农产品无公害标准化生产技术等。组织农民进行培训学习，让农民掌握技术要领。大力开展为农业、农村、农民服务的环保科技开发和创新工作，重点加强资源综合利用技术、农药化肥减量化技术、农村污染综合防治技术等的研发创新，为农村环境综合整治提供科技保障。

7. 加强农村环保法制建设。目前，农村环保除试点示范地区外，基本处于一种自发、自主的工作状态，有关的法律法规基本不具备，需要研究与制定。要认真研究农村环境污染的特点，制定相应的污染排放标准和相关法律法规，推动农村环境整治法制化建设。要重视农业面源污染、土壤污染、畜禽养殖污染等方面法律法规的制定，尤其要重视对农药、化肥等生产厂家生产标准和有关环保法规的制定，从源头上控制污染。

8. 建立农村环保管理机构。编制人事部门要加大建立农村环保机构的调研和支持力度，研究出台基层农村环保机构建设的指导性意见，对全国乡镇环保机构建设做出规划和部署，明确相关职能职责，增加人员编制，解决农村环保无机构抓、无人员管的问题。

9. 加强农村环保监测监察。目前，农村环境监测仍处于初级阶段，其监测内容、监测指标、监测频次等尚不明晰，监测以及监察工作还未实现常态化，农村环境监测与农民群众对环境质量的需求不相适应，必须加强环境监测和监察工作。建立和完善农村环境监测重点是加强县级环境监测站硬件设施、技术手段和人员队伍建设，逐步建立较为完善的农村环境预警监控体系，特别是要在国家防治的重点流域、区域和实施“已奖促治”项目的村镇开展农村饮用水水源地水质、环境空气、土壤环境监测，掌握农村环境整治成效，乡镇要逐步建立环保监察员制度，促进农村环境保护工作落到实处。

（2011 年 12 月）

大力推进农村环境连片整治
努力建设农村美好家园

一、全面推介攸县好的经验做法

攸县近几年以统筹城乡、建设社会主义新农村为契机，以加强社会管理、改善农村环境质量为目标，在农村全面开展环境综合整治，积极探索农村环境整治新途径，按照“目标定位、观念先行、方式引领”的思路，采取多项有效措施，取得了良好成效，农村环境状况发生显著变化，人民群众幸福指数日益增强。

攸县环境整治的主要经验就是：领导高度重视，主要领导亲自抓，思想认识早，主动积极抓；通过实行分区包干、分类减量、分级投入、分期考核，破解农村垃圾处理难题；通过开展矿区治理、“四改”（改水、改厕、改圈、改厨）工作、行业整治，改善农村基础条件；通过加强沼气池建设，自主研发技术建设有机肥厂，防治农村畜禽养殖污染；通过实行市场化运作，全额返还乡镇土地收入，乡（镇）财政收入超额部分留成，保障乡（镇）、村、农户投入，建立环境整治长效机制；通过精细化管理、严格分级考核、严格奖惩制度，确保工作落到实处。其经验和做法得到了国务院和省领导的充分肯定。攸县农村环境综合整治决心大，措施实，“四分模式”和精细化管理机制取得了良好成效。攸县在农村环境综合整治工作中，不仅利用“四分模式”解决了垃圾处理难题，实现了城乡垃圾处理全覆盖，而且还通过综合治理改善了农村社会管理，实行政府主导、市场化运作，建立了农村环境整治的长效机制。通过开展城乡同治，攸县的环境美了，生活幸福了，群众的满意度提高了。攸县经验，值得各地认真学习借鉴，并因地制宜，集思广益，大力推进各地的农村环境综合整治工作，形成各级领导高度重视、相关部门协同配合、广大群众积极参与的良好局面。湖南省已有不少市县在抓紧行动，如长沙、益阳、汉寿等地都学习借鉴攸县目标考核的经验，奖励先进，鞭策后进。益阳市书记、市长亲自抓，对城乡垃圾污染治理搞得好的县奖励30万，差的县处罚30万元。

二、进一步提升农村环境综合整治水平

2010年，湖南省确定农村环境连片综合整治示范区25片，共计37个农村环境连片整治示范项目单位，涉及14个市（州），37个县（市、区），355个村庄，受益人口约70万。村生活污水处理能力、农村生活垃圾处理量、农村畜禽粪便处理量分别达460万吨/年、10万吨/年、11万吨/年；减排COD 10454吨/年，氨氮518.74吨/年。2011年5月，环保部进行了专项督察，对湖南省工作给予了肯定。11—12月，湖南省环保厅联合湖南省财政厅对2010年度的37个示范项目单位进行验收，整体效果较好，大多数示范区景秀村美，群众环保意识普遍提高，老百姓一致反映党的政策好，农村连片整治示范项目是一项真正的民生工程、惠民工程。总的来说，有四个特点：

一是领导重视，工作思路明确。农村环境连片整治工程是农民群众最关心、最现实的民生工程。为切实完成湖南省2010年农村环境连片综合整治工作任务，湖南省政府专门成立了领导小组，2010年11月在长沙召开了湖南省示范工作（现场）会议，会上37个示范区所在地的市（州）、县（市、区）政府向省政府递交了责任书。各地政府高度重视，把农村环境连片综合整治示范工作列入了政府重要工作，并纳入了考核体系，分别成立了以主要领导为组长，财政、发改、卫生、国土资源、环保、住建、交通、水利、农业、林业、旅游、农办等单位为成员的领导小组，负责农村环境连片综合整治示范工作的综合协调、项目整合、项目实施和监督管理等工作。通过强化组织领导，有力推进了示范区建设工作。郴州市人民政府将农村环境连片整治工作纳入“民生100工程”，对各示范区人民政府和市环保局进行考核。常德市分管市长不仅亲自参与工作研究和布置，还

先后两次带队到示范区督促、检查，有力推动了示范区工作，常德市的整体示范工作位居湖南省前列。衡阳雁峰区把农村环境连片整治工作作为“一把手工程”摆上全区工作的重要位置，形成“政府主导、部门主抓、群众主体”的良好局面，高效推进项目实施。

二是项目整合，打造精品亮点。各地政府牵头负责，按照各司其职、各记其功、整合使用、单项验收的原则，整合多部门涉农专项资金，如农办的新农村建设工程，爱卫办改厕工程，能源办沼气池工程，农业局面源治理工程，交通局农村道路工程，水利局农村水利建设工程，国土局土地整理整治工程，住建局房屋改造工程等相关资金，部分示范区打造了一批精品亮点工程，真正起到了示范带动作用。如武陵源示范区结合世界旅游精品建设，在生活污水处理设计上，增加了景观化和园林化设计，让项目和周边的自然环境相融合，成了新的亮点。汨罗市将农村环境连片整治与新农村建设紧密结合，整治几个村就打造出几个亮点工程。长沙县、雁峰区、安乡县、临澧县、洪江区、永兴县、零陵区等示范区根据当地特点，量体裁衣，打造了一批精品亮点，为示范区建设提供了很好的经验。

三是积极探索，建立长效机制。各示范区因地制宜建立农村生活污水、畜禽养殖、生活垃圾等处理系统。如郴州永兴县示范区，探索了用沼气池配合“四池净化”对散户畜禽养殖粪便进行处理的模式和多处人工湿地处理中心村农民生活污水，农户生活污水处理率达到了98%，基本实现了连片整治区域5个村农村环境整治全覆盖；长沙望城示范区采用模块化快渗人工湿地处理生活污水，效果良好。各示范区还建立并逐渐完善了示范工作机制。为了确保村民长期享受到农村环境改善带来的实惠，很多示范区成立了环保合作社、环保协会，安排保洁员负责示范区内各村的道路清扫和垃圾站内的垃圾转运。很多试点村建立了村规民约和激励机制，依靠制度引导和约束村民转变生活习惯，提高环保意识，为示范长效机制运行奠定了基础。零陵区通过采取村民“一事一议”，用农户筹一点、财政补一点的办法，基本解决了经费来源。

四是全民动员，营造浓厚氛围。为了指导湖南省农村环境连片整治工作顺利进行，省级加强了队伍培训，已培训市（州）、县（市、区）、乡（镇）、村各级干部等相关人员1200余人。各示范区紧紧围绕提高农民环保意识、转变传统观念、改变落后的生产和生活方式，充分利用电视、广播、网络、报刊等新闻媒体，采取设立宣传牌、出动宣传车、印发宣传手册等手段，宣传农村环境连片整治的内容和意义，提高农民群众的环保意识。许多示范区成立了村环保学校，定期开展对农民的环保宣传和培训，引导示范区农民群众积极参与农村环境连片整治，为示范区农村环境保护营造了浓厚的氛围。

但是在督察和验收过程中，也存在以下四个主要问题：

一是示范区项目建设普遍滞后。根据各项目示范区所在地政府与省政府签订的目标责任书要求，各示范区工作应于2011年6月底前完成。由于主客观原因，绝大部分示范区未按进度要求完成工作任务，各市（州）要加快工程扫尾，加大督察力度，确保在2月底前完成所有建设项目整改和竣工决算。二是示范区前期实施方案不够完善。各示范区在申报项目时，调查研究不细，不够深入，编制的实施方案不够完善，导致部分建设项目不能因地制宜，不能满足农民群众的意愿，实施过程中不得不调整部分方案，导致申报项目的实施方案和示范区验收内容出现差异。三是示范区资金配套和管理有待加强。现场验收过程中，发现有些示范区没有完全按要求进行资金配套，还存在用其他部门的专项资金项目冲抵配套资金的现象。一些示范区项目资金管理不够规范，个别示范区甚至存在打白条现象。四是示范区长效机制需要继续完善。尽管在示范区建设中，各地对长效机制进行了一些探索，但仍存在农村环保机构队伍建设不健全、项目管理不规范、设施运行经费和项目工作经费不落实的情况，长效机制还需要进一步完善。

总体上，第一年的试点工作，没有经验可循，没有模式可鉴，存在一些问题，但各地不断优化实施方案和工程设计，积极进行项目整合，认真摸索经验，努力探索机制体制创新，涌现出了一批实施效果明显、工作成绩突出、资金使用规范的示范区。湖南省层面已对2010年度农村环境连片综合整治示范工作情况进行了通报，并计划对第一档的中央、省专项资金低于1000万元的临澧县、洪江区等15个示范区进行后续资金支持。列入第一档示范区所在地政府和有关部门，再接再厉，进一步完善长效机制，加快面上推进，扩大示范效应。其他示范区所在地各级政府和有关部门要进一步加大工作力度，认真落实和履行责任书的内容，特别是列为第三档的县，必须引起高度重视，切实抓好后续工程和后续工作。各示范区还要认真做好迎接国家检查的准备。为圆满完成国家农村环境连片整治示范试点任务，使“以奖促治”政策取得更大成效，切实解决当前突出的农村环境问题。还要认真总结经验，积极探索农村环境保护新道路、新机制，切实抓好各项工作的落实，进一步提升农村环境综合整治水平，推动湖南省农村环保事业迈上新台阶。

三、科学谋划2012年农村环境连片整治示范工作

2011年，湖南省认真组织，规范程序，严格审查，确定了39个农村环境连片整治示范项目，涉及湖南省14个市（州），39个县（市、区），323个村庄，受益人口约70万。2012年，重点要做到两个“进一步”。

一是进一步认清农村环境综合整治的重要意义。2011年的全国“两会”要求把加强农村环境综合整治作为解决“三农”问题的重要内容，把农村环境整治作为环保工作的重点，摆在突出的位置；第七次全国环保大会明确，城市环境与农村环境唇齿相依，农村环境保护不好，不仅损害农民的利益，还会严重影响居民的菜篮子、米袋子、水缸子，要大力推进和统筹做好农村面源污染和环境整治工作，为确保食品安全打好基础；为深入推进农村环境综合整治工作，《中华人民共和国国民经济和社会发展第十二个五年规划纲要》明确提出了加快农村环境综合整治，控制农村面源污染的要求；2011年10月17日出台的《国务院关于加强环境保护重点工作的意见》中明确提出要加快推进农村环境保护，实行农村环境综合整治目标责任制，深化“以奖促治”和“以奖代补”政策，扩大连片整治范围；环保部2010年在全国8个省开展了农村环境连片整治示范试点工作，2011年又增加了9个省，2012年还将继续扩大；环保部正在积极争取2012年以国务院名义召开全国农村环境连片整治现场会，进行进一步的布置安排；“十二五”减排工作，国家扩大了主要污染物总量控制的范畴，增加了氨氮和氮氧化物两项约束性指标，并开展农村集镇生活污水和规模化畜禽养殖污染减排工作；2011年3月环保部出台了《关于进一步加强农村环境保护工作的意见》，提出了农村环境保护“四轮驱动”，即以深化

“以奖促治”政策为主线，以开展农村生态示范建设的“以创促治”、推进农村污染减排的“以减促治”、实行农村环境综合整治目标责任制的“以考促治”为抓手，进一步加强农村环境保护工作。农村环境保护工作正处于历史上最好的发展时期，预计不久的将来农村环境整治将在全国全面展开。全国各省认真学习领会中央领导和国务院文件的指示精神，切实按照环保部的统一部署要求抓好工作落实。湖南省正在积极打造“绿色湖南”，大力推进“四化两型”，作为一个人口大省、农业大省、畜禽养殖大省，湖南省面临的农村环境整治形势十分严峻，任务十分繁重，农村COD排放量占湖南省总量的半壁江山，氨氮的主要污染源在农村，大部分土壤已遭到污染。农村环境问题如果解决不好，以人为本、全面协调可持续发展无从谈起，城乡统筹、城乡同治无从落实，农产品安全无从保障，各地必须增强农村环境整治的紧迫感和责任感。开展农村环境连片整治示范，是贯彻落实科学发展观，构建和谐社会的重要抓手，是建设生态文明、打造“绿色湖南”的战略举措，是贯彻落实中央“以奖促治”政策的深化和拓展，是探索农村环境整治经验模式，推动农村环境全面整治的重要先导。必须从全局和战略的高度，提高对农村环境连片整治示范工作重要性的认识，下更大的气力，做更大的努力，切实加大工作力度，切实加大资金投入，切实解决农村突出环境问题，把农村环境连片整治示范工作落到实处，探索农村环境整治模式方法。基本的环境质量是一种公共产品，是政府必须确保的公共服务。要按照人民群众的迫切愿望，努力不欠新账、多还旧账，推动解决好突出环境问题。农村环保对改善环境质量作用很大，政府更要加强主导。长沙市、攸县每年财政分别投入1个亿和1000万用于农村环境整治，攸县决定2012年增加到2000万，值得全省其他地区认真学习借鉴，积极努力争取。

二是进一步提升农村环境连片整治示范工作整体水平。2010年各示范区政府已和省人民政府签订了连片整治工作协议，绝大部分示范区基本完成了协议书的内容，2011年各示范区也需要与省人民政府签订《湖南省农村环境连片整治示范工作责任书》。对于2011年度湖南省农村环境连片整治示范工作，还将提请省人民政府实行目标奖惩，对市（州）、有关县（市、区）人民政府进行考评，对先进单位进行表彰，对获得先进单位县

（市、区）的示范区给予50—100万元的后续项目资金支持，对工作完成不好的市（州）、县（市、区）将在今后农村环境整治项目和资金安排上加以限制。湖南省的农村环保工作在全国一直处于领先地位，湖南省“四洁工程”、长沙市“三新行动”、攸县“四分模式”得到了中央领导和环保部的充分肯定并在全国给予了推介，中央电视台、《人民日报》、新华社、《湖南日报》等新闻媒体多次进行报道，环保部2010年还在长沙召开了现场会。但2010年湖南省农村环境连片整治工作在试点8个省（区、市）中进度并不领先，全国各省（区、市）正在你追我赶、相互竞争。各地必须引起高度重视，继续树立创先争优的思想，切实加大工作力度，切实加快工作进度，确保后两年农村环境连片整治工作全国领先，为今后争取国家更大支持、更多资金打下扎实基础，创造有利条件。

2011年工作要落实好，当下的重点是三件事：

一要加强项目组织实施，积极示范建设。要加快实施2011年度项目建设，要求在2012年6月底之前全面完成。推进示范工程建设是各地一项刻不容缓的重要任务，各市（州）和有关县（市、区）政府要加大工作推进和组织协调力度，动员各有关部门密切合作、整合力量、共同推进示范项目，为项目攻坚提供组织保证。要对示范项目建设明确时间节点，落实任务分工，加强督促检查，解决突出问题，确保按期按质完成建设任务。要严格按照项目方案实施，不得随意调整内容，否则，省级层面将不予验收。对确因项目方案编制不合理需调整的极少数项目，必须报经省级层面同意后才能实施。

二要加大项目监管力度，积极经验交流。加大2011年度示范项目的监管力度是各地的重要任务，要督察示范区抓紧完成项目工程设计、招投标等前期工作，规范项目建设程序；要加强配套资金落实和管理，通过完善制度、公开信息、督察检查、群众监督、考核验收等手段，切实提高项目的实施水平和资金的使用效率，增强项目的实效性。要在2010年度项目实施过程中发现典型、总结经验、树立标杆、以点带面，真正发挥示范项目的示范作用。要及时学习借鉴，总结推广各地在农村环保方案设计、体制机制、政策创新、实用技术、项目和资金管理等方面的好做法、好经验。

三要突出重点区域和问题，积极项目申报。湖南省财政厅和省环保厅还将启动2012年度项目申报，按照环保部的统一要求，2012年度项目必须在2012年底全面完成。市县两级必须认真组织2012年度的项目申报，特别是要制定切合实际的、完善的整治方案，加大工作力度，确保按时、按质完成两厅最后确定的2012年度示范整治项目任务。

（2011年12月28日）

“一竞二化三创四结合”

——湖南省农村环境综合整治工作强力推进

2010年，湖南省被环保部、财政部确定为全国第一批农村环境连片综合整治示范试点省，2010—2012年，湖南省共投入中央资金7.5亿元，地方配套7.5亿元，并带动社会投资约7.8亿元，在湖南省93个县（市、区）的1046个村庄开展了农村环境连片综合整治，受益人口230万。据统计，示范区已建设垃圾池25万个，四格净化池15万个，沼气池2万个，畜禽养殖分户处理等设施5万套；形成生活污水处理能力460万吨/年，生活垃圾清运能力35万吨/年，农村畜禽粪便处理能力15万吨/年；减排COD 3.5万吨/年，氨氮1000吨/年。三年来，湖南省把开展农村环境连片整治工作作为贯彻落实科学发展观，建设“两型社会”，保障城乡居民身体健康，维护农民环境公平权益的重要抓手，切实加强领导，成立了领导小组，建立了联席会议制度，周密部署，精心组织，积极探索，强力推进，示范区的村庄村容村貌明显改善，生态环境明显提升。攸县、长沙市的一些做法都先后得到了国家领导人的肯定。示范区农民反映：整治后村庄整洁了、饮水干净了、蚊蝇减少了，生活舒适了、疾病减少了，连夸党的政策好！农村环保好！惠民工程好！

湖南省主要采取了“一竞二化三创四结合”方式，强力推进农村环境综合整治工作。

一竞：竞争立项。

农村环境连片整治项目资金投入大、示范效应明显，各地申报的积极性很高。为确保公平公正、科学合理地筛选项目，湖南省实行竞争立项。由各县（市、区）根据湖南省统一制定的项目确定原则和要求选取项目，经各市（州）推荐，差额申报。湖南省财政厅、环保厅对项目进行联合审核，确定示范区候选县，然后按照“公平、公开、公正”的原则，委托中介机构，组织相关专家对候选县项目的可行性研究报告进行全封闭评审，在此基础上，评审专家对候选县的项目现场陈述进行评分。经综合评定，确定候选县的项目竞争得分。按照竞争得分高低，淘汰部分候选县项目；入选的项目按工程量大小、竞争得分高低分档分配专项资金补助。通过竞争立项的县（市、区）人民政府在项目实施中高度重视，成立领导小组、配套资金到位，涉农项目整合，示范效果非常显著。

二化：宣传培训全民化，设施建设规范化。

宣传培训全民化：农村环境连片整治，首先是要统一思想认识，明确工作要求。为了确保示范项目顺利实施，有效推进，湖南省财政每年拨付40万元农村环保培训专项资金，举办两期培训班，环保厅聘请了相关专家对项目区内的县、乡镇和村干部进行集中培训，告诉他们环境怎么整治，垃圾怎么分类，设施怎么使用。截至2012年，印发环保宣传资料上万册，共培训各级干部3600余人，其中村干部3000余人。培训后的村干部，在项目实施过程中很快变成了“环保专家”，说起农村环保怎么做，头头是道。湖南省各示范区运充分利用广播、电视、网络等媒体，以及采取办板报、制作宣传标语、发放环保知识手册等农民喜闻乐见的形式，不少示范区还通过举办农民夜校，大力宣传农村环保的科普知识和实用技术、农村环境连片整治的内容和意义，真正实现了农村环保知识进村入户到人，实现了宣传培训全民化。

设施建设规范化：为了确保示范区项目的质量，省环保厅制定了《湖南省农村环境连片综合整治示范区环境建设工程技术规范及评估标准（试行）》，统一了连片整治项目建设标志图，统一了标准化设施建设。生活污水处理系统按照分散式和集中式两类进行标准化建设，其中分散式农户污水处理普遍采用了四池净化系统，并积极探索标准化的一体化污水处理设施和模块式污水处理设施，集中式污水处理采用了人工湿地系统或标准化的生物转盘设施。目前湖南省积极推进农户生活污水处理“四个统一”，即农户的生活污水处理设施统一设计、统一建设、统一运营、统一监管，进一步规范农村环境整治工作。湖南省农村垃圾实行严格分类减量、分散处理。如攸县采取“一氹两池三桶四筐”的垃圾分类方式，还制作了垃圾分类处理宣传片，安排千名干部进乡村，帮助村民实现农村垃圾分类处理的普及。对于分散处理后剩余垃圾，湖南省引进中联重科等上市企业标准化设备，对分类垃圾桶、组用式垃圾箱以及垃圾转运车进行了统一制作，规范垃圾处理系统。

三创：创新体制机制，创新融资渠道，创新管理模式。

创新体制机制：设立乡镇环保站。为改变农村环境无机构抓、无人员管的问题，2011 年底，湖南省政府召开常务会议研究确定农村环保机构建设问题，按照“定机构、定编制、定职能”的农村环保管理体制，在全国率先设立乡（镇）独立的环保机构。2012 年已在湖南省 2176 个乡（镇）设置环保站，实现了乡镇环保机构全覆盖。农村环保机构的建立将极大地推进湖南省的农村环境保护工作。组建环保合作社。长沙县果园镇在全国率先成立农村环保合作社，目前该县每个乡镇设有一个总社、每个村有一个分社。大多数示范区均组建了环保合作社，利用经济杠杆，引导农民实行垃圾分类，有偿收购垃圾，开创了一条农村生活垃圾处置市场运作、循环利用之路。成立环保协会。零陵区等一批县（市、区）示范区成立了环保协会，配发垃圾车和垃圾筒，安排专人清扫村庄道路以及垃圾运转，使村庄保洁实现了常态化。建立“大评小奖”机制。各示范区对农户采用“大评比、小奖励”的办法进行激励，按清洁、较清洁和不清洁评定等次，评比结果张贴到户，对清洁户给予毛巾、牙膏、雨伞等价值 10—20 元的小额物质奖励。通过精神和物质激励调动群众的自觉性、积极性。

创新融资渠道：由于开展农村环境连片综合整治所需资金量大，为解决资金瓶颈，湖南省积极探索引入市场机制，拓宽资金渠道。成立环保投资公司融资。部分县（市、区）成立了环境建设投（融）资管理中心与农村环境建设投资有限公司，将年度财政预算、上级支持资金、银行融资等注入公司，统一管理专项使用，成为农村环境保护的长期投融资平台。引进企业进行投资。部分示范区通过引进有机肥厂等企业的投资，形成“企业 + 养殖户”“环境治理 + 资源利用”模式，既增加当地环保投入，又实现养殖废弃物资源化综合利用。采用 BOT 模式融资。长沙县将 BOT 模式引入乡镇污水处理厂建设中，有效解决了乡镇污水处理的资金难题，建成

19 个乡镇污水处理厂，率先实现乡镇污水处理设施全覆盖。建立生态补偿基金。长沙县从每亩出让、划拨土地金中提取 3 万元建立生态补偿基金，用于生态移民、退耕还林还草、饮用水水源保护等。2011 年征生态补偿基金 5400 万元，用于多项环境整治项目的实施。利用留存土地出让金。攸县将乡镇土地出让金县留存部分全部返还乡镇，用于基础设施建设和农村环境整治，该县每年乡镇可以支配的土地收益少则 300 万，多则上千万，通过乡镇土地经营收入对基础设施建设和农村环境整治投入均超过了 1 个亿，形成了城乡环境同治的“攸县模式”。长沙县、攸县、大通湖区等县（市、区）正在推进由企业“统一设计、统一建设、统一运营、统一监管”的市场化全覆盖治理新模式。

创新管理模式：组织管理“三统三分”。即统一领导、统一规划、统一协调，分级负责、分步实施、分项验收的运作模式，各部门积极协调、协同作战，有效促进了示范区农村环境连片整治工作有计划、有步骤地开展。分类分级层层实行目标考核。为加强农村环境连片整治示范工作的调度与考核，湖南省政府、省环保厅与各示范区政府签订工作目标责任书，并分四个层次开展农村环境综合整治目标责任制考核试点工作［各示范区政府向省政府递交工作责任书；洞庭湖三市政府与环保厅、其他市（州）环保局与环保厅分别签订目标责任书］，通过有区别的责任，共同推进农村环境综合整治工作。严格项目督察和验收。项目实施中，环保厅、财政厅联合组成督察组，对项目实施进行督察和指导，推动规范施工和项目进度。项目完成后，环保厅和财政厅组织专家组对项目进行考核验收，确保质量和成效。严格项目奖惩制度。对未按期完成项目、成效不明显的示范区县（市、区）采取湖南省通报、下发督办函等方式督促其按要求完成项目；对工作完成好、成效显著的，通过分级评定进行奖励和后续资金支持。各示范区因地制宜强化地方考核。如长沙市开展全市乡村环境卫生“十佳乡镇十佳村”和“十差乡镇十差村”评选活动。对获得“十佳”称号的乡镇、村进行奖励，对落后的乡镇、村进行问责。如长沙县，采取分类考核方式，南部工业乡镇重点考核工业产值和财政收入，北部农业乡镇主要考核农业生产和生态建设，取消其招商引资、工业产值等考核指标。同时，该县通过财政转移支付，加大对北部农业乡镇生态保护的补偿。株洲市农村环境综合整治考核实行“周考核、月评比、季讲评、年终总评”，考核结果列入县（市、区）政府和市直成员单位的政绩考核内容。市级财政每年投入2000万元，用于“以评促建、以奖促治、以罚促改”。如攸县，实行严格分级考核，对乡村和镇区采取分块考核、分类计分，季度综合排名的方式考核，将考核结果与财政资金拨付挂钩、实行重奖重罚、严格责任追究，全面推进农村环境综合整治。村、组、户也建立了相应奖惩制度，形成了“村村努力争先进，人人害怕拖后腿”的良好势头。

四结合：与农村实际相结合，与强农惠农相结合，与生态创建相结合，与整体推进相结合。

与农村实际相结合：根据各示范区实际特点，湖南省因地制宜地建立了与农村实际相结合的农村生活污水、垃圾处理以及养殖废弃物综合利用技术支撑体系，示范项目特色纷呈。垃圾处理分类减量。在开展农村环境连片综合整治中，湖南省首先采用“户分类、村收集、镇转运、县处理”的模式来处理农村垃圾。运营过程中发现该模式适合城市近郊的农村，偏远乡镇的农村因垃圾转运费用高而无力承担。针对偏远乡镇，湖南省以“资源化、减量化”为立足点，以分类指导的原则，因地制宜地推出“户分类减量、村主导消化、镇监管支持、县以奖代投”的生活垃圾处理新模式。该模式具备良好的循环机制，极大限度地缓解了政府花钱转移垃圾的窘境。污水处理因地制宜。在土地资源相对丰富、气候条件适宜的农村，各地应当鼓励采用集中自然处理技术，如氧化塘技术、人工湿地。厕所污水先经过化粪池处理，利用水生生态系统、湿地生态系统的净化能力来净化生活污水，维护简单，成本低。在村庄布局分散、人口规模较小、地形条件复杂、污水不易集中收集的连片村庄，采用“三格式化粪池＋人工湿地系统”。如望城区示范区，针对当地生活污水排放情况和水质特点，在原有三格式化粪池基础上，增加了快渗人工湿地处理系统，不仅减少了施工周期和难度，还具有成本低、管理方便、处理效果好等优点；张家界武陵源区示范区，建设四池净化系统的同时，不但考虑其实用性，更是将其景观化、园林化、美观化，让该项目和周边的风景相融合，成为新的亮点。畜禽污染治理分类处置。湖南省对规模小的散养户，通过建设沼气池处理畜禽粪便；对中等规模的养殖场，通过建设“沼气池＋四池净化”系统，或者生物垫料零排放，使畜禽养殖废弃物完全资源化；对大规模养殖场，通过与企业合作建立有机肥厂或建设沼气发电厂，高效处置畜禽养殖粪便。如长沙县等示范区，依托某环保公司的高新技术，积极推动循环农业建设，生猪养殖 50 头以上均采用“沼气池 + 四池净化”模式，形成种养平衡，实现室外零排放。

与强农惠农相结合：涉农项目整合投入。在开展农村环境连片整治工作中，积极引导农业、水利、林业、能源、卫生、交通等部门涉农资金的投向，在示范区内联动开展村庄绿化、交通硬化、河塘生态化、饮水洁净化、养殖废物沼气化、厕所卫生化等农村环境综合整治工作，形成倍增效益。部分项目捆绑投入。如望城区示范区，开展生活污水的治理项目与爱卫办改厕的无害化处理系统资金结合，在连片综合整治的示范村由区政府统一协调，按照各自项目的要求，分项投入，整合使用，单项验收。如永州市的各示范区，使饮用水水源保护与农村供水工程相结合，生活污水处理与爱卫改厕相结合，畜禽养殖污染治理与沼气项目相结合，取得了良好效果。各方资金统一投入。长沙县通过整合村民出资、政府补贴、公司融资、银行贷款、上级支持资金，在两年内的县级投入农村环境连片综合整治资金达 1.5 亿元，对 55 个村进行综合整治。通过各项强农惠农项目资金的整合使用，既解决了资金不足的问题，也形成了整治的综合效果。

与生态创建相结合：采取“以奖促治”与“以创促治”相结合，以农村环境连片综合整治为契机，以生态示范创建为载体，以污水污物减排为手段，以目标责任制考核为动力，推进农村生态文明建设，促进农村经济社会发展与生态环境保护相协调。生态创建成为农村环境综合整治“助推器”。武陵源区、洪江区、长沙县、吉首市等县（市、区）通过开展国家生态县创建，生态经济、生态环境、生态人居和生态文化建设力度大大加强，政府和群众参与农村环境保护的积极性明显提高，在下一阶段的农村环境综合整治中，被列为湖南省农村环境综合整治重点县（市、区）。农村环境综合整治与生态创建“并驾齐驱”。津市市灵泉镇（2015 年已撤销）、石门县皂市镇等乡镇，通过农村环境连片综合整治与开展国家级生态乡镇创建，“以奖促治”“以创促治”两手抓两不误。全镇农村人居环境有了显著改善，村前村后溪水变清了、水质改善了，房前屋后种花栽树，村庄绿化了。村民生产生活条件改善，生态创建成果累累，生态经济得到长效发展，已成功创建成国家级生态乡镇。农村环境连片综合整治为生态创建“保驾护航”。澧县张公庙镇兔子口村、北湖区冷水村通过开展农村环境综合整治，村容处处整洁，宅边路旁绿树成排，水清气洁，村民自觉保护环境的意识明显提升。

与整体推进相结合：按照“突出重点、整体推进、综合治理、解决突出环境问题”的基本原则，将湖南省人口密度大、经济社会最发达地区、环境问题最突出的湘江流域、全国农产品基地的洞庭湖区、长株潭城市群“两型”社会建设综合配套改革实验区和国家扶贫连片特困地区武陵山片区作为重点治理区域，力求“以点促片、以片带面、以面扩区、整体推进”，形成示范效应。为加快推进农村环境整治步伐，提升区域农村环境质量，从2012年起开始采取“整体推进”战略，开展重点区域的部分县（市、区）、重点区域内的乡镇农村环境综合整治全覆盖试点工作。对长沙县、韶山市、武陵源区等14个县（市、区）整体推进，其他重点治理区域每个县（市、区）根据环境现状、基础条件、轻重缓急筛选1个乡镇实行全覆盖整体推进。2012年，株洲市率先提出在未来3年时间全面建设“四清三基二统一化”的“完美乡村”，力争2014年全面清除农村“脏、乱、差”现象，90%以上的镇村达到治理标准。通过“整体推进”，将使湖南省农村的突出环境问题得到有效解决，全面改善农村环境质量。

（2012年）

整县推进农村环境综合整治

农村的污染排放已接近排放总量的“半壁江山”，造成的土壤、水体和空气污染，不仅威胁着农民的身体健康，也影响着城市居民的“米袋子”“菜篮子”“水缸子”的安全，农村环境保护形势严峻。党中央、国务院高度重视农村环境保护工作，自2008年国务院召开全国农村环境保护工作电视电话会议和发布《关于加强农村环境保护工作意见的通知》，农村环境综合整治工作力度明显加大。2010年至2012年，湖南省被环保部、财政部确定为全国第一批农村环境连片综合整治示范试点省。3年来，湖南省把开展农村环境连片整治工作作为推进生态文明，建设“两型社会”的重要抓手，加强领导，周密部署，精心组织，积极探索，强力推进，成效明显。

一是农村环保地位大幅提升。各示范区加大了宣传、培训工作力度，群众的环保意识不断增强，农民群众治理污染、保护环境、建设美丽家园的积极性、主动性不断提高。各级政府加强了对农村环境保护工作的领导，各示范区加大了农村环保经费投入，加强了农村环保机构队伍建设，农村环保工作列为环保工作重要内容，农村环保地位得到了提升。

二是示范区整治成效明显。2010—2012年，湖南省共投入中央资金7.5亿元，地方配套7.5亿元，在湖南省106个县（市、区）的1261个村庄开展了农村环境综合整治，受益人口358万。截至目前，示范区已划定集中式饮用水水源保护区910个，建设农户四格净化池17万个，集中污水处理设施1200套，配套管网8000千米，建设垃圾收集处理设施33万个，配备垃圾转运车2200辆，畜禽养殖处理设施3.8万套。形成生活污水处理能力5860万吨/年，生活垃圾清运能力61万吨/年，农村畜禽粪便、污水综合利用和处理能力234万吨/年。减排COD 3.9万吨/年，氨氮0.45万吨/年。示范区村庄的村容村貌明显变好，生态环境明显改善。

三是各地探索创造了不少成功的经验和做法。各示范区大力推进、不断探索，创造了不少成功的经验和做法，在全国引起了很好的反响。如按照建设“清洁家园，清洁田园，清洁水源，清洁能源”的目标，湖南省采取“一竞（竞争立项）、二化（宣传培训全民化，设施建设规范化）、三创（创新体制机制，创新融资渠道，创新管理模式）、四结合（与农村实际相结合，与强农惠农相结合，与生态创建相结合，与整体推进相结合）”的模式，开展农村环境连片综合整治，走出了一条“政府主导、市场驱动、村民自治、城乡同治”的农村人居环境改善新路子，得到了环保部、财政部的充分肯定。长沙县将BOT模式引入乡镇污水处理厂建设中，建成19个乡镇污水处理厂，率先实现乡镇污水处理设施全覆盖。攸县出台《关于深入推进再生资源回收利用工作的实施意见》，通过市场化运营，成立资源回收公司、建立回收站点网络和再生资源产业园，全县年产生活生产性废旧物资约20万吨，可回收垃圾潜在价值5亿元。津市、吉首等县（市）探索由企业“统一设计、统一建设、统一运营、统一管理”的市场化农村环境综合整治模式。

与此同时，由于农村环境连片整治工作刚刚起步，工作中还存在一些不足：

一是县级政府的主导作用发挥不够。主观上地方政府指导思想上依赖性较强，特别是在资金投入方面，配套资金到位少，相关部门资金和力量整合不够。客观上各示范区整治方案是由国家、省级层面审定，确定后不能轻易改变，影响了地方政府主动性的发挥。如省内统一配备的垃圾清运设备有些并不太适合农村。二是长效体制机制建立不够。相对而言，各示范区对整治项目抓得比较实，但对污染治理设施长效运行的维护和经费保障、基层环保机构建立等重视不够、落实不够。三是整治区域偏小，影响综合治理效果。各连片整治示范区一般只有10—15个村，难以建立系统、完善的垃圾清运处理体系，农户生活污水处理因规模小难以形成整体环境效果。

根据前几年农村环境连片整治的经验，结合农村环境整治工作实际，湖南省在全国率先提出了以县（市、区）为基本单元，整县推进农村环境整治，得到了环保部、财政部的肯定和支持，通过竞争立项已确定了10个县整县推进。其总体思路如下：

一是整县推进，县为主导。以县域为单位，对污水、垃圾等进行全面、系统、综合整治既可形成改善环境的综合效果，又有利于环境管理，还可吸引社会资本的介入和建立长效机制，应成为农村环境综合整治主导模式。要实现农村环境综合整治整县推进目标，县（市、区）的主导作用极为关键。只有县（市、区）真正发挥主导作用，才能切实履行地方政府对环境质量负责的责任，才能实现整县推进农村环境综合整治工作资源和资金的整合，建立长效机制等工作目标。

二是突出重点，注重实效。整县推进农村环境综合整治任务繁多，当务之急还是要把与农民群众生产生活、卫生健康息息相关的饮用水水源地保护，生活污水和垃圾治理、畜禽水产养殖污染治理作为主要方面。要精确划定集中式饮用水水源保护区，设置界桩、界碑、围栏和警示牌，依法取缔保护区内排污口，加强饮用水水源附近面源污染控制，禁止有毒有害物质进入保护区，加强水源地水质监测。生活污水治理，要优先治理好集镇和中心村的生活污水，尽可能用无动力或微动力污水处理设施。对垃圾清理整治关键是要按“农户分类减量存放，乡、村运营公司统一收集转运，县集中进行资源化利用和无害化处理”的基本思路，以县为基本单元建立垃圾分类减量、收集转运、集中处理的体系。严格抓好《畜禽规模养殖污染防治条例》的宣传贯彻工作，合理规划布局确定畜禽养殖规模，科学划定禁养区，认真抓好项目审批、污染治理、总量减排、监察执法等工作。同时，引导鼓励农民积极发展生态农业，支持有机食品基地建设，减少农药、化肥使用，加大农业面源污染治理。采用人民群众喜闻乐见的形式，加大农村环境综合整治的宣传力度，加强农村环境综合整治的教育培训工作。

三是整合力量，多方筹资。农村环境综合整治是一个系统工程，涉及环保、财政、农业、卫生、林业、发改、国土、水利、住建、交通、编办等许多部门，需要各有关部门的共同努力和通力合作，特别是项目、资金的整合。要切实加强对整县推进农村环境综合整治工作的领导，形成主要领导亲自抓、分管领导具体抓、环保部门全力抓、相关部门配合抓的工作格局。要实现农村环境综合整治的目标任务，一定的资金投入是必须的，必须切实加大财政投入，整合其他涉农资金，同时，加大市场机制建立，广泛吸引和动员各类市场主体积极参与农村环境综合整治，鼓励、引导、促进广大农民群众村民自治和投工投劳，多轮驱动，多方筹资，破解资金投入的难题。

四是建章立制，督导考核。为了整县推进农村环境综合整治工作能够按时、保质、保量完成任务，必须切实强化地方党委政府的主体责任，加强工作的调度和督导，制定工作考核办法和专项资金管理办法，加强社会参与监督，进行随机抽样和民意调查。

（2013 年 3 月）

加强城乡环境同治 建设“四洁”美丽乡村

2010年，湖南省被环保部、财政部确定为全国第一批农村环境连片整治示范试点省。按照建设“清洁家园，清洁田园，清洁水源，清洁能源”的目标，湖南省把开展农村环境连片整治作为践行生态文明，建设“两型社会”的重要抓手，采取“一竞（竞争立项）、二化（宣传培训全民化，设施建设规范化）、三创（创新体制机制，创新融资渠道，创新管理模式）、四结合（与农村实际相结合，与强农惠农相结合，与生态创建相结合，与整体推进相结合）”的模式，对1046个村庄开展农村环境连片综合整治，走出了一条“政府主导、市场驱动、村民自治、城乡同治”的农村人居环境整治新路子。通过整治，示范区农民普遍反映，村庄整洁了、饮水干净了、生活舒适了、疾病减少了、就业增加了，称赞党的惠民政策好。主要做法是：

一、政府主导，完善农村环境综合整治保障机制

一是创新机制。建立健全乡镇环保机构，做到有机构抓事、有人管事。建立联动机制，积极引导环保、住建、农业、水利、国土、卫生、交通等部门强农惠农项目向农村连片整治示范点集中，部分资金捆绑使用，形成综合效益。二是科学规划。组织编制了湖南省“十二五”生态环境保护、农村环境综合整治、城镇生活垃圾、污水处理设施建设等方面的规划，做到了先规划后建设，先分析后实施。三是深入宣教。各地创新宣教手段和方法，以“村庄当作公园建”为主题进行大讨论，干部深入乡、村开展大宣讲，领导、部门言传身教进行大规劝，“小手牵大手，学生家长齐步走”教育等形式组织大活动，不断推动农民观念转化、意识提高和习

惯养成。四是加大投入。长沙市政府制定《环境保护三年行动计划补助资金管理办法》，建立市、县、乡三级财政补助制度。市级财政给予每个乡镇30—50万不等的建设资金，每村每年1.2万元的运行资金，县级财政按照1：1的比例给予相应资金配套，全市建成乡镇垃圾中转站73个，村级垃圾收集站810个，各类垃圾收集池（筒）65万个，建立了全覆盖的农村垃圾收集处置体系。五是强化考核。将农村环境连片整治、垃圾处理设施建设纳入省政府十大环保工程、省重点建设工程和省委、省政府绩效考核，并与各市（州）、各示范区政府签订目标责任书，分类分级层层实行目标考核。株洲市出台《关于加强农村环境综合整治全面推进城乡同治工作的实施意见》，成立了由书记、市长为顾问的高规格领导小组，严格考核，强力推动县、乡抓落实。建立“周考核、月评比、季讲评、年终总评”制度，对各县（市、区）实行严格分级考核，对乡村和镇区采取分块考核、分类计分，将考核结果列入县（市、区）政府和市直单位的政绩考核内容，并与财政资金拨付挂钩。市、县财政每年投入2000万元，用于“以评促建、以奖促治”的考核工作。

二、市场驱动，建立农村环境综合整治运转体系

积极运用市场机制破解资金瓶颈、拓宽资金渠道。湖南省很多乡镇成立了环保合作社，积极探索农村生活垃圾处置市场运作、循环利用的路子。攸县县委、县政府出台《关于深入推进再生资源回收利用工作的实施意见》，通过市场化运营，成立资源回收公司、建立回收站点网络和再生资源产业园，以“六定”法（定地点、定时间、定种类、定价格、定规划、定职责）有效回收利用生产、生活垃圾，变废为宝，化害为安。全县年产生生活生产性废旧物资约20万吨，可回收垃圾潜在价值5亿元。长沙县将BOT模式引入乡镇污水处理厂建设中，建成19个乡镇污水处理厂，率先实现乡镇污水处理设施全覆盖。安仁、津市、吉首等县（市）正大力推进由企业“统一设计、统一建设、统一运营、统一管理”的市场化治理模式。通过市场驱动，有效解决了农村环境综合整治资金瓶颈和长期运行经费问题，同时又提高了农村垃圾和废物的循环利用水平和整治效果。

三、村民自治，强化农村环境综合整治主体责任

湖南省财政每年安排专项资金用于农村环保培训。各示范区利用电视、广播等媒体，举办环保学校、农民夜校等普及全民环保知识。有些地方还成立环保协会，运用“大评小奖”机制调动农民的自觉性、积极性。常德市石门县子良乡廖家冲村老干部、老党员及保洁员自发成立环卫协会，制定村规民约，每年由农户及商户出资50—100元用于垃圾收集处理；罗坪乡长梯隘村，成立了7支义务保洁队伍，村内公路卫生划段标名，分到农户，每季检查评比，进行小额奖惩。通过推介廖家冲村和长梯隘村好做法，目前全县逐渐形成了以村民自治为主体的农村垃圾收集、清运和处理模式，使农村垃圾整治工作由政府推动变成了村民自我约束、自主治理。

近年来，湖南省在开展农村环境综合整治和垃圾污染治理工作中虽然进行了一些有益的尝试和探索，但农村环境整治的任务依然十分繁重，广大农民群众对改善农村环境的愿望十分迫切。湖南省将从2013年起，以县（市、区）为治理单元，按照统一规划、城乡同治，政府主导、市场驱动，整合力量、部门联动，依靠群众、公益为主，远近结合、完善机制的原则，湖南省域全面推进农村环境综合整治。

（2013年10月）

湖南省农村环境综合整治强力推进

湖南是一个农业大省，湖南省农业人口超过4000万，拥有耕地资源878.3万公顷。湖南素有“鱼米之乡”的美誉，农产品品类十分丰富，早在明清时期就有“湖广熟、天下足”之说。2012年，湖南省油料总产215.3万吨，居全国第6位；油菜收获面积1750.8万亩，总产181.96万吨，居全国第1位；蔬菜总产3337.4万吨，居全国第7位；水果（瓜果类）总产868.8万吨，其中柑橘458.9万吨，居全国第1位。茶叶总产13.3万吨，居全国第6位，出口金额居全国第2位；棉花总产29.5万吨，居全国第8位；苎麻4.2万吨，居全国第1位。正因为湖南省是农业大省，是国家重要的粮食、生猪和水产养殖生产基地，所以，农业面源污染防治压力大。据统计，2012年湖南省规模化生猪养殖5200多万头，畜禽养殖COD排放53.2万吨、氨氮排放5.34万吨，分别占湖南省总排放量的42%、33%。同时，随着农村生活水平的提高，生活污水、垃圾产生量急剧增加，农村环境的污染不仅危害着农民的生产生活安全，也影响着城市居民的“米袋子、菜篮子、水缸子”，农村环境综合整治迫在眉睫。

党中央、国务院高度重视农村环境保护工作。2008年国务院首次召开了全国农村环境保护工作电视电话会议，明确提出了城乡同治的要求。2010年，环保部、财政部在全国开始启动农村环境连片整治试点，湖南被列为全国首批农村环境连片整治示范试点省，3年来，湖南省把开展农村环境连片整治工作作为推进生态文明，建设“两型社会”的重要抓手，开展了以饮用水水源地保护、生活污染治理、畜禽水产养殖污染防治等为主要整治内容，以湘江流域及洞庭湖地区人口密集区的农村为重点示范区域的农村环境乡村连片整治试点工作，着力解决群众最关心、最直接、最现实的突出农村环境问题。2010—2012 年，湖南省共投入中央资金 7. 5 亿元，地方配套7. 5 亿元，在湖南省106 个县（市、区）的1261 个村庄开展了农村环境综合整治，受益人口 358 万。通过 3 年的连片整治示范推进，湖南省在农村环境保护工作上取得了阶段性的成果，许多村庄的村容村貌有了较大改善，示范区内农民群众普遍反映：农村环境整治工作是一项顺民意、解民忧、惠民生的好政策，对改善区域农村环境质量，提升农民群众生活幸福指数，提高农村环境保护水平发挥了积极作用。2013 年，根据前几年农村环境连片整治体会，结合农村环境整治工作实际，在全国率先提出了以县（市、区）为基本单元整县推进农村环境整治，通过竞争立项已确定了 10 个县加以全面推进。

虽然，农村环境形势严峻，各地深刻理解党中央、国务院的英明决策，在农村环境综合整治上加强领导，周密部署，精心组织，积极探索，强力推进，摸索了一些好的经验和做法。2013 年 10 月，在国务院召开的改善农村人居环境工作会议上湖南省政府作了“加强城乡环境同治，建设四洁美丽乡村”的经验交流，得到了高度认可。

在推进农村环境整治的过程中，要注意把农村环境整治与生态创建紧密结合起来，互为促进、相辅相成。湖南省 33 个县（市、区）获得国家级生态示范区命名；96 个生态乡镇和 27 个生态村获得了环保部国家级的命名；已经创建省级生态乡镇 795 个和生态村 1924 个。常德、岳阳、株洲三市创建国家环保模范城市，长沙市大河西先导区正式启动了生态文明建设试点工作。同时，建成一批省级以上绿色企业、绿色社区、绿色家庭、绿色学校和“保护母亲河”生态监护站。生态市、县、乡、村四级创建工作有效推进，逐步形成了布局合理、层次分明的生态创建体系框架，为下一步开展生态省创建打下了良好基础。湖南省已建设各级、各类自然保护区 109 个，总面积达 125. 85 万公顷，占国土面积的 5. 95%。其中，国家级 20 个，58. 16 万公顷；省级 30 个，43. 89 万公顷；市县级 59 个，23. 8 万公顷。

湖南省的主要做法是：

一、认清形势，统一思想

农村环境保护事关广大农民的切身利益，事关全国人民的福祉，事关国家的可持续发展。习近平总书记明确指示，要切实改善农村人居环境，努力建设美丽乡村。基本的环境质量是一种公共产品，是政府必须确保的公共服务。2014 年全国环境保护工作会议明确要深化农村“以奖促治”政策，进一步扩大农村连片整治范围；推进省（区、市）农村环境连片整治全覆盖试点；提高农村环保专项资金效益；健全农村环境综合整治目标责任制。尽管近几年湖南省在农村环境整治方面作了一些工作，取得了一些成效，但农村环境形势仍然十分严峻，农村生活污染、面源污染还相当严重，工业及城市污染向农村转移，农村环境污染呈持续恶化趋势，需要进一步树立“若毁绿水青山，宁弃金山银山”的观念，扎实推进农村环境综合整治工作。湖南省将农村环境综合整治工作列入湖南省目标责任考核体系，考核结果纳入党政领导干部政绩考核。2013 年，通过竞争立项从 14 市（州）竞选出为长沙县、攸县、韶山市、北塔区、君山区、津市、武陵源区、安仁县、冷水江市和吉首市共 10 个县（市、区）为整县推进农村环境综合整治区域，有 110 个乡镇，1202 个村庄，受益人口 358 万人。

二、整县推进，县为主导

在农村环境综合整治的工作实践中，县（市、区）政府的主导作用极为关键。各县（市、区）人民政府是农村环境综合整治的责任主体，要建立政府统一领导、环保部门统筹协调、有关部门分工负责、全社会共同参与的工作机制。只有县（市、区）真正发挥主导作用，才能切实履行地方政府对环境质量负责的责任，才能实现整县推进农村环境综合整治工作资源和资金的整合，建立长效机制等工作目标。湘西吉首市成立了农村环境综合整治工作领导小组。娄底冷水江市采取一个市级领导驻点、一个市直单位结对、一个企业支持、一个市直单位一把手当队长的“四个一”帮扶机制开展整市推进农村环境综合整治。县委、县政府主要领导牵头使综合整治工作推进变为主动。

三、整合力量，多方筹资

农村环境综合整治是一个系统工程，涉及环保、财政、农业、卫生、林业、发改、国土、水利、住建、交通、编办等许多部门，需要有关部门的共同努力和通力合作。应建立各相关部门密切配合的工作责任体系，将农村环境综合整治任务分解到各相关部门。环保部门承担环境保护综合监管工作，重点牵头负责农村生活垃圾处理体系建设，环保工作队伍建设，目标责任制考核；住建部门重点负责集镇生活污水处理设施建设；水利部门重点负责农村饮用水水源地保护、农村饮水安全工程建设；农业及畜牧水产部门重点负责农业面源污染防治、农田土壤污染防治和农业污染源减排、规模化畜禽养殖、水产养殖污染防治；农办重点负责清洁能源建设；环保、农办、卫生部门负责聚居式自然村落和散居农户生产生活污水整治、农户畜禽养殖污染治理工作；国土部门及林业部门负责土地整理、生态恢复绿化美化工作；交通部门负责道路建设；财政部门负责统筹、落实农村环境综合整治奖励资金以及长效运行经费的预算并加强对资金使用的监管；组织、人事、编制和环保部门指导农村环保队伍建设等。加大财政投入，整合其他涉农资金，同时，加大市场机制建立，广泛吸引和动员各类市场主体积极参与农村环境综合整治，鼓励、引导、促进广大农民群众村民自治和投工投劳，多轮驱动，多方筹资，破解资金投入的难题，从而提高中央和省财政专项资金的带动效应和使用效益。攸县县委、县政府出台《关于深入推进再生资源回收利用工作的实施意见》，通过市场化运营，成立资源回收公司、建立回收站点网络和再生资源产业园，全县年产生活生产性废旧物资约20万吨，可回收垃圾潜在价值5亿元。长沙县专门组建了农村环境建设投（融）资管理中心和长沙县农村环境建设投资有限公司，将年度财政预算、上级支持资金注入公司，统一调配使用，同时通过市场融资，筹措项目经费，积极探索“用未来的钱、办现在的事、解决过去存在的环境问题”，将BOT模式引入乡镇污水处理厂建设中，建成19个乡镇污水处理厂，在湖南省率先实现乡镇污水处理设施全覆盖。津市、吉首等县（市）正探索由企业“统一设计、统一建设、统一运营、统一管理”的市场化农村环境综合整治模式。湖南现代环境科技股份有限公司是专门从事垃圾分类处理的上市公司，已获国家开发银行承诺持续货款打捆治理湖南省农村生产生活垃圾。农村环境整治投入的机制创新，在多方筹资办大事上取得了突破。

四、加大宣传，全民参与

充分发挥舆论的导向作用，积极营造浓厚氛围，把宣传工作贯穿于农村环境综合整治的全过程。积极开展形式多样、丰富多彩的宣传活动，充分利用报纸、广播、电视等新闻媒体和自办简报，进行连续报道。与湖南省广播电视大学、省环保宣教中心统一制作生态文明建设、农村环境综合整治形势与任务、技术与建设工程规范等视频录像，纳入湖南省干部培训和科普环保知识讲座教育平台。举行湖南省整县推进农村环境综合整治培训班；把教育培训光碟发放到每个村民小组，确保每户家庭能观看上，使农村环境综合整治工作深入人心，层层发动，更新观念。各地通过召开镇村干部会、村党员会、村民代表会传达会议精神，认清当前农村环境面临的严峻形势，提高责任感和紧迫感，改变镇村干部“重村容村貌外观、轻人居环境提升”“重村庄环境突击整治、轻长效管理机制”的观念；改变农民“重房屋建设投入、轻环保设施配套”“重传统农业发展、轻农业污染减排”的观念，运用正反典型作用，季度通报曝光破坏农村环境的行为，促进群众树立“爱护环境光荣，破坏环境可耻”的观念，努力转变农民传统生产生活方式，让保护农村环境变成农民的自觉行为。

五、技术规范，运行长效

各县（市、区）根据实际情况在工程技术质量上严格把关。利用市场杠杆，鼓励工程技术公平有序竞争，选择“符合实地、造价经济、简便实用、运行长久”的工程技术。例如：可持续生活垃圾处理与处置、人工湿地系统处理生活污水、建设沼气池治理与养殖排泄物生物治理零排放等技术。以整治规范化、运作市场化、队伍专业化为目标，还对涉农环保企业进行规范，严格工程准入资质、全程加理监管，要求他们赚“良心钱”，树立为农民服务意识。为使 10 个县（市、区）整县推进农村环境综合整治工作能够按时、保质、保量完成任务，监管到位，湖南省环保厅与湖南省财政厅按季度对各县（市、区）整治工作的工程进度及财政资金的人平到位数量实行调度，按情况排名通报。加强社会参与监督，整治的方案和任务要进行公示，省里的考核将进行随机抽样和民意调查。健全相关机制，加强长效管理。按照“人员有配备，运行有经费，维护有保障”的要求完善农村环境管理体制和运行机制。在乡镇成立农村环境综合管理办公室，配备专兼工作人员。如，娄底冷水江市人民政府、编委已下文，明确了乡镇环保机构名称、场所、人员编制和职能职责，大的乡镇环保专职人员3名，一般乡镇环保专职人员2名，财政保障工作经费，所有乡镇均已建立环境保护站。通过政府补贴、市场运作、村民交纳，来保证运行的资金。采取定期检查、随机抽查、及时通报、公开曝光、奖优罚劣等形式，强化一线督导，巩固环境综合整治成果。以整治规范化、运作市场化、队伍专业化、作业精细化、考核科学化、机制长效化“六化”为目标，创新工作模式，探索建立长效管理机制，实现农村环境综合整治工作的新跨越。

但是，在农村环境连片整治试点工作实践中也暴露了一些不足：县级政府的主导作用发挥得不够，整治区域偏小，截至2012年湖南省4万多个行政村，实施了农村环境连片整治的1261个，绝大部分农村生活废水和垃圾还没有得到有效处置，影响综合治理效果，长效体制机制建立得不够等等。针对以上问题，湖南省提出了“县为主导、整县推进”的总体工作思路，计划用3—5年时间，湖南省域全面推进农村环境整治。建议国家进一步重视农村环境整治工作，进一步加大农村环境整治工作和资金投入力度，进一步改善农村人居环境和建设美丽乡村。

（2014年4月16日）

强化县级政府主导
强力推进农村环境整治

推进农村环境整治是加强生态文明建设、改善和保障民生的重大举措，也是湖南省当前三大领域环境污染治理任务之一。2014 年政府工作报告中明确提出，要统筹改善城乡人居环境，启动农村环境整治湖南省域覆盖工作。湖南省根据前几年农村环境整治工作的经验和体会，提出了“县为主导，整县推进”农村环境整治的总体思路，得到了环保部和省政府的充分肯定。2013 年，通过竞争立项确定了 10 个县（市、区）的农村环境整治整县推进项目，2014 年湖南省又确定了 8 个 2014 年度整县推进项目。认真总结前段工作，明确下段主要工作任务，强化县级政府主导，加快推进农村环境综合整治整县推进工作的落实是当前湖南省环境污染治理的重要任务。

一、2013 年度湖南省农村环境整治工作概况

作为湖南省整县推进农村环境整治试点的津市市、吉首市、北塔区、长沙县、冷水江市、韶山市、安仁县、武陵源区、君山区、攸县等 10 个县（市、区），总体进展良好，取得了初步成效。

一是党委政府高度重视。农村环境整治工作列入了试点县（市、区）党委政府工作的重要内容，不少县（市、区）书记、县长亲自挂帅，农村环保机构得以建立或加强，乡镇设立了环保站，村组有保洁员。冷水江市采取一个市级领导驻点、一个市直单位结对、一个企业支持、一个市直单位一把手当队长的“四个一”帮扶机制推进全市农村环境整治工作，市政府及编委发文明确乡镇环保站机构名称、人员编制、场所和职能职责，较

大乡镇环保专职人员 3 名，一般乡镇环保专职人员 2 名，乡镇财政保障工作经费，全市所有乡镇都建立环境保护站。二是各级各部门齐抓共管。试点县（市、区）把农村环境整治任务层层分解到乡镇、村、村民小组及农户，相关部门紧密配合，如住建部门负责集镇生活污水处理设施，水利部门负责农村安全饮水工程，农业部门负责减少农业面源污染排放、畜牧水产部门负责水产养殖业污染治理，卫生部门负责改厕改水等，明确了责任，建立健全了考核奖惩机制，形成了上下联动、部门联动的工作格局。三是多方筹措整治资金。长沙县已多方筹措，投入农村环境整治资金 3 亿多元。津市市采取“上级投一点、本级挤一点、乡镇筹一点、社会募一点、市场引一点、农户收一点”，“六个一点”的方式较好解决了整治和运行资金，上半年完成工作量占全部工作量的比例在 10 个县（市、区）中位居前列。郴州永兴县虽然不是 2013 年的试点县，但主动作为，通过市场运作，引进瑞纽博、桑德、领御等企业参与农村污水、垃圾处理，有效破解了资金难题。四是因地制宜综合整治。试点县（市、区）从实际出发，因地制宜确定整县推进的工作思路和农村环境整治的重点，突出生活垃圾、生活污水的治理。长沙县采取 BOT 模式统一乡镇污水处理厂的建设、运营和管理，对家庭散户生活污水治理推进模块化的四池净化设施建设，既加快了整治工作进度，又有利于今后的运行和维护。攸县对于农村垃圾处理在分类减量的基础上按照“网络化建设、市场化运作、专业化处理、产业化培育”的总体思路建立了再生资源回收体系。

由于 2014 年是整县推进农村环境整治第一年，大家的思想观念和工作方法都面临着调整与转变，工作推进过程中也出现了一些不容忽视的困难和问题。

一是“县为主导”无论是从指导思想还是从工作落实来看都有差距。有的县（市、区）还是停留在过去连片整治的思维，没有把农村环境整治整县推进作为县党委政府的重要工作来布置，而是作为一般性的专项工作，甚至只是作为一个项目或者工程在抓。二是整治资金筹措缺口大。与过去连片整治试点不同，整县推进农村环境整治的资金，国家、省里给的只是引导、奖补资金，主要投入还有赖于县级政府筹措。从目前掌握的情况看，大部分县（市、区）目前实际投入与竞争立项时所作承诺相差较大，有的县财政仅投入一两百万元，已经影响工作开展。三是项目建设进度慢。有的县（市、区）还是完全按过去连片整治思路，项目方案论证、设计、招投标、评审、施工等程序复杂，时间周期长，加之上半年雨水较多，不少县（市、区）项目工作进度滞后。四是农民群众发动不够。宣传教育不深、不细，工作没有真正做到位，农民投工投劳主动性不强，项目建设用地难协调，一些畜禽养殖户治污积极性不高。五是长效机制欠明确。真正任务明确、落实到位的长效机制不多，一些好的长效机制执行力、效果有待进一步加强。六是市（州）指导督促不力。受指导思想和工作责任心影响，不少市（州）对试点县（市、区）的工作有些放任自流，日常指导不力，没有切实履行好督促职责。

二、2014 年度湖南省农村环境整治工作重点

（一）整治区域

按照优先支持长株潭城市群生态绿心地区、东江湖流域周边和湘西自治州整州开展农村环境综合整治工作的指导思想，再次组织竞争立项确定了娄星区、南县、零陵区、永兴县、安乡县、岳阳县、靖州县、珠晖区等 8 个县（市、区）为 2014 年度整县推进农村环境综合整治县。

（二）整治任务

以“清洁家园、清洁田园、清洁水源、清洁能源”为主要内容，重点解决影响农民群众健康和农村发展的突出环境问题，构建有效并可持续的农村环保工作机制和运行体系。主要任务，一是对已经形成的垃圾污染点面进行全面清理整治，按照“乡、村组织发动，农户分类减量存放，运营公司统一收集处理”的基本思路，构建有效的垃圾分类、收集、处理体系。达到农户参与率 90% 以上，垃圾分类减量 75% 以上，垃圾无害化处理率 70% 以上。二是按照因地制宜、经济实用的原则建立农村集镇、自然村落和散居农户生产、生活污水处理体系，农户污水处理率达到 70% 以上。三是督促农村工商企业和规模化畜禽水产养殖单位开展污染整治，实行垃圾、污水无害化排放和清洁生产，整治率逐步达到 80% 以上。组织畜禽养

殖散养农户因地制宜开展污染治理和废弃物综合利用，农户参与率达到70%以上。四是建立完善饮用水水源地环境保护体系。建立集中式饮用水水源地环境保护监管体系，采取符合实际的保护措施，饮用水卫生合格率达到100%。

（三）整治时间

整治时间一般以2年为期［县域农村人口10万以下的县（市、区）1年内完成］，长株潭绿心3个区域整治时间为1年，东江湖流域3个县（市）整治时间为2年，湘西自治州整州整治时间为2—3年。

（四）整治思路

各地农村环境整治内容有共性也有个性，应牢牢把握“因地制宜、注重实效”的原则。根据各县（市、区）实际情况确定整治的重点内容、工作目标和适用技术，将辖区内突出环境问题是否得到解决，区域环境质量是否得到改善，采取的方式和途径是否为农民群众广泛接受，形成的制度和机制是否能长久有效运行作为衡量农村环境综合整治成效的主要依据。要理清思路重点抓好以下工作：

一是按照农村环境整治整县推进的目标任务和总体要求，进一步完善整县推进的工作方案，使之更具有指导性、可操作性和长远性。二是建立持续推进农村环境保护工作的体制机制，建立健全县、乡、村三级农村环保工作队伍。三是建立强有力的组织领导和各相关部门密切配合的工作责任体系。切实加强组织领导，成立高规格的农村环境整治工作领导小组，将农村环境综合整治任务分解落实到各相关部门，做到分工明确，责任落实。四是采取有效措施切实提高农民自主参与度。大力开展全民环境保护知识普及教育、生态文明和环保文化创建活动，使广大农民生态环保意识得到明显增强。五是县级政府要建立持久有效的基本投入保障体系，增加本级财政投入，着重解决垃圾回收体系、集镇污水处理设施、乡村两级环保队伍建设、运行补助经费以及发动农民参与的宣传教育经费、考核奖励经费，确保农村环境综合整治成果得以巩固，体系长期有效运行。

总之，农村环境综合整治绝不能搞“一锤子买卖”，出现“晒太阳工程”。确实让广大农民群众感受到农村环境综合整治后环境的洁净优美和生活质量的提高，真正使农村环境的保护与整治，成为各级政府的日常工作，成为人民群众的生活习惯。

三、2014 年度湖南省农村环境整治工作总体要求

一是统一思想认识。2014 年新修订的《中华人民共和国环境保护法》第 33 条、第 50 条明确规定“县级、乡级人民政府应当提高农村环境保护公共服务水平，推动农村环境综合整治”“各级人民政府应当在财政预算中安排资金，支持农村饮用水水源地保护、生活污水和其他废弃物处理、畜禽养殖和屠宰污染防治、土壤污染防治和农村工矿污染治理等环境保护工作”。2014 年 5 月，国务院办公厅印发的《关于改善农村人居环境的指导意见》中也明确“推行县域农村垃圾和污水治理的统一规划、统一建设、统一管理，有条件的地方推进城镇垃圾污水处理设施和服务向农村延伸”“建立政府主导、村民参与、社会支持的投入机制。中央政府投资要重点向中西部和贫困地区倾斜。以县级为主加强涉农资金整合，做到渠道不乱、用途不变、统筹安排、形成合力”。湖南作为人口大省、农业大省，农村、农业污染已十分突出，倒逼各地必须加强农村环境保护与整治。湖南省大力推进的“政府主导、市场驱动、村民自治、城乡同治”的改善农村人居环境的路子上符合国家法规政策，符合人民群众呼声，是实现全面小康、建设美丽湖南的有力举措，是改善环境质量、提高人民群众幸福指数的有效途径，各地务必提高思想认识，自觉增强农村环境整治的紧迫感和责任心；湖南省在全国率先提出的“县为主导，整县推进”农村环境综合整治全省域覆盖的工作思路还将在环保部召开的全国农村环境保护工作会议上作为典型加以推介。二是强化县级政府主导。国家从 2008 年开始实施农村环境连片整治工作，湖南作为首批试点省，启动早、体会深。农村环境整治是一个系统工程，以县级政府主导、统筹协调最为适宜，以整县方式推进整治效果最佳。2013 年整县推进综合整治的试点县（市、区），虽然初步树立了“县为主导、整县推进”的意识，有效地开展了整治工作，但落实上还是有差距，各级首先要有责任意识。农村环境综合整治是县、乡两级人民政府的应尽之责，如果工作没做好，难辞其咎。三是严格

督察考核。为了推动和促进整县推进县农村环境综合整治工作的落实，湖南省专门制定了《湖南省农村环境综合整治督察考核暂行办法》，要严格按督察考核要求履行工作职责，强化督察考核。县（市、区）要抓好每月自查和数据上报，市（州）要抓好每月抽检和季度检查，省里要抓好半年、年终督察考核。考核验收情况作为对市（州）绩效考核和全面建设小康社会考核验收重要依据。

（2014 年 10 月 16 日）

农村环境综合整治湖南省域覆盖
其势已成、其时已至

一、切实增强做好农村环境保护工作的紧迫感和责任感

一是国家有要求。“小康不小康，关键看老乡”“小康全面不全面，生态环境质量是关键”，农村环境整治是全面小康建设的重要内容，农村环境生态保护是生态文明建设的必然要求，农村人居环境改善是实现中国梦的具体体现，农村环境质量的好坏直接影响到中央“四个全面”的战略布局。党的十六届五中全会做出了建设社会主义新农村的重大决策部署，国家实施农村环境“以奖促治”政策，并于2010年将湖南纳入了农村环境连片整治试点省份。前不久国家出台的《水污染防治行动计划》，将农村环境综合整治作为一项重要内容，明确提出以县级行政区域为单元，加快推进农村环境综合整治。

二是省委有部署。历年来，湖南省委、省政府高度重视农村环境综合整治工作，不断探索，总结经验，先后开展了连片整治和整县（市、区）推进工作，按照“抓点、带线、促面”的总体要求，组织实施农村环境整治项目，连续5年落实专项资金15.54亿元，支持28个县（市、区）和106个连片区域开展环境综合整治和生态示范创建工作，取得了较好的成效，深受广大人民群众欢迎。2015年湖南省列入了全国农村环境综合整治全省域覆盖试点省，计划用5年的时间推进完成全省覆盖拉网式农村环境综合整治任务，时间紧迫，责任重大。

三是湖南有需要。各地必须清醒地认识到，湖南作为有色金属之乡和

农业大省，农业污染和工业污染相互叠加，新旧污染相互交织，加上历史长期积累，农村环境污染问题较为突出，农村环境保护明显滞后于农村经济社会发展，与建设社会主义新农村的要求有较大差距，全面推进农村环境整治刻不容缓。一方面，农村环境保护基础工作薄弱。农村环境保护基础设施和能力建设严重滞后，队伍、技术力量薄弱，投入机制不健全，乡镇基本上没有专门的环保监管机构队伍，农村环境监测体系还没有建立，现有的监管能力不能适应当前新形势新任务新要求。另一方面，当前农村环境污染排放形势不容乐观。农村畜禽养殖动物粪便日益增加，大量生活污染排放日积月累，各类农用化学品的大量施用造成农业面源污染日趋加重，农村一些小作坊和乡镇企业工业污染排放问题日益突出，这些都对农村水体、土壤环境质量造成了严重损害，不仅影响人体身体健康，也严重威胁饮食的安全，制约了农村经济社会可持续发展。可以说，当前农村环境污染问题已到了非抓不可，不得不抓的时候了，只有采取农村环境综合整治，建立齐抓共管长效机制，才能从根本上解决农村环境问题。

二、全力以赴推进农村环境综合整治全省域覆盖工作

农村环境整治全省域覆盖工作要坚持以生态文明建设为指导，以改善农村人居环境，提升农民群众生活质量为目标，以建立工作和服务体系为重点，以充分发动农民参与为基础，按照“政府牵头、部门联动、市场驱动、村民参与”和“县为主导、先治后奖”的总体思路加以全面推进。

（一）发挥政府主导作用

一是要主动承担整治责任。县级、乡级人民政府应当提高农村环境保护公共服务水平，推动农村环境综合整治，2014 年国务院办公厅印发的《关于改善农村人居环境的指导意见》中也明确“推行县域农村垃圾和污水治理的统一规划、统一建设、统一管理，有条件的地方推进城镇垃圾污水处理设施和服务向农村延伸”。各级人民政府特别是县、乡级人民政府应把思想和行动统一到中央和省委、省政府的决策部署上来，发挥好农村环境综合整治工作主体作用，主动作为、勇于担当。要认真落实好农村环境整治工作地方政府首长负责制，把农村环境整治上升到为民办实事和执

政能力建设的一项重要内容，狠抓落实、常抓不懈、抓出成果。二是要加快推进整治项目实施。要按照“全面启动、县为主体”“分类推进、分期完成”“因地制宜、注重实效”“先治后奖、奖惩结合”的原则，以县级行政区域为单元尽快全面启动实施整治。湖南省各级政府、基层组织以及相关部门要根据各自职责共同努力，齐抓共管，高标准完成整治六大重点工作任务，实现既定目标。要将综合整治与重点流域污染防治、区域城乡一体化、社会主义新农村建设结合在一起；要优先支持污染减排和污染防治重点区域、流域，优先安排人口相对集中、村落相对集聚的区域和重点城镇周边、重点旅游线路景区景点周边村庄。要切实做好整治指导监督工作，定期或不定期地对项目推进情况和资金整合工作进行督导检查，严格落实奖惩激励政策，确保综合整治顺利实施。要探索建立适用于农村的日常监督模式和运行资金保障渠道，要利用好、维护好、管理好已建成的农村环保设施，充分发挥治理设施的环境效益。三是要建立长效管理机制。农村环境整治实施不单纯是一个项目建设，更重要建立长效管理机制，形成常态化、制度化。要在深入群众了解民意的基础上，结合各地实际建立完善农村生态环境保护长效机制。如建立经常性宣传教育机制，让“清洁家园，从我做起”“村容整洁，人人有责”的理念深入人心；建立农村环境保护投入增长机制，将农村环境整治经费纳入县（乡）财政年度预算；建立健全目标责任考核制度，把农村环境保护工作纳入整体工作目标，等等。通过制定并实施一系列利民惠民的长效机制，使广大农民切实感受农村环境改善带来好处，变被动为主动，使他们自觉地参与和融入新农村建设中去。

（二）多方筹集整治资金

做好农村环境综合整治工作，资金投入是关键。2010 年，湖南省开展的农村环境连片综合整治，属于农村环境整治工作试点，整治资金主要是依靠中央和省级补助资金。2013 年，湖南省启动农村整治整县（市、区）推进，倡导县（市、区）政府的主导作用，通过竞争立项的方式选择部分试点县给予一定支持。有少数地区不等不靠，主动筹措资金开展自主整治。如湘西自治州是湖南省的贫困地区，2014 年农村环境综合整治开展整州推进，采取“向上争一点、政府挤一点、项目捆一点、市场引一点、居民出一点”多元化投入机制，整合整治资金38亿元，全州轰轰烈烈开展城乡同建同治；永兴县坚定信心，不等不靠，充分利用市场机制，调动全县上下积极性，打造较为成功农村环境综合整治模式；北塔区充分调动全区上下的积极性，发动群众投工投劳，花小钱办大事、办好事。下一步全省域农村环境整治工作采取“县为主导、先治后奖”的方式推进，即各县（市、区）先开展整治工作，验收后中央和省专项资金予以奖补。因此，更多的整治资金需要县（市、区）政府多方筹措。在当前各级财政资金不宽裕的情况下，为确保稳定有效的农村环保资金投入，各级政府要加强引导，发挥财政资金“四两拨千斤”的作用，运用市场机制，广泛地引导民间组织、企业参与农村环境整治；有效整合各部门专项资金，特别是涉农资金；有条件的地方还可以争取发行专项治理债券，推进PPP试点，不断拓宽投融资渠道；大力倡导农民投工投劳和收取适量治理费用。通过多措并举，破解资金瓶颈，确保农村环境综合整治湖南省域覆盖工作任务顺利完成。

（三）积极引导农民参与

农村环境综合整治是面向农村、帮助农民改善生产生活条件的实事工程，涉及广大农村居民的切身利益，要发挥村支两委和村民自治组织的作用，实现“村民议村民定、村民建村民管”。各级政府要引导农民加强自我管理，通过制定村规民约，细分农户卫生责任区，与农户签订“门前三包”责任状，规范和约束村民行为，引导广大农民群众积极支持、主动参与整治工作。要大力普及环保知识，在农村广泛推广科学的生产方式，帮助农村居民养成良好的生活习惯，从源头上减少农村环境污染。要切实加强监督管理，通过新闻媒体，曝光一批污染农村环境的违法行为，弘扬一批在农村环境综合整治工作中涌现出来的先进典型。开展农村环境综合整治，尤其要突出现代生活方式向农村传导，引导农村居民树立健康文明的生产生活和消费方式，让农村人民群众了解环保、参与环保，为农村环境综合整治注入活力和动力，加快形成人人珍惜环境、保护环境、美化环境的浓厚氛围。

三、加强组织领导，确保完成农村环境综合整治工作任务

（一）加强领导，形成合力

抓好农村环境综合整治，关键是要形成一套有效管用的工作机制。要建立健全“党委政府统一领导、有关部门各司其职、环保部门牵头协调、农民群众广泛参与、社会各界积极支持”的工作机制。环保部门负责农村环境综合整治的指导、监督和考核工作；财政部门做好专项资金的管理和配套资金保障工作；建设部门加快农村生活垃圾收运处理体系建设，建设生活垃圾收运及无害化处理体系，构建生活垃圾后续服务体系，做好村庄规划并指导建立城乡环境卫生管理长效机制；农业部门以规模化畜禽水产养殖污染减排为重点，强化农业污染治理；水利部门强化农村饮用水水源地保护。建立完善饮用水水源地环境保护体系，加快农村饮水安全工程建设；审计部门加强对项目资金使用的审计，督促资金使用规范高效。国土、卫计、交通、林业等相关部门结合各自职责，积极做好服务指导工作。要广泛发动党政机关、企事业单位、人民团体、社会各界，深入开展城乡共建、村企共建、党政机关挂钩共建和“环保知识下乡”等多种活动，努力营造全社会关心、支持、参与农村环境综合整治的浓厚氛围。

（二）创新机制，长效管理

各级党委政府要把农村环境综合整治整县推进工作纳入重要议事日程，成立领导机构，加强组织领导。要建立党委政府统一领导下、各相关部门分工明确、密切配合的工作联动机制，形成主要领导亲自抓、分管领导具体抓、相关部门配合抓、上下齐心、合力推动、逐级负责、层层落实的良好工作格局。要建立工作目标责任体系和考核评价体系，层层签订责任书，严格落实奖惩。要着力解决当前湖南省基层环保人员紧缺的问题，探索建立乡镇村环保队伍网络建设，推动环境执法、污染减排、监测监管、环保技术、宣传培训等工作不断向农村延伸，逐步建立农村环保长效工作机制。切实加强农村环境监管能力建设，按照城乡一体化建设要求，增强基层环保力量，在乡镇设立专职或兼职环保员，负责日常环保监管。

各村要设立联络员、组建环卫队伍，逐步建立完善县乡村三级农村环保工作网络。

（三）强化宣传，营造氛围

要通过多种途径，采取多种形式，在湖南省大造声势，大力营造推进农村环境综合整治的浓厚氛围。宣传部门和新闻媒体要组织专门力量，通过开辟专栏等形式，对开展农村环境整治的重要意义、目标任务、时间要求以及工作动态、先进典型、成功做法，及时进行深入广泛的宣传报道，及时交流好的经验和做法。各地区要采取宣讲培训、座谈交流、张贴标语、悬挂横幅、发放宣传资料等多种形式，全方位进行宣传，让群众对农村环境整治工作充满信心，看在眼里、听在耳里、想在心里、体现在行动上，真正把群众思想统一起来，形成整治环境人人有责、美好环境人人共享的共识，为推进农村环境整治奠定良好的群众基础。

（2015 年 6 月）

整县推进、县为主导 多元投入
强力推进农村环境综合整治湖南省域覆盖试点工作

湖南是农业大省，国家重要的粮食、生猪和水产养殖生产基地，是粤港澳主要生鲜食品供应基地。湖南农村污染已接近排放总量的“半壁江山”。2010 年，被列为全国首批连片整治试点省，按照“清洁家园，清洁田园，清洁水源，清洁能源”的目标，走出了一条“政府主导、市场驱动、村民自治、城乡同治”的农村人居环境改善新路子，得到了环保部、财政部的肯定。已整治的村庄效果明显，多数未整治的地方争先恐后。2013 年，湖南省创新整治工作思路，提出以县（市、区）为基本单元整县推进农村环境综合整治，通过整合各级政府部门资源，提高整治工作效率，到 2014 年 12 月湖南省已经启动 28 个县（市、区）农村环境综合整治整县推进工作。2015 年，湖南省又被环保部、财政部确定为 2015 年全国唯一农村环境综合整治全省域覆盖试点省，湖南省委、省政府高度重视，作出了翔实的工作安排，计划用五年左右时间，实现农村环境综合整治全省域覆盖，为全面建成小康社会和生态文明建设奠定坚实基础。

主要的思路和做法是：

一、整县推进、县为主导

农村环境整治宜由县级人民政府统筹整体推进，这是前几年湖南省开展连片整治得出的一个重要体会。以县（市、区）人民政府为主导，整县推进农村环境整治有利于建立政府统一领导、环保部门统筹协调、有关部门分工负责、全社会共同参与的工作机制。一是建立县、乡两级人民政府持续推进农村环境保护工作的领导体制和工作机制；二是建立健全县、

乡、村三级农村环保工作队伍；三是建立县（市、区）环保、住建、农业、水利、国土等相关部门密切配合、各负其责的工作责任体系；四是建立政府鼓励扶植、农户自觉行动、市场主体参与的科学有效的农村垃圾、污水收集处理服务体系；五是建立将垃圾污水处理补贴、乡、村工作经费、农户宣传教育奖励经费等列入县级财政常年预算的保障机制。为抓好整治工作，省环保厅专门成立农村环境综合整治办公室。各市（州）及试点县（市、区）均成立了农村环境整治的领导小组，试点县（市、区）所属乡镇设立了农村环保机构。

二、分批启动，分期完成

农村环境综合整治工作意义重大、任务繁重，不仅是一场攻坚战，更是一场持久战。湖南农村环境综合整治总体上与全面建成小康社会相衔接，在2019年底前基本完成。为此，湖南省政府印发了《湖南省开展农村环境综合整治全省域覆盖工作方案》。除2013—2014年已经启动的28个县（市、区）外，2015年又启动了63个县（市、区），余下的38个县（市、区）将于2016年全部启动。每个县（市、区）根据农村人口规模、经济发展水平和工作难易不同按1—3年确定基本整治时间。基本整治任务完成后，再安排1年完善提升期。

三、因地制宜，注重实效

要求各县（市、区）根据实际情况确定整治的重点内容、工作目标、整治规模、投入力度和适用技术；注重实效，将辖区内突出环境问题是否得到解决、区域环境质量是否得到改善，采取的方式和途径是否为农民群众广泛接受，形成的制度和机制是否能长久有效运行作为衡量农村环境综合整治成效的主要依据。对农村垃圾处理，长沙县探索出“户分类减量、村组织发动、镇监管支持、县以奖代投”的新模式；湘西吉首市山高林茂，农户分散，交通不便，全市确立了4949户垃圾分类试点户，垃圾分类减量达80%。畜禽养殖污水治理，小规模的采用沼气池和生物垫料，大规模地采用制有机肥、沼气发电和建集中处理设施。

四、整合力量，多元投入

整县推进、县为主导机制实施后，各相关部门建立起密切配合的工作体系。比如：环保部门承担环境综合监管，重点牵头负责农村生活垃圾处理体系、环保队伍建设、目标责任制考核；住建部门重点负责集镇生活污水处理设施；水利部门重点负责农村饮水安全工程；农业、畜牧水产部门负责减少农业和养殖业面源污染等等。建立地方财政、企业、社会、农户多元化投入机制，强化农民的主体地位，引导村民自治和投工投劳。零陵区、君山区各乡镇、村组都成立了“环保协会”，整治工作实现了“村民议村民定、村民建村民管”。多轮驱动，破解资金投入难题，鼓励、支持企业积极参与、对于按省里规定的基本整治时间完成任务的县（市、区）国家和省级专项资金给予适当奖补。常德津市市采取“上级投一点、本级挤一点、乡镇筹一点、社会募一点、市场引一点、农户收一点”的方式较好解决了整治和运行资金。郴州永兴县与瑞纽博能源有限公司采取 BOT 模式，投入 2 亿元资金建设村级收集站、乡镇中转站和县级集中处理中心。

五、加强宣传，长效运行

把宣教工作贯穿于农村环境综合整治的全过程。统一制作农村环境综合整治教育培训光碟，把光碟和资料发放到每个村民小组，确保每户家庭都能观看。对县（市、区）分管领导、有关部门、乡（镇）负责人省里统一组织培训。长沙县注重保洁员队伍的稳定和培训，使他们成为“公共区间的卫生员、生态环保的监督员、资源垃圾的回收员、一年四季的宣传员”。以“政府主导、财政支持、社会参与、农民主体”为原则，围绕“管理有制度、管护有队伍、资金有保障、效益能长久”的目标建立符合农村实际、得到农民支持的长效机制。

（2015 年 10 月）

以生活污染治理为重点 强力推进农村环境综合整治湖南省域覆盖工作

2006 年以来，湖南省从“四洁工程”农村环境连片整治示范起步，不断总结经验，逐步完善思路，形成以县级人民政府为责任主体，以县级行政区为基本单元，以生活污染治理为重点，整体推进农村环境综合整治的模式。

一、统筹部署，全面启动农村环境综合整治全省域覆盖工作

早在 2006 年，湖南省政府就在全国率先下发了《关于做好农村环境保护工作意见》。2010—2012 年，湖南被列为全国首批连片整治示范试点省。2013—2014 年，通过竞争立项，我们确定了 28 个农村环境综合整治整县推进工作试点的县（市、区）。2015 年 4 月，湖南被环保部、财政部确定为 2015 年全国唯一农村环境综合整治全省域覆盖试点省。2015 年 7 月，湖南省政府办公厅印发了《湖南省开展农村环境综合整治全省域覆盖工作方案》，确定了生活垃圾、生活污水、畜禽养殖污染治理和饮用水水源保护等四大工作任务。2015 年，分别于 6 月、12 月分两批又启动了 63、35 个县（市、区）的整县推进工作，全省涉及农村的 126 个县（市、区）全部启动了农村环境综合整治整县推进工作，计划到 2019 年，全面完成全省域覆盖工作。县为主导、整县推进的做法被环保部作为农村环境综合整治的主要方式向全国推广。

二、因地制宜，破解农村垃圾治理难题

湖南省国土面积 21. 18 万平方千米，各地地形条件、经济发展水平各异，

既有山区、丘陵，也有平原、湖区，在推进农村环境综合整治过程中，各地在农村垃圾综合治理方面已经做了一些积极探索。在生活垃圾处置方式上，形成了四种类型。一是分类减量处置。适应于偏远山区，经济相对落后地区。如湘西自治州落实农村垃圾以户为单位就地消化的措施，推广“烧一点、沤一点、埋一点、卖一点、运一点”的“五点”工作法，分类减量率达80%以上。二是户分村收镇转县处理体系。适用于平原、低山丘陵区，经济基础较好的地区。户有分类桶，组有垃圾池，村有保洁员，乡镇有中转站。如长沙市在政府主导下建立了覆盖城乡、一体化的垃圾收集、清运、处理体系；安乡县建立了全县垃圾清运体系，并在各行政村设立了再生资源回收点，覆盖率100%。三是垃圾焚烧发电或水泥窑协同处置。如长沙、株洲、衡阳等地均建设了垃圾焚烧发电厂，为城乡垃圾处理一体化建设提供了有力保障。株洲县和华新水泥（株洲）有限公司合作，投资8000万元，建成了株洲市生活垃圾预处理及水泥窑综合利用一体化项目，日处理生活垃圾450吨，主要处理株洲县各乡镇和华新水泥（株沙）有限公司周边县（市、区）提供的生活垃圾。四是城乡同建同治。适用于近郊农村垃圾处置，纳入城市垃圾填埋场集中处置，如市辖区以及临近县城的乡镇。在生活垃圾处置运行模式上，探索了三种类型。一是市场主导型，如攸县探索市场运营机制，成立资源回收公司和建设回收站点网络，以“六定”（定地点、定时间、定种类、定价格、定规则、定职责）法有效回收利用生产、生活垃圾，变废为宝，化害为安。二是政府主导型，如长沙县将城乡居民的生产生活垃圾处置全面纳入政府公共服务范畴，加大财政支持力度，将垃圾处置纳入乡镇、村、组绩效考核，与评先评优、以奖代投挂钩。三是村民自治型。如石门县罗坪乡长梯隘村成立了7支义务保洁队伍，每季度进行卫生检查，检查标准和评比结果同时公示，进行适当奖惩，彻底改变了脏乱差的旧貌。湖南省环保厅总结的《因地制宜 多措并举 有效破解农村垃圾处理难题》材料2013年被环保部向全国转发。

三、强力推进，圆满完成农村环境综合整治全省域覆盖试点工作任务

按照第二次全国改善农村人居环境、全国农村环境连片整治工作会议

精神和国务院领导加强领导、突出重点、扎实推进、建立机制的要求，我们将加强组织领导，加强整体联动，以生活污染治理为重点，全力推进农村环境综合整治全省域覆盖试点工作。

一是提高思想认识。湖南作为全国全省域覆盖试点省，根据省部协议，五年时间必须完成全省覆盖拉网式农村环境综合整治任务。一定要统一思想认识，切实提高加快推进农村环境综合整治的紧迫感和责任感，把农村环境综合整治整县推进工作当作重大民生工程来认识，当作一项重要环保工作任务来谋划，当作全面建成小康社会的突出短板来对待，强力推进，探索经验。

二是坚持问题导向。着力解决农村突出的环境问题。改厕改水是农村环境综合整治最基础的工作，要按习近平总书记所要求的，首先在农村来一场“厕所革命”，在此基础上，围绕饮用水水源地保护、农村生活污水、垃圾治理、畜禽养殖污染治理等四个方面着力改善人居环境。对饮用水水源地集雨区范围内，人口集中村落、畜禽养殖户、农家乐民俗旅游等农户，要求建成四格污水净化设施或集中式污水处理设施。农村生活垃圾，在分类减量基础上，建立垃圾收集清运处理体系，对有毒有害垃圾要进行统一收集和集中处理处置。

三是强化工作保障。一是加强领导，强化责任。县（市、区）人民政府是农村环境综合整治责任主体，要按照“县级主导、多方联动、整体推进”的原则，层层建立责任制，按整县推进工作整体安排，按时按质完成工作任务。二是多方筹资，加大投入。中央、省财政专项资金只是工作奖补。要坚持县级政府主导、加大财政投入、整合涉农资金、推动村民参与、吸引社会资本、发动社会支持。三是加强督察、严格验收。按照《湖南省农村环境综合整治工作验收办法》，对126个农村环境综合整治整县推进县（市、区）严格按时限、标准进行考核验收，并视工作完成情况给予奖惩。

（2016年4月20日）

专题四

自然生态保护

抓生态创建 促“两型”发展

生态省建设是贯彻科学发展观、建设生态文明的重大举措，是落实以人为本、构建和谐社会的重要途径。自1999年国家环保总局批准海南省为全国第一个生态省试点以来，全国的生态省建设工作呈现蓬勃发展的良好势头。湖南省以抓生态创建作为促进“两型”社会建设的重要抓手，开展系列生态创建，不断加强环境保护，取得了积极成效。

一、湖南省生态创建基本情况

（一）湖南省生态环境现状

湖南省位于长江中游，总面积21.18万平方千米，总人口6570.08万。湖南自然条件良好。日照长，降水多，是华中地区水热条件最好的省份之一，加之环境多样，生物多样性丰富，具有明显的物种资源优势，生物多样性指数位居全国第六。境内动植物种类共有6254种，其中维管束植物5361种，森林资源丰富，森林覆盖率达到56%，位居全国前列，生态环境现状总体良好；湖南境内水系发达。洞庭湖为全国第二大淡水湖，湘、资、沅、澧四水流入洞庭湖，连接长江，全省水资源总量为中国南方9省之冠；湖南矿产资源丰富。是著名的“有色金属之乡”和“非金属矿之乡”，目前已发现各类矿产141种，其中锑、钨、锰等41种矿产的保有储量居全国前5位。

（二）湖南省生态创建现状

湖南省积极指导和推动各市（州）开展生态创建工作，各级政府加大了生态文明建设力度，生态创建成效明显。全省 14 个市（州），已有 7 个市（州）开展了生态市（州）的创建工作，122 个县（市、区）已有 60 个开展了生态县（市、区）的创建工作。开展生态创建的单位国土面积达到 12.09 万平方千米，占全省的 57.1%，开展生态创建单位的人口达到 3161 万人，占全省的 46.4%。全省已经获得国家级生态示范区命名的县（市、区）为 18 个，已经通过省级验收并已报送环保部审核的国家级生态示范区为 15 个。随着国家对农村环境保护工作力度的不断加大，湖南省生态乡镇和生态村的创建工作蓬勃发展，已有 32 个生态乡镇和 8 个生态村获得了环保部的命名。截至 2009 年，全省已经创建省级生态乡镇和生态村 752 个，2010 年又有 246 个乡镇和村申请创建国家级生态乡镇（村），350 个乡镇和村申请创建省级生态乡镇（村）。湖南省的生态市、县、乡、村四级创建工作的大力推进，为下一步开展生态省建设打下了良好基础。

二、湖南省生态创建主要成效

（一）生态创建引起了各级党政领导的高度重视

湖南省历来重视生态环境保护和建设，近年来，更是把这方面工作摆在了重要位置。湖南省委、省政府明确提出建设“生态湖南”的战略目标，把生态建设和保护列入了创建和谐社会和社会主义新农村建设的一项重要内容，这一目标先后写进了湖南省第九次党代会的政治决议、湖南省“十一五”国民经济和社会发展规划以及政府工作报告，建设“生态湖南”作为新时期一种新的发展理念，得到了各级各部门的认同和响应。

（二）环境保护工作力度不断加大

2006 年湖南省下发了《中共湖南省委、湖南省人民政府关于大力发展循环经济建设资源节约型和环境友好型社会的意见》，2007 年底国务院批准长株潭城市群为全国资源节约型和环境友好型社会建设综合改革试验区，2010 年 8 月 17 日召开的中共湖南省委工作会议又提出了“四化两型”战略，并下发了《关于加快经济发展方式转变推进“两型社会”建设的决定》，要求加快推进生态文明建设，着力打造“绿色湖南”，努力把湖南建设成为中部乃至全国最适宜居住的地区。以此为契机，湖南省狠抓环境污染防治和生态保护，积极推动生态环境建设，环保工作形成了新的高潮。全省各级各部门严格规范建设项目环境管理，层层落实污染减排目标责任，强力推进洞庭湖区造纸企业整顿，认真组织湘江流域水污染整治和城镇污水处理厂三年行动计划，大力开展违法排污企业保障群众健康环保专项行动。各城市以治污、拆违、增绿、畅行和环境基础设施建设为重点，加大城市环境综合整治力度，城市管理水平和人居环境得到改善。通过加强生态环境建设、水土流失治理，以及自然保护区、风景名胜区的建设和保护，局部地区生态环境质量有了明显改善。

（三）农村环境保护工作取得了较大进展

湖南省是一个农业大省，农业人口比例占 56.8%，农村环境整治任重道远。近年来，湖南省狠抓农村环保，工作取得明显进展。2006 年湖南省政府在全国率先下发了《关于做好农村环境保护工作的意见》，首次召开了全省农村环境保护会议。湖南省农村环保“四洁工程”（清洁家园、清洁水源、清洁田园、清洁能源），特别是长沙市的农村环保工作模式得到了环保部的充分肯定，中央电视台、新华社、《人民日报》等中央媒体对湖南省农村环保工作先后进行过多次报道。2008 年至 2009 年，国家、省两级共投入 1.2 亿元开展了 140 个村庄的环境综合整治，2010 年湖南省又被列为全国 8 个农村环境连片整治示范省份之一。2010 年 11 月份，湖南省政府专门召开了农村环境连片整治示范工作现场会议，进一步安排部署农村环境连片整治示范工作，决定从 2010 年开始开展农村环境连片整治示范工作三年行动计划，着力解决危害群众身体健康、威胁城乡居民食品安全、影响农村可持续发展的突出环境问题。

湖南省生态省建设虽然具备一定的优势和条件，全省生态基础较好，生态环境保护和建设取得了较大进展，但仍存在不小差距和困难。

一是经济发展水平还不够高。与沿海发达省份相比，湖南省经济总量不大，人均收入水平还比较低，产业结构不尽合理，产业整体素质不够高，经济增长方式有待进一步转变，这在一定程度上制约了生态省建设的步伐。二是部分资源供需矛盾较突出。湖南省人多地少，土地开发利用程度高，后备资源不足，煤炭、石油、铁矿石等重要能源原材料相对缺乏，资源和能源综合利用率较低，随着经济的发展，资源的消耗量将不断增加，土地、矿产等资源的制约作用将进一步显现。三是环境污染较为严重。尽管湖南总体生态环境状况较好，但作为有色金属之乡，因矿产资源开发、冶炼所造成的环境污染和生态破坏问题十分突出。随着城市化、工业化步伐的加快，生态环境承载的压力将继续加大。四是生态创建的层次有待提升。尽管近几年湖南省加大了生态创建的力度，但主要是在省以下层面进行，且覆盖面还不广，尽管已编制了“生态湖南”的规划，但生态省的创建尚未全面启动，相关的组织领导机构、工作推进机制尚须建立。

下一步湖南省将尽快启动生态省的创建工作，助力“两型”社会建设。

（2010 年 12 月 23 日）

以生态省建设为抓手 推进湖南科学发展

湖南省委、省政府顺应当前国内外发展大势，立足湖南发展的阶段性特征，着眼现实和未来需要，作出了推进“四化两型”的战略抉择，以建设“两型社会”作为加快经济发展方式转变的目标和着力点，以新型工业化、农业现代化、新型城镇化、信息化为基本途径，强调的是又好又快发展，凸现的是以人为本的发展理念，倡导的是资源节约、绿色健康的生产方式。因而，这是既要金山银山、又要绿水青山的战略，是加快发展的战略，也是转型发展的战略。作为生态文明建设的重要载体，全国生态省十几年建设的实践成果表明，生态省建设可以作为实施“四化两型”战略的重要抓手，助推湖南科学发展。

一、全国生态省建设情况及主要经验做法

党的十七大以来，一些省（区、市）结合生态文明建设要求，把生态省建设摆在重要位置。江苏、广西、湖北、浙江等省（区）党委、政府先后出台了推进生态省建设，提升生态文明水平的决定。全国生态省建设蓬勃发展，成效显著。

一是生态省建设体制机制不断完善。生态省建设是一个综合性的系统工程，有关省（区、市）在创建过程中，形成了党委领导、政府负责、部门联动、社会广泛参与的工作格局。二是生态省建设经费保障加强。生态省建设涉及内容广，工作任务重，时间周期长，必须有可靠的经费保障才能取得实效。江苏省“十一五”期间，环境保护和生态建设共投入资金4500 亿元。湖北省把生态文明建设作为各级政府公共财政支出的重点予以倾斜，省级财政每年从“两型社会”建设激励性转移支付资金中列支 1 亿

元，作为生态文明建设“以奖代补”资金。

三是生态省建设成效显现。生态经济得到长足发展，环境质量明显改善。山西积极整合煤炭资源，培育了一批循环经济示范企业（园区、社区）。黑龙江全省绿色（有机）食品种植面积达到6100万亩，实现总产值750亿元。江苏省加大重点流域治理力度，太湖流域基本实现建制镇污水处理设施全覆盖，太湖水质稳步改善。

二、生态省建设是实施“四化两型”战略的重要抓手

全国生态省建设的工作机制不断完善，循环经济和生态产业发展初见成效，环境保护和生态建设力度不断加大，生态县、生态乡镇、生态村建设等细胞工程不断夯实，生态省建设作为落实科学发展观、推进生态文明建设的重要载体和组织形式，已得到各地的广泛认同。生态省建设的内容、目标与湖南省“四化两型”建设协调统一，推进生态省建设，将有效促进“四化两型”战略实施，助推湖南省科学发展。

（一）生态省建设是提高生态文明水平的重要载体

生态省建设内容涵括了经济发展、生态环境保护和社会进步三个方面共16项指标，能有力推动生态经济、生态环境、生态人居、生态文化、能力支撑等五大体系的构建。许多省市自开展生态创建以来，转变发展方式、优化经济增长、调整产业结构、强化节能减排、加强城乡环保、改善人居环境、培育生态文化，生态文明理念日益深入人心，部分地区已初步走上了生产发展、生活富裕、生态良好的文明发展道路。实践证明，生态省建设是地方党委、政府落实科学发展观、促进区域经济、社会与环境协调发展的重大举措，是现阶段建设生态文明的基本目标模式，对于建设资源节约型、环境友好型社会，推动环境保护历史性转变具有重要意义，能极大地促进经济发展和环境保护良性互推，人与自然更加和谐。

（二）生态省建设是促进转方式调结构的重要手段

“四化”建设是转方式调结构要求在湖南的具体化，主要措施是大力推进新型工业化、农业现代化、新型城镇化和信息化，争当科学发展排头

兵。生态省建设通过以发展生态经济、循环经济、低碳经济、绿色经济为重点，推进生态产业建设，以对环保产业比重、主要河流年水消耗量以及主要污染物排放强度等指标限定，将促使传统工业向科技含量高、经济效益好、资源消耗低、环境污染少的新型工业化转型，以大力发展环保等战略性新兴产业推动产业升级；通过物种资源保护、绿色有机食品基地建设以及退化土地恢复率等指标要求，将推进农业现代化建设，促进传统农业向集约化、现代化的有机农业转型；通过城市化水平、森林覆盖率、环境质量等指标要求，将提高城市环境承载力，加大城乡统筹力度，优化人居环境，促进统筹发展、协调发展、和谐发展和可持续发展的新型城镇化建设。因此，加大生态省的建设力度，就是加快调结构转方式，就是加快“四化”的建设，就是对科学发展观的真正践行。

（三）生态省建设是加快“两型社会”建设的重要推力

建设资源节约型、环境友好型社会，就是要统筹人与自然和谐发展，处理好经济建设、人口增长与资源利用、生态环境保护的关系，推动整个社会资源高效、循环利用，生产、生活、生态和谐统一。而生态省建设的本质是促进区域社会、经济与生态环境的协调发展，推动整个区域走生产发展、生活富裕、生态良好的文明发展道路。通过建设以节约能源和促进资源永续利用为重点，推进资源保障体系建设；以生态环境保护和治理、污染物减排为重点，推进山川秀美的生态环境体系建设；以城乡绿化和环境综合整治为重点，推进人与自然和谐的生态人居体系建设；以提高环境保护和环境道德意识、倡导绿色生产和绿色消费为重点，推进生态文化体系建设。生态省和“两型社会”建设内容一脉相承，加大生态省的建设力度，就是加快“两型社会”的建设步伐。建设生态省不仅仅是完成长株潭城市群“两型社会”建设试点任务，更将推进全省建设“两型社会”，全面推进湖南科学跨越发展。

（四）生态省建设有利于形成强大合力，推进“四化两型”战略

生态省建设要求生态省建设的综合指标体系纳入对各级党委、政府领导班子实绩考核内容，并建立相应的考核机制；各相关部门各司其职，全

力参与、协调和配合；要求四个80%，即80%的市、80%的县、80%的乡镇、80%的村分别达到生态建设指标。通过生态省建设，将有效整合各级各部门、企业、社会的力量，最终形成强大的合力，按照湖南省委、省政府的战略部署，凝心聚力，整体推进“四化两型”建设。

三、推进湖南省生态省建设的建议

全国已有19个省开展和启动了生态省创建，在全国大力推进生态文明建设之时，在全省大力推进“四化两型”战略之际，湖南省更应坚定不移地推进生态省的建设，为此我们建议：

一是尽快启动生态省建设，推进湖南省“四化两型”战略的实施，推进湖南省科学发展和“绿色湖南”的打造。

二是成立生态省建设领导小组。生态省建设涉及面广、工作任务重，必须切实加强组织领导。建议由省委主要领导任顾问，省政府主要领导任组长，分管副省长任副组长，各相关部门负责人为成员。研究决策生态省建设中的重大问题，推动湖南省生态省建设。

三是抓紧编制《湖南生态省建设规划》。生态省建设是一个以资源禀赋、环境容量为基础的可持续发展的道路，需要10—20年的不懈努力才能实现，顶层设计、规划引领显得尤为重要。

四是省委、省政府尽快出台《关于加强生态文明建设的决定》，明确生态文明建设的重要意义、指导思想、目标任务和保障措施。

五是建立生态省建设的激励与约束机制。生态创建是系列创建，从生态村、生态乡镇、生态县、生态市到生态省共五级创建，建立“以奖促创”的激励机制和目标责任考核的约束机制，将有效推动生态创建工作，保障生态省建设取得实效。

（2011年12月）

精心组织 扎实推进县域生态考核工作

一、湖南省 2013 年县域生态考核基本情况

2013 年，全省各考核市（州）、县（市、区）认真执行国家考核方案，精心组织，周密部署，严把数据质量关，圆满完成了考核工作任务。2013 年，湖南省生态环境质量情况整体较好，县域考核组织工作比较到位，上报数据报告质量比上年有明显进步。2010—2012 年，全国 452 个县域生态环境质量“变好”（即 $\Delta EI \geq 1$）的有 31 个，占被考核县域的比例为 6.9%；生态环境质量“基本稳定”（即 $-1 < \Delta EI < 1$）的有 412 个，占被考核县域的比例为 91.1%；生态环境质量“变差”（即 $\Delta EI \leq -1$）的有 9 个，占被考核县域的比例为 2.0%。湖南省 24 个考核县生态环境质量“变好”的有 5 个县，占被考核县的 20.8%，比全国高出约 14 个百分点，变好的县分别是花垣县、泸溪县、凤凰县、宜章县和保靖县；其余 19 个县均为“基本稳定”，占被考核县的 79.2%。

（一）考核工作机制进一步理顺

2013 年，考核工作时间紧、任务重，针对考核内容增加、增加软件审核过程、考核要求提高的特点，湖南省环保厅会同湖南省财政厅及时研究部署，联合下发了《湖南省重点生态功能区县域生态环境质量考核评估暂行办法》，进一步规范了考核机制和标准。各考核县（市、区）党委、政府高度重视考核工作，成立了政府领导牵头、相关部门主要负责人为成员的考核工作领导小组，工作任务细化分解到部门，工作机制进一步理顺。各级环保部门切实加强考核工作组织队伍建设，建立了一支考核工作管理

队伍和专业技术队伍，使考核工作更加制度化、规范化、专业化。各考核县（市、区）把考核工作列入环保部门的重点工作进行部署，明确专人负责本辖区的考核指导和协调工作。财政部门不断加大支持力度，绝大部分县（市、区）为考核工作安排了专项工作经费或将考核工作经费纳入了财政常规预算，建立了经费长效保障机制。

（二）考核工作制度进一步规范

为了更好地推动县域生态环境质量考核工作规范化，结合湖南省实际，先后下发了《关于加强国家重点生态功能区县域环境监测工作的通知》《关于县域生态环境质量考核县环境空气自动监测站建设有关问题的通知》《关于做好国家重点生态功能区考核县环境监测能力建设项目实施的通知》等一系列规范性文件。湖南省环保厅和财政厅联合制定了《湖南省国家重点生态功能区县城生态环境质量考核评估暂行办法》，将生态环境保护情况、考核工作组织情况共同纳入省级评估体系，考核评估结果直接与各地财政转移支付和生态工程项目资金分配挂钩；就监测工作的开展、监测能力建设、监测经费保障等提出了具体要求。各级环保部门大力推进县域生态环境保护和环保部门能力建设，从组织管理、资料准备、自查自报、数据质量审核、环保基本能力和基础工作等方面形成了相应的管理制度，考核工作进一步规范。

（三）环境监测能力进一步加强

国家重点生态功能区考核对县级环境监测工作提出了更高的要求。针对这种情况，湖南省加大了对考核县区监测能力建设的倾斜和投入，湖南省财政厅专项安排3000万元重点支持考核县区环境监测能力建设。资金下达后，省政府高度重视，下发了一系列文件，对项目实施提出了严格要求，就资金使用明确提出了4个重点：依照国家标准，对监测站现有基本仪器设备进行填平补齐；工矿企业较多的县，根据实际需要配备污染源监督性监测仪器；至少建设1套空气自动监测站；根据实际需要开展实验室条件改造。同时对资金使用监管、考核等作了明确规定。各考核县（市、区）环保局会同财政部门一起，制定详细资金使用方案，严格按要求履行招投标手续，购置环境监测设备，确保及时采购到位。据不完全统计，全省24个县（市、区）添置环境监测设备仪器400多台（套），建设城镇大气自动监测站23个。麻阳、蓝山、双牌、桑植、嘉禾、辰溪、汝城、宁远等县还积极争取财政配套资金，投入力度更大。通过省、市、县共同努力，县级环境监测机构监测能力大幅提升，各考核县（市、区）环境监测站标准设备配备率均达到95%以上，基本仪器配置基本达到监测标准要求，部分工矿企业较多的县重点污染源监督性监测得到加强。以此为契机，各考核县（市、区）对照国家环境监测站标准化建设要求，进一步充实加强环境监测站机构、人员配备，开展业务培训，抓好监测业务用房建设，确保仪器设备的稳定运行和数据真实有效。截至2013年底，考核单位中有20个县（市、区）通过了湖南省环保厅组织的三级监测站标准化建设达标验收。

（四）现场核查工作进一步扎实

现场核查是县域生态环境质量考核工作中一个十分重要的环节。结合审核工作中发现的主要问题，2013年湖南省环保厅组成3个现场核查小组，对14个县（市、区）开展了现场核查工作。现场督促进一步提高了各考核县（市、区）对考核工作重要性的认识，督促解决考核工作经费与监测能力建设经费，规范日常监测工作，检查各县区生态环保措施及重大生态环境保护工程项目，引导县域生态环境质量的改善与提高，取得了良好的效果。

（五）考核工作成效进一步显现

通过县域生态环境质量考核工作实施，推动了各考核县（市、区）重要生态功能区保护工作的开展，引导各考核县（市、区）正确处理生态保护与经济发展的关系，积极促进经济发展方式的转变。转移支付资金发挥了良好的导向作用，用于生态环境保护的比例进一步提高。2012年，湖南省24个县（市、区）转移支付资金中生态建设支出4.08亿元，环境保护支出3.13亿元，分别占31.9%和23.7%；比上年分别增加了11.9%和3.8%。各考核县（市、区）切实加大植树造林、退耕还林、污染治理等生态建设和环境保护的投入，县域生态环境质量有不同程度改善。从24个县（市、区）的自然生态指标来看，有14个县（市、区）的林地覆盖率有不同程度的上升，有7个县（市、区）的林地覆盖率保持稳定，平均林地覆盖率从2010年的70.35%上升到2012年的71.80%。在污染治理措施方面，各考核县均开展了污水处理厂、垃圾填埋场、城镇集中供水工程等环保及民生工程的建设，实施了一批节能减排、农村环境综合整治等项目，县域的污染物排放量得到削减，突出环境问题得到部分解决，生态破坏趋势得到遏制。从被考核县的环境质量监测数据来看，2010—2012年连续3年环境质量保持稳定或有所改善的有12个县。空气、地表水质和重点污染源企业污染物排放达标率不同程度得到提高。

一年来，较好地完成了工作任务，创造了不少好的经验，得到了环保部、财政部的肯定。但对照国家县域生态环境质量考核工作要求，仍存在一些差距与不足。一是少数县（市、区）对考核工作重视程度不够高，工作力度不够大，工作部署没有到位，行动较迟缓，部门数据提供不积极，数据上报、工作质量有待进一步加强。部分县考核工作人员变动调整频繁，导致工作连续性受到影响；二是市（州）组织指导工作有待进一步加强。尤其是湘西自治州、张家界、郴州、永州、怀化等市（州）所属考核县（市、区）数量多，市（州）环保局、监测站直接承担着对考核县（市、区）的组织、培训、技术指导和数据审核把关、汇总等工作，任务繁重，人员力量、工作力度以及监测能力需进一步加强；三是各考核县（市、区）环境监测的软能力还需进一步加强。包括机构、人员数量、技术素质、工作水平和设备有效使用等方面有待进一步提高。环境监测及统计数据质量有待进一步提高，有关质量控制措施有待进一步加强；四是补偿资金与保护责任挂钩还不够。对保护地区产业和发展缺乏明确限制和有力控制手段，甚至个别地方还存在着一边享受生态补偿、一边破坏生态的现象；五是转移支付资金的使用、绩效考核需进一步加强。对补偿资金用途，尽管湖南省财政厅已明确要求要用于生态环保和民生工程，但挤占、挪用补偿资金现象仍然存在。不少县（市、区）过度依赖国家生态转移支付资金，地方很少或基本不再投入，甚至有个别领导还说关键是把账做好；六是有4个县（市、区）2013年没有实现三级监测站标准化建设达标验收。以上这些问题务必引起生态环境部门的高度重视，采取切实措施认真加以改进，否则，不仅影响县域生态考核工作，而且影响到生态补偿资金的使用效果，甚至对整个生态补偿机制产生影响。

二、推进湖南省2014年县域生态考核工作的对策

2014年的考核工作相比2013年呈现四点显著变化：一是考核单位增加。2013年，国家重点生态功能区转移支付资金湖南省被支持的县（市、区）增加到33个，新增加了9个县（市、区），21个省财政支持安排的重点生态功能区转移支付资金有21个县（市、区），共54个县（市、区）纳入2014年考核，涉及12个市（州），如此大幅度的增加，说明国家、省里对生态环境保护越来越重视，考核任务将更加繁重。二是考核评估内容更加全面、要求更加严格。根据湖南省环保厅和湖南省财政厅共同下发的《湖南省国家重点生态功能区县城环境生态质量考核评估暂行办法》，对考核指标、内容进行充实细化，从生态环境质量、转移支付资金的安排使用、重点生态环保工程、考核工作组织管理等四个方面进行全面考核，考评结果将作为安排确定转移支付资金和奖惩的依据。三是考核数据质量要求更高。所有上报数据必须有明确合理的支持材料，数据的逻辑性、规范性、及时性等也将是考核的重点，并且通过将环境监测数据体现的环境质量进行排名，纳入年终考评体系。四是新增的30个被考核县2014年年底前必须通过湖南省环保厅组织的三级监测站标准化建设达标验收并满足2014年县域生态环境质量考核对监测的工作要求。

针对这些新情况，各地要进一步加强组织领导和统筹协调，精心组织部署，确保2014年考核各项任务的顺利完成。

（一）进一步统一思想认识，切实加强组织领导

通过这几年全省上下的共同努力，县域生态环境质量考核工作的影响和作用日益增大，考核对地方生态环境建设和保护的导向和引领作用越来越明显，成为检验国家财政对重点生态功能区转移支付实效的一项重要措施。各级政府及相关部门必须按照党的十八届三中全会关于“实行资源有偿使用制度和生态补偿制度；设立生态补偿专项资金，扩大补偿范围，推

动流域上下游地区、不同主体功能区之间、重要生态功能保护区内外建立生态补偿机制，逐步实现生态补偿规范化、标准化、动态化”精神的最新要求，从建设生态文明的高度，切实把县域生态考核工作摆上重要位置；各级环保部门要以考核为抓手，充分发挥综合协调作用，积极推进环境保护工作的开展，全面完成总量减排、农村环境综合整治、环保执法等重点工作任务，继续加强环保部门基本能力建设，不断完善县域生态环境质量监测机制，大力提升县域生态环境保护工作水平。被考核县（市、区）要认真贯彻落实2014年考核评估细则，细化工作方案，做好相关工作，确保2014年考核工作任务圆满完成。

（二）加强数据审核，严把数据质量关

数据质量是考核工作的关键。各县（市、区）必须严格按照数据统计要求，做好各项数据的搜集、整理和统计，要加强数据的审核，层层把关，建立数据质量责任制。2014年考核单位增加后，湘西自治州、张家界、永州等市（州）已经是所有县（市、区）全覆盖，怀化、郴州等市涉及的考核县（市、区）也比较多，各市（州）环保部门要切实加强对所辖县（市、区）考核工作的组织指导，开展技术培训，加强督促检查，完成数据审核任务。加强县（市、区）之间考核工作经验交流，已经启动考核的县（市、区）主动做好传帮带工作，相互取长补短，共同提高。还要扎实做好现场核查各项准备工作。现场核查不仅是对上报数据的进一步审定，同时也是对整个考核组织工作的一次检查，对生态环保重点工程的检查督察，现场核查最终会形成各县（市、区）考核评估得分。各考核县（市、区）要引起高度重视，扎实做好各项基础工作，以及重点生态环保工程的现场准备，确保现场核查顺利进行，才能取得好的效果。

（三）继续加强环境监测能力，夯实考核工作基础

环境监测工作的能力水平是做好考核工作的基础。各考核县（市、区）环境监测站要按照考核工作的要求，不断完善环境监测能力，充实加强监测机构、人员力量，抓好监测业务用房建设，配齐仪器装备，加大监测人才培养和监测技术建设力度。县级财政部门要安排必要的资金用于配

套仪器设备及其运转、维护，保证环境监测部门的正常业务经费，保障监测工作的正常开展。已经通过达标验收的监测站，要对照达标验收中发现的问题，认真整改到位，做到各项指标全面达标。尚未达标的 4 个县（市、区）监测站，要对照国家监测站标准要求，抓紧工作，在 2014 年上半年完成验收。24 个县（市、区）要积极争取当地政府支持，在现有空气自动监测站内加装 $PM_{2.5}$监测设备。对于新增 30 个考核县（市、区），湖南省财政已安排了专项资金 3000 万元，用于环境监测能力建设专项投入，要按照《关于做好国家重点生态功能区考核县环境监测能力建设项目实施的通知》要求，确保省财政下拨资金及时到位并专款专用，确保县（市、区）环境监测站监测能力达到考核的基本要求，满足日常环境质量监测和污染源监测的需要，完成县城镇空气自动监测站建设，年内必须完成三级站达标验收。加强资金使用监管，项目实施完成后，湖南省生态环境厅将会同市（州）进行专项检查验收。各考核县（市、区）要按照考核确定的环境监测点位（断面）和重点企业，做好水质、空气质量及污染源的日常监测工作。

（四）切实抓好转移支付资金的使用

县域生态环境质量考核的最终目的是促进生态环境的保护和改善。国家相关文件、省财政厅下发的《关于下达 2013 年国家重点生态功能区转移支付增量资金的通知》明确要求转移支付资金全部用于生态建设和民生基本公共服务领域，其中用于生态建设方面的支出要达到 50% 以上，2014 年还要继续提高比例。各级政府要切实加强生态环境保护，将重点生态功能区转移支付资金重点用于生态资源保护、节能减排、生态修复和环境治理三个方面，切实提高转移支付资金的使用绩效。各级环保部门要围绕当地生态环境的建设和保护，积极为政府领导出主意当参谋，积极争取将相关工作、项目列入转移支付资金支持内容。要加强对生态环境建设和保护重点项目和工程的推进力度，以工程项目促进生态环境质量的改善。

（2014 年 1 月 17 日）

科学谋划2015年县域生态考核

一、湖南省2014年县域生态考核的基本情况

2014年，是湖南省开展县域生态环境质量考核工作第四年，各考核市（州）、县（市、区）认真执行国家考核方案，强化工作责任，严把数据质量关，圆满完成了考核工作任务，上报数据符合考核技术规定，环境监测能力建设得到进一步加强，环境质量稳定改善。

从考核结果来看，24个国家考核县生态环境质量情况总体较好，县域考核组织有力，上报数据报告质量较高。与2011年相比，2013年共有4个县生态环境质量变好（即 $EI\geqslant 1$），占17%，分别为泸溪县、辰溪县、宜章县、花垣县；20个县生态环境质量保持基本稳定（即 $-1<EI<1$），占83%；新增9个国家级考核县和21个省级考核县，均按要求完成了基础数据核定，通过对考核组织工作进行评价，得分较高的分别是沅陵、新晃、新化县和澧县、桂阳、华容县。

2014年的考核工作取得了新进展，创造了新经验，具体体现在：

（一）考核工作机制进一步完善

通过近几年的努力，湖南省考核工作机制得到了进一步理顺，形成了“重要决策共同议、部门协调有途径、日常工作有人管”的工作模式，相关部门各司其职，整体联动，认真开展各项指标的统计和填报。为了抓好考核工作，湖南省环保厅会同湖南省财政厅联合召开全省考核工作会议，全面部署工作任务，对市、县相关人员进行培训。各考核县（市、区）党委、政府高度重视考核工作，大部分县按要求高规格成立了考核工作领导

小组，如宁远县由县委主要领导担任考核工作顾问，宁远、麻阳、新田、安化、新田等21个县白县政府主要领导任考核领导小组组长，常务副县长、分管副县长任副组长，相关部门主要负责人为成员；部分县设立了考核工作专门办公室，参与日常工作。安化、辰溪等县建立考核工作定期会议制度，由分管副县长主持定期召开会议，及时协调解决考核工作中遇到的问题和困难；临武县由政府督察室牵头对考核工作进行专项督察。

环保、财政部门通力合作，制定了考核评分细则，在全国率先把环境管理相关指标列入考核内容，进一步规范考核机制和标准。湖南省从组织管理、资料准备、自查自报、数据质量审核、环保基本能力和基础工作等方面形成了相应的管理制度，考核工作进一步规范。为了确保数据质量，各地完善了相关管理制度。慈利县把数据填报是否准确纳入工作责任制进行奖惩；安化县按照真实性、科学性、及时性的原则，由县领导小组开会对数据进行集体会审。永州、湘西、常德等市（州）环保局加强对考核县（市、区）的指导和督促检查，开展数据审核，对消除填报误差、提高数据质量起到了积极作用。

（二）现场核查效果明显

2014年，湖南省进一步加大现场检查力度，湖南省环保厅组成3个现场核查小组，对全省被考核县（市、区）进行了现场核查。通过听取汇报、数据审查、建设工程现场检查、环境监测能力及监测规范性检查等项目，促进各考核县（市、区）重视加强考核工作的组织领导，督促解决考核工作经费与监测能力建设经费，规范日常监测工作，指导考核指标统计核算，督察各县（市、区）生态环保措施及重大生态环境保护工程项目，确保考核工作符合国家要求和转移支付资金规范使用，使考核工作各项要求得到了较好的落实。现场检查既总结发现各地工作中的亮点和经验，也检查存在的问题，取得了良好的效果。

（三）环境监测能力明显加强

湖南省以考核工作为契机，大力加强环境监测和监管能力。湖南省财政厅专项安排3000万元重点支持新增考核县（市、区）环境监测能力建设，已全部实施到位。各考核县（市、区）近几年监测仪器设备、监测经费的配套投入近亿元，90%以上的县（市、区）监测技术人员编制得到增加，环境监测仪器配置基本达到标准要求，原来监测能力较为薄弱的蓝山、江永、武陵源等县（区）监测站实验室通过了计量认证，实现了达标验收。一年来，蓝山、江永、嘉禾、桂东、通道、会同、靖州、安化、绥宁、南县、吉首等一批县（市、区）环境监测实验室用房大为改观。全省所有考核县（市、区）建成了1—2个空气自动监测站。各考核县（市、区）对照国家环境监测站标准化建设要求，进一步充实加强环境监测站机构、人员配备，开展业务培训，抓好监测业务的开展，确保仪器设备的稳定运行和数据真实有效。2014年考核单位中又有17个县（市、区）通过了省厅组织的三级监测站标准化建设达标验收。

（四）考核工作成效进一步显现

通过转移支付政策的实施，各考核县（市、区）在生态建设和环境保护方面采取了很多措施，通过加大环保监测基础设施设备投入、加强环保监测业务水平等手段，着力加强县域生态环境保护能力建设。通过几年的实施，湖南省各被考核县普遍在植树造林、退耕还林、污染治理等方面加大了投入，因地制宜采取了多种措施，已初见成效。2013年全省24个县（市、区）安排的转移支付资金中，生态建设支出6.31亿元，环境保护支出3.99亿元，分别占33.7%和21.3%；比上年分别增加了11.9%和3.8%。

从24个县（市、区）上报的自然生态指标来看，全省13个县（市、区）林地覆盖率有不同程度的上升、7个县（市、区）保持稳定，平均林地覆盖率从2012年的71.80%上升到2013年的72.21%。在污染治理措施方面，各县（市、区）均开展了污水处理厂、垃圾填埋场、城镇集中供水工程等环保及民生工程的建设，实施了一批节能减排、农村环境综合整治等环保工程项目，关停了一批污染企业，县域的污染物排放量得到削减，突出的环境问题得到解决，生态破坏趋势得到遏制。

考核工作中存在的问题：

一是考核工作的组织管理需进一步加强。部分县（市、区）对考核工作的认识没有完全到位，工作重视不够，推动力度不大，责任落实不到位，部门协调配合不够，存在着敷衍、应付考核的现象。必要的工作经费没有保证。

二是数据填报和审核的规范性有待加强。数据填报存在着漏报、错报、数据不一致等情况，部分填报数据不符合逻辑，真实性值得怀疑。上报资料不符合要求，自查报告内容简单。市级环保部门审核把关不够。

三是环境监测能力需进一步加强。各考核县（市、区）环境监测的软能力还需进一步加强，包括机构、人员数量、技术素质、工作水平和设备有效使用等方面有待进一步提高。地表水、环境空气、污染源等不能完全按照考核要求的频次、项目进行监测，环境监测报告不够规范，有关质量控制措施有待进一步加强。

四是资金的分配、使用和管理有待加强。资金的分配缺乏明确的计划安排，重点不突出，对重大环境问题的解决效果不明显，转移支付资金用于生态环保方面的投入所占比重偏低。如何通过推动资金的使用、工程项目的实施，最终达到环境质量的改善，重视不够。

五是重点生态功能区保护的效果还不够明显。个别地方对重点生态功能区生态环境保护的意识还不够强，生态保护的氛围不够浓厚，既享受国家转移支付资金支持，但在发展区域经济的过程中，环境保护的标准不高，对建设项目把关不严，存在较为突出的环境问题，环境污染事故和群众环境投诉较多，生态环境质量有下降变差的趋势。

二、推进湖南省 2015 年县域生态考核的对策

为了做好 2015 年考核工作，湖南省环保厅印发了国家重点生态功能区县域生态环境质量监测评价与考核指标体系、实施细则、实施方案等 3 个重要文件，会同湖南省财政厅联合拟定了湖南省考核工作实施方案，下一步关键是要抓好学习贯彻。

（一）进一步统一思想认识

国家重点生态功能区是为了生态保护的需要，由国家划定的承担水源涵养、水土保持、防风固沙和生物多样性维护等重要生态功能，关系全国

或较大范围区域的生态安全，需要在国土空间开发中限制进行大规模高强度工业化城镇化开发，以保持并提高生态产品供给能力的区域。加强国家重点生态功能区环境保护和管理，是构建国家生态安全屏障的需要，是建设生态文明的重要内容，是促进区域协调发展、全面建设小康社会的重要基础。国家重点生态功能区县域生态环境质量考核工作充分发挥监测数据作用，以环境质量变化作为环保绩效的衡量标准，以环境质量改善作为目标导向，直接用环境质量进行环境监督管理，是环境管理战略转型的生动实践。经过这几年的探索实践，县域生态环境质量考核工作的影响和作用日益增大，考核对地方生态环境建设和保护的导向和引领作用越来越明显，成为检验国家财政对重点生态功能区转移支付实效的一项重要措施。各有关考核的市（州）、县（市、区）务必要进一步提高认识，抓住机遇，切实增强做好重点生态功能区县域生态环境质量考核工作的主动意识和责任意识，切实把县域生态考核工作摆上重要位置，紧紧抓住生态环境质量改善、考核工作技术要求、转移支付资金规范使用三个重点环节不放松，扎实推进考核各项工作，以考核指标为导向，全面推动重点生态功能区保护和管理各项工作的开展，在生态文明建设中发挥应有作用、作出应有贡献。

（二）进一步明确考核工作任务

按照建设生态文明的新要求，环境保护部、财政部组织对国家重点生态功能区县域生态环境质量监测评价与考核指标体系进行了优化，印发了修订后的考核指标体系和实施细则，2015 年考核工作更加严格。从考核体系指标的设计上，首先，除了考核自然生态指标、环境状况指标，同时还增加了调节指标，从生态环境保护制度与生态创建、生态保护与建设工程、生态环境监管能力与环境基础设施建设、转移支付资金使用以及县域工作组织管理等 5 个方面进行量化评价。其次，抽取部分考核县利用无人机遥感手段对县域内生态发生变化的局部区域进行核查，对人为因素引发的突发环境事件等情况进行统计，将上述两方面情况对考核结果进行修正，考核指标体系更为完善。按照国家指标体系考核要求，省环保厅又对调节指标的考核要点作出了明确规定。从指标的设置来看，涵盖了生态环境保护的方方面面，可以说是对考核单位环保工作的一次全面检查。2015年湖南省考核工作将完全按照国家设置的指标体系进行，由湖南省财政支持安排的重点生态功能区转移支付资金有21个县（市、区）也一并执行这个考核指标体系。各考核县域必须深入理解领会国家考核精神和新要求，准确把握优化后的考核指标体系，确保考核工作顺利完成。

（三）切实加强组织领导

考核工作涉及部门多、环节多，是一项系统工程，各相关单位要进一步加强组织领导，统筹协调，精心部署每一个环节的工作，做到人员力量到位、工作责任落实、工作机制完善。各级环保、财政两部门将加强沟通协调，密切配合，共同推进考核工作的开展。为了全面做好考核工作，省环保厅将考核指标及相关工作的推进职责明确到了相关处室和单位，其目的是使各项指标的考核更加准确到位，同时以考核指标引领重点生态功能区保护和管理各项工作的开展。各市（州）也要加强对本市（州）范围内考核工作的组织管理和技术指导，尤其是永州、湘西自治州、张家界、怀化、郴州等市（州），考核县（市、区）多，要研究制定统一的考核工作要求，及时帮助解决考核工作中出现的问题。各考核县人民政府要按照国家考核总体要求，制定工作方案，明确各部门职责分工，将责任分解，落实到相关部门和相关责任人，建立起分工负责、协调配合的工作体系，要探索建立县域生态环境质量考核工作长效机制，使考核工作常态化、规范化。

（四）进一步加强数据质量管理

《中华人民共和国环境保护法》和国务院办公厅印发的《关于加强环境监管执法的通知》都明确要求，要依法依规开展环境监测，严厉打击伪造或窜改环境监测数据等恶意违法行为。各考核县（市、区）必须严格按照数据统计要求，做好各项数据的搜集、整理和统计，加强数据的审核，层层把关，建立数据质量责任制。环境监测机构及其负责人对监测数据的真实性和准确性负责。省、市（州）环保部门要加强审核把关，强化监督管理，逐步完善生态环境监测全过程质量保证和质量控制体系。任何人都不能干预监测数据评价结果，在填报过程中，如发现被考核县域填报数据存在人为造假、篡改等情况，一经查实，将严肃处理，直至追究篡改者的法律责任。各市（州）环保部门要切实加强对所辖县（市、区）考核工作的技术指导，开展环境监测质控工作，从2016年开始，市（州）要负责每月对县级监测数据进行质控检查和抽查比对，编制考核县域环境监测质控报告，并进行数据质量把关和监测技术指导。要严格按照国家和省确定的时间节点报送相关资料，确保工作进度。

要扎实做好现场核查各项准备工作。根据各地自查情况，湖南省环保厅将会同湖南省财政厅开展现场检查。现场核查不仅是对上报数据的进一步审定，同时也是对整个考核组织工作的一次检查，对生态环保重点工程的督察，现场核查要最终形成各县（市、区）考核评估得分。省里核查后，还要做好迎接国家核查的准备工作。

（五）进一步巩固加强环境监测能力

环境监测是县域生态环境质量考核评价的基础。各考核县（市、区）环境监测站要按照考核工作的要求，进一步充实加强监测机构、人员力量，抓好监测业务用房建设，配齐仪器装备，加大监测人才培养和监测技术建设力度，进一步提升环境监测能力。各考核县（市、区）要按照考核的要求做好主要河流水质、饮用水水源地水质、空气质量及重点污染源的日常监测工作，保证监测点位、断面设置符合要求，保证监测项目、频次和数据上报的准确、完整、规范。要抓好空气自动监测站的运行管理，监测数据实现与市（州）、省级联网并实时发布。县级财政部门要安排必要的资金用于配套仪器设备及其运转、维护，保证环境监测部门的正常业务经费，保障监测工作的正常开展。已经通过达标验收的监测站，要对照达标验收中发现的问题，认真整改到位，做到各项指标全面达标。尚未达标的个别县监测站，要对照国家监测站标准要求，抓紧工作，在2015年上半年完成验收。

（六）切实抓好转移支付资金的使用

县域生态环境质量考核的主要目的是促进转移支付资金规范使用，实现生态环境质量的改善。国家和湖南省财政厅相关文件明确要求转移支付资金全部用于生态建设和民生基本公共服务领域，其中用于生态建设方面的支出要达到50%以上。从湖南省来说，在国家的大力支持下，全省重点生态功能区转移支付已经是一笔不小的资金。各级政府要切实加强资金管理，依据各地实际情况出台相应的管理办法，将转移支付资金重点用于生态资源保护、节能减排、生态修复和环境治理三个方面，切实提高转移支付资金的使用绩效。各级环保部门要围绕当地生态环境的建设和保护，积极为政府领导出主意当参谋，积极争取将相关工作、项目列入转移支付资金支持内容。加强对生态环境建设和保护重点工程项目的推进力度，以工程项目促进生态环境质量的改善。

此外，要加强对考核结果的运用。2015不仅考核要到位，奖惩也一定到位。湖南省财政厅将根据评估结果采取相应的奖惩措施，一是考核结果向各考核县（市、区）人民政府通报；二是对生态环境明显改善的县（市、区），增加转移支付资金；对非因不可控因素而导致生态环境恶化的县（市、区），适当扣减转移支付，其中生态环境明显恶化的县（市、区）全额扣减转移支付，生态环境质量轻微下降的县（市、区）扣减其当年的转移支付增量。对生态环境质量考核明显变差的，省财政厅对县（市、区）政府领导进行约谈，责成县（市、区）政府在年度考核中专题报告整改落实情况。

（2015年1月4日）

抓住机遇 乘势而上
推动湖南省自然生态保护工作再上台阶

一、自然生态保护工作面临良好的发展环境

党的十八大以来，党中央、国务院对生态文明建设作出了一系列重大战略决策和部署，生态文明建设的重要性、紧迫性日渐提升。自然生态保护工作作为生态文明建设的重要任务，正处于历史上最有利的时期。2015年全国“两会”期间，习近平总书记在参加上海、江西、广西、吉林代表团审议时指出，环境就是民生，青山就是美丽，蓝天也是幸福；要像保护眼睛一样保护生态环境，像对待生命一样对待生态环境。国务院主要领导也对生态文明示范创建、生物多样性保护、生态功能保护和自然保护区监管做出了很多重要批示。一系列新思想新论断新要求，为各级各部门深入推进自然生态保护工作创造了机遇和有利条件，指明了前进方向。

一是确立了建设生态文明这个重大战略，自然生态保护工作的目标更加明确。推进生态文明建设是实现“两个一百年”奋斗目标的重要保障，也是实现中华民族伟大复兴中国梦的重要组成部分，标志着中国共产党对经济社会可持续发展规律、自然资源永续利用规律和生态环保规律的认识进入了新的境界，为提升发展质量提供了新的战略指导。十八大报告独辟专章对生态文明建设进行阐述，把建设美丽中国作为奋斗目标，把大力推进生态文明建设作为实现目标的关键途径。报告指出，良好生态环境是人和社会可持续发展的根本基础，明确要求加大自然生态系统和环境保护力度。自然生态保护工作定位更加精准、工作目标更加清晰。二是提出了

“绿水青山就是金山银山”这个科学论断，自然生态保护工作重要性日益凸显。早在2005年，时任浙江省委书记的习近平同志就提出“绿水青山就是金山银山”。2013年，习近平总书记进一步指出，“我们既要绿水青山，也要金山银山。宁要绿水青山，不要金山银山，而且绿水青山就是金山银山”。这一充满辩证思维的科学论断，理顺了保护与发展之间的关系。加强自然生态保护是实现绿水青山的重要措施和保障，自然生态保护工作的重要性日益突出。三是释放了全面深化改革这个重要动力，自然生态保护工作的前景更加广阔。党的十八届三中全会提出，要紧紧围绕建设美丽中国深化生态文明体制改革，从而推动形成人与自然和谐发展现代化建设新格局。自然生态保护工作与生态文明制度建设领域大量改革任务都密切相关，包括健全自然资源资产产权制度和用途管制制度，划定生态保护红线，实行资源有偿使用制度和生态补偿制度，以及生态环境保护管理体制改革等。随着改革不断深入，系统完整的生态文明制度体系的逐步建立，最严格的源头保护制度、过程监管制度、责任追究制度的实施，必将极大地推动自然生态保护。

二、自然生态环境保护工作取得积极进展

2014年，湖南省高度重视生态文明建设和生态环境保护，扎实推进自然生态保护，着力加强生态文明体制机制改革创新，湖南省自然生态环境保护工作取得较大进展，为促进湖南省生态文明建设发挥了较好作用。

（一）以生态文明建设为主线，大力推进绿色湖南建设

1. 全力推进生态创建。党的十八大将生态文明建设提到了五位一体的战略高度，各地生态文明建设热情空前高涨，生态创建有力推进。张家界、怀化，益阳、湘西自治州主要领导亲自推动生态市（州）建设。益阳、常德、资兴、长沙大河西先导区高规格编制了生态市建设规划和生态文明建设规划，并通过了省、国家审查。长沙县创建国家级生态县正式通过了环保部验收，成为湖南省第一个国家级生态县；江华、石门、桃源、望城、武陵源和韶山等6个省级生态县（市、区）已完成验收并予以命名，成为湖南省首批省级生态县；新宁、南县等20个县（市、区）生态

县建设规划、63 个生态乡镇、44 个生态村环境规划完成了省级审查。2014 年共有 105 个国家级生态乡镇、180 个省级生态乡镇获得了命名。

2. 全面深化自然保护区综合管理。依照国家自然保护区条例规定和《国务院关于印发国家级自然保护区调整管理规定的通知》要求，2014 年组织省级自然保护区评审委员会审查了 2 个省级自然保护区的设立、3 个国家级自然保护区、2 个省级自然保护区功能区调整。湖南省政府批准了 2 个省级自然保护区功能区调整。为加强生物多样性保护，组织 5 个国家级自然保护区完成生物多样性保护专项资金项目申报，并通过了国家审查。各地加大了对自然保护区的监督管理，衡阳市对南岳国家级自然保护区和衡东天光山省级自然保护区内的采矿行为进行查处，郴州市和湘西自治州对辖区内的省级及以上自然保护区进行了全面执法检查，有效遏制了环境违法行为。在市（州）环保局的大力支持下，2014 年省级对永顺小溪、宜章莽山、双牌阳明山等 19 个国家级自然保护区开展了环境执法检查，对存在的问题提出了处理整改意见。

3. 积极争取扩大财政转移支付县范围。向财政部专门致函建议将湖南省君山、新宁、通道、桃江等 26 个县（市、区）纳入国家重点生态功能区转移支付补助范围。经积极争取，有 8 个县（市、区）纳入了 2015 年国家重点生态功能区财政转移支付的范畴。

4. 完成了环保部部署的两项专题。为了更好地掌握全省过去十年生态环境的变化状况和发展趋势，全面总结十年期间的生态环境保护工作的成效和经验，完成了《全国生态环境十年变化（2000—2010 年）遥感调查与评估项目湖南省实施方案》，并通过了环保部组织的专题验收。为强化流域生态系统保护，改善河流流域生态环境质量，促进流域生态功能恢复，从 2013 年开始启动了流域生态健康评估，制定了 5 年内完成湘江流域生态健康调查的工作方案。2014 年完成了浏阳河流域生态健康调查试点工作。

（二）以重点区域环境管理为突破口，着力加大环境敏感区的生态保护力度

1. 严格管理“二区三园”建设项目。环境敏感区域是湖南省的重要生态屏障，并把敏感区域的建设项目管理作为强化生态保护的重要手段。按照《自然保护区条例》《风景名胜区条例》等法律法规相关要求，严格管理“两区三园”内建设项目。2014 年共审查“两区三园”建设项目 37 个。加强了生态类在建项目的督察工作，对汝城益热公路、新化大熊山风电场、桂阳天塘山风电场等项目进行了现场督察，并对违反环境保护的行为进行了处罚和责令整改。

2. 大力开展土壤污染防治相关工作。完成了土壤污染普查数据公开报批工作；编制了《湖南省土壤环境保护与综合治理实施方案》，会同省财政厅、国土厅、农业厅、粮食局等单位编制了《湖南省耕地重金属污染调查与综合治理方案》上报财政部；完成了常德市土壤污染防治示范区建设方案及石门县雄黄矿典型区域土壤污染防治实施方案，顺利通过了环保部组织的专家审查。

3. 积极开展畜禽养殖污染综合防治。认真学习贯彻《畜禽规模养殖污染防治条例》，起草了《加强畜禽养殖污染防治工作的意见（征求意见稿)》，配合省畜牧部门组织了湘江流域规模畜禽养殖户退出摸底调查，湘江干流两岸纵深 50 米范围内规模畜禽养殖户 1567 户，退出共需补偿资金 2. 56 亿，已经省政府批准分步实施。各市（州）积极开展畜禽养殖污染综合防治。

4. 严格落实行政审批制度改革。为落实国务院简政放权，提高办事效率要求，将省级以上（含省级）自然保护区实验区内投资额 1000 万元以下的建设项目环境影响报告书（表）审批和省级以上（含省级）风景名胜区、森林公园、地质公园、湿地公园核心景区内投资额 1000 万元以下或核心景区外投资额 3000 万元以下的建设项目环境影响报告书（表）审批下放到了市级环保行政主管部门。

（三）与相关部门工作紧密结合，不断巩固和深化自然生态保护工作

1. 开展洞庭湖生态经济区环保规划编制和专题研究。完成了《洞庭湖生态经济区环境保护专项规划》编制工作，其主要内容纳入了《洞庭湖生态经济区规划》，已经国家批准实施；积极组织开展城陵矶综合枢纽对洞庭湖水质影响及对策研究，在中国环科院的大力支持下，完成了洞庭湖生态经济区生态保护专题研究。

2. 开展主体功能区试点示范工作。会同省发改委，开展了湖南省主体功能区建设试点示范工作，确定了两县（石门、江华）一市（张家界）一片区（南岭山脉片区：炎陵、宜章、桂东、汝城、嘉禾、临武、宁远、南山、新田、双牌）为湖南省试点区，完成了试点方案的审查和上报工作；

3. 推进生态旅游示范区建设。与湖南省旅游局密切配合，完成了炎陵神农谷旅游区、双牌阳明山旅游区和绥宁黄桑旅游区申报国家级生态旅游示范区技术评估及现场验收工作，其中炎陵神农谷、双牌阳明山已经获得国家生态旅游示范区的命名；从13家申报单位中评选出了郴州市汝城县飞水寨旅游区、娄底市涟源市湄江旅游区等6家为湖南省生态旅游示范区。

4. 探索生态制度改革试点。配合湖南省财政厅，建立了湘江流域水质目标考核生态补偿机制，利用经济手段推进湘江流域水环境质量逐步改善。开展了湖南省生态红线制度改革试点工作。

三、突出抓好自然生态环境保护重点工作

2015年是“十二五”收官和筹划“十三五”的关键之年，是全面深化改革关键之年，也是新环保法实施起步之年。新的一年，生态环保工作面临的压力将会更大、肩负的任务将会更重、社会各方面的期待将会更高，对此，各级各部门必须有充分的思想准备和清醒的思想认识。当前，党中央、国务院和湖南省委省政府对生态文明建设的重视前所未有，特别是党的十八届三中全会对推进生态文明机制体制改革提出了明确的路线图、任务书和时间表，各地要把握机遇，乘势而上，突出抓好自然生态环境保护重点工作。

一是全力抓好生态文明示范创建的提档升级。环保部印发了《环境保护部关于全面推进生态文明建设示范区创建工作有关事项的通知》，明确2015年为生态创建工作的过渡期，过渡期内环保部不再受理国家级生态市县的申报。目前正在创建国家级生态市县的地区，如果自查达到国家标准，可由省厅开展技术评估和考核验收，通过后由省厅行文确认达到国家生态市县标准，命名为省级生态文明建设示范区。2015年不再设置过渡期，直接开展生态文明示范区创建。国家级生态乡镇2015年为最后一年申报，如各地有满足国家标准要求的乡镇，请大家抓紧时间申报。2015年开

始编制的生态乡镇规划，按照《国家生态文明建设示范村镇指标（试行）》的标准执行。省级生态乡镇也将于2016年提档升级为生态文明建设示范乡镇。在省级生态文明建设示范区指标出台前，湖南省将参照国家生态市、生态县、生态乡镇指标，开展有关评估考核工作，如达到国家标准的即可视为达到省级生态文明建设示范区要求。根据《关于开展首届中国生态文明奖推荐工作的函》相关精神，湖南省也将在每年评选省级生态文明奖，包括先进集体和先进个人。每年湖南省还将评选十个生态文明创建先进案例。各市（州）可结合本地实际，抓好生态文明建设示范区提档升级，加强监督检查和动态管理，不断提升生态文明建设示范区的质量。

二是开展生态红线制度改革建设试点工作。划定生态保护红线是习近平总书记提出的要求和《中华人民共和国环境保护法》的明确规定。省级环保部门会同有关部门印发了《湖南省生态红线制度建设改革试点实施方案》，郴州市要抓紧组织试点的资兴市、汝城县、宜章县和桂东县开展生态保护红线划定工作，在切实抓好生态红线试点工作的基础上，适时启动全省生态红线的划定工作。

三是切实加强自然保护区的综合监督。按照《中华人民共和国环境保护法》和国务院办公厅《关于加强环境监管执法的通知》的要求，组织开展专项执法检查是2015年自然保护区管理工作的重中之重。特别是针对保护区内的矿产资源开发和旅游设施建设，省级环保部门将按照2015年新修订的《中华人民共和国环境保护法》“实施年”的统一部署，会同相关部门开展专项检查，结果向社会公布，接受舆论监督，形成高压态势，把守法变成常态。

四是进一步加强生态类建设项目环境监管。环境敏感区域是湖南省的重要生态屏障，务必进一步加大保护力度。要按照《自然保护区条例》《风景名胜区条例》等法律法规相关要求，严格管理“两区三园”内建设项目，坚决禁止在自然保护的核心区和缓冲区内建设项目，严格控制风景名胜区、森林公园、湿地公园和地质公园核心景区内的建设项目。依照“依法依规、简政放权、提高效率、严格监管”的原则，湖南省环保厅将进一步下放审批事项，转变职能，重点加大对各级审批的生态类建设项目的环境监察力度。

目前湖南省风电场建设处于快速发展阶段，但是风电项目对生态环境的扰动较大，一旦建设期环保措施落实不到位，就可能引发或诱发泥石流等地质灾害和生态破坏。如华容桃花山、新化大熊山、桂阳天塘山、临武三十六湾等地均有老百姓投诉。省级环保部门深入现场监察，发现一些风电场在建设过程中确实存在野蛮施工导致生态破坏情况。对于风电场建设工程，一是要依法依规严格项目环评管理，从严把好环评关，环境敏感区内原则上不得建设风电项目；二是省市县应切实加强风电项目建设期的监督管理，开展建设期的环境监理，并将环境监理报告作为项目竣工验收的重要依据。

五是开展土壤污染防治相关工作。2015 年将先行启动常德石门雄黄矿区土壤污染综合防治工作。常德市作为土壤污染防治示范市，应启动区域内土壤污染状况详查，为区域内土壤污染防治工作科学决策、有效防治提供重要依据和坚实基础。对于已初步列入国家《土壤环境保护和污染治理行动计划》的长沙县春华镇农药污染农田土壤治理工程等 12 个重点项目，尽快启动前期工作，编制实施方案，国家正式批准后迅速实施。

六是实施洞庭湖生态经济区环保专项规划。《洞庭湖生态经济区规划》已于 2014 年 4 月获得国务院批复，省级同步编制完成《洞庭湖生态经济区环境保护专项规划》，从主要污染物排放总量控制、环境治理、环境质量、生态保护等 4 个方面，提出 18 项规划指标、15 项重点工程，估算总投资 486 亿元。

（2015 年 7 月）

南山国家公园试点成效显著
“十四五”努力建设人与自然和谐共生的共同家园

自然保护地是生态建设的核心载体，国家公园是全国自然生态系统中最重要、自然景观最独特、自然遗产最精华、生物多样性最富集的部分。创建国家公园，建立以国家公园为主体的自然保护地体系，是践行习近平生态文明思想的重大举措。2019 年 8 月 19 日，习近平总书记在给第一届国家公园论坛的贺信中指出，这是中国推进自然生态保护、建设美丽中国、促进人与自然和谐共生的一项重要举措。2015 年以来，全国开展了十个国家公园体制试点，湖南省南山国家公园（体制试点区）位列其中。

南山国家公园体制试点区域地处候鸟迁徙通道东亚 - 澳大利亚路线上，涵盖了全国中南部山地生态全部类型；区域内先后设立了湖南两江峡谷国家森林公园、南山国家级风景名胜区、湖南白云湖国家湿地公园、湖南金童山国家级自然保护区等四个国家级自然保护地，现有国家一级保护动物 9 种、二级 68 种，国家一级保护植物 4 种、二级 73 种；是全国南方地区重要生态屏障、长江和珠江流域重要水源涵养地，在保护生物多样性、保存自然遗产、维护生态安全等方面发挥着重要作用。

一、南山国家公园试点的工作进展及成效

2016 年 7 月 22 日，国家正式批复南山国家公园体制试点实施方案以来，湖南省委、省政府高度重视、高位推动，成立了湖南省建立国家公园体制试点领导小组，各级各有关部门积极作为、通力协作，取得的工作进展及成效集中体现在三方面。

一是体制创新有亮点，集中行政授权、多级联动综合执法、集体林

“三权分置”等多项改革走在全国前列。湖南省政府印发《湖南南山国家公园管理局行政权力清单》，邵阳市政府出台《南山国家公园总体规划2018—2025年》和《南山国家公园管理办法》，破解部门、地方利益与行政体制的分割，初步建立统一规范的管理体制。南山国家公园管理局会同城步县政府成立联合执法小组，由管理局统一行使行政执法，实现了协调联动高效运行。通过公益林划拨、经营权租赁流转、提高公益林补偿标准和协议保护等方式，完成了试点区集体林地统一管理的，充分保障权益人的合法权益。

二是资源保护有力度，严格巡护管理、严格产业准入、严格生态修复，实现自然植被覆盖率有效提升、物种数量明显增多、主要保护物种种群维持稳定。按照“分片分区、包干定责、轮班值守”原则严格日常巡护，持续开展“绿盾”自然保护地强化监督，扎实推进重点生态环境问题整治，严厉打击危害野生动植物违法犯罪行为，签订《关于加强湘桂边界生态环境保护的战略合作框架协议》建立跨区域协管机制。完成自然资源确权登记，编制产业准入负面清单稳妥推进矿业、风电、小水电等产业退出。通过退出采矿权、退牧、退出网箱养鱼等方式实现自然生态恢复面积819. 13公顷，采取边坡修复、草山修复、野生动物生境廊道等必要的措施实现人工辅助生态修复面积138. 85公顷，区域自然植被覆盖率由90. 6%提升至92. 3%。

三是生态为民有成效，通过生态产业、生态补偿、社区共建等方式，统筹少数民族原住居民全面发展与资源环境承载能力的关系，实现区域内25个贫困村全部脱贫。扶持乳业、楠竹、特色林果业等主导产业，让贫困户成为生态产业的生产者、经营者；实施生态补偿扶贫工程，湖南省政府专门出台《关于建立湖南南山国家公园体制试点区生态补偿机制的实施意见》，建立以省级政府为主导的生态补偿体系，区域内的贫困户均享受了生态公益林补助；实施生态搬迁工程，完成核心区原住居民207户940人生态搬迁；设立南山国家公园生态保护基金，开展志愿服务；打造南山片区特色小镇，实行与社区共建共管。

二、让南山国家公园成为人与自然和谐共生的生态精神家园

南山国家公园体制试点成效的取得，根本在于习近平生态文明思想的科学指引，在于各级党委政府着力推动习近平总书记对湖南重要讲话重要指示批示精神的落地落实。“十四五”时期，湖南省正在把建设好南山国家公园作为深入贯彻落实习近平生态文明思想的实践路径，作为全面落实“三高四新”战略定位和使命任务，建设现代化新湖南的重要内容，以生态环境高水平保护推动高质量发展、创造高品质生活，让南山国家公园成为人与自然和谐共生的生态精神家园、绿色发展典范和生态安全屏障。

生态兴则文明兴，做国家公园生态精神的积极倡导者。建设国家公园是全社会共同参与、共同建设、共同享有的事业，要牢固树立尊重自然、顺应自然、保护自然的生态文明理念，建立健全以生态价值观念为准则的生态文化体系，心怀“国之大者”，把建设国家公园转化为每一个人的自觉行动。充分发挥南山国家公园“中国西南山地与南岭山系之间的关键生态走廊，中国南方重要水源涵养地和生态屏障，中国丹霞典型代表和民族精神文化传承地”的核心价值，坚持现代文明与传统文化相结合、民族特色与生态优势相结合，凝聚保护合力，构建生命共同体，让当代人享受到大自然的馈赠和天蓝地绿水净、鸟语花香的美好家园，深切感受到“万物并育而不相害，道并行而不相悖”“美美与共，天人合一”的美好意境，共创生态文明精神家园。

绿水青山就是金山银山，做国家公园绿色发展的科学建设者。保护生态环境就是保护生产力，改善生态环境就是发展生产力。必须完整、准确、全面贯彻新发展理念，加快形成绿色发展方式和生活方式，坚定不移走生产发展、生活富裕、生态良好的文明发展道路。要建立健全南山国家公园生态产品价值实现机制，提炼和凝聚“南山品牌”，全面实行自然资源有偿使用制度，将生态产品所蕴含的内在价值转化为经济效益、社会效益和生态效益。要科学评估自然资源资产价值和资源利用的生态风险，制定建设项目负面清单，规范利用行为，发展以生态产业化和产业生态化为主体的生态经济体系。要建立多元化资金保障机制，发挥南山国家公园生态保护基金作用，发挥政府在规划、建设、管理、监督、保护和投入等方

面的主体作用，建立健全多方参与建设的长效机制。要落实以人民为中心的发展思想，将国家公园建设与乡村振兴相结合，与居民转岗就业、提高素质相结合，与居民增收、改善生产生活条件相结合，持续完善基础设施条件，打造南方少数民族聚居地社区发展与生态系统保护互助共赢的样板。

人不负青山，青山定不负人，做国家公园生态安全的坚定守护者。南山国家公园体制试点区拥有壮美的自然景观和丰富的资源禀赋，涵盖了森林、湿地、草原三大典型生态系统类型，是“山水林田湖草”生命共同体的典型代表，也是全国南方极为重要的生态屏障和生态功能区，必须对其自然生态系统的原真性、完整性实行最严格的保护。要持续加强领导，严格落实生态环境保护党政同责、一岗双责，形成同频共振、协同发力、共同推进的部门齐抓共管工作格局，构建统一规范高效的国家公园体制新模式。要严密法治制度，坚持用最严格的法律和制度保护生态环境，推动“一地一法”，构建产权清晰、多元参与、激励约束并重、系统完整的生态文明制度体系，及时推进南山国家公园总体规划修编工作，妥善解决历史遗留问题。要统筹保护修复，推进山水林田湖草沙一体化保护和修复，提升生态系统质量和稳定性，力争把南山国家公园建成南方低山丘陵自然生态系统保护的样板、南方景观破碎化山地中具有重要保护价值的原生残余斑块保育修复的样板。要强化监督管理，推动建立“天空地一体化”监测网络体系，对典型生态系统、珍稀动植物和人类活动开展生态环境监测，对管理和保护成效进行科学评估；将评价考核结果纳入生态文明建设目标评价考核体系；严格执法监督，定期开展“绿盾”自然保护地监督检查专项行动，强化地方政府和管理机构的主体责任。

（2019 年）

专题五

环境监测执法监察

湖南省环境监测工作再上新台阶须突出重点

环境监测是环境保护工作的重要基础，是环境立法、环境规划和环境决策的依据。环境监测是环境管理的重要手段之一。它可以评估环境质量、预警污染风险、监督环境治理等，为环境保护工作提供科学依据和技术支撑。近年来，湖南省各级各部门高度重视环境监测工作，不断加强环境监测能力建设、污染减排“三大体系”建设，取得了明显成效。全国环境监测工作现场会在湖南省的召开，为湖南省推动环境监测工作再上新台阶提供了新机遇，湖南省应该抢抓机遇、趁势而上，突出重点、加快推进。

一是抓监测业务的拓展。积极探索和不断改进常规监测的方式方法，不断完善环境质量监测的范围、种类和指标，客观评价本地的环境质量状况。开展土壤环境质量监测，各市（州）从土壤普查监测点中至少选择5个有代表性的监测点位，每年开展一次监测。开展农村环境质量监测试点，各市（州）至少要选择1个村庄，开展农村饮用水水源、空气、土壤等环境要素的监测。进一步加强生态环境质量监测，不断提高生态环境评价报告的质量，准确反映生态环境质量状况。加强湘江流域联动监测，长株潭空气质量联动监测，加强洞庭湖水环境区域监测，以及湘西“锰三角”地区环境监测。选择部分城市启动对灰霾、臭氧、温室气体、持久性有机污染物等的专项监测工作。

二是认真开展污染源监督性监测。把涉重金属企业、城镇污水处理厂作为环保监督管理的重点，拟定专项监测工作方案，推进减排监测体系考核的建立。

三是针对污染事故频繁发生的状况，增强应急监测能力，加强组织领导，制定有针对性的应急监测预案，改进完善湖南省应急监测工作的网络机构设置、职责分工、管理制度、报告制度和工作制度，做好应急监测物资、设备、技术和人员的储备。

四是加大环境监测能力建设投入。抓好监测能力建设三年行动计划的实施，加快监测站装备现代化建设步伐，在体现地域特色、能力梯度的基础上，重点装备有机监测、重金属监测、生物监测等大型仪器，重点推进县级环境监测能力标准化建设。加强自动监测系统建设，重点建设湘江 13 个水质自动监测站，开展全流域联动监测。加强环境监测质量管理，不断改进和完善质量体系，规范监测工作程序，提高监测数据的质量和水平。

五是加强监测机构队伍建设。以新一轮政府机构改革为契机，健全监测管理机构，充实配足工作人员，理顺工作职责。继续做好人员培训工作，启动新一轮环境监测三年培训计划，积极争取财政安排专项经费。举办第四届湖南省环境监测技术比武，认真组织选拔湖南省环境监测技术骨干参加全国环境监测大比武活动。

（2010 年 4 月 28 日）

“十二五”湖南省环境监测工作开局良好

2011年是“十二五”开局之年，良好的开端是成功的一半。按照环保部的统一部署和年度环境监测重点工作任务，湖南省环境监测系统认真谋划、积极推进，各项工作有序开展，实现了开好局、起好步的工作目标。

一、积极推动环境质量监测

一是组织开展了湖南省“十二五”环境质量监测点位调整工作。制定并下发了《“十二五”期间湖南省环境质量监测点位设置方案》，调整后的点位进一步强化了环境监测点位的代表性，增强了环境监测点位的覆盖面，力求全面客观反映环境质量状况。调整后的地表水省控断面109个、新增12个，饮用水水源地监测断面31个、新增1个，城市环境空气点位78个、新增10个。各地按照调整后的点位认真部署做好常规监测工作。二是组织开展了省级和市（州）“十二五”环境监测规划编制工作。规划文本全部按要求提交审查通过，规划的制定为“十二五”环境监测事业发展奠定了良好的基础。三是积极开展环境质量监测数据的分析及趋势变化研究，组织开展了“一一五”优秀环境质量报告书评选活动，首次将县级环境质量报告书参加评奖，湖南省收到参评报告书29份，评选出优秀报告书12份，进一步提高了市县环境质量综合分析水平。四是加强环境监测数据成果的运用和信息公开。开展环境质量分析和会商，按时按要求完成了湖南省环境监测统计报表的审核、汇总和上报工作，印发了《湖南省“十一五”环境质量报告书》，编制了“2010年省环境质量公报”。五是认真开展国家重点生态功能区建设县域生态环境质量考核工作。这项工作涉及湖南省7个市（州）、24个县（市、区），会同财政厅共同印发了国家关于县域生态环境质量考核的通知，召开了相关县（市、区）专题工作会，传达文件精神，布置工作任务，开展了考核工作培训，对24个县（市、区）报送的自查报告和监测数据进行审核和整理，按期汇总上报。六是组织长沙市按照国家要求开展环境空气质量评价试点监测工作。力求达到空气评价结果与公众感官一致，改变以往仅监测3个因子，按要求对10项指标开展监测，为今后全面说清环境质量状况提供技术支持。

二、完成污染减排监测工作

一是针对减排工作要求，落实了监测方案，下发了2011年度湖南省减排监测体系建设及运行计划，尤其是针对氨氮和氮氧化物的排污监测，明确了科学合理的监测方法，指导各地认真实施。针对畜禽养殖企业、机动车的排污监测，提出了相应要求。二是抓好重点污染源监督性监测。承担国控、省控重点污染源监督性监测的市州环保局和监测站，认真按照国家技术规范完成了2011年前3个季度的重点污染源监督性监测，对监测过程中发现的企业超标排污问题，及时报送有关部门查处。三是加强重点污染源自动监控装置有效性审核比对监测。下发了《关于加强国家重点监控企业污染源自动监测数据有效性审核工作的通知》，全面部署2011年的有效性审核工作。认真履行对自动监控设备正常运行各有关方面的监督职责，凡是通过正式验收的重点污染源自动监控系统，及时开展监测数据比对和有效性审核工作。组织印刷了有效性审核合格标志，对通过有效性审核的设施全面张贴合格标志。

三、强化重点污染源监督性监测

一是认真抓好国控重点污染源监测。按照新确定的国控重点企业，落实监测方案，实现有效监督。湖南省环境监测中心站按要求完成了省管电厂的监督性监测工作、20%比例的质控抽查及季度报告的编制和上报工作，并按规定将每季度超标排放企业抄送总队。二是加强执法性监测。加强监测监察执法联动，共出动39次，对83家企业进行了核查监测，并编制了“污染源监测快报”。三是加强污水处理厂排放监测。制定了《湖南省城镇污水处理厂监测方案》，按照监测方案落实监测，形成对污水处理厂治理工作的有效监督。

四、抓好自动在线监控管理

召开湖南省在线监控和运营管理工作会议，进行了全面部署。为保障对自动监控设施监管的延续性和对新增国控源的在线监控，促进湖南省污染源自动监控系统现场端建设与规范化运行，组织下发了《关于核定〈2011 年湖南省自动监控重点企业名单〉的通知》，对 2011 年重点监控企业进行核定；针对环保部 2010 年在线设施专项检查工作中提出的问题，认真抓好整改，对株洲市部分在线设施不能正常运行的情况，监测处和总队联合进行现场督办，要求企业 2 个月内整改到位，目前有 13 套已经承诺更新和维修。对省管电厂在线数据，要督促省站成立专门科室进行值守，确保省管电厂数据实时监管到位，并编制电厂在线数据周报，报省环境监察总队实现监管。

五、推进环境质量管理行动

一是继续抓好《湖南省环境监测质量管理三年行动计划（2009—2011 年)》的实施。制定并印发了《〈湖南省环境监测质量管理三年行动计划〉2011 年实施细则》和《关于对环境监测质量管理三年行动计划（2009—2011 年）实施效果进行总结考评的通知》，明确环境监测质量管理方向，对全年工作做出了相应安排。重点对 6 个市（州）进行了现场检查，同时对 10 年检查完毕的 8 个市辖区内的部分县（市、区）的质量管理工作开展抽查，针对质量管理中的薄弱环节和突出问题，细化各项措施落实，督促抓好整改。二是继续强化监测站资质审查和上岗考核。修改完善了相应的管理办法，改进考核方式。下达了湖南省 2011 年持证上岗现场考核计划表，组织制定了《湖南省环境监测人员持证上岗考核实施细则》。理论考试采取湖南省统一命题、同步笔试、统一评分的方式进行，原则上采用闭卷形式，计划于 11 月初开展湖南省统一的理论考试。操作考核方面，各省辖市均能按照考核实施细则组织和开展辖区内的上岗操作考核工作。三是强力推进计量认证工作。下达了湖南省《2011 年计量认证复评审/监督评审计划》，计划对 19 个单位开展复评审。积极组织湖南省监测机构开展和参加能力验证活动。为提高本省环境监测工作的质量，确保湖南省“十二五”减排指标氨氮项目监测数据的准确性，组织湖南省14个市（州）监测站参加了环保部标准样品研究所“水中氨氮检测”的能力验证计划项目。

六、开展环境监测培训

一是组织开展了迎“七一”环境监测知识学习月暨网络竞赛活动。湖南省2640人踊跃参加网络答题，竞赛活动吸引了社会各界人士的广泛参与，参赛人员包括环境监测人员、管理人员、科研人员、教师、在校学生及其他社会人员，年龄最高的70岁、最小的18岁。活动评选出优秀组织单位3个、优胜个人70人。这次活动结合庆祝建党90周年，进一步促进学习型组织建设，省、市、县三级环境监测人员学习和参赛率高，取得了良好效果。二是组织开展了重点监控企业污染源自动监测数据有效性审核行政管理人员培训，14个市（州）和省站、省环保厅信息中心相关人员共50人参加培训。针对2010年企业有效性培训调训率偏低的问题，下发了《关于组织国控企业参加2011年污染源自动监测数据有效性审核培训的通知》，已分批组织企业人员进行培训，提高企业自动监控装置的管理水平。三是组织举办了湖南省环境监测系统恶臭监测技术培训，聘请天津市环境监测中心有关专家来湖南省培训授课和现场考核。对于湖南省开展恶臭监测工作起到了很好促进作用。

七、组织环境应急监测演练

按照环保部的统一部署，湖南省开展了环境应急监测演练系列活动。这次演练活动专业性强、任务重、涉及部门多，湖南省统筹安排，把演练活动纳入2011年监测人员培训、技术练兵的一项重要内容，先后多次召开专题研究会议，协调演练整体工作，部署任务、落实责任。2011年8月16日，成功举行了环境应急监测演练活动，多家媒体对演练活动进行了采访报道。

八、加强环境监测能力建设

一是做好环境监测能力建设项目的申报和实施。按照有关要求拟定好项目申报文件，争取国家关于监测能力标准化建设和新增污染物自动在线能力建设资金，同时省财政投入920万元加强县级监测能力建设。二是对近两年配备的仪器设备，开展在用情况检查，督促落实监测技术人员，开展操作培训，尽快发挥应有的效用。针对目前湖南省监测站设备配备情况，重点加强在用设备的检测项目开发，联合仪器生产企业开展县级监测人员技术培训，有关培训计划已经拟定。三是抓好自动监测网络建设。在湘江流域13个水质自动监测站建设全面推进的基础上，又争取资金在资江、沅江、澧水新增了7个水质自动监测站，覆盖了湖南省主要重点水系。召开水质自动监测站建设工作会议，定期调度建设进展情况，力争2012年2月能够顺利投入运行。四是积极推动环境监测站达标工作。按照年度工作要求，督促各市（州）落实了县（市、区）监测站标准化建设达标计划，指导市（州）县监测站开展达标建设。

（2011年）

湖南省环境应急监测演练活动的经验弥足珍贵

按照环保部的统一部署，2011 年 8 月 16 日，湖南省环保厅举办了环境应急监测演练活动。领导高度重视，部门通力合作，前期准备充分，省站主动有为，整个演练活动指挥有序、行动协调、监测准确、信息畅通，取得了圆满成功。

一、演练活动顺利开展

一是领导高度重视。5 月份环保部相关文件下达后，湖南省环保厅立即着手各项前期准备工作，成立了指导小组、指导小组办公室、宣传组、技术顾问组等工作小组负责具体任务。6 月初，各项筹备工作全面铺开。我先后 7 次主持召开专题研究会议，协调演练整体工作，部署任务，落实责任。各参演单位都高度重视，抽调精干人员、落实物资装备、克服困难确保演练成功。二是部门通力合作。这次演练活动专业性强、任务重、涉及部门多，参与单位和部门包括湖南省环保厅环境应急与事故调查中心、环境监测处、法制宣传处等相关处室、省环境监测中心站、省宣教中心等直属单位，以及各市（州）环保局、监测站。各单位都高度负责、各司其职、通力协作，为演练活动献计献策，确保了演练工作的全面完成。环境监测处积极组织本次演练工作，协调各部门职责、分工，主持召开演练协调会议；湖南省环境应急与事故调查中心主任全程参与整个演练活动，从方案设计、各项筹备会议到实施演练；法制宣传处全面负责整个演练活动的宣传工作，7 家媒体采访了演练活动，我还接受了湖南卫视、湖南经视等媒体的采访，扩大了演练影响，宣传了应急监测知识；省环境监测中心站把演练作为阶段性的重点工作来抓，集中人力、物力、财力和时间，全力以赴做好方案编制、技术装备、组织协调、后勤保障等各项准备和实施工作；省宣教中心安排了8名专业人员和导播车等先进设备，很好地完成了演练的拍摄、导播和制作工作。三是前期准备充分。省级统筹安排，把演练活动纳入2011年整个监测人员培训、技术练兵的一项重要内容，上半年做好各项技术准备，使应急演练成为活动的高潮。6月份全面开展了湖南省迎“七一”环境监测知识学习月暨网络竞赛活动，重点学习了《突发环境事件应急监测技术规范》等理论知识；7月全面完成了场景设计、方案编制和技术讨论等的各项准备工作，省站举办了应急监测仪器使用操作培训班。四是省环境监测中心站主动有为。既要保证现场程序到位、职责分明、监测得力，又要保证现场和指挥中心互动、信息即时传输，演练的实战性、指导性和示范性，同时还要保证监测数据的准确性、监测报告的可用性，在整个演练过程中省监测中心站发挥着重要作用，通过精心组织、科学安排，做了大量艰苦细致的工作。

二、演练活动的主要成效和经验

这次演练，进一步提高了湖南省环境应急监测的整体素质，加强了采样和分析技术装备配置，完善了应急监测处置的组织运作程序和科学的处理方案，为今后处置环境突发事件打下了良好的基础。

一是检验了各级应急监测预案，基本形成了一套环境应急监测工作机制。湖南省环保厅相关的各部门、湖南省环境监测中心站通过这次演练全方位、全过程地沟通、协调、整合，初步形成了省厅领导、相关部门协作、环境监测处统一组织协调、环境监测中心站为主体的环境应急监测工作机制，进一步完善了环境应急监测工作程序和指挥体系，也进一步提高了环保部门应对突发性环境污染事故的应急处置管理能力。二是锻炼了环境应急监测队伍。这次演练，全过程模拟了一次典型的突发性化学环境污染事故应急监测的方法和程序。通过演练，环境监测队伍的战斗力得到了很大提高，人员素质得到全面提升，极大地锻炼了以环境监测为主体的环境应急监测队伍，并对这支队伍的规范化、现代化建设起到了有效的推动作用。三是提高了应急监测能力。这次演练，是综合运用当代各种便携式快速分析仪、实验室大型仪器、信息传输等高科技手段开展的一次实战性演练，实际检验了进行突发性环境污染事故快速分析装备的现代化水平，又一次丰富了应急队伍开展应急监测的实际经验，提高了环境应急监测队伍的快速反应能力、协调联动能力和临场实战能力。四是体现了环境应急监测队伍的精神风貌。这次演练中，各参演单位都高度重视，精心组织、认真参演，以实战要求展示了湖南省环境应急队伍的应急监测处理能力。

纵观整个演练活动，湖南省认真完成了环保部工作方案对演练活动的要求，同时结合湖南省实际情况，体现出鲜明的特色。一是理念先进。整个演练活动，始终从锻炼队伍、提高素质的角度出发，不是为演练而演练，而是从实战出发，把本次演练当作再学习再提高的过程。也不同于一般的演习，而是通过不断演、反复练，达到锻炼环境应急监测队伍，提高应急监测能力的目的。二是理论先行。为了确保整个演练活动达到预期的效果，组织开展了湖南省迎“七一”环境监测知识学习月暨网络竞赛活动，把《突发环境事件应急监测技术规范》作为知识学习月的三本重要读本之一，要求各级环境监测系统全面组织宣贯学习，提高应急监测理论知识水平。三是演学结合。将演练与学习相结合。演练当天，湖南省14个市（州）分管环境监测的局领导和环境监测站站长参加启动仪式并全程观摩。启动仪式开始前观看了应急监测演示专题片，深化了对演练过程的认识。四是远近结合。整个演练活动，既考虑了按质按量完成国家统一部署的应急监测演习任务，也结合湖南省工业布局、环境风险隐患的特点，从当前和长远的角度考虑，决定长株潭三市先期开展，积累经验，下一步其他市（州）结合自身实际开展演练。五是上下互动。本次演练活动，不仅考虑检验和锻炼省级环境应急监测能力，还有湘潭、长沙两市配合演练，在职责分工、协调配合上摸索经验，达到了很好的演练效果。湖南省整个演练活动的第三阶段还要求采取市演练县观摩、县演练市指导，做到演练活动全覆盖、全参与。

三、需要改进和提升的方面

本次演练也暴露出工作中的不足。应急状态下熟练程度不够、灵活性有待进一步加强；监测仪器装备还不能完全适应应急需要，缺少监测采样船，尤其是地市普遍缺乏应急监测仪器；应急监测物资的准备没有完全到位；采样所使用的采样器分流装置，体积略小且分流速度较慢，还需进一步提高应急状态下采水设备的自动化、科学化程度。

（2011 年 8 月 24 日）

抓好监测培训 提高人员素质 提升工作水平

环境监测是环保工作的重要技术支撑，环境监测站是环保系统人才和技术最为密集的单位。2012 年，湖南省环境监测系统以能力建设为抓手、以机构升格为动力、以技术比武以载体、以平台建设为契机，在装备能力、机构发展、人才队伍、技术水平等方面得到了全方位的发展。

一、县级监测站能力建设“三年行动计划”顺利完成

县级监测站是监测系统的基础，也是监测能力最薄弱的环节，仪器设备存在较大的缺口。在环保部的大力支持下，湖南省积极争取各种专项资金用于县级监测站能力建设。能力建设“三年行动计划”实施后，几乎所有的县级监测站都添置了几十万到上百万的仪器设备，部分县级站还获得了业务用房改造资金，装备水平发生了很大变化，基本能满足常规监测工作的需求，许多监测站以往不能做的监测项目陆续开展起来，环境质量监测和污染源监测工作的覆盖范围正在逐步扩展，制约基层监测站深入发展的瓶颈之一得到突破。

二、市（州）监测站机构升格取得重大突破

机构升格是监测站可持续发展的重要组织保障。湖南省、市两级监测站的升格工作一直走在全国前列。早在 20 世纪 90 年代后期，长沙市环境监测中心站就已经升格为副处级。“十二五”时期伊始，湖南省将市级监测站机构升格工作提到了更重要的议程，作为一项中心工作来抓。在省、市两级环保部门的全力推动下，通过统一思想和步调，多次向省编办、地

方党委和政府汇报，升格工作取得了明显的进展。截至目前，14 个市（州）监测站（中心）已有 11 个完成机构升格。剩下的 3 个正与省编办积极衔接，有望顺利完成，实现市（州）检测站机构升格全覆盖。

三、标准化建设达标验收工作取得积极进展

2012 年，是湖南省环境监测系统标准化建设喜获丰收、成效明显的一年。一是省环境监测中心站一级站标准化建设，于 11 月中旬顺利通过环保部的验收，成为全国环境监测系统第 5 家通过一级站验收的省级站，也是新标准实施以来的第一家，表明省站的硬件和软件水平都步入全国环境监测系统前列。为此，环保部 2013 年将从减排资金中列支 100 万元作为能力建设资金奖励省站。二是市级站和县级站的达标验收取得积极进展。2012 年，各级环境监测站标准化建设列入了湖南省十大环保工程，并将环境监测站标准化建设验收工作纳入湖南省政府对市、县政府工作目标绩效考核体系，从而加快了各级监测站标准建设的步伐。截至目前，湖南省已经有 5 家市级环境监测站通过二级站验收，三分之一的县级站通过三级站验收，有望 2014 年年底前完成湖南省环境监测站的整体达标验收，提前一年完成国家规定的达标验收任务。

四、省站“大贯标”活动知识竞赛圆满落幕

湖南省一直将技术比武、知识竞赛作为人员培训的重要载体，于 2010 年和 2011 年先后举办了湖南省环境监测专业技术大比武和环境应急监测演练活动。按照 2012 年全国环境监测现场会议精神，湖南省第一时间启动了湖南省环境监测系统“大贯标”活动。活动开展以来，湖南省各级环保部门积极响应，环境监测专业技术人员以高昂的斗志、严谨的作风投入此次活动中，通过采取集中培训和分散培训相结合的方式，开展了多种形式的学习活动，掀起了一轮学习环境监测标准和技术规范的高潮。为集中检阅“大贯标”活动的学习成效，2012 年 12 月初，湖南省举办了环境监测系统“大贯标”活动知识竞赛，通过笔试和现场抢答等比赛，营造了深入学习环境监测专业技术的良好氛围，有力激发了湖南省环境监测人员的工作热情，发掘了一大批优秀人才。

五、省站成功申报国家环境保护重金属监测重点实验室

历时两年的精心筹备和积极申报，依托湖南省环境监测中心站建设的国家环境保护重金属污染监测重点实验室于2012年9月中旬正式得到环保部批复。该实验室是全国环境监测系统批准建设的第四家国家环境保护重点实验室，也是湖南省环境保护领域第一家重点实验室，表明省站在重金属监测领域做出的成绩得到了国家层面的肯定和支持，在湖南省环境监测事业发展史上具有里程碑意义。依托这一高水平平台的建设，湖南省环境监测系统将以重金属监测科研为发展重点和突破口，深入钻研监测技术，打造一支高水平的科技创新团队，为国家重金属污染防治与管理提供技术支持与决策支撑。

上述成绩的取得，与湖南省积极开展环境监测培训密不可分。湖南属中部地区，工作基础较为薄弱，人才队伍素质亟待提高，做好培训工作是促进环境监测工作转型发展、提升环境监测系统整体技能和业务水平的重要途径。在环保部的正确领导下，湖南省环保厅创新培训理念，在湖南省环境监测系统开展了一系列培训工作，取得了明显成效。具体做法是：

（一）统一思想，明确目标，健全培训体系

环境监测是一项多学科、多技术且更新较快的复杂工作，做好这项工作队伍素质最为关键。近几年来，湖南省按照环保部的部署要求，把培训工作作为提高队伍素质的根本措施来抓，不断增强做好培训工作的自觉性、主动性和责任感。

一是提高思想认识。近年来，湖南省不断加强环境监测工作，加大对环境监测的支持力度，监测仪器装备水平明显改善，监测基础能力有了大幅提升。但是，人员素质跟不上、大量设备闲置问题仍十分突出，人员培训成为当务之急。同时，近几年来，各级环保部门大力引进专业技术人员，先后调入人员近600人。尽管各地都注重把好人员进入关，人员的文化水平、理论水平较以前有所提高，但是这些人员的上岗培训、实际操作培训任务艰巨。此外，环保工作的深入开展对环境监测提出了更高的要求，监测领域不断扩大，监测项目明显增多，监测技术不断发展，新标

准、新方法不断应用，对监测工作的要求不断提高。迫切需要监测人员改善知识结构，提高业务水平。在对上述情况进行深入分析的基础上，还清醒地意识到，要努力实现“三个说清”，推进环境监测事业跨越发展，建立一支高素质的监测队伍，必须把教育培训工作置于队伍建设的基础性、先导性地位。湖南省明确提出了“技术立站、人才兴站、管理强站”的发展口号，把人才培养摆在更加突出的位置。

二是明确目标任务。针对湖南省环境监测工作急需解决的热点和难点问题，以夯实县级站技术基础，做强市（州）监测站技术能力为思路，积极谋划，通盘考虑各级监测站的培训。结合业务工作和人才队伍建设的需求，湖南省分别制定了长远规划和近期规划。“十一五”期间，编制实施了《湖南省环境监测人员 2007—2009 年培训计划》，3 年办培训班 248 期，培训或送出去培训 3800 人次。将湖南省市、县一级的监测技术人员进行了一次系统的轮训，实现了各级监测站和业务工作的培训全覆盖。之后，又启动了 2010—2012 年新一轮三年培训计划，确立了新的培训工作目标。到目前为止，湖南省举办培训班 212 期，培训 3100 人次。确定以监测站标准化建设为抓手，以全面完成各项常规、应急和专项监测任务为目标，按照“县有能力、市有重点、省有特色”的监测工作总体思路，重点抓好县市级人员培训，形成监测能力。在总的计划指导下，各级环保部门、监测站把抓好监测培训作为年度监测工作的重要任务，切实加强对这项工作的组织领导。每年年初，在制定湖南省环境监测工作方案和工作要点时，下发培训计划，将培训作为一项重要内容纳入年度工作总体规划。同时，省厅将监测培训列入湖南省环保系统年度目标责任考核的重要内容，作为评先的重要依据之一，年终严格考核。强化督导落实，在湖南省形成了浓厚的培训学习氛围。结合年度培训计划，将培训后需达到的目标写入年底市（州）目标责任考核任务中，明确每个参训的市（州）监测站通过培训必须形成培训项目的监测能力，年底统一实行考核。

三是构建培训体系。按照综合性、系统性、针对性、实效性等要求，结合监测人员队伍建设实际，积极探索，大胆实践，建立并落实了湖南省环境监测分级培训体系、培训教材和师资培养体系、人员考核体系等管理制度。

四是培训工作常态化。湘潭市环境监测站坚持每周一次业务培训，指定专题，由站内技术骨干轮流讲课，学完以后考试，对取得前三名的同志进行奖励，调动大家的学习积极性。同时，坚持岗位轮训，年轻同志首先到分析室工作，至少熟悉1—2个分析项目，通过多岗位锻炼达到提高人员综合素质的目的。通过选拔技术带头人、技术标兵和岗位能手，在日常的环境监测工作发挥积极带头作用。创新人才轮岗轮训机制，建立课题研发机制，储备监测领军人才。

（二）按需培训，分类施教，增强培训的针对性

环境监测技术和管理的不断发展决定了培训工作需要紧跟监测工作发展的步伐，不断推陈出新。在开展培训的过程中，湖南省十分注重结合监测工作的实际需求，促进培训工作全覆盖。

一是坚持分级分类培训。根据监测工作开展情况，在课程设置、培训方法、教学手段等方面分开层次，实行个性化、差别化的培训，形成了目标明确、特色鲜明的培训体系，最大程度地满足不同类别、不同层次监测人员的学习需求。举办了针对市级监测站常规监测任务的水质全分析培训班，使一部分市具备了地表水109项全分析能力；针对为县级监测站配备的主要仪器设备开展操作培训，保证所有配备了仪器设备的县站人员能够较熟练操作使用新型仪器；针对业务工作类型，培训内容涵盖了监测分析、应急采样、报告编写、综合分析、质量管理等各个方面，促进了整体业务水平的提高。二是坚持“缺什么、补什么，干什么、训什么”。针对监测工作不断出现的新领域、新方法、新技术，及时组织培训。如重金属监测、生态监测和遥感技术的应用、农村环境监测、自动在线监测等，有的放矢地开展了针对性强又各具特色的各类培训。三是监测管理和技术培训兼顾。一方面，每年定期组织对市、县两级监测站的站领导的管理培训，其中既有对国家和省级环保监测政策和技术的解读，又有先进地区监测站站长的经验介绍，让各级监测站的领导们都能及时掌握政策和技术动态，在培训和交流过程中实现管理上的触类旁通。另一方面，每年组织开展一大批技术培训班，涉及环境监测工作的各方面业务，内容丰富全面，参训覆盖面广，人数众多。

（三）创新方法，拓宽渠道，增强培训的实效性

在监测培训工作实践中，湖南省环保厅坚持按照“精、实、活”的原则，对培训形式进行创新，积极探索新思路、新方法。

一是实战与实训相结合。针对技术含量高的实验室开展分析，将理论授课与实际操作相结合。自2011年起，湖南省所有的实验室分析培训，都严格控制培训人数，集中理论授课，重点讲解仪器原理和应用，现场操作采用10人以下为一组的小组授课模式，聘请仪器厂商资深工程师现场讲解仪器维护和注意事项，监测系统内专家当场演示分析过程，完成的同时也达到了互动的目的，对参训人员及时形成实际操作能力具有立竿见影的效果。对于操作性和经验性强的现场监测，湖南省采取现场考核比对和培训相结合的方式。在各类检查监督任务中，引入培训的理念，如污染源监督性监测交叉检查、空气自动站质控考核、质量管理飞行检查等，检查过程中从各市（州）监测站抽取优秀的专家组成考核组，亲临现场指导并开展交叉检查比对。比对和考核的过程就是现场培训和演示的过程，很多技术问题往往能在现场及时发现和解决，很多共性的问题在湖南省范围内提出并得到归纳总结。通过实际操作，培训专家和参训人员都能在过程中查漏补缺，对技术提升产生良好的促进作用。充分借助环境执法、污染事故应急处置等活动，在实践中提高监测人员素质和业务水平。2012年1月，广西龙江河发生镉污染事件，根据部里统一安排，湖南省环境监测中心站和部分市环境监测站抽调11名专业技术人员组成应急监测工作队伍，第一时间赶赴现场参加应急监测。在应急监测工作中，全体队员克服各种困难，尽职尽责，不仅圆满完成了应急工作任务，同时也得到了很好的实践锻炼，应急监测能力明显提高。

二是“送出去”和“请进来”相结合。“送出去”就是充分借助外力，为湖南省培养一批高层次人才。自2011年起，针对国家环保重点城市的饮用水水源地有机物分析，湖南省依托国家环境保护分析测试中心为培训基地，省站和几个环保重点城市的环境监测站相继选送有机分析人员参加为期2个月的跟班培训，先后培训近10人，提升了湖南省有机物实验室分析技能。为加强技术交流，湖南省环境监测站连续5年选送优秀年轻骨

干赴日本开展为期半年的研修，同时与澳大利亚合作互派监测技术人员研修，通过学习借鉴发达国家先进的监测技术和管理理念，开阔视野、增长见识、拓展思路。湖南省还多次派出人员到江苏、广东、深圳等先进监测站上门学习，选派年轻技术人员参加援疆、援藏工作，从工作作风、基本素质等方面强化锻炼。“请进来”力度的加大，让优秀人才在监测系统扎根，让优秀师资成为技术提升的催化剂。近 6 年来，湖南省环境监测系统引进了一大批高素质的优秀人才，多为高学历的硕士和博士，其中仅省站就有 6 名博士，不少市、县级站也都引进了硕士。这些高素质人才经过几年的培养和锻炼，已经成为各级监测站的骨干，大大充实了整个监测系统的技术实力。同时，注重借用“外脑”，每年 3—4 次邀请科研院校和省外专家讲座，从更高层面了解环境监测的最新技术动态、环境保护的新思路、国家新的环保方针政策等，提升培训效果。如 2012 年湖南省环境监测工作会议，邀请广东省站钟流举教授讲授环境空气质量监测和大气联防联控工作，为湖南省顺利开展新环境空气质量标准的宣传贯彻工作开了好头。

三是培训与技术比武活动相结合。从 2007 年起，湖南省连续三年开展监测技术大比武活动，每年一个主题，都是针对环境监测工作中的突出问题和难点问题。通过比武，湖南省环境监测系统上下联动，围绕主题开展岗位练兵与技术交流，有力地促进了湖南省监测技术水平的提高。2010 年，湖南省环境监测系统以全国监测技术大比武为契机，14 个市（州）均开展了多种形式的培训与选拔活动。湖南省代表队取得了团体第七、个人第七的好成绩。2011 年环境应急监测演练，湖南省制作了演练演示光碟，供各级环境管理部门和监测人员学习参考。湖南省预演和参演达 10 多场次，累计出动参演人员 1000 多人次、演练车辆 50 多台次、采样船 10 余台次，使用各种仪器设备 100 多台（套）。由于准备充分，培训到位，整个活动取得了很好的效果。在 2012 年开展的环境监测“大贯标”活动中，湖南省以活动带动人才队伍建设，在三湘大地掀起了培训的热潮。湖南省站组织编制了《“大贯标”活动标准和技术规范精选集》，共汇编 53 项常用的环境监测标准和技术规范，统一印制分发至省、市、县三级环境监测站作为学习和培训教材。7—8 月份，又将授课专家集中到湖南省环保宣教中心，录制了16堂培训课程，并制成一套（15张）技术培训光碟，作为自学教材，发放到各级环境监测站。同时，各市（州）环保局也结合实际工作，在辖区内开展了形式多样的培训工作。

四是采取灵活多样的培训教学方法。在多年的监测培训工作中，充分借助现代传媒手段，积极探索新的培训组织形式，丰富了培训内涵，增强了培训效果。为使培训内容覆盖更多的监测人员，先后组织制作了湖南省环境应急监测演练光碟、湖南省环境监测实验室分析基础操作光碟、COD分析技术光碟和“大贯标”活动视频培训光碟等系列的多媒体培训教材，下发至各级监测站；在环境监测“大贯标”活动中，利用环保信息网络开展视频教学，围绕环境监测标准和技术规范知识，每周讲课1次，14个市（州）每次参加听课的监测技术人员达500人以上。2011年，湖南省组织开展了建党九十周年迎“七一”环境监测知识学习月暨网络竞赛活动。本次网络竞赛是一次群众广泛参与的大型学习活动，历时近3个月。湖南省环境监测系统对照竞赛指定教材，集中学习，反复钻研，巩固了理论知识。开发了网络竞赛系统，实行网上答题，前后共有2600多人参与答题，参赛人员十分广泛，包括管理人员、技术人员、老师和在校学生等，省、市、县三级环境监测人员学习和参赛率高，达到了宣传环境监测知识、提高技术人员理论素养的预期目的。从2011年开始，湖南省修改完善了监测人员持证上岗考核管理办法，改进考核方式，实行湖南省统一理论考试，理论考试采取闭卷形式，湖南省统一命题、同步笔试、统一评分，明显提高了考核的难度，推动了监测理论的学习。2012年以来，湖南省环境监测中心站开展了“创建学习型组织，争做知识型员工”为主题的系列活动，积极鼓励监测技术人员结合本职工作开展自学为标志的员工读书活动，组织编印了80多期《时势学习材料》，引导员工进行自学，紧盯学科发展前沿。为此，湖南省环境监测中心站被评为“书香型机关”。

（四）加强管理，强化保障，保证培训质量

湖南省生态环境厅坚持“三个舍得”，即舍得花时间、舍得花精力、舍得花经费，进一步加强培训工作的管理和保障，努力实现培训工作的制度化、规范化。

一是建立激励约束机制。湖南省把培训工作作为考核各级环境监测站的重要内容，一方面健全培训工作考核机制，把培训工作纳入单位年度绩效考核，对培训工作不落实、评估不合格的单位，年度内取消评先评优资格；另一方面坚持把培训工作与干部人事制度紧密结合，建立完善了晋升培训与任职资格制度相结合、专业培训与持证岗位资格认证制度相结合、初任培训与录用制度相结合的激励约束机制。二是经费保障有力。湖南省财政每年安排200万元，重点用于监测人员素质提升和县级站人员普训。各市（州）监测站每年安排有专项培训工作经费。三是加强师资队伍建设和培训教材的编制。着力培养湖南省的环境监测教师培训力量，主要培训省站、长沙环境保护职业技术学院以及市（州）的环境监测师资力量，使他们有能力承担专项培训任务，使市（州）站的教师能培训本级或县一级技术力量。每个业务领域保证有3—5名教师，要求既有较高的理论水平，同时又有丰富的实践经验。湖南省建立了一支专兼职结合、结构合理、适应培训工作的教师队伍，加强了培训资料的编制，组织人员编写了湖南省持证上岗理论考试题库。湖南省开展的技术大比武、网络知识竞赛、“大贯标”学习等活动，都有专门的学习资料。四是重视培训基地建设。湖南省着力抓好以省站为主的实训基地、以长沙环境保护职业技术学院为主的培训中心。省站发挥自身技术中心作用，安排专人负责培训工作，安排专门的仪器设备用于培训，安排专门的分析测试人员负责帮教地市站跟班学习人员，并将跟班培训融合在湖南省专项检查任务的实施过程中。

（2012年10月）

求真务实 扎实工作
湖南省环境监测工作成效显著

环境监测是环境保护的“耳目”和“哨兵”，起着“说清环境、支撑决策、服务民生”的重要作用。新《环境保护法》的修订出台，对大气环境监测工作提出了新的更高要求。近年来，湖南省将环境监测工作摆在环保工作的重中之重，《湖南省环境监测网络体系建设实施方案（2014—2016年）》的出台，将环境监测工作任务纳入了湖南省环保重点工作目标责任制考核并加大了考核权重，有力推进了工作开展，取得了显著成效。

一、监测网络建设扎实推进

环境监测网络不断完善，基本形成了完整的国家、省、市、县4级主要环境要素监测网络。在环境质量监测方面，目前湖南省共建有大气监测点位198个、水质监测断面298个。在省级层面大气形成了“1个背景站+4个区域站+78个城市站”的监测网络，水质监测形成了“29个水质自动监测站+109个地表水断面+30个饮用水断面”的监测格局，噪声形成了“2211个区域噪声+888个交通噪声+122个功能区噪声”的监测布局，土壤正在形成“1000个环境质量常规点+150个背景点+若干专项监测点”的监测布点。此外，湖南省逐步推进农村、生态、生物等监测试点工作，其中农村监测包含60个村庄，生态遥感监测包含122个县（市、区），水生生物监测包含湘江和洞庭湖24个断面；其他专项监测还包含酸雨、重金属、饮用水水源地调查和地下水专项调查等工作。在污染源监测方面，重点推进906家国控重点污染源监督性监测和企业自行监测、324家国控重点污染源企业在线监控管理和比对监测、直接为减排监测体系考核提供技术依据。

二、仪器装备水平大幅提升

近5年，国家和湖南省财政监测能力建设资金共投入4.52亿元，大幅提升了省、市、县环境监测仪器装备水平。重点配备了环境空气、地表水、国控重点污染源自动监测仪器，省市县三级环境监测站采样、前处理、实验室分析、应急监测等环境监测仪器。到目前为止，已经有71%的市、县级环境监测站通过了环境监测能力标准化达标验收；除韶山市、江永县和零陵区环境监测站以外，其他所有市、县级环境监测站均通过了省级计量认证，具备独立对外出具法定监测数据的资质。湖南省环境监测中心站利用建设国家重金属污染监测重点实验室的契机，建成了百万分之一精密天平室，重金属仪器装备水平大幅提升；市级站基本具备了空气与废气、地表水与废水、土壤、固废、生物、噪声、降水中常规项目的监测仪器设备，尤其是省环境监测中心站、长沙、常德、郴州站配备了ICP－MS等大型分析仪器；县级站基本具备了大气、水质和噪声中常规基本项目的监测仪器设备，大部分县级站均配备了原子吸收、原子荧光、离子色谱等关键分析仪器。

三、常规性环境监测得到加强

近几年，湖南省紧紧围绕构建以环境质量为核心的环境管理体系，环境监测工作以“三个说清”为目标，不断强化常规性环境监测。一是监测覆盖面不断扩大。以前重点是监测14个市（州）人民政府所在城市的大气、噪声、重点断面水质和重点污染源，现在同时监测所有县（市、区）人民政府所在城镇的大气、噪声和重点流域水质，并且监测要素不断扩展，新增了土壤、生物、农村、生态、降尘、底泥、重金属专项、减排效益评估等监测工作。二是监测内容与频次不断增加。以前重点是环境质量标准规定的基本项目，现在空气由3指标增加到6指标并实时发布，降水离子组分由每月一次到逢雨必测，饮用水水源地由每月29项到63项、每年109项，噪声每季度增加功能区噪声，国控重点污染源增加到906家、项目由主要污染因子增加到全指标监测，监测内容更全、监测频次更高。

三是监测质量不断提升。以“五抓”为手段，着力提升监测质量。一抓教育培训提升监测数据质量意识；二抓优化环境监测网络体系、健全监测质量管理体系和建立预防不良行政干预规定建立健全各项质量管理体系；三抓计量认证、持证上岗、能力验证和创建优质实验室规范监测机构、人员资质管理；四抓技术培训、技能竞赛和国家“三五人才”评选，提升湖南省各级环境监测机构队伍素质和技术能力；五抓一系列环境监测工作质量检查活动，确保环境监测数据和信息客观真实、准确有效。

四、自动监测能力进一步提升

城市环境空气质量自动监测能力逐步实现全覆盖。目前长沙、株洲、湘潭、岳阳、常德和张家界6个重点城市39个点位具备了$PM_{2.5}$等6项监测因子自动监测能力，并实现了监测数据实时发布。长沙县、攸县、韶山、常宁、桃源、石门、沅江、桂阳、资兴、辰溪、麻阳等一批县（市、区）具备了$PM_{2.5}$等6项监测因子自动监测能力；同时建成了1个国家背景站、1个农村站、1个温室气体站。预计到2014年底，湖南省14个市（州）78个点位将具备环境空气质量新标准6项监测能力，89个县（市、区）将具备$PM_{2.5}$等4项监测因子自动监测能力。通过及时开展长株潭城市环境空气质量源解析及预警预报工作，建立了与湖南省气象局的联合预报会商机制，为湖南省大气污染防治工作提供了重要的技术支撑。地表水水质自动监测能力逐步加强。目前湖南省共有国控水质自动监测站9个、省级水质自动监测站20个，长沙、株洲、岳阳、娄底等市自筹资金建设市级水质自动监测站12个。2014年计划再新建2个重金属水质自动监测站、9个饮用水水源地水质自动监测站，主要监测因子包括：水温、pH值、溶解氧、电导率、COD、氨氮、总磷、砷、镉、铅等，在部分水站增加流速、锑、锰、铁、总氮、叶绿素等指标，为下一步开展湘江流域生态补偿工作提供核算依据。

五、监测机构、人员队伍建设进一步加强

近几年，湖南省充分利用国家湘江流域重金属污染防治和生态功能区考核，实施“环保十大工程”、省政府“一号重点工程”等契机，重点抓

各级环境监测站标准化能力达标工作，全面推进监测能力建设。各级环境监测站积极解决人员编制、站房、设备、经费等问题，拓展监测指标，加强人员培训和内部管理，环境监测机构和人员队伍建设明显加强。到目前为止，14 个市（州）环境监测站均实现了机构升格或站长高配为副处级，一批县级站机构升格或站长副局级配备，同时引进了一批高素质的环境监测专业技术人员；已有 8 个市站、67 个县级站通过了监测能力建设标准化达标验收。通过采取环境监测技术比武、技能竞赛、网络知识抢答赛、大贯标活动、优秀监测报告评选等方式，每年选取 1—2 个主题，层层竞赛，锻炼了队伍，提升了湖南省监测技术能力，并涌现出一批优秀监测技术人才，多名同志先后获得“湖南省五一劳动奖章”“湖南省技术能手”等荣誉。

在看到成绩的同时，也应当清醒地认识到，当前湖南省环境监测面临的形势依然严峻，任务越来越繁重，距建立先进的环境监测预警体系的目标还有很大差距。目前，还存在许多困扰环境监测事业健康发展的因素，需要高度重视，采取有力措施，齐心协力、上下联动，认真加以解决。

一是体制机制不畅。市县两级环境监测管理机构设置不规范，人员力量薄弱，相当部分市（州）环保局没有独立的环境监测科，有的市监测科、监测站分属不同领导分管，导致监测工作组织部署和管理不顺；环境监测主动、超前、拓展服务意识不强、服务渠道不畅；局机关各部门较少关注、研究、应用环境监测结果，未能充分发挥环境监测信息在执法监督中的基础作用，排污收费、排污申报等环境管理工作不以监测数据为依据的情况时有发生。部门之间的配合不到位。二是履职能力不强。由于环境监测工作基础薄弱、历史欠账严重、区域差别失衡、技术发展缓慢、人才流失较多等原因，导致环境监测的机构队伍、人员素质、技术水平、质量管理和仪器装备等综合能力严重不足。即使湖南省环保厅统一配备的监测仪器，在一些县级监测站使用率也不高，甚至成为摆设。环境监测覆盖面不全、监测指标不足等情况的存在，客观上制约了环境监测对环境管理的“哨兵”“耳目”作用。对于监测数据往往满足于“提供”，缺乏全面深入的系统分析，监测数据发挥的作用有限。少数监测人员工作作风不过硬，碰到问题总是抱怨多、想办法少，讲困难多、解决问题少。市级对县级环境监测机构的管理不到位，很多市级站长期不对县级监测站进行技术指导与质控考核。三是经费保障不力。环境监测的经费来源和保障方式各种各样，财政全额拨款、差额补助、自收自支等模式并存，总体上业务经费短缺，大部分市级站的财政拨款不到实际支出的一半，导致环境监测站存在“以副养主”“找米下锅”和工作“错位”的现象，直接影响监测领域正常拓展和监测数据质量。在监测能力建设方面，“等”“靠”“要”思想严重，主要等国家和省里拨款拨物，较少从自身想办法要资金、要政策，不主动采取措施解决问题。四是内部管理不规范。很多市、县级环境监测站，既缺人手，在编在岗人员管理也不到位，单位矛盾多，人浮于事，交办任务得不到有效响应，工作质量、标准不高。实验室质量管理体系不健全，制度执行不到位，监测数据质量还存在较大问题。五是队伍建设滞后。当前各级监测站人员普遍不足，尤其是县级站监测人员结构不够合理，有的站开展监测工作的技术人员比例不到一半，而其中不少人员还被市、县局抽调从事环境行政管理工作。人员整体素质不高，能做事的人少，特别是具有较高综合分析能力的人少，学术带头人稀缺。有的市级站连一个高级工程师也没有，人才流失严重。此外，监测站工作辛苦、待遇低、留不住人才，很多技术人员不安心，只要有机会，有丰富经验的优秀人才往往更热衷于从事行政管理工作。

党的十八届三中全会审议通过的《中共中央关于全面深化改革若干重大问题的决定》，提出要深化生态文明体制改革，加快建立生态文明制度，并对改革生态环境保护管理体制，建立资源环境承载能力监测预警机制等作出了战略部署。建立和完善严格的环境监测预警体制，将地表水、地下水、海洋等环境监测资源进行整合，建立陆海统筹、天地一体的环境监测预警体制，为环境管理提供有力的基础保障。2014 年召开的全国环保工作会议提出，要研究构建环境质量目标管理体系为核心的环境管理体系。环境保护部主要负责人对2014 年全国环境监测工作现场会会议批示要求，全国环境监测战线要继续围绕中心、服务大局，再接再厉、开拓进取，在做到“三个说得清”上下功夫，在规范监测管理上做文章，在深化监测改革上求突破，推动监测工作再上新台阶。这些都标志着环境监测工作已经被提到新的更加重要的位置，监测事业将迎来科学发展的历史性重大机遇。

新形势下，还必须进一步增强责任感、紧迫感和使命感，增强贯彻落实科学发展观的自觉性和坚定性。充分认识到加强环境监测工作是深入贯彻落实科学发展观的具体体现，是推进环境保护历史性转变的基本要求，是实现污染减排目标的重要保障，是提升环境管理水平的迫切需要。要牢牢抓住环境监测重大机遇，不断提高环境监测综合实力，准确判断和科学预测环境形势，及时发现和妥善解决影响经济发展的突出环境问题，充分发挥环境监测数据在环境管理中的技术支撑作用，有力推动环境管理由粗放型向集约型、规范型、科学型的转变。

（一）强力推进环境监测网络体系建设

科学合理设置环境监测网络是监测工作开展的基础。为贯彻落实《国家“十二五”环境监测规划》，湖南省环保厅会同省发改委、财政厅联合下发了《湖南省环境监管能力建设实施方案（2013—2015 年）》，在此基础上，省厅又拟定了《湖南省环境监测网络体系建设实施方案（2014—2016 年）》。总体要求是：围绕着大气、水、土壤等监测要素，力争通过2—3 年努力，建立覆盖所有省、市、县（区）行政区域比较科学完善的环境监测评价体系，覆盖所有国控重点污染排污单位、运行稳定规范的环境监测监管体系。以“县有能力、市有重点、省有特色”的目标，通过省、市、县（区）的共同努力，全面改善湖南省环境监测网络、技术装备、人才队伍等方面的薄弱状况，全面加强各级环境监测站能力建设，环境监测能力整体达到中部先进水平。

（二）切实抓好大气、水和土壤监测

大气、水、土壤污染防治是当前环境保护工作的首要任务。环境监测系统要全面说清三大方面的环境质量现状及其变化趋势。要全面落实《大气污染防治行动计划》提出的各项监测任务，组织实施好第三阶段空气质量新标准监测工作，2014 年内湖南省所有市（州）所在城市要完成按新标准 6 项指标监测任务，6 个重点城市已经先行一步，要加强空气监测质量管理，做好数据分析，密切关注空气质量变化情况，为湖南省空气监测积累经验，同时，采取“一帮一”的方式帮助其它 8 市（州）按时按质完成

2014 年空气质量新标准的工作。长株潭 3 市和省监测站要合力抓好大气污染物来源解析研究和环境空气质量预警预报工作，长沙市要按照国家要求开展空气质量预报工作。

（三）切实完成减排监测体系建设任务

污染减排是环保工作重中之重的任务，减排监测体系建设是减排工作中的一项重要内容。按照国家“十二五”主要污染物总量减排考核工作要求，监测体系建设运行情况未达到相关要求（污染源自动监控数据传输有效率 75%；自行监测结果公布率 80% 和监督性监测结果公布率 95%），视为未通过年度考核。减排监测体系建设是完全由环保部门主导的工作，如果不能通过年度考核，同样会对政府所在地污染减排工作一票否决，环保部门难辞其咎。2014 年上半年，湖南省减排监测体系运行情况十分不理想，在全国排倒数第二位，形式相当严峻。各市（州）要制定切实可行的年度减排监测体系建设及运行计划，将监测体系建设工作纳入减排工作一起布置、一起落实、一起检查。强化责任，狠抓落实，确保减排监测体系建设有序推进，各项考核指标满足要求，确保监测体系“三个率”2014 年的考核任务顺利完成。

（四）进一步加强监测数据质量管理

数据质量是监测工作的生命。为了确保环境监测数据客观、真实、有效，湖南省环保厅决定 2014 年在湖南省开展“监测数据质量年”系列活动，进一步提升监测数据质量意识，规范环境监测管理制度，优化环境监测工作流程，提升湖南省各级环境监测机构的管理水平和技术能力，确保环境监测数据和信息客观真实、准确有效。各级环保部门要以此为契机，进一步建立健全环境监测质量保证报告制度、数据质量评估制度和监测质量考核制度，不断加强制度建设。各级环保部门领导要关心监测数据，但不能制造监测数据。各级监测站领导要对监测数据审核把关，但不能篡改监测数据。这是法律的要求，也是职业道德所要求，必须严格遵守。要坚持三级审核，严肃查处监测工作中弄虚作假、篡改数据、不审核数据和谎报瞒报的失职渎职行为，确保环境监测数据的真实性、客观性和准确性，维护监测数据的法定权威。各级环境监测站要严格按照国家标准、监测规范和分析方法的要求，真正做到测得出、测得准、说得清，以准确可靠的分析判断为环境管理提供依据，全面提升环境监测技术水平。

（五）认真做好环境污染隐患大排查监测

开展环境污染隐患大排查和计划执法是2014年湖南省环境保护重中之重的任务。7月18日，湖南省环保厅专门召开了视频会议，就前一阶段的工作开展情况进行通报，对下一步工作进行了专门部署。环境监测是污染隐患大排查和计划执法工作的基础，从前一阶段的工作来看，环境监测普遍滞后，缺乏数据支撑，大部分县（市、区）没有制定大排查监测工作方案，监测经费不落实，上报的超标排污问题缺乏具体监测数据支撑；涉重金属企业周边区域环境质量监测工作不到位，影响污染隐患的评估分级和后续整治工作。湖南省各级环境监测部门一定要按照全省视频会议的总体要求，加强与隐患大排查工作的联动。要进一步明确大排查环境监测工作任务，细化工作方案，做到一厂一案、一区一案，科学确定监测的点位设置、监测指标、监测频次，加强监测过程质量控制，保证数据真实准确。加强企业污染风险分析和预判，及时跟踪企业和区域整治后的成效监测分析。在这次环境污染隐患大排查工作中，如果因为环境监测不科学、不真实，而造成污染隐患的遗漏，环境监测站相关人员要承担相应的责任。

（六）认真组织好监测论文评选和技术比武

按照2014年湖南省环境监测工作安排，将重点开展湖南省环境监测报告（成果）评比竞赛和水环境监测职工职业技能竞赛两项活动。活动方案都已经部署下达，各市（州）环保局要高度重视这两项工作，精心组织，确保活动取得实效。要认真组织本辖区内优秀监测技术论文和监测分析报告的初选、报送工作，保证论文报告质量。湖南省水环境监测职工职业技能竞赛由湖南省总工会牵头，湖南省人力资源和社会保障厅、住房和城乡建设厅、水利厅和环境保护厅共同主办，是一次跨部门、多行业的职业技术练兵活动。这次竞赛以水环境监测为主题，既有理论考试又有操作技能考核，涉及面广，影响力大，奖励层级高，竞争激烈。各市（州）环境监测站要精心准备、积极应战，做好环境监测系统本身的参赛选手选拔，会同相关部门组织好市（州）的预赛选拔，保证最优秀的选手参加湖南省竞赛。

（七）积极主动投身生态文明体制机制改革

全国环境监测改革的总体目标是，建立和完善严格的环境监测预警体制，将地表水、地下水、海洋等环境监测资源进行整合，建立陆海统筹、天地一体的环境监测预警体制，为环境管理提供有力的基础保障。可以说改革的号角已经吹响，大幕已经拉开。根据湖南省环境监测工作现状，要积极推动政府购买公共服务试点。湖南省是环保部批复确定的首批开展环境服务业试点省份，2012 年湖南省财政厅又把环境监测作为环保部门推进政府购买服务工作的重点领域。重点有以下几个方面：

一是要继续完善湖南省水质自动监测站的第三方运营维护管理办法，完善国控重点污染源在线监控设施第三方运营管理；同时，条件成熟的城市积极推动环境空气自动监测站第三方运营；此外，对于一些专项监测，适度放开通过政府购买服务的方式交由第三方检测机构承担。二是积极培育扶植第三方监测机构。随着环境保护工作的深入推进，环境监测任务日益繁重，现有环保系统的环境监测力量已经不能完全满足社会对环境监测的需求。在全面提升环境保护系统监测能力的同时，充分引入市场机制，有效利用社会检测资源为环境管理工作服务，合理分流不同类型监测业务，规范环境监测市场服务行为，形成环保监测系统和社会环境检测机构共同发展的环境监测新格局，推进环境监测市场化、社会化成为政府环境监测职能转变的一条有效途径。三是积极构建完善环境质量评价体系。环境监测数据贵在应用。要进一步加强城市空气监测网络运行管理，继续做好城市空气质量排名，引导大气污染防治工作的开展；加强常规环境质量监测，做好重点生态功能区县域生态环境质量考核和全面建成小康社会环境质量考核工作；加强湘资沅澧四水和洞庭湖等水域水质自动监测站运行管理，为实施流域生态补偿打好基础。四是积极探索改革环境监测管理体制机制。要围绕建立和完善严格监管所有污染物排放的环境保护体制，全面建立环境监测体系，采取行之有效的措施，努力实现“监测管理一盘棋、监测队伍上下一条龙、监测网络天地一体化”的现代环境监测格局。

（八）认真抓好洞庭湖生态环境监测工作

洞庭湖生态环境状况好坏在湖南省具有举足轻重的作用。2014 年 4 月，国务院正式批复《洞庭湖生态经济区规划》，标志着洞庭湖生态经济区发展上升为国家战略。洞庭湖生态环境监测中心作为洞庭湖水环境监测的牵头部门，全面担负水质监测的责任。各市县环保部门也要积极配合洞庭湖生态环境监测中心，才能共同完成好生态环境监测任务。当前，环境监测事业任务艰巨而繁重，必须强化措施，才能确保监测任务的完成。一是加强组织领导。各级环保部门要高度重视环境监测工作，注重强化监测管理手段，加强组织领导，切实解决环境监测所面临的困难和问题。要加强各级环境监测站领导班子建设，注重选拔那些忠诚事业、善于管理、精通业务、勇于开拓的优秀人才担任环境监测机构的领导，提高科学管理水平。二是切实加大资金投入。不仅按照国家有关规定，切实保障开展环境质量例行监测、污染源监督性监测、应急监测、自动监测站运行和各类专项监测的工作经费，确保监测业务系统高效运转。还要加强基层监测能力建设，重点推进基层环境监测站标准化建设，力争到 2014 年底，湖南省 90% 的县级环境监测站达到建设标准的目标要求，2015 年湖南省监测系统整体通过环保部标准化建设达标验收。三是狠抓队伍建设。要在用好现有人才的基础上，采取多种措施，大力做好引进各种人才、培养后备力量的工作，切实解决监测队伍技术人员不足的问题，努力建设一支“素质高、业务精、反应快、原则强”的环境监测队伍。

（2014 年 8 月 1 日）

抓住三个关键 大力加强环境监测工作

2014年以来，环境监测工作已经被摆在了湖南省环保工作的重中之重，《湖南省环境监测网络体系建设实施方案（2014—2016年）》将环境监测工作任务纳入了湖南省环保重点工作目标责任制内容并加大了考核权重进行重点推进。在各级党委、政府的重视和支持下，湖南省各级环保部门明显加大了环境监测工作力度，围绕环境监测网络体系建设，完善环境监测断面、点位，促进环境监测基础与装备能力建设，省、市、县三级监测网络体系得到明显加强。但是，环境监测事业发展与新形势的要求和社会公众期盼相比仍有较大差距，完善监测网络体系建设的任务依然艰巨；有些地方、有些领导、有些企业对环境监测工作仍重视不够，紧迫感不强，工作力度不大，保障措施不力；监测的基本能力还较弱；监测队伍建设有待进一步加强；监测数据质量还存在不少问题。这些问题必须引起高度重视，并迅速、切实加以解决，否则，将严重影响监测事业的发展。

一是抓住思想认识这个根本。环境监测是环境保护的耳目、尖兵和基石，受到社会各界高度关注。耳目是什么，就是要求监测工作在测得准测得全的基础上，能够预测预警；尖兵是什么，就是能对污染源实行依法、有力监督；基石是什么，就是能对环境质量状况给出科学、准确数据，为环境管理提供强有力的支撑。环境保护是全社会的事，需要方方面面共同努力，而环境监测主要是政府及环保部门和企业的事，抓不好，既影响事业发展，也会遭到社会质疑，影响形象。各级政府及环保部门、各污染源企业和第三方公司都须引起高度重视。目前，湖南省环境监测工作从总体上来看，能力是较强的，工作是有成效的，基本满足了环境管理的需要，但也还存在重视不够、投入不足、数据不实、队伍不优、要求不严、作风不实等问题。出现这些问题的关键还是思想认识问题，无论是对各级监测站的能力建设，还是企业自行监测，相比政府财政支出、污染治理资金和企业投资，都是小头，甚至微乎其微，这不是不能为的问题，而是政府及环保局局长、企业老总愿不愿为的问题，甚至有的地方和企业就是不想为，不想具备监测能力、不想搞准监测数据，这种状况必须迅速加以改变。中共中央、国务院《关于加快推进生态文明建设的意见》中明确指出，加大各级政府预算内投资等财政性资金对统计监测等基础能力建设的支持力度。各级财政应加大对环境监测能力建设和运行保障的投入，把环境监测经费列入财政预算。各级环保部门，特别是主要领导要高度重视环境监测工作，把它抓紧、抓牢、抓实、抓出成效，把环境监测网络体系建设作为一把手工程，负总责，亲自抓，协调解决好环境监测工作中存在的实际困难和问题，各级环保专项资金要向环境监测网络体系建设倾斜，给予优先安排、重点安排，各污染源企业必须建立健全自行监测的能力、队伍和工作机制，理清企业自身的排污状况，并及时对外发布，接受管理部门和社会公众的监督。

二是抓住监测网络体系建设和减排监测体系两个重点。环境监测网络体系是开展环境监测工作的基础，包括大气、水、土壤及农村、生态、生物等环境质量监测，环保部门对污染源的监督性监测、企业自行监测和社会化监测能力建设。要全面加强各级环境监测站的监测用房、仪器装备和人员配置，到2015年底，实现省、市、县三级环境监测站全部达标验收，到2016年底，湖南省要建立覆盖所有市、县（区）行政区域的比较科学、完备的环境质量监测网络和评价体系，覆盖所有重点污染排污单位运行稳定、规范有效的环境监测监管和企业自行监测体系，覆盖所有市（州）的社会化监测体系，重金属监测能力整体达到全国领先，其他方面监测能力达到中西部领先。减排监测体系是总量减排三大体系之一，从2014年起，减排监测“三个率”的考核已列为上级人民政府对下级人民政府总量减排年度目标考核，与总量减排考核指标一样，同样是“一票否决”。请市、县两级政府及环保部门一定要像抓总量减排一样，抓减排监测“三个率”，同布置、同督促、同考核。各国控重点污染源企业一定要按政府减排监测年度考核的要求，开展企业自行监测和信息公开。

三是抓住监测数据质量这个关键。数据质量是环境监测的生命。事关道德诚信、党风廉政建设、法律权威，事关政府及环保部门、企业形象和事业兴衰。各级政府及环保部门、环境监测站、各排污企业、各社会化监测机构，必须确保环境监测数据的真实性、客观性和准确性，决不允许谎报瞒报、篡改数据、行政干预等现象的发生，维护监测数据的法定权威。这是一条底线，也是一条红线，如果谁在这个问题上不守规矩，应严格按照国家的法律法规和环保部的有关规定进行责任追究，直至追究法律责任。

（2015 年 5 月 15 日）

把握机遇 攻坚克难
强力推进环境监测工作整体提升

过去的一年，湖南省环境监测系统紧紧围绕环境保护工作的目标和任务，大胆开拓，锐意进取，环境监测各项工作取得了新的进展。

一、加快推进环境监测网络体系建设

2014 年围绕环境监测网络体系建设，不断优化调整完善现有环境监测断面、点位，加大环境监测基础与装备能力建设，省市县三级监测网络体系得到明显加强。

一是召开了高规格的环境监测工作会议，环境监测网络体系建设进一步加强。湖南省环保厅主要负责人亲自主持召开了全省环境监测工作会议，各市（州）环保局主要领导参加会议，对环境监测网络体系建设进行了部署和要求，环保部监测司主要领导亲自到会指导。会上湖南省环保厅制定下发了《湖南省环境监测网络体系建设实施方案（2014—2016 年）》。会后，常德、湘潭、永州等 12 个市（州）以及攸县、湘乡、常宁、邵东、华容、临澧、桑植、沅江、汝城、宜章、新化、会同、宁远、吉首等县市根据各地实际进行了认真部署和安排，制定了本级环境监测网络体系建设方案，正式启动了新一轮环境监测能力建设。根据方案要求，对湖南省各市、县水质监测网络进行全面核定，进一步完善了城市空气、水环境质量监测和自动监测网络建设，监测项目逐步拓展完善。二是加大了监测工作任务目标考核力度。为有效应对当前环境监测工作任务越来越重、要求越来越高的实际，不断强化环境监测工作，湖南省环保厅将环境监测工作任务纳入湖南省环保重点工作目标责任制内容，加大了考核权重。在 400 分考核目标中，环境监测占 130 分，重点考核环境质量状况、主要污染物总量减排监测体系建设、环境监测网络体系建设三大部分。常德、株洲、湘潭等市在目标考核中取得较好成绩。

二、全面提升环境质量自动监测

2014 年湖南省环境质量监测覆盖了环境空气、降水、温室气体、水质、噪声、土壤、生物、生态遥感和地面试点监测等要素，大气和水质自动监测能力得到全面提升，为全面提升湖南省环境质量状况奠定了有力基础。一是全面推进环境空气自动监测能力。按照国家要求积极实施新的《环境空气质量标准》，长沙等 6 个环保重点城市空气自动监测站稳定运行，监测数据实时向社会发布；组织开展了空气自动监测设施运行情况专项检查，确保空气监测数据质量；从二季度开始，每月对 6 个环保重点城市环境空气质量状况进行排名，并在相关媒体向社会公众公布，引起社会广泛关注；积极推进空气质量新标准实施第三阶段工作，8 个市（州）克服各种困难，圆满完成建设任务，39 个空气自动监测点建设全面完成，与国家联网到位，2015 年 1 月已正式对外发布监测数据，比国家计划提前 1 年实现。县级城镇空气自动监测站建设全面推开，湖南省已有 80 个县（市、区）建成了 1—2 个空气自动监测站，长沙、株洲、湘潭、常德、益阳、郴州、娄底、张家界、湘西等市（州）所辖县（市、区）实现了空气自动监测全覆盖。二是积极推进大气 $PM_{2.5}$ 源解析研究和空气质量预警预报。全面落实湖南省环保厅下发的《长株潭区域大气 $PM_{2.5}$ 源解析工作实施方案》和《长株潭城市环境空气质量预警预报工作方案》。湖南省环科院牵头完成了长株潭区域大气排放源清单调查，长株潭地区 $PM_{2.5}$ 源解析工作完成了 4 个季度 11 个测点的手工采样及成分分析工作，获得有效数据 7 万多个，并通过模型演算，初步识别了各季节 $PM_{2.5}$ 的主要来源及贡献率。省站新设科室专门从事大气监测与预报工作，完成了预报第一阶段业务平台硬件安装和技术测评，软件后台模型基本部署到位，初步形成数值预报能力，实现与气象信息的互联互通和共享，长沙和株洲市已经独立开展环境空气质量预警预报工作。三是切实抓好水质自动监测站建设与运营。对湖南省 20 个水质自动监测站进行了升级改造，增加了部分重金属特征监测指标；进一步落实水质自动监测站管理责任，加强现场督促检查，督促运营单位建立了一支专业运营技术和管理队伍，做到稳定运行；衡阳市5个水站运行质量较好，日常监督管理比较到位。省站组织开展国家水站比对考核，对省建水站第三方运维开展监督管理，共出具42期周报和4期季报，组织对市（县）水质自动监测站技术人员进行了有针对性的培训，确保按照监测规范开展质量管理与运营，使湖南省水质在线自动监测能力得到大幅提升，为下一步实施流域生态补偿和水质监测预警打下了良好的基础。四是不断拓展环境质量监测领域。重金属环境质量监测得到全面加强，围绕湖南省重金属污染防治的重点，全面开展了水质重点控制断面底泥和悬浮物中重金属监测、国家地表水重金属专项监测、重点区域重金属环境质量监测等；组织开展湘江流域铊专项监测，省站先后编制周报40多期，现场直接核查8次，涉及10多个地表水监测断面、400余家企业；农村环境质量监测网络基本成熟，设立了相对固定的农村环境质量监测村庄和点位，包括16个国家级静态监测村庄和32个动态监测村庄，基本反映农村环境质量现状；组织开展湘江流域及洞庭湖区浮游动植物、底栖动物、鱼类种群、鱼类重金属残留等的生物监测，建立了湘江主要江段及洞庭湖区域的水环境质量生物学评价系统；湖南省土壤与生态监测网络初步建立，土壤环境质量例行监测、生态遥感监测等任务圆满完成。尤其是株洲市土壤监测、邵阳市农村环境监测、省洞庭湖监测中心生物监测等工作开展较好。

三、全力推动污染源及应急监测

一是认真完成减排监测体系考核任务。2014年，湖南省各级环保部门认真落实国家减排监测体系建设相关要求，通过制定减排监测体系考核工作计划，完善考核办法，分解任务、强化责任，加强组织调度，积极推进各项工作的开展。尤其是下半年以来，各地加强督促检查，对存在的问题抓好整改，基本扭转了湖南省考核工作的被动局面。株洲、衡阳、常德等市高度重视污染减排监测工作，减排监测体系建设成效明显。为提高监督性监测数据质量，省站组织市（州）站到企业开展现场同步抽测及交叉检查，相互查找问题，严格审核各市（州）上报的季度监督性监测数据。湖南省环保厅按月进行调度，及时跟踪调度工作进度和质量，对存在的问题进行通报。对月度调度完成不达标、存在问题较多的3个市（州）环保局分管领导寄发了督办函，起到了较好的推动效果。同时进行多次专项督察，完成了减排监测体系“三个率”的考核目标。国控重点企业认真落实执行环保部《国家重点监控企业自行监测及信息公开办法》，明确企业自行监测工作方案，落实责任人员和监测方式，按要求开展排污监测，省环保厅建设完成了湖南省企业自行监测数据统一发布平台。二是在线监控管理工作明显加强。进一步改进和完善第三方运营管理办法，按照“企业主体、属地监管、第三方运营”的总体思路认真做好了新一轮第三方运营公司招标工作；进一步明确了省、市、县三级环保部门自动监控管理职能，明确了排污单位污染源现场端自动监控设施建设与运营的主体责任，强化了市（县）属地日常监管；加强了在线设施现场端检查和管理，建立健全监控中心平台值守、数据分析和数据修正制度，确保在线监控数据的完整和安全；省站充实加强了在线监控管理人员力量，全面开展抽测工作，对690套在线监控设备中的77套进行比对监测和现场检查，抽查比例达到11.2%。在上半年传输有效率较低的情况下，通过加大管理监督力度，下半年湖南省重点污染源自动监控传输有效率达到90.23%，永州、常德、株洲均达到95%以上，长沙、湘潭、常德在线监控管理工作较规范到位。第三方运营公司普遍加大了运维管理力度，运营水平进一步提高，年度考核排前3位的分别是湖南龙舞环保科技有限公司、湖南世纪天源环保技术有限公司和力合科技（湖南）股份有限公司。三是应急与纠纷监测响应及时。组织湖南省重金属与应急监测专项培训，14个市（州）站以及38个重点县（区）监测站的100多名技术人员参训。在郴州柿竹园高湾丘重金属污染、湘江株洲段船舶漏油、湘江湘潭段大面积死鱼等环境突发事件中，各级环境监测人员第一时间赶赴现场，及时开展应急监测；在节假日、汛期、枯水期等特殊时段，监测监察重点流域区域、工业集中区，对重点企业开展暗查、夜查和突击检查，认真完成各项突击执法监测并出具监测快报、专报；配合环保执法工作，湖南省环保厅出台了环境监测数据认可相关文件，对监测数据采集、认可程序等进行规范统一，全年接受基层环境监测站监测数据认可7起，有力地支持了环境执法工作的开展。

四、着力加强环境监测管理

湖南省环境监测系统以“监测数据质量年”为抓手，开展了一系列环境监测管理活动。一是环境监测数据质量得到新提高。为确保环境监测数据客观、真实、有效，从根本上提升环境监测的科学化、规范化和精准化水平，湖南省启动了“监测数据质量年”系列活动，湖南省环保厅拟定下发了实施方案，各项活动有效开展。在湖南省监测系统持续开展环境监测数据质量意识教育，通过学习教育，牢固树立数据质量观念，从思想上进一步重视加强环境监测质量工作。巩固全省“大贯标”活动成果，通过自查、自纠、建章立制，进一步推动环境监测技术规范、标准的贯彻落实。湖南省重点加强了环境空气自动监测和水质自动监测质量管理体系建设；通过开展环境污染刑事案件中环境监测数据认可，进一步规范环境监测工作。为了做好各级环境监测站计量认证工作，与湖南省计量部门进行了协调对接，理顺了关系。完善了监测人员持证上岗考核办法，举行了持证上岗统一理论考试，全省报名参加理论考试人员达 1057 人 1259 项次，比 2014 年增加 27%；全年共对 1 个省级、12 个市级、48 个县级监测站以及 2 个社会化环境检测机构开展了持证上岗现场考核工作。拟定了社会化环境检测机构监测能力认定的有关管理办法。布置开展空气自动监测质量管理自查和监测站能力验证工作；省站在监督性监测抽查的基础上，重点对市（州）污染源监督性监测情况进行了交叉检查。大部分监测站均积极参加各种实验室间比对和能力验证试验，结果满意；益阳等市级站认真组织对县级站开展质控考核，提高监测质量。二是环境监测信息公开取得新突破。进一步规范了环境监测信息的发布内容、形式和方法，定期组织编制并发布各类环境质量报告、重点污染源监督性监测和企业自行监测结果。拓宽环境空气质量监测预报结果公开渠道，每天在省环保厅网站、省气象局官网以及有关报纸、广播、电视等媒体发布，14 个城市环境空气质量均按照新标准的要求实时发布，城市环境空气质量进行排名，每周按要求发布环境空气质量周报，每月定期发布地表水环境质量状况、湖南省环境质量状况和 6 个重点城市综合指数排名情况；针对企业自测、监督性监测和信息公开，举办了企业自行监测、监督性监测及信息公开培训班，各企业借助统一的信息发布平台，及时对外公布企业排污状况信息；每季度及时发布省管火电厂监督性监测结果等各类环境监测信息，满足公众环境质量知情权。三是监测站达标建设取得新进展。充分利用湖南省实施“一号重点工程”和重金属污染防治工作的契机，将各级环境监测站标准化能力达标工作作为一项重要工作，全面推进监测能力建设。2014 年争取国家和省级专项资金 7900 万元用于环境监测能力建设；一年来先后有郴州、张家界等 2 个市级环境监测站、19 个县级环境监测站通过标准化达标验收，湖南省监测站累计达标验收 96 个县（市、区），达标率达到 90%。其中长沙、株洲、衡阳、岳阳、常德、张家界、益阳、郴州等 8 个市（州）及其辖区内县（市）监测站均完成了标准化建设达标。四是监测培训工作取得新成绩。湖南省环保厅先后举办了减排监测体系建设考核、国控重点污染源监督性与企业自行监测、环境空气质量新标准、水质自动监测技术、县域生态环境质量考核等一系列培训班，全年组织对市县和重点企业监测管理与技术培训 15 期 1600 多人次。五是重点考核工作取得新进步。召开高规格的重点生态功能区年度考核工作会，有关县（市、区）政府主要领导参加了会议，动员全厅的力量，按照调整后的指标体系完成了湖南省 54 个县（市、区）生态环境质量考核工作，组织 7 个组全覆盖地开展了现场核查，落实加强县域水、气和生态环境质量的监测，推动县级监测能力建设。督促新增 30 个考核县按照要求做好监测能力建设项目的实施，年底前全部通过了环境监测能力达标验收。全面贯彻落实湖南省委、省政府《关于分类指导加快推进全面建成小康社会的意见》要求，按照省环保厅下发的《湖南省全面建成小康社会环境质量指标监测方案》，对各市（州）水质、空气监测点位进行了认定，各级环保部门精心组织部署县（市、区）开展好辖区内环境质量监测工作，按要求完成了 2013 年度数据收集、审核和报送工作。

五、积极推进环境监测事业改革

一是出台了社会监测机构能力认定办法。为了规范社会化环境检测机构环境监测行为，推进环境监测服务社会化，在调查研究的基础上，湖南省环保厅下发了《湖南省社会环境检测机构环境监测业务能力认定管理办法》，就相关管理原则、申请条件、认定程序标准，以及监督管理等做出了明确规定，为这项工作的开展打下了良好的基础。二是加大了政府购买环境监测社会服务的力度。湖南省环保厅联合湖南省财政厅下发了《湖南省购买环境监测服务实施办法》，选择环境监测作为环境保护领域政府购买服务试点，先行启动。为推动该项工作顺利开展，结合环境监测工作实际，进一步明确了污染源在线监测服务、地表水水质自动监测运行维护服务实施具体意见办法，完成了污染源在线监测第三方运营服务招标，对水质自动监测站第三方运营服务加强了监督管理，完成了年度考核评估。株洲、长沙、常德等市也积极推动地方政府环境监测购买服务工作。

2014 年，湖南省上下环境监测成效进一步提升，地位进一步提高，作用进一步凸显，联动进一步加强，社会影响力进一步扩大！但是随着生态文明建设的深入推进，环境保护出现了一些新的阶段性特征和趋势性变化，环境监测面临着机遇和挑战并存的新形势。

一是各级领导对环境监测工作更加重视。2014 年以来，中央领导同志就环境监测、监测数据质量保证、空气质量新标准监测、重污染天气预报预警、颗粒物源解析、环境监测体制机制改革、环境监测信息公开等工作先后做出 10 多次重要批示。环保部主要负责人指出，环境监测是环境保护的耳目、尖兵和基石，受到社会各界高度关注。湖南省委、省政府主要领导也多次对环境监测提出明确指示，要求将有关环境监测数据直接联网到办公室。省环保厅在人大常委会机关建设一个空气自动监测站，随时了解大气环境质量情况。各级领导的重视为环境监测事业发展注入了强大动力。二是环境监测体制机制改革思路更加清晰。环境监测体制机制改革是生态文明体制改革的一项重要内容，目前，以《环境保护法》的实施和“十三五”环境监测规划编制为契机，国家正在全面加强环境监测顶层设计，率先推进国家环境监测网络建设和运行机制改革。根据中央领导指示，环保部联合中编办、财政部已正式启动监测体制改革研究，本月正在京津冀开展深入调研。基本思路是建立各级环境监测网络体系，分级建设、运营和管理；明确各级环境监测站的性质、职能、人员编制和经费保障；建立科学、客观、回避干扰的监测体系管理体制和运行机制。改革将为环境监测注入强大活力。三是环境监测在环境管理战略转型中的重要地位更加凸显。环境质量改善是环境保护工作的核心。当前，环保工作正朝着协同推进环境质量改善与总量控制双管控的方向转变，环境质量改善的目标指标如何确定，改善效果究竟如何，必须依靠环境监测数据来评判，必须以监测技术体系为支撑。在湖南省正在实施的环保重点工作考核、全面建成小康社会考评、政府绩效考核、领导干部政绩考核、湘江流域水质生态补偿目标考核、重点生态功能区县域生态环境质量考核等工作中，监测数据发挥着极其重要的作用。四是新修订的《环境保护法》对环境监测工作提出了新的更高、更严的要求。法律明确规定：要建立、健全环境监测制度，做到“四个统一”（统一监测制度、统一国家环境质量监测点位设置、统一环境监测技术规范、统一环境监测信息发布）；要保证监测数据真实可靠，对监测数据的真实性和准确性负责，对篡改、伪造或者指使篡改、伪造监测数据的要予以惩处，追究法律责任，监测数据质量问题已上升到法律层面；同时要求要及时公开环境质量和污染源监测信息，如果不监测、不公开或不如实公开都要受到处罚。2014 年启动的环境污染刑事案件环境监测数据认可工作，要求各级环境监测部门要认真开展污染源监督性监测和环境执法中的现场监测，科学制定监测方案，严格按照国家、行业和地方标准与监测技术规范的要求开展监测工作，严格执行质量体系和程序文件，按照计量资质认定的监测项目出具监测数据报告，对监测数据的真实性负责，以满足环境执法的需要。否则，监测系统人员也将面临被追责。五是社会公众对监测数据关注度日益提高。随着全社会环境意识的不断增强，社会公众更加期待了解周边环境状况，掌握各类环境监测信息。同时，监测体制改革的不断深入，社会化监测机构参与环境监测的深度和广度会不断加大，随着企业自行监测的推行，各级环境监测站一统天下的局面将迅速改变。要求各级环保部门和企业及时发布各类监测信息，满足社会公众的环境知情权、参与权和监督权，在服务社会的过程中，发展环境监测事业。

与此同时，还要清醒地认识到，当前环境监测任务繁重，环境监测工作在适应环境管理需要和转型，以及人民群众的期待方面还存在一些突出问题。

一是监测网络体系建设任务仍然艰巨。地表水监测网络要进一步规范；饮用水水源地水质、重金属监测未完全开展起来，监测点位指标需进一步确定，监测指标不齐全，监测频次、实验室分析等有缺陷；空气监测中相当一部分县（市、区）还未实现6项指标全监测，一部分县还是手工监测；土壤环境质量常规监测、生态监测、农村监测等制度未建立起来；企业自行监测有待改进和完善；水质自动监测站建设总体规模还很小，还不能真正起到预警的作用；等等。总之，距离“三个说清”的目标，目前还有较大差距。二是监测系统的自身能力还存在不足。环境监测综合能力不足，国家、湖南省环保厅统一配备的监测仪器装备，在一些县级监测站使用率不高，甚至成为摆设，部分县（市）监测实验室面积严重不足；监测能力建设投入不足，监测工作经费保障不到位。三是监测管理机制不活。市县两级环境监测管理机构和人员力量薄弱；环境监测主动、超前、拓展服务意识不强、服务渠道不畅；对社会环境监测机构的支持、监管还是空白；一些市、县级环境监测站内部管理不规范，工作质量、标准不高。实验室质量管理体系不健全，制度执行不到位。四是队伍建设滞后。监测站人员普遍不足，结构不尽合理，尤其是县级监测站，缺少业务骨干，有的站开展监测工作的技术人员比例不到一半，而其中不少人员还被市、县局抽调从事环境行政管理工作。此外，监测站工作辛苦、待遇偏低，造成人员流失，监测持证的积极性不够，导致一些可以完成的监测项目无人承担。五是监测数据不真、不准的问题依然存在。有些地方政府、环保部门为了考核达标的需要，指使监测站编造、篡改监测数据的情况仍然存在；有些监测站本身工作不够规范，制度执行不到位，质量管理控制不严，使得监测数据质量不真实、不准确。六是监测系统要求不严，作风不实还比较普遍。有的监测站长期管理松懈，人心涣散，制度缺失，对工作要求不高，对人员管理不严；有的开拓精神不强，工作满足于现状，对上级交办的工作被动应付，敷衍了事；有的享乐主义思想严重，不愿意到一线工作，不愿意做艰苦的工作，不愿做的事想尽办法推脱。七是企业自行监测和信息公开存在诸多问题。一方面，企业的认识还不到位。部分企业自身缺乏环保意识，逃避应承担的社会责任，开展自行监测主动性不强。受市场不利因素的影响，企业开工率不足，生产不能持续稳定，企业对开展自行监测抵触情绪较严重。另一方面，由于这项工作刚刚起步，还缺乏相应的工作标准、模式和工作经验，在企业实施自行监测和信息公开上绝大多数企业不能完全按国家规范要求做到位，如监测方案不确定、委托监测单位不落实、部分指标未测全、信息公开不规范不及时等等。八是企业在线监测工作有待进一步加强。部分市、县企业对在线监控工作重要性认识不足，部门责任不落实，协调配合不到位；监控系统建设还不够完善，建设安装不到位，已建的设施不规范，监控中心间数据采集、联网传输、数据显示故障率较高；运营监管不到位，第三方运营公司管理存在的问题比较多，运营维护水平不高。

下一步，湖南环境监测工作一定要把握良好的发展机遇，有效应对挑战。针对存在的问题攻坚克难，强力推进环境监测工作整体提升。

（2015 年 5 月 15 日）

以大气环境监测职工技能竞赛为契机
全面提升湖南省环境监测队伍岗位技能

环境监测是环境保护的“耳目”和“哨兵”，起着“说清环境、支撑决策、服务民生”的重要作用。《环境保护法》的修订和《大气污染防治行动计划》的出台，对大气环境监测工作提出了新的更高要求。2015 年 7 月 26 日，经中央深改组审议，国务院正式印发的《生态环境监测网络建设方案》，进一步明确了环境监测改革的总体目标和要求，环境监测面临着前所未有的发展机遇。

为了进一步加强环境监测工作，提升环境监测岗位职工技能水平，湖南省环保厅联合湖南省总工会举办了 2015 年湖南省大气环境监测职工技能竞赛，这是对湖南省大气环境监测岗位职工技能水平的一次全面检验，也是湖南省环境监测职工时代风采的又一次充分展现。此次技能竞赛呈现出以下几个显著特点：

一是竞赛主题鲜明，内容丰富。近年来，湖南省大气污染形势严峻，公众对大气环境质量的关注度越来越高，大气污染防治已成为湖南省当前和今后长时期的环保重点任务。选择大气监测作为竞赛主题，切合湖南省环保工作的重点，意义重大。在总结历届竞赛经验的基础上，竞赛组委会认真研究制定竞赛方案和技术文件，竞赛内容既有理论考试和实验室分析，又有现场采样和现场分析，充分体现当前环境空气监测的技术要求和操作规范，同时进一步完善了比赛规则，规范比赛程序，科学安排赛事，从人力、物力和财力等方面有效保证竞赛的顺利进行。

二是精心组织，周密部署。各级环保部门、总工会高度重视技能竞赛，湖南省环保厅联合湖南省总工会成立了高规格的领导小组，对工作进行了专题研究。各市（州）结合实际情况开展了技能培训、岗位练兵和竞赛选拔等活动，广大环境监测职工积极参训、参赛，各地掀起了学技术、练技能，争做高技能人才的热潮。

三是选手认真准备，发挥出色。围绕此次竞赛内容，各市（州）进行了认真准备，对参赛职工进行系统业务培训，参赛职工在保证日常工作不受影响的情况下，认真学习理论知识，反复操作练习，牺牲了许多休息时间；在竞赛过程中，各位选手严谨细致、沉着冷静，相互帮助、精诚合作，展现了良好的团队意识和争创一流的拼搏精神。

通过此次竞赛，促进了各级环境监测部门大气环境监测技术技能的交流与提高，一批优秀监测技术人才崭露头角。下一步，各级环境监测部门应以大气环境监测职工技能竞赛为契机，全面提升湖南省环境监测队伍岗位技能，为湖南省大气环境监测工作开展提供了更加有力的人才和技术保障。

（2015 年 10 月 28 日）

抓好环境质量监测考评工作

在2016年湖南省环保工作会议上，湖南省政府分管领导提出了明确要求，要对湖南省县级以上区域环境质量情况进行全面监测考评，对环境质量变差的要及时采取措施。在这样一种大背景下，湖南省环保厅拟定出台了《湖南省环境质量监测考评办法（试行)》，这是湖南省环境保护工作的一项重要举措。为了确保考评的顺利进行，推进环境监测工作质量，湖南省环保厅和省环境监测站先后下发了一系列配套文件和技术规定。从近几个月考评情况来看，考评工作已引起了省（区、市）政府领导的高度重视，产生了较好的社会影响。

为了切实抓好环境质量监测考评工作，确保数据真实准确、考核公平公正，必须重点抓好以下几项工作：

一、认真组织环境质量监测考评

（一）认真抓好市（州）的环境质量监测考评

一方面，要不折不扣地贯彻落实湖南省考评工作要求，建立起环境质量监测、信息汇总、对外发布、数据分析、数据应用等各个环节相应的工作制度，分解工作责任，保证考评工作落到实处，配合湖南省环保厅完成好月度考评工作，确保考评起到相应的效果。另一方面，各市（州）环保局也要迅速启动对所辖县（市、区）的环境质量监测考评工作，细化考核办法，定期通报监测结果，向社会公布环境质量情况，促进环境质量的改善。

（二）确保监测数据质量

监测数据的真实准确是监测工作的生命线，是考评工作的基础。务必始终把监测数据质量当作监测工作的生命线、一条不可逾越的红线，以更加严谨、规范、负责的态度抓好环境质量监测工作，建立更加严密的监测质控体系，确保数据的准确性、权威性和公信力。首先，要进一步健全监测数据质量保证和控制体系。省环境监测中心站要会同各市（州）监测站，以地表水、空气、土壤、污染源监测为重点，建立更加系统、严密的监测质控体系，加强自动监测质量控制体系建设，明确各项监测活动中的质量控制措施，促进监测行为的规范，严防监测分析人员从源头开始在数据上弄虚作假。抓好各项质量控制措施的落实，凡监测方案中已经明确的标样考核、同步比对、随机抽测等质控措施，要不折不扣地落实执行。要加强质控检查和抽查，运用多种检查方式，如采取省、市联合检查和交叉检查等，增加检查的频次，督促质量控制制度的落实执行。要按照国家要求全面开展地表水上下游联合监测工作。其次，加强监督检查。对存疑的监测结果或重要敏感区域，开展定期或不定期的核查监测或调查性监测，发现问题，抓典型，对检查中发现的数据质量问题及时督促整改。要认真贯彻执行环保部下发的《环境监测数据弄虚作假行为判定及处理办法》，要明确监测数据责任，各级监测站对监测数据负责，监测站长要坚持独立自主，说实话、摆实情，对环境监测数据质量负责，不得以任何形式篡改数据。同时，要细化分解责任，对监测工作的每一个环节，都有明确的责任人，出了问题可以明确地查清责任。对于涉及考核的水质、空气质量监测指标，各级环境监测站要明确相对固定的监测责任人员，对数据质量进行严格把关。各级环保部门主要领导要为监测工作提供坚强后盾，主动抵制行政干预和长官意志，坚决纠正部分地方把环境质量考核指标完成任务分解至监测站，环境监测站上报的数据需行政审核等现象。对存在监测数据行政干预、人为造假等问题，依据规定严肃处理。严肃查处数据造假行为。

（三）确保考评的措施到位

考评工作是推进环境质量改善的有力抓手，决不能走过场。五条措施都是过硬措施，各级环保部门要不折不扣地贯彻落实好。一是尽快建立环境质量监测信息公开制度。随着全民环境意识的提高，要求公开水、气、土壤等环境质量信息的呼声越来越高。为此，要充分尊重公众环境监测信息知情权，从公共管理的角度，以开放透明的姿态，积极推进环境监测信息公开工作。要坚持“公开是常态，不公开是例外”原则，依法及时主动公开环境监测数据。要加快推进建立省、市统一的信息公开平台，以环境质量信息和企业环境监测信息为重点，全方位、多层次、多渠道公布环境监测信息，拓展信息公开的渠道和途径；进一步完善环境监测信息公开方案，全面建立环境质量公告制度，全面实施水环境质量、城市空气环境质量、声环境质量、重点污染源监督性监测结果等监测信息公开；各市（州）、县（市、区）要积极创造条件，利用各种渠道按月发布环境监测信息，对环境质量明显变化的及时通告或专函警示。二是加强联合督察。强化环境质量的动态监管和预警，对月度监测环境质量出现明显变化的（包括明显变好和明显变差），要及时组织监测及相关管理部门开展专项检查，分析变化的原因，提出针对性的措施。湖南省环保厅组织省环境监测中心站等部门每月对湖南省排名明显变化的，进行重点核查，各市（州）要做好配合工作。各市（州）要对所辖县（市、区）环境质量监测情况进行督察，各县（市、区）要对本单位监测结果进行自我检查。三是加强监测数据分析。突出以改善环境质量为核心，更加注重环境监测的结果分析。然而，每年花费大量人力物力所获得的海量监测数据，并没有得到及时充分有效地开发，在环境管理工作中的作用还未完全体现出来。以往常规监测简单的数据分析报告，已不能满足环境管理的需要。各级环境监测站要按照环保大数据的要求，加强监测数据汇总和整理，着力提高数据综合分析能力，积极研究环境演变规律、环境质量变化趋势及其对策措施，及时提交研究分析报告，为环境决策管理提供更加有力的支撑。四是充分运用监测成果严格考核。经核定后的区域环境质量监测结果，要纳入政府绩效考核、全面建成小康社会考评、水质和大气污染防治目标考核、县域生态环境质量考核、流域生态补偿考核等内容之中，进行奖励处罚，因工作原因造成环境质量变差，要按要求启动问责程序。

二、加快推进环境监测事权上收

实施环境质量监测事权上收，是党中央、国务院就生态文明体制改革作出的一项重要部署，是落实《生态环境监测网络建设方案》的重要举措。2015 年底，环保部印发了《国家生态环境质量监测事权上收实施方案》，对环境监测事权上收的范围、方式、步骤和要求做出了总体安排，对环境空气质量监测城市站社会化运维交接工作作出了具体部署，正式拉开了监测事权上收工作的序幕，现在关键是加快推进，狠抓落实。

要做好环境监测事权上收工作，有四个关键环节：

（一）提高认识是开展工作的先决条件

第一，环境质量监测事权上收是厘清中央和地方监测事权与支出责任的需要。按照环保部要求，湖南省 14 个市（州）城市空气站、地表水国控监测断面、土壤环境质量监测点位，以及部分地表水质自动监测站，将上收到国家一级直接管理。在此基础上，也将进一步明确省级环境监测管理事权，基本思路是县一级水、大气、土壤环境质量监测事权由省直接管理。通过这些措施，确保实现中央与地方、地方各级政府环境监测事权与支出责任清晰合理。第二，环境质量监测事权上收是避免行政干预的必要措施。随着以环境质量改善为导向的环保工作机制的建立，国家和省对市、县生态环境质量考核问责力度不断加大，环境质量监测要为考核工作提供数据支撑。少数地方行政部门出于考核的压力，可能会干预环境质量监测数据，对数据的真实性和准确性造成影响。环境质量监测事权上收将从体制上实现“谁考核、谁监测”，有效避免监测工作的行政干扰，保证考核的客观公正。第三，环境质量监测事权上收是减轻基层监测系统压力和负担的有效手段。事权上收后，水、空气、土壤环境质量监测工作经费由中央和省全额保障，监测工作由总站或省站直接组织实施，监测数据共享，这将大大减轻市、县监测部门的工作负担，也让监测人员从左右为难、吃力不讨好的境地中解脱出来。

（二）上收环境监测事权必须明确要求

这次城市空气监测事权上收，全国涵盖了338个地级及以上城市的所有1436个城市站，环保部要求：自9月1日起全面启动交接工作，原则上要于10月底前完成，个别有特殊情况的地区，交接工作可适当顺延，但也必须于11月底前完成。根据湖南省实际情况，湖南省环保厅与2家运维公司初步协商，决定湖南省14个市（州）城市78个站点，自这次会议后立即启动交接工作，力争9月底前全部完成交接任务。工作目标十分明确，所有国控城市站点都在上收之列，不允许任何地区的任何点位以任何理由搪塞、阻挠、拖延上收。尤其要确保所有点位上收期间正常运行，仪器设备不能停、监测数据不能断。若出现因责任落实不到位等人为因素导致的监测站点停止运行、数据中断或出现大幅波动等问题，将严肃追究相关单位和人员的责任。

（三）上收事权需要各方全力配合

按照职责分工，各市（州）环保局的主要任务要组织做好交接工作，要专门召开会议部署，制定详细的工作计划，明确责任人，周密安排部署，抓好督促落实。要在交接前对仪器性能进行全面测试，确保监测仪器、辅助设备及数据采集传输设备完好并运行正常，仪器档案等相关资料齐全，运行维护记录完整，无其他遗留问题，之后才能与运维公司实施交接。湖南省环保厅环境监测处和省站要把组织做好交接工作作为当前的重点工作任务，加强统筹指导，进行周密部署。有关负责同志要深入一线，指导、督促地市开展交接工作，及时帮助解决好交接中出现的问题和困难。对于重大问题和情况，要及时向当地环保部门和湖南省环保厅报告。各市（州）环保局、监测站要加强宣传动员，主动向当地政府、环保部门和广大群众解释清楚，宣传中央生态文明改革举措，营造良好的工作氛围，使大家清楚认识到事权上收的重要性和必要性，积极参与和支持交接工作。

（四）事权上收后还要做好后续工作

监测站点完成交接后，由监测总站委托运维公司全面负责站点的运维和日常质控工作。各市（州）环保局也不是一交了之，什么事没有。一方面，要继续做好支持配合。要协调做好空气自动站站房用地、安全保障、电力供应、网络通信等日常运行所必需的基础条件保障，不允许出现非正常断电、断网等情况。同时，有责任和义务每日按要求提供监测站点供电、通信和周边环境是否异常等相关情况。另一方面，要继续加强数据汇总和分析。及时跟踪和反映城市空气监测数据结果，加强综合分析，积极研究城市空气质量演变规律、变化趋势及其对策措施，提交有分量的研究分析报告，为城市大气环境的改善提供决策依据。

三、积极推动大规模环境监测人员全员培训

为了推进环保体制机制改革，湖南省环保厅将大规模开展环保人员系统培训工作，利用2—3 年时间，对现有环保机构在编人员全面轮训一次。按照这一工作部署，要全力抓好环境监测人员的业务培训。省环保厅计划每年安排 2 期环境监测业务系统培训，每年重点培训各地环境监测业务骨干 120 人。同时，将举办一系列专题培训，重点围绕环境质量监测分析能力进行培训。各市（州）务必要高度重视监测培训工作，要制定明确的培训计划，落实工作方案，除了市（州）监测站自身人员以外，要把县（市、区）环境监测人员的培训抓起来。要进一步改进培训方式，缺什么补什么，采取举办培训班、请进来送出去培训、技术比武、岗位练兵、持证上岗考核等多种方式，强化培训效果，努力培养适合本单位需要的、稳定的监测业务管理和监测技术人员，切实提高湖南省监测技术人员在仪器设备使用、监测技术方法、数据综合分析、质量管理等方面的能力水平。要继续开展监测技术比武活动，按要求抓好“十二五”环境质量监测报告书评比，围绕水质监测组织县级监测人员操作比武，营造人人学习业务、参与技术竞赛的工作氛围。

四、加强监测系统思想政治工作和作风建设

一是要深入学习和贯彻落实中央监测体制改革精神。各级环保部门，尤其是监测系统广大干部职工，要把学习贯彻落实中央环境监测改革的精神作为头等大事，认真学习中央下发的《生态文明建设改革总体方案》

《生态环境监测网络建设方案》等一系列文件精神，充分认识环境监测管理体制改革的必要性和重大意义，全面理解和把握生态环境监测网络建设的总体要求、主要目标和任务举措，进一步统一思想，坚定信心，以积极的姿态，自觉做好本职工作，切实加强环境监测队伍建设，按照环保部的统一部署，有序推进环境监测体制改革工作。二是要振奋精神。当前，随着环保体制改革的不断推进，为环境监测事业提供了十分难得的发展机遇。各级环保部门一定要重视加强环境监测系统思想政治工作，引导干部职工提升思想政治素养，提振干事创业精气神，始终保持真抓实干、开拓进取的劲头。三是要确保监测人员队伍稳定。2016 年是环境监测体制改革的特殊过渡期，各级环保部门一定要按照中央和省里要求，加强业务管理，确保做到思想不乱、队伍不散、工作不断、监管不软。要按照现有职责分工、工作机制和既定安排部署推进各项工作，确保全年环境监测任务全面完成。改革期间，各级环保部门、环境监测站要严明政治纪律，严守政治规矩，切实遵守组织人事和财经纪律以及有关党风廉政规定。要避免监测系统人才、骨干流失和随意进人，确保机构人员平稳过渡。改革期间，要对环境监测业务开展所需工作经费予以充分保障，确保相关工作有序开展。四是加强廉政勤政建设。湖南省环境监测系统要认真贯彻落实党中央和环保部党组，以及省委、省政府、省环保厅党组关于党风廉政建设的各项工作部署，落实党风廉政建设主体责任，抓好党章和“一条例一准则”的学习贯彻，持续做好“三严三实”整改落实工作，严格执行“十条禁令”，使“四风”问题不断得到改进。加强廉政风险点防控管理，对容易产生腐败的重点岗位、关键环节加强权力运行监督，确保各类监测资金的使用经得起检查和审计。在仪器设备招标采购、涉企服务、监督考核等工作中要严格遵守相关法规制度，严格依法依规开展监测，确保监测数据真实，坚决杜绝出现腐败问题。

（2016 年 9 月 7 日）

切实把中央环保督察这项生态文明建设和环境保护工作领域重要制度用足用好

党的十九大报告指出，必须树立和践行绿水青山就是金山银山的理念，坚持节约资源和保护环境的基本国策，像对待生命一样对待生态环境，统筹山水林田湖草系统治理，实行最严格的生态环境保护制度。环境保护督察作为生态文明体制改革领域一项重大制度建设和创新，第一轮中央环保督察的深入开展，通过以改善环境质量为核心、以问题为导向、以责任为抓手，加快解决了一批突出环境问题，使党政干部在中央环保督察中有了新认识，人民群众在中央环保督察中有了获得感，各级党委政府高度重视，人民群众坚决拥护。

一、中央环保督察对推进生态文明建设和环境保护带来重大深远影响，必须一以贯之

（一）切实深化了党政领导干部的思想认识，保护优先的新发展理念更加深入人心

要解决好环境污染、生态破坏的问题，首先要解决领导干部思想问题。中央环保督察既是对各省（区、市）党委政府的一次督察、检查、巡视，也是一次生态文明理念的学习、宣传、贯彻。中央环保督察通过抓住领导干部关键少数，通过谈话、约谈、问询传导压力，直面问题，一针见血，让党政领导干部“脸红、出汗”，使党政领导干部从根本上认清了“金山银山”与“绿水青山”的关系，强化了保护优先的新发展理念，新的生态环保理念逐步入脑入心。特别是中央对祁连山生态环境问题的严肃处理，表明了中央抓生态文明建设的明确态度和坚定决心，给地方党政领

导干部敲响了环保警钟，对大家触动很大，进一步强化了地方党政领导干部严守生态环保红线的政治自觉。

（二）着力强化了各级各部门环境保护责任，推动加快形成生态文明建设和环境保护齐抓共管工作格局

要解决当前中国面对的生态环保难题，就是要建立健全新的环境监管体系，进一步落实各级各部门环境保护责任，走出生态环保问题就是环保部门问题的困局。中央环保督察严格落实环境保护“党政同责”“一岗双责”，坚持“管行业必须管环保、管业务必须管环保、管生产经营必须管环保”的工作原则，通过移交办理有关部门一批重点案件，追究有关部门一批失职人员责任，提高了有关部门对环保“一岗双责”的主体意识，强化了有关部门的环保主动履职意识，推动了齐抓共管的大环保格局形成。同时，通过一大批具体问题的交办处理，让各级党委、政府进一步明晰了各部门环保职责，为从行政层面改善生态环境保护治理工作中权责不明、错位甚至推诿的问题开了一剂良方。

（三）有效解决了一批突出环境问题，促推环境质量逐步改善和生态系统休养生息

习近平总书记指出，要让透支的资源环境逐步休养生息。中央环保督察突出以问题为导向，在生态环保问题矛盾丛生的现阶段，牢牢抓住“环境质量”“生态红线”两个牛鼻子，针对重点问题要求地方明确整改目标、时限、措施，有力推动了地方政府解决难点问题的决心和工作落实。饮用水水源地保护、自然生态保护区保护、重金属污染防治等一批过去的生态文明建设薄弱环节，通过中央环保督察的重点发力，补齐了短板，完善了制度，取得了成效。截至2016年，三大区——京津冀、长三角、珠三角三个区域细颗粒物（$PM_{2.5}$）平均浓度与2013年相比都下降了30%以上；全国酸雨区面积占国土面积比例由历史高点的30%左右下降到了7.2%；地表水国控断面Ⅰ—Ⅲ类水体比例增加到67.8%；森林覆盖率由21世纪初的16.6%提高到22%左右。

（四）及时回应了人民群众对环境问题的重大关切，人民群众和党委政府的关系更加紧密

随着全国生产力水平明显提高和人民生活显著改善，人民群众期盼享有更优美的环境。只有坚持以人民为中心的发展思想，坚决打好生态环境保护攻坚战，满足人民群众对良好生态环境的新期待，才能提升人民群众的获得感、幸福感。第一轮中央环保督察过程中，一共向地方交办了10.4万件案件，按照“件件有着落、事事有回音”的要求，目前为止10.2万件已经得到办结，其中，有8万件左右涉及垃圾、噪声、散乱污企业污染及黑臭水体等长期得不到有效解决的问题，这次得到了比较好的解决，让人民群众看到了改善环境质量的希望和解决好环境污染问题的信心，进一步密切了党委政府和人民群众的血肉联系，督察行动得到了老百姓的真心欢迎和拥护。

（五）全面促进了地方产业结构的转型升级，生态环保工作的底子更牢基础更扎实

全国环境污染问题中结构性污染问题突出。有的地方政府过于追求发展速度，重化工产能快速扩张，钢铁、水泥、电解铝等高污染、高耗能的产能严重过剩。中央环保督察对重点污染行业不搞一刀切，采取疏堵结合的方式，加强企业的污染防治，内化环境成本，让守法企业有一个更加公平的竞争环境，比较好地解决了一些地方突出存在的“劣币驱逐良币”的问题，大大提升了这些行业产业发展的规模和效益，淘汰了一批落后污染产能。中央环保督察通过严格执法，取缔了一大批小散乱污企业，消减了污染存量，新增了环境容量，加快了相关产业升级，让环保措施足、产品质量好的企业能够获得发展空间。

二、中央环保督察是生态文明体制改革和环境保护落地落实的重要抓手，期待更加完善

（一）在形式上，中央环保督察作为“中字头”代表党中央、国务院，督察组组成应更具代表性，包括中央和国务院有关部门

目前，中央环保督察组都是由环保部牵头成立，中纪委、中组部的相关领导参加，组长由现职或近期退出领导岗位的省部级干部担任。实际

上，由于中纪委和中组部相关领导参加并没有在所有中央环保督察组落实，国务院有关部门没有参与，严重缺位，基本还是环保部门唱独角戏，在对地方党委政府及有关部门督察上，效果大打折扣。因此，今后有必要调整完善中央环保督察组的组成结构，由中办、国办牵头，中央、国务院有关部门及中央有关企业参与，使中央环保督察组组成更具权威性、代表性，从中央层面就开始体现出“党政同责” “一岗双责”，对推动地方“党政同责”“一岗双责”的落实和地方环保督察，更具示范性、指导性。

（二）在内容上，中央环保督察对问题的把握和查处具有很强的导向性，应该重点关注突出生态环境问题背后党委政府及有关部门决策和环保责任的落实

目前，第一轮中央环保督察一共向地方交办举报件10.4万件，8万件是涉及垃圾、油烟、恶臭、噪声、散乱污企业污染以及黑臭水体等具体的环境问题。但是中央环保督察的重点是什么？我觉得应该是环境质量改善情况、大气、水、土壤污染防治行动计划的贯彻落实情况，党委政府及有关部门的履责情况等，具体的环境问题应该主要靠常态化的日常执法监管来解决，即使是这些具体环境问题的形成，相当一部分也是地方党委、政府决策不正确或者不落实，有关部门环保责任不到位，不作为或者乱作为所致，也应该把具体环境问题背后的党委、政府及有关部门的责任作为督察重点突出出来。这个问题带有根本性和全局性。有的地方政府，只看到企业纳税提高财政收入，看不到企业的污染带给人民的痛苦，看不到治理污染的长期性和艰巨性，作出的决策不符合绿色发展理念；有的地方环保部门还在单打独斗，大环保的格局仍未形成。事实证明，哪个地方的党委、政府绿色发展理念树得牢，生态文明建设和环保工作决策正确，相关部门环保责任落实到位，这个地方的发展就能良性循环，人民群众获得感就高。因此，中央环保督察应该重点关注突出生态环境问题背后的党委政府及有关部门决策和环保责任落实，树立起鲜明的导向。

（三）在方式上，中央环保督察可以借鉴中央巡视，可以不定时、不定批，可以“发点球”、可以“回头看”，重在抓问题解决和整改落实

中央巡视制度的成功，不仅在于它有一整套的法律法规和制度规定，还在于它的方式方法十分灵活，既有常规巡视，也有专项巡视，还有机动式巡视，加上“回头看”，真正实现了以问题为导向，哪里问题多、哪个部门问题多，就往哪投入更多力量，发挥了巡视和监督的最大效力。中央环保督察可以借鉴中央巡视的成功经验，在当前全面覆盖的基础上，开展不定时、不定批的督察。可以“发点球”，针对重点地区、重点行业、重点问题开展机动式、点穴式专项督察，既可以解决面上某一项突出环境问题，也可以重点解决一个地区、一个行业的环境问题，实现点面结合。突出抓好“回头看”，通过检查反馈意见整改落实情况，防止一些地方抓环保紧一阵松一阵，抓整改走形式、跑过场，口头讲重视、行动不落实的现象，保持环保督察的压力常态化、长期化，促进地方党委政府及有关部门把践行绿色发展的理念变成自觉行动。

（四）在结果上，中央环保督察在对党政领导干部责任追究方面具有较大震慑，但在党政领导干部绩效考核和选拔任用方面需要更加紧密结合

干部绩效考核和选拔任用是推动各级党政领导干部落实中央大政方针最有效的方法和手段。通过一年多的中央环保督察，特别是通过责任追究，各级党政领导干部加强生态环境保护、推动绿色发展的意识明显增强了，但是要从长效机制上保护这一督察成果，还需要进一步从干部绩效考核和选拔任用上加以充分利用。一些地方党委政府也意识到这个问题，组织各级组织人事部门对干部绩效考核和选拔任用进行研究完善。一些地方制定了考核细则，但权重还比较小，内容还比较粗，方法还比较简单，体现不出生态文明建设应有的地位。因此，从中央层面上，要进一步明确把推进生态文明建设作为各级领导干部绩效考核和选拔任用的重要内容，加大考核权重，从德、能、勤、绩等方面细化考核内容，改进考核方法，对考核优秀或者不合格的领导干部要明确相应奖惩措施。通过把中央环保督察纳入干部绩效考核和选拔任用，进一步推进中央环保督察的法治化、规范化，使这一行之有效的举措长期发展下去、坚持下去。

（2017年12月12日）

《长江保护法》推动湖南省生态环境保护“立规矩”“强攻坚”“守底线”

良法是善治的前提，厉行法治是对长江最好的保护。2016 年以来，习近平总书记先后在长江上游、中游、下游召开座谈会，为长江经济带发展谋篇布局、把脉定向。2021 年 3 月 1 日，《长江保护法》正式实施，母亲河戴上了法律的“护身符”，湖南省长江生态环境保护工作进入了新阶段。通过努力，2021 年，全省 147 个国考断面水质优良率达到 97.3%，较 2020 年提高 4 个百分点，排名全国第 4 位，中部第 1 位；永州、张家界、怀化市进入全国地级城市地表水环境质量状况排名前 30 位，数量居全国第 3；534 个省考断面水质优良率达到 96.1%，其中，长江干流湖南段和湘资沅澧四水干流 131 个国省考断面水质全部达到或优于Ⅱ类；冬季候鸟数量刷新历史纪录，被称为“鸟中大熊猫”的中华秋沙鸭也频繁现身，稳定栖息的江豚、麋鹿分别达 130 余头、220 余头。2022 年上半年，147 个国考断面水质优良率达到 98.6%，位居全国第 3 位，进入全国地级城市地表水环境质量状况排名前 30 位的地级城市增加到 5 个，数量居全国第 2。2020 年以来，湖南省在国家污染防治攻坚战成效考核中连续两年获评优秀，《长江保护法》正式实施以来，湖南省交出了保护长江母亲河的“美丽答卷”。

一、扛牢长江保护政治责任

全省各级各有关部门牢记习近平总书记“守护好一江碧水”殷切嘱托，把抓好长江保护修复作为忠诚拥护“两个确立”、坚决做到“两个维护”的政治考验，省委主要领导和省政府主要领导担任省生态环境保护委员会、省生态环境保护督察和整改工作领导小组双主任（组长），多次研究部署、调研督导有关工作。多渠道开展《长江保护法》宣传贯彻，建立约谈、挂牌督办、区域限批制度，组织例行督察、日常督察、专项督察，层层压紧压实各级各有关方面工作责任。出台《洞庭湖保护条例》《湖南省贯彻落实〈长江保护法〉实施方案》等地方法规，修订工业废水铊污染物等地方标准，制定《湖南省“十四五”生态环境保护规划》，在全国率先发布省级“三线一单”管控措施和产业园区生态环境准入清单，构建“1 +4 + 14 + 860”生态环境准入体系，立好长江保护修复及绿色发展规矩。

二、强力推进污染防治攻坚

结合长江经济带环境污染治理“4 +1”工程落实等工作，连续6 年发起污染防治攻坚战“夏季攻势”，采取工程化、项目化、清单化方式推动地方集中攻坚，加快补齐治理短板、管理弱项。其中，2021 年 11 个方面 2693 项任务全面完成，2022 年部署 10 个方面 3593 项任务正在有序推进。完成全省 4763 个集中式饮用水水源保护区划定并持续开展环境问题排查整治。扎实推进长江入河排污口排查整治行动，完成 4564 个排污口排查整治。建成 163 座县以上城市生活污水处理厂，914 个乡镇建成（接入）污水处理设施，较 2018 年底翻了两番。印发实施《湖南省农村生活污水治理专项规划》，2021 年以来，对 2200 多个行政村开展生活污水治理。积极推进化肥农药减量增效、畜禽粪污及水产养殖整治，2021 年全省农作物化肥使用量比 2020 年减少 4. 67 万吨，畜禽粪污综合利用率 83%。

三、深化重点流域区域综合整治

深入推进洞庭湖水环境整治八年规划，全面实施洞庭湖总磷污染控制与削减攻坚行动，重点推进狠抓农业农村污染防治、深化城镇生活污水收集处理等 7 项重点任务和 1 项禁磷限磷专项行动，2021 年，西洞庭湖水质突破性达到Ⅲ类。全面完成湘江保护和治理第三个“三年行动计划”，10 大方面 30 项具体任务基本完成，累计淘汰 1200 余家涉重企业，突出抓好株洲清水塘、娄底锡矿山等五大重点工矿区综合整治，流域水质优良率达到 98. 7%，浏阳河整治获得央视肯定性评价。持续推进“锰三角”污染综合整治，制定《花垣县“锰三角”矿业污染综合整治规划》和实施方案，137 个具体问题完成整改 133 个。

四、系统加强生态保护修复

编制湖南省国土空间规划，将全省 20.23% 的省域面积纳入生态红线保护范围，全面推进“绿盾行动”反馈问题整改。高标准完成湘江流域和洞庭湖生态保护修复工程试点，洞庭湖山水林田湖草沙一体化保护修复纳入国家“十四五”规划。加大人工造林、封山育林、退化林修复力度，全省森林覆盖率达 59.97%。强化长江生态廊道、河湖生态廊道建设，湿地保护率达 75.77%。加大人工造林、封山育林、退化林修复力度，全省森林覆盖率达 59.97%。全面落实“十年禁渔”，加大 45 个水生生物保护区、江豚等长江珍稀濒危水生生物保护力度，洞庭湖 2021 年监测的水生生物种类，比 2018 年增加了近 30 种。

五、牢牢守住环境安全底线

坚决抓好长江经济带生态环境警示片、中央环保督察、全国人大执法检查反馈问题整改，截至 2022 年 6 月底，两轮中央生态环保督察反馈问题 173 个，整改销号 123 个；4 部长江经济带警示片披露问题 71 个，整改销号 58 个；全国人大执法检查反馈问题整改工作有力有序推进。岳阳长江岸线和码头、常德石板滩石煤矿坑等问题整改得到充分肯定。开展防范化解重大生态环境风险隐患“利剑”行动，对全省 5 个方面、13 个类别、4296 个生态环境风险隐患问题开展地毯式排查和集中整治。开展涉镉等重金属污染源排查、危险废物大调查大排查大整治等专项执法行动，2021 年全省共查处环境违法案件 2793 件，处罚金额 2.1586 亿元，移送公安 274 宗。

（2022 年）

专题六

深化改革创新

湖南省环保产业发展现状及前景展望

自2009年湖南省人民政府印发《湖南省环境保护产业发展规划(2009—2015年)》、2012年环保部确定湖南为全国环境服务业试点省以来，湖南省环保产业呈现快速发展态势。据统计，2013年湖南省环保产业总产值达1073亿元，成为全省又一个千亿产业。

一、湖南省环保产业发展基本情况

目前，湖南省已初步形成了跨领域、跨行业、多种经济形式并存的环保产业体系，既为全省环保事业的发展提供了重要的物质和技术保障，也为全省经济社会发展作出了重要贡献。

从产业发展规模来看，湖南省环保产业从业单位数、从业人数和总产值分别由2008年的760家、5万人、407亿元，增加到2013年的1078家、12万人、1073亿元。特别是近三年，全省环保产业产值年均增长25%以上，增速明显高于同期全省经济增速。从产业区域分布来看，湖南省环保产业单位主要集中在长沙市、郴州市、岳阳市、衡阳市、湘潭市等5市，5市环保产业总产值占全省环保产业总产值75%以上。从行业的区域分布看，从事环保装备制造和环境服务业的企业主要集中在长沙，其销售收入分别占全省环保装备制造和环境服务业产值的78%和71%；资源综合利用企业主要分布在郴州市、岳阳市和衡阳市，其销售收入占全省资源综合利用产值80%以上。

二、湖南省环保产业发展的特色

湖南省环保产业快速发展，主要得益于湖南省委、省政府的高度重视，还得益于经济结构的调整，污染减排、区域流域治理的推进。目前，环保产业发展呈现出新的特色。

一是环境服务试点深入开展。2012 年 7 月，环保部以《关于湖南省开展环境服务业试点工作的复函》批复同意湖南省开展环境服务业试点工作，目前湖南省是全国唯一试点省份。通过试点，湖南省在发展环境服务业的政策支持、工作机制、发展模式等方面都有所突破。2011 年，湖南省环境服务业年销售收入位居全国第 9 位。二是专业环保产业园区产生集聚效应。依托长沙高开区建设的湖南省环保产业示范园以先进环保装备制造为基础，打造“环境服务业聚集地”，目前入园环保企业达 100 余家，2013 年环保产业产值达 200 亿元，占全省环保产业产值近 20%。湘潭九华环保装备制造基地聚集了桑德环保等 10 余家环保装备制造单位。三是环保骨干企业发展迅速。2013 年，专业环保企业中产值达 10 亿元以上的单位有中联环境、永清环保、凯天环保等 3 家，并有一大批产值过亿元的单位；继永清环保上市之后，凯天环保、力合科技、湘牛环保、麓南环保等 10 余家环保公司已开展上市准备工作；大部分骨干环保企业业务已布局全国甚至国际环保市场，力合科技、麓南环保、中冶长天、安淳公司等 90% 以上的业务在省外。四是企业技术创新能力不断提升。湖南省环保企业通过产学研联合参与承担国家重大科技专项“水专项”和环保部门、科技部门科研项目，取得了多项应用成果。如赛恩斯环保的冶炼行业重金属废水处理技术与设备、中联环境的餐厨垃圾处理与资源化技术与设备、永清环保的火电行业烟气脱硫脱硝技术与设备、凯天环保的整体厂房空气净化技术与设备、力合科技的水气污染物自动在线监控技术与设备等在国内处于领先或先进水平。五是传统优势企业涉足环保业务。湖南省一些实力较强的企业和上市公司已开始拓展环保方面业务，如中联环境、现代投资、新五丰、中冶长天、中南水电院等都将环保产业作为未来发展的重要方向。六是大型环保企业入驻湖南。国内外实力较强的环保企业纷纷入驻湖南省。法国威立雅集团、苏伊士集团已在湖南开展环保业务；国内桑德集团、首创投资、北控水务、北京碧水源、青岛新天地、广西博世科等都在湖南设立了子公司或分公司。七是国际交流合作增强产业发展后劲。湖南省环保厅分别与瑞士环境科技促进署、澳大利亚维州环保局、意大利马尔凯大区签署了环境保护合作协议，建立了交流合作的平台。此外通过组织环保企业参加香港、澳门及国外一系列国际环保展活动，增强了湖南省环保产业与国外环保企业的交流与合作，拓宽了产业发展视野。

三、下一步发展前景

一是发展思路：以科学发展观为指导，以市场需求为导向，突出环保装备制造的主体地位，大力发展环境服务业、资源综合利用和“城市矿产”等产业，壮大龙头企业，培育科技型中小企业，提高产业自主创新能力，健全产业扶持政策体系。二是发展目标：2015 年，湖南省环保产业年销售收入达到 1800 亿元，到 2020 年，力争突破 5000 亿元。努力培育 3—5 家年销售收入过 50 亿元、5—10 家年销售收入过 30 亿元、10—20 家年销售收入过 10 亿元，在行业具有核心竞争能力的龙头企业。三是重点工作：加强产业发展引导，完善配套政策体系；扶持骨干企业，提高产业综合竞争力；大力发展环境服务业，加快市场化社会化进程；推进科技进步，提高技术装备水平；重视人才培养，抓好产业队伍建设。

具体来说，继续组织实施《湖南省环境保护产业发展规划（2009—2015）》，适时制定出台有利于环保产业发展的优惠政策和举措，完善市场规则，规范市场竞争，引导和引进环保产业单位向专业园区聚集，促进资源共享，拉长产业链。引导环保企业改变生产规模小、质量不稳、效益不高的局面，发展拳头产品和技术，实现规模化生产和服务。以重点产品和技术为龙头，延长产业链，按照专业化协作原则组织社会化生产和服务，提高环保技术集成服务能力。引导环保企业与省内外科研院校、污染治理企业等，组建“产、学、研、用”环保产业创新联盟。支持环保企业瞄准国际国内环保市场，努力培育一批在国内外具有一定影响力的环保名牌产品。抓住环保部批准湖南省开展环境服务业试点的契机，在环保基础设施建设、环境安全敏感等领域，试点实施设计建设运营一体化服务模式；在工业园区和重点企业开展环境保护设施社会化运营试点，逐步提高社会化运营比例；推进环境监测服务社会化，鼓励社会监测机构提供面向政府、相关部门、企业及个人的环境监测与检测服务；在城市、工业园区和重点行业引导开展综合环境服务试点，积极探索合同减排服务、排污权交易等新型环境服务模式；鼓励政府、治污企业将环境服务外包，购买环境服务。增强处理、污染场地修复、重金属污染治理等有迫切需求的环保技术进步的支持力度。进一步集中人力、物力和资金，推动以企业为主体、市场为导向、产学研相结合的技术创新体系建设；结合湖南省重点环保项目，支持发展具有自主知识产权的环保新技术。同时，重视环境科技存量的释放，加快环境科技成果的工程化转化，产业化发展，加快环保最佳经济适用技术推广应用，实现科技成果转化为治污生产力。大力培养、吸收多学科的专业人才从事环保产业，充分发挥湖南省内外各高校、院所和企业现有环保人才的作用，积极引进高素质环保人才，培育技术骨干队伍和领军人才，积极为环保科技人员创造良好的科研条件。

（2014 年 8 月）

株洲生态环保产业大有可为

清水塘工业区是国家“一五”“二五”期间重点建设的老工业基地，区内聚集了株冶集团、中盐株化等企业153家，形成了以冶炼、化工为主导产业的工业集群，曾是湖南省工业发展的标志性区域。由于区域内企业建设早，设施落后，多为高能耗、高污染、高排放的基础性产业，环境污染问题十分突出，各级高度关注，人民群众反映强烈。株洲市委、市政府认真贯彻习近平生态文明思想，按照湖南省委、省政府的总体要求，以“壮士断腕”的决心和勇气，全面实施了清水塘老工业区污染企业关停，并计划投入35亿元开展遗留污染治理，打造一个新的生态文化科技新城。

清水塘工业区是我国不少老工业区的缩影，清水塘的后续治理就需要几十亿的投入，这也是过去“先污染、后治理”老路给全社会带来的深刻教训。但从另一个角度看，这也为株洲生态环保产业发展提供了一个重要的契机和平台，应该要把握这一难得的历史机遇。不仅要考虑清水塘的污染治理问题，而且要认真谋划如何促进株洲生态环保产业发展，乃至全市经济的高质量发展。

中国环境保护产业协会发布的《中国环保产业发展状况报告（2018）》显示，打赢蓝天保卫战投资需求约为10178亿元，打好碧水保卫战投资需求约为1.8万亿，打好净土保卫战投资需求约为6600亿元（主要为风险管控），可以说生态环保产业市场广阔、潜力巨大，是正在蓬勃发展的战略性新兴产业和朝阳产业。

“十三五”以来，湖南省大力推进生态文明建设，开展中央、省级环保督察，持续推进湘江保护与治理省“一号重点工程”和洞庭湖专项整治，坚决打好污染防治攻坚战，为生态环保产业发展创造了很大的市场空间。湖南省环保产业从小到大，从弱到强，从中低端向高端不断发展，保持了年均20%左右的增长，2013年，湖南省环保产业产值首次突破千亿元，2017年又突破了2000亿元大关，实现产值2283.7亿元，涌现出了像中联环境、航天凯天、永清环保等一批环保龙头企业，创新了县域环境综合治理管家式服务的“云梦模式”，工业园区综合治理和监管管家式服务的“衡水模式”，华时捷公司重金属废水电化学深度处理、力合科技在线监测仪器设备等一批技术、设备处于国内领先水平。

株洲市委、市政府高度重视环保产业发展，将环保产业作为重要发展产业，列入了动力谷重点建设内容，编制了《株洲市环境保护产业发展规划（2018—2020年）》。2017年株洲市环保产业产值达到191亿元，以中车时代电动汽车、风电装备为代表的环境友好产品生产产业在省内具有一定的优势。该规划提出，株洲市环保产业产值年均增长率要达20%以上，到2020年，全市环保产业总产值将达到330亿元。

为此，提出以下建议：

一是拓宽视野，构建大生态环保产业格局。随着生态文明的不断深入，生态环保产业不仅仅是聚焦在污染治理，已经拓展到了源头防治、清洁生产、循环利用、生态修复、绿色发展、环境监管等众多领域，要结合这一轮机构改革，认真贯彻习近平总书记“山水林田湖草是一个生命共同体”的思想，整合资源和力量，全方位、宽领域地大力发展生态环保产业和壮大生态环保企业。

二是做强做大，提升行业影响力。对内，要重点培育、扶持一批龙头骨干企业，有力满足市内生态环保市场需求，服务经济高质量发展；对外，要扩大开放，一方面要引进一批有实力、有竞争力的生态环保企业，弥补市内治理资金不足，引进新技术、新装备，提升生态环保治理水平；另一方面，要鼓励和支持市内生态环保企业“走出去”，提升企业的实力和竞争力。要推进全市生态环保产业高速、高质、高效发展，力争用3—5年的时间，全市生态环保产业产值翻一番，提升生态环保产业整体形象，为株洲经济社会发展贡献更大的力量。

三是创新驱动，构建核心竞争力。企业要想在竞争激烈的市场竞争中立于不败之地，就必须先人一步，高人一步，创新是企业制胜的法宝。首先是技术创新。随着生态环境领域治理的不断深入，对技术的依赖程度将不断提高。企业要着力研发新技术、新产品、新工艺，不断提升核心竞争力。其次是商业模式创新。商业模式创新越来越成为企业获取竞争优势的重要途径，企业要结合各地生态环保市场的需求，积极探索新模式、新思路。第三是管理的创新。随着企业的不断发展，现不少环保企业专业领域不断拓展，业务覆盖地域不断扩大，有些甚至拓展到了海外，集团化、国际化企业的管理难度和复杂程度不言而喻，这就需要企业管理与时俱进。

四是发挥优势，打造特色优势品牌。清水塘地区是全国重金属含量高、污染种类复杂的典型区域，这里有极佳的土壤污染防治、产学研紧密结合的科技创新和产业发展条件，土壤修复治理有着广阔的市场空间，株洲市结合清水塘污染场地修复治理，探索一条从场地调查、修复技术方案制定、场地修复工程实施以及有效监管等全流程的先进而实用的技术、科学而有效的管理经验、模式和规程，并在全市进一步丰富和完善，逐步建立在场地和土壤修复方面的特色和领先优势，打造生态环保产业细分市场品牌。

五是行业自律，营造规范良好环境。诚信守法、公平竞争是企业永续发展、基业长青的不二法宝。投机取巧，不正当竞争，拉关系、走后门，甚至商业贿赂有可能获得一时之利，但绝不可能长久，甚至还会身败名裂，有牢狱之灾。党的十八大以来，反腐败“零容忍，无禁区”“受贿行贿一起查”，表明了以习近平同志为核心的党中央全面从严治党的坚强意志和坚定决心。前车之鉴，后车之师。生态环保企业必须引以为戒，加强行业自律，规范企业经营，构筑亲清的政商关系。

（2019 年 6 月 11 日）

不断提升通讯员的能力和水平 开创湖南省新时代生态环保产业新闻宣传工作新局面

《湖南环保产业》创刊于2010年8月28日，至今已整整9年。9年来，在杂志编辑部和各位通讯员的不懈努力下，以其政策性、专业性、时效性等特色，受到了各级领导、政府有关部门、环保企业等方面的好评，2018年5月，入选湖南省委办公厅信息源，2019年1月，被评为湖南省"优秀内刊"，为湖南省生态文明建设、污染防治攻坚战的深入推进和环保产业的发展壮大作出了积极的贡献。

当前，全国上下正在广泛深入开展"不忘初心、牢记使命"主题教育，要求将习近平生态文明思想学习往深里走、往心里走、往实里走。污染防治攻坚及"夏季攻势"也在向纵深推进，对经济高质量发展提出了更高的要求，且经济下行的压力较大，需要寻求新的经济增长点，生态环保产业面临良好的发展机遇。《湖南环保产业》对于宣传和推进湖南省新时代生态环保产业发展具有重要作用，而广大通讯员又是生态环保产业发展宣传的生力军和骨干力量，使命光荣、责任重大。

一、充分认识肩负的历史使命

一是充分认识生态环保产业对实现高质量发展的重要作用。生态环保产业是湖南省战略性新兴产业，其发展壮大可以有力推进湖南省绿色和高质量发展；二是充分认识生态环保产业对加强生态文明建设、打赢污染防治攻坚战的重要作用。生态环保产业的发展可以为打好污染防治攻坚战提供坚强的能力和技术支撑；三是充分认识宣传对生态环保产业发展的重要作用。生态环保产业发展氛围营造和地位提升需要宣传，生态环保产业作用发挥和成绩取得离不开宣传。在2019年澳门国际环保展、中国（北京）国际环保展上，湖南省的参会代表面向泛珠、华北地区有针对性地宣传推介了湖南省部分龙头骨干企业，效果就很好。目前，全国生态环保产业已走出早期粗放式发展阶段，竞争越来越激烈，行业内并购和跨行业并购的案例越来越多，湖南省生态环保产业要具有竞争优势和影响力，必须尽快做强做优做大，打造“生态环保产业湘军”品牌，这都需要通过宣传来助力。

二、积极探索生态环保产业宣传的思路方法

一是增加数量。首先要多发稿件，丰富刊物内容和信息量，尤其要争取有更多稿件被湖南省委办公厅信息采用，以扩大行业影响；二是拓展领域。不仅要报道企业内的、湖南省内的，还要注意加强对比报道，如国家层面的、兄弟省有关情况的报道；三是提高质量。重点报道公司在环境治理重点难点领域研发的新技术、新产品和新模式，多做一些深度分析报道，如商业案例、专题报告、企业文化、企业家风采等方面内容；四是丰富形式。在办好杂志基础上，充分利用多种新闻传播方式，如网站、微信公众号、微信群等现代媒体加大宣传。五是扩大影响。通过向湖南省政府及相关省直部门、兄弟省份、省内各市（州）、县区生态环境部门及中国环保产业协会和各兄弟协会广泛赠阅，增加社会公众的关注和点击，不断扩充杂志和产业信息的受众，不断扩大影响力。

三、认真珍惜难得的培训机会

通讯员的能力水平和作用发挥怎样对《湖南环保产业》杂志质量影响很大。一年一度的《湖南环保产业》杂志通讯员培训班机会难得，参加培训的都是来自湖南省重点骨干环保企业的通讯员代表，也是杂志通讯员中的骨干。此次培训班专门安排了写作和摄影两类教学，能有效帮助通讯员尽快提高新闻宣传写作和摄影实践能力，希望参加培训的人员珍惜学习机会，多结合自身工作实际，学习、领会、思考，加强与老师及学员交流，积极参与摄影实践活动，回去以后积极投身到生态环保产业宣传工作中去，真正做到融会贯通、学以致用，以期打造一支生态环保产业宣传精兵。

（2019年8月24日）

总结成效 剖析问题
加快湖南生态环保产业发展

一、湖南省生态环保产业发展成效

环保产业是湖南省战略性新兴产业中的重要组成部分。近年来，湖南省委、省政府高度重视环保产业发展，把其作为贯彻落实建设“生态强省”、服务绿色发展、改善生态环境质量和打好污染防治攻坚战的重要抓手。2015 年，湖南省政府出台了《湖南省人民政府关于加快环保产业发展的意见》和《湖南省加快环保产业发展实施细则》。经过多年的快速发展，湖南省环保产业已初步形成了跨领域、跨行业、多种经济形式并存的产业体系，形成了一批具有核心技术和竞争力的环保企业集团。特别是“十三五”以来，随着湖南省强力推进生态文明建设，坚决打好污染防治攻坚战，进一步扩大了环保市场需求和市场空间，湖南省生态环保产业保持了年均 20% 左右的增长。截至 2018 年底，湖南省环保产业从业单位 1311 家，产值达 2600 亿元左右，综合排名位居全国前列。湖南省环保产业已经具备了以下特点：一是区域集聚度高。环保产业从业单位主要集中在长沙、郴州、岳阳、衡阳、湘潭等市（州）；二是龙头企业引领作用强。形成了中联环境、永清环保、航天凯天等一批龙头骨干企业和在国内业界具有一定影响力的企业集团；三是不少产品、技术品牌优势突出。中联环境的环境装备制造、远大的可持续建筑、永清环保的重金属污染修复、航天凯天的“云梦模式”“衡水模式”等第三方的管家服务、力合科技的在线监测设备、赛恩斯环保的生物制剂等都已成功打造成业内知名品牌，环保产业湘军已快速成长为湖南省产业经济发展中不可忽视的中坚力量。

二、湖南省生态环保产业发展存在的主要问题

近年来，湖南省环保产业发展虽然取得了明显成效，为打好污染防治攻坚战、助推经济高质量发展发挥了积极作用，但与生态文明建设新的形势任务、与市场潜在需求、与发达省份发展相比仍存在不少问题和差距。

（一）大型龙头企业偏小，骨干企业偏少

湖南省环保产业规模总量虽然较大，但骨干龙头不多。从上市环保企业数量上看，目前全国A股上市环保企业120家，新三板上市353家，而湖南省A股上市环保企业仅永清环保1家，新三板上市也只有13家。从单个企业规模看，除中联环境产值规模接近100亿外，湖南省排名靠前的龙头骨干环保企业大部分年产值为3—5亿元，较发达省份规模偏小。

（二）融资困难、行业性资金短缺现象较为普遍

环保产业项目具有公益性较强，回报率不高，投资回收期长，缺乏完善的利益驱动机制等特点，其发展所面临的最大困境是资金短缺问题。一方面，环保企业，尤其是民营环保企业融资难、融资贵的情况十分突出，部分项目融资成本高达11%，接近或超过环保行业正常利润水平。另一方面，较高的设备预付款、带资入场导致环保企业现金流紧张，地方政府以未完成审计为由延期工程结算、拖欠工程款，导致企业应收账款比例过大。据了解，业内一些大型环保企业的应收账款往往高达数十亿元，一些中型骨干企业的应收账款也有几亿元之多，账目拖欠周期长的超过4年，导致企业流动资金固化，资金周转失灵，支付能力和盈利能力下降。

（三）已出台的环保产业支持政策落地难、兑现难

2015年，湖南省政府办公厅印发了《湖南省加快环保产业发展实施细则》（以下简称《实施细则》），规定了十条具体措施，应该说干货不少，也明确了牵头单位。2018年，湖南省生态环境厅牵头专门召开了《实施细则》座谈会，2019年，又组织湖南省环保产业协会对《实施细则》实施

情况再次进行了评估，发现支持政策普遍没有落地。比如第三条鼓励创新研发规定，对新认定国家企业技术中心、国家工程研究中心等，安排100万元项目补助资金，省内有几家环保公司符合相关的政策支持范围，但奖励措施未落实到位。

（四）市场秩序欠规范，恶性竞争不利于行业健康发展

在全民关注环保、全民参与环保的大环境下，市场空间急剧扩张，一方面推动了产业的繁荣发展，另一方面也造成了市场激烈竞争。在前期调研中，企业普遍反映目前市场秩序欠规范，刻意压价、恶性竞争现象比较突出，特别在低价竞标驱动下造成的劣质工程，不仅扰乱了湖南省环保行业市场秩序，也使得不少企业陷入恶性竞争循环，企业成本上升，研发能力不强，整体竞争力下降。

三、加快湖南生态环保产业发展的对策建议

（一）进一步提高政治站位，加强政策支持力度

生态环保产业既是生态文明建设、污染防治攻坚战的重要支撑，也是绿色发展、高质量发展的重要途径，各级各方面一定要从增强“四个意识”、坚持“四个全面”、做到“两个维护”的高度，全面加强对生态环保产业的认识和培育力度，为坚决打好污染防治攻坚战、加快建设富饶美丽幸福新湖南提供坚强有力保障。要构建大生态环保产业格局，在继续深化污染防治领域产业发展的同时，要按照习近平总书记“山水林田湖草是一个生命共同体”的重要指示和生态文明建设总体任务，整合资源利用、节能、清洁生产和生态修复等领域的产业，不断壮大生态环保产业规模和提高行业影响力；要落实部门责任，按照“党政同责、一岗双责”的要求，根据新一轮机构改革的部门职能，明确省直相关部门发展生态环保产业的职责，建立由生态环境部门牵头，发改、科技、工信、财政、自然资源、住建、水利、农业农村、商务、林业、金融等部门分工合作、齐抓共管的支持生态环保产业发展格局；要进一步加大政策支持力度，对湖南省政府出台的《湖南省人民政府关于加快环保产业发展的意见》和《湖南省

加快环保产业发展实施细则》落实情况进行评估，建议由湖南省政府办公厅和督察室牵头，省直相关部门配合参与，进一步进行梳理，结合“不忘初心、牢记使命”主题教育检视问题整改，一条一条认真抓好落实。同时，根据新时代生态文明建设和污染防治攻坚战的新任务新要求，在充分调研，进一步广泛听取生态环保企业和省直有关部门意见，学习借鉴兄弟省市经验的基础上，修改完善、适时出台新一轮的支持生态环保产业发展的政策措施。

（二）进一步推进绿色发展，激发生态环保市场

生态文明建设是一场涉及生产方式、生活方式、思维方式和价值观念的深刻变革。要牢固树立“绿水青山就是金山银山”和“生态优先”的发展理念，大力发展生态产业；要促进传统产业生态化改造，推动构建科技含量高、资源消耗低、环境污染少的产业结构；要加强生态环境自动监控体系和信息化建设，实现对生态环境全方位、宽领域、多视角的自动监控；要收紧污染排放标准，强力推进污染防治攻坚战，加大环保督察，依法严厉打击各类环境违法行为；要推动生活方式绿色化，推广绿色服装、引导绿色饮食、鼓励绿色居住、普及绿色出行、发展绿色休闲；要加大政府采购环境标志产品力度，鼓励公众优先购买节水节电环保产品；要完善生产者责任延伸制度，结合“互联网＋”行动计划实施，推行绿色供应链管理，推进绿色包装、绿色采购、绿色物流、绿色回收，大幅减少生产和流通过程中的能源资源消耗和污染物排放。

（三）进一步鼓励支持企业自主创新，增强核心竞争力

要鼓励支持技术创新。随着生态环境领域治理的不断深入，对技术的依赖程度将不断提高。像挥发性有机污染物的治理、城市生活污水处理的提标改造、耕地土壤修复等环境问题的解决离不开先进又实用的技术。因此，政府有关部门要将生态环境领域的科技创新列为支持重点，加大对企业新技术、新产品、新工艺研发的奖补，定期评选、推广先进、适用的技术成果。要鼓励支持商业模式创新。对于竞争日趋激烈的生态环境工程和同质化的一体化环保设备，企业不能只靠打价格战“华山一条路”，而要积极采用商业模式，探索新的“蓝海”。航天凯天针对工业园区环保管家的“衡水模式”、县域内乡镇及农户污水垃圾处理第三方环境服务的“云梦模式”得到了国家发改委、生态环境部的充分肯定，不能只是“墙内开花墙外香”，建议湖南省政府在省内各县（市、区）、各工业园区强力推广推进。

（四）加强财税价格金融扶持，帮助环保产业解决融资困难

要加大财税和价格政策支持，安排财政专项资金支持和引导生态环保产业发展，落实生态环保产业税收优惠政策，落实资源综合利用产品的增值税优惠政策，大力推进阶梯电价水价，逐步提高城市居民污水垃圾处理费，积极探索乡镇及农户生活污水垃圾收费制度；要大力发展绿色金融，加强银企对接，鼓励各类金融机构加大绿色信贷发放力度，鼓励银行业金融机构将碳排放权、排污权、合同能源管理未来收益、特许经营收费权纳入贷款质押担保范围，推广融资租赁等新型融资方式。鼓励银行和企业发行绿色债券，鼓励对绿色信贷资产实行证券化。在环境高风险领域建立环境污染强制责任保险制度。支持设立市场化运作的各类绿色发展基金；要创新环保投融资体制，进一步引导社会资本加大投入，鼓励民营企业参与环保基础设施建设、城市黑臭水体治理、工业园区环境管理服务等生态环境治理和管理之中。

（五）推动生态环保企业走出去，打造“生态环保湘军”品牌

以“优势互补、资源共享、平等互利、合作共赢”为原则，整合湖南省优秀生态环保企业资源，分领域组建湖南省生态环保产业联盟或集团，立足湖南，面向全国，拓展“一带一路”，带领湖南生态环保企业走出去，解决单个企业走出去面临的困难大、成本高的难题。积极举办和参加全国性的环保展览与论坛，鼓励生态环保企业赴境外参加国际展会，落实有关展位补助政策，通过“走出去”展示湖南省环保企业整体形象，把湖南生态环保企业作为一个整体品牌在全国进行宣传推广，打造具有竞争力和影响力的“生态环保产业湘军”形象。

（六）进一步规范市场秩序，促进产业健康发展

要加强市场监管，充分发挥市场在资源配置中的决定性作用，加强规范引导，建立统一开放、公平竞争、规范有序的市场体系和环境；要规范环保领域招标工作，综合考虑效果和价格，不打单纯的价格战，坚决打击恶意压价、低价中标的行为。加强中标后监管，对环境治理后续效果持续跟进，并启动相应的追责机制；要充分发挥环保产业协会的作用，进一步完善环保企业行业自律行为规范，加强日常监督和对违规问题惩戒，推进企业自律，确保湖南省生态环境企业“行稳致远”，可持续发展。

（2019 年 8 月 29 日）

加强合作交流 做大环保产业

一、湖南环保产业发展情况

湖南省委、省政府高度重视环保产业发展，将环保产业列为战略性新兴产业加以扶持，并明确由生态环境厅主抓环保产业发展。“十三五”以来，湖南省环保产业保持年均15%以上的增长率。2019年，湖南省环保产业从业单位数2000余家，实现产值逾3000亿元，同比增长15%。其中环境服务业和环保产品生产制造达500亿元，环境友好产品生产和资源综合利用2500亿元。湖南促进环保产业发展的主要做法有：

一是湖南省委、省政府高度重视。2019年8月，湖南省委、省政府领导专门组织召开推进湖南省环保产业高质量发展座谈会，10多个省直有关部门和金融机构的领导参会，听取意见、共同研究推进环保产业高质量发展。2018年和2019年协会会员大会，分管副省长出席会议并作出重要指示和要求，尤其是2019年面对疫情影响，大大增强了发展环保产业的信心和决心。

二是研究出台了一些政策措施。2015年，湖南省政府先后印发了《湖南省人民政府关于加快环保产业发展的意见》和《湖南省加快环保产业发展实施细则》，这些政策的出台极大地推动了湖南省环保产业的发展。“十二五”至“十四五”时期连续三个五年印发环保产业专项规划，指导湖南省环保产业发展。

三是推动环境服务业发展。湖南抓环保产业的成效得到了生态环境部的充分肯定，2012年，湖南成为全国首个获批开展环境服务业发展试点的省份。目前，湖南省环境服务业发展迅速，生产率连续多年高速增长。湖南省生态环境厅还会同省发改委、省科技厅等部门审批了3个环保专业园区，分别为：长沙高新区的“湖南省环保产业示范园”“湘潭九华环保装备制造基地”“株洲清水塘环保装备制造基地”。其中湖南环保产业示范园区聚集环保企业200余家，年产值突破300亿元。

四是组织企业参加或举办重大环保展览。连续12年参加由澳门特区政府主办的澳门国际环保合作发展论坛及展览，连续多年参加由香港特区政府主办的香港国际环保展。先后在澳门、北京、贵州、上海、江苏等地举办环保产业交流座谈会，邀请相关省市生态环境厅、协会领导和环保企业出席。2014年、2018年先后举办了两届湖南省环保产业供需对接会，加强环保产业供需双方对接交流。

五是做好优秀企业和先进实用环保技术推广指导工作。每年，湖南省生态环境厅、省财政厅安排200万资金对“走出去”先进环保企业进行奖励。湖南省生态环境厅、省科技厅每年评选湖南省环保实用技术，积极推广实用技术，加快科技成果向现实生产力转化。

六是加强产业协会的建设。高度重视协会工作，将协会视为促进环保产业发展的重要平台和纽带。脱钩不脱管。2019年完成协会换届，实行轮值会长制度，充分调动了企业积极性，进一步规范协会的管理，做好服务政府、服务会员、服务行业3个服务工作。

二、湖南环保骨干企业的特色和优势

经过多年发展，湖南环保产业初具规模，培育了一批骨干龙头企业。有永清环保和力合科技两家A股环保上市公司，中联环境2019年产值有望过百亿，连续18年居全国环卫机械市场行业第一。还有航天科工集团控股的航天凯天，年营业收入突破20亿元，华时捷环保、金旅环保成为行业领域全覆盖的综合环境服务商。

部分环保产品和技术彰显品牌优势。湖南省环保企业在部分领域中体现出了一定的行业优势。中联环境依托国家级科研院所的科研实力和全球领先的装备生产制造能力，主导和参与了行业80%以上的技术标准制定；航天凯天整体厂房治理装备市场占有率全国第一，技术水平国际领先。华时捷环保重金属电化学深度处理涵盖全国60%的铜冶炼产能、50%的锌冶炼产能及40%的铅冶炼产能的重金属处理项目，研发的植物修复重金属污染土壤技术也是颇具优势和特色；力合科技专业从事水质在线监测、大气烟气连续排放监测及应急监测等，拥有水环境污染监测先进技术与装备国家工程实验室，在线监测领域方面处于国内领先水平；湘牛环保焦化废水处理及回用成套装备行业领先，市场占有率80%以上，公司在高效难降解废水处理系列装置、无机陶瓷膜设备以及有机陶瓷膜设备方面处于国内领先水平；恒凯环保依托湖南环保城镇污泥处理处置工程中心，在污泥处理处置及土壤修复装备发展上势头强劲；和清环保的土壤修复药剂降镉显著；智水环境拥有国内一流的一体化污水处理装备；中冶长天是国家烧结球团装备系统工程技术研究中心的依托单位。

（2020年11月18日）

坚定信心 不断展现环保产业“湘军”的力量与风采

2021年6月11日，湖南环保产业协会实现了轮值会长顺利交接，过去的一年，协会与湖南省环保企业一起抗击新冠疫情、积极恢复生产、推进交流合作、加强行业自律，为湖南环保产业乃至经济社会发展作出了积极的贡献。新的一年，协会要继续认真贯彻落实习近平生态文明思想，积极参与“三高四新”战略的实施，推进湖南省绿色环保产业高质量发展。

一、上一轮值年环保产业协会工作可圈可点

2020年6月，湖南环保产业协会召开第六届第二次会员大会，一年来，协会的各项工作进一步提升。

一是积极做好常态化的疫情防控。2020年下半年以来，疫情防控工作已从应急状态转为常态化。协会按照中央和省委的统一部署，继续组织会员单位做好常态化的疫情防控，审慎如初、毫不松懈，全面做好外防输入、内防反弹工作，湖南省环保企业没有一例确诊病例，为湖南省乃至全国的疫情防控工作作出了积极贡献。二是环保产业规模继续发展壮大。湖南省环保产业克服疫情影响，继续保持了平稳的发展态势。中联环境营收突破百亿，成为湖南省首家营收百亿以上的环保企业，鑫远、军信、赛恩斯、西施生态、艾布鲁积极推进上市工作，2021年有望登陆资本市场。三是继续坚持“走出去”战略。组织环保企业参加上海、贵州、江苏、云南等地的环保展和业务、技术交流推介活动，充分展示了湖南省环保湘军整体形象。江西省环保产业协会组织当地环保企业与华时捷环保进行技术交流，推动两地企业合作发展；航天凯天和永清环保与江苏环保集团就相关

环境治理项目开展了合作。四是进一步提升协会服务水平。环境监测专委会开展了第一批环境监测机构服务能力评价工作，进一步规范监测机构行为，提高生态环境监测服务质量。继续开展机动车监测、环境污染治理设施运行人员操作工等培训，为行业发展提供人才。加强对会员的服务，认真倾听企业诉求，为企业发展建言献策，一年来新增会员企业 85 家。

二、开局年绿色环保产业发展大有可为

2021 年是“十四五”开局之年，全面建设社会主义现代化国家开启新征程，绿色环保产业发展也迎来了新机遇、新希望，只要坚定信心，抓住机遇、创新开放、勇于竞争，绿色环保产业一定会迎来新局面。

一是坚定绿色环保产业发展信心。2020 年以来，受疫情和国际形势的影响，环保产业和企业遇到了一些暂时的困难。但是也应该看到，绿色环保产业发展的基本面并没有变，越是困难的时候，越是需要冷静分析，看到发展的有利条件和积极因素，坚定发展信心。从宏观层面看，以习近平同志为核心的党中央把生态文明建设摆在全局工作的突出位置，开展了一系列根本性、开创性、长远性工作，决心之大、力度之大、成效之大前所未有。党的十八大以来，习近平总书记无论是外出调研还是参加两会讨论，念兹在兹的一个重大主题就是生态文明建设。2021 年 4 月 30 日，习近平总书记在主持十九届中共中央政治局第二十九次集体学习时强调，“生态环境保护和经济发展是辩证统一、相辅相成的，建设生态文明、推动绿色低碳循环发展，不仅可以满足人民日益增长的优美生态环境需要，而且可以推动实现更高质量、更有效率、更加公平、更可持续、更为安全的发展，走出一条生产发展、生活富裕、生态良好的文明发展道路。”习近平总书记多次强调，对“国之大者”要做到心中有数，生态文明建设就是国之大者。从工作层面看，习近平总书记强调，生态环保投入不是无效投入，而是基础性、长远性投入。各级党委政府落实习近平总书记指示，会进一步加大生态环保的投入。2021 年党中央、国务院出台了一系列支持生态文明建设的文件，特别是中办、国办印发的《关于建立健全生态产品价值实现机制的意见》，指出生态产品价值实现机制的意义在于保证投资生态产品能够获得合理回报，从而提高各地生态保护积极性。通过建立使

用者付费、破坏者赔偿制度，绿色环保产业对于政府财政的依赖程度将有所下降，为绿色环保产业可持续发展提供了更强动力。

二是明确绿色环保产业发展方向。2020 年 9 月 22 日，习近平总书记在第七十五届联合国大会一般性辩论上郑重宣布，“中国将提高国家自主贡献力度，采取更加有力的政策和措施，二氧化碳排放力争于 2030 年前达到峰值，努力争取 2060 年前实现碳中和”。“十四五”我国生态环境保护工作将从之前的突出抓污染防治攻坚战向降碳、减污、强生态转变。碳达峰、碳中和目标的提出，既为绿色环保产业发展指明了新的方向，又为绿色环保产业发展带来了新的机遇。一方面，要实现这一目标，必将推动产业结构、能源结构、交通结构等转变，减少对化石能源的过度依赖，大力发展清洁能源，强化源头管控，大力发展高新技术产业，为绿色环保产业发展提供更加广阔的新的空间。另一方面，这一目标的提出也意味着绿色环保产业发展将出现新的变化。传统的环保产业将迎来三个转变，从末端治理向源头控制转变，从过去的单因子控制向协同控制转变，从环保产业常规污染物控制向特殊污染物控制转变。以投建为主的环境污染治理市场将逐渐萎缩，进而转向以运维服务、提质增效为主的存量时代。产业边界将进一步模糊，环保能源一体化将成为趋势。因此，环保企业一定要认真分析当前的形势，适应新的变化，抓住“碳达峰、碳中和”的机遇，提早布局和谋划，从传统的污染治理向节能降碳、污染治理、生态修复的大绿色环保产业格局转变。

三是加大与资本市场的对接。从国内大的环保集团成长的历史来看，资本市场的力量不容小觑。从这方面讲，湖南省的差距还是不小，A 股上市环保企业仅 3 家（永清环保、力合科技、华自科技），新三板挂牌 13 家，较国内先进地区有较大差距（目前全国 A 股上市和海外上市环保企业达 134 家，新三板上市 224 家）。所以环保企业的老板们一定要改变“小富即安”和“宁当鸡头、不做凤尾”的思想，一定要有做大做强、联大靠强的意识。目前国家积极推动绿色金融的发展，对绿色环保产业有很多的支持政策，湖南省委、省政府及省金融管理局对湖南省企业上市是非常重视的，每年都有企业上市的计划，有鼓励支持的政策。一定要把握好机遇，湖南省生态环境厅也积极给予政策，配合支持。当然企业也需要有一定的效率和规范的管理做基础。

四是始终坚持创新开放发展。科技创新是企业核心竞争力，一个企业的发展和壮大离不开自己的核心技术，环保企业也是一样。目前环保行业竞争越来越激烈，技术同质化比较严重，结果就是导致竞相压价、低价中标等不正当竞争。企业要想在激烈的竞争中取得胜利，就必须要加大科技创新力度，扎实推进成果转化，增强自己的核心竞争力，来塑造竞争新优势。比如，近两年湖南省地表水铊出现过几次异常，迫切需要建设铊污染的预警体系，而目前市场上铊的在线监控设备以 ICP – MS 技术为主，设备单价贵、运行费用高。湖南省的某家环保企业敏锐地发现了这个商机，研发出了三电极分析技术的测铊仪，具有一次投入少、运行成本低、适应性强等优点，很快在市场竞争中就占据了优势。实际上湖南省对固体废弃物综合利用、总磷削减、土壤重金属污染治理和修复、碳封存碳捕捉等方面的技术的需求都是十分迫切的。绿色环保产业行业平均利润率不是很高，湖南的绿色环保产业年度的市场规模也有限，无论是产业发展也好，还是企业发展也好，要做大做强，必须走出去。2020 年以来，新冠疫情对于环保企业走出去造成了一些不利的影响，但下一步还是要坚定不移地走出去。当然也要讲实效，前期工作要做扎实，后续工作要跟上，不要为了走出去而走出去，搞形式主义。

三、不断提升协会服务和自身建设的能力和水平

环保产业协会是湖南省生态环保企业的“娘家”。搞好协会工作，需要协会不断增加服务意识、切实加强自身建设，不断提升服务实效。因此，提出以下建议：

一是优质服务。协会要切实提高政治站位，为生态文明建设和湖南高质量发展多作贡献，做好服务，服务政府、服务行业、服务会员，以大生态环保理念逐步完善环保产业协会格局，全方位、宽领域服务于湖南省绿色环保产业和企业发展。二要积极创新。要创新思维方式和工作方法，不能只满足于组织企业参展、搞搞培训，要认真研究政府相关政策和产业、企业发展规律，助力绿色环保产业和企业发展。例如，如何利用绿色金融政策支持产业发展、碳减排的背景下如何推动环保产业的转型等问题都值

得深入研究和推进。三是规范管理。协会作为非营利性公益性社会组织，不能把自己等同于企业，要严格执行社会组织相关管理规定和财经制度，从严管理。要进一步推进行业自律，确保湖南省绿色环保企业“行稳致远”，可持续发展。

（2021 年 6 月 11 日）

凝聚力量 开拓创新
加快推进我国生态环保产业高质量发展

习近平总书记在江西南昌主持召开进一步推动长江经济带高质量发展座谈会时强调指出，从长远来看，推动长江经济带高质量发展，根本上依赖于长江流域高质量的生态环境。加快建设长江流域高质量的生态环境也是人民之愿、时代之要、发展之需、长江之求。作为面向建设长江流域高质量的生态环境一线的环保企业和环保产业协会，既要积极响应习近平总书记的号召，久久为功，持续打好污染防治攻坚战，也要根据新的形势和任务，尤其是全面推进美丽中国建设新要求，凝聚力量，开拓创新，加快推进我国生态环保产业高质量发展，为美丽中国建设以及长江经济带高质量发展提供源源不断的动力支持和技术支撑。为此，需要着重从以下几个方面发力。

一、凝聚各方智慧，强化校企合作，构建“科技订单”式校企合作新模式

当前，我国污染防治攻坚战正向纵深推进，全面推进美丽中国的号角已经吹响，这将对环保企业转型升级、拓展业务和高质量发展提出新要求，提供新机遇，开辟新赛道。谁占据了科技的制高点，谁成为行业的先行者，谁创造了新的商业模式，谁就能争取主动，开疆拓土、提质增效，赢得未来。比如从治“点”源到治“面”源（工业源、农业源、生活源），减污和降碳协同、“三水”统筹、应对气候变化、新污染物治理等，而这些需要有思想观念、治理技术和商业模式的创新。而高校也已经从过去的培养人才拓展为人才培养、科学研究和社会服务三大职能，尤其是面

向经济社会主战场深入开展科学研究和产学研融合发展既是各级党委政府的明确要求和强烈愿望，也是高校高质量发展的必然要求和努力方向。湘潭大学是国内最早创办环境工程、环境科学专业的高校之一，2010 年设立了环保设备工程专业，进一步延伸了环境科技的创新链和人才链，强化了与环保行业的深度合作。研发的“废铅蓄电池循环”创新性技术装备，奠定了国内铅循环产业的工业基础，并逐步实现了清洁生产和绿色发展，整体技术装备水平世界领先，出口日本、德国、澳大利亚等发达国家；研发的“废锂离子电池短程绿色循环”技术装备，基于“分子经济”原则，创新有价组分的回收模式、协同处置过程废弃物并充分利用，推动了领域的技术革新和绿色发展，在全省乃至全国有较高的科技实力和专业影响力。湘潭大学环境与资源学院和技术转移中心拥有一批相关科研成果和自主研制的创新性装备技术，以及为社会和产业服务的一些案例，可以围绕人才培养、学生就业、科研攻关、产学研合作和先进技术推广应用等方面为环保产业高质量发展提供深度的交流与合作，实现互利双赢，共同发展。2023 年以来，湖南省积极开展校地合作，共同推进环保学科和环保企业高质量协同发展的新探索。4 月 7 日，湖南环保产业高质量发展座谈会暨校企人才培养和就业论坛在湘潭大学举办，湖南省环保产业协会组织了 23 家龙头骨干环保企业负责人参会，就深化协会在高校与产业之间协作的桥梁作用，创新“产教研用”融合模式，共建校企合作平台等进行了深入的研讨，达成了广泛的共识，组建了湘潭电化、湘煤集团、湖南黄金、迪亚环境等近 10 个企业瓶颈技术联合攻关团队，目前已经取得了多项关键技术的突破，成效明显。5 月，湖南省环保产业协会还与湘潭大学环境与资源学院签署合作协议，建立“科技订单”式校企合作，将为湖南省环保产业提供“科技”和“人才”驱动双引擎。湖南省环保产业协会成立了“湘潭大学环境专业发展基金”，也将为湘潭大学环境专业引进人才、培养人才提供帮助。今年 2 月我到湘大工作后，切身体会到学校和协会及环保企业过去沟通交流不够，协同创新和融合发展不够，今后校会和校企合作前景广阔，大有可为。湘潭大学正着力打造一批生态环境类的平台，随着学校及环境学科不断发展，一定能够为行业、企业带来更好的人才和技术支撑，而环保产业的发展壮大也必将为湘潭大学等高校环境学科的发展和环保人才的培养提供更多的资源和平台。研发和掌握关键核心技术是推动环保产业高质量发展、环保企业可持续发展的根本。环保产业协会可充分发挥桥梁纽带和联合协作作用，促进企业与高校“产学研用”链条化融合，合力研发具有核心竞争力的技术和产品，实现高校、协会、企业协同创新，共同发展，环保产业和环保企业的发展前景将无限广阔，环保产业协会的未来将十分光明，高校的环境学科发展和人才队伍建设未来可期。

二、汇聚多方力量，正确处理好“五个重大关系”，构建长江经济带“三水”统筹治理新机制

党的二十大报告强调：“统筹水资源、水环境、水生态治理，推动重要江河湖库生态保护治理，基本消除城市黑臭水体。”目前，长江经济带已迈入全力推进高质量发展新阶段，长江修复治理的目标任务也已由水环境治理为主深化为水资源、水生态、水环境协同治理。统筹“三水”治理包括治水理念转变、治水空间细化、治水重点突出等方面。长江流域的环保企业和环保产业协会应适应长江经济带高质量发展新变化、新要求，强化系统思维，深入研究“三水”统筹新标准、新技术、新装备，积极构建“三水”统筹治理新格局、新机制、新模式。2023 年 7 月，第二次全国生态环境保护大会召开，习近平总书记全面总结了党的十八大以来我国生态文明建设取得的举世瞩目的巨大成就，精辟概括了“四个重大转变”，并强调全面推进美丽中国建设要正确处理好“五个重大关系”。长江是中华民族的母亲河、炎黄子孙的生命河，也是支撑新时代中国经济高质量发展和中华民族永续发展的重要大动脉。所以，构建长江经济带“三水”统筹治理新机制，同样要正确处理好“五个重大关系”。一要正确处理好高质量发展和高水平保护的关系，环保产业高质量发展要在实现高水平环境保护的过程中，不断塑造发展的新动能、新优势，以实打实地优化产业结构、推动产业转型升级，在持续不断改革创新中激发动能转换，推动长江经济带建设现代化经济体系。二要正确处理好重点攻坚和协同治理的关系。要坚持系统观念，加强生态环境分区管控，要注重企业端的前端控污，从源头上减少污染。同时要用协同治理的方式扎实推进污染防治。三要正确处理好自然恢复和人工修复的关系。要综合运用自然恢复和人工修

复两种手段，因地因时制宜、分区分类开展生态修复。在充分运用好“十年禁渔”等自然恢复手段的同时，还要实施长江防护林建设、水土流失治理、河湖湿地保护等重大生态工程，充分发挥人工修复的作用。四要正确处理好外部约束和内生动力的关系。《长江保护法》的出台，让最严格制度最严密法治长出“钢牙”，环保产业必须在最严格制度最严密法治约束下实现绿色发展。同时，还要积极履行社会责任，在发展壮大环保产业的同时还要加大“环保科普”宣传力度，激发全社会共同呵护生态环境的内生动力。五要正确处理好“双碳”承诺和自主行动的关系，我们承诺的“双碳”目标是确定不移的，但达到这一目标的路径和方式、节奏和力度则应该而且必须由我们自己作主，绝不受他人左右。长江经济带各省市的环保产业高质量发展要立足各地水资源禀赋，坚持先立后破，有计划分步骤地实施碳达峰碳中和行动。

三、充分发挥组织功能，强化环保产业协会作用，构建合纵连横整体协同新格局

2020 年以来，受新冠疫情和国际形势的影响，环保产业和企业遇到了一些暂时的困难。但是也应该看到，绿色环保产业发展的基本面并没有变，越是困难的时候，越是需要冷静分析，看到发展的有利条件和积极因素，坚定发展信心，尤其是要充分认识人工智能、智能制造等新技术革命给我们带来的新机遇、新挑战。环保产业协会应团结一切可以团结的力量，内引外联，合纵连横，联合协作，抱团发展。习近平总书记多次强调，对“国之大者”要做到心中有数，生态文明建设就是国之大者。从工作层面看，习近平总书记强调，生态环境投入不是无谓投入、无效投入，而是关系经济社会高质量发展、可持续发展的基础性、战略性投入。各级党委政府将认真落实习近平总书记重要指示，不断加大生态环保和美丽中国建设的投入。结合当前形势和实际，我以为首先要坚定信心，保持生态环保产业高质量发展的信心。与此同时，环保产业协会在加快推进生态环保产业高质量发展过程中可突出“三个进一步”：一是进一步拓宽视野。党的十八大以来，我国生态文明建设取得了举世瞩目的成就，现代环境治理体系更加健全。今年，中央全面深化改革委员会第三次会议审议通过了

《关于全面推进美丽中国建设的意见》，这标志着我国生态环境保护已经进入全面建设美丽中国的大生态环保格局。环保产业协会也应与时俱进，及时调整发展思路，拓宽工作领域。可以以生态文明的理念构建大生态环保产业协会新格局，全方位、宽领域、广覆盖服务于长江经济带生态文明建设和生态环境保护产业的发展。环保产业协会不仅是环境保护领域的产业协会，更应该是生态文明建设思想构架下的产业协会，协会成员除了涉猎传统的水、气、土污染治理等污染防治领域外，还可以拓展到生态修复、节能减排、生物多样性保护、资源循环利用、应对气候变化等生态文明建设的所有领域。二是进一步解放思想。环保产业协会的职能或者功能主要是服务和搭建平台，为产业发展服务，为环保企业服务，为政府服务，为政府与企业、企业与企业之间合作搭建平台。因此，应该要有更高的境界、更宽的视野，而不要局限于一地、一企之利，应着力推动构建公开、公平、公正的竞争环境，引导环保企业规范、有序地参与市场竞争，积极推进构建全国统一的全国生态环保大市场，积极引导优秀的环保企业“走出去”，在全国乃至世界环保产业的市场竞争中发展壮大。同时，也热忱欢迎外面优秀的环保企业“走进来”，在市场竞争中锻造一批真正能够助推高质量发展的好企业，让绿色环保产业这“一池春水”真正活起来。三是进一步形成整体合力。长江经济带沿江 11 省市覆盖人口规模占据中国“半壁江山”，包含了长江流域的上游、中游和下游，涉及水资源、水环境、水生态治理等多个领域，具有系统性、流域性、整体性等特点，需要加强系统的治理和保护。流域各省市环保产业协会需要打破地域界限，从“共抓大保护”的总体目标出发，加强流域上下游生态环保产业协会的协同联动，共同参与“三水”治理，共同推进行业自律、共同打造整体形象，这次湖北环保产业协会带了一个好头。长江流域各省市的环保产业协会还要主动跟进，共同努力，才能把长江经济带环境保护产业协同创新高质量发展推进会办得更好。我到湘大任职后，十分关注环境学科的发展，积极推动在生态环境领域的校校、校院、校地、校企、校会的合作与交流，先后与中国环境科学研究院、中国环保产业协会、湖南省生态环境厅、湖南省环保产业协会等签署了战略合作协议。湘潭大学今年成功承办了全国第五届深入学习贯彻习近平生态文明思想研讨会，今后还将进一步加大与习近平生态文明研究中心、全国政协人资环委、中国节能环保集团、长江生态环保集团、“长江经济带 11 省市”环保产业协会以及其他省（区、市）协会等交流与合作，将湘潭大学打造为生态环保人才培养、科学研究、产学研结合的高地。在加快推进绿色环保产业高质量发展进程中，我们要以习近平生态文明思想为指引，站在人与自然和谐共生的高度谋发展，坚持山水林田湖草沙一体化保护和系统治理，统筹产业结构调整、污染治理、生态保护，应对气候变化，协同推进降碳、减污、扩绿、增长，持续深入打好蓝天、碧水、净土保卫战，团结奋斗，勇毅前行，推进生态环境质量持续改善，不断开创生态环境保护事业和产业工作新局面，为全面推进美丽中国建设凝聚更多的智慧和力量。

（2023 年）

加快推进湖南省火电造纸行业企业排污许可证申请与核发

党的十八大以来，党中央、国务院把生态文明建设和环境保护摆上更加重要的位置，已经上升为国家战略，提出了一系列新理念、新思想，认识高度、推进力度、实践深度前所未有。实施排污许可制是中共中央、国务院关于生态文明制度建设顶层设计的重要内容，《中共中央关于全面深化改革若干重大问题的决定》《生态文明体制改革总体方案》《中华人民共和国国民经济和社会发展第十三个五年规划纲要》等都明确提出要改革环境治理基础制度，建立和完善覆盖所有固定污染源的企事业单位控制污染物排放许可制。这一举措具有深刻含义，是环境管理的重大变革。

污染物排放许可证制度是依法对各企事业单位排污行为提出具体要求并以书面形式确定下来，作为排污单位守法、执法单位执法、社会监督护法依据的一种环境管理制度，是落实党中央、国务院加大生态文明建设和环境保护力度的一项重要工作内容。当前我国环境管理的核心是改善环境质量，减少污染物排放是实现环境质量改善的根本手段，而固定污染源是我国污染物排放主要来源。近年来虽然我国环境质量管理取得积极进展，整体生态环境质量持续改善，但仍然存在环保管理较为粗放、污染物排放总量过大、企事业单位治污责任不落实、环境保护部门监管不到位、超标排放或违法排放时有发生等问题。作为固定污染源环境管理的核心制度，排污许可制建设抓住了工业污染防治的重点和关键，对污染治理设施、污染物排放浓度、排放量以及管理要求进行许可，促进企业达标排放，推动落实企事业单位治污主体责任，从而有效控制区域流域污染物排放量。排污许可证将成为企事业单位生产运行期间排污行为的唯一行政许可和接受环保部门监管的主要法律文书，同时衔接环评制度，整合总量控制制度，为排污收费、环境统计、排污权交易等工作提供统一的污染排放数据，将全面推进和完善环境保护各项制度，逐步营造排污者如实申报、监管者阳光执法、社会共同监督的环境治理氛围，形成系统完整、权责清晰、监管有效的污染管理新格局。

根据国务院的工作部署，湖南省积极开展排污许可证管理相关工作，2016 年选择常德市和益阳市启动了火电、造纸行业企业核发排污许可证的试点工作，常德电厂和沅江纸业作为两个行业的示范企业已分别在排污许可管理平台上进行了企业申报。前期工作虽然稳步推进，但也发现了一些问题：包括企业对排污许可制政策认识不到位、对技术规范理解不深入、对系统平台和操作步骤不熟悉、对申请内容和具体填报数据把握不准；市（州）环保局不熟悉审核流程、审核要点和管理平台，与环评、环境统计、总量控制等制度和数据的衔接还不顺畅等。下一步，进一步做好湖南省排污许可管理工作，任重道远。

（一）高度重视，加强领导，健全机构

控制污染物排放许可制（以下称排污许可制）是依法规范企事业单位排污行为的基础性环境管理制度，是全面深化生态环境领域改革、推进环境治理体系和治理能力现代化的重要内容，是加强生态环境保护工作、改善生态环境质量的有力举措。2017 年，湖南省环保工作会议也已经在五项重点工作中明确，积极推进污染物排放许可制度，认真落实国办《控制污染物排放许可制实施方案》，制定和完善湖南省污染物排放许可管理相关配套文件，依法核发排污许可证。因此，各级环保部门要统一思想、坚定信心，加强对于排污许可工作重大意义、必要性、紧迫性的认识，按照国家和湖南省工作部署和要求，明确责任主体，全面落实工作措施，有序推进排污许可管理工作。一是要形成一把手亲自抓，分管领导具体抓的工作格局，抓紧制定本地区实施排污许可工作的具体方案，确保按期完成许可证发放工作任务。二是明确职责分工，确定牵头科室和技术支撑单位，尽快成立排污许可管理工作小组，落实专门工作人员，把业务能力强的同志配备到排污许可管理岗位上来；三是落实工作经费，保证工作条件，为排

污许可管理提供良好的工作基础。

各企事业单位也要高度重视排污许可证申请以及相关工作，《生态文明体制改革总体方案》中明确规定，排污者必须持证排污，禁止无证排污或不按许可证规定排污。这是硬性要求，没有任何例外。各企事业单位对排污许可证申领材料的真实性、准确性和完整性承担法律责任，按照排污许可证的规定排污并严格执行。因此，各企事业单位应明确专门从事此项工作的相关人员，负责许可证编写、申报及日常监测等工作，确保企业依法按证排污。

（二）加强政策，规范学习，做好技术支撑

按照环保部要求，排污许可证原则上由地（市）级环境保护主管部门负责核发。各市（州）环保局要组织好本级权限范围内排污许可证的管理与技术支撑工作。一是通过资料学习、技术交流、业务培训、实地调研等方式加强对排污许可管理政策和行业规范的理解和把握，不断提高环保部门和企业有关人员的业务素质和工作水平。二是充实技术力量，可以将从事环境影响评价、环境科学研究的相关人员调整到排污许可证审核中来；也可以采取购买服务的方式，引入环境服务机构协助完成排污许可证审核。三是明确技术支撑单位职责，结合本地区企事业单位实际情况，完善管理规范和技术指南，指导企事业单位做好申报工作，对企事业单位的排污许可申请材料进行认真审核把关，对存在疑问的企事业单位开展现场核查，同时为企事业单位提供日常的技术支持。

（三）加大宣传力度，强化监管，确保高质量按时完成各项工作任务

按照国家统一要求和湖南省安排，2017 年 5 月 30 日前完成全省火电、造纸行业企业排污许可证的核发；作为试点省份，2017 年 9 月 30 日前完成全省有色金属工业企业排污许可证的核发；2017 年底前完成“水十条”“大气十条”重点行业及产能过剩行业企业许可证核发（包括石化、化工、钢铁、有色、水泥、印染、制革、焦化、农副食品加工、农药、电镀行业）；到 2020 年完成所有固定污染源排污许可的核发工作。各市（州）环保局要迅速行动起来，做好排污许可管理的宣传和信息公开工作。一是认

真梳理统计，对本地区符合发放条件的相关企业（目前主要针对火电、造纸行业企业）发放书面通知，并通过公众媒体进行公示，告知企业进行排污许可证申请工作；二是向社会公开排污许可证申请时限、核发机关和申请程序，排污许可证申领、核发全过程在公众的监督之下开展，让公众知晓哪些企业持证排污、知晓企业排污应当履行什么环保义务；三是在排污许可证执行过程中，定期公布企业自行监测报告、污染物排放情况和执行报告等，让公众及时了解企业污染物的实际排放情况。

排污许可制是环保部门对固定污染源进行监管执法的主要依据，企业允许排放哪些环境污染因子、排放总量、排放标准、排污方式等都清楚地记录在许可证上。依证监管与执法是排污许可制实施的关键，各级环保部门要严格按照“谁核发、谁监管”的原则，强化事中事后监管，制定监管计划，改变“重发证，轻监管”的情况。在排污许可证核发以后，要定期开展排污许可证执行情况监督检查，督促企业按照排污许可证要求运行维护污染治理设施、开展自行监测、做好台账记录，按期上报排污许可证执行情况，确保按证排污。湖南省环保厅将在2017年下半年组织各市（州）环保局对火电、造纸行业企业无证排污行为开展专项监管执法行动，重点检查许可事项和管理要求的落实情况，核实排放数据和报告的真实性，判定是否达标排放，核定排放量；对无证排污，不依证排污的企业将依法从严处罚，并将检查结果进行通报，让公众及时掌握企业守法情况，鼓励社会公众、媒体等参与监督。

排污许可证申请与核发工作时间紧、任务重，后续的工作压力很大，工作要求很高，需要进一步加快进度、加大力度，真正实现系统化、科学化、法治化、精细化、信息化的“一证式”管理，从而全面落实排污者主体责任，有效控制污染物排放，持续提升环境治理能力和水平，加快改善生态环境质量。

（2017年4月1日）

实施排污许可制度，建立以固定源管理为核心的环境管理体系

在刚刚过去的“六五”环境日，湖南省政府召开了环境治理战役“夏季攻势”动员大会，在任务清单中，有一项重要的工作就是排污许可管理。各地要认真贯彻落实中央关于生态文明建设和环境保护管理体制改革的重大决策部署，充分认识建立排污许可证制度的重大意义，按照“系统化、科学化、法治化、精细化、信息化”的要求，通过实施排污许可制度，建立以固定源管理为核心的环境管理体系，强化环境保护精细化管理，促进企业达标排放，实现污染物排放总量持续削减和环境质量改善。

一、提高认识，高度重视

实施排污许可制度是中共中央、国务院关于生态文明制度建设顶层设计的重要内容，《生态文明体制改革总体方案》《中华人民共和国国民经济和社会发展第十三个五年规划纲要》等文件明确提出要改革环境治理基础制度，建立和完善覆盖所有固定污染源的企事业单位控制污染物排放许可制；2016 年底，国务院办公厅印发的《控制污染物排放许可制实施方案》也对完善控制污染物排放许可制度、实施企事业单位排污许可证管理作出全面部署和总体安排。长期以来，一些排污单位的治污主体责任意识淡薄，偷排、漏排、超标排放等问题时有发生，直接导致了一些地区的生态环境质量恶化。推进排污许可制度，是学习借鉴国外的先进经验，进一步厘清政府和企事业单位之间的责任，强化企事业单位环境保护主体责任，推动企事业单位从“要我守法”向“我要守法”转变，逐步营造排污者如实申报、监管者阳光执法、社会共同监督的环境治理氛围，形成系统完

整、权责清晰、监管有效的污染管理新格局。

深入推进排污许可管理制度，是全面深化生态环境领域改革、推进环境治理体系和治理能力现代化的重要内容，是加强生态环境保护工作、改善生态环境质量的有力举措。环保部高度重视排污许可证申请与核发工作，在试点的基础上，分行业、分阶段下达了排污许可证申请与核发的工作任务和目标，这些都是需要按期保质完成的硬任务，否则，将影响环境管理工作的质量和水平。各市（州）环保局一定要进一步提高思想认识，充分适应环境管理的新任务、新要求，把思想和行动统一到国家和省里统一部署上来，切实增强做好排污许可证核发工作的紧迫感、责任感，把排污许可管理工作作为增强企业主动意识、切实履行社会责任、强化点源污染管理、着力改善环境质量、打赢环境治理战役、努力建设生态强省的重要内容和对污染源的核心管理方式。

二、加强领导，健全机制

前一阶段，省市县三级在排污许可方面做了一些工作，省里成立了工作领导小组，明确了责任处室，出台了系列文件，召集相关企业代表和市、县环保管理人员进行了培训，组建了技术、管理交流微信群，组织技术支撑单位对企业申请、环保局审核进行了辅导，开展了集中会审，有效推进了排污许可管理工作。但客观地讲，湖南省当前的工作仍存在环保部门认识和重视程度不够、工作机制不健全、人员技术力量不足、企业主动性不强等问题。因此，各地必须在思想上重视起来，在工作上行动起来，采取强有力的措施，切实加快工作进程。实施排污许可制度是一项全新的工作，在工作内容、目标任务、标准规范、细则要求等方面都面临时间紧、任务重、难度大的问题。按照环保部出台的《排污许可证管理暂行规定》，排污许可证核发主要由各市（州）环保部门承担，县级环保部门承担简易管理的许可证核发工作，各市县环保部门要按照“属地管理”原则，切实担负起核发与监管的责任，加强组织领导，加快工作进度，加大工作力度，确保按时按质完成工作任务。

一是要建立一把手亲自抓，分管领导具体抓、相关部门协同推进的总体工作格局。排污许可证管理作为今后污染源管理的核心制度，环境管理的各个环节，包括环评、总量、环境治理、监测、监察等部门都要向它看齐、与之相协调。因此，排污许可证管理是一项全局性、综合性的工作，需要全系统、各有关部门的共同努力、通力合作才能真正把这项基础性、根本性制度建立好、实行到位。各市（州）环保局一定要高度重视，摆在全局工作的重要位置，按照《湖南省排污许可证管理工作方案》的要求，尽快成立以主要领导为组长的排污许可管理工作小组，明确具体牵头工作部门、人员及职责，把业务能力强、工作作风扎实的同志配备到排污许可证管理岗位上来，水、气、土、环评、监测、监察等部门要扎实做好协同推进工作。二是要建立高效的工作机制。在加强学习交流的基础上，根据实际统筹好各方面的资源，认真梳理、明确排污许可证受理、审核、签发的工作流程和具体要求，确保每个环节都有专人负责，确保各项工作规范、有序、高效；同时，各市（州）环保局要做好核发排污许可证办公场地、网络、经费保障等基础工作，为各项任务完成提供坚强有力的保障。三是要加强技术力量的配备。对于上半年火电、造纸行业排污许可证发放，湖南省确定了湖南省环科院为技术支撑单位，对于下半年要发的13个重点行业，也已确定湖南省环科院、省评估中心、省排污权交易中心、长沙环保职业技术学院等机构作为技术支撑单位，以加强对市、县发证的指导和服务。各地可采取多种方式引入包括科研院所、高校和企业的技术人员（包括环保管理人员）组建专项技术组或委托第三方，为推进各行业排污许可制实施提供技术支撑。

三、加快进度，保证质量

根据环保部的统一安排，2017年6月30日前，要完成湖南省火电、造纸行业企业排污许可证申请与核发工作，下半年要完成焦化、氮肥、有色金属、印染、农副食品加工、原料药制造、制革、农药、电镀、石化、涂装、包装、印刷等13个重点行业排污许可证申请与核发，2018年要再完成11个行业排污许可证申请与核发，到2020年全面完成覆盖所有污染源的排污许可证申请与核发；其中，作为有色金属行业试点地区，湖南省8月底前还要基本完成株洲、衡阳两市有色金属行业企业排污许可证申请与核发，10月底前基本完成湖南省有色金属行业企业排污许可证申请与核发。加大考核监督力度，层层传导压力，有力有序推进各项工作。

目前，湖南省火电、造纸行业企业须加快发放。下半年，还要完成13个重点行业排污许可证的发放，工作紧迫且繁重，要结合本地区实际，科学分析各行业企业特点，找准排污许可证申请与核发的瓶颈，精准发力，采取选择典型企业制定申请模板、集中培训、建立技术交流平台、点对点技术支持、核发会商、跨市（州）交流学习等方式，提高排污许可证申请与核发效率，缩短申请与核发时间。另一方面，要高度重视排污许可证核发质量，按照管理职责，对排污单位提交的申请材料的完整性、规范性进行认真审核（企业对申请材料的真实性、合法性、完整性负法律责任），重点审核五个方面：一是申请排污许可证的企事业单位的生产工艺和产品不属于国家或地方政府明确规定予以淘汰或取缔的，要通过排污许可证实施推动地方相关产业整治整合、转型升级；二是申请的企业不应位于饮用水水源保护区等法律法规明确规定禁止建设的区域内；三是有符合国家或地方要求的污染防治设施或污染物处理能力；四是申请的排放浓度符合国家或地方规定的相关标准和要求，排放量符合相关要求，对新改扩建项目的排污单位，还应满足环境影响评价文件及其批复的相关要求；五是排污口设置符合国家或地方的要求等。此外，对于申请材料存在疑问、企业环境信用不好、有环境举报投诉等情况的，要开展现场核查，提高排污许可证中执行标准、污染因子种类、总量控制指标核发的准确性，保证排污许可证核发质量。

四、加大力度，强化监管

一是要加强企业排查。要认真梳理统计重点行业企业名单，对本地区符合发放条件但还未提交申请的相关企业进行告知，做到应发尽发。二是要加强政策宣传。要通过多种形式向辖区相关行业企业宣传排污许可证管理有关要求，督促企事业排污单位牢固树立环境保护主体责任，及时申领排污许可证，向社会公开申请内容，承诺按许可证规定排污并严格执行。同时，督促企业加强自行监测、公开有关信息，并自觉接受监督。三是要加强工作调度。建立定期调度机制，2017年6月底前，湖南省每周调度一次各市（州）火电、造纸行业企业排污许可证核发进度，7月开始，实施

“月调度、月通报”，根据排污许可证核发进度采取通报、约谈等方式，加大工作推进力度。四是要加强考核监督。要建立工作目标责任制，明确分管领导、牵头部门，明确工作任务和要求。排污许可证管理工作与核发情况已纳入省厅年度重点工作目标考核，也将纳入环境保护督察内容，检查结果将作为重点交办问题进行督办。五是要加强统筹协调。按照“一企一证、综合管理”的原则，要以排污许可制为核心，整合环境影响评价、污染物排放标准、总量控制、排污交易、排污收费等环境管理制度，建立统一的固定源环境管理平台，实现排污企业在建设、生产、关闭等生命周期不同阶段的全过程管理。在地方制定的环境质量限期达标规划、重污染天气应对措施等中，对排污单位有特别要求的，要在排污许可证副本中载明。如造纸行业要推进无氯漂泊工艺，洞庭湖区重点行业企业要加强总氮、总磷控制，城镇建成区要按期淘汰燃煤小锅炉等。六是要加强环境监管。依证监管是排污许可制实施的关键，要按照“谁核发、谁监管”的原则，将持证排污、按证排污作为环境执法监管的一项重要工作，强化事中事后监管，制定监管计划，开展专项执法行动，重点检查许可事项和管理要求落实情况，通过审核排污单位台账记录、检查污染防治设施运行、企业自行监测、信息公开等管理要求的执行情况，核实排放数据和报告的真实性。对无证排污、不依证排污的企业，环保部门要依法从严处罚。

（2017 年 6 月 16 日）

湖南省排污权有偿使用和交易改革试点有效推进

自2010年6月，湖南省开展主要污染物排污权有偿使用和交易试点工作以来，紧密结合“两型社会”“绿色湖南”建设战略部署，紧跟环保工作发展大势，按照“政策配套是基础，产权明晰是关键，市场交易是核心”的工作思路，求真务实，持续推进排污权有偿使用和交易工作，以经济手段服务环境管理、助推绿色发展的成效初步显现。

一、湖南省排污权有偿使用和交易试点工作成效凸显

（一）排污权有偿使用和交易制度体系建设情况

湖南省坚持政策法规先行。目前，省市两级已出台33项政策规章和工作制度，包括管理性政策文件和技术性政策文件。具体如下：

1. 管理性政策文件。一是管理办法。2010年7月，湖南省政府出台《湖南省主要污染物排污权有偿使用和交易管理暂行办法》并于2014年1月重新修订。主要内容包括：湖南省排污权有偿使用和交易的实施范围、实施因子、实施单位、试点区域和实施时间；排污单位获得排污权的方式，排污权交易的资质条件和业务流程；省市县环保部门的任务分工，财政物价审计监察等部门职责；排污权有偿使用和交易资金管理要求，价格标准体系的制定原则、排污权交易的监督管理等。二是价格标准。2011年5月，原湖南省物价局牵头发布《湖南省主要污染物排污权有偿使用收费和交易政府指导价格标准》并分别于2014年7月、2016年8月重新修订。主要内容包括：公布了化学需氧量、氨氮、二氧化硫、氮氧化物、铅、

镉、砷等七项污染因子的排污权有偿使用收费标准和交易政府指导价；明确了排污权有偿使用收费标准和交易指导价格的理论依据和制定原则；规定了收费标准和指导价格的实施范围和适用情形。三是资金管理规定。2011年7月，湖南省财政厅牵头发布《湖南省主要污染物排污权有偿使用收入征收使用管理办法》并于2014年7月重新修订。主要内容包括：排污权有偿使用收入的属性及财政管理方式，排污权有偿使用收入的类别和定义，排污权有偿使用收入的征收程序及各级分工，资金使用范围、程序及监督管理。四是工作实施细则。2010年11月，湖南省环保厅出台《湖南省主要污染物排污权有偿使用和交易实施细则（试行）》并于2014年7月重新修订。主要内容包括：排污权有偿使用和交易的实施范围；省市县环保部门职责分工；排污权初始分配工作程序，有偿使用的相关政策规定；排污权转让的资质条件和申报程序；排污权交易的类型方式和工作流程；排污权有偿使用和交易工作的监督管理。

2. 技术性政策文件。一是排污权初始分配核定技术方案。2013年3月，湖南省环保厅发布《湖南省主要污染物初始排污权分配核定技术方案》。主要内容包括：排污权初始分配核定的技术依据，初始分配的工作范围，省市环保部门的职责分工，初始分配的工作流程，初始分配的技术规则等。二是排污权抵押贷款管理办法。2015年11月，中国人民银行长沙中心支行、湖南省财政厅、湖南省环保厅联合发布《湖南省主要污染物排污权抵押贷款管理办法（试行）》，对排污权抵押贷款的条件、用途、程序、要求，以及排污权抵押贷款的登记、处置、监督管理等方面做出明确规定。三是排污权指标管理规定。2017年5月，湖南省环保厅发布《关于加强主要污染物排污权指标管理的通知》，进一步规范排污权初始分配资格条件、加大有偿使用费征收力度、作好减排认定和富余排污权储备、加强新增总量指标审核、规范排污权的交易流转等内容。

除上述文件外，湖南省环保厅、各市（州）政府、市（州）环保局还相继制定或发布其他政策文件26个。

（二）全省排污权有偿使用和市场交易工作进展情况

1. 有偿使用进展情况。截至2017年8月底，湖南省已有8240家企业缴纳有偿使用费，累计收缴排污权有偿使用费4.41亿元（应缴5.7亿元），资金到位率为77.3%。

表3　湖南省各年度有偿使用交费情况汇总表

年度	企业数量（家）			收缴资金（万元）			备　注
	应缴	已缴	比例	应缴	已缴	比例	
2011—2013	1102	1075	98%	7026.4	6825.2	97%	第一批长株潭、九行业试点，一次收缴五年有偿使用费。
2014	2795	2513	90%	6433.6	6248.9	97%	试点范围扩大到衡阳、永州
2015	7549	6768	90%	13702.7	12574	92%	2015年，试点范围扩大到湖南省
2016	7496	6743	90%	14962.8	13127.4	88%	/
2017年截至8月底	7884	3277	41.6%	14959.8	5349.8	36%	湖南省的有偿使用费一般集中在年底收取
合计		/		57085.3	44125.3	77.3%	/

2. 市场交易进展情况。湖南省累计实施市场交易2782笔，交易资金总额2.9亿元。

表4　各年度排污权交易情况汇总表

<table>
<tr><th rowspan="2">年度</th><th rowspan="2">交易次数（笔）</th><th rowspan="2">交易金额（万元）</th><th colspan="4">平均价格（万元/吨）</th></tr>
<tr><th>化学需氧量</th><th>二氧化硫</th><th>氨氮</th><th>氮氧化物</th></tr>
<tr><td>2011</td><td>4</td><td>2264. 25</td><td rowspan="3">长沙：1. 0
株洲：0. 8
湘潭：0. 8</td><td rowspan="3">长沙：0. 75
株洲：0. 6
湘潭：0. 6</td><td rowspan="3">/</td><td rowspan="3">/</td></tr>
<tr><td>2012</td><td>44</td><td>349. 90</td></tr>
<tr><td>2013</td><td>179</td><td>2108. 32</td></tr>
<tr><td>2014</td><td>300</td><td>2904. 30</td><td rowspan="4">2</td><td rowspan="4">1. 5</td><td rowspan="4">4</td><td rowspan="4">2. 5</td></tr>
<tr><td>2015</td><td>799</td><td>8875. 49</td></tr>
<tr><td>2016</td><td>1000</td><td>9509. 44</td></tr>
<tr><td>2017</td><td>917</td><td>7283. 96</td></tr>
<tr><td>合计</td><td>3243</td><td>33295. 66</td><td colspan="4">备注：绝大多数市场交易都执行政府指导价。个别企业间的直接交易，由交易双方自行确定成交价，成交价低于政府指导价。</td></tr>
</table>

（三）排污权有偿使用和交易价格管理情况

2011 年 5 月，原湖南省物价局牵头发布《湖南省主要污染物排污权有偿使用收费和交易政府指导价格标准》，并于 2014 年 7 月、2016 年 8 月两次进行修订完善。湖南省排污权有偿使用和交易价格体系包括排污权有偿使用收费标准和市场交易政府指导价两个部分，主要管理方式如下：

1. 有偿使用收费标准。一是定值原则和程序：湖南省按照“低价起步、稳步提高、逐步完善”的原则，由物价部门会同财政部门制定发布了化学需氧量、氨氮、二氧化硫、氮氧化物、铅、镉、砷等七项污染因子的排污权有偿使用收费标准，主要依据环境资源稀缺程度、社会发展状况、企业经济承受能力等因素综合确定。二是标准数值。化学需氧量 230 元/吨·年，氨氮 230 元/吨·年，二氧化硫 200 元/吨·年，氮氧化物 200 元/吨·年，铅 1 万元/吨·年、砷 1. 3 万元/吨·年、镉 3 万元/吨·年。三是管理方式。湖南省将排污权有偿使用费定性为“国有资源有偿使用收益”，排污权有偿使用收费标准严格执行政府定价，按年度收缴，各排污单位按照管理权限向同级财政缴纳排污权有偿使用费，全部采用定额出让的模式。四是年收费额。目前湖南省共有7496家企业申购初始排污权，全年应收缴有偿使用费约1.4亿元。排污单位按照初始分配量和有偿使用收费标准向政府缴纳有偿使用费之后，即可获得环境资源的占有权、使用权、处置权和收益权。

2. 市场交易政府指导价。一是定价原则和程序。湖南省价格主管部门通过样本调查、成本测算等途径，依据“每吨或每千克主要污染物十年期治理成本”确定了七项主要污染物的排污权交易政府指导价。二是价格数值。化学需氧量2万元/吨，氨氮4万元/吨，二氧化硫1.5万元/吨，氮氧化物2.5万元/吨，铅50万元/吨、砷50万元/吨、镉60万元/吨。排污权交易政府指导价的作用：一是规范约束政府与企业之间的交易行为，二是为企业之间的交易价格提供指导和参考。只有一个排污单位申购的，执行政府指导价。多个单位申购同一指标的，以政府指导价作为底价，通过竞价、拍卖等方式确定成交价，成交价不得低于政府指导价，目前湖南尚未实施多个企业共同竞价的模式。企业之间的交易纯属市场行为。遵循自愿公平的原则，按照市场供求关系，以政府指导价作参考，自行确定交易价格。由市场规则配置资源、市场形势决定价格走势。排污权抵押估价纯属市场行为。由抵押贷款双方以政府指导价作为主要参考，自行协商确定，政府不干预。

（四）工作成效

1. 一级市场基本建立。一是初始分配工作圆满完成。湖南省于2014年底完成全省的排污权初次核定，2016年又进一步进行补充清理、调整完善，目前湖南省共7763家企业确定了初始排污权。在分配核定过程中坚持以下原则：坚持促进环境质量改善的原则，各地分配总量不突破区域目标总量；坚持限制高污染高排放企业的原则，各企业最大分配量不超过达标排放核算量；坚持企业自愿的原则，企业自愿申请少分配、少缴费的一律支持鼓励，放弃购买初始排污权的也予以支持；坚持排污权的资产属性原则，企业分配确定、有偿购买排污权之后，就可获得其占有权、收益权、处置权和收益权，就是企业的资产产权，行政部门不得改变。二是有偿使用政策执行到位，湖南省有8200多家企业缴纳过有偿使用费，在当前经济下行、企业效益较差的形势下，缴费企业数量比例超过90%。

2. 市场交易逐渐活跃。湖南省累计实施市场交易3243笔，交易资金总额3.33亿元，交易化学需氧量4398吨，氨氮500吨，二氧化硫33573吨，氮氧化物9948吨，铅2203千克，镉58千克，砷207千克。交易次数逐年倍增，共有779笔交易由企业出让指标，企业通过交易获得减排收益2.75亿元；共已实施693笔企业间直接交易，86笔政府回购交易，86笔重金属交易。

3. 交易平台建成投用。湖南省排污权交易管理平台已经建成并投入使用，具备交易业务管理、有偿使用收费管理、排污权证管理、减排数据管理、排污权指标管理、资金管理、统计查询、信息发布等各种功能。省、市、县统一使用平台，信息数据资源共享。2015年，湖南省环保厅给各市（州）区县交易平台配备电脑、打印机等硬件设备，升级开发排污权交易App软件，业务工作更加便利快捷，管理水平进一步提升。

4. 机构网络全面建立。湖南省成立13个排污权交易（管理）机构，包括省交易中心和12个市（州）交易所，均为全额拨款事业单位，各有4—6个编制，共增编65名，各市（州）均有专职人员。

5. 指标管理不断完善。湖南省相继出台了《湖南省主要污染物排污权有偿使用和交易实施细则》《湖南省主要污染物初始排污权分配核定技术方案》《关于加强主要污染物排污权指标管理的通知》等系列技术文件，对排污权初始分配核定的资格条件、技术方案，市场交易的资质、数量、流转等各个环节进行明确、规范。

6. 价格标准符合实际。有偿使用收费标准“低价起步、逐步提高”。确保“排污单位交得起、环保部门收得到”，不要大幅提高现有企业的生产成本，既有利于顺利推进工作，又可贯彻推进“环境资源有价”理念。市场交易指导价与十年期污染治理成本挂钩，一方面基本保障减排企业能够通过转让指标收回治理投入，另一方面也能提高新建项目的环境准入门槛。较低有偿使用费和较高市场交易指导价之间存在的价差，可鼓励和促进企业单位通过排污交易获得减排收益，符合《生态文明体制改革总体方案》的指导思想。

7. 监管体系持续强化。一是在线监控系统运行良好。湖南省共有310家国控重点源的420个监测点位纳入在线监测考核，在线监测数据联网率为98.57%，传输有效率为97%。二是积极开展刷卡排污试点建设。按照环保部的要求，第一批、第二批刷卡排污试点项目均已顺利建成、验收并投入使用，包括刷卡排污总量控制监管平台和40个总量控制现场终端。

8. 政策创新不断突破。一是排污权交易促进第三方治理试点。环保公司带资金、带技术给企业实施污染治理，用减排的排污权指标冲抵部分或全部治理资金，再通过排污权交易回笼该项资金，用排污权交易政策支持第三方污染治理。现已实施了四个试点项目，合同资金共162万元，目前两个项目已经验收、富余指标已经挂牌转让，排污单位、环保公司都比较认同。二是探索实施排污权回购机制。按照“先减排、再补助”的原则将收取的有偿使用费用于污染治理，支持资金的同时收回减排指标，提高监管要求，补助资金量与实际减排效果挂钩，促进环保资金更好地发挥环境效益。湖南省财政累计安排收储资金1.46亿元，用于回购减排企业的富余指标。“以购代补”模式即可激发资金的环境效益，又能活跃交易市场。三是刷卡排污试点。刷卡排污总量控制系统正式运行之后，对污染物排放总量监管起到了较好作用。通过分析研究刷卡排污总量数据，成功发现湖南省胜芝化工有限公司的氨氮排放总量超标问题，并将超标情况及时反馈给常德市环保局和排污单位。四是排污权抵押贷款试点。2012年湖南省环保厅、财政厅联合下发《关于开展排污权抵押贷款试点工作的通知》，2015年中国人民银行长沙中心支行会同省环保厅、财政厅发布《湖南省主要污染物排污权抵押贷款管理办法（试行）》。现已组织湖南华菱湘潭钢铁集团有限公司与兴业银行、浏阳市宏源造纸厂和长沙银行签订排污权抵押贷款合同，其他企业已与银行初步达成贷款协议。

9. 作用意义日益凸显。一是排污权交易工作机制基本成型。政策制度、机构网络、交易平台等基础条件不断完善，为排污权有偿使用和交易工作的全面开展提供了坚实保障。二是环境资源产权制度日趋完善。环境资源“有价、有限、有偿”的理念不断深化，排污单位积极申购排污权、日益珍惜排污权，社会各界进一步认同排污权的资产属性。2015年，广东江门法院向湖南省排污权交易中心发来协助执行通知函，请求协助冻结湖南某纸业的排污权指标。三是市场配置环境资源的作用不断凸显。新建项目新增总量要从已实施的减排量中置换，进出平衡一一对应，杜绝“买空卖空”；企业间平等自愿调节指标，有指标买卖意愿的企业一律通过交易平台寻找交易对象，按照市场规则调剂排污权。企业拥有排污权的使用权、占有权和处置权，政府部门不能再强制调剂，市场在环境资源配置中日益发挥重要作用。四是支持推进治污减排。经济政策和价格杠杆日渐发挥作用。首先，按照“谁占有谁付费”的原则，以有偿使用增加环境成本，促进企业少占资源少付费；其次，以购买新增总量指标提高环境准入门槛，限制高污染企业发展，促进产业结构调整。最后，按照“谁减排谁获利”的原则，通过治理减排出让富余指标，鼓励企业通过交易获得减排收益。

二、湖南省排污权有偿使用和交易试点工作存在的问题及原因分析

排污权交易工作尚处于探索试点阶段，相关配套政策还需完善，业务水平亟待提高，为环境管理和污染减排服务的实际作用短期内还不能充分显现，对“特权排污、按量排污”的监管手段和方法不多等等，都是今后急需解决的问题。

一是法律依据不充足。缺乏国家层面、法律层面的明确规定。一定要在相关法律中明确规定排污权有偿获得是排污许可的基本条件之一。许多突破性的试点工作，因为没有上位政策支持，或者没有相关法律规定，经常受到审计、纪检监察等方面的质疑。二是权属概念不明朗。排污权究竟是政府行政许可，还是企业无形资产，法律界定不明。环境资源产权制度是排污权有偿使用和交易工作的理论基础，排污权初始分配、确权登记、市场交易和收益保障等各项工作，实质就是环境资源产权制度建设的主要内容。必须从法律上界定排污权的物权属性，建立归属清晰、权责明确、监管有效的环境资源产权制度。三是交易市场不活跃。现在主要靠新建项目环评审批推动交易市场，决定交易次数，各区域交易活跃程度不平衡。需要约束现有企业“按量排污、超量交易”，形成新的市场交易增长点。另外，还要核准新建项目新增总量，在当前经济形势下，新建项目都希望少花钱购买新增总量指标，导致建设项目新增总量指标严重偏低，也会影

响排污许可量的核定。四是监管手段不丰富。对“特权排污、按权排污”的监管手段和方法不多。对总量超标行为没有处罚办法和法律依据。对拒不缴纳有偿使用费的企业亦无合法、充足的强制措施，无法形成有效监管。五是政府职责不清晰。限制交易资质、限制出让条件、限制政府指标投放量、限制市场价格、限制区域和行业流通等等，行政干预多。企业缴纳有偿使用费买下排污权，不能自主决定转让交易，有的环保局还不予认定减排和富余指标。要厘清政府职责，一要加强服务，完善交易规则、搭建交易平台、公平分配初始排污权，强化引导、规范、服务和监督职能。二要宏观调控。政府要依据市场情况及时做好收储与投放工作。当前，许多地方工业企业减排力度大，排污权指标供大于求，政府应该积极收储指标，减少政府储备指标投放量。将来供不应求时，适度投放指标。三要减少干预，转让资格、指标调剂、交易价格等市场行为要按照市场规则运行，排污权一经分配核定和有偿使用，企业拥有使用权和处置权，依法自由买卖，政府部门不得强制调剂、强买强卖，要让市场规则发挥决定作用。四要理性竞价。通过人为减少市场投放量来制造争相竞价的热闹场面并不代表交易市场繁荣活跃！在二级市场中，政府应该在价格低迷时积极回购富余指标，价格高涨时投放紧缺指标，政府职能应该是稳定市场价格而不是虚抬价格。五要鼓励企业获利。“老企业交有偿使用费，新企业掏钱买政府指标”的工作模式难以长远，一定要摒弃“政府收钱、企业掏钱”的惯性思维。在排污权有偿使用和交易工作体系中，政府收取排污权有偿使用费（这是国有资源有偿使用收益），在二级市场中多保障减排企业出让指标，严格控制和减少政府储备指标投放量，不跟企业抢市场、争利益。六是方向目标不确定。这是现在排污权交易机构和排污单位最担心的问题。政策是否继续实施？采用何种工作机制？排污权能否有效延续？政策不同会给区域社会经济发展带来多大影响？这些问题，关系到政策的连续性，关系到众多企业的权益与利益，也关系到政府部门的公信力。

三、湖南省排污权有偿使用和交易试点工作对策建议

下一步，要重点抓好以下工作：一是抓紧抓实常规工作。抓紧做好环境资源产权分配、确权扫尾工作，进一步加大有偿使用费征收力度，全面

组织下发排污权证；严格执行交易政策，进一步活跃交易市场，坚持推进企业间直接交易。二是加大政策创新力度。继续推进刷卡排污试点，逐步增大覆盖面；稳步推进排污权抵押贷款、社会资金参与排污权交易、排污权短期租赁等试点工作，继续推行“以收代补”“以减排量定补助资金”的资金下达模式。三是提高工作规范程度。持续开展排污权交易工作稽查，总结成绩特色，督促整改问题，切实提高工作效率和规范化水平。四是着力提升人员素质。指导督促相关市（州）尽快成立机构，保证人员队伍的相对稳定，组织排污权交易业务培训和技术交流，切实提升排污权交易队伍的整体素质。

此外，建议：一要提供法律支持。建议尽快出台排污许可证管理办法/条例，从法律上明确环境资源必须有偿使用，对超量排污、无证排污等行为明确处罚规定，约束现有企业必须“按量排污、超量交易”，形成新的市场交易增长点。从财经、税务的政策制度上，明确企业出让排污权所得收入的性质。二要建立产权制度。从法律上明确排污权的产权属性，在环境资源领域建立一整套包括产权界定、产权交易、产权保护的现代产权制度，这是推进排污权有偿使用和交易工作的理论基础。排污权初始分配、确权登记、市场交易和收益保障等工作，实质就是环境资源产权制度建设的主要内容。三要保持政策连续。建议尽快归纳整理比较成功的经验，尽快推广运用，尽可能保持政策的连续性和系统性，兼顾政策的科学性和可行性。湖南省将排污权视为环境资源产权，企业有偿获得之后就是企业的资源资产。从实际效果看，一是企业非常重视珍惜排污权，政府收缴有偿使用费的标准不高、企业能够承受、区域之间相对平衡，大部分企业愿意有偿获得，阻力不大；二是减排之后可以获得较高的减排收益，企业参与的积极性会大幅提升，对支持减排很有实效；三是许多省市已经将排污权确定为企业产权，一旦取消或者改变，估计会遇到较大阻力。

（2017 年 8 月）

攻坚克难 保质保量 确保湖南省排污许可证核发全覆盖

党的十九届四中全会提出“健全源头预防、过程控制、损害赔偿、责任追究的生态环境保护体系”“构建以排污许可制为核心的固定污染源监管制度体系”，为坚持和完善这两项制度，做好当前和今后一段时期环评与排污许可工作指明了方向、提供了遵循。

2019 年 12 月 22 至 24 日，生态环境部在北京召开全国环境影响评价与排污许可工作会议，生态环境部主要负责同志出席。当前正是深化环评与排污许可制度改革、构建全新制度体系的难得机遇期，各级生态环境部门要以习近平生态文明思想为指引，以改善生态环境质量为核心，以协同推进经济高质量发展和生态环境高水平保护为目标，扎实做好新时代环评与排污许可工作。要健全以环评制度为主体的源头预防体系，在坚持核心理念“三个不变”的同时，推动工作重心“四个转变”，做好五项重点工作。

近年来，湖南省环评与排污许可管理队伍认真贯彻党中央国务院生态文明建设和生态环境保护的大政方针政策，严格落实湖南省委、省政府各项工作部署要求，坚持以改善生态环境质量为核心，全力推动打好污染防治攻坚战，协同推进高质量发展和高水平保护，各项工作取得了积极进展。

一、加强改革创新，规范权力运行

一是加大环评审批事项下放力度。修订省级审批目录，将风电项目等 7 类 19 项建设项目环评审批权下放至市（州）生态环境局。目前，湖南省

95%以上的建设项目环评审批手续在市、县级开展。二是提高环评审批效能。将环评审批时限压缩到法定审批时限一半。首次将环境影响评价技术评估纳入审批流程，实现即受理即评估、评估与审查同步，大幅提升环评审批效能。三是加强“互联网+审批”建设。优化环评审批网上政务平台系统，与省工程建设审批管理平台、固定资产投资在线管理平台等进行数据对接，以大数据服务经济发展，快步推进“一件事一次办”。

二、编制“三线一单”，完善绿色发展顶层设计

坚持“绿色发展，生态优先”原则，按照“守底线、优格局、提质量、保安全”思路，积极推进“三线一单”编制工作。2019年11月1日，湖南省作为全国第一梯队通过生态环境部的审核。湖南省“三线一单”成果重点突出了三个方面：一是确立了法律地位。新修订的《湖南省环境保护条例》中增加了“三线一单”管控要求，从省级层面解决了“三线一单”的法律地位。二是分类划定环境管控单元。湖南省共划定了810个环境管控单元。其中：优先保护单元202个，面积占比约37.50%；重点管控单元369个，面积占比约21.38%；一般管控单元239个，面积占比为41.12%。三是“量身定制”生态环境准入清单。形成了“1+4+14”的塔形清单体系。以环境问题为导向，分类分级编制生态环境管控清单。

三、健全排污许可制度，强化管理基础支撑

全面对标对表，高质量完成年度许可证核发工作任务。一是有序推进核发工作。2019年，湖南省完成水处理、畜禽养殖、汽车制造等20个行业的排污许可证核发工作，核发排污许可证2012张。二是逐步夯实工作基础。完善排污许可证核发流程，明确各环节分工。以二污普清单为基础，对2020年即将实施排污许可全覆盖的排污单位进行初步摸底，预计全年需核发排污许可证近7万家。三是稳步提升核发质量。组建技术团队证书核发。共举办9期技术培训班，培训1300人次，采取“理论+实操”“面对面”指导申领填报业务等模式，提升核发质量。四是不断强化证后管理。对2018年已发许可证进行质量抽查，将抽查审核情况形成问题清单及时反馈市（州），督促强化证后管理。

四、深化“放管服”改革，服务高质量发展

一是做好重点项目环评审批服务。建立重点项目台账，定期调度，专题协调，加快审批。通过提前介入，超前服务，把建设项目环境制约问题解决在前段。大兴寨水库、长株潭城际轨道交通等一批省市重点工程环评审批获得好评。二是强化区域环评管理。制定园区跟踪评价评估要点，指导园区跟踪评价工作实施。系统梳理144个省级及以上园区的规划环评情况，完成7项园区调扩区和20项跟踪评价工作。三是积极回应热点问题。开展《湖南省湘资沅澧干流及洞庭湖河道采砂规划（2019—2022）》规划环评。推进生猪养殖项目“放管服”改革，探索开展告知承诺制试点。在服务保障砂石供应、生猪生产供应方面，都提出了明确服务措施和要求。四是开展小水电清理整改工作。按照职责分工，对96个县区小水电整改综合评估意见进行省级环保要求复核，积极推进小水电清理整治工作。

五、强化环境信用管理，持续优化营商环境

一是强化企业环境信用管理。对湖南省3833家企业实施环境信用评价认定工作。对24家环境信用不良企业进行了升级工作，对6家环境保护黑名单企业进行了解除工作，通过强化联合奖惩，督促企业主动整改。二是强化环评机构监督。对市（州）2018年度建设项目环评文件分类开展技术复核，对7家编制单位、8个编制主持人进行诚信扣分，并在湖南省进行通报批评。三是强化联合惩戒。定期向“信用湖南”推送信用信息，强化部门联动，注重环境信用评价结果应用，推进联合实施守信激励、失信惩戒机制。

在看到成绩的同时，也要看到工作中存在的短板和不足。一是优化管理和服务做得不够。政务服务体系不完善，涉及第三方服务的监管亟待加强。一些地方服务意识较差，对当前中小企业发展中存在的突出环境问题，主动提供生态环保服务不够，同时也缺乏有效帮扶手段。在“放管服”改革过程中，政策指导、技术服务还跟不上形势要求，难以满足社会期望和企业需求，不符合“放管服”统筹推进的要求。二是环评制度刚性约束发挥不够。新环评法实施后，“未批先建”现象明显减少，但项目环

评事中事后监管依然薄弱，环评要求落不了地，依然存在“批而不管”“不是自己批的不管”现象。环评机构弄虚作假，环评文件粗制滥造，环评违法行为查处不严格、不到位，清理整顿不彻底等现象依然存在。部分领域的规划“未评先批”问题依然突出，规划环评工作质量参差不齐，规划环评成果落实缺乏硬性保障，环评的源头预防作用受到很大影响。三是排污许可核心制度存在薄弱环节。一方面，固定污染源排污许可全覆盖任务十分繁重、压力巨大。另一方面，排污许可证后监管还比较薄弱，影响许可制度效力。前几年排污许可核发数量偏少，导致 2020 年核发任务异常艰巨。根据二污普数据，湖南省排污单位近 7 万家，已发证排污单位数仅 3400 多家。这中间的差值，是要在 2020 年完成发证或清理整顿的。四是支撑保障作用不能适应形势的要求。环评资质管理的取消活跃了环境影响评价市场，但短期内也带来了一定的影响。目前，在湖南省从事环评编制的单位共 113 家，其中 82 家属于资质取消后新成立的单位，人员配备、工作实践和保障条件等尚不完善，环评文件质量难以保障。环评与排污许可信息化水平不高，功能相对单一，数据尚未打通，与相关部门的连接存在堵点，数据分析挖掘还有待深化。

2020 年是全面建成小康社会决胜之年，小康全面不全面，生态环境质量是关键。我们要从讲政治的高度，将环评与排污许可工作纳入环境治理体系和治理能力现代化重要内容，纳入打赢打好污染防治攻坚战重要任务。认真落实《湖南省生态环境保护工作“四严四基”三年行动计划（2019—2021 年）》年度工作任务，以改善环境质量为核心，以强化宏观指导、简化微观管理为导向，以创新体制机制为动力，着力构建“三线一单”、区域规划环评、建设项目环评、排污许可相互衔接的全链条固定污染源环境管理体系，推进环评与排污许可制度的改革和实施。

需重点落实好六项工作：

（一）全面加强思想理论武装和党风廉政建设

以习近平新时代中国特色社会主义思想为指导，深入贯彻党的十九大和十九届二中、三中、四中全会精神，落实新时代深入推进全面从严治党总要求，科学把握“两个大局”，牢固树立“四个意识”，坚定“四个自信”，坚决做到“两个维护”。践行习近平生态文明思想，牢记习近平总书记嘱托，为长江保护和修复工作，守护好一江碧水作出应有贡献。巩固深化主题教育成果，并将学习教育成果主动应用于指导业务工作。坚持环评与排污许可业务和党建工作两手抓、两手都要硬。深入推动环评与排污许可领域的党风廉政建设工作，加强廉政风险警示教育，不断改进工作作风，提升审批效率，增强工作实效，打造忠诚干净担当的生态环保铁军。

（二）实现排污许可“一证式”管理

一是加强组织领导。构建以排污许可制为核心的固定污染源监管制度体系，实现固定污染源“一证式”管理。要健全实施排污许可的领导协调机制，压实各级各部门的责任。湖南省生态环境厅已将此项工作纳入湖南省污染防治攻坚战考核内容和年度生态保护重点工作。湖南省政府将对各市（州）党委政府进行考核。市（州）要将该项工作纳入生态环境委员会2020年的重点工作内容，各级生态环境部门主要负责人要亲自研究、亲自部署，分管负责同志要靠前指挥、亲自参与，抓实抓细抓到位，对工作中存在的重点难点问题，要及时研究并向党委、政府报告，加以妥善解决。二是明确责任分工。市（州）生态环境部门是固定污染源清理整顿和排污许可发证登记工作的责任主体，统筹开展本辖区清理整顿，负责排污单位的排污许可发证、登记管理。县（市、区）生态环境部门负责排污许可证核发和清理整顿的现场核查及清理整顿监督执法等工作，协助排污许可证的核发工作。湖南省生态环境厅相关处室和直属单位按照实施方案职责分工做好工作。三是加快工作部署。落实《湖南省固定污染源排污许可清理整顿和排污许可发证登记工作实施方案》要求，坚持“先发证后到位”，做到企业“全覆盖”，按照“摸清底数、排查无证、分类处置、整改清零”的工作步骤，在湖南省范围内开展固定污染源清理整顿工作。四是做好工作保障。各级生态环境部门要在机构、人员、经费等方面加大投入，要加强与财政部门工作对接，保障相关工作经费。要加大核发工作指导培训力度，充分发挥湖南省环科院、环保学院等技术支撑单位的重要作用，必要时动用社会技术力量。五是保障工作进度。如期完成排污许可发证和登记任务，实现行业“全覆盖”。在2020年4月前，完成已核发行业的清理，做到逐个销号、应发尽发。在2020年9月底前基本完成排污许可发证和登记任务，再用2—3个月时间开展监督检查，全面实现“核发一个行业、清理一个行业”的工作目标，确保按期完成2020年排污许可全覆盖。六是强化证后监管。对已发许可证执行情况进行抽查，抓好对各市（州）许可证核发工作的督导。市（州）部门要将排污许可执行情况纳入专项执法检查内容，依证开展证后执法。

（三）扎实推进“三线一单”和规划环评工作

一是要加快推进“三线一单”成果发布实施。“三线一单”是推动绿色发展的重要基础工作和管理手段，是建立实施生态环境分区管控体系的支撑。根据生态环境部的要求，“三线一单”省级成果应于2020年3月底前完成发布工作，“三线一单”市级成果要在2020年6月底前完成审核验收，在2020年10月底前完成发布任务。请各地严格按照时间节点完成各项工作任务。同时要组建长期稳定的工作团队，将“三线一单”中最为核心的分区管控体系建立起来，划好框子，定好规则，确立评估监督、更新调整的办法。二要准确把握规划环评制度定位，加强规划环评质量管理。各级生态环境部门要结合国土空间规划体系建立和“十四五”规划编制，加强与规划编制部门、审批部门的沟通衔接，主动与政府、有关部门沟通，从规划体系构建、阶段性考核评估、规划与项目联动等方面，积极推进规划环评工作。进一步加强产业园区规划环评管理，切实落实规划环评要求。明确规划环评与区域“三线一单”的关系，深化规划环评与项目环评的联动。

（四）持续深化环评领域“放管服”改革

按照“放出活力、管出公平、服出效果”的指导思想，进一步深化环境影响评价制度改革。一是要在简政放权上做好文章。推行建设项目环评豁免、告知承诺、环评简化与联动等改革举措，推进环评与排污许可融合。强化省级及以上产业园区的规划环评管理，研究制定《关于进一步加强产业园区规划环评管理的通知》，对符合园区规划环评要求的入园项目环评细化简化措施。二要在放管结合上做好文章。要抓住党政领导、建设单位和环评机构三个关键，坚决遏制环评与排污许可违法行为。要严格环评管理程序，对环评文件该不批的坚决不批，坚决防止出现系统性风险；要严惩弄虚作假、粗制滥造，故意扰乱市场秩序的环评机构，做到零容忍，解决环评机构管理“宽松软”问题；要对环评制度落实情况、规划环评主体责任落实情况、环评审批“三挂钩”要求执行情况进行严格把关。三是在优化服务上深下功夫。服务“六稳”工作大局，进一步优化环评审批，强化服务意识，提高服务水平，推进优化营商环境；要强化行政审批中心职能建设，推进生态环境保护行政许可标准化，构建实体政务大厅、网上办事、移动客户端等多种形式的公共服务平台，实现“一件事一次办”；要加强指导帮扶，继续做好重大项目审批服务，做到定期调度、提前介入、畅通绿色通道。

（五）不断完善环境信用体系建设

在现有信用管理体系基础上，对省级环境信用评价企业评价体系进行优化，扩大信用评价范围，强化省、市环境信用评价分级管理。一是要进一步对湖南省企业环境信用评价指标、企业环境信用评级标准和企业环境信用评价工作程序进行修订完善，对“黑名单”管理制度进行改革。二是建立省级产业园区环境信用评价指标体系和评级标准，出台“湖南省产业园区环境信用管理办法”等规范性文件。三是完成2019年度省级环境信用评价企业的评级工作并公开发布结果。加强环评机构、环评文件编制人员环境信用管理。四是建立信息共享与联合奖惩机制，及时发布企业环境信用评价情况，充分发挥数字信息优势，加强环境信用评价平台与其他信用平台的互联互通、同步共享，完善联合惩戒机制。注重对先进地区经验的学习，探索环境信用在差别化水电费等绿色价格政策方面的实践与试点。

（六）进一步强化宣传引导，提升信息化能力

一要强化环评与排污许可领域宣传引导。各级生态环境部门要更加重视环评与排污许可领域的宣传工作，将其纳入生态环境宣传教育重要一环，立足正面引导、强化反面警示，向上释疑、向下解惑。要及时向党委

政府报告环评与排污许可领域取得的显著成效和出现的热点问题，党委政府的支持是做好一切工作的首要保障，必须高度重视。二是推进大数据平台建设。全力推进以环评与排污许可信息化衔接、排污许可证管理信息平台、“三线一单”数据库为重点的环评信息化建设。用好全国建设项目申报和审批系统。优化省级环评审批网上政务平台系统，实现与省工程建设审批管理平台、固定资产投资在线管理平台等进行数据对接联通。推进大数据创新应用。通过环评大数据分析宏观经济形势、污染减排趋势、地方经济发展特征、产业结构调整情况等，为保护和发展决策提供参考。

环评和排污许可制度是生态环境治理体系的基础性制度，是打好污染防治攻坚战、改善生态环境质量的有力抓手，是推进经济高质量发展的重要支撑。我们要切实提高政治站位，深刻把握坚持和完善环评与排污许可制度的重大意义，加快推进湖南省排污许可证核发全覆盖，着力将制度优势更好转化为治理效能，为推进生态环境保护事业发展发挥更大作用。

（2020 年 2 月 21 日）

颂党恩、迎华诞、双争先、守底线
推进湖南省环评与排污许可工作跃上新台阶

刚刚过去的2020年是极不平凡的一年。湖南省环评与排污许可战线的同志们，牢记嘱托、保持定力、奋勇拼搏、敢打必胜。面对新冠疫情、国际国内形势急剧变化、经济下行压力加大等严峻考验，全面贯彻省委、省政府的决策部署，坚持依法依规按程序、主动高效优服务，助力企业复工复产、全力支持“六稳六保”，圆满完成排污许可证全覆盖、发布实施“三线一单”成果、出台产业园区环保信用评价制度等各项工作任务，为全省打好打胜污染防治攻坚战，协同推进经济社会高质量发展和生态环境高水平保护作出了应有贡献。

一、坚持党建引领，增强行动自觉

一是抓政治学习，以学习强基。全面学习习近平新时代中国特色社会主义思想，及时学习传达习近平总书记最新重要讲话，以及中央和省委重要会议精神，强化思想引领。二是抓问题整改，以整改培元。积极配合省委第二巡视组反馈问题整改。坚持“当下改”和“长久立”相结合，既边查边改、即知即改、立行立改，又注重建章立制、举一反三，推动标本兼治，确保整改实效。三是抓廉政建设，以自律守心。全面落实党风廉政建设责任制，逢会必讲廉政要求，时刻绷紧廉政建设这根弦，防微杜渐。

二、强化挂图作战，全国率先完成排污许可全覆盖

一是加强组织领导，提前谋划布局。新年上班伊始，湖南省政府就组织专题会议研究，将排污许可工作纳入全省污染防治攻坚战考核内容和年

度重点工作。二是强化挂图作战，确保任务进度。2020 年 4 月 28 日，全省共计完成 15775 家排污单位清理整顿，提前 10 天完成 33 个行业固定污染源清理整顿任务，进度与广西、海南共同领跑全国。7 月 31 日，全省完成所有行业固定污染源清理整顿和排污许可发证登记 86389 家，实现发证、登记双清零，提前 2 个月完成所有行业固定污染源清理整顿和排污许可发证登记任务，进度名列全国第一。三是实施证后监管，确保发证质量。安排 60 余位专家下沉至全省 14 个市（州），对全省 1402 家企业开展了排污许可现场符合性核查和证书质量自查自纠。选取常德作为湖南省排污许可证后管理试点城市，制定证后试点工作方案，对重点行业开展证后管理相关工作。湖南省生态环境厅环评处、省生态环境事务中心、常德市生态环境局、长沙市生态环境局、郴州市嘉禾分局、怀化市通道分局被生态环境部评为排污许可工作表现突出集体，30 名同志被评为工作表现突出个人。

三、深化“放管服”改革，助推企业复工复产

一是应时而动，迅速支持疫情防控复工复产。积极做好疫情防控急需三类建设项目环评应急服务，对 172 个三类建设项目的环评管理采取豁免、告知承诺制、先开工后补办环评等简化手续。积极助力生猪养殖业恢复生产。印发《关于进一步做好当前生猪规模养殖环评管理相关工作的通知》，从推进改革、落实政策、做好服务、强化监管等 4 个方面下功夫，进一步简化该类项目审批手续，对 330 个生猪养殖项目实施告知承诺制审批。二是顺势而为，持续优化环评审批服务。推行告知承诺制改革，出台《湖南省建设项目环境影响评价文件行政审批告知承诺制管理办法（试行）》，环评审批告知承诺制实施再次拓展区域、扩大行业，相关园区环评审批速度明显提速；服务重点项目审批和规划环评审查。对全省涉及重大固定资产投资、“五个 100 工程”等重点项目，组建专家组全过程指导、成立环评审批专班全方位服务，合并流程、提升效率，用最短时间完成了包括长沙机场改扩建工程、长沙市轨道交通 6 号线东延段工程、犬木塘水库工程等重点建设项目环评审批。首次实现全省 144 个产业园区规划环评全覆盖。全力推进小水电清理整改工作，实施小水电清理整改月调度制，督促地方生态环境部门加快完善整改类电站环评手续工作。多措并举指导地方生态

环境部门依法开展小水电清理工作。全面完成4283座小水电清理整改，指导2180座小水电环评手续补办工作。

四、完善顶层设计，全国率先完成“三线一单”成果发布

6月30日，湖南省政府发布实施《湖南省人民政府关于实施“三线一单”生态环境分区管控的意见》；11月10日，经省政府同意，省生态环境厅在全国率先印发《湖南省“三线一单”生态环境总体管控要求暨省级以上产业园区生态环境准入清单》；12月31日，14个市（州）完成市级“三线一单”管控要求和环境管控单元准入清单发布。2020年年底，环评司领导来湖南省调研，称赞湖南省“三线一单”成果“为全国各省成果中内容最为丰满，最具实践指导意义”；生态环境部领导在2021年元月召开的全国“三线一单”实施应用工作会上先后3次表扬和肯定了湖南的工作。

五、强化制度建设，规范日常监督管理

一是深刻领会上级精神，系统部署三年行动计划。按照部相关文件精神，形成了《湖南省环评与排污许可监管行动计划（2021—2023年）》《湖南省生态环境厅2021年度环评与排污许可监管工作方案》，对湖南省今后三年的环评与排污许可监管工作进行了周密部署；二是加强环评机构与从业人员管理。强监管，组织开展环评文件技术复核及违规审批核查，共抽取全省各级审批100份环评文件，对存在环评质量及违规问题的20家编制单位、20名编制人员、22家建设单位、17个审批部门予以处理。强沟通，12月组织各市（州）环评审批部门代表、环评机构代表、专家代表召开环评工作座谈会，谈问题、提要求、明方向；三是推进“三集中三到位”改革实施。湖南省生态环境厅政务服务窗口按时间节点统一入驻省政务大厅，按“五减”要求梳理优化审批服务流程。全年湖南省生态环境厅政务窗口共受理事项632件，不予受理215件，许可办结送达493件；共接收办事群众线上线下咨询537次，均做到细心、全面解答，线上“好差评”系统满意率为100%。已办结的办件中，承诺平均时限15.6个工作日，实际办理平均时限7.6个工作日，较好地完成了“五减”行政审批改

革目标。

六、勇于探索创新，深入推进环境信用制度改革

一是完成2019年度企业环境信用评价工作。对1833家省级参评企业开展了2019年度企业环境信用评价工作，督促市（州）完成了4645家市级参评企业的环境信用评价工作。二是完善环保信用评价制度设计。随着信用评价工作的深入推进，《湖南省企业环境信用评价管理办法》及《湖南省环境保护黑名单管理暂行办法》的部分内容已不适应发展需要，湖南省生态环境厅修订并整合上述两个文件，形成了《湖南省企事业单位环保信用评价管理办法》。与此同时，为提升产业园区环境治理体系和治理能力现代化水平，在全国率先制定了《湖南省产业园区环保信用评价管理办法（试行）》。两个新办法均于2021年1月1日起正式实施。

过去的一年，市（州）环评与排污许可战线的同志们，落实各级党委政府工作部署，贯彻执行湖南省生态环境厅“四严四基”各项要求，全力推动打好污染防治攻坚战，协同推进高质量发展和高水平保护，各项工作亮点纷呈。长沙市行政审批改革力度大、机制全，全市环评审批一盘棋，做到统一模板、统一流程、统一标准、统一工作制度，审批工作高效透明化；株洲市积极推进“互联网＋政务”建设，全面实施“最多跑一次”改革，实现“零跑腿”；湘潭市市级“三线一单”成果质量高，管控要求可操作性强；衡阳市以贯彻落实“四严四基”三年行动为契机，积极探索环境信用评价成果应用；岳阳市严格执行长江经济带发展负面清单要求，积极争取重点项目落地，融服务于审批，努力实现生态环境保护和经济与社会的和谐发展；常德市作为全省排污许可试点城市高位推进、高频调度，率先完成核发工作，在全省起到积极示范带动作用；永州市主动靠前服务、支持企业复工复产，积极落实环评审批正面清单，成效显著；张家界、怀化市在小水电清理整改工作中，提前部署，工作完成进度快；郴州市深化落实简政放权、放管结合相关要求，精准发力，探索容缺审批制度，促进项目落地；娄底市强化环评机构管理，对环评质量粗制滥造行为及相关环评机构敢于亮剑。益阳市、邵阳市、湘西自治州促进规模化生猪养殖项目落地，开辟“绿色通道”，持续探索项目环评审批告知承诺制的

运用，在优化政务服务方面有新举措。

在看到成绩的同时，对标人民群众的期盼、对标先进地区锐意改革创新的态势，湖南省环评与排污许可，尤其是环评领域“放管服”改革工作也还存在一些弱项和不足。

一是环评审批管理问题。一方面是环评文件质量有待提升，环评机构、专家队伍管理还有待加强。就省级组织开展环评文件技术复核情况来看，抽取的100份环评文件存在环评质量及违规问题的就有22家，反映湖南省环评文件质量问题的是比较严重的。另一方面是切实担负“放管服”改革的责任有待加强。正如我在传达2021年两会精神时指出的，“放管服”改革是当前的重点工作内容，“放管服”改革的每一个字都有丰富内涵，是一个紧密关联的有机整体——首先要做好“放”的文章，把适合基层在基层审批的职能做到“应放尽放”；也要配套做好“管”的文章，按照李克强总理强调的，还得“接得住，管得好”；同时还要做好“服”的文章，那就是确确实实提高效率，在主动服务、提前介入以及重点项目开辟绿色通道或者特事特办等服务方面进一步提升。

二是“三集中三到位”改革深入推进问题。首先是事项入驻到位问题，要按照“应入尽入”要求，所有事项统一在政务一体化平台上受理、办理和监督，实现审批服务“前台综合受理、后台分类审批、窗口统一出件”。其次是进一步提升服务水平方面。几十个政府部门相关政务服务统一入驻政务服务大厅，哪个部门职能转变最彻底、营商环境最优化、项目审批最快捷等等，大家同台竞技，高下立判。这方面工改有些好的经验值得各地学习借鉴。比如争取党委政府的重视，得到“帮代办”等相关政策支持，以及改革创新精准管理，分环节，分区域、分项目来进行审批提升优质服务等。

三是协同推进经济高质量发展和生态环境高水平保护问题。在协同处理好两个关系方面还有差距，有的顶不住压力，项目审批把关不严，有的服务意识不强，对一些重点优质服务不到位。一方面应该依法依规按程序。该严格把关的地方要严格把关，敢于担当，勇于亮剑，这既是对国家、人民、事业负责，也是对部门和个人负责。特别是对敏感区域、重点行业、高排放企业，要依法依规严格审批，同时，以“双随机”监察为基本，以专项督察为辅助，以信用评价管理为补充进一步加强事中事后监管。另一方面还是要主动高效优服务。要按照国家政策规定，做到“应放尽放”，对于那些对环境影响轻微又符合告知承诺制条件的项目，可以通过推行告知承诺制审批予以加快推进；对于疫情防控急需的三类建设项目，可以实行环评管理应急服务，通过采取豁免、告知承诺制、先开工后补办环评等简化手续予以加快推进；对于规模化生猪养殖项目，因存在较大环境影响风险，可以先实行告知承诺制，但要与执法部门做好对接，加强事中事后的监管。

对照生态环境部“三个新”总体考虑和湖南省“三高四新”战略要求，湖南省“十四五”生态环境保护工作将面临新的形势和要求。

一是应对碳达峰碳中和的新任务。过去的工作更多关注的是末端治理，现在要强力推进源头严防，关键要抓好产业结构和能源结构调整。产业结构方面要大力支持先进制造业和服务业的发展，能源结构调整对湖南省而言极具现实性。湖南省能源供需矛盾突出，所以一方面要尽可能加强外省清洁能源输入，另一方面要立足自身挖潜，包括提升抽水蓄能发电、垃圾焚烧发电、生物质能源、分布式能源等占比，燃煤电厂要严格控制，更多作为调峰电源、备用电源。二氧化碳如何实现超低排放，对生态环境部门的环评审批、排污许可从技术、管理等方面都提出了新的要求。

二是规划环评审查的任务更重。省级发展规划初步明确有 75 个，对应的市（州）级规划数量也会不少。生态环境部门受理、审查这些规划的时候，有些可能需要市（州）反馈意见等方面的配合，所以湖南省 2021 年规划环评审查的任务将会更重。

三是构建以排污许可制为核心的固定污染源管理制度。这是一项从 2021 年开始需要强力推进的长期任务，这项工作环评是牵头部门，需要生态环境部门内部各相关职能部门协同联动，2021 年要重点从监测、执法以及总量等几个环节加强联动，然后再逐步向纵深推进。

四是“三线一单”与“多规合一”的有机衔接。2020 年 6 月，湖南省政府正式发布《湖南省人民政府关于实施“三线一单”生态环境分区管控的意见》，明确提出要将“三线一单”相关要求作为国土空间规划编制的基础，并将“三线一单”相关成果纳入“多规合一”平台，今后“多规合一”涉及生态环境分区的调整要符合“三线一单”管控要求，如有调整，得有充足的理由并履行相关程序，“多规合一”规划环评审查时也要开展与“三线一单”符合性把关。因此，需要处理好“三线一单”与“多规合一”相互衔接、相互协调的关系，确保“三线一单”的应用实施。

五是“放管服”深化改革的要求更高更严。我已经现场聆听了多年的政府工作报告，给我印象最深的是每年都强调“放管服”改革。这些年国务院取消或下放了2000多项审批事项，尤其2020年以来为了应对新型冠状病毒感染，保市场主体和稳就业等，国家近两年大力减税降费和推进审批事项改革，2021年还要进一步深入。另外“三集中三到位”改革对生态环境部门的审批事项集中也提出更高要求，要做到集中是常态，不集中是例外，同时要学习借鉴工改经验强化推进。

2021年是中国共产党建党一百周年，湖南省环境影响评价与排放管理工作的方向目标要聚焦颂党恩、迎华诞、双争先、守底线，着力强化党建引领、宏观谋划、突出重点、打造亮点、强化弱项、夯实基础等工作重点，推进湖南省环评与排污许可工作跃上新台阶。

（2021年3月18日）

划定生态保护红线 推进生态文明体制改革

一、进一步提高思想认识，高度重视生态保护红线划定工作

（一）生态保护红线是中国政府履行国际义务的重要承诺

《生物多样性公约》明确要求各国建立保护区系统或需要采取特殊措施以保护生物多样性地区。在《中国生物多样性保护战略与行动计划（2011—2023年）》中，明确了战略目标：到2020年，努力使生物多样性的丧失与流失得到基本控制。到2030年，使生物多样性得到切实保护。生态保护红线划定将极大地促进生物多样性的保护，有助于我国政府切实履行国际义务的承诺。

（二）生态保护红线是维护国家生态安全的重要载体

生态保护红线是指依法在重点生态功能区、生态环境敏感区和脆弱区等区域划定的严格管控边界，是国家和区域生态安全的底线。通过生态保护红线的划定与保护，推动重要生态功能区域、重要生态系统、主要物种及其繁衍地、栖息地得到有效保护，区域生态环境安全得到有力保障。为生态保护与建设、自然资源有序开发和产业合理布局提供重要支撑，将逐步形成良好的生态保护空间格局。

（三）生态保护红线是党中央作出的重大决策部署

习近平总书记自2013年5月24日在十八届中共中央政治局第六次集

体学习就生态文明建设发表重要讲话开始，多次强调要划定并严守生态红线，不得越雷池一步。2014 年，生态保护红线写入了新修订的《环境保护法》；2016 年，划定生态保护红线列入了中央政治局常委会 2016 年工作要点和《中央全面深化改革领导小组 2016 年工作要点任务书》。

（四）生态保护红线是生态文明建设改革创新的重要举措

十八届三中全会审议通过的《中共中央关于全面深化改革若干重大问题的决定》将划定生态保护红线并建立相关制度建设列为生态文明制度建设的四项任务之一。生态保护红线划定后，国家将有严格的管控要求，但也有如生态补偿机制的激励措施。各级政府及有关部门一定要提高思想认识，加强组织领导。深刻认识划定生态红线的重要意义和长远影响，牢固树立“绿水青山就是金山银山”“保护环境就是保护生产力，改善环境就是发展生产力”的发展理念。根据《湖南省生态保护红线划定工作方案》的学习，认真进行研究部署、制定切实可行的实施方案，将任务落实到单位、到人、到时。

二、湖南生态保护红线划定工作的总体安排

湖南省生态保护红线划定工作在省政府统一领导下，由省环保厅牵头，省直相关部门、各市（州）、各县（市、区）政府共同参与完成。

根据环保部《生态保护红线划定技术指南》，结合湖南实际，湖南省生态保护红线包括四个部分。一是重点生态功能区生态保护红线。对湖南省国土空间进行水源涵养、土壤保持、水土保持、生物多样性保护生态功能重要性评价，将水源涵养、土壤保持、水土保持、生物多样性保护生态功能极重要区纳入生态保护红线范围。二是生态敏感区生态保护红线。对湖南省国土空间进行水土流失、石漠化敏感性评价，将水土流失、石漠化极敏感区纳入生态保护红线范围。三是禁止开发区生态保护红线。禁止开发区生态保护红线主要包括世界文化自然遗产、国家级自然保护区、国家级风景名胜区、国家森林公园、国家地质公园等，划定时根据生态保护重要性评估结果并结合各禁止开发区内部管理分区，综合确定纳入生态保护红线的具体区域范围。四是其他特定区域保护红线。主要指省级市级县级

自然保护区、省级风景名胜区、省级森林公园、省级地质公园、省级以上湿地公园、国家一级生态公益林、饮用水水源保护区等等。

2016年4月，环保部下发了《关于加快推进生态保护红线划定工作的通知》，要求各省在2016年7月前完成湖南省的生态保护红线划定方案并经省人民政府批准后，上报环保部。10月，环保部将就全国生态保护红线划定情况向国务院报告。湖南省为确保如期完成，以7月底划定方案报省政府为限，倒排工期。4月，经省政府批准，省环保厅印发了总体工作方案，省政府召开了视频会议作出了工作部署。5月，省环保厅组织技术力量形成了湖南省生态保护红线初步方案。6月上旬，完成了市（州）、县（市、区）专题图的制作，召开划定与对接工作培训会，开展第一轮意见征求，6月25日前各市（州）、各县（市、区）政府反馈意见。然后进行第一次对接。7月，完成反馈意见的修改；划定方案第二轮征求各级、各相关部门意见；各级、各相关部门反馈意见；进行第二次对接并实地核实；开展专家论证，形成最终划定方案；报省人民政府审定后报环保部。

三、市、县两级有关部门抓好重点工作落实

（一）加强学习，把握生态保护红线划定的基本原则、精神和要求

首先，学习环保部《生态保护红线划定技术指南》，了解生态保护红线划定基本原则，学习《湖南省生态保护红线划定工作方案》，了解生态保护红线划定基本要求；其次，把握生态保护红线基本精神。生态保护红线是把双刃剑，为了保证区域生态安全和良好的生态环境，应该也必须划定一定的区域实施严格保护，生态保护红线划定之后，红线区内禁止工业化和城镇化开发，对红线区内经济社会发展肯定会起到约束作用，但生态保护红线也将会是生态补偿的重要测算依据。要科学论证，把准尺度。

（二）根据工作需要，按时按量按质提供相关资料

目前，湖南省禁止开发区、其他特定区域的落图由于资料收集、时间进度等原因，还没有全部完成。这方面还需市（州）、县（市、区）的同志大力协助。一方面，对已经在资料清单里，但没有资料、没有落图的，

或者仅对边界范围进行了落图，功能分区尚未划分的，请各县（市、区）协助补充收集资料；另一方面，新批复的禁止开发区不在名单里头的，也要在意见反馈时提出来，一并提供规划图、功能分区图的基础资料。要协调出一周的时间，结合每个县（市、区）情况，将所有目前还缺失的材料补充到位，以便省里及时补充进去。需要强调的是，禁止开发区、其他特定区域边界、功能分区原来一直未定的，这次落图要经主管部门认可。

（三）积极认真做好对接工作

生态保护红线是关系到各县（市、区）保护与发展的大事，请各地务必引起高度重视。在对接时，各县（市、区）政府应组织国土、环保、住建、交通、林业、水利等相关职能部门对辖区内生态保护红线的划定方案进行认真研究，对划定比例，区域分布，与现行规划的符合性等给出明确的结论。

（2016 年 6 月 14 日）

持续深化生态文明体制改革
完善生态文明领域统筹协调机制

《生态文明体制改革总体方案》2015年9月11日经中共中央政治局审议通过，旨在通过生态文明体制改革，树立发展和保护相统一、绿水青山就是金山银山、自然价值和自然资本、空间均衡、山水林田湖是一个生命共同体的理念，构建产权清晰、多元参与、激励约束并重、系统完整的生态文明制度体系。湖南省委、省政府深入践行习近平生态文明思想，认真落实中央和省委关于全面深化改革重大决策部署，坚定不移贯彻新发展理念，大胆改革创新、深入探索实践、夯实保护责任、赋能绿色发展、改善环境民生，建立健全绿色低碳循环发展经济体系、生态产品价值实现机制、以排污许可制为核心的固定污染源监管制度体系、用能及用水权交易市场体系、排污权和碳排放权交易市场体系、水域岸线与水工程空间管控体系、长江流域禁捕退捕监管长效机制多层次生态补偿机制等体制机制，严格落实党政领导干部自然资源资产离任（任中）审计，推进生态环境+电力大数据智慧监管和环境信息依法披露制度改革，全面推行河长制和林长制，总体成效明显，有效地促进了生态环境质量改善。2021年，湖南省国考断面水质优良率达97.3%，居全国第4位；空气优良率达91%，湖南省$PM_{2.5}$浓度下降到35微克/立方米，达到国家空气质量二级标准。在广袤的三湘大地，蓝天白云渐成常态、绿水青山随处可见，江豚戏水、麋鹿群奔、候鸟起舞，美丽的生态画卷正在徐徐展开。

但随着改革的纵深推进，还存在一些不尽完善的短板，离党中央的要求和人民群众的期盼还有一定的差距。一是市场机制尚未有效构建。绿色价格机制未真正形成，一些绿色产品生态效益赋能赋值还不够明显；生态补偿机制还有待进一步完善，流域补偿、空气环境质量奖补力度和金额还有待提升，作用还不够显著，重要生态功能区考核补偿机制还有待完善，对一些生态优良的县（市、区）的补偿力度还有待加大；绿色财税机制亟待加强，对一些资源综合利用、废物综合利用、节能节水的企业在税收上的优惠政策亟待完善，税收鼓励和激励机制未充分发挥。二是责任体系仍需进一步完善。一些交叉领域的职责职能未有效统一，在餐饮油烟治理、畜禽养殖污染防治、秸秆焚烧等领域尤为明显，还存在上下不一致，责权不对称等现象；生环委办的统筹协调职能还有待进一步发挥，“三管三必须”未真正落到实处，谁污染、谁治理，谁破坏、谁修复的机制未有效形成，导致部分污染治理和生态修复的成本由政府买单的现象依然存在。三是公众参与机制有待进一步强化。有奖举报机制、恶意举报惩罚机制未有效构建，群众监督的积极性不高；宣传发动的力度不够，信息公开的程度不高，人民群众对生态环境保护工作和生态文明的理解不够深入，部分问题得不到群众的理解和支持；一些重大项目开工前未有效与群众沟通，公众参与未实现全覆盖，导致部分项目施工受阻，影响民生和形象。

为确保党中央、国务院有关生态文明体制改革的决策部署落实落地见效，必须持续深化生态文明体制改革，完善生态文明领域统筹协调机制，建议从以下五个方面着手。

一是统一规划。加强生态环境保护规划与国民经济社会发展规划、国土空间规划、工业企业发展规划、园区发展规划、“三线一单”管控措施等的有效衔接，甚至是无缝对接，充分发挥规划的引领作用，力争做到每项决策部署和重大项目建设在各个规划间不冲突、不矛盾，从源头上消除项目落地和生态环境保护的堵点、难点和痛点。

二是统一评估。建立定期统一评估机制，对生态文明体制机制改革的各项举措定期开展实效评估，根据评估成效及时发现亮点、找准问题、精准纠偏。在合理合法的范畴内可根据不同的地域特色制定差别化的体制机制，结合地方实情统筹推进，确保通过评估推进生态文明体制改革成果落地、成效显现。

三是统一监测。构建“天空地”一体化生态环境监测体系，综合运用卫星遥感监测、航空遥感监测和地面站点监测等环境监测手段，基于数据挖掘、数据融合、数据协同和数据同化等关键技术，构建获得更加准确数据支持的立体生态环境监测感知体系，更为全面地反映环境质量现状及发展趋势，为环境管理、污染源控制、环境规划等提供科学依据。同时，建立健全监测数据真实性监管体系和信用等级评价体系，依法严厉打击监测造假行为，构建生态环境监测诚信体系，充分发挥监测“千里眼”作用。

四是统一执法。加快推进生态环境综合执法体制改革，建立“职责独立、机构独立、程序独立”的生态环境监管执法体制，解决目前环境执法职能交叉、执法主体分散、多头执法问题，构建环境保护综合执法体制；加快将生态环境保护执法纳入政府执法部门序列进程，重新组织基层执法力量，加强基层执法队伍能力建设，统一执法证件、统一执法车辆（装备）标识、统一执法制式服装、统一规范标准、统一仪器设备；力争做到整合一支执法队伍、梳理一张权力下移清单、构建一个信息平台、制定一套配套制度、建立一套运行机制、打造一张巡查网格、规范一套业务流程、完善一个监督考核体系，让生态环境保护执法“长出牙齿”，形成震慑。

五是统一督察。完善督察机制，充分发挥省以上督察职责职能，深化由督企向督政转变，重点督察中央和省委省政府决策部署、领导批示件、生态环保督察问题整改、污染防治攻坚战重点任务、自然资源资产审计和领导干部离任审计指出问题整改、“三线一单”及其管控措施、专项规划生态环保措施、生态文明体制改革等重点工作落实情况及生态环境质量改善情况，压紧压实地方党委政府责任，真正实现执法下沉、督察统一。同时，要切实发挥突改办、整改办的统筹协调作用，利用日常督察、专项督察、例行督察等多种督察方式，采取预警、通报、督办、约谈等多种形式，“帮”与“督”相结合，既“全面体检”，又“问诊把脉”，还“精准抓药”，攻坚克难、动真碰硬，在生态环境底线上不退让，推动中央、省生态环保督察交办、反馈突出生态环境问题整改“严、紧、实”，磨利督察之剑夯实生态之基。

（2021 年）

湖南省积极推进生态补偿机制建立但存在问题仍值得关注

湖南省从“十二五”期间起，在以流域为主的相关领域开展了若干生态保护补偿的探索实践，取得了较好的成效，但仍存在法律法规建设滞后、配套制度不完善等问题值得关注。

一、湖南省探索建立生态补偿机制工作进展

（一）试行开展了湘江流域生态补偿机制建设

2014 年 12 月，湖南省出台了首个地方性生态补偿办法《湖南省湘江流域生态补偿（水质水量奖罚）暂行办法》，按照“以罚为主、改善优先、适当奖励”的原则，实行“两奖两罚”（水质优质奖励、水质改善奖励和水质劣质处罚、水质恶化处罚）；在办法实施的当年，奖罚资金总额达 6497 万元，其中奖励资金 2997 万元，处罚扣缴资金 3500 万元；列入考核的 8 个地市在水资源管理、节约和保护等方面明显加大了力度，如湘潭市当年即关闭了竹埠港地区全部 28 家化工企业，市内锰矿集中区 28 家涉锰企业及所有小煤矿也全部关停，另完成了 22 个排污口的截污改造，实现了区域流域治理的突破性进展。该暂行办法的出台及生态补偿制度的设立，是湖南省实行流域“联合治理”的破题之举，有效激发了各级政府及企业、社会做好湘江保护的积极性，拓宽了湘江流域水污染防治和水资源保护资金投入渠道，促进了湘江干流及主要支流水质进一步好转，开创了湘江水环境保护工作的新局面。

（二）构建省域全境流域生态保护补偿机制

2019年6月，在前期湘江流域生态补偿机制建设试点工作的基础上，湖南省发布《湖南省流域生态保护补偿机制实施方案（试行）》。将生态补偿机制实施范围扩展至湘资沅澧“四水”干流和重要的一、二级支流，以及其他流域面积在1800平方千米以上的河流，以Ⅲ类水质为基准目标，按照“保护者受益、污染者赔偿”以及“目标控制、有奖有罚、奖罚适度”的原则进行奖罚。目前，湖南省14个市（州）已全部签订横向协议；123个县（市、区）已签订横向协议95个，覆盖达77.2%，初步完成上下联动、合作共治的政策平台搭建，形成了涵盖“一湖四水”的湖南省流域生态补偿体系。

（三）构建跨省流域横向生态补偿机制

为落实中央创新政策协同机制、推进横向生态保护补偿的要求，湖南省积极与周边省份对接，推进省际生态补偿机制建设。2017年，针对酉水河跨行政区域管理难问题，湘西自治州通过了《湘西土家族苗族自治州酉水河保护条例》，执行范围涉及4省（市）、2个州、11个县，开创了湖南省跨区域协作立法先河。2018年12月、2019年7月湖南省分别与重庆市、江西省就酉水、渌水签订了两份跨省流域横向生态补偿协议。通过上下游省份合力开展流域共治，合理分配使用中央水污染防治专项资金和流域生态保护补偿资金，有效完善了地方污水处理基础设施建设和水质自动监测站等监测能力建设，着力解决了系列威胁饮用水水源水质安全的历史遗留问题；机制建立后，全部跨界考核断面水质明显改善，均达到或优于考核目标值。

（四）构建大气生态补偿机制

为强化落实市（州）政府保护环境的主体责任，改善区域性大气环境质量短板问题，湖南省出台了《湖南省环境空气质量奖惩暂行办法》，按照“地方政府对当地空气质量负总责”和“谁保护、谁受益，谁污染、谁补偿”的原则，以湖南省大气首要污染物（细颗粒物$PM_{2.5}$、臭氧O_3、可

吸入颗粒物 PM_{10}、二氧化氮 NO_2）以及环境空气质量优良天数比例的年度变化情况为指标，建立对“环境空气质量逐年改善”“年度目标任务完成”“国家标准达标完成”三项内容进行考核的生态补偿机制。2019—2021 年，湖南省财政共下达奖励资金 13227 万元，惩罚收回 3015 万元，有力地推动了湖南省环境空气质量持续改善。

（五）大力推动排污权、生态环境损害赔偿等相关管理制度建设

湖南省作为全国排污权有偿使用和交易试点省份，自 2010 年试点以来，不断完善排污权有偿使用和交易制度体系，出台并两次修订《湖南省主要污染物排污权有偿使用和交易管理办法》，排污权交易市场累计交易 11000 余笔，交易金额达 10.7 亿余元，对促进污染减排发挥了重要作用。同时，为推进环境法治建设，进一步完善生态环境损害赔偿制度，量化和保障生态产品价值，湖南省出台了《湖南省环境污染强制责任保险试点工作实施方案》，在环境高风险领域建立强制性环境污染责任保险制度，有效保障了生态环境风险防范长效机制建设，并加速生态损害及时赔付到位。

二、湖南省探索建立生态补偿机制存在的问题困难

一是法律法规建设相对滞后。我国尚未有生态补偿的专门立法，《生态保护补偿条例》仅为征求意见版本，未正式发布。现有涉及生态补偿的法律规定分散在多部法律之中，缺乏系统性和执行力，存在着有法不依、执法不严的现象；现有相关生态补偿的政策文件约束性也相对有限，导致生态补偿机制难以落到实处。二是配套基础性制度不完善。目前生态补偿标准体系、生态服务价值评估核算体系技术支撑尚不到位，生态产品价值量化机制尚未明确，有关方面对生态系统服务价值测算、生态补偿标准等问题尚未取得共识，缺乏统一、权威的指标体系和测算方法。三是多元化补偿方式尚未系统形成。开发地区、受益地区与生态保护地区、流域上下游地区之间出于自身利益考虑，在协商过程中缺乏切实客观的平台沟通机制，补偿方式仍然以单一的财政资金投入为主，在近年来财政普遍吃紧的情况下，横向补偿建设内生动力不足。目前，社会资本参与生态建设项目

仍不够多、范围不够广，撬动社会资本的力度还不够。水权、资源使用权、碳排放权等市场化交易机制还有待建立，市场化生态补偿机制有待完善。

三、加快生态补偿机制建立的工作建议

一是加快生态补偿法制化建设。建议国家层面尽快出台《生态保护补偿条例》，并与现行各相关环境法律的衔接统一，强化生态补偿工作的可操作性；明确相关协调工作机制，保障生态补偿工作的渐进性和可持续性。

二是完善生态补偿测算体系。聚集重要生态环境要素，建立科学的生态系统服务价值测算体系，生态保护红线/生态空间的面积和占比也应作为纵向生态补偿的关键测算因子，生态保护红线面积与比例应与生态保护补偿资金挂钩，体现公平原则。

三是探索推进市场多元化补偿。充分发挥“受益者付费，保护者补偿”的市场机制，建立完善引导社会资本投入的市场机制，辅以产业扶持、技术援助、人才支持、项目共建等多元方式进行补偿，全面调动全社会参与生态环境保护工作的积极性。

（2021 年）

全面总结 科学谋划
推进重点领域生态环境保护工作再上台阶

2022年，克服新冠疫情、极端干旱等严重不利因素影响，湖南省生态环境部门科技与财务、水生态环境、环境影响评价与排放管理等各项相关工作均取得积极成效。2023年，围绕污染防治攻坚战成效考核提档进位、服务经济社会高质量发展的要求，各项工作要再上台阶。

一、科技与财务

2022年的湖南省生态环境部门成效突出，亮点纷呈。一是积极争取各方支持，生态环保投入明显加大。争取中央资金32.46亿元，同比增长49%，在各省（区、市）位居前列，争取山水林田湖资金3.5亿元，在省直厅局中位居前列，得到省政府领导高度肯定，《湖南日报》头版、湖南卫视给予报道。协调省财政新增4500万元用于能力建设和监测保障，安排4亿元用于突出问题整改，省发改委安排2000万元用于监测用房建设。二是坚持服务经济发展，助企纾困稳住经济大盘。出台《湖南省生态环境厅关于贯彻落实扎实稳住经济一揽子政策措施实施细则》。积极实施财源建设工程，评选出环保行业财源建设先进单位15家，协同推进环保税征收，入库环保税4.12亿元，同比增长2%。深入实施企业上市“金芙蓉”跃升行动，全年共有3家环保企业上市，占全省全年首发上市公司数量的一半。去年全省环保产业骨干税源企业达到30户，同比增长4户，上缴税收11.77亿元，同时增长62%，湖南省生态环境厅被评为工作突出单位予以通报表扬。三是积极推进环境科研，有力支撑污染防治攻坚战。在岳阳等5个城市启动长江驻点研究二期工作，指导长沙市继续开展大气“一市一策”研究。发布环保实用技术23项，新批准建设四个工程技术中心，完成了中国科协年会重点课题——湖南重金属污染防治和有色金属行业发展的对策研究。积极开展环境科普，评选出首批省级环境科普基地20家，组织参加“我是生态环境讲解员”活动，湖南省在国家总决赛中获得优异成绩，湖南省生态环境厅获得优秀组织单位奖。四是不断推动改革创新，不少工作有新突破。全省138家产业园区全面开展了第三方治理，出台《湖南省生态环境工程建设项目招投标管理办法（试行）》。与湖北签订了长江干流跨省生态补偿协议，与重庆、江西续签了第二期跨省生态补偿协议。

但是，也存在的一些问题和困难。一是资金项目管理还存在短板。2022年，生态环境部组织开展了专项资金监督帮扶，湖南省财政厅组织开展了省级环保专项资金绩效评价，湖南省生态环境厅也组织对三个市（州）的环保专项资金进行了现场检查。从检查情况来看，资金项目管理方面还存在不少问题，主要表现为资金执行进度慢、资金使用管理不规范、项目采购程序不规范等，特别是省财政绩效评价指出市（州）在城市空气质量奖惩资金和真抓实干奖励资金的使用上存在资金拨付不及时、分配不合理等问题，需要高度重视。二是环境科技支撑还需要加强。针对我省重点、难点环境问题开展科研攻关还不够，长江驻点研究和长沙市“一市一策”研究与地方实际结合还不紧密，对地方污染防治攻坚战的支撑还不强。三是第三方治理工作质量有待提高。全省138家产业园区虽然全面开展了第三方治理，园区平台也与省里实现了联网，但在数据传输方面还有不少问题，第三方治理工作质量不高的问题还很突出。

2023年，科财工作要重点做好以下几个方面。

（一）财务工作方面

一是积极争取各级财政支持。当前湖南省生态环境面临的形势仍然十分严峻，治理任务仍然十分繁重，洞庭湖总磷攻坚、资江锑污染防治等工作都需要大量的资金投入。各级生态环境部门要主动向地方党委政府及财政部门汇报，推动习近平总书记“生态环境投入不是无谓投入、无效投入，而是关系经济社会高质量发展、可持续发展的基础性、战略性投入”重要指示和中共中央、国务院《关于深入打好污染防治攻坚战的意见》中关于“各级政府要把生态环境作为财政支出的重点领域，把生态环境资金投入作为基础性、战略性投入予以重点保障，确保与污染防治攻坚任务相匹配”明确要求的认真贯彻落实，切实加大各级财政投入。特别是近两年湖南省大气环境质量面临极大压力，2022 年地级以上城市空气优良率没有完成国家目标，中央污染防治攻坚战考核将考核资金投入情况，省里对市（州）考核也要考核投入情况。2022 年对市（州）的考核就有个别市因为投入下降被财政厅扣了分，各地要高度重视。二是切实加强专项资金项目监管。专项资金项目绝大部分都是市县的项目，虽然地方生态环境部门不再作为具体实施主体，但仍然负有监管的责任。各市（州）要高度重视资金项目的监管，督促项目业主积极推动项目实施，依法依规用好资金，确保财政资金发挥应有效益。除了每年例行检查外，2023 年湖南省生态环境厅将会同财政厅对专项资金进行监督检查，对违规问题将进行从严查处，对问题突出的市（州）将削减资金安排。三是认真做好项目库建设。按照生态环境部的部署，2023 年要认真做好中央土壤污染防治资金预储备项目清单编制试点，针对全省突出问题自下而上和自上而下相结合建立预储备项目清单，统筹资金集中力量解决。

（二）环境科技工作方面

一是深入开展驻点研究工作。继续推动长江生态环境保护修复驻点跟踪研究（二期）和长沙市 $PM_{2.5}$ 和 O_3 污染协同防控“一市一策”跟踪研究，驻点工作组要保证投入足够的人力、物力开展研究工作。除完成规定动作外，还要积极对接地方主动服务，针对各地突出环境问题开展研究，切实为地方污染防治攻坚战提供有力支撑。二是认真做好清洁生产审核工作。推行清洁生产是实现减污降碳协同增效的重要手段，是加快形成绿色生产方式、促进经济社会发展全面绿色转型的有效途径。各市（州）要加大对清洁生产审核工作日常监督和检查力度，压实企业主体责任，按期完成重点企业清洁生产审核工作。2023 年湖南省生态环境厅将开展清洁生产审核创新试点，遴选适宜的行业、工业园区开展整体清洁生产审核，各市（州）要主动积极申报。三是着力提升第三方治理工作质量。自 2021 年第三方治理工作部署以来，各市（州）高度重视、积极推进，取得了一定的进展，省级以上园区全部开展了第三方治理，平台与省里实现联网。2023年重点要提升工作质量、确保数据稳定传输，并充分发挥第三方治理的作用，对市（州）将重点考核数据传输质量、平台运行稳定性等指标，同时也将考核第三方治理单位服务质量。

（三）环保产业工作

一是大力支持环保企业上市。目前湖南省有55家环保企业进入上市后备资源库，各级生态环境部门要主动服务、加强帮扶，依法依规解决企业上市面临的困难和问题，2023年力争有2—3家环保企业成功上市。二是积极推动政银企合作。要加强与地方金融管理局、国开行长沙分行、长沙银行等机构的合作，支持环保企业发展，支持湖南省污染防治攻坚战。各市（州）要结合本地实际筹划一批生态环保金融项目，积极争取金融机构的支持。三是继续支持环保企业走出去。近几年受新冠疫情的影响，我省环保产业走出去的步伐有所放缓。2023年，湖南省生态环境厅将继续推动环保企业走出去，积极参加北京、澳门等环保展，到重点省份开展交流，推介我省重点生态环保企业和优势技术。

（四）其他重点工作

一是抓好生态环境工程招投标的监管。2021年12月，湖南省政府出台了《关于建立健全招标投标监管长效机制规范招标投标活动的意见》，明确了生态环境部门对生态环境工程项目招投标进行监管。2022年，湖南省生态环境厅出台了《湖南省生态环境工程建设项目招投标管理办法（试行）》，对具体监管内容进行了明确。各级生态环境部门必须切实担负起监管责任，落实好有关要求。二是积极推进山水林田湖草沙项目。2022年，湖南省成功申报了山水林田湖草沙项目，涉及岳阳、常德、益阳三市，其中生态环境项目总投资19.7亿元，中央资金5亿元。2023年，三市要按照湖南省统一部署，加快推进项目实施，加强资金监管，确保按时完成建设。

二、水生态环境

2022 水生态环境保护工作稳中有进，值得充分肯定。一是水环境质量再创新高度。圆满并超额完成国家考核目标。147 个国考断面优良比例为 98.6%，较上年同期提高 1.4 个百分点，是自“十三五”以来最好水平，排名全国前列、中部六省第一。534 个省控断面优良比例 97.4%，较上年同期提高 1.5 个百分点，一江四水 131 个干流断面连续 3 年全部达到或优于Ⅱ类。株洲、邵阳、张家界、永州、怀化、娄底等 6 个市（州）全部达到或优于Ⅱ类。马家坪电站大坝、梅桥村等断面全部退出劣Ⅴ类，在 2019 年国考断面消除劣Ⅴ类的基础上，2022 年省国控断面全部消除劣Ⅴ类。二是饮水安全保障取得新成效。湘江流域、资江流域未出现铊、锑超标事件。32 个地级城市集中式饮用水水源水质达标率 100%，是 2016 年国家考核以来首次实现全达标。三是洞庭湖总磷攻坚进入新阶段。率先在全国出台总磷污染防治方案，湖南省政府审议并印发《洞庭湖总磷污染控制与削减攻坚行动计划（2022—2025 年）》，湖南省政府主要领导和生态环境部对方案予以充分认可。洞庭湖湖体全年总磷浓度 0.060 毫克/升，同比下降 4.8%，西洞庭湖连续两年达到Ⅲ类水质，南洞庭湖 2022 年首次突破性达到Ⅲ类水质。四是全国争先进位实现新突破。永州、张家界、邵阳、怀化等 4 个城市水环境质量排名全国地级城市前 30 位，数量和排位均创历年最佳。其中永州市排名第 12 位，张家界市排名第 13 位，成功进入全国前 5% 的行列。株洲市成功获得国家再生水资源循环利用试点。五是水生态环境管理能力再上新台阶。三水统筹有序推进，启动《湖南省洞庭湖区水生态安全调查与评估》，配合水利部门制定重点断面生态流量管理办法。精准治污逐步深化，加强高温期蓝藻水华防控和汛期污染防治，加强枯水期水环境管理，经湖南省政府同意制定出台枯水期十条强化管理措施。调研帮扶有力有效，组织开展并形成《临湘市黄盖湖水污染防治工作调研反馈意见》《永州市水生态环境质量巩固提升调研报告》《锡矿山区域锑污染防治工作调研报告》等系列调研材料，得到多位省领导以及相关地方党委政府高度评价。

但是，也还存在如下问题和困难。一是环境质量改善不足。大通湖、华容河、黄盖湖等水体水质还未达标或不稳定。衡阳、张家界、岳阳等城市水体水质巩固提升面临较大压力。洞庭湖湖体总磷持续下降难度大，面临生态疏浚、港口建设等诸多不利因素影响，湖区内湖、内河水质不容乐观。二是治理任务十分艰巨。城乡生活污染治理基础设施建设有短板，污水收集管网不配套问题普遍。农业面源污染防治相对滞后，规模以下畜禽粪污和水产养殖尾水治理成为“老大难”问题。部分园区环境基础设施不配套，管理不规范。怀化、湘潭等城市部分黑臭水体返黑返臭。重点排污口管控有差距，排查整治任务繁重。三是风险隐患仍然存在。湘江铊、资江锑、湘西锰和湖区部分地下水源铁、锰等重金属污染事件防范化解压力巨大。洞庭湖区内湖、湘江干流沿线航电枢纽工程库区等部分水体高温天气容易发生蓝藻水华。郴州三十六湾、娄底锡矿山等地历史遗留废渣、矿井涌水污染尚未得到彻底解决。部分企业（园区）环境违法行为时有发生。部分河湖水生态失衡、退化明显，水安全保障能力脆弱，难以应对“长旱、大旱、极端旱”等极端气候影响。四是能力水平亟待提升。“三水统筹”管理能力存在差距，部分领域管理较为粗放，水生态环境监测能力有待加强，治理资金较为短缺，相关标准规范缺失或执行不到位。

2023 年，围绕考核提档进位要求，实现“五个底线目标”（国考断面水质优良比例 97.3% 以上；全省劣Ⅴ类断面水质比例为 0；长江干流湖南段及湘资沅澧四水干流断面全部达到或优于Ⅱ类；地级城市集中式饮用水水源达标率 100%；不发生重大水环境污染事件）、“五个努力目标”［西、南洞庭湖总磷稳定达标，东洞庭湖总磷较大下降；进入全国水环境质量状况排名前 30 位的城市稳定在 4 个以上；7 个以上市（州）水环境质量全部达到或优于Ⅱ类；县级城市集中式饮用水水源达标率 100%；在国家美丽河湖优秀案例、水生态环境领域获得国务院真抓实干督察激励等方面实现零的突破］，水生态环境工作还需重点推进五方面：

（一）统筹协调水环境、水资源和水生态“三水共治”

一是深化水环境治理。以项目实施为载体，结合污染防治攻坚战“夏季攻势”、长江经济带环境污染治理“4 + 1”工程等重点工作，系统推进工业污染、城乡生活污染、农业面源污染、港口船舶交通污染等整治。二是加强水资源保障。积极推动优化水资源配置体系，强化重点江河湖库生态流量保障，科学应对旱涝急转。推进再生水资源循环利用，郴州武水、东江湖上游、衡阳龙荫港、长沙沩水和捞刀河等流域要推进中水回用、生态湿地等项目建设，株洲要在国家试点的再生水循环利用中作出标杆。三是推进水生态修复。科学开展洞庭湖等区域山水林田湖草一体化保护和修复。加快推进洞庭湖生态安全调查项目实施，积极部署、做好长江流域水生态环境考核评价工作，对标对表国家考核细则，确保考核工作取得实效。

（二）坚决打好水生态环境保护三个标志性战役

一是打好洞庭湖总磷攻坚战。狠抓重点项目建设，推进总磷通量监测体系建设，岳阳市、益阳市要分别制定东洞庭湖、南洞庭湖、大通湖达标方案，确保洞庭湖湖体总磷浓度稳定下降，内湖、内河水质持续好转。二是打好长江保护修复攻坚战。推进落实《湖南省深入打好长江保护修复攻坚战的实施方案》，实施4大类31项任务，2023年重点要推进完成干流沿线3公里内、重要支流和湖泊1公里内的尾矿库污染治理，加强入河排污口整治等工作。三是打好城市黑臭水体治理攻坚战。围绕“基本消除城市黑臭水体”的要求，以污水收集处理率提升到70%、污水处理设施进水BOD浓度达到100毫克/升为目标，加强专项监测调查，强化相关城市污水收集处理提质增效，确保黑臭水体整治“长制久清”。

（三）深化推进枯水期、汛期和高温期水环境管理

一是强化枯水期环境管理。落实好《枯水期水生态环境管理强化措施（试行）》十条措施，各市（州）、县（市、区）人民政府要根据实际情况制定具体、详细的实施方案。推动各有关部门按照职责分工抓好落实，确保各项措施落实到位，重点要做好涉水工程管理，确保畜禽、水产和城乡生活等尾水达标排放，积极推进种养平衡、中水回用和人工湿地建设，强化环境执法监管，防止出现水环境突发事件。二是强化汛期污染防控。因地制宜开展汛期污染强度监测分析，精准识别平时水环境质量较好、汛期污染物浓度大幅上升的情形，特别是汛期污染强度位居全国前列的断面，

要找出原因、厘清责任、明确措施，着力解决旱季“藏污纳垢”、雨季“零存整取”的问题。三是要强化高温期蓝藻水华防治。深化流域控源减排，切实降低河流湖泊污染负荷。加强湘江流域、大通湖、黄盖湖、水府庙、南湖等敏感或重点水域的监测巡查和形势研判，做好人员、设备及蓝藻灭杀剂等应急物资准备工作，综合应用物理、化学、生物等方法及时干预、科学有效处置。会同住建部门做好自来水厂提标改造，确保出厂水质达标。

（四）全力推动各项年度重点工作任务落实落地

一是推进大通湖、黄盖湖、华容河、春陵水等不达标或不稳定水体治理，要按照“一河（湖）一策”的思路推进治理，以旬保月、以月保季、以季保年，实现水质持续好转。二是推进集中式饮用水水源保护区勘界定标工作，开展1000个农村千人以上集中式饮用水水源保护区突出环境问题整治，突出抓好超标水源整治或替代工作。三是推进城乡生活面源污染治理，强化对城镇生活污水处理设施进出水浓度变化趋势分析，适时组织开展专项监测，推动相关部门加快厂网一体化建设和管理。四是持续推进144个省级及以上工业园区水污染整治专项行动，尽快完成367个问题整改。积极落实《湖南省化工园区污水收集处理规范化建设暂行规定》，推动化工园区完成污水收集处理的规范化整治。五是会同卫健部门推进医疗污水治理，2023年完成1000个左右一级医疗机构污水处理问题排查、整改。六是出台加强湖南省入河排污口监督管理工作实施方案，规范入河排污口的分类、分级审批和管理，加快重点河湖入河排污口的溯源排查和分类整治。七是持续推进湘江流域铊污染专项整治，落实含铊污泥安全处置并按月调度，持续推进46家涉铊重点风险企业搬迁入园工作。八是推进美丽河湖案例建设，完善省级评选标准和体系，指导东江湖、浏阳河等建成国家优秀案例。

（五）不断夯实水生态环境支撑保障工作体系

一是建立问题解决机制。紧盯环境基础设施建设短板、饮用水水源保护、重点水体生态破坏等问题，建立健全“问题及时发现、有效解决”闭环管理机制，并举一反三、及时整改。二是强化项目建设。各市（州）、县（市、区）要按照流域/区域统筹治理的思路，切实承担在项目建设过程中的主导作用，积极谋划并申报水污染防治资金项目，不能等靠要或听之任之，全部交给第三方公司。要加快推进项目实施，加强已建项目稳定运行，充分发挥资金项目对水生态环境改善的支持作用。三是加强指导帮扶。省级将组织专家团队，加强对重点区域、流域的专项调查和指导帮扶，省、市、县三级共同发力，搞清楚问题、症结、对策，落实“四个在哪里”。四是要强化技术支持。充分发挥长江生态环境保护修复驻点跟踪研究作用，加强遥感、在线监测等技术在黑臭水体治理、饮用水水源保护、工业园区水环境管理等方面的应用，积极学习借鉴外省市先进工作经验，推动立体监管、科学治水、智慧治水。

三、环境影响评价与排放管理

2022 年环境影响评价与排放管理工作干出了新成绩，工作局面良好。

一是持续提升政务服务水平，跑出加速度。湖南省生态环境厅领导开展赴政务服务大厅窗口“走流程、解难题、优服务”行动，建立常态化机制。持续优化“四减”举措，提前保质完成“湘易办”平台对接测试任务。全年共受理政务服务事项 1669 件，咨询件 2886 件，政务服务线上“好差评”考核排名省直部门第一。湖南省生态环境厅政务服务窗口多次获评“红旗窗口”并成功创建“湖南省 2021 年文明窗口单位”。二是不断探索深化制度改革，适应新格局。完成《湖南省固定污染源排污许可管理规程》、《湖南省产业园区环保信用评价管理办法》编制。发布“三线一单”落地应用案例 30 篇，推进 25 个园区环境准入清单更新，数量全国领先。所指导的湘潭市“三线一单”减污降碳协同管控工作在全国试点交流会上做典型发言。环评处被评为“全国‘三线一单’工作表现突出集体”。环保信用评价工作在 2022 年省社会信用体系建设协调小组会议上做典型发言。三是坚决做好环评要素保障，积极促发展。湖南省生态环境厅本级完成 34 个建设项目环评审批，涉及总投资 1290 亿元。指导市（州）对 1283 个重大项目进行环境制约因素初审。参与省重大投资项目协调机制专班，推动 77 个基金项目全部落实环评要素保障并按期开工，总投资 3400 亿元。

推进46家省级以上园区调扩区规划环评、跟踪评价工作，为近3年来最多。四是对标对表从严行业监管，不断补短板。全面完成8家中央环保督察问题园区跟踪评价工作。组织开展年度排污许可证质量核查与问题整改抽核，完成5983张排污许可证、2315份执行报告规范性审核，抽核排污许可证273家、执行报告58份，建立限期整改台账，有效推进历史遗留问题整改清零。全省年度执行报告提交率达到100%。指导常德市开展全国排污许可制与环境影响评价制度有机衔接改革试点工作总结并顺利通过国家认定和验收，获环评司领导高度肯定。对全省40家省级及以上园区、760个建设项目、300家排污许可管理单位开展现场核查。清除“挂靠”环评单位46家，“挂靠”环评工程师47名，对52家环评单位、94名环评工程师实施失信记分并向社会公开，形成震慑。

但是，也还存在部分问题和困难。一是建设项目事中事后监管有待加强。目前仍存在“重审批、轻监管”“重事前、轻事中事后”的现象，环评事中事后监管机制不落地，环评“刚性”约束不强。地方环评审批流程、办理平台不统一，难以监管。二是排污许可质量有待大幅提升。从2022年度排污许可质量检查结果来看，全省抽取5983个排污许可证开展质量核查，3852个排污许可证存在质量问题，占本次核查数的64.38%，部分市（州）排污许可存在质量问题的占比高达90%以上。后续在强化存量问题整改的同时，还需同步加强新发证质量的管控，任务仍十分繁重。三是地方盲目引进污染项目有抬头趋势。在经济形势面临三重压力背景下，一些地方在盲目引进不符合区域产业定位或长远发展目标的工业项目的冲动强烈，有大上、快上、抢上、乱上的势头，对生态环保工作责任落实不到位，甚至存在弄虚作假的问题。

2023年还需持续推动“三线一单”成果动态更新和实施应用，有效推进排污许可提质增效，不断强化产业园区环境管理，持续提升政务服务水平效能。

在持续推动推动“三线一单”成果动态更新和实施应用方面，一是做好生态环境分区管控与国土空间规划分区和用途管制要求、碳达峰碳中和目标任务等工作的衔接。二是结合“三区三线”成果，完成“三线一单”生态空间等8个要素方面动态更新调整和成果数据入库工作。三是组织开展长沙市国土空间规划与“三线一单”衔接试点与动态更新工作，持续推进湘潭市做好“三线一单”减污降碳协同管控试点工作。四是推动完善政府为主体、部门深度参与的落地实施机制，发布《湖南省“三线一单”实施情况跟踪评估机制》。五是开展湖南省“三线一单”实施情况年度跟踪评估，加强生态环境分区管控实施监管，发现突出问题按规定纳入生态环境保护督察，重点工作列入全省污染防治攻坚战成效考核。六是加强“三线一单”落地应用成果宣传，及时总结“三线一单”在政策制定、环境准入、园区管理、执法监管等 4 个领域落地应用典型案例。

在有效推进排污许可提质增效方面，一是发布《湖南省固定污染源排污许可管理规程》，进一步规范排污许可制度的组织实施和监督管理，全面落实企事业单位污染物排放法定义务，加快实施全要素管理，推动环评与排污许可制度有效衔接、联动。二是指导做好排污许可证延续和新增固定污染源发证登记，实现固定污染源排污许可管理动态更新。三是提升发证质量，开展 2023 年度排污许可质量核查，全面完成三年内排污许可质量核查率 100%、年度排污许可执行报告提交率 100% 目标。四是做好发证登记动态管理，完成排污许可限期整改“清零”。五是开展 2022 年度排污许可质量问题整改抽核，压实属地责任，推动统筹解决影响排污许可证核发的历史遗留问题，全力确保完成 2023 年中央污染防治攻坚战成效考核相关指标任务。

在不断强化产业园区环境管理方面，一是做好省级以上园区，特别是国家级园区规划环评工作，研究确定审查重点、难点，着力解决新的园区范围划定后的环境监管难题，并持续开展第二轮中央生态环境保护督察交办省级以上产业园区问题整改销号工作。二是推动产业园区跟踪评价提质增效，赋予跟踪评价任务目标精准定位，明确完成时限和标准，强化园区主体责任和属地监管责任。三是全面完成规划环评数据部共享系统上传工作。四是做好环评与排污许可监管三年行动计划的收官之年工作，制定 2023 年度实施方案，实现三年省级以上产业园区规划环评落实情况核查全覆盖，推动 2022 年监管工作发现问题整改。五是加强规划环评质量与效力监管，更好发挥规划环评引领指导作用，探索生态环境分区管控、规划环评、项目环评协调联动的可行路径。六是出台《湖南省化工园区认定和复核工作流程》，做好化工园区认定复核工作。七是配合自然资源部门开展新一轮市级国土空间规划环评反馈意见。八是实施《湖南省产业园区环保信用评价管理办法》，坚持“以评促改”总体思路，做好制度有效衔接，督促产业园区进一步加强环境污染治理、主动改进环保行为。九是开展2022年度省级参评企事业单位及园区环保信用评价工作。十是持续加强环保信用评价案例宣传及信息推送，探索水电差别化定价环保信用挂钩政策，推进联合惩戒的实际应用。

在持续提升政务服务水平效能方面，一是贯彻落实稳经济一揽子政策和接续政策，持续深化环评“放管服”改革。二是积极服务重大工程、水利及交通等基础设施、重点电力保供、涉及补链强链的高技术产业等重大投资项目环评。三是持续落实环评审批“三本台账”和重大项目环评要素保障机制，提前介入、跟踪服务，对标长三角、珠三角发达地区环评审批时限要求进一步提效增速，在守住生态环保底线的前提下依法加快审批，推动项目落地。四是严格对标省政务服务局考核细则，制定落实年度政务服务工作要点，力争省厅政务服务窗口年度考核提档进位。五是进一步推进政务服务“三化”攻坚和“四减”优化等举措，加强市（州）生态环境政务服务工作调度和督导，全面提升全省生态环境系统政务服务工作效能。六是细化落实“湘易办”建设，助力形成以“湘易办”为枢纽的全省移动服务体系，实现各类行政审批服务事项从“掌上可办”向“掌上好办”转变。七是推进省、市、县各级（包括部分产业园区）生态环境系统建设项目环评领域全面启用环评统建系统，实现全省建设项目环评在“全国建设项目环评统一申报和审批系统”进行申报、受理和审批，统一建设项目环评网办标准和规范。八是分片区开展统建系统培训调研，着力解决新老系统衔接过渡期存在问题。九是定期开展全省环评统建系统使用情况抽查检查，全省通报超时办理和系统外违规审批情况。

（2023年）

湖南省2016年生态环境保护工作年度报告

一、湖南省环境保护基本情况

排污主体情况。全省各类企业主体是湖南省主要污染物排放单位。国家环保重点废水监控企业113家，比上年减少19家；重点废气监控企业112家，比上年增加2家；重点污水处理厂监控企业139家，比上年增加5家；涉重金属监控企业344家，比上年减少69家；重点监控规模化畜禽养殖场（小区）21家，比上年增加13家。全省机动车保有量1056万辆，比上年增长0.7%，其中汽车603万辆，摩托车450万辆，其他3万辆。共有持危险废物经营许可证单位142家，医疗废物处置中心13家，与上年相比无变化。持有辐射安全许可证单位2593家，较上年增加49家。另外，城乡各类建设施工、城乡居民家庭餐饮、农业化肥农药使用、矿山开发等都对环境质量及生态造成影响。

环境监管主体情况。全年省、市（州）、县（市、区）及各类管理区、开发区所属的环境保护行政管理机构、环境监测机构保持稳定，机构数量、人员编制及基本职能无重大变化。市、县两级环保部门结合乡镇区划调整，加强乡镇环保机构队伍建设。因全省乡镇区划大规模撤并减少约25%，乡镇环保机构增长速度相对减缓，但覆盖了全省约43%的乡镇，乡镇环保机构服务能力总体增强。2016年，湖南省环保厅对厅内设机构和职责进行了整体调整，撤销污染防治处、污染物排放总量控制处，设立水、大气、土壤环境管理处。

环境监测网络情况。"十三五"期间，水、气、土壤环境质量监测点位进行了系统优化调整。全省设置省控及以上水质常规监测断面419个，其中国控断面88个；集中式饮用水水源地监测断面140个［其中市（州）一级29个、县级城镇111个］；已建成水质自动监测站59个。全省设置大气常规监测点位180个，其中国控点位78个，省控点位94个，另有1个空气背景监测站、1个温室气体监测站、4个区域大气监测站、2个重金属专项监测站。全省土壤环境质量监测点位已布设2037个，其中环境质量基础点1021个（耕地基础点825个，林地基础点196个），背景点位62个，风险点位954个。

全省现有城市区域环境噪声监测点位1963个、道路交通噪声监测点位878个、功能区噪声监测点位147个。与上年相比，道路交通噪声监测点位减少7个，其他没有变化。

二、环境保护工作总体形势

（一）环境质量状况

1. 水环境

2016年全省主要水体水质总体保持稳定，洞庭湖湖体、浏阳河、邵水等支流局部水域水质有所提升。

（1）主要江河水质

与上年同期可比断面相比，全省98个江河省控断面水质无明显变化，Ⅰ—Ⅲ类水质断面96个，占98.0%；Ⅰ—Ⅲ类和Ⅴ类水质断面比例分别增加1.0%，劣Ⅴ类水质断面比例减少2.0%。

湘江流域干支流180个断面水质总体为优，Ⅰ—Ⅲ类水质断面比例为97.8%。其中干流43个断面水质均达到或优于Ⅲ类标准；支流137个断面中，133个断面水质达到或优于Ⅲ类标准，占97.1%；支流主要污染指标为氨氮和总磷。浏阳河黑石渡断面和三角洲断面水质分别由劣Ⅴ类上升为Ⅳ类和Ⅴ类，未见溶解氧和化学需氧量不达标现象。舂陵水的马家坪电站断面因砷和氟化物超标，水质为Ⅳ类；支流龙荫港的红星村断面因总磷和氨氮不达标，水质为Ⅳ类。资江流域干支流44个断面水质总体为优，Ⅰ—Ⅲ类水质断面比例为97.7%，其中干流Ⅰ—Ⅲ类水质断面比例保持100%。沅江流域干支流92个断面水质总体为优，Ⅰ—Ⅲ类水质断面比例为

98.9%，其中干流Ⅰ—Ⅲ类水质断面比例保持100%。澧水流域干支流23个断面水质总体为优，Ⅰ—Ⅲ类水质断面比例为100%。其他流域：37个水质断面中，长江湖南段所设5个断面和珠江流域所设6个断面水质均达到或优于Ⅲ类标准；环洞庭湖河流26个断面中，其中24个达到或优于Ⅲ类标准，华容河的六门闸断面的化学需氧量、五日生化需氧量超标，藕池河中支入境断面的化学需氧量、石油类超标。

（2）洞庭湖水质

洞庭湖湖体水质总体为轻度污染，营养状态为中营养。洞庭湖湖体12个断面中，10个断面属Ⅳ类水质，占83.3%；2个断面属Ⅴ类水质，占16.7%，主要污染物为总磷、化学需氧量和五日生化需氧量。可比断面与上年同期相比，洞庭湖湖体水质呈改善趋势。其中Ⅳ类水质比例上升63.63%，Ⅴ类水质比例下降63.63%，总磷平均浓度下降15.7%。

（3）城市集中式饮用水水源地水质

14个地级城市29个集中式饮用水水源地，水源地水质达标率为96.6%，与上年相比，出现了超标情况，益阳市龙山港断面锑超标（2016年开始锑纳入评价体系），全年超标6次，最大超标倍数0.27。

2. 大气环境

2016年，全省14个市（州）所在城市环境空气质量平均优良天数比例81.2%。污染天数中，轻度污染占15.9%，中度污染占2.3%，重度及严重污染占0.6%（严重污染占0.06%）。影响城市环境空气质量的主要污染物是$PM_{2.5}$。按照城市环境空气质量综合指数评价，14个市（州）所在城市空气质量排名从好到差依次为：吉首、怀化、永州、郴州、张家界、岳阳、娄底、衡阳、常德、邵阳、益阳、长沙、株洲和湘潭。按全年优良率从高到低依次为：郴州（89.4%）、吉首（89.2%）、怀化（88.2%）、永州（85.1%）、娄底（85.1%）、张家界（83.8%）、益阳（83.1%）、湘潭（78.0%）、株洲（77.7%）、岳阳（77.3%）、邵阳（77.2%）、衡阳（76.8%）、长沙（73.0%）、常德（73.0%）。

与上年相比，14个市（州）所在城市环境空气质量平均优良天数比例上升了3.3%；6项主要污染物年均浓度值除O_3上升1.5%外，SO_2、CO、$PM_{2.5}$、PM_{10}和NO_2分别下降20.8%、15.8%、9.4%、8.4%和3.7%。

3. 声环境

2016 年，声环境质量与上年相比总体保持稳定。14 个城市所在城市道路交通噪声昼间平均等效声级值 67.7 分贝，区域环境噪声昼间平均等效声级值 53.5 分贝，城市功能区噪声昼间达标率为 90.4%、夜间达标率为 71.1%。

（二）主要污染物排放情况

1. 废水主要污染物排放状况

化学需氧量的 2016 年排放总量预计为 117.4 万吨，较 2015 年下降 2.82%。氨氮的 2016 年排放总量预计为 14.6 万吨，较 2015 年下降 3.07%。全省水环境主要污染物减排预计可完成国家下达的年度目标任务。

2. 废气主要污染物排放状况

二氧化硫的 2016 年排放总量预计为 54.9 万吨，较 2015 年下降 8.42%。氮氧化物的 2016 年排放总量预计为 46.8 万吨，较 2015 年下降 6.72%。湖南省大气主要污染物减排预计可完成国家下达的年度目标任务。

3. 自然生态状况

截至 2016 年底，全省现有国家级自然保护区 23 个，省级自然保护区 31 个，较上年增加 1 个；全省森林覆盖率 59.64%，湿地面积 1530 万亩（不含农田）。

（三）环境污染事件情况

2016 年，湖南省环保厅共接报 17 起突发环境事件，均为一般等级突发事件，无较大及以上环境事件，所有事件均得到妥善处置。2016 年，湖南省环保厅综合值班室接到来信来访及电话、网络投诉举报共 2607 起，较上年增加 5.7%，其中属于越级举报投诉按有关规定转由属地处理 2576 起，湖南省环保厅直接受理、跟踪督办案件 31 起，信访处理率达 100%；全年共办结 29 起，案件办结率为 93.5%。

三、加强环境保护的主要工作

（一）以改善环境质量为核心，扎实推进重点领域污染治理

一是强力推进水污染防治。以省“一号重点工程”为突破口，严格落实《湖南省贯彻〈水污染防治行动计划〉实施方案（2016—2020）》以及《湖南省湘江保护与治理第二个“三年行动计划”实施方案》，制定出台《2016 年水污染防治实施方案》，启动实施水污染防治项目 983 个，完成 942 个（其中湘江流域共 654 个，完成 628 个），重点区域整治取得积极进展。积极开展洞庭湖污染治理，重点推进湖区工业污染源排查整治。强化饮用水水源保护，开展县级以上饮用水水源评估，完成县级及以上集中式饮用水水源保护区的调整、完善。加强重点湖泊保护，实施了一批重点治理项目。二是扎实推进大气污染防治。出台实施《湖南省大气污染防治专项行动方案（2016—2017 年）》和《湖南省大气污染防治 2016 年度实施方案》，加强火电、水泥、城市燃煤锅炉、建筑和道路扬尘等重点行业、领域污染治理，突出抓好长株潭区域联防联控及重污染天气应对。淘汰黄标车和老旧车辆 16. 8 万辆，完成了国家下达的任务。三是持续推进农村环境综合整治。新支持 35 个县（市、区）启动整县推进，全省有农村区域的 126 个县（市、区）（含县级管理区）全部启动农村环境综合整治。目前已有 21 个县（市、区）通过验收，纳入省政府绩效考核的 4000 个村综合整治已全部完成。四是积极开展土壤污染防治。加强土壤污染防治顶层设计，组织编制了《湖南省土壤污染防治工作方案》和《湖南省土壤污染状况调查总体方案》《湖南省土壤污染源、污染地块调查方案》，出台了《重金属污染场地土壤修复标准》。争取国家重点支持下达土壤污染防治专项资金 5. 56 亿元，启动了 21 个土壤污染治理与修复试点项目。全面启动土壤污染状况详查工作，进一步掌握湖南省土壤污染状况。

（二）以解决突出生态环境问题为导向，积极推动生态文明和环境保护体制改革

一是进一步完善环境保护责任体系。湖南省委、省政府印发实施《湖

南省环境保护督察实施方案（试行）》《湖南省〈党政领导干部生态环境损害追责办法〉实施细则》等文件，落实生态环境保护“党政同责”“一岗双责”。制定实施《湖南省环境质量监测考评办法（试行）》，对各市（州）、县（市、区）大气、水环境质量及重大环境损害情况进行全面考评并通报，并同步实施警示、约谈、处罚、问责等，全年共计约谈15个市、县政府，10个产业园区及10余家企业。二是加强源头防控。全面启动全省生态保护红线划定，形成了全省生态保护红线划定初步方案。开展生态环境损害赔偿改革试点，制定出台《湖南省生态环境损害赔偿制度改革试点工作实施方案》。进一步完善重点生态功能区考核制度，协同财政厅继续完善湘江流域生态补偿制度和措施，并扩大到其他流域、区域和领域。三是推进污染治理市场化改革。深入推进排污权交易试点，在全国走在前列。完善环境信用体系建设，对重点监管企业实施环境信用评价并向社会公布，“以评促改”成效明显。四是推动环境保护地方立法。经多次修改完善，《湖南省大气污染防治条例》将于2017年上半年出台。

（三）严格环境准入管理，促进湖南省绿色发展

一是把好环评审批关，推动经济结构优化调整。一方面，严格环境准入，认真落实国家“三去一降一补”以及供给侧结构性改革相关政策，否决和指导调整选址、优化工艺及污染防治措施项目共28个（其中否决5个）。另一方面，积极对接和服务重点项目建设，开通“绿色通道”，审批了2016年计划开工高速公路项目、张吉怀铁路、五强溪水电扩机等一批重点工程。省本级审批建设项目共184项，涉及投资1349亿元。二是持续开展主要污染物减排，为区域经济发展释放环境空间。实施了一批重点减排工程，经初步核算，化学需氧量、氨氮、二氧化硫、氮氧化物同比上年减少2.82%、3.07%、8.42%和6.72%，基本完成国家下达的任务。三是以科技、创新为驱动力，促进环保产业发展。组织开展污染治理重点技术科技攻关，推广应用一批环保新技术、新产品。加大对环保产业的政策扶持和培育力度，涌现一批环保龙头骨干企业，环保产业产值继续保持20%的高速增长，预计可达1900亿元。

（四）大力加强环境监察执法，切实履行环境监管责任

一是开展环保违规建设项目清理。全省通过清理并上报环保部违规建设项目 53767 个，完成整治 53760 个，基本完成清理整治任务。二是完善“两法”衔接机制。加强与公检法联动，联合公安部门开展涉危险废物违法犯罪等专项执法行动。严格落实《环境保护法》及配套办法，全省按日计罚案件 18 起，查封扣押案件 107 起，限产停产案件 128 起，移送行政拘留案件 192 起，移送污染环境犯罪案件 51 起，公安机关行政拘留 176 人，刑事拘留 127 人，案件数超过前三年总和。成功办理首例部督的特大跨省“3・09”危险废物非法处置专案，非法处置医疗废物第一案“4・07”岳阳汨罗医疗废物处置案件，湖南省首例拘留公职人员环境污染案湘潭县上马垃圾场私设暗管偷排案，以及湖南省最大罚单案林源纸业废水偷排案（罚款 251 万元）。三是部署开展环保督察。根据《湖南省环境保护督察方案（试行）》，建立健全全省环境保护督察工作组织领导和联络机制，指导开展突出环境问题和环境信访问题清理和整改，并在益阳市启动开展督察试点，共责令关停违法企业 133 家，停产整治 130 家，移送刑事拘留案件 4 起、行政拘留案件 12 起，已对相关部门实施责任追究 38 人，有力促进环境质量的改善和环境问题的解决。

与此同时，提高环境风险防范与应急处置水平。强化突发环境事件应急预案管理，共有 202 家重大风险等级企业相应完成备案。全年共妥善处置 17 起突发环境事件（均为一般及以下级别），确保了环境安全。加强固体危险废物安全处置。组织危险废物经营企业规范化管理督察，开展全省化学品生产使用情况调查。严格办理固体废物行政许可，办理危险废物跨省转移许可申请共计 191 批次。积极应对环境信访投诉。制定举报投诉管理办法和公众诉求问题法定途径清单，全年省本级接到来信来访及电话、网络投诉举报 2607 起，受理率 100%，省本级案件办结率为 93.5%。

（五）加强核与辐射安全监管，确保安全可控

严格做好辐射类项目审批，进一步规范和加强电磁辐射管理，部署开展全省放射源安全检查专项行动。提高核与辐射监管能力，省辐射环境监

督站通过省级计量认证，全省配备了一批核与辐射应急与监测设备。实施放射性物质全过程管理，组织对省本级监管的162家核技术利用单位进行了现场监督检查。开展核安全文化宣传，积极调处辐射纠纷。

（六）围绕服务中心工作，夯实基础能力建设

一是进一步完善环境质量监测网络体系。全省核定“十三五”地表水环境质量监测断面（点位）419个，核定环境空气自动监测站点180个，同时设置土壤监测点位2037个，均较“十二五”大幅增加，初步建立了省、市、县三级覆盖大气、水、土壤等主要环境要素的监测网络。二是积极争取中央环保资金。全年争取中央环保专项资金总额24.43亿元，比上年增长15%，居全国前列，创历史新高。同时定期调度、督促加快专项资金项目实施进度，加强专项资金使用管理，确保财政资金效益。三是科学谋划“十三五”发展。印发《湖南省环境保护“十三五”规划》，统筹谋划“十三五”环境保护的目标指标、任务措施、制度保障和重大工程项目库。出台总量减排、环保产业发展、固体废物管理等专项规划。四是大力加强环保队伍职业化建设。组织开展环保队伍大规模培训，制定实施《湖南省环保系统干部（职工）大规模培训实施方案》，重点开展环评、环境监察执法、监测等骨干培训，共完成26期2530人次的培训任务。同时，以技术比武带动业务能力提升，连续十年联合省总工会举办环境监测分析技能竞赛并给予奖励，激发了学习热情，全面提升了监测队伍业务水平。五是加强环保宣传教育。开展“六五”世界环境日宣传活动，成功举办“全民搜索·环保知识达人”网络答题暨全省首届环保法律知识竞赛活动。加大《中国环境报》宣传报道力度，新闻刊载数量位于全国前列。六是提高信息化水平。启动生态环境大数据建设，完成全省环保视频会议系统改造，开展厅综合办公平台建设，提升全省环保信息能力水平。加强厅门户网站建设管理，推进政务信息公开，全年省本级公开政务信息6368件。

（七）加强党建和党风廉政建设

深入开展“两学一做”学习教育，结合专题组织5次集中学习，开展厅系统“两学一做”暨十八届六中全会精神知识竞赛，组织召开全省环保系统庆祝中国共产党成立 95 周年暨颁发从事环保工作 30 年纪念章大会，表彰长年扎根环保工作人员和先进典型。统筹推进党风廉政建设“两个责任”全覆盖，建立党风廉政监督员制度，建立完善厅直属单位党风廉政建设巡查制度。强化监督执纪“四种形态”，出台《关于对领导干部进行谈话、约谈、函询的实施细则》，努力营造风清气正的良好氛围。

近年来，湖南省环境保护工作虽然取得一定的进展，但基于全省省情，还存在一些突出困难和问题。一是环境质量状况形势仍不容乐观。水、大气、土壤环境质量都还不尽如人意，个别因子在一定区域长期超标现象依然存在。水环境方面，湘江支流浏阳河黑石渡断面和三角洲断面、春陵水马家坪电站、龙荫港红星村断面；资江支流志溪河断面；沅江支流林化桥断面；环洞庭湖河流华容河六门闸断面、藕池河中支入境断面仍然超标。特别是洞庭湖水质堪忧（2016 年水质略有好转，但所有监测断面仍全面超标）；国考断面中，益阳大通湖（为劣 V 类水质）和桃谷山未达年度考核目标；饮用水水源益阳市龙山港断面锑超标。大气环境方面，全省空气质量年平均优良天数虽然是上升的，但在全国排名第 17 位，而且在 9 月、11 月、12 月出现连续的重污染天气，导致空气质量大幅下降；长株潭空气质量低于全省平均水平，个别城市（常德）空气质量优良天数不升反降，部分城市（衡阳、长沙、邵阳）虽总体改善但未完成空气质量年度目标任务；长沙空气质量低于周边大多数省会城市，优良率在全国 338 个重点城市中排第 233 位，在 31 个省会城市中排第 15 位。土壤环境方面，土壤治理才刚刚起步，全省土壤污染点位超标率在全国靠前，局部地区重金属污染严重，耕地质量堪忧，大型工业企业周边和工矿业废弃地污染治理任务繁重。二是发展和保护的双重压力加大。一方面，作为有色金属之乡，随着资源束紧和传统重金属行业的退出，资源型城市经济发展方式向绿色、低碳、循环经济转型不可避免且迫在眉睫，历史遗留污染问题也开始凸显，需积极应对可能带来的环境风险和挑战。另一方面，作为后发展省份，随着城镇化建设步伐的加快，污染治理基础设施建设相对落后，城市污水深度处理率低，黑臭水体整治难度大；且由于交通、城市等基础设施项目建设的需要，发展与自然保护区、饮用水水源保护区等敏感区域保护矛盾加剧。三是农村环境状况令人担忧。随着农村经济的发展，生活污水、垃圾大量排放，但当前乡镇污染水处理率低于10%，垃圾处理大多采取荒山、湖边填埋的方式，焚烧处理技术也不成熟，安全隐患多。近年，湖南省农业生产及畜禽养殖发展较快，但畜禽规模养殖率低，污染治理设施不健全，废弃物无害化处理和综合利用率低，污染物直排山林或水体，造成地下水和土壤污染，周边环境臭气熏天；同时，传统农业耕种方式，农药、化肥、农膜大量使用，污染物长期在土壤停留累积，对生态环境、食品安全也带来隐患。四是基础能力建设相对薄弱。一方面，人才队伍年龄、知识结构不合理，市县环保部门专业人员较少，业务能力水平与形势不相适应的问题比较突出。环保工作基础设施还不完备，办公用房老化，业务用房严重不足，有的还是老旧危房，基础能力薄弱；另一方面，省以下环保机构监测监察执法垂直管理制度改革已经启动，目前基层环保队伍思想存在波动，同时个别基层党委政府对环保体制改革的认识不一致，少数地方对环保重视支持力度有所减弱，不利于工作开展。

四、2017年环境保护基本思路和主要任务

2017年，湖南省环境保护工作思路是：坚持党中央“五位一体”总体布局和“四个全面”战略布局，认真贯彻落实党的十八届三中、四中、五中、六中全会和省第十一次党代会、省政府工作报告及全国环境保护工作会议精神，扎实推进湘江保护和治理省“一号重点工程”向纵深发展、向“一湖四水”延伸，向大气、土壤治理和农村环境保护拓展，力争打赢环境治理战役。工作抓好“12345”也就是“一个引领、二个坚持、三个转变、四个考验、五个重点”，即以建设“生态强省”为引领；坚持改善环境质量为核心，坚持服务绿色发展为主线；逐渐实现从环保部门单打独斗向各级党委政府及相关部门齐抓共管转变，从“督企”向“督政”“督企”同步推进转变，从侧重污染物总量减排向以改善环境质量为核心、夯实总量减排基础转变；经受住中央环保督察、环保垂直管理体制改革、环境风险防控和廉政风险的考验；重点抓好环境准入、强力治污、监察执法、深化改革和夯实基础，推进全省生态环境保护事业取得新发展，为建设富饶美丽幸福新湖南提供坚强保障。

具体来说抓好以下几项工作：一是加强生态文明建设顶层设计，推动

生态强省战略落地；二是深化绿色发展理念，推进供给侧结构性改革；三是以改善环境质量为核心，打好大气、水、土壤污染防治和农村环境整治攻坚战；四是大力加强环境监管执法，确保核与辐射等重点领域环境安全；五是积极推进生态文明和环境保护机制体制改革，进一步强化制度和法律保障；六是狠抓自身能力建设，夯实工作基础；七是加强党的建设，增强政治纪律政治规矩意识，确保廉政安全。

（2016 年）

后记

今年2月，组织安排我到湘潭大学任校长。光阴似箭，时光如梭。一晃我在湖南省生态环境厅领导岗位上已经工作了整整15年。其间，全国生态文明建设和生态环境保护发生历史性、转折性、全局性变化。在任初期，正是我国环境污染最为严重的时期。以湖南省为例，湘江重金属污染十分严重，饮用水不达标十分普遍，洞庭湖水环境质量恶化为Ⅴ类，酸雨十分突出，农村环境问题整治、土壤污染防治尚未纳入议事日程……在习近平生态文明思想的坚定指引下，在湖南省委、省政府的坚强领导下，我与几任班子的领导一起，负重前行、攻坚克难，有力有序有效纵深推进了湘江保护与治理省“一号重点工程”三个三年行动计划、洞庭湖水环境综合整治、污染防治攻坚战“夏季攻势”、涉铊专项整治、大气污染防治行动计划、长株潭大气污染防治联防联控、土壤环境质量普查及详查、重点区域土壤修复治理、农村环境综合整治、生态示范区创建、自然保护区整治保护、监测执法能力建设、“三线一单”划定、排污许可证发放试点、环境信用评价试点等行动计划、攻坚战役、重点工作和改革创新，推动湖南天更蓝、水更清、地更净。其中，2022年，湖南省国考断面水质优良率达到98.6%，位居全国第4；长江干流湖南段及湘资沅澧四水干流水质连续3年达到或优于Ⅱ类；洞庭湖湖体总磷浓度下降为0.06毫克/升，西洞庭湖连续2年达到Ⅲ类，南洞庭湖突破性达到Ⅲ类；永州、张家界等四个城市水环境质量排名全国地级城市前30位，数量和排位均创历年最佳；地级以上城市集中式饮用水水源水质达标率100%……作为全国生态环境保护战线的一员“老兵”，15年来我全程参与，亲眼见证，深感成效很大、成果丰硕，我深感荣幸、荣耀。

后 记

在离开湖南省生态环境厅之时，我将在生态环境部门工作期间的一些文稿进行整理，算是对我15年工作的一个总结。有些帮助整理文稿的同志在看到文稿后，认为很受启发，他们建议将文稿结集出版，对湖南省乃至全国的生态文明建设和污染防治攻坚战提供一些指导和参考。刚开始我也未太引起重视，但到学校工作一段时间后，我感觉到作为“双一流”大学校长，无论是抓学校的改革，还是抓学校的发展，具有一定的学术素养是十分重要的。与此同时，今年我也牵头申报了湖南省生态环境厅“湖南省生态环境保护工作的发展历程及展望”重点科技项目课题，最终中标，课题申报时也提出将我15年来围绕生态文明建设撰写的文稿作为课题成果之一。于是我对这些文稿进行了一些分析和总结，觉得具有以下几个特点：一是时代性。文稿反映了15年多来我国生态文明建设发展的伟大历程。我是2008年元月从郴州市人民政府领导岗位上调任湖南省环境保护局（2009年升格为湖南省环境保护厅，2018年组建湖南省生态环境厅）工作的，我在湖南省生态环境部门领导岗位任职的15年，正是我国生态文明建设发生历史性、根本性、转折性变化的15年。2007年10月，党的十七大第一次明确提出建设生态文明的要求。2012年11月，党的十八大把生态文明建设纳入“五位一体”总体布局，将生态文明建设写入党章并作出阐述。2018年3月，十三届全国人大一次会议表决通过宪法修正案，把贯彻新发展理念、生态文明和建设美丽中国的要求写入宪法。2018年5月，党中央召开全国生态环境保护大会，正式确立习近平生态文明思想。2023年6月28日，十四届全国人大常委会第三次会议决定，将8月15日设立为全国生态日。我全程见证和参与了这一伟大历程，这些文稿，也真实记录了我国生态文明建设的伟大历程。二是全面性。我在湖南省生态环境部门工作期间，先后分管过自然生态，农村环境整治，环境监测，执法监察，大气、水、土壤、噪声、核与辐射环境管理，环境影响评价与排污许可，政务服务，科技与财务，环境信用评价，环保产业等业务工作，基本覆盖了生态环境的所有业务领域。同时，我从2008年3月起，先后任第十一届、第十二届全国政协委员、第十三届全国政协常委、第十四届全国政协委员，在全国政协这个平台上积极履职，提交的提案、信息总量分别超百件，被誉为“绿色提案大户”“环保代言人”，我还多次在全国政协大会、

常委会上发言，参加了全国政协组织的赴山东、海南、江西、四川、山东、湖北、宁夏、青海、浙江、河南、内蒙古等地的调研活动。这些文稿，从不同角度阐释了生态文明建设的理论和实践问题，能够比较完整地呈现我国生态文明建设的历史演进及其重大意义。三是学术性。我到湘潭大学任职后，充分利用综合性大学的学科集群优势和湘潭大学环境与资源学院的人才优势，针对生态文明建设领域的重点、难点和热点问题，组织开展了一些课题研究，形成了一些学术成果。这些文稿，瞄准理论前沿，回应现实需求，着力推动习近平生态文明思想的学理化阐释、学术化表达、系统化构建、大众化传播和实践性转化，力求为加快建设人与自然和谐共生的美丽中国贡献湘大智慧。如果这些文稿能够出版，无论是对我个人的学术研究，还是对我们学校的学科发展，都将有一定的帮助，也是给湘潭大学建校65周年献上的一份薄礼。

基于以上考虑，半年多的时间里，我对230多万字的文稿进行了系统的整理和编辑，形成了理论篇、调研篇、实践篇、建言篇、感悟篇等5辑书稿。其中，理论篇、调研篇、感悟篇等3辑书稿基本按照时间顺序排列，只有理论篇把习近平生态文明思想的学习和研究文稿集中放在了前面；实践篇、建言篇等2辑书稿先按守护一江碧水、污染防治攻坚、美丽乡村建设、自然生态保护、环境监测执法监察、深化改革创新等模块进行分类，每个模块再大致按时间顺序排列。

为了使书稿更加全面和系统，我另外收集了几篇其他方面的文稿：一是在理论篇的最后，收录了三篇文稿，一篇是《全面推进美丽中国建设的新号角已经吹响》，这是针对刚刚召开的中央全面深化改革委员会第三次会议审议通过的《关于全面推进美丽中国建设的意见》文件撰写的一篇述评，也算是对我从事生态环保工作实践和研究的阶段性总结；另一篇是《关于加快实施“四化两型”的战略思考》，这是我对湖南省一个时期经济社会发展的整体思考，还有一篇是《青年要在中国式现代化建设中挺膺担当》，这是我在任湘潭大学校长后对青年的一些希望；二是在实践篇的最后，收录了湖南省生态环境厅发布的《湖南省2016年生态环境保护工作年度报告》，这是对一个省域年度生态环保工作的综合系统反映；三是在调研篇中，收录了《攸县城乡环境同治、创新社会管理的经验和做法值得推广》，这是湖南省人大环资委牵头，我参与调研后形成的综合调研报告，得到了中央、湖南省多位领导肯定性批示，在湖南省乃至全国形成了较大的影响，对全国农村环境综合整治产生过重要推动作用。四是在感悟篇以附录形式收录了一些媒体采访或报道的文章，这是为了便于读者更深入地了解关于某些方面问题我的一些思想和观点，还有几篇是媒体对我个人成长和履职的采访报道，也是为了读者能比较全面地了解我的成长历程。在感悟篇的最后，还收录了两篇文稿，一篇是《绿水青山常在 深情厚谊永存》，这是我离开湖南省生态环境厅时写的一篇离别感言，既是对15年来一起共同团结奋斗的环保“铁军”的依依不舍，也是对15年来工作的一个小结。另一篇是我在湘潭大学2023届学生毕业典礼上的一篇讲话，《人生不是百米跑，而是一场马拉松》，这是这些年我人生的一些感悟，也标志着我新岗位、新生活的开始。

本书的出版得到了组织、领导、专家和朋友们的关心和大力支持。首先，我要感谢组织多年的关心和培养，感谢组织给予我研究实践的舞台和平台。其次，我要感谢中国工程院院士、中南大学副校长柴立元，中国美术家协会副主席、中国美术馆馆长吴为山，在百忙之中柴立元院士拨冗为本书作序，吴为山副主席亲自为本书题写书名。此外，我还要感谢为本书出版付出辛勤劳动的同志们、同事们。彭晓成同志对文稿进行了初步整理，汪理科同志进行了初次审阅，刘锦军同志进行了整体编排和多次审阅，申永丰同志多次参与研讨，湘潭大学出版社牛敬丹、唐剑君、张蔚、廖文婷、王晓园、贺佳、肖迪等同志和环境与资源学院研究生向璐瑶、叶陈若等同学进行了认真编辑和反复校对，在此一并表示衷心的感谢！

潘碧灵

2023年9月10日，于湘潭大学建校65周年之际

2023 年湖南省生态环境厅

“湖南省生态环境保护工作的发展历程及展望”重点科技项目成果

生态文明思与行

（建言篇·上）

潘碧灵◎著

湘潭大學出版社
XIANGTAN UNIVERSITY PRESS

序

生态文明建设是关系中华民族永续发展的根本大计，中国共产党历来高度重视生态文明建设，坚持节约资源和保护环境的基本国策，把可持续发展确立为国家战略。党的十八大以来，我国生态环境保护发生历史性、转折性、全局性变化，生态文明建设取得举世瞩目的成就，天蓝、地绿、水清的美丽中国新画卷正在神州大地上徐徐展开。

潘碧灵同志多年来一直致力于生态文明建设和污染防治攻坚战的研究、管理与实践，积极为生态环保鼓与呼，他所著的《生态文明思与行》全书共包括理论篇、调研篇、实践篇、建言篇、感悟篇5辑，正是其深耕生态文明建设和污染防治攻坚战领域15年的集大成者，充分体现了其政治素养、理论水平和专业水准之高，具有很强的政治性、指导性、专业性、针对性和可借鉴性。

理论篇的研究范围涉及习近平生态文明思想、“双碳”战略、人与自然和谐共生、中国式现代化、绿色发展、统筹水资源水环境水生态、环境空气质量评价体系等方面。其中，《环境空气质量评价体系改进研究》创新运用“三年滑动均值”对我国空气质量进行了对比研究；《扛起服务国家“双碳”战略新使命》《正确处理“五个重大关系”全面推进美丽中国建设》等文章，正是在习近平总书记提出全面推进美丽中国建设、加快推进人与自然和谐共生的现代化的目标后，他所做的最新研究成果，具有较高的理论水平；《以天地之心存心 以生灵之命立命》一文，从中国传统文化的哲学思想角度对生物多样性赋予了更加完整、更加全面的内涵，充分体现了他优秀的专业素养和对生态文明建设的深刻理解。

调研篇重点体现了他到全国不少省（区、市）和省内各地调研的成

果，许多都是相关省（区、市）在生态文明建设或生态环境治理领域的成功经验和积极探索。比如，《鄱阳湖生态经济区建设的学习感悟》一文，体现了江西省推动生态与经济协调发展的积极探索；《学习借鉴浙江省“五水共治”先进经验 纵深推进“一江一湖四水”系统保护和治理》一文，则充分展示了湖南省借鉴浙江省先进经验，推进水环境保护工作的成功实践；他重点关注长江经济带高质量发展，2019年撰写的《统筹推进长江经济带大保护的调查和思考——以湖南省岳阳市推进洞庭湖、长江岸线保护和治理为例》，助力了习近平总书记“共抓大保护、不搞大开发”重要指示的落实。这些成功经验和积极探索反映了我国生态文明建设在各省（区、市）的成功实践，对于进一步深化我国生态文明建设具有重要的推广和借鉴作用。

实践篇从工作成效层面集中展示了不同时期湖南省生态环境保护工作的开展概况和推进路径，包括守护一江碧水、污染防治攻坚、美丽乡村建设、自然生态保护、环境监测执法、深化改革创新等方面，对于研究一个省域如何全面、系统、深入推进生态文明建设和污染防治攻坚战具有重要参考意义。比如，《深入推进总磷攻坚“7+1”行动计划 全力守护洞庭湖生态环境安全》等文稿，全面介绍湖南省在水生态环境治理方面的典型经验做法和突出成效，对于指导各地开展相关工作具有重要参考作用。

建言篇是他在全国政协或民进履职时围绕生态环保、绿色发展等主题的“绿色提案”和社情民意信息。比如，在担任第十一届全国政协委员期间，他撰写的《关于规范城市生活垃圾焚烧 促进生活垃圾处理良性发展的提案》获十一届全国政协优秀提案奖；在担任第十二届全国政协委员期间，他提出土壤污染防治刻不容缓，得到中央领导高度重视，促进了国家“土十条”的出台。通过阅读此辑，读者可以从一个侧面了解我国全过程人民民主，更加深入了解国家出台生态环保相关方案、计划和政策背后的故事，对于广大人大代表和政协委员、科学研究人员、民主党派成员开展咨询建言、参政议政等工作具有学习借鉴作用。

感悟篇主要涵盖了他参加生态环境保护工作的考察日志、学习心得和思考感悟等，同时还收录了部分记者采访报道的内容，突显了他对湖南省乃至全国生态环境保护事业所作出的重要贡献和对生态环境保护工作的深

刻感悟与动人情怀。比如，《青海“三江源”“青海湖”生态环境保护工作考察日记》系列，多维度体现了他在青海考察时对我国近十年生态文明建设的深刻感受。

习近平总书记在党的二十大报告中要求“推动绿色发展，促进人与自然和谐共生”，在2023年全国生态环境保护大会上强调“全面推进美丽中国建设，加快推进人与自然和谐共生的现代化”，为新时代生态文明建设提供了根本遵循和行动指南，美丽中国在实现四个重大转变的基础上站上了新起点。2023年6月28日，十四届全国人大常委会第三次会议决定将8月15日设立为全国生态日，更是吹响了全面推进美丽中国建设的新号令。本书的出版必将为深入学习贯彻习近平生态文明思想、推动美丽中国建设产生积极的促进作用。同时，也可为各级领导干部、专家学者、高等院校师生和相关企业家等开展学习和研究提供重要的参考。

（柴立元：中国工程院院士、中南大学副校长）

目 录
CONTENTS

专题一 守护一江碧水

专题二 污染防治攻坚

专题三 美丽乡村建设

专题一

守护一江碧水

关于请求国家支持中西部省份城镇饮水安全保障工程建设的提案

饮用水是人类生存的基本需求。但随着经济的快速发展，工业化和城市化进程不断加快，城市饮用水供需和污染问题日益突出。主要表现在：一是供水能力滞后。在城镇化进程提速的过程中，城镇供水的供需矛盾日益突显，县城特别是山区水源性缺水和湖区水质性缺水县城，以及重点镇供水设施严重滞后。二是水源污染比较严重。由于含有大量有毒有害重金属和有机污染物的工业废水排放、农村大量使用农药化肥导致的面源污染以及生活污水影响，湖南省湘资沅澧四大流域普遍存在砷、镉等重金属和有机微生物污染。不少洞庭湖区周围的县城“生在水中没水喝”。三是供水设施比较落后。由于配水管网材质不优、二次供水设施老化等原因，致使二次污染普遍存在；供水技术水平亟待提高，部分城市无法对重金属和有机污染物进行有效处理；同时，国家颁布了新的生活饮用水标准，对水处理工艺提出了更高的要求，这些均导致水质达不到新的供水标准。此外，供水安全性严重不足，目前中西部省份大部分城市都是单一水源，预防和应对突发性供水事故的能力严重缺乏，广大人民群众饮用水的安全性和可靠性无法得到有效保障。

“十二五”期间，湖南将着力推进城镇供水扩能提质建设，重点抓好三个方面的工作：一是加快大中城市供水管网改造和第二水源建设；二是加快供需问题突出的县城供水扩能提质工程和重点镇供水设施建设，同时加强城镇饮用水水源地保护和利用；三是抓好洞庭湖区水质性缺水县城和衡邵干旱走廊及山区水源性缺水县城供水能力建设。计划 5 年投资 600 亿元，新建改造供水规模 1000 万吨/日，改造新建管网 1.2 万千米。力争到

“十二五”末，城市供水普及率达到100%，县城不低于95%，重点镇不低于90%；2012年前县城以上供水水质全面满足新国标要求，重点镇达到42项常规指标要求，基本解决城镇供水安全隐患，力保供水安全、提高供水水质，实现“喝上干净水”的目标。

建议国家发改委在“十二五”期间加强对城镇供水扩能提质工程建设的规划引导和技术指导，加大对中西部省份项目的资金支持力度。

（2010年）

湘江流域重金属污染治理迫切需要国家重点支持

湘江是湖南的母亲河，湘江流域是湖南经济社会发展的核心区域，城镇密集，人口密布，工业集中，2008 年，流域内人口 4075 万人，占全省的 59.5%；流域 8 市实现 GDP 7698 亿元，占全省的 73%，全省 4 个过千亿元的产业集中分布在湘江流域。由于长期的污染积累，流域环境安全隐患重重，严重危及流域内人民的生命健康。主要表现在：一是重金属污染物排放量大；二是饮水安全受到威胁，部分饮用水水源地重金属间或出现超标现象；三是土地污染较严重，流域内部分土地受到不同程度重金属污染，农产品安全受到威胁；四是重金属污染事故时有发生，影响社会和谐稳定。当前，湘江已是全国重金属污染最为严重的河流，重金属污染治理刻不容缓。

湘江流域重金属污染治理是保障人民群众生命健康的客观要求，也是维护流域生态安全、推进“两型”社会建设的当务之急和重中之重。湖南省委、省政府高度重视，近年来集中投入了大量的人力和物力用于加快湘江流域污染治理，但因湘江流域重金属污染成因复杂、点多面广，治理难度大，单靠湖南省的力量难以解决，迫切需要国家重点支持。

湘江重金属污染的严峻形势，引起了国务院领导及有关部委的高度关注，国务院领导多次作出重要批示，要求国家有关部委研究支持。根据国务院领导批示精神，2010 年上半年，国家发改委牵头，环保部、湖南省政府配合，科技、工信、财政、国土资源、住建、水利、农业等部委参加，编制了《湘江流域重金属污染治理实施方案》（以下简称《实施方案》）。《实施方案》围绕“调结构、惠民生、控风险”三大主线，提出了民生安全保障、工业污染源控制以及历史遗留污染治理 3 大核心任务，规划项目 1800 余个，总投资 850 多亿元。《实施方案》明确将湘江流域重金属污染治理作为全国重金属污染治理的试点，从国家层面统筹谋划湘江流域重金属污染治理问题。

为了推进《实施方案》尽快落地落实，国家可以在以下三个方面给予重点支持。

1. 资金支持。湘江流域重金属污染范围广、历史遗留问题多、污染程度深、治理难度大，资金需求巨大。《实施方案》总投资 850 多亿元，其中民生保障和历史遗留固体废物污染治理就需近 500 亿元，而这些任务和治理职责需由政府承担。由于湖南省经济发展相对落后、地方政府财力有限，迫切需要国家加大资金支持力度。

2. 政策支持。国家政策支持对《实施方案》的顺利实施至关重要，尤其是产业结构调整和移民搬迁。主要是四个方面：一是产业结构优化调整政策：对于污染严重、工艺落后企业实行淘汰退出或整合、搬迁企业，参照有关政策文件，进行必要的经济奖励；对于失业、无生活来源或生活特别困难群体，由中央财政全额支付，地方民政部门将其纳入当地“低保”范围；将《国务院办公厅关于中部六省比照实施振兴东北地区等老工业基地和西部大开发有关政策范围的通知》的政策延伸至岳阳、娄底、郴州和永州四市；将郴州、涟源、常宁、临湘列入国家资源枯竭型城市范围，加大财政转移支付力度，支持这些城市加快产业转型，实现可持续发展。二是税收优惠政策：企业购置污染治理设备允许所得税前抵扣；对于涉重金属企业利用国内或国际先进工艺，污染达标排放企业可参照高新技术企业给予税收优惠；以“三废”为主要原料生产的产品免征增值税和企业所得税；对开展清洁生产和“三废”循环利用，达到“零排放”或减排成效显著的企业免征、减征增值税和企业所得税；制定废渣综合利用税收和价格优惠政策；对于湘江流域重金属污染治理项目纳入或参照国家重点或省重点工程，在土地、林业、建设等方面给予税费减免。三是土地政策：开展土壤污染检测鉴定，对确实不适宜种植农作物的重金属污染耕地进行地类变更；对于转变为城市建设用地的污染耕地，减免建设用地土地有偿使用费等相关税费；转变为林地的污染耕地，可享受退耕还林政策补助。四是补偿政策：对于失地农民以及关闭淘汰退出企业的下岗职工和环保移民补偿政策参照大型水库移民相关政策，给予因重金属污染失地农民和搬迁居民必要的经济补偿、妥善安置，解决其就业、养老和保险等问题。对于因重金属污染身体受到伤害的群众，特别是丧失劳动能力的给予必要的医疗和生活救济。

3. 技术支持。建议国家组织开展重金属工业污染控制、污染治理等方面的科技研究，重点加大对重金属冶炼清洁生产减排、重金属污染物资源循环及污染控制技术、重金属污染土壤生态修复、污染底泥修复、重金属污染监测评价等方面的科技攻关。支持湖南组建国家重金属污染控制工程技术研究中心。

（2011 年 1 月 23 日）

将湘江流域生态环境治理列入全国污染防治重点流域

湘江位于长江中游，干流全长856千米，全流域面积94660平方千米，径流量占长江的7.5%，是长江的第二大支流，2008年湘江流域湖南省8市GDP总量7698亿，占湖南省73%，人口4075万人，占湖南省59.5%，湘江流域集饮用、灌溉、渔业、航运、纳污等多功能于一体，以湘江干流为饮用水水源的人口约2000万人，因此，湘江环境十分敏感，保护湘江、治理湘江的压力很大。

由于工业结构与布局不够合理，在湘江流域已经形成了株洲清水塘、衡阳水口山、湘潭岳塘、郴州有色金属采选冶炼四大工矿污染源，加之污染治理欠账多、历史包袱沉重、城市环保基础设施建设滞后、农村面源污染等原因，尽管国家和湖南省给予了一定的重视和治理，特别是从2008年开始，湖南省政府开始了湘江流域水污染综合整治三年行动计划，计划整治1377家企业，已经取得了一些成效，但与需要治理的任务相比差距还很大。湘江流域整治的必要性显得越来越紧迫，一是水环境质量令人担忧。2007年，湘江流域排放工业废水5.67亿吨，生活污水11.19亿吨，汞、镉、铅、砷分别占全国排放量的54.5%、37%、6.0%、14.1%。二是部分地区土壤重金属污染十分严重。特别是株洲市区、衡阳市水口山工业区、郴州有色金属矿采选冶炼区等。三是长株潭城市群和衡阳市饮用水水源水质达标率低，供水安全问题突出。四是枯水、洪水期季节性污染风险很大。而且，湘江若得不到较好的治理，不可降解的重金属将随江水、底泥一起迁移到长江，污染土壤中的重金属也可通过地表径流进入长江，对长江的水环境造成持续影响。

湘江流域如此大规模的治理所需资金数额巨大，光靠湖南省的财力是远远不能承受的，且湘江重金属治理技术难度大，单靠湖南省的力量也是难以完成的。因此，建议将湘江流域生态环境治理列入全国污染防治重点流域，加大资金支持，加强技术指导，以促进流域生态环境的良性循环。

（2011 年 3 月）

继续支持湘江流域重金属污染治理

自《湘江流域重金属污染治理实施方案》（以下简称《实施方案》）2011 年 3 月获国务院正式批准以来，湖南省委、省政府高度重视，组织发改、环保等部门积极推进。截至 2011 年底，共获中央预算内资金 12.7 亿元，支持项目 49 个。目前来看，多数项目进展顺利。为进一步加快重金属污染治理，确保《实施方案》目标实现，建议国家继续以湘江流域为重点，支持湖南省重金属污染治理工作。

一、提高国家资金补助比例

"一五""三线"建设时期布局的中央、省属骨干企业，为经济发展做出过巨大贡献，但也遗留大量污染。现在，这些企业多数已破产，遗留污染主要由当地政府治理。目前已批复的 49 个治理项目中，28 个以地方政府为责任主体，总投资 42 亿元，中央预算内资金支持比例 30%，地方配套资金压力很大。请求国家提高中央预算内资金支持比例至 60% 或 60% 以上。

二、支持湖南省发行湘江流域重金属污染治理专项债券

湘江流域重金属污染治理涉及 856 个项目，估算总投资 505 亿元，时间紧、任务重，地方财政压力很大。湖南省拟以湘江流域重金属污染治理为主题，申请发行专项债券，请求国家发改委比照产业类债券发行标准，予以支持。具体请求：适当降低发行门槛，允许湘江流域重金属治理专项债券规模超过净资产 40% 的上限，放宽发行主体三年连续盈利的要求；创新债券发行方式，以滚动方式在湘江流域长沙、株洲、湘潭、衡阳等地发

行，缓解各地市治污资金压力；简化审批环节，湘江流域重金属污染治理是重大环保项目，建议参照保障性住房项目发行债券享受绿色通道的做法，简化审批环节，加快审批进度。

三、加大民生项目支持力度

重金属污染导致湘江流域数百万群众饮水困难，数十万农民土地无法耕种，国家批准的《实施方案》明确提出，加强对重金属污染地区民生安全饮水、重污染区失地农民的避险安置补偿等项目支持力度，并作为重大民生项目列入《实施方案》，但目前仍无支持渠道。请求国家对《实施方案》中安全饮水及避险安置项目予以支持。

四、支持清水塘重金属污染企业实施整体搬迁

清水塘重工业区位于长沙、湘潭、岳阳等城市上游，如不整体搬迁，将难以根本解决其对城市群生态安全的威胁。区内大中型企业密集，搬迁面临诸多难题，请求：设置清水塘重金属污染企业整体搬迁用地指标专列；将清水塘工业区新增建设用地土地有偿使用费上缴国家部分全额返还，用于企业搬迁费用补贴、职工安置、重金属污染土地修复等；比照三峡库区移民优惠政策，支持清水塘居民避险安置工程。

（2012 年 3 月）

关于将湘江流域简易垃圾处理场纳入湘江流域重金属污染整治范围的提案

根据调研结果显示，湖南省湘江流域共有简易垃圾填埋场59座，垃圾量已达3999万吨，其中分布在主干流29座，一级支流30座；25座已停止运营，仍在填埋作业的34座。59座简易垃圾填埋场均存在运行经费短缺，机械配备不全，选址不科学，填埋作业不规范，防渗系统不完善，渗滤液处理不到位，总汞、总铬、总砷、总镉等重金属超标2至5倍不等，COD、BOD_5、氨氮、总氮等常规指标超标13至56倍等问题。这些简易垃圾填埋场产生的臭气会刺激人体神经系统，妨碍流域内240万人的正常呼吸；渗沥液未经处理直接排放至湘江及其支流，直接威胁4000万人口的饮用水安全；土壤的重金属污染面积高达735万平方米，相当于使1030个足球场的土地失去正常使用功能。

为防止简易垃圾填埋场进一步污染环境，危害居民生活，建议大规模开展简易垃圾场处理工作。根据湖南省城市规划研究设计院编制的《湘江流域简易垃圾填埋场污染治理规划》，湘江流域简易垃圾填埋场污染治理工程结合分期分批实施原则，第一期于2011—2013年实施，主要包括湘江主干流及危害较严重的简易填埋场，共计28座（其中生态性封场15座、转场11座，景观生态公园改造2座）；第二期于2013—2015年实施，共计31座（其中生态性封场21座、转场9座，景观生态公园改造1座），工程总投资规模约为20. 71亿元，其中转场项目投资为7. 08亿元，生态性封场投资为10. 29亿元，景观生态公园改造投资为3. 34亿元。

建议将湘江流域简易垃圾填埋场污染整治纳入湘江流域重金属污染整

治范畴，予以资金和政策支持，确保湘江整治效果，同时，国家财政以以奖代补形式给予一定资金支持。

（2012 年 3 月）

长江经济带开发中湿地保护亟待建立生态补偿机制

长江经济带在为中国经济持续发展提供新支撑的同时，也应成为生态文明走廊。2014 年 4 月 28 日，国务院总理李克强在重庆主持召开座谈会时明确要求，走出一条绿色生态新路。绿色发展其中一个重点是湿地保护。

目前，长江经济带开发中的湿地保护工作虽然取得了初步成效，但面临的问题仍十分严重。长期以来，由于不合理的开发，湖区大规模的围湖造田、围湖养鱼、过度捕捞、非法猎鸟、污染排放等活动，导致湿地生态状况堪忧。

三峡工程投运后，长江中游防洪能力有了根本性的提高，三峡工程在发挥巨大的防洪、发电、航运等综合效益的同时，也使长江中游江湖关系等发生了新的变化。以洞庭湖为例，江湖关系的变化导致荆南四河断流时段延长，湖泊和湿地面积萎缩；水污染加重，总磷、总氮持续超标，局部水域蓝藻水华现象呈扩展蔓延之势；物种多样性减少，生态系统退化严重；出现了季节性饮用水的安全和保障问题，血吸虫病出现反复和加重等。

以上这些问题的原因包含多个方面，一个重要的原因是缺乏利益协调、均衡机制，受经济利益驱使，湿地保护相关部门各自为政。要从根本上解决问题，建立湿地生态补偿制度势在必行。

一、建立纵向生态补偿制度

将重点湿地生态功能县列为国家重点生态功能转移支付县。湿地被称为“地球之肾”，和森林一样有巨大的生态服务和经济的价值，且生态效益“公共产品”属性更加突出，“外溢”现象更加显著。根据《全国主体功能区规划》，从2008年起，中央财政建立了纵向生态转移支付制度，到2014年，已覆盖全国512个县，转移支付资金达480亿元，但主要是对以森林生态功能为主的地方政府的补偿，由于重点湿地没有纳入《全国主体功能区规划》禁止开发区范畴，重点湿地生态功能县均没有纳入国家重点生态功能转移支付县的范围，没有得到相应补偿。

二、建立专项生态补偿制度

（一）对湿地保护权益人给予专项生态补偿

目前，国家对生态公益林的专项生态补偿已实行多年，标准已提高到每亩（1亩≈0.067公顷）15元，对草地的专项生态补偿也已开始，但是对湿地的专项生态补偿尚未建立。地方在这方面已作出了积极探索。2013年，武汉市印发了《湿地自然保护区生态补偿暂行办法》，对因保护湿地，生产经营活动受到限制的权益人给予补偿，省级及以上湿地自然保护区，按照每亩10元—25元，市级湿地自然保护区每亩5元—20元给予补偿。国家应尽快出台专项生态补偿政策。

对重点湿地保护区域：按面积给予一定标准补偿。

对社区群众：对能继续维持原有生计的，按其实际收入加上补偿费用不低于当地群众平均收入水平的思路来确定补偿标准；对不能继续维持原有生计的，在新的生计收入达到当地平均收入水平之前，按替代生计转换成本给予补偿。

对农村集体经济组织：不允许或限制权属归其所有的湿地经营利用的，按当地市场同类土地租金水平给予补偿；对允许其湿地经营利用的，按实际经营收入低于同类土地平均经营收入的部分给予补偿。

（二）设立并扩大常态化湿地保护补助、补偿专项资金

2010年，财政部建立了中央财政湿地保护补助专项资金，开始对湿地保护管理机构开展湿地保护项目进行补助。但湿地保护管理机构反映，一

是补助资金额度太小，二是并非每年都有安排补助。建议对湿地保护管理机构按湿地重要性、湿地面积、湿地保护成效给予补助和补偿。

三、建立横向生态补偿制度

（一）长江三峡集团公司给予横向生态补偿

三峡工程投运后对长江中下游湿地保护和生态环境造成了不利影响，三峡工程发电产生了巨大的经济效益，按照“谁受益、谁补偿”“谁受损、谁贡献，补偿谁”的原则，长江三峡集团公司应该对下游的湿地保护和生态改善给予横向生态补偿。一是直接给予洞庭湖区、鄱阳湖区等县（市、区）政府一定的直接补偿；二是将洞庭湖、鄱阳湖湿地保护，特别是水利、环保等基础设施和重点生态建设工程，城乡饮用水安全、血吸虫病防治等民生工程，纳入三峡后续工程进行整体统筹，从三峡基金中提取一定比例给予支持；三是长江三峡集团通过对洞庭湖区、鄱阳湖区进行一定的项目投资或合作开发给予一定的间接补偿。

（二）下游省份给予上游省份生态补偿

积极推进长江经济带中经济发达的下游省份对中上游省份提供的湿地生态服务给予横向生态补偿，对其生态环境建设和湿地保护给予项目和资金的支持。

（2014 年 5 月 19 日）

长江经济带开发中应高度重视洞庭湖湿地保护

2014 年 9 月 25 日，国务院印发《关于依托黄金水道推动长江经济带发展的指导意见》，标志着长江经济带正式上升为国家战略。2015 年政府工作报告首次把“一带一路”、长江经济带和京津冀协同发展明确为国家“三个支撑带”。2015 年 4 月，《长江中游城市群发展规划》又经国务院批复实施，将长江中游城市群定位为中国经济发展新增长极，标志着长江经济带发展进入加快推进阶段。长江经济带为中国经济持续发展提供新支撑的同时，也应成为生态文明走廊，在迎来经济收获的同时，更要确保一江清水向东流。

如今，倘若把长江比作一本书的话，书的封面是经济，封底就是生态。“确保一江清水绵延后世、永续利用，走出一条绿色生态的新路。”这是国务院总理李克强 2014 年 4 月 28 日在重庆主持召开座谈会时提出的明确要求，也是沿江地区共同的心愿。长江经济带突出的生态环境问题不仅仅只有水环境，而且包括水资源、水生态等，特别是三峡水库蓄水后，形成了新的江湖关系，导致洞庭湖、鄱阳湖等湖泊水文情势发生了重大变化，长江中游的湿地保护，特别是洞庭湖湿地保护显得尤为突出和紧迫。

一、洞庭湖湿地保护的重要性和紧迫性

（一）洞庭湖湿地具有重要的生态功能

湿地被称为“地球之肾”“生命之源”，在经济社会可持续发展等方面发挥着不可替代的作用。洞庭湖是全国重要的生态湿地。总面积达 13736

平方千米，占全国亚热带湿地的1/4，是亚洲最大的内陆湿地保护区，也是世界自然基金会认定的全球200个生物多样性热点地区之一。

洞庭湖湿地物种资源极其丰富，是国家重点生物多样性保护区域和世界淡水鱼类优质物种资源基因库。有浮游植物8门93属，底栖动物188种，野生植物和归化植物1186种，记录到区内的淡水鱼117种，其中属于国家一级保护动物的有中华鲟、白鲟2种；哺乳动物31种，包括国家一级保护动物的白鱀豚和江豚；鸟类317种，其中国家一级保护的有东方白鹳、黑鹳等7种；洞庭湖是长江洄游和半洄游鱼类的产卵场、索饵场，其水环境变化将影响长江中下游渔业资源，其独特的物种分布使其被誉为“拯救世界濒危物种的希望地”。洞庭湖也是长江最重要的调蓄湖泊，承担着调蓄长江洪峰、调节气候、改善生态等重要生态服务功能，洞庭湖湿地保护与水资源安全、粮食安全、气候安全、生物安全、人类健康、防灾减灾等密切相关。

（二）洞庭湖湿地面临突出的生态环境问题

近年来，随着湖区及入湖河流沿岸人类开发活动加剧，三峡蓄水导致洞庭湖水文情势发生重大变化等多重因素影响，洞庭湖湿地保护正面临诸多亟待解决的生态环境问题。

1. 洞庭湖总氮、总磷持续超标，水质明显变差，局部水域蓝藻水华现象呈扩展蔓延之势。总氮、总磷持续超标。20世纪90年代中后期以来，洞庭湖总氮、总磷持续超标，呈整体逐年上升之势。

表1　洞庭湖污染分担率统计表

年份	总氮	氨氮	COD_{Mn}	总磷	BOD_5	主要污染物
1990	36.1%	7.2%	11.5%	38.9%	5.6%	总氮、总磷
1991	40.4%	6.8%	13.9%	31.3%	6.4%	总氮、总磷
1992	43.2%	11.2%	13.8%	22.2%	8.3%	总氮、总磷、COD_{Mn}
1993	48.1%	8.1%	13.8%	21.1%	6.5%	总氮、总磷、COD_{Mn}
1994	45.0%	6.9%	13.2%	26.5%	5.9%	总氮、总磷
1995	33.7%	8.6%	10.4%	31.8%	5.7%	总氮、总磷、COD_{Mn}
1996	29.2%	8.2%	9.7%	44.8%	6.2%	总氮、总磷
1997	25.2%	4.1%	10.3%	43.4%	6.6%	总氮、总磷、COD_{Mn}

续表

年份	总氮	氨氮	COD_{Mn}	总磷	BOD_5	主要污染物
1998	26.8%	3.5%	11.6%	42.7%	5.9%	总氮、总磷、COD_{Mn}
1999	28.6%	3.9%	8.9%	44.2%	5.4%	总氮、总磷
2000	35.8%	5.1%	13.6%	34.5%	6.9%	总氮、总磷
2001	32.5%	6.5%	12.1%	38.0%	6.2%	总氮、总磷
2002	32.5%	7.9%	10.7%	37.4%	7.9%	总氮、总磷、COD_{Mn}
2003	28.2%	7.9%	9.7%	41.9%	8.4%	总氮、总磷
2004	30.1%	7.5%	9.3%	41.8%	6.9%	总氮、总磷
2005	25.2%	7.6%	9.4%	49.0%	6.0%	总氮、总磷
2006	24.8%	6.8%	9.7%	48.5%	6.9%	总氮、总磷
2007	33.6%	9.0%	10.5%	37.7%	5.9%	总氮、总磷
2008	24.4%	6.7%	8.2%	53.7%	5.0%	总氮、总磷
2009	34.1%	6.3%	7.0%	44.4%	5.9%	总氮、总磷
2010	40.7%	6.2%	8.1%	34.3%	7.2%	总氮、总磷
2011	39.7%	5.5%	8.4%	35.7%	7.6%	总氮、总磷

水环境容量明显下降。1998 年大洪水之后，洞庭湖区实施了清淤疏浚、退田还湖、平垸行洪和移民建镇等工程建设，增强了湖泊的调蓄能力，从而使洞庭湖的水环境容量得到一定程度的提升，但自 2003 年以后，随着三峡工程蓄水运行，三峡水库大量清水下泄，造成荆江河段河底高程下降，从而导致荆江三口进入洞庭湖的径流量大幅度减少，导致洞庭湖的水环境容量出现明显下降趋势。

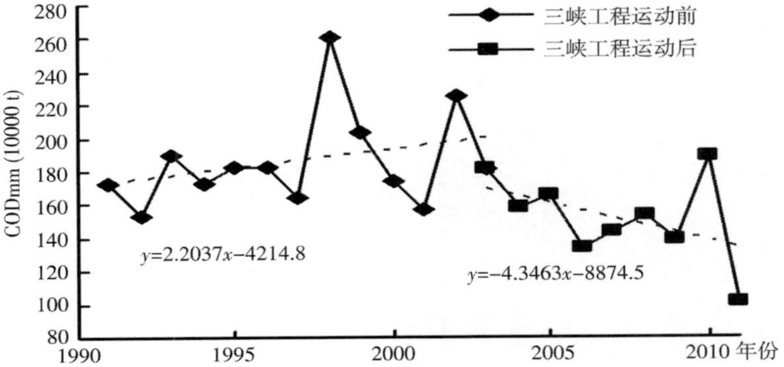

图 1　洞庭湖 COD_{Mn} 水环境容量年际变化情况

洞庭湖水质明显变差。20 世纪 80 年代Ⅰ—Ⅲ类水平均占 85%；90 年代以来仅占 15%，水质速降；三峡蓄水后，平均水质Ⅳ类占 16%，Ⅴ类占 66%，劣Ⅴ类占 18%，目前洞庭湖水质仅能达Ⅴ类水标准，已无法达到水域功能区划要求。

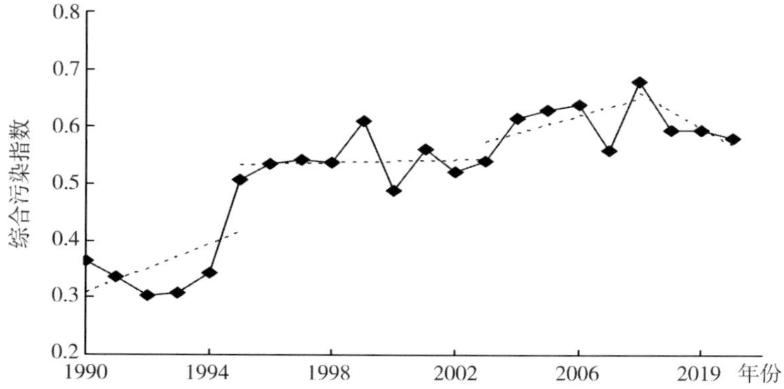

图 2　洞庭湖湖泊水质的综合污染指数

局部水域水华扩展蔓延。洞庭湖综合营养状态指数亦呈逐年增加趋势，局部水域综合营养状态指数已达到 50 以上，呈中营养至中富营养状态，导致该水域多次出现局部蓝藻水华现象。2008 年 6 月至 9 月东洞庭湖自然保护区大、小西湖及联通附近水道约 10 平方千米水域出现水华，到 2013 年 9 月，水华发生区域扩展至君山近东洞庭湖 1/3 的水域，面积约 400 平方千米。

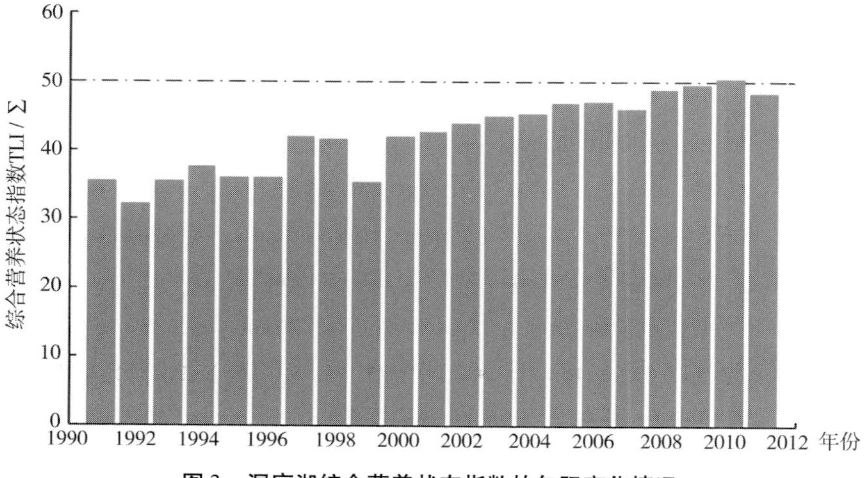

图 3　洞庭湖综合营养状态指数的年际变化情况

2. 湿地面积缩小、动植物原生生境遭受破坏，物种多样性减少，生态系统退化较严重。湖泊水域面积减小，湿地日益萎缩。洞庭湖水域面积不断减小，由1949年4350平方千米，1958年减少到3141平方千米，现为2625平方千米，枯水期已不足500平方千米；湿地面积日益萎缩，破碎化、陆域化演替加快。

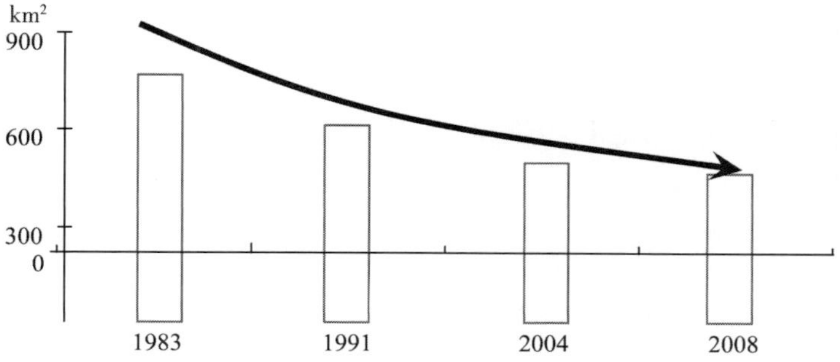

图4　洞庭湖湿地植被分布面积

原生生境遭受破坏，外来入侵物种肆虐。早期的特有物种如扬子鳄、白鱀豚等野生种群基本灭绝，中华鲟、江豚等物种濒临灭绝。根据2011年区域生态多样性调查，共有50种外来生物入侵。其中以克氏原螯虾等为典型代表，导致湖泊湿地生态系统向陆地森林生态系统演化，破坏了湖泊的自然演替。

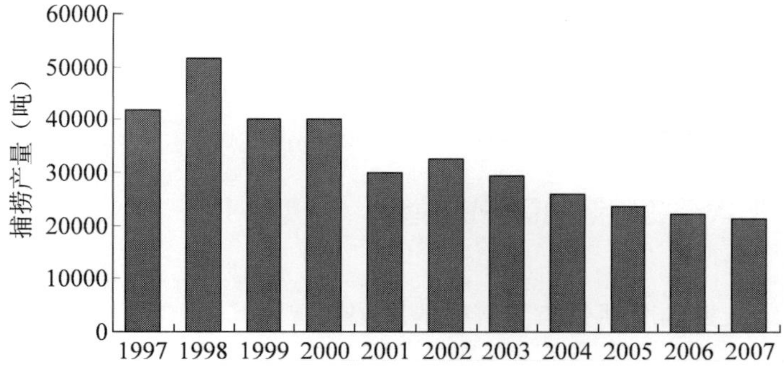

图5　洞庭湖捕捞渔获量的年度变化

鱼类资源遭到破坏，种类数量显著减少。鱼类生活空间变小、生活环境变差，鱼类小型化、低龄化，主要经济鱼类以1—2龄鱼为主。捕捞渔获量呈明显下降趋势。近年来，“四大家鱼”渔获物总量所占比例降至10%以内，小型野杂鱼增多。刀鲚等洄游性鱼类已罕见，洞庭湖鱼类资源衰退严重。

3. 农田土壤有机物超标率高，部分重金属污染突出，粮食安全受威胁。洞庭湖区域是全国重要的商品粮、棉、麻生产基地，耕地面积达到149.5万公顷。根据区域农田土壤监测结果，六六六、DDT、二苯并（a，h）蒽、苯并（a）芘和苯并（a）蒽等5类有机物含量超标，其中六六六和DDT超标比例分别达17.4%和11.1%；镉、镍、钒等11种重金属元素超标，超标率大小排序为：其中镉、镍、钒超标率为13.3%、10.3%、4.7%，区域受污染土壤对粮食安全构成了严重威胁。

（三）洞庭湖新的江湖关系给人民生产生活带来了不利影响

洞庭湖不仅承接湘、资、沅、澧四水，还通过松滋河、虎渡河、藕池河三口（调弦口于1958年建闸控制）吸纳长江来水，经湖泊调蓄后由城陵矶注入长江，洞庭湖水位受到长江三口和湘、资、沅、澧四水以及城陵矶出口共同影响，水文情势非常复杂，在全国的湖泊湿地中独一无二。近年来，由于三峡水库建成运行引发了一些新的情况和问题。一是长江三口入湖水量减少和蓄水期城陵矶水位降低，出流加快，导致枯水期提前、时间延长、洪枯季水位差扩大等现象和趋势，三峡水库运行后枯水期平均提前了20天，洲滩面积加大，为钉螺生长创造了更好生境，导致血吸虫病出现反复和加重。二是长江三口断流时间增加，洞庭湖水资源量下降，过去的“水窝子”出现了饮用水的安全和保障问题。

二、加大洞庭湖湿地保护的建议

（一）支持洞庭湖生态经济区的发展和建设

2014年4月14日，国务院批复了《洞庭湖生态经济区规划》，明确提出，坚持生态优先原则，探索大湖流域以生态文明建设引领经济社会全面发展的新路径，努力把洞庭湖区打造成为保障粮食安全的现代农业基地、全国血吸虫病综合防治示范区。但由于洞庭湖区是全国重要的粮食基地，而且三峡水库蓄水前，湖区长期受洪涝灾害的影响，经济发展和人民生活均受到较大影响，三峡水库蓄水后又出现了不少新的问题。因此，光靠湖区人民及湖南、湖北之力很难完成这些繁重的目标任务。建议国家和相关方面给洞庭湖区予重点关注和支持。一是重点支持《洞庭湖生态经济区规划》中的交通、能源、通信、水利、环保等方面的基础设施建设项目。二是将洞庭湖湿地保护纳入三峡后续工程进行整体统筹。三是从三峡基金中提取一定比例给予洞庭湖区一定的直接补偿。四是三峡集团通过对洞庭湖区进行一定的项目投资或合作开发给予一定的间接补偿。

（二）建立、完善、强化生态补偿机制

湿地本身就具有一定的生态功能，而一些重要的湿地，如自然保护区、湿地公园等，从经济资源转作了生态资源，对地方经济发展和相关利益群体造成影响，理应给予相应的补偿。全国对湿地生态补偿起步晚、投入少且非常态。建议国家将洞庭湖区列为国家湿地生态系统生态补偿试验区，将洞庭湖区县（市、区）纳入国家重点生态功能区财政转移范畴，并不断加大生态补偿力度。

（三）科学编制三峡水库蓄水调度方案

正确处理好新型的库湖关系。三峡水库蓄水调度方案应充分考虑洞庭湖、鄱阳湖等湿地保护的需要，进行科学、综合调度，特别是在枯水期，应优先考虑洞庭湖、鄱阳湖等湖泊水资源、水环境、水生态功能的需要。

（四）加快洞庭湖综合治理步伐

三峡工程建成运营后江湖关系变化，对洞庭湖区饮水和粮食安全产生了重大影响，也将对湖区湿地生态系统产生深远影响。因此，洞庭湖治理和湿地保护应上升至国家层面并切实加快步伐。一是加快实施松滋口建闸及四口水系综合整治工程，加快实施内湖扩建和河湖联通工程，支持退田还湖。二是加快城陵矶水利综合枢纽研究、论证。三是加大对洞庭湖区工业污染、城乡居民生活、农业面源污染和农村环境整治的力度。四是推进流域水源涵养林、生态林建设；支持国家级自然保护区的能力建设和生物多样性保护。

（五）高度重视生态环保源头预防和民生工程

建议国家继续推动大通湖、西毛里湖、铁山水库、柘溪水库、柳叶湖等具有饮用水功能且水质较好的湖泊开展生态环境保护，加快推进城乡安全饮水工程；划定耕地土壤保护红线，支持建立严格管控措施，维护粮食和农产品安全，加强血吸虫病防治。

（六）加强洞庭湖湿地生态环境安全问题研究

建议国家高度重视洞庭湖湿地生态环境安全问题研究，重点突出三峡工程运行后对洞庭湖湿地水资源、水环境、水生态等方面的监测、研究，提出科学、可操作的技术方案。

（七）加强湿地保护法制建设

建议国家加快出台湿地保护条例。明确湿地权属，明确相关部门职责、管理程序和行为准则，划定湿地保护红线，建立管控和补偿机制，强化工作考核和责任追究。

（2015 年 5 月 19 日）

洞庭湖生态经济区建设应坚持生态优先突出生态文明建设引领作用

洞庭湖作为湘鄂两省的母亲湖，是全国重要的生态湿地和长江最重要的调蓄湖泊，承担着调蓄长江洪峰、调节气候、改善生态等重要生态服务功能，同时，也是国家级自然保护区、世界淡水鱼类优质种质资源基因库，在全国乃至世界具有重要生态地位。湖南省委、省政府高度重视统筹湖区经济社会发展和生态环境保护，联合湖北省编制了《洞庭湖生态经济区规划》，2014 年 4 月，《洞庭湖生态经济区规划》获国务院批复，洞庭湖生态经济区正式上升为国家战略。在洞庭湖生态经济区建设过程中，如何有效解决好区域突出环境问题，落实规划中提出的坚持生态优先原则，突出生态文明建设的引领作用，真正建设和发挥好洞庭湖生态经济区的典型示范作用显得尤为重要和紧迫。

一、突出的生态环境问题制约区域经济发展

（一）洞庭湖水环境质量持续恶化，区域经济发展环境承载力不足

洞庭湖接纳四水、吞吐长江，洞庭湖水质变化情况是湖南水环境质量的“晴雨表”，洞庭湖水污染治理既是湖南省污染防治的重点，又是难点。近年来，各级政府和有关部门虽然下大力气加强了污染防治，开展湖区造纸行业、麻纺行业污染专项整治，但受多种因素影响，水环境质量改善需要一个长期过程。

一是总氮、总磷持续超标。历年环境监测数据表明，20 世纪 90 年代中后期以来，洞庭湖总氮、总磷持续超标，呈整体逐年上升之势。总氮浓

度较高的点位主要集中在南洞庭和东洞庭，特别是南洞庭的虞公庙水域，超标最高达 2.3 倍；总磷浓度较高的点主要集中在西洞庭水域，特别是南嘴水域，超标最高达 2.5 倍。

表 2　洞庭湖污染分担率统计表

年份	总氮	氨氮	COD_{Mn}	总磷	BOD_5	主要污染物
1990	36.1%	7.2%	11.5%	38.9%	5.6%	总氮、总磷
1991	40.4%	6.8%	13.9%	31.3%	6.4%	总氮、总磷
1992	43.2%	11.2%	13.8%	22.2%	8.3%	总氮、总磷、COD_{Mn}
1993	48.1%	8.1%	13.8%	21.1%	6.5%	总氮、总磷、COD_{Mn}
1994	45.0%	6.9%	13.2%	26.5%	5.9%	总氮、总磷
1995	33.7%	8.6%	10.4%	31.8%	5.7%	总氮、总磷、COD_{Mn}
1996	29.2%	8.2%	9.7%	44.8%	6.2%	总氮、总磷
1997	25.2%	4.1%	10.3%	43.4%	6.6%	总氮、总磷、COD_{Mn}
1998	26.8%	3.5%	11.6%	42.7%	5.9%	总氮、总磷、COD_{Mn}
1999	28.6%	3.9%	8.9%	44.2%	5.4%	总氮、总磷
2000	35.8%	5.1%	13.6%	34.5%	6.9%	总氮、总磷
2001	32.5%	6.5%	12.1%	38.0%	6.2%	总氮、总磷
2002	32.5%	7.9%	10.7%	37.4%	7.9%	总氮、总磷、COD_{Mn}
2003	28.2%	7.9%	9.7%	41.9%	8.4%	总氮、总磷
2004	30.1%	7.5%	9.3%	41.8%	6.9%	总氮、总磷
2005	25.2%	7.6%	9.4%	49.0%	6.0%	总氮、总磷
2006	24.8%	6.8%	9.7%	48.5%	6.9%	总氮、总磷
2007	33.6%	9.0%	10.5%	37.7%	5.9%	总氮、总磷
2008	24.4%	6.7%	8.2%	53.7%	5.0%	总氮、总磷
2009	34.1%	6.3%	7.0%	44.4%	5.9%	总氮、总磷
2010	40.7%	6.2%	8.1%	34.3%	7.2%	总氮、总磷
2011	39.7%	5.5%	8.4%	35.7%	7.6%	总氮、总磷

二是水环境容量明显下降。洞庭湖 COD_{Mn} 水环境容量年际变化情况如图 6 所示。1998 年大洪水之后，洞庭湖区实施了清淤疏浚、退田还湖、平垸行洪和移民建镇等工程建设，增强了湖泊的调蓄能力，从而使洞庭湖的

水环境容量得到一定程度的提升，但自2003年以后，随着三峡工程蓄水运行，三峡水库大量清水下泄，造成荆江河段河底高程下降，从而导致荆江三口进入洞庭湖的径流量大幅度减少，导致洞庭湖的水环境容量出现明显下降趋势。

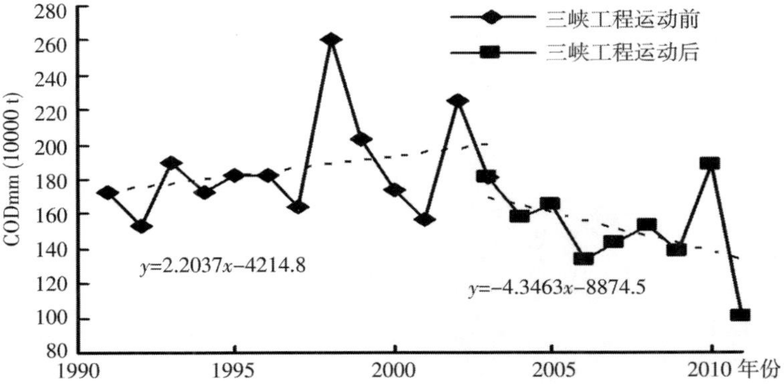

图6　洞庭湖 COD_{Mn} 水环境容量年际变化情况

三是洞庭湖水质明显变差。20 世纪 80 年代Ⅰ—Ⅲ类水平均占 85%；90 年代以来仅占 15%，水质速降；三峡蓄水后，平均水质Ⅳ类占 16%，Ⅴ类占 66%，劣Ⅴ类占 18%，目前洞庭湖水质仅能达Ⅴ类水标准，已无法达到水域功能区划要求。洞庭湖近20年水质评价结果见图7。分析结果表明：1990—1994 年，洞庭湖湖泊水质的综合污染指数在 0. 3—0. 4 之间，水质良好；1995—2003 年，在 0. 5 左右，水质明显变差；2003 年以后，在 0. 5—0. 6 之间，水质继续恶化。

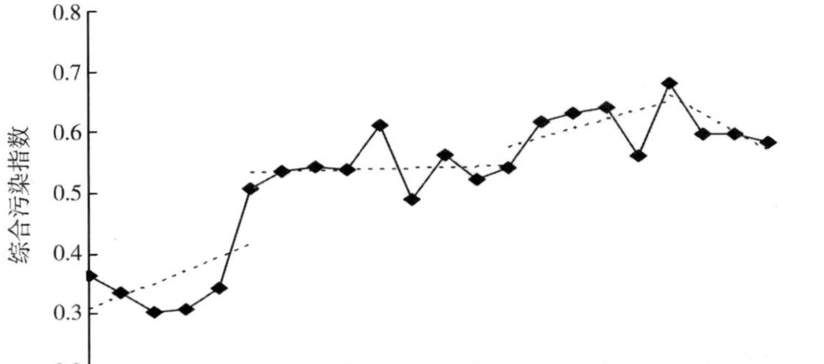

图7　洞庭湖湖泊水质的综合污染指数

四是局部水域水华扩展蔓延。洞庭湖综合营养状态指数亦呈逐年增加趋势，局部水域综合营养状态指数已达到50以上，呈中营养至中富营养状态，直接导致洞庭湖水域多次出现局部蓝藻水华现象。2008年6月—9月东洞庭湖自然保护区大、小西湖及联通附近水道约10平方千米水域出现水华，2009—2012年该水域同期连续发生水华，到2013年9月，水华发生区域扩展至君山近东洞庭湖1/3的水域，面积约400平方千米。

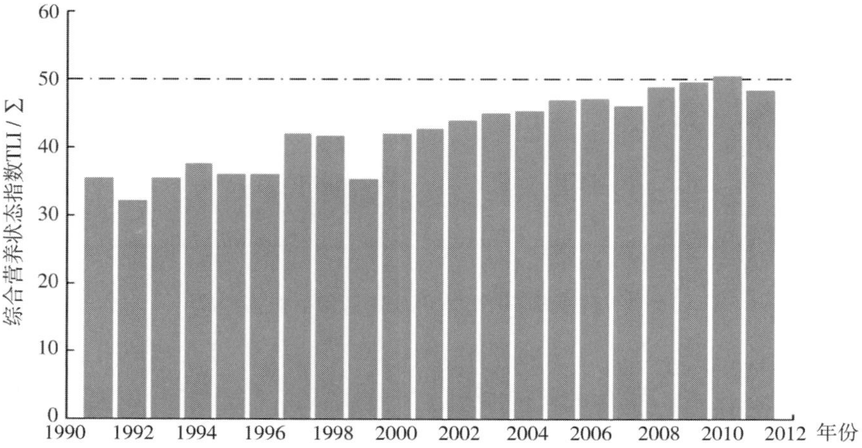

图8　洞庭湖综合营养状态指数的年际变化情况

由于水环境质量的持续下降，洞庭湖水体自净能力随之下降，湖区可供支撑传统行业，尤其是涉水排放行业的环境容量和承载能力明显不足，一些传统行业和企业被迫关停并转，环境风险明显增加，任何工业企业的非正常排放，随时有可能引发局部环境污染事故。

（二）洞庭湖自然生态系统日渐脆弱，区域链式发展优势难以为继

一是湖泊水域面积减小，湿地日益萎缩。受长江干道下切、江湖连通不畅、围湖开发等因素影响，洞庭湖水域面积不断减小，枯水期湖泊水域面积已不足500平方千米；湿地面积日益萎缩，破碎化、陆域化演替加快，抗干扰能力减弱，调节气候和调蓄洪水等生态服务功能退化。

二是外来入侵物种肆虐，原生生境遭受破坏。根据2011年区域生态多样性调查，共有50种外来生物入侵。其中以克氏原螯虾等为典型代表，导致湖泊湿地生态系统向陆地森林生态系统演化，破坏了湖泊的自然演替，

河堤滑坡、沟渠淤塞、土壤肥力下降，生态系统稳定性降低，易引发次生的生态衰退或灾害。

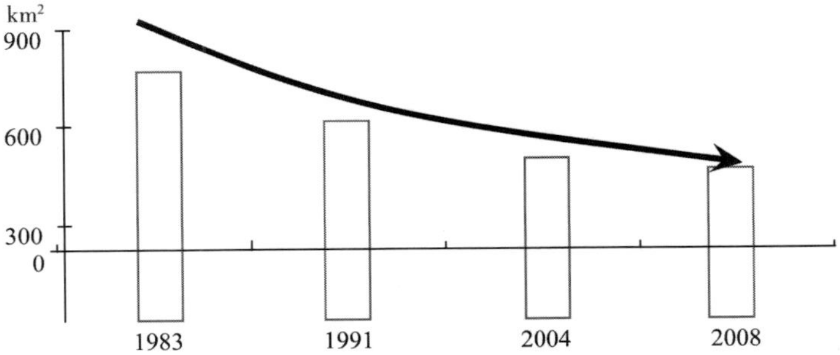

图 9　洞庭湖水域面积年际变化图

三是鱼类资源破坏，鱼类小型化、低龄化，洄游性鱼类已罕见。近年来，“四大家鱼”渔获物总量所占比例降至 10% 内；鲤鱼、鲫鱼基本呈上升趋势；鲶则呈起伏式下降；刀鲚等洄游性鱼类已罕见，渔获物明显以鲤、鲫、鲶、黄颡鱼等湖泊定居性鱼类为主，高达 92%，小型野杂鱼增多，主要经济鱼类以 1—2 龄鱼为主。洞庭湖鱼类资源衰退严重。洞庭湖三个区域的捕捞渔获量呈明显下降趋势；捕捞技术日益先进，而捕捞的渔获量却明显减少。

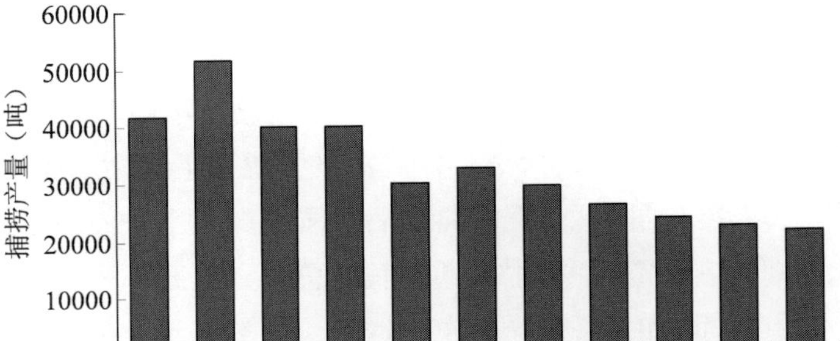

图 10　洞庭湖捕捞渔获量的年度变化

（三）洞庭湖累积性污染加快转移，农业生产和农产品安全受到威胁

洞庭湖区域是全国重要的商品粮、棉、麻生产基地，耕地面积达到 149. 5 万公顷。受水环境污染和农村面源污染的长期累积，污染加快向

土壤转移。据区域农田土壤有机物含量监测结果，农田土壤中六六六、DDT、二苯并（a，h）蒽、苯并（a）芘和苯并（a）蒽等5类有机物含量超标，主要有机污染物六六六和DDT超标比例分别达17.4%和11.1%，其他3项有机污染物超标率分别为3.7%、1.4%和0.8%；区域农田土壤重金属监测结果显示，土壤中镉、镍、钒等11中重金属元素超标，超标率大小排序为：镉（13.3%）>镍（10.3%）>钒（4.7%）>汞（2.6%）>锌（1.2%）>锰（1.0%）=铜（1.0%）=硒（1.0%）>铅（0.9%）>砷（0.6%）>铬（0.3%）。区域受污染土壤对粮食安全构成了严重威胁。

二、原因分析

洞庭湖生态环境问题由来已久，既有经济结构、发展方式问题，又有自然因素、地理环境问题；既有上游带来的压力，又有区域发展作出的贡献，需要认真分析研究，加以解决。

从客观上来看：一是水文情势变化，水体纳污能力下降。洞庭湖水位受到长江三口和湘、资、沅、澧四水以及城陵矶出口共同影响，在江湖关系上既有长江分流入湖的作用，又有湖泊出口江湖相互顶托的作用，水文情势非常复杂。近年来，受气候变化、三峡水库蓄水、洞庭湖水系水道采砂等多种因素影响，洞庭湖出现了水位逐年降低、枯水期时间提前、枯水期延长等现象和趋势。据测算，洞庭湖入湖水量已从年均3126亿立方米减少到2359亿立方米，减少24.5%。洞庭湖水资源量下降，水体纳污能力、自净能力和环境承载力降低。三峡蓄水后，洞庭湖来水来沙减少，湖水含沙量降低，水位变幅缩小，换水周期延长。总磷、总氮等污染物滞留系数增大，湖水透明度增加，藻类光合作用增长，藻类更易于生长与繁殖，从而导致湖体富营养化进程加快。

二是社会经济发展导致污染负荷逐年增加。农业面源污染成为洞庭湖水质总氮、总磷超标的首因。湖区是全国重要的商品粮、棉、麻、油、渔生产基地，耕地面积达149.5万公顷，饲养生猪3112余万头。据统计，湖区规模化畜禽养殖小区的污染设施配套建成率仅45%；化肥施用量折合每亩为68.76千克，单位面积化肥农药施用量比全国平均26.45千克高1倍多；由于产污高而治污低，农业面源污染通过地表径流进入湖体，导致水体水质降低。流域和湖区工业迅速发展给洞庭湖水环境带来极大危害。近几十年来，在优先发展重工业和着力发展特色工业的方针指导下，造纸及纸制品、石油化工、纺织业等以排放水型污染物为主的行业成为区域的优势行业，也是重点发展的行业，导致行业结构型水污染明显。2013 年污染源普查数据表明，区域工业化学需氧量的排放集中在造纸业（53.6%）和化工制造业（14.2%），工业氨氮的排放集中在化工制造业（82.7%）。人口数量加速增长给洞庭湖生态系统带来巨大压力。为扩大粮食生产，20 世纪 50 年代到 80 年代初，对洞庭湖进行了大规模围垦（围湖造田），围垦面积约 1610 平方千米，使湖泊面积减少，容积缩小，大大降低了洞庭湖调蓄洪水的生态功能，尽管 1998 年后湖区实行了“退田还湖，移民建镇”，但围垦对洞庭湖生态环境的影响仍未完全消除。过去十年间，洞庭湖滨湖区人口总数又增长了 470.26 万，人口平均增长率 1.77%，由于人口增加，湖区渔民数量大增，为提高捕捞量，“迷魂阵”“拦江网”“布围子”等违法捕鱼方式曾随处可见，洞庭湖渔业资源遭到掠夺性甚至毁灭性破坏。

从主观上来讲：一是生态优先、保护优先的理念没有牢固树立。湖区一些地方在经济社会发展中，考虑发展速度较多，计算资源环境成本较少，考虑当前利益较多，顾及长远利益较少。在区域经济发展规划、招商引资、产业准入等方面，没有真正把生态环境作为一个重要甚至决定性因素来综合决策。有的地方保护不足、开发过度，有的行业把关不严、加重污染。二是生态环境管理体制机制和政策法规不健全。生态环境保护协调机制不健全。洞庭湖涉及湖南、湖北两省四市一区，生态环境保护涵盖环保、水利、农业、发改、林业、建设、经信、交通、旅游等部门。然而，目前两省间，省内各职能部门间、各地市间尚未建立对洞庭湖水资源和水环境实施统一管理和优化配置的协调机制，分工不明、责任不清、多头管理、监管不力等问题普遍存在。生态环境保护政策法规明显滞后。洞庭湖作为全国重要的生态湿地，为维护国家生态安全作出了积极贡献，但目前尚未建立生态补偿机制，湖区没有一个县列为国家重点生态功能财政转移支付县，与洞庭湖发挥的重要生态功能不匹配，导致区域经济利益受损，严重影响湖区保护湿地生态的积极性。洞庭湖生态环境保护十分重要和紧迫，但目前尚未制定专门的法规、条例。同时，企业环保准入、清洁生产、绿色信贷等系列环境经济政策的制定与实施也亟待加快。三是环境监管能力与形势任务不相适应。近年来，区域环境监测、监察、应急、核与辐射、信息等能力有了较大的提高，但环境监管能力建设总体上基础差、底子薄的情况没有得到根本改变。

三、意见和建议

（一）突出生态文明建设引领作用

洞庭湖生态经济区规划能够获得国家的重视和批复并上升为国家战略，主要得益于洞庭湖在国家生态安全格局中的重要地位和目前突出的生态环境问题，民进等民主党派也作出了积极呼吁。《国务院关于洞庭湖生态经济区规划的批复》明确提出，坚持生态优先原则，探索大湖流域以生态文明建设引领经济社会全面发展的新路径，这为洞庭湖生态经济区规划实施指明了方向、提出了要求。建议省委、省政府在洞庭湖生态经济区规划实施过程中突出生态文明建设的引领作用，优先生态环境问题解决，优先推进生态环保重点任务落实，优先安排一批生态环保重大工程项目，优先制定生态环保有关政策法规，优先创新生态环保体制机制。

（二）加快恢复湖泊生态系统

结合长江和“四水三口”现有水利设施，加强“生态水量”科学调度，保障湿地生态需水；持续开展退田还湖，扩大“双退”面积，适度退、还过度围湖造田部分，增加水面和湿地面积；加快实施内湖扩建工程和河湖联通工程，采用扩建内湖、河湖疏浚、水力调度、沟渠连通等工程手段，构建环洞庭湖区引排顺畅、蓄泄得当、丰枯调剂、多源互补、调控自如的江河湖库水网体系；保护原生林、湖、洲和湿地动植物资源，防止外来物种入侵，推进流域水源涵养林、生态林建设；加强各级自然保护区的建设和管理。

（三）控制和减少源头污染输入

一是要加快转方式调结构，继续推进造纸企业整顿，优化湖区工业结构，调整产业布局。加快推进现有工业园区、经济开发区生态化、循环化改造，重点支持岳阳化工园区发展，积极引导工业企业入工业园区聚集发展，全面实施清洁生产和循环经济，推动产业转型升级。树立品牌意识，大力发展湖区生态旅游、有机食品、健康养老、科普教育等服务业。二是加强农村环境污染综合整治，建议将农业面源污染治理列入污染控制的首要任务，作为湖南省优先区域试点示范；加快推进以县域为单元的农村环境综合整治，尽快实现农村环境综合整治全覆盖；将省政府湘江治理一号工程对畜禽养殖治理、退出的要求和政策扩展到洞庭湖区；加强湖区水库和内湖渔业养殖管理，划定水产养殖分区，分别采取规范、控制、禁止投肥养殖。三是要重视生态环保源头保护，继续推动大通湖、西毛里湖、铁山水库、柘溪水库、柳叶湖等具有饮用水功能且水质较好的湖泊开展生态环境保护；划定耕地土壤保护红线，建立严格管控措施，维护粮食和农产品安全。

（四）创新完善生态文明体制机制

以县域为单元全面推进环境功能区划，划定生态功能和水功能区限制纳污红线，严格控制入河排污总量；按照网格化管理的要求，建立环境分区管理制度，在实行差别化考核政策的同时，增加生态环境保护工作的比重，严格落实地方政府环境质量负责制；扩大省级生态功能补偿县范围、增加补偿资金额度，积极争取国家生态功能转移支付县，积极争取国家将洞庭湖区列为国家湿地生态系统生态补偿试验区，建立、完善、强化生态补偿机制。

（五）建立健全生态环境保护法律法规

加快《洞庭湖生态经济区环境保护条例》《洞庭湖生态环境补偿办法》等条例的立法工作，以进一步调整开发利用与资源、环境的关系；强化《湖南省湿地保护条例》等与洞庭湖区密切相关的法律法规的执行力度。

（六）加强环境监测监管能力建设

突出湖区水质、生态监测，建立、完善、加强生态环境监测预警体系；加强各级监察队伍建设，加快环境监察信息现代化建设，进一步完善环境联合执法制度，强化环境监察执法；加强自然保护区和湿地保护监管。

（七）强化社会公众参与

加强环境信息公开，通过多种形式加强生态环境保护宣传教育，提高公众参与洞庭湖生态经济区保护的积极性和责任感，着力提升人民群众生态环境保护的实践能力，积极引导公众践行节约资源、保护环境和绿色消费的生产、生活方式，形成全民参与的良好氛围。

（八）开展生态环境安全问题研究

重点突出三峡运行后洞庭湖生态环境安全研究，进一步开展三峡工程对洞庭湖水质、富营养化、生态环境、生态服务功能等方面产生影响的科学研究工作，同时，加大对污染治理关键核心技术、共性技术以及相关技术集成的研发，为洞庭湖综合治理提供理论和技术支撑。

（2015年5月20日）

关于建立湘江、珠江、赣江“三江”源头（环东江湖流域）生态补偿机制的建议

湘江、珠江和赣江三大江河的源头（以下简称“三江源”流域），位于湖南省东南部，罗霄山脉和南岭山脉的交汇处，涉及环东江湖流域的资兴市、汝城县、桂东县和宜章县“三县一市”，拥有以东江湖为核心的蓄水库群和数百条大小河流，生态地位显著。为保护好宝贵的生态资源，流域内各级政府与群众投入了巨大的人力、物力和财力，付出了巨大的机会成本。当前还面临着如何解决巨大的环保投入、促进区域发展、保护居民平等的生存发展权利等突出问题，迫切需要建立有效的、公平公正的生态补偿机制，以维护流域生态安全，促进流域经济社会与资源环境可持续发展。

一、“三江源”流域具有特殊的生态地位

（一）三省重要的战略水源地和湖南防洪抗旱的调蓄池

据统计，“三江源”流域每年给湘江贡献了超过 120 亿立方米，给赣江流域贡献了超过 8 亿立方米，给珠江（北江）贡献了约 32 亿立方米的水量。尤其是流域内的东江湖库容达到 97. 4 亿立方米，是郴州市主要饮用水水源地，长株潭城市群重要水源地，湘江流域防汛抗旱的重要调蓄池。

（二）长江经济带、珠三角经济区的重要生态屏障

“三江源”流域多年平均降雨量为 1634. 5 毫米，径流系数约 0. 5—0. 6，可形成的年径流量达 750—900 毫米；流域水质优良，各监测断面的

水质达标率基本上保持在100%，境内各主要河流、湖泊水质长期保持或优于地表水Ⅲ类、Ⅱ类标准，部分河流还达到Ⅰ类标准；流域内森林总面积达4960平方千米，森林覆盖率高达73.5%。

（三）华南和中南地区重要森林、湿地生物基因库

"三江源"流域内共有国家级森林公园3处，面积达275.8平方千米，区域内有种子植物178科、834属、2031种，有国家重点保护野生植物21种，其中一级保护植物5种；陆域共发现野生动物508种，其中一级保护动物6种以上，二级保护动物27种，三级保护动物84种。

二、"三江源"流域保护与发展面临严峻挑战

（一）自然灾害多发

据统计，汝城县2009年调查的地质灾害点达139处，而资兴市据普查有地质灾害隐患的达634处，认定需治理的地质灾害点达253处。流域内山洪具有突发性、毁灭性的特点，1952年至2006年仅资兴市就发生溪河洪水灾害25次，给人民群众的生命财产带来了严重损失。

（二）水生态环境受到严重威胁

一是城镇各类生活垃圾未有效处置，各类污水未经处理直接排入水体。二是矿山生态破坏未得到根本遏制，部分污染性矿区还在采选矿，废弃矿区地质环境未得到有效治理。三是农业面源污染范围和程度日趋加重，成为引起水质富营养化的严重隐患。四是沿岸各县市小水电站对流域的生态破坏较严重。

（三）局部区域水质呈恶化趋势

目前流入"三江源"流域的各类污染物不断增加，主要城镇污水入河（湖口）的氮、磷等营养物质含量明显偏高。仅每年流入东江湖的COD、氨氮、总磷就分别为15547.7吨、3020.9吨、603.6吨。近年来各监测断面的水质类别和水质状况等级不变，但部分断面相关指标有所下降。

（四）水土流失不断加剧

“三江源”流域土壤类型主要为红壤、黄红壤、黄棕壤、山地草甸土和紫色砂页岩土等，山高坡陡，降雨强度大，易造成水土流失。据统计，年平均土壤侵蚀总量约400万吨，每千米区域年平均侵蚀量约为3500吨，水土流失面积达10.87万公顷。

（五）发展与保护的矛盾凸显

一是流域各县（市、区）丰富的资源优势无法转化为经济优势，产业发展受制约，发展转型十分困难。二是各县（市、区）政府的微弱财力难以承担起生态环保的巨额财政投入。三是目前享受的生态补偿政策主要为生态移民与生态公益林补偿，补偿标准偏低。四是缺乏区域性的统筹协调机制，存在各行政区生态建设与环境监管各自为政、污染排放责任不清、利益分配不均的现象。

三、建立“三江源”流域生态补偿机制的政策建议

（一）推进顶层设计

将“三江源”流域生态补偿列入国家“十三五”生态保护和建设的重要项目，由中央相关部门牵头协调，湘、粤、赣三省共同协商，制定《“三江源”流域生态补偿试点方案》，明确各区域生态补偿的具体责任，共同推进“三江源”流域水生态环境保护。

（二）加大财政转移支付力度

建议中央加大对“三江源”流域各县（市、区）的一般性转移支付，并设立国家“三江源”流域生态补偿转移支付专户。探索建立“三江源”流域上下游的横向转移支付机制，由中央财政出资一部分，协调湘、粤、赣三省财政出资一部分，建立“三江源”流域生态补偿基金，通过项目支持、合作开发、信贷担保贴息等方式，承担对“三江源”流域的生态补偿。

（三）加强基础设施和产业项目的支持

加大对流域各县（市、区）基础设施建设和产业项目的支持力度，重点对流域内水利、交通、能源等重大基础设施项目，城乡环境治理、矿山整治、土壤修复、水土保持、湿地保护建设与恢复项目、自然保护区、风景名胜区、森林公园建设与管理项目等加大支持力度。鼓励采取项目贷款、财政贴息、延长经营权期限等措施，降低生态类项目投资准入门槛和经营成本；优先安排有利于水源地保护的产业项目在流域各县市实施，加大对各县市生态环保型替代产业的支持等。

（四）支持“三江源”流域开展生态资源产权改革试点

建议将“三江源”流域各县（市、区）列为全国自然资源产权改革试点区，协调湘、粤、赣三省加强组织管理与技术支持，在建立自然资源资产统一确权登记制度和用途管制制度、编制自然资源资产负债表、建立资源环境承载能力监测预警机制等方面全面推进改革。同时，推进“三江源”流域生态资源产权的市场化改革，引导进行多样化的生态资源产权交易、置换和产权流转，试点生态资源产权的抵押、质押改革，激活生态资源产权的价值。

（五）支持建立“三江源”流域生态补偿的市场化机制

一是将“三江源”流域纳入全国水权交易试点，协调湘、粤、赣三省制定“三江源”流域水权交易价格、规则、流程，推进公平交易；二是将“三江源”流域纳入全国排污权有偿使用和交易试点。

（六）建立“三江源”流域生态补偿的区域协调机制

建议成立国家“三江源”流域生态保护和建设协调机构，协调湘、粤、赣三省“三江源”流域生态环境保护的有关事宜，推动建立完善省际合作的生态补偿制度。

（2016 年 3 月）

关于建立洞庭湖生态保护补偿机制的建议

洞庭湖位于湖南省北部、长江荆江段以南，是全国第二大淡水湖，是全国最重要的湿地生态系统之一。洞庭湖区是重要的生态平衡功能区，是目前与长江保持水体交换为数不多的天然湖泊之一，其特殊的地理位置和独特的水系结构，形成了极其复杂和有代表意义的江河湖泊复合型湿地生态系统，在调节气候、调蓄洪水、降解污染物、保护生态环境等方面具有十分重要的作用，同时，洞庭湖水域又是全国乃至世界一块重要的候鸟越冬地和迁徙鸟类停歇地，在世界生物多样性保护中具有极其重要的位置。

伴随着经济社会的发展，一系列的资源环境问题逐渐凸显出来，尽管我们采取了许多措施，但洞庭湖生态系统恶化的趋势并没有从根本上得到好转，我们在湿地生态恢复与保护上主要面临以下几个问题：一是过度开垦湿地，生物多样性减少。二是湿地水环境恶化，泥沙淤积严重。三是湿地保护与地方经济发展的矛盾与冲突。四是建设管理投入不足等问题。以牺牲环境为代价的发展是明显不可持续的，环境治理、生态恢复等问题越来越被人们所重视。

2014 年以来，财政部、国家林业局先后在岳阳市、常德市开展了湿地生态效益补偿试点工作，尚未建立相关的实施措施与办法。面对湿地保护与经济发展的矛盾，我们呼吁尽快建立洞庭湖湿地生态保护补偿机制，以期达到人与自然和谐共处。

一、建立湿地生态补偿制度

生态补偿制度是以保护生态环境、促进人与自然和谐为目的，根据生态系统服务价值、生态保护成本、发展机会成本，综合运用行政和市场手段，调整生态环境保护和建设相关各方之间利益关系的环境经济政策。主要针对区域性生态保护和环境污染防治领域，是一项具有经济激励作用、与“污染者付费”原则并存、基于“受益者付费和破坏者付费”原则的环境经济政策。制定有明确补偿主体和对损害评估体系以及补偿金预算的实施细则。对补偿主体、损失范围的核实、损失的评估、补偿标准、补偿对象、请求补偿的程序等问题作出具体规定，并将补偿资金列入各级财政预算。

二、明确补偿重点

一是退耕还湿、退养还湿补偿，签订退耕还湿、退养还湿协议。采取现金买断、土地置换、集体移民等方式清除人为因素对自然环境的干扰，加快湿地恢复的速度，迅速扩大湿地面积。二是因湿地保护而限制地方经济发展的补偿。对国家自然保护区周边县（市、区），因保护生态而未能建设的项目、未能充分发展的产业予以评估进行补偿。三是因保护生态系统而调整的产业补偿，对国家级自然保护区及周边产业进行科学评估，凡因保护生态而被叫停调整的产业损失应予以一定补偿。四是因人鸟争食而产生的生产性损失应予以一定补偿，积极引导农业生产。野生动物损害农作物事件是不可预见的，具有不可抗力因素，应属于自然灾害，应力争将鸟损农作物纳入农业保险范围。同时各地应积极调整产业结构，适应生态保护和野生动物保护需要。

三、建立统一的补偿评估机构

组织农业、生态环保、审计、财政、鸟类研究、物价等多方面的专家成立评估机构，或委托有评估能力的第三方机构及时进行科学评估，确保补偿的公开、公平、公正。

四、建立湿地补偿基金

由市场和政府分别对湿地直接效益和生态服务功能产生的效益进行补偿。凡涉及湿地生态系统的活动，严格按照有关规定征收湿地生态补偿费，实行许可证制度和有偿使用制度，对湿地保护有影响的项目，坚决执行“谁开发谁保护，谁破坏谁恢复，谁利用谁补偿”的政策，重罚湿地的工业性生产和商业性破坏。

五、生态补偿机制应当遵循的原则

一是补偿机制建立工作要加强领导、统一思想、统一规划、统一落实。二是补偿机制要服务于生态保护。三是补偿机制必须优先考虑民生，特别是人畜饮水等基本生存保障的项目。四是补偿机制要有利于激励当地百姓更加自觉地保护生态，要建立有效的正向激励机制。五是补偿机制是国家行为，要以中央为主、地方配套为辅。六是补偿机制要实事求是，算好账目。要立足于“先易后难、先少后多、先核心区后周边区、先民生项目后建设项目”。七是补偿机制要齐心协力、专款专用，确保资金使用效率和效果。八是补偿机制要加大推动湖区产业转型，大力发展生态循环农业，引导湖区人民自力更生，休养生息，营造可持续的生存发展环境。九是补偿机制要强化责任，形成严肃的问责考核机制，对落实不力的有关部门和责任人要进行问责。

（2016 年 3 月）

关于将洞庭湖区纳入国家农业面源污染综合防治示范区的建议

洞庭湖区是国家重要的商品粮基地和最大的水稻种植区，2014年洞庭湖区种植面积为2012.62万亩，其中耕地面积1691.30万亩，园地面积321.32万亩，分别占种植面积的84%和16%。也是全国重要的棉、油、茶、猪和水产品生产基地，2014年出栏生猪1821余万头，约占湖南省的30%；水产品总量130余万吨，占湖南省总产量半数以上。目前有22个商品粮基地县，5个商品棉基地县，13个水产品基地县，4个国家级基本农田保护示范区。作为中部地区粮食高产区，在国家粮食安全保障中有着重要的战略地位。湖南省商品粮的40%、商品棉的90%、商品油的50%、商品鱼的70%都来自洞庭湖区。

洞庭湖是长江流域最重要的调蓄湖泊和国家级生态功能保护区，保障水资源水生态水安全的作用不可替代。党中央、国务院历来高度重视洞庭湖治理工作，先后实施了4个阶段60多年的持续治理，完成了大规模的水利基础设施建设，有效增强了洞庭湖区抗御洪涝旱灾的能力，为湖区经济社会加快发展提供了有力保障。但同时也要看到，受人类活动影响，特别是长江上游水库群建设影响，洞庭湖区的水安全形势发生新的变化，总体表现为防洪与水资源、水生态新老问题交织并存的复杂形势，成为加快长江经济带建设和洞庭湖生态经济区建设的严重制约。

农业生产污染严重。洞庭湖区是全国重要的商品粮、棉、麻、油、渔生产基地，耕地面积达1654.6万亩，年生猪出栏1870余万头。据统计，湖区规模化畜禽养殖小区的污染设施配套建成率仅45%；湖区化肥施用总量为100.38万吨（折纯），平均每亩49.88千克，是全国平均水平

（26.45 千克/亩）的近2倍。湖区各县（市、区）的化肥施用强度均基本高于全国平均水平。湖区农药施用总量为2.47 万吨（折纯），平均每亩1.23 千克，高于全国平均水平（0.89 千克/亩）。其中，以岳阳市农药施用强度最高（1.62 千克/亩），是全国平均水平的1.82 倍。

2014 年洞庭湖区总氮排放总量为102094.17 吨，其中种植业、畜禽养殖业和水产养殖业总氮排放量分别为43355.02 吨、55423.01 吨和3316.14 吨，分别占农业源总氮排放总量的42.47%、54.29%和3.25%。湖区总磷排放总量为9617.11 吨，其中种植业、畜禽养殖业和水产养殖业总磷排放量分别为2303.86 吨、6696.71 吨和616.54 吨，分别占农业源总磷排放总量的23.96%、69.63%和6.41%。

由于产污高而治污低，农业面源污染通过地表径流进入洞庭湖，导致水体水质降低。2015 年8 月洞庭湖区部分内湖水质状况的初步调查结果表明，Ⅰ—Ⅲ类、Ⅳ类、Ⅴ类和劣Ⅴ类水质内湖分别占调查内湖总数的36.5%、29.4%、19.8%和14.3%，近70%的内湖水质达不到《地表水环境质量标准》（GB 3838—2002）Ⅲ类标准要求。

目前，农业面源污染对洞庭湖总磷、总氮的贡献率已超过70%，是影响湖泊水质和东洞庭湖局部蓝藻水华的主因。因此，建议国家将洞庭湖区纳入农业面源污染综合防治示范区，既可落实习近平总书记共抓长江经济带大保护的指示精神，有效解决洞庭湖区水环境的问题，也可为全国其他地区农业面源污染综合防治摸索经验。

（2016 年3 月）

关于进一步加大洞庭湖水环境整治工作支持力度的建议

近年来，由于社会经济快速发展，洞庭湖区域工业、农业和生活污染负荷进一步加重，同时，三峡工程建成后，区域江湖关系发生深刻变化，长江入湖来水减少，出湖水流加快，洞庭湖枯水期提前，水域面积萎缩，加上河湖沟渠塘坝淤积、生态功能退化等因素，水进不来、蓄不住、流不动、净不了的问题突出，洞庭湖水环境质量不容乐观。根据监测，近十年来，洞庭湖总磷、总氮持续超标，且整体呈上升趋势，湖体水质以Ⅳ类或Ⅴ类为主，其中，2014—2015 年总体为重度污染，局部水域水华频发。

为保护洞庭湖，2014 年，国务院正式批复《洞庭湖生态经济区规划》，明确要求加大水环境整治力度，党中央、国务院领导批示要求提出科学管用的措施方案，切实加强洞庭湖水环境治理和生态建设。湖南省明确要求各级各有关部门按照引水、蓄水、活水、清水、防水和节水“六水”联动的治理思路，加快推进农业面源污染治理、工业点源污染治理等十大工程。2016 年启动实施了畜禽养殖污染整治、河湖沿岸垃圾清理等五大行动，层层分解落实任务，加快推进了相关工作，水质改善成效初显。冰冻三尺，非一日之寒，洞庭湖水环境治理涉及方方面面，既要打攻坚战，又要打持久战，建议国家相关部门进一步加大支持力度，确保各项重点工作有力有序有效推进。

一、建议将洞庭湖纳入国家水污染防治重点流域统筹支持范围

洞庭湖在维系长江中下游水域生态平衡和江湖关系上发挥着不可或缺的重要作用，保护和治理工作基本在湖南省内，但生态效益惠及长江中下

游，建议国家发改委、财政部、环保部、水利部等部门将洞庭湖纳入重点流域统筹支持范围，在相关政策、专项资金支持等方面予以重点倾斜，建立长效、稳定的支持机制。

二、建议将洞庭湖周边县（市、区）全部纳入国家级生态功能补偿县范围

作为中部欠发达省份，湖南省各级财政相对紧张，目前洞庭湖周边25个县（市、区）中，仅5个县（市、区）纳入国家重点生态功能区统筹范围。为保障保护和治理资金，建议国家相关部门将洞庭湖周边县（市、区）全部纳入国家重点生态功能区统筹范围，并在严格考核的基础上，逐步增加生态补偿资金额度。

三、建议进一步加大科技支撑

目前，洞庭湖的污染问题主要是氮、磷的影响，洞庭湖又是过水性湖泊，如何有效降解氮磷，需要以科技支撑为基础，依托科学事实、科研数据、科技成果进行科学决策，建议国家组织优势科研力量对洞庭湖水环境整治进行集中攻关，切实提升科学治理水平。

四、建议进一步加大工作协调力度

洞庭湖涉及湖南、湖北两省，上游资水、沅水涉及贵州、重庆等省（市），需要在国家层面建立综合协调机制，确保相关地方政府守住、守好自己的责任田，有效实现区域联防联控、联动发力。

（2017年）

将湖南省大通湖垸打造成为国家生态农产品供应示范

大通湖垸地处洞庭湖核心，是从20世纪50年代初开始逐步淤积和围垦形成的一个农业生产堤垸。目前，该垸涵盖大通湖管理区和南县、沅江市部分乡镇在内的12个乡镇（办事处），总人口72.58万人，总面积1316.34平方千米，是著名的粮、油、蔬菜、芦笋、鱼、蟹、小龙虾生产基地，素有“鱼米之乡”“三湘第一湖”“中国河蟹之乡”“芦笋之乡”“小龙虾之乡”等美誉。

大通湖管理区处于该堤垸生产管理的关键区域，是2000年8月根据湖南省委、省政府《关于国有大中型农场体制改革的意见》和益阳市委、市政府关于农场体制改革的决定，在原大通湖、北洲子、金盆、千山红等四大国营农场、南湾湖军垦农场和大通湖渔场（2002年划归大通湖区管理）的基础上组建的县级行政管理区。现辖4镇，1个办事处，27个行政村和11个社区，总面积384平方千米，其中耕地28.6万亩，水产养殖面积20万亩，总人口13.6万，是国家级商品粮、鱼生产基地，国家现代农业示范区，益阳市统筹城乡发展试验区。另外，堤垸内有湖南省最大的内陆养殖湖泊大通湖，面积12.4万，年产鲜鱼6000吨以上，所产“大通湖牌”大闸蟹为国家地理标志保护产品，蜚声海内外。2016年，大通湖区实现GDP 40.94亿元，比上年增长6.5%；实现公共财政总收入2.47亿元，增长3%；完成固定资产投资40.94亿元，增长6.5%；实现社会消费品零售总额12.78亿元，增长11.9%；城乡居民人均可支配收入17700元，增长9.6%。

一、创建国家生态农产品示范区的重要意义

创建大通湖垸国家生态农产品供应示范区，主要意义在于，立足农业

特色主产区和农垦改制区实际，走绿色农业、生态发展之路，顺应农业供给侧结构性改革的要求，通过改革创新，为全国农业产业区域性发展和打造区域性精品农业提供有益探索。主要意义包括：

一是经济效益。1. 提供大量优质农产品。其中：65 万亩水稻可产 58 万吨优质大米，可提供商品粮 35 万吨；30 万亩水面可产 3. 5 万吨优质水产品，可提供商品水产品 3 万吨；28 万亩蔬菜基地可产 30 万吨生态蔬菜，可提供 22 万吨商品蔬菜；20 万亩油菜可经加工产 1 万吨食用油，可提供 0. 6 万吨商品油。2. 提高农产品的产值。农产品产值在原有基础上亩产值可增加 3000 元左右，可增强农业产值 42. 9 亿元。3. 带动垸内农民致富。垸内农民通过种植优质农产品和养殖特色生态水产品，人均可增收 3000 元左右。

二是社会效益。以新路径带动区域转型发展，加快城乡统筹步伐，将大通湖垸打造成洞庭湖生态宜居宜游小城镇，带动整个垸内经济社会快速发展。

三是生态效益。在当前农业面源污染严重，亟待整治的大背景下，以生态农产品供应示范区的创建为动力，全面推进农业绿色发展，合力建设生态文明。

二、创建国家生态农产品示范区的有利条件

一是政策机遇。2017 年，随着国家农业供给侧结构性改革的不断深入，大通湖垸迎来了新的发展机遇，大通湖区委、区管委会根据将全区打造成为重要优质农副产品供应基地、创建国家生态农产品示范区的发展定位，正在引进战略资本，高起点规划设计，争取各方面支持，走生态和精品农业之路，改善生产生活条件，提高农产品的效益，带动垸内农民致富。

二是基础条件。1. 土地平坦肥沃。垸内地势平坦，海拔 29—32 米之间，且在原农场时期就将农田成片成块，成片面积在 1000 亩以上，适合机械化生产。2. 气候适宜。属中亚热带向北亚热带过渡的大陆性季风气候，冬冷夏热，四季分明，雨水充沛，年平均降雨量 1275. 6 毫米，年平均气温 16. 6℃，年日照时数 1621. 9 小时，无霜期 264 天，非常适合作物种植和水

产养殖。3. 环境优良。垸内无污染企业，空气质量好，是洞庭湖地区重金属不超标的两个地方之一，其生产的农产品质量合格率达99%以上。4. 基础设施显著改善。近年来，整合各类涉农资金15亿元用于农田水利基础设施建设，生产条件得到显著改善。

三是生产组织形式。1. 专业组织占比大。全区拥有农机合作组织451家，其中，国家级示范社3家，省级示范社23家。2. 土地流转率高。全区土地流转率达74.3%，同时，该区正在开展土地“三权分置”试点工作，更有利于发展高效农业。目前，大通湖区共有100—1000亩以上大户169家，1000—5000亩的21家，5000亩以上的2家，最多的达1.28万亩。3. 机械化程度高。目前，大通湖区拥有大型拖拉机1100台、大型联合收割机655台、插秧机600台等，全区农机总动力达31.35万千瓦，农作物耕种综合机械化水平达74.55%，高出湖南省29个百分点，亩均1.01千瓦，其防治率达90%，粮油机械耕整、机收、排灌分别均达100%，农机化水平居湖南省前列。

四是品牌和科技实力。1. 农业科技力量雄厚。近年来，该区开展了国家长江流域水稻、棉花品种区域试验，引进新品种11个，推广应用面积达21万多亩；通过农业合作组织与国内高校、科研院所合作，开展了再生稻、机械化直播再生稻、水稻新品种等试验示范；以“名特优”水产为重点，突破了“中华绒螯蟹”育苗和“娃娃鱼”的人工养殖难关等，并在《中国农垦》《湖南农业》《农业论坛》等期刊先后登载我区各类农业技术论文30多篇。目前，仅大通湖区就拥有高级农艺师（高级工程师）12人，农艺师（工程师）20人，助理农艺师（助理工程师）28人。2. 农机技术研究和推广应用走在前列。坚持不断试验、示范、推广农机新技术，并率先在湖南省发布首个县级机械化旱育秧技术规程，得到了省、市的充分肯定，并成为湖南省机插旱育秧技术蓝本。3. 区域特色品牌具有一定的影响力。垸内“大通湖牌大闸蟹”“口口香大米”“沅江芦笋”为省著名商标等。

三、目前存在的主要困难和问题

一是体制不完善。由于大通湖区没有行政机构代码，在立项争资上有困难。加之垸内由三个县（市、区）管辖，不便于管理，缺乏农业产业发展整体规划，不利于发展精品农业。二是基础设施不配套。农田改造、水利、交通、电力等基础设施没有整体性。

四、创建国家生态农产品示范区的建议

一是建议突出“两区两基地”建设，全力扶持其做好生态农业文章。1. 建设现代农业核心区。以“农业增效、农民增收、农村增美”为目标，以现代科技为支撑，以农业产业化为依托，规模经营为基础，优化整合垸内农业资源，大力改善农业基础设施，发展优质高效农业和绿色生态农业。2. 建设绿色农产品加工区。依托区内农产品资源优势，大力发展大米加工业、蔬菜加工业、酿酒制造业、水产品加工业、畜禽加工业等农产品加工业。3. 建设国家农副产品战略储备基地。将示范区打造为粮、食用油、生猪、蔬菜、淡水鱼、蟹、虾、芦笋等八大类农产品，集种、养、加工于一体的综合性农副产品战略物资储备基地。4. 建设中南地区生态渔业示范基地。利用12.4万亩大湖水面，加大良好湖泊保护力度，在生态修复的基础上，发展生态渔业，同时，做好大湖生态旅游文章，形成特色产业。

二是建议进一步理顺体制。建议理顺管理体制，建立统一的协调管理机构，或扩大大通湖区管理面积，严格县级行政区管理职能。

三是建议加大政策扶持力度。加大对垸内基础设施建设，在现代农业产业发展上给予政策支持和指导。

（2017年2月28日）

关于进一步加强洞庭湖生态环境综合治理的建议

洞庭湖是全国第二大淡水湖泊，也是长江中下游地区最大的调蓄湖泊，担负着长江中下游流域水安全、生态安全和国家粮食安全的重大责任。洞庭湖水面面积 2625 平方千米，流域涉及湘鄂黔渝等省市，总面积 3.74 万平方千米，其中湖南境内占 86%，是国家重要的商品粮基地、最大的水稻种植区和重要的棉、油、茶、猪及水产品生产基地。近年来，湖南省认真贯彻习近平总书记提出的“节水优先、空间均衡、系统治理、两手发力”治水方针，积极实施国务院批复的《洞庭湖生态经济区建设规划》，在国家相关部委大力支持下，采取“引水、蓄水、配水、活水、清水、防水”等综合措施，实施五大专项行动和十大重点工程，相关工作机制逐步健全，水环境质量初步改善。

但洞庭湖生态系统总体改善还任重道远，目前还面临诸多突出问题。

1. 水资源日渐衰减。受水文情势及节律变化、三峡水库蓄水等多重因素影响，洞庭湖来水来沙量逐年减少，水位不断降低，且枯水季节有所提前，时间也相应延长。据水利部门统计，长江三口和四水来水年均径流量分别从 1991—2002 年的 625.3 亿立方米、1864 亿立方米减少到 2003—2010 年的 500.2 亿立方米、1550 亿立方米，减幅分别达 20%、16.8%；城陵矶出口年均高水位和年均低水位分别从 1993—2002 年的 26.86 米、24.82 米下降到 2003—2012 年的 25.81 米、23.62 米，分别下降 1.05 米和 1.2 米。水资源量下降直接导致湖体容积减少、湖面萎缩，水环境容量及水体纳污能力也随之降低。

2. 水污染负荷过重。过去在优先发展重工业和着力发展特色工业方针指导下，造纸及纸制品、石油化工、氮肥制造、食品加工等排放水型污染物为主的行业成为湖区优势行业和重点发展行业。同时随着湖区农业生产快速发展，化肥、农药施用强度已分别达38.89千克/亩（折纯）、1.22千克/亩，为全国平均水平的1.5倍、1.3倍，加上湖区规模化畜禽养殖小区的防污治污设施配套建成率仅45.56%，水产养殖平均投放混合饲料已达326千克/亩，农业面源总氮、总磷对污染的贡献率已超70%。此外，过去10年间洞庭湖区人口增长了400多万，而湖区城镇生活污染配套处理设施仅55套，城镇污水实际处理率仅54%，农村基本无集中治污设施，生活废水大多还是直排，生活污染也持续增加。监测资料表明，目前洞庭湖湖体Ⅱ—Ⅲ类水质完全消失，Ⅳ—Ⅴ类达到95%，甚至出现劣Ⅴ类水质；湖区饮用水水源地总体水质达标率仅为43.3%，其中地下水源抽样达标率仅6.67%，且水位逐年下降，铁锰超标严重，城乡安全饮水问题突出。

3. 水生态亟待改善。由于过往生态保护意识淡薄和沿湖农田开垦没有得到及时有效控制，近10年来洞庭湖区自然湿地面积减少24万亩，草洲斑块个数增加10倍；近20年来湖区水鸟由20万只以上减少至11万—13万只，越冬珍稀鸟类种群及数量也呈下降趋势，生物多样性面临严重威胁。特别是洞庭湖水质遭到破坏后，总体呈现中营养—轻度富营养状态，局部水域综合营养指数已达50以上，爆发蓝藻水华生态灾害的概率不断增加。同时，部分沟渠塘坝多年未清淤，杂草丛生，垃圾遍地，高温季节水葫芦、浮萍疯狂生长，水体流动不畅，发黑发臭。

4. 洪水威胁仍然存在。按照长江流域防洪规划，若遇1954年大型洪水，湖南省城陵矶附近仍有约305亿立方米的超额洪量需靠湖区堤防抵御和蓄滞洪区消纳，但目前湖区重点垸堤防建设时间早，建设标准偏低，一线防洪大堤除142千米长江干堤防洪标准较高，其余多为5—10年一遇，一般垸堤防防洪标准不到5年一遇，大洪水威胁局面没有根本改变。2016年，受厄尔尼诺现象影响，湖南省普降暴雨，且持续时间长，城陵矶站持续超警戒水位，洞庭湖区经历了自三峡工程运行以来最大的一次高洪威胁。

当前，洞庭湖区域水进不来、蓄不住、流不动、净不了的问题仍很突出，由于这些问题形成复杂，牵涉面很广，只有从更高层面来统筹推进，才能从根本上使洞庭湖生态得到系统全面修复，重现昔日碧波荡漾、群鸥起舞的胜境。建议：

1. 建立洞庭湖生态环境治理部省企协作机制。洞庭湖生态环境综合治理工作涉及多省(区、市),多部委及多方面，建议在国家层面建立由发改委牵头，环保、水利、住建、农业、林业等部门和湖南、湖北、贵州、重庆有关省(区、市)，以及关联的中国长江三峡集团公司参加的部省企协作机制，统一规划、协调治理工作，解决跨流域环境治理，特别是长江入洞庭湖四水引水工程及主干河道疏浚、生态补偿等重大问题，形成联动联治的工作合力。

2. 制定出台《洞庭湖环境保护条例》。建议在国家层面尽快出台《洞庭湖环境保护条例》，重点在洞庭湖流域涉及省（区、市）建立统一的环境管理标准，划定统一的生态保护红线，分区域分层级建立“河湖长制”，进一步明确环境监管主体、对象、内容和要求，将流域内水资源开发与管理、生态环境保护与建设纳入法治化轨道，做到“一湖一法”，为加强洞庭湖流域生态环境治理提供法律保障。

3. 进一步加大项目资金支持力度。把洞庭湖纳入国家水污染防治、重大水利工程建设专项资金统筹支持范围，在规划制定、整治项目安排和专项资金支持等方面予以重点倾斜，建立长效、稳定的支持机制。重点对洞庭湖水环境综合治理“五大专项行动、十大重点工程”、城乡生活污染、治理农业面源污染、农作物秸秆综合利用、饮用水水源规范化整治、绿色有机农产品基地建设、河湖联通工程等项目予以重点支持。同时将洞庭湖周边湖南 25 个县(市、区)全部纳入国家重点生态功能区生态补偿范围，建立洞庭湖蓄滞洪区生态补偿机制,开展洞庭湖生态补偿、退耕还湿、畜禽水产退养补偿试点。

4. 支持洞庭湖区加强饮用水安全保障工程建设。目前，湖区安全饮水问题已日趋明显，社会各界反映强烈，建议国家在饮用水水源规范化建设、供水管网建设等方面加大支持力度，确保湖区群众喝上干净水、放心水。重点加强南县、华容县等地区水源工程建设，因地制宜建设一批平原水库，缓解湖区季节性、工程性、水质性缺水问题。

5. 加强科研攻关提升治理技术。针对有效降解氮、磷的影响和血吸虫病防治等重点问题，组织全国优势科研力量进行集中攻关，形成科技支撑，切实提升科学治理水平。

（2017 年 3 月）

关于加强长江经济带湿地保护与修复的建议

一、长江经济带湿地保护现状

2014 年以来，党中央、国务院提出了推进长江经济带建设的重大战略。2016 年 1 月，习近平总书记指出，当前和今后相当长一个时期，要把修复长江生态环境摆在压倒性位置，共抓大保护，不搞大开发。加强长江经济带湿地保护与修复，既是构建长江大保护格局的重大举措，也是全国湿地保护工作的重中之重。

长江经济带 11 个省（区、市）湿地面积共 1154 万公顷，占全国湿地总面积的 21.5%，其中自然湿地 850 万公顷，国际重要湿地 17 处，湿地自然保护区 167 处；流域各省（区、市）共有国家湿地公园 342 处。湿地生态系统具有涵养水源、调节气候、净化污水、保护生物多样性等 20 余项生态功能，是推动长江经济带经济社会发展的独特优势和关键要素之一。

二、面临的主要问题

近年来，由于长江流域人口密度大、开发强度高、江湖阻隔等多种原因，加之江苏、安徽、江西、湖北、湖南等省存在围湖造田、杨树及芦苇种植、城市化等不合理利用，长江经济带正面临着水质性缺水、湿地面积萎缩、生态系统退化、生物多样性减少、蓄水调洪能力下降、水污染等诸多严峻问题。

（一）天然湿地面积萎缩

从 20 世纪 50 年代至今，仅江汉平原湖泊水面面积就由 7000 余平方千米减少到2400平方千米。2012年湖北第二次湿地调查同2000年第一次湿地调查相比，同口径自然湿地总面积减少了10.26万公顷。洞庭湖1949年面积达4350平方千米，50年代开始堵支并流、合垸及蓄洪垦殖工程，到1978年锐减为2691平方千米。据江苏省反映，长江沿江洲、滩、水面被围垦转为他用，长江自然岸线被占用、侵蚀的现象仍然存在。

（二）湿地功能退化

一是工程建设影响湿地功能。三峡工程蓄水后，长江下游水位下降明显，导致河流滩涂裸露，农业种植、采砂、工程建设等活动增多，野生动植物栖息地面积缩小。实施丹江口水库调水后，汉江下游水量减少，环境污染加重，水华增多，湿地生态环境旱化，生物多样性降低，生态安全承受巨大压力。此外，围网（栏）养殖和开垦围垦、房地产开发及各类工程建设侵占湿地等现象依然存在。二是人为活动影响湿地功能。人为破坏湿地动植物资源、违法排放工业废水、过度使用化肥农药的问题仍比较突出，遏制了湿地生态功能的发挥。《2015年湖北省水资源公报》显示：湖北省劣于Ⅲ类水的河长占总评价河长（9405.5千米）的19%；劣于Ⅲ类水的湖泊占监测总湖泊个数（29个）的35.9%。部分湿地已经丧失了为动植物提供栖息地、繁殖地的生态功能。

（三）湿地立法滞后

一是有关湿地保护的法律条文分散在资源管理和环境保护部门单行法规中，有的条文还互相矛盾，缺乏集中和系统的规定。二是条文内容是从湿地单一要素出发的，没有从湿地生态系统整体保护角度出发。三是在国家层面仍没有专门的湿地保护法规。

（四）保护能力缺失

一是湿地管理机构不健全，沿江各省（区、市）在市县两级林业系统大多没有设立湿地保护机构；二是湿地保护投入严重不足。以湖北为例，目前省级财政每年安排湿地保护补助资金500万元，而湖南省目前有181个各类保护区、湿地公园，资金投入杯水车薪。三是湿地保护专业人才比较缺乏，很多地方在湿地公园大搞人工造景、硬化河湖岸线，破坏了湿地资源。四是对工程建设占用湿地缺乏有效保护。林业部门对工程建设尤其是地方重点工程建设项目占用湿地缺乏有效的保护手段，不能有效协调经济发展与湿地保护的矛盾。

上述问题的出现，不仅改变了长江作为自由流淌的河流的根本属性，影响到长江作为“黄金水道”的效能和沿岸居民的水安全，也给湿地生态系统以及野生动植物带来了灭顶之灾。例如长江中淡水哺乳动物白鱀豚已不见踪影，长江干流中另外一种淡水哺乳动物——江豚的野生种群数量每年也以13%左右的速率下降，如果长江生态环境恶化的趋势得不到有效扭转，5—10年内，长江江豚也会步白鱀豚功能性灭绝的后尘。

三、有关建议

（一）加快制定出台有关湿地保护与修复的法律和政策

一是建议国家尽快出台《中华人民共和国湿地保护法》，推进长江经济带各省（区、市）出台相应的湿地保护地方法规。二是国家出台长江经济带湿地保护规划。组织相关部门制定《长江流域湿地保护规划》，纳入全国湿地保护规划专项资金支持范围，并结合国家长江经济带发展战略，加大中央财政资金对长江经济带湿地保护与修复的支持力度。三是出台湿地保护与修复、湿地产权确权、湿地资源有偿使用等政策，制定湿地用途管制、征占用湿地行政许可、湿地生态环境损害赔偿等制度。四是将湿地保护纳入经济社会发展评价体系，建立包含湿地红线管理、湿地保有量、湿地保护率等内容的湿地保护目标体系、考核办法与奖惩机制，实行湿地保护行政首长负责制，落实湿地保护责任。

（二）完善湿地保护管理体系

建议将与湿地保护管理有关的职能由多个部门整合到林业部门，变九龙治水为一龙治水，统筹抓好湿地保护管理工作。在此基础上，围绕长江流域湿地保护管理工作，按照“河湖长制”和流域治理的思路，进一步加强长江湿地保护网络体系建设，设立长江流域湿地保护管理中心，统一协调长江经济带湿地保护管理工作。考虑到湖北处于长江中游，三峡大坝在湖北境内，建议长江流域湿地保护管理中心设在武汉市。

（三）健全生态保护补偿机制

加快制定湿地生态补偿政策，建立健全生态损害者赔偿、受益者付费、保护者得到合理补偿的运行机制；建立地区间横向生态保护补偿机制，通过资金补助、产业转移、人才培训、共建园区等方式，指导生态受益地区对生态保护地区、流域下游对流域上游进行补偿；结合深化财税体制改革，完善转移支付制度，归并和规范现有生态保护补偿渠道，加大对重点生态功能区的转移支付力度。国家引导、支持建立长江湿地保护基金，并通过电价补偿、水价补偿等措施，加大对三峡大坝、丹江口大坝下游生态补偿。重点扶持一批示范湿地企业，推动水生生态种植业、生态养殖业和生态旅游业的发展。

（四）加大退耕还湿力度

通过湿地植被恢复、土地整理、栖息地修复、生态补水以及加大退田还湖、退垸还湖等措施，并将人造杨树和芦苇纳入退耕还湿范围，有效扩大湿地面积。建议以长江经济带为重点，进一步加大退耕还湿力度，制定专项规划，增加资金投入，强化考核问责，逐步扩大湿地面积，强化湿地功能，确保长江流域生态安全。

（2017 年 3 月）

湖泊环境保护与治理更为突出和紧迫

近年来，湖南省深入贯彻落实党中央、国务院关于生态文明建设和环境保护工作的决策部署，有效推进了洞庭湖、东江湖、铁山水库等重点湖库保护和治理工作。但相比河流而言，湖泊保护和治理的问题和困难更为突出，迫切需要加以重视、加强研究、加大治理。

一、湖泊环境保护与治理存在的主要问题

（一）水环境质量不容乐观

近年来，湖南省地表水环境质量总体呈好转趋势，但相对于江河断面，湖库断面水质优良率相对偏低。根据监测，2017 年 1—6 月，湖南省 324 个江河评价断面中，Ⅰ—Ⅲ类水质比例为 98.8%；而 21 个湖库评价断面中，Ⅰ—Ⅲ类水质比例仅为 23.8%。20 世纪 90 年代中后期以来，洞庭湖总磷、总氮持续超标，水质以Ⅳ类、Ⅴ类为主。洞庭湖内湖中大通湖、珊珀湖等湖库水质为劣Ⅴ类。

（二）湖泊面积萎缩问题明显

受长江干道下切、江湖连通不畅、围湖开发等因素影响，洞庭湖水域面积不断减小，由最大时的约 6000 平方千米骤减到如今的 2600 平方千米。同时，部分地方城市开发、项目建设过程中，侵占湖泊的问题还时有发生，湖泊面积萎缩，调蓄能力下降。

（三）水生态破坏问题突出

由于污染物排放量大、水资源量下降等多重原因影响，洞庭湖水生态

破坏问题突出，湿地面积日益萎缩，破碎化、陆域化演替加快，生物多样性受到影响，鱼类资源衰退严重，东洞庭湖多次发生水华。部分区域沟渠塘坝淤积严重，水体流动不畅、发黑发臭。

（四）饮用水安全难以保障

湖区腹地7个县级地下水饮用水水源地水质达标率为42.8%，普遍呈现铁、锰等因子超标。农村饮用水安全问题更为突出，靠水没水喝的现象普遍。

二、主要的环境压力

（一）水文情势及节律发生不利变化

受气候变化、三峡水库蓄水等因素影响，洞庭湖来水来沙量减少、水位降低，枯水季节提前、时间延长，湖体容积减少，加上湖区内湖、哑河、排渠等被填满或侵占，河湖沟渠间天然水力联系受阻，导致洞庭湖水环境容量及水体纳污能力降低。

（二）结构性污染问题突出

根据调查，2015年，洞庭湖区工业污染企业共有1075家，涉及行业33个，其中，非金属矿物制品业、农副食品加工业、造纸和纸制品业、化学原料和化学制品制造业、有色金属冶炼和压延加工业等5个重污染行业占所有行业企业总数的64.6%，结构性污染突出。

（三）城镇生活污染治理任务重

过去10年间，洞庭湖区城镇人口增长50多万，生活污染物排放量加大。但相对于城市开发，环境治理设施建设相对滞后，城市污水处理设施升级改造及配套管网建设压力大，尤其是老城区雨污分流改造工作任务重，推进慢，如岳阳市城区每天还有7万吨生活污水直排，严重影响城区芭蕉湖、东风湖等水体水质。

（四）农村（乡镇）生活污染治理相对滞后

经过积极努力，目前湖南省县级以上城镇已全部实现生活污水、垃圾收集处理设施的全覆盖。同时，全部启动了以县（市、区）为单元的农村环境综合整治，但全省建成乡镇污水处理设施179座，仅占全省乡镇总数的12%左右，农村生活污水、垃圾直排问题依然十分普遍。

（五）农业面源（畜禽、水产）污染重

洞庭湖粮、棉、麻、油等种植面积2000余万亩，化肥、农药施用强度分别达38.89千克/亩（折纯）、1.22千克/亩，为全国平均水平的1.5倍、1.3倍，流失严重，农业面源对湖区总氮、总磷贡献率已超70%。同时，湖区年生猪出栏2400余万头，部分规模化畜禽养殖场污染治理不到位，粪污直接排放。网箱养殖、投肥养鱼污染重，如大通湖因投肥养鱼导致水质急剧恶化。

（六）监管能力偏弱

湖泊保护涉及环保、水利、住建、林业、农委等职能部门，责任不清、监管不力的问题客观存在。同时，湖泊生态环境监测目前大多限于水质监测，生态监测才刚刚起步，受机制体制、人员编制等因素影响，基层工作人员不足，专业人才少，能力偏弱，小马拉大车的问题严重，难以适应工作任务日趋繁重、要求越来越高的新形势。

三、推进湖泊保护和治理的建议

湖泊生态环境比较脆弱，一旦破坏，恢复成本巨大，为了让湖泊更好地休养生息，必须遵循科学规律，因地制宜，坚持综合施策、防治并举，建立健全长效机制，才能避免再走“先污染、后治理”的老路。

（一）加强法制保障

统筹水资源、水环境、水生态，建议国家层面制定湖泊保护条例，建立湖泊保护名录，确定保护范围、界线，明确统一的管制要求，如禁止围

湖造田、倾倒、填埋废弃物等行为。同时，《立法法》出台后，按照“一湖一策”的原则，积极支持和指导地方制定出台湖泊保护条例，如洞庭湖区的常德市已出台《常德市城市河湖环境保护条例》。

（二）严格落实各方责任

组织进一步梳理湖泊保护和治理工作职责，理顺管理机制，强力推动“党政同责”“一岗双责”“企业主责”“社会尽责”的责任体系建设，加快建立健全约束和激励机制，按照“统一规划、统一部署、统一标准、统一措施”的要求推动各级各有关方面积极作为、主动作为，加快构建“横向到边、纵向到底”齐抓共管的工作格局。

（三）全面实施农业清洁生产工程

针对总磷、总氮超标的问题，建议在重点湖泊周边全面实施农药、化肥零增长行动，对水质不达标的湖泊，全面实施农药、化肥负增长行动，逐步降低农药、化肥使用强度。结合农业供给侧结构性改革，积极支持湖区发展有机农业，如益阳南县推广“虾稻共生”种养模式，实现了经济效益和生态效益的双赢。

（四）加大畜禽、水产养殖污染治理

推动各湖泊加快划定畜禽养殖禁养区、限养区和适养区，并加大政策扶持力度，完善配套服务体系，通过种养平衡、推广有机肥等模式综合利用消化畜禽养殖污染物。在天然湖泊、河道中全面禁止投肥养鱼，避免水体破坏，鼓励人放天养的养殖模式。

（五）统筹推进城乡环境同治

继续加强城镇生活污染、工业污染整治，着力补齐治理短板，在试点示范的基础上，到2020年，各重点湖泊周边要实现乡镇生活污水收集、处理设施全覆盖。同时，加快建设覆盖城乡的垃圾收转运体系和垃圾分类收集体系，大力实施生活垃圾焚烧发电项目。

（六）切实加大保护和治理投入

“巧妇难为无米之炊”，资金短缺仍然是湖泊保护和治理工作的瓶颈问题。建议国家进一步扩大生态补偿范围，将环洞庭湖区县（市、区）全部纳入国家重点生态功能区统筹范围，切实加大对湖区周边畜禽养殖退出、种植结构调整、污染治理设施建设和运营等方面工作的支持力度。同时，建立财政投入动态增长机制，积极推动 PPP、合同环境服务等模式，引导和鼓励社会资本投入。

（七）加快提升科技支撑能力

湖泊保护和治理是一项复杂的系统工程，要以科学事实、科研数据、科技成果为支撑，推进精准施策、精细管理。在湖泊总氮总磷污染控制、水生态修复、重点行业废水深度处理、生活污水低成本高标准处理、畜禽养殖污染防治等领域，建议国家组织优势科研力量开发一批先进适用技术装备，出台一批技术标准、规范，并加强先进管理经验交流学习，切实提升科技支撑能力。

（八）积极营造良好氛围

进一步加大湖泊保护和治理宣传报道、信息公开力度，切实保障人民群众的知情权、监督权和参与权，树立一批先进典型，及时曝光一批典型违法案例，营造良好舆论氛围。积极培育生态文化、生态道德，多途径开展绿色创建，唤醒人民群众生态环保意识，推动社会公众成为湖泊保护和治理的参与者、贡献者。

（2017 年 8 月 22 日）

关于加大洞庭湖区生态防治措施的几点建议

洞庭湖是全国第二大淡水湖，是长江中下游地区最大的调蓄湖泊和国际重要湿地，也是国家重要粮食生产、生猪（水产）养殖基地，担负着长江流域生态安全、水安全和国家粮食安全的重大责任。近年来，由于生活污染、畜禽养殖污染、农业面源污染等因素交叉影响，加上三峡工程建成后水文形势发生变化，洞庭湖水环境、水生态质量恶化，社会各界反映强烈，国务院领导高度重视，多次作出重要批示。为保护洞庭湖，2016—2017 年，省政府在湖区集中实施沟渠塘坝清淤、畜禽养殖污染整治等五大专项整治行动。2017 年 11 月 1 日，湖南省委、省政府召开省市县乡村五级干部电视电话会议进行再动员、再部署、再推进、再落实。通过努力，洞庭湖水环境质量总体呈好转趋势。根据监测，2017 年，洞庭湖水质总体为轻度污染，11 个断面均为Ⅳ类水质，总磷浓度为 0. 073 毫克/升，较 2016 年下降 13% （2016 年总磷浓度为 0. 084 毫克/升，较 2015 年下降 15. 7%）。

尽管取得不少成绩，但洞庭湖水环境、水生态形势仍然不容乐观。一是总磷超标问题还比较明显。2013 年以来，洞庭湖Ⅲ类水质断面基本消除，主要超标因子为总磷，其中，2017 年超出湖库Ⅲ类水质标准 0. 46 倍。二是内湖水质达标率偏低。除西毛里湖、柳叶湖外，大部分内湖水质均未达到Ⅲ水质标准，其中大通湖、珊珀湖还为重度污染。三是区域水生态破坏问题明显。部分区域沟渠塘坝淤积严重，水体流动不畅，富营养问题明显，一到高温季节，水葫芦、浮萍等水生植物大量滋生，水体发黑发臭。洞庭湖水环境质量下降问题，除三峡工程建成后，水源性原因影响较大外，与区域内社会经济快速发展，生产生活带来的污染未得到有效控制也密不可分。由于长期掠夺式开发利用，区域排放的氨氮、总磷等污染物远超过环境容量，并导致部分区域生态系统破坏严重，如大通湖因过度养殖导致原有水生植被莲群落、菱群落、苦草群落全部消失，基本丧失自我自净能力。

通过加大工业、农业和生活污染治理，可以有效降低区域污染物排放强度和总量，但随着治理深入推进，总量减排的空间会越来越小，成本也会越来越高。为提升工作效率，减少投入成本，需要因地制宜加快推进生态系统治理和保护，依靠植物、微生物等的作用吸收、降解污染物，提升区域环境消纳、自净能力。在这方面，其它省（区、市）有好的经验，如山东南四湖流域退耕还湿、云南洱海退耕还林。2017 年 12 月，省政府印发《洞庭湖生态环境专项整治三年行动计划（2018—2020 年）》，省直相关部门也出台了具体整治措施。在强化总量减排的同时，按照生态修复的要求，建议进一步增加洞庭湖区域生态用地，突出生态系统建设和保护力度，以最小的成本早日实现水环境、水生态质量改善的拐点并可持续。

1. 加快改造一批重点内湖。选择大通湖、珊珀湖等重点内湖实施更为严格的保护措施，全面禁止内湖天然水域水产养殖投饵投肥、围网养殖等行为。加强水系连通，根据实际对湖体底泥进行清理，增加蓄水能力。根据水生态状况，因地制宜种植对总氮、总磷吸收效果好的浮水、挺水、沉水植物，并加强管理，切实改善水体生态系统。

2. 全面治理沟渠塘坝。要把沟渠塘坝清淤专题行动向广大农村加快推进，尽快实现全覆盖。在此基础上，重视生态措施防治工作，建设一批小型生态浮岛或生态模块，结合配置一些水生蔬菜、水生花卉、水生药材等种植，实现生态效益与经济效益的有机统一，确保治理效果的长期性和可持续。

3. 及时退出一批精养鱼塘。根据环境容量，进一步核算区域水产养殖承载力，结合农业供给侧改革，重点发展生态养殖，走精品、特色、品牌之路。针对湖区 70 万亩精养池塘，在养殖密集区域，退出部分精养鱼塘，在同一区域内，要合理布局，构建养殖池塘——湿地系统，实现水循环利用或水生态处理后排放。

4. 分片建设一批净化工程。以村为单元，根据区域人口、种植养殖规模、水系分布等实际情况，选择合适的废弃地、河道、鱼塘等进行生态改造，因地制宜建设高级氧化塘或人工湿地等水质净化工程，收集、处理区域生活、生产废水（包括地表初期径流），切实减少污染扩散、积累。加强运行管理，委托专业公司对生态净化工程进行运营，确保整治效率。

5．多方强化支撑保障。调整湖区土地利用结构，规划一定数量的生态用地。精养鱼塘恢复为耕地的，给予新增建设用地计划指标，可以在省内跨县交易，通过市场交易获取补偿资金。加大水生蔬菜、水生花卉、水生药材等水生生物净化水质成效的研究，筛选一批适应性好、净化效果好的品种。

（2018 年）

关于继续支持湖南重金属污染防治工作的提案

湖南是有色金属之乡，湖南省纳入污染源普查的1200多家涉重金属企业，每年通过废水排放的5种重金属污染物达168吨，占全国总数的18%左右，部分地区工矿场地、河道底泥、周边土壤等受到严重的重金属污染。2011年，经国务院批准，国家发改委和环保部联合批复了《湘江流域重金属污染治理实施方案》，将湘江流域重金属污染治理提升到国家层面统筹谋划。2013年，湖南省将湘江保护和治理列为省政府一号重点工程，现提升为省一号重点工程，启动实施了第一、第二个“三年行动计划”，大力推进涉重产业结构调整、涉重企业入园集中治理，加快株洲清水塘、湘潭竹埠港、衡阳水口山、娄底锡矿山、郴州三十六湾等重点区域整治。“十二五”以来，中央预算内安排资金20.5亿元，实施了79个项目，发行9只湘江重金属治理债券，融资135亿元，淘汰关闭涉重企业1219家，其中湘江流域淘汰关闭1034家。据环保部“十二五”考核结果，湖南省废水废气中五种重金属因子排放量削减了28.4%，超出国家设定的15%的目标任务，省内重金属环境安全隐患得到一定程度的遏制。

与此同时，湖南省重金属污染防治还存在一些突出困难和问题。一是历史遗留污染严重，后续治理任务艰巨。如郴州、娄底均有超过千万吨含重金属废渣简易堆存在山体、河道中未妥善处理，株洲清水塘、湘潭竹埠港等地区历史遗留污染治理任务仍然艰巨，湘西“锰三角”（如花垣县）等一些地区尾矿重金属污染问题凸显。二是技术手段亟待升级，评价体系有待确立。如对遗留废渣的治理以安全填埋为主，资源利用率偏低，也难以彻底消除污染；水处理技术相对成熟，土壤污染治理技术有待攻关。同时，污染程度评价、技术有效性评价、实施单位能力评价、治理效果后期评价体系也还有待确立统一标准。三是地方财力严重不足，项目资金难以落实。重金属污染治理项目投资规模大、技术难度大、建设周期长，项目资金短缺现象非常突出，且由于项目一般不具备经营性，通过市场渠道融资能力有限。

《湖南省国民经济和社会发展第十三个五年规划纲要》明确提出，要深入推进以湘江流域为重点的重金属污染综合治理。下一步，我们将继续大力推进湘江保护和治理“一号重点工程”，重点实施湘江流域重金属污染防治工作。一是抓重点区域。强力推进株洲清水塘、湘潭竹埠港、娄底锡矿山等五大重点区域环境整治，着力解决湘西“锰三角”地区尾矿污染问题。二是抓重点环节。对涉重企业、涉重园区，持续推进规范化整治，加强监督管理，提升清洁生产水平，规范园区初期雨水、含重金属废水废渣等进行深度集中处置，减少污染增量。三是抓重点项目。对重点地区历史遗留污染进行处理处置，对“十二五”铺排的重金属污染治理项目进行清理扫尾，督促尽快发挥环境效益。同时建议国家层面继续支持湖南重金属污染防治工作：

一是继续对湘江流域重金属污染治理项目给予中央预算内投资支持。湖南省重金属污染范围广、程度深，是长期累积而成。“一五”“三线”建设时期布局的中央、省属骨干企业，曾为国家经济做出过巨大贡献、也遗留下严重污染。现这些企业多已不存在，其遗留的重金属污染问题主要由地方治理，地方政府资金压力很大。建议财政部、国家发改委、环保部在“十三五”期间继续对湖南省重金属污染治理项目予以支持，并提高中央预算内投资补助比例，减轻地方配套压力。

二是支持重度污染耕地地类调整工作。湖南省作为粮食生产大省，耕地重金属污染尤其是镉污染较为突出。根据《国务院关于印发＜土壤污染防治行动计划＞的通知》（国发〔2016〕31号）精神，建议国土资源部对湖南部分经认定属于重度污染、纳入严格管理类别的耕地，加强技术支持和指导，根据地方情况，允许合理调整土地用途，如进行种植结构调整或退耕还林还草等。

（2018年3月）

关于加强东洞庭湖国际重要湿地保护的提案

洞庭湖是全国第二大淡水湖，是长江中下游仅存的两个通江湖泊之一，它对调蓄洪水、稳定长江中下游正常生态流量，保障长江中下游流域生态安全等发挥着重要作用。同时，洞庭湖对长江中下游水安全和国家粮食安全影响重大，是湖南省“一湖三山四水”生态屏障的核心。东洞庭湖是洞庭湖的本底湖，是中国首批加入《国际湿地公约》的六块国际重要湿地之一，是世界自然基金会（WWF）确定的全球200个生物多样性热点地区之一，也是全球重要的迁徙候鸟越冬地和繁殖地。为加强东洞庭湖湿地生态保护工作，1984年经湖南省人民政府批准成立了东洞庭湖省级自然保护区，1994年经国务院批准升格为国家级自然保护区。自然保护区总面积19万公顷，其中核心区面积2.9万公顷，缓冲区面积3.64万公顷，实验区面积12.46万公顷。同时环东洞庭湖周边还建设有汨罗江、云溪白泥湖、华容东湖、平江黄金河等六个国家湿地公园。

湖南省委、省政府高度重视东洞庭湖生态保护及水资源、水环境保护工作，相继组织开展了“洞庭风雷”“洞庭湖水环境整治”“百日护鸟”“绿剑行动”等专项行动，实施了退田还湖、关停沿湖污染企业、渔业保护、开展湿地恢复等一系列生态建设工程。通过集中整治，东洞庭湖国际重要湿地及周边国家湿地公园生态环境明显改善，湿地生态系统得到逐步恢复，区域内栖息鸟类、江豚、麋鹿种群数量稳中有升。但由于东洞庭湖江湖关系改变，入湖水量减少，水体自净能力降低，加之周边企业、人口密集，工业废水、生活污水处理压力大。畜禽水产养殖、农业面源污染影响叠加，生态现状仍不容乐观。主要是水环境质量现状较差，富营养程度最高，总磷、总氮等主要营养指标一直维持在较高的浓度水平上，多个监测断面水质均为Ⅳ类。同时地下饮用水水源水质较差，农村生活污水、生活垃圾尚未得到妥善处理，乡镇污水、垃圾处理能力普遍不足。导致东洞庭湖湿地生态功能明显退化，物种多样性降低。底栖动物种类减少，密度明显下降；水生高等植物分布面积减少，种类多样性降低；加之湖水透明度增大，藻类光合作用增强，利于藻类的生长与繁殖，从而导致富营养化进程加快。

建议：

一、加大东洞庭湖国际重要湿地及周边湿地的中央预算内资金支持力度并建立生态补偿机制。

二、将东洞庭湖国际重要湿地范围内及周边县（市、区）纳入国家重点生态功能区转移支付范围。

（2018 年 3 月）

关于进一步加大洞庭湖生态环境保护支持力度的建议

洞庭湖地处长江中游荆江南岸，天然湖泊面积2625平方千米，总蓄水量167亿立方米，是全国第二大淡水湖、长江中下游地区最大的调蓄湖泊和国际重要湿地，同时，也是国家重要粮食生产、生猪（水产）养殖基地，素有“长江之肾”“鱼米之乡”和“天下粮仓”之称，在保障长江流域生态安全、水安全和国家粮食安全等方面具有不可或缺的重要作用。近年来，由于社会经济快速发展，湖区工业污染、城乡生活污染、畜禽水产养殖污染、农业面源污染负荷加重，加上三峡工程建成后水文形势发生变化，洞庭湖水资源、水环境、水生态形势十分严峻，水流不进、流不动、留不住、污染重等问题日趋突出。2013年以来，洞庭湖湖体Ⅲ类水质断面基本消除，大部分内湖为轻度或中度污染，部分沟渠、塘坝水体发黑发臭，湿地功能呈现退化、萎缩趋势，国内外媒体广泛关注，社会各界反映强烈。

洞庭湖的治理和保护工作得到了党和国家的高度重视，习近平总书记等中央领导多次作出重要批示，《洞庭湖生态经济区规划》获得了国家批准，国务院各有关部委对洞庭湖的治理和保护工作均给予了一定的支持。湖南省委、省政府历来高度重视洞庭湖治理和保护工作，尤其是党的十八大以来，各级各有关部门上下联动，共同努力，坚决贯彻习近平总书记关于长江经济带“共抓大保护，不搞大开发”的指示精神，有力、有序、有效地推进各项整治工作。2016年—2017年，在湖区深入开展了沟渠塘坝清淤增蓄、畜禽养殖污染整治、河湖围网养殖清理、河湖沿岸垃圾清理和重点工业污染源排查整治五大专项行动。2017年，召开省、市、县、乡、村五级党政主要领导大会部署洞庭湖生态环境专项整治工作，出台了《洞庭湖生态环境专项整治三年行动计划（2018—2020年）》，要求坚决打赢洞庭湖保卫战。结合中央环保督察整改，各地攻坚克难，加快解决了自然保护区非法采砂、黑杨林退出等一批突出环境问题。通过努力，洞庭湖水环境质量恶化趋势得到有效遏制，根据监测，2017年，洞庭湖水质总体为轻度污染，11个断面均为Ⅳ类水质，总磷浓度为0.073毫克/升，较2016年下降13%。尽管洞庭湖的整治工作取得了不少成绩，但由于洞庭湖地跨湖南、湖北两省，来水涉及长江和湘、资、沅、澧等支流，保护和治理工作涉及方方面面，整治任务十分繁重，生态环境质量持续改善压力巨大，是一项长期、复杂的系统工程。在强化湖区地方党委政府整治责任的同时，还需要国家层面加大统筹协调和支持力度，实现高位推进，多方联动，综合施策，精准发力。

为此，提出如下建议：

一、尽快批复实施《洞庭湖水环境综合治理规划》

国家发改委组织湖南、湖北两省编制了《洞庭湖水环境综合治理规划》，明确了具体整治目标、工作内容和保障措施，建议国家尽快批复，为洞庭湖水环境下一步综合治理进一步明确方向、目标和任务。同时，为加快规划实施，确保实施效果，建议国家层面建立省部际联席会议制度，定期召开专题会议，对洞庭湖保护和治理重大政策、重点工程、突出问题进行专题研究，加强指导协调，落实工作责任，形成工作合力。

二、加大项目和资金倾斜力度

以问题为导向，建议国家相关部委在水系连通、饮水安全保障、城乡生活污染治理、农业面源污染治理、重点湖库治理与保护、湿地保护等方面加大对洞庭湖治理与保护的项目倾斜力度。同时，鉴于洞庭湖的重要生态环境效益，湖区大部分县（市、区）欠发达，财政相对紧张，建议国家层面多方面加大资金支持力度。一是将湖区所有县（市、区）纳入国家重点生态功能区生态转移支付统筹范围，加大生态补偿力度；二是从山水林田湖草生态保护修复工作和重点生态保护修复治理专项资金给予支持；三是比照太湖流域治理的做法，中央财政每年安排一定额度的洞庭湖保护和治理专项引导资金；四是从长江三峡工程后期扶持资金中给予重点支持。

三、加大技术支持力度

洞庭湖为过水性湖库，而且江湖关系极为复杂，在全国的湖泊中十分独特和罕见。目前长江“三口”和湘、资、沅、澧“四水”来水总磷浓度还较高，湖体总磷短时间内难以降解到位，需要进一步提升科技支撑能力，推进精准治理。一是建议国家层面安排洞庭湖保护和治理科技专项，加强基础课题研究，查清污染成因，提出治理对策。二是支持洞庭湖区建设覆盖环境质量、重点污染源、生态状况的生态环境监测网络，建立水质监测预警系统，逐步实现流域水质变化趋势分析预测和风险预警。三是集中优势科研力量，围绕生活废水低成本处理、饮水安全保障等方面加大先进适用技术及装备研发和示范推广力度。

四、突出抓好农业面源污染整治

根据调查，洞庭湖区养殖、种植排放的总磷超过区域总排放量的70%，需要结合农业供给侧结构性改革，加大示范和政策引导力度，深入推进农业面源污染治理。一是支持湖区更多的县（市、区）建设国家级现代生态循环农业示范基地，变“盆景”为“风景”，推动湖区成为绿色食品、有机农产品主产区。二是围绕“一控两减三基本”的目标，支持湖区所有县（市、区）建设农业面源污染综合防治示范区，出台有机肥生产和使用补贴政策，加快建设一批农业废弃物（畜禽粪污）资源化处理及利用工程。三是根据环境容量，进一步核算区域水产养殖承载力，加快精养鱼塘生态化改造，实现水循环利用或水生态处理后排放。

五、加快补齐乡镇（农村）环境治理短板

相对于城镇生活污染治理，湖区乡镇（农村）生活污染治理相对滞后，欠账较多，乡镇污水处理设施覆盖率只有14%，部分区域生活垃圾乱丢、废水直排情况突出。结合乡村振兴战略，建议国家相关部委大力支持湖区实施农村人居环境整治三年行动计划，补齐环境治理短板。一是支持

湖区推进规划、建设、运行、管理“四统一”的县域农村污水统筹治理模式，推动湖区所有建制镇建成污水处理设施和配套管网。二是支持湖区进一步完善城乡垃圾分类、收集及转运体系，大力推进生活垃圾焚烧发电方式，对生活垃圾进行减量化、资源化、循环化处理处置。建议国家出台运营经费补贴政策，确保治理设施稳定发挥效益。

六、全面加大生态保护和修复力度

在持续减少污染物排放总量的同时，因地制宜加快推进生态系统治理和保护，依靠植物、微生物等的作用吸收、降解污染物，提升区域环境消纳、自净能力。一是结合生态红线划定工作，建议进一步调整湖区土地利用结构，规划一定数量的生态用地。二是支持湖区开展湿地保护与恢复、退耕还湿、生物多样性保护等项目，加快恢复湿地生态系统。三是以农村屋前房后为重点，进一步扩大沟渠塘坝清淤范围，加大水葫芦、浮萍等水生生物清理力度，逐步消除农村黑臭水体。四是因地制宜建设一批高级氧化塘或人工湿地等水质净化工程。五是依托内湖、河道、沟渠等建设一批小型生态浮岛或生态模块，探索配置种植一些水生蔬菜、水生花卉、水生药材等，及时总结推广先进经验，实现生态与经济的协同发展。

（2018 年 3 月）

破解发展与保护的矛盾 推动长江经济带中游地区绿色发展

湖南坐拥163千米长江岸线，境内“一湖四水”辐射全境、联通长江，是长江经济带中游地区的重要省份，承担着保护长江生态环境的重要使命。湖南生态环境总体保持稳定，截至2017年底，湖南省有省级以上自然保护区54个，森林覆盖率稳定在59%以上，湖南省山水林田湖草浑然一体。2017年，湖南省地表水环境质量总体保持稳定，洞庭湖湖体的水质局部有所提升，全省地表水达到或优于Ⅲ类水质标准的断面比例为93.6%。

一、长江经济带绿色发展面临的困难和问题

（一）江湖关系发生深刻变化，水环境承载能力下降，生态环境问题突出

上游水利设施建设改变了长江的天然流量，特别是清水下泄造成长江干流冲刷、河床下切，长江通过三口分流入洞庭湖的水量大幅减少，长江三口1999—2002年年均入湖水量为625亿立方米，2003—2016年为482亿立方米。三口年均输沙量2003—2016年为917万吨，较1991—2002年的5670万吨减少约84%。来水来沙量减少直接导致洞庭湖的水环境承载能力下降，进而影响洞庭湖水环境。一方面洞庭湖来水减少，水位降低，换水周期延长，总氮、总磷等污染物滞留系数增大，从而导致洞庭湖水环境容量减少，水环境承载能力不足；另一方面来沙减少致使湖体透明度增大，藻类光合作用增强，有利于藻类的生长和繁殖，从而导致富营养化进程加

快。洞庭湖区湿地功能呈退化趋势，过去10年间累计减少湿地面积24万亩，湖区生物多样性下降，濒危物种生境恶化。

（二）跨越式发展的要求与绿色发展环境约束的矛盾始终并存，保护与发展协调共进难度较大

一是传统动能升级动力不足，有色冶炼、化工、造纸等高污染、高能耗产业仍然处于产业链中低端，产品附加值较低，污染物排放强度和总量大，存在主要污染物排放量大于区域（流域）环境容量的现象。二是历史遗留污染欠账多、财力保障水平与污染治理矛盾突出。湖南是“有色金属之乡”，有色金属采选及冶炼为国家经济发展做出了一定贡献，同时也带来了重金属排放量大、污染超标等诸多问题，湖南省14个重点区域通过开展重金属污染防治，重金属排放总量已经得到有效控制，重点国控、省控断面超标情况基本得到遏制，但局部区域历史遗留污染严重，娄底市青丰河、涟溪河，郴州市临武甘溪河老桥等断面存在砷、锑、锰超标问题，环境安全隐患依然突出。特别是土壤重金属污染治理难度大、成本高、周期长，仅依靠地方政府财政投入难以在短期内解决。三是生态环境约束条件下资源利用空间亟待提高。目前省内河湖岸线利用缺乏统一规划，存在多占少用等现象。岸线资源管理体制尚未理顺，缺乏完备的管理制度及政策；导致水域岸线的保护及开发利用欠缺统筹兼顾，造成资源配置不合理。全面禁止自然保护区采砂后，建筑垃圾资源化利用产业发展迟缓。

（三）污染治理工作进展不平衡，生态环境保护修复工作任重道远

一是农业面源污染仍然突出。长江中游省份种植、生猪养殖业发达，但经营方式还比较粗放，农业资源环境底数不清、现状不明、预警滞后，主要农作物复种指数高，农业生产仍习惯于大肥、大药，除草剂使用量大，农业清洁生产技术普及落地难。二是农村（乡镇）生活污染治理相对滞后，污水处理设施建设不足，全省乡镇污水处理设施覆盖率仅15%左右，缺乏长效的运行管理机制。三是洞庭湖自然保护区杨树清运工作难度大，湿地生物多样性下降、旱化退化情况严重、植被恢复难度较大，造成湿地生态环境提质进程慢。同时，洞庭湖自然保护区存在生态补偿机制不完善、保护管理和民生问题突出、执法体系建设亟待加强等问题。

（四）跨区域联防联控体系不健全，不满足流域性问题的变化和经济社会发展的需要

长江经济带中游地区重点行业企业排放标准有待进一步提高和统一规范。流域性生态补偿机制不完善。地方工作基础相对薄弱。同时，先进适用技术研发与示范推广不够，有用可靠的管理经验少，地方政府、企业难以抉择。长江经济带生态环保一体化监测网络体系建设、省域间生态环境信息共享、跨行政区的纠纷调解机制等方面有待建立和完善。

二、推动长江经济带绿色发展的对策和建议

（一）加强规划体系建设

建议编制和实施《长江经济带中游地区水资源保护和水污染防治规划》，确保长江经济带沿岸开发的合理性、产业布局的科学性和水资源保护的有效性。

（二）健全法律法规体系

国家层面制定并颁布《洞庭湖生态环境补偿办法》《洞庭湖生态经济区环境保护条例》，以进一步调整开发利用与资源、环境关系，强化《湖南省湿地保护条例》等与洞庭湖区密切相关的法律法规的执行力度。

（三）完善标准体系

建议国家层面推动沿江各省制定严于国家标准的地方水污染物排放标准，健全重点行业水污染物特别排放限值，以缓解污染物排放量大与水资源、水环境承载能力不足之间的矛盾。根据实际情况，对洞庭湖制定更加科学的考核评价体系，优化总磷评价标准。同时，国家组织优势科研力量开发一批先进适用技术装备，出台一批技术标准、规范，并加强对地方的指导，切实提升科技支撑能力。

（四）强化政策引导激励

加快推进沿江各省（区、市）长江经济带战略环评“三线一单”编制工作，严把开发建设项目准入关。研究制定财政、投资、税收、价格、金融政策，形成有利于长江经济带绿色发展的激励机制。建议国家将洞庭湖作为国家湿地生态补偿机制试验区，加大对洞庭湖地区生态环境保护的转移支付、补偿支持力度。同时，高度重视大型企业、传统工业聚集区退出，在人员安置、替代产业发展上给予重点支持。

（五）加大资金支持投入力度

建议加大中央财政支持力度，重点对洞庭湖区域水质良好湖泊、农业面源污染治理、农村环境综合整治、土壤污染生态修复、畜禽养殖废弃物资源化利用等生态环保项目进行倾斜，取消或减少县及县以下项目资金配套。建议中央将“土壤污染防治”作为中央与地方共同财政事权，在未来十年内暂将“中西部农业农村污染防治”作为中央与地方共同财政事权。恳请中央支持将湖南省纳入第三批山水林田湖草生态保护修复工程试点范围。

（六）加快补齐治理短板

当前，长江中游省份水质超标主要影响因素主要是总磷、氨氮超标，与农业面源污染控制不到位、乡镇（农村）生活污染治理欠账多有直接关系。建议国家结合农业供给侧结构性改革、乡村振兴战略实施等工作，支持中游省份从农业大省向农业强省转变。按照“减排与增容”并举的原则，在加强污染治理的同时，进一步扩大生态用地比例，因地制宜实施一批生态治理和修复工程，提升区域自净能力。

（七）建立完善的体制机制

建议国家推动搭建省际协商合作机制，中游地区三省建立联席会议制度，推动沿江合作大通道建设、沿江各省区域协调性合作项目建设。开展流域水污染、区域大气污染联防联控，建立水域岸线占用补偿机制，搭建生态保护监测网络，建立流域环境信息网络平台，健全环境联合执法机制，实现长江流域环境共治。

（八）加大重点项目支持力度

为保障水资源、水环境、水生态，请求国家加大跨省域、跨流域重大项目建设的协调，支持构建三峡对洞庭湖防洪调度与生态补水机制；请求国家支持实施河湖联通工程，加快开展四口水系综合整治、重要堤防加固等重大项目前期工作。

（2018 年 7 月）

水资源保护和治理修复必须多管齐下

在打好水源地保护、城市黑臭水体治理、渤海综合治理、长江保护修复攻坚战过程中反映出来的一些问题值得关注：

1. 污染治理工作任重道远。一是农业面源污染严重，对水污染防治造成负面影响，我国是农业大国，尤其是洞庭湖区作为国家重要粮食生产、生猪（水产）养殖基地，农药、化肥使用强度高、总量大，农业面源污染已成为总磷超标的主要来源。二是河道排污治理难度较大，全国产业结构不合理，主要污染物排放量仍处于高位，减排压力巨大，部分城市尤其是城乡接合部，污水未完全收集、雨污分流不彻底等问题突出，农村（乡镇）生活污染治理欠账较多。三是部分区域水环境质量不容乐观，湘江、资江还有部分支流断面超标，洞庭湖水环境质量有所好转，但总磷短时间难以降解到位。四是黑臭水体整治工作推进、后期管理、日常维护难度大，在组织领导、资金筹集、技术支撑等方面面临的问题和困难更多，并且黑臭水体整治完成后并不能一劳永逸，还需要进一步加强日常养护和管理，当前阶段，城市黑臭水体整治还存在重建设、轻管理的现象。五是地方工作基础相对薄弱，有用可靠的管理经验少，地方政府、企业难以抉择。六是环境资金投入不足。全国不少县（市、区）财政困难，环境治理资金投入普遍不足。

2. 饮用水水源地保护工作难度大。一是饮用水水源地保护意识不强。在饮用水水源地保护与管理上，仍然停留于传统阶段，只强调“供水”，对“保护”投入甚少，自觉保护水源的意识普遍不强。尤其是乡镇偏远地区的水厂，水源周边生活污染源问题非常突出，污水未经任何处理直接排入河道，对饮用水水源安全造成一定影响。二是农村供水设施落后。随着农村生活水平的提高和群众生活方式的改变，农村集中供水需求不断增长，但生活垃圾倾倒入河、污水直排无形中增大了水源地保护的压力，同时大部分农村水厂净水设施和消毒设备简单，缺乏相应的检测设备，供水存在一定安全隐患。三是供水应急保障机制需健全。部分县（市、区）饮用水水源结构单一，备用应急水源建设尚未完成，水源地规避突发性事故风险的能力不强，应对干旱、洪涝等突发事件的手段匮乏。

3. 没有制定针对性强的区域（流域）生态环境保护法规，长江保护没有成立流域统一的监管机构，没有建立区域同治、干支流同治、水陆同治的协调机制。

4. 按照现行中央水污染防治专项资金的支持对象，水环境质量越好的地方越得不到中央水污染防治专项资金支持，存在鼓励污染的问题。水环境质量较好的地方往往经济欠发达，财政困难，但《水污染防治行动计划》和污染防治攻坚战规定的任务仍需完成。

为此，建议：

1. 建立综合机制。一是进一步加大投入。针对治理资金短缺问题，建议建立财政投入动态增长机制，国家、省级层面建立环境治理基金，发行环境治理专项债券，加快发展绿色信贷、绿色金融，多渠道拓展投融资方式，引导社会资本投入。二是进一步提升科技支撑。建议国家组织优势力量，加强乡镇生活废水处理、畜禽废弃物资源化利用等领域先进适用技术及装备推广示范，鼓励地方加大改革创新力度，加强先进经验交流和对地方的指导，提升工作水平。三是进一步推动社会公众参与。建议在严格落实各级政府及有关部门、企事业单位环境治理职责的同时，进一步加强对社会公众的引导和约束，提高全社会对水资源保护重要性的认识，不断增加全民的环境责任意识，推动从“要我治水”到“我要治水”，从“政府治水”向“全民治水”转变。

2. 加强全面治理。一是深入推进洞庭湖水环境综合治理。加快推进洞庭湖农业面源污染防治、城乡生活污染治理、工业污染集中整治等十大重点领域整治，突出珊珀湖、安乐湖、冲天湖—马家吉河等三大片区整治。要强力推进湿地生态修复，完成自然保护区黑杨全部清退和树种调整，推进西洞庭湖核心区生态修复示范工程。二是加强长江岸线保护。实行严格的岸线保护政策，建立健全分区谋划、分类施策、分段管控的长效机制。要依法推进港口、码头污染防治工作，下大力气整治非法采砂行为，高标准建设一批新的砂石码头和砂厂。要加快推进河湖水网连通工程建设。三是加大饮用水水源地保护力度。大力推进饮用水水源保护区规范化建设，配套完善隔离防护栏、界标、警示牌等基础设施，重点保护集中式饮用水水源地和大湖大库，切实消除饮用水水源地风险隐患，加快县（市、区）备用水源建设进度，制定完善水源地保护的应急预案，明确相应的职责和组织体系，确保发生突发事件时处置得当，切实保障群众饮水安全，加快推进农村区域集中供水和管网建设，不断提高农村区域供水覆盖率。四是积极落实“河长制、湖长制”。将长江经济带划河段、划湖段，逐河逐湖明确问题、目标、任务、责任“四个清单”，增加巡河、巡湖频次，完善河湖档案，坚持分区谋划、分类施策、分段管控，形成责任明确、协调有序、监管严格、保护有力的长效管理机制和配套制度。五是建成工业污水和城镇污水处理设施。加快建成工业园区污水集中处理设施并安装自动在线监测装置，保持稳定运行、达标排放。建立水环境管理档案，实现“一园一档”。配套完善城镇污水处理设施，推进污水管网改造工程，加快推进污水处理厂扩建提标工程，稳步提升城镇污水处理能力。六是加快推进黑臭水体治理。强力推进城市黑臭水体治理，建立健全“长制久清”整治机制，加强督查督办，及时掌握整治进度，完善台账档案。

3. 建立饮用水水源保护区生态补偿制度，资金由财政解决，对居民搬迁和中央限制所造成的损失进行货币补偿。中央按水环境质量状况加大对地方财政的转移支付力度，按完成的水污染防治项目安排水污染防治专项资金，实行以奖代补。

（2018 年）

长江大保护必须打好洞庭湖碧水保卫战

洞庭湖位于长江中游之南，地跨湘、鄂两省，古称“云梦泽”，唐朝始有“八百里洞庭”的美誉，最盛时水域面积超过6000平方千米，时至今日仅有2625平方千米（比全盛时期缩减了56%），总蓄水量167亿立方米，流域面积26.3万平方千米。洞庭湖是全国第二大淡水湖、国际重要湿地、珍稀候鸟栖息地、生物多样性基因库，素有“长江之肾”之称，也是长江中下游重要水源地和农副渔业生产基地。洞庭湖与长江唇齿相依、相互作用，江湖关系十分复杂，在保障长江中下游防洪、供水、生态和航运安全等方面具有举足轻重的地位，承担着守护一江碧水的重要使命。

2016年以来，湖南省各级部门深刻理解、深入贯彻习近平生态文明思想和长江经济带重要战略思想，将洞庭湖生态环境保护工作摆在了更加突出的重要位置。省第十一次党代会明确提出要建设生态强省，深入推动实施了洞庭湖沟渠塘坝清淤、畜禽养殖污染整治等“五大专项行动”，启动洞庭湖生态环境专项整治“三年行动计划”（2018—2020年），取得了一定成效。2017年，洞庭湖湖体11个考评断面水质已全部上升为Ⅳ类。但由于湖区工业化、城镇化、农业现代化的不断推进，加之三峡水库建成运行后，江湖关系更加错综复杂，水流不进、流不动、留不住，以及水污染严重、水生态损害等新老问题相互交织，严重影响了湖区生产、生活和生态用水安全，主要存在以下几个方面突出的问题：

1. 入流减少、出流加快导致水资源短缺。据统计，20世纪50年代，长江入湖水量年均约1330亿立方米，但自三峡水库蓄水至2014年的10年间，年均入湖水量仅490亿立方米，衰减幅度达63.2%，枯水季入湖水量减少80%以上。同时，三峡水库建成运行后，长江中游河道清水冲刷下切，平均纵向深度达2.1米，洞庭湖出流加快，提前进入枯水期。枯水期间洞庭湖成为“地上悬湖”，低枯期水域面积仅500平方千米左右，蓄水量不足20亿立方米。

2. 排量增加、容量下降导致水污染加剧。湖区人口相对密集，生产、生活污染负荷重。首先，种植业化肥施用量每公顷超过400千克，高出国际标准1倍，农药施用量高出全国平均水平20%，区内年生猪出栏约2000万头，80万口精养鱼塘投肥养殖问题突出。其次，城乡生活污染，尤其是乡镇生活污染治理率相对偏低。最后，造纸、化工等工业污染治理欠账不少，据统计，2016年湖区化学需氧量排放34.56万吨，总磷0.52万吨，总氮28.26万吨，加上湘、资、沅、澧四水及长江三口输入污染负荷，近年来，洞庭湖水环境质量不容乐观，湖体Ⅱ—Ⅲ类水质断面基本消失，长期维持在中营养水平。湖区内湖由于相对封闭，水质更差，如大通湖水质还为劣Ⅴ类。

3. 湿地减少、流动不畅导致水生态破坏。由于水量锐减，过去10年间，洞庭湖区湿地面积减少了24万亩。湿地景观破碎化严重，草洲斑块个数增加10余倍，湿地功能呈退化、萎缩趋势。加上淤塞严重，垸内原本四通八达的水系被切断，造成水体流动性差，部分河湖、沟渠、塘堰大部分时间是一潭死水的状态，黑臭水体现象严重。部分断面、河段、内湖已达到轻度富营养状态，东洞庭湖自然保护区大小西湖及附近水域已连续多年发生水华，水生生物多样性明显减少。

鉴于洞庭湖具有重要的战略地位，党中央、国务院高度重视洞庭湖生态环境治理，习近平总书记等中央领导同志多次就洞庭湖生态环境问题作出重要批示，要求加大生态修复治理力度；2017年中央第六环保督察组将洞庭湖区生态环境问题，作为向湖南交办的第一个问题；同时，国内外媒体也高度关注，中央电视台、新华社等媒体多次报道，社会各界和人民群众反应强烈。洞庭湖的整治不仅仅是生态环境问题，已经成为重大政治问题、重大民生问题，必须尽快、有力、有效加以解决。

针对以上存在的问题，提出以下建议：

1. 纳入国家发展战略。将洞庭湖生态环境修复治理上升为国家发展战略，纳入长江经济带生态环保规划，统筹协调，综合治理。建议中央建立省部际联席会议制度，定期召开专题会议，对洞庭湖保护和治理突出问题、重点工程、重大政策等进行专题研究，拟订治理规划，限时完成。

2. 完善法规标准体系。推进地方立法，加快制定《长江保护法》，加速修订《渔业法》，启动修订《畜禽规模养殖污染防治条例》，制定《洞庭湖生态经济区环境保护条例》《洞庭湖生态环境补偿办法》等。加强洞庭湖等湖泊水环境质量评价标准研究，制定更加科学的评价标准，尤其是总磷的评价标准。

3. 突出污染防治重点。支持湖南推进洞庭湖生态环境十大重点领域和九大重点区域整治；支持湖区更多的县（市、区）建设国家级现代生态循环农业示范基地，推动湖区成为绿色食品、有机农产品主产区；围绕“一控两减三基本”的目标，出台有机肥生产和使用补贴政策，优先支持洞庭湖县（市、区）纳入国家畜禽养殖废弃物资源化利用整县推进试点，加快建设一批农业废弃物资源化利用工程，支持湖区 80 万口精养鱼塘生态化改造。

4. 持续扩大生态增容。支持湖南加快实施以河道疏浚和松滋口建闸相结合的四口水系综合整治工程，稳定长江分流至洞庭湖的水量。在枯水季，长江三峡要向下游加大生态补水力度。因地制宜加大退耕还湿，支持湖区 65 万亩湿地修复和生物多样性保护工程。支持湖区通过生态措施改善水质和生态。

5. 加大治理资金投入。生态环境治理要见成效，资金投入是关键，要用“真金白银”建设“绿水青山”。建议国家加大对洞庭湖生态环境治理资金投入，将湖区所有县（市、区）纳入国家重点生态功能转移支付县并不断加大转移支付力度，将“湘、资、沅、澧”四水和洞庭湖纳入国家山水林田湖草生态保护修复治理项目并给予专项资金支持，并建立洞庭湖湿地和蓄滞洪区生态补偿机制。建议中央财政每年安排一定额度的洞庭湖治理与修复专项资金和债券，并借鉴田纳西河流域治理经验，从长江流域电力、航运、水利、采砂等行业提取一定比例资金用于生态环境整治。

6. 提升科技支撑能力。加强覆盖水环境质量、重点污染源、生态状况的洞庭湖区生态环境监测网络体系建设，建立水质监测预警系统。加强江湖关系变化及应对措施研究。设立洞庭湖保护和治理科技专项，尤其是总磷成因及治理对策研究。

（2018 年 8 月 21 日）

认真贯彻习近平总书记重要指示精神
全力以赴打赢打好碧水保卫战

近年来，中共湖南省委、省政府认真贯彻习近平总书记“绿水青山就是金山银山”的发展理念和“守护好长江一江碧水”的工作要求，严格落实“党政同责，一岗双责”，坚决抓好中央环保督察整改，强力推进省“一号重点工程”和洞庭湖生态环境专项整治行动，湖南省生态环境保护工作发生了历史性、全局性、转折性变化，三湘大地天更蓝了、地更绿了、水更清了，老百姓获得感更多了，幸福感更强了，满意度更高了。

2018 年，我先后参加了民进中央、全国政协人资环委等主办的“长江保护与发展论坛”和全国政协污染防治专题议政性常委会等活动，在发言中，我宣传介绍了湖南省好的经验和做法。同时，根据相关领导讲话精神、有关部委情况介绍、其它省（区、市）的先进经验和专家意见建议，结合湖南省实际，为坚决打赢打好碧水保卫战，切实保护好“一湖四水”，提出如下建议：

一、完善体制机制，避免“九龙治水”

当前，在水污染防治组织领导方面，湖南省有生态环境保护委员会、河长制委员会、长江经济带领导小组、洞庭湖生态经济区建设领导小组等，办公室分散在发改、环保、水利等不同部门，在指导思想、目标任务、时间安排、工作标准等方面存在许多不一致的地方。建议结合省级以下机构改革和省以下监测监察体制改革，把治水综合协调和综合监管职能集中在一个部门，其他部门履行相关主体责任，既避免“九龙治水”，监管分散，又避免职能不明，责任不清。同时，加快建立流域综合管理机构，统筹上下游、干支流、左右岸，实现在水污染防治、水资源节约和水生态保护等方面的统一规划、管理、执法、评估、考核、问责等，提高江河湖库保护和治理的系统化、法治化、精细化水平。

二、提高环境标准，加快地方立法

在长江岸线湖南段、洞庭湖和湘江等环境敏感区域对高污染排放行业执行特别排放限值，引导、推动企业提质升级。对长江岸线湖南段、洞庭湖、湘江等环境敏感区域和不达标水体周边县级以上、建制镇城镇生活污水处理设施执行一级A的排放标准，对于长沙市建成区以及其他环境敏感区域，处理后的城镇生活污水还需经天然或人工湿地生物净化后才能排入天然水体。以“生态养殖，绿色发展”为目标，出台畜禽、水产养殖等污染物排放地方标准，引导、推动养殖业发展方式从粗放型向精细型过渡。加强和完善生态环境保护法律法规体系，修改《湘江保护条例》，制定《洞庭湖生态保护条例》，引导推动洞庭湖和长株潭等设区的市的水污染防治地方立法工作，推进相关治理工作规范、精准、严格。

三、借鉴外省经验，建立“断面长”制

学习借鉴江苏等省（区、市）经验，以改善断面水质为核心，针对345个省级以上考核断面，尤其是国家“水十条”60个考核断面全面建立“断面长”制，逐一明确省、市、县、乡、村各级断面长，实行“河长制”和“断面长制”的双长制。对于不达标断面，逐一制定具体整治方案，明确达标时限，实行各级断面长包干负责。根据流域、区域、行业的特点，聚焦中央环保督察交办问题、群众信访重点问题等突出环境问题，针对饮用水水源地、工业园区、城乡污水垃圾收集处理设施、城乡黑臭水体、畜禽水产养殖、农业面源污染、造纸化工制革高污染行业等重点领域明确问题清单、措施清单和责任清单，拉条挂账、挂图作业、分类指导、综合施策、精准发力、持续整治、限时办结，推动水环境质量持续好转。

四、多方筹措资金，推进生态补偿

生态环境治理要见成效，资金投入是关键，要用“真金白银”建设

“绿水青山”。完善投资、价格、财税、土地、金融等政策，多渠道积极引导社会资金投入。各级财政加大生态环保投入，强化资金投入硬约束。从水电开发、河道采砂等收入中提出一定比例用于碧水保卫战。在城镇污水收集处理等环保基础设施建设和城市黑臭水体整治等方面大力推进 PPP 建设模式。加大环境税征收力度，确保应收尽收。地方债券向生态环保倾斜。加大对企业环境违法行为处罚力度，督促企业把生态成本内置为企业内部成本，推进环境污染强制责任保险。加大公益诉讼力度，对企业损害生态环境的行为要求给予全额损害赔偿。大力推进绿色金融，大力发展环保产业。加快推进生态补偿由湘江流域向“一湖四水”拓展，制定《一湖四水生态环境补偿办法》，同时，推进跨界河流相关县（市、区）建立横向生态补偿机制。加大差别化水价实施的领域和力度，企业环境行为信用评价等级与电价、水价等挂钩。提高城市居民污水、垃圾处理费用，在乡镇逐步征收污水处理费用。完善相关政策措施，积极引导社会力量和社会资本参与污染防治攻坚战。

五、完善监测网络，提升科技支撑

加快建立市县交界断面水环境质量、重点污染源、饮用水水源地、入河排污口、城镇和工业聚集区污水处理设施、地下水等覆盖全省的水环境监测网络体系建设，建立“一湖四水”水质监测预警系统；积极对接长江生态环境保护修复联合研究中心，从国内外聘请相关环境、经济、法律、产业等领域的知名专家成立全省水污染防治专家咨询委员会，组织开展专家咨询。每年设置一批水环境专项课题，如洞庭湖总磷成因分析，加大相关科研经费投入，增强水污染治理能力保障和科技支撑，提升生态环境治理的系统性、整体性、协同性。

六、积极主动争取，落户“长江论坛”

1997 年，民进中央就开始与湖南省、湖北省共同研讨长江流域综合治理，1998 年 3 月，在全国政协九届一次会议上，民进中央提交了题为《关于建立江汉、洞庭湖平原防洪体系的建议》的大会发言，由此开始了民进中央围绕长江保护与发展二十年建言献策之路。2007 年，首届长江保护与发展研讨会在湖北武汉由民进中央与水利部长江水利委员会共同主办，WWF（世界自然基金会）协办。此后每两年在沿江省份开展一次研讨，现已举办了七届，其中2012年在长沙就长江流域绿色经济转型与生态环境进行了研讨，为党委和政府决策科学化提供了重要参考。随着长江保护与发展研讨会的深入推进和影响扩大，自2012年始，全国政协人口资源环境委员会作为主办单位加入，名称也改为“长江保护与发展论坛”。该论坛是长江保护与发展一个重要的研讨、交流平台，未来还可打造成一个合作平台。建议湖南省积极主动争取下一届主办权，由省人民政府参与主办，并进一步争取论坛永久落户湖南，将其打造为与“博鳌亚洲论坛”、“贵阳生态文明国际论坛”齐名的国际论坛。

（2018年9月）

认真落实习近平总书记“守护好一江碧水”的重要指示，全力打好“一湖四水”保卫战

习近平总书记对湖南省的生态文明建设始终高度关注、寄予厚望。2013 年 11 月习近平总书记在湘考察期间就指示湖南要“牢固树立尊重自然、顺应自然、保护自然的生态文明理念”，这也是习近平总书记比较早的阐述生态文明思想。2018 年 4 月习近平总书记在长江岳阳段考察时，又叮嘱湖南坚持“共抓大保护、不搞大开发，守护好一江碧水”。

近年来，湖南省委、省政府坚决贯彻落实习近平生态文明思想，特别是关于湖南生态建设的重要指示精神，强力推进省“一号重点工程”和洞庭湖生态环境专项整治行动，坚决抓好中央环保督察整改，严格落实“党政同责，一岗双责”，湖南省生态环境保护工作发生了历史性、全局性、转折性变化，三湘大地天更蓝了、地更绿了、水更清了，老百姓获得感更多了，幸福感更强了，满意度更高了。

但是，由于湖南省是农业大省、有色金属之乡，加之近年来工业化、城镇化、农业现代化推进加快，发展与保护的矛盾比较突出，在水污染防治方面存在不少问题与短板，主要包含以下几个方面。

1. 思想观念转变和转型升级步伐不够快。尽管中共湖南省委一直在强调要推进供给侧结构性改革、转型升级和高质量发展，但“不愿转、不敢转、不会转”的现象还较普遍，不愿转怕影响 GDP 和财政收入，不敢转怕影响社会稳定，不会转是缺乏高质量发展的能力和路径。发展粗放、结构不优、布局不合理的问题依然不少。

2. 工业污染和城市污染排放总量大。尽管这几年加大了工业企业污染整治和城市污水处理力度，但由于工业企业污水和城市污水处理厂尾水排

放标准偏低，即使是达标排放，也是V类、劣V类，排放总量大，要达到Ⅲ类的地表水环境质量标准难度较大；新城区不少管网不配套，老城区雨污混流、管网破损严重；地级以上城市黑臭水体整治还有39处未完成，2018年启动实施的县级城镇、乡镇黑臭水体整治由于县级政府要化解地方债务，已经开始和计划开始的项目受到较大影响，进度不到位。

3. 农业农村成突出短板。湖南省乡镇生活污水处理率只有20%左右，只有23个县（市、区）完成了农村环境综合整治验收工作且标准不高，大部分农户生活污水没有处理就直接排放；农村的沟渠塘库等黑臭水体对水环境质量影响很大，目前的整治明显滞后且工作不实，如不引起高度重视有可能引发第二个“下塞湖”事件。农业面源污染成突出短板，畜禽、水产养殖污染严重，治理设施严重不足，尤其是中小型养殖场普遍没有完善的水污染治理设施，规模化养殖排放标准偏低，管理也不到位。农药、化肥使用强度高、总量大，导致不少水体总氮、总磷超标。乡镇饮用水水源地风险隐患较大，群众的保护意识不强，周边生活污染源问题非常突出。农村供水设施落后，大部分农村水厂净水设施和消毒设备简单，供水应急保障机制不健全。

4. 保障不力成突出瓶颈。体制机制有待改革完善，多头管理比较突出，流域综合治理有待加强；以会议贯彻会议，以文件落实文件，以方案落实方案的现象还比较普遍，地方环境治理投入严重不足，缺口较大；环境管理人员、监测执法队伍人员不足，素质不高，小马拉大车。

近期，我先后参加了民进中央、全国政协人资环委等主办的“长江保护与发展论坛”和全国政协污染防治专题议政性常委会等活动，在发言中，我宣传介绍了湖南省好的经验和做法。同时，根据相关领导讲话精神、有关部委情况介绍、其它省（区、市）先进经验和专家意见建议，结合湖南省实际，为坚决落实习近平总书记“守护好一江碧水”的重要指示，切实保护好“一湖四水”，提出如下建议：

1. 强化工作保障，推进任务落实。地方各级党委和政府要坚决扛起生态文明建设和环境保护的政治责任，对本行政区域的生态环境质量负总责，以水质“只能变好，不能变差”为底线，以改善水环境质量为核心，以补短板为重点，要切实加大工作保障力度，如人员、资金、设备、能力等，要加强这方面的考核、督察，为目标任务的完成提供坚强保障。

2. 完善体制机制，避免“九龙治水”。结合即将开展的省级以下机构改革和省以下监测监察体制改革，把治水综合协调和综合监管职能集中在一个部门，其他部门履行相关主体责任，既避免“九龙治水”，监管分散，又避免责任不明，职责不清。同时，加快建立流域综合管理机构，统筹上下游、干支流、左右岸，实现在水污染防治、水资源节约和水生态保护等方面的统一规划、管理、执法、评估、考核、问责等，提高江河湖库保护和治理的系统化、法治化、精细化水平。

3. 提高环境标准，加快地方立法。在长江岸线湖南段、“一湖四水”设立生态隔离带。在长江岸线湖南段、洞庭湖和湘江等环境敏感区域对高污染排放行业执行特别排放限值。对长江岸线湖南段、洞庭湖、湘江等环境敏感区域和不达标水体周边县级以上、建制镇城镇生活污水处理设施执行一级A的排放标准，对于长沙市建成区以及其他环境敏感区域，处理后的城镇生活污水还需经天然或人工湿地生物净化后才能排入天然水体。以“生态养殖，绿色发展”为目标，出台畜禽、水产养殖等污染物排放地方标准，引导、推动养殖业发展方式从粗放型向环保型过渡。农民新建住房应该提出配套建设污水处理设施的明确要求。修改《湘江保护条例》，制定《洞庭湖生态保护条例》，推动洞庭湖和长株潭等设区的市的水污染防治地方立法工作。

4. 借鉴外省经验，建立断面长制。学习借鉴江苏等其它省（区、市）经验，以改善断面水质为核心，针对345个省级以上考核断面，尤其是国家“水十条”60个考核断面全面建立断面长制，逐一明确省、市、县、乡、村各级断面长，实行“河长制”和“断面长制”的双长制。对于不达标断面，逐一制定具体整治方案，明确达标时限，实行各级断面长包干负责。

5. 多方筹措资金，推进生态补偿。生态环境治理要见成效，资金投入是关键，要用“真金白银”建设“绿水青山”。完善投资、价格、财税、土地、金融等政策，多渠道积极引导社会资金投入。各级财政加大生态环保投入，强化资金投入硬约束。从水电开发、河道采砂等收入中提出一定比例用于碧水攻坚战。在城镇污水收集处理等环保基础设施建设和城市黑臭水体整治等方面大力推进 PPP 建设模式。加大环境税征收力度，确保应收尽收。地方债券向生态环保倾斜。加大对企业环境违法行为的处罚力度，督促企业把生态成本内置为企业内部成本，推进环境污染强制责任保险制度建设。加大公益诉讼力度，对企业损害生态环境的行为要求给予全额损害赔偿。大力推进绿色金融，大力发展环保产业。加快推进生态补偿由湘江流域向“一湖四水”拓展，制定《一湖四水生态环境补偿办法》，同时，推进跨界河流相关县（市、区）建立横向生态补偿机制。加大差别化水价实施的力度，企业环境行为信用评价等级与电价、水价等挂钩。提高城市居民污水、垃圾处理费用，在乡镇逐步征收污水处理费用。完善相关政策措施，积极引导社会力量和社会资本参与污染防治攻坚战。

6. 积极主动争取，落户“长江论坛”。1997 年，民进中央就开始与湖南省、湖北省共同研讨长江流域综合治理。2007 年，首届长江保护与发展研讨会在湖北武汉由民进中央与水利部长江水利委员会共同主办，WWF（世界自然基金会）协办。此后每两年在沿江省份开展一次研讨，现已举办了七届。自 2012 年始，全国政协人口资源环境委员会作为主办单位加入，名称也改为“长江保护与发展论坛”。该论坛是长江保护与发展一个重要的研讨、交流平台，未来还可打造成一个合作平台。建议湖南省积极主动争取下一届主办权，由省人民政府参与主办，并进一步争取论坛永久落户湖南，将其打造为与“博鳌亚洲论坛”、“贵阳生态文明国际论坛”齐名的国际论坛。

（2018 年 9 月 25 日）

碧水保卫战必须整体发力

自2015年4月“水十条”发布以来，水环境治理的系统性得到加强，地表水环境质量逐年好转。2018年1—6月，全国Ⅰ—Ⅲ类水质断面占70%，劣Ⅴ类断面由2016年9.7%，下降到2017年8.3%，2018年上半年的6.9%。但目前水污染治理也还是存在一些短板，面临一些瓶颈。

1. 产业布局和结构的调整推进较慢。尽管中共中央、国务院一直在强力推进供给侧结构性改革，强调转型升级和高质量发展，但基层“不愿转、不敢转、不会转”的问题仍很普遍，不愿转怕影响GDP和财政收入，不敢转怕影响社会稳定，不会转是干部和企业缺乏高质量发展的能力和水平。

2. 工业和城市污染排放总量大。尽管这几年加强了工业企业污染整治，加大了城市污水处理力度，但由于工业企业污水和城市污水处理厂排放标准偏低，即使是达标排放，也是Ⅴ类、劣Ⅴ类，与Ⅲ类的地表水环境质量达标标准相差太远。

3. 城市和园区污水管网不配套。这些年，经过多方努力，县城以上城市污水处理厂和省级以上工业园区及工业聚集区污水处理设施已基本建成，但存在不少管网不配套的问题，老城区的雨污混流，这也是很多城市水体黑臭的主要原因。

4. 城乡黑臭水体整治任务繁重。目前，黑臭水体整治主要是在地级以上城市开展，但由于各级政府要化解地方债务，已经开始的和计划开始的城市黑臭水体整治项目受到较大影响。农村的沟渠塘库等黑臭水体对水环境质量影响更大，但目前没有提出明确的整治要求。

5. 农村生活污水处理严重滞后。现东部发达地区乡镇、农户生活污水处理率只有 70%—80%，中西部只有 20%—30%，甚至西部有些省还在 10% 以下。

6. 农业面源污染成突出短板。畜禽、水产养殖污染严重，治理设施严重不足，尤其是中小型养殖场普遍没有完善的水污染治理设施，规模化养殖排放标准偏低，管理也不到位。农药、化肥使用强度高、总量大，导致不少水体总氮、总磷超标，农业面源污染已成为水环境污染的主要污染源。

7. 饮用水水源地风险隐患较大。一是饮用水水源地群众的保护意识不强，尤其是乡镇偏远地区的水厂，水源地周边生活污染源问题非常突出。二是农村供水设施落后，大部分农村水厂净水设施和消毒设备简单，缺乏相应的检测设备，供水存在一定安全隐患。三是供水应急保障机制不健全。部分县（市、区）饮用水水源结构单一，备用应急水源建设尚未完成，水源地规避突发性事故风险的能力不强。

为此，提出以下建议：

1. 工业企业向园区集中。除资源开发类项目外，今后新建工业项目，一律向工业园区、工业集聚区集中，否则，发展改革部门不予立项，生态环境部门不予环评，自然资源部门不予供地。对于原有园区外的项目，提出明确时限向园区搬迁，对于因特殊原因不能搬迁的企业，实行特别排放限值。

2. 严格环境标准法律。扩大特别排放限制适用领域、地域。提高工业企业污水、城市污水处理厂尾水、规模化畜禽养殖污水处理排放标准，至少应达到地表水Ⅳ类排放标准或水环境功能区划要求，环境敏感区和特殊行业应达到Ⅲ类，实行限期达标。要加强流域水污染防治的国家立法，推动地方立法，统筹流域上下游、左右岸，用法律保障区域同治、干支流同治、水陆同治的落实。

3. 广开资金筹措渠道。完善投资、价格、财税、土地、金融等政策，多渠道积极引导社会资金投入水污染防治。在城镇、园区、乡村、农户污水处理设施及配套管网建设和城镇黑臭水体整治等方面大力推进 PPP 建设模式。从水电开发、河道采砂等收入中提出一定比例用于碧水保卫战。在化解地方债务风险过程中，对水污染防治项目网开一面。发行 10 年期以上的长期、低息水污染防治国债或地方债券。

4. 建立生态补偿机制。一是强力推进流域横向生态补偿机制。国家层面要有明确工作计划，提出明确工作要求，制定分类补偿标准，搭建具体协商平台。二是建立湿地生态补偿机制。三是建立饮用水水源保护区生态补偿机制。

5. 加强农村面源污染防治。种植业要把农药化肥用量减下来，实现农药化肥使用量的负增长。要调整养殖结构，走集约化养殖道路，规模化畜禽养殖必须有配套的污水处理设施，推进畜禽粪污资源化利用。划定畜禽养殖禁养、限养、适养区，严格分区管理，零散化养殖只能在适养区开展，且要实行生态化养殖，养用平衡。严格禁止在天然水域投肥养殖，鱼塘也应进行生态化养殖。加强水生态系统的保护和修复，增强水生态系统的服务功能，让它有更大的接纳能力和净化能力。

6. 严格饮用水水源地保护。大力推进饮用水水源保护区规范化建设，配套完善隔离防护栏、界标、警示牌等基础设施，重点保护集中式饮用水水源地和大湖大库，切实消除饮用水水源地风险隐患。加快县（市、区）备用水源建设进度，制定完善的水源地保护应急预案，明确相应的职责和组织体系，确保发生突发事件时处置得当。切实保障群众饮水安全，加快推进农村区域集中供水和管网建设，不断提高农村区域供水覆盖率。加大执法力度，严厉打击各类违法违规行为，加强饮用水水源地保护立法。

7. 突出重点区域整治。确定一批水污染整治重点区域，加大投入，加强整治 。把长江经济带保护作为重中之重，坚持落实习近平总书记“共抓大保护，不搞大开发”“生态优先、绿色发展”的指示精神，加快划定和制定“三线一单”，积极推进“河湖长、河湖断面长制”，将流域（水域）水环境质量目标作为评价“两长制”实施成效的关键，让此项制度进一步落到实处。逐河逐湖明确问题、目标、任务、责任“四个清单”，坚持分区谋划、分类施策、分段管控，形成责任明确、协调有序、监管严格、保护有力的长效管理机制和配套制度。城市老城区要实施海绵化改造，新城区要实施雨污分流。以目标和问题为导向，确定一些重点整治领域和重大整治工程、项目，加大整治力度，保护好长江一江碧水。

（2018 年 12 月）

突出问题导向 强化支撑保障
切实保护好长江母亲河

作为长江中游省份，湖南省水资源丰富，水系发达，水情是最大的省情。近年来，湖南省深入贯彻落实习近平生态文明思想，以湘江、洞庭湖为重点，纵深推进碧水保卫战，确保湘、资、沅、澧四水干流水质达到或优于Ⅲ类，洞庭湖生态环境质量持续好转，为保护"一江碧水"贡献了湖南力量。但由于多方面原因，在推进长江经济带"共抓大保护、不搞大开发""生态优先、绿色发展"过程中，湖南省还面临诸多问题和挑战，需要准确把握并适应新形势、新任务、新要求，有力有序有效推进各项重点工作。

一、准确把握当前存在的主要问题和挑战

（一）局部区域环境质量不高

局部区域环境质量不容乐观，离国家要求、群众的期待还有较大差距。总体而言，湖南省水环境质量状况在全国排名靠前（国控考核断面优良率88.3%，全国平均72.4%），但湘江、资江还有部分支流断面水质不达标。少部分区域饮用水水源地存在铁、锰、锑等污染物超标的问题，群众饮水安全难以保障。由于河湖标准问题，洞庭湖总磷超Ⅲ类标准0.4倍，短期内难以达标，尤其是湖区部分沟渠塘坝淤积严重，水体发黑发臭，部分内湖富营养化严重。

（二）产业结构不合理，污染物排放总量偏大

问题在水中，根子在岸上，本质在经济。湖南省是农业大省、有色金

属之乡，但初级产品多，精深产品少，结构性污染突出。湖南省年生猪出栏量6000多万头，养殖强度居长江经济带首位，加上其他重点领域排放，湖南省氨氮和化学需氧量排放总量分别居全国第三、第五位；铅、锌等十种有色金属年产量200多万吨，五种重金属排放量占全国18%左右。由于各方面因素影响，湖南省产业结构调整、转型升级难度较大，替代产业短期内难以做大做强且同质化严重。

（三）环境整治任务繁重，部分工作欠账较多

在生活污染治理方面，湖南省仅1/3左右的污水处理厂达到一级A排放标准，仅20%左右的乡镇建成污水处理设施，污水收集管网不配套、不完善问题比较普遍；在农业污染治理方面，湖南省农药、化肥使用强度高，25%左右的规模养殖场未配套建设粪污处理或资源化设施，精养鱼塘投肥养殖问题比较突出；在工业污染治理方面，部分企业污染治理和清洁化水平较低，工业园区环境管理水平相对较低；在历史遗留污染治理方面，株洲清水塘、湘潭竹埠港等五大重点区域历史遗留废渣、污染场地点多面广量大，治理任重而道远。

（四）旧的思想观念转变慢，高质量发展能力不足

无论是各级干部，还是企业家，大多还是习惯于过去粗放式的发展模式，维持原来的思维惯性，“不想转、不敢转、不会转”的问题普遍存在。

（五）管理机制不完善，协调联动有待加强

上下游、左右岸同治机制还在完善过程中，各地整治标准、工作力度不尽相同。同时，环境治理涉及多个部门，目前，机构改革还未完全到位，相关领域，尤其是新领域的监管还存在权责不清、权责缺失等问题，未真正按“统一规划、统一标准、统一环评、统一监测、统一执法”的原则形成生态环境治理和监管能力，相关部门统筹协调还不够，存在工作脱节问题。

（六）支撑保障不足，工作基础相对薄弱

当前，重责任落实，轻条件保障的问题较突出，直接影响到地方工作

的积极性、主动性。环境监管能力偏弱，尤其是基层小马拉大车问题严重，难以适应任务日趋繁重、要求越来越高的新形势。生态环境监测、评价体系还不健全，先进治理技术、管理经验推广应用不够。社会公众参与积极性高，但环保素养、实践能力有待提升。财政资金投入不够，尤其是当前加强政府债务管理，地方融资形势严峻，治理资金缺口较大，如珊珀湖治理需要9亿元以上，而安乡县年财政收入仅5亿元左右。

二、深入推进长江经济带生态环境保护工作的建议

生态环境保护功在当前，利在千秋。近年来，长江经济带沿江省份进一步加大治理力度，水质优良率逐年提高。面对“标兵越来越远、追兵越来越近”的逼人形势，湖南省既要多还旧账，又要不欠新账，必须进一步提高政治站位、树牢“四个意识”，坚决把思想和行动统一到习近平生态文明思想上来，自觉担负起“守护好一江碧水”的责任。按照长江经济带“共抓大保护、不搞大开发”的要求，建议做好如下工作：

（一）强化责任落实，推动齐抓共管

按照约束与激励并举的原则加大考核奖惩力度，抓住领导干部关键，用好领导干部自然资源资产离任审计、重大环境问题（事件）责任追究办法、环保综合督察等措施避免乱作为、慢作为、不作为。按照“只能变好，不能变差”的要求，对水质持续恶化的地方党委和政府及时采取警示、约谈、区域限批和督察问责等措施。按照“管行业必须管环保、管业务必须管环保、管生产经营必须管环保”的要求，推动各部门积极履责，形成工作合力。

（二）推动绿色发展，实现高质量发展

严格落实生态红线制度，加大生态补偿力度，对重点生态功能区实施最严格的保护。全面落实“三线一单”，严格重污染项目准入，加快推进清洁生产、循环经济，推动重点园区、重点企业转型升级。分类指导，综合施策，加快推进五大重点区域转型升级。结合农业供给侧结构性改革，加强品牌创建、市场推广等方面的工作力度，积极支持发展壮大有机农

业、休闲农业。

（三）回应群众环境关切，加快解决突出问题

围绕人民群众反映最强烈、最关心、最直接的环境问题，切实加大环境治理力度，及时消除和化解环境风险隐患，进一步增强人民群众的环境获得感，促进社会和谐稳定发展。加强湘西、永州等欠发达地区统筹，协同推进“三大战役”。集中力量，以项目为载体，切实打好饮用水水源保护、城市黑臭水体整治、农业面源污染整治、化工污染整治等标志性战役。

（四）夯实工作基础，全面提升治理能力

按照“源头严防、过程严管、后果严惩”的思路，继续深入推进生态文明体制改革，完善政策措施，丰富手段。结合机构改革，按层级工作职责配备相应工作力量，加快建设生态铁军。组织优势科研力量，加强先进适用技术及装备推广示范，提升科技支撑，推进精准治污。建立财政投入动态增长机制，成立省级环保治理基金，加快发展绿色信贷、绿色金融，积极推动 PPP、合同环境服务等模式，多渠道拓展投融资方式。

（五）营造良好氛围，深入推动社会公众参与

加大环境执法力度，坚持“零容忍”严厉打击各类环境违法行为，坚决维护公平公正环境。进一步加强信息公开和宣传报道力度，正面宣传环境保护的好经验、好模式。加大绿色创建力度，通过生态环保“进机关、进企业、进学校、进社区、进乡村”，积极培育生态文化，提高生态道德，唤醒人民群众的生态环保意识，成为环境治理的监督者、参与者、贡献者。

（2018 年 12 月）

关于持续强力推进“一湖四水”治理的提案

近年来，全省以湘江、洞庭湖为重点，全力打响碧水保卫战，确保了全省地表水水质总体为优，2018 年国考断面优良率达 80%，但仍面临诸多的困难和问题。一是湘江、资江部分支流水质超标，洞庭湖水质总体还为轻度污染。二是产业结构偏重，经济增长方式粗放，源头预防和治理不到位，主要污染物排放量仍处高位。三是环境治理基础设施相对滞后，部分城市尤其是城乡接合部，污水未完全收集，雨污分流不彻底等，乡镇（农村）生活污染治理欠账较多，乡镇建成污水处理设施的仅 21% 左右。部分饮用水水源地、工业园区环境风险隐患未消除到位。四是整治手段比较单一，过度依赖行政措施。科技支撑能力薄弱，治理资金投入严重不足，“等靠要”问题较为突出。五是部分领导干部没有摆脱惯性思维，重显绩、轻潜绩，抓环境治理不敢动真碰硬。“党政同责、一岗双责”未完全落实到位，部分地方或部门不作为、乱作为、慢作为的问题客观存在。

为贯彻落实习近平总书记“保护好一江碧水”的殷切嘱托，坚决打好打赢碧水保卫战，提出如下建议：

一、突出领导干部关键，系统、深入贯彻落实习近平生态文明思想

一是组织召开多层次的习近平生态文明思想专题培训、研讨班。二是在全省范围内组织开展生态文明建设和生态环境保护“大走访、大调研”活动。三是发动“学习贯彻习近平生态文明思想”征文活动。

二、激励与约束并举，严格落实各级各有关部门生态环保职责

一是强化水生态环境质量目标管理，以国家、省级水质考核评价断面为单元，全面推动落实“河长制”和“断面长制”。二是按照“可定量、

可督办、可考核、可追责”的原则，建立健全水环境保护责任体系，加大绩效考核比重，并严格奖惩。三是加快出台实施生态环境保护领域容错免责实施意见，明确免责情形和激励措施。

三、加快转型升级，推进社会经济高质量发展

一是严格落实生态红线管控措施，加快出台“三线一单”，积极优化国土生态空间，明确全省经济社会发展的“规矩”和“边界”。二是加快发展高端制造业和现代服务业，着力打造绿色低碳循环发展的产业体系。加强重点行业整治，及时淘汰“散乱污”企业。引导园区外工业企业搬入专业园区聚集发展，推进工业园区、工业聚集区生态化改造，三是加强品牌创建、市场推广等工作力度，积极发展壮大绿色农业、休闲农业，推动湖南省农业发展由数量增长为主转变到数量、质量、效益并重。

四、以突出问题为导向，狠抓重点领域综合整治

一是采取专题调研、暗查暗访、遥感监测、群众举报等多种形式，及时发现各类环境污染和生态破坏问题，建立问题台账，及时交办督办。二是持续开展环境治理“夏季攻势”，通过项目化、清单化的形式将整治工作任务层层分解落实，强化考核激励和督促指导。三是持续开展园区污染防治、黑臭水体专项整治、饮用水水源地环境保护、农业农村污染防治等重点战役，着力解决一批突出环境问题。

五、强化支撑保障，加快提升治理能力现代化

一是坚决反对生态环境领域的形式主义、官僚主义，杜绝“数字环保”“口号环保”“形象环保”，整治的目标、任务要与支撑保障相匹配。二是建立财政投入动态增长机制，加大对“一湖四水”整治投入力度，安排一批生态环境领域的PPP项目。从水电开发、河道采砂等收入中提出一定比例用于碧水保卫战。建立省级绿色发展基金。三是向科技、信息借力，加大先进适用技术及装备推广应用，建立覆盖饮用水水源、地表水、地下水、污染源的水环境监测体系，推进信息化、精细化管理。

（2019年1月）

推进长江大保护
还“八百里洞庭”美如画

湖南拥有163千米长江岸线，境内“一湖四水”辐射全境、联通长江，尤其是境内的洞庭湖，唐朝始有“八百里洞庭”的美誉，最盛时水域超过6000平方千米，目前还有2625平方千米，是全国第二大淡水湖、国际重要湿地、珍稀候鸟栖息地、生物多样性基因库，素有“长江之肾”之称，也是长江中下游重要水源地和农副渔业生产基地。洞庭湖与长江唇齿相依、相互作用，江湖关系十分复杂，在保障长江中下游防洪、供水、生态和航运安全等方面具有举足轻重的地位，承担着守护一江碧水的重要使命。

近年来，湖南省坚定不移地贯彻习近平总书记“共抓大保护、不搞大开发”战略思想，坚持走“生态优先、绿色发展”之路，大力实施湘江保护和治理省“一号重点工程”，深入推进洞庭湖水环境综合整治和生态修复，加快建设美丽富饶幸福新湖南，取得了积极成效。但由于历史积累、思想惯性、流域特性、体制机制等多重原因，也面临一些较为突出的问题和困难，具体表现为“三多”、“三低”、“三难”。

“三多”是各类历史欠账多。湖南是有色金属之乡，有色金属冶炼有几百年的历史，为全国工业发展作出了重大贡献，但也遗留下来重金属污染等问题；湖南是鱼米之乡，洞庭湖区是国家重要的商品粮基地，过去大量围湖造田为国家粮食安全作出了重要贡献，但也付出了巨大环境成本。污染防治点面多。不少企业规模小、布局散、管理粗放。湖南为传统农业省份，生猪养殖规模大，精养鱼塘高强度投肥养殖，种植业大量使用化肥、农药、除草剂，农业面源污染严重。农村（乡镇）生活污染治理相对滞后，湖南省乡镇污水处理率仅20%左右。生态修复投入多。湘江治理与保护5年已累计投入各类资金近500亿，这两年洞庭湖治理仅省财政就投入近30亿，湖南省财力相对薄弱，现又要严控政府债务，资金压力很大。

“三低”是河湖岸线集约利用率较低。河湖水域岸线的防洪、供水、交通、生态环境以及开发利用缺乏统筹，特别是老旧码头和企业专用码头制约优质岸线资源高效利用；水资源集约利用较低。水资源消耗总量和强度双控机制不完善。2017年，湖南省农田灌溉水有效利用系数为0.515，远低于0.7—0.8的世界先进水平；三是环境容量集约利用率较低。缺少有约束性的全面生态补偿机制，低端产能和落后生产方式污染排放占据过多环境容量。

“三难”是不同省（区、市）间协调难。长期以来洞庭湖与长江唇齿相依、相互作用，演变为极其错综复杂的江湖关系，但在如何处理好江湖关系问题上各省（区、市）间认识不一、矛盾突出。不同功能间协同难。长江黄金水道涉及通航、发电、防洪、生态等多个功能，相互协同难。如长江三峡工程及上游水库群虽发挥了巨大效益，但因水库蓄水拦沙，清水下泄冲刷河床，导致中下游湖泊枯水期提前且时间延长，洞庭湖在枯水期提前30—40天，9—10月份水位下降超过2米，对滨湖供水及湖泊湿地生态环境影响明显。不同部门间协作难。正所谓“九龙治水”，各级涉水管理部门多而杂，职能职责常有交叉，协调成本高。比如河道采砂整治，部门间行业局限性较大，导致管理主体等职责不明，容易出现脱节。

为此，有以下几点建议：

1. 强化长江经济带生态优先、绿色发展的顶层设计。一是法治层面。研究制定《流域管理法》，加快推动制定《长江保护法》，建议制定《洞庭湖生态经济区环境保护条例》等。二是规划层面。尽快修订出台《长江经济带发展规划纲要》，对长江中上游水库群建设带来的江湖关系新变化提出改善举措。三是空间层面。尽快建立生态保护红线、环境质量底线、资源利用上线和生态环境准入清单“三线一单”制度，强化空间、总量、准入环境管理。四是政策层面。对长江经济带发展中涉及的生态环境补偿、产业转型升级、现代生态农业发展，河湖水域岸线产权登记等，在财税、就业、国土、环保、金融等方面制定政策，赋予先行先试权力。

2．从国家战略层面推进沿江重点湖泊、水系生态和防洪安全体系建设。建议将洞庭湖治理上升到国家战略层面布局。一是按照“江湖两利”、多功能协调运行的原则处理好江湖关系，维护江湖稳定格局。系统研究长江三峡及上游水库群建设对洞庭湖生态的影响，加强荆江河段河势变化监测，加固已护险工段，尽快解决切滩崩岸、主流摆动频繁等问题，确保干流河道平面形态稳定。支持湖南省加快实施以河道疏浚和松滋口建闸相结合的四口水系综合整治工程，稳定长江分流洞庭湖水量。枯水季节，长江三峡要加大向下游生态补水的力度。二是科学划分防洪蓄洪行洪空间，加强重点堤垸水库建设。根据洞庭湖洪水调蓄功能定位，合理划分防洪保护区、蓄滞洪区与洪泛区空间，维护长江防洪大局安全。推进洞庭湖区蓄滞洪区围堤达标和安全设施建设，尤其是城陵矶附近100亿立方米蓄滞洪区建设，建议设立蓄滞洪区生态补偿基金。三是针对统筹山水林田湖草系统治理的新要求，支持洞庭湖生态功能修复。支持湖南推进洞庭湖生态环境十大重点领域和九大重点区域整治。优先支持洞庭湖县（市、区）纳入国家畜禽养殖废弃物资源化利用整县推进试点，支持洞庭湖区65万亩湿地修复工程，加快实施洞庭湖湿地保护与恢复工程、三峡后续项目、退耕还湿等。

3．结合乡村振兴战略，支持湖区探索现代农业发展新模式。一是支持湖区探索规模化种植模式，建设现代农业先行区。科学划定畜禽水产养殖禁养区、限养区和适养区；推进土地流转，促进湖区农业规模化经营，基地化运作、机械化耕种。二是支持发展绿色生态循环农业，建立生态农业示范区。实现化肥农药使用量负增长。出台有机肥生产、使用补贴政策，扩大果菜茶有机肥替代化肥示范县规模。推进国家农业可持续发展试验示范区建设。开展整县推进秸秆全量化综合利用试点和乡镇秸秆收储运站试点，探索秸秆发电管理新模式。开展农药包装废弃物回收处置试点。推进大型沼气工程及生活污水净化工程建设。

4．着眼形成同频共振工作合力，探索完善长江经济带发展的体制机制。一是生态补偿机制。加大对沿江地区生态环保补偿力度，构建将生态环保成本内部化的税收机制；建立长江流域生态补偿大数据平台，统一规范水质监测指标、标准、评价方法并实行省（区、市）间共享；根据实际情况，对洞庭湖制定更加科学的考核评价体系，优化总磷评价标准。健全环保中央财政投入动态增长机制，设立长江生态环境保护基金。将洞庭湖作为国家湿地生态补偿机制试验区，加大对洞庭湖地区生态环境保护的转移支付、补偿支持力度。二是资金保障机制。借鉴田纳西河流域治理，从长江流域电力、航运、水利、采砂等行业提取相应比例资金用于生态环境整治。构建长江流域产权交易市场，推广绿色贷款、债券、保险、基金等各种绿色金融工具，由国开行、农发行设立长江经济带发展专项贷款；支持地方政府发行生态环境治理的专项债券，支持有收益的生态环保项目由企业发行绿色债券。央行对长江经济带生态环境治理给予贷款支持。三是协同发展机制。健全多边横向合作机制。建立流域统一的环境监测、执法和信息公开机制。在打击固体废物非法转移、河道非法采砂等环境违法犯罪方面加强合作。

（2019 年 3 月 2 日）

关于洞庭湖水环境治理重点项目安排的建议

湖南省委、省政府历来高度重视洞庭湖保护和治理工作，尤其是2016年以来，通过实施五大专项行动和三年行动计划，取得了较好效果，总磷浓度逐年下降，2018 年，总磷下降为 0.069 毫克/升（比 2015 年下降38.3%），2019 年 1—9 月总磷浓度持续下降为 0.061 毫克/升（同比上年下降 11.6%）。但洞庭湖水环境治理涉及方方面面，需要综合施策、精准发力，既要打攻坚战，也要打持久战。

一、洞庭湖水环境治理主要问题

（一）水环境质量不容乐观

根据监测，2018 年，洞庭湖湖体总磷超标 0.4 倍，由于湘、资、沅、澧四水和长江三口来水总磷偏高，洞庭湖总磷超标问题短期内难以解决。入湖河流中，华容河六门闸断面水质仍是Ⅳ类。20 个内湖监测断面有 13 个未达到Ⅲ类，包括大通湖、皇家湖、芭蕉湖、南湖等 4 个考核评价断面。

（二）污染物排放总量仍然偏大

湖区产业结构不合理，经济增长方式粗放，污染物排放量仍处于高位。根据核算，2017 年，洞庭湖区总磷排放 16152 吨，其中，工业源排放103 吨，占比 0.64%；城镇生活源排放 889 吨，占比 5.50%；农村生活源排放 1335 吨，占比 8.26%；农业种植排放 4558 吨，占比 28.22%；畜禽养殖排放 7835 吨，占比 48.51%；水产养殖排放 1424 吨，占比 8.82%。

（三）农业生产污染防控相对滞后

湖区畜禽养殖规模大，部分养殖场（专业户）治污设施建设、运行管理不到位，标准不高，粪污直排问题比较突出。湖区水产养殖面积达25.4万公顷，投肥、投饵养殖较为普遍，污染治理基本为空白，部分精养鱼池总磷超湖库总磷Ⅲ类标准20倍以上。同时，湖区农田化肥施用强度达48.51千克/亩（折纯），为全国平均水平的1.6倍，面源污染不容忽视。

（四）城乡生活污水处理能力不足

一是部分污水处理厂提标改造未到位。湖区37座县以上城镇生活污水处理厂中，还有17座未达到一级A排放标准。二是污水收集管网问题较多。雨污不分流现象普遍，管网错接、漏接、损毁等问题较多。根据7月、8月自动监控数据，湖区37座县以上城镇生活污水处理厂中，分别有14、12座污水处理厂进口COD浓度小于100毫克/升。部分区域生活污水直排或长期采取临时应急措施。三是乡镇污水处理设施覆盖率低。湖区307个乡镇建成污水处理设施的比例为35%，离2020年实现全覆盖还有较大差距。由于管网建设、运行经费保障等问题，许多已建设施运行不正常。四是农村生活污水治理设施欠账多。农村生活污水处理设施建设滞后、覆盖率低，部分地方污水直排。同时，部分工业企业污染治理设施建设不到位，部分工业园区污水管网问题较多，污水集中处理设施运行不正常。

（五）部分区域水生态功能退化严重

一是水系连通不畅。三峡工程蓄水后，洞庭湖水位降低，相当比例沟渠塘坝淤塞严重，水生植物腐败物堆积，水流不进、流不动、留不住、污染重问题突出。二是黑臭水体问题较为突出。益阳、岳阳两市排查的城市黑臭水体整治完成率低于80%，县乡黑臭水体整治才起步，部分整治措施不到位，存在水质反弹问题。三是部分内湖、河流污染破坏问题多。受长期投肥养殖、围网养殖等因素影响，部分内湖，如大通湖、珊珀湖、华容东湖等污染严重，生态损害问题多，志溪河、华容河水质长期不达标。四是湖滨湿地破坏严重。由于人为侵占、管控不到位等因素影响，湿地破碎化、陆域化加快，部分湖滨生态系统遭到破坏，生态拦截、污染物净化功能降低甚至丧失。

（六）饮用水安全存在隐患

湖区季节性、水质性缺水问题客观存在，部分饮用水水源环境问题容易反弹，农村饮水安全工程施工标准低，安全隐患多。受背景值影响，湖区地下水铁、锰超标问题较为突出，城乡供水安全受到威胁。

（七）支撑保障能力相对薄弱

环境监测网络不完善，预警预报能力薄弱。湖泊治理与修复、畜禽养殖污染治理等方面的先进适用技术研发和示范推广应用不够。相关领域监督管理粗放，离科学施策、精准施策差距大。

二、水环境治理重点项目安排建议

针对上述问题，按照国家批复的《洞庭湖水环境综合治理规划》等文件要求，围绕补齐污染治理短板、减少污染物排放、修复生态环境、保障饮水安全、强化支撑保障等目标任务，按照“统筹兼顾，突出重点；远近结合，分步实施”的原则，应重点推进如下几方面整治项目和措施：

（一）推进城镇生活污水处理厂提标改造和配套管网建设工程

一是推进污水处理厂提标改造。倒排工期，确保17座城镇生活污水处理厂在2020年前全部完成提标改造工作。二是推进污水管网配套工程建设。加强城镇污水收集管网排查和建设力度，对进水浓度过低的污水处理厂，县（市、区）要制定并落实限期整改方案。三是推进乡镇污水处理厂建设。按照“厂网一体，因地制宜”的原则，加快推进乡镇污水处理设施及配套管网建设，2020年底前实现湖区全覆盖。

（二）推进工业园区污水收集能力建设

推进省级及以上工业园区污水收集管网建设，按照全收集、全处理的要求，2019、2020年底前分别完成国家级、省级工业园区污水收集管网配套建设。强力推进园区污水处理设施正常运行和达标排放，确保实时在线监控。

（三）推进畜禽养殖粪污资源化工程建设

按照整县推进的模式，积极支持、加快建设一批养殖粪污收集、转运、处理和利用工程。为确保畜禽粪污得到有效资源化利用，变废为宝，建议省（区、市）出台相应的有机肥生产、使用奖励政策。加强监管，推进规模畜禽养殖场完善粪污治理设施。

（四）推进农村环境综合整治

以建制村为基本治理单元，以整县推进为主要方式，统筹农村环境综合整治、人居环境整治、美丽乡村建设、农村厕所改造等工作，加强饮用水保护、生活污水及垃圾治理等工作，因地制宜实施一批生态环境整治“五结合”工程，提升农村生态文明建设水平。

（五）推进精养鱼塘清洁化、标准化改造

按照“休一批、改一批、退一批”的要求，积极推进湖区水产养殖污染治理。严格控制投肥、投饵养殖，天然水域水产养殖实现“人放天养”。抓好70万亩养殖塘清洁化、标准化改造，开展养殖尾水净化示范工程建设，加强水质监测与管理，依法依规清理整顿严重污染水体的水产养殖场所。因地制宜将一批鱼塘改造为生物净化池，对区域地表径流等进行净化处理。

（六）推进农业清洁生产和农业面源污染综合治理工程

结合农业供给侧改革，积极实施农业清洁生产，发展高效生态循环农业。全面推进农药化肥减量化行动，加快实施种植业尾水及农田地表径流的生态拦截与尾水回用工程，建设一批小流域农业面源污染综合治理示范区。

（七）推进黑臭水体和不达标水体整治

坚持“源头化、流域化、系统化”治理方针，2020年底前，全面完成湖区地级以上城市建成区58处黑臭水体整治任务，并统筹推进县、乡黑臭水体整治。按照“一河（湖）一策”的要求，加快落实大通湖、华容河、珊珀湖、三仙湖等不达标水体整治方案，以环境质量改善为核心，分期、分批实施相应的整治项目。

（八）推进水系连通工程建设

结合中小河流治理，加快推进沟渠塘坝清淤增蓄工程，到2020年，完成6.42万千米沟渠、11.02万口塘坝清淤疏浚，妥善处置清除淤泥。实施洞庭湖四口水系地区、东洞庭湖城区连通片等6大片区水网连通工程。加强洞庭湖生物多样性保护优先区域建设，推进洞庭湖及重点入湖河流生态缓冲带建设，因地制宜实施重点排污口下游、主要入湖（河）口等区域人工湿地水质净化工程。

（九）推进饮水安全工程建设

采取“引水、蓄水、配水、活水”等综合措施，在湘阴县、君山区、汨罗市等县（市、区）积极推进饮用水水源工程建设。推进饮用水水源地规范化建设，整治突出环境问题。推进城乡一体化供水工程建设，兴建集中联片供水工程，逐步剔除铁锰超标地下水源。巩固提升农村安全饮水工程，配套改造、升级联网已建工程。

（十）推进环境监管能力提升

完善水生态环境监测网络，建成覆盖湖体、内湖、主要入湖河流等的水质自动监测网络，建设水生态环境质量综合管理平台，加强生态状况与功能调查评估。加强科技支撑，加强洞庭湖污染成因及对策研究，积极推进畜禽养殖资源化利用、农业面源污染防治、水产养殖尾水处理等领域的试点示范工程建设，为相关部门、地方政府管理决策提供支撑。

（2019年11月6日）

治理长江水环境要突出破解总磷控制难题

——以洞庭湖为例

长江是中华民族的母亲河，也是中华民族发展的重要支撑。国家高度重视长江保护修复工作，生态环境部颁布实施了《长江保护修复攻坚战行动计划》，相继启动了八个专项行动。沿江 11 省市及有关部门扎实推进长江保护修复各项工作，长江水环境总体上呈现逐年改善、持续好转的良好态势。但是，目前长江生态环境保护面临的形势依然严峻，特别是长江流域水体总磷污染问题依然突出。自 2016 年以来，总磷成为长江流域水环境的首要污染因子，至今总磷污染现状尚未根本扭转。根据最新《全国地表水水质月报》，2019 年 7 月长江流域超Ⅲ类的断面 58 个，其中总磷超标断面数 28 个，位居第一；现存劣Ⅴ类断面主要污染因子也均为总磷。

洞庭湖是全国第二大淡水湖，是全国水量最大的通江湖泊，是长江重要调蓄湖泊和国际重要湿地，是长江整体生态的重要支点，担负着长江流域中下游生态安全、水安全和国家粮食安全的重大责任。洞庭湖径流量约为长江总径流量的三分之一，其水质好坏直接影响长江流域水环境。受江湖关系调整、气候变化和人为活动等因素影响，近年来洞庭湖生态环境面临着严峻的保护压力，总磷污染问题尤为突出。目前，洞庭湖总体水质为Ⅳ类，主要超标因子为总磷。洞庭湖在“吞吐”长江水的同时接纳了湘资沅澧四水及湖区大量污染物，据核算，洞庭湖通过城陵矶出口输入长江干流总磷量高达 2. 8 万吨/年，对长江流域水体总磷贡献巨大。可见，控制洞庭湖总磷污染已成为改善长江流域水环境质量的关键。

一、洞庭湖水环境总磷污染治理及改善情况

党中央、国务院高度关注洞庭生态环境保护问题，习近平总书记等中

央领导同志先后19次就洞庭湖生态环境问题作出重要批示。2018年4月25日，习近平总书记亲临洞庭湖考察并强调，要继续做好长江保护和修复工作，守护好一江碧水。湖南省委、省政府历来高度重视洞庭湖保护和治理工作，尤其是2016年以来，相继启动实施了洞庭湖水环境综合治理五大专项行动（沟渠塘坝清淤增蓄、畜禽养殖污染整治、河湖围网养殖清理、重点工业污染源排查、河湖沿岸垃圾清理）、十大治理工程（四口水系综合整治、洞庭湖北部水资源配置、河湖连通、安全饮水巩固提升、重要堤防加固、农业面源污染治理、工业点源污染治理、城乡生活污染治理、特殊水域与湿地保护、血吸虫病综合防控工程）、三年行动计划等，同步推进了洞庭湖农业、工业、城乡等十大重点领域和大通湖、珊珀湖等九大片区治理。

通过近几年的集中攻坚和整治，湖区非法采砂、养殖、捕捞等突出问题得到有效解决，洞庭湖生态环境质量持续稳中向好，总磷等主要污染物年排放量逐步减少，年均浓度不断降低。2018年，洞庭湖总磷下降为0.069毫克/升（比2015年下降38.3%），2019年1—9月总磷浓度持续下降为0.061毫克/升（同比上年下降11.6%）。

二、洞庭湖水环境总磷控制的困难和问题

洞庭湖水环境治理涉及方方面面，需要综合施策、精准发力，既要打攻坚战，也要打持久战，目前洞庭湖水环境治理仍存在一些实际困难和问题。

（一）总磷污染现状仍不容乐观

2016年以来，洞庭湖湖体水质持续改善，但目前水质总体仍为Ⅳ类，总磷超标普遍，2018年洞庭湖湖体总磷平均超标0.4倍。20个内湖监测断面有13个未达到Ⅲ类，包括大通湖、皇家湖、芭蕉湖、南湖等4个考核评价断面；其中5个内湖水质长期处于Ⅴ类或劣Ⅴ类，总磷是内湖主要超标因子之一。

（二）四水三口总磷输入对洞庭湖水质影响大

湘江、资江、沅江、澧水以及松滋、虎渡、藕池（“四水三口”）是洞

庭湖主要入湖河流，均执行 GB3838—2002 中河流标准。目前四水入湖总磷浓度已稳定达到Ⅱ类河流水质标准（0.1 毫克/升），2018 年，四水总磷年均浓度在 0.06—0.076 毫克/升范围内；三口入湖总磷浓度远低于Ⅲ类河流水质标准（0.2 毫克/升），2018 年三口总磷年均浓度在 0.097—0.114 毫克/升范围内。虽然四水三口入湖总磷浓度已达到河流考核标准，但仍超出湖体Ⅲ类标准限值（0.05 毫克/升）的 0.2—1.3 倍，四水三口入湖径流量大，其输入的总磷是洞庭湖总磷主要来源，占总磷入湖总量的 60.26%。据核算，由四水三口进入洞庭湖区境内的 TP 量为 17541.1 吨/年，四水三口入境 TP 主要来自湘江和沅江，分别占比 37.14% 和 30.46%，其次为资水，占比 14.58%，澧水及三口分别占比 5% 以内。

（三）湖区总磷排放总量仍然较高

一是农业生产污染治理相对滞后。湖区畜禽养殖点多面广，大部分规模养殖场和专业养殖户治污设施配套不足，粪污资源化利用率低，环境污染负荷高；分散养殖户数量众多，养殖总量大，且基本无治理设施，畜禽粪污大多未经处理直排。湖区水产养殖面积达 25.4 万公顷，投肥、投饵养殖较为普遍，污染治理基本为空白，部分精养鱼池总磷超湖库总磷Ⅲ类标准 20 倍以上。同时，湖区农田化肥施用强度达 48.51 千克/亩（折纯），为全国平均水平的 1.6 倍，氮磷流失量大，面源污染不容忽视。二是城乡生活污水处理能力不足。污水收集管网雨污不分流现象普遍，管网错接、漏接、损毁等问题较多。部分城镇污水处理厂提标改造未到位，湖区 37 座县以上城镇生活污水处理厂中，还有 17 座未达到一级 A 排放标准。农村生活污水治理设施覆盖率低，湖区 307 个乡镇建成污水处理设施的比例为 35%，离 2020 年实现全覆盖还有较大差距。四是部分工业园区基础设施不完善。湖区部分老工业园区建设较早、规划不合理，未建集中污水处理设施，或者未纳入城镇污水处理设施系统；部分新建园区集中污水处理设施和配套管网建设滞后；工业园区污水处理厂不正常运行现象依然存在，缺乏统一的在线实时监管平台。

据核算，2017 年洞庭湖区总磷排放 16152 吨，其中，规模化畜禽养殖排放 1820 吨，占比 11.27%；规模以下畜禽养殖专业户和散户分别排放

2695吨和3320吨，分别占比16.68%和20.55%；农业种植排放4558吨，占比28.22%；水产养殖排放1424吨，占比8.82%；城镇生活源排放889吨，占比5.50%；农村生活源排放1335吨，占比8.26%；工业源排放103吨，占比0.64%。

（四）水生态功能退化严重，自净能力降低

一是水系连通不畅。受三峡工程蓄水以及湖区无序、过度采砂影响，洞庭湖水位降低、水量变少、水体浑浊、输水能力变弱，同时湖区沟渠塘坝淤塞严重，水生植物腐败物堆积，导致水流不进、流不动、留不住、污染重问题突出。二是部分内湖、河流污染破坏问题多。受长期投肥养殖、围网养殖等因素影响，部分内湖，如大通湖、珊珀湖、华容东湖等污染严重，生态损害问题多，志溪河、华容河水质长期不达标。三是湖滨湿地破坏严重。由于人为侵占、管控不到位等因素影响，湿地碎片化、陆域化加快，部分湖滨生态系统遭到破坏，生态拦截、污染物净化功能降低甚至丧失。四是芦苇弃收对湖体生态环境影响不容忽视。洞庭湖是全国14个芦苇主产区之一，年产芦苇92万吨。制浆造纸是湖区芦苇主要利用途径，造纸业退出后，芦苇弃收、腐解是否会对洞庭湖生态系统造成严重影响尚未有明确定论，但根据初步研究结果，结合水域特点、气候条件等各方面因素，在相对封闭缓流的高密度芦苇种植区域，芦苇集中倒伏、腐解将恶化局部区域水质。

（五）支撑保障能力相对薄弱

一是监控预警能力明显不足。目前湖体仅有12个水质监测点位，20个内湖分别仅设有1个监测点位，现有监测点位不能全面反映湖体及内湖水质现状；预警预报能力薄弱，湖区尚未建立基于水质监控预警的水环境综合管理体系。二是科技支撑能力不够。湖泊治理与修复、畜禽养殖污染治理、有机肥应用等方面的先进适用技术研发和示范推广应用不够。三是共抓大保护格局还有待逐步形成。湖区涉及湖南、湖北两省市四市一区，两省间、省内各职能部门间、各地间在生态保护方面存在分工不明、责任不清、多头管理，监管不力等问题，精准施策水平亟待提高。

三、洞庭湖水环境总磷控制的对策与建议

针对上述问题，按照国家批复的《洞庭湖水环境综合治理规划》等文件要求，围绕补齐污染治理短板、减少污染物排放、修复生态环境、强化支撑保障等目标任务，按照“统筹兼顾，突出重点；远近结合，分步实施”的原则，建议重点推进与开展以下工作：

（一）推进四水三口总磷污染防控

深入调研湖南省四水三口总磷污染来源，解析四水三口总磷来源的重点区域、重点行业，分区制定四水三口总磷有效防控对策和措施，并强力推进实施。

（二）推进湖区畜禽养殖粪污治理

一是完善治污能力设施建设。实施限养和适养区规模养殖场污染治理设施升级改造，配套完善粪便干湿分离、粪污发酵、沼气制取以及粪污收集、输送等设施设备。二是加快畜禽粪污资源化利用工程建设。在分散式畜禽养殖密度大、污染严重、环境压力大的区域，建设一批养殖粪污收集、转运、处理和利用工程。

（三）推进湖区农业面源污染控制

扩大生态农业覆盖面积，推行“测土配方—精准施肥—水肥耦合”高效生态肥水运筹模式，严格落实化肥、农药负增长行动，积极推进有机肥生产、使用；利用现有沟塘等，配置水生植物群落、格栅和透水坝，建设生态沟渠、缓冲带、生态塘、前置库等生态拦截与尾水回用工程，拦截和净化农田排水及地表径流。

（四）推进湖区城乡生活污水收集管网建设与改造

一是污水收集管网建设与改造。加快完成城区污水管网建设，完善城区生活污水收集系统；因地制宜开展乡镇生活污水管网建设，基本实现湖区生活污水截污纳管。对雨污管网混接、设施设备老化等问题进行全面排

查与整改，提高污水处理效率。二是城镇污水处理厂改扩建与提质增效。对部分城镇生活污水处理厂实施改扩建，提高城镇生活污水处理能力；加快实施湖区城镇污水处理厂提标改造，确保出水水质达到一级A排放标准，在出水口下游因地制宜建设人工湿地等净化工程。三是农村生活污水处理设施建设。根据地形与人口聚集程度，因地制宜新建农村生活污水处理系统，对适宜集中处理的，新建污水集中处理设施；对适宜分散处理的，建设“三格式”化粪池—小型人工湿地系统、四池净化系统、标准化氧化塘等分散式污水处理设施，提升农村生活污水处理率。

（五）推进湖区“三磷”企业及工业园区整治

一是开展“三磷”企业排查与整治。开展“三磷”问题排查，掌握问题清单，制定整改方案，分类开展整治；借鉴宜昌市等地做法，实施污水处理厂对磷化工企业排水实行梯级价格收费，通过市场手段倒逼企业减少污水排放，降低污染物浓度。二是完善工业园区污水集中处理设施建设。完善新、老园区污水收集管网配套建设，对部分园区集中处理设施进行改扩建和提标改造工程建设，并安装污水水质水量自动在线监控装置，全面提升工业园区污水集中处理设施收集与处理能力。三是构建工业园区在线监控管理平台。开发工业园区在线监控软件系统，对洞庭湖重点涉水工业园区水质水量自动在线监测数据进行分析，实时核查各工业园区废水排放量及污染物排放浓度，强化对园区污水处理设施运行和污染物排放情况的监管。

（六）推进湖区精养鱼塘清洁化、标准化改造

按照“休一批、改一批、退一批”的要求，积极推进湖区水产养殖污染治理。严格控制投肥、投饵养殖，天然水域水产养殖实现“人放天养”。加快推动70万亩养殖池塘标准化改造，完善养殖循环水工程等基础设施建设，提高养殖水体综合利用率。开展水产养殖尾水净化示范工程建设，同时逐步配套完善沉淀池、过滤坝、生物处理池、人工湿地等养殖尾水处理设施。

（七）推进湖区生态修复，提高水环境容量

一是推进河湖连通生态水网建设。实施疏浚工程，逐步解决撇洪河、

哑河、灌排渠淤积问题，改善湖区垸内调蓄输水功能；实施一批引排水工程，新建或改建取水、引水、提水等泵房，将洞庭湖及其周边内湖与河流连接，科学调度与合理分配水资源，增强水体交换能力。二是推进重点片区河流生态修复工程。实施河道水面保洁工程，全面清理河道两岸垃圾堆存点、水面季节性落叶及漂浮物；实施生态护坡护岸工程，利用植物或者植物与土木工程相结合，构建植草沟、透水砖等，在固堤护岸基础上恢复边坡自然生态环境；针对水质较差河道，实施河道水质净化工程，构建跌水设施，增强河道复氧能力；开展河滩适种植物种植与组配，构建河滩水生植物群落，提升河道水质净化能力。三是推进重污染内湖生态修复工程。对重污染内湖底泥淤积严重区域实施环保清淤，清除底泥污染，有效减少底泥污染物的二次释放；通过恢复和重建水生植物系统，调控水生动物结构，提高内湖水环境容量。四是开展环湖缓冲带建设。以自然恢复为主、人工措施为辅，系统构建灌草带、乔草带、绿篱带、生态透水地面等，形成环湖缓冲带生态系统，有效拦截与过滤入湖径流。

（八）加强科技支撑

一是加快研究探索洞庭湖芦苇高效开发利用途径，推动湖区芦苇产业转型发展。深入开展研究和调研，甄别洞庭湖芦苇弃割后高污染风险水域；提前采取措施，对高污染风险水域芦苇及时收割清理；加快探索芦苇高效开发利用途径，如通过芦苇生物质发电、芦苇规模化制燃料乙醇、芦苇制优质生物质炭棒等，壮大芦苇笋食品精深加工产业，发展传统芦苇特色工艺制品等，全面推动湖区芦苇产业转型发展。二是加强农业污染治理适用技术推广与应用。加大科技研发投入，研发集成一批更加经济高效的“畜禽粪污—农田排水—水产养殖尾水”处理技术与设备，积极推进湖区畜禽养殖资源化、农田污染阻控与水产养殖尾水处理等领域先进适用技术的推广与应用，强化综合示范，重点打造一批湖区农业污染综合治理示范点。

（九）推进环境监管能力提升

一是水质监测网络优化与建设。在现有国控、省控断面设置基础上，优化洞庭湖水质监测断面设置，构建能充分反映洞庭湖水环境质量状况的水质监控网络。二是水质自动监测站建设。配套建设水质自动监测站，形成以国控、省控、市控水质监测站为支撑，覆盖湖体、内湖、主要入湖河流等的水质自动监测网络，开展水环境质量实时监测监控。三是水环境质量监控监管平台建设。开发水质评价、预测预报等系统软件，构建洞庭湖水质监控预警管理系统与数据平台，实时掌握洞庭湖各控制单元水质状况、污染整治进展情况，预警预报水质变化，实现流域水质远程监控、水质信息、污染治理信息跨部门跨行政区共享。四是采砂活动监管能力建设。严格按照《湖南省湘资沅澧干流及洞庭湖河道采砂规划（2019—2022年）》规定的禁采期与开采总量，对非法采砂和非法交易砂石行为实行网格化巡查监管制度，同时以采砂监管为核心，围绕采砂监管、运砂监管、违规电子监管等，建立湖区砂石采、运、销在线监控体系，构建湖区采砂执法监管信息化平台，加大对违法采砂的实时监管能力。

（十）完善机制体制建设

一是出台一系列引导和鼓励政策。落实支持有机肥生产和使用的优惠政策，对有机肥生产企业给予退税、减税优惠，对有机肥原料收储运营主体给予奖补；采用物化补贴方式，鼓励和引导农民增施有机肥、种植绿肥，开展有机肥替代化肥试点。二是建立联防联控机制。量化各省、各部门间的工作目标任务，明确属地责任、单位责任、个人责任，及时通报专项行动安排、重点工作部署、重大项目实施等方面的进展情况，真正形成上下游联动，各部门协调联动，齐抓共管，形成洞庭湖总磷污染防控合力。三是制定总磷污染分区防控对策。兼顾考虑流域水文水质现状和区县行政边界，划分湖区总磷污染控制单元，根据水功能区和控制断面水质均达标要求，计算与核定各控制单元水环境容量，确定控制单元总磷负荷分配方案、排污口污染物允许排放量，制定总磷污染分区管控对策，并强力推进实施。

（2019 年 11 月 10 日）

洞庭湖湖体总磷超标问题亟待破解

洞庭湖跨湖南、湖北两省，湖泊面积2625平方千米，湖泊容积167亿立方米，为全国第二大淡水湖，是长江中下游地区最大的调蓄湖泊和国际重要湿地，在维系长江中下游流域江湖关系和生态平衡方面具有不可或缺的重要作用。近年来，通过各级各方面的共同努力，洞庭湖湖体水质持续好转，除总磷外，其他监测评价指标均已达到Ⅲ类，同时，总磷浓度也持续下降，由2015年的0.112毫克/升下降到2018年的0.069毫克/升、2019年的0.066毫克/升，下降幅度超过41%，但下降幅度明显趋缓，要达到湖库Ⅲ类水质标准（总磷<0.05毫克/升）难度很大，总磷超标问题已成为影响洞庭湖水环境质量的突出短板。

通过调查与分析，目前洞庭湖总磷削减还存在如下困难和问题：

1. 上游来水总磷贡献量巨大。洞庭湖湖水来自长江三口占31%，来自湘资沅澧四水占58.7%，四水三口来水是影响湖体水质的重要方面。由于四水入湖口的总磷采用《地表水环境质量标准》中河流标准（Ⅲ类标准限值为0.2毫克/升），湖体和洞庭湖出口区域的总磷采用湖库标准（Ⅲ类标准限值为0.05毫克/升），目前上游主要来水总磷在0.08毫克/升左右，尤其是长江三口来水基本在0.09毫克/升左右，而湖体总磷浓度在0.07毫克/升左右，按照现行评价标准，四水三口入湖口的总磷未超标，而湖体的总磷均超标。

2. 农业生产排放的总磷不可忽视。湖区是全国重要商品粮基地，农业种植面积大，化肥和农药施用强度高，分别为全国平均水平的1.5倍和1.3倍。同时，湖区也是全国重要的生猪、水产养殖基地，年出栏生猪2000多万头，污染整治相对滞后。根据核算，湖区畜禽养殖、种植业、水产养殖总磷排放量分别占总排放量的48.5%、28.2%和8.8%。

3. 科技支撑能力还不强。磷元素在生态环境中的形态及迁移转化机制、富营养化水体生态修复技术及相关机理、畜禽养殖废弃物资源化综合利用方法等领域还缺乏有效的科技支撑。特别是洞庭湖作为全国14个芦苇主产区之一，因产业结构调整，湖区造纸产能全面退出后，短期内芦苇资源消纳未能有效解决，芦苇腐解释放的氮、磷等元素极易影响水生态环境，芦苇资源化利用技术亟待破解。

4. 共抓大保护格局还有待逐步形成。洞庭湖作为典型过水性湖泊，输入性磷来源广泛，除湘资沅澧四水流域外，还涉及长江上游各省（区、市）和湖北省部分县（市、区）。而目前，区域统筹经济发展和生态环保的宏观决策与监管、生态补偿机制尚未建立，部门间协调联动、长江流域上下游同治的力度还有待加强，整治标准、工作力度、时限要求也有待统一。

建议：

1. 扎实做好污染源普查工作。准确掌握洞庭湖区工业源、农业源、生活源等的总磷排放情况，扎实做好污染物排放量的核算工作，厘清污染物排放与环境质量改善之间的直接关系，为下一步洞庭湖区总磷污染控制精准施策提供依据。同时，在洞庭湖流域全面推进总磷减排政策，明确减排目标、总量控制范围、考核方式以及配套保障措施。

2. 提升总磷监测治理能力。结合“十四五”国控断面设置，进一步优化和完善生态环境监测网络。协调优势科研力量加强对磷元素在生态环境中的迁移转化机制进行深入溯源，进一步加大畜禽养殖废弃物资源化利用、养殖尾水治理、水体总磷控制、湖滨（入湖口）生态湿地修复、芦苇综合利用等相关重点领域先进治理技术的研发与示范推广力度。适时对地表水环境质量标准进行修订，按照“一湖一标”的要求，科学评价洞庭湖等过水型、河道型湖泊。

3. 加强农业面源污染控制。推动洞庭湖周边省份出台排放标准和管控规范，强化畜禽粪污、水产养殖尾水污染治理；扩大生态农业覆盖面积，推行“测土配方—精准施肥—水肥耦合”高效生态肥水运筹模式和“生物防治—物理防治—化学防治”相结合的病虫害统防统治技术体系。对有机肥生产、收储和使用给予适度的财政补贴，推进有机肥生产、使用。

4. 加大生态保护修复力度。在科学调整保护地边界范围和功能分区的基础上，国家层面尽快批复设立洞庭湖国家公园，在洞庭湖区率先建立湿地补偿机制。严格落实生态红线制度，扩大湖区生态用地比例，加强湖滨、主要入湖（河）口等重点区域生态保护和修复力度。支持湖南省对松滋河、虎渡河、藕池河、华容河四口水系采取疏河建闸、建库配水等措施进行综合整治，并因地制宜实施一批退田（垸）还湖、退耕还湿工程，增强河湖调蓄功能，缓解枯水期缺水压力。

5. 强化周边省份治理合力。协调组织长江流域上下游各省市，共同采取措施深入推进总磷削减攻坚战，加大“三磷”整治和城乡生活污水治理力度，严格控制含磷洗涤用品。建立定期省际调度机制，量化各省工作目标任务，及时掌握进展情况；指导各省从政策、技术等方面开展交流对接，建立流域横向生态补偿机制。实施信息公开，对于各省专项行动安排、重点工作部署、重大项目实施等情况加强交流和信息通报，形成上下游联动，共抓大保护的良性格局。

（2020 年）

国家层面亟待强化“禁磷控磷”

近年来，通过实施《水污染防治行动计划》，我国地表水环境质量改善明显。2019年，1940个国家地表水考核断面中，水质优良（Ⅰ—Ⅲ类）断面比例达到74.9%，同比上升3.9个百分点。但部分流域水质仍为Ⅴ类、甚至劣Ⅴ类，尤其是湖泊富营养化问题突出，监测富营养化状况的106个重点湖（库）中，30个呈中度、轻度富营养状态，部分湖库水华频发，总磷已成为湖泊水环境质量不达标的主要因子，如洞庭湖，除总磷外其它污染因子早已达标。其中，含磷洗涤剂中的三聚磷酸钠（STPP）对水体富营养化贡献较大，发达国家在防治水体富营养化时均把洗涤剂禁磷作为重要举措。自20世纪80年代中期我国出现水体富营养化问题后，逐步加大了“禁磷控磷”力度。1996年实施的《江苏省太湖水污染防治条例》明确要求分区域禁止（或控制）销售、使用含磷洗涤剂。之后滇池、巢湖等湖库也相继开展了“禁磷控磷”行动。但通过调研，我们发现在“禁磷控磷”行动中仍存在不少问题：一是覆盖面积较小。目前，只有少部分省份、城市零星出台了关于“禁磷控磷”的条例、规章，国家层面还没有较为明确的法律法规，全国“禁磷控磷”的范围还不到国土面积的1/10。同时，城乡没有统筹，农村推进力度相对较小。二是推进措施单一。目前，“禁磷控磷”行动配套措施不系统、不全面，行政措施用得多，市场、经济等手段用得少，一些地方发文了之，后期的宣传推广、市场监管等不到位，卖的买的都不知“禁磷控磷”。三是市场鱼龙混杂。洗涤行业门槛较低，产能过剩导致市场竞争激烈。我国洗涤剂年产量1000余万吨，仅规模以上企业就有400多家，产品质量良莠不齐，大多只强调洗涤功能，对是否含磷等问题避而不谈，要么将其作为“噱头”来提高知名度，要么“以次充好”卖高价格，消费者难以辨认真假。

为减少水体富营养化，在全面强化其他领域总磷削减的同时，国家层面应加大“禁磷控磷”力度。

为此，建议：

一、强化立法保障

提升“禁磷控磷”的立法层级，强化法律措施保障，提高工作的严肃性、权威性、稳定性。在国家相关生态环境保护法律法规、大江大河及重要湖库流域保护法（如《长江保护法》等）修订、出台过程中，明确作出“严格禁止生产、销售、使用含磷洗涤用品”的规定，并明确管理主体、保障措施、强制规范等内容。

二、强化技术攻关

按照环保化、浓缩化、健康化、液体化等要求，国家支持、鼓励建立以企业为主体、市场为主导、产学研相结合的技术创新体系，重点通过高效催化、清洁工艺等研究，加快开发安全、高效、多功能的表面活性剂和助剂，大幅提高洗涤用品效能，并强化配方技术、使用规范的研究，满足消费者功能化、专用化和便捷型需求。

三、强化源头管控

《洗衣粉（无磷型）（GB/T13171.2—2009）等文件规定总五氧化二磷含量小于1.1%的洗涤用品为无磷洗涤用品，标准较为宽松，在综合评估基础上，建议适时修订标准，不断推进产品结构调整和升级。加强行业企业自律和诚信经营，充分发挥行业协会支撑作用，建立完善洗涤剂生产企业质量档案和产品质量信用追溯系统，加大对非法生产含磷洗涤剂等违法行为的惩戒力度，避免劣币驱除良币，推动提升产业集中度。

四、强化监管执法

对已制定出台“禁磷限磷”规定的地方，定期组织效果评估。市场监管、商务、生态环境等部门要加大联合执法力度，对生产、销售、使用质量不合格无磷洗涤用品的，要按照有关规定从严处理。对洗涤剂使用量大的洗涤企业、宾馆（酒店）、医院、美容美发店等，要加大重点监督检查频次，对农村市场也要强化监管。对恶意违反有关规定、且影响范围大的，开展生态环境损害赔偿和公益诉讼。

五、强化宣传发动

在公民生态环境行为规范、乡规民约等中明确“禁磷控磷”要求，通过广播、电视、报纸、宣传栏、传单、微信、短视频等多种形式开展“禁磷控磷”行动的宣传，加大绿色家庭创建力度，全方位介绍有关知识和技能，提高人民群众的环保意识、实践能力。加强信息公开，定期公布合格无磷洗涤用品名录，对抽检不合格的产品要及时向社会曝光，保障消费者的知情权，提高消费者的质量选择意识。

（2020 年）

保护生物多样性
做好长江流域外来物种调查监测

保护生物多样性有助于维护地球家园，促进人类可持续发展，为了保护长江流域的生态多样性和渔业资源，农业农村部在2020年提出了《长江十年禁渔计划》。这个举措对中国母亲河的休养生息和保护长江流域的生态资源具有重要意义。

但需要注意的是，在执行长江十年禁渔计划的同时，要对长江流域中的一些外来入侵物种保持高度的警惕，如克氏原螯虾（俗名小龙虾）、罗非鱼（俗名非洲鲫鱼）、太阳鱼、鲟鳇鱼、鳄龟、巴西龟、福寿螺、淡水白鲳、豹纹脂身鲇（俗名清道夫）等。特别是太阳鱼，作为原生于北美南部的一种鱼类，属温水性小体型鱼类，生长适温范围大，在全国南方地区完全能自然越冬。它适应性广，食性杂，喜吃鱼卵，群体产量高，一年可繁殖三次。1960年，日本皇太子明仁到美国访问，芝加哥市长将太阳鱼送给皇太子明仁，在尝过太阳鱼的味道之后，明仁觉得这是一种不错的食物，于是把太阳鱼交给了日本渔业研究所，并将其在日本最大的湖泊——琵琶湖进行繁育。在琵琶湖内，太阳鱼这种生存能力和适应性都极强的鱼种开始疯狂地繁殖，到2000年已经遍及日本大大小小的湖泊、河流，甚至连东京皇宫护城河都成了它们的地盘。它们疯狂地挤占当地鱼类和其他水生物种的生存空间，对当地的生态环境造成了严重的破坏。已有新闻报道在长江上游四川省的湖泊、水库中已有太阳鱼的踪迹。笔者实地调研位于湖南省郴州市的长江重要支流——湘江上游的东江湖，走访当地老百姓，自禁渔后，东江湖钓上来的鱼，十之五六是太阳鱼，太阳鱼已成泛滥之势。

长江十年禁渔本是利国利民的好事，不要因为禁渔而掩盖了水面下生物多样性的剧变，而让外来的入侵物种蚕食本土物种的栖息地。建议长江流域内各级政府一定要做好长江流域外来入侵物种的调查监测，组织生态领域的专家学者对此情况提出切实可行的应对方案，尽量避免日本琵琶湖的悲剧。

（2020 年 2 月）

强化支撑保障 突出协同治理
合力打赢洞庭湖总磷超标攻坚战

洞庭湖处于长江中游，横跨湖南、湖北两省，为全国第二大淡水湖和国际重要湿地，在维护长江中下游生态安全方面具有十分重要的作用。近年来，由于社会经济快速发展和三峡工程建成后水文形势变化，洞庭湖水资源、水环境、水生态形势严峻，国内外和社会各界高度关注，习近平总书记等中央领导先后多次作出重要批示。

为保护洞庭湖，2016 年以来，湖南省按照习近平总书记对长江经济带“共抓大保护，不搞大开发”的指示要求，以工业污染、城乡生活污染、畜禽（水产）养殖等为重点，启动了洞庭湖水环境综合整治五大专项行动和十大重点领域污染整治，狠抓中央环保督察反馈问题整改，通过各级各有关方面共同努力，已取得较好成效，洞庭湖水环境质量持续好转。但洞庭湖保护和治理非一日之功，目前仍存在不少的困难和问题。一是洞庭湖总磷超标问题成突出瓶颈。2018 年，洞庭湖总磷浓度在 0. 07 毫克/升，按照湖库标准评价超Ⅲ类标准 0. 4 倍，湘资沅澧四水来水在 0. 08 毫克/升左右，长江三口来水基本在 0. 1 毫克/升左右，除总磷外，其他指标已达Ⅲ类。二是农业农村污染整治滞后。农业面源污染、农村污染治理相对滞后，相当比例畜禽养殖场未配套粪污处理处置设施或运行不正常，部分乡镇、农村生活污水垃圾直排。三是支撑保障不足。湖区大部分县（市、区）财政相对困难，环境治理财政资金保障难度大，当前由于控制债务风险，地方融资难度更大。四是管理体制还有待完善。流域上下游整治标准、工作力度、时限要求不尽相同，亟待协调联动。

为此，提出以下建议：

1．制定出台《洞庭湖流域保护条例》。参照《太湖流域管理条例》，由国家层面牵头制定《洞庭湖流域保护条例》，同时，加快出台《国家湿地保护条例》《长江保护法》等法律法规。

2．加大《洞庭湖水环境综合治理规划》实施支持力度。建立省部际联席会议制度，定期研究洞庭湖保护和治理，相关部委在水系连通、饮水安全保障、城镇（乡村）生活污染治理、农业面源污染治理等方面加大对湖南省资金、项目支持，比照太湖流域治理做法，中央财政安排洞庭湖保护和治理专项引导资金，并从长江三峡工程后期扶持资金中给予重点支持。

3．开展总磷专项整治行动。一是设立国家重点科研专项，针对长江干流、重点支流总磷偏高，洞庭湖总磷超标等问题，组织优势科研力量加强原因分析和对策研究。二是以磷矿开采、磷肥制造等行业企业整治为重点，加强长江干流宜昌段总磷污染治理。三是以磷化工企业整治整合、渣场及尾矿库规范化整治为重点，加强长江支流岷江、沱江、乌江、清水江流域总磷污染治理。四是严格落实化肥、农药负增长行动，积极推进有机肥生产、使用，加大长江中上游农业面源污染治理。五是结合农业供给侧结构性改革，严格控制不达标水体周边畜禽（水产）养殖规模，强化畜禽粪污、水产养殖尾水污染治理。六是优先确定总磷控制单元，加快建立总磷总量减排体系。七是建立长江干流、重点支流总磷监测体系与考核奖惩体系。

4．加大湿地保护和修复力度。在洞庭湖区加快实施国家湿地保护与恢复工程、三峡后续项目、退耕还湿、洞庭湖 GEF 湿地生物多样性保护项目，在主要入河（湖）口等区域建设人工湿地水质净化工程。加快建立湿地补偿机制，出台保护野生动物致损补偿机制，并将洞庭湖区所有县（市、区）纳入国家重点生态功能区统筹范围。

5．积极支持洞庭湖区发展生态经济。近年来，洞庭湖造纸、化工等企业关停力度，畜禽养殖退养工作力度较大，急需发展替代产业。针对湖区特色资源，建议国家加强规划引导和技术支持，出台相关配套政策，着力培育滨湖特色的产业形态。重点以县为单元加快农村一、二、三产业融合发展，支持有条件的县（市、区）连片发展生态农业、休闲农业。同时，支持洞庭湖区做好“生态＋旅游”的文章，建设全域旅游示范区。

（2020 年 5 月）

关于推进碧水保卫战有关重点工作的建议

作为长江中游省份，湖南省水资源丰富，水系发达，5千米以上的河流有5341条，淡水面积达1.35万平方千米，湖南省96%以上区域属于长江流域，水情是最大的省情。近年来，湖南省深入贯彻习近平生态文明思想，坚决落实习近平总书记关于长江经济带“共抓大保护、不搞大开发”的重要指示，始终牢记“守护好一江碧水”的殷殷嘱托，以湘江、洞庭湖为重点纵深推进碧水保卫战，确保湘、资、沅、澧四水干流水质达到或优于Ⅲ类，洞庭湖生态环境质量持续好转，为打造一条清洁美丽的万里长江贡献了湖南力量。但由于多方面原因，根据实地调研、座谈交流，综合有关重点工作梳理等情况，湖南省碧水保卫战也面临较多的问题和困难，需要准确把握并适应新形势、新任务、新要求，有力有序有效推进各项重点工作。

一、当前存在的主要问题和挑战

（一）局部区域环境质量不高

局部区域环境质量不容乐观，离国家要求、群众的期待还有较大差距。根据监测，2018年，湖南省60个“水十条”考核断面优良率90%（全国平均水平为71%），总体排名靠前，但湘江、资江还有部分支流断面水质超标，离“到2020年，国家考核断面优良率达到93.3%”的目标还有一定差距。由于背景值高，加上历史遗留污染治理不到位等原因，资江流域少部分饮用水水源地存在锑超标的问题，洞庭湖区地下水水源存在铁、锰超标的问题，群众饮水安全难以保障。洞庭湖为过水性湖泊，由于河湖标准不一致（对于总磷，江河Ⅲ类标准为0.2毫克/升，湖库Ⅲ类标准为0.05毫克/升），加上长江三口来水和湘、资、沅、澧四水输入性污染以及湖区城乡生活污染、农业面源污染、畜禽（水产）污染影响等因素影响，2018年，洞庭湖总磷为0.069毫克/升（超Ⅲ类标准0.4倍），短期内难以解决。同时，由于水系联通性变差，湖区部分沟渠塘坝淤积严重，富营养化严重，水体发黑发臭。

（二）产业结构不合理，污染物排放总量偏大

问题在水中，根子在岸上，本质在经济。湖南省产业结构尚未实现根本转型，湖南省六大高耗能行业增加值占规模工业比重达29.9%，46227家工业企业中，重化工业企业达17127家，占比37%，初级产品多，精深加工产品少，结构性污染突出。同时，湖南省是畜禽养殖大省，生猪出栏量常年保持在6000万头左右，养殖强度居长江经济带首位，年粪污产生量约1.75亿吨，目前资源化利用存在“四难”（还田难、利用难、调控难、推广难），利用率总体偏低，部分养殖场粪污甚至直接排放。由于产业结构不合理，加上城乡生活污染，湖南省氨氮和化学需氧量年排放总量约13万吨和110万吨，分别居全国第三、第五位，局部区域超过环境容量。由于各方面因素影响，湖南省产业结构调整、转型升级难度较大，替代产业短期内难以做大，“不会转、不愿转、不敢转”的问题普遍存在。

（三）城乡环境治理设施建设欠账多，部分运行不正常

湖南省大部分城市污水收集系统不完善，老旧城区多为合流制管网，湖南省仍有7000多千米雨污合流制管网，分流制管网雨污错接、混接等现象比较突出；截污能力有待进一步提升，多数城市老旧城区、城乡接合部、城中村仍存在污水收集处理设施空白，如岳阳市每天仍有近7万吨污水只经过简易处理即排入东风湖、芭蕉湖。同时，由于管网不完善，造成相当比例城镇污水处理厂进水COD偏低，如岳阳市湖滨污水处理厂、城陵矶污水处理厂。湖南省乡镇污水处理设施建设起步晚、底子薄，1478个乡镇中，建成污水处理设施的才291个，覆盖率仅20%左右，由于管网不配套、运行经费难以保障，相当比例乡镇污水处理设施运行不正常。工业园

区环境管理水平相对降低，支撑能力薄弱，部分工业园区由于入园企业少、管网不配套等问题，污水集中处理设施运行不正常。

（四）部分区域历史遗留污染重，整治难度较大

湖南省作为有色金属之乡，由于过去无序开采，遗留污染较多，污染扩散还未从根本上解决。如郴州甘溪河长达 40 千米的河道堆积废渣超过 1000 万立方米；娄底锡矿山有超过千万吨废渣简易堆存在山体、河道中。湖南省共有废弃矿山 6950 个，其中，闭坑矿山 2293 个、关闭矿山 2946 个、民采点 1711 个。一些已经关闭的矿区，难以落实业主治理责任，如娄底冷水江关闭的水口山煤矿、利民煤矿，涌水最高流量达到 2000 立方米左右，严重影响新涟河水质。株洲清水塘、湘潭竹埠港等五大重点区域治理任重而道远，如湘潭竹埠港 2014 年重化工企业全部退出后，目前已投入征收、治理等资金 20 余亿元，后期至少还需投入 80 亿元以上，整治压力巨大。

（五）管理机制不完善，协调联动有待加强

上下游、左右岸同治机制还在完善过程中，各地整治标准、工作力度不尽相同。生态环境保护省以垂直管理改革、生态环境监测、执法垂直管理改革还没有到位，生态环境保护统一政策、统一规范、统一标准、统一监测、统一执法、统一督察的监管体制机制还没有形成。部分领域，尤其是新领域的监管还存在权责不清、权责缺失等问题。相关部门统筹协调还不够，在整治方案编制、工作部署、督察考核等方面存在脱节问题，工作标准、完成时限等不尽相同，导致地方无所适从。

（六）支撑保障不足，工作基础相对薄弱

当前，重责任落实，轻条件保障的问题较突出，直接影响到地方工作的积极性、主动性。环境监管能力偏弱，尤其是基层小马拉大车问题严重，难以适应任务日趋繁重、要求越来越高的新形势，一些职能调整后，由于人员编制、技术支撑等问题，地方短时间难以承接到位。生态环境监测、评价体系还不健全，地方环境质量标准和污染物排放标准的制定滞后，如流域地表水地方标准（包括锑铊锰等评价因子控制标准）、规模以下畜禽养殖污染物排放、水产养殖尾水排放等标准缺失。先进治理技术、管理经验推广应用不够。社会公众参与积极性高，但环保素养、实践能力有待提升。湖南省大部分县（市、区）为“吃饭财政”，治理资金投入不够，尤其是当前加强政府债务管理，地方融资形势严峻，资金缺口较大，如珊珀湖治理需要9亿元以上，安乡县年财政收入仅5亿元左右。

二、深入推进碧水保卫战的建议

（一）强化责任落实，加快形成工作合力

按照约束与激励并举的原则加大考核奖惩力度，抓住领导干部关键，用好重大环境问题（事件）责任追究办法、环保综合督察等措施避免乱作为、慢作为、不作为。按照“只能变好，不能变差”的要求，对水质持续恶化的地方党委和政府及时采取警示、约谈、区域限批和督察问责等措施。按照“管行业必须管环保、管业务必须管环保、管生产经营必须管环保”的要求，推动各部门积极履责，形成齐抓共管的合力。

（二）推动绿色发展，实现转型升级

严格落实生态红线制度，加大生态补偿力度，对重点生态功能区实施最严格的保护。全面落实“三线一单”，严格重污染项目准入，加快推进清洁生产、循环经济，推动重点园区、重点企业转型升级。分类指导，综合施策，加快推进五大重点转型升级。结合农业供给侧结构性改革，加强品牌创建、市场推广等方面的工作力度，积极支持有机农业、休闲农业发展壮大。

（三）回应群众环境关切，加快解决突出问题

围绕人民群众反映最强烈、最关心、最直接的环境问题，切实加大环境治理力度，及时消除和化解环境风险隐患，进一步增强人民群众的环境获得感，促进社会和谐稳定发展。集中力量，以项目为载体，切实推进城乡环境基础设施建设、历史遗留污染治理、饮用水水源保护、农业农村环

境整治等重点工作。

（四）夯实工作基础，全面提升治理能力

按照“源头严防、过程严管、后果严惩”的思路，继续深入推进生态文明体制改革，完善政策措施，丰富手段。结合机构改革，按层级工作职责配备相应工作力量，加快建设生态铁军。组织优势科研力量，加强先进适用技术及装备推广示范，提升科技支撑，推进精准治污。比照脱贫攻坚，中央财政加大对碧水保卫战和长江经济带等重点区域投入力度，建立绿色基金，加快发展绿色信贷、绿色金融，积极推动 PPP、第三方合同环境服务等模式，多渠道拓展投融资方式。

（2020 年 8 月）

建管结合 分类施策
切实提升城镇污水收集处理效能

党的十八大以来，各地区、各部门认真贯彻落实习近平生态文明思想和党中央、国务院重大决策部署，按照《水污染防治行动计划》等文件要求，积极推进城镇污水收集处理设施建设和运营管理，有效改善了重点流域、区域水生态环境质量。但存在的问题依然不少。一是欠账多。相当部分城镇，尤其是中西部城镇基础设施建设滞后，部分地级以上城市、400多个县城污水处理能力不能满足需求，40%左右建制镇尚不具备生活污水处理能力。二是占比高。2021年4月，第二轮第三批对8个省开展的中央生态环境保护督察通报的40个典型案例中，涉及城镇污水收集处理的有7件，占18%。三是收集率低。配套管网建设严重滞后，相当部分城镇未完成“十三五”规划建设任务。根据调查，全国城镇污水收集率仅60%左右。2020年，崇左市污水集中收集率仅6.7%。2020年，湖南省161座县以上城市污水处理厂有38座进水COD浓度低于100毫克/升。四是管网问题突出。大部分城镇污水管网破损、错接、漏接等问题严重，不少城镇雨季污水溢流明显，成为城市黑臭水体返黑返臭的主要原因，有些地方污水甚至通过排渍口排入饮用水水源。五是再生利用水平低。全国污水处理厂处理后的水仅13%左右被再利用。六是污泥无害化处置不到位。不少城镇污水处理厂污泥利用途径尚未有效打通，污泥处置不规范，不少未做无害化处置。诸多问题的出现，存在多方面原因。既有历史的原因，部分城镇政府及有关部门前期规划不科学、不系统、不细致，缺乏长远眼光和统筹兼顾，城镇老城区基本没有雨污分流；也有现实的原因，不少城镇政府及有关部门政绩观有问题，重显绩、轻潜绩，重面子、轻里子，重地上、轻地下。既有建设的原因，各地财政投入普遍不足，尤其是管网建设滞后；也有管理的原因，排水系统建设管理多头，施工缺乏协调统一，建设质量监管不到位，部分工程施工水平低、质量不高，大部分城市地下污水管网情况不清，运行维护管理不到位。既有主观的原因，不少领导干部重视不够，责任落实不到位；也有客观的原因，地方政府化解地方债的压力大，老城区雨污分流实施难度大，污水管网建设对社会资本缺少吸引力等。

根据全国第二次污染源普查，城镇生活源水污染物排放量大、占比高，其中 COD 占总排放量的 22.5%、氨氮占 48.2%、总磷占 18.5%，且集中在城镇建成区内，极易影响城镇人居环境及区域水生态环境质量，因此，城镇污水收集处理仍是“十四五”污染防治攻坚战的主战场。2021 年 3 月，十三届全国人大四次会议通过的国家“十四五”规划和 2035 年远景目标纲要中明确提出“推进城镇污水管网全覆盖，开展污水处理差别化精准提标”。面对新发展阶段的新任务，围绕“补短板、强弱项”的要求，城镇污水收集处理亟需从“规模增长”向“质量提升”“效益提升”转变。为切实提升城镇污水收集处理效能，提出建议如下。

1. 强化领导，落实责任。将城镇生活污水收集处理作为约束性指标，作为中央生态环境保护督察、党委政府绩效考核、真抓实干激励、领导干部自然资源资产离任审计等的重要内容，严格落实“党政同责、一岗双责”，有效改变不正确的政绩观，推动城镇党委政府及有关部门积极作为、主动作为，明晰分工，责任到人，确保任务落实落细落地，取得实效。抓好警示教育，定期曝光一批不作为、乱作为、慢作为的典型。对问题突出的城镇，适时开展生态环境保护专项督察，严肃问责相关党委、政府及有关部门负责人。

2. 系统排查，找准问题。对标对表“十四五”规划目标任务，推动各城市人民政府系统开展建成区污水管网、雨污合流制管网等设施功能及运行状况、错接混接漏接和用户接入情况，污水处理系统及污泥处理处置设施运行情况等的普查工作，建立管理台账，厘清主要问题。针对进水生化需氧量（BOD）浓度低于 100 mg/L 的城市污水处理厂、污水长期溢流的排口等重点问题，要组织全面排查，系统、深入分析原因，同时，同步查找组织领导、运行管理、经费保障等方面的问题，为后期整改提供科学决策的基础。

3．科学规划，强力推进。各城市要统筹资源环境承载力、发展需求和经济技术水平等因素，按照“经济适用、适度超前”的原则组织编制“十四五”污水处理专项规划，科学确定污水收集处理设施能力目标，因地制宜选择科学合理、成熟可靠的工艺技术路线，制定具体实施方案，并将工程内容落实到具体项目，明确分期、分步实施计划。对污水处理能力超过供水能力、进水 BOD 浓度小于 100 毫克/升的城镇，从严审批新建、扩建污水处理厂，倒逼管网配套。结合“碳减排、碳中和”要求，积极推进污水处理厂节能改造、光伏发电、污水污泥资源化利用等工作。有条件的地方，结合城市建设，积极推动污水处理厂出水口建设人工湿地进行深度净化。

4．管网优先，补齐短板。新增污水集中处理设施要同步配套建设服务片区内污水收集管网。加快建设城中村、老旧城区、建制镇、城乡接合部和易地扶贫搬迁安置区生活污水收集管网，填补污水收集管网空白区。以问题为导向，按照项目化推进、清单化管理的要求，加快实施混接、错接、漏接、老旧破损管网更新修复，抓好生活污水直排口治理，因地制宜采取增设调蓄设施、实施雨污分流改造等措施，减少污水渗漏、溢流污染，降低城市内涝风险。积极推行浙江省“污水零直排区”建设经验，解决“反复治、治反复”问题。

5．建管结合，提升效能。牢固树立质量第一意识，完善公众参与机制，发挥社会监督作用，加强管材质量市场监管，严格工程监理、竣工验收和移交，严把工程质量关，严肃责任追究。构建以区域生态环境质量改善、污染物削减提升为导向的监督管理和考核体系，大力推广供排水一体化，“厂—网—河（湖）”一体化专业化运行维护，保障污水收集处理设施的系统性和完整性，建立常态化建设管养机制，细化设施巡查、检测、维修等环节要求，提升运行管理水平。加强监督管理，强化住房建设、生态环境、水利等部门协调联动，定期开展专项整治行动，严厉打击违法违规行为。

6．多措并举，强化保障。优化、简化城镇污水收集处理设施建设改造项目审批流程。完善财政投入保障机制，积极引导社会资本积极参与建设运营。积极落实和进一步完善环境保护、污水资源化利用等方面税收优惠政策。将污水管网建设成本纳入污水处理费成本之中，逐步提高城镇居民污水处理费收费标准。修改完善城镇政府与社会投资运营污水处理厂的服务合同，厂网建设要一体化，支付的污水处理费不仅要与处理的污水总量挂钩，而且要与污水进出浓度差和外排水水质挂钩，避免财政资金长期浪费在低浓度污水处理上，使财政资金的使用更加精准、有效。加大科技支撑力度，积极推动出台完善污水收集处理设施及运行管理相关技术规范。充分应用地理信息系统、水质在线监测等技术，积极搭建“智慧水务”等平台，实现城镇污水收集处理设施运行管理数据化、账册化、可视化、精细化管理。

（2021 年）

长江“十年禁渔”开局良好 但任重道远

2021年是长江“十年禁渔”的开局之年，长江流域各省（区、市）按照党中央国务院统一部署要求，紧扣目标任务，压紧压实责任，持续保持执法打击高压态势，做好退捕渔民转产就业后续跟踪服务，开局良好。但由于禁捕退捕工作涉及面广、宣传不到位，转产就业难、监管能力弱等原因，仍需深化研究、有效施策、细化落实、久久为功。以禁捕退捕工作任务较重的湖南省为例，2021年1—5月，在中国渔政执法举报受理平台共举报83件，较2020年同期非法捕捞举报数137起同比下降39%。其中洞庭湖水域10起，与同期相比下降了60%，禁捕管理秩序较2020年有明显好转。湖南省退捕渔民28588名，落实社保补贴资金9.88亿元，沅江市湖心岛渔民住房拆迁已经完成97%，退捕渔民整体保持稳定。但工作中仍存在不少问题：一是非法捕捞隐患禁而不绝。随着天然水域全面禁捕，少数人对野生鱼念念不忘，加入黑科技从事偷捕、营利性垂钓，获取高额利益。比如可视锚鱼、潜水射鱼、潜水电鱼等等。83起举报件中有30起电鱼，占36%，其中三无船电鱼11起，背包式电鱼19起。说明电鱼这个顽瘴痼疾还没有彻底根除，保留和新增的三无船舶，农民手中背包式电鱼机比较多，是非法捕捞最大隐患。二是部分退捕任务县（市、区）存在松懈情绪。部分退捕渔民心气不顺。2021年以来长江专班转来信访件18件，比较集中在洞庭湖周边的三个市，主要是渔民对退捕政策不理解、船网评估存疑问、购买社保方式不清楚，就业难等问题，说明部分县（市、区）退捕政策宣传讲解不到位，对口帮扶渔民有懈怠，认为政策落实了，补偿资金放到位了，就松了一口气。三是法律体系不完善，执法力量跟不上形势。随着社会发展，一些捕捞用具、捕捞方法没有列入禁用范围，如锚鱼、潜水射鱼等销售渠道难以掌控；部分人打着休闲垂钓之名，行非法捕捞之实，在法律行规上对垂钓行为没有处罚条款和细则；三无船舶存在管理主体不明、职责不清等法律空当。综合执法机构改革没有完全到位，渔政执法力量与执法要求和任务不相匹配，个别县形成有职能无执法人员，有人员无职能局面，队伍不齐、人心不稳，执法力量跟不上实际需要。2021 年前 4 个月还发现了 3 起协管人员非法捕捞和违规垂钓行为，在社会造成了不良影响。四是退捕渔民就业稳定性不高。已帮扶就业的退捕渔民 60% 为灵活就业，随时面临再次失业，退捕渔民就业稳定性不高，目前这方面的信访比较多。为此，提出建议如下：

1. 进一步加大宣传力度。既要宣传长江“十年禁渔”对恢复和保护长江生态环境的重要意义和重大作用，也要宣传长江“十年禁渔”的具体要求和政策，尤其是对涉及的渔民要像精准脱贫一样，印发政策清单，宣传不漏一人。

2. 进一步强化禁捕工作监管体系。以县级行政区域和水系图为基础，充分发挥河湖长制平台作用，按照全面覆盖、不留空白、边界清晰、便于管理的原则，全面建立权责明确、规模适宜、运行有力、管护有效的网格化禁捕管理体系，切实做到责任到人到点到图，形成人防与技防并重、专管与群管结合的禁捕管理新机制。

3. 持续开展专项整治行动。采取自查和市州交叉核查的方式，对“三无”船舶分类处置开展回头看，主要检查分类处置是否到位、管理台账是否建立、责任是否明确，确保留用船艇管理到位。加强对水产品市场、涉渔餐馆、渔获物分销点管理。统筹执法力量，在重点区域、重点时段开展联合执法、联动执法，形成打击非法捕捞和市场非法渔获物水陆执法闭环。对于发现的大案要案坚决查处、依法公开，达到“查办一起、震慑一片”的效果。

4. 完善禁渔监管法律法规。一些以休闲垂钓之名行生产性垂钓之实，一人多杆，一线多钩，可视锚鱼等破坏渔业资源的行为，因无执法依据和处罚细则，很难执法，急需从法律法规上进行明确。建议完善针对垂钓管理等禁捕方面的法律法规，将休闲性、娱乐性的垂钓行为纳入监管范畴，把生产性、破坏性的垂钓行为挡在法律门外，切实维护禁渔秩序。积极推动地方出台天然水域垂钓管理办法，疏堵结合，规范管理休闲垂钓行为，严厉打击生产性垂钓。

5. 进一步加强渔政执法能力队伍建设。全力推动智慧渔政执法平台建设。推动构建以热成像高空瞭望、人脸识别、车辆船舶识别、人员行为分析为主要探测手段，各站点互联互通，以省为单元的“一张网、一张图、一平台”的多维智能感知高空视频监控系统，实现水陆空、全天候、全覆盖、全流程智能研判预警、视频联动取证、快速追踪处置的智慧渔政平台。加强渔政执法培训，提高业务能力，改进执法方式，规范执法行为，强化执法监督。对工作扎实、锐意创新、成绩突出、表现优异的渔政执法集体和个人予以表彰和奖励，对“不作为、乱作为、慢作为”予以追责问责，特别是要严厉打击为黑恶势力充当保护伞的“害群之马”。

6. 进一步建立稳定的退捕渔民帮扶机制。要把退捕渔民稳定就业作为落实长江“十年禁渔”工作的重要工作基础和目标任务，建立工作台账，提供公益性禁捕岗位，加大职业教育培训，建立稳定的生活补贴政策，强化兜底保障。通过税费优惠、贴息贷款、无抵押贷款，给予就业创业补贴等措施，引导企业等市场主体吸纳更多退捕渔民就业，促进转岗就业。将退捕渔民稳定就业纳入整体工作考核。

（2021 年）

多措并举 实现长江经济带绿色发展

习近平总书记高度重视长江经济带的发展，先后主持了三次座谈会，“十三五”期间，长江的保护和修复取得了重大进展，长江干流水质达到了二类，长江流域消除了劣V，但下一步的任务仍然十分艰巨而繁重。面向未来，长江经济带必须认真贯彻落实习近平总书记重要讲话指示精神和新发展理念，从生态更优美、交通更顺畅、经济更协调、市场更统一、机制更科学等方面协同发力，探索出一条生态优先、绿色发展新路子。一是要深刻理解实施区域协调发展战略的要义，各地区要根据主体功能区定位，按照政策精准化、措施精细化、协调机制化的要求，完整准确落实区域协调发展战略，建立符合当地主体功能区定位和资源禀赋的绿色经济体系。二是充分发掘长江水系的运输能力和潜力，推动交通运输结构改革，为整个长江流域的高质量发展提供高效、充足的水路运输，使黄金水道产生黄金效益。三是要进一步聚焦减污降碳，加强长江流域水污染治理和水生态修复，采取综合措施特别是通过市场手段降低碳排放。四是要加强政策创新，制定科学合理的生态补偿政策，引入政府间协商议价机制，处理好本地利益和区域利益的关系。五是通过大数据、人工智能推动监管制度改革，进一步创新监管手段、提升监管效率。六是进一步推动“多规合一”，做好长江经济带“十四五”规划，通过规划保障长江经济带绿色低碳发展。为此，提出如下建议：

一、聚焦生态经济，提高绿色发展持续性

科学规划长江干流和各级支流及相关水域的生态旅游开发，优势融合。上游以三江源为中心，开拓青海、西藏雪域高原的沿江旅游资源；通

过 VR 技术、网络媒体平台以及影视歌曲等多方式、多角度、多渠道开发宣传长江沿线四川、云南的独特峡谷资源。中上游以重庆为中心，提高三峡库区及周边的生态保护和旅游资源挖掘，并深入开发嘉陵江的旅游资源。在国家推进成渝经济圈发展战略中，长江的纽带作用不可替代。中游以湖北为中心，推进宜昌、岳阳、武汉和黄石等沿江城市融合发展，并借助武汉作为国家中心城市发展契机，提升长江经济带的内涵。中下游从江西九江到江苏南通，直至进沪入海，推进沿江和沿海经济带融合发展，打造“长三角绿色发展示范区”，进一步促进长三角在长江经济带中的龙头作用。

二、聚焦绿色交通，增强黄金水道竞争力

水路运输是天然的绿色交通，这也是长江经济带的核心要素。相比京广、京九等交通大动脉作用，长江水系的运输能力和潜力并未让人们意识到其独一无二的价值和竞争力，建议对长江干流和主要支流沿岸的各类码头加快实施升级改造，扩大物流中转辐射面，将水路、公路、铁路的资源融合起来，进一步推进“公转水”运输结构调整。首先是推进现行运输体系的融合，同时在沿江的大中城市的交通规划中，需要将长江的交通动脉作用反映进去，对人流、物流进行科学分流与调度，将长江的经济价值充分发挥。同时，在交通体系上，统一规划建设，统一运营管理，着力打造并运营好重庆、武汉、南京和上海几个航运与物流中心，带动其他城市的航运发展，为整个长江流域的高质量发展提供高效、充足的水路运输，使黄金水道产生黄金效益。

三、聚焦减排降耗，促进长江流域碳中和

碳中和是未来 30—40 年全国推进生态文明建设的重要领域。从“十四五”开始，低碳将成为公众和企业必须面对的共同课题。长江经济带的高质量发展过程中，同样需要通过碳中和的约束来真正实现绿色发展。建议对干流以及支流沿岸的各类开发区和大型生产型企业，通过政策引导，降低单位 GDP 的资源消耗，通过量化的能耗、水耗数值指标，不断推进企业技术升级和园区的产业转型，有效改善园区的传统产业和新兴业态的比

例。全面促进碳交易常态化，不断强化地方官员的碳资产意识与碳中和观念，在地方的制度设计和工作实施中落地见效。

四、聚焦生态补偿，解决流域发展同步

生态补偿机制是合理解决经济发达地区和因生态保护而限制开发或禁止开发地区之间矛盾的有效措施。对于长江流域，三江源头与长江干流和主要支流上游的生态修复和水土保持的情况对下游的水域交通、渔业发展和农林灌溉影响深远，因此，需要科学测算上游地区的经济发展特点和下游的经济状况，建立细化、可操作的生态补偿方案，在货币化补偿的同时，建立多形式多领域补偿与合作的机制，推进下游省（区、市）和上游省（区、市）的对口合作，有序实现产业和劳动力转移，实现流域整体税收的合理分配和调剂，一方面解决上游的发展乏力，另一方面解决下游产业劳动力紧缺。

五、聚焦数据共享，推进长江流域一体化

长江随着国家发展，在不同的时期使命不同。在互联网、大数据、人工智能对国家经济社会影响日益凸显的今天，长江经济带已不是传统的以能源、交通为主要因素的模式。需要从时间、空间和产业链上深入科学分析，通过大数据的分析挖掘，实现长江经济带各省（区、市）的产业数据、生产资料数据、人口数据、自然资源数据、生态承载数据、水气声渣数据的全面共享，通过数据分析与挖掘，定量分析出产能是否会过剩、市场是否旺盛、产业链是否完整、产业布局是否合理。

六、聚焦多规合一，实现保护开发科学化

对于长江经济带，要达到预期目标，没有各类规划上的统一是无法实现的。要积极做好长江经济带“十四五”规划，首先是要有自觉统一规划的意识，积极主动按照中央的要求，将顾全大局和因地制宜结合起来，将科学规划和有效实施结合起来，将当前规划和长期谋划结合起来，将有效保护和合理开发结合起来。同时，沿江各省（区、市）需要科学合理设置禁渔期，严厉打击非法捕捞，尽最大可能保护整个流域的生物多样性，为

绿色发展提供基础保证。第三，在生态红线面前不打折扣，杜绝各类污水向长江干流和各级支流偷排直排，杜绝废渣倾倒，科学规划长江水系水质自动监测体系建设，确保数据准确、及时，通过科技手段和先进理念推进长江的保护开发。

（2021 年 3 月）

医疗机构水污染物排放标准亟待修订

2020年初暴发的新冠疫情，让全国及全世界人民的生活遭遇了前所未有的影响。医疗机构作为阻断疫情的最后一道关口，为抗疫的重大胜利提供了重要保障。医疗机构病菌的密度相对较大，加之医院使用抗生素较多，一旦病菌泄露，反而容易生成耐药性增强的超级病菌，给后期的抗疫工作增加困难。目前医疗机构污水排放的执行标准为《GB18466—2005 医疗机构水污染物排放标准》，存在以下问题：

1. 针对肠道病毒的排放要求相对简单。没有具体的检测方法和控制项目，操作人员在检测过程中容易出现误测、漏测的现象。由于肠道病毒在污水中生存的时间很长，控制污水中肠道病毒传播就显得尤为重要。

2. 对肠道病毒之外的病毒没有相关要求。以往对肠道病毒之外病毒的检测没有重视，从2020年年初至今引起疫情的新型冠状病毒感染就不属于传统意义上的肠道病毒，这个现象的出现给我们敲响了警钟。病毒还在进化和变异，我们检测的项目和内容必须紧跟形势，与时俱进。

3. 监测频次不够高。规定粪大肠菌群数每月检测不得少于1次，肠道致病菌的两个控制项目分别为每季度不少于1次及每年不少于2次。这在以前监测能力不足的情况下基本是可行的，但随着检测能力的提升、检测方法的进步，尤其是对生态环境保护和人民群众身体健康的高度关注，应该要增加检测的项目和频次，特别是针对传染病病原体要设定具体的检测频次。

4. 监测标准不够高。目前只针对传统单一的消毒试剂和方法进行了监测，复合型消毒试剂的使用缺乏相应的监测标准。

针对以上问题，我们建议：

1. 增强检测新技术新方法的应用。通过试剂盒或者病毒核酸模板扩增的方式来保证污水中不得检出新型冠状病毒、手足口等常见或传染性较强的病毒成分。同时，增加白念珠菌（真菌的代表物种）、枯草杆菌黑色变种芽孢（芽孢的代表物种）等的检测项目。

2. 增加检测频次。针对县级及以上医院对于肠道致病菌检测提高到每个月一次，疫情期间的病毒检测，做到每周一次。县级以下的医院，肠道致病菌和病毒检测做到每两个月一次。

3. 鼓励更广谱、效果更好的新工艺、新方法的使用。针对多种药剂复配的产品，设定简单易行的检验方法。在达到杀菌效果的基础上，对标准里面没有明确规定的方法和工艺制定普适的衡量标准。

4. 制定符合地方特色的地方标准。全国地域广阔，各地条件能力参差不齐，鼓励各地制定符合地方实际、严于国家的地方标准，从源头加强防控。同时，通过加大加强监管，推动医疗机构水污染物排放处理的提标，切实保障人民群众的身体健康。

（2021 年 3 月）

发挥好《长江保护法》“钢牙利齿”作用

2020年全国人大常委会立法工作的一大亮点就是用超常规的速度通过了《中华人民共和国长江保护法》。长江保护法是全国第一部流域立法，也是一部保护长江全流域生态系统，推进长江经济带绿色发展、高质量发展的专门法和特别法。长江保护法坚持以习近平生态文明思想为指引，全面贯彻习近平总书记关于长江保护的重要指示要求，用法律武器保护长江母亲河，为长江经济带发展提供了坚强法律支撑，是一部让党中央放心、让人民群众满意的长江保护法。

《长江保护法》自2021年3月1日起已经开始施行，长江的保护已有法可依，作为生态环境部门，我们就是要严格贯彻落实长江保护法，加大生态环境执法力度，形成长江生态环境保护硬约束机制，发挥好《长江保护法》“钢牙利齿”作用。

具体而言，就是要坚持严格执法的主基调，突出重点，突出易发、频发、多发环境违法行为的重点区域、重点流域、重点领域、重点行业及重点企业，依法严厉打击违反《长江保护法》的环境违法行为。

一是突出严格执法，贯彻落实《长江保护法》，对长江干支流岸线禁止区域范围内违规新建、扩建化工园区和化工项目以及新建、改建、扩建尾矿库等情形的，坚持严格执法，始终保持生态环境执法高压态势。

二是突出企业守法，结合长江流域“三磷”排查整治成果，严格督促湖南省长江流域磷矿开采加工、磷肥和含磷农药制造等企业，落实法律规定的治污责任，减少环境污染和生态破坏，切实强化企业环保主体守法责任。

三是突出两法衔接，加强生态环境行政执法与刑事司法衔接，强化部门之间沟通协作，对于发现的涉嫌环境违法犯罪线索，及时移送公安机关严肃查处。

（2021 年 3 月 11 日）

打好湖泊总磷削减攻坚战
持续改善长江水生态环境

为保护长江母亲河，2018 年 4 月 25 日，习近平总书记视察洞庭湖时强调："修复长江生态环境，是新时代赋予我们的艰巨任务，也是人民群众的热切期盼"。近年来，按照习近平总书记"守护好一江碧水"的重要指示，沿江各省持续发力，齐抓共管，推动长江干流和沿江湖泊水质持续好转，但总磷污染问题依然突出。根据监测，2016—2019 年长江流域 615 个可比断面中，总磷一直是首要超标指标，尤其是沿江湖泊总磷超标比较普遍，总磷削减既是当前乃至今后相当长一段时间内的重点，也是难点。以洞庭湖为例，近年来洞庭湖水生态环境质量呈持续转好态势，但受各方面因素影响，目前湖体水质总体仍为Ⅳ类，主要为总磷超标，其中 2019 年总磷浓度为 0.066 毫克/升，超湖库Ⅲ类标准（0.05 毫克/升）0.32 倍，还需精准施策，持续发力，久久为功。

一、湖泊总磷削减面临问题和困难

通过努力，长江流域相关湖泊保护和治理取得积极成效，但总磷削减工作仍存在诸多难题与短板，任务繁重，形势严峻。

（一）污染物排放总量处于高位

长江经济带省份是全国经济发达、人口密集的区域，也是全国重要的粮食、生猪、水产生产区，总磷等污染排放量偏大，部分湖泊输入总磷远超环境容量。根据第二次全国污染源普查统计，农业源、生活源排放占比已超 90%。

（二）生态破坏问题仍然突出

由于大规模开发活动影响，流域自然生态的面积有所减少。与20世纪50年代相对比，长江流域湿地面积大幅萎缩，洞庭湖湖面减少38%，鄱阳湖减少43.6%，湿地功能退化严重。部分湖库富营养化问题突出，太湖、巢湖等湖库水华频发。

（三）枯水期生态环境问题日趋明显

三峡工程蓄水运行后，中下游"江湖关系"变化剧烈，长江对洞庭湖、鄱阳湖的补水量下降明显，洞庭湖、鄱阳湖枯水期时间提早、周期变长，湖泊面积锐减，水质下降明显，环境保护形势更为复杂、严峻。

（四）保护和治理责任落实还有差距

部分规划制定、区域开发、项目建设"保护优先、绿色发展"的要求未有效融合，源头预防和管控不到位。一些行业生态环境保护"三管三必须"的要求未严格落实到位，跨行政区湖泊流域协同机制有待进一步健全。

（五）支撑保障能力严重不足

湖泊生态监测网络范围和要素覆盖不全，预警预报能力薄弱，水生态监测基础基本为空白。国家层面关于洞庭湖、鄱阳湖的专项研究课题较少，湖泊保护和治理先进适用技术研发和示范推广应用不足。基层环境监管能力不足，"小马拉大车"问题较为明显。

二、湖泊总磷削减对策与建议

（一）切实提高思想认识，严格落实整治责任

湖泊生态脆弱，一旦破坏短时间内难以恢复。建议将重点湖泊保护和治理摆在更加突出的重要位置，纳入政府绩效考核、环保督察统筹范围。在有关重点湖泊，全面推动落实总磷削减行动计划和总量减排政策，进一

步明确减排目标、总量控制范围、考核方式以及配套保障措施。对工作不力、导致水生态环境质量持续下降的湖泊，要严肃追责有关责任人。

（二）加快补齐环境治理短板，切实减少总磷排放总量

结合农业供给侧结构性改革和乡村振兴战略，全面发展绿色农业、有机农业。科学划定畜禽养殖“三区”，加大畜禽粪污资源化利用工程，严格控制池塘尾水污染，源头减少总磷排放。严格落实化肥、农药负增长行动，加快建设生态沟渠、缓冲带等生态拦截与尾水回用工程，拦截和净化农田氮磷径流。加快推进长江中下游“三磷”企业整治，抓好省级及以上工业园区环境整治。积极补齐城乡生活污染治理短板，突出抓好污水收集管网配套、初期雨水污染治理等工作。

（三）严格落实生态红线制度，加大生态保护修复力度

科学划定并严格落实生态红线制度，进一步扩大重点湖库流域生态用地比例，严厉打击生态破坏问题。按照“山水林田湖草”一体化保护和修复要求，组织实施一批湿地封育保护、滨湖湿地修复、生态前置库、河湖生态缓冲带等重点生态保护修复工程。按照“一口一策”的要求，加强入河（湖）排污口系统整治，有条件的设置人工湿地对总磷进行净化。

（四）加强河湖联通工程建设，加快解决水资源短缺问题

建议国家组织研究三峡工程建成运行对下游水资源、水生态、水环境的影响评估和对策研究。支持湖南省对长江入湖的松滋河、虎渡河、藕池河、华容河采取疏河建闸、建库配水等措施进行综合治理，继续支持湖区加大沟渠塘坝和内湖综合治理力度，建立定期疏浚机制，并因地制宜实施一批退田（垸）还湖、退耕还湿工程，增强河湖调蓄功能。在清淤过程中，引入社会资金与专业化公司，利用专业技术，推进并支持清淤底泥资源化利用项目，减少二次污染。

（五）完善有关政策措施，提升支撑保障能力

国家层面安排湖泊总磷削减科技重大专项，组织优势科研力量加强基础课题研究和先进适用技术研发、示范和推广。完善生态补偿机制，在洞庭湖率先建立湿地补偿机制，从长江三峡工程发电收益中提取部分资金给予湖泊总磷削减工作支持。建立财政资金投入动态增长机制，推进合同环境服务、污染治理第三方服务等模式，积极引导社会资金参与。建立和加强湖泊联防联控、定期调度和信息共享机制，推动齐抓共管。

（2021 年 4 月）

深入推进湘江流域污染防治

一、开展的主要工作

（一）坚决扛起湘江保护和治理的政治责任

深入贯彻习近平总书记在湖南考察时的重要讲话精神，将推进湘江保护和治理作为增强“四个意识”、坚定“四个自信”、做到“两个维护”的生动实践，结合污染防治攻坚战、河湖长制落实等工作，一体谋划、一体部署、一体推进，层层压紧压实责任。省直相关部门积极履职，密切配合，形成齐抓共管工作合力。沿江各市主要领导亲抓亲管，纵深推进各项任务落实。

（二）积极推进河长制重点工作任务

一是加强饮用水水源保护。开展乡镇级“千人以上”饮用水水源保护区环境问题排查整治，截至7月底，湘江流域排查出的243个问题已整治完成62.9%。二是深化省级工业园区管理。持续开展省级以上园区专项整治行动，完成省级及以上工业园区年度环境评估以及环境信用评估，不断强化园区精细化管理。三是认真履行河长制联系单位职责。积极做好省级河长巡河的准备、衔接等工作，配合制作2021年河长办警示片，督促指导河长会议交办问题整改销号等。

（三）认真落实7号总河长令要求

根据7号总河长令任务部署，按照“一次规划、全面铺开、分步推进”的总原则，出台《湖南省重点河湖入河（湖）排污口排查建档工作方案》，明确了具体步骤和要求，先期将组织对长江干流湖南段、四水干流及省级领导任河（湖）长的一级支流干流的入河（湖）排污口全面排查、摸清底数，2021 年 12 月底基本建立省级入河（湖）排污口档案，为后续入河（湖）排污口查、测、溯、治工作做好铺垫，并推动逐步形成权责清晰的入河（湖）排污口管理体系。目前，湖南省已全面完成湘江干流 800.2 千米入河排污口的航拍、解译和现场排查，正在开展监测溯源。

（四）统筹抓好重点领域污染防治

一是深入推进污染防治攻坚战“夏季攻势”。从 2017 年开始，连续 5 年发起污染防治攻坚战“夏季攻势”，以项目化、清单化的形式交办具体任务，推动各地集中资源、集中时间狠抓工作落实。2021 年，“夏季攻势”共涉及 7 个大项 2693 个项目，截至 7 月底完成 49.4%。二是持续推进湘江保护和治理第三个“三年行动计划”。划定流域 513 处千吨万人、1273 个千人以上集中式饮用水水源保护区；完成 140 处地级城市建成区黑臭水体整治；湘江干流沿线建制镇和流域重点镇实现污水处理设施全覆盖，农村生活污水处理率达到 50% 以上；畜禽养殖、船舶码头等污染防治水平不断提高。三是开展湘江流域铊浓度异常问题专项整治。对湘江流域涉铊企业、产业园区环境风险进行排查，涉及 205 家涉铊企业和园区的 741 个问题，目前有 129 家涉铊企业和园区的 648 个问题完成整改。

（五）加快解决突出生态环境问题

积极发挥省生环委办公室、省督察办、省突改办的统筹协调作用，推动落实各级有关方面职责。截至 6 月底，2018—2020 年长江经济带生态环境警示片披露涉及湖南省的 18 个、19 个、20 个问题分别完成整改 18 个、16 个、6 个；中央第一轮环保督察、“回头看”反馈的 76 个、41 个问题分别完成整改 70 个、33 个，第二轮环保督察反馈问题已分解落实到位；省级环保督察反馈的 611 个问题上报完成整改 541 个，“回头看”交办的 489 项任务正在推进。

（六）加强生态环境监管执法

建立执法正面清单，出台禁止环保执法和督察“一刀切”措施，积极服务“六稳、六保”。修订出台《生态环境保护工作责任规定》《重大生态环境问题（事件）责任追究办法》。加快建立以排污许可制为核心的固定污染源监管体系，严厉打击环境违法行为。加强涉铊污染防治执法检查，截至7月底全省已立案查处58宗，罚款611.67万元，限产停产案件2宗，移送行政拘留6宗，移送环境污染犯罪案件2宗，曝光环境违法典型案例5起。

以河长制工作落实为抓手，通过统筹湘江保护和治理三个“三年行动计划”实施、污染防治攻坚战“夏季攻势”等工作，各级各有关部门共同努力，湘江保护和治理基础设施有效夯实，体制机制逐步完善，水环境质量持续改善。根据监测，2021年1—7月，湘江流域232个国、省控断面优良率为98.3%，干流47个断面水质全部达到Ⅱ类，其中，永州市进入全国水环境质量状况排名前30位。

二、下一步工作任务

通过努力，湘江保护和治理虽然取得一定成效，但目前也存在不少问题和困难：一是部分水体水质不容乐观。随着监测网络体系进一步完善，部分较小流域水质问题逐渐突出，如郴州陶家河、衡阳龙荫港等；蒸水、涓水、捞刀河、永乐江部分支流水质还不稳定。二是环境治理任务十分艰巨。流域产业结构偏重，主要污染物排放还处于高位。城乡生活环境治理基础设施建设还有短板，农业面源、交通船舶等污染防治推进力度有待加强。三是环境风险隐患仍然存在。流域历史遗留尾矿库、矿井多、涉重金属企业多，局部区域重金属污染隐患未从根本上得到解决，铊异常导致水源超标的风险仍然存在，局部湖库水体存在出现蓝藻水华风险。四是基层治理能力水平亟待提升。基层监测、监管能力弱，环境治理投入普遍不到位，科技支撑保障能力不足。下一步，将按照“天更蓝、山更绿、水更清”的总体目标，进一步增强责任感、紧迫感，加快推进如下工作。

（一）全面完成年度重点工作任务

对照湘江保护和治理第三个“三年行动计划”要求，加强统筹，突出抓好不达标水体整治、涉铊污染专项整治、饮用水水源保护等重点工作，集中攻坚克难，全面完成各项任务。同时，认真落实河长制年度重点工作任务，突出抓好7号河长令落实。

（二）深入打好污染防治攻坚战

深入推进污染防治攻坚战，以“夏季攻势”为抓手推动生态环境保护纵深发展。科学编制并严格落实生态环境保护“十四五”规划。强化山水林田湖草系统治理，积极推进美丽河湖建设。

（三）加快推动解决突出环境问题

严格落实第二轮中央生态环境保护督察反馈意见整改方案，加快推进长江经济带生态环境警示片交办问题整改，确保按期保质完成整改任务。进一步完善省级生态环境保护督察体制机制，强化源头预防和管控，提高发现问题、解决问题的能力。

（四）切实强化环境执法监管

加大环境执法监管力度，综合用好行政处罚、生态环境损害赔偿等手段，严厉打击环境非法行为。突出抓好湘江流域涉重金属企业环境风险排查整治，加快推进郴州、衡阳等地铊污染溯源、整治，消除环境安全隐患。督促指导各地、各部门强化枯水期监督管理，加强上下游联防联控，采取硬措施保障群众饮水安全。

（五）着力推进生态环境治理体系和治理能力现代化

持续深入推进生态文明体制改革，严格落实《关于构建现代环境治理体系的指导意见》，加快形成“大生态环境保护格局”。加大科技支撑，建设生态环境大数据智慧系统，强化监测监管能力建设。

（2021年8月26日）

以“美丽海湾”建设为抓手 推进“蓝色经济”可持续发展

中国既是陆地大国，也是海洋大国，海洋管辖面积约为陆地面积的三分之一，大陆海岸线为世界上海岸线最长的国家之一，拥有面积大于500平方米的海岛七千多个。海洋生态文明是全国生态文明建设不可或缺的重要组成部分，美丽中国离不开美丽海洋。党的十八大以来，以习近平同志为核心的党中央高度重视生态文明建设和海洋强国建设，提出了一系列新思想、新论断、新要求，形成了关于海洋生态文明建设的系统部署，将全国的海洋生态文明建设和海洋强国建设推到了前所未有的历史新高度，但当前全国海洋还存在着海洋开发秩序混乱，岸线资源浪费较重，陆源排污总量增加，海洋生态透支，部分海湾生态已处于不健康和亚健康状态，沿海产业发展与资源环境承载力之间的矛盾日益突出等问题。因此，我们必须按照建设“美丽中国”的要求，海陆统筹，加快海洋生态文明建设，进一步提升海洋可持续发展能力。

为此，建议：以美丽海湾和海洋国家公园、海洋生态文明论坛建设为载体建设“美丽海湾”，推进“蓝色经济”可持续发展。

一是建设“美丽海湾”。海湾是全国近岸最有代表性的地理单元之一。中国面积大于10平方千米的主要海湾约150个，其岸线长度约占大陆岸线总长度的57%。因承载近岸开发和排污压力最为集中，海湾生态环境问题十分突出，成为制约近岸海域生态环境持续改善的关键。抓住海湾就是抓住了海洋生态环境保护治理的‘牛鼻子’，也就抓住了建设美丽海洋的关键所在。建设“美丽海湾”，使之水清滩净、岸绿湾美、鱼鸥翔集、人海和谐也是建设美丽中国好经验、好做法的集中体现。

二是设立海洋国家公园。海洋是国家公园建设的不可或缺的重要组成部分。开展海洋国家公园规划选址研究是加速海洋保护区建设创新，推进海洋生态文明建设，构筑国家海洋生态安全屏障的必然要求。当前全国设立的国家公园未包括海洋类型。建议尽快将海洋早日纳入国家公园建设，加速海洋保护区建设创新，加强海洋生态文明建设，构筑国家海洋生态安全屏障，推动沿海地区社会经济可持续发展。

三是举办海洋生态文明论坛。按照国家推进海洋强国的战略部署，举办海洋生态文明论坛，深入探讨全国海陆统筹体制下海洋生态文明建设的理论、科学与政策，交流海洋生态文明建设的新经验、新模式、新路径、新理念。

（2022 年）

长江流域省（区、市）禁止含磷洗涤用品销售其时已至

党的十八大以来，长江流域 19 个省（区、市）认真贯彻落实习近平总书记关于长江经济带发展一系列重要讲话指示精神，共抓大保护、不搞大开发，生态优先、绿色发展，经过持续攻坚，流域水生态环境质量持续改善，干流水质 2020 年第一次全线年均值达到了Ⅱ类，并连续保持了两年。但是，整体上看，目前长江流域治污压力依然较大，水体总磷污染问题突出，特别是部分重点湖库总磷超标比例高，总磷已成为长江流域水环境改善的关键因子。

根据《第二次全国污染源普查公报》数据，水体总磷主要来源于农业源和生活源，其中生活源总磷排放量占比约达 30%。除人体排泄物外，含磷洗涤废水是生活源总磷的重要来源之一。我国是洗涤用品消费大国，据中国洗涤用品工业协会统计，2021 年洗涤用品销量 1137.67 万吨，其中，洗衣粉销量 309.19 万吨，人均年使用量 2.38 千克。洗涤用品中洗衣粉的含磷量较高，根据洗衣粉行业标准，含磷洗衣粉中总五氧化二磷含量大于等于 8%。目前，含磷洗衣粉产量较小，每年约 12.5 万吨，且主要用于出口。但是由于含磷和无磷洗衣粉混杂销售、企事业单位及个人无磷洗涤意识不强等原因，长江流域部分省（区、市）市场上仍存在含磷洗衣粉的流通，尤其是在农村占比较高。

含磷洗衣粉中的三聚磷酸钠（占比约 15%）是溶解性极强的有效磷，能充分被藻类等生物吸收利用。根据欧盟环境委员会相关研究报告，三聚磷酸钠对生活污水中有效磷的贡献达到 50%。生活中，部分洗涤废水进入污水管网，部分则直接进入阳台雨水管网外排。据报道，1 克有效磷可使

藻类生长100克。因此，含磷洗衣粉一旦被销售使用，其含有的三聚磷酸钠可直接通过雨水管网汇入地表水，对水体造成较高的富营养化风险。《长江保护法》已明确规定要有效控制总磷排放量，对氮磷浓度严重超标的湖泊汇水区，禁止使用含磷洗涤剂。

为深入打好污染防治攻坚战，持续改善长江流域生态环境质量，全力“守护好一江碧水”，建议在长江流域19个省（区、市）禁止含磷洗涤用品销售，有效减少生活源磷排放。

为此，建议：

1. 立法在长江流域省（区、市）禁止销售含磷1.1%以上的洗衣粉。长江流域浙江、江苏、重庆等部分省（区、市）已实施禁止销售使用含磷洗涤用品。但总体来说，洗衣粉无磷化的意识尚未深入人心，亟待通过国家立法形式在全流域强制实施。目前，无磷洗涤剂生产总量已超过98%，市场占有率高，生产技术成熟，无磷洗衣粉的生产成本目前已比含磷洗衣粉低，且未来随着国家污染防治力度力度的加大，含磷洗衣粉的主要原料三聚磷酸钠的价格还会不断提升，含磷洗衣粉的生产成本还会增加，因此，国家立法禁止在长江流域销售含磷洗衣粉不仅不会对人民群众日常生活造成较大影响，而且对生产厂家而言也会降低成本、增加利润。

2. 加强洗涤行业市场监管。建议制定洗涤用品国家强制标准，科学限定含磷与无磷洗涤用品含磷量，有效解决洗涤用品行业相关产品标准含磷量宽松、法律约束性不高等问题。对长江流域工业企业以及餐饮业、宾馆旅社、医疗机构等行业开展摸底排查，全面摸清含磷洗涤用品销售与使用情况；加强市场洗衣粉产品质量抽查力度，依法依规进行处罚，促使各行业对含磷洗涤用品不进、不存、不销、不用。

3. 加快洗涤行业绿色化、环保化、高质化发展。针对无磷洗衣粉造成的水处理工艺污泥量增多、水体悬浮物浓度升高等环境问题，加快对无磷洗衣粉新型表面活性剂和助剂的研发与绿色升级。浓缩型洗衣粉活性物含量更高、去污力强，使用量相比普通型可以减半，为提高洗涤用品利用效率，降低洗涤用品环境污染，加快推进洗涤剂浓缩化进程势在必行。同时，为满足不同类型消费者不断升级的消费需求，加快发展多功能、个性化产品逐步替代洗衣粉的使用也须加快步伐。

4. 开展洗涤用品无磷化宣传。大力宣传、普及含磷洗涤用品对水体的污染危害，引导消费者自觉选用无磷洗涤用品；开展洗涤用品常识教育，指导消费者准确、适量使用洗涤用品，提升消费者正确选用浓缩产品的意识，避免过度使用造成浪费、污染环境。

（2022 年）

关于开展生态疏浚
复苏洞庭湖生态环境的提案

2018年4月25日，习近平总书记亲赴洞庭湖考察，殷切嘱托我们“守护好一江碧水”。洞庭湖是唯一吞吐长江的通江湖泊，独特的水文气候条件和地理位置，奠定了它是长江中游洪水重要的调蓄场所和国际重要湿地的重要地位。受自然演变特别是泥沙淤积影响，洞庭湖逐渐萎缩，湖泊面积由全盛时期（17世纪—19世纪）的6000平方千米减少为2625平方千米，带来调蓄能力减弱、湿地生态衰退、水源涵养不足等问题，具体表现在四个方面。

1. 洞庭湖调蓄洪水能力大幅减弱。据实测资料统计分析，1951—2002年，洞庭湖年均沉积泥沙1.2亿吨，总淤积量超过62亿吨，挤占湖容45亿立方米左右，平均淤积厚度超过2米，部分区域淤积达13米。洞庭湖调蓄容积减小，遇大洪水时水位抬高，沿线3471千米堤防超设计水位运行，抵御洪水风险增大，难以有效保障约1000万人、1000万亩耕地生命财产安全。据统计，2003年三峡水库运行以来，城陵矶（七里山）站有两年洪水位超过设计洪水位。

2. 洞庭湖区枯水期饮用水难以保障。长江分流进入洞庭湖的“四口”河道普遍淤高2米以上，汛期外时段长江水进不来，除松滋西河外，其他河道年均断流时长达146天—266天，2006年藕池河西支断流达336天，湖南省沿岸300万亩耕地、280万人口饮水用水问题突出。加之三峡水库蓄水期洞庭湖出口水位平均下降近2米，滨湖区数百万居民面临“守着水窝子难以取用水”的尴尬局面。

3. 洞庭湖生态功能呈退化趋势。洞庭湖洲滩过度发育和抬高，枯水期水面减少、水深变浅、水生态空间缩窄，往往是“洪水一大片，枯水几条线”。根据实测，2021 年 12 月 27 日城陵矶（七里山）站水位 20.04 米，洞庭湖水面面积仅 504 平方千米，水量仅 6.4 亿立方米。枯水期水域空间变小，导致洲滩草甸化、湿地碎片化，草洲斑块个数增加10 倍，江豚等一些大型水生生物生存空间被压缩，且容易滋生血吸虫，生态功能呈退化态势。

4. 洞庭湖航道通航条件恶化。洞庭湖区现有等级航道 1279 千米，由于枯水期水深不足，高等级航道不多，目前没有Ⅰ、Ⅱ级航道，Ⅲ级航道仅有 520 千米，且碍航浅滩增多，船只搁浅、堵船等航运不便事故时有发生，南洞庭湖更是无法通航。

洞庭湖存在淤积萎缩的问题，亟需实施生态疏浚，结合城陵矶出口兴建综合枢纽，治理好“盛水的盆”，系统治理和复苏洞庭湖。此外，2003 年三峡工程建成运行，洞庭湖由淤积转为微冲，也为疏浚复苏洞庭湖创造了条件。经研究，实施洞庭湖生态疏浚，具有四个方面的重大意义。一是提升湿地整体效益。可将东、南、西洞庭湖湿地连成整体，提升洞庭湖生态系统质量，增大枯水期生态水域空间，更好发挥其调节气候、维护物种多样性等生态屏障作用。二是增强湖泊调蓄功能。可扩大洞庭湖调蓄容积，更好调控洪水，保障长江中下游地区防洪安全。三是夯实水源民生保障。9—10 月份可为长江中下游补水超过 30 亿立方米，为长江经济带绿色发展和长江三角洲一体化战略提供水资源支撑。四是构建航运黄金水道。可增大枯期洞庭湖航道水深，提升航道等级，形成通江达海的黄金水道，汇集经济循环发展动能。

建议：开展洞庭湖生态疏浚是扛牢“守护好一江碧水”政治责任的关键之举、治理洞庭湖的现实之需，建议水利部牵头，协同相关部委研究工程方案和生态论证，将洞庭湖生态疏浚工程纳入国家相关规划内容和计划“笼子”，力争“十四五”期间启动建设。

（2022 年）

关于发挥生态修复在改善全国水环境质量方面的作用的建议

党中央、国务院一直以来高度重视生态文明建设，“十三五”期间扎实推进污染防治攻坚战，大力推进突出生态环境问题整改，全国生态环境质量明显改善，但目前全国生态环境保护结构性、根源性、趋势性压力总体上尚未根本缓解，尤其是水生态保护修复基础薄弱，与人民群众对美好水生态环境的向往仍有较大差距，生态保护修复形势依然严峻。一是生态破坏现象广泛存在。全国部分地区水源涵养功能严重受损，河湖岸线、湿地等敏感水生态空间受到侵占，部分河湖生态流量保障程度不高、水生生物资源衰退、水生态系统失衡等问题普遍存在，部分河湖环境承载能力已经达到或者接近上限，生态保护修复工作力度亟待加强。二是“污染治理”工作已进入攻坚克难期。经过多年的污染治理，目前全国污染减排空间越来越小，减排压力越来越大，部分污染源治理对提升生态系统质量空间非常有限。以洞庭湖区为例，工业污染对洞庭湖总磷污染贡献已不足1%，深化工业污染源治理对改善洞庭湖总磷污染现状成效甚微。三是经济绿色发展存在明显短板。十三五期间全国产业结构明显改善，但新型工业化、农业现代化、新型城镇化和信息化的水平还不高。全国经济结构调整、发展方式转变和产业绿色转型的任务仍然艰巨。

以生态环境质量改善为核心，坚持污染减排和生态扩容两手发力，统筹推进“山水林田湖草”系统治理，是打赢打好“升级版”污染防治攻坚战的关键。在全国污染治理已进入“攻坚克难”期现状下，生态扩容已成为“十四五”期间全国提升生态系统质量与稳定性的最有效手段。因此，建议以全国重要生态功能区、生态红线范围内水体为保护重点，以水生态环境问题突出的水体为修复重点，深入践行“生态惠民、生态利民、生态为民”，加强和发挥生态修复的作用，将污染治理、生态保护修复与生活生产相融合，努力为老百姓提供更多的绿色生态产品，以高水平生态保护修复推动经济社会高质量发展。为此，提出如下建议。

1. 强化生态空间管控。自然资源和水利部门要进一步加强河湖岸线用途管制和节约集约利用，最大程度保持岸线自然形态；农业农村部门要持续推进渔业绿色发展，优化水产养殖布局，加快依法划定禁止养殖区、限制养殖区和养殖区，明确禁养、禁渔管控措施要求和配套措施。

2. 加强湿地恢复与建设。林业部门要持续推进退耕还湿，深入开展重点湖库湿地生态修复；农业部门要积极推动重要生物栖息地恢复与重建；针对重要入河湖口、大型污水处理厂下游、重点控制断面上游 3 千米及下游 300 米等关键节点，生态环境部门要因地制宜建设人工湿地，增强入河湖污染物拦截与净化能力。

3. 推进河湖水域生态修复。水利部门要全面开展河湖生态水量监测，要加强水量调度管理和生态调度管理，着力保障河湖基本生态用水；生态环境与农业部门要系统推进各省重点河湖水域生态修复，调整与优化水生生物结构，加快恢复河湖水生植被，提高水生生物多样性。

4. 实施河湖生态缓冲带建设。生态环境部门要制定河湖生态缓冲带调查与划定方法，重点针对岸线生态功能受损的河湖周边、受面源影响较大且富营养化趋势明显的湖库周边，因地制宜划定河湖生态缓冲带；林业部门要结合河湖水系生态廊道建设工作，以对流域或区域生态系统有重要影响的河流（或河段）、湖泊和水库为重点，在水体周边一千米开展生态缓冲带修复与建设，提升水环境承载能力。

（2022 年 1 月）

建议修订医疗机构污染物排放标准
提升污水处理能力和管理水平

随着中国进入高质量发展、高品质生活的新发展阶段，补齐医疗机构污水处理设施短板，规范运行管理显得日益重要和紧迫。2021 年 8 月，生态环境部、卫生健康委等国家五部委联合印发了《关于加快补齐医疗机构污水处理设施短板，提高污染治理能力的通知》，正在加快推进治理能力建设。随着治理的不断深入，仍存在以下突出问题：

1. 基础设施建设短板突出，污水处理设施稳定运行难度大。以湖南省为例，医疗机构污水处理较一般生活污水要复杂很多，但目前多数医院污水处理工艺只有消毒处理，只有少部分医院有生化处理，且大部分医院为自行运营污水处理站，运维人员少且不专业，对相关设施设备和自行监测不够了解，专业化程度不高，难以保障设施长期正常稳定运行。

2. 医疗机构污水排放标准与现实情况明显不相适应。目前医疗机构污水排放的执行标准为 2005 年发布的《医疗机构水污染物排放标准》，已严重滞后于现在生态环境管理要求。

为进一步加快提升医疗机构污水治理能力，提出以下建议：

1. 加强整体规划。将医疗机构污水处理设施建设和运维管理纳入医疗机构整体建设的重要内容，一体规划、一体建设、一体运营、一体管理。各级财政部门给予重点资金保障，优先解决污水处理设施短板的问题。

2. 推行“整县治理”。积极推进“整县打捆发包”的第三方治理模式，对县级行政区域内公益性医疗机构开展统一处理和运营，实现处理工艺、设备及运营管理的统一化、模块化、集中化，确保高质量建设、高水平管理。

3．修订国家标准。尽快启动医疗机构水污染物排放标准修订工作。增强检测新技术新方法的应用，增加余氯等消毒指标、检测频次和抗生素等新污染物种类，增加重大传染病疫情期间污染物排放控制要求和对集中隔离观察点的污水处理管控要求。

4．强化监督考核。进一步明确和强化医疗机构治污主体责任、卫生健康部门的行业主管责任和生态环境部门的统一监督管理责任，加大督企督政力度。严格医疗机构考核评估，将医疗污水处理情况纳入卫生健康部门的医疗机构等级评定体系和生态环境部门的环境信用评价体系，将问题情节严重的降级甚至取消等级或采取其他联合惩戒措施。

（2022 年 3 月）

纵深推进“一江一湖四水”系统保护和治理

按照长江经济带“共抓大保护、不搞大开发”的重要指示，湖南省生态环境系统保护和治理相关部门始终牢记习近平总书记“守护好一江碧水”的殷殷嘱托，认真落实长江经济带生态环境保护民主监督有关要求，切实抓好民建中央反馈问题整改，纵深推进“一江一湖四水”系统保护和治理。

一、工作进展情况

（一）坚决扛起“守护好一江碧水”的政治责任

严格落实责任。深入贯彻落实《长江保护法》，将长江生态环境保护工作纳入省直相关部门、市州政府绩效考核和激励措施范畴中，严格奖惩,层层压紧压实责任，推动形成齐抓共管合力。强力推进长江保护修复攻坚战。制定并实施《湖南省贯彻落实〈长江保护修复攻坚战行动计划〉实施方案》《长江保护修复攻坚战八大重点专项行动湖南省落实方案》，全面推进实施长江经济带环境污染治理“4 + 1”工程。突出抓好“夏季攻势”。从 2017 年开始，连续 6 年开展污染防治攻坚战“夏季攻势”，推动各地各部门集中攻坚克难，深化长江保护修复，2021 年实施了 11 个方面 2693 项任务，2022 年启动 10 个方面 3593 项任务。全力配合开展民主监督。厅党组会专题学习民建中央对口湖南省开展长江经济带生态环境民主监督有关精神和要求，制定并配合落实工作方案，要求全省生态环境系统提高思想认识、做好协调配合、狠抓整改落实。同时，积极支持配合省内 7 个民主党派持续推动开展洞庭湖、湘江生态环境保护民主监督现场调研等工作。

（二）积极推进绿色低碳发展

印发《湖南省“三线一单”生态环境总体管控要求暨省级以上产业园区生态环境准入清单》，构建“1＋4＋14＋860”的生态环境准入清单体系，强化“三线一单”管控，遏制“两高”项目盲目上马。积极服务“六稳”、“六保”，推进“放管服”改革，向市州下放7类19项审批权限，主动服务对接重大项目、民生项目。积极推进生态创建，17个县（市、区）创建为国家生态文明示范区、4个县（市、区）创建为国家“两山”理论实践创新基地。

（三）狠抓重点领域、问题整治

加强工业污染整治。全面落实排污许可制度，积极推进化工行业、尾矿库环境综合整治。持续开展园区环境专项治理，全面推进园区第三方治理，143个省级及以上园区配套212座污水处理设施。加强农村环境综合整治。126个县（市、区）全部启动实施农村环境整治整县推进，编制并实施全省农村生活污水治理专项规划，2020以来，在2200个村开展农村生活污水治理。启动农村黑臭水体治理，常德市入选全国2022年15个农村黑臭水体治理试点支持城市。加强饮用水水源保护。巩固城镇集中式饮用水水源环境整治成效，2022年开始推进农村“千人以上”集中式饮用水水源环境整治。加强突出环境问题整改。综合采取通报约谈、挂牌督办、典型曝光、区域限批等措施压实责任，严把验收销号关，推动解决了一大批突出环境问题。截至目前，中央生态环保督察及“回头看”、长江经济带警示片反馈湖南省的229个突出问题整改完成181个。

（四）深入推进重点流域系统保护和治理

一是全面完成湘江保护和治理3个“三年行动计划”。从2013年起接续实施3个“三年行动计划”，累计淘汰1200余家涉重企业，突出抓好五大重点区域、铊浓度异常专项整治等工作。截至2021年底，10大方面30项具体任务基本完成，流域232个地表水考核评价断面水质优良率达到

98.7%。二是启动实施洞庭湖总磷攻坚行动。印发《洞庭湖总磷污染控制与削减攻坚行动计划》，明确了7项重点任务和1项“禁磷限磷”专项行动。2021年完成279个重点项目，2022年部署推进324个重点项目。2021年，湖体总磷浓度为0.063毫克/升，比2015年下降43.8%，西洞庭湖突破性达到Ⅲ类标准。三是不断深化不达标水体综合整治。按照“一河（湖）一策”要求，统筹水环境治理、水资源保障和水生态修复，推动大通湖、蒸水、龙荫港等流域系统治理，有效改善水体环境质量。

（五）不断强化生态环境风险防范

在全省部署防范化解重大生态环境风险隐患“利剑”行动，对5个方面13个类别的生态环境风险隐患问题开展地毯式排查，推动各地各部门建立问题清单，逐一按照“红、橙、黄、蓝、绿”五个风险等级进行分级管控，并按时限推动加快整改。建成生态环境“四位一体”预警监控体系，及时向各市州推送预警信息。与周边六省签订《跨省流域上下游突发水污染事件联防联控机制》协议，合力处置水质异常情况。

（六）始终保持执法监管高压态势

建立省级环境保护督察制度，对问题较多的地方、领域开展专项督察，严格落实生态环境保护“党政同责、一岗双责”和“三管三必须”要求。出台《关于压实园区企业污染防治主体责任的通知》，公布《行政权力事项指导目录》，将74项权力事项和176项行政执法事项目录、程序、标准清单化，推动法定制度措施落实。严厉打击违法行为，2021年，查处违法案件2793件，处罚金额2.15亿元；启动办理生态损害赔偿案件989件。

（七）着力提升治理能力水平

与生态环境部签署《强化支撑以生态环境高水平保护促进经济高质量发展的合作框架协议》，持续推进生态补偿、环境行为信用等级评价等政策措施。完善地方法规标准，出台实施固废法办法、饮用水水源保护条例等5部地方性法规，组织编制《工业废水锰污染物排放标准》《湖南省水产养殖尾水污染物排放标准》等地方标准。完善“十四五”水环境监测网络，明确534个省考断面考核目标，督促市州完成6350个排污口排查建档工作。强化科技支撑，开展长江生态环境保护修复驻点跟踪研究工作，加强先进适用技术研发与示范推广。

通过努力，近年来，湖南省长江生态环境保护工作取得积极成效，打造了饮用水水源保护、湘江保护和治理、中央生态环保督察反馈问题整改等特色亮点工作，污染防治攻坚战工作连续两年获评国家优秀。2021年，全省147个国考断面水质优良率达到97.3%，较2020年提高4个百分点，排名全国第4位，永州、张家界、怀化市进入全国地级城市地表水环境质量状况排名前30位，数量居全国第3；534个省考断面水质优良率达到96.1%，其中，长江干流湖南段和湘资沅澧四水干流131个国省考断面水质全部达到或优于Ⅱ类。

二、下一步的工作打算

作为农业大省、人口大省和有色金属之乡，在取得初步成效的同时，湖南省长江生态环境保护工作仍然存在一些不足，包括水生态环境质量改善不平衡、农业面源及城乡生活污染负荷偏重、历史遗留污染欠账较多、机制体制不完善、工作基础薄弱等问题，离国家要求、群众期待还有一定差距，既要打攻坚战，也要打持久战。下一步，湖南省生态环境厅将坚持科学、精准和依法治污，不断深化“一江一湖四水”系统保护和治理，重点推进如下工作：一是全力配合做好民主监督工作。积极配合做好民建中央2022年度监督工作，对监督反馈意见和发现问题，拉条挂账，明确分工，及时整改。二是及时客观报告有关情况。及时提供长江经济带生态环境保护有关情况，认真总结饮用水水源保护、湘江保护与治理、长江岸线修护等经验做法，客观反映洞庭湖整治、农业面源污染治理、重金属污染治理等基层困难和政策需求。三是深入推进污染防治攻坚战。持续推动污染防治攻坚战“夏季攻势”，重点抓好洞庭湖总磷削减、医疗机构废水整治等工作，持续降低污染负荷。四是持续强化突出环境问题整改。按期保质完成中央交办、群众反映的突出问题，在全省持续推进防范化解重大环境风险隐患“利剑”行动，全力守护环境安全。五是不断提升能力水平。

深化改革创新，夯实监测监管能力，加快提升生态环境治理体系和治理能力现代化水平。

三、有关工作建议

（一）建议加大对洞庭湖保护和治理的支持力度

作为长江之肾，建议国家将洞庭湖区所有县（市、区）纳入国家重点生态功能区统筹范围，中央财政每年安排洞庭湖保护和治理专项引导资金，并从长江三峡工程后期扶持资金中给予重点支持，重点支持农业面源污染防治、沟渠塘坝和内湖综合治理。

（二）建议加大对历史遗留污染治理的资金、技术支持力度

作为有色金属之乡，湖南省娄底锡矿山、郴州三十六湾等重点工矿区遗留了众多冶炼废渣、废石、尾砂、废弃矿井和污染场地，部分污染未得到根本解决，目前缺少先进适用和经济的治理技术，同时，地方财政也难以承受。建议国家层面组织优势技术力量加强研究，并安排专项资金支持。

（2022 年 7 月 12 日）

关于持续强力推进“一湖四水”治理的提案

近年来，湖南省以湘江、洞庭湖为重点，全力打响碧水保卫战，确保了湖南省地表水水质总体为优，2018 年国考断面优良率达 80%。但仍面临诸多的困难和问题。

一是湘江、资江部分支流水质超标，洞庭湖水质总体还为轻度污染。

二是产业结构偏重，经济增长方式粗放，源头预防和治理不到位，主要污染物排放量仍处高位。

三是环境治理基础设施相对滞后，部分城市尤其是城乡接合部，污水未完全收集、雨污分流不彻底等，乡镇（农村）生活污染治理欠账较多，乡镇建成污水处理设施的仅 21% 左右。部分饮用水水源地、工业园区环境风险隐患未消除到位。

四是整治手段比较单一，过度依赖行政措施。科技支撑能力薄弱，治理资金投入严重不足，“等靠要”问题较为突出。

五是部分领导干部还未摆脱惯性思维，重显绩、轻潜绩，抓环境治理不敢动真碰硬。“党政同责、一岗双责”未完全落实到位，部分地方或部门不作为、乱作为、慢作为的问题客观存在。

为贯彻落实习近平总书记“保护好一江碧水”的殷切嘱托，坚决打好打赢碧水保卫战，提出如下建议：

一、突出领导干部关键，系统、深入贯彻落实习近平生态文明思想

一是组织召开多层次的习近平生态文明思想专题培训、研讨班。二是在湖南省范围内组织开展生态文明建设和生态环境保护“大走访、大调研”活动。三是举办“学习贯彻习近平生态文明思想”征文活动。

二、激励与约束并举，严格落实各级各有关部门生态环保职责

一是强化水生态环境质量目标管理，以国家、省级水质考核评价断面为单元，全面推动落实“河长制”和“断面长制”。二是按照“可定量、可督办、可考核、可追责”的原则，建立健全水环境保护责任体系，加大绩效考核比重，并严格奖惩。三是加快出台实施生态环境保护领域容错免责实施意见，明确免责情形和激励措施。

三、加快转型升级，推进社会经济高质量发展

一是严格落实生态红线管控措施，加快出台“三线一单”积极优化国土生态空间，明确湖南省经济社会发展的“规矩”和“边界”。二是加快发展高端制造业和现代服务业，着力打造绿色低碳循环发展的产业体系。加强重点行业整治整合，及时淘汰“散乱污”企业。引导园区外工业企业搬入专业园区聚集发展，推进工业园区、工业聚集区生态化改造，三是加强品牌创建、市场推广等工作力度，积极发展壮大绿色农业、休闲农业，推动湖南省农业发展由数量增长为主转变到数量、质量、效益并重。

四、以突出问题为导向，狠抓重点领域综合整治

一是采取专题调研、暗查暗访、遥感监测、群众举报等多种形式，及时发现各类环境污染和生态破坏问题，建立问题台账，及时交办督办。二是持续开展环境治理“夏季攻势”，通过项目化、清单化的形式将整治工作任务层层分解落实，强化考核激励和督促指导。三是持续开展园区污染防治、黑臭水体专项整治、饮用水水源地环境保护、农业农村污染防治等重点战役，着力解决一批突出环境问题。

五、强化支撑保障，加快提升治理能力现代化

一是坚决反对生态环境领域的形式主义、官僚主义，杜绝“数字环保”“口号环保”“形象环保”，整治的目标、任务要与支撑保障相匹配。二是建立财政投入动态增长机制，加大对“一湖四水”整治投入力度，安排一批生态环境领域的 PPP 项目。从水电开发、河道采砂等收入中提出一

定比例用于碧水攻坚战。建立省级绿色发展基金。三是向科技、信息借力，加大先进适用技术及装备推广应用，建立覆盖饮用水水源、地表水、地下水、污染源的水环境监测体系，推进信息化、精细化管理。

（2022 年 9 月）

牢记习近平总书记“保护好一江碧水”殷切嘱托，持续强力推进“一湖四水”治理

水情是湖南最大省情，湖南省96%以上区域属于长江流域，“湘、资、沅、澧”四水通过洞庭湖汇入母亲河长江，在维护长江中下游生态平衡方面起着不可或缺的重要作用。近年来，湖南省上下深入学习贯彻习近平生态文明思想，认真落实党中央、国务院关于生态文明建设和环境保护决策部署，以高度的思想自觉、政治自觉、行动自觉，以湘江、洞庭湖为重点，全力打好水污染防治攻坚战，确保“一湖四水”水质总体为优，为保护好长江母亲河作出了湖南贡献。尤其是通过努力，2015年以来，洞庭湖水质恶化的趋势得到有效遏制，除总磷外，其他指标均达到Ⅲ类，而且总磷浓度也在持续降低，其中，2018年比2015年下降38.4%，中央新闻联播、《人民日报》等中央主要媒体多次报道，给予了充分肯定。

但水污染防治涉及方方面面，作为中部正在加快发展的省份，水污染防治的压力仍然较大，还面临诸多的困难和问题。一是湘江、资江部分支流水质超标，洞庭湖水质总体还为轻度污染，总磷浓度短时间内难以降解到位，湖区部分沟渠塘坝淤塞严重、发黑发臭。二是产业结构偏重，经济增长方式粗放，主要污染物排放量仍处于高位，减排压力巨大。尤其是养殖、种植业发达，排放的氨氮、总磷等污染物超过区域环境容量，已成为水体超标的主要来源。三是环境治理基础设施相对滞后，部分城市尤其是城乡接合部，污水未完全收集、雨污分流不彻底等问题突出，乡镇（农村）生活污染治理欠账较多，乡镇建成污水处理设施的仅21%左右。部分饮用水水源地、工业园区环境风险隐患未消除到位。四是整治手段比较单一，过度依赖行政措施。科技支撑能力薄弱，先进适用技术研发与示范推广不够，有用可靠的管理经验少，“本领恐慌问题”较为明显。治理资金

投入严重不足，“等靠要”问题较为明显。五是部分领导干部还未摆脱惯性思维，重显绩、轻潜绩，推动绿色发展的意识不够、能力不强，抓环境治理不敢动真碰硬。“党政同责、一岗双责”未完全落实到位，部分地方或部门不作为、乱作为、慢作为的问题客观存在，源头预防和治理不到位。总体而言，通过努力，纵向比，湖南省水污染防治工作取得积极进展，但横向比，湖南省工作力度、成效与浙江、江苏、重庆、湖北等省市还有一定差距，面对新形势、新任务、新要求，还需大家持续发力，久久为功，纵深推进“一湖四水”整治。

水污染防治等生态环保工作既是关系党的使命宗旨的重大政治问题，也是关系民生的重大社会问题，功在当代，利在千秋。习近平总书记高度关注水污染防治工作，对长江经济带发展立下了“共抓大保护、不搞大开发”、“生态优先、绿色发展”的规矩，2018 年 4 月，习近平总书记在湘考察长江经济带发展时，叮嘱我们“绝不容许长江生态环境在我们这一代人手上继续恶化下去，一定要给子孙后代留下一条清洁美丽的万里长江”。我们要进一步提高政治站位，坚决把思想和行动统一到习近平生态文明思想上来，以“等不起”的紧迫感、“慢不得”的危机感、“坐不住”的责任感打好碧水保卫战，让人民群众喝上干净水、放心水、安全水。

为了牢记习近平总书记“保护好一江碧水”的殷切嘱托，持续强力推进“一湖四水”的治理，坚决打好打赢碧水攻坚战，提出如下几点建议：

一、突出领导干部关键，系统、深入贯彻落实习近平生态文明思想

2018 年 5 月 18 日—19 日，全国生态环境保护大会正式确立了习近平生态文明思想，这是标志性、创新性、战略性的重大理论成果，是新时代生态文明建设和生态环境保护工作的根本遵循与最高准则。为推动习近平生态文明思想在湖南落地生根，开花结果，必须突出领导干部关键，加大专题宣传教育和舆论引导作用，推动各级各有关部门真正把抓好生态文明建设作为增强“四个意识”、落实“两个维护”的政治要求和行动自觉。一是组织召开多层次的习近平生态文明思想专题培训、研讨班，让各级领导干部深刻理解、准确把握习近平生态文明思想的历史意义、理论内涵、重点任务、具体要求。二是在湖南省范围内组织开展生态文明建设和生态

环境保护“大走访、大调研”活动，举办“学习贯彻习近平生态文明思想”征文活动，让各级领导干部做到学思用贯通、知信行统一。

二、激励与约束并举，严格落实各级各有关部门生态环保职责

“一湖四水”整治涉及方方面面，必须严格落实“党政同责、一岗双责”的原则，全面构建合力攻坚的生态环境保护大格局。纵向上，按照“只能变好，不能变差”的要求，严格落实地方党委政府的主体责任，确保辖区水环境质量持续好转。横向上，按照“管发展的必须管生态环保、管行业的必须管生态环保、管生产的必须管生态”的要求，严格落实相关职能部门的监管职责，确保部门齐抓共管，共同发力。一是强化水生态环境质量目标管理，以国家、省级水质考核评价断面为单元，全面推动落实“河长制”和“断面长制”，变单纯“过程管理”为综合“过程 + 结果管理”。二是按照“可定量、可督办、可考核、可追责”的原则，建立健全水环境保护责任体系，大幅度加大绩效考核比重，并严格奖惩，用好领导干部自然资源资产离任审计、重大环境问题（事件）责任追究办法等措施，对问题较多的地方或部门及时采取警示、约谈、区域限批和督察问责等措施。三是加快出台实施生态环境保护领域容错免责实施意见，明确免责情形和激励措施，让生态环境部门或负有生态环境保护监督职责部门的领导干部轻装上阵，勇于担当作为，避免“流血流汗又流泪”问题。

三、加快转型升级，推进社会经济高质量发展

习近平总书记多次指出，生态环境问题归根到底是经济发展方式问题，要正确处理好经济发展同生态环境保护的关系。2018 年 4 月，习近平总书记在考察长江经济带发展时，明确指出不搞大开发不是不要开发，而是不搞破坏性开发，要走生态优先、绿色发展之路。作为中部加快发展中省份，湖南省要牢固树立“绿水青山就是金山银山”新发展理念，结合供给侧结构性改革，坚决“去”、主动“调”、加快“转”、大力“改”，加快推动形成绿色生产方式，实现经济高质量发展，从根本上解决生态环境问题。一是严格落实生态红线管控措施，加快出台“三线一单”（生态保护红线、环境质量底线、资源利用上线和环境准入负面清单），积极优化

国土生态空间，明确湖南省经济社会发展的“规矩”和“边界”。二是加快发展20个工业新兴产业链，着力打造绿色低碳循环发展的产业体系。加强重点行业整治整合，及时淘汰“散乱污”企业。推进省级工业聚集区进行生态化改造，积极创建国家生态工业园区，并引导园区外工业企业搬入专业园区聚集发展。三是加强品牌创建、市场推广等工作力度，积极支持有机农业、休闲农业发展壮大，推动湖南省农业发展由数量增长为主转变到数量、质量、效益并重。在洞庭湖区，严格控制畜禽养殖规模，积极推进标准化、规模化、生态化养殖。

四、以突出问题为导向，狠抓重点领域综合整治

“一湖四水”整治时间紧、任务重、要求高，既要打攻坚战、又要打持久战，绝不能搞“眉毛胡子一把抓”，必须坚持稳中求进、统筹兼顾的原则，按照任务轻重缓急，盯紧盯牢严重影响社会经济持续健康发展、群众反应强烈的突出环境问题，如饮用水水源保护问题、黑臭水体问题、五大重点区域遗留污染问题、长江岸线破坏等问题，集中有限的人力、物力和财力，持续攻坚克难，精准发力，不见实效绝不收兵，通过重点突破带动整体推进。一是建立问题排查、评估机制。采取专题调研、暗查暗访、遥感监测、群众举报等多种形式，及时发现各类环境污染和生态破坏问题，建立问题台账，并及时交办各级各有关部门整改。对突出环境问题，省里挂牌督办。二是持续开展环境治理“夏季攻势”，省长向各市州长和省直相关部门负责人交办任务清单，通过项目化、清单化的形式将整治工作层层分解落实，强化考核激励和督促指导，推动地方解决一批突出环境问题。三是根据国家统一部署和湖南省实际，明确问题、目标、任务、责任“四个清单”，持续开展黑臭水体专项整治、饮用水水源地环境保护、农业农村污染防治等标志性战役，加快补齐环境治理短板。

五、强化支撑保障，加快提升治理能力现代化

当前，“一湖四水”整治涉及的广度、深度、难度远超扶贫攻坚、产业发展等重点工作，正处于关键期、攻坚期、窗口期并存的时刻，要杜绝“数字环保”“口号环保”“形象环保”，必须坚持资金投入、科技支撑、

人才队伍等与整治任务相匹配，大幅度提升治理能力，确保攻坚战实效经得起历史和时间检验。一是建立财政投入动态增长机制，加大对“一湖四水”整治投入力度。鼓励将黑臭水体整治、矿区生态修复等项目和休闲度假、健康养老等有稳定收益的项目打捆实施，优先纳入 PPP 项目统筹。从水电开发、河道采砂等收入中提出一定比例用于碧水攻坚战。建立省级生态环保发展基金，重点推进长江生态环境保护修复、环保产业发展等工作。二是按照“源头严防、过程严管、后果严惩”的思路，鼓励、支持地方探索实践，深入推进生态文明体制改革，完善政策措施，丰富手段。三是向科技、信息借力，组织优势科研力量加大先进适用技术及装备推广示范，开展洞庭湖、长江干线（湖南段）水生态环境质量变化分析及对策研究，以科学事实、科研数据、科技成果为支撑，推进精细化管理、精准治污。

（2022 年 9 月）

尽快实施洞庭湖疏浚工程 拯救“长江之肾”

被称为“长江之肾”的洞庭湖由于其巨大的调蓄洪水能力，历史上无数次使洪患化险为夷，保长江中下游广袤地区百世安澜。因为长年泥沙淤积、围湖造田等因素影响，洞庭湖面积从19世纪中叶的6000平方千米，下降到目前的2625平方千米，昔日浩浩汤汤、横无际涯的洞庭湖，如今变得支离破碎，生态、调蓄、抗洪、航运等功能不断弱化。洞庭湖区域存在的问题主要有：

1. 调蓄能力不断弱化。如今的洞庭湖不仅面积缩小，而且由于长江和湘、资、沅、澧四水带来的泥沙淤积造成容水量减少，调蓄能力越来越弱，加之三峡蓄水后清水下泄导致三峡下游长江干流河床刷深，长江入洞庭湖的“四口”年均流量由二十世纪五六十年代的1332亿立方米减少到如今的479亿立方米，汛期洪峰流量分洪比由40%降低为25%左右，分洪功能明显减弱。1949年洞庭湖容积有293亿立方米，如今只有167亿立方米，仅相当于东江湖水库的2倍。云南省抚仙湖面积只有洞庭湖的十分之一，容积却有约200亿立方米。

2. 河湖水系日益衰减。江湖关系变化和泥沙淤积，导致枯水期长江水进不来、洞庭湖水蓄不住，河湖水位降低，季节性干旱、断流式缺水问题日益凸显。“四口”水系地区河道断流严重。除松滋西支外，其他河道年均断流达137天至272天。

3. 生态环境不断恶化。日益缩小的洞庭湖，湖泊河道化、河槽洲滩化、洲滩陆地化日益加剧，有些年份从卫星图像上看冬天的洞庭湖，几乎看不到水面，仅留湘、资、沅、澧尾闾河道和草尾河、湘江入湖深槽。旱季一些地方不同程度出现“水呆、水脏、水臭”现象，易引发血吸虫病、各类结石病等疾病。面积达 3 万亩的鱼类天然产卵场鲁马湖湿地洲滩功能退化，湖区部分地区植被由湿地型向中生性草甸演替，湿地碎片化趋势日益明显。随着生物多样性下降，洞庭湖区一些地方生态环境不利于野生水生动植物生存与迁徙，内湖、哑河以及外河水环境容量降低。沅江市南嘴镇目平湖堤防沿岸，堤内村庄二层楼房屋顶，与堤外风急浪涌的洞庭湖湖面高度几乎持平，“悬湖”之势触目惊心。洞庭湖区防汛涨得急退得慢，抗洪常常变成“持久战”“拉锯战”，严重影响湖区群众生产生活，地方财政不堪重负。

4. 产业发展持续受限。“鱼米之乡”很多地方要靠发展农业生产如稻虾产业维持生计。如今，湖区水质差、水量少成了主要制约瓶颈。由于季节性缺水、水质型缺水、地域性缺水，湖区一些地方要靠长途跨区调水、多级提水，发展经济成本很高，有时候连人畜饮用水都比较紧张。

5. 通航保障能力逐年降低。受洞庭湖区淤积萎缩、枯水期湖区水位降低等影响，湘江和沅水尾闾、松虎—澧资航道等湖区主要航道的通航条件恶化，航道连而不通、通而不畅，水运通航保障率降低，枯水期船只搁浅、堵船、滩险恶化致使船只航运不便，事故时有发生。前不久，湖南获批设立自贸区，其中位于长江和东洞庭湖畔的岳阳片区，承担湖南经贸通江达海枢纽的重任。但是，由于航道淤塞，万吨轮船在岳阳片区附近洞庭湖水域无法保持全年通航。再往湖区深处，通航能力更弱，对湖南航运经济大发展构成严重掣肘。

实施洞庭湖大规模疏浚工程及相关项目，能显著改变洞庭湖区库容和水环境、提升湖区居民生活和工农业生产用水保障能力；疏浚中产生的泥沙用于加固一线防洪堤防，还将有利于提升洞庭湖堤防的防洪标准。建议国家将洞庭湖治理纳入河湖疏浚治理专项规划，尽快立项并付诸实施，具体建议如下：

1. 疏浚“四口”口门和洪道，实施“引江济湖”，将深挖储水和引水入湖并举。通过河湖疏浚，在丰水季增大行洪断面，降低洪水水位，减轻防洪压力；在枯水季增加蓄水容量、缩短断流时间，缓解缺水压力；提高通航能力，形成以岳阳城陵矶为中心的大洞庭湖航运枢纽体系，大范围通行 5000 吨级以上船舶，重振洞庭湖水运物流优势。

2. 加快实施河湖连通工程。建议做好河湖连通顶层设计，形成政府主导、部门协作、专家指导和群众参与相结合的工作机制，加快推进四口河系地区水资源配置工程建设，研究洞庭湖与长江、四水上游水库水资源联合调度。采用泵站、连接水渠和闸控工程将现有水网连通，形成连续、动态、自流的水网，构建环洞庭湖区引排顺畅、蓄泄得当、丰枯调剂、多源互补、调控自如的江河湖库水网体系。在洞庭湖水系一些关键节点建闸控制，发挥汛期行洪、汛末蓄水功能。通过自然与人工手段，修建河河相连、河湖（库）相连以及湖湖（库）相连等连通工程，保持不同区域水体之间的连通和循环。打通洞庭湖洪道、支河、运河、平原水库、内湖。进一步研究西、南洞庭湖水位调控措施，建设平原水库，全面解决洞庭湖周边地区的水资源短缺，遏制由此引起的水生态环境日益恶化问题。

3. 实施水环境治理，改善河湖水网水质。严格控制耗能、耗水、污染扰民的产业发展，强化工业园区管理和工业污染点源监管执法，降低污染物排放负荷。加强城镇污水处理设施建设和农村环境综合整治力度。加大农业生产、畜禽水产养殖等农业面源治理力度，优化农药、用肥、饲料结构与范围，控制污染物入河。开展人工湿地、氧化塘和生态屏障带建设，通过措施有效增容。建立以“大通湖、瓦岗湖”为重点调蓄内湖，“五七运河、草阳渠、老三运河”为重点景观河流，“塞阳河、胡子口哑河”为主要生态修复及功能型主水道的生态水网模式。

（2022 年 11 月）

加快洞庭湖四口水系综合整治
改善洞庭湖水生态环境

洞庭湖是全国第二大淡水湖，由于洞庭湖区没有大型水源调蓄工程，用水水源主要依靠四口水系水源。洞庭湖四口水系是指连接长江和洞庭湖的松滋河、虎渡河、藕池河及调弦河（已于 1958 年冬封堵建闸）干支流组成的复杂水网体系。近年来受三峡汛后蓄水和长江干流冲刷水位下降影响，枯季长江流入洞庭湖的松滋、太平、藕池、调弦四口分流水量明显减少，四口河道断流提前、时间延长，湖泊、河道进入洞庭湖水量明显减少。

洞庭湖水量减少的原因主要有三。一是水进不来。入湖水量二十世纪五六十年代为 1332 亿立方米，2003 年以后为 479 亿立方米，枯季（11 月—次年 3 月）入湖水量从 80 亿立方米减少至 16 亿立方米，减少幅度高达 80%，藕池西支 2006 年断流达 336 天，四口水系地区呈“水窝子缺水”窘境，沿岸堤垸水量得不到补充，河道生态基流无保障，相应洞庭湖湖体水量减少，水空间容量变窄，成为湖南省四个典型干旱缺水区之一。二是水留不住。洞庭湖出口水位，在三峡蓄水期快速消落，2008—2018 年（2008 年三峡水库开始 175 米蓄水）与 1981—2002 年（代表三峡水库运用前）两阶段相比，洞庭湖出口水位平均下降 1.87 米，最大下降 2.44 米，出流加快，枯水期提前，时间延长，同期蓄水量减少近 30 亿立方米，沿湖地区工程性缺水严重。随着江湖关系演变，洞庭湖区枯水期水源将进一步减少，缺水影响将进一步扩大。三是水流不动。一方面因取水口水位降低导致沿岸涵闸、泵站无法适时取水，外河外湖水难以引入垸内，垸内生态基流及环境流量无法保证；另一方面垸内沟渠尽管近年来实施完成了大中型沟渠的清淤疏浚，但小微型等末端渠系淤塞严重，垸内河、湖、渠等连通体系不完善，垸内水网整体流通性差。

四口水系进入洞庭湖水量减少造成的影响如下：

洞庭湖水位水文节律的变化，导致洲滩提前出露，芦苇和苔草群落向湖心推进，沿湖取水条件恶化，垸内水量补充受阻，水环境容量降低。一方面，入湖水量减少使得洞庭湖的自净能力和环境容量大大降低，湖水氮磷含量超标，部分湖泊出现富营养化。湖泊水位下降也导致大量湖滩提前和加快显露，湿地生态功能受到影响，水生生物多样性下降，部分鸟类种群也呈下降趋势。另一方面，垸内水系之间原本四通八达的连通被切断，部分河湖的天然水力联系被人为阻隔，垸内与外湖水体交换减少，水体自净能力不断减弱。

建议：

1. 加快推进四口水系综合整治。疏浚松滋、虎渡、藕池、调弦等长江四口水系主干河道，引江济湖，增加枯季入湖流量，实现四口水系主干河道常年不断流，确保长江入湖水量恢复到三峡工程建成前的水平。同时，控制四口支汊河道，建设平原型水库（如在藕池东支上游殷家洲、下游九斤麻建闸控制，建设鲇鱼须河平原水库），拦蓄洪水改善沿岸枯季缺水，增加可利用水资源量。

2. 推进城陵矶综合枢纽建设。建议加快洞庭湖出口城陵矶综合枢纽前期研究，全力推动综合枢纽工程落地，改善江湖关系，有效控制和调节枯季洞庭湖生态水位，维持洞庭湖湖泊面积及其功能，提高洞庭湖水资源综合利用能力。

3. 开展洞庭湖清淤疏浚。洞庭湖湖面从1825年的6000平方千米萎缩到1949年的4350平方千米，截至1995年已下降至2625平方千米。1998年大水后，国务院对灾后重建、根治水患提出了“平垸行洪、退田还湖、移民建镇、加固干堤、疏浚河道”的治理方针。省委、省政府随即提出“4350”工程（恢复洞庭湖湖泊面积4350平方千米），但由于多方面因素无法实施。建议开展洞庭湖清淤疏浚，以容积换面积，增加洞庭湖调蓄能力。

4. 加强垸内小微型渠系疏浚。以恢复垸内沟渠的连通性和输水能力为目标，结合农村人居环境整治，农村水系综合治理等，大力实施垸内小微型沟渠清淤疏浚，疏通生态水网中的“毛细血管”，治理黑臭水体，全面解决水流不动、灌排不畅及水环境差的问题，打造水清岸绿畅流的生态带，建设水美乡村。

（2023 年）

关于进一步提升长江水生态保护修复工作支撑保障能力建设的提案

党中央、国务院历来高度重视长江生态环境保护工作，习近平总书记亲自研究部署、亲自督促检查，先后三次主持召开推动长江经济带发展座谈会，明确提出长江生态修复的标志就是生物多样性恢复。通过努力，近年来，长江流域水质优良率显著提升，2022年已达98.1%，水环境理化指标达到或优于中等发达国家水平，但水生态环境保护不平衡、不协调问题也十分突出，尤其是部分河湖水生态系统严重失衡。为加快补齐水生态保护短板，推动形成“三水统筹”系统治理的工作格局，维护长江流域水生态系统健康，长江保护法第七十八条规定“国家实行长江流域生态环境保护责任制和考核评价制度”，《中共中央 国务院关于深入打好污染防治攻坚战的意见》明确“建立健全长江流域水生态环境考核评价制度并抓好组织落实”，生态环境部等17部委联合印发的《深入打好长江保护修复攻坚战行动方案》要求“建立健全长江流域水生态考核机制”。目前，长江流域水生态保护修复工作取得了很大的进展，但总体尚存在以下不足：

1. 水生态监测网络体系尚不完善。水生态环境保护的制约因素已从过去的水质转变为现在的水生态，水生态监测涉及水生生物、水生境、水环境和水资源等几大类监测指标。现阶段，长江流域的浙江、湖南、湖北等省份以及长江流域监测机构已探索开展水生态监测，初步形成了水生态监测能力，但全流域层面的水生态监测网络体系还不健全。

2. 水生态考核评价机制还不健全。国内常用的水生态评价指标体系，如河湖健康评估指标体系及长江水生生物完整性指数评价体系在推动长江流域水生态评价方面做出了有益探索。但河湖健康评估体系应由各类指标均衡组成，目前的指标体系未能充分发挥各指标的指示作用，评估结果在具体水生态问题的诊断上存在缺陷。同时，相关成果应用还有差距，发挥的引导作用还不强。

3. 水生态保护修复的科技支撑能力不够。水生态环境监测、生态修复技术研发不够，监测体系不能准确评估和预测长江流域水生态环境的变化规律。流域生态保护和修复技术研发示范推广不够，缺少可推广、可复制的模式。水生态保护修复相关专业人员较少，关键设备、重点实验室等科研支撑保障能力薄弱。

为此，建议：

1. 加强水生态监测能力建设。统筹水生态系统健康、水生环境保护、水资源保障等指标，建议由生态环境部门牵头，会同自然资源、水利等部门，加快建立完善长江流域水生态健康监测、评价体系，并及时向地方反馈有关监测数据、重点问题和评价结果。加强专题培训交流，积极推动流域各省建立水生态监测与评估重点实验室，尽快形成监测能力。

2. 完善部门协调联动机制。长江流域水生态考核评价工作涉及自然资源、农业农村、水利等多个部门，为减少投资浪费、确保数据真实可靠，建议在国家层面建立完善部门协调联动机制，按照“共建共享”的要求，科学论证，共同建设水生态监测网络，并推动部门数据实时共享。

3. 不断完善长江流域水生态考核机制。一方面，加强研究，根据实际及时调整优化相关考核指标要求，确保监测评价结果能够如实反映流域水生态情况及变化趋势，并积极与美丽河湖建设评价、生态产品价值实现等工作挂钩。另一方面，强化考核结果应用，推动地方加强相关问题整改，进一步强化水源涵养、岸线保护、水系连通、污染治理等工作。

4. 夯实水生态保护修复基础能力建设。稳步推进长江流域水生态保护修复监测和科学研究工作，推动水生态监测关键技术与设备研发、流域水生态监管机制研究等工作。围绕水生态保护修复的重点、难点和热点问题，协作开展科技攻关，积极推广示范一批先进适用技术，及时公布一批典型示范工程。

（2023 年）

打好打赢长江流域总磷削减攻坚战
必须深化农业面源污染防治

长江是全国重要的战略水源、生态宝库、黄金水道，是中华民族永续发展的重要支撑。党中央、国务院历来高度重视长江生态环境保护工作，党的十八大以来，对长江保护与治理作出系列重要部署，要求把修复长江生态环境摆在压倒性位置，共抓大保护、不搞大开发。长江流域各省（区、市）各部门全面贯彻《长江保护法》等法律法规制度，扎实推进长江生态环境保护和修复工作，并取得积极进展与成效。2022 年，长江流域国控断面水质优良比例提升至 98.1%，长江干流水质连续三年达到Ⅱ类标准。但当前长江流域总磷污染问题依然突出，总磷作为国控断面定类因子的比例达 50% 左右，仍远高于其他污染物，同时，中上游部分支流和中下游部分湖泊水体总磷超标明显，总磷削减攻坚工作任重道远。

长江流域是全国最主要的农业生产基地，也是全国生猪和淡水水产品的主产区，农业生产强度高，总磷等污染物排放基数大。随着“三磷”企业和城镇生活等污染问题得到有效控制，农业面源已成为长江流域总磷的主要来源，且占比越来越高。根据长江经济带 11 省（区、市）第二次全国污染源普查数据及相关专题报告，农业面源总磷排放量占长江经济带总排放量的 67%。“十三五”以来，生态环境部、农业农村部大力实施《农业农村污染治理攻坚战行动计划》《打好农业面源污染防治攻坚战的实施意见》等攻坚行动，长江流域农业污染治理工作取得积极成效，但由于农业面源污染具有分散性、不确定性、滞后性等特点，其污染治理要求高、监管难度大，再加上流域内农业复种指数高、化肥农药施用量较大、畜禽和水产养殖业发达等原因，当前仍面临许多问题与难点：一是畜禽养殖粪污处理及资源化利用水平有待提升。长江流域内畜禽养殖大省多，如四川省与湖南省2021年生猪产量分别居全国第一和第二，畜禽养殖粪污排放量大，是农业面源的第一大来源。根据相关数据统计，长江流域畜禽粪污年产生量15亿吨左右，但粪污资源化利用程度不高，规模化畜禽养殖企业治污能力较低，规模以下畜禽粪污直排问题依然突出。二是种植业面源污染防控压力依然较大。长江流域耕地面积占全国总面积的24%，粮食产量占比超过全国总产量的1/3，化肥施用量处于高位，部分地区化肥施用强度为全国平均水平的1.6倍，有机肥比例在肥料使用中仅占20%左右。受施肥强度高、施肥方式不科学等影响，流域内化肥氮磷利用率低、流失量高，由此产生的面源污染不容忽视。根据研究报道，磷肥利用率平均仅为10—25%。三是水产养殖尾水治理能力十分薄弱。长江流域内池塘养殖分布广泛，产量占全国池塘养殖产量的60%以上。由于高密度养殖、过度投肥投饵等原因，水产养殖尾水水质普遍较差，总磷污染尤为突出。根据调查监测，部分四大家鱼精养池塘水体总磷浓度在0.4—0.8毫克/升范围内，甲鱼、黄鳝等则普遍在1—2毫克/升范围内，远远超出湖库Ⅲ类标准（0.05毫克/升）。水产养殖池塘在换水或冬季干塘时尾水集中排放，对周边水体水质影响较大。但目前流域内多数养殖户缺少绿色养殖和生态保护的意识和能力，水产养殖尾水治理工作明显滞后。

综合各方面的情况，加强农业面源污染防治既是打好打赢长江流域总磷削减攻坚战的难点，也是关键，基于长江流域农业面源污染现状，按照“源头减量—循环利用—过程拦截—末端消纳”的基本治理思路，提出如下四点建议。

一、加快推进农业发展绿色转型

优化调整畜禽养殖结构和布局，开展绿色种养循环农业试点。合理布局水产养殖生产，深入实施水产绿色健康养殖“五大行动”，加快推广多品种混养、稻渔综合种养、“设施养鱼”等生态养殖模式。深入推进化肥减量增效，大力推广主要农作物测土配方施肥、绿肥种植、有机肥替代化肥等技术或模式。

二、持续强化农业面源污染综合治理

提升规模养殖场粪污收集与处理设施装备水平，并确保设施正常运行，鼓励规模以下畜禽养殖户采用“种养结合”等模式消纳畜禽粪污。采用生态沟渠、生态塘等建设农田氮磷拦截生态系统，实现农田尾水“零排放”。以规模场自治、散户连片养殖集中治等形式，因地制宜推广人工湿地、“三池两坝”等尾水处理适用技术。集中优势科研力量加强农业面源污染防治新技术、新模式、新装备研发推广，加快建设一批农业面源污染综合治理示范工程，加快形成可复制、可推广的经验。

三、全面加强农业面源污染监测监管能力

开展农业面源污染通量监测与评估，掌握农业面源污染时空演变规律特征，确定农业面源污染监管的重点区域、重点时段。应用大数据、人工智能、遥感等新技术、新手段，建立农业面源污染监管平台，实时更新农业面源污染物产生和排放情况。利用实地调研、台账抽查、智能终端采集等方式，加强对化肥农药投入、畜禽粪污及水产养殖尾水去向的监管。结合通量监测数据、污染源治理情况等，构建农业面源污染治理成效评估指标体系与方法，并开展应用示范。

四、加大农业面源污染防治政策扶持力度

整合统筹涉农资金，加大绿色信贷、绿色债券对农业面源污染防治的支持力度等。实施化肥购买实名制及使用定额制，加快出台农民施用商品有机肥补贴政策，鼓励支持第三方主体开展粪肥收集、处理、施用等专业化服务。推进水产养殖尾水处理养殖户收费政策，优先将农业面源污染防治的设备和装备（如粪肥还田机械）列入农技购置补贴。

（2023 年）

居危思危、居危思变，切实加强全球气候变化背景下长江流域水资源保障

长江是中华民族的母亲河、生命河，是中华民族永续发展的重要支撑，流域多年平均水资源总量约 9958 亿立方米，占全国水资源总量的 35%左右，居各大江河之首。但由于时空分布不均等原因，部分区域水资源短缺问题长期存在，严重制约社会经济持续健康发展。2022 年 7 月以来，长江流域平均气温之高、高温日数之多、高温事件持续时间之长、降水量之少均为 1961 年以来同期之最。根据中国气象数据网发布信息，7 月 1 日至 10 月25 日，长江流域平均气温 24. 7℃，较常年同期偏高 1. 5℃，为 1961 年以来同期最高；平均高温日数 37. 5 天，较常年同期偏多 22. 5 天，为 1961 年以来历史同期最多；平均降水量 275. 5 毫米，较常年同期偏少 44. 3%，为 1961 年以来历史同期最少，其中，浙江大部、安徽南部、湖北东南部和西南部、江西、湖南大部、重庆南部、贵州东部等地降水量较常年同期偏少 5—8 成，局部偏少 8 成以上。

由于长期持续高温少雨，湖南、江西、福建、湖北和安徽等地重旱至特旱现象严重，水资源量锐减，江河湖库水位持续下降，洞庭湖和鄱阳湖水体面积均为近 10 年最小，相关区域水资源保障异常困难，森林火险十分严峻。其中，湖南省 122 个县（市、区）均达到重旱以上等级，108 个县（市、区）达到特旱以上等级，85 个县（市、区）18. 52 万人因旱饮水困难。根据国家减灾委员会办公室发布的消息，11 月份长江中下游干旱将持续或发展，出现夏、秋、冬连旱的可能性较大。大范围的“大旱、长旱、极端旱”给我们敲响了警钟，国家气候中心指出，根据气候模型预估，全球气候变暖至少持续到 2040 年，而这还是根据最乐观的情况估算（即现

在人类都100%使用可再生能源不再有碳排放），在全球气候变化大背景下，全国降雨带将北移，长江流域多年拥有的水资源优势有可能变得十分脆弱，一些地方守着“水窝子”没水喝的问题愈加严重，需要高度重视，积极应对。

在党的二十大报告中，习近平总书记强调“推动绿色发展，促进人与自然和谐共生”，要求推进美丽中国建设，坚持山水林田湖草沙一体化保护和系统治理，统筹水资源、水环境、水生态治理，推动重要江河湖库生态保护治理，为我们下一阶段工作提供了根本遵循和行动指南。从长远计，为子孙谋，按照减缓与适应并举的原则，以问题为导向，我们要居危思危、居危思变，进一步增强长江流域水资源保障工作的责任感、紧迫感和危机感，积极主动作为，精准科学应对，既要采取短期针对性的应急措施，更要实施长期系统性的行动方案，以确定性的措施应对不确定性的变化，将气候变化对流域用水安全的不利影响和潜在风险降到最低。为此，提出如下建议。

一、强化源头预防，严格保护重点生态功能区

重点生态功能区承担着水源涵养、水土保持、生物多样性维护等重要功能，保护意义重大。一是严格落实生态保护红线制度。按照“性质不转换、功能不降低、面积不减少、责任不改变”的要求，各级各有关方面要保持战略定力，守土有责，守土尽责，切实保护好红线范围内各类“净土”，尤其是源头水系的天然林、公益林、湿地等重点生态功能区。二是积极推进生态保护修复工程。按照“自然恢复为主、人工修复为辅”的原则，高标准推进洞庭湖、鄱阳湖等重点区域山水林田湖草沙一体化保护和系统修复，积极谋划、分期分批实施一批重点生态保护修复工程项目，不断提升生态系统质量和稳定性，增强生态产品供给能力。

二、狠抓工程调控，加快优化水资源配置体系

针对流域降雨时空分布不均、水旱灾害多发频发等问题，为基本实现供需平衡，狠抓工程项目建设，增强水资源整体调控能力。一是打通主要动脉。因地制宜实施区域水网重大工程，加快推进南水北调中线引江补

汉、洞庭湖生态复苏等重大项目，加快形成以干支流骨干水库和区域输配水工程为主体的水资源配置格局，提升流域应对特大干旱、突发水安全事件的能力。二是畅通毛细血管。按照“水资源充沛、水环境优良、水生态稳定”的要求，积极推进美丽河湖建设。加强小微水体整治，定期清淤疏浚沟渠塘坝，提升区域蓄水保水能力。三是坚守饮水安全。加大水源地保护和规范化整治力度，积极推进区域城乡供水一体化建设，因地制宜建设一批小水源工程，确保群众饮水安全。

三、注重适度超前，积极建设气候适应型城镇

以安全可靠、生态宜居为核心，全方位、全过程加快创建气候适应型韧性城镇，积极破解城市热岛效应、水资源短缺等生态环境问题。一是强化规划引领。将适应气候变化理念落实到城镇规划、建设与管理中，进一步提高相关基础设施设计、建设和运营标准，提高应对极端天气和气候事件的能力。二是强化生态建设。积极推进生态城市、园林城市等建设，严格保护好城镇规划区现有自然山体、水体，增加生态用地比例，增强绿地、湿地等自然系统涵养净化水源、调节气温湿度等作用。三是强化用水管理。科学确定城镇水资源承载能力，以水定产、以水定城，全面推进海绵城镇建设，加强雨水、中水等水资源利用，加快建立节约用水、循环用水体系。

四、加快转型升级，全面推进农业绿色发展

长江流域耕地面积4.62亿亩（约占流域总面积的16%左右），由于生产方式长期粗放落后，耕地生态破坏问题突出，尤其是土壤大面积板结导致蓄水保湿能力急剧下降，亟须推进农业生产进行深刻革命。一是积极调整结构。调整优化农业产业布局、种植结构和作物品种配置，推进田园生态系统建设，营造复合型、生态型、循环型农田林网，提升生态涵养功能。二是加快发展生态农业。积极推进绿色健康养殖行动，持续深入推进农药、化肥减量增效，大力发展生态循环农业。推广节水灌溉、旱作农业、抗旱保墒、间作套种等适应技术，建设节水型农业。三是加强耕地综合治理。坚持用地与养地并举，在适宜地区推广保护性耕作，集成推广科

学施肥技术，增加土壤有机质，提升水土保持与生态防护能力。

五、坚持主动积极，加快实施碳达峰碳中和行动

积极参与全球气候变化治理，立足全国能源资源禀赋，加强顶层设计、系统协同、多措并举，加快实施碳达峰碳中和行动。一是加强能源消费总量和强度调控。把节能贯穿于经济社会发展的全过程和各领域，加快推进建筑、交通、工业等领域清洁低碳转型，大幅提升能源利用效率。完善能耗双控指标管理，坚决管控高耗能高排放项目，尤其是要警惕和防止不顾大局，以“先立后破”为名猛上、赶上、争上煤电、化工等项目。二是深入推进能源革命。实施可再生能源替代行动，优先推动风能、太阳能就地就近开发利用，因地制宜开发水能，积极安全有序发展核电，合理利用生物质能，加强能源产供销体系建设。三是巩固提升生态系统碳汇能力。稳定现有森林、草原、土壤等固碳作用，深入推进大规模国土绿化行动，持续增加森林面积和蓄积量，强化加强草原生态保护修复和湿地保护，整体推进海洋生态系统保护和修复，加快提升生态农业碳汇。

六、夯实工作基础，不断提升支撑保障能力水平

坚持补短板，强弱项，建立健全组织领导、政策措施、资金保障、科技支撑等体系，不断提高治理体系和治理能力现代化水平。一是加强组织领导。制定长江流域及各省（区、市）应对干旱行动计划，明确主要目标、具体措施、重大工程、责任分工等内容，严格考核奖惩，层层压紧压实责任。二是完善政策措施。加强财政金融支持，加快推动流域生态补偿、生态产品价值实现、碳交易等政策措施落实，推动投融资模式机制创新，引导绿色金融支持重大项目。三是强化科技支撑。开展长江流域中长期气候变化情景预估和预研究，加强气象、水文、生态等变化监测预警和风险管理，加强节水、保水等关键技术、装备研发与示范推广。四是深化公众参与。加强宣传教育，倡导简约适度、绿色低碳生活方式，提升公众护水节水意识和能力，形成社会广泛参与良好氛围。

（2023 年）

专题二

污染防治攻坚

深入推进大气污染防治

蓝天白云、青山绿水是民心所向、民意所在。近年来，在全国社会经济发展取得巨大成绩的同时，由于污染物排放种类多、强度高、总量大，加上产业布局和城镇化空间格局不合理，导致区域污染物扩散、消纳能力降低，灰霾问题频繁、大范围发生，对于广大人民群众，频频“爆表”的$PM_{2.5}$不仅伤害身体，更是刺激神经，大气污染已成为社会各界高度关注、反应激烈的热点、焦点和难点问题，成为建设美丽中国的“短板”。2013年，国家“气十条”出台后，各地积极行动，采取综合措施推进大气污染防治工作，重点区域$PM_{2.5}$浓度下降、APEC蓝证明大气污染可防可控，不光天帮忙，更要人努力。为此，提出如下建议。

一、进一步强化机动车污染防治工作

2014年，全国机动车保有量达到2.64亿辆（其中汽车1.54亿辆），年消耗汽、柴油近3亿吨，排放污染物超过4500万吨，且主要集中在城市区域，已成为城市大气污染的主要来源。为减少机动车排气污染，一是建议国家层面加强公安、环保、交通运输、质检等部门的协调配合，制定出台可操作性的措施，切实加强机动车排气污染监管能力；二是全面落实公交优先战略，提高公交出行率，积极在各地推行错时上下班制度，避免上下班高峰堵车问题频繁发生；三是建议国家整合相关资金渠道，建立淘汰黄标车及老旧车专项补贴资金；四是不断提升车用油品，确保合格油品在全国范围内供应。

二、建议国家层面统筹空气污染预报预警系统建设

空气污染预报预警系统对提升城市重污染天气应急能力具有重要支撑

作用，但由于系统建设不仅要花费巨资购买软、硬件，更需要专业团队来运营，在省会及大城市实施没问题，但在市州一级难以实施，准确性和效果难以保障。鉴于大气的流动性，在建立完善污染源排放清单的基础上，建议国家层面统筹，整合资源建立中部城市群等区域性空气污染预报预警系统，并直接覆盖省会、市州城市，避免重复投资浪费。

三、优先考虑城镇化进程中生态环境问题

由于缺乏科学规划，全国大部分地区“摊大饼”式发展的城市区域社会经济活动相对集中，局部区域污染物排放强度大，同时缺少必要的风道、生态廊道，加上城市发展重建设、轻管理，重景观、轻生态，污染物既不能及时扩散，也不能及时净化，超标自然成为新常态。一是建议城市规划、建设部门要加强与环保、气象等部门的协调配合，突出风道、生态廊道等生态环境保护硬性要求；二是建议强化城市生态学的研究，系统分析城市结构、布局等因素对大气环境的影响；三是按照减缓与适应的原则，在削减污染物的同时，突出抓好城市及周边生态建设，尤其要将园林绿化的生态效益摆在首要位置，不能仅考虑“高大上”，要尊重自然规律，注重植物多样性、生态组合，切实提升区域污染物消纳、自净能力。

（2014 年）

关于加快对工业场所污染粉尘进行立法根治 $PM_{2.5}$ 重要源头的建议

2014 年 3 月 5 日，国务院政府工作报告指出，“努力建设生态文明的美好家园”中特别提出了：“出重拳强化污染防治。以雾霾频发的特大城市和区域为重点，以细颗粒物（$PM_{2.5}$）和可吸入颗粒物（PM_{10}）治理为突破口，抓住产业结构、能源效率、尾气排放和扬尘等关键环节，健全政府、企业、公众共同参与新机制，实行区域联防联控，深入实施大气污染防治行动计划。”鉴于此，本建议将在分析中国 $PM_{2.5}$ 发展现状的基础上，借鉴国外的发展历程，建议对 $PM_{2.5}$ 重要源头即来自工业场所污染粉尘进行立法，从而真正根治 $PM_{2.5}$，建成美丽中国，希望引起国家有关部门重点关注和回复。

一、$PM_{2.5}$ 的来源

$PM_{2.5}$ 是指大气中直径小于或等于 2.5 微米的颗粒物，也称为可入肺颗粒物，它的直径还不到人的头发丝粗细的 1/20。

$PM_{2.5}$ 的来源可分为自然源和人为源。人为源 $PM_{2.5}$ 主要来自以下几个方面：

1. 工业无组织排放源：约 55% 来自工业制造过程中排放的污染物，工业生产的焊接、切割、打磨、机加工、铸造、油漆涂装等加工过程都会有大量污染物排放。

以焊接加工为例：全国焊机保有量 700 多万台，焊机工作时，每分钟可产生的烟尘量约 400—800 毫克，这些焊接烟尘绝大部分都是 0.1—1 微米的金属氧化物，是超细的 $PM_{2.5}$ 粉尘粒子。其主要成分有二氧化锰、氧化铁、三氧化二铝，氧化硅、氧化镍、氧化铬等。这些金属粉尘以气溶胶的形式存在，可以吸入肺部，对人体构成极大的危害。若每台焊机每天工作6小时，则每天排入大气中的$PM_{2.5}$焊接烟尘就达近二千多吨。类似于焊接的大量的其他加工工艺（如切割、铸造、锻压、热处理、机加工等）会产生油烟、油雾、油漆、涂装、有机废气、颗粒粉尘等大量的接近120余种如$PM_{2.5}$颗粒物等有毒有害物质，每天可达数万吨之多；

2. 工业窑炉：约20%来自工业窑炉的排放，主要为火电、钢铁、陶瓷、水泥等行业排放的氮氧化物、硫化物及氨形成的二次粒子，如铵盐、硫酸盐、硝酸盐等；

3. 汽车尾气：约20%来自汽车尾气排放的氮氧化物和挥发性有机物；

4. 其他：其他如道路扬尘约占总量的5%。

由上可见，$PM_{2.5}$的重要源头来自工业制造过程中产生的污染物。

二、$PM_{2.5}$的危害

$PM_{2.5}$颗粒物会吸附各种各样的毒性化学物质，尤其是含有很多的重金属和多环芳烃——一种致癌物，且在大气中的停留时间长、输送距离远。研究表明，长期暴露于高浓度$PM_{2.5}$之下，会增加肺癌的发病率，$PM_{2.5}$的浓度每增加10微克/立方米，肺癌死亡率就增加8%。

工业制造过程中产生的$PM_{2.5}$颗粒物粒径在0.01—0.5微米，会直接被产业工人吸入肺部，导致尘肺等职业病，危害员工的身心健康。

$PM_{2.5}$扩散弥漫在大气中，由于其颗粒小，不易被人们察觉。在不知不觉中，人们吸入了$PM_{2.5}$颗粒物，严重影响了身心健康。

$PM_{2.5}$的成分是各类金属氧化物，并含有铬、镍、锰等重金属元素，扩散在大气中的部分颗粒随着粒核的增大或者在雨水作用下会沉降到地面，并渗入到土壤、河流中，造成土壤、地下水、河水污染，严重时还会造成生态链的破坏。

因此，如何从重点源头根治$PM_{2.5}$迫在眉睫。

三、中国$PM_{2.5}$特别是工业场所污染物治理发展现状

对于$PM_{2.5}$的治理，全国还没有完善的法律法规对其进行规范。目前，

中国使用的空气质量标准是在1982年发布实施的《大气环境质量标准》基础上，于1996年修订后实施的《环境空气质量标准》，其中将PM_{10}和总悬浮颗粒物列入“强制性”监测并公开的污染项目。2012年2月29日，新的《环境空气质量标准》发布，实现了与世界卫生组织第一阶段目标值接轨，在基本监控项目中增设$PM_{2.5}$年均、日均浓度限值，并收紧了PM_{10}浓度限值等，这是中国首次制定$PM_{2.5}$的国家环境质量标准，新标准拟于2016年1月1日全面实施。

对于工业厂房污染物的治理，全国颁布了一系列职业健康卫生标准，主要有《工作场所有害因素职业接触限值》《热处理车间空气中有害物质的限值》《工作场所空气中有害物质监测的采样规范》《焊接烟尘净化器通用技术条件》《工业企业设计卫生标准》等。

国家在颁布这些标准以来，环境正逐步改善，但这些标准仅仅是部门规章，只是简单地规定了$PM_{2.5}$各类有害因素职业接触限值，并没有具体地规定如何监测，由谁来监测，谁来监管执行，违反之后承担的行政责任等方面的条例，所以，对环境污染的控制效果并不是很显著。

四、国外$PM_{2.5}$特别是工业场所污染物治理发展现状

自20世纪80年代以来，欧盟开始致力于监控空气颗粒物。目前，欧盟的空气质量标准包含对PM_{10}年均浓度与日均浓度、$PM_{2.5}$年均浓度的要求，是世界上对PM_{10}监控标准最严格的地区之一。欧盟PM_{10}日均浓度限值（50微克/立方米）已达到世卫组织所设定的准则值标准。2008年，欧盟委员会通过了新的空气质量法令（2008/50/EC），开始严格监督执行空气质量标准，对超标行为进行严厉惩罚，有些超标城市可能面临每天高达700000欧元的罚款。

1955年，美国出台第一部空气污染治理立法《空气污染控制法》；2006年，美国环保署针对$PM_{2.5}$标准进行了最新一次修订，规定全美无论在城市还是乡村，任一地区、任一24小时周期内$PM_{2.5}$最高浓度由先前的每立方米65微克降至每立方米35微克，而年平均浓度标准则是每立方米小于等于15微克。直径在2.5微米到10微米之间的可吸入颗粒物（PM_{10}）的标准为24小时周期内每立方米150微克。美国采取区域环境管理框架，

打破州的界限，依据地理和社会经济，将全国划分成十个大的地理区域，设立区域办公室，进行统一管理，环保机构有权进行立法、执法、处罚，并通过强制执行手段和监控、技术改进等相结合的方式协调开展工作。

对于工业场所污染物特别是工业厂房内环境治理一直是一项国际性技术难题，欧美国家在政府资助下自 20 世纪 70 年代起进行了近 40 年的研究，立法制定了车间污染物职业健康浓度标准，如：美国标准 OSHA、ACGIH，瑞典标准 AFS，德国标准 TRGS900，俄罗斯标准 GOST 等，对这些标准进行立法及有效执行，使 $PM_{2.5}$的治理得以保证。

五、建议对工业场所污染物进行立法，从源头根治 $PM_{2.5}$并进行法制化

为了从根本上解决大气环境问题，大幅提高 $PM_{2.5}$治理效果，建议在加速推进《大气污染治理法》的修订的同时，应重点增加对来自工业制造行业 $PM_{2.5}$治理相关条款，凡有污染产生的环节必须治理后达标排放，以积极推进 $PM_{2.5}$重要污染源头的防治工作。

加大对工业制造过程的环境污染物如粉尘、气溶胶等有害物质治理技术的推广特别是可以大力推行国内成熟的整体厂房空气净化工程技术。工业厂房的 $PM_{2.5}$呈无组织排放，导致国内绝大多数企业未能从源头治理 $PM_{2.5}$的污染。中国环保协会推荐的“整体厂房除尘技术”是目前解决工业制造无组织排放污染的最有效技术手段，在欧洲 80% 以上的制造企业均采用了此技术。该技术对烟尘、粉尘、油烟、油雾、铸造粉尘、工业废气的治理取得良好的效果，对焊接、切割、精铸、压铸、机加、油漆喷涂等过程产生的 $PM_{2.5}$等有害污染物的排放量减少 90%。

（2014 年）

关于大力推行整体厂房除尘设施建设的建议

2014 年的政府工作报告中明确提出“出重拳强化污染防治。以雾霾频发的特大城市和区域为重点，以细颗粒物（$PM_{2.5}$）和可吸入颗粒物（PM_{10}）治理为突破口，抓住产业结构、能源效率、尾气排放和扬尘等关键环节，健全政府、企业、公众共同参与新机制，实行区域联防联控，深入实施大气污染防治行动计划”。

$PM_{2.5}$的来源可分为自然源和人为源。人为源主要来自：工业无组织排放，工业窑炉，汽车尾气，扬尘等，而其中约 55% 来自工业制造过程中的无组织排放，占到了整个污染物排放的“半壁江山”。工业生产的焊接、切割、打磨、机加工、铸造、油漆涂装等加工过程都会有大量污染物排放。以焊接加工为例：全国焊机保有量 700 多万台，焊机工作时，每分钟可产生的烟尘量约 400—800 毫克，这些焊接烟尘绝大部分都是 0. 1—1 微米的金属氧化物，是超细的$PM_{2.5}$粉尘粒子。其主要成分有二氧化锰、氧化铁、三氧化二铝，氧化硅、氧化镍、氧化铬等。这些金属粉尘以气溶胶的形式存在，可以吸入肺部，对人体构成极大的危害。若每台焊机每天工作 6 小时，则每天排入大气中的$PM_{2.5}$焊接烟尘就达近二千多吨。类似于焊接的大量的其他加工工艺（如切割、铸造、锻压、热处理、机加工等）会产生油烟、油雾、油漆、涂装、有机废气、颗粒粉尘等大量的，接近 120 余种如$PM_{2.5}$颗粒物的有毒有害物质，每天可达数万吨之多。

对于$PM_{2.5}$的治理，全国还没有完善的法律法规对其进行规范。目前，中国使用的空气质量标准是在 1982 年发布实施的《大气环境质量标准》基础上，于 1996 年修订后实施的《环境空气质量标准》，其中将PM_{10}和总悬浮颗粒物列入“强制性”监测并公开的污染项目。2012 年 2 月 29 日，新的《环境空气质量标准》发布，实现了与世界卫生组织第一阶段目标值接轨，在基本监控项目中增设 $PM_{2.5}$年均、日均浓度限值，并收紧了 PM_{10}浓度限值等，这是中国首次制定 $PM_{2.5}$的国家环境质量标准，新标准拟于 2016 年 1 月 1 日全面实施。

对于工业厂房污染物的治理，全国颁布了一系列职业健康卫生标准，主要《工作场所有害因素职业接触限值》《热处理车间空气中有害物质的限值》《工作场所空气中有害物质监测的采样规范》《焊接烟尘净化器通用技术条件》《工业企业设计卫生标准》等。国家颁布这些标准以来，工业污染源排放状况有所改善，但这些标准仅仅只是部门规章，只是简单地规定了 $PM_{2.5}$各类有害因素职业接触限值，并没有具体规定如何监测，由谁来监测，谁来监管执行，违反之后谁承担责任等方面的条款，所以，对大气环境污染的控制效果并不是很显著。

自 20 世纪 80 年代以来，欧盟开始致力于监控空气颗粒物。目前，欧盟的空气质量标准包含对 PM_{10}年均浓度与日均浓度、$PM_{2.5}$年均浓度的要求，是世界上对 PM_{10}监控标准最严格的地区之一。欧盟 PM_{10}日均浓度限值（50 微克/立方米）已达到世卫组织所设定的准则值标准。2008 年，欧盟委员会通过了新的空气质量法令（2008/50/EC），开始严格监督执行空气质量标准，对超标行为进行严厉惩罚，有些超标城市可能面临每天高达 700000 欧元的罚款。

1955 年，美国出台第一部空气污染治理立法《空气污染控制法》；2006 年，美国环保署针对 $PM_{2.5}$标准进行了最新一次修订，规定全美无论在城市还是乡村，任一地区、任一 24 小时周期内 $PM_{2.5}$最高浓度由先前的每立方米 65 微克降至每立方米 35 微克，而年平均浓度标准则是每立方米小于等于 15 微克。直径在 2. 5 微米到 10 微米之间的可吸入颗粒物（PM_{10}）的标准为 24 小时周期内每立方米 150 微克。美国采取区域环境管理框架，打破州的界限，依据地理和社会经济，将全国划分成十个大的地理区域，设立区域办公室，进行统一管理，环保机构有权进行立法、执法、处罚，并通过强制执行手段和监控、技术改进等相结合的方式协调开展工作。

对于工业场所污染物，特别是工业厂房内环境治理一直是一项国际性技术难题，欧美国家在政府资助下自 20 世纪 70 年代起进行了近 40 年的研究，立法制定了车间污染物职业健康浓度标准，如：美国标准 OSHA、ACGIH，瑞典标准 AFS，德国标准 TRGS900，俄罗斯标准 GOST 等，对这些标准进行立法并有效执行，使 $PM_{2.5}$的治理得以保证。

为了从根本上解决大气环境问题，大幅提高 $PM_{2.5}$治理效果，借鉴国外先进经验，结合全国实际，我们建议：

1. 在修订《大气污染防治法》时，应重点增加对来自工业制造过程中无规则排放导致的 $PM_{2.5}$污染的治理进行立法，使得从源头根治 $PM_{2.5}$有法可依。

2. 国家对于工业制造过程中无规则排放应引起高度重视，在制定《大气污染防治行动计划》中应将其纳入，分行业、分阶段提出强制性的工作目标和要求，并加大督促考核力度，确保工业制造过程中无规则排放得到有效控制，有效改善环境质量。

3. 加大对工业制造过程的环境污染物如粉尘、气溶胶等有害物质治理技术的推广，特别是可以大力推行国际成熟的整体厂房空气净化工程技术。“整体厂房除尘技术”是目前解决工业制造无组织排放污染的最有效技术手段，在欧洲 80% 以上的制造企业均采用了此技术。该技术对烟尘、粉尘、油烟、油雾、铸造粉尘、工业废气的治理取得良好的效果，对焊接、切割、精铸、压铸、机加、油漆喷涂等过程产生的 $PM_{2.5}$等有害污染物的排放量减少 90% 。建议国家加大对该技术的推广利用力度。

4. 制定激励优惠政策。企业要实行“整体厂房除尘技术”势必将增大企业投资成本，为了推进和鼓励企业尽早实施这一措施，建议国家对实施“整体厂房除尘技术”的企业根据其生产规模和厂房设施投资规模给予一定的奖补。

（2014 年）

强化大气污染防治工作

蓝天白云、青山绿水是民心所向、民意所在。近年来，在我国社会经济发展取得巨大成绩的同时，灰霾频繁发生，大气污染已成为社会各界高度关注、反应强烈的热点、焦点和难点问题，成为建设美丽中国的“短板”。2013 年，国务院《大气污染防治行动计划》十条措施出台后，各地积极行动，采取综合措施推进大气污染防治工作，重点区域 $PM_{2.5}$浓度下降。2014 年，全国环境空气质量达标率只有 66%，大气污染防治任重道远。为此，提出如下建议。

1. 进一步强化全国机动车污染防治。2014 年，全国机动车保有量达到 2.64 亿辆（其中汽车 1.54 亿辆），年消耗汽、柴油近 3 亿吨，排放污染物超过 4500 万吨，且主要集中在城市区域，已成为城市大气污染的主要来源。为减少机动车排气污染，一是建议国家层面进一步明确公安、环保、交通运输、质检等部门的职责分工，加强协调配合，制定出台可操作性的规则和措施，切实加强机动车排气污染监管工作的落实；二是全面落实公交优先战略，提高公交出行率，提升公交出行和换乘的便利程度，积极在各地推行错时上下班制度，避免上下班高峰堵车问题频繁发生；三是建议国家整合相关资金渠道，建立和增加淘汰黄标车及老旧车专项补贴资金；四是不断提升车用油品标准和质量，加强车用油品管理，确保合格油品在全国范围内供应。

2. 优先考虑城镇化进程中生态环境问题。由于缺乏科学规划，我国大部分城市“摊大饼”式发展，城市社会经济活动相对集中，局部区域污染物排放强度大，同时缺少必要的风道、生态廊道，加上城市发展重建设、轻管理，重景观、轻生态，污染物既不能及时扩散，也不能及时净化，超标自然成为“新常态”。为此，一是建议城市规划、建设部门要加强与环保、气象等部门的协调配合，在城市规划和建设过程中要把风道、生态廊道等生态环保的要求作为硬任务；二是建议强化城市生态学的研究，系统分析城市结构、布局等因素对大气环境的影响；三是按照减缓与适应的原则，在削减污染物的同时，突出抓好城市及周边生态建设，重视城市园林绿化过程中的生态功能，切实提升区域污染物消纳、自净能力。

3. 建议国家层面统筹空气污染预报预警系统建设。空气污染预报预警系统对提升城市重污染天气应急能力具有重要支撑作用，但由于系统建设不仅要花费巨资购买软、硬件，更需要专业团队来运营，鉴于大气的流动性，在建立完善污染源排放清单的基础上，建议国家层面统筹，整合资源建立区域性空气污染预报预警系统，并直接覆盖省会、市州城市，确保空气污染预报预警水平，避免重复投资浪费。

（2014 年）

加大政府主导力度 加快秸秆全量化利用步伐

一、农作物秸秆全量化利用条件基本具备

（一）思想认识易统一

农作物秸秆综合利用，可以保护生态环境，提高土壤地力，提升农作物品质，增加农民收入，有多利而无一害。相对于化肥、农药等其他农业面源污染治理更易统一思想。

（二）利用方式已成熟

经过近些年的积极探索和推进，秸秆“五化”（肥料化、饲料化、基料化、原料化和燃料化）利用方式已十分成熟。

（三）秸秆利用有基础

2010 年，我国秸秆综合利用率为 70.6%，2015 年，达到 80.11%，年均提升 2 个百分点左右，如果“十三五”继续保持“十二五”年均提升速度，到 2020 年，即可达到 90%，如提高 2.5 个、3 个百分点，则可达到 92.5%、95%。

（四）不少地区有实践

2015 年，有 8 个省秸秆综合利用率高于 90%，成都市达 98.63%，河南新郑市高达 99.97%，河南新野县还出现了企业争抢秸秆的现象。秸秆产出大省山东计划到 2020 年达到 92%。

（五）工作安排有部署

自2008年国务院办公厅印发《关于加快推进农作物秸秆综合利用的意见》以来，国家及有关部委对秸秆综合利用和农业面源污染防治作出了一系列工作安排，已提出开展秸秆全量化利用示范的部署。

二、农作物秸秆全量化利用对策建议

（一）明确目标，规划先行

以"十三五"基本实现全国农作物秸秆全量化利用为目标，省、市、县三级按全域进行全量化利用规划。到2020年，辽宁、吉林、黑龙江、河北、河南、山东等13个粮食主产省（区、市）秸秆综合利用率达到92%，其他省达到95%。将利用率和全量化全域目标分解到年度。

（二）双向发力，奖补促用

将财政新增资金重点向全量化利用倾斜。以县（市、区）为基本单元，以全量化利用为基本要求，制定双向奖励政策。一方面，每年竞争立项确定一批全量化利用示范县，提出明确时间和任务要求，按全量化利用总量给予一定补贴资金，另一方面，对地方有积极性，自觉开展全量化利用，按标准经考核验收合格的县，给予更多的奖励资金。

（三）双向考核，严格奖惩

将秸秆综合利用比例和全量化利用区域实现目标作为约束性指标纳入对有关部门和各级政府的考核考评体系，纳入对各级政府环保督察内容，一部双责、党政同责，实行通报、约谈，经济、行政处罚，问责等制度。

（四）央企参与，积极履责

大力推动央企参与秸秆全量化利用，对于主业为农业及食品工业的，每年对其秸秆综合利用总量提出要求，对于主业为发电企业的，对其秸秆生物质发电的占比提出要求。

（2016年7月7日）

关于大力推进兰炭用于民用和直接替代散烧煤防治大气污染的建议

2016年入冬以来，全国多个地区发生多起大面积长时间的重污染天气。民用煤燃烧排放是造成重污染天气的重要原因之一。

我们建议：大力推进兰炭用于民用和直接替代散烧煤，改善北方用煤地区，特别是农村地区用煤结构，用兰炭洁净燃料防治大气污染，改善大气环境质量。

一、兰炭的特点和污染减排优势

兰炭是无黏结性或弱黏结性的高挥发分的烟煤在中低温条件下干馏热解，得到的较低挥发分的固体炭质产品。兰炭在燃烧时有害气体等排放值比目前市场上正在使用的原煤全硫降低70%以上。2008年工信部将兰炭（半焦）纳入《焦化行业准入条件（2008年修订）》，标志着兰炭正式获得了国家层面认可；2010年国家质检总局与国标委联合发布兰炭国家标准，标志着兰炭有了质量保障；2016年，国家发展改革委、国家能源局发布的《煤炭工业发展“十三五”规划》指出，在大气污染防治重点地区实施煤炭消费减量替代，加强散煤使用管理，积极推广优质无烟煤、型煤、兰炭等洁净煤，在民用煤炭消费集中地区建设洁净煤配送中心，完善洁净煤供应网络。环境保护部发布的《民用煤燃烧污染综合治理技术指南（试行）》，将兰炭正式纳入国家优质煤范畴予以推广。

经检测，兰炭燃烧时长与无烟煤相近，但其有效利用率远高于无烟煤，且残碳率是无烟煤的1/10，和无烟煤相比，一次$PM_{2.5}$的排放量可减少近1/2。有专家指出，当前京津冀农村有2000多万户居民主要用煤取暖，每年民用煤使用量约3600万吨。如果采用兰炭替代达不到质量要求的散煤，按年用量3000万吨计算，由此$PM_{2.5}$的排放量就可以减少50万吨以上。以兰炭定制化替代现有不符合质量要求的民用散煤、冶金用煤、建材用煤，在不减少总体用能需求的前提下，可进一步减少煤炭用煤量6000万吨，减少燃煤污染物排放30%以上。兰炭替代民用散煤，可在不显著增加成本的情况下，大幅度减少直接燃烧煤炭带来的污染物排放，是京津冀雾霾治理的有效手段。

二、榆林兰炭的产销情况和推广举措

陕西榆林是兰炭产业的发源地和全国最大的生产基地，兰炭国家标准就是以榆林兰炭为基础制定的。经过二十多年的发展，兰炭产业已成为当前榆林转化原煤最多、从业人数最多、产值规模最大的煤化工产业，现有兰炭及涉兰炭项目118个，政府批复总产能7274万吨，煤炭就地转化率超过20%。2015年产量2499万吨，省外销售1974.04万吨，其中销往省外用于替代民用散烧煤的兰炭约为500万吨。陕西省正在力推兰炭进入京津冀、长三角、珠三角地区，提出“大力推动榆林兰炭进入京津冀、长三角、珠三角地区；在陕西境内开展对运输兰炭车辆高速公路通行费减半征收，争取增加川渝流向铁路运力指标和通过神朔铁路运输在榆林市所产煤炭的运量”等措施，推动兰炭产业发展。京津冀地区亦正在推行“减煤换煤”计划，政府补贴推进无烟煤和环保型煤替代烟煤，从产量、价格来看，依靠无烟煤大规模替代原煤不具现实基础，而兰炭较无烟煤在民用、工业领域更具有推广使用的基础和优势。2015年，河北省发改委与陕西榆林市政府、神华销售集团签署了促进榆林兰炭推广应用战略合作协议，2017年河北省兰炭使用量将超1500万吨。2016年，北京市将兰炭及兰炭型煤纳入农村优质燃煤范围，对更换为符合标准的型煤和兰炭的，按照200元/吨的标准进行奖励。

三、当前兰炭产业发展遇到的问题

（一）推广问题

一是产量问题。兰炭产地主要集中在陕西榆林、内蒙古鄂尔多斯和新疆、宁夏等地区，尤其是榆林神木、府谷的兰炭质量最好，主要使用于化工、冶炼、造气等工业行业，近年来开始在民用煤炭领域使用，兰炭每年的产量受到原料块煤产量的限制，大范围推广使用兰炭势必造成兰炭的供应紧张，需要适用于粉煤的炉型尽早完成研发示范和投入使用。

二是质量问题。有的兰炭使用氨水熄焦冷却存有刺激性异味，有的兰炭水分含量过高，燃用过程中存在爆燃的现象。

三是价格问题。兰炭在民用领域推广，面临的更多是非市场壁垒，2016 年第三季度以来，煤炭价格大幅上涨，兰炭价格也水涨船高，由年初的每吨 360 元涨到 800 多元，运输费用也由年初的 200 多元涨到最高时的 400 多元，兰炭市场售价是散煤价格的 2 倍多，即使算上补贴，仍然比散煤贵一二百元不等，得到老百姓认可尚需时日。另外，一些地区小煤厂销售的散煤比较便宜，并有一定的市场，在一定程度上阻碍了兰炭的推广。

（二）产业问题

兰炭作为洁净煤燃烧是可行的，但应高度重视兰炭生产过程的资源综合利用、产业升级和生态环境保护问题。榆林兰炭虽然正式获得国家层面认可，但基础研究不足，工艺升级特别是炉型突破已成为产业升级的核心。兰炭产业准入标准仅在工信部颁布的《焦化行业准入条件》中有部分内容，其产业特点与焦化行业还具有一定的差异性，例如，现有直立炉生产实际和技术特点与焦化行业准入标准就存在着一定的差异，政策风险依然存在。另外，榆林兰炭产业中部分企业存在着污染物气体无组织排放，废水污染物处理难度大、成本高的问题。整个产业发展也面临着水资源状况的挑战。此外，尽管榆林现在的环境承载力还比较高，但在向市内外、省内外大量供应兰炭后，就意味着生产规模的数量级扩大和污染物的更大规模排放，如果不能实现兰炭生产过程的清洁化，会直接挑战榆林地区的环境容量和水资源的保障难度。

四、相关建议

推进兰炭用于民用和直接替代散烧煤。农村地区大气污染治理根本之路在于减少燃煤量，要结合农村县、乡（镇）村的特点，利用农村广播、墙体标语等形式，大力宣传农村燃煤污染治理的重大意义，讲清兰炭的推广方法、购买渠道、政府补贴额度等，帮助大家算明白眼前的经济账和长远的环境账，取得广泛的理解与支持；要加大对农村居民的补贴力度，提高其参与污染治理的主动性和积极性，自觉使用兰炭，加快散煤治理进度；要围绕兰炭燃烧特性，研发应用多种适用类型的兰炭配套专用锅炉和民用采暖炉，扩大炉具推广试点户范围，充分发挥其示范引领作用，促进大面积推广。另外，监管部门要对非法小煤厂实施监管和打击，杜绝劣质煤炭流入市场、进入老百姓家，促进清洁型煤的推广和使用。

加大科技支持力度，推动行业转型升级。兰炭的发展应从产业链向价值链过渡，要高标准、高起点做好兰炭的“内涵”，把兰炭打造成全产品生命周期的绿色产品，采取先进技术，防止把“清洁能源”输送给全国，把“污染”留在榆林。兰炭产业要强化前沿基础研究，提高研究成果转化能力，有效支撑兰炭产业升级。一是现有直立炉的技术升级改造，二是粉煤干馏技术的优化，三是延伸焦油深加工路线，四是提高煤气的综合利用等。

（2017 年）

长株潭大气污染防治亟待国家资金支持

长株潭城市群是湖南省发展基础最好、资源最密集、创新最活跃的区域，2016 年三市的 GDP 为 13682 亿元，占湖南省的 43.8%，也是国家“两型社会”改革试验区。由于产业结构和布局不合理，加上不利的地形、地貌和气候条件，长株潭区域环境空气质量不容乐观，2013 年，环境空气质量达标率只有 55.5%，低于全国 60.5% 的平均水平；2014 年，达标率小幅上升到 64.2%，但也低于全国 66.0% 的平均水平，其中 $PM_{2.5}$年浓度在全国 31 个省会城市中排名 21 位（由低往高），已列为国家“十二五”重点区域大气污染防治的“三区十群”之一。

为顺应人民群众呼吸上新鲜空气、看见蓝天白云的强烈期待，近几年来，湖南省加大了大气污染防治的力度，推进了长株潭城市群大气环境质量的改善。由于长株潭城市群特别是株洲、湘潭两市工业结构仍以火电、有色、冶金、建材为主，能源结构仍以煤炭为主，三市年耗煤量约 3000 万吨，机动车保有量达到 400 万辆，大气污染物排放量较大，导致长株潭三市城市环境空气质量在全国排名靠后。长沙市 2016 年 GDP 达到 9323.70 亿元，在全国省会城市中排名第 6 位；2016 年长沙市城区空气质量优良率为 73.0%，在省会城市中排名第 15 位，在全国 338 个城市中排名 233 位，与湖南省周边省会城市南昌（86.9%）、南宁（95.1%）、贵阳（95.6%）、广州（84.7%）相比城市空气环境质量差。2016 年长株潭城市群的 $PM_{2.5}$ 年均浓度（52 微克/立方米）与“珠三角（$PM_{2.5}$为 32 微克/立方米）”“长三角（$PM_{2.5}$为 46 微克/立方米）”有较大差距，大气污染防治工作压力很大。

为进一步做大、做强、做美长株潭城市群，使之成为“五个强省”建设的强大引擎，为全国生态文明改革和城市群建设探索更多经验，赋予两型社会建设新的内容、新的任务和新的时代内涵，实现环境品质与人民群众获得感的“双提升”，湖南省已在大力推进长株潭城市群能源结构调整，机动车污染防治，株洲清水塘地区污染产业退出，火电、钢铁和建材等工业企业的综合整治，面源污染防控，挥发性有机物治理，大气环境监测与监管能力建设，区域重污染天气联防联控等工作，预计总投入将超过 100 亿元。目前，中央大气污染防治专项资金还未直接支持过长株潭区域。请求财政部、环保部等相关部委在环境监管能力建设、重点行业污染防治、燃煤锅炉整治、气化湖南建设等方面予以积极支持，在中央大气污染防治资金中切块或以项目下达形式支持长株潭大气污染防治，以推动长株潭大气污染防治工作的开展和环境质量的改善，坚决打赢大气污染防治攻坚战、持久战。

（2018 年）

蓝天保卫战亟待强化整体性

“蓝天保卫战”作为污染防治攻坚战的重中之重，各地都采取了一系列有力、有效的措施，取得了一定的成效。但在推进过程中由于整体性考虑不多，也出现了不少问题和困难。主要表现在：

1. 区域空气质量改善不平衡。珠三角已连续三年达到国家空气质量二级标准，2017 年，京津冀区域 $PM_{2.5}$年均浓度较 2013 年下降 39. 6%，北京市 $PM_{2.5}$年均浓度由 89. 5 微克/立方米，下降到 58 微克/立方米；但长江中游城市群、成渝地区等区域改善幅度相对较小。

2. 能源布局缺乏区域整体规划。基本上是省内寻求能源平衡或是省与省自主洽谈能源合作，导致不少省的能源布局和结构不尽合理，不少省的燃煤电厂发电利用小时仅 50%，天然气管网建设滞后，影响煤改气进度，燃煤污染仍是大气污染的重要因素。

3. 面源污染治理相对滞后。与工业企业、燃烧电厂脱硫脱硝、超低排放等强力措施相比，散煤燃烧、各类扬尘、秸秆禁烧、鞭炮烟花、餐饮油烟等大气面源污染整治管理不严、办法不多、措施不力。

4. 资金投入严重短缺。“气十条”出台 5 年来，中央财政仅安排大气污染治理专项资金 500 亿元左右，而且基本上都投在了京津冀和长三角，成渝地区、长江中游城市群等大气环境质量较差地区到目前尚未得到国家任何资金支持，中西部地方政府治气的投入也明显不足，资金短缺问题非常突出。

建议：

1. 扩大重点整治区域。在以京津冀及周边、长三角、汾渭平原等为主战场的基础上，增加长江中游城市群、成渝地区等作为重点整治区域。

2. 从区域层面进行能源总体布局。能源的布局和结构，电网的建设与管理，不能就省论省，应在区域层面实行能源平衡和电网调度，对能源短缺，空气质量较差的区域要加大外电输入的比例。

3. 加强大气面源污染的精细化管理。要加大宣传教育力度，提高社会环境意识。加强监测监控体系建设，全力提升监管能力。实现区域网格化管理，严格落实监管责任。制定相关奖惩政策，引导督促面源整治。

4. 加大资金均衡投入。除了京津冀及周边、长三角、汾渭平原外，对于治理任务相对较重的长江中游城市群、成渝地区等地区也应安排一定的治理资金，不要让这些地区成为新的问题凸显出来。

（2018 年）

长株潭区域扬尘污染防治对策建议

当前，改善大气环境质量事关生态文明建设和人民群众身体健康，已经成为党委、政府关注的重点，社会普遍关切的热点。在影响大气环境质量的因素中，城市扬尘污染是其中重要一项，是影响公众对大气环境质量改善情况直观感受的关键因素。城市扬尘污染是指地表松散颗粒物在自然力或人力作用下进入到空气环境中形成的一定粒径范围的空气颗粒物，从而对大气环境造成的污染，主要分为土壤扬尘、施工扬尘、道路扬尘和堆场扬尘等。

近年来，在生态环境部和湖南省委、省政府的正确领导下，省直有关部门和长株潭三市认真落实国家及省《大气污染防治行动计划》，围绕坚决打好打赢“蓝天保卫战”，整体联动，攻坚克难，长株潭区域的扬尘污染控制取得了一定的成效。但总体来看，湖南省大气环境质量在全国仍处于中等靠后的水平，而长株潭地区又是湖南省环境空气质量最差地区。根据2017年全国338个地级及以上城市按平均优良天数比例排序，长沙、株洲、湘潭分别列第246位、231位、238位。长株潭区域近年因工业化和城镇城步伐明显加快，基本建设投资规模逐年扩大，新开工项目增多，道路市政工程扬尘、建筑工地扬尘、堆场扬尘等各类扬尘随之增加，再加上道路积尘和运输扬尘等，对城市环境和空气质量产生了不小的影响，三市扬尘污染防治任重而道远。

一、存在的主要问题

（一）执法监管落实难到位，监管能力有待进一步提高

总体来看，目前长株潭三市监管手段不强，部门联合执法机制未形

成，信息不能共享，存在监管薄弱、执法不严的问题。三市已将建筑工地列为扬尘污染治理的重点，多由市级住建部门的质量安全监督站负责监管，由于人员力量和指导思想的问题，对市区及空气质量自动站周边的施工场地监管严格，对于大型工地采取安装在线监控等方式实行远程监管，但仍有大量小型工地没有做到监管全覆盖，现场监管频次也无法满足管理要求，在城乡接合部的工地尚存在监管盲区。对于市政道路、公路、水利等建设工程，由于作业面狭长且工期紧张等客观原因，施工场地不采取定时洒水作业，部分场地甚至不设围栏，特别是与市政工程配套的通信、电力等管线工程，均有自成体系的管理模式，监管难度很大，使这类工地成为扬尘污染的“重灾区”。另外，对于城市扬尘的监管还存在各职能部门、园区、属地县（市、区）政府、街道监管职责及责任边界不清的问题，导致都可以管，但都没有认真管、细致管的无序局面。

（二）部分企业主体责任压实不到位，扬尘防控意识薄弱

施工现场应做到扬尘污染总体受控，各类工地应做到“六个百分百”，但在调研中发现，部分工地思想不重视、措施不落实，工地文明施工存在业主单位、施工单位、单项工程承包商、监理单位等多个企业多头负责，互相推诿的情况，特别是土地清表、基坑开挖、渣土运输等阶段扬尘防控不到位。多个工地按要求在作业面安装了喷水装置，管理人员可利用手机远程控制开启和关闭喷水装置，虽然操作方便，但不能做到在作业全时段喷水，导致检查时达标、不检查不达标，白天能达标、晚上不达标。部分工地的在线监测装置设置在大门口、外墙围挡、管理人员办公区域或被障碍物遮挡，难以反映施工区域的实际污染情况。部分市政工地存在多个车辆出入口，运输车辆为走近路从没有安装冲洗装置的出入口出入，临时洒水、铺路、遮盖等应付检查的现象也时有发生。各个施工现场对于建筑垃圾资源化利用的积极性不高，建筑垃圾产生量非常大，但资源化利用率仅5%左右，向外清运量大。同时工地渣土运输管理也存在漏洞，三市渣土运输车辆还没有完成全密闭改造，部分项目为赶工期，不按规定时间运输渣土，不进行冲洗带泥出车、雇佣黑车私运偷倒渣土的现象时有发生，特别是在城乡接合部，无证车辆违规运输、抛洒滴漏、超高超载、超速行驶

的问题比较突出。不少装载商品混凝土车辆为了经济利益，多拉快跑，在车辆转弯、急刹车时混凝土常出现外溢和抛撒滴漏。

（三）城市道路清扫面积增加较快，但清扫保洁尚无统一标准

目前三市城市道路环卫清扫保洁、市容市貌日常管理事项均下放到城市各区，各区环卫部门对于城市道路的清扫保洁均沿用原建设部《城市道路清扫保洁质量与评价标准》（CJJ/T126—2008），标准只规定了每日“一冲、二扫、三洒”的保洁作业操作规范，对于保洁的质量与评价已不能满足目前城市空气质量进一步提升的要求。三市城区道路清扫面积快速增加，城区环卫机械化程度也不断提升，而目前三市尚未制定统一的道路保洁质量标准，各区环卫部门对于城市道路的保洁作业频次有多有少，效果有好有差，尤其是城乡接合部部分渣土运输及工程运输车辆出入城区的主要通道和片区积尘严重、尘土飞扬，周边群众怨声载道，扬尘治理成效大打折扣。

（四）扬尘污染控制技术手段滞后，基础研究不够

首先，扬尘监测手段不足。湖南省还没有建成一座空气监测超级站，长株潭三市目前还没有全面完成网格化监管系统建设，只有湘潭市初步建成网格化空气质量监测子、微站，还没有有效发挥作用，空气环境监测能力已不能满足数据分析、预测预警和科学施策的需要。其次，抑尘降尘新技术推广不够。目前建筑工地的抑尘降尘措施普遍采用挡风抑尘、裸土覆盖和喷水洒水等传统手段为主，存在明显缺陷，如防尘网易破损，破损的防尘网不能快速降解，对环境产生二次污染，对土壤种植产生危害，且成本、人工费用均较高。再次，对于扬尘产生的来源与成因、演变规律等基础性研究不够。对于长株潭区域大气污染特征还未能全面掌握，扬尘治理的科学性和针对性有待进一步提高。

（五）资金投入不足，使扬尘治理易反弹难根治

目前三市的建设项目扬尘防治费主要从现有的安全文明措施费中列支，扬尘防治无专项资金保证，资金投入不足使企业出于成本控制的考

虑，对扬尘污染治理不主动、配套政策措施不完善。另外，三市的城市道路清扫费也没有确定标准定额，而是按照环卫工人的劳动定额标准计算，完全依赖地方政府财政性投入。就长株潭三市比较来看，由于长沙市财政状况较好，长沙市在城市道路清扫机械化率、清扫频次和洒水频次都要高于株洲市和湘潭市。

（六）尚未建立有效的公众参与机制，社会监督作用未能很好发挥

一方面，公众的环保认知和行为有待进一步提高，公众在期盼优良大气环境质量的同时，也存在少数不良的环境行为，如三市或多或少存在群众私自焚烧垃圾的现象；另一方面，由于认知方面的制约和法律保障方面的不足，使公众对于环保公益活动的参与度较高，而对于参与完善环保政策、监督环境信息公开、监督工地扬尘违法、为政府决策出谋划策等具体环境事件的参与度较低。

二、对策与建议

（一）理顺管理体制，完善权责明晰的监管体系

对于长株潭三市的扬尘控制与治理施行统一标准、统一执法、统一预警、统一减排、统一协调的防治措施，推动长株潭城市扬尘污染防治工作的协调联动。一是事权下放，推行属地管理。建议尽快建立和实施建筑工地扬尘管控属地化管理、市级部门督察指导的管理模式，加快区县监管机构队伍建设，提高现场管理效率。二是明晰权责，强化部门协作。按照“管行业必须管环保”的原则，充分发挥各行业主管部门在扬尘治理中的监督检查作用。市级环保、住建、交通、城管、环卫、园林绿化、水利等行业主管部门根据各自职责，指导各区行业主管部门对中小工地开展扬尘治理工作，依法依规查处扬尘治理违法违规行为，并加强各部门之间的工作衔接，完善发现处置的快速联动机制，齐抓共管、形成合力。三是完善标准，实行规范管理。针对部分施工现场控尘不落实、施工标准不统一的问题，完善长株潭三市统一的现场施工标准，制定渣土运输车、混凝土搅拌车、“五小工程车”管理标准，实行统一规范化管理。

（二）进一步严格执法，加大对违法违规行为的打击力度

市、区政府监管部门要严格执法、主动履职，及时处理施工现场管理中发现的违法违规行为。除综合采取责令整改、停工整顿、行政处罚、红黄牌警示等手段外，还要加快建立规范统一的诚信平台，通过公告、公示进行信用惩戒，强化建筑市场的监管约束，特别是要强化建设单位主体责任的落实。国内发达城市的扬尘管控经验表明，在扬尘污染治理的责任体系中，建设单位起到关键作用，环评由建设单位提供相应材料、土方运输由建设单位单独发包、现场扬尘控制措施的费用由建设单位支付等，把建设单位明确为扬尘污染治理的第一责任人，有利于节约执法管理成本、提高监管效率。

（三）研究制定地方性道路保洁质量标准

国内上海、杭州、宁波等城市都已制定了地方性道路保洁质量标准，明确了保洁质量和保洁费标准。如上海市区道路保洁费平均25元/平方米，道路机扫率达85%以上，每天两冲、两洒、三捡、一扫；郊区道路机扫率达45%—50%，每天一冲、两洒、三扫，保洁标准达到路面整洁无积尘，车辆行驶无扬尘。杭州市采取劳动定额通用计算方法，确定各类道路经费定额，将城市道路街巷分为三类，一类道路按24或18小时保洁，二类道路16小时保洁，三类道路14小时保洁，以此核定保洁经费标准，道路最高定额达22.14元，最低也达到13.93元。长株潭三市可根据实际情况研究并出台适合本地特点的道路保洁质量标准和保洁费标准。

（四）提升科技手段在城市扬尘治理中的作用

一是建设和完善大气环境质量网格化监管体系，网格化的监测网络是以科技手段加强扬尘治理的“情报”系统，增加、调整优化空气质量自动监测站，建立覆盖三市所有县（市、区）的大气监测网格化系统，以创新的监测手段和调控功能引领三市扬尘污染防治进入到精准管理新阶段。应全面启动三市“数字环保”“智慧环保”建设并实现互联互通，充分发挥信息化手段对于扬尘污染控制的先导性引领作用。二是加大扬尘污染防治

工艺技术装备研究、示范和推广力度，不断提升环保企业的自主创新能力，定期开展环保产业、技术展览交流，以科技手段升级扬尘治理的“武器”装备，通过装备升级提升打赢蓝天保卫战，有效解决扬尘问题的“作战能力”。三是支持组建大气污染防治战略研究联盟，集中优势兵力集团化作战，深入分析长株潭区域之间产业转移、能源优化、联合减排、资金补偿、信息共享等协同关系，研究跨区域、跨部门的协作机制和体制创新模式，以区域空气质量整体持续改善目标为约束，布局经济驱动、能源战略、末端治理和成本效益的综合调控方案和快速评价技术。

（五）研究激励措施，加大扬尘治理投入

一是发挥扬尘排污费激励作用。湖南省自2017年起已试点开征施工工地扬尘排污费，扬尘排污费作为地方环境保护专项资金，应专门用于扬尘污染防治，并提取一定比例的资金作为奖励基金，表彰扬尘防控措施达标的企事业单位，以发挥扬尘排污费的激励作用。同时加大对施工工地的监督执法和跟踪排查，防止“以征代管”“以罚代管”，对控尘措施落实不到位的单位要适当提高扬尘排污费征收标准。二是推动渣土和建筑垃圾科学处置。一方面，立足现有条件，根据大型工地建设时序，合理调配、就近处置，减少因渣土长途运输带来的交通压力、安全隐患、成本增加等不利因素；另一方面，要研究制定激励政策，推进建筑垃圾综合利用，扶持建筑垃圾再利用相关环保企业的发展，开放建筑垃圾再生产品市场准入，使建筑垃圾从破碎再生利用的“低级利用”向分类回收综合利用的“中级利用”转变，逐步提高建筑垃圾的资源化利用率。三是加大城市道路保洁的投入。适时制定出台地方城市道路保洁费定额标准，并提高道路保洁费用，特别是要加大城郊接合部道路保洁的投入力度，及时将城镇化成熟地区的道路保洁工作纳入城管统一管理。四是出台政策将扬尘污染防治费用从工程安全文明施工措施费中单列，作为不可竞争费用列入工程成本，并在项目开工前及时足额支付给施工单位。

（六）扩大公众参与，构建全民监督体系

一是充分发挥人大、政协的监督作用。通过组织定向定点视察、人大代表和政协委员持证视察、专题调研等多种形式，监督有关部门和单位进一步加大工地扬尘防控力度。二是建立完善志愿者监督机制。邀请社会热心人士担任施工扬尘整治监管员，通过组织培训，学习管理方法，搭建与政府管理部门的沟通联系机制；制定社会监督激励制度，充分调动社会力量参与扬尘管控的积极性。三是畅通投诉举报渠道。发动社会力量参与扬尘控制的监督管理，借助微信、微博平台鼓励公众举报违法违规现象，设立施工扬尘投诉举报电话，及时处置工地扬尘污染违法行为。四是加大公示曝光力度。利用网络、报纸、电视等媒体及时向社会曝光控尘不力的工地项目、相关责任单位、处罚情况和监管单位，倒逼各责任主体履行职责。

（2018 年）

关于请求国家对长株潭区域大气污染防治给予资金支持的提案

一、案由

长株潭地区是湖南省经济发展基础最好、资源最密集、创新最活跃的区域，2017 年三市的 GDP 为 15171.67 亿元，占湖南省的 41.7%，也是国家“两型社会”改革试验区和国家“十二五”重点区域大气污染防治的“三区十群”之一；国家在加快推进长江经济带建设时，将长株潭城市群正式列入长江中游城市群国家发展战略。长株潭区域是国家大气污染防治“三区十群”的重点区域，人口密集，工业化和城镇化推进速度快，污染源点多面广，城市空气质量明显低于省内其他市州和省外相邻城市，已成为改善湖南省大气环境质量的突出短板。特别是 2017 年进入特护期以来，长株潭区域城市空气质量呈明显恶化趋势，$PM_{2.5}$的平均浓度（79 微克/立方米）是国家二级空气质量标准（35 微克/立方米）的两倍多；2017 年 11—12 月，长株潭三市环境空气质量平均优良天数比例为 47.5%，比湖南省平均水平（60.3%）低 12.8 个百分点，比全国 338 个地级及以上城市平均水平（77.5%）低 30 个百分点，与京津冀地区（71.3%）、长三角区域（75.0 %）、珠三角区域（86.8%）相比都差距明显；2017 年在全国 338 个城市空气质量综合指数全年排名中，长沙市、株洲市、湘潭市分别为 235 位、246 位、243 位，都处于下游偏后位置。

由此可以看出，长株潭地区特护期空气质量 2017 年以来已出现明显下降情况，中重度污染天气发生时间提前、频次增多，多年“温水煮青蛙”的累积效应正在爆发，城市大气环境容量日趋饱和，维持城市环境空气质量优良的条件已十分脆弱，预计后期中重度污染天气频发的可能性非常大，形势异常严峻，必须采取过硬的应对措施和严厉的管控。

二、案据

为贯彻落实党的十九大关于加强生态文明建设、补齐环境治理短板、打赢蓝天保卫战的决策部署，保障人民群众身体健康，有效减少特护期污染天气的发生，湖南省委、省政府对长株潭区域大气污染防治工作进行了新的部署和安排，制定了《长株潭区域蓝天保卫战三年行动计划（2018—2020 年）》，明确要科学治霾、协同治霾、铁腕治霾，将重点从以下几方面着力：

（一）强化工业源治理

对长株潭城市规划区范围内的火电、钢铁、建材（水泥）、石化、化工、有色等行业有特别排放限值要求的执行特别排放限值。加强对企业无组织排放整治，大幅压缩 30 万千瓦及以下机组发电指标。对于大气污染物排放量较大的水泥等行业企业实施错峰生产、限产措施。对已明确列入淘汰类的涉大气污染物排放“散乱污”企业，一律依法依规关停取缔，做到“两断三清”（断水、断电、清除原料、清除产品、清除设备）。

（二）加强燃煤管控措施

要求三市严格按照高污染燃料分类标准中一类燃料标准，对禁燃区高污染燃料的使用进行严格管理，取消散煤销售点，禁止燃用散煤。整体推进以电代煤、以气代煤工作。城市建成区 20 蒸吨及以下、其他区域 10 蒸吨及以下所有燃煤小锅炉全部淘汰“清零”，城市建成区 20 蒸吨以上燃煤锅炉全部实施低氮改造。不达标或未达到相关排放要求的燃煤锅炉，一律依法停产整治。

（三）强化移动源管理

在现有淘汰黄标车的基础上，对重型柴油车、冒黑烟车等未通过检验的高排放车辆明确限行区域和限行时段；城市建成区、城乡接合部严禁使用冒黑烟等高排放工程机械。

（四）加强面源污染管控

城区及城郊接合部的各施工工地要做到工地周边围挡、物料堆放覆盖、土石方开挖湿法作业、路面硬化、出入车辆清洗、渣土和垃圾车辆密闭运输“六个百分百”；渣土运输车要安装密闭装置，加大城区路面养护、保洁，增加道路机械化清扫、冲洗、洒水频次；规模化餐饮经营场所必须安装高效油烟净化设施并保持正常使用、油烟达标排放；严格禁止露天烧烤；严禁秸秆、垃圾等露天焚烧；制定烟花爆竹禁放限放严控方案。

三、建议

近年来，由于国家重点突出京津冀等地区，湖南省长株潭地区在大气污染防治方面一直未得到中央专项资金支持，而湖南省财力又有限，很多大气污染治理项目难以推动实施，这直接影响了长株潭区域大气污染防治效果。此次长株潭区域蓝天保卫战三年行动计划预计总投入将超过100亿元，湖南及长株潭三市政府正在多方筹集资金确保三年行动计划目标任务的完成，建议将长株潭区域大气污染防治纳入国家大气污染防治专项资金支持范围并给予大力支持，以促进长株潭城市群的城市空气环境质量有效改善，还人民群众美丽蓝天。

（2018年3月）

关于持续实施“煤改气”“煤改电”工作大力推进北方地区清洁取暖的建议

我国北方地区清洁取暖率低，特别是农村地区冬季大量使用散煤，大气污染物排放量大，对冬季大气环境质量产生重要影响。调查显示，北方地区农村居民年户均用煤量为1—5吨，这些散煤燃烧没有任何环保措施，1吨散煤直接燃烧的大气污染物排放量是1吨电煤的15倍以上。

国内外实践经验表明，散煤治理缺乏成熟可靠的末端技术，用天然气、电等清洁能源替代是根本措施。据美国能源信息署最新统计，美国近90%居民冬季取暖采用天然气或电。

按照习近平总书记关于推进北方地区冬季清洁取暖的重要指示精神，在有关部门和地方政府的共同努力下，2017年，“2+26”城市完成以气代煤、以电代煤394万户，在京津保廊建成近万平方千米的“散煤禁燃区”，北京市城六区及南部平原地区实现无煤化，其他地区也积极主动开展散煤治理工作，全国共完成以气代煤、以电代煤578万户，削减散煤1000余万吨。

实践经验表明，散煤治理是改善京津冀及周边地区环境空气质量的重要举措，且力度越大空气质量改善越明显。2017年10月1日—2018年2月21日，“2+26”城市$PM_{2.5}$浓度同比下降32.5%，重度污染天数同比下降63.9%。

散煤治理不仅有效改善北方地区大气环境质量，同时也是推进农村地区能源供给侧结构性改革、推动能源消费革命、实施乡村振兴战略的重大举措，是持续改善农村人居环境、塑造美丽乡村新风貌的迫切需要，涉及农民群众最关心最直接最现实的利益问题，是一项重大的民生工程、民心工程，实现农村与城市同样清洁便利炊事、取暖，改变了千百年来农村取暖以燃烧煤炭或薪柴为主的生活方式，补齐农村基础设施建设短板，优化了农村地区能源结构，深受广大群众拥护与支持。群众普遍反映，“煤改气”“煤改电”后，屋里干净了，不用半夜起床添煤了，生活更便捷了，极大提高了生活品质。

无论是从环境角度，还是从经济社会发展角度来看，推进北方地区“煤改气”“煤改电”清洁取暖，是一项“一石多鸟”的好政策，实现了环境效益、经济效益和社会效益的有机统一。为此，提出以下建议：

1. 严格落实《国民经济和社会发展第十三个五年规划纲要》提出的“推进重点城市‘煤改气’工程，新增用气450亿立方米”要求，增气减煤同步实施，新增天然气优先用于大气污染严重地区的散煤替代。

2. 抓好天然气产供储销体系建设，确保天然气等能源稳定供应。千方百计增加国内天然气产量；多源头增加外购气量，提高中亚供气稳定性；加快推进管网互联互通，实现双向输气功能，提高资源互保互供能力；增强沿海LNG（液化天然气）接收站装卸能力和存储能力，加快储气设施建设步伐，力争储气调峰能力的提升适应天然气需求增速；加快推进需求侧管理，细化“压非保民”分级应急预案；合理控制非居民新增用气。

3. 加大经济政策支持力度。加大中央财政补贴力度，进一步扩大中央财政支持北方地区清洁取暖的试点城市范围。加大居民取暖用气用电价格支持，确保民生用气用电价格稳定；对“煤改电”电网改造投资出台支持和补贴政策，完善上网侧峰谷分时电价政策。

4. 督促地方政府和企业做好统筹协调。要加强资源衔接，宜电则电、宜气则气，在集中供热管网覆盖范围内的利用集中供热替代，各地要因地制宜确定改造技术路线。要先制定方案，落实好气源电源，再开展改造；要合理安排工期，把困难想足，把计划做好，预留足够时间进行改造；在清洁取暖替代未落实前，不要拆除原有取暖设施；要及时履行补贴承诺，减轻群众负担，减少群众后顾之忧。

（2018年3月）

蓝天保卫战必须重点强攻“三大污染源”

在“蓝天保卫战”推进过程中全面、系统治理广度和深度均不够，目前存在的主要问题是：

1. 能源平衡的“地方化”和能源政策的“一刀切”并存。

2. 重点区域面太小。需要重点关注反映出来的联防联控体制未形成及资金短缺等问题。

3. 重点行业部门大气污染防治联防联控的体制尚未真正形成，部分基层蓝天保卫战工作力度不够，主要表现在建筑工地和道路扬尘监管不严、砖瓦企业污染防治和在线监测推进缓慢、秸秆禁烧工作难度大和秸秆综合利用工作进展缓慢等方面，燃煤污染问题没有得到彻底解决，天然气管网覆盖范围不够，尤其工业燃气管网建设滞后，影响煤改气进度。高排放公交车和老旧车辆尚未完全淘汰，新车又逐年增加，加之城市框架未拉开，城区拥挤，交通拥堵，汽车尾气排放量相对集中且逐年增加。

4. 在重点企业大气污染防治、燃煤锅炉淘汰、道路清扫机械化、黄标车淘汰、城市扬尘防治、基层环境空气质量能力建设、环境执法能力建设等方面需要大量资金，目前实际资金缺口需求仍然较大。

针对以上问题，提出以下建议：

1. 设置大气污染防治专项资金，加大对大气污染防治方面的资金投入。

2. 突出工业、燃煤、机动车“三大污染源”治理。大气污染追根溯源，既受内源性污染影响，也有外部输入性污染制约，但加强大气内源污染防治是关键。严格落实国家大气污染防治行动计划，加强大气环境日常监管监测，推进大气污染联防联控，实现区域分类管控、第三方巡查、定期督导检查等精细化管理常态化、长效化、制度化。深化面源污染综合防治，强力推进工业、燃煤、机动车、餐饮油烟、扬尘、露天焚烧、鞭炮燃放等内源性污染源综合治理。深入开展大气细颗粒物源解析，科学编制污染源清单，确保大气污染防治更有精准性、针对性、指导性。加强机动车尾气排放监管，充分发挥机动车环检监控平台作用，同时优化交通运输结构，推广城市智能交通管理，加快城区环城公路建设，减少重型柴油货车等高排放车辆穿越城区，逐步淘汰高排放和老旧车辆。适时采取机动车限购和单双号限行措施，降低城市交通拥堵率。鼓励绿色出行，实施公共交通优先，加强轨道交通、步行、自行车交通建设，鼓励新能源汽车和共享汽车使用，促使环境空气质量优良天数稳步提升。

3. 在大气污染防治方面，建议在以京津冀及周边、长三角、汾渭平原等为主战场的基础上，增加新一线城市及周边城市群为主战场，因为这些地区工业化和城镇化的步伐加快，经济发展与生态环境保护的矛盾突出，如果不注重治理，将有可能形成新的污染区域。

（2018 年 8 月）

矢志打赢“蓝天保卫战”

——长株潭区域扬尘污染防治对策建议

良好的大气环境是最公平的公共产品，也是最普惠的民生福祉。在影响大气环境质量的众多因素中，城市扬尘污染是重中之重。近年来，长株潭三市认真落实《大气污染防治行动计划》，坚决打好打赢“蓝天保卫战”，推动扬尘污染控制取得阶段性成效。但随着长株潭工业化和城镇化步伐加快，基础建设项目增多，道路市政工程、建筑工地、堆场等各类扬尘随之增加，加之道路积尘和运输扬尘等因素，治理扬尘污染任重道远，既是一场攻坚战，更是一场持久战；既要增强信心，又要保持耐心。

存在的主要问题：一是监管手段不强。三市部门联合执法机制尚未建立，信息不能共享，存在监管薄弱、执法不严的问题。对市区、空气质量自动监测站周边施工场地及大型工地监管严格，但大量小型工地监管没有全覆盖，特别是城乡接合部的工地还存在监管盲区。市政道路、公路、水利等建设工程，由于作业面狭长且工期紧张等原因，监管难度很大，这类工地往往成为扬尘污染的“重灾区”。此外，还存在职能部门、园区、属地县（市、区）政府、街道监管责任边界不清的问题，导致出现“齐抓”实际上都不抓、“共管”实际上都不管的情况。二是责任落实不力。按照有关规定，施工现场应做到扬尘污染总体受控，各类工地应做到“六个100%”。但调研中发现，部分工地仍然存在业主单位、施工单位、单项工程承包商、监理单位等多头负责、互相推诿的情况。比如，多个工地虽然按要求在作业面安装了喷水装置，但不能做到作业全时段喷水，导致检查时达标、不检查不达标，白天能达标、晚上不达标；部分工地的在线监测装置难以反映施工区域的实际污染情况；部分市政工地运输车辆临时洒水、铺路、遮盖等应付检查的现象也时有发生；施工现场对于建筑垃圾资源化利用的积极性不高，资源化利用率仅5%左右。此外，三市工地渣土运输管理也存在漏洞，渣土运输车辆没有完成全密闭改造，部分项目为赶工期，不按规定时间运输渣土等现象时有发生。三是保洁标准不一。目前三市城市道路环卫清扫保洁、市容市貌日常管理事项均下放到城市各区，各区环卫部门对城市道路的清扫保洁均沿用原建设部《城市道路清扫保洁质量与评价标准》（CJJ/T126—2008），按照每日“一冲、二扫、三洒”的保洁作业操作规范实施，这已不能满足当前城市空气质量改善的要求。三市城区道路清扫面积快速增加，城区环卫机械化程度也不断提升，但目前三市尚未制定统一的道路保洁质量标准，清扫保洁效果有好有差，特别是一些渣土运输、工程运输车辆经常出入的主要通道和片区积尘严重、尘土飞扬，周边群众怨声载道，扬尘治理成效大打折扣。四是技术设备不优。湖南省尚未建成一座空气监测超级站，长株潭三市尚未完成网格化监管系统建设，空气环境监测能力不能满足数据分析、预测预警和科学施策的需要。同时，抑尘降尘新技术推广不够，建筑工地的抑尘降尘措施普遍以挡风抑尘、裸土覆盖和喷水洒水等传统手段为主，存在明显缺陷。对于扬尘产生的来源、成因、演变规律等基础性研究也不够。五是经费投入不足。目前三市的建设项目扬尘防治费主要从现有的安全文明措施费中列支，扬尘防治无专项资金保证。此外，三市的城市道路清扫费也未确定标准定额，完全依赖地方政府财政性投入。六是公众参与不够。一方面，公众在期盼优良大气环境质量的同时，也存在少数不良的环境行为，如或多或少存在群众私自焚烧垃圾的现象。另一方面，由于认知方面的制约和法律保障方面的不足，公众参与完善环保政策、监督环境信息公开、监督工地扬尘违法、为政府决策出谋划策等具体环境事件的意愿较低。为此，提出如下建议。

一、完善权责明晰的监管体系

对于长株潭三市的扬尘控制与治理施行统一标准、统一执法、统一预警、统一减排、统一协调的防治措施，推动长株潭城市扬尘污染防治工作的协调联动。一是事权下放，推行属地管理。尽快建立和实施建筑工地扬尘管控属地化管理、市级部门督查指导的管理模式，加快区县监管机构队伍建设，提高现场管理效率。二是明晰权责，强化部门协作。按照“管行业必须管环保”的原则，充分发挥各行业主管部门在扬尘治理中的监督检查作用。市级环保、住建、交通、城管、环卫、园林绿化、水利等行业主管部门根据各自职责，指导各区行业主管部门对中小工地开展扬尘治理工作，依法依规查处扬尘治理违法违规行为，完善快速联动机制，齐抓共管、形成合力。三是完善标准，实行规范管理。针对部分施工现场控尘不落实、施工标准不统一的问题，完善长株潭三市统一的现场施工标准，制定渣土运输车、混凝土搅拌车、“五小工程车”管理标准，实行统一规范化管理。

二、加大对违法违规行为的执法打击力度

参照国内发达城市的扬尘管控经验，把建设单位明确为扬尘污染治理的第一责任人，强化责任落实。监管部门要严格执法、主动履职，及时处理施工现场管理中发现的违法违规行为。除综合采取责令整改、停工整顿、行政处罚、红黄牌警示等手段外，还要加快建立规范统一的诚信平台，通过公告、公示进行信用惩戒，强化建筑市场的监管约束，提高监管效率。

三、研究制定地方性道路保洁质量标准

参照上海、杭州、宁波等城市都已制定了地方性道路保洁质量标准，明确了保洁质量和保洁费标准。如上海市区道路保洁费平均25元/平方米，道路机扫率达85%以上，每天两冲、两洒、三捡、一扫；郊区道路机扫率达45%—50%，每天一冲、两洒、三扫，保洁标准达到路面整洁无积尘，车辆行驶无扬尘。杭州市采取劳动定额通用计算方法，确定各类道路经费定额，将城市道路街巷分为三类，一类道路按24或18小时保洁，二类道路16小时保洁，三类道路14小时保洁，以此核定保洁经费标准，道路最高定额达22.14元，最低也达到13.93元。长株潭三市可根据实际情况研究并出台适合本地特点的道路保洁质量标准和保洁费标准。

四、提升科技手段在扬尘治理中的作用

一是建设和完善大气环境质量网格化监管体系，增加、调整优化空气质量自动监测站，建立覆盖三市所有县（市、区）的大气监测网格化系统。全面启动三市“数字环保”“智慧环保”建设并实现互联互通，发挥信息化手段对于扬尘污染控制的先导性引领作用。二是加大扬尘污染防治工艺技术装备研究、示范和推广力度，不断提升环保企业的自主创新能力，以科技手段升级扬尘治理的“武器”装备。三是支持组建大气污染防治战略研究联盟，深入分析长株潭区域之间产业转移、能源优化、联合减排、资金补偿、信息共享等协同关系，研究跨区域、跨部门的协作机制和体制创新模式；以区域空气质量整体持续改善目标为约束，布局经济驱动、能源战略、末端治理和成本效益的综合调控方案和快速评价技术。

五、加大扬尘治理投入

一是发挥扬尘排污费激励作用，从中提取一定比例的资金作为奖励基金，作为对扬尘防控措施达标的企事业单位的表彰。加大对施工工地的监督执法和跟踪排查，防止“以征代管”“以罚代管”，对控尘措施落实不到位的单位要适当提高扬尘排污费征收标准。二是推动渣土和建筑垃圾科学处置，根据大型工地建设时序，合理调配、就近处置，减少因渣土长途运输带来的交通压力、安全隐患、成本增加等不利因素；研究制定激励政策，逐步提高建筑垃圾的资源化利用率。三是加大城市道路保洁的投入，适时制定出台地方城市道路保洁费定额标准，并提高道路保洁费用，特别是要加大城郊接合部道路保洁的投入力度，及时将城镇化成熟地区的道路保洁工作纳入城管统一管理。四是出台政策将扬尘污染防治费用从工程安全文明施工措施费中单列，作为不可竞争费用列入工程成本，并在项目开工前及时足额支付给施工单位。

六、构建全民监督体系

一是充分发挥人大、政协的监督作用，通过组织定向定点视察、人大代表和政协委员持证视察、专题调研等多种形式，监督有关部门和单位进

一步加大工地扬尘防控力度。二是建立完善志愿者监督机制，邀请社会热心人士担任施工扬尘整治监管员，搭建与政府管理部门的沟通联系机制；制定社会监督激励制度，充分调动社会力量参与扬尘管控的积极性。三是发动社会力量参与监督管理，借助微信、微博平台鼓励公众举报违法违规现象，设立施工扬尘投诉举报电话，及时处置工地扬尘污染违法行为。四是加大公示曝光力度，利用网络、报纸、电视等媒体及时向社会曝光控尘不力的工地项目、相关责任单位、处罚情况和监管单位，倒逼各责任主体履行职责。

（2018 年 12 月）

长江经济带“两湖”地区打赢蓝天保卫战亟待国家支持

湖南、湖北两省（以下简称“两湖”）位于长江中游，自古就是承东启西、沟通南北的战略要地，人均资源少，开发强度大，能源结构以煤炭为主，大气环境污染日益突出。党的十八大以来，“两湖”认真贯彻习近平生态文明思想，以改善大气环境质量为核心，扎实推动蓝天保卫战向纵深开展，取得了较好成效。2018 年，“两湖”优良天数分别为 85.4%、76.7%，较上年同期分别增加了 3.7 个百分点和 0.6 个百分点，$PM_{2.5}$年均浓度分别为 41 微克/立方米、47 微克/立方米，同比分别下降了 10.8%、9.6%，湖南有 5 个地级城市环境空气质量首次达到国家二级标准。

但由于多方原因，“两湖”大气污染防治面临不少困难。一是能源结构和产业结构偏重。2017 年，两省煤炭占能源消费总量的比重均超过 55%；湖北天然气消费量占一次能源消费总量的比重为 3.9%，湖南天然气消费量也仅为 31.2 亿方，仅约占北京市的十分之一，且管道天然气尚未实现全覆盖。二是均为内陆省份，湖北省东、西、北三面环山，中间低平，向南敞开，湖南地势为三面环山，朝北开口，中间形成洞庭湖、江汉平原盆地，不利于大气污染物的扩散。三是“两湖”地区是中部交通枢纽，机动车保有量大且持续快速增长，每天还有 10 万辆以上的柴油货车通过二广、京珠、沪昆、夏蓉等高速公路穿行两省境内，产生大量的机动车尾气污染。此外，“两湖”也是全国酸雨最为严重地区，由于是酸性土壤，加之气候湿润，扬尘到了空中，变为硫酸根，不仅影响 PM_{10}，而且还对 $PM_{2.5}$造成较大影响。

2019 年 1 月以来，由于风力小、湿度大、气压低等不利气象条件，本地污染物积累，又受河北、陕西等地区输入的外源性污染，重污染天气频发，且持续时间长，波及范围广，两省空气质量大幅下降。2019 年 1 月，湖南、湖北两省优良天数比例分别为 48.8%、34.3%，较上年同期分别下降了 16.4 个百分点和 16.3 百分点，在全国 31 个省市中分别排位第 25 名和第 30 名，均落后于河北省；$PM_{2.5}$ 月平均浓度分别为 86 微克/立方米、98 微克/立方米，同比分别上升了 32.3%、18.1%，在全国 31 个省市中分别排位第 23 名和第 28 名，同比恶化程度较京津冀（17.1%）、长三角（-9.9%）、汾渭平原（16.9%）均更严重；重污染天数分别为 53 天和 45 天，环境空气质量形势极为严峻。但目前由于两湖地区均未纳入国家大气污染防治重点区域，也从未给予大气污染防治资金支持，尽管两省在大气污染防治方面投入了不少力量，但与改善环境质量的要求相比仍有很大差距，需要国家给予重点关注与支持。为此，提出如下建议：

1. 将“两湖”地区纳入全国大气污染防治重点区域。编制区域大气污染防治规划，中央财政大气污染防治专项资金中给予“两湖”地区一定安排，解决投入不足的问题。

2. 加大对“两湖”地区大气污染防治工作的技术指导，指定专门的技术团队，结合“两湖”的地理、气象等条件给予科学技术支撑，精准溯源，为科学治霾提供依据。

3. 建立与京津冀、汾渭平原联防联控机制，尤其是在秋冬季大气污染防治特护期。

4. 借鉴和推广北京市的做法，采取三年滑动平均值评价环境空气质量，降低气候因素对环境空气质量评价影响。从国家层面加快推进跨区域大气生态环境补偿机制，更加科学、客观、公正地反映和奖惩各地治理成效。

（2019 年 3 月）

关于大力推广碳汇草应对全球气候变化的建议

一、案由

2018 年 5 月，习近平总书记在全国生态环境保护大会上指出：“要实施积极应对气候变化国家战略，推动和引导建立公平合理、合作共赢的全球气候治理体系，彰显我国负责任大国形象。”只有通过生态文明建设，应用全国最新的生态科技成果，扩大生态面积和生态空间，提高光合作用效率，才能维护大气碳热氧平衡，应对全球气候暖化和减少自然灾害。

二、案据

工业革命以来，人类无畏惧地污染环境和无顾忌地破坏生态，并大量地开采使用化石燃料，排放二氧化碳等温室气体，使大气碳热氧失去平衡，造成全球暖化，导致极端气候和一系列严重的自然灾害，威胁着人类的生存与可持续发展。

森林形成于 6500 万年以前，目前面积仅 39.9 亿公顷，全球森林碳储总量约 2500 亿吨。近代以来，工业化、城镇化和现代化建设使森林面积不断缩小，碳储总量也在不断地减少。因此，森林不能解决日益增长的碳排放问题。世界每年总能耗约 202.5 亿吨标煤，相当于 405 亿吨植物碳产品的能量，世界秸秆年总产量约 50.8 亿吨，相当于 25.4 亿吨标煤，仅占全球总能耗的 12.5%，55% 以上秸秆用于其他用途，能用于能源的秸秆数量太少；碳捕集封存技术受设备投资大、捕碳成本高、排碳量多、技术瓶颈和泄露风险等诸多医素的严重制约。随着世界人口数量的快速增长使全球碳排放总量、热释放总量和氧消耗总量急剧上升。

2005 年 5 月，雷学军教授从刈割韭菜得到启示，发现并界定了捕碳效率高的速生草本植物，将其命名为“速生碳汇草”。实验证明，每生产 1 吨生物质，可吸收 406 万大卡热量，光解 0.6 吨水，向大气中释放 1.07 吨氧气，消耗大气中 1.47 吨二氧化碳。在经度、纬度、时间、空间和面积相同的种植条件下，碳汇草平均叶片总面积、叶绿体总数量、热吸收总量、氧释放总量、生物质总量和碳吸收总量的年均累计值均大于树，分别是同等面积树的 115 倍、109 倍、73.7 倍、73.7 倍、73.7 倍和 72.8 倍，是一类快速平衡大气碳热氧的先锋植物。

三、建议

（一）建立大气碳热氧平衡的核算核查体系

建立碳汇草光合作用的碳吸收总量、热吸收总量和氧消耗总量与化石原料燃烧的碳排放总量、热释放总量和氧消耗总量的核算与核查体系。

（二）实施碳热氧产品交易

创立《国际植物碳封存量、热吸收量、氧释放量和碳排放量、热释放量、氧消耗量权交易新公约》，制定《植物碳封存量、热吸收量、氧释放量与碳排放量、热释放量、氧消耗量的核算、核查技术标准》，用植物碳产品参与“实体碳、热、氧产品”交易，按植物光合作用的碳封存量、热吸收量、氧释放量与化石能源燃料的碳排放量、热释放量、氧消耗量进行等量交易，改虚拟的碳排放权“配额指标”交易为“实体碳、热、氧产品”交易。

（三）探索创建零碳区域发展模式

支持局部地区探索创建零碳区域发展模式，形成可推广可复制的经验后向更大范围推广。“零碳”是运用系统工程技术，规划、普查、核算、核查、统筹碳吸收总量、热吸收总量与氧释放总量和碳排放总量、热释放总量与氧消耗总量。通过节能减排、减耗降热和绿色能源替代；“碳、热、氧产品”封存；生态“碳、热、氧补偿”及“实体碳、热、氧产品”交易等方法，使一个行政区域（或一个单位）边界范围内的碳吸收总量、热吸收总量、氧释放总量和碳排放总量、热释放总量与氧消耗总量达到动态平衡，称为“零碳区域”。

（四）建立碳热氧税制度

“碳、热、氧”税是以环境保护为目的，针对化石原料使用的碳排放量、热释放量、氧消耗量所征收的税。目的是控制使用化石能源的碳排放量、热释放量和氧消耗量。没有消费就没有生产，没有生产就没有排放，每一个使用产品的人都应该成为缴纳“碳、热、氧”税的主体；建立与“实体碳、热、氧产品”交易相符合的“碳、热、氧”税制度，用“碳、热、氧”税支撑植物碳封存、热吸收与氧释放和发展新气候经济。

（2019 年 3 月）

长株潭区域大气污染防治现状及对策

一、现状

长株潭地区是湖南省经济发展基础最好、资源最密集、创新最活跃的区域，2019 年三市的 GDP 为 16834. 95 亿元，占湖南省的 42. 3%，也是国家“两型社会”改革试验区和国家“十二五”重点区域大气污染防治的“三区十群”之一；国家在加快推进长江经济带建设时，将长株潭城市群正式列入长江中游城市群国家发展战略。长株潭区域是国家大气污染防治“三区十群”的重点区域，人口密集，工业化和城镇化推进速度快，污染源点多面广，城市空气质量明显低于省内其他市州和省外相邻城市，已成为改善湖南省大气环境质量的突出短板。特别是进入特护期以来，长株潭区域城市空气质量呈明显恶化趋势，以 2019 年 1 月为例，长株潭三市平均优良天数比例为 40. 9%，比湖南省平均水平（48. 8%）低 7. 9 个百分点，远低于全国 338 个地级城市平均水平（67%）；与京津冀地区（52. 9%）、长三角区域（66. 1 %）、珠三角区域（88. 9%）相比差距明显；2019 年在全国 338 个城市空气质量综合指数全年排名中，长沙市、株洲市、湘潭市分别为 213 位、229 位、231 位，都处于下游偏后位置。由此可见，长株潭地区空气质量已低于全国平均水平，尤其是与北京市相比，已明显落后。2019 年，北京市 $PM_{2.5}$平均浓度为 42 微克/立方米，长株潭为 47 微克/立方米，比北京市已高 5 微克/立方米。

多年“温水煮青蛙”的累积效应正在爆发，城市大气环境容量日趋饱和，维持城市环境空气质量优良的条件已十分脆弱，预计后期中重度污染天气频发的可能性非常大，形势异常严峻，必须采取过硬的应对措施和严厉的管控。

表3　湖南省及长株潭2019年空气质量与北京市对比表

指标	北京	湖南省	长株潭	湖南省与北京相比	长株潭与北京相比
$PM_{2.5}$（微克/立方米）	42	41	47	-1	5
PM_{10}（微克/立方米）	62	61	62	-1	0
NO_2（微克/立方米）	37	25	33	-12	-4
SO_2（微克/立方米）	4	9	9	5	5

二、主要问题

（一）认识高度不到位

各级各有关部门对大气污染防治的重视程度不够，紧迫感不强；对“打赢蓝天保卫战”的认识不深刻，政治站位不高。长株潭三市党委、政府和有关部门认为大气环境质量总体不错，中重度污染天气发生频次不多、持续时间不长，空气污染还未严重到京津冀的程度，大气污染防治不是当前生态文明建设和环保工作的重点；没有将改善大气环境质量上升到关系人民切身利益、关系湖南可持续发展、关系党和政府形象的高度，没有将思想统一到十九大和中央经济工作会议关于改善大气环境质量的要求与部署上来。

（二）工作措施不到位

大气污染防治工作涉及很多部门，但不少部门职责和工作措施落实缺位，在一些大气污染防治重点工作的推进和重污染天气应对中，责任不清、分工不明、标准不严、管控不力等问题客观存在，给改善长株潭三市大气环境质量带来很大压力，如不少市政工程、建筑工地扬尘管控措施未落实，在城乡接合部显得尤为突出；高排放车辆环境监管机制尚未形成；部分企业，尤其是“小散乱污”企业环境守法意识不强，环境违法行为时有发生；秸秆和垃圾露天燃烧、烟花鞭炮燃放、露天烧烤、散煤燃烧等仍屡禁不止。

（三）资金投入不到位

近年来，由于国家重点支持京津冀等地区大气污染防治，湖南省在大气污染防治方面一直未得到中央专项资金支持，经过多年呼吁，2019年中央财政才给湖南省安排了1.5亿元大气污染防治专项资金，湖南省省级财政每年也只安排1个亿的大气污染专项资金，很多大气污染治理项目难以推动实施。根据治理规划，光长株潭区域大气污染防治至少需要超过100亿元的投入，而现在的资金投入只是杯水车薪，缺口太大。

三、工作打算

为贯彻落实党的十九大关于加强生态文明建设、补齐环境治理短板、打赢“蓝天保卫战”的决策部署，强力推进中央环保督察问题整改和环境治理战役，保障人民群众身体健康，有效减少特护期污染天气的发生，进一步做大、做强、做美长株潭城市群，使之成为“五个强省”建设的强大引擎，为全国生态文明改革和城市群建设探索更多经验，赋予两型社会建设新的内容、新的任务和新的时代内涵，实现环境品质与人民群众获得感的“双提升”。湖南省将着力推进长株潭城市群能源结构调整，工业炉窑大气污染专项治理，重点行业挥发性有机物治理，柴油货车污染专项治理，钢铁、建材、有色、火电、焦化等工业企业及锅炉无组织排放治理，面源污染防控，大气环境监测监管能力建设，区域重污染天气联防联控等工作。尤其是在特护期（每年的10月16日到次年3月15日），我们要重点抓好以下工作：一是加强涉气工业企业环境监管。对长株潭城市规划区范围内的火电、钢铁、建材（水泥）、石化、化工、有色等行业有特别排放限值要求的执行特别排放限值。对特护期内超标排放的企业，依法实施停产整治，从严从重处罚，并纳入重污染天气停限产的重点范围。实施差别化管理，切实加强水泥、砖瓦、钢铁、焦化、有色等行业错峰生产、限产工作。特护期期间长株潭地区水泥熟料生产线错峰生产天数不少于65天，正常运行的协同处置熟料生产线减半执行，钢铁企业限产比例不低于10%（限产基准计量以当年7—9月实际钢产量的平均值计），配套烧结、焦炉等设备同步限产。将涉工业炉窑企业全面纳入重污染天气应急减排清单，针对工业炉窑等主要排放工序，采取切实有效的应急减排措施，落实到具体生产线和设备，根据污染排放绩效水平，实行差异化应急减排和错峰生产管理，防止简单粗暴“一刀切”停产。二是强化移动源管理。长株潭地区机动车保有量大，目前机动车尾气排放在长株潭城市$PM_{2.5}$来源中的占比已超过20%，一辆重型柴油货车排放的污染物相当于200多辆私家车排放的污染物，因此要求长株潭地区要扩大重型柴油车辆、冒黑烟车辆和未经过检验的高排放车辆限行区域和限行时间，加强公安交管、生态环境、交通运输等部门联合执法，加大路检路查力度，检查比例不低于当地注册柴油车数量的60%。加强非道路移动机械污染控制。划定并公布非道路移动机械低排放控制区，在低排放控制区，港口码头和民航通用机场禁止使用冒黑烟等高排放非道路移动机械，抽查率不低于50%。三是加强面源污染管控。严格落实施工工地周边围挡、物料堆放和裸露土地覆盖、土石方开挖湿法作业、路面硬化、出入车辆冲洗、渣土车辆密闭运输“六个百分百”。规模以上土石方建筑工地全部安装在线监测和视频监控，并与当地住建部门、城管部门联网。渣土运输车要安装密闭装置，加大城区路面养护、保洁，增加道路机械化清扫、冲洗、洒水频次。建立覆盖网格化监管体系，充分利用遥感、无人机、基于铁塔的监控系统等手段密切监测秸秆禁烧情况，组织开展秋收季节农作物秸秆综合利用和禁烧专项巡查，严格禁止秋收季节秸秆露天焚烧。严格禁止露天焚烧垃圾和露天烧烤，规模以上餐饮企业必须安装高效油烟净化设施并保持正常使用、定期维护，确保油烟达标排放。长株潭三市要着眼特护期大气污染防治的大局，制定并公布烟花爆竹禁限放严控方案。四是加强执法检查。坚持铁腕治污，综合运用按日连续处罚、查封扣押、限产停产等手段从严处罚环境违法行为，强化排污者责任。创新环境监管方式，推广“双随机、一公开”等监管。建立大气污染防治特护期专项督查机制，采取省级督查、市级自查、交叉检查等方式，结合省级环保督察交办问题和“热点网格”，严查超标排放、自动监测数据弄虚作假、治污设施不正常运行等环境违法行为，对工业企业未完成提标改造、机动车和非道路移动机械污染防治措施未全面落实、面源污染防控未达到要求、错峰生产未有效落实、重污染天气应对不力等问题，全部移交地方政府限期整改并向社会公开，实行“拉条挂账”，推动解决大气污染防治突出问题。

四、建议

一是根据全国大气污染防治形势的新变化，建议将长株潭地区列入全国大气污染防治重点地区。二是加大对长株潭区域大气污染防治专项资金支持力度。根据防治规划，长株潭区域大气污染防治至少需要超过 100 亿元的投入，由于湖南省财力有限，建议国家加大对长株潭区域大气污染防治专项资金支持，以促进长株潭城市群的城市空气环境质量持续改善，还人民群众的美丽蓝天。三是长株潭区域臭氧污染近几年出现明显上升趋势，建议国家加大资金和技术支持。

（2020 年）

关于建议国家加大对长株潭区域大气污染防治资金支持，助力打赢“蓝天保卫战”的提案

长株潭地区是湖南省经济发展基础最好、资源最密集、创新最活跃的区域，2019 年三市的 GDP 为 16834.95 亿元，占湖南省的 42.3%，也是国家“两型社会”改革试验区和国家“十二五”重点区域大气污染防治的“三区十群”之一；国家在加快推进长江经济带建设时，将长株潭城市群正式列入长江中游城市群国家发展战略。长株潭区域是国家大气污染防治“三区十群”的重点区域，人口密集，工业化和城镇化推进速度快，污染源点多面广，城市空气质量明显低于省内其他市州和省外相邻城市，已成为改善湖南省大气环境质量的突出短板。特别是进入特护期以来，长株潭区域城市空气质量呈明显恶化趋势，以 2019 年 1 月为例，长株潭三市平均优良天数比例为 40.9%，比湖南省平均水平（48.8%）低 7.9 个百分点，远低于全国 338 个地级城市平均水平（67%）；相比京津冀地区（52.9%）、长三角区域（66.1 %）、珠三角区域（88.9%）差距明显；2019 年在全国 338 个城市空气质量综合指数全年排名中，长沙市、株洲市、湘潭市分别为 213 位、229 位、231 位，都处于下游偏后位置。

由此可见，长株潭地区空气质量明显差于全国平均水平，多年“温水煮青蛙”的累积效应正在爆发，城市大气环境容量日趋饱和，维持城市环境空气质量优良的条件已十分脆弱，预计后期中重度污染天气频发的可能性非常大，形势异常严峻，必须采取过硬的应对措施和严厉的管控。

究其原因，既有工作力度、措施不到位的主观原因，也有内陆腹地、地形地貌、酸性土壤等客观原因。但有两个重要原因不容忽视。

一是重视程度不够。中央有关部门总认为长株潭大气环境质量总体还

不错，空气污染还未严重到京津冀的程度，长株潭一直未列入国家大气污染防治重点区域。实际上，近些年来，由于国家的重视和地方的努力，京津冀地区大气环境质量已经得到了很大的改善，尤其是北京市。现在长株潭城市群的空气质量已明显不如北京市。2019 年，北京市 $PM_{2.5}$ 平均浓度为 42 微克/立方米，长株潭为 47 微克/立方米，比北京市已高 5 微克/立方米。

表 4　湖南省及长株潭 2019 年空气质量与北京市对比表

指标	北京	湖南省	长株潭	湖南省与北京相比	长株潭与北京相比
$PM_{2.5}$（微克/立方米）	42	41	47	-1	5
PM_{10}（微克/立方米）	62	61	62	-1	0
NO_2（微克/立方米）	37	25	33	-12	-4
SO_2（微克/立方米）	4	9	9	5	5

二是资金投入不到位。近年来，由于国家重点支持京津冀等重点地区大气污染防治工作，湖南省在大气污染防治方面一直未得到中央专项资金支持，经过多年呼吁，2019 年中央财政才安排了 1.5 亿元大气污染防治专项资金，但只是杯水车薪，目前，长株潭地区很多大气污染治理项目因资金缺乏难以推动实施。

根据全国大气污染防治形势的新变化，建议将长株潭地区列入全国大气污染防治重点地区。根据防治规划，长株潭区域大气污染防治至少需要超过 100 亿元的投入，由于湖南省财力有限，建议国家加大对长株潭区域大气污染防治专项资金支持，以促进长株潭城市群的城市空气环境质量持续改善，还人民群众的美丽蓝天。

（2020 年 3 月）

建议大力推广碳汇草技术
增强我国在国际气候谈判中话语权

作为最大的发展中国家，我国与发达国家碳排放的起点不同，却被迫执行相同的减排措施和标准。多年来，我国积极参与《联合国气候变化框架公约》《京都议定书》等谈判，认真履行相应的国际责任，尽管率先提出“共同但有区别的责任原则”被国际社会采纳，但从总体来看，我国在国际气候谈判中仍处于缺少话语权的被动地位。

为促进温室气体减排，《京都议定书》把二氧化碳排放权交易纳入市场机制，简称“碳交易”，但实际上国际现行的碳交易制度存在着重大缺陷，如这种交易只是一种碳排放虚拟“配额指标”交易，没有可准确计量的实物；在实际交易中，有些配额并不具有碳减排意义。作为碳交易技术支撑的国际碳捕集封存技术也受设备投资大、捕碳成本高、排碳量多和泄露风险等因素的严重制约。

我国科学家从刈割韭菜得到启示，发现了捕碳效率高的速生草本植物，将其命名为“速生碳汇草”。实验证明，每种植 1 吨碳汇草，可吸收 406 万大卡热量，光解 0. 6 吨水，释放 1. 07 吨氧气，消耗 1. 47 吨二氧化碳。在相同的种植条件下，碳汇草平均叶片面积、叶绿体数、热吸收、氧释放、生物质和碳吸收总量的年均累计值均大于树，分别是同等面积树的 115 倍、109 倍、73. 7 倍、73. 7 倍、73. 7 倍和 72. 8 倍，是一类快速平衡大气碳热氧的先锋植物。利用碳汇草进行捕碳固碳具有成本低、效果好、可持续等优点，是一项革命性的原创技术。推广和利用碳汇草进行捕碳固碳对于增强我国应对全球气候变化的技术方案选择，抢占技术和市场先机、提高我国在国际气候谈判中话语权和主动性，打破现有国际碳排放计算规则和捕碳技术瓶颈制约具有十分重要的意义。为此，提出如下建议。

1. 生态环境部开展碳汇草的研究，大力推广种植碳汇草和开展植物碳产品交易，增强陆地生态系统碳储量、发挥碳汇草固碳潜力，实现大气碳热氧平衡。

2. 建立大气碳热氧平衡核算核查体系。建立碳汇草光合作用的碳吸收、热吸收和氧消耗总量与化石原料燃烧的碳排放、热释放和氧消耗总量的核算与核查体系。

3. 探索碳热氧产品交易制度。联合国际权威组织创立《国际植物碳封存、热吸收、氧释放量和碳排放、热释放、氧消耗量权交易公约》，制定相关计量核算核查技术标准，按植物光合作用的碳封存、热吸收、氧释放量与化石能源燃料的碳排放、热释放、氧消耗量进行等量交易，改虚拟的碳排放权“配额指标”交易为“实体碳、热、氧产品”交易，让碳汇草的固碳能力“有市有价”。

4. 建立碳税制度。国家税务部门联合生态环境部建立与“实体碳、热、氧产品”交易相符合的“碳税”制度，用“碳税”支撑植物碳封存、热吸收与氧释放和发展循环经济。

5. 探索创建零碳区域发展模式。生态环境部支持局部地区探索创建零碳区域发展模式，形成可复制的经验后向全国推广。

（2020 年 5 月）

加快推广碳汇草
助力碳达峰与碳中和目标实现

《巴黎协定》确立了工业化以来长期控温目标，规定了全球碳排放总量的限度，并要求缔约方尽快达到温室气体排放的全球峰值，在21世纪下半叶实现温室气体的净零排放。2020年，习近平总书记向国际社会郑重承诺，我国力争于2030年前实现碳峰值，2060年前实现碳中和，全国降碳的步伐需要明显加快。

中南林业科技大学碳循环研究中心研究发现并选育了一类捕碳固碳效率高的速生草本植物，将其命名为“速生碳汇草”。每吨碳汇草可清除大气中1.47吨二氧化碳，吸收406万大卡热量，向大气中释放1.07吨氧气。经中国质量认证中心核算，每亩碳汇草的年净碳汇量为14吨。南方林业生态应用技术国家工程实验室和湖南农业大学教育部重点实验室等机构检测表明，碳汇草及其碳产品平均碳含量为49.2%，每千克热值为2500—3500大卡，采用紫外光加速老化实验，储藏50年无明显变化。“碳汇草技术”通过选育、种植、刈割、封存、计量和应用碳汇草，遏制大气二氧化碳浓度与温度上升及氧气浓度下降，具有成本低、效果好、可持续等优点，该技术既可使我国早日实现碳达峰和碳中和的目标，又可打破全球资源与环境的双重瓶颈，使我国获得“治碳”的主动权、话语权。以2017—2018年化石燃料燃烧释放的二氧化碳为基准，我国每年封存使用0.64亿吨碳汇草产品和农林剩余物发展新气候经济，可实现碳达峰；每年封存使用30.3亿吨碳汇草产品和农林剩余物发展新气候经济，可实现碳中和。为此，提出如下建议。

1. 大力推广碳汇草技术，发展新气候经济。

建议国家有关部门牵头开展推广试点，在荒山、废弃矿山、矿渣堆放地、滩地、盐碱地、沙地、裸露土地、重金属严重污染土地等边际土地上大力推广种植碳汇草，不仅能实现碳减排而且能延伸新气候经济产业链，发挥广大农民种植和加工碳汇草的积极作用，让农民将碳汇草出售给相关单位获得实实在在的经济效益，实现稳定的脱贫致富。

2. 出台政策支持科研创新，逐步推广碳汇草产品替代化石燃料。

建议国家出台有关支持奖励政策引导社会力量开展科研创新，将碳汇草制备成固体、液体、气体形态的清洁能源产品，用于生物质发电、交通运输、工业生产等各个领域。如制成固体燃料替代煤，用于燃烧发电、供热及供粉末内燃机使用；制成液体燃料替代石油，供内燃机、锅炉使用；制成气体燃料替代天然气，供内燃机、锅炉使用；制成氢替代柴油和航空煤油，供货车、飞机使用。

3. 碳汇草技术推广成熟以后可探索建立大气碳热氧平衡核算核查体系，创建碳中和（零碳）区域发展模式。

探索建立碳汇草光合作用的碳吸收、热吸收与氧释放总量和化石燃料燃烧的碳排放、热释放与氧消耗总量的核算核查体系，并依托该平衡核算核查体系，选择有代表性和有基础条件的地区探索创建碳中和（零碳）区域发展模式，形成可借鉴、可复制、可推广的示范标杆。可探索实体碳热氧产品交易制度，让碳汇草的固碳吸热释氧能力“有市有价”。还可根据谁污染谁治理的原则，向使用化石能源的单位或个人征收“碳税”，让其承担解决排碳、释热、耗氧问题的货币成本，促使其减少化石能源的消耗及研发和应用新的减排技术，控制化石燃料的使用和保护环境。用“碳税”支撑生物碳封存、热吸收、氧释放、发展新气候经济和创建“碳中和（零碳）区域”发展模式，早日使我国实现碳达峰、碳中和的总体目标。

（2021 年）

土壤污染防治刻不容缓

——要“蓝天碧水”更要“净土洁食”

从古至今，中国人习惯将大地比作母亲。可是现在，我们的“母亲”病了，这一病实则不轻。

新华社报道称，2009 年到 2012 年，中国已有 30 多起重特大重金属污染事件。

新近曝出的国内部分产地大米受有毒金属镉污染的消息，引发公众对食品安全和土壤污染的高度关注。

英国路透社前不久有关“中国产香烟重金属含量超标”的报道受到国内外舆论的广泛关注。

毒大米、毒蔬菜、毒面粉……随着工农业的快速发展和城市化进程的加快，土地正在承受越来越多的污染，危害日趋严重。截至 20 世纪末，全国受污染的耕地面积达 2000 万公顷，约占耕地总面积的 1/5，其中工业“三废”污染面积达 1000 万公顷；污水灌溉面积为 130 多万公顷；每年因土壤污染而减产粮食 1000 万吨。国土资源部曾表示，中国每年有 1200 万吨粮食遭到重金属污染，直接经济损失超过 200 亿元，而这些粮食足以每年多养活 4000 多万人。据了解，首次全国土壤污染调查，全国土壤污染物点位总超标率超过 13%，耕地土壤污染物点位总超标率超过 19%，土壤的主要污染物为镉、镍、砷、汞、铅、铬等重金属以及滴滴涕等有机物。有的污染物超标达几十倍甚至几百倍。南方土壤污染重于北方，长三角、珠三角、老工矿基地等部分地区土壤污染问题尤为突出。如有“有色金属之乡”之称的湖南土壤污染物点位超标率达 41. 7%，耕地土壤污染物点位总超标率达 50. 7%，耕地的半壁江山遭到了污染，数字触目惊心。

全国因污染退化的土壤数量日益增加、范围不断扩大，已从局部蔓延到区域，从城市郊区延伸到乡村，从单一污染扩展到复合污染，从有毒有害污染发展至有毒有害污染与氮、磷营养污染的交叉，形成点源与面源污染共存，生活污染、农业污染和工业污染叠加、各种新旧污染与二次污染相互复合或混合的态势，表现出多源、复合、量大、面广、持久、毒害的现代环境污染特征，正从常量污染物转向微量持久性毒害污染物。

“现在我国土壤污染比各国都要严重，日益加剧的污染趋势可能还要持续30年。”中国土壤学专家，南京农业大学教授潘根兴曾做出如此断言。

土壤污染途径很多，原因复杂。工业、化肥、饲料生产，矿山开采、冶炼，化肥、农药、农膜大量使用，污水灌溉，部分地区土壤环境中重金属本底值高等都有可能引起土壤污染，控制难度很大。

土壤污染具有隐蔽性、滞后性、累积性、地域性、不可逆性和治理的艰难性等特点。以20世纪70年代日本富山县土壤修复为例，一共863公顷（12945亩）农田，总共投入3.4亿美元，花费了33年时间进行客土法修复，平均每亩修复费用近18万元人民币。值得注意的是，日本对于大米的镉限量标准为0.4毫克/千克，而我国大米镉限量值仅为0.2毫克/千克，如按照我国大米镉标准，那么修复成本和时间将更加巨大，修复措施也更加困难。

面对严重的土壤污染，各级政府土壤污染防治紧迫感不强，土壤环境监测网络、标准体系不健全，土壤污染防治法律缺失，土壤污染治理技术不成熟，土壤污染防治投入严重不足等问题又十分突出。

近年来，由土壤污染而引发的农产品质量安全问题和群体性事件逐年增多，已经严重影响到农产品安全、人民群众身体健康和社会稳定，甚至将影响农产品出口贸易、环境外交以及国家的农业、生态安全。土壤污染已成为全国面临的最大环境公害，未来将面临更为严峻的挑战。防治土壤污染，保障“舌尖上”的安全，保护人民健康，时不我待、刻不容缓！

加强土壤污染防治意义重大。土壤是构成生态系统的基本环境要素，是人类赖以生存和发展的物质基础。加强土壤污染防治是建设生态文明的重要举措，是构建国家生态安全的重要内容，是实现农产品质量安全的重要保障，是生态环境问题当中的核心问题。各级党委、政府要从全局和战略的高度，充分认识土壤污染防治的极端重要性、艰巨性和复杂性，进一步增强紧迫感、责任感和使命感，把土壤污染防治工作摆在更加重要和突出的位置，切实解决突出的土壤环境问题，让人民群众看到政府的决心和未来的希望。

改善土壤环境重在实际行动。2008 年 6 月，环境保护部下发了《关于加强土壤污染防治工作的意见》，要求各地充分认识加强土壤污染防治的重要性和紧迫性，明确土壤污染防治的指导思想、基本原则、主要目标、重点领域、工作措施，全面加强土壤污染防治工作。但由于后续国家层面缺乏过硬的举措，文件落实不够，除开展了全国土壤污染调查和少数土壤污染治理修复试点项目外，其他方面工作开展较少。2013 年 1 月，国务院办公厅印发了《近期土壤环境保护和综合治理工作安排》的通知，提出了许多新的工作目标和举措，环保部正在牵头制定相应的落实方案。据了解，要实现国务院提出的任务和目标，难度较大，困难不少，没有中央的坚强领导和表率作用，没有相关部门强有力的支持和配合，不少任务难以完成，既定目标难以实现，到时不仅不能完全解决问题，反而对政府诚信和威望有所损害，希望引起中央的高度重视，切实采取过硬的措施和扎实的行动。

建立齐抓共管的联动机制。土壤环境保护是一个综合性的、复杂的系统工程，涉及环保、发改、农业、国土、林业、水利、卫生、粮食等多个部门，必须建立“政府负责、部门联动、分工合作、齐抓共管”的工作机制，共同推进土壤环境保护。

开展重点典型地区加密调查。第一次全国土壤污染调查采取的是较大尺度的网格布点，从大尺度上总体把握全国土壤污染现状，但要确定每一宗需要治理的地块，尤其是耕地，深度还不够，十分有必要对主要粮食主产区、蔬菜基地、集中式饮用水水源地和重点工矿企业周边等重点区域开展加密详查，进一步查明重点典型地区土壤污染现状，进行典型区域土壤污染风险评估和土壤环境安全性等级划分，为土壤污染防治和土地合理开发利用奠定坚实的基础。

建立健全土壤污染监测网络。加强土壤环境监测能力、队伍建设，重点县（市、区）和市（州）以上监测站应具备土壤常规监测能力，建成全国土壤环境监测网。将重点典型区域土壤纳入常规监测范围，加强耕地质量管理信息化建设，建立国家耕地质量动态监测系统，整合环保、国土、农业、水利、卫生、粮食等部门监测网络，实现在现有管理体制下各类土壤调查数据信息共享。

坚持预防为主的方针。土壤一旦污染，治理难度大、成本高、周期长，因此，土壤污染预防胜于治理，必须坚持预防为主，防治结合。要划定土壤优先保护区域，严格耕地和集中式饮用水水源地土壤环境保护，实施“土壤环境保护工程”，制定“以奖促保”政策。禁止在土壤优先保护区域新建有色金属、皮革制品、石油煤炭、化工医疗、铅蓄电池制造等项目。对有色、化工等重污染排放的新批项目实施最严格的产业政策、项目准入、环境标准，并要求向园区集中。对含磷肥的复合肥料生产重金属含量提出严格的达标要求，严格禁止在畜禽养殖饲料中添加有毒有害重金属。严格控制农作物产地周边工业废气、废水和固体废物等对土壤的污染。

下大力气治理工农业污染源。进一步加大现有工矿企业的结构调整、污染减排和环境治理，合理控制化肥、农药和农膜施用量，全面推广数字化测土配方施肥技术，增加生物有机肥料。积极引导和推动生态、有机农业。加强农业灌溉、农药施用管理，严格禁止污水灌溉，严格禁用高毒、高残留农药。加强农膜等农业生产物资使用、回收管理。

强力推进污染土壤治理修复。以污染耕地、大中城市周边、重污染工矿企业、集中污染治理设施周边、重金属污染防治重点区域、集中式饮用水水源地周边、废弃物堆存场地等为重点，选择各类污染类型，加快开展土壤污染治理与修复试点示范，并及时总结、强力推进。对污染场地再开发，必须进行污染调查、开展污染土壤风险评估和必要的修复。对严重污染的耕地，要实行种植结构调整甚至限种。

加快土壤防治法律法规建设。要从根本上解决土壤污染问题，除了国家采取积极措施加大防治力度外，更重要的是要制定《土壤污染防治法》，使土壤污染防治工作步入规范化、法治化轨道。研究、制定土壤环境保护监督管理和污染土壤环境管理办法，健全土壤污染防治标准体系。制定更加完善的土壤环境质量、农作物土壤环境质量、土壤环境健康、污染场地判别、污染土壤风险评估、土壤污染治理修复、土壤环境监测方法等标准、技术规范。研制一批国家土壤分析测试方法和标准样品，增强土壤污染防治科技支撑。建立一批土壤污染防治国家重点实验室和土壤修复工程技术中心。设立土壤污染防治重大科技专项，组织科研力量进行联合技术攻关，着力研发高效、适用的土壤修复治理技术。加快选育抗性强的各类农作物品种（如抗镉稻米选育等）。开发污染土壤修复装备。积极开展国际合作与交流，不断提升全国土壤污染防治科技水平。

不断加大土壤污染防治投入。各级人民政府应设立土壤污染防治专项资金，不断加大政府投入；按照“谁污染、谁治理”的原则大力推动企业投入；积极探索市场化投融资体制，鼓励、引导社会资本投入；金融、证券部门要重点支持土壤污染防治项目的直接、间接融资，支持发行专项治理债券。

加强工作目标责任制考核。建立土壤环境保护和综合治理目标责任制，对地方人民政府和重点行业、企业加强目标责任考核，对成绩突出的给予大力表彰，对未完成治理任务的进行严格问责。

积极引导公众的有序参与。鼓励和引导公众有序参与和支持监督土壤环境保护。完善土壤环境信息发布制度，主动公开相关信息，接受社会监督。广泛宣传土壤环境保护相关科学知识和政策法规。适时公布首次全国土壤污染调查数据，不仅有利于维护公民的知情权，而且可以形成倒逼机制推动土壤污染防治，但要积极稳妥。在如实反映土壤污染实情的同时，要对公众进行科学、客观的引导。土壤污染治理需要较长的时间，西方发达国家也概莫能外。不同污染因子对农产品质量安全和身体危害存在差异，如镍、锑危害就相对较小。有的地区尽管点位超标率较高，但主要以轻微污染为主，危害程度较轻。如土壤污染比较严重的湖南，土壤轻微污染比例达 74.3% 。可以请两院院士、有关专家进行权威解读和释疑，同时，也要广泛宣传政府的决心和举措，防止和避免群体性恐慌和社会不稳定事件发生，争取人民群众的理解与支持。

（2013 年 6 月）

关于大力扶持和广泛推广施用商品有机肥的建议

2007年中央一号文件强调，要大力加强耕地质量建设，实施新一轮沃土工程，科学施用化肥，引导增施有机肥，全面提升地力。2008年国家又提出增产1000亿斤粮食工程计划。全国农作物播种面积20多亿亩，年需化肥约1亿5000万吨，而全国化肥年产量不足1亿吨，很大部分依赖进口来满足农业生产的需求。资源贫乏能源紧张的问题已凸现，对粮食安全问题是个很大威胁。另一方面，传统农家肥和绿肥的施用量逐年下降，商品肥产量又低（2007年全国不足300万吨），有机肥施用量占肥料施用量比例不足5%，农业科技人员普遍以为，有机肥施用量应以占肥料施用总量的50%左右为好，美国、欧盟和日韩等国已达到或接近这一水平。如此，才能保证有足够数量有机质返回土壤，以促进农业生态系统中的生物循环，达到保持和增强土壤长期肥力及其生物活性的目的。而我国从20世纪70年代未开始大量施用化肥，耕地有机质含量大幅度下降，大部分在1%—1.5%之间；湖南省耕地面积8500多万亩，绝大部分也在这个幅值内，地力很是乏劲，可持续发展堪忧！根据农业部948项目专家大面积实验数据显示：农田有机质含量每提高1个百分点，将减少40%以上的化肥投入，同时能增产8%—10%。而现实中多年来农业生产者为求高产而大量超量施用化肥，造成土壤板结、地力下降、农产品质量下降，土壤微生物系统受到破坏，作物病虫害增多，以及化肥元素挥发流失严重污染环境等一系列问题已造成一大公害！而传统农家肥一是由于粗糙、笨重、劳动强度大、堆制、制造运输困难；二是养分低，肥效差；三是由于没有充分腐热，携带有大量有害病原菌和虫卵，导致了病虫害发生严重，故而种植者普遍放弃使用。所以，推动商品有机肥产业发展和应用已成为各地必须作出的正确选择。

其次从农产品质量与安全的角度来分析。大量使用化肥不单消耗了大量不可再生的矿产资源和能源，还导致农产品品质严重下降，如“瓜不甜、饭不香、菜无味、果变酸”，同时化肥流失还污染了土壤水体环境（如氮磷超标、水体富营养化），有害残留物（如亚硝酸盐类）更危害人体健康。世界各国发展经验表明，有机农业已成为当前世界农业发展的重要方向和主导模式之一。

最后从生态文明和两型社会建设的角度来做分析。随着规模养殖业的迅猛发展，造成养殖废弃物污染日趋严重。据统计，2007 年全国畜禽粪便年产生量达 20 亿吨以上，80% 以上未进行处理排放，是农村点面污染的主要原因之一，为工业废弃物排放的 2.7 倍。从国际国内发展的走势看，畜禽粪便做成商品肥料还田进行资源化利用将成为主要出路。还有城市生活垃圾和工业生产（尤其是食品调料类）下脚料的无害化处理，完全可以按有机无机分拣分类处理的办法，进行“减量化、无害化处理，资源化利用”，同样可以做成商品有机肥返田利用。这又是功德无量，福及全民的大好事。

综上所述，商品有机肥应该给予大力扶持和广泛推广。

建议通过各种优惠政策和补贴措施使有机肥的加工企业和农民享受到比使用化肥更多的利润和更低的成本。一是税收优惠。对有机肥加工企业实行所得税头二年免收再减半征收三年的优惠政策。二是产品运输优惠。铁路运输及水运等享受化肥同等优惠。三是生产电价优惠。有机肥加工企业生产用电，按农业生产用电价格计价，与化肥生产企业一样。四是用地优惠。对加工企业优先安排建设用地指标，免收耕地占用税和水土保持费、林地占用费。五是财政补贴。各级财政对推广施用商品有机肥给予补贴，补贴资金在农民购买有机肥时直接补贴。

（2013 年 8 月）

关于加大对湖南土壤环境污染防治资金投入支持力度的建议

湖南物产富饶，是“鱼米之乡”，自古就有“湖广熟、天下足”的俗谚，是国家重要的粮食、牲畜和水产养殖基地。矿产资源丰富，素以“有色金属之乡”和“非金属矿之乡”著称，已发现矿产120种，占全国已发现的172种矿产的69.77%，为国家的经济社会发展和生态安全作出了积极贡献。但是，由于土壤背景值高、工农业生产活动、土壤酸化等多种原因，湖南土壤污染比较严重。

据全国首次土壤污染状况调查结果显示，湖南土壤及耕地点位超标率较高。2009年，湖南外销粮食重金属含量超标频频被媒体报道，2013年广州市食药监局随机抽取市场多批次大米，结果显示湖南一定比例大米镉超标，已危及群众身体健康和社会稳定，一度惊动了中央，湖南土壤污染防治压力倍增、刻不容缓。党中央、全国人大、国务院及环保、财政、农业等国家部委对湖南土壤污染防治工作高度重视，2014年，财政部等对湖南以长株潭地区为主的耕地土壤修复示范试点给予了大力支持，全国人大常委会土壤防治专题调研组专门到湖南就土壤污染防治及法制建设进行了专题调研，对湖南工作给予了精心指导，并对下一步加大湖南土壤污染防治工作提出了明确的意见和建议，起到了很好的效果。

为进一步贯彻国家对土壤环境保护的部署和要求，加强湖南省土壤环境保护工作，湖南编制了土壤环境保护相关方案，上报了财政部。常德市被列入全国土壤污染综合防治先行区之一，石门县雄黄矿周边区域土壤污染防治列为全国典型示范项目规划（资金预算13亿元），治理方案已通过国家组织的专家审查，同时湖南根据不同污染因子，向环保部上报了12个土壤污染综合治理示范项目（资金预算 51.04 亿元），已列入了国家规划。近期，湖南省政府常务会议拟对土壤污染防治工作进行专题研究，启动一批修复治理重点示范项目，但湖南作为一个中部省份，财力有限，光靠湖南自身的力量远远不能完成如此繁重的土壤污染防治工作任务，迫切需要国家加大对湖南土壤污染防治的支持，以便尽快启动并加快推进土壤污染防治工作，这既是对湖南土壤污染防治工作的大力支持，也可为全国土壤污染防治摸索经验，提供示范。

（2015 年 3 月 3 日）

关于支持在我国南方地区提升耕地地力的建议

我国南方地区作为水稻主产区，耕地资源长期被过度利用，耕地地力下降严重，土壤酸化、有机质减少、耕作层变浅等问题日益突出。

为进一步提升南方地区耕地地力，提出以下建议：

1. 实施酸化土壤改良行动。南方地区现有2/3的耕地不同程度酸化，建议国家实施酸化土壤改良工程，以5年为一个改良周期，通过政府补贴物资和购买服务的形式，采用撒施生石灰或土壤调理剂等措施，使稻田土壤pH值达到5.5以上、水稻亩均增产20千克以上。

2. 着力提升耕地有机质。支持绿肥生产，创建绿肥生产示范片，扩大绿肥种植面积。

3. 加大测土配方施肥、秸秆还田、病虫害专业化统防统治等工作力度，实现节本增效和生态安全。

（2016年3月）

设立土壤污染防治基金是破解土壤修复资金短缺的重要途径

土壤是构成生态系统的基本环境要素，是人类赖以生存和发展的物质基础。前几年曝出的国内部分省份“镉大米”事件，敲响了土壤污染的警钟。2016 年 4 月 17 日，央视报道了江苏常州外国语学校迁址“毒地”事件，再次引发公众的高度关注。中央对此高度重视，2016 年 5 月 31 日，国务院印发了《土壤污染防治行动计划》（以下简称《土十条》），对今后一个时期全国土壤污染刅治工作作出了全面战略部署。

11 月 5 日，中国土壤环境修复产业技术创新战略联盟发布《中国土壤修复技术与市场发展研究报告（2016—2020）》（以下简称《报告》）。《报告》认为，保守估计，“十三五”全国土壤修复市场规模将达 849 亿，中国土壤修复产业有上万亿的市场空间。据中国人民大学环境学院教授蓝虹研究，若参照美国和日本的土壤修复发展模式，并以最低修复成本计算，中国面对的必须修复的风险土地至少要投入 5 万亿，落实“土十条”至少要投入 5. 7 万亿。2016 年，中央财政首次安排土壤污染防治专项资金只有 61 亿。土壤修复所需巨额资金如何筹集，将是摆在政府面前必须破解的一道难题。

《报告》还对 2007—2015 年间，总投入达 89. 78 亿元的 316 个土壤修复项目进行了统计，发现全国目前土壤修复资金来源主要包括政府财政资金、自筹资金、财政与自筹资金组合，分别占比 63%、14% 和 21%；其他来源资金占 2%，主要包括 GEF 赠款、搬迁补偿资金和未明确实际来源的多渠道筹措等。与水污染、大气污染防治相比，土壤污染治理投入大、周期长、收益低、长效机制缺失，目前主要依赖政府投入的模式远不能满足土壤污染防治的资金需求。整体看，全国尚缺乏高效的污染土壤修复商业模式和资金投入机制。

污染场地绿色和可持续修复管理已成为未来发展趋势，全国的污染场地治理面临许多问题。如法律法规不健全、管理主体不明晰，治理机制不成熟，许多棕地只进行了表层修复，甚至未做任何治理就进行了城市开发。

国外发达国家，特别是美国在污染场地治理和资金筹措方面积累了不少成功经验。1978 年，美国纽约州发生拉夫运河事件，引起了公众对“棕地”对人体健康危害的关注。以此为契机，为解决危险物质泄漏的土壤修复及其费用负担，1980 年，美国国会通过了《综合环境反应补偿和责任法》（CERCLA）（该法案因其中的环保超级基金而闻名，因此，通常又被称为超级基金法）。美国环保超级基金经费来源主要是国内生产石油和进口石油产品税、化学品原料税及环境税。初始基金为 16 亿美元，1996 年，美国国会修改超级基金法时，将基金总数扩大到 85 亿美元。据统计，自 1983—2008 年，超级基金项目共清理有害土壤、废物和沉积物 1 亿多立方米，清理垃圾渗滤液、地下水、地表水约 12. 9 亿立方米，为数万人提供了洁净的饮用水水源。截至 2012 年 7 月 26 日，美国共有 1664 个污染场地列入国家优先名录，其中 360 个污染场地已清理完毕。美国环境保护超级基金制度有其合理的一面，特别值得一提的是，超级基金法规定了对污染行为的可追溯与连带的法律责任。同时，我们也注意到制度自身以及在适用过程中也暴露出一些问题。因此，美国这一制度也在不断完善和发展。国外发达国家在土壤污染防治方面更加重视污染场地治理，但在耕地土壤污染防治方面着力较小。

因此，借鉴美国《超级基金法》及其他发达国家经验，结合全国耕地土壤污染防治任务重，土壤污染防治资金缺口大的实际，建立以政府为主导，社会资本参与的全覆盖的土壤污染防治基金制度十分必要。

设立土壤污染防治基金初步设想：

1. 基金种类及来源。作为政府性基金，分为耕地土壤污染防治基金和污染场地修复基金两类。前者重公益，后者重营利。耕地土壤污染防治基金，主要来源于政府及其职能部门、高校的科研财政资金、一定比例土地出让金，广泛吸收社会组织和社会团体的捐赠。污染场地修复基金采取公共资本和社会资本结合的 PPP 模式（公私合作模式）。政府财政资金投入，主要来源财政专项资金、企业排污费、污染场地修复后土地收益等，按比例募集社会资本，包括污染企业损害赔偿、高风险企业保证金、大型污染修复公司投资、其他企事业单位和个人投资、银行与证券公司等金融机构融资等。建立开放式基金，对基金总额不封顶，可根据需要和经营策略而增加和减少。

2. 基金用途。土壤污染防治基金应结合国家“土十条”的政策要求，优先保障土壤污染防控的具体指标，同时以资助农田和工业污染场地修复技术为动力，以投资创新性土壤修复和循环经济技术为支撑。

耕地土壤污染防治基金重点用于：一是开展土壤污染调查；二是建立未污染耕地土壤保护补偿机制；三是实施耕地土壤保护和修复项目；四是加强耕地土壤修复技术研发。

污染场地修复基金重点用于：一是开展污染场地调查；二是实施场地风险管控和修复；三是开展应急支付与修复；四是研发专业修复装备设备。确保土壤污染防控和修复工作开展的及时性、专业性和科学性。

3. 基金管理。基金管理委托专业的资金管理机构进行。建立社会公众对耕地土壤污染防治基金组织的监督管理机制，基金使用让公众进行评议，让公众广泛参与其中，激发公众投身耕地土壤污染防治事业的热情。将环境保护技术专家、环境保护法律专家、机构专业管理人员引入环境污染治理基金组织的管理机构，可在基金组织内部设立各种污染防治技术咨询小组。财务上加强审计监管。有限制地允许基金管理组织可以将一定比例资金用于投资从而获得收益，从基金内部挖潜，解决基金自身运作和存续问题，从而缓解政府、企业的压力，实现保值增值、滚动放大、持续投入。

4. 相关措施。一是制定一系列激励政策。如“取之于土，用之于土”，从土地出让金中提取一定比例投资土壤污染防治基金；污染场地修复后土地收益提取一定比例投资土壤污染防治基金；建立高风险企业保证金制度；加快出台环境税，部分投入土壤污染防治基金。二是健全关于造成环境损害的相关责任方法律责任的法律规范。可以借鉴美国在超级基金法中的规定，扩大相关责任方的范围，采取严格的责任制度与全国目前关于环境破坏污染的民事、行政、刑事责任结合起来，以便向有关责任人追究其所应承担的法律责任和赔偿义务。三是加快土壤污染防治科技创新。研究制定土壤污染防控和修复技术准则，完善现有土壤污染技术标准；鼓励有科研实力和技术能力的单位、团体、企业参与到土壤污染防控体系的研究和土壤污染修复技术研究中来。四是加强土壤污染防控专业队伍、环境污染损害认定机构和人才培养，组织土壤污染防控人才培训。五是加快研发专业的土壤治理装备与设备，逐步提高土壤治理与修复的专业化、装备水平，大幅提升治理与修复效率，降低成本。

（2016 年 11 月 15 日）

大力推广有机水溶肥
同步推进化肥减量与农田土壤污染防治

保护好土壤环境是推进生态文明建设和维护国家生态安全的重要内容。当前，全国土壤环境总体状况堪忧，部分地区污染较为严重，已成为全面建成小康社会的突出短板之一，化肥过度使用是导致农田土壤污染的重要因素。2017 年中央一号文件强调“要推进农业清洁生产，深入推进化肥农药零增长行动，开展有机肥替代化肥试点，促进农业节本增效；开展重金属污染耕地修复，开展设施农业土壤改良，增加土壤有机质”。2016 年国务院出台的《土壤污染防治行动计划》（“土十条”）提出“要控制农业污染，减少化肥使用量”。这些都是深入推进农业供给侧结构性改革，加快培育农业农村发展新动能的重要举措。从当前我国农田土壤污染的情况来看，同步推进化肥减量与农田土壤污染防治势在必行。

一、化肥过度使用是导致农田土壤污染的重要因素

我国耕地面积占世界的 9%，化肥使用量占世界的 30%。全国农作物亩均化肥用量 21. 9 千克，远高于世界平均水平（每亩 8 千克），是美国的 2. 6 倍，欧盟的 2. 5 倍。18 亿亩耕地红线，严守的不单单是数量底线，更应该是质量底线。过量施肥、盲目施肥不仅增加农业生产成本、浪费资源，也造成耕地板结，土壤酸化或碱化，重金属含量增加，形成土壤、水、大气、农产品的“立体污染”，对作物的产量和品质也造成了巨大影响。如中科院南京土壤研究所研究表明，农田中化肥氮的去向，35% 左右被农作物吸收，11% 挥发污染了大气，其余则固化污染了土壤或流失污染了地下水。污水灌溉、化肥、农药、农膜等农业投入品的不合理使用和畜

禽养殖等农业生产活动已成为造成耕地土壤污染的重要原因。全国农业资源环境遭受外源性污染和内源性污染的双重压力，已日益成为农业可持续发展的瓶颈约束。党和国家下大气力推进土壤污染防治工作，“十三五”规划《纲要》提出“开展1000万亩受污染耕地治理修复和4000万亩受污染耕地风险管控”，“土十条”也已发布，如果能与化肥减量工作有效结合，各方面意义都很重大。

二、大力推广有机水溶肥是同步推进化肥减量与农田土壤修复的有效途径

多年来，为促增产、保供给，农业资源超强利用，化肥农药投入过量，农田土壤对化肥产生了耐肥性，害虫、杂草对农药产生了耐药性，致使化肥农药使用量逐年加大，造成农田土壤板结酸化、生态链破坏、有机质下降、重金属污染等问题。正如人饮食需要大米白面、蔬菜和鸡鱼肉蛋等营养均衡，人才能生长健康。如果顿顿吃肉，不吃大米、白面、蔬菜，人就可能会生病。土地也是如此，如果化肥是肉的话，那么有机肥就是土地的大米、白面，均衡营养土地才能健康。每年仅施氮磷钾肥料而不施有机肥，土地同样会生病。所以说，化肥是增加产量，有机肥是提升品质和改善土壤的，它们谁也代替不了谁，可以这么讲，“氮磷钾和有机肥”一个都不能少，才能实现“中央一号文件”提出的让农产品提质增收。但有机肥现在存在着三个方面的问题，一是因农村劳动力加快转移，畜禽养殖废弃物等有机肥资源利用不足，传统有机肥产量低的问题；二是因畜禽养殖业滥用抗生素、重金属污染等问题，传统有机肥质量不安全的问题；三是商品有机肥每亩地使用量大，需要几百元甚至上千元，造成成本很高的问题，因此农民们只好连续多年仅使用氮磷钾肥料，造成农田土壤有机质下降，产生主要粮食作物品质下降减产，农作物非正常成熟的现象。

有机水溶肥是一种新型高科技产品，既涵盖有机肥的效果，还具备水溶性好，无残留、无污染，提高化肥利用率，有效改良土壤的优势，其采取生物发酵现代工业的生产方式，产量大、成本相对也较低（每亩用量成本），还可根据需求随时扩建。比如，一些官方媒体（《人民日报》等）报道的一种聚谷氨酸有机水溶肥，富含高分子有机质，缓解土壤饥饿，能

阻隔肥料固化，激活残留在土壤内的肥料以促进农作物生长，同时还具有超强亲水性与保水能力，使作物能有效地吸收土壤中的氮、磷、钾、钙、镁等化学元素，对土壤中的酸、碱具有缓冲能力，有效平衡土壤酸碱值，避免长期使用化肥造成的土壤板结，使土壤变得松软。全国农技推广中心对该产品的实验示范报告显示，在为期两年、涉及 12 省区 64 块试验田 1000 多万亩，包括水稻、小麦、玉米、棉花、马铃薯、大豆、花生等农作物试验证明，炭吸附聚谷氨酸有机水溶肥可明显提高肥料利用率，减少肥料施用量，平均肥料减量 30% 左右。在河南西华县的示范试验中，实际每亩地仅需投资 20 元即可少施化肥 30 斤，可让小麦平均增产 8% 以上，玉米增产 9%，尚未发现对农作物有副作用。全国目前化肥使用量在 6500 万吨，如利用该技术每年可实现化肥减量 1950 万吨。预计有效缓解土壤酸化板结，预防小麦、水稻、玉米等作物早衰或非正常成熟，实现农作物活杆成熟，提升粮食千粒重 3%，让国家粮食每年增产 1000 亿斤。

当前，化肥减量工作主要通过精准施肥、调整化肥使用结构、改进施肥方式（测土配方施肥、水肥一体化）等方式推进，氮磷钾化肥使用比重较大，有机肥国家也正在大力扶持和推广，但综合成效更高的有机水溶肥却得不到重视，存在着科学研究论证不足、政策支持力度不够、官方不鼓励不反对不发声、农资经销商不经销的尴尬局面。

为此，国家有关部门要通过政策支持，对一些经过农业部肥料登记、绿色认证、有市场口碑的有机水溶肥，进行化肥减量、产品增效、土壤提质、植物增产等方面的机理研究和科学认证，在防治土壤污染、酸化板结等方面进行科学试验和数据支撑，在全国不同地区进行分类试验和试点推广，尽快组织制定出台标准和规范，像推广有机肥一样推广有机水溶肥，整体推进化肥减量与农田土壤修复。

三、具体建议

一是大力推广使用有机水溶肥。受有机水溶肥价格偏高（有机肥招标按吨计算，每吨有机水溶肥单价高。比如每亩使用成本 30 元的有机水溶肥相当于每亩使用 300 元的传统商品有机肥，但是在招标的时候不是按每亩计算投资成本，而是按每吨计算成本，这样让有机水溶肥这些高科技产品无法入围）、水肥一体化配套不同步等因素影响，当前有机水溶肥主要用在水果、蔬菜、花卉等经济作物上，小麦、玉米、水稻等大田作物应用面积所占比例较小。在农田土壤污染防治中，要充分发挥新材料、新技术、新产品优势，将有机水溶肥等绿色产品确立为主要肥料，列入高标准良田建设、绿色食品生产基地建设、水肥一体化、化肥零增长行动和水果、蔬菜、茶叶应用有机肥代替化肥的规划中。“十三五”期间，有机水溶肥在大田作物上发展空间巨大，要综合农田土壤类型和区域代表性，在轮作休耕试点区域和技术路径上注重有机水溶肥的应用，在农垦和建设兵团系统、有机食品生产基地、生态产品原产地、南水北调生态走廊和黄河等水域生态保护区、化肥减量增效示范县等试点推广。

二是在推广应用中给予政策支持。在化肥零增长行动中，配方施肥、水肥一体化、缓释肥等都有国家财政资金支持，但是有机水溶肥技术和推广却没有任何财政资金支持。建议加大对有机水溶肥等绿色技术和新材料、新产品推广支持力度，设立专项资金进行补贴或列入政府采购清单。推进产学研用一体化，支持有条件的单位或企业设立以有机水溶肥研究应用为基础工作的农业全过程管理国家工程实验室，从农田土壤污染、农资次生危害、粮食储藏污染等农田到餐桌全过程研究，促进新型技术产学研用一体化，实现农产品营养无害化。

（2017 年）

关于支持湖南省郴州市列为全国工业废弃物综合利用产业示范基地的建议

《中华人民共和国国民经济和社会发展第十三个五年规划纲要》提出："十三五"期间，在全国范围内，以企业和行业为载体建设50个工业废弃物综合利用产业基地，开展工业废弃物综合利用重大示范工程建设，推动尾矿、煤矸石、冶金渣等大宗固废的综合利用。该项政策的出台，是落实党的十八大推进生态文明建设战略部署的重大举措，是转变经济发展方式，建设资源节约社会，推动可持续发展的必然选择。为加快转变经济发展方式，提升经济发展效益和质量，推动郴州从"资源型"城市向"综合型"城市转变，由"黑色"矿业经济向"绿色"循环经济快速转型，建议国家支持郴州列为全国工业废弃物综合利用产业示范基地。

一、案由：

（一）"资源型"经济转型发展是郴州开展工业废弃物综合利用重大示范工程建设的内在需求

郴州是全国118座资源型城市之一，矿产资源丰富，素有"中国有色金属之乡"之称，已探明各类矿产112种，探明储量的矿产50余种，钨、铋、锡、锌等储量在全国乃至全世界都具有领先优势。伴随着矿产资源的开采和加工，每年产生大量的尾矿、煤矸石、冶金矿渣。到"十三五"，"三大"工业固废年排放量将分别达到800万吨、500万吨、200万吨，将带来巨大的环境压力，也将集聚丰富的固废资源。抓好这些固废的综合利用，建设高标准的工业固废综合利用示范基地，这是郴州以矿为基、循环发展的必然选择，也是郴州优化经济结构、改善生态环境的现实需要。

（二）不断发展壮大的大宗固废利用产业为郴州创建工业废弃物综合利用产业示范基地提供了良好条件

经过多年努力，郴州固废利用产业链条、产业规模、循环化项目建设等均取得了明显成绩。全市工业废渣、废水、废气以及大宗固体废弃物、农林剩余物等产业废物综合利用已形成较大规模，产业内部及产业之间的循环链接不断深化，“城市矿产”资源利用水平得到提升，再生资源回收体系逐步完善。初步形成了以永兴为代表的铅锌、白银、锡、锑、铟、铜等有色和稀贵金属循环加工产业链条；以嘉禾县“江南铸都”为代表的锻造、铸造等制造和再制造产业链条；以煤矸石、粉煤灰为原料建成了一批初具规模的新型建材基地；以资兴为代表的资源型老工业城市和能源原材料基地发展循环型工业、循环型农业和循环型城市建设“三位一体”建设模式。目前全市工业固废综合利用企业168个，年产值约650亿元。

（三）郴州具备了创建工业废弃物综合利用产业示范基地良好的工作基础

郴州市委、市政府高度重视固废综合利用产业发展，制定了《关于促进工业固废综合利用产业发展的意见》，并着手编制固废利用“十三五”发展规划，出台了多项扶持政策，明确凡固废综合利用企业全部纳入资源综合利用企业范围，享受国家相关优惠政策，包括税费减免，在土地政策上实行全征全返等，加大与各大院校和科研机构的对接和联系，安排财政专项资金用于固废园区基础设施建设和科研平台建设。各个县（市、区）、园区，企业高度重视循环利用工作。永兴县是国家“城市矿产基地”，全国第二批循环经济示范试点单位，已成为湖南省乃至全国发展循环利用的典型案例。资兴市成功创建国家首批循环经济试点示范县（市），桂阳工业园被列为国家循环化改造试点园区。资兴经济开发区、郴州高新技术产业园被列为省循环经济试点示范园区。

二、建议

郴州是湖南对外开放的“桥头堡”和对接“一带一部”战略的重要支点城市，郴州工业废弃物综合利用产业发展基础好，产业链条清晰，具备申报的相应基础条件。建议国家在组织开展2017年国家工业废弃物综合利用产业示范基地申报和认定工作时给予郴州市大力支持，尽早将郴州市列为国家工业废弃物综合利用产业示范基地，并从产业发展、投资政策、财税政策、金融等方面给予重点扶持。

（2017年3月）

关于强化“散乱污”企业综合治理促进经济高质量发展的建议

“散乱污”企业是一些区域主要污染排放源，一种典型的以牺牲环境为代价获得“利润”的“黑色”经济，普遍具有规模小、数量多、布局散、工艺差、管理乱、污染重、隐蔽深、易反弹等特点，以牺牲环境代价换取企业生存空间。已成为影响经济高质量发展的“绊脚石”。不仅如此，“散乱污”企业大量存在，还严重降低城市品位，影响周边老百姓幸福感和获得感，而且长期游离于监管之外，扰乱市场秩序，挤占发展空间，“劣币驱逐良币”现象十分突出。必须进行清除和整治。

京津冀及周边地区各级政府高度重视“散乱污”企业综合整治，将其作为优化产业结构、改善环境质量的重要举措，实施拉网式排查。截至2017年10月底，“2+26”城市共排查出涉气“散乱污”企业6.2万家，按照“关停取缔、整合搬迁、整改提升”三种方式，进行分类处置。实践证明，“散乱污”企业综合治理，换来了环境改善，促进了动能转换，提升了城市品位，从更深层次激活了生产要素，以整治落后的“减法”换来了动能转换的“加法”，经济效益、社会效益、环境效益倍增，达到了“一石三鸟”的目的。

一是改善环境空气质量，解决人民群众身边的突出环境问题。2017年，“2+26”城市空气质量显著改善，“散乱污”企业综合整治对$PM_{2.5}$浓度下降贡献率达30%左右，当记头功。

二是推进供给侧结构性改革，促进产业转型升级。如通过综合整治，河北省廊坊市大城县保温建材企业由1800多家减少到38家，但市场份额仍稳居全国60%，行业税收同比增长50%以上；廊坊市文安县原有2000

家胶合板厂，规模以上企业仅39家，年纳税2.18亿元，整治整合后，近100家企业达到规模以上标准，年税收贡献率是过去的2倍以上。

三是落实全面依法治国，营造公平公正的市场环境。“散乱污”企业普遍存在不符合产业政策、不符合规划布局、污染物排放不达标，土地、环保、工商、质监等手续不全等问题，通过严格执法，促进实现市场公平和竞争公正，劣币驱逐良币的问题得到了比较好的解决。

为此，我们建议：

1. 建议国务院有关部门围绕推动经济高质量发展和绿色发展，继续加大“散乱污”企业综合整治力度，由“2+26”城市向其他重点区域及全国范围扩展。将“散乱污”企业综合整治作为供给侧结构性改革的重要内容，作为地区改善环境、加快发展、转换动能、改善民生的重要抓手。加强组织保障，夯实责任主体，实施拉网式排查和清单式、台账式管理；实行网格化管理，建立由乡、镇、街道党政主要领导为“网格长”的监管制度，明确网格监督员，落实“散乱污”企业排查、取缔、整改责任。积极培育树立行业标杆企业，引领倒逼产业转型升级。

2. 建议工业和信息化部、发展改革委等工业和产业主管部门将“散乱污”企业综合整治工作与淘汰落后产能、推进化解过剩产能等重点工作相结合，像打击“地条钢”一样，狠抓“散乱污”企业综合整治；

3. 建议国土、住建、工商等有关部门加大对“散乱污”企业的执法检查力度，通过严格执法，促进实现市场公平和竞争公正。

4. 加快推动形成多部门联动机制，逐步完善对“散乱污”企业综合整治工作的长效推进机制，巩固整治成效，坚决杜绝已取缔“散乱污”企业异地转移和死灰复燃。

（2018年3月）

加强固体和危险废物全过程管控迫在眉睫

固体和危险废物治理是打赢污染防治攻坚战的重要内容。近年来，全国对固体和危险废物以及其他垃圾的处理、运输、管控力度不断加大，取得了较大成效，但任务仍十分艰巨，还存在一些突出的矛盾和问题如下。

1. 固体废物和危险废物产生、贮存、利用、处置、运输情况底数不清，监控信息化和智能化程度不高，全过程、各环节、可追踪的监管体系还没有建立，“脱管”现象时有发生。

2. 废弃物资源化回收利用体系不健全，组织化程度低、分拣技术水平低、资源回收质量与利用率低，高污染产业和后续的循环处理产业未能实现有效衔接，倾倒废物案件频发。

3. 固体废物处置能力建设结构性不平衡和发展不充分的问题较突出。大量建筑垃圾得不到有效利用、处置。现在的垃圾收集转运模式容易造成二次污染。在垃圾的多次转运过程中，路上滴洒漏、渗滤液外溢、空气污染等二次污染问题突出。同时，现有垃圾转运站多为早期规划建设，建设标准低，使用年限长，设备老化严重，故障率高，影响垃圾转运效率。一些危险废物如二次砷碱渣、钨渣、含铍等废渣因无可行的经济、技术方法，长期堆存，得不到安全利用或处置。一般固体废物集中处置设施基本没有。

为加强固体和危险废物全过程管控，提出以下建议。

1. 以全国互联网大数据系统为平台，建立信息化监管体系，从产生、贮存、运输、利用、处置等环节，加强对固体废物及危险废物全链条管控，不断提高固体废物监管的信息化水平和联防联控能力。

一是采用集约化、信息化、数字化手段，对固体废物和危险废物产生源头、收集贮存、装车运输到终端处理实行线上线下全过程追踪。监管部门进一步完善固体废物和危险废物运输、处理的申报、追踪系统，任何一个环节都需要通过必要的登记、审核或签到才予以放行，进而落实全流程、各环节的责任。考虑到部分危险废物跨区域转运的特点，该系统在顶层设计之初就应突出标准化、区域化的属性，为跨区域联合执法提供充分便利。二是在建立可追踪系统的基础上，完善全链条的管控责任。针对固体废物特别是危险废物层层转包后脱离监管的特点，建立从源头到过程的惩罚性责任机制。涉及前者，倘若企业明知相关规定，而在第一个转运处理环节就将危险废物交给缺乏资质的处理者，不仅要追究其导致相应环境危害和人身损害的事故责任，还要追加惩罚性经济处罚；涉及后者，倘若持有相关资质的运输处理企业，和企业一样“知法违法”，为了单纯的经济利益最大化而转包给缺乏资质的企业，不仅要追究相应责任，而且还应通过一定的信用考核计分体系，将违法行为与资质审核关联起来，以建立责任的强约束。同时，要强化全链条监管者的主体责任，依法依纪严格追究有关主管人员和直接人员的行政责任。三是推行就近处理原则，在一些污染产业集中、单项污染量大的地区，地方政府要转变思路，在强化监管之外重视产业链建设，将当地污染性支柱产业和后续处理产业配套起来，从而缓解企业跨区域合法运输处理危险废物的成本压力，引导其更加主动、自觉地纳入规范管理，同时，降低环境与监管风险。

2. 进一步完善全国再生资源回收利用行业标准、法规建设，推动废弃物资源化利用。进一步对再生资源回收利用行业的从业标准、回收资源产品标准建设进行规范，进一步明晰再生资源回收利用途径、行业分类管理标准，对再生资源回收行业推行政府特许经营制，走公司化、专业化、园区化道路，采取分散收集、园区分解、集中交易，促进行业规范发展，引导企业做大做强，鼓励资本市场投资者投资这一领域。

3. 调查、评估固体废物产生、贮存、利用、处置情况，加强统筹规划。固体废物收集、利用、处置能力应与本地区发展相适应，将固体废物集中收集、利用、处置设施纳入重大环保基础设施范围，提升固体废物处理处置能力。加大对固体废物利用、处置难点技术的国家攻关，广泛推介、应用先进处理方式，加强涉重危险废物无害化处置。加强垃圾分类处理，建立覆盖城乡的垃圾收集分类系统，深入推进城乡垃圾处理一体化，建立农村有机废弃物收集、转化、利用网络体系，逐步实现投入减量化、生产清洁化、废弃物资源化、生产模式生态化。

（2018 年 12 月）

保障土壤环境安全刻不容缓

近年来，我国对土壤环境管理工作的重视程度明显加大。2016 年 5 月，国务院印发《土壤污染防治行动计划》，2018 年 8 月 31 日，十三届全国人大常委会第五次会议全票通过了《土壤污染防治法》。但由于土壤污染防治工作起步晚，治理难度大，土壤污染防治方面仍存在不少突出问题：

1. 土壤防治项目管理水平不高。土壤污染防治项目申报环节多，包括项目初查、筛选上报、场地调查、风险评估、实施方案、监理方案、验收方案等报告文件评审，专业技术含量高，管理难度大。项目审批程序繁杂，如按基本建设项目程序完成前期工作，需要进行国土、规划、发改、住建、财政等单位审查，所需时间短则半年，长则一年以上，进展缓慢，导致专项资金执行率不高。土壤污染具有隐蔽性，治理复杂，每个场地的治理方式和技术都不一样，这对各级环保部门土壤环境管理的业务能力和水平提出了更高、更专业的要求，但各级环保部门，尤其是市、县两级环保部门相关专业人员少，土壤环境管理能力水平相对较低，部分项目的管理难以真正到位。

2. 土壤防治科技支撑能力不足。目前，全国土壤污染防治主要以实施环境风险管控工程措施为主，要把污染物从土壤中去除，把土壤修复如初，成本高昂，技术难度极大。全国现有的土壤污染治理修复和风险管控技术大多还处于实验阶段，有些只适用于实验室的小规模实验，与实际推广尚有一定的差距，其中：物理方法花费巨大，化学方法容易引起土壤质量下降，生物方法耗时太长。污染成因复杂、元素物理化学性质差异大的重金属与有机污染物复合污染土壤的治理修复和风险管控更是困难重重。

3. 土壤防治协调机制不顺。按国家“土十条”的部署，污染地块名录建立由环保部门牵头，污染地块再开发利用准入管理由住建部门牵头，土地征收、收回、收购以及转让改变用途等环节环境监管由国土部门牵头。此职责划分仅确定了基本原则，规范、具体、明晰的操作规定尚未制定，部门之间信息共享程度不高，环保部门统筹协调推动难度较大，造成管理“碎片化”现象突出，影响整体工作进展和质量。

4. 土壤防治资金投入不足。中央财政每年土壤污染防治的专项资金仅100亿左右，省级财政安排的专项资金较少，市县财政基本没有资金安排。面对众多的受污染耕地和待开发利用污染地块的治理修复和风险管控，要达到实施效果，所需资金量巨大，而现有资金量较小、来源单一，可以说是杯水车薪。

为解决土壤污染防治问题，提出如下建议。

1. 加强土壤污染防治基础工作。一是落实国家“土十条”的要求，加快完成农用地和建设用地土壤污染状况调查，建立污染地块名录，摸清土壤污染底数，为下一步风险管控和治理修复提供数据基础。二是根据土壤污染状况调查情况，建立土壤污染信息库和管理平台，以该管理平台为基础，建立各级生态环境、自然环境、农业农村等部门土壤污染数据共享机制，提升污染防治整体协同水平。三是建立土壤环境质量和土壤环境风险监测网络，开展常规性监测。四是加强土壤污染防治项目库建设。土壤污染防治项目程序多、技术复杂，项目前期用时较长，投入较大，要督促地方政府预先加强项目库建设，凡未列入项目库的治理项目，一律不给予资金支持，推进土壤污染防治工作科学化、信息化、高效化。

2. 全面实施“防重于治”的方针。土壤一旦受到污染，不仅治理复杂，而且投入巨大，甚至是不可修复，因此，对于土壤污染防治要大力宣传“防重于治”的思想，实行严之又严的管理。一是加强对未污染耕地的保护。要建立未污染耕地保护的负面清单和责任清单，制定严格的管控措施，建立“田长制”，严格落实责任。建立未污染耕地的生态补偿机制。二是实施最严格的农业投入品环境质量标准，认真开展化肥、农药零污染行动，从源头上防治污染。三是强化农用地分类管控。对管控类耕地采取种植结构调整、退耕还林还草、轮作休耕等综合措施，严控污染风险。四是严格建设用地环境管控。所有出让的建设用地都要土壤环境质量达标，未达标的地块、没有修复达标的地块，或风险管控不到位的地块一律不准出让、转让，建立建设用地地块污染防治终身责任制。

3. 全面提升土壤污染防治工作水平。一是进一步加强土壤污染综合防治示范区建设，为全国土壤污染防治工作摸索经验。二是加强土壤污染防治技术研究和技术集成，建立土壤污染防治案例库，加强方法和技术学习交流，全面提升环保部门、治污企业、科研单位的技术能力和水平。三是加强土壤污染防治项目管理工作培训，全面提升各级环保部门土壤污染防治项目管理技术水平。四是加强土壤污染防治工作力量，适应土壤污染防治工作需要。五是建立政府及有关部门、企业、治污企业、农民土壤污染防治责任体系，严格落实责任，加强考核督促，严厉追责问责。

4. 加强土壤污染防治项目监管。为确保土壤污染防治项目实施成效，应加强项目实施的过程监管。加大工程监理和环境监理力度并明确相应责任，或者明确由项目成效评估单位完成环境监理的职责，由评估单位全过程介入，并对评价结论负责。

5. 多措并举筹措保护治理资金。各级财政要加大土壤污染防治资金投入。从土地增值税及土地出让金收入中提出一定比例用于土壤保护与治理。建立土壤污染防治专项基金，发行10年期以上长期、低息土壤污染防治国债或地方债券。强化企业的主体责任，按照“谁污染、谁治理”对新增污染严格处罚到位并实行生态损害赔偿制度。

（2018年12月）

关于构建面向高质量发展的垃圾分类体系建议

一、案由

习近平总书记在中央财经领导小组第十四次会议上强调："普遍推行生活垃圾分类制度，这项工作关系13亿人生活环境改善，关系垃圾能不能减量化、资源化、无害化处理。"

二、案据

全国当前大力推行的供给侧结构性改革实际上大大提升了垃圾分类及回收利用的准入门槛。常态化的严格环保督察与"洋垃圾"入境禁令又大大压缩了"散、乱、污"再生资源回收企业的生存与发展空间。"高质量发展"也意味着过去量大质次、薄利多销的低端再生产品将逐步退出历史舞台。可以预期，短时间之内全国生活垃圾源头分类的准确性不可能很高，现阶段追求"量大"，其后果往往是一堆垃圾勉强分成略有差异的几堆垃圾，以其为原料只能生产低端再生产品，而且要付出较高的经济成本或环境代价。低端再生产品市场空间越来越小，反过来又对垃圾源头分类造成冲击。因此，现阶段推行垃圾分类，应更加注重分出物的"质精"而非"量大"。有了"质精"的分类产物，才可能有高质量的再生产品，才能有效切断"散、乱、污"企业的原料供给，促进再生资源回收行业转型升级，实现"高质量发展"。

三、建议

垃圾分类是全价值链跟全产业链的高度融合，可做好六个衔接：一是分类收集与分类设施设备的衔接，原来简单的收集站跟垃圾分类还存在一定的差距。二是分类收集与分类收运系统（转运车、中转站）的衔接。三是前端分类与末端处置设施的衔接。四是再生资源系统与环卫系统的衔接。五是有害垃圾与危废处置设施的衔接。六是业务模式与市场需求的衔接。垃圾分类不是为了分类而分类，是为了减量化、资源化、无害化而分类，分类不能搞“一刀切”，不是一个统一的模式，要因地制宜。

垃圾分类要市场化运作，政府和企业应有明确分工。政府要着力做好：一是牵头顶层设计，提出主要思路及具体要求；二是制定相关政策，保障流程与规章；三是提供资金保障，购买企业服务及低值补贴；四是建立考核体系，评估市场化运营结果。企业要按照顶层设计要求，制定可执行的垃圾分类运营方案；围绕垃圾分类目标，严格执行垃圾分类运营工作方案；建立项目管理体系，精准汇报垃圾分类运营过程与结果；积极利用“附加值”及“商业价值”，逐渐减少财政补贴依赖。

（2019 年 3 月）

垃圾分类也要面向高质量发展

普遍推行生活垃圾分类制度，事关13亿人生活环境改善。全国当前大力推行的供给侧结构性改革实际上大大提升了垃圾分类及回收利用的准入门槛。常态化的严格环保督察与“洋垃圾”入境禁令又大大压缩了“散、乱、污”再生资源回收企业的生存与发展空间。“高质量发展”也意味着过去量大质次、薄利多销的低端再生产品将逐步退出历史舞台。可以预期，短时间之内全国生活垃圾源头分类的准确性不可能很高，现阶段追求“量大”，其后果往往是一堆垃圾勉强分成略有差异的几堆垃圾，以其为原料只能生产低端再生产品，而且要付出较高的经济成本或环境代价。低端再生产品市场空间越来越小，反过来又对垃圾源头分类造成冲击。因此，现阶段推行垃圾分类，应更加注重分出物的“质精”而非“量大”。有了“质精”的分类产物，才可能有高质量的再生产品，才能有效切断“散、乱、污”企业的原料供给，促进再生资源回收行业转型升级，实现“高质量发展”。

为此，建议：

1. 促进垃圾分类全价值链跟全产业链的高度融合。关键是做好六个衔接：一是分类收集与分类设施设备的衔接；二是分类收集与分类收运系统（转运车、中转站）的衔接；三是前端分类与末端处置设施的衔接；四是再生资源系统与环卫系统的衔接；五是有害垃圾与危废处置设施的衔接。六是业务模式与市场需求的衔接。垃圾分类不是为了分类而分类，是为了减量化、资源化、无害化，分类要因地制宜，不搞“一刀切”。

2. 发挥政府和企业两方面力量。政府层面要着力做好：一是牵头顶层设计，提出主要思路及具体要求；二是制定相关政策，保障流程与规章；三是提供资金保障，购买企业服务及低值补贴；四是建立考核体系，评估市场化运营结果。企业层面要按照顶层设计要求，制定可执行的垃圾分类运营方案；围绕垃圾分类目标，严格执行垃圾分类运营工作方案；建立项目管理体系，精准汇报垃圾分类运营过程与结果；积极利用“附加值”及“商业价值”，逐渐减少财政补贴依赖。

（2019 年 3 月）

化学品安全亟待引起国家高度重视

2014 年 8 月 2 日，江苏省苏州市昆山某金属制品有限公司发生特别重大铝粉尘爆炸事故，共有 97 人死亡、163 人受伤，直接经济损失 3.51 亿元。2015 年 8 月 12 日，天津市滨海新区某危险品仓库发生火灾爆炸事故，造成 165 人遇难、8 人失踪，798 人受伤，304 幢建筑物、12428 辆商品汽车、7533 个集装箱受损，直接经济损失 68.66 亿元。2019 年 3 月 21 日，江苏省响水县某公司发生特别重大爆炸事故，造成 78 人死亡、76 人重伤，640 人住院治疗，直接经济损失 19.86 亿元。2020 年 1 月 14 日，珠海某石化设备有限公司重整与加氢装置预加氢单元发生闪爆。据有关专家研究，每一次特大事故发生之前，至少有 100 次重大事故隐患，1000 次小的事故隐患。由此可见，化学品的安全隐患很大，而且化工生产安全保障与生态环境保护紧密相关，二者作为风险因素和风险受体的联合体，已形成系统性风险链。如 2005 年 11 月 13 日，吉林市某石化分公司硝基苯精馏塔发生爆炸，不仅造成 8 人死亡，60 人受伤。爆炸事故发生后，未能及时采取有效措施，导致泄漏出来的约 100 吨苯类物质（苯、硝基苯等）物料和循环水及污染物流入松花江，造成了江水严重污染，沿岸数百万居民的生活受到影响。但血的教训并未使社会引起广泛的高度重视，往往是好了伤疤忘了痛，不少地方发展化学品产业的冲动还不小。化学品的安全直接攸关国家经济发展、人民健康、人民健康、社会稳定和国家安全，迫切需要站在国家崛起、民族衍续和人民福祉的高度予以审视，给予高度重视，未雨绸缪，居安思危，采取综合性、系统性、强有力的措施，确保化学品安全。为此，提出如下建议。

1. 将化学品安全上升为国家战略。化学品安全是国家安全的重要组成部分，建议将化学安全上升为国家战略，纳入总体国家安全观范畴，在《国家安全法》中增加化学安全的相关内容。在中央国家安全委员会增设国家化学安全专业委员会，建立多部门联席会商制度和多部门联合联动机制，统筹协调涉及化学安全的重大事项和重要工作。

2. 健全化学品安全管理体制机制。化学品安全管理涉及生产安全、生态环境安全、公共安全、卫生健康等多方面。欧盟通过整合相关法规，组建了欧洲化学品管理局（ECHA），对化学品全领域全生命周期实施统一管理，取得了显著效果。建议借鉴欧盟化学品管理的成功经验，在国务院设立国家化学品安全管理局，统筹协调化学品安全管理工作。

我国化学品安全监管涉及部门较多，急需以深化改革为契机，强化国家意志，构建统一领导、部门协同的化学品安全监管体系。在国家化学品安全管理局的统一领导下，建立健全化学品安全监督和管理责任体系，相关部门依据各自职责设立化学品安全监督或管理机构，建立权威高效、协同联动的部门分工协调机制。

3. 完善化学品管理的法律法规体系。建议尽快制定《化学品安全法律法规体系建设规划》；尽快出台《化学品安全法》，作为化学品安全管理的基本法，在法律层面统一协调与其他化学品相关法律法规的关系；加快推进《危险化学品安全管理法》及《有毒有害物质环境风险管理条例》等配套的法律法规条例，形成较为完善的化学品安全法律法规体系。

4. 强化环境化学品安全科技创新和保障能力支撑体系建设。充分发挥科技创新的主导和超前作用，形成对化学品安全的强力支撑。建议设立化学品安全重大科技专项，在基础理论研究、先进技术研发和典型示范应用等方面加大科学研究力度。充分发挥化学品生产安全、生态环境、公共安全、卫生健康、军事国防等领域相关大专院校、科研院所的优势，建立国家化学品系统安全联合重点实验室。

5. 大力开展重大环境安全风险国家治理工程。对化学品生产工业实行最严格的产业准入。化学品生产安全隐患大，发生事故的概率高，安全事故控制和监管难度大，全国应严格控制化学品的生产，除国民经济必需的重要化学品生产外，其他一般的化学品生产要严格控制，要进行化学品生产安全风险评估，对高风险的化学品要列出负面清单，严禁生产。

实施国家化学品重大安全风险普查评估工程。系统排查评估生产安全、生态环境、公共安全、卫生健康、军事国防等领域存在的化学品重大安全风险，将涉“两重点一重大”（重点监管的危险化工工艺、重点监管的危险化学品和危险化学品重大危险源）化工行业纳入普查评估重点，全面掌握风险隐患底数，为实现全面监管、精准防控提供基础资料。

实施国家化学品安全风险防控与应急能力提升一体化工程。重点针对化工园区、重大危险源、化学污染、新型化学合成毒品、战略型化学目标等存在的风险隐患，实施有效治理与战略防御；深化两化融合，建立化学品安全监测预警体系；统筹布局化学品应急救援基地，加强化学品综合应急能力建设，加大化学品应急救援物资储备。

实施国家化学品安全信息平台建设工程。综合运用互联网、物联网、人工智能、大数据、5G 等最新信息技术，对化学品生产、储存、运输、使用、经营、废弃处置等各个环节，以及进出口、生产安全、环境保护、卫生健康、禁毒、反恐、军事国防等领域，进行全过程信息化管理和监控，实现化学品来源可循、去向可溯、状态可控，实现企业、监管部门、执法部门、应急救援部门及军队之间的信息共享、互联互通。

（2020 年）

防范化解伴生放射性废渣安全处置重大环境风险已刻不容缓

伴生放射性废渣是指伴生放射性矿开发利用过程中产生的比活度超过1贝可/克的固体废弃物，这些废渣大多也是含重金属危险废物，是对人体健康构成重大威胁的环境风险点。全国第二次污染源普查公报显示，通过对全国8类重点行业2.97万家企业的检测筛查，确定伴生放射性矿开发利用企业共464家，主要分布在湖南、广东、广西、江西、云南、贵州、内蒙古等省（区），以锆石和氧化锆、稀土等矿产为主。2017年末，全国伴生放射性废渣累积贮存量为20.30亿吨，其中放射性活度浓度超过10贝可/克的废渣主要为稀土、铌/钽、锆石和氧化锆、铅/锌、锗/钛、铁等矿产，总量为224.95万吨。

一、存在的问题

一是企业废渣处理能力弱，监管缺乏政策抓手。产生伴生放射性废渣的企业以小规模企业居多，污染防治措施严重缺乏。且目前伴生放射性矿在产业名录认定、环评审批、污染物排放等关键环节均缺乏法律法规支撑和技术文件指导，监管部门难以对企业形成有力震慑和有效管理，进一步提升了伴生放射性废渣问题解决难度。

二是缺少规范放射性废渣处置场所，废渣暂存量逐年增加。目前国内大部分伴生放射性废渣处理方式主要由企业自建库室内暂存、露天暂存、临时场所处置等，只有极少部分通过外委有资质的企业进行安全处置。国内只有极少数省份建设了省级放射性矿废渣安全处置场，湖南省、江西省、贵州省等伴生放射性矿开发利用企业数量较多的地方，尚未建成规范放射性废渣安全处置场所。全国伴生放射性废渣暂存量逐年增加，其中湖南省伴生放射性废渣暂存量预计将以0.4万吨/年的速度增加。

三是历史遗留问题难以处理。不少停产关闭的伴生放射性矿生产企业并未将伴生放射性废渣进行安全处置，特别是稀土企业整顿关闭后遗留的优溶渣、酸浸渣等放射性废渣因活度浓度较高，更是难以安全处置。以湖南为例，原桃江稀土冶炼厂暂存放射性废渣0.6万吨，原衡阳县兴衡化工有限公司放射性污染场地上千平方米。部分废渣暂存场所周边有居民聚集区和学校等环境敏感点，长期暂存的处置方式存在较大环境安全隐患，容易引发群体性事件，影响社会稳定。

二、对策与建议

一是建议国家层面组织开展含放射性固体废渣的处置政策和技术研究。在政策层面，尽快完善伴生放射性矿企业分级分类管理、放射性废渣辐射防护等相关法规和标准，使各级辐射环境安全监管部门和企业有章可循、有法可依；在技术层面，加强对放射性废渣的综合利用工艺、处置场所的辐射安全控制、历史遗留废物的整治与场地治理等的研究和技术攻关。

二是建议国家层面主导加快推进历史遗留问题解决，应设立中央放射性污染防治专项资金，支持伴生放射性废渣安全处置项目，并布局在伴生放射性废渣暂存量较多的省份，推动建立区域性的永久伴生放射性废渣处置场。

三是继续推进伴生矿开发利用企业废渣放射性分类监测和豁免管理，督促企业建立动态管理台账，按照分类管理、废物最小化、处理专业化、市场化运作的原则，对放射性废渣进行安全处置。对伴生放射性矿生产企业产生的不符合豁免要求的放射性废渣，督促企业严格按照技术规范建库存放。

（2023年）

专题三

美丽乡村建设

加快农村环境整治 遏止持续恶化趋势
为广大农民提供公平环境公共服务

近年来，随着科学发展观的全面深入贯彻，农村环保工作日益得到重视，党和国家领导人多次指示要把农村环保纳入国家环保总体战略。从国家层面看，农村环境整治工作力度逐年加大，2007 年，国务院办公厅转发了环保总局等部门《关于加强农村环境保护工作的意见》，2011 年，国务院又发布了《关于加强环境保护重点工作的意见》。2008 年 7 月，国务院首次召开全国农村环保工作电视电话会，出台了“以奖促治”“以奖代补”政策，中央财政首次设立农村环保专项资金，2008 年至 2011 年，中央财政共安排 80 亿元，支持 16000 多个村镇开展重点问题整治、连片整治和生态建设示范，4000 多万农村人口直接受益，整治村庄的村容村貌明显改善，得到广大人民群众的衷心拥护和积极响应。但是，全国农村环境形势仍然十分严峻，农村生活污染、面源污染还相当严重，工业及城市污染向农村转移，农村环境污染呈持续恶化趋势。主要问题如下。

1. 污染排放加剧，环境自净能力遭到破坏。改革开放以来，农村发生了翻天覆地的变化，但“农民富了，溪水脏了”。据第一次全国污染源普查统计，农业源主要污染物，如化学需氧量、总氮、总磷分别达到 1324 万吨、270 万吨、28 万吨，分别占全国总排放量的 43.7%、57.2%、67.3%，污染排放已占到全国半壁江山。全国农村每年产生生活垃圾约 2.8 亿吨，生活污水约 90 亿吨，人粪尿约 2.6 亿吨，绝大多数没有处理，随意排放，每年产生的 6.5 亿吨各类农作物秸秆有 20% 未综合利用，被焚烧或堆积于河湖沟渠和道路两侧。“污水靠蒸发，垃圾靠风刮”“室内现代化，室外脏乱差”成为许多农村的形象写照。

2. 土壤、水源污染加重，食品饮水安全堪忧。中国是世界上化肥、农药使用量最大的国家，年施用量分别达4700万吨和130多万吨，而利用率仅为35%左右，流失的化肥和农药造成土壤、地表水和地下水污染，受污染的耕地约有1.5亿亩。畜禽粪便年产生量达27亿吨，大部分规模化畜禽养殖场没有污染治理设施，每年地膜残留量高达45万吨，造成了土壤污染。湖南有个别村几十米以下的地下水都遭到了污染，10多年征兵体检无人合格。农村环境污染不仅威胁数亿农民的身体健康，还通过水、土壤等渠道影响食品安全，最终影响到城市居民。

3. 政府提供环境公共服务力度偏小，整治乏力。近年来，国家对“三农”工作越来越重视，采取了一系列重大措施。2011年中央财政“三农”支出超过万亿元，与上年相比增长21%，极大地促进了农村经济发展、农民增收、基础设施改善和农村社会事业进步。但相对的，农村环保却投入不大、推进不快，2011年中央财政投入40亿元开展农村环境连片整治，仅占当年“三农”投入的不到4‰比例。截至目前，通过“以奖促治”政策整治村庄仅1.6万个，按环保部、财政部规划，到2015年也只能治理6万个，相对全国60多万个村庄而言任重而道远。比较政府对城市提供的环境公共服务，农村一块无论覆盖面还是公平性都存在巨大反差，称为显失公平也不为过。

4. 农村环境管理基础薄弱，法规缺位。多年来中国的环境管理体系是建立在城市和重要点源污染防治上的，在制度层面上对农村污染及其监管重视不够。目前农村环境管理机构不健全，乡镇基本没有环保机构，缺乏必要的监测、监察设备和能力，农村环保的政策、法律、标准体系不健全。

国务院早在2008年全国农村环保工作电视电话会上就指出，农村环境保护事关广大农民的切身利益，事关全国人民的福祉，事关国家的可持续发展，必须提高思想认识，增强做好农村环保工作的紧迫感和责任感。整治好农村环境，既是科学发展观的要求，也是人民群众的热切期盼。全面建成小康社会，关键在农村，难点在环境。各级党委、政府应该从贯彻落实科学发展观、全面建成小康社会，改善环境质量、提供公共服务，建设社会主义新农村、实现城乡统筹，维护农民环境权益、构建和谐社会等高度充分认识农村环境整治工作的重要性和紧迫性，以强烈的政治责任感和历史使命感，真心实意抓好这项工作。为此，提出如下建议。

1. 出台“一号文件”，全面部署工作。基本的环境质量是一种公共产品，是政府必须确保的公共服务，各级政府有责任为广大人民群众提供公平的环境公共服务。农村环境整治点多面广、基础差、任务重，各级政府应该进一步加强对农村环保工作的领导，发挥主导作用。建议中央对全国农村环保工作进行专题研究，把农村环境整治纳入“两型社会”和新农村建设总体战略，作出全面部署安排，像近年来全面推动“三农”工作一样，出台一个加快农村环保的中央“一号文件”，明确指导思想，确定目标任务，强化工作责任，建立激励约束机制，全面推进农村环境整治。

2. 硬化投入政策，加快整治步伐。农村环境整治投入是关键。每个村的治理需要200万—500万资金，全国有60多万个行政村，按80%的治理面，需要投入过万亿。着眼于建立政府、企业、社会多元化投入机制，中央财政加大资金投入主导，地方政府加强资金配套，各级排污费、土地出让金等专项资金可明确一定比例用于农村环境整治，积极推动农民投资投工投劳，引导和鼓励社会资金参与农村环保，力争到2025年全国80%以上的村庄得到治理，“十二五”东部、“十三五”中部、“十四五”西部基本实现农村环境整治全覆盖，确保全面建设小康社会的实现。同时，应以县级财政为主，确保农村环保日常工作、环保设施和机制长效运行的经费。

3. 整合各方力量，实现整体联动。农村环境整治是一项综合性的系统工程，涉及环保、发改、财政、农业、林业、建设、水利、国土、卫生等多个部门，需要各部门各司其职、紧密配合、整体联动，才能取得实效。建议建立农村环境整治工作领导小组，专门负责农村环境整治示范工作的综合协调、资金整合、项目实施和监督管理等工作，特别是应按照“渠道不变，各记其功”的原则加强涉农项目的整合。把农村环境整治与城乡统筹、县域经济发展、新农村建设、农村清洁工程、为民办实事等工作有机结合起来，统一部署，共同推进。

4. 强化机构队伍，加强环境管理。加强农村环保机构队伍建设，在乡镇设立农村环保机构或环保专干，解决农村环保无机构抓、无力量管的问题。建立和完善农村环境监测预警、执法监督和标准体系。加强基层环保组织和长效机制建设，探索建立农村环保合作社，组建专业化环保公司和保洁员队伍。

5. 多种措施并举，全面推进整治。综合运用行政、经济、法律等多种手段推动农村环境整治。以深化“以奖促治”政策为主线，以开展农村生态建设示范的“以创促治”，推进农村污染减排的“以减促治”，实行农村环境整治目标责任制的“以考促治”为抓手，进一步强化工作措施。研究制定有利于农村环保的扶持、优惠政策。如生态功能区等生态补偿资金与农村环境整治挂钩，对于畜禽养殖污染治理、有机肥生产、废旧物资回收给予补贴，对从事农村环保规划方案编制、技术研发推广、工程项目治理等方面的单位和公司给予税费优惠。加强和完善农村环保的法律法规，抓紧研究、出台有关土壤、畜禽养殖、饮用水水源地污染防治，秸秆禁烧和综合利用等方面的法律法规。

6. 突出工作重点，提高整治实效。一是突出源头控制。对化肥、农药、农膜等生产制定严格环保标准，对物品包装提出限制要求。二是抓住重点难点。把农村饮用水安全、乡（镇）、中心村和农户相对聚集区生活污染和规模化畜禽养殖作为治理的重点，农业面源污染、土壤污染、农户生活污水作为治理的难点，加大力度，集中攻关。三是增强科技支撑。研发、引进和推广应用国内外先进和适用技术。如秸秆综合利用、测土配方施肥、土壤综合防治、人畜粪便无害化处理应用技术等，重点加强高效安全肥料、低毒低残留农药、土壤污染治理、农林生态修复等技术的研发创新。四是注重因地制宜。多途径治理农村畜禽污染，对于农村生活污水治理可采取散户、联户、中心村集中整治等方式，尽可能采用无动力、微动力治理技术，垃圾治理一定要强调先分类减量。五是完善相关政策。借鉴通乡通村公路、沼气池建设等强农惠农政策做法，把整治内容分类，根据项目确定国家奖励、地方配套、农民自筹的标准，以利于奖励政策、配套资金的落实，还可大力推行先建先补等激励措施，调动地方和农民的积极性。

7. 加强宣传教育，推动公众参与。我国农村教育水平相对偏低，长期形成的有些落后生产生活方式造成了农村环境的一定污染，有些良好的方式却因没有保留而加重了污染，如堆沤还田。要全面改善农村环境质量，提高农民环保意识，改变落后生产生活方式，弘扬优良生产生活方式，充分发挥广大农民群众的主动性。应加大农村环保的宣传教育，推动农村环保的公众参与，引导广大农民自觉保护农村环境，形成良好的卫生、文明、健康和符合环保要求的生活习惯，生产生态协调，弘扬生态文明，发展生态文化。

（2011 年 12 月）

关于出台加快农村环境整治中央“一号文件”的提案

近年来，随着科学发展观的全面深入贯彻，农村环保工作日益得到重视，党和国家领导人多次作出指示要把农村环保纳入国家环保总体战略。国家有关部门也出台了一些指导意见，开展了重点村治理和连片整治示范。2008至2011年，中央财政共安排80亿元，支持16000多个村镇开展重点问题村整治、连片村庄整治和生态建设示范，4000多万人口直接受益，着力解决群众最关心、最直接、最现实的突出农村环境问题，许多村庄的村容村貌明显改善。农村环境整治是一项顺民意、解民忧、惠民生的好政策，得到了广大人民群众的衷心拥护和积极响应。

但是，农村生活污染、面源污染还相当严重，工业污染、城市污染向农村转移，加上农村环境基础设施建设滞后，农村环保法律、法规、标准还不完善，基层环保机构和体系还不完整，农村环境总体呈持续恶化趋势。对此，各地必须高度重视，进一步提高对农村环保工作重要性、紧迫性和艰巨性的认识。

1. 农村环境质量，政府确保的公共服务。国务院早在2008年全国农村环境保护工作电视电话会议会上就指出，农村环境保护事关广大农民的切身利益，事关全国人民的福祉，事关国家的可持续发展。整治好农村环境，既是贯彻落实科学发展观、建设社会主义新农村、实现城乡统筹的必然要求，也是政府维护农民环境权益、加强社会管理、构建和谐社会的应有职责。比较政府对城市提供的环境公共服务，农村地区无论覆盖面还是公平性都存在巨大差异，称为显失公平也不为过。因此，政府必须进一步推进工业与农业、城市与乡村环境同治，确保为农民提供公平环境公共服务。

2. 农村环境污染，问题已经十分突出。改革开放以来，我国农村发生了翻天覆地的变化，但农村环境保护明显滞后于农村经济社会发展，“农民富了，溪水脏了”。根据第一次全国污染源普查结果统计的数字，农业源主要污染物如化学需氧量、总氮、总磷分别达到1324.09万吨、270.46万吨、28.47万吨，分别占全国总排放量的43.7%、57.2%、67.3%，农村的污染排放已经占到了全国的“半壁江山”。全国农村每年产生生活垃圾约2.8亿吨，生活污水约90亿吨，人粪尿年产生量为2.6亿吨，绝大多数没有处理，随意排放，每年产生的6.5亿吨各类农作物秸秆有20%未综合利用，被焚烧或堆积于河湖沟渠或道路两侧。如今农村许多地区，已不再是“小桥流水人家”式的“净土”，“污水靠蒸发，垃圾靠风刮”“室内现代化，室外脏乱差”成为许多农村现实的形象写照。因过量使用化肥和农药造成的土壤和水体污染，不仅威胁着数亿农民的身体健康，也影响着城市居民“米袋子”“菜篮子”“水缸子”的安全。农村环境污染不仅影响了农村地区环境质量，也严重影响了城市环境质量乃至整体环境质量。

3. 建设小康社会，难点在农村环保。目前，我国经济、社会、基础设施等领域都实现了较快的发展，城市的变化更是日新月异，国家也在不断加强农村基础地位，但“重城市、轻农村，重工业、轻农业”导致环保城乡差距十分突出。截至目前，通过“以奖促治”政策整治村庄仅1.6万个，按环保部、财政部规划，到2015年也只能治理6万个，仅占全国村庄总数的10%，相对全国60多万个村庄整治任务而言任重而道远。农村环境得不到基本治理，难以称得上全面小康。因此。全面建设小康社会，关键在农村，难点和短板在农村环境。

4. 深入“三农”领域，农村环保明显滞后。近年来，国家对“三农”工作越来越重视，2011年中央财政“三农”支出超过万亿元，较上年增长超过21%，极大促进了农村经济发展、农民增收、基础设施改善和农村社会事业进步。但农村环保却投入不大、推进不快，2011年中央财政投入40亿元开展农村环境连片整治，仅占“三农”投入的比例不到4‰。为促进农民增收、提高农业综合生产能力、推进社会主义新农村建设、加强水利基础设施建设，农业科技创新等方面，中央连续出台了9个“一号文件”，制定了一系列扶持政策和有力措施，但农村环保还没有纳入中央重要议事日程，农村环保已成为“三农”工作的薄弱环节。

各级党委、政府应该从贯彻落实科学发展观、全面建设小康社会，维护农民环境权益、构建和谐社会的高度充分认识农村环境整治工作的重要性和紧迫性，以强烈的政治责任感和历史使命感，强力推进这项工作。为此，提出以下建议：

1. 出台“一号文件”，全面部署工作。农村环境整治点多面广、基础差、任务重、各级政府应发挥主导作用，建议党中央、国务院对全国农村环保工作进行专题研究，把农村环境整治纳入“两型社会”和新农村建设总体战略，作出全面部署安排，像近些年全面推动“三农”工作一样，2013 年出台一个加快农村环保的中央“一号文件”，全面推进农村环境整治。

2. 明确指导思想，确定目标任务。以邓小平理论和“三个代表”重要思想为指导，深入贯彻落实科学发展观，以“政府主导，部门联动，分级负责、农民参与”为主要思路，着力解决危害群众身体健康、威胁城乡居民食品安全、影响农村可持续发展的突出环境问题。力争到 2025 年全国 80% 以上的村庄得到治理，“十二五”东部、“十三五”中部、“十四五”期间西部地区基本实现农村环境整治全覆盖，确保全面建设小康社会的实现。

3. 硬化资金投入，加快整治步伐。农村环境整治投入是关键。全国有 60 多万个行政村，每个村治理至少需要 200 万元，按 80% 的治理率，需要投入近万亿元。因此，必须建立政府、企业、社会多元化投入机制，各级财政要加大资金投入，积极引导推动农民投资投工投劳，鼓励、支持社会资金投入。各级排污费、土地出让金等专项资金应明确一定比例用于农村环境整治。

4. 整合各方力量，实现整体联动。农村环境整治涉及环保、发改、财政、农业、林业、建设、水利、国土、卫生等多个部门。建议在中央和地方设立农村环境整治工作领导小组，负责农村环境整治工作的综合协调，资金整合、项目实施和监督管理等工作，统一部署，共同推进，特别是应按照“渠道不变，各记其功”的原则加大涉农项目、资金的整合力度。

5. 多种手段并举，提高整治实效。综合运用行政、经济、法律等多种手段推动农村环境整治。深入研究制定有利于农村环保的扶持、优惠政策。如对于畜禽水产养殖治理、有机肥生产、废旧物资回收等给予补贴。借鉴通乡通村公路、沼气池建设等强农惠农政策做法，将农村环境整治内容细化到项目，按项目制定各级奖励、补助标准。进一步加强和完善农村环保的法律法规，抓紧研究、出台有关土壤、畜禽养殖、饮用水水源地污染防治等方面的法律法规。

6. 强化机构队伍，加强环境管理。加强农村环保机构队伍建设，出台基层农村环保机构建设的指导性意见，明确职能职责，确定人员编制，切实解决农村环保无机构管，无人员抓的问题。建立和完善农村环境监测预警、执法监督和标准体系。探索农村环保新模式，建立农村环保长效机制。

（2012 年 2 月）

关于将湖南省纳入国家 2015 年度
农村环境整治全省域拉网式覆盖试点省的建议

针对农村环境保护面临的严峻形势，国家从 2008 年开始启动农村环境综合整治工作，经过七年实践证明，这是优环境、惠民生、得民心的重大决策。新《环境保护法》明确规定县、乡两级人民政府应推动农村环境综合整治；国务院办公厅《关于改善农村人居环境的指导意见》及今年“中央一号文件”都明确要求继续加强农村人居环境综合整治。环境保护部、财政部从 2013 年起，每年重点支持 2—3 个省推进农村环境整治全省域拉网式覆盖试点。

湖南农业人口超过 4000 万，是国家重要的粮食、生猪和水产养殖生产基地，也是粤港澳主要生鲜食品供应基地。农村环境污染严重是湖南的现状，化学需氧量、氨氮排放基本占了全省排放总量的“半壁江山”，湖南农村环境整治不仅重要而且紧迫。湖南积极响应国家号召，按照建设“清洁家园、清洁田园、清洁水源、清洁能源”的目标，在全国率先开展农村环境整治。2010 年，湖南被环保部、财政部列为全国首批农村环境连片整治试点省，探索了“政府主导、市场驱动、村民自治、城乡同治”的路子，在 2013 年全国改善农村人居环境工作会议上，湖南就“加强城乡环境同治，建设四洁美丽乡村”的做法做了交流。2008—2012 年，湖南各级共投入专项资金约 20 亿元，整治了 2555 个行政村。2013—2014 年，湖南创新整治工作思路，按照“整县推进、竞争立项，以县为主、以奖代补，因地制宜、注重实效”的原则，又在全国率先提出以县（市、区）为基本单元整县推进农村环境综合整治，截至目前已确定 28 个整县推进治理项目，覆盖超过 8000 多个行政村，整治工作深得湖南各级政府和人民群众的期盼和积极参与。2013 年，湖南省省长杜家毫在省政府工作报告中明确提出：统筹改善城乡人居环境，启动实施农村环境整治全省域覆盖工作，并带队到环保部进行了汇报。武陵山片区扶贫开发中心区域的湘西自治州，2014 年主动在全省率先整州推动农村环境整治。近期，湖南农村环境整治的决心和力度更大，计划从 2015—2017 年用三年左右时间完成全省覆盖整治任务。

农村环境整治工作非常切合湖南省省情，这项工作湖南起步早，积累了比较成熟的经验，有良好的干群基础，但面临的困难也不少。全省有 4.2 万个行政村，作为欠发达省份，大部分县（市、区）财政只能“保运转”，开展农村环境整治全省域覆盖工作迫切需要得到国家的重视和支持。

为此，提出以下建议：

环境保护部、财政部对湖南农村环境综合整治继续给予支持、鼓励，将湖南纳入 2015 年度全国农村环境综合整治全省域拉网式覆盖试点省。湖南作为中部省份，如能实现农村环境整治全省域覆盖，也可为全国，特别是对广大中西部地区开展农村环境整治工作起到示范、借鉴和激励作用。同时，鉴于我国大部分农村地区处于基本生活设施建设阶段后期和农村环境治理阶段初期，农村环境整治的任务还很重、时间还较长，地方财力有限，建议国家进一步重视农村环境整治工作，加大农村环境整治工作和资金投入力度。

（2015 年）

加快推进农业面源污染治理工作

目前，全国农业、农村污染令人担忧，农业面源污染日益严重，第一次全国污染普查显示，2007 年全国农业源的化学需氧量（COD）、总氮和总磷排放分别达到 1320 万吨、270 万吨和 28 万吨，分别占全国排放总量的 43.7%、57.2% 和 67.4%。其中畜禽养殖源占农业源 COD 的 96%，是农业面源污染的主要“贡献者”。局部地区，如洞庭湖区，总氮和总磷 70% 来自农业面源污染和农村生活污染。主要表现在：一是化肥过量使用。目前，我国每年化肥使用量粮食 2000 万吨，果树、蔬菜 2500 万吨，占世界总量的 30%。农业部门调查显示，化肥使用量蔬菜每公顷 365 千克，果树达每公顷 550 千克，平均每公顷 400 千克以上，远远高出发达国家认定的每公顷 225 千克的安全上限。而化肥综合利用率只有 30% 左右。二是农药污染问题。我国农药使用量 32 万吨（有效成分）左右，占世界农药总用量的 1/7，而农药利用率仅为 35%。三是畜禽粪污污染十分突出。我国每年饲养生猪 12 亿头，出栏 7 亿头左右，同时，规模化集约化快速发展，生猪年出栏 500 头以上的规模养殖比例达到 40.8%。2013 年水产品总量达到 6172 万吨，人工养殖占到 73.6%，水产养殖中大量饵料、鱼药投放造成水环境污染。四是秸秆问题也比较突出。2013 年全国秸秆总产量及其可收集利用量分别为 9.64 亿吨和 8.19 亿吨，实际利用量约 6.22 亿吨，综合利用率仅为 76%。五是农膜污染问题。我国地膜使用总量和作物覆盖面积均高居世界第一。2013 年，全国农膜用量为 249.3 万吨。小于 0.008 毫米的农膜在广泛使用，甚至还有 0.004 毫米的农膜，这些农膜容易老化，且容易残留在土壤当中。农业面源污染严重污染了河流和地下水，造成土壤酸化、板结，给粮食安全、农业可持续发展和生态环境带来了严重危害。

我国农业面源污染是长期积累产生的，有其特殊性和复杂性。习近平总书记指出，农业发展不仅要杜绝生态环境欠新账，而且要逐步还旧账，要打好农业面源污染治理攻坚战。为贯彻落实中央领导指示，2015 年，国务院印发《关于加快转变农业发展方式的意见》、农业部出台《关于打好农业面源污染防治攻坚战的实施意见》等文件，提出了“一控两减三基本”的目标，即控制农业用水总量和农业水环境污染，化肥、农药减量使用，畜禽粪污、农膜、农作物秸秆基本得到资源化利用、综合循环再利用和无害化处理。农业部在四川相继召开了全国加快转变农业发展方式现场会和全国农业生态环境保护与治理工作会议后，各省（区、市）相继召开了贯彻会议，这些文件的出台与会议召开，对农业生态环境保护与治理工作起到了一定的推动作用。但是按照习近平总书记提出的工作落实五个“搞清楚”的工作要求仍有不少差距。一是不少地方未做深入调查和研究，以会议贯彻会议，纸上谈兵，大而化之。二是措施不给力，缺乏强有力的政策措施。三是责任落实不到位，缺乏明确的考核要求。

为加快解决农业面源污染存在问题，提出以下建议：

1. 加强组织领导。农业部应成立由部领导挂帅，相关司局参加的农业面源污染防治推进工作领导小组。现由科技教育司牵头，农业面源污染防治工作无论是从社会感受到的重视程度，还是自身的推进和协调力度均有限，建议做出调整和加强。

2. 加大工作力度。工作每年应要有目标、有部署、有要求、有考核。要将国务院及农业部的文件、会议精神和要求，真正按照习近平总书记五个“搞清楚”的要求落实责任、强化措施。建立综合评价指标体系和评价方法，客观评价农业面源污染防治效果。将农业面源污染防治工作纳入对各级政府及农业部门的考核内容，严格目标责任制，加大监察考核力度。

3. 加大政策支持。各级财政设立农业面源污染防治专项资金，加大测土配方施肥、低毒生物农药补贴、病虫害统防统治补助、耕地质量保护与提升、农业清洁生产示范、种养结合循环农业、畜禽粪污资源化利用等项目资金投入力度；建立健全以技术补贴，特别是“两型技术”农业生产技术、清洁生产技术为核心的现代农业补贴制度；落实金融、税收等扶持政策，完善投融资体制，拓宽市场准入，鼓励和吸引社会资本参与，引导各类农业经营主体、社会化服务组织和企业等参与农业面源污染防治工作。

4. 加强法治建设。认真贯彻落实《农业法》《环境保护法》《畜禽规模养殖污染防治条例》等有关农业面源污染防治的法律法规，加大对农业环境违法行为的处罚力度。加快推进《土壤污染防治法》《耕地质量保护条例》《肥料管理条例》等出台及《农产品质量安全法》《农药管理条例》等修订工作。

5. 加快示范步伐。在太湖、洱海、巢湖、洞庭湖和三峡库区等湖库加快开展农业面源污染综合防治示范。

（2016 年 3 月）

加快转变农业发展方式 加大农村面源污染治理

近年来，湖南省通过实施一系列强农惠农富农政策，转变农业发展方式，加强农业生态环境保护，湖南省农业发展持续向好，农业生产能力显著增强，农业生产经营水平加快提高，农业科技支撑能力稳步提升。然而，随着人口增长、经济发展，农产品消费需求的刚性增加，农业发展面临的资源环境制约愈发突出、国际竞争压力日益加大，已经到了不转变方式就难以持续稳定发展的重要关口。农村面源污染问题日趋严重，农药化肥投入使用量偏高，农业种植养殖污染物排放超标，耕地重金属污染严重，农村生活垃圾随意扔弃，给农村饮用水和农产品质量安全、农业生产综合能力、人民群众身体健康和城乡生态环境都构成巨大威胁。如何加快农业发展方式转变，加大农村面源污染治理，是推进农业供给侧结构性改革，走中国特色农业现代化道路，实现农业可持续发展，建设美丽乡村亟待研究解决的重大课题。

一、湖南省转变农业发展方式存在的主要问题

（一）农业结构失衡

种植业中“粮食”独大，养殖业中“生猪”独大，供给结构性过剩，农产品“卖难”“贱卖”现象仍然存在；农产品加工值低于全国平均水平，第一、二、三产业融合不深；区域农作物结构雷同，特色农产品不多，优势产业带不强。

（二）资源环境趋紧

湖南省 2/3 的耕地土壤不同程度酸化，2/3 的水田是中低产田。养殖

污染、投入品污染等居高不下，耕地重金属污染治理任务十分艰巨。基层监管力量薄弱，农产品质量安全监管难度大。

（三）装备水平不高

农田灌溉“最后一公里”问题非常突出，“靠天吃饭”的局面仍未改变。农业科技推广转化难、落地见效难，湖南省有60%以上的农业科研成果没有转为现实生产力，机械化水平不高。

（四）发展动力不足

农村劳动力外流现象严重，农业从业人员低素质化、老龄化、妇女化问题突出。农村产权制度改革突破不大，农民的财产权没有得到有效释放，农村土地集约化程度不高，农业产业化经营组织体系建设不完善，财政支农资金总量不足且碎化分散，新型经营主体贷款难、贷款贵的问题突出。

二、湖南省农村面源污染面临的突出问题

（一）农业面源污染形势严峻

化肥、农药、除草剂等农业投入品使用量偏高，通过地表径流和淋溶进入水体，造成水体污染；单位耕（草）地畜禽粪便负荷位居全国污染最严重的十个省份之一；水产养殖中大量剩余饵料及水产排泄物累积水体，洞庭湖区地表水污染源70%来自农业面源污染。

（二）工业“三废”和城市废物向农村转移加快

由于城市与工矿业“三废”不合理排放等原因，污染加速向农业农村扩散，耕地污染严重，土壤重金属问题频繁发生。不少农村生活污水直接排放江河湖泊，垃圾随意堆放，造成地表水污染，对地下水也构成威胁。

（三）农业农村废弃物资源浪费问题突出

30%以上秸秆没有得到资源化利用，乱堆乱弃在田间地头或被露天焚

烧造成污染。同时，农村生产和生活废弃物逐年增多、成分更加复杂，传统以有机垃圾堆肥的方式已基本不复存在。

（四）农村环境自净功能消退

湖南省天然湿地破坏比较严重，许多天然型湿地被转化为人工湿地，湿地类型的改变使得湿地调蓄功能严重下降，湖区洪涝灾害频繁发生。湖南省水土流失致使农业湿地，即沟、塘、渠、坝、湖、库严重淤塞，农村环境自净能力降低。

三、加快转变农业发展方式，加大农村面源污染治理的对策建议

（一）加快转变农业发展方式

一是着力培育新型经营主体，大力发展农业产业化龙头企业和培育专业合作组织，不断完善农业社会化服务体系，加快土地流转，推动农业规模化、专业化、集约化发展，提高农业综合生产能力和水平。二是以市场需求为导向，加快调整农业结构、种植结构、品种结构，加快发展有机、绿色、订单、观光休闲农业。实施“藏粮于地、藏粮于技”战略，加强替代种植区的土地流转二作，在替代种植区发展特色经济作物和进行种子种苗生产等。优化生猪、牛羊、家禽、渔业等养殖业布局和规模，注重向特色化转变。强化生态环境保护和资源要素节约利用，逐步建立和完善农业产业结构的可持续循环生态链。三是促进种养结合，带动第一、二、三产业融合发展，构建新型农业产业格局。加快发展农产品精深加工，着力完善农产品流通、销售和品牌建设，提高农产品竞争力和农民收入。调优、调强、调精农业产业，加快构建“产业集聚、特色鲜明、布局合理、产出高效”的新型农业产业格局。

（二）重视农业面源污染源头治理

一是实施农药减量控害和化肥减量替代工程。大力种植绿肥、推广秸秆还田、增施有机肥，积极推广生态调控、生物防治、理化诱控、科学用药等技术模式。二是着力治理养殖业污染。合理规划畜禽养殖区域，加强

规模化养殖业污染治理，推广沼气池企业市场化运营模式，推进养殖业废弃物资源化综合利用，开展畜禽标准化养殖示范创建，加大“一湖四水”渔业生态修复力度。三是加快重金属污染耕地修复治理。全面开展湖南省耕地重金属污染全域普查，分区治理，科学施策。建立耕地重金属污染预警防控体系和修复治理生态补偿机制。四是以行政村为单位，重点实施“清洁生产环境、清洁生活庭院、清洁管理机制”为建设内容的农村清洁工程示范建设，在村域范围内实现面源污染的有效防控，积极推进农机节能减排。

（三）建立完善的农业环境监测体系

建立完善的农业面源污染监测网络，每个县（市、区）至少应布局不少于1个监控点；构建湖南省面源污染监测预警信息系统，开展农产品产地环境质量与农业面源污染实时、实地对应监测，随时掌控面源污染现状、变化趋势及防控治理效果。

（四）加大资金投入，发挥政策引导作用

完善国家、集体、个人等多元化投资机制，支持农业产业化龙头企业和专业合作组织发展，加大面源污染治理的资金投入，扩大污染防治工程规模。将农业环境容量评估以及农业环境监测体系建设纳入财政预算。出台农业生态补偿政策措施，引导和激励农民自愿采用环境友好农业技术，减少污染源。推动落实金融、税收等扶持政策。

（五）加强宣传教育

加大现代农业发展方式和农村健康生活方式的宣传力度，加强现代农业生产和农村环境保护的科普教育，推进转变农业发展方式，农村面源污染治理知识“进学校、进课堂、进农户”，提高基层干部和农民的整体素质。

（六）加强法治建设

贯彻落实《农业法》《环境保护法》《农产品质量安全法》《畜禽规模

养殖污染防治条例》《农药管理条例》等法律条例，加大执法力度。借助《立法法》赋予省和设区的市的“两级双经立法权”（“两级”即省和设区的市；“双经”即人大和政府），研究制定《农业环保生产促进法》，推动《土壤污染防治条例》《耕地质量保护条例》《肥料管理条例》等出台，修订《湖南省农业环境保护条例》，通过立法实现管理权下沉并辅之以较强的奖罚措施。制定完善农业投入品生产、经营、使用，节水、节肥、节药等农业生产技术及农业面源污染监测、治理等标准和技术规范体系。

（2016 年 9 月）

推进农村生活污水治理工作的建议

一直以来，农村污水治理问题凸显。据统计，我国有250万个自然村、6.7亿农村人口，污水处理率不到10%，大量农村生活污水未经处理便直接排放，严重影响了当地饮用水安全和水生态环境。但随着中国城镇化水平不断提高，以及《水污染防治行动计划》的正式颁布和实施，使农村污水治理相关工作进入了发展的快车道。2017年，环境保护部、财政部联合印发《全国农村环境综合整治“十三五”规划》，《规划》再次强调，到2020年，新增完成环境综合整治的建制村13万个，生活污水处理率应大于60%。加快村镇生活污水治理势在必行。

一、农村生活污水治理存在的问题

通过调研了解到，组织领导机制不到位、资金保障缺乏、运营管理机制缺乏、法规标准缺乏是目前农村生活污水治理推进过程中的主要问题。

（一）设施管理缺失

目前对于农村生活污水处理设施的管理是缺失的。出现问题才有管理，没有问题则是顺其自然，但集中处理设施基本由村级环卫兼职打理，分散处理设施几乎没有管理。

（二）统一标准缺失

目前污水处理设施的型号、材料、工艺、出水标准，均没有统一的标准。出水标准至今也还没有政策性的规范，设施的设计标准是否能长期稳定达标，没有定期检测机制，所有调研村庄点，除委托第三方运营的集中站点以外，其余的站点均没有对污水处理设施的出水进行定期的检测。总体来讲，目前农村污水处理的真实达标情况令人担忧。

（三）长效机制缺失

长效机制缺失，有理论上的长效机制亦难实际操作。资金短缺和环保意识缺乏，造成了受众对农村污水处理工作的不理解甚至不支持。在一定程度上阻碍了农村生活污水治理的推进，甚至阻碍了资源的合理分配，造成浪费。

二、农村生活污水治理的建议

（一）多部门协作，统一优质标准

遴选一批目前广泛使用的，高性价比的处理设备，规范设备的型号、工艺、操作等类别，同时根据各地区的情况差异，对区域进行细分类，根据分类的不同进行农村污水处理的设备推荐。结合“厕所革命”“新农村振兴”“美丽乡村建设”等因地制宜地优选适合本区域污水处理的技术体系和设备，设立设备库并建立认证和评估体系，实现规范化和标准化。

（二）标准化管理模式

在污水处理设施的运营方面，制定政策法规，政策引导专业机构提供运行、维护服务，可以奖励的形式鼓励第三方企业建设开发更高效的运营模式。日常维护可颁布《农村污水处理设施使用管理手册》，以说明书的形式，将设施的日常使用与维护指导专业化、常态化，农户可以自己管理，政府可以协助管理，规范设施运维管理操作。

（三）完善效果评估体系

制定每季度或每半年一次对终端出水进行检测监督，作为衡量运维实际效果的主要标准。在设计中引入流量计量方式，衡量设施运行的稳定及有效程度。

（四）尽早全面推进分散农村生活污水的设备化治理

从国外的经验来看，农村生活污水治理做得相对较好的国家，存在两个方面的优点：一是基础设施完善，二是污水处理设备化程度成熟。从调研的情况来看，多数的使用者及基层管理者更推崇一体化设备对分散农村生活污水进行治理，一方面分散的设备尺寸小，可独户使用，不存在污水处理设施建设中的征地用地纠纷；另一方面一体化设备安装方便，调节检修灵活可控。砖混、现浇钢筋混凝土等设施工期长，施工质量对施工人员要求高，相对于一体化设备的投资并没有明显的优势，越来越多农村生活污水处理技术研发往集成设备的方向发展，一体化设备能充分的结合新农村建设的景观要求、结合改水改厕对地形条件多变的要求。

（2017 年）

加强灌区污染防治刻不容缓

近年来，随着全国经济快速增长和农业现代化进程加快，农业投入品明显增加，农业产出也逐年增加，但也带来了比较严重的环境污染，尤其是灌区污染问题，直接影响全国农业可持续发展。2018 年 6 月 16 日，中共中央、国务院发布《关于全面加强生态环境保护 坚决打好污染防治攻坚战的意见》指出，要重点加快农业污染源和水生态系统整治。湖南省政府 2018 年发布的《湖南省污染防治攻坚战三年行动计划（2018—2020 年）》，明确提出要控制农业面源污染。

湖南省地处全国中部、长江中游，自古以来就有“鱼米之乡”和“九州粮仓”的佳誉。2016 年，湖南省粮食的播种面积为 489. 06 万公顷，为确保全国粮食安全作出了积极的贡献。与此同时，湖南省灌区污染问题日益严重，不仅危害农业安全，也导致了农业生态系统退化，同时污染物还通过食物和水损害到居民健康，成为影响居民生活的重要方面。

一、湖南省灌区污染现状

（一）灌区种植业污染

一是化肥污染。近十年来，湖南省农业化肥年均施用量为 236 万吨，平均每公顷化肥施用量 813. 36 千克，而化肥平均利用率仅 35%，大部分氮、磷、钾养分通过径流、淋溶和侵蚀等途径进入环境，造成污染。

二是农药污染。据统计，湖南省农药年使用量已超过 6 万吨，而有效利用率仅 30%—40%，大部分农药残留在自然环境中，造成严重的生态环境污染与健康风险。

三是农用塑料薄膜污染。全国近十年年均农膜使用量为7.24万吨，即使按农膜回收率90%来计算，全国年均农膜残留量也大约有0.7万吨。

（二）灌区养殖业污染

一是畜禽养殖业污染。根据调研的酒埠江灌区、韶山灌区内的多个生猪养猪场的情况，每天清洗一头猪的粪便需水量在2千克以上，冲洗的猪粪随冲洗水一起进入到养殖场附近的灌溉渠道及河流湖泊等水体。此外，灌区内养殖场多将简单处理后的畜禽粪便直接堆积，在暴雨期受暴雨淋洗冲刷而流入灌区内水体，给灌区生态环境带来严重的破坏。

二是水产养殖业污染。如湖南省的欧阳海灌区和双牌灌区等自20世纪90年代初开始了“靠水吃水”的水产养殖业，由于网箱数量的急剧膨胀和无序投放，对水库的水质造成污染。

（三）农村生活污染

2016年，湖南省乡村人口5130.99万人，按每个人每天生产0.5千克废弃物计算，湖南省每天共生产2.57万吨、每年乡村共生产垃圾938.05万吨。而农村大多数生活污水都是直排于地面，污水顺着地势流入了灌区沟渠。除此之外，由于村民环保意识不强，大量的生活垃圾被丢弃进附近的灌溉渠道，导致渠道出现堵塞、肮脏发臭等一系列问题。

（四）灌区工业污染

由于灌区内的水资源和劳动力资源较为丰富、交通便利，生产和运输成本较低，许多灌区内均建有各种工业企业，如酒埠江灌区和铁山灌区等灌区内就建有陶瓷厂、电子厂、印刷厂、水泥厂等，工业企业每天都会产生大量的废污水污染灌渠中或附近的河湖水体和灌区农田土壤。

二、灌区污染对策建议

（一）将灌区重要干支渠道纳入河长制管理

湖南省目前的“河长制”管理水域主要为长度在5千米以上的河流与

面积在10平方千米以上的湖库。而湖南省主要大中型灌区的干支渠道长度普遍远长于5千米，加之由于各大灌区内人口多、工农业发达，灌溉渠道因排污而污染严重。因此，建议将湖南省大型灌区及重要中型灌区的干渠及重要支渠纳入河长制管理，有条件的灌区可以探索对灌区渠道管理实现全覆盖，明确渠道管理市、县、乡、村四级责任人，明确属地管理责任，加强考核问责，落实巡渠制度，设立渠道巡查员和保洁员，完善保障措施，建立责任明确、协调灵活、制度健全、运转有效的渠道管理保护体系，建立覆盖市、县、镇、村四级和灌区专管单位的河长组织体系，实现灌区渠道运行安全、水流畅通、水质良好、环境优美的总体要求。

（二）推广应用化肥、农药减量技术，减少农田养分流失

贯彻农业农村部提出的“减少化肥用量、减少农药用量、提升化肥利用率、提升农药利用率”的“两减两提”措施，从源头上控制和减少农田养分流失。推行生态种养一体化技术，充分利用农田消纳功能，强化灌区种植、养殖高度融合。完善有机肥的堆肥工艺和设施，促进稻田有机肥替代化肥。实施恢复湿地植被等措施，构建生态沟渠湿地生态系统，强化沟渠对农田地表径流氮磷的生态拦截效果。因地制宜建设生态沟渠梯级小型挡水坎，延缓流速，增强植物修复效果，减少农田排水中氮磷污染物向下游的排放。

（三）加强畜禽养殖污染治理，减少环境的污染负荷

加强畜禽养殖的监督管理，严格执行国家规定限、禁养区的划分，强制拆除不合理、不合规的畜禽养殖场，强制养殖场对废弃物进行收集和净化处理。大力推进畜禽粪污资源化利用，大力推行干清粪工艺，干粪运送至肥料厂加工生产商品有机肥，废水经厌氧发酵后用于浇灌果菜茶园等。推进畜禽养殖废液的处理与资源化利用，改善人畜环境；合理利用生态沟渠和稳定塘技术对畜禽粪便进行消纳减排，最终实现畜禽养殖废弃物资源化利用。

（四）提高农户环保意识，美化乡村环境

加强农业污染危害和污染防治的宣传教育，扩大农民的参与度与积极

性，提高农民的环保意识。大力推广农村环境监测和环境保护新技术。实行源头控制，因地制宜地建立单户或多户四格净化池，对生活污水进行深度净化处理，结合生态沟渠和生态塘及末端多级生态湿地进一步净化，实现达标排放。配套垃圾清洁、清运设备，组建农村清洁队伍，实施上门分类回收垃圾，推行“户收集、村分类、镇转运、县处理”的垃圾回收处理模式，构建长效的垃圾分类收集管理机制。

（五）严格检测控制灌区内工厂的排污，将灌区内工业企业搬迁至工业园区

对灌区内的工厂排污实施严格检测，超过国家规定的排污标准一律不准排入渠道中。对于排污超标的工厂，严格要求其建立污水处理厂，生产所产生的污废水进行处理达标后方可予以排放。对于不按国家规定，依然乱排乱放的超标工厂，依靠国家政策和法律对其进行严肃处理，防止其对附近灌区继续造成污染。推进灌区配套工业园区建设，将灌区内的规模企业、污染企业搬迁至工业园区实施综合管理，园区内污水经处理达标后方可排放。

（2018 年）

关于在南水北调工程沿线农田推广“新疆经验”推进化肥减量和防治土壤污染的建议

一、案由

南水北调工程，是中国跨区域调配水资源、缓解北方水资源严重短缺问题的战略性设施，是节约水资源、保护生态环境、促进经济发展方式转变的重大示范工程。党的十八大以来，以习近平同志为核心的党中央统揽全局、运筹帷幄，积极实施这项利当前、惠长远的重大战略工程，推动南水北调事业不断向前发展，不断夯实水资源之基，推动北方地区可持续发展与京津冀协同发展。

保障北方用水、缓解水资源短缺，是南水北调事业的清晰指向。南水北调东、中线一期工程建成通水，为北方地区提供了新的水资源通道，受水区覆盖北京、天津、河北、河南、山东、江苏等省的33个地级市，直接受益人口超过1亿人。绿水青山就是金山银山，南水北调沿线有关省（区、市）及中央有关部门牢记习近平总书记的嘱托，努力践行绿色发展理念，坚持“先节水后调水、先治污后通水、先环保后用水”的原则，加快建设环境友好型、资源节约型社会，不断把污染治理、生态保护推向新高度。南水北调输水干线沿线面临三类主要污染源：一是沿线城市的点源污染；二是输水干线上渔民生活、水产养殖和船舶的线源污染；三是沿线农村的农药化肥、畜禽养殖、农村居民生活污水等随着降水径流冲入输水干线造成的面源污染。随着南水北调治污工作的深入，城市工业、生活污染基本得到控制以后，面广量大的农村、农业面源污染防治将成为下一步污染减排、各水体断面达标及沿线水源安全保障的关键。

二、案据

（一）化肥过度使用形成土壤、水、大气、农产品的“立体污染”，有机肥替代面临不少问题

过量施肥、盲目施肥不仅增加农业生产成本、浪费资源，也造成耕地板结，土壤酸化或碱化、重金属含量增加、有机质单一，形成土壤、水、大气、农产品的“立体污染”，对作物的产量和品质也造成了巨大影响。如中科院南京土壤研究所研究表明，农田中化肥氮的去向，35%左右被农作物吸收，11%挥发污染了大气，其余则固化污染了土壤或流失污染了地下水。过量施用氮肥和磷肥，大量的氮、磷养分会进入水体，可引起水体的富营养化，导致藻类等过量繁殖，大量消耗水体中的溶解氧促使水体呈缺氧状态，恶化水质。环保、国土、农业等有关部委表示，“农业生产活动是造成耕地土壤污染的重要原因。污水灌溉、化肥、农药、农膜等农业投入品的不合理使用和畜禽养殖等，导致耕地土壤污染”，“全国农业资源环境遭受外源性污染和内源性污染的双重压力，已日益成为农业可持续发展的瓶颈约束”。农村面源污染为农村生产、生活的污染物从非特定地域，在降水和径流冲刷作用下，通过农田地表径流、排水和地下渗漏的方式，进入水体造成污染。

正如饮食需要大米白面、蔬菜和鸡鱼肉蛋等营养均衡，人才能生长健康。如果顿顿吃肉，不让吃大米、白面、蔬菜，人就可能会生病。土地也是如此，如果化肥是肉的话，那么有机肥就是土地的大米白面，均衡营养土地才能健康。每年仅施氮磷钾肥料而不施有机肥，土地同样会生病。当前，化肥减量工作主要通过精准施肥、调整化肥使用结构、改进施肥方式（测土配方施肥）、有机肥替代化肥等传统方式推进，手段较为单一，传统化肥使用比重较大。近年提出并实施的“有机肥替代化肥”，也存在一些问题有待解决，一是有机肥数量少，利用率低。目前中国有机肥资源总养分约7000万吨，实际利用不足40%。其中，畜禽粪便养分还田率为50%左右，农作物秸秆养分还田率为35%左右。二是有机肥成本高。目前每亩施用8方有机肥才能满足基本的生产需要，未腐熟的有机肥200—300元/

方，腐熟处理过的有机肥700元/方左右，如果都施用有机肥，每亩地仅有机肥成本就需要2000元左右，对于农业生产来说成本过高，与农产品收入严重倒挂。三是有机肥存在二次污染风险。尤其是规模化饲养的动物，所产生粪便中携带有重金属、激素、抗生素等。四是施用有机肥相对费工费力。现在农村缺乏青壮劳动力，就是免费给农民提供有机肥，也很少有人往地里施，工序麻烦费时费力。五是目前农民使用有机肥严重不足，效果不明显，基本还是有机肥中加入氮磷钾起的作用，让农民对有机肥失去信心。

（二）以推广使用有机水溶肥为主的“新疆经验”是同步推进化肥减量与农田土壤修复的有效途径

有机水溶肥是近几年全国化肥行业的一种新型生物产品，水溶性好、无残渣，用水量少，吸收率高，可代替部分化肥缓解土壤污染问题，有很好的保水吸水性，能够提高土壤微生物多样性，改善土壤微环境，有利于恢复建立土壤生态环境，促进土壤良性循环。2015年至2017年，新疆维吾尔自治区在16个县、市开展“炭吸附聚谷氨酸”有机水溶肥应用，实现农业生产和生态环境保护双提升，在化肥减量20%的前提下实现了农作物增产提质，形成了有着广泛试验示范基础和适应性并且成本可控的“新疆经验”。

一是在新疆试验充分，技术成熟，经得起检验。2015年，新疆维吾尔自治区农业厅开始实施全国新技术筛选试验示范工作，筛选出符合国家“双减”标准、具有国际领先水平的“炭吸附聚谷氨酸”技术，并选择塔城市、博乐市、昌吉市、尉犁县、新和县、阿克陶县、伽师县等16个县（市）开始进行示范试验。2015—2017年连续两年，在棉花、小麦、玉米、番茄、葡萄、哈密瓜等多种作物上开展的试验结果显示，“炭吸附聚谷氨酸”有机水溶肥在追肥减量20%的情况下，作物长势良好、增产、增收、提质效果明显，棉花产量增加8.33%；玉米增产7.48%；小麦增产8.2%；葡萄出酒率提高4%，增产9.15%；哈密瓜长势均匀，糖度增加0.5—1度，个头均匀，产品品相好。另外，在各类自然条件下，新疆“炭吸附聚谷氨酸”试验示范应用结果显示，16个县（市）作物抗逆性明显增强，减少肥料成本、增加产量和提升作物品质的效果显著。无论在正常条件下还是极端条件下，采用“炭吸附聚谷氨酸”技术减肥增效的结果均没出现大的波动，可以有效提高作物的抗逆性。

二是投入可计算，成本可控。以哈密市巴里坤县为例，2017年，新疆农业厅在哈密市巴里坤县推进13万亩“炭吸附聚谷氨酸”技术试验示范，涉及小麦11.1万亩、蔬菜1万亩、马铃薯0.6万亩、哈密瓜0.3万亩。2017年8月29日，新疆维吾尔自治区土肥工作总站组织农业部耕保中心、中国农科院、新疆维吾尔自治区农科院、哈密市农技推广中心专家成立小麦验收组，进行实地测产显示：11.1万亩小麦在减肥20%的条件下，提前成熟4—7天，节约化肥444吨。“炭吸附聚谷氨酸”的投入成本约为每亩地30元，节约化肥20%，按照平均亩增产8%计算，每亩增产41.75千克小麦，可节省化肥560吨，增收839.14万元。

三是积极评估论证，效果获得充分肯定。几年来，新疆开展的化肥减量提质增效工作，通过优选方案、试验示范、大田推广，对前期试验效果反复实测，充分论证，积累了大量数据材料，相关部门和专家也进行了成果认定，撰写了一批研究论文。以此为基础，2018年1月20日，新疆维吾尔自治区农业厅牵头组织中国农科院、全国耕保中心、中国农大、新疆农科院等专家对“炭吸附聚谷氨酸”技术方案所使用产品的批文、绿色认证等进行再次审核，对内在成分、有无毒性等进行化验分析，对3年来在新疆的实测报告进行再次审定，专家组一致认为，“炭吸附聚谷氨酸技术”对作物品质、环境、土壤肥力、植物抗逆能力方面的报告科学、真实、可靠，该技术在新疆小麦、玉米、棉花等作物上的应用不存在风险，应用该技术可以显著增加作物产量，提高经济效益，在化肥减量20%的条件下可实现小麦增产8%—19%、玉米增产5%—22%、棉花增产2%—17%。

总之，新疆维吾尔自治区开展减肥增效工作以来，逐步探索出“政府搭台、企业唱戏、技术支持、农民受益”的“新疆经验”，即由政府协调有关方面，提供项目支持资金，结合国家农业部2020年化肥使用零增长要求，搭建化肥减量增效技术研究平台，招揽企业提供产品，组建专家团提供技术支持，最终使农民节约生产成本，提升作物产量和品质，有效实现了“四个一”目标，即“一减肥、一增产、一提质、一治污”。

三、建议

（一）促进南水北调工程沿线地区农业增效，农民增收

落实乡村振兴战略，全面推进生态循环农业，调整种植业结构与布局，推进水源区传统种植业向“种养平衡”的生态种植业转变，以发展生态农业、有机农业为方向，引导农业清洁生产，实现控制农业用水总量、减少化肥和农药施用量、基本农作物秸秆、畜禽粪便、农膜资源化利用的目标。大力推行农业绿色生产方式，开展农业绿色发展行动，发展资源节约型、环境友好型农业，减少农业投入品使用，提高化肥农药利用率，改善土壤结构，提高土壤有机质含量，保护土壤、空气、水环境，从源头保障农产品质量安全，提高农业资源环境支撑能力，促进农业可持续发展，提升项目区农产品质量和市场竞争力，促进农业增效，农民增收。

（二）借鉴新疆成熟案例，在南水北调工程沿线地区大力推广使用有机水溶肥

像推广有机肥一样推广“炭吸附聚谷氨酸”等有机水溶肥。在农田土壤污染防治中，充分发挥新材料、新技术、新产品优势，将有机水溶肥等绿色产品确立为主要肥料，列入南水北调工程沿线地区高标准良田建设、绿色食品生产基地建设、化肥零增长行动和水果、蔬菜、茶叶应用有机肥代替化肥的规划中。有机水溶肥在大田作物上发展空间巨大，要综合农田土壤类型和区域代表性，在轮作休耕试点区域和技术路径上注重有机水溶肥的应用，在化肥减量增效示范县等区域推广。结合“化肥使用量零增长行动”和“化学肥料和农药减施增效综合技术研发”国家重点研发计划试点专项的实施，研究将成熟的新型肥料纳入示范推广范畴。将炭吸附聚谷氨酸有机水溶肥等新材料、新产品列入重点流域农业面源污染防治示范区，化肥减量增效示范县和果菜茶有机肥替代化肥示范县的相关项目实施中。

（三）在推广应用中给予政策支持

加大对“炭吸附聚谷氨酸”等新型有机水溶肥的研发支持力度，将

“炭吸附聚谷氨酸有机水溶肥机理和试验示范研究”列入“化学肥料和农药减施增效综合技术研发试点专项”，进行化肥减量、产品增效、土壤提质、植物增产等方面的机理研究和科学认证，在全国不同地区进行分类试验，在防治土壤污染、酸化板结等方面进行科学试验和数据支撑，尽快组织制定出台标准和规范。按照《建立以绿色生态为导向的农业补贴制度改革方案》的相关要求，探索补贴机制与模式。

支持以有机水溶肥研究应用为基础工作的农业全过程管理技术研发和咨询服务机构，从农田土壤污染、农资次生危害、粮食储藏污染等农田到餐桌全过程研究，促进新型技术产学研用一体化，实现农产品营养无害化。加强技术指导，建立教学科研推广结合的实施机制，组织专家分作物制定有机水溶肥应用技术规范，在关键农时开展技术指导服务，构建耕地质量监测网络，跟踪耕地质量变化情况，科学评估有机水溶肥实施成效。

（2018 年）

乡村学校厕所更需“革命”

当前，全国上下正在广泛深入开展改善农村人居环境的行动，其中农户的“厕所革命”是一项重要的工作内容。但在实际调研中发现，很多乡村学校的厕所更需要“革命”。

目前，很多乡村学校的厕所主要存在两个问题：一是公共厕所都是独立建设，教学楼、宿舍楼内基本没有公共厕所，师生上厕所既不方便，也存在一定安全隐患，尤其是寄宿生夜间上厕所；二是厕所的粪污处理配套设施不全，很多仍是旱厕，异味弥漫周边，苍蝇蚊子乱飞，既不卫生环保，也容易传播疾病。

究其原因：一是教育部门及学校对厕所的建设和改造重视不够，没有真正贯彻以学生为中心的思想；二是校园建设规划不科学，规划时就将厕所独立开来，教学楼、宿舍楼没有规划厕所；三是不少乡村中心学校近些年转为了寄宿制学校，很多宿舍楼是原教学楼改建而成，原来就没有厕所；四是县市财力有限，乡村学校配套的公共设施，尤其是环保基础设施建设滞后；五是少数乡村学校受自然条件限制，缺水严重，改建水冲式厕所难度较大。

为加快解决乡村学校厕所存在的问题，提出以下建议：

1. 提高思想认识。要从全面建成小康社会、贯彻以学生为中心的思想、改善师生人居环境和保护师生安全的高度，充分认识乡村学校厕所建设和改造的重要性和必要性，将乡村学校“厕所革命”作为一项民生工程，纳入为民办实事、乡村教育和改善农村人居环境工作。

2. 建立工作机制。建立县政府主导、教育部门牵头，自然资源、住建、生态环境、农业农村、水利、财政等部门参与，乡镇配合的工作机制，明确县乡政府及各有关部门责任，研究、部署、推动乡村学校“厕所革命”。

2. 全面摸清家底。对需要建设和改造的乡村学校厕所进行一次全面的摸底，根据摸底情况，制定建设和改造规划，用1至2年的时间解决这一全面建成小康社会的突出短板。

4. 加大投入保障。建议中央、省级财政设立乡村学校“厕所革命”的专项资金，为乡村学校厕所建设和改造提供强有力的公共财力保障，确保任务的落地落实。

（2018年2月）

关于在南水北调工程沿线农田污染防治中推广有机水溶肥的建议

南水北调东、中线一期工程建成通水后，为北京、天津、河北等省提供了源源不断的清洁水源，直接受益人口超过1亿人。然而，污染问题如影随形困扰着沿线地区。主要有三类污染源亟待治理：一是沿线城市的点源污染；二是输水干线上渔民生活、水产养殖和船舶的线源污染；三是沿线农村的农药化肥、畜禽养殖、农村居民生活污水等面源污染。随着南水北调治污工作的深入，城市工业、生活污染基本得到控制以后，面广量大的农村、农业面源污染防治将成为下一步污染减排、各水体断面达标及沿线水源安全保障的关键。

2015年至2017年，新疆农业厅开始实施“炭吸附聚谷氨酸”有机水溶肥试验示范工作，在塔城、博乐等16个县（市）的棉花、葡萄、哈密瓜等多种作物上开展试验，结果显示，在追肥减量20%的情况下，作物长势良好、增产、增收、提质效果明显。

为此，提出以下建议：

1. 全面推进生态循环农业，促进南水北调工程沿线地区农业增效，农民增收。建议调整种植业结构与布局，推进水源区传统种植业向“种养平衡”的生态种植业转变，以发展生态农业、有机农业为方向，引导农业清洁生产，实现控制农业用水总量、减少化肥和农药施用量、基本农作物秸秆、畜禽粪便、农膜资源化利用的目标。大力推行农业绿色生产方式，开展农业绿色发展行动，发展资源节约型、环境友好型农业，减少农业投入品使用，提高化肥农药利用率，改善土壤结构，提高土壤有机质含量，保护土壤、空气、水环境，从源头保障农产品质量安全，提高农业资源环境支撑能力，促进农业可持续发展，提升项目区农产品质量和市场竞争力，促进农业增效，农民增收。

2. 借鉴新疆成熟经验，在南水北调工程沿线地区大力推广使用有机水溶肥。像推广有机肥一样推广“炭吸附聚谷氨酸”等有机水溶肥。在农田土壤污染防治中，将有机水溶肥等绿色产品确立为主要肥料，列入南水北调工程沿线地区高标准良田建设、绿色食品生产基地建设、化肥零增长行动和水果、蔬菜、茶叶应用有机肥代替化肥的规划中。有机水溶肥在大田作物上发展空间巨大，要综合农田土壤类型和区域代表性，在轮作休耕试点区域和技术路径上注重有机水溶肥的应用，在化肥减量增效示范县等区域推广。结合“化肥使用量零增长行动”和“化学肥料和农药减施增效综合技术研发”国家重点研发计划试点专项的实施，研究将成熟的新型肥料纳入示范推广范畴。将炭吸附聚谷氨酸有机水溶肥等新材料、新产品列入重点流域农业面源污染防治示范区，化肥减量增效示范县和果菜茶有机肥替代化肥示范县的相关项目实施中。

3. 在推广应用中给予政策支持。加大对“炭吸附聚谷氨酸”等新型有机水溶肥的研发支持力度，将“炭吸附聚谷氨酸有机水溶肥机理和试验示范研究”列入“化学肥料和农药减施增效综合技术研发试点专项”，进行化肥减量、产品增效、土壤提质、植物增产等方面的机理研究和科学认证，在全国不同地区进行分类试验，在防治土壤污染、酸化板结等方面进行科学试验和数据支撑，尽快组织制定出台标准和规范。按照《建立以绿色生态为导向的农业补贴制度改革方案》的相关要求，探索补贴机制与模式。

支持以有机水溶肥研究应用为基础工作的农业全过程管理技术研发和咨询服务机构，从农田土壤污染、农资次生危害、粮食储藏污染等农田到餐桌全过程研究，促进新型技术产学研用一体化，实现农产品营养无害化。加强技术指导，建立教学科研推广结合的实施机制，组织专家分作物制定有机水溶肥应用技术规范，在关键农时开展技术指导服务，构建耕地质量监测网络，跟踪耕地质量变化情况，科学评估有机水溶肥实施成效。

（2018 年 3 月）

农村人居环境整治行动势在必行

长期以来，我国的生态环保工作是“重工业，轻农业”“重城市，轻乡村”。2008 年开始，国家开始重视和推进农村环境综合整治、改善农村人居环境和美丽乡村建设，取得了一定成效。但农业农村环境保护形势依然严峻、不容乐观，是污染防治短板中的短板。

一、农村人居环境整治存在的问题

（一）重发展，轻保护的观念在不少地方和部门仍普遍存在

不少地方的领导和部门对改善农村人居环境的紧迫感和责任感不够，往往还是以“农业”是弱势产业，“农民”是弱势群体，“农村”是弱势地区为托辞，能不改就不改，能往后拖就尽量往后拖，能应付过去就应付，造成改善农村人居环境认识不高、力度不够、投入不足、标准不严的后果。

（二）农村环保基础设施严重不足

农村生活污水处理严重滞后。现东部发达地区乡镇、农户生活污水处理率也只有 70—80%，中西部只有 20—30%，甚至西部有些省还在 10% 以下。生活垃圾收集处理设施不足，垃圾处理大多采取荒山填埋或直接焚烧的方式，环境安全隐患大，水污染严重，人居环境遭严重破坏。

（三）农业面源污染成突出短板

畜禽、水产养殖污染严重，治理设施严重不足，尤其是中小型养殖场

普遍没有完善的水污染治理设施，规模化养殖排放标准偏低，管理也不到位。农药、化肥使用强度高、总量大，导致不少水体总氮、总磷超标，农业面源污染已成为水环境污染的主要污染源。

（四）农村饮用水水源地风险隐患较大

一是饮用水水源地群众的保护意识不强，尤其是乡镇偏远地区的水厂，水源地周边生活污染源问题非常突出。二是农村供水设施落后。大部分农村水厂净水设施和消毒设备简单，缺乏相应的检测设备，供水安全存在一定安全隐患。

（五）农村环保的标准法律缺失

对影响农村环境很大的化肥、农药、秸秆利用、水产投肥养殖、农业投入品中重金属添加、农户生活污水垃圾排放等既没有标准，也没有法律约束，对规模化畜禽养殖排放标准偏低，农村生产生活对环境影响的治理基本还处于自发状态。

（六）资金需求大，投入严重不足

农村环境综合整治资金需求大，市场化筹资难度大，点多面广，目前的投入还远远不足。

二、农村人居环境整治的意见与建议

（一）建立完善农村环保责任体系

根据新一轮机构改革各部门的职能调整，明确农业农村部门农业农村环境保护的综合牵头责任，住建、水利、自然资源等部门的相关责任，生态环保部门的综合监管责任，构建责任清晰、各负其责、合力推进的农业农村环境保护目标责任体系。

（二）加强农村环保的标准法律建设

要把农业投入品中重金属添加的标准法律作为重中之重，确保耕地不能再遭到污染。畜禽水产养殖作为农村主要污染源应该制定严格细化标准法律约束，对新建房屋的农户生活污水处理设施应该要有明确严格的标准要求。大力宣传《环境保护法》《动物防疫法》《畜禽养殖污染防治管理办法》及《畜禽养殖业污染物排放标准》等相关法律法规，严格执法监管。

（三）突出重点，打好农业农村污染防治攻坚战

结合乡村振兴战略，以农村垃圾、污水治理和村容村貌提升为重点，深入开展农村人居环境整治行动，大力推进“厕所革命”。着力抓好化肥农药减量增效、畜禽养殖废弃物处置利用、秸秆综合利用、废旧地膜污染治理等重点领域和关键环节。全面规范河流、湖泊、水库等天然水域的养殖行为，禁止天然水域投肥养殖，完成禁养区畜禽养殖场退出，推行畜禽水产生态养殖模式。推广高效低残留农药和生物农药，进一步降低农业面源污染。切实保障农村饮水安全。划定乡镇饮用水水源地，加大水源地周边生活污染源整治力度。改造提升现有农村供水设施，加快推进农村区域集中供水和管网建设，不断提高农村区域供水覆盖率。

（四）要加大财政资金投入，建立稳定增长和多元投入机制

一是加大改革创新力度。完善投资、价格、财税、土地、金融等政策，多渠道积极引导社会资金投入。二是以县为单元，在乡村、农户生活污水、垃圾治理等方面大力推进 PPP 建设模式，在乡镇逐步征收污水、垃圾收集处理费用。

（2018 年 9 月）

贯彻水安全战略
科学推进我国农村供水保障规划

农村供水保障规划和供水工程建设一直以来都是新农村建设的重中之重，是重要的民生工程。2018 年 1 月 2 日，中共中央、国务院公布中央一号文件《中共中央 国务院关于实施乡村振兴战略的意见》，2018 年 9 月，中共中央、国务院印发《乡村振兴战略规划（2018—2022 年)》，并发出通知，要求各地区各部门结合实际认真贯彻落实。2020 年 2 月 24 日，水利部办公厅印发《关于做好“十四五”农村供水保障规划编制工作的通知》，要求全面启动“十四五”农村供水保障规划编制工作。因此，本轮规划的开展，对农村供水工作提出了更高的发展要求，不仅要保证农村居民的生活用水质量和身体健康安全，也要积极促进农村经济社会发展以及农业产业结构调整，在进一步巩固提升脱贫攻坚成果、推进城乡融合发展、促进农村公共服务均等化方面具有重要意义。

我国是农业大国，农村人口多达 9. 43 亿，农村居民饮水条件的改善历来受到国家和人民的重大关注。通过调研发现，我国农村供水保障主要存在以下几个方面的问题：

1. 专项规划与国土空间规划融合不够。《中共中央国务院关于建立国土空间规划体系并监督实施的若干意见》中明确分级分类建立国土空间规划体系，国土空间规划是专项规划的基础，需相互协同。当下正处于重大转型发展期，很多地市县级国土空间规划均未完成编制，本轮编制农村供水“十四五”专项规划，要求以县域为单元，统筹水资源配置，着力构建城乡统筹、融合发展的一体化供水网络。市县级国土空间规划必须在资源环境承载能力和国土空间开发适宜性评价的基础上，科学有序统筹布局生态、农业、城镇等功能空间，划定生态保护红线、永久基本农田、城镇开发边界等空间管控边界的底线约束条件，并为可持续发展预留空间。因此，此时编制的基础设施类专项规划为渐进转型期规划，规划的编制必须满足转型时期的灵活性、韧性发展要求，待市县国土空间规划正式出台后进行修改与核准。根据各地上报的农村供水工程项目清单，存在部分县级规划小型分散项目较多、规划数据不严谨，设计供水规模与供水覆盖人口明显不匹配等相关问题，均需要与国土空间规划中的人口数据、用地数据进一步核对后确定。

2. 规模化工程落地难，工程资金来源不明确。“十三五”期间，国家有关部门要求地方以县为单元按“城乡供水一体化、区域供水规模化、工程建管专业化”的要求编制县级“十三五”农村供水实施方案，但受限于地方政府资金，国家 PPP 项目政策调整等因素，目前大部分区域化规模化水厂仍停留在规划层面，除部分发达地区县（市、区）外，很多地方均未落地，有些工程启动后也无法继续完成。同时，中央投资政策、投资额度均暂未明确。为合理推进规划编制和工程建设，巩固脱贫攻坚成果，助力乡村振兴战略，需要尽快落实各级投资政策。

3. 千吨万人以下集中供水工程良性运行能力较差、小型工程水质存在安全风险。我国农村供水工程点多面广，输配水管线较长，大多数主管网沿线缺乏监控设施，排查检修难度大，管理维护人员少，洪灾、冰灾、老化、人为等因素造成管网损毁时有发生，维修难以及时到位，出现暂时性断水风险较大。全国范围来看，千吨万人以下集中供水工程由于管理服务不到位，管网维修不及时，“跑、冒、滴、漏”严重，供水成本加大，水费回收率低，工程收不抵支，运行难以持续。占农村饮水工程绝大多数的小型集中式供水工程，存在水源保护措施缺乏、水质净化消毒设施不完善、水质检测体系不健全、检测能力不足、人员配备不足、抗风险能力较弱等问题。水质检测方面，一些地方省市县三级总检测覆盖面不足 50%，千吨万人以上水厂设立水质化验室的不足 50%，千吨万人以下水厂缺乏设备和人员，难以开展日常水质检测，水质问题难以及时通过检测发现。

为此，提出以下建议：

（一）把握总体发展战略，构建科学的用水保障体系

国家实施乡村振兴战略和城乡融合发展对农村供水提出了新的要求，应把加强顶层设计和坚持问计于民统一起来，推动“十四五”规划编制顺应人民意愿、符合人民所思所盼。“十四五”总体战略目标是到2025年，进一步提高农村供水保证率、水质达标率、自来水入户率和工程运行管理水平，建立完善“从源头到龙头”全流程的农村安全供水体系以及建立面向现代化的农村供水科技支撑体系，进一步完善农村供水技术标准，合理确定本地规划目标。按照建立健全城乡融合发展体制机制和政策体系要求，一是以省、市、县（区）为单元，把农村供水纳入城乡公共基础设施建设整体规划，按照统一规划、统一建设、统一管护的发展方向，构建农村供水良性发展格局；二是工程建设上，突出规模化发展、高标准建设，建一处成一处；三是工程管理上，突出体制机制创新，促进工程长效运行，着力推进“三化”工程中“工程建管专业化”要求，按照工程规模及性质分别提出相应方案，不断修正和完善地方工程建设、运行管理办法及实施细则等；四是通过部门协作，从流域、区域范围加强水源保护，保障集中式饮用水水源水量、水质。按集约化发展和城乡一体化要求，推进乡镇、农村饮水安全工作，充分利用现有设施能力，指导取水、制水、输水等供水设施适度超前建设，逐步推广信息化成套技术。

（二）加强部门协同合作，形成有效工作合力

农村供水保障规划的实施与落地涉及政府多个部门，项目争取、资金来源、用地需求、设施建设和运营管理等均需高度对接相关国家政策和法律法规。为高质量编制好农村供水工程的保障规划，与国土空间规划、其他专项规划实现有效衔接，建议从中央部委到县级职能部门，发改、水利、自然资源、住房建设、生态环境、卫生健康、财政等部门要加强协作，形成合力，共同推动农村供水保障规划编制工作。

（三）甄选最优技术路线，实现最优发展路径

要精准施策，科学制定实施方案，就整体工程布局、项目投资等不断进行评估优化。围绕全面建成小康生活整体目标，因地制宜建设规模集中供水工程、单村联村供水工程、分散供水工程，按现行《生活饮用水卫生标准》，改造保留使用的不达标供水设施，新建、扩建水厂直接达标，暂未建设深度处理设施的在总平面布局和竖向布置上留有增设余地，加强水厂水质检验室建设，提高自检能力。完善应急水源和配套设施建设，保护供水片间互联互备管道设施，保持应急设施完好待用。加强信息共享、建立预警机制、制定应急预案，提高应急供水能力以达到合适水平。

各地自然、经济条件和社会发展状况不同，饮水安全问题类型也有很大差异，应根据当地水源、用水需求、地形、居民点分布等条件，提出县域整体供水方案和分区布局，因地制宜、合理选择饮水工程的类型、规模及标准，并且要特别关注工程的经济性和水源论证，注重用水户的参与。要坚持建管并重，在编制规划的时候，要为工程的运行管理创造条件，对水源进行充分论证，在确保供水保证率的基础上，适当扩大工程供水规模，降低工程成本，并且在设计工程的运行管理形式、水价的标准和水费的计收形式时，要充分考虑农民的意愿、文化习惯和支付能力，只有这样才有可能建得成、运行得好。对于小型分散供水工程也应提出更加严格的管控思路和办法。加强节水管理工作，提高供水安全水平，引导供水行业集约发展，以水资源的可持续利用支撑社会经济可持续发展。鼓励推广先进技术，提升运行效能。新建、拟建水厂鼓励和推广使用次氯酸钠消毒，确保安全、价格稳定、供应充足且成本稳定可控。

（四）强化资金筹措，多渠道拓展资金来源

我国农村供水经过多年发展，农村饮水已有一定基础，但与实施乡村振兴战略和城乡供水均衡发展，尤其是农村居民对美好生活的向往还有较大差距。各地的供水保障体系还未能建立，部分工程分散、水厂运行困难、水质达标率不高等短板问题仍然突出，亟需补齐提高。一是建议进一步加大国省投资力度，充分对接国家基础设施项目建设资金扶持政策，尽量发展规模化供水工程，确保规模化专业化运行，取水水源更有保障，处理能力更加稳定，输配水管道运行更加正常，保障农村供水像城市供水一样长期、稳定、有效益的健康发展。二是明确资金吸纳和筹措政策。为减

少短期内地方财政负担，将有限的财政收入更好地发挥效能，实行政府部门严格监督、专业化公司承包建设与运营的管理模式可以有效地提高资金使用效率及管理水平。三是政府应该进一步明确和出台符合各地需求的资金筹措政策，增强国企及社会资本投入的吸引力，推进农村供水保障水平全面快速提高。

（五）建立专业技术队伍，打造科学人才体系

针对农村供水保障建设中专业人才极度缺乏的现象，应强调专业技术人才的结构调整，引进和培养并重，较快地集聚起行业内各层次专业技术人才以适应规模化发展的需求。专业化公司化模式技术全管控的同时，也要加强专业教育培训，增强专业技术人才政府服务合力，提高专业技术人才对工程项目监管的效率和质量。并切实维护好专业技术人才合法权益，使专业技术人才的主动性、积极性、创造性得到充分激发。

（2020 年 11 月 9 日）

构筑农村饮水安全的“防火墙”
必须统筹规划强化农村供水保障体系

农村饮水安全事关亿万农民福祉，我国高度重视农村饮水工程建设。经过多年努力，已建成了比较完备的农村供水工程体系，截至2020年底，全国农村集中供水率达88%，自来水普及率达83%。2021年9月，水利部印发《全国“十四五”农村供水保障规划》，对“十四五”农村供水保障工作再次进行了系统部署和全面安排。然而，也应该注意到，农业面源和农村落后的生活方式导致我国农村地表水和地下水均造成较大污染，对农村饮水安全构成威胁。

目前我国农村饮用水安全主要存在以下问题：

1. 供水能力不足，饮水工程“最后一公里”问题没有得到彻底解决。农村供水还没有形成完整的供水系统，“有人吃、无人管、长流水”的现象比较普遍。按照国家规定，管槽开挖和管道安装没有预算施工费，应该由受益村组织受益群众通过投劳解决，而现实是群众不投劳、村里没有钱，造成很多饮水工程水池建好了、水装满了、水管送到了，却进不了群众家中，饮水工程成了“半拉子”工程。

2. 缺乏总体规划，影响工程实施效果。不少地区在解决农村饮水问题时，缺乏对水源保证、工程规模、类型等重要问题的有效论证和规划设计，导致饮水工程总体处于分散的低标准、低水平建设。不少适合采取集中供水的地区依然建设分散饮水工程。一些水井、水窖直接打在塘边、田旁，致使饮水水质不达标。部分水井、水窖深度不够，遇到干旱导致水量剧减或根本无水可用。

3. 供水标准较低，饮水安全得不到保障。农村居住比较分散，部分工程供水规模相对较小，工程建设标准低，造成饮用水中细菌学指标污染物、有害矿物成分超标。而当前农村饮用水水源水质监测基本处于空白状态，存在底数不清、监测力量严重不足的问题。一些地区只是解决了群众的远距离取水问题，并没有解决饮水水质问题，不符合水质要求的污染水的饮用在已解决饮水困难地区仍然非常普遍。

4. 已建成的农村饮水工程缺乏良性运行管理机制。我国农村供水工程点多面广量大，千人以下供水工程占比达99%以上。而这些小型供水工程多数位于山区、牧区和偏远地区，供水人口少，水费收入不高，管护机制不完善，加上地方财政困难，缺乏运行经费，导致一些工程低标准运行，可持续性较差。对于农村饮水工程建成后的产权归属，国家没有明确规定，导致工程管护责任主体缺位，工程的长期效益没有保障。部分供水工程管理人员没有经过专业培训，不能适应日常的管理维护要求。一些水厂甚至没有专门的管理组织和管理人员，存在只建不管、有人用水无人管水的现象。目前农村水价实行政府定价制，水价标准低了，收取的水费不足，工程的维护和管理没有保障；水价标准定高了，农民会大幅减少用水量，水费同样征收不足，工程运行仍没有保障。

综上所述，我们认为，构筑农村饮水安全的“防火墙”必须统筹规划强化农村供水保障体系。建议如下：

1. 强化部门协同，编制供水规划。“十四五”时期，国家实施乡村振兴战略和城乡融合发展对农村供水提出了新的要求，农村供水保障规划的实施与落地涉及多个部门，按照“统一规划、统一建设、统一管护”的发展方向，发改、水利、自然资源、住房建设、生态环境、卫生健康、财政等部门应加强协作，形成合力，共同推动农村供水保障规划编制工作高质量开展，并与国土空间规划、其他专项规划实现有效衔接。

2. 加大项目扶持，提高建设质量。加大对中西部地区农村饮水工程建设扶持。中央财政要增加补助资金，地方各级人民政府要积极筹措资金，有条件的地方尽早实现城乡统筹供水。采取集中供水、分质供水、分散供水以及农村卫生环境整治等措施，重点解决高氟、高砷、苦咸和污染水以及严重缺水地区的饮用水安全问题。对水源不符合饮用水标准、设计不合理、设施设备老化严重等造成供水量不足、水质不好的自来水和集中供水项目实施改扩提升工程。根据各地自然、经济条件和社会发展状况，科学规划，合理选择饮水工程的类型、规模及标准。优化方案设计，提高建设质量，力求简单可靠。加强适合农村的小型水质净化技术设备研究，节约投资，降低运行成本。

3. 优化体制机制，加强建后管理。建议将农村饮水工程维修养护纳入中央财政水利发展资金支出范围，同时建立合理的水价形成和水费收缴机制，以增强用户自觉参与管理的责任监督意识。对于已建好的农村自来水供水项目，统一交区（县）供水公司实行公司化管理。小规模集中供水项目由乡镇负责，统筹安排村民委员会专人统一收费、统一管护；对供水成本高的项目，通过改建即远距离连接成本低的水源、梯次修建供水池连接供水管网，向农户收取定额水费后的差额实行财政补偿。建立饮水项目管护资金，以村为单位，落实专人专职负责，提供管理服务支持。以区（县）为单位，建立县、乡、村、社、户五级监管服务信息系统，适时跟踪饮水安全保障系统运转情况。加强供水设备、管线、表、井等供水设施的全面检查和维修保养，使供水设备、设施始终处于良好的运行状态。加强专题培训教育，提高专业技术人才对工程项目监管的效率和质量。

4. 提高水质标准，建立水质监测体系。规范水厂水质净化处理工艺，对集镇水厂及新建小水厂按照制水工艺，设计絮凝反应池、蜂窝斜管沉淀池、多级过滤池、安装消毒设施，提高水质标准。建立农村安全饮水工程水质监测体系。重点开展人口较为集中的中大型村镇饮用水水源地监测工作。组建水质检测中心，专门负责县级农村饮水的水质检测工作。相关职能部门定期对集中供水工程的水源、出厂水和管网末梢水的水质检验和监测，进行检测、取样、化验，确保水质合格率达到要求。

5. 坚持精准施策，分类推进水源保护。在调查摸底的基础上，分类推进水源保护区和保护范围划定工作，严格按照《饮用水水源保护区污染防治管理规定》的要求，划分不同的水源保护区，并规定相应的保护措施，加大污染治理力度。对于跨村集中供水工程或相对规模集中的供水工程，由地市或县制定和发布水源保护方案，划定保护范围，切实保护水源。对于分散供水工程，加大宣传教育，提高农民健康卫生生活意识，水窖或手压水井选址不建在养殖场或污染水体附近，养殖和生活污水排放要远离水源；小型地表水源，应注意地表植被保护，充分利用自然的截留和净化作用。

（2021 年）

加强乡镇卫生院环境污染治理迫在眉睫

“十三五”以来，我国乡镇卫生院作为农村卫生服务网络的重要枢纽得到了较快的发展。但在快速发展过程中，受观念、资金、技术、设施等因素制约，医疗废水垃圾处理尚存在较大漏洞。乡镇卫生院产生的医疗废水垃圾含有大量的细菌和病毒，如不经及时有效处理，将造成严重的环境污染，并有可能成为疫病的源头，严重威胁人民身体健康。2020 年以来的新冠疫情已经给全社会敲响了警钟，加强乡镇卫生院环境污染治理迫在眉睫。

乡镇卫生院环境治理存在的主要问题：一是对产生的环境问题重视不够。乡镇卫生院对医疗废水垃圾危害的严重性和长期性认识不足，认为总量不大且较分散，对整体环境不会造成较大的影响，因此，不少医疗废水垃圾是未经处理随意排放或丢弃，特别是在相对偏远的乡镇。二是环境治理设施滞后。虽然乡镇卫生院环境污染问题已引起政府的重视，但由于乡镇卫生院分布点多面广，资金投入不足，导致医疗废水处理设施建设不足，医疗垃圾收集处理能力不足，尤其是在中西部地区。三是环境治理设施缺乏稳定的资金保障。近年来，各级政府加大了对乡镇卫生院环境治理设施的投入，取得了一定的效果。但乡镇卫生院环境治理既需要一次性的建设资金投入，也需要保障污染治理设施长期运行和医疗垃圾长期处置的持续资金投入，不少乡镇卫生院缺乏常态化的环境治理资金保障，污染治理设施有的变成了“三天打鱼、两天晒网”。四是环境设施维护不专业。医疗废水垃圾污染力强、传染性大，治理技术复杂，由于专业人才缺乏，不少已建成的环保处理设施管理维护不专业。五是乡镇卫生院环境风险隐患较大。由于缺乏与乡镇卫生院现状相匹配的制度及标准、基层监管力量不足，能力水平不高，导致乡镇卫生院环境监管难以完全到位，乡镇卫生院已成为疫病潜在的重要风险源头。

为加快解决乡镇卫生院环境治理存在的问题，提出以下建议：

1. 加大宣传力度，提高重视程度。要在县乡两级党委政府及卫生部门、乡镇卫生院领导及工作人员中加强环境保护的宣传，充分认识医疗废水垃圾污染处理不到位的严重后果，提高基层领导及乡镇卫生院工作人员的环保意识，落实治理主体责任。

2. 加强标准法规适用性，制定匹配制度。要正视城市医院与乡镇卫生院目前存在的差距，制定出既满足时代的需求，也适应乡镇医院目前水平，具有较强的针对性和可操作性的政策标准法规并逐步强化。

3. 加大治理力度，提高保护水平。要将乡镇卫生院医疗废水垃圾处置环保基础设施建设放在十分突出的位置，切实加大财政资金投入，尽快完善相关设施。建议在全国开展一次乡镇卫生院医疗废水垃圾治理全覆盖的专项行动，用1至2年时间解决历史遗留问题。对于新建的乡镇卫生院，要将医疗废水垃圾处置环保基础设施建设摆在优先位置。

4. 加大科研力度，开发适宜技术。建议各相关部门加大对于科研创新的支持力度，寻找没有安全生产隐患、处理效果稳定、运行操作简单、运营成本低廉、符合乡镇卫生院特点和实际的新技术、新模式，进而有效、可持续地改变乡镇卫生院环境污染问题。

5. 加大改革力度，推行“整县治理”。因单个卫生院环保设施建设规模较小，既不利于先进环保技术的应用，也不利于吸纳社会资金和专业化的管理。建议推行乡镇卫生院环境综合治理整县发包，财政购买第三方治理服务模式，吸引专业化的第三方环保公司参与建设和运营，实现处理工艺、设备及运营管理的统一化、模块化、集中化，避免建设与运维脱节，杜绝资源的重复与浪费。

6. 加强智能管理，提升监管水平。配套建设智能化、信息化管理系统，实行实时监测监控管理，卫生院和监管部门等实现数据共享和预测预警，提升监管现代化能力和水平。

（2021年3月）

农业面源污染防控亟待进一步深化强化

十八大以来，各级各部门深入贯彻落实习近平生态文明思想，牢固树立“绿水青山就是金山银山”的发展理念，把推进农业绿色发展作为主攻方向，不断推动农业环境保护与治理，农业生态得到改善，农业可持续发展能力逐步增强，取得了阶段性成效，为打好污染防治攻坚战作出了一定的贡献。但随着污染防治攻坚战的不断深入，农业面源污染已成为影响生态环境质量的重要因素，而目前全国农业面源污染防控仍存在一些突出困难和问题：

1. 农业面源污染依旧突出。第二次全国污染源普查公报显示：全国农业面源（包括种植、畜禽养殖、水产养殖、农村生活污水）化学需氧量（COD）、总氮（TN）、总磷（TP）、氨氮（NH_3-N）排放量分别为1566.75万吨、186.14万吨、24.89万吨、46.12万吨，分别占排放总量的73.08%、47.87%、61.20%、78.92%，成为各类污染源主要污染物排放量之首。

2. 畜禽养殖污染占比最大。在农业面源水污染物排放中畜禽养殖占比最大，种植业、农村生活源次之。第二次全国污染源普查公报显示：在全国农业面源主要水污染物排放量中，COD排放量以畜禽养殖源为主，占比为63.86%；NH_3-N排放量以农村生活源为主，占比为53.12%；TN、TP排放量以种植、畜禽养殖源为主，占比之和分别为70.69%、78.70%。

3. 严重影响局部区域生态环境质量。农业面源不仅影响水体生态环境质量，造成湖库富营养化，而且影响大气、土壤环境质量，造成土壤酸化或结块等问题，尤其在粮食、生猪（水产）主生产区，如洞庭湖、鄱阳湖等区域，农业面源污染引发的生态环境问题日益突出，导致湖泊总磷浓度长期超标。同时，因布局不合理、污染管控不到位，一些畜禽养殖场严重影响周边群众生活质量，近年相关信访投诉案件越来越多。

4. 农药、抗生素滥用问题较为突出。由于过度追求产量，加上缺少必要的监管，农业生产农药、抗生素滥用、乱用问题突出，农药、抗生素残留问题十分突出，进而严重影响食品安全和群众身体健康。根据调查，全国每年 180 万吨的农药用量，有效利用率不足 30%，蔬菜农药残留超过国家标准的比例达到 22. 15%，部分地区超标比例甚至达到 80%；70% 以上的饲料含抗生素，每年消耗抗生素 10 万余吨，2015 年江浙沪三地抽样调查中，在儿童尿液中已检出兽类抗生素。

5. 农业面源污染防控和监管水平薄弱。我国农业面源污染防治工作起步较晚，基础能力较为薄弱，防控和监管机制尚不完善。各地在农业面源污染治理和监管上存在认识不到位、责任不明晰的现象，一些地方农业农村部门只抓生产和产量，忽略对生态环境的保护，源头预防、过程管控不到位。此外，科技支撑薄弱，相关标准和评价体系不明晰，对农业面源污染治理缺乏全面调查监测，其对环境质量影响评估工作相对滞后，面源污染防治技术研究示范推广不够。

如何破解这些难题和瓶颈，已成为能否打赢污染防治攻坚战的重点和关键。为此，提出以下建议：

1. 压实地方党委、政府及有关部门的责任。农业面源污染防治点多面广、治理难度大、涉及主体多，成效体现慢，需要通过规划行动、目标任务、政策引导、有力监督、考核督察等多种方式将压力传导给地方党委政府，切实压实地方党委、政府对生态环境质量负总责的主体责任，尤其要推动“生态优先、绿色发展”新发展理念的落实，统筹好农业“保生产”与“保生态”的关系。同时，进一步厘清农业面源污染防控职能，加快落实《农业面源污染治理与监督指导实施方案（试行）》等文件要求，按照生态环境保护“党政同责、一岗双责”和“三管三必须”的要求，强化农业农村、生态环境、市场监管等有关部门的职责，全面落实“绿水青山就是金山银山”的生态文明理念，形成齐抓共管的合力。

2. 健全完善标准法规，规范严格管控措施。强化源头减排、过程减排，建议农业部门进一步加大科技支撑力度，组织加大重点领域污染防治先进技术示范推广力度，积极研究推动制定相关农业清洁生产技术标准，并联合生态环境等部门出台《畜禽养殖粪污资源化利用认定标准》《水产养殖绿色环境认定标准》《农村生活污水资源化利用认定标准》等，确保农业清洁生产和农业面源污染防控效果评估有据可依。加快制定出台《水产养殖污染防治条例》等法律法规，强化禁养、限养和养殖“三区”管理。尽快组织制定完善水产绿色生态养殖、污染防治方面的技术规范、标准。同时，在重点区域建立农业面源污染监控体系，积极推行总磷、氨氮、化肥、农药等通量监测、评价。强化水产养殖污染防治工作考核奖惩，推进生态损害赔偿机制，对严重破坏养殖水域生态环境质量的行为要依法依规进行追责、问责。

3. 推进农业面源污染防治精细化管理。进一步完善有关政策措施，切实发挥好资金、项目的引导作用，提升地方各级党委政府及有关部门、农业开发公司、农民等的生态环境保护意识，推动农业清洁生产。进一步加强农业面源污染防治精细化管理，保护生态环境。如在畜禽养殖方面，推动畜禽粪污规范化资源利用管理；在种植业方面，推动化肥农药减量、有机肥替代、测土配方施肥、保护性耕作的管理；在水产养殖方面，推动水产绿色养殖、尾水治理和底泥资源化利用等。建议从国家层面，对畜禽粪污规范化资源利用、生态水产养殖、绿肥种植、有机肥利用等出台相应鼓励支持政策。

4. 切实加大绿色生态水产养殖科技攻关力度。以减量增收、提质增效为着力点，构建现代渔业产业技术体系、科技创新联盟，集中优势科研机构、水产养殖企业力量，在品种选育、饲料（饵料）替代、设施养殖、养殖废弃物（尾水）治理、水域生态化改造等方面加大科技攻关力度，形成一批可复制、可推广的先进适用技术、模式和装备。加快基层水产生态养殖技术推广应用，加强教育培训，切实提升职业渔民绿色生态养殖能力。积极推动水产绿色生态养殖示范区创建。加强顶层设计和政策支持，积极培育一批全国和区域绿色生态水产养殖特色品牌，实现从“卖产品”向“卖品牌”转变，提升水产养殖效益。以洞庭湖、鄱阳湖、阳澄湖等为重点，建议国家整合相关领域的资金、项目，培育和壮大专业合作社、水产养殖龙头企业等新型经营主体，引导发展多种形式的适度规模经营，支持湖区整市、县创建水产绿色生态养殖示范区。

5. 加大农业面源污染防治试点示范力度。农业面源污染防治涉及面广，当前应该抓一些环境问题突出、治理措施明确、效果可期的典型农业生产区。结合农业农村部门已实施或有计划实施的有效措施，建议在洞庭湖、鄱阳湖、太湖等区域开展农业面源污染防治试点示范，加强小流域农业面源系统综合治理，加强分析评估，同步总结提升，引领同类区域有效开展农业面源污染防治。

6. 突出抓好农药、化肥、抗生素生产、使用全过程监管。进一步完善农药、化肥、抗生素使用量调查核算方法，在统计、农业农村、工业与信息、市场监督管理等部门工作基础上，逐步摸清农药、化肥、抗生素使用变化情况，对问题突出的区域加强预警通报，对食品残留农药、抗生素问题严重的区域开展专项督察，倒逼地方积极主动作为，对有关违法行为要严厉打击，对典型案例要提请公益诉讼并曝光。

（2021 年 6 月）

关于进一步加强我省洞庭湖区地下水饮水安全保障工作的建议

近年来，湖南省委、省政府认真贯彻落实习近平总书记“保证水缸子安全”的重要指示，深入开展“保护区划定、标示标牌设立和突出环境问题整治”，城乡居民安全饮水保障能力有了很大提升。目前，监测的158个在用县级及以上水源除洞庭湖区益阳南县振兴水厂、三水厂和大通湖区中心城区水厂等3个地下水源铁锰超标外，其它均能达标。监测的984个千吨万人在用水源达标率为92.6%，但洞庭湖区地下水水源超标问题较为突出，亟待解决。

究其原因，主要是：

1．区域性流域性本底值超标影响明显。洞庭湖属典型河流冲刷淤积平原，近年来随着江湖水文关系变化，地表水系水量减少、流动性变差，加上湖区生产生活污染排放，地表水系水质较差。南县85%的水厂以深层承压砂砾层地下水为供水水源。淤积平原地下层土质复杂，0—40米属浅层地下水，受地表污染影响，水质不佳，40米以下多为深层承压地下水，受地质条件影响地下水中铁、锰含量严重超标。

2．人类生产活动对水源水质造成较大影响。一是由于环洞庭湖区是重要畜禽养殖和农业种植区，化肥、农药经雨水或灌溉水冲刷、渗漏进入水体对饮用水水源造成污染；二是湖区居民大多傍水而居，生活污水以及禽畜养殖的粪污直排水体对饮用水水源造成污染；三是长时间、大范围、高密度的开采地下水，浅层地下水受表层与腐蚀层影响渗透至下，造成深层地下水氨氮、细菌总数超标。

3．水源地选取和供水工程设置不够合理。2005年起，我省大批农村供水工程集中上马，由于缺乏统筹规划和技术论证，水源地选址较为随意，客观上造成了一些难以整治的问题，如部分水源保护区在划定之前就已经存在排污口、畜禽养殖场、矿产资源开采等情况。再加之现阶段农村饮水安全工程的净水工艺大多无法处理氨氮超标问题，影响出厂水水质。

为此，提出以下建议：

1. 保证饮用水水源水量充足。加快推进洞庭湖北片补水工程建设进度，并着力实施水源替代工程，采取对供水保证率低、水源受污染的水厂进行联片整合的办法，以优质地表水替代。同时，鼓励这些缺水地区推广应用生产、生活高效节水技术，并充分挖掘现有水利工程设施潜力，确保缺水地区群众能够喝上放心水。

2. 解决水源水质超标问题。一是进一步加强水源地环境问题整治、解决水源地及周边存在的环境隐患，提升水质达标率。二是针对区域性流域性水质超标，治理无法达标的，应另辟水源地。如洞庭湖区可以结合长江三口引调水工程，实施洞庭湖区地下水铁锰超标地区地表水源替代。

3. 推进城乡供水一体化、区域供水规模化。在洞庭湖区内全面推进城乡供水一体化工程，实现城乡供水同网、同质、同服务。依托大水源建立大水厂，实现“大水源”取水、“大水厂”制水、“大管网”送水，分片区规划区域规模化供水。

4. 着力提升供水工程制水工艺。重点关注超标水源地所对应的供水工程，优化提升制水工艺，强化对特征因子的处理，确保出厂水水质达标。加强水源水质监督管理，将供水工程出厂水质是否达标作为水质考核目标，并以此推动供水单位加强水源地管理、提升制水工艺和供水管网维护，确保末梢水水质达标。

5. 加大饮用水安全保障资金支持。各级政府应将饮用水安全保障纳入重点民生实事，省财政加大对农村饮用水安全资金投入，支持地方加大农村水源保护、水质监测、水污染防治和供水工程提质改造，加大对 PPP 项目支持力度，积极推进饮用水安全保障工作成效与相关专项资金分配挂钩的激励约束机制，探索建立受益者付费、保护者得到合理补偿的水源地生态保护补偿机制。

（2022 年 1 月）

2023 年湖南省生态环境厅

“湖南省生态环境保护工作的发展历程及展望”重点科技项目成果

生态文明思与行

（调研篇）

潘碧灵◎著

湘潭大学出版社
XIANGTAN UNIVERSITY PRESS

序

生态文明建设是关系中华民族永续发展的根本大计，中国共产党历来高度重视生态文明建设，坚持节约资源和保护环境的基本国策，把可持续发展确立为国家战略。党的十八大以来，我国生态环境保护发生历史性、转折性、全局性变化，生态文明建设取得举世瞩目的成就，天蓝、地绿、水清的美丽中国新画卷正在神州大地上徐徐展开。

潘碧灵同志多年来一直致力于生态文明建设和污染防治攻坚战的研究、管理与实践，积极为生态环保鼓与呼，他所著的《生态文明思与行》全书共包括理论篇、调研篇、实践篇、建言篇、感悟篇 5 辑，正是其深耕生态文明建设和污染防治攻坚战领域 15 年的集大成者，充分体现了其政治素养、理论水平和专业水准之高，具有很强的政治性、指导性、专业性、针对性和可借鉴性。

理论篇的研究范围涉及习近平生态文明思想、“双碳”战略、人与自然和谐共生、中国式现代化、绿色发展、统筹水资源水环境水生态、环境空气质量评价体系等方面。其中，《环境空气质量评价体系改进研究》创新运用“三年滑动均值”对我国空气质量进行了对比研究；《扛起服务国家“双碳”战略新使命》《正确处理“五个重大关系”全面推进美丽中国建设》等文章，正是在习近平总书记提出全面推进美丽中国建设、加快推进人与自然和谐共生的现代化的目标后，他所做的最新研究成果，具有较高的理论水平；《以天地之心存心 以生灵之命立命》一文，从中国传统文化的哲学思想角度对生物多样性赋予了更加完整、更加全面的内涵，充分体现了他优秀的专业素养和对生态文明建设的深刻理解。

调研篇重点体现了他到全国不少省（区、市）和省内各地调研的成

果，许多都是相关省（区、市）在生态文明建设或生态环境治理领域的成功经验和积极探索。比如，《鄱阳湖生态经济区建设的学习感悟》一文，体现了江西省推动生态与经济协调发展的积极探索；《学习借鉴浙江省“五水共治”先进经验 纵深推进“一江一湖四水”系统保护和治理》一文，则充分展示了湖南省借鉴浙江省先进经验，推进水环境保护工作的成功实践；他重点关注长江经济带高质量发展，2019年撰写的《统筹推进长江经济带大保护的调查和思考——以湖南省岳阳市推进洞庭湖、长江岸线保护和治理为例》，助力了习近平总书记“共抓大保护、不搞大开发”重要指示的落实。这些成功经验和积极探索反映了我国生态文明建设在各省（区、市）的成功实践，对于进一步深化我国生态文明建设具有重要的推广和借鉴作用。

实践篇从工作成效层面集中展示了不同时期湖南省生态环境保护工作的开展概况和推进路径，包括守护一江碧水、污染防治攻坚、美丽乡村建设、自然生态保护、环境监测执法、深化改革创新等方面，对于研究一个省域如何全面、系统、深入推进生态文明建设和污染防治攻坚战具有重要参考意义。比如，《深入推进总磷攻坚“7+1”行动计划 全力守护洞庭湖生态环境安全》等文稿，全面介绍湖南省在水生态环境治理方面的典型经验做法和突出成效，对于指导各地开展相关工作具有重要参考作用。

建言篇是他在全国政协或民进履职时围绕生态环保、绿色发展等主题的“绿色提案”和社情民意信息。比如，在担任第十一届全国政协委员期间，他撰写的《关于规范城市生活垃圾焚烧 促进生活垃圾处理良性发展的提案》获十一届全国政协优秀提案奖；在担任第十二届全国政协委员期间，他提出土壤污染防治刻不容缓，得到中央领导高度重视，促进了国家“土十条”的出台。通过阅读此辑，读者可以从一个侧面了解我国全过程人民民主，更加深入了解国家出台生态环保相关方案、计划和政策背后的故事，对于广大人大代表和政协委员、科学研究人员、民主党派成员开展咨询建言、参政议政等工作具有学习借鉴作用。

感悟篇主要涵盖了他参加生态环境保护工作的考察日志、学习心得和思考感悟等，同时还收录了部分记者采访报道的内容，突显了他对湖南省乃至全国生态环境保护事业所作出的重要贡献和对生态环境保护工作的深

刻感悟与动人情怀。比如，《青海“三江源”“青海湖”生态环境保护工作考察日记》系列，多维度体现了他在青海考察时对我国近十年生态文明建设的深刻感受。

习近平总书记在党的二十大报告中要求“推动绿色发展，促进人与自然和谐共生”，在2023年全国生态环境保护大会上强调“全面推进美丽中国建设，加快推进人与自然和谐共生的现代化”，为新时代生态文明建设提供了根本遵循和行动指南，美丽中国在实现四个重大转变的基础上站上了新起点。2023年6月28日，十四届全国人大常委会第三次会议决定将8月15日设立为全国生态日，更是吹响了全面推进美丽中国建设的新号令。本书的出版必将为深入学习贯彻习近平生态文明思想、推动美丽中国建设产生积极的促进作用。同时，也可为各级领导干部、专家学者、高等院校师生和相关企业家等开展学习和研究提供重要的参考。

（柴立元：中国工程院院士、中南大学副校长）

目 录
CONTENTS

统筹推进长江经济带大保护的调查和思考

——以湖南省岳阳市推进洞庭湖、长江岸线保护和治理为例

长江是中华民族的母亲河，也是中华民族发展的重要支撑。推动长江经济带发展是以习近平同志为核心的党中央作出的重大决策，是关系国家发展全局的重大战略。2016 年 1 月 5 日，习近平总书记在重庆主持召开的推动长江经济带发展座谈会上强调，“把修复长江生态环境摆在压倒性位置，共抓大保护，不搞大开发”。2018 年 4 月 26 日，习近平总书记又在武汉主持召开了深入推动长江经济带发展座谈会，明确要求要正确把握“整体推进和重点突破、生态环境保护和经济发展、总体谋划和久久为功、破除旧动能和培育新动能、自我发展和协同发展的关系”。为了了解沿江省市党委、政府落实习近平总书记重要指示精神的经验做法及存在的困难问题，2019 年 11 月 16 日—22 日，我们赴湖南省岳阳市开展了实地调查，先后走访了 7 个县（市、区）的城市、乡村、园区以及工农企业，召开专题座谈会了解情况和听取意见。

湖南是长江中游重要省份，洞庭湖基本在湖南境内，与长江关系十分紧密。而岳阳市又是湖南唯一的临江城市，拥有 163 千米长江岸线、洞庭湖 50% 以上水域面积和 1500 多平方千米东洞庭湖湿地，通过城陵矶与长江直接贯通，是湖南加强长江生态保护、建设长江经济带的主战场和主阵地。2018 年 4 月 25 日，习近平总书记曾亲临岳阳视察，殷切嘱托要“守护好一江碧水”。湖南省、岳阳市提高政治站位，牢记职责使命，将“守护好一江碧水”作为一项不可推卸的政治任务、不可逾越的底线工作、不可拖延的民生实事来抓，形成了“生态优先、绿色发展”的浓厚氛围和整体合力，其经验做法及存在的问题，对推动长江全流域保护和开发具有典

型意义。

一、深学笃用习近平生态文明思想，系统推进大保护取得阶段性成效

岳阳市深入学习领会习近平生态文明思想，坚持用“山水林田湖草是一个生命共同体”的理念指导统筹大保护。

（一）源头抓防控

突出重点领域、区域，强化源头预防、控污截污，深入推进洞庭湖生态环境专项整治行动三年行动计划。近两年全市新增污水管网94.2千米，累计建成生活污水处理厂42座，市本级城镇污水处理率达96%。强力推进养殖业污染防治，长江沿岸500米范围内退养畜禽养殖场69户3.8万平方米，禁养区2632户畜禽养殖场实现应退尽退。11个省级及以上工业园区全部建成污水处理设施和在线监控设施。长江15个超标排污口全部关闭整改，按“污水处理+湿地净化”的办法，整治43处长江排渍口。

（二）过程抓治理

对长江岸线港口实行分类治理。按照“关、停、并、转”四字原则，关停拆除散乱低效泊位42个，暂停建设11个泊位，关停渡口13道，退还长江岸线7.24千米，启动28个泊位提质改造，较好解决了港口码头无序开发问题。实施142千米长江大堤造林绿化工程，完成长江岸线复绿1.3万亩（1亩≈0.067公顷），港口码头复绿47.7万平方米，洲滩复绿率100%，建成3处50米宽的示范防护林带10千米。对农村“空心房”实行集中治理。岳阳市委选派优秀干部组成工作队驻点蹲村带乡，坚持“一线工作法”集中攻坚，积极推行“空心房”整治+N模式，带动规范村民建房、村庄清洁行动和农村厕所革命等。截至2019年10月底，全市累计拆除“四房”（危险房、空心房、零散房、违建房）2599万平方米，腾退土地12.8万亩，复垦立项8.8万亩。两年来，全市耕地占补平衡及增减挂钩指标交易金额40.2亿元。“岳阳市：整治农村‘空心房’探索土地集约节约改革新模式（2017）”入选全国“改革开放40年地方改革创新40案

例”。对《2019年长江经济带生态环境警示片》交办问题立行立改。岳阳市委、市政府迅速研究部署，立即启动整治，截至2019年10月底，国家长江办交办的18处疑似侵占湿地问题全部整改到位，8个具体问题整改完成5个，剩余3个有序推进，13个共性问题正在开展深度排查并按计划整改。

（三）生态抓修复

出台实施了《岳阳市东洞庭湖国家级自然保护区条例》，组建4支市级河湖联合执法队伍，成立环洞庭湖环境资源法庭和东洞庭湖生态环境资源检察院、市公安局水警支队，严厉打击各类违法行为。强力推进专项整治行动，保护区欧美黑杨清理进度按时序稳步推进，东洞庭湖195个矮围网围全部拆除，“绿盾2017”“绿盾2018”“污染防治攻坚战‘夏季攻势’”交办的992个问题已完成整改销号。

（四）动能抓转换

按照“岳阳要突出打造江湖和谐、产城融合、特色小镇三大绿色发展先行区”的要求，大力推进长江经济带绿色发展示范区创建。长江沿线新上化工企业“一脚踩死”，全部向绿色化工产业园集中。持续推进“产业项目建设年”活动，利用高新技术和先进适用技术改造传统产业。立足芥菜、龙虾等岳阳农业特色资源，出台专门工作方案，推动创建了临湘竹器小镇、华容芥菜小镇、君山龙虾小镇等3个农业产业化特色小镇。国庆长假期间，依托G240沿线特色小镇打造的“乡味长廊”示范带，成为乡村旅游“网红地”，前来“打卡”的游客络绎不绝。

通过努力，近年来，长江、洞庭湖生态环境质量持续稳中向好。一是水清了。2018年，洞庭湖总磷下降为0.069毫克/升（比2015年下降38.3%），2019年1月—9月总磷浓度持续下降为0.061毫克/升（同比上年下降11.6%）。二是景绿了。长江岸线复绿面积达1.3万亩，港口码头复绿47.7万平方米，洲滩复绿率100%。三是候鸟多了。2018年洞庭湖越冬水鸟数量超过24万只，创近10年之最；野生麋鹿增加到164头，江豚稳定栖息达120头。四是群众满意了。在2018年岳阳市经济社会发展十件大事评选中，长江、洞庭湖生态环境治理得到市民群众一致好评。

二、洞庭湖保护和治理是一项系统工程，任重而道远

洞庭湖是我国第二大淡水湖，素有“长江之肾”的美誉，在保障国家粮食安全、维系长江流域生态安全和防洪安全等方面起着不可或缺的重要作用。通过持续努力，洞庭湖水生态环境质量逐步好转，但受江湖关系变化、人为活动等因素影响，湖区水资源短缺、水污染加剧、水生态破坏等问题尚未得到根本性转变，保护和治理任重而道远。

（一）水环境承载能力明显不足

三峡水库建成运行后，长江中游河道清水冲刷下切，平均纵向深度达到2.1米，枯水期洞庭湖成为“地上悬湖”，导致松滋、虎渡、藕池长江三口入湖水量大幅减少，断流提前、时间延长，正常年份断流5—9个月，枯季入湖水量从500亿立方米锐减至80亿立方米（减少80%以上）。天然湖泊面积不断萎缩，低枯期水域面积不足500平方千米，蓄水量不足20亿立方米，水流不进、流不动、留不住、污染重等问题相互交织叠加。

（二）水生态环境问题不容乐观

受长江三口和湘资沅澧四水输入污染影响，加上湖区生产生活污染，洞庭湖水质总体仍为Ⅳ类，主要超标因子是总磷，2018年总磷浓度超出湖库标准0.4倍，其中长江三口总磷年均浓度在0.097—0.114毫克/升，超出湖体Ⅲ类标准限值的0.9—1.3倍，其输入的总磷占入湖总量的60.3%。同时，受过去投肥养殖、围网养殖等因素影响，大通湖、华容东湖等部分内湖水质未达Ⅲ类。湖区一些区域沟渠塘坝淤塞严重，水生植物腐败物堆积，水体发黑发臭。由于水位下降，湿地破碎化、陆域化加快，过去10年间，洞庭湖自然湿地面积减少了24万亩，退化严重，净化功能降低。

（三）农业面源污染和农村生活污染十分突出

自古以来，洞庭湖就是我国粮、棉、油、鱼的重要生产基地，对保障我国粮食安全发挥了重要作用，但粗放式、掠夺式的农业生产方式并未根

本改变。畜禽养殖点多面广，粪污资源化利用率低，污染负荷高。湖区水产投肥养殖、投饵养殖十分普遍，精养鱼塘污染治理基本为空白。农田化肥施用强度为全国平均水平的1.6倍，农业面源污染严重。湖区城乡生活污水处理能力不足，尤其是污水管网建设欠账较多，乡镇建成污水处理设施的比例仅为35%，不少农户生活污水直排。据核算，2017年，湖区畜禽养殖、种植业、水产养殖、农村生活污水总磷排放量分别占总排放量的48.5%、28.2%、8.8%和8.2%。由于背景值高等原因，湖区地下水铁、锰超标，影响饮水安全。

（四）产业转型任务艰巨繁重

总体而言，洞庭湖湖区的产业结构不合理，以食品加工、纺织、石化等为主导产业，初级产品多，精深产品少，尤其是岳阳市，长期以来石化“一业独大”，主要污染物排放仍处于高位。由于标准化、生态化、产业化、品牌化推广不够，“高投入、高产出、高污染、低效益”的生产模式未从根本转变，洞庭鱼米之乡至今没有叫得响的农业品牌，湖区从过去的富庶之地变成发展较慢、相对落后的地区。强力生态环境整治倒逼湖区产业结构调整，污染企业关停并转力度大，传统产业发展受到一定程度影响，而高质量的替代产业不多且短期内难以做强做大，在民生保障、社会稳定等方面面临着较多的矛盾和困难。

（五）体制机制建设亟待完善

由于缺少统一空间规划，完整的洞庭湖湿地生态系统被分割成了3处国际重要湿地、4个自然保护区、1个湿地公园，并将一些不具有保护价值的居民点、乡镇、工业企业等人类活动频繁区域划入保护区（洞庭湖湖泊面积为2625平方千米，4个自然保护区总面积达3076平方千米），加剧了保护与发展的矛盾。由于保护和治理涉及区域、部门较多，职责不清、分工不明，区域同治、江湖同治、干支流同治、水陆同治、城乡同治的协同机制不健全，管理效率低，协调成本高。社会公众参与广度和深度也不够，监督多，实践少。污染者付费的原则还未得到全面落实，如农村居民自建房花费五六十万元不心疼，花费仅两三千元的污水处理设施确要政府兜底买单。湖区湿地生态补偿范围很小，标准偏低，候鸟对农作物的损坏没有相应补偿机制，长江休渔未考虑未办理捕鱼证渔民的补偿和生活安置。

（六）支撑保障能力相对薄弱

“重任务要求，轻条件保障”的问题比较普遍。环境经济政策的制定与实施滞后，一些法律法规相关条款存在冲突，如国家 2001 年发布的《畜禽养殖业污染物排放标准》已不能满足畜禽养殖业实际管控需求。目前国家湖泊水环境质量评价标准对作为过水型、河道型湖泊的洞庭湖而言不尽科学、合理，生态监测网络范围和要素覆盖不全，预警预报能力薄弱，国家层面的专题研究课题较少，畜禽养殖污染治理、池塘养殖尾水净化等先进适用技术研发和示范推广应用不够。作为欠发达地区，地方财政困难，治理整改资金缺口大。基层环境监管力量明显不足，“小马拉大车”的问题较为明显，导致监管中存在一些盲区、死角。

三、抓好长江经济带大保护，要不断致力于生态环境保护治理体系和治理能力现代化

党的十九届四中全会通过的《中共中央关于坚持和完善中国特色社会主义制度、推进国家治理体系和治理能力现代化若干重大问题的决定》，对坚持和完善生态文明制度体系，促进人与自然和谐共生作出了安排部署。洞庭湖保护和治理问题表象在湖里，根源在岸上、在流域，尤其是长江与洞庭湖的江湖关系，需要统筹协调，凝聚各方力量，共同发力。当前和今后相当长一段时间内仍有不少难关要过，不少硬骨头要啃，既要打攻坚战，也要打持久战，必须坚持以问题为导向，以专项整治为载体，不断完善体制机制，强化系统治理、源头治理、综合治理、科学治理、依法治理，持续推进环境治理体系和治理能力现代化，为建设“大美洞庭”提供有力制度保障，为“保护好一江碧水”奠定良好基础。

（一）加强国土空间规划统筹，科学确定用地结构

按照“一张蓝图”的要求，综合考虑湿地保护、工业发展、农业生

产、旅游开发、城镇布局、交通建设等因素，湖南、湖北两省尽快制订出台并严格落实多规融合的《洞庭湖生态经济区规划》，尤其要加快建立“三线一单”制度，保证湖区所有国土空间统一规划、统一管制、统一修复。坚持自然生态系统完整、保护管理统一的原则，在科学调整保护地边界范围和功能分区的基础上，建议国家层面尽快批复设立洞庭湖国家公园。

（二）加强河湖联通工程建设，着力解决水资源短缺问题

建议国家牵头组织研究三峡工程建成运行对下游水资源、水生态、水环境的影响评估和对策研究，制订并严格落实相应的政策措施，研究论证在洞庭湖出湖口建闸蓄水的可行性、必要性。采取“引水、蓄水、配水、活水”等综合措施，国家层面支持湖南省对长江入湖的松滋河、虎渡河、藕池河、华容河采取疏河建闸、建库配水等措施进行综合治理，确保枯水期长江入湖流量达到500立方米/秒左右。继续支持湖区加大沟渠塘坝和内湖综合治理力度，建立定期疏浚机制，逐步解决哑河、灌排渠淤积问题，实施一批退田（垸）还湖、退耕还湿工程，增强河湖调蓄功能，缓解枯水期缺水压力。

（三）加强重点领域污染治理，积极补齐治理短板

按照“抓重点、补短板、强弱项”的原则，加快破解保护和治理不平衡、不充分的问题。突出农村饮水安全工程建设。支持洞庭湖区新建或扩建水库水源工程，提高水源保证率，推动湖区县（市、区）城乡供水一体化，逐步取消地下水水源。突出沿江省份“三磷”整治。要加大力度组织沿江省份实施总磷削减专项行动，明确减排目标，以磷化工、磷肥制造、磷矿开采等行业企业为重点，实施减排工程，以洗涤用品为重点，实施禁磷限磷。突出农村“空心房”整治。农村“空心房”整治和集中建房既可节约耕地和宅基地，又可全面改善农村人居环境，尤其是通过耕地占补平衡及增减挂钩指标交易可以破解资金投入的难题，是目前改善农村人居环境最有效、最可行的途径之一，而且在目前经济下行压力较大的情况下，也不失为一条扩大投资、增加消费的重要渠道。建议耕地占补平衡增减挂

钩指标在全国范围内自由交易，保障富余指标交易的资金和指标需求，助力农村人居环境改造和经济发展。突出农村生产污染整治。正确处理畜禽养殖发展与保护的关系，科学划定“三区”，以县为单位，支持湖区建设一批畜禽粪污资源化利用工程和规模化养殖治理工程。推动出台并严格落实池塘尾水排放标准，加快推进精养鱼塘实施清洁化改造，严格控制天然水域投肥、投饵养鱼。严格落实化肥、农药负增长行动，加快建设生态沟渠、缓冲带等生态拦截与尾水回用工程，拦截和净化农田排水及地表径流，控制农业面源污染。突出农村生活污水整治。按照“厂网一体、建管并举”的要求，加强城镇污水收集管网普查，摸清家底，加快解决污水管网不配套、错接、漏接、损毁等问题。因地制宜新建农村生活污水处理系统，对适宜集中处理的，新建污水集中处理设施；对适宜分散处理的，建设分散式污水处理设施。突出排污口整治。全面查清湖区入河（湖）排污口底数，按照“一口一策”的要求，分类施策，精准治污，加强重点入河（湖）排污口系统整治，有条件地设置人工湿地进行净化处理。

（四）加强新旧动能转换，全面推动高质量发展

按照“生态优先、绿色发展”的要求，国家层面继续加大洞庭湖生态经济区规划实施支持力度，在财税、就业、自然资源、生态环保、金融等方面赋予先行先试权力。结合农业供给侧结构性改革和乡村振兴战略，国家支持洞庭湖区连片建设国家级现代生态循环农业示范基地，加大政策引导、财政投入、科技支撑、品牌培育等支持力度，对照“良种、良法、良田、良态、良品”的要求，推动湖区成为绿色食品、有机农产品主产区，提升农业产出效益，增强农民群众的获得感、幸福感。根据比较优势，针对长江经济带沿线城市产业布局、结构调整、传统产业升级改造、替代产业发展等问题，国家相关部委组织系统研究，加强对地方的指导和支持，尤其在退出企业职工安置、渔民上岸等方面加大政策支持力度。

（五）加强各方责任落实，加快形成齐抓共管合力

针对洞庭湖的保护和治理，在纵向上，进一步明确国家、省、市、县事权；在横向上，进一步细化相关部门的工作职责，按照“党政同责、一岗双责”和“管发展的必须管生态环保、管业务的必须管生态保护、管行业的必须管生态环保”的要求，用好领导干部自然资源资产离任审计、重大环境问题（事件）责任追究办法、环保综合督察等措施，压紧压实各级各有关方面的职责，推进区域联动、水岸共治、江湖共治、防治结合、建管并举，将制度优势不断转化为治理效能。持续加大监管力度，严格落实企事业单位治污主体责任，把生态环境污染破坏的外部成本内部化，避免劣币驱逐良币。深入推进社会公众参加，多领域、多层次广泛推进各类绿色创建行动，进一步增强人民群众的环保意识、实践能力，强化乡规民约的约束、引导作用，推进农村生态环境共治共享。

（六）加强生态文明体制改革创新力度，切实丰富保护和治理手段

完善法律法规。在系统梳理相关法律法规的基础上，把修复长江生态环境摆在压倒性位置，打破行政区域、部门利益，尽快颁布实施《中华人民共和国长江保护法》。同时，针对具体问题，支持、指导地方加强生态环境保护地方立法。完善生态补偿机制。洞庭湖湿地具有长江干流净化池或生态前置库的生态服务功能，建议国家层面将湖区所有县（市、区）纳入国家重点生态功能区统筹范围，中央财政每年安排一定额度的洞庭湖保护和治理专项引导资金，并从长江三峡工程发电收益中提取部分资金对湖区水利工程、城乡污水处理设施和湿地恢复修复等重点工程建设给予支持。健全综合执法体制。落实中央“整合组建生态环境保护综合执法队伍，统一实行生态环境保护执法”的要求，进一步整合自然资源、生态环境、水利、农业农村、交通运输等部门力量，建立省、市、县三级河湖联合执法机制，强化和落实河湖长制。

（七）加强基础能力建设，不断提升支撑保障水平

加强科技支撑。国家层面安排洞庭湖保护和治理科技重大专项，加强基础课题研究，查清总磷污染成因，提出治理对策。围绕芦苇高效开发利用、生活废水低成本处理、饮水安全保障等方面加大先进适用技术及装备研发和示范推广力度。加强监测监管能力建设。支持洞庭湖区建设覆盖环境质量、重点污染源、生态状况的生态环境监测网络，建立水质监测预警

系统，逐步实现流域水质变化趋势分析预测和风险预警。按照工作需求与能力相配套的原则，夯实基础提升监测、监管能力。加强资金支持。建立财政资金投入动态增长机制，整合发改、生态环境、住建、自然资源、水利、农业、林草等方面的资金，发行专项治理债券，完善有关政策，进一步推进合同环境服务、污染治理第三方服务等模式，引导社会资金参与保护和治理。

（2019 年 12 月 13 日）

赴联合国环境规划署、肯尼亚和塞舌尔共和国考察生态环保工作纪实

应联合国环境规划署和塞舌尔共和国环境能源部邀请，2012 年 8 月 22 日—31 日，以我（时任湖南省环保厅副厅长）为团长，由长沙市、湘潭市、益阳市和常德市环保局负责人组成的考察团一行 5 人赴肯尼亚和塞舌尔共和国进行了为期 10 天的生态环境保护和自然保护区建设考察。

考察期间，考察团分别与联合国环境规划署、塞舌尔共和国环保官员进行了会晤和座谈，听取了对方在环境与生态保护领域的做法与成就，考察团介绍了近年来湖南省经济社会发展情况及建设“资源节约型、环境友好型社会”的理念，并就双方共同关心的环保领域政策、法规、技术等方面进行了深入探讨。

8 月 26 日，考察团在联合国环境规划署官员的陪同下参观了联合国驻肯尼亚办公区，并与环境规划署官员就生态保护和生态恢复的国际范围法律法规、生物多样性保护、生态恢复规划等内容进行了交流。联合国环境规划署成立 40 年来，为保护地球环境和区域性环境举办了各项国际性的专业会议，召开了多次学术性讨论会，协调签署了各种有关环境保护的国际公约、宣言、议定书等，并积极敦促各国政府兑现这些宣言和公约，有效促进了环保的全球统一步伐。环境规划署为全球环境基金（GEF）的执行机构之一，GEF 通过提供资金援助和转让无害技术等方式，帮助发展中国家防止气候变化、保护生物物种、保护水资源等，近年来对我国长江流域自然保护与洪水控制、广西防城港红树林示范区等项目进行指导，考察团对环境规划署给予我国的大力指导与支持表示了衷心的感谢。

随后，考察团与肯尼亚共和国环保官员就环境管理工作进行了交流并

现场考察肯尼亚马赛马拉国家公园野生动物及生态保护工作。通过交流，考察团感受到：在肯尼亚这个非洲国家中，无论是政策制定者、民间社团还是普通大众，都对环保“充满热情”，通过成立国家环境管理局，提高了政府的环境监管水平；通过不断加强公众教育，有效普及了环保的重要意义；通过联合环境署推广国家环保行动，拓展了环境保护的影响范围。如该国实施内罗毕河污染治理工程，使得流经非洲最大垃圾填埋场污染河流（汞含量超标 8 倍，重金属镉含量超标 50 多倍）的水质大为改善，达到了饮用水水源标准。在自然保护区管理方面，肯尼亚有许多成功的经验，肯尼亚建有 26 个国家公园、28 处保护区和 1 处自然保留区，占陆地国土面积的 12% 。为保护生态区域和生物多样性，肯尼亚政府出台了相关政策措施：一是制定了系列法律法规，如《环境管理和协调法》《野生动植物保护和管理法》等；二是通过政府补贴和制定保护政策，发动原生态少数民族参与保护区管理，保护原生态旅游和民族传统。如 1977 年颁发禁猎令后，马赛人积极参与旅游开发，用从生态旅游中得到的收入来弥补禁猎的经济损失，促进了经济、社会、生态的可持续发展。肯尼亚国土面积仅 58 万平方千米，人口 4000 余万，但在生态保护力度、深度和广度方面的做法值得我们借鉴，在其境内野生动物随处可见，“动物优先”“保护动物”的理念深入人心。

8 月 30 日，考察团与塞舌尔共和国环境能源部部长就发展旅游与生态保护工作进行了沟通。塞舌尔人口 8. 5 万，陆地面积 455 平方千米，50% 被辟为自然保护区，每年接待成千上万的游客，但依然保持独具魅力的原始风貌。塞舌尔在生态保护方面有严格的政策措施。一是注重学校环保教育。让孩子们从小接受环境保护知识培训，树立环保意识与理念，为管理环境资源打好坚实基础。二是制定法律政策。塞舌尔有严格的旅游发展法律政策，如项目在规划审批前，必须进行环境影响评估（EIA），评估报告必须再进行公示；若涉及公众利益的项目还需征求公众意见，实行公众参与，最终经官员讨论、专家评审同意后方可实施。三是通过控制旅游人流来保护生态环境。入境塞舌尔的游客除了护照、机票等证件外还必须出具已经预订酒店房间的资料，该国通过控制旅游人流量等措施来严格保护生态环境。

通过此次访问，考察团学习了解了联合国在环境与生态保护方面的举措，与肯尼亚、塞舌尔之间增进了政府间的了解，尤其是肯尼亚和塞舌尔在环保领域的先进经验给考察团成员们留下了深刻印象，其在生态建设、保持资源开发和环境保护均衡发展等方面对湖南环保工作的开展提供了许多有益的借鉴。

第一，突出可持续发展的规划理念。科学制定生态建设规划，突出规划的龙头作用，按照新时期、新形势对生态建设的要求，立足湖南实际，以可持续发展的理念完善全省生态建设规划。完善产业空间布局，大力发展循环经济和低碳经济，逐步形成节约资源能源和保护生态环境的产业结构和发展模式。

第二，顶层设计生态资源开发。湖南省生态资源丰富，拥有张家界、洞庭湖、衡山、大围山等众多知名生态旅游风景区，生态开发潜力无限。在开发中必须注重处理好资源利用与生态保护的关系，协调好发展生态旅游与居民利益的关系，实现经济效益、社会效益、生态效益有机统一。要建立“以旅游谋发展，以利民促保护”的发展模式，将周边居民纳入生态旅游发展与环境保护体系中来，让居民参与生态旅游的规划与开发，让居民参与生态旅游的经营与管理，让居民成为环境保护的主体，让居民从中获得足够的利益，实现“利益共享”，形成良性循环。

第三，积极创新生态旅游管理模式。目前，湖南省开展生态旅游的各类森林公园和自然保护区在行政上隶属于不同部门，如自然保护区由农业、林业、水务、环保等部门分头管理；从地域上来说，同一个风景区周边地区往往又隶属于不同县（市、区），从而使各生态旅游区产权关系模糊，政出多门。同时，旅游景区政企不分，管理单位直接从事景区经营活动，不利于管理，也不利于生态环境保护。应积极探索对开展生态旅游的各级旅游区实行统一归口管理的有效办法，提高管理效率，形成管理合力，促进环境保护。

第四，严格执行生态建设法规、标准和政策。建立有利于推进生态文明建设的法规体系，重点要在发展循环经济、实施清洁生产、资源保护开发利用和环境保护等方面出台配套的法规、标准及政策。要通过严格监督执法，着力增强法律法规的强制约束力。

第五，大力强化全民生态文明意识。深入广泛开展生态文明宣传教育和知识普及活动，将生态文明建设内容纳入国民教育体系，倡导适度消费、勤俭节约的生活方式。把生态环保法律法规、道德规范内化为个体的生态文明意识，把生态文明意识外化为自觉的生态保护行为，将生态文明的理念渗透到生产生活各个层面和千家万户，提高全体社会成员投身生态文明建设的自觉性。

（2012 年 9 月 12 日）

因地制宜 多措并举 有效破解农村垃圾处理难题

——湖南农村垃圾污染治理的调研与思考

随着社会经济发展和人民生活水平的提高，农村垃圾污染问题日益凸显，“污水靠蒸发、垃圾靠风刮、室内现代化、室外脏乱差”一度成为农村环境污染的形象写照。为了改变这种状况，近年来湖南省在环保部、财政部的大力支持下，选择部分县乡开展了以解决垃圾污染为重点的农村环境综合整治。

一、湖南农村垃圾污染治理的主要做法

2010 年，湖南省被环保部、财政部确定为全国第一批农村环境连片整治示范试点省，按照建设“清洁家园，清洁田园，清洁水源，清洁能源”的目标，湖南省共投入近 23 亿元，采取“一竞（竞争立项）、二化（宣传培训全民化，设施建设规范化）、三创（创新体制机制，创新融资渠道，创新管理模式）、四结合（与农村实际相结合，与强农惠农相结合，与生态创建相结合，与整体推进相结合）”的方式，对 93 个县（市、区）1046 个村庄开展农村环境连片综合整治，受益人口 230 万人，整治成效显著，得到了广大人民群众的衷心拥护和中央领导的充分肯定。特别是各地在农村垃圾污染治理方面探索了一些有效的方法和模式。

（一）市场主导型

攸县探索市场化运营机制，成立资源回收公司和建设回收站点网络，以“六定”法有效回收利用生产、生活垃圾，变废为宝，化害为安。全县年产生活生产性废旧物资约 20 万吨，85% 以上农村生活垃圾得到了就地处

理，垃圾无害化处理率达到100%。可回收垃圾潜在价值5亿元，通过精细化处理，可实现产值约10亿元，产生了良好的环境、社会和经济效益。

一是完善市场。县委、县政府专门出台了《关于深入推进再生资源回收利用工作的实施意见》，明确再生资源回收利用的工作目标、回收方式、重点任务以及保障措施。采取政府引导、市场主导的方式，由县供销社注册1000万元组建县再生资源回收公司，充分利用乡（镇）、村原有闲置房产，按照“布局合理、方便群众、便于转运、管理规范”的原则，投资300多万元建设回收网点，实现规划、标志、着装、价格、衡器、车辆、管理“七个统一”。同时，在县城配套建设一座占地500亩的再生资源产业园，一期建设一个规范化、专业化、标准化的年分拣处理再生资源20万吨的花园式中心，二期计划建设废塑料、废金属等加工企业。二是规范回收。采取“六定”方式开展资源回收。定地点：全县原则上“一乡一站，一村一点，一点一人”，各回收站点统一挂牌，公布相关信息，方便居民及回收人员送售和收购；定时间：回收公司、回收站、回收点分别负责编排和公布到各乡（镇）、村、村民小组的收购时间；定种类：按可回收利用和不可回收利用对废弃物资分类。可回收利用的由公司收集分拣后，销售给加工利用企业，不可回收利用的大部分在村内就地处理，煤灰、石块等用于铺路填坑，剩饭菜、瓜果皮收集至沤肥池或沼气池进行集中堆沤，发酵后作为有机肥料肥田，秸秆、稻草、木屑等进行焚烧处理，有毒有害的，如废旧农药瓶、电池等则由各站点收集后，交公司统一进行无害化处理；定价格：根据实时市场行情，在全县范围内公布各类废旧物资收购指导价。从农户到县资源回收公司，整个回收环节户、村、乡（镇）、县各级均按市场机制确定合理价差；定规则：全县废旧物资由回收公司安排回收人员持证按统一价格、种类、时间和地点依规收取，无证、违规收取的由相关部门进行处罚；定职责：明确回收公司、站点、回收人员和各乡镇以及城乡同治办等相关部门的职责，建立健全“县回收公司+乡镇回收站+村级回收点+流动回收人员（保洁员）”的运作模式，形成“户分类、村（社区）收集、镇中转、县处理”的运行机制。三是政策扶持。制定出台优惠政策。国土、工商、税务、金融等相关部门在资金、用地、税费、服务等方面对县再生资源公司给予支持，采取争项、减税、贴息、融资等办法，加快推进再生资源产业园建设。建立价格补贴机制。为确保量多、质轻、价值低的白色垃圾和有害有毒废弃物资应收尽收，全县对村组、村、乡（镇）三级回收人员，根据回收站点所覆盖农村人口数量，按照3元每人每年的标准由财政给予补贴，回收员绝大部分收入来自回收资源过程中所赚取的差价，其他则来自县财政补贴，每人月收入能达1500元以上，村组公共区域保洁员的固定工资为1000元，由县财政统一支出，部分村组由农户适当出资，确保有毒有害垃圾收集到位和回收员、保洁员正常履职。四是考核奖惩。把农村垃圾整治和再生资源回收利用作为考核乡镇和村组城乡同治工作的重要内容，科学设置考核指标，严格进行考核，以自然村为单位，实行一月一检查，一季一调度，一季一排名，根据考核结果，对考核达标的村给予一万元的奖励，对考核不合格的村则给予一万元的处罚。

（二）政府主导型

长沙市、株洲市、张家界市以及长沙县、汉寿县、大通湖区等把农村环境综合整治作为政府重要职责，在农村垃圾治理工作中，以不断加大投入和强化目标考核为主要抓手，探索了“政府主导、城乡同治、多措并举、综合施策”的农村环境整治模式。

1. 投入主导模式

长沙市以开展环境保护三年行动计划为抓手，各级政府不断加大对农村环保基础设施和保洁队伍的投入，建立起了全覆盖的农村垃圾收集处置体系。2008年开始，长沙市开始实施环境保护三年行动计划，为解决农村生活垃圾治理资金问题，市政府制定了《环境保护三年行动计划补助资金管理办法》，建立市、县、乡三级财政补助制度。市财政给予每个乡镇30万—50万不等的建设资金，每村每年1.2万元的运行资金，县级财政按照1∶1给予配套，乡镇根据实际安排部分补助资金。通过计划实施，全市98个乡镇建成乡镇垃圾中转站73个，村级垃圾收集站810个，各类垃圾收集池（筒）65万个，建立了全覆盖的农村垃圾收集处置体系，并从2010年起评选农村环境卫生“十佳十差乡镇、村”，有力促进了农村垃圾处置。

长沙县将城乡居民的生产生活垃圾处置全面纳入政府公共服务范畴，

加大财政支持力度。每个乡镇都成立一个专业环保合作社（保洁公司）和一支河港常年清污保洁队伍。按照“公共区间卫生员、生态环保监督员、资源垃圾回收员、一年四季宣传员”的要求，乡镇环保合作社和村（社区）保洁员的数量必须达到规定配备比例，目前全县农村配备了1600余名保洁员，根据地域和责任区间不同，保洁员工资在700—1500元不等。采取“乡镇自主，因地制宜，一户一桶，一组几池”的办法，建立了“户有垃圾桶、组有收集池、村有集中收集点、镇有垃圾中转站、县有集中填埋场”的垃圾处置体系。垃圾处置纳入乡镇、村、组绩效考核，与评先评优、以奖代投挂钩，每月对各村考核排名，进行奖罚，保洁员实行包片责任制，工资分为保底工资和绩效工资，每月根据农户考核情况汇总，季度兑现，奖好罚劣，县生态办、爱卫办全年开展4次检查和监督。

2. 责任主导模式

株洲市委、市政府出台了《关于加强农村环境综合整治全面推进城乡同治工作的实施意见》，成立由市委书记、市长为顾问，市人大常委会主任和市委组织部长为总督察，常务副市长为领导小组组长，22个市直单位一把手为成员的农村环境综合整治工作领导小组，全面推进农村环境综合整治。一是明确目标。确立了“四清三基二统一化”（四清：清洁家园、清洁水源、清洁田园、清洁能源；三基：农村基本不见垃圾，基本消除马路市场，农户基本完成“四改”；二统：农村垃圾统一分类处置，中心镇污水统一集中处理；一化：大力推进路边、屋边、水边绿化）的农村环境综合整治目标。二是强化考核。建立“周考核、月评比、季讲评、年终总评”制度，对各县（市、区）实行严格分级考核，对乡村和镇区采取分块考核、分类计分，将考核结果列入县（市、区）政府和市直单位的政绩考核内容，并与财政资金拨付挂钩。市、县财政每年投入2000万元，用于“以评促建、以奖促治、以罚促改”的考核工作。每月排名第一的县（市、区）奖励100万，第二名奖励50万，第三名奖励20万，第四名不奖不罚，末名的罚款50万，并在媒体公布；对连续两月排末名的县（市、区）长在电视台向全市人民表态；对连续三次排末名的党政一把手调整工作岗位。县（市、区）对乡镇、乡镇对村、村对组和农户逐级进行考核评比，严格责任追究。同时，要求各县（市、区）将上年可支配性财政收入的千分之五用于农村环境综合整治。

2009 年，张家界市委、市政府决定用三年时间集中开展农村垃圾治理。明确要求党政一把手必须亲自牵头搭建班子、组织队伍、安排调度。将农村垃圾治理工作纳入全市绩效考核体系，纳入为民办实事内容，作为评先评优重要依据。将工作目标任务进行层层分解，任务到位、责任到人，对工作严重滞后，落实不力的领导及责任人员进行问责。市财政给予验收合格的乡镇 5 万元“以奖促治”奖励资金，不合格的则给予扣罚，单位主要负责人必须说明理由，单位领导当年不得评先。截至 2012 年底，全市 94 个乡镇、1385 个村开展了农村垃圾治理工作，经市级验收全部合格。

（三）村民自治型

石门县子良镇廖家冲村老干部、老党员及保洁员自发成立环卫协会，制定村规民约，每月向本村村民及商户收取 10 元的垃圾清运服务费用，专门负责垃圾整治和卫生保洁的督促及宣传工作，协会成员通过查看公路、溪河沿线和农户房前屋后的卫生情况，进行检查评比，张榜公示，村容村貌明显改观。罗坪乡长梯隘村大型公益活动都由村民义务出工，该村成立了 7 支义务保洁队伍，村内公路卫生划段标名，分到农户。每季度进行卫生检查，检查标准和评比结果同时公示，进行适当奖惩，彻底改变了脏乱差的旧貌。该县及时总结和推介廖家冲、长梯隘村好的做法，目前全县基本形成了以村民自治为主体的农村垃圾收集、清运和处理体系，农村垃圾整治工作由政府推动变成了村民自我约束、自主治理，探索出了一条农村垃圾污染治理的新路。通过村民自治，改变了农村环境面貌，夯实了生态创建基础，全县创建了 102 个国家级、省级生态村，213 个市级生态村，市级以上生态村达到 92.3%。

二、关于湖南农村垃圾污染治理的几点思考建议

一要以县（市、区）为单位，对农村环境整治进行综合统筹。在县（市、区）人民政府的统一领导下，全面规划、统一部署，营造浓厚思想舆论氛围，财政保障必要经费投入，分级安排相应领导力量和工作力量，建立县统筹、乡负责、村落实的工作责任机制，各方面协调行动抓好落

实。二要坚持因地制宜，分类指导。在总的运行模式上，坚持“政府主导、市场推进、村民自治”三方面有机结合；但具体到一个地方，政府投入的力度，市场机制发挥作用的环节，对村民自我组织的要求，以及整治工作的步骤和目标，则应视地方经济发展水平、群众思想状况以及环境污染严重程度区别对待。三要始终坚持充分发动和依靠群众搞好垃圾治理。农村垃圾治理涉及千家万户，一年三百六十五天天天有事做，必须充分发动群众，以家庭为基本单位，把垃圾污染自治的第一道工序搞扎实。首先要最大限度地减少垃圾产生量，节约资源，尽可能少用产生废物的生产生活资料。其次是自觉对垃圾进行分类，将可降解的部分进行降解处置。最后要积极配合乡、村有关机构和人员（包括废旧物资回收人员）搞好可回收利用及需集中处置垃圾的处置工作。只有充分发动并依靠广大村民，农村垃圾治理工作才可持续。

（2013 年 5 月）

洞庭湖区环境综合治理对策研究

一、洞庭湖区域基本概况

（一）自然环境概况

洞庭湖位于湖南省北部，长江中游荆江河段南岸，北纬 27°39′—29°51′，东经 111°19′—113°34′之间。洞庭湖东、南、西三面环山，北部呈敞口的马蹄形盆地，因湖盆不等量掀斜和淤积的不平衡，形成了整个洞庭湖平原地势呈现北高南低、西高东低的倾斜形势，导致洞庭湖向东南迁移，西北高，东南低，核心湖体呈近似“U”字形。目前湖体面积为 2625 平方千米，为我国第二大淡水湖。洞庭湖是亚洲最大的内陆湿地保护区，也是世界自然基金会认定的全球 200 个生物多样性热点地区；是国家重点生物多样性保护和世界淡水鱼类优质种资源基因库；是长江最重要的调蓄湖泊，具有重要生态功能。

（二）水文水情概况

洞庭湖北纳长江的松滋、太平、藕池三口来水（调弦口已于 1958 年冬封堵），南和西接湘、资、沅、澧四水，由岳阳市城陵矶注入长江，湖区多年平均（1956—2012 年）入湖径流量 2823 亿立方米，约占长江多年平均入海径流量的 1/3，其中来自长江三口 874 亿立方米，占 31. 0%，来自四水 1656 亿立方米，占 58. 7%，来自洞庭湖区间 293 亿立方米，占 10. 3%，多年平均水深为 6. 39 米。多年平均入湖泥沙量为 1. 3115 亿吨，其中三口、四水分别为 1. 0339 亿吨和 0. 2463 亿吨，分别占 78. 8% 和

18.8%。洞庭湖目前分隔为东洞庭湖、南洞庭湖和西洞庭湖三个核心湖体，湖区外围形成数量众多的内湖、港汊和沟渠，河流曲折交织，湖荡星罗点缀，堤垸纵横，水系复杂。

（三）社会经济概况

洞庭湖区域范围是指以洞庭湖为腹地的湘、资、沅、澧四水尾闾、长江入湖口洪道以及受堤垸保护的区域，在行政区划上，包括湖南省岳阳市、常德市、益阳市及长沙市的望城区和湖北省荆州市，共33县（市、区），总面积6.05万平方千米，总人口约2200万人，其中湖南省辖25个县（市、区），面积约5.52万平方千米，人口约1720万人。以洞庭湖区域为基础构建的《洞庭湖生态经济区规划》2014年4月已经得到国务院批复。

洞庭湖区域历史文化悠久，物产丰富，是我国重要粮食、油料、蔬菜、畜禽水产品基地。湖区种植面积134.13万公顷，水产养殖面积26.33万公顷。洞庭湖区域依托湖区资源、区位等综合优势，具备较好的工业基础与发展条件，形成了以装备制造、石化、造纸、轻纺等支柱产业为主、特色鲜明的工业产业体系。2014年，洞庭湖区GDP为6906.6亿元，占全省GDP的1/4。

二、洞庭湖区域水环境质量状况

（一）洞庭湖水质状况

洞庭湖水质污染呈逐年加重趋势，存在较大的环境安全隐患。主要体现在：湖体水质总体为轻度污染至中度污染，多数内湖（库）水质劣于Ⅲ类，大部分沟渠淤积严重，黑臭水体问题突出，地下水地质性原因铁锰超标普遍。

1. 湖体水质状况。近十多年来，洞庭湖湖体的水质在Ⅳ类至Ⅴ类之间，总体为轻度污染至中度污染。2014年，11个国控断面中，10个断面为Ⅳ类水质，1个断面为Ⅴ类水质。主要超标因子为总氮和总磷。近十多年来，湖体总磷、总氮超标频率分别在83%和90%以上，两者的年均浓度都超标。

2000—2014 年，洞庭湖湖体的总氮年均浓度在 1. 02—2. 06 毫克/升之间，呈逐年上升趋势。其中，东洞庭湖的总氮浓度相对最高，南洞庭湖次之，西洞庭湖最低。

2000—2014 年，洞庭湖的总磷浓度在 0. 066—0. 146 毫克/升之间，呈波动式变化。其中，西洞庭湖的总磷浓度相对最高，南洞庭湖次之，东洞庭湖最低。

此外，洞庭湖还出现氨氮、化学需氧量、五日生化需氧量、溶解氧、高锰酸盐指数等偶尔超标的现象。

2. 内湖（水库）水质状况。282 个内湖和 2878 个水库监测调查结果显示，Ⅰ至Ⅲ类水质内湖个数占 29. 4%，劣于Ⅲ类水质的内湖个数占 70. 6%；Ⅰ至Ⅲ类水质水库个数占 68. 4%，劣于Ⅲ类水质水库个数占 31. 6%。

3. 沟渠水质状况。2014 年洞庭湖区纳入调查统计的沟渠总数量为 71466 条，总长度为 95403 千米，其中 11. 7% 的沟渠出现了不同程度的黑臭问题。黑臭问题突出主要是因为水体有机污染负荷较大，局部水域流动性较差和沟渠淤积引起的。

4. 饮用水水源水质状况。2014 年洞庭湖区县级以上集中式饮用水水源地地表水达标率为 88. 9%。洞庭湖平原地区地下水由于地质性原因铁锰超标较为普遍且由来已久。

（二）湖体富营养化状况

2014 年洞庭湖整体为中营养，全湖综合营养状态指数是 47. 7。东洞庭湖综合营养状态指数（49. 1）高于西洞庭湖（46. 2）和南洞庭湖（46. 6）。夏、秋季富营养化风险较高，局部水域达到轻度富营养。

近十多年来，洞庭湖综合营养状态指数呈上升趋势。三峡蓄水前综合营养状态指数长期维持在 30—40 之间，处于中营养水平。自 2003 年三峡蓄水以来，洞庭湖富营养进程加快，2010 年达到 50. 1，处于轻度富营养水平。东洞庭湖营养程度相对较高，局部水域多次出现蓝藻水华现象。

（三）湖体水生生物状况

三峡蓄水以来，湖体水生生物中底栖动物物种数有所下降，优势种出现了耐污种；藻类密度总体呈上升趋势，优势种以富营养种为主。三峡运行前后洞庭湖底栖动物平均物种数由57种下降至50种；东洞庭湖优势种由清洁种蜉蝣转变成了中等程度耐污的环棱螺和河蚬，西、南洞庭湖的优势种转变为耐污的苏氏尾鳃蚓，反映了一定程度的水质污染。三峡运行前后洞庭湖藻类平均密度由8万个/升增至30万个/升；浮游植物优势种由中营养型的硅藻转变为富营养型的鱼腥藻和隐藻，表明洞庭湖水体富营养化加重。

三、主要环境问题成因分析

（一）江湖关系演变，水资源量减少，水环境承载能力下降

1. 长江流入洞庭湖的水量减少。近年来，三峡水库及长江上游水库群建设，改变了长江的天然流量过程。特别是清水下泄造成长江干流冲刷、河床下切，松滋、虎渡、藕池三口断流提前、时间延长，造成长江有水却进不了洞庭湖，长江通过三口分流入洞庭湖的水量大幅减少。据统计，在四水来水水量基本稳定的情况下，三峡蓄水以来三口年均分流量由1956—1966年的1331.6亿立方米减少到2003—2008年的500亿立方米，减少了831.6亿立方米，衰减幅度达62.5%，其中枯季（12月—次年4月）入湖水量从约500亿立方米减少至80亿立方米，减少了80%以上。

2. 四水和长江分流来水蓄不住。洞庭湖区地势平坦，建库条件受限，多年来未兴建蓄水能力较强的大型蓄水工程，水资源时空调蓄能力严重不足。受长江干流河道冲刷下切与三峡水库下泄流量共同作用影响，洞庭湖水位变化较大。三峡蓄水后（2003—2010年）岳阳城陵矶出口年平均水位较蓄水前（1999—2002年）下降0.53米，月平均水位最大降幅1.84米，导致出流加快，四水和长江分流来水蓄不住。同时，洞庭湖枯水时间提前、水位降低，加剧了滨湖地区水资源短缺，局部地区城乡生活生产用水困难，过去有名的“水窝子”正演变为典型的缺水区，特别是洞庭湖北部

的南县、华容县、安乡县等地逐步演变成为湖南省第四个干旱区。

3. 湖垸之间水体交换受阻。垸内水体与外河的天然水力联系阻隔，造成湖区垸内水体的流动性极差。受不规范的人类活动以及长期以来的投入不足、管理不到位等影响，洞庭湖区诸多内湖、哑河、排渠等被填满或侵占，大部分河湖沟渠淤积不断加剧。同时，受三峡蓄水后洞庭湖水位下降的影响，沿河沟渠涵闸不能正常引水，致使垸内与外河水体交换减少，垸内内湖、沟渠基本是一潭死水，水体的自净能力和环境容量不断减弱，部分内湖、河段暴发蓝藻生态灾害的概率增加，垸内水资源短缺和水环境恶化问题呈加剧态势。

4. 水环境承载能力下降。长江来水减少及四水和长江来水蓄不住，直接导致洞庭湖的水环境承载能力下降，进而影响洞庭湖水环境。一方面，洞庭湖来水减少，水位降低，换水周期延长，从而导致洞庭湖水环境容量减少，水环境承载能力不足。另一方面，三峡蓄水后（2003—2012 年）入湖沙量显著减少，较蓄水前（1996—2002 年）年均减少 0.6427 亿吨，其中，三口入湖沙量减少量占 88.4%，四水入湖沙量减少量占 10.1%，使得湖体透明度增大，藻类光合作用增强，有利于藻类的生长和繁殖，从而导致富营养化进程加快。东洞庭湖 9—10 月因受藕池断流的影响，君山东北至西北部大部分水域成为缓流区，小部分水域甚至成为静流区，在气温仍然较高等因素的综合作用下，出现水华现象。

（二）入湖河流污染物输入对洞庭湖湖体水质影响大

湘资沅澧四水及松滋、虎渡、藕池是洞庭湖的主要径流来源。多年来，湘江、资江入湖口断面总氮年均浓度均高于洞庭湖湖体；沅江和松滋河入湖口断面总磷年均浓度均明显高于湖体，主要原因是沅江干流贵州入境断面总磷持续多年严重超标（2014 年入境断面最大超标倍数达到 2.7 倍），松滋河总磷年均浓度明显高于湖体（2014 年松滋口上游荆江观音寺断面总磷年均浓度是湖体的 1.7 倍）。据统计（表 1），2014 年经由四水输入洞庭湖总氮 37.40 万吨，占入湖河流总量的 73.7%；总磷 1.39 万吨，占入湖河流总量的 59.9%；沅水和湘江总氮、总磷输入量占主导。经由三口输入洞庭湖总氮 13.34 万吨，占入湖河流总量的 26.3%；总磷 0.93 万吨，占入湖河流总量的40.1%；松滋总氮、总磷输入量占主导。

四水、三口输入洞庭湖总氮、总磷分别为50.74万吨、2.32万吨，约占各源（入湖通量、农业面源、工业源、生活源）汇入洞庭湖总氮、总磷总量的70%左右。入湖河流氮、磷等污染物输入对湖体水质起重要作用。

表1　2014年四水、三口输入洞庭湖总氮、总磷统计表

入湖水系		总氮（万吨）	占比（%）	总磷（万吨）	占比（%）
四水	湘江	15.32	30.2	0.39	16.8
	资江	4.84	9.5	0.14	6.0
	沅江	14.51	28.6	0.73	31.5
	澧水	2.73	5.4	0.13	5.6
	小结	37.40	73.7	1.39	59.9
三口	松滋	8.86	17.5	0.58	25.0
	太平	1.77	3.5	0.11	4.8
	藕池	2.71	5.3	0.24	10.3
	小结	13.34	26.3	0.93	40.1
四水、三口合计		50.74	100	2.32	100

（三）湖区城镇化与工农业持续发展加剧了洞庭湖区的污染

1. 农业种植养殖业污染突出。2014年湖区种植面积2012万亩，化肥施用量折合每亩49.88公斤，是全国平均水平的近2倍；农药施用量折合每亩1.23公斤，是全国平均水平的1.38倍。生猪养殖户共27万多户，年出栏生猪1800余万头，污染设施配套建成率仅为26%。湖区约83%的内湖和47%的水库开发水产养殖，每亩水面平均投放混合饲料315公斤，有的直接投放人畜粪便、化肥。由于种养不平衡，产污高治污低，其流失的磷、氮污染突出。据统计（表2），2014年农业面源、生活源和工业源共向环境排放总氮14.90万吨、总磷1.21万吨。农业面源占比分别高达68.5%和79.3%，其中畜禽养殖污染尤为突出，总氮、总磷排放量分别占54.3%和69.8%；种植业污染次之，总氮、总磷排放量分别占42.5%和24.0%。农业种植养殖业污染是堤垸内湖（库）、沟渠等水体水质恶化与富营养化的主因，同时也是影响洞庭湖水环境的重要原因之一。

表2　2014 年湖区工业、农业、生活源总氮、总磷排放量统计

污染来源		总氮（万吨）	占比（%）	总磷（万吨）	占比（%）
农业面源	种植	4.33	42.5	0.23	24.0
	畜禽养殖	5.54	54.3	0.67	69.8
	水产养殖	0.33	3.2	0.06	6.2
	小结	10.20	68.5	0.96	79.3
生活源	生活污水	3.49	23.4	0.25	20.7
工业源	工业废水	1.21	8.1	–	–
合　计		14.90	100	1.21	100

2. 城镇人口增长迅速，污水处理能力不足，生活污水污染负荷增加。过去 10 年间，洞庭湖区城镇人口增长 50 多万，生活污染物排放量加大。据统计，2014 年洞庭湖区建制镇 283 个，常住人口 672 万人，日产生活污水 117 万吨，配套污水处理设施共 55 套，设计总处理能力 110 万吨/日。由于管网不完善、雨污分流不彻底，污水收集率低，实际处理率只有 52.8%。洞庭湖区大于 1000 人的集镇有 711 个，常住人口 556 万人，日产生活污水 66 万吨，配套污水处理设施 27 套，设计总处理能力 23 万吨/日，污水处理率仅为 15.2%。与建制镇的情况相比，集镇污水处理能力明显不足。2014 年生活污染源总氮排放量为 3.49 万吨，总磷排放量为 0.25 万吨（表2），分别占湖区污染源总氮、总磷排放总量的 23.4% 和 20.7%，也是导致湖区水环境污染加剧的重要原因之一。

3. 工业结构性水污染明显，对局部水域的影响不容忽视。近几十年来，造纸、化学原料及化学制品制造业、农副食品加工和石油加工业等以排放水型污染物为主的行业成为区域的优势行业，也是重点发展的行业，导致行业结构型水污染明显。2014 年工业废水排入洞庭湖的主要工业企业 987 家，年排工业废水 18670 万吨，年排化学需氧量 3.178 万吨、氨氮 0.604 万吨。其中，化学需氧量的排放主要集中在造纸（23.7%）、化学原料及化学制品制造业（20.0%）和农副食品加工业（13.2%）；工业氨氮的排放主要集中在化学原料及化学制品制造业，占 78.0%，其次是造纸业和农副食品加工业，占 12.6%。洞庭湖区石油加工业工业废水、化学需氧量和氨氮排放量占有较大比重，但因排入长江对洞庭湖水环境基本无影响。化学原料及化学制品制造业、造纸业和农副食品加工业是导致洞庭湖局部水域污染的主要行业。

四、环境综合治理对策

1. 应对江湖关系新变化，加快解决水资源短缺问题。坚持“蓄、引”结合，“引江、引湖”并举，“垸内、垸外”统筹，全面提升城乡供水保障，增强水环境承载能力。一是恢复和稳定长江入流。疏挖松滋河、虎渡河和藕池河主干河道，恢复和增加三口进入洞庭湖的水量，实现主干河道常年不断流；通过华洪运河引长江水入华容河，解决华容河水系地区的供水需求。二是增强河湖调蓄能力。近期建设松滋东支大湖口河等河道型平原水库及大通湖等内湖、哑河水源工程；建设松滋河西水东调工程，调水解决藕池中支以西安乡及南县大部分堤垸垸内供水灌溉和生态用水水源；配套建设洞庭湖北部地区垸内水资源配置工程，重点解决北部地区水资源短缺问题。三是构建河湖连通生态水网。垸内渠系清淤疏浚，治理黑臭水体，解决水流不动、灌排不畅及水环境差的问题，恢复垸内沟渠的连通性和输水能力；实施河湖连通等工程，构建水清岸绿、丰枯调剂、多源互补、调控自如的江河湖库生态水网。

2. 转变经济发展方式，源头减少水型污染物排放。按照生态文明理念，坚持开发与保护并重，加快推进洞庭湖流域经济发展方式转变。一是优化产业结构。坚持生态环保优先严格项目准入，促进区域产业结构优化升级。严格控制对湖区生态可能产生较大负面影响的项目，特别是废水排放项目，既从政策和法律角度严把单个项目的合规合标关，又严控各类开发建设项目的总量和节奏，控制开发强度；按期淘汰落后产能，实施“等量淘汰（置换）”或“减量淘汰（置换）”。二是推进清洁生产。鼓励企业实行清洁生产和工业用水循环利用，对《重点企业清洁生产行业分类管理名录》规定的二十一类行业重点企业实行强制性清洁生产审核，对区域内所有制浆造纸企业、焦化企业、化工企业、有色金属矿采选业、有色金属冶炼及压延加工业、黑色金属冶炼及压延加工业实行强制清洁生产审核。

三是发展低碳经济。大力推广一批节约能源技术、可再生能源技术，着力开发低碳或无碳新能源，推进城市的低碳发展，鼓励全社会合理消费，引导市民低碳消费，构建节能消费模式。四是发展循环经济。全面推行循环型生产方式，鼓励产业集聚发展，促进企业循环式生产、园区循环式发展、产业循环式组合；提倡生态循环农业发展；推进再生资源回收利用。

3. 推进流域水污染防治，重点保障湖区和上游流域清水入湖。一是突出农业面源污染治理。科学划分畜禽禁养区、限养区和试养区，加大畜禽养殖污染防治设施建设；湖区所有河流、湖泊、水库、公共水域全面禁止围网养殖和投肥养殖，建立清洁健康养殖模式；大力推广高效、低毒、低残留化学农药和生物农药，减少化肥和农药使用；开展覆盖全湖区的农村环境综合整治。二是强化城乡生活污染治理。加快城镇生活污水处理设施建设与改造，实施脱氮除磷深度处理，湖区及入湖河流沿岸所有县城和镇区人口达到一定规模的重点镇实现污水处理设施建设全覆盖；推进城乡垃圾无害化处理项目建设，提高处理能力和水平。三是加大工业污染控制力度。集中治理工业集聚区水污染，突出造纸、焦化、氮肥、有色金属、印染、农副食品加工、农药、电镀等涉水污染重点行业的整治，严格监管工业企业达标排放。四是加强入湖河流、湖区重点河湖综合整治和保护。强力推进省政府“一号重点工程”及湘江流域保护和治理三个“三年行动计划”，摸清其他三水污染底数，全面启动资江、沅江和澧水流域污染综合治理；采取截污导流、污水治理、生态修复、水资源调配等多种手段，切实改善湖区污染严重、影响大的水域；全面推动水质良好湖泊开展生态环境保护试点，力推洞庭湖纳入试点范围。五是将总磷和总氮作为水污染物总量减排试点。以水环境质量改善为主线，实施环境质量和污染排放总量双控、协同控制，开展总氮、总磷总量控制试点。六是建立洞庭湖水环境保护联防联控协作机制。加强湖南与贵州、重庆、湖北等相邻省份的沟通协调，进一步完善洞庭湖水环境保护联防联控协作机制，综合治理洞庭湖外源性污染。

4. 划定生态保护红线，逐步完善生态补偿机制。一是建立生态保护红线制度和分区环境管理制度。在洞庭湖生态经济区范围内以县域为单元全面推进环境功能区划工作，编制各县（市、区）环境功能区划，划定并严守生态保护红线，建立确保生态保护红线和分区环境管理落实的制度体系，以维护洞庭湖湿地生态系统功能，保障洞庭湖生态经济区生态环境安全和人民群众健康。二是逐步完善生态补偿机制。推动国家出台生态环境补偿政策，将洞庭湖地区纳入国家生态补偿试验区，建立洞庭湖流域水资源和湿地生态补偿机制，按照不同的生态功能区制定对应的补助标准。增加财政投入，加大对洞庭湖地区生态环境保护的转移支付、补偿支持力度。探索市场化生态补偿机制，建立健全考虑资源稀缺程度、环境损害成本的资源环境价格形成机制。

（2014 年）

关于流域水环境跨区域环保协作的调研

——以湘江流域为例

湘江——长江的重要支流，是湖南省内最大的河流，流经9个市67个县（市、区），沿岸农业、工业发达，是湖南省人口最稠密、城市化水平最高、经济社会文化最发达的区域。2010年湘江流域地区生产总值12205亿元，规模工业增加值4842亿元，人口总量3774万人，分别占全省的76.7%、82.2%和57.3%，城镇化率47.2%。2007年12月，中央批准长株潭城市群为全国“两型社会”建设综合配套改革试验区；党的十八大把生态文明建设放在突出地位。湖南省紧紧抓住这个契机，率先在全国把“两型社会”建设作为推进生态文明建设的突破口。但近年来随着湘江流域内经济与社会的不断发展，环境问题也日益突出，特别是跨区域环境污染事件的频频发生，导致湘江流域的跨区域环保协作压力与日俱增。跨区域环保协作机制致力于加强政府与社会间、政府部门间纵向、横向的联系与协作，为从根源上解决湘江流域环保问题提供理论依据，为相关政策及法律、法规的制订及其他流域的水环境综合治理提供参考。

一、跨区域环保协作研究现状

地理意义上的流域是指由分水线所包围的河流集水区，具有整体性、关联性、层次性、政治性、公共性、外部性的特征。流域不仅仅是一个纯粹的水文系统，还是一个社会经济系统，即是一个以水为纽带，由上中下游组成的具有因果联系的复合生态系统，因此流域的治理不能靠各个行政区域各自为战，而是要各行政区运用跨区域环保协作理论，以湘江流域复合生态区位为基础，建立跨区域环保协作机制，更好地保护和治理河流。

（一）国外研究现状

国外学者认为，跨行政区流域水污染的研究必须考虑到任何集体合作，无论采取的是长期合约、私人产权体系还是政府规则形式，都必须考虑成本收益问题，并找到可行的规划方案；实施跨行政区流域管理的主要限制和实际挑战是能否得到当地社会力量和政治力量的支持；污染者付费不能对污染者产生足够的影响，因而需要在跨行政区污染治理中引入横向转移机制以促进合作的实现。

典型的案例就是曾经被严重污染的莱茵河。莱茵河发源于阿尔卑斯山，全长 1320 千米，是一条著名的国际河流，主要流经瑞士、法国、德国、荷兰，由荷兰湾注入北海。20 世纪中期以来莱茵河水体遭到了严重污染，甚至一度得名“欧洲下水道”。为有效治理莱茵河，沿岸国家（德国、法国、卢森堡、瑞士和荷兰）联合起来，成立了保护莱茵河国际委员会（ICPR），签署了《莱茵河公约》，交流、讨论和寻求解决莱茵河的治理问题。在治理中，采用综合方法，将不同部门的措施整合起来，在饮用水生产与供应、污水排放与处理、工业企业安全领域，采用自动控制、现代化的监测等管理手段。通过近半个世纪的治理，莱茵河终于重焕生机，成为一条人河和谐统一、水清岸绿、风景优美的国际河流。除此之外，美国国会于 1933 年通过了《田纳西流域管理法》（Tennessee Valley Authority），成立了田纳西管理局（TVA），对田纳西流域进行综合开发治理，取得了巨大的成功。

（二）国内研究现状

我国面临的流域性问题，比世界上任何国家在相同发展阶段所面临的问题都要复杂。国内学者也对这一课题进行了相关研究。流域规则和区域规则的不兼容，使得流域管理存在“碎片化”的内在本质；同时，流域环境整体性、系统性的特点与流域环境政策的跨区域性间的矛盾，导致流域环境政策在区域环境合作中难以发挥作用。由于缺乏有效的协作机制，各地方政府在跨界水环境治理过程中各行其是，使得地方政府之间的横向互动达不到应有的效果。因此，在地方政府间协同治理的基础上，还应建立政府、市场主体、公民、社会团体等多方主体参与的协调机构。通过构建生态补偿机制、联合检测机制、跨流域合作机制、水质考核及责任追究机制达到流域跨区域协作的目标。

在水污染防治上，国家陆续出台了一系列的法律条文：1995 年出台了《淮河流域水污染防治暂行条例》，标志着我国流域水环境管理开始出现针对性和操作性更强的措施；2002 年全国人大常委会通过了《中华人民共和国水法》，确定了流域管理机构在水资源管理方面的基本职能，明确了流域管理与区域管理相结合，监督与具体管理相分离的新型管理体制；2008 年颁布了《中华人民共和国水污染防治法》，水污染防治由原来的分散管理转向由单一部门管理与分散管理相结合。

除法律条文外，国内在流域跨区域协作实践方面也取得了一定的成效。陕西渭河沿岸的西安、咸阳等组建了渭河流域“六市一区”环境保护城市联盟，形成“共保、共防、共治、共建、共享”的良好氛围；再如 2013 年，由漳河上游管理局组织，漳河上游山西省长治市、河北省邯郸市、河南省安阳市，以及岳城水库、漳泽水库管理机构参与，建立了漳河上游流域防汛抗旱和水资源管理联系制度。

国内外的研究，对于湘江跨区域环保协作机制的建立具有一定的参考价值。然而经济、社会、人文等环境因素方面的差异，决定了湘江跨区域环保协作的独特性。若想要将湘江打造成“东方莱茵河”，还需要在借鉴国内外现有研究成果的基础上，结合湖南省的实际情况，湘江流域自身的特点，建立起符合湘江流域自身特点的跨区域环保协作机制。

二、湘江流域环境污染状况

近几年来，尽管各级政府加大了对湘江流域环境污染治理的力度，但在跨区域环保协作上，采取的仍是多部门参与、多层次管理的条块分割式的治理机制，无法对各地方政府的跨区域水污染治理力量进行整合，且缺少社会力量的参与，环境污染仍然严重。

（一）湘江流域各江段污染源还未得到有效控制

由于水具有流动性，同时又缺乏跨区域环保协作机制，近十多年来，湘江流域内的跨区域环境事件时有发生。如2006年1月，株洲霞湾港清淤截流中，由于操作不当导致含镉工业废水排入湘江，危及下游居民饮水安全；2013年5月，湖南天心牧业种猪场用“消毒液”将病死猪“溶解”，再将“尸水”用泵抽出，通过污水站排放到湘江；2013年8月19日—21日，湘江衡阳至岳阳段江面先后出现死鱼和鱼浮头现象。总的来看，湘江流域各类跨区域污染问题依然十分严峻。

（二）工业废水、生活污水的排放量和危害程度仍然很大

湘江流域聚集了全省70%以上的大中型企业，创造了湖南省75%的生产总值。但流域内工业废水排放量大，例如2013年湘江流域工业源废水排放总量达到70469.35万吨。工业废水中的石油类、挥发酚、砷、铬等物质是工业废水的重要污染物，是导致水生生态及流域其他环境系统破坏的主要因素。由数据可知（表1）在湘江永州至衡阳段与下游岳阳段工业废水排放量巨大，这对于邵阳至长沙段工业废水排放相对较少地区的生态环境造成巨大影响。近年来，工业污染物广泛地影响着依靠湘江进行灌溉的大量农田、土壤及作物，造成了不可逆转的污染。

表1　2013年湘江流域各地级市工业源废水排放情况

行政区划名称	废水排放总量（万吨）	工业源废水排放量（万吨）	工业源废水中石油类排放量（吨）	工业源废水中挥发酚排放量（千克）	工业源废水中砷排放量（千克）	工业源废水中总铬排放量（千克）
岳阳市	31793.37	13676.82	66.03	372.92	349.81	6.8
衡阳市	33555.05	13117.60	96.92	1404.06	36550.27	763.03
郴州市	22909.98	10098.61	171.90	225.48	3246.52	9612.89
娄底市	17337.51	7961.30	40.59	1499.56	190.82	0.48
株洲市	22147.65	6492.50	64.59	386.00	952.64	70.55
湘潭市	17459.23	6053.32	110.26	1712.69	30.37	748.68
邵阳市	19458.70	5208.31	89.98	7619.81	683.85	656.73
永州市	20941.11	4084.14	46.37	1772.29	497.35	29.26
长沙市	44384.80	3776.75	14.55	0.00	0.51	167.93

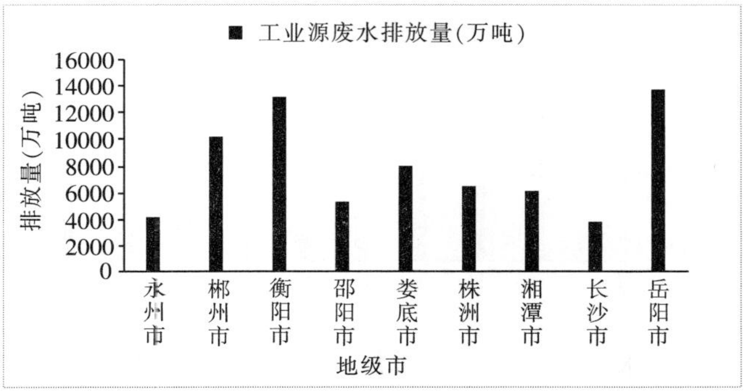

图 1　2013 年湘江流域各地级市工业废水排放量

同时，湘江流域居住着全省 60% 左右人口，城市中人口越多，污水排放量越大。2013 年湘江流域生活污水排放总量高达 159194. 41 万吨，日常生活产生的大量生活污水中，部分未经处理直接排入湘江，威胁沿岸人民的生产生活安全。在经济越发达的地区，生活源废水的排放量就越大，在湘江流域经济较发达的长沙、岳阳、衡阳等地，生活污水占当地废水排放总量的 60% 左右（表 2），生活污水中主要污染物是有机物和氨氮，这些物质的大量存在，使得含有大量营养元素的水体富营养化，产生异味，滋生病菌，严重危害沿岸人民的身体健康和饮水安全。

表 2　2013 年湘江流域各地级市生活污水排放情况

行政区划名称	废水排放总量（万吨）	城镇生活源废水排放量（万吨）	城镇生活源废水中化学需氧量排放量（吨）	城镇生活源废水中氨氮排放量（吨）
长沙市	44384. 80	40547. 85	61358. 00	8786. 00
株洲市	22147. 65	15627. 84	33757. 58	4903. 39
湘潭市	17459. 23	11386. 54	21142. 31	3467. 92
衡阳市	33555. 05	20389. 01	63531. 75	8358. 85
岳阳市	31793. 37	18071. 40	53527. 00	6670. 00
郴州市	22909. 98	12780. 29	38138. 65	5204. 34
永州市	20941. 11	16842. 11	43158. 38	5770. 00
娄底市	17337. 51	9364. 74	26447. 77	3347. 51
邵阳市	19458. 70	14184. 63	38639. 37	5846. 70

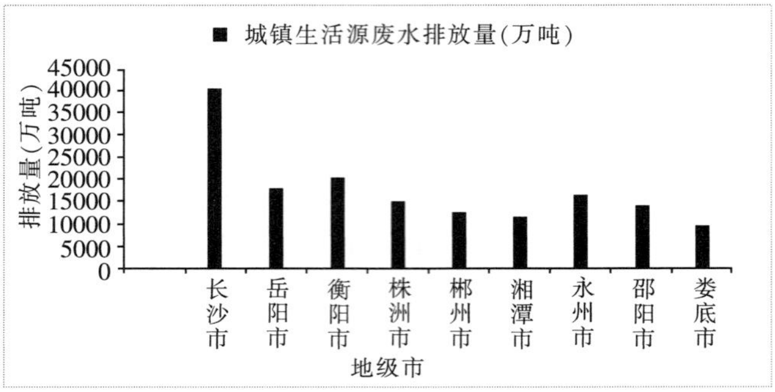

图 2　2013 年湘江流域各地级市生活污水排放情况

（三）农业面源污染没有得到有效控制

由于环保知识缺乏、农药施放监管不到位等原因，农业面源污染严重。2013 年，湘江流域农业面源废水中化学需氧量排放量达到 43.67 万吨，总氮排放量达到 15.99 万吨，总磷排放量达到 1.72 万吨（表 3）。导致这些营养物质大量产生的原因，正是因为没有采取有效监控措施。湘江流域内的农村地区在养殖、施肥或灌溉后农田中的氮类物质、磷类物质、农药、农村禽畜粪便与生活垃圾等有机、无机物质，在降水和径流的冲刷作用下，通过农田地表径流、农田排水和地下渗漏，进入湘江，进一步加重了湘江的污染。

表 3　2013 年湘江流域各地级市农业废水排放数据

行政区划名称	废水中化学需氧量排放总量（吨）	农业面源废水中化学需氧量排放量（吨）	废水中氨氮排放总量（吨）	农业源面废水中氨氮排放量（吨）	废水中总氮排放总量（吨）	农业源面废水中总氮排放量（吨）	废水中总磷排放总量（吨）	农业源面废水中总磷排放量（吨）
长沙市	122952.90	47304.04	13896.89	4578.69	16151.54	16151.54	1929.95	1929.49
株洲市	66550.50	27099.98	9813.27	3496.24	10787.70	10787.70	1021.07	1020.19
湘潭市	65739.03	39618.81	8124.18	4024.21	12140.35	12140.35	1192.65	1190.23
衡阳市	150756.02	76559.48	20596.33	8355.95	25908.08	25908.08	3041.47	3037.64
岳阳市	149903.57	66536.34	27900.25	7677.69	24845.44	24845.44	2750.39	2747.46
郴州市	95388.89	33152.11	11074.75	4280.67	14597.35	14597.35	1601.98	1598.20
永州市	112821.11	58262.49	12857.20	6334.43	21506.91	21506.91	2263.54	2263.31
娄底市	72323.63	41950.74	8166.86	4018.34	14286.49	14286.49	1544.65	1543.69
邵阳市	99652.37	46171.38	12853.09	6061.81	19641.03	19641.03	1858.50	1854.52

（四）生态环境改善不明显

近年来，湘江流域在生态环境保护方面做了大量工作，取得了一定的成效。但是由于有色金属的开采与冶炼，湘江流域一些地区森林覆盖率不高，使得沿岸含有大量重金属的泥沙、土壤溶入水体；山体地质生态环境恢复治理工作进展缓慢，山体滑坡、土地塌陷等地质灾害时有发生；大量废弃尾砂库和多年存留的废渣没有得到有效处理，二次污染风险加大。同时，由于长江三峡工程的运行及全球气候变化的影响，湘江在冬春季节出现明显的枯水期，在枯水季节，径流量明显减少，湘江自净能力相应减弱，导致水污染风险加大，污染物容易残留在河道底泥内部，严重破坏河道生态。

（五）流域内施工工地和江上船舶污染严重

为促进湖南省水运发展，近年来一些大型港口与航道施工项目在湘江流域沿线相继开工，2014 年在建项目共 9 个（表 4），此外湘江流域大大小小的采砂项目更是不计其数。险滩整治、疏浚施工，水下炸礁、疏浚、抛泥等工程直接将废渣抛洒在湘江水体中；同时过量的滥采河砂造成河床严重下切，引发河水倒灌，破坏水环境。

表 4　2014 年湘江流域内在建港口与航道工程统计

项目名称	所在地	建设规模
湘江长沙综合枢纽工程	长沙	渠化 2000 吨级航道 135 千米，2000 吨级双线船闸，电站装机容量 5.7 万千瓦
湘江土谷塘航电枢纽工程	衡阳	渠化千吨级航道 50 千米，1000 吨级船闸一座，1000 吨级码头 2 个
湘江 2000 吨级航道建设一期工程（株洲至城陵矶）	岳阳、长沙、湘潭、株洲、衡阳	对长沙枢纽坝下 146 千米和株洲大桥至株洲枢纽 24 千米航道进行整治，建设长沙、株洲水上服务区及配套航标工程
长沙港霞凝港区三期工程	长沙	新建 2 个 2000 吨级（兼顾 3000 吨级）件杂货直立式顺岸泊位、1 个 2000 吨级带雨棚的挖入式港池泊位
长沙港霞凝港区金霞作业区一期工程	长沙	建设 1#食用油、2#粮食通用、4#件杂货、5#和 6#多用途等 5 个 2000 吨级兼顾 3000 吨级泊位

续表

项目名称	所在地	建设规模
株洲港铜塘湾区一期工程	株洲	新建1000吨级集装箱泊位2个、件杂货泊位2个、危货泊位1个
湘潭港易俗河港区千吨级码头工程	湘潭	新建1000吨级件杂货泊位1个、多用途泊位1个
湘潭港铁牛埠港区二期工程	湘潭	新建2000吨级重件泊位1个、通用泊位1个
岳阳港湘阴港区漕溪港二期工程	岳阳	新建1000吨级通用泊位1个、件杂货泊位1个

湘江流域因为船舶引起的环境污染日益严重。目前全流域仅有四家企业从事船舶垃圾、污染物接收的工作（表5），规模小，工作效果甚微，根本无法及时有效地清理大量的船舶在湘江流域内航行、停泊港口、装卸货物的过程中所产生的油污水、生活污水、船舶垃圾。湘江流域沿岸也缺少环保码头与水陆垃圾中转站，造成二次水体污染，严重危害湘江流域的水体环境。

表5　2014年1月—10月湘江流域水上环保公司工作量

企业名称	所在地	企业规模	2014年1月—10月工作量
岳阳县鸿发残油垃圾接收有限公司	岳阳	投资150万，工作船3艘，工作人员9人	收废油60吨，船舶垃圾5吨
长沙振湘船舶服务有限公司	长沙	投资50万，工作船2艘，工作人员6人	收废油20吨，船舶垃圾3吨
湖南鸿发残油垃圾接收有限公司	长沙	投资200万，工作船2艘，工作人员10人	收废油、污水10吨，船舶垃圾6吨
湖南永昌上水综合服务有限公司	湘潭	投资固定资产350万，工作船3艘，工作人员13人	打捞水面漂浮物380余吨，动物尸体100余头，接收船舶垃圾1000多袋

三、湘江流域跨区域环保协作现状与问题

湘江治理保护在2013年被确定为湖南省“一号重点工程”，近几年来湘江流域各地政府投入了大量的人力、物力与财力来治理湘江，取得了显著成效，但湘江在工业、生活、农业与船舶等方面的污染形势依旧严峻。归根结底，是现行的湘江流域跨区域环保协作机制存在着认知、法律、政策与基础

设施建设等方面的不足，这导致了各地区间治理力量缺少整合，致使在湘江流域的治理保护上“各自为战”，也就是说，在整个流域内缺乏跨区域环保协作的长效机制。

（一）制定了一些关于“湘江流域跨区域环保协作”的法律、法规，但不完善

《湖南省湘江保护条例》（以下简称《条例》）于2012年9月27日经湖南省第十一届人民代表大会常务委员会第三十一次会议通过，该《条例》自2013年4月1日起施行，这是我国首部关于江河流域保护的综合性地方法规。根据《条例》，“湘江保护遵循保护优先、统筹规划、综合治理、合理利用的原则；实行政府主导、公众参与、分工负责、协调配合的机制；实现保证水量、优化水质、改善生态、畅通航道的目标”。明确了“建立健全湘江流域用水总量控制、用水效率控制和水功能区限制纳污等水资源管理与保护制度”。

实际上，湘江流域现行的法律法规并不完善，落实到各级地方政府，并没有强制而明确的法律条文来规范协作，在实际执行中的不到位，从根本上讲是因为流域内污染统一治理与行政区分割管理之间存在矛盾，现有的法律法规中没有直接化解二者矛盾的力量，而这二者在不改变现有规则和体制的情况下很难做到协调统一。同时，湘江现行的《湖南省湘江保护条例》与《湖南省湘江流域水污染防治条例》没有对与湘江联系紧密的行业制定本行业的相关条例，导致各行业的污染细节问题无法得到有效解决。如湘江上屡禁不止的“船上吃鱼”现象，正是由于对餐饮行业没有明确的规范，各部门执法难度大，无法对此类行为依法严格处罚，导致此类事件层出不穷。

（二）出台了一些关于“湘江流域跨区域环保协作”的政策、意见，但缺乏连贯、不成体系

2013年湖南省政府成立湘江保护协调委员会、湘江重金属污染治理委员会，实行“两个委员会、一套班子”。由省长担任委员会主任，旨在更好地协调治理湘江流域严重的污染问题，有效地控制和治理湘江流域的环境污染。

但由于湘江流域现行的法律条例在流域治理法律体系中对参与流域治理的各政府部门责权赋予尚不明确，导致流域跨区域环境的管理缺乏连贯性、不成体系。且“委员会”是纵向领导中的一种决策机构或议事机构，在委员会中，下级单位仅以完成上级下达的任务为标准，缺少横向之间主动的沟通和交流，用“委员会”制解决横向协作的问题实际上就是用纵向领导解决横向协作问题，这样做可能会干涉职能部门的正常运作。

2010 年 8 月一艘运送某种药物的船只在衡阳市发生泄漏，由于湘江中下游衡阳、株洲、湘潭各地部门间缺少相互的沟通与交流，导致药物扩散，接连发生大面积死鱼事件。这体现了在对跨区域协作的认知上，各地政府也存在着差异，这其中有一部分是因为信息的不对称造成的。虽然湖南省环保厅加大了对地方的监管力度，推出了实施“区域限批”和“流域限批”等强有力的行政手段，但在频繁发生的污染事故背后，依旧看到了环保部门与地方政府的博弈，结果又常常是地方政府靠着信息优势而占据上风。在政府的“利己”因素与“GDP 先行”观念的作用下，不论是数据监测、污染控制，还是建设项目审批上都容易被地方政府左右，导致地方政府与地方职能部门之间形成利益集团，使上级政策无法落实到位。在利益的驱使下直接导致部分地方重走“先发展，后治理”的老路，严重危害湘江流域各地的生产与生活。

（三）流域内各区域经济发展迅速，但区域间发展很不平衡

湘江流域各地经济发展十分迅速，2014 年 9 市（州）地区生产总值增速平均达到 10.1%，但是区域间的差异比较明显（表 6），导致在环境治理的关注程度上存在差异，具体表现在环境治理的资金投入和设施建设上。一方面，经济较为发达的地区对环境治理的投入和力度逐年加大；另一方面，经济落后的地区虽然对环境问题有一定关注，但是在面对实际问题时，仍然把发展经济放到第一位。各地之间的环境治理仍然是“各自为战”。

以基础设施建设为例，2013 年湖南省启动了湘江保护与治理“一号重点工程”第一个“三年行动计划”，旨在大力推进城镇污水收集处理设施的建设。“三年行动计划”虽为湘江流域补上了污水处理的历史欠账，但仅能满足其基本的污水收集率。欲与城镇化突飞猛进相匹配，湘江流域污水处理仍

面临着繁重的增量任务。以衡阳市为例，根据城市总体规划，预计到2020年生活污水总量将达到每日99万吨，而目前的日处理能力仅35万吨。同时，据省住建厅数据表明，目前湘江流域沿岸有59个存量垃圾场，垃圾总量为4261.5万吨，渗滤液流入湘江，对饮用水安全形成较大隐患，统一基础设施建设标准势在必行。

同时，各地区之间的污水处理设备不配套，截排水沟和排水系统不完善，管网、电网老化无法有效衔接等问题，导致行政区交界处容易形成"三不管"区域，从而引出地区间的跨区域环境保护协作机制不完善、环保协作网络没有形成等一系列问题。非但不能建立有效的环保协作机制，还会进一步影响湘江流域综合治理。

表6　2014年湘江流域各地级市地区生产总值增速（%）

行政区划名称	地区生产总值增速
郴州市	10.9
邵阳市	10.8
湘潭市	10.7
长沙市	10.5
株洲市	10.5
永州市	9.9
衡阳市	9.9
岳阳市	9.3
娄底市	8.1

四、跨区域环保协作机制的建立

在当前湘江流域水污染的政府治理模式下，虽然有多地方、多部门的参与，但是依旧存在法律、政策与经济等方面的问题，各地方政府的跨区域水污染治理力量无法得到有效整合，且缺少社会力量参与，对此需要建立行之有效的跨区域环保协作机制。

（一）总体框架

湘江流域跨区域环保协作机制由法律体系建设、行政体制改革、经济手段强化和社会力量参与四部分支撑，其中，法律体系建设是后三者的基本保障；后三者形成相互依存、相互制约的关系。经济手段强化，能提高各地方政府与公众参与湘江环境保护的积极性；社会力量参与，能够对政策的实施起到监督的作用；而政府则能够引导这股力量，使之参与到协作治理中来。四者相互制约，共同促进，统一于湘江流域环境优化的实践中。（见图3）。

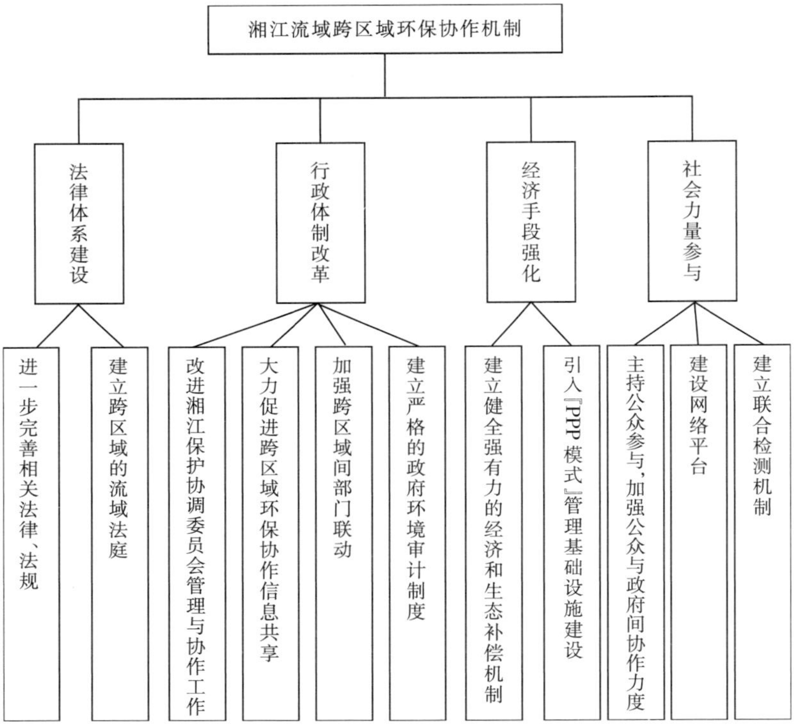

图3　湘江流域跨区域环保协作机制总体框架

（二）法律体系建设

1. 进一步完善相关法律、法规，形成湘江流域跨区域环保协作的法律、法规体系

《条例》作为我国首部关于江河流域保护的综合性地方法规，为流域内的统一管理提供了法律保证，但在协作方面，缺少明确的条文来理顺部

门职能关系、合理界定地方权限、保护地方权力和利益。因此，在《条例》中还需细化地方政府的权利和义务，明确地方政府在协作中的职责，制定统一的污染物排放标准和环境评估方法，实现流域内的跨区域执法与监督，消除地方保护主义及各方面负面因素的影响，为湘江流域内综合治理跨区域环保协作机制提供法律保障。

除此之外，应在农林牧渔、医药卫生、建筑建材、冶金矿产、石油化工、水利水电与交通运输等与湘江联系紧密的行业中制定本行业的相关条例。《条例》包括，（1）适用范围：包括适用的行业领域与类型；（2）监管体制：包括湘江流域内各地政府与部门的职责；（3）业务规则：包括企业业务规则以及加强管理的相关规定、技术措施等；（4）主体权益：包括企业的异议申诉权等权利；（5）法律责任：包括对违规从事经营活动等违法行为在法律责任等方面制定的行业标准，未能履行相应环保义务、违反相关条例的，应依法承担相应法律责任。

在此基础上，以《中华人民共和国环境保护法》《湖南省湘江保护条例》《湖南省湘江流域水污染防治条例》等法律为中心，囊括各行业条例、污染物排放标准和环境评估方法，建立一个涵盖多行业多部门，呈现有机联系的法律体系。

2. 建立跨区域流域法庭

在上述基础上，可建立跨区域流域法庭，依照法律规定独立行使审判权。由于水的流动性、我国地方政府的“利己”特性和地方政府“GDP 先行”的意志，政府职权往往易成为地方政府或地方与部门行政长官用于“利己”的工具。在湘江流域内因跨区域污染而出现纠纷时，地方政府打着依法综合治理的旗号，利用手中的权力，对地方企业进行保护，特别是在违反环境保护规定的排污等问题上，为地方提供保护伞，以此来提高地方企业的生产率与竞争力。在建立跨区域的流域法庭后，能够站在一个公平的角度上处理跨区域污染问题，对跨区域的流域污染进行直接追责，查出污染源，依照《中华人民共和国环境保护法》《湖南省湘江保护条例》等法律法规严格执法。这样既便于日常的监督管理工作，也有利于消除地方保护主义，构建平等互利的跨区域环境保护协作机制。

（三）行政体制改革

1. 改进湘江保护协调委员会管理与协作工作

在行政体制改革中，要制定具体实施方案，建立目标责任制，确保各项工作顺利推进。同时健全工作体制。各部门要进一步增强服务意识（凡是涉及环保建设的重大项目，一律纳入重大项目绿色通道，高效办理），强化部门间的协调机制，充分发挥部门职能作用，形成畅通的工作联系机制，推动重大政策和项目的落实。建立健全市、县、乡（镇）三级联动机制，强化市直部门、县直部门、乡（镇）部门的工作对接，建立健全信息通报和具体工作衔接制度，形成工作合力。大力发展政府环境审计制度，将其作为有力的监督管理工具，运用到环保协作中。

2. 大力促进跨区域环保协作信息共享

根据《中华人民共和国环境保护法》第十七条规定："国家建立、健全环境监测制度。"湘江流域可建立统一标准、统一管理、统一监督的信息共享机制。要求各地区与部门在做好自身工作的同时，采取各种联系方式，加强委员会内部的信息沟通工作。创立信息共享制度，规定上、中、下游相邻县（市、区）定期召开环境保护合作联席会议，互相通报区域或流域内环境保护政策、规划与合作计划等的落实情况，商讨需要解决的协作问题，并交流取得的成果和有益的经验。处于上下游地区交界处的环保部门要定期互通水污染防治进展、断面水质等信息情况，适时通报辖区内重点污染项目建设、环境保护敏感目标等信息；并规定当上游地区发生污染事故或流域水量、水文等出现异常并可能威胁下游水质时，应及时通知下游政府或环保部门，并对重点污染源采取限产、限排或暂时关闭等措施。

在信息管理上，除上级主管部门要定期汇总各地方与部门的环保数据外，更要适时抽查，确定数据的准确性。还可以利用网络技术实现环境监测数据以及污染企业转移环境信息、环境质量常规监测信息、危险源信息、环境条件信息、环境合作与管理信息、事故信息等信息的共享。

3. 加强跨区域间部门联动

结合上述手段，还可在各地区建立强有力的联合执法队伍。如：2014

年12月30日，湘潭市雨湖区环保局在全省率先成立了公安驻环保工作联络室，加强了环保部门与公安部门间的信息交流与联动执法。当跨区域的环境事件发生时，执法人员应该秉着公正执法的原则，联合环保、公安、工商与流域法庭等多部门，对流域内任何地区的污染行为做出严格执法，依据《中华人民共和国环境保护法》，由县级以上人民政府环境保护主管部门或者其他有关部门将案件移送公安机关，对于违反《中华人民共和国环境保护法》规定，构成犯罪的，检察机关依法追究刑事责任，这样既便于日常的监督管理工作，也有利于及时应对污染事故，统一协调展开治理工作，避免行政区域上的划分带来工作上的漏洞。一旦救治不力也可以由纪检进行明确的追责。

各地区政府还应当按照国家有关规定制定突发环境事件应急预案，预先成立预案应急领导小组，在发生或者可能发生突发环境事件时，领导小组通过各部门间的信息共享，联合相关部门，采取预案，应对突发事件。突发环境事件应急处置工作结束后，有关部门应当立即组织评估事件造成的环境影响和损失，并及时将真实评估结果向社会公布。

4. 建立严格的政府环境审计制度

环境审计是对环境管理的某些方面进行检查、检验和核实，它是一种管理工具，它对于环境组织、环境管理和仪器设备是否发挥作用进行系统的、有证据的、定期的和客观的评价。在国内，还没有将环境审计制度纳入政府的环境管理之中的先例。在湘江流域，很多地方政府仍存在“GDP至上”的发展观念，造成环境保护各项政策措施落实不到位，生态环境日趋恶化。为破解当前湘江流域环境管理体制上的困境，应对其严峻的环境形势，从根本上改变地方政府“GDP至上”的发展观念，保障经济社会可持续发展，政府有必要组织建立对湘江流域的环境审计制度。

对于湖南省湘江流域的环境审计，包括由湘江保护协调委员会组织政府审计机关、内部审计机构以及社会环保公益组织、各类相关从业人员，通过审计各部门、地方政府落实环境保护基本国策的情况，评价地方政府在发展过程中，是否将发展与环境保护的关系进行了妥善处理，严守生态红线；对地方政府和有关部门执行环境法律、法规、规划情况的审计；审计地方政府保护环境的质量情况，即评价环境质量是否保持稳定或得到改善，是否按照计划和要求完成各阶段环境保护目标、确保必要的环境效益；对环境管理系统的审计，包括对环境管理机构的设置合理性及工作有效性、环境信息公开情况等的审计。政府通过组织多部门多人员参与政府环境审计，对湘江流域政府和部门的环境管理系统及经济活动中产生的环境问题和环境责任进行了监督、评价和鉴证，保障了环保协作的平稳运行。

（四）强化经济手段

1. 建立健全强有力的经济和生态补偿机制

湘江流域各地方政府在环境治理中都应该有明确的责任划分，同时深化财政体制改革，实现责任分明，监管分明，赏罚分明。一方面，要完善纵向的治理财政转移支付政策。由省级财政筹措安排资金，对湘江流域的水污染治理进行财政资金的转移；另一方面，由省级财政管理上下游之间的横向治理资金的转移。在考虑当地的人口规模、GDP 总值、生态环境等因素的基础上，各地方政府按比例将财政资金上缴省级财政，并按此比例进行资金下拨，同时制定具体的征收、管理和使用办法，予以公布，接受社会和公众的监督，流域内各地方政府有权对资金的使用情况进行全程监督。

在湘江流域的跨区域综合治理中，可以采取政府主导、市场为辅的生态补偿机制。具体来说，在不同阶段采取不同类型的生态补偿，在流域内利用行政与市场手段，使水资源管理机构企业化，激励其进行合理地融资，从而开辟更广阔的资金来源，减轻政府负担。这就需要赋予湘江流域管理机构更大的权力，增强流域管理机构利用经济手段进行调控的能力。在引入市场手段后，应建立健全流域生态补偿与污染赔偿机制，调动各方面的积极性，保证机制的积极运行。这是治理之本，也是动力之源。

具体措施有：

上游保护。要求上游减少排污数量，可以将上游城市的取水口移至上游城市与下游城市的交界处，让上游城市的生产、生活用水水质取决于自身的污水排放水质，这样就能够从一定程度上监督本地区内的污染排放量，从而达到保护环境的效果。产生污染时，根据排污指标，进行财政处罚，并将罚款分配给下游受害地区。

下游补偿。当上游的保护取得成效时，下游通过财政补偿，弥补上游区域因减少排污而导致的经济损失，达成协议。上级政府以第三者的身份参与谈判，保证协议的公平与公正性，并建立相关的长期跨区域机构来落实协议，以保证其有效性。

2. 加大流域内产业的改造、升级

事实证明，水污染预防要比通过“末端治理”试图消除水污染更加经济、有效。流域内各产业是重要的污染源，加大流域内产业的改造、升级是水污染防治最有效的手段。

在流域内的产业改造与升级过程中，应从可持续发展的原则出发，优化产业结构，明确产业导向，限制发展能耗物耗高、水污染重的产业。依据各行业条例在湘江流域沿岸划定“准入红线”，禁止不符合《污水综合排放标准》的工厂企业在“准入红线”内进行生产活动。

通过对绿色产业进行补贴，高效配置资源，优化产业结构。通过规划引导能耗物耗高、水污染重的产业向工业区集中，由上级主管部门根据污染核算结果严格分配排污指标，在满足市场经济规律的条件下允许指标买卖。同时，通过对污染企业征收累进的污染费、逐年减少排污指标的手段，迫使严重污染的企业进行技术改造或转产。

3. 大力加强湘江流域环境保护基础设施的建设

在基础设施的建设方面，污水处理能力虽然达标，但由于城市地下管网的不配套，导致污水处理量远远达不到指标，多数生活污水与工业废水未经处理流入湘江，成为湘江污染的主要污染源，从数据上亦能得到证实。因此，当务之急就是加紧城市管网改造，统一标准，实现各地区间的管网配套与雨污分流。但当前，由于管网改造工程量大，雨污分流技术不成熟等原因，导致这一问题迟迟不能解决。因此，我们可以引入 PPP 模式（Public-Private-Partnership）（见图 4）来管理基础设施的建设。

所谓“PPP 模式”是指公共部门与私人部门为提供公共产品或服务而建立的各种合作关系。在湘江流域内的管网配套建设工程与各类环保公共设施的建设中，可以广泛采用 PPP 模式。各类基础设施建设统一交由湘江保护协调委员会管理，建设标准由委员会统一设定，将部分发起项目分标段招投标，以特许经营权方式转移给私人参与者，通过“相互协调，共同决策”，完成项目的研究、招投标、建设、移交与运营。这一模式，在一定程度上减少了政府在基础设施建设上的投入，减轻了地方财政负担，将公众的力量引入到基础设施建设中来，加强了公民意识和社会认同感，减少了资源的浪费，提高了建设的效率。

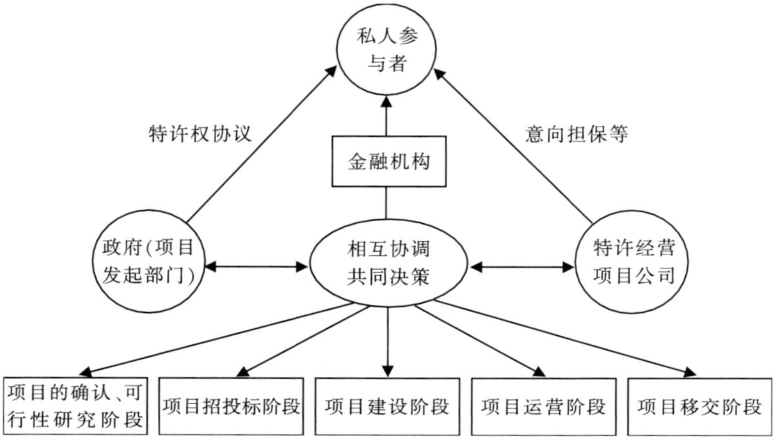

图4 “PPP模式”思路图

（五）社会力量的参与

1. 鼓励和支持公众参与，充分发挥公众在跨区域环保协作中的作用，同时加强公众与政府间协作力度

政府的管控和思路是有限的，无限的公众参与和监督能够为政府提供更广阔的思路。从长远利益来看，公众参与能有效地减少社会资源的浪费，杜绝潜在社会利益的损失。公众参与的整个过程都需要有适宜的制度建设，才能保证公众在每个阶段都能很好地参与流域治理，这是制度建设的基本前提。政府应该从机构组成到公民参与程序都赋予公众广泛的参与权和监督权。

公众参与历来就是政府与公民协作的薄弱之处，存在诸如公众缺乏参与的启动权、公众意见得不到反馈以及参与方式过于单一等问题。具体提出以下改进措施：

建立公众动议制度。决策的启动权，一直在政府手中。而公众又是最能体会到政策实施、修改甚至废止的必要的。因此，拥有动议权的主体应为受行政决策影响的具有利害关系的个人、组织以及参与行政决策的专家，这样的设置才有利于实际操作和整个参与制度的统一。

构建意见反馈机制。湘江保护协调委员会应有专人负责处理公众意见，负责收集、分析、归纳各方意见；明确反馈公众意见的方式，及时对直接利益相关人或组织进行回复，可以用新闻发布会或者记者招待会等方式集中回复专业相关意见，并对其他的意见进行分类后通过各种不同的媒体进行答复。如果出现了不回复的情况，此项决策程序可由湘江保护协调委员会直接撤销，保证决策的真实性和有效性。

丰富公众参与的方式。除了传统的座谈会、听证会、论证会外，可以规定一定数量的公众联名提出议案、对决策涉及的事项进行评论，也可通过开展网络提问专题活动，通过新媒体集中回复公众意见，在丰富开展方式的同时，调动公众的积极性。

根据《中华人民共和国环境保护法》的相关规定，政府尤其应该重视和强调公众参与的前置，即在如审批污染类企业、建设集中式治污设备等工作的早期阶段，就应开展有效的公众参与。例如，英国曾采用中央对水资源按流域进行统一管理与私有化的水务公司进行水资源管理相结合的管理体制，注重建立公众参与管理的机制，使每个区域都有消费者协会参与水资源管理。消费者协会由地方行政人员和民众代表组成，对供水公司提供的服务进行监督，并提出意见和建议。美国五大湖流域的水污染治理有赖于民众自觉参与管理，大湖区保护基金会利用市场手段和基金杠杆充分调动了公众积极性，将公众吸引到水资源保护工作中来。我们可以从公众参与制度中借鉴经验，在湘江流域各个地区采取相应措施，通过政府影响力与控制力促进政府与公众之间的协作，促使公众积极参与到湘江的水资源管理中来。

2. 尽快构建网络平台，充分发挥网络舆情的作用和力量

网络具有传播速度快、内容多样与信息量大等特点，近年来，随着互联网技术的普及应用，公众能从互联网上随时随地了解到自己想要的信息，对网络也越来越依赖。因此，想要提高公众参与数量与热情，构建网

络平台是必不可少的。

目前相关的网络平台大多数已经停止更新，究其原因，则是与公众互动力度不够，公众缺乏参与热情，且公众对此类网站不信任。因此，新构建的网络平台应增强公众的信任度与互动性。新构建的网络平台由湘江流域主管政府部门建立与管理，在平台内部，根据《中华人民共和国环境保护法》第五十四条要求，实时发布关于湘江流域各地区的污染指标，接受全社会监督；开放湘江流域环保论坛，以提供环保人士宣传与交流的平台；除此之外，还可利用网络平台组织现实中的环保论坛与公益活动，达到全民参与的效果，发动公众的力量来保护湘江，治理湘江。

3. 建立联合检测机制

联合检测机制构建的目的在于建立一个由环保公益组织牵头，联合政府、当地民众、专家学者、媒体等组成的具有公正性、独立性、权威性的联合检查队伍，定期在行政区之间开展检查监测工作。这一联合检查队伍独立地对湘江流域内可能造成跨界污染的工商企业、集中式污水处理厂和交界处的水域、河道等地区进行监测，获取湘江各段的水质状况。通过测得的相关信息，检验企业废水是否达标、有无超过排放总量、有无暗排口等情况。由专家学者得出结论，核实和丰富官方监测结果；通过媒体向政府和公众反映湘江的治理情况，公开信息，便于各部门在水污染预警和联动中的行动。

联合检测机制是在基础设施共建共享机制、信息共享等机制的基础上建立的。以环保公益组织为主导，接受全社会监督，对政府发布的环保数据真实性、对污染的处理起到一定的监督作用，为全面、准确地反映湘江流域水质状况，确保湘江流域生产、生活安全打下坚实的基础，也是政府和民众之间的一个重要纽带。

五、结语

湘江是长江的重要一级支流、湖南的母亲河。流域地处长江经济带与华南经济圈的辐射地带，区域内城镇密布、人口集中、经济发达、人文厚重、交通便利，是湖南省经济社会发展的核心地区。保护、治理好湘江母亲河是全省人民的期盼。湖南各地区高度重视湘江流域生态环境的治理，多年来已做了大量的流域生态治理工作。但由于流域内跨区域协作机制没有得到根本转变，近年来流域资源和生态环境问题不断凸显，可持续发展压力日益增大。本文在法律体系、政策体制、经济手段与社会力量四个方面对湘江流域跨区域环保协作机制进行了探索，以期为政府从根本上改进流域内的跨区域环保协作机制提供理论依据。同时我们也要意识到形成一个长久有效的协作机制不能一蹴而就，这是一个复杂的系统工程。因此，本文希望为建设经济繁荣、社会和谐、山川秀美、区域协调的美好家园，打造“东方莱茵河”，提供一条思路，尽一份绵薄之力。

（2014 年 12 月）

湖南风电项目建设亟待有序开发

风力发电作为清洁能源，通过规划引导和加强管理，在湖南省得到了较快发展。2007—2015 年，湖南省共批复了 70 个风电项目环评，其中已建成 31 个，总体上实现了风电项目建设的有序开发。但在开发建设过程中，由于部分项目业主生态环保意识薄弱，生态环保措施不到位，导致产生了生态破坏、水土流失、噪声扰民等突出的生态环境问题。为做好环境评估，始终把环境保护放在优先位置，我带队赴湖南省风电项目比较集中的郴州、永州、邵阳、娄底、株洲、岳阳等六市开展了深入调研，深切感受到湖南风电项目建设亟待有序开发。

一、开发建设项目的生态问题不容乐观

根据省发改委提供的《湖南省“十二五”拟核准风电项目计划表》，湖南省列入计划的风电项目共 119 个，其中已并网风电项目 31 个，在建项目 30 个，核准待建项目 21 个，开展前期项目 37 个，已有 70 个项目获得了环评批复。从风电项目建设的地区来看，项目集中在湘南、湘西南，其中郴州市 31 个，永州市 19 个，邵阳市 21 个，怀化市 9 个。

调研六市中已列入《湖南省“十二五”拟核准风电项目计划表》中的风电建设项目共 79 个，已获得环评批复的项目 48 个。六市所有项目均按要求编制了环境影响评价报告及水土保持方案，除已运营的项目外，其他项目均开展了环境监理及环保监理。此次共调研督查了 22 个项目，未发现未批先建的情况。蓝山县政府与风电场开发企业在签订开发合同时明确装机 1 万千瓦按 100 万收取生态环保保证金，待项目经环保“三同时”、水利等部门验收合格后再将保证金退还给建设单位，如果风电场开发企业不

履行生态环保措施，除要求风电场开发企业继续履行生态环保责任外，其生态环保保证金可以月于水土治理和生态恢复。从总体来看，目前绝大部分风电场都不同程度地存在问题。

二、开发建设项目存在的主要生态问题

（一）水土保持措施欠缺，安全隐患大

江华县大路铺风电场、东田风电场、桂阳县天塘山风电场、临武县三十六湾风电场等项目未按“三同时”要求施工，进场道路及场内道路水保措施薄弱，渣土随意倾倒在道路两侧，挖切面边坡裸露凌乱，防护措施欠缺，路面经雨水冲刷形成的冲沟随处可见，环评和水保方案设计的渣场未有效利用，水土流失严重。由于渣土随意倾倒，覆压了周边植被，加上裸露的地表和坡面，加剧了项目区的植被损毁和景观破坏。严重的水土流失易催生暴雨塌方。

（二）植被破坏严重，恢复困难

风电项目大多位于山地，平均海拔高，在高海拔、花岗岩风化严重地区，土层薄，扰动后极易造成水土流失和植被恢复难等问题。加之大部分风电项目工程施工粗放，所涉及区域的植被破坏明显，区内黄土大面积裸露。问题较为突出的有桂阳县天塘山风电场、株洲龙亭龙凤风电场、株洲凤凰山风电场等。其中华容桃花山风电场、株洲龙亭龙凤风电场、娄底新化大熊山风电场在建设过程中因生态破坏严重，遭到居民投诉。

（三）噪声扰民问题突出

根据现场督查情况，部分项目离居民区较近，风电机组在运行过程中产生的叶片扫风噪声和机组内部机械运转噪声具有持续性，不仅严重影响附近居民的正常生活，也对周边动物的栖息造成一定干扰。如华容桃花山风电场在风机塔附近 200 米范围内有约 38 户居民，均没有进行环保搬迁，距离最近的仅 56 米。夜间在居民家噪声值均值在 55 分贝，最高达 58 分贝（标准为 50 分贝）。临武县镇南风电场、宜章县太平里风电场、江华县大

路铺风电场等地也存在噪声突出的问题。

（四）监管不到位，项目验收滞后

由于部分企业环保意识和社会担当不强，加之地方政府与相关职能部门监管乏力，使得环保制度成为摆设，环境监理流于形式。如江华县大路铺风电场、东田风电场的建设单位一直未向各级环保主管部门提交工程环境监理报告，也未落实好生态保护措施。水利、环保部门多次下达整改督办函，仍未取得良好的整治效果。此外项目建设周期较长，监管难度也较大。此次督查的项目中，仅有 2 个完成了“三同时”的验收，项目建成后未及时进行验收、久试不验的情况较为普遍。

（五）其他问题

除上述几个普遍现象，还有部分项目区存在征地补偿不到位造成企民关系紧张、风机机组建设的环评变更报备不及时等问题。

三、湖南风电项目建设亟待有序开发

（一）强化规划引领

建议风电开发企业严格按照全省风电发展规划和年度开发方案开展风电项目建设，未列入规划、方案的项目一律不予受理环评审批。

（二）优化项目选址

针对风电项目周边区域的具体环境及对周边的生态环境特点、水文条件、地质情况和人流分布的调查，选址应遵循以下原则：在高海拔、花岗岩分化严重植被无法恢复的区域，不宜选址；在高海拔区域，最高山头具有明显地标地带，不宜选址；在自然保护区、风景名胜区、森林公园等生态环境敏感区，不宜选址。

（三）明确部门职责

风电项目必须获得发改行政主管部门的核准，建设单位必须依法编报水土保持方案，且水土保持方案必须先经水行政主管部门审查批准，经批准的水土保持方案应当纳入下阶段设计文件中，项目的用地、用林等必须通过国土、林业等行政主管部门的审批，项目如涉及省级以上风景名胜区、森林公园、湿地公园、地质公园等，须取得住建、林业、国土等有关部门的同意，项目单位需编制环境影响评价文件，环保行政主管部门对项目进行专家环境评审和环评审批。

（四）强化过程监管

建议各相关部门进一步加强对风电项目规划、建设、运营过程的监管。项目业主应严格落实环保“三同时”制度，对已造成损害和破坏的生态环境，必须完成治理和恢复，必须制定完整的环境监理和监测计划，开展施工期环境监理和监测，并将施工期环境监理报告和环境监测报告作为竣工环境保护验收的重要依据；项目业主必须落实水土保持方案中的措施，验收时，必须提交水利行政主管部门审查通过的水土保持验收报告；林业行政主管部门应负责对项目使用林地、临时占用林地的审批和对林地恢复情况的监督检查。

（五）实施环保“三同时”保证金制度

风电场建设项目可按环保投资的5%—10%缴纳“三同时”保证金，待项目经环保“三同时”验收合格后将保证金退还给建设单位，以此倒逼项目单位严格落实生态与环境保护措施，规范湖南省风电产业发展。

（六）规范风电企业日常管理

风电企业应建立规范化的建设期、营运期管理制度，风电项目设计和建设期应协调好企民关系，合理采纳意见；项目营运期应经常对风机进行维护和检修，使其处于良好的运行状态，避免机器运转不正常时噪声值增高影响居民正常生活，及时对征占用地进行合理补偿，路口处设置警示牌，减轻人为活动对鸟类和原有栖息野生动物的影响。

（2015 年）

赴美参加环境空气质量监测和预警体系培训小结

应美国环保署的邀请，环保部监测司组织了全国各省级环境监测相关部门共 22 人的培训团，于 2015 年 1 月 11 日—24 日赴美开展了为期 14 天的“环境空气质量监测和预警系统”培训，我作为学员全程参加了培训。通过学校授课、实地考察，学术交流等形式，基本了解了美国环境立法、空气质量监测的发展、监测站点选择、监测网络布设、质量保证和质量控制、监测数据使用、信息发布等一系列情况，并学习了环境空气监测技术领域方面的一些最新进展。

一、基本情况

培训团先后在美国自然资源保护协会、加州南海岸空气质量管理局、加州州立大学波莫纳分校和美国环保署（EPA）空气总部进行了培训，就美国空气质量法律法规、空气质量标准制定、空气质量监测体系等进行了广泛交流。

培训内容包括：空气质量法律法规、空气质量标准、环境监测网络的组成及站点选择、质量控制及质量保证、颗粒物和组分分析监测、监测数据使用与管理、监测信息发布等，同时也介绍了一些目前较为先进的监测技术，如非二氧化碳温室气体排放源头与控制技术、无人机的臭氧监测等。培训内容精彩纷呈，培训形式生动多样，课堂授课 15 场，美方主讲人 24 人。

二、主要学习内容整理

美国大气污染防治和空气质量监测已经有近 40 年的历史，积累了宝贵的经验，在大气污染治理、空气质量监测等方面都值得我们学习和借鉴。

（一）美国环境立法和加州环境立法历程

一是美国环境立法的背景。导致美国环境问题的根本原因是城市化和人口增长。美国现有3亿多人口，美国中部主要为农业区，人口密度不高，气候较差，东部和西部沿岸人口密度较高，工业较发达。二是环境立法的发展。随着美国经济的日渐繁荣，1970年美国跨入环保年代，通过了全美环境政策，只要在一片土地上发展事业，就必须做环境影响评估；同年，美国环保署成立，管理美国环境的所有问题，同时通过了联邦清洁空气法案，并且要求各州制定具体法案来实施联邦法案。随着时间推移，更多空气防治方面的政策被补充进法案，比如臭氧污染防治等。三是加州环境立法。目前加州是美国人口最多、污染最重的地方。1943年加州开始注重环保问题；1945年洛杉矶市卫生部门成立了烟雾管理局；1947年颁布了《大气污染控制法》；1959年制定了全美第一个空气质量标准；1966年成立了专门机构来监控汽车尾气排放，并开始有了NO_X标准；1970年加州环境质量法案通过，既要满足联邦政府的要求，也要满足州政府的要求；1977年成立了加州能源部，管理居民建筑物和非居民建筑物排放；1988年开始出台温室气体排放规定，加州能源部开始定期报告温室气体排放情况，生产能源车，提高汽油标准，汽车加装燃烧排放转换器；2006年提出全球变暖解决方案。

（二）美国环境监测网络的组成和站点选择

美国的空气质量监测网络由包括州和地方的约2400个站点组成，每个站点可监测多种污染物，主要监测项目包括主要污染物如颗粒物（PM_{10}、$PM_{2.5}$）、O_3、NO_2、CO、SO_2和Pb等。其中气体指标中O_3监测站点共1289个，NO_2监测站点409个，CO监测站点313个，SO_2监测站点476个；颗粒物中PM_{10}监测站点754个，$PM_{2.5}$监测站点960个，Pb监测站点212个。目前随着无铅汽油的使用，Pb排放量的减少，Pb监测站点在逐步减少。

全美约2400个站点中，主要包含以下几方面的监测：一是NCORE网络（国家核心多污染物监测网络），共80个站点；二是CSN网络（$PM_{2.5}$

化学组分监测网络），共约 200 个站点；三是 PAMS 网络（光化学评估监测站），站点主要分布在加利福尼亚州和得克萨斯州；四是 NATTS 网络（国家空气毒性监测点），共 27 个站点。

美国空气质量监测站点的选择主要考虑对公众发布信息和提供解决方案等因素。站点选择主要实现以下四个目标：实时对公众播报数据，符合美国环境空气质量标准，监测控制有效，研究空气对环境健康的影响。每个站点都有其独特的监测意义，正式设点前往往会用移动设备进行一定时间的监测以确定是否要设点。

（三）美国环境标准体系

1. 环境标准的分类

美国环境标准制定分为一级标准和二级标准。一级标准是为了保护公众健康，包括哮喘患者、儿童和老人等敏感人群的健康；二级标准是为了保护社会物质财富，包括对能见度以及动物、作物、植被和建筑物等的保护。

一个地区空气质量达标与否，要看各项污染物是否都达标。目前，美国主要控制指标为 $PM_{2.5}$和 O_3。加州目前 $PM_{2.5}$如果按 2013 年标准（15 微克/立方米）执行，则已经达标，但现在标准更改为 12 微克/立方米，则不达标。加州地区目前最大的挑战是 O_3，每年有 100 天左右 O_3超标，主要超标地区为沙漠地区，美国联邦 O_3标准为 65—70 微克/立方米，按现状需要减少 85% 才能达标。加州南海岸空气质量管理局虽对环境质量负责，但又没有权利采取一些具体控制措施。

2. 具体措施

在解决空气污染方面，加州制定了许多具体的措施，比如使工作的地方和居住的地方尽量靠近、政府财政转向投入公共交通工具、开辟专用拼车道等措施减少机动车污染、限制城市发展界限、建设屋顶花园等。

（四）环境空气质量监测质量控制及质量保证

通常由 EPA 空气总部制定质量目标、开发质量管理手册、评估数据的质量和提供数据质量评估工具，地方 EPA 开发各地质量保证方案和标准程序，环境监测机构开发他们自己的质量体系文件，进行质量控制活动。

EPA 的质量系统包括质量管理流程、针对特定污染物的质量控制计划、标准操作流程。其中有一些质量控制指标为必须遵循的目标，有一些操作层面上的指标可以不通过，表明可能存在问题或需要进一步的研究。质量控制有其独立性。EPA 和十个大区 EPA 都有其独立的评价流程，独立审核质量和环境空气监测数据的完整性。每年年底各地要出具一个质量控制报告，和 EPA 的质控报告进行对比，EPA 根据各地数据，自动生成一个质量数据认证报告，区域 EPA 也可以对 EPA 这个数据认证报告表达同意或不同意，有不同意见可以进行沟通。

（五）$PM_{2.5}$监测情况

$PM_{2.5}$监测通常使用联邦参考方法（FRMs）和联邦等效方法（FEMs）。$PM_{2.5}$的监测目的主要有以下几个方面：评判是否达标，对 $PM_{2.5}$监测数据进行连续播报，根据监测数据制定减排策略，同时评价其对健康的影响。

美国对颗粒物的监测经历了三个阶段：一是 20 世纪 70 年代的 TSP 监测，二是 20 世纪 80 年代后期的 PM_{10}监测，三是 1997 年至今的 $PM_{2.5}$监测。到目前为止，约有 1000 个 $PM_{2.5}$监测站点，采用连续监测或手工监测方法，一般是在连续监测仪器旁边放置手工采样器，手工采样器共约 800 台，大部分每三天采样一次，并有两台采样器采集平行样。有效的 $PM_{2.5}$监测数据主要基于实验室空白数据、数据平行性以及手工采样器的性能评估；评价手工采样器主要基于数据偏差、精度和连续监测数据的相关性三个方面。

（六）化学组分分析网络系统

EPA 有两种化学组分分析网络：城市化学组分分析网络和野外化学组分分析网络。城市化学组分分析网络包括 52 个分析长期趋势的点位（每三天采样一次）和 99 个多目标组分的监测点位（26 个点位每三天采样一次，73 个点位每 6 天采样一次）；野外化学组分分析网络包括 160 个点位（每三天采样一次）。监测网络在地理位置上具有很好的互补性。

化学形态分析主要由各地采样后送中心实验室统一进行分析。化学组分分析数据质量保障主要在于统一的实验室分析、方法一致、平行采样、采样参数审计人员每季度检测、完善的数据质量控制流程以及独立的质量控制实验室等，以此减少实验室误差和实验室间的误差。EPA 目前正在寻找并评估可靠的连续化学组分分析技术。

（七）EPA 对监测数据的使用

EPA 对监测数据使用主要包括：评估空气质量变化趋势及控制措施的有效性，了解大气变化过程，开发和测试空气质量模型，定量各种污染源的贡献值，数据播报和发布预报，评估相关排放对空气质量的影响等。

EPA 对颗粒物的监测经历了从粗到细的过程（TSP－PM_{10}－$PM_{2.5}$），对 $PM_{2.5}$的评价主要考虑过去三年平均值和第 98 百分位数是否达标两个方面，并且剔除了自然事件和无法控制事件（如龙卷风、森林大火）等的影响。对于 O_3的评价则是采用每年第四高的数进行评价。

$PM_{2.5}$化学组分分析可以帮助确定排放源的贡献，主要监测项目包括硫酸盐、硝酸盐、有机碳、元素碳、地壳物质和金属化合物等，从城市和农村的对比可以帮助识别本地和区域排放的贡献等。

（八）EPA 对空气质量数据的管理和发布

EPA 环境空气数据包括从各州、地方监测机构收集来的数据，数据包括手工监测数据和实时监测数据两大块。EPA 从 20 世纪 70 年代就开始开发空气质量数据管理系统，在 1985 年和 2000 年分别进行了版本更新。AQS 系统主要目标是收集、保护和共享全国空气质量数据，主要包括数据库和应用系统两个方面，系统开发由 IT 公司承包，操作和运行维护由 EPA 工作人员负责。系统约有 1000 个用户，EPA 工作人员、州和地方监测机构工作人员都有权限访问系统、报送数据及查询 EPA 的各种统计分析报表。每年的 5 月 1 日，上一年度的数据必须全部经过认证，以便于做年度评价并对公众发布。

AIRNOW 是美国空气质量实时播报系统，实时播报美国 50 个州和 24 个国家公园、加拿大 6 个省、墨西哥城等地共约 2500 个站点的空气质量实时监测数据，同时为 400 个城市提供空气质量预报。实时播报媒体还有电视、报纸、天气服务 App 供应商等。

（九）参观与实地考察

培训班还参观了自然资源保护协会（NRDC）、加州南海岸空气质量管理局实验室、EPA 空气总部实验室、罗利地区路边站和化学组分监测站。

自然资源保护协会（NRDC）是一个非政府、非营利的民间环保组织，机构年运行预算 12500 万美元，均从民众和环保基金会筹得，而非通过政府和企业获得。NRDC 有雇员 500 多个，由经济学家、环保学家、律师等组成，该组织不仅负责监督南岸空气质量管理局的作为，而且通过对污染者提出诉讼来解决污染问题。在该协会还听取了相关介绍，得知自从 1970 年安全空气法案通过以来，空气污染程度减少了 2/3，GDP 增加了 5 倍之多，说明环境保护与经济发展并不矛盾。

加州南海岸空气质量管理局实验室和 EPA 空气总部实验室承担着众多手工采样数据的分析. 美国对空气质量的评价主要依据手工监测数据，连续自动监测数据只是用于实时播报。该实验室规模较大，设备较全，其中包括称重设备、采样设备、O_3传递设备、化学组分分析设备等。

北卡罗利州路边站主要监测设备有 CO、O_3、NO_2、BC、粒径谱仪以及众多的手工采样器。化学组分分析站点主要监测设备有 NO_2、O_3、SO_2、CO、NO_X、PM_{10}、$PM_{2.5}$、硝酸盐、硫酸盐、毒性气体采样器等监测设备及众多颗粒物手工采样器，其组分分析均是通过手工采样后送回实验室分析。

三、学习心得体会

一是环境立法。美国环境立法是在日益严峻的环境污染形势下进行的。环境污染、环境事故成为环境立法的主要推动力。20 世纪 30 年代—60 年代是资本主义社会工业高速发展的时期，也是环境污染最为严重的时期。美国从严重的环境污染事件中汲取教训，迅速建立起包括法律、行政以及其他创新性管理手段在内的应对体系，美国不仅注意吸取国内的环境污染教训，而且也注意从世界环境污染案例中总结教训，加强立法。非政府组织以及公众是美国环境保护立法的重要推动力量。中国现在也面临着环境与发展的严峻挑战，加强环境立法及监督管理的形势迫在眉睫。二是空气质量管理。在空气质量管理方面，美国也同中国类似，环境管理部门需对空气质量负责，但要具体采取一定的大气污染防治措施时，却属于别的部门的管辖范围，环境管理部门往往没有权力，仍需政府牵头，各相关部门配合，这就对环境空气质量的改善带来一定的难度。三是政策法律法规。目前，急需改变处罚额度过低带来的“守法成本高、违法成本低”的问题。在美国，污染处理设施不开，罚款金额高，企业负责人要去坐牢；而在中国，处罚额度远比污染处理设施运行经费低，故急需从法律层面改变这一现状。四是空气质量评价。目前我国对一个城市的评价采用的是全年均值，未扣除自然和突发状况下的污染天（如沙尘暴、烟花爆竹等）带来的影响，这点可参照美国的环境空气质量评价方法，对大气污染防治更具有针对性。五是信息共享。目前我国已经实时发布了大部分空气监测站点的监测数据，但对于其他层面索取空气监测数据的部门和研究单位，大多并不支持。在国家层面，应在部门间建立相应的信息共享机制，如环保和气象，防止重复投资建设；应和相关研究单位建立相应的合作关系，成果共享，共同推动大气污染防治的步伐。六是信息公开及社会监督。美国所有的空气质量监测数据和污染源监控数据都是对社会公开的，这在某种程度上加强了社会监督，我国也可以借鉴美国的做法，扩大信息公开面，公开污染源实时监控信息，促进社会公众对排污者的监督，通过公民诉讼来促进大气污染防治进程。

（2015 年 1 月 24 日）

鄱阳湖生态经济区建设的学习感悟

一、高位推进科学谋划，江西省推进鄱阳湖生态经济区建设的经验值得认真学习

《鄱阳湖生态经济区规划》于2009年12月12日得到国务院的正式批复。《鄱阳湖生态经济区规划》批复以来，江西省牢牢把握“特色是生态、核心是发展、关键是走出一条生态与经济协调发展之路”的本质内涵，大力推进鄱阳湖生态经济区建设，初步走出了一条生态与经济协调发展的路子，带动全省“发展升级、小康提速、绿色崛起、实干兴赣”。2014年，鄱阳湖生态经济区地区生产总值突破9000亿元，人均GDP基本达到全国平均水平，持续引领江西省全面建成小康社会进程。江西省在推进鄱阳湖生态经济区建设上，始终注重结合实际、突出特色、改革创新，逐步探索和形成了许多好的做法和经验，主要体现在以下六个方面。

（一）注重顶层设计

江西省成立了鄱阳湖生态经济区建设领导小组，每年召开2次领导小组会议，研究部署生态经济区建设工作，明确重点工作任务，督查规划实施、政策落实和项目落地。组建了正厅级鄱阳湖生态经济区建设办公室（设在省发改委），省发改委主任兼任办公室主任，明确一名正厅级常务副主任（省发改委副主任兼任）、两名副厅级专职副主任，南昌、九江等重点县（市、区）也设立了相应机构。先后以江西省委、省政府名义下发了《关于开展鄱阳湖综合整治、坚决保护“一湖清水”的意见》《昌九一体化发展规划（2013—2020年）》等规范性文件，出台了《江西省人民政府

关于全力支持南昌发展打造核心增长极的若干意见》《江西省人民政府关于进一步推进九江沿江开放开发的若干意见》《江西省人民政府关于推进九江沿江地区“飞地经济”发展的指导意见》等指导性意见。通过不断加强顶层设计、制度建设，科学有效推进鄱阳湖生态经济区建设。

（二）注重搭建平台

江西省委、省政府把鄱阳湖生态经济区建设作为引领全省科学发展、绿色崛起的龙头工程。为使龙头“昂”起来，先后提出并加快推进昌九一体化，建设南昌临空经济区，打造共青先导区，同时启动建设“昌九新区”的可行性研究。围绕推进鄱阳湖生态经济区建设，江西发展路径更加清晰，重大平台进一步抓实。以昌九一体化为核心，多极支撑、多元发展的区域协调发展格局逐步完善，全省“龙头昂起、两翼齐飞、苏区振兴、绿色崛起”的区域发展战略格局基本形成。

（三）注重法治保障

重视运用法治思维和法治方式来推进生态经济区建设，先后制定实施了《鄱阳湖生态经济区环境保护条例》《江西省湿地保护条例》《江西省生活饮用水水源污染防治办法》等一系列地方性环保法规，以及《江西省主体功能区规划》《昌九一体化发展规划（2013—2020 年）》《南昌市低碳城市发展规划》等发展规划，把生态环境保护、生态产业发展纳入法治化的轨道，形成既重视保护又合理开发的科学发展格局。

（四）注重聚力推进

集中实施推进一批重大项目、重点工程，以此带动、引领鄱阳湖生态经济区建设。围绕保护鄱阳湖“一湖清水”，大力实施“五河一湖”生态综合治理工程、造林绿化工程、城镇生活污水和工业园区污水处理工程、农村清洁工程以及和谐秀美乡村建设工程等重大工程，持续开展“净水”“净空”“净土”行动；坚持创新驱动战略，深入实施科技创新“六个一”工程（即主攻 10 个优势高新技术产业、培育 100 个创新型企业、实施 100 项重大高新技术成果产业化项目、建设 10 个国家级研发平台、办好 10 个国家级高新技术产业特色基地、组建100个优势科技创新团队），促进经济结构调整，加快产业技术升级。同时，围绕加快推进鄱阳湖生态经济区建设，江西省发改委、林业、农业、环保、水利等主要职能部门结合各自职责和任务，编制并实施相应专项规划，主动对接市、县的需求，形成了部门分工协作、整体推进的合力。财政、税务等部门还出台优惠政策，支持生态经济区建设。

（五）注重特色发展

根据区内市及县（市、区）的不同区位条件、资源优势，科学布局产业园区和项目，培育壮大特色产业，实现差异竞争、特色发展。南昌航空城和半导体照明基地、景德镇陶瓷科技城、新余新能源科技城、抚州生物医药、共青数字科技城等都形成了一定的发展优势，也进一步增强了城市发展的特色。积极争取国家有关部门的支持，大力开展机制创新和改革试点，在全国率先建立绿色考核体系，根据《江西省主体功能区规划》对重点开发区、农业主产区、重点生态区的发展定位，相应设置三类考核体系，对市、县予以差别化分类考核评价；制定实施“五河”和东江源保护区生态保护“以奖代补”政策；推进地方公益林补偿试点，并在南昌、九江、新余等地开展矿山环境治理和生态恢复补偿试点；在南昌、新余、景德镇等10多个城市开展全国节能减排财政政策综合示范城市、资源枯竭型城市转型、“国家城市矿产”示范基地、水生态文明城市、智慧城市等国家级重大改革试点。

（六）注重合作交流

随着鄱阳湖生态经济区战略的深入实施，江西省与国家部委（央企）、兄弟省（区、市）的对接合作不断加强。五年来，先后有60多个国家部委、央企、金融机构和科研院所与江西签署战略合作协议，建立了水稻国家工程实验室、稀有钨业集团国家认定企业技术中心等国家级创新平台14个，打造出了世界低碳与生态经济大会、世界名湖大会、鄱阳湖国际生态文化节、环鄱阳湖国际自行车赛等重大国际交流平台。以世界低碳与生态经济大会为例，三届大会签约项目总投资达到2905亿元，其中2014年第三届大会吸引国内外1.2万名客商，成功签约项目120个，投资总额970亿元。

二、他山之石，可以攻玉，加快湖南省洞庭湖生态经济区建设步伐

与江西省鄱阳湖生态经济区建设相比，湖南省洞庭湖生态经济区建设还处在起步阶段，按照国务院2014年批复的《洞庭湖生态经济区规划》“三年打基础、五年新跨越”的时间节点，以及湖南省委、省政府提出的“到2017年全面建成小康社会、到2020年建成全国农业现代化和生态文明建设示范区”的目标要求，洞庭湖生态经济区建设的时间紧、压力大、任务重，需要进一步统一思想、加强领导、突出特色、实化措施，加快洞庭湖生态经济区建设步伐，如期全面建成小康社会。结合这次学习考察的感受和收获，就加快推进湖南省洞庭湖生态经济区建设提出以下几点建议。

（一）加强组织领导和统筹协调

充分发挥湖南省洞庭湖生态经济区建设协调小组的作用，湖南省全面建成小康社会洞庭湖地区指导小组要主动加强沟通联系，在省发改委已设立专门处室的基础上，建议明确一名副厅级领导干部专抓洞庭湖生态经济区建设工作，岳阳、常德、益阳也应比照省里成立对应的工作机构，形成推进洞庭湖生态区建设的组织体系和工作体系。增强省直部门共同推进洞庭湖生态经济区建设的责任，在专项规划、项目安排、政策落实、体制机制创新等方面给予切实的指导和支持。建立与湖北省的联系协作机制，加强在规划实施、项目申报、政策争取等方面的统筹协调。

（二）加快专项规划及重大项目实施

根据《洞庭湖生态经济区规划》，加快编制实施交通网络、产业发展、环境保护、水资源利用与保护等重点领域专项规划。加快已经明确的《洞庭湖生态经济区建设行动计划“521”重大项目表》实施力度，加快推进实施一批关联性大、带动性强的交通、水利等基础设施项目，着力推进一批在建重点项目，力争新开工一批重大项目，主动争取一批新的项目。围绕项目实施，加大省级财政投入，与中央资金捆绑使用，提高资金使用效

益。建立规划实施和项目推进的信息沟通、督促检查、跟踪评估机制，切实发挥规划的引领作用和项目的拉动作用。

（三）支持实现差异竞争特色发展

支持常德加快津澧融城建设，打造湘西北新的增长点；支持岳阳加快城陵矶临港产业新区建设，积极融入长江经济带；支持益阳加快东部新区建设，有效对接长株潭一体化发展。支持有条件的县（市、区）大力培育发展特色产业，走现代农业、新型工业、旅游文化等特色产业发展之路。

（四）强化生态红线控制与分类考核

提高用法治思维和法治方式推进洞庭湖生态经济区建设的水平，全面落实《洞庭湖生态经济区规划》（以下简称《规划》）要求，合理划分湖体保护区、控制开发区、生态涵养带和集约开发区，及时修订《湖南省湿地保护条例》（以下简称《条例》），对洞庭湖湿地保护单独立法或在新修订的《条例》中做专项特别规定。结合湖南省全面建成小康社会分类考核评价体系，加大洞庭湖生态经济区所辖市和县（市、区）生态考核指标权重，并实行差异化考核评价。

（五）鼓励改革试点创新

赋予洞庭湖生态经济区建设一些先行先试权利，积极改革创新体制机制。借鉴鄱阳湖生态经济区建设和湖南省长株潭一体化经验，创建一批生态经济发展先导区、统筹城乡示范区。大力推进国务院批复《规划》中所明确的开展资源使（取）用权和节能量交易试点，环境污染责任保险试点，农村集体经营性建设用地出让、租赁、入股试点和农民住房财产权抵押、担保、转让试点，整合涉农项目资金试点，农村中心社区建设试点，以特许经营权、林地、矿山使用权抵押贷款、中小企业知识产权质押贷款试点等各项试点工作，为全省改革发展探索新的路径。

（六）积极开展国际国内交流合作

充分发挥洞庭湖生态经济区的区位优势，紧紧抓住国家实施“一带一路”、长江经济带和长江中游城市群等新的战略机遇，主动对接长三角与珠三角地区，扩大与武汉城市圈、长株潭城市群、鄱阳湖生态经济区的合作互动，加大与国家部委、央企、金融机构和科研院所的合作对接。加强与国际组织在生态建设、低碳发展、流域开发、湿地保护等领域的交流，打造国际生态经济合作共建的重要交流平台。

（2015 年 5 月 12 日）

深度把脉湖南省洞庭湖及湘资沅澧四水流域水生态环境问题

2015 年 9 月—10 月，通过赴湖南岳阳、常德、益阳、邵阳、娄底等市就“洞庭湖及湘资沅澧四水流域环保治理问题”开展实地调研，我们进一步掌握了洞庭湖及湘资沅澧四水流域区域社会经济概况、区域／流域水环境质量状况及污染物排放等情况。

一、湖南省洞庭湖及湘资沅澧四水流域水生态环境问题

（一）流域性环境污染已呈复合污染态势，水环境问题不断积累和扩大

水环境问题在污染物排放总量不断增长的情况下，水污染正从常规污染物的传统型污染转向新旧多种污染物相互影响的复合型污染。以洞庭湖为例，目前湖区已形成了农业面源污染、生活污染、工业污染并存的格局。同时，入湖河流污染物输入对洞庭湖水质的影响也不容忽视，沅江和澧水入湖口断面总磷、湘江和资江入湖口总氮年均浓度均高于湖体。入湖河流污染物输入导致洞庭湖水环境问题不断积累和扩大。

（二）江湖关系发生深刻变化，水环境承载能力下降，生态环境问题突出

主要表现在洞庭湖的来水来沙量减少、四水和长江分流来水蓄不住、水环境承载能力下降、湖垸之间水体交换受阻等四个方面，导致湿地日益萎缩、生物多样性降低、原生系统遭到破坏等生态环境问题突出。

（三）历史遗留污染尚未得到全面治理，局部区域环境风险隐患仍然突出

近年来，污染不断加剧导致环境事故频繁发生，历史遗留污染常常对流域发展产生重大影响。环境风险隐患突出，遗留污染严重，新老污染交织，局部地表水仍存在重金属超标现象，环境安全隐患依然突出。

（四）管理体制不健全，治理设施和力度不满足流域性问题的变化和社会经济发展的需要

首先，机构职能单一，无法承担综合管理的职责，不能根据流域和生态系统的整体性进行综合管理，也无法承担跨部门、跨区域的流域性问题的综合协调与管理任务。其次，水资源与水环境管理机构在监测体系与标准、数据共享、水功能区划与水环境区划、水资源保护规划与水污染防治规划等方面，存在着明显的冲突，缺少有效的协调机制。再次，洞庭湖与四水的治理与保护将面对洪、涝、旱、污、穷等一系列的自然和社会经济问题，治理的难度大、复杂程度高，治理设施和治理力度投入不足。最后，利益相关者和公众在流域决策和管理中缺乏参与。

二、全面推进洞庭湖及湘资沅澧四水生态环境问题治理的对策建议

（一）加快推进洞庭湖及湘资沅澧四水生态环境保护的顶层设计体系，健全法律法规、政策、规划、标准和技术规范体系建设

建议尽快修订《湖南省环境保护条例》，尽快出台《湖南省水污染防治条例》《洞庭湖保护条例》《洞庭湖湿地保护条例》《湖南省资江保护条例》《湖南省沅江保护条例》《湖南省澧水保护条例》等法律法规；编制《一湖四水生态环境保护总体规划》，陆续开展《湖南省资江流域水环境污染治理实施方案》《湖南省沅江流域水环境污染治理实施方案》《湖南省澧水流域水环境污染治理实施方案》等专项规划的编制；完善生态补偿、排污权交易、阶梯水价等政策体系；制定湖南省锑、砷、磷等特征污染物的地方排放标准。

（二）深入开展生态文明体制改革

一是建立生态保护红线制度和分区环境管理制度。以县域为单元全面推进环境功能区划工作，编制各地环境功能区划，划定并严守生态保护红线，建立确保生态保护红线和分区环境管理落实的制度体系。二是逐步完善生态补偿机制。建立流域水资源和湿地生态补偿机制，增加财政投入，加大对流域生态环境保护的转移支付、补偿支持力度。

（三）转变经济发展方式，加大污染治理的投入力度

一是严格项目准入。既从政策和法律角度严把单个项目的合规合标关，又严控各类开发建设项目的总量和节奏，控制开发强度。二是突出农业面源污染治理。着力转变农业生产方式；调整种植业结构，发展低投入、高产值的高效生态循环农业；建立完善的病虫害统防统治技术体系；推进养殖业有序发展，科学划分畜禽禁养区、限养区和试养区；开展农村环境综合整治。三是强化城乡生活污染治理。加快城镇生活污水处理设施建设与改造；推进城乡垃圾无害化处理项目建设。四是加大工业污染控制力度。加快产业结构调整，淘汰落后产能，推行清洁生产，集中治理工业集聚区水污染，突出重点行业整治，严格监管工业企业达标排放。五是加强重点河湖综合整治和保护。六是加大污染治理的投入力度。建议设立专项资金，加大对水环境综合治理资金投入力度和对企业的补助力度；加快治污基础设施建设，加快工业企业和小区污水管网建设。

（四）加快解决长江分流入湖水量锐减、垸内垸外水流动性差的问题

一是恢复和稳定长江入流。疏挖松滋河、虎渡河和藕池河主干河道，恢复和增加三口进入洞庭湖的水量，实现主干河道常年不断流；通过华洪运河引长江水入华容河，解决华容河水系地区的供水需求。二是构建河湖连通生态水网。垸内渠系清淤疏浚，治理黑臭水体，恢复垸内沟渠的连通性和输水能力；实施河湖连通等工程，构建水清岸绿、丰枯调剂、多源互补、调控自如的江河湖库生态水网。

（五）加大跨区域环境问题的协调力度，建立生态环境保护联防联控协作机制

一是针对跨区域的环境问题，建议从省级层面成立专门的协调机构进行处理。二是加强湖南省与贵州、重庆、湖北等相邻省份的沟通协调，进一步完善水环境保护联防联控协作机制。

（2015 年 10 月）

关于省以下环保机构监测监察执法垂直管理制度的认识与思考

党的十八届五中全会审议通过了《中共中央关于制定国民经济和社会发展第十三个五年规划的建议》，建议中明确提出实施“省以下环保机构监测监察执法垂直管理制度”，这是新形势下加强环境保护工作、推进生态文明建设的一项重大举措，在全国环保系统引起强烈反响。全国环境监测系统广大干部职工和专业人员深受鼓舞，并衷心拥护中央决策，认为这对于加强环境监测队伍建设、确保监测数据质量，具有十分重要的意义。但是，个别地方党政领导、环保部门领导也心存疑虑。有的担心地方政府的职能会被肢解，统筹协调能力会削弱，地方抓环境保护的积极性受到影响；有的基层环保部门认为，环保局机关和监测监察实施两种不同的管理方式，使市、县环保工作力量分散为两支队伍，不便于统一管理和协调，反而降低了基层环保整体工作实力。因此，进一步加强相关研究，制定科学、系统、合理的垂改方案，对于实现垂改的初衷，推动工作落实具有非常重要的作用。

一、湖南环境监测现状

第一，监测系统人员构成复杂。从湖南省市、县环境监测机构现状来看，一方面人员编制严重不足，力量薄弱；另一方面人员结构不合理，专业人员比重偏低，有相当一部分是非环保专业人员和转业退伍军人，缺少业务骨干，业务素质不高。垂直管理后，这部分人如何处置对待，将是一个大问题。第二，监测人员混岗严重，难以剥离。不少业务人员被市、县环保局抽调从事环境行政管理工作，已经是环境管理岗位上不可缺少的业务骨干。有的市、县环保局只有几个行政编制，其余人员占用监测站、监察中（大）队人员编制，如果对这两个部门垂直管理，人员上收，环保局几乎成为空壳单位；还有不少环保部门机关人员编制身份不明确，如果实施垂直管理，这部分人员难以剥离出来。第三，依附于环保部门，管理能力极度缺乏。全省县级环境监测站绝大部分与环保局机关成为一体，相当于机关一个内设科室，财务、人事、资产、党务乃至后勤工作等都依赖于机关一起管理，在这些方面，缺乏管理人员、管理制度和管理经验，垂直独立以后，将面临诸多管理上的困难。第四，实施垂直管理后，监测系统运转与省级财政保障能力有很大关系，如果监测站业务经费保障不能到位，则会对整体监测工作产生很大影响。

二、关于环保机构监测监察执法垂直管理制度的几点建议

（一）机构设置

各级环境监测站承担着为国家提供环境状况监测信息数据的任务，相对于监察来说，监测部门垂直管理的组织形式，应更偏重于实体性垂直管理。可参照国家统计管理体制的模式。实行省以下垂直管理后，各级环境监测站是省环保厅的派出机构，而各级环保行政机关是双重管理。各级环境监测站与同级环保局在业务上均受省环保厅领导，职能分工，各负其责，互相配合，信息共享。各级环境监测站独立组织完成国家和省布置的监测任务，并向国家和省独立上报监测结果。

在机构设置上，环保部和省环保厅分别组建环境监测局（相应级别分别为副部级、副厅级），各级环境监测站仍然保留独立机构，依行政区划设立，对个别环境监测任务较轻、环境监测能力十分薄弱的县（市、区），可设置跨行政区域的环境监测站统筹管理。

为了加强各级环境监测站与地方环保部门的工作协调，可以明确省环境监测中心站的行政级别为正处级事业单位，各（地）市环境监测站的行政级别为副处级事业单位，各县（市、区）环境监测站行政级别为副科级事业单位。

（二）职责分工

环境监测局作为监测行政管理机构，其工作职责主要是承担环境监测的行政管理工作，负责环境监测网络建设和管理、环境信息数据审核和发布，制定监测工作计划及监测能力建设投资计划，加强监测数据质量监督，开展监测技术人员培训，承担各级环境监测站干部人事、财务、经费和资产等管理工作。

一是省环境监测站作为区域中心监测站，是区域环境监测的技术中心，负责区域环境质量预报预警，承担建立环境监测网质量控制体系，承担新型监测项目的开发、监测技术研究，负责环境监测数据网络建设，以及对各级环境监测站业务工作进行技术指导，不再承担常规项目的监测。二是各市环境监测站承担具体环境监测任务，负责辖区内企业污染源排放监测，配合环境监察机构开展环境执法监测。另外，对各行政区域重要环境质量监测数据实行下管一级，即（地）市环境质量监测由省组织开展，监测结果由省核定；各县（市、区）环境质量由省委托各（地）市监测站组织监测，监测结果报省核定。三是各县（市、区）监测站仍然承担辖区内噪声、农村、生态等专项监测工作，以及负责环境污染纠纷监测、环境污染事故应急监测。

（三）加快推进

垂直管理制度的分步实施，可能对我们现在的环境监测工作带来不利影响，建议加快实施省级以上监测事权上收工作，国家尽快确定上收范围，明确监测方式；省级同步做好监测事权上收工作，把县级以上水、空气、土壤常规监测事权全部上收，明确承担监测任务的责任主体，按新的要求开展监测工作。省级环保部门可按国家要求，选择部分条件较好的（地）市开展垂直管理试点，并尽快在全省范围内推开。

（2016 年）

加强环境监测能力建设 构建美丽绿色湖南

党的十八届五中全会公报提出，国家将实行省以下环保机构监测监察执法垂直管理制度，这不仅可以确保环境监测数据科学准确，还有利于跨区域、跨流域的统一监管和考核。为进一步推进“美丽湖南”和“两型湖南”建设，我们对湖南省环境监测能力建设现状和存在问题进行了调研，并提出相关对策建议。

一、湖南省环境监测能力建设的基本情况

一是监测标准逐步完善。代表湖南省实际情况的环境监测技术规范、标准体系目前已基本形成，大多数污染物都有相关的监测标准以及控制方法，污染物探查研究和控制工作取得良好效果。二是监测机构逐步健全。目前，湖南省共有环境监测机构 119 个，其中省级 2 个，市级 14 个，县级 103 个，已初步形成覆盖湖南省所有市、县的环境监测体系。湖南省监测队伍人员共有编制数 2540 个，实际人数 2772 人，其中本科以上学历 1132 人，研究生学历 174 人，环保类专业人员 1119 人。三是监测能力逐步提升。湖南省对环境空气、地表水水质监测点位进行优化调整，初步建成了自动监测网络，实现了省、市环境质量监测数据的联网发布和对重点污染企业废水、废气的实时监控，土壤常规监测网络也正在建设中。加强了湖南省环境应急监测指挥体系建设，在指挥协调、信息传输、监测质量等方面不断探索，取得明显成效。四是监测科研逐步加强。近年来湖南省在环境监测方面开展了大量的课题研究，取得了丰硕的成果，涌现出了一批环境监测技术专家与骨干，有力地推动了环境监测技术的发展。

二、湖南省环境监测能力建设中存在的问题

第一，监测力量比较薄弱。一是人员素质偏低。由于政策性人员安置等因素，监测站被动接纳了不少非专业人员，造成监测站“人满才乏”；二是人才引进不力。大多数二、三级监测站编制已满或超员，站内现有人才青黄不接，人员结构极不合理；三是人才环境不佳。多数监测站缺乏吸引人才的优势，需要的人才进不来，进来了也留不住。第二，监测能力相对滞后。一是监测站发展不均衡。多数三级站无法按照国家要求实施常规监测，有机物监测也未能开展，监测频率低，样品代表性差；二是环境预警应急监测能力差。全省只有个别（地）市配备了应急监测车及其配套设备，出现污染事故时难以做到快速反应，普遍缺乏对污染源的自动监控和流动监测能力，不适应环境管理和决策需要。第三，监测方法有待改进。一是国家环境质量标准和排放标准还存在一些局限性，所监测的项目不能完全反映环境质量状况的特征；二是受仪器装备开发、研制水平的限制，一些污染物缺乏统一标准的分析方法，在应对突发性污染事故和环境应急事故时，现有的快速分析方法尚不能做到完全准确定量；三是分析人员的技术业务素质亟待加强，尤其在新项目、新方法、新仪器上还有很大的发展空间。

三、进一步提升湖南省环境监测能力的对策建议

一是加大改革力度，适应发展要求。改革现有管理运转模式，按照中央的要求从机构、人员、经费和业务工作逐步实现垂直管理。明确环境监测站的编制、进入方向及技术队伍配备比例，明确监测工作的投入渠道和机制。提高监测队伍的待遇和地位，将省、市、县三级监测站统一升格，以提高环境监测的技术权威。改革监测站内部管理方式，实行全员劳动聘用制，建立合理的分配机制和有效的竞争激励机制，提高高空、高温、高危环境津贴，以充分调动全员工作积极性。二是优化功能布局，突出建设重点。调整各级环境监测站的重点职能，在全省范围内实施重点监测站建设方案：根据重点流域、工业集中地区、省界、生态环境特点、污染情况等因素，结合考虑经济社会发展状况，每个地区设立 2—3 个重点监测站。

对重点监测站建设在人、财、物、技等方面予以大力扶持，其他县级站按照功能互补、能力互补、各有所长的思路统筹规划，区别对待，分步建设。三是强化经费保障，增强发展后劲。积极争取地方财政和环保部门的支持，将监测站的人员经费、公用经费、科研经费等全额纳入同级财政年度预算，做到逐年增加，保障其正常运转。积极开辟新的监测经费来源，利用国内外各种贷款和援助资金、民间资金加大监测投入。建议省环保厅与物价等部门加强协调，适当上调监测收费标准，并商请财政部门全额返回，以弥补监测经费不足。四是强化能力建设，提升监测水平。各级监测站要按照环境监测站建设标准，总体部署、分步落实、强力推进达标建设工作。加强环境监测预警体系建设，在重点城市和存在重大污染隐患的地区，配备先进的水质和空气自动应急监测车；由各地监测站结合污染源情况提出监测仪器配置方案，省厅省站负责协调和指挥；有针对性地开展应急监测培训，打造一支技术精、水平高、能力强的应急监测队伍；增进各站间交流与沟通，确保信息资源的共融共通。加强人才队伍建设，制定人才发展规划，有计划、分步骤地引进人才，尤其是急需的高、精、尖人才要打破常规，采取特殊的激励措施大胆引进；加强现有人员的业务技能培训，严格执行监测人员定期培训制度和执证上岗制度；培养一批环境监测专业的学科带头人和技术骨干，重奖有特殊贡献的科研人员。整合现有资源，组建全省环境监测系统专家库，集中解决监测工作中的技术难题；加强对二、三级站的业务指导和技能培训，分类组织技术骨干定期进行经验交流和学术研讨，为同行在监测方法、技术经验等软件资源共享上提供服务平台；改革持证上岗制度，将目前按检测项目颁发上岗证改为按分析类型和大型仪器操作使用来颁发，即上岗考核按照监测类别来进行申报。

（2016 年）

赴山东省调研大气环境监测工作的手记

山东省各级环保部门高度重视大气环境监测工作，率先在全国开展环境监测管理体制机制改革，进一步增强环境监测能力和工作水平，其经验得到了环保部的充分肯定，值得认真学习和借鉴。

一、认真调研横向对比，山东省大气污染防治的典型经验做法

（一）高度重视大气污染防治工作

2016 年以来，山东省全方位推进大气环境治理，陆续出台一系列计划、条例和文件，从省级层面明确工作目标、任务重点，从法律层面强化措施落实、责任追究，促进环境空气质量持续改善。2016 年 5 月，山东省政府印发实施《山东省 2013—2020 年大气污染防治规划二期行动计划（2016—2017 年）》，提出到 2017 年，全省环境空气质量比 2013 年改善 35%左右，重污染天气持续减少，良好天数逐年增加的目标。围绕这一目标，山东省提出了 5 大类、22 项重点任务，涉及项目 4010 个，估算投资额达 1107. 77 亿元。7 月，省人大常委会审议通过《山东省大气污染防治条例》（以下简称《条例》），自 11 月 1 日起施行。《条例》从大气污染防治原则、政府和部门监督管理职责、生产经营者责任、重点领域大气污染防治措施等方面对全省大气污染防治进行规范。10 月，郭树清省长专程到济南市调研督导大气污染防治，强调大气污染防治是必须牢牢抓紧的重大民生工作，要严明责任，健全机制，突出重点，综合施策，坚决打好大气污染防治攻坚战。济南市要进一步明确大气污染防治的目标任务和时间表，强化工作措施，努力使空气质量有更大幅度改善，更好满足人民群众

的热切期盼。11 月以来，郭树清省长又就大气污染防治及全省环保专项行动等工作连续作出 4 次批示，要求下最大决心，动用全部可以动员的资源，完善对策，科学治理，力争在第 4 季度见到新成效，2018 年更要取得较大突破性进展。

山东省分阶段逐步加严大气污染物排放标准，从 2017 年 1 月起，将开始实施第三时段限值。为确保各项污染物排放标准执行到位，要求各市严格执法，对治污设施不配套导致不能达到第三时段标准限值的企业，严格采取限制生产或停产整治措施；对相关工作落实不到位、没有完成空气质量改善目标和重点任务的市，省环保厅将视情况采取公开约谈、环保限批、挂牌督办等措施；对不能完成 2016 年空气质量改善目标的市，将对其 2017 年涉及相关污染物指标的建设项目实施环保限批；对 $PM_{2.5}$ 年均浓度同比反弹幅度超过 5% 的市进行公开约谈。同时，实行环境空气生态补偿制度，不同指标设置不同的补偿权重，如 $PM_{2.5}$ 浓度每下降 1 个百分点，奖励补偿 80 万元，每上升 1 个百分点，处罚 80 万元。如 2016 年前 3 个季度全省分别兑现生态补偿资金额度 3385 万元、2949 万元和 5583 万元。

各级环保部门还将重点大气污染源纳入网格化监管范围，实现了层层监管、时时监控，确保日常监管不留盲区、隐患排查不留死角。

以改善空气质量为核心，山东省各级各部门拧成一股绳协同作战，推动了全省环境空气质量持续改善。1—10 月，全省 $PM_{2.5}$、PM_{10}、SO_2、NO_2 平均浓度分别为 61 微克/立方米、114 微克/立方米、34 微克/立方米、36 微克/立方米，同比分别改善 11.6%、8.8%、20.9%、7.7%，“蓝天白云，繁星闪烁”天数平均为 219.6 天，同比增加 29.7 天。

面对环境保护工作新形势、新任务，山东省政府办公厅印发了《山东省生态环境监测网络建设工作方案》，对全省加快建设生态环境监测网络作出全面部署。全省环境监测系统攻坚克难，奋发有为，积极推动大气环境监测工作。

（二）全面实施空气自动监测社会化运营

山东省辖 17 个地级市，现有城市空气自动监测站 154 个，其中国控点位 74 个，省控 80 个。从 2012 年开始，该省率先在全国改革环境监测管理体制机制，实行环境质量“上收一级”、污染源“下放一级”管理体制和空气站 TO（转让 – 经营）模式社会化运营机制。

“一上一下”体制改革，即省级负责各设区城市环境质量的监督监测，污染源监督监测下放到各市、县，实现了环境质量管理由“考核谁、谁出数”到“谁考核、谁出数”的转变。排污单位监管下放各市，让市、县两级主要精力由应付省级考核转为加强污染源监管，形成省、市、县三级环保部门共同加强污染源监管的良好氛围。

空气站 TO 模式社会化运营机制实行“专业队伍运营维护、专业机构移动比对、环保部门质控考核、政府购买合格数据”的管理模式，与单纯的第三方运营模式不同，TO 模式下政府部门把空气站完全转让给第三方运营公司，实行专业化、社会化运营管理，从此全省 17 市环境空气质量的好与坏，不再由环保部门“自说自话”。具体做法如下：

一是资产有偿转让。委托专业公司对现有空气自动监测设备残值进行评估（一般按 8 年运行期核算），有偿转让给承担运营的公司。运营期间，仪器设备好坏由运营公司全权负责。二是第三方运营。通过政府采购，公开招标 3 家运营公司、1 家比对公司，负责全省空气站的运营和比对工作。通过招标的运营费用为每年 19.7 万元，其中省级财政补贴 7 万元，其余部分由市级财政负责解决。三是加强考核。对运营公司进行定期考核，重点考核空气自动监测站运行率（占 30%）、准确率（占 70%）。四是加强质量控制。山东省环保厅出台了一系列有关运维、比对、质控的技术文件，对第三方监测机构进行约束，实行“运营公司内部质控，比对公司移动比对，省级环保管理考核，市级环保定期互查，社会公众参与监督”的“4+1”监督模式。同时，山东省环保厅还同步开展独立调查，坚持不打招呼不通知，自行安排食宿、检查路线、时间和企业。开展第三方移动质控是山东省的一个创新，他们对外招标确定了一家公司，每年安排工作经费 100 万余元，专门针对 3 家社会化运营公司进行质量管理和检查，督促保证运营工作质量。该公司专门购置 4 台车辆及相应的质控设备，常年开展质控巡检。五是质控实验室确保标准统一。在保障数据真实性的基础上，还要确保数据一致性，以便下一步开展大数据应用。而监测机构社会化运营后，一家企业一个技术标准，极易造成标准不一致。为此，山东从省到市再到运营单位均建立了质控实验室，省级质控实验室确定统一监测标准并进行传递。为此，实验室配备了满足国家一级标准要求的质量保证设备，建设了百万分之一天平室，还投资近 300 万元购置臭氧 SRP 臭氧一级光度计等质控设备。市级和 TO 运营单位实验室及空气站、移动比对监测车等所有监测仪器设备，尤其是用于校准和审核活动的标准物质、质量流量计、颗粒物手工监测仪器设备等，都执行省级质控实验室的监测标准。这就从根本上保证了监测数据的一致性和可比性，从源头上规范了 TO 运营单位和比对单位的监测行为。六是加强监管。严肃整治不规范监测行为，对监测工作中仪器设备安装不规范、仪器性能测试不合格、仪器维护频次不够、缺少监测质控报告等问题，依法依规严肃处理，并对整改情况开展“回头看”检查。严厉打击监测数据弄虚作假，建立环保部门与公检法机关联动机制，对于擅自挪动监测点位、修改仪器关键参数、堵塞采样头或采样管路、样品分析和监测报告造假等行为，构成犯罪的，依照有关法律法规移交相关部门处理。对发现环境监测行为不规范且多次整改不到位的，以及数据造假或配合造假的社会环境监测（含运维）机构或监测仪器生产厂商，终止服务合同，列入“黑名单”。

除此之外，山东省每个县建成了 1—3 个空气监测自动站，全省共 192 个，由市级环保部门统一管理，委托第三方机构运营，运行费用市、县各承担 50%。

（三）充实加强大气环境监测人员力量

为了适应大气环境监测工作的需要，山东省高度重视监测机构队伍建设。山东省环保厅专门成立了信息与监控中心，具体承担自动监测（包括大气、水质、污染源在线）、空气预警预报、信息化等工作，共 63 人，内设 10 个科室，其中 10 人专门管理大气环境监测、4 人专门负责空气预警预报工作。省环境监测站现有职工近 100 人，承担手工监测任务及实验室分析等工作。4 家第三方公司（含 3 家运营公司、1 家质控公司）配备工作人员 200 多人。省环保厅要求第三方公司人员代表在信息与监控中心常年驻守，便于统一管理和沟通协调。同时加强了运营公司人员的资质管理和考核，每年免费进行 2 次培训，要求持证上岗，确保运营工作水平。

（四）积极推进空气自动监测能力建设

山东省环境空气自动监测站能力建设投入大，网络体系较为完善。17 个地级市除了国家批准认定的 74 个空气自动站以外，还自行投资建设了 80 个省控自动站，全部纳入城市空气质量评价。各市、县城镇根据大气环境管理需要，进一步完善空气监测网络布局，如济南市除了国控站以外，还有 16 个市控空气自动站，并计划将空气自动监测延伸建设到街道办事处，拟再建 84 个自动站，主要监测 PM_{10}、$PM_{2.5}$ 等常规参数，用于对县（市、区）大气环境质量的考核。济宁市 2016 年年初空气质量恶化一度非常明显，被省环保厅约谈后，市委、市政府高度重视，工作力度明显加大。该市与清华大学环境学院签署长期合作框架协议，建立“城市大气环保管家”决策支撑体系，在济宁城区周边布设了 175 个空气自动监测微站，编制完成济宁市大气污染排放清单，建立了动态更新的排放清单云平台管理系统；投资 2 亿多元，在乡镇及化工园区新建空气自动监测站点 126 个，开发了济宁市空气质量预报和重污染应急管理评估系统，为实现空气质量调控提供科学决策依据。德州市对监测能力建设实行“饱和式”投入，在重点区域、园区、乡镇等优化布点，新建 91 个空气自动监测站点，构建全方位、多层次、广覆盖的空气监测监控体系，分布密度为山东省平均水平的 5.8 倍。建设颗粒物源解析实验室和重污染天气预警预报平台，新建视频会商系统，提高预报预警准确率。

（五）大气超级站建设初显规模

除了加强大气环境质量常规监测以外，山东省积极发展大气超级站建设，为深入研究分析大气污染成因打好基础。全省已建成 3 个超级站（省站、济南、青岛）、1 个大气背景站、1 个大气区域站，下一步准备再建 6 个区域站。其中，省站和济南市超级站采取的分别建设、相互补充、数据共享的模式值得借鉴。省站超级站投入近 2000 万元，建筑面积 64 平方米，已经具备大气颗粒物监测（含 TSP、PM_{10}、$PM_{2.5}$、PM_1）、光化学污染物监测（含 VOCs）、温室气体污染物监测、气溶胶时空分布及组分监测、气象要素监测以及 NH_3 分析仪、酸沉降监测等数十项监测功能，并以此为平台开展大气复合型污染物的综合监测研究。济南市作为全国 7 个常态化大气源解析监测站之一，自行投资 1000 多万元建设大气超级站，与中科院物理所合作，开展大气预警预报工作，目前每天 2 次与气象部门开展视频会商，共同发布空气质量预测结果。

全省还在环保重点城市和威海市的国家环境空气监测点位，补充开展铅、苯并［a］芘、氟化物等特殊项目调查性监测，对区域特征污染物进行监测分析。这些工作的开展为深入推进大气污染防治工作提供了有力支持。

二、他山之石，可以攻玉，关于湖南省大气污染防治工作的几点建议

参照山东省大气环境监测工作经验，结合湖南省实际情况，提出如下建议：

（一）理顺县级空气自动站运行管理模式

根据国家环保体制改革精神的要求，拟将湖南省县级城镇空气自动监测站上收为省级监测事权，由省环保厅统一管理。省级财政全额保障上收后空气自动站的建设、日常运行维护、质量控制与保证、更新完善及数据传输、管理与应用等。数据采集系统仅保留省级数采功能，向地方开放数采通信协议，监测数据由省级和地方共享。上收后的空气自动站由市（州）环境监测站具体承担管理工作。湖南省逐步推行统一的第三方机构运营模式。

（二）积极启动湖南省大气超级站建设

按照山东省做法，可以充分发挥省、市两个方面的积极性，实行各负其责、分别建设、相互补充、数据共享。拟利用省站监测楼（或在长沙环保职业技术学院单独建设）选择合适地点单独建设 1 个大气超级站，由省站直接管理运行，总投资 2000 万元左右；长沙市环保局争取市级财政的支持，在市辖区内选择合适地点自行建设 1 个大气超级站。

（三）加强空气监测质量管理体系建设

省、市二级环境监测站要配齐空气自动监测质量控制设施，省级质控实验室确定统一监测标准并进行传递。创新质控技术手段，开展远程自动质控。积极构建全省统一的空气监测规范体系、质量控制和质量管理体系，组织开展监测仪器的日常维护和检定、校准与量值溯源和比对等质控活动，全面提高大气环境监测数据的真实性、准确性和可比性。适当时候可参照山东的做法，聘请专业公司开展第三方质控。

（四）加强空气监测站运行监督管理

确保县级空气自动监测站科学、规范监测。严肃整治不规范监测行为，对监测工作中仪器设备安装不规范、仪器性能测试不合格、仪器维护频次不够、缺少监测质控报告等问题，依法依规严肃处理，严厉打击监测数据弄虚作假行为。

（五）加强大气环境监测机构人员队伍建设

充实加强省站大气监测人员力量，全面开展空气监测管理工作。督促各市（州）监测站完善工作机构，明确专门人员，落实各项管理措施。全省加强大气监测人员技术培训，实行持证上岗，全面提高工作水平。

（六）进一步加强空气质量预报预警体系建设

进一步完善与气象部门联合会商机制，不断提高预测预报准确度；省站要会同市（州）监测站加强大气污染物来源解析研究和源排放清单编制工作，探索说清各（地）市排放源对大气污染的贡献情况，提高区域空气质量预报预警综合能力。

（七）配合做好城市空气自动监测站的运行

做好用电、通信、安全、运维人员进出站房等基础保障。认真执行国家城市环境空气质量监测数据在线审核和数据共享的文件规定，按照职责分工共同做好数据审核复核、异常数据处理等工作，完善工作协调机制，实现监测数据实时共享。建立监督考核机制，配合监测总站加大对运维公司运维质量的监督检查。指导各城市环境监测站加强对空气监测数据的汇总、分析，及时反映空气质量变化情况，深入分析大气污染的原因，为正确指导污染防治工作提供参考。

（2017 年 2 月 3 日）

赴北京、河北、湖北三省（市）调研污染防治工作的心得体会

为了学习兄弟省（区、市）污染防治工作先进经验，推进湖南省环境治理工作，2017 年 3 月，我先后赴北京、河北、湖北三省（市）就大气、水污染防治工作进行了调研学习，收获颇多，启发很大。

一、三省（市）大气、水污染防治工作的典型经验做法

（一）北京市大气污染防治工作情况

1. 强化统筹协调，狠抓责任落实。北京市委、市政府高位统筹调度，制定“清空计划”及其考核办法，将部门、地区落实措施情况纳入市政府绩效考核，并不断提高考评分值。各市级部门、各地区认真细化分解、加大工作力度、定方案、出政策、抓落实。加强宣传引导，出台“有奖举报”管理办法，鼓励公众积极举报大气污染违法行为，形成社会共治。

2. 聚焦重点领域，狠抓措施落实。大力压减燃煤，实施煤改清洁能源，计划 2017 年燃煤锅炉从市区全部退出；在“车、油、路”几方面加强机动车污染管控；加速“治停退”，推进减排任务；在建筑施工工地安装监控，对扬尘污染严重的施工单位，暂停在京投标资格 1—6 个月；加强能力建设，升级大气环境质量监测网络，建设 67 个地面站和覆盖全市的小型趋势站，市财政四年累计投入 660 亿元，带动社会资金，共推大气治理。

（二）河北省大气污染防治工作情况

1. 河北省委、省政府高度重视，着力加强顶层设计。省委、省政府成

立生态环境委员会，组建河北省环境监察与大气环境管理办公室，省区域环境监察专员办公室进驻各市。出台《关于强力推进大气污染综合治理的意见》及18个专项实施方案，形成“1+18”的框架体系，以强有力的措施解决河北大气污染问题。

2. 明确目标，强化治霾举措。始终坚持问题导向，精准施策。加快推进城镇集中供暖，对居民天然气价格进行补贴，实施工业企业退城搬迁改造，实施工业污染源全面达标排放行动计划，开展建筑施工和道路施工扬尘综合整治，强化工业料场扬尘控制。强力推进重污染天气应急预警预报能力建设，建立空气质量多模式集合预报预警平台，增强重污染天气应对能力。

（三）湖北省大气、水污染防治工作情况

1. 建立健全污染防治工作机制。成立了湖北省环境保护委员会，省长任主任，常务副省长、副省长任副主任，并建立了大气、水污染防治联席会议成员单位工作联动机制，明确了省直相关部门工作职责，建立健全质量改善责任清单、责任量化考评体系等长效保障机制。

2. 深入推进大气污染防治工作。武汉市在市区安装18套固定式、2套移动式机动车遥感检测装置，加强机动车污染防治；对建筑工地扬尘进行在线监控，组织开展扬尘专项整治行动；交通厅相继出台了一系列规范性文件，督促各地积极开展港口码头油气回收及公路、水路运输过程中移动污染源的大气污染防治工作；省人大、省政府出台相关决定和通知，督促强化秸秆禁烧及综合利用工作。采用遥感卫星监测和无人机、载人飞机相结合的巡检手段进行全时段监测，建立通报制度，压实各方责任，以禁促用；开展环境空气生态补偿工作，激发各地治霾控霾的积极性和主动性；开展省级减排专项资金考核工作，按排名取一定比例对市县政府进行奖励。

3. 扎实开展水污染防治工作。第一，明确目标责任，实施任务清单管理。湖北省政府印发了《湖北省水污染防治行动计划工作方案》，与17个市（州）签订目标责任书，将跨界断面、饮用水水源、水环境功能区水质达标率列入对市（州）党政领导班子和领导干部考核。以省环委会名义印

发年度水污染防治工作要点，梳理年度重点减排项目和任务清单，督促地方推进实施。第二，坚持问题导向，推动水环境综合整治。一是督促指导各地编制水体达标方案。二是关闭取缔十小企业，同时，针对湖北省实际，新增关闭小企业1079家。三是推进污染河流和黑臭水体整治。四是推动湖泊生态环境保护，上报国家争取纳入湖泊保护专项。第三，推进重点领域污染防治。一是铁腕推动养殖污染防治，强力推进畜禽养殖场关停工作。湖北省全境内湖泊禁止投肥养殖，开展围网拆圩工作。二是全面推进乡镇生活污水治理。湖北省政府公布《关于全面推进乡镇生活污水治理工作的意见》，召开全省电视电话会议，提出3年内实现全省乡镇生活污水治理全覆盖。新建与改造项目总投资预计达到346亿元。三是与经信部门联合发文，推动十大行业整治。四是深入推进农村环境综合整治。第四，强化饮用水水源地保护。开展饮用水水源年度评估，通报评估结果。开展湖北长江经济带饮用水水源环保执法专项行动，对36个地级及以上城市集中式饮用水水源地进行集中排查整治，取缔码头、排污口，关闭水上加油站，造船厂等。第五，狠抓责任落实，强化工作督办考核。全面实施长江跨界断面考核。建立长江水质目标责任考核“河长制”，对断面考核不合格的（地）市予以通报批评和环评限批预警。出台考核办法，对不达标断面予以通报，在湖北日报上进行公示。加强赴现场督办不达标断面治理，印发问题清单，督促地方整改落实。

二、根据调研情况对湖南省污染防治工作提出的建议对策

（一）加强组织领导

在省级层面建立生态环境保护委员会，成立大气、水、土壤环境治理战役领导小组，建立部门联席会议制度，健全统筹协调工作机制，对环境治理工作的重点问题进行研究，形成合力，协调配合，形成部门联动推进治理工作的工作局面，切实保障环境质量改善和各项工作有效落实。

（二）压实目标责任

省政府出台各项环境治理专项工作方案，将相关任务要求分解落实到

省直相关部门和地方政府，建立健全环境治理工作动态调度机制，定期调度各地各部门工作进展，并将存在的问题及时通报、督促整改。

（三）加大资金投入

目前湖南省环境治理各级地方财政投入明显偏低，尤其是大气污染防治资金少，推进治理项目建设的难度很大。湖南省必须在环境治理资金上加大投入力度，同时创新资金筹措机制，多渠道筹集污染防治资金，省和各市建立环境治理投融资平台，引入社会资本参与大气污染治理。

（四）严格目标考核

督促各部门各地建立健全相应的考核问责和督办机制，细化工作目标，落实工作责任，明确工作时限，加强动态跟踪督办。对环境质量达不到国家考核进度要求、污染防治工作滞后的城市，由省人民政府予以预警和约谈，对工作不力、未能完成年度目标任务的地区和部门严格问责。

（2017 年 3 月）

关于调研湖南省环境治理工作的小记

为深入了解全省环境治理工作现状，2017 年 7 月 10 日—14 日，我到省直有关部门和部分市（州）开展了调研，有关情况汇总如下：

一、全省环境治理工作成效显著，典型经验做法突出

（一）全省上下贯彻落实省委、省政府决策部署态度坚决

自打响“环境治理战役”以来，全省上下高度重视，自觉将环境治理工作作为一项重大政治任务和民生工程来抓，有力推动各项决策部署落地实施。2017 年以来，益阳市委常委会议、市政府常务会议先后 6 次专题研究环保工作，推进落实大气污染防治、水污染防治和农村清洁工程“三大专项行动”。市委书记瞿海对做好环境保护工作提出“三个舍得”的要求：舍得眼前利益，不要受污染的 GDP；舍得环保投入，对突出环境问题负债也要治理；舍得问责追责，像抓安全生产一样抓环境保护，严格落实“党政同责、一岗双责、失职追责”。株洲市贯彻落实决策部署非常坚决，明确工作方向，突出工作重点，特别是清水塘老工业区搬迁改造工程，市委、市政府主要领导多次调度，上半年关停企业 56 家，49 家完成了土地收储，21 家落实了承接地，推动了该区域的环境整治工作。国有企业积极落实节能减排措施，环境整治工作力度大。比如，2016 年株洲电力公司在亏损情况下仍投入 1.77 亿元开展脱硫脱硝改造工作；株冶集团从 2010 年起投资近 3 亿元开展环境治理，并将铅锌年产能压缩至 65 万吨，有力改善了企业周边环境质量。中央环保督察组进驻湖南以来，各地各部门以高度的政治自觉积极配合，立改立行，截至 6 月 6 日，共收到中央环保督察组

交办信访件4583件，已办结4539件，问责1324人次。

（二）各地各部门推进环境治理战役措施十分有力

在水污染防治方面，全省铺排了518个项目，湘江保护和治理省“一号重点工程”实施重点治理项目290个。161个省级及以上的产业园区（工业聚集区）污水处理设施建设加快推进，城市黑臭水体整治扎实开展。株洲市实施水污染防治重点项目123个，计划投资5.58亿元推进醴陵市渌江上游流域水污染防治。益阳市全面开展洞庭湖水环境综合治理五大专项行动，完成清除沟渠塘坝3276条、6047千米；拆除洞庭湖区矮围网围15.27万亩，柘溪库区退出网箱拦网养殖772.9万平方米。在大气污染防治方面，颁布《湖南省大气污染防治条例》，全省实施重点治理项目94个。益阳在燃煤锅炉淘汰改造、建筑施工和道路扬尘治理、农村秸秆禁烧、黄标车和老旧车辆淘汰、黏土砖厂整治规范方面开展了一系列的整治工作，二氧化硫浓度均值下降55.9%。株洲市启动了弃气用煤、建筑扬尘、异味扰民三大专项整治行动，关停煤店36家，淘汰燃煤锅炉366蒸吨，淘汰黄标车1477台。在土壤污染防治方面，推进重金属污染治理，省级和市（州）完成重金属污染治理项目验收100余个。扎实开展污染源、污染地块调查，目前调查出共有1567个疑似污染地块。株洲清水、铜霞片区重金属污染土壤防治项目加快推进。农村环境治理方面，全省有农村区域的126个县（市、区）全部启动农村环境综合整治，制定《湖南省畜禽规模养殖污染防治规定》。抓好贫困村农村环境整治，全年向贫困地区倾斜资金1.1亿元。益阳市积极开展农村清洁工程建设，推进“户分类、村收集、镇运转、县处理”的城乡环卫工作一体化建设。特别是推行光大环保（益阳）公司垃圾焚烧发电模式，起到良好的示范作用。环境执法方面，1—6月，全省立案查处环境违法案件2786起，与2016年同期相比增长3.8倍；罚款金额1.1亿元，同比增长5.4倍。清理环保违法违规建设项目3154个。益阳林源纸业暗管偷排废水案罚款241.45万元，创湖南省单笔环保处罚案件金额之最。

（三）打好环境治理战役的长效机制初步形成

加快建立环境保护生态委员会，推进落实“党政同责、一岗双责”，制定了《湖南省环境保护工作责任规定（试行)》和《重大环境问题（事件）责任追究办法（试行)》，压紧压实环境治理工作责任。积极推进环保垂直管理体制改革，开展排污权交易改革，实行主要污染物总量减排和排污许可证制度，完善环境信用体系建设。推进环境执法机构列入政府执法部门序列，建立健全市、县环境督查约谈制度，成立省检察院驻省环保厅检察联络室，形成两法衔接工作长效机制。印发了《湖南省环境质量考评办法》，严格落实考评措施。益阳市建立了联席会议、联合挂牌督办、案件线索移送、环保执法信息交流共享等工作制度，明确环境行政执法与司法联动的范围、四部门的工作职责。株洲市、桃江县等市、县将相关单位环保履职情况纳入绩效考核体系，提高环保考核的权重，推进各级各部门各负其责、各司其职，“大环保”工作格局日益完善。

（四）环境治理战役成效逐步凸显

在各地各部门齐抓共管下，全省环境质量得到明显提升。上半年，全省419个省控断面中，Ⅰ至Ⅲ类水质断面382个，占91.2%；60个国家考核断面中，58个断面达到国家考核年度目标要求；14个城市饮用水水源地水质达标率为96.6%。全省14个城市平均优良天数比例为81.1%，长株潭城市平均优良天数比例为68.2%。大通湖水质由最高时总磷超标6.1倍降到2017年6月超标3.2倍；资江锑由2008年超标2.7倍降到2017年超标0.12倍。与此同时，绿色发展、绿色生活方式深入人心，生态村镇创建步伐加快。如桃江县创建国家、省级生态乡镇10个，省、市级生态村198个。资阳区紫薇村成为林业部首届生态文明绿色发展论坛会址之一，受到广泛好评。

二、全省环境治理工作仍存在的问题和困难

（一）部分领导干部思想观念有偏差，责任体系不健全

部分领导干部还没有从“唯 GDP”至上的传统和惯性思维中转变过来，推动环保工作不敢动真碰硬。在畜禽养殖污染整治、饮水安全保障等领域，部门责任不清、监管不力的问题客观存在。有的地方“党政同责、一岗双责”还未压紧压实，压力层层传导不够，基层工作基础薄弱。

（二）环境治理手段比较单一，部分政策措施落地难

综合施策少，成本高，推进难度大，主要还是依靠行政手段，法律、市场、经济和技术等手段使用得少。部分政策缺乏系统、全过程的统筹思考，相关要求不够细化、具体，科学性、针对性、操作性不强，导致地方理解有偏差、落实有困难、效果不理想。

（三）环境质量持续改善压力大，治理工作任务重

湘、资、沅、澧四水支流还有超标断面。洞庭湖水质总体为轻度污染，大通湖、芭蕉湖等湖库总磷超标问题突出。饮用水水源保护、黑臭水体整治等工作任务重，压力大。湖南省 14 个市（州）城市环境空气质量没有一个达到国家二级标准。湖南省土壤污染点位超标率居全国第二位，重点工矿区企业关停还遗留了大量尾矿、废渣和污染场地，环境风险隐患多。

（四）环保投入相对不足，一些领域整治项目建设推进慢

环保投入总体不足，部分市、县单纯依靠中央和省财政资金支持。调研过程中，株洲、益阳市普遍反映治理资金筹集困难，如清水塘地区污染企业搬迁、遗留污染治理和职工安置等要投入 200 多亿，目前资金缺口大，后继工作落实难度大。同时，受资金投入等因素影响，乡镇生活污染治理、黑臭水体整治、历史遗留污染治理等领域工作进展相对滞后，项目推进速度慢。

（五）生产、生活方式粗放，绿色转型升级难度大

产业结构短时间内难以调整到位，初级产品比例多、精深加工产品比例小，污染物排放强度高。农业清洁生产技术推广力度不够，畜禽养殖废物利用率低，农药、化肥使用强度高于全国平均水平，面源污染重。公众参与广度、深度有待提升，低碳生活方式还未全面普及。

三、推进全省环境治理工作的有关建议对策

环境治理涉及方方面面，是一项复杂、艰巨的系统工程，既要打持久战，也要打攻坚战，必须综合施策，汇聚各方力量，产生最大合力。

（一）根据国家要求和地方实际，明确环境治理目标和落实方案

结合地方实际，明确环境治理时间表、路线图和任务书，及时制定落实方案，按照条块结合的原则，省、市、县三级政府要制定环境治理行动计划，明确具体要求、完成时限和责任单位；各级职能部门要制定具体工作方案，明确整治任务和项目。同时，要加大环境治理统筹规划力度，推进河湖流域系统治理和大气污染联防联控联治。

（二）按照约束与激励并举的原则，认真抓好考核督促

全面梳理、细化畜禽养殖污染防治、机动车排气污染整治等领域的职责，严格落实责任，推动形成“管发展的管环保，管生产的管环保，管行业的管环保”的齐抓共管大格局。要定期或不定期开展专项督查，及时发现、解决相关问题和困难。要严格考核奖惩，对考核不合格、整改不到位的单位一票否决，严格追究相关人员责任；对考核优秀、工作成效好的地方加大支持力度，树立一批先进典型。

（三）完善相关领域政策措施，丰富环境治理手段

强化行政管理，认真落实网格化监管、环保综合督察、河长制等制度，加快推进省以下监测监察垂直管理，形成齐抓共管合力。强化法制保障，加快推进省级相关法规出台，鼓励支持市（州）就环境治理工作加强

地方立法。强化经济手段，积极推进生态环境损害赔偿试点，加快建立大气生态补偿机制，将流域生态补偿由湘江流域拓展到“一湖四水”。

（四）转变增长方式，推动绿色、低碳发展

以生态保护红线、资源利用上线、环境质量底线和负面清单等“三线一单”为抓手，强化空间、准入、总量环境管理。加强重点行业整治整合，认真推动株洲市洗水行业整治、益阳市竹凉席加工行业整治经验，推动污染企业入园区发展。积极支持地方开展生态文明城市创建。大力发展循环农业，推广种养平衡、稻田养虾等模式，减少面源污染。

（五）抓好整治项目建设，补齐环境治理短板

建立环境治理项目库，认真组织地方做好项目前期工作。加快推进治理项目建设，确保项目早建成、早发挥效益。建立财政投入动态增长机制，成立环境治理基金，加快发展绿色信贷、绿色金融，积极推动 PPP、合同环境服务等模式，拓展投融资方式，引导和鼓励社会资本投入，用“真金白银”建设“绿水青山”。

（六）营造良好氛围，推动企业、社会和政府共治

通过电视、网络等途径加大环境治理宣传报道、信息公开力度，切实保障人民群众的知情权、监督权和参与权，营造良好舆论氛围。积极培育生态文化、生态道德，唤醒人民群众生态环保意识，推动社会公众成为环境治理的参与者、贡献者。

（2017 年 7 月）

赴俄罗斯、匈牙利、罗马尼亚访问交流和学习考察纪实

应俄罗斯下诺夫哥罗德州政府、匈牙利巴拉顿湖当地政府和罗马尼亚普拉霍瓦县政府邀请，经湖南省人民政府批准，2018 年 5 月 13 日—22 日，湖南交流考察团一行 6 人对俄罗斯、匈牙利和罗马尼亚进行了为期 10 天的生态环境访问交流和学习考察。笔者作为考察团成员之一全程参与。

一、主要活动

此次出访的主要任务是，应邀参加在俄罗斯下诺夫哥罗德州举办的第 20 届国际科技 - 工业论坛“大河 - 2018（生态、水文气象、能源安全）”科学大会，加强中俄双方大河流域（中国的长江流域，俄罗斯的伏尔加河流域）生态环境治理方面的经验交流，促进湖南省与俄罗斯、匈牙利、罗马尼亚等“一带一路”沿线国家和地区生态环保领域的交流与合作，以全面提升湖南省生态环境保护工作的管理水平和国际化水平。

5 月 13 日上午，湖南交流考察团从北京出发，下午抵达莫斯科。14 日上午，调研莫斯科河水资源利用及水环境治理情况。莫斯科河是奥卡河左岸的支流，全长 502 千米，河流入口、出口落差 155 米，平均宽 200 米、最宽处 1 千米，河口处年平均流量 109 立方米/秒。莫斯科河从市区西南部流入并经中心红场、克里姆林宫，流经市区 80 千米，莫斯科城于 1147 年依河流而建，是“五海之港”，通达波罗的海、白海、黑海、亚速海和里海，市内 3 个河港年货运量达 2900 万吨。20 世纪初，随着莫斯科经济社会发展，人口激增，工业用水以及全市用水量急剧增加，水位下降，多河段露出了河床，航运被迫中断，河水水污染急剧加重。莫斯科市政府为了

改变水质恶劣状况，对莫斯科河实施了大规模的治理工程，先是疏浚河道，再从伏尔加河运来沙砾填铺河床，取得了良好效果，此方法还被运用到亚乌扎河的治理。对于人口众多的大城市，大量的污水直排入河是非常棘手的环境问题，莫斯科市政府在全市铺设了总长 5000 千米的排水管道，把城市污水引入处理厂，经净化处理后再排入莫斯科河，经过处理，污水净化度达到 90%—95%。政府还十分重视中水回用，通过污水再利用系统，向数十家大型工厂、企业提供工业用水。另外，由于俄罗斯冬季时间长，降雪量大，城市经常要用除雪剂除雪，除雪剂中含有硫酸盐、氯化物等各种杂质，为防止雪融水污染河水，政府制定办法，建立 30 个站点集中堆放积雪，同时使用净化装置处理积雪。在了解了莫斯科河治理情况并实地考察后，我们下午乘高铁赴下诺夫哥罗德州参加“大河论坛”。

5 月 15 日上午，湖南交流考察团赴下诺夫哥罗德州政府，会见外联部谢谷娃主任和环保部门负责人。黎咸兴副秘书长向他们介绍了湖南省生态文明建设的相关情况，并表示：“在 2017 年‘伏尔加－长江’地区间合作委员会第二届会议上，我们两个地区之间签署了经贸、科技和人文合作协议，期待在该协议的框架下，促进我们两个地区之间的接触和合作。”谢谷娃主任对黎咸兴副秘书长一行的到来表示感谢，并提出“希望在高等教育、环保科技和旅游方面加强交流合作”。之后，黎咸兴副秘书长参加“大河”国际科工论坛开幕式并致辞。

“大河”国际科工论坛是俄罗斯大河流域地区最有影响力的可持续发展论坛之一，论坛的主要内容包括：国际科学大会、专业性（清洁水、技术设备）展览会以及创新研究和教育、社会和人道主义等项目。此次论坛，共有中国、德国、荷兰、意大利、白俄罗斯、摩尔达维亚等 14 个国家派代表团参加，各国专家围绕大河流域生态环境保护进行了研讨和学术交流。下午，在“大河”论坛全体会议上，黎咸兴副秘书长受邀作了专题发言。他向与会代表介绍了我国及湖南省生态环境保护，尤其是水环境管理方面的情况。他首先介绍了前不久在武汉召开的深入推进长江经济带发展座谈会，习近平主席再次明确要求长江经济带沿线省、市“共抓大保护、不搞大开发”，强调要“生态优先、绿色发展”，座谈会前，习近平主席还考察了湖南省岳阳市，对湖南省提出了“守好一江碧水”的要求。他表示，中国正在强力推进生态文明建设和生态环境保护工作，本次论坛的主题都是双方十分关心和感兴趣的内容，对进一步增进中俄两国及下诺夫哥罗德州与湖南省生态环境方面的合作交流有着十分积极的意义。与会部分专家先后就保护大河流域的水、森林和土地资源，保护自然保护区，改进废物管理方法等作了交流发言。尽管各国的国情不太一样，但大家在保障全球的自然生态和生态安全上的目标是共同的、一致的，通过“大河”论坛的交流，大家获得了新的知识，了解了新技术，达成了更多的共识。

会议结束后，下诺夫哥罗德州副州长巴耶尔安会见了我方、荷兰、德国、意大利等国家代表并进行了交流，他希望湖南省与下诺夫哥罗德州以及伏尔加河流域地区加强在生态环保、教育等领域的合作。巴耶尔安表示，环保教育宣传非常重要，从小培养生态环保责任，是合理使用自然资源以及保障生态安全的基础。为此，该州经常举办一些会议及活动，如举行生态会演、开展义工行动等，不断提高全社会的生态环保意识。会后，他还设晚宴招待了与会的各国代表，安排了俄罗斯艺术家表演，给大家留下了美好的印象。

5 月 16 日上午，湖南交流考察团现场考察了奥卡河及伏尔加河。沿途看到湍急的奥卡河自西向东流向伏尔加河，作为伏尔加河水量贡献最大的支流，奥卡河在该市人民心中的地位非常重要，尽管下诺夫哥罗德市是一个传统工业城市，但是沿岸却没有看到一座工业园区或重污染企业。

5 月 16 日下午，考察团一行飞往圣彼得堡。圣彼得堡人口 500 多万，是俄罗斯联邦第二大城市，城市面积 1439 平方千米，圣彼得堡河网密布，有“北方威尼斯”之称，城市河流总长度达 282 千米，主要河流是涅瓦河，汇入波罗的海。

5 月 17 日，湖南交流考察团访问了圣彼得堡市水务管理局，参观了水务博物馆并就圣彼得堡市水资源利用、水资源管理、水环境保护等，与圣彼得堡市自来水公司的专家进行了广泛、深入的座谈交流。圣彼得堡市自来水公司是由沙皇亚历山大二世在 1858 年成立的，主要负责供水以及水资源、水环境保护。该公司现为国有独资企业，承担了城市所有居民和几万家企业的供水和污水处理。其中，供水系统有 9 座，排水系统 18 个，污泥处置焚化厂 1 个。自来水公司的专家向我们介绍，圣彼得堡市政府不断加强节约用水教育以及宣传培训，并通过节水改造技术以及给家庭、工厂安装计水器等方法起到了明显的节水效果，近年来人均用水量逐年下降，1994 年为 282 升/天、2005 年为 235 升/天、2010 年为 188 升/天、2015 年为 131 升/天、2017 年为 126 升/天。同时，他们也加大了城市污水处理工作的力度。2013 年，全市完成了排水管主管的铺设，城市污水处理从 1978 年开始，污水处理率逐年提高，1978 年为 27%、1987 年为 67%、2005 年为 85%、2010 年为 93%、2017 年达到 98.5%。除工业污水之外，对降水、雪水以及生活用水主要采用次氯酸钠取代液态氯气进行消毒处理。市内的几个大型污水处理厂，经污水生物净化系统处理之后，总氮和总磷两项指标分别可少于 8 毫克/升、0.5 毫克/升，2011 年已经达到国际赫尔辛基公约要求。污水处理厂出水采用生物方式监测，通过在小龙虾和鱼外壳上安装传感器监测心率等指标来达到水质监测目的。这里尤其要提到的是，圣彼得堡市自来水公司将一座原供水厂改造成为一个水务博物馆并建设了许多宣传培训的教育设施，如儿童生态中心、水的宇宙等场馆，现每年有 20 多万人次到此参观访问，有 30 多万人次儿童在此学习，在我们访问期间，就碰到了一个越南代表团来访和来自芬兰的学生来此学习。圣彼得堡市对水生态文明宣传的高度重视和世界一流的水务博物馆给代表团留下了极其深刻的印象。

5 月 18 日—19 日，湖南交流考察团飞抵匈牙利首都布达佩斯，先后赴巴拉顿湖和多瑙河沿线进行实地考察，并与当地政府官员就湖泊流域水资源利用、水环境保护和生态建设等方面进行了座谈交流。巴拉顿湖是中欧最大的淡水湖泊，位于匈牙利中部，全湖总面积约 596 平方千米，呈狭长条状，长 77 千米，宽 1.5—15 千米，平均水深 3.25 米，最深处 11 米，集水区面积 5.2 平方千米，湖岸线长 236 千米，总蓄水量达 19 亿立方米，pH 值为 8.4，湖面风速为 5 米/秒，回悬通量为 170 毫克/（平方米·天），碳酸钙质量分数占沉淀物的 50%。巴拉顿湖一直以来是匈牙利经济、文化的重要地区。巴拉顿全湖可以分为连续的 4 个湖盆，从 20 世纪 60 年代开始湖水水质逐渐恶化，通过对湖水监测的资料表明，4 个湖区浮游植物的初级生产量几乎处于中等营养状态。1973 年在 1 号湖区测得单位面积的初级生产量是 1963 年的 8 倍，1974 年测得 2 号湖区的初级生产量为 20 世纪

60 年代初期的 4 倍，3 号和 1 号湖区浮游植物的生产量也成倍增长，整个巴拉顿湖都发生了富营养化，1965 年和 1975 年曾出现两次鱼类大量死亡事件，1982 年湖水水质达到最低点，固氮蓝绿藻仲夏时在 1 号湖区生长茂盛，到 8 月底已遍及全湖，湖水透明度极低，全湖 pH 值升至 8.9 以上。从 20 世纪 80 年代开始，当地政府开始大规模治理，1995 年，4 个湖盆的营养负荷出现了一个突降点，全湖水质得到明显改善，浮游植物成分又接近污染之前 20 世纪 60 年代的水平，污染治理取得了明显成效，且至今保持良好。同时，我们也了解到，匈牙利政府深刻吸取了污染带来的教训，十分强调生态优先、绿色发展，全国严格控制工业，尤其是污染工业的发展，大力发展有机农业，严控化肥农药施用，匈牙利农产品出口欧盟全部免检，成为国家经济重要的支柱。

5 月 20 日，湖南交流考察团搭乘飞机前往罗马尼亚进行学习交流。罗马尼亚地处东南欧，位于巴尔干半岛北部，国土总面积 23.8 万平方千米，人口近 2000 万。罗马尼亚生态环境优美，境内水系发达，共有 4864 条河流，河流总长度约 78900 千米，主要河流为多瑙河，共有 2500 多个大小湖泊。罗马尼亚自 2007 年加入欧盟后，环境整体规划目标由欧盟统一规定，国家根据欧盟提出的目标再制定具体计划和措施。国家统一制定省、市两级生态环境管理部门及编制人数。国家涉及水管理的部门有四个，分别为：环境、水和森林部（负责国家水战略和政策的制定，协调和监督国家、欧盟和国际层面水法的实施），农业和乡村发展部（负责农业灌溉用水管理），国家水公司（负责水战略的实施和水费收取）以及地方环境保护监察局（负责颁发环境许可证以及检查和控制水质和污水排放）。设立了国家、省两级水质监测机构。市级政府设有专门管环保的机构和专人进行管理，主要负责固体废物管理，工作类似于巡警，专门制止和处罚乱扔垃圾行为。设专门的运营（私企）公司负责运输处理垃圾，费用由每户居民和垃圾处理公司签订处理合同，每个人每月交 1 欧元垃圾处理费，政府不提供补贴。每个省都有一个垃圾处理厂，所有不能回收的垃圾都会到省一级统一掩埋。由于罗马尼亚对固体垃圾的处置方法主要以填埋为主，因此一些资源性固体废物垃圾一般出口到中国，但随着我国对进口洋垃圾的相关法律的出台，使得他们也要积极出台相应政策以解决目前棘手的环境问题。

5 月 21 日，湖南交流考察团一行前往罗马尼亚普拉霍瓦县的瓦阿勒公社学习考察当地水环境管理与治理情况。瓦西里卡热情接待了考察组，他介绍，瓦阿勒公社人口有 30 万，境内水系发达，所有水系由附近的 TELEA JEH 河汇入多瑙河，该地以前由于污水随意排放，河流污染非常严重。自从加入欧盟后，该地通过法案，新建的工厂在建设之前都要向政府证明污水排放能达标，取得批复才可开工建设。同时，加大对城乡生活污水的治理，从 2004 年开始，该地通过争取欧盟环境基金、企业投资建设自来水厂和污水处理厂，再向企业和居民收费营运，目前城乡污水处理率已达 80%，水质不断改善，水质稳定达标。瓦西里卡对中国非常友好，曾到中国参加过“哈洽会”，还专门陪同我们参观了城市污水厂。

二、主要收获

这次学习考察时间不长，行程紧凑，在团长的带领下，大家克服困难，圆满完成了任务。此行收获颇多、受益匪浅，增长了见识，开阔了眼界，学习了经验。

（一）严格工业污染防治

匈牙利、罗马尼亚作为欧盟成员国家，对工业企业的环境管理非常严格。新建工业企业必须取得地方环境保护监察局核发的环境许可证，才能投入生产。所有工业企业均建立了污水处理设施，工业废水经处理达标后，排入城市污水收集管网，进入城市污水处理厂处理。对超标排污的严格进行处罚。

（二）重视污水收集处理

俄罗斯的莫斯科、下诺夫哥罗德、圣彼得堡市政府对污水收集处理工作非常重视，尤其是圣彼得堡市整座城市被列为世界文化遗产，其铺设管网的耗费和难度可想而知，尽管如此，该市仍在全域范围内铺设了污水管网、建立了 18 个污水处理场，解决了 500 万人口的用水排水问题，其重视程度与投入力度之大可见一斑。匈牙利在 20 世纪 50 年代以后，由于居民点的迅速发展，住宅的大量兴建，生态环保压力凸显，匈牙利发展理念有了新的转变，污水处理技术突飞猛进。据了解，匈牙利在全国各城市中建立排水企业，实施净化污水的远景规划，在各区的中心建设污水净化设施。像湖区周边的很多旅馆产生的生活污水经过净化处理后再排入湖区，湖区水质状况与多瑙河一样好，可见污水处理技术相当发达。2004 年，由欧盟支持投入 1000 万欧元在瓦阿勒建立了污水处理厂及配套污水收集管网，12000 个排污口全部进入管网，12 个瓦阿勒的子城均建立了污水处理厂和收集管网，全市 80% 的污水进入污水收集系统处理。

（三）加强湖区周边污染整治及农业面源污染防治

匈牙利巴拉顿湖的所有项目均由一个地方统筹安排，按照先后顺序、轻重缓急的原则，合理推进项目建设。比如生活污水处理，80% 的城乡居民生活污水采取集中处理，剩下的由农民运送至污水处理厂处理或自行建立治污设施，再由政府部门给予适当补贴进行处理，交税的农民还可享受优惠政策，每年按比例返还部分资金。比如农作物种植，湖区主要种植马铃薯和麦子等农作物，采取轮作方式，促使土壤肥力达到均衡状态；对贫瘠土地，实行休耕，政府给予一定补贴，待土壤达到肥力标准后再进行耕作，防止农户私自使用农药化肥，造成土壤污染。比如工业污染治理，湖区周边的汽车制造厂、红酒厂均已搬迁移址，就连拥有 3000 多员工的红酒厂也坚决要求搬迁，可见当地政府整治决心之强、力度之大。而罗马尼亚地广人稀，农业用地中每年安排 20% 的土地种植三叶草，产出的三叶草籽作为有机肥料供其他土地使用，减少了化肥使用量。另外，罗马尼亚每年向欧盟申报计划，安排一部分土地实行休耕 4—5 年。

（四）严格执法监管

在俄罗斯交流期间，我们了解到他们的供水、排水都是由俄联邦机构负责统一监督管理，并在省会城市设立分支机构。分支机构每个季度向上级部门上报情况，并每天在官方网站公布水环境质量情况，同时在各市设立了居民反馈机构，群众共同参与环境监管。俄联邦机构主要负责对地方进行环境督察抽查工作。在匈牙利学习期间，感触最深的就是巴拉顿博格拉尔市政府严格执行欧盟法律，并在下一级行政组织得到很好的实施和执行，使环境管理职权法定化、具体化，环保监管常态化、长效化，值得我们学习借鉴。进入湖区，我们发现有很多帆船行驶，特地询问当地官员得知，原来是巴拉顿博格拉尔市没有专门的环保部门，只有执法部门，市政府规定除监管执法船以外，所有使用非清洁能源的机动船只一律不能驶入湖区，只能停靠在湖口，进入湖区的人员必须换乘当地帆船，有效杜绝了环境污染。整个湖区环境由一个部门负责管理，避免了“九龙治水”、职责不清的现象。

（五）生态环保理念超前

我们所到之处，无论是巴拉顿博格拉尔市政府的行政决策，还是湖区工业、农业、服务业与生态环境的协调发展，对水生动植物等的恢复和保护达到的水生态与水环境和谐统一的景象，以及人民群众的生产生活方式等，无不彰显生态环保的理念。考察期间，我们目睹了碧波荡漾的巴拉顿湖，随处可见的大量鸟类和芦苇，深刻意识到大自然没有辜负匈牙利政府和人民多年来为控制巴拉顿湖污染所作的努力。俄罗斯由于自然气候、文化等原因在工业上的发展水平远超农业，但丝毫不影响他们对自然生态的热爱和保护意识，无论从哪儿俯瞰，都可看到大面积整片整片的绿色植被，在马路上行走，必定能看到随处可见的城市留白的公园，公园里既没有铺设沥青、水泥，也没有修剪整齐的乔木灌丛，除了几处搭建的木椅子供人们休憩之外，几乎看不到人工建造的痕迹，只有泥土的芬芳和各式各样的树木在自由地生长，一片生机勃勃的自然景象。

（六）高度重视科研技术

交流期间，我们看到这几个国家都十分重视科研技术，特别是在生态环保重点领域加强科学研究和技术攻关，注重走产学研相结合的新路子，实现科研成果转化应用，成立了专门的科研机构，统筹负责理论研究、科学指导、技术攻关等基础工作。如匈牙利结合实际，根据浮游微生物具有磷吸收特性，制定了浮游微生物去除湖中磷负荷的方案，通过浮游微生物的吸附作用，降低湖水中的沉淀物。俄罗斯则利用水生物对水质环境的敏感性来监测水质，并且获得了相当准确的数据。如在取水站的小龙虾、鱼类外壳或体内安装传感器来监测其心率等方式获得数据，是一种非常简便而有效的监测方法。

（七）注重资源节约及环境教育宣传

这三个国家对自然资源的节约和环境保护的教育宣传，让我们感受颇深。俄罗斯几个城市在污水管网铺建以及地下管网配套上做了大量工作，较早试行了雨污分流，并且对排水、用水使用不同计量器来规范用水。圣彼得堡市深知水资源对当地乃至全人类的重要性，将彼得二世时期建造的供水塔作为博物馆，向世界各国介绍水与圣彼得堡市的共存关系，并且以水博物馆为主题建立了公园，里边配套有专供儿童学习以及各种年龄段参观和培训使用的馆所。环保意识从小抓起，我们参观的每个馆所内，都看到有幼儿园、小学的孩子们在兴趣盎然的聆听老师的讲解和观看电影。而这些宣传活动的效果也是十分明显的，从 1994 年到 2017 年，该市的人均用水量下降了 45%。而罗马尼亚，作为一个以农业为主的国家，尽管经济不算发达，但对水资源的保护与利用体现到了每个家庭，自来水可以直饮，而市面上售卖的水则从最低的 10 元人民币 330 毫升到 180 元人民币 1 升不等。在垃圾处理上，实行垃圾分类处理，由私人企业进行收集，居民每人每月缴纳 1 欧元的处理费，罗马尼亚每个省都设有垃圾集中处理设施，最终填埋处理。

三、有关建议

（一）关于加强湖南省与俄罗斯联邦下诺夫哥罗德州交流合作的建议

2013 年 5 月，中俄“两河”合作启动以来，湖南省与俄罗斯伏尔加河沿岸地区开展了系列互访和产业对接活动，经贸、人文等领域合作取得积极进展。2016 年，湖南省政府召开了中俄“两河”地方合作工作专题会议，并审定印发了《湖南省推进中俄两河地方合作工作方案》。2017 年 1 月，湖南省对俄合作推进中心在省发改委挂牌成立。通过此次考察交流，进一步深化了湖南省与俄罗斯伏尔加河地区在环保、科技等方面的交流。

建议如下：

第一，建议将此次在下诺夫哥罗德州举办的第20届国际科技－工业论坛中水生态、水环境等内容纳入湖南省推进中俄两河地方合作工作之中，由省发改委负责统筹推进。

第二，在考察中，下诺夫哥罗德州外联部负责人多次提出，希望加强与湖南省在高等教育（互派交换生）、环保、科技等领域的合作。建议建立湖南省与下诺夫哥罗德州在环保、科教等领域的合作交流机制，由省外办牵头，省环保厅、省教育厅、省科技厅参与，明确联系处室、人员，加强与下诺夫哥罗德州的日常交流对接。

第三，加强湖南省洞庭湖三市与下诺夫哥罗德州的合作交流。俄罗斯大河流域与湖南省洞庭湖地区在环保治理方面有许多共通之处，特别是下诺夫哥罗德州等地在环保科技方面的经验和做法值得学习借鉴，建议洞庭湖三市政府加强研究谋划，组织机关、学校、企业加强考察交流，探讨加深合作。

（二）关于湖南省环境保护方面的几点建议

湖南省洞庭湖以及“湘、资、沅、澧”四水的保护与治理，从总体看，与几个国家的河流湖泊碰到的问题是相似的，保护和治理的思路是相通的，学习借鉴俄罗斯、匈牙利、罗马尼亚等三个国家好的经验和做法，对打好碧水攻坚战，探索大湖流域生态文明建设新途径，具有很好的现实意义。

第一，坚持理念先行。在这次访问交流中，习近平主席在长江经济带座谈会讲话中强调的“生态优先、绿色发展”理念得到了“一带一路”国家的高度评价和积极响应，俄罗斯、匈牙利和罗马尼亚等国在这方面已经有了许多生动实践和成功案例。无论是从构建人类命运共同体，还是从贯彻以人民为中心思想的角度，我们都应该认真学习贯彻习近平生态文明思想，牢固树立“绿水青山就是金山银山”的理念，坚决打好污染防治攻坚战，强力推进“一湖四水”生态环境整治专题行动。

第二，推进依法治理。加强洞庭湖生态环境保护立法工作，制订出台《洞庭湖生态保护条例》，岳阳、常德、益阳三市要根据本地实际，以问题为导向，制订出台地方法规。进一步加强和完善环境质量标准，洞庭湖区县级以上污水处理厂要全面执行一级A排放标准，要制订畜禽水产养殖地方标准。同时，要强化法制和标准的执行力度。访问这三国的一个共同点就是法治观点、契约精神很强，欧盟制定的环境目标、环境标准一旦承诺接受就严格执行，而我们现在环保方面的法规标准也不少，但执行还不够，依法治理的能力和水平有待大幅度提升。

第三，实行统一规划。对比巴拉顿湖的情况，洞庭湖流域的地形更加复杂，整治难度更加艰巨。建议进一步完善洞庭湖生态环境保护规划体系，编制“多规合一”的空间规划体系，将洞庭湖规划编制与环洞庭湖国民经济和社会发展规划、土地利用总体规划、城市总体规划、工业园区发展规划、环保规划、新型工业化发展规划等各类规划进行有效衔接，形成自上而下、相互协调、彼此支撑的统一规划体系。

第四，提升科研水平。建议加大科研投入力度，加强与科研院所的合作交流，经常开展专业技术培训，提升科技监管能力。进一步健全生态环境质量管理网络，采用信息化、大数据手段分析环境质量监测数据，确保洞庭湖治理实现科学化、精细化、智能化。

第五，强化全民教育。要加大全民生态环保宣传教育培训力度，大力倡导生态环境部、中央文明办、教育部、共青团中央、全国妇联等五部门联合发布的《公民生态环境行为规范（试行）》，加快建设洞庭湖博物馆等宣传载体，倡导简约适度、绿色低碳的生活方式，引领公民践行生态环境责任，携手共建天蓝、地绿、水清的美丽中国。

（2018年6月22日）

四川省广安市水环境治理的“广安经验”值得学习

近年来，四川省广安市认真贯彻落实习近平总书记“绿水青山就是金山银山”的重要思想，站在构建长江上游生态屏障的战略高度，秉承“长治久安，从水抓起”的科学发展理念，以保护和改善水环境质量为核心，以流域水环境整治和保护为重点，以全域实施“洁净水”行动为突破口，坚持系统推进、标本兼治，探索出了一条“政府主导、社会参与、上下联动、全域覆盖”的治水模式，国控、省控广安断面和城市饮用水水源水质全部稳定达标，全市水环境质量持续改善，促进了全市经济社会协调可持续发展。

一、加强组织领导，构建长效机制

四川省广安市高度重视水环境治理工作，将其纳入重要议事日程，纳入民生工作统一督促实施，成立了由市委书记任组长，市长任第一副组长，市委、人大、市政府、市政协分管联系领导任副组长的领导小组，形成齐抓共管工作合力。充分利用地方立法权限，2017 年颁布了《广安市集中式饮用水安全管理条例》，这是广安市获得地方立法权后第一部实体性地方性法规；2018 年起草制定了《广安市城乡污水处理条例》，为水环境治理提供坚强法制保障。结合环境督察问题整改，完善督查考核体系，实施“巡察 + 督察 + 监察”三位一体的治污综合督察，依法依纪治理水污染在广安成为常态。

二、实施全域净水，严控源头污染

借鉴浙江“五水共治”等先进经验，2014年四川省广安市在全省率先开展“洁净水”行动，实施生活垃圾污水处理、畜禽养殖污染防治等“八大行动”，全域系统推进水污染治理。对国控、省控和市级重点流域每月开展水质监测、全面分析、测管协同，排查整治涉水污染源。落实产业政策，强化工业污染源管控，累计关停流域内重污染涉水企业30余家、淘汰落后产能企业9家。全面实行新建工业项目进园区，8个工业集聚区污水治理设施全面建成并投入使用。以整治畜禽养殖污染为重点，全面梳理健全全市流域、湖库畜禽养殖污染的污染源台账，分类施策，稳步推进，累计关闭禁养区畜禽养殖场1064家，整治530家，完善沼气池5.9万余立方米，取缔网箱2.24万只。全面实施《广安市城镇污水处理设施建设三年推进方案》，建成污水处理厂（站）168座，配套管网523千米，城乡生活污水处理能力逐年提高。

三、创新治理机制，探索治水新模式

创新采用PPP模式破解融资瓶颈。采用PPP模式引进中国水环境集团投资30亿元，统建统管污水处理设施；对未纳入PPP项目的镇村，采用财政支持、村组自筹等方式，建设微动力、无动力污水处理设施911处，有效破解资金难题。引进国内领先的下沉式污水处理工艺，建设地埋花园式污水处理厂（站），用地节约2/3，吨水投资节约1/3，地上无二次污染可开发再利用，实现创新治理城乡污水污染。创新管理模式破解技术瓶颈。通过政府购买服务方式，引入专业水务公司参与管理，确保污水处理设施建成一个、正常运行一个。创新财政保障机制破解运营瓶颈。将城镇生活污水处理设施建设和运营费用纳入本级财政预算，明确从国有土地出让金净收益中提取5%、城市基础设施配套费中提取15%专项用于乡镇生活污水处理设施建设和运行。同时建立污水处理收费制度，运用价费政策促进水污染治理。

四、全面落实河长制，河湖管理常态化

印发《广安市贯彻落实〈关于全面推行河长制的意见〉工作方案》，将全市721条河流、332座水库、17206口山坪塘、1290处石河堰全部纳入河长制范围。构建了“河长+警长+网格长”组织体系，共设立河长3445名，警长1586名，并明确乡镇长为“网络长”，建立了责任明确、制度健全、运转高效的河湖管理与保护长效机制，为2020年底前基本实现河畅、水清、岸绿、景美的总体目标奠定了坚实基础。出台《广安市建立全面推行河长制工作机制任务清单》等系列文件，完善河长巡查、责任追究等系列制度，对全市乡科级以上河长开展培训800余人次，累计开展巡河9万余人次。出台《广安市河湖管理保护联合执法暂行办法》，整合“12345、12369、2666567”举报热线和公安、环保等部门力量，开展部门联动执法300余次，有效推动河湖管理常态化、规范化。自全面实行河长制以来，省级河长制河流嘉陵江稳定达到地表水Ⅱ类水质标准，渠江稳定达到地表水Ⅲ类以上水质标准，其中Ⅱ类水质比例达到75%以上；市级河长制河流大洪河稳定达到地表水Ⅲ类水质标准，驴溪河、西溪河和长滩寺河，由过去的劣Ⅴ类改善到Ⅳ至Ⅲ类水质，其中Ⅲ类水质比例逐年提高。

五、坚持以人为本，保障饮水安全

坚持把饮用水水源保护作为解决民生问题、为民办实事的重要工作来抓，纳入年度考核重要指标，列入污染防治“三大战役”重要内容。对照饮用水水源地问题整改要求，提前谋划，全面统筹，在2017年7月就主动将县级饮用水水源地问题整改纳入整改范围，实现了尽早摸底排查、锁定问题、制定方案、落实责任、及时整改。制定出台《广安市水环境生态补偿办法（试行）》《广安市集中式饮用水水质检测信息共享及发布机制的实施意见》，对流域上下游和饮用水水源地实行生态补偿，对饮用水从源头到水龙头实施全过程监管，全力确保群众饮用水安全。

（2018年6月25日）

参加全国政协污染防治专题调研手记

党的十八大以来，中共中央将生态文明建设提升到了“五位一体”战略高度，把绿色发展作为了新发展理念，习近平总书记就生态文明建设作出了一系列重大判断（如三期叠加）、重要论述（如绿水青山就是金山银山）和重要要求（如党政同责、一岗双责、失职追责），形成了习近平生态文明思想。特别是2017年以来，党中央、国务院将污染防治列为三大攻坚战，各级各有关部门和全社会对生态文明建设和环境保护的重视程度之深和推进力度之大前所未有。2018年，全国政协首次将污染防治列为专题议政性常委会议题，并确定了深入学习贯彻习近平生态文明思想，全面推动绿色发展；聚焦重点区域重点领域，着力解决突出环境问题；坚持系统谋划，提高生态环境保护工作科学性有效性；深化改革创新，提升环境治理能力；强化综合支撑，提高污染防治保障水平；开展全民绿色行动，形成全社会共同参与的治理格局等六个专题，分别由全国政协有关领导带队开展先期调研，在此基础上于8月20日—22日开展会议专题议政。

7月23日—27日，我受邀参加全国政协社会和法制委员会“用最严格制度、最严密法治保护生态环境，加大环境违法打击力度，提高环境违法成本”专题调研组赴四川调研。

23日中午，我结束中共湖南省委统战部组织的全省统一战线代表人士在河北石家庄的暑期谈心活动座谈会后，立即赶往石家庄机场，飞抵成都双流机场后又赶往广安，与调研组的大部队会合。

广安是改革开放总设计师邓小平同志的故乡，到广安时已是晚上八点多，此次调研我们入住的酒店是“思源酒店”，2018年正值改革开放四十周年，饮水思源，我们更加崇敬和怀念小平同志。这是我第二次来广安，感受到广安最大的变化是正在修建广安高铁站至小平同志故居的轻轨，作为一个西部省份，且在离省会成都200多千米的地级市能够修建轻轨，说明每年全国各地来瞻仰小平同志故居的群众很多，为国家和民族作出过重要历史性贡献的伟人，时代和人民永远不会忘记。

24日上午，我们首先前往前锋区四川广安华电有限责任公司调研。广安华电装机240万千瓦，是四川最大的火力发电厂，其中一台60万千瓦的火电机组2017年已完成脱硫脱硝改造，剩下的一台60万千瓦和四台30万千瓦的火电机组计划到2020年全部完成脱硫脱硝改造。湖南省到2018年年底可完成所有火电机组脱硫脱硝改造，这方面工作我们比四川要早两年。企业负责人介绍，四川的火电企业利用小时不高，一台机组年发电能力可达4500小时左右，现只给了1600小时左右发电指标，差不多只有发电能力的三分之一，这几年广安华电一直处于亏损运营状态。湖南省也面临同样的问题，每台机组发电能力6000小时，而实际每年只能发3000小时左右，产能严重过剩。要解决这个问题，我觉得一方面要逐步淘汰30万千瓦以下火电机组，腾出产能空间；另一方面要在更大的区域实行电网调度和平衡，对能源短缺、空气质量较差的区域要加大外电输入的比例。因此，能源的布局和结构，电网的建设与管理，不能就省论省，而需要国家从更大区域来统筹协调，否则，有可能既浪费资源，又不利于大气治理。

接着，我们来到武胜县，参观了两家乡村污水处理厂（站）。一家是飞龙镇污水处理厂，利用生物转盘技术，投资320万元，日处理污水约800吨，还收集了周边3个村的污水，涉及人口达1.2万人；另一家是“花儿开了”生活污水处理站，利用地埋式一体化设备+人工湿地处理技术，投资30万元，将周边75户群众和“花儿开了”乡村度假酒店的生活污水进行集中处理，两家污水处理厂（站）的出水水质均达到城镇污水排放一级A的排放标准。广安市政府领导还给我们介绍，广安市全面实施《广安市城镇污水处理设施建设三年推进方案》，采用PPP模式引进中国水环境集团，投资30亿元，统建统管污水处理设施，已建成污水处理厂（站）168座，配套管网523千米；对未纳入PPP项目的镇村，采用财政支持、村组自筹等方式，建设微动力、无动力污水处理设施911处，基本实现了城乡污水处理设施全覆盖。将城镇生活污水处理设施建设和运营费用纳入本级财政预算，明确从国有土地出让金净收益中提取5%、城市基础设施配套费中提取15%专项用于乡镇生活污水处理设施建设和运行，同时建立污水处理收费制度，运用价费政策促进水污染治理，有效破解了资金难题。构建了“河长+警长+网格长”组织体系，共设立河长3445名，警长1586名，并明确乡镇长为“网络长”，建立了责任明确、制度健全、运转高效的河湖管理与保护长效机制。广安市经济发展水平在四川省只是中等，与湖南的市（州）相比也并不突出，但他们在城镇污水处理方面无论是从重视程度，还是力度效果，都走在了全国的前列，值得我们学习借鉴，只要我们真正重视，思路正确，方法得当，措施有力，我相信湖南大部分的市、县是有可能在较短时间内实现城乡污水处理设施全覆盖的。

24日下午，在思源酒店召开座谈会。广安市政府相关负责人介绍，广安市重视以全局和长远眼光统筹谋划生态文明建设工作，在获得地方立法权后，先后制定了《广安市集中式饮用水安全管理条例》，出台了《关于推进绿色发展建设美丽广安的决定》，制定了《广安市水环境生态补偿办法》等系列文件，正在制定《广安市城乡污水处理条例》。广安市政府建议，国家要加快《环境噪声污染防治法》《医疗废物管理条例》的修订，建立强有力的生态环境保护联合执法机制，加强乡镇、街道环保工作机构建设。同时，新《环保法》实施以来，生态环境违法成本低、代价小的状况并未得到根本改变。2016年以来，广安市共立案查处环境违法案件451件，共处罚金2914万，平均每件案件处罚额度只有6.5万元，最大处罚额度也只100万元，对企业的威慑力明显不够，新《环保法》还未真正长出一副铁齿铜牙。现在对企业真正有威慑作用的是生态环境损害赔偿制度，如腾格里沙漠发生的污染环境案，8家污染企业被要求支付5.69亿生态修复赔偿金，但这种案例目前是屈指可数。2017年6月，全国人大常委会作出了关于修改《中华人民共和国民事诉讼法》《中华人民共和国行政诉讼法》的决定，规定了检察机关在生态环境与资源保护等领域开展公益诉讼工作，应该说为环保法治建设又提供了一条新的重要途径。但目前的推进程序复杂，提起诉讼要由检察委员会讨论决定并需层报省高检审核，案件数量偏少。2018年以来，广安市共办理涉环境资源保护相关公益诉讼案件80件，且多为资源保护案件，环境污染案件少，索赔金额偏少，向个人索赔治理恢复费用仅1.93万元，涉环境资源保护相关公益诉讼的重视程度、部门协同、能力建设、队伍素质、处罚力度等亟待加强。

24日晚餐后，我们赶往调研下一站遂宁市。遂宁市是1985年设立的地级市，涪江纵贯全境，穿城而过，在中心城区形成14.8平方千米水面，构成“城在水中、水在城中”的独特景观。我们晚八点多抵达，华灯初上，整个城市璀璨夺目，给初次到遂宁的调研组同志留下了美好而深刻的印象。

遂宁市的领导给我们介绍遂宁是观音文化的重要发祥地，世界荷花博览园圣莲岛里有来自23个国家和地区的700多个品种的荷花，全国唯一的宋瓷博物馆，馆藏近千件宋代瓷器，还有健康度假天堂“中国死海”等诸多旅游景点。遂宁还拥有全球绿色城市、国际花园城市、国家园林城市、全国绿色模范城市等17张城市名片，成为西部唯一的国家海绵城市试点地级市，这给我们这些首次来遂宁的同志们留下了深刻的印象。第二天，我们赶到射洪县法院，旁听一起生态环境公益诉讼案件的审理。射洪县人民检察院对三名被告人以涉嫌滥伐林木罪，一名被告人以涉嫌非法收购滥伐的林木罪提起刑事附带民事公益诉讼，四名被告均有自首从轻情节，经过法庭认真审理，最终四名被告被判处有期徒刑一年、缓刑两年，要求按林业部门审定方案补种585株柏树（为滥伐林木数的5倍），每人处罚金2000元。我们调研组成员大部分从事法律工作，不少还是国内知名检察长、法院院长，大家一方面充分肯定了射洪县对生态环境与资源保护领域的犯罪行为进行的公益诉讼并给予的打击，另一方面也感觉判刑和处罚力度偏低，对社会的警示作用、对犯罪行为的威慑作用还不够。

接着，我们到城区考察联盟河黑臭水体整治。联盟河原为劣V类水质，结合海绵城市试点，采用PPP模式，用三年时间，采取排污口截污、河道清淤、畜禽养殖退出、生态净化等措施对城区40千米黑臭水体进行综合整治，目前正全力推进，预计2018年年底可完成任务，联盟河将会被打造为一条流动的河、绿色的河、清洁的河、安全的河。

25日下午，我们在遂宁市召开座谈会。遂宁市领导非常重视，市委书记邵革军率有关部门领导参会，市政府领导作了综合汇报。市政府领导介绍，遂宁市高度重视生态文明建设，坚持走生态优先、绿色发展之路，先后制定了《遂宁市加快推进生态文明建设实施方案》等12个顶层设计文件，2017年以来，市委、市政府先后50余次部署生态环境保护工作，创新设立“河长+警长”模式，出台《遂宁市环境保护工作职责分工方案》，明确了49个部门具体职责，率先在全省创新建立县（市、区）和市直部门环境保护工作述职，率先在全省出台《遂宁市城市管理条例》，设“环境保护管理”单节等。听了遂宁市的介绍，大家普遍认为遂宁市对生态文明建设和环境保护认识高、行动早、力度大、措施硬、效果好，值得中西部广大地区学习借鉴。座谈会一结束，我们就赶往此次调研的最后一站成都。

26日上午，我们首先来到成都中院，参观了办事大厅，听到自开展网上民事调解以来，共调解了1万多件案件，调解成功率达68%，大家都给予了点赞。2017年10月，成都中院正式成立环境资源审判庭，实行环境资源类案件刑事、民事、行政案件“三审合一”，崇州法院还在全省率先在本地河长制办公室设立了“法官工作站”，最大限度发挥司法审判对生态环境保护的作用。2018年上半年，已受理环境资源类案件844件，其中民事案件206件、刑事案件21件、行政案件617件，共审结590件，结案率达70%。但从中也可看出一个问题，资源类的案件明显多于环境类的案件，民事案件中，涉及资源类的案件201件，涉及环境类的案件只有5件；行政案件中涉及资源类的案件597件，涉及环境类的案件只有20件。资源类的案件又以土地纠纷、滥伐林木居多，这可能与环境类的案件介入晚、取证难、专业性强、审判难度较大有关，下一步需要环保与司法部门紧密配合，优势互补，才能尽快补齐这一短板。成都中院还通过个案确立了“只要有私设暗管等规避环境执法部门监管的行为存在，无论其排放的污染物是否达标，是否对环境造成了实际影响，均应受到处罚”的裁判标准，成为全国法院首届环境资源十大典型案件四川省唯一入选案例。同时，他们也认识到，目前环境资源审判存在案多人少、案件类型有限、公益诉讼较少等问题和短板，尤其是环境公益诉讼呈现出案件较为复杂、涉及面较广、审理周期长、磋商协调难等新形势，对司法系统也是一个大的挑战，需要形成环境资源审判“一盘棋”，形成前端“诉源治理”、中端专业审判、后端司法建议的环境资源审判“大格局”。

接着，我们来到成都市环境科学学会。学会成立于1982年，现有团体会员、个人会员600余个，已成为5A级环境科技社会团体。学会坚持“服务环保、服务民生”的方针，致力为成都市生态环保产学研用深度融合服务，现有40多名工作人员，承担了配合污染源普查、环境执法等工作，为环境管理提供了有力支撑。大力发展环保公益组织，既是深化环境行政管理机制的需要，也为目前“小马拉大车”的环境管理增添了活力和动力，下一步我们也应该进一步加大力度做好这方面工作。

最后，我们来到了成都市大气科研重点实验室。实验室从2007年起，开展$PM_{2.5}$等来源解析，取得了一系列重要成果，截至2018年6月，共提交都市大气环境质量分析季月报15期，周报60期，专报100余期。从监测数据看，2001年至2015年，SO_2呈下降趋势，NO_2呈缓慢上升趋势，2011之前PM_{10}较为平稳，2012年开始大幅上升，2013年达峰值，$PM_{2.5}$呈下降趋势，说明早期工业污染和煤烟尘污染突出，中途扬尘污染严重，汽车尾气污染逐年加大，近年来大气污染治理已见成效。这也可以从$PM_{2.5}$源解析得到印证，目前，移动源的贡献率约占30%，燃煤约占25%，扬尘约占20%，工业生产约占6%，生物质燃烧约占4%，餐饮油烟约占3%，这些为环境管理提供了重要的科技支撑，提高了大气污染治理的针对性和有效性。应该说成都市大气科研在全国省会城市中是走在前面的，对比长沙市，我们无论是从硬件建设，还是队伍素质方面都有不小差距，下一步应该加快省级及长株潭大气环境监测超级站的建设，尤其是要开展$PM_{2.5}$经常性源解析工作。实际上成都市也只花了500万元，买了3台设备，现在每个小时都能出数据。因此，我们不是不能为的问题，而是重不重视，下不下决心的问题。

26日下午，调研组在四川省政协召开了第三次座谈会。四川省及成都市人大、政协、法院、检察院，环保、司法等相关部门领导参加了座谈会。

四川省人大领导介绍了四川省环境立法相关情况。近年来，四川省结合省情，加大了省级立法力度，形成了以《四川省环境保护条例》为统领，包括辐射污染、固体废物、饮用水水源、自然保护区、大气污染、环评等专项立法为支撑的地方立法体系，同时，大力推进设区的市地方立法。

四川省法院相关负责人指出，全省法院系统提高政治站位，加强环境资源审判机构和队伍建设，21个市（州）中院均已设立环境资源审判庭，59个基层法院设立了环资庭，乐山峨眉山、甘孜海螺沟等重点景区设立了36个环保旅游法庭。全省三级法院共252名法官从事环境资源案件审判工作，环境资源案件实行刑事、民事、行政案件“三合一”归口审理模式。针对实践中存在的缓刑管制适用过高、免予刑事处罚、以罚代刑等问题，联合省检在宜宾、乐山等市对部分环境资源犯罪案件开展提级管辖试点，下一步准备在全省推广。为维护长江上游水生态安全，四川省法院还积极探索对水环境资源案件实行跨行政区划按流域的集中管辖。

四川省检察机关持续开展专项活动，严惩污染环境犯罪。2016年以来，全省共批捕各类资源环境犯罪案件506件，起诉1733件。稳步推进公益诉讼，提升监督保护效果。2017年7月以来，全省共办理资源环境领域公益诉讼案件921件。

四川省公安机关严格履职尽责，严打环境犯罪。2011年，在公安厅治安管理总队内设副处级食品环境犯罪侦查处，强化“两法”（行政执法与刑事司法）衔接。2018年以来，共办理污染环境刑事案件134件，抓获犯罪嫌疑人180人。

四川省环保厅相关负责人介绍，全省已修订出台7部地方性法规，3部政府规章，2018年又启动了4部地方性法规的立法工作。党的十八大以来，共办理行政处罚案件22750件，处罚金额12.53亿元，涉嫌环境污染犯罪移送司法机关五类案件2857起，其中按日计罚案件146件，涉嫌环境犯罪案件1087件。但目前也还存在环境监管能力还比较薄弱，缺乏守法企业激励机制等问题。建议将环境监察执法升格纳入国家行政执法序列、加强行政执法监督、全面落实网格化环境监管、健全企业激励惩戒机制。

四川省法制办领导着重介绍了全省生态环境方面法律的一些特点和创新。如修订的四川省《中华人民共和国水土保持法》实施办法规定，从事矿产、石油、天然气等资源开发的企业以及已发挥效益的生活供水工程、水电工程企业，应从收益中提取一定比例资金统筹用于水土流失防治。《四川省森林防火条例》将村民挂牌轮流值班和巡山护林员制度法定化。

《四川省河道采砂管理条例》设定每年6月1日至9月30日为全省统一的河道采砂禁采期，河道采砂权应当采用招标等公平竞争方式作出出让决定，同时，明确了河道采砂权出让期限不得超过3年。同时，法制办领导也提到目前行政执法还存在“重实体轻程序”、“执行难”、编制任务倒挂和行政执法人员素质有待提高等问题，建议要加强行政执法体制改革顶层设计和加大政府法制机构建设力度。

成都市相关部门领导也作了发言。成都市近几年通过的生态环境方面的地方性法规有10件，如《成都市烟花爆竹燃放管理规定》，正在制定的有3件；成都市人大还通过了《关于加强环境保护推进美丽中国典范城市建设的决定》；政府规章共计14件，如《成都市餐厨垃圾管理办法》《成都市扬尘污染防治管理暂行规定》《成都市禁止焚烧农作物秸秆办法》等。

成都市检察院在侦查监督一处加挂生态环境资源的牌子，强化检察机关在生态文明建设中的作用，生态环境资源案件实行内部相对集中办理工作机制和外部协作机制，2017年，还组成暗访督导组参与市环保督察。在推进公益诉讼过程中，积极构建恢复性司法的监督模式，督促行政机关和责任人履责，如先后办理了青白江区院督促青白江区环保局履职案、温江区院督促温江区国土资源局履职案、崇州市院督促崇州市农村发展局履职案等，这应该说是生态环境领域督促“一岗双责”履职的新途径，今后我们环保部门应该积极配合、大力支持，同时，也要认真尽职履责，不然也会遭到问责。积极探索公益诉讼诉前会议机制，节约时间和成本；积极探索生态环境区域性公益司法保护模式。

成都市公安局有关领导介绍了强化刑事打击，强力开展打击非法经营劣质柴油治霾专项行动，健全制度机制，推进“行刑衔接”，推进联动执法，推进河湖警长制的经验和做法，也提出了生态环境案件取证难、立案难等问题。

成都市环保局相关负责人介绍，他们积极参与地方环保法规建设，参与制定了《成都市餐饮服务业油烟污染防治管理办法》《成都市机动车和非道路移动机械排气污染防治办法》等政府规章；严格规范行政执法程序，强化公正公平执法；加强重点领域执法。2018年上半年，成都市行政处罚案件数量排全国前十位。同时，成都市还成为全国第一个出台环境信用体系建设方案和管理办法的省会城市，市委办、市政府办发文，明确了部门职责分工，强调了建立环境信用联合奖惩机制。

成都市的许多做法和经验，确实值得湖南省，尤其是长沙市的学习和借鉴。

最后，调研组一行进行了认真的总结。大家一致认为，党的十八大以来，以习近平同志为核心的党中央全力推进生态文明建设，已经在全社会形成了广泛的共识，四川省及成都、广安、遂宁市各级党委、政府及各有关部门高度重视、高位推动，无论是立法、执法、司法，还是机构、能力、素质都得到了加强和提升，工作中还进行了不少有益的探索和创新，取得了重大阶段性成果。但生态文明建设和环境保护的形势仍然十分严峻，任务仍然十分繁重，人民群众的期盼与日俱增，生态文明建设和环境保护任重而道远，尤其是资源环境领域的法治建设问题仍然不少，需要下一番硬功夫、狠功夫认真加以解决，为生态文明建设和环境保护提供更加坚强有力的法制保障。

通过为期一周的实地调研，资源环境领域法治建设目前主要存在如下十个方面的问题：一是资源环境法律体系不完备。如《中华人民共和国土壤污染防治法》没有出台，《中华人民共和国固体废物污染环境防治法》《医疗废物管理条例》《中华人民共和国噪声污染防治法》亟待修订等；二是部分新修订法律自由裁量权待细化。如《中华人民共和国大气污染防治法》第九十九条规定，罚款幅度可以从十万到一百万；三是执法力度不够，违法成本仍然偏低。如四川省每件资源环境案件行政处罚额度仅 6 万元；四是资源环境案件取证难、鉴定难、鉴定贵、协调难、审判难、恢复执行难；五是“两法衔接”推进不到位，队伍素质参差不齐，信息平台不能共享；六是执法机构队伍需加强。行政执法队伍“小马拉大车”，公检法基本都是加挂牌子，编制少、办案人员匮乏、专业人才缺乏，如不少公安部门是将资源环境执法部门放在治安支队，重经济、治安案件、轻资源环境案件的情况还比较普遍；七是取证装备设备少，装备落后，能力不足；八是资源环境法制队伍素质不高，专业性、综合性（刑事民事行政审判三合一人才）人才缺乏；九是部门间的工作联动、信息共享缺乏常规性的制度安排；十是资源环境案件需要的社会中介和公益性组织比较少。应该说这次调研为大家提供了很多的素材和情况，调研组的同志纷纷表示，要将这些问题和意见建议带回去，认真梳理和思考，在8月份的议政性常委会上，通过大会和小组发言、社情民意信息等多种形式进行呼吁和反映。

8月份议政性常委会“污染防治”的主题与我的工作紧密相关，此次常委会我应该多发挥一些作用。全国政协对我也十分重视，社会和法制委员会专门邀请我参加了这次调研，这对于我更加广泛、深入了解情况，提出真知灼见提供了一个难得的机会。常委会前我也一直在认真、积极的准备，先行提交了长江大保护、洞庭湖整治、生态补偿机制、排污权交易、环境信用评价制度等五篇材料申报大会发言。据最新消息，我提交的“生态补偿机制亟待增强硬约束”已初选入围口头发言，“推进长江大保护，还‘八百里洞庭美如画’”等其他四篇材料拟作书面发言材料印发。同时，我还在全省环保系统征集了不少意见建议准备以社情民意信息提交。多年的双岗履职，我都是把围绕本职工作参政议政作为我的优势和特色，因而才有了“绿色提案大户”的称号，这次也不例外，我只是希望此次通过自己的认真调研和积极建言，努力实现议政“高质量”和本职工作的“强推进”。

（2018年7月）

“深化改革创新 提升环境治理能力”调研体会

按照“污染防治中存在的问题和建议”专题议政性常委会筹备工作方案，2018 年 7 月 23 日—27 日，我参与的全国政协社会和法制委员会专题调研组重点围绕“用最严格制度、最严密法治保护生态环境，加大环境违法打击力度，提高违法成本”主题赴四川省开展调研。调研组考察了广安火电企业技术改造、农村生活污水处理和遂宁联盟河水系治理等项目，旁听了遂宁射洪县法院生态环境案件庭审，走访了成都市环境科学学会等环保社会组织，听取了四川省有关部门及成都市、遂宁市、广安市的工作情况介绍，全程收获满满。

一、四川省的主要做法和成效

党的十八大以来，四川省深入学习贯彻党中央关于生态文明建设的重大决策部署，认真贯彻实施《中华人民共和国环境保护法》，在坚持依法治污、打击环境违法、保护生态环境方面，取得了积极成效。

（一）加强地方立法，完善生态环保法律法规体系

四川是长江上游重要的生态屏障和水源涵养地，担负着维护国家生态安全的重要责任。近年来，四川省人大坚持以问题为导向，积极完善地方生态环保立法，制定或修订了《四川省环境保护条例》《四川省固体废物污染环境防治条例》等 7 部地方性法规，初步构建了符合本省特点的生态环保制度体系。各市（州）积极用好《中华人民共和国立法法》赋予的地方立法权，成都市制定了《成都市饮用水水源保护条例》《成都市建筑垃圾处置管理条例》，遂宁市制定了《遂宁市城市管理条例》，广安市制定了

《广安市集中式饮用水安全管理条例》，强化对生态环保的法治保障。

（二）加强环境执法和案件办理，严厉打击环境违法行为

四川省环保系统认真执行环保法律法规，坚持对环境违法行为“零容忍”，积极开展大气、水、固废等各类污染防治环境执法专项督察行动，通过按日计罚、限产停产、查封扣押、移送行政拘留、移送司法机关等处罚办法，有力打击环境违法行为。省三级检察院、法院认真履行检察、审判职能，积极参与生态环境保护行动。2016 年以来，全省检察院共向环保部（现生态环境部）等部门发出 106 件检察建议，批捕非法排污、非法采矿、盗伐滥伐、非法捕捞等各类破坏环境资源犯罪案件 506 件 780 人，起诉 1733 件 780 人。2017 年 6 月至 2018 年 6 月，全省法院共受理涉破坏环境资源保护类犯罪一审案件 1259 件，审结 1152 件，对环境违法行为产生强大震慑力。

（三）积极开展环境公益诉讼，强化环境司法保障

四川省各级检察院积极争取党委、政府支持，发动社会力量参与公益诉讼工作，同时加强与法院等单位在工作上的协同。广安市检察院投入 230 万元建设集收集、分析、研判、管理等功能于一体的大数据信息平台，实现与行政执法数据互联互通，为案源发现和辅助办案提供信息支撑。省检察院部署服务“打好污染防治攻坚战”公益诉讼专项活动，各市（州）在跨区域山脉生态保护、矿产森林渔业资源保护等方面分别开展富有本地特色的专项行动，加大办案力度。2017 年 7 月以来，全省检察系统共办理生态环境和资源保护领域公益诉讼案件 921 件，提出诉前检察建议 596 件，提起刑事附带民事公益诉讼 11 件，督促修复被污染、破坏的林地、耕地、湿地、草原 4108 亩，督促清理生活垃圾和固体废物 3. 85 万吨，促成关停和整治造成环境污染的企业、养殖场 31 家。

二、依法打击环境违法存在的问题和困难

当前，我国环境污染形势虽有好转但依然严峻，环境违法活动未能得到有效遏制。在依法保护生态环境、加大环境违法打击力度方面，还面临

不少问题和困难。

（一）立法有效供给仍然不足

一是存在立法空白，如《中华人民共和国土壤污染防治法》尚未出台，小型养殖场污染量大而广，而现行立法对规模以下养殖污染问题未有规定。二是部分法律亟待修订。如《中华人民共和国固体废物污染环境防治法》《医疗废物管理条例》虽已出台多年，但仍存在与现实情况不相适应、同其他法律不协调的问题。三是一些法律规定需要细化，如《中华人民共和国噪声污染防治法》只明确噪声污染违法可能处罚，但并未明确处罚标准。《中华人民共和国大气污染防治法》第九十九条规定的罚款幅度为 10 万—100 万元，基层执法部门反映弹性过大，自由裁量标准不易把握。《中华人民共和国民事诉讼法》《中华人民共和国行政诉讼法》虽然确立了检察机关的公益诉讼权，但对检察机关履行公益诉讼职责的具体程序、手段、保障措施等缺乏具体规定，造成各地在实际操作中把握不一。

（二）监管执法力量薄弱

一是执法机构设立尚不健全，人员数量不足、专业水平低、结构不合理，聘用协管人员现象突出，素质参差不齐，与日益繁重的监管执法任务不相匹配。二是现行的监测手段不适应执法工作需要，手工监测操作复杂、耗时长，难以及时发现超标排放行为，而污染源自动监测系统又缺少相应的超标排放认定标准、规范，导致超标排放行为难以及时认定。三是监管区域上存在“重城镇、轻农村”的现象，乡镇普遍没有设立环境执法机构，对广大农村地区的环境污染问题难以做到有效监管。

（三）环境违法案件处理协同机制不畅

一是行政执法与刑事司法衔接难。虽然《环境保护行政执法与刑事司法衔接工作办法》从顶层设计的角度完善了环保领域“两法衔接”的长效机制，但在实际执行中，由于行政执法与刑事司法对证据收集程序、证明标准的要求不一，各地对犯罪构成要件、案件移送标准、法律适用理解不一致，导致环境污染案件移送司法机关数量较少，影响对环境污染犯罪的有效打击。二是跨区域案件协作办理难。水、大气等方面的环境污染区域性广、流动性强，污染损害的因果关联认定难，再加上地方保护主义作祟，造成跨区域案件调查取证难、推进办理难。三是环境公益诉讼案件鉴定难。环境保护司法鉴定缺乏全国统一的规范，环保专业鉴定机构少、鉴定时间长，影响和延误案件侦破；鉴定费用动辄几十万元甚至几百万元，有的案件鉴定费超过赔偿金，令检察机关等单位望而生畏。

（四）生态环境违法成本低、代价小的状况仍未得到根本改变

由于一些法律规定的违法处罚力度小、罚款额度低，加上执法中法律运用不到位、生态补偿标准低等，导致“违法成本低、守法成本高”的现象大量存在，不能对环境违法犯罪起到有效震慑。一些企业对环境保护的认识水平和重视程度不够，自觉守法意识不强，环境风险管理不完善，违法行为花样翻新，偷排超排现象时有发生。

三、进一步强化生态环境法治保障的建议

打赢污染防治攻坚战是党的十九大作出的重大战略部署，是全面建成小康社会决胜期的重大政治任务。需要进一步树立绿色发展理念，运用法治思维和法治方式，加快制度创新，强化制度执行，为打赢污染防治攻坚战提供有力的法治保障。为此建议：

（一）进一步完善生态环保法律制度体系

加快土壤污染防治、生物安全等方面法律的立法进程，将运用市场机制解决环境问题的排污权交易制度、生态补偿制度、环境司法专门化等纳入立法轨道。尽快完成《中华人民共和国行政处罚法》《中华人民共和国噪声污染防治法》《中华人民共和国固体废物污染环境防治法》《医疗废物管理条例》等法律法规的修订工作，适当提高环境违法简易程序处理的罚款金额；明确噪声污染处罚标准；完善城乡生活垃圾、工业废弃物和农业废弃物污染防治工作机制，健全畜禽养殖规范管理制度。适时修改《中华人民共和国人民检察院组织法》和三大诉讼法，扩大公益诉讼案件范围，明确行政机关配合义务，赋予检察机关采取刚性调查措施的权力。国务院

有关部门适时完善相关环境质量标准规范，同时鼓励地方在这些方面进行立法探索。

（二）强化环境违法打击工作联动协同

加快“两法衔接”信息平台建设，加强法院、检察院、环保、公安等部门的信息沟通和工作协作，积极解决案件移送、证据收集、检验鉴定、涉案物品处置、行政执法与司法认识差异等问题。建立侦查机关同步介入机制，对一些重大环境资源犯罪案件的侦查，侦查机关与行政执法机关同步开展工作。探索重大、疑难、复杂案件检警双向会商和公检法联席会议制度，及时对侦察、起诉、审判工作问题进行会诊。以加强区域生态环境治理为依托推进环境资源审判机制改革，探索建立环境资源审判集中管辖制度、环境资源审判工作协调联动机制，打破传统行政区划的界限，按照流域等生态系统进行统一管理。

（三）健全环境公益诉讼制度

国务院有关部门要尽早明确环境污染损害相关评估工作程序及方法，规范和加强对环境损害鉴定评估机构的管理，明确鉴定机构的职责，统一技术标准、规范工作程序。建立全国统一的公益诉讼生态环境和自然资源领域的鉴定机构名录、专家咨询库，加快环境损害鉴定评估机构联网合作建设。建立环境公益诉讼基金制度，对环境公益诉讼损害赔偿资金统一管理、公开规范使用，发挥资金的最大使用效益。建立环境公益诉讼的跨行政区划司法管辖制度，探索指定管辖、提级管辖、多地互涉公益诉讼案件由跨区划检察院、法院集中管辖等机制。加快推进智慧检务，促进大数据和人工智能在公益诉讼线索发现和分析、行政执法信息筛查、行刑衔接、法院裁判数据查询等方面的运用。

（四）加强环境综合执法和司法队伍建设

加强环境资源执法队伍的专业化建设，尽快将环境监察执法队伍纳入政府行政序列。按照标准化建设要求，为一线执法人员配备必备的便携式调查取证、执法全过程记录、移动执法以及个人防护等装备，统一执法人员着装，保障执法用车，着力解决环境执法硬件长期短缺问题。以生态环境监管体制改革为契机，推进环境资源专门审判机构建设，鼓励有条件的地方积极探索设立环境资源专业性法院。

（五）建立企业环保责任激励约束机制

加快建立政府统筹、多层次、多渠道的生态补偿机制，督促企业承担起生态补偿责任，促进企业把生态成本内置为企业内部成本。对企业落实环境保护法律法规的情况进行全面量化评价，并将评价结果严格按“守信激励、失信惩戒”规定在多部门联合应用，让环境守法企业处处得益、环境违法企业处处受限，推动企业落实环境保护主体责任。

（2018 年 7 月）

关于参与湖南省乡镇污水处理设施建设运营情况调研的工作小记

为全面了解湖南省乡镇污水处理设施建设运营情况，湖南省委政研室（省委改革办）联合省住建厅、省环保厅、省发改委赴涟源市、长沙县等地进行了实地调研，笔者参与了全过程。具体思考如下：

一、湖南省乡镇污水处理设施建设运营总体情况

“十二五”以来，通过推进农村环境综合整治和实施重点镇污水处理设施建设三年行动计划，湖南省全面启动乡镇污水处理设施建设，通过5年多的努力，全省乡镇污水处理设施覆盖率、污水收集率和处理率得到逐步提高。

一是乡镇污水处理设施覆盖率约为20%。截至2018年6月底，湖南省已建成集中式乡镇污水处理设施237处，覆盖221个乡镇。其中湘江流域158处，洞庭湖生态经济区63处，资水流域6处，澧水流域13处，沅水流域10处（洞庭湖生态经济区和湘江流域统计数据有重复）。此外，还有50多个乡镇污水处理设施在建。全省已建成污水处理设施日处理规模达73.7万吨，已建成配套污水管网2300千米。二是累计投入45亿元。据各市（州）上报情况统计，湖南省已建成乡镇污水处理设施累计投入约45亿元（含部分管网）。其中，以县作为投资建设主体，通过建设－移交（BT）、建设－运营－移交（BOT）、政府和社会资本合作（PPP）等模式引进社会资本约21亿元。如长沙县15座污水处理厂厂区按BOT模式建设，主、次管网按BT模式建设，合作企业总计投入2.7亿元。其余以乡镇作为投资建设主体，建设资金主要来源于国家、省、市、县各级财政，通过环保、水利等

部门，以专项或奖补的形式拨付到项目，不足部分由乡镇自行解决。如涟源市茅塘镇污水处理厂项目建设资金2891万元，其中省环保厅、省发改委、省住建厅分别专项补助950万元、460万元、267万元，茅塘镇负债1214万元。三是采用多种技术工艺。乡镇污水规模小且主要是生活污水，因此湖南省已建成的污水处理设施主要采用A2O及其衍生工艺、接触氧化+人工湿地、生物转盘、预处理+人工快渗等工艺。绝大部分污泥采用卫生填埋方式处置，部分污泥采用堆肥或制砖方式再利用。出水执行《城镇污水处理厂污染物排放标准》，全省已建成污水设施出水达到一级A标的有46处，达到一级B标的有189处，达到地表准Ⅳ类水的有2处。四是委托企业运营或当地乡镇自行运营。湖南省237个已建成的乡镇污水处理设施中，约50%通过BOT、TOT等模式委托企业运营管理，如长沙县17座集镇污水处理设施（有两座污水处理厂由长沙县政府筹资自建，采用OM模式托管运营）打包委托给桑德环境资源股份有限公司运营管理，县财政每年安排1661万作为运营维护费，保障了集镇污水处理设施的正常有效运行。其余乡镇污水处理设施由当地乡镇自行运营管理。如涟源市杨市镇污水处理厂由6名乡镇干部负责运行管理，每年运营费用100万元，娄底市每年仅拨付30万元作为运营经费，不足部分由镇政府自筹，从现场调研的情况来看，运行状况不佳。

二、乡镇污水处理设施建设运营存在的突出问题

湖南省乡镇污水处理设施在投资运营模式、管理体制机制等方面还存在一系列问题，导致湖南省乡镇污水处理设施建设进度滞后、设施运行效率偏低。

（一）乡镇污水处理设施建设任务重、时间紧、进展慢

湖南省现仅有221个乡镇建有生活污水处理设施，除去城关镇，大约还有1250个乡镇尚未建成污水处理设施。以人均日污水产生量0.1吨测算，湖南省建制镇污水处理率仅为36%。以每个乡镇应修配套管网10千米测算，湖南省乡镇污水管网配套率不足20%。根据国家“十三五”规划、“水十条”、《湖南省污染防治攻坚战三年行动计划（2018—2020年）》

和《湖南省农村双改三年行动计划（2018—2020 年）》的要求，到 2020 年，所有重点镇要具备污水收集处理能力，洞庭湖等重点区域和重点镇污水处理设施要“全覆盖”，建制镇生活污水处理率要达到 70% 以上。乡镇污水处理项目建设从启动到竣工验收一般需要两年左右时间，要完成国家要求的目标，湖南省乡镇污水处理设施及配套管网建设任务繁重、时间紧迫、进展偏慢。

（二）资金缺口大、筹措难

据测算，要实现 2020 年建制镇生活污水处理率达到 70% 以上的目标，湖南省在 2020 年底以前还需要新建集镇污水处理设施 500 处以上，配套管网 5000 千米以上，总计需投入 150 亿元左右。从过去几年的情况看，中央财政对乡镇污水处理设施建设运营的支持有限，项目建设及运营费用主要靠地方财政自筹。湖南省市县财力普遍较弱，再加上严控政府债务和清理 PPP 项目等政策的影响，资金筹措更加艰难，个别县（市、区）已申请将乡镇污水处理设施项目延期。同时，由于乡镇污水处理项目规模小、分布散、管理难度大、效益低，单个乡镇污水处理项目难以吸引社会资本，市场化运作困难。乡镇污水处理收费制度不健全，全省仅有 61 个建制镇开征了污水处理费。同时，受老百姓认知水平和生活习惯的影响，如何向乡镇居民以合理方式收取污水处理费还是一个难题。

（三）已建成设施运行情况不容乐观

调研发现，湖南省部分已建成乡镇污水处理设施运行状况不佳，运行效率不高。一是乡镇污水处理设施“用不起”。乡镇污水处理设施规模小、分布广，相较于城市污水处理厂运行成本较高。如娄底市第一污水处理厂日处理规模 15 万吨，污水处理费为 0. 66 元/吨，而苏仙区栖凤渡镇污水处理厂日处理规模 2500 吨，污水处理费达到 1. 3 元/吨。与此同时，湖南省乡镇财政基本上是“吃饭财政”，承担污水处理设施运行费用举步维艰。如涟源市茅塘镇污水处理厂每年运行经费达到 112. 8 万元，娄底市财政每年拨付 30 万元作为运行经费，其余不足部分靠乡镇举债维持。二是乡镇污水处理设施“吃不饱”。乡镇污水处理设施建设存在“贪大求高”的问题，实际运行负荷率远低于设计水平。如望城区、宁乡市、浏阳市已建成的乡镇污水处理厂实际处理量仅为设计处理能力的一半。与此同时，由于管网配套不完善、雨污分流不到位、管网维护长效机制不健全等原因，导致污水收集率不高，进水浓度偏低，污水处理设施设计功能无法正常发挥。如浏阳市大瑶镇建成区面积 6 平方千米，污水收集率为 60%—70%；涟源杨市镇污水处理厂规划配套管网 20 千米，目前仅仅完成 8 千米管网建设，还有 2/3 的镇区处于污水直排状态。三是乡镇污水处理设施“管不好”。污水处理设施日常管理和运行维护专业性较强，部分污水处理设施建好后移交乡镇管理，而乡镇缺乏相关专业人才和管理团队，同时由于位置偏远、工资待遇低等原因，招不到专业技术人员，只能派乡镇干部轮流值班维护，设备出问题只能靠厂家维修，导致维修费用高、周期长，设备“晒太阳”现象时有发生。

（四）投资建设运营管理体制机制不健全

一是乡镇作为投资建设运营主体不堪重负。湖南省部分地区以乡镇作为投资建设和运营主体的模式推进污水处理设施建设，形成了事实上的“小马拉大车”、外行人干内行事，无论是从专业技能、管理水平还是经费保障上，乡镇都无法承担起这份重任，甚至部分乡镇负责人将污水处理厂视为“烫手的山芋”。二是存在多头管理、九龙治水的问题。住建、环保、水利等部门都有支持乡镇污水处理设施建设的专项资金，但是各部门之间缺乏统筹协调沟通机制，项目推进过程中存在多头管理、九龙治水的现象，有限资金不能发挥其最大效益。同时，乡镇污水处理设施建设涉及环保、住建、水利等多个部门，审批手续繁杂，审批周期较长，特别是国土征地、污水处理厂排放口设置、PPP 项目入库审查等手续办理困难，严重影响项目进度。三是监管体系不健全。乡镇污水处理设施的建设运营管理相关指标未列入地方政府考核体系，监管主体缺位，责任不明确。同时，目前大多数乡镇污水处理设施还未安装在线监测设备，没有纳入全省的污水处理厂监管平台，不能有效实施监管。

三、全面提升乡镇污水处理设施建设运营管理水平的对策建议

加快推进湖南省乡镇污水处理设施建设进度，提升运营管理水平，需要走政府主导、市场运作、规划引领、厂网同步、建管一体的道路。一是实施湖南省乡镇污水处理设施建设专项行动。全面落实国家“十三五”规划、《湖南省污染防治攻坚战三年行动计划（2018—2020 年）》《湖南省农村人居环境整治三年行动实施方案（2018—2020 年）》等文件精神要求，实施湖南省乡镇污水处理设施建设专项行动。参照湖北省的做法，成立专项领导小组，统筹推进乡镇污水处理设施建设，领导小组下设办公室，办公室设在省住建厅。省住建厅承担领导小组日常工作，负责技术指导与服务，会同相关部门开展考核与监督。各市、县成立相应的组织领导机构和工作专班，负责组织实施。二是完善投融资体制机制。建立财政支持、社会参与、使用者付费相结合的资金筹措与分担机制。建立污水处理设施建设项目库，省级各相关部门积极争取中央财政项目资金，各级财政统筹整合相关资金，对纳入项目库的针对性进行资金奖补。对建成后投入运营的乡镇生活污水处理设施，省级根据监测考核运营情况，给予一定的运营补助，具体办法由省财政厅会同省住建厅、省环保厅制定。各县（市、区）人民政府应将由政府负担的乡镇污水处理设施建设运营资金纳入财政预算。借鉴四川广安市做法，从国有土地出让金净收益和城市基础设施配套费中提取一定比例，专项用于乡镇污水处理设施的建设和运营。通过国家开发银行、农业发展银行等政策性金融机构，争取抵押补充贷款，依法合规提供信贷支持。探索建立乡镇生活污水处理费征收制度。三是推广 PPP 建设运营管理模式。中共中央办公厅、国务院办公厅印发的《农村人居环境整治三年行动方案》提出，鼓励各类企业积极参与农村人居环境整治项目，规范推广 PPP 模式，通过特许经营等方式吸引社会资本参与农村垃圾污水处理项目。建议落实中央精神，支持市（州）、县政府创新乡镇污水处理设施建设运营管理模式，县域范围内的污水处理设施建设和运营采用打捆招标的方式，和技术资金实力强、信誉好的企业采取 PPP 模式合作，实施专业化、市场化建设和运行管护，推行城乡污水处理统一规划、统一建设、统一运行、统一管理。统筹考虑污水处理厂与配套管网建设的关

系，污水处理厂与配套管网同步设计、同步建设、同步验收。四是加强规划引领。各地科学统筹，根据城乡规划、土地利用规划、环境保护规划等相关规定和要求，合理布局乡镇污水处理设施。县域范围内乡镇污水处理设施规划设计方案，由市（州）组织权威专家评审，报省级相关部门备案，重点对工艺路线、管网设计、建设规模等提出备案意见，未经评审和备案的不得开工建设。五是简化审批程序。建立乡镇生活污水处理设施项目建设绿色通道，在具备要件的基础上，简化程序，优化审批流程，实行联评联审机制。六是严格考核监督。将乡镇污水处理设施建设和运营工作纳入对地方政府责任目标考核内容。省级建立乡镇生活污水治理工作信息管理平台，制订《湖南省乡镇生活污水处理设施建设运营管理考核实施办法》，对工作不力、未能完成建设目标任务、建成后设施运行不正常的，对市（州）、县（市、区）政府主要负责人进行约谈问责，对造成重大环境污染影响恶劣的，依法依规追究相关领导和责任人的责任。

（2018 年 8 月）

中华民族四季园 生态文明再出发

——参加全国政协“加快国家生态文明试验区建设”调研组赴海南调研纪实

2019 年 5 月 7 日—9 日，为贯彻落实习近平总书记关于海南工作的重要指示精神，全国政协副主席、农工党中央常务副主席何维率全国政协人口资源环境委员会调研组赴海南就“加快国家生态文明试验区建设”开展专题调研。

调研期间，正值《国家生态文明试验区（海南）实施方案》经中央深改组批准，中办、国办印发。方案贯彻了习近平总书记在庆祝海南建省办经济特区 30 周年大会上的讲话精神，要求海南牢固树立“绿水青山就是金山银山”的强烈意识，坚持新发展理念，坚持改革创新、先行先试，以生态环境质量和资源利用效率居于世界领先水平为目标，着力在构建生态文明制度体系、优化国土空间布局、统筹陆海保护发展、提升生态环境质量和资源利用效率、实现生态产品价值、推行生态优先的投资消费模式、推动形成绿色生产生活方式等方面进行探索，坚定不移走生产发展、生活富裕、生态良好的文明发展道路，明确了生态文明体制改革样板区、陆海统筹保护发展实践区、生态价值实现机制试验区、清洁能源优先发展示范区的战略定位，提出到 2020 年，生态环境质量持续保持全国一流水平，生态文明制度体系建设取得显著进展，在推进生态文明领域治理体系和治理能力现代化方面走在全国前列。到 2025 年，生态文明制度更加完善，生态文明领域治理体系和治理能力现代化水平明显提高；生态环境质量继续保持全国领先水平。到 2035 年，生态环境质量和资源利用效率居于世界领先水平，海南成为展示美丽中国建设的靓丽名片。这为我们此次调研指明了方向。

5 月 7 日下午，调研组一行与海南省领导及相关部门负责人进行座谈。海南省政府及有关部门领导就海南加快国家生态文明试验区建设有关情况作了介绍。2018 年，中央 12 号文件明确赋予海南国家生态文明试验区的战略定位，海南落实中央要求，结合自身特点积极谋划推进，深入推进“多规合一”改革，国土空间开发保护制度基本健全；持续开展生态环境专项整治，生态环境质量稳中更优；积极推行绿色生产生活方式，全民共建生态文明的行动体系初步建立；健全生态环境保护监管体系，环境治理体系和治理能力现代化水平明显提升；逐步健全完善考核评价体系，高质量发展取得良好成效。主要的亮点有：近三年来，全省空气质量优良率稳定在 98% 以上，优良天数提高至 80.5%，$PM_{2.5}$年均浓度降至 17 微克/立方米，主要河流湖库、近岸海域水质优良率分别达 94.4%、96.6%，位居全国前列；在全国率先开展省域“多规合一”改革试点；全省公交、出租领域清洁能源化比例已分别达 77%、90%；出台《海南省全面禁止生产、销售和使用一次性不可降解塑料制品实施方案》；率先布局完成覆盖全域的环境资源审判机构设置；畜禽粪污综合利用率达 72%，粪污处理设施装备配套率达 69.8%，位居全国前列。从 2019 年起，海南每季度对 18 个市、县的大气、水环境质量进行排位，对社会公开，并由省政协开展民主监督。

何维对海南省委、省政府高度重视国家生态文明试验区建设给予了充分肯定，指出：要深入学习贯彻落实习近平生态文明思想，确保生态文明建设决策部署落地见效，积极推进国家生态文明试验区建设；要在全面深化改革开放中推进国家生态文明试验区建设，全面理解“三区一中心”战略定位，既要将自贸区和中国特色自贸港建设好，也要将国家生态文明试验区建设好；要打好“开放牌”“改革牌”“法治牌”“发展牌”，让海南国家生态文明试验区成为样板；要正确处理好经济发展和生态环境保护的关系、区域和总体的关系、改革和开放的关系、绿色发展和高质量发展的关系；要找准突破口，发挥优势、补齐短板，在人才引进等方面有更大的力度。

在琼期间，调研组还前往海口、琼海、陵水、三亚等地，进一步考察了东寨港国家级自然保护区、博鳌沙美村、吊罗山国家森林公园、抱坡岭山体修复工程、东岸湿地公园等，实地了解海南加快国家生态文明试验区建设情况。

5 月 8 日上午，调研组首先来到海口调研，海口围绕建设国际化滨江滨海花园城市目标，重点强化水源保护区、重要湿地水体、大气等重要领域的生态保护，2018 年环境空气质量优良率达 97.5%，连续 6 年全国排名第一，地表水断面、近海海域水质优良率达 100%。以建成区 21 千米的美舍河治理为突破口，按照“控源截污、内源治理、生态修复、景观提升”的方法治理，建成区 21 个水体全部消除黑臭问题。出台了《海口市环境违法行为有奖举报试行办法》，开展“海口最美环保人物”评选活动。2018 年获评全球首批国际湿地城市。

首先，我们来到海口市民游客中心进行考察。海口市民游客中心秉持“世界眼光，国际标准，海南特色，海口特点”进行建设，是一座真正的智慧建筑、绿色建筑、艺术建筑，开设了规划展厅，打造了 12345 海口市民服务智慧联动平台，发挥着“城市形象展示中心，便民利民服务中心，城市综合管理中心”三大功能，中心 2018 年底开始启用，是真正的民生工程、民心工程。

接着我们来到海南东寨港国家级自然保护区。保护区成立于 1980 年 1 月 3 日，1986 年 7 月被确定为国家级自然保护区，是我国建立的第一个以红树林为主的湿地类型的自然保护区，是迄今为止，我国红树林自然保护区中面积最大、树种最多、林分保育最好、生物多样性最丰富的自然保护区。2013 年以来，保护区开展了环境整治、退塘还林、生态修复、资源管护，一片片绿葱葱的红树林展现着勃勃生机。

5 月 8 日下午，我们驱车前往琼海市。琼海素有“文化之乡”“华侨之乡”的美誉，是充满传奇色彩的红色娘子军故乡、博鳌亚洲论坛永久会址所在地、著名的中国温泉之乡。境内河流众多，其中万泉河是海南岛第三大河，境内干流长 81.5 千米。重拳打击万泉河非法采砂，探索实施的“五个统一”河沙产供新模式在全省推广，按照“不砍树、不占田，不拆房、就地城镇化”的原则，走出了一条低成本、高品质、惠民利民的新型城镇化路子。

我们冒雨来到了博鳌镇南面不远的沙美村。2017 年 10 月，沙美村实施乡村振兴战略，启动美丽乡村建设，实现路网、水网、电网、光网、排污管网“五网”贯通，政府投资 600 万元，委托第三方建设了三个污水处理池，对 300 户村民排放的污水全部实现了集中处理，在国内外游客面前展示了中国乡村的美丽风貌。

5 月 9 日上午，我们前往陵水吊罗山国家森林公园进行考察。吊罗山国家级自然保护区是我国珍稀的原始热带雨林区，更是我国乃至世界一处难得的热带植物金库。2019 年 4 月 1 日，海南热带雨林国家公园管理局在吊罗山揭牌成立，标志着海南热带雨林国家公园试点工作已取得阶段性成果。最终确定的热带雨林国家公园区划总面积为 4269 平方千米，约占海南岛陆域面积的 12.1%，范围涉及 9 个市、县。

5 月 9 日下午，我们来到三亚的抱坡岭。5 月的抱坡岭，山上争奇斗艳的三角梅，引来群蝶翩翩起舞，目之所及都是郁郁葱葱的花草和树木，而以前的这里是山体倒挂、满目疮痍的受损废弃矿山，山体裸露面积达 12.6 万平方米，地形起伏较大，山体垂直高度达 168 米。作为三亚“双修双城”重点项目，三亚华盛水泥粉磨有限公司投资 6800 万元对废弃的石灰石矿山进行生态修复，绿化面积达到 12.6 万平方米，成为一道靓丽风景线。三亚市领导介绍，抱坡岭废弃山体修复只是三亚生态修复工程的一小部分。目前，全市 33 处，已修复了 30 处。

接着，我们来到了三亚河观景平台。三亚落实环境保护监管“一岗双责”，16 家单位携手合力治污，108 个排污口陆续整改；43 个小区将进行海绵化改造建设，南边海近海岸域 200 多艘“三无船舶”由市政府出台相关方案进行转产转业安置。三亚河经过整治，河水更清净，引来白鹭飞，引进的红树林生长茂盛。

最后，我们来到位于三亚市中心的东岸湿地公园。东岸湿地公园面积 1003 亩，其中水域和陆地面积约各占一半，是三亚市区内面积最大的淡水湿地。走进东岸湿地公园，恍若踏进一幅浓墨重彩的水墨画中。这里曾经是三亚一处规模较大的东岸棚户区，大量违建民房占领排洪沟，使原有的大片湿地成了一潭臭水。三亚市政府将东岸湿地公园项目作为最大的民生工程，纳入三亚“双修”重点项目之一，投入 2 亿多元，通过植物自然净化和人工处理的手段对已经破坏的水体进行改造，将东岸湿地公园打造成为一个以解决雨洪生态问题为主，同时承载城市公共活动、市民休闲、形象展示、旅游服务等功能的综合性城市湿地公园。曾经淤泥堆积散发出恶臭的人工湖，水质得到了明显改善，湖内各种沉水植物蓬勃生长，绿意盎然，蛙跳虫鸣，鱼翔浅底，构成了一帧自然和谐的“水下森林”风景画。由于环境的改善，东岸周边的土地每亩地价由500万跃升到2000万，前不久，周边60亩土地拍卖，收益10多个亿。东岸湿地公园实现了环境效益、社会效益、经济效益的统一，也是绿水青山就是金山银山的有力诠释，一个公园，点亮了一座城市。

海南作为我国首个建设生态省的省份，近年来，深入贯彻落实习近平总书记关于生态文明建设和环境保护重要论述以及2013年视察海南和在庆祝海南建省办经济特区30周年大会上的重要讲话精神，努力建设国家生态文明试验区，取得了明显的阶段性成果。

但是，中央第四环境保护督察组也指出了海南在生态环保工作中还存在不少问题，如海南省一些部门和地方对环境保护工作认识和推进不够；部分保护区为开发建设让路，一些自然保护区、优质自然岸线、生态脆弱山体遭受破坏；环境基础设施建设滞后，由于污水处理设施及管网不完善，导致城市内河（湖）污染严重；全省海水养殖无序发展，污染情况严重；财政过分依赖房地产，有的县甚至达到了90%以上，向海要地、向岸要地情况严重，大量房地产、旅游地产集中布局在风景优美的滨海一线，对海洋生态和海岸线自然风貌造成破坏；绿色发展的路子还不宽；生态省建设工作考核常常流于形式，全省对环境保护问责追责力度不足；等等，整改的任务也很重。面对这些问题，海南省委、省政府高度重视，制定了详细的整改方案，以高度的政治自觉狠抓中央环境保护督察组提出的反馈意见并进行整改，很多问题得到了解决，但如何处理好发展与保护的关系，走高质量发展之路仍需进一步探索，改善农村人居环境、控制农业面源污染、控制海洋交通和水产养殖污染等任务依然不小。

《国家生态文明试验区（海南）实施方案》已正式出台，海南应抓住这一历史机遇，加快推进自然资源确权，推进“多规合一”工作到位，积极开展国家公园体制试点，建设热带雨林等国家公园，构建归属清晰、权责明确、监管有效的自然保护地体系。加快补齐环境基础设施短板，全面提高城镇污水收集率和污水处理率。着力加强海洋岸线保护，加大农村人居环境、农业面源污染和海洋污染整治力度，不断加强、完善、创新生态文明体制机制，成立高规格的生态文明建设委员会，加强生态文明建设保障、考核、监督等机制，着力解决认识不高、责任不清、投入不足、队伍不强、监督不力等问题，走出一条生态优先、绿色发展的高质量发展路子，确保生态环境质量只能更好、不能变差，努力建设国家生态文明试验区，谱写美丽中国海南篇章。

（2019 年 5 月 12 日）

江西国家生态文明试验区建设有序推进

——参加全国政协“加快国家生态文明试验区建设”调研组赴江西调研纪实

江西生态环境优美。2014 年 11 月，国家六部委正式批复《江西省生态文明先行示范区建设实施方案》，江西成为首批全境列入生态文明先行示范区建设的省份之一。2016 年，在总结生态文明先行示范区建设经验的基础上，江西被纳入首批国家生态文明试验区。

5 月9 日—13 日，为了解国家生态文明试验区建设的推进情况，全国政协副主席、农工党中央常务副主席何维率全国政协人口资源环境委员会调研组赴江西就“加快国家生态文明试验区建设”开展专题调研。

5 月10 日下午，江西省政府及有关部门向调研组介绍了江西国家生态文明试验区建设推进情况。近年来，江西省委、省政府以高度的政治自觉对标对表，用抓具体项目、解具体问题的实际行动，落实习近平总书记对江西工作的重要要求，牢记“绿色生态是江西最大财富、最大优势、最大品牌”“走出一条经济发展和生态文明水平提高相辅相成、相得益彰的路子，打造美丽中国‘江西样板’”的殷殷嘱托，认真落实中央关于建设国家生态文明试验区的部署要求，坚决打好污染防治攻坚战，狠抓长江大保护，建设山水林田湖草生命共同体，国家生态文明试验区“两年有变化”的目标基本实现。环境质量持续向好，2018 年，全省 $PM_{2.5}$浓度为 38 微克/立方米，同比下降 17.4%，降幅居全国前列，空气质量优良天数比例为 88.3%，同比提高 5 个百分点；南昌市、景德镇市空气质量首次达到国家二级标准，实现历史性突破。国家考核断面水质优良率达 92%，高于国家考核目标 9.3 个百分点；基本消除监测断面劣 V 类水体。生态优势稳步提升，生态文明建设投入力度进一步加大，全省节能环保支出达 163. 4 亿元，同比增长 14%。森林覆盖率、湿地保有量保持稳定，成为全国唯一的“国家森林城市”设区市全覆盖的省份，森林、湿地生态系统综合效益达到 1. 5 万亿元。绿色动力不断增强，服务业占 GDP 比重达到 44. 8%，高新技术产业、战略性新兴产业占规上工业比重分别达到 33. 8%、17. 1%，同比分别提高 2. 9% 和 2%，化学需氧量、二氧化硫、氨氮、氮氧化物排放量均下降 1 个百分点左右。改革创新走在前列，中央确定的 38 项重点改革任务已出台 26 项，环保垂管改革进度位列非试点省第一，自然资源统一确权登记、自然生态空间用途管制、五级林长制等工作走在全国前列。靖安生态文明建设实践得到习近平总书记肯定，萍乡海绵城市建设、景德镇“城市双修”获得国务院通报表扬，赣州山水林田湖草保护修复、新余生态循环农业、鹰潭城乡生活垃圾第三方治理、抚河流域水环境综合治理等形成“江西经验”，生态文明目标责任体系更加完善，生态价值观念深入人心，人民群众的获得感明显增强。

何维对江西国家生态文明试验区建设取得的成绩给予了充分肯定。他指出，2016 年江西省正式获批国家生态文明试验区，这是党中央作出的重大决策部署，体现了以习近平同志为核心的党中央对江西的殷切期望。江西省委、省政府一直高度重视生态文明建设，全省上下形成了齐抓共管的大格局，自然资源确权、河长制、林长制等工作走在了全国前列，给全国生态文明建设提供了宝贵经验。建设好国家生态文明试验区，要始终坚持以习近平新时代中国特色社会主义思想为指导，深入学习把握习近平生态文明思想的丰富内涵和实践要求，切实将“坚持人与自然和谐共生”“绿水青山就是金山银山”“良好的生态环境是最普惠的民生福祉”“实行最严格的生态环境保护制度”落到实处。

何维指出，建设国家生态文明试验区，需正确处理好中央和地方的关系、保护和发展的关系、部门和整体的关系、改革与开放的关系、法治和政策的关系。在中央统一领导下，试验区要有担当意识和首创精神，形成若干可操作、管用的生态文明制度，积累相关经验。部门之间、不同区域和整体之间要加强横向协调和上下配合，增强生态文明试验区工作的系统性和战略性。找准改革和开放的突破口，通过深化改革和高水平开放，促进高起点的生态文明试验区建设，切实将江西建成国家生态文明体制改革的样板区。

在赣期间，调研组一行深入抚州、九江、南昌等地实地了解了流域综合治理、生态修复及功能与品质提升工程建设、生态环保企业生产等情况。

5 月 11 日，我们首先来到素有“才子之乡、文化之邦”美誉的抚州市。抚州市自然环境优美，森林覆盖率达 66.14%，集中式饮用水水源地水质达标率 100%，市城区空气质量全年保持在二级以上。近年来，抚州市委、市政府坚持用新发展理念谋划发展、用生态文明建设统领发展，坚定不移推进高质量发展，围绕建设全省生态文明示范市的发展定位，突出环境整治等“三项攻坚”，打好生态文明建设等“四大升级战”，呈现出良好的发展态势。一是先行先试，在全省率先与东华理工大学组建了生态文明制度建设研究中心，抓紧形成可复制可推广的制度成果。二是实施山水林田湖草系统保护和修复，投资 130 亿元实施抚河流域生态保护及综合治理生态修复工程，城区引入“食藻虫引导的水下生态修复及水体生态系统构建技术”，恢复梦湖、凤岗河等 3500 亩水域健康的水下生态系统，实现水环境改善。三是积极开展生态产品价值实现机制试点工作，率先启动自然资源资产负债表编制，率先完成了自然资源资产负债表编制试点任务，率先探索 GEP 核算方法，核算出全市 2017 年的生态产品价值为 3483.59 亿元（按当年价格计算），是当年 GDP 的 2.73 倍，率先构建智能监管平台，“生态云”平台上线运行。四是健全考核保障机制，在全省率先实施国土空间规划分类考核。五是打通利用生态平台激励市民践行低碳生活的通道，探索实行“绿宝”碳普惠制，鼓励市民低碳出行、绿色生活，积累碳币，促进消费，目前活跃用户达 16.2 万人，碳普惠联盟商家 243 户。

第一站，我们来到抚州昌抚态何源田园综合体，田园综合体是由江西态何源农业发展有限公司投资 4200 万元建设的，项目占地 437 亩，是一处集循环农业、创意农业、农事体验于一体的田园综合体。田园综合体围绕田园生产、生活、景观三大核心要素，基于“生态、健康、高端”的理念，融合生态循环经济、物联网、有机种养、稻田净水套养、药材与生态养殖套养、热带水果北移种植等多项现代农业技术，打造了循环型、有机化、生态化、经济化、产业化的“精英智慧农业”发展新模式，凸显了特色、高效、生态的现代农业发展特点。

第二站，我们来到三翁花园。花园建在凤岗河两岸，东岸建有四季花园、玫瑰园等，突出欧式园林风格。西岸建有玉茗园、水生花卉园、生态展示馆等，突出中国古典园林风格，种植设计以“美丽中国彩化先行”为理念，由绿化向彩化、美化升级，体现了生态、彩色、健康、艺术、现代、低碳理念，赢得“城市客厅，百姓舞台”赞誉。三翁花园以植物造景为主，营造百花齐放、四季如春的园林生态环境，同时，结合凤岗河流域综合治理，包括湿地公园、景观改造和水生态治理工程，以“流域、系统性治理”为基本原则，以“维护良好水质、改善污染水体、保障地区水环境安全”为目标，通过引入“食藻虫引导的水下生态修复及水体生态系统构建技术”，恢复了凤岗河、凤岗河湿地公园等 234 万平方米水域健康的水下生态系统，实现水环境改善，提升了整个抚州市城区的生态、环境、社会和经济效益。

第三站，我们来到抚州生态云项目。抚州生态云平台依托云计算中心和大数据平台，建立了绿色发展、生态文明建设考核、自然资源资产负债表等三大核心生态指标体系，并通过平台直观地展示和分析，打造了集生态指标体系和建设成果的汇总展示，动态指标数据的监测与分析，生态环境保护的执法联动，生态文明建设指标体系的考核与评价于一体的信息化综合服务平台。生态云平台的一大创新是基于“我的抚州”App 搭建的碳普惠制平台，按照“一个平台、综合功能，面向大众、优政便民”的原则，通过技术手段打造一张网，实现低碳行为数据接入、碳账户累计、公共服务兑换等功能，鼓励全社会共同参与到生态文明建设中来。从上线到现在，短短半年，下载数量突破 100 万人次，注册总人次数达 17 万，成效初显，值得进一步完善、深化和推广。

接下来，我们还考察了三个产业项目：一是创世纪超算中心，一期项目投资 45 亿元，建设 6 万台运算服务器，通过良好的计算模拟平台来进行科学研究，平均节约科研成本 40% 以上。二是铜博科技股份有限公司，一期项目投资 10 亿元，建设了年产 2 万吨电解铜箔项目，其生产的薄型电解铜箔产品指标达到国际先进水平，是江西产能最大的锂离子电池铜箔生产基地。三是大乘汽车科技产业园，新工厂建筑总面积约50万平方米，历时14个月建设，是全面覆盖乘用车、商用车、传统燃油车和新能源汽车以及关键零部件，并集研发、生产、销售为一体的复合型、高科技产业园区。2018年12月29日，江西大乘汽车科技产业园投产暨整车下线仪式在江西抚州举办。从我们考察的三个产业项目来看，都比较好地体现了高新技术、精深加工的高质量发展的路子，也贯彻了习近平总书记在推动长江经济带发展座谈会上指出的，共抓大保护，不是不发展，而是要高质量发展，要走一条生态优先、绿色发展的路子，抚州在这方面还有较大的发展潜力。

5月12日上午，我们沿昌九高速北行100多千米来到了九江市武宁县的庐山西海。

九江历史悠久，文化厚重，历代1500多位名人在九江赋诗4000多首，是中国山水诗的发源地，山水画的成长地；区位优越，是江西的“北大门”，百里鄱湖、千里京九、万里长江在此交汇；资源丰富，森林覆盖率56.4%，水域总面积495万亩，有中国的世界文化景观庐山。

近年来，九江市始终坚持“生态优先、绿色发展”理念，把生态文明建设放在突出的战略地位，抓重点、攻难点、出亮点，高质量和绿色发展取得积极成效，生态与经济发展更加协调。全面推广武宁县林长制试点成果，建立了市县乡村四级林长组织体系。庐山西海风景区荣获全省首批“绿水青山就是金山银山”实践创新基地称号。将生态文明建设纳入各县（市、区）科学发展综合考核评价体系，提高了生态文明建设考评比重，由12.5%提升至16%。自然资源资产离任审计全面铺开，《九江市城市湖泊保护条例》立法为全省首例，在全省法院率先设立环境资源审判庭，全省中级人民法院中首家设立环境资源审判庭暨西海巡回法庭。长江生态管护队和司法保护基地为全省首创。长江江西段河砂实现了全面禁采，九江河道采砂统一管理和综合执法治砂的“九江模式”在全国推广。九江芳兰污水处理厂及白水湖污水处理厂作为三峡集团推进开展长江经济带城镇污水处理首个试点项目，打响了项目实施的“第一枪”。规划引领，先后出台《沿江岸线区域景观环境提升改造规划要点》《长江“最美岸线”林业生态修复工程建设规划》等多个专项规划，共实施111个项目，总投资

170 多亿元，全力打造长江“最美岸线”。实施“四水共治”，治污水、活死水、防洪水、优供水，让水更美。集约利用岸线资源，大力开展非法码头整治，清理整顿化工企业，建设滨江生态绿线，让岸更美。全国文明城市、国家卫生城市、国家历史文化名城“三城同创”，打造宜居城市，大力推进农村垃圾、污水和违法违规建房整治，打造美丽乡村，按照“五化”的标准，打造生态园区，让环境更美。在一产上，以“两茶一水”为重点，大力推进“一县一园”建设；在二产上，推动优势产业向集群化、高端化发展；在三产上，主打“庐山天下悠”品牌，加快发展现代旅游，让产业更美。

正因为九江历史悠久、位置优越、资源丰富、知名度高，国内外慕名而来的人很多，这是我第五次来九江，但到武宁县及庐山西海还是第一次。

庐山西海（原名柘林水库）水域面积有 308 平方千米，总容量达 80 亿立方米，湖内千岛落珠，3 亩以上岛屿 1667 个，5 亩以上岛屿 997 个，与湖南省郴州市的东江湖蓄水量相当，但水域面积却差不多大了一倍，风光也十分秀丽，水里还有大量被誉为“水中大熊猫”的桃花水母。近年来，庐山西海水域综合治理的力度很大，成效明显，水质达到了国家地表水一级标准，难怪 2007 年 4 月，时任国务院总理温家宝同志到武宁视察时，称赞武宁“山好、水好、人更好”，并亲笔题赠“山水武宁”。

我们乘船在山水交融、碧波荡漾的庐山西海行驶了近一个小时，来到了武宁县城。上船后参观了西海湾城市生态修复及功能与品质提升工程。该项目是武宁的代表之作，昔日这里曾是一片滩涂荒田，荒草丛生，房屋破败，垃圾和污水随处可见。县里启动了朝阳湖、沙田湖改造提升工程，采取拆旧建新、引水入湖、截污净化、生态修复、夜景亮化等一系列举措，造绿于民、造景于民、让利于民，将昔日被人诟病的“龙须沟”华丽转身为如今的美丽“西海湾”，尤其是“桥中桥”壁画项目给我们留下了深刻的印象。“桥中桥”是长水桥的“子桥”，出于方便市民散步的考虑，在长水桥下铺设水上栈道，因而形成了独特的桥中桥。2017 年，将武宁的山水美景、风土人情和珍禽异兽以手绘的形式在桥下 38 个立面进行了全面展现，颇具艺术特色。县里的领导介绍，投资 2500 万元的西海湾亮化工程和投入近5000万元的山水实景《遇见武宁》旅游演艺项目更加精彩，但因时间关系，只能留待下次专程来欣赏了。

武宁县领导还介绍，近年来，武宁县认真贯彻落实新时代生态文明建设总要求，紧紧围绕“始终坚持生态立县，全面推进绿色崛起”的战略部署，着力构建“五大生态”，全力打造“三个示范”，以江西省国家生态文明试验区建设为契机，以绿色生态示范县创建为抓手，全面深化生态文明建设，稳步推进山水林田湖草综合治理和系统修复，生态质量持续改善，2018年，城市空气质量优良率达92.4%，环境空气$PM_{2.5}$浓度为26微克/立方米，排名全省前列，庐山西海水质在全省县界断面水质类别排名中保持第一。生态功能不断提升，森林覆盖率提升至75.49%，湿地保护率提高至84.73%，全县土地面积的53%划入了生态保护红线。完成生态红线、基本农田、城镇开发边界上图落地，构建了县乡村三级“林长制”“河长制”，在全国率先探索实施“林长制”，组建了800人的生态管护队伍，探索建立森林生态服务价值评估监测体系，生态产品价值实现机制试点先行，开创了生态管护武宁新模式，建立和完善生态移民补偿机制，建立了环境保护行政执法与刑事司法衔接配合机制，成立修河流域生态环境保护合议庭、环境资源审判庭和林业检察室。加快构建统一规范的监管、管理制度，实施环境保护网格化管理，建立自然资源资产产权管理制度，探索农村集体资产产权制度创新。荣获了国家级生态示范区、全国首批创建生态文明典范城市、全国生态保护与建设典型示范区、全国森林城市等一系列国字号荣誉。

下午，我们来到了武宁县罗坪镇长水村生态文明建设示范基地。长水村位于九岭山脉中段，面积84平方千米，山林面积12.4万亩，2004年，长水村在全国率先开展林权制度改革，“山定权、树定根、人定心”理念被定为中国林改总基调在全国推广。党的十九大以来，长水村认真贯彻县委“生态立县、绿色崛起”发展理念，严格实施“河长制”，首创“林长制”，建立生态管护员等“多员合一”长效管护队伍，通过“护绿、增绿、用绿”，实现了“山更青、权更活、民更富”的发展目标：村民们由“伐木工”变为“护林员”，以风景的标准精心保护漫山绿树，几年来自发造林3000亩，村民们吃上了生态饭，先后建设了希望之星红豆杉种植培育基地、高山白茶园、无公害葡萄庄园等林下经济产业带，创办了七里溪生态农庄、悦山居等特色休闲养生旅游产业，2018 年，农民人均纯收入达 18100 元。我们专门来到了悦山居考察，该项目以森林康养为主线，依托长水村千年红豆杉植物群落，充分整合乡村民居资源，整村打造集住宿、餐饮、养生养老、休闲娱乐等多功能为一体的综合性乡村旅游基地。一期投资 3000 余万元，已建成民宿木屋住宿区、户外拓展体验区、农特产品展销区、亲水区和其他休闲娱乐配套设施。

5 月 13 日，调研组还安排了半天时间到南昌市开展专题调研，因有关部门 13 日要来湘开展脱贫攻坚民主监督调研，12 日晚我只得赶回长沙，回程的高铁上，我认真学习了南昌市提供的有关材料。南昌生态优美，水资源丰富，拥有“一江三河串十湖”的发达水系网络，水域面积占全市面积的 29. 8%。环境优美，城市绿化率达 42. 5%，空气质量指数不仅连续多年居中部省会城市第一，而且 2018 年在江西地级以上城市中也位居第一，首次达到国家空气质量二级标准。随着江西省国家生态文明先行示范区的建设和发展，南昌正充分保护和利用良好的生态环境，使之成为最大的发展优势。

南昌考察行程中有一个点是参观江西金达莱环保股份有限公司。该公司成立于 2004 年，是“新三板”挂牌企业，多年来专注于水环境治理领域，是国内为数不多的拥有国际领先核心技术的水环境治理综合服务商。目前，公司已完成上千个污水处理项目，在国内 30 个省（区、市）及海外 14 个国家广泛应用，为我国水环境保护事业作出了积极贡献。2017 上半年，金达莱实现年营业收入 2. 13 亿元，较上年同期增长 99. 70%。公司注意抓住有利市场机遇，及时调整战略布局，主动并渐进地切入有机污水处理市场，成为一家兼有重金属废水处理及有机污水处理业务的企业。近年来，公司加大研发投入，专门针对污水处理存在的瓶颈问题进行攻关，取得了 FMBR 技术及 JDL 技术两大核心成果，获得了国际水协（IWA）东亚地区项目创新奖、国家“十二五”科技重大标志性成果、中国膜工业协会科技进步奖一等奖、中国专利优秀奖等多项荣誉，并持续升级和改进，迄今已研发出五代产品，采取分布式治水模式，方便了污水就近收集、就近处理、就近回用，拥有环境友好、管理简单、四两拨千斤的特性。金达莱还以 FMBR 技术为基础，辅之以自主研发的远程监视系统，创造了全新的“4S 流动站”运维模式，大大减少了污水处理站后期运维所需时间及人员。当前，公司牢牢掌控产业发展的制高点，已获得授权专利 80 项，其中国内外发明专利 55 项，位居同行前列。金达莱在水污染治理行业的技术创新有许多亮点和竞争优势，下次一定再找一个时间专门来学习。

南昌的考察还有一个重头戏是参观小平小道陈列馆。陈列馆位于江西省新建区望城岗，原址为江西省新建区拖拉机修配厂，是改革开放总设计师邓小平同志 1969 年 10 月至 1973 年 2 月劳动和生活的地方。小平小道陈列馆展厅展出各类图片 131 幅，文物展品 104 件（套），书籍 174 本，大型景观及多媒体展示 10 组。小平小道是邓小平同志当年每天从住的地方将军楼至工厂上班时经过的一条小路，全长 1.5 千米，步行需 20 多分钟的时间。邓小平同志在这条小道行走了三年，也思索了三年。人们说：中国后来发生的许多事就是从这条小道上走出来的。小平小道是改革开放思想的摇篮！小平小道陈列馆我曾经参访过，2018 年是改革开放 40 周年，我们更加怀念改革开放的总设计师邓小平同志，这次本想再次去缅怀邓小平同志在艰难困苦中的劳动生活和不屈不挠的精神，因提前返程没能实现，下次还得补上这一课。新一届全国政协换届以来，要求认真贯彻习近平总书记关于加强和改进人民政协工作的重要思想，切实加强党对政协工作的领导，每次调研都要成立临时党组织，在调研过程中还要进行党的思想教育和开展支部活动，参观小平小道陈列馆就是这次调研行程中安排的一次思想教育活动，22 号晚上，中共临时党支部还专门召开了支部会议，中共这种加强自身建设的经验和做法，值得我们参政党学习和借鉴。

应该说，两年多来，江西国家生态文明试验区建设已经取得了许多阶段性的成果，生态文明的体制机制不断完善，生态环境质量不断改善，为全国提供了不少可以借鉴的经验和做法。

但是，也应该看到，国家生态文明试验区建设任务繁重，不可能一蹴而就。从 2018 年 10 月中央第四环境保护督察组向江西省反馈“回头看”及专项督察情况来看，江西省总体整改行动不够迅速，一些地方和部门政治站位还不高，很多地方抱有督察是“一阵风”的心理，对整改工作持观望态度；敷衍整改问题多见，不少城镇污水处理厂“晒太阳”的问题仍未解决，萍乡市生活污水处理能力严重不足，污水处理厂扩建项目久拖不决，大量溢流污水直排河道；表面整改问题较为突出，九江市都昌县石材矿山一些开采点废弃石料淤塞水库，“牛奶湖”现象仍未消除，生产时粉尘漫天，污水横流；假装整改问题时有发生，宜丰工业园7家铅酸蓄电池企业废水零排放要求均未落实到位，赣州市编制的稀土开采生态保护综合治理规划，在编制过程中弄虚作假，导致需要治理的废弃稀土矿山面积减少约10平方千米。针对鄱阳湖的专项督察还发现，鄱阳湖水环境形势仍不容乐观，主要包括：鄱阳湖水质持续下降，部分市县污水处理问题突出，流域超标排污问题仍较常见，缺乏综合治理思路和方案。流域生态破坏问题突出，武宁县近年来多次发生违法填湖、向湖要地行为，导致庐山西海不断“瘦身”，九江共青城市政府、南昌市南昌县政府保护为发展让路，违规撤销列入国家自然保护区名录的共青城南湖湿地和瑶湖两处保护区。省河长办考核走过场，11个设区市和100个县（市、区）2017年河长制考核等次全部为优秀，与各地水环境质量状况极不相符。以上这些问题需要引起江西省的高度重视，采取有力措施切实加以整改。

下一步，江西省在推进国家生态文明试验区建设过程中，需要进一步认真贯彻落实中央关于打好污染防治攻坚战的决策部署，结合中央环境保护督察问题整改，保持生态文明建设的战略定力，不动摇，不松懈，不开口子，探索一条生态优先、绿色发展的高质量发展的路子，在打造生态文明建设江西样板的征程中站位更高、决心更大、力度更强、措施更硬、成效更好。

（2019年5月13日）

关于开展“改善人居环境 推动乡村振兴”调研工作的思考与建议

改善农村人居环境是党中央作出的重大决策部署，是解决城乡发展不平衡、实施乡村振兴战略的重要抓手，习近平总书记强调“农村环境整治这个事，不管是发达地区还是欠发达地区都要搞”。为扎实打赢这场硬仗，更好推动湖南省农村高质量发展，“改善人居环境，推动乡村振兴”被确立为湖南省政协2019年度重点调研协商监督课题，由湖南省政协农业和农村委员会与民进湖南省委共同承担。2019年3月—7月，笔者全程参与了赴湖南省怀化、郴州、岳阳、张家界、长沙、常德等地开展的调研监督和赴浙江省嘉兴、湖州、衢州、丽水等地开展的对比调研。

一、湖南省改善农村人居环境是实施乡村振兴战略的第一仗

杜家毫书记、许达哲省长在2018年全省改善农村人居环境会议上作了全面动员部署，全省各级党委和政府深化思想认识、迅速落实行动，全面对标看齐习近平总书记关于改善农村人居环境的重要讲话和指示精神，学习借鉴浙江“千万工程”经验，坚持以“一拆二改三清四化”为总抓手，牢牢把握改善农村人居环境的正确方向，将改善农村人居环境作为实施乡村振兴战略的第一仗。

（一）顶层设计日趋完善

一是制定工作方案。对照中央《农村人居环境整治三年行动方案》和相关要求，湖南省先后出台了《湖南省开展农村环境综合整治全省域覆盖工作方案》《湖南省农村人居环境整治三年行动实施方案（2018—2020

年)》等指导性文件，建立了省委农办、省农业农村厅总牵头，省住建厅、省生态环境厅等相关部门具体承担相关职责的工作机制。二是完善技术标准。已经启动或完成了《湖南省农村厕所建设技术导则》等多项技术规范，涵盖了垃圾、污水、改厕、绿化、硬化、亮化等方面，为基层在具体操作执行过程中提供了技术遵循。三是加强村庄规划。大力推进村庄规划“全覆盖”工作，制定《湖南省村庄规划编制技术大纲（试行)》，统筹布局乡村基础设施和公共服务设施。有些市（州）尝试统筹区域发展，协调规划编制。如郴州市大胆串联桂阳、北湖、苏仙、永兴等县（市、区）编制《郴州大十字城镇群城镇体系规划（2018—2030)》，有效地带动了沿线村庄产业发展和乡村振兴。

（二）人居环境持续改善

一是农村“厕所革命”持续推进。大力推广无害化卫生厕所，截至2018年，湖南省无害化卫生厕所普及率达66.43%。2019年，全省又下达100万户改厕任务，预计到2020年，一类县（市、区）基本完成农村户用厕所无害化改造，二类县（市、区）卫生厕所普及率达到85%左右，三类县（市、区）卫生厕所普及率逐步提高。常德市鼎城区灌溪镇实行“整镇推进农村厕所革命试点”，建立了财政资金补一点、设备招标省一点、受益群众出一点的“三个一点”资金筹措机制，打造了全省“厕所革命”的样板。二是农村垃圾治理体系基本构建。以“分类减量”为基础的“户分类、村收集、镇转运、县市处理”的城乡一体垃圾收运处理体系逐步形成。长沙市将县（市、区）的垃圾集中到黑麋峰固废处理场进行无害化处理，每天可处理7000多吨生活垃圾，日发电能力达200万度，可供长沙20余万户居民使用。湖南省90.2%的村庄实施了基本的垃圾治理，70.3%的县建立了长效管护机制，村级保洁队伍基本建立健全，洞庭湖区域已实现湖区乡镇、村庄垃圾收集中转设施的“全覆盖”。各地区还积极探索了各具特色的有效治理模式，如长沙县春华镇通过农户干湿分类、村级二次分类，实现全镇生活垃圾减量近40%；津市市实施农村垃圾“绿色存折”模式，被中央电视台报道推介，并荣获全省农村治理创新奖。三是村镇生活污水治理初见成效。湖南省率先推行以县（市、区）为基本单元的整县推进污水治理模式，目前，已建成乡村污水处理设施309座，还有56座在建，110座正在开展前期工作，日处理污水能力达76万吨，全省已有20.07%的行政村建有集中式、分散式等农村生活污水治理设施或纳入城镇污水管网，49.66%的行政村农村生活污水乱排乱放得到有效控制。洞庭湖区全方位落实“守护好一江碧水”“生态优先、绿色发展”理念，岳阳市云溪区全区1245户规模养殖户退养1224户，退养率98%，被中央电视台作为典型在《新闻联播》推介。四是村容村貌逐步改善。近年来，湖南省将公共基础设施建设重点放在农村，实现了村村通公路，具备条件的村通沥青路或水泥路；村村通宽带，4G移动通信网络有效覆盖率达99.6%；解决了125.46万人的农村安全饮水问题。积极开展美丽乡村建设，共建成美丽乡村示范村1415个、美丽宜居乡镇38个，约1.2万个村基本实现“村庄美、村民富、村风好”的新农村建设目标；拆除各类“空心房”62.3万余间，拆除乱搭乱建20.4万余处，其中岳阳、怀化、张家界整市推进，成效突出。岳阳市创造性地用农村“空心房”整治“一根针”，穿起“乡村振兴”工作“多条线”，抓出了农村新面貌。

（三）管护机制初步形成

一是探索多元化投入机制。湖南省从整合现有各渠道资金、加大省级财政投入、发放地方政府债券、积极争取金融资本和社会资本参与等方面入手，多方筹措整治资金。2018年已安排10亿元省级专项债券资金用于农村人居环境整治，洞庭湖区环境治理财政专项补助资金近10亿元，省级以上对农村人居环境整治的投入近50亿元。各地也积极拓展投融资渠道，如永兴县采用特许经营BOT模式向桑德环境资源股份有限公司购买城乡垃圾收运服务，目前该公司投资1.5亿元，建成垃圾中转站20个、村组垃圾收集亭4131个，投放垃圾分类桶3.2万个，发放户用垃圾分类箱15万个。二是探索村民自主管理机制。推行村民自治管理实践，推广“四自两会三公开”的建管机制，建立健全环境整治、红白喜事等各种理事会，完善村规民约，推进移风易俗，培育良好的卫生习惯，提高乡村自主治理水平。三是探索农村环境长效运维机制。探索环境网格化监管体系，建立县、乡、村（社区）“三级网格化”管理，夯实农村环境整治工作基础；借鉴城市环卫管理模式，完善农村环境卫生清扫保洁、垃圾清运、设备使用、检查评比等管理制度；建立乡镇、村两级卫生保洁员制度和环境卫生定期巡查制度，负责农村环境卫生的日常保洁、管理和整改，切实推动农村人居环境整治常态化、长效化。

二、湖南省农村人居环境整治过程中存在的问题

一是工作任务仍然艰巨。首先，污染物排放量有增无减。随着农村经济的快速发展和农民生活水平的提高，农村生活垃圾、污水、农业生产及畜禽水产养殖污染物等排放量日益增大。据相关数据统计，一个1500人左右的村庄，每月产生垃圾近百吨，与5年前相比，增加3倍以上。同时，含磷农药化肥和洗涤用品使用量居高不下，导致省内部分湖泊、哑河富营养化，总磷超标，水生生物多样性下降。以益阳市为例，全市有100多个湖泊，高峰期有近70%以上的湖泊因总磷超标而导致水质不达标。其次，工作进展不平衡。对标《湖南省农村人居环境整治三年行动实施方案（2018—2020年）》，目前湖南省完成了90.35万户农村改厕，2836个村庄规划的任务与工作目标相比进度滞后。从地区分布上看，长株潭地区的工作进展好于其他地区，主要交通沿线的工作进展好于偏远农村地区。以农村卫生改厕为例，衡阳、娄底、怀化等地的普及率低于50%，距离2020年基本完成农村改厕任务的要求还有较大差距。

二是村庄规划有待提升。村庄规划总体滞后，截至2018年底，仅11.7%村庄制定了规划。从规划实施情况来看，有的村庄规划设计质量不高，村庄空间布局散乱、土地利用效率不高、耕地保护碎片化等问题依然存在；有的规划引领示范作用不强，存在村庄广场等基础设施建设求大求新，亮化绿化美化硬化标准过高等现象；有的规划设计定位不准，在规划设计中简单套用城镇的规划设计理念，没有充分挖掘历史文化因素，村庄特色体现得不够鲜明，特别是整村搬迁的新农村社区建设千篇一律，缺少地域特色和人文气息。

三是资金瓶颈亟须突破。据测算，湖南省农村人居环境整治三年总投入需800亿元以上，而2018年省级以上对农村人居环境整治的投入约48.6亿元，2019年省级财政新增预算只有5亿元，远不能满足实际工作需

要。市、县两级财政普遍压力大，涉农资金整合不到位，金融贷款、社会融资能力弱，导致各项投入难以足额到位，大多数农村地区面向农户的收费制度尚未建立，村民自筹难以落实。资金短缺导致农村人居环境整治设施不足、管护资金缺失、项目运营困难。如全省农村供水约有20%以上工程不能正常运行，多数县（市、区）没有足额落实维修养护经费，90%以上工程缺乏专业管护主体，2018年全省农村水质合格率仅为67.11%，低于全国平均水平。

四是保障措施尚待加强。首先，法律法规需要进一步完善。目前湖南省尚无农村建房、生活垃圾分类等方面的法律法规，一些涉及农村环境保护的法规条款也较为原则化，具体实施也不规范，执法力度有待加强。其次，技术标准需要进一步完善。湖南省多数农村地区在生活污水、生活垃圾处理和厕所革命技术规范性方面存在较大短板。如由于农村生活污水治理标准、监测评估、考核验收等技术规范和标准基本为空白，导致各地排放水质参差不齐。最后，人才基础需要进一步夯实。由于公共服务不完善、收入水平低等因素制约，农村人居环境治理工作人才缺失严重，尤其是规划设计人才、污水垃圾处理技术人才和基础设备运维人才等严重缺乏。

五是内生动力有所不足。有的村民生态环境保护、卫生健康的意识不强，化肥、农药使用不合理，生产生活垃圾随意堆放等情况普遍存在。有的村民“等靠要”思想严重，对政府推动农村人居环境整治工作不能充分理解，责任意识和参与意识比较淡薄，农民的“邻避效应”还导致农村生活污水处理、生活垃圾收集等设施落地选址不理想，无形之中增加了建设和运营成本。有的村庄青壮年进城打工，只留下老人和儿童留守，难以承担整治工作的重担。

三、推进湖南省农村人居环境整治工作的几点建议

一是加快立法进度，强化执法效果。建议尽快出台农村住房建设管理办法、城乡生活垃圾处理、控制含磷洗涤用品生产销售使用等方面的地方性法规和规范性文件，为提升湖南省农村环境整治水平，推进乡村振兴工作提供坚强有力的法制保障；建议加大执法力度，积极开展出口污染排放

监测、农村违规建房查处等方面工作，加大对破坏农村生活生态环境的处罚力度，确保法律法规的严肃性。

二是加大工作力度，强化落实实效。紧紧围绕《湖南省农村人居环境整治三年行动实施方案（2018—2020 年）》的总体部署和目标要求，进一步细化、完善工作方案、工作措施，做到时间倒排、任务倒排，确保按时按质完成各项工作和目标任务。加大源头管控力度。推广节能减排技术，实行统防统治，发展循环农业，确保科学施肥，健康养殖，有效利用秸秆等废弃物；开展垃圾分类试点工作，大力推进农户源头分拣、村街保洁员二次分拣的垃圾减量机制；加大农村改厕力度，因地制宜，实行农村生活污水分户、联户、集中式处理，推动农村粪尿资源化利用，配套建设规模化水产养殖生态氧化塘。

三是科学编制和实施规划。首先要总体规划，体现特色。建议根据湖南省的地貌特点，将村庄分为湖区、丘陵区和山区，各类型村庄在通盘考虑土地利用、产业发展、居民点建设、生态保护等内容的基础上，立足村庄的建设现状和历史文化条件，确保村庄规划符合农村实际，满足村民需求，体现乡村特色。其次要因地制宜，示范引领。建议以县（市、区）为单元对辖区村庄建设情况深入调研，因地制宜，突出特色，集中打造一批人居环境整治示范村；同时，注意发挥好示范村的辐射效应，探索总结可复制、可借鉴、可推广的整治路径和经验。最后要分步实施，逐步完善。要明确不同区位、不同类型村庄人居环境改善的重点和时序，防止一刀切。对于经济较发达的地区要以完善公共服务设施建设、发展特色产业为要点，进一步提升群众生活质量；对于经济相对落后地区，要以补齐基础设施短板为要点，进一步保障村民基本需求；对于生态恶劣、灾害频发等不宜居住和规模过小的村庄，要以搬迁撤并为工作要点，进一步引导农民适度集中居住。

四是构建多元高效的资源投入体系。首先要改善财政投入。积极争取中央农村厕所革命整村奖补、农村人居环境整治整县推进等专项资金支持，科学整合涉农项目资金，重点补齐基础设施和公共服务短板，探索建立县乡财政补助、村集体补贴、农户适当付费相结合的管护经费保障机制。其次要盘活土地资源。认真落实国务院《城乡建设用地增减挂钩节余指标跨省域调剂管理办法》《跨省域补充耕地国家统筹管理办法》，结合湖南省实际制定具体实施的政策措施，积极做好农村“以地生财”“以宅生财”文章，推动土地增值收益更多用于支持农村人居环境改善。再次要引导社会资本。探索成立民间性质的新农村建设促进会，引导社会组织、在外乡贤等支持农村人居环境设施建设和运行管护。积极对接省里制定的新的 PPP 合同样本，通过 BOT、TOT 等特许经营方式吸引社会资本参与农村生活垃圾治理、生活污水处理等公共服务设施建设。最后要加大金融创新。鼓励商业银行为人居环境整治工作单独配信，开发农副产品订单、保单等以及土地承包经营权等财产抵（质）押贷款品种，开发融资租赁和专项废弃物处置贷款等新型贷款品种。财政等政府部门应对发放相应信贷的商业银行给予财政贴息和税收减免。银保监部门对金融机构发放的涉及人居环境整治工作的贷款，采取差异化考核措施。

五是加强科技和人才支撑。建议各地加强与高校、科研机构联系，因地制宜地制定推广垃圾处理、污水治理、厕所改造及农村公共空间整治等方面的整治技术和工艺标准；着力培养村庄规划设计、项目建管维护等方面的人才，开展环保企业下乡和规划师、建筑师、工程师下乡活动；加强教育培训力度，抓紧培养本、专科村干部、后备干部和致富带头人，为农村人居环境整治工作积蓄力量。

六是推进乡村产业发展。建议积极打造生态长廊，形成规模产业效益。合理规划生态产业园区，加强洞庭湖生态经济区商品粮产业带、长株潭核心区“两型”都市农业产业带、湘南丘陵山区特色农业产业带、大湘西地区生态休闲旅游农业产业带建设；指导农户加快种养业向集约化、规模化转变，提升处理农业面源污染的系统性和科学性；推广生态循环农业，扩大无公害农产品、绿色食品和有机食品生产。建议进一步加快“互联网 + 农业”的深度融合，推动电商交易平台向农村、农民延伸覆盖，注重“一县一特”建设，延长产业链条。通过人居环境改善，发展休闲农业产业，探索“民宿养老”“分时度假”“共享农场”等乡村旅游新模式，推动农业与旅游、养老、文创等产业进行深度融合，打造具有湖南特色的休闲农业品牌。

七是激发内生动力。首先要党建带动。运用“党建 + 农村人居环境整治”模式，有效开展“党员示范户”创建评选活动，鼓励党员干部通过党员活动、支部活动和志愿者服务等载体，主动帮助年老体弱群众清洁家园，帮助落后群众转变思想观念和生活习惯，让基层党组织在改善农村人居环境中焕发出强大组织力和号召力。其次要宣传引动。建议进一步加大电视、报刊、网络的宣传力度，让农村群众树立“主人翁”意识，主动转变传统思想观念，推动生产生活方式绿色转型；在重大节假日，联合回乡青年宣传绿色生活方式；同时注重培养农村中小学生的环保意识，有计划地开展相关教育活动。最后要利益驱动。继续加大“以奖促治”“以奖代补”力度，鼓励每年从集体收入中拿出一定比例的资金用于环境综合治理奖励，有条件的村庄可以成立垃圾分类兑换超市，村民可在超市内用分好类的垃圾兑换日常生活用品。同时，发挥好村规民约作用，运用好奖惩措施，引导农民主动维护家庭卫生环境和公共卫生环境，进一步改善农村人居环境，提升生态文明建设水平。

（2019 年 8 月）

三峡工程运行后对洞庭湖水环境影响及对策研究

洞庭湖是长江出三峡进入中下游平原后的第一个通江大湖，是一个具有调蓄功能的内陆湖泊。洞庭湖具有提供湖区生产生活用水、繁衍水生生物、维系江湖流域生态平衡以及改善区域生态环境等多种功能，在长江中下游地区的防洪中发挥着不可替代的调蓄洪水的重要作用。

洞庭湖区水系复杂，河网密布。其北面有松滋、太平、藕池和调弦四口（调弦口已于1958年建闸堵闭，其后一直未分洪）分泄长江来水来沙，南面有湘水、资水、沅水、澧水四水汇入，湖区周边还有汨罗江、新墙河等中小河流直接入湖，经湖泊调蓄后，由城陵矶注入长江，构成了复杂的江湖关系。三峡工程运行后，当长江洪水与四水洪峰相遇，通过拦蓄长江干流上游来水，可以减少洞庭湖入湖水量，使洞庭湖区防洪压力有所减轻，洞庭湖防洪形势得到改善，三峡工程为长江中下游地区的防洪保安发挥了重要作用。

三峡工程运行后，虽然枯季下泄流量有所增加，但仍不足以补偿因干流冲刷造成的长江入湖水量的减少，四口河系枯季断流概率加大，湖区水环境问题逐步凸显，洞庭湖区水环境安全问题已成为制约该地区社会经济发展的重要因素。因此，研究三峡工程运行后对洞庭湖水环境影响规律，科学认识和正确处理三峡工程运行后江湖关系的变化，统筹解决好洞庭湖水环境安全问题已成为新一轮洞庭湖综合治理与洞庭湖生态经济区建设的重点和关键。

一、三峡工程运行前后洞庭湖水质状况及变化趋势

（一）洞庭湖主要污染物及其来源

洞庭湖主要污染物一直是总氮和总磷，且自1994年以后总氮、总磷的浓度均表现出明显增大的趋势。

洞庭湖主要污染分担率计算结果见表1。结果表明，总氮和总磷一直是导致洞庭湖水质变差的主要污染因子。据估算，2008年，工业废水、农业废水和城市生活污水等污染源直接进入洞庭湖的总氮和总磷量分别为59049吨和6913吨。同时，四水、三口等入湖径流挟带了大量的入湖污染物质。据估算，2008年，通过四水和三口进入洞庭湖的总氮和总磷量分别为426035吨和16530吨。

表1　洞庭湖污染分担率计算结果（%）

年份	总氮	氨氮	COD_{Mn}	总磷	BOD_5	主要污染物
1990	36.1	7.2	11.5	38.9	5.6	总氮、总磷
1991	40.4	6.8	13.9	31.3	6.4	总氮、总磷
1992	43.2	11.2	13.8	22.2	8.3	总氮、总磷、COD_{Mn}
1993	48.1	8.1	13.8	21.1	6.5	总氮、总磷、COD_{Mn}
1994	45.0	6.9	13.2	26.5	5.9	总氮、总磷
1995	33.7	8.6%	10.4	31.8	5.7	总氮、总磷、COD_{Mn}
1996	29.2	8.2	9.7	44.8	6.2	总氮、总磷
1997	25.2	4.1	10.3	43.4	6.6	总氮、总磷、COD_{Mn}
1998	26.8	3.5	11.6	42.7	5.9	总氮、总磷、COD_{Mn}
1999	28.6	3.9	8.9	44.2	5.4	总氮、总磷
2000	35.8	5.1	13.6	34.5	6.9	总氮、总磷
2001	32.5	6.5	12.1	38.0	6.2	总氮、总磷
2002	32.5	7.9	10.7	37.4	7.9	总氮、总磷、COD_{Mn}
2003	28.2	7.9	9.7	41.9	8.4	总氮、总磷
2004	30.1	7.5	9.3	41.8	6.9	总氮、总磷

续表

年份	总氮	氨氮	COD_{Mn}	总磷	BOD_5	主要污染物
2005	25.2	7.6	9.4	49.0	6.0	总氮、总磷
2006	24.8	6.8	9.7	48.5	6.9	总氮、总磷
2007	33.6	9.0	10.5	37.7	5.9	总氮、总磷
2008	24.4	6.7	8.2	53.7	5.0	总氮、总磷
2009	34.1	6.3	7.0	44.4	5.9	总氮、总磷
2010	40.7	6.2	8.1	34.3	7.2	总氮、总磷
2011	39.7	5.5	8.4	35.7	7.6	总氮、总磷

洞庭湖主要污染物总氮、总磷、COD的污染负荷主要来源于“四水”、湖区农业面源污染和长江“三口”。

在输入洞庭湖的主要污染物总氮、总磷和COD中，来自“四水”“三口”水系的总氮、总磷和COD约占54.76%、44.30%和81.83%；来自湖区农业面源污染的总氮、总磷和COD约占44.47%、55.31%和12.27%；点源污染所占比例较小，总氮仅占0.77%、总磷仅占0.39%、COD仅占5.9%。

根据2010年不同入湖河流输入的污染物通量贡献率，氨氮输入通量排序为湘江 > 沅江 > 资水 > 澧水 > 太平口 > 松滋口 > 藕池口；总磷输入通量排序为湘江 > 沅江 > 澧水 > 太平口 > 松滋口 > 资水 > 藕池口。入湖污染物通量占比见表2。由表2可看出，入湖河流的氨氮、总磷主要来源于“四水”水系，分别占87.55%和83.29%，且以湘江、沅江贡献比例最大，长江“三口”贡献比例整体相对较小，分别占12.45%和16.71%。

表2　2010年洞庭湖氨氮、总磷入湖河流输入通量比（%）

污染物	湘江	资水	沅江	澧水	长江“三口”
氨氮	48.30	8.78	23.04	7.42	12.45
总磷	39.84	5.94	28.81	8.70	16.71

2010年与蓄水前的1999—2002年相对比，洞庭湖入湖水量、污染物通量在“三口”“四水”协同变化作用下差异显著：（1）长江“三口”分

泄水量减少约三分之一，经“三口”输入的COD、氨氮、总磷通量减少约二分之一；（2）“四水”入湖水量增加5.63%，经“四水”输入的氨氮通量显著增加（增加16.2%），COD、总磷入湖通量基本稳定，略有减少；（3）总体上，“四水”“三口”入湖水量减少约5.6%，氨氮入湖通量变化不明显（增加约0.1%），COD、总磷入湖通量明显减少（分别减少约20.3%和22.2%）。

从总体上看，与三峡水库运行前（1999—2002年）相比，三峡水库运行后2010年洞庭湖来水量的减少更多是由于长江“三口”分泄水量大幅降低导致；氨氮入湖通量的增加更多是受“四水”污染负荷增加的影响；COD、总磷入湖通量的大幅减少是受长江“三口”入湖通量减少的影响。

（二）洞庭湖水质年际变化趋势

洞庭湖近20年水质评价结果见表3和图1。分析结果表明：第一，1990—1994年洞庭湖湖泊水质的综合污染指数始终保持在0.3—0.4之间，水质良好；第二，1995—2003年洞庭湖湖泊水质的综合污染指数（除1999年和2000年外）始终保持在0.5—0.6之间，水质较以往明显变差。这主要是由于洞庭湖区社会经济高速发展，湖区工农业生产规模与方式也在发生变化，如化肥、农药过度投入，化工企业盲目扩张，加之湖区城市扩张、人口众多、生活污染日趋严重，从而导致洞庭湖水质不断变差。据估算，2008年，湖区工业废水排放量达27723 $\times 10^4$吨，城市生活污水排放量达40300 $\times 10^4$吨，且平均生活污水处理率低于20%；第三，2004—2008年洞庭湖湖泊水质的综合污染指数较以往明显增大，除了2007年，其他年份的综合污染指数都大于0.6，这主要是因为三峡工程蓄水运行后，洞庭湖的来水量、入湖泥沙量大量减少，从而导致湖水水位回落。据统计，1996—2009年城陵矶秋季水位变化明显，2009年城陵矶水位平均下降2.11米，最大降幅3.12米。同时，洞庭湖属于过水型湖泊，三峡工程蓄水运行后入湖水量减少，换水周期变长，直接导致污染物的沉积，使水体水质污染程度加剧；第四，在2008年达到顶峰后，洞庭湖湖泊水质的综合污染指数表现出明显减小的趋势，2009—2011年湖泊水质的综合污染指数保持在0.5—0.6之间，这得益于

2007 年湖南省环境保护局（现生态环境局）对洞庭湖流域内 203 家造纸企业进行的综合整治，使排入湖中的污染物明显减少。

表 3　洞庭湖近 20 年水质评价结果

年份	BP 网络		综合污染指数法	
	指数	水质类别	指数	水质类别
1990	2.024	Ⅲ类	0.364	Ⅱ类
1991	1.824	Ⅱ类	0.335	Ⅱ类
1992	1.822	Ⅱ类	0.303	Ⅱ类
1993	1.862	Ⅱ类	0.307	Ⅱ类
1994	2.082	Ⅲ类	0.344	Ⅱ类
1995	2.843	Ⅲ类	0.506	Ⅲ类
1996	2.864	Ⅲ类	0.536	Ⅲ类
1997	2.918	Ⅲ类	0.543	Ⅲ类
1998	2.848	Ⅲ类	0.538	Ⅲ类
1999	2.889	Ⅲ类	0.611	Ⅲ类
2000	1.983	Ⅱ类	0.488	Ⅲ类
2001	2.814	Ⅲ类	0.561	Ⅲ类
2002	2.781	Ⅲ类	0.520	Ⅲ类
2003	2.823	Ⅲ类	0.539	Ⅲ类
2004	2.982	Ⅲ类	0.616	Ⅲ类
2005	2.914	Ⅲ类	0.629	Ⅲ类
2006	3.834	Ⅴ类	0.638	Ⅲ类
2007	2.869	Ⅲ类	0.558	Ⅲ类
2008	3.918	Ⅴ类	0.679	Ⅲ类
2009	2.824	Ⅲ类	0.594	Ⅲ类
2010	2.887	Ⅲ类	0.593	Ⅲ类
2011	2.793	Ⅲ类	0.579	Ⅲ类

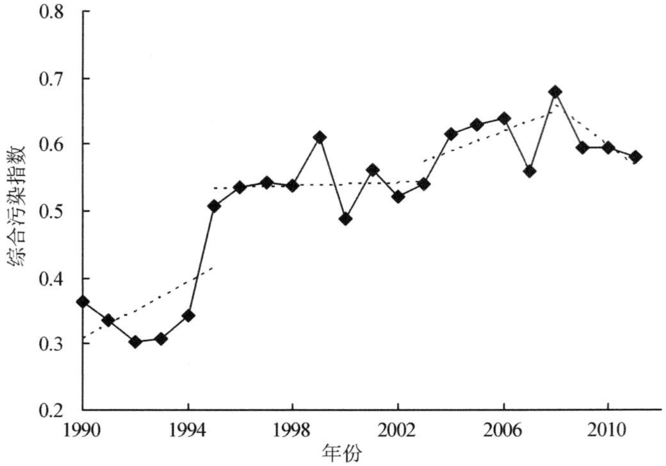

图 1　1990—2011 年洞庭湖湖泊水质的综合污染指数

（三）洞庭湖水质年内变化特征

由于水质监测资料有限，本调研报告只选取化学需氧量（COD）、BOD_5、氨氮、总氮和总磷等五个洞庭湖的主要污染因子，运用综合污染指数法，计算洞庭湖三个典型年（2004 年、2006 年和 2010 年）的枯水期、平水期、丰水期的综合污染指数，计算结果见表 4。从年内变化情况看，湖区水质表现出丰水期较好，平水期次之，而枯水期较差的特点。这可能是因为丰水期湖区的流量大、水位高、蓄水量大、换水频率较高，污染物较少沉积于湖泊当中。

表 4　三峡工程运行后洞庭湖区各典型年湖泊水质的综合污染指数

年份	枯水期	平水期	丰水期	平均值
2004	1. 379	1. 152	0. 648	1. 060
2006	1. 169	1. 276	0. 785	1. 077
2010	1. 113	0. 946	0. 783	0. 947
平均值	1. 220	1. 125	0. 739	1. 028

（四）洞庭湖水质空间变化特征

洞庭湖各湖区水质的综合污染指数计算结果见表 5 和图 2。整体而言，西洞庭湖和南洞庭湖的综合污染指数大致相等，而东洞庭湖的综合污染指数明显大于西洞庭湖和南洞庭湖。这与东洞庭湖邻近岳阳市，该市区域生产总值、地区总人口和工业总产值均较高（见表6），其人类活动频繁，生产生活导致大量污染物进入湖区有关。同时，洞庭湖水体动向大致由西洞庭湖流经南洞庭湖向东洞庭湖方向流动，再经东洞庭湖出口汇入长江，所以水体中的污染物质也集中流向东洞庭湖。以前东洞庭湖进出水量大，过水速度快，自净能力强，污染物较少富集，因此东洞庭湖水质较好。但三峡工程蓄水运行后，洞庭湖入湖水量明显减少，水位逐年降低，东洞庭湖容积急剧减小，水环境容量变小，污染物承载能力下降，换水周期延长，自净能力降低，污染物质大量集中于该区，从而导致东洞庭湖的水质明显劣于西洞庭湖和南洞庭湖。

表5　2006—2011年洞庭湖各湖区水质的综合污染指数

年份	西洞庭湖	南洞庭湖	东洞庭湖	全湖平均
2006	0.676	0.646	0.695	0.672
2007	0.574	0.577	0.609	0.587
2008	0.748	0.740	0.679	0.708
2009	0.588	0.596	0.660	0.615
2010	0.609	0.588	0.622	0.606
2011	0.540	0.597	0.615	0.584
平均值	0.623	0.624	0.647	0.631

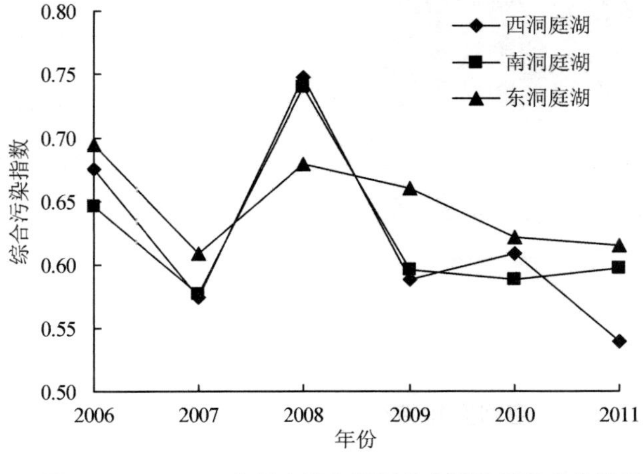

图2　2006—2011**年洞庭湖各湖区综合污染指数变化情况**

表 6　2012 年洞庭湖周边城市人口及经济比较

城市	代表湖区	地区总人口（万人）	地区生产总值（亿元）	工业总产值（亿元）	化学农药（万吨）	化学肥料（万吨）	机制纸及纸板（万吨）
岳阳市	东洞庭湖	552. 31	2199. 92	4341. 27	5. 31	42. 48	92. 85
常德市	西洞庭湖	576. 00	2038. 50	1876. 19	1. 11	31. 48	49. 61
益阳市	南洞庭湖	434. 24	1020. 28	1315. 87	3. 96	4. 02	63. 22

（五）洞庭湖富营养化评价

1. 洞庭湖富营养化年际变化趋势

1991—2011 年洞庭湖综合营养状态指数计算结果如图 3 所示。在 1991—2000 年间洞庭湖的综合营养状态指数始终保持在 40 左右，但是自 2001 年，特别是 2003 年以后洞庭湖的综合营养状态指数表现出明显增大的趋势，2010 年洞庭湖的综合营养状态指数超过 50，洞庭湖水体出现轻度富营养化。

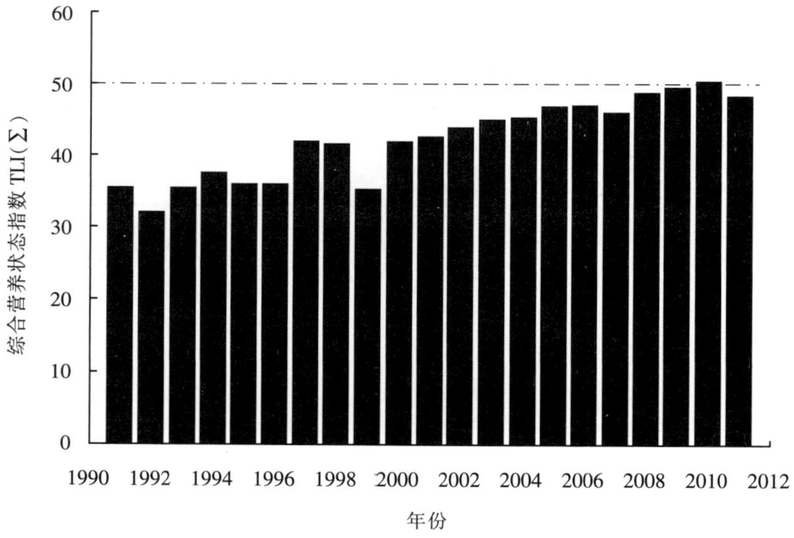

图 3　洞庭湖综合营养状态指数的年际变化情况

总氮、总磷和高锰酸钾指数是引起洞庭湖水体富营养化的主要污染因子，洞庭湖水体中总氮、总磷的浓度一直保持着较高水平。自 1994 年以来，洞庭湖总氮、总磷的浓度均表现出明显增大的趋势，从而导致了洞庭湖自1991年以后始终处于中营养化水平，且湖泊营养化程度逐年加重，甚至有的年份达到了轻度富营养化水平。其中，2003年以前洞庭湖的综合营养状态指数一直保持在较低的水平，这可能是因为洞庭湖为过水型湖泊，三峡工程蓄水运行前，荆江三口分泄进入洞庭湖的年径流量大，湖泊水循环周期短，从而使洞庭湖总氮、总磷等主要营养指标的滞留系数减小，对洞庭湖的富营养化发展起到了一定的抑制作用。然而，三峡工程运行后，洞庭湖来水来沙量明显减少，湖区水流速度变慢（如图4），换水周期延长，总氮、总磷的滞留系数增大，其浓度相对增高；同时，湖水的含沙量明显降低，湖水透明度增大，藻类光合作用增强，有利于藻类的生长与繁殖，从而加快了洞庭湖富营养化的进程。同时，随着洞庭湖区社会经济的快速发展，洞庭湖流域多年来也面临着国内许多湖泊流域面临的污染治理强度不够的问题。因此，以上因素的综合作用导致了洞庭湖富营养化程度表现出逐年加重的趋势。

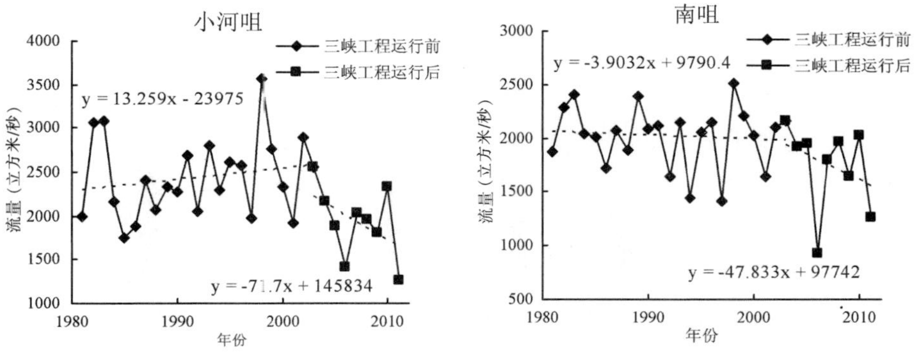

图4　湖区各代表测站水流速度的年际变化情况

2. 洞庭湖富营养化空间变化

2003—2011年洞庭湖三个湖区的综合营养状态指数的计算结果见表7。自2003年以后东洞庭湖的综合营养状态指数表现出明显的上升趋势，其中，2008—2010年均超过50，呈轻度富营养水平。西洞庭湖和南洞庭湖近10年来的综合营养状态指数变化情况不明显，一直在40—50之间波动，属中营养化水平。这与东洞庭湖邻近岳阳市，该市的经济发展水平较高，与另外2个湖区相比，其生产生活导致的大量污染物进入湖区有关。同时，东洞庭湖区农业及水产养殖业较为发达，农药和化肥的使用量大，而农药和化肥中含有大量的氮和磷，这些氮、磷会随着区间径流进入东洞庭湖，加上长江来水顶托，东洞庭湖出湖口附近容易发生污染物富集。因此，以上因素的综合作用导致了东洞庭湖区的富营养化程度明显高于南洞庭湖区和西洞庭湖区。

表 7　2003—2011 年洞庭湖各湖区的综合营养状态指数

湖区	2003	2004	2005	2006	2007	2008	2009	2010	2011	均值
东洞庭湖	46. 7	47. 1	47. 6	47. 9	46. 5	51. 8	50. 9	51. 1	49. 5	48. 89
西洞庭湖	43. 4	45. 8	46. 2	45. 6	45. 4	46. 5	47. 7	49. 6	46. 6	46. 3
南洞庭湖	44. 6	43. 8	46. 5	47. 2	46. 0	47. 8	48. 9	49. 4	48. 4	47. 0
均值	44. 9	45. 6	46. 8	46. 9	46. 0	48. 7	49. 2	50. 3	48. 2	47. 4

二、三峡工程运行后长江入湖水量大幅减少，洞庭湖水环境容量显著下降

三峡工程运行后，长江入湖水量大幅减少，洞庭湖的水文条件发生显著改变，水体自净能力也受到影响，洞庭湖 COD、总氮和总磷的水环境容量在年际和年内均表现出显著下降的趋势。

（一）洞庭湖出入湖径流量变化

根据 1959—2012 年的实测流量资料统计，由表 8 和图 5 的统计结果可知，洞庭湖来水主要来自湘资沅澧四水和荆江三口，其中四水为主，三口为辅，四水平均来水量比三口平均来水量翻了一倍，且从洞庭湖出入湖线性趋势图可看出，多年平均径流量呈现出下降的趋势。随着三峡工程的蓄水运行，三口来水量进一步减少，2003—2012 年四水来水量占出湖量的 66. 80%，而三口来水量仅占出湖量的 21. 52%。

表 8　洞庭湖区出入湖径流量统计表

年份	入湖量（亿立方米/年）			出湖量（亿立方米/年）	四水占出湖量的比值（%）	三口占出湖量的比值（%）
	四水	三口	合计			
1959—1966	1531	1337	2868	3086	47.77	43.32
1967—1972	1715	1012	2727	2933	58.47	34.50
1973—1980	1693	859	2552	2778	60.94	30.92
1981—2002	1715	683	2398	2727	62.89	25.05
2003—2012	1527	492	2019	2286	66.80	21.52
1959—2012	1649	806	2455	2729	60.63	29.63

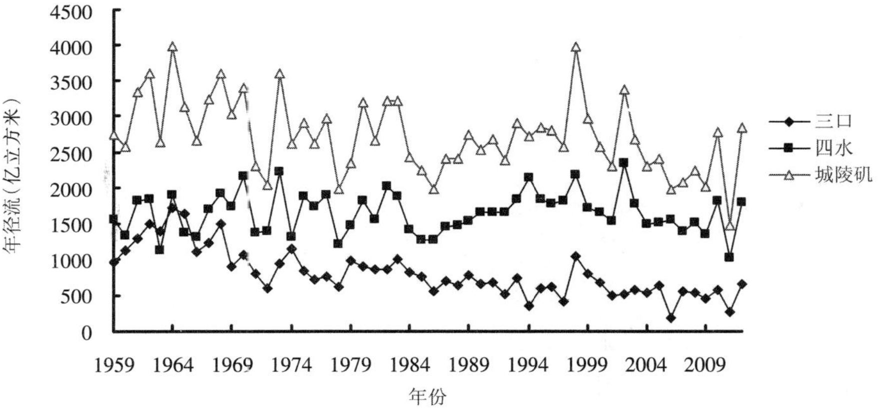

图 5　洞庭湖出入湖径流量趋势图

（二）水环境容量年内变化

洞庭湖多年月平均水环境容量的计算结果见表 9。洞庭湖丰水期（6 月—10 月）的水环境容量要明显大于枯水期（12 月—次年 3 月）的水环境容量。这主要是因为丰水期湖区的流量大、水位高、蓄水量大，从而湖泊的纳污能力较强。COD_{Mn}、TN、TP 的多年平均水环境容量分别为 1713386.6 吨、259562.3 吨、12978.1 吨。三峡工程运行前后洞庭湖水环境的年内变化情况如图 6—8 所示。三峡工程运行后洞庭湖多年月平均水环境容量均发生不同程度的减少，其中，7—10 月发生明显减少的现象，而其他月份的水环境容量减少趋势并不明显。这可能是因为 7—10 月为三峡水库的防洪预泄期和汛末蓄水期。6 月 10 日—9 月 15 日，三峡水库水位为了按防洪限制水位控制运行，需进行防洪削峰调度，最大消减洪峰流量可达 11000 立方米/秒；在 9 月 15 日—10 月 31 日，库水位由 145.00 米升高至正常蓄水位 175.00 米，需要拦蓄水量、下泄流量大量减少。所以，这一时间段通过荆江三口分泄进入洞庭湖的径流量较三峡工程运行前明显减少，从而导致三峡工程运行后洞庭湖丰水期的水环境容量发生明显减小的现象。

表 9　洞庭湖多年月平均水环境容量统计表（吨/米）

月份	COD_{Mn}	TN	TP	月份	COD_{Mn}	TN	TP
1	56048.0	8665.7	433.3	7	298577.4	44304.	2215.2
2	66347.8	10411.6	520.6	8	240487.7	35418.5	1770.9
3	102767.8	16193.4	809.7	9	171886.9	25295.3	1264.8
4	131036.2	20672.1	1033.6	10	111035.7	16543.3	827.2
5	186166.5	28936.0	1446.8	11	73366.3	11010.3	550.5
6	224153.0	34306.7	1715.3	12	51513.3	7804.9	390.2

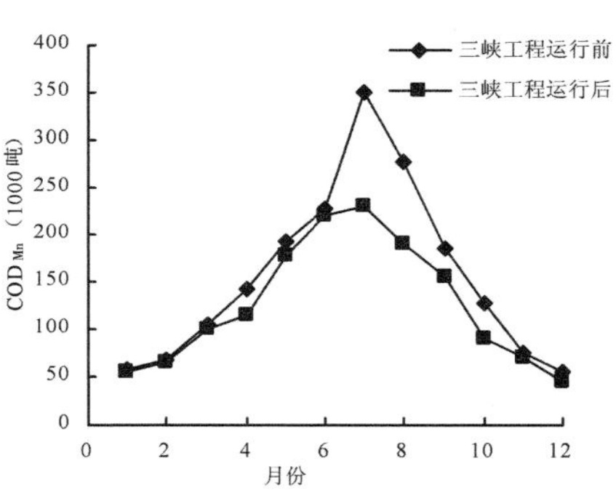

图 6　洞庭湖 COD_{Mn} 水环境容量年内变化情况

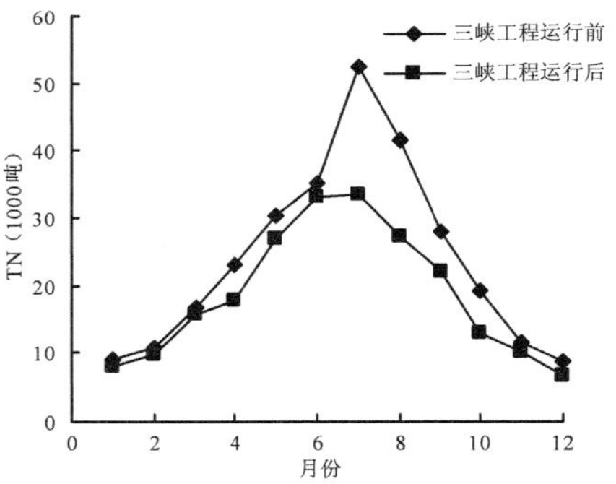

图 7　洞庭湖 TN 水环境容量年内变化情况

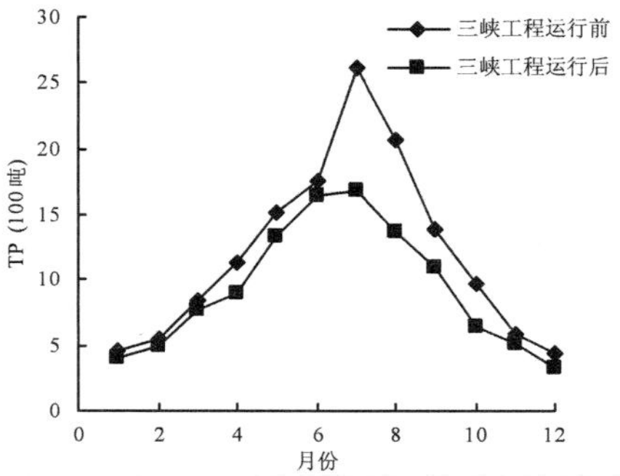

图 8　洞庭湖 TP 水环境容量年内变化情况

（三）水环境容量年际变化

洞庭湖 COD_{Mn}、TN 和 TP 的水环境容量年际变化情况如图 9—11 所示。1991—2002 年洞庭湖 COD_{Mn}、TN 和 TP 的水环境容量都表现出明显增大的趋势，但 2003 年以后洞庭湖 COD_{Mn}、TN 和 TP 的水环境容量却表现出明显减小的趋势。这主要是因为 1998 年大洪水之后，洞庭湖区实施了清淤疏浚、退田还湖、平垸行洪和移民建镇等工程建设，增强了湖泊的调蓄能力，从而使洞庭湖的水环境容量得到一定程度的提升。但是自 2003 年以后，随着三峡工程的蓄水运行，三峡水库大量清水下泄，造成荆江河段河底高程下降，从而导致荆江三口进入洞庭湖的径流量大幅度减少。与此同时，洞庭湖的四水入湖年径流量并未表现出上升或下降的趋势性变化。所以，三峡水库蓄水运行可能是导致洞庭湖年径流量减少的主要因素，也是导致洞庭湖的水环境容量在 2003 年以后出现明显下降的主要原因。

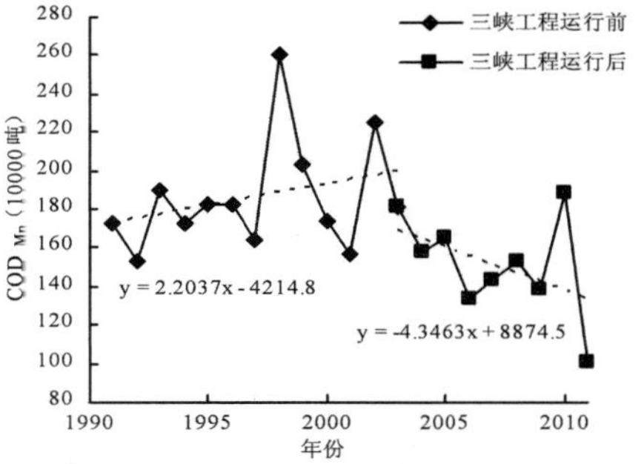

图 9　洞庭湖 COD_{Mn} 水环境容量年际变化情况

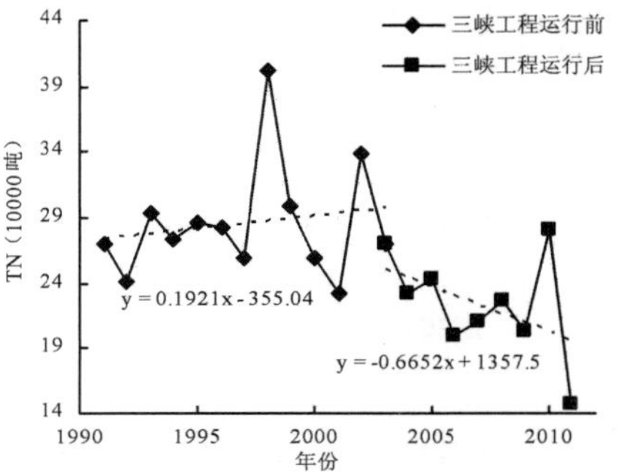

图 10　洞庭湖 TN 水环境容量年际变化情况

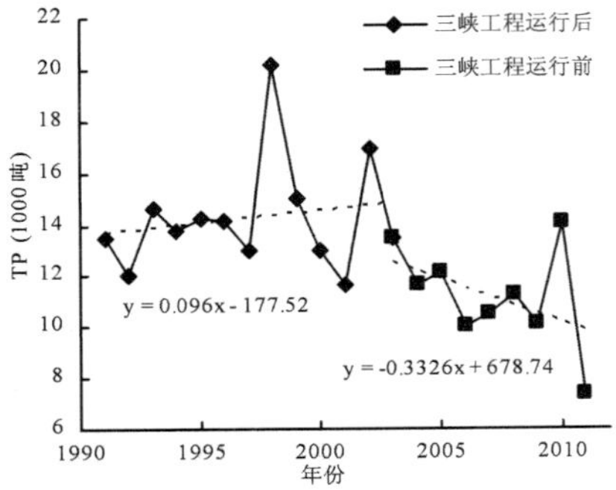

图 11　洞庭湖 TP 水环境容量年际变化情况

三、三峡工程运行后洞庭湖水位呈整体下降趋势，主要污染物浓度呈显著增大趋势

根据 1959—2012 年的实测水位资料统计（见图 12），城陵矶站年均水位总体呈先上升后下降，之后又上升再下降的趋势，1959—1964 年呈上升的趋势，1964—1972 年呈下降的趋势，1972—2002 年呈上升的趋势，2003 年三峡工程蓄水运行后整体呈下降的趋势。

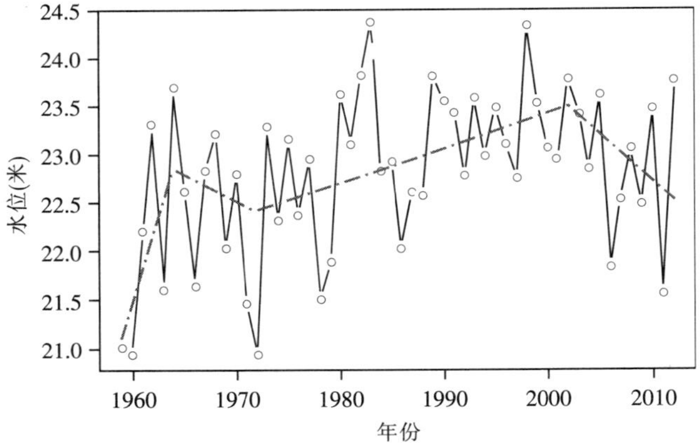

图 12　城陵矶站年均水位变化趋势图

分别选取 3 个代表测站分析水位变化对水质的影响，它们是南咀站（代表西洞庭湖）、杨柳潭站（代表南洞庭湖）和鹿角站（代表东洞庭

湖）。洞庭湖区 3 个代表测站水质随水位变化情况如图 13—15 所示。结果表明：（1）在 1990—2011 年间，湖区 3 个代表测站湖泊水位呈波动性变化，但总体均表现出明显的下降趋势，特别是 2003 年三峡工程蓄水运行后，三口分泄进入洞庭湖的水量大量减少，洞庭湖水位下降明显；（2）在 1990—2011 年间，湖区 3 个代表测站的 COD_{Mn}的浓度仅表现出小幅度增大的趋势，而总氮和总磷的浓度均表现出较大增大的趋势；（3）总体上，洞庭湖水位变化与 COD_{Mn}、TN 和 TP 浓度变化均呈现负相关的趋势，随着水位下降，湖区 3 个代表测站的 COD_{Mn}、TN 和 TP 的浓度均表现出增大的趋势。

综上所述，三峡工程蓄水运行后，湖区水位出现明显下降的趋势，进而引发洞庭湖主要污染物的浓度表现出显著增大的趋势，从而对洞庭湖水环境质量产生不利的影响。

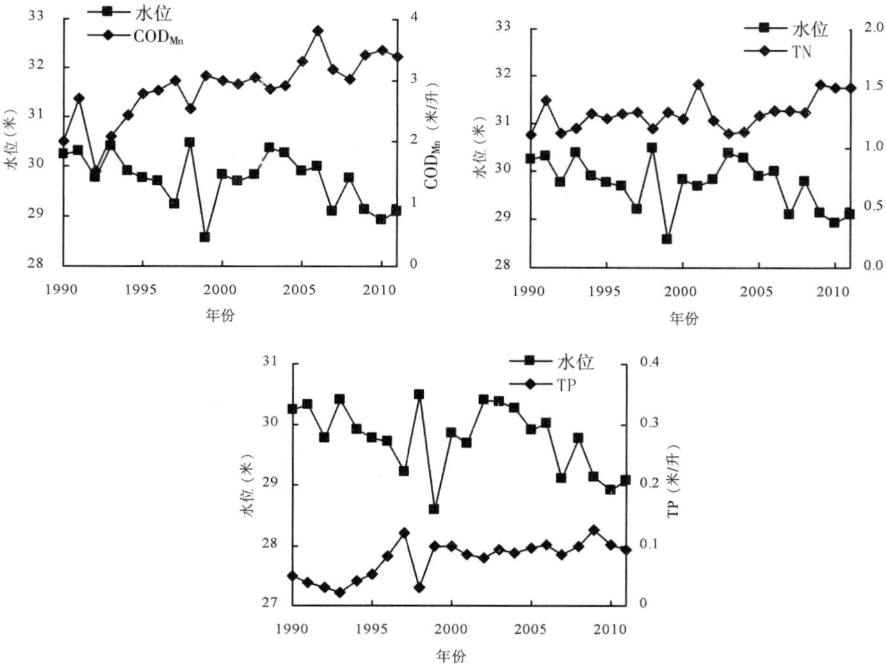

图 13　南咀站 COD_{Mn}、TN 和 TP 的浓度随水位的变化情况

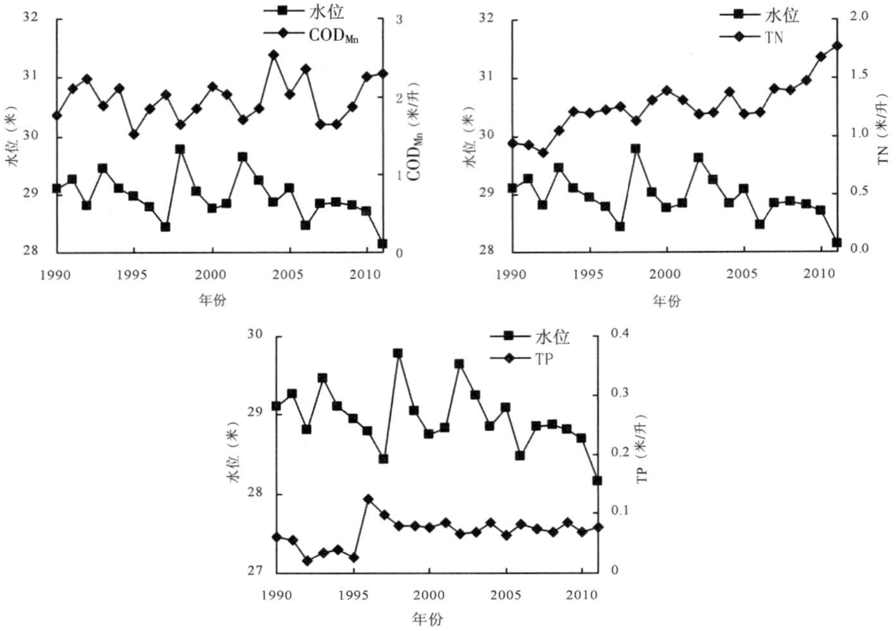

图 14　杨柳潭站 COD_{Mn}、TN 和 TP 的浓度随水位的变化情况

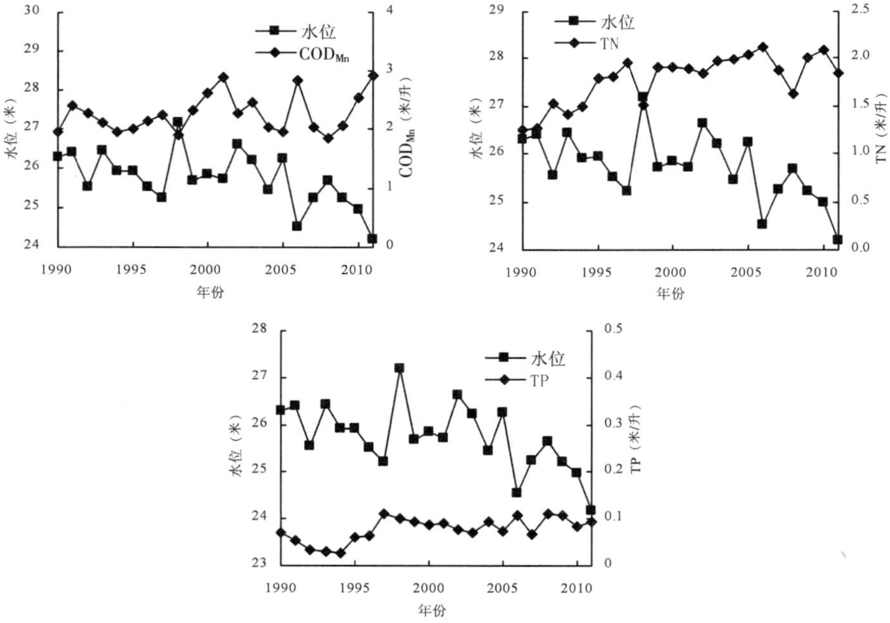

图 15　鹿角站 COD_{Mn}、TN 和 TP 的浓度随水位的变化情况

四、对策建议

（一）调整洞庭湖区产业结构，大力发展循环经济、生态经济

1. 加大工业结构调整力度。优化湖区工业结构，淘汰落后产能，关停和搬迁湖区敏感区域污染企业，特别是加大洞庭湖区造纸企业的整治力度，对现有造纸企业不能做到达标排放或不能稳定达标的一律实施停产，促进产业结构优化升级，湖库上游地区要优先发展高新技术产业和其他无污染产业；坚持以低碳经济、循环经济为核心，大力引进战略新兴项目，促使湖区工业由低梯度区向高梯度区推移。

2. 加大农业结构调整力度。优化湖区农业生产结构，积极建设生态农业示范区，大力发展无公害农产品、绿色食品和有机食品，鼓励企业实行清洁生产，大力发展循环经济。同时，以优势产业和特色加工为支撑，以龙头企业为主导，扩大精深加工，推进农业产业化进程，提升现代农业水平，发展节水精细农业。

（二）加强洞庭湖区水污染防治，削减入湖污染物排放量

1. 深化湖区工业污染防治。严格限制那些能耗大、用水多、污染扰民的工业的发展，鼓励引导技术含量高、污染少的工业的良性发展，严禁在湖区上游新建各类污染建设项目，加大工业环境监管力度，杜绝违法排污。

2. 抓好城镇生活污水的脱磷除氮处理。湖区新建或在建的污水处理厂都要配套脱磷除氮设施，提高磷、氮等营养物质的去除率。

3. 推进湖区农村生活污染治理。加快农村生活污水处理设施建设，有效控制农田面源污染，实施农田径流污染防治工程。

4. 加大养殖业污染治理力度。湖区内要严格控制规模化畜禽养殖场的建设，已建成的畜禽养殖场废水及禽畜粪便必须进行有效的治理和无害化利用。加强湖区水库和内湖渔业养殖管理，规范控制投肥养殖，加强湖区水库和内湖水质的监测。

5. 加大“三口”“四水”等入湖河流污染治理力度。以入湖河流污染控制为核心，建设河口规模化湿地，构建入湖河流清水产流机制。

（三）完善洞庭湖区水环境保护政策法规，加大湖区环保执法力度

1. 建立并完善以体现生态文明要求的湖区水环境目标管理指标体系、绩效考核办法和“以奖促防”机制。

2. 加强湖区水环境保护地方性法规制度建设，积极探索建立湖区的排污权交易经济政策，制定有利于转变湖区经济发展方式的政策措施。

3. 对污染源实施严格监督管理，严格控制污染物的产生和排放，从源头上减少污染物排放量是水资源和水环境保护的根本要求。

4. 建立水功能区限制纳污红线，严格控制入河排污总量。立足湖南“两型”社会建设工作，进一步推进落实水功能区管理，确定水功能区纳污能力，提出分阶段限制排污总量意见，并对入河排污口进行严格审批；严格把关国家明令严格限制的项目，防止造成新的污染危害，对于明令淘汰的落后工艺与设备务必在限期内淘汰。

5. 建立湖泊流域生态环境保护补偿机制。根据各湖泊流域不同区位生态环境保护的要求，制定湖泊流域资源利用与保护市场价格体系，定期对各湖泊流域区位的生态环境进行综合评估，采取政府主导与市场手段相结合的办法，对湖泊流域各级地方政府、相关利益主体在资源利用与保护方面，实行奖优罚劣、有偿消费的生态环境保护补偿机制。

6. 加强湖区水环境保护宣传教育，增强湖区水环境保护意识，促进湖区水环境保护的公众参与。

（四）加强水生态与环境保护体系建设，确保水生态安全

1. 加快实施河湖联通工程。采用河湖疏浚、水力调度、沟渠连通等工程手段，恢复洞庭湖与外河、内湖等不同水体的水力联系，实现水量优化配置，增加水生态自净能力，构建环洞庭湖区引排顺畅、蓄泄得当、丰枯调剂、多源互补、调控自如的江河湖库水网体系，恢复垸内水系生态功能。

2. 加强洞庭湖水环境保护。以水功能区划为基础，以入湖排污控制量

为抓手，加强点源和面源污染治理，使水功能区入湖污染物控制在水体自净能力范围以内，逐步改善洞庭湖水环境质量。

3. 实施水生态系统保护。通过四水流域上游植树种草涵养水源，中游控制工业点源污染，减少农药化肥施用量等面源污染，下游建设河道生态修复治理工程，改善洞庭湖区水生态系统。

（五）加强洞庭湖区水域水质的监测与科学研究工作

1. 建立健全洞庭湖生态监测网络，加强实时与动态监测系统建设。为实施水功能区的管理，检验水资源保护规划的落实情况，必须加强洞庭湖区的水质监测和主要入湖排污口的污染物监测。

2. 进一步开展三峡工程对洞庭湖水质、富营养化、生态环境、生态服务功能影响等的科学研究工作。

（2021 年）

学习借鉴浙江省“五水共治”先进经验
纵深推进“一江一湖四水”系统保护和治理

一、浙江省“五水共治”有关做法及取得的成效

“十三五”期间，浙江省深入贯彻习近平生态文明思想，以“五水共治”为抓手，累计整治“散乱污”企业11.8万余家、工业园区558个，建成“污水零直排区”9221个，完成养殖尾水治理面积4.4万公顷，新增城镇污水处理能力400万吨/日，新建改造污水管网4.7万千米。2020年，浙江省221个省控断面水质优良率达到94.6%，较2015年提升21.7个百分点。浙江省生态环境公众满意度连续9年上升。2018年以来，荣获联合国地球卫士奖、全国首个生态省……从生态觉醒到率先启航，再到加速蝶变，浙江省创造了众多先进治水管水护水经验，在全国得到广泛推广应用。

（一）强化思想引领，广泛凝聚“绿水青山就是金山银山”的共识

作为经济先发地区，浙江省较之于全国更早、更深、更集中、更尖锐地遇到了经济快速发展与资源环境瓶颈制约加剧的矛盾。2003年，时任浙江省委书记习近平同志亲自谋划、亲自部署、亲自推动，擘画了生态省建设的战略蓝图。17年来，历届浙江省委、省政府坚持一张蓝图绘到底、一任接着一任干，一以贯之把生态文明建设放在突出位置，积极探索绿色高质量发展之路。省人大常委会确定每年6月30日为“浙江生态日”，这也是国内首个省级生态日。各级各有关部门领导干部树牢“绿水青山就是金

山银山”的新发展理念，自觉当好生态文明建设的引领者、推动者和实践者。企业严格履行加强生态环境保护的社会责任，不仅加快自身绿色转型升级发展，还积极通过公司（个人）捐赠、村企结对等形式参与“五水共治”等行动。以绍兴市为例，仅2016年，“企业河长”为全市治水累计捐款就超过3.4亿元。同时，社会各界积极广泛深入参与，“民间河长”活跃在浙江大小河道的岸边，爱水护水成为人民群众生活新趋势。

（二）坚持高位推进，推动形成“横向到边、纵深到底”的合力

浙江省以“三个地”的政治责任和“重要窗口”的使命担当，加快构建了“政府有为、企业有责、市场有效、社会有序”的大生态保护格局。一是成立高规格的“五水共治”推进机构。2014年，浙江省成立高规格的“五水共治”领导小组，省委书记、省长任组长，成员单位包括31个省直部门。同时，设立省“五水共治”（河长制）办公室，抽调20多个单位40余名精干人员集中办公，专门负责“五水共治”日常工作。二是在全国率先建立“河长制”。2013年，率先在全国建立省、市、县、乡、村五级河长体系，浙江省各级河长6万余名，并配套“河道警长”。同时，率先在全国颁布实施河长制地方性法规，成立河长学院，并以此为基础建立“湖长制”，管理体系逐步延伸到湖库以及池、渠、塘、井等小微水体。三是强化监督考核。省委、省政府建立“四个一”督查机制（“一月一提醒”“一月一督查”“一月一通报”“一月一考评”），设置30个督查组深入明察暗访，层层传导压力，严格落实治水责任。省委、省政府每年对工作优秀的市、县授予“五水共治”大禹鼎，有效激发了各地创新争优、攻坚克难的积极性、主动性。

（三）注重统筹兼顾，着力推进源头治理、系统治理、综合治理

系统考虑经济、社会、文化、生态、民生问题，浙江省积极统筹生态环境高水平保护与社会经济高质量发展。一是加快绿色发展。坚持生态优先、绿色发展，“产业生态化、生态产业化”在浙江省已蔚然成风，2020年，浙江省GDP达到6.46万亿元、财政收入18401亿元，分别比2013年增长86.7%和187.2%，破解了环境保护与财富增长不能兼得的难题，如

通过调整养殖结构和方式，海宁市、德清县水产养殖户每亩创造经济效益最高达3万元以上；德清莫干山民宿经济火爆异常，素有“山上一张床，赛过城里一套房”之说。二是坚持系统联治。浙江省创造性地把“治污水、防洪水、排涝水、保供水、抓节水”有机联系，共同推进，坚持水岸同治、城乡共治，强化全领域推进、全过程深化，聚焦工业和农业“两转型”，对污染企业、养殖户釜底抽薪，对落后产能猛药去疴；聚焦城乡污水处理能力“两覆盖”，深化“千村示范、万村整治”工程，联动推进“三改一拆”、小城镇环境综合整治、厕所革命等工作，取得了事半功倍的效果。三是统筹美丽河湖建设。出台了《关于推进河湖生态缓冲带划定与生态修复的指导意见》，并配套相关技术指南，开展生态缓冲拦截区建设试点，对安吉西苕溪、德清东苕溪等河流推进“生态健康体检”。全面实施“百江千河万溪”水美工程，加快推动水环境治理向水生态恢复转变，完成美丽河湖建设316条，共3670千米。

（四）突出工作重点，持续深化综合整治

以问题为导向，浙江省聚集重点领域持续发力，以专项行动或工程项目强力攻坚克难，确保重点工作看得见、摸得着，可检查、可验收。一是强化农业面源污染防治。自2011年开始实施商品有机肥补贴政策，在全国率先推进“肥药两制”改革工作，年推广商品有机肥100万吨以上，累计建成农田氮磷生态拦截沟渠系统402条。全面推进渔业健康养殖五大专项行动，推进规模以上的养殖主体养殖尾水实现“零直排”。湖州市基本完成60万亩水产养殖尾水全域治理任务，不同的养殖品种配套6%—10%的尾水治理面积，排放尾水基本能达到地表水Ⅲ类以上。二是加强农村污水治理。2003年开始，启动实施“千村示范、万村整治”工程，截至2018年，浙江省规划保留村生活污水治理覆盖率100%。2020年开始，全面实施农村生活污水处理达标行动。出台了《农村生活污水处理设施水污染物排放标准》，并配套制定25个标准化运行管理导则。出台全国首部省级农村生活污水处理地方性法规，推动规范农村生活污水处理长效监管机制。三是积极推进“污水零直排区”建设。为有效解决“反复治、治反复”问题，2018年，印发《浙江省“污水零直排区”建设行动方案》，以镇（街

道）为单位，全面实施深度排查、制订方案、全面整改、加快建设、建管并举等五项任务，明确到2022年，浙江省基本实现污水管网全覆盖、雨污全分流、处理能力相配套，80%以上的县（市、区）建成“污水零直排区”。

（五）深化改革创新，不断完善长效整治体制机制

挺立生态文明建设潮头的浙江省，改革创新的脚步一直未停过，既注重以刮骨疗毒的勇气集中精力解决眼前突出问题，又注重建立健全长效机制从根本上解决问题。一是大力推进生态文明示范创建。2003年开始，浙江省就全面开展生态省建设。2020年10月，发布全国首部省级GEP（生态系统生产总值）核算标准。2020年8月，与生态环境部签订了全国首个部省共建生态文明建设先行示范省战略合作协议。通过努力，浙江省建成的国家生态文明建设示范区和“绿水青山就是金山银山”实践创新基地数量位居全国第一。二是率先建立环境污染问题发现机制。2020年8月，浙江省根据《浙江省人民政府办公厅关于建立健全环境污染问题发现机制的实施意见》，并配套环境污染问题发现和查办激励办法等文件，积极构建问题发现及时、预警溯源精准、分析研判科学、案件查办高效的全流程、闭环式、智能化的问题发现查处体系。三是完善政策法规标准体系。为理清责任，明确要求，推进重点工作有法可依、有章可循，浙江省出台系列地方政策、法规、标准和规范。如出台《浙江省跨行政区域河流交接断面水质监测和保护办法》，全面实施流域水质生态补偿；出台《浙江省商品有机肥推广应用实施办法》，从源头推进农药化肥减量。

（六）夯实支撑保障，努力实现能力水平与新形势、新任务、新要求相匹配

针对治理短板、管理弱项，浙江省着力强化支撑保障，着力提升环境治理体系和治理能力现代化水平。一是强化资金投入。按照环保投入增长幅度高于经济增长速度的要求，浙江省加大对水环境治理的财政支持力度，将“三公”经费的30%以上用于治水，“五水共治”各类社会资金中仅2014—2018年的投入就累计约6200亿元。在农业农村污染防治方面，

财政支持较多，如对实施农村污水整治并通过验收的村，按照规模分别补贴300万—600万元；德清池塘养殖尾水处理设施建设的费用为1000元/亩，其中县级补贴500元/亩。二是强化技术支撑。为提升治理效率，浙江省加大农业面源污染防治、城乡生活污染治理等重点领域新模式、新技术、新方法的探索力度。建立技术服务团，召开“五水共治”技术促进大会，建立专家“派工单”和“点对点”服务制度。三是强化数字赋能。结合“浙里督”公众平台，通过整合线上线下各级各部门资源力量，浙江省提升了环境污染问题感知和发现能力，开启了“数字赋能+生态治理”新阶段。杭州积极推进“生态智卫”场景建设，将所有数据汇聚到一张图上进行研判分析；德清县建立全县渔业养殖尾水信息化监管平台，对治理点进行远程智能管控。

二、湖南省“一江一湖四水”系统保护和治理存在的主要问题和困难

近年来，湖南省牢记习近平总书记“守护好一江碧水”的殷殷嘱托，以污染防治攻坚战“夏季攻势”、河湖长制落实等为抓手，持续强化重点领域、区域污染综合治理，圆满完成“十三五”国家下达的目标任务，2019年、2020年污染防治攻坚战工作连续两年获评国家优秀。2020年，60个国控断面水质优良率达到93.3%，洞庭湖总磷浓度比2015年下降46.4%。但作为人口大省、农业大省、有色金属之乡以及中部加快发展省份，对标对表国家要求、群众期待，湖南省“一江一湖四水”保护和治理工作仍面临较多的问题和困难，主要体现在如下几方面：一是部分地方和部门思想认识有偏差。一些地方、部门思想认识不到位，“绿水青山就是金山银山”新发展理念树得不牢，统筹发展与保护不够。部分地方、部门工作标准不高、作风不实、定力不够，存在畏难情绪和“等靠要”思想，缺少动真碰硬的决心和行动。二是部分区域生态环境质量改善不足。国考断面水质优良率稳定达到97.3%的目标压力较大，洞庭湖湖体及部分内湖总磷浓度短时间难达标，部分支流，如陶家河、捞刀河等水体水质未达标或不稳定。一些河湖生态缓冲带建设和保护不够，部分区域湿地萎缩退化。部分区域黑臭水体较多，水质反弹明显，群众反应强烈。三是污染负

荷偏重。作为人口大省、农业大省，湖南省污染物排放强度和总量大，减排压力巨大。根据第二次全国污染源普查，湖南省化学需氧量、氨氮、总磷年排放量分别达127.82万吨、7.23万吨和2.23万吨，排名在全国前列，其中，农业源排放占比越来越高，总磷排放占比65%以上。郴州三十六湾、娄底锡矿山等重点区域历史遗留尾矿库、矿井涌水污染点多面广量大。四是保护和治理不平衡。区域、流域、行业工作不平衡问题突出，城镇生活污水收集管网不配套问题较为普遍，乡镇、农村生活污染治理欠账多，农业种植、畜禽（水产）养殖污染问题整治力度有待加强，环境违法行为时有发生，部分区域水资源保障难度大。五是支撑保障能力偏弱。生态环境治理体系和治理能力现代化水平较低，基层监管执法能力薄弱，相关法规、标准和规范等缺失，科技支撑和信息化水平不高。大部分县（市、区）财政困难，整治资金短缺，社会投入积极性不够。社会公众参与广度、深度不够。

三、加强湖南省“一江一湖四水”系统保护和治理的对策建议

作为长江中游省份，水情是湖南最大的省情之一。“十四五”期间，为持续改善水生态环境质量，让更多的河湖“水清岸绿、鱼翔浅底”，湖南省还要以问题为导向，积极吸纳其他省份先进经验和典型做法，统筹水环境治理、水资源节约和水生态修复，持续攻坚克难，纵深推进“一江一湖四水”系统保护和治理，为“三高四新”战略实施奠定良好的生态环境基础，在保护长江母亲河上体现新担当、展现新作为。

（一）切实加强组织领导

一是统筹成立省级治水办。建立省级层面的治水办，抽调相关厅局精干力量集中办公，强化部门协调统一，按照“目标一致、规划衔接、力量整合、资金集中、措施同步”的要求集中攻坚克难，从根本上解决“九龙治水”的问题。二是推动设立生态文明奖。参照综合治理奖、精神文明奖的模式，推动设立生态文明奖，并设置“碧水杯”，对治水管水护水作出积极贡献的单位、个人进行奖励。三是加大真抓实干激励。在省政府真抓实干激励中增加生态环境保护领域奖励的名额，对在重点领域整治、绿色

发展、制度建设等方面取得显著成效的地方予以奖励。四是强化监督管理。分行业、分领域组织对江浙等地的先进经验进行梳理和总结，并结合湖南省实际进行吸纳和转化，如浙江省的化肥农药购买实行实名制、使用定额制，推进相关工作规范化、精细化、常态化等。同时，针对规模以下养殖户管理、水产养殖尾水处理、污水处理设施高效运行、内湖生态保护等领域的治理短板、管理弱项，要深入调研，完善制度，明确要求，强化监督管理和执法检查。

（二）坚定不移加快推进绿色发展

一是加强习近平生态文明思想宣传贯彻。通过多种形式加大习近平生态文明思想宣传贯彻，推动各级领导干部真学、真懂、真信、真用，认真践行“绿水青山就是金山银山”的理念，坚定不移地走“生态优先、绿色发展”之路。二是加大生态创建力度。指导支持市（州）、县（市、区）积极创建国家生态文明建设示范区和“绿水青山就是金山银山”实践创新基地，认真梳理、发掘、提炼各行业、各区域绿色转型发展好的经验做法，及时发布典型案例，为全省各级各部门探索绿色发展之路提供借鉴。三是加快推进重点行业转型发展。结合农业供给侧结构性改革，加强品牌创建、市场推广等方面的工作力度，积极支持发展壮大有机农业、休闲农业、循环农业。加快推进水产绿色转型发展，调整优化养殖品种、方式，推广多品种混养、稻渔综合种养、“设施养鱼”等生态养殖模式。深入推进“135”工程升级版，加快发展工程机械、轨道交通装备等20个工业新兴产业链，全面推进产业高端化、循环化、绿色化。

（三）持续深化重点领域、区域污染综合整治

一是强化农业面源污染防治。加强农业面源污染监测评价和监督管理，确定农业面源污染优先治理区域，分区分类采取治理措施。调整畜禽养殖结构和布局，合理确定洞庭湖等环境敏感区域养殖规模，以畜禽粪污资源化利用为抓手，全面开展畜禽养殖污染防治攻坚专项行动。加强水产养殖污染治理，因地制宜推广人工湿地尾水处理、“三池两坝”等尾水生态治理方式。二是强化城乡生活污染治理。聚集城镇生活污水处理收集率

低、污水处理厂进水浓度不高等问题，加快推进重点区域“污染物平衡核算管理”，并结合城镇污水处理厂提质增效行动计划，推动城镇补齐污水收集处理短板，尤其是强化配套管网建设、维护管理等工作。结合乡村振兴，统筹农村人居环境整治、厕所革命等工作，因地制宜加快推动实施农村生活污水治理规划，同时，完善运维管理体制机制，确保农村污水处理设施稳定发挥效益。三是强化黑臭水体（不达标水体）整治。统筹好上下游、左右岸、干支流、城市和乡村的治理工作，强化溯源整治和维护管理，巩固地级市黑臭水体整治成效，因地制宜加快推进城镇、农村黑臭水体，并确保长治久清。继续深入推进大通湖、陶家河、蒸水、捞刀河等流域系统治理，确保水质持续好转。四是强化历史遗留污染治理。以郴州三十六湾、娄底锡矿山、湘西锰三角等区域为重点，加快重点项目建设力度，逐步消除尾矿库、矿井涌水污染扩散。加强区域环境风险排查整治，提升环境风险应急处置能力建设，降低区域突发环境事件发生风险。

（四）着力提升生态保护修复水平

按照污染减排与生态扩容并举的原则，结合“山水林田湖草”生态保护修复试点示范、林长制落实等工作，加快重点流域、区域水生态保护修复，提升“一江一湖四水”生态系统质量和稳定性。一是开展河湖水生态环境状况调查。分期分批组织对重点河湖生态缓冲带、水下植被等开展调查，形成生态体检报告，科学诊断河湖岸线与水生态问题。二是加快推进重点河湖生态缓冲带划定。综合河湖类型、生态定位等要求，组织各地科学划定河湖生态缓冲带，并加强后期管控，给江河湖库留下休养生息的空间。三是积极推进湖区内湖、内河及沟渠塘坝的生态化改造。按照自然修复为主、人工修复为辅的原则，“一湖（河）一策”因地制宜推进洞庭湖区内湖、内河及沟渠塘坝的生态化改造，发挥“净化池”“前置库”作用。

（五）不断强化支撑保障能力

一是完善政策支撑体系。推动出台秸秆综合利用、畜禽粪污生产有机肥等财政奖补政策，加快制定畜禽（水产）养殖污染防治、河湖缓冲带建设及修复等相关地方标准、技术规范和指南。积极推行差异化收费与付费机制，推进污水处理农户收费、水产养殖尾水处理养殖户收费等政策。二是提升科技支撑能力。揭榜挂帅，组织优势科研力量在精养鱼塘生态化改造、水生态保护修复等领域加大先进适用技术研发和示范推广力度。建立定期联点指导帮扶机制，省直有关部门联合有关高校、科研院所点对点帮助地方解决实际问题。三是加大资金投入力度。设立“一江一湖四水”保护和治理奖补资金，推动各级财政进一步加大对农业绿色生产、城乡生活污染治理的投入力度，并通过多种途径吸引社会资金积极参与。借鉴汉寿县西洞庭湖整治的经验，加强相关部门资金统筹力度。四是强化基层能力建设。以县（市、区）为重点，广泛开展大调研、大培训、大比武活动。积极推进大数据、遥感、电力智能监管等新技术、新手段的应用，加快推进生态环境监管体系和监管能力现代化。

（2021 年 11 月）

医疗机构污水处理亟待深化

目前，我国部分医疗机构污水处理设施不健全、设施运维管理不完善等问题受到社会广泛关注。随着中国进入高质量发展阶段，补齐医疗机构污水处理设施短板，规范运行管理就显得日益重要和紧迫。2021 年 8 月，生态环境部联合国家卫生健康委、国家发展改革委、财政部、中央军委后勤保障部发布了《关于加快补齐医疗机构污水处理设施短板，提高污染治理能力的通知》，加快推进医疗机构污水治理能力建设。随着治理的不断深入，在实际调研过程中发现，目前仍存在以下突出问题：

一、基础设施建设短板突出，污水处理设施稳定运行难度大

医疗污水和生活污水的最大区别是病原体含量，以及医疗污水中含有的重金属、消毒剂、化学药剂等有害物质，因此，医疗机构污水处理比一般生活污水要复杂得多。但目前多数医院污水处理工艺只有消毒处理，只有少部分医院有生化处理，且大部分医院为自行运营污水处理站，运维人员少且不专业，对相关设施设备和自行监测均不十分了解，专业化程度不高，难以保障设施长期正常稳定运行。

二、医疗机构污水排放标准与现实情况明显不相适应

目前医疗机构污水排放的执行标准为 2005 年发布的《医疗机构水污染物排放标准》，已严重滞后于现在生态环境管理要求：一是针对肠道病毒的排放要求相对简单，对肠道病毒之外的病毒没有相关要求。二是监测频次不够。只是规定粪大肠菌群数每月检测不得少于 1 次。三是监测指标覆盖不再与实际情况相符。目前医院因检测技术的改进，实验室检验已很

少产生含重金属的废水，口腔科基本无含汞废水产生，洗相废水也因技术改进而不再产生，因此与原标准的重金属排放指标均不相适应，而抗生素等新污染物和活性氧消毒措施的余氧检测指标均没有排放标准。四是在线监控要求需修订，《排污许可证申请与核发技术规范 医疗机构（HJ 1105－2020）》只要求重点排污单位安装流量计的在线监控，未要求安装总余氯等消毒指标在线监控，不利于后期非现场监管。

为此，提出以下建议：

一是加强整体规划。将医疗机构污水处理设施建设和运维管理纳入医疗机构整体建设的重要内容，一体规划、一体建设、一体运营、一体管理。

二是加大资金投入。医疗机构污水处理设施是突出短板，各级财政部门应给予重点资金保障，优先解决污水处理设施短板的问题。

三是推行“整县治理”。县里的乡镇卫生院等环保设施建设规模较小，不利于吸纳社会资金和专业化的管理。建议积极推进“整县打捆发包”的第三方治理模式，对县级行政区域内公益性医疗机构实行统一处理和运营，实现处理工艺、设备及运营管理的统一化、模块化、集中化，确保高质量建设、高水平管理。

四是修订国家标准。尽快启动医疗机构水污染物排放标准修订工作。修订重金属废水排放指标等，增强检测新技术新方法的应用，增加余氧等消毒指标、检测频次和抗生素等新污染物种类，增加重大传染病疫情期间污染物排放控制要求和对集中隔离观察点的污水处理管控要求。

五是强化监督考核。进一步明确和强化医疗机构治污主体责任、卫生健康部门的行业主管责任和生态环境部门的统一监督管理责任，加大督企督政力度；严格医疗机构考核评估，将医疗污水处理情况纳入卫生健康部门的医疗机构等级评定体系和生态环境部门的环境信用评价体系，对问题情节严重的采取降级甚至取消等级或采取其他联合惩戒措施。

（2022 年 3 月）

新时代生物多样性保护宁夏行日志

2022 年 7 月 1 日—5 日，全国政协人口资源环境委员会组织了关于“新时代生物多样性保护工作”主题的党外委员专题视察工作，我受邀全程参与了专题视察。

宁夏回族自治区成立于 1958 年，是我国五个少数民族自治区之一，位于我国西北内陆地区，总面积 6.64 万平方千米，地形南北狭长，南北相距 456 千米，东西相距约 250 千米，截至 2021 年底，全区常住人口 725 万人。

宁夏地处黄土高原与内蒙古高原的过渡地带，地势南高北低，呈阶梯状下降，分为南部山区、中部干旱带、北部引黄灌区三大板块；全区属典型的大陆性气候，多年平均降雨量 289 毫米，年水面蒸发量 1250 毫米；宁夏地处黄河水系，多年平均年径流量为 9.493 亿立方米，平均年径流深 18.3 毫米，是黄河流域平均值的 1/3，是中国均值的 1/15。

党的十八大以来，习近平总书记两次赴宁夏考察并发表重要讲话，多次强调了生态文明建设的重要性。2016 年 7 月，习近平总书记强调，宁夏是西北地区重要的生态安全屏障，要大力加强绿色屏障建设。2020 年 6 月，习近平总书记指出，要把保障黄河长治久安作为重中之重，实施河道和滩区综合治理工程，统筹推进两岸堤防、河道控导、滩区治理，推进水资源节约集约利用，统筹推进生态保护修复和环境治理，努力建设黄河流域生态保护和高质量发展先行区。

牢记习近平总书记嘱托，宁夏坚持综合治理、系统治理、源头治理，更加珍惜黄河，精心呵护黄河，黄河干流宁夏段出境断面水质稳定保持在Ⅱ类。宁夏现有自然保护地 58 个，面积 6224 平方千米，占宁夏国土总面积的 11.88%；划定生态保护红线面积 12863.77 平方千米，占宁夏国土总面积的 24.76%，总体形成了“三屏一带五区”的生态空间格局，出台了《宁夏回族自治区生态保护红线管理条例》。

此次赴宁夏视察，主要目的是总结学习宁夏在建设黄河流域生态保护和高质量发展先行区以及生物多样性保护工作方面所取得的成效和经验，了解工作中存在的困难和问题，进一步推进新时代生物多样性保护工作。

7 月 2 日（周六）天气阴转晴，晴转零星小雨

上午我们来到沙湖自然保护区考察，这是此次宁夏行的第一站。保护区位于银川市以北 42 千米，平罗县西南 14 千米处的国营前进农场境内，东西长约 6 千米，南北宽约 7 千米，北起沙湖东干渠、姚汝路为界，南与贺兰县洪广镇接壤，总面积 4247.6 公顷。其中，核心区面积 1131.6 公顷，缓冲区面积 880.8 公顷，试验区面积 2235.2 公顷。主要保护对象为湿地生态系统、珍稀动物及其栖息地、以湿地和沙地为主的自然景观，是一个集湿地生态系统保护、生物多样性保护、科学研究、宣传教育、生态旅游和资源可持续利用等多功能为一体的综合性自然保护区。截至 2012 年，宁夏沙湖自然保护区共有脊椎动物 5 纲 30 目 62 科 155 属 241 种，国家一级保护动物 4 种，国家二级保护动物 24 种；共有草本植物 120 种，乔灌木 48 种，水生植物 15 种，旱生以及中生植物 153 种，国家一级保护植物 1 种，国家二级保护植物 2 种。

受蒸发量大、水生态系统退化等因素影响，沙湖生态严重恶化、水禽鱼类剧减、水质下降。2016 年 9 月，沙湖因劣 V 类水质被中央环保督察组点名要求整改。2017 年以来，宁夏斥资 3.2 亿元实施了一系列生态修复工程，随着一项项综合治理举措落地，沙湖水澄清净化能力明显提升，实现了从劣Ⅴ类水质到Ⅲ类的嬗变，沙湖的生态链得以恢复，沉水植物面积增加，水生植物恢复多达十余种，鸟类品种从 100 多种增加至 210 多种，鱼类种群数量已恢复至 20 余种。尤其给我留下深刻印象的是沿沙湖南侧、西侧开挖 13.2 千米防渗隔离沟，将 105 户村民和养殖户迁到隔离沟外，将养殖污染、农业面源污染和生活污染源拒之湖外，同时还配套建设了环绕湖面植被缓冲带，这一做法既治标又治本，为全国湖泊湿地的治理提供了可

以借鉴的成功经验。

银川全市湿地面积为5.31万公顷，有自然湖泊、沼泽湿地近200个，其中面积在100公顷以上的湖泊、沼泽20多个。全市拥有5处国家级湿地公园（鸣翠湖、阅海、黄沙古渡、黄河外滩、鹤泉湖）。全市湿地率10.65%，分布密度大、范围广、数量多，在西部干旱地区少见。一方面，众多的湖泊、湿地为改善银川市的生态和人居环境起到了重要作用，另一方面，宁夏也要认真落实习近平总书记“加强推进水资源节约集约利用”的重要指示，要有大局观和责任担当，更加珍惜黄河，精心呵护黄河，高效利用黄河水，严格执行黄河水资源分配方案，在西部干旱地区要适度控制湿地的数量和规模。

下午我们来到了宁夏贺兰山国家级自然保护区。保护区位于宁夏西北部，地跨银川市永宁县、西夏区、贺兰县、石嘴山平罗县、大武口区、惠农区。成立于1982年，面积为193535.68公顷，其中核心区面积86238.71公顷，缓冲区面积43309.99公顷，实验区面积63986.98公顷。以森林生态系统和珍稀野生动植物为主要保护对象。

习近平总书记对贺兰山生态环境保护十分关心，2020年6月，在银川市西夏区志辉源石酒庄葡萄种植基地，他远眺巍巍贺兰山，听取贺兰山生态保护和环境综合整治情况汇报。习近平总书记指出，贺兰山是我国重要自然地理分界线和西北重要生态安全屏障，维系着西北至黄淮地区气候分布和生态格局，守护着西北、华北生态安全。要加强顶层设计，狠抓责任落实，强化监督检查，坚决保护好贺兰山生态。

牢记习近平总书记嘱托，过去5年，宁夏大力实施生态优先战略，对贺兰山实施系统治理、整体修复，保护区内的矿业权全部退出，先后投入生态保护修复等各类资金近150亿元，实施了一批生态保护、治理、修复、建设项目，把废弃的矿坑打造成生态公园，完成40处点位的整治修复，推进保护区外围11处矿区环境治理，治理修复面积40.5万亩，退出煤炭产能1600万吨，贺兰山重现勃勃生机，生态环境质量持续提升，生态安全屏障更加牢固。

我们深入到贺兰山深处的自然保护区管理局，不远的山坡上就发现了2只岩羊。岩羊属于国家二级保护动物，是贺兰山的“土著”，在20世纪

80 年代初期一度濒危，总数只有 1600 只左右。随着宁夏全境封山禁牧与贺兰山国家级自然保护区的划定，岩羊的生存空间不断扩大，种群数量迅速增加。相关调查显示，1995 年，贺兰山岩羊总数为 8000—12000 只，10 年后数量增加到 1.5 万—1.7 万只，现在总数超过 4 万只，这样的密度已逼近贺兰山所能承载的极限。岩羊数量的急剧增加带来一系列问题，对贺兰山的生态构成严重威胁，需要对贺兰山动物种群结构进行调整，培育和引进岩羊的“天敌”。目前，贺兰山已经监测到 2 只雪豹，1 只是 2021 年 5 月在贺兰山海拔 2800 米的高山草甸上通过红外相机拍摄到的，还有 1 只是 2021 年 9 月 22 日在内蒙古四子王旗被救护并被放生的，2 只雪豹成为贺兰山食物链的顶端，打破了岩羊在贺兰山的“太平日子”，给岩羊带来了生存的危机，但对整个生态平衡却起到了重要促进作用，因为只有生物多样性结构优化，自然生态才能逐步达到平衡。

接着我们来到了银川市西夏区志辉源石酒庄进行考察。2020 年 6 月 9 日，习近平总书记曾专门来此视察，对志辉源石酒庄坚持将生态修复与产业发展紧密结合给予了高度肯定，并强调随着人民生活水平不断提高，葡萄酒产业将大有前景。

志辉源石酒庄葡萄种植园里游人如织。很难想象，10 年前这里还是废弃的砂石矿场，现在经过重新设计，将废石、废坑及各类废弃建筑材料重新利用，生态治理了 18000 亩荒滩，修复了 6000 亩沙石采空区，利用沙石采空区的高低地势建成了具有中国园林风格、独树一帜的酒庄。依托贺兰山东麓独特的生态环境，宁夏开发利用荒地资源，建设了 55 万亩优质酿酒葡萄种植基地，并发展起了葡萄酒和生态旅游产业，2022 年，宁夏葡萄酒产业综合产值达到 300 亿元。实践充分证明了习近平总书记“生态兴则文明兴”“绿水青山就是金山银山”重要论断的正确性。

2022 年 7 月 3 日（周日）　天气晴

早饭后，我们从银川出发一路南行，首先映入眼帘的是麦浪滚滚，一派塞上江南的景象。车一进入吴忠市境内，情况就发生了很大的变化，有黄河水提灌的地方，仍是绿油油的麦浪，而其他映入眼帘的则是丘陵起伏，沟壑纵横，梁峁交错的黄土地，属黄土丘陵沟壑区，生态环境恶劣，好在不少地方现已开发成了成片的光伏和风电厂，为“双碳”目标的实现做出了积极的贡献。

临近中午时分，我们来到了宁夏中部干旱带核心区的同心县。同心县是革命老区，1936 年 10 月，建立了豫旺县苏维埃政府和全国第一个民族区域自治政权——陕甘宁省豫海县回民自治政府，开创了我国民族自治的先河。

同心县境内的主要河流是清水河，属黄河一级支流，境内河长 122 千米，流域面积 2966 平方千米。我们一行来到清水河畔的同心县污水处理厂及湿地公园详细了解规划布局、基础设施建设和生态修复等情况。同心县污水处理厂根据中央环保督察整改要求已实现了提标改造，出水水质执行《城镇污水处理厂污染物排放标准》一级 A 标准，为确保黄河干流宁夏段国控断面稳定实现“Ⅱ类进Ⅱ类出”的水质目标，同心县人民政府在充分论证的基础上，规划实施了同心县人工湿地工程。项目位于同心县污水处理厂东北侧、清水河南侧的空地，总占地 250 亩，分一、二期进行建设，采用潜流湿地 + 表面流湿地组合工艺。其中，一期占地 210 亩，潜流人工湿地 35 亩，表面流人工湿地 175 亩；二期占地 40 亩，潜流人工湿地 35 亩，表面流湿地 5 亩。2020 年 6 月开工，2022 年 6 月 17 日通过竣工验收，目前湿地出水水质稳定达到了四类。人工湿地的建设既净化了水质、修复了生态，也提升了城市的绿色景观，湿地出水用于城区中水回用和为清水河进行生态补水，极大地提升和改善了清水河特别是县城段周边城市品位和水生态环境，是一个兼顾水资源、水环境、水生态，同时能使环境效益、社会效益、经济效益同步提升的好项目。“污水处理厂 + 生态湿地”的综合开发利用模式对于宁夏其他地区也具有很重要的学习借鉴作用，它不仅为市民提供了一个集休闲娱乐、生态观光、文化科普等多种功能于一体的综合性休闲活动场所，而且还可以进行配套的商住开发，提升城市品位和人居环境。

下午一点左右，我们赶到了南部山区的固原市，午饭后我们便前往云雾山草原自然保护区。

宁夏云雾山国家级自然保护区位于固原市原州区东北部，总面积 6660 公顷，其中核心区 1700 公顷，缓冲区 1400 公顷，实验区 3560 公顷，是黄土高原以本氏针茅为建群种的典型草原生态系统中保留最完整、原生性最强、面积最大且集中连片分布的典型代表区域，代表着黄土高原特有的自然特征和原有的自然风貌，是黄土高原半干旱区典型草原生态系统的天然“本底”，也是研究黄土高原半干旱区典型草原生态系统演变过程及其规律的天然“宝库”，具有重要的保护、科研、生态等多重价值。

经过四十多年的依法有效保护，以及几代保护区员工的接续奋斗，如今，云雾山保护区的植被覆盖度，已由保护前平均不足30%，提高到现在的95%以上，产草量平均提高了4—5倍；植物由保护前的182种增加到313种；年平均降雨量比原来提高了35毫米；土壤表面的侵蚀模数由每平方千米5000吨减少到2000吨；地表径流减少85.6%。保护区50平方千米内的侵蚀沟头停止了延伸，实现了水不下山，泥不出沟；方圆20千米范围内的降雨量由保护前的410毫米增加到440.5毫米。

通过草原生态系统定位监测研究表明，云雾山草原自然保护区天然草地自然修复成效显著，已成为我国西部草原植被恢复与草原自然修复的成功典范，为国家退耕还林草与地方封山禁牧工程的实施提供了重要科学依据。封禁初期，草原植物仅为53种，其中灌木和半灌木占8%，草本占92%，多数由旱生植物组成，物种密度平均为5种/米。随着封禁期的延长物种密度逐渐增加，封禁的第15年，物种密度达到了峰值，平均为33种/米，是未封禁前的3.1倍；草地群落物种种数达到186种，是未封禁前的3.5倍，其中灌木和半灌木占12%，草本占88%，多数由中生和中旱生植物组成，并出现大量森林草原地带的灌木和草本植物种。草地覆盖度由35%提高到95%，生物量由750千克/百米提高到7560千克/百米。但封禁15年后，随着封禁时间的进一步延长，物种密度开始趋于下降，第24—28年物种密度仅为19.1种/米。封禁期过长导致了因枯草层加厚而影响草地自然更新与物种多样性增加。

通过近30年的自然封禁试验，探索出了草地恢复的适宜封禁期：在半干旱区森林草原地带，草甸植被的适宜恢复期为3—5年，方可进行合理地放牧或刈割利用，对利用过度退化严重的草甸植被在平水年需要封禁8—12年；在典型草原地带，草地植被适宜恢复期为5—8年，方可进行合理地刈割和放牧利用，退化严重的草地植被在平水年约需封禁10—15年；在荒漠草原地带，草地植被适宜恢复期为10—12年，方可进行合理地刈割和放牧利用，退化严重草地在平水年约需封禁15—20年。这一结论通过多年的试验验证，已建立了示范样板，为同类型区天然植被恢复利用提供了重要科学依据。

但是植被茂盛，也带来了甜蜜的烦恼。由于绿草越来越密集、厚实，灌木、乔木的种子难以落入土层之中生根发芽。若不进行人工干预，长此以往，将影响生态环境的质量和品质。云雾山保护区主动积极探索，引进马鹿、梅花鹿两种食草动物进行生态再平衡试验。2021年3月，56只马鹿、梅花鹿（马鹿、梅花鹿各28只）走入马场管理站保护区，保护区为56只马鹿、梅花鹿分别建立了面积为1700亩、7000亩的“家”，并通过“廊道”的方式将两“家”连接起来，供其驰骋、繁衍后代。在绿草繁茂食物丰沛、水源充足的新家园，马鹿、梅花鹿生存得极惬意，并已繁衍出了15只后代，马鹿、梅花鹿种群数已达71只，生态相互再平衡好帮手的作用初步显现。

不仅如此，2013年起云雾山保护区还承担了《狐狸野化放归自然控制鼠害试验研究》项目，通过购买家养狐狸，在护区里通过“三级”适应性野化训练方式，重新激活其野性，让狐狸成为林木、草原免受老鼠、野兔等动物破坏的“生态保护卫士”。目前，云雾山保护区已累计成功野化狐狸731只，分别投放到四川、内蒙古、河北、陕西、宁夏等省（区、市）的草原和森林区，控制鼠害面积达91万公顷，为我国生物灭鼠做出了有益的探索和积极贡献。

随着经验不断积累、丰富和完善，未来他们还将在云雾山保护区更多区域里，探索利用动物参与生态环境保护以及多样性试验。当然，最终云雾山保护区还需引进食物链顶端的食肉动物，才能构成完整的生物链，实现生态平衡或者“稳态”。

从盼植被茂盛、植被覆盖度，到追求物种、种植多样性丰富性，云雾山保护区生态修复、保护已开始跨上新台阶。

2022年7月4日（周一）　天气晴转小雨

今天，我们继续在固原市进行调研。固原是宁夏回族自治区省域副中心城市，辖1个区、4个县，总面积1.05万平方千米，市区面积52.33平方千米；常住人口为114万人；地处中原农耕文化和北方游牧文化的交汇处，是丝绸之路东段北道必经之地，是历史上西北地区的经济重地、交通枢纽和军事重镇。固原市位于中国黄土高原的西北边缘，境内以六盘山为南北脊柱，主峰米缸山海拔2942米，为固原市最大、最高山脉。月亮山海拔2633米，云雾山海拔2148米。固原地处黄土高原暖温半干旱气候区，是典型的大陆性气候，各县（市、区）降水量为458.6—668.2毫米，与历年同期值相比，各县（市、区）均偏多3.6%—23.3%。

首先，我们来到六盘山保护区。保护区横跨宁夏泾源、隆德、原州区两县一区，总面积6.78万公顷，其中国家级自然保护区2.67万公顷，地方级自然保护区4.11万公顷，主峰米缸山海拔2942米。保护区主要保护对象为野生动物及水源涵养林，是宁夏境内最大的天然次生林、动植物和水资源最富集的地区，被誉为“西北种质资源库”。据最新监测和统计数据显示，保护区内有高等植物1224种，其中国家重点保护植物有水曲柳和兰科植物等3种，经济价值较高的资源植物153种；保护区内现有陆生脊椎野生动物363种，其中列入国家级Ⅰ级重点保护的有金钱豹、林麝、金雕等11种，Ⅱ级的有红腹锦鸡、勺鸡、马鹿等52种。六盘山区年降水充沛，平均每平方千米产水20.5万立方米，年均径流量2.1亿立方米；森林的总调蓄能力为2840万吨，相当于径流总量的3.5%，地下径流量的20%，是宁夏水资源最丰富的地区，被誉为“天然水塔”。

经过50多年来接续增绿补绿，自然保护区森林覆盖率翻了近3倍，提高至如今的64.5%，活立木蓄积量占宁夏的一半。生态好不好，鸟儿最知道。2016年，六盘山国家级自然保护区再次开展鸟类专项调查，历时3年，共记录到鸟类17目46科200种。不仅鸟的种类比此前增加了2目10科42种，且首次发现了国家一级重点保护鸟类黑鹳、胡兀鹫的身影。

当地保护区管理部门的领导在介绍六盘山动植物资源日趋多样化的同时，也说明了存在的一些突出问题，如基础设施较差，管护用房不同程度老化，保护区内人工林总体呈退化趋势，保护研究力量和资金投入不足等。

党的十八大以来，习近平总书记多次强调，政协要坚持把思想政治引领、广泛凝聚共识作为履职工作的中心环节。全国政协认真学习贯彻习近平总书记的重要指示要求，在赴地方开展调研视察的过程中，结合安排了一些党史教育基地开展红色传统教育，此次宁夏之行尽管每天的日程安排得都很满，但仍参观学习了六盘山红军长征纪念馆和将台堡红军会师纪念广场。

中午我们在泾源县稍事休息，就再赴六盘山。六盘山不仅生态良好，也是1935年毛泽东主席率领中国工农红军长征时翻越的最后一座大山，毛泽东的一首《清平乐·六盘山》使之名扬海内外。

六盘山红军长征纪念馆位于固原市隆德县六盘山主峰之上，气势恢宏，整体建筑由纪念馆、纪念碑、纪念广场、纪念亭、吟诗台5部分组成，是宁夏回族自治区党委、政府为纪念红军长征翻越六盘山暨长征胜利70周年而建。纪念馆共有四个展厅，由“红军不怕远征难”“红旗漫卷西风”“三军过后尽开颜”“不到长城非好汉”4部分组成，展示了红军长征中的上百件遗物、文物、图片资料，仿制了毛主席住过的窑洞等，再现了中国工农红军长征3次经过六盘山区时的斗争历史以及六盘山儿女在长征精神的鼓舞下建设家园的情景。参观六盘山红军长征纪念馆，聆听长征故事，重温红色记忆，抚今追昔，让人不禁慨叹：当年的战火硝烟虽已渐渐远去，但红军将士的信仰之光却穿越历史闪耀至今，激励着后人继续向前、永远向前！视察团成员们纷纷表示，要感悟长征史、奋进新时代。

参观完六盘山红军长征纪念馆，我们专程来到了将台堡红军长征纪念广场。

1935年12月，在瓦窑堡会议上，中共中央做出了三大主力红军会合的战略决策。其实，在长征途中，红军曾经有过八次会师，而将台堡会师是红军的最后一次会师。1936年10月22日，红二方面军总指挥部及红二军团与红一方面军第二师在将台堡胜利会师，宣告红军长征三大主力胜利会师，参加会师的红军部队和当地群众近12000人，它标志着历时两年、跨越万水千山的红军长征胜利结束，开启了北上抗日和解放全中国新的革命征程。西吉人民为了纪念红军长征胜利会师，于1996年9月建立起了红军长征胜利会师纪念碑，纪念碑坐西朝东，由基座、碑身、碑顶三部分构成，坐落在多级台阶的墩台上，高耸雄伟。纪念碑顶端是代表三大主力红军的三尊红军头像，他们神情坚定，目光如炬，永远都迸发着理想信念的光芒！基座东侧有5000平方米的纪念广场。将台堡红军长征会师纪念标志的建成，既是对英勇牺牲的红军将士的缅怀，也是对我们后人的一种激励。

参观完将台堡红军长征纪念广场，我们开始前往本次视察的最后一站火石寨丹霞地貌国家级自然保护区。保护区位于西吉县北部的火石寨乡境内，南北长17千米，东西宽10千米，总面积9795公顷，其中核心区2638公顷，缓冲区2086.9公顷，实验区5070.1公顷。保护区是以黄土高原独特的丹霞地貌地质遗迹、自然人文景观及黄土高原半湿润向半干旱过渡区山地森林灌丛草甸生态系统为主的自然遗迹类自然保护区。2002年，宁夏回族自治区人民政府批准设立，2013年12月25日，晋升为国家级自然保护区。

火石寨以丹霞地貌著称，是我国北方发育最为典型、分布集中、造型奇特、规模宏大的丹霞地貌群，面积98平方千米，也是我国迄今发现的海拔最高的丹霞地貌群，海拔在1960—2450米之间，雄浑壮观、神奇峻秀，是宁夏唯一同时拥有国家地质公园、国家森林公园、自治区自然保护区的景区。

当地保护区管理部门的领导在介绍了这些年保护区所做的工作和取得成绩的同时，也提到由于同时拥有四块牌子，开发和保护存在一些矛盾，需要进一步协调和解决。

听完介绍，夜幕开始降临，我们抓紧进入保护区考察了一番，一边考察，一边就下起了小雨，气温也开始下降，这虽对我们考察造成了一些困难，但对缓解当地旱情、改善土壤墒情、促进玉米生长却十分有利，是一场难得的及时雨，大家都感到十分高兴。等考察完在西吉县政府机关食堂简单用完晚餐，再回到固原市住宿的酒店已是晚上九点多钟，尽管一天下来大家比较辛苦，但今天考察学习的内容很多，收获很大，大家都十分满意。

2022年7月5日（周二）　天气晴

5日上午，我们在固原市政府召开了专题座谈会。自治区政协副主席洪洋，自治区政协人口资源环境委员会副主任王杨宝，自治区相关厅局负责人以及固原市主要及相关领导参加了调研座谈。座谈会上，自治区生态环境厅、林业和草原局、固原市负责人对有关情况进行了介绍，与会人员围绕生物多样性保护范畴、合理利用生态资源等内容进行了座谈交流。

视察团一致认为，党的十八大以来，在以习近平同志为核心的党中央坚强领导下，我国高度重视生物多样性保护，将其作为生态文明建设的重要内容之一，纳入国家经济和社会发展规划，生物多样性保护新格局基本形成，生物多样性保护取得令世人瞩目的巨大成就。

宁夏回族自治区党委、政府认真贯彻落实习近平总书记关于生态文明建设的一系列重要指示精神，以黄河流域生态保护和高质量发展先行区建设为统领，坚持生态优先，绿色发展，特别是将生物多样性保护工作作为一项重要工作，纳入自治区“十四五”生态环境保护规划，大力实施生物多样性保护重大工程，不断提升生态系统质量和稳定性，创造了很多值得总结和推广的经验做法。

委员们表示，生物多样性是人类赖以生存和发展的基础，是全球可持续发展的重要战略资源，是地球生命共同体的血脉和根基。要深刻认识做好生物多样性保护工作的特殊重大意义，持续扎实做好保护和利用各项工作，始终坚持保护优先，努力提升生物多样性保护科学化水平，处理好严格保护与发展的关系，保护好动植物栖息地和生物种群。

委员们表示，将围绕健全政策法规体系、提升科技支撑水平、加强监测能力建设、完善管理机制等生物多样性保护的关键问题持续深入调研，努力提出有参考价值的意见建议。要积极宣传推介生物多样性保护取得的巨大成就，广泛宣传解读相关政策法规，带头贯彻践行绿色发展理念，引导身边群众热爱自然、保护环境、爱护动植物，形成推动生态文明建设的强大正能量。

针对视察中发现的困难和问题，视察团提出持续加强生物多样性本底调查、加强科技研究攻关等对策意见，并表示将认真吸纳视察中收集到的意见建议，从体制、机制、政策方面积极向中央建言献策，促进生物多样性保护与经济社会高质量发展协调统一。

在专题座谈会，我从三个方面作了一个简短的发言。一是习近平总书记高度重视宁夏的生态文明建设。党的十八大以来，习近平总书记两次赴宁夏考察，指出宁夏是西北地区重要的生态安全屏障，要大力加强绿色屏障建设，要把保障黄河长治久安作为重中之重，要坚决保护好贺兰山生态，努力建设黄河流域生态保护和高质量发展先行区。宁夏各级党委政府及有关部门要进一步提高政治站位，认真贯彻落实习近平总书记重要指示精神，坚持不懈推动高质量发展，统筹推进生态保护修复和环境治理，不断加强新时代生物多样性保护，努力建设人与自然和谐共生的现代化。二是党的十八大以来，宁夏的生态修复、污染治理和生物多样性保护工作成效显著。“剖开一粒土，半粒在喊渴”，曾经的宁夏三面环沙，生态环境恶劣。历经70年的发展，宁夏在全国率先实现土地沙化趋势整体逆转，森林覆盖率由1958年的1.5%提高至2018年的14.6%。2017年6月，宁夏做出实施“生态立区”战略的决策部署，出台“推进生态立区战略28条”，划定并发布宁夏生态保护红线，千里河套稻绿花香，六盘山上风景如画，山川大地实现了由“黄”到“绿”的历史性转变。银川市区湿地面积19188.77公顷，湿地保护率达78.5%，2018年银川被联合国湿地公约缔约方大会评为全球首批国际湿地城市。黄河干流宁夏段水质连续五年保持“Ⅱ类进Ⅱ类出”，成为宁夏生态环保的靓丽“名片”。出台了进一步加强生物多样性保护的实施意见，提出到2025年，持续推进生物多样性保护工作，构建生物多样性监测网络，国家重点保护野生动植物物种数保护率达到80%，典型生态系统类型得到有效保护。宁夏政协主席崔波给我们介绍，区政协近期将召开生物多样性保护专题常委会，可见加强生物多样性保护已成为各级政协及全社会广泛关注的热点话题。三是进一步加强生态文明建设和生物多样性保护的意见建议。面对新时代的新要求，建议宁夏强力推动生物多样性保护主流化进程，强化政府主导。建立健全生物多样性保护的机制体制，完善法律法规和政策体系，制定生物多样性保护战略计划，加强领导、高位推进、狠抓落实。压实部门责任。层层压实相关部门生物多样性保护的主体责任，各司其职、密切配合，统筹推进保护工作。推动全民参与。大力推动各行各业、企事业单位、社会公众积极参与生物多样性保护。完善基础支撑。从资金保障、科学研究、能力建设等方面进一步提升生物多样性保护能力水平。进一步建立和完善资源有偿使用、生态保护补偿及转移支付等相关政策机制，推动形成生物多样性保护多元化资金投入机制。推动开展基础性科学研究，加强生物安全和生态安全管理等。

为期5天的“新时代生物多样性保护工作”党外委员专题视察团赴宁夏的视察就要结束了，专题座谈会后，委员们分别乘机返回北京、武汉、长沙。视察工作虽已结束，但大家对生物多样性保护的热情没有减，对宁夏生物多样性保护的期待更强烈。“‘万物各得其和以生，各得其养以成。’生物多样性使地球充满生机，也是人类生存和发展的基础。”习近平总书记的殷殷嘱托，传递出对生物多样性的高度重视和深切关注。让我们统一思想、同心协力，抓紧行动、科学推进，在发展中保护，在保护中发展，共建万物和谐的美丽家园。

（2022年7月25日）

攸县城乡环境同治、创新社会管理的经验和做法值得推广

推进城乡环境同治、创新社会管理，不仅是实践科学发展的重要举措，也是加快湖南省“四化两型”建设的迫切需要。自2008年下半年以来，攸县深入推进城乡环境同治，加强和创新社会管理，化解了困扰各地的农村环境治理的普遍性难题，改善了发展环境，密切了党群关系，促进了经济社会又好又快发展。全县85%以上的农村垃圾得到了就地处理，居民对环境卫生的满意率超过95%，呈现出城乡整洁、规范有序、社会和谐、协调发展的良好局面，先后荣获全国村镇建设先进县、全国平安畅通县、全国绿化模范县等荣誉称号。

一、攸县开展城乡同治、创新管理成效突出

攸县辖20个乡镇，总面积2664平方千米，人口79万。攸县自加强城乡环境综合整治以来，城乡面貌发生了可喜变化，主要表现在以下四个方面。

（一）城乡整洁

调研组所到之处，最直观的印象是在可视范围内基本看不见生活垃圾，城乡居民养成了良好的卫生习惯，湖南省不少地方存在的“垃圾靠风刮、污水靠蒸发，一条道路两排房、前后都是垃圾场”的状况在攸县得到了根本改变，做到了三个“一个样”：一是乡村和县城一个样。调研组先后深入县城和13个乡镇30余个村，发现县城和中心城镇的街道上、小区内基本看不到烟蒂纸屑，街道整洁，集贸市场内清洁卫生，门前“三包”

得到有效落实。在对100多户农户的入户调查中，发现农户家中、房前屋后都干干净净。农村的乡间小道、沟渠溪涧恢复了往日的绿树成荫、流水潺潺的景象。二是矿区和林区一个样。攸县是矿产资源大县、全国重点煤炭生产基地之一，年产煤700余万吨，约占全省年总产量的9%。矿区曾经是污染重灾区、环境脏乱区。加强矿区环境综合治理以来，生态环境得到了有效保护和明显改善，绿地率和绿化覆盖率由2008年的14%、18%，分别提高到2010年的31.8%、33%。该县黄丰桥镇现有61家煤矿和铁矿，被成荫绿树环抱，看不到山体裸露、矿灰飞扬。三是检查和不检查一个样。调研组三次深入攸县，不管是集体调研，还是单独走访，甚至突击来访，攸县城乡都很干净卫生。特别是随机暗访城市管理的死角夜宵摊问题，发现攸县的夜宵摊没有垃圾随手扔、污水随便倒的现象。一些群众自豪地说："不管上级来不来检查，我们平时都很干净，不需要突击搞卫生。"

（二）规范有序

城乡管理规范，井然有序，是攸县留给调研组的深刻印象。参加调研的省人大常委会委员对此称赞不已，认为攸县的管理秩序化比许多省会城市都要做得好。攸县城乡基本做到了"四无"：一是无乱停乱摆。许多县城集镇的摩托车、单车到处乱停，既占道妨碍通行，又影响城市美观。但在攸县城乡的大街小巷和公路两旁，基本上看不到摩托车、单车乱停乱放现象，摩托车、自行车都停在了划定的白线内，甚至连车头都整齐的侧向一个方向，成为一道亮丽的风景。小汽车、农用车等车辆都按规定区域整齐停放。二是无乱搭乱建。城区、镇区街面基本看不见私搭乱建厂棚、店面等违章现象；广告招牌悬挂整齐规范，过去在106国道、城乡大街小道两旁的无序广告招牌、宣传横幅已经消失；基本看不见商品店外经营，流动摊担都入市场，实行了定点登记、办证编号管理，没有占道经营、到处乱摆的现象。攸县上规模的市场有16家，另外每个乡镇都有1—2家规模较大的农贸市场，调研组先后考察了其中10个市场。不论是在繁华的商业步行街、湘东大市场，还是乡镇农贸市场和夜宵市场，管理都很规范，井井有条。网岭镇农贸市场是全省规模最大的农村室内市场，调研组看到市场内287个摊铺分设成农贸产品区、工艺产品区、生鲜产品区、服装鞋帽区，空气清新无异味，宰杀家禽都在规定的封闭区域内进行，各类蔬菜、肉类等整齐摆放在案台上，消防设施、电子监控等设备齐全。在市场中央的电子屏上，滚动播出摊户的奖罚计分情况、蔬菜农药检测结果等信息。三是无乱贴乱涂。城市“牛皮癣”不仅影响城市环境卫生、损害城市形象，而且整治之后经常反弹、很难根除，居民对此深恶痛绝，却又无可奈何。攸县组织相关部门开展专项整治，公安部门对“癣人”和制“癣”窝点进行严厉查处，通信部门对经核实的办理假证等电话号码采取停机等处理措施。同时，对城市“牛皮癣”治理实行公开招标承包。一度泛滥的“牛皮癣”最后被市场化运作消灭了，产生了良好的社会效益。四是无乱燃乱放。攸县的同志介绍，过去存在群众节日不扫地、防止财运被扫去，中元节到处焚烧物品祭祀祖先等习惯，“节日不扫地、垃圾堆满地”，是各家各户常见的景象，乱燃乱放是一个非常头痛的难题。在攸县各级干部的劝导、带动下，这些历史遗留下来的陋习彻底改变了，群众春节期间卫生都打扫得干干净净，中元节时到集中焚烧点祭祀。为彻底解决燃放烟花鞭炮污染环境问题，攸县对燃放烟花鞭炮作出了具体规定，禁止乱燃乱放。还专门研制了50余个燃放鞭炮的流动垃圾桶，供出殡时免费借用，使随街燃放烟花鞭炮污染环境的问题得到有效解决。

（三）社会和谐

社会文明、进步、和谐，群众满意度高、文明程度高、幸福指数高是调研组的又一深切感受。一是干群关系融洽。调研组在渌田镇等地的干部工作手册和村级公开栏上看到，乡镇点干部、村干部在每月下旬定期两天在村部办公，处理村级重要事务和群众反映的问题，内容涵盖了户籍管理、社会救助、新农合等农村管理的内容。据统计，2011年一季度，全县通过实行定期联合办公制度，化解农村各类矛盾纠纷2706起，帮助群众解决实际问题2245件。村级定期联合办公实际上提供了一个干部和群众面对面商量工作、解决问题的机会，改变了过去群众有事无人管、有困难找不到人的状况，确保群众的矛盾、纠纷和困难得到及时处理，避免“小事拖大、大事拖炸”。党政干部融入群众之中，关系融洽，群众对党员干部的工作很满意，一些群众说："当年土改干部的作风又回来了。"二是乡风文明。调研组在攸县城乡看到一派安乐祥和的景象，呈现出"三多三少"现象。首先是讲文明的多了，搞封建迷信和卫生陋习的行为少了。文明乡、村、户创建活动如火如荼，和谐文明的民风逐步形成。调研组看到一些居民的房门上挂了牌子，如遵纪守法星、勤劳致富星、和睦邻里星、环境卫生星，群众对此引以为豪。其次是娱乐健身的多了，参加赌博的少了。调研组3次到攸县县城和13个乡镇，竟然没有看到一家麻将室。据统计，该县建成了115个乡村和社区大舞台，每个村都有一支以上秧歌队和腰鼓队，县、乡、村三级经常开展以乡村大舞台为载体的系列文化活动，受到了群众的欢迎。在县城5.2万平方米的文化广场上，调研组看到不少市民晚上伴随着欢快的音乐，踏歌起舞。最后是邻里和睦的多了，违法犯罪的少了。城乡居民在生产生活中互相帮助、互相支持，一家有难八方支援，形成了良好的社会风气。平时邻里间有什么矛盾和纠纷，基本上在村组和社区居委会就可以解决。社会治安状况明显好转，刑事治安案件连续六年下降。三是群众幸福指数高。"十一五"期间，攸县财政用于公共设施、教育医疗、社保就业、环境保护等民生领域的支出累计达到25亿元，占整个财政支出的六成以上。全县城镇居民、农民人均可支配收入由2005年的8733元、4569元，分别增加到2010年的17309元、9045元，年均分别增长14.7%、14.6%，群众的生活得到了进一步改善和提高。群众反映，现在攸县的环境美了，管理规范了，生活幸福了，群众的认同度、满意度、归属感增强了。这两年许多在外务工经商致富的攸县能人纷纷回乡创业、购房建房安居。在攸县经商打工的外地人也以攸县为家，许多人买房定居。据县城某楼盘售楼中心负责人介绍，仅2010年1月29日和30日，也就是农历的腊月二十六、二十七两天，就有210余套（栋）房子被预订，其中60%以上是从沿海回家过年的攸县人和外地人购买的。

（四）协调发展

统筹发展、协调发展、快速发展是攸县呈现给人们的又一重要特征。一是基础设施大改善。攸县近3年来累计投入15亿多元，改造街巷122千米、城区下水道58.6千米、自来水管网55千米，街面“刚改柔”75万平方米，新建公厕45座、新增公共绿地35万平方米、路灯4340盏，建设了洣江风光带、文化广场等一批市民休闲场所。在农村，安装乡镇街道路灯2000余盏，改造硬化乡村道路2575千米，水泥道路通村到组率达到98%，城乡基础设施迈上了一个新的台阶。二是对外形象大提升。好管理带来了好形象，好形象带来了好人气，攸县2011年被世界著名华商及相关机构评选为“中国最具投资潜力特色示范县”“中国最具投资价值旅游县”。2010年下半年以来，攸县引进亿元以上项目7个，煤电一体化、干法水泥、桐坝电站等一批总投资超过200亿元的项目正在开工建设。攸县还将镇区土地经营全面推向市场，充分调动了乡镇经营、建设、管理镇村的积极性。2010年，全县有三分之二的乡镇拍卖了土地，乡镇土地经营收入、镇区建设投入均超过了1亿元。三是经济实力大跨越。全县GDP由2005年的74亿元增加到2010年的174亿元，年均增长18.6%；财政收入由2005年的4.8亿元增加到2010年的13亿元，年均增长22.1%，2011年上半年完成9.02亿元，比2010年同期增长44.8%。2010年，城关、酒埠江、皇图岭、网岭、新市和黄丰桥等6个镇跻身湖南省百强镇，县域综合实力排全省第8位，排中部六省百强县第42位，比5年前上升了33个位次。

二、攸县开展城乡同治、创新管理积累丰富典型经验做法

攸县把开展城乡环境同治、创新社会管理作为贯彻落实科学发展观、推进“四化两型”建设的重要举措，作为县委、县政府的工作创新来抓。县委、县政府认为，抓城乡环境同治，就是抓群众工作，就是抓改善民生，就是抓作风转变，就是抓经济发展。他们的主要做法是：

（一）坚持依靠群众办好自己的事情

攸县县委、县政府认为，生活垃圾来自千家万户，处理好生活垃圾必须是从千家万户开始，依靠群众打一场消灭生活垃圾的“人民战争”。教育群众、发动群众、依靠群众共同维护好环境卫生，是攸县抓好城乡环境同治的一大法宝。一是从思想上发动群众。要变环境，必须先变观念。为了使科学的生态观、环境观、卫生观在老百姓的认知中成为主流，攸县提

出了大众公共观、生态环境观等“十大观念”，将其融入“厚德从善，崇文重教、诚信守法、尚勤敢超”的攸县精神中，编成公民教育读本，并号召全县人民深入学习2010年县委、县政府“一号文件”，营造了转变观念的浓厚氛围。同时，发放卫生宣传资料30多万册，组织乡镇、村组干部深入农户宣传、组织“百人讲师团”进村开展千场“新观念面对面”宣讲，引导全县干部群众把城镇当客厅、把村庄当公园来建设。通过一系列宣传教育，广大群众逐步认识到：每个人都是垃圾的制造者，也是受害者，但是举手之劳就可以处理自己产生的垃圾，每个人有责任把自己的事情做好。二是从行动上引导群众。造成城乡环境脏乱差的一个重要原因，就是城乡居民的一些生活陋习。如果这些陋习得不到根本性改变，城乡环境治理就是治标不治本，解决不了根本性、长期性问题。围绕这个关键问题，攸县结合“三创四化”活动（创建国家或省级平安畅通县、卫生县城、文明县城和绿化、亮化、美化、净化），在全县开展了以“七小行业治理、六乱行为整顿、门前三包落实”为主要内容的劝导活动。由县、乡镇领导带头，动员广大机关干部、群团组织广泛开展上街进村劝导，现场纠正车辆乱停乱靠、行人乱扔垃圾、商户占道经营等行为；村里还采取村干部、党员和组长包组联户的形式，深入到农户家中劝导；在中小学校和家长中广泛开展“小手牵大手”“与文明同行”等主题活动，组织中小学生上街劝导和打扫卫生，每年全县参与行为劝和清扫行动人员达10万余人次。通过深入持久的劝导活动，讲卫生、爱清洁，已逐步内化为攸县城乡群众的自觉行动。三是从责任上约束群众。农村环境脏乱差，在很大程度上，是长期以来没有约束，没有管理形成的。在落实县城单位、居民卫生“三包”的基础上，攸县探索设立村级卫生区，并将村级卫生区划分为村级公共区和农户责任区，村级公共区包括村主道路、主水系、村民集中活动场所和村级市场等，定期组织开展卫生大清扫，平时由村集体出资，聘请专人进行日常保洁维护；农户责任区包括各家各户房前屋后的晒谷坪、水沟、绿化区等，要求各农户落实包卫生、包秩序、包绿化的“三包”责任。通过落实责任，激发了广大群众参与环境卫生治理的积极性，在2009年酒埠江镇普安桥村集中整治行动中，全村出动，在家的男女老少1200多人主动拿起劳动工具，清扫房前屋后、主干道路两侧、河流沟渠的沉积垃圾，清理疏通管沟渠道2100多米，清运积存的垃圾50余吨。两年来，攸县依靠群众全面清理垃圾死角，共清除垃圾近10万吨。

（二）坚持分类减量就地处理

攸县县委、县政府在调研中了解到，农村生活垃圾不仅量大，类别也和城镇生活垃圾有较大的区别。农村生活垃圾主要有四类：可回收垃圾、厨余垃圾、有害垃圾和其他垃圾。据攸县有关部门测算，农村居民人均日产生垃圾0.8千克左右，攸县60余万农村人口每天产生480吨垃圾，如果城乡垃圾全部集中处理，那么6年就可以填满攸县现有的垃圾填埋场。也就是说，以一天处理城乡600吨左右垃圾计算，以后每6年就需要增加一个中型垃圾填埋场。攸县县委、县政府领导表示，目前，建垃圾填埋场不仅选址困难，还需要有较大投入，也存在二次污染的风险。他们认为，“垃圾是放错地方的资源与财富”“农村就地处理垃圾不仅非常必要，而且完全可能”“农村应当基本上不产生垃圾”“只要坚持以农户为主体，实行垃圾分类和减量，绝大部分垃圾可以就地处理，实现变废为宝，化废为肥”。为此，攸县在具体操作中坚持三步走，成功突破了农村垃圾处理难题。一是实施分类减量处理。分类是基础，“减量化、资源化、生态化”是方向和目标。攸县引导村民按照可回收垃圾、不可回收垃圾分户分类入桶入池，并通过“回收、堆肥、填埋”等方法化整为零，就地减量化从简处理。做到厨余垃圾就地堆肥还土，就地消化；对于可回收利用废旧物资由废品回收人员集中回收；有害垃圾和难以回收的其他垃圾采取乡村集中收集后，转运县城垃圾无害化填埋场集中处理或填埋。对乡村垃圾通过分类减量后，基本实现可处理垃圾不出村组，85%以上的垃圾通过分类减量后，只有15%的剩余垃圾需要转运处理。二是建好配套设施。在建好县城垃圾污水综合处理系统的同时，将配套设施的触角延伸到各个角落，建立垃圾中转站10座，定点放置垃圾果皮箱2500只、侧挂桶3160只。在农村，政府出资为全县农户配备垃圾桶或垃圾池13万余个，普及率超过了80%，在村组人口密集处建设垃圾分类处理池，在乡镇建立了5个垃圾中转站。通过加大设施的配套力度，基本上实现了城乡垃圾处理设施全覆盖。三是抓规模养殖和生活污水处理。攸县是全国瘦肉型商品猪生产基地和省商品猪生产重点县，年养殖生猪200余万头，畜禽养殖污染一度是农村面源污染的主要来源。为有效防治畜禽粪便污染，县委、县政府制定下发了《攸县畜禽养殖业环境污染综合整治工作方案》，与业主单位签订了目标责任状，对存栏500头以上的规模养殖场下达了限期污染治理通知。坚持项目治污、技术治污，在养殖场推广应用粪便堆肥技术、厌氧生物技术和生物发酵零排放技术等先进治污技术，实现了畜禽污染的就地防治。同时，在全县农村资助建设沼气池2万余个，资助农户建设家庭氧化池，处理农户家庭产生的粪便和生活污水。

（三）坚持制度化常态化管理

攸县县委、县政府认为，治理垃圾是天下难事，办好难事绝非一朝一夕之功，必须靠制度、靠常抓不懈。一是坚持制度化管理。攸县制订了城镇管理、实施安排、考核标准、评比奖惩、举报投诉、督查通报等20多项制度，坚持以制度管人、用制度管事，做到了有规可依、有章可循。先后出台了洁净攸县大行动实施方案、开展和深化“三创四化”工作的实施意见等。在环境卫生管理方面，攸县出台和完善了《城市绿线管理办法》《城市市容和环境卫生管理条例》等方法。在督查考核方面，出台了《洁净攸县大行动实施方案》《“三创四化”和洁净行动举报投诉奖罚制度》等。各乡镇还结合实际情况建立和完善环境卫生管理和考核制度，将环境卫生作为重要内容纳入村规民约，引导村民自治。总体上形成了从县城到乡村，从具体举措到考核办法的一整套制度体系，增强了城乡环境整治的可操作性和时效性。二是推行市场化运作。按照“市场运作、有偿服务、物业管理”的原则，对环卫清扫保洁、城市绿化养护实行市场化运作。将城区主街道和小街小巷清扫保洁权通过招标发包给有实力、有经验的物业公司，实现了城区主次干道清扫保洁公司化运作，部分有条件的乡镇镇区和村级公共卫生区也实现了卫生保洁市场化。市场化运作前，县城主街道保洁面积为125.7万平方米，费用为460万元/年，保洁费为3.66元/年·平方米。市场化运作后，主街道、小街小巷保洁面积扩大到193.2万平方米，费用虽然增加到630万/年，但是保洁费却降到3.26元/年·平方米。对城市“牛皮癣”治理、城市灭鼠、城区建筑装潢垃圾清运、主街道门店经营广告和余土清运等，全部实行了社会化公开招标承包管理。三是强化标准化考核。实行月抽查、季考核。县考核乡镇镇区，并抽查到村，每季考核前三名的乡镇，在享受县财政资金扶持的基础上，奖励3 万—7 万元；后三名的乡镇，取消洁净行动的县级财政资金扶持，同时处罚 3 万—7 万元，考核结果通过电视台向全县公布。乡镇考核村，参照县里的办法，进行 1 千—3 千元不等的考核奖罚，考核结果通过公开栏向全镇公开。村考核组，并延伸到户，予以 100—200 元不等的考核奖征，考核结果在全村进行公示。对农户以“大评小奖”的方式予以激励，按清洁、较清洁和不清洁评定等次，评比结果张贴到户，或分组公示，对清洁户给予价值 10—20 元的小额物质奖励。

（四）坚持抓好执政能力建设

攸县县委、县政府不仅仅把城乡环境同治看作是一个垃圾处理问题，而是站在更高的角度、更广的视野，把它作为在新时期如何做好群众工作，加强和创新社会管理，切实改善民生，密切党群干群联系，提高党的执政能力的一件大事来抓，摆到了引领全县经济社会发展的战略地位。在工作中注意做到：一是树立科学发展理念。要把环境治理观念根植到广大群众中，必须用科学发展理念武装各级干部和广大群众。攸县县委、县政府切实加大科学发展观的宣传力度，倡导以人为本、全面协调可持续的发展理念，提出不仅要经济发展，还要环境优美、生活健康、乡风文明。结合全县卫生整治行动，攸县提出了以绿为美、以水为源、以人为本，打造湖南省一流县城的目标，通过开展“三创四化”活动和洁净攸县大行动，做美城市建设，做实城市管理，做法城市经营，做高城市品位，真正让攸县成为投资的洼地、创业的乐土、生活的乐园，实现城乡同治与县域发展，维护群众利益的多赢格局。通过思想观念的革新，使各级干部和广大群众认识到，整治城乡环境，就是提升软实力，增强竞争力，就是实现协调发展、科学发展。二是讲求工作方法。在新形势下要做好群众工作，得到人民群众的理解和支持，就必须改进工作方法。攸县县委、县政府坚持从人民群众身边的事情抓起，从关系人民群众切身利益的实际问题抓起，从满足人民群众的现实需要抓起，增强工作的针对性和实效性。通过深入调研，攸县县委、县政府发现城乡垃圾危害严重、处理难度大、群众意见大，且与新农村建设形成强烈反差，与文明城市建设形成强烈反差，成为制约城乡发展、群众生活质量提高的重大问题，因此，决定从这一问题入手，扎扎实实抓出成效，从而推动全县各项工作健康发展。同时，在具体工作中，坚持领导带头，党员、干部带头，深入基层，深入群众，切实转变作风；坚持做好耐心细致的宣传教育工作，不搞强迫命令，不搞“龙卷风”行动，最大限度消除抵触和对立情绪；坚持既堵又疏，既严格要求，又实事求是地解决问题，收到了意想不到的效果。如为了解决车辆有序停放问题，在加强宣传教育的同时，领导带头进行劝导，组织人员到外地学习考察，落实责任追究制度，在短短半个月的时间内，车辆乱停乱放现象就彻底改观。三是增强基层组织执行力。一些地方基层工作效果差，群众不满意，一个重要的原因是基层组织能力弱，缺乏执行力。攸县之所以能够在城乡实现环境治理的新突破，最关键的就是建立一套以人为本、各负其责的工作推进机制，创造性开展工作，注重解决实际问题。从县到乡，再到村组，推行目标责任、逐级考核、科学评比、适度奖罚，基层组织和基层干部有干劲更有奔头，有压力更有动力，从而提高了基层组织的战斗力，激发了基层干部群众的创造力，收到了良好的效果。随着执政能力的增强，攸县各级党委政府在人民群众中的威信提高了，党群干群关系融洽了，各项工作开展顺畅了。

三、攸县的经验和做法值得肯定和推广

攸县在城乡环境同治、创新社会管理方面，创造了第一等的工作，积累了成熟可贵的经验，蕴含着可贵的创新精神和执政智慧。其可贵之处在于：

（一）典型性

城乡环境同治、加强社会管理，重点在农村，难点也在农村，特别是农村的生活垃圾、污水、畜禽养殖污染的无害化处理以及饮用水水源保护问题，是一个全国性的难题。当前农村环境问题具有三个特点：一是污染程度较深。农村环境污染点多、面广、种类杂、集中无害化处理难。据统

计，全国农村年生活污水90多亿吨、生活垃圾2.8亿吨、畜禽垃圾27亿多吨，占全国总量的一半以上，其中大部分未经处理随意排放。2010年，湖南省由农业面源污染源排入水体的总氮、总磷、COD总量分别为41万吨、16.6万吨和143万吨，分别占同期水体主要污染物的82%、96%和56%，对农产品质量安全、人民群众身体健康和城乡生态环境构成巨大威胁。二是发展趋势堪忧。以农村垃圾为例，随着农民消费结构和生产生活方式的改变，农村生活废弃物逐年增多、成分更加复杂。据有关部门测算，全国农村居民人均日产生垃圾约0.8千克、日排放污水约20—90千克。湖南省农村年产生生活垃圾约900万吨、生活污水约8亿吨。再加上化肥农药流失渗漏、畜禽粪便废水随处排放等，农村环境面临着“局部有所改善、总体仍在恶化、形势依然严峻、压力继续加大”的局面。三是治理难度较大。我国农村环保历史欠账多，农村环保基础设施总体滞后，积累的问题多。据统计，全国4万多个乡镇、60万个行政村，农村环境的点源污染与面源污染共存，生活污染的成因复杂，技术难关多，投资量巨大，治理起来非常困难。经有关专家测算，全国60余万个行政村，每个行政村按投入100万元治理资金测算，全国就需要投入6000亿元。湖南省目前有14000余个行政村急需治理，照此计算，如果全部由省市县乡各级财政承担，共需投入140余亿元。近年来，国家及湖南省高度重视城乡环境治理工作，采取措施着力解决这一难题。但城乡环境同治在大部分地方一直没有找到切实可行的路子。攸县的做法和经验，走在了全国前列，具有典型意义。

（二）普适性

攸县城乡环境同治、创新社会管理的做法和经验，可学可做可持续，在湖南绝大部分地区能够做到，普遍适用，可以推广，具有普遍意义和标本意义。一是治理思路具有普适性。攸县改变传统的治理方法，通过分类减量生活垃圾，实现了由末端处理向源头分类的转变；通过大宣传、大规劝，实现了由事后处理向事前管理的转变；通过分类回收，循环利用，实现了从被动处理向主动开发利用的转变；通过依靠和发动群众，提高群众参与度，实现了由政府主导处理向以农民为主体处理的转变。特别是对

85%以上的“原态垃圾”实行日产、日清、日处理，做到不出村庄、就地消化，避免造成二次污染，开创了农村环境治理的新思路。二是运行模式具有普适性。攸县既注重完善硬件设施，也注重体制机制建设；既注重财政投入，也注重操作程序的规范化；既注重工作上的约束，也注重奖惩上的激励，采取“分区包干、分散处理、分级投入、分期考核”的办法，通过几年的努力探索，建立了一整套的工作机制和运行模式，形成了良好的管理机制、责任机制、投入机制、考核机制、奖惩机制，这些管理制度和治理机制，可复制、好操作、见效快。三是持续推进具有普适性。攸县经过两年多的实践，城乡环境治理已经从自上而下的要求，变为群众自发自觉的行动。群众认同度高，参与度高，群众依靠自己的力量可以把大部分事情处理好，持续推进具有深厚的群众基础。在经费投入上，攸县县级财政每年预算安排1000万元专项经费，采取以奖代拨方式，500万元用于支持镇区创建，500万元按每个村平均1万元的标准补贴到村。各乡镇根据实际情况，配套一定的工作经费，对财政困难的乡村给予适当支持，整项工作财政投入不大，一般地方都能做得到，真正实现了“小投入、大效益”，即使财政相对困难的地区也可以推行。

（三）真实性

从调研反映的情况看，攸县治理农村环境、创新社会管理的效果是明显的，成绩是真实可信的。一是观察到的现象真实。调研组通过实地考察、现场走访、突击暗访发现，攸县城乡彻底告别了污水横流、蚊蝇乱飞、垃圾乱堆的乱象，到处呈现出干净整洁、山清水秀的景象。更加难能可贵的是，任何地方、一次看或多次反复看，都是一个样，攸县的做法，过得硬，经得起检验。二是人民群众的意愿真实。攸县的环境整治工作，把老百姓真正发动起来了，得到了广大群众的高度认同，所取得的经验和成效，是群众在实践中亲手创造出来的，充分体现了群众的真实意愿。“既要经济发展好，更要身体好；既要收入高，更要幸福指数高”，这就是当地群众的心声。三是老百姓获得的利益真实。在环境整治行动中，各级干部在说服、引导群众的同时，倾听呼声，为民解忧，也进一步密切了群众的联系，使老百姓获得了实实在在的收益。配合环境整治工作，攸县实施了“三清四改”行动，全县完成改厕2.3万户，卫生厕所普及率达到35%。随着环境逐步改善，衍生的经济效益逐步显现，镇区居民房产大幅增值，租金收入实现了两年翻一番。

四、关于开展城乡环境同治、创新社会管理工作的几点建议

据了解，攸县城乡环境同治、创新社会管理的做法和经验已在省内外产生了一定影响。2011年4月下旬，在湖南省爱卫办组织召开的城乡环境卫生整洁行动现场会议上，省领导要求推介攸县的做法。株洲市委、市政府于7月上旬做出决定，要求在全市推广攸县城乡环境同治的做法，并组织株洲市及各县（市、区）党委、人大、政府、政协的一把手、市直有关部门主要负责人、全市各乡镇街道办事处的党委书记、镇长（主任），于7月下旬在攸县召开了现场会。目前，省内外已有不少市（州）和县（市、区）党委、政府主要领导带领本地干部前往攸县学习，吸取经验。2009年以来，省内外有不少单位先后到攸县学习考察城乡环境同治、创新社会管理的经验。为进一步总结、完善、推广攸县的做法和经验，调研组建议：

一是将城乡环境同治、加强和创新社会管理，作为湖南省加快推进“四化两型”建设的重要举措。省委站在全局和战略的高度，提出了推进“四化两型”建设的重大部署。加强城乡环境同治、创新社会管理，是湖南省推进“四化两型”建设的重要内容，对于改善城乡居民生产生活环境，保障和改善民生，密切党群干群关系，增强经济社会发展竞争力，具有重要作用，意义十分重大。因此，建议湖南省大力推进城乡环境同治，加强和创新社会管理工作，加快推进“四化两型”建设步伐。二是省直有关部门要进一步支持攸县巩固、完善经验。攸县分类减量和就地处理农村垃圾的做法取得了很好的效果，但也有一些需要进一步总结提高、改进完善的方面。建议省直相关部门进一步加强指导、帮助和支持，进一步完善攸县经验，使之巩固提高。如推动农村垃圾分类更科学、就地处理更彻底；从政策、资金、项目上扶持攸县城乡环境同治工作，推动攸县城乡环境同治工作持续深入开展。三是在湖南省大力推广攸县的做法和经验。建议省委、省政府在全省总结推广攸县开展城乡环境同治、创新社会管理的

主要经验和做法，适时在攸县召开现场会议，组织各市（州）及县（市、区）的党政一把手、省直有关部门主要负责人到该县学习考察，将这个全国性的典型在湖南省推广。同时，省里制定出台配套政策措施和考核办法，推动各地结合实际开展文明卫生县城、环境优美乡镇、生态良好村庄创建活动。

（2011 年 8 月）

后　记

今年2月，组织安排我到湘潭大学任校长。光阴似箭，时光如梭。一晃我在湖南省生态环境厅领导岗位上已经工作了整整15年。其间，全国生态文明建设和生态环境保护发生历史性、转折性、全局性变化。在任初期，正是我国环境污染最为严重的时期。以湖南省为例，湘江重金属污染十分严重，饮用水不达标十分普遍，洞庭湖水环境质量恶化为V类，酸雨十分突出，农村环境问题整治、土壤污染防治尚未纳入议事日程……在习近平生态文明思想的坚定指引下，在湖南省委、省政府的坚强领导下，我与几任班子的领导一起，负重前行、攻坚克难，有力有序有效纵深推进了湘江保护与治理省“一号重点工程”三个三年行动计划、洞庭湖水环境综合整治、污染防治攻坚战“夏季攻势”、涉铊专项整治、大气污染防治行动计划、长株潭大气污染防治联防联控、土壤环境质量普查及详查、重点区域土壤修复治理、农村环境综合整治、生态示范区创建、自然保护区整治保护、监测执法能力建设、“三线一单”划定、排污许可证发放试点、环境信用评价试点等行动计划、攻坚战役、重点工作和改革创新，推动湖南天更蓝、水更清、地更净。其中，2022年，湖南省国考断面水质优良率达到98.6%，位居全国第4；长江干流湖南段及湘资沅澧四水干流水质连续3年达到或优于Ⅱ类；洞庭湖湖体总磷浓度下降为0.06毫克/升，西洞庭湖连续2年达到Ⅲ类，南洞庭湖突破性达到Ⅲ类；永州、张家界等四个城市水环境质量排名全国地级城市前30位，数量和排位均创历年最佳；地级以上城市集中式饮用水水源水质达标率100%……作为全国生态环境保护战线的一员“老兵”，15年来我全程参与，亲眼见证，深感成效很大、成果丰硕，我深感荣幸、荣耀。

在离开湖南省生态环境厅之时，我将在生态环境部门工作期间的一些文稿进行整理，算是对我15年工作的一个总结。有些帮助整理文稿的同志在看到文稿后，认为很受启发，他们建议将文稿结集出版，对湖南省乃至全国的生态文明建设和污染防治攻坚战提供一些指导和参考。刚开始我也未太引起重视，但到学校工作一段时间后，我感觉到作为“双一流”大学校长，无论是抓学校的改革，还是抓学校的发展，具有一定的学术素养是十分重要的。与此同时，今年我也牵头申报了湖南省生态环境厅“湖南省生态环境保护工作的发展历程及展望”重点科技项目课题，最终中标，课题申报时也提出将我15年来围绕生态文明建设撰写的文稿作为课题成果之一。于是我对这些文稿进行了一些分析和总结，觉得具有以下几个特点：一是时代性。文稿反映了15年多来我国生态文明建设发展的伟大历程。我是2008年元月从郴州市人民政府领导岗位上调任湖南省环境保护局(2009年升格为湖南省环境保护厅，2018年组建湖南省生态环境厅）工作的，我在湖南省生态环境部门领导岗位任职的15年，正是我国生态文明建设发生历史性、根本性、转折性变化的15年。2007年10月，党的十七大第一次明确提出建设生态文明的要求。2012年11月，党的十八大把生态文明建设纳入“五位一体”总体布局，将生态文明建设写入党章并作出阐述。2018年3月，十三届全国人大一次会议表决通过宪法修正案，把贯彻新发展理念、生态文明和建设美丽中国的要求写入宪法。2018年5月，党中央召开全国生态环境保护大会，正式确立习近平生态文明思想。2023年6月28日，十四届全国人大常委会第三次会议决定，将8月15日设立为全国生态日。我全程见证和参与了这一伟大历程，这些文稿，也真实记录了我国生态文明建设的伟大历程。二是全面性。我在湖南省生态环境部门工作期间，先后分管过自然生态，农村环境整治，环境监测，执法监察，大气、水、土壤、噪声、核与辐射环境管理，环境影响评价与排污许可，政务服务，科技与财务，环境信用评价，环保产业等业务工作，基本覆盖了生态环境的所有业务领域。同时，我从2008年3月起，先后任第十一届、第十二届全国政协委员、第十三届全国政协常委、第十四届全国政协委员，在全国政协这个平台上积极履职，提交的提案、信息总量分别超百件，被誉为“绿色提案大户”“环保代言人”，我还多次在全国政协大会、常委会上发言，参加了全国政协组织的赴山东、海南、江西、四川、山东、湖北、宁夏、青海、浙江、河南、内蒙古等地的调研活动。这些文稿，从不同角度阐释了生态文明建设的理论和实践问题，能够比较完整地呈现我国生态文明建设的历史演进及其重大意义。三是学术性。我到湘潭大学任职后，充分利用综合性大学的学科集群优势和湘潭大学环境与资源学院的人才优势，针对生态文明建设领域的重点、难点和热点问题，组织开展了一些课题研究，形成了一些学术成果。这些文稿，瞄准理论前沿，回应现实需求，着力推动习近平生态文明思想的学理化阐释、学术化表达、系统化构建、大众化传播和实践性转化，力求为加快建设人与自然和谐共生的美丽中国贡献湘大智慧。如果这些文稿能够出版，无论是对我个人的学术研究，还是对我们学校的学科发展，都将有一定的帮助，也是给湘潭大学建校 65 周年献上的一份薄礼。

基于以上考虑，半年多的时间里，我对 230 多万字的文稿进行了系统的整理和编辑，形成了理论篇、调研篇、实践篇、建言篇、感悟篇等 5 辑书稿。其中，理论篇、调研篇、感悟篇等 3 辑书稿基本按照时间顺序排列，只有理论篇把习近平生态文明思想的学习和研究文稿集中放在了前面；实践篇、建言篇等 2 辑书稿先按守护一江碧水、污染防治攻坚、美丽乡村建设、自然生态保护、环境监测执法监察、深化改革创新等模块进行分类，每个模块再大致按时间顺序排列。

为了使书稿更加全面和系统，我另外收集了几篇其他方面的文稿：一是在理论篇的最后，收录了三篇文稿，一篇是《全面推进美丽中国建设的新号角已经吹响》，这是针对刚刚召开的中央全面深化改革委员会第三次会议审议通过的《关于全面推进美丽中国建设的意见》文件撰写的一篇述评，也算是对我从事生态环保工作实践和研究的阶段性总结；另一篇是《关于加快实施“四化两型”的战略思考》，这是我对湖南省一个时期经济社会发展的整体思考，还有一篇是《青年要在中国式现代化建设中挺膺担当》，这是我在任湘潭大学校长后对青年的一些希望；二是在实践篇的最后，收录了湖南省生态环境厅发布的《湖南省 2016 年生态环境保护工作年度报告》，这是对一个省域年度生态环保工作的综合系统反映；三是在调研篇中，收录了《攸县城乡环境同治、创新社会管理的经验和做法值得

推广》，这是湖南省人大环资委牵头，我参与调研后形成的综合调研报告，得到了中央、湖南省多位领导肯定性批示，在湖南省乃至全国形成了较大的影响，对全国农村环境综合整治产生过重要推动作用。四是在感悟篇以附录形式收录了一些媒体采访或报道的文章，这是为了便于读者更深入地了解关于某些方面问题我的一些思想和观点，还有几篇是媒体对我个人成长和履职的采访报道，也是为了读者能比较全面地了解我的成长历程。在感悟篇的最后，还收录了两篇文稿，一篇是《绿水青山常在 深情厚谊永存》，这是我离开湖南省生态环境厅时写的一篇离别感言，既是对15年来一起共同团结奋斗的环保“铁军”的依依不舍，也是对15年来工作的一个小结。另一篇是我在湘潭大学2023届学生毕业典礼上的一篇讲话，《人生不是百米跑，而是一场马拉松》，这是这些年我人生的一些感悟，也标志着我新岗位、新生活的开始。

本书的出版得到了组织、领导、专家和朋友们的关心和大力支持。首先，我要感谢组织多年的关心和培养，感谢组织给予我研究实践的舞台和平台。其次，我要感谢中国工程院院士、中南大学副校长柴立元，中国美术家协会副主席、中国美术馆馆长吴为山，在百忙之中柴立元院士拨冗为本书作序，吴为山副主席亲自为本书题写书名。此外，我还要感谢为本书出版付出辛勤劳动的同志们、同事们。彭晓成同志对文稿进行了初步整理，汪理科同志进行了初次审阅，刘锦军同志进行了整体编排和多次审阅，申永丰同志多次参与研讨，湘潭大学出版社牛敬丹、唐剑君、张蔚、廖文婷、王晓园、贺佳、肖迪等同志和环境与资源学院研究生向璐瑶、叶陈若等同学进行了认真编辑和反复校对，在此一并表示衷心的感谢！

潘碧灵

2023年9月10日，于湘潭大学建校65周年之际

2023 年湖南省生态环境厅
“湖南省生态环境保护工作的发展历程及展望”重点科技项目成果

生态文明思与行

（感悟篇）

潘碧灵◎著

湘潭大学出版社
XIANGTAN UNIVERSITY PRESS

序

生态文明建设是关系中华民族永续发展的根本大计，中国共产党历来高度重视生态文明建设，坚持节约资源和保护环境的基本国策，把可持续发展确立为国家战略。党的十八大以来，我国生态环境保护发生历史性、转折性、全局性变化，生态文明建设取得举世瞩目的成就，天蓝、地绿、水清的美丽中国新画卷正在神州大地上徐徐展开。

潘碧灵同志多年来一直致力于生态文明建设和污染防治攻坚战的研究、管理与实践，积极为生态环保鼓与呼，他所著的《生态文明思与行》全书共包括理论篇、调研篇、实践篇、建言篇、感悟篇5辑，正是其深耕生态文明建设和污染防治攻坚战领域15年的集大成者，充分体现了其政治素养、理论水平和专业水准之高，具有很强的政治性、指导性、专业性、针对性和可借鉴性。

理论篇的研究范围涉及习近平生态文明思想、“双碳”战略、人与自然和谐共生、中国式现代化、绿色发展、统筹水资源水环境水生态、环境空气质量评价体系等方面。其中，《环境空气质量评价体系改进研究》创新运用“三年滑动均值”对我国空气质量进行了对比研究；《扛起服务国家“双碳”战略新使命》《正确处理“五个重大关系”全面推进美丽中国建设》等文章，正是在习近平总书记提出全面推进美丽中国建设、加快推进人与自然和谐共生的现代化的目标后，他所做的最新研究成果，具有较高的理论水平；《以天地之心存心 以生灵之命立命》一文，从中国传统文化的哲学思想角度对生物多样性赋予了更加完整、更加全面的内涵，充分体现了他优秀的专业素养和对生态文明建设的深刻理解。

调研篇重点体现了他到全国不少省（区、市）和省内各地调研的成

果，许多都是相关省（区、市）在生态文明建设或生态环境治理领域的成功经验和积极探索。比如，《鄱阳湖生态经济区建设的学习感悟》一文，体现了江西省推动生态与经济协调发展的积极探索；《学习借鉴浙江省“五水共治”先进经验 纵深推进“一江一湖四水”系统保护和治理》一文，则充分展示了湖南省借鉴浙江省先进经验，推进水环境保护工作的成功实践；他重点关注长江经济带高质量发展，2019 年撰写的《统筹推进长江经济带大保护的调查和思考——以湖南省岳阳市推进洞庭湖、长江岸线保护和治理为例》，助力了习近平总书记“共抓大保护、不搞大开发”重要指示的落实。这些成功经验和积极探索反映了我国生态文明建设在各省（区、市）的成功实践，对于进一步深化我国生态文明建设具有重要的推广和借鉴作用。

实践篇从工作成效层面集中展示了不同时期湖南省生态环境保护工作的开展概况和推进路径，包括守护一江碧水、污染防治攻坚、美丽乡村建设、自然生态保护、环境监测执法、深化改革创新等方面，对于研究一个省域如何全面、系统、深入推进生态文明建设和污染防治攻坚战具有重要参考意义。比如，《深入推进总磷攻坚“7＋1”行动计划 全力守护洞庭湖生态环境安全》等文稿，全面介绍湖南省在水生态环境治理方面的典型经验做法和突出成效，对于指导各地开展相关工作具有重要参考作用。

建言篇是他在全国政协或民进履职时围绕生态环保、绿色发展等主题的“绿色提案”和社情民意信息。比如，在担任第十一届全国政协委员期间，他撰写的《关于规范城市生活垃圾焚烧 促进生活垃圾处理良性发展的提案》获十一届全国政协优秀提案奖；在担任第十二届全国政协委员期间，他提出土壤污染防治刻不容缓，得到中央领导高度重视，促进了国家“土十条”的出台。通过阅读此辑，读者可以从一个侧面了解我国全过程人民民主，更加深入了解国家出台生态环保相关方案、计划和政策背后的故事，对于广大人大代表和政协委员、科学研究人员、民主党派成员开展咨询建言、参政议政等工作具有学习借鉴作用。

感悟篇主要涵盖了他参加生态环境保护工作的考察日志、学习心得和思考感悟等，同时还收录了部分记者采访报道的内容，突显了他对湖南省乃至全国生态环境保护事业所作出的重要贡献和对生态环境保护工作的深

刻感悟与动人情怀。比如，《青海“三江源”“青海湖”生态环境保护工作考察日记》系列，多维度体现了他在青海考察时对我国近十年生态文明建设的深刻感受。

习近平总书记在党的二十大报告中要求“推动绿色发展，促进人与自然和谐共生”，在2023年全国生态环境保护大会上强调“全面推进美丽中国建设，加快推进人与自然和谐共生的现代化”，为新时代生态文明建设提供了根本遵循和行动指南，美丽中国在实现四个重大转变的基础上站上了新起点。2023年6月28日，十四届全国人大常委会第三次会议决定将8月15日设立为全国生态日，更是吹响了全面推进美丽中国建设的新号令。本书的出版必将为深入学习贯彻习近平生态文明思想、推动美丽中国建设产生积极的促进作用。同时，也可为各级领导干部、专家学者、高等院校师生和相关企业家等开展学习和研究提供重要的参考。

（柴立元：中国工程院院士、中南大学副校长）

目 录
CONTENTS

附 录

青海“三江源”“青海湖”生态环境保护工作考察日记（一）

编者按：

根据《政协全国委员会办公厅十三届全国政协京外委员跨省考察工作安排》，20位住湘全国政协委员2019年7月7日至7月11日赴青海开展调研考察活动。

这次考察活动的主题是“三江源”和“青海湖”生态环境保护对策措施和体制机制对湖南“一湖四水”生态环境保护的启示。

三江源地处青藏高原腹地，是长江、黄河、澜沧江的发源地，素有“江河源”“中华水塔”“亚洲水塔”之称，是我国重要的生态安全屏障。三江源国家公园是我国首个试点国家公园，总面积12.31万平方千米。青海湖是我国最大的内陆湖泊，是维系青藏高原东北部生态安全、控制西部荒漠化向东蔓延的重要水体。“三江源”和“青海湖”生态环境保护工作近些年有了很大的发展和进步，值得湖南省学习和借鉴。

作者全程参与考察，以下系列文章为本次考察活动中青海省“三江源”和“青海湖”生态环境保护的典型经验、对策措施和体制机制总结及其对湖南“一湖四水”生态环境保护的启示以及作者的心得体会。

2019年7月7日　星期日　小雨

对于青海，我并不陌生，这已是我第四次来青海。第一次是1986年，当时我刚刚参加工作不久，受邀参加柴达木盆地国土规划的评审，在青海湖、柴达木盆地考察了差不多半个月。印象最深的是汽车在青海湖边驰骋，公路笔直笔直的，一直延伸到天边，真正感觉就是天路，近处湛蓝的青海湖、旁边的戈壁沙漠、远处的巍巍昆仑，还有蓝天白云，一幅绝佳美景，青海湖中鸟岛上成千上万只各种鸟类十分壮观。

2007 年，我挂职商务部外资司副司长，受青海省委、省政府邀请，率十几家世界五百强跨国公司负责人来青海进行商务考察，受到青海省委、省政府热情接待，再次深入到了青海湖。那次到青海，给我印象最深的是位于西宁市城北区的青海藏医药文化博物馆，在这里我们不仅感受到了藏医药的博大精深，更是被彩绘大观展馆所震撼。整座展馆的墙壁是一幅用金粉、玉石、珊瑚等珍宝颜料绘制而成的巨大彩绘唐卡，长 618 米，由众多唐卡大师历经二十多年才完成，美轮美奂、非常壮观，被载入吉尼斯世界纪录，是整个博物馆的镇馆之宝。

这是我第四次来到青海，也是第三次参加湖南省政协组织的住湘全国政协委员赴外省考察，前两次分别是赴山东考察国有企业发展和赴吉林考察民营经济发展，收获均很大。本来家里事情很多，但这次考察的主题是生态环保，是我们的主业，因此，我还是克服了困难，全程参加考察。

这一次的省外考察在沿袭前几次考察的经验和做法的同时，又有了创新和发展，特别是切实贯彻了习近平总书记关于加强和改进政协工作的重要论述和汪洋主席关于政协工作的具体要求，加强了党对政协工作的领导，凝聚共识和议政建言双向发力。

考察团一行飞抵西宁，入住宾馆后召开了全体中共党员会议，成立临时党支部，加强对考察工作的领导，接着又召开考察团全体成员和工作人员会议，会议明确：

要提高思想认识。委员视察、考察是人民政协的一项基础性工作；是履行政治协商、民主监督、参政议政职能的重要形式；是密切联系群众，加强党派、界别之间合作共事，推进社会主义民主政治建设的重要途径；是实现自我教育，打牢团结奋斗的共同思想政治基础的重要渠道。2019 年的委员考察还被列为全国政协庆祝新中国成立 70 周年和人民政协成立 70 周年的活动内容。此次考察正值“不忘初心、牢记使命”主题教育在全党上下轰轰烈烈地开展，特意安排了参观海北州原子城爱国主义教育基地，就是要结合主题教育，强化爱国主义精神教育。

要增强考察实效。认真学习领会习近平生态文明思想，认真学习青海省生态文明建设经验，尤其是生态理念、顶层设计、政策措施、体制机制等方面的先进经验，围绕考察主题，坚持问题导向，深入调查研究，积极认真思考，提出对策建议，形成高质量的考察成果。

要注重团结配合。严格考察纪律，保持谦逊、平和、务实的作风，充分尊重民族地区的宗教信仰、风俗习惯，讲团结、讲风格。

考察首日，带队领导就青海考察工作作出了重要指示，提出了明确要求，各位委员的热情也十分高涨，良好的开端预示着本次考察成功了一半，我们的这次考察活动一定会取得圆满成功，将为湖南省的生态文明建设和生态环保工作，特别是“一湖四水”的生态环保工作提供有益的借鉴，产生积极的作用。

（2019 年 7 月 7 日）

青海“三江源”“青海湖”生态环境保护工作考察日记（二）

——海北州原子城

2019年7月8日上午　星期一　四季变换

早餐后，我们考察团一行便驱车穿过海北藏族自治州海晏县西海镇金银滩草原，前往青海原子城国家级爱国主义教育示范基地参观。

原子城建于1958年，它是我国建设的第一个核武器研制基地，我国第一颗原子弹、第一颗氢弹均诞生于此，在此还生产出多种型号的战略核武器，故称为“原子城”。“原子城”是原“青海221厂”所在地。1995年5月15日退役，经国务院批准更名为西海镇，现为海北州府所在地。2001年，原子城被国务院列为全国重点文物保护单位。2005年11月，原子城被确定为全国爱国主义教育示范基地。

我们走进原子城纪念馆，认真瞻仰了珍贵实物、重要文献、历史照片和模拟场景，仔细聆听了讲解员详细的解说，全程回顾了“两弹一星”从项目酝酿、实施直至最终成功的历史进程，再现了那段激情燃烧的岁月。我一边看、一边听、一边思，心潮澎湃、感触良多。

从历史的进程中，我们看到了老一辈无产阶级革命家的远见卓识。1958年6月，毛主席指出：“原子弹就那么大的东西，没有那东西，人家就说你不算数。那么好吧，我们就搞一点吧，在今天这个世界上，我们要不受别人欺负，就不能没有这个东西”。周恩来总理亲自担任中央专门委员会主任委员。陈毅元帅说：“当了裤子也要把原子弹搞出来，不然我这个外交部长不好当”。正是由于毛泽东、周恩来等老一辈无产阶级革命家的英雄气概，才让中华民族挺直了脊梁。

从历史的进程中，我们看到了不畏强权、艰苦奋斗、奋发图强、团结拼搏、保家卫国的爱国主义精神。在创建我国第一个核武器研制基地的过程中，我们不仅面临着英、美的封锁和打压，而且还面临着赫鲁晓夫的背信弃义和蔑视，但在中国共产党的坚强领导下，发扬独立自主、自力更生、自强不息、无私奉献的创业精神，头顶蓝天，脚踏草原，成功创建了我国第一个核武器研制基地，用了不到10年时间就研制出了我国第一颗“争气弹”，成功打破了美、苏核垄断。

从历史的进程中，我们看到了一批中国知识分子的优秀代表。为了祖国的强盛，为了我国国防科研事业的发展，一批科学家抛弃国外优厚的生活回到了祖国，一大批科技人员隐姓埋名来到青海基地，甘当无名英雄，默默无闻地奋斗了数十年，充分体现了他们热爱祖国、无私奉献，把个人的理想与祖国的命运、个人的志向与民族的振兴联系一起的精神。1999年9月18日，在中华人民共和国成立五十周年之际，中共中央、国务院、中央军委隆重表彰为我国“两弹一星”事业作出突出贡献的23位科学家，并授予于敏、王大珩、王希季、朱光亚、孙家栋、任新民、吴自良、陈芳允、陈能宽、杨嘉墀、周光召、钱学森、屠守锷、黄纬禄、程开甲、彭桓武“两弹一星”功勋奖章，追授王淦昌、邓稼先、赵九章、姚桐斌、钱骥、钱三强、郭永怀“两弹一星”功勋奖章，他们的名字将永远铭刻在中华民族的历史丰碑上。

从历史的进程中，我们看到了社会主义制度集中力量办大事的优越性。在原子弹研制的关键时刻，全国各地各部门大力协同，先后有26个部(院)，20个省（区、市)，900多家单位联合攻关，创造了上千项科研成果，充分彰显了社会主义制度的优越性，让我们更加增强了道路自信。

从历史的进程中，我们听到了民族团结的颂歌。金银滩草原上的藏族、蒙古族牧民群众，服从国防建设需要，抛家舍业，全部迁离，甘居僻壤，为我国的核工业和国防事业做出了卓越贡献，每一位平凡的藏族、蒙古族群众的后面都有一段动人的故事。

参观结束后，大家的心情还久久不能平静，大家真切感受到了我国“两弹一星”研制的艰难和广大科研工作者及家属的艰辛，真实感悟了中国共产党、中国共产党人为中国人民谋幸福、为中华民族谋复兴的初心和使命，深入了解了“两弹一星”研制成功对中国打破美、苏核垄断、推行独立自主的和平外交政策的巨大意义，深刻领会了“热爱祖国、无私奉献，自力更生、艰苦奋斗，大力协同、勇于登攀”的“两弹一星”精神的深刻内涵。作为新时代的中国特色社会主义参政党成员，我将认清历史使命、激发责任担当、不忘合作初心，继续携手前进，为中华民族的伟大复兴共同努力奋斗。

（2019 年 7 月 8 日）

青海“三江源”“青海湖”生态环境保护工作考察日记（三）

——青海湖的湟鱼

2019 年 7 月 8 日上午　星期一　四季变换

人们常说“青海湖中有两宝，一是湟鱼，二是鸟”。湟鱼是青海湖独有的鱼类。“水中绕有鱼类，色黄无鳞……”这是关于湟鱼的最早记载，见于清朝乾隆年间的《西宁府新志》中。无鳞的特征为它赢得了“青海湖裸鲤”的学名。湟鱼的祖先是黄河鲤鱼，原本是有鳞的。13 万年前，青海湖因地质结构运动成了闭塞湖，后来演变成咸水湖。为适应日渐咸涩的湖水，黄河鲤鱼的鳞片逐步退化。由于青海湖地处高原，水温低，水下饵料生物贫乏，湟鱼生长速度非常缓慢，据说 10 年才能长一斤。湟鱼作为青藏高原上的土著鱼类，是青海湖“水—鸟—鱼”生态链中的核心物种，2004 年，青海湖裸鲤被列入《中国物种红色名录》濒危物种名单。

5 月底至 8 月是青海湖湟鱼洄游的季节，据说青海湖北岸的刚察县泉吉乡的泉吉河是观赏湟鱼洄游的最佳地点。今年的湟鱼洄游季如期到来，今天青海卫视正好报道了成群洄游的湟鱼在泉吉河中形成的“半河清水半河鱼”的壮观景象，记者还用水下摄像机拍到了湟鱼排成纵队，穿过怪石嶙峋的河底，逆流而上的场景，令人神往。

原来我们的考察行程中并没有安排考察湟鱼洄游，因我们要途经刚察县且又是生态环保主题，青海省政协领导很热情，临时增加了一个考察点，参观完青海原子城全国爱国主义教育示范基地，我们就直奔刚察县沙柳河参加湟鱼的增殖放流活动。

为了保护青海湖湟鱼，从 20 世纪 80 年代开始，青海省先后 5 次实施封湖育鱼，从2002年到现在，连续15年开展增殖放流活动，每年放生鱼苗一千万尾。通过多年封湖育鱼、增殖放流和打击盗捕等保护措施，截至2018年年底，青海湖裸鲤资源量达到8.8万吨，比保护初期2002年增长了34倍。

据现场专家介绍，湟鱼之所以要洄游，是因为高盐度、高碱性的青海湖湖水对它们的性腺发育、成熟是致命的。只有逆流而上，在上溯河流的过程中，湟鱼的性腺才会逐渐发育、成熟。于是，它们相约成群结队地溯流而上，在水流坦缓的淡水河道里产卵、生儿育女。上溯距离越远，鱼卵、鱼苗在淡水中孵化、生长的时间越长，幼鱼的成活率就越高。小鱼长成后，再返回青海湖。

为了改善湟鱼洄游的环境，2015年以来，青海省共耗资3600多万元在湟鱼洄游必经的沙柳河、泉吉河、哈尔盖河等地拆除拦河坝，修（改）建7座洄游通道。

听闻，这两年通过河道的鱼儿一年比一年多，过去那种“骑马涉水踩死鱼”“石头棍子打到鱼”的景象逐步重现，产卵季节的河道里更是随便伸手就能抓到湟鱼。在青海湖畔的这些小河溪流中，你看不到一个人去捕捞、打扰它们，更看不到有饭店售卖湟鱼。究其原因，刚察县沙柳河湟鱼增殖放流点旁巍巍耸立，全县规模最大、最漂亮的建筑——生态博物馆或许能说明这一切，保护湟鱼在青海已经成为大家的共识和自觉的行动。

青海湖环湖地区有数十条淡水河与湖相连。其中，布哈河、沙柳河、泉吉河、黑马河和哈尔盖河是湟鱼洄游的主要河道。但以生命为代价的艰苦跋涉并不容易，湟鱼洄游的道路上危机四伏，大量的水鸟早在湟鱼洄游前就已经在岸边等候多时，湟鱼不仅要时刻警惕河边等着捕猎它们的鸟类，还要顾及水流的速度——如果水流得太快，会被冲下去，好不容易前进几千米，最后又被冲回原地；如果不幸遇到上游下雨涨水，好几天的努力就会全部白费。克服了水流，湟鱼还得爬坡，河道里的坡坡坎坎给它们制造了各式各样的障碍。

湍流复杂的河道、万千伺机捕食的鸟类……青海湖湟鱼的洄游之路着实艰辛，生死未卜，这是生存之道，也是自然法则——当“群鸟猎鱼”和“鲤鱼跳龙门”同时上演之时，我们不能不为高原生物激流勇进、九死一生的壮举而惊叹。人生何尝不是如此，逆水行舟，不进则退。习近平总书记说，“中华民族伟大复兴，绝不是轻轻松松、敲锣打鼓就能实现的。全党必须准备付出更为艰巨、更为艰苦的努力”“领导干部要保持斗争精神、增强斗争本领”，我们要打好打赢污染防治攻坚战，就必须有铁一般的意志、铁一般的决心去勇于面对、攻坚克难，不获全胜决不收兵。

（2019 年 7 月 8 日）

青海“三江源”“青海湖”生态环境保护工作考察日记（四）

——青海湖的鸟

2019 年 7 月 8 日下午　星期一　风雨交加转阳光普照

青海湖是中国面积最大的高原内陆咸水湖，也是世界高原内陆湖泊湿地类型的典型代表，由于独特的地理和气候环境，每年 5、6 月湟鱼产卵盛期，吸引数以十万计的候鸟前来繁衍生息，景象十分壮观。

青海湖及环湖地区的鸟类主要有斑头雁、鱼鸥、棕头鸥、鸬鹚、燕鸥、黑颈鹤、天鹅、赤麻鸭等 10 余种，其中前 4 种最常见，约占鸟类群数的 70%。除斑头雁主要以植物为食外，其他 3 种均以鱼类为食，冬季还有大天鹅在此越冬，数量最多时达 1540 多只。随着生态环境的改善，青海湖区域鸟类已由 20 世纪 90 年代末的 189 种增加到了目前的 225 种，约占全国鸟类总数的 17%，每年有近 30 万只鸟在这里栖息繁殖。湖滨水草丰美，是国家一级保护动物黑颈鹤的栖息、繁殖区，涉危物种普氏原羚数量由 2004 年的 257 只增加到了 2018 年的 2793 只，为开展普氏原羚监测以来历史最高值。

青海湖中的鸟岛因岛上栖息数以十万计的候鸟而得名。鸟岛坐落在青海湖的西北隅，分为一东一西两个小岛。西边小岛叫海西山，每年春天，斑头雁、鱼鸥、棕颈鸥等一起来到这里，在岛上各占一方，筑巢垒窝，全岛布满鸟巢。到了产卵季节，岛上的鸟蛋一窝连一窝，密密麻麻数也数不清，所以，人们把这里也称为蛋岛；东边的大岛叫海西皮，海西皮为鸬鹚鸟的王国，鸬鹚窝一个连一个，像一座鸟儿的城堡 ，所以海西皮又叫鸬鹚岛。鸟岛是鸟儿的乐园，鸟儿的天堂，形成了青藏高原的一大奇观，其幽美壮丽的风光、奇特的水禽生活，引起了不少人对它的憧憬和向往。

为了保护鸟岛和鸟类的资源，1975 年，国家将鸟岛列为全国八大重点鸟类自然保护区之一。鸟岛自然保护区面积 4952 平方千米，其范围包括青海湖整个水域及鸟类繁殖、栖息的岛屿、滩涂和湖岸湿地，地跨二州三县，1992 年被列入国际重要湿地名录，1997 年 12 月经国务院批准，晋升为国家级自然保护区。鸟岛自然保护区是我国青藏高原第一个以水禽为保护对象的保护区，也是世界上少数几个加入《关于特别是作为水禽栖息地的国际重要湿地公约》的保护区之一。保护区内水禽以候鸟为主，既有夏候鸟，又有冬候鸟，也有春秋两季迁徙过程中在此栖息的旅鸟，特别是雁鸭类，还有不少留鸟、旅鸟。

随着大量候鸟的到来，鸟岛已成为全国乃至世界重要的候鸟研究基地，吸引了众多国内外专家、学者前来考察。同时，大批中外游客跟随候鸟的脚步，来到这里一睹万鸟齐聚的盛况，每年慕名到青海湖鸟岛和沙岛景区游览的游客也络绎不绝，2013 年以来接待游客近 80 万人，违规建设了不少旅游设施。2017 年，中央第七环境保护督察组指出了青海湖管理局下属的旅游集团公司在国家级自然保护区核心区、缓冲区的鸟岛和沙岛违规开展旅游经营活动等问题，青海省委、省政府及青海湖管理局高度重视，于 2017 年 8 月 29 日起关停了鸟岛景区和沙岛景区，停止了一切旅游经营活动，并对鸟岛缓冲区内的 18 处旅游经营设施进行了全部拆除。

在参加了刚察县沙柳河湟鱼的增殖放流活动后，我们就直奔青海湖鸟岛考察中央环境保护督察组指出问题整改情况。离开环湖路准备进入岛屿之前，青海的同志就提醒我们要先上一下卫生间，因为鸟岛已没有相应的设施。我们首先来到蛋岛，过去熙熙攘攘的观鸟长廊现在已人去楼空，透过长廊的玻璃，可以看到很多的候鸟在自由自在地栖息。我们再来到鸬鹚岛前原来的观鸟平台，这里也是难觅一人，只有成千上万的鸬鹚在岛上、在悬崖边时而停留，时而翱翔，应该说鸟岛的整改十分彻底、十分到位。

保护区的工作人员给我们介绍，停业后的鸟岛更大程度地在发挥科普教育作用。今年 5 月，鸟岛举办了一系列生态科普体验活动，如进行自然科普讲座，邀请中小学生体验基本观鸟技巧、辨识鸟类特征等。此外，青海湖国家级自然保护区管理局、中国科学院青海湖联合科研基地以及当地媒体、网络平台持续开展了鸟岛视频直播活动，以满足大家对于观鸟的“好奇心”。同时，游客还可前往青海湖二郎剑景区和仙女湾景区领略其灵动秀美风光。

鸟岛的整治充分体现了青海省委、省政府坚决贯彻习近平总书记“生态优先、绿色发展”的重要指示，全面扛起了青海湖生态文明建设和生态环境保护的政治责任，促进了青海湖湿地生态环境和野生动物栖息地环境不断得到有效改善，湿地指示性物种（水鸟）种群数量不断增多，年累计为 30 万只左右，多样性增加，由原有 69 种增加到现在的 92 种。

（2019 年 7 月 8 日）

青海“三江源”“青海湖”生态环境保护工作考察日记（五）

——青色的湖

2019年7月9日上午　星期二　晴

青海湖地处青藏高原东北部，古称“西海”，蒙古语叫“库库诺尔”，意即青色的水。湖的四周被巍巍高山环抱。北面是崇宏壮丽的大通山，东面是巍峨雄伟的日月山，南面是逶迤绵延的青海南山，西面是峥嵘嵯峨的橡皮山。离省会西宁约150千米，海拔为3200米。东西最长处约106千米，南北最宽处约63千米，湖岸线长360千米，湖水面积达4520平方千米，是中国面积最大的高原内陆咸水湖。

青海湖是世界高原内陆湖泊湿地类型的典型代表，是水鸟重要繁殖地和迁徙通道的主要节点，作为维系青藏高原东北部生态安全的重要水体，青海湖是控制西部荒漠化向东蔓延的天然屏障，被称为中国西北部的“气候调节器”“空气加湿器”。

青海湖既是国家级风景名胜区，也是国家级自然保护区，是全国最早被列入《国际重要湿地名录》的保护区，更是青海生态形象的一张靓丽的名片。

青海湖生态环保工作开展情况是我们这次调研的重头戏，来前，我就做了一些功课，了解了一些情况，到了青海也很关注这方面的情况，包括媒体的相关报道。从9日下午至10日下午，我们用差不多一天的时间环青海湖进行了考察，尤其是深入到了二郎剑景区，有关部门及随行人员给我们介绍了不少情况，使我们对青海湖生态环保工作有了更深的了解。

青海省把保护好青海湖生态环境作为首要政治任务，牢固树立不抓生态就是失职，抓不好生态就是不称职的理念，坚守“生态红线”和“保护底线”，颁布了《青海湖流域生态环境保护条例》《青海湖景区管理条例》，深入开展资源调查监测，加大数字化保护区建设，加强了繁殖后期水鸟监测、普氏原羚繁殖期监测等为主要内容的生物多样性综合监测。针对青海湖湖面减少等比较突出的问题，从2008年开始，启动了包括人工增雨、湿地保护、沙化土地治理、人工修复退化草地等湿地保护与恢复工程。近几年，又先后投入近4亿元实施了青海湖国家级自然保护区基础设施建设、湿地保护与恢复建设工程等一系列生态保护项目，在生态脆弱的重点区域进行禁牧、轮牧、休牧。同时，加大保护区巡查执法力度，组织开展打击自然保护区内采石挖沙、偷捕偷猎等违法行为的“绿剑行动”，严厉打击破坏生态环境的各类违法违规行为，依法管理的能力得到提升。建立社区共管机制。以“参与式有效管理”的思路，聘请环湖周边群众为野生动物保护与监测重点区域的协管员，既是保护区的“保护员”，又是当地群众的“宣传员”，带动了广大群众自觉参与保护青海湖生态环境的积极性。

通过多年多方面的积极努力，保护区基础设施不断完善，保护机制逐步建立，青海湖湿地生态环境和野生动物栖息地环境不断得到有效改善，青海湖整体的生态环境呈现湿地面积、鸟类的种群数量、高密度植被覆盖度增加，整体生态环境稳定向好、生态功能持续增强的良好态势。监测数据显示，青海湖水体面积与十多年前相比扩大了近200平方千米，鸟类种类由20世纪90年代的189种增加到目前的225种，旗舰物种得到有效保护，极濒危物种普氏原羚由2004年的257只增加到了2018年的2793只，湿地关键性物种、国家二级保护动物青海湖裸鲤资源蕴藏量从2002年的2592吨增加到2018年年底的8.8万吨，约为保护初期的34倍，保护区沙地、裸地、盐碱化土地面积持续减少，累计减少39.6平方千米。

当然，青海湖的生态保护是一项长期的工作任务，环湖周边旅游业高速持续发展与生态环境可持续发展利用、周边群众对经济发展的需求与生态环境可持续利用之间的矛盾仍然存在，生态优先的观念仍需进一步树立，突出保护好青海湖的湿地生态环境和鸟类、野生动物栖息地的工作仍需进一步加强，推进旅游业可持续发展，让“绿水青山”真正成为“金山银山”仍需进一步努力。

（2019年7月9日）

青海“三江源”“青海湖”生态环境保护工作考察日记（六）

——高原取经

2019 年 7 月 9 日下午　星期二　晴

今天中午，我们在青海湖宾馆用了中餐后，没有午休，就马不停蹄地往西宁赶，中间经过了文成公主进藏途经的日月山，还有大片大片的油菜花，这对于初次来青海的许多委员来说还是颇具吸引力的，因下午安排了我们这次考察的重头戏，与青海省人民政府及有关部门座谈交流，大家只能从车窗中欣赏一下窗外的美景。

下午三点，调研组听取青海省，尤其是三江源和青海湖生态环保工作的情况和经验介绍并进行座谈交流。青海省政协主要领导参与座谈并指出，住湘全国政协委员来青调研，为青海提供了一次很好的交流互鉴机会，调研组带来了湖南省在生态环境保护方面的宝贵经验，将对青海省三江源、青海湖生态保护工作起到积极的促进作用。青海省在推进三江源、青海湖等重点地区生态保护和建设取得显著成绩的同时，也面临着一些具体的困难和问题，有的需要我们继续努力，有的需要国家支持帮助，特别是三江源生态建设关系国家可持续发展大局，其生态补偿机制需要加快进度提上议事日程，希望住湘全国政协委员通过全国政协向国家有关方面积极反映。

青海省政府领导介绍了青海省及三江源、青海湖生态环境保护工作情况，青海省相关政府部门负责人与调研组一行进行了广泛、深入的座谈交流。近年来，青海省深入贯彻习近平生态文明思想，尤其是习近平总书记在考察青海时作出的关于强调青海最大的价值在生态、最大的责任在生态、最大的潜力也在生态，必须把生态文明建设放在突出位置来抓，尊重自然、顺应自然、保护自然，筑牢国家生态安全屏障，确保“一江清水向东流”的重要指示，始终把生态环境保护作为首要的政治责任，强力推进生态环境保护工作和中央环保督察问题整改，取得了明显的成效、积累了宝贵的经验，突出地体现在以下几个方面。

一是政治站位高。始终牢记习近平总书记对青海工作的谆谆嘱托，大力推进“四个扎扎实实”落地落实，中共青海省委十二届十三次全会提出了努力实现“四个转变”（其中首要的是从经济小省向生态大省、生态强省的转变），中共青海省委十三届四次全会又作出了实施“一优两高”（坚持生态保护优先、推动高质量发展、创造高品质生活）的发展战略，实现青海绿色崛起，走向生态文明新时代，将生态优先放在了首要位置。

二是基础工作实。建设了由 26 个综合站点、1152 个基础站点和 220 个跟踪站点构成的地面监测与遥感监测相结合的生态监测网络，建设了 110 个地表水环境质量监测断面，其中 38 个自动监测，71 个环境空气自动站，491 个土壤监测点，185 个辐射监测点位等环境质量监测体系，在全国率先建成了“远距离、大范围、全方位”精确观测的“青海生态之窗”，初步建成了“天空地一体化”环境监测网络体系。

三是推进力度大。2005 年，三江源一期工程经国务院批准开始实施，围绕退牧还草、退耕还林、水土保持、禁牧搬迁、草地保护、人畜饮水等重点生态环保共投入了 75 亿元，截至 2013 年，累计完成湿地保护 160 万亩（1 亩≈0.067 公顷），封山育林 511 万亩，治理黑土滩 523 万亩，治理沙漠化土地 66 万亩及治理鼠害草场 11781 万亩；从 2013 年起，开始实施三江源二期工程，到 2020 年预计投资 160 亿，草地植被覆盖度将提高 25 至 30 个百分点，湿地生态系统和野生动物栖息地环境明显改善。

四是创新意识强。三江源国家公园是党中央、国务院批复的第一个国家公园体制试点，率先颁布了《三江源国家公园条例（试行）》，从 2006 年起，不再对三江源区考核 GDP；制定出台了《青海省生态文明建设促进条例》《青海湖流域生态环境保护条例》《青海省湿地保护条例》《青海省湿地保护奖励管理办法》《青海省级绿色矿山建设标准》等一批法规标准；率先建立了湿地生态保护补偿机制；率先建立了省市县乡村五级河长制等。

五是社会参与广。藏族群众本身就有敬山敬水的文化传统，在此基础上，政府进一步加以宣传引导，发放藏文、汉文宣传手册，连续三年配合央视开展了湟鱼洄游大型直播，打造全国首个鸟类湿地慢直播平台——“鸟岛慢直播”，借助“世界湿地日”“爱鸟周”“野生动物宣传月”以及可可西里申遗成功、环青海湖国际公路自行车赛等重大活动和节假日开展内容丰富的生态环保公益活动，设立生态环保公益性岗位，如三江源全面实现了“一户一岗”，共有17211名生态管护员持证上岗，聘请群众为野生动物保护与监测重点区域的协管员。

六是保护效果好。三江源地区水资源总量明显增加，水源涵养量增加到每年409亿立方米以上，年均增幅达6%以上；植被覆盖度明显提高，黑土滩治理区植被覆盖度由治理前不到20%增加到治理后的80%以上；生物多样性明显增强，藏羚羊的数量由20世纪80年代的不足2万只恢复到7万多只。青海湖水体面积比十年前增加了近200平方千米，鸟类种类由20世纪90年代的189种增加到目前的225种，极濒危物种普氏原羚由2004年的257只增加到了2018年的2793只，国家二级保护动物青海湖裸鲤资源蕴藏量从2002年的2592吨增加到2018年年底的8.8万吨，约为保护初期的34倍。

青海省在生态环保方面的探索和取得的经验得到了住湘全国政协委员调研组一行的一致认可和高度评价。

青海省深入贯彻习近平生态文明思想，全面落实习近平总书记“四个扎扎实实”重大要求，着力解决突出生态环境问题，努力构筑生态安全屏障，谱写了美丽中国生态文明建设的青海篇章。目前，湖南“一湖四水”污染治理和生态修复任务繁重，生态文明建设正处于压力叠加、负重前行的关键期，三江源和青海湖的生态环境保护对策措施和体制机制，对湖南“一湖四水”生态环境保护有很多启示，我们将把青海省加强生态文明建设的做法和经验带回去，结合湖南“一湖四水”保护的实际，给省委、省政府提出意见建议，为落实好习近平总书记“守护好一江碧水”的殷殷嘱托贡献住湘全国政协委员的智慧和力量。

（2019年7月9日）

青海“三江源”“青海湖”生态环境保护工作考察日记（七）

——青海生态之窗

2019 年 7 月 10 日上午　星期三　晴

2016 年 8 月，习近平总书记专门视察了青海“生态之窗”，通过青海“生态之窗”远程监控系统实时察看了三江源、青海湖等地生态监测情况，并远程与工作人员做了现场交流，视频通过中央电视台《新闻联播》向全世界进行了发布，给我留下了很深的印象。7 月 9 日下午的调研座谈会上，我就青海省生态环境监测网络体系的建设、运营和管理情况向青海省生态环境厅进行了询问和学习。今天上午的行程安排不是很紧，早上我简单用过早餐后，就与湖南卫视的记者组成一个小分队先去青海生态环境监测中心进行进一步的现场学习。

一到青海生态环境监测中心大楼，我们就直奔青海“生态之窗”监控大厅，与青海省生态环境厅和信息中心的领导简单寒暄之后，就开始认真听取中心主任的情况介绍。

我们了解到，“生态之窗”于 2016 年正式启动建设，建设目的是更好地推动三江源、青海湖、湟水流域、柴达木盆地和祁连山等五大生态板块的生态环境保护工作，其建设依托三江源生态保护与建设、青海湖流域生态保护与综合治理等重大生态工程。按照重点生态保护区域自然景观分布及野生动物典型活动区域分布特点，在全省五大生态功能区选择观测点，前端使用 200 万像素高清、星光级重载云台摄像机，固定在监测区域的移动塔上，可以实现 360 度连续旋转，摄像机物理变焦范围为 16.7 毫米至 2000 毫米。最远观测距离可达 15 千米，夜晚最远观测距离也可达 3 千米。

视频监控数据通过数字化网络将实时传输至青海省生态环境监测中心，工作人员只需坐在电脑前，不时切换屏幕，即可近距离观测典型区域生态类型、自然景观、野生动物，实现远程实时高清视频观测和监控，实时掌握每个监测点位的基本情况，可实现非接触、远距离、大范围、全方位的实时精确观测。此外，还可以实现绊线入侵、区域入侵、徘徊检测、快速移动、智能跟踪等智能分析功能，实现对生态保护区野生动物的智能检测、分析、跟踪和预警功能，青海省生态监测体系走在了全国前列，起到了引领作用。

据了解，青海“生态之窗”远程监控系统现已对鄂陵湖、扎陵湖、年保玉则、隆宝自然保护区、澜沧江大峡谷、茶卡盐湖、可可西里青藏铁路五道梁北大桥，以及祁连黑河大峡谷、青海湖泉湾等重点生态保护区的35个监测点位进行监测，实现了全省五大生态功能区全覆盖，24小时全景记录，2019年年内计划建成70个监测点位。预计到“十三五”末期，青海省建设及整合的总点位数达到100个以上，可对全省五大生态板块试行高密度覆盖，视频内容可保存8年到10年，在全国率先建立了“天空地一体化”生态环境监测网络体系。通过青海环保云平台海量存储系统，不断积累观测资料，为后续开展相关科学应用研究、物种种群数量评估、生态系统多样性调查等提供了科学的数据支撑。

值得一提的是，2017年8月8日10时至12时，在长达2个小时内，青海“生态之窗”远程监控系统实时记录到近3000只藏羚羊通过青藏铁路五道梁北大桥，返回栖息地的壮观场面。

目前，青海省进一步完善覆盖全省重点生态功能区的“天空地一体化”生态环境监测网络体系，形成以环保部门牵头，农牧、水利、林业、气象等多部门合作的生态监测工作机制，统一监测指标、技术和方法，初步实现了部门间的数据互通共享。利用高分遥感，建立起重点区域生态环境遥感监管平台。同时，将重点污染源在线监控系统、移动执法平台和在全国率先建成的有毒有害气体监测预警系统、环境质量监测站网整合，实现了监测监管的协同联动。我们到监控大厅看到了生态环境监测中心负责值守和数据分析、信息中心负责平台维护、第三方公司负责技术保障、环境执法局负责在线监测数据运用等分工明确、协同联同的场景。

青海省还在全国首次对重点生态功能区开展了基于遥感技术编制以实物量为主的自然资源资产负债表的试点工作。

我们也了解到，青海“生态之窗”已成为公众了解青海生态环境的重要窗口，截至目前，已接待公众参观2000多人次。

（2019年7月10日）

青海“三江源”“青海湖”生态环境保护工作考察日记（八）

——三江源国家公园

2019 年 7 月 10 日下午　星期三　晴

三江源是长江、黄河、澜沧江的发源地，三江源地区面积近 40 万平方千米，素有“中华水塔”之称，每年向下游供水 600 多亿立方米，平均海拔 4500 米左右，是中国乃至亚洲极为重要的生态安全屏障，拥有世界上高海拔地区独有的大面积湿地生态系统，是世界范围内极其珍贵的高寒生物自然种质资源库，保护好三江源生态环境事关中华民族的长远发展。

习近平总书记和党中央、国务院高度重视三江源地区生态环境保护，将其列为我国第一个国家公园体制试点。青海省委、省政府高度重视、强力推进、成效明显，国务院第五次大督查将其作为典型经验在全国范围内进行了通报表扬。三江源国家公园是我们此次调研的重中之重，我们希望三江源国家公园建设为湖南省南山国家公园等建设提供可复制、可借鉴的经验和模式。九号下午的座谈交流会上，我们从青海省政府及三江源国家公园管理局的介绍中了解到了许多情况，学到了不少真经。

据了解，从 20 世纪 70 年代开始，由于不合理的人类活动，加之全球气候变化因素的影响，三江源生态系统持续退化，引起了党中央、国务院的高度重视和社会各界的广泛关注。

2000 年 5 月，青海省政府批准在青南地区（主要是青海的玉树、果洛、黄南三州）建立以保护森林系统、高原湿地、冰川雪山、野生动植物为主的省级三江源自然保护区，2005 年 7 月三江源国家级自然保护区挂牌运行。

2005年8月，党中央、国务院决定实施的三江源生态保护和建设一期工程，统筹投入资金85.39亿元，2014年1月，三江源生态保护和建设二期工程全面启动，范围扩大到39.5万平方千米，总投资140亿元。

2015年12月9日，习近平总书记主持召开中央全面深化改革领导小组第十九次会议审议通过了《三江源国家公园体制试点方案》，三江源成为全国第一个国家公园体制试点，明确了突出并有效保护修复生态、探索人与自然和谐发展模式、创新生态保护管理体制机制、建立资金保障长效机制和有序扩大社会参与等5项主要改革任务，要求把三江源国家公园建成青藏高原生态保护修复示范区，三江源共建共享、人与自然和谐共生的先行区，青藏高原大自然保护展示和生态文化传承区。

三江源国家公园包括长江源（可可西里）、黄河源、澜沧江源3个园区，平均海拔4713米，总面积12.31万平方千米，占三江源面积的31.16%，涉及玉树藏族自治州杂多、治多、曲麻莱3县和果洛藏族自治州玛多县以及青海可可西里国家级自然保护区管理局管辖区域，共12个乡镇，53个村，1.68万户牧民、6.64万人。

2016年6月，三江源国家公园管理局挂牌成立，三年多来，青海省委、省政府及三江源国家公园管理局认真贯彻落实习近平总书记“承担好维护生态安全、保护三江源、保护‘中华水塔’的重大使命”重要指示精神。三江源国家公园是全国第一个国家公园体制试点，要用积极的行动和作为，探索生态文明建设的好经验，谱写美丽中国青海新篇章，按照试点方案的要求，集各方之智、举全省之力，全面深入推进体制试点工作，取得了显著成效。

生态优先的保护理念基本树立，突出三江源自然资源的持久保育和永续利用，突出三江源自然生态保护的原真性、系统性、典型性、完整性，强调国家公园建设的核心是保护生态，目标是实现生态、生产、生活联动共赢，采取最严格的生态保护政策，执行最严格的生态保护标准，落实最严格的生态保护措施，切实以生态保护优先理念统领体制试点各项工作。比如，在三江源国家公园范围内的杂多县昂赛乡年都村率先尝试建立家畜保险基金制度，每头牦牛缴纳保险金3元，村民每损失一头牛，可以获得补偿500元。若村民保护牲畜措施得当，当年未发生牲畜被野生动物袭击现象，也能获得相应补偿。补偿基金的使用权归村委会所有，村委会设有资金管理使用委员会，下设三个由5名村民组成的审核小组，专门负责对野生动物袭击事件照相取证、实地调查、审核验证，并给予补偿。

集中统一的管理体制基本构建：组建了三江源国家公园管理局（正厅级），组建了省州县乡村5级国家公园管理实体，基本解决了“九龙治水”和监管执法碎片化问题，同时，设立长江源（可可西里）、黄河源、澜沧江源三个园区管委会（正县级）。对3个园区所涉4县进行大部门制改革，整合林业、国土、环保、水利、农牧等部门的生态保护管理职责，设立生态环境和自然资源管理局（副县级）、资源环境执法局（副县级），全面实现集中统一高效的保护管理和执法。整合林业站、草原工作站、水土保持站、湿地保护站等，设立生态保护站（正科级）。国家公园范围内的12个乡镇政府挂保护管理站牌子，增加国家公园相关管理职责。

严格规范的管控制度基本形成：研究编制了《三江源国家公园总体规划》，颁布实施了《三江源国家公园条例（试行）》，形成了“1+N”的政策制度体系，制定了《三江源国家公园管理规范和技术标准指南》。

和谐共生的参与机制基本建立：强化牧民群众在保护生态中的主体作用，创新设置并实施生态管护公益性岗位，园区全面实现了“一户一岗”，共有17211名生态管护员持证上岗，鼓励引导并扶持牧民从事公园生态体验，环境教育服务以及生态保护工程劳务、生态监测等工作。

监管统一的工作模式基本确立：先后累计投入22.5亿元，重点建设保护监测设施、科普教育服务设施、大数据中心等基础设施项目，强化园区监测监管能力；推进山水林田湖草沙组织化管护、网络化巡查；与法院、检察院共同建立生态保护司法合作机制。

当前，三江源区生态系统退化趋势得到初步遏制，重点生态建设工程区生态环境状况持续好转，生态保护体制机制日益完善，突出表现为：一是水资源总量明显增加。三江源地区年平均出境水量达到了526亿立方米，年平均增加了60亿立方米左右，三江源头重现千湖美景，湿地面积跃居全国首位。二是植被覆盖度明显提高。草地平均覆盖度、产草量分别比十年前提高了11%、30%以上，草地整体退化的趋势开始得到遏制。三是生物多样性明显增强。野生动物种群明显增多，数量得到恢复性增加，藏羚羊的数量由20世纪80年代的不足2万只恢复到7万多只。四是牧民生活水平明显改善。多措并举加强基础设施建设，发展生态畜牧业和旅游业，广大农牧民生产生活条件得到明显改善，农牧民年均收入增长10%以上。五是可可西里坚守精神不断弘扬。“忠于事业、忘我奉献，勇于牺牲、永远坚守”的可可西里坚守精神不断发扬光大，可可西里管理处被评为全国“人民满意的公务员集体”“全国学雷锋活动示范点”。

为了更进一步了解三江源国家公园建设情况，增加直观感受，今天上午我们乘飞机飞抵了三江源的核心地区玉树藏族自治州，不少委员克服高原反应，下午就马不停蹄地直奔三江源保护碑和勒巴沟进行考察，从长江源头通天河的滚滚洪流和海拔近4千米的勒巴沟的涓涓溪流，我们真切感受到“中华水塔”名不虚传，三江清流正源源不断地滋润着华夏大地。

（2019年7月10日）

青海“三江源”“青海湖”生态环境保护工作考察日记（九）

——玉树抗震救灾纪念馆

2019 年 7 月 11 日上午　星期四　晴

玉树藏族自治州建政于 1951 年 12 月，是全国第二个、青海省第一个成立的少数民族自治州，总面积 26.7 万平方千米，总人口 41.66 万，有藏、汉、回等 11 个民族，其中藏族占总人口的 98%，现有耕地 15.53 万亩，可利用草场 30450 万亩。玉树州因“三江源”而驰名中外，另一个给人们留下深刻记忆的是玉树地震，因此 7 月 9 日中午我们一飞抵玉树巴塘机场，首先就想看一看震后的玉树怎样？从现代化的巴塘机场向玉树州府所在地结古镇一路前行，看到的是震后统一规划建设的现代化的援建房屋和雄伟壮观的藏传佛教庙宇，如果不是山边那些“感恩党和全国人民”的大幅标语，你根本想不到这里曾经发生过 7.1 级地震。

进入结古镇，首先映入眼帘的是玉树抗震救灾纪念馆和室外保留的地震遗址，再往里走，展现在我们面前的是一个全新的现代化城市，根本看不到一点地震的痕迹了，融入藏族的文化和元素，让玉树更具独特的魅力。比如在结古镇的中心位置建立了生态和人文理念相融合的博物馆，这座模拟转经筒形状建起的宏伟建筑成了玉树的骄傲。我们入住的王府酒店，除了房间是现代化的设施外，从酒店外观到大堂、到餐厅，都具有藏族文化特色，入住的游客络绎不绝。

玉树的领导给我们介绍，发生在 2010 年 4 月 14 日 7 时 49 分的 7.1 级强烈地震，当时给人民的生命财产安全造成了巨大损失。受灾总面积 3.58 万平方千米，重灾区面积达 4000 平方千米，位于震中的结古镇 90% 的建筑全部垮塌，整个城镇沦为一片废墟，直接经济损失达 228 亿元，2698 人遇难。

3681 米的海拔、高寒的气候、脆弱的生态和有限的基础设施，给玉树重建带来了难以想象的困难。玉树人没有被困难吓倒，玉树本地的 7 万居民和央企的 10 万援建人员共同扛起了抗震救灾及灾后重建的大旗，确立了玉树“三年重建”的目标，灾后重建的总投资高达 447.54 亿元，超过了玉树有建制以来历年财政收入的总和。由于气候条件限制，玉树一年的可施工期只有 5 个月，要完成整个城市的重建，不论工人还是管理者，都在“五加二、白加黑”的超常规工作。“苦干三年，跨越二十年”，在震后重建的过程中，玉树共实施了 1248 个项目，从城市居民住房、公共设施及基础设施建设到生态环境的保护、产业和文化的恢复发展一应俱全——政府援建 39149 户农村与城镇住房，共计 380 万平方米；建成了 94 个教育项目及幼儿园项目、63 个医疗卫生项目和 65 个文体项目，整个城市的面积也从 9.7 平方千米扩展到逾 14 平方千米，常住人口增加了近三分之一。“三年重建”，玉树市发展成了一个崭新的现代化城市，老百姓已经“安居乐业”。从前玉树是没有红绿灯的，如今，即使是四下无人的深夜，市民也会等红灯变为绿灯才穿过马路。

为了更深入地了解在玉树地震，包括震后重建过程中一些难忘的经历和感人的故事，今天上午早餐后，我们就驱车来到了玉树抗震救灾纪念馆。

纪念馆讲解员给我们介绍，为了弘扬大爱同心、坚韧不拔、挑战极限、感恩奋进的玉树抗震救灾精神，玉树藏族自治州在玉树市结古镇西杭修建了“玉树抗震救灾纪念馆”。

纪念馆于 2012 年 4 月 10 日开工，2013 年 10 月 30 日完工，纪念馆用地面积约为 5776 平方米，其中遗址占地面积约 498 平方米，由地震遗址、纪念馆主体及感恩广场三部分组成，建筑分地上一层，地下两层。多角度、多视觉地再现了玉树灾后重建历程，再现了波澜壮阔的灾后新玉树的家园新貌。纪念馆分为领导关怀、抗震救灾、英模谱、大爱无疆等 6 大板块。一幅幅珍贵的照片、一个个真实的场景，再现了惨烈地震带给人们的悲痛，同时也展现了抗震救灾期间社会各界万众一心、不畏艰险的“举国力量”。大厅中由1000多张抗震救灾照片组成的一个“爱”字格外醒目。还有一点也令我们肃然起敬，在灾后重建的过程中，由于高原上高强度、超负荷的工作，许多人倒在了工作岗位上，117个名字静静地陈列在玉树抗震救灾纪念馆的牺牲人员名单上，供人们缅怀。中间的祈福厅，由刻满六字真言的玛尼石和两侧对应的414盏酥油灯组成，以藏族的传统方式为玉树地震中的罹难者祈福，我们都献上了白花以示对逝者的怀念。转经轮是藏族非常有地域色彩的宗教设施，我们转动了纪念馆长墙上的转经轮为逝者祈福。

“在感恩中学会奋进，在悲伤中学会前行。”我们能感受到每一个玉树人心底的声音。在每一次大灾大难面前，我们更能感受到中华民族“一方有难，八方支援”的民族精神和“万众一心、众志成城”的“举国力量”，更加增强了我们的制度自信。

参观玉树抗震救灾纪念馆就是一场生动的“不忘初心、牢记使命”主题教育。

（2019年7月11日）

青海“三江源”“青海湖”生态环境保护工作考察日记（十）

——启示与思考

2019 年 7 月 11 日下午　星期四　晴

为期五天的青海“三江源”“青海湖”生态环境保护工作考察即将结束，我们在西宁机场转机，中途有两个多小时的时间。利用转机的时间，湖南省政协研究室的同志一个一个地听取委员们的考察感受和意见建议，凸显了政协一线工作的节奏和氛围。我不敢有丝毫的懈怠，赶紧将这几天的考察情况在脑海中全面地过了一遍，又进行了一些思考。

图 1　三江源地区

正如习近平总书记所强调的，青海的地位重要而特殊，是国家生态安全的重要屏障。对于青海，尤其是三江源地区来说，其维护国家生态安全和中华民族永续发展的生态地位怎么强调都不过分，生态优先的理念怎么突出都不过分，国家及三江源下游各省对青海怎么支持都不过分。同时，青海的生态环境也十分脆弱，一旦遭到破坏影响很大且很难恢复，这次我们到玉树看到通天河河水比较浑浊，据说是因为前几天下了雨，这也说明长江源头的水土流失仍然不容忽视。目前，青海省在实施“一优两高”战略的过程中，生态保护与改善农牧民生活、生态保护与旅游开发的矛盾仍然比较突出。要真正保护好青藏高原，尤其是三江源地区的生态环境，我个人觉得，一是要严控工矿企业发展，二是要限制游客的过多进入，三是农牧业的发展要以生态质量不弱化为前提，而这些都是需要付出代价的。因此，国家及三江源下游地区的省份应进一步加大对三江源地区支持的力度，加大对区域内国家重点生态功能县转移支付力度，扩大生态补偿领域，针对湿地、草地建立生态补偿机制，加快推进流域上下游生态补偿力度。此次我们到玉树调研，发现玉树的干部群众除了国家公职人员和僧侣，农牧民已经不多了，可以考虑将剩下的农牧民一部分转为生态保护公益性岗位工作人员，一部分转为国有农牧场工人。只是国有农牧场的开发不能以追求产量和产值为目的，只能在不弱化生态功能的前提下适度发展。

五天的青海之行，我们聚焦的是“不忘初心、牢记使命”主题教育和生态环境保护，实际上，大美青海还有诗与远方。

图2　青海原子城国家级爱国主义教育示范基地

图3　青海王洛宾艺术音乐馆

第一天，我们参观的青海原子城国家级爱国主义教育示范基地旁就耸立着“西部歌王”王洛宾音乐艺术馆。1940年春天，王洛宾随电影导演郑君里在青海金银滩草原拍摄《民族万岁》时，创作了不朽之作《在那遥远的地方》。王洛宾有50多首作品是在青海海北藏族自治州境内的金银滩的草原完成的。

在刚察县，还有专门修建的仓央嘉措文化广场。“你见，或者不见我，我就在那里，不悲不喜；你念，或者不念我，情就在那里，不来不去……”

一首《见与不见》前几年红遍大江南北，仓央嘉措也随之大火。据说仓央嘉措病逝于青海湖畔，刚察县专门修建了仓央嘉措文化广场来纪念他，广场上的石头上刻着仓央嘉措的诗文。

青海湖旁的日月山是历史上的唐蕃古道的重要通道。相传，文成公主远嫁松赞干布时曾经过此山。她在峰顶翘首西望，远离家乡的愁思油然而生，不禁取出临行时皇后所赐“日月宝镜”观看，镜中顿时现出长安的迷人景色。公主悲喜交加，不慎失手，把“日月宝镜”摔成两半，摔在东边的是日镜，摔在西边的是月镜，摔碎的镜片被泪水和风沙掩埋，成为今天的日月二山。古道旁，建有文成公主庙。

图4　文成公主庙

图5　在玉树文成公主纪念馆开展“不忘初心、牢记使命”主题教育

在玉树，还有着另外一处文成公主纪念馆，它是玉树在抗震救灾、恢复重建过程中矗立起的一座文化丰碑。纪念馆选址在文成公主庙附近，馆内，藏族艺术家们用唐卡的形式绘制了文成公主进藏这一历史事件的每一个细节，展陈的馆藏品充分反映了文成公主进藏促进民族和亲的理念；见证了汉藏一家亲的过往和现在；见证了玉树民族团结的新篇章，已经成为弘扬各民族和衷共济、和睦相处、和谐发展理念的爱国主义教育基地，宣传民族团结进步的生动教材。

图6　藏族婚礼

图7　王府宾馆门口新郎新娘转炉

在玉树考察期间，我们在居住的宾馆还偶遇了一场藏式婚礼，传统习俗与时尚生活有机地结合在一起，呈现了藏族人民群众当前幸福安详和美的新生活。

为期五天的调研考察就要结束了，我们满载着丰富的调研成果即将踏上返程，大家在意犹未尽之余更是感慨万端。他山之石，可以攻玉。青海“三江源”“青海湖”生态环境保护工作有许多值得我们学习和借鉴的地方，如从领导到普通的群众，生态保护的意识都很强，生态优先的理念已经成为政府和全社会的共识；注重法制建设，先立规矩；摸清资源和环境质量的家底，建立全面、系统、完善的生态环境监测监管信息化体系；改革创新，建立大生态环保的管理体制机制；加强资源环境的资产核算，探索建立登记、管理、交易、补偿、考核的市场化管理体系，等等。

图8　玉树抗震救灾纪念馆

图9　在玉树抗震救灾纪念馆开展“不忘初心、牢记使命”主题教育

结语

雄关漫道真如铁，而今迈步从头越。

为期五天的三江源之行结束了，但思考和探索永无止境。流连在青海的原子城，回顾那段峥嵘的历史岁月，不由得令人感怀于先辈们胼手胝足、筚路蓝缕的艰苦创业之路，肃然起敬；而在青海湖边观赏着翱翔在蓝天里的鸟儿和徜徉在湖水中的湟鱼，无由来的就好像放飞了自我，化身在这圣洁的天与水之间；日月山满目的油菜花、茶卡盐湖的奇异风光令人流连忘返；而9年前的青海玉树，也曾因一场地震牵动了全国人民的心，铭刻至今。

在经济高速发展的今天，经济发展的需求与生态环境可持续利用之间的矛盾仍然存在，生态优先的观念仍需进一步树立。突出保护好生态环境的工作仍需进一步加强，推进经济可持续发展，让“青山绿水”真正成为“金山银山”仍需进一步努力。近年来，在生态环境保护，特别是三江源和青海湖的生态环境保护中，青海省积累了一系列好经验、好做法、好典型。同时，在生态先行的前提下，结合自身地域文化特色，以“生态＋民族文化”为结合点，积极发展绿色经济，也为我们提供了不少可资借鉴的经验。

近年来，湖南省委、省政府牢记习近平总书记“守护好一江碧水”的殷殷嘱托，围绕建设生态强省，大力开展“湘江保护和治理一号重点工程”“洞庭湖生态环境专项整治”“长江保护与修复攻坚战”等重点工作，“四水”的水环境质量总体保持优良，洞庭湖水环境质量逐年好转，“一湖四水”的生态保护也已经取得了明显的成效，但与习近平总书记的要求和人民群众期盼，与三江源、青海湖保护的力度和成效相比仍有不小的差距。

保护好“一湖四水”，打好污染防治攻坚战，既是一场攻坚战，也是一场持久战，不是敲锣打鼓、轻轻松松就能够实现的，需要我们用过硬的举措、扎实的作风强力推进，付出更加艰苦的努力。

我坚信，有习近平生态文明思想，有省委、省政府的坚强领导，有全省人民的共同努力，我们一定能书写好美丽中国的湖南篇章。毛主席诗词中所描绘的“鹰击长空，鱼翔浅底”的美景一定会在“一湖四水”重现。

（2019年7月11日）

深入学习贯彻习近平生态文明思想
加快建设人与自然和谐共生的美丽中国

一、习近平生态文明思想产生的时代背景

进入工业文明时代以来，传统工业化迅猛发展，在创造巨大物质财富的同时也加速了对自然资源的攫取，人与自然深层次矛盾日益显现。一些西方国家相继发生多起环境公害事件，引发人们的深刻反思，环境保护与可持续发展成为国际社会的共同期待。为应对工业化过程所带来的环境污染、生态系统退化等严峻挑战，党中央大力倡导并积极推动生态文明建设。

习近平生态文明思想是以人与自然、人与人、人与社会和谐共生、良性循环、全面发展、持续繁荣为基本宗旨的文化伦理形态。党的十七大明确提出要建设生态文明，首次将生态文明写入政治报告；党的十八大把“中国共产党领导人民建设社会主义生态文明”写入党章，作为行动纲领；第十三届全国人民代表大会第一次会议将“生态文明”写入宪法。

习近平总书记基于长期的实践与思考，传承中华民族传统文化、顺应时代潮流和人民意愿，站在坚持和发展中国特色社会主义、实现中华民族伟大复兴中国梦的战略高度，以马克思主义政治家、战略家、理论家的深刻洞察力、敏锐判断力和理论创造力，亲自谋划、亲自指导并以前所未有的力度推动生态文明建设，从思想、法律、体制、组织、作风上全面发力，提出一系列新理念、新思想、新战略、新要求，赋予生态文明建设理论新的时代内涵，深刻揭示并系统回答了为什么建设生态文明、建设什么样的生态文明、怎样建设生态文明等重大理论和实践问题，系统形成了习

近平生态文明思想，在2018年召开的全国生态环境保护大会上正式确立。

习近平生态文明思想创造性地继承了中华文明道法自然、天人合一的内在生存理念，丰富和发展了马克思主义关于人与自然关系理论，体现了以人民为中心的发展思想，是中国共产党对中国特色社会主义建设理论认识的升华提升，符合世界可持续发展潮流和各国人民共同意愿，为推进新时代生态文明建设指明了方向。

在习近平生态文明思想的指导下，中国全方位、全地域、全过程加强生态环境保护，开展一系列根本性、开创性、长远性工作，生态文明建设和生态环境保护制度体系加快形成，全面节约资源有效推进，能源资源消耗强度大幅下降，森林覆盖率持续提高，生态环境治理明显加强，污染防治力度不断加大，生态环境明显改善，应对气候变化等国际合作成绩斐然，生态文明建设和生态环境保护从认识到实践发生了历史性、转折性、全局性变化，为世界可持续发展提供了中国方案，成为全球生态文明建设的重要参与者、贡献者、引领者，体现了负责任大国的担当。

二、习近平生态文明思想的丰富内涵

习近平生态文明思想是党领导人民推进生态文明建设取得的标志性、创新性、战略性重大理论成果，是习近平新时代中国特色社会主义思想的重要组成部分。随着生态文明建设实践的不断丰富，理论研究的不断深入，制度创新的不断拓展，习近平生态文明思想的内涵在不断深化。其核心要义主要体现为“九个坚持”：坚持党对生态文明建设的全面领导，坚持人与自然是生命共同体，坚持绿水青山就是金山银山，坚持全面推动绿色发展，坚持良好生态环境是最普惠的民生福祉，坚持山水林田湖草沙一体化保护和系统治理，坚持用最严格制度最严密法治保护生态环境，坚持建设美丽中国全民行动，坚持共谋全球生态文明建设。

坚持党对生态文明建设的全面领导。生态环境是关系党的使命宗旨的重大政治问题。要不断提高政治判断力、政治领悟力、政治执行力，心怀“国之大者”，坚持正确政绩观，敬畏历史、敬畏文化、敬畏生态，严格实行“党政同责、一岗双责”，确保党中央关于生态文明建设的各项决策部署落地见效。

坚持人与自然是生命共同体。生态兴则文明兴。大自然孕育抚养了人类，人类应该以自然为根。必须站在人与自然和谐共生的高度来谋划经济社会发展，尊重自然、顺应自然、保护自然，像保护眼睛一样保护生态环境，像对待生命一样对待生态环境，努力建设人与自然和谐共生的现代化。

坚持绿水青山就是金山银山。绿水青山既是自然财富，又是经济财富。保护生态环境就是保护生产力，改善生态环境就是发展生产力。人不负青山，青山定不负人。必须处理好绿水青山和金山银山的关系，坚定不移保护绿水青山，努力把绿水青山蕴含的生态产品价值转化为金山银山，促进经济发展和环境保护双赢。

坚持全面推动绿色发展。生态环境问题归根到底是发展方式和生活方式问题。必须完整、准确、全面贯彻新发展理念，把碳达峰碳中和纳入生态文明建设整体布局和经济社会发展全局，把实现减污降碳协同增效作为促进经济社会发展全面绿色转型的总抓手，加快形成绿色发展方式和生活方式，坚定不移走生产发展、生活富裕、生态良好的文明发展道路。

坚持良好生态环境是最普惠的民生福祉。环境就是民生，青山就是美丽，蓝天也是幸福。加强生态文明建设是人民群众追求高品质生活的共识和呼声。必须落实以人民为中心的发展思想，解决好人民群众反映强烈的突出环境问题，提供更多优质生态产品，让人民过上高品质生活。

坚持山水林田湖草沙一体化保护和系统治理。生态是统一的自然系统，是相互依存、紧密联系的有机链条。必须坚持系统观念，从生态系统整体性出发，推进山水林田湖草沙一体化保护和修复，更加注重综合治理、系统治理、源头治理，提升生态系统质量和稳定性，守住自然生态安全边界。

坚持用最严格制度最严密法治保护生态环境。保护生态环境必须依靠制度、依靠法治。要按照源头预防、过程控制、损害赔偿、责任追究的思路，构建产权清晰、多元参与、激励约束并重、系统完整的生态文明制度体系，强化制度供给和执行，让制度成为刚性约束和不可触碰的高压线。

坚持建设美丽中国全民行动。美丽中国是人民群众共同参与共同建设共同享有的事业。要建立健全以生态价值观念为准则的生态文化体系，牢固树立社会主义生态文明观，倡导简约适度、绿色低碳的生活方式，把建设美丽中国转化为每一个人的自觉行动。

坚持共谋全球生态文明建设。生态文明是人类文明发展的历史趋势，是构建人类命运共同体的重要内容。必须同舟共济、共同努力，构筑尊崇自然、绿色发展的生态体系，积极应对气候变化，保护生物多样性，建设清洁美丽世界，构建地球生命共同体。

三、习近平生态文明思想的重大意义

习近平生态文明思想创造了人类文明新形态。生态文明是人类社会进步的重大成果。人类经历了原始文明、农业文明、工业文明，生态文明是工业文明发展到一定阶段的产物，是实现人与自然和谐发展的新要求。

习近平生态文明思想是习近平新时代中国特色社会主义思想的重要组成部分，是建设美丽中国的行动指南，立意高远，内涵丰富，思想深刻，对于坚持绿水青山就是金山银山的理念，走生产发展、生活富裕、生态良好的文明发展道路，努力建设人与自然和谐共生的现代化，夺取全面建设社会主义现代化国家新胜利、实现中华民族伟大复兴的中国梦，具有十分重要的指导意义。

习近平生态文明思想继承和发展了马克思主义关于人与自然关系的思想精华和理论品格，在马克思主义发展史上，在经典作家的论述基础之上结合社会主义现代化实践，提出了人和自然是生命共同体、人不能凌驾于自然之上，要牢固树立尊重自然、顺应自然、保护自然的意识，坚持走绿色、低碳、循环、可持续发展之路等思想，创造性地丰富和拓展了马克思主义自然观，是21世纪马克思主义自然观。提出了“保护生态环境就是保护生产力，改善生态环境就是发展生产力”的辩证法，确立了生态环境在生产力构成中的基础地位，丰富了马克思主义生产力的内涵和外延。习近平生态文明思想是马克思主义中国化的重大成果，是新时代中国共产党人创造性地回答人与自然关系、经济发展与环境保护关系问题取得的原创性理论成果，具有重大的理论意义。

习近平生态文明思想根植和升华于生生不息的中华文明。习近平总书记指出：我们中华文明传承五千多年，积淀了丰富的生态智慧。“天人合一”“道法自然”的哲理思想，“劝君莫打三春鸟，儿在巢中望母归”的经典诗句，“一粥一饭，当思来之不易；半丝半缕，恒念物力维艰”的治家格言，这些质朴睿智的自然观，至今仍给人以深刻警示和启迪。在此基础上，集众家之大成、取思想之精髓、汲历史之营养，充分吸纳中华优秀传统文化的时代价值，对中华优秀传统文化进行创造性转化和创新性发展，让新时代生态文明理念充满了中华文化韵味，也使中华优秀传统生态文化在新时代得以传承和升华，具有深远的历史意义。

习近平生态文明思想对新形势下生态文明建设的战略定位、目标任务、总体思路、重大原则作出深刻阐释和科学谋划。习近平总书记指出：“现在，我们已到了必须加大生态环境保护建设力度的时候了，也到了有能力做好这件事情的时候了。”领导着力打赢污染防治攻坚战，深入实施大气、水、土壤污染防治三大行动计划，打好蓝天、碧水、净土保卫战，开展农村人居环境整治，全面禁止进口“洋垃圾”。开展中央生态环境保护督察，坚决查处一批破坏生态环境的重大典型案件、解决一批人民群众反映强烈的突出环境问题。积极参与全球环境与气候治理，作出力争2030年前实现碳达峰、2060年前实现碳中和的庄严承诺，体现了负责任大国的担当，为党的十八大以来，中国生态文明建设取得历史性成就、发生历史性变革提供了牵引前进的“火车头”，具有重大的现实意义。

习近平生态文明思想的提出，不只是源于中国发展模式面临的特殊问题，背后更是工业革命后人类传统发展模式不可持续的普遍问题。习近平生态文明思想是站在人类发展命运的立场上作出的战略判断和总体部署，凝结着对发展人类文明、建设清洁美丽世界的深刻思考，在全球大国治国理政实践中独树一帜，彰显了中国特色、战略眼光和世界价值，丰富和发展了对人类文明发展规律、自然规律、经济社会发展规律的认识，拓展了全球生态环境治理的可持续发展理念，为世界可持续发展提供了中国智慧、中国方案，具有广泛的世界意义。

四、习近平生态文明思想的伟大实践

党的十八大以来，在习近平生态文明思想指引下，全党全国推动绿色发展的自觉性和主动性显著增强，美丽中国建设迈出重大步伐，中国生态环境保护发生历史性、转折性、全局性变化，中国生态文明建设取得历史性成就和举世瞩目的绿色发展奇迹，为全面建成小康社会增添了绿色底色和质量成色。

生态文明战略地位显著提升。在“五位一体”总体布局中，生态文明建设是其中一位；在新时代坚持和发展中国特色社会主义基本方略中，坚持人与自然和谐共生是其中一条；在新发展理念中，绿色是其中一项；在三大攻坚战中，污染防治是其中一战；在到本世纪中叶建成社会主义现代化强国目标中，美丽中国是其中一个。

绿色发展成效不断显现。2020 年，全国煤炭占一次能源消费比重降低到 56.8%，清洁能源占比达 24.3%，光伏、风能装机容量、发电量均居世界首位。新能源汽车销售量约占全球 42%，是世界上保有量最多的国家，也是全球能耗强度降低最快的国家之一，基本扭转了二氧化碳排放快速增长的局面，正在走出一条人与自然和谐共生的中国式现代化道路。

生态环境质量明显改善。“十三五”期间，全国地级及以上城市空气质量优良天数比率提高了 5.8 个百分点，达到 87%，地表水优良水质断面比例提高了 17.4 个百分点，达到 83.4%，全国近岸海域水质优良比例提高了 9 个百分点，达到 77.4%。森林面积和森林蓄积连续 30 年保持“双增长”。2004 年以来，荒漠化、沙化土地面积连续 3 个监测期实现“双缩减”。

生态文明制度体系更加健全。实施主体功能区战略，建立健全自然资源资产产权制度、生态补偿制度、河湖长制、林长制、环境保护“党政同责、一岗双责”等制度，生态文明“四梁八柱”性质的制度体系基本形成。制定修订 30 多部生态环境领域法律和行政法规，覆盖各类环境要素的法律法规体系基本建立。开展中央生态环境保护督察，成为推动各地区各部门落实生态环境保护责任的硬招实招。

全球环境治理贡献日益凸显。推动《巴黎协定》达成、签署、生效和实施，作出力争 2030 年前实现碳达峰、2060 年前实现碳中和的庄严承诺。成功举办《生物多样性公约》缔约方大会第十五次会议第一阶段会议，通过《昆明宣言》。中国已成为全球生态文明建设的重要参与者、贡献者、引领者。

五、加快建设人与自然和谐共生的美丽中国

“十四五”时期，中国生态文明建设进入了以降碳为重点战略方向、推动减污降碳协同增效、促进经济社会发展全面绿色转型、实现生态环境质量改善由量变到质变的关键时期。我们要坚持以习近平生态文明思想为指导，按照立足新发展阶段、贯彻新发展理念、构建新发展格局、推动高质量发展的要求，保持生态文明建设的战略定力，以生态环境高水平保护推动高质量发展、创造高品质生活，让绿色成为美丽中国最鲜明、最厚重、最坚实的底色。

更加自觉学习贯彻习近平生态文明思想。在学思用贯通、知信行统一上下功夫，深刻把握习近平生态文明思想的科学性、真理性、时代性和实践性，系统掌握贯穿其中的马克思主义立场观点方法，切实用以武装头脑、指导实践、推动工作，不断提高认识问题、分析问题、解决问题的政治能力、战略眼光和专业水平，勇做习近平生态文明思想的坚定信仰者、忠实践行者、不懈奋斗者。

更加自觉推动发展与保护协同共进。坚持稳中求进工作总基调，统筹经济发展、民生保障和生态环境保护，积极推出有利于经济稳定的政策。充分发挥生态环境保护的引领、优化和倒逼作用，推动建立健全绿色低碳循环发展的经济体系，统筹推进区域绿色协调发展，加快形成节约资源和保护环境的产业结构、生产方式、生活方式、空间格局。

更加自觉深入打好污染防治攻坚战。以改善生态环境质量为核心，以精准治污、科学治污、依法治污为工作方针，统筹污染治理、生态保护、应对气候变化，保持力度、延伸深度、拓宽广度，以更高标准打好蓝天、碧水、净土保卫战，推动污染防治在重点区域、重要领域、关键指标上实现新突破。

更加自觉建立健全现代环境治理体系。深化生态文明体制改革，建立健全环境治理的领导责任体系、企业责任体系、全民行动体系、监管体系、市场体系、信用体系、法律法规政策体系，构建党委领导、政府主导、企业主体、社会组织和公众共同参与的“大环保”格局。

更加自觉推动构建地球生命共同体。秉持人类命运共同体理念，坚持

多边主义，深度参与全球环境治理，切实履行气候变化、生物多样性等环境公约，大力推进绿色“一带一路”建设，为全球可持续发展提供中国智慧、中国方案，作出中国贡献。

在全面建设社会主义现代化国家新征程上，我们要更加紧密团结在以习近平同志为核心的党中央周围，以习近平新时代中国特色社会主义思想为指导，保持战略定力，坚持稳中求进，大力推进生态文明建设和生态环境保护，为建设人与自然和谐共生的美丽中国而努力奋斗。

（2021 年）

深入贯彻习近平生态文明思想 奋力谱写美丽中国的湖南篇章

2018 年 5 月 19 日—20 日，全国生态环境保护大会在北京召开，习近平总书记出席会议并发表重要讲话。大会正式确立了习近平生态文明思想，这是标志性、创新性、战略性的重大理论成果，是新时代生态文明建设的根本遵循，为推动生态文明建设提供了思想指引和行动指南。2018 年 6 月 16 日，中共中央、国务院出台《关于全面加强生态环境保护 坚决打好污染防治攻坚战的意见》，对全面加强党对生态环境保护的领导，打好蓝天、碧水、净土三大保卫战，夯实污染防治攻坚战的基础支撑等工作进行了全面部署。2018 年 6 月 13 日，湖南省召开全省生态环境保护大会，要求深学笃用习近平生态文明思想，奋力开创新时代湖南生态文明建设新局面。按照中央部署，当前和今后一个时期，我们要坚决学习好、宣传好、贯彻好习近平生态文明思想，全力以赴打好污染防治攻坚战，奋力谱写美丽中国的湖南篇章。

一、人类文明发展历程

人类文明是人类社会发展程度的反映，是对一个国家或民族经济、社会和文化发展水平与整体面貌的表征。从根本上来说，人类文明史就是人与自然的关系史，是一部从自然生态中获得信息、资源、能源，继而进行转换而创造文明的历史。作为一种发展方式和生活方式，人类文明伴随着生产力和人与自然关系的发展变化，大致经历了原始文明、农业文明和工业文明，目前正进入生态文明阶段。

（一）原始文明：人类匍匐在自然脚下

人类从动物界分化出来以后，经历了几百万年的原始社会，这一阶段的文明通常被称为原始文明或渔猎文明。原始人的物质生产能力虽然非常低下，但是为了自身的生存，已开始了推动自然界人化的过程。在这一漫长时期中，人化自然的代表成就是人工取火和养火及骨器，石器及弓箭等。在原始社会，尽管人类已经作为具有自觉能动性的主体显示在自然界面前，但是由于缺乏强大的物质和精神手段，对自然界的开发和支配能力极其有限。从人与自然的关系看，原始文明是人类被动接受自然的阶段，对自然没有伤害，处于一种原始和谐状态。

（二）农业文明：人对自然的初步开发

大约距今一万年前出现了人类文明的第一个重大转折，由原始文明进入农业文明。农业文明使自然界的人化过程进一步发展，代表性的成就就是青铜器、铁器、文字、造纸、印刷术等。农业文明主要的物质生产活动是农耕和畜牧。人类不再依赖自然界提供的现成食物，而是通过创造适当的条件，使自己所需的动物和植物得到生长和繁衍，并且改变其某些属性和习性。对自然力的利用已经扩大到若干可再生能源，如畜力、风力、水力、电力等等，加上各种金属工具的使用，从而大大增强了改造自然的能力。在农业文明时期，人们改造自然的能力仍有限，自然对人起主宰作用，人类主张尊天敬神，我们的老祖宗强调“天人合一”“道法自然”。从人与自然的关系看，农业文明是人类对自然初步开发的阶段，对自然伤害很小，自然基本可以自行修复，人类对自然是一种依附关系。但局部地区由于刀耕火种、战争等造成气候和自然生态的破坏，如古代埃及、古代巴比伦，古中国等。

（三）工业文明：人类以自然的“征服者”自居

随着英国的工业革命和资本主义生产方式的产生，人类文明出现第二个重大转折，从农业文明转向工业文明。工业文明是人类运用科学技术的武器，以控制和改造自然取得空前胜利的时代，从蒸汽机到化工产品，从电动机到原子核反应堆，每一次科学技术革命的新丰碑，人们大规模地开采各种矿产资源，广泛利用高效化石能源，进行机械化的大生产，人类仿佛觉得自己已成为征服和驾驭自然的“神”。正如马克思所言“人类对大自然的每一次征服必将遭到大自然的猛烈报复”，工业文明在给人类带来优越生活条件的同时，也给自然造成了空前严重的伤害，西方国家出现了十分严重的环境污染，如著名的“八大公害事件”，进而也使人类发展面临着深刻的危机。从人与自然的关系看，工业文明使人类和自然的关系发生了根本性的改变，工业文明是人类社会征服、改造自然的阶段，对自然造成的破坏，许多方面已难以修复，工业文明阶段人与自然是一种对立关系。

（四）生态文明：人与自然的和谐共生

进入20世纪中叶，曾经陶醉于征服自然的辉煌胜利的人们才开始认识到，不能再走“先污染，后治理”的老路了，西方国家一些专家和研究机构开始呼吁要保护人类赖以生存的生态环境，并出版了一批书籍和研究成果，十分著名的有《寂静的春天》《增长的极限》《只有一个地球》等。国际社会也在积极行动，1972年6月5日，召开了第一次联合国人类环境会议并决定成立联合国环境署，确定每年6月5日为“世界环境日”，此后1992年，2002年又先后召开了两次联合国环境与发展会议和其他一系列生态环保国际会议，先后提出了可持续发展和绿色经济等理念。

中国吸取了西方发达国家的经验与教训，在党的十七大报告中提出建设生态文明。党的十八大以来，以习近平同志为核心的中共中央将生态文明推向了前所未有的新高度，并形成了习近平生态文明思想，成了全球生态文明建设的倡导者和领跑者。

生态文明以尊重和维护自然为前提，以人与人、人与自然、人与社会和谐共生为宗旨，以建立可持续的生产方式和消费方式为内涵，以引导人们走上持续、和谐的发展道路为着眼点。生态文明强调人的自觉与自律，强调人与自然环境的相互依存、相互促进、共处共融，既追求人与生态的和谐，也追求人与人的和谐，而且人与人的和谐是人与自然和谐的前提。可以说，生态文明是人类对传统文明形态，特别是工业文明进行深刻反思的成果，是人类文明形态和文明发展理念、道路和模式的重大进步。从人与自然的关系看，生态文明强调人与自然的和谐共生。

二、深刻认识加强生态环境保护的重要意义

党的十八大以来，中国把生态文明建设转为统筹推进“五位一体”总体布局和协调推进“四个全面”战略布局的重要内容，开展了一系列根本性、开创性、长远性工作，提出一系列新理念、新思想、新战略，生态文明理念日益深入人心，污染治理力度之大、制度出台频度之密、监管执法尺度之严、环境质量改善速度之快前所未有，推动生态环境保护发生历史性、转折性、全局性变化。这些成就的取得，最根本的在于以习近平同志为核心的党中央的坚强领导，在于习近平新时代中国特色社会主义思想的科学指引，在于习近平总书记亲力亲为、率先垂范所彰显出强大的感召力、标杆作用和榜样力量。总体而言，全国生态环境质量持续改善，但成效还不稳固，生态文明建设挑战重重、压力巨大、矛盾突出，形势仍然严峻，犹如逆水行舟，不进则退，稍有松懈就有可能出现反复。当前全国生态文明建设正处于压力叠加、负重前行的关键期，已进入提供更多优质生态产品以满足人民日益增长的优美生态环境需要的攻坚期，也到了有条件有能力解决生态环境突出问题的窗口期。如果现在不抓紧，将来解决起来难度会更高、代价会更大、后果会更重，必须咬紧牙关，爬过这个坡，迈过这道坎。

（一）生态环境保护是中华民族永续发展的根本大计

人靠自然界生活，生态环境是人类生存和发展的根基，人类发展活动必须尊重自然、顺应自然、保护自然，如果无视自然、征服自然、破坏自然，对自然的伤害最终会伤及人类自身。生态兴则文明兴，生态衰则文明衰，历史上，生态环境衰退直接导致了古代埃及、古代巴比伦等的衰落，中国古代一些地区也有过惨痛的教训，唐代中叶以来，中国经济中心逐步向东、向南转移，很大程度上同西部地区生态环境变迁有关。生态环境保护功在当代、利在千秋，我们必须始终坚持人与自然和谐共生，顺天时，量地利，取之有时，用之有度，多谋打基础、利长远的善事，多干保护自

然、修复生态的实事，多做治山理水、显山露水的好事，筑牢生态安全屏障，全面建成没有短板、没有弱项的小康社会，实现中华民族的伟大复兴和永续发展。

（二）生态环境保护是关系党的使命宗旨的重大政治问题，也是关系民生的重大社会问题

民心是最大的政治，人民对美好生活的向往是我们党的奋斗目标，解决人民最关心最直接最现实的利益问题是执政党使命所在。经济发展了，社会进步了，生活富裕了，人民对蓝天白云、碧水青山、安全食品和优美生态环境的追求更加迫切。当前大气、水、土壤等污染问题仍较突出，全国地级及以上城市空气质量达标率仅占 29%，湖南省没有一个地级城市达标，国控地表水监控断面水质优良率不到 70%（湖南省 88%），重污染天气、黑臭水体、垃圾围城等问题已成为民心之痛、民生之患。我们必须坚持以人民为中心的发展思想，下更大决心、采取更有力措施，大力推进生态文明建设，提供更多优质生态产品，不断满足人民群众日益增长的优美生态环境需要，使人民获得感、幸福感、安全感更加充实、更有保障、更可持续。

（三）生态环境保护是推动高质量发展的重要手段

绿水青山就是金山银山，保护生态环境就是保护生产力、改善生态环境就是发展生产力。如浙江省湖州市安吉县就走出了一条利用绿水青山转换成金山银山的成功之路。但当前，也有一些地方还在延续以牺牲环境为代价的粗放增长模式，干吃祖宗饭砸子孙碗的事，如海河水资源利用负荷已达 106%，远超国际公认 40% 的警戒线，中国单位 GDP 能耗约为发达国家的两倍。党的十九大报告指出，中国经济已由高速增长阶段转向高质量发展阶段，中央经济工作会议对推动高质量发展作出了具体部署，加快推进生态文明建设被列入 8 项重点工作之一。当前及今后一定时间内，我们要保持定力，持续发力，通过生态环境保护倒逼、推动经济转型升级，实现新旧动能转换，以更低的资源消耗、更小的环境影响促进经济高质量发展。

（四）生态环境保护是树立负责任大国形象的必然要求

长期以来，西方主流媒体对我国生态文明建设一直持一种疑虑态度，不是视之为“政治说辞”，就是视之为“宣传口号”。而中国用实际行动证明致力于生态文明建设的决心，以应有的大国责任和敢于担当的精神积极参与推动全球环境保护事业的发展，率先发布《中国落实2030年可持续发展议程国别方案》，向联合国交存《巴黎协定》批准文书，积极履行《生物多样性公约》和《蒙特利尔议定书》等国际环境公约。中国消耗臭氧层物质的淘汰量占发展中国家总量的50%以上，成为对全球臭氧层保护贡献最大的国家。十八大以来，中国不仅仅是全球生态文明建设的倡导者，更是全球生态文明建设的领跑者，通过共谋全球生态文明建设，推动构建人类命运共同体，彰显了中国负责任大国形象。

三、准确把握全国生态环境保护大会主要精神和要求

全国生态环境保护大会的召开八个坚持在中国生态文明建设和生态环境保护发展历程中具有划时代里程碑意义。大会由党中央决定召开，是第一次；习近平总书记出席大会并发表重要讲话，是第一次；以中共中央、国务院名义印发加强生态环境保护的重大政策性文件，是第一次；会议名称改为全国生态环境保护大会，是第一次。大会最大的亮点就是正式确立习近平生态文明思想，标志着我们党对社会主义生态文明建设的规律性认识达到新的高度。

习近平生态文明思想集中体现为八个坚持：一是坚持生态兴则文明兴，二是坚持人与自然和谐共生，三是坚持绿水青山就是金山银山，四是坚持良好生态环境是最普惠的民生福祉，五是坚持山水林田湖草沙是生命共同体，六是坚持用最严格制度最严密法治保护生态环境，七是坚持建设美丽中国全民行动，八是坚持共谋全球生态文明建设。习近平生态文明思想内涵丰富、博大精深，系统回答了“为什么建设生态文明”“建设什么样的生态文明”“怎样建设生态文明”等重大理论和实践问题，是习近平新时代中国特色社会主义思想的重要组成部分。

习近平总书记出席会议并发表重要讲话。他强调，要自觉把经济社会

发展同生态文明建设统筹起来，充分发挥党的领导和中国特色社会主义制度能够集中力量办大事的政治优势，充分利用改革开放40年来积累的坚实物质基础，加大力度推进生态文明建设、解决生态环境问题，坚决打好污染防治攻坚战，推动中国生态文明建设迈上新台阶。李克强总理、韩正副总理出席会议并讲话。习近平总书记重要讲话精神和要求概括起来有以下几方面：

（一）实现三阶段目标

到2020年，实现生态环境质量总体改善，主要污染物排放总量大幅减少，环境风险得到有效管控，确保生态环境保护水平与全面建成小康社会目标相适应。

到2035年，总体形成节约资源和保护环境的空间格局、产业结构、生产方式、生活方式，生态环境质量实现根本好转，生态环境领域国家治理体系和治理能力现代化基本实现，美丽中国目标基本实现。

到本世纪中叶，建成富强民主文明和谐美丽的社会主义现代化强国，物质文明、政治文明、精神文明、社会文明、生态文明全面提升，绿色发展方式和生活方式全面形成，人与自然和谐共生，生态环境领域国家治理体系和治理能力现代化全面实现，建成美丽中国。

（二）坚持六大原则

一是坚持人与自然和谐共生。人与自然是生命共同体，生态环境没有替代品，用之不觉，失之难存。在发展过程中，必须坚持节约优先、保护优先、自然恢复为主的方针，像保护眼睛一样保护生态环境，像对待生命一样对待生态环境，让自然生态美景永驻人间，还自然以宁静、和谐、美丽。二是绿水青山就是金山银山。绿水青山既是自然财富、生态财富，又是社会财富、经济财富。要从根本上解决生态环境问题，必须贯彻创新、协调、绿色、开发、共享的发展理念，加快形成有利于节约资源和保护环境的新的空间格局、产业结构、生产和生活方式，把经济活动、人的行为限制在自然资源和生态环境能够承受的限度内，给自然生态留下休养生息的时间和空间。三是良好生态环境是最普惠的民生福祉。环境就是民生，青山就是美丽，蓝天也是幸福。发展经济是为了民生，保护生态环境也是为了民生。要坚持生态惠民、生态利民、生态为民，解决损害群众健康的突出环境问题，加快改善生态环境质量，提供更多优质生态产品，努力实现社会公平正义，不断满足人民日益增长的优美生态环境需要。四是山水林田湖草是生命共同体。生态是统一的自然系统，是相互依存、紧密联系的有机链条，山水林田湖草生命共同体是人民生存发展的物质基础。必须算大账、算长远账、算整体账、算综合账，从系统工程和全局角度寻求新的治理之道，统筹兼顾、整体施策、多措并举，全方位、全地域、全过程开展生态文明建设。五是用最严格制度最严密法治保护生态环境。中国生态环境保护中存在突出问题大多同体制不健全、制度不严格、法治不严密、执行不到位、惩处不得力有关。必须要加快制度创新，完善制度配套，强度制度执行，让制度成为刚性的约束和不可触碰的高压线。严格用制度管权治吏，按照有权必有责、有责必担当、失责必追究的要求，保障党中央关于生态文明建设决策部署落地生根见效。六是共谋全球生态文明建设。建设绿色家园是人民的共同梦想，需要世界各国同舟共济、共同努力，任何一国都无法置身事外、独善其身。要深度参与全球环境治理，增强我国在全球环境治理体系中的话语权和影响力，积极引导国际秩序变革方向，形成世界环境保护和可持续发展的解决方案，让生态文明的理念和实践造福世界各国。

（三）抓好六项工作

一是加快构建生态文明体系。加快建立健全生态文化体系、生态经济体系、目标责任体系、生态文明制度体系、生态安全体系。通过加快构建生态文明体系，使中国经济发展质量和效益显著提升，加快建成美丽中国。二是全面推动绿色发展。改变传统的“大量生产、大量消耗、大量排放”的传统生产、消费模式，通过绿色改革，实现高质量发展。重点是调整经济结构和能源结构，优化国土空间开发布局，调整区域流域产业布局，培育壮大节能环保产业、清洁生产产业、清洁能源产业，推进资源全面节约和循环利用，实现生产系统和生活系统循环链接，倡导简约适度、绿色低碳的生活方式，反对奢侈浪费和不合理消费。三是把解决突出生态环境问题作为民生优先领域。集中力量打几场标志性的重大战役，攻克老百姓身边的突出生态环境问题。坚决打赢蓝天保卫战，以空气质量明显改善为刚性要求，强化联防联控，基本消除重污染天气。深入实施水污染防治行动计划，保障饮用水安全，基本消灭城市黑臭水体。全面落实土壤污染防治行动计划，突出重点区域、行业和污染物，强化土壤污染管控和修复，有效防范风险。持续开展农村人居环境整治行动，打造美丽乡村。四是有效防范生态环境风险。生态环境安全是国家安全的重要组成部分，是经济社会持续健康发展的重要保障。始终保持高度警觉，防止各类生态环境风险积聚扩散，做好应对任何形式生态环境风险挑战的准备。把生态环境风险纳入常态化管理，系统构建全过程、多层级生态环境风险防范体系。严密防控垃圾焚烧、对二甲苯（PX）等重点领域生态环境风险，化解涉环保项目“邻避”问题，提升突发环境事件应急处置能力。五是加快推进生态文明体制改革落地见效。以解决生态环境领域突出问题为导向，抓好已出台改革举措的落地，及时制定新的改革方案。强化中央环境保护督察权威，探索生态产品价值实现路径，健全环保信用评价、信息强制性披露、严惩重罚等制度。深化党和国家机构改革，整合职能，为打好污染防治攻坚战提供支撑，强化生态保护修复统一监管，坚决守住生态保护红线。六是提高环境治理水平。综合运用行政、市场、法治、科技等多种手段，提升环境治理水平。充分运用市场化手段，完善资源环境价格机制，采取多种方式支持政府和社会资本合作项目。加大重大项目科技攻关，对涉及经济社会发展的重大生态环境问题开展对策性研究，提升科技支撑水平。

（四）完善五个体系

一是完善以生态价值观念为准则的生态文化体系。生态文化是生态文明建设的灵魂，只有当低碳环保的理念深入人心，绿色生活方式成为习惯，生态文化才能真正发挥出作用。树立尊重自然、顺应自然、保护自然的生态价值观，促进人与自然和谐发展、人类社会可持续发展。大力倡导生态伦理和生态道德，提倡先进的生态价值观和生态审美观，注重舆论引导，在全社会大力倡导绿色消费模式，引导人们树立绿色、环保、节约的文明消费模式和生活方式。二是完善以产业生态化和生态产业化为主体生态经济体系。生态经济体系是生态文明建设的物质基础，只有坚持正确的发展理念和发展方式，才可以实现百姓富、生态美的有机统一。要深化供给侧结构性改革，坚持传统制造业改造提升与新兴产业培育并重、扩大总量与提质增效并重，抓好生态工业、生态农业、抓好全域旅游，促进一、二、三产业融合发展，让生态优势变成经济优势。三是完善以改善生态环境质量为核心的目标责任体系。生态环保目标落实得好不好，领导干部是关键，要树立新发展理念、转变政绩观，建立健全考核评价机制，压实责任。建立责任追究制度，对那些不顾生态环境盲目决策、造成严重后果的领导干部，必须追究其责任，而且应该终身追究。习近平指出："一旦发现需要追责的情形，必须追责到底，决不能让制度规定成为没有牙齿的老虎。"四是完善以治理体系和治理能力现代化为保障的生态文明制度体系。只有实行最严格的制度、最严密的法治，才能为生态文明建设提供可靠保障。从治理手段入手，提高治理能力，并把资源消耗、环境损害、生态效益等体现生态文明建设状况的指标纳入经济社会发展评价体系，建立体现生态文明要求的目标体系、考核办法、奖惩机制，使之成为推进生态文明建设的重要导向和约束，绝不能让制度规定成为"没有牙齿的老虎"。五是完善以生态系统良性循环和环境风险有效防控为重点的生态安全体系。生态安全关系到人民群众福祉、经济社会可持续发展和社会长久稳定，是国家安全体系的重要基石，是必须守住的基本底线。把生态环境风险纳入常态化管理，系统构建全过程、多层级生态环境风险防范体系。维护生态系统的完整性、稳定性和功能性，确保生态系统的良性循环。处理好涉及生态环境的重大问题，突发环境事件问题。

（五）强化四大保障

一是加强党的领导。打好污染防治攻坚战时间紧、任务重、难度大，是一场大战、硬战、苦战，必须加强党的领导。各地区、各部门必须增强"四个意识"，坚决维护党中央权威和集中统一领导，坚决担负起生态文明建设的政治责任，全面贯彻落实党中央决策部署。二是压实地方各级党委、政府、各相关部门的责任。地方各级党委和政府主要领导是本行政区域生态环境保护第一责任人，对本行政区域的生态环境质量负总责，确保守土有责、守土尽责。各相关部门要按照分工履行好生态环境保护职责，管发展的、管生产的、管行业的部门必须按照“一岗双责”的要求抓好相关工作，分工协作、共同发力。三是建立科学合理的考核评价机制。加强生态文明建设考核评价，考核结果作为各级领导班子和领导干部奖惩和提拔使用的重要依据。实施最严格的考核问责，对那些损害生态环境的领导干部，只有真追责、敢追责、严追责，做到终身追责，制度才不会成为“稻草人”“纸老虎”“橡皮筋”。四是建设一支生态环境保护铁军。打好污染防治攻坚战，是得罪人的事情，各级党委和政府要关系、支持生态环境保护队伍建设，主动为敢干事、能干事的干部撑腰打气，建设一支政治强、本领高、作风硬、敢担当，特别能吃苦、特别能战斗、特别能奉献的生态环境保护铁军。

习近平总书记重要讲话全面部署了生态文明建设方向性、全局性、根本性的目标任务，清晰描绘了打好污染防治攻坚战、建设美丽中国的宏伟蓝图。4 月26 日，习近平总书记在武汉推动长江经济带发展座谈会上强调，要正确把握整体推进和重点突破、生态环境保护和经济发展、总体谋划和久久为功、破除旧动能和培育新动能、自我发展和协同发展的关系，坚持新发展理念，坚持稳中求进工作总基调，坚持共抓大保护、不搞大开发，加强改革创新、战略统筹、规划引导，以长江经济带发展推动经济高质量发展。

6 月16 日，中共中央国务院下发《关于全面加强生态环境保护坚决打好污染防治攻坚战的意见》，进一步明确了污染防治攻坚战的总体目标和基本原则，出台了更多的硬措施。如在全面加强党对生态环境保护的领导中，要求全面落实党政主体责任，落实领导干部生态文明建设责任制，严格实行“党政同责、一岗双责”，主要负责人是本行政区域生态环境保护第一责任人，至少每季度研究一次生态环境保护工作。要求强化考核问责，对省（区、市）党委、人大、政府以及中央和国家机关有关部门推进污染防治攻坚战进行考核，包括生态环境保护立法执法情况、年度工作目标任务完成情况、生态环境质量状况、资金投入使用情况、公众满意程度等方面，并严格责任追究，年度目标任务未完成的不能评先评优。在改革完善生态环境治理体系，明确资金投入向污染防治攻坚战倾斜，坚持投入同攻坚任务相匹配，加大财政投入力度。逐步建立常态化、稳定的财政资金投入机制。设立国家绿色发展基金。整合组建生态环境保护综合执法队伍，统一实行生态环境保护执法。将生态环境保护综合执法机构列入政府行政执法机构序列，推进执法规范化建设，统一着装、统一标识、统一证件、统一保障执法用车和装备。

当前及今后一段时间内，我们要准确领会习近平总书记关于生态环境保护形势的重大战略判断，深入贯彻落实《关于全面加强生态环境保护坚决打好污染防治攻坚战的意见》，坚定打好污染防治攻坚战的信心和决心，全面把握关于加强生态文明建设和生态环境保护的部署，紧紧盯住焦点问题，抓重点、补短板、强弱项，谋划打好污染防治攻坚战的总体思路和重要举措，全面加强党对生态环境保护和打好污染防治攻坚战的领导，不断强化各项保障措施，确保攻坚任务落地见效，早日建成美丽中国。

三、认真落实全省生态环境保护大会决策部署

6 月 13 日，湖南省生态环境保护大会在长沙召开。省委书记杜家毫在会上强调，要深学笃用习近平生态文明思想，进一步动员全省各方力量，全力以赴打好污染防治攻坚战，奋力开创新时代湖南生态文明建设新局面。省委副书记、省长许达哲出席并讲话。

近年来，全省上下深入贯彻习近平总书记对湖南提出的“真正把生态系统的一山一水、一草一木保护好”“守护好一江碧水”等重要指示精神，以“一湖四水”为主战场狠抓生态环境保护，生态环境质量出现可喜变化。但同时要看到，全省生态环保形势依然严峻，要深入学习习近平生态文明思想，真正在学懂弄通做实上下功夫，学出推进生态文明建设的政治自觉、思想自觉和行动自觉，悟出持之以恒、久久为功的定力，践出“功成不必在我、建功必须有我”的胸襟、境界和担当，真正把加强生态环保作为践行“四个意识”、做到“两个维护”的现实检验，更加扎实有效地做好各项工作。

要坚决打好污染防治攻坚战，确保到 2020 年，全省生态环境质量总体改善，主要污染物排放总量大幅减少，环境风险得到有效控制，生态环境

保护水平同全面建成小康社会目标相适应。以“一湖四水”系统联治为重点，持续推进湘江保护和治理“一号重点工程”和洞庭湖生态环境专项整治，加强水源地水量、水质监控，加大城市黑臭水体整治，加快补齐城镇污水收集和处理设施短板，着力解决水污染、水生态、水资源、水安全问题。以长株潭区域大气污染联防联控为重点，全面落实大气污染防治行动计划，加强重污染天气污染源研究分析，切实降低机动车污染物排放量，着力打赢蓝天保卫战。以固体废物处置与加工利用为重点，不断提升固体废物专业化处置能力和环境管理水平，着力打好净土保卫战。以农业农村污染治理为重点，深入开展农村人居环境整治行动，着力改善农村人居环境。

要坚定不移走生态优先绿色发展之路，加快形成绿色发展方式和生活方式，全面深化生态文明体制改革，统筹协同打好“三大攻坚战”，以新发展理念引领质量变革、效率变革、动力变革，推动实现人与自然和谐共生、发展与环保协同共进，让良好生态环境成为经济高质量发展的支撑点、成为三湘人民生活的增长点、成为展现美丽湖南形象的发力点。要严格落实生态文明建设责任制，切实加强党对生态文明建设的领导。全省各级党委和政府要按照“党政同责、一岗双责、齐抓共管、失职追责”要求，把打好污染防治攻坚战摆到突出位置，扛牢抓实生态环境保护的重大责任，答好生态文明建设和环境保护这一历史性答卷。

要以习近平生态文明思想武装头脑，做到入脑入心、学思贯通、知行合一，不断提高思想认识，强化政治担当，敢于较真碰硬，抓好责任落实，依法依规治理，真正把生态文明建设与转型升级结合起来，加快形成绿色发展方式，依托绿水青山培育新的经济增长点，解决制约长远发展的瓶颈问题、群众反映强烈的突出环境问题，增加优质生态产品的有效供给，努力走好湖南特色的生态优先绿色发展路子。要抓结构调整，加快转型升级，促进产业、能源、交通运输、农业投入结构优化调整，从源头上防治环境污染；要抓治建并举，坚决遏制增量，逐渐化解存量，坚决打好污染防治攻坚战，推进山水林田湖草沙系统治理，加强环保基础设施建设。要抓重点带动，持续推进湘江保护和治理“一号重点工程”，着力推进洞庭湖生态环境整治工程，推进长江岸线生态修复与治理，实施长株潭等地区大气同治工程，加强饮用水水源地保护，强化柴油货车污染治理，实现重点突破和整体推进相统一。要抓城乡协调，整体谋划城乡生态布局和功能分区，加快补齐农村生态环境短板，坚持区域协同、城乡并重，大力推进黑臭水体综合整治，扎实推进农村人居环境整治，强力推进农业农村面源污染治理。要创新完善生态环保体制机制，深入推进环境资源监管制度改革，强化落实环境保护督察制度，健全完善环境保护责任体系，加快建立健全生态环境治理体系，推动实现生态环境领域治理体系和治理能力现代化。

全省生态环境保护大会明确要求准确把握习近平生态文明思想的深刻内涵，牢固树立新发展理念和正确政绩观，对大力推进经济高质量发展、持续抓好中央环保督察问题整改、全面打好污染防治攻坚战等工作进行了具体部署，具有较强的针对性和操作性，是打赢污染防治攻坚战、改善全省环境质量的行动指南。全省生态环境保护大会的召开，吹响了湖南省污染防治攻坚战的冲锋号角，开启了生态文明建设和生态环境保护工作的新征程，下一步，按照既定的目标任务，关键是要抓好抓细抓实，确保能落地、可操作、见成效。

四、全力以赴打好全省污染防治攻坚战

湖南是绿色大省，生态环境优美，自然资源丰富，湖南省委、省政府历来高度重视生态文明建设环境保护工作，尤其是十八大以来，按照中共中央、国务院关于生态文明建设和环境保护工作的决策部署，湖南省将生态环境保护工作摆在了更加突出的重要位置，纵深推进了各项重点工作，全省生态风险得到有效防控，环境质量总体保持稳中向好趋势。但作为中部欠发展省份，湖南省生态环境保护工作还面临较多的问题和困难，逆水行舟、不进则退，必须强化政治担当，坚定信心决心，坚决打好污染防治攻坚战，加快形成绿色发展方式和生活方式，努力让湖南天更蓝、山更绿、水更清、环境更优美。

（一）已开展的主要工作和成绩

一是高位推动，齐抓共管，生态环境保护工作呈现新格局。湖南省第

十一次党代会明确要求“加快建设天蓝地绿水清土净的生态强省”，中共湖南省委第十一届委员会第五次全体会议通过《关于坚持生态优先绿色发展深入实施长江经济带发展战略大力推动湖南高质量发展的决议》。湖南省委、省政府先后成立突出环境问题整改工作领导小组、生态环境保护委员会等高规格组织领导机构，全面构建了省、市、县、乡、村五级河长体系，明确各级河长3.57万人，并将生态环境保护工作纳入政府绩效考核，严格奖惩，强化生态环保的硬约束，有效推动了各级各有关部门积极、主动作为，形成了齐抓共管的工作合力。近两年来，省委常委会、专题会10次研究部署生态文明建设，省委、省政府多次召开工作部署会议，并将生态文明建设和环境污染治理作为省领导调研及巡察暗访的重点内容。2017年11月1日，湖南省委、省政府召开洞庭湖生态环境整治省、市、县、乡、村五级干部电视电话会议，这是改革开放后，湖南省召开的绝无仅有的高规格会议。

二是突出重点，攻坚克难，突出环境问题整治取得新突破。坚持问题导向，严格落实责任，全省上下抢抓时间攻坚克难，加快解决了一批突出问题。一是加快中央环保督察整改。截至5月底，中央环保督察反馈意见指出的76个问题整改完成54个，持续推进17个。二是加强饮用水水源整治。建立责任“包保”机制和问题清单整改销号制度，按期完成地级以上城市集中式饮用水水源排查出的80个问题的整改，正在加快推进县级城市排查整治。三是加强黑臭水体和不达标水体整治。全省地级以上城市排查的170处黑臭水体已整治完成131处，2018年起开始启动实施县级城镇、乡镇黑臭水体整治。11处不达标水体全部制定并加快实施整治方案。四是加大历史遗留污染整治。以娄底锡矿山、郴州三十六湾等区域为重点，完成遗留矿渣、尾砂整治等300余个项目。五是突出抓好长株潭重污染天气应对。建立长株潭大气污染防治联防联控机制，制定并落实特护期实施方案，突出抓好重点企业污染整治、扬尘控制、机动车排气污染监管等工作。

三是集中资源，全力治污，“三个十条”推进取得新成效。大气污染防治方面，顺利完成第一阶段整治任务，突出抓好长株潭地区大气污染整治，加强联防联控体系建设；全省淘汰黄标车和老旧车辆51.4万台，完成

37 台 30 万千瓦以上火电机组和 65 台新型干法水泥生产线脱硫脱硝任务。水污染防治方面，从 2013 年开始，持续推进湘江保护和治理三个“三年行动计划”，确保湘江水质持续向好。2016—2017 年，全面完成洞庭湖五大专项整治行动，2018 年开始，湖南省全面启动实施生态环境专项整治三年行动计划。全省实现县级以上城镇生活污水、垃圾收集处理设施全覆盖，所有县（市、区）启动农村环境综合整治整县推进工作。土壤污染防治方面，突出抓好株洲清水塘、湘潭竹埠港等五大重点区域整治，株洲清水塘已关停 147 家企业，剩下 6 家企业将于 2018 年全面关停。印发《湖南省土壤污染防治工作方案》，在全国率先完成农用地土壤污染状况详查点位布设，开展耕地重金属污染治理修复试点，实施 62 个土壤污染治理与修复试点项目。

四是保护优先，绿色发展，社会经济发展迈上新台阶。坚持“绿水青山就是金山银山”的发展理念，推动地方逐步摆脱传统思维惯性和路径依赖，践行绿色发展，不断提升发展质量。划定生态保护红线，积极推进生态红线划定，全省划定方案已通过国家专家组论证，20. 2% 的面积纳入红线保护范围。结合供给侧结构性改革，以“三线一单”为抓手，强化空间、总量、准入环境管理，同时，扎实推进产业结构调整，严格淘汰落后产能，加快经济转型升级。三次产业结构从 2013 年的 12. 7∶47. 0∶40. 3 调整为 2017 年的 10. 7∶40. 9∶48. 4。依托长株潭衡“中国制造 2025”试点示范城市群等平台，打造“创新谷”“动力谷”和“智造谷”，20 个工业新兴产业链加快发展，近年来高技术产业增速保持在 15% 以上。

五是深化改革，丰富手段，生态文明体制机制建设展现新亮点。围绕“源头严防、过程严管、后果严惩”的思路，在全国率先出台省级生态文明体制改革方案，部署改革事项 56 项、具体任务 185 项，目前已完成 146 项。一是建立健全责任体系。修订《湖南省环境保护工作责任规定》，进一步明确了各级党委、政府及其有关部门工作职责。二是加快完善生态环境损害赔偿制度。出台《党政领导干部生态环境损害责任追究办法实施细则》、《开展领导干部自然资源资产离任审计试点实施方案》，制定《生态质量损害调查办法（试行）》等 5 项配套制度，已实施赔偿 10 余起。三是强化经济激励。积极推进排污权交易改革，累计交易资金总额 4. 08 亿元。

加大生态补偿力度，对真抓实干成效明显的地方加大激励支持力度。四是加强法制保障。积极推动《洞庭湖保护条例》制定，鼓励支持常德、益阳等市州出台了地方水环境保护法规。

六是严查严管，督企督政，环境执法监管形成新特色。在全国率先将环保执法机构纳入政府行政执法保障序列，全面实施网格化监管和随机抽查制度，组织开展“洞庭湖环湖利剑”、工业污染源全面达标排放等 10 余个专项执法行动，出重拳、用重典，及时整改了一批环境风险隐患。加强环保与公检法联动，2017 年 5 月，省检察院驻环保厅检察联络室正式揭牌成立，各市（州）、县（市、区）均已成立公安驻环保工作联络机构。2017 年，全省共办理环境违法行政处罚案件 4726 件，同比增长 194%，罚款总额 1.9 亿元，同比增长 240%；移送行政拘留案件 562 起，移送污染环境犯罪案件 73 起。2018 年 1 月，环保部对湖南省环境监察工作进行了通报表扬。同时，“督政”与“督企”并重，精心组织，积极推进省级环保综合督察，从 6 月 20 日起对岳阳、常德等 7 个市州开展督察。

通过努力，2017 年，省控 419 个断面Ⅰ—Ⅲ类水质比例达 90.2%，其中，湘江流域Ⅰ—Ⅲ类水质比例为 94.7%，与 2012 年相比提高 5.3 个百分点（按可比断面）。全省 14 个市州城市空气质量平均优良天数比例为 81.5%，与 2015 年相比提高了 3.7 个百分点，$PM_{2.5}$和 PM_{10}平均浓度分别为 46 微克/立方米和 74 微克/立方米，与 2015 年相比分别下降 14.8% 和 10.8%（2015 年起开始按空气质量新标准实施监测）。治污减排超额完成任务，连续五年圆满完成了主要污染物减排任务。

（二）目前还存在的主要问题和困难

一是发展与保护的矛盾仍然突出。全省产业结构仍需优化，主导产业为有色、化工等重污染行业，初级产品多，精深产品少，能源消费结构以煤为主，占能源消耗总量的 58.76%，清洁能源使用率不高，企业清洁化改造和转型升级任务艰巨。作为传统农业大省，农业面源污染问题突出，化肥、农药施用量均高出全国平均使用量近 1 倍，年生猪出栏量约 7000 万头，单位面积养殖强度居长江沿线省份首位，化学需氧量、氨氮排放量居于全国前列。部分领导干部还停留在过去的传统和惯性思维上，在处理保护和发展上统筹不够，重显绩、轻潜绩，推动绿色发展的意识不够、能力不强，没有根据新形势的要求算大账、长远账，抓环境治理和环境基础设施建设不像抓产业发展和城市建设那样全力以赴。二是环境质量离人民群众期待有一定差距。大气方面，2017 年，全省 14 个市（州）没有一个城市达到国家二级标准，$PM_{2.5}$平均浓度高于全国平均水平，臭氧浓度不降反升，长株潭地区空气环境质量形势严峻；水方面，总体而言，湖南省水环境质量在全国处于前列，但部分支流、湖泊和城市内河环境质量不容乐观。洞庭湖总磷超过湖库Ⅲ类水标准（0.05 毫克/升）0.46 倍，短时间内难以降解到位；土壤方面，局部地区土壤污染严重，全省共有 2215 个疑似污染地块，主要为遗留工业场地和工业弃渣场地，污染防治任务艰巨。三是环境治理基础欠账较多。全省生态环境监测网络还不健全，信息化水平不高，环境管理不够精细化。污染防治科技攻关力度不大，对重污染天气、湖库富营养化、土壤及地下水污染等突出环境问题形成机理、控制对策研究不够。城乡环保基础设施欠账较多，建设不平衡，全省 108 座城镇生活垃圾处理设施基本采取填埋模式，焚烧发电仅 7 座；148 座城镇生活污水处理厂执行一级 A 排放标准的仅 40 多座。城市污水收集管网不完善问题比较普遍，如长沙市每天还有 30 万吨污水未得到有效收集。乡镇建成污水处理设施的比例仅 15% 左右，部分地方农村生活污水、垃圾直排。部分工业园区管网不配套、管理不到位问题较突出。四是环境风险隐患未完全消除到位。部分工业企业（包括规模畜禽养殖场）布局不合理，容易引发污染纠纷，“散小乱污”企业监管难度大，环境违法行为时有发生。县级城市集中式饮用水水源地环境排查出不少问题，非法排污口等问题整治难度大，社会高度关注，群众投诉较多。尤其是作为有色金属之乡，湖南省金属冶炼污染问题严重，历史遗留重金属污染治理难度大，历史遗留超期贮存危险废物达 163 万吨，还有上千万吨的露天堆存废渣，娄底锡矿山、郴州三十六湾等区域环境风险隐患短时间内难以解决到位。五是地方工作基础相对薄弱。受多方面因素影响，基层工作人员不足，专业人才比例小，监测、监察队伍水平参差不齐，执法力量不强，能力偏弱，小马拉大车的问题严重，难以适应工作任务日趋繁重、要求越来越高的新形势。先进适用技术研发与示范推广不够，有用可靠的管理经验少，地方政府、企业难以抉择，“本领恐慌”问题较为明显，老办法不管用、新办法不会用。部分政策措施还有待完善，系统性、针对性不够，如畜禽养殖退养、敏感区域企业退出缺少系统解决方案，行政手段用得多，市场、经济和法律手段用得少。六是环境治理资金严重不足。市（州）、县（市、区）财政比较困难，环境治理投入普遍不足，主要靠中央、省级环保资金支持。如对珊珀湖污染整治初步估算需要投入9.48亿元，而安乡县2017年地方财政收入仅为3个多亿。同时，由于大部分水污染防治项目技术要求高、实施周期长、经济收益率低，总体而言，社会资金投入的积极性、主动性不够。当前，由于控制政府债务，地方环境治理融资形式更为严峻。

（三）污染防治攻坚战主要目标和工作任务

根据国家相关要求和湖南省实际，按照湖南省委、省政府统一部署，为科学系统谋划打好污染防治攻坚战，2018年年初，我们确定了“1+3+1+1+X”总体框架，即一个总体方案：《湖南省污染防治攻坚战三年行动计划（2018—2020年）》；三个实施方案：《湖南省蓝天保卫战实施方案（2018—2020年）》、《湖南省碧水保卫战实施方案（2018—2020年）》、《湖南省净土保卫战实施方案（2018—2020年）》；一个年度方案：《湖南省污染防治攻坚战2018年实施方案》；一个考核办法：《湖南省污染防治攻坚战考核办法》；X个专项方案：机动车整治、工业污染整治等若干专项整治方案。6月18日，总体方案和三个实施方案已由省政府批复印发实施，年度工作方案由省生态环境保护办公室印发实施，考核办法正在征求意见，各专项方案制定也在加快推进。

为加快推进重点整治任务，按照“动员所有力量开展攻坚、集中解决一批重点难点和突出环境问题”的思路，从2017年开始，省政府每年组织开展环境治理战役“夏季攻势”。2018年5月2日，召开全省污染防治攻坚战暨“2018年夏季攻势”动员电视电话会议，向14个市（州）交办了环境治理任务，明确要求坚定信心、乘势而上，以更大的力度、更实的举措做好2018年及以后一个时期的生态环境工作，一仗接着一仗打，一年接着一年干，确保三年时间明显见效。

1.《湖南省污染防治攻坚战三年行动计划（2018—2020年）》相关

要求

总体要求是以习近平新时代中国特色社会主义思想为指导，按照“五个三”基本思路，即聚焦“气、水、土”三大领域，突出“长株潭、洞庭湖、湘江流域”三大重点，强化“转型发展、污染治理、生态保护”三大举措，加强“组织领导、政策支持、科技支撑”三大保障，实现“全省环境空气质量优良天数明显增加、水环境质量明显改善、土壤环境风险明显降低”三大目标。

主要目标是到2020年，全省生态环境质量总体改善，主要污染物排放总量大幅减少，绿色发展水平显著提高。全省14个市（州）城市$PM_{2.5}$年均浓度下降到40微克/立方米以下，全省城市环境空气质量优良率达到83%以上；国家地表水考核断面水质优良比例达到93.3%以上，地级市集中式饮用水水源水质达标率达到96.4%以上，地下水考核点位水质保持稳定；受污染耕地安全利用率达到91%左右，污染地块安全利用率达到90%以上。

主要任务是以党的十九大提出的“建设美丽中国”总体部署为主线：一是推进转型升级，加快形成绿色发展方式。包括调整优化产业、能源、交通结构，推进“散乱污”企业整治，以此推进转型升级、推动绿色发展，确保主要污染物排放总量大幅减少。二是强化精准治污，着力解决环境突出问题。包括抓好中央环保督察问题整改，推进或实施“湘江保护和治理‘一号重点工程’、洞庭湖生态环境整治工程、长株潭地区大气同治工程、黑臭水体综合整治、土壤污染综合防治先行区建设、城市空气质量达标创建”六大工程，以及推进工业、农业、生活等重点领域污染治理、整治、防控等，推动改善环境质量。三是树立红线意识，加强生态系统保护力度。树立红线意识，落实国土空间用途管制、生态保护红线等生态保护制度，打造生态保护屏障，实施土壤分类管理、生态环境监测等生态保护手段，形成保护生态环境的立体网络。

保障措施是主要包括加强组织领导、加大法规政策支持、强化科技支撑三方面，具体包括加强综合协调、落实主体责任、实施考核奖惩、强化环保督察、严格责任追究、完善地方性法规、深化生态环保体制改革、加大财税支持力度、深化绿色金融、推进社会化生态环境治理、鼓励公众参与、加强基础研究、推进科技创新、加强对外合作等措施。

2. 蓝天、碧水、净土三个实施方案相关要求

蓝天保卫战。抓住重点区域重点时段，优化调整产业、能源、交通运输结构，突出加强工业、燃煤、机动车“三大污染源”治理，提升重污染天气应对水平。确保到2020年，全省14个市州城市$PM_{2.5}$年均浓度下降至40微克/立方米以下，达到全国平均水平，城市环境空气质量优良率达到83%以上，张家界市、郴州市、益阳市、吉首市等城市实现环境空气质量达标；二氧化硫、氮氧化物和挥发性有机物排放量较2017年下降9%以上。

碧水保卫战。统筹推进“一湖四水”治理，持续推进湘江保护与治理“一号重点工程”，实施洞庭湖生态环境专项整治，扎实开展黑臭水体和规模畜禽养殖污染治理，加强饮用水水源地保护，推进农村环境综合整治，提高城镇污水收集处理能力。确保到2020年，国家地表水考核断面水质优良比例达到93.3%，全省地级城市建成区、县级城市建成区和乡镇黑臭水体消除比例达到95%；化学需氧量和氨氮排放量分别较2015年下降10.1%、10.1%以上，洞庭湖区总磷排放量较2015年下降10%以上。

净土保卫战。加强工矿企业污染治理，强化固体废物、危险废物管控，推进农业农村面源污染治理，强化重金属污染治理，全面完成土壤污染状况调查，实施农用地分类管理。确保到2020年，全省重点行业的重点重金属排放量比2013年下降12%，污染地块安全利用率达到90%以上，受污染耕地安全利用率达到91%左右。

3. 推进污染防治攻坚战的几项重点任务

一是落实党委、政府的主体责任。打好污染防治攻坚战，加快解决历史交汇期的生态环境问题，是时代赋予的重大任务。地方各级党委、政府主要领导是本行政区域生态环境保护第一责任人，对本行政区域生态环境质量负总责，必须增强政治责任感和历史使命感，充分发挥党的领导和社会主义制度能够集中力量办大事的政治优势抓好生态环境保护工作，至少每季度研究一次生态环境保护工作，要做到重要工作亲自部署、重大问题亲自过问、重要环节亲自协调、重要案件亲自督办，压实各级责任，层层抓落实。当前，我们要建立科学合理的干部考核的绿色评价体系，改变唯

GDP 至上的政绩观、发展观，对损害生态环境的领导干部严格追责，使推动生态文明建设成为广大领导干部的自觉行动。

二是加快构建“大环保”格局。习近平总书记指出，各相关部门要履行好生态环境保护职责，谁的孩子谁抱，管发展的、管生产的、管行业的部门必须按“一岗双责”的要求抓好工作。根据实际，湖南省已制定出台《湖南省环境保护工作责任规定》，进一步明确了党委、政府及有关部门的责任清单，下一步，按照约束与激励并举的原则，结合生态文明体制机制改革，我们将加快建立完善环境保护目标责任制和污染防治攻坚战推进考核评价制度，并严格考核奖惩，确保各级各有关部门积极主动履职，形成齐抓共管的“大环保”格局。当前，我们将充分发挥省生态环境保护委员会职能，建立完善议事协商机制，严格实施考核奖惩，充分发挥考核指挥棒作用，压实各级各部门责任。

三是加快推进绿色发展。发展是硬道理，是解决一切问题的基础和关键，原来粗放发展方式不可持续，“先污染、后治理”、“边污染、边治理”的老路已走不通。当前，湖南省要立足实际，严守生态保护红线、环境质量底线、资源利用上线，全面贯彻落实新发展理念，深入推进供给侧结构性改革，调整“四个结构”、做好“四减四增”（一是要调整产业结构，减少过剩和落后产业，增加新的增长动能；二是要调整能源结构，减少煤炭消费，增加清洁能源使用；三是要调整运输结构，减少公路运输量，增加铁路运输量；四是要调整农业投入结构，减少化肥农药使用量，增加有机肥使用量），依托绿水青山培育新的经济增长点，加快形成绿色生产方式。坚决淘汰落后产能，加快整治“散乱污”企业，避免污染企业上山下乡。加快传统产业绿色改造，延伸产业链条，创建一批绿色园区、“两型”企业。大力培育工业新兴优势产业链，积极培育经济新动能。加快发展现代农业、有机农业，严格控制畜禽水产养殖规模，全面实施农业清洁生产。

四是打好六场标志性战役。按照中央财经委第一次会议精神要求，针对人民群众关心的突出生态环境问题，打好几场标志性战役，作为打好污染防治攻坚战的突破口和“牛鼻子”，以重点突破带动整体推进，确保攻坚战役 3 年时间明显见效，不断提升人民群众环境获得感。在蓝天保卫战方面，突出长株潭，统筹油路车打好柴油货车污染治理攻坚战。在碧水保卫战方面，坚决打好水源地保护、城市黑臭水体治理、长江保护修复、农业农村污染治理4场攻坚战（渤海综合治理，湖南省不涉及）。在净土保卫战方面，强化土壤风险管控和修复，加快推进垃圾分类处理，强化固体废物污染防治，全面禁止洋垃圾入境。按照国家统一部署，下一步，我们将抓紧制定作战计划和方案，细化目标任务、重点举措和保障条件，集中资源，扎实推进各项重点整治工作。

五是统筹推进生态保护修复。按照“两端发力”的原则，在加强污染防治，减少污染物排放总量的同时，进一步加强生态保护修复，切实增加区域环境容量。习近平总书记指出，生态保护和污染防治密不可分、相互作用。其中，污染防治好比是分子，要对分子做好减法，降低污染物排放量；对分母做好加法扩大环境容量，协同发力。当前，我们要加快落实生态红线保护制度，加强国家级、省级自然保护区保护，实施山水林田湖草沙系统保护，深入开展大规模国土绿化行动，实施退耕还林、退耕还湿，持续扩大洞庭湖区等环境敏感区域生态用地比例，进一步提升环境自净、修复能力。

六是全力推进环境保护综合督察。环境保护督察是国家推进生态文明建设和环境保护工作的一项重大制度安排，习近平总书记在全国生态环境保护大会上对这项制度给予了充分肯定。一年来，湖南省委、省政府把中央环保督察反馈意见整改作为重大政治任务、重大民生工程和重大发展问题来抓，圆满完成了阶段任务，但后继问题整改任务较重，同时，防污染反弹、重复投诉、弄虚作假压力也很大，国家已陆续曝光多起整改不到位的案例。下一步，我们将持续推进中央环保督察整改，并举一反三，制定和完善有关法规政策和体制机制。同时，强化省级环保督察，2018年年内对14个市（州）和部分县（市、区）开展综合督察，重点督察贯彻落实党中央、国务院和湖南省委、省政府环保决策部署情况、解决突出环境问题、落实环境保护主体责任情况、环境质量目标任务完成情况等。加强与纪检、监察、组织、宣传以及“两院”衔接与协同，完善督察、交办、巡查、约谈、专项督察机制，并加强环保问责，以严格的督察问责倒逼地方党委、政府落实主体责任。

七是强化支撑保障。污染防治攻坚战是系统工程，涉及方方面面，必须综合运用行政、市场、法制、科技等多种手段，切实提升环境治理水平。完善生态环境监管体系，整合分散的生态环境保护职责，强化生态保护修复和污染防治统一监管。健全生态环境保护经济政策体系，资金投入向污染防治攻坚战倾斜，坚持投入同攻坚任务相匹配，加大财政投入力度，加强政策引导，健全多元环保投入机制。健全生态环境保护法治体系，依靠法治保护生态环境，增强全社会生态环境保护法治意识，强化监督执法，大幅度提高环境违法成本。强化科技支撑，围绕重点领域污染治理加强科技攻关和成果转化，为科学决策、环境管理、精准治污提供支撑。

八是深入推进社会公众参与。习近平总书记强调，生态文明建设同每个人息息相关，每个人都应该作践行者、推动者。优美生态环境为全社会共同享有，需要全社会共同建设、共同保护、共同治理。习近平总书记提出了四个“不”：一是不重视环保的领导是不称职的领导；二是不抓环保的领导是不合格的领导；三是不重视环保的企业是不合格的企业；四是不重视环保的公民是不合格的公民。必须加强生态文明宣传教育，强化公民环境意识，开展创建节约型机关、绿色学校、绿色社区等行动，推动形成节约适度、绿色低碳、文明健康的生活方式和消费模式，形成全社会共同参与的良好风尚，把建设美丽中国化为全体人民自觉行动。

（2018 年 6 月 13 日）

坚持生态环境保护建设“不动摇”“不松劲”

习近平总书记3月5日下午在参加十三届全国人大二次会议内蒙古代表团审议时强调，要保持加强生态文明建设的战略定力，探索以生态优先、绿色发展为导向的高质量发展新路子，加大生态系统保护力度，打好污染防治攻坚战，守护好祖国北疆这道亮丽风景线。习近平总书记的重要讲话，是与他一直以来高度重视生态文明建设和生态环境保护的思想和浓浓的为民情怀一脉相承的，这是污染防治攻坚战进入关键时期习近平总书记对生态文明建设的再定位、再加压、再鼓劲。

党的十八大以来，关于生态文明建设的思想不断丰富和完善。在“五位一体”总体布局中生态文明建设是其中一位；在新时代坚持和发展中国特色社会主义基本方略中坚持人与自然和谐共生是其中一条；在新发展理念中绿色是其中一大理念；在三大攻坚战中污染防治是其中一大攻坚战。这“四个一”体现了我们党对生态文明建设规律的把握，体现了生态文明建设在新时代党和国家事业发展中的地位，体现了党对建设生态文明的部署和要求。这充分说明生态文明建设绝不是权宜之计，是中国共产党长期坚持的治国理政方略。

要保持加强生态文明建设的战略定力。在中国经济由高速增长转向高质量发展的过程中，污染防治和环境治理是需要跨越的一道重要关口。我们必须咬紧牙关，爬过这个坡，迈过这道坎。要保持加强生态环境保护建设的定力，不动摇、不松劲、不开口子。要有爬坡过坎的勇气和壮士断腕的决心，坚决打赢污染防治攻坚战，不达目的，决不收兵。

保护生态环境和发展经济从根本上讲是有机统一、相辅相成的。不能因为经济发展遇到一点困难，就开始铺摊子上项目，出现以牺牲环境换取经济增长的念头，甚至想方设法突破生态保护红线。要贯彻新发展理念，统筹好经济发展和生态环境保护建设的关系，努力探索出一条生态优先、绿色发展为导向的高质量发展新路子。习近平总书记的讲话深刻阐明了保护生态环境和发展经济的辩证关系，指明了生态优先、绿色发展的高质量发展方向，是在为我们解疑释惑，鼓劲加油。

作为长江经济带覆盖的省份，我们一定要牢记习近平总书记“守护好一江碧水”的殷殷嘱托，继续实施“湘江保护与治理”第三个三年行动计划，强力推进洞庭湖生态环境专项整治行动，持续开展污染防治“夏季攻势”，让三湘大地天更蓝、地更绿、水更清、土更洁。

作为一名生态环境工作者，学习了习近平总书记的讲话，责任更大了，信心更足了，动力更强了。我们一定要不辱使命，勇于担当，殚精竭虑，为建设好美丽中国奉献智慧和力量。

（2019 年 3 月 5 日）

突出提升生态文明建设质量水平

2018年，中共中央召开了全国生态环境保护大会，确立了习近平生态文明思想，进一步强化了各级党委、政府及有关部门责任，生态环境大格局不断深化。开展了中央环保督察“回头看”，解决了一批突出的生态环境问题，污染防治攻坚战取得重大进展。加强和完善了生态文明建设管理的体制机制，生态文明建设和生态环境工作的战略地位、重视程度、推进力度前所未有。生态环境质量持续改善，完成既定的年度目标任务，超过“十三五”规划序时进度要求。全国338个地级及以上城市优良天数比例为79.3%，同比提高1.3个百分点；$PM_{2.5}$浓度为39微克/立方米，同比下降9.3%。全国地表水好于Ⅲ类的水体比例同比增长3.1个百分点，劣Ⅴ类水体比例下降1.6个百分点。

今年，面对经济下行压力加大和不确定性因素增多的严峻形势，国务院政府工作报告仍将“加强污染防治和生态建设”单独成篇，强调要继续打好污染防治攻坚战。具体而言，有以下几个特点：一是保持战略定力。没有因经济下行压力大而动摇和放松污染防治攻坚战的决心和力度，中央财政支持污染防治攻坚战的相关资金约2555亿，增长13.9%，其中大气、水、土壤污染防治专项资金600亿元，增加105亿，为历年之最；二是推进绿色发展。强调绿色发展是构建现代化经济体系的必然要求，是解决污染问题的根本之策。改革完善相关制度，协同推动高质量发展与生态环境保护，这是强调生态优先，突出源头预防，不走“先污染，后治理”的老路；三是突出综合施策。在落实污染防治责任上，除了继续强化政府责任外，也明确企业必须依法履行环保责任、绿色发展人人有责。在推进污染防治措施上，除了行政措施外，强调要改革完善环境经济政策，加快发展绿色金融。同时，还要求壮大绿色环保产业。促进资源节约和循环利用，推广绿色建筑。四是改革治理方式。要求对企业既依法依规监管，又重视合理诉求、加强帮扶指导，对需要达标整改的给予合理过渡期，避免处置措施简单粗暴、一关了之。

（2019 年 3 月 6 日）

生态文明建设法治保障坚强有力

通过认真学习全国人民代表大会常务委员会工作报告，深切感受到全国人大常委会对生态文明建设的高度重视和全力支持，报告多处出现生态文明建设和生态环境保护方面的内容，阐述达 700 字之多。全国人大常委会从立法和监督两个方面双向发力，成效明显。

2018 年，制定了《中华人民共和国土壤污染防治法》，与《中华人民共和国大气污染防治法》《中华人民共和国水污染防治法》一起，构建起“三位一体”、立体管控的生态环保法治网。修改了《中华人民共和国环境影响评价法》《中华人民共和国环境噪声污染防治法》，生态文明建设立法步伐明显加快。2019 年还将开展《中华人民共和国生物安全法》《中华人民共和国长江保护法》等立法调研、起草工作。

2018 年，全国人大常委会对《中华人民共和国大气污染防治法》《中华人民共和国海洋环境保护法》《中华人民共和国农产品质量安全法》等生态环境等方面的法律实施情况开展了检查。全国人大常委会专门加开一次会议，听取审议大气污染防治法执法检查报告，作出关于全面加强生态环境保护、依法推动打好污染防治攻坚战的决议，对执法检查中发现的涉及 22 家企业的 38 个问题点名曝光，结合审议，全国人大常委会还开展了专题询问，助力大气污染防治攻坚战深入推进。全国 31 个省级人大常委会都完成了大气污染防治法规的制定和修改工作。各地各部门全面清理生态环保方面的规范性文件，地方人大常委会修改 514 件、废止 83 件地方性法规。在《中华人民共和国海洋环境保护法》执法检查中，重点监督 11 个沿海省份的入海排污口设置和管理、陆源污染防治等突出问题。

2019 年，全国人大常委会还将在继续推动实施《中华人民共和国大气污染防治法》的同时，把检查《中华人民共和国水污染防治法》实施情况作为重点，结合审议《中华人民共和国水污染防治法》执法检查报告开展专题询问，不断增强监督工作的针对性和实效性。

全国人大常委会围绕生态文明建设和生态环境保护工作久久为功、持续发力，依法律、用法治守护良好生态环境这个最普惠的民生福祉，用法律的武器治理环境污染，用法治的力量保卫碧海蓝天，受到了社会的充分肯定和广泛赞誉，令我们很受鼓舞，倍感振奋。我们一定要认真贯彻落实习近平总书记参加内蒙古代表团审议政府工作报告时所作的重要指示，坚决保持生态文明建设的战略定力，不断加强生态文明建设的法治建设，切实用好生态环境保护的法律武器，强力推进污染防治攻坚战。

（2019 年 3 月 14 日）

落实生态补偿制度 推进生态文明治理体系建设

近年来，生态补偿机制作为一项基于“受益者付费和破坏者付费”原则的环境经济政策，中央和地方都在积极探索实践，初步建立起了多形式、多层次的生态补偿机制，尤其是以中央财政为主的国家重要生态功能区转移支付和生态公益林生态补偿机制建立，对保护和改善国家重要生态功能区和森林生态系统的生态和环境发挥了积极的作用。但也应该看到，工作推进中也还存在不少问题，如生态补偿领域不全面，生态补偿标准偏低，生态补偿资金来源单一，纵向生态转移支付难以完全体现出生态补偿关系，横向生态补偿机制缺乏硬约束，生态补偿制度推进步伐较慢等。

习近平总书记在党的十九大报告中明确指出，要建立市场化、多元化生态补偿机制。十九届四中全会《中共中央关于坚持和完善中国特色社会主义制度，推进国家治理体系和治理能力现代化若干重大问题的决定》明确要求，落实生态补偿制度。这是生态文明制度中“坚持和巩固什么，完善和发展什么”这一重要命题赋予我们的一项重要工作任务，既指明了明确的工作方向，也提出了明确的工作要求。现在的关键是加快推进，狠抓落实。

落实生态补偿制度必须增强大局意识。建立生态补偿机制是贯彻习近平生态文明思想的重要举措，是完善生态文明制度体系的重要内容，是推动生态环境保护工作实现从以行政手段为主向综合运用法律、经济、技术和行政手段转变的重要途径，是落实打好污染防治攻坚战工作任务的迫切要求。我们要将落实生态补偿制度作为贯彻十九大和十九届四中全会精神的重要工作任务，切实提高政治站位，尤其是地方各级党委、政府一定要克服本位主义，增强大局意识，强化责任担当，推进制度落实。

落实生态补偿制度必须强化硬性约束。对纵向生态补偿的国家重点生态功能县（市、区）应加快建立“三线一单”制度，加强资金绩效管理，纵向生态补偿资金应明确只能用于生态环境保护工作，强化生态环境质量考核结果在生态补偿资金分配中的运用，建立严格的奖惩制度，真正发挥出资金的生态环境效益。按照“谁受益、谁补偿”的原则，从中央、省、市、县层面，明确要求建立流域上下游间科学合理、操作性强、互利共赢的横向生态补偿机制，并由上一级有关部门牵头推进落实，提升市场化生态补偿水平。

落实生态补偿制度必须夯实基础工作。建立和完善重要生态功能县（市、区）生态环境质量监测、评价体系，生态补偿标准体系。建立和完善流域水资源水环境生态补偿标准体系。研究制定自然保护地和矿产资源开发生态补偿标准体系。推进生态补偿立法，明确生态补偿的基本原则、主要领域、范围对象、补偿方式、补偿标准等，确保生态转移支付补偿机制有法可依。

落实生态补偿制度必须加快改革创新。按照生态功能贡献与补偿相一致的原则，完善和建立大气、森林、湿地、草原、矿产资源开发、蓄滞洪区、生物物种保护等专项生态补偿机制，拓宽补偿领域，提高补偿标准。建立稳定的生态补偿财政专项资金，支持鼓励社会资金参与生态建设、环境污染整治，设立绿色基金，利用国债资金、开发性贷款等，拓宽投入渠道，形成多元化的资金投入格局。引导生态受益地区加强对生态保护地区的交流、协作和帮扶，通过对口协作、园区共建、项目支持、飞地经济、产业转移、异地开发等方式，不断拓宽合作领域，丰富补偿方式。

（2019 年 12 月）

不负时代和重托 在生态文明建设上展现新作为、取得新成效

2018 年 4 月 25 日，习近平总书记来到湖南省岳阳市，考察长江经济带生态保护修复工作，作出“守护好一江碧水”的重要指示。两年多，湖南各级党委、政府及有关部门认真贯彻落实习近平总书记的殷殷嘱托，进一步加大“一江一湖四水”整治力度，取得了明显的阶段性成效。2019 年，全省 60 个国家考核评价断面水质优良率为 91.7%，高出全国平均水平 16.8 个百分点，大通湖退出劣Ⅴ类，2020 年 1—8 月，国考断面水质优良率达到了 93.3%，比 2019 年同期相比提升 1.7 个百分点，长江干流湖南段和湘资沅澧四水干流 109 个断面全部达到Ⅱ类水质标准，地级以上城市饮用水水源地达标率 100%；全省 14 个市州城市平均优良天数比例为 95.0%，比 2019 年同期提升 6.9 个百分点。

2020 年 9 月 16 日—18 日，在决战决胜脱贫攻坚和全面建成小康社会、污染防治攻坚战即将收官，开启全面建设社会主义现代化国家新征程的关键节点，习近平总书记再次来到湖南，深入乡村、园区、学校和企业一线考察，召开基层代表座谈会，发表了一系列重要讲话，为新时代湖南发展确立了新坐标、锚定了新方位、赋予了新使命。18 日上午，习近平总书记在听取湖南省委、省政府工作汇报时，再次就生态文明建设和污染防治攻坚战作出重要指示，强调要牢固树立绿水青山就是金山银山的理念，在生态文明建设上展现新作为。习近平总书记的重要指示，立意高远，总揽全局、科学精准、指引方向，具有很强的战略性、全局性、指导性和可操作性，为我们进一步深化生态文明建设，打好“升级版”的污染防治攻坚战指明了前进方向、提出了明确要求、提供了科学指南、注入了强大动力。

作为生态环境保护战线的工作者，我们更要将习近平总书记关于绿色发展、生态文明建设等系列重要论述、讲话精神铭于心、践诸行，自觉当好生态文明建设的引领者、推动者和实践者。

我们要牢固树立“绿水青山就是金山银山”的新发展理念，始终保持生态文明建设的战略定力。绿水青山既是自然生态财富，又是社会经济财富，保护生态环境就是保护生产力，改善生态环境就是发展生产力。在“两山”理念指导下，近年来，安吉县、资兴市等52个地区积极探索绿色发展、低碳发展、循环发展道路，先后入选国家“绿水青山就是金山银山”实践创新基地，充分体现了“人不负青山，青山定不负人”的哲学意蕴。2020年3月，习近平总书记再次考察安吉余村时，强调“绿色发展的路子是正确的，路子选对了就要坚持走下去”。作为中部和长江经济带沿江省份，我们要保持加强生态文明建设的战略定力，始终坚持方向不变、力度不减、标准不降，按照长江经济带“共抓大保护、不搞大开发”的要求，坚定不移地走“生态优先、绿色发展”为导向的高质量发展新路子，全面建立资源高效利用制度，结合供给侧结构性改革，依托湖南自由贸易区建设，加快推动20个工业新兴优势产业链发展、“锦绣潇湘”全域旅游品牌打造、农业可持续发展试验示范区创建等重点工作，着力把“绿水青山”转化为“金山银山”，真正实现产业强、百姓富、生态美的有机统一，擦亮湖南省高质量发展的生态成色。

我们要坚持以人民为中心，不断增强广大人民群众的幸福感和获得感。“半条被子”的故事记录着红军与百姓间的亲密情感，也象征着共产党和人民群众须臾不可分离的鱼水深情，更体现了中国共产党人的初心和使命。坚持一切为了人民、一切依靠人民，这是中国共产党战胜困难风险，取得一切胜利的根本保证。良好的生态环境是最普惠的民生福祉，习近平总书记强调，环境就是民生，青山就是美丽，蓝天也是幸福，发展经济是为了民生，保护生态环境同样也是为了民生。在当前及今后相当长一段时间内，生态环境问题仍然是社会各界、广大人民群众关注的热点、焦点和难点问题。我们要坚持生态惠民、生态利民、生态为民，持续发力，久久为功，不断满足人民群众日益增长的优美生态环境需要。一方面，全面加强污染防治，加快补齐短板弱项，着力解决老百姓反映强烈的生态环境问题，提供更多优质生态产品，让人民群众有更直接、更实在的幸福感、获得感。另一方面，切实增强全民生态环境保护意识和实践能力，推动社会公众深入、广泛参与，凝聚生态环境共治共享的强大合力，增强人民群众的生态环境获得感。

我们要坚持科学、精准、依法治污，坚决打好蓝天、碧水、净土保卫战。生态环境是易碎品，失之易、护之难，既要打攻坚战，也要打持久战。实事求是地讲，当前湖南省生态环境质量的改善，从量变到质变的拐点还没有到来，形势仍然严峻，任务十分艰巨，还需要继续攻坚克难，科学谋划并严格落实好《湖南省"十四五"生态环境保护规划》，按照科学、精准、依法治污的要求，突出重点，补齐短板，升级攻坚目标、减排路径、治污模式、政策措施等内容，打赢打好"升级版"的污染防治攻坚战。以长株潭区域联防联控、重点行业企业提标改造、夏季臭氧污染防治攻坚等为重点，坚决打赢蓝天保卫战，实现 $PM_{2.5}$ 稳定达标，臭氧浓度下降，基本消除重污染天气，还人民群众蓝天白云、繁星闪烁。以流域系统联治、饮用水水源及良好水体保护、湘江流域重金属污染防治、洞庭湖总磷削减、城乡和园区污水处理设施建设提质增效、农业面源污染防治、农村人居环境整治等为重点，统筹推进长江干支流沿线治污治岸治渔，坚决打好碧水保卫战，还人民群众漫江碧透、鱼翔浅底的景象。以五大重点区域遗留污染治理、尾矿库整治、金属污染耕地修复、污染地块风险防控等为重点，坚决打好土壤保卫战，留住鸟语花香、田园风光，让人民群众吃得放心、住得安心。

我们要统筹山水林田湖草沙系统治理，推动生态系统功能整体性提升。山水林田湖草是一个生命共同体，我们必须遵循自然规律、法则，算大账、算长远账、算整体账，对自然生态系统进行整体保护、系统修复、综合治理，切实维护好区域生态平衡。湖南生态保护红线面积占全省面积的 20.23%，有各类自然保护区 180 余个，森林覆盖率达到 59.9%，湿地保护率达 75.77%，这些是湖南省不可多得的宝贵资源，也是社会经济发展的重要支撑，筑牢"一江一湖三山四水"生态安全屏障意义重大。按照"划得出、守得住"的要求，科学划定并严格守护生态保护红线、环境质量底线、资源利用上线，对东江湖、南山公园等各类"净土"进行最严格的保护。坚持保护优先、自然恢复为主的原则，全方位、全地域、全过程系统保护洞庭湖湿地、南岭山脉、武陵山脉、罗霄山脉森林及生物多样性保护生态功能区等，给自然生态留下休养生息的时间和空间。按照“分类指导、因地制宜”的原则，加快实施“一湖四水”沿岸生态绿环，湘西南喀斯特石漠化整治，推进娄底锡矿山、郴州三十六湾重点矿区生态恢复等一批重点生态保护修复工程，全面提升重点区域生态环境自我净化、修复能力。

我们要完善生态环境保护责任体系，推进生态环境治理体系和治理能力现代化。面对世界百年未有之大变局，建设生态文明，是一场涉及生产方式、生活方式、思维方式和价值观念的革命性变革，只有实行最严格的制度、最严密的法治，才能实现这样的伟大变革。对“国之大者”，我们要心中有数，深刻吸取秦岭违建别墅、祁连山生态破坏等事件教训，坚决扛起生态文明建设的政治责任，加快推进生态环境治理体系和治理能力现代化水平，确保党中央关于生态环境保护的决策部署落到实处。按照约束与激励并举的要求，完善并严格落实“分级管理、属地负责、党政同责、一岗双责、失职追责”的生态环境保护责任体系，用好生态环保督察、领导干部自然资源资产离任审计等措施，层层压紧压实责任。继续加大生态文明体制改革，加快推进《湖南省洞庭湖保护条例》等地方立法，健全完善生态环境信用体系，探索建立多元化生态保护补偿机制，大力发展绿色金融，加快推行环保管家、污染第三方治理等新模式，广泛吸引社会资本参与生态环境保护。以市（州）、县（市、区）为重点，加快落实《湖南省生态环境保护工作“四严四基”三年行动计划》，加强监测执法能力和智慧环保建设，打造生态环保铁军。围绕农业面源控制、重金属污染治理、湿地保护修复等领域需求，集中优势科研力量加强先进适用技术及装备研发、示范和推广，提升科技支撑能力。

我们要传承文化基因，牢记初心使命，走好新时代长征路。“唯楚有才、于斯为盛”，湖南人才济济，新时代更需人才辈出。我们要牢记习近平总书记的殷殷嘱托，传承好“心忧天下、敢为人先”的湖湘文化，发扬好“吃得苦、霸得蛮、扎硬寨、打硬仗”的湖湘精神，汲取好我们脚下这片红色热土所孕育的精神养分，自觉主动接受思想洗礼，补足精神之钙，以习近平新时代中国特色社会主义思想为指引，增强“四个意识”、坚定“四个自信”、做到“两个维护”，推动全面系统学、深入思考学、联系实际学，把学习成果落实到干好本职工作、推动事业发展上，立足本职岗位，以永不懈怠的精神状态和一往无前的奋斗姿态，发扬斗争精神，增强斗争本领，只争朝夕、不负时代、不辱使命，真抓实干、埋头苦干、少说多干，成为一名政治强、本领高、作风硬、敢担当，特别能吃苦、特别能战斗、特别能奉献的生态环保铁军战士，在平凡的岗位上成就属于自己的人生精彩。

（2020 年 9 月 28 日）

牢记嘱托 勇于担当
奋力谱写生态优先绿色发展的湖南新篇章

长江是中华民族的母亲河，孕育了灿烂的中华文明，也是中华民族永续发展的重要支撑，习近平总书记一直念兹在兹。围绕推动长江经济带高质量发展，党的十八大以来，习近平总书记走遍了沿江 11 个省（区、市），2016 年 1 月、2018 年 4 月分别在重庆、武汉召开座谈会，2020 年 11 月，又在南京主持召开全面推动长江经济带发展座谈会并发表重要讲话，提出推动长江经济带高质量发展五项任务。习近平总书记强调，要坚定不移贯彻新发展理念，推动长江经济带高质量发展，谱写生态优先、绿色发展新篇章，打造区域协调发展新样板，构筑高水平对外开放新高地，塑造创新驱动发展新优势，绘就山水人城和谐相融新画卷，使长江经济带成为全国生态优先绿色发展主战场、畅通国内国际双循环主动脉、引领经济高质量发展主力军。习近平总书记作出的新指示、新要求、新部署，再次为全面推进长江经济带高质量发展指路定向、擘画蓝图。我们一定要牢记习近平总书记的殷殷嘱托，勇于担当、再接再厉、攻坚克难、开拓创新、奋勇争先，在生态文明建设上展现新作为，奋力谱写生态优先、绿色发展的湖南新篇章。

坚持思想引领，深学笃用习近平生态文明思想。习近平生态文明思想是推进新时代生态文明建设，实现人与自然和谐共生的根本遵循。从“要把修复长江生态环境摆在压倒性位置，共抓大保护，不搞大开发”，到“生态优先、绿色发展，抓好五个统筹”，再到“六新”“三主”，既一脉相承，又与时俱进。我们要深化思想认识，提高政治站位，将习近平总书记在全面推动长江经济带发展座谈会上的重要讲话精神与在湖南视察时的重要指示结合起来认真学习，深刻领会其核心要义和思想精髓，在深学细学、入心入脑、落地落实上下功夫，自觉用习近平生态文明思想武装头脑、指导实践、推动工作，在实现长江经济带“产业强、群众富、生态美”上当先锋，作表率，出佳绩。

坚持绿色低碳，全面推进“三湘四水”高质量发展。牢固树立“绿水青山就是金山银山”新发展理念，全面建立资源高效利用制度，深入推动绿色低碳发展，擦亮湖南省高质量发展的生态成色。严格落实“三线一单”制度，对860个环境管控单元实施差异化管理，科学合理安排生产、生活、生态空间，给自然生态留下休养生息的时间和空间。深化“放管服”改革，积极服务“六稳、六保”和“双循环”新发展格局，加快推动新能源装备、空气治理技术及应用等20个工业新兴优势产业链发展，大力支持绿色企业、生态工业园区建设，推进株洲市清水塘、湘潭市竹埠港等重点区域转型升级。努力实现“产业生态化、生态产业化”，突出抓好洞庭湖生态经济区、岳阳长江经济带绿色发展示范区、郴州国家可持续发展议程创新示范区建设，“锦绣潇湘”全域旅游品牌打造等重点工作，大力发展生态农林业和生态旅游业，使生态保护和经济发展相互促进、相得益彰。发展壮大节能环保、循环经济产业，制定财税、价格、金融等支持政策，探索组建湖南生态环保产业集团。

坚持攻坚克难，加快破解突出生态环境问题。生态环境保护犹如逆水行舟，不进则退，小进慢进也是退。当前，“一江一湖四水”生态环境质量的改善，从量变到质变的拐点还没有到来，一些损害群众利益、制约经济社会可持续发展的突出生态环境问题还未从根本上得到解决，保护和治理的任务依然繁重艰巨，还需持续攻坚克难。对标对表《中共中央关于制定国民经济和社会发展第十四个五年规划和二〇三五年远景目标的建议》，结合习近平总书记在湖南考察时提出的“三高四新”战略要求，科学谋划并严格落实好重点流域生态环境保护“十四五”规划，按照科学治污、精准治污、依法治污的要求，升级攻坚目标、减排路径、治污模式、政策措施等内容，突出抓好饮用水安全保障、长江岸线治污治岸治渔、重点工矿区遗留污染治理、洞庭湖总磷削减、城乡环境基础设施建设和黑臭水体整治、农业面源污染防治、生态保护修复等重点任务，深入推进碧水保卫战，持续改善水生态环境质量，及时消除环境风险隐患，还人民群众漫江碧透、鱼翔浅底的景象。

坚持系统思维，加快构建“一江一湖四水”综合治理新体系。习近平总书记多次强调要统筹山水林田湖草系统治理，在全面推动长江经济带发展座谈会，再次明确要从生态系统整体性和流域系统性出发，追根溯源、系统治疗，防止头痛医头、脚痛医脚。生态环境保护和治理是复杂的系统工程，为持续改善“一江一湖四水”生态环境质量，必须遵循客观规律，将保护和治理工作融入经济、政治、文化和社会建设各方面和全过程，统筹局部和全局、当下和长远、治标和治本的关系，多措并举，整体施策，实现源头治理、系统治理、综合治理。坚持两手发力，统筹水环境、水生态、水资源、水安全，在持续强化工业、农业、生活和交通污染治理的同时，切实保障河湖生态流量，加快实施生态廊道建设、重点矿区、湿地生态恢复等重点生态保护修复工程。坚持流域共治，按照“统一规划、统一标准、统一监测、统一监管、统一考核”的要求，推进上下游、左右岸、干支流建立共建共治共管共享新格局。坚持部门联动，统筹污染防治攻坚战、河湖长制落实、长江经济带保护修复、洞庭湖生态经济区建设等工作，按照“目标一致、规划衔接、力量整合、资金集中、措施同步”的总体思路，聚焦重点区域、流域协同发力、靶向治理。

坚持改革创新，着力提升生态环境治理体系和治理能力现代化水平。持续深入推进生态文明体制改革，强化支撑保障，为保护和治理工作释放更多的政策“红利”。健全生态环境治理领导责任体系，强化生态环境“党政同责、一岗双责”和“三管三必须”，充分用好绿色发展考核、生态环保督察等手段，严格落实党政领导干部自然资源资产离任审计和生态环境损害责任终身追究制度。以“两山”实践创新基地建设和生态文明示范创建为抓手，加强典型示范，加快推动建立“政府主导、企业和社会参与、市场化运作、可持续”的生态产品价值实现机制。持续加大财政投入，建立绿色发展基金，强化重点生态功能区转移支付资金用于生态环保的约束性要求，大力推进产业园区、小流域、农村环境综合整治整县推进和企业第三方治理，多渠道吸引社会资金参与，确保生态环保投入与修复治理任务相匹配。加快健全完善“一江一湖四水”流域生态补偿，企事业单位、产业园区环境信用评价体系，用水权、排污权等交易市场体系，生态环境损害赔偿、公益诉讼等制度，推进制度创新。加大科技支撑，围绕重金属污染防治、磷污染削减、农业面源污染防治、生态措施修复治理等加大先进适用技术研发与示范推广。加快推进数字赋能，建设全省生态环境大数据智慧平台，提升信息化管理水平。加强统一规范的生态环境综合执法体系建设，强化基层生态环境监测监管能力建设，提升综合监管水平。

坚持文化传承，大力弘扬湖湘“亲水、爱水、护水”优良传统。湖南因水得名，水情是最大的省情，我们的祖先临水而居、因水而兴，得益于良好自然生态的滋养，历经千年沉淀形成具有浓郁家国情怀特质的湖湘文化，涌现出不少“亲水、爱水、护水”的历史名人、不朽篇章、感人故事。我们要充分挖掘湖湘文化的影响力和凝聚力，把“经世致用”“实事求是”“百折不挠”“兼收并蓄”“心忧天下”“敢为人先”等精神保护好、传承好、弘扬好，延续历史文脉，坚定文化自信，激励一代又一代湖湘儿女逐梦向前，切实担负起为子孙谋、为长远计的历史责任和政治责任。加强绿色典型案例、典型人物梳理总结和宣传报道，充分利用“互联网+”等形式讲好生态文明故事，依托180余个自然保护区，110余个5A级、4A级景区，8个全国红色旅游经典景区等资源，结合文旅产业发展，加强生态文化、红色文化深度开发，通过多种形式激发人民群众呵护好生态环境的内在动力。深入推动社会公众参与，在更大范围、更高层面加大绿色学校、绿色家庭、绿色社区、绿色单位创建力度，让绿色生活与绿色消费蔚然成风，为建设美丽湖南提供持续不断的正能量。

推动长江经济带发展既是一场攻坚战，也是一场持久战，需要思想上同心、方向上同向、行动中同行，共同将新发展理念践行到底。我们一定要坚定“四个自信”、增强“四个意识”、做到“两个维护”，坚持慎终如始，保持加强生态文明建设的战略定力，方向不变、力度不减、标准不降，不断深化污染防治攻坚战的高度、广度和深度，持续改善生态环境质量，以“功成不必在我”的境界与“功成必定有我”的担当，一张蓝图绘到底，一茬接着一茬干，奋力谱写生态优先绿色发展的湖南新篇章，让一江清水绵延后世、惠泽人民。

（2020年11月）

大力繁荣发展生态文化 推进生态文明入脑入心

文化是更基础、更广泛、更深厚的力量，具有重要的导向、凝心和基础作用。2018 年 5 月，习近平总书记在全国生态环境保护大会上强调指出，中华民族向来尊重自然、热爱自然，绵延5000多年的中华文明孕育着丰富的生态文化，新时代要加快建立健全以生态价值观念为准则的生态文化体系。2020 年 11 月，习近平总书记在南京召开的全面推动长江经济带发展座谈会上明确要求，“要把长江文化保护好、传承好、弘扬好，延续历史文脉，坚定文化自信”。

繁荣发展生态文化需要广泛深入宣传习近平生态文明思想。党的十八大以来，习近平总书记就生态文明建设和生态环境保护提出了一系列新理念、新思想、新战略，形成了习近平生态文明思想。习近平生态文明思想继承和发展了马克思主义关于人与自然关系的思想精华和理论品格，创造性地丰富和拓展了马克思主义自然观；植根和升华了生生不息的中华文明，让源远流长的中国传统生态文化和生态智慧发扬光大；凝结了对工业文明带来的种种弊端导致人与自然关系遭到破坏的深刻思考，科学自然观、绿色发展观、基本民生观、整体系统观、严密法治观、全球共赢观是习近平生态文明思想的核心要义。我们要广泛深入宣传习近平生态文明思想，让绿水青山就是金山银山的理念融入我们每一个人的心田，让人与自然和谐相处成为全社会的共同价值理念。

繁荣发展生态文化需要继承弘扬中外优秀生态文化。任何一种文化形态都不是凭空产生的，生态文化也是对农业文明和工业文明中优秀基因的继承与弘扬，是对中外优秀生态文化的兼容并蓄。中国古代有“道法自然”“天人合一”“不违农时”等自然生态思想，西方国家反思工业文明带来的环境污染、生态破坏等种种弊端相继提出了可持续发展和绿色发展理念，创作了《寂静的春天》《增长的极限》《人类只有一个地球》《瓦尔登湖》等一批生态文学经典作品，都值得我们认真学习，积极借鉴，并从中汲取营养，以推进我国生态文化的繁荣兴盛。

繁荣发展生态文化需要讲好中国故事，多出精品力作。党的十八大以来，在习近平总书记亲自领导、强力推动下，我国在生态环保领域开展了一系列根本性、开创性、长远性工作，推动生态环境保护发生历史性、转折性、全局性变化，生态文明建设取得了历史性成就。在推动生态文明建设的生动实践中，形成了很多绿色发展典型案例，涌现出一大批先进典型人物，演绎出很多美丽动人的故事，提供了一大批鲜活的创作素材，作出了举世瞩目的全球贡献。各级党委、政府及有关部门应认真进行总结，广泛宣传推介。尤其是广大文艺工作者，要引导全国人民加入生态文明建设和打好污染防治攻坚战的火热实践，用报告文学、小说、散文、电影、戏剧等多种文艺形式进行艺术创作，打造一批生态文化的精品力作。要紧跟时代变化，创新生态文化作品形式，充分利用互联网等新媒体扩大传播，发出中国生态文明建设好声音、讲述中国生态文明建设好故事。

繁荣发展生态文化需要各级党委、政府高度重视。生态文化体系建设是生态文明五大体系建设的重要组成部分，对推动构建生态经济、生态目标责任等其他四大体系建设具有指导性、基础性作用。在开启全面建设社会主义现代化国家新征程的过程中，各级党委、政府，特别是宣传文化、生态环境部门要更加重视生态文化建设，切实加强组织领导，在指导思想、宣传战略、工作目标、选题安排、资金扶持、考核奖励和作品宣传等方面作出工作安排和重点支持，认真组织“美丽中国，我是行动者”年度主题活动，有效开展六五环境日、地球日、湿地日、生物多样性日、世界水日、植树节和全国节能宣传周等主题宣传活动，大力开展“绿色中国年度人物”评选表彰与宣传推介，积极提倡和引导生态文化创建活动。

繁荣发展生态文化需要全社会广泛积极参与。理念是行动的先导，要深入推进提升公民生态文明意识行动计划，弘扬生态文明主流价值观，形成人人、事事、时时崇尚生态文明的社会新风尚。通过多种形式激发人民群众亲近自然、热爱自然、呵护自然的热情和内在动力。在更大范围、更高层面加大绿色学校、绿色家庭、绿色社区、绿色单位创建力度，让绿色生活与绿色消费蔚然成风，为生态文明建设奠定坚实的社会、群众基础。自然生态环境领域的科学家也应与艺术家一起，拿起手中的笔，投身到生态文化的宣传和创作中去，创作一批像《沙乡年鉴》《寂静的春天》的经典作品。

建设生态文明是关系中华民族永续发展的根本大计，功在当代，利在千秋，关系人民福祉，关乎民族未来，是“国之大者”。“文以载道”，我们要大力繁荣发展生态文化，将生态文明理念渗透到每个单位、每个家庭、每个公民，进一步增强生态文明主流价值观的向心力和感召力，推进生态文明体系建设更加全面、更加协调、更加深入，为美丽中国建设贡献更多更基本、更深沉、更持久的文化力量。

（2020 年 11 月）

绘就良好生态环境底色
奋力谱写湖南生态环境保护新篇章

2020年9月，习近平总书记赴湖南考察调研。考察期间，习近平总书记针对加强生态文明建设和打好污染防治攻坚战强调指出，湖南地处长江中游，坐拥“一湖四水”，在国家生态文明建设中具有重要地位。要牢固树立绿水青山就是金山银山的理念，在生态文明建设上展现新作为。习近平总书记的重要讲话为湖南省“十四五”生态环境保护工作指明了前进方向，提供了根本遵循。进入新阶段，开启新征程，号角已吹响，奋斗正当时，我们要进一步提高政治站位、理论站位、时代站位，认真贯彻落实习近平总书记重要讲话和全国“两会”精神，深入贯彻新发展理念，确保“十四五”工作谋好篇、起好步、开好局！

一、认真总结“十三五”生态环境保护工作成效

总体上看，“十三五”时期是湖南省生态环境保护事业发展最好的五年。全省各级各方面勠力同心、艰苦奋斗，生态环境保护发生了历史性的变革。“十三五”时期，全省对生态环境保护的认识程度之深、政策举措之实、工作力度之大、改善效果之好、群众满意度之高前所未有。一是圆满完成了“十三五”生态环境约束性指标。全省地级及以上城市优良天数比率、细颗粒物平均浓度、地表水优良水质断面比例、消除劣V类水体、四项主要污染物减排总量、单位GDP二氧化碳排放强度9项指标均超额完成。二是实现了生态环境质量的明显改善。从2018年4个市（州）实现零的突破、首次达到国家空气质量二级标准以来，2020年有7个市（州）实现达标，有3个城市空气质量改善幅度进入全国前20名；长江湖南段和

四水干流监测断面从Ⅲ类、Ⅳ类水质全面提升，稳定达到或优于Ⅱ类水质，所有地表水国家监测断面全部退出劣Ⅴ类，市级在用饮用水水源达标率达100%，有2个城市水环境质量进入全国前30名。三是推动解决了一大批过去长期想解决而没有解决好的突出生态环境问题。通过强化督察问责，洞庭湖及四水流域非法采砂、长株潭绿心地区违规建设、自然保护地违法开矿和小水电开发、危险固体废物超期贮存、尾矿库和尾砂库污染等顽瘴痼疾得到加快整改和有效控制。四是生态环境保护工作实现重大变革、全面转型。通过推进机构改革、生态文明体制改革和省以下垂直管理改革，全面构建了湖南省生态文明建设的“四梁八柱”，初步形成了“党政同责、一岗双责”齐抓共管的大生态环保格局；形成了统一规划、统一评估、统一监测、统一执法、统一督察的新生态环保体制；探索形成了“五个转变”的生态环境保护新工作局面。五是全面提升了人民群众对生态环境的满意度、获得感。全省城乡面貌发生了翻天覆地的变化，长株潭等重点城市雾霾天气明显减少、蓝天白云渐成常态，美丽乡村干净整洁、绿水青山随处可见。

面对风云变幻的国内外形势、艰巨繁重的工作任务，我们之所以能够打好污染防治攻坚战，夺取污染防治攻坚战的阶段性胜利，贵在坚持、赢在坚定！一是始终坚持用习近平生态文明思想武装头脑、指导实践、推动工作。通过全面加强习近平生态文明思想的深入学习和宣传教育，绿水青山就是金山银山的发展理念深入人心，全省各级党政领导干部生态优先、绿色发展的理念进一步树立，推进生态文明建设和生态环境保护的责任更加落实、行动更加自觉、措施更加有力。二是始终坚持在党的领导下推动生态环境保护工作。紧紧依靠各级党委、政府的坚强领导，把生态环境保护一切工作置于党的绝对领导之下，防止工作偏航走向；切实加强请示汇报和工作沟通，各级党政主要领导，在体制改革、机构编制、队伍建设、重点任务推进等方面高度重视、亲自挂帅、高位推动，为生态环境保护工作提供了坚强后盾。三是始终坚持推动构建大生态环境保护工作格局。充分发挥湖南省生态环境保护委员会、湖南省生态环境保护督察工作领导小组、湖南省突出环境问题整改工作领导小组等的统筹协调作用，相关职能部门密切配合、社会各界广泛参与，凝聚了推进生态文明建设的广泛共识，形成了生态环境保护齐抓共管的强大合力。四是始终坚持强化督察问责。通过配合中央生态环境保护督察，开展省级生态环境保护督察及“回头看”，严肃查处和曝光一批典型案例，推动各级党委、政府和相关职能部门增强生态文明建设的政治自觉，切实压紧压实生态环境保护责任。五是始终坚持加强生态环境保护宣传。推动生态环境保护知识进社会、进家庭、进学校、进课堂，每年认真举办世界环境日宣传活动，开展系列绿色创建活动，引导公众广泛参与，营造浓厚的社会氛围。

二、“十四五”新阶段生态环保任重道远

走过“十三五”，一个新的发展阶段迎面而来。这个新阶段是我们承前启后、开启全面建设社会主义现代化国家的新征程；这个新阶段是我们勇立潮头、向着实现第二个百年奋斗目标全力冲刺的新阶段；这个新阶段是我们接续奋斗、奋力擘画建设美丽中国蓝图的新阶段；这个新阶段是我们开拓创新、加快推进“三高四新”战略的新阶段。面对这个新阶段，我们必须清醒地认识到，湖南省目前仍存在一些突出问题和挑战。

一是生态环境历史欠账仍然较多。通过深入打好污染防治攻坚战、抓好中央生态环保督察整改，完成了一批艰巨的治理任务、解决了一批突出的问题，但有的任务才刚刚起步或者破题，如重金属超标耕地修复、尾矿库治理、重金属超标断面整治、入河排污口整治、危险废物超期贮存治理等，后续整改任务依然繁重、环境风险仍然突出。

二是污染防治攻坚成果并不巩固。全省大气环境质量仍然不高，一些重点城市 $PM_{2.5}$浓度依然居高不下，全省臭氧平均浓度仍然保持高位，重污染天气时有发生；水环境质量改善也不全面，个别国控、省控断面刚刚退出劣Ⅴ类和Ⅴ类，水质并不稳定，湘江、资江仍然存在重金属污染隐患，可能出现反弹。

三是生态环境治理能力仍然较弱。通过各项改革，虽然我们已经初步构建了“四纵三横”的生态环境保护格局，加强了机构队伍建设，但还普遍存在体制机制不顺、监管执法能力不强、工作作风不实、信息化程度不高等问题。

三、科学谋划“十四五”生态环境保护工作

面对机遇挑战，我们既要充满必胜的信心，又要保持清醒的头脑，全面分析、准确把握、科学谋划“十四五”时期生态环境保护工作。

（一）深刻认识“十四五”生态环境保护的新形势

按照“立足新发展阶段、贯彻新发展理念、构建新发展格局”的要求和“三高四新”的战略部署，“十四五”的生态环境保护工作，一是任务更重。在继“十三五”深入打好污染防治攻坚战，继续实施水、气、土污染防治行动，继续推进突出生态环境问题整改，推动环境质量持续改善的基础上，增加了常态化疫情防控、助力构建新发展格局、实施“三高四新”战略和碳排放达峰、应对气候变化等新的任务。二是要求更高。统筹经济高质量发展与生态环境高水平保护，要求我们不仅要加强末端污染治理，加快还清历史欠账，更需要以减污降碳为总抓手，把降碳作为一个根本手段，着力推动绿色低碳循环发展，加快构建绿色生产生活方式，从源头上减少污染排放，提升生态整体功能。三是难度更大。一方面要实现经济社会的高质量发展，要在尽可能多地削减污染存量的同时，努力控制和抵消经济社会发展产生的污染增量；另一方面又要实现生态环境质量的持续改善。在改善空间已经很小、剩下都是难啃的“硬骨头”的情况下，既要努力巩固污染防治现有成果，更要在结构调整、精准科学依法治污方面要潜力，不断改善生态环境质量。

（二）准确把握“十四五”生态环境保护的新要求

适应新形势新任务，要求我们在工作思路上要有新突破，在工作举措上要有新调整。在工作思路上要做到“五个两手抓”，即：一手抓减污、一手抓降碳，将减污和降碳一体筹划、一体部署、一体考核，实现减污降碳相协同。一手抓环境、一手抓生态，在完成环境治理项目基础上，必须注重提高生态系统质量和稳定性，治理成效要体现到生态功能提升上来。一手抓城市、一手抓农村，更好地统筹城乡环境治理协调发展，将更多资源向不发达地区、农村地区倾斜，确保良好的生态产品惠及全体人民。一

手抓末端、一手抓源头，形成源头治理、过程治理、末端治理的系统治理链条，构建源头严控、过程严管、后果严惩的全周期监管体系。一手抓整治、一手抓根本，在抓紧治标的同时，注重治本，始终着力推动绿色低碳循环发展、构建绿色生产生活方式，从根本上解决污染问题。

在工作举措上，要做到“五个更加重视”，即：要更加重视应对气候变化，将“碳达峰”作为“十四五”生态环境保护的重中之重，作为倒逼产业升级、结构调整的重要抓手。要更加重视生态功能提升，将山水林田湖草沙系统治理、生物多样性保护、长江干支流治污治岸治渔等工作摆上重要位置，把生态功能提升作为工作成效的重要衡量标准。要更加重视农业农村污染治理。巩固深化农业农村污染治理成果，全面加强农业农村面源污染治理，不断提高从源头解决污染的能力和水平。要更加重视源头系统治理。深入推进产业、能源、交通、用地等结构调整，从源头减少污染物排放，强化系统治理思路，从根本上改善生态环境质量。要更加重视推动绿色转型发展。充分发挥市场在资源配置中的决定性作用，大力发展绿色金融，支持绿色技术创新，推进清洁生产，开展绿色生活创建活动。

（三）科学确定“十四五”生态环境保护的新目标

按照国家对生态环境保护“十四五”规划和到2035年的总体部署，以及到2030年实现碳达峰、2060年实现碳中和的总体规划，结合湖南实际，确定湖南省“十四五”生态环境保护的总体目标是：生产生活方式绿色转型成效显著，能源资源配置更加合理、利用效率大幅提高，国土空间开发与保护格局得到优化，污染物排放总量持续减少，环境质量持续改善，突出生态环境问题基本解决，重大环境风险基本化解，生态安全屏障更加牢固，城乡人居环境明显改善，生态环境治理体系和治理能力现代化水平明显增强，生态文明建设实现新进步。

（四）认真贯彻做好“十四五”生态环境保护工作的相关原则

一要保持战略定力。要坚定敢打必胜的信心，克服松劲畏难情绪，始终做到不动摇、不松劲、不开口子，保持方向不变、力度不减、标准不降，一仗接着一仗打，绵绵用力、久久为功。二要坚持稳中求进。要坚持稳中求进的总基调，巩固好已取得的工作成效，稳打稳扎、稳步前进，在打基础、求深化中出实招、见实效；要坚持科学、精准、依法治污，以目标为导向，推动环境质量不断改善。三要坚持党建引领。始终坚持把党的政治建设摆在首位，以党建为引领，通过抓党建、强班子、带队伍、促工作，推动党建与业务工作的深度融合。四要坚持以人民为中心。持续改善生态环境质量、加快解决影响人民群众身边的突出生态环境问题，不断满足人民群众对优美生态环境的热切期盼。五要坚持加强队伍建设。坚持在不断学习和实践中摔打锤炼队伍，提高业务素质、转变工作作风、持续正风肃纪，努力打造生态环保铁军。六要持续加强能力建设。继续深化生态环境体制机制改革，进一步释放改革红利；着力推进治理体系和治理能力现代化，全面提升生态环境督察、执法、监测、宣传、科研等各方面能力。

四、认真落实各项工作任务

一是坚持绿色低碳发展。湖南省碳减排工作压力巨大、任重道远，三湘儿女素有“胸怀天下、敢为人先”的图强担当，湖湘文化也蕴含“经世致用、实事求是”等价值取向，要抓紧制定2030年前碳排放达峰行动方案，持续调整优化用地结构、产业结构、能源结构、交通运输结构，加快推动煤炭消费尽早达峰，着力提升生态系统碳汇能力，为中国实现碳达峰碳中和目标贡献湖南力量。二是深入打好污染防治攻坚战。湖南省城乡环境治理基础设施建设还有短板，部分区域生态环境质量改善成效还不稳定，生态环境保护工作仍处于攻坚期、窗口期、关键期，还需要保持加强生态文明建设的战略定力，发扬斗争精神，增强斗争本领，以问题为导向，继续加强水、大气、土壤污染源头治理、系统治理、综合治理，并以四水源头、洞庭湖区等为重点，加快实施一批重大生态保护修复工程，切实维护好“一湖三山四水”生态环境安全。三是加强生态系统保护与修复。优化“一湖三山四水”生态安全格局，统筹山水林田湖草沙系统治理，筑牢生态安全屏障。加强生态廊道保护与建设，推动湿地保护与修复，加强生态脆弱区的综合治理。推进城市生态系统保护修复，以长株潭绿心为重点，开展城市区域山水林田湖草沙系统治理示范。加强生物多样性保护，完善生物多样性保护工作机制。构建天空地一体化生态质量监测网络，利用高分卫星、无人机等开展高精度生态遥感监测。四是防范化解生态环境风险。推进固定污染源排污许可重点企业自动在线监控系统建设，强化平台监管和数据运用。深化电力环保智慧监管平台建设，不断创新非现场监管手段。加强“一废一库一品”环境监管，组织开展生态环境安全隐患排查整治，继续推进重点流域区域涉锑、镉、铊等重金属治理。健全环境应急指挥体系，推动上下游联防联控机制建设和化工园区有毒、有害气体预警体系建设。加强核与辐射安全监管，推进辐射安全隐患排查。五是推进生态环境治理体系和治理能力现代化。严格落实《关于构建现代环境治理体系的指导意见》，进一步完善体制机制，加快形成导向清晰、决策科学、执行有力、激励有效、多元参与、良性互动的“大环保格局”。持续深入推进生态文明体制改革，加快健全完善流域生态补偿、生态环境损害赔偿等制度，为保护和治理工作释放更多的政策“红利”。持续加大财政投入，大力推进产业园区、区域环境污染第三方治理，多渠道吸引社会资金参与。加大科技支撑，围绕总磷治理、重金属防治等重点领域先进适用技术研发与示范推广。完善生态环境监测、评价和考核体系，建设生态环境大数据智慧系统，强化基层能力建设，提升综合监管水平。

“雄关漫道真如铁，而今迈步从头越”。让我们更加紧密地团结在以习近平同志为核心的党中央周围，以习近平生态文明思想为指导，攻坚克难，久久为功，减污降碳、改善生态，奋斗“十四五”，奋进新征程，高质量推进生态文明建设，以优异成绩庆祝中国共产党成立 100 周年。

（2021 年）

打好“升级版”污染防治攻坚战
推进生态环境质量持续改善

党的十八大以来，在习近平生态文明思想指引下，全国污染防治攻坚战取得重大阶段性成果，但环境污染和生态保护所面临的严峻形势没有根本改变，环境事件多发频发的高风险态势仍然存在，“十四五”时期，必须坚持以人民为中心的发展思想，始终保持生态文明建设的战略定力，坚持方向不变、力度不减，加强与国民经济和社会发展、国土空间规划等深度融合，突出科学治污、精准治污、依法治污，打好“升级版”的污染防治攻坚战，推动实现经济高质量发展和生态环境高水平保护。

一、以结构调整促推大气环境质量巩固改善，打好“升级版”蓝天保卫战

$PM_{2.5}$浓度仍处高位、臭氧污染逐渐显现是当前影响大气环境质量的主要因素，“十四五”大气污染防治应从“治标”转向“治本”，以结构调整促推空气环境质量改善。

一要坚持标本兼治，加快推进结构调整。推进产业结构调整，运用环境和产业标准，加快落后产能出清，运用环境准入负面清单，严格项目准入。持续推进能源结构调整，落实能源消费双控制度，严格控制煤炭消费，降低煤炭消费比重，提高清洁能源比重。加快运输结构调整，构建绿色交通体系，增加水运、铁路运输比例，大力发展新能源汽车。优化用地结构调整，强化扬尘污染控制。二要坚持分类施策，推动重点行业绿色升级改造。推进重点行业治理设施升级与超低排放改造，继续提升钢铁、建材、石化等重点行业清洁生产水平，开展锅炉与工业炉窑深度治理、砖瓦

行业治理设施升级改造、水泥行业氮氧化物减排、钢铁行业超低排放改造。三要强化$PM_{2.5}$与 VOCs 协同控制，着力控制臭氧污染。推进 VOCs 原辅材料替代，有效减少 VOCs 产生，提升 VOCs 综合治理效率，加快实施 VOCs 减排重大工程，科学开展 VOCs 和 NOx 排放控制，强化 VOCs 和 NOx 的减排要求。四要坚持防控结合，持续加强区域协作与重污染天气应对。突出重点区域、重点时段，着力构建具有地方特色、系统完整、有机融合、协同高效、多方参与的大气污染防治格局，强化网格化、精细化、智能化管控，提升重污染天气预警预报和区域联防联控能力。

二、以系统联治助力水生态环境持续改善，打好“升级版”碧水保卫战

全国水环境质量区域不平衡、流域生态系统保护整体性不足等问题仍然存在。“十四五”时期，应坚持“水资源、水环境、水生态”三水共治、“污染减排与生态扩容”两手发力，深入推进重点流域联防联控。

一要严格保护水源地。深入推进各级饮用水水源地“划、立、治”工作，强力整治解决水源地存在的突出环境问题，全面提升水源地水质达标率，加强水源地应急能力和信息化建设，确保人民群众饮水安全。二要强化水污染治理。在继续强化工业企业、园区环境治理的同时，加强管网配套，积极推动雨污分流和初期雨水收集治理，深入推进城乡黑臭水体污染整治，全面推进城镇环境治理设施建设提质增效。加快发展绿色农业生产，加大农业面源污染治理力度，继续加强畜禽水产养殖污染防治，推进农药化肥“零增长”行动，加强农村环境基础设施建设，大力推进“厕所革命”，加快补齐农业农村环境治理短板。加强地表水与地下水、陆地与海洋协同联动治理。三要保护和修复水生态环境。加快评估江河湖库生态环境质量状况，按照“有河有水、有鱼有草、人水和谐”的原则，以自然恢复为主，采取差异化的保护修复措施。对淤积严重水体实施清淤，恢复、重建、调控水生生态系统，增强自然修复功能，保持水生生物完整性和原真性，恢复区域标志性指示物种。加快完善河湖连通生态水网，增强水体交换能力。扩大湿地面积、建设河湖生态缓冲带，提高水环境容量。加大长江、黄河等重点流域生态保护和修复力度。在洞庭湖、鄱阳湖等重

点湖库，突出抓好退耕还湿、水系联通等工作。加快小水电整治、改造任务，加强生态流量保障。四要加强用水监管，突出保护水资源。加强水资源时间与空间调配管理，明确各领域、行业节水任务，强化节水措施落地。推进非常规水资源利用，积极建设海绵城市。精准施策，推动解决局部地区缺水问题。

三、以风险管控筑牢生态环境安全防线，打好“升级版”净土保卫战

全国土壤污染面多点广、成因复杂、隐蔽难治。“十四五”时期，应坚持预防为主、保护优先，全面提升土壤环境监管能力，牢牢把住农产品质量和人居环境安全关。一要强化详查等基础工作。深入开展建设用地土壤污染状况调查、耕地污染成因排查、重点工业片区土壤污染调查及溯源等工作。二要强化土壤污染源头管控。按土地利用状态（未利用、规划利用、正在利用、搬迁遗留）和利用方式（建设用地和耕地）对风险源采取管控措施，降存量、遏增量。开展重点行业专项整治，加强重点重金属防控，提高涉重工业园区环境管理水平，加强冶炼、化工等重点行业监管和源头治理。三要确保农用地土壤安全。完成农用地土壤环境质量划分，加强分类管理、利用。加强农用地流转监管，进一步加强土地征收、收回、收购等环节监管。实施一批区域性污染耕地安全利用项目。四要严格建设用地风险管控和治理修复。完善建设用地治理修复和风险管控名录，加强污染地块二次开发利用准入管理，按照“发现一块、管控一块”的原则，有序推进建设用地土壤污染风险管控和修复。

四、以改革创新推动夯实支撑保障基础，提升环境治理体系和治理能力现代化水平

面对新形势、新任务要求，生态环境保护工作支撑保障能力不足问题日益突出，需要继续深化改革创新，为打好“升级版”的污染防治攻坚战注入不竭的动力。一要层层落实责任。按照“党政同责、一岗双责”的原则，进一步用好领导干部自然资源资产离任审计、政府绩效考核、生态环

保综合督察等措施，探索建立重点行业绿色发展评价制度体系，压紧压实各级各有关部门职责，强化源头预防和管控。二要加大资金政策支持。切实加大财政投入力度，鼓励支持社会资金参与，积极推进生态补偿、绿色基金、绿色信贷、价格税收等环境经济支持政策，拓展生态环境投融资渠道，大力发展生态环保产业。三要提升科技支撑。加大重点领域科技攻关力度，加强总磷削减、臭氧污染形成机理和土壤修复治理技术研究，推广先进治理技术和管理经验，加强监测监管能力和信息化建设，加大自动监测和大数据技术应用，为科学治污、精准治污、精细管理提供有力支撑。四要推动公众参与。强化生态环境信息公开，畅通信访、投诉渠道，建立有奖举报制度。加大绿色消费、绿色出行等活动力度，推动社会公众广泛、深度、高效参与，实现共治共享。加强生态环境保护宣传教育，倡导先进生态文化。

（2021 年）

保持战略定力 以生态环境高水平保护促进经济社会高质量发展

2021年是中国共产党成立100周年，是“十四五”开局之年，也是开启全面建设社会主义现代化国家新征程的第一年，在我国现代化建设进程中具有特殊重要性。1月11日，在省部级主要领导干部学习贯彻党的十九届五中全会精神专题研讨班开班式上，习近平总书记强调，要准确把握新发展阶段，深入贯彻新发展理念，加快构建新发展格局，推动“十四五”时期高质量发展，确保全面建设社会主义现代化国家开好局、起好步。4月30日，十九届中共中央政治局就新形势下加强中国生态文明建设进行第二十九次集体学习，习近平总书记再次强调，保持生态文明建设战略定力，努力建设人与自然和谐共生的现代化。站在新的历史方位，作为生态环境保护工作者，我们要深入学习贯彻习近平总书记关于加强生态文明建设和生态环境保护的系列重要讲话精神，牢记初心使命，保持战略定力，深刻认识新形势、新任务、新要求，积极应对新问题、新矛盾、新挑战，提高“政治三力”，心怀“国之大者”，勇于担当作为、持续攻坚克难，坚决把党中央、国务院各项决策部署贯彻落实好，以生态环境高水平保护推动经济社会高质量发展。

一、坚定正确的政治方向，时刻高扬加强生态文明建设的鲜明旗帜

生态兴则文明兴，生态衰则文明衰。生态文明建设是关系中华民族永续发展的千年大计，既是关系党的使命宗旨的重大政治问题，也是关系民生的重大社会问题。我们党历来高度重视生态环境保护，把节约资源和保护环境确立为基本国策，把可持续发展确立为国家战略。尤其是党的十八

大以来，以习近平同志为核心的党中央把生态文明建设摆在全局工作的突出位置，全面加强生态文明建设和生态环境保护，开展了一系列根本性、开创性、长远性工作，决心之大、力度之大、成效之大前所未有，其中，“十三五”生态环境领域9项约束性指标和污染防治攻坚战阶段性目标任务超额圆满完成。在看到取得显著成绩的同时，我们也要清醒地认识到，当前及今后一段时间内，全国生态环境保护结构性、根源性、趋势性压力总体上尚未根本缓解，保护与发展长期矛盾和短期问题交织，生态环境保护工作任重道远。为长远计，为子孙谋，新发展阶段对生态文明建设提出了更高标准、更严要求，我们要锚定建成美丽中国的远景目标，以对党、对人民、对历史高度负责的精神，自觉讲政治，深刻领会什么是党和国家最重要的利益、什么是最需要坚定维护的立场，把思想和行动统一到党中央、国务院的重大判断、决策部署上来，高扬加强生态文明建设的鲜明旗帜，坚定不移执行“坚持人与自然和谐共生”的基本方略，全面贯彻绿色发展理念，深入打好污染防治攻坚战，推动生态文明建设迈上新台阶。

二、坚持方向不变、力度不减，落实落细“十四五”生态环境保护重点目标任务

2021年3月11日，十三届全国人大第四次会议通过了《中华人民共和国国民经济和社会发展第十四个五年规划和2035年远景目标纲要》，明确“十四五”时期要实现“生态文明建设实现新进步”等经济社会发展主要目标，共设置经济发展、绿色生态等5大类20项关键指标，其中绿色生态指标5项，均为约束性。总体而言，“十四五”时期，中国生态文明建设进入了以降碳为重点战略方向、推动减污降碳协同增效、促进经济社会发展全面绿色转型、实现生态环境质量改善由量变到质变的关键时期，污染防治攻坚战时间紧、任务重、要求高、难度大，是一场大仗、硬仗、苦仗。我们要完整、准确、全面贯彻新发展理念，在巩固“十三五”工作成效的基础上，保持力度、延伸深度、拓展广度，以精准治污、科学治污、依法治污为工作方针，坚持稳中求进工作总基调，统筹绿色低碳发展、污染治理、生态保护、应对气候变化，紧紧围绕“十四五”时期“提气、降

碳、强生态，治水、固土、防风险”的总体要求，早谋划、早部署、早安排、早行动，拉条挂账，深入打好污染防治攻坚战，落实落细各项重点目标任务，确保实现生态环境持续改善，生产生活方式绿色转型成效显著，主要污染物排放总量持续减少，碳排放强度持续下降，基本消除重污染天气，基本消除城市黑臭水体，环境风险得到有效控制，现代环境治理体系建立健全等阶段目标。

三、深刻认识良好生态环境的重要价值，牢固树立“绿水青山就是金山银山”的发展理念

人不负青山，青山定不负人。由于各方面的原因，长期以来，一些领导干部政绩观、发展观存在偏差，统筹经济发展与生态环境保护不够，片面追求 GDP，经济增长方式粗放落后，一些地方甚至以牺牲生态环境为代价换取经济一时发展，吃祖宗饭、砸子孙碗，付出了沉重代价。2005 年 8 月 15 日，时任浙江省委书记的习近平同志在安吉县余村考察时首次提出“绿水青山就是金山银山”理念。15 年来，余村积极践行这一理念，走出了一条生态美、产业兴、百姓富的可持续发展之路。2020 年 3 月 30 日，习近平总书记再次考察余村，强调“绿水青山就是金山银山”理念已经成为全党全社会的共识和行动，成为新发展理念的重要组成部分。“绿水青山就是金山银山”理念深刻揭示了发展与保护的辩证关系，更新了关于自然资源的传统认识，打破了发展与保护对立的思维束缚，带来的是发展理念和方式的深刻转变，也是党执政理念和方式的深刻转变。良好生态环境是经济社会发展的必然要求，也是人民群众追求高品质生活的热烈期待。我们必须牢固树立并积极践行“绿水青山就是金山银山”的发展理念，坚持节约资源和保护环境的基本国策，不动摇、不松劲、不开口子，大力推进生态文明建设，全面加快绿色低碳循环发展，加快推进生产方式、生活方式绿色化和产业生态化、生态产业化，不断满足人民群众日益增长的优美生态环境需要，推动实现更高质量、更有效率、更加公平、更可持续、更为安全的发展。

四、持续调整优化“四个结构”，切实强化环境污染和生态破坏的源头管控

生态环境问题本质是社会经济问题，与产业结构、生产生活方式等息息相关。改革开放以来，通过40多年不懈努力，中国已全面建成小康社会，成为世界第二大经济体、第一大工业国、第一大货物贸易国，2020年国内生产总值超过100万亿元，人均国内生产总值超过1万美元，220多种工业产品产量居全球第一，为中国开启新征程、实现新目标奠定了坚实基础。但长期以来，中国以重化工为主的产业结构、煤为主的能源结构、公路货运为主的运输结构没有根本改变，一些地方过度占用自然空间，高投入、高消耗、高污染、低效益的发展举步维艰、难以为继。为实现高质量发展，从根本上解决生态环境问题，必须站在“人与自然和谐共生”的高度来谋划经济社会发展，深入贯彻绿色发展理念，坚持走绿色、低碳、循环、可持续发展之路，加快形成节约资源和保护环境的空间结构、产业结构、生产方式、生活方式。当前及今后一段时间内，我们要以深化供给侧结构性改革为主线，以创新驱动为根本动力，加快建设现代化经济体系，突出抓好产业结构、能源结构、运输结构、用地结构调整优化，加快推进碳达峰碳中和，大力发展战略性新兴产业、高技术产业、现代服务业发展，严格落实“三线一单”等制度，从源头上减少环境污染和生态破坏，给自然生态留下更多休养生息的时间和空间，确保产业结构更轻、发展模式更绿、人民群众更富、生态环境更美。

五、广泛探索绿色低碳循环发展实践路径，不断增添高质量发展的底色成色

社会经济发展有其特定规律，必须遵循规律、顺势而为。为突破“增长的极限”，中国正在积极推进“天人合一”的生态文明，这是一场深刻的革命，任务艰巨而复杂，意义重大且深远。2020年11月，习近平总书记在南京主持召开全面推动长江经济带发展座谈会时强调，只有把绿色发展的底色铺好，才会有今后发展的高歌猛进。党的十八大以来，各地区、

各行业深入贯彻习近平生态文明思想，涌现出不少绿色低碳循环发展典范，如丽水绿色崛起、火电行业超低排放改造等。但对标对表美丽中国建设要求，目前中国实现绿水青山与金山银山共赢的思路、方法、制度等与实际需求差距较大。为率先走出一条生态环境保护与经济发展相互促进、相得益彰的中国道路，不断增添高质量发展的底色成色，我们要全方位、全过程、全领域积极探索绿色低碳循环发展实践路径，加快形成一大批可复制、可推广的经验做法，让一处处“盆景”成为一片片“风景”，让绿色发展蔚然成风，并呈磅礴之势，全面实现“产业生态化、生态产业化”的目标。不断深化生态文明体制改革，突出用好生态产品价值实现机制等手段，按照“保护者受益、使用者付费、破坏者赔偿”的利益导向完善财税支持、绿色金融等配套政策，从制度层面破解“两山”转化瓶颈制约。加强宣传引导，营造良好文化氛围和社会风尚，提升社会各界积极践行绿色生产生活方式的思想自觉、行动自觉。

（2021 年 4 月 30 日）

深学笃用习近平生态文明思想
努力建设人与自然和谐共生的现代化

2022 年 1 月，中央文献出版社出版了《论坚持人与自然和谐共生》，这部专题文集收入了习近平同志关于坚持人与自然和谐共生的重要文稿 79 篇，深刻回答了为什么建设生态文明、建设什么样的生态文明、怎样建设生态文明的重大理论和实践问题，核心内容是形成了习近平生态文明思想，集中体现为“十个坚持”，即坚持党对生态文明建设的全面领导、坚持生态兴则文明兴、坚持人与自然和谐共生、坚持绿水青山就是金山银山、坚持良好生态环境是最普惠的民生福祉、坚持绿色发展是发展观的深刻革命、坚持统筹山水林田湖草沙系统治理、坚持用最严格制度最严密法治保护生态环境、坚持把建设美丽中国转化为全体人民自觉行动、坚持共谋全球生态文明建设之路。通读《论坚持人与自然和谐共生》，结合自己多年工作实践，我谈一些粗浅的学习体会。

全面加强党对生态文明建设领导。在《论坚持人与自然和谐共生》一书开卷篇《推动我国生态文明建设迈上新台阶》一文中，习近平总书记鲜明提出，打好污染防治攻坚战时间紧、任务重、难度大，是一场大仗、硬仗、苦仗，必须加强党的领导。习近平总书记强调，地方各级党委和政府主要领导是本行政区域生态环境保护第一责任人，对本行政区域的生态环境质量负总责，要做到重要工作亲自部署、重大问题亲自过问、重要环节亲自协调、重要案件亲自督办，压实各级责任，层层抓落实。

坚持尊重自然、顺应自然、保护自然。该书以“论坚持人与自然和谐共生”为题，全书都贯穿了习近平总书记对这个问题的深邃思考。在《人与自然是生命共同体》《共同构建人与自然生命共同体》等文稿中，习近平总书记强调，自然是生命之母，是人类赖以生存发展的基本条件。人类可以利用自然、改造自然，但归根结底是自然的一部分。当人类友好保护自然时，自然的回报是慷慨的；当人类粗暴掠夺自然时，自然的惩罚也是无情的。

牢固树立以人民为中心的发展理念。在《为子孙后代留下天蓝、地绿、水清的生产生活环境》《让居民望得见山、看得见水、记得住乡愁》等文中，始终贯穿了一个重要思想，这就是积极回应人民群众所想、所盼、所急，大力推进生态文明建设，提供更多优质生态产品，不断满足人民日益增长的优美生态环境需要。正是基于对人民群众、对子孙后代高度负责的态度，习近平总书记对生态环境保护一直很重视，在正定、厦门、宁德、福建、浙江、上海等地工作期间都把这项工作作为一项重大工作来抓，党的十八大以来更是念兹在兹，紧紧抓在手中。

加快推进绿色低碳发展。在《保护生态环境就是保护生产力，改善生态环境就是发展生产力》等文中，习近平总书记指出，绿水青山和金山银山绝不是对立的，关键在人，关键在思路。在《人不负青山，青山定不负人》等文稿中，习近平总书记指出，绿水青山既是自然财富，又是经济财富。只要坚持生态优先、绿色发展，锲而不舍，久久为功，就一定能把绿水青山变成金山银山。在《推动形成绿色发展方式和生活方式是发展观的一场深刻革命》一文中，习近平总书记指出，推动形成绿色发展方式和生活方式是贯彻新发展理念的必然要求。要把推动形成绿色发展方式和生活方式摆在更加突出的位置，加快转变经济发展方式，坚决摒弃损害甚至破坏生态环境的发展模式，坚决摒弃以牺牲生态环境换取一时一地经济增长的做法，坚持不懈推动绿色低碳发展，促进经济社会发展全面绿色转型。

一体推进山水林田湖草沙系统保护修复。在《保持山水生态的原真性和完整性》等文稿中，习近平总书记强调，要优化生态安全屏障体系，构建生态廊道和生物多样性保护网络。优化国土空间开发格局，加快构建以国家公园为主体的自然保护地体系，开展大规模国土绿化行动，提升生态系统碳汇能力。要推行草原森林河流湖泊休养生息，实施好长江十年禁渔，健全耕地休耕轮作制度。

坚决打好污染防治攻坚战。在《加大大气污染治理力度》《打好蓝天、碧水、净土保卫战》《坚决打好打胜污染防治攻坚战》等文稿中，习近平总书记指出，要以解决人民群众反映强烈的大气、水、土壤污染等突出问题为重点，坚持精准治污、科学治污、依法治污，让老百姓实实在在感受到生态环境质量改善。强调要加大环境治理和生态保护工作力度、投资力度、政策力度，打几场标志性的重大战役。

用最严格制度保护生态环境。在《用最严格制度最严密法治保护生态环境》等文稿中，习近平总书记强调，保护生态环境，不仅要有立竿见影的措施，更要有可持续的制度安排。只有实行最严格的制度、最严密的法治，才能为生态文明建设提供可靠保障。要采取超常举措，坚持源头严防、过程严管、后果严惩。要落实领导干部生态文明建设责任制，严格考核问责。

积极参与全球环境与气候治理。在《从巴黎到杭州，应对气候变化在行动》等文稿中，习近平总书记指出，中国是负责任的发展中大国，是全球气候治理的积极参与者，为应对气候变化作出了重要贡献。在《共同构建人与自然生命共同体》等文稿中，习近平总书记指出，气候变化带给人类的挑战是现实的、严峻的、长远的。面对全球环境治理前所未有的困难，国际社会要以前所未有的雄心和行动，携手合作，共同为推进全球环境治理而努力。

习近平生态文明思想是习近平新时代中国特色社会主义思想的重要组成部分，是马克思主义基本原理同中国生态文明建设实践相结合、同中华优秀传统生态文化相结合的重大成果，是以习近平同志为核心的党中央治国理政实践创新和理论创新在生态文明建设领域的集中体现，是新时代中国生态文明建设的根本遵循和行动指南。我们要通过深入学习《论坚持人与自然和谐共生》，进一步深刻领会习近平生态文明思想，在学深悟透、知行合一上下功夫，切实以生态环境高水平保护推动高质量发展、创造高品质生活，为建设人与自然和谐共生的美丽中国作出新的更大贡献。

勇做习近平生态文明思想的坚定信仰者。深刻领悟“两个确立”的决定性意义，不断增强“四个意识”、坚定“四个自信”、做到“两个维护”，不断提高政治判断力、政治领悟力、政治执行力，坚持用习近平生态文明思想武装头脑、指导实践、推动工作。坚决扛起生态文明建设的政治责任，把生态文明建设摆在全局工作的突出位置，始终保持战略定力，坚持不懈、奋发有为、久久为功。

坚定不移走“生态优先、绿色发展”之路。完整、准确、全面贯彻新发展理念，加快推动生产方式、生活方式、思维方式和价值观念的全方位、革命性变革，加强生态环境分区管控，严控“两高一资”项目审批，大力推进生态产业化和产业生态化，打造绿色发展高地，大力推动生态产品价值实现，努力提供更多优质生态产品以满足人民日益增长的美好生活需要。协同推进降碳、减污、扩绿、增长，着力推动产业结构、能源结构、交通运输结构等的调整和优化，扎实做好碳达峰碳中和相关工作，主动、积极应对全球气候变化，共同打造绿色“一带一路”，持续为全球可持续发展贡献中国智慧、中国方案和中国力量。

持续改善生态环境质量。坚持以人民为中心的发展思想，坚持生态惠民、生态利民、生态为民，把解决突出生态环境问题作为民生优先领域，坚持精准治污、科学治污、依法治污，保持力度、延伸深度、拓宽广度，深入打好污染防治攻坚战。扎实推进山水林田湖草沙一体化保护和系统治理，加强生物多样性保护，着力提升生态系统质量和稳定性，建设天更蓝、山更绿、水更清、环境更优美的美丽中国，让绿色成为最鲜明、最厚重、最牢靠的底色。

严控生态环境领域风险。不断提高推进生态文明建设战略思维能力、科学决策能力，树立底线意识，强化系统思维。紧盯生态环境高风险领域，强化环境风险预警防控与应急，及时妥善应对突发生态环境事件，持续做好新型冠状病毒感染疫情防控相关生态环保工作，完善环境风险常态化管理体系，有效防范生态环境风险，确保生态环境安全，不断提升人民群众获得感、幸福感、安全感。

（2022 年 1 月）

坚持人与自然和谐共生，共建清洁美丽世界

——纪念《联合国人类环境宣言》通过 50 周年

1972 年 6 月 5 日至 16 日，在瑞典首都斯德哥尔摩召开了联合国人类环境会议，这是联合国成立以来首次举行大规模的会议讨论环境问题。包括中国在内的 113 个国家或地区的代表共同起草并通过了《联合国人类环境宣言》，提出了 7 个共同观点和 26 项共同原则，规定了人类对环境的权利和义务，呼吁"为了这一代和将来的世世代代而保护和改善环境"。这次大会还建议将开幕日 6 月 5 日定为"世界环境日"，号召社会公众携手共同保护生态环境，同年 10 月召开的第二十七届联合国大会通过了这项建议。

《联合国人类环境宣言》的通过在人类环境保护史上具有开创性、里程碑意义，标志着人类环境意识的觉醒，开启了全球环境保护的新纪元。50 年来，保护人类赖以生存的地球家园已成为世界各国、社会各界共同关心的课题，大家越来越清醒地认识到，在发展社会经济的同时，保护好生态环境是维持人类社会持续、健康发展最为明智的选择。

人因自然而生，也靠自然而活。人类文明的发展史就是人与自然的关系史，在人类社会的发展进程中曾创造了众多的物质文明和精神文明，但由于漠视自然，无序开发、肆意破坏，很多都走向了衰落或灭亡，如盛极一时的古巴比伦、辉煌数百年的楼兰古国。尤其是工业革命以来，人类在创造巨大物质财富的同时，对自然环境的破坏更甚以往，根据世界自然基金会发布的 2020 年《地球生命力报告》，从 1970 年到 2016 年期间，基金会监测到的哺乳类、鸟类、两栖类、爬行类和鱼类种群规模平均下降 68%；全球二氧化碳浓度已超过百万分之 410，平均温度较工业化前水平

高出1.2℃左右，多地气温突破历史最高纪录，极端天气频发；同时，灰霾天气、地表（地下）水污染、新化学物质污染、疫情反复等问题此起彼伏，给人类生存和发展带来严峻挑战。这些惨痛教训充分告诫我们，无论什么时代，怎样强调生态环境保护都不为过，只有实现人与自然和谐共生，人类社会才能持续发展。

中华文明经久不衰，屹立不倒，延续五千余年，中华传统文化中的“天人合一”“道法自然”“利乐有情”等哲学思想功不可没。在悠久的农耕文明中，中华民族的先民们历来尊重自然、顺应自然、保护自然，很早就认识到，要按照大自然规律活动，取之有时，用之有度。自五帝时起，中国就设立了专门负责环保工作的职位：虞和衡。早在西周时期，中国就有了关于生态环保的法律规定，周文王颁布的《伐崇令》明确规定：“毋坏屋，毋填井，毋伐树木，毋动六畜。有不如令者，死无赦”。秦代《田律》明确记载了每一个月能够做什么，不应该做什么，如春季二月，不可采伐山林，拥堵河流；不到夏天，不可把草做成草木灰。汉唐时期建立了世界上最早的自然保护区，当时的政府把京兆、河南两都四郊三百里划为禁伐区或禁猎区，有效保护了国家的秀丽山川。古代贤哲对“天人关系”的深刻认识，关于保护生态环境的政治智慧和具体实践，给我们留下了宝贵的精神遗产，提供了积极的借鉴作用。

新中国成立以来，我党立足基本国情，遵循社会、经济和自然规律，在发展经济、建设现代化的同时，历来高度重视并积极推动生态环境保护工作。1956年3月，毛泽东同志发出“绿化祖国”的号召，并指出“用二百年绿化了，就是马克思主义”。1972年6月，周恩来同志指示我国派出代表团参加了联合国第一次人类环境会议。邓小平、江泽民、胡锦涛等党和国家领导人均对加强生态环境保护作出过重要指示或具体部署。

从长远计，为子孙谋。党的十八大以来，以习近平同志为核心的党中央把生态文明建设摆在了更加突出的位置，明确在“五位一体”总体布局中，生态文明建设是重要组成部分；在新时代坚持和发展中国特色社会主义基本方略中，坚持人与自然和谐共生是一条基本方略；在新发展理念中，绿色发展是一大理念；在三大攻坚战中，污染防治是一大攻坚战；在到本世纪中叶建成富强民主文明和谐美丽的社会主义现代化强国目标中，美丽是一个重要目标，充分体现了生态文明建设在新时代党和国家事业发展中的重要地位，体现党对生态文明建设规律的准确把握、总体部署和明确要求。

习近平同志一直在思考人与自然的关系，孜孜探寻可持续发展之路，通过把马克思主义基本原理同中国具体实际相结合、同中华优秀传统文化相结合，总结古今中外生态环境发展变迁的经验教训，立足新时代生态文明建设实践，系统形成了习近平生态文明思想，在深刻阐明人与自然、发展与保护、环境与民生等的关系上，提出坚持人与自然和谐共生的基本方略、绿水青山就是金山银山的科学理念、良好生态环境是最普惠的民生福祉的重大论断……习近平生态文明思想是习近平新时代中国特色社会主义思想的重要组成部分，凝结着对发展人类文明、建设清洁美丽世界的深刻思考，是习近平总书记领导党、国家和人民在推进生态文明建设中取得的标志性、创新性、战略性重大理论成果，已成为建设美丽中国的根本遵循和行动指南，也在全球大国治国理政实践中彰显了中国特色、战略眼光和世界价值。

近年来，各地各部门以习近平生态文明思想为指引，全面加强生态文明建设，深入打好污染防治攻坚战，一体治理山水林田湖草沙，开展了一系列根本性、开创性、长远性工作，决心之大、力度之大、成效之大前所未有，生态文明建设从认识到实践都发生了历史性、转折性、全局性的变化，圆满完成污染防治攻坚战阶段性任务。中国已建成世界最大清洁发电体系，非化石能源发电装机容量突破 11 亿千瓦，单位 GDP 二氧化碳排放较 2005 年降低约 48.4%；森林覆盖率和森林蓄积量连续 30 年保持“双增长”，人工林面积居世界第一，为全球贡献了约 1/4 的新增绿化面积，达到或优于Ⅲ类水体比例上升至 84.9%，重污染天数下降近四成，等等，既满足了人民群众对良好生态环境质量的期待，也为加强全球气候与环境治理注入了强大动力。

在实现第一个百年奋斗目标之后，中国已乘势而上开启全面建设社会主义现代化国家新征程、向第二个百年奋斗目标进军。面对百年未有之大变局，作为生态环保工作者，我们要始终胸怀“国之大者”，坚决扛起生态文明建设的政治责任，勇做习近平生态文明思想的坚定信仰者、忠实践行者和不懈奋斗者，以“闯”的精神、“创”的劲头、“干”的作风，落实落细落地各项重点工作任务，努力建设人与自然和谐共生的现代化。一方面，要坚定不移贯彻新发展理念，自觉推动绿色低碳发展，深入打好污染防治攻坚战，促进全国生态环境持续改善，以生态环境高水平保护推动高质量发展，为人民群众创造高品质生活。另一方面，要秉持“人类命运共同体”的理念，坚定不移履行《联合国人类环境宣言》，积极深入参与全球环境治理，努力推动全球可持续发展，共同建设清洁美丽世界，呵护好全人类共同的地球家园！

（2022 年 6 月）

一起来想、一起来干
共同建设人与自然和谐共生的现代化

党的二十大全面总结过去五年的工作和新时代十年的伟大变革，系统阐述了开辟马克思主义中国化时代化新境界，深刻阐明新时代新征程中国共产党的使命任务，鲜明回答新时代新征程坚持和发展中国特色社会主义的一系列重大理论和实践问题，科学谋划未来五年乃至更长时期党和国家事业发展的目标任务和大政方针，提出系列新思路、新战略、新举措，进一步指明了党和国家事业的前进方向，具有重大的政治意义、历史意义、战略意义、理论意义、世界意义。

当前，在全国政协领导大力推动下，全国政协委员正在广泛开展党的二十大精神的学习交流，作为人资环委的委员，我们要把学习党的二十大精神作为当前及今后一段时间首要政治任务，与学习践行习近平生态文明思想紧密结合，学出忠诚信仰，学出责任担当，学出奋进动力，与党和政府一起来想、一起来干，共同建设人与自然和谐共生的现代化，以生态环境高水平保护推动经济高质量发展、创造高品质生活，让绿色成为美丽中国更加坚实、更加厚重、更加亮丽的底色！

一、回顾过去，深刻认识生态文明建设取得的重大成就

党的十八大以来，以习近平同志为核心的党中央大力推进生态文明建设，开展了一系列根本性、开创性、长远性工作，中国生态文明建设和生态环境保护决心之大前所未有，力度之大前所未有，成效之大前所未有，公众参与范围之广前所未有，全球生态贡献之大前所未有。生态文明建设和生态环境保护进入了认识最深、力度最大、举措最实、推进最快、成效

最好的时期，发生了历史性、转折性、全局性变化，创造了举世瞩目的生态奇迹和绿色发展奇迹，成为全球生态文明建设的重要参与者、贡献者、引领者。

十年来，习近平生态文明思想深入人心。各地区各部门完整、准确、全面贯彻新发展理念，坚持用习近平生态文明思想武装头脑、指导实践、推动工作，绿色日益成为经济社会高质量发展的鲜明底色，从“两山银行”到“生态搬迁”，从“文旅生态产业”到构建“GEP 核算体系”，各地在探索“两山”转化路径方面的实践成果不断涌现，绿水青山就是金山银山成为打赢脱贫攻坚战和乡村振兴的主旋律。

十年来，生态环境质量持续改善。通过各级各有关部门共同努力，持续攻坚克难，祖国天更蓝、山更绿、水更清，蓝天白云、繁星闪烁、水清岸绿、鱼翔浅底的景象成为常态。全国重点城市 $PM_{2.5}$ 平均浓度下降 56%，重污染天数减少 87%，2021 年全国地级及以上城市优良天数比例达到 87.5%，成为全球大气质量改善速度最快的国家；全国森林覆盖率达到 23.04%，森林面积增长 7.1%，达到 2.27 亿公顷，十年累计完成造林 9.6 亿亩，占全球人工造林的 1/4，人工林面积长期居世界首位，成为全球“增绿”的主力军；全国优良水体比例提高 23.3 个百分点，达到 84.9%，接近发达国家水平。长江干流水质达到Ⅱ类，群众饮水安全得到了有效保障。

十年来，生态文明制度体系更加健全。生态文明建设列入“五位一体”总体布局，生态文明写入了党章、宪法，坚持人与自然和谐共生成为新时代坚持和发展中国特色社会主义基本方略之一，30 多部生态环境领域法律法规予以制定或修订，生态文明“四梁八柱”性质的制度体系基本形成。中央生态环境保护督察、环境保护“党政同责、一岗双责”“三管三必须”、生态补偿、河湖长制、林长制、排污许可等管理制度系列重大制度不断建立健全，作用显现、成效突出，为生态文明建设提供了强有力的保障。

十年来，生态环境治理能力明显提升。环境治理基础设施不断完善，“十三五”期间，地级及以上城市新建污水管网达到 9.9 万千米，1200 多家省级及以上工业园区实现污水集中处理，10.3 亿千瓦煤电机组完成了超低排放改造。生态环境保护综合行政执法改革持续深化，执法体系和能力建设得到加强。生态环境保护投入持续加大，有力支撑生态环境治理能力建设。初步建成陆海统筹、天地一体、上下协同、信息共享的生态环境监测网络，建成并运行国家生态环境科技成果转化综合服务平台、生态环境监管大数据平台，为科学治污、精准治污、依法治污提供了科学支撑。生态文明示范创建持续推进，生态环保宣传教育力度不断加大，“绿水青山就是金山银山”理念不断深入人心，简约适度、绿色低碳的生活方式蔚然成风，社会公众参与不断深化。

二、立足当下，准确理解生态文明建设新的历史任务

党的二十大报告指出“我们要推进美丽中国建设，坚持山水林田湖草沙一体化保护和系统治理，统筹产业结构调整、污染治理、生态保护、应对气候变化，协同推进降碳、减污、扩绿、增长，推进生态优先、节约集约、绿色低碳发展。”充分体现了党中央对生态文明建设和生态环境保护一以贯之的高度重视和深谋远虑，充分展示了党中央建设生态文明、建设美丽中国的坚强意志和坚定决心，为我们进一步做好生态环境保护工作提供了方向指引和根本遵循。

积极推动形成绿色低碳的生产方式和生活方式。绿水青山既是自然财富、生态财富，又是社会财富、经济财富，保护生态环境就是保护自然价值和增值自然资本、保护经济社会发展潜力和后劲的过程。我们要牢固树立和践行绿水青山就是金山银山的发展理念，加快调整优化产业、能源、交通和用地结构，建立完善生态产品价值实现、绿色金融等政策措施，全面推进各类资源节约集约利用，按照“产业生态化、生态产业化”的要求大力发展先进制造业、绿色农业、现代化服务业，积极倡导推广绿色消费行为，推动形成绿色低碳的生产方式和生活方式，努力实现经济社会发展和生态环境保护协同共进。

持续深入打好蓝天、碧水、净土保卫战。环境就是民生，青山就是美丽，蓝天也是幸福。我们要不断满足人民群众对良好生态环境质量的期待，严格落实“党政同责、一岗双责”“三管三必须”要求，深化河长制、湖长制、林长制，坚持精准治污、科学治污、依法治污，加强重点领域区

域源头治理、系统治理、综合治理，持续深入打好蓝天、碧水、净土保卫战，持续改善城乡人居环境，基本消除重污染天气、城市黑臭水体，着力解决人民群众最关心的突出生态环境问题，切实守护“水缸子”“米袋子”“菜篮子”安全，不断提高人民群众对美好生态环境的获得感、幸福感、安全感。

始终坚持山水林田湖草沙一体化保护和系统治理的基本方略。生态是统一的自然系统，是相互依存、紧密联系的有机链条，习近平总书记多次强调，山水林田湖草是生命共同体，要统筹兼顾、整体施策、多措并举，全方位、全地域、全过程开展生态文明建设。按照生态系统的整体性、系统性及内在规律，统筹考虑自然生态各要素、山上山下、地上地下、陆地海洋以及流域上下游、左右岸，进一步优化国土空间开发格局，加快构建以国家公园为主体的自然保护地体系，积极推行草原森林河流湖泊休养生息，按照“自然恢复为主、人工修复与自然恢复相结合”的原则，因地制宜加快实施一批重要生态系统保护和修复重大工程项目，并作为战略性、基础性投入予以重点保障，不断提升生态系统质量和稳定性，不断巩固中华民族永续发展的生态根基。

积极稳妥推进碳达峰碳中和。地球是人类的共同家园，也是人类到目前为止唯一的家园。由于温室气体过度排放，近年来，气候危机“灰犀牛”正加速向人类走来，极端高温（低温）、极端干旱、强降雨等极端天气频繁发生。我们要充分展现应对气候变化全球治理的大国担当，认真落实全球发展安全倡议，树立“一损俱损、一荣俱荣”的人类命运共同体理念，积极参与应对气候变化全球治理。立足我国资源能源禀赋，坚持先立后破，有计划分步骤实施碳达峰碳中和行动，深入推进能源革命，加快建立完善能源清洁低碳高效利用体系，以中国理念和实践引领全球气候治理新格局，同世界各国一道努力呵护好全人类共同的地球家园。

三、展望未来，奋力扛起生态文明建设的光荣使命

党的二十大报告深刻阐明了中国式现代化是人与自然和谐共生的现代化，对推动绿色发展、促进人与自然和谐共生作出了重大安排部署，为推进美丽中国建设指明了前进方向。我们要推动党的二十大战略部署落实到

生态环境保护工作各方面全过程，不断开创生态文明建设新局面，努力在新征程展现新担当新作为，向历史和人民交出新的优异答卷。

坚决贯彻中国式现代化的本质要求，全面促进人与自然和谐共生。西方发达资本主义国家的现代化是通过过度开发自然资源、大规模破坏生态环境所换取的，侵占了发展中国家现代化的发展空间，在自身遭遇前所未有的大自然报复的同时，也给全球遗留了严重的生态后果，中国式的现代化绝不能再走西方发达资本主义国家现代化“先污染、后治理”的老路。新征程中，我们必须尊重自然、顺应自然、保护自然，站在人与自然和谐共生的战略高度谋划发展，正确处理当前与长远之间的关系，像保护眼睛一样保护生态环境，像对待生命一样对待生态环境，破解“先污染、后治理”“边污染、边治理”的难题，协同推进降碳、减污、扩绿、增长，坚定不移走生产发展、生活富裕、生态良好的文明发展之路，为建设清洁美丽世界提供中国模式、中国经验。

紧紧锚定美丽中国建设的宏伟目标，持续保持加强生态环境保护建设的战略定力。按照两步走的战略安排，到本世纪中叶，中国要全面建成富强民主文明和谐美丽的社会主义现代化强国，其中，美丽中国是重要建设内容和衡量标志之一。我们必须坚定信心，锐意进取，守正创新，全力攻坚，统筹产业结构调整、污染治理、生态保护、应对气候变化，全方位、全地域、全过程开展生态环境保护，加快构建生态经济体系、生态文化体系、生态制度体系、生态安全体系和目标责任体系，夯实各级各有关方面支撑保障能力，不断提升生态环境治理体系和治理能力现代化水平。

自觉践行绿色低碳发展，积极营造良好社会氛围。坚持从我做起，从小事做起，自觉践行绿色低碳生活生产方式，坚决抵制和反对各种形式的资源、能源浪费。积极向社会传播生态环境保护理念，引导带动社会公众关注生态环境保护，让生态环境保护成为全民共识，让践行绿色低碳生活成为全民自觉行动，推动形成人人、事事、时时崇尚生态文明的社会新风尚，为生态文明建设广泛凝聚社会公众参与的磅礴力量。

习近平总书记在二十大报告中指出“团结奋斗是中国人民创造历史伟业的必由之路”“团结就是力量，团结才能胜利。全面建设社会主义现代化国家，必须充分发挥亿万人民的创造伟力”“坚持大团结大联合，动员全体中华儿女围绕实现中华民族伟大复兴中国梦一起来想、一起来干。”这是集结号，更是冲锋号。作为全国政协委员，我们一定要心怀“国之大者”，着眼民之关切，围绕生态文明建设和生态环境保护，积极建言资政，广泛凝聚共识，以专业水准和严实作风，摸实情、建真言、献良策，在减污降碳、系统治理、体制机制创新等方面多提有针对性、前瞻性、专业性的意见建议，为推进绿色低碳发展，共建人与自然和谐共生的现代化贡献智慧和力量。

（2022 年 10 月）

人人、事事、时时、处处崇尚生态文明

在首个全国生态日到来之际，习近平总书记作出重要指示。在全面建设社会主义现代化国家新征程上，要保持加强生态文明建设的战略定力，加快推进人与自然和谐共生的现代化，全面推进美丽中国建设。生态文明建设是关乎中华民族永续发展的根本大计。良好的生态环境是最公平的公共产品，是最普惠的民生福祉。全国生态日的设立是民心所向，是历史选择，但这不是终点，而是全面推进美丽中国建设的新起点。以全国生态日为契机，全社会都要积极行动起来，坚持以习近平生态文明思想为指引，把建设美丽中国摆在强国建设、民族复兴的突出位置，人人、事事、时时、处处崇尚生态文明，以“时时放心不下”的责任心、“如芒在背”的紧迫感、挺膺担当的精气神，坚定不移、久久为功，系统协同、科学精准，大力宣传、身体力行，共同建设青山常在、绿水长流、空气常新的美丽中国。

（2023 年）

深入学习贯彻习近平生态文明思想
奋力谱写人与自然和谐共生现代化的高校新篇章

党的十八大以来，以习近平同志为核心的党中央始终保持建设生态文明的战略定力，不断深化对生态文明建设规律的认识，持续推进生态文明建设的实践探索与理论创新，实现了马克思主义基本原理同中国生态文明建设实践相结合、同中华优秀传统生态文化相结合，创立了习近平生态文明思想，实现了由实践探索到科学理论指导的重大转变。习近平生态文明思想是习近平新时代中国特色社会主义思想的重要组成部分，深刻揭示了人类文明发展规律、生态文明建设规律和社会主义建设规律，科学回答了生态文明建设领域的重大理论问题和实践问题，成为推进新时代生态文明建设的世界观与方法论，为谱写人与自然和谐共生现代化的高校新篇章提供了思想指引和行动指南。

一、习近平生态文明思想的理论价值、实践伟力和创新品格为谱写人与自然和谐共生现代化的高校新篇章提供了根本遵循

习近平生态文明思想的理论价值彰显了高校学科建设的新方向。习近平生态文明思想是一个系统完整、逻辑严密、博大精深的科学体系，其核心要义是“十个坚持”，对推动绿色发展，促进人与自然和谐共生进行了战略部署与科学引领，具有极其重要的理论价值。一是为加快发展方式绿色转型提供了科学引领。习近平总书记明确指出：“推动经济社会发展绿色化、低碳化是实现高质量发展的关键环节。”我们必须深入贯彻落实党的二十大精神，牢固树立和践行绿水青山就是金山银山的发展理念，坚持走生产发展、生活富裕、生态良好的文明发展道路，加快节能降碳先进技

术研发及其推广应用，倡导绿色消费，推动形成绿色低碳的生产方式和生活方式。二是为深入推进污染防治攻坚提供了科学引领。习近平总书记强调指出："坚持精准治污、科学治污、依法治污，持续深入打好蓝天、碧水、净土保卫战。"良好生态环境是最公平的公共产品，是最普惠的民生福祉。必须加强污染物协同控制，统筹水资源、水环境、水生态治理，强化土壤污染源头防控，开展新污染物治理，全面实行排污许可制，健全现代环境治理体系，深入推进中央生态环境保护督察。三是为提升生态系统多样性、稳定性、持续性提供了科学引领。习近平总书记明确指出："以国家重点生态功能区、生态保护红线、自然保护地等为重点，加快实施重要生态系统保护和修复重大工程。"我们必须牢固树立和深入践行人与自然是生命共同体、地球生命共同体理念，始终站在人与自然和谐共生的高度来谋划经济社会发展。持续推进国家公园体制建设，实施生物多样性保护重大工程，科学开展大规模国土绿化行动，实施好长江十年禁渔，建立健全生态产品价值实现机制，不断完善生态保护补偿制度。四是为积极稳妥推进碳达峰碳中和提供了科学引领。习近平总书记强调指出："实现碳达峰碳中和是一场广泛而深刻的经济社会系统性变革。立足我国能源资源禀赋，坚持先立后破，有计划分步骤实施碳达峰行动。"我们必须处理好"双碳"承诺和自主行动的关系，深入践行人类命运共同体、地球生命共同体理念，完善能源消耗总量和强度调控，重点控制化石能源消费，逐步转向碳排放总量和强度"双控"制度，积极稳妥推进碳达峰碳中和，参与应对气候变化全球治理，展现负责任大国形象。习近平生态文明思想的重要理论价值彰显了高校学科体系综合性、系统性、交叉性建设的新方向，高校应致力于为践行习近平生态文明思想提供学科基础和学理支撑。

习近平生态文明思想的实践伟力昭示了高校科学研究新领域。党的十八大以来，习近平总书记亲自擘画、亲自部署、亲自推动，坚持将生态文明建设置于突出位置，推进了一系列根本性、开创性、长远性工作，全过程、全地域、全领域地推进生态文明建设，推动中国生态文明建设发生了历史性、转折性、全局性变化，习近平生态文明思想体现出强大的实践感召力、实践影响力、实践创造力。一是习近平生态文明思想具有强大的实践感召力。中国现代环境治理体系日臻完善，党领导生态文明建设的思想引领力、社会动员力和群众组织力日益强大，美丽中国目标、绿色发展理念和生态文明建设要求业已深入人心，各级各有关方面保护生态环境的政治自觉、思想自觉和行动自觉进一步增强。二是习近平生态文明思想具有强大的实践影响力。绿水青山就是金山银山、人类命运共同体理念等已经成为联合国重要文件的核心关键词，中国不断推进“一带一路”沿线国家的绿色低碳发展，为推动全球环境治理贡献了中国智慧、中国方案和中国力量，承担大国责任、展现大国担当，已经实现由全球环境治理参与者到引领者的重大转变。三是习近平生态文明思想具有强大的实践创造力。中国不断加快发展方式的绿色转型，深入推进环境污染防治，提升生态系统的多样性、稳定性和持续性，积极稳妥推进碳达峰碳中和。污染环境治理力度之大、制度出台频度之密、监管执法尺度之严、环境质量改善速度之快、生态文明建设成效之巨，前所未有。人民群众对美好生态环境的获得感、幸福感和安全感显著增强。习近平生态文明思想的实践伟力昭示了高校绿色环保、新能源、碳封存碳捕获等科学研究的新领域、新方向，为高校绿色技术研发指明了发展方向，提供了战略机遇。

习近平生态文明思想的创新品格丰富了高校人才培养新理念。习近平生态文明思想体现了理论创新品格、实践创新品格和制度创新品格的高度统一。一是习近平生态文明思想体现了理论创新品格。立足“两个结合”，以习近平同志为核心的党中央创造性地提出一系列富有中国特色、体现时代精神、引领人类文明进步的原创思想，实现了对马克思主义生态思想的继承与创新、对中华优秀传统生态文化的创造性转化与创新性发展，展现了与时俱进的理论创新品格。二是习近平生态文明思想体现了实践创新品格。坚持将生态文明建设作为关乎中华民族永续发展的根本大计，推动中国特色社会主义事业“五位一体”总体布局、“四个全面”战略布局不断深化。党中央要求“党政同责、一岗双责”，“三管三必须”，逐步形成了上下联动、制度法治并重、点面结合、内外融通的生态文明建设新格局，创造了生态和绿色发展两大奇迹，生态文明建设不断向纵深推进。三是习近平生态文明思想体现了制度创新品格。党的十八大以来，中国生态文明制度创新进入了制度出台最密集、立法力度最大、监管执法尺度最严的时期。40 多项改革方案频繁迭出，中国逐步建立健全涵盖中央生态环境保护督察、自然资源资产产权、排污许可、生态产品价值实现、生态保护补偿等十多个方面的生态文明制度体系，推进了生态环境治理体系和治理能力现代化。习近平生态文明思想的创新品格极大地丰富了大学生创新意识、创新素质、创新能力培养的新理念。

二、高校要成为学习贯彻习近平生态文明思想的教育高地、研究高地和实践高地

高校要成为学习贯彻习近平生态文明思想的教育高地。在党的二十大报告中，习近平总书记进一步擘画了美丽中国建设时间表，意味着从现在起，高校培养的人才必须是具备美丽中国建设基本素质和能力的一代新人。当前，大学生生态文明的意识和素养仍需提升，高校要有时不我待的紧迫感和责任感，推动生态文明教育改革创新，促进思政课、通识课、专业课的有效衔接，努力实现知信行相统一、学思用相融合。一是紧紧抓住人才培养课程教育的主阵地。要发挥思政课主渠道作用，将习近平生态文明思想融入思政课重要教学内容，讲清楚习近平生态文明思想的理论逻辑、历史逻辑和实践逻辑，从根本上提升学生对生态文明的认知程度和践行力度。不断发挥通识课的重要作用，将习近平生态文明思想有机嵌入通识课，丰富通识教育中的专题讲授内容。充分挖掘专业课中的生态资源，将专业课中有关生态环保的内容与习近平生态文明思想进行关联设计，实现学生专业学习与生态文明教育的相互浸润、深度融合。二是协同营造全方位的生态文明教育环境。要衔接课内课外、校内校外、线上线下，分领域、分区域、分主题营造沉浸式生态文明教育环境，引导学生在实践中理解、践行习近平生态文明思想。要推行“教学研用一体化”模式，建设好生态文明教育第二课堂，有效设计议题，引导学生深入城市乡村、企业园区、自然保护地等进行生态文明考察调研。组织编写生态文明科普读物和典型案例，加强现代传播技术应用，让生态文明教育进课堂、进教材、进网络，让学生对生态文明建设有更加系统、更加深入、更加直观的感受。三是有效发挥优质教育资源辐射带动作用。当前，中国生态环保产业发展迅速，绿色低碳发展不断推进，对相关从业人员提出了更高能力要求。高校生态环境类专业在做好教学科研的同时，要发挥科普、培训优势，建立

面向社会的生态文明宣传教育长效机制，科学开发培训课程体系，健全产学联合的教学培训平台，强化生态环保产业社会从业人员的继续教育培训，为中国绿色环保产业发展持续注入生机活力。

高校要成为学习贯彻习近平生态文明思想的研究高地。高校要从学术、学科和话语视域展开研究，提升对习近平生态文明思想研究的科学化、体系化水平。一是从学术体系视域开展习近平生态文明思想的研究。高校要发挥多学科优势，研究习近平生态文明思想的理论体系、方法体系和实践体系，将习近平生态文明思想的重要理念、重大理论命题、标志性范畴、代表性观点、方法论的创新等加以系统梳理，构建起学术研究的主体框架。在这一框架下，阐释习近平生态文明思想对为什么建设生态文明、建设什么样的生态文明、怎样建设生态文明等重大理论和实践问题的深刻回答，推动形成生态文明建设的“中国标准”“地方实践”。二是从学科体系视域开展习近平生态文明思想的研究。一个完整的学科体系要有明确的研究对象、合理的研究领域与方向、准确的目标定位和基础条件支撑。2012 年北京某高校以生态学、林学、农林经济管理三个一级学科博士点为基础，设立了“生态文明建设与管理”新兴交叉学科博士点，2022 年又推动设置“生态文明建设”一级学科博士点。随着 2022 年“习近平生态文明思想研究”作为一级交叉学科“生态文明建设”之下的二级学科获得批准，从学科体系视角推动其科学体系的研究变得越来越重要。高校应阐明习近平生态文明思想研究同时作为马克思主义理论和环境人文社会科学的分支交叉学科的学科属性及其构成要素，从而更好地将其纳入国家人文社会科学知识传播、人才培养与科学研究体系。三是从话语体系视域开展习近平生态文明思想的研究。习近平生态文明思想话语体系既是新理念、新范畴、新表述的体系化构建，也是政治话语、学术话语与群众话语的贯通性融合。高校研究习近平生态文明思想的话语体系，一方面，要阐明其核心概念、基本命题、重大论断、实践经验，有效构筑起系统完整又规范一致的理论和实践话语体系；另一方面，要加强生态文明话语体系传播能力建设研究，致力于向世界讲好生态文明建设的中国故事，提升中国生态文明建设的国际话语权和影响力。

高校要成为学习贯彻习近平生态文明思想的实践高地。高校要从学科专业建设、人才队伍培养、科技创新协同等方面践行习近平生态文明思想，为生态文明建设提供强有力的人才和科技支撑。一是推进相关学科专业建设。就与生态文明高度关联的学科专业而言，截至2022年，全国建有环境科学与工程博士学位授予权的高校有70余所、硕士学位授予权的高校有130余所，开设环境类专业的院校有420余所（不含民办院校），90余所高校通过环境工程专业认证，这为全国生态环保人才培养和绿色科技创新奠定了良好基础。当前，环境学科与其他学科交叉融合发展趋势不断增强，未来，高校要在加强传统生态环境类学科建设的基础上，促进生态哲学、生态经济学、生态法学、生态美学等交叉学科发展，不断瞄准碳达峰碳中和、无废城市、生态产品第四产业等推进新型学科建设。二是加强专业人才队伍培养。中国生态环境类人才队伍建设虽取得了积极进展，但仍面临挑战。就高校而言，当前缺乏具有世界影响力的生态环境领域研究专家。高校要加大人才政策支持力度，加强环境类高层次科技创新人才建设，特别是要深化碳达峰碳中和领域人才建设，加快储能和氢能以及碳捕集、利用与封存等领域的人才建设，为未来技术攻坚和产业提质扩能储备人才力量。三是优化科技创新协同体系。科技创新对生态文明建设具有基础性、战略性支撑作用。高校要强化校地合作、校企协同，建立产教、科教、校企融合的创新模式，探索以大团队、大平台、大项目为支撑的研究与实践，实现培养链、人才链与创新链、产业链的有效贯通。要加强与世界一流大学和科研机构的合作，构建起覆盖基础研究、应用研究、技术开发和产业化应用全过程的生态文明科技创新体系。

三、湘潭大学要成为学习贯彻习近平生态文明思想的重要阵地

努力成为习近平生态文明思想教育的重要阵地。湘潭大学将习近平生态文明思想融入教育教学全过程。开展思政课专题教学，探索了习近平生态文明思想融入思政课的创新路径，建设了“生态文明与绿色发展”等一批绿色通识课程，开设了“新能源储能材料绿色制造”“工业生态学”“二氧化碳捕集与转化”等绿色专业课程，编写了《环境法与生态文明建设》等科普读物，面向青年学生讲深、讲透、讲活习近平生态文明思想。指导公益联盟、环保协会、节能减排科创中心等学生社团开展绿色创新实

践，获“全国大学生节能减排社会实践与科技竞赛”国家一等奖等融合生态文明理念的创新成果奖励40余项。学校坚持做绿色教育的供给者、绿色科技的推行者、绿色文化的引领者，不断拓展生态文明教育改革思路，构建更加丰富多样的生态文化体系，持续强化青年学生的生态文明意识，培养青年学生生态文明行为，提升青年学生生态文明建设能力，为美丽中国建设作出新贡献。

加快习近平生态文明思想研究成果的实践转化。湘潭大学深入践行习近平生态文明思想，不断推动绿色低碳技术领域的科研创新。坚持面向世界科技前沿，发挥多学科交叉协同优势，加快推进世界一流学科建设，加大基础研究投入，加强生态环境类高层次科技创新人才建设，为未来技术攻坚和产业提质扩能提供理论和人才支撑；坚持面向经济主战场，与政府相关部门、环保产业协会、现代工业企业加强合作，构建“政行校企”跨界联动的协同机制，推动科技成果转化，为经济社会发展提供有力的科技支撑；坚持面向国家重大需求，围绕“双碳”战略目标，加强发展规划，融合数学、化学、化工、材料、环境等学科优势力量，聚焦能源清洁高效转换与利用、废铅蓄电池资源循环、己内酰胺绿色合成新技术、碳捕集及转化等展开全链条自主创新，促进基础研究、应用研究与产业化的对接融通；坚持面向人民生命健康，围绕长江水生态保护修复、空气质量与气候变化、水稻品质安全等展开专门研究，为推动实施健康中国战略提供智慧和方案。

建设好习近平生态文明思想研究基地。湘潭大学依托马克思主义理论、党史党建、哲学、经济学、法学、管理学、资源与环境、化学等学科，推进人文社会科学与自然科学的交叉融合，重点建设了习近平生态文明思想研究基地。围绕学科交叉、结构合理、素质优良的综合性人才梯队建设，做好高端科研人才的引育留用，搭建覆盖各层次人才的科研支持体系，组建了高水平研究团队，为研究基地高质量发展注入人才动能。定期举办“学习贯彻习近平生态文明思想论坛”，邀请国内外专家学者开展学术交流，深刻领会、准确把握和科学阐释习近平生态文明思想。瞄准生态文明领域重大理论和实践问题，开展前瞻性、针对性研究，提出专业化、建设性的对策建议。基地先后承担了国家社会科学基金和国家自然科学基金等相关研究项目，持续深化对习近平生态文明思想的理论阐释和实际践行。

建设人与自然和谐共生的中国式现代化意义重大、使命光荣。围绕实现“人才培养的摇篮”“科技创新的重镇”“宣传推广的高地”“服务发展的源泉”等目标，湘潭大学将牢记使命，强化担当，踔厉奋发、勇毅前行，争做习近平生态文明思想的坚定信仰者、忠实践行者、不懈奋斗者、有力传播者，更好地服务国家、服务人民、服务地方、服务社会需求，奋力谱写人与自然和谐共生现代化的高校新篇章。

（2023 年）

乡村垃圾分类需要五个“到位”

党的十八大以来，习近平总书记多次就垃圾分类作出重要指示，要求扎扎实实推进这项工作。当前，乡村垃圾分类工作已经列入了改善农村人居环境的重要内容，正在有序推进。我们在调研中发现，要想在乡村开展好垃圾分类，必须做到五个“到位”。

一是思想认识到位。党的十九大提出了“产业兴旺、生态宜居、乡风文明、治理有效、生活富裕”的乡村振兴战略总要求，要以这 20 个字的总要求统一乡村广大干部群众思想认识，将乡村垃圾分类工作作为改善人居环境、推动乡村振兴的重要抓手，充分运用各种有效手段，广泛宣传发动群众，在乡村形成开展垃圾分类，实现减量化、资源化、循环化利用的共识，掀起开展垃圾分类的热潮。

二是组织领导到位。建立党委、政府积极主导、相关部门大力推动、农村群众广泛参与的垃圾分类工作格局。各级要建立健全工作机构，成立垃圾分类工作领导小组，党委主要领导高度关注，政府主要领导亲自推动，明确相关部门工作责任，引导成立垃圾分类村民自治组织，劝导、督促居民积极投身到垃圾分类中来。

三是细化措施到位。要因地制宜，对垃圾分类的各个环节进行细分。比如在垃圾收集环节，是分成易腐烂、不易腐烂两种，还是分成干、湿、有害三种，或是其他的种类？在垃圾清运环节，是一天分不同车辆分类入户收集，还是多天分不同类型垃圾分别收集？在垃圾处理环节，是几个乡镇连片集中处理还是统一集中到县城处理？如何开展典型示范推动？诸多环节都需要缜密考虑安排，并且都有专门的公司、专人执行到位。

四是资金保障到位。为了有效筹集乡村垃圾分类资金，可采取“财政投、社会筹、市场融、农民出”等办法。“财政投”是指各级财政将垃圾分类纳入预算管理，按人均保障一定经费；“社会筹”是指充分发挥企业、乡贤等力量作用，募集部分资金；“市场融”是指运用 PPP 等模式，募集垃圾处理企业等项目建设资金；“农民出”则是为了督促农民强化垃圾分类意识、增强垃圾分类的自觉性和责任感，适当收取少量费用。

五是配套工作到位。垃圾分类工作不是简单孤立的工作，而是改善人居环境工作中的重要一环，因此其他方面的工作也要配套开展。比如配套开展厕所革命、农村生活污水处理、房前屋后整治、“空心房”拆除、美丽田园建设等等，通过这些工作的配套开展，实现农村环境的综合整治。

（2012 年 11 月）

节能环保投入还须持续加大

纵观2014年的政府工作报告以及计划、财政报告，我们看到：一是对节能环保工作的评价是客观的。推进节能环保和污染防治，资源节约利用和环境保护各项指标基本实现。二是对节能环保问题的认识是清醒的。一些地区大气、水、土壤等污染严重，节能减排任务艰巨。三是下一步工作的决心是坚定的。要像对贫困宣战一样，坚决向污染宣战，下决心用硬措施完成硬任务。对此，我们充满期待。但是，从财政报告提供的数据看，对节能环保投入明显不足，要实现环境质量改善目标任重道远。

一是离明显改善环境质量的投入要求相差甚远。按国际经验，当年生态环保投入至少要占GDP的3%环境质量才能明显改善，2013年全国GDP为56.9万亿，2014年计划增加7.5%，明显改善环境质量年投入至少需1.84万亿，而2014年中央预算节能环保支出2109.09亿元，加上地方和社会投入，仍相差甚远。二是节能环保投入增幅低于财政支出增幅。2014年中央预算节能环保投入增长7.1%，比中央预算财政支出增幅低2.2个百分点，即使是扣除预备费也低1.5个百分点。三是节能环保投入总量相对也少。在中央预算支出中，节能环保支出位居农林水务、社保、教育、科技、医疗、住房保障、交通运输、国防等支出之后，列第9位。四是节能环保投入增幅相对偏低。2014年中央预算节能环保投入增幅低于农林水务、社保、教育、科技、医疗、住房保障、粮油物资储备、国防等，位列第9。

因此，建议高度重视财政节能环保投入，为生态文明、美丽中国建设提供基础性、长远性的支撑。

（2014年3月5日）

政府主导 全域覆盖

习近平总书记指出，小康不小康，关键看老乡。全面建成小康社会，重点在农村，难点在农村环境。推进农村环境整治是加强生态文明建设、保障农民基本权益、改善民众生活环境的重大举措，也是湖南省环保工作的三大任务之一。湖南提出了“县为主导，整县推进”农村环境整治的总体思路，大力开展农村环境综合整治工作，得到了上级领导和人民群众的认可，取得了较好的成效。

2013 年、2014 年，湖南各试点县（市、区）按工作方案推进整治工作，构建有效并可持续的农村环保工作机制和运行体系。牢牢把握“因地制宜、注重实效”的原则，根据各县（市、区）实际情况确定整治的重点内容、工作目标和适用技术，将辖区内突出环境问题是否得到解决、区域环境质量是否得到改善等作为衡量农村环境综合整治成效的主要依据。

应该把农村环境整治当作一项日常工作来抓，而不单纯是去争一个项目、建一个工程。加强农村环境整治系统谋划，整体部署，统筹协调，全面推进，持之以恒。

农村环境综合整治绝不能搞“一锤子买卖”，出现“晒太阳工程”。要切实让广大农民群众感受到农村环境综合整治后环境的洁净优美和生活质量的提高，真正使农村环境的保护与整治，成为各级政府及环保部门的日常工作，成为人民群众的生活习惯。

要做好全省农村环境综合整治整县推进工作，应该做到以下几点：

一是务必统一思想认识。湖南作为人口大省、农业大省，农村、农业污染十分突出，倒逼我们必须加强农村环境保护。目前已整治过的地方效果明显，未整治的地方人民群众意愿强烈，因此，务必提高思想认识，自觉增强农村环境整治的紧迫感和责任心。湖南探索出“政府主导、市场驱动、村民自治、城乡同治”的路子，是全面建成小康社会、建设美丽湖南的有效举措。

二是强化县级政府主导。农村环境整治是一个系统工程，以县级政府主导、统筹多方力量，整县推进效果更好。政府主导，关键是要建立健全强有力的工作推进机制，加大资金保障和筹措力度，切实做好群众宣传发动工作。要彻底摆脱等、靠、要思想和项目化的短期行为，主动担当，积极有为，坚持以县（市、区）政府为责任主体、以建立工作和服务体系为重点内容、以充分发动农民参与为整治基础，以常抓不懈为工作保障全面推进。

三是严格落实督查考核。必须规范专项资金管理和使用，确保工程项目建设质量和效益，制定了《湖南省农村环境综合整治督查考核办法》，强化督查考核，确保责任明确，落实到位。

四是全省加快面上推进。农村环境整治是县、乡两级政府的应尽职责，湖南省已启动农村环境整治全省域覆盖工作，计划用5年左右的时间实现农村环境整治的全覆盖。湖南省小康办、省环保厅已将农村环境整治纳入了对全面建成小康社会和市、县重点环保工作考核的重要内容，并根据农村人口规模、经济发展水平、整治完成时限等因素制定了先治后奖政策。

（2015年5月19日，来源于《中国环境报》）

关于“实行省以下环保机构监测监察执法垂直管理制度”的粗浅思考

党的十八届五中全会决定的《中共中央关于制定国民经济和社会发展第十三个五年规划的建议》中提出，实行省以下环保机构监测监察执法垂直管理制度，这充分体现了党中央和习近平总书记对生态文明建设的高度重视，是新形势下推进生态文明建设的一项重大举措，将对环境保护工作产生重大的推动作用，已在环保系统引起了强烈反响，环境监测监察干部职工深受鼓舞。

由于监测监察体制改革涉及面广，影响深远，如果顶层设计考虑不够周全、保障措施不能及时到位的话，有可能影响改革的效果，甚至有可能出现负效应。个别地方党政领导、环保部门领导对此心存疑虑。有的基层环保部门认为，环保局机关和监测监察实施两种不同的管理方式，使市、县环保工作力量分散为两支队伍，不便于统一管理和协调，反而降低了基层环保整体工作实力。因此，对于省以下监测监察体制改革必须统一思想认识、深入调查研究、全面系统设计、科学民主决策。

为此，提出以下建议。

一、思路要全面

习近平总书记在关于《中共中央关于制定国民经济和社会发展第十三个五年规划的建议》的说明中指出，建议稿提出的省以下环保机构监测监察执法垂直管理，主要指省级环保部门直接管理市（地）县的监测监察机构，承担其人员和工作经费，市（地）级环保局实行以省级环保厅（局）为主的双重管理体制，县级环保局不再单设而是作为市（地）级环保局的派出机构。这是对中国环保管理体制的一项重大改革，有利于增强环境执法的统一性、权威性、有效性。从习近平总书记的说明中可以看出，这次中央所提的监测监察执法垂直管理不仅仅局限于监测监察，涉及整个省以下环境管理体制改革。从说明来看，是要强化省、市两级环保部门的环境管理和执法权。现在不少省都在进行行政体制改革，湖南省就实行了财政省直管县，方向是减少层级，下一步是否取消市管县的体制，直接实行省直管市、县体制，国家尚未明确。环境监测监察体制改革需要与国家行政体制改革下一步的大思路相对接，不然到时有可能事倍功半，甚至南辕北辙。如国家下一步实行省直管市、县体制，环境监测体制可考虑方案一：省直管市站、县站，省级站作为独立法人，市、县站为派出机构；方案二：省直管市级站，县站为市级站派出机构，省级、市级站分别作为独立法人。

二、责任要明确

地方政府对环境质量负责，但省以下监测监察垂管后，环境质量的责任如何划分？如仍由地方政府负责，那地方政府缺乏了监测、监察手段，职能受到一些肢解，统筹协调能力有所削弱，如何解决地方政府推动环境质量的手段，承担相应的责任需细化、明确、保障。要处理好环境质量监测与污染源监测关系。环境质量监测责任很明确，可由各级监测站或第三方机构承担，而污染源监测方向是企业自行监测为主，如不到位，是地方政府的职责，还是监测监察队伍的职责？

三、家底要有数

目前，全国尤其是中西部省级站及大部分市级站能力队伍总体不错，但少部分市级站、大部分县级站能力队伍明显不足，监测垂直管理时必须对此有充分认识并认真对待。

一是监测系统人员构成复杂。从湖南省市、县环境监测机构现状来看，一方面，人员编制严重不足，力量薄弱；另一方面，人员结构不合理，专业人员比重偏低，有相当一部分非环保专业人员和转业退伍军人，缺少业务骨干，业务素质不高。垂直管理后，这部分人如何处置对待，将是一个大问题。二是监测人员混岗严重，难以剥离。不少业务人员被市、县环保局抽调从事环境行政管理工作，已经是环境管理岗位上不可缺少的业务骨干。有的市、县环保局只有几个行政编制，其余人员占用监测站、监察中（大）队人员编制，如果对这两个部门实施垂直管理，人员上收，环保局几乎成为空壳单位；还有不少环保部门机关人员编制身份不明确，实施垂直管理，这部分人员难以剥离出来。三是依附于环保部门，管理能力极度缺乏。湖南省县级环境监测站绝大部分与环保局机关成为一体，等同于机关中一个内设科室，财务、人事、资产、党务，乃至后勤工作等，全部依赖于机关一起管理，缺乏管理人员、管理制度和管理经验，垂直独立以后，将面临诸多管理上的困难。

四、保障要到位

一是人员保障要到位。要根据各层级、各地的监测工作任务，明确省、市、县级站监测人员数量，质量要求，对于现有不合格的人员要严把入口关，同时，对分流人员要作出妥善安排。二是财政保障要到位。环境监测监察是环保系统最大的两支队伍，垂管后，将面临办公场地、仪器设备、工作经费等均需省级财政统筹，但从目前省级财政收入来看，至少是从中西部地区来看，很难靠省级财政自身保障。实施垂直管理后，监测系统运转与省级财政保障能力有很大关系，如果监测站业务经费保障不能到位，则整体监测工作将会受到很大影响。建议：第一，中央财政要给省级财政，尤其是中西部省份给予监测监察专项转移支付经费；第二，省级财政将环境治理相关资金调整，重点保障监测监察经费。三是机构保障要到位。各级监测站要作为公益性事业单位由财政全额保障，分管理和技术两种岗位，要为技术岗位提供成长平台。机构设置要解决监测监察干部成长通道问题，否则既影响积极性，也难稳定队伍。环保部和省区环保厅可分别组建副部、副厅级环境监测局，省、市、县监测站按副厅、副处、副科级设置机构，省区环保厅及省区、市、县监测站适当增加领导职数。

五、内部要协调

一是环境监测局作为监测行政管理机构，必须进一步加强。其工作职责主要是承担环境监测的行政管理工作，负责环境监测网络建设和管理，环境信息数据审核和发布，制定监测工作计划及监测能力建设投资计划，承担各级环境监测站干部人事、财务、经费和资产等管理工作。二是省环境监测站作为区域中心监测站，是区域环境监测的技术中心，负责监测数据质量监督，区域环境质量预报预警，承担建立环境监测网质量控制体系，新型监测项目的开发、监测技术研究，负责环境监测数据网络建设，开展监测技术人员培训，以及对各级环境监测站业务工作进行技术指导。不再承担常规项目的监测。三是市、县监测站一部分负责监测行政管理，一部分负责技术工作。省直管市站、县站方案，市级站负责市辖区范围内环境质量和污染源监督性监测，县级站负责辖区内环境质量和污染源监督性监测。分别配合环境监察机构开展环境执法监测。省直管市级站，县站为市级站派出机构方案，市级站负责辖区内环境质量监测，县级站负责辖区内环境污染源监督性监测，配合环境监察机构开展环境执法监测。

六、事权上收可继续

国家监测事权上收可按计划实施，省以下监测事权可考虑先把空气自动监测设备上收，避免下步整体上收时省财政一次性投入太大，负担太重。其他省以下监测事权上收暂时不动，待垂直管理时统筹考虑，以避免一会儿收，一会儿放，劳民伤财。

七、试点要抓紧

鉴于省以下环保机构监测监察执法垂直管理改革事关重大、经验不足，需进行试点探索，但时间太长又会造成混乱，影响工作。建议国家在东、中、西部地区分别选择一个省份按两种方案进行一年左右试点，试点后尽快确定具体思路和方案在全国全面推开。

（2015 年 10 月 26 日）

春天的约会

——2016 年两会手记

两会观察

一年一度的两会是我国政治生活中的一件大事，2943 名全国人大代表、2237 名全国政协委员齐聚北京共商国是，这在全世界是绝无仅有。从全国两会的发展历程可以深切感受到国家的发展、社会的进步。我国相继建立了中国共产党领导的多党合作和政治协商制度和人民代表大会制度，改革开放以后，再次明确了人民代表大会制度是我国的根本政治制度，中国共产党领导的多党合作和政治协商制度是我国基本政治制度之一。两会正是这两项制度发挥作用的重要舞台。随着我国政治体制、法治建设和民主政治的大力推进，人大的立法权、监督权，政协的发言权、话语权不断强化，两会对国家社会政治经济生活的影响越来越大；随着我国经济实力不断提升，中国经济对世界经济的引领作用越来越强，不少发展中国家把“中国模式”作为他们学习的榜样，两会已成为全世界都关注的“热词”，越来越吸引全球的目光；随着政府职能的转变，民生改善成为政府的重要职能，每年两会的民生目标和政策，受到全国人民的广泛关注，两会成为人民之会、民生之会。

聚焦今年两会，有几大看点：

一是习近平总书记重要讲话。

中共中央政治局常委每年一般深入政协一次界别小组听取意见建议，下团参加人大 5 个代表团的审议，与人大代表、政协委员共商国是。从今年开始，国务院副总理首次参加除选区代表团以外的其他代表团审议，更广泛地听取代表的意见和建议。习近平总书记每年在全国“两会”期间所作的讲话，往往传递出新思想、新理念、新要求。如2014年，习近平总书记在参加安徽代表团审议时提出“三严三实”的具体要求，2015年，在参加江西、吉林两省代表团审议时提出了“营造政治生态上的绿水青山”。因此，今年两会我们也期盼和关注着习近平总书记的讲话。3月4日下午，习近平总书记在参加政协民建工商界委员联组讨论时就“毫不动摇坚持我国基本经济制度，推动各种所有制经济健康发展”这一主题发表了重要讲话。习近平总书记用“非公有制经济是稳定经济的重要基础，是国家税收的重要来源，是技术创新的重要主体，是金融发展的重要依托，是经济持续健康发展的重要力量”高度评价了非公有制经济在我国经济社会发展中的重要地位和作用；强调非公有制经济在我国经济社会发展中的地位和作用没有变，我们毫不动摇鼓励、支持、引导非公有制经济发展的方针政策没有变，我们致力于为非公有制经济发展营造良好环境和提供更多机会的方针政策没有变；要求着力解决中小企业融资难，放开市场准入，加快公共服务体系建设，引导民营企业利用产权市场组合民间资本，减轻企业负担，促进非公有制经济健康发展。习近平总书记还用“亲”“清”两字阐述了新型政商关系，提出了两者之间既要相互帮助又要划清界限的要求，为构建新型政商关系提供了重要指南。习近平总书记的重要讲话思想性、针对性、指导性极强，讲话春风化雨，回应社会关切，驱散了民营企业家心头的迷雾，为非公有制经济的发展指明了方向，注入了活力，增添了信心，在社会各界引起强烈反响。

习近平总书记今年还参加了湖南代表团审议，发表了重要讲话。充分肯定了近几年湖南省各项工作取得的成绩，就推进供给侧结构性改革、加强保障和改善民生、推进农业现代化、做好换届工作等提出明确要求。特别提到，要发扬湖南人“吃得苦、霸得蛮、扎硬寨、打硬仗”的优良传统，坚决打赢脱贫攻坚战。习近平总书记的谆谆教诲既是对湖南的关切厚爱，也指明了我们今后工作的方向，充满了满满的正能量。

二是李克强总理政府工作报告。

政府工作报告既是过去一年的“成绩单”，也是新一年政府工作的“路线图”，今年还处在总结“十二五”，部署“十三五”的重要时间节点，在中国经济进入新常态的背景下，备受海内外关注。3 月 5 日上午，李克强总理作政府工作报告。委员、代表们对本届政府积极应对经济下行压力、奋力攻坚克难所取得的成绩给予充分肯定，认为“十二五”时期我国发展成就举世瞩目，经济实力、科技实力、国防实力、国际影响力又上了一个大台阶。

报告会前已广泛征求了意见，应该说是一个十分成熟的报告，但由于每个人的视野有异，视角不同，也会有不同的看法与理解。“新华视点”记者通过经济增长预期 6.5%—7%、供给侧结构性改革、新经济、扶贫攻坚、政府自身建设、反腐倡廉、重拳治污、新型城镇化、民生改善、对外开放等十个关键词对报告进行了解读。

就我的认识和关注点，有四个方面印象深刻。

“十三五”进入全面建成小康社会攻坚期，扶贫攻坚显得尤为突出和紧迫，中央的态度十分明确和坚决。到 2020 年，我国现行标准下的农村贫困人口实现脱贫，贫困县全部摘帽。

回应民生关切是今年报告的一大看点。李克强总理的报告赢得了 40 多次掌声，许多次掌声都在李克强总理讲民生问题时响起。比如李克强总理讲到“民之所望为施政所向”，讲到“发展中西部地区小城市和小城镇，容纳更多的农民工就近就业创业，让农民工赚钱顾家两不误”，讲到今年“财政收入增长虽然放缓，但该给群众办的实事一件也不能少”，讲到“从家庭到学校、从政府到社会，都要为孩子们的安全健康、成长成才担起责任”等问题时，委员和代表们都用掌声表达了自己的心声。

“供给侧结构性改革”成为今年政府工作报告的新亮点。中央开出了“三去一补一降”的良方，更加突出了创新，“新经济”也首次被写入政府工作报告，强调减少无效和低端供给，扩大有效和中高端供给。其实我国经济发展中既有总量不足，也有结构不优的问题，只是近期结构性问题更加突出，因此，报告强调在适度扩大总需求的同时，突出抓好供给侧结构性改革。

绿色发展作为“十三五”五大理念之一和突出短板也在报告中得到重视，报告对环境治理着墨多，用词重。报告讲到，“十二五”积极化解过剩产能，近三年淘汰落后炼钢炼铁产能 9000 多万吨、水泥 2.3 亿吨，狠抓节能减排和环境保护，各项约束性指标超额完成。但环境污染形势仍很严峻，严重雾霾天气在一些地区时有发生。治理污染、保护环境，事关人民群众健康和可持续发展，必须强力推进，下决心走出一条经济发展与环境改善双赢之路，推动绿色发展取得新突破。今后五年，要深入实施大气、水、土壤污染防治行动计划，持之以恒，建设天蓝、地绿、水清的美丽中国。今年要重拳治理大气雾霾和水污染，加大工业污染源治理力度，全面推进城镇污水处理设施建设与改造，加强农业面源污染和流域水环境综合治理，加强生态安全屏障建设，健全生态保护补偿机制，大力发展节能环保产业。新修订的《中华人民共和国环境保护法》必须严格执行。其中，采用了一些量化指标，这些约束性指标是对亿万人民的承诺，表明政府保护环境的决心很大。

三是“十三五”规划纲要草案。

提请会议审查的“十三五”规划纲要草案，紧紧围绕全面建成小康社会奋斗目标，强调牢固树立和贯彻落实创新、协调、绿色、开放、共享的新发展理念，明确了“十三五”时期主要目标任务和重大举措，提出了一系列支撑发展的重大政策、重大工程和重大项目，向外界细致描绘出到 2020 年我国全面建成小康社会的四大发展图景：经济更强，增长保持中高速，年均增长目标保持在 6.5% 以上。到 2020 年，中国经济总量将超过 90 万亿，创新驱动见成效，科技进步对经济增长的贡献率达到 60%；民生更实，人民生活水平和质量普遍提高，到 2020 年，城乡居民人均收入比 2010 年翻一番；生态更优，未来五年治理大气雾霾要取得明显进展，地级及以上城市空气质量优良天数比率超过 80%，生态环境质量总体改善；制度更全，各方面制度更加成熟更加定型，基本建成法治政府。委员代表们一致认为，“十三五”规划是实现第一个百年奋斗目标、全面建成小康社会的宏伟蓝图，既鼓舞人心，又催人奋进。

四是“两常”“两高”和计划、预算报告。

全国人民代表大会常务委员会工作报告中指出，自身各方面工作都取得了新进展、新成效。制定 5 部法律，修订 37 部法律和 1 个有关法律问题的决定，通过有关法律问题的决定 8 个。特别是及时修改《中华人民共和国人口与计划生育法》，全面放开计划生育政策，允许符合条件的夫妇生育两个孩子，受到海内外广为关注。

2016年，全国人大常委会的工作将以立法、监督为重点。立法方面的一大亮点是制定《中华人民共和国民法总则》，《中华人民共和国民法总则》是民法典的总则编，规定了民事活动的基本原则和一般规定，受到广泛关注。将进一步完善社会主义市场经济方面法律制度，包括修改《中华人民共和国证券法》《中华人民共和国中小企业促进法》等。生态环境保护法律制度建设力度明显加大，包括制定《中华人民共和国环境保护法》，修改《中华人民共和国水污染防治法》《中华人民共和国海洋环境保护法》《中华人民共和国野生动物保护法》等，监督《中华人民共和国水法》《中华人民共和国环境保护法》实施。法律实施的监督更加突出民生，将检查《中华人民共和国食品安全法》《中华人民共和国道路交通安全法》《中华人民共和国安全生产法》等6部法律的实施情况。

报告还提出，今年将充分发挥代表主体作用。要求认真做好全国县乡两级人大换届选举。

中国人民政治协商会议全国委员会常务委员会工作报告总结了过去一年政协在四个方面的重点工作，反映了政协工作的成绩。比如发挥委员主体作用问题，去年达到接近70%的参与度。过去主要是常委发挥作用，委员除了参加两会，其他事务参与不多。现在各种活动尽可能安排委员参加。感触特别深的是双周协商座谈会，频度很高，形成了宽领域、多层次、常态化的协商议政格局，政协工作越来越接地气，越来越实。今年报告增加了第三部分，内容特别精彩，就人民政协更好发挥爱国统一战线组织的作用作了精辟阐述和全面部署。关于坚持求同存异、正确处理一致性和多样性关系、广泛凝聚共识等论述，是值得我们去思考和实践的大问题。报告对委员的要求越来越清晰，如“懂政协、会协商、善议政”，越来越明确，如“察实情、讲实话、谋实策”。

计划报告和预算报告充分体现了今年国务院政府工作报告的精神，满足当前我国经济社会各项事业发展的需要，讲求实效，贴近实际，具有很强的针对性和操作性。计划报告指出，2015年我国计划执行情况总体良好，2016年将紧紧围绕适应引领新常态，贯彻落实发展新理念，重点推进供给侧结构性改革、挖掘内需潜力、加大改革力度、夯实农业基础、促进协调、绿色发展、提升开放层次、保障和改善民生等 9 方面开展工作。预算报告通篇贯穿新发展理念，调整优化收支结构。一方面，保民生、补短板，在国家财政收入增长放缓的背景下，对民生的投入一点没有减少，进一步提高了基本医疗保险、基本公共服务等方面的投入，这对老百姓来说都是看得见、摸得着的实惠。另一方面，向创新领域倾斜。今年是供给侧结构性改革元年，资金流向创新领域和转型升级，对推进供给侧改革必将发挥关键作用。预算报告明确提出严格控制“三公”经费预算，压缩一般性支出。去年中央本级“三公”经费预算比 2014 年下降 11.7%。

“两高”报告围绕“努力让人民群众在每个司法案件中感受到公平正义”的目标，坚持服务大局、司法为民、从严管理、接受监督，深化司法改革，推进阳光司法，工作成效可圈可点。有媒体在解读“两高”报告内容时，拎出 15 条“干货”，如健全机制防范冤错案件、举报职务犯罪将获保护和奖励、涉农腐败将成查处重点、个人极端暴力犯罪将被严惩、“执行难”两到三年将基本解决、以权压法将被坚决整治、审判执行将实现全程留痕、金融证券等领域将被“突出打击”，非法集资将被依法严惩、集中清理“被判实刑却未执行”、拉票贿选等犯罪将被严肃查办，“紧盯”破坏环境资源犯罪、“同案不同判”现象将越来越少，人情案将受到巡回法庭“阻击”、法官的从业环境将得到改善等。

今年“两高”报告有一个特点是用数据和事实说话，生动具体。9900余字的最高法报告，共用了 110 组数据、10 个案例；11000 字的最高检报告中包含 110 多个具体数据，29 起典型个案。如 2016 年最高法受理案件 15985 件，审结 14135 件，比 2014 年分别上升 42.6% 和 43%。审判监督方面，2016 年再审改判刑事案件 1357 件，依法纠正了一批重大冤错案件。队伍建设方面，对 575 名干部廉政问责，最高法查处本院违纪违法干警 14 人。最高检的报告中“坚持‘老虎’‘苍蝇’一起打、惩治预防两手抓”，也是用数据说话，查办职务犯罪 11839 人。在环境保护方面，起诉污染环境、非法采矿、盗伐滥伐林木等破坏环境资源犯罪 27101 人。

今年两会还有一个重要议程就是审议《中华人民共和国慈善法（草案）》。全国人大立法一般是通过人大常委会二读，个别是三读通过后实施，提交全会审议的立法并不多。《中华人民共和国慈善法（草案）》此次提交全会审议，一是全国人大对慈善立法很重视，二是《中华人民共和国慈善法》涉及面广，是我国社会领域的重要法律。委员代表们一致认为，制定《中华人民共和国慈善法》，对增强全社会慈善意识、促进我国慈善事业健康发展意义重大。

五是两会建议提案。

全国政协十二届三次会议以来，共提交提案6012件，立案5027件，99.5%的提案得到办复。转“意见和建议”828件，并案97件，撤案60件。过去提案工作报告一般没有转并撤的数据。四次会议期间，共收到大会发言463篇、委员大会提案5375件、立案4248件。本次会议提案委员参与率高，90%左右的委员提交了提案，且重点围绕“十三五”规划编制与实施，加强供给侧结构性改革，实施精准扶贫精准脱贫，推进大众创业万众创新，继续加强大气、水、土壤污染治理，促进教育公平和质量提升，保障和改善民生等方面。四次会议比三次会议立案少了700多件，提案更加注重质量，不追求数量。

六是讨论发言。

政协的讨论发言分界别小组讨论、界别联组讨论和大会发言。界别小组讨论发言会后都会整理，以大会简报形式印发。今年国务院办公厅首次派出工作人员列席界别小组讨论听取委员意见。大会发言是每年两会中的一项重要议程，短短的7分钟发言，对演讲者是展示形象的舞台和交流思想的平台，对听众是一场思想的盛宴，一次心灵的充电。各民主党派和政协委员都非常重视，每年都有几百份发言稿参与竞争45场发言。每年的发言，也总有一些精彩的华章和难忘的掌声。如周新生委员的《努力让国人办事不求人》和杨佳委员的《点赞正能量、厚爱正能量、弘扬正能量》，至今还记忆犹新。

今年共有45名委员围绕经济建设与生态文明、社会与文化建设、政治建设与统战政协工作作大会发言，中共中央、国务院有关领导及有关部门到会听取意见。

厉以宁委员第一个作了题为《从供给侧结构性改革的角度看国企改革》的发言。他认为，结构调整的主要任务是资源配置的合理化、高效化。如果不深化国有企业改革，不能充分挖掘国有资本的潜力，不能从新技术、新产业、新发明、新效率等方向使国有企业成为真正的市场主体，供给侧发力很难取得成效。

李稻葵委员在《坚决打赢稳金融这场硬仗》建议严厉打击内幕交易和不合理行为；在适当的时候将“一行三会”分业监管的模式整合为统一的大金融监管；对上市公司注册制实行以后必须有更加严格的事后监管；建立较大规模的资本市场稳定基金；迅速稳定人民币汇率的市场预期。李稻葵的发言讲出了许多委员的心里话，大家给予热烈的掌声表示支持。

张帆委员代表民进中央，在大会上作了《诚信政府领跑诚信中国》的发言。他说，“十三五”时期是全面建成小康社会的决胜阶段，形成全社会的“信任共同体”是我们事业成功的重要保证。在社会诚信体系建设中，政府诚信不仅具有示范效应，而且关乎民心得失。他说，以身示范是立威立信、立国治国永恒的课题。政府代表的是公信力、执行力，言必信、行必果是基本要求。就树立政府公信力、领跑诚信中国的问题，他建议，各级政府领导、工作人员应从自身做起，要以身作则。建设法治政府，要深入反腐，坚持秉公用权，引导全社会的价值取向，建成我们所期待的诚信中国。诚信是和谐社会的润滑剂，没有诚信的社会必然坑坑洼洼，诚信也是政府工作的助推剂，没有诚信的工作必然磕磕绊绊。政府的诚信行动，就是对民众诚信的切实引领，一定能让诚信早日落实到每一个人的言行之中。

朱永新委员发言的主题是“人心就是力量”，特别提到要广泛凝聚民主党派的共识，画出最大的同心圆。还有民营企业家南存辉委员的《坚定信心创新发展勇担责任》、香港恒基兆业地产有限公司副主席、中华海外联谊会副会长李家杰委员的《发出中国声音 讲好中国故事》、全国政协教科卫体委员会副主任、河南省政协原主席王全书委员的《为全面从严治党鼓与呼》、民革中央专职副主席郑建邦委员的《有“九二共识”神针定海两岸关系方能行稳致远》、新疆维吾尔自治区政协主席努尔兰·阿不都满金委员的《深入推进“去极端化”全力维护国家安全》、云南省普米族歌手茸芭莘那委员的《国家——五十六个民族的最大认同》等。这些委员从不同侧面、不同角度的发言，对于促进中华民族大家庭的团结和谐，提振全社会的信心起到了良好的促进作用。

李书福委员代表全国工商联作《提升中国制造业竞争力迫在眉睫》的发言。他认为，我国制造业大而不强的重要原因是近年来制造业企业普遍遇到“三座大山”，即“市场的冰山、融资的高山、转型的火山”；发展中面临“四高四低”：人工成本高、融资成本高、税费负担高、制度性交易成本高，产品质量低、技术标准低、品牌认可度低、企业诚信度低。他呼吁，要把实施制造强国战略真正落到实处：科技创新要强发力，降低成本要动真格，品牌建设要下功夫。

王兴东委员作了题为《创新是文艺的生命 原创是竞争的力量》的大会发言。他说，原创版权在创造世界，在影响世界。他呼吁，要培育原创，保护原创，尊重原创。他的发言抑扬顿挫，很有感染力，赢得了 8 次掌声。

解振华委员代表全国政协人口资源环境委员会作《推动绿色低碳发展 参与全球气候治理》的发言。他指出，中国温室气体排放总量大、占比高、增速快的趋势短期难以改变，面临很大的国际减排和出资压力。建议推进相关立法，推进气候外交与气候变化南南合作，主动承担与自身国情、发展阶段和实际能力相符的国际责任，推动建立公平合理、合作共赢的全球气候治理体制。

邵鸿委员作了题为《共抓大保护 善待母亲河》的发言。他说，据调研显示，随着众多工程投入运行和多方面因素影响，长江流域整体生态环境已出现不容忽视的负面趋势性变化，主要表现在水量减少、形态转变、环境容量降低、水生生物种群和数量减少等方面，他建议要贯彻落实习近平总书记指示，把修复长江生态环境摆在压倒性位置，共抓大保护，不搞大开发。

长江保护的问题也是民进中央长期关注的问题，在长江经济带建设战略全面实施的时候，如何保护好生态环境，的确值得关注。

陈章良、陈星莺、袁亚非、唐英年、王永庆、苏华、郭允冲、杨志明、王松、崔世昌等委员就落实《关于打赢脱贫攻坚战的决定》、加强电商监管、支持民营企业健康发展、利用香港优势服务国家“十三五”规划、加快科技成果转化、增加职教高考、坚持就业优先、促进农民工市民化、进一步深化两岸农业合作、推动澳门经济适度多元可持续发展等问题作大会发言。

最后一位发言的委员是安徽省政协委员、安徽省残联副主席、池州市信访评议福利保障团团长何宗文委员，他作了题为《做有温度的政协委员》的大会发言。他讲述了自己27年来拖着残疾的腿访贫问苦50万千米路，调查研究完成提案、社情民意信息、大会发言数百件，调处各类信访案件、帮助解决群众反映实际问题620多件的经历。他说，他的眼睛有毛病，但并不影响他看见群众困难、理清提案线索；他的腿有残疾，但为了掌握群众的心声、反映群众的呼声、解决群众的营生，他愿意“跑腿”和“拼命”。他说，他愿意继续做一个有温度的政协委员，让人民群众从我们身上，不仅感受到政协的温暖，更能感受到党和政府的温暖、社会的温暖、人与人之间的温暖！

大家把热烈的、有温度的掌声，献给了这位“有温度的政协委员”。这样有温度的人，是我们学习的榜样！

七是媒体参与。

每年的两会也是媒体记者的盛事，今年大会登记注册的记者为3200多人，其中包括1000多名外媒记者。各路媒体和记者使出“浑身解数”，将最棒的队伍、最好的装备、最前沿的技术带上两会，各式短炮长枪云集，把会场内外变身成了新闻报道的“竞技场”。每次进出大会堂，媒体的长枪短炮、围追堵截，本身也是一道美丽的风景线。

全国两会前热点媒体盘点出8大看点：“十三五”规划、脱贫攻坚战、供给侧改革、“一带一路”、慈善法修改、司法体制改革、绿色发展、制度反腐。这些话题，无一例外都事关民众获得感。

与往年相比，今年两会的“部长通道”备受媒体关注。不少媒体特开辟“部长通道”专栏，据全国人大新闻中心统计，4次全体会议中，共计25位部长接受媒体采访，回应热点问题50多个，如此高效的发布度可谓史无前例。

八是大会投票。

两会投票的方式从早期鼓掌、举手，到填票，再发展到现在电子投票器投票，见证着中国民主进步的步伐。1988年，七届全国人大第一次会议出现第一张反对票，大家秘而不宣，而现在几十张，甚至几百张反对票都已习以为常。现在大家更关注两会通过的几个报告之间得票对比。近几年，国务院政府工作报告和“两常”报告均是高票通过，计划报告、预算报告和“两高”报告得票有高有低。“两高”报告的好评与掌声越来越多，反对票越来越少。因为，大家分明看见，“两高”努力在进行实实在在的司法改革。“两高”工作创新高，彰显着国家民主法治的进一步发展。今年的预算报告反对票不少，实际上这几年财政部门做了大量工作，每年财政部主办的两会建议、提案都上千件，而且预算报告通过图表形式使之更加通俗易懂。过去一年在国家财政收入增长放缓的背景下，财政收支矛盾相对突出，要当好这个大家，照顾到方方面面实属不易。

还有一点要说的是两会会风。会议贯彻落实习近平总书记关于两会会风的重要指示精神，坚持落细落小，如规定不准带自拍杆进会场、不组织宴请、全面禁烟等，会风悄然变化。会场越来越满了，以前开两会，出席率约为95%，今年政协开幕式，出席率高达96.5%，过去小组讨论请假的多，现在小组讨论也是座无虚席。餐厅越来越挤了，有时候餐厅门口还排起了队。会议风清气正、务实高效，赢得了社会各界的广泛好评。

3月13日下午，3月15日上午，全国政协十二届四次会议、十二届全国人大四次会议在雄壮的国歌声中分别落下了帷幕。5000多名全国人大代表、政协委员满载着两会的累累硕果，踏着春天的步伐，奔向了祖国的四面八方。在两会精神激励和指导下，全国各族人民一定会众志成城，攻坚克难，再聚首，明年两会我们离全面建成小康社会目标将更加靠近。

两会履职

每年春天召开的两会，像是国人政治上的“春节”，也像是我们民主党派成员参政议政、展示形象的一次大考。提案，是我们政协委员为这个“春节”准备的“年货”。每年两会结束以后，就开始为下一年的提案做准备。虽然政协委员可以随时提交提案，但一般都还是集中在两会期间提交。我从1996年起任郴州市政协委员，2003年任湖南省政协委员，2008年任全国政协委员，今年正好是20年。20年来，我积极围绕经济社会发展中的重大问题，深入考察调研，建睿智之言，献务实之策，提出了不少有影响的提案。1996年《关于建设旅游大市的建议》获郴州市政协优秀提案，1999年在湖南省政协全会上作《关于加快莽山旅游开发，推动湖南“南大门”进一步开放》的大会发言。特别是担任全国政协委员后，每年提交的提案都不下10个，多次获民进中央年度参政议政成果一、二等奖，在全国政协十一届三次会议上提交的《关于规范城市生活垃圾焚烧，促进生活垃圾处理良性发展的提案》获十一届全国政协优秀提案奖。2013年，政协十二届一次大会，在庄严的人民大会堂，我就生态文明建设作了《梦想成真靠实干》的大会发言。对于政协提案，应该说我还是比较熟悉的。近两年，全国政协对提案质量要求越来越高，去年我就有两件建议没有立案，作为“意见和建议”转送相关部委参阅。因此，今年两会前我进一步加强了调查研究和深入思考，认真提出了一些提案，春节后抓紧打磨，后来湖南省委又提供了一些提案素材，湖南省政协也收集了一些意见建议供我们参考，去北京之前，我已准备了11篇提案。会议期间我又撰写了3篇提案，最后共提交了14篇提案。

我国的人大代表、政协委员大部分是兼职，既要做好本职工作，又要提出高质量的提案，其实也不容易。我的一个体会是结合本职工作撰写提案，可以事半功倍，做到两不误、两促进。所以，近些年我的提案无论来自长期思考，还是来自调查研究或是从其他成果中得到启发，大部分都围绕着生态环保问题展开，因而被媒体称为“绿色提案大户”。今年的提案同样是绿色的，包括推进我国农业面源污染治理工作落实、将洞庭湖区纳入国家农业面源污染综合防治示范区、进一步加强绿色金融体系建设、加快出台《国家生态文明试验区实施方案》、建立洞庭湖和湘江、珠江、赣江“三江”源头（环东江湖流域）生态补偿机制、支持我国南方地区提升耕地地力、实施“一带一路”倡议要充分考虑生态安全等。

每个提案都有着不同的背景和思考。以推进我国农业面源污染治理的提案为例，过去我们国家的环保工作重点布局在工业和城市，农业和农村一直是一个短板。从2008年开始，国家才提出了工业与农业、城市与乡村同治的新思路。农村环境综合整治从问题村整治、连片整治，再到全省域覆盖，湖南一直走在全国前列，“县为主导，整县推进”的模式在去年环保部、财政部召开的有关工作会议上受到充分肯定并向全国推介。但是，近些年洞庭湖的水环境质量开始逐年下降。实际上，从2008年开始，我们用3年时间关停了湖区234家造纸企业，洞庭湖水质已发生了明显改善，近期洞庭湖水环境质量变差，经过调研分析，发现其中一个重要原因就是农业面源污染，其占到了污染物总量的70%左右。因此，不加大农业面源污染治理力度，不光洞庭湖治理不好，全国的水环境质量也难以根本改善。

又如完善生态补偿机制方面的提案。从2008年起，中央财政开始建立纵向生态补偿机制，到去年每年已安排500多亿资金，补偿全国近500个县（市、区），应该说补偿资金也不少了，但由于对国家生态转移支付县的生态保护职责要求不够具体、细致，考核也没有真正到位，效果大打折扣。同时，流域上下游的横向生态补偿机制一直处于少数省份和地方的试点阶段，而湿地生态补偿机制在洞庭湖作了试点后也未作为一项长期性的制度安排。这几年，我一直在提这方面的提案，并已得到有关部门的积极回应。今年财政部、环保部将扩大横向生态补偿试点范围，在福建、广东，广西、广东间流域上下游开展横向生态补偿，并制定了鼓励流域上下游省份建立横向生态补偿机制的财政奖补政策。但这方面还有不少工作要做，我自然不会放弃鼓与呼。

再比如绿色金融的提案。去年两会上我就提交了《加强生态文明建设金融保障体系建设》的提案，引起了中国证监会的高度重视，专门邀请我到北京参加座谈会并作首位发言。我很受鼓舞，在进一步调研思考的基础上，提出了《进一步加强绿色金融体系建设》的提案。绿色发展已成为我国重大战略选择，生态环保资金需求大，仅靠政府财政投入远远不够，需要吸引大量社会资金参与，绿色金融应成为绿色发展的坚强后盾。我就加强整体规划、发动各方参与、开展金融创新、加快绿色金融基础设施和法律法规体系建设等方面提出了意见建议。

中国民主促进会作为以教育、文化、出版领域中高级知识分子为主的民主党派组织，长期关注教育、文化等方面的发展和问题。作为民进的一分子，自然也主动、积极呼吁这方面的问题。此前我曾就素质教育、大学生就业、传统戏曲进校园等提出过提案。今年我重点关注的是民办教育，特别是外资参与我国民办教育后出现的一些问题。部分合作办学中出现了教育主权、办学理念、管理模式、师资待遇、控股比例和财务管理等方面的问题和纠纷，提案中我呼吁教育部要引起高度重视，认真加以研究，促进民办教育健康发展。

湖南省委给我提供了两份提案素材，一份是关于加快发展 PPP 模式的对策与建议，另一份是关于进一步加强湖南省食品药品检验检测能力建设的建议。我感觉这两方面的对策与建议不仅适合湖南省，对全国也有指导作用，于是我就把这两方面的对策与建议改写为针对全国的提案。

郴州市很重视全国两会这个平台，民进郴州市委会也很积极主动，每年两会前都会提供一些事关当地经济社会发展的重大问题和项目希望我们带到北京去。2014 年，提出了将贵州兴义——湖南郴州铁路列入国家中长期铁路网规划调整范围及“十三五”铁路建设规划，加快‘西气东输’三线工程株洲至郴州支干线项目建设的建议，2015 年，提出了增设南岭山区为国家集中连片特困地区并将临武、嘉禾县列入扶持范围的建议，今年又提出了支持郴州市创建国家级现代物流创新发展试点城市，支持将郴州大十字城镇群纳入国家新型城镇化综合试点的建议。这几年，郴州的发展和各方面的工作在湖南省一直走在前面，与他们这种机遇意识和积极作为的态度应该是分不开的。

作为住湘全国政协委员，既要说好普通话，站在全国宏观层面参政议政，又要说好地方话，为地方经济社会发展的一些重大问题和项目代言。只是全国政协对于地方一些重大问题和项目的建议立案的标准更加严格。如这次支持郴州市创建国家级现代物流创新发展试点城市的提案就被全国政协转为了意见和建议。今后这方面的提案需要层次站得更高、调研更深入，理由更充分。这里值得一提的是，今年两会前夕，湖南省政协通过《湘声报》开展“北京开两会，有话请您说——‘我请委员捎句话’活动”，得到了网友们的热烈响应。江华县网友何维福提出的“将洛湛铁路永州至贺州段改造为高铁，形成呼广高铁大通道”的建议，因有全局视野、符合实际，引起了我的关注，并得到了湖南省、广西壮族自治区政协相关领导的支持和响应，由此转化为了住湘桂两省部分全国政协委员的联名提案。

年年岁岁来相会，岁岁年年会不同。今年两会与往年的最大不同是今年是“十三五”开局之年，要审议“十三五”规划纲要，会期安排了 12

天，比平常年份要长一些。这次会议，政协共安排14次分组（联组）会议，讨论的时间比较充分，加之自己积极主动，在小组和联组先后10次发言，发言数量和提交的提案均为历届之最。

3月4日，参加民进小组讨论。围绕中国人民政治协商会议全国委员会常务委员会工作报告和提案工作情况报告展开。发言中我首先肯定了政协常委会过去一年的工作，特别是通过自己参加“长江经济带开发中的湿地保护”双周协商会的亲身体会，感到政协常委会抓工作的“前瞻性”，委员主体作用发挥极大增强，活动委员的参与度去年接近70%，我也是其中一员。针对委员提案数量不断增加，政协一直想加以改进，方向是提高质量、限制数量。我提出既要提高提案质量，也要提高办复质量。除了主办、会办等形式以外，还应增加部门牵头研办、政府研办等形式。我还就推动双周协商会成果汇总、转达、研究、反馈等提出了建议。

3月5日下午，民进小组讨论政府工作报告。过去的一年，党中央、国务院带领全国人民以坚定的信心和非凡的勇气，攻坚克难，完成了全年主要目标任务，我认为去年的成绩有两大亮点值得关注。一是在经济下行压力大的情况下，全国居民人均可支配收入增长7.4%，快于经济增速，非常不易。二是城镇新增就业1312万人，超过全年预期目标。这表明人民生活不断改善，就业状况良好。我在发言中提出，政府工作报告肯定成绩客观真实，直面问题毫不掩饰。报告中提到，我国发展中也面临不少困难，如经济发展走势分化、投资乏力、进出口总额下降，部分行业产能严重过剩，财政收支矛盾突出，民生方面问题较多，一些地区严重雾霾天气时有发生，安全事故人员伤亡和财产损失惨重，不正之风和腐败问题不容忽视等。我着重围绕生态文明建设谈了自己的看法。“十二五”节能减排目标超额完成，2015年，$PM_{2.5}$年均浓度较上年下降14.1%，三类以上水体占66%，各项约束性指标超额完成，但生态环境形势仍然严峻。对2016年的工作，总理用了“强力”“重拳”“严格执行”“严厉打击”“严肃追究”等词，令人印象深刻，持之以恒建设天蓝、地绿、水清的美丽中国令人充满信心。希望“十三五”生态文明建设能系统推进、加大投入、完善法制、深化改革、强化保障，补齐突出短板，继续做好这篇大文章。

3月7日，民进小组讨论“十三五”规划纲要草案。按“十三五”规划，到 2020 年，我国要全面建成小康社会，经济总量将超过 90 万亿，科技进步对经济增长的贡献率达到 60%，人口城镇化率达到 60%，高铁营业里程达到 3 万千米，覆盖 80% 以上的大城市，这在我们这样一个人口众多的发展中国家，将是非常了不起的成就。但要真正实现“全面”小康，还必须打赢脱贫攻坚、结构调整、民生改善、生态环保等几场硬战，“十三五”“稳增长、调结构、惠民生、补短板”的任务并不轻松，我认为政府需要拿出更大的决心和勇气，也需要全民的支持与参与。我对规划纲要草案提出了一些具体修改意见。一是要进一步厘清政府与市场的关系，对于该交给市场的政府要有壮士断腕的勇气，对于政府应该承担或主导的事务，也必须当仁不让。因此，我建议，将研发投入占比、居民收入增长、城镇新增就业等应该政府主导的事务从指导性指标改为约束性指标；二是环保产业“十二五”年复合增长率超过 20%，是“朝阳产业”，应列入战略性新兴产业发展行动计划；三是目前，洞庭湖水资源、水环境、水生态等方面的问题已十分突出，《洞庭湖生态经济区规划》国务院已正式批复，其中综合整治的一些重点工程应列入“十三五”规划；四是新型城镇化推进过程中要着力发展生态化城市群和宜业宜居小城镇，改变过去片面追求首位度，“摊大饼”式地发展特大城市和配套设施严重滞后的“半拉子”小城镇。

3 月 9 日上午，界别联组会议。中国银行保险监督管理委员会副主席梁涛等部委领导同志参加会议，我就深化环保责任险，推进生态文明建设发言。我国自 2007 年以来，“环责险”试点工作取得了一定的成效，但还存在法律支持不够、技术标准滞后、专业机构缺乏、涉污企业投保和部分环保部门推进积极性不高等问题。我提出，健全“环责险”相关法律法规、优化环境污染责任保险的政策激励制度、培育环境污染风险与损失专业评估机构、加强部门协同联动、完善“环责险”配套技术标准和强化保险公司责任、设立政策性保险公司或将“环责险”列为政策性产品等建议。梁涛副主席最后说，“环责险”是银保监会力推的六大责任险种，我的发言视野开阔，观点鲜明，联系实际紧密，会认真研究落实。

3 月 9 日，参加民进小组讨论。讨论计划报告和预算报告。上午，我发言中建议一是五年规划与年度计划指标应注意衔接、匹配；二是绿色发展亟待绿色金融保驾护航。但要发展绿色金融，也需要财政的政策支持与配合，共同发力。下午，我就预算报告再次发言，认为预算报告每年有进步，包括全口径预算，对超出预算部分有监督；图文并茂，通俗易懂，并继续呼吁加大生态环保的投入力度。第一，目前总量投入不足，离生态环保投入占 GDP 总量超过 3%，生态环境质量明显改善的需求相差很大。如供给侧改革今年刚启动中央财政就安排了 200 亿，处置“僵尸企业”中央财政的专项奖补资金总量将达 1000 亿，而大气污染防治从 2013 年起，近几年的投入分别为 50 亿、100 亿、107 亿、112 亿，雾霾改善不够和投入不足有很大关系。近几年，中央财政大气污染治理专项资金向湖北省、湖南省等中部地区基本没投入，实际上武汉市、长沙市的 $PM_{2.5}$ 年均浓度比长三角、珠三角还要高。第二，增速偏低，生态环保投入增速低于财政收入增长。

3 月 10 日，参加民进小组讨论，讨论《中华人民共和国慈善法（草案）》。我第一个发言，一是建议增加“履行企业和公民社会责任”的条款。美国就是通过法律制度建设，如征收高额的遗产税，使公民投入慈善事业中来；二是慈善组织的管理应突出自愿、自主和自律的指导思想。因为慈善组织应该具有更高的道德情操；三是慈善组织一旦出现问题，应加重处罚，违法违规的，应追究法律责任。因利用和欺骗社会良心违法违规，天理不容。

3 月 11 日，参加民进小组讨论。围绕教育热点问题建言献策。我着重谈了两方面的问题。一是认真解决中外合作办学中出现的问题。二是高度重视学前幼儿教育。现在城里的开发小区，基本配套建有幼儿园，一些湖南省内比较偏远的乡村，也可以看到民办的幼儿园，这些成绩的取得主要得益于社会和家庭。但由于学前教育尚未列入义务教育，政府重视不够，投入不足，许多管理也不到位，目前存在的问题还较多。如发展参差不齐，保育能力水平差，师资队伍素质不强，家长负担过重，教育理念有偏差等。针对上述问题，我提出了将学前教育纳入政府规划、加大扶持力度、树立正确办学理念、加强师资队伍、减轻家长负担等方面的建议。参加会议的教育部有关领导给予了积极回应。

3 月 12 日上午，参加民进小组讨论。结合政协常务委员会工作报告讨论政协工作和2016年协商计划。我建议将农业面源污染防治列入双周协商会议题，双周协商会拟邀请参会单位应增加中办或国办，因很多双周协商会议题涉及不少党委或政府有关部门，解决和落实起来需要党委、政府加强领导和协调。同时，大会发言、双周协商会等成果转化形式应进一步明确，使之规范化。

3月13日下午，参加民进小组讨论。上午讨论“两高”工作报告。委员们纷纷表示，今年的“两高”报告振奋人心，充分体现了党的十八届四中全会提出全面推进依法治国总目标以来，司法改革取得的新进展和新成效。我谈到，去年是新《中华人民共和国环境保护法》实施的开局之年，资源环境领域法治建设明显加强。我建议，适应新《中华人民共和国大气污染防治法》等生态环保领域的法律出台和实施，继续加大对资源环境领域违法行为的打击力度；加强环保、公安、检察院、法院等生态环保执法部门的整体联动；加强生态环保领域法律专业人才队伍建设。

今年两会前，本职工作繁忙，先到常德、张家界调研农村环保、生态建设、土壤修复等工作，3日凌晨才抵京。不少媒体一直在预约采访，于是我们约定4日下午3点到北京会议中心驻地采访，没想到一下来了10多家媒体，《湘声报》报道为“一个人的新闻发布会”。两会期间，媒体对我也很关注，先后接受了中央电视台、新华社、《人民日报》《人民政协报》《中国环境报》《二十一世纪导报》《南方都市报》、民主杂志、湖南卫视、湖南经视、《湖南日报》《潇湘晨报》《湘声报》、人民政协网、腾讯网、海峡之声网、红网等20多家省内外媒体采访。实际上，媒体朋友和我们一样，采访报道两会是他们的工作，尽管两会规定我们有不接受媒体采访的权力，但我都是尽力配合媒体的工作，包括对一些尖锐、敏感的问题，我也是客观、真实地谈个人看法，因而，也交了一批媒体朋友，不少跑两会的媒体朋友，一到每年两会前就会主动与我约访。中央电视台的童盈记者多次采访过我，近期，她特别关注城市古树名木的保护，准备做一期专题节目，首先就与我联系。实际上，我一直很关注城市的园林绿化问题，去年两会，我就专门提了一个关于城市园林绿化应该注意它的生态功能的提案，对国内一些城市热衷于大树进城，栽种名贵树木、非地带性树种等问题提出了批评。我认为要加强古树名木保护，摸清家底、明确责任、加大投入、专业养护、加强法治，再也不能一方面城里毁大树，一方面山上移大树。此期节目3月12日植树节当天在中央电视台播出后，引起了社会的广泛关注和好评。媒体采访有利于把我们的一些意见、建议通过媒体平台更广泛地宣传、传播出去，扩大影响，促成建议的采纳和落实。我一直觉得，媒体是一双特殊的眼睛，它来发现你，也帮你发现世界。媒体是一张特殊的嘴巴，它来和你说话，也传播你的想法。

会议安排得很紧凑，委员只安排一天休息时间，常委只有半天，我利用这些时间先后拜访了环保部生态司、土壤司、规财司、监测司的领导。就湖南省农村环境整治资金投入、湖南省环境监测体系建设、洞庭湖区农业面源污染综合防治示范、常德土壤污染防治典型示范、国家级自然保护区建设与管理等议题向相关领导汇报，争取他们支持。除会议正常日程安排之外，我修改补充提案、准备发言提纲、校定媒体稿件，每天差不多都工作至深夜，“两会”面前，我也是“蛮拼的”。

每年的两会，总是在春天里召开。春天，是播种的季节。两会，播撒了希望的种子，接下去在于我们的行动。一年之计在于春，“十三五”开局之年的号角已经吹响，回去后，我要埋头耕耘，结合本职工作和党派工作，认真扎实地抓好落实，积极履行参政党职能，持之以恒地建设美丽中国。

下一个春天，让我们捧出一年中收获的硕果，幸福再相会！

（2016年）

美丽中国蓝天正绘就 污染治理攻坚正当时

蓝天白云、青山绿水是民心所向、民意所在。党的十八大以来，全国上下深入贯彻习近平总书记“绿水青山就是金山银山”的发展理念，围绕坚决打赢蓝天保卫战和补齐污染治理短板，锐意深化生态文明制度改革，生态文明建设和环境保护工作成效显著。刚刚过去的2017年，各级各有关方面积极行动，有力有序有效推进了各项工作。在蓝天保卫战方面，2017年1—11月，全国338个地级及以上城市PM_{10}平均浓度比2013年同期下降20.4%；京津冀、长三角、珠三角$PM_{2.5}$平均浓度分别下降38.2%、31.7%、25.6%；在碧水攻坚战方面，长江经济带地级以上城市集中式饮用水水源地483个问题已彻底整治；在净土持久战方面，初步建成国家土壤环境监测网，全面启动了农用地土壤详查工作；对除港澳台以外的31个省级行政区开展了环保督察，实现了全覆盖等。这些成绩来之不易，作为一名全国政协委员，同时也是一名环保工作者，在切身感受到环境保护的重视程度前所未有的同时，更加深刻感受到环境治理体系的不断完善和治理能力的不断提升，具体可以用“四个突出”“四个转变”来概括。

一、突出责任落实，变“要我环保”为“我要环保”

生态环保能否落到实处，关键在于各级领导干部。2016年，中办、国办印发《生态文明建设目标评价考核办法》，明确要求将考核结果作为党政领导综合考核评价、干部奖惩任免的重要依据。2017年，中央环保督察对全国除港澳台以外的31个省级行政区进行了全覆盖，严肃追责了一批不作为、乱作为、慢作为的领导干部。2017年7月，中办、国办就甘肃祁连山国家级自然保护区生态环境问题发出通报，要求各地区各部门强化生态环保主体责任，落实生态安全责任制，一级抓一级，层层传导压力。这些“指示器”“风向标”充分体现了生态环保的硬约束，按照党中央、国务院的决策部署和“党政同责、一岗双责”的要求，各级各有关部门积极作为、主动作为，“管行业必须管环保、管业务必须管环保、管生产经营必须管环保”的工作氛围逐步形成。同时，按日计罚、刑拘、生态环境损害赔偿等硬措施让环境违法成本越来越高，更好地落实了企业治污责任。

二、突出问题导向，变“等等再看”到“马上就办”

环境问题既是政治问题，也是民生问题，等不起，拖不得。十八大以来，各地积极行动，及时转变工作作风，抢抓时间，攻坚克难，通过实施“气十条”“水十条”和“土十条”，开展相关专项整治行动，有效解决了一批重点、难点环境问题。尤其是通过中央环保督察，各地立行立改、即知即改，加快解决了8万多个“群众身边”环境问题，得到社会各界高度认可。不少地方党政主要领导以上率下、以身作则，深入一线了解情况、深入一线督促进度、深入一线解决问题，基层工作人员“5+2”“白加黑”工作，加快推进了整改工作。如在洞庭湖湿地外来物种清理中，湖南省常德市自加压力，将国庆中秋“双节”作为环境问题“整治节”“督办节”，杨树砍伐面积日近千亩，5万余亩欧美黑杨已全部清理完毕，提前完成任务。

三、突出转型升级，变“黑色经济”为“绿色经济”

当前，中国正处于全面建成小康社会决胜阶段，为满足人民群众对美好生活的向往，需要环境保护与经济发展协同推进、协调发展。“绿水青山就是金山银山”写入党章，充分表明了党中央保护生态环境、建设生态文明的坚定意志。越来越多的地方逐步摆脱“重发展、轻保护”的思维惯性，打破“靠山吃山、靠水吃水”的路径依赖，算政治账、算大账、算长远账、算民生账，自发通过生态环境保护倒逼经济结构调整和转型升级，推动绿色发展，提高发展质量，促进经济从高速度增长到高质量发展。在蓝天保卫战中，京津冀及周边地区按照“关停取缔、整合搬迁、整改提升”分类处置了6.2万余家涉气“散乱污”企业及集群，减少了污染物排放总量，为重点优势企业腾出了市场容量，避免了“劣币驱逐良币”。在这方面，湖南省娄底锡矿山、郴州三十六湾等过去矿业乱采乱挖、重金属污染严重的地区通过整治整合，较好地实现了社会、经济和环境效益的“多赢”。

四、突出科学施策，变“大水漫灌”为“精准滴灌”

环境问题涉及方方面面，为突出工作实效，必须系统谋划，提高工作的预见性、科学性、针对性。在不断实践过程中，各地不断丰富整治手段，探索出不少好的经验、模式，解决了“本领恐慌”问题，有效推进了精准施策、精准发力。针对秋冬季重污染天气频发的问题，国家10部委和6省（区、市）共同制定《京津冀及周边地区2017—2018年秋冬季大气污染综合治理攻坚行动方案》和强化督查、巡查、专项督察等6个配套方案，明确了污染治理、重污染天气应对等11大项、32小项措施，各地进一步细化方案，真正做到有的放矢，靶向发力。湖南省在治理洞庭湖时，以问题为导向，按照条块结合的原则，发改、水利、环保、农业等9个省直职能部门结合各自实际分别制定专项整治方案，并逐一细化目标任务和责任分工，为努力还洞庭湖“一湖清水”奠定了良好基础。

近年来，尤其是2017年，中国生态环保工作取得了积极成效。但同时也要看到，全国重污染天气、黑臭水体、土壤污染风险等问题依然十分严峻，部分地方在思想认识、责任落实、资金投入等方面与新形势、新任务、新要求还不相适应，容不得丝毫懈怠。

党的十九大把生态文明建设提升到了前所未有的新高度，明确要求“加快生态文明体制改革，建设美丽中国”，这为做好新形势下环境保护工作指明了方向。我们坚信，在以习近平同志为核心的党中央坚强领导下，我们一定能够打赢蓝天保卫战、打好污染防治攻坚战，推动形成绿色发展方式和生活方式，实现更有效率、更加公平、更可持续的发展，让人民群众喝上干净水、呼吸上新鲜空气、吃上安全食品。

（2018年1月1日）

保持战略定力 坚决打赢蓝天保卫战

日前，生态环境部向媒体发布了2019年1—6月全国空气质量状况。1—6月，平均优良天数比例为80.1%，同比上升0.4个百分点；142个城市环境空气质量达标，同比增加20个；$PM_{2.5}$浓度为40微克/立方米，同比下降2.4%，全国空气质量继续改善，尤其是北京市，优良天数比例为62.4%，同比上升2.7个百分点；$PM_{2.5}$浓度为46微克/立方米，同比下降13.2%，改善幅度明显。但是也应该看到，全国空气质量改善程度参差不齐，部分城市大气污染严重反弹，尤其是非重点区域问题凸显。如京津冀及周边地区“2+26”城市，平均优良天数比例为47.5%，同比下降2.3个百分点；$PM_{2.5}$浓度为66微克/立方米，同比上升4.8%；汾河平原11个城市，平均优良天数比例为54.4%，同比下降0.7个百分点；$PM_{2.5}$浓度为65微克/立方米，同比上升4.8%等。

为此，生态环境部专门召开了2019年上半年环境空气质量预警座谈会。对$PM_{2.5}$浓度和环境空气质量综合指数同比不降反升，改善幅度进度滞后的52个城市进行了预警提醒。

当前全国生态环境质量持续改善的基础还不稳固，受自然条件变化影响较大，特别是大气环境质量还明显处于“气象影响型”阶段，且经济下行压力大，一些地区对生态环境保护重要性的认识出现了弱化，放松了环境监管要求，导致环境空气质量时有反复。

要深入贯彻落实习近平生态文明思想和全国生态环境保护大会精神，切实提高对大气污染防治工作重要性、复杂性和紧迫性的认识，全力以赴打赢蓝天保卫战。

党的十八大以来，在习近平生态文明思想的指引下，各级党委、政府牢固树立“绿水青山就是金山银山”的理念，持续推进污染防治攻坚战，尤其突出打赢蓝天保卫战，取得了前所未有的成效，但蓝天保卫战既是一场攻坚战，也是一场持久战，需要持续发力，久久为功。

要保持战略定力。坚决克服“四种消极情绪和心态”：一是自满松懈的情绪和心态。一些城市存在“胜利就在眼前，成功就差一步”的骄傲自满心态，以及“差不多了，该松口气、歇歇脚”的松懈倦怠情绪；二是畏难退缩的情绪和心态。不少地方强调工作实施难度大、社会风险高，不敢担当，“遇到问题绕着走”；三是简单浮躁的情绪和心态。平时不下功夫，遇到考核临时抱佛脚，搞“一刀切”，采取“一律关停”等简单粗暴处置方式；四是与己无关的情绪和心态。有的地方抱怨本地污染主要来自其他城市传输影响，非重点区域对大气污染治理工作重视不够、抓得不实，有的地方甚至还在承接重点区域的污染转移。

要保持高压态势。坚决落实“党政同责、一岗双责”，层层压实责任，对空气质量反弹明显的城市，开展专项环保督察，实施公开约谈，年底仍不能彻底扭转的，对城市党政负责人进行严肃问责；针对“散乱污”企业及集群制定综合整治方案，分门别类实施淘汰一批、整合一批、提升一批；狠抓执法监管，开展专项执法和多部门联合执法检查，严厉打击环境违法行为。

要及时总结经验。近几年，国家突出抓京津冀及周边地区、长三角、珠三角等重点区域大气污染防治工作，珠三角已达国家空气质量二级标准，北京市的改善成效也很明显，上半年优良天数上升比例比全国平均水平高2.3个百分点，$PM_{2.5}$平均浓度下降化例比全国平均水平高10.8个百分点。北京市加强组织领导，加强监测网络体系建设，加强源解析和精准治理，加强能源结构、产业结构、交通结构调整，加强区域联防联控，加大资金投入等方面的做法和经验值得认真总结和推广。

要兼顾区域平衡。近几年，国家大气污染防治的重点突出放在重点区域，无论是工作力度，还是资金投入都是向重点区域大力倾斜。在全国大气污染防治初期抓主要矛盾的这一思路也是对的，但现在重点区域和非重点区域大气环境质量状况的差别越来越小，有些区域，如汾河平原、两湖地区、成渝地区等上半年$PM_{2.5}$的浓度已比北京市还要高。因此，国家大气污染治理的布局有必要做出适度调整，应加大对非重点区域大气污染防治的重视程度和投入力度，确保蓝天保卫战全国均衡推进。

让我们牢记习近平总书记“还老百姓蓝天白云、繁星闪烁”的谆谆寄语，再鼓劲、再加压、再出发，以不破楼兰终不还的决心和勇气，爬坡过坎，攻坚克难，坚决打赢蓝天保卫战，切实增强全国人民蓝天获得感，以优异成绩向新中国成立七十周年献礼！

（2019 年）

发扬斗争精神 增强斗争本领
坚决打赢污染防治攻坚战

2019 年 9 月 3 日，习近平总书记在中央党校（国家行政学院）中青年干部培训班开班式上发表重要讲话强调，广大干部特别是年轻干部要经受严格的思想淬炼、政治历练、实践锻炼，发扬斗争精神，增强斗争本领，为实现“两个一百年”奋斗目标、实现中华民族伟大复兴的中国梦而顽强奋斗。

我现场亲耳聆听了习近平总书记的讲话，深受教育，深受鼓舞，深受鞭策。习近平总书记的重要讲话高屋建瓴、格局宏大，以深邃的历史眼光、宽广的国际视野、睿智的战略思维，深刻洞察当今世界百年未有之大变局，深刻总结马克思主义产生和发展、社会主义国家诞生和发展的斗争历程，深刻总结中国共产党在斗争中诞生、在斗争中发展、在斗争中壮大的恢宏实践，深刻论述了发扬斗争精神的历史必然性、极端重要性和现实紧迫性；习近平总书记的重要讲话思想深邃、内涵丰富，以马克思主义立场观点方法，从坚定斗争意志、把准斗争方向、明确斗争任务、掌握斗争规律、讲求斗争方法等方面，科学回答了新时代的干部发扬斗争精神、增强斗争本领的重大理论和实践问题；习近平总书记的重要讲话，发人深省、语重心长，充分体现了对中青年干部的关心关爱、谆谆教诲和殷切期盼，极具针对性、现实性、指导性，是新时代指导我们奋斗不息的强大动员令。作为生态环境战线的战士，我们一定要把习近平总书记的重要讲话精神落实到本职岗位上、贯彻到一言一行中，坚决打赢污染防治攻坚战。

一、打赢污染防治攻坚战必须增强斗争精神

习近平总书记指出，船到中流浪更急、人到半山路更陡，在前进道路

上我们面临的风险考验只会越来越复杂，甚至会遇到难以想象的惊涛骇浪。习近平总书记在2019年全国两会期间参加内蒙古代表团审议时强调，要保持加强生态文明建设的战略定力，不动摇、不松劲、不开口子，坚决打好污染防治攻坚战。近年来，全国污染防治攻坚战取得了阶段性成效，但从现实情况来看，还已处于压力叠加、负重前行的关键期，要啃的骨头还较多，污染防治攻坚战是一场大仗、硬仗、苦仗。一方面，环境质量形势仍然严峻、整治任务十分艰巨。2018年，全国地表水水质达标率仅为71%，劣Ⅴ类水体比例达6.7%；有217个地级以上城市环境空气质量超标，占64.2%，城市平均优良天数比例仅为79.3%，发生重度污染1899天次。中央生态环保督察及其“回头看”发现，一些地区和流域大气和水环境问题突出，许多地方“散乱污”企业量大面广、污染严重，环境治理基础设施建设严重滞后，农村环境问题比较突出；自然保护区违规建设、矿山、湿地生态破坏、固体废弃物违规堆存和处置等问题仍然十分突出。另一方面，一些地方和部门“绿水青山就是金山银山”“生态优先、绿色发展”的理念还未牢固树立，保护为发展让路的现象仍然存在；污染防治攻坚存在畏难、松劲和作风不严、不实等问题，口号环保、数学环保、假整治、走过场，虚假整改、敷衍整改、表面整改现象时有发生；一些地方平时不努力、不作为，等到督察检查来了，用“一刀切”的方式临时抱佛脚。甘肃省祁连山矿产开发、湖南省洞庭湖下塞湖矮围整治、陕西省秦岭违规建设别墅等生态环境破坏问题影响恶劣；生态环境保护职责还不清晰，生态环境治理体系和治理能力现代化不够，“本领恐慌”问题突出。为此，我们必须增强斗争精神，面对繁重的污染防治任务、突出的生态环境问题，薄弱的支撑能力，要进一步坚定意志、昂扬斗志，敢打大仗、硬仗、苦仗，敢于向落后陈旧观念、松懈倦怠情绪、不担当不作为、官僚主义形式主义和违法违规行为等作坚决的斗争。

二、打赢污染防治攻坚战必须明确目标任务

习近平总书记强调，斗争是有方向的，要奔着矛盾问题、风险挑战去。目标任务就是污染防治攻坚战的方向和靶心，中央先后制定了“气十条”“水十条”“土十条”，提出了一系列目标任务，要求到2020年，全国

地表水Ⅰ—Ⅲ类水体比例达到70%以上，劣Ⅴ类水体比例控制在5%以内；全国$PM_{2.5}$未达标地级及以上城市浓度比2015年下降18%以上，地级及以上城市空气质量优良天数比例达到80%以上；受污染耕地安全利用率达到90%左右，污染地块安全利用率达到90%以上。十九大报告提出，到2035年，确保生态环境质量实现根本好转，美丽中国目标基本实现。推进污染防治攻坚战中，我们必须紧紧盯着和瞄准这两个阶段性的目标任务，分年度、分区域、分步骤制定好任务书、作战图、时间表，对每一项具体工作任务和目标，拉条挂账，层层分解任务、层层压实责任，不断深化改革创新，采取综合措施持续发力，以“不破楼兰终不还”的决心和勇气，稳打稳扎、步步为营，攻克一座座堡垒，不获全胜，绝不收兵。

三、打赢污染防治攻坚战必须把握方式方法

习近平总书记强调，斗争是一门艺术，要善于斗争。当前，污染防治攻坚战正如火如荼地进行，已进入爬坡过坎、滚石上山、攻坚克难的关键期，要坚持增强忧患意识和保持战略定力相统一、坚持战略判断和战术决断相统一、坚持斗争过程和斗争实效相统一，确保打好打赢。一是要打持久战。污染防治攻坚非一朝一夕之事，特别是要解决一些区域、流域的污染问题，需要持续发力、久久为功。如湖南为了解决湘江流域重金属污染问题，2013年以来，将湘江保护和治理列为“一号重点工程”，滚动实施三个“三年行动计划”，先后投入500多亿元，实施整治项目3578个，确保湘江水环境质量持续改善。2018年，湘江流域水质优良率达到98.7%，比2012年提高10.2个百分点。二是要打歼灭战。当前，污染防治攻坚战涉及领域多、问题多、难点多，要找准其中的关键点和突破口，有针对性地开展攻坚克难，一个领域一个领域抓攻坚，一个问题一个问题抓落实。从2017年开始，湖南省连续3年发起污染防治攻坚“夏季攻势”，针对严重影响生态环境质量、群众反映强烈和全省带普遍性的突出问题，以项目化、清单化形式，从每年的5月到9月，集中力量、集中时间、集中攻坚，加快推进了饮用水水源保护、畜禽养殖污染、砖瓦窑行业整治等工作，与此对应的是全省环境质量得到明显改善，首次有5个市州空气质量达到国家二级标准，地表水国家考核断面达标率突破90%。三是要打升级战。生

态环境问题本质是产业结构和经济发展方式问题，党的十九大明确指出要推动绿色发展，加快建立绿色生产和消费的法律制度和政策导向，建立健全绿色低碳循环发展的经济体系。近年来，湖南省牢固树立“绿水青山就是金山银山”的新发展理念，以深化供给侧结构性改革为主线，进一步发挥生态环境保护的倒逼、引导、推动等作用，以株洲市清水塘、湘潭市竹埠港等区域为重点淘汰退出化工、造纸、冶炼、钢铁等规模企业5000多家，加快发展先进轨道交通装备（含磁浮）、工程机械等20个新型优势战略产业链，高新技术企业的增加值增长14%，加快推动了全省经济结构转型升级、新旧动能接续转换。四是要打人民战。污染防治攻坚战的终极目标是改善生态环境质量，提升人民群众对生态环境质量的获得感，必须坚持人民思想，夯实群众基础，打一场人民战争。要畅通人民群众参与污染防治攻坚战的监督平台，充分发动人民群众来监督工作、发现问题，让破坏生态、超标排放等违法行为无处遁形。如首轮中央环保督察及“回头看”之所以取得明显成效，广大人民群众的积极监督、主动投诉是重要原因之一。要加大信息公开力度，始终贴近群众，通过传统媒体和微信等新兴媒体，以群众喜闻乐见的方式，对生态环境保护进行广泛宣传、推介。要加大绿色创建等活动，引导和鼓励人民群众自觉践行绿色低碳生活生产方式，主动做积极的行动者。

四、打赢污染防治攻坚战必须锻造过硬本领

习近平总书记强调，我们党既要政治过硬，也要本领高强。打赢污染防治攻坚战，必须不断增强斗争本领，坚持以政治建设为统领，以队伍建设为核心，聚焦全面从严治党、提升能力素质、激发队伍干劲，建设一支信念坚、政治强、本领高、作风硬的生态环保铁军。要着力增强政治领导和终身学习本领，自觉坚定理想信念，把学习贯彻习近平新时代中国特色社会主义思想，尤其是习近平生态文明思想作为根本任务，在学懂弄通做实上下功夫，始终保持理论清醒、政治坚定，不断增强“四个意识”，坚定“四个自信”，做到“两个维护”，强化自我修炼、自我约束、自我改造。牢固树立终身学习的理念，不断掌握新知识、熟悉新领域、开拓新视野，解决本领恐慌问题，全面提高履职能力。要着力增强改革创新和科学

发展本领，永不僵化、永不停滞，与时俱进、改革创新，构建源头严控、过程严管、后果严惩的全过程综合监管体系。立足本职着眼长远，提高综合协调能力、工作推动能力、工作执行能力、监管执法能力、环保业务能力、学习创新能力，及时掌握情况、集中解决问题、科学调度工作，严格督察问责。要着力增强依法施政和群众工作本领，要加强法治建设，提升法治思维和法治方式，切实保障人民群众和企业的合法权益；牢固树立以人民为中心的思想，主动践行为人民服务的信念，拜人民为师，向人民学习，放下架子、扑下身子，接地气、通下情，深入开展调查研究，解剖麻雀，发现典型，真正把群众面临的问题发现出来，把群众的意见反映上来，把群众创造的经验总结出来，想干事、会干事、能干成事，不断提升人民群众在生态环境领域的获得感、幸福感、安全感。要着力增强狠抓落实和驾驭风险本领，牢固树立责任重于泰山的意识，发扬钉钉子精神，脚踏实地干，敢于旗帜鲜明，敢于较真碰硬，坚持依法办事、铁腕治污，坚持一切从实际出发，在严厉禁止“一刀切”的同时，敢于“切一刀”，对环境违法行为“零容忍”，始终以把环境污染治理好、把生态环境建设好为己任，做到守土有责、守土尽责、勇于斗争、敢战能胜。对风险要做到未雨绸缪，不打无准备之仗，见微知著，科学预判，及时、有效化解。

江河之所以能冲开绝壁夺隘而出，是因其积聚了千里奔涌、万壑归流的洪荒伟力。新时代是奋斗者的时代，生态文明建设的历史重任落在了我们这一代人的肩上，我们必须培养和保持顽强的斗争精神、坚韧的斗争意志、高超的斗争本领，知重负重、攻坚克难，攻克新长征路上污染防治攻坚战的“娄山关”“腊子口”，诠释生态环境人对党、对国家、对人民的忠诚担当，勇做敢于斗争、善于斗争的战士。

（2019 年 9 月 3 日）

生态补偿制度重在落实

近年来，生态补偿机制作为一项基于“受益者付费和破坏者付费”原则的环境经济政策，中央和地方都在积极探索实践，初步建立起多形式、多层次的生态补偿机制，尤其是以中央财政为主的国家重要生态功能区转移支付和生态公益林生态补偿机制建立，对保护和改善国家重要生态功能区和森林生态系统的生态和环境发挥了积极的作用。但也应该看到，工作推进中也还存在不少问题，如生态补偿领域不全面、生态补偿标准偏低、生态补偿资金来源单一、纵向生态转移支付难以完全体现出生态补偿关系、横向生态补偿机制缺乏硬约束、生态补偿制度推进步伐较慢等。

习近平总书记在党的十九大报告中明确指出，要建立市场化、多元化生态补偿机制。十九届四中全会《关于坚持和完善中国特色社会主义制度，推进国家治理体系和治理能力现代化若干重大问题的决定》明确要求，落实生态补偿制度。这是生态文明制度体系中“坚持和巩固什么，完善和发展什么”这一重要命题赋予我们的一项重要工作任务，既指明了明确的工作方向，也提出了明确的工作要求。现在的关键是加快推进，狠抓落实。

落实生态补偿制度必须增强大局意识。建立生态补偿机制是贯彻习近平生态文明思想的重要举措，是完善生态文明制度体系的重要内容，是推动生态环境保护工作实现从以行政手段为主向综合运用法律、经济、技术和行政手段转变的重要途径，是落实打好污染防治攻坚战工作任务的迫切要求。我们要将落实生态补偿制度作为贯彻十九大和十九届四中全会精神的重要工作任务，切实提高政治站位，尤其是各级地方党委、政府一定要克服本位主义，增强大局意识，强化责任担当，推进制度落实。

落实生态补偿制度必须强化硬性约束。对纵向生态补偿的国家重点生态功能县（市、区）应加快建立“三线一单”制度，加强资金绩效管理，纵向生态补偿资金应明确只能用于生态环境保护工作，强化生态环境质量考核结果在生态补偿资金分配中的运用，建立严格的奖惩制度，真正发挥出资金的生态环境效益。按照“谁受益、谁补偿”的原则，从中央、省、市、县层面，明确要求建立流域上下游间科学合理、操作性强、互利共赢的横向生态补偿机制并由上一级有关部门牵头推进落实，提升市场化生态补偿水平。

落实生态补偿制度必须夯实基础工作。建立和完善重要生态功能县（市、区）生态环境质量监测、评价体系，生态补偿标准体系。建立和完善流域水资源水环境生态补偿标准体系。研究制定自然保护地和矿产资源开发生态补偿标准体系。推进生态补偿立法，明确生态补偿的基本原则、主要领域、范围对象、补偿方式、补偿标准等，确保生态转移支付补偿机制有法可依。

落实生态补偿制度必须加快改革创新。按照生态功能贡献与补偿相一致的原则，完善和建立大气、森林、湿地、草原、矿产资源开发、蓄滞洪区、生物物种保护等专项生态补偿机制，拓宽补偿领域，提高补偿标准。建立稳定的生态补偿财政专项资金，支持鼓励社会资金参与生态建设、环境污染整治，设立绿色基金，利用国债资金、开发性贷款等，拓宽投入渠道，形成多元化的资金投入格局。引导生态受益地区加强对生态保护地区的交流、协作和帮扶，通过对口协作、园区共建、项目支持、飞地经济、产业转移、异地开发等方式，不断拓宽合作领域，丰富补偿方式。

（2019 年 10 月 28 日）

从“三废”治理走向生态文明建设

70 年来，随着环境保护理念的深化，国家不断加大自然生态系统和环境保护力度，开展水土流失综合治理，加大荒漠化治理力度，扩大森林、湖泊、湿地面积，加强自然保护区保护，实施重大生态修复工程，生态保护和建设不断取得新成效，生态状况不断得到改善。

1981 年我考入北大，那时候北京一到春天就是漫天黄沙，女同志外出肯定都是要戴纱巾的。我清楚地记得，当时到北大要坐从动物园开往颐和园的 332 路公交车，沿路两边的钻天杨底下都是裸露的沙土。现在再看，北京到处都是郁郁葱葱，很少有大面积裸露的土地。

上大学时老师在课堂上经常给我们讲，我国生态方面的形势十分严峻，最突出的是西北地区的“沙进人退”和黄土高原的水土流失。通过几十年的努力，“沙进人退”的现象不仅得到了遏制，很多地方还出现了“人进沙退”，黄土高原的生态环境也发生了很大变化。早年间我去陕北出差，从西安到延安的公路两边基本上是光秃秃的，但现在再去，两边的山都已经大变样了，可见生态建设的成就是巨大的。

从无到有，由弱到强，从局部到整体，从过去单纯的“三废”治理走向生态文明建设，新中国成立 70 年来，我国环保事业逐步融入了国家政治经济社会生活的主战场、大舞台，取得了令人瞩目的成就。

1972 年，我国派出恢复联合国合法席位后的首个政府代表团参加在瑞典斯德哥尔摩召开的联合国人类环境会议。在这之前，尽管我国不少地方已经出现了环境污染，但不少人认为“环境污染是资本主义社会的产物，社会主义国家不存在污染”。可以说，正是参加了这次会议以后，环境保护在我国才提上议事日程。

1973 年 8 月，国务院召开第一次全国环境保护会议，审议通过了《关于保护和改善环境的若干规定（试行草案）》，将环境保护工作正式纳入各级政府的职能范围。至此，我国环境保护事业开始正式起步。

1974 年 10 月，国务院成立了环境保护领导小组，下设了办公室，这可以说是今天生态环境部的前身。

1982 年，城乡建设环境保护部成立，部内设环境保护局；1984 年，城乡建设环境保护部环境保护局改为国家环境保护局，但仍是部属局。1985 年我从北大毕业，分配到湖南省建委工作，当时的省环保局就是建委下面的一个二级机构。1988 年，环保工作从城乡建设部分离出来，成立国务院直属的副部级国家环境保护局；1998 年，国家环境保护局升格为正部级的国家环境保护总局；2008 年，国家环境保护总局升格为环境保护部，并成为国务院组成部门。30 多年间，环保部门的地位越来越高。特别是党的十八大以来，以习近平同志为核心的党中央对环保工作越来越重视，将生态文明建设提升到了“五位一体”的战略高度。2018 年 3 月，根据十三届全国人大一次会议批准的国务院机构改革方案，设立生态环境部，之后又整合强化了职能，实现了对所有污染物的统一监管。

与此同时，我国环境保护的法治建设也在不断推进。

1978 年 3 月 5 日，第五届全国人大第一次会议通过的《中华人民共和国宪法》第 11 条第 3 款规定，国家保护环境和自然资源，防治污染和其他公害。这是环境保护首次写入宪法，为日后的环境保护立法确立了宪法依据。

1979 年，《中华人民共和国环境保护法（试行）》的制定，首开我国生态环境保护法律制度的先河。随即，环境保护相关专项立法开始起步，1982 年 8 月，全国人大常委会审议通过了《中华人民共和国海洋环境保护法》，之后又接连通过了《中华人民共和国水污染防治法》《中华人民共和国大气污染防治法》和《中华人民共和国土壤污染防治法》等法律法规。

但很长一段时间里，我们的环保法偏软，操作性也不是很强。2009 年我曾碰到过一个案子，洞庭湖边一家造纸企业排放不达标，偷排现象也比较严重，为了加强对这家企业的监管，我们安装了在线监控设备，但在一次执法检查时，我们发现该企业严重造假，把在线监控设备的取水管偷偷地放在一桶自来水中取样。按当时环保法顶格处罚额度只有20万元，我们给予5倍惩罚处罚，开出了湖南环保史上最大的一笔罚单，也只有100万元，对一个企业来讲，100万元有一定的震慑效果，但对于如此严重的违法行为，力度还是不够。

2014年，《中华人民共和国环境保护法》重新修订，引入了按日连续计罚、查封扣押、限产停产等措施，意味着环境违法行为如不停止，是可以上不封顶处罚的，这就倒逼违法企业迅速纠正污染行为。从近几年的工作实践看，新环保法出台后，环境违法处罚的总额明显上升，说明我们的执法力度在加大，但全国每个环保案件平均处罚金额仍只有5万元左右，企业的环境违法成本还是较低。因此，我建议下一步要加快推进生态环境损害赔偿制度改革。

党的十八大以来，在习近平生态文明思想指引下，我国生态文明建设发生了根本性的变化，取得了前所未有的成绩，交出了一份靓丽的答卷，但现在到了攻坚克难的关键期，人民群众对优质生态产品的需求也越来越迫切，这就需要我们保持生态文明建设的战略定力，进一步完善和提升生态文明建设治理体系和治理能力，把生态文明制度优势更好地转化为治理效能。

根据国际经验，一个国家和地区要有效扼制生态环境质量恶化，当年生态环保投入要占到GDP的1.5%以上；要使生态环境质量明显改善，当年生态环保的投入要占到GDP的3%以上。目前，我国虽已建立起多元化的生态环保投入机制，但仍然不全面、不充分、不到位。事实上，污染防治攻坚战比脱贫攻坚战涉及的人口和地域要宽得多，工作任务也要艰巨得多。我建议，对污染防治攻坚战每年财政的投入总量至少不能低于脱贫攻坚战，增幅不能低于财政收入增长幅度。

我坚信，只要我们真正把握习近平生态文明思想的深刻内涵，牢固树立和积极践行“绿水青山就是金山银山”的理念，美丽中国的目标就一定能够早日实现。

（2019年11月26日）

保护野生动物就是保护我们自己

野生动物原本在森林、在山洞、在湖泊好好地生活，存在于动物身上的病毒，原本也跟人类八竿子打不着，正是因为我们有些人缺乏敬畏之心，将野生动物抓进了笼子，让其走进了城市，搬进了市场，端上了饭桌，因口腹之欲引发的疫情一次次让我们自尝苦果。十七年前发生的令人恐惧的SARS，缘于食用野生动物，但总有人好了伤疤就忘了疼，时隔不久盗猎、偷吃野生动物，甚至国家保护野生动物的案例就时有发生，如果我们再不加以警醒，“潘多拉魔盒”下一次不知又将释放出什么中间宿主。

健忘的人啊，总是在危险逼近的时候，才知悔过。醒醒吧，人类没那么强大，也没那么了不起。

人类和自然、野生动物的相处需要心怀敬畏，敬畏自然，保护野生动物，就是保护我们自己。

我们的反思和整改，必须深刻，刻不容缓。

着力提升全民生态文明素养。多年来，关于保护、禁食野生动物的宣传一直没有间断，但总有些人出于猎奇、好奇、炫富、滋补等多种心态，亲尝饕餮。实则不然，现代科学研究显示，大多数野生动物的营养价值并无特殊之处，例如，穿山甲鳞片营养类似人类指甲，一副鱼翅可吸收的营养不如一个鸡蛋；“山珍海味”无论是氨基酸含量构成比例，还是维生素、无机盐或微量元素等都不是特别高。食用野生动物是一种不文明的生活习俗，它与“身份地位”并不沾边。因此，应通过科学性、针对性和通俗易懂的文宣产品，教育引导人们转变思想观念，培育良好的生态文明素养和饮食习惯，坚决遏制食用野生动物的陋习，不密切接触野生动物。

全面禁止野外野生动物的捕猎交易食用。保护野生动物不仅是一个生态平衡、生态安全的问题，还是一个社会公共健康安全问题。现实告诉我们，食用野生动物带来的灾难会产生蝴蝶效应，旁观者随时有可能变成局中人、受害者，造成社会恐慌，影响社会稳定。因此，必须对野生动物实施最严格的保护，除了特许的清单和事由外，原则上禁止食用和利用所有的野外野生动物。

严格人工繁育野生动物。除了对科研、维护动物种群等特殊要求的野生动物人工繁育给予支持外，对于商业利用的野生动物人工繁育要进行严格的社会公共健康安全评估，从严审批和管理，全面清理不规范、不合法的生产经营活动，特别是对名为驯养繁殖，实为野外盗猎盗捕进行交易的行为，要采取强有力管控办法和措施，坚决进行打击。

严格人工繁育野生动物检疫。目前，野生动物检疫既缺标准，也缺技术力量和手段，是最突出的短板和最薄弱的环节。应严禁活体人工繁育野生动物交易，比照家禽家畜制定人工繁育野生动物检疫标准，完善技术手段、加强技术力量，未经检疫的人工繁育野生动物一律不准上市销售。

迅速启动相关法律法规修订。应按照全面禁止野外野生动物的捕猎交易食用和严格人工繁育野生动物总体思路迅速修改《中华人民共和国野生动物保护法》《中华人民共和国动物防疫法》等相关法律法规，扩大法律调整范围，对捕猎、宰杀、收购、运输、经营、买卖和滥食野生动物等行为实行全链条的严格管控，从严从重打击各类违法犯罪行为。

严格落实责任和加强监管。构建政府管治、企业守责、公众参与、社会监督为特征的绿色行动体系。严格落实野生动物保护“党政同责、一岗双责”，压实各级党委、政府及林草、工商、生态环境、公安、海关、检验检疫等有关部门的责任。将野生动物保护纳入中央环保督察内容和公益诉讼范围。建立统一的野生动物国内外贸易平台，加强监管，不仅要打击市场上野生动物非法交易，也要加大打击网上野生动物非法交易的力度。强化野生动物保护国际合作，严厉打击走私行为。

（2020 年 2 月）

《生命的法则》阅读笔记

（一）

高尔基说，书是人类进步的阶梯。今天，我与大家一起阅读一本书：《生命的法则》（The Serengeti Rules）。这本书的作者是美国科学家肖恩·卡罗尔，他是美国国家科学院院士、美国艺术与科学院院士、威斯康星大学分子生物学和遗传学教授、富兰克林生命科学奖获得者。他也是一位著名的科普作家。

一次游历非洲坦桑尼亚塞伦盖蒂草原的经历，让卡罗尔发现，微观和宏观生命系统之间的区别其实只是表面上的，它们本质的规律是相同的，这就是——生命的法则，简而言之就是在大自然中有一双看不见的手，在平衡着植物、食草动物和食肉动物的整体比例，无论是大象的数量，还是大肠杆菌的数量，都受制于生命的法则。其实，在复杂的生命现象背后，隐藏着一个规律，所有生命系统，都有一种让自己内部环境保持稳定的趋势，大道至简，只有两个字——“稳态”。如果在某一区域，生物种群的数量不断增加，但大自然能够供给的食物有限，大自然不会让种群数量无止境地上升，会通过饥荒、瘟疫、战争等方式，调节种群的数量，回到平衡状态。

不仅是大自然，人的身体也暗自遵循着一种相似的自我调节机制。著名生理学家坎农的“内稳态”理论告诉我们：神经系统和内分泌系统的许多行为阻止了剧烈变化的发生，使我们的体内环境保持在一个围绕中心小幅变化的范围，比如说，我们的体温就稳定在36℃上下，酸碱度、水分、盐分、氧含量、糖含量，也都稳定在一个有限的范围内。一个内部环境稳定的生命系统就是一个健康的生命系统，如果稳定被破坏，那这个生命系统就会出现各种各样的毛病，甚至走向崩溃。如果我们长期暴饮暴食、作息紊乱，刚开始身体还能自主调节，一旦坏习惯击垮了这种调节能力，身体就会跟我们算总账，爆发顽疾。如在分子层面上，过高的胆固醇会导致心血管疾病，基因突变会导致各种癌症，从本质上看，它们都是因调节失控引起的疾病。

作者以“稳态”为灵感写下了这本书，强调我们只有遵从生命的法则，才能修复被破坏的生态环境，共建人类美好家园！

（二）

深入塞伦盖蒂草原，作者还产生了对不同层级生命系统一般规律的深刻认识，总结出了适用于地球上任何生态系统的法则——“塞伦盖蒂法则”。塞伦盖蒂法则一共有六条：关键物种法则、影响力法则、竞争法则、体量法则、密度法则和迁徙法则。

关键物种法则：大千世界，动物的地位并不平等，关键物种的作用举足轻重，对生物群落的稳定性和多样性具有重大影响，它们的影响会向下延伸至更多的营养层级。关键物种的重要性体现在它们的影响程度，而不是在食物网中所处的层级。把握这些关键物种，特别是拯救濒危的动植物关键物种，对于重造我们美好家园显得尤为重要和迫切。

影响力法则：关键物种通过“多米诺效应”，对食物链中低营养层级的物种产生重大间接影响。食物网中的一些物种可以自上而下地产生重大影响，而且影响程度常常与他们的绝对数量并不匹配，这个影响会波及整个生物群落，并间接影响低营养层级的物种。分子层面和生态系统中的调节都遵循着同样的普适逻辑——正向调节、负向调节、双重负向调节和反馈调节机制无处不在。

竞争法则：对共同资源的竞争导致了一些物种种群数量减少，在对空间、食物以及栖息地等共同资源的竞争中，有优势的物种会导致其他物种种群数量减少。“物竞天择”，一个地方的生物群落通过一定时间的竞争会形成“稳态”，但一旦有外来物种入侵，尤其是优势物种入侵就有可能打破这种平衡。如 1981 年福寿螺引入中国，因个体大、食性广、适应性强、生长繁殖快、产量高，肉质细嫩鲜美等特点，中国各地均有养殖。由于福寿螺的体内可能有管圆线虫等寄生虫，若食用前不彻底加热的话有可能导致食用者患上管圆线虫病，可引起头痛、发热、颈部强硬等症状，严重者可致痴呆，甚至死亡。福寿螺现已被列入中国首批外来入侵物种，在全国形成了对福寿螺的全面围剿。因此，生物安全我们任何时候都不能掉以轻心。

体量法则：个体大小会影响调节模式，动物的个头大小决定了他们的种群数量在食物网中被调节的机制，小型动物受捕食者调节（自上而下），而大型动物受食物供应的调节（自下而上）。

密度法则：一些物种依靠它们自身的密度进行调节，一些动物种群的数量是通过密度制约因素进行调节的，这些因素有稳定种群规模的倾向。不管是什么原因导致某个物种数量增加了，在增加到一定程度时都会有制约这一物种数量增长的因素出现，从而导致物种数量的增长缓慢或者是负增长。反过来也是类似的道理。

迁徙法则：迁徙导致动物数量增加。迁徙行为通过增加食物的可获得性（减少自下而上的调节），以及减少被捕食者捕食的概率（减少自上而下的调节）等方式来增加物种数量。每年在塞伦盖蒂和毗邻的马赛马拉草原重复上演的东非动物大迁徙就是一个例证，人类最早的祖先从非洲向欧洲、亚洲迁徙也是为了追寻更有利的生存环境。中国古代的都城从黄河流域逐步向长江流域的迁徙也是因为江南物产的丰裕。

塞伦盖蒂法则指导着自然界芸芸众生繁衍兴衰，它们通过不同途径，各自反映出生态系统维持稳态的机制，向我们展示了自然运行普遍而又朴素的基本原理。

（三）

1981 年 12 月 31 日，中央电视台开播了一档栏目《动物世界》，通过专家的讲述、优美的画面、感人的故事去帮忙观众认识动物，引导观众保护动物。30 多年过去了，《动物世界》仍是中央广播电视总台的热播栏目，纪录片中的许多镜头就来自坦桑尼亚塞伦盖蒂和肯尼亚马赛马拉草原，现在每年在塞伦盖蒂和毗邻的马赛马拉草原上演的东非动物大迁徙中央广播电视总台都会专门报道。随着国人生活水平的提高，电视节目已经满足不了广大人民群众对野生动物世界的好奇，每年已有不少国人踏上了非洲之旅，专门前往坦桑尼亚、肯尼亚现场观看东非动物大迁徙。

从每年的 5 月中后期开始，塞伦盖蒂国家公园就迎来了它的旱季，青草被逐渐消耗，食物变得越来越少，在这期间，公园的水草不能满足大量食草动物们的需求，所以食草动物们开始向塞伦盖蒂的西北面迁徙，只为了追赶青草和水源，草原上的动物会长途跋涉 3000 多千米，上演地球上最壮观的动物大迁徙场面，它们从坦桑尼亚境内的塞伦盖蒂公园南部，迁徙至肯尼亚境内的马赛马拉野生动物保护区。参加大迁徙的兽群分为前中后“三军”；打头阵的是 20 多万匹野斑马，紧跟其后的是百万头角马，殿后的是 50 万只瞪羚。因为斑马喜食高层新草，中层嫩草正好是角马的食物，而底层短草便是个头矮小的瞪羚的美味了。紧跟食草动物之后，便是成群结队的非洲狮、猎豹、豺狗等凶猛食肉动物。

从 10 月份开始，非洲的塞伦盖蒂大草原重新迎来雨季，在雨水的滋润下，青草开始返青。同时，面积只有塞伦盖蒂约十分之一的马赛马拉国家公园并不足以维持数量庞大的食草动物们。当到达终点之后，由于气候的变化，短短两三个月之后，这 200 多万只食草野生动物组成的远征大军将再次不辞辛苦地追寻青草返回塞伦盖蒂，整个过程大概持续一个月的时间，基本结束在每年的 12 月，动物们回到了家园，开始繁衍后代、休养生息，逐渐补充在路途中失去的同类数量，为第二年做准备。在长达近 3000 千米的非洲大迁徙过程中，杀机四伏，危险重重，不仅要穿越狮子、豹埋伏的草原，还要提防随时有可能出没的豺狗以及在狭窄的马拉河两畔聚集的鳄鱼，这些食肉动物随时准备分享即将到来的盛宴。在这数以百万计的迁徙队伍中，大约会有 25 万只角马死去，只有 30% 的幸运者能够回到出发地，但角马依然乐此不疲，新生的小角马都会加入往返坦桑尼亚和肯尼亚之间这永无止境的循环，聚众长途跋涉，涉水迁徙。而跟随它们一起回来的，还有 40 万在惊险旅途中诞生的新生命。周而复始，每年大自然都会上演同样的故事。

作为一个大学学习自然地理和生态学的学生，尽管毕业后并没有专门从事生态学的研究工作，但亲近自然，关注动植物世界的基因已经融入了血液里，脑海里时常浮现的是茂密的热带雨林和野生动物的世界。当我来到巴西亚马孙河原生态的热带雨林时，我看到了心目中的热带雨林，因此也对非洲野生动物世界充满了期盼和向往。2012 年 8 月，我来到了肯尼亚马赛马拉国家公园，尽管过去在书籍中、电视里对非洲的野生动物世界有所认知，但当你看到茫茫大草原上数百万头狮子、大象、犀牛、野水牛、猎豹、斑马、羚羊、河马等野生动物，尤其是超过 150 万头的角马，30 万头左右斑马时，仍然会被那声势浩大的壮观场面所震撼。我们来到狭窄的马拉河畔，亲眼见证成群角马、斑马等野生动物远征大军，冒着被鳄鱼吞食的生命危险，再次不辞辛苦地追寻青草，返回塞伦盖蒂，有一种视死如归的壮烈。我当时以为马赛马拉就是世界上最大的野生动物园，但当我从《生命的法则》中得知马赛马拉自然保护区的面积只有塞伦盖蒂自然保护区十分之一左右时，塞伦盖蒂作为这个星球上最后一片巨型野生动物聚集乐土的高大形象迅速呈现在眼前，再次走进非洲，走进野生动物世界的冲动油然而生。

走进非洲不仅仅是为了观光旅游，更重要的是追寻生命的法则和人类可持续发展之路。

《生命的法则》记录了大自然里一个现象，在 20 世纪 50 年代，整个塞伦盖蒂草原只有 40 万只动物，但过了 15 年，动物的数量就增加到了 150 万。莫桑比克的戈龙戈萨地区也出现了同样的情况，大型哺乳动物的数量从 2000 年的 1000 只增加到现在的 7. 1 万只。研究发现，瘟疫控制是大型捕食者动物迅速增加的主要原因，这是自然界的生命法则。

人类作为生态系统中的一员，对自然界不断地进行着正向调节和负向调节。东非的肯尼亚是一个经典的案例。肯尼亚 19 世纪 60 年代前是英国的殖民地，曾经是英国富人狩猎的天堂。1964 年 12 月 12 日肯尼亚共和国成立，之后，沿袭历史的传统，肯尼亚成了欧洲富人狩猎的天堂，但几年之后野生动物数量大幅下降，生态平衡受到极大冲击，肯尼亚领导人充分认识到了野生动物保护的重要性和紧迫性，在全国开始全面禁猎，并将过去的狩猎场改为国家公园。1972 年 6 月，联合国召开第一次联合国人类环境会议，决定成立联合国环境规划署（United Nations Environment Programme，简称 UNEP），肯尼亚首任总统乔莫 · 肯雅塔（1964 年 12 月 12

日至 1978 年 8 月 22 日在任）主动提出个人捐赠 100 公顷土地将联合国环境规划署设在肯尼亚首都内罗毕，此后，第二任总统丹尼尔·阿拉普·莫伊（1978 年 8 月 22 日至 2002 年 12 月 30 日在任）又捐赠了 30 公顷土地，将 2002 年 1 月 1 日成立的联合国人居署总部也设在了肯尼亚首都内罗毕，这是全球仅有的两个将总部设在发展中国家的联合国机构之一。当我来到联合国环境规划署总部了解到这一情况时，对肯尼亚两任总统的敬意油然而生。现在可持续发展在肯尼亚不仅仅是领导者的战略谋划，而且已经逐步在变成人民的自觉行动。2004 年，诺贝尔和平奖首次把环境保护列入评选议程，肯尼亚环保主义者，环境和自然资源部副部长旺加里·马塔伊因在可持续发展方面的贡献成为第一位获得诺贝尔和平奖的非洲女性。她 1977 年发起了非洲植树的“绿色带运动”，致力于提倡生物多样性，这一项目目前已栽下了 3000 多万棵树。诺贝尔委员会主席姆乔斯说，这是我们为和平注入了新的内容。我们希望为改善非洲生存环境工作。肯尼亚 40 多个国家公园及野生动物保护区现在成了世界各地游客亲近野生动物的天堂。但肯尼亚野生动物保护区却实施着最严厉的法律，不允许硬化道路，严格保持原生态，通过 100 美元的高价门票，控制游客进入的数量。当我们从马赛马拉返回内罗毕的途中，看到并不富裕，甚至是贫困的马赛人的时候，我们的心中再次升起了敬意，肯尼亚人民、许多非洲人民为世界可持续发展作出了积极的努力和重大的贡献。我们人类最早的祖先在 300 万年前就已生活在非洲大陆，尽管现在非洲还相对贫困和落后，我们对这片孕育世界文明的土地和保护地球家园的人民应该给予敬意，应该给予支持和帮助，追求经济的增长不能成为我们不重视生态文明的理由，为了我们的生存环境和子孙后代，我们应该更加重视可持续发展，更多地参与绿色“一带一路”建设，为全人类美丽的家园建设作出我们应有的、更大的贡献。

（四）

《生命的法则》带给我们不少的感悟和启示。

50 年前，地球的人口总量为 30 亿，人类活动每年消耗地球年生产量的 70%，这个数据 1980 年达到了 100%，现在已经上升到 150%，也就是说人类需要1.5个地球才能养活自己，但遗憾的是，我们只有一个地球。人类作为食物链顶端的重要生物，我们应该敬畏自然，懂得节制。如果我们不懂得珍惜和节约各种资源，地球上的各种资源都枯竭了，人类将会被自己所毁灭。

生物多样性包括生态系统、物种和基因三个层次，是人类赖以生存的条件，是经济社会可持续发展的基础，是生态安全和粮食安全的保障。保护生物多样性，就是保护人类的生存与发展。地球上约有1500万—3000万个物种，已登记的约150万种，自然灭失率每年是1个物种，但现在由于受人类的影响灭失速度提升了1000倍，不少动植物已濒临绝迹。世界各国正在采取一致行为以共同应对日益严重的全球性生物多样性危机。1992年，在巴西里约热内卢举行的联合国环境与发展大会上签署了《生物多样性公约》，196个缔约方在所签署的《地球宪章》中指出，人类的福祉依赖于保护一个拥有所有生态系统、种类繁多的动植物、肥沃的土壤、纯净的水和清洁的空气的健全的生物圈。资源有限的全球环境是全人类共同关心的问题。保护地球的生命力、多样性和美丽是一种神圣的职责。中国作为最早的缔约方有责任和义务保护濒临灭绝的动植物和地球上多种多样的生物资源。1994年，我国就发布了《中国生物多样性保护行动计划》，确定了七大目标已基本实现，26项优先行动，目前，生物资源的有效保护和拯救濒危野生动物工程初见成效。但任务依然十分繁重，容不得半点懈怠。如长江拥有独特的生态系统，是我国重要的生态宝库，但由于长期受到多种人为干扰的影响，长江流域的水生生物资源已经严重衰退，如今“四大家鱼”（青鱼、草鱼、鲢鱼、鳙鱼）种苗发生量与20世纪50年代相比下降了90%以上，产卵量从最高1200亿尾降至最低不足10亿尾。2003年，最大体长可达7米的长江白鲟最后一次出现在人们视野，习近平总书记在深入推动长江经济带发展座谈会上指出：“长江生物完整性指数到了最差的‘无鱼’等级”，“无鱼”二字可谓振聋发聩！国家已决定从2020年起实施10年全面禁捕。从这里，我们更加深刻地理解了习近平总书记关于长江经济带“共抓大保护、不搞大开发”重要指示精神的重要性、紧迫性、针对性、及时性。

生态系统的“稳态”即是生态平衡，大自然有着一种看不见的力量调节着生态以达到平衡。比如现在朝鲜半岛三八线附近以及切尔诺贝利核电站附近的生态环境就恢复得很好了，还有 2008 年我国南方地区暴发了冰灾，不少树木树枝被打断，只剩下了树干，变成了“牙签”树，但几年之后，由于封山育林，生态很快就得到了恢复，这些年国家大力推进了退耕还林、封山育林和“三北”防护林建设，全国自然生态环境发生了积极的变化，明显的成效体现在西北地区扼制住了“沙进人退”，昔日沟壑纵横的黄土高原开始披上了绿装。因此，如果我们能尊重自然、顺应自然、保护自然，坚持人与自然和谐相处，人与自然就能共生共荣。但如果说我们釜底抽薪，彻底破坏了生态，那就难以挽回。“生态兴则文明兴，生态衰则文明衰”，人类文明发展的历程已经用不少事例警示着我们，生态环境衰退特别是严重的土地荒漠化导致了古代埃及、古代巴比伦衰落，我国古代一度辉煌的楼兰文明已被埋藏在万顷流沙之下。现在地球生态系统已处于亚健康状态，需要我们共同来修复地球家园，绝不能再用粗暴的态度和粗放的行为对待地球家园，否则，会引发更大的人类危机和生态灾难。

当今世界正处于百年未有之大变局，由于受疫情影响，全球经济不确定性明显增加，我国经济也面临下行的压力，越是在这个时候越能检验我们的执政理念，考验着我们的执政能力和水平。古老非洲大陆可持续发展的努力和成效值得我们借鉴，我们一定要认真学习领会习近平生态文明思想，贯彻新发展理念，始终保持生态文明建设的战略定力，坚持力度不减、方向不变，重视生态平衡，加强生物多样性保护，努力建设人与自然和谐相处的美丽中国。

（2020 年 4 月 9 日）

《生命的法则》导读

最近在学习《生命的法则》电子书时，写了一篇阅读笔记，本来只是应全国政协读书群群主要求写的命题作文，谈谈阅读的体会，与委员们进行内部交流，我同时发给了两位朋友交流探讨，没想他们觉得有一些价值便推荐到了媒体，很快省内外七八家媒体进行了刊发和转发，看来大家对这本书还是很感兴趣。正好前段我通过网购的纸质版的书也到了，相对于电子书，我更喜欢纸质书，前后对比阅读方便，整体感也更强，于是我又作了进一步阅读，现再作些导读。

《生命的法则》（The Serengeti Rules）是美国著名分子生物学和遗传学教授科学家肖恩·卡罗尔的一部新作。一次游历非洲坦桑尼亚塞伦盖蒂草原的经历，卡罗尔发现，微观和宏观生命系统之间本质的规律是相同的，那就是“稳态”。作者以优美的文笔、生动的故事，把纷繁复杂的自然界用简单的逻辑进行了清澈、流畅、透彻的讲解，深入浅出地诠释了万物兴衰的奥秘。

全书包括引言、第一部分、第二部分、第三部分和结语。

引言：正在到来的生物学第二次革命

在引言部分，作者认为在刚刚过去的100年间，人类不断加强在分子水平上对生命的研究，逐渐发现很多人体内各项指标得以维持的原理，包括荷尔蒙、血糖、胆固醇、神经递质、胃酸，组胺、血压、病原免疫过程以及各类型细胞的增殖过程。疾病通常是由于生命体内调节机制发生异常使某些物质处于过量或者不足状态导致的，针对这些异常已衍生出可以预防和治疗疾病的各类药物，2013 年销售总额达到了 1870 亿美元，引发了分子生物学领域的第一次革命。作者在塞伦盖蒂草原发现，这些生命体内的调节机制同样适用于自然界，自然界也存在着可以调节动物种类和数量的生态法则，这些法则不仅适用于塞伦盖蒂，也适用于世界上很多区域，从海洋湖泊到陆地。地球生态系统也会“生病”，现已处于亚健康状态，在可预见的将来，生物科学在拯救地球生态系统方面将发挥核心作用，引发生物学的第二次革命，兴许会给全人类带来更大的福利。

第一部分：万物有法

作者从我们的身体的智慧谈起，指出我们的身体具有非常精细的调节功能，从而保持体内环境稳定。作者讲了他们在塞伦盖蒂草原上一个夜晚碰到象群因恐惧引发大脑和身体一连串的生理反应的故事。还介绍了著名生理学家坎龙研究的成果。当猫处于惊醒状态时，食道、胃和肠道的收缩蠕动会突然停止，这种情绪紧张使消化过程骤停的现象也发生在兔子、狗和豚鼠身上，后来发现身体在压力情况下做出的正确反应是由交感神经系统和肾上腺共同协调完成的。坎农在第一次世界大战的欧洲战场还发现受伤的战士血压过低发生休克是因为血液更偏酸性，简单可行的治疗方案就是给休克病人注射碳酸钠，调节酸碱平衡。在坎龙看来，是神经系统和内分泌系统的许多行为导致了剧烈变化的发生，从而使体内环境保持在一个围绕中心窄幅变化的范围内，包括体温、酸碱度、水分、盐分、氧气还有糖的含量都处于一个相对平衡的状态。我们的身体具有非常精细地调节和控制功能，这就是“身体的智慧”。内稳态已经成为生理学和生物学中一个重要概念，有人甚至把它与达尔文的进化论相提并论。坎龙坚信，内环境的调节是生理学的基础，内环境失衡也是多种疾病发生的重要原因。

接着作者用现代生态学奠基人查尔斯·埃尔顿的研究故事谈到了更宏观层面的调节平衡。1921 年，21 岁的埃尔顿在牛津大学时就参加了为期两个多月“北极之旅”的地质学和生物学科考。返回牛津之后埃尔顿研究发现，尽管北极地区生物多样性相对简单，但绝不是以往博物学家认为的生态系统是作为整体存在的，或者说是不同种群的简单集合，而是形成一个大的网络，埃尔顿称其为“食物网”。海鸟的粪便中含有氮元素，可以被细菌吸收并滋养植物，植物为昆虫提供食物，而昆虫与植物同时也是陆地上松鸡与矶鹞的食物，后者则成为北极狐的盘中餐。1923 年，埃尔顿在研究中发现北极旅鼠的暴增是周期性的，每隔三四年爆发一次，1924 年，他完成了《动物数量的周期性波动》，文章日后成了现代生态学的奠基石。他认为在多种族生存的生态系统中，食物链的存在形成了某种“经济联系”，捕食者与被捕食者的关系将所有的动物联系在一起，植物则处于整个食物链的底层。

这一部分主要是通过坎龙和埃尔顿研究故事的讲述，阐明无论是微观分子生物层面，还是宏观自然生态层面都遵循着同一个规律，通过调节机制形成“稳态”或者“平衡”，这是万物共同的法则。

第二部分：生命的逻辑

作者首先介绍了分子生物学领域的奠基人，法国莫诺教授研究细菌的生长与营养液中含有的碳水化合物存在的关系，后来雅各布教授也加入了这一研究。他们发现细菌对糖的选择是有倾向性的，进一步发现是细胞内部有调节机制，而且这种调节机制不是单一的，既有正向调节的诱导剂，也有反向的阻遏物，还有双重负向调节（负负得正）、反馈调节等模式。这种细胞内部调节机制被称为生命的第二法则，他们因这一发现获得了 1965 年诺贝尔生理学或医学奖。他们认为“细胞内的生命活动也是各种大分子通过复杂而精准的系统相互作用，达到调节它们的合成与功能的目的”。他们信心十足地提出了一个“众所周知”的公理：“对大肠杆菌适用的理论也一定适用于大象”。

接着作者讲了一个“胆固醇的故事”。美国科学家安塞尔·季斯开展了一项长达 15 年的“七国实验”，发现与心脏病相关的主要风险因子是血液中的胆固醇水平，后来约瑟夫·戈尔茨坦与迈克尔·布朗进一步研究发现胆固醇水平与还原酶有关，而日本科学家远藤从真菌中发现了抑制还原酶活性的美伐他汀。20 世纪 60 年代早期，心脏病是造成美国人死亡的第一杀手，多亏了美伐他汀的出现，让美国人群中的心脏病的致死率下降了 60 个百分点，引发了一场革命。

而接下来介绍的是更为复杂的癌症。美国科学家珍妮特证实了癌症是一种与遗传有关的疾病，研究癌症所面对问题的复杂程度远远超过了诸如细菌里糖代谢的过程，或者人体内胆固醇的调节过程等。在哺乳动物中，甚至包括人类的基因组当中发现了致癌病毒的同源体，病毒癌基因转移到人体22号染色体上是导致癌症发生的关键。有数据显示，在人类的约2万个基因当中，仅有140个基因的突变性频繁发生在各种癌细胞里，其中约一半为原癌基因，剩下的一半为抑癌基因，这对人类而言无疑是一个好消息。另外一个重要发现是几乎所有的癌症都带有属于这140条易变基因中的2—8个突变位点。如果我们掌握了肿瘤基因在哪些位点上如何被改变，就可以进行靶向治疗。到2015年，已经有将近40种这类药物问世，还有更多的产品在研发当中。

这一部分作者介绍了人体体内调节机制，以及这些机制如果被破坏时将产生的灾难性后果——“疾病”，通过修复身体损坏的细胞或恢复平衡机理可以有效转化为治疗疾病的手段。实际上是通过生理学的一些重大发现来解码微观分子生物层面的调节法则。

第三部分：塞伦盖蒂法则

这一部分是本书的重点，阐明的是在微观分子生物层面的调节机制和逻辑在宏观生态层面上依然有效。

作者首先介绍了美国动物学教授潘恩在美国西北马卡海湾所做的一个重要实验。传统生物学界认为所有的生物都属于下述四个营养层级之一，分解者、生产者、食草动物以及食肉动物，普遍接受的观点是“大鱼吃小鱼，小鱼吃虾米”，认为在食物链中越往上的层次会受到比其低的层次的限制，也就是说，种群数量是被自下而上正向调节的。但潘恩通过生态系统的“移除观察法”发现，海星—蚌类—藻类是一个食物链，在岩石上海星被移走后蚌类就会大量繁殖，捕食者海星是通过控制蚌类数量来维持整个生态系统平衡的，旁人的实验也证明了，捕食者在食物网中具有自上而下的负向调节，这一发现颠覆了人们的传统认识。他后来发现在“海獭—海胆—海藻”的这一食物链中也存在这种负向调节，潘恩把它命名为营养级联效应。除了上述两例在海水生态系统中存在的营养级联之外，陆地上也存在类似的“捕食者—食草动物—植物”系统。

扔海星的实验揭示了自然法则的两个基本思想。这是两条关于种群调节的法则，也是塞伦盖地法则的第一条及第二条。

法则一：关键物种法则

大千世界众生并不平等，“关键物种”的作用举足轻重，对生物群落的稳定性和多样性具有重大影响，它们的影响会向下延伸至更多的营养层级。关键物种的重要性体现在它们的影响程度，而不是在食物网中所处的层级。

必须指出的是，并不是所有的捕食者都是关键物种，也不是所有的关键物种都是捕食者，更有甚者，并不是所有的自然生态系统都需要关键物种的存在。

法则二：影响力法则

关键物种通过“多米诺效应”，对食物链中低营养层级的物种产生重大间接影响。食物网中的一些物种可以自上而下地产生重大影响，而且影响程度常常与他们的绝对数量并不匹配，这个影响会波及整个生物群落，并间接影响低营养层级的物种。

这种级联效应往往存在于几对强相互作用连接的营养层级当中，生态系统中大多数物种并不能对其他物种施加强大的影响力。对于生态学家们而言，集中精力在关键物种与营养级联上也加速了对生态系统的结构与调节过程的理解。

作者再次回到了塞伦盖蒂。东非是动物的天堂，1929 年，英国生物学家赫胥黎首先提议包括塞伦盖蒂在内的几片广袤之地应当受到保护，成立国家自然公园，并设立禁猎区。但后来旅客和猎人们在塞伦盖蒂还是出现了过度杀戮。英国导游芬奇·哈顿强烈谴责“狂欢的屠戮盛宴”，并呼吁人们在无可挽回之前保护塞伦盖蒂，英国国会终于开始重视了这个议题，1930 年，塞伦盖蒂不再对外开放，1937 年，部分地区成为禁猎区，1951 年，塞伦盖蒂国家公园成立，1981 年，联合国教科文组织宣布塞伦盖蒂为世界文化遗产。我们人类也是这片土地孕育的种族之一，我们的祖先早在 300 万年前就生活在这里。

当生物学家辛克莱来到塞伦盖蒂的时候，一些大型野生动物身上发生了一些显著的变化，1965 年的一份报告称水牛的数量达到了 3.7 万头，而 4 年前仅有 1.6 万头。辛克莱在北部林区进行了精密统计，据他推测，到

1972 年，水牛的数量已经超过了 5. 8 万头。最显著的增长是发生在 1961—1965 年，之后 7 年也一直延续了增长的势头，究竟是什么使水牛数量保持增长？经研究发现，辛克莱认为牛瘟是导致水牛锐减的原因，动物的免疫系统在接触过病毒感染后，会产出含有抗体的血清。同样的理论也可以用来解释角马的数量变化规律，角马数量自 1961 年以来增长了两倍。不仅如此，辛克莱还发现病毒都对不同物种种群数量的影响并不一致。例如，不是反刍动物的斑马，他们并不会受到牛瘟的威胁，其数量也在几十年内保持不变。曾经，人们一度认为，野生动物才是牛瘟的起因，进一步研究表明家畜才是牛瘟病毒的来源。牛瘟病毒的巨大影响显示，并不是只有捕食者才能扮演关键角色，病原体也可能对生态系统造成超比例的影响。

竞争是另外一种控制种群数量和种类的主要方式，也代表了另外一个塞伦盖蒂法则。

法则三：竞争法则

对公共资源的竞争，导致了一些物种种群数量减少。在对空间、食物以及栖息地等公共资源的竞争中，有优势的物种会导致其他物种种群数量减少。

角马的数量直接和间接地影响着草场、山火、树木、捕食者、长颈鹿、草本植物、昆虫以及其他食草动物，显示了它们是塞伦盖蒂的关键物种，对整个群落的结构和调节过程有着非同寻常的作用。

法则四：体量法则

动物数量的调节方式简单地被归纳为两种：首先是吃什么（自下而上），以及被什么吃掉（自上而下），或者是两者的结合。辛克莱进一步研究发现：成年动物的体积与其被捕食的概率之间有强烈的相关性。

150 千克体重是一条非常明显的分界线，体重小于 150 千克的物种其数量基本被捕食行为控制，而 150 千克以上的大型动物则不受影响。

个体大小会影响调节模式，动物的个头大小决定了他们的种群数量在食物网中被调节的机制，小型动物受捕食者调节（自上而下），而大型动物受食物供应的调节（自下而上）。

法则五：密度法则

辛克莱研究了每个物种数量的增长率与其种群大小之间的关系后发

现，物种数量与增长率成反比，这种现象被称为“密度制约”。一些物种依靠它们自身的密度进行调节，一些动物种群的数量是通过密度制约因素进行调节的，这些因素有稳定种群规模的倾向。不管是什么原因导致某个物种数量增加了，在增加到一定程度时都会有制约这一物种数量增长的因素出现，从而导致物种数量的增长缓慢或者是负增长。反过来也是类似的道理。食物限制、捕食行为、对空间的争夺等都会导致密度制约。

法则六：迁徙法则

迁徙导致动物数量增加。迁徙行为通过增加食物的可获得性（减少自下而上的调节），以及减少被捕食者捕食的概率（减少自上而下的调节）等方式来增加物种数量。每年在塞伦盖蒂和毗邻的马赛马拉草原重复上演的东非动物大迁徙就是一个例证。人类最早的祖先从非洲走向欧洲、亚洲的迁徙也是为了追寻更有利的生存环境。中国古代的都城从黄河流域逐步向长江流域的迁徙也是因为江南物产的丰裕。

塞伦盖蒂法则没有地域局限性，它与普适的调节法则及前面提到的分子量级的生命逻辑具有惊人的相似性，分子层面和生态系统中的调节都遵循着同样的普适逻辑——正向调节、负向调节、双重负向调节和反馈调节机制，只是生态系统中的调节法则有特定的调节对象与手段，如捕食者、营养级联等。正如分子量级平衡被打破人会患病一样，如果生态系统一旦遭到破坏，人类将难逃其罚。

在接下来的章节中作者介绍了美国伊利湖的“蓝藻”，亚洲稻田中的“褐飞虱”，加纳的“狒狒”，美国卡罗来纳沿海地区“牛鼻鲼”的暴增现象，作者把它们称之为动物世界的“癌症”。

作者初步分析原因，认为是由于蜘蛛、狮子和鲨鱼等捕食者被杀死，导致被捕食者疯狂增长。作者认为这是因为人类的“太过分”导致了这一切：农场土壤里过量的磷元素，农田里过量的杀虫剂，以及对狮子、花豹和鲨鱼的偷猎和过量捕杀，最终导致了既有生态系统平衡的破坏。

为了治疗动物世界的“癌症”，一些非常大胆的尝试已经大规模地启动了。美国威斯康星州自然资源部在门多塔湖开展了调控营养成分的试验，通过投入大嘴鲈鱼（1 号捕食者）吃掉小一些的米诺鱼（2 号捕食者），米诺鱼以浮游动物为食物来源，而藻类则是浮游动物的食物来源，结果导致浮游动物增加70%，藻类减少70%，水质得到改善。后来人们纷纷效仿，许多湖泊在移除以浮游生物为食的鱼类及增加捕食鱼类之后，都成功地解决了富营养化的问题。美国在黄石公园引入灰狼濒危物种，重建生态秩序，狼群回归，曾经并仍然持续地对黄石地区生态圈施加级联效应。但并不能保证对所有的物种都发挥作用，越是环境改变巨大的生态系统，越是难以恢复原状。

莫桑比克戈龙戈萨公园是另一个经典的案例。最早是南非生态学家廷利针对全境的生态系统进行研究和考察，发现它是一片非洲大陆上无与伦比的保护区。但由于1977年至1992年莫桑比克内战，开火的双方肆无忌惮地捕杀野生动物作为其食物来源，对戈龙戈萨地区造成了严重的破坏。2006年开始，美国慈善家开始捐款支持戈龙戈萨公园恢复重建，先后引进了水牛、斑马、角马、大象、河马、巨羚等动物，2000年的时候园区内野生动物不足1000头，后每年增速达20%以上，10年后达到了约4万头。

事实证明，只要给予充分的保护及食物来源，大多数面临衰退境遇的种群都能快速止损。19世纪末期仅余20头的北象海豹，如今数量已超过20万头；西澳大利亚座头鲸在短短50年间数量由不足300头增加至2.6万余头；北太平洋海獭经过20世纪的休养生息之后，数量从1000只增长至10万只；北美短吻鳄更是由濒临灭绝成长为数量500万的种群，仅仅用了50年。

结语：遵从生命的法则，共建美好家园

目前我们所处的生态环境中，人类处于超然卓越的地位，是所有生物物种当中最高等的捕食者与消费者。罗伯特·潘恩严肃提醒："虽然人类是生态系统中超主导性的存在，但是，如果不遵从自然法则并继续肆意破坏生态环境，人类最终会成为最大的输家。"现在，能够约束我们的就只剩下我们人类自己了。

从门多塔湖、黄石公园以及戈龙戈萨地区获得的经验都充分显示，恢复濒危物种、修复生态环境，甚至让破损的生态系统重生，都不是不能做到的事情。

2011年，比尔·福奇出版了一本书，是他关于消灭天花运动的回忆实

录。他总结了18条他认为可以扩展到其他公共医疗健康事业上的经验，作者选取了其中9条宝贵的经验：全球化合作；可行的计划及专注的执行者；团结就是力量；政府的重视和支持；有效的管理；国际化目标、区域化管理；乐观；文明程度的提升。作者还提出了应对挑战的三大原则：分清轻重缓急；主动积极作为；从我做起。

从结语中我们可以感受到，作者认为现在全球生态系统已经处于亚健康状态，修复的任务十分艰巨，但只要我们加强团结、加强合作、主动作为、人人参与，遵从生命的法则，我们就一定能够建好人类美好家园。

（2020年4月16日）

《生命的法则》感悟与启示

全国政协线上读书群渐入佳境，讨论充分热烈、思想火花四溅，总结提炼升华，启发启示很大，尤其是全国政协领导倾心倡导、悉心指导、精心督导、线上点拨，循循善诱，让我们倍受鼓舞。“政协委员应该是最喜欢读书的群体、最有条件读书的群体、最能够把书读好的群体”，“读书，对于提高资政建言的质量，提高政协整体战斗力，用历史辩证的眼光看待当前的问题，具有重要意义。”这些重要指示为读书会指明了方向，更让我们感到责任重大。此前，我已先后两次从生态学角度对美国著名科学家肖恩·卡罗尔的《生命的法则》作了一定导读，在深入学习和思考的基础上，有些更进一步的感悟与体会在这里与大家分享。

贯通《生命的法则》一书的核心思想就是“内稳态”规律：在复杂的生命现象背后，不论是人的身体，还是大自然，都有一种自我调节机制，让自己内部环境保持稳定。而一旦这种平衡被打破，人就会患病，自然生态就会遭到破坏，而治病也好，恢复生态也罢，就是要重新找回平衡。实际上，我们的祖先早就认识到平衡的重要性，中医就是强调通过调理来达到人体体内平衡，至于人与自然的关系，我国古人早就说过要“道法自然”“天人合一”。现代医药就是要寻找有效应对导致人体某一机能或功能失衡的药物，包括要最终攻克癌症，就是要寻找到靶向治疗的药物。习近平生态文明思想也强调要尊重自然、顺应自然、保护自然，人与自然和谐相处，这无疑是为我们人类的生存和发展提供了根本的指南，是真理、是规律，如果我们遵循这一规律，人类就会永续发展，否则就会遭到大自然的惩罚，甚至导致人类自身的毁灭。其实不只是人的身体、人与自然的关系要讲稳态，人与人、国与国之间也要讲和谐，橄榄型社会结构社会才稳定，国与国之间和平共处世界才安定，共同富裕、人类命运共同体的思想也是人类社会持续稳定发展的不二法门。

在所有生物物种当中，人类处于超然卓越的地位，是最高等级的捕食者与消费者，能约束我们的，只剩下人类自己了。首先，我们要保护一批自然保护地。塞伦盖蒂茫茫大草原上数百万头狮子、大象、犀牛、野水牛、猎豹、斑马、羚羊、河马等野生动物，还有每年在塞伦盖蒂和毗邻的马赛马拉草原不断上演的东非动物大迁徙，这个星球上最后一片巨型野生动物聚集乐土是因为人类的极少干预才得以保留，自然界内在的稳态机制比人类高明得多，我们要做的就是尊重自然、顺应自然、保护自然。如我们要保护一批自然生态系统以维护生态平衡和生物多样性，我们要保护好湿地以便为候鸟提供生存环境和食物。其次，我们要约束我们的生产、生活行为，建立资源节约、环境友好社会。人类活动每年已消耗地球年生产量的150%，我们只有一个地球，也就是说每年人类的“生态足迹”在消耗着历史的存量，但这种消耗是有限度的，而且我们还要考虑子孙后代的生存和发展，珍惜和节约各种资源应该成为全人类共同的责任。严守自然资源上线、环境质量底线、生态保护红线，以水定产、以水定城等必须成为我们遵循的底线、红线。第三，我们要采取一些积极、主动的行动。全球生态系统已经处于亚健康状态，从鱼类与野生动物面临的灭顶之灾，到水体质量严重下降、雾霾和农产品安全等问题不断给我们敲响了警钟，修复和治理的任务艰巨而繁重，需要我们主动作为。由于蜘蛛、狮子和鲨鱼等捕食者被杀死，导致亚洲稻田中的“褐飞虱”，加纳的“狒狒”，美国卡罗来纳沿海地区“牛鼻鲼”暴增，这些现象告诉我们，扼制被捕食者疯狂增长的有效措施是人类要保护捕食者。我们既可以通过加大对捕食者的保护，也可通过直接繁育、放养捕食者来重塑生态系统的平衡。恢复濒危物种、修复生态环境，甚至让破损的生态系统重生都不是不能做到的事情，关键在于我们积极的行动。第四，我们要掌握和利用生命的法则。“塞伦盖蒂法则”是对不同层级生命系统一般规律的深刻认识，它不仅适用于塞伦盖蒂草原，也适用于地球上任何生态系统。我们要认真学习、深入研究这些法则，严格地遵循、科学地利用。如作者在书中提到塞伦盖蒂草原在自然状态下经历过度放牧的草原已经衍生出一种补偿机制，使草能够再度快速增长，比被保护的草原更加水草丰茂、能生产更多的食物，这就与我们平时人工养殖家畜过度放牧造成草场破坏、生态退化的现象完全相反。还有我国西北地区是整块草场放牧，而新西兰的草场无论大小都被分成十二小块，牛羊每月只吃其中水草最丰茂的一块，一年下来，草场的载畜量比全面放养的还要高 30%。相似的案例还有，美国威斯康星州麦迪逊门多塔湖通过移除以浮游生物为食的白鲑鱼及增加玻璃梭鲈和白斑狗鱼捕食鱼类成功解决富营养化。莫桑比克戈龙戈萨公园在大面积恢复热带雨林的同时，又大力发展可靠的咖啡种植产业，既完成了环境保护的使命，又促进了经济发展和人文建设。由此看来，在深入研究和科学利用“塞伦盖蒂法则”方面我们还有大量的工作要做。

作者在书中谈到美国医生比尔·福奇在总结参与消灭天花运动时的 18 条宝贵经验，他认为可以扩展到其他公共医疗健康领域，其中首条是全球化合作。人类现在居住的是一个地球村，是一个命运共同体，不论是应对公共卫生事件，还是修复地球自然生态，实现人类可持续发展，都需要我们加强团结、共同合作。最后还是借用作者的结语：遵从生命的法则，共建美好家园，从我做起，从现在做起。

（2020 年 4 月 20 日）

为全面建成小康社会增添绿色底色

举世瞩目、万众关注的十三届全国人大三次会议2020年5月22日上午在人民大会堂隆重开幕。5月22日下午，习近平总书记再次来到内蒙古代表团，这已经是十三届全国人大期间习近平总书记第三次参加内蒙古代表团审议。习近平总书记曾经说过，“我选择在内蒙古自治区参加选举，表达了党中央对民族边疆地区的重视，体现党中央加快推进欠发达地区发展、打赢脱贫攻坚战的决心”，念兹在兹不仅仅是脱贫攻坚战，污染防治攻坚战总书记也是时刻念在心里，抓在手上，每次参加内蒙古代表团的审议习近平总书记都会强调生态文明建设。

2018年3月5日，习近平总书记在十三届全国人大一次会议内蒙古代表团审议时指出，内蒙古产业发展不能只盯着羊、煤、土、气，要大力培育新产业、新动能、新增长极，实现高质量发展。2019年3月5日，习近平总书记在十三届全国人大二次会议内蒙古代表团审议时指出，党的十八大以来，我们党关于生态文明建设的思想不断丰富和完善。在“五位一体”总体布局中生态文明建设是其中一位，在新时代坚持和发展中国特色社会主义基本方略中坚持人与自然和谐共生是其中一条基本方略，在新发展理念中绿色是其中一大理念，在三大攻坚战中污染防治是其中一大攻坚战。这“四个一”体现了我们党对生态文明建设规律的把握，体现了生态文明建设在新时代党和国家事业发展中的地位，体现了党对建设生态文明的部署和要求。保护好生态环境，这不仅是内蒙古的责任，也是内蒙古迈向高质量发展的必由之路。习近平总书记对代表们说，要保持加强生态文明建设的战略定力，探索以生态优先、绿色发展为导向的高质量发展新路子，加大生态系统保护力度，打好污染防治攻坚战，守护好祖国北疆这道亮丽风景线。此次，习近平总书记在内蒙古代表团再次强调，“坚持人民至上，不断造福人民，把以人民为中心的发展思想落实到各项决策部署和实际工作之中”“生态环境保护就是为民造福的百年大计”“要保持加强生态文明建设的战略定力，牢固树立生态优先、绿色发展的导向，持续打好蓝天、碧水、净土保卫战”。

实际上，不只是在参加内蒙古代表团审议时，习近平总书记强调要加强生态文明建设，在春节之后习近平总书记就统筹疫情防控和经济社会发展三次出京考察调研时，生态保护、绿色发展的理念贯穿始终。在浙江，习近平勉励大家“把绿水青山建得更美，把金山银山做得更大”；在陕西，他告诫要“当好秦岭生态卫士，决不能重蹈覆辙”；在山西，他强调“正确的就要坚持下去，久久为功，不要反复、不要折腾，争取早日蹚出一条转型发展的新路子”。

当前，中国发展面临的风险挑战前所未有，“六稳”“六保”的任务十分繁重，但在抓好常态化情况下疫情防控和统筹经济社会发展的关键时刻，全国两会召开前夕，习近平总书记在地方考察中一路强调生态文明建设，此次在内蒙古代表团又再次进行了强调，释放出的信号非常明确：无论形势多困难、挑战多严峻，都不可犹豫、不能退缩，中国将始终坚定不移地走“生态优先、绿色发展”之路。

2020 年是全面建成小康社会收官之年，2018 年习近平总书记在全国生态环境保护大会上强调：“到 2020 年全面建成小康社会，是我们党向人民作出的庄严承诺。不能一边宣布全面建成小康社会，一边生态环境质量仍然很差，这样人民不会认可，也经不起历史检验。”站在这个层面，我们才能更好地理解习近平总书记的重要指示和明确要求。

我们一定要认真学习理解和深入贯彻落实习近平总书记在内蒙古代表团审议时的重要讲话精神，保持加强生态文明建设的战略定力，方向不变，力度不减，坚决打好蓝天、碧水、净土保卫战，推动生态环境质量持续好转，实现污染防治攻坚战阶段性目标，加快构建现代环境治理体系，不断增强人民群众的获得感、幸福感和安全感，为全面建成小康社会增添绿色底色。

（2020 年 5 月 27 日）

人不负青山 青山定不负人

2021年，意义非凡，注定将在中国共产党历史上，中华民族历史上留下浓墨重彩的一笔。在实现第一个百年奋斗目标，在中华大地上全面建成小康社会后，中国乘势而上开启新征程，正在昂首阔步、意气风发向着全面建成社会主义现代化强国的第二个百年奋斗目标迈进。

这一年，以习近平同志为核心的党中央统揽“四个伟大”，带领中国人民在全面建设社会主义现代化国家开局之年迈出新气象，创造新辉煌。中国共产党迎来百年华诞，百年征程成就了百年大党的恢宏气象。十九届六中全会通过中国共产党的第三个历史决议——《中共中央关于党的百年奋斗重大成就和历史经验的决议》，深刻总结党的百年经验，深情礼赞党的百年辉煌，增强了我们继续前进的勇气和力量。

这一年，习近平总书记心怀人民，步履匆匆，北京、河北、贵州、福建、广西、河南、青海、西藏、陕西、山东……“民之所忧，我必念之；民之所盼，我必行之”，十次赴地方的考察调研，无不体现着习近平总书记深厚的人民情怀。“生态是资源和财富，是我们的宝藏。”每次考察调研，习近平总书记必看环保、必谈生态。在北京、河北，他强调要把发展体育事业同促进生态文明建设结合起来，让体育设施同自然景观和谐相融。在贵州，他告诫当地要牢固树立绿水青山就是金山银山的理念，守住发展和生态两条底线，努力走出一条生态优先、绿色发展的新路子。在福建，他强调要坚持生态保护第一，统筹保护和发展。在广西，他叮嘱要坚持正确的生态观、发展观，推动流域生态环境持续改善、生态系统持续优化、整体功能持续提升。在青海，他强调保护好青海生态环境是“国之大者”，要切实保护好地球第三极生态。在西藏，他要求提高生态环境治理水平，推动青藏高原生物多样性保护，坚定不移走生态优先、绿色发展之路。在陕西，他关注黄土高原生态治理。在河北，他深入塞罕坝林场，要求传承好塞罕坝精神，深刻理解和落实生态文明理念。在山东，他就沿黄河省区落实好黄河流域生态保护和高质量发展战略部署提出明确要求，强调要坚定不移走生态优先、绿色发展的现代化道路……看山、看水、看林，习近平总书记在一路行进中为“绿色中国”步步谋划，向人民展示了“推进生态文明建设”的战略定力和坚定决心。

这一年，我们深入贯彻习近平生态文明思想和系列最新重要指示要求，始终牢记“守护好一江碧水”的殷殷嘱托，坚决扛起生态文明建设和生态环境保护的政治责任，深入打好污染防治攻坚战，持续改善生态环境质量，“绿色”正成为湖南高质量发展的鲜明底色。我们树牢“绿水青山就是金山银山”发展理念，按照“产业生态化、生态产业化”的要求，以减污降碳协同增效为总抓手，强化“三线一单”管控措施硬约束，坚决遏制“两高”项目盲目上马，积极服务“六稳六保”，持续深化“放管服”改革，支持服务企业绿色发展，加快推进了产业结构、能源结构、交通运输结构绿色转型，累计 17 个县（市、区）创建为国家生态文明示范区、6 个县（市、区）创建为国家“两山”实践创新基地。我们以污染防治攻坚战“夏季攻势”为抓手，坚持山水林田湖草沙系统治理，持续深入打好碧水、净土和蓝天保卫战，长江保护修复纵深推进，湘江保护和治理第三个“三年行动计划”顺利收官，洞庭湖总磷削减攻坚强力推进，长株潭重污染天气有效应对，土壤环境风险严格管控……全省山更绿，水更清，天更蓝，人民群众生态环境获得感、幸福感、安全感显著增强。我们狠抓突出环境问题整改，紧盯中央生态环保督察反馈、长江经济带警示片交办和人民群众强烈反映的突出问题，持续攻坚克难，严把验收销号关，推动有效解决了一大批重金属污染、畜禽养殖污染、生活污水垃圾污染、自然生态破坏等突出环境问题。我们持续强化支撑保障能力建设，完成“四严四基”三年行动计划 148 项重点工作和 21 个制度创新试点任务，深入推进企业（园区）环境行为信用等级评价、生态环境损害赔偿制度改革试点、流域生态补偿等政策措施，建成生态环保督察信息化管理平台、全省污染源 24 小时监控中心，各级生态环境综合执法机构的班子人员全部到位，生态环境治理体系和治理能力现代化水平进一步提升。

人不负青山，青山定不负人。通过努力，2021 年，全省地表水水质总体为优，147 个国控断面水质优良比例 97. 3%，为历年最高；永州市、张家界市和怀化市等市（州）进入全国水环境质量排名前 30 位；湘资沅澧四水干流 126 个断面水质全部达到或优于Ⅱ类，西洞庭湖首次达到Ⅲ类水质。全省环境空气质量达到国家二级标准，14 个市（州）所在城市环境空气质量优良天数比例为 91. 1%，$PM_{2.5}$平均浓度为 35 微克/立方米，均达到或优于国家下达湖南省的 2021 年目标值。

良好的生态环境是高质量发展的重要支撑、重要内容。2022 年，中国共产党将召开第二十次全国代表大会，我们要坚决落实党中央、国务院和省委、省政府重大决策部署，始终保持加强生态文明建设和生态环境保护的战略定力，坚定不移走生态优先、绿色发展之路，大力推动经济社会发展全面绿色转型，以高水平的保护推动高质量的发展、创造高品质生活，努力建设人与自然和谐共生的现代化。坚持科学治污、精准治污、依法治污，保持力度、拓展广度、延伸深度，以更高标准深入打好蓝天、碧水、净土保卫战，保持勇毅笃行的坚定，展现虎虎生威的雄风，努力实现生态环境质量进一步改善，生态环境风险进一步降低，生态环境治理能力进一步增强，努力建设全域美丽大花园，以优异的成绩迎接党的二十大的胜利召开。

（2021 年）

发扬“三牛”精神 建设美丽中国

农历牛年春节即将来临之际，习近平总书记在中共中央、国务院举行的春节团拜会上强调，“前进道路上，我们要大力发扬孺子牛、拓荒牛、老黄牛精神，以不怕苦、能吃苦的牛劲牛力，不用扬鞭自奋蹄，继续为中华民族伟大复兴辛勤耕耘、勇往直前，在新时代创造新的历史辉煌！”习近平总书记再次强调“三牛”精神，意味深长，催人奋进。

回首极不平凡的2020年，面对惊心动魄的风云突变，在以习近平同志为核心的党中央坚强领导下，全国各族人民众志成城、迎难而上、砥砺前行，在全球主要经济体中率先实现经济正增长，全面建成小康社会取得伟大历史性成就，三大攻坚战取得新的重大成就，实现了“十三五”的圆满收官，我们为祖国和人民点赞。同时，我们必须认识到，这只是迈向中华民族伟大复兴的关键一步，决不能骄傲自满、止步不前。2021年，是“十四五”开局之年，也是全面建设社会主义现代化国家新征程开启之年，任务艰巨而繁重。征途漫漫，惟有奋斗！

2021年是中国共产党成立100周年，100年来，中国共产党秉持为中国人民谋幸福的初心、为中华民族谋复兴的使命，团结带领全国各族人民浴血奋斗、发愤图强、改革开放，中华民族迎来了从站起来、富起来到强起来的伟大飞跃。“中国共产党是为广大人民谋幸福的党，从成立开始，就把为人民服务写在了党的旗帜上。”春节前夕赴贵州看望慰问各族干部群众时，习近平总书记再度宣示了中国共产党的为民服务宗旨。我们要发扬为民服务、无私奉献的孺子牛精神，深入学习贯彻习近平生态文明思想，坚持生态惠民、生态利民、生态为民，不断满足人民群众对美好生活环境的新需求，切实加大城乡饮用水水源地生态环境问题和黑臭水体整治，着力改善农村人居环境，防范化解土壤污染风险，持续改善生态环境质量，为人民群众提供更多优质的生态产品，不断增进民生福祉，不断增强人民群众绿色获得感、生态幸福感、环境安全感，确保人民群众“米袋子”“菜篮子”“水缸子”的安全。

2020 年是深圳经济特区建立 40 周年和浦东开发开放 30 周年，习近平总书记出席庆祝大会并发表重要讲话，激励大家继续发扬敢闯敢试、敢为人先、埋头苦干的特区精神，进一步推进改革开放，续写更多“春天的故事”。十九届五中全会通过的《中共中央关于制定国民经济和社会发展第十四个五年规划和二〇三五年远景目标的建议》明确提出坚持创新在全国现代化建设全局中的核心地位，把科技自立自强作为国家发展战略支撑，摆在各项规划任务的首位。随着生态环境质量的不断改善和污染防治攻坚战的不断深入，对科技的支撑需求明显加大，体制机制的改革要求明显提升。我们要发扬创新发展、攻坚克难的拓荒牛精神，不断探索污染治理新技术，不断创新生态文明新体制。加大碳捕捉、$PM_{2.5}$与臭氧的协同治理、总磷深度削减、农业面源污染治理、生态化修复、耕地土壤修复、重金属污染治理等领域新技术的研发力度，推进科学、精准、系统治污。加快推进数字赋能，建设生态环境大数据智慧平台。坚持改革创新，持续深化和强化生态环境领域关键制度、关键环节改革，健全生态环境治理领导责任体系，强化生态环境“党政同责、一岗双责”和“三管三必须”，充分用好绿色发展考核、生态环保督察等手段，严格落实党政领导干部自然资源资产离任审计和生态环境损害责任终身追究制度。构建以排污许可制为核心的固定污染源监管制度体系，着力完善生态环境保护市场机制，推动建立健全绿色低碳循环发展经济体系，完善生态补偿、生态赔偿、生态产品价值实现等制度和机制，推进碳排放权、用水权、排污权交易，推进生态环境第三方治理。加强统一规范的生态环境综合执法体系建设，强化基层生态环境监测监管能力建设，提升综合监管水平。

艰难方显勇毅，磨砺始得玉成。经过几代人的接续奋斗，中国全面建成小康社会。在中央经济工作会议部署 2021 年工作时习近平总书记指出，这是新生活新奋斗的起点。2021 年 1 月，在省部级主要领导干部学习贯彻党的十九届五中全会精神专题研讨班开班式上习近平总书记再次强调：

“全党必须继续谦虚谨慎、艰苦奋斗”。在习近平总书记亲自指挥、亲自推动下，全国污染防治攻坚战取得了重大阶段性成果，但生态环境形势依然严峻而复杂，我们要发扬艰苦奋斗、吃苦耐劳的老黄牛精神，始终保持生态文明建设的战略定力，始终保持蓬勃朝气、昂扬斗志、奋斗精神，方向不变、力度不减、标准不降，不畏艰难险阻，不惧流血牺牲，攻坚克难，久久为功，深入打好污染防治攻坚战，锻造一支生态环保“铁军”。

俗话说，牛马年，好耕田。目标已经确定，号角已经吹响，乘风破浪正当时，不用扬鞭自奋蹄。新征程上，我们要带着梦想再出发，大力发扬“三牛”精神，保持“闯”的精神、“创”的劲头、“干”的作风，人人苦干实干、个个担当尽责，辛勤耕耘、勇往直前，创造无愧于新时代的新业绩。

天蓝地绿水澄澈，最是人间好风景。只要我们在习近平生态文明思想指引下，牢记为民初心，勇于创新发展，勤勤恳恳耕耘，毛主席描绘的“鹰击长空、鱼翔浅底”的美景一定能够重现，习近平总书记提出的美丽中国的目标一定能够实现。

（2021 年 1 月）

同心奏响三湘大地绿色发展的华美乐章

2021年3月5日下午，习近平总书记参加十三届全国人大四次会议内蒙古代表团审议时，强调“要坚持绿水青山就是金山银山的理念，坚定不移走生态优先、绿色发展之路”，再次释放了加强生态环境保护的鲜明信号，为我们增添了信心，指明了方向。对“国之大者”，我们要心中有数。我们要认真贯彻落实习近平总书记的重要讲话精神和对湖南省“三高四新”“守护好一江碧水”的重要指示要求，全省上下勠力同心，奋楫笃行，同心奏响三湘大地绿色发展的华美乐章。

一是要保持加强生态文明建设的战略定力，继续打好污染防治攻坚战。经过多年努力，湖南省水、大气、土壤生态环境质量得到较大改善，同时，全省森林覆盖率达到59.96%，湿地保护率达到75.77%，位居全国前列，应该说湖南省已经具备绿色发展的硬核基础。但作为中部加速发展省份，湖南省城乡环境治理基础设施建设还有短板，部分区域生态环境质量改善成效还不稳定，发展与保护的矛盾比较突出，生态环境保护工作仍处于攻坚期、窗口期、关键期，还需要保持加强生态文明建设的战略定力，发扬斗争精神，增强斗争本领，以问题为导向，继续加强水、大气、土壤污染源头治理、系统治理、综合治理，并以四水源头、洞庭湖区等为重点，加快实施一批重大生态保护修复工程，切实维护好“一湖三山四水”生态环境安全。

二是要坚定不移走生态优先、绿色发展的道路，协同推进经济高质量发展和生态环境高水平保护。党的十八大以来，按照长江经济带“共抓大保护、不搞大开发”的要求，湖南省加快推动重点行业、重点区域转型升级，切实增强了经济发展支撑能力。但作为农业大省、有色金属之乡，全省产业结构偏重，区域发展不平衡、不充分、不可持续的问题仍然突出。进入新发展阶段，全省各级各有关部门要牢固树立“绿水青山就是金山银山”发展理念，坚定不移走生态优先、绿色发展道路，严格落实“三线一单”制度，全面建立资源高效利用制度，深入推动绿色低碳循环发展，加快实施有色、化工、钢铁等行业清洁化改造，推动洞庭湖区等连片发展绿色生态农业，不断提高服务业绿色发展水平，积极发展壮大绿色环保产业，擦亮全省经济高质量发展的生态成色。

三是坚决贯彻以人民为中心的发展思想，不断提升人民群众生态环境的获得感、幸福感和安全感。生态环境是关系党的使命宗旨的重大政治问题，也是关系民生的重大社会问题。进入新发展阶段，站在历史新方位，我们必须牢记初心使命，始终坚持以人民为中心的发展思想，多谋民生之利，多解民生之忧，始终绷紧生态环境保护这根弦，持续攻坚克难，不断开创生态环境保护的新局面。一方面，加快解决饮用水安全保障、黑臭水体整治、重污染天气应对、土壤污染防治等老百姓身边的关注点、烦心事，持续改善城乡人居环境质量，满足人民群众日益增长的优美生态环境需要。另一方面，大力弘扬生态文化，深入推动社会公众参与，厚植生态文明意识，凝聚生态环境共治共享的强大合力。

四是加快推进碳达峰碳中和的各项工作，以扎实的行动为全球气候变化应对作出应有贡献。人类是命运共同体，围绕习近平总书记向国际社会作出的“二氧化碳排放力争于2030年前达到峰值，努力争取2060年前实现碳中和”庄严承诺，党的十九届五中全会、“十四五”规划纲要和国务院政府工作报告等都作出了具体的工作部署和安排，充分彰显了中国主动应对全球气候变化的积极态度和大国担当。湖南省能源需求与降碳的矛盾十分突出，减排工作压力巨大、任重道远，三湘儿女素有“胸怀天下、敢为人先”的图强担当，湖湘文化也蕴含“经世致用、实事求是”等价值取向，我们要抓紧制定2030年前碳排放达峰行动方案，持续调整优化能源结构、产业结构、交通运输结构，加快推动煤炭消费量尽早达峰，加大外电输湘和新能源开发力度，着力提升生态系统碳汇能力，与其他省（区、市）一道同步实现碳达峰碳中和。

五是持续夯实支撑保障基础，着力提升生态环境治理体系和治理能力现代化水平。生态环境保护既是攻坚战，也是持久战，唯有夯基垒台，方能积厚成势。严格落实《关于构建现代环境治理体系的指导意见》，进一步完善体制机制，加快形成导向清晰、决策科学、执行有力、激励有效、多元参与、良性互动的“大环保格局”。持续深入推进生态文明体制改革，加快健全完善流域生态补偿、生态环境损害赔偿等制度，为保护和治理工作释放更多的政策“红利”。持续加大财政投入，大力推进产业园区、区域环境污染第三方治理，多渠道吸引社会资金参与。加大科技支撑，围绕总磷治理、重金属防治等重点领域加大先进适用技术研发与示范推广。完善生态环境监测、评价和考核体系，建设生态环境大数据智慧系统，强化基层能力建设，提升综合监管水平。

（2021 年 3 月 5 日）

从中华秋沙鸭我们感受到什么？

中华秋沙鸭被称为“鸟中大熊猫”，全球仅存不到1000只，对生活栖息环境要求极为苛刻，既要有优质的水环境，也要有丰富的食物来源，是生态环境的重要指示物种。洞庭湖是中华秋沙鸭的重要越冬地，近年来，随着人类活动干扰的减少和洞庭湖生态环境的持续改善，为包括中华秋沙鸭在内的各种鸟类种群提供了良好的栖息环境。2022年2月2日，14只中华秋沙鸭在南洞庭湿地悠闲觅食，数量是近几年最多的一次。中华秋沙鸭的频繁“现身”，是对近年来洞庭湖生态环境整治成效的最好印证。

其实中华秋沙鸭只是一个缩影，沙鸥翔集，锦鳞游泳，岸芷汀兰，郁郁青青……整个洞庭湖湿地正在逐步重现一千多年前的繁盛景致。2022年1月份，仅在南洞庭湖就记录到15000多只各种鸟类，比上年同期增长超过60%。习近平总书记反复强调：“人与自然是生命共同体”、“人不负青山，青山定不负人”，说明当人类友好保护和善待自然时，自然的回报是无比慷慨的，尊重自然、顺应自然、保护自然，探索人与自然和谐共生之路，是我们人类生存与发展的必由之路。为了给子孙后代留下天蓝地绿水青的美好家园，我们要始终坚持以习近平生态文明思想为指引，统筹山水林田湖草沙一体化保护和系统治理，构建人与自然和谐共生的地球家园。

为保护洞庭湖，保护野生动物的栖息地，湖南省委、省政府历来高度重视并持续强化洞庭湖生态环境保护，尤其是党的十八大以来，决心更强、力度更大、措施更硬，有力有序有效纵深推进了各项重点工作，持续改善了洞庭湖生态环境质量。根据监测，“十三五”期间，洞庭湖总磷浓度下降了43.8%，2021年，洞庭湖水质总体由2015年的Ⅴ类好转为Ⅳ类，除总磷外，其他考评指标均达到或优于Ⅲ类，其中，西洞庭湖（常德片区）水质突破性达到Ⅲ类，南洞庭湖（益阳片区）水质接近Ⅲ类。

一是强化政治引领，高位推进保护治理。湖南省委、省政府认真贯彻落实习近平生态文明思想，切实增强长江经济带“共抓大保护、不搞大开发”的思想自觉、行动自觉和政治担当。成立高规格的突出环境问题整改领导小组、生态环境保护委员会等组织领导机构，先后召开多次省委常委会、省政府常务会等研究部署洞庭湖保护和治理工作，省委、省政府主要领导亲抓亲管，多次现场督促检查指导。出台《湖南省洞庭湖保护条例》和《湖南省重大环境问题（事件）责任追究办法》等政策法规文件，将洞庭湖保护和治理相关工作纳入省直相关部门、市州政府绩效考核中和真抓实干激励措施范畴，压紧压实各级各方面生态环境保护的政治责任。

二是坚持铁腕治污，深化重点领域整治。2015 年开始，先后推进洞庭湖水环境整治五大专项行动、生态环境整治“三年行动计划”、长江经济带生态环境治理“4 + 1”工程等重点工作，加快推进城乡生活污染治理、农业面源污染防治等重点领域整治，尤其是 2017 年起，连续 4 年开展污染防治攻坚战“夏季攻势”，集中时间与资源攻坚克难，积极补齐了重点领域整治短板、弱项。截至 2021 年底，湖区 37 座城镇污水处理厂全部完成提标改造，307 个乡镇污水处理设施实现全覆盖，28 个县（市、区）全部开展农村环境连片整治并完成验收。关停退出或易地搬迁规模养殖场 8827 家，规模养殖场粪污处理设施装备配套率达到 95% 以上，升级改造精养鱼池 74 万亩。全面落实重点行业排污许可制度，省级以上园区全部建成污水集中处理设施，排查的 43 个问题全部整改完成。同时，按照“一河（湖）一策”的要求，全面加强华容河、沅江七湖、大通湖、桃花江流域等重点流域的系统综合治理，持续改善了流域水生态环境质量。

三是注重统筹兼顾，强化生态保护修复。科学划定生态红线，将东洞庭湖、西洞庭湖国家级自然保护区和南洞庭湖自然保护区、湖南湘阴横岭湖省级自然保护区、华容集成麋鹿保护区、华容集成长江故道江豚保护区等省级自然保护区及其他各类保护地划入生态保护红线，洞庭湖区域生态保护红线面积达 3793. 93 平方千米，占全省生态保护红线总面积的 8. 85% 。同时，进一步加大自然保护区生态环境监管力度，持续开展自然保护区监督检查专项行动，坚决整改有关问题。以“清杨”为突破点开展洞庭湖生态环境综合整治，共清理杨树2.58万公顷，拆除矮围面积8.3万公顷，整治拆除网围375.94千米，修复杨树清理迹地及洲滩2.96万公顷，洞庭湖湿地保护率稳定在72%以上。同时，高标准实施湘江流域和洞庭湖生态保护修复工程试点，完成矿区生态保护修复、生物多样性保护修复4大类工程20个子项目。2020年起，洞庭湖实现常年禁捕。

2021年11月2日，中共中央、国务院印发《关于深入打好污染防治攻坚战的意见》，对“十四五”时期进一步加强生态环境保护、深入打好污染防治攻坚战作出全面部署。下一步，湖南省生态环境系统将坚持以习近平新时代中国特色社会主义思想为指导，全面贯彻党的十九大和十九届历次全会精神，以实现减污降碳协同增效为总抓手，以改善生态环境质量为核心，以精准、科学和依法治污为工作方针，保持力度、延伸深度、拓宽广度，以更高标准深入打好污染防治攻坚战，厚植高质量发展的生态底色，建设全域美丽大花园。

一是深入贯彻落实习近平生态文明思想。将习近平生态文明思想宣传教育作为当前和今后一个时期的重要政治任务，纳入各级党委（党组）理论学习中心组、各级党校（行政学院）重要学习教育内容，推动各级领导干部在学思用贯通、知信行统一上下功夫，入脑入心、走深走实，勇做习近平生态文明思想的坚定信仰者、忠实践行者、不懈奋斗者，切实用以武装头脑、指导实践、推动工作，确保党中央关于生态文明建设和环境保护的各项决策部署落地见效。

二是全面推进绿色低碳循环发展。牢固树立“绿水青山就是金山银山”发展理念，推动全面建立资源高效利用制度，加快建立健全绿色低碳循环发展经济体系，促进形成简约适度、绿色低碳的生活方式。严格落实“三线一单”制度，严控“两高”项目，积极服务“六稳”“六保”。制定落实碳排放达峰行动方案，深入推进“碳达峰十大行动”。

三是深入打好污染防治攻坚战。以问题为导向，统筹污染防治攻坚战“夏季攻势”、长江生态环境污染治理“4+1”工程等工作，高标准打好蓝天、碧水、净土保卫战，扎实推进重污染天气消除、洞庭湖总磷污染治理、城镇黑臭水体整治、重金属污染治理等标志性战役。建立健全整改长效机制，加强督察督办，加快推进中央生态环境保护督察、长江经济带生态环境警示片等交办问题整改。

四是统筹抓好生态保护修复。加强“一江一湖三山四水”重要生态功能区域保护，加强生物多样性保护。强化生态保护监管，持续推进“绿盾”自然保护地强化监督专项行动。深入推进生态文明示范创建。按照“自然修复为主、人工修复为辅”的原则，加快推进实施一批山水林田湖草沙一体化保护和修复重点项目，不断提升环境自净能力。

五是严格防范化解环境风险。推进实施生态环境监测能力三年行动计划，完善生态环境监测制度体系。提升生态环境执法效能，持续开展生态环境利剑专项行动，严格“双随机、一公开”，强化部门联动和两法衔接，严厉打击生态环境违法行为，压实企业污染防治主体责任。持续推进生态环境风险隐患排查整治，做到及时发现问题、处理问题，严防突发环境事件发生，严密防控环境风险。

六是健全生态环境治理体系。深化生态文明体制改革，完善落实生态环境补偿、损害补偿等制度，完善法规标准，健全市场机制。集中优势科研力量加强重点领域专题研究，强化科技支撑，提高生态环境保护信息化水平。扶持壮大环保产业，加快推行园区环境污染第三方治理，开展园区环境环保信用评价。创新环保资金投入机制，大力发展绿色金融。推进生态环境保护全民行动，引导全民践行绿色生活方式。

（2022 年 3 月 4 日）

协同推进高质量发展和高水平保护

2022 年 3 月 5 日下午，习近平总书记在参加十三届全国人大五次会议内蒙古代表团审议时再次强调，“坚定不移走以生态优先、绿色发展为导向的高质量发展新路子”，同时，他也明确指出“要积极稳妥推进碳达峰碳中和工作，坚持降碳、减污、扩绿、增长协同推进”。这是习近平总书记关于正确把握战略和策略辩证关系的重要思想在生态环境领域具体的指示和要求，我们一定要认真学习，深入贯彻落实。

2013 年以来，习近平总书记先后四次对湖南省生态文明建设和生态环境保护作出重要指示，尤其是 2018 年 4 月 25 日，习近平总书记在湖南省岳阳市考察时作出了“守护好一江碧水”的殷殷嘱托。近年来，湖南省委、省政府及全省上下认真贯彻落实习近平总书记重要指示精神，牢固树立绿水青山就是金山银山的理念，坚定不移走生态优先、绿色发展的路子，持续推进“一江一湖四水”系统联治，强力抓好中央生态环保督察及长江经济带突出生态环境问题整改，坚决打好污染防治攻坚战，连续 4 年发起污染防治的“夏季攻势”，在生态文明建设上展现了新作为。“十三五”期间，洞庭湖总磷浓度下降了 43.8%；2021 年，全省 147 个国考断面水质优良率 97.3%，居全国第 4，无劣Ⅴ类水体，“一江四水”干流连续两年全部实现Ⅱ类及以上水质，西洞庭湖（常德片区）水质突破性达到Ⅲ类，东洞庭湖越冬候鸟达 28.8 万只，全省空气平均优良天数比例为 91.0%；2022 年 2 月 2 日，14 只中华秋沙鸭在南洞庭湿地悠闲觅食，是近几年最多的一次。

2022 年，我们将坚决贯彻习近平总书记重要指示精神，牢固树立生态优先、绿色发展理念，保持生态文明建设战略定力，方向不变；坚持稳字当头、稳中求进，增强系统观念，把握节奏力度。把减污降碳协同增效作为推动全面绿色转型的总抓手，有序推动绿色低碳发展；深化“放管服”改革，主动服务高质量发展项目；深入打好污染防治攻坚战，推进突出生态环境问题整改，改善生态环境质量；统筹抓好生态系统保护修复，筑牢“一江一湖三山四水”生态屏障；防范化解生态环境风险，为经济社会发展营造良好生态环境；深入推进生态文明体制改革，加快构建现代环境治理体系。

长风破浪会有时，直挂云帆济沧海。让我们更加紧密地团结在以习近平同志为核心的党中央周围，全面落实党中央、国务院的重大决策部署，全面落实“三高四新”战略定位和使命任务，坚持“稳进高新”工作方针，大力推动高质量发展和高水平保护，永葆“闯”的精神、“创”的劲头、“干”的作风，为全面建设社会主义现代化新湖南而努力奋斗，以优异的成绩迎接党的二十大胜利召开！

（2022 年 3 月 5 日）

以新时代参政党的使命担当助力美丽中国建设

习近平总书记在党的二十大报告中全面总结了过去十年党和国家事业取得的历史性成就、发生的历史性变革，令人倍感振奋，也无比自豪。十年来我国在生态环境保护方面同样取得了举世瞩目的成就。

绿水青山就是金山银山的理念深入人心。这一理念已成为全社会的共识和行动，它深刻阐释了经济发展和生态环境保护的关系，揭示了保护生态环境就是保护生产力、改善生态环境就是发展生产力的道理，指明了实现发展和保护协同的新路径。

山水林田湖草沙一体化保护和系统治理全面推进。使保护和治理更加注重整体性，统筹考虑了自然生态各要素、山上和山下、地上和地下、陆地和海洋以及流域上下游和左右岸，进行整体保护、系统修复、综合治理。

生态文明机制体制改革蹄疾步稳。十年间，我国建立和实施了中央生态环境保护督察、生态文明目标评价考核和责任追究、河湖长制、生态保护红线、排污许可、生态环境损害赔偿等一系列制度，制定修订了30余部相关的法律法规，生态文明制度体系更加健全，为生态文明建设提供了强有力的保障。

生态环境保护发生历史性、转折性、全局性变化。十年间，我国生态文明地位之重前所未有；环境治理成效之好前所未有；公众参与范围之广前所未有；全球生态贡献之大前所未有。

祖国天更蓝、山更绿、水更清。十年来，全国重点城市$PM_{2.5}$平均浓度下降了56%，重污染天数减少了87%，成为全球大气质量改善速度最快的国家；十年来，全国森林覆盖率达到23.04%，森林面积增长了7.1%，达到2.27亿公顷，成为全球“增绿”的主力军；十年来，全国优良水体比例提高了23.3个百分点，达到84.9%，接近发达国家水平，群众饮水安全得到了有效保障。

伟大成就鼓舞人心，激励着我们接续奋斗，阔步前行。我们民主党派成员一定要深入学习贯彻党的二十大报告精神，心怀“国之大者”，发挥人才智力和界别特色优势，为推进绿色低碳发展，构建人与自然和谐共生的现代化贡献智慧和力量。

自觉践行绿色低碳发展。坚持从我做起，从小事做起，形成众人划桨开大船的磅礴力量，积沙成塔、水滴石穿。配合职能部门，积极向社会传播生态环境保护理念，引导带动社会公众关注生态环境保护，让生态环境保护成为全民共识，共同营造节能降碳浓厚氛围，形成崇尚节约、反对浪费的社会风尚。坚决抵制和反对各种形式的能源浪费，让践行绿色低碳生活成为全民的自觉行动，为建设人与自然和谐共生的现代化铺就幸福底色，为建设美丽中国赢得绿色未来。

切实担负起专项民主监督的政治责任。2021年至2025年，中共中央部署各民主党派、无党派人士开展为期5年的长江生态环境保护民主监督工作，民主党派将在深入打好污染防治攻坚战中发挥更加积极的作用。我们一定要坚持“帮忙不添乱，寓支持于监督之中，务实简朴”的指导思想，以推进习近平生态文明思想、习近平总书记关于长江经济带发展的重要论述和中共中央、国务院重大决策部署落实为根本，以帮助地方党委和政府改进工作为关键，以监督视角、专业水准和严实作风，摸实情、建真言、献良策。坚持在监督中凝聚共识，使参与民主监督的过程成为自我教育、自我提高的过程，进一步激发跟着共产党走，建设美丽中国的信心和热情。

更加积极主动地在生态环境保护领域履职建言。发挥党派优势，积极建言献策，尤其是在减污降碳、系统治理、体制机制创新等方面多提有针对性、前瞻性、专业性的意见建议。围绕人民群众最关心、最关注的生态环境问题，深入调查、深度研究，察民情、解民忧。加强与生态环境、自然资源、工信、农业、水利等职能部门的互动协同，沟通交流情况、提出工作建议。

（2022年10月）

推进中国式现代化必须正确运用战略策略

习近平总书记在学习贯彻党的二十大精神研讨班开班式上发表重要讲话强调："要增强战略的前瞻性、全局性和稳定性，要把战略的原则性和策略的灵活性有机结合起来，灵活机动、随机应变、临机决断，在因地制宜、因势而动、顺势而为中把握战略主动。"这为我们在推进中国式现代化的新征程中破解难题、开创新局提供了方法论指导，具有重要的理论意义和实践价值。

习近平总书记指出："党总是能够在重大历史关头从战略上认识、分析、判断面临的重大历史课题，制定正确的政治战略策略，这是党战胜无数风险挑战、不断从胜利走向胜利的有力保证。"回望党的百年奋斗历程，大革命失败后，党果断调整战略部署，从进攻大城市转为向农村进军，开辟了农村包围城市、武装夺取政权的正确革命道路。党的十一届三中全会以后，党作出把党和国家工作重心转移到经济建设上来、实行改革开放的历史性决策，制定了到21世纪中叶分三步走、基本实现社会主义现代化的发展战略。党的十八大以来，习近平总书记善于观大势、谋全局，从战略高度思考把握治国理政问题，提出了全面建成小康社会、全面深化改革、全面依法治国、全面从严治党的战略布局，全面建成小康社会实现后又进一步提出以中国式现代化全面推进中华民族伟大复兴，保证了战略布局的有序衔接。

习近平总书记指出："我们是一个大党，领导的是一个大国，进行的是伟大的事业，要善于进行战略思维，善于从战略上看问题、想问题。"从战略上看问题，即从全局、长远、大势上判断形势、把握规律、作出决策，是对坚持现象与本质、具体与普遍、局部与全局、当前与长远辩证统一的基本遵循。党的十八大以来，面对国内外环境的深刻复杂变化，习近平总书记站在时代前沿和战略全局的高度，对关系新时代党和国家事业发展的一系列重大理论和实践问题进行深邃思考和科学判断，提出了一系列原创性的治国理政新理念新思想新战略。新时代的伟大实践表明，正是在科学认识和把握战略策略问题的基础上，党出台了一系列重大方针政策，推出了一系列重大举措，推进了一系列重大工作，战胜了一系列重大风险挑战，解决了许多长期想解决而没有解决的难题，办成了许多过去想办而没有办成的大事。

习近平总书记指出："正确的战略需要正确的策略来落实，策略是在战略指导下为战略服务的。"深刻把握战略和策略的辩证统一关系，关键是把战略的坚定性和策略的灵活性结合起来。战略具有全局性和根本性，体现为着眼一域而统筹全局的长远谋划；策略具有阶段性和可变性，体现为以灵活多样的方式解决现实具体问题的眼前需要。当前世界百年未有之大变局深刻变化前所未有。在拥有14亿多人口的世界最大发展中国家解决不平衡不充分的发展难题，改革发展稳定任务之重、矛盾风险挑战之多、治国理政考验之大都前所未有。给我们提出了大量亟待回答的理论和实践课题，这更要求我们既在战略上布好局，又在关键处落好子，把工作着力点放在解决最突出的矛盾和问题上，集中力量办好自己的事，在危机中育新机、于变局中开新局。

（2023年）

绿水青山常在 深情厚谊永存

各位同事，根据组织安排，我已转岗湘潭大学工作，这既是组织对我个人的高度信任，更是组织对省生态环境厅的高度重视，对我们多年共同奋斗事业的高度肯定。离别之际，蓦然回首，真是时光如流，岁月如梭！从2008年1月6日至今，转眼间，我已在湖南省生态环境厅（环保局、环保厅）工作足足15年。这5600余天，注定成为我人生当中最宝贵、最难忘的一段美好时光。这几天，每有闲暇，曾经与大家一起战斗的一幕幕场景、一个个片段，总是萦绕在我的心头、浮现在我的眼前，别有一番滋味在心头。而此时此刻，面对你们一张张熟悉而亲切的面孔、厅机关熟稔的每一处每一物，我更是百感交集，不想说再见。

难忘这15年，我收获了“志同道合，历久弥新”的深厚情谊。1985年秋，从北京大学毕业回湖南工作后，我先后在湖南省建委、湖南省国土局、郴州市旅游局、郴州市政府、湖南省生态环境厅等单位工作，而湖南省生态环境厅是我工作时间最久的单位，在这里，干部职工讲政治、敢担当、勇作为，工作干劲足、共事氛围好。在这里，为了共同的事业和追求，我与大家从相遇、相识到相知、相助，干事业一条心，抓工作一盘棋，谋发展一股劲，一路同甘共苦，一路并肩战斗，一路挥洒汗水，在不知不觉中结下了深厚的同事情、朋友情、兄弟情，不是亲人，胜似亲人，日渐增长，历久弥新。这些情谊成为我生命旅程中不可或缺的组成部分，时时刻刻都在感动、激励和支撑我。

难忘这15年，我理解了“国之大者，重于泰山”的职责使命。人与自然相互依存、共同发展，自1972年6月联合国召开首次人类环境会议并通过《联合国人类环境宣言》以来，保护人类赖以生存的地球家园已成为世界各国、社会各界共同关心的课题。从长远计，为子孙谋，党中央历来高度重视并积极推动生态环境保护工作，生态环境保护工作已成为我国的一项重要基本国策。党的十七大要求坚持全面协调可持续发展，党的十八大将生态文明建设纳入“五位一体”总体布局中，党的十九大在党章修改中增加“增强绿水青山就是金山银山的意识”等内容，2018 年 3 月通过的《中华人民共和国宪法修正案（草案）》将生态文明写入宪法，党的二十大要求建设人与自然和谐共生的现代化。湖南省第十二次党代会提出建设全域美丽大花园。尤其是习近平总书记对生态文明建设和污染防治攻坚战一直念兹在兹，提出了一系列新观点、新论断、新思想、新战略、新要求，形成了习近平生态文明思想，为我们抓好生态环保工作提供了根本遵循和行动指南。从北京大学地理系自然地理专业毕业后，我从事过国土规划、生态旅游等与生态环境保护相关的工作，进入湖南省环保局工作后，我更加深刻体会到生态环境保护的重要性、紧迫性、艰巨性，认识到生态环保工作是值得自己热爱并为之奋斗终身的伟大事业，所以 15 年来，我牢记职责使命，以高标准、强决心、大力度推进工作，持续攻坚克难，从不退缩。

难忘这 15 年，我见证了“人不负青山，青山定不负人”的可喜变化。作为农业大省、人口大省和有色金属之乡，湖南省生态环境保护压力巨大，湘江因重金属污染问题一度成为全国污染最重的河流之一。2007 年 11 月，还发生过浏阳湘和化工厂镉污染等重大环境污染事件。“十二五”以来，在国家大力支持和省委、省政府坚强领导下，湖南省先后推进湘江保护和治理三个三年行动计划、“水气土”三个十条、绿盾、利剑等系列专项整治，生态环境保护发生历史性、转折性、全局性变化，人民群众环境获得感、幸福感、安全感不断增强。2022 年，147 个国考断面水质优良率达 98. 6%，位居全国前列、中部第一，洞庭湖总磷浓度下降到 0. 06 毫克/升；8 个城市环境空气质量达到国家二级标准，全省 6 项污染物浓度均值连续三年稳定达标；受污染耕地安全利用率有效保障；全省 EQI 指数稳中向好；绿色低碳转型发展加快推进。我亲眼见证并亲身经历了这些成绩的取得，由衷感觉到湖南省生态环境厅是一支“特别能吃苦、特别能奉献、特别能战斗”的优秀集体，湖南省各级生态环境保护铁军不负伟大时代，不辱崇高使命。

难忘这15年，我坚持了“天道酬勤，不素何获”的人生格言。一分耕耘，一分收获。到湖南省环保局工作后，面对日益繁重的工作任务和压力，我始终保持饱满的工作热情、旺盛的精神状况，“白加黑”“五加二”加班加点是常态，并坚持工作高标准、严要求，大胆工作，积极探索，科学管理，踏实作为，创先创优，在同事们的全力支持和配合下，分管工作取得积极突破。在全国率先开展农村环境整治“四洁工程”，2013年，在国务院召开的改善农村人居环境工作会议上作典型发言。环境监测工作不断取得新突破，在首届全国环境监测技术大比武中，湖南省获团体第六、个人第七的好成绩。生态文明创建加快推进，推动长沙县等获评国家级生态县，争取了50余个县（市、区）纳入国家重点生态功能区享受生态转移支付政策。水生态环境工作纵深推进，湘江保护和治理、洞庭湖总磷攻坚等工作得到生态环境部重点推荐，枯水期水生态环境精细管理在全国率先铺开。在全国率先实现园区第三方治理全覆盖。服务经济高质量发展积极有为，“三线一单”制度落实、排污许可工作获得生态环境部高度肯定。争资立项一直走在全国前列，推动生态环保投入大幅增加。同时，曾经分管过的核与辐射、环境监察、土壤生态环境等其他工作也取得较好成绩。

难忘这15年，我保持了“建睿智之言，献务实之策”的优良习惯。术业要专攻，为增强履职本领、提高建言质量，面对繁重的业务工作、政协履职、社会活动，我坚持在学中干，在干中学，每天都会挤出时间学习和读书，并积极参加政协委员读书活动，担任“深入学习贯彻习近平生态文明思想读书群”群主，踊跃参加相关专题调研，不断加强思想理论武装，持续提升专业理论水平，努力抓住真问题、提出真办法。作为“绿色提案大户”，2008年以来，我先后提交100多件提案，关于农村环境整治、土壤污染防治、长江保护修复、洞庭湖生态环境整治、流域生态补偿等重点提案得到中央领导的批示和有关部门的采纳，做到本职工作与委员履职“两不误、两促进”。针对生态环境保护重点、难点和焦点问题，我深入思考，先后发表了多篇理论文章，相关提案建议获得全国政协优秀提案奖、民进中央参政议政成果一等奖，在全国政协十二届一次大会上就生态文明建设做《梦想成真靠实干》的口头发言，2019年全国“两会”期间在首场“委员通道”就长江经济带生态环境保护接受媒体采访，2019 年撰写的《系统推进长江经济带大保护的调查和思考》被评为“各民主党派、工商联、无党派人士为全面建成小康社会作贡献”建言献策优秀成果，2022 年在全国政协十三届第 24 次常委会上做《团结奋斗、勇毅前行，持续深入打好碧水保卫战》的口头发言。

苏格拉底说过，“世界上最快乐的事，莫过于为理想而奋斗”。作为环保卫士、政协委员，我对生态环境保护事业充满了热爱，对政协履职充满了激情，按照“履职在勤、建言在专”的原则，多年来勤勉履职，成果较为丰硕。2023 年 1 月，我有幸获评 2022 年度全国政协委员优秀履职奖，“矢志不渝导读红色经典，精准建言‘长江之歌’绿色篇章，参政热情高、责任意识强，本职工作与委员履职‘两不误、两促进’。敢直面真问题、能提出好办法、持之以恒不懈推动，用政协委员的责任担当书写新时代的光荣和梦想”的颁奖词是对我的最大肯定。单丝不成线，独木不成林，一个人走得快，一群人才能走得远。实事求是来讲，我取得的一点点成绩和荣誉是我们大家长期坚持、努力奋斗的共同成果，这些成绩和荣誉不仅仅是对我的认可，更是对生态环境厅这个优秀集体的认可。我在生态环境厅的成长进步和工作成绩的取得，所有的一切都离不开组织的关心、同事的支持，借此机会，再次表示衷心感谢！

衷心感谢组织的信任和关心。工作 37 年来，在组织的关心和培育下，我一步一步成长为省部级领导干部。我心中常怀感恩之心，深恐因自己的工作没做好而辜负组织的重托，不论在哪个岗位，我从未想到是为了做官，而是把职务作为回报组织、回报社会的重要平台和机遇。为此，多年来，我不敢有丝毫懈怠，长期艰苦奋斗，努力做到更好。

感谢同事的理解和支持。由于身兼数职，有时分身无术，工作过程中，各位领导、各位同事对我充分理解、鼎力支持、真诚帮助，让我充分感受了生态环境厅的温暖和谐。同时，我也深知自己还有许多不足，由于个人平时不苟言笑，让一些同志觉得不容易接近；工作中有时要求太高，严肃批评过人；对一些同志的关心还不够周全，等等。在此，我诚恳地向大家表示深深的歉意、深深的谢意、深深的敬意！

生命的意义不在固守，而在开拓，奋斗才能超越自我、超越过去，书写生命的精彩。按照组织安排，我将赴湘潭大学担任校长一职，这是组织对我的高度信任和厚爱培养，我坚决拥护省委的决定，在新的岗位上，我将把对党忠诚、对事业极端认真负责的态度和精神融入身体和血液中，一如既往勤奋学习，努力工作，和新同事们自立自强、团结奋斗，抢抓机遇，乘势而上，久久为功，争创一流，不断开辟新时代湘潭大学高质量发展新境界，以一校之光为全局添彩！也恳请生态环境厅、各位同事一如既往高度关注、大力支持湘潭大学，高看一眼，厚爱一等，在重大课题研究、人才队伍培养、资金项目安排等方面予以积极支持，强化战略合作，打造高校与厅局深度合作的优秀典范。

生态环境保护功在当前，利在千秋。在生态环境厅工作过，为生态环境事业奋斗过，是我此生的幸福和荣耀，更是我此生的自豪和骄傲！此时此刻，深感最难割舍的是这份情谊，最难离别的是这群同事，最难忘怀的是这份事业。今后，不管走到哪里、不管在什么岗位，我都会一如既往心系生态环境厅、关注生态环境厅、支持生态环境厅，为同志们点赞，为同志们加油，为同志们呼吁。同时，我也会始终胸怀“国之大者”，一如既往支持、推动生态环境保护工作，勇做习近平生态文明思想的坚定信仰者、忠实践行者和不懈奋斗者，在相关学科建设、相关科技成果转化应用、相关科技支撑等方面，以“闯”的精神、“创”的劲头、“干”的作风，为建设人与自然和谐共生的现代化新湖南作出应有贡献，努力让“三湘四水”天更蓝、水更绿、山更青！

最后，我衷心祝愿湖南省生态环境厅明天更加美好！衷心祝福各位同事身体健康、工作顺利、阖家幸福、皆得所愿！

（2023 年）

人生不是百米跑，而是一场马拉松

——在湘潭大学2023届毕业典礼暨学位授予仪式上的讲话

各位家长，各位老师、同学们：

大家上午好！

学有所成日，正冠拨穗时。今天，我们在这里隆重举行2023届毕业典礼暨学位授予仪式。在这个具有特别纪念意义的日子，我谨代表学校，向一往无前经受住疫情考验且圆满完成学业的你们表示最热烈的祝贺！向一路相伴辛勤栽培你们的师长表示最崇高的敬意！向一生辛劳默默支持你们的家长表示最衷心的感谢！

今天，是我担任湘潭大学校长的第113天。很荣幸，能够作为校长首次与毕业生们分享扬帆起航的喜悦，38年前，我从北大毕业离开燕园时的情景犹在眼前，和你们一样，既憧憬着奔赴未来，也难舍着校园独家记忆。近段时间，我看到很多同学在三拱门、图书馆、教学楼、画眉潭、泽园等地打卡留念，竭力收藏最美瞬间、尽情抒发深深眷恋。我们怀念，三拱门下诗词碑前的匆匆遇见；我们重温，一教楼旁玉兰花下的琅琅书声；我们不舍，宿管阿姨不分昼夜的深情守望；我们铭记，师长教诲同窗相扶的挂肚牵肠。母校啊！就是这样一个神奇的地方，我们总是一边吐槽、又极力维护；一边抱怨、又热忱迷恋；即便曾经千般不好，临行临别却万般不舍。

常言道：“天下没有不散的筵席”，但是古语又云：“人生何处不相逢”。相逢在哪里？相逢在未来的更远处、沉淀的更深处、成就的更高处。同学们在校园所经历的时光、所得到的素养和所积累的知识，将会是未来你们人生中最珍贵的记忆和最宝贵的财富。

作为湘潭大学最年轻的校友，你们即将拓马乾坤、振翅飞翔。毕业之际，即便各位老师、辅导员已经千叮咛、万嘱咐，作为校长，我还是有很多放心不下的牵挂，千言万语汇成一句话：人生远不是抬头就能看到终点的百米赛跑，而是一场集体力、智力、努力、心力于一体的漫长马拉松。

人生就是一场马拉松，要想飞得高，必须胸怀“俱怀逸兴壮思飞，欲上青天揽明月”的鸿鹄之志。宋代大文豪欧阳修有言：“得其大者可以兼其小，未有学其小而能至其大者也”。这句话告诉我们，人若没有高度，看到的都是问题矛盾；人若没有格局，心中充装的都是鸡毛蒜皮、个人情绪和暂时名利。没有崇高理想、目标追求和志气骨气的人，注定成不了大气候。2019 年感动中国年度人物钟扬，长期致力于生物多样性保护和研究，援藏 16 年，足迹遍布西藏最偏远、最艰苦的角落，长期面对高原反应、极寒天气，积劳成疾却从未退缩，为国家收集了数千万颗珍贵植物种子，把论文写在了青藏高原。离世前，双肩包里仍装着的是对国家事业的初心、誓言和未了的心愿。同学们生逢百年未有之大变局，身处人生的起步和重要时刻，未来可期，一定要心怀国之大者，早立志、立大志、立长志，坚守道德底线和法律红线，不辜负父母和老师的培养，不辜负自我奋斗的初心，不辜负祖国和人民的期望，勇做走在时代前列的奋进者、开拓者、奉献者，努力成为中国式现代化建设的有用之才、栋梁之材。

人生就是一场马拉松，要想行得远，必须锻造“人如铁塔岿然立，力量澎湃全无比”的强健体魄。“无论过去、现在，还是未来，中国青年始终是实现中华民族伟大复兴的先锋力量”，这是习近平总书记对近现代以来中国青年所作出的光辉论断。广大青年如何正确、充分地发挥身上蕴含的巨大能量，成为挺立在时代潮头、中流击水的佼佼者？身体是第一位的，身体不强，何谈栋梁？健康虽然不是一切，但没有健康就没有一切。经历过新冠洗礼的同学们相信对此感同身受，在病毒面前，什么财力、能力、实力、魅力……都不如免疫力。人生的终极问题就是生死，每个人都终将面对，明天和意外，总会在不期的一刻到来，但是，身体健康，便是最美的时刻。人生的路有多长，只有健康能丈量；岁月的风景有多美，只有平安能欣赏。身体是学习生活最重要的本钱和底气，拥抱健康，即使身处低谷，也有逆风翻盘的可能；失去健康，即使光芒万丈，也终究只是昙花一现。希望同学们毕业后哪怕再忙，也不要忘记锻炼身体。

人生就是一场马拉松，要想走得稳，必须永葆“黑发不知勤学早，白首方悔读书迟”的勤勉习惯。习惯是人生成长最关键的素养，机会和机遇只会留给有良好习惯、充足准备和高度自律的人。低级趣味，放纵即可获得；高级趣味，克制才能得到，真正的自由，不是随心所欲，而是自我主宰。毕业之后，大家进入了一个更广大、更多元、更自由的平台，不再有宿舍门禁的约束，也要记得早点回家入住；不再有上课铃声的催促，也不能停止学习的脚步；不再有期末考试的分数，也不能降低自我提升的觉悟。读书就是提升自我的最好捷径，读书不一定是为了考高分、拿国奖，也不一定能许你锦绣前程，但它能让人知天地之大，识日月之长，让你说话有德、做事有余、做人有尺、嬉闹有度，所以说读书是最低门槛的高贵，希望大家一定要保持终身读书的好习惯，让学习成为改变人生长度、拓展人生宽度、增加人生厚度一种生活方式。

人生就是一场马拉松，要想过得顺，必须拥有“天生我材必有用，千金散尽还复来”的豁达心态。人生的光景，有风有雨是常态，风雨兼程是状态，风雨无阻是心态。青年的人生之路很长，不可能一马平川、一蹴而就，而面对成败、喜乐的反应，恰恰体现出一个人深层次的涵养。一个好心态的人必定善良感恩。身处高峰，不居功自傲、心浮气躁，丢了情怀和感动；身陷低谷，不怨天尤人、投机取巧，忘掉初心和厚道。一个没有情怀的人，注定单调乏味；一个不懂感恩的人，未来一定短暂曲折。所以人一定 要懂得感恩，感恩家人、感恩老师、感恩同事、感恩组织、感恩时代。一个好心态的人必定品德高尚。面对名和利、得与失、荣与辱，要时刻以“不妄动、不失语、不苟求、不虚行”的君子标准来严格要求自己，即使遭受不公和压力，能够理智大度地应对，不因误解和责难而随波逐流、愤世嫉俗，更不能丢失做人的原则和尊严。一个好心态的人必定坚强坚韧。意志是成学、成人、成才、成业的重要条件。青年人意志力的强度，决定了今后成就的大小和高度。面对困难和逆境，有着不抱怨、不颓废、不气馁，不放弃的好心态，终将迎来雨后霓虹。

韶峰高、湘水长，人文圣地、科教殿堂，湘潭大学是一所根植红色基因、流淌红色血脉、赓续优良传统的综合性“双一流”现代化的大学。从这方沃土走出去的毕业生必定是有远大追求、有家国情怀、有宏大格局、有思想才华、有人生定力的中国特色社会主义建设者和接班人。希望同学们不要忘记一代伟人毛泽东主席的殷殷嘱托，不要忘记习近平总书记的殷切期望，不要忘记“牢记嘱托、艰苦创业、追求卓越”的湘大精神，不要忘记“博学笃行，盛德日新”的谆谆校训，用胸襟担当去捍卫尊严和梦想，用健康体魄去应对工作和生活，用执着追求去超越极限和自我，用淡定从容去攻克难关和挑战！

一入三拱门、一生湘大人。过去你们以母校为骄傲，以后你们也将成为母校的骄傲。无论你们今后身在何处，母校都会时刻关注和牵挂着你们，无论你们身处顺境或者逆境，母校永远都是你们倚靠的精神家园。

衷心祝愿同学们“一鸣从此始，相望青云端”“鹰击天风壮，鹏飞海浪春”，拥有锦绣灿烂的光辉前程。

欢迎同学们常回家看看。湘大因你而美好、因你而精彩、因你而卓越！

谢谢大家！

（2023 年）

附录

《湘声报》专访十一届全国政协委员潘碧灵

这天晚上，他第一时间发布“独家消息”

3 月1 日上午，潘碧灵向全国政协十一届四次会议报到后，便急匆匆地赶往国家环保部汇报湘江流域重金属污染情况。

“在我们努力争取下，国家环保部表示将全力支持湖南省提高对湘江重金属污染的监测能力”。当晚 9 时，在接受《湘声报》记者采访时，潘碧灵满脸笑容。这名拥有湖南省环保厅副厅长、民进湖南省委会副主委等多重身份的全国政协委员，邀请记者一起分享他的喜悦。

履职需讲好“普通话”“湖南话”

“会议还没有正式召开前，环境保护工作仍是我的主要工作。会议期间，作为一名政协委员，我将专心履职、尽心履职。”

随后，潘碧灵向记者介绍了他的履职重点：“今年是‘十二五’开局之年，委员们的重点将放在‘十二五’规划上。作为一名全国政协委员，我将站在全局的高度，从整个国家的经济社会发展着眼，为国家未来 5 年的发展献计出力。”

同样，作为民进界别的委员，潘碧灵称有很多“行话”可讲，民进成员大多来自教育、出版和文化行业，这几个行业是国家下一步改革的重点，比如文化体制改革，他将联合本界别内的委员就此建言献策。

此外，作为一名住湘全国政协委员，为湖南发展加大鼓与呼理所当然。在湖南要多讲“普通话”，站在更高的层面献计献策；到了北京以后，要多讲“湖南话”，站在全局的高度，想方设法让湖南的发展引起国家的重视。湘江重金属污染治理能得到国家和相关部委的重视，与住湘全国政协委员善于讲“湖南话”是密不可分的。

农村环保应全覆盖推进

湖南被称为“有色金属之乡”，为国家的发展和战略资源储备做出了巨大贡献，但历史欠账多，近年来重金属污染事件时发，治理难上加难。

潘碧灵坦言，重金属污染的现实威胁，在于土壤一旦被污染，恢复到污染前状态需要很长时间。重金属污染关乎人民的生命健康，国家将对重金属污染展开专项治理，湖南是重中之重。

农村环境保护也是潘碧灵关注的重点。2008 年起，国家就农村环境保护发力。至今，湖南省在这方面已走在其他省（区、市）的前列，去年环保部就此专门到湖南省开现场会。但潘碧灵并不满足现有的成绩，他认为，湖南作为一个农业大省、畜禽养殖大省，农村污染状况仍比较严重，治理效果并不明显。

“毕竟不像农网改造、通村公路、广播电视村村通以及即将进行的新一轮水利建设那般声势浩大与给力，没有进行大面积全覆盖。”潘碧灵建议将农村环境保护工作纳入民生工程范畴，作为统筹城乡发展的一个重要方面，进行类似农网改造、村村通的全覆盖推进。

“保护环境，不仅仅局限于水污染、土地污染等方面的治理，更需要对整个生态环境系统进行保护。”潘碧灵建议国家用经济的手段来加强生态环境的保护，逐步实施生态补偿机制。

潘碧灵称，湖南省的生态环境相对较好，森林覆盖率达 57.01%，列于全国前列，“湖南要保持如此高的森林覆盖率，势必影响经济发展，希望国家对湖南进行生态补偿。”

湿地减少、生物多样性受影响、水质污染、季节性缺水……洞庭湖备受住湘全国政协委员的关注，几乎每年都有与洞庭湖相关的提案。

令人欣慰的是，今年中央一号文件明确指出，要加快洞庭湖综合治理。潘碧灵笑称，今后有关洞庭湖的“湖南话”可能要换个方式来说了。

社会发展首要的是公平

对于“十二五”，潘碧灵有着自己的思考与见解。

潘碧灵认为，发展才是硬道理，任何时候都要以经济建设为中心。目前，我国经济总量虽位居世界第二位，但结构并不合理。首先是效益结构，过去追求数量，现在更多的要注重质量，也就是要追求经济发展的效率；其次是要考虑经济发展的均衡性，在一部分人、一部分地区优先发展起来后，要及时考虑产业结构调整，从国际发展的趋势来看，最终要发展成以消费拉动的经济结构，也就是通常讲的“321”产业结构，目前中国尚处在“231”产业模式中。再者是区域结构，建议对中西部地区、农村地区给予更多的重视和关注。最后是财政结构，目前中央财政实力雄厚，如何摆好中央与地方的财政结构值得思考。

潘碧灵说，“十二五”的发展，要始终坚持科学发展，必须有效控制在发展的同时付出的环境成本，不能一味考虑 GDP 增长。在经济发展的同时，还要更加注重社会发展，首要考虑的是社会公平问题，应尽可能创造一种公平竞争的环境；对弱势群体，要采取多种方式进行帮扶，民生无小事，注重以人为本，着力提高人民的幸福指数。

（2011 年，来源于《湘声报》）

《21 世纪导报》专访
全国政协委员、湖南省环保厅副厅长潘碧灵：
“希望明年中央一号文件锁定农村环保”

“生态文明建设是小康社会的一个重要内容和重要目标，自觉的十七大报告提出来以后取得了一些成绩。”全国政协委员、湖南省环保厅副厅长潘碧灵对《21 世纪导报》（以下简称《21 世纪》）记者指出，但我们必须注意到生态文明建设在城乡之间严重失衡的问题。

潘碧灵对本报介绍，长期以来，我国环保工作“重工业、轻农业”、“重城市、轻农村”，导致农村环保和生态建设历史欠账太多，“如果继续欠账不还，这可能影响到 2020 年小康社会目标的实现。”

为此，潘碧灵呼吁，中央应在明年出台一个加快农村环保的“一号文件”，全面推进农村环保整治。

城乡生态文明建设极不均衡

《21 世纪》：在 2007 年的十七大报告中，中央提出将生态文明建设作为实现全面建设小康社会奋斗目标的新要求。您如何理解“生态文明建设”？

潘碧灵：生态文明是以人与人、人与自然、人与社会和谐共生为宗旨，以建立可持续的生产方式和消费方式为内涵，引导人们走上持续和谐发展道路的文明形态，是人类社会经历了原始文明、农业文明、工业文明之后探寻和追求的一种更高、更好的文明形态。生态文明理念先进、内容丰富、内涵科学，反映了人类社会的发展规律和正确抉择。要实现生态文明的目标关键在建设。生态文明建设实质上就是要建设以资源环境承载力为基础，以自然规律为准则，以可持续发展为目标的资源节约型、环境友好型社会，实现人与自然和谐相处、协调发展。具体而言，就是要构建生态文明产业支撑体系、生态文明环境安全体系、生态文明制度建设体系、生态文明道德文化体系、生态文明能力保障体系。

《21世纪》：在过去将近五年的时间内，您认为"生态文明建设"还存在哪些不足？

潘碧灵：其中，一个突出的问题是生态环境不均衡的问题。社会公众和政府对城市的生态环境普遍关注，而且局部环境状况已开始好转，但对农村的生态环境关注相对较少。

但实际上，全国农村环境形势已经十分严峻，农村生活污染、面源污染还相当严重，农村环境污染呈持续恶化趋势。据第一次全国污染源普查统计，农业源主要污染物，如化学需氧量、总氮、总磷分别达到1324万吨、270万吨、28万吨，分别占全国总排放量的43.7%、57.2%、67.3%，污染排放已占到全国半壁江山。全国农村每年产生生活垃圾约2.8亿吨，生活污水约90亿吨，人粪尿约2.6亿吨，绝大多数没有处理，随意排放，每年产生的6.5亿吨各类农作物秸秆有20%未综合利用，被焚烧或堆积于河湖沟渠或道路两侧。

再者，我国是世界上化肥、农药使用量最大的国家，年施用量分别达4700万吨和130多万吨，而利用率仅为35%左右，流失的化肥和农药造成土壤、地表水和地下水污染，受污染的耕地约有1.5亿亩。畜禽粪便年产生量达27亿吨，大部分规模化畜禽养殖场没有污染治理设施，每年地膜残留量高达45万吨，造成了土壤污染。

以湖南省为例，湖南省有个别村因畜禽养殖几十米以下的地下水都遭到了污染，10多年征兵体检无人合格。农村环境污染不仅威胁数亿农民的身体健康，还通过水、土壤等渠道影响食品安全，最终影响到城市居民。

确保广大农民的公平环境权益

《21世纪》：目前的农村环保存在哪些突出问题？

潘碧灵：尽管李克强副总理早在2008年全国农村环保工作电视电话会上就指出，"农村环境保护事关广大农民的切身利益，事关全国人民的福祉，事关国家的可持续发展”，但是政府提供的农村环境公共服务力度偏小，整治乏力。近年来，国家对“三农”工作越来越重视，采取了一系列重大措施。2011 年中央财政“三农”支出超过万亿元，与上年相比增长 21%，极大地促进了农村经济发展、农民增收、基础设施改善和农村社会事业进步。但相对而言，农村环保却投入不大、推进不快，2011 年中央财政投入 40 亿元开展农村环境连片整治，仅占当年“三农”投入的 4‰。截至目前，通过“以奖促治”政策整治村庄仅 1. 6 万个，按环保部、财政部规划，到 2015 年也只能治理 6 万个，相对全国 60 多万个村庄任重而道远。比较政府对城市提供的环境公共服务，农村无论覆盖面还是公平性存在巨大反差。

此外，多年来我国的环境管理体系是建立在城市和重要点源污染防治上的，在制度层面上对农村污染及其监管重视不够。目前农村环境管理机构不健全，乡镇基本没有环保机构，缺乏必要的监测、监察设备和能力，农村环保的政策、法律、标准体系不健全。

《21 世纪》：对此，您认为应该如何从根本上改变上述现状？

潘碧灵：基本的环境质量是一种公共产品，是政府必须确保的公共服务，各级政府有责任为广大人民群众提供公平的环境公共服务。这种服务不能城乡有别，我建议中央对全国农村环保工作进行专题研究，把农村环境整治纳入“两型社会”和新农村建设总体战略，作出全面部署安排，像近些年全面推动其他“三农”工作一样，出台一个加快农村环保的中央“一号文件”，明确指导思想，确定目标任务，强化工作责任，建立激励约束机制，全面推进农村环境整治。

中央的一号文件，多次围绕农村问题展开，农村的方方面面都涉及了，唯独没有注意到农村环保。而如果农村环保再不发力，而是按照目前这种慢悠悠的节奏做下去，到 2020 年农村小康社会的目标肯定无法实现。因此，我建议，希望明年的中央一号文件锁定农村环保。

农村环境整治是一项综合性的系统工程，涉及环保、财政、农业、林业、建设、水利、国土、卫生等多个部门，需要各部门各司其职、紧密配合、整体联动，才能取得实效。建议建立农村环境整治工作领导小组，专门负责农村环境整治示范工作的综合协调、资金整合、项目实施和监督管理等工作，特别是应按照"渠道不变，各记其功"的原则加强涉农资金、项目的整合。

《21世纪》：除了联合整治，农村环境整治投入也是关键。自2008年中央财政首次设立中央农村环保专项资金以来，四年只安排了资金80亿元。您如何看待农村环保工作的资金缺口？

潘碧灵：每个村的治理需要200万—500万，全国有60多万个行政村，按80%的治理面，需要投入过万亿。从资金来源上，必须着眼于建立政府、企业、社会多元化投入机制，中央财政大资金投入主导，地方政府加强资金配套，积极推动农民投资投工投劳，引导和鼓励社会资金参与农村环保，各级排污费、土地出让金等专项资金可明确一定比例用于农村环境整治，力争到2025年全国80%以上的村庄得到治理，"十二五"东部、"十三五"中部、"十四五"西部基本实现农村环境整治全覆盖，确保全面建成小康社会的实现。

同时，应以县级财政为主，确保农村环保日常工作、环保设施和机制长效运行的经费。

每年筹集4亿省级配套资金用于重金属治理

《21世纪》：湖南省是"有色金属之乡"，其重金属污染严重。《湘江流域重金属污染治理实施方案》（以下简称《方案》），也是全国第一个获国务院批准的重金属污染治理试点方案。目前，这一方案，有哪些进展？

潘碧灵：自2011年3月国务院批复《方案》以来，湖南省高度重视该《方案》的组织实施，成立了省长挂帅的"湖南省重金属污染和湘江流域水污染综合防治委员会"，在株洲清水塘重金属污染治理工程的现场隆重举行了"湘江流域重金属污染治理启动仪式"，省政府与湘江流域八市人民政府签订目标责任状，将治理任务进行分解落实。省政府出台了《关于加强环境保护促进有色金属产业可持续发展的决定》，出台了《〈湘江流域重金属污染治理实施方案〉工作方案》《湖南省重金属污染治理项目管理办法》《湖南省重金属污染治理规划实施考核办法》，省政府还批准了《湖南省重金属污染治理省级配套资金筹措方案》，每年将筹集省级配套资金4亿元用于重金属污染治理。

按照“保民生、控源头、还旧账、强监管”的防治路线，以及到2015年湘江流域涉重金属企业和重金属污染物排放量均减少50%的目标，为改变有色、化工等涉重金属行业“散、小、乱”的状况，湖南省加大了产业结构调整力度，湘江流域已淘汰关闭涉重金属企业661家，启动重金属污染治理项目83个，总投资达97.2亿元，落实中央和省级重金属污染治理资金18.369亿元。

《21世纪》：《方案》在实施过程中遇到哪些问题，计划怎么解决？

潘碧灵：目前重金属污染治理面临的主要问题有：产业结构和布局存在问题较多，关停淘汰企业涉及地方经济发展、职工安置及补偿等社会敏感问题，历史遗留问题多，清洁生产及部分治理技术不成熟，投入太大及资金筹集困难等。

针对这些问题和困难，湖南省采取了很多对策。首先，加大考核力度，将重金属治理任务和目标层层分解，落实到单位，落实到人，并每年进行检查考核，确保规划的顺利实施。其次，加大结构调整的力度，下大力气关闭淘汰一批小、散、差的涉重金属企业，将涉重金属企业进行整合并迁入专业园区，在整治过程中促进湖南省有色产业做强做优。再者，大力推进重金属污染治理项目建设，将规划项目按年度分解，明确责任单位，确保按期启动，顺利实施。实施项目进度月报告制度，及时协调解决项目实施过程中遇到的困难。同时，我们加大资金筹措力度，积极与国家相关部门衔接汇报，争取国家对湖南省重金属污染治理更大的支持，加大各级政府和企业对治理资金的投入。此外，在治理技术上，我们充分引进利用国际、国内科研力量和治理技术，针对重金属污染治理的难点和紧迫任务开展科研攻关。

（2012年，来源于《21世纪导报》）

全面建设小康社会农村环保不能缺位

——对话全国政协委员、湖南省环保厅副厅长潘碧灵

嘉宾简介：潘碧灵，第十一届全国政协委员、民进湖南省委会副主委、湖南省环保厅副厅长。

各位网友，大家好！我是主持人江滨。今天我们请到的对话嘉宾是全国政协委员、湖南省环保厅副厅长潘碧灵。

为什么建议中央一号文件锁定农村环保?

主持人：您今年的提案是呼吁中央一号文件加强农村环保问题。连续9年来，每年中央一号文件都有关于当前农村最迫切需要解决的问题的内容。您是不是认为，农村环保问题已经成了最迫切需要解决的、重中之重的问题了？

潘碧灵：为什么我提出这份提案？从农村环保重要性角度来讲，有三个方面的原因。

第一个原因，农村环境污染形势十分严峻。据第一次全国污染源普查资料，基本上农村的污染排放占到了全国的“半壁江山”。农业源主要污染物，如化学需氧量、总氮、总磷分别占到全国总排放量的43.7%、57.2%、67.3%。所以说，光抓工业和城市，是不能完全改善环境质量的。中国广大农村的环境污染问题有一个形象的说法，“污水靠蒸发，垃圾靠风刮，室内现代化，室外脏乱差”，这是一个普遍现象。如果不重视农村环境问题，我国整体环境质量很难得到根本改善。

污染减排作为推动环保工作、改善环境质量的一个重要手段，是一个近期目标，而环保的根本性目标是改善环境质量。农村环保要跟工业减

排、城市环保一样放在同等重要的位置。从环保工作本身来讲，农村环保是薄弱环节，因此，应把农村环保放到更加突出的位置。

第二个原因，去年召开的第七次环保大会上李克强副总理明确提出，基本的环境质量是一种公共产品，是政府必须确保的公共服务。政府要确保这种公共服务，就应该坚持环境公共服务的有效性、公平性。

所谓有效性，就是要尽力提供，而公平性，就是要平等提供。仅抓工业和城市的环保，就不是公平的环境公共服务，就等于侵害了农民的环境权益。所以，农村环保是事关维护农民环境权益，构建和谐社会的重要问题。

第三个原因，我们国家提出到2020年要全面建成小康社会。从2008年开始，国务院召开专门会议，部署加快农村环保工作，几年来取得了一定的成效。中央财政这几年投入了80亿元，用于重点问题村整治和集中连片整治示范，今年又要投入55个亿元，加起来这几年就是130多亿元了。

主持人：就是农村环境整治的以奖促治政策。

潘碧灵：对。按照环保部和财政部编制的农村环保“十二五”规划，“十二五”期间，共投资800亿元，其中，中央财政投入400亿元，地方配套400亿元，治理全国6万个行政村，全国有60多万个行政村，就是说到“十二五”末，治理面只能覆盖全国的10%。如果按照这么一个速度，甚至还加快一点速度，到“十三五”也只能治理50%。如果全国农村只治理了50%，我认为小康社会是不全面的。

所以说，李克强副总理在2008年国务院召开的全国农村环保第一次电视电话会议上就讲了，全面建设小康社会，重点在农村，难点在环境。因此，农村环境整治不仅十分重要，而且十分紧迫，必须把农村环境整治真正放在环保工作的重要位置，切实加大工作力度，才能适应工作和形势发展。

潘碧灵：为什么我明确提出来，明年的中央一号文件锁定农村环保？因为中央一号文件连续9年来都是关注“三农”工作。“三农”工作的一些主要领域，中央都已经考虑到了，对农业生产、农业基础设施建设、农村社会事业等方面都作了全面的部署，也有了一系列扶持政策，比如说粮食直补、农机补贴，今年还加大了力度，提高了标准。农村基础设施这一块前几年搞了农网改造，解决了农村用电的问题；后来搞了通乡通村改造，解决了路的问题；前年开始的水利建设，又将解决水利基础设施建设的问题。今年中央财政投入农业农村基础设施建设资金达1654亿元，力度很大，这块的关键问题基本会得到解决。

农村社会事业，包括九年义务教育、养老保险、医疗保险、大病统筹都已经部署了，面上全覆盖了，以后主要是提高标准的问题。但唯有农村环保，“十二五”末才能覆盖10%。

“三农”工作最薄弱的环节就是农村环保，所以我建议明年的中央一号文件应该锁定农村环保。而且现在农民感受最深切、最期盼的就是农村环保。前段我们对连片整治示范区的项目进行验收，所到之处老百姓欢欣鼓舞，有的地方还放起了鞭炮。他们讲改革开放以来，政府做得最好的两件事情，一个是修路，再一个是整治农村环境，农民对农村环境整治工作给予了高度评价。

在农村，温饱问题已解决了，农业生产、基础设施、社会事业已经安排部署并在全面推进。而农村环保还在试点示范，所以一定要加大推进速度和力度。

潘碧灵：解决农村环保问题有没有可能？是不是政府没有钱，解决不了这个问题？我觉得不是，关键是认识和力度问题。我算了一笔账，全国60万个行政村，按照我们现在的基本整治，主要是针对污水、垃圾、畜禽养殖、饮用水安全，大概一个村投入不少于200万元，60万个行政村就是1.2万亿元。如果说，“十二五”的后三年，中央财政按每年500亿元投入，“十三五”期间中央财政按每年1000亿元投入，加起来8年共投入6500亿元，地方平均按照1∶1配套，中央财政和地方财政一共13000亿元。这样就能够在2020年全面建成小康社会的时候，使农村环境问题基本得到解决。

500亿元、1000亿元能不能做到呢？我觉得完全能够做到。现在全国财政收入超过10万亿元，中央财政一年超过5万亿元。500亿元，在5万亿元中才占1%。举个例子，原来水利建设也是大家反映比较强烈的问题，中央下决心，这两年就投入了3000亿元，农村环保每年才几十亿的投入。因此，关键不是资金问题，而是重不重视的问题。

主持人：您的提案上了全国政协的大会书面发言，是吗？

潘碧灵：对，我的大会书面发言就是针对这个问题，这说明全国政协也很重视这一问题。各大媒体也很关注，我参加全国“两会”是第五次了，这次是媒体最关注、采访最多的。到现在为止接受了30多家媒体的采访，包括中央电视台、新华社、《人民日报》《经济日报》，都是国内主流媒体，还有香港《文汇报》等，农村环保问题成了媒体关注的热点和焦点。

所以，我觉得农村环保应该引起国家高度重视。

农村环境治理适宜区域整体推进

主持人：您原来在国土系统工作过，到环保厅后一直分管自然生态和农村环保，对农村工作非常熟悉。您觉得，除了资金，在具体实施过程中，还有一些什么样的困难会妨碍农村环境治理？

潘碧灵：农村环境整治的技术总体看还是比较成熟的，关键还是工作推进的问题，在推进的形式和方法上值得探索。我建议一是应整体推进。湖南省已经在做这个工作。今年我们在全国率先进行整县推进的试点，我们选取了三个县（区），就是长沙县、长沙大河西先导区，还有张家界的武陵源区。比如说垃圾体系，不可能围绕十几个村做一个垃圾清运体系，一个行政区域，比如一个县，才能够形成一个整体。湖南省今年先抓三个县（区），整县（区）整治试点，未来三年准备在长株潭三个地级市全面铺开，整体推进。一来便于项目实施。规模大，更好组织。二来环境质量有整体效果。三来解决公平性的问题，如果只有试点区域搞，别的区域老百姓会觉得有不公平的问题。

二是把治理任务细化到项目，分项目制定奖励配套标准，更便于操作。比如，农户建一个污水处理池，国家补贴多少、地方配套多少、农户出多少钱。建一个垃圾转运站补多少钱，买一台垃圾清运车补多少钱，买一个垃圾桶补多少钱，细化到具体的项目，制定统一标准，在面上推进的时候，便于操作，易于落实。

主持人：按湖南整体推进的模式，农村环境整治是可以操作得很到位的，对吗？

潘碧灵：对。我们这次提出的整体全覆盖包括了乡镇和农户的生活污水、垃圾、畜禽养殖，包括规模化养殖和散户养殖、乡镇污水处理厂四大领域，比起环保部、财政部连片整治的工作要求，增加了乡镇污水处理厂和规模化畜禽养殖治理。

主持人：这是农村污染减排的大头。

潘碧灵：对，这是大头，“十二五”减排也列进去了。湖南省的整县、整市推进应该在全国是比较领先的，我们希望“十二五”末能覆盖全省的50%，到2020年全面建成小康社会的时候，农村环境基本得到整治。我这个“基本”的概念指的是，治理面不能少于80%。为什么这么讲？因为有一些城市的郊区可能过几年变成城市了，可以暂时不考虑纳入整治，以免浪费。还有一些边远山区，农户比较分散且稀疏，环境有一定自净能力。所以，我的观点是至少治理到80%，才能够叫基本治理。

主持人：按照您的观点，现在农村环保的突破口，应该是国家更加地重视，投入更加提高，这才是问题的关键？

潘碧灵：对，我们自己已经在做，但是希望国家更多重视和支持。这个问题不是做不到，关键还是领导重不重视。

农村环保关键是要解决三个问题，第一，地位问题，要跟“三农”的其他工作摆在同等重要的地位，摆在与工业、城市环保同等的地位。目前在“三农”工作和整个环保工作里面，农村环保都是薄弱环节，是短板。第二，投入问题。第三，机构问题。县以下要有人抓有人管，应设立环保机构。这三个关键问题解决好了，其他问题就好办了。

主持人：你们在试点整县推进的时候，农村环保这块怎么管？从县环保局派人直接管？

潘碧灵：我们现在是设机构，这次整县推进试点，县的所有乡镇必须设立环保机构，叫环保所。

主持人：相当于这些人要财政拨款？

潘碧灵：经费要确保，工作经费、设施运行的经费，必须要有保障，而且还要建立长效机制。

具体而言，农村环境整治工作，第一是围绕四大重点领域进行治理。第二是整合涉农项目，形成整体合力。第三是要建立长效机制，整个工作才既能见到成效，又能可持续。

湘江流域重金属污染治理进展较缓

主持人：国务院在“十二五”初期就确定了《湘江流域重金属污染治理实施方案》，一年下来，湘江流域重金属污染治理情况现在怎么样？

潘碧灵：《湘江流域重金属污染治理实施方案》是列入国家“十二五”规划的，就是“十二五”重金属污染治理国家以湘江流域为主，是全国的重中之重。

湘江流域重金属污染治理要求在“十二五”期间要取得明显成效，跟节能减排一样，是约束性指标，是有承诺的。但是现在我觉得还有一些问题。

第一，推进速度还不快。国家批准的湘江流域重金属污染治理规划是建设927个项目，投入595亿元，到去年年底，只实施了49个项目，投入42亿元，其中中央财政投资是12.7亿。如果按照这个速度下去，未来三年是完不成“十二五”任务的。

第二，国家投入比例太低，地方配套比例太高，地方不堪重负。国家负担30%，地方负担70%，600亿元的投入我们负责70%，就是400多亿，我们希望国家至少负担50%到60%。

第三，为了解决地方配套资金问题，希望国家给予政策支持，能够发行湘江流域重金属污染专项治理债券。400多亿元的投入，靠湖南地方财政短时间解决配套资金问题非常难，需要向社会募集资金。

第四，急需加大重金属污染治理方面的技术研究、引进和推广。有些重金属污染治理方面的技术我们国内不是很成熟，需要引进、研究和推广。

第五，需要加强重金属污染监测能力建设。重金属监测能力在湖南省市一级还可以，但还需要加强，县一级，特别是重点县需要加强。另外，涉重金属企业在线监测投入也不够。

第六，“十二五”期间湘江流域重金属污染治理，还要进一步拓宽领域。湘江流域有59个简易的垃圾填埋场，渗滤液都没有经过处理，渗滤液不光COD严重超标，重金属也严重超标。改造这59个简易垃圾填埋场要投入20多亿元，希望能够纳入湘江流域重金属污染治理整体项目中。还有土壤修复，现在试点都还没开始。

第七，国家要支持重点关键区域整体搬迁。比如说株洲清水塘，投上几十亿，最终可能不能解决根本问题。我们建议，把这里涉重金属的企业整体搬迁出去，从根本上解决问题。整体搬迁成本比较大，算下来要几百个亿，但是如果不搬的话，可能投几十亿下去也没有解决根本问题，到时候钱花了，效果也不是很好。

第八，国家应允许重金属严重超标的土地闲置下来，同时给农民实行补偿。原来重金属的采矿、冶炼区域，对周边的环境包括土壤都造成了很大的危害。现在土壤修复技术不成熟，投入又太大，短期搬迁也不现实，能不能把这类土地暂时闲置下来，同时像生态补偿一样，对农民给予一定的补偿。

建议发行湘江流域治理债券

主持人：重金属污染的问题确实是一个非常严重的问题。从历史上看，湖南省一直是农业大省，是中国的米粮仓，近些年工业企业造成一些污染。您认为，现阶段产业结构怎么调整、农业工业怎么平衡，才能真正实现既要经济发展又要保护好环境的目标？

潘碧灵：一定要把调整产业结构落到实处。第一，支持企业做大做强。比如湖南省2008年搞洞庭湖的造纸企业整顿，把一两万吨以下的企业全部关了，一共关停了234家造纸企业，同时我们重点支持大型造纸企业，最后产能规模上去了，财政税收也上去了。包括现在重金属的污染治理，我们也是采取这个措施，见到了一定的成效。但是我们感觉还不够。所以这次下决心把花垣的锰矿冶炼企业整合成两个集团，而且建立现代企业制度。结果，产能规模上去，财政税收上去，污染排放下来了，管理制度也健全了。所以说，关键是下决心推进产业结构调整。经济发展促进环境保护，环境保护优化经济发展，指导思想是对的，但在具体操作层面上应认真研究。第二，向园区集中。过去污染面很大很广，现在集中在工业园区，危害性相对小得多。第三，建全污染治理设施。第四，加强监测监察。第五，源头把关，对新项目审批严格把关。

主持人：您在提案中建议发行湘江流域重金属治理债券，您觉得这个操作性和可行性有多大？

潘碧灵：只要国家给政策完全可以操作。国家现在每年都发行2000亿元的地方债券，今年增加到2500亿元。发行债券就是增加湖南省地方债券的额度，跟国债一样，地方政府承担利息，老百姓买债券，就是用政府信誉做担保，预支未来的钱先用，而且这个资金用途很专一，只能用于湘江流域重金属污染的治理。湖南省现在财政收入也有1800亿元，一年发行几十个亿的专项债券，地方财政还是可以承受的，关键是国家要给政策。

多渠道考虑环保资金来源

主持人：为一个流域污染治理筹措资金而发行债券，这个提法是全国第一个吧？关于环保资金的筹措，您还有什么好的招数？

潘碧灵：从污染治理角度发行债券应该是第一个。对一些重要问题，像刚才讲的株洲清水塘搬迁，要几百亿元，同样可以发行重点区域的治理债券，包括现在的节能减排，除了财政投入以外，能不能也发行一部分节能减排的债券？

关于环保资金的筹措，在政策层面，我建议，第一，在排污费里明确一定的比例用于农村环境整治。因为既然是要工业、农业同治，排污费完全可以明确20%—30%用于农村。据我了解，有几个省已明确排污费的一定的比例用于农村环境整治，但是全国没有统一的规定。

第二，建议土地出让金明确一定比例用于农村环境整治。土地不能光考虑数量，还要考虑到质量，18亿亩耕地，都被污染了，还有什么作用？农村环境整治好了，就是提升土地质量，土地出让金划出一定比例用于农村环境治理是有道理的。现在保障性住房和水利建设就从土地出让金中提取了一部分，但是农村环保这块没有用到。有的时候不是没有钱，关键是国家政策支持不支持。

第三个，建议从央企上交中央财政的资金中，安排一定资金用于污染治理。因为过去不少污染是央企造成的，尤其是涉重金属企业造成的，央企拿一部分钱出来治理也是合理的。

另外还有排污权交易等市场化的手段，要求企业进一步加大投入。所以，解决环保资金问题要多渠道、多途径去考虑。

从数字看投入 国家应更加重视环保

主持人：今天您谈了很多环保资金投入的问题，您认为，资金的问题是现阶段环境质量改善的关键吗?

潘碧灵：我国节能减排任务很艰巨，国家的决心也很大。这次的国务院政府工作报告中提到我们要用行动昭示世界，中国绝不能靠牺牲生态环境和人民健康来换取经济发展。我们一定能走出一条经济发展、生活富裕、生态良好的文明发展道路。

但是目前我们的投入还不足，我这里有三个比较：先讲与其他行业的比较，去年中央财政支出的十八个大项中，节能环保支出总量排在第十位；占中央财政支出份额的2.9%，排在第九位，去年投入增幅为12.5%，在十八个大项中排在第十二位。

第二个比较是年度预算。去年中央财政节能环保支出总额1623亿元，去年财政收入增长24.8%，而节能环保支出增幅是12.5%，远远低于财政收入增长，也就是说环保投入在财政收入比例里面是下降趋势，而不是增长的趋势。今年预算是1769亿，增幅是9%。按照9%的增幅，节能环保支出增幅今年肯定又会低于财政收入的增长。环保投入在财政支出的比重越来越下降。

第三个比较是投入增长速度。保障性住房这两年才开始重视起来，但是去年中央财政用于保障性住房的投入是1720亿元，今年是2117亿元，无论是总量，还是增幅，都超过环保。还有水利，今年预算支出1654亿元，已经接近节能环保支出，而水利只是农村工作的一部分，环保却是覆盖全国，覆盖城乡的，这怎么能体现对节能环保的重视?

潘碧灵：还有一个环境治理拐点问题。环保部对全国环境形势的总体评价是局部有所改善，整体还在恶化。按照西方经济学界总结出来的库兹涅茨曲线，环保投入要占到GDP的3%以上，环境质量的拐点才会出现。而现在节能环保支出只占到中央财政支出的2.9%。

按照国际通行标准环保投入要占到GDP的3%，这样算下来我国的环保投入需要1.5万亿左右。我们现在即使把社会投资和企业投资算上，一年的环保投入只有四五千亿元，只达到国际通行标准的1/3，差距太远。不少媒体问我中国环境质量的拐点什么时候出现，我就回应了一句话，中国教育的财政投入达到占GDP的4%，用了19年，我强烈地呼吁和真诚地希望，环保投资不能用这么长的时间。3%的问题应该引起国家及有关部门的高度重视，切实加以解决。

环保投入明显偏低，能不能解决这个问题？我看可以，关键是国家要下决心。我举个例子，因为财政教育支出占比4%，全是要财政投入，环保占比3%，还有企业、社会的投入，所以说，只要下决心，还是可以做到的。不能光讲科学发展，关键还是要看投入，只有这么大的投入，如何全面改善环境质量？基本环境质量是一种公共产品，是政府必须确保的公共服务，这个很重要，以后政府必须切实承担起改善环境质量，为人民群众提供优质环境公共服务的责任，而要履行好这一责任，必需的、一定的财政投入是必不可少的，否则，整体环境质量不可能全面改善。

主持人：今天的访谈就到这里，谢谢潘厅长接受我们的采访！各位网友，再见！

（2012年3月21日，来源于中国环境网）

生态补偿机制怎样完善？

——访全国政协委员、湖南省环保厅副厅长潘碧灵

记者： 目前，生态补偿机制存在哪些亟待解决的问题？

潘碧灵： 生态补偿机制是一个重要的市场化的制度安排。前几年，我国在这方面做了积极的探索，特别是纵向生态补偿方面，每年资金增加的幅度较大。但目前仍存在诸多亟待解决的问题。

一是纵向生态补偿制度不全面、不平衡、不到位。关于生态补偿制度不全面的问题。2008 年以来，我国开展的国家重点生态功能区自上而下的纵向生态补偿，主要是对以森林生态系统为主的地方政府的补偿，国家近几年才对以湿地和流域水环境为主的地方政府给予了适当补助。森林生态系统生态补偿也往往由于资金不足、规划不太科学等原因，使得为生态环境作出贡献、本应纳入国家生态转移支付的地区却未被列进去。

关于生态补偿不平衡的问题。2008 年以来，中央财政对国家重点功能区范围内的 452 个县（市、区）开始实施生态补偿资金转移支付，目前生态补偿范围扩大到 482 个县（市、区）。中央财政生态补偿资金投入增加了 6 倍，而生态补偿范围变化却十分有限，只增加了 30 个县（市、区）。同时，根据现在的补偿水平，列入国家重点生态功能区生态转移支付的县一年少则补偿三五千万，多则补偿过亿，而做了贡献却未列入的县（市、区）一分未补，区域间不平衡，严重影响了未列入的县（市、区）保护生态环境的积极性。

生态补偿资金不能及时足额到位，让生态补偿往往变成了看上去很美的一块饼。即使是已列入了生态补偿的县（市、区），由于财政补偿资金列项属于一般转移支付而非专项转移支付，加之财政对资金使用方向缺乏

硬性要求，致使有的地方拿这笔钱去平衡财力，挤占、挪用补偿资金现象十分普遍。有的县（市、区）依赖国家补偿资金，地方财政对生态环保基本不再投入。这严重影响了生态补偿资金使用效果。尽管近几年财政部、环境保护部加大了对国家重点生态功能区生态环境质量监测评估，但由于不少省、市、县为了不影响中央财政资金争取，基本上是报喜不报忧，监测评估质量大打折扣。

二是横向生态补偿经过多年探索，仍然处于自发状态。由于横向生态补偿缺乏法规政策约束，多数省（区、市）均未开展此项工作，开发地区、受益地区与生态保护地区、流域上游地区与下游地区之间缺乏有效的协商平台和机制，导致横向生态补偿发展不足，目前只有浙江省、江苏省、安徽省和江西省等地开展了横向生态补偿。除资金补助外，产业扶持、技术援助、人才支持、就业培训等补偿方式未得到应有的重视，横向生态补偿常常陷入“只说不做”“知易行难”的困局。

三是专项生态补偿标准偏低，影响积极性和生态修复。如当前生态公益林补贴标准远低于林地所产生的经济效益，一亩森林按照20年的主伐期计算，每一亩可以实现收入2000元，但是按照国家现在的补偿标准，经营20年只补偿200元，相差太大，导致很多林农不愿意纳入国家生态公益林的范围。随着牛羊肉价格上涨，草畜平衡补助不足以弥补生产成本增加和减畜经济损失。从企业提取的矿山环境治理和生态恢复保证金偏少，不足以实施矿山环境治理和生态恢复工程，不少企业宁肯不要矿山环境治理和生态恢复保证金，也不实施矿山环境治理和生态恢复工程，有的省（区、市）国土部门账上滞留的企业矿山环境治理和生态恢复保证金达300多亿元。

四是生态补偿管理体制亟待完善。生态补偿管理体制涉及面广，综合性的管理部门有国家发展和改革委员会、财政部、环保部等，专项生态补偿管理部门有农业部、林业局、水利部、国土资源部等，现各部门之间缺乏整体协调，综合管理谁来牵头也不是很明确，各有关部门工作和管理的要求也不明确、严格，严重影响了生态补偿工作的推进和开展。

五是政策法规建设严重滞后。目前，我国还没有生态补偿的专门立法，现有涉及生态补偿的法律规定分散在多部法律之中，缺乏系统性和可操作性。尽管国家发展和改革委员会从2010年开始牵头组织起草《关于建立健全生态补偿机制的若干意见》和《生态补偿条例》，但至今尚未出台，已经滞后于形势的需要。有关部门出台了一些生态补偿的政策文件和部门规章，但其权威性和约束性不够。现有的政策法规也存在有法不依、执法不严的现象，谁开发、谁保护，谁受益、谁补偿的利益调节格局还没有真正形成，在促进生态环境保护方面的作用还没有充分发挥。

记者：如何改革完善现有机制?

潘碧灵：针对生态补偿机制存在的问题，必须加大对生态补偿制度改革和推进的力度。

第一，要加强立法，搞好顶层设计。通过完善政策和立法，建立健全生态补偿长效机制。加快修订《中华人民共和国环境保护法》，增加生态补偿内容，按照谁开发、谁保护，谁受益、谁补偿的原则，进一步明确责任与义务，强化法律约束。加快出台生态补偿条例，明确生态补偿的基本原则、主要领域、补偿范围、补偿对象、资金来源、补偿标准、相关利益主体的权利义务、考核评估办法、责任追究等，鼓励各地出台规范性文件或地方性法规，不断推进生态补偿的制度化和法制化。

第二，要扩大生态补偿范围。应该将生态功能价值较高的限制开发区，湿地、生物多样性保护等具有生态敏感性的区域，大气环境、耕地和土壤环境等具有重要保护功能的区域全部纳入生态补偿的范围。

第三，要加大生态补偿投入。生态补偿要纳入各级财政预算，增设专项科目，并尽量提高补偿额度。中央财政要进一步加大对国家重点生态功能区，特别是中西部国家重点生态功能区的转移支付力度。提高矿山地质环境治理和生态恢复保证金征收标准。完善森林、草原、水、海洋等各种资源费征收管理办法，加大各种资源费中用于生态补偿的比重。推进煤炭等资源税从价计征改革，研究扩大资源税征收范围，适当调整税负水平。适时开征环境税。加大水土保持生态效益补偿资金的筹集力度。

第四，要推进多元补偿方式。应该建立政府统筹、多层次、多渠道的生态补偿机制，充分发挥政府与市场的双重作用，在加大财政生态补偿力度的同时，要充分应用经济手段和法律手段，探索多元化生态补偿方式。积极推进资源使（取）用权、排污权交易等市场化的生态补偿模式，引导社会各方参与环境保护和生态建设。搭建协商平台，完善支持政策，推动开发地区、受益地区与生态保护地区、流域上游与下游采取资金补助、对口协作、产业转移、人才培训、共建园区等方式实施横向生态补偿。促使企业承担起生态补偿责任，把生态成本内置为企业内部成本，通过财政补贴、贴息、税收减免等优惠政策，鼓励企业进行生态经济投资。加强政府同金融部门的联系，加强对外交流合作，争取国际性金融机构优惠贷款和民间社团组织及个人捐款，以促使补偿主体多元化，补偿方式多样化。

第五，要完善生态补偿管理体制。加大生态补偿管理体制改革力度，整合多方力量，强化统一管理。加快建立生态补偿标准体系，制定统一、协调的生态补偿标准。改进各种资源费的征收和管理工作。切实加强监测能力建设，健全重点生态功能区、跨行政区域流域断面水量水质重点监测点位和自动监测网络。要明确资金用途，严格资金管理，将生态补偿机制建设工作成效纳入对地方政府的考核。

（2014 年 3 月 14 日，来源于《中国环境报》）

《21 世纪导报》专访
全国政协委员、湖南省环保厅副厅长潘碧灵：生态补偿缺少法律的硬约束和国家的强力部署

“理想很丰满，现实很骨感”。

这是全国政协委员、湖南省环保厅副厅长潘碧灵对生态补偿制度建设的评价。“从 2005 年以来，国务院每年都将生态补偿机制建设列为年度工作要点，党的十八大报告和十八届三中全会提出，生态补偿制度是生态文明制度建设的重要组成部分。但由于缺少法律的硬约束和国家统一的强力部署，生态补偿制度建设进展缓慢。”

在潘碧灵看来，当前我国的生态补偿常常陷入“只说不做”“知易行难”的困局，“看上去很美却得不到”，特别是跨省、市的生态补偿难以落实，目前全靠自觉。在环境压力和环境风险如此巨大的当下，建议国家对生态补偿制度进行顶层设计，尽快全面推行。

纵向生态补偿存在的三大问题

《21 世纪导报》（以下简称《21 世纪》）：您如何评价我国现有的纵向生态补偿制度？

潘碧灵：我国的纵向生态补偿制度主要存在不全面、不平衡、不到位三个问题。

首先是不全面。2008 年以来开展的国家重点生态功能区自上而下的纵向生态补偿，主要是对以森林生态系统为主的地方政府的补偿，近年来国家才对以湿地和流域水环境为主的地方政府给予了适当补助。森林生态系统生态补偿也往往由于资金不足、规划不太科学等原因使得为生态环境做出贡献，本应纳入国家生态转移支付的地区未列进去。比如湖南省罗霄山

脉、雪峰山脉常绿阔叶林生态区等区域生态环境质量好，是南方生物多样性保护和水源涵养的重要区域，目前仅有少数县（市、区）纳入补偿范围。再比如洞庭湖是我国第二大淡水湖泊，也是国际重要湿地，对全国乃至全球的生态环境都有影响，而目前洞庭湖湿地生态系统所涉及县（市、区）没有一个纳入国家生态转移支付范围。

其次是不均衡。2008 年以来，中央财政对国家重点功能区范围内的 452 个县（市、区）开始实施生态补偿资金转移支付；其中 2008 年为 60 亿元、2009 年 120 亿元、2010 年 249 亿元、2011 年 300 亿元、2012 年 371 亿元、2013 年达到 440 亿元，目前生态补偿考核范围扩大到 482 个县（市、区）。中央财政投入增加了 6 倍，生态补偿范围变化有限，只增加了 30 个县（市、区）。同时，根据现在的补偿水平，列入了国家重点生态功能区生态转移支付的县一年少则三、五千万，多则过亿的补偿，而作了贡献却未列入的县（市、区）一分未补，区域间不平衡，严重影响了未列入县（市、区）保护生态环境的积极性。

其次，生态补偿资金不能足额到位，让生态补偿往往变成了看上去很美的一块饼。即使是已列入了生态补偿的县（市、区），由于财政部的补偿资金列项属于一般转移支付而非专项转移支付，但这个专项又具有专项转移资金的性质，加之财政对资金使用方向缺乏硬性要求，有的县（市、区）拿这笔钱去平衡财力，挤占、挪用补偿资金现象十分普遍，有的依赖国家补偿资金，地方财政对生态环保基本不再投入了，面对上级的检查有的地方财政局局长甚至说，关键是把账做好，这严重影响了生态补偿资金使用效果。此外，尽管近几年财政部、环保部加大了对国家重点生态功能区生态转移支付县（市、区）的生态环境质量监测评估，但由于不少省、市、县为了不影响中央财政资金争取，基本上是报喜不报忧，监测评估质量大打折扣。

《21 世纪》：在纵向生态补偿之外，您如何评价现在的横向生态补偿的现状？

潘碧灵：横向生态补偿经过多年探索，仍然处于自发状态。由于横向生态补偿缺乏法规政策约束，多数省均未开展此项工作，开发地区、受益地区与生态保护地区、流域上游地区与下游地区之间缺乏有效的协商平台和机制，导致横向生态补偿发展不足，目前只有浙江省、江苏省、安徽省和江西省等地开展了横向生态补偿。除资金补助外，产业扶持、技术援助、人才支持、就业培训等补偿方式未得到应有的重视，横向生态补偿常常陷入“只说不做”“知易行难”的困局。

生态补偿制度缺少硬约束

《21 世纪》：在前两种生态补偿之外，我国还存在专项生态补偿。您如何评价我国的专项生态补偿制度？

潘碧灵：就专项生态补偿而言，主要的问题是标准偏低，影响积极性和生态修复。如当前生态公益林补贴标准远低于林地所产生的经济效益，一亩森林按照 20 年的主伐期计算，每一亩可以实现收入 2000 元，但是按照国家现在的补偿标准，经营 20 年只补偿 200 元，相差太大，导致很多林农不愿意纳入国家生态公益林的范围。随着牛羊肉价格上涨，草畜平衡补助不足以弥补生产成本增加和减畜经济损失。从企业提取的矿山环境治理和生态恢复保证金偏少，不足以实施矿山环境治理和生态恢复工程，不少企业宁肯不要矿山环境治理和生态恢复保证金也不实施矿山环境治理和生态恢复工程，有的省国土部门账上滞留的企业矿山环境治理和生态恢复保证金达 300 多亿元。

《21 世纪》：生态补偿制度从 20 世纪 90 年代就开始探索，20 多年过去了，为什么还存在这么多问题？

潘碧灵：生态补偿管理体制涉及面广，综合性的管理部门有国家发展和改革委员会、财政部、环保部等，专项生态补偿管理部门有农业部、林业局、水利部、国土资源部等，现各部门之间缺乏整体协调，综合管理谁来牵头也不是很明确，各有关部门工作和管理的要求也不是很明确、严格，严重影响了生态补偿工作的推进和开展。

因此，解决这个问题的出路，在于立法。目前，我国还没有生态补偿的专门立法，现有涉及生态补偿的法律规定分散在多部法律之中，缺乏系统性和可操作性。尽管国家发展和改革委员会从 2010 年开始牵头组织起草《关于建立健全生态补偿机制的若干意见》和《生态补偿条例》，但至今尚未出台，已经滞后于形势的需要。有关部门出台了一些生态补偿的政策文件和部门规章，但其权威性和约束性不够。现有的政策法规也存在有法不依、执法不严的现象，谁开发、谁保护，谁受益、谁补偿的利益调节格局还没有真正形成，在促进生态环境保护方面的作用还没有充分发挥。

重新设计生态补偿制度

《21 世纪》： 您对生态补偿制度的改革有哪些具体的建议？

潘碧灵： 生态补偿是一个系统工程，是生态文明制度建设的重要方面，需要顶层设计。首先，国家需要尽快对生态补偿做出整体部署，出台生态补偿政策法规。通过完善政策和立法，建立健全生态补偿长效机制。加快修改《中华人民共和国环境保护法》，增加生态补偿内容，按照谁开发、谁保护，谁收益、谁补偿的原则，进一步明确责任与义务，强化法律约束。加快出台《生态补偿条例》，明确生态补偿的基本原则、主要领域、补偿范围、补偿对象、资金来源、补偿标准、相关利益主体的权利义务、考核评估办法、责任追究等，鼓励各地出台规范性文件或地方法规，不断推进生态补偿的制度化和法制化。

其次，扩大生态补偿范围。对生态环境状况和生态资产进行全面评估，根据评估结果确定进行生态补偿的先后顺序，将有限的补偿资金合理分配，提高补偿资金的利用效率。对大气环境、耕地和土壤环境等有重要保护功能的区域，湿地、生物多样性保护区等具有生态敏感性的区域，以及部分生态功能价值较高的限制开发区纳入生态补偿的范围，完善生态补偿领域。

再者，生态补偿要纳入各级财政预算安排，在财政预算安排中增设相关科目，并尽量提高补偿额度。中央财政要进一步加大对国家重点生态功能区，特别是中西部国家重点生态功能区的转移支付力度。完善矿山环境治理恢复责任机制，加大矿山地质环境治理和生态恢复保证金征收力度。完善森林、草原、水、海洋等各种资源费征收管理办法，加大各种资源费中用于生态补偿的比重。推进煤炭等资源税从价计征改革，研究扩大资源税征收范围，适当调整税负水平。适时开征环境税。加大水土保持生态效益补偿资金的筹集力度。

《21 世纪》： 在生态补偿的系统设计中，补偿方式也值得进行多元化探索，因为目前的生态补偿主要靠财政资金。对此，您有哪些建议？

潘碧灵：我们应该建立政府统筹、多层次、多渠道的生态补偿机制，充分发挥政府与市场的双重作用，在加大财政生态补偿力度的同时，要充分应用经济手段和法律手段，探索多元化生态补偿方式。积极推进资源使（取）用权、排污权交易等市场化的生态补偿模式，引导社会各方参与环境保护和生态建设。搭建协商平台，完善支持政策，推动开发地区、受益地区与生态保护地区、流域上游与下游采取资金补助、对口协作、产业转移、人才培训、共建园区等方式实施横向生态补偿。促使企业承担起生态补偿责任，把生态成本内置为企业内部成本，通过财政补贴、贴息、税收减免等优惠政策，鼓励企业进行生态经济投资。加强政府同金融部门的联系，加强对外交流合作，争取国际性金融机构优惠贷款和民间社团组织及个人捐款，以促使补偿主体多元化，补偿方式多样化。

实际上，地方政府进行的一些创新，也需要国家给予明确态度，将创新经验加快推广，比如对流域上游和重要生态功能区因承担更大的保护责任和发展领域受限制而进行有效的开发性补偿。浙江省在县域和市域内以及省内跨市域范围都有这方面的事例。在市域范围内，金华市率先开展探索，在市区设立金磐扶贫经济技术开发区，作为源头地区磐安县的开发用地，并给予一系列政策扶持。2003年磐安县从开发区获得的财政收入为5300万元，占磐安县财政总收入的22%。这是区域间生态补偿的新途径，既解决了上游的污染问题，也促进了生产力合理布局和区域的协调发展。

（2014年，来源于《21世纪导报》）

潘碧灵委员：城市园林绿化应以生态功能为重

面对众多媒体的“追问”，潘碧灵委员有备而来，拿出了一份“潘碧灵全国政协十二届三次会议提案目录”。记者从目录上了解到，今年他一共准备了11件提案，其中8件与生态、环保有关。“在这里，想特别就‘城市园林绿化’这一话题谈谈我的观察与思考。”潘碧灵主动打开了话匣子。

潘碧灵坦言，近年来，随着城市化的发展，我国城市品质不断提升，特别是城市园林绿化水平有了较大提高，但是这项工作也出现了一些偏差。比如，许多城市园林绿化只重数量、不重质量；只重景观美化，不重生态功能。再如，“大树进城”愈演愈烈，这不仅给移出地生态环境造成严重破坏，而且通常大树移植成活率仅有60%；另外，为追求异域风情，热衷于引进外来植物及新品种，忽视了乡土树种的开发和利用等。

“城市要降尘除霾，除了抓工业污染、餐饮油烟外，还要重视发挥园林绿化本身的功效。”潘碧灵委员建议树立生态优先的原则，将城市园林绿化的功能排序从传统的“景观效益—经济效益—社会效益”调整为“生态效益—景观效益—社会效益”；以环境容量、自然资源承载能力和生态适宜度为依据，科学规划和建设城市生态网络，形成稳定的生态园林空间，充分发挥生态系统的潜力，有效防御大气污染。潘碧灵委员还建议，模拟自然植被群落，合理规划植物品种，丰富生物多样性，促进城市生态平衡，特别要研究和了解不同植物种类改善空气质量的功能，更多地选择降尘除霾效果更佳的乡土树种。

（2015年3月6日，来源于中国青年网）

尽快完成生态补偿顶层设计

——访湖南省环保厅副厅长潘碧灵委员

国务院政府工作报告中提出“打好节能减排和环境治理攻坚战”，强调“环境污染是民生之患、民心之痛，要铁腕治理。”湖南省环保厅副厅长潘碧灵委员在接受记者采访时表示，在环境压力和环境风险如此巨大的当下，建议国家对生态补偿制度进行顶层设计，尽快全面推行。“从2005年以来，国务院每年都将生态补偿机制建设列为年度工作要点，但由于缺少法律的硬约束和国家统一的强力部署，生态补偿进展缓慢。”

记者：生态补偿制度从20世纪90年代就开始探索，20多年过去了，为什么进展缓慢?

潘碧灵：生态补偿管理体制涉及面广，综合性的管理部门有发改委、财政、环保等，专项生态补偿管理部门有农业、林业、水利、国土等，现在各部门之间缺乏整体协调，综合管理谁来牵头也不是很明确，各有关部门工作和管理的要求也不是很明确、严格，严重影响了生态补偿工作的推进和开展。目前，我国还没有生态补偿的专门立法，现有涉及生态补偿的法律规定分散在多部法律之中，缺乏系统性和可操作性。

记者：你对生态补偿制度的改革有哪些具体的建议?

潘碧灵：首先，国家需要尽快对生态补偿做出整体部署，出台生态补偿政策法规。通过完善政策和立法，建立健全生态补偿长效机制。要加强立法，搞好顶层设计。

其次，扩大生态补偿范围。对生态环境状况和生态资产进行全面评估，根据评估结果确定进行生态补偿的先后顺序，将有限的补偿资金合理分配，提高补偿资金的利用效率。再者，生态补偿要纳入各级财政预算安排，在财政预算安排中增设相关科目，并尽量提高补偿额度。中央财政要进一步加大对国家重点生态功能区，特别是中西部国家重点生态功能区的转移支付力度。完善矿山环境治理恢复责任机制，加大矿山地质环境治理和生态恢复保证金征收力度。完善森林、草原、水、海洋等各种资源费征收管理办法，加大各种资源费中用于生态补偿的比重。推进煤炭等资源税从价计征改革，研究扩大资源税征收范围，适当调整税负水平。适时开征环境税。加大水土保持生态效益补偿资金的筹集力度。

两会特刊

留住白云蓝天 换回绿水青山

尽快完成生态补偿顶层设计

——访湖南省环保厅副厅长潘碧灵委员

作者：本报记者 龙军　《光明日报》（2015年03月08日 08版）

政府工作报告中提出“打好节能减排和环境治理攻坚战”，强调“环境污染是民生之患、民心之痛，要铁腕治理。”湖南省环保厅副厅长潘碧灵委员在接受记者采访时表示，在环境压力和环境风险如此巨大的当下，建议国家对生态补偿制度进行顶层设计，尽快全面推行。“从2005年以来，国务院每年都将生态补偿机制建设列为年度工作要点，但由于缺少法律的硬约束和国家统一的强力部署，生态补偿进展缓慢。”

记者：生态补偿制度从20世纪90年代就开始探索，20多年过去了，为什么进展缓慢？

潘碧灵委员：生态补偿管理体制涉及面广，综合性的管理部门有发改委、财政、环保等，专项生态补偿管理部门有农业、林业、水利、国土等，现在各部门之间缺乏整体协调，综合管理谁来牵头也不是很明确，各有关部门工作和管理的要求也不是很明确、严格，严重影响了生态补偿工作的推进和开展。目前，我国还没有生态补

图 10　媒体报道潘碧灵接受采访

（2015 年 3 月 8 日，来源于《光明日报》）

设立土壤污染防治基金有何思路

“与水、气污染防治相比，土壤污染防治投入大、周期长、收益低、缺长效机制，目前主要依赖政府财政投入的模式，远不能满足土壤污染防治的资金需求。”湖南省环保厅副厅长潘碧灵近日表示，从整体看，我国尚缺乏高效的污染土壤修复商业模式和资金投入机制。

环境保护部环境规划院研究员王夏晖认为，资金投入不足和来源不稳定，一直是困扰土壤污染防治的一个“短板”，目前虽然中央财政设立了土壤污染防治专项资金，但资金规模和使用范围都有限。

据全国人大环资委法案室付莎处长介绍，《中华人民共和国土壤污染防治法（草案）》明确，我国将设立土壤污染防治基金，立足通过多种渠道、多种方式解决土壤污染防治资金筹集问题。

潘碧灵根据多年的研究和工作经验，就未来土壤污染防治基金的资金来源、用途和管理等提出了意见建议。

《土壤污染防治行动计划》（以下简称“土十条”）把土地分为农用地和建设用地，因为二者适用不同的管理办法、污染防治标准和技术指南等。潘碧灵认为，建设月地概念包括的外延比较宽泛，目前城市要修复的主要是工矿企业污染的场地。最紧迫的是防治农用地和场地土壤污染。所以，应把土壤污染防治基金分为农用地土壤污染防治基金和场地土壤污染防治基金两类，分别进行设立。

前者重公益，后者可营利。也就是说，前者用于农用地污染防治，保证土壤质量，主要是为了保障人们的食品安全，维护公众利益。后者用于受污染场地的污染防治，致力于把某场地修复治理达标，可以转让收益。

所以，潘碧灵认为，农用地基金可主要来自政府财政及公益性资金，场地基金可主要来自政府财政、企业、环境损害赔偿金等。

具体来说，农用地土壤污染防治基金应主要来源于政府及其职能部门、科研高校的财政资金及一定比例土地出让金，可广泛吸收社会组织和社会团体的捐赠。

他解释说，这里说的“一定比例土地出让金”是指，相关部门把农用地转为建设用地的出让金的一部分提取出来，用作农用地土壤污染防治基金。

潘碧灵认为，吸收社会公益资金也可以多渠道，比如开设土壤污染防治彩票的收益，或把基金投资高回报领域的部分盈利用于支持农用地污染防治基金设立。也可以接受慈善捐助等，主要体现这种基金的公益性。

对于场地土壤污染防治基金，潘碧灵建议，可采取公共资金和社会资金相结合的 PPP 模式（政府和社会资本合作模式）。

他解释说，公共资金主要是政府财政资金投入，包括财政专项资金、企业排污费、污染场地修复后土地收益等。

按比例募集的社会资金，可以从污染企业环境损害赔偿、高风险企业环境风险保证金中提取一部分作为基金，也可以来自土壤污染修复公司投资、其他企事业单位和个人投资、银行与证券公司等金融机构融资等。“由于场地土壤污染防治基金有一定收益，可以建立开放式基金，对基金总额不封顶，根据需要和相关策略而增加或减少。”潘碧灵表示。

资金从哪儿来？

农用地基金可主要来自政府财政及公益性资金，场地基金可来自政府财政、企业、环境损害赔偿金等。

他山之石——美国利用超级基金治理“棕地”。

国外发达国家特别是美国，在污染场地治理和资金筹措方面，积累了不少成功经验。

1978 年，美国纽约州发生拉夫运河事件，引起公众关注“棕地”（指因含有或可能含有危害性物质、污染物或致污染物而使得扩张、再开发或再利用变得复杂的不动产）对人体健康的危害。

为解决危险物质泄漏造成污染的土壤修复及其费用负担问题，以此为契机，1980 年，美国国会通过了《综合环境反应赔偿和责任法》（这个法案因其中的环保超级基金而闻名，因此又被称为《超级基金法》）。《超级基金法》规定，美国环保超级基金经费来源主要是国内生产石油和进口石油产品税、化学品原料税及环境税，初始基金为 16 亿美元。1996 年，美国国会修改《超级基金法》时，将基金总额扩大到 85 亿美元。

据统计，1983—2008 年，超级基金项目共清理有害土壤、废物和沉积物 1 亿多立方米，清理垃圾渗滤液、地下水、地表水约 12.9 亿立方米，为数万人提供了洁净的饮用水水源。

截至 2012 年 7 月 26 日，美国共有 1664 个污染场地被列入国家优先名录，其中 360 个污染场地已被清理完毕。美国超级基金制度有其合理的一面，特别值得一提的是，《超级基金法》规定了对污染行为的可追溯性与连带的法律责任。

同时，人们也注意到，制度自身以及在适用过程中也暴露出一些问题。因此，美国这一制度也在不断完善和发展。

国外在土壤污染防治方面重点是对污染场地进行修复，对农用地特别是大面积农用地的修复很少。

钱都用在哪儿?

用在详查、风险防控、修复项目等急需的重点领域及其细分领域。

“两种土壤污染防治基金都应主要用于完成‘土十条’提出的土壤污染防治任务，实现防治目标。”潘碧灵认为。

他强调，土壤污染防治基金只是土壤污染防治资金的一种来源渠道，不能“包治百病”。所以，他认为，“好钢要用在刀刃上”，基金要用在急需的领域及其细分领域。

具体而言，基金应该主要用在土壤污染状况详查和场地调查、土壤污染风险防控、污染土壤修复、未污染耕地保护、土壤污染修复技术研发等 5 个领域及其急需的细分领域。

一是土壤污染状况详查和场地调查。“摸清家底”是土壤污染防治的基础性工作。“土十条”明确，在现有相关调查基础上，将以农用地和重点行业企业用地为重点，开展土壤污染状况详查。

潘碧灵认为，基金可用于开展详查、建设土壤环境质量监测网络和建立土壤环境基础数据库等所需。

二是土壤污染风险防控。对于农用地，主要是把基金用于重度污染的农用地污染防控上，其中包括补偿由于污染严重农用地需调整种植结构，不再种植食用粮食作物或生产的粮食作物不能用于食用，可能影响收入的农民等。对于场地，基金主要用于工矿企业遗留下的重污染物的风险防控，比如矿渣、尾矿库等，防止其污染地下水和周边土壤。

三是污染土壤修复。潘碧灵强调，由于基金有限，应主要用于国家和地方政府确定的土壤污染综合防治先行区建设，以及修复治理试点，总结经验后再向全国推广，这样可以降低投资风险，达到事半功倍的效果。

四是未污染耕地保护。潘碧灵解释说，为了保护未污染耕地，需要减量使用化肥、农药，推广使用有机肥，农户可能因此受到经济损失，可以用基金补偿这些受损失农户。在未污染耕地周边严格限制工业企业建设，可以用基金补偿当地政府，弥补因此减少的收入。

五是土壤污染修复技术研发。潘碧灵认为，基金还可主要用在推进土壤污染诊断、风险管控、治理与修复等共性关键技术研究，研发先进适用装备和高效低成本功能材料、药剂等方面。

关于基金的使用，付莎则认为，对于政府组织的调查，包括制定标准、科研等常规性工作，希望用财政资金解决问题。对于历史遗留的问题，没有办法找到污染责任人的土壤污染场地和地块，可以通过基金方式解决治理资金问题。

如何规范管理?

农用地基金主要由政府管理，场地基金主要由政府和企业共同管理或委托专业基金管理机构管理

基金管理要科学化，使其发挥应有的作用。潘碧灵认为，农用地基金应主要由中央和省统一管理。可把环境保护技术专家、环境保护法律专家、机构专业管理人员引入环境污染治理基金组织的管理机构，在基金组织内部设立各种污染防治技术咨询小组。发挥专业人员的专业优势，用好管好基金。

他强调，在财务上必须重视审计监管。建立社会公众对农用地土壤污染防治基金使用的监督管理机制，基金使用要让公众进行评议，广泛参与其中，从而激发公众投身农用地土壤污染防治事业的热情。

潘碧灵认为，场地基金应主要由市、县两个级别管理。由政府相关部门与企业共同管理，也可委托专业的资金管理机构管理、经营。

（2017 年 3 月 17 日，来源于《中国环境报》）

生态补偿亟待强化硬约束

生态补偿制度是生态文明制度建设的重要组成部分，我国从20世纪90年代就开始探索，《中华人民共和国环境保护法》第31条规定“国家建立、健全生态保护补偿制度”，2016年，国办印发了《关于健全生态保护补偿机制的意见》，但由于缺乏法律约束、资金保障困难等各种原因，目前工作推进仍比较缓慢。

纵向生态补偿还不全面、不平衡、不到位。一是不全面。2008年，国家开始建立国家重点生态功能县财政转移支付制度，但主要是对森林功能的补偿，对湿地和水环境保护基本没有补偿。比如洞庭湖作为国际重要湿地，湖区相关县（市、区）就没有纳入补偿范围。二是不均衡。2008年，中央纵向生态补偿从只涉及452个县（市、区）扩大到818个县（市、区），但仍有为保护生态作出重要贡献的县（市、区）未纳入。三是不到位。重点生态功能县（市、区）大部分财政较为困难，由于对生态补偿资金的用途缺乏硬性要求，补偿资金难以防止或避免被挤占、挪用的现象。

横向生态补偿还缺乏法规政策硬约束。尽管中央层面出台了资金奖补政策，但大部分省推进力度不够。由于缺乏有效协商平台和机制，横向生态补偿常常陷入“只说不做”“知易行难”的困局，象征意义远大于实际意义。

专项生态补偿标准也偏低。由于没有得到合理补偿和严格赔偿，生态补偿（赔偿）对保护者缺乏吸引力，对违法者缺乏威慑力。如现有生态公益林补贴标准远低于林地所产生的经济效益，导致很多林农不愿意纳入国家生态公益林。类似腾格里沙漠8家污染企业支付5.69亿生态修复赔偿金的案例屈指可数，不足以给违法企业造成威慑。

如何解决这三层面的问题？

应理顺体制机制。生态补偿管理体制涉及发改、财政、环保等许多部门，现综合牵头部门不明确，各有关部门工作职责不明确，部门间整体协调不够，工作要求不严。建议国家尽快明确综合牵头部门，出台责任清单和任务清单，加强督办督察。大幅度提高重点生态功能县（市、区）生态环境保护工作的考核比重，强化地方党委、政府主体责任。

加快专项立法。目前，我国还没有针对生态补偿进行专门立法，现有的法律规定分散在多部法律之中。有关部门出台的一些规章和政策，权威性和约束性不够，谁受益谁补偿、谁损害谁赔偿的利益调节格局没有真正形成。建议加快出台生态补偿条例，明确生态补偿的基本原则、主要领域、补偿范围、补偿对象、资金来源、补偿标准、相关利益主体的权利义务、考核评估办法、责任追究等。

建立多元机制。充分发挥政府与市场的双重作用，加快建立政府统筹、多层次、多渠道的生态补偿机制。一是将生态补偿纳入各级财政预算安排，中央财政进一步加大对国家重点生态功能县（市、区）的转移支付力度。二是加大环境税和各种资源费的征收力度并明确用于生态补偿的比重。三是积极推进资源使（取）用权、排污权交易等市场化的生态补偿模式。四是搭建协商平台，完善支持政策，推动开发受益区与生态保护地区、流域上下游采取资金补助、对口协作、共建园区等多种方式实施横向生态补偿。五是督促企业承担起生态补偿责任，促使企业把生态成本内置为企业内部成本。六是建立独立公正的生态资产和生态环境损害评估制度，对生态保护地区根据其生态贡献给予相应补偿，对损害生态环境的行为给予全额生态损害赔偿。

扩大补偿范围。将湿地、饮用水水源地保护区等具有重要保护功能的区域，将为保护大气环境、耕地和土壤环境作出贡献区域，如基本农田、未污染耕地保护区，以及部分限制开发区域，如蓄滞洪区等纳入生态补偿范围，应纳尽纳、应补尽补。

（2018年8月23日，来源于人民政协网）

潘碧灵常委参加首场“委员通道”采访

背景

党的十九大召开时，十九大新闻组在人民大会堂安排了“党代表通道”，由部分十九大代表接受中外媒体集体采访。2018 年全国两会，学习借鉴了党的十九大新闻报道经验和做法，开设了“代表通道”“委员通道”，此举得到了习近平总书记等中央领导同志的高度关注和充分肯定。今年全国两会前夕，习近平总书记又就“代表通道”“委员通道”新闻采访工作做出重要指示，要求讲好中国故事。

纪实

根据习近平总书记指示，全国政协、中央电视台对今年的“委员通道”新闻采访工作高度重视，进行了认真研究和策划，决定今年仍安排三场“委员通道”采访活动，但接受采访的委员每场由 12 人减少到 9 人，同时，各组受访委员由去年集中谈一个主题改为每人谈一个主题，首场更强调综合型。根据这一指导思想，全国政协、中央电视台首先确定了首场“委员通道”的主题，然后由全国政协有关专委会、各民主党派、全国工商联推荐接受采访委员，经过研究确定初选委员。

2 月20 日，全国政协新闻组在全国政协举行了首场“委员通道”新闻采访工作会，对工作进行了研究和安排部署，初选的九名全国政协委员和中央电视台、新华社、《人民日报》等国内主流媒体参加了会议。

3 月1 日晚，全国政协新闻组、中央电视台在人民大会堂东大厅组织了试镜活动，进一步完善流程、细化任务、落实责任。

3 月3 日下午两点左右，全国政协十三届二次会议开幕前，中国探月工程总设计师吴伟仁、前世界卫生组织总干事陈冯富珍、中国联通研究院院长张云勇、中央电视台新闻中心新闻主播海霞、贵州省盘州市淤泥乡岩博村党委书记余留芳、北京同仁医院眼科中心主任王宁利、西湖大学校长施一公、故宫博物院原副院长宋纪蓉等全国政协委员在人民大会堂东大厅首场“委员通道”接受了中外媒体的采访。住湘全国政协常委、民进省委主委、湖南省生态环境厅副厅长潘碧灵也受邀接受了采访。中央电视台新闻频道现场直播了首场“委员通道”采访，习近平等党和国家领导人在人民大会堂会议厅观看了首场采访。

实录：

记者：您好，我是湖南卫视的记者，我想提问潘碧灵委员。据最新的科学考察估算，长江江豚的种群数量大幅下降趋势得到有效遏制，这是否意味着长江生态修复取得了一定的成效？下一步如何进一步保护好长江？

潘碧灵：谢谢湖南卫视记者的提问。目前，长江江豚大约1000头，数量已少于大熊猫，被誉为“水中大熊猫”。江豚对水质和噪声非常敏感，与长江联通的洞庭湖江豚最少时只有72头，现已增加到110头，去年，习近平总书记视察长江湖南段时就看到了数条江豚翻滚出江面的动人场景，它们的回归，说明长江流域水质的不断改善。

但前些年的长江却不是这样。母亲河病了，而且还病得不轻。化工围江、生活污水下河、农业面源污染、岸线无序开发、湿地萎缩等问题突出。范仲淹笔下的洞庭湖“浩浩汤汤，横无际涯”，鼎盛时有6000多平方千米，而现在缩小到只有2600多平方千米。

针对母亲河的问题，习近平总书记作出了“共抓大保护、不搞大开发”的重要指示。中央和沿江各省积极行动，生态环境部、发展改革委部署了长江保护修复攻坚战，全面推进沿江重化工产业园区污染治理、饮用水水源地保护等工作，全国政协首次召开污染防治专题议政性常委会，湖南省将“湘江保护和治理”列为省“一号重点工程”，实施了两个三年行动计划，先后关闭了1000多家涉重金属污染企业。正在推进《洞庭湖生态环境专项整治三年行动计划》，围绕十大重点领域和九大片区开展大整治，还组织300多名政协委员开展步行踏察的民主监督活动。由于各级各有关方面共同努力，长江流域水质持续改善。2018年，流域国控断面水质优良率已达87.5%，洞庭湖总磷浓度近三年下降了38%。

但是，去年中央环保督察“回头看”发现“长江大保护”中仍存在不少问题，有些还比较突出。这说明保护母亲河既是一场攻坚战，也是一场持久战。

我坚信，只要我们遵循习近平总书记立下的“生态优先，绿色发展”规矩，一方面坚决打好打赢长江保护修复攻坚战，另一方面，大力推进生态产业化、产业绿色化、高质量发展，毛主席诗词中“鹰击长空，鱼翔浅底”的美景和充满生机活力的万里长江不久将会重现。

（2019 年 3 月 3 日，来源于湖南生态环境网）

坚决打好污染防治攻坚战

——全国政协常委、民进湖南省委会主委、湖南省生态环境厅副厅长潘碧灵访谈

坚决打好污染防治攻坚战

“与长江相通的洞庭湖最少的时候只有72头了，现在又恢复到110多头。”3 月3 日下午，全国政协十三届二次会议开幕之前，“委员通道”开启，全国政协常委、民进湖南省委会主委、湖南省生态环境厅副厅长潘碧灵一亮相，便带来了“比大熊猫还珍贵”的长江江豚数量增加的好消息，这一利好得益于长江流域生态环境的改善。他寄语未来，只要坚持走生态优先、绿色发展之路，曾“鹰击长空、鱼翔浅底”，充满生机和活力的万里长江，不久可以再次呈现在世人面前。

“绿水青山就是金山银山”“要像保护眼睛一样保护生态环境，像对待生命一样对待生态环境”……今日之中国，生态环境保护的科学理念已深入人心，生态文明建设领域史无前例的深刻变革正铿锵前行。尽管面临复杂的国内外形势和经济下行的压力，2018年中国经济“成绩单”中，高质量发展的成色仍然十分亮眼。

在压力叠加、负重前行的关键期，如何打好污染防治攻坚战，举国关注，举世瞩目。

生态兴则文明兴。从事环保工作多年的潘碧灵，多次在全国两会上围绕大气污染防治、洞庭湖生态环境治理、农村环境整治、土壤污染防治和助力脱贫攻坚等领域建言献策，为推进我国生态文明建设贡献着自己的一份力量。在他看来，建设生态文明，关系国家未来，关系人民福祉，关系

中华民族永续发展。

“污染防治既是一场攻坚战，也是一场持久战”

2012 年 11 月，党的十八大将生态文明建设纳入党的纲领，中国特色社会主义事业“五位一体”总体布局引人注目。

党的十九大报告中提出，要坚决打好防范化解重大风险、精准脱贫、污染防治的攻坚战，使全面建成小康社会得到人民认可、经得起历史检验。随后，中共中央、国务院发出了关于全面加强生态环境保护、坚决打好污染防治攻坚战的意见。

为了每一个中国人的全面小康，为了子孙后代的蓝天、碧水、净土，污染防治攻坚战鼙鼓动地，鏖战正酣。

记者：坚决打好污染防治攻坚战，是党的十九大作出的重大决策部署。2018 年我国污染防治攻坚战取得了哪些重大进展？

潘碧灵：党的十八大以来，以习近平同志为核心的党中央坚持把生态文明建设摆在治国理政的突出位置，污染治理力度之大、制度出台频度之密、监管执法尺度之严、环境质量改善速度之快前所未有。

国家先后出台了“气十条”“水十条”“土十条”，中央财政先后设立了大气、水、土壤、农村环境整治等专项资金，对国家重点生态功能县（市、区）建立了纵向生态补偿机制，为我国生态环境保护工作发生历史性、全局性、转折性变化作出了积极的贡献。

2018 年通过召开各级生态环保大会，进一步强化了各级党委、政府及有关部门责任，生态环境大格局不断深化，通过中央环保督察“回头看”，解决了一批突出的生态环境问题，污染防治攻坚战取得重大进展，生态环境状况继续改善，完成既定的年度目标任务，超过“十三五”规划序时进度要求。以蓝天保卫战为例，全国 338 个地级及以上城市优良天数比例为 79. 3%，同比提高 1. 3 个百分点；$PM_{2.5}$浓度为 39 微克/立方米，同比下降 9. 3%。

记者：过去一年污染防治的成绩有目共睹，我们是不是就可以松一口气了？

潘碧灵：当然不行。尽管我国环境质量改善已取得一定的成效，但要显著改善仍有一段较长的路要走。国际经验表明，从大规模治理到环境质量显著改善一般要经过30—40年的治理历程。

以大气环境质量为例，目前，美国空气质量最差的城市洛杉矶$PM_{2.5}$年均浓度为12微克/立方米，比世卫组织三阶段目标（15微克/立方米）低3微克/立方米，而我国338个地级以上城市中，能达到世卫组织一阶段目标（35微克/立方米）的城市仅占29%，$PM_{2.5}$平均浓度43微克/立方米，超标29%。但我们同时也要知道，洛杉矶的$PM_{2.5}$年均浓度从35微克/立方米降低到12微克/立方米，整整用了30年。

记者：洛杉矶的例子能给我们什么启示呢？

潘碧灵：我国的生态环保问题是长期形成的，解决也非一朝一夕，污染防治既是一场攻坚战，也是一场持久战，既要不欠新账，也要多还旧账，需要各级各有关方面的共同参与，需要法律、行政、经济等多种手段的综合施治，尤其需要“真金白银”换来“绿水青山”。

记者：该怎么理解“用‘真金白银’换‘绿水青山”’这句话？

潘碧灵：根据国际经验，一个国家和地区要有效扼制生态环境质量恶化，当年生态环保投入要占到GDP的1.5%以上，要使生态环境质量明显改善，当年生态环保的投入要占到GDP的3%—3.5%以上。目前，我国虽已建立起多元化的生态环保投入机制，但仍然不全面、不充分、不到位。首先是生态环保的投入与显著改善环境质量的要求比仍有较大差距。2017年我国GDP总量82.7万亿元，相应的生态环保投入应为2.5万亿—2.9万亿元，实际上我国生态环保投入每年仅1万亿—1.5万亿元，缺口至少在1万亿元以上。其次是污染防治攻坚战的资金缺口大。中央财政每年用于大气、水、土壤污染防治专项资金才400多亿元，“气十条”“水十条”“土十条”每个的需求都是数万亿元，当前投入与实际需求相差太大，尤其是中西部地区，环境基础设施建设严重滞后，欠账较多。

记者：听您这么说，资金短缺已成为污染防治攻坚战向纵深推进的突出瓶颈。那该如何应对？

潘碧灵：我认为应该按照污染防治攻坚战年度目标任务，不断加大财政投入。污染防治攻坚战比脱贫攻坚战涉及的人口和地域要宽得多，工作任务也要艰巨得多，对污染防治攻坚战每年财政的投入总量至少不能低于脱贫攻坚战，增幅不能低于财政收入增长幅度。加大环境税征收力度，认真分析环境税的总量、来源、结构等，有针对性地加强税收征管，确保应收尽收。此外，还要强化资金使用硬约束，广开筹资渠道，完善投资、价格、财税、土地、金融等政策，多渠道积极引导社会资金投入。

“切实把中央环保督察这项生态文明建设和环境保护工作领域的重要制度用足用好”

正如习近平总书记新年贺词中所说，2018 年，我们过得很充实、走得很坚定。蓝天、碧水、净土保卫战顺利推进，各项民生事业加快发展，人民生活持续改善。

其间，中央环保督察作为一把“利剑”，功不可没。

2015 年底，中央环保督察试点河北。两年间，首轮中央环保督察实现对全国除港澳台之外的 31 省级行政区全覆盖，推动解决群众身边环境问题 8 万余个。

2019 年，我们期待蓝天白云、清水绿岸、鸟语花香。这场席卷全国的环保风暴，也仍在继续。

记者：2018 年 4 月 16 日，新组建的生态环境部正式挂牌。整合多个部门职能的生态环境部从曾经的“尴尬”部门变为污染防治“强势”部门。您在环保领域十多年，感触一定很深刻。

潘碧灵：从 1974 年到 2018 年，我国环保机构经历了 7 次变革，逐步从小环保发展到了大环境。环保机构的每一次改革都在级别、权限上不断提高、增强，对于推动环保发展起到了积极作用。

从近十几年的机构改革情况来看，环保机构的变化体现在人员编制、职责范围的扩大，机构规格在不断提升，体现了中央对环保工作越来越重视。环保工作由过去的工业污染防治到城市污染防治、农村污染防治，最后扩大到生态环境保护，赋予环保机构的职责职能、任务越来越多，对环保机构的要求也越来越多。

记者：中央环保督察是生态文明体制改革和环境保护落地落实的重要抓手，您如何看待它的成效？

潘碧灵：中央环保督察既是对各地党委、政府的一次督察、检查、巡视，也是一次生态文明理念的学习、宣贯。不仅推进加快解决了一批突出环境问题，也使党政干部对生态文明有了新认识，人民群众在其中有了获得感。未来要切实把中央环保督察这项生态文明建设和环境保护工作领域的重要制度用足用好。

记者：如何实现您说的“用足用好”？

潘碧灵：要把这一制度用足用好，首先要明确中央环保督察重点是什么？我觉得应该是环境质量改善情况，大气、水、土壤污染防治行动计划的贯彻落实情况，党委、政府及有关部门的履责情况等。我们知道第一轮中央环保督察一共向地方交办举报件 10. 4 万件，其中 8 万件涉及垃圾、油烟、恶臭、噪声、散乱污企业污染以及黑臭水体等具体的环境问题。这些具体的环境问题应该主要靠常态化的日常执法监管来解决，这些具体环境问题的形成，相当一部分是由于当地党委、政府决策不正确或者不落实，有关部门环保责任不到位，不作为或者乱作为所致，应该把具体环境问题背后的党委、政府及有关部门的责任作为督察重点突出出来，解决这个问题，更带根本性和全局性。

记者：伴随着中央环保督察的进行，有关“环保影响经济发展”的论调一直未曾停息。您如何看待这一现象？

潘碧灵：环境保护是促进中国经济换挡升级非常重要的动力，会带来企业竞争力正向效益的提高。有的地方政府只看到企业纳税提高财政收入，看不到企业的污染带给人民的痛苦，看不到治理污染的长期性和艰巨性，作出的决策不符合绿色发展理念；有的地方环保部门还在单打独斗，大环保的格局仍未形成。事实证明，哪个地方的党委、政府绿色发展理念树得牢，生态文明建设和环保工作决策正确，相关部门环保责任落实到位，这个地方的发展就能良性循环，人民群众获得感就高。就以刚才我谈到的美国洛杉矶为例，30 年间 $PM_{2.5}$年均浓度从 35 微克/立方米降低到 12 微克/立方米，但 GDP 的总量却增长了 6 倍，因此，从长远看，经济发展与生态环境是可以协同发展的。中央环保督察应该重点关注突出生态环境问题背后的党委、政府及有关部门决策和环保责任落实，积极推动环保督察向纵深发展，更好地发挥对经济转型升级的倒逼作用，促进地方党委、政府更加自觉地把经济社会发展与生态文明建设统筹起来。

记者： 毫无疑问，中央环保督察掀起的这一场“环保风暴”为打赢污染防治攻坚战保驾护航。但我们在地方采访时接触到一些地方官员，他们表示“工作没少做，但也没少被问责追责”，压力相当大。

潘碧灵： 这就需要我们在工作中更加注重科学评判，实事求是地评价环保工作实绩，对那些确实真抓实干，但由于历史原因或客观情况导致在某一时段、某个局部进展滞后的地区，应做具体分析，在督导加压的同时，要给予指导，保护其工作积极性；而对那些不作为、乱作为以及不担当、不碰硬的个人，必须严格追责。

记者： 他们确实面临现实的压力和困难。

潘碧灵： 对。污染防治攻坚战具体落实在基层政府和企业，全国各地社会经济发展与生态环境基础差异大，面临的生态环境问题也各不相同，生态环境保护管理体制改革正在推进，机制能力建设还不到位，依然面临“小马拉大车”的局面，基层和乡镇尤其薄弱。企业是社会的重要主体，是社会经济的主要生产者，是环境资源的开发利用者和污染物的排放者。企业达标排放是企业履行环境污染治理主体责任的基本底线。在污染防治攻坚战的阶段，不少企业面临着限期治理达标排放的要求，面临环境治理设施和能力不适应等问题，急需政府和科研机构、咨询服务机构加强技术指导，实事求是制定综合解决方案，帮助企业制定高效的环境治理解决方案。

记者： 今年新一轮中央生态环保督察又将启动。您认为该如何继续完善这一制度？

潘碧灵： 中央环保督察组组成应更具代表性。根据相关规定，中央环保督察组由生态环境部牵头，组长由现职或近期退出领导岗位的省部级干部担任，监察委、中组部的相关领导参加，但在实际工作中，监察委、中组部领导参与不够，主要还是生态环境部门唱独角戏，一些地方党委、政府看到上级来督察的主要是生态环境部门的人，觉得环保督察就是环保部门一家的事，把“环保督察”变成了“督察环保”，有的部门的领导认为是生态环境部门督察他们，这不利于“党政同责、一岗双责”生态环境大格局的形成和责任落实。因此，今后有必要调整完善中央环保督察组的组成结构，由中办、国办牵头，中央、国务院有关部门参与，使中央环保督察组组成更具权威性、代表性，同时，中央环保督察不应只督地方党委、政府，也应学习借鉴中央巡视工作经验，督察中央有关部门，从中央层面就开始体现出“党政同责、一岗双责”，这对推动地方“党政同责、一岗双责”的落实和地方环保督察，更具示范性、指导性。

“没有奉献精神，当不好政协委员”

“雾霾飘在天上，根子却在地上”。时间定格在2013年3月7日，全国政协十二届一次会议在人民大会堂举行第二次全体会议，当天，潘碧灵以《梦想成真靠实干》为题作大会发言。在潘碧灵这位三届“老委员”十多年的履职路上，这次经历令他印象深刻。

在这份大会发言背后，潘碧灵经历了多个日夜的深入调研，邀请相关领域专家座谈，反复修改斟酌发言稿。这次发言也引发了国家层面和公众层面的广泛关注，为推动我国近年的大气污染防治发挥了积极作用。而这只是潘碧灵十多年建言资政、尽责履职的一个缩影。

记者：大会开幕前您在委员通道上讲述了长江生态环境的改善。我知道您近年来一直关注洞庭湖生态环境的改善，现状如何？

潘碧灵：作为中国第二大淡水湖，洞庭湖是长江流域重要调蓄湖泊和湿地，被称为“长江之肾”，生态地位尤其重要。但由于过去长期掠夺式地开发和利用，特别是受违规采砂、过度捕捞、养殖污染等方面的影响，洞庭湖生态破坏严重，自然保护区湿地面临着面积锐减和功能退化的威胁。

面对严峻的生态环境形势，湖南省这几年一直把洞庭湖生态环境整治作为“一把手”工程强力推进，实施洞庭湖生态环境专项整治“三年行动计划”，全面推进农业面源污染防治、城乡生活污染治理、采砂秩序整顿等十大重点任务和大通湖、华容河等九大片区集中整治。

我们都知道，越是面上的工作越难做。我希望国家层面加大统筹协调和支持力度，实现高位推进，多方联动，综合施策，精准发力。比如，尽快批复《洞庭湖水环境综合治理规划》，加大项目和资金倾斜力度，加大技术支持力度，全面加大生态保护和修复力度等。

只有以更长远、更可持续的视野全面加强洞庭湖的研究、治理和保护工作，才能还洞庭湖一湖碧水，守住宝贵的“长江之肾”。

记者： 作为连任三届的全国政协委员，我们看到您的 2018 年又是异常忙碌的。

潘碧灵： 确实是这样。作为民主党派地方组织主委和政府部门的双岗领导，工作量大，社会活动多，时间常常不够用，要协调好业务、会务、政协、统战等各方面工作，获得各方认可实属不易。我的做法是业务工作主要靠勤、会务工作主要靠挤、政协工作主要靠议，特别是紧紧围绕实职岗位业务工作高水平进行议政建言，实现业务工作与会务工作两不误、两促进。

政协委员意味着责任，没有奉献精神，当不好政协委员。

记者： 汪洋主席在全国政协十三届一次会议闭幕会上对委员们提出了要求，希望“大家做好新修订章程施行第一年的‘委员作业’”。您能否分享一下过去一年的履职报告？

潘碧灵： 2018 年我参加了年度全国政协、湖南省政协所有全会、常委会议，三次参加全国政协住湘全国政协委员座谈会，先后参加全国政协赴云南省、四川省开展的脱贫攻坚、污染防治专题调研。共提交“关于继续支持湖南重金属污染防治工作”等提案 20 多件，其中，“关于进一步推进中央环保督察制度的提案”被民进中央作为党派集体提案，获评民进中央 2018 年度参政议政成果二等奖。在全国政协污染防治、脱贫攻坚专题议政性常委会上共提交 8 篇书面发言材料，以《生态补偿亟待增强硬约束》为题在全国政协污染防治专题议政性常委会上作大会口头发言。我还积极参加全国政协远程协商，就“推进民营企业聚力智能制造，促进民营经济高质量发展”“充分发挥汉语拼音及其正词法在民族交往和普及国家通用语言文字中的作用”等提出建议。

2018 年我一如既往地积极尽职履责，可以说，交上了一份较好的委员作业和履职报告。

记者： 每年全国两会，您都会提交十多件高质量的提案，是真正的“提案大户”，提案不仅有数量，也有质量，还曾获评全国政协“优秀提案”。未来在履职道路上还有什么新目标吗？

潘碧灵： 进入新时代，作为一名全国政协委员，不仅要有坚定的政治方向，讲政治、懂规矩、守纪律，还要进一步提升参政履职的能力和水平，着力在提高提案质量上下功夫。如果说有什么目标的话，我希望通过自己这一届五年的努力，争取再获一个全国政协的“优秀提案”奖，再作一次大会发言，为自己关注的领域尽力鼓与呼。

（2019 年 3 月 3 日，来源于《人民政协报》）

两湖地区应纳入国家大气污染防治重点区域

“党中央、国务院继续打赢污染防治攻坚战的决心没有动摇，特别是昨天习近平总书记参加内蒙古代表团审议时的讲话，特别强调了保持加强生态文明建设的战略定力。”2019 年 3 月 6 日，全国政协常委、民进湖南省委会主委、湖南省生态环境厅副厅长潘碧灵在接受《中国环境报》全媒体采访时，首先就谈起了自己听完国务院政府工作报告后的思考。

谈感受把绿色发展作为污染防治的根本途径

今年的国务院政府工作报告中，在对 2018 年工作进行回顾时，讲到了“生态文明建设成效显著”，令人印象深刻。潘碧灵振奋地说：“党中央、国务院高度重视生态环境保护工作，去年召开了全国生态环保大会，正式确立了习近平生态文明思想，污染防治攻坚战开局良好，这种重视程度、推进力度和实际效果是前所未有的，尤其是在经济下行压力比较大的背景下。”

潘碧灵表示，对于 2019 年的生态环保工作，自己在学习了政府工作报告后，有了新的感受。“政府工作报告和财政报告体现了打好污染防治攻坚战、推进生态文明建设的政治定力，比如，中央财政支持污染防治攻坚战的相关资金约 2555 亿，增长 13.9%，其中大气、水、土壤污染防治专项资金 600 亿元，增加 105 亿。”

他还关注到，国务院政府工作报告特别强调了大力推动绿色发展。“我们过去经常讲一句话，不要走‘先污染、后治理’的老路，而绿色发展就是要源头防控，真正实现产业生态化、生态产业化，这就是习近平总书记讲的生态优先、绿色发展的新路。”

跟过去相比，潘碧灵感到“政府工作报告首先对政府部门提出了要求，但这次对企业、对社会公众也提出了要求。”同时，让他印象深刻的是，“国务院政府工作报告不仅讲了污染防治工作本身，而且提出大力促进环保产业发展、绿色金融发展，还有环境经济政策的问题，更加全面。”

“这次国务院政府工作报告特意强调了提高环境管理能力和水平。特别是针对企业，一方面要严格执法，另一方面帮助指导其规范生产、环保设施规范建设、规范运行。针对企业的环境问题，要适当给予整改期，这样既有利于环境保护，又不对企业的发展造成过大影响，使二者能够协调发展。”

谈提案重点关注两湖地区打赢蓝天保卫战和洞庭湖总磷超标

据了解，潘碧灵今年继续聚焦生态环境领域，带来了 4 个重点提案。“我觉得要进一步加大生态环境产业的发展力度，在经济下行压力大、强调高质量发展的情况下，这是高质量发展的一条重要路径。”

作为住湘全国政协委员，潘碧灵结合工作实际，为“两湖”（湖南省、湖北省）地区打赢蓝天保卫战提出了建议。“这个区域有内源的原因，也有外源的输入，同时也受内陆、盆地等特殊（地理）因素影响，扩散条件不好。再加上酸性土壤一到空中就变成了硫酸盐，所以‘两湖’地区的空气质量状况在全国属于中下水平。实际上，现在‘两湖’地区的空气质量比长三角要差。特别是今年一月份，落后京津冀。”潘碧灵介绍，去年湖南省在大气污染防治方面已经取得了突破，有 5 个城市达到了国家空气质量二级标准，实现了零的突破，但问题还不少。“大气污染防治专项资金已设立数年，但对‘两湖’‘成渝’地区是个空白，今年中央财政安排的大气污染防治专攻资金已达 300 亿。我建议要把‘两湖’地区纳入国家大气污染防治重点区域，加大专项资金的支持力度。”

在参加本次全国两会的首场“委员通道”时，潘碧灵回答了记者关于长江大保护的问题，这也是他重点关注的领域。“洞庭湖总磷浓度尽管近三年下降了 38%，但现在还是我们面临的最大问题，因为其他因子都已达Ⅲ类。但是要解决洞庭湖总磷超标的问题，光靠治理洞庭湖本身是不行的。我们现在洞庭湖湖体总磷浓度是 0.069 毫克/升，离 0.05 毫克/升的差距越来越小，但是湖南的湘资沅澧四水流入洞庭湖的总磷浓度大概是 0.08 毫克/升，长江三口入洞庭湖的总磷浓度大概在 0.1 毫克/升以上。长江的来水总磷浓度不降，洞庭湖总磷浓度要达标的难度就很大。我建议洞庭湖综合整治要继续加大力度，尤其是在总磷减排方面国家要有专项行动、长江中上游省份需要整体联动。”

潘碧灵向记者介绍，自己还带来了进一步完善农村污水处理机制措施的提案。

谈履职结合本职工作尽职履责事半功倍

随着全国两会全媒体报道的发展，潘碧灵也在网民当中有了越来越多的粉丝，被媒体称为“环保代言人”“绿色提案大户”。回顾十余年的履职历程，他感言，“能作为两届全国政协委员、一届全国政协常委是很高的荣誉，但要履行好参政建言责任，我个人觉得很重要的一条，就是要有奉献精神。因为政协委员是兼职的，我们还有本职工作，两个都要做好，就要比别人付出更多精力、时间。”

作为“老委员”，潘碧灵也分享了自己在提高提案质量和影响力方面的心得体会，“结合本职工作尽职履责事半功倍。我的很多提案都结合生态环保工作，既完成了政协委员的履职工作任务，又有利于促进推动本职工作。”

参加了十几年的全国两会，每一次潘碧灵带来的生态环保领域提案都有十件以上，也见证了这一领域的不少大事。

“有几件我是印象很深的。”潘碧灵说，“一个就是湘江重金属污染防治，通过几年的呼吁，湘江保护治理上升到了国家层面，出台了两个“三年行动计划”。另一个是关于洞庭湖，基本上我每年都在呼吁，从不够重视到后来把洞庭湖生态经济区规划列入国家战略，再到现在制定了洞庭湖生态修复治理专项规划等。还有一个印象比较深的就是我一直关注和呼吁加大农村环境整治力度，现在这项工作已列入了重要议事日程，在乡村振兴战略和农村人居环境整治中是重中之重等。前些年我一直关注土壤污染防治工作，建议把土壤污染防治列入三大战役，直到出台了“土十条”，我还提出设立土壤污染防治基金，得到了中央领导的批示。据初步了解，财政部、生态环境部高度重视，在今年的土壤污染防治投入里面可能会有一部分专门用来奖励地方政府、配套地方政府设立土壤污染防治专项基金。”

潘碧灵最后说，“应该说，我尽到了一名政协委员应尽的职责，当然更多的还是党中央、国务院高度重视生态环境保护工作，特别是习近平总书记治国理政思想中，把生态文明建设摆在了‘五位一体’的战略高度，形成了习近平生态文明思想，我提的这些意见建议正好与国家的总体战略、大政方针相一致，产生了同频共振，所以才有可能得到重视和采纳。”

（2019 年 3 月 9 日，来源于《中国环境新闻》）

生态扶贫是扶贫的重要途径

3 月 11 日，全国政协常委、民进湖南省委会主委、湖南省生态环保厅副厅长潘碧灵做客新华网 2019 全国两会特别报道。在谈到生态扶贫时，潘碧灵表示，扶贫应积极地探索让生态效益转化为经济效益、让生态优势转化为发展优势的绿色发展道路。以下为访谈主要内容。

主持人：湘西自治州作为湖南省脱贫攻坚的主战场，这些年脱贫攻坚取得了哪些成绩？有哪些可复制可推广的经验？

潘碧灵：湘西自治州是我们国家武陵山片区扶贫攻坚的重点区域，对于湖南来讲是脱贫攻坚的主战场。湘西自治州的扶贫主要是抓四方面的工作：

一是层层压实责任。连续六年中央一号文件都是围绕脱贫攻坚，实行了州级领导联县包乡，县级领导联乡包村责任制，一级一级落实。

二是推进了“十大工程”。围绕着扶贫谁，谁来扶，怎么扶，如何退等问题精准发力，从产业扶贫、易地搬迁、生态补偿、教育扶贫、医疗救助、社会保障等十个方面确定了“十大工程”加以推进。

三是健全了长效机制。整合了涉农资金，建立了利益的连接机制，贫困户参与到产业扶贫当中。推进的过程中，完善了考核问责机制，把脱贫攻坚纳入到湘西自治州五个文明建设考核中。

四是改进扶贫作风。例如在十八洞村的扶贫过程中，老百姓的房子在原有基础上进行了整改，不是大拆大建，不是“被脱贫”，更多的是激发内生动力，在产业扶贫、生态旅游方面开展了工作。

主持人：能感受到湖南省这些年确实扎扎实实闯出了一条属于自己的脱贫攻坚致富的路子，那么我们在生态扶贫方面有没有什么经验？

潘碧灵：生态扶贫是扶贫的重要途径。湖南省的森林覆盖率比较高，绿色生态是湖南省一张靓丽的名片，我们利用生态的优势在推进生态扶贫方面做了一些工作。

第一，武陵山片区所有的县列入了国家重点生态功能转移支付县，这样的话每年就可以给予其财力支持，补充脱贫攻坚方面的资金。

第二，对这些地方的林地给予一定的生态补助，有的每亩补 15 块钱，有些地方标准更高。

第三，在武陵山片区、南岭、罗霄山脉生态比较好的地方，为保护生态我们开发了公益性的岗位。

第四，在生态敏感区，比如说自然保护区的核心区、缓冲区采取了生态移民的措施。

第五，充分利用丰富的生态资源，大力开发生态产品，比如说林下经济，香菇、竹笋等，开发一些生态产品。另外，利用良好的山水资源发展生态旅游、农家乐旅游，积极地探索让生态效益转化为经济效益、让生态优势转化为发展优势的绿色发展道路。

主持人：在改善人们生活质量的时候，农村在改善人居环境方面有哪些思考?

潘碧灵：我们从 2008 年开始开展农村环境整治、改善人居环境的工作。当时主要是针对一些问题村进行整治，提出来要打造“四洁”工程，包括清洁能源、清洁家园、清洁水源、清洁田园等。后来又推出了连片整治，比如说垃圾整治，光一个村整治效果不是很好，所以我们有的时候五个村、十个村、十五个村连片区整治。

主持人：据我们所知，咱们有些农村污水处理设施搭建好了却没有人维护，如何能让农村老百姓主动意识到我们需要积极地维护、改善我们的人居关系呢?

潘碧灵：所以要建立社会服务体系，对老百姓原有的污水处理设施进行维修、改造，使得它能够长效运行。我们也在探索，有一些县（市、区）已经提出了要求，以后新建房屋的时候必须配套建设污水处理设施，不然的话，老的问题还没有解决，新的问题又产生了。这个问题不纯粹是资金问题，关键是农民要增强意识，要改变几千年来的生活习惯。要发动广大的农民积极参与到农村人居环境改造的工作中去。

图 11　潘碧灵做客新华网 2019 年全国两会特别报道

（2019 年 3 月 11 日，来源于新华网）

潘碧灵：故乡滋养了我的成长

我的故乡在常德石门，这里地处湘鄂边界，东望洞庭湖，南接桃花源，西邻张家界，北连长江三峡，素有“武陵门户”与“潇湘北极”之称。

石门以山地为主，地形呈现弯把葫芦状，地势自西向东南倾斜，西北部，群山叠翠，最高处是壶瓶山顶，海拔 2098.7 米，有“湖南屋脊”之称，俗称“西北乡”；东南部，平岗交错，俗称“南边”；中部澧水穿境而过，入洞庭，汇长江，河谷平原，俗称“二都坪”，乃全县境内之“膏腴”。

我出生在石门县“南边”的白洋湖，说是白洋湖，但并没有湖，只是一片小平原。但听老人们讲，以前这里是一个很大的湖，而且与洞庭湖相连，后来由于围湖造田和湖泊萎缩才变成今天这个样子。

一

读书的时候，学了范仲淹的《岳阳楼记》，“衔远山，吞长江，浩浩汤汤，横无际涯，朝晖夕阴，气象万千”，从那以后，我就对“湖”有一种向往。

后来我姐姐考上了常德农业机械化学校，她的学校就在西湖农场，紧邻西洞庭，每次寒暑假，她一回到家，我就会要她介绍她眼中看到的洞庭湖。

听我爸爸说，20 世纪 50 年代兴修水利的时候，他也在西洞庭“担”过湖堤，还受到过省政府的表彰，小时候我们就见过年轻时爸爸戴着奖章照的英俊照片。

我参加工作后的第一项重要工作任务就是参与编制《洞庭湖区国土规划》，终于看见了梦寐以求的洞庭湖，但与我梦想中的洞庭湖还是有一定的差距。“浩浩汤汤梦难圆”，现在洞庭湖要恢复到过去6000多平方千米壮美景象已是不可能了，但我们有责任努力去重现“八百里洞庭美如画”的美景。

二

后来妈妈调到了望仙树村工作，我们就搬到了望仙树居住。房前不远处有一座太浮山，相传汉代浮邱子在此修行得道而闻名于世，山位于石门、临澧、桃源、鼎城四县交接的地方，故有“鸡鸣四县”之说。小时候，常听大人们说，山上有大老虎，吓得我们这群孩子不敢轻易往山上跑。

最开心、最快乐的要数夏天了。夏天的午后，一群活蹦乱跳的孩子光着屁股跳进离家不远的水塘里嬉戏着，溅起的水花仿佛也激动起来了，高兴地和我们一起玩耍。还记得那个水塘并不深，哪经得起我们这样折腾，塘底的泥被我们淘气地搅起，河水变得浑浊起来，起身一看，我们也浑身是泥。所以哪里是下塘洗澡，而是我们洗河塘呢。

到了晚上，稻田里的青蛙呱呱叫个不停，我们逮着机会就跟着大人一起去田里抓青蛙。只要拿着手电筒对着青蛙一照，青蛙就傻乎乎地一动不动，有时候我们一个晚上就可以抓一大编织袋的青蛙。现在回想起来，小时候我的确抓了不少青蛙，有时我也打趣地说，现在做环保工作是还青蛙们的债。

除了青蛙，还有另外一种现在稻田里很难看见的动物，那就是乌龟。小时候，每到秋收季节，我们最喜欢去收割后的稻田田埂上翻翻稻草堆，看看里面是否有乌龟。稻草堆翻完了，我们就在水沟边找洞眼，那是泥鳅、黄鳝时常藏身的地方。

小时候的淘气也让我吃过苦头。有一年秋收，我没告诉家人，就自己偷偷跑去割水稻。当时人还小，也不会割，只是觉得好玩，没想割着割着，一不小心就被镰刀割破了手指，直到今天我手指上还有一个长长的刀痕。

三

等到小学二年级的时候，妈妈调到了县肉食水产公司，我家就搬到了石门县城。那时候县城比较小，只有两条长条状的街道，一条沿着澧水，另一条沿着流经外婆家的小溪。

我家住在县城上头的澧水边，从家门出去10多米就可以看到澧水，那时的澧水十分清澈，特别是离我家不远的水边有一个深潭，水是碧绿碧绿的。河对面就是二都坪，再往南不远就是十九峰，19座山峰一字排开，近处清清的澧水，远处巍峨的群山，山前滚滚的稻田，它们成了我心中最美的乡愁。

30多年过去了，青山仍在，绿水长流，只是中间的平原建了电厂和开发区，就像是给大地母亲画上了一道伤痕，这也是不少地方都存在的“成长”中的烦恼。如果以前眼光看得更长远一些，将电厂布置在更偏远一些的位置将会更好，这也凸显了规划的重要性。

最开心的就是在外婆家度过的那些日子。外婆家在县城郊区的蔬菜大队，旁边就是一条流经县城汇入澧水的无名小溪，平时不涨水的时候，溪水清澈见底，随时可以看见很多小鱼小虾。每逢周末，我们到外婆家玩，就会拿着撮箕去溪里捕鱼虾，随便一撮，就有不少蹦蹦跳跳的新鲜鱼虾。然后我们会像下军棋一样，把它们按大小一一排列出来，大的就是司令，然后依次是师长、团长……

四

不久，爸爸调到皂市镇供销社任职，我家就搬到了县城西北方向10多千米的皂市镇。皂市镇是古文化之乡，集镇南500米处殷商新石器时代遗址，距今有7000余年历史，比半坡文化、河姆渡文化还要早。

小镇位于渫水边，渫水是澧水的一条支流，沿渫水有一条老河街，全长800余米，有土木结构店铺100多家，是渫水流域保存完好的古街之一，民国前为石门县城通往鄂西的水陆交通要冲，商贾云集，盛极一时。

距集镇1千米处，国家投资近40亿元建设了皂市水库，高峡出平湖，坝后仙阳湖，面积54平方千米，是杭州西湖水面的10倍。泛舟北上，可以去热水溪沐浴大自然的温泉，现在皂市镇已成为湘西北一个重要的休闲旅游重镇。乘车环湖再往西北方向走，就可到壶瓶山观光休闲了，那里山清水秀，瀑布成群，负氧离子含量极高，是一个健康养生、避暑度假的好去处。

可惜我们只在皂市镇住了一个学期，又随爸妈工作调动搬到了石门县城对面的二都坪居住。二都坪盛产水稻、小麦、棉花、生猪等，是全县境内最肥沃的地方。

妈妈当时任食品站站长，我们家就住在食品站那一长溜的筒子楼里。一到吃饭时间，噼里啪啦的炝锅声此起彼伏，油烟混合着菜香弥漫整个楼内；邻居间家长里短、夹杂着嬉笑怒骂，这样的场景和生活方式成了我们那一代人永远的记忆。

食品站的工作主要就是负责乡里正常的猪肉供应，那时妈妈总是凌晨三四点就起床，从筒子楼的这头走到那头，去叫那些屠夫们起床杀猪。

生猪收购是件劳心劳力的事，刚开始都是一些叔伯们去收购，妈妈看到大家的辛苦，她就主动要求一起去下乡收购。但叔伯们刚开始不同意，认为我妈一个女同志很难做好这样的事情。

生猪收购程序是这样的：先把生猪赶到笼子里称它的“毛重”，然后叔伯们用手去掂猪的肚子，估量肚子里有多少残余物，用“毛重”减去估量残余物的重量，就得出生猪的净重量。老百姓一般都会在卖猪之前让猪饱吃一顿，如果残余物的重量估少了，那么老百姓就赚了，食品站收购的这头猪就有可能出现亏损。

刚开始妈妈下乡时，先是跟在叔伯们后面观察，然后向他们取经，到后来妈妈就可以自己准确地估出生猪的净重量，就像北京王府井百货大楼的劳动模范张秉贵卖糖果“一手抓”的绝活一样。

再后来，每到生猪收购的时候，母亲就要来回走上十几千米路，独自到乡下去收猪。那时母亲很胖，也不会骑车，所以只能走着去，常常早出晚归，但她从没有一句怨言。父母这一辈人对工作认真负责的态度和敬业精神一直深深地感染和影响着我。

安放生猪的猪圈就建在筒子楼另一侧的院子里，被砖头水泥砌成了很多隔间，每当猪圈空出来的时候，筒子楼里的小伙伴最喜欢到那里“跨栏”了——实际就是从猪圈的这头，翻过条条围栏到猪圈那头，每次都是我翻得最快。

二都坪还有一处著名的唐代古刹，位于县城东12千米处，规模宏伟，自唐至明700多年间为澧水流域佛教文化中心。宋朝圆悟禅师著有《碧岩录》一书，被称为“宗门第一书”，流传全国及朝鲜、日本。寺旁有“奉天玉和尚”墓，相传是明末清初农民起义领袖李自成兵败禅隐圆寂的墓葬，已引起史学界的高度重视，被列为省级重点文物保护单位，并建有李自成博物馆，现在每年去参观考察的游客络绎不绝。

五

一方山水养一方人。石门丘岗山地居多，外加特殊的地理气候环境，这里出产的果品质优味美，历史上就有西北山区“植橘风盛”“寨寨产橘，户户有柚”的记载，石门也被称为“中国柑橘之乡”。在我儿时的记忆里，山岗上那大片大片的柑橘林，春天橘花飘香几里不散，秋天果实累累十分诱人，剥开那薄薄的橘皮，我们总是忍不住掰几瓤一起塞进嘴里，汁水经常多到溢出来，那酸甜可口的滋味，是最饱含乡愁的味道之一。

我是恢复高考制度后，石门县第一个考上北京大学的学生。当时县里为了鼓励教育事业的发展，还让我和父母一起戴着大红花，在小县城游一圈。县里对教育事业一直很重视，听县领导介绍，10多年前，在县财力有限的情况下，每年仍拿出500万元奖励高考成绩突出的学生以及他们的老师，现每年石门一中考上北大、清华的学生有10多名。每每听到人们赞美家乡香飘万里的柑橘和优质的教育，作为在外多年的游子，仍然感到十分的开心和自豪。

考上北大以后，我就走出了我们的小县城，走到了外面更大更远的世界。

1985年的秋天总是让我难以忘怀。那一年我从北大毕业，正值改革开放如火如荼之时，摆在我面前的工作机会有留京、去特区，但最后还是家乡湖南留住了我。

回到湖南后，我先后在湖南省建委、湖南省国土局等单位工作，一直在自己的岗位上兢兢业业，并参与了多项国土规划的编制，不少成果都居国内先进水平。但我始终觉得自己还是应该到基层去，得到更多的历练。1995 年，郴州市面向全省公开招考市旅游局局长，我当时毫不犹豫就报名了，最后以笔试、面试都是第一名的成绩获任。

在郴州工作期间，同事们曾私下里称我“拼命三郎”，因为我就是这种“要么不做，要做就做最好”的性子，工作起来比较投入。在担任市旅游局局长期间，因为要接待春节旅游团，我曾经连续三年春节没有回老家过年；担任郴州市副市长时，我分管招商引资工作，常年奔波在外，这也是我“工作狂”名号的来源。谁不想过年时和家人一起吃顿热乎乎的团圆饭呢？但是没办法，工作实在抽不开身，况且当时正是郴州旅游爬坡向上的关键时期。

我庆幸自己是一个能够坚持的人，拥有“十年磨一剑”的耐心和决心，就像我在郴州期间牵头组织了 10 次生态旅游节，把郴州的旅游业从开始入职时的名不见经传，打造成我离开时位居全省前列；也像我对生态环保事业的坚持，2008 年至今，我担任全国政协委员、湖南省生态环境厅副厅长（原湖南省环境保护厅），持续为生态环保建言，共提出了 100 多件提案建议，被全国政协和媒体称为“绿色提案大户”“明星委员”。

我本人也先后被人社部、国家旅游局（现文化和旅游部）授予“全国旅游系统先进工作者”，被中央统战部、民进中央授予“各民主党派、工商联为全面建设小康社会作贡献先进个人”，还在全国政协作过大会发言，获得过全国政协优秀提案表彰。在刚刚结束的全国两会中，我走上了首场“委员通道”，向大家介绍了长江经济带，特别是三湘四水“共抓大保护”取得的成绩，获得了国内外媒体的高度关注。

我一直认为，人生在勤，不索何获。前年的全国两会期间，我写了 2 万多字的“两会手记”，去年我写了 8 篇发言材料和感悟，今年写了 16 篇感悟。刚开始写时还感觉有一些吃力，现在是越写越顺，有时还有一种想写的冲动。除此之外，平日里的重要调研，我也会写相关的感悟与思考，比如去年我跟随全国政协调研组先后去了云南省、四川省等地开展脱贫攻坚、污染防治专题调研，撰写了近万字的污染防治专题调研手记。通过这些方式，督促自己不断思考。

我能有今天，离不开故乡的滋养，尤其是老师的培养。我还清晰地记得，高三那年，老师经常给我“开小灶”补充营养。他们真正是像蜡烛一样，燃烧了自己，点亮了别人。当我考上北大的时候，他们比我还要高兴。

现在的石门已经不是一个小县城了，城区有20万人，已是省直管县。去年春节前再次回到家乡，已经看到成片的高楼大厦了，我舅舅也已经搬到了20多层的高楼里居住，还有五星级的酒店也正在兴建。石门柑橘、石门茶叶、石门旅游、国家生态示范区、国家重点生态功能县、壶瓶山国家级自然保护区……一张张响亮的名片开始誉满中外。

六

一晃我离开家乡已经30多年了，过去父母健在的时候一年至少要回去两三次，现在回家乡相对少了一些，但对家乡的牵挂一点没有减少，故乡的山水，儿时的伙伴常常涌现在脑海之中。

应该说家乡留给我的绝大部分都是美好的回忆，但也有一些遗憾。如今，随着石门县城的扩建，外婆家附近的那条小溪都已经被水泥板给封起来了，波光粼粼、清澈见底的小溪成为永远的记忆。

其实不光是外婆家附近的那条小溪，澧水下游的澧县县城也出现了同样的情况。前些年当地人把贯穿县城的小河填埋修成了路，现在为了改善水环境质量和城市景观，又准备在城市的外围挖条人工河，把澧水引流过去。埋掉一条天然河，造出一条人工河，这种违背自然规律的事情在以前的中国并不少见，我希望这样的糊涂事以后再也不要干了。

如果说对家乡还有什么期盼的话，那就是还希望继续改善交通条件。从小到现在，脑海里挥之不去的，除了家乡的美景美食，那就是交通的不便。小时候放寒暑假从乡下望仙树到县城外婆家去，必须步行10多里路才有班车坐，每次我和姐姐就会带上一个小板凳，累了就坐在小板凳上歇一歇。

还记得小时候，有一次妈妈带我们去韶山参观，当时湘资沅澧四水上都没有桥，我们一大清早就出发，坐了三次轮渡才到益阳，到韶山的时候已是晚上。后来湘资沅澧四水上都建了桥，但从石门到长沙仍要一天的时间，好在长沙至北京的一趟火车是晚上9点开，每次经长沙到北京去读书还是能赶上火车，但经常买不到坐票，常常要站十多个小时。我有时就垫一张报纸睡在座椅下面，每次去北京上学都是一段艰难的旅途。

再后来，石长铁路、常张高速通车了，石门的交通条件有了较大的改善，但现在仍然是全省唯一一个不通高速公路的县城，即使是正在修建的安慈高速途经石门，但从长沙、常德去石门仍然需要绕行。这几年县里一直在呼吁从常张高速建一条支线直达石门县城，其实距离并不远，只有三十多千米。还有规划中的宜张高速，对壶瓶山的旅游开发至关重要，并且可以将张家界和长江三峡旅游线贯通起来，希望国家和省里能够高度重视，圆石门人民几十年的一个梦。

我真诚地祝愿，随着交通条件的不断改善，石门丰富的农林资源、旅游资源、矿产资源能得到进一步的开发，为湖南省经济社会发展作出更大的贡献，为三湘儿女提供更多优质的生态产品和观光休闲、度假养生旅游产品。祝愿家乡人民安居乐业，幸福安康！

（2019 年 9 月 27 日，政协云、《文史博览》、力量湖南联合推出）

潘碧灵：人生在勤，不索何获

习近平总书记指出，“家庭是人生的第一个课堂”“家风是一个家庭的精神内核”。家风是一个人精神成长的开端，它像一面镜子照映出人的品格，影响人一生的走向。

我成长于有“老少山边”之称的湖南省常德市石门县，石门属武陵山脉，位于崇山峻岭间，有“湖南屋脊”之称，曾是湘鄂川黔革命根据地的一部分。据《石门县红军将士谱》记载，我的曾外公吴协仲，也就是我外婆的父亲，于1897年2月11日出生于白云桥乡一个贫苦农民家庭。但他从小酷爱读书，1917年考入长沙明德中学，后转入湖南统计学校，受五四运动影响，接受了马克思主义，开展农工运动。1925年11月加入中国共产党，1926年回石门组建中共石门特别支部，负责农运。1928年3月，跟随贺龙回桑植组军，任副营长；1930年2月，任红二军警卫团政委，后在湘鄂川黔等地开展革命斗争；1935年11月跟随红军长征，1936年1月在贵州毕节战斗中英勇牺牲，时年才39岁。

小时候听外婆说，从她出生起，她的父亲就四处闹革命，常常是聚少离多。有几次听说父亲回到石门，但也是过家门而不入，未能见上面，自从红二军团长征离开石门后，家里就与父亲失去了联系。

1949年，革命胜利，新中国成立了，曾外公依旧音信杳无。外婆鼓起勇气给贺龙元帅去了一封信，询问自己父亲的消息。一段时间后，外婆收到贺龙元帅的亲笔回信，信中说曾外公已为革命光荣牺牲，望节哀承志，继为革命事业奋斗。贺龙元帅非常关心烈士后代的成长，要留外婆的弟弟——我的舅外公在北京工作，后由于种种原因，舅外公被安排在石门县邮电系统工作，兢兢业业一直干到退休。外婆就一直在城郊的蔬菜农场务农，所以我们家也可以说是“红军烈士的后代”，对于这一点我深为自豪。那块“烈士军属”的匾牌悬挂在我舅外公家的大门上，我心中很是羡慕，每次春节在舅外公家团聚的时候，我都要多看匾牌几眼。

外婆后来长期担任蔬菜农场的党支部书记，还兼任了县妇联的领导，她对工作非常认真负责，称得上她们那个年代的“工作狂”，大部分时间都是张罗农场的事情。她每天早出晚归，家里的事过问很少，而我外公的身体一直不太好，在我们很小的时候，外公50多岁就因为肺病去世了。家里的孩子怎么办呢？听母亲说，她们四姊妹都是自己外婆带大的，也就是我们的外曾祖母。

外曾祖母是个小脚女人，她的丈夫去世也早，年轻时就撑起了整个家。新中国成立前，外曾祖母靠给石门中学寄宿的学生洗衣为生，新中国成立后，外婆在外勤奋努力地工作，孙子、孙女抚养的重任和大量的家务活只能由外曾祖母承担。外曾祖母特别勤劳能干，后来还带了重孙子、重孙女，平常都是粗茶淡饭，但身体一直很硬朗，一年到头很少生病，一直活到了93岁。

小时候，最开心的就是在外婆家度过的那些日子。外婆会从农场里给我们带来新鲜的蔬果，外曾祖母则会为我们做拿手的酱油炒饭，还有开水泡的爆米花，那可口的滋味至今难忘。记得外婆家旁边就是一条流经县城汇入澧水的无名小溪，平时不涨水的时候，溪水清澈见底，随时可以看见很多小鱼小虾。每逢周末，我们到外婆家玩，就会拿着撮箕去溪里捕鱼虾，随便一撮，就有不少蹦蹦跳跳的新鲜鱼虾。

我的父亲出生于石门县盘石乡一个贫苦农民的家庭。他的孩童年代，家国飘零，动乱不堪，家里存活下来的只有四姊妹，父亲排行老二。父亲青年时为了躲国民党抓壮丁，从家里逃跑了。1949年7月，石门解放，父亲回村当了农会会长。虽然只读过初小，文化程度不高，但他学习起来十分认真、刻苦，很快就适应了工作，后来又成了国家干部。

父亲20世纪五六十年代曾任石门县原四区的区委主要领导，在担任区委主要领导期间，他对工作勤勤恳恳、尽职尽责，许多工作都得到了县里的表彰。印象最深的是父亲参与洞庭湖的治理，冬天到西洞庭去“担河堤”，后受到省政府的表彰。每每看到父亲佩戴着省政府颁发的奖章的英俊照片，崇敬之情油然而生。可是“文化大革命”开始后，他蒙冤受屈，被作为“当权派”批斗，被撤职。直到现在我还记得自己和姐姐躲在一张小竹床下面，看着红卫兵押解着“走资派”游街批斗的场景。

在那段疯狂的岁月里，我家遭批斗的还有外婆，贺龙的亲笔信成了“造反派”批斗外婆的理由。外婆向来心高气傲，哪受得了这种人格上的侮辱折磨，一度曾有轻生的念头，父亲常常白天自己受批斗，晚上偷偷跑到外婆家悉心地开解外婆，这种“同苦相连”的相互理解和扶持，让外婆和父亲终于走过了那段黑暗的岁月。

“文革”中期，组织为父亲恢复了名誉和工作，父亲却不愿意再在之前的工作岗位上干了，经过组织上做工作，最终，父亲放弃了更有政治前途的区委主要领导职位，到皂市镇担任供销社主任。父亲很快把他的勤奋和认真带到了新的工作岗位上，经常夜间我们从睡梦中醒来，父亲还在单位开会未回。

半年多后，父亲又调到了县城河对面的二都乡供销社任主任。那时横在乡上和县里的澧水河上还没有架上桥，河两岸的人们要过河，只能在新街口过轮渡。轮渡分为货运和客运，客运晚上10点后就停运了，货运轮渡则工作至深夜。父亲在二都供销社主任岗位上的一次重大工伤，就发生在深夜乘货运渡轮上岸的时候。

父亲为何会出现在货运渡轮上呢？原来是因为父亲有一次在县里参加关于棉花收购的工作布置会，散会后已经很晚了，客运轮渡已经停运。父亲本可以在县里留宿一晚，第二天再回乡里传达会议精神，可是他觉得这个事情越早传达越主动，就想到乘坐晚上的货运轮渡早点赶回去。和父亲同在那趟轮渡上的，还有几辆装满煤的运煤车，由于晚上视野模糊，外加货车司机没太注意货轮上下来的人，不小心将下了货轮推着自行车上岸的父亲撞了，致使他肩锁骨、胸骨多处骨折。

父亲骨折后可没少遭罪，因为第一次锁骨接骨的时候被没有经验的医生给接反了，拖了很久都没有愈合，于是骨折的地方又被打碎重接，结果骨头还是有些错位。因为这次重创，父亲的身体一直没有恢复，手不能抬起，一到阴雨天，骨折处就会阵阵作痛，这种后遗症的痛楚几乎跟随了父亲的后半生。

父亲在家治疗和休养的过程中，开始自学中医，上学回家后我们常常听到父亲在哼唱背诵中医的《汤头歌》，他还专门拜访民间的中医为师。

俗话说，“久病成良医”，不久，父亲成了远近闻名的治疗跌打损伤和疑难杂症的“名医”，经常为周边的老百姓免费提供治疗服务。记得有一次我姐姐长了疔疮，父亲就从野外采来草药，拌上红糖捣碎，敷在疔疮处，几天时间就给治好了。

父亲受伤以后就再也没有出来工作，但他在家也闲不住，经常在住房周边找一块地去挖，然后种上菜。刚开始我们也极力反对，但拧不过父亲的坚持，他把它作为一种身体锻炼和生活方式，父亲一生保持着劳动人民节俭、勤劳、质朴的优秀品质。

父亲受伤不久，母亲就担任了二都乡食品站站长。母亲是外婆的长女，由于家庭困难，到了12岁才开始上一年级，但母亲读书也很勤奋，最终考上了湖南建设学院。湖南建设学院是在刘少奇倡导下创办的，专门培养干部，相当于今天的党校，母亲入校不久就碰上了“文革”，只上了一年学，学院就停办了。

母亲从建设学院毕业后就回到了石门，不久就与父亲结婚了，先后在白洋湖、望仙树商业部门工作，后又到县肉食水产公司工作。父亲调到二都供销社工作后，她也来到了二都乡食品站工作。刚开始母亲只是一名普通职工，领导看她工作原则性强、责任心强，就把二都乡食品站站长的担子压给了她。最初母亲并没有接受，认为自己没有多少领导经验，但领导说，经验是可以通过实践锻炼出来的，母亲只得服从组织安排。上任不久，母亲就把外婆那种巾帼不让须眉的认真和韧劲继承得淋漓尽致，加之多年受父亲的熏陶，很快就打开了工作的局面。

食品站的工作主要就是负责乡里正常的猪肉供应，那时妈妈总是凌晨三四点就起床，从筒子楼的这头走到那头，去叫那些屠夫们起床杀猪。

生猪收购是件劳心劳力的事，刚开始都是叔伯们去收购，妈妈看到大家的辛苦，她就主动要求一起去下乡收购。但叔伯们刚开始不同意，认为我妈一个女同志很难做好这样的事情。

生猪收购程序是这样的：先把生猪赶到笼子里称它的“毛重”，然后叔伯们用手去掂猪的肚子，估量肚子里有多少残余物，用“毛重”减去估量残余物的重量，就得出生猪的净重量。老百姓一般都会在卖猪之前让猪饱吃一顿，如果残余物的重量估少了，那么老百姓就赚了，食品站收购的这头猪就有可能出现亏损。

刚开始妈妈下乡时，是跟在叔伯们后面观察，然后向他们取经，到后来妈妈就可以自己准确地估出生猪的净重量，就像北京王府井百货大楼的劳动模范张秉贵卖糖果“一手抓”的绝活一样。

再后来，每到生猪收购的时候，母亲要来回走上十几千米路，独自到乡下去收猪。那时母亲很胖，也不会骑车，所以只能走着去，常常早出晚归，但她从没有一句怨言。

母亲任食品站站长期间，我们家就住在食品站那一长溜的筒子楼里。一到吃饭时间，噼里啪啦的炝锅声此起彼伏，油烟混合着菜香弥漫整个楼内；邻居间家长里短、夹杂着嬉笑怒骂，这样的场景和生活方式成了我们那一代人永远的记忆。

外婆和父母这两辈人对工作极端认真负责的态度和勤奋敬业精神一直深深地感染和影响着我。

我是恢复高考制度后，石门县第一个考上北京大学的学生。当时县里为了鼓励教育事业的发展，还让我和父母一起戴着大红花，在小县城游了一圈，家人、亲戚和老师当时别提有多自豪和高兴了。

考上北大以后，我就走出了大山，走出了小县城，走到了外面更大更远的世界。

1985 年的秋天总是让我难以忘怀。那一年我从北大毕业，正值改革开放如火如荼之时，摆在我面前的工作机会有留京、去特区，但最后还是家乡湖南留住了我。

回到湖南后，我先后在湖南省建委、湖南省国土局等单位工作，一直在自己的岗位上兢兢业业，并参与了多项国土规划的编制，不少成果都居国内先进水平。但我始终觉得自己还是应该到基层去经历更多的历练。1995 年，郴州面向全省公开招考市旅游局局长，我当时毫不犹豫就报名了，最后以笔试、面试都是第一名的成绩获任。

在郴州工作期间，同事们曾私下里称我“拼命三郎”，因为我就是这种“要么不做，要做就做最好”的性子，工作起来很投入。在担任市旅游局局长期间，因为要接待春节旅游团，我曾经连续三年春节没有回老家过年；担任郴州市副市长时，我分管招商引资工作，常年奔波在外，这也是我“工作狂”名号的来源。谁不想过年时和家人一起吃顿热乎乎的团圆饭呢？但是没办法，工作实在抽不开身，况且当时正是郴州旅游爬坡向上的关键时期。

我庆幸自己是一个能够坚持的人，拥有“十年磨一剑”的耐心和决心，我在郴州期间牵头组织了10次生态旅游节，把郴州旅游业从开始入职时的名不见经传，打造成我离开时位居全省前列；我对环保事业的坚持也是如此，2008年至今，我担任全国政协委员、全国政协常委、省生态环境厅副厅长（原省环境保护厅），持续为生态环保建言，共提出了100多件提案建议，被全国政协和媒体称为“绿色提案大户”“明星委员”，不少提案得到中央领导批示和有关部门采纳。

我本人也先后被人社部、国家旅游局（现文化和旅游部）授予“全国旅游系统先进工作者”，被中央统战部、民进中央授予“各民主党派、工商联为全面建设小康社会作贡献先进个人”，多次在全国政协全会、常委会、双周协商会上发言，获得过全国政协、民进中央优秀提案表彰，中国文史出版社还专门为我出版了《政协委员履职风采》《爱在郴州》两本专著。2019年全国两会，我在人民大会堂走上了首场“委员通道”，向大家介绍了长江经济带，特别是三湘四水“共抓大保护”取得的成绩，获得了国内外媒体的高度关注。

我一直认为，人生在勤，不索何获。前年的全国两会期间，我写了2万多字的“两会手记”，去年我写了8篇发言材料和感悟，今年写了16篇感悟，刚开始写时还感觉有一些吃力，现在是越写越顺，有时还有一种想写的冲动。除此之外，平日里的重要调研，我也会写相关的感悟与思考，比如去年我跟随全国政协调研组先后去了云南省、四川省等地开展脱贫攻坚、污染防治专题调研，今年跟随全国政协调研组赴海南省、江西省生态文明建设试验区调研，每次都撰写了上万字的专题调研手记，住湘全国政协委员赴青海省考察，我撰写了10篇手记。通过这些方式，督促自己不断学习和思考。

如今，曾外公、外曾祖母、外婆和我的父母都已经离我们而去了，但我时常想起他们，尤其是他们身上勤劳、善良、质朴的品质，勤奋学习、对党忠诚、对事业极端认真负责的态度和精神，早已在潜移默化中融入了我的身体和血液中，这也将成为我们家一直传承不息的家风。

（2019年9月28日，政协云、文史博览、力量湖南联合推出）

十余年履职路上坚持为环保发声

2020年全国两会，潘碧灵已准备了6份提案，主要关注了疫情对脱贫攻坚的影响等方面的内容。

如果要用三个词来形容自己2019年的履职工作，全国政协常委、湖南省生态环境厅副厅长潘碧灵会选择“忙”“充实”“收获多”。

图12　潘碧灵接受访问

参加全国政协人资环委“加快国家生态文明试验区建设”赴海南省、江西省调研，和部分住湘全国政协委员一同赴青海省考察生态环境保护，赴浙江参与湖南省政协“改善农村人居环境”调研……2019年，潘碧灵在全国各地留下了他履职的“脚印”。

去年全国两会，作为第一位走上委员通道的住湘全国政协委员，潘碧灵用4分钟的时间讲述了长江流域水质发生的变化和各方作出的努力，并分享了长江流域的生态环境，特别是水质有了明显改善的好消息。

作为三届全国政协委员，履职十余年，潘碧灵始终围绕着大气污染防治、洞庭湖环境治理、助力脱贫攻坚等方面建言献策，他的平板电脑里，写满了一篇篇的考察日记、履职感悟和调研报告，这些文字，讲述着一位“老全国政协委员”和“老生态环保人”的履职故事。

“湖南省要深入贯彻落实好习近平总书记‘守护好一江碧水’的重要指示，主要围绕着‘一江一湖四水’。”潘碧灵认为，一方面要夯实各个部门的责任，另一方面希望通过一些工程设施的建设，为湖南省的污染防治攻坚战提供有力支撑。同时加大执法力度，动员全社会力量，让大家感受到自己既是环境的保护者，又可能是环境的破坏者。

今年年初，突如其来的新型冠状病毒肺炎再次引发潘碧灵对环境保护的深度思考。今年春节期间，他连续提交10篇社情民意，其中有关野生动物保护等5项建议内容被相关部门采纳。结合调研情况，潘碧灵还在不断完善这些内容，并写进提案，准备带上今年的全国两会。

今年全国两会，潘碧灵已准备了6份提案，包括《加快建设系统、强大、独立的公共卫生和防疫体系》《激发职业院校活力，服务乡村振兴》《新型冠状病毒肺炎对民办幼儿园的影响亟待重视》等，主要关注了新型冠状病毒肺炎对脱贫攻坚的影响。同时对于新型冠状病毒肺炎之后医疗卫生体系的建设，以及包括医院废水的日常监管、农贸市场生鲜区污水的进一步治理、野生动物保护等与生态环境领域相关内容的思考，也是潘碧灵所关注的重点问题。

在潘碧灵看来，作为全国政协委员，就要心系国事、情牵民生；履职尽责，勇于担当；提升参政履职能力和水平、提高提案质量。正因为这份初心与使命，潘碧灵扎实写好每一年的“委员作业”，交上一份满意的“履职答卷”。这个人们口中的“环保代言人”，正用自己的方式诠释着一个政协委员的责任与担当。

（2020年5月11日，来源于红网）

“高质量发展”要坚定不移“生态优先”

湖南因地处洞庭湖之南而得名，在这里，湘资沅澧四水经洞庭湖汇入长江。湖南省96%以上的区域属于长江流域。长江大保护取得的成效有目共睹，2019年，湘江干流优良水质比例达100%。

2020年是全面建成小康社会、完成“十三五”规划的收官之年。既要“守护好一江碧水”，又要复苏受疫情影响的经济，湖南将如何统筹协调推进经济高质量发展和生态环境高水平保护，做到经济与生态“两条腿”走路？

2020年两会期间，全国政协常委、民进湖南省委会主委、湖南省生态环境厅副厅长潘碧灵接受了《中国城市能源周刊》专访，阐述了湖南绿色发展的故事、成效与未来。

当前，我国发展面临的风险挑战前所未有，但无论形势多困难、挑战多严峻，“高质量发展”要坚定不移坚持“生态优先”

《中国城市能源周刊》：今年两会期间，关于绿色发展的主题探讨，您有哪些印象深刻的内容？

潘碧灵：今年是全面建成小康社会收官之年，在“五位一体”总体布局中，生态文明建设是其中一位；在新时代坚持和发展中国特色社会主义基本方略中，坚持人与自然和谐共生是其中一条基本方略；在新发展理念中，绿色是其中一大理念；在三大攻坚战中，污染防治是其中一大攻坚战。

当前，我国发展面临的风险挑战前所未有，突如其来的新型冠状病毒肺炎对我国经济社会发展带来巨大冲击，“六稳”“六保”的任务十分繁重。

全国两会召开前夕，习近平总书记在地方考察中强调生态文明建设，5 月22 日在内蒙古代表团又再次进行了强调，释放出的信号非常明确：无论形势多困难、挑战多严峻，都不可犹豫、不能退缩，中国将始终坚定不移地走“生态优先、绿色发展”之路。

《中国城市能源周刊》：2019 年湖南污染防治攻坚战成效如何？生态环境有哪些改变？

潘碧灵：2019 年，湖南全省 14 个市州城市环境空气平均优良天数比例为 83. 7%，超过年度目标 1. 2 个百分点，$PM_{2.5}$及 PM_{10}平均浓度达到年度考核目标，郴州市、湘西自治州、张家界市达到国家环境空气质量二级标准。国考断面水质优良率 91. 7%，高出全国平均水平 16. 7 个百分点，湘江干流断面水质全部达到了Ⅱ类，全面消灭了劣Ⅴ类断面，洞庭湖总磷浓度持续下降。

数据背后，是湖南省突出生态优先，坚定不移走高质量发展之路。湖南省制定了《湖南省污染防治攻坚战 2019 年度工作方案》，以打好蓝天、碧水、净土三大保卫战为主线，统筹打好长江保护修复、农业农村污染治理、柴油货车污染治理、黑臭水体整治等重大标志性战役。

湖南省全面落实“三线一单”制度，全面开展园区规划环评，强化源头预防和管控。积极推动五大重点工矿区转型升级，其中，株洲市清水塘 261 家有色化工企业（年产值 300 多亿元）全部退出，正在加快推进区域改造升级“后半篇文章”。分类整治2115 家“散乱污”企业，加快发展20 个工业新兴产业链，全省高新技术企业突破6000 家。

2019 年，完成954 处“千吨万人”饮用水水源地划定，257 个工业园区环境问题整治，全省地级城市黑臭水体消除率达到 92. 9%。开展尾矿库污染整治和绿色矿山建设，推进危险废物规范化管理。完成国家下达的主要污染物总量减排任务。

国家在加快推进长江经济带建设时，将长株潭城市群正式列入长江中游城市群国家发展战略。建议将长株潭地区列入我国大气污染防治重点地区，加大专项资金支持力度。

《中国城市能源周刊》：在绿色环保方面，您带来了哪些提案？有哪些建议？

潘碧灵：我带来了13份提案，大多与生态环境有关。其中包括“关于建议国家加大对长株潭区域大气污染防治资金和技术支持，助力打赢‘蓝天保卫战’的提案”。

长株潭地区是湖南省经济发展基础最好、资源最密集、创新最活跃的区域，2019年三市的GDP为16834.95亿元，占全省的42.3%，也是国家“两型社会”改革试验区和国家“十二五”重点区域大气污染防治的“三区十群”之一；国家在加快推进长江经济带建设时，将长株潭城市群正式列入长江中游城市群国家发展战略。

长株潭区域是国家大气污染防治三区十群的重点区域，人口密集，工业化和城镇化推进速度快，污染源点多面广，城市空气质量明显低于省内其他市州和省外相邻城市，已成为改善全省大气环境质量的突出短板。

为此，我建议：一是根据我国大气污染防治形势的新变化，建议将长株潭地区列入我国大气污染防治重点地区。二是加大对长株潭区域大气污染防治专项资金支持力度。根据防治规划，长株潭区域大气污染防治至少需要超过100亿元的投入，由于湖南省财力有限，建议国家加大对长株潭区域大气污染防治专项资金支持，以促进长株潭城市群的城市空气环境质量持续改善，还人民群众的美丽蓝天。

《中国城市能源周刊》：今年湖南省政府工作报告提出，抓好长株潭及传输通道城市大气污染联防联控等多项治污举措。湖南省生态环境厅将如何具体落实和推动以上工作？

潘碧灵：今年，针对大气污染的联防联控，湖南省生态环境厅出台了《湖南省污染防治攻坚战2020年度工作方案》，明确要建立健全联防联控工作机制，强化特护期专项执法和督察。执行层面，湖南省成立了省重污染天气应急指挥中心，起草了大气污染联防联控信息共享工作机制、部门协商工作机制、领导决策工作机制，印发了预报预警会商方案、专家技术帮扶方案等一系列政策文件，并组建大气污染防治专家团队对长沙、湘潭、衡阳、岳阳、怀化、娄底和益阳进行技术帮扶。

在钢铁超低排放改造方面，按照湖南省钢铁行业超低排放改造实施方案，2019年度完成了21个超低排放改造项目，2020年度计划完成20个超低排放改造项目，目前项目按计划稳步推进。到2025年底前，全面完成湖南省钢铁行业超低排放改造任务，全面实现湖南省钢铁企业超低排放。

在柴油货车淘汰方面，从四个方面强力推进老旧柴油货车淘汰工作：一是分阶段明确了2020年老旧柴油货车淘汰任务量；二是规定上线检验尾气排放不合格的机动车经两次维修后第三次上线检验尾气排放仍不达标的，由尾气检验机构上报生态环境部门，生态环境部门作出强制报废意见后将相关信息推送至公安交管部门，由公安交管部门督促车主到期办理注销登记手续，并禁止上道路行驶；三是完善了生态环境部门检验取证、公安交管部门进行处罚的路检路查工作机制；四是对尾气检验机构加强日常监管，发现有串通车主进行违规操作或不落实通知要求的，依法从严处罚。

在船舶靠港使用岸电方面，推进港口岸电设施和船舶受电设施建设。完成23个泊位26套岸电设施建设，并于2020年4月发布《湖南省港口岸电布局方案》，在今年底前还计划建设44个泊位、8处客运码头、3处锚地共计55套（台）岸电设施。

另外，根据湖南省相关部署，投资1.5亿元的岳阳锚地岸电项目启动，计划年内建成，年替代电量将达到904万千瓦时，极大地减少浮吊船舶作业和其他船舶靠泊时柴油发电所造成的污染排放。

为决胜全面建成小康社会，湖南省提出7项重点任务，作为今年“夏季攻势”的攻坚任务，并将“完成中央交办突出生态环境问题年度整改任务”列为首位。

《中国城市能源周刊》：近日湖南集中开工的829个重大项目中，涉及生态环保领域的项目就有35个。湖南将如何做到经济高质量发展和生态环境高水平保护“两条腿”走路？

潘碧灵：去年湖南省生态环境厅出台了《建设项目环境影响评价文件审批程序规定》，持续精简审批环节，分类细化流程，优化审批时序，在现有基础上，再次对审批时限进行压缩，审批时间压缩至法定的一半。进一步简化环评与排污许可的管理和技术要求，同时构建了环评审批“一站式”办事平台，实施“网上自助办”“不见面”审批。据统计，湖南省95%以上的建设项目环评审批手续均在市、县一级开展。

湖南省通过主动服务，提前介入，分析查找原因，解决项目环境制约因素，积极推动重点项目落地。省生态环境厅指导各市州做好相关配套工作，实现行政许可“一件事一次办”；通过建立“三线一单”生态环境分区管控，在有效管控的前提下，鼓励有条件的地方在依法依规的前提下，有条件地探索实施报告表承诺制；在全省开展“重大项目环评协调服务机制”“对口联系指导服务机制”，提前介入、全程指导，为全省重点项目做好环评服务，确保实现高水平保护、高质量发展。

《中国城市能源周刊》：2020 年是全面建成小康社会、完成“十三五”规划的收官之年，是打好污染防治攻坚战的决胜之年。为此，湖南省生态环境部门将重点开展哪些工作？

潘碧灵：围绕补齐生态环境质量短板、完成中央交办的突出生态环境整改任务、解决群众身边环境问题、决胜全面建成小康社会，湖南省提出 7 项重点任务，作为今年“夏季攻势”的攻坚任务。

其中“完成中央交办突出生态环境问题年度整改任务”位列首位。按照整改时限要求，全面完成 1 项中央环保督察反馈问题、16 项中央生态环保督察“回头看”反馈问题、3 项第一批长江经济带突出生态环境问题、18 项第二批长江经济带突出生态环境问题以及 7 项全国人大水污染防治法执法检查指出问题整改任务。

此外，全面完成省级及以上工业园区水环境问题整治、完成老旧柴油货车淘汰任务，以及完成重点行业 VOCs 综合治理均是 7 项重点任务之一。

行百里者半九十。保“一湖四水”安澜，护一江碧水东流，不可能毕其功于一役，生态环境保护与修复是一项非常复杂的系统工程，既是一场攻坚战，更是一场持久战，需要久久为功。

我们一定要保持加强生态文明建设的战略定力，方向不变，力度不减，坚决打好蓝天、碧水、净土保卫战，推动生态环境质量持续好转，实现污染防治攻坚战阶段性目标，加快构建现代环境治理体系，不断增强人民群众的获得感、幸福感和安全感，为全面建成小康社会增添绿色底色。

（2020 年 5 月 23 日，来源于《中国城市能源周刊》）

《人民日报——民主政治周刊》采访约稿：努力推进农村地区生态环境建设

被采访人：潘碧灵（全国政协常委、民进湖南省委会主委、湖南省生态环境厅副厅长）

记者：乡村振兴过程中，推进农村地区生态环境建设的重要性表现在哪些方面。

潘碧灵：党的十九大报告提出了实施乡村振兴战略“二十字”方针，即产业兴旺、生态宜居、乡风文明、治理有效、生活富裕。推进农村地区生态环境建设，点多、线长、面广，任务非常艰巨，不仅是一场攻坚战，更是一场持久战，将贯穿于乡村振兴的全过程。

农村生态环境建设是美丽乡村建设的重要组成部分，按照中央决策部署，“十三五”期间湖南省实施了农村环境综合整治整县推进工作，扭转了湖南省农村长期以来存在的脏乱差局面，基本实现了农村干净整洁有序，农民群众生态环境卫生观念不断进步，生活质量显著提高。2018—2020年，湖南省人居环境整治工作连续三年获得国务院真抓实干成效明显表扬激励，为全面推进乡村振兴奠定了良好基础，为全面建成小康社会提供了有力支撑。在看到成绩的同时，我们也清醒地认识到，农村生态环境建设的任务依然很艰巨，目前60%的行政村未达到最新的农村环境整治要求，全省约有528条农村黑臭水体，量大面广、亟待治理。农村生活污水处理设施建设滞后，资金投入严重缺乏、设施建设不规范、长效机制不健全。农业面源污染防治起步较晚、历史欠账多，农业源水污染物排放（流失）量仍处于高位，畜禽养殖场粪污处理和利用方式不够规范，粪污还田利用环境污染风险较大，水产养殖的高浓度外排尾水基本没有处理等问题仍然突出，要实现农业强、农村美、农民富的最终目标，需要把农村生态环境建设和改善人居环境作为乡村振兴的第一场硬仗。

记者：如何加强农村地区河流湖泊等水资源的保护?

潘碧灵：加强农村地区河流湖泊等水资源的保护重点要抓好以下几方面的工作：一是强化岸上污染源头防控，提高从源头解决污染的能力和水平。目前，农村基础设施建设尚不完善，垃圾成堆、污水横流、黑臭水体等方面问题仍比较突出，一些地区养殖业向规模化、集约化发展，畜禽粪污、养殖尾水等农业面源及化肥农药施用污染成为水环境主要污染源。要做好污染源头防控，加大生活垃圾的无害化、资源化、减量化处理力度，严禁河岸垃圾堆放，雨水冲刷入河。积极发动群众以房前屋后河塘沟渠为重点实施清淤疏浚，沟渠连通，逐步消除农村黑臭水体。持续推进畜禽养殖废弃物的资源化利用，减少农药化肥使用量，实施绿色生态种养。二是加强河湖生态修复。对侵占河湖水域岸线空间，围湖造田、围湖养殖、违章建筑等进行清理整治，集中解决河湖乱占、乱采、乱堆、乱建等突出问题。三是提高水资源利用效率。强化用水强度约束，加强节水管理，建立健全河湖生态流量保障机制。四是加强河湖日常管护。建立健全具有地方特色的村规民约及宣传制度，积极引导群众改掉污水乱倒、垃圾乱扔的陈规陋习；切实落实乡镇河湖长制责任，大力推进河湖网格化管理，在洪水期、枯水期及其他特殊水文、气象条件下，加大河湖监管执法力度。

（2021 年，来源于《人民日报——民主政治周刊》）

生态保护红线划定新华社约稿材料

记者：2018 年湖南省划定生态保护红线范围，红线划定后湖南生态保护会有哪些特点、成效或是亮点？

潘碧灵：生态红线对于维护生态安全格局、保障生态系统功能、支撑经济社会可持续发展具有重要作用，是国家和区域生态安全的底线。新修订的《中华人民共和国环境保护法》《中华人民共和国国家安全法》明确提出“划定生态保护红线，实行严格保护”。生态保护红线“划”是基础，“守”是关键。

依法划定并严守生态保护红线是湖南省生态文明建设和生态环境保护领域的一项重大制度和改革事项，湖南省委、省政府高度重视。2014 年，省委将划定生态保护红线列入全省先行先试的 15 项重点改革之一。2015 年，根据省委全面深化改革工作领导小组的部署，在桂东县、汝城县、宜章县、资兴市三县一市开展了生态红线制度建设改革试点工作，积累了一定的经验。2016 年，全省开展了生态保护红线划定基础性工作，形成了生态保护红线划定初步方案。2017 年 2 月，中办、国办印发了《关于划定并严守生态保护红线的若干意见》，明确了生态保护红线的划定范围、工作机制、管控要求和激励措施等，湖南省根据新的要求，对生态保护红线划定方案进行了调整，并“五上五下”和市（州）、省直单位进行会商对接，并组织专家对划定成果进行了审查。生态保护红线划定方案进入决策程序后，省委、省政府领导高度重视，先后召开省长专题会、省政府常务会、省委深改组全会进行专题研究，进一步确保生态保护红线“划得准、守得住”，根据会议精神，对生态保护红线划定方案进行了优化。2018 年 7 月 25 日，湖南省人民政府正式印发了《湖南省生态保护红线》（湘政发

［2018］20 号），湖南省生态保护红线划定工作基本完成。

湖南省生态保护红线空间格局呈现为“一湖三山四水”：总面积 4.28 万平方千米，占全省面积的 20.23%。“一湖”为洞庭湖（主要包括东洞庭湖、南洞庭湖、横岭湖、西洞庭湖等自然保护区），主要生态功能为生物多样性维护、洪水调蓄。“三山”包括武陵－雪峰山脉生态屏障，主要生态功能为生物多样性维护与水土保持；罗霄－幕阜山脉生态屏障，主要生态功能为生物多样性维护、水源涵养和水土保持；南岭山脉生态屏障，主要生态功能为水源涵养和生物多样性维护，其中南岭山脉生态屏障是南方丘陵山地带的重要组成部分。“四水”为湘资沅澧（湘江、资水、沅江、澧水）的源头区及重要水域。湖南省生态保护红线从空间上进一步细分为：武陵山区生物多样性维护生态保护红线、雪峰山区生物多样性维护－水源涵养生态保护红线、越城岭生物多样性维护生态保护红线、洞庭湖区生物多样性维护生态保护红线、南岭水源涵养－生物多样性维护生态保护红线、罗霄山水源涵养－生物多样性维护生态保护红线、幕阜山水源涵养－生物多样性维护生态保护红线、长株潭城市群区域水土保持生态保护红线、湘中衡阳盆地－祁邵丘陵区水土保持生态保护红线。

生态保护红线这一战略，国际上没有先例，湖南省是国内第一批开展划定的省份。通过划定生态保护红线，首次对全省国土空间开展了精细化的生态评估，首次全面回答了湖南省“一江一湖三山四水”生态安全格局，落地在哪里的问题；首次系统梳理了湖南省禁止开发区域的范围，形成了矢量数据库，为后续监管（包括绿盾）打下了基础；首次构建了湖南省生态系统全要素数据库，为后续研究、决策提供了重要支撑。

湖南省生态保护红线已由省政府发布实施，成为我省生态环境保护领域一项重要制度。该方案的发布，标志我省对“一江一湖三山四水”生态安全屏障的保护落到了实处，有了法律依据。生态保护红线成果是国土空间规划“三区三线”的基础要素，在国土空间规划中发挥了重要作用，也将指导湖南省山水林田湖草沙系统保护与修复工作。去年 6 月 30 日，由湖南省人民政府发布的《关于实施“三线一单”生态环境分区管控的意见》（湘政发〔2020〕12 号）直接引用了生态保护红线成果。将全省 20.23% 的省域面积纳入生态红线保护范围，建立“1＋14＋860”生态环境准入清单管控体系，实施差异化管理，强化源头预防和管控。“三线一单”是生态环境领域的总规矩，从空间管控的角度首次提出了生态环境分区管控的要求，为深入打好污染防治攻坚战和生态环境保护的精细化管控提供了重要的支撑，为经济高质量发展和生态环境高水平保护划定了重要的绿色标尺，“三线一单”工作在生态保护红线的基础上开展，意义重大影响深远。“三线一单”生态环境分区管控已写入2019年9月28日新修订的《湖南省环境保护条例》，同时，制定生态环境分区管控方案和生态环境准入清单也写入了2020年12月26日发布的《中华人民共和国长江保护法》。生态保护红线成果成了产业园区规划环评和建设项目选址落地的重要依据之一，将引导湖南省人口、产业布局趋向科学、合理。生态保护红线也为生态功能做出贡献的区域给予一定的补偿提供了重要依据。根据中办、国办刚刚下发的《关于深化生态保护补偿制度改革的意见》的精神，生态保护红线面积比例会作为测算生态补偿资金的重要依据，这将为湖南省获得国家纵向生态补偿提供重要技术依据，同时，也会为湖南省省内分配和安排生态补偿资金发挥关键作用。

记者：各省份生态红线面积比例差别较大。湖南当时划定时是出于哪些考虑？

潘碧灵：立足湖南省省情，实事求是确定红线比例。湖南省地貌类型多样，以山地、丘陵为主，大体上是“七山二水一分田”，其中山地占全省总面积的51.2%，丘陵及岗地占29.3%，平原占13.1%，水面占6.4%，森林覆盖率达59.96%。生态保护红线划定范围包括生态功能极重要区、生态环境极敏感脆弱区、省级以上禁止开发区域、其他各类保护地，按照“应划尽划、应保尽保”的原则，尽可能保障生态保护红线面积。但湖南省森林以人工林占主导，天然林比例不高，根据实际，在尽可能保护的同时，科学确定生态保护红线比例，为农业和城镇开发留出合理的发展空间，不搞一刀切和盲目摊派。

依据生态保护红线、永久基本农田、城镇开发边界三条线不交叉重叠的原则，合理确定生态保护红线范围，永久基本农田与城镇开发边界不划入生态保护红线。

按照“自上而下”和“自下而上”相结合的原则开展工作。一方面，确保湖南省“一湖三山四水”生态安全屏障纳入生态保护红线受到保护，生态保护红线格局符合我省实际；另一方面，加强划定方案与各市（州）、县（市、区）的衔接，确保划定方案符合当地实际，生态保护红线“划得实、守得住”。

记者：中国实施生态功能区划和生态保护红线的经验有哪些亮点？在其他国家是否具有可复制性？可否举例说明？

潘碧灵：我国生态功能区划被用于划定国家重点生态功能保护区，分析各重要生态功能区存在的主要生态问题，提出针对性的生态保护方向，使生态保护工作由经验型向科学型、定性型向定量型、传统型向现代型管理转变，为生态环境保护政策的制定提供依据。

与国外生态功能区的划分相比，我国生态功能区划有以下三大特点，一是我国生态功能区划的根本原则是主导功能原则，在分析区域生态环境现状、生态环境敏感性和生态服务功能重要性空间分异规律的基础上，确定不同区域的主导生态服务功能。二是虽然在区划过程中体现自然生态系统与人工生态系统的结合，但是突出强调人类在生态系统中的地位和作用，生态功能分区的目的是让生态系统更好地为人类社会服务。三是以行政区为基础进行的生态功能区划。

生态保护红线划定工作是生态功能区划的重要内容之一，生态保护红线对维护国家和区域生态安全、经济社会可持续发展、提升生态功能、改善环境质量、促进资源高效利用等方面具有重要作用。我国生态保护红线划定与管理由中央政府统筹，以保护基本的生态服务、自然资源、人类健康和福祉。与现有生态政策相比，划定生态保护红线方法的新颖之处在于政府推进生态系统服务，以此作为维持国家长期发展目标的一种方式，并赋予环境政策红线地位。其三个主要目标是保护重要的生态功能区（例如生态系统服务热点）和生态脆弱区（生态敏感区），保护重要物种的栖息地，以及在国家和全球范围内维护生物多样性热点，其核心目标与美国、加拿大和澳大利亚的自然保护区和生态网络，以及欧盟、加拿大、澳大利亚、新西兰和南非的战略环境评估类似，因此，生态保护红线管理方法同样适用于其他国家（或地区），可协助其进行生态保护区的分类。

在湖南省的实践中，划定生态保护红线工作有以下几点经验和实施保障措施。

第一，领导重视是前提。由地方党委、政府主要领导担任划定工作领导小组组长，建立了高效有力的协调机制和工作机制，确保生态保护红线划定工作有力推进。

第二，部门协调是动力。在领导小组的统领下，各相关部门各司其职，尽职履责，密切配合，协同联动，推动相关工作落实到位。

第三，科学划分是基础。建立生态保护红线工作小组，进行详细的科学论证和实地调研，严格按照《技术导则》实施，充分吸收相关领域专家意见，充分沟通协调，确保生态保护红线划定的科学性与可操作性。

第四，管理措施是保障。按照分类分级管控原则，从生态补偿、绩效考核等方面建立一系列配套的生态保护红线激励和约束的管理政策，奠定了管理措施保障基础。

以生态保护红线促进生物多样性保护为例，提供两个湖南省生态保护红线划定案例：

案例一：洞庭湖区生物多样性维护生态保护江线（包括长江岸线）

洞庭湖区是湖南省"一湖三山四水"生态安全格局的核心，同时洞庭湖作为长江中游重要的过水性湖泊，在长江经济带生态安全格局中地位十分重要。洞庭湖区是全国生态功能区划确定的重要生态功能区之一，主要生态功能为生物多样性保护、洪水调蓄。

洞庭湖区生态保护红线主要由湖南东洞庭湖国家级自然保护区、湖南西洞庭湖国家级自然保护区、湖南沅江南洞庭湖自然保护区、湖南湘阴横岭湖自然保护区等自然保护区和其他各类保护地组成。洞庭湖湖区生物多样性维护生态功能极重要区（包括水域和周边陆域）分布在自然保护区范围内，纳入了生态保护红线；洞庭湖周边以农业空间为主，具有重要生态功能的大通湖、书院洲、南洲、东湖、黄家湖、琼湖、毛里湖、汨罗江国家湿地公园纳入了生态保护红线，洞庭湖区生物多样性维护功能十分重要的水面、湿地，以及湖体周边重要栖息地也划入了生态保护红线。洞庭湖及周边共划定生态保护红线3670.58平方千米，占全省生态保护红线总面积的8.6%。

案例二：湖南高望界国家级自然保护区

湖南高望界国家级自然保护区成立于1993年，2003年晋升为省级自然保护区，2011 年经国务院批准晋升为国家级自然保护区，主要保护对象是境内的生物及其生态系统，属于森林生态系统保护区。

湖南高望界国家级自然保护区的地带性植被为中亚热带常绿阔叶林，植被类型多样，高望界国家级自然保护区现有维管束植物 204 科 846 属 1883 种，其中国家一级保护植物有银杏、红豆杉、南方红豆杉、钟萼木等 4 种，国家二级保护植物有黄杉等 33 种，另有兰科植物 36 种，湖南省重点保护植物有罗汉松等 25 种。湖南高望界国家级自然保护区野生脊椎动物有 279 种，隶属 29 目，87 科。属国家一级保护动物有云豹、林麝、白颈长尾雉 3 种，国家二级保护动物有白鹇、红腹锦鸡、勺鸡、穿山甲等 28 种。

根据《湖南省生态保护红线》，湖南高望界国家级自然保护区已划入生态保护红线，实施严格管控。

记者：湖南省是如何在划定生态保护红线的同时维护当地人民群众的利益的?

潘碧灵：生态保护红线原则上按禁止开发区域的要求进行管理，强制性、命令性地划定生态保护红线实质是对生态保护红线区发展权利进行约束，当地生态保护主体在向更大范围区域提供生态服务的同时，承担生态保护成本和发展机会成本的损失。一般来说，生态保护红线区与贫困地区在地理分布上高度重合，当地产业结构单一，经济发展相对落后，民生保障压力大，在最严格的生态空间用途管制制度下，生态保护红线区牺牲发展的机会成本要明显高于其他区域。但“红线区”不是“无人区”，农户作为生态保护红线生态保护的微观主体，其利益诉求能否得到有效表达和满足，关系到生态保护红线制度的社会公平性。为有效建设人与自然和谐共生的生态保护红线区，2017 年 7 月 27 日，湖南省政府发布《湖南省人民政府办公厅关于健全生态保护补偿机制的实施意见》，积极探索建立多元化生态保护补偿机制，逐步扩大补偿范围，合理提高补偿标准，进一步调动全社会参与生态环境保护的积极性，促进生态环境质量全面改善。

一是建立稳定投入机制。多渠道筹措资金，加大生态保护补偿支持力度。积极争取中央财政逐步加大对湖南省重点生态功能区的转移支付和中央预算内投资对湖南省重点生态功能区基础设施和基本公共服务设施建设的支持力度。进一步完善省以下转移支付制度，建立省级生态保护补偿资金投入机制，加大对重点生态功能区域的支持力度。积极推进政府和社会资本合作，鼓励社会资金参与生态建设投资，拓宽生态补偿市场化、社会化运作渠道。完善生态保护成效与资金分配挂钩的激励约束机制，加强对生态保护补偿资金使用的监督管理。

二是完善重点生态区域补偿机制。按照“事前严防、事中严管、事后奖惩”的原则，在重点生态功能区及其他环境敏感区、环境脆弱区划定并严守生态保护红线，开展红线管控配套制度研究，建立完善严守生态保护红线的补偿激励和约束机制。建立健全世界自然文化遗产和省级以上自然保护区、风景名胜区、森林公园、湿地公园、地质公园等各类禁止和限制开发区域的生态保护补偿政策，积极争取国家补偿资金和政策的支持。将生态保护补偿作为南山国家公园体制试点的重要内容。

三是推进横向生态保护补偿。以流域为重点，在具有重要生态功能、水资源供需矛盾突出、受各种污染危害或威胁严重的典型流域开展横向生态保护补偿试点，研究制定以市州为主，省级财政给予支持的横向生态保护补偿机制办法，鼓励受益地区与保护生态地区、流域下游与上游间通过资金补偿、对口协作、产业转移、人才培训、共建园区等方式建立横向生态保护补偿关系。与周边省份沟通协调，争取中央财政支持，积极探索建立了与江西省、重庆市等省市跨省横向生态补偿机制。

四是健全配套制度体系。探索建立省级生态保护补偿标准体系。加强森林、耕地、湿地、水、空气、生态保护红线和重点生态功能区监测能力建设，建立省级以上自然保护区监测网络体系。实行省内跨界水体水质在线监测制度，完善水土保持监测网布局，建立水土流失动态监控体系。研究建立生态保护补偿统计指标体系和信息发布制度。建立生态保护补偿效益评估体系，加强全省森林、湿地生态效益价值评估工作。健全自然资源资产产权制度，建立统一的确权登记系统，清晰界定各类自然资源资产的产权主体。强化科技支撑，积极开展生态保护补偿理论、生态服务价值、生态保护与可持续利用技术等课题研究。

（2021 年，来源于新华社）

25 年政协情缘，潘碧灵委员在网上全国政协书院讲述履职之路

2021 年4 月6 日晚上8 点，网上全国政协书院读书漫谈群开展2021 年第二季度首期“委员风采”讲述活动，讲述者是全国政协常委、湖南省政协常委、民进湖南省委会主委、湖南省生态环境厅副厅长潘碧灵。

在读书群里，潘碧灵以“我的履职之路”为题，讲述了他的成长故事、与政协的不解之缘，以及如何用心履职交出“委员作业”的感受。

潘碧灵说，作为一名全国政协委员，要践行初心和使命，做到心系国事、情牵民生；坚持思想政治引领，严格把握履职方向；积极履职、勇于担当，提升履职能力水平，提高提案建议质量。

初心不改创先争优

潘碧灵是一名红军后代。他的曾外公叫吴协仲，1925 年 11 月加入中国共产党，1926 年回石门县组建了中共石门第一个特别支部，负责农运；1928 年 3 月，跟随贺龙回桑植组军，任副营长；1930 年 2 月，任红二军警卫团政委，后在湘鄂川黔等地开展革命斗争；1935 年 11 月，跟随红军长征，1936 年 1 月在贵州毕节战斗中英勇牺牲，时年 39 岁。

从小时候起，潘碧灵的父母就教育他作为烈士的后代要更加严格要求自己，他也因此对共产党一直有着真挚朴实的感情。

1981 年，17 岁的潘碧灵考入北京大学，是恢复高考制度后石门县第一个考上北大的。这也是他第一次走出潇湘大地，不仅怀揣着个人和家庭的梦想，也寄托着父老乡亲的期盼。

1985 年，潘碧灵从北大毕业，放弃了留在北京和到沿海特区工作的机

会，选择了回到家乡。

此后，无论是在省里工作，还是在基层工作；无论是作为一般干部，还是当了领导干部，他都初心未改，始终把个人理想与回报家乡紧密结合起来，保持“不用扬鞭自奋蹄”的精神状态，兢兢业业，创先争优。他曾被人社部、国家旅游局（现文化和旅游部）评为“全国旅游系统先进工作者”“各民主党派、工商联为全面建设小康社会先进个人”等荣誉称号。

双向发力履职尽责

回首过往，潘碧灵已与政协结下了25年的情缘。

1996年，他担任郴州市政协常委，1999年当选郴州市政协副主席，1998年起任湖南省政协委员、常委，2008年起任全国政协委员、常委。

潘碧灵说，当好一名政协委员是他应尽的职责，而政协也成了他回报国家和社会、向其他委员学习交流、推动业务工作开展、提升宣传工作成效的一个重要平台和渠道。

在履职的道路上，潘碧灵努力交出一份份高质量的委员答卷。如，在湖南省政协八届二次会议上，他做了《关于加快莽山旅游开发，推动湖南“南大门”进一步开放》的大会发言；《关于规范城市生活垃圾焚烧，促进生活垃圾处理良性发展》的提案获十一届全国政协优秀提案奖；在全国政协十二届一次会议上，就生态文明建设做了《梦想成真靠实干》的大会发言。

在生态环境领域工作了十多年，连任三届全国政协委员的潘碧灵，每年提交的提案建议超过10件，总提案建议已超过百件。由于很多提案都涉及生态环境领域，他因此被称为“环保代言人”“绿色提案大户”。

潘碧灵的许多提案建议得到了及时反馈和落实。如提出环保不能只重视城市和工业，不重视农业和农村，推动了国家农村环境综合整治和改善农村人居环境政策和计划的出台；提出土壤污染防治刻不容缓的建议，促进了国家“土十条”的出台等。

2019年3月3日，全国政协十三届二次会议首次开启“委员通道”。在委员通道上，潘碧灵用4分钟时间向中外媒体记者讲述了长江流域水质发生的变化和各方作出的努力。

在潘碧灵看来，要认真贯彻落实习近平总书记“懂政协、会协商、善议政，守纪律、讲规矩、重品行”的指示要求，从凝聚共识和建言资政上双向发力，主动积极履职。

用行动当好“责任委员”

作为一位履职成果颇丰的老委员，潘碧灵从多个方面总结了自己的履职经验和感受。他说，作为一名政协委员和民主党派成员，在履职过程中，要始终坚持中国共产党的领导，始终坚定中国特色社会主义政治发展道路，做政治上的明白人。

“当今时代，风云激变，新知识层出不穷，新问题一日三变，新技术几何级增长。要适应不断发展变化的客观世界，就必须把学习作为一种修养美德，作为一种生活方式，活到老、学到老。”潘碧灵说，学习是委员履职尽责的坚实基础。

多年来，潘碧灵每次参加全会和专题常委会议，除了提交提案建议外，他都会提交一至两篇大会发言。他说，政协委员不仅仅是一种荣誉，更是一种责任，要勇于担当、永不懈怠，不当“名誉委员”，当好“责任委员”。

每年全国两会期间，潘碧灵都随身携带着平板电脑，见机就写，有时利用中午和晚上休息时间写，有时在参会来回的车上写，记录自己的参会感受。他说，这样落实两会精神更有方向，履职工作更有动力。2018 年全国两会期间，他每天写一篇两会手记；2019 年全国两会期间，他写了 2 万多字的两会观察；2020 年和 2021 年两会期间，分别撰写了 13 篇、19 篇观察感悟。

潘碧灵认为，履好职、尽好责还需突出专业领域，深入调研，做有心人。“要发扬‘三牛’精神，奋斗‘十四五’，奋进新征程，用更加积极的姿态和作为，诠释一个政协委员的责任与担当。”

（2021 年 4 月 6 日，来源于民进网）

潘碧灵参加全国政协十三届常委会第十八次会议并利用多种渠道积极建言资政

2021年8月30日，全国政协十三届常委会第十八次会议在京开幕，围绕“建设更高水平的平安中国”协商议政。中共中央政治局常委、全国政协主席出席开幕会。

会议期间，常委会组成人员围绕“深入贯彻总体国家安全观，打好维护国家安全主动仗”“防范化解重大风险，确保经济更安全”“深入实施可持续发展战略，确保生态更安全”“强化国家战略科技力量，提高公共安全保障能力，确保科技支撑更有力、人民生命更安全”“加强和创新社会治理，确保社会更安全”等专题进行讨论。

全国政协常委、民进湖南省委会主委潘碧灵向大会提交了《关注新污染物环境风险 保障人民生命健康安全》《进一步深化尾矿库整治 确保生态环境安全》两篇书面发言，并在第三专题“深入实施可持续发展战略，确保生态更安全”就“进一步深化尾矿库整治，确保生态环境安全”做了口头发言，还从“预防学生溺水应疏堵并举”等方面反映了社情民意信息。

潘碧灵在《关注新污染物环境风险 保障人民生命健康安全》书面发言中建议：一是要开展调查，摸清底数，重点掌握新污染物基本情况；二是要突出重点，循序渐进，全面提升新污染物管理水平；三是要强化宣传，科普引导，着力提升全社会对新污染物的环保意识。

潘碧灵建议，将游泳技能纳入中小学生体育课必修课程；在城市和乡村学校新建一批游泳场馆；政府开放游泳场馆或向社会购买服务在暑期为中小学生提供免费服务；在城市和乡村，政府确定一批定点天然游泳场地，配备相应安全设施和救生人员，为中小学生在暑期提供便利、安全的免费游泳服务。通过多种途径，改变目前中小学生防溺水着眼于堵的思路，从疏的角度满足中小学生暑期游泳需求，从源头上化解溺水风险。

为进一步加强尾矿库监督管理，彻底防范化解尾矿库安全风险，潘碧灵在“进一步深化尾矿库整治确保生态环境安全”发言中建议：一是要明晰不同状态下尾矿库的联合监管机制；二是要规范整治要求，排查次生环境问题，消除环境隐患；三是要精准分类施策，鼓励支持砂尾综合利用；四是要设立专项资金，解决历史遗留尾矿库的整治。

图 13　潘碧灵接受人民政协网采访

8 月 31 日，潘碧灵接受了人民政协网的视频采访，《人民政协报》给予了专门报道。潘碧灵在接受记者采访时表示，应该把尾矿库作为一种资源来看待，加大综合利用力度，消除环境风险，为老百姓带来更多生态环境领域的获得感、幸福感和安全感。

潘碧灵建议，对于长期停产、停用的尾矿库，各部门要分工合作，建立部门联合监管执法工作机制，加大协调力度，加强联合执法、信息通报和资源共享。要进一步摸清尾矿库家底，针对不同资源类别，在现有“一库一策”的基础上开展尾矿库污染整治回头看。进一步核实尾矿库污染现状及环境风险，科学制定整治方案，明确整治标准、措施、时限和责任主体，统一开展综合整治，消除环境风险隐患。

“特别对一些历史遗留的尾矿库，可以设立历史遗留尾矿库修复治理和隐患消除专项综合整治资金，同时综合运用财政、税收、金融、投资等手段，推行资源综合利用减免所得税、部分资源综合利用产品企业减免增值税等优惠政策，积极鼓励推广应用尾矿综合利用和资源回收利用项目，加快尾矿库整治进程。”潘碧灵说。

潘碧灵还建议，应鼓励、引导企业加强与科研院所及高校的合作，通过技术创新突破综合利用的关键技术瓶颈。

（2021 年 8 月 31 日，来源于中国民主促进会湖南省委员会）

为生态环保屡献良策 尽心力守护绿水青山

2019 年 3 月 3 日，全国政协十三届二次会议首次“委员通道”开启，潘碧灵成为第一位走上“委员通道”的住湘全国政协委员，向中外媒体记者讲述近年来长江流域生态环境的明显改善和各方作出的努力。

图 14　潘碧灵参加政协会议

作为三届全国政协委员，履职十余年，全国政协常委、民进湖南省委会主委、湖南省生态环境厅副厅长潘碧灵始终围绕大气污染防治、洞庭湖生态环境治理等方面建言献策。

在他的平板电脑里，写满了一篇篇考察日记、履职感悟和调研报告，这些文字，讲述着一位“老全国政协委员”和“老生态环保人”的履职故事。

积极履职　屡献良策

过去一年，潘碧灵的履职脚步从未停歇。

在业务工作方面，潘碧灵一如既往奋力争先。他组织制定洞庭湖总磷攻坚行动计划，积极推广先进降磷经验和技术，推动提升总磷防控能力和水平。同时，还认真组织编制完成湖南省重点流域水生态环境保护规划，规划质量生态环境部长江局评价为流域 11 个省（区、市）领先。

在去年全国两会上，潘碧灵就加快推进水产生态养殖、加强乡镇卫生院环境污染治理等问题，提交了多件提案和微建议、社情民意信息，不少提案得到重视和采纳。去年，向湖南省政协十二届四次会议提交集体提案12件，2件被列为重点办理提案。

加强农村饮用水安全保障工作

良好的饮用水是人类健康生存必需的基本条件之一。根据全国第三次农业普查数据，2017年全国共有行政村603686个，常住人口约5.77亿，如何保障农村饮用水安全，将是新农村建设关键的一环。

潘碧灵表示，目前，我国农村饮用水安全形势依然严峻，原因来自多个方面：其一，水质水量难以得到保证；其二，供水工程管理不善；其三，出厂水水质堪忧；其四，资金投入不足。

为此，潘碧灵建议，推进城乡供水一体化，依托大水源建立大水厂，实现“大水源”取水、“大水厂”制水、“大管网”送水，按分片区规划区域规模化供水，各片区并网运行，城乡水厂管网可互联互通、水量互补，实现城乡供水同网、同质、同服务，形成水网规划及城乡供水一体化工作格局。

与此同时，还应该加大农村供水工程改造力度，着力实施水源保护区规范化建设，强化责任落实，加强监督管理，加大饮用水安全保障资金支持。

保护生物多样性　做好长江流域外来物种调查监测

长江十年禁渔计划对于保护长江流域的生态资源具有重要意义。

潘碧灵认为，需要注意的是，在执行长江十年禁渔计划的同时，要对长江流域中的一些外来入侵物种保持高度的警惕，如克氏原螯虾（俗名小龙虾）、罗非鱼（俗名非洲鲫鱼）、太阳鱼、鲟鳇鱼、鳄龟、巴西龟、福寿螺、淡水白鲳、豹纹脂身鲇（俗名清道夫）等。

特别是太阳鱼，作为原生于北美南部的一种鱼类，属温水性小体型鱼类，生长适温范围大，在我国南方地区完全能自然越冬。它适应性广，食性杂，喜吃鱼卵，群体产量高，一年可繁殖三次。

“20世纪60年代，日本琵琶湖引进培育了这种鱼，结果它们疯狂地挤占当地鱼类和其他水生物种的生存空间，对当地的生态环境造成了严重的破坏。”潘碧灵说。

此前已有新闻报道，在长江上游四川省的湖泊、水库中已有太阳鱼的踪迹。湖南省郴州市的东江湖，位于湘江上游，潘碧灵曾实地调研走访当地老百姓，自禁渔后，东江湖钓上来的鱼，十之五六是太阳鱼，太阳鱼已有泛滥之势。

因此，潘碧灵建议，长江流域内各级政府一定要做好长江流域外来入侵物种的调查监测，组织生态领域的专家学者对此情况提出切实可行的应对方案。

虽身挑重担，但潘碧灵仍然保持谦虚。他认为自己工作仍有一些短板，有待提升，如洞庭湖总磷削减难度大、环评与排污许可质量与管理还须加强、参政建言的质量还可提高、工作统筹还需加强等。新的一年，潘碧灵表示，“将以虎虎生威的雄风、生龙活虎的干劲干在实处、走在前列，不负历史、不负时代、不负人民、不负组织，以更加出色的工作成绩迎接党的二十大胜利召开！”

（2022 年 2 月 24 日，来源于红网）

全国政协委员潘碧灵：含磷洗涤用品有水体富营养化风险应禁售

潘碧灵被称作全国两会上的“绿色提案大户”。作为全国政协常委、湖南省生态环境厅副厅长，他的许多提案都与工作中发现的问题息息相关。在此次提交的提案中，潘碧灵建议在长江流域省（区、市）禁售含磷洗涤用品。

国内关于含磷洗涤用品的讨论已有一段“历史”，从1998年至今陆续有多个地区下达禁售令。但潘碧灵注意到，由于含磷和无磷洗衣粉混杂销售、企事业单位及个人无磷洗涤意识不强等原因，长江流域部分省（区、市）市场上仍存在含磷洗衣粉的流通，尤其是在农村占比较高。

潘碧灵解释，作为一项关键污染物，含磷洗衣粉中的三聚磷酸钠（占比约15%）是溶解性极强的有效磷，能充分被藻类等生物吸收利用。根据欧盟环境委员会相关研究报告，三聚磷酸钠对生活污水中有效磷的贡献达到50%，另有研究发现，1克有效磷可使藻类生长100克。因此，含磷洗衣粉一旦被销售使用，其含有的三聚磷酸钠可直接通过雨水管网汇入地表水，对水体造成较高的富营养化风险。

潘碧灵建议，首先由生态环境部、市场监督管理总局、工信部、商务部等国家相关部门联合发文，出台关于在长江流域省（区、市）禁售含磷洗涤用品的规定。同时，借鉴《渤海碧海行动计划》（天津、河北、辽宁、山东等地共同执行的方案），将洗涤用品禁磷作为一项重要工作内容纳入到此后的长江流域相关治理行动计划中。然后，结合长江流域禁磷工作的做法与成效，进一步考虑在全国范围内立法实施洗涤用品禁磷。

“长江流域省（区、市）禁止含磷洗涤用品销售其时已至。”潘碧灵说。

图 15　全国政协常委、湖南省生态环境厅副厅长潘碧灵（新华社资料图）

部分地区仍有含磷洗涤用品流通，农村占比较高

《南方都市报》（以下简称《南都》）：您是怎么关注到含磷洗涤用品的污染问题？

潘碧灵：根据《第二次全国污染源普查公报》数据，水体总磷主要来源于农业源和生活源，其中生活源总磷排放量占比约达 30%。除人体排泄物外，含磷洗涤废水是生活源总磷的重要来源之一。洗涤用品中洗衣粉中含磷量较高，根据洗衣粉行业标准，含磷洗衣粉中总五氧化二磷含量大于等于 8%。目前，含磷洗衣粉产量较小，每年约 12.5 万吨，且主要用于出口。但是由于含磷和无磷洗衣粉混杂销售、企事业单位及个人无磷洗涤意识不强等原因，长江流域部分省（区、市）市场上仍存在含磷洗衣粉的流通，尤其是在农村占比较高。

《南都》：您梳理了诸多已经禁售含磷洗涤用品的地区，这些地区实行禁售后水体改善情况如何？

潘碧灵：江苏省是诸多省份中开展洗涤用品禁磷工作最早、最全面的地区。据报道，1999 年太湖开始禁磷，这一年湖体总磷浓度下降到 1994 年以来最低值（0.094 毫克/升）；2001—2002 年江苏部分地区实施禁磷，这两年总磷下降到 0.079 - 0.097 毫克/升；2003—2005 年太湖连续 3 年出现低水位，湖体水量大幅度下降，但因江苏、浙江先后全省禁磷，总磷浓度仍保持到 0.071 – 0.078 毫克/升。可见，洗涤剂禁磷对水体改善功不可没。

当然，许多地区在实施洗涤用品禁磷的同时，也在加快补齐生活污水收集处理设施短板，全力推进其他重点领域磷污染防治。因此，禁磷地区水体改善是各个领域总磷污染防治工作的综合成效，尚不能精准研判洗涤用品“禁磷”对水体改善的具体贡献量。

《南都》：禁售含磷洗涤用品会否影响日常使用需要？

潘碧灵：目前，无磷洗涤剂生产总量已超过 98%，市场占有率高，生产技术成熟，无磷洗衣粉的生产成本目前已比含磷洗衣粉低，且未来随着国家污染防治力度的加大，含磷洗衣粉的主要原料三聚磷酸钠的价格还会不断提升，含磷洗衣粉的生产成本还会增加，因此，国家立法禁止在长江流域销售含磷洗衣粉不仅不会对人民群众日常生活造成较大影响，而且对生产厂家而言也会降低成本、增加利润。

图 16　含磷洗涤用品的使用对水体存在污染风险

洗涤用品磷含量无强制性约束，亟待出台国家强制性标准

《南都》：近些年来不断有地方立法禁售、禁止生产含磷洗涤用品产品。从您了解的情况看，一些地方立法慢的原因是什么？未立法地区实际销售情况如何？为何含磷洗涤用品尚在市场流通且农村较多？

潘碧灵：洗涤用品禁磷在部分地方没有立法或者立法慢，可能是低估了含磷洗涤用品使用对水体的污染风险。一方面，许多地区可能认为洗涤废水即使含磷，也可进入污水处理厂进行深度处理，对地表水污染风险较低。但是，许多城市，特别是南方地区，洗衣机一般安装在南向阳台使用，南向阳台连接的是雨水管网，洗涤废水直接经雨水管网排入地表水。另一方面，我们对洗涤用品的关注可能更多地聚焦在居民生活上，但是，占较大比例的社会生活（如餐饮业、宾馆旅社、医疗机构等）及工业设备清洗等产生的洗涤废水同样不容忽视，但是目前我们对以上行业洗涤用品含磷量、使用情况等尚不清楚，亟待开展调查评估。

未立法地区在标准超市或正规的卖场，基本以无磷洗涤用品为主，但是这些标识了“无磷”的洗涤用品，其真实的含磷量需要加强抽查检测。相比于城市，农村地区对含磷洗衣粉的需求可能更多，因为与无磷的洗衣粉及洗衣液相比较，含磷洗衣粉售价低、洗衣效果好、用量少，含磷洗衣粉在农村地区更具有市场优势。

《南都》：禁售含磷洗涤用品的该规定体现在哪部法律比较合适？是否需要全国范围立法禁售而非限定流域？

潘碧灵：建议首先由生态环境部、市场监督管理总局、工信部、商务部等国家相关部门联合发文，出台关于在长江流域省（区、市）禁售含磷洗涤用品的规定。同时，借鉴《渤海碧海行动计划》（天津、河北、辽宁、山东等地共同执行的方案），将洗涤用品禁磷作为一项重要工作内容纳入到此后的长江流域相关治理行动计划中。然后，结合长江流域禁磷工作做法与成效，进一步考虑在全国范围内立法实施洗涤用品禁磷。

《南都》：您也提到对洗涤产品含磷量的标准设定宽松。是否需要进一步提高标准？理想标准是多少？可以要求含磷量0%吗？

潘碧灵：关于洗涤用品“含磷”与“无磷”定义，根据洗涤行业标准，一般将总五氧化二磷小于等于1.1%的洗涤用品称为无磷型；但是，较少对“含磷型”作出相关限定。现在只有洗衣粉标准明确规定了“五氧化二磷大于等于8%的为含磷洗衣粉、小于等于1.1%的为无磷洗衣粉”，而且其对含五氧化二磷1.1%—8%之间的洗衣粉界定与归类是模糊不清的。

国家出台的洗涤产品相关标准均为推荐性标准，对企业生产的洗涤用品磷含量限值没有强制性约束，亟待出台国家强制性标准，统一规定洗涤用品“含磷型”与“无磷型”中五氧化二磷限值。

由于许多洗涤用品生产原料不可避免的含有少量磷杂质，如无磷洗衣粉中的沸石等，因此将五氧化二磷含量0%作为“含磷型”与“无磷型”分界点实施难度较大。考虑到标准的可操作性，结合现有标准对无磷的界定现状，建议将五氧化二磷高于1.1%的定义为含磷洗涤用品，小于或等于1.1%的为无磷洗涤用品。

标准	五氧化二磷质量分数
GB/T 13171.1-2009 洗衣粉（含磷型）	≥8%
GB/T 13171.2-2009 洗衣粉（无磷型）	≤1.1%
QB/T1224-2012 衣料用液体洗衣剂	≤1.1%（对无磷产品的要求）
GB/T35833-2018 厨房清洗剂	≤1.1%（对无磷产品的要求）
QB/T2116-2006 洗衣膏	≤1.1%（无磷洗衣膏）
QB/T2487-2008 复合洗衣皂	≤1.1%（仅对标注无磷产品要求）
QB/T4526-2013 地毯洗剂	≤1.1%（仅适用于无磷产品）
QB/T4529-2013 工业洗衣用洗涤剂	≤1.1%（仅适用于无磷型产品）
QB/T4535-2013 织物柔顺剂	≤1.1%（仅适用于无磷型产品）
QB/T4532-2013 硬质地板清洗剂	≤1.1%（仅适用于无磷型产品）

农业源是长江流域总磷污染最主要来源，需加快农业面源污染防治进度

《南都》：除了洗涤用品，长江中的磷污染还有哪些来源？现在高磷肥料导致的污染也很严重，如何治理？

潘碧灵：总体来说，长江流域总磷污染主要来源于工业源、生活源和农业源三个方面。根据长江经济带专项研究报告，长江流域农业源总磷排放量占比最大，为68.08%，其次为生活源和工业源，分别占29.52%和2.40%。工业源主要体现在“三磷”（磷矿、磷化工和磷石膏库），“三磷”污染源高负荷排放，造成部分河段水质严重超标。长江中上游总磷污染严重的地区与“三磷”的主要分布区呈现大体上的空间一致性，“三磷”治理成为长江经济带尤其是中上游地区水环境治理的关键节点。

2019 年，生态环境部印发了《长江“三磷”专项排查整治行动实施方案》，对“三磷”排查和整治做出了具体的部署，目前已开展了大量工作，取得了阶段性成效。生活源方面，基础设施建设滞后是导致城镇生活污染源排放最主要的原因，由于缺少配套污水管网和雨污合流，造成部分污水处理厂进水总磷浓度常年偏低，污水处理设施没有发挥应有的作用，污水溢流加重河流污染。农业源是长江流域总磷污染最主要的来源，根据《全国第二次污染源普查公报》，全国年排放总磷 31. 54 万吨，其中农业源总磷排放量最高，占比 67. 2%，农业源中畜禽养殖业排放量最高（11. 97 万吨，占比 37. 9%），其次是种植业（7. 62 万吨，占比 24. 2%）与水产养殖业（1. 61 万吨，占比 5. 1%）。

高强度施用化肥造成氮磷利用率低、流失量高，由此产生的面源污染不容忽视，针对高磷肥料导致的污染，其治理措施主要有以下几点：一是优化种植结构，改进种植模式，深入推进化肥减量增效。二是大力推广主要作物测土配方施肥、绿肥种植、有机肥替代化肥等技术或模式。三是全面开展农田面源污染综合防治，采用农田生态沟渠、地表径流蓄积池等措施治理农田退水，积极推进农田退水“零直排”综合试点工程建设。

《南都》：长期看治理长江总磷污染问题需要做哪些工作？又需要多长时间？

潘碧灵：针对长江总磷污染治理，一是需要巩固提升“三磷”专项排查整治工作成效。长江流域集中了全国 60% 以上的“三磷”企业，且主要分布在中上游。“三磷”是导致中上游等局部区域污染的重要原因，长江流域，特别是中上游地区需要持续开展“三磷”行业专项整治行动，巩固提升工作成效。

二是需要突出抓好农业面源污染防治。长江流域是我国重要的粮油、畜禽和水产品等主产区，诸多研究表明，长江流域近 70% 的总磷来自农业面源污染。农业面源污染的治理重难点在于种植业过量施肥、畜禽养殖粪污量大面广以及水产养殖尾水处理率低，加快农业面源污染防治进度，就需要集中力量切实解决以上几方面的问题，推动农业绿色可持续发展。

三是需要加快补齐城乡生活污水收集处理设施短板。目前城市生活污水管网建设质量不高，雨污不分流、管网错接、混接、漏损的现象十分普遍，需要加快管网升级改造；部分地方污水处理厂进水浓度偏低，几乎不加处理就快接近达标，需要开展专项整治，提升污水处理厂效能；需要加快推进乡镇污水处理设施及配套管网建设，提高乡镇污水处理设施覆盖率，推动正常运行。同时，还要改善农村人居环境，推进“厕所革命”。

四是需要加强河湖水生态保护与修复。“十四五”时期水生态环境保护已从污染治理为主向水生态、水环境、水资源等系统治理转变。长江流域总磷污染治理要坚持污染减排与生态增容并举，但是，目前流域水生态保护与修复工作基础较为薄弱，亟需从水生态调查与评估、河湖生态流量保障、河湖（库）湿地生态修复、水生生物多样性保护等多个方面着手，全面增强河湖水体自我恢复、自净能力。

图 17　杭州市临安区天目山镇九狮村村民在家门口用自来水洗菜（新华社资料图）

农村供水水质水量难以得到保证，地下水水质相对较差

《南都》：您另一份提案关注农村饮用水安全保障，现在农村供水情况如何？

潘碧灵：近几年国家加大了农村饮用水安全保障力度，但目前问题仍然不少，比如，水质水量难以得到保证、供水工程管理不善、出厂水水质堪忧以及资金投入不足等。

一是我国部分地区由于受历年工业“三废”、农业化肥农药、水面养殖、畜禽粪便、生活垃圾污染影响，水质较差，如南北方农村地下水水源不同程度存在区域性铁锰、氨氮和氟化物超标，湖库水源因过度投肥养殖、工业废水无序排放导致总磷超标，部分农村地区甚至已到了“有水不能用”的地步；二是随着近年来气候变化，冬春季降雨不均衡情况加剧，山泉水季节性枯竭，地下水水位因超采导致逐年下降，部分农村出现季节性缺水，供水水量保障率低；三是在春节、清明节等特殊时段，随着在外务工人员返乡，缺水现象时有发生。

《南都》：中国环境监测总站2020年对农村饮用水调查显示，地表水水质正在得到改善，但地下水达标比例持续波动且略有下降趋势。为何地下水的情况更差?

潘碧灵：一是大趋势使然，近年来水污染防治攻坚战成效明显，地表水水环境质量有大幅度改善。以湖南省为例，全省147个国控断面水质优良比例97.3%，534个省控断面水质优良比例95.9%，湘资沅澧四水干流126个断面均达到或者优于Ⅱ类；二是通过水源地“划、立、治”，地表水水源水质持续改善。湖南省县级及以上城市在用水源中，除2个地下水区域性本底值铁、锰超标外，全部实现达标，达标率为98.7%。千吨万人水源，2021年四季度水质较2020年一季度提升11.4个百分点。

相对地表水水质持续改善而言，地下水水质较差的问题就显得比较突出。地下水水质相对较差主要有以下几个方面的原因：一是受历年污染所致。我国是农业大国，农药、化肥使用量大，耕地上使用的化肥、农药经雨水或灌溉水冲刷、渗漏进入地下水体造成污染；二是我农村禽畜大多采取散养方式，禽畜的粪便随意排放，经雨水冲刷直接排入水体或渗漏进入地下水体，易造成污染；三是历年工业企业无序排污和垃圾随意填埋，对地下水造成污染；四是长时间、大范围、高密度的开采地下水，浅层地下水受表层与腐蚀层影响渗透至地下，造成深层地下水氨氮、细菌总数超标；五是部分地区富含重金属，加之无序开采，导致区域性重金属超标。

综上多重原因，导致我国地下水水质较差，且由于地下水水文复杂，污染源头排查困难，治理工作难度非常大，虽经治理，但水质改善幅度不明显。目前，国家层面已高度重视地下水治理，2021年10月21日，李克强总理签署公布了《地下水管理条例》（中华人民共和国国务院第748号令），相信通过由易及难、由表及里的强力治理，地下水水质状况会有较大改观。

图 18　重庆市北碚区天府镇中心村，重庆碚江水务的施工人员在安装供水管道（新华社资料图）

农村供水管网普遍老化，应加大饮用水安全保障资金支持

《南都》： 有业内人士提到，大部分农村饮用水水源地和管线等缺乏必要的监管措施和手段。您了解的情况是这样吗？

潘碧灵： 农村水厂大多建于二十世纪八十年代农村改水工作时期，后期亦有大批农村供水工程集中仓促上马，但由于缺乏统筹规划和技术论证，水源地选址随意，客观上造成了一些难以整治的问题，部分农村水源地污染源较多，水质较差，且难以通过整治解决，如部分水源地在划定保护区之前就已经存在排污口、畜禽养殖场、矿产资源开采等情况。且经过二十多年的运行使用，部分水厂和供水工程机电设备陈旧不堪，管网普遍老化，渗漏水严重，部分管网的渗漏率高达 40%—50%。

据我的了解，前些年，大部分农村饮用水水源地和管线等缺乏必要的监管措施和手段的情况基本属实，近几年，由于各级各部门的高度重视，农村规模化饮用水水源地的划定、整治和监管工作明显加强，取得了较好成绩，但由于农村饮用水水源地点多面广、基础薄弱，目前仍存在不少问题和困难。

一是水源地选取不够合理。农村地区大多选取一些山塘水库作为水源地，点多面广、不便管理，且农村居民水源地保护意识还需加强，生活、养殖废水直排进入水源水体的情况比较普遍，对水质污染较大。

二是供水工程设置不够规范。我国农村供水工程大多于20世纪末或21世纪初建设，受当时政策规范、资金和工程技术条件限制，个别工程水处理构筑物砼蓄水池浇筑没有严格按照规范要求施工，设备设施及管材存在质量不合格现象，各地大多未对涉水管材及管件进行卫生安全检测评价，质量监管不严，管网设计安装不够规范，部分工程管道设计安装质量较差，塑料管道埋设深度不够，部分甚至裸露，管网接口的胶接、焊接达不到施工规范要求，容易发生爆管或渗漏。

三是工程供水能力不足。部分中小型工程实际供水量低于设计供水规模，富余供水能力不足，影响正常供水或者限时供水，尤其是一遇到旅游旺季与春节集中返乡，使用水量激增，极易造成供需不平衡。

四是工程陈旧老化严重。当前，湖南省农村供水工程还存在“散小差”的问题，部分农村供水工程建设时间早、建设标准低、老化失修严重，极易受到洪灾、冰灾及其他人为因素的影响而造成管网损毁，且由于运行管理人员不足、专业技术人员缺乏，维修难以及时到位，影响正常供水。

《南都》：对于改善农村用水您有哪些建议？

潘碧灵：推进城乡供水一体化。根据《关于做好农村供水保障工作的指导意见》（水农〔2021〕244号），稳步推进农村饮水安全向农村供水保障转变，依托大水源建立大水厂，实现“大水源”取水、“大水厂”制水、“大管网”送水，按分片区规划区域规模化供水，各片区并网运行，城乡水厂管网可互联互通、水量互补，实现城乡供水同网、同质、同服务，形成水网规划及城乡供水一体化工作格局。

同时，加大供水工程改造力度。以建设稳定水源为基础，实施规模化供水工程建设和小型工程标准化改造，不断提升农村供水保障能力。重点关注超标水源地所对应的供水工程，优化提升制水工艺，强化对特征因子的处理，确保出厂水水质达标。

此外，加大饮用水安全保障资金支持。加大对农村饮用水安全保障工作资金投入，支持地方加大农村水源保护、水质监测、水污染防治和供水工程提质改造，加大对 PPP 项目支持力度，缓解各级地方政府筹资压力。积极探索施行饮用水安全保障工作成效与相关专项资金分配挂钩的激励约束机制，探索建立受益者付费、保护者得到合理补偿的水源地生态保护补偿机制，将符合条件的饮用水水源纳入生态补偿转移支付，使饮用水水源地管理及饮水安全得到有效资金保障。

《南都》：《关于做好农村供水保障工作的指导意见》提出了诸多目标，您觉得推动这些规划落地需要做哪些工作？

潘碧灵：关于农村供水保障工作，湖南省的工作应该走在全国前列，业已完成农村集中式饮用水水源保护区划定和千吨万人、乡镇级千人以上水源地突出环境问题整治，拟于 2024 年底前完成农村其他千人以上水源地规范化建设和突出环境问题整治。《关于做好农村供水保障工作的指导意见》出台，非常必要且及时，为下一步工作明确了方向。

我认为，推动这些规划落地，应该要做好以下几个方面的工作，包括因地制宜，大力推进农村规模化水源建设；建章立制，强化农村安全供水管理责任；强化考核评价，实现以考促管；加大饮用水安全保障资金支持。

（2022 年 3 月，来源于《南方都市报》）

全国政协委员潘碧灵：协同推进经济高质量发展和生态环境高水平保护

2022 年 3 月 5 日下午，习近平总书记参加十三届全国人大五次会议内蒙古代表团审议时发表重要讲话。全国政协常委、民进湖南省委会主委、湖南省生态环境厅副厅长潘碧灵学习讲话后深受鼓舞，表示要保持战略定力，继续坚定不移地推进生态文明建设。

“每年习近平总书记到内蒙古代表团都会强调生态文明建设，实际上，习近平总书记在推动长江经济带发展的时候也作出过这样的重要指示。”潘碧灵委员说，近年来，湖南省认真贯彻落实习近平总书记“守护好一江碧水”等一系列重要指示，强有力地推动湘江和洞庭湖的治理。

潘碧灵委员说，“十三五”期间，洞庭湖区总磷平均浓度下降 43.8%，湘资沅澧四水干流水质连续两年达到了Ⅱ类及以上水质，洞庭湖水生态环境已得到很大改善。“2021 年，洞庭湖越冬的候鸟达到 28.8 万只，我们还在南洞庭湖发现了 14 只有‘鸟中大熊猫’之称的中华秋沙鸭。”

针对习近平总书记提到的减污和降碳协同推进，潘碧灵委员表示，湖南省要在不增加排污总量的情况下，积极支持重点煤电企业发展，同时，也希望国家可以把西北地区的清洁能源进一步输送到湖南省。“去年，我们已经开始实施‘宁电入湘’的工程，希望下一步，把‘青电’‘疆电’也输入湖南省。”

潘碧灵委员表示，新的一年，要按照习近平总书记的指示，保持战略定力，继续坚定不移地推进生态文明建设。同时，要协同推进经济高质量发展和生态环境高水平保护，让绿色成为经济高质量发展最鲜明的底色。

（2022 年 3 月 6 日，来源于光明网）

全国政协常委潘碧灵纵论“两山”理念

在 2022 年 6 月 20 日全国政协“统筹推进绿色低碳高质量发展”专题常委会第四专题第 1 小组讨论会上，全国政协常委、民进湖南省委会主委、湖南省生态环境厅副厅长潘碧灵以《生态补偿护绿水青山，生态产品铸金山银山》为题第一个发言，受到与会的全国政协领导、生态环境部主要负责人以及其他政协委员的高度赞同，得到生态环境部有关司局领导的积极回应，以下是这次发言的全文。

生态补偿护绿水青山，生态产品铸金山银山

图 19　潘碧灵在全国政协“统筹推进绿色低碳高质量发展”专题常委会第四专题第 1 小组讨论会上发言

唐朝白居易说：“天育物有时，地生财有限，而人之欲无极。以有时有限奉无极之欲，而法制不生其间，则必物暴殄而财乏用矣。”生态环境

是人类赖以生存的基础，面对人民日益增长的美好生活需要，建立一种可持续的资源利用模式尤为重要。2021 年 10 月，在以“生态文明：共建地球生命共同体”为主题的《生物多样性公约》第十五次缔约方大会上，习近平总书记强调“绿水青山就是金山银山”，指出“我们要加快形成绿色发展方式，促进经济发展和环境保护双赢，构建经济与环境协同共进的地球家园。”

习近平总书记“绿水青山就是金山银山”的理念，深刻揭示了发展和保护的本质关系，良好生态本身蕴含着无穷的经济价值，能够源源不断地创造经济效益，实现经济社会可持续发展。坚持绿水青山就是金山银山，关键是要在经济生态两手硬、青山金山长相依上做文章，扭转保护与发展相对立的传统观念，深入挖掘生态价值中蕴藏的经济潜能，不仅是将“只可远观”的“绿水青山”保护起来，更要将其转化为能真正让人民抓在手里的“金山银山”，让生态环境保护成为经济社会发展的助力。

人不负青山，青山定不负人。生态保护补偿制度是生态文明制度的重要组成部分，以保护和可持续利用生态系统为目的，综合运用行政手段、市场手段、法律手段平衡生态保护与经济发展间的关系，在生态保护者和受益者之间端平一杆秤，让保护者得到经济激励，让受益者付出合理成本，是推动“绿水青山”转化为“金山银山”的重要纽带。当前全国已初步形成了以中央财政转移支付为主体的生态补偿格局，财政资金投入逐年提升，对激发保护地保护生态环境积极性、促进保护地发展发挥了越来越重要的作用。但随着生态补偿的领域和范围逐渐扩大，仅依靠政府财政资金不够全面且可持续的压力大，迫切需要进一步建立健全市场化、多元化的生态补偿机制。

一是建议建立健全生态环境权益交易制度。基于自然资源的合理保护与配置，完善市场交易机制，通过培育市场、明晰产权，打通生态产品价值实现和交易途径全过程。基于生态承载力和政府管制形成配额指标，加快推进市场化环境权交易，探索用水权、排污权和碳排放权交易等市场化生态补偿路径。加快探索建立政府与市场相互支撑的环境权益交易机制，拓宽生态补偿市场化运作的实现路径。

二是建议逐步拓展市场化融资渠道。将绿色金融作为生态补偿市场化建设的“催化剂”，扩大绿色信贷、绿色债券规模，扩大绿色金融改革创新试验区试点范围，建立社会资本出资、市场化运作的生态补偿专项基金，以充分发挥资本的撬动作用，支持区域产业一体化发展和对口协作。深入挖掘绿色产品生态价值，盘活生态资产，为生态农业、生态工业、生态旅游业等绿色产业发展提供融资渠道，通过较成熟的交易市场体系撬动更大的金融支持，将传统生态补偿与绿色金融有机衔接，以实现“1+1>2”的发展效果。

三是建议探索生态补偿方式多元化发展。积极探索直接补偿与间接补偿相结合的补偿模式，比如采用绿色新兴产业培育合作、生态旅游康养、生态农业和循环农业等产业项目补偿方式，开展生态环保教育培训、区域间劳务对接、人才交流等智力补偿方式，或是帮助地方开展环境污染治理、生态系统保护修复工程与生态产业发展有机融合的生态保护修复补偿方式，动员遗传资源利用企业和原住居民参与的惠益分享补偿方式等，实现生态补偿的多样化。

良好生态环境是最普惠的民生福祉。随着经济社会发展，人民对美好生活的向往日益提升，怎样将绿水青山的“颜值”转化为金山银山的“价值”越来越受到社会关注。生态产品价值实现的过程，就是将生态产品所蕴含的内在价值转化为经济效益、社会效益和生态效益的过程，也是“绿水青山”转化为“金山银山”的核心内容。2021年，中办、国办印发了《关于建立健全生态产品价值实现机制的意见》，为推动全国生态产品价值实现理论研究、制度设计指明了方向和路径。但在全国范围内，仍存在配套政策亟待完善、核算标准不一等问题，需要在生态产品价值实现机制落地落实上持续发力。

一是建议推动生态产品价值核算体系建设。实现生态产品价值的前提是对生态产品进行准确的监测并对其价值进行科学合理的评估核算。构建生态监测网络和监测体系，对生态资源进行统一确权登记，摸清底数和存量，对生态资源数量和质量变化做到心中有数；出台统一规范的生态产品价值核算体系，明确核算模型、指标体系、评估方法、数据来源，助力提升生态产品价值的真实性、客观性，降低生态产品的市场壁垒，提高市场认可度。

二是建议构建生态产品市场化经营开发体系。通过市场激励机制，促进生态环境外部成本内部化，从而打通“两山”转化的市场通道；充分调动全社会的积极性，形成政府、企业、金融资本和社会组织等多元主体参与的价值实现体系；采取股权合作、委托经营等方式，吸引优质社会资本，加快生态物质产品、生态文化产品以及生态服务产品的融合发展，通过市场化经营开发推动生态产业化、产业生态化。

三是建议夯实生态产品价值实现基础支撑。加强关于生态产品价值实现、“两山”转化模式和转化路径的理论研究，以专业智库强化智力支撑。结合生态产品价值实现机制试点、“绿水青山就是金山银山”实践创新基地建设，加快形成一批可复制可推广的转化模式和实践经验，发挥示范带动效应。

（2022 年 6 月，来源于《湖南日报》）

我为生态环保“鼓与呼”的故事

潘碧灵，男，土家族，1964年6月生，湖南石门县人，北京大学地理系自然地理专业毕业，长江商学院工商管理硕士，国家自然科学基金委“数字经济时代的资源环境管理理论与应用”基础科学中心特聘专家，第十一届、第十二届全国政协委员，第十三届全国政协常委。现任第十四届全国政协委员、湖南省政协副主席、民进湖南省委会主委、湘潭大学校长。历任郴州市旅游局局长、郴州市政协副主席、郴州市人民政府副市长、湖南省环境保护局副局长、湖南省环境保护厅副厅长、湖南省生态环境厅副厅长、民进湖南省委会主委等领导职务。1999年被评为全国旅游系统先进工作者，2006年被评为“各民主党派、工商联、无党派人士为全面建设小康社会作贡献”先进个人，2022年获评全国政协委员优秀履职奖和读书积极分子。

1981年，我从湖南的一个小县城石门考入北大，当时正值改革开放初期，中国与欧美、日本等西方发达国家发展水平的差距还比较大。1978年10月，邓小平同志乘坐日本新干线谈感受时说：“就像推着我们跑一样，我们现在很需要跑。”入校不久，中国女排在第三届世界杯赛上以3∶2战胜了日本队，首夺世界冠军，举国上下心潮澎湃，亿万观众热泪盈眶，北大学子喊出了“团结起来，振兴中华”的时代最强音，从那一刻起，为中华崛起而拼搏的种子就深深埋在了我的心底。

大学毕业以后我选择了回湘工作，报效家乡，先后在湖南省建委、湖南省国土局、郴州市旅游局、郴州市人民政府、湖南省生态环境厅、民进湖南省委会等单位工作。无论在哪个岗位上工作，“祖国至上、顽强拼搏、永不言败、永争一流”都是我始终的目标和追求。

2008 年，我成为第十一届全国政协委员。2018 年，我担任第十三届全国政协常委。我深深感到，作为新时代的政协委员，要适应时代变化、履行好职责使命，就要多领域学习，切实增强履职本领。我也一直把读书学习作为提高履职能力的关键，读原著、学原文、悟原理，并取得了一些成果。在《旗帜》《人民日报》《人民政协报》《经济日报》等报刊发表《为开辟“中国之治”新境界添砖加瓦》《紧跟党中央、同心谋发展、共同迎小康》《构建人与自然生命共同体》等学习体会、两会感悟、手记和述评等 60 余篇，撰写的《构建协商议政质量体系，推进协商议政提质增效》获湖南省政协理论征文二等奖。2022 年 5 月 7 日，我开始担任“深入学习贯彻习近平生态文明思想”读书群群主并作开群导读，竭诚服务广大政协委员共同学习习近平生态文明思想，凝聚更多绿色发展共识。同时，我还在民进湖南省委会广泛深入推动开展“书香民进”读书活动。

我一直将撰写手记感悟作为一种工作习惯，每次参加全国政协的调研和专题视察活动，都随身带着平板电脑，见机就写，有时利用中午和晚上休息时间写，有时在参会来回的车上写。2017 年、2018 年和 2022 年我参加全国政协社会和法制委员会、人口资源环境委员会赴海南省、江西省、四川省、宁夏回族自治区的专题调研时，每次都撰写了上万字的考察手记。2019 年，我参加住湘全国政协委员“青海‘三江源’青海湖”生态环境保护工作专题考察。从原子城到玉树，从青海湖到三江源，带着在湖南省调研的思考，白天认真了解青海省的经验和做法，探寻湖南省“一湖四水”生态环境保护良策，夜间克服一天的疲乏，将当天所见所闻所感诉诸笔端，五天撰写了《青色的湖》《青海生态之窗》《三江源国家公园》等十篇考察日记，这些考察日记通过媒体报道之后获得了很好的反响。一次次调研、一场场协商、一篇篇考察日记，我一直用自己的坚守来履行责任和担当。

认真调研、深入思考，我提交的《关于规范城市生活垃圾焚烧，促进生活垃圾处理良性发展的提案》获十一届全国政协优秀提案奖，并在全国政协十二届一次会议上，就生态文明建设做了《梦想成真靠实干》的大会发言。2022 年全国两会期间，我提交了提案建议 7 件，大会发言稿 2 篇，社情民意信息 21 篇，撰写了 19 篇观察感悟，50 多家媒体报道了我的相关提案。在 2022 年 6 月刚刚召开的“统筹推进绿色低碳高质量发展”专题议政性常委会会议上，我提交了 7 篇大会发言材料，并在第四专题第 1 小组讨论会上以《生态补偿护绿水青山，生态产品铸金山银山》为题发言。

2019 年 3 月 3 日，我有幸走上了全国政协十三届二次会议首次“委员通道”。在“委员通道”上，我向中外媒体记者讲述了长江流域水质发生的变化和各方作出的努力。我深知，能够通过“委员通道”展示住湘全国政协委员的风貌，特别是能够将湖南省过去一段时间推进生态文明建设、推动长江经济带发展所做的工作进行系统介绍，这样的机会千载难逢。为了利用好“委员通道”给每位政协委员的 3 至 4 分钟时间，多融入湖南元素、讲好湖南故事，我专门组织了两次座谈会，听取有关方面和专家的意见，并从大家都很关注的江豚切入来反映洞庭湖生态环境的变化，令大家印象深刻，反响很好。

在政协履职生涯里，我的很多提案都是涉及生态环境领域，也因此被称为“环保代言人”“绿色提案大户”。每年我提交的提案建议都超过 10 件，总提案建议已超过百件，不少提案建议都得到了采纳和落实。如十一届全国政协期间，我提出环保不能只重视城市和工业，不重视农业和农村，促进了国家农村环境综合整治和改善农村人居环境相关政策和计划的出台；十二届全国政协期间，我提出土壤污染防治刻不容缓的建议，促进了国家“土十条”的出台；十三届全国政协期间，我重点关注长江经济带高质量发展，助力习近平总书记“共抓大保护、不搞大开发”重要指示的落实，2019 年撰写的《系统推进长江经济带大保护的调查和思考》被评为“各民主党派、工商联、无党派人士为全面建成小康社会作贡献”建言献策优秀成果。我曾在提案中呼吁，请求国家对长株潭区域大气污染防治给予资金支持，2019 年，中央财政首次安排湖南省大气污染防治资金 1 亿元。此外，我所反映的乡村学校厕所更需“革命”的问题也引起了相关部委的高度重视。“要坚决避免中小学校成为‘厕所革命’盲区。”2019 年，国家发改委、教育部联合下发通知，全面开展中小学校改厕工作，要求通过 2 年左右时间的努力，实现全国中小学厕所基本达到安全、卫生、环保等底线要求。

2023 年 1 月，我当选为湖南省政协副主席，2 月，组织任命我担任湘潭大学校长。在新岗位上，我深刻体会到，习近平生态文明思想的理论价值、实践伟力和创新品格为谱写人与自然和谐共生现代化的高校新篇章提供了根本遵循，高校要成为学习贯彻习近平生态文明思想的教育高地、研究高地和实践高地，湘潭大学要成为学习贯彻习近平生态文明思想的重要阵地。

建睿智之言，献务实之策，我将继续尽心履职，深入学习贯彻习近平生态文明思想，为奋力谱写人与自然和谐共生现代化的高校新篇章做出新的贡献。

（2023 年，来源于中国民主促进会湖南省委员会）

天道酬勤，不索何获

——访 2022 年度全国政协委员优秀履职奖获得者潘碧灵

2023 年 1 月 17 日上午 9 时，2022 年度全国政协委员优秀履职奖表彰仪式在全国政协礼堂隆重举行，20 位全国政协委员获此殊荣，全国政协常委、湖南省政协副主席、民进湖南省委会主委、湖南省生态环境厅副厅长潘碧灵荣列其中。

“矢志不渝导读红色经典，精准建言‘长江之歌’绿色篇章，参政热情高、责任意识强，本职工作与委员履职‘两不误、两促进’。敢直面真问题、能提出好办法、持之以恒不懈推动，用政协委员的责任担当书写新时代的光荣和梦想。”

听着主持人宣读的颁奖词，潘碧灵心潮澎湃。“‘一届政协委员，一生政协情缘’。27 载，我有幸见证和参与着人民政协事业的发展进步，也深深感恩政协给了我为国履职、为民尽责的舞台。我对政协事业充满了热爱、对政协履职充满了激情，唯有勤勉履职，才能无愧于政协委员的称号。”

潘碧灵是这样说的，也是这样做的。任全国政协委员 15 年来，他始终保持奋发有为的精神状态，始终怀揣当好一名新时代合格政协委员的责任感和使命感，建睿智之言，献务实之策，尽心履职，担当作为，贡献着自己全部的智慧与力量。

学习：成长的“基因”

上学的时候，潘碧灵是名“学霸”。1981 年，17 岁的他考入北京大学，成为恢复高考制度以后湖南省石门县第一个考上北大的学生。大学毕业以后，他选择回湘工作，先后在湖南省建委、湖南省国土局、郴州市旅游局、郴州市政府、湖南省生态环境厅、民进湖南省委会等单位工作。

无论是在学校还是工作后，学习一直是潘碧灵保持不变的习惯，每天无论多忙，他都会挤出时间学习和读书。

在他看来，最是书香能致远，书籍是人类进步的阶梯，学习是通往人类全面发展的唯一途径。当今时代，风云激变，新知识层出不穷，新问题一日三变，新技术几何式增长。要适应不断发展变化的客观世界，就必须把学习作为一种修养美德、作为一种生活方式，活到老、学到老。

2008 年成为第十一届全国政协委员之后，潘碧灵每天用在学习上的时间更长了。

“学习是政协的基因。第一届政协就设立了学习座谈会，第二届起就有了学习委员会，汪洋主席在政协委员读书活动启动式上强调，‘政协委员应该是最喜欢读书的群体、最有条件读书的群体、最能够把书读好的群体’。新时代的政协委员要深入理解习近平总书记关于加强和改进人民政协工作的重要思想，要加强思想政治引领、更好凝聚所联系群众的共识，要适应时代变化、增强履职本领，要提高建言质量就必须重视学习、崇尚学习、终身学习。”

在履职过程中，潘碧灵始终把学习贯彻习近平新时代中国特色社会主义思想和习近平总书记重要讲话精神作为首要政治任务，认认真真、扎扎实实读原著、学原文、悟原理。十三届全国政协以来，先后通读《习近平新时代中国特色社会主义思想学习纲要》《习近平新时代中国特色社会主义思想三十讲》等 60 多册书籍，总书记重要讲话原文及解读文章 600 多篇。

读书之后，是认真地思考和总结。五年来，潘碧灵先后在《人民日报》《光明日报》《人民政协报》《中国统一战线》《团结报》等媒体发表《为开辟“中国之治”新境界添砖加瓦》《充分发挥统一战线重要法宝作用，为实现中华民族伟大复兴赢得更大荣光》等学习体会文章 70 多篇。他坚持主动正面发声，在习近平总书记“七一”重要讲话发表后，第一时间撰写了《从总书记“七一”重要讲话中我们读到了什么?》《从百年党史中汲取民族复兴和政协事业前行的力量》等7篇学习体会，为人民政协报撰写了《赓续合作初心，携手“赶考”新征程》《传承辛亥革命精神、致力民族复兴伟业》等21篇述评。

潘碧灵还积极参加政协委员读书活动，在中共党史学习读书群、生态文明建设读书群等多个政协委员读书群作民进会史、我的履职之路、碳达峰碳中和等主讲或导读，参与了水利民生、人口发展等10多个读书群的讨论交流。在2022年5月7日担任“深入学习贯彻习近平生态文明思想读书群”群主后，他统筹谋划，安排16名政协委员和专家进行导读，并积极撰写体会文章，连续几个月的夜晚，潘碧灵都是在群里发言或和政协委员们研讨中度过的。

勤勉：委员的“标配”

全国政协委员往往都是身兼数职的，潘碧灵也不例外。

民进中央常委、湖南省政协常委、民进湖南省委会主委，湖南省生态环境厅副厅长，国家自然科学基金委“数字经济时代的资源环境管理理论与应用”基础科学中心特聘专家……面对繁重的业务工作、政协履职、社会活动，潘碧灵的应对方式传统又踏实：更加勤奋努力。

2022年7月2日至5日，潘碧灵随全国政协人口资源环境委员会“新时代生物多样性保护工作”党外委员专题视察团赴宁夏回族自治区开展视察。几天的时间里，视察团在沙湖自然保护区、贺兰山国家级自然保护区、同心县豫海湖湿地公园、云雾山自然保护区、六盘山国家级自然保护区、火石寨自然保护区等地，实地视察高山森林、草原、湿地的动植物生物多样性保护工作，并召开座谈会，听取地方情况介绍，召开调研组内部座谈会，进行互动交流。由于各视察地间路途较远，调研日程排得又满又紧，大家早出晚归，常常不能按时吃饭。

视察组返京的第二天，潘碧灵就在工作群提交了一篇近12000字的视察日志，详细记录了视察过程中的所见所闻、所思所想。群里的委员在诧异他到底是如何挤出时间深入思考并将思考落在笔头的同时，也在潘碧灵的日志中受到很多启发，引发诸多共鸣，后来，日志中的很多内容被吸收进视察报告，成为参政议政的重要成果。

“每次参加全国政协的调研和专题视察活动，我都随身携带平板电脑，有机会就写，有时利用中午和晚上休息时间写，有时在来回的车上写。”2018 年两会期间，潘碧灵每天写一篇两会手记；2019 年，写了 2 万多字的两会观察；2020 年、2021 年分别撰写了 13 篇、19 篇观察感悟；2022 年，撰写《协同推进高质量发展和高水平保护》《团结奋进向未来 画好最大同心圆》等两会感悟、调研视察手记 13 篇。

潘碧灵的勤勉在“委员圈”是出了名的，从他 2022 年的“履职作业”中也可见一斑：

全会期间提交了《关于在长江流域省（区、市）禁止含磷洗涤用品销售的提案》《关于加强医疗机构污水处理的建议》等 6 件个人提案及《关于推进长江流域水生态系统性修复的建议》《关于开展生态疏浚，复苏洞庭湖生态环境的提案》等 4 件集体提案；常委会会议期间提交《加快推进农村饮用水安全保障工作》等书面发言 14 篇，在第 24 次常委会上做《团结奋斗、勇毅前行，持续深入打好碧水保卫战》口头发言，得到广泛好评；反映社情民意信息 60 多件，19 篇通过全国政协转送中共中央及有关部门采纳；自主开展“加快推进城市老旧小区改造”调研，积极参与全国政协人资环委的工作，在中国农业大学、安徽省六安市舒城县、安徽省阜阳市颍东区为学校师生和基层干部宣讲习近平生态文明思想；党的二十大召开后，第一时间撰写《矢志不渝跟党走，同心奋进新征程》《奋力书写绿色发展新篇章，加快建设人与自然和谐共生的现代化》等体会文章和《坚持山水林田湖草沙一体化保护和系统治理》《统筹水资源、水环境、水生态治理，推动重要江河湖库生态保护治理》《坚持人与自然和谐共生，加快推进洞庭湖生态疏浚》等学习体会和信息 24 篇……

“我一直认为人生在勤，作为政协委员尤要如此。要把勤奋学习、对党忠诚、对事业极端认真负责的态度和精神融入身体和血液中，要在一次次辛勤付出中充分展现政协委员的坚定信念和责任担当。”潘碧灵表示。

专注：术业要专攻

紧密围绕业务工作履职，往往可以事半功倍，这是潘碧灵在 15 年履职实践中的最深感触。

“从业务工作出发，依托领域资源，可以获取更多信息资料，更有条件深入调查研究，从而确保高质量建言；履好职又可以推动做好本职工作，当建议得到采纳和落实，会对整个生态环保事业产生正向推动力，从而实现‘两不误’和‘双赢’。”

潘碧灵在生态环境领域工作了十多年，任十一届、十二届全国政协委员履职期间，每年提交的提案都超过 10 件，总提案数早超百件，很多提案都是涉及生态环境领域，也因此被称为“环保代言人”“绿色提案大户”。努力抓住真问题、提出真办法，不少提案建议都得到了及时反馈和落实。

十一届全国政协期间，潘碧灵提交进一步加强农村环境保护的提案。在提案中，他直言，在我们越来越关注城市环保、关注汽车尾气的同时，有多少人注意到，农村的污染排放已经占到了全国的“半壁江山”？别忘了，农村生产出来的粮食、蔬菜、水果，端上的是全国人民的餐桌！从这个角度来说，对农村环保的关注不但不能逊于城市，而且要高于城市。他建议切实强化政府主体责任、出台农村环保“一号文件”，统筹城市农村环境治理，加大农村环保资金投入，激励引导农民和社会力量参与支持农村环境保护。

这件提案推动了国家农村环境综合整治和改善农村人居环境政策和计划的出台。

十二届全国政协期间，潘碧灵以一句“雾霾飘在天上，根子却在地上”抛出了土壤污染防治话题，提出土壤污染防治刻不容缓。“我的思路是真抓实干，强力推进，以壮士断腕的勇气和釜底抽薪的决心，从治源开始调结构，严控新上的项目。通过从土地出让金中划拨出一部分用于土壤修复或发行债券、基金来解决资金问题。”

其后，《土壤污染防治行动计划》出台，从十个方面提出了达到“到 2030 年土壤环境风险得到全面管控；到本世纪中叶，土壤环境质量全面改善，生态系统实现良性循环”的“硬任务”。

十三届全国政协期间，潘碧灵更加重视提案的质量，不深入调研不提案。他十分关注长江经济带高质量发展，提出着力推进经济社会绿色转型、为人民群众提供良好水生态产品、巩固深化水污染治理、积极推动水生态保护、着力保障河湖生态用水等“十四五”长江经济带生态环境保护工作重点，推进习近平总书记“共抓大保护、不搞大开发”重要指示的落实。2019 年 3 月3 日，潘碧灵走上全国政协十三届二次会议首次“委员通道”，从大家都很关注的江豚切入反映洞庭湖生态环境的变化，向中外媒体记者讲述长江流域水质发生的变化和各方作出的努力，取得了很好的反响。2019 年撰写的《系统推进长江经济带大保护的调查和思考》被评为“各民主党派、工商联、无党派人士为全面建成小康社会作贡献”建言献策优秀成果。

在潘碧灵看来，持续关注和跟踪一个问题非常重要。2011 年，他第一次提出关于生态补偿的建议。此后，他对这个问题的认识不断深化，多年来，持续建议建立纵向湿地生态补偿机制。2019 年 8 月，我国正式提出全面建立生态补偿制度，潘碧灵“鼓与呼”数年的建立湿地补偿机制建设提案终于开始“落地开花”。

“国家层面已确定建湿地补偿机制，但具体要怎么建?”2020 年两会，潘碧灵再次提交相关提案，提出在洞庭湖区率先建立湿地补偿机制。“在洞庭湖区率先建立湿地补偿机制有其特殊意义，既是对洞庭湖湿地为维护中国生态安全作出贡献的一种奖励和补偿，也将对修复长江流域生态环境起到更大的促进作用。”

潘碧灵进一步提出，生态环境治理不能“各扫自家门前雪”，要推动洞庭湖周边省份出台排放标准和管控规范，强化畜禽粪污、水产养殖尾水污染治理；协调组织长江流域上下游各省（区、市）共同采取措施深入推进总磷削减攻坚战，严控含磷洗涤用品；建立定期省际调度会商机制，指导各省从法律、政策、标准、技术等方面开展交流对接，建立流域横向生态补偿机制。

把专业意见转化为政策选项，潘碧灵履职建言佳绩不断。

责任：初心永不改

2019 年，全国政协组织开展了 3 次新任委员培训班，潘碧灵作为 4 位老委员之一参加了两次，并做了《发出好声音，展现新作为》的经验交流。

如何当好一名全国政协委员？潘碧灵说，不仅要有坚定的政治方向，讲政治、懂规矩、守纪律，还要进一步提升参政履职的能力和水平，着力在提高提案质量上下功夫，尽职尽责、勇于担当、永不懈怠，始终心系国事、情牵民生，不当“名誉委员”，当好“责任委员”。

“中国知识分子历来有‘为天地立心，为生民立命，为往圣继绝学，为万世开太平’的家国情怀，民进也有‘为执政党助力、为国家尽责、为人民服务’的优良传统。全国政协委员的身份，不仅仅是一种荣誉，更是一种责任。而责任，是政协委员需要永远扛在肩头的承诺。”

潘碧灵这样说着，也用实际行动对责任二字做着深刻诠释。

多年来，他主动积极履职。每次政协全会和专题常委会会议，除了提交提案建议外，都会提交几篇大会发言。全国政协十三届常委会第七次会议，围绕“推动制造业高质量发展”主题提交《加快中小企业智能制造转型，助推高质量发展》大会发言材料并在小组口头发言，全国政协十三届常委会第八次会议，围绕“办好人民满意的教育”主题提交《中小学心理健康教育亟待加强》《推进化解义务教育大班额的问题亟待解决》两篇大会发言材料。十三届全国政协期间，潘碧灵在常委会会议上共提交大会书面发言 40 多篇，作《生态补偿亟待增强硬约束》大会口头发言，作《创新开放、因势利导，激发脱贫攻坚内生动力》《打好“升级版”的蓝天、碧水、净土保卫战，推进生态环境质量持续改善》等小组口头发言。

潘碧灵始终认为，调查研究是政协委员必须练就的基本功，只有重视调查研究，只有通过细致、深入地调查研究，才有可能形成高水平的调研报告、提案、社情民意信息，才有可能被高层领导和党委、政府重视，才有可能被有关部门采纳，从而转化为真正的决策，影响经济社会发展，推动国家发展进步。因此，即使再忙，他也会积极参加全国政协的调研和专题视察活动。

2017 年，参加全国政协农业农村委赴山东、河南等省就“秸秆综合利用”的专题调研并参加双周协商座谈会；2018 年，参加全国政协社法委赴四川省的社会治理的专题调研，撰写了近万字考察手记；2019 年，参加了全国政协人资环委、社法委赴海南、江西、安徽等省就“推进国家生态文明示范区建设”和“协同推进公益诉讼检察工作”的专题调研，撰写了《中华民族四季园，生态文明再出发》《江西省国家生态文明先行示范区建设有序推进》两篇调研报告，在“协同推进公益诉讼检察工作”双周协商座谈会上就“完善制度设计提升监督效能”作重点发言，针对生态环境领域目前存在的主要问题建言资政。五年来，潘碧灵先后参加全国政协开展的脱贫攻坚、污染防治、国家生态文明示范区建设、公益诉讼检察工作、中华传统文化“进课本、进课堂、进校园”等10次专题调研，足迹遍布云南省、四川省、海南省、江西省、安徽省、湖南省、湖北省、宁夏回族自治区等地，一本本厚厚的调研考察手记，记录着他的奔忙与投入。

人心是最大的政治，共识是奋进的动力。潘碧灵在积极建言献策的同时，也注重做好凝心聚力这篇大文章，努力把中国共产党的主张转化为社会各界的共识。

他在民进湖南省委会持续推动开展“不忘合作初心，继续携手前进”主题教育和“我身边的先进”宣讲活动，先后组织赴中国共产党第一次全国代表大会会址纪念馆、中共二大会址纪念馆、中共四大纪念馆、民进中央直属会史教育基地、湖南党史陈列、湖南雷锋纪念馆等地参观考察，深入学习党史、国史、会史，学习党的革命历程、老一辈的家国情怀和民进优良传统，通过组织纪念会、座谈会、报告会、征文比赛、书画展等多种方式凝聚思想共识。他在2021年新年和农历牛年春节，围绕学习习近平总书记新年贺词，在中共中央、国务院举行的春节团拜会、全国政协新年茶话会，党外代表人士迎新座谈会上的重要讲话，撰写《奋斗，新时代的最强音》《发扬“三牛”精神，建设美丽中国》《不用扬鞭自奋蹄》《坚守合作初心，提高“三个”站位，奋力谱写新时代多党合作事业新篇章》等文章在省内外媒体刊发，礼赞伟大成就，表明奋斗姿态。

在潘碧灵看来，作为全国政协委员，就要心系国事、情牵民生；就要积极履职，勇于担当；就要提升履职能力水平、提高提案建议质量。正是因为这份初心与使命，他努力写好每一年的“委员作业”，力争交出一份份满意的“履职答卷”。用更加积极的姿态和作为诠释一名政协委员的责任与担当，潘碧灵一直在路上。

（2023年，来源于《人民政协报》）

潘碧灵委员——为生态环保屡献良策

宽阔的水面上，江豚畅游嬉戏，它们时而结伴跃出水面，时而追逐潜入水中……去年底，全国政协委员潘碧灵在湖南省岳阳市调研洞庭湖生态疏浚项目时，又一次看到了江豚活泼的身影，“这些‘微笑天使’在水中逐浪，尽显生态之美。”潘碧灵欣喜地说。

潘碧灵是湖南省政协副主席、民进湖南省委会主委、湘潭大学校长，在生态环境领域工作了一多年。自2008年成为全国政协委员以来，他所提的提案大都涉及生态环保领域，为生态环保屡献良策，不少提案都得到了及时反馈和落实。

“紧密围绕业务工作履职，往往可以事半功倍。”这是潘碧灵履职实践中的最深感触。

在潘碧灵看来，持续关注和跟踪一个问题非常重要。2011年，他第一次在提案中提出了关于生态补偿的建议。此后，他对这个问题的认识不断深化，多年来，持续建议建立湿地生态补偿机制。党的十八大以来，生态保护补偿加速推进，初步建成了符合中国国情的生态保护补偿制度体系，推动美丽中国建设。潘碧灵“鼓与呼”数年的建立湿地生态补偿机制的提案“落地开花”。

“国家层面已确定建立湿地生态补偿机制，但具体要怎么建?”在2020年两会上，潘碧灵再次提交相关提案，提出在洞庭湖区建立湿地补偿机制。“这既是对洞庭湖湿地为维护生态安全作出贡献的一种奖励和补偿，也将对修复长江流域生态环境起到促进作用。”

潘碧灵进一步提出，生态环境治理不能“各扫自家门前雪”，要推动洞庭湖周边省份出台排放标准和管控规范，强化畜禽粪污、水产养殖尾水污染治理；协调组织长江流域上下游各省份共同采取措施深入推进总磷削减攻坚战，严控含磷洗涤用品；建立定期省际调度会商机制，指导各省份从法律、政策、标准、技术等方面开展交流对接，建立流域横向生态补偿机制。

“要保证提案的质量，就得坚持深入调研。”潘碧灵深有感触地说。5年来，潘碧灵先后参加全国政协开展的脱贫攻坚、污染防治、国家生态文明示范区建设、中华传统文化“进课本、进课堂、进校园”等10次专题调研，足迹遍布云南省、四川省、海南省、江西省、安徽省、湖南省、湖北省、宁夏回族自治区等地，一本本厚厚的调研考察手记，记录着他的奔忙与投入。

潘碧灵记得，2019年3月3日，在全国政协十三届二次会议的“委员通道”上，他讲述了江豚腾出水面的壮观场景，“我当时说，‘这从侧面反映出长江流域水质已经得到了很好改善’，这样生动的描述取得了很好的效果。”2019年，他撰写的《系统推进长江经济带大保护的调查和思考》被评为“各民主党派、工商联、无党派人士为全面建成小康社会作贡献”建言献策优秀成果。

今年初，潘碧灵获评2022年度全国政协委员优秀履职奖。“从业务工作出发，依托领域资源，可以获取更多信息资料，更有条件深入调查研究，从而确保建言高质量；履好职又可以推动做好本职工作，当建议得到采纳和落实，会对生态环保事业产生正向推动力，从而实现双赢。”潘碧灵说。

今年两会即将召开，潘碧灵最关注的还是生态环保问题，将针对系统治理农业面源污染、长江流域水资源保障、长江水生态保护等话题提交提案。

（2023年，来源于《人民日报海外版》）

为生态文明建设鼓与呼

“作为一名全国政协委员，我致力于为生态文明建设鼓与呼，聚焦人民群众最关心的突出生态环境问题，为持续改善生态环境质量献计出力。”湖南省政协副主席、湘潭大学校长潘碧灵委员说。

担任全国政协委员以来，潘碧灵深耕生态环境领域，积极为生态环境保护建言献策，围绕农村环境整治、土壤污染防治等领域提交了数十件提案。

近年来，潘碧灵委员积极为洞庭湖环境治理发声。去年，他参加了全国政协人口资源环境委员会组织的新时代生物多样性保护、洞庭湖生态疏浚等调研活动，撰写了1万多字的调研日志。

经过系统调研，潘碧灵委员建议，以受损湿地生态重建、河湖水生态恢复、河湖缓冲带建设等为重点，推进洞庭湖生态系统保护修复。“推动产业绿色转型升级，持续推行生态循环种养模式及稻渔综合种养、设施养鱼等生态养殖模式，加快建设一批农业面源零直排工程试点。”潘碧灵委员说。

今年初，国务院批复同意《新时代洞庭湖生态经济区规划》，要求着力推动产业绿色转型升级，着力增进社会民生福祉，把洞庭湖生态经济区建设成为更加秀美富饶的大湖经济区。潘碧灵委员表示：“看到建议成为现实，我感到十分振奋。”

近年来，潘碧灵委员把调查研究作为政协委员履职最重要的基本功，坚持“不调研、不提案”，先后赴多省份参加脱贫攻坚、污染防治、国家生态文明示范区建设、公益诉讼检察工作等专题调研。

潘碧灵委员告诉记者，今年全国两会，他将聚焦气候变化、农业面源污染和长江流域生态改善等生态环境保护问题建言献策，“全国政协委员不仅是一种身份，更代表着一种责任。新征程上，我将踔厉奋发、笃行不怠，为生态文明建设继续贡献力量。”

（2023 年，来源于《人民日报两会特刊》）

完善农业面源污染防治政策机制

2023 年 3 月5 日，全国“两会”上，民进中央提交了一份《关于加强农业面源污染治理的提案》（以下简称《提案》），建议完善农业面源污染防治政策机制，加强农业面源污染综合治理。

农业面源污染治理是突出难点

“农业面源污染治理是当前生态环境保护工作的突出难点，是长江、黄河流域总磷总氮控制和削减的关键所在。”全国政协委员、湖南省政协副主席、民进湖南省委会主委潘碧灵语重心长地对记者说。

今年全国“两会”召开前夕，潘碧灵刚刚告别了湖南省生态环境厅副厅长的岗位，前往湘潭大学担任校长一职。过去 15 年，潘碧灵围绕生态环境保护建言，提交了 80 多件提案，推动了不少政策落地，这些提案涉及农村环境整治、土壤污染防治等领域。

潘碧灵介绍说，民进中央把农业面源污染治理作为 2022 年专项民主监督的重点内容，走访生态环境部，与生态环境部土壤司建立常态化联系；走访生态环境部华东督察局、中科院南京土壤所，强化知情明政和专业支撑。举办培训班，邀请中国农业科学院面源污染治理创新团队首席科学家刘宏斌等领导、专家介绍情况，加强政策辅导。

开展多种形式的监督调研。“2022 年 9 月，民进中央主席蔡达峰带队赴江西省萍乡市、新余市开展集中调研，专家调研组分别带队在赣州市、鹰潭市、吉安市、宜春市等地开展随机调研，在 11 个江西民进地市组织常年开展定点调研，形成一批监督调研成果。这个提案就是基于这一监督调研成果形成的。”潘碧灵说。

农业面源污染治理任重道远

潘碧灵表示，近些年，特别是《农业面源污染治理与监督指导实施方案（试行）》出台以来，农业面源污染治理取得积极进展。但生产与治理的矛盾比较突出，基础设施依然薄弱，集成技术相对缺乏，政策措施配套不够，农民主体意识不强，市场参与不足，到2025年，农业面源污染得到初步管控仍任重道远。

《提案》指出，目前，农业面源污染治理主要存在以下问题：

一是污染现状底数不清。农业面源污染具有分散性、累积性、隐蔽性和滞后性等特点，加上尚未形成多部门协同的全链条监测网络，难以全面掌握区域内的污染排放情况，难以为农业面源污染负荷评估和治理绩效考核提供数据支撑，也导致对水质超标断面的农业面源污染贡献占比难以形成统一认识。

"长期以来，农业农村部门、生态环境部门和水利部门等根据职责分工开展了大量监测工作，分别建立了不同尺度和规模的监测体系。"潘碧灵解释说，当前总体上水质、水量监测时空不同步，监测断面空间分布密度较低，监测频次未兼顾农业面源污染发生规律，无法全面厘清农业面源污染迁移转化过程。"因此需要加强工作统筹，整合监测资源，推动数据互联互通，构建农业源—空间传输—受纳水体的农业面源污染全链条监测网络。"

二是法规和标准建设有待完善。现行部分法律法规中虽涉及农业面源污染防治相关内容，但多为原则性表述，缺乏农业面源污染防治法规体系和配套规范，压力传导不到位，地方责任不清晰。

近年来，总磷已经成为长江流域首要污染物。总磷污染成因多样，每个地方都具有显著差异，就长江流域概况来说，农业面源污染是重要的方面。但农业面源磷污染物有多少会最终进入水体，又如何进入水体，其迁移路径、规律及水质响应等情况尚不清晰，对相关水质超标断面，不同部门溯源测算的结果有差异。

《提案》指出，当前农业面源污染防治的相关标准体系建设滞后，农业农村、生态环境部门及有关科研院所虽然已制定一些监测方法和行业标准，但尚未建立起系统、完整的农业面源污染防治监测方法、评价指标、监管标准体系。

三是治理理念和方法还不够系统科学。治理主要靠经济激励，相关政策与生态环境保护的协同性不强，在政策制定、实施和绩效评价中未充分考虑生态环境保护目标。治理以“堵”为主，缺乏建立“疏”“堵”结合的良性循环机制。“分散独斗”比较明显，以汇水单元和小流域为单元的综合系统治理理念有待加强。治理手段较单一，示范工程可推广性不足。重源头防控，对过程拦截和养分回用重视不够。

目前，农业面源污染机理不明，污染通量贡献不清，模拟参数确定困难，计算精度偏低。建议通过建立核算方法，开展天地协同监测、模型评估核算，掌握农业面源污染时空演变规律特征，了解主要污染物结构、浓度和通量，田间氮磷等组分流失率、削减率，确定农业面源污染监管的重点区域、重点时段。

四是管控成效不显著。虽然问题日趋被关注，但部分地区治理成效不显著、对水质改善的贡献不明显。同时，治理涉及多个部门，同一部门又涉及多个业务司局，工作尚存在条块分割，而一些基层对科学治污与增产增效相辅相成的关系认识不深、作为不够。

开展农业面源污染综合治理

《提案》建议，在一些重点水源保护区、环境敏感流域，选择一批重点典型农业小流域单元先行先试，加强农业面源污染长期观测，开展农业面源污染系统、综合治理。

一是进一步完善农业面源污染防治政策机制。推进农业农村生态环境保护立法，研究制定农业面源污染防治条例，完善配套的政策和标准体系；完善农业面源污染治理监督指导体系，建立问题发现机制，识别农业面源污染治理关键源区，制定污染治理达标方案和绩效评估方案，强化监督工作；完善管理机制，进一步优化职能设置，统筹推进农业生产和农村生活污染治理工作，支撑乡村生态振兴。

“确实有农户们担心，推进农业面源污染治理会影响农产品产量和收入。有些治理措施成本高、操作复杂，农民接受度不高。”潘碧灵指出，深入分析看，农业面源污染问题与农业生产粗放是有一定关系的，问题解决方案和目标也是一致的。以农药化肥为例，当前化肥农药的施用效率并不是很高，也就是说化肥农药并没有真正发挥其全部的价值，一部分进入水体成了污染物。既增加了成本，又造成了污染。“一般来说，农技推广员推荐的施肥比例比普通老百姓用的量要少20%—30%左右。”

而一些基层的实践已经证明，通过加强重点农作物品种培育推广和农业科技创新，提升有机肥料施用比例，采用生物方法及易降解、低残留的农药防治病虫害等措施，既可以实现化肥农药的减量，又可以增加农业生产效益。对农业废弃物比如畜禽粪污、秸秆等进行综合利用，也可以实现减污增效。因此，从根本和长远来看，农业面源污染防治与增产增收是完全可以共赢的。

二是推进农业面源污染综合治理。聚焦鄱阳湖、洞庭湖、丹江口、白洋淀、洱海、东北黑土区等重点区域，协同粮食安全、乡村振兴目标，实施一批农业面源污染治理与监督指导重大工程；推动农业结构调整和布局优化，完善以生态环境目标为导向的农业补贴制度；实施化肥农药减量增效行动，根据不同地理条件开展有机肥替代、肥料精准减量、农田排水循环利用、氮磷生态拦截沟渠建设、河湖生态缓冲带建设，强化稻田湿地功能和营养盐消纳功能。对经济作物采取水肥一体化、绿色防控、有机肥替代等措施落实。加快畜禽粪污资源化利用整县推进与绿色种养循环农业试点项目建设，出台养殖尾水处理标准和法规。

三是加强科技支撑和宣传引导。整合科技资源开展科技攻关，集中力量攻克一批高效能、低成本的农业面源污染治理关键技术、重要产品和核心装备，将农业面源污染治理关键技术列入农业关键核心技术进行攻关，尽快建立农业面源污染贡献核算方法；加强科普宣传和政策引导，培养和稳定基层农技队伍，破解技术推广“最后一公里”难题。

四是加强环境监测与污染负荷评估。加快建设基于传感器、卫星遥感、在线监测等多技术、多实施主体协同的国家农业面源污染监测网络；加强农业源普查、生态环境统计、畜禽粪污综合利用信息、排污许可管理平台等工作对接、信息共享，厘清污染源头和种类；构建集数据采集、分析、展示、决策于一体的国家农业面源污染防治决策支持平台。

（2023年，来源于中国环境网）

后　记

今年2月，组织安排我到湘潭大学任校长。光阴似箭，时光如梭。一晃我在湖南省生态环境厅领导岗位上已经工作了整整15年。其间，全国生态文明建设和生态环境保护发生历史性、转折性、全局性变化。在任初期，正是我国环境污染最为严重的时期。以湖南省为例，湘江重金属污染十分严重，饮用水不达标十分普遍，洞庭湖水环境质量恶化为Ⅴ类，酸雨十分突出，农村环境问题整治、土壤污染防治尚未纳入议事日程……在习近平生态文明思想的坚定指引下，在湖南省委、省政府的坚强领导下，我与几任班子的领导一起，负重前行、攻坚克难，有力有序有效纵深推进了湘江保护与治理省“一号重点工程”三个三年行动计划、洞庭湖水环境综合整治、污染防治攻坚战“夏季攻势”、涉铊专项整治、大气污染防治行动计划、长株潭大气污染防治联防联控、土壤环境质量普查及详查、重点区域土壤修复治理、农村环境综合整治、生态示范区创建、自然保护区整治保护、监测执法能力建设、“三线一单”划定、排污许可证发放试点、环境信用评价试点等行动计划、攻坚战役、重点工作和改革创新，推动湖南天更蓝、水更清、地更净。其中，2022年，湖南省国考断面水质优良率达到98.6%，位居全国第4；长江干流湖南段及湘资沅澧四水干流水质连续3年达到或优于Ⅱ类；洞庭湖湖体总磷浓度下降为0.06毫克/升，西洞庭湖连续2年达到Ⅲ类，南洞庭湖突破性达到Ⅲ类；永州、张家界等四个城市水环境质量排名全国地级城市前30位，数量和排位均创历年最佳；地级以上城市集中式饮用水水源水质达标率100%……作为全国生态环境保护战线的一员“老兵”，15年来我全程参与，亲眼见证，深感成效很大、成果丰硕，我深感荣幸、荣耀。

在离开湖南省生态环境厅之时，我将在生态环境部门工作期间的一些文稿进行整理，算是对我15年工作的一个总结。有些帮助整理文稿的同志在看到文稿后，认为很受启发，他们建议将文稿结集出版，对湖南省乃至全国的生态文明建设和污染防治攻坚战提供一些指导和参考。刚开始我也未太引起重视，但到学校工作一段时间后，我感觉到作为“双一流”大学校长，无论是抓学校的改革，还是抓学校的发展，具有一定的学术素养是十分重要的。与此同时，今年我也牵头申报了湖南省生态环境厅“湖南省生态环境保护工作的发展历程及展望”重点科技项目课题，最终中标，课题申报时也提出将我15年来围绕生态文明建设撰写的文稿作为课题成果之一。于是我对这些文稿进行了一些分析和总结，觉得具有以下几个特点：一是时代性。文稿反映了15年多来我国生态文明建设发展的伟大历程。我是2008年元月从郴州市人民政府领导岗位上调任湖南省环境保护局（2009年升格为湖南省环境保护厅，2018年组建湖南省生态环境厅）工作的，我在湖南省生态环境部门领导岗位任职的15年，正是我国生态文明建设发生历史性、根本性、转折性变化的15年。2007年10月，党的十七大第一次明确提出建设生态文明的要求。2012年11月，党的十八大把生态文明建设纳入“五位一体”总体布局，将生态文明建设写入党章并作出阐述。2018年3月，十三届全国人大一次会议表决通过宪法修正案，把贯彻新发展理念、生态文明和建设美丽中国的要求写入宪法。2018年5月，党中央召开全国生态环境保护大会，正式确立习近平生态文明思想。2023年6月28日，十四届全国人大常委会第三次会议决定，将8月15日设立为全国生态日。我全程见证和参与了这一伟大历程，这些文稿，也真实记录了我国生态文明建设的伟大历程。二是全面性。我在湖南省生态环境部门工作期间，先后分管过自然生态，农村环境整治，环境监测，执法监察，大气、水、土壤、噪声、核与辐射环境管理，环境影响评价与排污许可，政务服务，科技与财务，环境信用评价，环保产业等业务工作，基本覆盖了生态环境的所有业务领域。同时，我从2008年3月起，先后任第十一届、第十二届全国政协委员、第十三届全国政协常委、第十四届全国政协委员，在全国政协这个平台上积极履职，提交的提案、信息总量分别超百件，被誉为“绿色提案大户”“环保代言人”，我还多次在全国政协大会、

常委会上发言，参加了全国政协组织的赴山东、海南、江西、四川、山东、湖北、宁夏、青海、浙江、河南、内蒙古等地的调研活动。这些文稿，从不同角度阐释了生态文明建设的理论和实践问题，能够比较完整地呈现我国生态文明建设的历史演进及其重大意义。三是学术性。我到湘潭大学任职后，充分利用综合性大学的学科集群优势和湘潭大学环境与资源学院的人才优势，针对生态文明建设领域的重点、难点和热点问题，组织开展了一些课题研究，形成了一些学术成果。这些文稿，瞄准理论前沿，回应现实需求，着力推动习近平生态文明思想的学理化阐释、学术化表达、系统化构建、大众化传播和实践性转化，力求为加快建设人与自然和谐共生的美丽中国贡献湘大智慧。如果这些文稿能够出版，无论是对我个人的学术研究，还是对我们学校的学科发展，都将有一定的帮助，也是给湘潭大学建校65周年献上的一份薄礼。

基于以上考虑，半年多的时间里，我对230多万字的文稿进行了系统的整理和编辑，形成了理论篇、调研篇、实践篇、建言篇、感悟篇等5辑书稿。其中，理论篇、调研篇、感悟篇等3辑书稿基本按照时间顺序排列，只有理论篇把习近平生态文明思想的学习和研究文稿集中放在了前面；实践篇、建言篇等2辑书稿先按守护一江碧水、污染防治攻坚、美丽乡村建设、自然生态保护、环境监测执法监察、深化改革创新等模块进行分类，每个模块再大致按时间顺序排列。

为了使书稿更加全面和系统，我另外收集了几篇其他方面的文稿：一是在理论篇的最后，收录了三篇文稿，一篇是《全面推进美丽中国建设的新号角已经吹响》，这是针对刚刚召开的中央全面深化改革委员会第三次会议审议通过的《关于全面推进美丽中国建设的意见》文件撰写的一篇述评，也算是对我从事生态环保工作实践和研究的阶段性总结；另一篇是《关于加快实施“四化两型”的战略思考》，这是我对湖南省一个时期经济社会发展的整体思考，还有一篇是《青年要在中国式现代化建设中挺膺担当》，这是我在任湘潭大学校长后对青年的一些希望；二是在实践篇的最后，收录了湖南省生态环境厅发布的《湖南省2016年生态环境保护工作年度报告》，这是对一个省域年度生态环保工作的综合系统反映；三是在调研篇中，收录了《攸县城乡环境同治、创新社会管理的经验和做法值得推广》，这是湖南省人大环资委牵头，我参与调研后形成的综合调研报告，得到了中央、湖南省多位领导肯定性批示，在湖南省乃至全国形成了较大的影响，对全国农村环境综合整治产生过重要推动作用。四是在感悟篇以附录形式收录了一些媒体采访或报道的文章，这是为了便于读者更深入地了解关于某些方面问题我的一些思想和观点，还有几篇是媒体对我个人成长和履职的采访报道，也是为了读者能比较全面地了解我的成长历程。在感悟篇的最后，还收录了两篇文稿，一篇是《绿水青山常在 深情厚谊永存》，这是我离开湖南省生态环境厅时写的一篇离别感言，既是对15年来一起共同团结奋斗的环保“铁军”的依依不舍，也是对15年来工作的一个小结。另一篇是我在湘潭大学2023届学生毕业典礼上的一篇讲话，《人生不是百米跑，而是一场马拉松》，这是这些年我人生的一些感悟，也标志着我新岗位、新生活的开始。

本书的出版得到了组织、领导、专家和朋友们的关心和大力支持。首先，我要感谢组织多年的关心和培养，感谢组织给予我研究实践的舞台和平台。其次，我要感谢中国工程院院士、中南大学副校长柴立元，中国美术家协会副主席、中国美术馆馆长吴为山，在百忙之中柴立元院士拨冗为本书作序，吴为山副主席亲自为本书题写书名。此外，我还要感谢为本书出版付出辛勤劳动的同志们、同事们。彭晓成同志对文稿进行了初步整理，汪理科同志进行了初次审阅，刘锦军同志进行了整体编排和多次审阅，申永丰同志多次参与研讨，湘潭大学出版社牛敬丹、唐剑君、张蔚、廖文婷、王晓园、贺佳、肖迪等同志和环境与资源学院研究生向璐瑶、叶陈若等同学进行了认真编辑和反复校对，在此一并表示衷心的感谢！

潘碧灵

2023年9月10日，于湘潭大学建校65周年之际

2023年湖南省生态环境厅

"湖南省生态环境保护工作的发展历程及展望"重点科技项目成果

生态文明思与行

（建言篇·下）

潘碧灵◎著

湘潭大学出版社
XIANGTAN UNIVERSITY PRESS

目 录
CONTENTS

专题四 自然生态保护

专题五　环境监测执法监察

专题六 深化改革创新

专题七 大会发言

专题四

自然生态保护

关于大力推进城市屋顶立体绿化的建议

近年来，随着我国经济的快速发展，城市规模不断扩大和城市人口不断增加，建筑物越来越高，密度越来越大，形成大量高密度的“钢筋水泥的森林”，绿化地和水面不断被蚕食，结果导致城市生态环境的恶化，许多城市深陷雾霾、热岛效应、沙尘、酸雨、黑臭水体等污染之中，人们的生产生活环境遭受到严重影响，城市污染已经对广大人民群众的身体健康造成了极大的威胁。

人们开始思索城市绿化该如何解决这些“城市病”，从而更好地改善城市生态环境，防灾减灾。具体方法有两种，一是节流，减少污染源；二是开源，增加绿量，提高城市的生态自净力。然而在寸土寸金的城市中，城市人均绿地占有面积越来越少。如何解决绿化空间紧缺问题？以屋顶、墙体等建筑物外立面为依托的立体绿化无疑是解决这一矛盾的有效途径。有研究表明，各种形式的立体绿化，尤其是屋顶立体绿化能够固碳增氧降低热岛效应，吸纳降解可吸入颗粒物$PM_{2.5}$，还可以降低城市噪音、增加负氧离子含量、调节气候、节电隔热、滞尘减排、截雨防洪，是生态低碳城市的重要组成部分，有着巨大的生态效益。

一、降低能源消耗，实现节能减排

屋顶绿化的效果主要是夏季保冷隔热、冬季保暖隔冷。对于低层建筑物来说，尤其是工业厂房，由于屋顶面积比墙面面积大，在夏季从屋面进入室内空间的热负荷往往占建筑总围护面的70%以上，若把这些屋面进行绿化，不仅屋顶的外表面降温20℃以上，从屋面传入室内的热量减少75%，而且还可使建筑物周围环境的湿度和温度都有所改善，减少了室内空调、电扇、采暖等电器的数量，达到了节能减排的目的。

二、缓解“热岛”效应，降低城市温度

对现代城市的“热岛效应”，屋顶绿化可以从两个方面发挥效能：一方面是直接效果，即利用屋顶绿化植物的蒸腾作用将水分散发到空气中，带走一定热量，从而达到降温效果；另一方面是间接效果，即通过屋顶绿化的隔热效果使建筑顶层室内的热负荷下降，进而减少制冷空调的数量和空调排放的热量，以此达到缓解热岛效应的作用。

三、调节雨水系统，促进雾霾治理

屋顶绿化可以在一定程度上缓解城市雨水系统的恶性循环而造成的气候干燥、洪涝灾害、水质下降等现实问题，同时，屋顶绿化对雾霾治理效果明显。

1. 雨水的储存效果。这方面主要取决于土壤的保水性能，在普通的建筑屋面上几乎95%的雨水经过落水管流入地下排水管道，而绿化后的屋面约50%的雨水滞留在屋顶上，储存于种植基层和塑料排蓄水盘中，然后再通过水分的直接蒸发及植物的蒸腾作用扩散到大气中去，从而调节屋顶上方空气的湿度。同时削减大量的雨水下泄，缓解城市雨水排放系统的负荷，减少洪水泛滥的发生。

2. 雨水流出的延迟效果。短时间的集中排水是城市洪涝灾害的主要原因，做过绿化的屋顶每逢降雨时土壤表面滞留的雨水就会逐渐下渗，随后从排水口流出，从而增加了屋面雨水地表径流的时间及降低径流峰值，延迟雨水流出。

3. 雨水的净化效果。在绿化后的屋顶上，大气中的尘埃及其污染物伴随雨水降落下来，再经过土壤的缓冲作用，截留于土壤，从而有效改善附近水域的水质。

4. 生态的除霾效果。草类具有生命力强，生长速度快，繁殖能力强，生物量大的特点。在城市的“第五立体绿化面”利用小草“见缝插绿”可在重金属和有害微尘物质较多的城市生态治理中起着“先锋部队”的作用。据测算，生态草毯的绿化的叶面积总和可达到它占地面积的75倍，1公顷草毯

绿地每年能滞留粉尘 10～70 吨左右，因此人们又把绿地称为“绿色除尘器”。与小灌木相结合进行屋顶绿化，可达到更好的生态除霾效果。

四、改善屋顶物理性能，延长建筑使用寿命

建筑屋顶构造的破坏仅少部分受承重物件影响，主要由建筑屋面结构材料的热胀冷缩的物理性能引起。由于昼夜、季节有着巨大的温度极值变化引起屋顶构造的膨胀和收缩，这种日复一日的伸缩现象若不加以改善，就会导致屋面材料快速老化、出现裂缝、雨水渗漏、从而缩短建筑物的使用寿命。面对以上问题，屋顶绿化可以有效地调节极值的变化范围，抑制屋面裂纹的发生，避免顶面与胸墙结合部位防水层的损伤。另外，屋顶绿化还可以通过土壤的缓冲发生“中和反应”来调节其中的酸碱性能，遮挡太阳光对屋面直接照射，屏蔽紫外线及电磁波，防止火灾和机械性的破坏，从而延长建筑物的使用寿命。

五、使建筑保温隔热，创造宜人的生活空间

屋顶绿化常被业界人士看作一种“外部隔热材料”，利用“潜能”效应使向下的热量大部分给土壤加热，真正能够达到结构板的几乎为零。一方面，屋顶绿化在夏季就像一台“自然式的空调”，利用植物吸收阳光的辐射热量、水分的蒸发、基质层的隔离等有效地阻止屋顶表面温度的升高，降低顶层室内温度；另一方面，在冬季就像一个“暖气罩”保护着建筑物，使顶层室内的温度不易外部扩散，从而起到良好的保温作用。

六、增加 CO_2 固化效果，提高城市空气质量

屋顶绿化通过植物的光合作用吸收二氧化碳和释放氧气达到维护空气中二氧化碳与氧气的平衡目标，同时，屋顶花园中的植物能够固化、降解大气中的烟尘、氮氧化物、重金属元素等有害物质，达到提高城市空气质量的目的。

七、增加绿色空间结构，保护城市的生物多样性

屋顶绿化作为城市绿化系统中的新型绿化形式，不仅可以作为生态环

境的节点与保持生态廊道的贯通，更是维持市区生物多样性的重要场所，尤其是对昆虫、鸟类等小型动物更是如此。如2003年瑞士应用科技大学在瑞士巴塞尔17个覆盖有植被的屋面上调查发现了78种蜘蛛和254种昆虫，其中有11%的甲壳虫和18%的蜘蛛是濒危物种或稀有物种。

屋顶绿化带来的不仅仅是生态效益，随着城市的扩容，房子越来越多，绿化用地却越来越有限，用拆迁的方式来建绿地，成本昂贵，而屋顶立体绿化，由于没有土地成本，无疑成为城市中心区最廉价的绿化方式，具有良好的经济效益。

在当今飞速发展的城市建设中，随着城市建筑朝着多层、高层、高密度的方向发展，有限的城市绿地空间日益显得珍贵。因此，大力推进屋顶绿化和立体垂直绿化，可以弥补城市绿地面积不足。

近两年来，基于城市生态环境的迫切需要和城市土地供应的极度紧缺，很多城市将发展立体绿化列为城市绿化规划的重要内容，国内一些大型会展活动也大量植入立体绿化的元素，让更多百姓能够更好地体会立体绿化，了解立体绿化。如2010年召开的上海世界博览会，有85%的建筑物在设计修建时都引入了立体绿化这种全新的装饰理念。2011年，广西南宁市在修订的《南宁市城市绿化条例》中，将屋顶立体绿化作为独立的条例单独列出来，北京市政府对外发布《关于推进城市空间立体绿化建设工作的意见》，计划在“十二五”期间完成100万平方米的立体绿化任务。2012年，上海《建筑节能项目专项扶持办法》划定可支持的立体绿化示范项目。2013年，浙江省杭州市出台《杭州市城市绿化管理条例》，鼓励发展屋顶立体绿化、垂直绿化等多种形式的立体绿化和开放式绿化，市政府对屋顶绿化按每平方米285元的标准进行补贴。垂直绿化按建筑物正投影轮廓线计算，市财政按每平方米50元进行补贴。

屋顶立体绿化的生态功能毋庸置疑，但由于资金、房屋承受力、百姓观念滞后等种种原因，与传统绿化模式相比，多年来，立体绿化的发展相对比较缓慢。如上海目前有条件绿化的屋顶面积1900万平方米，已绿化的仅90万平方米，不到5%，而在发达国家，城市屋顶立体绿化率约15%—30%。比如德国通过立法强制推行屋顶立体绿化，达到80%。东京在绿地保护法中提出“屋顶立体绿化设施配备计划”，要求新建建筑物占地面积超过1000平方米，必须绿化20%的屋顶，否则罚款。目前，天津、杭州、长沙、济南、太原、沈阳、大连、昆明等城市的屋顶绿化仅是以各种形式自发开展。全国城市屋顶绿化仍存在不少的问题：

1. 相关政策、法规不健全。世界上许多国家都制定了屋顶绿化的相关政策、法规。我国的屋顶绿化起步较晚，相关制度也不健全，仍处于自发建设状态。目前，全国还未出台与屋顶绿化相关的法律。虽北京、上海、成都、杭州、重庆、深圳等大城市制定了地方性的政策法规，但这些法规实施起来较困难，且推广力度小。

目前，屋顶绿化主要有以下三种形式：一是政府全额出资建设；二是政府对完成屋顶绿化建设的单位给予一定的奖励或补贴；三是政府严把工程验收关，将屋顶绿化面积以不定期比例折合成绿地面积，以鼓励开发商进行屋顶绿化建设。武汉、郑州、南京等城市因缺乏相关的政策、法规，屋顶绿化发展进程仍然缓慢。

2. 宣传力度不够。目前，对屋顶绿化工程的误解很多。例如，很多人认为屋顶绿化的建造、维护成本过高，有些人觉得屋顶绿化既贵又麻烦，还容易引起房屋渗漏。这些误解使人们忽视了屋顶绿化的重大作用及其产生的社会效益、经济效益和生态效益。

3. 行业管理有待进一步规范。当前，屋顶绿化的行业管理不明晰，技术标准不完善，市场上的屋顶绿化企业资质参差不齐、工程质量普遍不高、市场竞争混乱，严重影响了全国屋顶绿化建设的推进。因此，亟待规范屋顶绿化企业的管理。

4. 城市建筑缺乏统一的规划。现在很多已建的屋顶花园都是在已经设计好的建筑物上加建的，没有进行设计结构及承载能力核算，存在一定的安全隐患。

5. 产权归属及管理问题。城市屋顶立体绿化与城市地面公共绿地不同，城市屋顶立体绿化既有城市地面公共绿地的公共属性，也涉及业主利益，城市屋顶立体绿化谁来建、谁来管等问题，政府须出台相应的政策和办法，做到有据可依，有法可依。

为加快解决城市屋顶绿化存在的问题，提出以下建议：

1. 完善相关法律法规，明确鼓励支持政策。目前，全国关于屋顶绿化主要是一些地方性的法规、条例，国家缺乏统一的法规。日本、韩国、美国和德国的绿化经验证明，相关法律法规是推动屋顶绿化的前提条件。因此，全国应制定相关法律法规，制定各种鼓励发展屋顶绿化的优惠措施，如经济补贴、减免相关审批手续等。

2. 明确职能部门和监管主体。国家要明确城市屋顶立体绿化的主管部门，制定城市屋顶立体绿化规划，推进园林、建设、规划、市政等部门协同配合，加强屋顶绿化工程的技术指导和管理监督，确保此行业的健康、有序发展。

3. 加强科学技术研究。屋顶绿化技术是屋顶绿化事业能否快速发展的关键，而屋顶绿化的生态循环产业科学研究则是提高屋顶绿化技术的重要途径。为加强屋顶绿化科学研究和技术攻关，国外采取了许多有效的措施，如增加经费支持，鼓励科研人员开展创新性研究等。引进、消化和吸收其他国家的先进技术和成功经验，加强科学技术研究的联合攻关，攻破一批制约屋顶绿化的关键技术，如绿化植物配置和造景技术、防水技术、承重技术、排水技术、管线合理配置技术等就显得十分重要和紧迫。

4. 加大宣传力度，实现政策导向。屋顶绿化是一项新兴的边缘科学，其可持续发展的理念被大多数发达国家的民众所接受。全国应加大宣传力度，通过网络、广播、电视、杂志等形式宣传屋顶绿化的意义、作用以及相关的法规、技术，以转变观念，消除人们的思想顾虑，形成发展的良好社会氛围。

5. 培育和支持一批龙头企业发展。屋顶绿化是一项新的工作，现还处于发展初期，迫切需要有一些企业投身该行业，再由这些龙头企业带动全社会的发展。因此，政府应首先培育和支持一批龙头企业发展。在湖南有一家坚持15年做生态的某草业集团，研制了拥有国家专利的专有屋顶绿化技术。生态草毯与屋顶隔离结构相结合，解决了传统屋顶绿化的承重、防漏等技术难题。生态草毯还能够吸收环境污染物、抗践踏，坪质碧绿、清新，品位高雅，由轻型复合无土基质为基础材料构成，质量轻、方便运输，铺植过程中根系不受损伤，成坪后不用缓苗，成活率高，一铺而就，早在2004年就被国家建设部列为重点推广项目。不仅质轻、不破坏屋顶结构，而且施工简单、快速，客户可适时调整布局，加入不同花色的植物。由于采用储水、排水一体化设计的专利，它还能防止雨水冲刷，避免基质流失，提高屋顶绿化的使用寿命。

（2013 年）

关于建立湖南省东江湖流域生态补偿和保护治理机制的建议

一、湖南省东江湖水环境及流域生态保护现状

（一）湖南省东江湖流域基本情况

湖南省东江湖流域面积4719平方千米，占耒水流域总面积的39.6%。涉及湖南省郴州市区及资兴、北湖、苏仙、永兴、宜章、汝城、桂东“一市两区四县”的58个乡镇共186万人。湖泊总库容91.5亿立方米，正常蓄水库容81.2亿立方米，面积160平方千米，水质良好，是郴州市城区的饮用水水源，并将更是湖南省长株潭衡的战略性水源地。东江湖的建成，使湘江流域城市群和京广线、107国道、京珠高速，以及正在建设中的厦蓉高速、京珠高速复线等防洪标准提高到100年，多年平均防洪效益达1.07亿元。东江湖水利电站在华中电网调峰和湘江流域防汛抗旱、重大水体污染事故处置、城市供水等方面发挥了重要作用。保护好东江湖水资源环境，对于湖南省“两型社会”建设乃至华中的长远发展具有重要战略意义。

（二）湖南省东江湖流域生态环境正面临严峻挑战

由于东江湖水库始建于计划经济时期，当初没有把湖区生态保护理念纳入东江湖移民工作，而是侧重经济开发，采取“少迁多靠”的移民理念和做法，把湖区的水面、土地、森林作为移民安置的生产生活资源。随着经济的发展，东江湖流域生态保护面临的压力越来越大：一是水土流失严重。现有水土流失面积达1087平方千米，年平均土壤侵蚀量约400万吨，

其中资兴境内水土流失面积为277.7平方千米。二是地质灾害频发。东江湖岸经常发生滑坡、崩塌、泥石流。从1998年至2009年，湖区共发生较严重的山洪和泥石流等地质灾害12次，需治理的地质灾害点253处，涉及15个乡镇75个村共5627户17283人，需异地搬迁4954户15110人。三是土地石漠化严重。环东江湖属岩溶地貌区面积为58万亩，石漠化土地面积达17.8万亩。四是水面遭受农业和航运污染。水库存在农药、化肥、农膜、饲料、粪水等污染，特别是网箱养鱼饲料污染不容忽视。水上航运每年约有30余吨废油直接排放东江湖。五是流域内城镇生活垃圾、污水污染日趋严重。目前东江湖流域52个乡镇绝大部分都没有做垃圾无害化处理，只有3个乡镇建有污水处理设施，其余生活污水都是直排。六是重金属污染水质。流域内一些长期遗留下来的有色金属矿尾砂坝，受洪灾侵袭，严重受损，重金属污染水质。七是局部水域富营养化趋势明显。主要城镇的排水口和网箱养鱼较为集中的水域，氮、磷等营养物质明显偏高，水体处于中富营养状态。由于东江湖基本上是一个静水湖泊，据专家分析，一旦水质水体受到严重污染，那将是一场重大的生态灾难，要恢复到现在状态，至少要几十年时间。

二、加强对湖南省东江湖流域水资源保护，建立流域生态补偿机制的建议

湖南省委、省政府正立足当前，着眼长远，采取有力措施，重点解决当前存在的突出问题，但由于解决涉及的问题，是一个庞大而系统的工程，具有战略性和全局性，需要国家从发展战略层面和政策层面上予以重视和支持，建立并完善生态补偿保护治理长效机制，确保东江湖在经济社会发展中发挥更大的作用。因此，特向国家建议：

（一）抓好东江湖库区网箱退水上岸工作

大力支持资兴市规划在东江湖渔业资源开发方面采取的以下主要措施：一是在5—8年内逐步取缔现有的13000口投饵网箱养殖。同时对网箱退水上岸移民进行产业转向和生态移民，从根本上解决这部分移民的生存生计问题。二是科学进行人工放流，利用人工放流鱼类捕食水体天然饵

料，带走部分富营养元素，起到净化水质的作用。三是加大渔政管理力度，控制东江湖捕捞强度，保护东江湖水环境生态平衡。

（二）加强东江湖流域生态环境治理

一是加强林业生态建设。东江湖周边生态公益林现有补偿标准只有10元/亩·年（1亩≈0.067公顷），在不划为公益林时平均100元/亩·年，建议逐步提高东江湖流域生态公益林补助标准，以保护东江湖流域林农的积极性。二是通过实施东江湖水库移民坡改梯综合治理试点工程等途径，大力开展水土流失治理工程。三是加强东江湖流域环境污染源整治。建议出台环保基础设施建设的补助鼓励政策，对东江湖流域内城镇生活污水和生活垃圾处理等环保基础设施的建设，实行以奖代补，解决流域内生产生活废水和垃圾直接排放东江湖问题。

（三）加强东江湖周边有色金属污染治理

按照《湘江流域重金属污染治理专项规划》的要求，启动东江湖周边有色金属矿区污染综合整治工程。

（四）建立东江湖生态补偿和保护治理长效机制

需要中央及省两级财政从资金、实物、政策机制等方面进行补偿。补偿的重点主要包括三个方面：一是补偿流域人民为保护东江湖生态而牺牲的发展机会成本，提高其生产生活水平，减少对资源的开发和破坏；二是支持东江湖流域特别是湖周边生态保护和污染防治各项工程；三是弥补各部门为保护东江湖的日常性投入不足部分。资金补偿主要从三个方面解决。一是争取上级政府资金补偿：① 争取中央政府、省财政转移支付。② 返还东江湖流域所在县市上交的部分税费（包括资源税、水资源费、水土保持设施补偿和水土流失防治费等）作为生态补偿基金。③ 对已形成机制的生态补偿项目提高标准、延长补偿期限。如：扩大生态公益林补偿面积，提高补偿标准；提高退耕还林补助标准，延长补助年限；二是建立市场补偿机制。根据《湖南省东江湖水环境保护条例》第二十三条规定，从东江湖开发利用所得收入提取一部分用于生态补偿。三是从社会上筹集：

在下游城市开展东江湖公益林认捐或其他公益慈善活动等方法筹集资金。

（五）在项目上优先扶持发展流域绿色经济

东江湖流域的市县，按照国家主体功能区划分，大都列为禁止开发区和限制开发区，因此，中央省市各级应在结构调整和产业布局等项目方面，尽量向东江湖流域市县特别是湖区周边地区倾斜。建议对东江湖水资源生态保护治理工程予以立项，将该工程作为“长株潭”两型社会改革试验区建设的重点工程，列入国家“十二五”规划和湖南省重点项目。

（六）不断提高东江湖流域生态补偿与保护工作的法制化水平

湖南省政府原制定的《东江湖水环境保护条例》在实施过程中，出现了很多与实际不相适应的地方，需要尽快修订完善。建议国家对东江湖的保护也作出相应的法律明确，切实把东江湖流域生态补偿和保护治理工作纳入法制化轨道。

（2013 年 8 月）

进一步完善生态补偿机制
加快生态文明制度建设

随着人类文明进程的推进，生态环境问题越来越成为影响人类发展与社会进步的制约因素，有价值的生态系统服务在逐年减少，构成人类福祉的巨大威胁。生态补偿作为一种有效的经济手段，为确保区域生态安全和平衡相关各方利益关系提供了一种机制，较早被美国、巴西、哥斯达黎加等国家成功用于解决生态环境保护与经济发展之间的矛盾。

党的十八大和十八届三中全会都明确要求建立反映市场供求和资源稀缺程度、体现生态价值和代际补偿的资源有偿使用制度和生态补偿制度。建立生态补偿机制，是建设生态文明的重要制度保障。在综合考虑生态保护成本、发展机会成本和生态服务价值的基础上，采取财政转移支付或市场交易等方式，对生态保护者给予合理补偿，是明确界定生态保护者与受益者权利义务、使生态保护经济外部性内部化的公共制度安排，对于实施主体功能区战略、促进欠发达地区和贫困人口共享改革发展成果、加快建设生态文明以及促进人与自然和谐发展具有重要意义。

近年来，生态补偿在协调全国区域间、流域间、产业间发展上已初见成效，不仅为遏制我国生态环境不断恶化趋势作出了贡献，而且在调节相关主体利益关系，协调区域或部门发展，确保经济社会可持续发展等方面发挥了积极作用。但是，目前我国生态补偿机制实践仍处于发展初级阶段，尚未建立起一套全面、系统、完善的生态补偿机制和生态补偿政策体系，与国际生态补偿机制相比、与生态文明建设要求相比、与广大人民群众的期盼相比，仍有不少差距和问题，需要尽快进一步加强和完善。

一、我国生态补偿机制现状

从生态补偿发展历程来看，我国经历了1990年前针对森林生态效益补偿和采矿征收生态环境补偿费的初步探索、1990—2000年向流域生态补偿、湖区生态补偿、自然保护区生态补偿扩展的全面实践、2000年后大范围、高投入的生态补偿工程迅速实施三个阶段。

从生态补偿实践内容来看，初步形成了生态补偿制度框架。一是建立了森林生态补偿制度。其中，国有国家级公益林每年每亩补助5元，集体和个人所有的国家级公益林补偿标准从最初的每年每亩5元提高到2010年的10元和2013年的15元，目前补偿范围已达18.7亿亩。二是建立了草原生态补偿制度。对禁牧草原按每年每亩6元的标准给予补助，对落实草畜平衡制度的草场按每年每亩1.5元的标准给予奖励，截至2012年年底，草原禁牧补助实施面积达12.3亿亩，享受草畜平衡奖励的草原面积达26亿亩。三是探索建立水资源和水土保持生态补偿机制。2013年3月，国务院批复了丹江口库区及上游地区对口协作工作方案，支持南水北调中线工程受水区的北京市、天津市对水源区的湖北、河南、陕西等省开展对口协作。四是形成了矿山环境治理和生态恢复责任制度。从2003年起，国家设立矿山地质环境专项资金，支持地方开展历史遗留和矿业权人灭失矿山的地质环境治理。2006年，财政部会同国土资源部、原环保总局出台了建立矿山环境治理和生态恢复责任机制的指导意见，要求按矿产品销售收入的一定比例，提取矿山环境治理和生态恢复保证金。五是建立了重点生态功能区转移支付制度。2008年以来，财政部出台了国家重点生态功能区转移支付办法，中央财政对国家重点功能区范围内的452个县（市、区）开始实施资金转移支付；其中2008年为60亿元、2009年120亿元、2010年249亿元、2011年300亿元、2012年371亿元、2013年达到440亿元，目前生态补偿考核范围扩大到482个县。不少省（区、市）主动探索，积极推进重点领域生态补偿实践。

从生态补偿实施主体来看，一是由中央相关部委推动，以国家政策形式实施的生态补偿；二是地方自主性的探索实践；三是近几年来初步开始的国际生态补偿市场交易的参与。

二、我国生态补偿机制存在的主要问题

（一）生态补偿范围过窄

现有生态补偿主要集中在森林、草原、矿产资源开发等领域，流域、湿地、海洋等生态补偿尚处于起步阶段，耕地及土壤生态补偿尚未纳入工作范畴。如洞庭湖是全国第二大淡水湖泊，也是国际重要湿地，对全国乃至全球的生态环境都有影响，而现今洞庭湖湿地生态系统和农田生态系统所涉及县区没有一个纳入国家生态转移支付范围。国家重点生态功能区转移支付制度基本上是 2008 年根据国家主体功能区划和生态功能区划确定的，由于当年中央财政只安排了 60 亿资金，补偿了全国 452 个县，但到 2013 年，中央转移支付资金已达 440 亿，但补偿的县却只有 482 个。如湖南省只对武陵山脉、南岭山脉的县进行了补偿，而罗霄山脉常绿阔叶林生态区、雪峰山脉常绿阔叶林生态区等生态环境质量好，是南方生物多样保护和水源涵养的重要区域，目前仅有少数县纳入补偿范围。

（二）生态补偿标准偏低

国家重点生态功能区的人民群众为保护生态环境作出了很大贡献，但目前补偿标准仍然偏低，大部分重点生态功能区均处于贫困地区，财政收入低，生态环保投入力度不大，难以维护生态系统功能和价值。如当前生态公益林补贴标准远低于林地所产生的经济效益，难以满足当地居民的生活需要，集体所有国家级公益林现行补偿标准仍然偏低，随着牛羊肉价格上涨，草畜平衡补助不足以弥补生产成本增加和减畜经济损失，这些都直接影响生态功能区的干部群众保护生态环境的积极性。

（三）生态补偿方式单一

目前的补偿资金主要依靠中央财政转移支付，地方政府和企事业单位投入、优惠贷款、社会捐赠等其他渠道明显缺失；且主要是自上而下的纵向生态补偿，尚缺乏横向生态补偿的法律依据和政策规范，开发地区、受益地区与生态保护地区、流域上游地区与下游地区之间缺乏有效的协商平

台和机制；除资金补助外，产业扶持、技术援助、人才支持、就业培训等补偿方式未得到应有的重视；补偿方式主要按照面积补偿，而对林相、森林覆盖度、森林结构等重要生态指标未加考虑，导致林农对生态公益林维护积极性低，生态公益林中天然林比例低，树种单一，结构简单等问题严重影响生态公益林的质量，缺乏优化生态公益林的激励机制。

（四）生态补偿管理滞后

生态补偿从补偿对象、补偿方式、补偿力度、评估体系、资金使用、管理体系等方面都存在不少问题。生态保护者的责任不到位。补偿资金与保护责任挂钩不紧密，对保护地区产业和发展缺乏明确限制和有力控制手段，甚至不少地方存在着一边享受生态补偿、一边破坏生态的现象；尽管每年对国家生态转移支付县进行了考核，但由于考核标准不够完善，更多侧重生态，对环境治理重视不够，影响到生态环境质量改善效果，更有不少地方为了获得国家生态补偿资金，考核质量不高，专于应对，甚至弄虚作假；中央财政补偿资金为一般转移支付，尽管要求要重点用于生态环保和民生工程，但由于不具体、管理不严格，挤占、挪用补偿资金现象比较普遍，不少县过度依赖国家生态转移支付资金，地方基本不再投入，面对上级检查，有的县财政局长甚至说，关键是把账作好；生态补偿管理体系涉及财政、发改、环保、农业、林业、水利、国土、经信等多个部门，涉及中央与地方、政府与企业等多方利益主体，但目前国家缺乏系统顶层设计，各部门缺乏整体协调，各自为政，这些都严重影响了生态补偿制度的效果。

（五）生态补偿法规缺失

目前，我国还没有生态补偿的专门立法，现有涉及生态补偿的法律规定分散在多部法律之中，缺乏系统性和可操作性。近年来，有关部门出台了一些生态补偿的政策文件和部门规章，但其权威性和约束性不够。现有的政策法规也存在有法不依、执法不严的现象，谁开发谁保护、谁受益谁补偿的利益调节格局还没有真正形成，在促进生态环境保护方面的作用还没有充分发挥。

三、主要对策建议

（一）明确生态补偿责任主体

中央财政负责国家重点生态功能区、国家级重点保护区域，如国家级自然保护区、森林公园、湿地公园、地质公园、风景名胜区等的生态补偿，地方财政负责省级以下重点生态功能区、重点保护区域的生态补偿，地方人民政府负责流域间生态补偿，矿山地质环境治理和生态恢复、资源、产业间生态补偿应主要通过国家财税政策和市场机制解决。

（二）扩大生态补偿适用范围

对大气环境、耕地和土壤环境等有重要保护功能的区域，湿地、生物多样性保护区等具有生态敏感性的区域，以及部分生态功能价值较高的限制开发区纳入生态补偿的范围，完善生态补偿领域，按照国家主体功能、生态功能区划扩大生态补偿范围，全面实施生态转移支付。

（三）探索多元生态补偿方式

充分发挥政府与市场的双重作用，加大各级财政生态补偿资金投入，大力推进资源使（取）用权、排污权交易等市场化的生态补偿方式，引导社会各方参与环境保护和生态建设。积极探索搭建协商平台，完善支持政策，引导和鼓励开发地区、受益地区与生态保护地区、流域上游与下游通过自愿协商建立横向补偿关系，采取资金补助、对口协作、产业转移、人才培训、共建园区等方式实施横向生态补偿。促使企业承担起生态补偿责任，把生态成本内置为企业内部成本，通过财政补贴、贴息、税收减免等优惠政策，鼓励企业进行生态经济投资以实现补偿主体多元化，补偿方式多样化。

（四）健全生态补偿制度体系

要加强生态补偿机制的顶层设计，增强其科学性、系统性和可操作性。加快建立生态补偿标准体系，根据各领域、不同类型地区的特点，以生态服务价值和生态资本为依据，完善测算方法，制定生态补偿标准，切实加大补偿力度。进一步深化产权制度改革，明确界定林权、草原承包经营权、矿山开采权、水权，完善产权登记制度。切实加强监测能力建设，健全重点生态功能区、跨流域断面水量水质重点监控点位和自动监测网络，制定和完善监测评估指标体系，强化科技支撑，开展生态补偿理论和实践重大课题研究。

（五）加强生态补偿管理考核

生态补偿应从补偿对象、补偿方式、补偿力度、资金使用、管理体系等方面强化管理。要严格依据评估结果，明确补偿对象和补偿力度。要将生态补偿列入各级政府预算，切实履行支付义务，确保补偿资金及时足额发放。要明确资金使用方向、规范资金使用管理办法、分配使用程序、资金核算和档案管理、监管考核等生态补偿资金管理工作，要进一步强化和完善考核制度，强化生态环境质量和重点生态环保工程考核，严格按照考核结果实施奖惩，工作成效纳入地方政府的绩效考核。

（六）出台生态补偿政策法规

通过完善政策和立法，建立健全生态补偿长效机制。加快生态补偿条例出台，明确生态补偿的基本原则、主要领域、补偿范围、补偿对象、资金来源、补偿标准、相关利益主体的权利义务、考核评估办法、责任追究等，不断推进生态补偿的制度化和法制化。

（七）提升生态补偿全民意识

进一步加强生态补偿宣传教育力度，使谁开发谁保护、谁受益谁补偿的意识深入人心，使各级领导干部确立提供生态公共产品也是发展的理念，使生态保护者和生态受益者以履行义务为荣、以逃避责任为耻，自觉抵制不良行为；引导全社会树立生态产品有价、保护生态人人有责的思想，营造珍惜环境、保护生态的良好氛围。

（2013 年 12 月）

生态补偿机制亟待完善

2005年以来，国务院每年都将生态补偿机制建设列为年度工作要点，党的十八大报告和十八届三中全会都明确提出要建立生态补偿制度。近年来，生态补偿在协调我国区域间、流域间、产业间的发展上发挥了一定作用，但由于缺少法律的硬约束和国家统一的强力部署，尚未建立起一套全面、系统、完善的生态补偿机制和生态补偿政策体系，生态补偿机制总体进展缓慢。主要存在以下问题：

（一）纵向生态补偿制度不全面、不平衡、不到位

首先是不全面。2008年以来开展的国家重点生态功能区自上而下的纵向生态补偿，主要是对以森林生态系统为主的地方政府的补偿，近年来国家才对以湿地和流域水环境为主的地方政府给予适当补助。森林生态系统生态补偿也往往由于资金不足、规划不太科学等原因使得为生态环境作出贡献、本应纳入国家生态转移支付的地区未列进去。比如湖南省罗霄山脉、雪峰山脉常绿阔叶林生态区等生态环境质量好，是南方生物多样性保护和水源涵养的重要区域，目前仅有少数县纳入补偿范围。再比如洞庭湖是我国第二大淡水湖泊，也是国际重要湿地，对全国乃至全球的生态环境都有影响，但现洞庭湖湿地生态系统所涉及县区没有一个纳入国家生态转移支付范围。

其次是不均衡。2008年以来，中央财政对国家重点功能区范围内的452个县（市、区）开始实施生态补偿资金转移支付；其中2008年为60亿元、2009年为120亿元、2010年为249亿元、2011年为300亿元、2012年为371亿元、2013年达到440亿元，目前生态补偿范围扩大到482个

县。中央财政生态补偿资金投入增加了6倍，生态补偿范围变化有限，只增加了30个县。同时，根据现在的补偿水平，列入了国家重点生态功能区生态转移支付的县一年少则补偿二、三千万，多则补偿过亿，而作了贡献却未列入的县一分未补，县域间不平衡，严重影响了未列入县保护生态环境的积极性。

此外，生态补偿资金并未真正补偿到生态保护上，让生态补偿变成了看上去很美味的一块“饼”。由于财政部的生态补偿资金列项属于一般转移支付而非专项转移支付，但这个专项又具有专项转移资金的性质，加之财政对资金使用方向缺乏硬性要求，即使是已列入了生态补偿的县，不少县拿这笔钱去平衡财力，挤占、挪用补偿资金现象十分普遍。有的依赖国家补偿资金，县里财政对生态环保基本不再投入，这严重影响了生态补偿资金的使用效果。此外，尽管近几年财政部、环保部加大了对国家重点生态功能区生态转移支付县的生态环境质量监测评估，但部分省、市、县为了不影响争取中央财政资金，基本上是报喜不报忧，监测评估质量大打折扣。

（二）横向生态补偿经过多年探索，仍然处于自发状态

由于横向生态补偿缺乏法规政策约束，多数省均未开展此项工作，开发地区、受益地区与生态保护地区、流域上游地区与下游地区之间缺乏有效的协商平台和机制，导致横向生态补偿发展不足，目前只有浙江、江苏、安徽和江西等地开展了横向生态补偿。除资金补助外，产业扶持、技术援助、人才支持、就业培训等补偿方式未得到应有的重视，横向生态补偿常常陷入“只说不做”“知易行难”的困局。

（三）专项生态补偿标准偏低，影响积极性和生态修复

如当前生态公益林补贴标准远低于林地所产生的经济效益，一亩森林按照20年的主伐期计算，每一亩可以实现收入2000元，但是按照国家现在的补偿标准，经营20年只补偿200元，金额相差太大，导致很多林农不愿意纳入国家生态公益林的范围。随着牛羊肉价格上涨，草畜平衡补助不足以弥补生产成本增加和减畜经济损失。从企业提取的矿山环境治理和生

态恢复保证金偏少，不足以实施矿山环境治理和生态恢复工程，不少企业宁肯不要矿山环境治理和生态恢复保证金也不实施矿山环境治理和生态恢复工程，有的省国土部门账上滞留的企业矿山环境治理和生态恢复保证金达300多亿。

（四）生态补偿管理体制亟待完善

生态补偿管理体制涉及面广，综合性的管理部门有发改委、财政、环保等，专项生态补偿管理部门有农业、林业、水利、国土等，现各部门之间缺乏整体协调，综合管理谁来牵头也不是很明确，各有关部门工作和管理的要求也没有很明确、严格，严重影响了生态补偿工作的推进和开展。

（五）政策法规建设严重滞后

目前，我国还没有生态补偿的专门立法，现有涉及生态补偿的法律规定分散在多部法律之中，缺乏系统性和可操作性。尽管国家发改委从2010年开始牵头组织起草《关于建立健全生态补偿机制的若干意见》和《生态补偿条例》，但至今尚未出台，已经滞后于形势的需要。有关部门出台了一些生态补偿的政策文件和部门规章，但其权威性和约束性不够。现有的政策法规也存在有法不依、执法不严的现象，谁开发谁保护、谁受益谁补偿的利益调节格局还没有真正形成，在促进生态环境保护方面的作用还没有充分发挥。

针对这些问题，必须加大对生态补偿制度改革和推进的力度，为此提出如下建议：

（一）加强立法，搞好顶层设计

国家需要尽快对生态补偿做出整体部署，出台生态补偿政策法规。生态补偿是一个系统工程，是生态文明的重要制度建设，需要顶层设计。通过完善政策和立法，建立健全生态补偿长效机制。加快修改《环境保护法》，增加生态补偿内容，按照谁开发谁保护、谁收益谁补偿的原则，进一步明确责任与义务，强化法律约束。加快出台生态补偿条例，明确生态补偿的基本原则、主要领域、补偿范围、补偿对象、资金来源、补偿标准、相关利益主体的权利义务、考核评估办法、责任追究等，鼓励各地出台规范性文件或地方法规，不断推进生态补偿的制度化和法制化。

（二）扩大生态补偿范围

应该将生态功能价值较高的限制开发区，湿地、生物多样性保护等具有生态敏感性的区域，大气环境、耕地和土壤环境等具有重要保护功能的区域全部纳入生态补偿的范围。

（三）加大生态补偿投入

生态补偿要纳入各级财政预算，增设专项科目，并尽量提高补偿额度。中央财政要进一步加大对国家重点生态功能区，特别是中西部国家重点生态功能区的转移支付力度。提高矿山地质环境治理和生态恢复保证金征收标准。完善森林、草原、水、海洋等各种资源费征收管理办法，加大各种资源费中用于生态补偿的比重。推进煤炭等资源税从价计征改革，研究扩大资源税征收范围，适当调整税负水平。适时开征环境税。加大水土保持生态效益补偿资金的筹集力度。

（四）推进多元补偿方式

应该建立政府统筹、多层次、多渠道的生态补偿机制，充分发挥政府与市场的双重作用，在加大财政生态补偿力度的同时，要充分应用经济手段和法律手段，探索多元化生态补偿方式。积极推进资源使（取）用权、排污权交易等市场化的生态补偿模式，引导社会各方参与环境保护和生态建设。搭建协商平台，完善支持政策，推动开发地区、受益地区与生态保护地区、流域上游与下游采取资金补助、对口协作、产业转移、人才培训、共建园区等方式实施横向生态补偿。促使企业承担起生态补偿责任，把生态成本内置为企业内部成本，通过财政补贴、贴息、税收减免等优惠政策，鼓励企业进行生态经济投资。加强政府同金融部门的联系，加强对外交流合作，争取国际性金融机构优惠贷款和民间社团组织及个人捐款，以促使补偿主体多元化、补偿方式多样化。

（五）完善生态补偿管理体制

加大生态补偿管理体制改革力度，整合多方力量，强化统一管理。加快建立生态补偿标准体系，制定统一、协调的生态补偿标准。改进各种资源费的征收和管理工作。切实加强监测能力建设，健全重点生态功能区、跨行政区域流域断面水量水质重点监控点位和自动监测网络。要明确资金用途，严格资金管理，将生态补偿机制建设工作成效纳入对地方政府的考核，进一步强化考核工作力度。

（2014 年）

关于完善国有林场生态公益林补偿政策的建议

国有林场作为全国林业战线的主力军，多年来为全国经济社会发展作出了重大贡献，随着国有林场改革的不断深入，国有林场将全部建成生态公益性林场，主要职能将转型为生态建设、保护和管理。国有公益林生态保护功能巨大，生态环境战略地位不可替代，以湖南省郴州市为例，该市地处湘江、赣江、珠江的源头，为湖南四大重点林区之一。全市现有20个国有林场，在国有林场基础上设立了两个国家级自然保护区，五个国家级森林公园，两个省级森林公园；国有林场经营总面积218万亩（含代管村面积14万亩），占全市林地面积的10%；国有林场区划中央和省级生态公益林面积154万亩（其中国家级90万亩，省级64万元），占林场经营总面积的69%；国有林场森林蓄积量达893万立方米，占全市森林总蓄积量的18%；同时国有林场也是该市森林资源培育中最稳定的阵地和国家重要的森林资源战略储备基地，不仅承担着维护国家生态安全和木材安全的重任，而且是生物多样性保护的重要区域。

一、现行生态公益林补偿政策存在的问题

1. 补偿标准偏低，补偿标准不一致。根据《湖南省森林生态效益补偿资金管理办法》，2014年湖南省生态公益林国有林补偿标准为每年每亩7元，集体林补偿标准为每年每亩17元。据测算，该市经营杉木林用材林到25年长成成熟林时，每亩至少可产木材7—10立方米，按现行价格计算经济价值约7000—10000元，而现行的补偿标准，25年每亩国有和集体公益林分别可获得补偿175元和425元，远远低于木材的经济利用价值。同时对国有林和集体林执行两种补偿标准，很不公平也令人费解，因为相比

集体林，国有生态公益林质量更优，生态功能更强，所发挥的生态效益更好；同时，国有林场生态公益林区域区位重要，管理精细，所付出的管护成本更高，而得到的生态补偿却更少，显失公平。

2. 补偿标准单一，未实行分类补偿。不同地域、区位、地类和质量的公益林，其管护成本和生态价值是不相同的。在管理上，国家对公益林按照区域重要性实行分级管理，如将重要江河源头、江河两岸、国家级自然保护区、重要湿地和水库等林地划为一级公益林，实行更加严格的管理政策。而补偿时，目前从中央到地方分成国有和集体，都按照单一的标准对经营管护者进行补偿，这种补偿标准造成了事实上的不公平。

二、完善国有林场生态公益林补偿政策的建议

1. 尽快统一国有林与集体林公益林补偿标准。由于国有林场不仅要承担公益林的保护和管理，还要保障林场职工基本生产生活水平，维持一方平安和稳定，责任更大，任务更重。建立公平合理的生态公益林补偿政策，更有利于国有森林资源的保护和发展。建议尽快统一国有林与集体林公益林补偿标准。

2. 提高现行公益林补偿标准，实行分类补偿。将中央财政补偿标准提高到平均每年每亩30元的补偿水平，并根据区域生态的重要性和脆弱性，综合考虑森林质量、地位级差、管护难度等指标，对现有重点公益林进行分级分类补偿：一级公益林（重要江河源头、国家级自然保护区、国家级森林公园、重要水库和湿地的重点公益林）建议按照每年每亩40元给予补偿；二级公益林（江河两岸、生态脆弱地区的重点公益林）建议按照每年每亩30元给予补偿；三级公益林建议按照每年每亩20元给予补偿。在此基础上，再根据各级财力情况，逐步提高补偿标准。

（2015年3月3日）

关于将湖南长株潭城市群绿心地区纳入国家重点生态功能区生态补偿范围的建议

湖南长株潭城市群生态绿心地区地处长沙、株洲、湘潭三市结合部，规划面积522.87平方千米，总人口26.27万人，涉及长株潭11个县（市、区）（生态绿心地区分为禁止开发区、限制开发区和控制建设区。其中禁止开发区面积263.69平方千米，占生态绿心地区总面积50.43%，区内以生态修复、生态服务为主，只能从事生态建设、景观保护、土地整理和必要的公益设施建设，严禁其他项目建设。限制开发区面积198.56平方千米，占生态绿心地区总面积37.98%，采取高端占领与产业转型策略，发展高端低碳一、三产业，禁止第二产业；逐步集中安置本区人口，流转土地，推进农业现代化、规模化发展。控制建设区面积60.62平方千米，约占生态绿心地区总面积11.59%，采取发展提升策略，解决生态绿心地区禁止开发区内原住民的外迁、居住、生活和就业问题）。

加强绿心保护是湖南省“两型社会”建设的重要战略部署，不仅能增强长株潭城市群自然屏障和生态服务功能，也能大大提升城市群核心竞争力，符合未来城市群发展潮流；2008年国务院批准的《长株潭城市群区域规划》要求将绿心地区建设成为城市群的重要功能区、连结三市的功能纽带和两型社会建设的窗口。2011年3月，习近平总书记视察湖南时指出“湖南保护昭山这个‘绿心’，50年后，那将在全国、全世界都有重要的影响”。湖南长株潭城市群生态绿心地区是三市城际生态隔离带，对于呈品字状分布的长株潭三市区及其周边城镇来说，绿心地区可以起到改善人居健康环境、提高人民生活质量、美化景观、调节气候、有效缓解城市热岛效应、固碳释氧、水源涵养、水土保持、生物多样性保护、生态隔离净化等重要作用，具有很高的生态价值。加强绿心保护，提高其生态屏障与服务功能，可以阻止城市空间无序蔓延，提高城市群承载力，实现可持续发展。

为了保护长株潭城市群生态绿心地区，发挥生态绿心地区的生态屏障和生态服务功能，建设资源节约型和环境友好型社会，2012 年，湖南出台了《湖南省长株潭城市群生态绿心地区保护条例》，明确了科学规划、生态优先、严格保护的原则，并将相关工作分解到长株潭三市和省发改委等 13 个部门，一直致力于长株潭城市群生态绿心的保护工作，取得了一定的成效，但由于多方面的原因，长株潭城市群生态绿心的保护工作仍存在不少困难和问题：

1. 生态基础设施薄弱。绿心地区生态基础设施建设缺乏，尚无完善的管网收集系统、污水处理设施、垃圾处理设施，多数地区各种污水未经处理自然排放，各种生活垃圾采用自然堆放或露天集中堆放在山沟坑谷之中，对周边环境、水源、水体均产生较严重污染。

2. 毁绿现象依然存在。一是房地产过度开发。各地盲目造城，争相引进房地产开发项目，据部分人大代表反映，目前绿心地区共有房地产企业 30 多家。二是交通建设分割绿心。高速铁路、城际铁路、高速公路、高等级公路等分割绿心。三是居民生产毁绿。部分村集体和群众认为，开发建设的严格限制，影响了本地区经济发展，因而对绿心保护积极性不高，乱砍滥伐、毁林建坟、采砂采石时有发生。

3. 生态环境逐步恶化。在各种利益驱动下，毁林采矿、房产楼盘、污染企业等各种破坏生态行为时有发生。目前绿心地区最大的连片绿地面积只有 17 平方千米，同时植被品质较低、林相单一，“绿心不绿”，绿心整体生态功能减弱。与绿心地区应当承担的生态服务功能存在较大的差距。

4. 项目、资金、政策支撑缺乏。目前国家生态公益林补偿标准偏低，每年每亩补偿仅 10 元，“一亩林地还不及一根竹子的价值”，老百姓保护的责任感不强、积极性不高。污染企业退出，农村环境整治等大量生态环保工作亟待开展，但由于生态绿心地区不是一个单独的行政单元，国家的很多项目、政策都享受不到，特别是急需建立的绿心地区生态补偿机制也很难落实和实施。

5. 生态保护机制滞后。《保护条例》实施一年多以来，大部分配套制度尚未完成，如生态效益补偿、污染物排放总量控制等等，亟待完善，《保护条例》整体功能的发挥受到影响。

为切实保护好长株潭生态绿心地区的生态环境，并切实解决好区域内26.27万居民的生产生活以及移民安置工作，请求财政部、环保部等相关部委将长株潭绿心地区作为一个单独的行政单元纳入全国重点生态功能区生态补偿范围，在财政转移支付资金上予以支持，用于绿心地区环保基础设施建设，加强生态建设和环境保护，对绿心地区政府及居民给予一定补偿，提高生态公益林补助标准，促进区域经济社会发展与人口、资源、环境相协调，切实走出一条有别于传统模式的生态文明新路。

（2015 年 3 月 3 日）

生态环境损害赔偿制度应进一步落实

实施生态保护补偿是调动各方积极性、保护好生态环境的重要手段，是生态文明制度建设的重要内容。近年来，各地有序推进生态保护补偿机制建设，取得了阶段性进展。但总体看，我国生态保护补偿的范围仍然偏小、标准偏低，保护者和受益者良性互动的体制机制尚不完善，一定程度上影响了生态环境保护措施行动的成效。

同时，2017 年 12 月底，国家出台了《生态环境损害赔偿制度改革方案》，明确指出要逐步建立生态环境损害的修复和赔偿制度，加快推进生态文明建设。但在组织开展试行生态环境损害赔偿制度的工作实践中，各级环保部门尤其是基层组织对该项工作究竟该如何开展，常常觉得无从下手。生态环境损害赔偿制度包括哪些程序，从哪里入手，关键环节是什么，需要注意哪些问题，基层执法人员均不太清楚，影响了该项制度的推动和实施。

为加快解决生态环境损害赔偿制度相关问题，提出以下建议：

1. 进一步完善自然资源资产管理和监管机制，采取“政府主导、社会参与，转型发展”的方式，积极构建涵盖“一湖两水”全流域横向生态补偿机制。完善生态补偿机制，就要去行政化，把生态补偿纳入市场调节范畴，发挥市场配置生态资源的决定性作用。同时，依据相关政策标准和法律规定，要合理确定补偿标准，逐步提高补偿水平，面向社会公示、公开生态补偿的依据、内容、标准、程序和结果，充分保障群众的知情权、参与权和监督权。

2. 建议在国家层面和省级层面环保系统开展生态环境赔偿制度的培训工作，培训一大批执法骨干力量，将生态环境损害赔偿制度工作逐步开展起来，培训中注重选取典型案例，逐个案例、逐个程序进行讲解，不回避矛盾，让学员真正学懂，在工作中能真正用得上。

3. 建议构建“环境有价、损害担责，主动磋商、司法保障，信息共享、公众监督”的生态环境损害赔偿工作体系，尽快明确生态环境损害赔偿制度的量化指标。严格遵循“谁污染、谁治理；谁破坏、谁恢复”原则，依法追究责任人的赔偿责任，治理修复受损生态环境，解决“企业污染、群众受害、政府买单”困局。一是加快评估机构建设，开展生态环境修复和生态环境损害赔偿绩效评估。二是加快推进试点案例磋商和诉讼进程，各地积极出台《生态环境损害赔偿磋商办法》等相关配套制度。三是及时总结形成可复制推广的经验做法供参考学习。

（2018 年）

生态补偿亟待增强硬约束

生态补偿制度是生态文明制度建设的重要组成部分。《中华人民共和国环境保护法》第 31 条规定"国家建立、健全生态保护补偿制度"，2016 年，国务院办公厅印发《关于健全生态保护补偿机制的意见》提出了健全生态保护补偿机制的系列重要政策措施，但由于缺乏法律约束、资金保障困难等各种原因，目前工作推进仍比较缓慢。

首先，纵向生态补偿不全面、不平衡、不到位。一是不全面。2008 年开始建立国家重点生态功能县财政转移支付制度主要是对森林功能的补偿，对湿地和水环境保护基本没有涉及。如洞庭湖作为国家重要湿地，湖区相关县区就没有纳入补偿范围。二是不均衡。2008 年，中央纵向生态补偿只涉及 452 个县、60 亿元，虽然目前已扩大到 818 个县、600 多亿元，但仍有为保护生态作出重要贡献的县未纳入。同时，纳入的县少的补偿二、三千万，多的补偿过亿，县域间不均衡。三是不到位。重点生态功能县大部分财政较为困难，由于对生态补偿资金的用途缺乏硬性要求，补偿资金难以防止或避免被挤占、挪用的现象。

其次，横向生态补偿缺乏法规政策硬约束。尽管中央层面出台了资金奖补政策，但大部分省推进力度不够。由于缺乏有效协商平台和机制，横向生态补偿常常陷入"只说不做""知易行难"的困局，象征意义远大于实际意义。

再次，专项生态补偿标准偏低。生态补偿（赔偿）对保护者缺乏吸引力，对违法者缺乏威慑力。如现有生态公益林补贴标准远低于林地所产生的经济效益，导致很多林农不愿意纳入国家生态公益林。类似腾格里沙漠 8 家污染企业支付 5.69 亿生态修复赔偿金的案例也是屈指可数，不足以给违法企业造成威慑。

针对以上问题，在此提出建议：

1. 理顺体制机制。原来生态补偿综合牵头部门不明确，部门间协调联动不够。中办、国办印发的国务院有关部门职能的文件已经明确，自然资源部“牵头建立和实施生态保护补偿制度”，生态环境部“参与生态保护补偿工作”。有关部门应尽快落实工作责任，列出任务清单，加强督办督察。大幅度提高重点生态功能县生态环境保护工作的考核比重，强化地方党委政府主体责任。

2. 加快专项立法。目前，全国还没有针对生态补偿进行专门立法，现有的法律规定分散在多部法律之中。有关部门出台的一些规章和政策，权威性和约束性不够，谁受益谁补偿、谁损害谁赔偿的利益调节格局没有真正形成。要加快出台生态补偿条例，明确生态补偿的基本原则、主要领域、补偿范围、补偿对象、资金来源、补偿标准、相关利益主体的权利义务、考核评估办法、责任追究等。

3. 建立多元机制。充分发挥政府与市场的双重作用，加快建立政府统筹、多层次、多渠道的生态补偿机制。一是将生态补偿纳入各级财政预算安排，中央财政进一步加大对国家重点生态功能县的转移支付力度。二是加大环境税和各种资源费的征收力度并明确用于生态补偿的比重。三是积极推进资源使（取）用权、排污权交易等市场化的生态补偿模式。四是搭建协商平台，完善支持政策，推动开发受益区与生态保护地区、流域上下游采取资金补助、对口协作、共建园区等多种方式实施横向生态补偿。五是督促企业承担起生态补偿责任，促使企业把生态成本内置为企业内部成本。六是建立独立公正的生态资产和生态环境损害评估制度，对生态保护地区根据其生态贡献给予相应补偿，对损害生态环境的行为要求全额生态损害赔偿。

4. 扩大补偿范围。将湿地、饮用水水源地保护区等具有重要保护功能的区域，基本农田、未污染耕地保护区等为保护大气环境、耕地和土壤环境作出贡献区域，以及部分限制开发区域，如蓄滞洪区等，纳入生态补偿范围，应纳尽纳、应补尽补。

（2018 年）

生态公益林补偿标准过低不利于实现“生态补偿脱贫一批”的目标

积极推进生态扶贫是中央实施精准扶贫的重要措施之一。自 2001 年起，国家“实施林业分类经营、建立森林生态效益补偿机制”试点，生态公益林补偿工作取得长足发展。然而，从可持续发展的视角讲，国家生态公益林补偿制度还存在不容忽视的问题，迫切需要提高林农补偿标准，完善补偿机制，否则，带动脱贫效果十分有限，难以实现“生态补偿脱贫一批”目标。

一、当前生态公益林补偿机制存在的主要问题

1．生态补偿政策不合理，林农经济收入受到较大制约，给中部贫困地区林农增收带来较大困难。虽然近年已提高补偿标准，但大部分公益林补偿标准过低，没有对林农进行直补。有些市县重点生态公益林补偿资金，省市分别扣除公共管护支出后，实际补偿极少。这些补偿费用只够重点公益林管护，林农生态直补未得到落实，当地百姓不仅没有从中受益，反而利益受损。而且封山育林后，村农实际收入难以提高，特别是由于实施结构调整，一些木材、矿产加工等相关产业发展困难，当地经济发展和增收渠道受到了很大影响。政府抓生态与林农抓生产增收的矛盾日益凸显。据某市林业部门统计，按照该市目前的公益林补偿政策，全市贫困人口人均获得各级财政补偿不到 50 元/年，贫困地区通过“生态补偿脱贫摘帽一批”要等到何年何月才能实现？

2．财政专项转移支付力度不够，对转移性支付资金的使用缺乏具体明确的规定，支持政策得不到落实。各省生态公益林主要来自财政转移支

付，补偿覆盖范围非常有限，并且缺乏相对科学的补偿标准，没有真正反映区域实际的生态系统服务价值。

3. 生态补偿过低容易引发生态环境恶化、乡镇综治维稳和森林防火隐患等许多社会矛盾及不良后果和危害。一是资源保护压力大。由于生态公益林列入了禁伐范围，林农无法取得合法采伐手续，盗伐滥伐林木、偷运木材的现象时有发生，不仅对生态环境和森林植被造成破坏，而且林农也不会再复绿，林地有可能逐步成荒山，形成恶性循环。二是社会维稳压力大。一边是合同到期，一边是无法采伐，导致社会矛盾层出不穷。打架斗殴、群体上访等情况越来越多，既给社会稳定带来隐患，又增加了政府部门和乡镇综治维稳的工作压力。三是森林防火压力大。受生态保护政策影响，林木所有者的既得利益难以实现，于是对森林防火积极性不高。同时为了能够取得采伐资格，获取经济利益，存在引发森林火灾的隐患。

二、完善生态公益林补偿机制的建议

1. 尽快加大生态补偿力度，大幅提高生态补偿标准，真正体现生态服务价值。建立适应经济发展和生态保护发展需求的公益林补偿机制，拓宽公益林补偿渠道，逐年提高补偿标准，达到每年每亩100元左右，更好地调动林权所有者和经营者自觉保护建设生态公益林的积极性。有条件的地方实行区域化差别补偿政策，适当提高贫困村、贫困户公益林补偿标准。加强相关立法，推进在生态保护中发展，在发展中稳定脱贫，实现政府生态公益和林农收益的“双赢”。

2. 适当扩大贫困地区公益林面积，拓宽贫困人口增收渠道。一是适度放宽县级公益林区划条件。二是增补国家和省级公益林。重点加强对高速公路、高速铁路、国省道和重要山河水库等尚未列入国家和省级公益林的区域进行区划和界定，按程序申报核实认定。

3. 加大对贫困村的技术帮扶力度，进一步增加生态公益林补偿外收益。维护林农合法权益，促进林农合理增收，指导贫困村搞好林下经济、森林旅游等林业产业规划，并对贫困村林农进行种养技术培训，提高林农和贫困户的经济收入，提升林农和贫困户的脱贫致富的能力。

4. 适度放宽贫困村公益林林木禁、限伐政策和调减政策。建议允许贫困村将公益林范围内的部分疏残林、低效林或针叶乔木类成、过熟林实施间伐，改造种植药用、食用、林化等经济树种；对有调减意愿且林相不优的，允许其退出部分针叶乔木类公益林作商品用材林经营。

5. 加大对重点生态功能区转移支付资金力度。建议提高国家对重点生态功能区县（市、区）的财政转移支付力度，提高其政府基本公共服务保障能力，推进以政府购买服务为主的生态补偿机制，促进当地经济社会可持续发展。

（2018 年 7 月）

关于构建和完善全国流域生态补偿机制的建议

水是生命之源、生产之要、生态之基。随着人类活动的日益增多，大量水污染物被排入江河湖泊，流域上下游间水资源利用及水环境保护矛盾日益突出。因此，如何平衡河流上下游之间的水资源环境利益，成为稳定区域经济社会发展的一项重要内容。

2019 年，习近平总书记在中央财经委员会第五次会议上特别强调要全面建立生态补偿制度，健全区际利益补偿机制和纵向生态补偿机制。生态补偿是我国流域水资源环境利益平衡的重要手段。现阶段，我国有些流域已经进行了生态补偿实践，对流域水资源利用及水环境保护起到了一定的作用。但由于生态补偿机制尚未完善、生态补偿标准不确定等问题使流域生态补偿成效还不显著，甚至个别地方的流域水资源环境保护因资金、政策等因素陷入困境。

一、我国流域生态补偿实践存在的主要问题

（一）各自为政 上下游存在分歧

1. 监测数据认定有分歧。涉及跨省的水质监测结果认定，大多以国家“水十条”考核的采测分离数据和两省联合监测的数据为依据，但数据结果来源的多样性、天气水流变化的复杂性导致上下游对数据监测结果认定存在分歧，经常为各自利益据理力争或相互推诿。

2. 上游沿岸老百姓获得感不强。补偿资金专项用于水环境治理，农民并未直接受益，导致部分农民利益受损而未得到补偿，上游地区林农涵养水源的积极性受挫。

（二）协商不畅 政策法规不完善

1. 协商机制未建立。现行的流域生态补偿办法主要靠上级政府行政强制推动，自愿合作基础薄弱，上游地区认为保护生态和治理污染负担较重，发展机会损失的成本远大于补偿收益，治理积极性不足，下游地区觉得补偿金付出后没有得到合理回报。

2. 技术支撑比较薄弱。现阶段生态系统价值核算缺乏统一规范的技术体系和评估指标，很难准确核算流域生态系统价值，无法精准对流域生态补偿标准进行定量分析。目前的流域生态补偿标准主要以政府财政预算状况为依据。

3. 流域生态补偿立法化滞后。我国没有对生态保护补偿的专门立法，2010 年国务院曾将《生态补偿条例》列入立法计划，但至今尚未出台，流域生态补偿实施过程中法律依据不足。

（三）财力有限 资金筹集渠道单一

现有的流域生态补偿资金主要依靠政府投入，通过上级政府对下级政府的财政转移支付方式实现，缺乏引导社会资金进行多元化投入的机制。如 2019 年郴州市共兑现东江湖流域生态补偿责任金 250 万元，其中桂东县、宜章县分别获得生态补偿金 120 万元、90 万元，资兴市、汝城县分别支付生态补偿金 200 万元、10 万元，市级奖励资兴市 40 万元，上述资金均由各级政府列入公共预算支出。由于财政资金有限，导致流域生态保护补偿资金规模偏小，与当地保护生态环境的投入需求差距较大，难以弥补资金缺口。

（四）使用无据 资金绩效不高

1. 资金分散缺合力。一些同样具备生态建设功能的专项资金，如畜禽养殖污染治理项目、污水垃圾治理项目、农村环境整治项目、水土保持、节能减排等各类专项资金分散在不同部门，由各个主管部门组织和管理，未纳入流域生态补偿机制进行统筹使用，资金使用缺乏合力。

2. 资金分配不合理。一些市县将大部分的流域补偿资金用于植树造林、治理水土流失，而在亟需解决的水质改善问题特别是治污上投入较少。

3．使用范围不够明确。当前各地对流域生态补偿资金的使用范围规定比较宽泛，基层在资金的使用上难免畏首畏尾。如江西省某县安排36个贫困村流域生态补偿资金360万元，但由于乡镇和贫困村对流域生态补偿资金使用的用途不明确，不敢擅自使用，导致该部分资金截止年底仍在乡镇财政所账上未使用。

二、完善流域生态补偿制度的建议

每个流域都是一个整体，各流域之间又相互关联，一条河流流经的地方几乎涉及到村、乡、县、市、省等每一级行政区划，而行政管理体制又是分级分块进行管理，这必然会加剧流域污染治理的难度。因此，要健全流域生态补偿机制，破解流域污染治理难题，不能靠各个地区“单打独斗”，需要消除流域生态补偿地域界限，在法制建设、技术规范、补偿资金等方面构建全流域生态补偿机制框架，通过部门合作、上下游之间相互配合，真正实现利益平衡、合作共赢。

（一）建立统一协调的流域生态补偿机制

建议以流域为单位，结合河长制工作要求，确立以流域为主的监管模式，对全流域发展、水资源保护等进行统筹规划。一是统一规划。对流域重点城市和区域明确经济发展和环境功能定位，促进区域发展布局调整，制定更加严格的污染物排放标准和环保准入制度。二是统一标准。明确跨省界交界断面的责任主体，建立流域环境协议，明确流域在各行政交界断面的水质要求，因地制宜落实生态补偿方式。三是统一信息。流域管理机构和地方水行政主管部门要建立以流域为单元的水污染防治统一的信息共享公开与通报机制，在流域产业发展布局与规划、基础设施、环境监测、执法监管等方面加强信息共享，以便各级政府做好科学决策。

（二）健全流域生态补偿配套政策体系

1．搭建重点流域双向补偿协商平台。搭建省级层面流域生态补偿机制协商平台，引导和鼓励开发地区、受益地区与生态保护地区、流域上游与下游通过自愿协商实现合理的生态补偿。

2．加强环境监管能力建设。完善重点生态功能区、重要江河湖泊水功能区、跨县流域断面水质重点监控点位布局和水环境自动监测网络建设，为实行全流域生态补偿资金支付与考核结果挂钩创造条件。

3．加快生态补偿立法进程。对各地区实践经验进行认真总结，根据我国已有的《中华人民共和国环境保护法》《中华人民共和国森林法》《中华人民共和国水土保持法》等法律中有关生态补偿的内容，以行政法规或部门规章的形式明确生态补偿的补偿范围、资金来源、补偿标准、考核评估、责任追究和程序等，指导规范生态补偿工作开展。

（三）推进流域生态补偿市场化探索

1．创新重点流域生态补偿方式。一方面，要整合现有财政资金。对省级下达的生态补偿相关专项资金，各地可在确保完成省级下达的工作任务或目标的前提下，结合本级安排的相关专项情况，在同一类级科目下统筹使用，集中投入流域生态环境整治。另一方面，又要探索多渠道、多形式的生态补偿方式，鼓励受益地区与保护生态地区、流域下游与上游通过资金补偿、对口协作、产业转移、人才培训、共建园区等多种方式加大横向生态保护补偿实施力度。

2．大力支持流域上下游之间的排污权交易制度建设。要制定统一的基本交易制度和技术指导，对配额分配方法、交易规则等进行统一规范。充分发挥排污权交易中心的作用，发展点对点企业交易，提升排污权二级交易市场活跃度。

3．拓宽生态补偿资金使用范围。鼓励和支持将生态补偿资金用于设立绿色基金、政府和社会资本合作模式、融资贴息等，引导社会资本加大流域综合治理和绿色产业投入。

（四）加强流域生态补偿资金绩效评价和监督考核

1．强化流域生态补偿绩效评价。对资金使用情况、项目建设进展情况、绩效目标完成情况进行评估，将绩效评价结果作为专项资金分配和以后年度预算安排的主要依据，未能完成生态补偿建设项目任务的，降低或取消第二年使用生态补偿专项资金的额度。

2．加快出台流域生态补偿资金使用管理办法。合理调整流域地区补偿系数，确保各流域筹集的生态保护补偿资金主要用于本流域地区范围。严格落实属地责任，按照“集中财力办大事”的原则，将补偿资金用于解决本地水环境质量的突出问题。加强对资金具体使用情况的监督检查，严肃查处资金分配及使用中存在的挪用、截留、侵占、违规使用等问题，杜绝损失浪费，确保生态补偿资金使用安全、规范、高效。

（2020 年）

建立长江流域横向生态保护补偿机制 实现全流域共治共享

建立流域横向生态保护补偿机制是践行“绿水青山就是金山银山”理念、推动“生态文明建设”的重要举措。自2005年“十一五”规划开始，国家将生态保护补偿机制建设列为年度工作要点，并提出建立生态保护补偿机制的要求，各地方开始探索建立流域生态保护补偿制度，并取得了区域的成功经验。2021年，中共中央办公厅、国务院办公厅印发的《关于深化生态保护补偿制度改革的意见》中明确提出，巩固跨省流域横向生态保护补偿机制试点成果，总结推广成熟经验，鼓励地方加快重点流域跨省上下游横向生态保护补偿机制建设。《长江保护法》第七十六条规定，国家鼓励长江流域上下游、左右岸、干支流地方人民政府之间开展横向生态保护补偿。尽管相关工作不断取得新的进展，但是依然面临着诸多困难和挑战：

1. 补偿范围小，组织模式散。目前建立的长江流域横向生态保护补偿机制覆盖范围较小，只覆盖了赤水河、滁河、酉水、渌水、濑溪河等5条支流，长江干流和其他一些主要支流均未在内，长江流域19个省市只有11个省市有所行动。且组织模式相对松散，主要是在国家部委推动下建立的省际间、流域内点对点或小面积协议，并无国家层面统筹建立的长江全流域横向生态保护补偿机制。已签定的各种生态保护补偿协议实施周期较短，实施期限基本都是2－3年，如川渝签订的《长江流域川渝横向生态保护补偿实施方案》实施期限暂定2021年至2023年。湘赣签订的《渌水跨省流域横向生态保护补偿协议》实施期限为2019年至2022年。

2. 补偿方式单一，资金量少。目前已有行动的安徽、江苏、湖南、重庆、江西等省份之间所签的主要是估值调整协议（对赌性质协议）：水质达标，则为平局，互不补偿；水质改善，则下游补偿上游；水质恶化，则上游补偿下游。补偿资金总量偏少，已签订的补偿协议中，省级政府最多获得每年4000万的补偿，既不及生态保护投入资金，又不及因生态保护所关停企业缴纳的税收，没有真正体现出保护生态付出的价值回报。补偿资金用途受限，限定在生态保护方面，无法用于当地发展经济、改善民生，生态保护地区居民的参与感、获得感不足，缺乏参与环保行动和民主监督的主观能动性。

3. 补偿标准不一，缺乏依据。目前尚无科学合理公认的长江流域生态保护补偿标准，已签订的生态保护补偿标准为相关方自行协商确定，主要评判依据为下游的财政实力、各方的迫切程度等，甚至出现“谁主动谁吃亏”的现象。在结果认定上，由于自然水体变化的复杂性，检测数据来源的多样性，上下游对数据监测结果认定存在分歧，为各自利益而争论不休。

4. 上下游的参与意愿都不高。对于上游而言，目前的长江流域生态保护补偿金额较低、用途受限，其收益远不及生态治理的显性成本和发展工业可能带来的经济效益、社会效益等隐性成本。对于下游而言，往往认为上游实施生态保护、改善长江水质是应尽的本职义务，对上游生态保护的成本认识不足，且在国家严苛的环保政令下，上游不敢不作为，因此，主动签约补偿的动力不足，只有在中央部委的协调下才勉强签订补偿协议。

为此，提出以下建议：

1. 完善立法和核算体系。尽快出台《生态保护补偿条例》，完善生态保护补偿方面的法律法规，为统揽生态保护补偿工作提供基本遵循。组建专家顾问团，在现有的生态系统生产总值（GEP）核算、绿色GDP核算、自然资源负债核算等研究基础上，探索建立科学统一的长江生态产品价值核算体系和生态产品产权制度，量化环保收益、明晰产权归属，为科学评定补偿标准提供有效的参考依据。组织开展专项调研和先行试点，为长江全流域推广和其他流域、领域的生态产品价值核算提供经验借鉴。

2. 建立全流域补偿机制。建议由国务院统筹，生态环境部、财政部牵头，相关部委、长江流域19省市共同参与，按照统一组织、统一规划、统一制度、统一标准、统一监管的模式，建立覆盖长江干支流全流域横向生态补偿机制，由顶层主导生态保护补偿机制常态化。对补偿资金实行统收统管，根据年度长江流域生态保护考核结果，参考流域内人口数量进行发放，实现长江全流域的“共担、共治、共管、共享”。

3. 探索多元化补偿方式。在加大现有财政补贴和生态保护工程帮扶力度的基础上，探索实施省与省、市对市的结对帮扶工作制度，从产业、就业、教育等多个维度进行补偿，让生态保护补偿惠及群众。产业方面，可以考虑产业转移、合办企业、合办园区等途径；就业方面，可以通过兴办代工厂、对口招工等途径；教育方面，可以考虑联合办学、加分招录、专项招生等途径。

4. 调动上下游参与意愿。有效的生态保护补偿标准应当大于上游为生态保护付出的成本，小于下游从保护结果中获得的受益。要调动各方参与，关键在于信息畅通，双方互认。建立长江全流域生态保护信息共享平台、长江全流域水质实时监控平台等数字平台，打破信息壁垒，定期公布各方支付的显性成本，并组织对上下游的隐形成本和收益进行评审，在收益和支出间寻找最佳平衡点。

（2022年7月4日）

亡羊补牢 迅速采取果断措施
严格野生动物保护和交易

2003年爆发的SARS病毒，源自云南一些岩洞里的蝙蝠，蝙蝠体内的冠状病毒发生突变后感染了云南养殖场的果子狸，染病的果子狸被贩卖至广东，期间病毒经过传播变异，最终产生了SARS病毒，感染人类；导致2012年沙特暴发的MERS（中东呼吸综合征冠状病毒）属于β冠状病毒属，自然宿主是扁颅蝠和伏翼蝙蝠，可中间宿主却是单峰驼；折磨非洲人民近50年的埃博拉病毒，研究人员认为，雨林里常见的果蝠是其主要宿主；2019年发生在蒙古的鼠疫疫情是通过旱獭传播给人类的。继续细分，HIV病毒来自非洲的黑猩猩或白眉猴；尼帕病毒来自猪；马尔堡病毒来自非洲猴子；拉沙热病毒来自老鼠；麻风杆菌疑似来自犰狳……

这些存在于动物身上的病毒，原本跟人类关联尚微，是因为人类亲尝饕餮，却被饕餮反蚀带来的恶果。

2003年非典时期，在全国十余个省份里，有4万多头果子狸生活在660家养殖场内，人们被它独特的肉质和优良的毛皮所吸引，猎杀果子狸更成了山区猎户们养家糊口的重要手段，而主要销售地广东成为了非典的首发地；在非洲，热带雨林中的部落人追求所谓美味的“丛林肉”，他们捕猎灵长类、鼠类或果蝠，也由此感染了埃博拉病毒；2019年蒙古的鼠疫，起因就是一对夫妇食用了未煮熟的土拨鼠内脏……

有专家指出，“SARS的源头是蝙蝠不假，但是它发展的舞台是广东野生动物市场和酒楼、餐馆。如果没有我们滥用果子狸，食用果子狸，那么病毒从蝙蝠到果子狸再到人的传播链就不会发生，当年的SARS就不会爆发”。一段时间人们对食用野生动物可能带来的恶果有了一定的警醒，但不久就好了伤疤忘了疼，很快盗猎、偷吃野生动物，甚至国家保护动物的案例就时有发生。

在以习近平同志为核心的党中央坚强领导下，全国上下众志成城、万众一心应对新冠病毒感染的关键时刻，仍然有人对食用野生动物严重危害麻木不仁。2020 年 1 月 22 日下午，财新记者张子竹在 QQ 群上搜索关键词“野味”，发现全国各地有多个以地名为开头的“野味信息交流平台”。记者进入一个名为“某某野味信息交流平台”、成员有 161 人的 QQ 群，看到群里仍有人在公然发布收购果子狸、穿山甲、蛇、娃娃鱼、孔雀、大猫、麋鹿等野生动物的信息。

这充分说明，要有效应对新冠病毒感染，光是从医疗防疫治疗入手还不够，必须抓住当前特殊时机，提高全社会的野生动物防护意识，采取迅速而强有力的措施，严格野生动物保护和交易，加快推进人民群众饮食习惯的改变。

第一，要强化思想认识。禁止野生动物的非法经营和滥捕、滥食不只是一个生态环境和野生动物保护问题，也是社会公共安全问题，要迅速把野生动物保护和贸易上升到事关生态文明、公共安全、经济发展和社会稳定的高度来认真看待和严格管理。

第二，要迅速开展执法。对各大市场存在的野生动物非法贸易行为认真调查，严肃追责问责，涉嫌犯罪的，及时移送司法机关，以儆效尤。农业、林草、工商等野生动物主管及执法部门要迅速行动起来，在全国开展一次“加强野生动物市场监管”的专项检查行动，切实履行职责，开展联合检查，加强隐患排查，严格执行《野生动物保护法》，严格取缔和严厉打击非法野生动物市场和贸易，以及餐馆的非法经营，从源头管理野生动物非法贸易，全面杜绝对野生动物的食用，并完善和建立长效管理机制。

第三，要严格控制驯养。严格野生动物驯养繁殖及生产经营许可审批，加强监督检查，特别是对名为驯养繁殖，实为野外盗猎盗捕进行贸易的，要采取强有力管控办法和措施，加大执法力度，全面清理和打击不规范、不合法的生产经营活动。

第四，要迅速修订《野生动物保护法》。现有的《野生动物保护法》尽管是 2016 年修订的，但该法对野生动物的经营和利用留有较大余地，被动物保护人士诟病为“野生动物利用法”。要从野生动物保护和社会公共安全的角度统筹考虑，按照严格野生动物保护、严控濒危野生动物和易带病毒野生动物商业性出售的思路尽快重修该法，尤其要抓住当前有利时机，变坏事为好事，统一全社会的强化保护共识，以更加严格的标准和法律加强野生动物保护。

第五，要改变饮食陋习。长期以来，全国一些地方、一些人有着不良的饮食习惯，有的人喜欢在饮食上追求猎奇，甚至以食用昂贵的“食材”来体现身份，如鱼翅、燕窝、熊掌、穿山甲等，商贩受利益驱动什么都敢卖，吃的和卖的，没有一点敬畏心。由于市场对野味的狂热追捧，已构建了价值百亿的地下产业。最具代表性的就是穿山甲，中国既是穿山甲走私最多的国家，也是穿山甲的主要消费国。2018 年 9 月，广州海关工作人员一次就发现了 7. 26 吨的穿山甲鳞片，中国海关从 2016 年至 2018 年 3 年间收缴的甲片价值高达 7700 万元，这还不算直接流入黑市的甲片。本次疫情暴发后，公众的第一反应就是“SARS 又来了”。因此，必须迅速、密集组织系列高质量文宣，给人们深入浅出地讲明野生动物保护和公共安全与每个人的紧密关系，培育良好的生态文化和饮食习惯，对消费野生动物制定严厉的处罚措施，坚决遏制吃野生动物的陋习。

第六，要全面提升农贸市场环境。全国不少地方的农贸市场环境恶劣，污水横流，藏污纳垢，极易带来病菌和病毒，必须来一场“农贸市场革命”，全面改善和提升农贸市场环境，为人民群众提供一个清洁、卫生和安全的购物环境。

（2020 年 1 月）

着力深化强化野生动物的保护措施
切实保障生态环境和公共卫生安全

据有关研究，目前70%新发传染病都与寄生在野生动物体内的病毒有关，从SARS到鼠疫、H7N9禽流感，再到埃博拉病、MERS概莫能外。但一些食客出于猎奇、滋补、炫富等多种心态食用野生动物，形成了规模庞大的“野味产业”，口舌之欲终会让我们自尝苦果。

究其原因，全国在野生动物保护、食品安全立法方面存在漏洞，执法管理不严为主要问题之一。一方面，刚修订不久的《野生动物保护法》在立法理念上对公共健康保障考虑很少，公共卫生风险较大的蝙蝠、果子狸、旱獭等自然或中间宿主未列入保护名录；另一方面，《食品安全法》对禁止经营、生产野生动物产品、制品等行为尚未作出明确法律规定。与之相对应的是，一些执法机关不作为和慢作为，对非法猎捕、繁育、交易、食用野生动物打击不力，野生动物检疫基本上是盲区；此外，还存在管理权限交叉重叠、野生动物走私严重等问题。

野生动物保护中存在的突出问题引起了党和国家的高度重视和社会的广泛关注，习近平总书记作出了重要批示指示，提出了明确要求，全国人大常委会出台了专门决定，严格了法律约束，现在关键是要进一步深化强化各项措施，确保保护工作落实落细。

为此，我们提出以下建议：

一、修订完善野生动物保护相关法律法规

要推动综合性、体系化立法。建议2020年全国人大常委会同时审议《生物安全法》《野生动物保护法》的制定和修订，确保两部法律的协调统

一，配套修订完善食品安全法、畜牧法、渔业法、动物防疫法和进出境动植物检疫法等相关法律法规，制定动物福利法，禁止以虐待或者不符合公序良俗的方式食用或利用伴侣动物。强化生态优先、健康至上的理念，增加“维护生物安全、生态安全和保障人民群众生命健康安全”的立法目的。要加大对猎捕、交易、滥食野生动物等违法行为的法律惩处力度。

二、明确强化相关部门职责

要避免有关部门职能交叉和“既做运动员、又当裁判员”。林业和草原主管部门负责陆生野生动物的管理和栖息地名录制定，重点保护水生野生动物保护的管理和水产种质资源保护区的划定，负责因科研、药用、展示等特殊需要非食用性利用野生动物的审批和后续监管，负责畜禽遗传资源目录、人工繁育重点保护水生野生动物、重点保护经济水生动植物资源名录的制定；农业和渔业主管部门负责列入目录、名录的畜禽、水产的人工繁育、人工饲养审批管理、防疫和检疫检验，负责非食用性野生动物利用的检疫检验。林业和草原、农业和渔业主管部门要强化责任担当，严格落实“一岗双责”。检察、生态环境部门要加强司法监督和综合监管，将所有陆生和重点保护水生野生动物保护均纳入公益诉讼范围和环保监察内容。

三、全面严格野生动物保护监管执法

严格非食用性野生动物利用的检疫检验。健全执法管理体制，明确执法责任主体，加大违法打击力度，加强部门协调配合，联合开展专项执法行动。对猎捕、繁育、交易、利用、运输、食用野生动物等各环节实行全链条的严格管控，坚决取缔、关闭非法交易市场。加强野生动物保护国际合作，严厉打击国际走私行为。建立有奖举报制度，加强社会监督。

四、有效推进野生动物保护的公众参与

加强生态保护和公共健康安全宣传教育。迅速、密集编写、拍摄、录制一批科学性、针对性和通俗易懂的文宣产品，教育人们要敬畏自然，与野生动物和谐相处。引导人们转变思想观念，倡导文明卫生的生活方式和

养成绿色饮食习惯，坚决革除滥食野生动物的陋习。组织开展“让野生动物远离餐桌”的主题宣传活动，利用每年5月22日世界野生动物保护日，广泛开展系列宣传活动，让“保护野生动物，就是保护我们自己”的理念深入人心。疏堵结合，抓紧出台受损失人工繁育组织和农户的补偿办法，与精准脱贫有机衔接，对经常以狩猎为生的农户提供一批公益性野生动物保护岗位。

（2020年5月）

野生保护动物侵权补偿机制亟待建立

近年来，随着人们生态保护意识的增强和国家对于野生动物保护力度的不断加大，野生保护动物数量明显增多，但随之而来的野生动物伤人、毁损农作物等现象也开始频发。有媒体报道，安徽省青阳县乔木乡的野猪频繁下山，给农作物造成了极大损失，有的山区甚至无法耕种，最后不得不抛荒；天津西北部的七里海湿地，吸引大量候鸟居留，其中包括国家一级保护动物东方白鹳。大批东方白鹳把村民们的鱼塘当作“食堂”，一年就吃光养殖户几十万斤鱼。候鸟成“强盗”，鱼塘变“食堂”，保鱼还是护鸟？天津养殖户谁都“惹不起”。一直以来为了保护野生动物，追求人与自然和谐共生，我们重视强调人民群众的保护义务，但对于人民群众的生命权、财产权遭受野生保护动物的侵害如何补偿，甚至如何维权的问题重视不够、研究不深、关注不多。

随着生态环保形势的深刻变化，野生保护动物生命权与人类财产权的法律保护背后存在的矛盾和问题开始凸显，主要体现在：

1. 立法领域空白，缺乏具体补偿机制。虽然《中华人民共和国野生动物保护法》第十九条规定“因保护本法规定保护的野生动物，造成人员伤亡、农作物或者其他财产损失的，由当地人民政府给予补偿。具体办法由省、自治区、直辖市人民政府制定。”但该法仅做出了原则性的补偿规定，缺乏具体补偿办法和实施措施。现实情况是：到目前为止，仅有云南等少数几个省颁布实施了《野生动物侵权补偿办法》，绝大多数省（区、市）在野生动物侵权保护方面尚无相关法律规定，具体补偿没有实质性落地。

2. 受害人维权艰难。大多数老百姓在遭受到野生动物的侵权，人身或财产遭受损失后，虽然国家作为责任主体，有义务对受害人的损失进行补偿，但就目前而言，受害人以政府作为被告向各级人民法院提起诉讼，各级人民法院常常作出“不予受理”的裁定，导致受害人状告无门，维权艰难。

3. 责任机关不明确，缺乏有效的监督机制。就有关野生动物侵权补偿这块的主管机关不明确，导致各部门之间相互推诿，出现“踢皮球”的现象，受害人来来回回跑，补偿却无法实施到位。并且由于缺乏监督机制，有些地方人民政府用于实施补偿所需的经费也不知所踪。

4. 损失难以界定和评估，各地补偿标准不一致。首先，遭受野生动物侵权后的损失难以固定和衡量，鉴定成本高，导致大部分经济能力不强的受害人只能放弃求偿。其次，各省出台的补偿办法在补偿方式、补偿程序、补偿标准方面相差甚远，不仅严重影响了法律的统一性，也影响到补偿的实质性落实。

出现这些问题后，一方面，应当思考如何在保护野生动物的同时，保障人类的人身和财产权利不受侵害；另一方面，也要加强对野生动物自身的管理，以减少人类与动物的冲突。由此，我们需要建立一个较为完善的国家野生保护动物侵权补偿机制，以保护人类的合法权益与野生动物的繁衍生息。

为此，我们提出以下建议：

1. 完善相关法律法规，出台具体补偿办法。首先，各地方政府应当针对野生动物侵权补偿机制加强立法，与国家《野生动物保护法》相衔接，填补立法空白。其次，明确责任部门，以该部门作为对接机关，处理受害人遭受野生动物侵权后的补偿申请，同时作为补偿机关，落实补偿款执行到位，若就补偿事宜出现争议，也以该部门作为“被告”，方便受害人起诉维权。

2. 建立监督机制。加强对责任部门和补偿经费去向的监督，确保补偿落实到位。对于不处理受害人被野生保护动物侵权的补偿申请、相互推诿不负责的部门给予一定的惩戒措施。

3. 明确补偿流程，统一补偿标准。各省根据实际情况，制定补偿办法，明确补偿流程，建议按照“申请—调查—评估损失—出具初步意见—

公示—做出决定”的流程进行。同时保障受害人的异议权和救济权利，允许受害人对决定结果提出异议。若最终做出符合补偿规定决定的，应当在一定期限内一次性向受害人发放补偿款。关于补偿标准，建议各地以当地居民人均可支配收入的标准为基础进行赔偿，保障各地补偿标准在实质上实现公正统一。

4. 加强对野生动物的管理，完善侵权预防机制。划定野生动物活动范围，尽量与居民区分开，明确野生动物管理区域责任人，加强区域管理，减少野生动物与居民产生接触和冲突，有效预防野生动物侵权事件的发生。

（2021 年 8 月）

建议进一步加强野生动物损害赔偿保障

2021 年以来，发生了多起野生动物进入居民社区事件，引起社会广泛关注。例如受到全国乃至世界关注的云南亚洲象北移事件，象群途经普洱、红河、玉溪进入昆明，沿途造成了大量财产损失。据云南银保监局相关负责人介绍，截至 2021 年 6 月 28 日，相关保险公司已接到报案 995 件，预估损失 636. 63 万元，已完成 506. 92 万元的赔付，涉受损农户 2803 户次。可以预见，随着全国生物多样性保护工作力度进一步加大，野生动物与人类的接触可能更加频繁，由此造成的人身和财产损失可能也会增多。但是关于野生动物损害赔偿的法律法规和相关条例还并不完善，政府和相关部门必须在政策和技术方面采取一系列措施以尽量减少损失。

针对以上情况，为此，我们建议：

1. 建立健全野生动物损害赔偿制度。出台关于野生动物损害赔偿的专门法律法规，使地方出台的规定有上位法依据，同时对补偿范围、补偿标准等进行统一规范。

2. 加强野生动物种群数量及活动范围监测工作。一是制定入侵动物及对生态平衡破坏较大的野生动物名单，适当捕猎野猪等缺乏天敌、繁殖快对生态系统威胁较大尤其是对人类人身财产威胁较大的野生动物。二是开发基于卫星、无线电定位的手机 APP，对于亚洲象、东北虎、狼等对人类威胁比较强的野生动物，采取卫星定位、无线电项圈等手段监测其活动范围。当此类动物接近人类居住区时，通过手机 APP 及时向附近居民发出预警信息。

3. 推行野生动物损害救助基金、保险制度。鼓励社会各界通过公益捐赠等方式建立野生动物损害救助基金，对受到野生动物伤害的人群进行救助。同时，推广野生动物损害商业保险，增强野生动物损害赔偿保障能力。

（2022 年 3 月）

中国生态环境治理有五“缺”

潘碧灵委员在全国政协十二届一次会议第二次全体会议上发言时提到，入冬以来，我国中东部地区出现的雾霾，给我们敲响了警钟，人民群众对环境恶化越来越难以忍受。

潘碧灵委员认为，我国生态环境治理投入严重不足。究其原因，除了缺钱外，还有四“缺”：国家层面缺完备法律，法律缺失、滞后、偏软；政府层面缺过硬措施，表面东西多；社会层面缺保护共识，企业作为小；工作层面缺整体合力，部门职责不清、重叠，甚至相互制约。

潘碧灵委员建议：一是加快依法建设治理步伐。建议把建设生态文明和保障公民环境权益写入宪法。二是强化政府主导责任。建议中共中央成立生态文明建设指导委员会，出台加快生态文明建设决定，制定生态文明建设推进办法、规划纲要、指标体系。三是硬化企业社会责任。对成绩突出的给予重奖，对于反面典型，建立黑名单，使他们形象上受损害，社会上受谴责，经济上受惩罚，法律上担责任。四是推进公众监督和参与。大力弘扬生态文化，倡导绿色生活和消费。五是切实加大资金投入。把生态环保投入作为公共财政支出的重点，确保每年增幅高于财政支出增速。

（2013 年 3 月 8 日，来源于新华网，有删改）

关于支持湖南石漠化综合治理的提案

湖南省石漠化问题严重，主要体现在：一是面积大，现有石漠化面积148万公顷，潜在石漠化144万公顷，在西南8省区中排第4；二是分布广，涉及81个县（市、区）、1407个镇、2000多万人，其中36个县为国家级或省级贫困县；三是程度深，中度以上石漠化面积超过100万公顷，占68.7%，其中，重度、极重度面积达38万公顷；四是危害重，石漠化引发的水土流失、土地退化等，已成为目前湖南省最严重的生态问题之一，严重阻碍当地经济社会发展。

湖南省委、省政府历来高度重视石漠化治理，坚决落实国家实施石漠化治理工程的正确决策，自20世纪50年代就进行了一些有益探索。2008年编制的《湖南省岩溶地区石漠化综合治理规划（2008—2015年）》，规划用8年时间，逐步恢复或重建石漠化地区生态系统，总投资163亿元。同年，先行启动了桑植、永顺、慈利、安化、新邵等5个石漠化试点县治理工程。2011年，国家新增100个县作为石漠化治理重点县，其中包括湖南省新化、邵阳、隆回、沅陵、新田、龙山、桂阳、耒阳、凤凰、石门县等10县。至此，湖南省共有15个县纳入国家岩溶地区石漠化综合治理范围。

经过4年多时间，从项目区监测、调度的情况看，治理效果明显，群众非常拥护。一是生态环境明显好转。新增造林10万亩，封山育林30.1万亩，新建户用沼气3.5万多户，近20万群众的烧柴问题得到解决，减少水土流失面积385平方千米，项目区林草覆盖面积提高20多个百分点。二是生产条件明显改善。新建引水渠125千米、蓄水池650口、维修山塘310口，实施坡改梯38万亩，累计解决720万人饮水困难，恢复和保护基本农田 80 万亩，新增粮食产量 200 万千克。三是农民收入明显增加。新发展养殖专业户 500 户，新增油茶、柑橘、茶叶等经济林 10 万多亩，项目区畜牧、林果业年新增产值超过 1.5 亿元，农民年人均纯收入比治理前增加 800 元以上。

湖南省石漠化治理虽已取得一定成效，但仍有 66 个县、2.7 万平方千米的石漠化和潜在石漠化地区亟待治理。请求国家：一是强化技术支撑。石漠化成因各有不同，治理起步较晚，生态修复缺乏新技术支撑，建议国家安排专项经费，鼓励和支持地方开展先进适用技术的研究试点。如，藤本植物属典型的固水保土、防风阻沙、恢复植被、改善生态先锋型物种，建议重点开展藤本植物栽培繁殖技术研究，支持引导地方建设藤本植物基因种植库和良种繁育基地，形成规模化生产配套技术。二是加大单位面积国家投资补助标准。由目前的 20 万元/平方千米增加到 40 万元/平方千米。

（2015 年）

关于加强生态文明建设的建议

一、建立生态文明建设工作统一协调机制

建立生态文明建设统一协调机制是全面推进依法治国、实现国家治理体系和治理能力现代化的迫切需要，山水林田湖是一个生命共同体，用途管制和生态修复必须遵循自然规律。生态文明建设是一个系统工程，从中央到地方，涉及面很广。目前，发改、国土、环保、水利、农业、林业等政府职能部门工作积极性很高，近年来在各自工作领域做了大量有益的工作，出台了推进生态文明建设的相关文件规定，推出了一系列试点示范模式。但是，从基层工作实际看，出现了生态文明建设多头部署、内容交叉、工作重复、资源浪费的现象，地方领导和部门无所适从。在全面深化改革中，要按照《中共中央关于全面深化改革若干重大问题的决定》关于“建立系统完整的生态文明制度体系”和“改革生态环境保护管理体制”的要求，从国家管理层面建立推进生态文明建设的领导管理体制和统筹协调机制，以国务院或国务院授权的部门为主，建立生态文明建设工作联席会议机制，以提高工作实效，减少行政成本，推动此项工作顺利进行。

二、严控违反自然规律的人工水生态景观建设

全国水资源状况不容乐观，人均水资源占有量约为2100立方米，不足世界平均水平的四分之一，是全球人均水资源最贫乏的国家之一。全国600多座城市中，已有400多个城市存在供水不足问题，其中比较严重的缺水城市达110个，尤其是北方一些人口规模较大的城市，水资源已经成为城市发展最重要的限制性因素。加之未来全国城镇化进程将进一步加

快，城市水供求矛盾将进一步加剧。可以预期，北方地区的水资源形势将会愈加严峻。

近年来，在城市建设中，出现了不顾当地水资源条件，过度人工化、城市化问题，原有自然风光和独特水景观遭受破坏，更有甚者，有些地方政府或开发商以水生态景观为卖点，在沿河或沿湖景区和近核心景区大量建造宾馆，开发住宅或其他旅游设施，过度消耗水资源，造成河水断流、干涸，地下水位下降和雨水积存渗透及净化能力减弱，破坏生态，劳民伤财。应当坚持“量水而行”，以水资源承载力为依据，合理确定不同区域、地区的开发、建设强度；珍惜和尊重自然水系及水生态系统，减少或避免人工调整与整治活动，防止盲目追求区域水生态环境的表面改造；应严格控制违反自然规律的人工生态湖、人工水系、人工湿地等水生态景观建设，对必要的水生态景观、景点建设，应深入论证，严格环评和土地审批，防止盲目攀比、非理性的规划设计。

三、加强土壤污染防治，以政策和技术创新推动化肥农药减量化

当前，全国土壤污染形势严峻。据《全国土壤污染状况调查公报》，全国土壤点位超标率为16.1%，其中耕地土壤点位超标率为19.4%，工矿业废弃地环境问题突出，对农产品安全和城乡人民身体健康开始构成严重威胁。一是土壤污染出现了由发达地区向欠发达地区、东南部地区向西北地区转移的趋势，城市污染向农村蔓延，工业污染向农业扩散，农村生产生活污染不断加重；二是污染重、种类多，其中工矿业场地污染深度一般达到6—10米（最深可达到20多米），污染物种类一般有几十种甚至上百种；三是土壤污染分布不均衡，污染点位超标率在南方，尤其是东南沿海地区已达30%以上。

土壤污染成因复杂，当前应大力解决过度使用化肥农药造成的污染问题。目前，全国的化肥使用量已经超过世界总量的30%。农业部门调查显示，全国平均每公顷施化肥400千克以上，远远高出发达国家认定的225千克/公顷的安全上限。过量施用化肥，除了造成土壤酸化、板结，给粮食安全和农业可持续发展带来严重危害之外，也严重污染了河流和地下水。

建议强化政策扶持引导，提倡使用有机肥料，加强生物防治，严格控制消减化肥农药使用量；制定农资次生灾害对土壤污染防治方面的法律法规，从源头遏制和扭转土壤污染加剧的形势；扶持农药化肥减量化技术及农资次生灾害防治与生态修复技术，特别是要加大现有科技成果和产品的推广使用力度。

四、加强生态文明金融保障体系建设

生态金融是建设生态文明的重要手段。在金融活动中充分考虑对生态环境的潜在影响，把与生态环境相关的潜在成本、收益、风险、回报纳入投融资决策中，通过对经济资源的引导，促进经济、生态、社会可持续发展，是生态文明建设的可靠保障。由于政府很难满足生态环境修复和治理对人、财、物投入的需求，而生态环境保护和建设事关子孙万代，必须持续不断地推进，这就必然要求发挥金融的资源配置功能，创新投融资体制机制，为资源环境、生态建设等领域引入更多资本，将最新、最先进的环境管理理念和生态治理技术应用于生态环境建设中，不断提升生态环境修复和治理的效率和水平。

建议不断加强生态金融体系建设，并在可能条件下开展试点示范工作。如中央政府可考虑开征生态资源税或者从财政收入的增长中拿出一定比例的资金用于生态文明建设；在条件成熟时成立国家生态银行和国家生态产业发展基金，发行生态建设债券；落实生态项目 PPP 模式的框架体系；加大碳交易规模，适时成立生态资源交易所；积极发展互联网生态金融，成立以民营企业为主要股东的生态金融公司等。

五、加快建设生态文明领域的专业化高端智库

智库是国家软实力的重要体现，生态文明智库是中国特色新型智库建设的重要领域和组成部分。生态文明建设迫切需要专业化高端智库的引领和支撑。目前，全国智库建设虽已有一定基础，但生态文明专业化智库几乎处于空白状态。2015 年 1 月，中共中央办公厅、国务院办公厅印发《关于加强中国特色新型智库建设的意见》，重点建设 50 至 100 个国家亟需、特色鲜明、制度创新、引领发展的专业化高端智库。由此可见，党和政府

把中国特色新型智库建设作为国家战略和国家软实力的重要组成部分，标志着中国特色新型智库建设进入了一个新的发展阶段。

建议由政府及相关部门支持，加快建设具有中国特色的生态文明智库，并纳入国家重点建设 50 至 100 个专业化高端智库之中，充分发挥生态文明专业化智库作用，统筹利用国内外各类智库资源和专业人才，围绕生态文明建设中的重大问题，从把握政策需求、决策参考、体制机制创新、法规制度等方面，提供有效的咨询服务，为党中央国务院推动生态文明建设提供高质量的决策参考。

（2015 年 3 月 3 日）

关于全国城市园林绿化应重视生态功能的建议

城市园林绿化在人们日常生活中的地位越来越重要了，20 世纪 90 年代以来，全国城市园林绿化工作取得了一定成绩，城市园林绿化水平有了较大提高，但城市园林绿化也出现了一些不容忽视的问题，特别是城市园林绿化过程中对园林绿化的生态功能关注和重视不够，影响了城市园林绿化的综合效果，尤其是面对越来越严重的雾霾，城市园林绿化没有发挥出应有的作用。

其中存在的主要问题包括：

1. 城市化进程的加快给人类生存环境带来巨大冲击，城市建设开山填湖，大地生命机体受到严重摧残，大地景观破碎化、自然山水系统严重破坏、生物栖息地和迁徙廊道大量丧失。

2. 城市园林绿化缺乏生态环保意识，只注重景观美化功能，忽视生态功能。长期以来，森林覆盖率、绿化率作为评价环境品质的主要指标，国家对城市园林绿化考核要求主要是建成区绿地率、绿化覆盖率、人均公园绿地面积，导致城市政府园林绿化只重数量、不重质量，只重景观美化、不重生态功能，更不用说考虑城市园林绿化降尘除霾、净化空气的效果。而从生态学的异质性原理和区域大气环境的特征来分析，仅仅强调绿量和比例对空气污染的改善是不够的，那些绿化规模大、景观异质性低、生物丰富度低、生态结构差的地区也难以形成对空气污染的有效削减。

3. 植物种类不够丰富。园林植物是城市生态系统的主体，城市植物景观的营造、生态功能的发挥要依赖多样化植物来实现。但许多城市在园林绿化过程中往往仅突出 2—3 个树种，导致树种结构单一。如湖南省共有园林植物 1700 多种，但城市园林绿化中应用的一般不超过 300 种。

4. 植物群落缺乏层次。要么是单一的一排乔木，树下孤零零、光秃秃，要么是大片草坪，草坪上零星点缀几个灌木球，或者加上几棵乔木。不重视植物的生物学和生态学特征，片面追求视觉效果和美化效果，导致城市园林景观单调，缺乏自然特性，生态效益低下，不能充分发挥单位面积上应有的园林生态效益。如草坪的生态功能只相当于森林的1/25。

5. “大树进城风”愈演愈烈，砍头树随处可见。大树进城不仅给移出地生态环境造成严重破坏，而且，大树进城为保成活，需要大抹头、强修剪，原来的枝繁叶茂不复存在，转而成为“断头树”，大树移植成活率通常仅60％，甚至有的城市不惜血本引进名贵树种，耗费了大量人力、物力、财力。

6. 轻乡土植物，重外来植物。目前许多城市在绿化建设中，不重视野生乡土树种的开发和利用，没有充分考虑立地条件，一些适合在热带沿海城市生长的植物如槟榔树、棕榈树、椰子树等，被广泛引种到大江南北的城市之中，有的城市冬天还要给它们打包。为追求异域风情，热衷引进外国植物及新品种，如有的城市模仿欧式宫廷园林，追求奢华。

针对以上问题，在此提出建议：

1. 调整城市园林绿化的功能定位。城市园林绿化作为城市唯一具有生命的基础设施，在改善生态环境，提高环境质量方面有着不可替代的作用。城市园林绿化要树立生态优先的理念，功能排序应从传统的“景观效益—经济效益—社会效益”转化为“生态效益—景观效益—社会效益”的综合效益，将城市园林绿化与环境生态的关联度提升到首位，细化为具体的指标，并贯穿到城市园林绿化规划设计技术指南和对城市园林绿化的评价、考核之中。

2. 制定生态远景目标，划定城市生态红线。要充分研究城市远期发展规模和水平，制定生态发展目标。在城市向外扩展时，要保护好自然山水，留出足够的绿地空间，并划定城市生态红线，严格加以保护。同时，以环境容量和生态适宜度为依据，大力实施生态工程，重点解决建成区环境质量较差、居民游憩困难的绿地建设问题。

3. 以环境容量、自然资源承载能力和生态适宜度为依据，进行生态网络规划和建设。扩大森林、湖泊、湿地等生态空间比重，整合城市绿地系统，水系景观廊道，道路绿地系统，城市景观斑块等，将城市的公园、街头绿地、自然保护区、河流、滨水绿带和山地等纳入城市生态网络，形成点线面网有序分布、水景和乔、灌、藤、花草相结合、平面立体错落有致、疏密相间、均匀适度、多层次、多功能、复合型的区域生态网络，构成一个自然、多样、高效、有一定自我维持能力的动态绿色景观结构体系，形成稳定的生态园林空间，寻求最佳的城市生态位，充分发挥生态系统的潜力，有效防御大气污染。

4．模拟自然植被群落，丰富生物多样性。将森林引入城市，让森林发挥其生态功能，建设上有高大的乔木，中有低矮的灌木林，地面上是草本地被植物的森林，以改善城市日益严重的环境污染。不同地域、不同气候、不同水土的城市，都有最适合于本地生长的植物群落，将这些植物群落根据不同的需要选择运用到城市园林绿化的过程中，以地带性植被为样板进行模拟，选择合适的建群种，通过人工重建生态系统的系列措施，以及模拟自然的园林设计手段，合理规划植物品种。

5．在植物材料的选择、树种的搭配、草本花卉的点缀等方面必须以最大限度地改善生态环境、提高生态质量为出发点，特别是要研究和了解不同植物种类对改善空气质量的功能大小，更多地选择降尘除霾效果更佳的乡土树种。

（2015 年 3 月 3 日）

关于启动实施国家林业灾后生态恢复与重建规划的提案

2008 年百年一遇的特大雨雪冰冻灾害，给湖南省林业造成了巨大损失。据中国咨询公司评估测定，湖南省森林资源受灾面积 6796.8 万亩，林区受灾人口 924 万人，122 个县（市、区）的所有国有林场、国有苗圃、森工企业和采育场、国家级自然保护区、国家森林公园、林业站、木材检查站等基层单位受到严重侵袭，毁损林木良种基地 38 处和一批林木种苗生产设施，基层林业单位毁损给水管线 29088 千米、供电线路 50707 千米、通讯线路 19037 千米、房屋 811284 平方米、林区道路 28308 千米，森林防火系统损毁防火瞭望台 659 座、防火中继台（转信台）203 座、防火林带 13000 千米、防火物资储备库 120 个。湖南省林业受灾直接经济损失 165 亿元。

为尽快恢复森林资源，解决林农、林业职工的生产生活困难，国家林业局会同有关部门开展了核实灾情、协商政策、研究恢复重建方案并测算投资等相关工作，编制了《全国雨雪冰冻和地震灾后林业生态恢复与重建规划（2008—2015 年）》，但目前还没有启动实施重建规划。

屋漏偏逢连夜雨。2011 年 1 月以来，受高空低槽和地面冷空气影响，湖南大部分地区又遭受了四十年一遇的特大雨雪灾害。由于林业生产点多面广，野外作业多，国有林场、自然保护区等林业基层单位又大多位于山高坡陡和高海拔地区，此次灾害使得湖南省林业再次遭受重创。主要体现在：一是受灾范围广。湖南省 122 个县（市、区）、206 个国有林场、99 个国有苗圃、114 个森工企业和采育场、16 个国家级自然保护区、104 个森林公园、1437 个林业站、239 个木材检查站等基层单位普遍受灾。二是危害程度深。初步统计，湖南省林业受灾直接经济损失20.19亿元。其中：受损林木1464万亩，损失木材1632.81万立方米；受损毛竹面积338.2万亩，损失立竹6408万株；受损经济林83.35万亩，损失经济林744.1万株；冻死造林苗木15850万株；基层林业单位毁损电力通讯线路1054.8千米、房屋32040平方米、林区道路3289.30千米。三是林业次生灾害隐患增大。由于冰冻灾害使林下可燃物大量增加，森林火险等级骤然升高；随着树枝落叶的腐烂，细菌和虫害滋生，发生森林病虫害的概率增大。四是修复难度加大。林业生产周期长，破坏容易恢复难。按一般规律，毛竹林恢复需要5年时间，湿地松和杉木恢复需要10年以上，阔叶树恢复时间则更长。木竹的大面积毁损，将导致生态环境功能和效益的下降，造成的水土流失等生态损失巨大且难以估算，再加上2008年受损的林木尚未得到有效恢复，湖南森林生态系统的修复将更加艰巨。

鉴于林业生态恢复重建任务重、范围广、难度大、时间长，为尽快恢复重建灾区生态，保障国土生态安全，维护灾区广大林农、林业职工利益，必须从速明确灾后林业生态恢复重建的政策措施。因此，建议国家尽快启动实施林业灾后生态恢复与重建规划。

（2017年5月）

关于加强湿地保护科技支撑的建议

湿地与森林、海洋并称地球三大生态系统，拥有独特的生态功能，发挥着巨大的效益。湿地在抵御洪水、蓄洪防旱、降解污染、净化水质、涵养水源、调节气候、保护生物多样性、维护生态安全等方面有着其他生态系统不可代替的作用和生态功能。

科学技术是第一生产力，努力提高对湿地生态系统的科学研究，掌握湿地生态系统运行的规律，是加强湿地保护的根本性措施。由于资金、研究机构、人才等多方面的原因，全国对湿地基础理论和应用技术的研究还不够深入，特别是有关湿地与气候变化、水资源安全等重大关系研究尚处于起步阶段。近年来虽然有的科研院所、高校等成立了湿地研究机构，但研究力量薄弱、专业人才匮乏、研究课题分散，特别是缺乏国家层次的重大研究课题和研究成果，导致湿地保护管理工作的科技含量很低，科技支撑力量十分薄弱。由于湿地科研工作与管理工作结合不够紧密，导致仅有的研究成果没有得到很好的开发应用，没有体现出科技对湿地保护应有的支撑作用。而缺乏湿地保护和恢复的实用技术，造成湿地保护方式单一，技术手段落后，与国际先进水平存在较大的差距。

全国湿地科学研究十分薄弱，研究体系不健全，研究领域不完整，已经成为制约全国湿地保护事业快速发展的主要障碍。当前，应重点在湿地与气候变化、水资源安全、生物安全等方面开展基础研究，阐明湿地的巨大功能和价值。同时，积极探索湿地保护与恢复的技术，为湿地保护与恢复提供有力科技支持。根据世界上一些国家的做法，非常有必要开展国家层次的大型湿地研究项目，以满足湿地保护管理的实际需要。因此，建议国家科技主管部门加大对湿地研究的支持，从国家层面组织综合性的湿地研究项目，开展课题研究，攻克国家急需的湿地保护关键技术。

（2017 年 9 月）

坚决打赢环境治理战役 强力推进生态强省建设

党的十八大以来，党中央、国务院把生态文明建设列入“五位一体”总体布局，习近平总书记明确提出了“绿水青山就是金山银山”的战略思想，并作出了一系列重大决策部署。湖南省委、省政府高度重视生态环保工作，省第十一次党代会首次将建设“生态强省”列入“五个强省”战略目标，2017 年两会的省政府工作报告又将环境治理战役与脱贫攻坚、转型升级并列为“三大战役”。

在湖南省委省政府的坚强领导下，湖南省全力建设生态强省、强力推进“一号重点工程”和环境治理战役等工作。就大力推进绿色发展、加快建设生态强省，特提出如下工作建议：

1. 加大生态文明体制改革的力度。一是完善资源与环境经济政策。建立健全自然资源有偿使用制度，从源头上保护和节约自然资源。完善资源产权制度，建立资源有偿使用制度，充分体现资源所有者权益。建立绿色税制体系，为生态补偿提供稳定的资金保障。完善生态补偿机制，扩大生态补偿领域，提高生态补偿标准，加快生态补偿立法进程，进一步明确实施生态环境补偿的资金来源、重点领域、补偿方式、补偿标准，确定相关利益主体间的权利义务和保障措施。二是完善行政管理体制机制。加快修改《湖南省环境保护工作责任规定》，加快推进省以下监测监察垂直管理的改革，加快设立区域性、流域性环境管理机构。三是完善责任追究制度。加快修改《湖南省重大环境问题（事件）责任追究办法》。在娄底市试点的基础上，加快推进领导干部自然资源资产离任审计，将审计评价结果作为领导干部考核、任免、奖惩的重要依据。四是加强生态环保领域的改革和政策研究。现阶段湖南省生态文明建设和环境保护的改革任务繁重，问题矛盾突出，形势变化很快，急需加强生态文明建设和环境保护的改革和政策措施研究，而现在省环保厅由于人员编制偏少，事务性工作太多，常常是疲于应对，不少领域缺乏系统、全面、深入的研究，站位不高，顶层设计不够。建议在省环保厅增设改革和政策研究室，围绕湖南省生态文明建设和环境保护的体制机制、重大政策进行深入调查研究，为省委、省政府科学决策当好参谋，为推进生态文明建设和环境保护工作提供强有力的指导。

2. 全员培训领导干部。思想是行动的先导。从我们了解和此次中央环保督察组对湖南督察所暴露出的问题来看，不少地方党委、政府及有关部门在贯彻落实中央、省委、省政府关于生态文明建设和环境保护的方针政策、决策部署方面普遍存在不愿为、不敢为和不会为的问题。不愿为的主要原因还是没有从“唯 GDP”至上的传统和惯性思维中转变过来，还是把环境保护与经济发展对立起来，在处理保护和发展上统筹不够。不敢为主要是怕得罪上级领导，怕恶化部门关系，推动环保工作不敢动真碰硬。不会为主要还是只习惯于过去粗放式、政府主导的发展方式，转型升级、绿色发展的路子不清、办法不多。因此，很有必要在湖南省领导干部中来一场思想大解放、业务大培训。建议省、市、县三级党校专门举办生态文明建设与环境保护专题研讨班，对省、市、县、乡党政及部门领导进行系统学习培训，推进牢固树立“绿水青山就是金山银山”的思想，学习绿色发展的路子，尤其是学习省内外“绿色产业化、产业绿色化”的先进典型和模式，为湖南省打赢环境治理战役、推进生态强省建设打下扎实的思想基础，提供有效的方法路径。

3. 细化落实工作任务。根据国家“气十条”“水十条”“土十条”及湖南省实施方案的总体部署和要求，建议每年年初由省政府制定环境治理年度工作方案和整治任务清单，给省直有关部门和市州人民政府交办任务，要求省直有关部门、市州人民政府在此基础上制定细化实施方案，省生态环境保护委员会办公室每月调度、通报工作任务和治理工程进展情况，每月分析、通报环境质量状况，每月会商环境质量形势，研究针对性的环境治理措施，每季向省政府报告环境质量和工作任务进展情况。

4. 不断强化党委政府的主导责任。各级党委政府应认真落实“党政同责”，真正把责任扛在肩上，抓在手上，真抓真管，严抓严管。进一步完善和强化省深改组、省湘江保护与治理委员会、省生态环境保护委员会推进生态文明和环境保护的职能和运行机制，定期召开工作会议，专题部署重大生态环保任务，认真研究重大生态环保政策。对于重大环境治理任务和突出环境问题，建议采取省级领导领衔包干负责制。各职能部门应切实履行好“一岗双责”，抓发展的要抓环保，抓工业的要抓环保，抓城建的要抓环保，抓农业的要抓环保，抓旅游的要抓环保。加快出台《湖南省生态文明建设目标评价考核办法》，将其纳入对市州党委、政府和省直部门的绩效考核，并逐步提高其权重，建议省人民政府建立环境治理战役目标责任制，每年年中、年底对省直部门、市州政府工作完成情况进行评估、督办、考核，将考核结果作为对领导班子和领导干部个人年度考核的重要依据。经过近些年各级各部门的共同努力，湖南省在洞庭湖造纸企业整治、湘江流域重金属污染治理、工业点源污染治理、县级以上城市污水垃圾治理等方面取得了明显的成效，现在污染物的来源更多是来自面源、来自农村，如城市市政扬尘、餐饮油烟、汽车尾气污染，加油站、家装污染，乡、村、农户生活污水垃圾污染、农用地的治理修复和保护等，而这些领域点多面广，不少治理主体难以落实，治理起来更加复杂、难度更大，需要党委政府创新治理方式，履行更大责任。因此，随着环境治理的不断深入，各级党委政府的任务和责任不是越来越轻，相反是越来越重。当前，部分地方党委政府在这方面还有不少误区，把治污的希望基本寄托在企业身上，这种状况急需加以改变。

5. 督促企业切实履行环保主体责任。各排污企业应按照“谁污染，谁治理，谁损害，谁赔偿”的要求，切实履行环保的主体责任，清洁生产、循环利用，末端治理、达标排放。加快推进排污许可证制度，各排污企业要自觉、严格遵守排污许可证规定的各项排污和管理要求，主动配合和接受有关职能部门的依法依规监督。对违法排污企业严格执法，形成强大的压力和攻势，让违法行为无藏身之地，让违法企业无立足之地。建立健全企业环境信用体系，各相关部门要加强配合，协调联动，使企业环境信用成为督促企业履行环保主体责任的又一利器。

6. 大力推动公众参与。环境治理是一个系统工程，改善环境质量需要全社会的共同努力。目前，全国的生态文明建设和环境保护已进入了攻坚克难的重要时期，除了政府、企业积极作为外，广大人民群众也需迅速提高环保意识，自觉履行低碳、节约的生产生活方式，切实承担保护环境的义务和责任。各级政府应推动广大人民群众履行公民的环保责任，自觉交纳污水垃圾处理费，自觉安装油烟处理装置，自觉淘汰黄标车和老旧车等，主动采取禁放烟花、禁烧秸秆、垃圾分类、绿色出行和适度消费等保护环境的措施。

7. 始终坚持问题导向。以改善环境质量为核心，着力推进大气不达标城市、水不达标断面以及受污染耕地和污染地块的安全利用。制定不达标城市、断面和地块总体整治规划，要有具体的路线图和时间表并加强督查督办，确保如期完成任务。针对突出环境问题，如饮用水水源地整治，燃煤电厂超低排放改造，工程机械、机动车、非道路移动机械、船泊污染整治，挥发性有机污染物整治，有色、钢铁、化工、造纸等高污染行业整治，城市黑臭水体整治，工业园区、乡镇污水处理厂建设，规模化畜禽养殖污染治理，五大重点区域重金属治理及场地、农用地修复治理等，省政府提出任务清单，明确整治任务和工作要求，细化治理工程项目，明确完成时限，将责任落实到有关市、县政府，省直部门，重点企业，逐一拉条挂账，完成了就销号，没完成要督办，严重滞后要问责。

8. 严格环境监测和监察执法。加大环境监管力度，加强生态环境监测预警能力建设和环境执法能力建设，不断完善生态文明建设监督机制。建立覆盖大气、水、土、生态等各领域一体化的监测网络，加快监测事权上收，确保数据的真实性和准确性。加强监察执法能力和队伍建设，增加人员编制，解决环境监察执法队伍人员严重不足，小马拉大车的问题。将湖南省环境保护部门纳入政府行政执法机构保障序列，健全执法装备和车辆。严把队伍入口关，强调专业素养，加大在岗培养，建立一支数量充足、业务过硬、装备精良、保障有力、作风扎实的监察执法队伍，建立现代化、网格化、信息化的执法管理体系。结合环境治理战役，强力推进中央环保督察交办环境问题整改，切实解决一批突出环境问题，扎实抓好督察反馈意见的整改落实，将中央环保督察时出台和实施的一些有效措施和办法，通过建立长效机制使之固化下来。要建立省级环保综合和专项督察制度，组建省级和区域环保督察中心，对省直部门、市、县两级党委政府进行常规性督察，履责不到位的党委政府及有关部门严厉问责；在环境监管者问责的过程中，要明晰监管者的责任，环境监管机构和监管人员尽职免责。

9. 强化市场经济手段。各级政府应从改善环境质量的需要，补齐全面建成小康社会突出短板，提高人民生活质量，保障健康生活环境，回应人民群众热切期盼等角度把生态环保投入作为公共财政、民生实事的重点。要进一步加大生态补偿力度，不断增加重点生态功能区县（市、区）财政转移支付力度，加大湘江水资源水环境生态补偿力度并向资江、沅江、澧水延伸，建立湖南省大气生态补偿机制。要加大市场化筹资力度，鼓励和引导社会资本参与污染治理，组织环境治理投资贸易洽谈会，广泛开展专题招商。建立绿色金融体系，推动生态环保领域 PPP 项目，推进建立生态环境损害赔偿制度，推动建立生态环保基金。督促企业要如期、足额投入环境治理资金。适时开征环境税，加强和完善生态环保价格、税收、土地等优惠扶持政策。要统筹工业与农业、城市与乡村的治理，合理地分配资金比例。大力发展环保产业，培育支持壮大龙头企业，鼓励企业走出去。

10. 建设生态环境大数据。通过采用大数据、“互联网 +” 等信息技术推进环境治理体系和治理能力现代化，加强生态环境大数据综合应用和智能分析，为生态环境保护科学决策、公共服务提供有力支撑，实现生态环境监管精准化、综合决策科学化、公共服务便民化。进一步推进电子政务建设，加强信息公开、网上一体化办事、综合信息服务等，提高办公效率与便民服务效能；完善环境业务管理平台，实现项目审批、排污申报、执法监察、信访投诉、信用评价等全过程监管及污染源全生命周期监管；完善大气、水、土壤等环境质量监测网络，加强环境质量数据分析运用；推动省直各部门间生态数据的共建共享，打破壁垒，实现数据大整合、大分析、大应用。

11. 加快推进绿色发展。以生态保护红线、资源利用上线、环境质量底线和负面清单等“三线一单”为抓手，强化空间、准入、总量环境管理。优化空间布局，工业向园区集中，园区向专业化方向发展。统筹城市生产、生活、生态布局，减少通勤时间，疏解交通拥堵，建设生态廊道。

划定并严守生态保护红线。紧跟国家供给侧结构性改革的步伐，积极推进产业结构调整，限制、淘汰“两高一资”和产能过剩产业，整合提升传统产业，大力发展新兴产业和现代服务，培育发展新动能。切实降低单位GDP能耗、水耗，积极开发利用清洁能源，加快气化湖南步伐。大力压缩化石能源使用比例，实施煤炭总量控制，逐步减少本省煤炭开采规模，学习借鉴广东的做法和经验，从安全、生态、环保的角度出发，最终在省内取消煤炭开采。大力发展和使用新能源汽车，淘汰黄标车，整治大货车。持续推进主要污染物总量减排，重点突出工程减排。在重点生态功能区县和生态红线范围内，制定产业和项目进入的负面清单，在环境容量不足、污染严重和生态环境敏感区、脆弱区实施污染物特别排放限值。

12. 完善标准法律体系。由于湖南省在污染类型和因子方面，既有全国的共性，也有湖南省的特性，如制定重金属、挥发性有机物等地方标准。因此，湖南省在严格执行国家标准的基础上，需要研究制定部分地方标准，甚至更严的地方标准，如部分重金属、农业投入品和油品。前些年，湖南省环保立法基本没有开展，近两三年加快推进时又碰上立法资源紧张的瓶颈，相对而言，立法滞后是湖南环境管理的突出短板。对于环保法规的制定，有关部门应给予大力支持，开辟绿色通道，加快立法步伐。要认真贯彻《大气污染防治条例》，加快出台《湖南省实施〈中华人民共和国固体废物污染环境防治法〉办法》《饮用水源地保护条例》，加快推进《水污染防治条例》《土壤污染防治条例》《洞庭湖生态经济区保护条例》《湖南省环境保护条例》等法律法规出台。抓住设区的市已经赋予部分立法权的机遇，要求省辖市结合本市实际就细分领域进行立法，如长沙、株洲、湘潭市的大气污染防治立法，岳阳、常德、益阳市的水污染防治立法等。

13. 加大宣传科普力度。建议省委宣传部将生态环保宣传纳入年度宣传工作内容，制定年度宣传工作方案，采取集中宣传与社会宣传相结合的方式不断加大宣传科普力度。每年“六・五”环境日，建议各级政府都要举行多种形式的集中宣传。省内主流媒体应免费播放环保公益广告，履行自身的社会责任，经常性地进行生态环保方面的新闻宣传。

14. 充分利用多种平台载体。平台载体是推进生态文明建设和环境保护工作的有效手段和媒介，应该给予高度重视，充分发挥其作用。如国家生态文明建设试验区着力探索生态文明制度建设，湖南省应该积极争取。生态文明示范系列创建活动围绕生态格局、生态产业、生态人居、生态安全、生态制度等六方面展开，有具体的创建标准和指标，湖南省应该积极开展。洞庭湖生态经济区应该按照国家“探索大湖流域生态文明建设新路子”的批复要求，围绕水资源、水环境、水生态等方面认真抓好综合治理，在长江经济带“共抓大保护、不搞大开发”的国家战略中创造经验、走在前列。在武陵山片区脱贫攻坚中，探索发展生态产业、改善民生与治理水土流失和石漠化、改善城乡环境的协调统一，走出一条有湖南特色的脱贫攻坚新路子。

15. 切实加强社会监督。推进环境信息公开，自觉接受人民群众监督。此次中央环保督察，湖南省群众投诉举报位列全国前列，对推动地方重视环保、立行立改起到了重要推动作用。今后我们应固化群众举报的长效平台和机制，建立有偿举报制度，鼓励群众监督。积极创造条件，大力支持民主党派、新闻媒体、特邀监督员、环保志愿者等开展有力有效监督。

（2018 年）

关于推进生态保护红线区域可持续发展的建议

为深入贯彻落实中共中央办公厅、国务院办公厅《关于划定并严守生态保护红线的若干意见》（厅字〔2017〕2号）精神，加强生态保护，建设生态文明，各省（区、市）高度重视，严格按照国家的统一部署和要求，扎实推进生态保护红线划定工作，目前，各省（区、市）都在向国家报送《生态保护红线划定方案》，待国家正式批准后正式实施。

习近平总书记明确指出，生态红线一经划定必须严格落实，不能越雷池一步，对于划定为生态红线的地区，将牺牲更多的城镇化、工业化发展空间或者说为区域生态功能作出了贡献。为推进生态保护红线区域可持续发展，确保生态保护红线划得出、守得住，特提出以下建议：

1. 建立对生态保护红线区域的生态补偿机制。建议中央财政设立生态红线区域保护专项转移支付制度，将生态红线圈内区域面积作为主要分配因素，鼓励生态红线区域发展绿色生态产业，加大生态保护力度。

2. 支持国家森林公园生态保护红线划定范围。按照生态保护和资源开放并重共赢的理念，建议支持相关地区建设国家森林公园。

3. 支持在生态红线内适度发展生态旅游及增设必要的基础设施。为发挥好生态优势，保持区域生态产品供给能力，促进经济社会和谐健康发展，建议在不损害红线内区域主导生态功能的前提下支持相关地区在生态红线区域内适度发展生态旅游及增设必要的基础设施。

（2018年3月）

关于加强自然保护区建设和管理的提案

一、自然保护区建设的重大意义

我国是世界自然资源和生物多样性最丰富的国家之一，自然保护区是保护自然资源与生物多样性最重要的手段。从1956年起到2009年底，全国已建成各级各类自然保护区2541个，总面积148万平方千米，占国土面积14.7%，其中国家级319个，占国土面积约10%。这些保护区保护着全国70%的陆地生态系统、80%的野生动物、60%的高等植物种类和绝大多数濒危动植物；同时保护着约2000万公顷的原始林、天然次生林和1200万公顷的各种典型湿地，取得了不小的成绩。这近15%的国土是全国自然环境最好的地区，是生物多样性最丰富的地区，是全国自然遗产的精华所在，是中华民族祖先留给我们最宝贵的遗产。这些地方没有保护好，上对不起祖先，下对不起后代，环境保护不能说做好了。

二、自然保护区存在的问题

改革开放以来，全国自然保护区的数量和面积增长很快，但建设和管理滞后，破坏活动至今没有得到遏制。主要原因是各级政府及有关部门对自然保护区的意义缺乏认识，对这项工作不够重视，没有正确处理保护和开发的矛盾。主要问题如下：

（一）管理体制不顺

在国家层面，自然保护区管理由环境保护部负责综合管理，国土资源、水利、农业、林业、海洋等部门参与管理，由于职权难以划清和部门利益，管理协调不顺，致使关于自然保护区的立法和国家规划迟迟不能出台。国家级及省级自然保护区管理机构层层下放，使得许多经济不发达地区自然保护区成为财政“包袱”，难以得到支持。据统计，全国自然保护区尚有42%没有建立管理机构，31%没有配备管理人员。

（二）立法工作滞后

全国至今没有一部涉及国土面积15%以上土地综合管理的《自然保护区法》。现行《自然保护区条例》制定于20世纪90年代初期，已经完全不能适应当前的需要。立法位阶低、约束力差，一些条款规定过于原则，对保护区未加分类，针对性、操作性不强；许多重要问题，如土地权属、经费来源、区内居民的权利义务、生态补偿等没有具体规定。

（三）规划编制落后，落实不到位

自然保护区规划分两类，一类是国家或省级政府编制的全国或区域性自然保护区发展规划，另一类是每一个具体的自然保护区保护和管理规划。目前国家的规划还仅有1997年由国家环保局、国家计委印发的《中国自然保护区发展规划纲要》（1996—2010），十多年过去了，情况发生了很大变化。“十一五”“十二五”国家层面制定了许多专项规划，但至今没有新的自然保护区规划出台是极不正常的。由于缺乏规划指导，保护区的建设随意性大，布局和种类也不尽合理。具体各个自然保护区的规划，相当一部分至今没有按规范编制规划，有规划的由于地方上新项目，刚批的规划就要调整，难以落实到位。

（四）经费投入严重不足

自然保护区是典型的社会公益事业，政府财政拨款应是其主要经费来源。建设国家级自然保护区是为了维护国家和民族的整体及长远利益，对保护区所在地来讲，会限制其资源开发，影响其近期及局部的利益，所需经费理所应当由中央财政负担。目前国家每年投入自然保护区的建设管理补助经费总计仅约4亿元，保护区工作人员经费由地方负担。据统计，发达国家对自然保护区投入每平方千米每年超过2000美元，发展中国家平均也达到150多美元，我国仅为50美元左右。经费投入严重不足制约着保护区管理水平的提高，甚至维系正常运作都十分困难，不得不靠各种形式创收来弥补经费不足，使得不少保护区名存实亡。

（五）分类管理不科学

自然保护区应按照保护对象的不同类型、不同特点和功能、不同保护目的进行分类，在此基础上制定有针对性的法规进行管理。而我国自然保护区分类标准主要以生态系统类型来区分，过于单一，而《自然保护区条例》又主要针对科研类型面积较大的自然保护区制定，执行起来非常困难，缺乏可操作性。有些保护区同时挂国家风景名胜区、森林公园等牌子，根据保护目标不同，业务归属不同主管部门，使得保护区的科学管理更加困难。

三、有关建议

（一）建立科学高效、责权明确的管理体制

当前应加强国家对自然保护区的综合管理。成立副部级的国家自然保护区管理局，直属国务院，或设在大部制的环境部下，负责统筹协调工作，直接管理国家级自然保护区，指导监督地方自然保护区工作。自然保护区按其级别由相应的人民政府负责出钱出人，直接管理，不应层层下放。保护区所在地方政府做些辅助协调工作，负责保护区管理机构的事务。明确自然保护区管理机构的公益性质及职能和编制。

（二）加快制定《自然保护区法》，制定新的分类标准

加快制定发布《自然保护区法》，确立其法律地位，明确各级政府、相关部门职责任务和区内居民的权利义务，以及生态补偿等重大政策，规范自然保护区工作。

应参照国际自然保护组织关于保护区分类的原则和方法，根据国情，考虑保护对象的性质和功能、保护的目的及保护区面积大小等因素，制定新的科学的分类标准，据此制定相应的法规和有针对性的管理制度，平衡

严格保护与合理利用的关系，对保护区实行分类管理，使保护管理措施科学有效、可操作。

（三）制定中长期自然保护区规划

抓紧制定“全国自然保护区规划”，以科学指导全国自然保护区的设立、建设和管理，并由国务院批准发布。每个自然保护区应根据国家规划和自身实际，组织编制保护区总体规划和中长期发展规划，并与当地土地利用总体规划、城乡建设总体规划相衔接。各级政府要落实实施规划的措施，并加强监督检查和考核评估。

（四）加大政府投入，健全资金投入机制

国家级自然保护区费用应全部由中央负担。建议每年中央财政安排 20 个亿用于保护区管理和运行费用，再根据需要每年安排 10 亿元作为基本建设费用。这些钱对自然保护区来说意义重大，能解决大问题。每年 30 亿的投入，可以保护好 148 万平方千米环境最好、生物多样性最丰富的地区，效益比是非常高的。地方政府也应加大对本级自然保护区的投入。可以设立自然保护区基金，组织社会捐赠，但不能靠保护区以区养区。要落实生态补偿机制，保护好区内居民的利益。

（2020 年 10 月）

全国生态原产地产品保护工作亟待规范管理

自2012年以来，全国共对20多个种类、751个产品实施生态原产地产品保护，涉及林业、农业、食品业、工业制造业等多个行业领域，推动全国6个省部级和52个地市县级创建了生态原产地产品保护示范区，在兴生态、提质量、树品牌、增效益、占市场、强产业等方面产生了很好的示范作用。但在上一轮机构改革中由于没有确定原国家质检总局管理的生态原产地产品保护工作的职责归属，造成了管理“真空”，随着时间推移，已造成诸多问题。一是直接影响企业利益。生态原产地产品保护在实施过程中取得丰硕的经济效益、社会效益和生态效益，已得到众多企业的高度重视和大力宣传，成为企业品牌价值和无形资产的组成部分。如不及时解决，将会给企业带来巨大的损失。例如伊利金典有机奶、飞鹤奶粉、昆仑山矿泉水、云南盐业等等，面临证书3年有效到期是否可以继续在产品包装上使用生态原产地产品保护的困境，继续使用面临证书到期的风险，不继续使用面临前期品牌宣传、包装物浪费等诸多损失。二是多个地方政府和企业纷纷询问生态原产地产品保护工作的归属，反映强烈。三是政府部门履职缺失将严重影响政府的公信力。一些社会机构（包括协会，联盟等）纷纷借题发挥，乱象丛生，抢注商标，无管理、无组织、无规范，工作质量无从保证，扰乱工作秩序，真假李逵难辨，给企业和公众带来困扰。

针对以上问题，特提出建议：

1. 将生态原产地产品保护工作纳入国家生态产品价值实现机制，建议国家统筹协调解决机构改革遗留问题，建立发改、商务、市场监管、生态环境、自然资源、林业等行业部门协作联动工作机制，明确各自职责，共同推进指导开展生态文明试验区建设、品牌建设，稳外贸促增长，在跨境电子商务综合试验区建设、落实事中事后监督管理、打击侵权假冒行政执法等方面予以支持联动。建立起评定、监管、保护的完整链条，构建以政府为指导、多元治理主体共同参与社会协同的治理格局，树立中国生态原产地产品保护标志的全球化品牌形象，提高中国生态原产地产品的国际市场竞争力。

2. 推进构建以国内大循环为主体、国内国际双循环相互促进的新发展格局，推动“一带一路”绿色丝路国际贸易，促进生态原产地产品国际互认、交流与合作。提高中国生态原产地产品在国际市场上的竞争力和整体形象，跨越国际市场的生态壁垒，打开国际市场的绿色通道，提振消费者信心，引导绿色消费。

3. 大力推进生态原产地产品保护体系和生态原产地产品保护示范区建设，建立生态原产地产品制度体系。建议将生态原产地产品保护工作的成熟做法和成功经验通过法制化的途径在《质量法》《环境保护法》《外贸法》《消费者权益保护法》等法律及一些专家呼吁制定的《生态文明建设促进法》及《生态安全法》等上位法中固化下来，同时制定专门规章来规范具体的实施细则，为下一步国际标准对接、互认等工作打下坚实基础。

4. 建立生态产品标准认定国家标准体系和第三方认定结果采信机制。以生态原产地产品为切入点，构建覆盖生态农业、生态工业、生态旅游全产业链的生态产品国家标准体系，保障生态产品供给质量。健全生态产品认定有效性评估与监督机制，建立生态产品信息管理平台，加强认定全过程信息采集和信息公开，运用大数据、物联网、防伪溯源标签等技术，对生态原产地产品实施产地溯源管理，健全对认定机构及产品的监督管理。

5. 培育打造一批生态优势品牌和特色产品，提高生态产品价值。通过政策引导和机制协调，建设和培育市场，引导多元主体参与，鼓励社会力量参与生态建设和环境保护，提供更多优质生态产品。将认定的优质生态产品优先纳入政府采购清单。加强对已认定企业的信贷、技术、销售网络等支持力度，提升生态产品品牌竞争力。大力推进生态原产地产品认定体系建设，将生态优势转化成产业发展优势，实现生态保护与乡村振兴有机结合。打造生态绿色供应链，全面推进生态产品价值实现。

（2020 年）

关于设立“全国生态文明日”的提案

一、案由

党的十八大以来，以习近平同志为核心的党中央推动生态文明理论创新、实践创新、制度创新，提出一系列新理念新思想新战略新要求，形成了习近平生态文明思想，开辟了生态文明建设理论和实践的新境界。2018年5月18日至19日召开的全国生态环境保护大会正式确立习近平生态文明思想，习近平总书记作为这一思想的主要创立者，作出了重要贡献，这是新时代生态文明建设的根本遵循和最高准则，为推动生态文明建设提供了思想指引和行动指南。

生态文明是人民群众共同参与共建共享的事业，要把建设美丽中国转化为全体人民自觉行动。设立生态文明日，是全国人民共建共享生态文明的有效载体，有助于发挥生态文化对生态文明建设的引领作用，促进生态文明新风尚的形成。

二、案据

1. 设立“全国生态文明日”，是深入学习贯彻落实习近平生态文明思想的有力举措，将有力促进全国各地牢固树立和践行生态文明理念，推进高质量发展和绿色发展。

2. 设立“全国生态文明日”，是在全面建设社会主义现代化国家进程中生态文明建设实现新进步的重要标志。有助于把党和政府改善生态环境的具体行动与全社会保护生态环境的共同愿望更好地结合起来，形成齐抓共管、社会共治的良好局面，促进治理体系和治理能力现代化。

3. 设立“全国生态文明日”，是动员全国人民参与生态文明建设的具体抓手。可以将生态文明理念渗透到每个单位、每个家庭、每个公民，进一步增强生态文明主流价值观的向心力和感召力，广泛动员全社会各方面力量参与生态文明建设。

4. 近年来的相关理论研讨和地方实践为设立“全国生态文明日”提供了重要支撑。生态环境部和中宣部已连续两年共同举办“深入学习贯彻习近平生态文明思想研讨会”，中国生态文明论坛年会、生态文明贵阳国际论坛等已连续举办近十届。一些地方探索设立了当地的生态文明日，取得了良好的效果。如浙江湖州、丽水，湖北十堰等市设立了生态文明日，对于普及和宣传生态文明理念起到了积极的推动作用，生态文明建设的公众认同感、参与度不断提升。

三、建议

1. 建议全国人大将5 月18 日设立为“全国生态文明日”。2018 年5 月18 日召开的全国生态环境保护大会，正式确立习近平生态文明思想。把5 月18 日设立为“全国生态文明日”，具有特殊重要意义，将进一步促进全国各地深入学习贯彻习近平生态文明思想，更好地推动全国生态文明建设。

2. 建议集中开展宣传教育活动。建议全国各地各部门结合实际制定措施，在每年的“全国生态文明日”开展形式多样、内容丰富、富有成效的宣传教育活动，充分发挥新闻媒体作用，树立理性、积极的舆论导向，加强生态文化宣传，普及生态文明法律法规、科学知识等，报道先进典型，曝光反面事例，提高公众节约意识、环保意识、生态意识，推动形成人人、事事、时时崇尚生态文明的社会氛围。

3. 建议出台具体落实举措。建议国家各有关部委围绕“全国生态文明日”，研究制定具体的落实措施；同时，建议全国人大加强督促检查，充分发挥“全国生态文明日”这一载体的作用，推动全国生态文明建设，并积极开展对外宣传，推动生态文明理念走向世界。

（2021 年）

加强长江经济带湿地保护与修复 构筑可持续发展政策支撑体系

近年来，由于长江流域人口密度大、开发强度高、江湖阻隔等多种原因，加之江苏、安徽、江西、湖北、湖南等省存在围湖造田、杨树及芦苇种植等不合理利用，长江经济带湿地保护与修复正面临着诸多严峻问题。主要有：

1．天然湿地面积萎缩。从20世纪50年代至今，仅江汉平原湖泊水面面积就由7000余平方千米减少到2400平方千米。2012年湖北第二次湿地调查同2000年第一次湿地调查相比，同口径自然湿地总面积减少了10.26万公顷。洞庭湖1949年面积达4350平方千米，50年代开始堵支并流、合垸及蓄洪垦殖工程，到1978年锐减为2691平方千米。据江苏省反映，长江沿江洲、滩、水面被围垦转为他用，长江自然岸线被占用、侵蚀的现象仍然存在。

2．湿地功能退化。一是工程建设影响湿地功能。三峡工程蓄水后，长江下游水位下降明显，导致河流滩涂裸露，农业种植、采砂、工程建设等活动增多，野生动植物栖息地面积缩小。实施丹江口水库调水后，汉江下游水量减少，环境污染加重、水华增多，湿地生态环境旱化，生物多样性降低，生态安全承受巨大压力。此外，围网（栏）养殖和开垦围垦、房地产开发及各类工程建设侵占湿地等现象依然存在。二是人为活动影响湿地功能。人为破坏湿地动植物资源、违法排放工业废水、过度使用化肥农药的问题仍比较突出，遏制了湿地生态功能的发挥。《2018年湖北省水资源公报》显示：劣于Ⅲ类水的河长占总评价河长的7.4%，主要集中在城市河段和部分支流，主要超标项目为氨氮、总磷、五日生化需氧量。2018

年监测评价湖泊29个，洪湖、武山湖水质达Ⅲ类，梁子湖、鲁湖、后官湖等13个湖泊水质达Ⅳ类。部分湿地已经丧失了为动植物提供栖息地、繁殖地的生态功能。

3. 湿地立法滞后。一是有关湿地保护的法律条文分散在资源管理和环境保护部门单行法规中，有的条文还互相矛盾，缺乏集中和系统的规定。二是条文内容是从湿地单一要素出发的，没有从湿地生态系统整体保护角度出发。三是在国家层面仍没有专门湿地保护法规。

4. 保护能力缺失。一是湿地管理机构不健全，沿江各省市在市县两级林业系统中许多没有设立湿地保护机构；二是湿地保护投入严重不足。以湖北为例，现有湿地总面积2175.3万亩，目前保护率达52.62%，省级财政自2019年起每年安排湿地保护补助资金3000万元，而全省目前有181个各类保护区、湿地公园、保护小区，平均16.57万元/个，资金投入杯水车薪。三是湿地保护专业人才比较缺乏，很多地方在湿地公园大搞人工造景、硬化河湖岸线，破坏了湿地资源。四是对工程建设占用湿地缺乏有效保护。林业部门对工程建设尤其是地方重点工程建设项目占用湿地缺乏有效的保护手段，不能有效协调经济发展与湿地保护的矛盾。

上述问题，不仅改变了长江作为自由流淌的河流的根本属性，影响到长江作为“黄金水道”的效能和沿岸居民的水安全，也给湿地生态系统以及野生动植物带来了灭顶之灾。

为此，提出以下建议：

1. 加快制定出台有关湿地保护与修复的法律和政策。一是建议国家尽快出台《中华人民共和国湿地保护法》，推进长江经济带各省（区、市）出台相应的湿地保护地方法规。二是国家出台长江经济带湿地保护专项规划。组织相关部门制定《长江流域湿地保护专项规划》，纳入全国湿地保护规划专项资金支持范围，并结合《长江经济带生态环境保护规划》加大中央财政资金对长江经济带湿地保护与修复的支持力度。三是出台湿地保护与修复、湿地产权确权、湿地资源有偿使用等政策，制定湿地用途管制、征占用湿地行政许可、湿地生态环境损害赔偿等制度。四是将湿地保护纳入经济社会发展评价体系，建立包含湿地红线管理、湿地保有量、湿地保护率等内容的湿地保护目标体系、考核办法与奖惩机制，实行湿地保护行政首长负责制，落实湿地保护责任。

2．完善湿地保护管理体系。明确湿地保护管理相关部门职责，明确要求尽职尽责，失职追责，统筹抓好湿地保护管理工作。在此基础上，围绕长江流域湿地保护管理工作，按照“河湖长制”和流域治理的思路，进一步加强长江湿地保护网络体系建设，设立长江流域湿地保护管理中心，统一协调长江经济带湿地保护管理工作。

3．健全生态保护补偿机制。加快制定湿地生态补偿政策，建立健全生态损害者赔偿、受益者付费、保护者得到合理补偿的运行机制；建立地区间横向生态保护补偿机制，通过资金补助、产业转移、人才培训、共建园区等方式，指导生态受益地区对生态保护地区、流域下游对流域上游进行补偿；结合深化财税体制改革，完善转移支付制度，归并和规范现有生态保护补偿渠道，加大对重点生态功能区的转移支付力度。国家引导、支持建立长江湿地保护基金，并通过电价补偿、水价补偿等措施，加大对三峡大坝、丹江口大坝下游、洞庭湖等生态补偿。重点扶持一批示范湿地企业，推动水生生态种植业、生态养殖业和生态旅游业的发展。

4．加大退耕还湿力度。通过湿地植被恢复、土地整理、栖息地修复、生态补水以及加大退田还湖、退垸还湖等措施，并将人造杨树和芦苇纳入退耕还湿范围，有效扩大湿地面积。建议以长江经济带为重点，进一步加大退耕还湿力度，制定专项规划，增加资金投入，强化考核问责，逐步扩大湿地面积，强化湿地功能，确保长江流域生态安全。

（2021 年 6 月 21 日）

加快生态产品价值核算体系建设
推动生态产业化、产业生态化发展

随着经济社会发展，人民对美好生活的向往日益提升，怎样将绿水青山的“颜值”转化为金山银山的“价值”越来越受到社会关注。生态产品价值实现的过程，就是将生态产品所蕴含的内在价值转化为经济效益、社会效益和生态效益的过程，也是“绿水青山”转化为“金山银山”的核心内容。2021 年，中办、国办印发了《关于建立健全生态产品价值实现机制的意见》，为推动我国生态产品价值实现理论研究、制度设计指明了方向和路径。建立健全生态产品价值实现机制尚处于起步探索阶段，还有不少痛点和难点亟待解决，需要在生态产品价值实现机制落地落实上持续发力：

（一）生态产品价值核算标准不一

总体上，我国生态价值核算的思路分为服务价值核算法、当量因子法和基于能值的生态元法三种。服务价值核算法指在对不同生态系统不同指标服务的实物量进行核算的基础上，得出生态服务价值。但随着生态产品种类多样化、生态产业扩大化、参与主体多元化，不同研究人员采用的指标类型和方法体系也不一样，实践中生态产品的价值识别、价值核算和价值实现等存在套用传统生态系统服务价值核算方法的问题，核算体系、核算指标和价值量评估方法的不同，导致核算结果无法真正提供决策参考，直接影响了核算结果的可比性。

（二）生态环境体制机制改革配套政策待完善

我国生态环境质量持续好转，呈现稳中向好趋势，但成效并不稳固，

生态文明建设“三期叠加”期需要政策改革提供长效机制，生态环境治理能力与治理体系现代化更需要政策改革来提供抓手，生态环境政策体系和长效机制仍存在短板与挑战，生态产品价值实现的市场设置和特许经营权许可、市场准入、退出机制和各利益主体分配方式等市场建设规制不够规范，增加实际操作上的难度。部门间、不同层级间生态环保职责有待进一步明晰，落实生态环境体制机制改革的配套政策有待完善。

（三）全方位实现生态产品价值困难

现阶段，我国关于生态产品价值实现理论研究跟不上实际需求，试点政策和要求还未完全明确，基地建设没有形成可广泛推广的经验、模式，以湖南省怀化市为例，怀化市作为湖南省唯一试点城市，即使国家发改委出台了《试点实施办法》，但由于疫情等多方面原因，国家层面尚未开展与试点初步名单相关的实质性考察，省级层面也并未实质性研究落实有关工作，试点工作涉及20多个部门，目前怀化市还尚未建立部门协同推进机制；统计数据显示，中央财政转移支付是生态补偿的主体，占90%以上，金融机构提供长期贷款或者此领域投资风险较高，影响这项业务模式的可持续性；目前，我国生态价值实现的通道未完全打开，尚只有水权、排污权、碳排放权等环境资源权益进入了交易市场，生物多样性的生态权较难进入交易渠道，2021年7月启动的碳交易规模仍需探索和完善。

为此，提出以下建议：

（一）推动生态产品价值核算体系建设

实现生态产品价值的前提是对生态产品进行准确的监测并对其价值进行科学合理的评估核算。联合国联合欧盟、联合国粮农组织、国际货币基金组织、经济合作与发展组织和世界银行共同开展环境经济核算体系（SEEA）研究，并发布了第一个环境经济核算的国际统计标准。国家层面，出台统一规范的生态产品价值核算体系，明确核算模型、指标体系、评估方法、数据来源，助力提升生态产品价值的真实性、客观性，降低生态产品的市场壁垒，提高市场认可度；地方层面，结合本区域特点，进一步细化，推动地方生态价值核算规范化，形成以生态价值核算为中心的标准体系。

（二）构建生态产品市场化经营开发体系

通过市场激励机制，促进生态环境外部成本内部化，从而打通“两山”转化的市场通道；充分调动全社会的积极性，形成政府、企业、金融资本和社会组织等多元主体参与的价值实现体系；采取股权合作、委托经营等方式，吸引优质社会资本，加快生态物质产品、生态文化产品以及生态服务产品的融合发展，通过市场化经营开发推动生态产业化、产业生态化。坚持政府引导和市场机制相结合，政府扩大或增强生态产品的供给能力；同时发挥好市场在资源配置中的决定性作用，通过规范交易规则、交易主体资质、交易评估程序、交易程序，加快完善现代市场体系，积极探索融合各类自然生态产品的公共资源交易市场建设，挖掘生态产品市场价值，使生态产品和其他市场要素同样参与市场资源配置。积极培育生态产品市场生产和供给主体，打通生态产品价值实现的体制机制政策体系，做强做优综合性“生态+”服务型企业。

（三）夯实生态产品价值实现基础支撑

各地区要加强关于生态产品价值实现、“两山”转化模式和转化路径的理论研究，以专业智库强化智力支撑；整理现有生态产品价值实现机制改革试点省份的阶段性效果，及时把“摸着石头过河”试点探索中生态产品价值实现机制比较成熟、普遍适用的经验转化为相应的制度政策，深入探究生态产品价值构成和实现机制，为深化生态产品认识、推动“绿水青山”向“金山银山”转化提供支撑；结合生态产品价值实现机制试点、“绿水青山就是金山银山”实践创新基地建设，加快形成一批可复制可推广的转化模式和实践经验，发挥示范带动效应。

（2022年7月19日）

坚持人与自然和谐共生
加快推进洞庭湖生态疏浚

习近平总书记在党的二十大开幕式上作的报告高屋建瓴、气势恢宏，内涵丰富、思想深邃，是兴党强国的马克思主义光辉文献，是实现中华民族伟大复兴中国梦的行动纲领。聆听和学习二十大报告后，我们心情激动、倍感振奋，深刻感受到这是一个站位高远、统揽全局、鼓舞士气、催人奋进的好报告。

一、“中国式现代化是人与自然和谐共生的现代化”的重要论断为我们做好江河湖泊系统治理和保护提供了根本遵循

二十大报告描绘了全面建设社会主义现代化国家的宏伟蓝图，部署的各方面工作与高质量发展、生态文明建设，与江河湖泊系统治理和保护等都密切相关。报告中“坚持以推动高质量发展为主题”“着力解决好人民群众急难愁盼问题”“必须牢固树立和践行绿水青山就是金山银山的理念，站在人与自然和谐共生的高度谋划发展”“推进美丽中国建设，坚持山水林田湖草沙一体化保护和系统治理”“加快实施重要生态系统保护和重大修复工程”“推行草原森林河流湖泊湿地休养生息”等论述，赋予生态文明建设新使命新任务，特别是“中国式现代化是人与自然和谐共生的现代化”的重要论断为我们做好江河湖泊系统治理和保护提供了根本遵循。

二、实施洞庭湖生态疏浚系统治理是构筑国家重点生态功能区域战略格局的重要举措

水是万物之母、生存之本、文明之源，是经济社会发展的重要支撑和

基础保障。江河湖泊是水资源的重要载体，是生态系统和国土空间的重要组成部分。洞庭湖作为长江双肾之一，是唯一吞吐长江的通江湖泊，是调蓄长江洪水的重要场所、是重要湿地与基因库、是连接长江黄金水道的重要水运通道，在长江大保护体系中具有独特地位和作用。受自然演变和人类活动的双重影响，洞庭湖逐渐淤积萎缩，湖泊面积由全盛时期（17～19世纪）的6000平方千米减少为现在的2625平方千米。其中20世纪50年代至2003年三峡工程建成，洞庭湖年均沉积泥沙1.2亿吨，平均淤积厚度超过2米，总淤积量超过62亿吨，淤减湖容约45亿立方米。泥沙淤积导致洞庭湖调蓄能力减弱、行洪通道不畅、湿地生态衰退、水源涵养不足等问题，亟须通过实施洞庭湖生态疏浚系统治理进行修复，退还河湖生态空间，保障河湖生态用水，推动河湖休养生息，构筑洞庭湖国家重点生态功能区域。

三、加快实施洞庭湖生态疏浚系统治理，着力恢复洞庭湖生态功能

江河湖泊保护治理是关系中华民族伟大复兴的千秋大计。党中央、国务院高度重视长江尤其是洞庭湖保护治理。习近平总书记3次主持召开推动长江经济带发展座谈会，擘画长江治理保护蓝图，特别是2018年4月25日考察长江湖南段，提出了“守护好一江碧水”的殷殷嘱托。2021年3月16日，国务院召开洞庭湖鄱阳湖治理专题会议，专题研究部署洞庭湖治理工作。2022年全国“两会”期间，驻湘全国政协委员就洞庭湖生态疏浚系统治理提出联名提案，国务院总理对此专门作出批示，全国政协人资环委领导和专家专门到洞庭湖区进行了现场调研。湖南省委、省政府高度重视习近平总书记、时任国务院总理李克强同志的重要指示批示精神，坚持山水林田湖草沙生命共同体理念，组织科学论证洞庭湖生态疏浚方案，全力推进工程前期工作。总体设想是：统筹洞庭湖湖盆、四口水系、四水尾闾、内湖水系“四域”，聚焦水速、水深、水面、水量“四水”目标需求，因地制宜、分区施策，一体推进河道、洪道、鱼道、航道“四道”治理，通过湖盆清淤疏浚、废堤刨除、卡口及阻水洪道拓宽等工程措施，理顺洞庭湖河湖水系，扩大洞庭湖调蓄容积，增强蓄水保水能力，夯实“洞庭湖灌区”水源保障，增大枯水期生态水域空间，改善水动力条件，提升洞庭

湖水生态系统质量和稳定性，维护河湖生命健康，实现河湖功能永续利用，实现人水和谐共生。

四、着力解决洞庭湖生态疏浚工程实施的难点

洞庭湖生态疏浚作为洞庭湖生态修复重大工程，是长江大保护大局中的重要组成部分，目标多元，社会关注度高，研究任务重、难度大。当前存在三个重点、难点问题亟须国家层面着力推进，一是尽快批复《新时代洞庭湖生态经济区规划》。洞庭湖生态疏浚工程已初步纳入国家《新时代洞庭湖生态经济区规划》，建议国家尽快批复《新时代洞庭湖生态经济区规划》，有利于洞庭湖生态疏浚工程加快实施。二是工程疏浚量大、疏浚范围涉及生态保护红线，建议国家有关部委提前介入，指导湖南省推进工程方案论证，深入研究生态疏浚工艺、疏浚物利用技术、工程生态效益及影响等关键问题。三是支持开展先行试点。湖南省拟在南洞庭湖黑泥洲开展生态疏浚试点，建议国家有关部委加强指导，支持湖南省推进试点工程立项审批及建设实施，在实践中探索生态疏浚工艺、疏浚物处理与利用示范经验，形成技术创新、管理机制创新等示范成果。

（2022 年 12 月）

专题五

环境监测执法监察

关于进一步加强环境执法监察工作的建议

当前，我国环境保护虽然取得了积极进展，但环境形势严峻的状况仍然没有改变。主要污染物排放量超过环境承载能力，重要水系普遍受到污染，城市空气污染严重，生物多样性锐减，生态系统功能退化等环境问题日益凸显。构建完备的环境监察体系，加强环境执法监察工作，是全面贯彻落实科学发展观，解决突出环境问题，保障和改善民生的基础性工作。

目前环境执法监察工作中，国家监察、地方监管、单位负责的环境监管体制有待进一步理顺，环境执法制度、机制、程序还不完善，执法能力相对薄弱，人员素质、队伍建设需要花大气力提高与加强。其中突出存在以下几个方面的问题：一是环境执法基础差。主要体现在：环保法律法规较“软”，目前我国环境法律法规体系虽然比较完善，但是有关法律法规过于宏观，要求或禁止企事业单位和个人实施某种行为规定很多，但是却没有对应的法律责任条款；具体操作差，致使环境执法机关面对违法行为常常束手无策，难以查处，难以落实。二是执法监管体制不健全。主要体现在：执法环境差，特别是基层环保部门难以克服地方保护主义，一些地方政府出台违反环保法律的地方性“土规定”“土政策”，如有的地方政府规定不经优化办批准任何部门不准到企业现场检查和执法的规定，给环境执法制造人为障碍。环境监察队伍执法地位不明确，目前有的省级、地市级、县级环境监察执法机构编制仍为事业单位，没有直接的法定执法权；有的虽列入公务员序列的环境监察机构，但机构名称、级别和管理体制不统一。加之地方环保行政机构隶属于地方政府，使地方环保机构监察执法的独立性大打折扣，执法地位和权威受到影响。三是执法能力建设滞后。

突出表现在：基层环境执法人员业务素质不高，技术装备落后，尤其是县级环境执法部门执法技术装备十分落后，缺少必要的车辆、取证设备等执法装备。农村监察能力弱，乡镇一级的环境监察体系没有建立完善，执法触角难以延伸，对农村的生态环境执法易成为空档区；在污染从发达地区向不发达地区、从城市向农村梯度转移的情况下，对流动违法企业的打击乏力。四是执法手段不硬。突出表现在：罚款额度低，在罚款数额限定方面，除新修改的水污染防治法外，其他环保法律虽然规定了最高罚款上限，但罚款限额相对是静态的，对违法企业的惩处缺乏相应的震慑力。强制执行手段较软，现行法律规定环保部门没有行政强制权，只有限期治理、停产治理等权力，缺乏查封、冻结、扣押、强制划拨权等行政强制权；同时对于环境纠纷，环保部门也只能调解而没有决定权，这些都客观上造成了“违法成本低，守法成本高”的问题。

为强化推进环境执法监察工作开展，提出以下建议：

1. 进一步完善环保法律法规。除新修改的水污染防治法外，建议对《环境保护法》《大气污染防治法》《固体废物污染防治法》《排污收费征收管理条例》等环保法律法规进行修改和完善，加大对空气污染、固体废物污染违法行为的处罚额度，增加农村环境保护违法问题及生态保护环境违法问题责任和义务的有关内容，对排污收费的范围、收费方法、收费额度进行调整，强化环保法中企业的责任和义务，赋予环境执法部门部分行政强制权，增强环境执法的可操作性。

2. 进一步理顺环境监察工作体制。建议国务院制定《环境监察工作条例》，通过法律法规明确环境监察工作和机构的法律地位。目前，全国有河北、江苏、安徽等 8 个省级环境监察机构已改名为环境执法监察局，建议在全国统一省以下环境监察机构的名称、级别，实现“统一机构名称、统一着装和标志、统一执法程序、统一举报电话”。另外，重庆等地省级环境监察机构已经升格，并在省以下实行垂直管理，建议各地根据实际情况，逐步对环境监察机构级别予以升格，增加环境执法队伍的权威性。建立农村环境执法监察体系，将乡镇环境监察员纳入环境监察机构体制和序列，并明确相关职责。

3. 进一步加强环境执法能力建设。建议各级财政进一步加强对环境执法能力建设的投入，按照环境监察机构标准化建设要求，制定本级环境监察机构能力建设方案，将人员工作经费、执法装备建设等纳入财政预算，予以重点保障，逐步改善执法手段和条件。

（2013 年 8 月）

关于建立跨界环境交叉执法机制的建议

当前，随着经济社会的不断发展，环境污染区域性、流域性问题日渐敏感，跨界（尤其是跨省界）污染纠纷日渐增多，逐渐成为引发社会矛盾、影响社会安定的重要因素。近年来，各级环保部门不断摸索总结跨界污染问题处置经验，初步形成了有关处置框架和指导性意见，但要有效稳妥处置好跨界污染问题，一些相应的环境监察机制，如跨界环境交叉执法机制的建立和完善势在必行。

对跨界污染纠纷的处理，《中华人民共和国环境保护法》第15条已明确作出了规定，2008年7月7日国家环保部下发了《关于预防与处置跨省界水污染纠纷的指导意见》（环发〔2008〕64号），明确了相关跨省界水污染纠纷的协调处置机制，如定期联席会商、信息互通共享、联合采样监测、联合执法监督、敏感时期预警、协同应急处置等，但涉及水、气、声、渣、生态破坏等综合性污染纠纷，仍未尽明确。另一方面，环境行政主管部门在对跨界污染纠纷的行政调处上缺乏强制力。根据现有环境法规，行政调处污染纠纷难以显示出应有的权威和效果。究其原因，主要是环境行政主管部门的调处缺乏相应的法律强制力。集中表现为“两个缺乏”，即环保部门在行政调处过程中缺乏必要的强制手段，其行政调处结果缺乏应有的执行效力。对行政调处的结果，不仅环保部门自身无权直接执行，法院依法也不予强制执行。同时，环境行政主管部门对污染纠纷（包括跨界纠纷）并无终局裁判权。就行政和司法两种处理途径的关系而言，依环保法第41条的规定，环保部门的行政调处，既非司法途径的前置程序，更非处理纠纷的唯一程序。中国现行的裁判体制下，行政机关（包括环保部门和政府）对污染民事纠纷并无终局裁判权。相反，《民事诉讼法》第6条明确规定："民事案件的审判权由人民法院行使。"据此，环境污染包括跨界污染赔偿纠纷的终局裁判权属于人民法院。

在此情况下，面对日渐增多和错综复杂的跨界环境污染纠纷，环保部门在有充分法律支持的前提下，预防和处置跨界污染纠纷最根本的途径就是加大环境执法和对违法企业的打击力度，确保区域内企业达到功能区划排放标准，切实减少对下游和邻近区域的环境破坏及影响。同时，考虑区域与区域之间，流域上游与下游之间环境执法的对等性、公平性、公正性和同频共治，以及发生跨界污染纠纷后对双方环境主管部门职责和责任的认定，提出以下建议：

1. 各级环保部门应切实加大对重要流域、主要饮用水水源、居民聚居区等跨界环境敏感地区环境执法力度，对影响邻区或下游环境质量的环境违法企业、对因环境违法造成跨界污染纠纷或污染事故的企业进行严厉打击。

2. 应从国家层面上，以国务院或国家环境行政主管部门的名义，尽快出台跨界环境污染问题和纠纷的处置办法，明确跨界环境交叉执法机制。遇有跨界环境污染问题或纠纷，受害方的人民政府或环境主管部门在适时告知损害方人民政府或环境主管部门，并取得同意后，有权对损害方相关企业进行采样监测或环境执法；在处理跨界环境污染纠纷或事故过程中，如任何一方对对方环境执法监察行为持有异议，双方环境监察执法部门可对对方相关企业交叉执法，执法行为具有同等法律效力。

3. 建议在有条件的相邻省份或者地市开展环境交叉执法机制试点，在日常环境监管中，加强合作，本着相互监督、锻炼队伍、加大执法力度的原则，对对方有可能影响本辖区的环境敏感地区企业进行交叉执法，及时通报情况，移送案件，在充分总结试点经验的基础上，在全国范围内予以推广和执行。

（2013年8月）

关于统一环境执法人员着装加强环境执法力度的建议

加强环境执法是解决当前突出环境问题，保障群众身体健康和实现经济增长方式转变的重要手段。全国环境执法体制、着装亟待统一，执法环境有待优化。

近年来，随着经济社会的不断发展，环境违法案件不断增多。据统计，2006 至 2007 年，全国共出动环境执法人员 600 多万人次，查处违法案件 5.9 万件，处理群众环境投诉 80 万件；环境违法案件成因日趋复杂，大部分环境违法问题涉及规划、国土、农业、林业等多方面，环境执法压力越来越大。与此同时，因环境执法监察机构体制不顺、着装不统一、执法环境差等问题，使执法力度和权威受到严重影响，近年来，全国在环境执法过程中暴力抗法，侮辱、谩骂、打伤、扣留环境执法人员的现象时有发生。目前，除国家武装力量外，工商、林业、质量监督、城管等部门执法机构都已经有统一的着装和标志，执法体制、执法环境和执法权威相对环保部门要好。

关于环境执法队伍统一着装问题，1983 年 7 月城乡建设环境保护部颁发的《全国环境监测管理条例》规定：环境监测工作人员，由国家统一设计制式服装。各级环境监测站的工作人员在执行监测和监督任务时，应穿着国家统一设计的服装，环境监察员要佩带监察员标志；国家环境保护总局办公厅于 2002 年下发了《关于统一使用新款环境监察执法标志和服装的通知》（环办〔2002〕98 号），但在全国范围内没有得到有效执行和统一，主要是环境监察人员统一着装的法律依据、配套经费等方面存在问题。为此，提出以下建议：

提高对环境执法工作的认识，尽快修改和完善有关环保法律法规，从立法的角度上明确环境监察执法机构的地位，统一环境执法机构的着装和标志；加强对环境执法队伍统一着装的经费保障，将环境执法队伍统一着装标志经费纳入各级财政预算；尽快做到全国环境执法队伍统一着装标志，依法持证上岗，切实保证环境执法的权威性。

（2013 年 8 月）

加强湖南省的重金属监测能力建设
提高对重金属污染的预警及防治水平

近年来，涉重金属的污染事故频发，对广大人民群众的身体健康和社会稳定带来严重威胁。党中央和国务院对此高度重视，2011 年 11 月，国务院正式批复《重金属污染综合防治“十二五”规划》。湖南省是“有色金属之乡”，由于历史的原因，涉重金属企业多，但工艺技术水平不先进，产业结构及布局不合理，由此造成的重金属污染隐患较大。2006 年以来，湖南省境内共发生影响较大的重金属污染事故 14 起，特别 2009 年的浏阳镉污染事件和武冈血铅事件，以及最近媒体高度关注的镉大米事件，产生较大的社会影响。对湖南省而言，重视重金属污染，迅速查明可能的重金属污染范围，采取必要的防治措施，已成为目前最紧迫且非常艰巨的任务。

环境监测是说清重金属污染现状，及时预警重金属污染事故，并为重金属污染处理处置提供科学依据的重要技术支撑。环境监测工作是开展重金属污染防治的前提，也是最重要的基础。然而，湖南省作为正在发展中的中部省份，受经济发展水平制约，各级环境监测站的重金属监测能力与重金属污染防治工作明显不适应，导致污染家底不清，污染带来的危害也不能得到有效监测，从而使省内的重金属污染防治失去了目标和方向。具体体现在以下几个方面：

1. 市和县级环境监测站，尤其是县级环境监测站能力落后，绝大多数市和县级环境监测站达不到标准化建设要求，突出表现在基本设备缺乏，工作面积不能满足业务开展要求。一旦发生污染事故，监测数据出不来，不利于评估污染区域及危害程度，处于非常被动的应付状态。

2. 市和县级环境监测站业务经费紧缺，很难开展有效的培训工作，导致技术水平落后，基本不具备说清重金属污染现状和风险的能力。

3. 对重金属监测技术的研究力度不够。现有的重金属监测工作多集中在常规总量分析领域，但对其在环境中的迁移、转化过程、形态分布状况、环境风险和毒理学等方面未开展深入研究，对污染防治工作的技术支撑作用不强。

针对湖南省内严峻的重金属污染防治形势，为保证人体健康和粮食安全，特就切实加强湖南省各级环境监测站的重金属监测能力建设提出以下建议：

1. 建议中央财政安排专项资金支持湖南省各级环境监测站的重金属监测能力建设。鉴于市、县级环境监测部门具体承担了大量辖区内重金属污染物的监测工作，应在常规实验室分析、快速监测和应急监测能力建设等方面重点扶持，力争在“十二五”期间实现湖南省各级环境监测站重金属监测能力建设全覆盖。

2. 依托湖南省环境监测中心站建设国家级重金属监测重点实验室。湖南省环境监测中心站常年从事重金属监测工作，技术力量雄厚，建议通过国家投入，将其建设成重金属污染基础研究和应用基础研究、聚集和培养优秀科技人才、开展学术交流的重要基地。

3. 建议安排中央专项资金，在湖南省内开展土壤污染深度调查，以及粮食安全调查。2006 年启动的全国土壤污染调查，湖南省取得了阶段性成果，锁定了部分污染区域，但调查尺度较大，有必要进一步详查，并采摘农作物分析重金属含量，了解污染危害及损失。

（2013 年 8 月）

环境监测网络亟待进一步完善

环境监测水平高低直接影响到我国环保工作的成效。党的十九大报告将污染防治作为补短板的“三大攻坚战”之一作出安排部署，说明环境监测是生态环保和污染防治的基础，是“短板中的短板”。近年来，我国环境监测发展虽然已建成较为完善的监测网络，但依旧存在着监测基础设施不足、监测力量相对薄弱、监测数据质量有待提高等突出问题，难以适应当前生态文明建设的新形势和新要求。

存在的问题主要包括以下三个方面：

1. 监测基础设施亟待改善。随着环境质量监测的断面、点位及监测频次、指标越来越多；重点污染源监督监测、在线比对监测、污染减排监测等工作现纳入日常环境监测，环境调查监测次数逐年增加，监测任务逐步增多。而基层环境监测部门人员不足、仪器设备不全、经费不足、实验室面积不够等情况都普遍存在。尤其是专业技术人员十分匮乏，大多数二、三级监测站编制已满或超员，基层环境监测部门中环境相关专业技术人员比例偏少，具备中级及以上职称的专业技术人员更是凤毛麟角。同时基层环境监测部门仪器设备不达标、实验室条件普遍较差，制约了环境监测工作的开展。

2. 监测范围亟待拓宽。近年来，环境监测的范围不断拓展，但由于环境监测能力不足，在很多区域和领域还存在不到位和空白的情况。例如，区域内地表水监测只覆盖到大的河流、水系，对一些主要小支流缺少监测；县级空气质量预报、硫酸盐化速率暂未涉足；县级城镇地下水可监测水井越来越少；县级站普遍缺乏废气挥发性有机物、废水铊等污染物监测能力；一些污染物缺乏统一标准的分析方法，在应对突发性污染事故和环境应急事故时，现有的快速分析方法尚不能做到完全准确定量。

3. 监测能力亟待提升。一是监测站发展不均衡。多数三级站无法按照国家要求实施常规监测，有机物监测也未能开展，监测频率低，样品代表性差；二是环境预警应急监测能力差。湖南省只有个别地市配备了应急监测车及其配套设备，出现污染事故时难以做到快速反应，普遍缺乏对污染源的自动监控和流动监测能力，不适应环境管理和决策需要。

为有效解决环境监测过程中存在的问题，提出以下建议：

1. 加快构建“天空地一体化”的环境监测网络。按照整合、优化、拓宽、集成共享的总体思路，完善大气、水、土壤、噪声等环境要素监测网络体系，推进污染源在线监测体系建设，搭建开放型生态环境大数据平台，实现监测数据实时共享。采用信息化、大数据、云计算等先进手段分析环境质量监测数据，提高环境监测数据质量，确保污染防治攻坚实现科学化、精细化、智能化。

2. 加大经费投入，完善环境监测基础设施建设。结合实际制定计划，分年度、分步骤填平补齐仪器设备，改善实验室条件。进一步增加对县级环境监测事业的投入，要把环境监测投入纳入公共财政支出的重点，建立稳定增长的投入机制，特别要加大对环境监测能力建设的投入。多方筹集资金，构建政府主导、市场推进、公众参与的环境保护投入机制，以政府投入带动社会投入，鼓励各类企业参与环保设施建设和运营，吸引社会资金投向环境监测事业，推进环境监测市场化。加大改革力度，提高监测队伍的待遇和地位，建立合理的分配机制和有效的竞争激励机制，提高高空、高温、高危环境津贴，以充分调动基层监测人员工作积极性。加强人才队伍建设，急需的高、精、尖人才要打破常规，采取特殊的激励措施大胆引进，培养一批环境监测各专业的学科带头人和技术骨干，重奖有特殊贡献的科研人员。

3. 加强统筹规划，拓展环境监测范围。不断拓展环境监测领域，加强环境监测能力建设。加快建立先进的环境监测预警体系，在重点城市和存在重大污染隐患的地区，配备先进的水质和空气自动应急监测车；由各地监测站结合污染源情况提出监测仪器配置方案。拓展重金属、有机污染物监测项目，逐步把危害群众身体健康和环境安全，影响可持续发展的突出环境问题纳入环境监测范围。统筹设置涵盖大气、水、土壤、噪声、辐射等要素监测的立体化监测网络。

（2018 年）

建议进一步完善和加强环保督察制度

近两年，中央在全国范围内开展环境保护督察，实现了全国31个省的全覆盖，有效推动了地方环保责任落实，有力推进了不少环境问题的解决，但推进中也存在一些问题，需要进一步加强和完善：一是督察人员组成上代表性不够。中纪委和中组部相关领导没有深入介入各督察组，国务院有关部门没有参与，主要还是环保部门唱独角戏，现有中央环保督察更多地体现为中央领导下的环保督察，以致一些地方把“环保督察”变成了“督察环保”，有些部门认为是环保部门的督察。二是督察内容上导向性不强。每个省的中央环保督察向地方交办的具体环境问题都不少，这些问题更多的应是环保日常执法监管中关注和解决的问题，中央环保督察应更多关注这些问题背后折射的党委、政府失职失责和部门的不作为、乱作为。三是督察方式相对单一，追责问责力度不够。

为有效解决环保督察推进中存在的问题，提出以下建议：

1. 进一步调整完善中央环保督察组的构成，由中办、国办牵头，国务院督查室和环保部共同协调，中央、国务院有关部门及中央有关企业参与，使其组成更具权威性、代表性，推动地方真正落实“党政同责”“一岗双责”。

2. 把环境质量改善情况，大气、水、土壤污染防治行动计划的贯彻落实情况，以及党委政府及有关部门的履职情况等作为督察的重点内容，在交办举报的具体污染问题时，深纠问题背后是否存在地方党委政府决策不正确或者政策不落实，有关部门环保责任落实不到位，不作为或者乱作为的问题。

3. 借鉴中央巡视工作的成功经验，在当前全面覆盖的基础上，开展不定时、不定期的督察，采取“发点球”的方式，针对重点地区、重点行业、重点问题开展机动式、点穴式专项督察，实现点面结合；组织督察“回头看”，通过检查整改落实情况，防止一些地方紧一阵松一阵，整改走形式、跑过场等现象，推进中央环保督察迈向法制化、规范化、常态化，促进地方党委政府及有关部门把践行绿色发展的理念变成自觉行动。

4. 从中央层面进一步明确把推进生态文明建设作为各级领导干部绩效考核和选拔任用的重要内容，加大考核权重，从德、能、勤、绩等方面细化考核内容，改进考核方法，对考核优秀或者不合格的领导干部要明确相应奖惩措施，尤其要与干部的安排使用真正结合起来，让中央环保督察成为推进美丽中国建设的重要抓手和平台。

（2018 年）

加快制定《生态文明建设促进法》

生态文明建设是实现伟大中国梦的重要工作内容之一。然而，目前有关生态文明建设缺乏基本法、专门法，相关法律规范主要分散在宪法及其行政法、经济法、环境法、社会法、刑法等部门法中，生态保护立法的协调性和衔接性不足，导致出现部门职能交叉或职责不清等问题。已有生态立法层级低，碎片化现象较为突出，权威性不够，一定程度上影响了执法效果。此外，一些地方与部门的立法普遍缺乏生态理念，在立法目的和立法原则设定上存在重经济发展、轻生态环境保护的现象；立法生态化更新进程缓慢，立法内容上存在与生态环境保护要求不匹配、不吻合等情形，难以对地方生态环境进行系统化保护。此次全国人大通过的宪法修正案已将生态文明建设写入了宪法，下一步就应坚决贯彻落实宪法，加快生态文明的立法进程。

为此，提出以下两个方面的建议：

1．加快制定《生态文明建设促进法》。认真研究总结中央及各地生态文明建设领域的立法实践，统筹考虑生态文明建设与体制改革的理念、原则、目标和要求，制定《生态文明建设促进法》，贯彻习近平新时代生态文明思想，明确生态文明的定义，确立生态文明建设指导思想和基本原则，就生态经济、生态环境、生态文化、生态人居、生态安全和生态制度等内容做出反映国际潮流、符合中国国情的规定。建议全国人大常委会将《生态文明建设促进法》纳入本届人大的立法规划，组织力量切实推进相关立法进程，为全国生态文明建设提供坚强的法治保障。

2. 加强法律间的协调衔接工作。充分发挥《生态文明建设促进法》的统领与规范作用，加强对行政法、经济法、刑法等相关法律的立法评估工作，及时清理、完善与生态文明建设不相适应的相关条款。建议建立立法的生态评估机制，要求人大立法、政府立法必须遵循生态文明的基本准则，将生态理念渗入到今后的每项立法工作中去。在此基础上，及时启动《生态文明建设促进法》的配套立法工作，逐渐形成一个上下联动、逻辑统一、完整协调、科学合理的生态文明建设法律保障体系。

（2018 年 3 月）

加大环境违法打击力度 提高环境违法成本

现在我国环境保护的现状是环境违法打击力度仍然不够、环保部门执法不严，企业主体违法成本低、守法成本高，已成为目前环境法制领域一个亟待解决的难题。新《环境保护法》虽然大幅度提高了环境违法的成本，但现实情况却是很多企业宁愿主动违法，因为违法的成本要比守法的成本低许多，据有关部门统计，我国环境违法平均成本不及治理成本的10%，不及危害成本的2%。而要加大环境保护与治理，就必须要改变这一现象，进一步加大环保执法力度，提高环境违法成本，落实企业环保主体责任，让企业能主动遵守环保制度。

造成全国目前环境违法时有发生的原因在于：一些企业主法律观念淡薄，环境守法意识不强，在环保上的投入不足，环保设施运行管理不善，尤其是在经济利益的驱使下，存有侥幸心理，想方设法逃避环境监管的事件时有发生。另外，也是因为目前的环保法规约束不严，处罚力度过小，环境执法能力建设滞后，执法效能不高，底气不足。

为有效解决当前环境法制领域存在的问题，提出以下建议：

1. 各级各部门要坚持依法行政，执法必严。一是切实运用法治思维和方式，依法推进环境治理，加快生态环境保护立法，可以研究借鉴国外的环境立法做法，从中吸取适合中国国情的有益经验，真正解决环境违法成本低等问题，发挥好制度和法治对生态文明建设的保驾护航功能，推动生态保护向法治化轨道迈进。二是坚持“谁开发谁保护，谁污染谁治理，谁破坏谁恢复”的原则，加强环境监管执法，完善现场巡查、联合执法、日常监管机制，建立区域环境监管执法机构，加强异地交流执法力度，统一调度环境监管执法人员，解决好人情执法、同情执法、执法不严、执法不到位等问题，形成在“生态环境保护问题上不可越雷池一步”的刚性约束，始终保持高压态势，严厉打击破坏生态环境的违法行为，倒逼企业履行环保主体责任。三是应加强党内考核机制的推进，建立党政同责的环境保护责任体制，地方党委和政府都要与环保部门共同承担责任，如果责任主体部门执法不严，负责人员应引咎辞职。

2. 对企业进行激励奖惩机制，打击违法行为。首先要有严格的市场准入总量控制，没有总量指标的企业不允许进入，污染型的产业也同样不允许进入；第二，大力推行环境资源有偿使用、绿色证券及信贷、差别化税收及价格等有利于环保的优惠政策，使企业在环保中直接收益，从而提高企业主动遵守环保法律法规的自觉性；第三，制定提高企业环保违法成本的经济政策。对违法企业实行市场退出、交易限制、提高成本、加重处罚等惩戒性措施，超排性质严重的、报假数据的要拘留、追究刑事责任，促使企业主动守法。

3. 用生态金融手段提高环境违法成本。一是强化商业银行对信贷项目的环境风险管理，对拟贷款项目的环境风险进行识别，对于可能存在环境风险的项目采取提高贷款利率、增加担保品甚至是拒绝贷款等方式，提高企业潜在的违法成本。二是实施绿色评级制度，第三方评级机构从环保角度，对各类信贷项目、债券融资、首次公开发行、股权再融资等项目进行绿色评级，主要参考这些项目在污染排放、生态破坏、资源可持续性等方面的数据。相关金融机构再根据绿色等级，对相关行业企业和项目给予差别化的金融待遇，包括贷款利率、债券利率、融资门槛和成本等；财政部门还可根据绿色评级减少对违法企业的补贴数量和规模，甚至取消相关补贴，以及收回给予企业的补贴和税收优惠。三是对环境违法高发行业企业及项目推行强制绿色保险，强制要求那些资源消耗多、环境污染大、违法概率高的行业企业及项目购买环境污染责任保险，明确保险公司在投保企业环保不达标情况下的免责权利，建立与环境违法风险等级挂钩的费率调节机制。

（2018 年 8 月）

从整合到融合 从合并到合力
构建生态环境保护执法新格局

《深化党和国家机构改革方案》提出："整合组建生态环境保护综合执法队伍。整合环境保护和国土、农业、水利、海洋等部门相关污染防治和生态保护执法职责、队伍，统一实行生态环境保护执法，由生态环境部指导。"这次生态环保执法队伍改革，通过整合各部门的环境保护职能，形成综合执法合力，进一步提高环保部门的行政效率，对实现生态文明领域国家治理体系和治理能力现代化、加快推进生态文明建设具有重大而深远的意义。但在实际工作中，由于相关职能部门各自为政，单独执法的观念根深蒂固，部门与部门之间缺乏协调合作经验，导致生态环境执法职能、队伍整合及之后工作的开展，仍有一些难度和障碍。

如何加快生态环境保护综合执法队伍从"整合"到"融合"、从"合并"到"合力"，建立更有效的环境保护监督机制，已成为当前刻不容缓需要解决的突出问题。为此，提出以下四个方面的建议：

一、要优化职能配置，加强监督制约，建设权责明晰的生态环境保护综合执法机构

生态环境保护综合执法改革要以转变部门职能为核心，以整合执法职责为重点，结合"放管服"改革、省以下环保机构垂直管理制度改革等，要进一步下放管理权限，下移执法重心，理顺相关职能部门职责关系，优化资源配置，创新执法监管方式，努力构建权责明晰、统一高效的环保行政执法体制，逐步实行管理权、审批权与监督权、处罚权的适当分离，强化不同权力之间的相互监督和制约，改变目前部分行政部门既审批又监督

管理的体制机制。同时，各职能部门在生态环境保护执法的职能统一整合到生态环境部门后，仍要按照“管行业必须管环保、管生产必须管环保、管发展必须管环保”的原则，主动履行各部门的环境保护职责，确保落实“党政同责，一岗双责”；此外，还是要树立“一盘棋”的思想，强调整体协同，继续像过去一样关心、支持生态环境领域监管执法，形成步调一致、相互支持的良好局面。

二、要强化部门间的沟通协调，构建高效顺畅的生态环境执法新体系

原执法职能分布在各部门，是按照“谁管理，谁审批，谁执法”建立的执法模式，包括执法队伍、技术保障体系、行政法律体系、执法运作体系。目前环境执法改革调整了执法的职能，整合了队伍，还需完善相关配套机制，形成新的执法体系。

1. 合理划分综合执法部门和职能部门职责。首先，在如何履行生态环保责任上，要做到边界清晰，职责明确。根据改革的原则和要求，建立、修改完善部门权力清单和责任清单，注意消除部门间权力责任的空白和交叉，明确部门职责的边界；其次，梳理好业务流程，做好接口管理。对部门间职责理解有模糊和偏差的地方进行界定、厘清。同时，在执法实践中对业务流程不断加以完善，并以制度的形式加以明确和固定。

2. 在明确综合执法机构性质和职责的基础上，建立起全面、规范的制度。如信息共享制度。有关部门的审批、管理台账等信息，与执法密切相关，应与执法部门共享；联合执法制度。部门间要建立一套全面、规范、细致、明确的执法程序。执法职责调整后，执法人员进行调配划转，而相关的技术保障机构和队伍既不可能划转，也不可能另起炉灶重新再建，这就需要通过联合执法解决。建立联合执法定期会商机制，对于一些复杂或认识不一致的问题，充分发挥各级政府或环委会的作用，加强行政协调。

三、要综合运用各种手段，充分调动各方力量，提高环境保护执法的有效性

通过建立大环保格局，推动环保法律法规和政策措施的落实，严厉打

击环境违法行为，提高环保执法的有效性。一是推进行政与司法的“两法衔接”。通过完善违法案件移送、联合执法等联动协作，促进环保行政执法与刑事司法的高效衔接，加大公益诉讼力度，推进生态环境损害全额生态赔偿，强化公检法联动执法，严惩环境污染违法犯罪行为；二是通过价格、财税、土地、金融等经济手段，引导和督促企业实现高质量发展，通过建立区城间、流域间的生态补偿机制，推进排污权交易和碳排放交易，实现节能减排，改善环境；三是充分运用社会信用评价机制和黑名单制度，如抽查抽测、建立失信名单和黑名单、实行失信的联合惩戒等措施，强化企业的主体责任，督促企业履行环保义务；四是建立群众投诉举报机制，支持新闻媒体和环保公益组织监督，借助社会力量助力环保执法。

四、要多方面提升环境保护综合执法能力，打造生态环境保护执法铁军

环保职能的整合，监管执法范围的扩大，对环境执法能力和水平提出了新的、更高的要求，需要加强执法队伍建设，加强环保执法保障。一是加强环保执法立法建设，从法律层面提供强有力的保障。可以借鉴审计部门的经验做法，案件移交、调查取证等过程中，赋予执法部门强有力的依法行政手段，解决基层环保部门“难进门、难执法、难处罚”的“三难”问题；二是统一实行生态环境保护执法。统一建制、统一管理、统一着装。精简高效、综合设置。加强制度建设，严格规范、公正文明执法。保障执法车辆和装备，统一执法人员着装，改善环境执法条件；三是加强执法人员培训。加大队伍能力建设，解决“不敢执法、不会执法、不善执法”的问题。可参照法院的做法，由国家组织建立全国范围的案例库，作为执法的范本以及广大执法人员的学习参考。

（2018 年 12 月）

基层环境监测部门不少问题亟待解决

在社会经济发展新阶段下，环境保护工作和生态文明建设工程迎来了新的机遇，但同时也遇到了新的挑战。随着我国环境压力的不断增加，环保形势比较严峻，而基层环保人才队伍建设却相对滞后。与监管行业种类的多样性、环境污染类型的复杂性、环境污染事故的多发性与突发性相比，基层环境监测队伍的能力不能适应目前新形势需要，县级监测站普遍存在人员年龄结构不合理、学历水平偏低、业务知识水平偏低等问题，导致监测水平不高、监测能力欠缺，急需得到改善。

目前，基层环境监测部门存在的突出问题：

1. 基层环境监测机构编制严重不足。环保系统内人员编制过少、机关行政编制问题尤为突出，环境监测部门多年来满编甚至超编运行，无法汲取新鲜血液，人员素质整体不高，在一定程度上影响了环境监测站本身发展及环境监测技术的提高。随着基层环境监测任务的加重和环境监测项目的增多，现有编制远不能满足环境监测任务需要，人员与任务的不匹配现象在基层环境监测部门比较普遍，工作人员只能疲于应付日常任务，难以兼备科研任务的开拓创新。同时部门基层环保系统存在差额、自收自支的编制问题急需解决。

2. 基层环境监测人员待遇低，职称评定困难。湖南省基层环境监测部门一般属于事业单位，然而，无论是与参公事业单位或是东部经济发达地区环境监测同行相比较，从业人员在社会保障待遇方面均不够优厚，不能够很好调动专业技术人员的积极性，也不利于监测技术的提高；同时县（市）站环境监测技术人员能申请的职称晋升指标偏少，导致职称评定困难，这些都对基层环境监测人才队伍建设带来一定的影响。

3. 环境监测人员素质仍不能完全满足监测任务需要。新型和高级专业型人才紧缺，专业技术人员缺乏，尤其是基层环保系统本科学历以上、环保专业人员占比较低，年龄结构不合理。随着环境监测科技的发展，与自动监测、生态遥感、环境监测大数据分析、环境空气预警预报紧密相关的自动化控制、环境地理信息系统、计算机、气象学等专业人才也成为环境监测人才新的需求，在社会上该类人才平均薪酬待遇较高，环境监测站竞争优势不大，很难招聘到合适人才。同时基层监测部门的高级专业人才技术岗转行政岗现象较为普遍，地方监测站混编、混岗现象较严重。

为有效解决基层环境监测部门存在的问题，提出以下建议：

1. 按照不同层级工作职责配备生态环保工作力量，保障履职需要，确保适应新时代污染防治攻坚战需要。落实全面从严治党要求，树立正确用人导向，加强干部交流调整，积极组织专业培训，对违法行为和腐败问题坚决做到“零容忍”，建设规范化、标准化、专业化的生态环境保护人才队伍，打造政治强、本领高、作风硬、敢担当，特别能吃苦、特别能战斗、特别能奉献的生态环境保护铁军。妥善解决基层环保系统人员超编问题，确保人员按编定岗，保障环保工作正常运行。

2. 完善环境监测机构设置，增加环境监测人员数量。一方面，各级政府应重视并促进环境监测站标准化建设；另一方面，鉴于环境监测任务日益加重，环境监测人手不足的弊端愈加明显，各级政府应结合环保管理体制改革，按照环保任务需要，核定人员编制，招录补充环保专业人才，加快建设智慧环保平台，增强各级政府环境管理能力。在编制问题未解决之前，地方环境监测站往往采取聘用编外人员方式缓解人手不足问题，地方环保主管部门应提高聘用人员待遇，实现同工同酬，提升环境监测站在人才引进和招聘方面的竞争力。

3. 提高环境监测人才素质，提高环境监测队伍软实力。完善招聘机制和程序，从源头上提高人员质量，保证人员专业化水平；积极提升环境监测站竞争力，建立健全激励机制，激发干事创业热情，建议制定科学合理的基层人才考核奖励机制，根据工作难易程度、危险程度、接触毒害物质等情况，完善津补贴政策、提高津补贴标准。建议制定政策引导高学历、高技术人才向基层倾斜，在收入分配、职称评定上给予适当的优惠和奖励，加强对监测一线技术人员的技术培训，实时进行技术交流，保证监测数据在源头上的准确性。

（2019 年）

关于制定《生态文明建设促进法》的建议

一、案由

党的十九大报告提出“建设生态文明是中华民族永续发展的千年大计”，“绿水青山就是金山银山”写入党章，根据《中共中央关于修改宪法部分内容的建议》，“生态文明”将写入《中华人民共和国宪法》。我们要建设的现代化是人与自然和谐共生的现代化，既要创造更多物质财富和精神财富以满足人民日益增长的美好生活需要，也要提供更多优质生态产品以满足人民日益增长的优美生态环境需要。在这一崭新的历史机遇和时代背景之下，为了进一步推进生态文明建设，促进高质量和可持续发展，我们迫切需要统筹考虑生态文明建设与体制改革的理念、原则、目标和要求，制定《生态文明建设促进法》，确立其为生态文明建设领域的基本法律，为切实构建完整、协调、科学的生态文明建设法律保障体系，充分发挥生态文明建设立法对改革的引领和推动作用奠定坚实基础。

二、案据

（一）生态文明建设法治先行，制定《生态文明建设促进法》是构建和完善顶层制度设计的迫切需要

生态文明建设需要一系列的理念和制度支撑。近年来，围绕生态文明建设的顶层制度设计不断完善，十九大报告、党章、宪法中都有重点阐述，也出台了不少法律法规、部门规章制度和地方法规，但还缺少一部统领性、专门性的生态文明建设的法律。有关生态文明建设的相关立法，分

散在宪法及其相关法、民商法、行政法、经济法、社会法、刑法、环境法、诉讼和非诉讼程序法等八个法律部门，由于缺少专门性立法，在实践中造成一些困扰，如生态保护的协调性和衔接性不足，部门职责交叉或职责不清，某些领域存在明显的立法空白，立法层级低、立法碎片化等问题。

为了更好地协调统筹，指导实践，有必要制定生态文明建设的专门法。目前立法时机已经成熟，建议尽快启动立法程序，制定《生态文明建设促进法》，进一步构建和完善生态文明建设的顶层设计。

（二）制定《生态文明建设促进法》是对现有部门和地方法律规章进行生态化改造的迫切需要

目前，部门规章和地方法规在满足生态文明建设方面存在一定的缺陷，主要体现在生态化立法更新的整体进程缓慢；生态化立法理念缺失，立法目的和立法原则设定上，存在重经济发展、轻生态环境保护的现象；生态化立法体系不完整，无法对地方生态环境进行系统化保护；立法内容上存在与生态环境保护要求不匹配、不吻合的情形等方面。

制定《生态文明建设促进法》，使之作为专门法或上位法，对民法、行政法、经济法、刑法等传统部门法进行生态化的改造，使其与专门的生态文明立法一起形成生态文明法治建设的整体合力。同时全面清理现行法律法规中与加快推进生态文明建设不相适应的内容，加强法律法规间的衔接，用严格的法律制度保护生态环境。对传统部门法的生态化，并不仅仅指在形式上规定环境资源保护的法律条款，而是要求其立法不仅能遵循生态系统管理的基本准则，而且能切实确认和保护环境权益。同时建议进一步加强党内生态文明法规制度建设，努力形成生态文明建设方面国家法律法规和党内法规制度相辅相成、相互促进、相互保障的格局。

（三）地方政府在生态文明建设领域的立法实践，为制定《生态文明建设促进法》提供了很好的借鉴参考

近年来，地方政府在生态文明建设立法方面进行了积极探索和实践。《贵州省生态文明建设促进条例》（以下简称《促进条例》）是全国首部省级生态文明建设条例。颁布以来，贵州省各级政府高度重视，认真落实《促进条例》各项规定，加大生态文明建设力度，较好地守住了发展和生态两条底线，经济发展势头持续向好，环境质量持续改善；浙江省湖州市在2015年7月施行《湖州市生态文明先行示范区建设条例》（以下简称《建设条例》），这是全国首部专门就生态文明先行示范区建设进行立法的地方性法规。《建设条例》中有很多亮点，比如规定政府应当建立生态文明先行示范区标准化体系、编制环境功能区划、编制自然资源资产负债表、对领导干部进行自然资源资产离任审计、实行生态环境损害责任终身追究制等，对引领和保障生态文明先行示范区建设具有十分重要的现实意义。其他地方如福建、浙江、新疆、青海，以及杭州、厦门、珠海等，人大常委会也制定了相关条例，促进生态文明建设，这些探索和实践，对制定国家层面的《生态文明建设促进法》，将起到积极的借鉴作用。

三、建议

（一）明确生态文明的定义

习近平总书记指出，“生态文明是人类社会进步的重大成果。人类经历了原始文明、农业文明、工业文明，生态文明是工业文明发展到一定阶段的产物，是实现人与自然和谐发展的新要求”。准确理解把握生态文明的本质、内涵，是推进生态文明建设的基础前提。

生态文明是人类遵循自然规律、经济规律、社会规律，在长期实践中取得的一切物质、精神、制度成果的总和，是人与自然、人与人、人与社会和谐共生、持续发展的一种伦理道德与意识形态，是一种新的社会文明形态。生态文明建设是对世界可持续发展事业的丰富和创新，是可持续发展理念的中国表达，是落实可持续发展的中国方案，也是中国自己开创的、既符合世界潮流又符合本国国情的可持续发展实践。

（二）确立生态文明建设指导思想和基本原则

1. 把习近平新时代中国特色社会主义思想贯彻到《生态文明建设促进法》制定的全过程和各方面。

2.《生态文明建设促进法》的基本原则是指《生态文明建设促进法》所确认的，反映《生态文明建设促进法》本质的，对《生态文明建设促进法》的规则和制度起指导作用的准则。

比如，坚持人与自然和谐共生；树立和践行绿水青山就是金山银山的理念；人与自然是生命共同体，人类必须尊重自然、顺应自然、保护自然；坚持节约资源和保护环境的基本国策，坚持节约优先、保护优先、自然恢复为主的方针，形成节约资源和保护环境的空间格局、产业结构、生产方式、生活方式，还自然以宁静、和谐、美丽；统筹山水林田湖草系统治理；坚定走生产发展、生活富裕、生态良好的文明发展道路；建设美丽中国，为人民创造良好生产生活环境，为全球生态安全作出贡献；牢固树立社会主义生态文明观，推动形成人与自然和谐发展现代化建设新格局。

（三）按照党的十九大的部署要求，《生态文明建设促进法》要与以下内容相结合

1. 与推进绿色发展相结合。要通过《生态文明建设促进法》，加快建立绿色生产和消费的法律制度和政策导向，建立健全绿色低碳循环发展的经济体系；支持构建市场导向的绿色技术创新体系，发展绿色金融，壮大节能环保产业、清洁生产产业、清洁能源产业；推进能源生产和消费革命，构建清洁低碳、安全高效的能源体系，推进资源全面节约和循环利用，降低能耗、物耗，实现生产系统和生活系统循环链接；倡导简约适度、绿色低碳的生活方式，反对奢侈浪费和不合理消费。

2. 与解决突出环境问题相结合。要通过《生态文明建设促进法》，推进全民共治、源头防治，持续实施大气污染防治行动，打赢蓝天保卫战；进一步推进水污染防治，实施流域环境和近岸海域综合治理；强化土壤污染管控和修复，加强农业面源污染防治，支持开展农村人居环境整治行动，同时加强固体废弃物和垃圾处置；提高污染排放标准，强化排污者责任，健全环保信用评价、信息强制性披露、严惩重罚等制度；推进构建政府为主导、企业为主体、社会组织和公众共同参与的环境治理体系，同时为积极参与全球环境治理、落实减排承诺提供支持。

3. 与加大生态系统保护力度相结合。要通过《生态文明建设促进法》，推进实施重要生态系统保护和修复重大工程，优化生态安全屏障体系，构建生态廊道和生物多样性保护网络，提升生态系统质量和稳定性；推进生态保护红线、永久基本农田、城镇开发边界三条控制线划定工作；推进开展国土绿化行动，推进荒漠化、石漠化、水土流失综合治理，强化湿地保护和恢复，加强地质灾害防治；推进完善天然林保护制度，扩大退耕还林还草；促进严格保护耕地，健全耕地、草原、森林、河流、湖泊休养生息制度，建立市场化、多元化生态补偿机制。

4. 与改革生态环境监管体制相结合。要通过《生态文明建设促进法》，加强对生态文明建设的总体设计和组织领导，设立国有自然资源资产管理和自然生态监管机构，完善生态环境管理制度，统一行使全民所有自然资源资产所有者职责，统一行使所有国土空间用途管制和生态保护修复职责，统一行使监管城乡各类污染排放和行政执法职责；加快构建国土空间开发保护制度，完善主体功能区配套政策，建立以国家公园为主体的自然保护地体系；为坚决制止和惩处破坏生态环境行为奠定良好的规范体系。

（2019 年 3 月）

关于尽快将《生态文明建设促进法》纳入立法规划的建议

一、案由

生态文明建设关系人民福祉，关乎民族未来，2018 年，“生态文明”写入了宪法，全国生态环境保护大会确立了习近平生态文明思想。在这一崭新的历史机遇和时代背景之下，我们迫切需要统筹考虑生态文明建设与体制改革的理念、原则、目标和要求，尽快将《生态文明建设促进法》纳入立法规划。

二、案据

中国已进入“五位一体”的社会，需要将生态文明以法制化的措施融入国家生活的主战场。但是，目前缺少一部有关生态文明促进方面的综合性法律。制定专门的生态文明建设促进法律，可以从宏观、系统的角度为生态文明建设和改革指明方向，做出规划，提出要求，也可以让生态文明建设和改革方面的规范更加具有可操作性。

从法律形式看，对生态文明建设立法，宜采用促进法的形式。目前全国已经拥有《清洁生产促进法》《民办教育促进法》等 7 部促进法。从本质上看，这些促进法和其他法律并不一样，其他法律讲权利义务、讲法律责任，都具有惩罚性，而促进法则不是，它是一种倡导性立法，以鼓励为主。

在《生态文明建设促进法》立法指导和依据方面，目前，生态文明制度体系在国家和地方层面正在不断建立和健全，这为法律的制定提供了充实内容。

三、建议

建议全国人大在2019年将《生态文明建设促进法》列入调研计划，由生态环境部牵头，抓紧开展法律的起草工作。

基本内容可以包括：

基本原则：构建自己的原则体系，将习近平生态文明思想的“八个坚持”纳入该法，以法言法语的形式予以转化。

主要制度：围绕蓝天、碧水、净土、生态保护修复、产业结构调整、企业提质增效等方面，开展绿色政治、绿色经济、绿色社会、绿色文化等方面规范体系的构建。

具体内容：从习近平总书记提出的生态文化、生态经济、目标责任、生态文明制度、生态安全等五大体系开展具体条款的设计和内容组织。

立法目的：应当把“五位一体”写进去，体现生态文明的地位和作用。

概念定义：应当予以“生态文明”科学的界定。

思路方法：应当明确生态文明建设的目标、战略、任务、路径和方法，提出2020、2035和2050年的阶段性生态文明建设和改革目标。

管理体制：生态文明建设不只是生态环境、自然资源等少数部门的职责，按照“一岗双责”的要求，还涉及其他相关部门，部门交叉很难避免。该法要明晰各部门职责，各地方、各部门共同参与，形成各方面和各层级的合力。

治理体系：要建立生态文明建设的国家治理体系，发挥各方面作用，特别要强调公众参与和司法监督。由于国家法律法规难以规定地方各级党委职责，可以在原则上规定“生态文明建设党政同责、一岗双责、失职追责、终身追责”。

促进措施：综合考虑现实国情和所面临的问题，治标和治本相结合。针对现有经济、民事、行政等法律体系开展生态化工作，同时也要推进生态产业化。法律既要强调“绿水青山就是金山银山”，设计制度大力保护生态环境和生态安全，也要致力于如何使“绿水青山”转变成“金山银山”，通过产权改革和激励措施调动绿色发展的积极性。

工作监督：要与党中央、国务院下发的关于生态文明建设的文件相衔接，强化评价与考核、自然资源离任审计、领导干部生态环境损害责任追究等相关制度，进一步巩固中央环保督察和绿色发展指数评价等工作成果。

另外，为推进实现全国的生态文明建设和体制改革的制度化、规范化、程序化、体系化，《生态文明建设促进法》制定中除了要设计与相关党内法规的衔接规定外，其实施还需要配套性地制定相关的法规、规章、标准和行动计划。

（2019 年 3 月）

深入推进《长江保护法》贯彻落实的几点建议

一、贯彻落实情况

对照《长江保护法》，根据《湖南省贯彻落实〈长江保护法〉实施方案》和湖南省实际，湖南省生态环境系统认真梳理职责，明确任务，其中牵头或共同牵头负责工作13项，参与工作14项，拉单列表、加强调度，细化责任分工，强化责任落实。

（一）扛牢长江保护政治责任

湖南省生态环境系统牢记习近平总书记“守护好一江碧水”殷切嘱托，把抓好长江保护修复作为忠诚拥护“两个确立”、坚决做到“两个维护”的政治考验，主动担当作为，狠抓推进落实。一是高位协调推进。提请省委、省政府调整优化省生态环境保护委员会、省生态环境保护督察和整改工作领导小组，省委、省政府主要领导共同担任主任（组长），全面加强对生态环境保护工作的组织领导。二是周密部署实施。会同省发改委制定湖南省长江保护修复攻坚战实施方案，部署“八大专项行动”和“4+1”系统治理工程，抓好落实。制定湖南省《关于深入打好污染防治攻坚战的实施意见》，将长江保护修复、洞庭湖总磷治理作为湖南省八大标志性战役统筹部署。充分发挥省生态环境保护委员会统筹协调作用，连续6年发动污染防治攻坚战“夏季攻势”，将长江经济带突出生态环境问题、城乡环境基础设施建设等任务纳入任务清单，采取项目化、工程化方式，强力攻坚克难。三是健全党政领导责任体系。推动修订出台湖南省生态环境保护工作责任规定、生态环境保护督察工作实施办法、重大生态环境问题责任追究办法，建立约谈、挂牌督办、区域限批制度，组织例行督察、日常督察、专项督察，开展污染防治攻坚战成效考评，纳入对市州党委和政府绩效考核指标体系，纳入省政府真抓实干督查激励重要方面。四是加强法律宣传。制定《长江保护法》宣传贯彻实施方案，利用亚太绿色低碳发展高峰论坛、“六五”世界环境日、专家解读等平台，加强《长江保护法》学习宣传，推动构建齐抓共管、协同推进的大环保格局。

（二）立好长江绿色发展规矩

对照《长江保护法》第7条、17条、18条、19条、20条、22条、26条、44条、45条、93条等条款，在科学制定规划、强化空间管控、完善标准制度上下功夫。一是坚持规划统领。出台《湖南省“十四五”生态环境保护规划》，统筹长江干支流治污治岸治渔；以“一江一湖三山四水”为主战场，编制印发《湖南省重点流域水生态环境保护“十四五”规划》等，构建“1+12”规划体系，突出抓好长江流域生态保护修复。二是严格空间管控。省级部门率先发布“三线一单”管控措施和省级及以上产业园区生态环境准入清单，14个市州全部印发“三线一单”管控意见及清单，是全国首个发布全域环境管控单元、准入清单的省份，构建了“1+4+14+860”生态环境准入体系，统筹长江干支流治污治岸治渔。三是健全法规标准。密切配合省人大常委会，推动出台《洞庭湖保护条例》；结合产业特点，开展工业废水铊污染物等5项地方标准的制修订工作；在长江流域重点区域、重点行业执行污染物特别排放限值；制定出台《生态环境损害调查办法》等6项管理制度，2021年启动损害赔偿案件989件，涉及赔偿金额1.9亿元，在全国会议上作经验交流，郴州屋场坪锡矿“11·16”尾矿库水毁灾害事件生态环境损害赔偿案、益阳沅江市3家公司污染大气生态环境损害赔偿案先后入选全国第一批、第二批“生态环境损害赔偿磋商十大典型案例”，立好长江保护修复及绿色发展规矩。

（三）强力推进污染防治攻坚

对照《长江保护法》第34条、35条、37条、43条、46条、47条等水污染防治条款，坚持精准、科学、依法治污，推动生态环境质量持续改善。一是加强饮用水保护。持续推进集中式饮用水水源保护区“划、立、治”，将农村饮用水水源地突出环境问题整治纳入“2022年省政府十大民生实事”，完成湖南省4763个集中式饮用水水源保护区划定和县市级“千吨万人”、乡镇级“千人以上”水源地环境问题排查整治。二是强化入河排污口排查整治。扎实推进长江入河排污口排查整治行动，基本完成“查、测、溯”相关工作；在此基础上，印发工作方案，全面启动整治工作，完成4564个排污口排查整治工作。入河排污口排查整治工作走在全国前列，获生态环境部推介。三是加强农村生活污水治理。编制印发《湖南省农村生活污水治理专项规划（2022—2025年）》，2020—2021年，省级组织在1600个村开展农村生活污水治理工作，2022年继续推进600个村治理。启动农村黑臭水体治理，印发《湖南省农村黑臭水体排查工作方案》，常德市入选全国2022年15个农村黑臭水体治理试点城市，获中央专项经费2亿元。四是推进尾矿库污染治理和化工园区地下水调查评估。扎实推进尾矿库污染治理，湖南省529座尾矿库，其中需治理的306座尾矿库全部按照污染防治方案完成治理。目前正在开展21个涉化工园区地下水环境状况调查评估。五是启动实施洞庭湖总磷污染控制与削减攻坚行动。“十三五”时期，连续开展洞庭湖水环境综合治理“五大专项行动”“三年行动计划”，洞庭湖生态环境持续好转。“十四五”时期，以降低总磷浓度为重点，纵深推进洞庭湖生态环境整治。省政府印发《洞庭湖总磷污染控制与削减攻坚行动计划》，明确农业农村污染防治、城乡黑臭水体治理等7项重点任务和“禁磷限磷”专项行动。2021年，完成入河湖排口污染防控、河湖湿地修复、生态水网建设等279个重点项目，2022年部署推进324个重点项目。通过强力攻坚，2021年，湖体总磷浓度为0.063毫克/升，比2015年下降43.8%，降幅位居全国同类湖泊前列；湖南省147个国考断面水质优良率97.3%，排名全国第4位；长江干流湖南段和湘资沅澧四水干流全部达到或优于Ⅱ类水质。湖南省在国家污染防治攻坚战成效考核中连续两年获评优秀。

（四）系统加强生态保护修复

对照《长江保护法》第52条、53条、54条、55条、56条等条款，实施自然恢复为主、自然恢复与人工修复相结合的系统治理。一是加强自然保护地监管。划定湖南省生态环境保护红线，以“绿盾”为抓手开展自然保护地常态化监管，切实守护生态安全屏障，建立多部门参与的“绿盾”协调工作机制。及时组织核查国家反馈问题线索，截至目前，生态环境部2022年下发的23个国家级自然保护区遥感监测疑似重点问题都已完成现场核查，扎实推进问题整改。二是加强重点河湖实施生态环境修复。按照“一河（湖）一策”要求，推动大通湖、蒸水、龙荫港等流域系统治理，持续改善水环境质量，推进水生态修复。通过重点涉水工程影响环境评价，推动过鱼设施、生态调度等措施落实，充分满足水生生物的生态需求。三是加强生物多样性保护。贯彻中央《关于进一步加强生物多样性保护的意见》，按程序制定印发湖南省实施意见。组织开展湖南省生物多样性保护优先区域生物多样性调查观测工作，补充更新湖南省生物多样性数据库。以每年“5·22国际生物多样性日”“世界野生动植物日”和“六五世界环境日”为契机，集中开展生态环境保护及生物多样性宣传教育活动。

（五）推动服务绿色低碳发展

对照《长江保护法》第64条、65条、66条等条款，运用环境标准和准入政策助推调整产业结构，优化产业布局，推动绿色发展。一是推进湘江流域产业转型升级。连续实施湘江保护和治理三个“三年行动计划”，2021年实现圆满收官，累计淘汰1200余家涉重企业，株洲清水塘、湘潭竹埠港等五大重点区域实现转型升级。2021年，运用环境标准淘汰27家落后产能企业，配合完成38家沿江化工企业搬迁改造。二是强力推进“锰三角”整治。制定《花垣县“锰三角”矿业污染综合整治规划（2021—2025年）》和《花垣县“锰三角”矿业污染综合整治实施方案（2021—2025年）》，举一反三推进湖南省矿业绿色转型，完成湖南省关闭矿山矿涌水污染现状调查及评估。三是坚决遏制“两高”项目盲目上马。对湖南省在建、拟建、存量“两高”项目环评审批情况进行全面清查，完善“两高”项目环评管理台账。2021年省本级7次对相关项目环评作出了不予审批的决定。全面完成国家下达的主要污染物减排、二氧化碳减排、能耗双控任务指标。四是推进产业园区绿色发展。做好产业园区调区扩区环保服务，在全国率先全面推行园区第三方治理、开展产业园区环保信用评价，将园区环保工作纳入“五好”园区评价体系，强化激励奖惩。持续推进园区环境基础设施建设，开展工业园区水环境问题专项治理，确保环境基础设施稳定运行、达标排放。

（六）牢牢守住环境安全底线

对照《长江保护法》第10条、77条、78条、79条、80条等条款，完善应急联动机制，依法查处违规违法问题，确保长江生态环境安全。一是抓好突出生态环境问题整改。以长江经济带生态环境警示片、中央环保督察、全国人大执法检查反馈问题整改为重点，通过抓好重点问题整改，推动生态环境保护工作整体提升。截至目前，两轮中央生态环保督察反馈问题173个，整改销号123个；4部长江经济带警示片披露问题71个，整改销号58个；全国人大执法检查反馈问题整改工作有力有序推进。连续两年组织拍摄湖南省生态环境警示片，提高主动发现和解决问题的能力。配合省纪委监委开展2021年长江经济带警示片披露问题调查问责相关工作，问责150人。临湘生活垃圾填埋场、岳阳长江岸线和码头污染整治成效分别在2020年、2021年长江经济带警示片给予肯定；常德石板滩石煤矿坑污染整治、株洲南郊垃圾填埋场渗滤液处理等一批“老大难”问题得到解决。二是全面排查整治生态环境风险。组织开展防范化解重大生态环境风险隐患“利剑”行动，对湖南省5个方面、13个类别、4296个生态环境风险隐患问题开展地毯式排查，对风险隐患实行五级管控。组织7轮涉镉等重金属污染源排查，排查点位3770多个，456个纳入污染源整治清单，已完成整治452个。完成湖南省耕地土壤与农产品重金属污染加密调查，开展稻米镉超标与土壤性质关系专题研究，实现耕地重金属污染调查全覆盖、土壤与农产品分析评价“一对一”。开展危险废物大调查大排查大整治专项行动，继续推进涉锑、涉铊专项整治，对湖南省285家涉铊企业、25个涉铊园区进行全面排查，发现问题全面完成整改，整治工作得到生态环境部肯定。加强常态化疫情防控，实现医疗机构及设施环境监管与服务全覆盖，医疗废物、医疗污水及时有效收集和处置全落实。三是依法从严打击环境违法行为。开展打击危险废物环境违法犯罪、重点排污单位自动监测数据弄虚作假等一批专项执法行动，2021 年湖南省生态环境综合执法队伍共查处环境违法案件 2793 件，处罚金额 2. 1586 亿元，移送公安 274 宗（行政拘留 222 宗，环境污染刑事犯罪 52 宗），对一批严重违法案例进行公开曝光。四是不断提高现代环境治理能力。实施监测能力提升三年行动计划，推进长江流域水质自动监测站建设。率先建成环保督察信息管理平台、生态环境 + 电力大数据智慧监管平台，抓好重点排污单位自动监控。

二、有关建议

湖南省在贯彻落实《长江保护法》工作中虽然取得了一定的成效，但也面临一些困难和问题，如法条标准概念界定不清晰、普法宣传力度层层递减、监测数据共享不畅、生态补偿机制不够完善等，为有效解决其中存在的问题，特提出以下建议：

一是建议进一步明确相关标准。法律中“干支流、重要支流、化工项目”等概念界定不清晰，建议进一步明确，提高操作性；建议加强法律的衔接配套，确保《长江保护法》与《长江河道采砂管理条例》等有关法律条文衔接一致。二是建议进一步健全协作机制。长江流域范围广、涉及部门多，需打通流域生态环境、资源、水文、气象、航运、自然灾害等监测网络体系，建立全流域数据资源共享机制，协同推进长江保护修复。三是建议进一步加大生态保护补偿。不断完善并继续推进横向生态保护补偿机制，加大对长江流域江河源头和上游地区生态保护修复的资金、项目支持力度。

（2022 年 7 月 16 日）

专题六

深化改革创新

大力推进长株潭城市群“两型社会”环境文化建设的建议

环境文化是生态文明建设的重要组成部分，是致力于人与自然、人与人的和谐关系，致力于可持续发展的文化形态。以环境文化为切入点，推动生态文明建设，作为一种文化形态，培育全社会的生态文明理念，作为一种导向，促进公众参与生态文明建设。环境文化建设在构建生态文明社会中起着举足轻重的作用。

一、推进长株潭城市群“两型社会”环境文化建设的紧迫性

（一）生态文明思想理念的缺失

虽然长株潭三市以占湖南省 13.3% 的面积、19.2% 的人口，创造了占湖南省 37.6% 的地区生产总值。但是多年来生态文明思想理念的缺失、部分官员的唯 GDP 至上、强烈的现代化需求、密集的人类开发活动、大规模的基础设施建设和高物耗、高污染型的产业发展等等，给长株潭区域生态系统造成了严重的影响。

（二）环境污染的严峻性

长株潭地区结构性污染问题比较突出：土壤污染严重，仅株洲市的重金属污染区面积即达 274 平方千米，占其总监测面积的 62.4%；清水塘霞湾港下游江段的底泥，经历 40 多年的沉淀积累，重金属严重超标；工业废水的排放总量大，水质受有机物和重金属污染严重；多年堆存的废渣，二次污染逐渐显现，如株洲冶炼集团股份有限公司、原湖南铁合金厂堆存的

废渣等。同时，长沙市“南拓北进”以来，三市城区两两相距不足40千米，环境相关性极强，一些重金属汇聚湘江，威胁三市城乡居民饮水安全。

（三）工业现状与生态工业发展的矛盾

目前长株潭的工业现状：一是粗放型的工业发展模式造成资源产出和利用效率低，工业污染严重。二是缺乏工业废弃物综合回收利用体系，“三废”利用率仍偏低。三是缺乏辐射性较强的生态工业载体。四是工业技术体系薄弱。这些矛盾制约了“两型社会”建设，与加强环境文化建设不相适应，与环境文化所倡导的生态工业文明不吻合。

（四）社会公众的环保意识淡薄

目前人们的环保意识和环保行为远远适应不了“两型社会”建设的要求。公众参与意识淡薄，缺少必要的环保知识，缺少主动参与环境保护的行为，缺乏主动监督违法排污的热情。然而建立资源节约型和环境友好型社会，必须要求全社会节约资源、减少污染、保护环境，需要全社会的主动参与。

二、推进长株潭城市群“两型社会”环境文化建设的对策建议

人是环境文化建设的主体，如果没有人类思想、观念、意识、教育、消费方式等行为模式的生态化转型，环境文化建设就会受到严重制约。因此，要采取多种手段，促进人的行为生态化，推动环境文化以及“两型社会”建设。

（一）加强人的决策行为的环境文化建设

1. 建立相应的法律、政策体系。政府应制定适合经济社会与环境协调发展的规章制度、政策文件、生态政绩考核制度、绿色GDP核算体系，以及有利于生产、消费方式生态化发展的价格、税收、信贷、贸易和政府采购等政策，通过征收环境税、补贴和反补贴等选择性的激励奖罚机制，促进企业实现环境成本内部化。

2. 建立“两型社会”评价机制。将资源消耗、环境损失和生态效益纳入长株潭发展评价指标，构建绿色 GDP 核算体系，确立环境优先的发展机制和考核制度。

3. 加大环境文化建设的宣传力度。

（1）制作电视专题片：在湖南主流媒体如湖南卫视制作专题片，围绕“两型社会”建设的热点和难点，每月制作一期关于加快推进环境文化建设访谈互动节目，邀请相关厅局的领导或省内知名专家参加，营造声势。

（2）开展绿色人物评选：在湖南省范围内评选对保护环境、环境文化建设中有突出成绩的个人和集体。组织高规格的颁奖晚会，扩大绿色人物的社会影响力。

（3）开辟报刊专栏：在湖南主要报纸如湖南日报上开辟专栏，并在全国范围内开展关于“两型社会”环境文化和环境文化建设的征文活动，形成环境文化建设氛围，扩大环境文化影响力。

（4）建立环保义工制度：成立环保义工组织，制定环保义工的工作指南和管理制度，使环保义工成为“两型社会”建设中统筹城乡环境保护的桥梁和纽带。

（5）加强载体建设：建立生态环境博物馆，展示改革开放前后长株潭地区的工业、农业、服务业的发展、演化和巨变，对比生态环境的渐进变化，宣传和普及节约资源和环境保护的知识等。通过视频演示、历史模拟、互动游戏等丰富多彩的形式和妙趣横生的示范，让游客轻松了解大自然和生物多样性的重要性，自觉保护环境、节约资源。

（6）大力开展生态创建：开展生态省创建工作，极大地促进环境文化建设，加快长株潭地区“两型社会”的建设步伐。

（7）播发环保广告：利用电视广告影响力，每天轮流播放环保公益广告，大力弘扬环境文化，让生态文明的理念深入人心。

（二）加强人的消费行为的环境文化建设

1. 强化生态消费教育，培育生态消费理念。积极宣传生态消费知识，在全社会树立以勤俭节约为荣，以奢侈浪费为耻的消费观，树立生态消费理念，使生态消费成为人们普遍认同的消费准则。

2. 形成生态消费法治。由于生态消费的高投入和群体利益的相关性，必须建立较完备的法律体系，使人们把传统的消费模式转移到适度的、可持续消费模式的轨道，把环境的代价纳入生产者和消费者的决策范围，用法律手段规范企业和消费者行为，使企业在生产经营中确立新的成本观，约束和引导公众消费行为。比如矿藏开采、动物皮毛的利用等。

3. 营造生态消费氛围。建立绿色消费平台，通过政府网站或主流媒体，分门别类公布环保产品名录，并实行每日更新。推行绿色消费，引领消费者识别环保产品、购买环保产品，形成购买环保产品的社会氛围。倡导绿色采购，尽快建立政府绿色采购制度，使更多的环境友好型产品进入政府绿色采购范围。通过生态消费，促进传统生产方式向生态化生产方式的转变，在全社会形成一个良性循环。

（三）加强人的生产行为的环境文化建设

1. 转变经济增长模式，执行绿色核算体系。现行的国民经济核算体系仅反映了经济活动的正面效应，没有反映负面效应。需建立绿色国民经济核算体系，把自然资源和环境成本纳入国民经济核算体系，把生态消费、生态营销和环境保护等各项指标作为各级政府、部门和企业经济发展的重要指标，并将绿色 GDP 作为考核企业绩效和各级政府工作的重要标准。改变过去无偿使用自然资源和环境并将成本转嫁给社会的传统消费模式。

2. 逐步提高环保门槛，扶持企业产业转产。随着经济的不断发展和市场机制的不断完善，国家应逐步提高环保门槛的准入标准，以强制不利于环保的产品停产或逐渐减产，扶持企业加速向环保型企业转换。对污染型企业实行全程重点监控，建立健全企业污染排放定期公示制度，将企业污染状况作为考核企业业绩的重要内容。

3. 构建“两型”产业体系。在资源开采环节，不断提高资源综合开发和回收利用率；在资源消耗环节，努力提高资源利用效率；在废弃物产生环节，全面开展资源综合利用；在再生资源产生环节，积极回收和循环利用各种废旧资源。对现有工业企业进行全面技术改造，培育一批资源利用效率高、工业“三废”排放少的清洁企业，引导工业企业广泛采用节能、降耗、减亏、增效的清洁生产技术。

（四）加强人的栖息行为的环境文化建设

1. 构建生态人居。让资源节约和环境友好的理念贯穿住宅的选地、用地规划、能源配套、设计、建材选用全过程，在建筑形式上体现节能、环保理念，让“绿色”作为一种现代文明走进百姓之家，以实际行动弘扬环境文化，繁荣环境文化。

2. 建设绿色家园。以家庭为单元，通过细胞工程建设，使环保理念深入人心。从节水、节电、节约粮食做起，在实际生活中真正践行“两型社会”建设。

3. 建设绿色社区。以社区为单元，开展绿色创建，落实环保责任制，制定社区居民的行为规范，推行社区的环保自治模式，鼓励社区居民人人参与环保，人人爱护环境。

（2009 年）

关于规范城市生活垃圾焚烧促进生活垃圾处理良性发展的提案

从去年到今年，有几个词语一直受到社会的强烈关注：垃圾、焚烧厂、二噁英、致癌。媒体上铺天盖地的消息轰炸着我们的神经，生活垃圾焚烧究竟是“公益”工程，还是“公害”工程？是节能减排的有效途径，还是危害健康的“致癌恶魔”？是生活垃圾处理水平的提高和进步，还是倒退？

世界上垃圾处理有三种主要方式：卫生填埋、堆肥、焚烧资源化利用。据环保部调查，2008 年中国城市的垃圾产生量是 1. 55 亿吨，填埋处理占 82. 7%，焚烧占 15%，还有一些其他的处理方式。如此高比例的垃圾被填埋，是否做到了“卫生”姑且不论，填埋产生的空气污染和渗漏产生的地下水污染也暂且不提，单就垃圾填埋所消耗的土地资源，已经成为城市发展中“不能承受之重”。

对于很多城市来说，填埋场场地选择越来越困难，填埋处理的成本也越来越高，焚烧处理会逐步发展成为大中城市生活垃圾处理的主要选择。发达国家，特别是土地资源相对少的国家，均把垃圾焚烧作为垃圾处理的主要手段。日本 78% 的生活垃圾通过焚烧处理，英国的比例高达 88%。垃圾焚烧可以发电、供热，焚烧后有害物质基本上被破坏，填埋时不会产生二次污染；焚烧后垃圾容积能减少 90%，重量能减少 70%。与此同时，焚烧后剩余物的再利用技术也在不断发展。

目前国内反对垃圾焚烧主要有四个疑问：焚烧是不是过时的垃圾处理方式？垃圾焚烧会不会对空气、水源造成严重的二次污染？垃圾焚烧产生的二噁英会不会对附近居民健康产生危害？垃圾焚烧厂能不能建在城区？

我们以德国为例，据统计，从1965年到2007年，德国的生活垃圾焚烧厂和处理能力一直在增长，目前已增至70余座，年处理垃圾超过1800万吨；随着技术进步，垃圾焚烧发电产生的二噁英等有毒物质完全可以控制在安全排放的范围内，国外很多垃圾焚烧厂就建在居民区内，目前没有任何研究成果表明，附近居民会有更高概率出现健康问题。同样是垃圾焚烧，为什么在德国出现垃圾供不应求、要从别国进口垃圾来焚烧的局面，而在我国竟产生巨大争议，甚至酿成重大社会事件？我认为关键在于“规范”二字。

我们当前垃圾焚烧行业“不规范”的现状令人触目惊心：垃圾分类缺位——混合垃圾或只经过简单处理的垃圾直接焚烧，二噁英等有毒物质产生量大大高于分类垃圾；选址缺乏论证——过程不公开透明，宣传引导不到位，引发社会事件；产业准入混乱——准入门槛不透明、招标决策不公开，存在恶性竞争和低价中标现象，而中标后往往不能兑现中标前环保承诺，引发争议；技术监管缺失——不成熟的技术设备还在不断进入市场，一些垃圾焚烧发电厂为骗取发电补贴，大量使用煤和油来发电，成为实质上的“小火电”；违规操作突出——操作中不遵守国家相关技术标准，偷工减料，排放物严重不达标；执法缺乏依据——没有完善的法律法规，政府部门没有权力进行相应执法。民间监督缺位——缺乏独立的民间监测、监督机构，二噁英排放量等相关信息发布容易受到质疑。

我们认为，建设符合标准的垃圾焚烧厂，科学有效地监督其运行与管理，监控其二次污染物排放，并建立有公众参与的长效监督机制，这是摆在各个城市面前亟待解决的难题。为此，提出以下建议：

1. 垃圾分类必须到位。健全的垃圾分类是垃圾焚烧发电的前置条件，是不可超越的历史阶段。现在的问题，不是公众的素养够不够，而是城市政府必须下定决心、切实投入，提供垃圾分类所需的强大基础设施。垃圾分类是居民、小区、中转站、焚烧厂等各个环节都要配套的系统工程，可适当借助民间“拾荒者”的力量，将垃圾处理末端做细，实现无害化、减量化、资源化。

2. 政府必须加大投入。市场化已是垃圾焚烧发电的明显趋势。但在国情特殊的中国，垃圾焚烧发电并不适合市场化。这种事关公共安全的高风险产业，完全属于公共服务的范畴，应该主要由城市政府买单，或者由财政全额保障，或者予以补贴，唯有保证企业合理利润才有可能杜绝偷工减料的行业黑洞。

3. 相关环节公开透明。选址公开透明，建立和完善听证制度，对新开发区域的公共设施规划方案应提前向社会公开，并强制要求开发商向购房者公示；准入门槛从严，必须有资质、有经验的企业才能进入；招标过程公示，接受社会阳光监督；强制要求垃圾焚烧厂向所在社区的居民全方位开放，接受整个社会的监控。

4. 监管措施必须得力。切实执行国家相关标准，抑制地方政府争上“小火电”的冲动；对实质上成为“小火电”的焚烧厂，如不整改，坚决予以关停；全面加强监管焚烧流程，严格按流程操作，杜绝偷工减料现象；培育独立政府之外的民间监督、检测机构。

5. 配套措施必须完善。健全法律法规，为环保执法提供法律依据；严格执行相关技术标准，宣传普及较成熟技术，对危害较大的不成熟技术坚决予以清除；将垃圾焚烧处理技术纳入国家“十二五”科技规划，加大技术攻关；制定相应的补偿机制，从经济利益、公共服务等方面给予利害关系人合理的补偿和平衡。

综上所述，仅限于学理和技术的层面抽象地讨论垃圾焚烧发电的是是非非，不是当务之急。当前我们最应该做的，就是把垃圾焚烧规范好，真正实现垃圾处理的减量化、资源化、无害化，对生命负责，对历史负责！

（2010 年）

关于构建长江中游经济区
打造中国区域经济第四大板块的建议

改革开放以来，中国经济通过投资和出口主导，沿海地区率先发展起来，已经形成珠三角，长三角、环渤海三大经济板块，成为推动中国经济发展的三大引擎，同时也形成了武汉经济区，长株潭经济区、中原经济区、沈哈经济区、成渝经济区等次经济板块。党的十七大以来，中央提出了科学发展观，统筹区域协调发展，先后提出了西部大开发，振兴东北老工业基地，中部崛起等区域发展战略，有力推动了中西部的发展。2008年，美国金融危机爆发，外部环境发生了很大的变化，倒逼中国要转变发展方式，内需主导将成为中国经济未来发展的主要方向，中部地区的区位和在中国区域经济发展中的地位将得到极大的提升，从现有的区位和基础来看，建设长江中游经济区（包括武汉城市群、长株潭城市群、昌九城市带、洞庭湖生态经济区、鄱阳湖生态经济区），加快推进区域经济一体化，是一个确保中国经济持续发展、统筹区域协调发展的重大战略问题。

1. 建设长江中游经济区，有利于打造中国经济持续发展新引擎。改革开放以来，中国经济已保持了30多年的高速增长，成为全球经济持续快速增长时间最长的国家，今后投资、出口、消费三大引擎对中国经济引领的作用将逐渐减弱，中国能否在未来几十年继续保持快速增长的态势，中西部、扩大内需、技术创新和产业结构升级将成为推动未来中国经济保持快速发展的关键。长江中游经济区面积18万多平方千米，人口8000多万，2012年GDP总量近3万亿元，土地面积、人口规模与长三角、珠三角、京津冀相当，经济总量的差距在缩小，且有一定的后发优势，近几年长江中游经济区的经济增长速度不仅明显高于全国平均水平，也高于部分东部发达地区，长江中游经济区的武汉、长沙、南昌即将形成一小时高铁网，区域内基本形成了3小时经济圈的高速公路网，正在成为中国经济新引擎。

2. 建设长江中游经济区，有利于区域经济协调发展。改革开放以来，东部地区率先发展，党的十七大以来，中央明确提出了统筹区域协调发展。长江中游经济区在内需主导的经济发展模式中，其承东启西的地理位置优势明显，无论是工业、农业、商贸流通、旅游和现代服务业等都可以全方位辐射东西南北，而且长江中游经济区南连珠三角经济区，东接长三角经济区，西邻西部龙头成渝经济区，在中国区域经济整体布局中具有重要地位和作用。

3. 建设长江中游经济区，有利于打造多中心、网络化、生态化城镇群的新型区域经济发展模式。世界城市化的发展，形成了纽约－费城－华盛顿、环洛杉矶，东京－大阪、环伦敦等大都市圈，中国也形成了长三角、珠三角、京津冀大都市圈，但存在的不一定是合理的、科学的，中外这些大都市圈单极核，“摊大饼”的城市和区域发展模式，尽管外来的经济拉动和辐射带动作用很大，但内在的时间、交通、环境等方面的成本也很大，城市居民普遍感到不方便、不幸福，存在过度城市化和区域布局不合理的问题。世界城市化的发展应该走多中心、网络化、生态化城镇群发展道路，如美国旧金山湾区的发展模式值得中国学习借鉴。旧金山湾区首位城市旧金山只有300万左右人口，但通过轻轨、高速公路等发达的交通体系连接奥克兰等大、中、小几十个城市，聚集了上千万人口。旧金山是美国西部金融中心，也是全球热点旅游城市和最适宜人居住的城市，同时美国创新的摇篮硅谷、著名大学斯坦福、伯克利也在湾区。可以说旧金山湾区经济、科教发达，区域协调、交通便捷、环境优美。长江中游经济区的武汉、长株潭、昌九城市群通过洞庭湖、鄱阳湖生态经济区和武广、昌武、沪昆高铁及多条高速公路相连，最有条件打造多中心、网络化、生态化的新型城镇群，其发展模式不仅对中国，而且对世界城镇化和区域经济发展也有借鉴意义。

4. 建设长江中游经济区，有利于探索生态文明建设的新路子。长株潭、武汉城市群是国家“两型社会”试验区，鄱阳湖是国家批准的生态经济区，洞庭湖也在向国家申报生态经济区，鄱阳湖、洞庭湖是国际重要湿地，江汉平原、洞庭湖平原、鄱阳湖平原是全国重要的粮食基地。建设长江中游经济区，可以探索和实现工业与农业、城市与区域、发展与生态等多方面的协调，对于确保我国粮食、生态、水资源安全，对于加快推进我国新型工业化、新型城镇化、农业现代化、城乡统筹、“两型社会”建设都将具有重要影响、重要作用。

建议国家加强长江中游经济区的研究，提升在国家区域经济发展格局中的战略地位，从国家层面顶层设计长江中游经济区的发展规划，建立领导协调机制，加强定期会商交流，加强区域分工与协作，加大合理开发、有效保护力度，加大项目布局、基础设施建设和政策扶持力度，把长江中游经济区打造成中国经济发展新引擎、区域经济第四大板块和生态文明建设示范区。

（2012 年 3 月）

关于进一步加强和推进生态文明建设的建议

自党的十七大首次把生态文明写入党代会报告，强调要在全社会树立生态文明理念，基本形成资源节约、环境友好的产业结构、增长方式、消费模式以来，全国生态文明建设取得了阶段性成效，但我们也应该清醒地看到，全国环境质量仅仅局部改善，整体仍在恶化，温室气体排放、生态安全等问题没有得到实质性改变，生态文明推进的广度和力度还不够。为此，就进一步加强和推进生态文明建设提出如下建议：

一、进一步提高对生态文明建设的重要性、紧迫性和艰巨性的认识

生态文明强调人与自然和谐相处，体现了人类文明发展的进步历程，生态文明也是在汲取了国内外发展的经验教训以后提出的正确发展道路。推进生态文明建设是中国共产党坚持以人为本、执政为民，维护最广大人民群众根本利益，特别是环境权益的集中体现，是建设中国特色社会主义的应有之义。建设生态文明又是加快经济发展方式转变，改善生态环境、实现经济社会可持续发展和促进社会和谐的必然要求。推进生态文明建设，既是一个长期的历史过程，也是一项紧迫的现实任务，客观需要加大环境保护和生态建设力度，大力建设资源节约型和环境友好型社会，加快形成符合生态文明要求的生产方式、生活方式和消费模式，推动经济社会和环境协调发展。同时建设生态文明也是一项复杂的系统工程，任务十分艰巨和繁重，需要党委、政府坚强有力的推动和引导，需要各部门的密切配合，需要全社会的广泛参与。

二、加强宣传，形成最广泛的社会共识

建设生态文明，生态文化是支撑。要突出建设生态文明这个主题，广泛开展形式多样的宣传活动，大力宣传生态文明建设的重要性和紧迫性，宣传生态文明的本质特征、核心思想和丰富内涵，宣传生态文明建设的工作思路、重点任务和主要措施，普及生态文明建设的科学知识，使各级党委、政府，各个部门、行业，社会各界自觉地投身生态文明建设，真正使生态文明理念入脑、入心。广泛宣传生态文明建设的先进典型，积极推广成功经验，通过舆论引导、典型示范，形成生态文明建设的良好社会氛围。

三、生态文明重在建设

生态文明不能仅仅停留在思想认识层面，更重要的应该在于建设、在于行动、在于落实。目前，全国生态文明建设只是在有些部门、有些地区自主展开，党委、政府缺乏系统的宏观规划，缺乏明确的工作任务，缺乏全面的推进措施。环保部开展的生态系列创建活动，也仅仅是一种倡导性的，没有严格的工作任务要求，而且工作地位、重视程度、推进力度也不够，只是生态司牵头在抓这项工作。建议中央将生态文明建设纳入重要议事日程，提出明确的工作要求，制定详细的工作目标，明确牵头的工作部门，全方位、多层次、宽领域、大力度地推进生态文明建设，从国家层面大力推进各种类型的生态文明创建活动。建议环保部将生态文明建设工作作为全部工作的重点和中心，统领各项环保工作。

四、制定生态文明建设目标指标体系

生态文明建设的进程如何，需要有一个科学、客观的评价标准。研究制定一套体现中国国情特点的生态文明建设目标指标体系，有利于增强工作的科学性和可操作性，使生态文明建设有方向、有目标、看得见、摸得着。制定评价标准，必须按照科学发展观的要求，既与国际上生态文明的先进理念相衔接，又充分考虑中国发展的阶段性特征，与全面建设小康社会和现代化建设总体目标相适应，充分发挥目标指标体系的导向作用，力

求把生态文明建设的要求任务化、具体化、指标化，使方向更加明确，目标更加具体，操作更加可行。

五、多手段、多途径加快推进生态文明建设

生态文明建设包括了生态产业、生态环境、生态人居、生态文化、生态制度等方面的内容，要围绕生态文明建设的主要内容，采取行政、经济、法律和技术等多种手段加快推进。加大生态产业发展的研究、推进和支持力度，制定和完善激励、优惠政策，大力推进生态建设，加大生态补偿力度，不断改善生态环境，加大城乡统筹、城乡同治的力度，着力改善生态人居，弘扬生态文化，营造良好社会氛围，完善和建立配套的政策制度和相关法律法规，为生态文明提供强有力的制度和法律保障。

六、建立目标考核机制，实行一票否决

制定生态文明考核办法，把生态文明建设目标纳入各级党委、政府绩效考核，建立目标责任制，实行严格的考核，并将考核结果作为评价地区科学发展的重要指标，与党政干部的安排使用紧密结合，对做出突出贡献的地区和个人要大力表彰和奖励，对任务完成不好的要实行“一票否决”，充分发挥考核奖惩的导向和督促作用。

（2012 年 10 月）

关于建议国家加大对主要污染物减排重点项目经费支持的提案

一、主要污染物减排工作的重要性

“十一五”时期，主要污染物总量减排和节能一起作为调整经济结构、转变经济发展方式、推动科学发展的重要抓手和突破口，取得了明显成效。全国污染减排两项约束性指标二氧化硫、化学需氧量排放总量分别下降14.29%和12.45%，基本实现了“十一五”规划纲要确定的约束性目标，扭转了“十五”后期单位国内生产总值能耗和主要污染物排放总量大幅上升的趋势，为保持经济平稳较快发展提供了有力支撑。

“十二五”以来，党中央、国务院继续高度重视污染减排工作。2011年8月，国务院下发《国务院关于印发“十二五”节能减排综合性工作方案的通知》（国发〔2011〕26号，以下简称《通知》）文件，《通知》要求各地区、各部门采取更加有力的政策措施，大力推进节能减排，加快形成资源节约、环境友好的生产方式和消费模式，增强可持续发展能力。《通知》还明确了“十二五”期间主要污染物总量减排约束性指标增加为四项：即在二氧化硫、化学需氧量两项的基础上新增氮氧化物和氨氮两项指标；减排领域也在原来的工业源、生活源基础上拓展了农业源和机动车减排。

二、主要污染物减排工作的现状

作为中部省份和有色金属之乡，湖南省的主要污染物减排工作在全国具有一定的代表性。

（一）“十一五”期间污染减排总量控制目标完成情况

“十一五”期间，湖南省委、省政府高度重视污染减排工作，各级各部门密切配合，采取有力措施确保了减排目标的实现。2010 年全省化学需氧量、二氧化硫排放总量分别为 71. 80 万吨、70. 96 万吨，较 2005 年分别下降 10. 68%、12. 81%，超额完成“十一五”减排任务；砷、镉排放量分别为 64. 69 吨、14. 67 吨，较 2005 年分别下降 30. 80%、26. 30%，超额完成“十一五”减排任务。

“十一五”期间，湖南省工业化进程加快、城市化率提高，新增二氧化硫排放量 25. 6 万吨、化学需氧量排放量 22. 1 万吨，由于减排项目的支撑，净削减二氧化硫 16 万吨、化学需氧量 13. 2 万吨，有效确保了减排目标的实现。据统计，“十一五”期间，全省完成工程减排项目 1161 个，结构减排项目 1860 个，管理减排项目 71 个。截至 2010 年 12 月底，全省已建成城镇污水处理厂 134 座，污水处理能力为 538. 5 万吨/日。其中，“十一五”期间新建 119 座污水处理厂和 5139 千米管网，新增污水日处理能力 397 万吨，实现全省县城以上城镇污水处理设施全覆盖目标。

（二）“十二五”以来污染减排总量控制工作进展情况

国家下发湖南“十二五”主要污染物总量控制指标为：到 2015 年全省化学需氧量和氨氮排放总量（含工业、生活、农业）分别控制在 124. 47 万吨、15. 29 万吨以内，比 2010 年的 134. 13 万吨、16. 95 万吨分别减少 7. 2%（其中工业和生活减少 7. 0%）、9. 8%（其中工业和生活减少 9. 8%）；二氧化硫和氮氧化物排放总量分别控制在 65. 07 万吨、54. 99 万吨以内，比 2010 年的 70. 96 万吨、60. 43 万吨分别减少 8. 3%、9. 0%。

“十二五”期间，全省计划完成水污染物减排（主要涉及化学需氧量、氨氮总量减排）重点项目 3740 余个，形成化学需氧量、氨氮削减能力分别为 37. 44 万吨、4. 84 万吨；水污染物减排项目总投资合计约 398. 7 亿，其中企业深度治理 19. 4 亿元，城镇污水治理 344. 9 亿元，畜禽养殖污染治理 34. 4 亿元，工业结构调整项目未计入投资。计划完成大气污染物减排（主要涉及二氧化硫、氮氧化物总量减排）重点项目 190 个，形成二氧化硫、氮氧化物削减能力分别为29.65万吨、18.62万吨；大气污染物减排项目总投资合计约69.2亿元，其中电力行业脱硫投资13.4亿元，钢铁烧结烟气脱硫工程9.3亿元，燃煤锅炉烟气脱硫工程项目8.8亿元，电力行业低氮燃烧改造及脱硝9.3亿元，电力行业现有脱硝设施改造（管理）减排项目投资8亿元，其他工业窑炉脱硫脱硝治理投资20.4亿元，工业结构调整项目未计入投资。

三、主要污染物减排工作目前存在的困难

“十二五”以来，湖南省委、省政府高度重视环境保护和污染减排工作，始终坚持以科学发展观为指导，以建设生态文明为方向，以改善环境质量为根本目的，把全面完成主要污染物总量减排目标，作为加快推进“四化两型”战略，建设绿色湖南的一项重要工作来抓。全省各级各部门认真履行职责，落实工作措施，加大资金投入，强化环境监管，主要污染物总量减排工作取得了一定成效。但由于产业结构不合理、国内外经济形势复杂、减排领域扩展等原因，导致我省污染减排形势依然严峻，主要存在以下问题：

1. 转变经济发展方式与产业结构调整难以在短期内实现。湖南省仍处于工业化、城市化加速发展阶段，对重化产业有着刚性需求，产业结构、能源结构的优化调整任务艰巨，经济发展方式仍没有得到根本性转变。加之我省是有色金属之乡，有色金属的采、选、冶企业规模小、分布广、数量多、管理落后，加上历史遗留下的问题，重金属污染严重，环境安全隐患较为突出。

2. 经济社会发展迅速，主要污染物新增量压力大。湖南是中部欠发达省份，发展的压力较大。2012年，虽然全球经济增速普遍下行，但全省的GDP同比增长11%，十种有色金属、纸制品、水泥等部分主要工业产品产量保持增长。同时，我省是人口大省，人口基数大，城镇化率较低，每年新增城镇人口数量多。这些都导致了每年主要污染物新增量压力较大。

3. 受国内外经济形势的不利影响，重点减排项目的运行和建设出现困难。2012年各企业经营情况不容乐观，部分企业举步维艰，在此背景下，预计已建成的减排项目（脱硫脱硝、污水处理设施）运行费用和后续重点

减排项目的建设资金将难以全面到位，从而直接影响减排任务的完成。

4. 主要污染物减排工作领域扩展，需要资金重点扶持。主要污染物总量减排约束性指标增加为四项，减排领域也增加为四个：工业源、生活源、农业源和机动车减排。其中，机动车减排和农业源减排作为新的领域项目，还处于起步阶段，未大规模地开展，相关工作的推进需要完善配套政策，加强部门协作，加大投入力度。

四、主要建议

主要污染物减排工作的顺利推进，需要党委、政府的高度重视，需要政府各部门的通力合作，需要国家财政的资金支持，基于此，提出以下建议：

1. 加大对工程减排项目建设的支持力度。出台财政方面的激励政策，分领域分行业安排减排项目专项资金进行补助（包括污水处理厂配套管网、火电机组、新型干法水泥脱硝工程、农村畜禽规模化养殖污染治理等），对一些重大的具有示范性的减排项目，可采取财政全额投资的方式予以支持。

2. 加大对结构减排项目的支持力度。促进淘汰钢铁、水泥、造纸、冶金、有色、制革等相关行业落后工艺技术装备和产能，对涉重金属的关停企业、循环经济产业园区、产业整合等给予资金倾斜。

3. 加大对减排项目运行的支持力度。对已建成并正常运行减排设施的企业（主要包括火电、水泥、污水处理厂等）给予税收、金融、财政等方面的优惠，可采取直接给予资金补助、运行经费补贴、税收减免、低息贷款等措施，鼓励企业运行并维护好已建成的减排设施，确保发挥减排效益。对重点企业及重点减排项目进行运行监管，对管理减排效益明显的企业给予年度奖励。

4. 加大对减排基础工作的支持力度。出台相关政策，对机动车环保标志发放、环境统计、环境监测、排污权交易、企业环境行为信用评价等基础工作给予资金支持，推进相关工作深入开展。

（2013 年）

关于实施全民环境宣传行动计划的建议

保护环境是全民族的事业，建设环境友好型社会需要每个公民身体力行。只有全社会形成崇尚节约、保护环境的良好氛围。人人为之尽责出力，环保事业才有希望。目前，在全国开展的学习实践科学发展观活动，主要集中在各级党委、政府，特别是领导干部这个层面，对企业和社会的环境宣传重视不够、力度不够。为此，提出以下建议：

1. 制定全民环境宣传行动计划。全国要制定一个系统、全面、全方位、全覆盖的全民环境宣传行动计划，提出明确的目标、任务，分步骤、大力度地加以实施。

2. 加强生态文明和环境保护知识的普及。要大力推动生态文明和环境保护知识进机关、进学校、进厂矿、进农村。各级党委中心组一年至少要安排一次相关知识的学习，各级党政机关、厂矿学校、社区农村都要进行生态文明和环境保护知识的学习和普及，提高全民的生态文明和环境保护意识。

3. 组织多种形式的生态文明和环境保护的宣传活动。可考虑在各大媒体设立公益广告，开辟专题专栏，组织环保演讲比赛、征文活动，保护母亲河行动等多种形式加大宣传力度，推进社会生态文明核心价值观的树立。

4. 开展绿色典型评选。在全国范围内评选对保护环境、环境文化建设中有突出成绩的个人和集体，组织高规格的表彰活动，用典型事迹教育和激励社会大众。

5. 大力发展“两型社会”建设的民间组织和建立环保义工制度。鼓励发展“两型社会”建设的社会公益组织，倡导建立环保义工制度，充分发挥社会公益组织和环保义工在“两型社会”建设中的推动作用。

6. 加强宣传载体建设。在全国各省、自治区、直辖市建立生态环境博物馆，宣传和普及节约资源和环境保护的知识等。通过视频演示、历史模拟、互动游戏等丰富多彩的形式和妙趣横生的示范，游客轻松了解大自然和生物多样性的重要性，自觉保护环境、节约资源。

（2013 年 8 月）

关于加强农村环保机构建设的建议

随着建设生态文明，实践科学发展观越来越深入，环境保护也越来越受到各级党委、政府及人民群众的重视和关注，特别是国家环保总局升格为环保部以后，各省（区、市）的环保机构也在不断强化，但我国县级以下基本没有环保机构，使得很多工作在基层得不到强有力的落实。随着中国工业化进程的不断加快，不少工业污染在向农村转移，点源污染与面源污染共存，生活污染、农业污染和工业污染叠加，危害农民群众健康，制约农村经济发展，影响农村社会稳定。鉴于农村环境问题的严峻性、长期性、艰巨性，国务院于2008年首次召开了全国农村环境保护工作电视电话会议，国务院领导在会上明确提出城市与乡村环境同治的总要求，并指示要加强农村环保机构的建设。而现在我国环境管理重点在城市，乡镇基本没有环保机构，环境管理极为薄弱，与农村环境保护所面临的任务严重不相适应，制约了中国环境保护事业的快速发展。

一、农村环保机构建设的意义

农村环境保护工作线长面广，涉及多个方面、多个领域，仅靠县环保局机关去抓去管，往往是鞭长莫及。环境保护与计划生育、合理利用土地和保护耕地被列为中国的基本国策，后两项都已在乡镇有专门的管理人员和管理机构，唯独环境保护没有在乡镇设立专门的管理人员和管理机构，在中央对环境保护工作越来越重视的大环境下，这是非常不相称的。因此，设置乡镇环保机构，既是时势使然，也是环境保护发展的必然要求。

目前全国各地在积极探索建立农村环保机构。湖南省溆浦县在全县设立9个环境监察中队，各中队分别配置6—9人：各乡镇配备1名农村环境监察员，工业重镇配备2名环境监察员。通过环境监察中队、农村环境监察员的设置实现了农村环境管理的延伸，通过分散管理、集中执法，强化了农村环保问题的解决力度，其成为新农村建设不可忽视的力量。

其他各省市也在积极探索农村环保机构的建设，试点建设的经验表明：建设农村环保机构，将进一步健全环保监管体系，是环境保护工作重心下移、向农村延伸的有效途径，适应社会主义新农村建设的需要，符合中国乡镇经济快速发展、农村环保监管任务加重的要求；将强化乡镇环境保护监控和对环境违法行为的查处力度，对于点多面广分布在乡镇、家庭的小型污染企业、农村畜禽养殖等污染源，统一纳入环保监管范围，能有效打击环境违法行为；将有效提升对环境事故和环保纠纷的调处能力，一些因环境问题引起的社会矛盾在基层可以得到及时调解，避免由于情况掌握不到位，与群众沟通不及时而使矛盾激化，引起群体性事件，从而促进社会的和谐稳定。

农村环境保护工作，任重而道远，通过在乡镇设立环保机构，对提高农村经济发展与环境保护的协调性，建设生产发展、生活富裕、生态文明的社会主义新农村具有积极意义。

二、农村环保机构建设的对策和建议

1. 进一步加强农村环保机构建设试点，建立完善乡镇环境监管制度。对于不同经济发展水平、不同人口密度和不同国土面积的乡镇，采用不同的模式进行乡镇环保机构的设置。对于经济较发达、工业企业较集中、人口较多、环境监管任务较重的乡镇单独设立环保机构，对于中西部偏僻山区的乡镇以及小流域范围乡镇分片设立环保机构，对地理空间相连的几个乡镇进行统一的环境管理。

2. 人事部门要加大建立农村环保机构的支持力度。结合政府职能的转变，研究出台农村基层环保机构建设的指导性意见，明确机构性质为依照公务员法管理的事业单位或监督管理类的事业单位，在县（市、区）环保局的领导下履行环保工作职能，对湖南省的基层环保派出机构建设做出规划和部署。

3. 各县（市、区）环保局要加强对农村环保机构的领导。按照“按片设岗、突出重点”“分而不离、直属管理”等原则，在地理区位上，按照县（市、区）政府关于各乡镇组团发展的功能区划设立环保机构，一般一个功能区设一个环保机构，污染源比较多的镇，单设环保机构。在体制定位上，各环保机构为县环保局的直属单位，直接受县环保局管理，人员也在环保局名下列编，定期轮岗。在职能定位上，审批、行政处罚等工作由县环保局最终把关，各农村环保机构负责前期勘查、调处、预审等工作。

4. 全国先试点再推进。首先在各省市进行试点，每个省选择3—4个县进行试点，再将试点地区的好经验和做法在全国范围进行推广，最终在全国实现农村环保机构全覆盖。

（2013年8月）

关于将农村主要污染物减排列入国家“十二五”约束性指标的提案

改革开放以来，我国农村经济社会获得了长足发展，农民生活水平不断提高，但农村环境污染问题日趋严重，生活污水、垃圾、农业生产及畜禽养殖废弃物排放量增大，农村地区环境状况日益恶化，农村环境质量明显下降，直接威胁着广大农民群众的生存环境与身体健康，直接影响到建设农村小康社会目标的全面实现。加强农村环境保护，改善农村环境状况，是建设社会主义新农村的重要内容，也是农村环境形势的迫切要求。

据有关部门初步估算，全国农村每年产生生活污水约80亿吨，生活垃圾约1.2亿吨，大部分得不到有效处理，农村的化学需氧量（COD）产生量是城市的4倍。全国畜禽养殖粪便年产生量为25—30亿吨，是工业固体废弃物产生量的2.45倍。有关研究表明，在太湖水体富营养化的总氮、总磷贡献率中，农业面源污染负荷可分别占到59%和30%；在三峡水库，上游入库的氮、磷占总负荷的70%—80%，库区内面源负荷则占到70%—90%。其他研究成果也表明，农业面源污染已经成为导致江河湖库富营养化的主要原因之一。

从“十一五”开始，国家高度重视节能减排工作，将主要污染物排放总量减少10%列入了国民经济和社会发展“十一五”规划的约束性指标。国家环保部门出台了一系列政策措施推动主要污染物总量减排，取得了明显成效。但是，从国家采取的政策措施来看，减排主要针对城市和主要工业企业，农村污染物控制并未纳入减排计划。由于农村环境污染涉及面广、污染总量大，如果不采取有效措施降低农村污染物排放总量，不仅我国整体环境质量改善仍然难以实现，甚至有可能抵消目前所取得的污染物减排成果。为此，我们提出以下建议：

1. 将农村污染物减排列入“十二五”约束性指标减排内容。建议国家在安排“十二五”减排性指标中，主要污染物排放总量应包含农村污染物，把农村化学需氧量（COD）的削减列入减排计划确保完成。督促各级政府进一步加强对农村环境保护工作的重视和支持，明确农村环保工作责任，抓好考核监督。

2. 全面实施农村污染物减排重点工程。加大资金投入力度，把农村环境保护主要工作纳入国民经济和社会发展规划、计划，重点推动农村畜禽养殖污染治理、镇村生活污水垃圾处理、乡镇工业企业污染治理、农村居住环境整治等重点工程，提高农村污染治理水平和污染物排放总量削减能力。

3. 加强农村环保科技研究。开展农村环境质量标准、污染物排放标准和农村环保适用技术的研究，积极开展技术示范和成果推广，探索农村污染物减排的有效途径。

4. 加强农村环境管理能力建设。建立健全农村环保机构，充实环保人员力量，完善农村环境监督管理体制。建立农村环境质量和污染物排放常规监测制度，加大环境监管，为农村减排提供强有力支持。

（2013 年 8 月）

应大力支持生物质综合利用产业发展

我国拥有丰富的生物质资源。仅以林业资源大省黑龙江省为例，全省秸秆和林业废弃物年产生量达到 8000 万吨以上，折合标准煤约为 4000 万吨。这些资源如能合理充分利用，会成为“地上煤矿”，否则会造成严重的环境污染和巨大的资源浪费。近两年我国大面积的雾霾，秸秆焚烧也是引发的重要因素之一！目前，我国生物质开发利用尚处起步阶段，再以黑龙江省为例，从 2007 年至今，全省仅建成 20 个生物质发电项目，长年正常运行的只有 6 个，总装机容量不足 40 万千瓦，若全部正常运行，年消耗生物质原料约 400 万吨，不到产生量的 5%。更令人担忧的是，相当部分的生物质发电企业运行状况不佳，处于亏损甚至停产状态，这对生物质利用产业发展产生了较大的负面影响。

当前制约该产业发展的主要障碍有三个方面：一是规模收集体系尚未形成，收集率太低。由于收集时间短、收集手段落后、收集成本高，秸秆的收集率不足 30%，除小部分自用和部分还田外，大部分被农民在田里直接焚烧，造成了环境污染。二是生物质资源的储存运输成本较高。因收集率低，收集半径加大，而秸秆及稻壳等比重小、体积大，加上沿途的罚款导致运输成本居高不下。且受农作物种植一季的限制，企业必须有半年以上的储存量，增加了损耗和场地、管理等费用。三是生物质能源的输出消纳在操作上存在问题。生物质发电也要申请上网指标，而不是执行《可再生能源法》规定的全额收购可再生能源电量，由于不能全额上网，让本已惨淡经营的生物质发电企业雪上加霜。上述问题如能有效解决，将会吸引大批生物质利用企业，带动相关产业发展，产生可观的经济效益，并有效减少因秸秆焚烧导致的空气污染，是一举多得的好事。

为有效解决生物质利用产业发展中存在的问题，提出以下建议：

1. 加快生物质收集。一是要支持可与粮食收割同步收集秸秆的装备的研发、生产和使用。将秸秆收割、打包、破碎装备发展纳入到可再生能源发展规划，鼓励农机部门加大研发力度。二是对生产秸秆收集装备或把收割机改造为同步收集秸秆机械的企业和农户予以财政补贴。三是鼓励农民采用穗茎兼收的机械，给予农机贷款与担保优惠政策，降低农民收割成本和经济负担，提高秸秆收集率。四是加快秸秆收集和储运体系的形成。鼓励有条件的企业投资秸秆收集和储运，并享受与农民及农业合作社同等的政策待遇。只要是大规模利用和收集农林废弃物的企业，无论收集主体是否是农户，均可享受农副产品退税政策。五是要建立秸秆运输绿色通道，免收秸秆运输车辆的过路费，允许其在安全范围内适当超长宽高。加快高产区的乡村道路改造，使之适合秸秆的收集与运送。六是要规划出专门的场地，解决企业原料储存难题。

2. 加大规模化利用。一是各级政府要为大规模利用秸秆等生物质的项目在立项、审批、建设、税收、补贴、用地、运输等方面制定系列扶持政策。二是优先使用清洁能源。按照《可再生能源法》的有关规定，全额收购生物质发电量，改变生物质电厂上网发电需要申请指标的做法，并按月及时支付补贴电价。三是大力推广生物质制成品的使用。如推广生产以生物质固体燃料替代煤炭做民用燃料；鼓励生产以生物质为燃料的民用加热器具；鼓励发展以农林业废弃物生产生物炭等工业品。四是大力支持综合利用方式创新。在部分乡村试点以秸秆转化为清洁能源集中供气与供热；鼓励使用草木灰，支持以其为原料生产有机肥。

（2014 年）

支持株洲清水塘老工业区搬迁改造

株洲清水塘工业区位于长沙、株洲、湘潭三市结合部，面积15.15万平方千米，是湖南省冶炼、化工、建材、能源等传统产业的聚集地，也是国家“一五”、“二五”期间重点布局建设的冶金化工基地，拥有株冶、株化等国家大中型工业企业172家，长期以来为国民经济发展作出了巨大贡献。但由于产业结构不合理，高能耗、高污染企业密集，污染物排放总量大、强度高，区域水体和土壤污染问题突出。近年来，株洲市加大清水塘污染综合整治力度，关停80家企业，实施了霞湾港整治、大湖重金属污染治理等一批重点项目，环境状况有所好转。但在发展过程中，株洲清水塘工业区已经成为城市核心区，因为环境污染问题，周边群众环境投诉不断，并对下游1000多万人民群众的饮水安全造成威胁，为此，清水塘老工业区亟待进行产业转型升级。

2013年，湖南省政府决定将湘江保护与治理作为“一号重点工程”来抓，并要求加快推进株洲清水塘等重点区域污染整治，省、市两级政府及有关部门进一步加大了清水塘老工业区整治工作力度，明确要求关停、搬迁退出辖区内重化工企业，建设生态科技新城。按照“三年攻坚、五年基本完成搬迁、十年建成生态科技新城”的进展目标，目前，株洲清水塘正在着力推进重化工企业搬迁改造、污染治理与生态修复、市政基础设施建设、新型替代产业发展、社会事业发展等七大方面的任务，已取得初步成效。但由于株洲清水塘老工业区搬迁改造涉及方方面面，实施过程中存在一些实际问题和困难，还需要国家相关部门在政策、资金、项目和技术上予以积极支持，加强统筹。

为此，提出以下建议：

1. 国家层面加大金融扶持力度。据初步测算，清水塘搬迁改造与新城建设投资约337亿元，其中土地预期收益170亿元，缺口167亿元。为解决资金短缺问题，建议国有政策、商业银行对搬迁企业和负责清水塘搬迁改造的株洲平台公司循环集团予以贷款支持（融资收储关停企业厂区土地，为企业搬迁提供先期现金流）。同时，建议证监会对搬迁企业中的上市公司给予债转股、定向增发等融资支持。

2. 支持清水塘地区历史遗留污染治理。清水塘老工业区生产历史长，重金属、有机物对区域部分土壤造成了不同程度的污染，在后继开发利用过程中，为避免污染扩散，需要将污染的土壤进行修复。建议国家发改委、财政部、环保部、国土资源部在清水塘地区污染场地修复治理上予以项目、资金支持。

3. 中国五矿、中盐等央企支持下属企业搬迁。从长远发展来看，株洲清水塘老工业区重化工企业搬迁改造已取得各方面的共识，相关企业在积极准备，纷纷制定了搬迁方案，湖南省、株洲市政府也在积极推进相关工作，株冶、株化等央企搬迁改造是株洲清水塘老工业区搬迁改造的关键工程，但株冶、株化等央企搬迁决策权不在地方，地方政府协调难度大，建议国资委及中国五矿、中盐等央企支持下属企业尽快启动搬迁工作。

（2015年3月3日）

关于深化环境污染责任保险的建议

我国自2007年开展环境污染责任保险（以下简称“环责险”）试点以来，取得了一定的成效。据统计，2014年，全国22个省“环责险”投保费用7000万元，承保金额55亿元。截至2015年11月，全国11个省份保费7000万元，承保金额36亿元。2015年，全国共有近4000家企业投保“环责险”，涉及重金属、石油化工、危险化学品、危险废物处置、电力、医药、印染等多个行业。

但目前也还存在一些问题：

1. 法律支持不够。国家层面尚未建立完善“环责险”法律法规体系，《环境保护法》只是提到国家支持环境污染责任保险发展。“环责险”运行实践主要靠一些政策性规定文件，如《关于环境污染责任保险工作的指导意见》（环发〔2007〕189号）、《关于开展环境污染强制责任保险试点工作的指导意见》（环发〔2013〕10号）等，这些文件只是提供了指导意见，具体操作涉及少，难以实施。

2. 技术标准滞后。相比其他险种，“环责险”专业性强，风险识别和量化难度大，行业和企业间差异也比较大，需要行业环境风险评估准则、污染损害认定、赔偿标准等一系列相关配套技术标准的支持。但目前一些地方保险条款较为简单，针对性和专业性不强。

3. 专业机构缺乏。尚未建立相应的环境污染风险及损害评估机构，缺乏专业的企业环境污染风险评估人员，影响了“环责险”的推进。

4. 涉污企业投保和部分环保部门推进积极性不高。保费较高，保险内容不够丰富，服务不够优化，容易给企业带来较高的成本负担，难以吸引企业参与。有试点企业负责人认为，“环责险”投保意义不大，因许多风险事故不在保障范围内。对参保企业的激励不足，致使一些涉污企业缺乏投保积极性和主动性，缺乏有效的激励机制，部分试点地区投保率甚至逐年下降。部分试点地区“环责险”险种设计不尽合理，保险公司风险小、收益大，其后果是既加重了企业负担，也没有促进环保工作，部分地区环保部门不愿进一步推行“环责险”。

5. 绿色保险在绿色金融体系中发展滞后。绿色金融包括绿色信贷、绿色证券、绿色保险。截至2013年底，节能环保绿色贷款余额16045亿元，共计支持14403个节能环保项目。截至2014年8月，A股市场共有147家绿色产业上市公司。2014年，全国22个省“环责险”投保费用仅7000万元。绿色保险在我国目前仍处于探索和起步阶段，已成为我国绿色金融体系发展中的明显短板。

新环保法明确鼓励企业投保“环责险”，2015年发布的《生态文明体制改革总体方案》明确提出，要建立绿色金融体系，在环境高风险领域建立环境污染强制责任保险制度。“十三五”规划纲要和今年国务院李克强总理的政府工作报告再次强调大力发展绿色金融，建立绿色金融体系。不久前中央出台的《生态环境损害赔偿制度改革试点方案》强调要强化政府和企业的风险意识，天津港爆炸事故又再次敲响了警钟，“环责险”需进一步深化。

为有效解决“环责险”在发展过程中存在的问题，我们建议：

1. 健全环境污染责任保险相关法律法规体系。法律明确采取强制和自愿相结合的方式建立环境污染责任保险制度，鼓励大多数企业自愿购买环境污染责任险，而对风险大、污染严重的区域或行业，实施强制购买环境污染责任保险。

2. 优化环境污染责任保险的政策激励制度。引入“激励机制”，把“环责险”投保情况与企业信用评定、信息公开、上市公司环保核查以及日常监管等联系起来，在信贷、排污权定额等方面给予优惠。制定财政补贴、税收减免等激励政策。

3. 培育环境污染风险与损失专业评估机构。加快建立和完善环境污染损害鉴定评估机制，规范环境污染事故的责任认定和损害鉴定工作等，尤其是要抓紧培育和发展环境风险和事故损失专业评估机构。

4. 加强部门协同联动。环境保护部、保监会加强部门协同，共同研究、共同推动“环责险”的实施，按各自职责加强对保险公司的指导、督促、监管。

5. 完善“环责险”配套技术标准和强化保险公司责任。保险公司应履行好企业社会责任，把社会效益放在首位，开发有吸引力、贴近市场需求的环境责任保险产品，提升承保、理赔等专业技术水平和客户服务水平，提高企业对环境污染责任保险的认可度和信任度。

6. 借鉴银行的做法，建议设立政策性保险公司或将“环责险”列为政策性产品。

（2016 年）

关于加强绿色金融体系建设的建议

习近平总书记指出，金融是现代经济的核心，在很大程度上影响甚至决定着经济健康发展。环保是发展的根基，二者互为促进，合作共赢 。“以推动金融发展、严格金融管理支持环境保护”和“以强化环境保护、环境监管促进金融发展和安全”是促进金融、环保协调发展的重要途径。

随着经济社会的快速发展，我国面临的资源供给压力、环境污染及生态系统退化问题日益严峻，已成为制约经济可持续发展的重要瓶颈，雾霾等环境污染问题也严重影响到人们的生活质量。实现绿色发展、建设美丽中国，成为了全社会的共同愿望。随之，国家及银行、证券、保险等相关部门开始谋划绿色金融发展，并取得了初步成效。截至 2013 年底，节能环保绿色贷款余额 16045 亿元，共计支持 14403 个节能环保项目；截至 2014 年 8 月，A 股市场共有 147 家绿色产业上市公司；2014 年，全国有 22 个省（区、市）近 5000 家企业投保环境污染责任保险。但全国绿色金融发展仍处于初始的探索阶段，面临诸多问题，还难以满足绿色发展和巨大的绿色投资资金需求。

为有效解决绿色金融发展过程中存在的问题，提出以下建议：

一、提高发展绿色金融重要性和紧迫性的认识

（一）绿色发展已成为全国重大战略选择

党的十八大把生态文明建设纳入中国特色社会主义事业“五位一体”总体布局，明确提出坚持节约资源和保护环境的基本国策，建设美丽中国。2015 年党中央、国务院发布了《关于加快推进生态文明建设的意见》，

明确提出了绿色化，公布了《生态文明体制改革总体方案》、实行省以下环保机构监测监察执法垂直管理制度等一系列生态文明体制改革机制的重大举措。十八届五中全会，将绿色发展列为五大基本发展理念。

（二）绿色发展已成为广大人民群众的热切期盼

根据世界价值调查在对中国长达近20年发展经济和保护环境之间做何选择的跟踪调查，1998年认同“环保优先”的人数就已过半，占比已达51%，而同期更倾向于发展经济的人数占比只有24%，且中国人环境意识在不断提升，2014年中国受访者调查中有56.6%的人表示环境保护应该优先于经济发展，认为经济优先于环境的比例仅有28%（环保优先2倍于经济发展优先）。此外上海交通大学在2013年的调查中得到了更高的数字，有77.2%的受访者认为环境保护相比经济发展更重要。习近平总书记指出，人民群众对美好生活的期盼就是我们的努力目标。

（三）资源环境问题已成为全面建成小康社会突出短板

“十三五”是我国全面建成小康社会决胜期。习近平总书记在关于《中共中央关于制定国民经济和社会发展第十三个五年规划的建议》的说明中指出，生态环境特别是大气、水、土壤污染严重，已成为全面建成小康社会的突出短板。《2014中国环境状况公报》显示，全国开展空气质量新标准监测的161个城市中，有145个城市空气质量超标。全国90%左右的城市空气质量不达标。全国423条主要河流、62座重点湖泊（水库）的968个国控地表水监测断面（点位）水质，Ⅳ、Ⅴ、劣Ⅴ类水质断面分别占20.9%、6.8%、9.2%（Ⅳ类以上37.9%）。农村仍有2.98亿人饮水不安全。全国土壤、耕地土壤点位超标率分别为16.1%，19.4%。全国近60万个行政村中大部分没有环保基础设施，每年产生生活污水90多亿吨，生活垃圾2.8亿吨。污染源普查结果显示，农业源排放的化学需氧量、总氮、总磷分别占全国排放总量的44%、57%和67%。生态系统退化，水土流失严重。电子废物、工业废物、医疗废物和危险废物产生量持续增加。单位GDP能耗水耗是世界发达水平的2—6倍，单位GDP的排污量是发达国家的4—8倍。

（四）绿色投资已成为投资需求的重要领域

1．绿色发展对资金需求巨大。据国务院发展研究中心课题组测算，2012 年全国绿色投资的规模大约是 1.64 万亿元，占 GDP 的比重是 3.16%，2015—2020 年中国绿色发展的相应投资需求约为每年 2.9 万亿元（4650 亿美元），总计 17.4 万亿元（2.8 万亿美元）。年度投资平均规模占各年 GDP 的比重将超过 3%。在全部绿色投资中，扣除政府财政资金支持及企业自筹资金后，需依靠绿色信贷、绿色债券等来筹措的资金缺口每年在 2 万亿元以上。

2．污染治理投资规模巨大。国务院已于 2013 年 9 月和 2015 年 4 月发布实施《大气污染防治行动计划》和《水污染防治行动计划》，《土壤污染防治行动计划》也在抓紧制定中。据环保部预计，大气污染防治行动计划投资将达 1.7 万亿元左右，水污染防治行动计划投资将超过 4.5 万亿元，土壤污染防治行动计划投资规模有望达到十几万亿元。按国际经验，当年度生态环保投入要占 GDP 至少 3% 环境质量才能明显改善。

表 5　各年度 GDP 总量及生态环保投入情况

年度	GDP 总量	至少年投入	全社会投入	差距
2010 年	47.3 万亿	1.42 万亿	6026 亿	8200 亿
2011 年	51.9 万亿	1.54 万亿	8253 亿	7150 亿
2012 年	56.9 万亿	1.71 万亿	1 万亿	7100 亿
2013 年	61.2 万亿	1.84 万亿		
2014 年	63.61 万亿	1.98 万亿		

3．气候融资资金缺口大。2012 年公共财政投入气候变化领域的公共资金总量为 9483 亿元，其中环保决算 2963 亿元，其他 6520 亿元。巴黎气候大会上，中国已承诺通过自主减排，计划 2030 年左右 CO_2排放达到峰值且将努力早日达峰，并计划到 2030 年非化石能源占一次能源消费比重提高到 20% 左右。中央财经大学气候与能源金融研究中心发布了《2015 中国气候融资报告》指出，要实现 2030 年排放峰值目标，预计中国每年资金需求增速超过 4%，直到 2020 年逐渐增大到资金需求的峰值 2.56 万亿元，

相当于当年度GDP的1.79%；如此大的资金需求，仅靠政府财政资金投入远远不够，需要吸引大量社会资金参与。

（五）绿色产业已成为高效的“朝阳产业”

根据环保部第四次中国环保产业调查显示，到2012年，中国的环保产业从业单位是23万家，从业人员超过了319万。上市公司约400家，年营业收入约3万亿元。环境产品年均增加超过30%，环境服务业年均增加超过28%，资源回收利用年均增长超过14%。综合起来，中国环保产业从2004年到现在，据统计，年均增长超过了20%，在中国经济已经迈入中高速增长的新常态背景下，中国环保产业成为为数不多的持续10多年保持两位数以上增长的产业。

（六）绿色金融应成为绿色发展的坚强后盾

1．绿色金融是金融系统服务的国家意志。党中央、国务院《关于加快推进生态文明建设的意见》明确要求建立节能量、碳排放权交易制度，深化交易试点，推动建立全国碳排放权交易市场。加快水权交易试点，培育和规范水权市场。全面推进矿业权市场建设。扩大排污权有偿使用和交易试点范围，发展排污权交易市场。日前公布了《生态文明体制改革总体方案》，方案中明确推行用能权和碳排放权交易制度。建立用能权交易系统、测量与核准体系。推广合同能源管理。深化碳排放权交易试点，逐步建立全国碳排放权交易市场，研究制定全国碳排放权交易总量设定与配额分配方案。完善碳交易注册登记系统，建立碳排放权交易市场监管体系。推行排污权交易制度。扩大排污权有偿使用和交易试点，推行水权交易制度，开展水权交易平台建设。建立绿色金融体系。推广绿色信贷，研究采取财政贴息等方式加大扶持力度，鼓励各类金融机构加大绿色信贷的发放力度，明确贷款人的尽职免责要求和环境保护法律责任。加强资本市场相关制度建设，研究设立绿色股票指数和发展相关投资产品，推进银行和企业发行绿色债券，鼓励对绿色信贷资产实行证券化。支持设立各类绿色发展基金，实行市场化运作。建立上市公司环保信息强制性披露机制。完善对节能低碳、生态环保项目的各类担保机制，加大风险补偿力度。在环境高风险领域建立环境污染强制责任保险制度。建立绿色评级体系以及公益性的环境成本核算和影响评估体系。积极推动绿色金融领域各类国际合作。这些为构建绿色金融体系进行了顶层设计、指明了发展方向。十八届五中全会又提出，要加快金融体制改革，提高金融服务实体经济效率。

2. 绿色金融是金融系统履行社会责任的重要平台和应有义务。

3. 绿色金融是金融机构发展的大好商机。以“绿色产业金融化、金融体系绿色化”为主线可以大力促进金融机构发展，绿色金融已成为金融机构新的增长点。如目前A股市场有147家绿色产业公司，在所有上市公司中占比5.8%，企业总市值达1.28万亿元。

二、加强整体规划

近年来，有关部门在引导绿色发展、建立绿色金融体系方面做了不少工作，但还停留在碎片化状态，急需整体谋划。各地区、各行业制定“十三五”发展规划时，应统筹考虑低碳产业，绿色经济发展的结构布局，将绿色金融纳入规划，明确绿色金融发展的战略定位、总体思路、政策框架、重点领域，玥确绿色金融改革的重点任务，推动重点领域实现优先突破。金融机构自身也要做好规划，调整工作布局和资金结构，规划好银行、保险、证券等各金融机构发展绿色金融的推动口，推动绿色金融体系建设。

三、发动各方参与

发展绿色金融是一个系统工程，涉及方方面面，离不开政府、金融机构、企业和社会各界的共同努力。政府要为绿色金融创造良好的环境，加大在财政税收方面的扶持力度，健全财政对绿色贷款的高效贴息机制，加大贴息力度，发挥导向和示范作用。人民银行和银监会发布绿色金融相关指引，证监会建立IPO绿色通道，金融机构应加强有关环境保护部门交流合作，通过绿色信息平台，企业环境方式，实现良好互动。企业积极开发绿色产业，降低能耗、减少排放。社会各界广泛参与，共同行动，最终形成政府调控，市场引导，各方参与的绿色金融发展机制。

四、推进金融创新

绿色金融作为新生事物，需要不断探索和创新。一方面，金融机构要做好绿色产品、绿色服务和绿色创新工作，综合运用创投、产业基金、银行信贷、发行绿色债券、上市融资等市场化手段，建立绿色银行，推出绿色 PPP 项目，引导更多的社会资金投入绿色产业，推动绿色指数发展创新。另一方面，也要推进绿色发展模式创新，同时，要加强风险防范，实现金融机构自身的健康、可持续发展。

五、加快绿色金融基础设施建设

一是加快排放（污）权交易市场建设。在加强立法和顶层设计的基础上，推动碳交易市场双向有序发展，合理规划配额，完善交易机制，提高市场流动性。在重点流域和大气污染重点区域，试点跨行政区域排污权交易，建立污染排放总量与环境容量匹配性的定期评估与调节机制。二是建立绿色评级体系以及公益性的环境成本核算和影响评估体系。

六、加强绿色金融法律法规体系建设

一是在更多领域实现强制性的绿色保险，利用保险市场机制制约污染性投资并提供环境修复资金。新修订的《环境保护法》仍停留在“鼓励投保”层面，建议由国务院法制办牵头，环保部和保监会参与，抓紧制定和出台《环境污染责任强制保险条例》，细化和出台有关财税和行政许可支持政策，建立专业风险评估机制和损失确定标准，构建环境污染责任保险与绿色信贷的联动机制。二是明确银行的环境法律责任，允许污染受害者起诉向污染项目提供资金的、负有连带责任的贷款性金融机构。以民事责任为主，行政、刑事责任为辅的原则，修改《商业银行法》，明确银行等贷款机构对所投项目环境影响的法定审查义务，确立银行等贷款人的环境影响法律责任。三是证监会和证券交易所应建立强制性上市公司环保信息披露机制，强化环境信息披露的监管与执法。发挥中介机构对环境信息披露的评价、监督、引导和激励作用。

（2016 年 3 月 3 日）

关于加大生态环保的投入力度的建议

党的十八大以来，党中央、国务院把生态文明建设摆在更加重要的战略地位，纳入“五位一体”总体布局，作出一系列重大决策部署，出台《生态文明体制改革总体方案》，实施大气、水、土壤污染防治行动计划，生态环境质量有了一定改善，2015 年，全国 338 个地级及以上城市细颗粒物（$PM_{2.5}$）年均浓度为 50 微克/立方米，首批开展监测的 74 个城市细颗粒物年均浓度比 2013 年下降 23.6%，2016 年，为 47 微克/立方米，同比下降 6.0%，全国 1940 个地表水国控断面Ⅰ—Ⅲ类比例提高至 66%，劣Ⅴ类比例下降至 9.7%。但是，污染物排放量大面广，环境污染重，产业结构和布局不合理，生态环境风险高，生态环境与人民群众需求和期待差距较大等问题依然存在，生态环境问题已经成为全面建成小康社会的突出短板。究其原因，生态环保投入不足是重要因素。

2016 年，中央财政安排大气、水、土壤污染防治专项资金 338 亿元，无论是总量还是增幅，在中央财政专项资金列项中排位均居于末端。据有关专家测算，全国每年生态环保约 1 万亿元，与生态环保投入占当年 GDP 总量的比重需超过 3% 才能有效改善环境质量的需求相比相差万亿元以上，生态环保投入不足已成为制约生态环境质量改善的瓶颈。为此，提出以下建议：

1. 加大中央财政对生态环保投入。现教育投入已占当年 GDP 总量比重超过 4%，教育投入主要靠财政，而生态环保投入除了财政，还有企业和社会。只要真正重视，生态环保投入占当年 GDP 总量比重超过 3% 的生态环境质量改善的目标是完全可以实现的。建议中央财政加大对生态环保投入，且投入增速应高于财政收入增长。

钪是航天、航空、舰艇、导弹等尖端国防领域发展重要战略资源。铌对于热中子的捕获截面很低，在核工业发展中有相当大的用处。尾矿资源回收利用经济价值巨大。

为此，要充分发挥白云鄂博地区稀土资源的绝对优势和战略价值，实现稀土产业高效利用、创新发展的新格局，打造“中国稀土谷”“世界稀土产业之都”。

二、加强稀土资源保护开发及综合利用的建议

（一）提升资源就地深加工转化利用率

白云鄂博矿区作为国家独立工矿区基础设施薄弱，产业结构单一，建议国家加大扶持建设力度，将白云鄂博矿区作为国家级稀土原料战略资源基地，专门予以支持，在产业发展上鼓励依托白云鄂博矿区丰富的稀土资源和尾矿资源优势，以“稀土+”发展战略为引导，积极推动产学研科技成果转化，充分利用最新科研成果进一步提高稀土冶选分离、工艺环保、金属氧化物等生产工艺技术水平，加快淘汰落后工艺和生产线，发展循环经济，在白云鄂博矿区规划建设稀土原材料基地，把矿产全部“吃干榨尽”高质化利用，实现资源优势真正转化为经济优势。

（二）优化稀土产业结构

一是摸清矿产资源“家底”。建议国家投入专项资金，利用先进技术、设备对白云鄂博矿带稀土资源进行全面勘查，为国家稀土资源开发、保护提供科学、详实、准确的数据。二是加大科技创新投入。建议国家发改委、工信部、科技部等有关部委，对稀土产业重点研发领域加大支持力度，设立稀土发展专项资金、稀土科技研发专项资金等，吸引全世界稀土尖端企业、专家到中国进行产业技术、工艺、设备、材料应用等合作。同时，加大对开展关键技术、战略性新兴材料等领域的科研院所的投入支持，建议将稀土新材料列入国家重点专项，推动产业链延伸，高端发展。三是延伸高端产业链。建议在国家重大产业规划和项目指导目录中将稀土产业链延伸作为重点内容进一步明确。一要推动稀土磁性材料—永磁电

机、稀土发光材料—LED显示器件等稀土深加工及应用产业一体化发展，形成与终端应用需求相适应的原料供给体系，实现产业链上下游协同发展。二要以工业机器人、节能环保、新能源汽车、航天军工等终端应用需求为导向，开发具有自主知识产权的稀土功能元器件和零部件，提升稀土功能材料及元器件研发、生产水平，实现稀土全产业链优化升级。三要提升稀土关键材料和零部件保障能力，发挥稀土材料在未来社会发展中的支撑作用，使稀土在更多的领域得到广泛应用。

（三）提高尾矿资源综合利用率

一是充分利用尾矿资源。从国家层面整合各大研究院清洁冶选等科研成果，推动尾矿库尾矿资源绿色高效综合利用，从原矿到尾矿实现全过程高值绿色应用，最大限度的实现资源保护与高值利用。二是建立尾矿综合利用的示范工程。国家各有关部委应利用综合手段开展实验攻关，从技术可行、市场需求、劳动组织、经济成本等多方面进行工程化实验，建立多个示范工程，不断总结，探索前进，促其成功。三是稀土生产废渣高值化利用。国家各大科研机构应开发稀土冶炼废渣深度无害化处理技术，利用稀土尾矿、废渣和钢铁、有色、电厂等废渣为原料，开发各种结构材料和高性能功能材料，满足冶金、电力等行业特殊应用需求。四是重视钍、钪等稀贵金属的开发利用。国家应加大对钍、钪等稀贵金属的开发利用的重视程度，争取列入国家重大科技专项，专门予以支持。集中对钍、钪等稀贵金属进行回收、存储、开发，并采取有效措施防止钍、钪对环境的污染，从体制机制等方面予以保障。

（四）加强稀土原料保障供应体制建设

一是改变稀土和尾矿供应管理体制。进一步增强地方政府在稀土原料使用中的话语权，从源头上对稀土资源流向进行管控，建立供应申报审核流程，加强战略性、关键性材料企业的稀土原料保障。遏制稀土原料低价竞争，进一步制定完善的稀土进出口制度，严把稀土原料出口关，进一步推进稀土产业化发展。二是建立稀土分级供应制度。建议建立稀土元素分类管理体制机制，按元素的价值、稀缺性优先供给附加值高、科技含量高的企业，实现元素价值和经济利益相匹配，加强战略性、关键性材料企业的稀土原料保障，实现产业集聚，延伸产业链条，提升产业水平。三是统筹规划稀土产业项目建设。建议坚持统筹规划、政策引导、总体调控、市场化运作，妥善处理好不同区域和上下游产业的关系，建立稀土产业项目，严格审批制度。坚决制止违规项目上马建设，对越权审批、违规建设的，要依法、依规追究责任。

（五）推动政策带动稀土产业发展

一是加大资金投入力度。通过建立国家级稀土产业发展引导基金，设立专项产业投资基金等方式支持稀土产业结构调整。争取财政继续开展重点资源地稀土产业转型试点工作，建设特色产业基地，培育区域优势产业。同时，加强政府、企业、高校、科研院所和金融机构合作，逐步形成“政产学研融”支撑推动体系。二是加强知识产权和标准体系建设。建立国家级稀土专利研发奖励机制，构建稀土技术核心专利和专利池，加强稀土专利分析与战略研究、知识产权保护，对已申请的专利进行严格保护。同时，支持具有自主知识产权的项目开发，鼓励企业申请国内外专利，打破海外知识产权壁垒。三是建立稀土战略储备制度。制定稀土资源长期战略发展规划，合理开发利用稀土资源，建议将包头稀土资源储备基地纳入国家战略资源储备库中。完善稀土资源储备的管理体系，建立稀土资源封存储备基地的管理制度，制定稀土资源封存储备基地储备补偿办法，为稀土产业长期发展提供保障。

（六）增强稀土国际话语权

通过政策联动、行业自律等措施，增强中国稀土企业市场话语权。一是大力推动稀土产业发展的国际合作，积极扩大和提升中国稀土产业发展的国际影响力，遵循市场供求关系，从稀土行业的长远利益出发及时调整出口政策，形成中国主导的稀土出口规则。二是制定完善稀土标准，促进中国标准成为国际公认的标准，变被动为主动，积极展现稀土大国、强国水平。

（2017 年）

关于应高度重视推进生态文明建设中有关问题的建议

为进一步贯彻落实习近平总书记关于生态文明建设的一系列重要指示精神和治国理政的新思想新观念新战略，进一步深入推进生态文明建设，提出以下建议：

（一）让生态文明“入宪”，推进法治生态化

习近平总书记指出：“只有实行最严格的制度、最严密的法治，才能为生态文明建设提供可靠保障。”宪法是国家的根本大法，只有宪法有了关于生态文明的理论阐述和原则性规定，我国的基本法律和其他法律、行政法规和规章、地方法规和规章、自治条例和单行条例等，才能一以贯之地继承和发展生态文明思想，使生态文明建设真正从法律上进入“五位一体”的格局，真正使生态文明建设法治化、制度化和程序化。为此，建议参考党章关于生态文明的阐述修改宪法，对生态文明做出理论阐述和原则性规定，为全面衔接和协调生态文明体制改革的党内和国家法律法规及相关文件，奠定国家根本法基础。

（二）以建立绿色供应链助推供给侧结构性改革

推进生态文明建设和供给侧结构性改革是相通的、相互支持的。要把生态文明融入供给侧结构性改革的各方面和全过程，为社会提供更多更好的高质量生态产品和绿色产品。要通过生态红线制度，优化经济空间布局和产业结构，加大环境监管力度，限制新增已过剩和落后的产业和生产技术；要坚持创新驱动，建立面向人才、研发、产品、市场的全方位绿色创新支撑体系。打造绿色金融平台，为先进环保技术疏通融资渠道，推动生态环保产业成为新的经济增长点；要建立绿色供应链，将绿色理念和要求全面融入供给侧和消费侧体系，引导消费者形成绿色消费理念，推行生产者责任延伸制度，推动生产企业切实落实资源环境责任，提高产品的综合竞争力和资源环境效益，提升生态文明建设水平。

（三）以生态文明建设引领新型城镇化建设

要全面推进绿色城镇化，以创造优良人居环境为目标，完善城市功能，发展绿色建筑、绿色交通，建设美丽城镇；要总结分析“多规合一”试点经验，以主体功能区规划为基础，以土地利用总体规划为底盘，以资源环境承载力、建设用地总量强度和供应强度“双控”以及耕地保护红线、生态保护红线、城市开发边界“三线”为基本约束，推动实现市县“多规合一”；要发挥“互联网＋”在城市发展中的作用，推动大数据等信息技术的创新应用，建设智慧城市，提高城市管理水平和效率；要大幅拓宽乡村发展空间，打破城乡体制壁垒，让城乡之间要素实现自由迁徙和双向流动；要完善对城市衰退区、国企老工业区、外来人口聚集区、城乡交错边缘区等发展较为落后的城镇区域的政策保障和改造建设，让人民群众拥有更多的获得感、归属感和幸福感。

（四）结合“一带一路”等国家战略，构建陆海统筹开发利用新格局

陆地和海洋是一个“生命共同体”。我国作为海洋大国，保护海洋、经略海洋不仅涉及我国发展空间，也涉及国家战略安全。为此，建议要确定和守住不再破坏生态平衡、不再影响生态功能、不再改变基本属性、已受损的生态系统不再退化的陆海开发底线，实施最严格的围填海管理和控制政策，努力使海洋生态环境逐步得到改善；要统筹陆地和海洋资源利用，协调用地、用海和用岛，促进近岸、近海、深远海和海岛有序开发，提升陆地和海洋资源利用的效率和效益，提高沿海产业与城镇建设集约化程度、海域利用立体化和多元化程度与港口利用效率；要找准国家重大发展战略叠加点，紧密结合“一带一路”“海洋强国”等国家战略，在点、线、面上全方位推进沿海地区经济社会发展，发挥好人口和海陆产业集聚

平台、海洋开发支撑保障基地的功能，成为海陆联系的“桥梁”和“窗口”。

（五）综合施治，推进美丽乡村建设

当前，农村环境基础条件差，设施运行费用高，治理手段成效低等问题较为普遍。污染来源既有生产生活自身污染，又有城镇污染转嫁，呈现点源与面源共存、工业与农业叠加、新旧污染交织的态势。同时，农民进城后，传统乡村社会面临瓦解，存在着传统民俗、手工技艺等文化遗产流失问题。为此，要因地制宜推进美丽乡村建设，构建美丽乡村制度建设的“四梁八柱”，引导、规范和约束各类开发、利用、保护农村资源的行为；要制定美丽乡村发展规划，优化农村产业结构，推进低能耗、低排放、低污染、高效益的产业发展模式；要加大对乡村环保基础设施的投入，优化商业模式和建设管理运营模式，鼓励、扶持和推广一批适用于不同农村情况的处理技术；要注重农村传统文化的保护与传承，突出历史品牌和民族特色，大力提升广大农村居民的生态文明意识。

（六）打造过程农业，保障“舌尖上的安全”

党中央、国务院多次强调“严把从农田到餐桌的每一道防线”，基础性工作在于推进我国农产品生产全过程、全寿命、全周期管理，进而保障食品安全，建设健康中国。当前，我国农业资源环境遭受外源性污染和内源性污染的双重压力，已日益成为农业可持续发展的瓶颈约束。为此，要加快推进农业和农产品生产全过程管理，推动农村农场化、农民职业化、种田过程化、农产品营养无害化；要紧盯“田间地头”，综合防治土壤重金属污染和化肥农药次生灾害等问题，严格实施全程监管，推进重点产品追溯体系建设，确保无缝衔接、不留死角；要坚持源头控制、产管并重，加强“从农田到餐桌”全过程食品安全工作，为“舌尖上的安全”提供有力保障。

（七）加强城市生活垃圾焚烧处理工作，变“邻避效应”为“邻利效益”

近年来，随着城镇化快速发展，城市生活垃圾处理设施处理能力总体

不足，普遍存在超负荷运行现象，部分生活垃圾未得到有效处理。生活垃圾焚烧处理技术具有占地较省、减量效果明显、余热可以利用等特点，在发达国家和地区得到广泛应用，在我国也有近30年应用历史，已成为城市生活垃圾处理的重要方式。但随着我国民众环保意识、法律意识的逐步增强，针对生活垃圾焚烧处理设施的集体维权行为和公共事件频发。建议强力推进与政策配套，让城镇居民生活垃圾分类不再“雷声大，雨点小”，落实不到位。为此，要严格实施垃圾分类制度，统筹生活垃圾、建筑垃圾、餐厨垃圾等不同类型垃圾处理，形成一体化项目群和产业园区，优化配置焚烧、填埋、生物处理等不同种类处理工艺，整合渗滤液等污染物处理环节，提高能源综合利用效率；要积极推进垃圾焚烧装备中国制造，坚持科技创新，不断提升我国垃圾和危险废物焚烧处理技术的自主创新能力，形成垃圾和危险废物焚烧处理产品和装备的核心竞争力，加快集约化、标准化和产业化发展，在垃圾和危险废物焚烧处理的国内和国际市场上占得重要地位；要在落实环境防护距离基础上，面向周边居民设立共享区域，因地制宜配套绿化、体育和休闲设施，安排群众就近就业，将短期补偿转化为长期可持续行为，努力让垃圾焚烧设施与居民、社区形成利益共同体，变“邻避效应”为“邻利效益”，实现共享发展。

（八）大力倡导生态旅游扶贫

当前，我国一些地区只顾眼前利益、局部利益，不重视资源保护和规划设计，搞竭泽而渔式的旅游开发，降低旅游质量，造成严重的生态破坏和环境污染。发展生态旅游是“绿水青山”与“金山银山”的最佳结合，有利于促进欠发达地区的经济发展，促进社会就业，帮助贫困地区走出“越破坏越贫困、越贫困越破坏”的怪圈，推动贫困地区脱贫致富，促成全面建成小康社会目标的实现。我国已建成各类国家级自然保护地3000余处，为发展生态旅游奠定了坚实的资源基础。为此，要加快发展生态旅游，以可持续发展为理念，以实现人与自然和谐为准则，以保护生态环境为前提，依托良好的自然生态环境和与之共生的人文生态，开展生态体验、生态认知、生态教育，让游客和当地居民身心愉悦；要依托发展生态旅游，有效整合资源，优化配套体系，抓好集中连片特困地区旅游资源整体开发；要通过资源环境国情教育，引导形成正确的生态价值观，更好地满足人民群众日益增长的旅游休闲消费需求和生态环境需要。

（2017 年）

进一步推进生态文明建设和环境保护的对策建议

一、准确把握当前生态文明建设和环境保护工作总体形势

“十二五”和第七次全国环境保护大会以来，党中央、国务院就生态文明建设和环境保护工作作出了一系列重大决策部署，推动全国取得了重大进展和明显成效，总体而言，现环境保护工作正处于爬坡提速上行时期，环境保护面临的任务依然艰巨，犹如逆水行舟，不进则退。概括起来有以下几个特点。一是新发展理念初步树立，需要进一步入脑入心。各级党委政府认真学习贯彻习近平总书记提出的发展新理念新思想新战略，把加强生态文明建设和环境保护工作作为讲政治、讲规矩、稳增长、惠民生的实际行动。但受发展所处历史阶段的影响和经济下行的压力，少数党政领导干部还没有改变“唯 GDP 论英雄”的传统观念，“生态优先、绿色发展”的理念不够深入，统筹协调发展与保护的关系做得不够，环境保护财政投入特别是市县投入明显不足，在决策部署时执行环境保护发展规划不严。二是齐抓共管格局初步形成，需要打通最后一公里。各地出台了《环境保护工作责任规定》《重大环境问题（事件）责任追究办法》《环境质量监测考评办法》等文件，建立健全了环境保护责任体系，特别是通过第一轮中央环保督察，环保压力进一步传导，环保责任进一步压实，“党政同责、一岗双责”意识进一步增强，但环境保护责任落实还存在“打通最后一公里”的问题，尤其在市、县一级存在监管职责划分不细、执法主体关系不顺、追责问责边界不明等问题，管发展管环保，管行业管环保，管生产管环保的要求还没完全落实到位，有时缺乏协调配合，“九龙治水”难以形成工作合力。三是生态环境目标已经明确，需要步步为营、久久为

功。国家“三大行动计划”的出台，吹响了大气、水、土壤三大战役的冲锋号，可以说环境保护任务已经部署、目标已经明确、战斗已经打响，但环境质量的改善不可能一蹴而就。以湖南省为例，近年湖南省环境质量虽然总体保持稳定，但地表水仍有少数断面甚至部分区域、流域超标，湖南省14个市州城市空气质量没有一个达到国家二级标准，土壤污染点位超标率在全国靠前，生态环境敏感区、脆弱区破坏严重，特别是湖南省作为“有色金属之乡”，历史欠账较多，以“五大重点区域”为代表的历史遗留的重金属污染环境问题比较严重，这些要在短期内改善压力非常大，需要步步为营、持续攻坚。四是生态文明制度改革取得初步成果，需要进一步理顺机制体制。党的十八大以来，中央出台了一系列生态文明建设顶层设计，生态文明制度改革取得了重大进展，下一步要以问题为导向，抓好各项改革的落地，理顺环境保护工作机制体制，特别是环保事业发展瓶颈问题。当前，全国大部分省份包括湖南环境执法机构还未列入政府行政执法部门序列，市县级环保行政执法监管机构性质不一、人员编制不足、财政保障不够问题比较普遍，加之现在实行按要素设置内部机构，急需借中央环保督察和垂直管理体制改革契机，从上而下协调编制、组织、财政等部门，理顺环保相关部门责任、环保内设机构职能和企事业单位环保责任，建立健全环保机构队伍，特别是将环保监管队伍延伸到乡镇一级。

二、加快补齐全面建成小康社会生态环境突出短板

当前，生态环境质量已经成为全面建成小康社会的突出短板，能否呼吸到清新的空气、喝上干净的水、吃上安全的食品成为影响人民群众幸福感和获得感的重要因素，因此，应将空气质量达标率、水质达标率作为全面建成小康社会的重要考核目标，但考虑到导致空气质量不稳定的因素比较多、时有反复，需要合理设置考核目标值。同时，由于各省省情不一、环境质量短板也不一样，建议在设置考核指标值时充分考虑各地的实际情况。湖南省作为传统农业大省，由于过去长期实行粗放型农业生产模式，造成农村生态环境承载力十分脆弱，农业面源污染问题、农村污染治理基础设施建设、农村饮用水水源安全等已成为全面建成小康社会的突出短板之一，如近年洞庭湖的水环境污染问题主要原因就是农业面源污染。为

此，一方面，加快推进农村环保设施建设。当前湖南省乡村污水处理设施建设滞后，畜禽养殖污染治理配套设施严重不足，建制镇污水处理设施建成率仅11.65%，这次中央环保督察环境信访问题，畜禽养殖问题有462件，占了十分之一的比重。建议将农村生活污水处理率、垃圾处理率纳入县市全面建成小康考核重要内容，推动乡镇（集镇）污水以及垃圾处理设施建设。另一方面，确保农村饮用水水源安全。当前农村环境周围受畜禽养殖污染排放、农业面源污染等影响，农村饮用水水源安全受到严重威胁。建议在加快推进千吨万人和千人以上集中式饮用源划定的基础上，将农村集中式饮用水水源地水质达标率纳入市州全面建成小康考核重要内容，确保饮水安全。

三、以改善环境质量为核心系统推进生态文明建设和环境保护工作

“十三五”及今后一段时间，根据中央关于生态文明建设和环境保护工作统一部署，以改善环境质量为核心，环保攻坚上“突出三个重点”，环境管理上“实现三个转变”，公众参与上“强化三个机制”。

在打好环保攻坚战方面，建议“突出三个重点”：一是突出问题导向。环境质量是环境保护的着眼点和落脚点，环境保护的成效最终体现为环境质量的改善。环保攻坚只有从质量改善这个核心出发，才能厘清迫切需要解决的问题，明确破解难题的途径和办法。如6月5日，湖南省结合中央环保督察整改工作召开环境治理战役“夏季攻势”誓师大会，向各市州政府、各省直部门交办了环境治理任务清单，以问题为导向，打响了环境治理夏季攻坚战，来势较好。二是突出百姓期待。树立以人民为中心的发展思想，抓出一批人民群众看得见、摸得着、能受益的环境治理成果，为人民提供更多优质生态产品。就此次中央环保督察来说，通过集中解决一批老百姓关注的环境信访问题和历史遗留问题，查处一批环境违法行为，成效立竿见影，得到群众的普遍拥护和高度肯定。下一步重点抓好反馈意见的整改落实，建立长效机制，巩固和拓宽督察成果。三是突出系统科学治理。以改善质量为核心，要建立“源头严控、过程严管、后果严惩”全过程管理机制，具体表现在当前重点推进的划定与严守生态保护红线、环保督察、生态环境损害赔偿、严格责任追究等制度，通过统筹运用结构优

化、污染治理、总量减排、排污许可、达标排放等实现环境质量改善的关键手段，形成工作合力和联动效应。如自2013年以来，湖南省先后实施了湘江保护与治理省“一号重点工程”第一个、第二个三年行动计划，按照“问题在水里、根子在岸上”的思路，分别采取“堵源头”与“治调并举”举措，通过打好实施《湘江保护条例》、淘汰关停涉重金属企业、畜禽养殖退出、加强监管执法、实施一批重点治理工程等系列组合拳，成效显著，湘江干流2013年以来水质稳定达标。

当前环保管理处于转型期，关键是“实现三个转变”：一是逐渐实现从环保部门单打独斗向各级党委政府及相关部门齐抓共管转变。结合推进省以下环保机构监测监察执法垂直管理改革，明确地方政府部门的环保职责，强化管发展必须管环保、管行业必须管环保、管生产必须管环保的责任意识，进一步形成各级各部门齐抓共管的工作格局。二是实现从“督企”向“督政”“督企”同步推进转变。根据《环境保护法》的规定，环保部门要切实担负起环境保护的统一监督管理职责。一方面，继续严厉打击企业环境违法行为，司法联动，保持高压态势。另一方面，强化督政，确保环保督察制度落地落实落细，督促市、县党委政府及相关部门落实环境保护职责，推进落实“党政同责”“一岗双责”，打通环保“最后一公里”。三是实现从污染物总量减排向以改善环境质量为核心、持续推进总量减排转变。总量减排是手段，改善环境质量是目的、是核心，要积极回应社会对环境质量改善的关切，努力改善与人民群众生活生产息息相关的大气、水和土壤环境质量，通过实施一批老百姓看得见、摸得着、感受得到的减排工程，削减存量、减少增量，切实增强老百姓对生态环境保护获得感。

当前，公众对环保关注度相当高，但自身参与支持不够，建议“强化三个机制”：一是公众参与机制。环境保护涉及各个方面、各个领域，特别是需要广大公众支持和参与，要通过保障公众的知情权、监督权和参与权，激发公众环境责任意识，树立绿色生活方式和消费方式；要通过拓展环境质量、污染物排放、环境影响评价、环境执法监管等领域信息公开，引导公众参与保护环境，主动监督政府、企业和个人环境行为。二是宣传教育机制。要充分依托六五世界环境日、世界地球日、国际生物多样性日等纪念活动，应用各种媒介和手段，加强生态环境保护宣传。通过开展环境保护法知识竞赛等教育活动，营造全社会遵守环境保护法的良好氛围，提高社会各方面特别是企事业单位环保自主守法意识，变被动为主动，加强环保人才队伍建设，提高企业环保技术水平。三是环境治理市场化机制。推进环境污染第三方治理，推动形成“排污者付费、第三方治理、政府监管、社会监督”的污染治理机制。通过发行环境治理债券等方式，努力拓宽投融资渠道。建立财政投入动态增长机制，设立环保产业基金，以点带面，引导和鼓励社会资本投入生态环保领域。

（2017 年 6 月 20 日）

资金短缺已成污染防治攻坚战突出“瓶颈”

党的十八大以来，以习近平同志为核心的党中央坚持把生态文明建设摆在治国理政的突出位置，污染治理力度之大、制度出台频度之密、监管执法尺度之严、环境质量改善速度之快前所未有。国家先后出台了“气十条”“水十条”“土十条”，中央财政先后设立了生态、气、水、土壤、农村环境整治等专项资金，对国家重点生态功能县建立了纵向生态补偿机制，为全国生态环境保护工作发生历史性、全局性、转折性变化作出了积极的贡献。应该看到，我国的生态环保问题是长期形成的，非一朝一夕能解决，污染防治既是一场攻坚战，也是一场持久战，既要不欠新账，也要多还旧账，需要各级各有关方面的共同参与，需要法律、行政、经济等多种手段的综合施治，尤其需要“真金白银”换来“绿水青山”。尽管全国环境质量改善已取得一定的成效，但要显著改善仍有一段较长的路要走。国际经验表明，从大规模治理到环境质量显著改善一般要经过30—40年的治理时间。

目前，全国已建立起多元化的生态环保投入机制，但仍然不全面、不充分、不到位。主要存在以下几个方面的问题：一是生态环保的投入与显著改善环境质量的要求之间仍有较大差距。据国际经验，一个国家和地区要有效扼制生态环境质量恶化，当年度生态环保投入要占到 GDP 的 1.5%以上，要使生态环境质量明显改善，当年度生态环保的投入要占到 GDP 的3%—3.5%以上。2017 年全国 GDP 总量 82.7 万亿元，相应的生态环保投入应为 2.5—2.9 万亿元以上，实际上全国生态环保投入每年仅 1—1.5 万亿元，缺口至少在 1 万亿元以上。以大气环境质量为例，2017 年，美国空气质量最差的城市洛杉矶 $PM_{2.5}$年均浓度 12 微克/立方米，比世卫组织三阶段目标（15 微克/立方米）低 3 微克/立方米，而全国 338 个地级以上城市中，能达到世卫组织一阶段目标（35 微克/立方米）的城市仅占 29%，$PM_{2.5}$平均浓度 43 微克/立方米，超标 29%。二是污染防治攻坚战的资金缺口大。2017 年，中央财政安排大气、水、土壤污染防治专项资金才 409 亿元，“气十条”、“水十条”、“土十条”每个的需求都是数万亿元，当前投入与实际需求相差太大，尤其是中西部地区环境基础设施建设严重滞后，欠账较多。三是污染防治攻坚战的资金需求与化解地方债务风险矛盾十分突出。现基层地方政府，尤其是中西部省份基层政府普遍反映，一方面是脱贫攻坚、污染防治攻坚战及其他民生工程资金需求大，另一方面是化解地方债务风险不仅不能上新项目，原来已经启动的一批项目现也有不少只能停工。比较突出的是城镇污水、垃圾等环保基础设施建设和城市黑臭水体整治。四是重“责任落实”，轻“条件保障”的现象比较普遍。随着生态文明建设“党政同责、一岗双责”的工作要求和中央、省级环保督察追责问责，各级各部门对落实任务、压实责任与过去相比有了很大进步，但在解决问题、落实资金、加强保障等方面重视不够、研究不够、解决不够。以方案落实方案、以会议落实会议、以文件落实文件在各级都很普遍，层层督察，反复督察，督察成灾、成害，尤其是在基层，出现了“一人干，九人督”的现象，基层叫苦不迭，不少干部提出调离甚至是辞职。五是环境税的征收与预期有较大差距。原来预计，2018 年元月一日开征环境税后，会比以前征收排污费收入至少增加一倍以上，但从实际征收的情况看，到位的可能要减半。如湖南省原计划 2018 年能征收到 10 亿元左右，现实际仅能征收到 2—3 亿。六是国家重点生态功能县财政转移支付资金没有发挥其应有的作用。2008 年，中央纵向生态补偿只涉及 452 个县、60 亿元，虽然目前已扩大到 818 个县、600 多亿元，但由于对生态补偿资金的用途缺乏硬性要求，大部分补偿资金被县里用于平衡财力。七是新《环保法》执行以来对企业的处罚力度仍然不够。号称史上最严的《环保法》并未对企业产生强大的震慑作用，“守法成本高，违法成本低”的问题也并未得到根本解决。据我们到西部某省、某市的调研，平均每件生态环保案子的行政处罚仅 6 万元，对于滥伐林木的违法犯罪人仅处以 2000 元的罚款。

目前，资金短缺已成为污染防治攻坚战向纵深推进的突出瓶颈。为此，提出以下建议：

1. 加强系统整体谋划。按照近期（2020 年），中期（2035 年），远期（2050 年），根据工作目标和任务，以目标和问题为导向，总体测算每年的资金需求和三期总量，研究制定资金筹措计划和方案，确保工作任务和目标的完成。

2. 加大各级财政投入。按照污染防治攻坚战年度目标任务，不断加大财政投入。污染防治比脱贫攻坚涉及的人口和地域要宽得多，工作任务也要艰巨得多，对污染防治攻坚战每年财政的投入总量至少不能低于脱贫攻坚战，增幅不能低于财政收入增长幅度。提高国家重点生态功能县财政转移支付资金额度，提高生态公益林和草地补助标准。对中西部省份给予重点资金倾斜，解决地方政府“无米下锅”的严峻形势。

3. 加大环境税征收力度。认真分析环境税的总量、来源、结构等，有针对性地加强税收征管，确保应收尽收。

4. 强化资金使用硬约束。明确要求国家重点生态功能县财政转移支付资金不低于 80% 用于生态环保投入，并作为年度考核的重要内容。注重相关领域财政资金整合，加强对财政支持项目的监督检查，确保资金使用效益。同时，在资金投向方面更加注重源头预防。

5. 广开资金筹措渠道。明确环境保护税全部用于污染防治。汽、柴油消费税安排一定比例用于大气污染防治，从水电开发、河道采砂等收入中提出一定比例用于碧水攻坚战，矿产资源税及采矿权收入中提出一定比例用于矿山生态修复，土地增值税及土地出让金收入中提出一定比例用于土壤保护与治理等。在化解地方债务风险过程中，对污染防治地方债网开一面。大力推进绿色金融，发行污染防治专项债券和 10 年期以上长期、低息绿色贷款。建立绿色环保基金，发行生态环保“绿金彩票”，大力发展环保产业。提高城市居民污水、垃圾处理费用，在乡镇逐步征收污水处理费用。

6. 加大改革创新力度。完善投资、价格、财税、土地、金融等政策，多渠道积极引导社会资金投入。在城镇污水、垃圾等环保基础设施建设和城市黑臭水体整治等方面大力推进 PPP 建设模式。积极推进资源使（取）

用权、排污权、碳排放权交易等市场化改革。搭建协商平台，完善支持政策，推动开发受益区与生态保护地区、流域上下游采取资金补助、对口协作、共建园区等多种方式实施横向生态补偿。提高阶梯电价、水价价格。加大对企业环境违法行为处罚力度，督促企业把生态成本内置为企业内部成本，推进环境污染强制责任保险。加大公益诉讼力度，对企业损害生态环境的行为要求给予全额损害赔偿。

（2018 年）

关于促进农林生物质发电产业健康发展的建议

随着技术进步及产业化应用持续发展突破，生物质能作为世界第四大能源，兼具经济、生态与社会等综合效益，在优化能源消费结构、改善环境质量、发展循环经济等方面发挥了积极作用。按照国家《能源发展“十三五”规划》《可再生能源发展“十三五”规划》《生物质能发展“十三五”规划》等文件的要求，农林生物质发电是“十三五”期间的重点发展领域，前景广阔，在政策、资金及技术方面都需要得到扶持和倾斜。

一、农林生物质发电产业现状

生物质发电包括农林废弃物直接燃烧发电、农林废弃物气化发电、垃圾焚烧发电、垃圾填埋气发电和沼气发电，其中产业化程度最高的是农林生物质发电和垃圾发电。国家能源局《生物质能发展“十三五”规划》中提出，到 2020 年，全国生物质发电总装机容量达到 1500 万千瓦，年发电量 900 亿千瓦时，其中农林生物质发电为 700 万千瓦。

根据国家能源局 2018 年 1 月 24 日新闻发布会数据，2017 年，全国生物质发电累计装机 1488 万千瓦，年发电量 794 亿千瓦时，同比增长 22.7%。农林生物质发电已投产项目达 300 多个，核准待建的还有 300 多个。

农林生物质发电所用燃料主要是农作物秸秆及农林业生产、加工产生的剩余物和一部分废弃家具、建材。这些燃料具有资源再生性、体积大、密度小、物流半径小、受天气影响大等特性。在空间分布上存在地区差异、资源分散；在时间上存在季节性强、收集周期短等困难和问题。农林生物质发电企业大胆创新，在燃料品种专业化收集上发明了一系列收集、打捆、翻晒的机械；另外，引导农民自发参与农林废弃物的收集行列，在增加农民收入的同时提高了他们的环保意识，减少了露天随意焚烧秸秆等农林废弃物的行为。这些行之有效的生产经营模式，较好地解决了燃料品种多、规模小、收集难、效益差的难题。更为重要的是，农林生物质发电企业正全面转向热电联产分布式能源电站，一个电厂可以带动一个产业园区或小城镇，将成为资源节约型、环境友好型社会建设的重要引擎。

二、农林生物质发电产业存在的问题及建议

农林生物质发电看似是“小”产业，实则是环保惠农的“大”产业。从2006年起步至今，其环境效益、社会效益和惠农效益越来越明显，未来还将得到充分释放；但是从十多年的发展历程来看，目前存在两大关键性的瓶颈问题，导致整个产业面临政策风险与生存危机。

（一）资源利用相关税收优惠政策的问题

农林生物质发电行业当前执行的是《资源综合利用企业所得税优惠目录》（财税〔2008〕117号）（以下简称“所得税优惠目录”）和《资源综合利用产品和劳务增值税优惠目录》（财税〔2015〕78号）（以下简称“增值税优惠目录”）两个税收优惠政策。其中，所得税优惠目录中第三项类别“再生资源”对农林废弃物表述为：“农作物秸秆及壳皮（包括粮食作物秸秆、农业经济作物秸秆、粮食壳皮、玉米芯）”，要求“产品原料70%以上来自所列资源”。增值税优惠目录中对“农林剩余物及其他”表述为：“畜禽粪便、稻壳、花生壳、玉米芯、油茶壳、棉籽壳、三剩物、次小薪材、农作物秸秆、蔗渣，以及利用上述资源发酵产生的沼气”，要求“产品原料或者燃料80%以上来自所列资源”。

从宏观上看，上述两个政策目录的行业涉及面很广，而农林生物质发电行业处于所有资源综合利用价值链的最末端，是农林生物质五种利用方式——“肥料化”“饲料化”“基料化”“原料化”“能源化”中前“四化”后不能再利用，且在“能源化”中择优利用后不可再利用的剩余部分，它的第一功能是环保功能，承担农林垃圾和部分城市生活垃圾的处理功能，解决了农村环境污染问题。例如，一个30MW的农林生物质发电项

目，年处理农林废弃物量可达30万吨，每年向农民直接支付燃料款近亿元。由于两个政策目录没有涵盖行业所有可利用资源品种，造成地方执法部门普遍“生搬硬套”这两个政策目录，导致行业存在极大的政策违规风险，同时增加了地方税务部门的执法难度和执法成本。

从微观上看，农林生物质发电厂投资成本高、投资强度大、回收周期长。农林生物质发电厂处理农林废弃物的燃料成本上限值为0.5元/千瓦时，随着生物质颗粒行业的快速兴起和对资源的强势竞争，企业所获资源品质已从高端走向低端，燃料成本快速上升，已普遍超过此上限值。国家给的上网电价是0.75元/千瓦时（含基本电价和可再生能源电价附加补贴），各省基本电价在0.35—0.45元/千瓦时之间，电价附加补贴一般在项目投产两年之后才开始首次结算，几乎所有农林生物质发电企业都在高负债经营，并没有形成真正的良性循环。

另外，由于当前政策没有明确农林废弃物为免税农产品，农民收集时不能作为免税农产品开票，使得参与收集的农民都成了纳税人。农民的收集行为是不连续和临时性的，季节性很强，增加的税务开票与财务监管环节很大程度上挫败了他们的积极性，很多农民被挡在收集和处理农林垃圾（尤其是林业和木材加工业垃圾）的“门外”，无形中增加了农林废弃物的收集难度。

从政策本身来看，两个政策目录对“农林废弃物”品种的表述不一致，完善的程度也不一样。所得税优惠目录2008年出台后再未进行修订和完善。增值税优惠目录经过几次修订，已得到初步完善，但对当前农林生物质发电行业利用的农林废弃物品种没有做到全覆盖。

（二）环保排放的问题

1. 目前农林生物质发电排放按煤电标准执行（火电厂大气污染物排放标准（GB 13223—2011）），但是农林生物质发电行业与煤电燃烧原料的特性存在着很大差异，国家还没有专门针对农林生物质发电行业的排放标准。

2. 农林生物质发电企业投入大量资金进行环保设施升级改造，已达到超低排放标准，但是不能享受与煤电行业同等的环保电价补贴。

3. 根据财政部和税务总局《关于印发〈资源综合利用产品和劳务增值税优惠目录〉的通知》（财税〔2015〕78 号）文件规定，1 万元以上的环保罚款联动停止 36 个月的增值税退税，这对农林生物质发电企业的生存产生重大影响。

三、扶持农林生物质发电产业的建议

（一）涉及资源利用相关税收优惠政策的建议

1. 对所得税优惠目录和增值税优惠目录进行同步修订和完善，一是将目前农林生物质发电行业收集利用的农林废弃物品种全部纳入进去，做到全覆盖，同时取消技术标准中专门对农林废弃物的比例要求；二是使两个目录对农林废弃物品种的表述方式和内容一致。

2. 将农林废弃物作为免税农产品，让农民享受免税农产品的相关优惠政策，更大程度调动他们收集农林废弃物的积极性，并从中受益。

（二）涉及环保排放的建议

1. 出台专门针对生物质发电行业的环保排放标准。

2. 达到超低排放的农林生物质发电企业能够同等享受国家环保电价补贴。

3. 环保处罚与增值税退税脱钩。

（2018 年）

加强部门联动
推动生态环境领域公益诉讼迈上新台阶

2014年，党的十八届四中全会审议通过《中共中央关于全面推进依法治国若干重大问题的决定》，明确提出“探索建立检察机关提起公益诉讼制度”。2015年，新环保法规定，对污染环境、破坏生态，损害社会公共利益的行为，符合条件的社会组织可以向人民法院提起诉讼，确立了诉讼主体资格的合法身份，并为环保组织依法起诉污染者开辟了通道，生态环境保护领域公益诉讼开始“破冰”。2017年6月27日，全国人大常委会作出关于修改民事诉讼法和行政诉讼法的决定，明确将检察机关提起公益诉讼写入这两部法律，标志着检察机关提起公益诉讼制度正式确立，进一步加大了对环境违法行为的威慑力度，为生态环境保护和生态文明建设提供了坚强的制度保障。

一、工作开展情况

近年来，特别是党的十九大以来，生态环境系统坚决贯彻落实习近平生态文明思想和全面依法治国新理念新思想新战略，推动用最严格制度、最严密法治保护生态环境，密切配合司法机关，为做好公益诉讼提供保障。生态环境部会同发改委、最高检等九部门印发《关于在检察公益诉讼中加强协作配合依法打好污染防治攻坚战的意见》，切实推动公益诉讼。实践证明，公益诉讼对推动生态环境保护发挥了积极作用。公益诉讼工作试行以来，全国共办理生态环境和资源保护领域公益诉讼案件100690件，占公益诉讼立案总数的53.86%。共治理污染水域345277.6385亩，清理固体废物23943945.64吨，恢复耕地、林地、湿地、草原3012705.827亩。

为积极配合公益诉讼工作开展，湖南省生态环境部门配合司法部门不断建立健全行政执法与刑事司法衔接工作机制，加大环境污染犯罪行为打击力度，维护国家和社会公共利益。截至2018年底，共办理生态环境和资源保护领域案件3364件，立案2329件，提出诉前检察建议和发布公告1752件。通过治理恢复被污染水源地15038.5亩、土壤1463.1亩，清理被污染和非法占用河道100.42千米、被污染水域8321.74亩、网箱353910平方米，拆除非法网围、矮围16897.9米，清理违法堆放的生活垃圾7860.28吨，回收和清理生产类固体废物33814.67吨（其中危险废物12605.81吨），关停整治违法排污企业136家，关闭拆除饮用水水源保护区内排污口306个。

二、存在的主要问题

生态环境领域公益诉讼聚焦于新时代社会主要矛盾变化后人民群众对于美好生活的新需求，是以法治思维和法治方式推进国家治理体系和治理能力现代化的一项全局性、战略性的重大改革措施和制度安排。从2017年7月检察公益诉讼工作正式开展以来，各部门共同协作，为打好污染防治攻坚战提供制度实践，但也出现了需要面对和解决的新问题。主要包括以下几个方面：

1. 常态化信息共享机制有待建立。生态环境领域公益诉讼涉及生态环境、水利、国土、林业、检察院、法院等多个部门，行政机关、监察机关、审判机关在执法和审判执行信息共享、有价值线索移送、相关证据移送、案件执行情况反馈等方面还未形成高效率的常态化沟通配合。

2. 生态环境领域公益诉讼与生态环境损害赔偿制度的衔接还有待加强。根据中办、国办《生态环境损害赔偿制度改革方案》要求，通过改革，以解决“企业污染、群众受害、政府买单”的问题，这一目标，与环境公益诉讼的内在要求是一致的。但目前，环境公益诉讼和生态环境损害赔偿制度衔接还有大量具体问题有待探索。比如，当公益诉讼中涉及生态环境损害赔偿内容时，是移交线索至相关权利人还是直接在公益诉讼中予以审理；很多造成生态环境损害的行为同时具有民事违法以及刑事违法的双重属性，是采取先刑后民、刑民并行还是先民后刑模式还有待进一步研究。

3．诉前建议的精准性有待提高。当出现行政公益诉讼诉前建议时，涉及确认责任主体问题。生态环境涉及面广、负有生态环境监督管理职责的部门较多，但在行政公益诉讼检察建议书发放的时候，一些地方还存在一律向生态环境部门发放的做法，容易产生本该接受监督的部门游离于监督之外的问题。

三、相关对策建议

生态环境领域公益诉讼在中国特色社会主义事业发展的新时代孕育而生，具有鲜明的时代印记和独特的时代内涵，作为一项年轻的制度，目前正面临从粗放型增长向高质量发展的转型，更需要各部门纵向联动、横向配合，推动形成上下一体、指挥有力、协作密切、运转高效的办案机制，推动生态文明建设。

针对以上存在的问题，提出以下建议：

1．建立公益诉讼协调沟通机制。一方面，要建立行政机关内部协调沟通机制。通过行政机关系统内调度、报告、统计、通报等形式加强省、市、县等层级对公益诉讼工作信息的动态共享，便于各级行政机关更好加强与各级司法机关的协调配合。另一方面，要建立行政机关与司法机关之间的协调沟通机制。通过成立公益诉讼工作联席会议等形式，及时互通公益诉讼案件线索移送、违法行为整改等情况，推进行政执法信息和司法监督信息资源共享。

2．加强与生态环境损害赔偿制度衔接。一方面，负有生态损害赔偿监管职能的部门要切实履行职责，对违反法律法规，造成生态环境损害的单位或个人，发现一起，受理一起，按照相关管理制度提起和办理一起，使其承担生态环境损害赔偿责任。另一方面，司法机关对属于生态环境损害赔偿范围、符合生态环境损害赔偿条件的，及时与相关权利人沟通，尽可能先行启动生态环境损害赔偿机制，能磋商的通过磋商解决，减少行政成本，磋商不成的再提起诉讼，使环境公益诉讼制度和生态环境损害赔偿制度相得益彰，互为发展。

3．开展公益诉讼理论研究。作为一项新的诉讼类型，检察公益诉讼还有待进一步加强理论研究，完善诉讼规则。如诉讼案件中刑事附带民事公益诉讼如何能保障受损的生态环境得以修复或依法赔偿到位；如何进一步提高诉前建议的精准性；如何科学制定标准尽量以诉前建议督促行政机关履职整改到位。

4．强化依法行政意识。行政机关不作为、乱作为导致国家利益和社会公共利益受到侵害，是检察机关提起公益诉讼的直接起因，减少直至杜绝此类案件，关键是行政机关要依法正确履职，从源头上提升依法行政工作水平。一方面，各级行政机关要严格执行重大行政决策法定程序，推进行政决策科学化、民主化、法治化，严格按照法定权限和程序，全面、正确、及时履行法定职责，切实防止行政不作为、乱作为现象发生。另一方面，司法机关要主动融入生态环保工作大局，准确研判形势，对相关行政活动在生态环境产生实质性影响之前的违法行为进行纠正和制止，对涉及生态环境部门的行政公益诉讼提供坚强的司法保障。

（2018 年）

关于加强乡村动物防疫体系的建议

目前，湖南省正大力推进乡村振兴战略，畜牧业作为乡村经济发展的重要支柱和农民增收的重要渠道，为农业产业兴旺、农民生活富裕提供了强劲动力。近年来，湖南省对动物防疫工作高度重视，已经取得了明显的成效，对于畜牧业的安全生产和人民群众身体健康起到了重要的保障作用。但现阶段仍有部分地区在动物防疫工作开展上存在一些问题，给动物疫病的发生留下了一定的隐患，近期非洲猪瘟在湖南省多地发生并传播就给全省敲响了一记警钟。

一、存在主要问题

1. 人员结构严重不合理。乡村防疫员编制人员大幅减少。2017 年，湖南省 2238 个乡镇有动物防疫人员编制 9083 人，实际在岗人员 6042 人，空编缺岗严重，部分市（州）人员减编情况严重。由于乡镇村行政区划调整合并等原因，全额编制及人员大幅减少，人员减少而任务量有增无减，特别是近几年禽流感、非洲猪瘟等传播性疾病多发，动物疫病日趋复杂，工作量、工作难度明显加大，再加上工作地点偏僻、专业性强等特点，导致补员困难、人员流失率高，乡镇全额编制空置率大为上升；乡村动物防疫员年龄结构老龄化严重，出现年龄断层。以怀化市为例，全市共有 2845 个行政村，由政府购买劳务，乡镇政府直接聘请共计 3059 名村级防疫员，60 岁以上 623 人、占 20. 37%，41—60 岁 2145 人、占 70. 12%，40 岁及以下 291 人、占 9. 51%；怀化市 14 个县（市、区）除新晃县外其他县（市、区）乡镇站人员 35 岁以下均为个位数，有 5 个县为 0 人，村级防疫员年龄阶段集中在 40—70 岁，30 岁以下共 62 人，仅占 2%，洪江市 340 名村级防疫员均超过40岁；乡村动物防疫员学历结构不合理，尤其是村级动物防疫员兽医或相关专业人员稀缺，全市仅7.98%的村级防疫员为兽医或相关专业人员（中专及以上学历），62.50%为初中及以下学历，培训难度大，流动性强。

2. 运行管理体制不顺。2011年，湖南省实施农技推广体系改革，湘潭、怀化、湘西自治州等地将乡镇动物防疫站撤并成立乡镇农技综合服务中心，“以县为主”的管理体制变成“以乡为主”，部分市仍实行“县乡共管，以县为主”的管理模式。乡镇动物防疫人员不仅承担本岗职责，还要承担乡镇政府分配的扶贫、维稳、计划生育、包村管理等行政工作，甚至以政府工作为主，动物防疫工作次之，很多基层人员反映乡镇防疫工作人员日常工作中政府其他工作占比超过七成，严重分散防疫工作精力，还有的技术人员被安排到其他岗位，完全脱离技术服务工作，而人员晋升职称需要主管局给予意见。某县2018年有两名技术员要求晋升职称，畜牧水产局局长没有同意签字，原因是这两人长期脱离技术岗位，一直从事综治和计生工作，运行管理体制不顺造成动物防疫工作难以落实，群众需求的技术服务难以到位。

3. 工作经费严重不足。目前，湖南省仅有18个县（市、区）财政安排了足额的动物卫生监督工作经费，绝大多数县（市、区）仅少量安排或根本没安排；2017年，湖南省各级动物检疫工作经费有近9000万元资金缺口，一些县（市、区）检疫工作经费不到位，已经严重影响到检疫工作的正常开展。防疫机构人、财、物下放乡镇政府的，工作经费由县拨乡后，难以完全落实到防疫工作上，导致动物防疫工作经费短缺，乡镇动物防疫员甚至自行贴付费用才能保证工作正常开展的现象普遍存在。如：怀化市乡镇动物防疫员的年人均工作经费为1.88万元，有四个县乡镇动物防疫员的年人均工作经费均不足1万元，最低的仅0.2万元，大部分县市区村级防疫员工作补助地方配套未落实，这都大大影响了动物防疫工作的开展。

二、相关工作建议

1. 理顺运行管理体制。强化基层动物防疫工作职能。实行以县管为主的管理模式，乡镇人民政府要明确技术服务编制，科学安排各专业技术岗位，保证技术人员专门从事技术服务工作，不得随意抽调专业技术岗位人员从事其他行政性事务，明确乡镇人民政府及主管局对专业技术岗位人员的管理责任，主管局进行人事管理及业务指导并统筹县域内人员调配，乡镇人民政府对人员考勤及作风建设进行管理；强化财政保障。加强动物防疫基础设施建设，增加项目经费投入，提质升级动物疫病监测、监督执法、应急指挥、无害化处理、追溯体系等基础设施。

2．加强技术人才的培养。拓宽补员渠道，提高基层动物防疫工作岗位吸引力，让有知识有能力的年轻人能够在乡村有业可立，推行定向人才培育计划，有选择性地在偏远县（市、区）、偏远乡村选择本土优秀大学生，给予学费减免支持，定向培育乡村急需人才，学成返乡服务，设置最低服务年限，一般不少于五年，本土人才是比较稳定的，可以更好地投身乡村动物防疫工作，助力乡村振兴；加强对现有技术岗位人才的培训，特别是注重专业技术带头人的培养，安排适当的时间和经费，参加专业培训，稳步提升乡村动物防疫人员待遇，稳定基层动物防疫队伍。

3．加强社会化服务体系建设。自2016年湖南省开展兽医社会化服务工作试点以来，初步探索形成了浏阳市、衡山县等地的动物防疫劳务外包模式，双峰县、新化县、冷水滩区、凤凰县等地的乡镇防疫承包模式，岳阳、长沙等地的病死畜禽无害化处理机制建设PPP模式，耒阳市、东安县等地的龙头企业专业化服务模式。建议省级层面积极总结经验，按照政府引导、市场运作，社会力量参与的指导思想，逐步建立起动物防疫社会化服务体系，明确服务组织及其成员的责、权、利界限，乡镇防疫机构承担管理督导责任，服务组织承担防疫工作本身的责任，疫情责任下移由养殖户自己承担。

4．加强动物防疫工作的信息化建设。建立省级层面的动物防疫信息化系统，通过系统能够及时监控管辖区的畜禽养殖、防疫开展及疫情发展情况，及时出台有效措施，将疫情控制在开始阶段，通过系统及时通报相关情况，并针对性地对基层工作人员及养殖户推送应对措施，进行靶向宣传培训，提升宣传培训效果。

（2018年）

“生产、生活类产品挥发性有机物含量限值”强制性国家标准体系亟待完善

近几年来，全国各地不断强化污染防治，环境空气质量明显改善，尤其是 $PM_{2.5}$浓度下降明显，但不少城市臭氧浓度不降反升。2018 年 6 月以后，全国多数地区蓝天变多，但臭氧浓度上升，挥发性有机物（以下简称 VOCs）多次成为大气首要污染物，臭氧已开始变为影响大气环境质量的重要因子。VOCs 具有光化学活性，排放到大气中是形成细颗粒物（$PM_{2.5}$）和臭氧的重要前体物质，对环境空气质量造成较大影响。除影响环境质量外，部分 VOCs 本身具有毒性，可导致人体中毒，引发急性或慢性疾病以及致畸、致癌、致突变等，对人体健康具有较大的危害。此外，部分 VOCs 具有异味，会给周边居民生活造成一定程度影响。VOCs 控制迫在眉睫。

VOCs 排放面广源多，许多生产、生活类产品在敞开式环境中使用，难以收集处理，且监管困难；部分产品使用过程中采用密闭收集、末端治理方式，成本高昂。因此，VOCs 源头控制是有效的管理方式，即实施严格的 VOCs 含量限值标准，通过控制产品中 VOCs 含量来降低 VOCs 的整体排放。

2018 年 7 月，全国人大常委会《大气污染防治法》执法检查后指出了“部分配套法规和标准制定工作滞后”等问题，这其中就包括工业涂装企业应当使用低挥发性有机物含量的涂料，但相关限值标准尚未制定。

目前，生产、生活类产品 VOCs 含量限值标准体系还只是初步建立：

从国家标准层面看，国家已颁布了部分涂料、胶粘剂等生产类产品 VOCs 限量值的国家标准，覆盖产品主要有地坪涂料、室内装修涂料，汽

车涂料，玩具用涂料，鞋和箱包胶粘剂，建筑胶粘剂，室内装修胶粘剂等。而已颁布的生活类 VOCs 限量国家标准较少，尤其是个人护理产品方面。

除了强制性 VOCs 限量值国家标准，《绿色产品评价—涂料》（GB/T35602—2017）国家标准已于 7 月 1 日实施，但该标准为非强制性标准，从产品全生命周期角度，对水性涂料、粉末涂料、辐射固化涂料、高固体分涂料、无溶剂涂料等多种涂料产品进行绿色评价。

从行业标准领域看，行业标准（主要是环境标志产品，环保部发布）对部分涂料、胶粘剂、油墨等生产类产品，以及少数生活类产品的 VOCs 含量限值作出了明确要求。生产类产品包括：水性涂料、防水涂料、船舶防污漆、室内装修木器涂料，水基型包装胶粘剂、建筑胶粘剂、木材加工用胶粘剂、鞋和箱包胶粘剂、地毯胶粘剂、书刊装订用胶粘剂，胶印油墨、凹印油墨和柔印油墨、喷墨墨水，生活类产品是杀虫气雾剂。

从地方标准层面看，北京、天津、河北和广东等地颁布了建筑类涂料、工业涂装涂料、包装印刷油墨，胶粘剂等生产类产品的 VOCs 含量限值标准，并且各地的含量限值要求也不一样。目前，未发现涉及生活类产品 VOCs 含量限值的地方标准。

综上分析，生产、生活类产品 VOCs 含量限值强制性国家标准覆盖产品类别少，尤其是油墨类限值标准缺失。此外，诸如喷发胶、空气清新剂、多用途润滑剂、除虫剂等生活类消费品使用广泛，消耗量大，VOCs 排放量不容忽视，而相应限值国家强制性标准几乎是空白。由于相关限值标准的缺失，从而导致出现以下问题：

1. 监管缺乏依据。由于相关 VOCs 限值标准缺乏，监管缺乏依据，使得政府管理部门难以进行有效的监管。譬如，针对工程机械、钢结构、集装箱、电子电器、汽车内饰件、鞋和箱包、包装印刷、家具等 VOCs 排放重点行业，以及生活类产品，政府管理部门难以出台强力推广使用低挥发性有机物含量的涂料、油墨、胶粘剂等原材料和产品的规章和政策，导致源头削减 VOCs 工作进展缓慢。

2. 执法难以到位。《大气污染防治法》第 108 条规定：工业涂装企业未使用低挥发性有机物含量涂料或者未建立、保存台账的，由县级以上人民政府环境保护主管部门责令改正，处二万元以上二十万元以下的罚款；拒不改正的，责令停产整治；第103条规定：违反本法规定，有下列行为之一的，由县级以上地方人民政府质量监督、工商行政管理部门按照职责责令改正，没收原材料、产品和违法所得，并处货值金额一倍以上三倍以下的罚款：生产、销售挥发性有机物含量不符合质量标准或者要求的原材料和产品的；第104条规定：违反本法规定，有下列行为之一的，由出入境检验检疫机构责令改正，没收原材料、产品和违法所得，并处货值金额一倍以上三倍以下的罚款；构成走私的，由海关依法予以处罚：进口挥发性有机物含量不符合质量标准或者要求的原材料和产品的。由于相关VOCs限值标准缺乏，使得对进口、生产、销售、使用等环节违法行为的执法处罚难以到位。

为贯彻落实《大气污染防治法》，在现行相关标准基础上，按照打赢蓝天保卫战的要求，进一步完善生产、生活类产品VOCs含量限值强制性国家标准体系，加快推广使用低挥发性有机物含量的原辅材料和产品，从源头上削减VOCs排放显得十分重要和紧迫。

为此，提出以下建议：

尽快制定工程机械、钢结构、集装箱、汽车内饰件、木家具及木制品、电子电器产品等工业涂装涂料，包装印刷行业油墨、胶粘剂、清洗剂、润版液、涂布液，以及杀虫剂、空气清新剂、衣服表面清洗剂、多用途润滑剂、除虫剂等生活类产品的VOCs含量限值强制性国家标准。

（2018年）

用绿色发展理念推进深度贫困地区脱贫攻坚 实现脱贫攻坚与生态保护双赢

目前，全国脱贫攻坚的主战场已经重点聚焦到深度贫困地区。无论是“三区三州”，还是其他深度贫困地区，主要分布在江河上游，如青海三江源，是长江、黄河和澜沧江的发源地；山区，如云南怒江州，98%以上的面积是高山峡谷；青藏高原高寒冷凉区，如西藏及四省藏区；荒漠化地区，如南疆四地州；不少区域是国家重点生态功能区，被列为限制和禁止开发区，如云南怒江州，包括“三江并流”世界自然遗产核心区、高黎贡山国家级、云岭省级自然保护区，60.9%以上的面积纳入了保护范围，生态地位十分重要。但大部分深度贫困地区生态环境又十分脆弱，水土流失、山体滑坡、泥石流等自然灾害频发，如云南昭通市，水土流失面积占55.5%，石漠化面积占52.65%；不少深度贫困地区山高坡陡沟深可用耕地少，《水土保持法》严格禁止开垦的25度以上坡耕地的利用十分普遍，如云南怒江州、昭通市，占51.3%、54.2%，怒江州泸水市金满村，高达90%以上，不少耕地坡度甚至在50、60度以上；一些地方乱砍滥伐、毁林开荒，资源开发造成的生态损害问题突出；一些地方一年四季烧火炕，用薪材作燃料，植被破坏较为严重；南疆四地州干旱少雨，沙尘暴频发，土地盐碱化、沙化、荒漠化日趋严重；不少地区生活方式比较原始，人畜混居，基本只有旱厕，甚至极少数贫困户无厕所，人居环境恶劣，等等。深度贫困地区发展与保护的矛盾十分突出，怎样实现脱贫攻坚与生态保护双赢已经成为当前刻不容缓需要面对和解决的突出问题。

为此，提出以下建议：

1. 把生态修复作为根本任务。大部分深度贫困地区担负着维护国家区域生态环境安全的重要战略使命，应坚持“生态优先、保护第一”的理念。加大深度贫困地区退耕还林力度，新增退耕还林指标优先保障深度贫困地区，确保贫困户坡耕地、深度贫困地区25度以上陡坡耕地梯田和石漠化地区非基本农田坡耕地实行应退尽退，提高退耕还林补贴标准和公益林补偿标准，大力实施退耕还林、荒山造林、森林管护、经济林提质改造等项目；将深度贫困地区需要保护的区域全部纳入生态保护红线范围，提高国家重点生态转移支付县生态补助标准；选聘建档立卡贫困人口为生态护林员，新增生态护林员、草原管护员的招录主要面向深度贫困地区建档立卡贫困户；积极推进森林碳汇交易，扩大生态扶贫受益度。

2. 把改善人居环境作为重要民生工程。改善人居环境和“厕所革命”的计划和项目优先考虑深度贫困地区，对不搬迁的自然村和贫困户，统筹农村危房改造与人居环境改善，对修缮加固的住房，实现房屋与厕所、畜圈、生活环境同步改造，对拆除重建的住房，实现人畜分离、厨卫入户；改变传统使用薪材的生活用能和取暖方式，用煤、天然气或太阳能替代。

3. 把易地搬迁作为根本措施。深度贫困地区普遍都是“一方山水养活不了一方人”，要从根本上解决贫困和生态问题，必须实行扶贫搬迁与生态搬迁相结合。对于贫困户30户以下、贫困发生率50%以上的贫困村尽可能实施整村易地搬迁，对于各级自然保护区核心区和缓冲区的居住户基本实行易地全面搬迁，全面修复生态。建议国家对深度贫困地区整村易地扶贫搬迁的非贫困户和生态搬迁的农户实行与建档立卡贫困户易地扶贫搬迁统一的补助政策。

4. 把绿色发展作为重要途径。坚持绿色发展，以资源禀赋为依托，以生态环境容量为底线，适度发展有机绿色农林特色产业，提高生态产品供给；以自然山水、民俗风情为依托，适度发展生态旅游。

（2018年5月）

环境保护和整治不力必须问责到底

近年来，随着经济的快速发展，经济发展与环境保护不相协调的矛盾日益突出，重经济发展、轻环境保护的现象在许多地方时有发生，在规范环保执法、服务绿色发展方面仍面临着巨大挑战，一些环境执法部门及其工作人员不同程度地存在执法尺度不严、责任担当不够甚至在地方利益、部门利益驱使下存在盲目决策、履责不力、监督缺失等情形。

造成这些现象的一个重要原因就是地方行政干预依然严重。各级地方环保部门由于受到行政隶属关系等条件的制约，统一监管能力不足，特别是某些部门和领导的环保意识不强、片面追求经济发展，环保部门很难真正参与综合决策。同时，政府职能部门对国家产业政策和环保规定执行不严甚至是不执行，或对已经淘汰的工艺、技术、设备和产品也予以批准建设，造成了严重的环境污染；一些地方政府领导为了出政绩，要么将建设项目由小报大，要么将建设项目由大报小；有些领导干部直接对环保部门的审批提出要求，致使一些环境管理要求和工程措施得不到落实。这些问题在县级部门中表现得尤其突出。

环境就是民生、青山就是美丽、蓝天也是幸福。对环保问题进行督察，是党中央、国务院推进生态文明建设和生态环境保护的重大制度安排，各级党委政府必须不打折扣地严格执行，对于环境保护不力、整治不彻底、执法不严者必须要问责到底。

为有效解决环保督察中存在的问题，提出以下建议：

1. 加快组建环保督察机构。着力推进跨地区、跨流域环保督察机构试点，尽快组建各级环保监管执法机构，持续加大督察督办力度，建立常态化工作督查、任务督办机制，完善交办、巡查、约谈等工作机制。

2. 积极完善环保督察法规制度。进一步完善重大环境案件联席会议、会商督办、验收销号等制度，提高环境保护综合执法能力，及时处理环境违法犯罪案件。

3. 重点加强考评考核。要健全环境保护目标责任制和考核评价制度，特别是要重视督政，考核指标要从怎么推动大环保格局考虑，考核结果纳入各级党委、政府年度考核重要内容，作为领导干部综合考核评价、自然资源资产离任审计、生态环境损害责任追究的重要依据，倒逼地方党委、政府履行生态环保责任。

4. 严厉追责问责到位。进一步加大追责、问责力度，对环境质量持续下降、履责不到位、进度严重滞后的责任单位和责任人要严肃追责问责，问责到底，形成强有力的震慑。

（2018 年 8 月）

必须着力构建环境保护“守信激励”和“失信惩戒”机制

习近平总书记提出，绿水青山就是金山银山。环保部、国家发改委联合发布的《关于加强企业环境信用体系建设的指导意见》指出，到2020年，覆盖国家、省、市、县的企业环境信用信息系统基本建成，环保守信激励和失信惩戒机制有效运转。

目前，中国面临着严峻的环境压力，环境污染严重、资源再生利用率低下，循环经济比较落后，特别是由企业所引起的环境污染事件比比皆是，企业在环境责任履行方面不尽如人意。存在的主要问题有：1. 企业守信成本不高。企业评为环境风险企业或环境不良企业，如不需向银行贷款，与环境合格企业如出一辙，不受其他制约，造成企业参评积极性不高，守信成本不高。2. 信用评价范围不广。仍有大批企业和事业单位未通过环境信用评价手段监管。3. 评价指标过多、部分评价指标不适用、重复等，同时全国评价标准不统一，影响全国统一市场的应用，当前联合激励与惩戒方式应用也不够精准。

为有效解决企业在环境责任履行方面存在的问题，提出以下建议：

1. 在全面公开重点环境信息的基础上，及时发布重点监管对象名录，定期公开区域环境质量状况，火电、水泥等行业重点污染物排放状况和污染防治设施运行情况。将企业环境信用信息纳入全国信用信息共享平台和国家企业信用信息公示系统，全面、及时、准确地披露企业环境信息。督促重点排污单位全部安装自动在线监控设备并同环保部门实现联网运行，依法公开排污信息，特别是对涉及群众切身利益的监控数据及时主动公开。

2. 加强对信用评价工作的组织领导，出台相应的工作细则，明确各部门信用评价的工作职责，地市一级环保局要成立信用体系建设领导小组，各县（市、区）要负责组织实施完善辖区内信用评价体系。

3. 加快构建环保信用体系，不断创新环境管理模式，建立环境保护“守信激励，失信惩戒”机制，督促企业持续改善环境行为，自觉履行环境保护义务和责任。同时，环保信用评价体系应与最新的环境保护顶层设计相衔接，并在全国范围内，着力构建环境保护“守信激励”和“失信惩戒”机制，督促企业自觉履行环境保护法定义务和社会责任。

4. 建立全国统一的环保信用评价信息化系统，避免各地再重复投入建立各种各样的信用评价系统，进而借助此系统统一全国企业环保信用的评价标准，并通过信息化系统对外实时发布企业环保信用变化。

5. 借鉴交强险的设置，建立强制环责险制度，可以弥补环境风险管理工具“短板”，发挥环境政策协同效应。同时，进一步强化企业的环境治理主体责任，从源头堵住污染源，满足市场对企业道德的要求，提升环境治理效能，并有助于提高企业的环境风险管理水平，为企业的全面发展奠定坚实的发展基础。

（2018 年 8 月）

全社会环保意识有待进一步增强

随着社会经济的不断发展，环境问题已经成为全社会重点关注的问题之一，公众环境意识水平的高低，直接影响着国家环境保护政策的制定和实施，因此，提高环保意识，加强环境保护，已经成为当前社会亟待解决的问题。但大家在享受经济发展成果的同时，国民的环保意识并没有得到相应进步与提升。存在的问题有：

1. 全民参与环保的氛围不够浓厚。环保法律法规宣传教育方式方法不够灵活，宣传面不够广泛，对群众关注的热点、难点问题，宣传跟踪报道力度不够，没有充分调动群众参与的积极性。

2. 公众的环保参与度不高。同时，当前社会转型期与环境敏感期共存、环境风险高发期与环境意识升级期叠加，生态环境问题易被炒作放大，成为社会多方面问题的宣泄口。如垃圾焚烧发电项目在选址和建设中，邻避效应突出，即使项目通过了专家论证，但要取得群众的理解和支持还有相当大的难度。如处置不当，很可能诱发不稳定因素。

3. 环保的法制宣传不足。我国的环保法制宣传教育面对的对象人员众多、结构复杂、分布地域面积广，但当前的法制宣传教育普遍存在重城市轻农村、重企业轻个人、重罚款轻教育等现象，公众违法成本不高，对违法的后果认识不足、意识不强。

为进一步增强全社会的环保意识，提出以下建议：

1. 建立和完善有中国特色的环境教育体系，形成多层次的环保教育格局。一是逐步建立以教育部门为主导、环境部门积极配合的学校环境教育体制，采取多种方式，把环境教育渗透到学校教育教学的各个环节中去，并积极开展创建绿色学校活动，努力提高全民环境教育的质量和效果。二是进一步加大对公民的环境教育，开展环境宣传教育进企业、进机关、进农村、进社区、进校园的生态环保“五进”活动，通过宣传将环境保护深深植入公众心中，激发公众的责任感和参与意识。三是建立完善的宣传教育引导机制，充分利用“一台一报一网一微”媒体平台，加强对公众的宣传教育，灌输人类对环境的依存性观念、介绍现有环境状况和人类活动造成环境变化的趋势，使环境保护意识由教育而转化成为一种习惯，从而使环保参与成为一种自觉行为。

2. 精心策划和组织“世界环境日”等重要环境纪念日的活动，营造有利于环境保护事业发展的舆论氛围。一是以“六五”世界环境日、“环保世纪行”为契机，大力组织开展生态环保“大讲堂”、环保创意大赛、“环境宣传周”、“环境文化节”等系列大型宣传活动，结合植树节、世界无烟日、世界环境日等来加强环境保护教育，强化公民的环境保护意识，激励公民踊跃参与环保。二是引导和培养全社会环境保护意识，探索创建省级环境教育基地，引导环境教育基地做好对公众开放工作。加强绿色低碳试点城市创建，构建绿色低碳文化体系，形成全社会提倡节约和保护环境的价值观念，构建起引导群众实行低碳、绿色、生态的消费行为的生态生活体系。三是完善环保新闻宣传工作和志愿者服务制度，不断增强全社会的生态环保意识，形成人人参与、人人支持生态环境保护的浓厚氛围。

3. 创新宣传手段，加大环保法律法规的宣传力度。一是多渠道、多形式宣传《环境保护法》等相关法律法规，进一步增强全民的环保意识和法制意识，结合公民参加环保法律法规的宣传工作来开展环境保护教育工作。二是要突出问题导向，坚持环保的正面事迹报道与反面事迹批评惩罚并举，增强社会媒体舆论监督，推动群众在环保关注的热点、难点问题上得到有效解决，增强环境保护的获得感。三是结合近年来的环境问题的变化特点，让公民将关注点放在具体的环境保护问题上，通过实际的环境保护举措让公民从实际生活出发，为环境保护工作作出自己的贡献。

（2018 年 8 月）

排污交易制度亟待完善

建立排污权有偿使用和交易制度，是我国环境资源领域一项重大的、基础性的机制创新和制度改革，是生态文明制度建设的重要内容。国办专门印发《关于进一步推进排污权有偿使用和交易试点工作的指导意见》（国办发〔2014〕38号），在一些省区开展了排污权有偿使用及交易试点，取得了一定成效。

但由于排污权交易工作尚处于试点探索阶段，还存在一些亟待解决的问题，相关配套制度和政策还需完善，业务能力水平亟待提高，为环境管理和污染减排服务的实际作用发挥不够，对“持权排污、按量排污”的监管手段和方法不多等等，这些都需要在今后的推进工作中加以重视和解决。

1. 完善法律制度体系。首先，要从法律上确定环境资源产权制度，确认排污权的资产属性，明确排污权有偿使用和市场交易的法律地位。其次，要对排污权初始分配、有偿使用、市场交易做出统一规定，明确各相关方的权利、义务和责任，对“无证排污、超量排污”等行为明确处罚细则。最后，要鼓励试点地区制定排污权有偿使用、储备交易、抵押贷款、短期租赁等配套管理办法，开展地方立法探索。

2. 完善分配核定体系。初始分配是排污权交易工作的前提和基础。首先，要明确区域总量控制目标和初始排污权分配方法，确定初始分配和有偿取得的条件、程序、时限要求，建立排污权动态管理台账。其次，要充分考虑排污情况的复杂性，要以达标排放为前提、以现有产能为基础、以区域总量为上限准确核算初始分配量，鼓励企业结合实际自愿减少初始分配量，并充分兼顾不同企业、项目间的类比性。最后，要保持政策的连续稳定性，禁止无依据调整指标，禁止随意限制富余指标上市交易。

3. 完善价格标准体系。价格杠杆在市场经济中具有导向甚至是决定性作用。一级市场体系中，排污权有偿方式、有偿标准、使用周期是界定环境资源产权的重要标准，也是工作难点。建议在总结试点地区经验的基础上，分类别确定一级市场的基准价格。

4. 完善交易流通体系。培育良好的排污权交易市场，需要做好以下工作：一是搭建交易平台，及时收集和发布指标供需信息，为参与交易的企业提供更多交易信息与交易机会。二是约束现有单位“持权排污、超量购买”，改变只有新改扩建设项目买指标的现状，形成新的市场交易增长点。三是探索跨区域流域的排污权交易机制，扩宽流通渠道。四是积极培养指标出让方。转让收益高于有偿成本可解决排污单位的“惜售”心理，湖南每年向减排企业送达《富余排污权指标权益告知函》，主动上门告知企业关于富余指标的价值、权益和转让途径，申请转让企业明显增多。

5. 完善宏观调控体系。要切实发挥政府在排污权交易工作中的宏观调控作用。做好政策引导，完善政策制度，创造公平的市场竞争环境。加强市场监管，严厉打击投机取巧、市场垄断、囤积居奇等行为，禁止滥用和非法转让排污指标，保障交易合法性。加强宏观调控，不断完善政府收储投放制度，市场供过于求时及时实施回购储备，供不应求时及时投放储备指标，优先安排企业指标上市交易，政府不与企业争利益。对于二级市场而言，政府的职能应该是稳定市场价格而不应该抬高价格。

6. 完善执法监管体系。强有力的执法监管是交易机制运行的根本保障。要通过不断完善污染源监测监控体系，加强信息公开和公众监督，加大监管检查和处罚力度，严把交易审批关和排污许可关，对无证排污、无权排污、超量排污等行为进行严厉处罚，切实提高违法成本，让“污染者付费原则”真正发挥重要作用。

（2018 年 8 月）

关于进一步促进环保产业发展的调研与思考

党的十八大以来，习近平总书记多次指示要加快环保产业发展，在党的十九大上又明确要求，把“壮大环保产业”作为推进绿色发展的重要抓手。湖南省委、省政府认真学习贯彻习近平总书记重要指示精神，把环保产业作为打好打赢污染防治攻坚战、改善生态环境质量的重要支撑，作为建设“生态强省”、推进高质量发展的重要抓手。2015 年，湖南省政府先后出台《关于加快环保产业发展的意见》《湖南省加快环保产业发展实施细则》等文件，有力促进了环保产业发展，现已初步形成了跨领域、跨行业、多种经济形式并存的产业体系，培养了一批具有核心技术和竞争力的环保企业集团，环保产业已发展成为湖南省重要的战略性新兴产业。

一、湖南省环保产业发展取得的主要成效

“十三五”以来，湖南省强力推进生态文明建设和污染防治攻坚战，先后持续实施了湘江保护和治理省“一号重点工程”两个三年行动计划，《洞庭湖生态环境专项整治三年行动计划（2018—2020 年）》，发起了污染防治攻坚战“夏季攻势”，投入数百亿治理资金，启动数千个治理项目，有效扩大了环保市场需求。近年来，湖南省环保产业保持了年均 20% 左右的增速，据不完全统计，2018 年，实现产值 2601. 2 亿元，位居全国前列，其中年产值在 50 亿元以上的企业有 5 家，10—50 亿元有 9 家，1—10 亿元有 64 家。

（一）形成了一些行业优势

与国内其他省份相比，湖南省环保企业在环境装备制造、重金属污染

防治、资源综合利用、生态修复和水质在线监测技术与设备等细分领域处于国内领先地位，已体现出一定行业优势。如中联重科环境产业有限公司的环卫装备制造；远大科技公司的非电中央空调及配套产品及可持续建筑；永清环保股份有限公司的重金属污染修复及复合式垃圾焚烧炉排；航天凯天环保科技股份有限公司的整体厂房治理装备及工业园区环境管家服务和县域水环境综合治理第三方环境服务；华时捷环保科技发展股份有限公司系列在线监测设备及重金属废水电化学深度处理；力合科技（湖南）股份有限公司的水质在线监测、大气/烟气连续排放监测以及应急监测；湖南万容科技股份有限公司的报废汽车及电器产品资源化和设备等。环保企业已快速成长为湖南省科技创新中的一支重要力量。2018 年，赛恩斯环保获得了国家技术发明二等奖，航天凯天环保获得了湖南省科技进步奖一等奖，同时，航天凯天环保、华时捷环保、力合科技、清之源环保等 4 家企业入选湖南省企业科技创新创业团队。

（二）形成了一些龙头企业

目前湖南省环保产业从业单位 1300 余家，从中培育壮大了一批环保企业。中联重科环境产业有限公司在中国环卫机械市场的占有率连续 18 年位居行业第一，核心产品达 65% 以上，2018 年营业收入近百亿。永清环保股份有限公司是“中国最佳创新企业 50 强”公司，也是湖南省首家 A 股上市的环保企业。力合科技专注于监测设备领域，2019 年登陆创业板，市值一度达到 70 亿。航天凯天环保科技股份有限公司是中国航天科工集团旗下控股公司，2018 年营业收入突破 20 亿元。永清、航天凯天以及华时捷等环保公司主营业务基本涵盖了咨询、设计、施工、运营等环保产业全产业链，成为国内知名的综合环境服务商。

（三）形成了一些集聚区域

湖南省环保产业主要集中在长沙、郴州、岳阳、衡阳、湘潭等 5 个城市，其中环境服务和环保设备生产主要集中在长沙市，尤其是长沙国家高新区中的省环保产业示范园，目前已聚集 100 多家环保企业，2018 年营收突破 200 亿元；废旧资源综合利用产业主要集中在汨罗、永兴国家循环经济产业（示范）园区；长沙市、娄底市、永兴县、安化县、安乡县成为了国家循环经济试点城市。

（四）形成了一些交流平台

每年组团参加北京、上海、香港、澳门国际环保展（博览会），赴河北、江西、江苏等地开展专项考察，召开泛珠、华北区域环保产业交流座谈会，与港澳台、美国、德国、意大利、挪威、日本、澳大利亚等地区和国家开展合作交流，部分骨干环保企业已开始将业务向“一带一路”国家布局。

二、湖南省环保产业发展存在的主要问题

湖南省环保产业近年来虽然取得了长足的发展，但在面临自身高质量发展和服务经济高质量发展的双重任务时，碰到了一些困难和问题。

（一）龙头骨干企业比较弱小

湖南省环保产业规模总量虽然较大，但龙头骨干企业不多。从上市环保企业数量上看，目前全国 A 股上市生态环保企业 120 家，新三板上市 353 家，而全省 A 股上市生态环保企业仅永清环保、力合科技两家，新三板上市也只有 13 家。从单个企业规模看，除中联环境产值规模接近 100 亿外，全省排名靠前的骨干环保企业大部分年产值为3—5 亿元，较发达省份规模总体偏小。

（二）融资难、融资贵问题比较突出

环保产业项目具有公益性较强，回报率不高，投资回收期长，缺乏完善的利益驱动机制等特点，其发展对资金的依赖性较强，而民营环保企业融资难、融资贵的问题比较突出，部分项目融资成本高达 11%，接近或超过环保行业正常利润水平。尽管国家对中小企业制定了一系列信贷优惠政策，但银行信贷审批多以抵押物、财务指标、流动性、资本规模等为依据，环保企业要享受到优惠困难重重。

（三）拖欠工程款现象比较普遍

国家和省政府对政府项目拖欠工程款提出了偿还要求，但在执行层面仍存在“最后一公里”的问题，主要表现为：一是项目财评审计时间长造成拖欠。企业承接地方政府项目，大部分都要求垫资入场，30%—50%的工程项目资金需项目完工验收后才予支付，而结算审计过程繁琐、滞后，有些项目审计时间长达2年或更长时间。二是以资金紧张为由欠款。由于地方财政吃紧，不少污水厂和垃圾处理厂项目款项拖欠，甚至运行期间的人工工资费、税金均由运营企业垫付。三是“新官不理旧账”致使项目欠款难以到位。

（四）已出台的支持政策比较难兑现

2015年省政府出台的《湖南省加快环保产业发展实施细则》中的十条支持政策普遍没有落地，比如第三条鼓励创新研发规定，对新认定国家企业技术中心、国家工程研究中心等，安排100万元项目补助资金，省内有几家环保公司符合相关的政策支持范围，但奖励措施未落实到位。政府对环保企业创新技术的工程应用、特别是首个科技示范应用项目的财政扶持力度不大，只针对首台（套）重大技术装备的应用略有奖励。

（五）市场秩序比较混乱

一是招投标门槛设置不合理，技术门槛偏低，恶性竞争，造成了不少的“垃圾工程”“半拉子工程”。一些PPP项目存在甩包袱、转嫁债务等形式招标，项目成本和收益背离了市场经济规律；二是部分政府为甲方的项目重投资轻技术，存在“资本压倒技术”的情况，对先进技术形成挤出效应；三是部分企业采用“野蛮生长”方式，刻意压价、恶性竞争现象比较突出，廉政风险较高。

（六）市场准入存在障碍

一些重点治理领域，如黑臭水体治理、湘江流域和洞庭湖生态保护修复工程、五大矿区生态修复项目等，由于各业务部门均强调部门特殊资质，如水利部门主管的项目必须有水利专项资质，自然资源部门主管的项目必须有地质灾害方面的资质，农业部门主管的项目必须有农业部门颁发的相关资质等，造成很多有实力的环保企业没有资格参与投标，限制了环保企业专业优势的发挥。

（七）大生态环保产业格局尚未形成

生态环境的管理范畴及体制机制已经改革，但之前制定的环保产业发展政策、规划、计划尚未协同完善；生态环保产业统计尚未相应调整；生态环保产业行业、协会管理的机构、职能尚未相应转变，行业分割、破碎化服务还较突出。

三、推进湖南省环保产业发展的意见与建议

根据调研掌握的情况，现就进一步推进湖南省环保产业发展提出如下意见与建议：

（一）规划引领，明确定位，壮大龙头

立足培育发展新动能，高水平谋划“十四五”生态环保产业发展规划。湖南省生态环保产业要把握机遇，迎头而上，努力构建大生态环保产业格局，做强做优做大生态环保产业和企业，立足本省，拓展省外，积极走向“一带一路”，继续保持年均20%左右的增长速度，力争用3—5年的时间，培育3—5家产值过百亿的企业，8—10家产值过50亿的企业，生态环保产业产值达5000亿元左右，为坚决打好打赢污染防治攻坚战、加快建设富饶美丽幸福新湖南提供坚强有力保障。

按照“扶优、扶强、扶品牌”的原则，持续加大对环保龙头企业的扶持力度，支持其研发中心申报、制造基地建设、技术推广示范，促进其技术成果转化应用、扩大产业布局、完善产业链条。大力推行政府绿色采购，鼓励支持本省生态环保企业申报两型产品，加大政府采购环境标志产品力度。落实从事生态环境污染治理、环保装备制造且主营业务达到一定规模的企业给予奖励政策。重视大型生态环保项目的立项，积极引导工商资本合理投资环保，增添环保龙头企业发展动力。支持有条件的龙头企业

进行现代企业制度改革，探索龙头企业做大规模、做强特色的路径。打造“环保湘军”的骨干力量和标志性品牌，使之成为生态环保产业蓬勃发展的开拓者和带动者。

（二）进一步鼓励支持企业自主创新，增强核心竞争力

一是鼓励支持技术创新。将生态环境领域的科技创新列为支持重点，建立市场化引导基金和财政奖励制度，加大对企业新技术、新产品、新工艺研发的奖补，定期评选先进适用的技术成果并支持其示范推广。奖励环保装备首台（套），同时奖励排污企业，鼓励排污企业对新产品、新技术应用提供初试场地。二是鼓励支持商业模式创新。支持生态环保企业创新商业模式，探索新的“蓝海”，对工业园区环保管家、县域生态环境治理等第三方环境服务等商业模式创新并予以推广应用。探索实施政府为主体的环境治理项目推行和应用工程总承包 EPC 模式，解决环保企业有特色的新工艺难以被设计采纳，有竞争的新技术、新工艺难以落地的问题。同时，也有利于形成环保项目工艺设计、工程施工、治理运营的责任闭环，有效减少治理运营与工艺设计、工程施工协调不到位，再次进行技术改造的情况。三是加大对环保企业、高等院校、科研院所创设国家或省级环境保护工程技术中心等创新平台的支持力度，对成果转化成功的单位予以奖励支持。加强环保技术领域中的知识产权保护，优先支持拥有自主知识产权的环保共性和关键技术示范，增强自主创新能力。四是完善人才引进及职称评定政策，进一步加大支持力度，大力培养、吸收多学科的专业人才从事环保产业，培育技术骨干队伍和领军人才，引进高素质环保人才。对于环保企业科技人员的技术水平认定，应加大知识产权成果的评价权重，注重技术应用取得的经济效益和社会效益，适当降低论文发表要求。将部分获得省部级科技奖项、人社部门其他人才认定的技术人员直接评定为中/高级职称，缩短企业培养高级技术人才的时间。

（三）加强财税价格金融扶持，帮助环保产业解决融资困难

一是加大金融机构信贷力度。政府可采用贴息等方式鼓励银行业金融机构投资环保产业。鼓励银行业金融机构加大对环保产业的支持力度，探索将特许经营权、收费权等纳入贷款抵押担保物范围。鼓励信用担保机构加大对资质好、管理规范的环保企业的融资担保支持力度。切实落实中小企业的金融特惠政策，政策性银行对于民营企业的项目贷款，应享有国有企业同样的贷款利率及贷款额度，建立项目贷款专用账户，实时监控账户资金使用情况。资产抵押贷款金额应等同资产评估价值，实现一比一放款。二是加大财税和价格政策支持，安排财政专项资金支持和引导生态环保产业发展，落实生态环保产业税收优惠政策，落实资源综合利用产品的增值税优惠政策，大力推进阶梯电价水价，逐步提高城市居民污水垃圾处理费，积极探索乡镇及农户生活污水、生活垃圾收费制度。三是积极发展债权融资。可以利用环保国债筹集资金，鼓励企业发行债券等融资方式，有偿使用企业外部资金。四是积极利用国际资本。加强与世界银行、亚洲开发银行等国际金融组织的合作，申请环保产业项目专项贷款，引入第三方机构以保证公平，放大资金效应。此外，对于成长性较好的环保企业，私募股权融资、上市融资可成为企业发展融资渠道的重要途径。五是大力发展绿色金融，加强银企对接，鼓励各类金融机构加大绿色信贷发放力度，鼓励银行业金融机构将碳排放权、排污权、合同能源管理未来收益、特许经营收费权纳入贷款质押担保范围，推广融资租赁等新型融资方式。鼓励银行和企业发行绿色债券，鼓励对绿色信贷资产实行证券化。在环境高风险领域建立环境污染强制责任保险制度。加大资本市场融资。支持设立市场化运作的各类绿色发展基金。优先将符合条件的环保企业纳入省重点上市后备企业资源库，给予专项资金重点扶持上市。

（四）推动生态环保企业走出去，打造“生态环保产业湘军”品牌

依托“一带一路”建设，积极引导湖南省生态环保产业“走出去”。通过环境领域的国际合作与环境技术转让，建设生态环保产业国际化战略平台，大力推进湖南省环保产业外向型发展。以“优势互补、资源共享、平等互利、合作共赢”为原则，整合全省优秀生态环保企业资源，分领域组建湖南省生态环保产业联盟或集团，立足湖南，面向全国，拓展“一带一路”，带领湖南生态环保企业走出去，解决单个企业走出去面临的困难大、成本高的难题。全面研究全省环保产业“走出去”的优势、重点国别

与优先领域、具体途径与交易模式、政策需求等，在此基础上形成湖南省促进环保产业“走出去”的政策框架。逐步出台鼓励承揽境外各类环保工程、服务等相关企业的财政补贴、金融信贷、税收减免、工商及劳务输出等方面的扶持政策。积极举办和参加全国性的环保展览与论坛，鼓励生态环保企业赴境外参加国际展会。落实有关展位补助政策，通过“走出去”展示湖南省环保企业整体形象，把湖南生态环保企业作为一个整体品牌在全国进行宣传推广，打造具有竞争力和影响力的“生态环保产业湘军”形象。

（五）进一步规范市场秩序，改善环保产业营商环境

充分发挥市场在资源配置中的决定性作用，加强规范引导，建立统一开放、公平竞争、规范有序的市场体系和环境。建立健全与生态环保产业相关的政策法规，完善节能减排降碳等地方性标准制修订工作，充分发挥政策、标准对产业升级的促进作用。促进行业自律。充分发挥生态环保产业协会和产业技术联盟等作用以及公众和社会舆论的监督作用，引导环保产业企业遵纪守法、诚信经营。加快建立环保产业信用体系和“红、黑”名单制度，实行联合奖惩，促进市场规范发展。制定政府工程欠款还款规定，实行“谁投资谁归还”原则，结清历史欠款，对新建项目实行“先还款后建设”的原则，加强对地方政府项目的清欠监管工作，优化湖南省环保产业营商环境。

（六）建立环保治理项目公平竞争平台

以市场为主导，完善各类环保资质认定和特许经营权制度，规范设置环保产业市场准入门槛。改变最低价中标，推行合理低价中标。将现行的技术标、商务标同步评标改为先评技术标，技术标入围者再评商务标，消除恶意低价对技术的冲击。强化环保项目绩效付费机制，将环境绩效考核和项目付费作为项目审查综合考量重要因素。同时加强中标后监管，对环境治理后续效果持续跟进，并启动相应的追责机制。一是突出环保企业在生态环保治理项目的主导地位，应当以是否具备相应的环保资质作为条件，而不应设置非环保类资质（如水利资质、地质灾害资质等）条件。为

体现环保企业优势，政府部门应设置相关环保技术条件（如科研成果、专利、技术等），而不应设置没有环保科技含量的条件（如鲁班奖、优质工程奖等建筑行业条件）。二是相关部门应制定环保项目招投标管理办法，建立和完善环保项目招标专业平台，将环保项目放到一个平台上招标，并且统一和规范相关资质条件，不搞个性化招标，即不能完全按照招标方的意愿来设置相关条件。同时，建立起招标监控平台，例如，如果某个项目招标文件附加了某些排他性的个性化条款，那么这个平台就可报警而无法通过。这样，有利于实现真正意义上的公开、公正、公平。

（七）加快构建生态环保产业大格局

随着生态文明体制改革不断推进和完善，生态环境管理大格局正逐步形成，生态环保产业也应依循这种大格局发展。要按照习近平总书记“山水林田湖草沙”是一个生命共同体的重要指示和生态文明建设总体任务，整合资源利用、低碳节能、清洁生产和生态修复等领域的产业，不断壮大生态环保产业规模和提高行业影响力。要落实部门责任，按照“党政同责、一岗双责”的要求，根据新一轮机构改革的部门职能，明确省直相关部门发展生态环保产业的职责，建立由生态环境部门牵头，发展改革、科技、工信、财政、自然资源、住建、水利、农业农村、商务、林业、金融等部门分工合作、齐抓共管的生态环保产业发展大格局。

（2019 年）

大力发展环保产业 助力经济高质量发展

党的十八大以来，中国环保产业快速发展，2018 年，全国营业收入约为1.5 万亿元，同比增长约11%。党的十九大把“壮大环保产业”作为推进绿色发展的主要抓手，环保产业已进入从快速发展阶段向高质量发展的转型期，产业发展碰到了一些困难和问题：

1. 科技创新能力不够强大。一是环境科技基础研究与应用基础研究不够。与发达国家相比，技术创新总体处于跟跑状态；二是超前性不够。多数环保企业将工艺设计作为研发重点，及时创新能力有限，预研能力更是短板；三是科技成果转移转化不畅。鼓励环境科技创新、成果转化和新技术推广应用的政策、措施不配套，影响创新成果的推广应用。

2. 投资回报机制不够健全。一是生态环境项目大多具有公益性及盈利能力不强等特征，不同项目的投资回报机制和盈利渠道差异较大，往往不能依靠最终用户买单；二是部分项目对政府投资、付费和补贴依赖度较高，随着补贴政策取向的变化，相关企业的盈利模式将面临重大调整；三是一些 PPP 项目因盈利机制问题而被清除出库。

3. 产业发展环境不够规范。一是招投标门槛设置不合理，技术门槛偏低，恶性竞争，造成了不少的“垃圾工程”“半拉子工程”。一些 PPP 项目存在甩包袱、转嫁债务等形式招标，项目成本和收益背离了市场经济规律；二是部分政府为甲方的项目重投资轻技术，存在“资本压倒技术”的情况，对先进技术形成挤出效应；三是部分企业仍然采用“野蛮生长”方式，竞争不规范，廉政风险高。

4. 开拓国际市场尚未成熟。一是海外发展环境不优。环保产业在中国援外项目、对外基金等支持中的比例、级别较低，多为配套工程。不少发展中国家法律意识不强、政府部门效率低下。二是能力不足。自主独立参与国际市场竞争的能力偏弱；三是抱团“走出去”意识不够。一些海外项目出现了自己人打自己人的现象。

5．大环保产业格局尚未完善。生态环境的管理范畴及体制机制已经改革，但之前制定的环保产业发展政策、规划、计划尚未协同完善；环保产业统计尚未相应调整；环保产业行业、协会管理的机构、职能尚未相应转变，行业分割、破碎化服务还较突出。

为有效解决产业发展中存在的问题，提出以下建议：

1．提升环保产业创新能力。一是加大对环境科技基础与应用研究在资金、政策等方面的支持力度；二是加强环保技术创新与应用，提高环保产业竞争力。鼓励企业自主研发、引进消化先进技术。建立市场化引导基金和财政奖励制度，奖励生态环境污染防治技术进步示范工程，支持新技术、新工艺、新产品的示范推广；三是建立完善环保专业人才培养和评价体系。将环保产业人才培养和评价纳入环境保护系统人力资源工作规划，加快推动环保专业勘察设计工程师的注册，鼓励建立“产学研用”联盟。

2．健全和创新投资回报机制。一是完善资源环境产品价格形成机制，建立和完善排污权、碳排放权、水权、新增水资源使用权等制度，加快完善生活污水垃圾、医疗废物、危险废物等领域收费价格形成机制；二是试点建立社会资本投入回报补贴机制。针对投资回报率低的公益性项目，视投资回报率、项目周期等情况给予一定补贴；三是鼓励环境治理模式创新。推进资源组合开发模式，将环境治理与周边土地开发、供水、林下经济、生态农业、生态旅游等收益能力较强的项目组合，拓宽投资收益渠道。

3．改善环保产业营商环境。一是改变最低价中标，推行合理低价中标。将现行的技术标、商务标同步评标改为先评技术标，技术标入围者再评商务标，消除恶意低价对技术的冲击；二是强化环保项目绩效付费机制，倒逼市场提高准入门槛。将环境绩效考核和项目付费作为项目审查综合考量重要因素；三是加快建立环保产业信用体系和“红、黑”名单制度，实行联合奖惩，督促行业协会加强行业自律。四是加快环保产业相关标准化制修订。加强节能减排降碳等地方性标准制修订工作，充分发挥标准对产业升级的促进作用。

4．健全环保企业跨境投资服务体系。一是以金融、信息、法律为重点领域，建立完善中资环保企业对外投资服务体系；二是在中国政府援外项目、援外基金中加大对环保产业的扶持鼓励力度；三是鼓励环保企业构建产业联盟，形成合力，抱团“走出去”。

5．加快构建生态环境产业大格局。一是呼应生态环境管理体制改革，适时开展环保产业发展政策、规划、计划实施评估，并根据新要求进行完善；二是深化“放管服”改革，充分发挥环保产业行业、协会管理机构在行业自律中的积极、自主管理作用，为环保产业提供高质量服务；根据管理体系变化，相应调整环保产业统计范畴、指标；三是中央及各级财政生态环境资金及政府购买服务中增加山水林田湖草综合治理项目，释放环保产业大市场。

（2019 年）

生态文明教育须融入教育事业各方面和全过程

生态文明是关系人民福祉、关乎民族未来的大计，是实现中华民族伟大复兴中国梦的重要内容。党的十八大以来，我国将生态文明建设提到了前所未有的高度，形成了习近平生态文明思想，要求要把生态文明建设融入经济建设、政治建设、文化建设、社会建设各方面和全过程。生态文明建设是符合国情、顺应民心的世纪伟业，自然也应贯穿教育事业的各方面和全过程，将生态文明教育融入素质教育体系中，有效提升师生核心素养，推动素质教育向纵深发展。

1. 生态文明教育需重视顶层设计。孔子曰："道之以政，齐之以刑，民免而无耻。道之以德，齐之以礼，有耻且格"。孔子认为内心化育比外在强制更为根本。当前的生态文明建设当然不能只注重教化，而需刑礼兼施，法治与教育相辅相成，两手都要硬。生态文明教育不仅需要众多学科共同参与、建设联合教学团队，而且需要将生态文明理念植入各类课程和教材。现实情况中，众多学科都有学者探讨环境问题并开展相关教学，但研究对象、问题界定、理论工具和学术脉络存在诸多差异，往往不免自说自话或"鸡同鸭讲"。为此建议：做好顶层设计，突破学科界限，打造多学科交流平台，凝聚共识、融会思想、整合队伍、集中资源，实现生态文明相关理论知识精练化、系统化。

2. 生态文明教育需重视夯实基础。当前，从事生态文明教育的师资力量严重不足。因成长环境和经历所限，现有教师队伍不论知识结构还是思维方式都存在一定缺陷，不得不学、研、教同时进行，任务重、压力大。同时，由于生态文明教学工作起步不久，难免存在课程良莠不齐、教材辗转抄编、思想彼此扞格、知识相互矛盾等问题。为此建议：组织精干队伍，编写优秀教材，开设优质课程。实践表明，开展校际合作、成立教学联盟、整合优质资源和建立共享平台，有利于夯实师生的理论基础，将生态文明的理念植根于师生的内心。

3. 生态文明教育需重视知行合一。对于学生主体，应从国情世情、科技知识、生命价值、自然情感、经济模式以及消费观念、行为方式等多方面系统展开教育，使其知晓今昔变化、明了中外差异、理性认识环境、自觉担当责任；着力培育学生知行合一精神，从日常生活开始、从身边小事做起，积极参与“两型学校”建设并发挥其“绿岛效应”；支持学生开展生态文明专题调研和社会服务实践，教育学生遵守社会公德，倡导环保生活方式，结合世界环境日、植树节、爱鸟日等环保日，开展“与生态环保同行”、“建言环境保护，献策节能减排”等生态文明宣传活动，参与各类生态环境保护主题实践活动。

4. 生态文明教育需重视创新载体。目前在教育、生态环境等部门积极组织和推进下，各地中小学打造绿色校园、创建两型学校的意识愈来愈强，取得了较好的成效。在此基础上，还需进一步创新载体，倡导各中小学积极创建国际生态学校，使之成为学校校园文化建设的需要，成为全体师生的共同追求和价值取向。通过创建将师生的环境素养和生态理念逐渐与国际接轨。要严格按照创建国际生态学校的标准，开展扎实有效、丰富多彩的活动，把师生的生态环境意识和低碳理念作为校园文化的重要元素，渗透到每一位师生员工的心灵深处，并运用于工作、学习和日常生活中。

（2019 年 3 月）

加快推进企业环境信用评价工作势在必行

企业环境信用评价是创新环境监管手段的重要举措，是保障公众环境权益的重要平台，是实施绿色信贷政策的重要保证。近几年，全国不少省区开始探索实施企业环境信用评价工作，为加强环境监管、促进治污减排、保障公众参与发挥了较好作用。但推进过程中也还存在不少问题：

1. 思想认识有待进一步提高。许多企业不愿意参评，担心纳入信用体系特别是被评为环境风险、环境不良企业所带来的后续影响。部分基层环保部门或迫于政府压力，或为顾及面子，担心辖区内黄牌红牌企业过多，存在较多顾忌，评价工作存在阻力。

2. 工作机制有待进一步理顺。目前，地方对于企业环境信用评价结果一般每年评定 1 至 2 次，时间上有滞后性。许多风险、不良企业的违规情况已经整改到位，有些合格企业又出现了其他违规行为，评价结果不能完全代表企业的环境管理现状。每个企业的违规信息难以收集齐全，影响了评价结果的代表性。

3. 结果运用有待进一步加强。对于环境诚信企业没有很好的鼓励政策，一些高科技、低污染的大企业申报环境诚信企业的积极性低。对于不良、风险企业，在信贷、融资、资金支持等方面的限制还没有完全到位。信用评价结果不能纳入“人民银行企业征信系统”，该系统只收集排污许可、处罚信息、环评审批等几类具体的违规信息。

4. 法律责任有待进一步厘清。评价过程中常常遇到，有些被查出的环境违法违规事件纯属个人行为，违法责任主体难以界定，但如因个人行为而将排污单位评定为环境风险或不良企业，评价结果有失公平。

为更好地解决企业环境信用评价工作推进过程中存在的问题，提出以下建议：

1. 完善环境信用评价体系。推动政府为主导、企业为主体、社会组织和公众共同参与的环保信用评价制度建设。建立全国统一的环境信用评价标准，制定操作性强的评价工作流程，搭建信息共享互通的工作平台，逐步实现全国环境信用评价结果可比、共享、联动。压实各联合激励惩戒部门的主体责任，推动环境信用评价相关立法。

2. 完善基础信息收集机制。建立全面、智能化环境管理大数据信息系统，自动归集排污单位的违法违规信息，彻底解决评价基础信息报送工作中存在的不及时、不全面等问题。

3. 强化环境信用评价结果运用。加强与社会信用体系建设部门的沟通协调，完善环境信用信息的推送与共享机制，各相关部门、金融机构等，依据企业环保信用评价结果，实施守信联合激励、失信联合惩戒措施。从国家层面出台基于环境信用等级的差别化水电价格政策，对环境诚信企业、环境合格企业给予实实在在的支持鼓励，对环境风险企业、环境不良企业加大违法违规成本。

4. 扩大环境信用评价范围。在对工业企业实施环境信用评价的基础上，逐步对环境监测机构、环境影响评价机构、机动车尾气检测机构、环境服务机构，以及部分第三产业单位实施环境信用评价，进一步扩大评价的覆盖面。

（2019 年 3 月）

加强美丽乡村规划建设的建议

一、乡村住房建设中存在的突出问题

当前，我国美丽乡村建设取得了一定的进展，但也面临一些不容忽视的问题。

1. 住房建设违法现象较为普遍。当前，农村占用耕地建房，无证建设或不按照许可证建设、城里人返乡建房等现象较为普遍，一些地方甚至80%的建筑是违法的。原因是多方面的：一是住宅地面积的法律标准较低，严格按照法律规定建房不切实际；二是宅基地的供应有限。建房问题难以在现有宅基地范围内加以解决，很多村民不得已选择擅自建房，对老百姓的“刚性”需求，乡镇也无可奈何，只能一“罚”了之。三是个别建房“户型”很大，超面积的很多。现行法律对宅基地的范围缺乏明确界定，一些房屋的院落、附带设施面积很大，挤占了本来较为紧张的宅基地，在一定程度上加剧了农村违法建房的问题。

2. 环保设施缺乏，生活垃圾严重影响居住环境。当前，乡镇高度重视生活垃圾的整治工作，每家每户以及村道两旁都放置垃圾桶，但实际效果不太理想，垃圾基本没有分类处理和垃圾运输不及时。主要原因在于乡镇、村缺乏运输资金，较为偏远的乡村要把垃圾运送到处理厂需要花费不少成本，个别地方直接将垃圾倾倒在山上或河里。此外，农村普遍缺乏污水处理实施，生活污水污染越来越严重，且开始出现污染农用水的趋势。

3. 建房风格老旧，千篇一律，缺乏美感。在农村，很多自建房没有规划与图纸，多是“农村工匠”凭经验施工，质量难以保证。此外，建筑的外观不美，多是水泥墙面或贴瓷砖，建筑风格与建筑颜色千篇一律，虽然花费了不少财物，但与美丽乡村有较大距离。

4. 乡镇执法有限，违法建筑难以有效遏制。根据法律，乡镇政府虽有一定的执法权限，但执法须经严格的程序报批，费时费力。农村建房几天就能建好一层，而乡镇没有行政处罚权，也不能强拆，等程序走完了，村民的房都建好了，违法建筑“生米煮成熟饭”，执法难度之大可想而知。

二、规范农村建房行为的建议

1. 推进农村规划编制工作。首先要在财政上保障农村规划的经费，其次在编制农村规划时，要反映民意，体现规划的科学性与可操作性。

2. 建立科学的宅基地流动管理制度。首先要在尊重传统，立足现实的基础上，通过立法或规划确定一个地方的宅基地面积的标准。对于超越法定面积的，征收一定的使用费用，用作乡村的日常管理开支，在业主不同意缴纳资源占用费的情况下，强行拆除超出规划标准的部分。其次，建立空闲宅基地的征用与转让制度，最大程度解决新增人口的宅基地的问题。在有条件的地方，建立以村为单位的宅基地统筹安排制度。

3. 建立农村自建房的环保配套制度。通过规划赋予建房者以一定的生活环保设施的建设义务，主要包括住房的垃圾收集系统、污水处理系统等。对于履行上述义务的村民提供适当的财政补贴。在此基础上，严格遵照“户分类，村收集，乡转运，县处理”的要求，可通过学生教育带动村民形成垃圾分类意识，同时安排专门的保洁人员上门收取垃圾。

4. 建立农房建设质量与风貌的管理制度。关于房屋建设质量，可加强对“农村工匠”的培训和管理，保障农村建房安全。“农村工匠”是乡村房屋和简单基础设施建设的主要群体，对他们进行技术上的培训，将有利于提升乡村房屋建设的质量。关于房屋风格问题，不仅应该提供相应的设计图案、修建图案等，还应制定相应政策鼓励，激发村民的积极性。

5. 强化乡镇规划执法的职权。通过制定相关地方性法规，在职权设置上要厘清乡镇人民政府与县市人民政府在村庄建设、规划、管理方面的关系，赋予乡镇政府执法主体资格。此外，也要明确村民在改善与维护人居环境和农房建设中的义务，培养村民乡村规划意识。

（2019 年 3 月）

关于加快发展绿色交通
推动行业生态文明建设的建议

习近平总书记从共建“丝绸之路经济带”和“21世纪海上丝绸之路”倡议，到十九大报告中提出建设交通强国，特别是在“深入推动长江经济带发展座谈会”上的讲话，更为交通运输行业走“生态优先、绿色发展”之路、构建高质量综合立体交通走廊、更好实施长江经济带发展战略，指明了发展方向，提供了根本遵循。交通运输肩负“一带一路”开路先锋的重任，是国家节能减排和应对气候变化的重要领域。加快发展绿色交通，是建设生态文明的基本要求，是转变交通运输发展方式的重要途径，更是实现交通运输与资源环境和谐发展的重要内容。贯彻生态文明思想，发展绿色环保理念，是国家“一带一路”基础设施建设的共同课题，促进各国和地区生态文明发展，推动绿色环保政策、法规与标准之间的对接，加强人员交流，实现优势互补，将生态文明思想、绿色发展理念融入“一带一路”倡议实施的各方面和全过程。

早期交通基础设施建设过程中消耗了大量的土地、能源、资源，并对生态环境造成一定影响，运输过程中产生的污染物和温室气体排放逐渐成为关注热点。未来一段时期，全国交通基础设施、运输装备、运输服务需求都将继续维持较高增长速度，依旧繁重的交通运输发展任务与日益刚性的资源环境约束之间的矛盾将会愈加凸显。建设世界交通强国，必须具有较强的可持续发展能力，注重生态环境影响，体现大国责任。加快发展绿色交通，推动行业生态文明建设，是满足人民群众对美好生活的现实需求，是交通运输高质量发展的必然趋势，是建设交通强国的内在要求和重要战场，更是国家“一带一路”基础设施建设全产业链绿色发展的根本保证及迫切需求。为此，提出以下几点建议：

1. 推动交通运输行业生态文明能力建设，加强国家“一带一路”建设过程中的交通基础设施建设、运营管理、智慧物流人流等绿色化发展，让绿色成为国家“一带一路”基础设施建设的底色。

2. 推动交通运输行业生态文明法律法规体系建设，加快绿色铁路、绿色公路、绿色水运、绿色民航、绿色邮政等交通行业指标体系及评价体系的建设及实施指南、标准规范的编制。

3. 完善路网结构，升级基础设施，保障城市、城市群的互联互通，引导相对成熟城市群和特大城市形成合理的交通模式。统筹布局综合交通枢纽，完善港口、机场等重要枢纽集疏运体系，提高枢纽运营效率，实现便捷换乘、高效换装，全面推动绿色交通发展。

4. 调整运输结构，优化组织模式，打造绿色环保型的现代化综合交通运输体系。调整货运方式、优化出行结构，借助大数据、云计算、物联网等新技术手段，加大绿色低碳出行方式比重。

5. 更新装备结构，推动升级进档，控制运输装备的能耗和排放水平，开展柴油货车污染治理及新能源汽车统筹规划、创新发展，加快实现交通运输绿色发展。

6. 响应“一带一路”绿色发展国际联盟倡议，加快“一带一路”绿色交通发展，推动行业生态文明建设。

（2019 年 3 月）

完善检察公益诉讼制度设计 提升公益监督效能

自2015年7月1日以来，检察公益诉讼制度从试点到全面实施，已经过去了四年多，其发挥的重要作用毋庸置疑，但按照十九届四中全会“完善生态环境公益诉讼制度”的要求，有必要对施行情况进行总结研究、深化完善。

目前在生态环境公益诉讼领域，主要存在以下问题：一是职责交叉、重复监督。现已形成行业和综合部门的行政监督，审计、人大的工作监督，纪检监察、公益诉讼的纪律和司法监督，社会和新闻舆论监督等方面的监督体系，但由于各类监督之间职能定位不够清晰，信息共享不够，造成不少重复监督，如不少检察建议与人大执法检查、审计、生态环保督察指出的问题相同或相近。一些基层同志还反映，现在各方面监督太多，常常是“一个人在干，九个人在督”；二是民事诉讼案件少。不少可以采用民事诉讼或行政加民事解决的案件，检察机关却选择了行政诉讼的方式，增加了监督层级和行政成本，削弱了监督效果。如最高检挂牌督办的“洞庭湖下塞湖矮围”案件，此案由省、市、县三级检察院一体化办案，违法行为人夏某某违法修建矮围、破坏自然保护区湿地、骗取国家资金等行为事实清楚，完全可以在提起行政公益诉讼的同时，附带提起民事公益诉讼，或直接对行为人提起民事公益诉讼，但检察院采取的是向沅江市财政局、林业局和水务局发送检察建议书，上述行政机关再向夏某某下达行政处罚决定书，而夏某某拒绝履行，最后，又由行政机关向法院提起民事诉讼；三是检察建议落实不够到位。有的是由于诉前检察建议质量不高，操作性不强，有的是行政机关敷衍整改，文来文往；四是生态环境损害赔偿制度与公益诉讼制度的衔接不够，行政部门与检察机关之间有时“抢案件”，有时又相互观望。

为有效解决生态环境公益诉讼领域存在的问题，提出以下建议：

1. 明确职能分工。对行政、工作、纪律和司法等监督的职能定位、监督重点、监督权威等要进行科学设计，构建统一领导、科学分工、各司其职、权威高效的监督体系，增强监督的严肃性、协同性、有效性。考虑到检察公益诉讼成本高，诉讼应突出重点，抓大放小，凸显司法监督的法律权威。

2. 细化分类监督。对于民事公益诉讼，宜行政监督在前，司法监督在后，对于行政机关希望或提请司法监督的一些重大疑难案件，应直接提请民事公益诉讼，减少监督层次，加大监督力度；对于行政公益诉讼，应首先突出审计和人大的工作监督，只对工作监督中一些严重不作为或社会反映强烈的行为开展行政公益诉讼并会同纪检监察部门开展纪律监督，特别严重的可追究失职渎职刑事责任。对行政公益诉前程序可分为检察建议和检察监督意见两个环节，检察建议主要对行政部门进行工作提醒，检察监督意见则要求行政部门整改并答复，对答复明显不作为的再提请行政公益诉讼。对于一些跨区域、跨流域的生态环境案件，宜多采用行政公益诉讼的方式。

3. 加强制度衔接。要加强行政、工作、纪律和司法监督的有机衔接，建立信息共享、工作协调和案件互交等机制。对生态环境损害赔偿与环境公益诉讼，按照顺位原则，先由省、市政府或政府指定的部门或机构启动生态环境损害赔偿程序，通过磋商解决，磋商不成再提起诉讼。推进建立案件信息通报制度，特别是检察机关在获取生态环境损害赔偿案件信息时，优先通报相关行政部门，并督促其开展生态环境损害赔偿，形成良性互动。

（2019 年 11 月 22 日）

强化顶层设计 建好用好环境信用评价体系

党的十九大以来，党中央、国务院高度重视社会信用体系建设，将其提升到国家治理体系和治理能力现代化的高度。环境信用评价体系的建设不但是中央生态文明制度体系建设中的重要环节，也是提高企业的社会责任意识和环境自律意识的重要手段。党的十九大报告明确要求健全环境信用评价制度，习近平总书记在中央全面深化改革委员会第十一次会议再次强调要推进环境治理体系和治理能力现代化，建立健全领导责任体系、信用体系等七大体系。

近年来，生态环境部积极推进企业环境信用评价试点，推动企业环境信用信息公开，建立和完善企业环境信用评价制度，联合相关部门出台了《企业环境信用评价办法》等一系列文件，构建起省级统筹推进，覆盖省、市、县三级的企业环境信用评价体系。全国已有近 20 个省、80 多个地市、230 多个县级生态环境部门开展了企业环境信用评价，环境信用评价体系建设取得了显著成效。

但在工作推进过程中仍存在一些问题：一是环境信用评价范围过窄。从全国来看，目前还有少部分省（区、市）还未正式开展环境信用评价工作。大多数已开展的地方评价范围仅限于国控重点企业，部分省（区、市）仅有几百家企业参评，即使是走在全国前列的省，参评企业仍然没有实现污染源企业全覆盖。二是信用评价标准体系不一致。全国各地开展企业环境信用评价起步有早有晚，有的地方早在国家四部委发布文件之前就开展了评价工作。为了尊重地方的首创精神，2013 年四部委印发的《企业环境信用评价办法（试行）》第三十六条特地明确“有关地方环保部门已经制定企业环境信用评价管理规范性文件的，可以继续适用。”因此，目前各地执行的评价指标体系、评价方法、信用等级标识等不尽相同。如辽宁实行的是10分动态记分制；四川实行百分制加减分法评价；江苏、山东参照机动车管理实行12分制评价；湖南是按实施细则标准评定诚信、合格、风险、不良四个等级。三是信用评价结果运用不畅。有部分省份的企业环境信用评价以一年为一个周期，当年评价上一年企业环境信用状况。目前，各地的习惯做法是在每年上半年发布上年度企业环境信用状况，有的迟至下半年甚至年底才发布。此时，部分企业环境信用情况已经发生了很大变化，有的原本存在的诸多严重违法情形已得到纠正，而有的则新近发生了严重环境违法行为，致使刚刚发布的企业环境信用结果就出现滞后。同时，很多对企业有监管权的部门不了解或不重视运用企业环境信用等级评价结果，致使评价没能发挥以评促改的作用。

为有效解决环境信用评价体系建设工作推进过程中存在的问题，提出以下建议：

1. 扩大评价范围。建议除将重点污染源企业、地方重点监控企业纳入环境信用评价范围以外，还应将参评企业范围拓展到申领排污许可证的企业、环评机构、环境监测机构、机动车尾气检验机构、危险废物处置利用机构等环境服务业企业。同时，鼓励其他企业自愿参加评价。

2. 完善法律法规。建议根据环境信用评价体系建设的需要，总结各地近年来开展企业环境信用评价的经验做法，加快修订完善环境信用评价制度，实现环境信用评价法治化、制度化、程序化，统一评价指标体系、统一企业环境信用分级、统一评价结果发布时间，改变目前各地标准不统一的状况，增强环境信用评价的权威性。深入推进环境信用评价立法工作的开展，尽快出台一系列国家层面关于环境信用评价的指导性文件。

3. 强化联合惩戒。建议根据《关于对环境保护领域失信生产经营单位及其有关人员开展联合惩戒的合作备忘录》（发改财金〔2016〕1580号）有关要求，将企业环境信用评价信息通过政府网站或者其他方式，向社会公开，及时推送至社会信用信息共享交换平台。建立与发改、财政、市场监督、税务、国资、海关等信用体系建设成员单位，人民银行和银监、证监、保监等金融业监管机构，有关行业协会等部门的互动，实现企业环境信用多部门联动激励、惩戒，充分应用企业环境信用评价结果，共同构建环境保护“守信激励”和“失信惩戒”的环境信用信息共享机制。

（2020 年 5 月 21 日）

打好污染防治攻坚战
系统推进长江经济带大保护

长江是中华民族的母亲河，也是新时代中国经济高质量发展和中华民族永续发展的重要支撑。推动长江经济带发展是以习近平同志为核心的党中央作出的重大决策，是关系国家发展全局的重大战略。2016 年 1 月 5 日，习近平总书记在重庆主持召开的推动长江经济带发展座谈会上强调要把修复长江生态环境摆在压倒性位置，共抓大保护，不搞大开发。2018 年 4 月 26 日，习近平总书记又在武汉主持召开了深入推动长江经济带发展座谈会，明确要求要正确把握“整体推进和重点突破，生态环境保护和经济发展，总体谋划和久久为功，破除旧动能和培育新动能，自身发展和协同发展等关系”。

湖南是长江中游重要省份，洞庭湖基本在湖南境内，与长江关系十分紧密。而岳阳市又是湖南唯一的临江城市，拥有 163 千米长江岸线，60%以上的洞庭湖水域面积和 1500 多平方千米东洞庭湖湿地，通过城陵矶与长江直接贯通，是湖南加强长江生态保护、建设长江经济带的主战场和主阵地。2018 年 4 月 25 日，习近平总书记曾亲临岳阳视察，殷切嘱托要“守护好一江碧水”。湖南省、岳阳市提高政治站位，牢记职责使命，将“守护好一江碧水”作为一项不可推卸的政治任务、不可逾越的底线工作、不可拖延的民生实事来抓，形成了“生态优先，绿色发展”的浓厚氛围和整体合力。通过努力，近年来，长江、洞庭湖生态环境质量持续稳中向好。一是水清了。2018 年，洞庭湖总磷浓度下降为 0.069 毫克/升（比 2015 年下降 38.3%），2019 年 1—9 月总磷浓度持续下降为 0.061 毫克/升（同比上年下降 11.6%）。二是景绿了。长江岸线复绿面积达 1.3 万亩，港口码头复绿47.7万平方米，洲滩、关停码头复绿率100%。三是候鸟多了。2018年洞庭湖越冬水鸟数量超过24万只，创近10年之最；野生麋鹿增加到164头，江豚稳定栖息达120头。四是群众满意了。在2018年岳阳市经济社会发展十件大事评选中，长江、洞庭湖生态环境治理得到市民群众普遍点赞。

洞庭湖是我国第二大淡水湖，素有"长江之肾"美誉，其径流量约为长江总径流量的1/3，是长江中游水量最大的通江湖泊，在保障国家粮食安全、维系长江流域生态安全和防洪安全等方面起着不可或缺的重要作用。通过持续努力，洞庭湖水生态环境质量逐步好转，但受江湖关系变化、人为活动等因素影响，湖区水资源短缺、水污染加剧、水生态破坏等问题尚未得到根本性转变，保护和治理任重而道远。

（一）水环境承载能力明显不足

三峡水库建成运行后，长江中游河道清水冲刷下切，平均纵向深度达到2.1米，枯水期洞庭湖成为"地上悬湖"，导致松滋、虎渡、藕池长江三口入湖水量大幅减少，断流提前、时间延长，正常年份断流5-9个月，枯季入湖水量从500亿立方米锐减至80亿立方米（减少80%以上）。天然湖泊面积不断萎缩，低枯期水域面积不足500平方千米，蓄水量不足20亿立方米，水流不进、流不动、留不住、污染重等问题相互交织叠加。11月20日，洞庭湖城陵矶（七里山）水位仅20.96米（正常水位是26—28米），流量小于2300米/秒，湖面仅460平方千米，洞庭湖变成"洞庭河"。

（二）水生态环境问题不容乐观

受长江三口和湘资沅澧四水输入污染影响，加上湖区生产生活污染，洞庭湖水质总体仍为Ⅳ类，主要超标因子是总磷，2018年总磷浓度超湖库标准0.4倍，其中长江三口总磷年均浓度在0.097-0.114毫克/升，超出湖体Ⅲ类标准限值（0.05毫克/升）的0.9-1.3倍，其输入的总磷占入湖总量的60.3%。同时，受过去投肥养殖、围网养殖等因素影响，大通湖、华容东湖等部分内湖水质未达Ⅲ类。湖区一些区域沟渠塘坝淤塞严重，水生植物腐败物堆积，水体发黑发臭。由于水位下降，湿地破碎化、陆域化加快，过去10年间，洞庭湖自然湿地面积减少了24万亩，退化严重，净化功能降低。

（三）农业面源污染和农村生活污染十分突出

自古以来，洞庭湖就是我国重要的粮、棉、油、鱼生产基地，对保障我国粮食安全发挥了重要作用，但粗放式、掠夺式的农业生产方式并未根本改变。畜禽养殖点多面广，粪污资源化利用率低，污染负荷高。湖区水产养殖投肥、投饵养殖十分普遍，精养鱼塘污染治理基本为空白。农田化肥施用强度为全国平均水平的1.6倍，农业面源污染严重。湖区城乡生活污水处理能力不足，尤其是污水管网建设欠账较多，乡镇建成污水处理设施的比例仅为35%，不少农户生活污水直排。据核算，2017年，湖区畜禽养殖、种植业、水产养殖、农村生活污水总磷排放量分别占总排放量的48.5%、28.2%、8.8%和8.2%。由于背景值高等原因，湖区地下水铁、锰超标，影响饮水安全。

（四）产业转型任务艰巨繁重

总体而言，洞庭湖湖区的产业结构不合理，以食品加工、纺织、石化等为主导产业，初级产品多，精深产品少，尤其是岳阳市，长期以来石化“一业独大”，主要污染物排放仍处于高位。由于标准化、生态化、产业化、品牌化推广不够，“高投入、高产出、高污染、低效益”的生产模式未从根本转变，洞庭鱼米之乡至今没有呼声高的农业品牌，湖区从过去的富庶之地变成发展较慢、相对落后的地区。强力生态环境整治对湖区产业结构调整形成倒逼，污染企业关停并转力度大，传统产业发展受到一定影响，而高质量的替代产业不多且短期内难以做强做大，在民生保障、社会稳定等方面面临的矛盾和困难较多。

（五）体制机制建设亟待完善

由于缺少统一空间规划，完整的洞庭湖湿地生态系统被分割为3处国际重要湿地、4个自然保护区、1个湿地公园，并将一些不具有保护价值的居民点、乡镇、工业企业等人类活动频繁区域划入保护区（洞庭湖湖泊湿地面积为2625平方千米，4个自然保护区总面积达3076平方千米），加剧了保护与发展的矛盾。由于保护和治理涉及区域、部门较多，职责不清、分工不明，区域同治、江湖同治、干支流同治、水陆同治、城乡同治的协同机制不健全，管理效率低，协调成本高。社会公众参与广度和深度也不够，监督多，实践少。污染者付费的原则还未得到全面落实，如农村居民自建房花费五、六十万元不心疼，花费仅二、三千元的污水处理设施却要政府兜底买单。湖区湿地生态补偿范围很小，标准偏低，候鸟对农作物的损坏没有相应补偿机制，长江休渔未考虑未办理捕鱼证渔民的补偿和生活安置。

（六）支撑保障能力相对薄弱

“重任务要求，轻条件保障”的问题比较普遍。环境经济政策的制定与实施滞后，一些法律法规相关条款存在冲突，如国家2001年颁布的《畜禽养殖业污染物排放标准》已不能满足畜禽养殖业实际管控需求。目前国家湖泊水环境质量评价标准对作为过水性、河道性湖泊的洞庭湖而言不尽科学、合理，生态监测网络范围和要素覆盖不全，预警预报能力薄弱，国家层面的专题研究课题较少，畜禽养殖污染治理、池塘养殖尾水净化等先进适用技术研发和示范推广应用不够。作为欠发达地区，地方财政困难，治理整改资金缺口大。基层环境监管力量明显不足，“小马拉大车”的问题较为明显，导致监管中存在一些盲区、死角。

抓好长江经济带大保护，要不断致力于生态环境保护治理体系和治理能力现代化。十九届四中全会通过的《中共中央关于坚持和完善中国特色社会主义制度，推进国家治理体系和治理能力现代化若干重大问题的决定》，对坚持和完善生态文明制度体系，促进人与自然和谐共生作出了安排部署。洞庭湖保护和治理问题表象在湖里，根源在岸上、在流域，尤其是长江与洞庭湖的江湖关系，需要统筹协调，凝聚各方力量，共同发力。当前和今后相当长一段时间内仍有不少难关要过，不少硬骨头要啃，既要打攻坚战，也要打持久战，必须坚持以问题为导向，以专项整治为载体，不断完善体制机制，强化系统治理、源头治理、综合治理、科学治理、依法治理，持续推进环境治理体系和治理能力现代化，为建设“大美洞庭”提供有力制度保障，为“保护好一江碧水”奠定良好基础。为此，建议：

（一）加强国土空间规划统筹，科学确定用地结构

按照“一张蓝图”的要求，综合考虑湿地保护、工业发展、农业生产、旅游开发、城镇布局、交通建设等因素，湖南、湖北两省尽快制定出台、并严格落实多规融合的《洞庭湖生态经济区国土空间规划》，尤其要加快建立“三线一单”制度，保证湖区所有国土空间统一规划、统一管制、统一修复。坚持自然生态系统完整、保护管理统一的原则，在科学调整保护地边界范围和功能分区的基础上，建议国家层面尽快批复设立洞庭湖国家公园。

（二）加强河湖联通工程建设，着力解决水资源短缺问题

建议国家牵头组织研究三峡工程建成运行对下游水资源、水生态、水环境的影响评估和对策研究，制定并严格落实相应的政策措施，研究论证在洞庭湖出湖口建闸蓄水的可行性、必要性。采取“引水、蓄水、配水、活水”等综合措施，国家层面支持湖南省对长江入湖的松滋河、虎渡河、藕池河、华容河采取疏河建闸、建库配水等措施进行综合治理，确保枯水期长江入湖流量达到500立方米/秒左右。继续支持湖区加大沟渠塘坝和内湖综合治理力度，建立定期疏浚机制，逐步解决哑河、灌排渠淤积问题，实施一批退田（垸）还湖、退耕还湿工程，增强河湖调蓄功能，缓解枯水期缺水压力。

（三）加强重点领域污染治理，积极补齐治理短板

按照“抓重点、补短板、强弱项”的原则，加快破解保护和治理不平衡、不充分的问题。一是突出农村饮水安全工程建设。支持洞庭湖区新建或扩建水库水源工程，提高水源保证率，推动湖区县（市、区）城乡供水一体化，逐步取消地下水水源。二是突出沿江省份“三磷”整治。要加大力度组织沿江省份实施总磷削减专项行动，明确减排目标，以磷化工、磷肥制造、磷矿开采等行业企业为重点，实施减排工程，以洗涤用品为重点，实施禁磷限磷。突出农村“空心房”整治。农村“空心房”整治和集中建房既可节约耕地和宅基地，又可全面改善农村人居环境，尤其是通过耕地占补平衡及增减挂钩指标交易可以破解资金投入的难题，是目前改善农村人居环境最有效、最可行的途径之一，而且在目前经济下行压力较大的情况下，也不失为一条扩大投资、增加消费的重要渠道。建议耕地占补平衡增减挂钩指标在全国范围内自由交易，保障富余指标交易的资金和指标需求，助力农村人居环境改造和经济发展。三是突出农村生产污染整治。正确处理畜禽养殖发展与保护的关系，科学划定“三区”，以县为单位，支持湖区建设一批畜禽粪污资源化利用工程和规模化养殖治理工程。推动出台并严格落实池塘尾水排放标准，加快推进精养鱼塘实施清洁化改造，严格控制天然水域投肥、投饵养鱼。严格落实化肥、农药负增长行动，加快建设生态沟渠、缓冲带等生态拦截与尾水回用工程，拦截和净化农田排水及地表径流，控制农业面源污染。四是突出农村生活污水整治。按照“厂网一体、建管并举”的要求，加强城镇污水收集管网普查，摸清家底，加快解决污水管网不配套、错接、漏接、损毁等问题。因地制宜新建农村生活污水处理系统，对适宜集中处理的，新建污水集中处理设施；对适宜分散处理的，建设分散式污水处理设施。五是突出排污口整治。全面查清湖区入河（湖）排污口底数，按照“一口一策”的要求，分类施策，精准治污，加强重点入河（湖）排污口系统整治，有条件的设置人工湿地进行净化处理。

（四）加强新旧动能转换，全面推动高质量发展

按照“保护优先、绿色发展”的要求，国家层面继续加大洞庭湖生态经济区规划实施支持力度，在财税、就业、自然资源、生态环保、金融等方面赋予先行先试权力。结合农业供给侧结构性改革和乡村振兴战略，国家支持洞庭湖区连片建设国家级现代生态循环农业示范基地，加大政策引导、财政投入、科技支撑、品牌培育等支持力度，对照“良种、良法、良田、良态、良品”的要求，推动湖区成为绿色食品、有机农产品主产区，提升农业产出效益，增强农民群众的获得感、幸福感。根据比较优势，针

对长江经济带沿线城市产业布局、结构调整、传统产业升级改造、替代产业发展等问题，国家相关部委组织系统研究，加强对地方的指导和支持，尤其在退出企业职工安置、渔民上岸等方面加大政策支持力度。

（五）加强各方责任落实，加快形成齐抓共管合力

针对洞庭湖保护和治理，纵向上，进一步明确国家、省、市、县事权；横向上，进一步细化相关部门的工作职责，按照“党政同责、一岗双责”和“管发展的必须管生态环保、管业务的必须管生态保护、管行业的必须管生态环保”的要求，用好领导干部自然资源资产离任审计、重大环境问题（事件）责任追究办法、环保综合督察等措施，压紧压实各级各有关方面的职责，推进区域联动、水岸共治、江湖共治、防治结合、建管并举，将制度优势不断转化为治理效能。持续加大监管力度，严格落实企事业单位治污主体责任，把生态环境污染破坏的外部成本内部化，避免“劣币驱除良币”。深入推进社会公众参加，多领域、多层次广泛推进各类绿色创建行动，进一步增强人民群众的环保意识、实践能力，强化乡规民约的约束、引导作用，推进农村生态环境共治共享。

（六）加强生态文明体制改革创新力度，切实丰富保护和治理手段

一是完善法律法规。在系统梳理相关法律法规基础上，把修复长江生态环境摆在压倒性位置，打破行政区域、部门利益，尽快颁布实施《长江保护法》。同时，针对具体问题，支持、指导地方加强生态环境保护地方立法。二是完善生态补偿机制。洞庭湖湿地具有长江干流净化池或生态前置库的生态服务功能，建议国家层面将湖区所有县（市、区）纳入国家重点生态功能区统筹范围，中央财政每年安排一定额度的洞庭湖保护和治理专项引导资金，并从长江三峡工程发电收益中提取部分资金给予湖区水利工程、城乡污水处理设施和湿地恢复修复等重点工程建设支持。三是健全综合执法体制。落实中央“整合组建生态环境保护综合执法队伍，统一实行生态环境保护执法”的要求，进一步整合自然资源、生态环境、水利、农业农村、交通运输等部门力量，建立省、市、县三级河湖联合执法机制，强化和落实河湖长制。

（七）加强基础能力建设，不断提升支撑保障水平

一是加强科技支撑。国家层面安排洞庭湖保护和治理科技重大专项，加强基础课题研究，查清总磷污染成因，提出治理对策。围绕芦苇高效开发利用、生活废水低成本处理、饮水安全保障等方面加大先进适用技术及装备研发和示范推广力度。二是加强监测监管能力建设。支持洞庭湖区建设覆盖环境质量、重点污染源、生态状况的生态环境监测网络，建立水质监测预警系统，逐步实现流域水质变化趋势分析预测和风险预警。按照工作需求与能力相配套的原则，夯实监测、监管能力。三是加强资金支持。建立财政资金投入动态增长机制，整合发改、生态环境、住建、自然资源、水利、农业、林草等方面的资金，发行专项治理债券，完善有关政策，进一步推进合同环境服务、污染治理第三方服务等模式，引导社会资金参与保护和治理。

（2021 年 1 月 21 日）

关于支持湖南建设
第二条特高压直流输电通道的建议

2020年，习近平总书记向国际社会作出了中国2030年碳达峰、2060年碳中和的郑重承诺，党的十九届五中全会、中央经济工作会议均作出了相关工作部署。近期，上海、江苏、广东等省市均已提出在全国率先实现碳达峰的时间表和路线图。

湖南省一直积极响应习近平总书记绿色低碳循环发展的号召，“十三五”以来，湖南省内“双控”目标全面完成，以低于全国的能源消费增速支撑了高于全国的经济增长，单位国内生产总值能耗累计下降18.5%，超额完成国家目标2.5个百分点。能源生产消费结构向清洁低碳方向加快转变，呈“四升一降”良好态势：新能源装机规模达1145万千瓦，占比由5%提升至23%；可再生能源发电量占比提升至47%，居全国第7、中东部第1；非化石能源消费占比提升至20%，高出全国5个百分点；电能占终端能源消费占比提升至17%；煤炭消费占比由59%降低至55%，低于全国平均水平。节能减排成效显著。累计从省外购入可再生能源电量624亿千瓦时，相当省内减少调入煤炭2446万吨，减排二氧化碳5112万吨。30万千瓦及以上煤电机组全部实现超低排放，供电煤耗由323克标准煤/千瓦时下降至308克标准煤/千瓦时。关退小水电83万千瓦。国Ⅵ车用汽油升级置换提前完成。低碳发展初具成效。

与此同时，湖南经济社会呈现健康强劲发展势头，“十三五”期间GDP年均增长7.0%，总量居全国第九，带动用能需求快速增长。受省内一次能源禀赋不足、地处全国能源输送通道末端等因素影响，能源保供压力大，2017年以来用电高峰期间多次被迫采取有序用电措施，其中2020

年迎峰度冬期间电力缺口尤为严重，引起了党中央、国务院的高度关注。“十四五”规划，湖南将大力实施“三高四新”战略，落实国家碳排放达峰行动方案，预计用能需求仍将保持快速增长，最大电力缺口超过1000万千瓦，将面临降碳和保障能源安全的双重压力，要化解这一矛盾，大幅提高清洁能源比重势在必行，实现路径主要有省内开发和省外调入两种方式。

从省内资源开发情况看。沿海地区可发展核电、风能、太阳能、潮汐能，西南地区水电资源丰富，西北地区太阳能、风能资源充足，东北地区石油天然气资源丰富且境外天然气输入距离较短。相较之下，湖南水电资源已基本开发殆尽，风电和光伏发电等新能源资源不优，风能以山地小型风电为主，太阳能利用小时数不高，且受生态环境制约开发难度大，地热、核能等资源暂不具备大规模开发利用条件，大规模开发省内新能源潜力有限，同时新能源出力不稳定，电力供应能力难以有效提升，也难以满足能源保供要求。因此，从区外引入清洁电力成为湖南低碳发展的重要途径。

从省外资源调入情况看。湖南一直具备较强的合作意愿和经验，在“两湖一江”地区率先建成甘肃—湖南±800千伏特高压直流输电工程，同时，积极争取在建的雅中—江西±800千伏特高压直流输电工程送电湖南省。建设第二条特高压直流工程，对湖南进一步实现碳达峰目标和保障能源电力安全供应具有十分重要的战略意义，湖南省已开展了大量前期研究论证和衔接工作，从衔接情况看，宁夏新能源资源丰富、开发条件好、落地电价低，且可利用现有存量煤电加新能源打包送电，不涉及新建火电导致碳排放增加，更符合国家能源发展战略，湖南和宁夏两省区政府已经签订了“宁电入湘”特高压直流工程战略合作协议。

综上，建议国家从全国层面整体谋划各省市能源布局和碳达峰目标，优化完善电网布局，加快特高压能源通道建设，尤其对湖南给予重点关注，支持“宁电入湘”特高压直流工程纳入国家“十四五”规划并尽快核准开工，确保湖南与其他省（区、市）一道同步完成碳达峰目标，同时满足经济社会发展对能源的需求。

（2021年3月）

全国抗生素的污染问题日益突出

我国人用抗生素的总用量一直居世界“领先”地位，兽药抗生素近年来在养殖业和畜牧业中也大量使用，导致抗生素对环境污染、生态毒害和人类健康的危害日益严重。世界卫生组织警告称“后抗生素时代”来临。全国水体中抗生素的污染问题已日益突出，需要引起国家和社会的高度重视。国家各有关部门要协调统一，密切配合，多管齐下，尽快行动，把威胁人类健康的“隐形杀手”极早扼杀于萌芽状态。

全国抗生素污染存在的主要问题是：

1. 抗生素滥用。我国对抗生素的管控一直比较宽松。世界卫生组织2011年曾发出警示称，中国住院患者的抗生素使用率高达70%，远远高于30%的国际水平。抗生素在养殖业中也存在滥用现象。主要表现在超品种、超时间、超剂量，不遵守休药期、停药期，随意联合用药或人药兽用等方面，尤其是中小养殖户滥用情况更为明显。据2020年的调查报告显示，因全国长江流域抗生素浓度偏高，导致长三角约40%孕妇尿液中检出抗生素，近80%儿童尿液中检出兽用抗生素。

2. 污水中没有抗生素含量的设定限值。目前全国的各类污水排放标准中都没有抗生素的排放标准和要求，包括医疗污水和畜禽养殖业污废水。

3. 对重点行业污水的排放管理不到位。对药企、养殖畜牧业、医疗机构等抗生素相关的重点行业污水中抗生素排放不够重视，监管不到位。

4. 民众缺乏相关环保意识。居民生活污水中抗生素来源之一就是人们将不用或过期的抗生素未经处理，随意丢弃，最终进入水体。

为有效解决全国抗生素的污染问题，提出以下建议：

1. 政府要加强对医疗机构和养殖业使用抗生素的管理。促使其严格遵守相关法律法规，防止滥用抗生素。加强对重点相关行业污水的排放管理，从检查、整改到验收，每一个环节都要到位。

2. 尽快制定污水抗生素排放标准，完善抗生素生态风险评价，设定抗生素排放限值。

3. 推广先进有效的治理技术。固相萃取－液相色谱－串联质谱法是目前国际认可的水中抗生素的定量检测方法。光化学降解是抗生素类污染物在环境中的重要消失途径，光催化技术能使水体中抗生素降解为低毒或者无毒的小分子物质，甚至直接降解为二氧化碳和水。建议在医疗行业先行先试，推广先进有效的治理技术，控制抗生素污染排放的主要源头。

4. 完善配备必要的设备设施。加强对容易污染环境的生活用品的管理，同时也要提供必要的设备设施，如居民区要设有专门收集不用或过期药品的回收箱等。

5. 加大宣传力度，提高全民环保意识。建议政府充分利用各种媒体，宣传关于水环境保护的法律法规，宣传抗生素滥用和随意丢弃带来的严重后果，提高全民环保意识。

（2021 年 3 月）

关于将“过程农业系统工程”列入国家“十四五”规划，促进乡村振兴的建议

当前，我国农业走过了“传统农业”和“化学农业”两个阶段，在粮食增产方面取得了好成绩，但面临的问题也越来越突出。化肥农药在确保国家粮食安全中发挥了重要作用，但也产生了农药、化肥、农膜等化学类农资对水、土、气带来的次生灾害（污染）以及害虫对农药产生了抗性、杂草对除草剂产生了抗性等问题。导致土壤污染、退化，农产品品质不高，甚至有害物质超标；“传统农业”解决不了农作物产量问题，“化学农业”解决不了农作物质量问题。脱贫攻坚目标任务完成后，全国“三农”工作重心将实现向全面推进乡村振兴的历史性转移。国家有新要求人民有新需求，解决粮食的数量、质量、土壤保护之间的矛盾，这是在实施“十四五”规划和二〇三五年远景目标时面临的一个重要问题。

农产品产量和质量受到农产品产地土壤、生产过程投入、加工和运输等因素的影响，因此，建立从农田到餐桌全过程管理机制，即实施过程农业系统工程是保障农产品安全、提高农产品竞争力、推进农业高质量发展的重要抓手。过程农业坚持系统观念，以投入减量化、生产清洁化、废弃物资源化、产业模式生态化、产品质量安全为目标，强调农业全程一体化管理，将农产品的产前、产中和产后全程进行绿色化管理和控制，是一种以系统化、精细化、标准化、绿色化、智能化为特征的现代农业发展模式。

过程农业的优势体现在：一是过程农业可以推动乡村的产业兴旺。过程农业的精细化特征确保农业生产的品种和规模精确匹配市场的需求，大大降低农业生产的盲目性、滞后性，并且其精确的生产要素投入可以确保

农产品数量和质量的稳定，提高产业效益；过程农业的科技化和智能化特征可以引导和推动更多的资本、技术、人才等要素向农业农村流动，调动广大农民的积极性、创造性，形成现代农业产业体系，实现第一、二、三产业融合发展，保持农业农村经济发展旺盛活力，促进乡村产业发展。产业兴旺是振兴乡村的首要任务，过程农业在推动乡村产业兴旺的同时也将加快推进农业农村现代化。二是过程农业可以提升乡村的生态宜居。过程农业的绿色化特征是以往粗放型生产模式所不具备的，它意味着更少的资源和能源投入、更少的污染排放、更清洁的生产。过程农业依靠技术创新，广泛运用肥料农药减量、除草剂防控、农药残留降解、重金属污染防治等技术，在生产前后对农田土壤中的重金属污染和化学药剂残留进行系统化治理，在生产过程中对化肥、农药、催熟剂等物质投入量进行精细化控制，这将极大减少农业生产中的污染排放，改善乡村生态环境，提升乡村宜居程度，为绿水青山的维护和田园风光的延续打下坚实基础。三是过程农业可以促进乡风文明的建设。在中国二元结构长期存在，城乡发展极不均衡的现实之下，我国广大农民受教育程度普遍较低，思想观念较为封闭落后。而农业生产中以家庭为单位的小农经营方式，又使得农民多关注家庭利益和血缘亲疏，集体意识淡薄。这些因素极大阻碍了乡风文明建设的进一步发展。而过程农业要求建立一条从生产到运输到加工到销售的完备产业链，根据市场需求来制定统一的生产计划，制定一整套农业过程管理办法和严格标准，在系统化、协同合作、紧密联系的生产过程中，农民一定程度上克服了封闭性和自利性，提升了集体意识。同时，过程农业全过程标准化经营和密集技术应用的特征，要求加强农业从业人员的知识技能培训，有利于提升农民群体的文化水平和综合素质。而且，发展过程农业能提升乡村居民收入，仓廪实而知礼节，这将进一步推进移风易俗、文明进步，也有助于弘扬农耕文明和优良传统。四是过程农业可以助力乡村的有效治理。过程农业在促进乡风文明建设的同时，提升农民群体的思想道德素质，在一定程度上有助于他们树立更为健康、积极的生活方式和人生态度。党的十九大提出了“自治、法治、德治”相结合的农村社会治理结构，过程农业在提升乡村德治水平方面具有重要意义，最终使农村更加和谐文明、安定有序。五是过程农业可以保障乡村居民的生活富裕。一方面，精细化的生产能降低投入、提高集约程度，从而降低成本；而标准化的生产和技术密集应用提升了农产品品质，进而提高了农产品的价格。另一方面，过程农业实现了生产、加工、销售的一体化，推进农业延长产业链，融入供应链，提升价值链。使农民更多获得第一、二、三产业融合发展所创造的价值增值和收入分配。

党的十九届五中全会将“坚持系统观念”作为“十四五”时期我国经济社会发展必须遵循的五项原则之一。坚持系统观念，推动过程农业系统工程建设至关重要。根据我国原有农业“八字宪法”系统工程，需要建设“过程农业系统工程”，推动“传统农业”“化学农业”向“过程农业”转变。

为此，提出以下建议：

1. 把“过程农业系统工程”建设纳入“十四五”规划，按照农业“新四化”（农业系统化、标准化、科技化、法制化）和农业十二字方针（水、土、气、药、肥、膜、机、标、种、人、储、工），为全国农业“量质双赢与环境兼顾”提供系统性的科技、政策、资金保障，提高我国农业系统性综合实力，加快我国由农业大国向农业强国转变。

2. 推进产学研用一体化。“土十条”提出，“整合高等学校、研究机构、企业等科研资源，建设一批土壤污染防治实验室、科研基地”。建议科技部、国家发改委支持有条件的企业设立过程农业国家工程实验室，从农田土壤污染、农资次生危害、粮食储藏污染等农田到餐桌全过程防治，促进新型技术产学研用一体化，实现农产品营养无害化，形成政府主导、企业担责、公众参与、社会监督的土壤污染防治体系，为健康中国提供技术支撑。

3. 加强先进典型宣传。国家应面向基层组织和一线工作者，总结成效经验，树立标杆典型，大力宣传表彰在化肥减量和土壤污染防治，特别是在过程农业理论和实践探索方面做出突出成绩的集体和个人，进一步激发各地和广大干部群众推进农田土壤污染防治和农业绿色发展的积极性、主动性与创造性。

（2021 年 3 月）

繁荣发展生态文化 助推生态文明建设

生态文化体系是生态文明建设五大体系的重要组成部分，但相对于生态经济、生态安全等体系建设而言，生态文化体系的建设相对滞后，主要体现在：一是生态文化领域作品少。党的十八大以来，全国深入践行习近平生态文明思想，持续开展污染防治攻坚战，生态环境保护事业取得了历史性成就，为保护人类共同的地球家园贡献了中国智慧和中国力量。作为为社会主义服务和为人民大众服务的文艺创作，理应真实记录和描绘全国生态文明建设的伟大进程，创作一批无愧于这个时代的优秀作品，但当下反映全国生态环境领域成就的文艺作品很少，尤其是与脱贫攻坚战相比，差距较大。二是生态文化领域作品质量不高。由于全国广大文艺工作者较少关注生态环境领域题材的创作，不仅作品数量少，而且作品质量整体不高，尤其是缺乏像《瓦尔登湖》《人类只有一个地球》这样的自然生态领域的警世和精彩之作。三是政策引导不够。有关部门对生态环境文学创作的重视和引导不够，在选题、资金、评奖、作品宣传等环节都未把生态环境文化领域作品的创作列为重点，影响广大文艺工作者对生态环境文学作品的创作热情。

为更好解决生态文化体系建设过程中存在的问题，提出以下建议：

1. 高度重视生态文化领域创作。习近平总书记多次强调文化自信是更基础、更广泛、更深厚的自信，2020 年 11 月，习近平总书记在南京召开的全面推动长江经济带高质量发展座谈会上明确提出“要保护传承弘扬长江文化”，强调文化建设在生态文明建设中的极端重要性，各级各部门应高度重视，认真贯彻落实，充分发挥生态文化体系在生态文明建设五大体系中的基础性作用。

2. 加大对生态文化领域创作的组织领导和政策支持。各级党委宣传文化部门要切实加强对生态文化领域创作的组织领导，把生态文化建设列为重点内容，在指导思想、宣传战略、工作目标、选题安排、资金扶持、技术支持、评优评先和作品宣传等方面予以整体安排，通过积极的文化创作，吸引全社会共同关注，培育广大人民“珍惜自然、顺应自然和保护自然”的自觉意识，大力讴歌全国生态文明建设的巨大成就、成功经验和典型人物。

3. 文化工作者要积极主动参与生态文化题材的作品创作。广大文艺工作者要以“文章合为时而著，歌诗合为事而作”的情怀，以“要改造国人的精神世界，首推文艺”的责任担当，为推进生态文明建设发挥重要作用。生态文明建设的伟大实践和成就，为广大文艺工作者提供了大量的创作素材和源头活水，广大文艺工作者应充分利用这个丰富的宝库，创作出大量优秀的文学作品。生态文化领域的创作有着其特殊性和专业性，真正优秀的生态文化作品，都是叩问自然的静水流深之作，需要全国广大文艺工作者更多关注这一题材的写作，笃定恒心、倾注心血创作生态文化作品。

4. 生态环境领域的学者要积极努力创作一些生态文化领域的精品力作。纵观世界生态文化经典作品，《沙乡年鉴》《寂静的春天》都是生态环境领域的科学家创作的，这就需要生态环境领域的科学家和学者，也要积极拿起手中的笔，与广大文艺工作者一道，共同创造出无愧于我们这个时代生态文明建设的精品力作。

（2021 年 3 月 3 日）

“标本兼治”系统性
解决城市内涝防洪问题的建议

2021 年 7 月 18 日至 7 月 19 日，河南省郑州市连降罕见特大暴雨，引发城市内涝和人员伤亡，引起社会广泛关注。在此事件中，城市应对内涝防汛过程中，暴露出应急管理体系明显滞后的问题。不仅仅是城市内涝，水质污染，地下水位下降，水资源短缺，水生物栖息地丧失等这些水问题的综合症也给城市居民带来发展危机和生存风险，要解决这些问题，仅靠水利或者住建是很难解决好的，需要政府主导、部门协同、综合施策、标本兼治，需要系统性、综合性的思考和分析，形成更为综合全面的解决方案。

为此，提出以下建议：

（一）制定完善针对城市内涝防汛及应急的法律制度

我国现有的《中华人民共和国防洪法》《中华人民共和国防汛条例》主要针对河流、湖泊、防洪工程、滞洪区等进行规范，并未就城市内涝防汛建立针对性的法律文件。为了解决我国城市内涝问题，2013 年国务院办公厅曾印发《关于做好城市排水防涝设施建设工作的通知》，该通知指出，“用 10 年左右的时间，建成较为完善的城市排水防涝工程体系”，同年颁布的《城镇排水与污水处理条例》为防治城镇内涝灾害提供了法规依据，但是这两份制度文件的主要内容仅围绕排水、污水工程的规范，并未就城市暴雨等极端天气引发内涝应急预警及抢险救援等作出具体的强制性要求。近年来我国城市化进程明显加快，成效显著，城市规模越发庞大，与此同时，大城市的通病和配套基础设施建设普遍不足的问题也纷纷出现。

因此，进一步修改完善和建立全国性的城市内涝防汛及应急的法律制度，用制度规范应对城市极端自然灾害十分重要和必要。

（二）强化城市应急响应管理能力，将城市应急预案转化为活的应急能力

此次郑州市连降罕见特大暴雨，气象部门已作出了多次的预警提示，但是市民、企业及部分职能部门并未能及时作出反应。出现这种局面的根本原因是我们虽有应急预案，但是应急预案浮于文字表面和原则性规定，部门责任细化落实不够，应对措施针对性、操作性不强。建议完善、制定城市内涝防汛应急规范制度，将纸面的应急预案转化为活的应急能力：

1. 法律授权地方政府针对各城市既有城市结构出台具体化的应急预案，地方政府的城市应急预案应当具体到某个街道、某个隧道，并且设置责任人，要求在具有气象预警的情况下，专人实时管控具体的街道或隧道。同时，应急预案应当伴随城市的扩张以及变化而定期调整，避免出现制度落后于现实的困境。

2. 各城市应急预案应当与重点风险单位对接，定期举行应急演习，让每个单位在极端条件下能够有条不紊地应对险情。此次郑州地铁内涝并不是我国地铁首次内涝，但是郑州地铁内涝反应出的落后问题值得深思，也反应出在制定应急规范文件时，需要重点明确风险单位应急在岗人员数量，应急演习次数，应急责任人的法律责任等。

3. 地方规范文件应针对当地高风险区域设置配套应急仓库，充足配备应急物资。城市内涝的发生具有短时性、临时性的特点，若不针对高风险易内涝的区域配备应急物资仓库，一旦内涝形成，远距离的物资则是远水难解近火。

（三）完善动态监测预警系统布局，提高在重点地区重点场所应急处置能力

进一步完善城市动态监测节点布设，加强部门间横向协作交流，实时开放技术交互，关键节点数据共享，全面实现对低洼地段、主要道路、立交桥、排水出口、地铁、地下人行通道、城市泄洪沟渠、泄洪闸门、水文站等重点地区实时动态监测。同时，在暴雨发生时，由职能部门基于对城

市积水易涝点的风险评估和强降水的气象预报，在强降水发生前及时发布暴雨内涝风险警示并对该地段采取强制力的管控措施，从而提高应急处置能力。

（四）加快推进和建设全国海绵城市，系统全面的实施城市水生态系统治理

“海绵城市”是国家从战略角度提出的城市水生态系统治理方案，囊括了低影响开发、雨洪管理、绿色基础设施等理论与技术。海绵城市建设与水资源配置、非常规水资源利用、城市防洪排涝、水生态环境建设等工作密切相关。

目前我国城市对城市积水的处理认知仍停留在“快速排干”“ 就水治水”阶段，尚未制定海绵城市建设总体规划、控制性详细规划、适用于城市本土的海绵技术规范，无法从更高一个层次研究水体，将视野从水体扩大到汇水区域（对静水水体而言）或流域（对流水水体而言）以及景观尺度。尚未意识到建设海绵城市的必要性与紧迫感，各部门缺乏相关的依据与统一的技术准则，使海绵城市建设流于表面，无法得到真正落实。

因此，要切实推进我国城市综合防灾减灾能力、缓解城市水资源压力，改善城市生态环境，必须加强组织领导与协调监督，建立高效组织机构和协调机制，明确部门工作职责，健全工作责任制，加强和改进各级规划，强化规划的综合调控作用。将海绵城市理念纳入各层级城乡规划，通过科学合理划定城市的“蓝线”、“绿线”等开发边界，最大限度的保护原有河流、湖泊、湿地等自然资源。将海绵城市建设要求融入生态保护、四区划定、水资源、水系布局、绿地系统、功能分区、环境保护、市政和交通基础设施等内容中。如在控制性详细规划中，综合考虑不同用地的空间关系、建设主体、排水防涝要求等因素，除传统的绿地率、容积率等硬性指标外，加入海绵城市建设管理和引导指标。包括单位面积雨水控制容积（超过一定建筑面积的建设项目必须配建对应体积的调蓄空间）、透水铺装比例、下沉式绿地比例、新建项目开发后流量径流系数应不大于限制值等影响开发的设施要求纳入控规指标。城市水系规划、园林绿地系统规划、城市排水防涝综合规划等各专业规划也要充分衔接海绵城市建设要求，及时开展修编，以保证海绵城市建设在各个行业均能系统推进。

（五）深化投资改革，强化海绵城市建设的投入力度和资金保障力度

海绵城市建设涉及规划、国土、排水、道路、交通、园林、水文等领域，工作的系统性强，涉及的职能部门广，工程的复杂程度高，需要大量的资金，若无来自社会、政府各方的融资支持，资金很容易成为海绵城市建设的瓶颈。海绵城市建设涉及领域广，各职能部门职责不明确，责任主体模糊，后期管理维护的资金来源，也容易造成管理机制缺位，将使海绵城市的建设力度大打折扣。

因此，各级政府要加大对海绵城市建设的资金支持，充分发挥市场在资源配置中的决定性作用：一是增加对海绵城市建设的投入，逐步形成稳定的资金来源；二是整合资金，集中财力办大事；三是探索支持方式，突出财政支持海绵城市建设重点；四是加大检查监督力度，提高海绵城市建设专项资金使用效益。五是积极鼓励和引导社会资本参与到海绵城市投资、建设中，建立政府与市场合理分工的海绵城市建设投融资体制，针对不同项目性质设计差别化融资模式与偿债机制，通过 PPP、BOT 等模式拓展融资渠道，逐步建立多元化可持续的资金保障机制。充分发挥开发性金融的中长期融资优势和引领导向作用。探索建立产业基金支持海绵城市建设发展。

（2021 年 9 月 10 日）

北方地区城市防洪体系亟待全面加强和改进

2021年7月中旬，河南省郑州市发生极端强降雨，造成302人遇难，直接经济损失约655亿元，其实这已不是我国北方地区首次发生此类情况，2007年7月在山东省济南、2012年7月在北京市及周边地区，也先后遭遇超强特大暴雨，直接经济损失约13亿、116亿元。从“济南718”“北京721”到“郑州720”特大暴雨灾害，造成较大人员伤亡和财产损失，客观上是遭遇历史罕见的极端气候状况，但更多是暴露出我国北方地区城市干部群众防洪救灾意识淡薄、城市基础设施不配套、防洪预警预报不及时、应急处置体系不完善、应急处置能力不足、应急处置措施不到位等诸多问题。洪灾一次次给我们敲响了警钟，需要我们进行深刻地反思，牢固树立人民至上、生命至上的理念，全面加强和改进北方城市防洪体系。

为有效解决北方地区城市防洪体系存在的问题，提出以下建议：

（一）切实提高北方地区城市防洪救灾意识

我国北方地区干旱少雨，多年来，北方地区无论是干部还是群众的城市防洪救灾意识相对南方地区淡薄。但近年来，随着全球气候变暖，极端气候条件出现频次明显加大，尤其是在北方地区，不仅是年降雨量在增加，更为重要的是暴雨、特大暴雨等极端情况时常出现，给城市防洪增加了很大压力，给人民生命财产带来了严重威胁，迫切需要增强北方地区城市干部和群众的防洪救灾意识，特别要加强各级领导干部防御极端降雨能力的培训，每年进行城市防洪演练，牢固树立防大汛、抢大险、救大灾的责任意识，建立健全行政动员、技术支持、应急救助等方面的体制机制。通过电视电台、宣传图册、短信微信等多种形式开展防灾自救知识宣传，提高群众对暴雨预警、灾害应对、自救逃生等知识掌握，使安全防范意识和技能深入人心，增强群众应对城市洪涝灾害的意识和能力。

（二）迅速提升北方地区城市防洪排涝设施等级

随着城市大规模发展，城市及周边地区水系不同程度受到破坏，城市市区范围内的河道汇流规律发生极大变化，原有的水系已不能较好的发挥泄洪、蓄洪和调洪功能，原有的城市防洪排涝基础设施已经不能满足超标准暴雨洪水的防洪排涝需求，急需提升北方城市防洪排涝基础设施等级，增强城市防洪排涝能力。北方城市应根据城市（建成区）常往人口以及国土空间总体规划期未确定的人口规模、城镇开发边界和排水防涝工程设施现状，近年来城市气象变化和水文特性，地形地貌特点，所属水系及主要河流、湖泊、洼地等基本情况，定量分析出现极端情况可能影响的范围、程度等等，科学提升省市现行城市排水防涝基础设施有关等级标准，建议北方地区城市按500年一遇标准进行排涝工程规划和建设，按1000年一遇标准进行年度防洪应急演练，及时修编城市排水防涝设施布局专项规划，科学布局并修建防洪水库和分（蓄）洪工程。

（三）加快北方地区海绵城市建设步伐

北方地区相对于南方地区降雨总量偏小且更不均衡，海绵城市建设显得更为重要和必要，这样既可防止城市内涝灾害，还可涵养水资源、有效利用水资源。建议北方省市加快海绵城市建设步伐，对原有的“海绵体”进行有效保护，通过科学合理划定城市的“蓝线”、“绿线”等开发边界，最大限度地保护原有的河流、湖泊、湿地、坑塘、沟渠等“海绵体”，维持城市开发前的自然水文特征。综合运用物理、生物和生态手段，使受到破坏的绿地、水体、湿地等“海绵体”的水文循环特征和生态功能逐步得以恢复和修复，并维持一定比例的水域空间。城市建设中要优先采用具有雨水渗透、调蓄、净化等“海绵”功能的工程措施，提高“绿色”基础设施建设比例。同时，根据北方城市排水防涝的实际需求，适当开挖河湖沟渠、扩充水域，以促进雨水的调蓄、渗透和净化，不断提高城市蓄洪抗洪能力。

（四）加强北方地区城市极端气候预警预报

一是修改城市暴雨强度公式。目前，全国各城市指导排水防涝系统规划建设的技术标准，采用最多的是《室外排水设计规范》的暴雨强度公式，但各地的参数千差万别，特别是海绵城市建设之后，差别更大。在国家气象局、住建部的推动下，深圳等城市已完成城市暴雨强度公式的修订，但大部分城市推动相对较慢，一定程度上影响了气象部门对所在区域降雨规律的判断和预报。二是进一步加强北方城市极端气候、强降雨预警系统建设，利用现代遥感测量和地理信息系统技术为城市洪涝的精细化建模提供数据和技术保障，加强实时、动态、准确的水文监测数据的收集、更新、共享，加强两者的融合分析，提供快速、实时、便捷的城市洪涝及其它自然灾害预警信息，对可能发生的超标准洪水的演进路线、到达时间、淹没水深、淹没范围进行科学研判，积极应对复杂防汛形势，最大限度地减少人员伤亡，防控化解洪涝灾害风险。

（五）全面提升北方地区城市防洪工程建设和管理能力

一是北方城市应将防洪救灾纳入党委政府重要工作议程，建立和全面落实防汛党政主要领导负责制，进一步明确和细化相关部门的责任，尤其是城市防汛的部门责任，逐级建立责任体系，分解任务、落实到人、层层压实，接受社会监督。二是加强《防洪法》执法检查，结合实际制定《防洪法》实施条例。加强各级防洪救灾机构队伍和能力建设，加大城市政府对城市防洪工程建设的投入力度，重点加强大江大河、大中型水库、中小河流综合治理，组织好以水毁工程修复和水利工程除险加固为主要内容的冬春水利建设。三是城市建设部门应加强北方地区城市地下排水管网的配套完善和管道的升级维护，加大对排水设施日常巡查、清淤维修养护，配备现代化的地下管网快速疏通装备。四是街道、社区要全面排查辖区内重点公共建筑、地下公共设施、居民房屋、下水网管井盖、易淹易涝路段、天桥涵洞、水库、城市内河内湖坝堤、工厂企业，做到心中有数。存在安全隐患的，应该提出有针对性的整改措施，协调督促业主单位、主管部门按质量要求、时间节点完成整改。五是加强对地下通道、地铁站、排涝站等场所排涝设施建设，定期进行供电设施和水泵、电机等设备的检修、更新。同时，对城市及城市周边河道清淤疏浚，扩宽卡口断面，保障河道畅通。六是进一步完善细化北方城市防洪应急预案体系，包括行政组织、技术支撑、抢险救灾预案，超标准洪水预报、发布、公告预案，堤防决口和水库垮坝应急抢护和人员转移预案，山洪灾害防御预案等等。同时做好物料准备、极端气候下通讯准备、医疗救治、疾病预防控制等工作。每五年组织相关单位共同对预案进行评审，并视情况变化作出相应修改和调整。七是加强北方城市防洪督察检查，强化奖惩措施。重点对玩忽职守、不执行指令、未制定安全预案、对安全隐患整治不力、对灾情处置不力、瞒报谎报灾情、造成重大人员伤亡和财产损失等行为，给予严惩或司法处理，对在防洪工作中做出显著成绩的单位和个人给予表彰或奖励。

（六）提高北方地区城市应急抢险处置实时工作水平

北方城市要把防御极端暴雨灾害作为日常工作，常抓不懈。加强北方地区应急抢险队伍建设和抢险设备、物资储备，提高应急抢险处置能力，对已经形成内涝的区域采取紧急措施，及时调动应急人员进行车辆人员疏导、救助，及时疏通排水系统。一旦发生城市内涝、深度积水等严重影响道路交通的情况，及时发布道路积水情况，各部门按照灾害应急响应预案各司其职，系统配合、应急联动，把内涝的影响降至最低限度，要特别注意主要干线、路口、下穿隧道等重点区域的交通组织管理，合理调控交通流量，设立应急警示标志，调整通行线路，快速发布动态交通讯息，加强交通疏导，着力缓解交通拥堵，必要时要及时停止航空、铁路、地铁、公交等公共交通运营，切实保障人民群众生命安全。

（2021 年 10 月）

污染防治攻坚干部同样需要关爱

习近平总书记指出，打好污染防治攻坚战时间紧、任务重、难度大，是一场大仗、硬仗、苦仗。近年来，在习近平总书记亲自指挥，亲自推动下，全国各级生态环境部门深入贯彻落实习近平生态文明思想，坚决扛起生态环境保护的政治和工作责任，奋力打赢污染防治攻坚战，全国生态环境质量持续改善，生态文明建设取得了历史性的成就。在这场从未有过的攻坚战中，全国生态环境系统克服“人少事多”的现实困难，勇挑重担、不怕牺牲、迎难而上，涌现出了一大批先进典型和敢打硬仗的干部。以湖南省为例，自2017年以来，据不完全统计，湖南省生态环境系统共有141名干部积劳成疾，28名干部因意外事故、身患癌症或突发疾病等去世。如衡东县环境监察大队吴中立同志，工作兢兢业业，三次获得县政府嘉奖，在省级督察“回头看”期间，由于连续加班加点办理信访件，不幸因公殉职，时年41岁；祁东县环境监察大队周青苔同志，本科毕业后就在县环保局工作，一干就是24年，期间他考取了全国注册环评工程师，支援了京津冀地区蓝天保卫战，组织了第二次污染普查工作，长期处于高负荷、高强度的工作中，2019年，因积劳成疾溘然离世，年仅45岁；省洞庭湖生态环境监测中心韩孔军同志，由于岗位需要，长期直接接触甲醛、砒霜等有毒有害物质，被确诊为喉癌。还有很多同志顶烈日、冒严寒，爬高烟囱、趟臭水沟，奋战在污染防治一线；为排查入河排污口，有的同志一天要步行几十千米，开展拉网式排查；骑自行车、通宵蹲守甚至爬围墙查探情况的“土办法”还比较常见；有的在检查和执法过程中遭到违法者围攻、刁难和陷害。

污染防治攻坚战与脱贫攻坚战一样，同为党的十九大作出的重大战略部署。脱贫攻坚创造了彪炳史册的人间奇迹。日前，党中央、国务院隆重召开全国脱贫攻坚总结表彰大会，习近平总书记发表重要讲话，扶贫干部为脱贫攻坚作出了重大贡献理应给予表彰、奖励和尊重，但对污染防治攻坚一线辛劳付出甚至奉献了生命的干部同样需给予关爱和关注。

为关心爱护好战斗在污染防治攻坚一线的干部，创造更好的工作条件和氛围，激励污染防治攻坚干部在新发展阶段展现新担当新作为。现提出以下建议：

1. 大胆使用，让干部有奔头。把培养选拔污染防治攻坚干部列入干部队伍建设的重要内容，坚持一线考察识别，大胆重用、优先使用担当作为、甘于奉献、表现优秀的干部，尤其是要结合2021年开始的各级党委政府换届提拔重用一批生态环境系统的干部。

2. 宣传表彰，让干部能出彩。召开污染防治攻坚战阶段性总结表彰大会，对表现特别突出的授予相应荣誉称号，对因公牺牲的追授有关称号；对贡献突出的专业技术人才，在职称评定晋升、人才评选推荐等方面优先支持。

3. 鼓劲撑腰，让干部更有劲。奖励勇于制止环境违法行为、敢于与不法分子作斗争的干部；建立健全干部声誉保护机制，主动为干部澄清正名，消除负面影响，让其放下包袱、轻装上阵，保护干部干事创业积极性。

4. 关爱健康，让干部更精神。建立污染防治攻坚干部健康档案，根据工作特点，设置针对性项目，加大对心脑血管疾病、精神类疾病等的筛查，预防“职业病”；对长期超负荷工作，特别是执法、监测类岗位干部职工加强心理疏导，提供相应的心理测评和保健指导；随车、随身并在住宿地配备急救包、急救药。

5. 关心生活，让干部更暖心。建立污染防治攻坚干部定期疗养制度，建立人身意外伤害和特殊疾病医疗风险保障基金，对在工作期间发生意外伤害或特殊疾病的给予救助或一次性补助；完善因公去世或患重大疾病干部职工家属抚恤关爱制度，对其家庭及时给予抚恤，并建立长效帮扶机制。

（2021年）

以“两山”转化赋能革命老区振兴发展

近年来，全国各地的红色革命老区以习近平生态文明思想为指引，传承红色基因，涌现出许多践行“绿水青山就是金山银山”理念的典型和示范样板，推动了绿色发展、人与自然和谐共生。从地理区位看，一些革命老区位于城市群的交通物流通道上，是城市群、经济区的重要支撑区域。从生态地位看，一些革命老区位于400毫米降雨线以东和大江大河的中上游，是重要生态屏障。从能源资源看，一些革命老区蕴藏了较为丰富和重要的能源资源。受自然、历史等因素影响，很多革命老区仍属于欠发达地区，对标社会主义现代化建设目标，革命老区振兴发展的基础仍然较为薄弱，制约高质量发展的短板问题仍然明显。

因此，以“两山”转化赋能革命老区振兴发展，有利于更好发挥革命老区生态屏障、产业承接地、能源资源基地的作用，处理好生态脆弱、环境承载力低、生态建设任务繁重与经济建设的矛盾，在特殊类型地区中率先探索高质量发展有效途径，以创新为驱动，大力优化经济、能源、产业结构，充分利用好生态资源、自然资源、红色资源，切实把资源优势转化为发展优势和富民优势。

为此，提出以下建议：

（一）提高生态补偿标准

围绕“碳达峰、碳中和”部署，按照付出与补偿相对应的原则，完善国家生态补偿机制，对自然保护地进行生态补偿，对自然保护区内的居民给予直接补偿。当前，可适度提高公益林补助标准，增加林农财政转移性收入。完善政府主导、企业和社会各界参与、市场化运作、可持续的生态产品价值实现路径，结合当地特色资源，推动多种业态融合发展。

（二）支持红色旅游发展

把有关地区的特色红色资源纳入全国干部教育体系，在红色旧址保护、红色场馆建设、红色景区打造以及干部培训基地建设等方面给予更多的项目、资金支持。推动建立革命老区红色资源开发协作机制，支持打造一批跨区域的红色旅游精品路线、体验式的红色文化项目，提高革命老区红色文化的知名度、吸引力。

（三）将推进生态振兴作为重要抓手

在革命老区中大力推进国家生态文明建设示范区和绿水青山就是金山银山实践创新基地建设，推深做实河长制、林长制，持续推进农村人居环境整治提升行动，建设美丽乡村，整治自然村庄，保护好传统村落和乡村特色风貌，建设生态宜居、富裕繁荣、和谐发展的美丽家园。

（2022 年）

加快推进全国洗涤行业绿色发展

“十三五”期间，各级各有关部门认真贯彻习近平生态文明思想，积极实施《水污染防治行动计划》，着力打好碧水保卫战，全国水环境质量改善明显。然而，当前生态环境保护结构性、根源性、趋势性压力总体上尚未根本缓解，特别是长江流域生态环境形势依然严峻，总磷已成为流域水体首要污染因子。根据《第二次全国污染源普查公报》数据，生活源总磷排放量仅次于农业源，占总磷排放的30%。根据中国洗涤用品工业协会（以下简称中国洗协）统计销售数据推算，含磷洗涤废水年排放总磷约5000吨，是生活源总磷的重要来源之一。根据洗衣粉行业标准，含磷洗衣粉是指总磷酸盐含量（以五氧化二磷计）大于等于8%的洗衣粉，而无磷洗衣粉则是指总磷酸盐含量（以五氧化二磷计）低于1.1%的洗衣粉，而其他的洗涤剂是不含磷的。因此，推广无磷洗涤用品的使用是实现生活源总磷源头减排的重要举措。

我国是洗涤用品生产与消费大国，年产量近千万吨。据中国洗协统计，2020年国内合成洗涤剂的生产量为1100万吨（包括洗衣液、洗洁精、洗衣粉和肥皂，仅洗衣粉含磷），其中洗衣粉总产量354万吨，其中含磷洗衣粉产量12.5万吨，占洗衣粉总量的3.54%，约一半用于出口，但该数据仅统计了中国洗协会员企业的洗衣粉产量，未纳入统计的小企业、小作坊的产量未能统计。目前洗衣粉行业的产品标准为推荐性标准，不能强制企业执行，多数洗衣粉企业执行的是企业内部标准，其标准过于宽松。近年来，一些企业通过“直播”“社区团购”等新型销售模式销售了大量低质、低价、伪劣的包括洗衣粉在内的洗涤用品，该部分产品成分混乱、排放污染物复杂，污染因子不限于磷元素，污染程度更甚。

因此，未纳入统计、在监管外的含磷洗衣粉产品的使用，对环境的影响不可忽视。

根据全国实际情况及洗涤行业未来发展趋势，建议从以下几个方面进一步推广无磷洗衣粉的使用。

1. 在全国立法禁止销售使用含磷 1.1% 以上的洗涤用品。目前，全国范围内已有江苏省、浙江省、广东省、湖北省等部分省份和地区全面实施禁止销售使用含磷洗涤用品。但总体来说，洗衣粉无磷化的意识尚未深入人心，亟待通过国家立法形式进一步强制实施。随着技术进步，无磷洗衣粉的成本较有磷洗衣粉低，且替代产品丰富、可供选择较多，禁止销售使用含磷洗衣粉不会对群众生活造成较大影响。建议国家层面统一出台禁止使用含磷洗涤用品的相关法律法规或行政规章，加大工作部署力度，强化监督执法。

2. 将洗衣粉产品标准改为强制性标准，同时加大市场洗衣粉产品质量抽查力度。将无磷洗衣粉产品标准作为行业强制性标准，从源头减少含磷洗衣粉的产量以及洗衣粉中的磷含量。同时，建议加大对市场洗衣粉产品质量抽查力度，曝光生产和销售低质、低劣洗衣粉产品的企业和平台，依法依规进行处罚，推动洗涤用品行业的良性发展，减少低质、低劣洗涤用品的使用。

3. 组织开展洗衣粉产品知识宣讲教育。建议组织专业人士、有关企业宣传有关洗涤剂常用成分和安全使用的知识，引导群众提高辨别能力。加大对含磷洗衣粉的广告宣传、产品包装的检查，打击、杜绝虚假和违规宣传；开展消费者教育，指导消费者准确、适量使用洗衣粉产品，提升消费者正确选用浓缩产品的意识，避免过度使用造成浪费、污染环境。

4. 推广使用升级替代产品。根据洗涤用品行业未来的发展方向，建议从以下三个方面推广使用有磷洗衣粉的替代产品。一是浓缩化，浓缩不仅可以减少填料和包装材料的使用、降低运输成本，且浓缩型洗衣粉由于活性物含量更高，去污力强，使用量比普通型减少一半，造成的污染也比普通洗衣粉少。二是绿色化，采用来源于可再生资源的绿色新材料或运用节能、清洁生产工艺，可减少洗涤用品全生命周期的污染。三是差异化，发展多功能、个性化产品以满足不同类型消费者不断升级的消费需求，逐步替代洗衣粉的使用。

（2022 年 3 月）

传承“绿色冬奥”理念 加大“三进”工作力度

2022 年北京冬季奥运会圆满落幕，习近平总书记亲自谋划、亲自推动绿色冬奥的申报和举办，“绿色”位居北京办奥理念之首。奥运会结束后，如何更好传承“绿色”理念，是一个值得深思的问题。

2021 年初，生态环境部等六部门联合发布的《“美丽中国，我是行动者”提升公民生态文明意识行动计划（2021—2025 年）》，要求将生态文明教育纳入国民教育体系，将习近平生态文明思想和生态文明建设纳入学校教育教学活动安排，培养青少年生态文明行为习惯。但从目前工作进展来看，各地推进参差不齐，只有少数省份完成了年度双“纳入”的目标。生态文明教育还存在顶层设计缺失、教学体系薄弱、覆盖面不广、执行力度不足，以及高校实施情况不如中小学等问题。

为此，建议以此次成功“绿色办奥”为契机，将其有效转化为教学教育资源，加大“三进”即“进教材，进课堂，进头脑”力度，引领“绿色低碳”新风尚。

1. 组织专班系统梳理绿色冬奥理念。重点阐述在习近平生态文明思想指导下实现绿色冬奥的成就和经验，作为“形势与政策”课程的增补材料率先用于大学课程中，之后再尽可能融入其他思政课程；指导中小学开发绿色冬奥的校本课程，并逐步拓展生态文明教育的内容和形式。

2. 丰富习近平生态文明思想的课程体系。组织精干力量研究开设以“习近平生态文明思想”为统领的生态文明课程体系，通过绿色冬奥的理论和实践进一步丰富习近平生态文明思想的内涵和外延。

3. 切实提高绿色学校建设的质量。加强“生态文明渗透式教育”，加大生态文明教育力度，将生态文明理念渗透学校教育和管理的方方面面，形成全员育人、全程育人、全方位育人的生动局面，提升师生的生态文明素养。

（2022 年 3 月）

激活社会力量参与环境治理的活力

21 世纪以来，环境治理一直是全球治理的核心议题之一。党的十八大以来，党中央、国务院高度重视我国环境治理体系建设，将其列为国家治理体系的重要组成部分。党的十九大报告明确指出，中国环境治理需要“构建政府为主导、企业为主体、社会组织和公众共同参与的环境治理体系”。

建设生态文明和“美丽中国”，不仅需要“绿水青山就是金山银山”的理论指导，也需要“我的环境我做主”的公众参与精神作为实践支撑。当前欧美公众参与环境治理已十分普遍，模式也很成熟，而中国“政府主动、企业被动、公众不动”的环境治理原有格局虽然近几年有了较大改变，但社会力量参与环境治理仍是一个短板：

1. 政府部门对社会力量的参与缺乏统筹与监管，相关职能部门存在认识不足、职责不明、管理空白等问题，难以保障社会力量在参与、监督和服务环境治理过程中的公平性、全面性。

2. 社会力量参与环境治理的渠道不够畅通，由于我国在环境治理上采取政府主导下的单向推进模式，长此以往，导致社会力量参与渠道流于形式、反馈渠道不循环、参与程度很有限，往往处于被动接受状态。

3. 社会组织自身能力不足，发挥作用不够。很多社会组织凭借一腔热忱成立，因自身建设能力不足，缺乏专业的管理经验和业务水平，在面对专业事务时不能充分发挥其作用，导致社会认可和影响力有限，难以实现长期发展。

4. 社会力量参与环境治理模式不够丰富。各社会力量参与环境治理的模式大多机械单一，组织间各自为阵，没有开展过联合的、统一的行动，形成社会力量之间的互动合作不够，社会力量参与的模式不够开放的困境。

建设美丽中国，实现人与自然和谐共处，就必须正确把握公众参与我国环境治理中的理论与实践问题，研究科学有效的公众参与机制，使其服务于环境综合治理，增强可持续发展能力，促进国内生态优势转换为国家长期的经济优势，形成人人担当起生态文明、保护生态环境责任的强大合力。因此，要把参与环境治理的各社会主体“管”起来，引导与监管各社会力量规范有序参与环境治理；要让参与环境治理的各社会组织“多”起来，通过建立平台、健全机制，吸纳更多的社会力量参与环境治理；要让参与环境治理的各社会力量“强”起来，不断提高社会组织自身能力与业务水平；要让参与环境治理的各社会单元“活”起来，加强社会力量之间的互动与合作交流，形成优势互补的共赢局面。

为此，提出以下建议：

1. 建立健全统筹协调社会力量的体制机制。一是建立专门机构。当前全国各地都建立了省、市、县三级生态环境保护委员会，统筹协调各职能部门之间的生态环境保护工作。可以借助优势，在其“招牌”下，设立一个专门的分支机构，负责全面统筹社会力量参与环境治理的具体事务工作，负责协调相关部门涉及环境保护与治理的社会事务，负责组织对社会力量进行业务指导、能力培训及督促监管等。二是健全协调机制。建立健全环境治理社会参与制度、互动制度、联络制度等，促使政府、企业、社会组织和公众之间加强沟通、增强合作、形成共识，鼓励和引导社会力量规范有序参与环境治理。

2. 畅通各类社会主体参与环境治理的渠道。一是搭建平台。针对环境治理各方面资源存在的管理归口不同、标准不统一、系统不连通、信息不对称、数据不公开等问题，打造一个环境社会治理服务信息平台，让生态环境保护工作中的宣传教育、企业状况、环境评价、环境监测、治理技术、环境项目、设备运维等信息共享与公开，便于社会公众了解参与，利于社会团体交流互通与公平参与。二是畅通渠道。完善生态环境、市场监管、交通运输、住房建设、城市管理等领域的政府采购、行政审批、信访举报、专家听证、意见征集等公众参与制度，让各类社会主体能便捷、无阻、畅通地参与到环境治理的事前、事中、事后全过程中来。

3. 丰富社会力量参与环境治理的模式。采取包容、开放的态度，探索与创新环境治理社会手段。一是可以探索建立“民间生态环保督察”制度，完善环境问题发现、举报、反馈等机制，引导社会大众和社会力量参与和监督生态环境问题的整改。二是可以探索建立“社会力量库”制度，对社会组织和机构进行登记备案，主动邀请与吸引有能力、有技术、有实力的社会机构参与环境治理，为环境治理贡献“智慧”。三是可以探索建立“社会力量信用”制度，从“公平准入、有序竞争、绩效评估、末位淘汰”等方面对社会力量进行监管，整治市场无序的乱象。

4. 提升各类社会主体参与环境治理的能力。进一步完善政策与机制等，促进社会主体的能力提升。一是促进健康发展。成立生态环境相关社会组织“服务协会”或“绿色联盟”，制定社会力量参与环境治理技术和行为规范，建立健全行业自治自律机制，提升各类机构整体水平。二是加大支持力度。整合各部门在信息资源、优惠政策、人才引进，宣传推广等方面的支持力量，孵化、培育与支持一批有优势、有能力、有技术、有责任的社会机构做大做强，形成品牌。

（2022 年 3 月）

推进我国生物安全治理能力建设可持续发展的建议

党的十八大以来，党中央把加强生物安全建设纳入国家安全战略，我国生物安全治理能力不断增强，维护生物安全基础不断巩固。然而，由于面临的生物安全风险因素众多，挑战巨大，传统生物安全问题和新型生物安全风险相互叠加，境外生物威胁和内部生物风险交织并存，生物安全风险呈现出许多新特点。据农业部最新统计显示，全国因生物入侵造成的经济损失高达数千亿人民币，据估算全国每年因生物灾害给农业带来的损失占粮食产量的10%—15%、棉花产量的15%—20%、水果蔬菜的20%—30%，全国仅几种外来物种入侵造成的经济损失就达574亿元。可见生物安全关乎国家长治久安，关乎中华民族永续发展，生物安全治理能力建设是一项长期而艰巨的任务，需要持续用力、扎实推进。

目前我国生物安全治理存在如下主要问题：

1. 人口基数大，生物安全风险发生概率高。特别是随着中国城市化的快速发展，人口高度集中并且大规模密集流动，给生物安全风险防控带来巨大压力。

2. 科研力量布局亟待优化。生物安全科技攻关长效支持机制缺乏，生物安全数据中心、生物安全实验室等科研基础设施短板急需补齐。生物安全科研力量分布在卫生、国防科研、中科院、高校和企业等部门，布局过于分散，系统之间缺乏协同和融合，存在薄弱环节，同时也存在重复布局，基础研究成果向临床诊治应用的转化渠道不畅，制约了科技创新对重大风险的响应速度和应对能力。

3. 生物和生命技术的快速发展，本身存在滥用和伦理风险。生物科学领域的研究风险程度较高，生物实验室废弃物和动物处置不当，病原微生物感染与外泄的问题时有发生，生物技术也存在误用谬用、违反生命伦理等风险。遍布世界各地的大量生物安全实验室是威胁人类安全的一个重大隐患。

4. 农业生物安全风险日益增加。目前入侵我国的外来生物已多达400余种，在国际自然保护联盟（IUCN）公布的全球100种最具威胁的外来生物中，我国已经有50余种。近10年来新传入我国的入侵物种有20余种，平均每年递增1至2种，我国几乎所有的生态系统类型均遭到入侵物种的侵害和威胁。转基因生物技术在推动农业科技革命并带来巨大效益的同时，亦对生物多样性、生态环境和人类健康存在潜在风险。由于环境、寄主变化和小种演替，小麦锈病、稻瘟病菌、赤霉病菌等农林有害生物致害性变异频繁，灾变和流行暴发风险急剧上升。由于缺乏合理的保护与利用，导致农业生物多样性显著下降，部分特有农业野生植物资源已经或濒临灭绝，部分野生生物资源流失国外，丧失其归属权。

5. 国际反恐形势日趋复杂。日内瓦生物武器谈判将小麦条锈病菌、稻瘟病菌、赤霉病菌等空气传播、大区域流行、能导致大面积绝收的植物病原菌列为生物武器讨论名单，被称为“穷人的核武器”，发达国家对农业恐怖性生物的研究超前化与秘密化，我国在这些具有前瞻性和战略性的农业生物反恐与对抗技术等方面的研究尚处于空白状态。

为有效解决我国生物安全治理存在的问题，提出以下建议：

1. 加快生物安全风险防控体系建设。建立健全国家生物安全组织指挥体系，打通条块分割的生物安全管理格局，实施统一领导、协调和指挥，平时全面布局、战时快速响应。建立国家生物安全风险评估和防控体系，完善风险研判、评估、决策、防控协同机制，及时捕获信息，采取应对举措。完善国家生物安全防御物资与装备研发及保障体系，健全国家生物安全信息网络体系，加强生物资源管理体系建设，夯实联防联控、群防群控的基层基础，打好生物安全风险防控人民战争。

2. 强化生物安全法治保障。从立法、执法、司法、普法、守法各环节全面发力，健全国家生物安全法律法规体系和制度保障体系。全面加强和完善公共卫生领域相关法律法规建设，认真评估传染病防治法、野生动物保护法等法律法规的修改完善。特别是针对这次新冠病毒感染防控中暴露出来的短板和不足，从生物安全立法方面深入思考如何补短板、堵漏洞、强弱项。加强生物安全立法，需要全面研究全球生物安全环境、形势和面临的风险、挑战，深入分析我国生物安全的基本状况和基础条件，使立法既体现中国国情又与国际接轨。

3. 加强战略性谋划和前瞻布局。抓紧出台生物安全和公共卫生科研基础设施体系总体规划，加大财政投入，把生物安全实验室、生物数据中心等科研基础设施建设纳入“新基建”给予支持，尽快补齐科研基础设施建设短板。加强学科建设和人才队伍培养，推进生命科学、生物安全领域基础研究，加快医疗健康关键核心技术突破，提高疫病防控和公共卫生领域战略科技力量和战略储备能力。以生物安全大科学中心和临床研究医院为核心，加快整合生命科学、生物技术、医药卫生、医疗设备等领域的国家重点科研体系，布局一批国家临床医学研究中心和若干跨学科、大协作、高强度的协同创新基础平台。把生物安全和卫生健康领域打造成为新的研发增长极。

4. 强化系统治理和全链条防控。坚持系统思维，科学施策，统筹谋划，抓好全链条治理。织牢织密生物安全风险监测预警网络，健全监测预警体系，重点加强基层监测站点建设，提升末端发现能力。加强生物安全重点风险管控。强化生物资源安全监管，制定完善生物资源和人类遗传资源目录。加强入境检疫，强化潜在风险分析和违规违法行为处罚。对已经传入并造成严重危害的，要摸清底数，“一种一策”精准治理。加强对国内病原微生物实验室生物安全管理，严格执行有关标准规范，加强对抗微生物药物使用和残留的管理。加强应急物资和能力储备，既要储备实物，也要储备产能。实行积极防御、主动治理，坚持人病兽防、关口前移，从源头前端阻断人兽共患病的传播路径。理顺基层动植物疫病防控体制机制，明确机构定位，提升专业能力，夯实基层基础。

5. 加快推进生物科技创新和产业化应用。打造国家生物安全战略科技力量，健全生物安全科研攻关机制，严格生物技术研发应用监管，加强生物实验室管理，严格科研项目伦理审查和科学家道德教育。在尊重科学、严格监管、依法依规、确保安全的前提下，有序推进生物育种、生物制药等领域产业化应用，支持培育若干原创能力强、发展潜力大的生物科技、医药卫生龙头企业。建立以企业为主体、产学研相结合的疫苗研发和产业化体系，集成推广生物防治、绿色防控技术和模式，协同规范抗菌药物使用，促进人与自然和谐共生。

6. 强化“以我为主、兼容并包”的生物安全国际合作。践行人类命运共同体理念，扩大生物安全领域国际合作，建立各国间生物安全政策、规划、法律法规及部门共享机制，加强生物安全领域情报信息资源共享和信息交流，架起生物安全的全球防线。积极参加国际生物履约，高度重视并倡议国际社会积极参与并履行生物安全领域的国际规则，推动防扩散和风险管理的目标实现，增强缔约国全面认真履约的政治意愿，推进全球生物安全治理。

（2022 年 3 月）

排污权有偿使用和交易制度亟待规范和强化

2007以来，国家有关部委相继批复了部分省、市开展排污权有偿使用和交易试点工作。近年来，党中央、全国人大、国务院先后发布一系列有关决定和意见，提出了推行排污权有偿使用和交易的相关要求。《大气污染防治法》首次将排污权写入国家环境法律。目前，全国共有27个省（区、市）开展了排污权有偿使用和交易，取得了一定的成效，但仍存在不少困难和问题：一是试点推进动力不足。排污权长期试点、久试不决，由于缺乏国家统一指导，各地对工作推进比较迷茫。另外，实行排污权有偿使用地区的企业经营成本增加，造成了区域的不公平；二是权属不明确，法律地位不高。排污权是一种新兴权利，目前法律法规均未对其属性做出明确界定，影响了排污权工作深入推进；三是市场环境资源配置优势未发挥。首先是排污权市场供需不平衡。需求主要靠新改扩建项目驱动，而部分企业尚存在惜售心理，排污权市场投放不足。其次是市场流通有约束。排污权指标交易以区域环境质量和总量控制要求为前提，难以像一般商品实现自由流通。另外交易信息的不对称也造成企业参与排污权交易效率较低；四是各地区市场发展不均衡。由于各地对排污权定位、认识和重视程度不统一，除江苏、浙江、湖南、福建等省份外，其它省（区、市）交易普遍不够活跃；五是制度衔接不畅。近年来排污许可、总量控制、环境保护税等制度相继改革，但排污权制度改革停滞不前，造成制度衔接不畅；六是对超权排污缺乏有效监管。

为有效解决排污权有偿使用和交易推进过程中存在的问题，我们建议：

（一）完善制度体系建设

一是加快建立全国统一的排污权有偿使用和交易制度体系，推进全面实施。二是加快推进排污权的立法，明确法律地位和属性。三是建立排污权确权制度，统一规范排污权量核定和确权程序，明确权利和义务。四是加强制度衔接。在尊重历史和保持政策延续性的前提下，完善排污权与环境管理制度的衔接。

（二）激活市场功能作用

一是构建全国市场。坚持以改善生态环境质量为导向的总量控制方式，完善排污权跨区域、行业流通机制，实现排污权全国市场交易；二是完善市场调控。首先要实现排污权量与排污许可量动态统一，对“超量超权排污”的企业实施惩罚性增购措施，形成新的市场需求增长点。其次是探索建立有偿使用费阶梯式定价模式，实行“多用多缴，少用少缴”，倒逼闲置排污权投放市场。最后要发挥政府储备宏观调控作用，加强财政和制度的支撑，增强市场调控能力；三是推进抵质押融资。多渠道鼓励社会资本参与排污权交易，完善排污权价值评估、风险担保等保障机制，增强资本信心。

（三）完善规范市场管理

一是坚持排污权优化资源市场配置的定位，规范市场主体的排污权准入，避免排污权市场交易的无序化；二是充分利用市场机制管理市场。通过信用评价等机制，增强对有偿使用义务、市场公平交易等方面的管理；三是强化行政管理手段。一方面，要加强环境监测，确保排放量核算准确。另一方面，加大监管和执法力度，对虚假减排、伪造数据、超量超权排污等违法行为及不实施排污权有偿使用政策等行为依法严厉打击。四是要开展生态环境、发改、财政、税务等部门协调联动，规范和维护排污权交易市场秩序。

（四）强化基础能力建设

一是加强基础性研究。充分整合多方资源，加强技术力量，开展排放量核定、排污权有偿使用收费、交易定价、减排成效评估、企业减排效益等基础性的研究，建立针对排污权“效率提升、成本节约”的环境经济评价技术方法体系；二是加强信息化建设。加快推进排污权的“全网通办”，积极推进“互联网+”“大数据”在排污权领域的应用。

（2022年5月）

持续推进排污许可制度改革

党中央、国务院高度重视排污许可管理工作，把排污许可制定位为固定污染源环境管理核心制度。近年来，在习近平生态文明思想指引下，各级各有关部门按照党中央、国务院的决策部署持续推进排污许可制改革，取得了阶段性成果。但工作推进过程中仍存在一些问题：一是企业主体责任意识不强。现不少企业将日常环境管理交给第三方，“一交了之”，企业，尤其是企业法人环境保护和社会责任意识弱化，参与度不够；二是排污许可发证质量有待提升。近几年，根据生态环境部的统一部署安排，全国各省（区、市）积极行动，基本实现了排污许可发证的全覆盖，但不少排污许可证书质量不高，部分地方对相关政策要求理解不到位；三是政策制度体系待完善。排污许可核心制度已提出统一的标准和要求，但相关联的一些环境管理制度需要进一步衔接，尚未形成真正意义上的“一证式”管理。四是排污许可证后监管力度不够。对排污单位而言，不少企业未严格执行按证排污；对监管部门而言，也未完全落实依证监管，依法查处力度不够，特别是各地仍存在因各类历史遗留问题无法取得排污许可证的情形，地方政府未及时有效地解决。

为更好地推进排污许可制改革，提出以下建议：

1. 不断强化企业生态环保责任意识。进一步加强排污许可管理，规范企业排污行为，压实企业和经营单位管理人员的污染防治主体责任。推动企业从“要我守法”到“我要守法”转变，落实工作责任。通过许可证的发放进一步明确企业的主体责任和管理部门的监管责任，使排污许可制度真正成为排污单位守法、执法单位执法、社会监督护法的基本依据。

2. 持续提升排污许可工作质量。开展排污许可质量“回头看”，对排污许可证、执行报告进行“双百”质量审核，对执行报告提交率及报告内容规范性开展审核，针对发现问题建立明细台账和核销制度，点对点抓好整改落实。将排污许可质量整改情况纳入对地方政府污染防治攻坚战考核的重要内容。规范排污许可证申请与核发流程，加强排污许可延续、变更、注销、撤销等环节管理。加强排污许可培训，提高管理水平。

3. 加强排污许可证动态管理。做好顶层设计，打通环评、环境标准、环境监测、执法监管、环境保护税、总量控制、排污权有偿使用和交易等制度链接，实现真正意义上的“一证式”管理。依法依规做好排污许可证的延续、变更、重新申请及关闭企业排污许可证注销等工作，加快推进将排污单位的工业固体废物环境管理要求纳入其排污许可证。持续推进排污限期整改通知书整改清零。

4. 强化排污许可证后监管。一是强化执法监管。进一步强化企业排污许可证相关措施，全面启动排污许可证后监管和执法检查工作。完善信息曝光披露机制，加大排污许可环境违法典型案件的曝光力度，强化排污者责任，督促引导排污单位按证排污。因历史遗留问题难以取得排污许可证书且因民生问题难以关停的企业，地方政府要落实主体责任，统筹考虑解决。二是完善部门联动机制。强化排污许可审批、环境监测、环境执法管理部门的联合监管，完善排污单位违法线索发现、问题反馈、督促整改、问题销号的“一条龙”管理工作机制，实现排污单位发证、监测、监管全闭环。强化部门间信息共享，将排污许可证数据库和排污登记库全部纳入执法监管数据库，执法信息实现在全国排污许可证管理信息平台公开。三是加强系统对接和信息归集。将在线监测、移动执法、项目审批、应急管理、环境统计、排污权交易等其他管理应用平台与排污许可信息平台对接，将相关污染源管理信息自动归集到排污许可平台，为生态环境部门监督管理提供基础保障。

（2022 年 6 月）

警惕海外锂资源环境风险
保障中国锂资源安全的建议

锂资源是支撑碳达峰、碳中和的战略性关键矿产资源，被誉为“白色石油”，更被西方国家称为“白色黄金”。2022 年，全球新能源汽车和移动储能设备发展迅速，全球锂需求量年增接近 20%，引发了国际锂资源价格飙升，锂矿价格一度达到 1250 美元/吨，电池级碳酸锂 9.2 万元/吨。尽管锂资源需求旺盛，但其在开采过程中产生的环境污染和生态破坏，将严重制约中国对外投资开发锂资源。面对当前日益复杂的国际形势，以及锂资源需求不断上升的局面，中国必须警惕海外锂资源开发存在的环境风险，调整和规范企业对海外锂矿资源的合作开采行为，进一步深化矿山环境保护战略，保障中国锂资源供应安全，助力碳达峰、碳中和目标实现。

当前中国海外锂资源投资发展存在的问题：

1. 锂资源对外依存度高。受新能源汽车产量激增带动，中国锂矿石行业市场规模大幅增长，锂资源需求高速增长，本土锂矿石供应缺口大，对外依存度高，中国探明的锂资源储量仅占全球 5.9%，仅能满足 14.4% 的需求。2020 年国内自产锂矿（碳酸锂当量）只有 3.1 万吨，从国外净进口锂矿产品超过总需求的 80%，高度依赖国外锂矿进口。

2. 海外锂资源布局存在结构性失衡，开采成本高。近年来国内头部企业积极布局海外锂矿资源，中资锂矿企业海外锂矿资源项目已超过 20 项。目前，中国占据全球超过 35% 的锂矿资源。但中资企业海外锂矿投资过度集中于澳大利亚的锂辉石资源。中国进口锂资源中，从澳大利亚进口的锂辉石原矿和精矿占总进口量的 80%，而从智利和阿根廷进口的盐湖锂产品仅占 20%。锂辉石矿开发成本较盐湖锂平均高出 40%，抵御市场价格波动风险的能力较差，一旦锂资源价格出现波动，将直接威胁中国在澳大利亚锂矿投资项目运行，进而威胁到中国锂资源的供应安全。

3. 开采过程造成的环境污染带来不良影响。中国海外锂资源投资项目部分位于环境脆弱区，锂矿开采造成的严重污染影响项目的持续进行，企业投资海外锂矿项目存在多种不确定性。一是锂矿开采造成的环境破坏与污染会引发海外投资者和当地居民关系的紧张和冲突，进而迫使当地政府部门修改相关环保治理条例，甚至限制相关项目开发，影响中国海外锂矿项目的稳定运营。二是同等条件下中国海外锂矿企业可能因政府行为的缺少或他国的干涉而受到资源国的严格对待。在国外锂矿环境保护和国际政治形势愈发复杂的背景下，中国企业投资海外锂矿项目存在多种不确定性，造成锂资源供应风险。

为更好地解决中国海外锂资源投资发展存在的问题，提出以下建议：

1. 相关海外投资企业主动降低矿山投资风险。一是全面了解所在国家及当地政府部门制定的各项矿山环保法律政策，科学、有序地开展矿山开采；二是努力发展绿色开采技术，降低矿山环境风险；三是协调解决矿山环境问题，加强与当地政府和居民的联系沟通，主动向政府部门提交企业环保规划方案。

2. 国家相关部委牵头，科学规划海外布局。一是制定国家层面的锂资源合作发展战略规划，依托“一带一路”倡议，加大对国外锂资源的勘探与开发投入，积极构筑与各锂资源大国的多边战略合作关系；二是建立锂矿山采冶合作机制，帮助企业签订矿山合作投资协定，充分发挥国内领先的冶炼技术，在当地建立锂冶炼厂，构建绿色产业链，提升锂资源附加值；三是通过银行、保险机构和非政府组织（NGO）对海外投资的中资锂矿企业提供全方位的支持，协助企业对海外矿区环境条款协定的谈判以及协调解决矿区环境争端。

3. 强化环境立法，规范中资企业海外矿山开发。一是制定企业海外矿山合作开采环保标准，设计中资企业海外锂矿绿色开采环保标准，并将矿山环境管理与企业海外矿业权、环境许可、矿产开发管理紧密结合，确保中资企业海外锂资源的可持续开发；二是制定海外矿山环境保护与治理规划，通过官产学研合作推进中资企业海外锂矿开采的环境保护与治理，根据当地生态环境现实，划分出宜采区、限采区和禁采区；三是强化科技进步政策扶持，鼓励中资企业提升锂资源绿色开发技术，实现“低开采、高利用、低排放”的开采目标。

（2023 年）

专题七

大会发言

加快农村环境整治、遏止持续恶化趋势 为广大农民提供公平环境公共服务

如今的农村已不再是“小桥流水人家”式的“净土”，曾经的青山绿水在逐渐消失，“污水靠蒸发，垃圾靠风刮”“室内现代化，室外脏乱差”成为许多农村的形象写照。

农村的污染物排放已经占到了全国的“半壁江山”。据第一次全国污染源普查结果，农业源主要污染物，如化学需氧量、总氮、总磷，分别占全国总排放量的43.7%、57.2%、67.3%。

随着城镇环保“门槛”越来越高，那些高污染、高能耗的工业企业很难在城镇立足，正在逐步转向农村。从云南曲靖市陆良县的铬渣污染事件，到福建紫金矿业的铜酸水渗漏事故，以及最近发生的广西龙江河镉污染等，每一起事件都让我们触目惊心，也让我们更深刻地感受到治理农村生态环境的危急。因过量使用化肥和农药造成土壤和水体污染，不仅威胁着数亿农村居民的身体健康，也影响着城市居民“米袋子”“菜篮子”“水缸子”的安全。

近年来，农村环保工作得到党和国家领导人的高度重视，习近平总书记多次指示要把农村环保纳入国家环保总体战略；国家有关部门也出台了一些指导意见，开展了重点问题村治理和连片整治示范。但由于农村环境基础设施建设滞后，欠账过多，农村环境管理基础薄弱，以及一些地方只顾招商引资，不顾环境代价等因素的制约和影响，农村生态环境总体上仍在不断恶化。

目前的情况是，全国4万多个乡镇、约60万个行政村中，绝大多数没有环保基础设施。按环保部、财政部的“十二五”规划，到2015年对全

国6万个村庄进行整治，整治面只占全国村庄总数的10%，可谓任重而道远。

为此，我们提出以下建议：

（一）出台“一号文件”，全面部署工作

农村环境整治点多面广、基础差、任务重，各级政府应发挥主导作用。建议党中央、国务院对全国农村环保工作进行专题研究，像近些年推动其他“三农”工作一样，尽快出台一个加快农村环保的中央“一号文件”，明确指导思想，确定目标任务，强化工作责任，建立激励约束机制，全面推进农村环境整治。

（二）硬化投入政策，加快整治步伐

农村环境整治投入是关键。全国有60多万个行政村，每个村治理至少需要200万元，按80%的治理率，需要投入近万亿元。因此，必须建立政府、企业、社会多元化投入机制，切实加大各级财政对农村环保的投入，积极推动农民投资投工投劳，引导和鼓励社会资金参与农村环保，各级排污费、土地出让金等专项资金应明确一定比例用于农村环境整治。

（三）整合各方力量，实现整体联动

农村环境整治涉及环保、发改、财政、农业、林业、建设、水利、国土、卫生等多个部门。建议在中央和地方政府设立农村环境整治工作领导小组，负责农村环境整治工作的综合协调、资金整合、项目实施和监督管理等工作，统一部署，共同推进，特别要加大涉农项目、资金的整合力度。

（四）强化机构队伍，加强环境管理

建议国家编制人事主管部门研究出台基层农村环保机构建设的指导性意见，明确职能职责，确定人员编制，切实解决农村环保无机构抓、无人员管的问题。

（五）突出工作重点，提高整治实效

一是突出源头控制。对化肥、农药、农膜等生产制定严格环保标准；二是抓住重点难点。把农村饮用水安全、乡（镇）、中心村等聚集区生活污染和规模化畜禽养殖作为治理的重点，农业面源污染、土壤污染、农户生活污水作为治理的难点，加大力度，集中攻关；三是增强科技支撑。重点加强高效安全肥料、低毒低残留农药、土壤污染治理、农林生态修复等技术的研发创新。四是制定完善政策。研究、制定有利于农村环保的扶持、优惠政策，如对畜禽水产养殖治理、有机肥生产、废旧物资回收等给予补贴。将农村环境整治内容细化到项目，按项目制定各级奖励、补助标准。

（六）加强宣传教育，推动公众参与

加强农村环保的宣传教育，推动农村环保的公众参与，引导广大农民自觉保护农村环境，形成良好的卫生、文明、健康和符合环保要求的生活习惯，全面改善农村环境质量，提高农民环保意识，改变落后生产生活方式，充分发挥广大农民保护自身生态环境的积极性和主动性。

（2012 年）

加强洞庭湖生态经济区生态环保工作
确保长江流域生态环境安全

一、洞庭湖生态经济区生态环保的战略定位

洞庭湖跨湘鄂两省，是我国第二大淡水湖和长江最重要的调蓄性湖泊。洞庭湖生态经济区包括湖南岳阳、常德、益阳三市，长沙市望城区和湖北荆州市，共33个县（市、区），总面积6.05万平方千米，总人口约2360万。洞庭湖承担着调蓄长江及湘、资、沅、澧四水洪峰的重任，防洪保安作用突出；它是我国最大的淡水湿地之一，也是国家重点生物多样性保护和世界淡水鱼类优质种质资源基因库，独特的物种分布使其被誉为“拯救世界濒危物种的希望地”，生态功能巨大；同时洞庭湖也是湖区工农业用水来源，尤其是洞庭湖生态经济区城乡居民饮用水和农业灌溉用水的主要来源，对人民生产生活影响很大。洞庭湖生态经济区位居长株潭城市群与武汉城市群之间，在统筹区域协调发展、“两型”发展方面有显著作用。因而，洞庭湖及洞庭湖生态经济区在生态环保方面的战略地位十分显要，对长江流域生态环境安全和洞庭湖生态经济区人民群众的生产生活具有举足轻重的作用。

二、洞庭湖生态经济区生态环保所做主要工作

多年来，湖南省对洞庭湖区域生态环保高度重视，做了大量工作。一是大力推动造纸企业污染整治。对湖区236家造纸企业中的234家实施了停产整治，对62家苎麻纺织企业中的47家实施关闭，污染整治后，洞庭湖局部水质由Ⅴ类、劣Ⅴ类上升至Ⅲ类。二是强力推进污染减排。抓好结

构减排、强化工程减排、深化管理减排，持续深入推进主要污染物减排，国家规定的两项约束性指标二氧化硫、化学需氧量以及我省确定的两项约束性指标砷、镉排放量均超额完成了目标任务。三是积极开展“双创”工作。岳阳、常德积极争创国家环境保护模范城市，预计年底即将通过验收；常德积极创建国家级生态示范市，辖区已有2个县获封国家生态示范区称号；同时，全区域13个乡镇、6个村分别获得国家级生态镇、生态村称号；121个乡镇、347个村分别获得省级生态镇、生态村称号。四是扎实开展农村环境连片整治。近三年来，区内共24个示范区获得农村环境连片整治资金支持，开展了农村集中式饮用水水源地保护、农村生活污水和垃圾处理、畜禽养殖污染治理和历史遗留的农村工矿污染治理等工作，农村部分区域环境得到了有效提高。五是大力提升环境监管能力。积极争取中央财政支持，加大省级财政投入，加强监察监测能力建设，环境监察、监测能力建设由市州向县区推进，市级站均具备了150项以上的监测能力。各级部门环境执法、环境监测用房条件得到进一步改善。

三、洞庭湖生态经济区面临的主要生态环境问题

虽然洞庭湖生态经济区生态环境保护工作取得了一定成效，但该区域的生态环境仍存在较多不容忽视的问题，主要集中在以下三大方面：

（一）水环境问题

1. 水文情势及水文节律发生变化，水资源量出现逐年减少趋势。三峡水库蓄水以来，受气候变化、长江干道下切、江湖连通不畅等多重因素影响，洞庭湖出现径流量减少、水位降低、枯水期延长等现象，洞庭湖水环境容量减少。

2. 洞庭湖总磷、总氮持续超标。湖区农业发达，人口密集，农业面源对洞庭湖总氮、总磷贡献率超过70%，是湖泊总磷、总氮超标的主因，工业污染和城乡生活污染同样是不容忽视的污染因子。

3. 城乡饮用水保障和安全风险加大。洞庭湖及长江四口入湖水量减少，造成过去的“水窝子”出现了局部饮用水的“水荒”。农村生活污染、农业面源污染、高密度人口等因素造成区域村镇饮用水水源粪大肠菌群、

氨氮、铁、锰等不同程度超标。

（二）生态环境问题

1. 湖泊水域面积减小，湿地日益萎缩。受洞庭湖水文水情变化、水质逐年下降趋势和滨湖区大幅围垦等因素影响，洞庭湖水域面积不断减小，枯水期湖泊水域面积已不足500平方千米，湿地破碎化、陆域化演替加快，抗干扰能力减弱，生态服务功能退化。

2. 物种多样性降低，动植物生存空间受到威胁。洞庭湖生态环境整体退化，人工造林、大量引入外来物种、乱捕乱猎等破坏行为及水工建筑、围湖造田等经济活动，使得湿地植被规模锐减、种类单一化。

3. 生态系统失衡，典型生物灾害长期存在。洞庭湖区钉螺再次滋生，血吸虫病又开始出现，严重影响湖区人民身心健康；东方田鼠严重危害农作物安全。

（三）与粮食安全相关的主要环境问题

主要表现为区域农田土壤受六六六、DDT等有机污染和镉、镍、钒等重金属污染。农药化肥选择不当、施用过多等不合理使用，导致有毒成分残留并富集于农田土壤，给粮食安全带来潜在威胁。

四、洞庭湖生态经济区生态环保的应对之策

针对洞庭湖生态经济区的上述主要生态环境问题，应采取多项措施，以实现“保证区域内湿地和饮用水、保护区域内生物多样性、保障区域内粮食生产安全，从而保障长江流域乃至国家水环境安全、生态安全、粮食安全”的终极目标：

（一）重点推进N、P总量减排

1. 严格准入门槛，转变经济发展方式，不断优化产业结构。洞庭湖区应提高行业环境准入门槛，强化项目环境准入管理，促进区域产业结构优化升级。对符合国家投资方向、产业结构调整方向，满足环保准入要求，具有较高科技含量，对当地经济有重要推动作用的建设项目，优先环保审

批；对不符合法律法规、不符合国家产业政策、环境质量不能满足环境功能区要求、区域没有污染物排放总量指标的项目一律不批；对“两高一资”项目严格把关，限制现有企业盲目扩张和低水平扩能，鼓励建设专业园区，积极引导污染较严重的相关行业向专业园区集中。按照“减量化、再利用、资源化”原则，积极推进循环经济发展方式，探索区域和市场发展循环经济思路，按照循环经济模式规划、建设、改造产业园区。加快推进再生资源回收利用，鼓励企业实行清洁生产，依法实行强制性清洁生产审核。

2. 严格污染物排放总量控制。一是将农业面源污染、农村生活污染列为污染控制的重要位置。强化种植业产污排污控制，扩大生态农业覆盖面积，开展农田测土配方，调整优化用肥结构，引导和鼓励农民使用生物农药或高效、低毒、低残留农药，着力推进洞庭湖区面源污染治理工程；加强畜禽养殖和水产养殖污染防治，实施规模化畜禽养殖场及养殖小区污染治理工程，规模化畜禽养殖场和养殖小区建设畜禽养殖污染处理装置，分散式养殖户建设沼气池并配套沼渣沼液收集池或其他相应处理装置，水产养殖应开展废水净化处理和循环利用；广泛、深入开展农村环境综合整治工程。二是严格工业水污染防治。首先应突出工业园区水污染集中治理，突出水型污染行业企业污染治理。园区污水排放量达到集中处理经济规模时，必须建设废水集中处理设施，电镀、化工、皮革加工等行业可能对园区废水集中处理设施产生影响的企业，必须建立独立的废水处理设施或预处理设施。工业企业要在稳定达标排放的基础上进行深度治理。三是加快城镇污水处理设施建设。新建、改造覆盖城乡的生活污水处理厂和处理设施建设，对现行污水处理厂实行挖潜改造，配套脱氮除磷设施，提高处理深度，增强处理能力；加强雨污分流排水管网改造与建设，提高污水收集能力和处理效率；建设中水回用网络，提高水资源利用率。统筹考虑配套建设污泥处理处置设施，在主要城市率先建设污水处理厂、污泥集中处置工程。四是着力控制船舶流动源污染和旅游污染。调整水上运输结构，淘汰落后运输方式。分批淘汰现有不符合环保要求的船舶，对所有新增运力严格审批。严格规范水上餐饮，配备水上漂浮物收集船、收集物转运车，控制水上垃圾及餐饮等内源污染。对湖区内主要集中式旅游区域开展地埋式污水处理系统建设，对湖区内所有宾馆、餐饮服务产生的污水进行达标排入，完善旅游垃圾处理设施建设，实现旅游垃圾分类回收，有效处理旅游污水排放和固废污染，控制湖区内源污染。

（二）全面加强生态环境保护

1. 加强洞庭湖区水生态系统调控。加强湿地保护，争取联合申报东、南、西洞庭湖湿地为一个完整的国家级洞庭湖湿地保护区，加大洞庭湖区重要湿地、湿地自然保护区、湿地公园、野生动植物保护栖息地的整体保护力度；加强湖区水生态系统调控，合理布局水资源调控工程，保障湿地生态需水；持续开展退田还湖，增加“双退”面积，严禁任何围湖造田及减少水面的活动；加强湖区的调查研究与监测，建立湖区“休养生息”梯级时间表；建立种源保存、人工繁殖与族群复育技术，有效保存生物种源。

2. 开展陆域生态保护。加强自然保护区、风景名胜区等重要生态功能区的建设和保护。严格控制重要生态功能区内各项建设活动，推动自然保护区、风景名胜区等重要生态功能区建设由数量规模型向质量管理型方向发展；大力推进流域水源涵养林、生态林建设，在水源涵养带采取退耕还林，水源涵养林建设区森林覆盖率必须提高到80%—90%；全面开展资源开发生态环境监管，要推进建设过程中的生态环境监管，落实企业生态保护与恢复的责任机制，强化资源开发监管和执法力度；全面限制有损于脆弱区生态环境的产业扩张，促进生态脆弱区的修复进程，维护生态安全。

（三）积极推动农田土壤治理

1. 强化污染源治理，防止污染扩大。治理涉镉、镍、钒等重金属及多环芳烃类持久性有机污染物的工业污染源，从源头控制污染。

2. 加强农田污灌和施药的管理。加强农田污灌时镉、镍、钒等重金属及多环芳烃类持久性有机污染物的监测，制定切实可行的管理办法并严格执行；科学合理施用农药，坚决禁止销售和使用含有有机氯的农药。

3. 对受污染农田土壤实行分级分类治理。科学制定标准，开展区域农田土壤污染程度分级工作，建设典型农田污染场地修复示范工程。

（四）全面提升环境监管水平

1. 完善环境监测预警体系。逐步建立具备对区域内重点污染源、高危污染源、跨界断面及重要饮用水水源地水质、城市空气质量以及区域生物多样性等实施连续自动监测（监控）、预测（预警）和应急指挥能力的环境监测预警体系。

2. 强化环境监察、监管能力建设。加强各级监察队伍建设，加快环境监察信息现代化建设，进一步完善环境联合执法制度，着力提高环境监察队伍的污染源监管、现场调查取证、排污量核定、污染纠纷调处和污染事件应急处置能力，提升环境监察队伍的综合执法能力。加强自然保护区和湿地保护监管。

3. 重视环境宣教能力提升。健全环境宣传机构，提高环境宣教装备水平，搭建环境宣教网络，完善环境宣传教育体系，加强环境宣传教育和培训，提高环保队伍素质，动员全社会积极参与环境保护，逐渐形成人人参与、人人有责、共同关注的环境教育氛围。

（五）努力创新环境机制体制

1. 完善生态补偿机制。推动国家出台生态环境补偿政策，将洞庭湖地区纳入国家生态补偿试验区，建立洞庭湖流域水资源和湿地生态补偿机制，按照不同的生态功能区制定对应的补助标准。增加财政投入，加大对洞庭湖地区生态环境保护的转移支付、补偿支持力度。探索市场化生态补偿机制，建立健全考虑资源稀缺程度、环境损害成本的资源环境价格形成机制。

2. 健全法律法规体系。对洞庭湖区现有法律法规进行清理、修改、完善，抓紧对生态环境保护和生态产业发展等薄弱环节的立法，加快《洞庭湖生态环境补偿办法》《洞庭湖生态经济区环境保护条例》等立法工作，进一步调整开发利用与资源、环境关系。强化《湖南省湿地保护条例》等与洞庭湖区密切相关的法律法规的执行力度。

3. 完善激励促进政策。研究制定财政、投资、税收、价格、金融政策，形成有利于生态建设和环境保护的激励机制。运用专项资金扶持企业开展生态建设和环境保护工作，结合投资体制改革加大对生态建设和环境保护的投资力度，制定鼓励生产、使用生态环保型产品的税收政策，运用价格杠杆调节水、电、煤、油、气的节约利用，制定鼓励生产、使用生态环保型产品企业的贷款融资政策。

五、洞庭湖生态经济区生态环保的几点建议

1. 建议将洞庭湖生态经济区建设纳入国家战略。为此，湘鄂两省专门编制了相关专项规划，希望国家从战略层面高度重视洞庭湖区的经济社会发展和生态环境保护，在政策、资金和技术等方面给予大力支持，加快规划的实施和落实。

2. 大力推进洞庭湖湿地保护与生态恢复。实施河湖疏浚、退田还湖等工程，维护洞庭湖水域和湿地面积；加强洞庭湖湿地生物多样性调查和保护；深入研究城陵矶枢纽工程对区域环境尤其是湿地恢复的作用和影响，为工程的实施与否提供决策论证。

3. 建议将洞庭湖地区纳入国家湿地生态补偿试验区。在国家生态功能区划中，洞庭湖湿地已经列入其中，但现在尚未建立生态补偿机制。建议国家将洞庭湖作为国家湿地生态补偿机制试验区，加大对洞庭湖地区生态环境保护的转移支付、补偿支持力度。

4. 洞庭湖区生态经济区中的许多湖库不仅是重要的湿地，也是湖区群众重要的饮用水水源，建议将洞庭湖及洞庭湖生态经济区的重点湖泊纳入国家重点湖库保护项目，给予一定的资金支持。

5. 洞庭湖区人口密度大，农业开发强度大，畜禽水产养殖规模大，农村生产生活污染严重，建议中央大力支持洞庭湖生态经济区农村环境综合整治，争取五年内实现农村环境整治全覆盖。

解决洞庭湖生态经济区的主要生态环境问题，意义深远，影响巨大，湘鄂两省政府和人民责无旁贷，各有关部委更是义不容辞，需要大家齐心协力，共同维护和保护好中华民族的母亲湖。

（2012 年）

梦想成真靠实干

党的十八大明确提出，要把生态文明建设放在更加突出的位置，努力建设美丽中国。一时间，“生态文明”“美丽中国”成为人们使用频率最高的热词和梦想。然而，入冬以来，我国中东部地区持续出现肆虐百万平方千米国土的雾霾，又给我们敲响了警钟，国外媒体甚至宣称这是对中国高能耗增长模式的“死刑宣判”。人民群众对环境恶化越来越难以忍受。

雾霾飘在天上，根子却在地上。高消耗生产、超承载力排放、低水平防治，势必给人类、给地球以环境恶化的回报。2010 年，我国二氧化硫、氮氧化物排放总量世界第一，工业烟粉尘排放量 1446 万吨，远远超出环境承载能力；2011 年，我国煤炭消耗量 35 亿吨；2012 年，我国汽车保有量超过 1 亿辆。传统的煤烟型污染尚未解决，机动车、重化工业造成的 $PM_{2.5}$、臭氧污染又接踵而至。而我国生态环境投入却严重不足，据有关专家研究，2011 年治理投入仅占 GDP 的 1.45%，离环境质量有效改善的 3% 相差甚远。环保部评估显示，我国环境质量局部有所改善，整体还在恶化，按《环境空气质量新标准》评价，全国 330 多个地级以上城市中，有 2/3 以上城市达不到二级标准。更令人担忧的是，曾经被视为净土的农村中，主要污染物排放量已占到全国的“半壁江山”。

究其原因，除了缺钱外，还有四缺：国家层面缺完备法律，法律缺失、滞后、偏软；政府层面缺过硬措施，表面东西多；社会层面缺保护共识，企业作为小；工作层面缺整体合力，部门职责不清、重叠，甚至相互制约。

为有效解决生态文明建设过程中存在的问题，提出以下建议：

（一）加快依法治理步伐

建议把建设生态文明和保障公民环境权益写入宪法。尽快修改出台已严重不适应发展现状的1989年《环境保护法》、1999年《大气污染防治法》等法律，刚化法律约束，加大对企业违法责任的追究，不能让污染带来损失上亿、违法处罚上限百万，违规建设项目投资上亿、环评违法处罚上限20万等违法成本低的问题长期得不到解决，强化政府监管法律责任，增加农村环保等方面立法内容。

（二）强化政府主导责任

各级政府应把确保国家生态环境安全和基本环境质量作为其重要公共服务职责，在生态文明建设上真正动真格、下狠功、出重拳，真抓实干。建议中共中央成立生态文明建设指导委员会，出台加快生态文明建设决定，制定生态文明建设推进办法、规划纲要、指标体系。真正把生态文明建设指标体系作为指挥棒，明责任、评政绩、用干部。加强人大、政协、民主党派、新闻媒体、社会公众对政府的监督。整合部门职能，完善体制机制。把生态文明创建作为重要抓手和平台，在全社会广泛、深入开展。制定更加严格的产业、生产、排放、质量标准，着力推进经济发展方式转变，创新和强化相关政策措施。

（三）硬化企业社会责任

督促企业切实遵守相关标准、法律，履行污染治理责任，央企要做出表率。加大环保监察和违法处罚力度。狠抓正反两方面典型，对成绩突出的给予重奖，使他们政治上有荣誉、社会上有地位、经济上有实惠，对于反面典型，建立黑名单，使他们形象上受损害、社会上受谴责、经济上受惩罚、法律上担责任。

（四）推进公众监督参与

建立透明、及时、规范的环境信息公开制度和公众参与环境决策、监督的平台、程序和机制，鼓励公众通过网络媒体参与环境决策和对政府、企业加强监督。充分发挥各类媒体的宣传引导和舆论监督作用，积极支持社会团体有效参与。与此同时，大力弘扬生态文化，倡导绿色生活和消费，引导和推动公众参与。

（五）切实加大资金投入

应把生态环保投入作为公共财政支出的重点，确保每年增幅高于财政支出增速。建议将全社会生态环保投入占 GDP 的比重、政府生态环保投入占财政支出的比重作为对政府考核的指标，每年提出明确的目标和要求。加快环境税出台，督促企业不断加大环保投入，促进国际投资合作，大力发展节能环保产业。

（2013 年）

加快农村环境保护和综合整治
建设中国美丽乡村

一提起农村，人们往往想到的是“花褪残红青杏小，燕子飞时，绿水人家绕”，想到的是新鲜的蔬果、清新的空气。然而，随着城市发展的纵深推进，农村已不再是一片净土。

近年来，在产业转移的大潮中，一些产业转移的主体企业把目光锁定在了农村；而一些地方唯 GDP 马首是瞻，只顾招商引资，不顾环境代价；加之部分农村居民环保意识相对薄弱，生产、生活污水随意排放，废物垃圾乱堆乱烧。结果可想而知：城市越来越干净了，农村却越来越“脏、乱、差”了；地方 GDP 高了，农村居民的怪病却越来越多了。

入冬以来，雾霾天气笼罩百万国土，又敲醒了环保的警钟，可是在我们越来越关注城市环保、关注汽车尾气的同时，很少有人注意到，农村的污染排放已经占到了全国的“半壁江山”。虽然农村地域广阔，自我净化能力较强，但这并不意味着对农村污染可以置之不理。农村生产出来的粮食、蔬菜、水果，端上的是全国人民的餐桌。从这个角度来说，对农村环保的关注不但不能逊于城市，而且要甚于城市。

近年来，党中央、国务院已经开始重视农村环保工作，从 2010 年起，中央财政共投入 120 亿元用于农村环境连片整治，整治后的村庄村容村貌明显改善，得到了地方政府和人民群众的普遍欢迎。但整治面只占全国 60 万个村庄总数的 2.8%，覆盖范围明显偏小，而全国农村环境形势仍然十分严峻。地表水、地下水和土壤、空气的严重污染，恶化了水系，侵占了农田，增加疾病传播几率，也直接或者间接影响了城市和农村共同的食品安全。与之相对应的是，环境保护“重城市、轻农村”问题仍然突出，公共财政对农村环保领域投入明显不足，污染治理率明显偏低，农村居民和城镇居民在环境权益上明显不平等。

为加快推进农村环境保护和综合整治，提出以下建议：

（一）切实强化政府主体责任，出台农村环保“一号文件”

必须强化政府确保基本环境质量的公共服务职能，针对农村环境整治点多面广、基础差、任务重的实际，加强农村环保工作领导，发挥主导作用。必须将农村环境整治与新农村、城乡环境基础设施、全面小康社会建设有机结合起来，推进城乡环境基本服务均等化。建议中共中央像近些年推动“三农”其他工作一样，出台一个加快农村环保的中央“一号文件”，对农村环保工作做出全面部署安排。

（二）统筹城市农村环境治理，加大农村环保资金投入

必须把城乡作为一个整体，统筹城乡环境治理，使之能够互相衔接、互相促进。必须切实加大对农村环保的投入，同时鼓励、促进社会资金投入，积极引导推动农民投工投劳，探索推进市场化运作。

（三）加强农村环保法制建设，制定相应污染排放标准

要认真研究农村环境污染特点，制定相应污染排放标准和法律法规，推动农村环境整治法制化建设。重视农业面源污染、畜禽养殖污染等方面法律法规的制定，尤其要重视对农药、化肥等生产厂家生产标准和有关环保法规的制定，从源头上控制污染。

（四）突出农村环保重点难点，加快环保基础设施建设

要大力推广成熟农业技术，重点推广测土配方施肥技术、土壤污染控制技术，提高化肥利用率，积极推广农药残留速测技术，提高农作物病虫害综合治理水平，推广禽畜类粪便和秸秆综合利用技术，提高资源化利用水平。要重视农村污水和垃圾无害化处理、农村改厕、改水及配套管网等基础工作，统筹布局城乡垃圾填埋点，建立和完善垃圾分类收集、运输和处置系统。

（五）开展农村环保宣传教育，营造农村环境整治氛围

采用一些喜闻乐见的形式和素材，开展环保知识下乡活动，编写适合农村的环境教育教材，在农村中小学广泛普及。建立农村环保公众参与机制，激励引导农民和社会力量参与支持农村环境保护。中共十八大提出要加强生态文明建设，建设美丽中国，这是全体中国人要为之努力奋斗的目标。我们呼吁，在统筹城乡发展、加速城乡一体化进程中，一定要加快农村环境整治，建设中国美丽乡村。只有城市乡村共同发展，美丽中国的梦想才能实现！

（2013 年）

长江经济带开发中湿地保护亟待建立生态补偿机制

中共中央、国务院《关于加快推进生态文明建设的意见》明确提出，健全生态保护补偿机制，启动湿地生态效益补偿。

长江经济带在为中国经济持续发展提供新支撑的同时，也应成为生态文明走廊。李克强总理在长江经济带座谈会上明确要求，走一条绿色生态新路。其中一个重点是湿地保护。

目前，长江经济带开发中的湿地保护工作虽然取得了初步成效，但面临的问题仍十分严重。长期以来，由于不合理的开发，湖区大规模的围湖造田、围湖养鱼、过度捕捞、非法猎鸟、污染排放等活动，导致湿地生态状况令人担忧。

三峡工程投运后，长江中游防洪能力有了根本性的提高，三峡工程在发挥巨大的防洪、发电、航运等综合效益的同时，也使长江中游江湖关系等发生了新的变化。以洞庭湖为例，江湖关系的变化致荆南四河断流时段延长，湖泊和湿地面积萎缩；水污染加重，总磷、总氮持续超标，局部水域蓝藻水华现象呈扩展蔓延之势；物种多样性减少，生态系统退化严重；出现了季节性饮用水的安全和保障问题，血吸虫病出现反复和加重等。

出现以上这些问题的原因是多方面的，一个重要的原因是缺乏利益协调、均衡机制，各有关部门受经济利益驱使，各自为政。要从根本上解决问题，建立湿地生态补偿制度势在必行。

为此，提出如下建议：

（一）建立纵向生态补偿制度

将重点湿地生态功能县列为国家重点生态功能转移支付县。湿地被称为“地球之肾”，和森林一样有巨大的生态服务和经济价值，且生态效益“公共产品”属性更加突出，“外溢”现象更加显著。根据《全国主体功能区规划》，从2008年起，中央财政建立了纵向生态转移支付制度，到2014年，已覆盖全国512个县，转移支付资金达480亿元，但主要是对以森林生态功能为主的地方政府的补偿，由于重点湿地没有纳入《全国主体功能区规划》禁止开发区范畴，重点湿地生态功能县均没有纳入国家重点生态功能转移支付县的范围，没有得到相应补偿。

（二）建立专项生态补偿制度

1. 对湿地保护权益人给予专项生态补偿。目前，国家对生态公益林的专项生态补偿已实行多年，标准已提高到每亩15元，对草地的专项生态补偿也已开始，但是对湿地的专项生态补偿尚未建立。地方在这方面已做出了积极探索。2014年，武汉市出台了《湿地自然保护区生态补偿暂行办法》，对因保护湿地而使生产经营活动受到限制的权益人给予补偿，省级及以上湿地自然保护区按照每亩10—25元，市级湿地自然保护区按照每亩5—20元给予补偿。建议国家尽快出台专项生态补偿政策。

对重点湿地保护区域：按面积给予一定标准补偿。

对社区群众：对能继续维持原有生计的，按其实际收入加上补偿费用不低于当地群众平均收入水平的思路来确定补偿标准；对不能继续维持原有生计的，在新的生计收入达到当地平均收入水平之前，按替代生计转换成本给予补偿。

对农村集体经济组织：不允许或限制权属归其所有的湿地经营利用的，按当地市场同类土地租金水平给予补偿；对允许其湿地经营利用的，按实际经营收入低于同类土地平均经营收入的部分给予补偿。

2. 设立并扩大常态化湿地保护补助、补偿专项资金。2010年，财政部建立了中央财政湿地保护补助专项资金，对湿地保护管理机构开展的湿地保护项目开始了补助。但湿地保护管理机构反映，一是补助资金额度太小，二是并非每年都有安排。建议对湿地保护管理机构按湿地重要性、湿地面积、湿地保护成效给予补助和补偿。

（三）建立横向生态补偿制度

1. 长江三峡集团公司给予横向生态补偿。三峡工程投运后对长江中下游湿地保护和生态环境造成了不利影响，三峡工程发电产生了巨大的经济效益，按照“谁受益、谁补偿”“谁受损、谁贡献，补偿谁”的原则，长江三峡集团公司应该对下游的湿地保护和生态改善给予横向生态补偿。一是给予洞庭湖区、鄱阳湖区等县（市、区）政府一定的直接补偿；二是将洞庭湖、鄱阳湖湿地保护，特别是水利、环保等基础设施和重点生态建设工程，城乡饮用水安全，血吸虫病防治等民生工程，纳入三峡后续工程进行整体统筹，从三峡基金中提取一定比例给予支持；三是长江三峡集团通过对洞庭湖区、鄱阳湖区进行项目投资或合作开发，给予一定的间接补偿。

2. 积极推进长江经济带中经济发达的下游省份对上中游省份提供的湿地生态服务给予横向生态补偿，对其生态环境建设和湿地保护给予项目和资金的支持。

（2014 年）

加强古树名木保护刻不容缓

古树名木保存了弥足珍贵的物种资源，记录了大自然的历史变迁，传承了人类发展的历史文化，孕育了自然绝美的生态奇观，承载了广大人民群众的乡愁情思，具有极其重要的历史、文化、生态、科研价值和较高的经济价值。近年来，各地在加强古树名木保护方面做了很多工作，取得了一定成效。但是，当前古树名木保护也存在不少问题：

1. 保护意识不强。一些城市和单位在城市和工程建设中遇到古树名木没有采取避让和保护措施，不少人还未养成爱惜古树名木的习惯，在古树上乱刻乱画、拴绳挂物现象比较普遍。

2. 资金投入不足。据了解，不少城市没有安排古树名木保护专项经费，有的东部发达地区省会城市每年只安排 100 万专项经费，有的发达的一线城市每年专项经费也只有 800 万。

3. 思路出现偏差。不少城市在城市化过程中，一方面，肆意损毁古树名木；另一方面，擅自移植大树进城，破坏自然生态。此外还存在资源底数不清、保护措施不力、管理手段单一等问题，形势十分严峻，加强古树名木保护刻不容缓。

为有效解决古树名木保护过程中存在的问题，我们建议：

1. 加大宣传力度。各地、各城市、各部门要站在对历史负责、对人民负责、对自然生态负责的高度，充分认识保护古树名木的必要性和迫切性，大力宣传保护古树名木的重要意义，宣传古树名木文化，建立健全政府主导、绿化委员会组织领导、部门分工负责、社会广泛参与的保护管理机制。要将古树名木保护管理列入地方政府重要议事日程，编制古树名木保护规划并认真组织实施。要充分利用网络、电视、电台、报刊及各类新媒体，提高全社会生态保护意识，不断增强社会各界和广大公众保护古树名木的自觉性。组织开展形式多样的专题宣传活动，组织编写发放通俗易懂、群众喜闻乐见的科普宣传资料，提高宣传成效。

2. 加快资源普查。建立古树名木定期普查与不定期调查相结合的资源清查制度，加快第二次全国古树名木资源普查步伐，形成详备完整的资源档案。建立全国统一的古树名木资源数据库和信息管理系统，实现全国古树名木保护信息化和动态管理。

3. 加强法治建设。建立比较完备的古树名木保护管理法律法规制度体系，建议国务院出台《古树名木保护管理条例》，推动古树名木保护地方性法规、规章、制度的修订。认真贯彻实施《森林法》《环境保护法》《城市绿化条例》等法律法规中关于古树名木保护管理的相关规定，各地、各有关部门要依法依规履行保护管理职能，对破坏和非法采挖倒卖古树名木等行为，坚决从严查处；对构成犯罪的，依法追究刑事责任。

4. 强化管护措施。要按照属地管理原则和古树名木权属情况，落实古树名木管护责任单位或责任人。管护责任单位和责任人应切实履行管护责任，保障古树名木正常生长。古树名木管护专业性强，建议加强管护队伍建设，加强科研和培训，培养一批高素质的管理和专业技术人才队伍。

5. 加大资金投入。各地、各城市政府要安排古树名木保护专项经费，并不断加大资金投入力度。积极支持古树名木普查、鉴定、建档、挂牌、日常养护、复壮、抢救、保护设施建设以及科研、培训、宣传等资金需求。拓宽资金投入渠道，将古树名木保护管理纳入全民义务植树尽责形式，鼓励社会各界、基金、社团组织和个人通过认捐、认养等多种形式参与古树名木保护。积极探索建立非国家所有的古树名木保护补偿机制。

（2016 年）

政府工作重在落实

今年是全面建成小康社会决胜阶段的开局之年，也是推进结构性改革的攻坚之年。习近平总书记强调指出，生态文明建设是全面建成小康社会的突出短板。李克强总理在今年的政府工作报告中明确要求加大环境治理力度，推动绿色发展取得新突破。国务院及各级地方政府、国务院各职能部门为贯彻落实《政府工作报告》做了大量工作，取得了一定成效。从生态文明建设和环境保护的角度，有三点深刻的体会。

1. 环保督政成效明显。第一批 8 个中央环境保护督察组分别进驻内蒙古、黑龙江等 8 个省份进行环境保护督察，督察内容从“督企”转到了“督政”，实行“党政同责”“一岗双责”，共处理了 2000 多名干部，今年将完成 15 个省份的督察工作。“环保风暴”带来的强大冲击波正推向全国，地方党委、政府对环境保护工作的重视程度和工作力度明显加大。

2. 出台了《土壤污染防治行动计划》。中央财政安排土壤污染防治专项资金 61 亿元，湖南争取到 5. 5579 亿元（居全国第一），共安排了 21 个治理项目。

3. 加大了生态补偿力度。国家重点生态转移支付县由 556 个增加到 725 个，生态补偿资金相应也有较大幅度增加。其中湖南享受国家重点生态转移支付县由 41 个县增加到 54 个县（居全国第一）。

但从更好地贯彻落实《政府工作报告》的角度，以下问题还需高度重视。

1. 增强环境治理工作的主动性。近些年国家对环境治理的重视程度和工作力度明显加大，但还是感到工作开展比较被动，滞后于人民群众的期盼，一定程度上影响了党委、政府的形象。如前些年太湖大规模蓝藻爆发，国家才开始加大“三江、三湖”的治理；全国爆发大面积雾霾，大气污染防治才提上重要议事日程；今年的政府工作报告并未提及土壤污染防治，四月份江苏常州发生学校周边土壤超标引发群众上访和媒体高度关注，五月份国家才出台了《土壤污染防治行动计划》。群众戏称过去是“先污染、后治理”，现在是“先出事、才治理”。

2. 加大环境治理资金投入。2016 年，中央财政安排大气、水、土壤污染防治专项资金 300 多亿元，无论是总量还是增幅，在中央财政专项资金列项中排位均居于末端。与生态环保投入占当年 GDP 总量的比重需超过 3% 才能有效改善环境质量的需求相比相差甚远。

3. 支持中部地区大气污染防治，提高大气污染治理的精准性。2015 年，中央财政安排大气污染防治专项资金 106 亿元，支持京津冀及周边地区、长三角、珠三角等重点区域开展大气污染治理，全国首批实施新环境空气质量标准的 74 个城市细颗粒物（$PM_{2.5}$）年平均浓度为 55 微克/立方米（国家环境空气质量二级标准为 35 微克/立方米），比 2014 年下降了 14.1%。2015 年，$PM_{2.5}$年均浓度，北京为 80.6 微克/立方米，上海为 53 微克/立方米，广州为 34 微克/立方米，武汉为 70 微克/立方米，长沙为 61 微克/立方米，河南省 18 个省辖市中浓度最低的鹤壁市达到 70 微克/立方米，中部地区的郑州、武汉、长沙等地的空气质量不仅比长三角、珠三角要差，而且高于全国首批实施新环境空气质量标准的 74 个城市细颗粒物（$PM_{2.5}$）年平均浓度，但中部地区城市未列入国家大气污染治理重点区域，近 3 年中央财政未给中部地区城市安排任何大气污染防治专项资金。

4. 加快全面推广车用燃油国五标准步伐。2015 年，全国全面供应国四标准车用汽柴油，北京、天津、上海等地率先供应国五标准车用汽柴油。今年政府工作报告明确要求全面推广车用燃油国五标准，但在中西部地区推广迟缓。燃油不仅影响空气中细颗粒物（$PM_{2.5}$）的浓度，而且影响空气中臭氧的浓度，今年夏天我国不少城市环境空气质量与去年同期相比下降，主要原因是臭氧超标。考虑我国当前和今后一个时期大气污染防治和空气质量改善的迫切要求，必须加快全面推广车用燃油国五标准。

5. 打好农业面源污染治理攻坚战。我国农业面源污染形势严峻，农业面源污染占据全国水污染的“半壁江山”，洞庭湖区地表水污染源 70%

来自农业面源污染。农业生态环境已经成为全面建成小康社会的突出短板。习近平总书记指出，农业发展不仅要杜绝生态环境欠新账，而且要逐步还旧账，要打好农业面源污染治理攻坚战。今年政府工作报告明确要求加强农业面源污染治理，2015 年 4 月，农业部出台了“关于打好农业面源污染防治攻坚战的实施意见”。但从我们了解到的情况看，农业面源污染治理无论是认识程度，还是工作力度都还有不少差距，还处于以文件贯彻文件，以会议贯彻会议的状态，缺乏明确的目标、过硬的措施和严格的考核。中央明确要求，管发展的必须管环保，管生产的必须管环保。各级党委、政府及农业部门必须统一思想，提高认识，既要抓农业生产发展，也要抓农业生产过程中的污染防治，“两手抓，两手都要硬”。把面源污染防治纳入各级政府及农业部门农业和农村工作的重要议事日程，明确目标任务，加强动态监测，严格考核奖惩。

6. 调整资金使用、管理和考核思路。现有中央财政专项资金不能用于项目前期工作经费，中央财政专项资金下达后要求一个月内确定项目，资金要离开省级财政国库，年底离开县级财政国库，这必然造成项目质量不高，项目实施难以到位，而这种情况每年还在不断反复。如今年中央财政土壤污染防治专项资金，3 月全国人大开会通过财政预算，3 个月后下达已到 6 月，7 月底就要求到项目，资金从省级财政拨付出去，而 1 个月根本不可能完成项目申报、专家评审、实地核查、部门审查、省政府审定。只能先做项目的初步技术方案，确定项目，下达资金后再做实施方案，要待实施方案通过后才能实施，这至少要到 10 月份，而审计又是按年度审计，到年底时审计项目实施情况，实际上此时项目才刚刚实施，审计结果普遍不好。因此，建议调整资金使用、管理和考核思路。一是各级财政安排专门的项目前期工作经费或同意项目资金可按一定比例用于项目前期工作，切实提高项目质量。二是可考虑调整财政年度。按一年半（到第二年 6 月底）或一年（上一年 7 月初到第二年 6 月底）进行调整。三是可考虑年度财政资金分两次安排（上年年底，来年 6 月底）。四是调整审计年度，与资金、项目使用、实施相适应。

（2016 年）

加大政府主导力度
加快秸秆全量化利用步伐

一、农作物秸秆全量化利用条件基本具备

（一）思想认识易统一

农作物秸秆综合利用，可以保护生态环境、提高土壤肥力、提升农作物品质、增加农民收入，有多利而无一害。相对于化肥、农药等其他农业面源污染治理，更易统一思想。

（二）利用方式已成熟

经过近些年的积极探索和推进，秸秆“五化”（肥料化、饲料化、基料化、原料化和燃料化）利用方式已十分成熟。

（三）秸秆利用有基础

2010 年，我国秸秆综合利用率为 70.6%，2015 年，达到 80.11%，年均提升 2 个百分点左右，如果“十三五”期间继续保持“十二五”期间年均提升速度，到 2020 年，即可达到 90%，如提高 2.5 个、3 个百分点，则可达到 92.5%、95%。

（四）不少地区有实践

2015 年，有 8 个省秸秆综合利用率高于 90%，成都市高达 98.63%，河南新郑市高达 99.97%，河南新野县还出现了企业争抢秸秆的现象。秸

秆产出大省山东计划到2020年达到92%。

（五）工作安排有部署

自2008年国办印发《关于加快推进农作物秸秆综合利用的意见》以来，国家及有关部委对秸秆综合利用和农业面源污染防治做出了一系列工作安排，已提出开展秸秆全量化利用示范的部署。

二、农作物秸秆全量化利用对策建议

（一）明确目标，规划先行

以“十三五”基本实现全国农作物秸秆全量化利用为目标，省、市、县三级按全域进行全量化利用规划。将利用率和全量化全域目标分解到年度，到2020年，辽宁、吉林、黑龙江、河北、河南、山东等13个粮食主产省（区、市）秸秆综合利用率达到92%，其他省达到95%。

（二）双向发力，奖补促用

将财政新增资金重点向全量化利用倾斜。以县（市、区）为基本单元，以全量化利用为基本要求，制定双向奖励政策。一方面，每年竞争立项确定一批全量化利用示范县，提出明确时间和任务要求，按全量化利用总量给予一定补贴资金。另一方面，对地方有积极性，自觉开展全量化利用，按标准经考核验收合格的县，给予更多的奖励资金。

（三）双向考核，严格奖惩

将秸秆综合利用比例和全量化利用区域实现目标作为约束性指标纳入对有关部门和各级政府的考核考评体系，纳入对各级政府环保督查内容，一部双责、党政同责，实行通报、约谈，经济、行政处罚、问责等制度。

（四）央企参与，积极履责

大力推动央企参与秸秆全量化利用，对于主业为农业及食品工业的，每年对其秸秆综合利用总量提出要求，对于主业为发电企业的，对其秸秆生物质发电的占比提出要求。

（2016 年）

坚持“生态优先、绿色发展”推进深贫地区高质量发展

目前，我国脱贫攻坚的主战场已重点聚焦深度贫困地区，但是，深贫地区发展与保护的矛盾却十分突出。从全国政协调研组深入“三区三州”部分市州调研的情况看，不少地区是国家重点生态功能区，被列为限制和禁止开发区，如云南怒江州60.9%以上的面积纳入了保护范围，生态地位十分重要；不少地区水土流失、山体滑坡等自然灾害频发，如云南昭通市，水土流失面积占55.5%，石漠化面积占52.65%；不少地区山高坡陡沟深，如云南怒江州，98%以上的面积是高山峡谷，可用耕地少，《水土保持法》严格禁止开垦的25度以上坡耕地利用十分普遍，如云南怒江州、昭通市分别占51.3%、54.2%，怒江州泸水市金满村高达90%以上；青藏高原生态环境十分脆弱，南疆四地州干旱少雨，沙尘暴频发，土地盐碱化、沙化、荒漠化日趋严重；一些地方乱砍滥伐、毁林开荒，资源开发造成的生态损害问题比较突出；一些地方一年四季烧火炕，用薪材作燃料，植被破坏较为严重；一些地方生活方式比较原始，人畜混居，基本只有旱厕甚至无厕所，人居环境恶劣，等等。

如何处理好深贫地区“要生存”与“要生态”的矛盾，已成为当前刻不容缓需要解决的突出问题。为此，提出四个方面的建议：

（一）把生态修复作为根本任务

大部分深贫地区担负着维护国家区域生态环境安全的重要战略使命，应牢固树立“生态优先、保护第一”的思想，突出抓好生态保护和修复。加大深贫地区退耕还林力度，新增退耕还林指标优先保障深贫地区，确保

25 度以上陡坡耕地梯田和石漠化地区非基本农田坡耕地实行应退尽退；提高退耕还林补贴标准和公益林补偿标准，使之与农民脱贫的基本收入要求相当；将深贫地区需要保护的区域全部纳入生态保护红线范围，制定负面清单；提高国家重点生态功能县财政转移支付标准，保障民生支出；大力实施退耕还林、荒山造林、森林管护、经济林提质改造等项目，组织贫困人口参与项目建设，选聘建档立卡贫困人口为生态护林员、草原管护员；积极推进森林碳汇交易，扩大生态扶贫受益度。

（二）把改善环境作为重点内容

结合乡村振兴战略，加快深贫地区美丽乡村建设，农村人居环境改善和“厕所革命”的项目和资金向深贫地区倾斜，重点推进“七改四清”（改路、改房、改水、改电、改圈、改厕、改灶，清洁水源、田园、家园和能源），对修缮加固的住房，实现房屋与厕所、畜圈、生活环境同步改造，对拆除重建的住房，实现人畜分离、厨卫入户；用煤、天然气、电能、风能、太阳能等替代传统使用薪材的生活用能和取暖方式。

（三）把生态搬迁作为关键措施

对于国家、省级自然保护区核心区和缓冲区的居住户全部实行生态搬迁；对于主要利用 25 度以上坡耕地进行开垦的农户能搬尽搬；实行生态搬迁与扶贫搬迁相结合，对贫困户 30 户以下、贫困发生率 50% 以上的贫困村尽可能实施整村易地搬迁；对生态搬迁的农户和整村易地扶贫搬迁的非贫困户，实行与建档立卡贫困户统一的补助政策；坚持“护生态”、“挪穷窝”与“换穷业”并举，同步落实搬迁人口生态扶贫、产业扶持、就业创业、低保兜底等政策措施，确保搬迁人口“搬得出、稳得住、逐步能致富”。

（四）把绿色有机作为主导方向

制定绿色产业发展专项规划，加大产业培育、技术培训、品牌打造、市场营销、政策配套等方面的支持，通过发展绿色产业推进深贫地区脱贫攻坚。实施“生态富民”，以资源禀赋为依托，以生态环境容量为底线，适度发展有机农林特色产业，发展高值化农林产品，进行产地产品绿色有机认证，打造特色品牌，提升生态产品效益；以自然山水、民俗风情为依托，适度发展生态休闲、养生旅游。

（2019 年）

加快推进水产生态养殖
持续改善水生态环境质量

为让长江休养生息，从2021年1月1日开始，长江开始“十年禁渔”。有人担心影响老百姓日常生活，其实天然水域捕捞量占比很小，长江每年的捕捞量也不足10万吨，仅占全国淡水水产品总量的0.32%。水产养殖的污染问题尚未引起社会重视，部分区域水产养殖污染已成为制约水环境质量改善的重要因素。

其中存在的主要问题是：一是污染减排效果不明显。全国水产养殖饲料（饵料）利用系数不高，浪费严重，尾水中总磷、氨氮等污染物浓度高，据第一次和第二次全国污染源普查公报显示，全国水产养殖业总磷排放量分别为1.56万吨和1.61万吨，是工业源排放量（0.79万吨）约2倍。二是养殖尾水污染治理困难大。当前水产养殖经营的集约化、规模化程度较低，散户精养鱼塘尾水基本直排。三是传统渔业养殖方式影响大。水产养殖通常集中在湖区，如洞庭湖、鄱阳湖、太湖等。为防治病害，养殖户一般会在枯水期的冬季干塘晒塘，集中排放的大量养殖尾水对区域水环境质量影响很大。如2020年12月，岳阳市东洞庭湖总磷浓度月均值为0.099毫克/升，比上月大幅上升65%。四是抗生素的污染危害大。为了防治鱼病、提高产量，在养殖过程中养殖户大量使用抗生素，为人类的食用安全和水环境安全埋下了隐患。五是相关标准法规制定滞后，监管难度大。国家层面未出台水产养殖污染防治方面的法规，原农业部发布的《淡水池塘养殖水排放要求》要求相对宽松。除浙江、上海等少数省份外，国家层面、大部分省市尚未出台水产养殖尾水处理技术规范、指南。

为实现水产养殖高质量发展和水域生态环境高水平保护，进一步加强水产绿色生态养殖发展刻不容缓。为此，提出以下建议：

（一）健全法规体系，严格管控措施

加快制定出台《水产养殖污染防治条例》等法律法规，强化禁养、限养和养殖“三区”管理，在重点区域定期开展环境承载力调查与评估，依法清理饮用水水源等环境敏感区域水产养殖行为。加大监管力度，倒逼尾水治理。强化水产养殖污染防治工作考核奖惩，完善生态损害赔偿机制，对严重破坏养殖水域生态环境质量的行为要依法依规进行追责、问责。

（二）切实加大绿色生态水产养殖科技攻关力度

以减量增收、提质增效为着力点，构建现代渔业产业技术体系、科技创新联盟，集中优势科研机构、水产养殖企业力量，在品种选育、饲料（饵料）替代、设施养殖、养殖废弃物（尾水）治理、水域生态化改造等方面加大科技攻关力度，形成一批可复制、可推广的先进适用技术、模式和装备。加强总结梳理，尽快组织制定完善水产绿色生态养殖、污染防治方面的技术规范、标准。发挥基层水产技术推广体系作用，加强培训交流，切实提升职业渔民绿色生态养殖能力。

（三）积极推动水产绿色生态养殖示范区创建

加强顶层设计和政策支持，积极培育一批全国和区域绿色生态水产养殖特色品牌，实现从“卖产品”向“卖品牌”转变，提升水产养殖效益。以洞庭湖、鄱阳湖、阳澄湖等为重点，建议国家整合相关领域的资金、项目，培育和壮大专业合作社、水产养殖龙头企业等新型经营主体，引导发展多种形式的适度规模经营，支持湖区整市、县创建水产绿色生态养殖示范区。

（四）高度重视水产养殖水域生态保护和修复

针对水产养殖尾水污染重的问题，加强监督管理，推动水产养殖尾水达标排放或资源化利用。以国有渔场为抓手，鼓励在集中连片池塘养殖区域设置一定比例的尾水生态化处理区，大力推广浙江、江苏等地“三池两

坝”“四池三坝”等治理经验，探索推进“轮渔修渔”机制，提升水域自我净化、修复能力。推动传统水产养殖场进行生态化改造，发展休闲观光渔业。

（五）加快推进水产养殖用兽药减量行动

加强水产品抗生素检测，建立可追溯体系，建立食品安全屏障。研究制定水产养殖尾水的抗生素类标准，建立科学监控体系。加强源头治理，健全水生动物疫病防控体系，支持水产养殖用疫苗推广。加强水产养殖联合执法、联合惩戒，严厉打击违规生产、销售、使用违禁抗生素的行为。

（2021 年 3 月）

关注新污染物环境风险
保障人民生命健康安全

新污染物不同于常规污染物，指新近发现或被关注，对生态环境或人体健康存在风险，尚未纳入管理或者现有管理措施不足以有效防控其风险的污染物。随着大量化学物质投入生产和使用，新污染物种类越来越多，目前，全球已发现的新污染物超过20大类，每一类又包含数十种甚至上百种化合物，一些典型新污染物会对人体健康和生态系统构成危害。

现阶段国际上主要关注的新污染物包括：环境内分泌干扰物、全氟化合物等持久性有机污染物、抗生素、微塑料等四大类。新污染物具有器官毒性、胚胎毒性、生殖毒性、神经毒性、内分泌干扰效应、致癌性、致畸性、致突变性等多种生物毒性，同时具有较强的环境持久性和生物累积性，能够进行长距离迁移。如抗生素的广泛使用会使细菌产生耐药性而导致细菌基因突变，形成新的更多的耐药细菌，导致一些疾病无药可医；微塑料被称为“海中的 $PM_{2.5}$”，是吸附重金属和有机污染物的载体，危害性极高。

随着工业快速发展和各类化学物质的大量生产和使用，一些新污染物对公众健康和生态环境的危害在全国正逐步显现。抗生素、止痛药、防晒霜的有效成分喹诺酮类、布洛芬、阿司匹林等这些原本只该存在于药箱和化妆盒里的药品和化学物质，近年来却经常在河流、土壤、近海等自然环境中被检测出来。长三角、珠三角、京津冀等经济发达地区已成为新污染物的重点污染区域。从全国格局来看，新污染物浓度总体呈现由西向东不断增大的分布特征，并且沿海地区的新污染物种类比中西部地区更多。内分泌干扰物主要分布在沿海和中部地区，其中京津冀、渤海湾、大连湾地区分布较为密集。全氟化合物主要分布在中部、西南和北部地区，在污染水平空间分布上呈现西低东高的特征。抗生素在全国河流、湖泊、海洋水体和沉积物中均有不同程度的检出，检出种类较国外丰富，内陆与沿海水体中抗生素的主要污染种类存在一定的差异性，内陆湖泊河流以磺胺类为主，沿海区域则以喹诺酮类为主，其中珠江流域抗生素排放密度最高，其次是海河、太湖。微塑料主要分布在东南沿海地区，污染水平呈现南高北低、东高西低的分布特征。

与常规污染物相比，新污染物种类繁多、数量大、分布广，不易降解、易生物累积，其危害、转化、迁移机理研究难度大，与发达国家相比，全国新污染物管理工作起步较晚，目前还存在不少困难和问题。

（一）新污染物底数不清

受经济社会发展和技术水平的制约，全国对新污染物的研究尚处于起步阶段，生产使用和污染底数不清。一是历年来全国污染源普查等全域性的调查均未涉及新污染物，二是新污染物含量低，分布分散，对监测人员和科学技术人员提出了更高的监测筛查要求。因此，全国新污染物主要来源、分布情况和数量、环境赋存水平不明晰，缺乏重点流域、重点行业新污染物污染程度的空间分布数据。

（二）新污染物管理水平有待提升

全国现有法规中缺乏新污染物风险防范相关条款，重点行业尚未构建完善的新污染物风险评估与管控标准体系；相关监测技术标准体系有待建立；科研投入相对较少，基础薄弱，科学研究有待深化等。

（三）新污染物环保意识有待加强

长期以来，诸如抗生素、药品和个人护理品等为人类带来了很多益处，随着工业化的快速发展和各类化学物质的大量生产使用，新污染物在环境介质中已经广泛存在，但由于新污染物浓度低、分布分散、隐蔽性强，人们对新污染物的环境行为和危害普遍认识不足、理念滞后，对新污染物毒理学机理研究不够深入，管理方法欠缺、能力不足。

近年来，党中央、国务院高度重视新污染物问题，新污染物治理已正式提上议事日程，国家“十四五”规划中明确提出要“重视新污染物治理”。

为此，提出以下建议：

（一）开展调查，摸清底数，重点掌握新污染物基本情况

开展新污染物基本信息调查，摸清重点行业、重点化学物质生产使用的品种、数量、用途等基本信息。聚焦重点流域、重点行业，探索开展新污染物环境赋存状况调查，开展试点性的摸底工作，查清重点污染源的基本情况及主要污染物排放数量，建立新污染物数据库和环境风险地图。建立新污染物环境风险评估制度，聚焦一批国内外高关注，高用量，环境检出率高的新污染物，开展环境与健康危害测试和风险筛查，综合分析新污染物危害和环境暴露情况。

（二）突出重点，循序渐进，全面提升新污染物管理水平

强调全生命周期的风险管控。秉承全生命周期管理理念，从源头控制新污染物进入生态环境，同时加强过程控制，推进清洁生产，强化末端治理，加强新污染物协同治理，对新污染物进行从源头到末端的全生命周期精准管控，并鼓励重点流域、重点行业先行先试，形成可复制、可推广的经验和管理办法。

加快新污染物监测能力建设。全面提升新污染物监测实验室硬件设施，完善新污染物环境监测体系，攻克重点管控新污染物分析技术难题，开展新污染物监测专业技术人员培训。

加强新污染物科学技术研究，启动国家和地方重大科技专项，加强对新污染物毒理学研究，提升对各类新污染物的科学认知；加快新污染物清洁生产技术、减排技术、修复治理技术的研究与应用落地，重点攻克绿色产品替代和新污染物治理修复等技术难点，促进科技成果转化，同时加强新污染物基础科研国际合作。

建立新污染物管理标准体系，逐步推动《水污染防治法》《大气污染防治法》《土壤污染防治法》《固体废物污染环境防治法》的修订，将典

型新污染物纳入生态环境质量标准，加快推动新污染物的环境监测方法标准和处置技术规范出台。

完善新污染物管理体制机制。明确卫生健康、生态环境、农业农村、市场监管等部门的监管职责，规范执法监管的环节和流程，加大执法监管力度。

（三）强化宣传，科普引导，着力提升全社会对新污染物环保意识

积极开展新污染物科普宣传教育，将新污染物防治科学知识纳入党政领导干部教育培训内容，提高政府及有关部门和社会公众对新污染物危害的认知水平；加强合理使用药品和个人护理品，合理处理过期药物的宣传工作，利用典型案例和文献中的资料向大众宣传新污染物的危害。管理和宣传部门建立宣传引导协调联动机制，发布权威信息，及时回应人民群众关心的热点、难点问题。新闻媒体充分发挥宣传引导作用，积极引导社会舆论，形成公众关心、政府引导、社会共治的良好局面。

（2021 年 3 月）

进一步深化尾矿库整治 确保生态环境安全

多年来，全国矿产开发在为经济社会发展提供资源的同时，废弃的矿渣也形成了大量尾矿库，给资源、环境、安全等带来了巨大压力。近年来，国家有关部委加大了对尾矿库治理和监管的力度，尤其是开展了长江经济带尾矿库污染治理专项行动，取得了积极成效，但要实现尾矿库的彻底治理和风险隐患完全消除仍存在不少问题。一是尾矿库数量多，环境风险高。据不完全统计，全国现有尾矿库超过 12000 多座，不少涉及重金属，环境风险高。二是停用、废弃、闭库尾矿库占比高，联合监管机制不明晰。以湖南省为例，现有停用、废弃、闭库尾矿库占湖南省尾矿库数量的 70%，各部门对在建和在运行尾矿库监督管理职责较为明确，但对停用、废弃和闭库的尾矿库监管职责不清，监管、治理主体缺乏主动性，“不愿管”、“不敢管”、“不会管”现象时有发生，且各部门对尾矿库的整治要求和标准不一，联合监管机制不明晰。三是治理设施不规范，存在环境风险和次生环境风险。湖南省无渗滤液收集设施的尾矿库差不多占一半，无尾矿库废水治理系统或治理方式简单的尾矿库占 40% 左右，遇洪水期尾矿库存水就直接外排泄洪，环境风险高。已闭库的尾矿库还存在部分矿涌水带来的次生环境风险，整体管理难度大。四是尾砂多且难利用。据不完全统计，全国尾矿堆存总量超 100 亿吨，近 5 年来，尾矿年排放量高达 15 亿吨以上，受综合利用技术、生产成本、市场行情以及政策引导等因素的影响，综合利用率仅为 30% 左右。

为有效解决尾矿库治理过程中存在的问题，提出以下建议：

（一）明晰不同状态下尾矿库的联合监管机制

对于长期停产、关停和闭库的尾矿库，各部门要分工合作，既要强化监督管理，又要明确整治责任，建立部门联合监管执法工作机制，加大协调力度，实施综合治理，加强联合执法、信息通报和资源共享，避免因联合监管机制不明晰带来的责任不明确问题。对于运行的尾矿库，要严格按照安全生产和环保的要求高标准运行，有关部门要加强日常监督管理，依法打击非法违法生产行为，对于不符合环保、安全生产条件的企业，依法予以关停。

（二）规范整治要求，排查次生环境问题，消除环境隐患

在现有“一库一策”的基础上开展“尾矿库污染整治回头看”，进一步核实尾矿库污染现状及环境风险，科学制定整治方案，明确整治标准、措施、时限和责任主体，拉条挂账，统一开展综合整治，消除环境风险隐患。排查尾矿库次生环境问题，再筛选和推广合适的矿涌水治理技术，对存在环境风险的矿涌水开展治理，积极防控次生环境风险。

（三）精准分类施策，鼓励支持砂尾综合利用

对于现已存在并正在生产的企业，政府应提出综合利用的要求，尽量减少尾砂及污染的排放；对于历史遗留的有价成分品位高的尾矿，政府应鼓励和支持库砂的综合利用，尤其是要制定一些绿色金融扶持政策，实现尾矿的二次回收和综合利用；对于有价成分品位低、回收技术有瓶颈的尾矿库，应鼓励、引导企业强化与科研院所及高校的合作，通过技术引进或技术创新等方式，突破综合利用的关键技术；针对其他难以回收利用的尾砂，可考虑将尾砂与水泥等一定比例混合后制备成砖等建筑材料或探索尾矿填充采空区等消纳尾砂新技术，有效缓解尾矿堆存所带来的安全隐患和环境污染。同时综合运用财政、税收、价格、金融、投资等手段，推行资源综合利用减免所得税、部分资源综合利用产品企业减免增值税等优惠政策，积极鼓励推广应用尾矿综合利用和资源回收利用项目，鼓励尾砂综合利用，国家要设立利国利民的历史遗留尾矿库修复治理和隐患消除专项综合整治资金。

（2021 年 8 月）

加快推进农村饮用水安全保障工作

品质良好的饮用水是人类健康生存必需的基本条件之一，农村饮用水安全是反映农村社会、经济发展和居民生活质量的重要标志，习近平总书记指出："不能把饮水不安全问题带入小康社会"。2020、2021年的"中央一号文件"明确提出"提高农村供水保障水平，全面完成农村饮用水安全巩固提升任务，加强农村饮用水水源保护，做好水质监测，有条件的地区推进城乡供水一体化"。近几年国家加大了农村饮用水安全保障力度，但目前问题仍然不少，全国农村饮用水安全形势依然严峻：

1. 水质水量难以得到保证。一是全国部分地区由于受历年工业的"三废"、农业化肥农药、水面养殖、畜禽粪便、生活垃圾污染，水质较差，如南北方农村地下水源不同程度存在区域性铁锰、氨氮和氟化物超标，湖库水源因过度投肥养殖、工业废水无序排放导致总磷超标，部分农村地区甚至已到了"有水不能用"的地步；二是随着近年来气候变化，冬春季降雨不均衡情况加剧，山泉水季节性枯竭，地下水水位因超采导致逐年下降，部分农村出现季节性缺水，供水水量保障率低；三是在春节、清明节等特殊时段，随着在外务工人员返乡，缺水现象时有发生。

2. 供水工程管理不善。农村水厂多建于20世纪80年代农村改水工作时期，后期亦有大批农村供水工程集中仓促上马，但由于缺乏统筹规划和技术论证，水源地选址随意，客观上造成了一些难以整治的问题，部分农村水源地污染源较多，水质较差，且难以通过整治解决，如部分水源地在划定保护区之前就已经存在排污口、畜禽养殖场、矿产资源开采等情况。且经过二十多年的运行使用，部分水厂和供水工程机电设备陈旧不堪，管网普遍老化，渗漏水严重，部分管网的渗漏率高达40%—50%。

3. 出厂水水质令人担忧。因农村供水设施分布点多面广，工程消毒、检测、监测都难以落到实处，供水工程在处理端大多采用沉淀 + 消毒的简单措施，部分供水工程供出的仅仅是未进行任何处理的“方便水”，且农村通常采取枝状管网形式，供水可靠性和安全性较差，末端水流动性差，水质容易变坏，再加之现阶段农村饮水安全工程的净水工艺大多无法处理氨氮超标问题，出厂水水质不佳，存在较大供水安全隐患，亟待解决。

4. 资金投入不足。农村饮水安全涉及面广、建设项目多、资金投入大，资金短缺一直是影响农村饮用水安全保障的一个主要原因。政府投入不足，村民集资积极性不高，水源地污染防治和农村供水工程改造运维缺口较大，政策引导乏力和新的投资体制尚未形成。

为加快推进农村饮用水安全保障工作，提出以下建议：

1. 推进城乡供水一体化。根据《关于做好农村供水保障工作的指导意见》（水农〔2021〕244 号），稳步推进农村饮水安全向农村供水保障转变，依托大水源建立大水厂，实现“大水源”取水、“大水厂”制水、“大管网”送水，按分片区规划区域规模化供水，各片区并网运行，城乡水厂管网可互联互通、水量互补，实现城乡供水同网、同质、同服务，形成水网规划及城乡供水一体化工作格局。

2. 加大供水工程改造力度。以建设稳定水源为基础，实施规模化供水工程建设和小型工程标准化改造，不断提升农村供水保障能力。重点关注超标水源地所对应的供水工程，优化提升制水工艺，强化对特征因子的处理，确保出厂水水质达标。

3. 着力实施水源保护区规范化建设。全面落实集中式水源保护区划定，加强水源地突出环境问题整治、解决水源地及周边存在的环境风险隐患，提升水源水质达标率。针对区域性、流域性的水质超标问题，治理无法达标的应优先推进水源地替换。

4. 强化责任落实，加强监督管理。不断强化住房城乡建设、水利、生态环境、卫健部门的监管责任。按现行监管模式，住房城乡建设、水利部门应加强水厂和供水工程提质改造，确保出厂水水质达标；水利和生态环境部门应着重抓好水源地达标建设和保护区规范化建设，做好污染防治，着力提升水源水质达标率；卫健部门做好入户龙头水水质检测，确保水质符合饮用水水质卫生标准。

5. 加大饮用水安全保障资金支持。加大对农村饮用水安全保障工作资金投入，支持地方加大农村水源保护、水质监测、水污染防治和供水工程提质改造，加大对 PPP 项目支持力度，缓解各级地方政府筹资压力。积极探索施行饮用水安全保障工作成效与相关专项资金分配挂钩的激励约束机制，探索建立受益者付费、保护者得到合理补偿的水源地生态保护补偿机制，将符合条件的饮用水水源纳入生态补偿转移支付，使饮用水水源地管理及饮水安全得到有效资金保障。

（2022 年 3 月）

生态补偿护绿水青山
生态产品铸金山银山

习近平总书记“绿水青山就是金山银山”的理念，深刻揭示了发展和保护的本质关系，坚持绿水青山就是金山银山，关键是要在经济生态两手硬，青山金山长相依上做文章。

“人不负青山，青山定不负人。”生态保护补偿制度作为生态文明制度的重要组成部分，是推动“绿水青山”转化为“金山银山”的纽带，是生态保护者和受益者之间实现平衡的一杆秤，使保护者得到经济激励、受益者付出合理成本。当前我国生态补偿工作成效明显，已初步形成了符合我国国情的生态补偿格局，中央财政转移支付作为生态补偿的主体，资金投入逐年增加，对激发保护地保护生态环境积极性、促进保护地发展发挥了越来越重要的作用。但随着生态补偿的领域和范围逐渐扩大，仅依靠政府财政资金不具备可持续性，迫切需要进一步建立健全市场化、多元化的生态补偿机制。相关工作可从以下方面展开：

一是建议建立健全生态环境权益交易制度。完善市场交易机制，通过培育市场、明晰产权打通生态产品价值实现和交易途径全过程。基于生态承载力和政府管制形成的配额指标，逐步开展市场化环境权交易，探索绿色债券、用水权、排污权和碳排放权交易等市场化生态补偿路径。加快探索建立政府与市场相互支撑的环境权益交易机制，拓宽生态补偿市场化运作的实现路径。

二是建议逐步拓展市场化融资渠道。一方面，扩大绿色金融改革创新试验区试点范围，将绿色金融作为生态补偿市场化建设的“催化剂”，建立社会资本出资、市场化运作的生态补偿专项基金，以充分发挥资本的撬动作用，支持区域产业一体化发展和对口协作。另一方面，深入挖掘绿色产品生态价值，盘活生态资产，为生态农业、生态工业、生态旅游业等绿色产业发展提供融资渠道，通过较成熟的交易市场体系撬动更大的金融支持，将传统生态补偿与绿色金融有机衔接，以实现“1 + 1 > 2”的发展效果。

三是建议探索多元化的生态补偿方式。目前生态补偿的主要方式是直接补偿，即通过资金激励直接对生态产品和服务进行补偿。除此之外，还应积极探索直接补偿与间接补偿相结合的多元化补偿模式，比如采用合作培育绿色新兴产业、生态旅游康养、生态农业和循环农业等产业项目补偿方式，开展生态环保教育培训、区域间劳务对接、人才交流等智力补偿方式，或是帮助地方开展环境污染治理、生态系统保护修复工程与生态产业发展有机融合的生态保护修复补偿方式，动员遗传资源利用企业和原住居民参与的惠益分享补偿方式等，实现生态补偿方式的多样化。

良好生态环境是最普惠的民生福祉。随着经济社会发展，人民对美好生活的向往日益增长，生态产品的价值也成为人民生活中越来越重要的一个部分。生态产品价值实现的过程是“绿水青山”转化为“金山银山”的核心内容。2021 年，中共中央办公厅、国务院办公厅印发了《关于建立健全生态产品价值实现机制的意见》，推动我国生态产品价值实现的理论研究更加深入、实现机制逐渐多元、可视化成果越发丰硕、制度设计趋于规范，绿水青山的“颜值”正在加速转化为金山银山的“价值”。但在全国范围内，生态产品价值转化的过程仍存在配套政策亟待完善、生态产品核算标准不一等问题，需要在生态产品价值实现机制落地落实上持续发力。具体措施如下：

一是建议建设生态系统生产总值（GEP）核算制度。制定有效的生态产品价值核算制度是顺利构建市场化、多元化生态补偿机制的重要前提。出台统一规范的生态产品价值核算体系，明确核算模型、指标体系、评估方法、数据来源等，有利于提升生态产品价值的真实性、客观性，降低生态产品的市场壁垒，提高市场认可度。

二是建议构建生态产品市场化经营开发体系。充分调动全社会的积极性，构建政府、企业、金融资本和社会组织等多元主体参与的价值实现体系。发挥市场机制的调节作用，通过市场化经营开发推动生态产业化、产业生态化，采取股权合作、委托经营等方式，吸引优质社会资本，逐步构建起生态产品和生态资产市场交易体系，加快推进排污权、用能权、碳排放权等生态产品市场化经营开发。

三是建议夯实生态产品价值实现智力支撑。筹建“绿水青山就是金山银山”新型专业智库，扎实开展“两山”理论研究，并结合全国生态产品价值实现典型案例，加强对各级领导干部培训力度，推广生态产品价值实现试点城市的有益经验，为生态产品价值实现提供智力支撑。

（2022 年 6 月 20 日）

统筹水资源、水环境、水生态治理 推动重要江河湖库生态保护治理

党的十八大以来，在以习近平同志为核心的党中央坚强领导下，我国生态环境保护发生历史性、转折性、全局性变化。其中，水生态环境质量改善明显，2021 年，全国地表水Ⅰ至Ⅲ类水质断面比例为 84.9%（比 2012 年提升 23.3 个百分点），长江干流水质保持Ⅱ类，洞庭湖、鄱阳湖等重要湖库水生态逐步恢复，过冬候鸟逐年增多，被称为“鸟中大熊猫”的中华秋沙鸭也频繁现身，洞庭湖江豚、麋鹿的稳定栖息数量分别达 130 多头和 220 多头。但对标美丽中国建设，我国水生态环境保护工作还面临诸多问题和困难，如环境基础设施建设有短板、部分江河湖库水质改善不充分、一些湿地萎缩退化明显、工作支撑保障能力偏弱等。尤其在全球气候变化大背景下，巩固或改善水生态环境质量面临更多不确定性，2022 年 7 月以来，由于持续高温少雨，洞庭湖、鄱阳湖湖面萎缩八成以上，水生态环境质量下降明显，人民群众守着“水窝子”却没水喝的问题较为突出，社会各界广泛关注，所以，我们必须保持清醒头脑，持续强化生态保护治理。

习近平总书记在党的二十大报告中提出，推动绿色发展，促进人与自然和谐共生，强调“统筹水资源、水环境、水生态治理，推动重要江河湖库生态保护治理”。在全面建设社会主义现代化强国的新征程中，我们要站在“人与自然和谐共生”的战略高度谋划生态文明建设，深刻领会“山水林田湖草沙是一个生命共同体”的重要意义，深学笃用习近平生态文明思想，遵循自然、社会和经济规律，以问题为导向，以项目为载体，统筹水资源保障、水环境治理和水生态修复，持续深化重要江河湖库生态保护

治理，不断提升生态系统质量和稳定性，让更多的江河湖库呈现“水清岸绿、鱼翔浅底”的美景，为人民群众提供更多的优质生态产品。

在水资源保障方面。全面落实最严格水资源管理制度，更加重视生态用水安全，切实保障河湖生态基流，深入推进节水型社会建设。开展中长期气候变化情景预估和预研究，加快实施区域水网重大工程，形成以干支流骨干水库和区域输配水工程为主体的水资源配置格局，建立沟渠塘坝定期清淤疏浚机制，提高应对特大干旱事件的能力。

在水环境治理方面。加强城镇污水配套收集管网建设，补齐城乡生活污染治理基础设施建设短板，尤其是要加快城市老旧小区改造。全面实施农业清洁生产，推进农药化肥减量增效行动，重点抓好畜禽粪污资源化利用、水产养殖尾水生态治理等工作。不断深化工业企业、园区环境治理，加快推进抗生素、微塑料颗粒等新化学物质防控。

在水生态修复方面。严格落实生态保护红线制度，对重点区域天然林、公益林、湿地公园等实行最严格保护，提升水源涵养净化等能力。加强河湖生态管控，建设完善河湖生态缓冲带，严格落实“十年禁渔”等制度，加快恢复水生生物多样性。按照“自然恢复为主、人工修复为辅”的原则，积极推进山水林田湖草沙一体化保护和修复试点示范工程，积累项目建设和维护经验。

在支撑保障方面。全面加强党的领导，按照激励与约束并举的原则，强化考核奖惩，严格落实生态环境保护“党政同责、一岗双责”“三管三必须”。加强科技支撑，提升信息化管理能力，完善相关领域法律法规、标准规范，强化科学、精准和依法治污能力。多渠道筹集资金，将重要河湖生态保护治理重点工程项目资金作为战略性、基础性投入予以重点保障。

（2022 年 7 月）

后　记

今年2月，组织安排我到湘潭大学任校长。光阴似箭，时光如梭。一晃我在湖南省生态环境厅领导岗位上已经工作了整整15年。其间，全国生态文明建设和生态环境保护发生历史性、转折性、全局性变化。在任初期，正是我国环境污染最为严重的时期。以湖南省为例，湘江重金属污染十分严重，饮用水不达标十分普遍，洞庭湖水环境质量恶化为V类，酸雨十分突出，农村环境问题整治、土壤污染防治尚未纳入议事日程……在习近平生态文明思想的坚定指引下，在湖南省委、省政府的坚强领导下，我与几任班子的领导一起，负重前行、攻坚克难，有力有序有效纵深推进了湘江保护与治理省“一号重点工程”三个三年行动计划、洞庭湖水环境综合整治、污染防治攻坚战“夏季攻势”、涉铊专项整治、大气污染防治行动计划、长株潭大气污染防治联防联控、土壤环境质量普查及详查、重点区域土壤修复治理、农村环境综合整治、生态示范区创建、自然保护区整治保护、监测执法能力建设、“三线一单”划定、排污许可证发放试点、环境信用评价试点等行动计划、攻坚战役、重点工作和改革创新，推动湖南天更蓝、水更清、地更净。其中，2022年，湖南省国考断面水质优良率达到98.6%，位居全国第4；长江干流湖南段及湘资沅澧四水干流水质连续3年达到或优于Ⅱ类；洞庭湖湖体总磷浓度下降为0.06毫克/升，西洞庭湖连续2年达到Ⅲ类，南洞庭湖突破性达到Ⅲ类；永州、张家界等四个城市水环境质量排名全国地级城市前30位，数量和排位均创历年最佳；地级以上城市集中式饮用水水源水质达标率100%……作为全国生态环境保护战线的一员“老兵”，15年来我全程参与，亲眼见证，深感成效很大、成果丰硕，我深感荣幸、荣耀。

后 记

在离开湖南省生态环境厅之时，我将在生态环境部门工作期间的一些文稿进行整理，算是对我15年工作的一个总结。有些帮助整理文稿的同志在看到文稿后，认为很受启发，他们建议将文稿结集出版，对湖南省乃至全国的生态文明建设和污染防治攻坚战提供一些指导和参考。刚开始我也未太引起重视，但到学校工作一段时间后，我感觉到作为“双一流”大学校长，无论是抓学校的改革，还是抓学校的发展，具有一定的学术素养是十分重要的。与此同时，今年我也牵头申报了湖南省生态环境厅“湖南省生态环境保护工作的发展历程及展望”重点科技项目课题，最终中标，课题申报时也提出将我15年来围绕生态文明建设撰写的文稿作为课题成果之一。于是我对这些文稿进行了一些分析和总结，觉得具有以下几个特点：一是时代性。文稿反映了15年多来我国生态文明建设发展的伟大历程。我是2008年元月从郴州市人民政府领导岗位上调任湖南省环境保护局（2009年升格为湖南省环境保护厅，2018年组建湖南省生态环境厅）工作的，我在湖南省生态环境部门领导岗位任职的15年，正是我国生态文明建设发生历史性、根本性、转折性变化的15年。2007年10月，党的十七大第一次明确提出建设生态文明的要求。2012年11月，党的十八大把生态文明建设纳入“五位一体”总体布局，将生态文明建设写入党章并作出阐述。2018年3月，十三届全国人大一次会议表决通过宪法修正案，把贯彻新发展理念、生态文明和建设美丽中国的要求写入宪法。2018年5月，党中央召开全国生态环境保护大会，正式确立习近平生态文明思想。2023年6月28日，十四届全国人大常委会第三次会议决定，将8月15日设立为全国生态日。我全程见证和参与了这一伟大历程，这些文稿，也真实记录了我国生态文明建设的伟大历程。二是全面性。我在湖南省生态环境部门工作期间，先后分管过自然生态，农村环境整治，环境监测，执法监察，大气、水、土壤、噪声、核与辐射环境管理，环境影响评价与排污许可，政务服务，科技与财务，环境信用评价，环保产业等业务工作，基本覆盖了生态环境的所有业务领域。同时，我从2008年3月起，先后任第十一届、第十二届全国政协委员、第十三届全国政协常委、第十四届全国政协委员，在全国政协这个平台上积极履职，提交的提案、信息总量分别超百件，被誉为“绿色提案大户”“环保代言人”，我还多次在全国政协大会、

常委会上发言，参加了全国政协组织的赴山东、海南、江西、四川、山东、湖北、宁夏、青海、浙江、河南、内蒙古等地的调研活动。这些文稿，从不同角度阐释了生态文明建设的理论和实践问题，能够比较完整地呈现我国生态文明建设的历史演进及其重大意义。三是学术性。我到湘潭大学任职后，充分利用综合性大学的学科集群优势和湘潭大学环境与资源学院的人才优势，针对生态文明建设领域的重点、难点和热点问题，组织开展了一些课题研究，形成了一些学术成果。这些文稿，瞄准理论前沿，回应现实需求，着力推动习近平生态文明思想的学理化阐释、学术化表达、系统化构建、大众化传播和实践性转化，力求为加快建设人与自然和谐共生的美丽中国贡献湘大智慧。如果这些文稿能够出版，无论是对我个人的学术研究，还是对我们学校的学科发展，都将有一定的帮助，也是给湘潭大学建校 65 周年献上的一份薄礼。

基于以上考虑，半年多的时间里，我对 230 多万字的文稿进行了系统的整理和编辑，形成了理论篇、调研篇、实践篇、建言篇、感悟篇等 5 辑书稿。其中，理论篇、调研篇、感悟篇等 3 辑书稿基本按照时间顺序排列，只有理论篇把习近平生态文明思想的学习和研究文稿集中放在了前面；实践篇、建言篇等 2 辑书稿先按守护一江碧水、污染防治攻坚、美丽乡村建设、自然生态保护、环境监测执法监察、深化改革创新等模块进行分类，每个模块再大致按时间顺序排列。

为了使书稿更加全面和系统，我另外收集了几篇其他方面的文稿：一是在理论篇的最后，收录了三篇文稿，一篇是《全面推进美丽中国建设的新号角已经吹响》，这是针对刚刚召开的中央全面深化改革委员会第三次会议审议通过的《关于全面推进美丽中国建设的意见》文件撰写的一篇述评，也算是对我从事生态环保工作实践和研究的阶段性总结；另一篇是《关于加快实施“四化两型”的战略思考》，这是我对湖南省一个时期经济社会发展的整体思考，还有一篇是《青年要在中国式现代化建设中挺膺担当》，这是我在任湘潭大学校长后对青年的一些希望；二是在实践篇的最后，收录了湖南省生态环境厅发布的《湖南省 2016 年生态环境保护工作年度报告》，这是对一个省域年度生态环保工作的综合系统反映；三是在调研篇中，收录了《攸县城乡环境同治、创新社会管理的经验和做法值得

推广》，这是湖南省人大环资委牵头，我参与调研后形成的综合调研报告，得到了中央、湖南省多位领导肯定性批示，在湖南省乃至全国形成了较大的影响，对全国农村环境综合整治产生过重要推动作用。四是在感悟篇以附录形式收录了一些媒体采访或报道的文章，这是为了便于读者更深入地了解关于某些方面问题我的一些思想和观点，还有几篇是媒体对我个人成长和履职的采访报道，也是为了读者能比较全面地了解我的成长历程。在感悟篇的最后，还收录了两篇文稿，一篇是《绿水青山常在 深情厚谊永存》，这是我离开湖南省生态环境厅时写的一篇离别感言，既是对15年来一起共同团结奋斗的环保“铁军”的依依不舍，也是对15年来工作的一个小结。另一篇是我在湘潭大学2023届学生毕业典礼上的一篇讲话，《人生不是百米跑，而是一场马拉松》，这是这些年我人生的一些感悟，也标志着我新岗位、新生活的开始。

本书的出版得到了组织、领导、专家和朋友们的关心和大力支持。首先，我要感谢组织多年的关心和培养，感谢组织给予我研究实践的舞台和平台。其次，我要感谢中国工程院院士、中南大学副校长柴立元，中国美术家协会副主席、中国美术馆馆长吴为山，在百忙之中柴立元院士拨冗为本书作序，吴为山副主席亲自为本书题写书名。此外，我还要感谢为本书出版付出辛勤劳动的同志们、同事们。彭晓成同志对文稿进行了初步整理，汪理科同志进行了初次审阅，刘锦军同志进行了整体编排和多次审阅，申永丰同志多次参与研讨，湘潭大学出版社牛敬丹、唐剑君、张蔚、廖文婷、王晓园、贺佳、肖迪等同志和环境与资源学院研究生向璐瑶、叶陈若等同学进行了认真编辑和反复校对，在此一并表示衷心的感谢！

潘碧灵

2023年9月10日，于湘潭大学建校65周年之际

2023 年湖南省生态环境厅

“湖南省生态环境保护工作的发展历程及展望”重点科技项目成果

生态文明思与行

（理论篇）

潘碧灵◎著

湘潭大學出版社
XIANGTAN UNIVERSITY PRESS

图书在版编目（CIP）数据

生态文明思与行 / 潘碧灵著. -- 湘潭 : 湘潭大学出版社, 2023.9
ISBN 978-7-5687-1274-3

Ⅰ. ①生… Ⅱ. ①潘… Ⅲ. ①生态环境建设—研究—湖南 Ⅳ. ① X321.264

中国国家版本馆 CIP 数据核字（2023）第 183172 号

生态文明思与行

SHENGTAI WENMING SI YU XING

潘碧灵 著

责任编辑：牛敬丹　唐剑君　张蔚　廖文婷　王晓园　肖迪　贺佳
封面设计：李　平
出版发行：湘潭大学出版社
社　　址：湖南省湘潭大学工程训练大楼
电　　话：0731-58298960 0731-58298966（传真）
邮　　编：411105
网　　址：http://press.xtu.edu.cn/
印　　刷：长沙印通印刷有限公司
经　　销：湖南省新华书店
开　　本：710 mm×1000 mm 1/16
印　　张：146.75
字　　数：2396 千字
版　　次：2023 年 9 月第 1 版
印　　次：2023 年 9 月第 1 次印刷
书　　号：ISBN 978-7-5687-1274-3
定　　价：498.00 元（全七册）

序

生态文明建设是关系中华民族永续发展的根本大计，中国共产党历来高度重视生态文明建设，坚持节约资源和保护环境的基本国策，把可持续发展确立为国家战略。党的十八大以来，我国生态环境保护发生历史性、转折性、全局性变化，生态文明建设取得举世瞩目的成就，天蓝、地绿、水清的美丽中国新画卷正在神州大地上徐徐展开。

潘碧灵同志多年来一直致力于生态文明建设和污染防治攻坚战的研究、管理与实践，积极为生态环保鼓与呼，他所著的《生态文明思与行》全书共包括理论篇、调研篇、实践篇、建言篇、感悟篇5辑，正是其深耕生态文明建设和污染防治攻坚战领域15年的集大成者，充分体现了其政治素养、理论水平和专业水准之高，具有很强的政治性、指导性、专业性、针对性和可借鉴性。

理论篇的研究范围涉及习近平生态文明思想、“双碳”战略、人与自然和谐共生、中国式现代化、绿色发展、统筹水资源水环境水生态、环境空气质量评价体系等方面。其中，《环境空气质量评价体系改进研究》创新运用“三年滑动均值”对我国空气质量进行了对比研究；《扛起服务国家“双碳”战略新使命》《正确处理“五个重大关系”全面推进美丽中国建设》等文章，正是在习近平总书记提出全面推进美丽中国建设、加快推进人与自然和谐共生的现代化的目标后，他所做的最新研究成果，具有较高的理论水平；《以天地之心存心 以生灵之命立命》一文，从中国传统文化的哲学思想角度对生物多样性赋予了更加完整、更加全面的内涵，充分体现了他优秀的专业素养和对生态文明建设的深刻理解。

调研篇重点体现了他到全国不少省（区、市）和省内各地调研的成

果，许多都是相关省（区、市）在生态文明建设或生态环境治理领域的成功经验和积极探索。比如，《鄱阳湖生态经济区建设的学习感悟》一文，体现了江西省推动生态与经济协调发展的积极探索；《学习借鉴浙江省“五水共治”先进经验 纵深推进“一江一湖四水”系统保护和治理》一文，则充分展示了湖南省借鉴浙江省先进经验，推进水环境保护工作的成功实践；他重点关注长江经济带高质量发展，2019年撰写的《统筹推进长江经济带大保护的调查和思考——以湖南省岳阳市推进洞庭湖、长江岸线保护和治理为例》，助力了习近平总书记“共抓大保护、不搞大开发”重要指示的落实。这些成功经验和积极探索反映了我国生态文明建设在各省（区、市）的成功实践，对于进一步深化我国生态文明建设具有重要的推广和借鉴作用。

实践篇从工作成效层面集中展示了不同时期湖南省生态环境保护工作的开展概况和推进路径，包括守护一江碧水、污染防治攻坚、美丽乡村建设、自然生态保护、环境监测执法、深化改革创新等方面，对于研究一个省域如何全面、系统、深入推进生态文明建设和污染防治攻坚战具有重要参考意义。比如，《深入推进总磷攻坚“7+1”行动计划 全力守护洞庭湖生态环境安全》等文稿，全面介绍湖南省在水生态环境治理方面的典型经验做法和突出成效，对于指导各地开展相关工作具有重要参考作用。

建言篇是他在全国政协或民进履职时围绕生态环保、绿色发展等主题的“绿色提案”和社情民意信息。比如，在担任第十一届全国政协委员期间，他撰写的《关于规范城市生活垃圾焚烧 促进生活垃圾处理良性发展的提案》获十一届全国政协优秀提案奖；在担任第十二届全国政协委员期间，他提出土壤污染防治刻不容缓，得到中央领导高度重视，促进了国家“土十条”的出台。通过阅读此辑，读者可以从一个侧面了解我国全过程人民民主，更加深入了解国家出台生态环保相关方案、计划和政策背后的故事，对于广大人大代表和政协委员、科学研究人员、民主党派成员开展咨询建言、参政议政等工作具有学习借鉴作用。

感悟篇主要涵盖了他参加生态环境保护工作的考察日志、学习心得和思考感悟等，同时还收录了部分记者采访报道的内容，突显了他对湖南省乃至全国生态环境保护事业所作出的重要贡献和对生态环境保护工作的深

刻感悟与动人情怀。比如，《青海“三江源”“青海湖”生态环境保护工作考察日记》系列，多维度体现了他在青海考察时对我国近十年生态文明建设的深刻感受。

习近平总书记在党的二十大报告中要求“推动绿色发展，促进人与自然和谐共生”，在2023年全国生态环境保护大会上强调“全面推进美丽中国建设，加快推进人与自然和谐共生的现代化”，为新时代生态文明建设提供了根本遵循和行动指南，美丽中国在实现四个重大转变的基础上站上了新起点。2023年6月28日，十四届全国人大常委会第三次会议决定将8月15日设立为全国生态日，更是吹响了全面推进美丽中国建设的新号令。本书的出版必将为深入学习贯彻习近平生态文明思想、推动美丽中国建设产生积极的促进作用。同时，也可为各级领导干部、专家学者、高等院校师生和相关企业家等开展学习和研究提供重要的参考。

（柴立元：中国工程院院士、中南大学副校长）

目 录
CONTENTS

湖南精神与生态文明建设

湖湘文化是中华文化大背景下形成的具有独特地域色彩的区域性文化，它是悠久历史的积淀和结晶，是世界灿若星辰的文化长卷中的一朵绚丽奇葩。三湘四水灵动多变，湘人的思想浪漫而好奇。古时移民的进入给湖湘文化提供了厚实多元的基础，与湖湘跳跃浪漫的文化相结合，湖湘文化便形成了激越而有序、笃实而灵动、浪漫又实际的鲜明的地域特点。民族的就是世界的，区域文化属于民族文化的范畴，“惟楚有材，于斯为盛”，随着近百年来湖湘人物在历史舞台上的出色表演，湖湘文化已受到世人的瞩目与肯定。

湖南精神是湖湘文化的精髓和灵魂，是中华儿女值得弘扬和学习的地域民族精神。那到底什么是湖南精神呢？新文化运动时，陈独秀《欢迎湖南人底精神》一文中写道：“湖南人底精神是什么？‘若道中华国果亡，除非湖南人尽死’。”湖南精神在历史上得到如此高的赞赏和评价绝非偶然，显然它具有区别于其他地域民族精神的鲜明特征。“湖南精神”一词没有被明确地定义过，张岱年先生认为，中华民族精神就是中国文化的基本精神，并把它规定为“文化发展过程中的精微的内在动力，也即是指导民族文化不断前进的基本思想”。湖南精神只是中华民族精神的组成部分，是个性与共性的关系，既承载了中华民族精神的一般共性，也有湖湘地域范围内人文因素的特殊性。关于湖南精神的内涵，仁者见仁，智者见智，虽然没被精准定义过，但是通过对湖南精神的考究可以认为：湖南精神，即指在湖南地域上的一定的社会历史条件下长期积淀的，在湖湘文化孕育下的，由湖湘儿女在实践和发展中所显示出来的精神风貌或精神状态，具有凝聚、调节、推动和教化功能的一种活的精神力量。其内容至少应包括湖南人共同的价值理想、价值目标、价值观念、价值实现方式与道路。“心忧天下、敢为人先、经世致用、实事求是、百折不挠、兼收并蓄”，总体上基本体现了湖南精神的精髓。

多少年来，我们都处在一种自给自足、小农经济的农业文明的生活状态，工业革命以来，整个世界乘上了飞速发展的快车，我们孜孜以求的是一种优于农业文明的生存与发展状态。在相当长的时期内，我们认为工业文明就是理想的生存与发展状态，劳动生产率极大提高，物质产品极大丰富，工业文明一个显著特点是以工业化为主导的经济社会发展的现代化。然而历史证明，在工业文明时代，人与自然的关系严重对立，这不仅带来了一系列的发展偏差问题，甚至直接危及人类本身的生存，它并不是人类理想的伊甸园。事实也告诉我们，人类文明发展到今天，环境破坏和生态恶化已经成为危及人类生存的问题，因此，我们要科学地处理人与自然的关系，建设生态文明。湖湘文化继承了中华文化的优秀基因，重视人与自然和谐发展的生态思想，因此，湖南应该提倡湖湘文化实事求是之务实精神，敢为人先之创新精神，兼容并蓄之开放精神和坚韧不拔之霸蛮精神与生态文明建设相结合。

一、发扬实事求是之务实精神，认真遵循生态文明规律

实事求是是湖湘文化的鲜明特点之一。实事求是是一种对事实、对规律的尊重。生态文明作为人类文明形式之一，其含义为人类遵循人、自然、社会和谐发展这一客观规律而取得的物质与精神成果的总和，这与实事求是的精神是一致的。20 世纪以来，西方国家以“工业化生产方式和向大自然宣战的观念”为特征的工业文明，在创造各种物质财富的同时，也造成了自然资源的过度消耗和各种污染物的排放。20 世纪 60 年代，全球环境污染进一步恶化，人口和经济需求的增长，导致地球资源的快速消耗直至耗竭，生态环境破坏、环境严重污染，尤其是发达国家相继发生的震惊世界的环境污染事件——“八大公害事件”，严重冲击社会经济发展的同时，也唤起了人类对工业文明的质疑。1962 年，《寂静的春天》的问世，引发了公众对环境问题的高度关注，各种环境保护组织纷纷成立，联合国于 1972 年 6 月 12 日在斯德哥尔摩召开了第一次“人类环境大会”，各国签

署了“人类环境宣言”，开始了可持续发展的征程。中国的可持续发展理论探讨及实践与相关国际进程基本同步，1992 年，我国提出“中国环境与发展十大对策”，明确指出走可持续发展道路是中国的必然选择。党的十七大报告提出“建设生态文明，基本形成节约能源资源和保护生态环境的产业结构、增长方式、消费模式。循环经济形成较大规模，可再生能源比重显著上升。主要污染物排放得到有效控制，生态环境质量明显改善。生态文明观念在全社会牢固树立。”生态文明首次写入了党代会报告，这是中国特色社会主义理论体系的又一实事求是的重大创新，顺应了世界文明发展的潮流。然而，中国在经济飞速发展的同时，也依然存在着人与自然的不和谐现象，比如“太湖蓝藻事件”，它给我们带来的教训和反思就非常深刻。

纵观历史长河，一系列的事实说明地球已没有能力再支持工业文明的持续发展，需要有一个新的文明形态来延续人类的生存，那就是生态文明。人类对生态文明的选择（即从传统的“征服自然”，向“人与自然协调发展”转变，从传统经济发展动力——利润最大化，向生态经济全新要求——福利最大化转变。）是人类在发展过程中经历了不少失败和教训总结出来的经验，也是人类对社会发展规律的尊重，我们应该本着实事求是的精神，遵循生态文明的客观规律，思想上高度认同生态文明。

二、发扬“敢为人先”之创新精神，加快推进生态文明建设

在推进“四化两型”、实现富民强省的今天，湖南面临着难得的机遇，建设生态文明不但已成为我国经济社会发展的重要指导思想，也成了我国对全球可持续发展的重要理论贡献。国家正围绕五大体系（生态产业、生态环境、生态安全、生态文化和生态制度）全面推进生态文明建设，“敢为人先”的湖南人应积极投身于生态文明建设的伟大实践。2007 年 12 月，国务院批准，长株潭城市群为全国资源节约型和环境友好型社会建设综合配套改革实验区。长株潭城市群“两型社会”建设综合配套改革试验区获批 4 年多来，通过规划引领、改革先行、项目带动、产业支撑、环境治理等五个方面的工作，探索了一条符合湖南实际的建设“四化两型”的发展路子，构建了一个吸引各类改革创新要素的巨大平台，打造了一个带动和

引领全省科学发展的强劲引擎，取得了阶段性成效。然而，要率先摆脱和走出工业文明的困惑和重负，着力提升生态文明水平，“敢为人先”的湖南人依然背负着艰巨的任务。所以我们应该进一步弘扬“敢为人先”之创新精神，不断探索生态文明发展之路，主动积极成为生态文明的倡导者、推动者和实践者，引领“两型社会”建设。

三、发扬“兼收并蓄”之开放精神，充分利用生态文明成果

兼容并蓄是湖湘文化另外一个鲜明特点，在湖湘文化兴起之初便表现出了这个特点，湖湘文化兴起的典型标志性人物周敦颐，在其思想创建过程中，就立足儒学而融合佛教与道教思想；在湖湘文化的近代转型中，以魏源、曾国藩、谭嗣同为代表的一批湖湘人士，面对因外国殖民者入侵而危机四伏的社会，试图走出狭小天地，在继承传统文化的同时，积极学习西方先进的科学技术和经验，实现国家的现代化。与湖湘文化兼容并蓄相对应的是生态文明的包容性，生态文明是人类经历了原始文明、农业文明、工业文明后的又一文明历史发展阶段，它同农业文明、工业文明有很多的相同点，都主张在改造自然的过程中发展物质生产力，提高人的物质生活水平。同时，它们之间又有着明显的不同，生态文明强调人类在改造自然的过程中必须尊重和爱护自然，不能为所欲为，盲目蛮干。

生态文明建设是一个综合性的系统工程，对我们而言也是一项全新的工作。在生态文明建设的道路上，我们应发扬“兼收并蓄”的开放精神，充分学习借鉴其他国家优秀的生态文明成果，吸取他们失败的教训，结合全国、湖南省的实际情况推进生态文明建设，以提高效率，减少失误。

四、发扬坚韧不拔之霸蛮精神，勇担生态文明重任

湖南人的聪明才干是一流的，但只有聪明才干未必能成大事。为什么湖南涌现出那么多杰出人物呢？主要原因是湖南人的精神中有一种最原始而又最先进的基因，那就是“霸蛮”。什么是“霸蛮”？就是一件事，大家都说不能做，或不可能，他偏要做，而且把它做成。“霸蛮”不是霸道，不是野蛮，而是坚韧不拔，是果敢刚毅，是“打落牙齿和血吞”，是“不到长城非好汉”，是拼命硬干、埋头苦干，一息尚存、奋斗不止的精神。

这也是湖南人为什么爱吃辣，为什么大胆，为什么果敢，为什么敢干的真正答案。曾国藩一介儒生，从来没有打过仗，却领兵出征，屡败屡战，最后打出个“无湘不成军”来，是不是霸蛮？左宗棠抬着棺材进新疆，不向沙俄让寸土，是不是霸蛮？谭嗣同本可流亡海外，却宁愿选择牺牲自己以唤醒国人，是不是霸蛮？所以说，霸蛮造就了湖南人的辉煌。

生态文明是因严重的资源环境问题而兴起的，我国的基本国情是人口多、底子薄，资源相对不足、环境承载能力有限，又处于工业化、信息化、城镇化、市场化、国际化深入发展的历史进程中。在这样的国情下开展生态文明建设，既面临着推进生态文明建设认识难统一的问题，也面临着加快发展过程中各种资源环境问题集中、叠加的问题，还面临着调整优化产业结构、转变经济发展方式的正确路径和方式方法问题，我国的生态文明建设之路无疑将是繁重的、复杂的、持久的。要实现和达到我们的目标，必须有一种执着、倔强的文化精神，而湖湘文化正好具备这样的品质。我们应发扬湖湘文化坚韧不拔之“霸蛮”精神，持之以恒地推进生态文明建设。

湖湘文化博大精深，内容十分丰富，湖南人的精神在历史上为改造社会、振兴中华发挥了十分重要的作用。在推进生态文明建设、全面建设小康社会的今天，我们应该大力弘扬湖南人的精神，为实现生产发展、生活富裕、生态良好的幸福文明之路而努力奋斗。

（2012 年）

推进生态文明 建设美丽湖南

党的十八大报告回顾成就、总结经验、制定蓝图、引领未来，围绕坚持和发展中国特色社会主义提出了一系列新思想、新观点、新论断。其中一大突出亮点，就是对生态文明建设的理论与实践作出了全面系统的论述和部署。

一、深刻领会生态文明建设的重大意义

党的十八大报告独辟专章集中论述了生态文明建设问题，明确指出：生态文明建设的定位，是中国特色社会主义理论体系和中国特色社会主义事业“五位一体”总体布局的重要组成部分。生态文明建设的意义，在于其“关系人民福祉、关乎民族未来的长远大计”。生态文明建设的方针，是“节约优先、保护优先、自然恢复为主”。生态文明建设的目标，是“努力建设美丽中国，实现中华民族永续发展”。生态文明建设的任务，是“优化国土空间开发格局”“全面促进资源节约”“加大自然生态系统和环境保护力度”“加强生态文明制度建设”。这些论述和部署，既丰富和完善了中国特色社会主义理论体系，也将生态文明建设摆上了前所未有的战略高度。

在我国进入全面建成小康社会的决定性历史阶段，党的十八大报告突出强调生态文明建设，明确提出建设美丽中国的目标与理念，具有历史的必然性和现实的紧迫性。

建设生态文明，是中国特色社会主义伟大事业总体布局的重要组成部分。习近平总书记指出：“走向生态文明新时代，建设美丽中国，是实现中华民族伟大复兴的中国梦的重要内容。”节约资源和保护环境是我国的

基本国策，把生态文明建设放在突出地位，融入经济建设、政治建设、文化建设、社会建设各方面和全过程，是中国共产党深入贯彻落实科学发展观，面对资源约束趋紧、环境污染严重、生态系统退化的严峻形势而提出的重大战略思想和战略任务。

建设生态文明是破解资源环境约束的有效途径。随着工业化、城镇化的快速推进，经济总量不断扩大，人口继续增加，资源相对不足、环境承载力弱成为我国在新的发展阶段的基本国情。近年来，中国环境治理和生态保护取得积极成效，但生态环境总体恶化的趋势没有得到根本扭转。水、大气、土壤等污染仍然严重，固体废物、汽车尾气、持久性有机物、重金属等污染持续增加，水土流失加重，天然森林减少，草原退化，生态系统更加脆弱。能源消费总量持续增加，能源利用效率不高。发达国家多年工业化进程中分阶段出现的环境问题，在我国现阶段集中凸显。只有加强能源资源节约，发展循环经济，加强环境治理和生态建设，才能有效破解经济增长中的资源环境瓶颈制约。

建设生态文明是加快转变经济发展方式的客观需要。加快转变经济发展方式是"十二五"的主线。发展与环境密不可分，环境问题究其本质，是经济结构、生产方式和发展道路问题，离开经济发展谈环境保护是"缘木求鱼"，离开环境保护谈经济发展是"竭泽而渔"。环境承载力已成为经济发展规模和发展空间的主要制约因素，环境保护对加快经济发展方式转变具有保障、促进和优化作用。将环境保护的"倒逼机制"传导到结构调整和经济转型上来，能更好地推动整个社会走上生产发展、生活富裕、生态良好的文明发展道路。

建设生态文明是保障和改善民生的内在要求。环境保护是重大民生问题。习近平总书记2013年4月在海南考察时指出，良好生态环境是最公平的公共产品，是最普惠的民生福祉。环境保护直接关系人民生活质量，关系群众身体健康，关系社会和谐稳定。广大人民群众随着生活水平的提高，对干净的水、新鲜的空气、洁净的食品、优美的环境等方面的要求越来越高。头顶着蓝天白云，在清洁的河道里畅快游泳，田地里盛产安全的瓜果蔬菜……这些是人民群众对生态文明最朴素的理解和对环境保护最起码的诉求。必须秉持环保为民的理念，着力解决损害群众健康的突出环境问题，切实维护广大人民群众的环境权益。

建设生态文明是执政党提高执政能力的重要体现。习近平总书记指出，执政党面临的一个重要课题，就是如何正确认识和妥善处理我国发展起来后不断出现的新情况、新问题。面对可持续发展的时代潮流，面对绿色、循环、低碳发展的新趋向，面对人民群众对环境保护的期待和诉求，必须把生态文明建设作为增强执政党的执政能力、巩固执政党的执政基础的一项战略任务，持之以恒加以推进，不断抓出成效。

建设生态文明是后国际金融危机时期抢占未来竞争制高点的战略选择。国际金融危机影响深远，世界经济正处于新一轮结构调整、创新发展的时期，气候变化、能源资源安全、生物多样性保护等全球性资源环境问题将是国际社会长期面对的重大挑战，绿色发展、循环经济日益成为世界发展的重要趋势。只有以环境保护优化经济结构和发展方式，抢占世界经济发展新的制高点，才能在新一轮国际竞争中赢得主动。

生态文明的系统论述和战略部署，为提升我国发展质量提供了新的战略指导，是党深刻把握可持续发展时代潮流和当今世界绿色、低碳、循环发展新趋向作出的战略抉择，是对人民群众新期待的回应，标志着执政党执政理念的重大提升。

二、准确把握生态文明建设的主要内涵

建设生态文明，实质上就是要建设以资源环境承载力为基础、以自然规律为准则、以可持续发展为目标的资源节约型、环境友好型社会。建设生态文明，内容非常丰富。从生态文明的内涵看，主要包括先进的生态伦理、完善的生态制度、发达的生态经济、适度的生态生活、良好的生态环境和可靠的生态安全。

先进的生态伦理是建设生态文明的前提。从价值取向看，必须树立先进的生态伦理理念。人类是自然的重要组成部分，要尊重自然规律，强调在尊重自然的前提下利用和保护自然，给生态环境以平等态度和人文关怀。树立以“和谐”为宗旨的生态伦理观念，加强生态文明宣传教育，营造爱护生态环境的良好风气，推动生态文化、生态意识、生态道德等生态文明理念牢固树立，使之成为中国特色社会主义的核心价值要素。

完善的生态制度是生态文明建设的保障。建立以“协同”为基础的生态制度框架，把环境公平与正义贯穿到经济社会决策和管理的各个方面，建立健全法律、政策和体制机制。把资源消耗、环境损害、生态效益纳入经济社会发展评价体系，建立体现生态文明要求的目标体系、考核办法、奖惩机制。建立国土空间开发保护制度，完善最严格的耕地保护制度、水资源管理制度、环境保护制度。深化资源性产品价格和税费改革，建立反映市场供求和资源稀缺程度、体现生态价值和代际补偿的资源有偿使用制度和生态补偿制度。加强环境监管，健全生态环境保护责任追究制度和环境损害赔偿制度。

发达的生态经济是生态文明建设的关键。建设生态文明，并不是放弃对物质生产的追求，而是超越和扬弃粗放型的发展方式，对传统产业进行生态化改造，大力发展节能环保等战略性新兴产业，使绿色经济、循环经济和低碳技术在整个经济结构中占较大比重，推动经济绿色转型，实现在保护中发展、在发展中保护。

适度的生态生活是生态文明建设的内在要求。生态文明建设不仅要重视人类的生产活动对环境的影响，也要十分重视人类生活与环境的关系。要营造以“适度”为准则的生态生活氛围，形成合理消费的社会风尚，人的生活方式、消费模式应该适度，而不是过度，人与自然应该和谐共处，而不是人凌驾、欺压自然。

良好的生态环境是生态文明建设的基础。生态是生存之基，环境是发展之本，蓝天白云、青山绿水是长远发展的最大本钱。良好的生态环境本身就是生产力，就是发展后劲，也是一个地区的核心竞争力。只有创造良好的生态环境，才能促进经济社会的全面协调可持续发展。必须持续改善生态环境质量，让人民群众喝上干净的水、呼吸上新鲜的空气、吃上放心的食物。

可靠的生态安全是生态文明建设的底线。没有生态安全，就不可能谈及生态文明和可持续发展，要构筑生态环境安全体系，有效防范环境风险，及时妥善处置突发资源环境事件和自然灾害，维护生态环境状况稳定，避免重大生态危机。

三、积极投身生态文明建设的伟大实践

生态文明建设不仅具有很强的理论性，而且具有很强的实践性。生态文明建设，贵在坚持，重在实践。生态文明建设是全社会共同的使命，我们应该积极投身生态文明建设的伟大实践。

加强学习，提高思想认识。生态文明是继原始文明、农业文明、工业文明之后又一新的、更高水平的文明形态，博大精深、内涵丰富、影响深远，已经被列入中国特色社会主义事业“五位一体”的总体布局。我们必须加强生态文明知识的学习，通过学习提高认知水平，正确认识环境保护与经济发展的关系，深刻领会生态文明精神实质和各项要求，做生态文明的追随者、参与者。

认真研究，积极建言献策。尽管 21 世纪以来世界各国对环境问题越来越关注，并提出了可持续发展的理念，但这一议题并未上升到人类文明发展的高度，生态文明是中国对世界文明发展的一种理论创新和贡献。自 2005 年全国人口资源环境工作座谈会首次提出生态文明概念，到党的十八大对生态文明设单章进行系统论述，时间还不长，无论是理论还是实践都需进一步深化和完善，我们可以重视、加强这方面的研究，围绕生态文明建设方面的重大问题积极建言献策。

努力践行，主动投身参与。生态文明建设是全社会共同的义务和责任，无论是生产还是生活我们都要积极参与，尤其是在生态生活方面需要我们从每个人做起，从每件小事做起。少用一个塑料袋，多带一个布包；主动收集垃圾，积极进行分类；保护我们身边的一草一木，不穿皮毛衣服，不吃野生动物；时刻注意节约，崇尚适度消费，反对挥霍铺张、积极绿色出行。

（2013 年）

推进生态文明建设不断走向深入

党的十八大将生态文明建设提到了“五位一体”的战略高度，各级各部门都在积极探索和大力推进生态文明建设，推进生态文明建设不断走向深入。

一、生态文明提出的时代背景

人类文明已经历了从原始文明、农业文明到工业文明的发展阶段。以蒸汽机的发明为标志，人类进入了工业文明的时代。在工业文明时代，一方面，生产力和科技得到了极大的发展，马克思曾经说过，工业文明以来人类所创造的物质财富比工业文明前人类所有历史阶段创造的物质财富的总和还要多，但另一方面，工业污染引发的污染事件层出不穷，人与自然的关系出现了明显的对立和冲突，这一现象引起了科学家们的广泛关注，对此，国际社会提出了可持续发展的战略。1973 年，联合国第一次人类环境会议召开不久后，我国就成立了环境保护的机构，围绕环境保护开展了一些工作；1983 年，在第二次全国环境保护会议上，国家明确将保护环境作为必须长期坚持的一项基本国策，制定了中国环境保护的总方针、总政策；1996 年，国家“九五”计划首次将可持续发展列为国家战略；党的十五大报告再次强调实施可持续发展战略，正确处理经济发展同人口、资源、环境的关系；党的十六大提出了全面建成小康社会的任务，要求走生产发展、生活富裕、生态良好的文明发展道路；党的十七大首次提出“建设生态文明”，十八大报告更是首次把生态文明建设提升至与经济、政治、文化、社会四大建设并列的高度，列入建设中国特色社会主义“五位一体”的总体布局，成为全面建成小康社会任务的重要组成部分。

（一）习近平总书记和党中央、国务院高度重视生态文明建设

习近平总书记指出："我们既要绿水青山，也要金山银山。宁要绿水青山，不要金山银山，而且绿水青山就是金山银山。"反复强调要按照绿色发展理念，坚持保护优先，把生态文明建设融入经济建设、政治建设、文化建设、社会建设各方面和全过程。党的十八大以来，党中央、国务院高度重视生态文明建设，陆续出台了一系列顶层设计的文件。2015 年 5 月，中共中央、国务院发布《关于加快推进生态文明建设的意见》（以下简称《意见》），这是继党的十八大和十八届三中、四中全会对生态文明建设作出顶层设计后，中央对生态文明建设的一次全面部署，《意见》从九个方面，提出了路线图和工作任务；2015 年 9 月，中共中央、国务院又印发了《生态文明体制改革总体方案》，阐明了全国生态文明体制改革的指导思想、理念、原则、目标、实施保障等，提出到 2020 年，构建产权清晰、多元参与、激励约束并重、系统完整的生态文明制度体系，推进生态文明领域国家治理体系和治理能力现代化，努力走向社会主义生态文明新时代。

（二）资源环境约束趋紧，生态文明建设任务繁重而紧迫

近年来经济粗放式的发展，带来了一系列资源环境问题。党的十七大报告指出"经济增长的资源环境代价过大"，十八大报告再次警示"资源环境约束加剧"。以湖南为例，出现了城市环境空气质量不佳且无明显好转、洞庭湖富营养化趋势明显、河流水系水质未全面达到优良水平、部分城区黑臭水体问题突出、局部地区土壤污染治理任务繁重、重金属环境风险问题较大、农村环境保护短板突出等一系列生态环境问题。生态环境问题只是表象，深层次的原因还是"资源节约、环境友好"的发展模式尚未完全普及，生态优先、绿色发展、绿色生活的理念尚未完全树立，生态文明体制机制尚未完全建立。现阶段，生态环境问题已成为全面建成小康社会的最大短板，解决资源环境约束难题刻不容缓。为了解决经济社会发展中面临的资源环境问题，2015 年，湖南省出台了全国首个《生态文明体制改革实施方案（2014—2020 年）》，提出加快健全自然资源资产产权和用途

管制、划定生态红线，建立生态补偿、节能减排治污市场化、生态环境保护责任体系、法治保障等方面的制度，并分别明确了任务书、时间表和责任单位。根据部署，到2017年，湖南生态文明改革主要任务要基本完成；到2020年，初步形成系统完备、科学规范、运行有效的生态文明制度体系。

（三）长江经济带发展战略的实施对生态文明建设提出新要求

2016年1月5日，习近平总书记在重庆召开推动长江经济带发展座谈会，明确要求，当前和今后相当长一个时期，要把修复长江生态环境摆在压倒性位置，共抓大保护，不搞大开发。实施长江经济带发展战略，是以习近平同志为核心的党中央尊重自然规律、经济规律和社会规律，顺应世界发展潮流，为推动全国可持续发展、绿色发展和生态文明建设作出的重大战略决策部署，长江经济带沿江各省（区、市）必须从中华民族长远利益出发，走生态优先、绿色发展之路，使绿水青山产生巨大生态效益、经济效益、社会效益，使母亲河永葆生机活力。湖南是长江经济带中游重要省份，拥有163公里的长江黄金水道岸线，洞庭湖是长江中游重要的过水型湖泊，湘资沅澧四水流域是长江流域重要的水源涵养和生态屏障区，在长江经济带的生态战略地位十分重要，落实长江经济带发展战略责任重大。

二、生态文明建设主要任务

（一）牢固树立生态优先、保护优先的发展理念

划定资源环境生态三条红线。在重点生态功能区、生态环境敏感区和脆弱区等区域划定生态红线，建立生态保护红线管理信息系统，严格自然生态空间征（占）用管理，有效遏制生态系统退化的趋势。将大气、水、土壤等环境质量“只能更好、不能变坏”作为地方各级政府环保责任红线，依据环境质量目标要求确定污染物排放总量限值和环境风险防控措施。形成满足生产、生活和生态空间基本需求，符合实际的环境质量底线要求和空间格局。合理设定资源消耗“天花板”，加强能源、水资源、土

地资源等战略性资源管控，推动地方政府划定城市增长边界，提高土地利用强度，控制土地开发总量，严守水资源开发利用控制、用水效率控制和水功能区限制纳污的“三条红线”，强化能源消耗强度控制，做好能源消费总量管理，确保资源使用不超限。

优化生态文明建设空间格局。积极实施主体功能区战略，全面落实主体功能区划，优化发展的空间布局。编制各级环境功能区划，明确生产、生活、生态空间的环境功能定位与环境政策。通过把禁止开发、限制开发与划定生态保护红线结合起来，把重点开发与控制行业污染物排放总量结合起来，把优化开发与提升行业生产效率标准结合起来，建立更优的国土空间格局。强化战略和规划环评刚性约束，区域规划编制、重大项目布局必须符合主体功能定位及生态红线管制范围。严格按照《关于贯彻实施国家主体功能区环境政策的若干意见》要求，对不同主体功能区的产业项目实行差别化市场准入政策和环境政策，明确禁止开发区域、限制开发区域准入事项，明确优化开发区域、重点开发区域禁止和限制发展的产业。构建平衡适宜的城乡建设空间体系，适当增加生活空间、生态用地，保护和扩大绿地、水域、湿地等生态空间，扩大生态产品供给。

（二）转变经济发展方式，倡导循环经济，追求绿色发展

充分考虑人口、资源、生态环境承载力，正确处理经济发展与人口、资源、环境的关系，统筹考虑当前发展和长远发展的需要，不断提高发展的质量和效益，走生产发展、生活富裕、生态良好的文明发展道路。转变关于发展的传统观念，从环境保护滞后于经济发展转变为环境保护和经济发展同步，通过环境保护优化、促进经济发展；从主要用行政办法保护环境转变为综合运用法律、经济、技术和必要的行政手段解决环境问题，自觉遵循经济规律和自然规律。

坚持生态利民、生态惠民、生态为民，把生态文明建设融入经济社会发展各方面和全过程，加快推动生产方式和生活方式绿色化，践行绿色发展理念，积极建设“美丽中国”。实施循环发展引领计划，转变资源利用方式，加快建立循环型工业、农业、服务业产业体系，拓宽延伸产业链。完善再生资源回收体系，加强垃圾分类回收和再生资源回收，推进秸秆等

农林废弃物以及建筑废弃物、餐厨废弃物资源化利用。开发利用“城市矿产”，发展再制造和再生利用产品。开展循环经济示范行动，加快循环经济地方性法规建设。

大力推进绿色城镇化。贯彻落实《国家新型城镇化规划（2014—2020年)》，根据资源环境承载能力，构建科学合理的城镇化宏观布局。尊重自然格局，依托现有山水脉络、气象条件等，合理布局城镇各类空间。保护自然景观，传承历史文化，提倡城镇形态多样性，保持特色风貌，防止“千城一面”。推动实施“多规合一”，促进城市总体规划、土地利用规划、环境保护规划的相互协调与融合。

（三）守好生态文明建设主战场，全面推进生态环境保护

坚持铁腕治污，坚决打好水、大气、土壤污染防治“三大战役”，持续改善大气、水、土壤三大要素环境质量。改善和优化总量控制制度，推进基于环境质量目标的总量控制要求，对主要污染物排放总量控制实行精细化管理，促进环境质量稳步提升。

因地制宜实施农村生活污染治理。持续推进农村环境综合整治，建立农村集镇、自然村落和散居农户生产、生活污水（生活垃圾）处理和后续服务体系，加强农村地区工矿污染治理，不断改善农村人居环境，加强农村环保能力建设。加强生态功能区保护和管理，系统开展生物多样性保护，加强自然保护区监督与管理。完善环境执法监督机制，全面建立“属地管理、分级负责、全面覆盖、责任到人”的环境保护网格化监管体系，强化属地环境监管责任。进一步完善现有环境保护投融资机制，充分发挥商业银行信贷资金、社会资本特别是民间资本的积极作用。推行环境污染第三方治理，提高污染治理的产业化、专业化、市场化程度。建立体现生态文明要求的绿色发展评价指标体系、考核办法、奖惩机制。把资源消耗、环境损害、生态效益等指标纳入经济社会发展综合评价体系。

（四）广泛开展多层次多类别生态文明示范创建

以生态文明建设示范区为载体，积极推进省域、市域、区县、乡镇、村等生态文明创建工程、环境保护模范城建设，以生态文明创建推动区域

生态环境、经济发展和社会进步良性互动。

大力开展生态文明示范创建。以生态文明建设示范、环境保护模范城创建等推进生态文明建设，提高生态文明水平。按照《国家生态文明建设示范区管理规程（试行）》《国家生态文明建设示范县、市指标（试行）》和新修订的《国家环境保护模范城市创建与管理工作办法》《国家环境保护模范城市考核指标》，大力推进生态文明建设示范省、市、县、乡镇、村，生态工业示范园区和国家环境保护模范城创建。

三、加快生态文明建设步伐

习近平总书记在长江经济带发展座谈会上的重要讲话，是习近平治国理政新理念新思想新战略的重要组成部分，为在长江经济带形成绿色发展方式和生活方式提供了科学的思想指引和行动指南。当前湖南正处在经济社会发展转型关键时期，同时也处在城镇化量质齐升的关键阶段。随着国家长江经济带发展战略的实施，湖南省委、省政府将生态文明建设提到了新的高度，提出湖南省长江经济带建设要以民为本、生态为基，加强生态环境综合治理，协调江河湖泊关系，实现流域绿色低碳循环发展。“十二五”以来，湖南省生态环境保护和生态文明体制改革工作取得了积极进展，在重点生态功能区保护与建设、生物多样性保护、农村环境综合整治、自然保护区监督管理、生态创建等多个领域取得突破。生态环境稳中向好。截至2015年底，全省拥有国家级自然保护区23个，省级自然保护区30个，位列全国第四，森林覆盖率稳定在59%以上，湿地面积约102万公顷。环境质量持续改善。水环境质量、城市环境空气质量总体保持稳定，2015年全省地表水水质总体为良，大气环境质量总体保持稳定稍有改善。主要污染物减排任务全面完成。化学需氧量、氨氮、二氧化硫、氮氧化物4项主要污染物实际减排量均超过预期目标。重点领域污染防治成效明显。大力推进湘江流域重金属污染治理，将湘江保护和治理列为省政府“一号重点工程”。农村环境综合整治整省推进，全覆盖拉网式铺开。城镇污水、垃圾处理和安全饮水工程等基础设施建设取得积极进展。环境监管执法不断加强。贯彻执行新环保法，将工作重心从偏重事前审批转向加强事中、事后全过程严格监管。环境保护体制机制不断创新。初步构建了生态环境保护责任体系，颁布实施了《湖南省环境保护工作责任规定（试行)》《湖南省重大环境问题（事件）责任追究办法（试行)》，有效推动了湖南省生态文明体制改革，在全国起到了较好的示范作用。环保产业取得长足发展。湖南省人民政府出台《关于加快发展环保产业的意见》，加大对环保产业的政策扶持和培育力度，“十二五”期间环保产业增加值保持年均增长 20% 以上，2015 年生产总值达 1600 亿元。尽管“十二五”湖南省生态文明建设成效明显，但存在的问题依然不少，环境保护从宏观层面参与综合决策机制有待完善，环境保护优化经济发展抓手不足。部分区域环境保护优先的发展理念树立不牢，一些地方政府还存在重发展轻保护的情况；企业污染防治主体责任意识不强，环保部门自身建设与新的形势发展不相适应等问题比较突出。需要引起高度重视并认真解决。《湖南省国民经济和社会发展第十三个五年规划纲要》《湖南省“十三五”环境保护规划》已将生态文明建设作为其重要内容，下一步，要牢固树立“生态优先、绿色发展”的理念，着力强化污染防治，有效改善环境质量，推进生态文明建设不断走向深入。

（2016 年 10 月 20 日）

深入学习贯彻习近平生态文明思想

一、加强学习，坚持用习近平生态文明思想武装头脑

（一）习近平生态文明思想是马克思列宁主义的新发展

马克思、恩格斯认为，“人靠自然界生活”，恩格斯在《自然辩证法》中说：“我们不要过分陶醉于我们人类对自然界的胜利。对于每一次这样的胜利，自然界都对我们进行报复”。马克思、恩格斯主张社会主义，推行计划经济，有计划的生产生活，能够避免人类对自然资源的过度依赖和破坏；与此同时，马克思、恩格斯对资本主义进行了强烈批判，认为资本主义的生产目的是追求利润最大化，不尊重自然规律，对自然资源进行了掠夺性破坏，也遭到了大自然的报复。20 世纪的“世界八大公害事件”，再次印证了马克思列宁主义的正确性。习近平生态文明思想是在马克思列宁主义的基础上发展起来的。就自然辩证法而言，习近平总书记提出的“绿水青山就是金山银山”是马克思主义关于人与自然关系思想中国化的最新成果。就历史辩证法而言，习近平总书记提出的“生态兴则文明兴，生态衰则文明衰”不仅是历史性话题，也是时代性课题。习近平总书记近年来就长江经济带生态环境保护、青海三江源生态环境保护、母亲河黄河生态环境保护提出了一系列重要的战略指导思想，就是从区域发展、生态与文明的历史性兴衰角度提出的时代课题。就唯物辩证法而言，习近平总书记提出的“保护生态环境就是保护生产力，改善生态环境就是发展生产力”这一著名的科学论断，集中体现了马克思主义哲学的立场和方法，形成了新时代中国特色社会主义生态文明建设的认识论、实践论和方法论，

开辟了马克思主义人与自然观的新境界。

1. 习近平生态文明思想是习近平新时代中国特色社会主义思想的重要组成部分

第一，习近平生态文明思想与习近平经济思想、习近平强军思想、习近平外交思想，以及习近平总书记关于政治建设、文化建设、社会建设等方面的重要论述，共同构成了习近平新时代中国特色社会主义思想。第二，习近平总书记用“四个一”强调了生态文明的重要地位：在“五位一体”总体布局中生态文明建设是其中一位，在新时代坚持和发展中国特色社会主义基本方略中坚持人与自然和谐共生是其中一条，在新发展理念中绿色是其中一大理念，在三大攻坚战中污染防治是其中一大攻坚战。第三，生态文明建设贯穿于“五位一体”总体布局和“四个全面”战略布局之中。习近平总书记指出：“各地区各部门要切实贯彻新发展理念，树立‘绿水青山就是金山银山’的强烈意识，努力走向社会主义生态文明新时代”，凸显了习近平生态文明思想的重要地位和作用。

2. 习近平生态文明思想是抓好生态环境保护工作的根本遵循

习近平生态文明思想深刻回答了为什么建设生态文明、建设什么样的生态文明、怎样建设生态文明的重大理论问题，以及为什么抓、怎样抓、抓什么、谁来抓的重大实践问题。习近平生态文明思想的指导思想、八大观点、五大体系、基本原则，以及以习近平生态文明思想为指导中央作出的系列决策部署，构建了生态文明建设和生态环境保护完备的制度体系，是生态文明建设和生态环境保护的“四梁八柱”，既是重要的认识论、价值观，又是重要的方法论，是做好生态环境保护工作的定盘星、指南针和金钥匙。要把深入学习贯彻习近平生态文明思想作为长期重要的政治任务，在求真求深上做文章，在求实求效上下功夫，做到真学、真懂、真信、真用。

二、领会精神，努力用习近平生态文明思想指导实践

（一）准确把握习近平生态文明思想理论体系

作为从事生态环境保护的领导干部，首要的学习任务就是掌握习近平

生态文明思想的丰富内涵，为便于学习记忆，我将习近平生态文明思想理论体系归纳为“一二三四五六”要点：即对生态环境保护作出一个科学判断：正处于压力叠加、负重前行的关键期，已进入提供更多优质生态产品以满足人民日益增长的优美生态环境需要的攻坚期，也到了有条件、有能力解决生态环境突出问题的窗口期。提出了生态文明建设的两个阶段性目标：到 2035 年，确保生态环境质量实现根本好转，美丽中国目标基本实现；到 21 世纪中叶，生态文明与物质文明、政治文明、精神文明、社会文明一起全面得到提升，全面形成绿色发展方式和生活方式，建成美丽中国。部署了污染防治攻坚三大战役：即坚决打赢蓝天保卫战、着力打好碧水保卫战、扎实推进净土保卫战。明确了推进生态文明建设的四个保障措施：即明确地方党政领导的主体责任，建立科学合理的干部考核绿色评价体系，健全生态环境保护经济政策体系，建设一支生态环境保护铁军。提出了五个基本要求：即构建完整的生态文明体系，全面推动绿色发展，把解决突出环境问题作为民生优先领域，有效防范生态环境风险，提高污染治理水平。提出推进生态文明建设的六大原则：即坚持人与自然和谐共生，绿水青山就是金山银山，良好生态环境是最普惠的民生福祉，山水林田湖草是生命共同体，最严格制度、最严密法治保护生态环境，共谋全球生态文明建设。

1. 深刻领会习近平生态文明思想的主要观点

习近平生态文明思想涵盖了生态文明建设的历史定位、基本理念、本质关系、政治要求、目标指向、实践方法、根本保障、国际视野等诸多方面，内涵丰富、博大精深，主要观点有八个：一是生态兴则文明兴、生态衰则文明衰的深邃历史观。生态环境是人类生存的基础条件，也是文明发展的重要基石。生态文明建设是关系中华民族永续发展的根本大计。二是人与自然是生命共同体的科学自然观。人与自然是生命共同体，人类必须尊重自然、顺应自然、保护自然。三是绿水青山就是金山银山的绿色发展观。“我们既要绿水青山，也要金山银山，宁要绿水青山，不要金山银山，而且绿水青山就是金山银山。”保护生态环境就是保护生产力，改善生态环境就是发展生产力。四是良好生态环境是最普惠的民生福祉的基本民生观。民心是最大的政治，人民对美好生活的向往是我们党执政的奋斗目标。环境就是民生，青山就是美丽，蓝天也是幸福。五是统筹山水林田湖草系统治理的整体系统观。山水林田湖草是一个生命共同体，自然生态各要素相互贯通。六是实行最严格生态环境保护制度的严密法治观。只有实行最严格的制度、最严明的法治，才能为生态文明建设提供根本保障。七是全社会共同参与的全民行动观。优美的生态环境由全社会共享，也需要全社会共建、共治。八是建设清洁美丽世界的共赢全球观。只有并肩同行，才能让绿色发展理念深入人心、全球生态文明之路行稳致远。

2. 认真贯彻习近平生态文明思想的指导原则

习近平生态文明思想为全面加强生态环境保护提供了理论基础，也为解决生态环境问题和生态危机提供了根本方法，对于推进生态文明建设和环境保护、打好污染防治攻坚战，具有十分重要的指导意义。有这样一些指导原则需要认真领会和把握。一要牢固树立“生态优先、绿色发展”的理念。生态优先、绿色发展，不能口头上讲，要落实到实际行动上。中央环保督察问题整改就反映出了这些问题，如长株潭绿心、张家界大鲵自然保护区、衡阳大义山保护区、益阳下塞湖等。在张家界大鲵自然保护区的问题上，甚至有人提出是保护几条娃娃鱼，还是保护人民群众的切身利益？说明有的地方还不能够正确处理好发展与保护的关系。在这些方面，湖南省与中央的要求还是有一定差距。二要坚决扛起生态环境保护的政治责任。习近平总书记强调，要严格落实生态环境保护的主体责任，地方各级党委、政府主要领导是本行政区域生态环境保护第一责任人。要坚持“党政同责、一岗双责”。通过近年来中央环保督察、省级环保督察强力问责，目前“党政同责”意识明确增强，但“一岗双责”还做得不够，需要进一步压实党政领导的工作责任。要落实“三管三必须”。即“管发展的必须管环保、管生产的必须管环保、管行业的必须管环保”。三要加强考核问责。习近平总书记指出，要建立科学合理的考核评价体系，考核结果作为各级领导班子和领导干部奖惩和提拔使用的重要依据。湖南省委在研究绩效考核方案时，不仅将污染防治攻坚战的考核比重大幅提升，而且同意由湖南省生态环境保护委员会单独组织考核，这与习近平总书记的指示精神保持了高度一致。习近平总书记强调，对那些损害生态环境的领导干部，要真追责、敢追责、严追责，做到终身追责，制度才不会成为“稻草人”“纸老虎”“橡皮筋”。因此，我们要向中央环保督察学习，建立健全省级环保督察体制机制，以严格的督察问责倒逼地方党委、政府落实主体责任。四要保持战略定力。始终保持打好污染防治攻坚战的韧性和决心，做到“不动摇、不松劲、不开口子”。五要靠制度来管理生态环境。十九届四中全会提出，要实行最严格的生态环境保护制度、全面建立资源高效利用制度、健全生态保护和修复制度、严明生态环境保护责任制度。更重要的是，要把这些制度优势转化为治理能力，不断推进生态环境治理体系和治理能力现代化。

（2020 年）

把学习贯彻习近平生态文明思想不断引向深入

习近平生态文明思想是习近平新时代中国特色社会主义思想的重要组成部分，是新时代生态文明建设的根本遵循和行动指南。学习贯彻习近平生态文明思想是一项重大政治任务，意义重大、影响深远，必须提高政治站位、强化责任意识，进一步推动学习往心里走、往深里走、往实里走，真正参悟透、领会准、运用好，切实用这一思想武装头脑、指导实践、推动工作。

一、要带着感情学，推动学习往心里走

党的十八大以来，习近平总书记带领全党、全军、全国各族人民在中华民族伟大复兴中所展现出来的坚定的政治品格、浓厚的人民情怀、强烈的责任担当、勇敢的斗争精神、超前的战略思维、务实的工作作风、深厚的文化功底、亲民的人格魅力给我们留下了深刻的印象。我们要深刻认识习近平总书记成为党的领袖是历史选择和人民选择的统一，牢固树立“四个意识”，坚决维护习近平总书记在党中央和全党的核心地位，坚决维护党中央权威和集中统一领导。

生态环境是关系党的使命宗旨的重大政治问题，也是关系人民健康幸福的重大民生问题，习近平生态文明思想彰显了中国共产党为民族谋复兴、为人民谋幸福的初心和使命，深刻回答了“为什么建设生态文明”“怎样建设生态文明”“建设什么样的生态文明”等重大理论和实践问题，既是重要的价值观，又是重要的方法论，也是做好生态环境保护工作的定盘星、指南针和金钥匙。我们要深刻认识习近平总书记对党和国家所作出的历史性贡献，深刻认识习近平总书记是我们夺取改革和发展事业成功的

主心骨，进一步增强情感认同，增强学习贯彻习近平生态文明思想的政治自觉、思想自觉、行动自觉。

二、要全面系统学，推动学习往深里走

罗马不是一天建成的，从理念到思想，从理论到实践，从地方到中央，从国内到国际，习近平生态文明思想的形成经历了自然的孕育、发展和成熟过程，内涵丰富、博大精深。我们要坚持用历史的观点、联系的观点、全面的观点、发展的观点，准确把握习近平生态文明思想的发展脉络、科学体系、精神实质、实践要求，真正学懂学深学透，更好地指导工作。

（一）理论源泉

1. 马克思主义生态观

马克思在《1844 年经济学哲学手稿》中指出："自然界，就它自身不是人的身体而言，是人的无机的身体。人靠自然界生活。"这是马克思对人们以前持有的人类中心主义观念的批判。恩格斯也曾向人类发出过警告，他在《自然辩证法》中指出："我们不要过分陶醉于我们人类对自然界的胜利。对于每一次这样的胜利，自然界都对我们进行报复。"习近平总书记在 2016 年 1 月 18 日省部级主要领导干部学习贯彻党的十八届五中全会精神专题研讨班上强调："人因自然而生，人与自然是一种共生关系，对自然的伤害最终会伤及人类自身。只有尊重自然规律，才能有效防止在开发利用自然上走弯路。"他在党的十九大报告中进一步指出，"人与自然是生命共同体，人类必须尊重自然、顺应自然、保护自然"。这些重要论述体现出习近平生态文明思想对马克思主义生态观的继承和发展。

2. 中国传统文化的生态思想

中国传统文化中的生态思想源远流长，特别是儒家、道家、佛教中蕴涵着丰富的生态文明智慧，都具有尊重爱护万物的生态伦理思想，比如：道法自然、众生平等。习近平总书记注重从中国传统文化中汲取营养，习近平生态文明思想也蕴含了中国传统哲学中的生态智慧，如习近平总书记反复强调的"绿色发展"，就体现了中国哲学中的"天人合一""万物一

体”的思想。

3. 西方可持续发展理论

人类从原始文明、农业文明进入工业文明后，人与自然的关系日趋恶化，20 世纪 30—60 年代，重大环境污染事件比比皆是，其中最突出的就是“八大公害”事件。持续恶化的生态环境危机使一些专家学者和国际组织开始了反思与研究。美国海洋生物学家蕾切尔·卡逊在 1962 年写的《寂静的春天》中提到：“不解决环境问题，人类将生活在幸福的坟墓之中。”罗马俱乐部于 1972 年发表的研究报告《增长的极限》称：“没有环境保护的繁荣是推迟执行的灾难。”1972 年斯德哥尔摩联合国人类环境会议的基调报告《只有一个地球》指出：“不进行环境保护，人们将从摇篮直接到坟墓。”1987 年世界环境与发展委员会在《我们共同的未来》报告中提出了可持续发展的定义，即：可持续发展是既满足当代人的需要，又不对后代人满足其需要的能力构成危害的发展。这些书籍或报告逐步唤醒了人们的环保意识，可持续发展理念也逐渐进入了很多国家的发展战略之中。习近平总书记深刻指出，生态文明建设关系中华民族永续发展，强调绝不容许“吃祖宗饭、断子孙路”，必须走出一条绿色、低碳、可持续发展之路。

（二）实践经验

习近平总书记指出：“我对生态环境工作历来看得很重。在正定、厦门、宁德、福建、浙江、上海等地工作期间，都把这项工作作为一项重大工作来抓。”在多岗位、多层次的领导实践中，习近平总书记积累了生态文明建设的大量宝贵经验，并持续提炼和不断升华，这些实践经验成为党的十八大以来中国生态文明建设顶层设计的重要基础。在梁家河，他带领乡亲们建了陕西第一口“沼气池”，自建了一个“乡村厕所”。在河北正定，他推进“厕所革命”。在厦门，他亲自抓禁止乱砍滥伐树木、乱采沙石等工作，强调不能以破坏资源环境为代价换取经济发展；推动筼筜湖综合治理，使“臭水湖”蝶变为碧波荡漾、白鹭翱翔的“城市绿肺”和“城市会客厅”。在宁德，他力主立足实际发展生态农业，强调“振兴闽东在于‘林’字”，要求对资源应进行“综合开发”，“达到社会、经济、生态三者效益的协调统一，生态环境的良性循环”。在福州，他主持编定《福州市20年经济社会发展战略设想》，提出“城市生态建设”的理念，这是他首次将生态环境列入区域经济社会发展规划中。在福建，2000年，他提出建设生态省的战略构想。2001年，福建省政府成立生态省建设领导小组，习近平同志亲任组长，编制了生态省规划。2002年，在省政府工作报告中正式提出建设生态省战略目标。同年，福建成为全国首批生态省试点省份。在浙江，他形成了以绿色为基调的生态文明思想，体现为以人与自然和谐为核心的生态理念和以绿色为导向的生态发展观。2003年，他强力推进浙江生态省建设。2004年7月，他主持召开“千村示范、万村整治”工作现场会。2005年8月，他在浙江余村考察时提出了著名的“绿水青山就是金山银山”的两山理论。在上海，他要求淀山湖水源保护区执行最严格的环保标准，要求坚持不懈、持之以恒地加强水环境治理，大力推进和一直关心关注黄浦江两岸生态堤岸的建设。

（三）宏观视野

习近平总书记历来高度重视生态文明建设，将其看作是关系中华民族永续发展的根本大计。2018年5月18日，在全国生态环境保护大会上，习近平总书记对现阶段中国生态文明建设和环境保护作出了三期叠加的重大战略判断（即正处于压力叠加、负重前行的关键期，已进入提供更多优质生态产品以满足人民日益增长的优美生态环境需要的攻坚期，也到了有条件有能力解决生态环境突出问题的窗口期）。2016年1月5日，习近平总书记在重庆主持召开的推动长江经济带发展座谈会上强调，“把修复长江生态环境摆在压倒性位置，共抓大保护，不搞大开发”，2018年4月26日，习近平总书记又在武汉主持召开的深入推动长江经济带发展座谈会上指出，要走“生态优先、绿色发展”为导向的高质量发展新路子，2019年3月5日，习近平总书记在参加十三届全国人大二次会议内蒙古代表团审议时提出，生态文明建设和环境保护的“四个一”（即在“五位一体”总体布局中生态文明建设是其中一位、在新时代坚持和发展中国特色社会主义基本方略中坚持人与自然和谐共生是其中一条基本方略、在新发展理念中绿色是其中一大理念、在三大攻坚战中污染防治是其中一大攻坚战），要保持加强生态文明建设的战略定力，不动摇、不松劲、不开口子。2019年9月18日，习近平总书记在河南主持召开黄河流域生态保护和高质量发展座谈会时强调，“共同抓好大保护，协同推进大治理”。2019年12月10日，习近平总书记在中央经济工作会议上再次强调，要打好污染防治攻坚战，坚持方向不变、力度不减，突出精准治污、科学治污、依法治污，推动生态环境质量持续好转。

（四）核心要义

习近平生态文明思想为新时代全面加强生态环境保护、打好污染防治攻坚战提供了思想指引和行动指南，其核心要义集中体现为“八个观”：一是生态兴则文明兴、生态衰则文明衰的深邃历史观；二是人与自然和谐共生的科学自然观；三是绿水青山就是金山银山的绿色发展观；四是良好生态环境是最普惠的民生福祉的基本民生观；五是山水林田湖草是生命共同体的整体系统观；六是用最严格制度保护生态环境的严密法治观；七是全社会共同建设美丽中国的全民行动观；八是共谋全球生态文明建设之路的共赢全球观。

三、要联系实践学，推动学习往实里走

理论来源于实践，科学的理论形成之后，又会对实践产生巨大的指导作用。习近平生态文明思想既是重要的认识论，也是重要的价值观、重要的方法论。我们要深刻认识中国生态文明建设和生态环境保护从认识到实践之所以发生历史性变革，取得历史性成就，正是归根于习近平生态文明思想的科学指引，我们要联系实践，不断深化习近平生态文明思想学习和研究，推动生态文明建设迈上历史新台阶。

（一）坚持用最严格制度、最严密法治保护生态环境

过去，由于体制不健全、制度不严格、法治不严密、执行不到位、惩处不得力，全国部分区域、行业生态环境问题突出，社会各界反应强烈。习近平总书记指出：“只有实行最严格的制度、最严密的法治，才能为生态文明建设提供可靠保障”。从秦岭违建别墅到祁连山生态破坏，从洞庭

湖下塞湖非法矮围到腾格里沙漠污染，哪里发出了重大生态破坏的警报，习近平总书记都亲自过问，责成相关部门严肃查处，追责问责。2020 年 4 月 20 日，习近平总书记再次考察秦岭时强调，秦岭违建是一个大教训。从今往后，在陕西当干部，首先要了解这个教训，切勿重蹈覆辙，切实做守护秦岭生态的卫士。当前，生态环境保护有关制度已成为刚性的约束和不可触碰的高压线，各级领导干部要有清醒认识，在生态环境保护问题上，绝不能越雷池一步，否则就会受到惩罚。

（二）坚持生态惠民、生态利民、生态为民

新时代，中国社会主要矛盾已经转化为人民日益增长的美好生活需要和不平衡不充分的发展之间的矛盾。人民美好生活需要日益广泛，对美好生态环境的需要日益增长。习近平总书记强调，环境就是民生，青山就是美丽，蓝天也是幸福，发展经济是为了民生，保护生态环境同样也是为了民生。第一轮中央生态环保督察推动解决 3 万多件民众身边的生态环境问题，取得了“百姓点赞、中央肯定、地方支持、解决问题”的显著效果。民之所盼，政之所依，我们必须以对人民群众高度负责的态度，把生态环境保护放在更加突出的位置，坚持生态惠民、生态利民、生态为民，为人民群众提供更多优质生态产品，重点解决损害群众健康的突出环境问题，让老百姓切实感受到社会经济发展带来的生态环境效益。

（三）坚持“山水林田湖草”系统治理和保护

生态是统一的自然系统，是相互依存、紧密联系的有机链条。习近平总书记强调，山水林田湖草是生命共同体，要统筹兼顾、整体施策、多措并举。习近平总书记在福建工作期间，曾经五下长汀，要求用系统思维的方式治理长汀的水土流失，到中央工作后仍十分关注长汀的水土流失治理，经过十几年的努力，长汀在水土流失治理方面取得了明显成效，曾经的“火焰山”变成了“绿森林”，森林覆盖率高达 79.4%。又如，由于投肥养鱼和水生生物的破坏，湖南大通湖水质长期为劣Ⅴ类，生态环境质量严重恶化，2016 年以来，益阳市综合采取“禁、退、清、建、改、调、治、换、种”整治措施，有效改善了流域水生态环境质量，其中大通湖从

2018 年 10 月开始已连续 18 个月退出劣Ⅴ类。对于生态环境保护，我们不能再头痛医头、脚痛医脚，必须按照生态系统的整体性、系统性及内在规律，统筹考虑自然生态各要素，进行整体保护、宏观管控、综合治理，全方位、全地域、全过程开展生态文明建设，增强生态系统循环能力，维护生态平衡。

（四）坚持“绿水青山就是金山银山”新发展理念

绿水青山既是自然生态财富，又是社会经济财富，保护生态环境就是保护生产力，改善生态环境就是发展生产力。

实践证明，脱离环境保护搞经济发展是“竭泽而渔”，离开经济发展抓环境保护是“缘木求鱼”，必须推动高质量发展与高水平保护的协调统一。2005 年 8 月，时任浙江省委书记的习近平在安吉考察时首次提出“绿水青山就是金山银山”这一科学论断。15 年以来，安吉县坚持“两山”理念，大力发展绿色产业，激活绿色资源，46 万人吃上“生态饭”，竹产业形成了 7 大系列 5000 多品种，年产值过 200 亿元，带动生态旅游收入过 300 亿元。同时，各地、各行业也在按照“产业生态化、生态产业化”的要求，积极探索绿色发展、低碳发展、循环发展的道路，涌现出了不少成功的案例。如河北唐钢立足内部挖潜，采取中水回用、余热利用、工业废渣回收利用等措施节能减排、循环利用，3 年增效 120 亿元，为应对行业困境提供了有力支撑；上海化学工业区管理委员会大力发展循环经济，成为绿色园区发展的典范。他山之石，可以攻玉。只要我们认真贯彻落实创新、协调、绿色、开放、共享的新发展理念，用集约、循环、可持续方式做大“金山银山”，形成节约资源和保护环境的空间格局、产业结构、生产方式、生活方式，擦亮高质量发展的生态成色，完全能够实现产业强、百姓富、生态美的有机统一。

（五）坚持建设美丽中国全民行动

生态文明建设同每个人息息相关，每个人都是生态环境的保护者、建设者和受益者，每个人都不是旁观者、局外人、批评家，都不能只说不做，置身事外。总体而言，当前全国社会公众的生态环境意识和行为总体呈现“高认同、低认知、践行度不够”特征，亟待加以改进。作为中国首个进行垃圾分类的城市——上海，根据统计，截至2019年底，上海全市可回收物回收量、有害垃圾分出量、湿垃圾分出量平均每天较2018年底分别增加431.8%、504.1%、88.8%，而干垃圾处置量平均每天比2018年底减少了17.5%，成效明显，充分体现了群众路线的强大力量。我们要不断加强生态文明宣传教育，强化公民环境意识和实践能力，推动形成节约适度、绿色低碳、文明健康的生活方式和消费模式，形成全社会共同参与的良好风尚，把建设美丽中国化为人民的自觉行动。

（2020年）

高校要成为深入学习贯彻习近平生态文明思想的三个高地

生态环境是人类生存最为基础的条件，是可持续发展最为重要的基础。党的十八大以来，习近平总书记站在中华民族永续发展的高度，大力推动生态文明理论创新、实践创新和制度创新，创造性提出了一系列新理念、新思想、新战略，形成了习近平生态文明思想，为建设美丽中国提供了根本遵循。高校是人类文明传承发展创新的重要平台和载体，在生态文明传承发展创新中发挥积极作用，推动未来人类文明发展，既是高校的重要使命，也是高校应尽的责任。

2023 年是毛泽东同志诞辰 130 周年，湘潭大学建校 65 周年，习近平总书记作出“守护好一江碧水”殷殷嘱托 5 周年，对湘潭大学作出重要指示批示 5 周年。作为承载着毛泽东同志殷殷嘱托、习近平总书记殷切期望的湘潭大学，持续深化学习贯彻落实习近平新时代中国特色社会主义思想，尤其是习近平生态文明思想，具有十分重要的现实意义和深远的历史意义。

一、习近平生态文明思想为谱写人与自然和谐共生现代化的高校新篇章提供了根本遵循

习近平生态文明思想的理论意义指明了高校学科建设新方向。习近平生态文明思想是马克思主义中国化时代化最新理论成果在生态文明领域的集中体现，是一个系统完整、逻辑严密、内涵丰富、博大精深的科学体系。习近平生态文明思想是新时代推进美丽中国建设、实现人与自然和谐共生的现代化的强大思想武器，具有极为重大的理论意义，为加快发展方

式绿色转型、深入推进污染防治攻坚、提升生态系统多样性稳定性、积极稳妥推进碳达峰碳中和提供了科学引领；为高校开设应对气候变化、碳经济研究、清洁能源等新兴专业提供了现实基础；为进一步完善环境保护与修复、生态文明建设、生态哲学、生态经济学、生态美学、环境法学等学科体系建设指明了新方向。

习近平生态文明思想的实践伟力拓展了高校科学研究新领域。习近平生态文明思想具有鲜明的科学性、时代性、先进性和实践性。习近平生态文明思想中的“绿水青山就是金山银山”“人类命运共同体”等理念已经成为联合国重要文件的核心关键词，为推动全球环境治理贡献了中国智慧和中国方案。如今，我国已成为促进清洁美丽世界建设的重要参与者、贡献者、引领者。习近平生态文明思想体现出的强大实践创造力，为高校拓展了减污降碳、绿色环保、新能源、碳封存、碳捕获、碳经济等科学研究新领域。

习近平生态文明思想的创新品格丰富了高校人才培养新理念。习近平生态文明思想实现了对马克思主义自然生态观的继承与创新，推动了中华优秀传统生态文化的创造性转化和创新性发展，体现了理论、实践和制度三者创新品格的高度统一。在习近平生态文明思想指引下，高校可以依托各类生态文明思想研究中心（实践基地）培育一批生态文明研究和建设领域的专家学者，引领和推动全社会的生态文明建设；高校可以做强做实生态文明思想研究的相关教材建设，出版一批具有引领性、影响力的高水平教材；高校可以优化人才培育方案，培养一批具有创新意识、创新素质、创新能力的生态文明建设领域的优秀人才。

二、高校要成为学习贯彻习近平生态文明思想的重要高地

截至2022年，全国有高校3013所，各种形式的高等教育在校生4655万人；有环境学科与工程博士学位一级学科授权的高校70余所、硕士学位一级学科授权的高校130余所，有环境类专业的院校420余所，开设环境类专业680余个。高校作为“关键少数”，有条件、有责任、有能力成为深入学习贯彻习近平生态文明思想的重要高地。

要成为深入学习贯彻习近平生态文明思想的宣传教育高地。充分发挥

思政课主渠道作用和通识课重要作用，挖掘专业课中的生态资源，讲清楚习近平生态文明思想的理论逻辑、历史逻辑和实践逻辑，从根本上提升学生对生态文明的认知程度和践行力度。要连通课内课外、校内校外、线上线下，分领域、分区域、分主题营造沉浸式生态文明教育环境，让生态文明教育进课堂、进教材、进网络，引导学生在学习和实践中理解、践行习近平生态文明思想。要充分发挥高校生态环境类专业优质教育资源辐射带动作用，搭建面向社会的生态文明宣传教育平台和实践机制，成为学习贯彻习近平生态文明思想的宣传教育高地。

要成为学习贯彻习近平生态文明思想的研究高地。高校要发挥多学科优势，研究习近平生态文明思想的理论体系、方法体系和实践体系，系统梳理习近平生态文明思想的重要理念、重大理论命题、标志性范畴、代表性观点、方法论的创新等，构建起学术研究的主体框架，推动形成生态文明建设的“中国标准”“中国方案”。高校要研究习近平生态文明思想的话语体系，既要阐明其核心概念、基本命题、重大论断、实践经验，有效构筑起系统完整又规范一致的理论和实践话语体系，又要加强生态文明话语体系传播能力建设研究，全面提升我国生态文明建设的国际话语权和影响力。高校要根据自身情况，整合优势教学资源，以资源、环境和能源相关专业为依托，聚焦石墨烯、锂电池等新材料，卫星遥感碳核算系统等新技术，碳经济、碳评价等新领域，深海探测、低空飞行器等新设备，服务国家重大发展战略。高校可以根据自己人才储备和科研优势等情况，成立碳经济研究院、未来技术学院等，抢占人才培养和科学研究双高地，以实际行动助力和深化习近平生态文明思想研究。

要成为学习贯彻习近平生态文明思想的实践高地。高校要从学科建设、人才培养、科技创新和产学研协同等方面深入践行习近平生态文明思想，为生态文明建设提供强有力的人才和科技支撑。在学科专业建设方面，高校可在加强传统生态环境类学科建设的基础上，促进生态哲学、生态经济学、生态法学、生态美学等交叉学科发展，瞄准碳达峰和碳中和、无废城市等推进新型学科建设。在人才队伍培养方面，高校可结合自身优势学科特色，找准发力点，在环境保护、生态修复、绿色发展等方面加大人才培养力度，加强环境类高层次科技人才建设和储备。在服务国家“双碳”战略进程中，高校可培育传统优势学科与新兴交叉学科相融合的一流创新人才，大力发展应对气候变化、清洁能源、碳核查、碳经济、碳会计、碳投资咨询、碳信用评估、碳资产评估等新兴学科的人才培养，积极推进生态哲学、生态经济学、生态美学等交叉学科的人才储备。在科技创新和产学研协同方面，高校要锚定生态环境保护和绿色发展的重点领域和难点问题，强化科技协同，加强研究力度，久久为功，在新的战略机遇下，推动理论创新和成果转化，为践行习近平生态文明思想提供强大的技术支持和人才保障。

三、努力在深入学习贯彻习近平生态文明思想中彰显湘大担当

深入开展习近平生态文明思想学习研究。湘潭大学充分利用马克思主义学院的学科和人才优势，深入开展习近平新时代中国特色社会主义思想研究，将习近平生态文明思想研究作为重要内容。2023 年 2 月我到湘潭大学履职后，又进一步着力推动构建 1（习近平新时代中国特色社会主义思想）+4（习近平经济思想、习近平法治思想、习近平生态文明思想、习近平文化思想）的习近平新时代中国特色社会主义思想研究体系。我牵头组建了跨学科的湘潭大学习近平生态文明思想学习和研究团队，成员包括马克思主义理论、环境资源、化学化工、新材料、商学、环境法学、应用数学等学院和学科的专家群体，每月组织 2 次专门的学习研讨，开展了《科学把握习近平生态文明思想原创性》《习近平生态文明制度重要论述的原创性贡献》等课题研究。同时，学校坚持做绿色教育的供给者、绿色科技的推行者、绿色文化的引领者，充分发挥多学科交叉协同优势，致力于打造习近平生态文明思想宣传教育阵地、研究阐释基地、成果转化高地，自觉将习近平生态文明思想融入人才培养全过程，持续深化对习近平生态文明思想的理论阐释和实际践行，努力在深入学习贯彻习近平生态文明思想方面干在实处、走在前列。

着力加强生态环境学科建设和人才培养。湘潭大学环境学科作为我国第一批批准设立、最早进行本科招生的专业之一，经过近 50 年的建设与发展，已建立起本硕博完整的人才培养体系，在生态环境领域的人才培养、科学研究、成果转化等方面，取得了较好的成绩。学校建设了《生态文明

与绿色发展》等一批绿色通识课程，开设《新能源储能材料绿色制造》《生态模式工业技术》《碳捕捉应用技术集成》等绿色专业课程，编写《环境法与生态文明建设》等科普读物，面向青年学生讲深、讲透、讲活习近平生态文明思想。学校还参与《习近平生态文明思想学习纲要》《习近平生态文明思想问答》编审工作，出版《中国共产党生态文明建设理论研究》《新媒体环境下高校生态文明教育创新研究》《中国古代环境资源法律探研》《区域生态环境法治要论跨行政区协同法治的视角》等多部专著，推出《"人与自然和谐共生现代化"的思想底蕴、价值涵蕴和现实意蕴》《习近平总书记关于人与自然和谐共生重要论述的三重逻辑》《习近平新时代生态文明观的理论贡献》《中国共产党生态文明建设思想的整体性逻辑》《生态环境损害政府诉权优先的制度检视与完善》《生态守法论——以环境法治的时代转型为指向》等研究成果，举办"学习贯彻习近平生态文明思想 产学研用推进绿色低碳发展"论坛。

不断探索生态文明建设新领域。目前，针对国家"双碳"目标和地方相关政策布局，学校积极发挥相关专业和技术优势，从工业节能降耗减排技术、大气污染防治技术、先进储能材料等方面开展基础和产业化研究，紧密对接国家政策和布局，积极发挥智力优势，主动作为，正在谋划设立碳经济研究院。下一步，还准备开设应对气候变化和碳经济专业，培养本科及以上人才。

积极推进生态环境领域产学研结合。学校瞄准生态文明领域重大理论和实践问题，积极推进产学研合作，围绕"蓝天碧水净土污染防治攻坚战""双碳"战略目标等国家重大需求，聚焦能源清洁高效转换与利用、己内酰胺绿色合成新技术、长江水生态保护修复、水稻品质安全等开展自主创新研究，主持"长株潭区域大气细颗粒物污染成因解析及防治关键技术研究与应用示范""城市黑臭水体监测治理技术与装备"等重要项目，研制出"黑臭水体纳米材料－微生物协同技术及设备""黑臭水体高效磁分离技术及一体化装备"，主导实现废铅蓄电池资源回收全过程绿色智能化，不仅完全适应了我国废铅蓄电池资源循环行业的复杂国情，推动行业从达标排放迈向清洁生产，技术装备水平全球领先，并引领着世界行业技术装备的绿色低碳发展，国内行业占有率接近90%，世界行业占有率超过

60%。湘潭大学还加强了与北大、清华等高等院校和生态环境部习近平生态文明思想研究中心、中科院大气所、中国环科院等科研院所，郴州市、怀化市、宁乡市等地方政府，三一重工、蓝思科技等知名企业的校校、校所、校地、校企合作，着力推进湘潭大学生态环境领域产学研深度融合。

建设人与自然和谐共生的中国式现代化意义重大、使命光荣。围绕实现“人才培养的摇篮”“科技创新的重镇”“宣传推广的高地”“服务发展的源泉”等目标，湘潭大学将牢记使命，强化担当，踔厉奋发、勇毅前行，争做习近平生态文明思想的坚定信仰者、研究阐释者、人才培养者、忠实践行者、有力传播者，更好地服务国家、服务人民、服务地方、服务社会需求，奋力谱写人与自然和谐共生现代化的高校新篇章。

（2023 年）

正确处理“五个重大关系”
全面推进美丽中国建设

2023 年 7 月 17 日—18 日，全国生态环境保护大会在北京召开，习近平总书记发表重要讲话，提出全面推进美丽中国建设，加快推进人与自然和谐共生的现代化。这次大会是在贯彻落实党的二十大精神开局之年，我国迈上全面建设社会主义现代化国家新征程的关键时刻，党中央召开的一次十分重要的会议，是新时代新征程生态文明建设领域新的重要里程碑。

党的十八大以来，在习近平总书记亲自谋划、亲自推动下，我国在生态文明建设领域开展了一系列开创性工作，决心之大、力度之大、成效之大前所未有，实现了四个重大转变。

从解决突出生态环境问题入手，注重点面结合、标本兼治，实现由重点整治到系统治理的重大转变。党的十八大以来，生态保护监管力度显著提高，通过中央生态环境保护督察有效解决了一批突出生态环境破坏问题。例如，祁连山由曾经的“千疮百孔”到现在的“满山苍绿”，由乱到治，大见成效。秦岭北麓由“无序开发”到“有序退出”再到现在的生态修复，发生了历史性变化。开展“绿盾”自然保护地强化监督，推动国家级自然保护区 5000 多个问题整改。坚持山水林田湖草沙一体化保护和系统治理，加大生态系统保护修复力度，推进生物多样性保护，提升生态系统多样性、稳定性、持续性，稳步推进了 25 个山水林田湖草生态保护修复工程的试点，划定了 35 个生物多样性保护优先区域，112 种特有珍稀濒危野生动植物实现了野外回归，系统抓好了长江、黄河等重大生态保护修复工程，我国生态安全屏障得到有效巩固。

坚持转变观念、压实责任，不断增强全党全国推进生态文明建设的自觉性主动性，实现由被动应对到主动作为的重大转变。党的十八大以来，习近平生态文明思想日益深入人心，各级党委和政府坚持一张蓝图绘到底，一任接着一任干，积极探索生态优先、绿色发展之路。各级各部门牢固树立“绿水青山就是金山银山”新发展理念，自觉当好生态文明建设的引领者、推动者和实践者。社会各界积极广泛深入参与，严格履行加强生态环境保护的社会责任，环保志愿者活跃在全国各地，共同守护生态环境理念已经成为全体人民的新风尚。

紧跟时代、放眼世界，承担大国责任、展现大国担当，实现由全球环境治理参与者到引领者的重大转变。我国积极履行《生物多样性公约》及其议定书，过去十年，我国的生物多样性保护目标执行情况好于全球平均水平。2022 年，积极引领推动了《生物多样性公约》第十五次缔约方大会（COP15）第二阶段会议取得圆满成功。会前组织召开近 40 次主席团会议、100 多场不同层次的双边和多边会议。推动大会通过了“昆明－蒙特利尔全球生物多样性框架”，历史性地描绘了 2050 年“人与自然和谐共生”的愿景，历史性地决定设立“框架”基金等，历史性地纳入遗传资源数据序列信息（DSI）的落地路径，为全球生物多样性治理擘画了蓝图、确定了目标、明确了路径、凝聚了力量。这是我国首次领导联合国重要环境条约谈判并取得成功，得到国际社会广泛赞誉。

不断深化对生态文明建设规律的认识，形成习近平生态文明思想，实现由实践探索到科学理论指导的重大转变。党的十八大以来，以习近平同志为核心的党中央进一步深化对生态文明的认知，重新界定和定位生态文明，提出新的生态文明建设理念。党的十八大将生态文明建设写入党章，并将其纳入中国特色社会主义“五位一体”总体布局和“四个全面”战略布局中。生态文明建设被纳入中国特色社会主义事业总体布局，这是具有里程碑意义的科学论断和战略抉择。2018 年全国生态环境保护大会正式确立习近平生态文明思想，在生态文明建设和生态环境保护发展历程中具有划时代意义，为新时期生态保护修复工作提供了思想指引和方法路径。2018 年通过的《宪法修正案》正式将生态文明建设纳入我国宪法中。2023 年全国人大常委会正式将 8 月 15 日确立为“全国生态日”，这一系列举措充分表明，我国的生态文明建设之路愈加明朗，生态文明建设已步入成熟阶段。

今后5年是美丽中国建设的重要时期，习近平总书记强调，要把建设美丽中国摆在强国建设、民族复兴的突出位置，推动城乡人居环境明显改善、美丽中国建设取得显著成效。我们要认真学习领会习近平总书记的重要指示和要求，重点锚定三大目标任务，一是提升工作定位，将建设美丽中国摆在强国建设、民族复兴的突出位置；二是补齐短板弱项，突出抓好人居环境改善；三是全面整体发力，深入打好污染防治攻坚战，推动生态环境质量持续改善。坚定不移走生态优先、绿色低碳的高质量发展之路，加快形成节约资源和保护环境的空间格局、产业结构、生产方式、生活方式。坚持人与自然和谐共生，加大生态保护和修复力度。坚持先立后破，瞄准既定目标积极稳妥推进碳达峰碳中和。强化底线思维，常态化管控生态环境风险，筑牢美丽中国建设的生态安全根基。保持严的基调，深入开展生态环境保护督察和执法监管，严厉打击生态环境违法行为。坚持和加强党的全面领导，坚决扛起美丽中国建设的政治责任，强化支撑保障，确保党中央决策部署落到实处、见到实效。

当前，我国经济社会发展已进入加快绿色化、低碳化的高质量发展阶段，但生态文明建设仍处于压力叠加、负重前行的关键期，我国生态环境保护结构性、根源性、趋势性压力尚未根本缓解。面临的新情况新问题，全面推进美丽中国建设，必须以习近平生态文明思想为指导，正确处理五个重大关系。

正确处理高质量发展和高水平保护的关系。要站在人与自然和谐共生的高度谋划发展，严格落实“生态优先、绿色发展”的要求，通过高水平环境保护，不断塑造发展的新动能、新优势，着力构建绿色低碳循环经济体系，有效降低发展的资源环境代价，持续增强发展的潜力和后劲。绿水青山就是金山银山是统筹高质量发展与高水平保护的根本路径。离开了“绿水青山”，人类社会一切财富都将成为无源之水和无本之木，也就不会有“金山银山”。保护好生态环境，要以突出生态环境问题整改为切入点，把坏事变好事、把污点变亮点、把被动变主动，着力推动生态修复取得明显成效。浙江等地的实践证明，在大力推进突出生态环境问题整改的同时，企业绿色转型升级也取得了显著成效。

正确处理重点攻坚和协同治理的关系。要坚持系统观念，抓住主要矛盾集中力量，重点攻坚。主要抓好六方面工作。一是推动经济社会发展绿色化低碳化，二是持续深入打好蓝天、碧水、净土保卫战，三是加强生态系统保护监管，四是严密防控生态环境风险，五是深化生态环境领域改革，六是积极参与全球环境治理。同时，还要强化目标协同、多污染物控制协同、部门协同、区域协同、政策协同，统筹好减污降碳协同增效，统筹$PM_{2.5}$与臭氧协同治理，统筹水资源、水环境、水生态治理，统筹城市和农村，统筹陆域与海洋。

正确处理自然恢复和人工修复的关系。生态系统是经过长期演变而形成的具有特定结构和功能的自然要素共同体，其发展变化具有内在的客观规律。在生态环境保护工作中尊重自然、顺应自然、保护自然，坚持山水林田湖草沙一体化保护和系统治理，构建从山顶到海洋的保护治理大格局，综合运用自然恢复和人工修复两种手段，因地因时制宜、分区分类施策，努力找到生态保护修复的最佳解决方案，着力消除和减轻人为活动对生态系统的干扰，为生态系统营造良好的休养生息环境。

正确处理外部约束和内生动力的关系。建设生态文明，重在建章立制，用最严格的制度、最严密的法治，保持常态化外部压力，助力生态环境保护。要不断完善生态文明制度的“四梁八柱”，建立健全流域上下游生态补偿制度，建立健全生态保护财力转移支付制度，建立健全用能权交易制度，健全环境污染第三方治理制度，健全环境保护和生态安全管理制度，完善排污权交易制度，建立领导干部自然资源资产离任审计制度，开展健全自然资源资产管理体制试点及生态系统价值核算试点，探索编制自然资源资产负债表等。推进生态文明建设重在行动，还需要依靠公众的自觉践行作保证。大力开展环境科普，对针对性地培养青少年群体的生态环境兴趣，形成推进生态文明建设和生态文明体制改革的良好社会氛围，激发起全社会共同呵护生态环境的内生动力具有重大意义。

正确处理“双碳”承诺和自主行动的关系。一方面要积极稳妥推进碳达峰、碳中和，实现碳达峰、碳中和应对气候变化全球治理所展现出的大国担当。另一方面，要立足我国资源能源禀赋，坚持先立后破，有计划分步骤实施碳达峰、碳中和行动，深入推进能源革命，加快建立完善能源清洁低碳高效利用体系，以中国理念和实践引领全球气候治理新格局，同世界各国一道努力呵护好全人类共同的地球家园。

习近平总书记的重要讲话高屋建瓴、思想深邃、内涵丰富，是一篇马克思主义的纲领性文献，是对习近平生态文明思想的最新发展，是坚定不移推动绿色低碳高质量发展的政治宣言，是以美丽中国建设全面推进人与自然和谐共生现代化的行动指南。尤其是对新征程上推进生态文明建设需要处理好的“五个重大关系”，是在实践基础上对习近平生态文明思想的丰富和发展，标志着党对生态文明建设规律性的认识进一步深化，是本次大会一个重大理论贡献。我们要进一步深刻领悟“两个确立”的决定性意义，增强“四个意识”、坚定“四个自信”、做到“两个维护”，自觉把思想和行动统一到习近平总书记重要讲话和大会精神上来，以更加有为的精神状态担负起历史和时代赋予的重任，勇做习近平生态文明思想的坚定信仰者、积极传播者、忠实实践者，在强国建设、民族复兴的新征程上奋力谱写生态环境保护新篇章。

（2023 年，刊载于《人民政协报》）

深学笃行 谱写高校发展新篇章

习近平生态文明思想是一个系统完整、逻辑严密、内涵丰富、博大精深的科学体系，是新时代推进美丽中国建设、实现人与自然和谐共生的现代化的强大思想武器，为加快发展方式绿色转型、深入推进污染防治攻坚、提升生态系统多样性稳定性提供了科学引领。高校有优势、有义务、有责任在深学习近平生态文明思想、笃行生态文明建设上发挥重要作用。

打造深入学习贯彻习近平生态文明思想的教育高地。高校要将习近平生态文明思想融入思政课、通识课和专业课，瞄准碳达峰、碳中和、无废城市等领域开设应对气候变化、碳经济研究、清洁能源等新兴专业，推进生态哲学、生态经济学、生态法学、生态美学等交叉学科发展。高校要做强做实习近平生态文明思想研究的相关教材建设，出版一批具有引领性、影响力的高水平教材。高校还要结合自身优势学科特色，在理论研究、绿色发展、减污降碳、生态修复等方面加强高层次人才的建设和储备。

打造深入学习贯彻习近平生态文明思想的研究高地。高校要发挥多学科研究的交叉优势，结合实际成立习近平生态文明思想研究中心（实践基地），系统研究习近平生态文明思想的重要理念、重大理论命题、标志性范畴、代表性观点、方法论的创新等，推动形成生态文明建设的中国标准、中国方案、中国答卷。高校要根据自身情况，整合优势资源，服务国家重大发展战略。高校要加强国际合作，强化科技创新协同，成立碳经济研究院和未来技术学院等，抢占人才培养和科学研究双高地。

打造深入学习贯彻习近平生态文明思想的实践高地。高校要充分发挥生态环境类专业的优质教育资源辐射带动作用，大力推动环保科普工作，全面建立面向社会的生态文明宣传教育长效机制；要依托各类污染防治技术研发实验室，大力推进绿色产业技术升级，实现科技成果转化应用；要结合习近平生态文明思想研究，科学开发培训课程体系，健全产学研联合的教学培训平台，为面向学生的习近平生态文明思想宣传教育注入新活力。

（2023 年）

正确处理五大关系是推进美丽中国建设的必然选择

2023 年 7 月 17 日—18 日，全国生态环境保护大会召开，习近平总书记在大会上系统阐述了继续推进生态文明建设，需要正确处理“五个重大关系”，即高质量发展和高水平保护的关系、重点攻坚和协同治理的关系、自然恢复和人工修复的关系、外部约束和内生动力的关系、“双碳”承诺和自主行动的关系。这一重要论述，既是习近平新时代中国特色社会主义思想的世界观和方法论在生态文明建设领域的鲜活运用，又是对习近平生态文明思想的进一步创新、丰富和发展；既是对党的十八大以来我国生态文明建设取得显著成效的经验总结，也为新征程全面推进美丽中国建设提供了根本遵循，是习近平生态文明思想的最新理论成果。

一、正确处理五大关系是中国共产党对生态文明建设的理论和实践总结

党的十八大以来，以习近平同志为主要代表的中国共产党人，在几代中国共产党人不懈探索的基础上，全面加强生态文明建设，系统谋划生态文明体制改革。正确处理“五个重大关系”，推进美丽中国建设，代表中国共产党对生态文明建设的最新理论研究成果和实践总结。

1. 对马克思主义生态观的具体体现。马克思主义生态观是辩证与实践的自然观。马克思、恩格斯认为，在人面前总是摆着一个“历史的自然和自然的历史”。所谓历史的自然，是指自然不是与人无关的自然，人类的活动不断改造着自然；所谓自然的历史，是指人类的历史不仅仅是人类自身变化的历史，也伴随着自然变化的历史。自然总是留下人类活动印记的自然。人通过劳动把人的身体力量释放给自然，并把自然的力量转化为人

身上的力量。人修复生态也要综合运用自然修复和人工修复两种手段，因地因时制宜、分区分类施策，以最少的人工干预找到最佳的生态修复方案。马克思主义生态观还是唯物主义的生态自然观。恩格斯有句名言：我们不要过分陶醉于我们人类对自然界的胜利。对于每一次这样的胜利，自然界都对我们进行报复。马克思、恩格斯还明确阐述了资本主义生产方式的生态破坏性和探求一种新的生产关系的重要性。“西班牙的种植场主在古巴焚烧山坡上的森林，以为木灰作为肥料足够最能盈利的咖啡树施用一个世代之久，至于后来热带的倾盆大雨竟冲毁毫无掩护的沃土而只留下赤裸裸的岩石，这同他们又有什么相干呢?”这有力说明高质量发展必须建立在高水平保护的基础之上，没有保护好生态环境的发展，就一定会遭到大自然的反噬。

2. 对国外生态实践的经验教训。英国以蒸汽机的广泛使用为标志的第一次工业革命和资本主义生产方式的产生，推动了人类社会向现代化、工业化方向发展，人类文明从农业文明转向工业文明。工业文明是人类运用科学技术的武器，以控制和改造自然取得空前胜利的时代，人类仿佛觉得自己已经征服和驾驭自然。但工业文明在给人类带来生产力极大发展和优越生活条件的同时，也给大自然造成了空前严重的伤害，西方国家出现了十分严重的环境污染，如著名的“八大公害事件”，进而也使人类发展面临着深刻的社会问题和环境危机。人们逐渐认识到，不能再走“先污染，后治理”的老路了。西方国家的一些专家学者和研究机构开始呼吁要保护人类赖以生存的生态环境，并出版了一批书籍和研究成果，十分著名的有《寂静的春天》《增长的极限》《只有一个地球》等。此后，国际社会也开始积极行动，1972 年，联合国召开了首次人类环境会议，通过了《人类环境宣言》，为了警醒人类要高度重视环境问题，将每年的 6 月 5 日确定为“世界环境日”。次年 1 月，正式成立了联合国在生态环境治理领域的核心机构——联合国环境规划署。至此，国际环境治理体系开始建立。1992 年，联合国召开了世界环境与发展会议，2002 年、2012 年分别召开了可持续发展世界峰会、可持续发展大会和一系列应对气候变化的国际会议，先后提出了可持续发展和绿色经济等理念。

3. 对中国共产党生态治理的总结创新。中华人民共和国成立后，以毛泽东同志为代表的中国共产党人把做好资源环境工作作为恢复和发展国民经济的重要条件，发出了“一定要把淮河修好”“要把黄河的事情办好”“一定要根治海河”的伟大号召，着力整治水患、加强水土保持、治理环境污染、号召“绿化祖国”等。周恩来总理看到了污染的严重性，强调不能将环境问题看成是小事，指示派出代表团参加了人类环境会议，并于1973年8月国务院召开第一次全国环境保护会议时，提出了“全面规划，合理布局，综合利用，化害为利，依靠群众，大家动手，保护环境，造福人民”的32字环保工作方针，奠定了我国生态环境保护事业的基础。以邓小平同志为主要代表的中国共产党人立足我国基本国情，把环境保护确立为基本国策。1981年，邓小平同志首倡全民义务植树，随后，第五届全国人大常委会将3月12日定为我国的植树节。1982年，第一个植树节，邓小平同志带头植树并连续坚持了8年。1983年，第二次全国环境保护会议，我国把保护环境确立为基本国策，提出经济建设、城乡建设和环境建设要同步规划，同步实施，同步发展。1984年5月，国务院作出《关于环境保护工作的决定》，环境保护开始纳入国民经济和社会发展计划。1988年设立国家环境保护局，成为国务院直属机构。1989年国务院召开第三次全国环境保护会议，提出要积极推行环境保护目标责任制等8项环境管理制度，同年正式实施《中华人民共和国环境保护法》，环境法规体系初步建立，我国环境保护逐渐步入正轨。以江泽民同志为主要代表的中国共产党人进一步认识到我国生态环境问题的紧迫性和重要性，将可持续发展上升为国家发展战略。1996年，国务院召开第四次全国环境保护会议，提出保护环境是实施可持续发展战略的关键，保护环境就是保护生产力，发布《关于环境保护若干问题的决定》，确定了坚持污染防治和生态保护并重的方针，实施《中国跨世纪绿色工程规划》，全面开展水污染防治、大气污染防治等。2002年，国务院召开了第五次全国环境保护会议，提出了环境保护是政府的一项重要职能，保护环境是我国的一项基本国策，开拓了具有中国特色的生态环境保护道路。以胡锦涛同志为主要代表的中国共产党人高度重视资源和生态环境问题，于2006年召开了第六次全国环境保护大会，会议提出了“三个转变”，一是从重经济增长轻环境保护转变为保护环境与经济增长并重；二是从环境保护滞后于经济发展转变为环境保护与经济发展同步；三是从主要用行政办法保护环境转变为综合运用法律、经济、技术和必要的行政办法解决环境问题，提高环境保护工作水平。2011年召开了第七次全国环境保护大会，会议强调坚持在发展中保护、在保护中发展，积极探索环境保护新道路。胡锦涛同志又陆续提出了树立和落实科学发展观，建设资源节约型、环境友好型社会等指导思想。

党的十八大以来，习近平总书记高度重视、念兹在兹并亲自推动，把生态文明建设作为关系中华民族永续发展的根本大计，开展了一系列开创性工作，决心之大、力度之大、成效之大前所未有，生态文明建设从理论到实践都发生了历史性、转折性、全局性变化，美丽中国建设迈出重大步伐。2012 年，生态文明建设写入党章，并纳入中国特色社会主义“五位一体”总体布局和“四个全面”战略布局中，标志着中国共产党对中国特色社会主义规律认识的进一步深化，昭示着要从建设生态文明的战略高度来认识和解决我国环境问题。2018 年通过的《宪法修正案》正式将生态文明建设纳入其中。2018 年 5 月 18 日—19 日，以中共中央名义第一次召开全国生态环境保护大会，习近平总书记阐述了加强生态文明建设必须坚持的 6 条重要原则：坚持人与自然和谐共生、绿水青山就是金山银山、良好生态环境是最普惠的民生福祉、山水林田湖草是生命共同体、用最严格制度最严密法治保护生态环境、共谋全球生态文明建设，正式确立习近平生态文明思想，将生态文明建设推向新阶段。2023 年 7 月 17 日—18 日，第二次全国生态环境保护大会召开，习近平总书记系统总结了新时代生态文明建设已经实现了四个“重大转变”：一是由重点整治到系统治理的重大转变；二是由被动应对到主动作为的重大转变；三是由全球环境治理参与者到引领者的重大转变；四是由实践探索到科学理论指导的重大转变，进而得出我国经济社会发展已进入加快绿色化、低碳化的高质量发展阶段。继续推进生态文明建设必须以新时代中国特色社会主义生态文明思想为指导，正确处理好五个重大关系。

二、正确处理五大关系蕴含着丰富的世界观和方法论

“五个重大关系”的重要论述，既是实践经验的总结，又是理论概括，蕴含着丰富的价值观和方法论，也充满了深刻的道理、学理、哲理，创造

性丰富发展了对生态文明建设的规律性认识，我们要准确领会、牢牢把握其中蕴含的深刻内涵，坚持好、运用好贯穿其中的立场观点方法。

要抓住主次矛盾，处理好高质量发展和高水平保护的关系。高质量发展和高水平保护是相辅相成、相得益彰的辩证统一关系。处理好高质量发展和高水平保护的关系，必须站在人与自然和谐共生的高度谋划发展，坚决摒弃损害甚至破坏生态环境的发展模式，坚决摒弃以牺牲生态环境换取一时一地经济增长的做法。这既是摆在各级领导干部面前的一个重大考题，也是树立正确政绩观的重要要求。答好这一考题，首要的是解决好思想认识问题，牢固树立生态兴则文明兴，绿水青山就是金山银山，人不负青山、青山定不负人的理念，自觉把经济活动、人的行为限制在自然资源和生态环境能够承受的限度内，在绿色低碳转型中推动发展实现质的有效提升和量的合理增长。秦岭就是一个很好的例子。前些年，违规违法修建别墅问题，给秦岭生态环境带来严重破坏。经过5年来的生态环境全面治理，秦岭陕西段生态状况评价为“优”“优良”等级的区域面积已首次超过99%，产业生态化、生态产业化的绿色发展之路不断延伸。应该说，高质量发展和高水平保护是能够实现协调统一的。近十年，我国能耗强度累计下降26.4%，单位国内生产总值（GDP）二氧化碳排放量下降了34.4%，在生态环境质量明显好转、能耗强度不断下降的同时，经济总量跃上120万亿元台阶。实践证明，高水平保护是高质量发展的重要支撑，经济社会发展的全面绿色转型将不断塑造发展的新动能、新优势，生态优先、绿色低碳的高质量发展只有依靠高水平保护才能实现。

要把握整体与一般，处理好重点攻坚和协同治理的关系。这既是系统观念在生态文明建设具体实践中的深化运用，也是重点突破、协同推进的具体体现。生态环境治理是一项系统工程，既要以重点突破带动全局工作提升，又要注重统筹兼顾、协同推进。重点攻坚必须秉持系统思维、坚持协同治理，不能头痛医头、脚痛医脚。嘉陵江上游曾布局了大量采矿冶炼企业，形成了200余座尾矿库。位于嘉陵江上中游分界点的一些城市尽管坚持生态优先、加紧防治，却仍饱受上游输入型污染之痛。2022年重庆和四川两地协同立法、共抓大保护，化解了跨界河流治理不同步、解决不及时、侧重不统一等症结，让嘉陵江重现鸢飞鱼跃、一江清水向东流的生态美景。同时，也要注意，统筹协调不是“眉毛胡子一把抓”的平均用力，而要坚持“两点论”和“重点论”的统一，以重点突破带动整体推进，在整体推进中实现重点突破。实践证明，只有坚持重点攻坚，对突出生态环境问题采取有力措施，才能以重点突破带动全局工作提升。

要坚持系统观念，处理好自然恢复和人工修复的关系。这是遵循自然规律，积极有效开展生态保护修复的实践要求。自然生态系统是一个有机生命体，有其自身发展演化的客观规律，具有自我调节、自我净化、自我恢复的能力。例如，自长江十年禁渔全面实施以来，水生生物多样性逐步恢复。长江江豚数量实现历史性回升，胭脂鱼、长吻鮠、子陵吻鰕虎鱼等珍稀濒危鱼种屡次现身，首次监测到长江鲟等鱼种……万里长江焕发生机活力。推进山水林田湖草沙一体化保护和系统治理，也必须充分尊重和顺应自然，给自然以休养生息的足够时间和空间，坚持自然恢复为主，自然恢复和人工修复相结合，因地因时制宜、分区分类施策，努力找到生态保护修复的最佳解决方案，推动生态系统质量和稳定性持续提升。但是自然恢复也有一定局限性，这就对人工修复提出了更高的要求，也留下了积极作为的广阔空间。塞罕坝机械林场曾是“黄沙遮天日，飞鸟无栖树”的荒漠沙地，林场的建设者们用几代人的接续努力和执着坚守，成功营造起百万亩（1 亩≈0.067 公顷）人工林海，成就了今天这片世界上面积最大的人工林，创造了人工生态修复的奇迹。

要统筹内因和外因，处理好外部约束和内生动力的关系。良好生态环境是最公平的公共产品，从根本上解决生态环境问题，既离不开强有力的外部约束，也要激发全社会共同呵护生态环境的内生动力。要用最严格的制度和最严密的法治保护生态环境，强力督察、严格执法、严肃问责，让制度成为不可触碰的高压线。从制定修订相关法律法规，到出台《中共中央国务院关于加快推进生态文明建设的意见》《生态文明体制改革总体方案》等重要文件，再到推行中央生态环境保护督察、建立环境保护“党政同责”“一岗双责”“三管三必须”等制度和要求……一系列硬杠杠、硬约束，让生态环保法律规定长出“铁齿铜牙”，为生态文明建设筑牢制度基础，为美丽中国建设保驾护航。同时，生态环境没有替代品，用之不觉、失之难存，只有人人动手、人人尽责，激发起全社会共同呵护生态环境的内生动力，才能把建设美丽中国转化为全体人民的自觉行动。山西省右玉县70多年前荒漠化形势极度严峻，风沙肆虐，地瘠人贫。中华人民共和国成立后，右玉人民争做“种树者”，在山梁沟壑间栽下上亿棵树木，将绿化率从不足0.3%提高到现在的57%。一座城、一片绿、一群人，筑起了右玉防风固沙的屏障，更生动阐释了全民行动的力量。

发挥主观能动性，处理好“双碳”承诺和自主行动的关系。党中央经过深思熟虑作出碳达峰、碳中和的重大战略决策，因为这是推动经济结构转型升级、形成绿色低碳产业竞争优势、实现高质量发展的内在要求。我们在目标和任务上确定无疑，态度和决心上毫不动摇，行动和策略上积极稳妥。同时，实现“双碳”目标，等不得也急不得，不可能毕其功于一役，决不能搞碳冲锋、运动式减碳。要坚持立足实际国情，集中精力办好自己的事情。从实践角度出发，牢牢把握“双碳”工作的重点、节奏和力度，充分考虑国内能源结构、产业结构等基本国情，通盘谋划，先立后破，以更加积极的姿态参与全球气候治理，不能影响经济社会发展全局，确保传统能源逐步退出要建立在新能源安全可靠的替代基础上。坚决反对气候变化问题政治工具化，争取战略主动和于我有利的国际环境。可以说，实现碳达峰、碳中和是一次大考，既要有“言必信，行必果”的大国担当，也要按照我国发展的节奏自主行动，必须坚持稳中求进，逐步实现。

三、在处理好五大关系的原则下继续推进美丽中国建设

“五个重大关系”是习近平生态文明思想的最新理论成果，为新征程继续推进生态文明建设提供了科学指引。我们必须切实提高政治站位，牢牢把握其实践要求，以更高认识、更宽视野、更大力度谋划和推进生态环境保护工作，继续推进美丽中国建设。

1. 继续推进美丽中国建设，必须坚守生态文明建设的人民立场，凝聚美丽中国建设的强大合力。人民对美好生活的向往，就是我们的奋斗目标。随着人民群众生活水平不断提高，人们对干净的水、清新的空气、优美的环境等的要求也越来越高，中国共产党积极回应人民群众所想、所盼、所急，提出了坚持以人民为中心的发展思想，大力推进生态文明建

设，强调“良好生态环境是最公平的公共产品，是最普惠的民生福祉”，把解决突出生态环境问题作为民生优先领域，坚决打赢蓝天、碧水、净土三大保卫战。经过顽强努力，我国天更蓝、地更绿、水更清，万里河山更加多姿多彩。新时代新征程，必须坚持人民至上，紧紧围绕提高人民群众在生态环境上的获得感、幸福感和安全感这一目标，努力突破制约人民群众追求美好生活的生态环境瓶颈，提供更多优质生态产品，不断满足人民群众日益增长的优美生态环境需要。同时也要走好新时代群众路线，察民情、听民意、聚民力，充分发挥人民群众的主动性、积极性和创造性，“努力把建设美丽中国化为人民自觉行动”。

2. 继续推进美丽中国建设，必须坚定生态文明建设的自信自立，把握美丽中国建设的历史主动。自信是中国共产党在长期斗争中形成的精神气质，自立是中国共产党立党立国的重要原则。党的十八大以来，以习近平同志为核心的党中央深刻把握生态文明建设的重要地位和战略意义，形成了习近平生态文明思想，提出了“人与自然和谐共生的中国式现代化”和“人类命运共同体”等创新理论体系，破解了国际社会公认的“保护与发展”问题，走出了一条兼顾经济与生态、开发与保护的“生态优先、绿色发展”的新路径，为当代中国和世界文明发展贡献了中国智慧、中国方案。这些都是中国共产党领导人民独立自主探索和实践出来的，充分体现出中国共产党人“坚持走自己的路”的信念决心。新时代新征程，必须坚持自信自立，进一步加强习近平生态文明思想宣传贯彻和研究阐释，坚定道路自信、理论自信、制度自信、文化自信，彻底打破“现代化 = 西方化”的迷思，加强对党领导生态文明建设百年经验、中国特色社会主义生态文明制度、党对生态环境保护工作全面领导等重大问题研究，系统总结和研究党领导人民推进生态文明建设的成功经验，不断推进符合中国实际、具有中国特色、体现发展规律的美丽中国建设。

3. 继续推进美丽中国建设，必须把握生态文明建设的原则方向，激发美丽中国建设的“正能量”。我们从事的是前无古人的伟大事业，守正才能不迷失方向、不犯颠覆性错误，创新才能把握时代、引领时代。党的十八大以来，以习近平同志为核心的党中央将生态文明建设作为“国之大者”，摆在治国理政重要位置，谋划开展一系列具有根本性、长远性、开创性的工作，作出一系列事关全局的重大战略部署，守中华民族永续发展之“正”，创生态环保体制机制之“新”。生态文明写入了宪法和党章，生态文明建设和绿色发展分别成为“五位一体”总体布局和新发展理念的重要组成部分，美丽中国成为社会主义现代化强国目标之一，特别是面对百年未有之大变局和新冠疫情的叠加冲击，中国共产党依然“保持加强生态环境保护建设的定力，不动摇、不松劲、不开口子”，展现出生态文明建设的坚定意志和坚强决心。新时代新征程，必须坚持守正创新，坚持运用马克思主义立场观点方法研究分析问题，坚定不移贯彻精准治污、科学治污、依法治污，面对需求收缩、供给冲击和预期转弱等带来的经济社会发展压力，要始终保持加强生态环境保护建设的定力，切实处理好高质量发展与高水平保护之间的关系。另外，生态环境保护工作还必须紧跟时代步伐，准确把握总体经济形势，创新生态环境保护参与宏观经济治理的方式、手段和途径，加快健全现代环境治理体系，以高品质的生态环境支撑高质量发展，努力建设人与自然和谐共生的美丽中国。

4. 继续推进美丽中国建设，必须抓住生态文明建设的“牛鼻子”，找准美丽中国建设的“着力点”。问题是时代的声音，回答并指导解决问题是理论的根本任务。中国特色社会主义进入新时代，我国社会主要矛盾转化为人民日益增长的美好生活需要和不平衡不充分的发展之间的矛盾，对生态文明建设和生态环境保护提出了新的要求。党的十八大以来，以习近平同志为核心的党中央始终将深入调研、找准问题作为开展工作、出台政策、制定战略的“先手棋”。长期以来，由于环保不下水、不下海，海洋不登陆、水利不上岸等职责分散问题，在“查、测、溯、治”等环节很难见到综合成效。2018 年，党中央进行了新一轮国务院机构改革，实行了省以下监测监察垂直管理，进一步理顺了生态文明建设的管理体制，充分发挥了中央生态环境保护督察作用，极大推动了我国生态文明建设。新时代新征程，必须坚持问题导向，把解决实际问题作为打开工作局面的突破口，着力推动解决我国生态环境保护面临的突出矛盾和问题。尤其是要深入细致开展调查研究，要把重点领域、重点行业、重点地区的热点难点、重要典型和影响经济社会高质量发展的困难问题等作为调研重点，深入研究影响和制约环保科技“卡脖子”技术问题，制约人民群众享有更多高品质生态产品的瓶颈问题，阻碍生态产品机制实现的难点堵点问题，认真总结经验，提供可供决策、可执行的调研成果，真正达到既解剖微观典型又了解宏观全局，有的放矢、对症下药。

5. 继续推进美丽中国建设，必须掌握生态文明建设科学方法，练就美丽中国建设的“真功夫”。“万事万物是相互联系、相互依存的。”“生态是统一的自然系统，是相互依存、紧密联系的有机链条。人的命脉在田，田的命脉在水，水的命脉在山，山的命脉在土，土的命脉在林和草，这个生命共同体是人类生存发展的物质基础。”这些重要论述，为推进生态文明建设提供了重要的世界观和方法论。党的十八大以来，我们把生态环境保护融入党和国家事业大局，将系统观念贯穿生态环境保护工作各方面、全过程，从系统工程和全局角度坚持山水林田湖草沙一体化保护和系统治理。新时代新征程，必须坚持系统观念，统筹兼顾、整体施策、多措并举，更加注重综合治理、系统治理、源头治理。不管是坚持“共抓大保护，不搞大开发”推动长江经济带发展，还是“共同抓好大保护，协同推进大治理”推进黄河流域生态保护和高质量发展；不管是服务地方经济的环评审批，还是依法推进的督察执法；不管是深入打好水气土各领域攻坚战，还是推进生态环境保护全民行动，都要把系统观念贯穿到生态环境保护和高质量发展的全过程。要对生态环境保护的基本情况做到胸中有数，通过对各类环境统计数据的综合分析系统性地解决问题。

我国经济社会发展已进入加快绿色化、低碳化的高质量发展阶段，生态文明建设仍处于压力叠加、负重前行的关键期。继续推进美丽中国建设，要进一步用习近平生态文明思想武装头脑、指导实践、推进工作，牢固树立绿水青山就是金山银山的理念，准确把握习近平生态文明思想的立场观点方法，始终保持加强生态环境保护建设的战略定力，始终坚持“生态优先、绿色发展”的发展道路，正确处理“五个重大关系”，全面推进美丽中国建设。

（2023 年）

科学把握习近平生态文明思想原创性

党的十八大以来，以习近平同志为核心的党中央站在人类文明兴衰和中华民族永续发展的高度，大力推动生态文明理论创新、实践创新、制度创新，生态文明建设成就举世瞩目，成为新时代党和国家事业取得历史性成就、发生历史性变革的显著标志。习近平生态文明思想是习近平新时代中国特色社会主义思想的重要组成部分，是我们党不懈探索生态文明建设的重大理论和实践创新成果。

一、中国共产党关于生态文明的认识演进

生态文明思想形成和发展的历史，是中国共产党领导生态文明建设的历史。如何认识生态的重要作用和如何处理同生态环境的关系，贯穿于中国共产党成立以来的百年奋斗史。中国共产党关于生态文明的认识随着革命任务和奋斗目标的变化而不断变化，对生态文明建设规律性的认识也不断加深。

（一）新民主主义革命时期

大革命失败后，党的工作重心逐渐从城市转向农村，在敌人统治力量薄弱的地方建立革命根据地，这为中国共产党环境意识觉醒提供了地域空间。自 1930 年开始，国民党对中央苏区进行经济封锁、军事围剿。为了打破国民党的封锁，党领导人民进行大规模的包括广植树木的经济建设。毛泽东认为，广植树木不仅能保护河坝，避免水旱灾害的发生，也能解决“日常备用燃料（如木材、木炭）之困难，增加果物生产”，增加苏区老百姓收益。1932 年 3 月，中央苏区政府通过《人民委员会对于植树运动的决

议案》，要求不仅要绿化荒山、荒地，还要在河路两边种植树木，起到绿化、美化作用，将植树与发展社会生产、改善人民生活、预防自然灾害进行关联阐述。为贯彻关于林业建设的决议，中央苏区政府专门成立山林委员会负责林业建设工作。及至延安时期，我们党为解决陕北“癞痢头”“和尚头”问题，专门组织森林考察团，对边区森林面积、分布、气候、地质、土壤等进行详细测定。这次考察形成的《陕甘宁边区森林考察团报告书》警示性地指出，边区多个流域“正在进行着扫荡的砍伐”。

以毛泽东为代表的中国共产党人深刻认识到森林资源对环境保护以及革命斗争的关键作用，先后制定《关于发动植树运动及报告生产运动情况的通令》（1939）、《陕甘宁边区植树造林办法》（1940）、《陕甘宁边区植树造林条例》（1941）等政策法规。中央苏区以及陕甘宁边区政府通过植树造林运动将革命斗争与改善环境、经济建设结合起来，代表着中国共产党环保意识觉醒。

（二）社会主义革命和建设时期

新中国成立至今，中国共产党在不同的时期，将马克思主义基本原理同中国的现实国情相结合，开展了相应的生态实践，以解决随着发展加速所引发的日益严峻的生态问题，并在实践中逐步积累了生态实践的经验智慧和理论观点。

以毛泽东同志为主要代表的中国共产党人面对新中国成立后薄弱的各项物质基础，特别是近代以来超过百年战乱导致的生态环境破坏，加之频发的自然灾害，提出了生态文明建设的一些举措。他们围绕淮河治理、植树造林、水土保持等工作拉开新中国山河治理和环境保护序幕。第一，以治理黄河、淮河、海河为起点，推进水利建设。1952 年，毛主席第一次出京视察就来到黄河河南段，提出“要把黄河的事情办好”，激励几代人投身黄河治理。1950 年，淮河流域洪水泛滥。毛主席 64 天内 4 次密集批示“一定要把淮河修好”，后由周恩来总理亲自参与并提出指导意见，最终确定了“蓄泄兼筹”的治淮方案，政务院专门发布《关于治理淮河的决定》，开工建设了新中国第一个大型水利工程。1963 年，海河流域洪水泛滥成灾，河堤相继溃决，数百里一片汪洋。毛主席多次视察灾情、指导救灾工作，亲笔题下“一定要根治海河”，全面治理海河工程自此拉开序幕。国务院还设立了水土保持委员会这一专门机构，统筹管理全国各地的相关水利建设工作，并下发了《中华人民共和国水土保持暂行纲要》。在毛主席的倡导下，我国修建了第一座大型水库——官厅水库，此后又先后修建了三门峡水库、葛洲坝水利枢纽工程等，为抵御不可预知的自然灾害提供了重要保障，也对保护当地生态、促进相关产业的发展起到了积极作用。第二，开展林业建设，绿化祖国。毛主席高度重视植树造林，号召人民开展大规模植树造林活动。1955 年，毛主席在《征询对农业十七条的意见》中发出号召：“在十二年内，基本上消灭荒地荒山，在一切宅旁、村旁、路旁、水旁，以及荒地上荒山上，即在一切可能的地方，均要按规格种起树来，实行绿化。”1956 年，毛主席发出了“绿化祖国”“实现大地园林化”的号召。第三，因地制宜开展水土保持。1952 年 12 月，政务院发布的《关于发动群众继续开展防旱、抗旱运动并大力推行水土保持工作的指示》指出，水土保持是一种长期改造自然的工作，要根据各地区需要选择适当治理方法。

1969 年 1 月20 日，尼克松在就任美国总统的就职演说中提及保护环境、提高生活质量。周恩来总理阅读文件书报后，立即指示中共中央调查部的研究局从国外书报杂志中选择有关材料，进行整理编辑，内容包括：环境保护的意义，形成污染（日本称之为“公害”）的原因，污染造成的危害，西方学者对污染问题的看法，有关国家政府部门准备采取的对策等。周总理当时就指出，不能等待污染成灾再去治理；不要头痛医头、脚痛医脚地治理，而要综合治理，变“废”为“宝”。国家必须为保护环境花一笔钱，更要注意发动群众，自力更生。1972 年，我国参加了在斯德哥尔摩召开的联合国人类环境会议，并在 1973 年召开第一次全国环境保护会议，研究讨论中国环境污染和环境破坏问题，“保护环境”被提上国家管理的议事日程。会后，中央到地方相继建立环保机构，有关环保的法规先后出台，一批国外先进的环境监测仪器设备陆续引进国门。1974 年，国务院环境保护领导小组及其办公室成立，促进了全国环保工作的开展。

（三）改革开放和社会主义现代化建设新时期

十一届三中全会后，党的工作重心实现了向经济建设的转移。“发展是硬道理”“以经济建设为中心”等思想促进了我国经济的腾飞，但伴生的资源快速消耗和环境污染加剧也促使我们党思考为什么发展、实现什么样的发展以及怎样实现发展等问题。

以邓小平为核心的党的第二代中央领导集体将工作重心转移到经济建设上后，我国经济增速不断加快，环境问题也逐渐凸显。因此，中央出台了一系列制度和举措，开启了有关生态环境保护的制度建设进程，建立起了生态文明法治建设的雏形。第一，在基本国策中明确加入环境保护这一基本原则。第二次全国环境保护会议重点归纳了我国以往生态环境保护工作的不足之处，并将环境保护确立为我国的一项基本国策贯彻执行。随后，我国初步形成了一套规范的环境保护政策体系，拉开了环境保护制度化的序幕。第二，提倡植树造林，提高森林覆盖率。1979 年，在邓小平同志的提议下，全国人大常委会通过了将每年 3 月 12 日定为植树节的决议。1982 年植树节，邓小平率先垂范，在北京玉泉山上种下了全国义务植树运动的第一棵树并强调指出，“植树造林要坚持一百年，一千年，世世代代坚持下去”。1982 年 11 月，邓小平为全军植树造林总结经验表彰先进大会郑重题词“植树造林，绿化祖国，造福后代”。邓小平同志一直坚持不懈地倡导和实践着义务植树，连续十一年参加北京植树节义务植树。第三，倡导合理开发利用资源，注重发展绿色技术。邓小平同志在《今后的主要任务是搞建设》中强调：“要提倡因陋就简，经济节约，艰苦奋斗。”这一观念表达了保护生态环境、合理利用资源、拒绝铺张浪费的生态保护的理念。

以江泽民同志为主要代表的中国共产党人在发展经济的同时，重视资源和环境与社会发展之间的矛盾，推动可持续发展理念从一个模糊的治理理念形成了核心概念。第一，明确提出可持续发展战略。以江泽民同志为核心的党的第三代中央领导集体指出“在现代化建设中，必须把实现可持续发展作为一个重大战略”，用“可持续发展”的理念深刻回答了“什么是发展、如何发展”的理论问题，开始以更为具体的战略措施执行经济发展和环境保护。第二，高度重视资源节约和环境保护。在1996年的第四次全国环境保护大会上，江泽民率先提出了“保护环境就是保护生产力”的科学论断，创造性地将保护环境放在了与生产力发展相齐的位置，将环境保护与发展生产力联系在一起。他多次强调在对水资源进行开发利用时“既要遵循自然规律，也要遵循价值规律”。在南水北调工程中，他指出要“先治污后通水、先环保后用水”；在推进西部大开发战略时，他强调要把“加强生态保护和建设”作为首先研究的重要内容。

2003年暴发“非典”疫情，以胡锦涛同志为主要代表的中国共产党人深刻认识到人与自然关系和谐的重要性，高度重视生态文明建设，将可持续发展的基本要求融入科学发展观的内涵中，增强了对资源节约型、环境友好型社会的研究。第一，明确提出了科学发展观。在党的十六届三中全会上，面对新世纪新阶段出现的新问题新矛盾新挑战，以胡锦涛同志为主要代表的中国共产党人，提出了“以人为本”为核心的科学发展观。第二，提出了建设生态文明的战略决策和奋斗目标。党的十七大报告提出“建设生态文明，基本形成节约能源资源和保护生态环境的产业结构、增长方式、消费模式。……生态文明观念在全社会牢固树立”。党的十八大报告指出：“加快建立生态文明制度，健全国土空间开发、资源节约、生态环境保护的体制机制，推动形成人与自然和谐发展的现代化建设新格局。”

（四）中国特色社会主义新时代

党的十八大以来，以习近平同志为核心的党中央围绕“什么是生态文明，怎样建设生态文明”提出了一系列新理论、新论断，作出了全方位的战略部署和工作安排。2013年9月7日，习近平总书记在哈萨克斯坦纳扎尔巴耶夫大学在回答学生们关于环境保护问题时指出：“我们既要绿水青山，也要金山银山。宁要绿水青山，不要金山银山，而且绿水青山就是金山银山。我们决不能以牺牲生态环境为代价换取经济的一时发展。”这就是著名的“两山论”。“两山论”清晰地阐述了经济发展与生态环境保护之间的关系。生态文明建设是“五位一体”总体布局中不可忽视的一位，在推进社会主义现代化的进程中，不仅要在经济现代化发展的同时，兼顾生态文明建设，还要协调好二者的关系，做到“既要绿水青山，也要金山银山”。其次，发展是永恒的主题，也是解决一切问题的重要途径。但是发展的同时，若是以自然生态为代价，那么发展只是当代人的发展，发展也只是短暂的发展，以自然生态为代价的发展，其结果终将是“赔了夫人又折兵”。在经济发展中必须要深刻认识“绿水青山”的不可再生性以及充分考虑其承载能力，若是在二者存在不可调和的矛盾时，做到“宁要绿水青山，不要金山银山”。推动绿色发展方式，实现生态资源向经济资源的可持续转变，建设美丽中国。随后，习近平总书记更是将绿色发展理念作为新发展理念的内容之一，以绿色发展协调人与自然之间的关系，强调加快建立绿色生产和消费的法律制度和政策导向，建立健全绿色低碳循环发展的经济体系。

此外，习近平总书记不仅从“两山论”和绿色发展观的角度将保护生态环境提升至保护生产力的高度，并且从人与人、人与自然的关系角度提出“人类命运共同体”以及“人与自然是生命共同体”的论断。习近平总书记指出“地球是我们的共同家园。我们要秉持人类命运共同体理念”，各国人民应当携手共同应对全球生态危机、环境问题，尤其是海洋污染、全球气候变暖等问题。生态环境是一个环环相扣的有机整体，即便是细微的环境问题，也会引起“蝴蝶效应”，给全世界人民带来同等甚至更加严重的灾难。基于此，中国秉持“人类命运共同体”理念，积极参与全球生态环境治理。在人与自然的关系上，习近平总书记始终坚持人与自然的生命共同体理念，力求建设“人与自然和谐共生”的生态文明。人与自然共生共存，伤害自然最终就等同于伤害自己，只有尊重规律，才能避免在资源开发和利用上走弯路。基于此，他号召人们在日常生产生活消费中，要树立绿色发展理念，“像保护眼睛一样保护生态环境，像对待生命一样对待生态环境”。

二、习近平生态文明思想的原创性贡献

习近平生态文明思想，是习近平总书记围绕生态文明建设提出的一系列新理念、新思想、新战略的高度概括和科学总结，是马克思主义关于人与自然关系理论的最新成果。习近平生态文明思想，在中国共产党进行生

态文明建设的理论和实践层面，作出了许多原创性贡献。

（一）坚持党对生态文明建设的全面领导

党的十八大以来，习近平总书记和党中央把生态文明建设摆在全局工作的突出位置，深刻把握生态文明建设规律，将生态文明建设纳入“五位一体”总体布局，将坚持人与自然和谐共生纳入新时代坚持和发展中国特色社会主义基本方略，将绿色纳入新发展理念，将污染防治纳入三大攻坚战，生态文明建设从认识到实践都发生了历史性、转折性、全局性的变化。正因如此，在习近平生态文明思想中，第一个“坚持”就是坚持党对生态文明建设的全面领导。这是新时代中国共产党领导生态文明建设的经验总结，也是习近平生态文明思想的原创贡献之一。

伟大实践需要伟大理论的指导。在生态文明建设的理念上，党的十八大以来，我们党不断推进生态文明建设的理论和实践创新，形成了习近平生态文明思想。“增强绿水青山就是金山银山的意识”纳入党章，生态文明写入宪法，我国生态文明建设形成了认识高度统一、推进协同有力的良好局面。

在战略规划上，党领导开展了三个层面的规划：一是生态文明战略目标的规划。从 2020 年到 2035 年，生态环境根本好转，美丽中国目标基本实现；从 2035 年到本世纪中叶，把我国建成富强民主文明和谐美丽的社会主义现代化强国。我国还积极参与全球气候治理，力争 2030 年前实现碳达峰、2060 年前实现碳中和。二是生态文明空间布局的规划。长江经济带发展、京津冀协同发展、黄河流域生态保护和高质量发展等重大区域发展战略，将生态文明建设纳入其中，或者将生态文明建设作为主要内容。三是生态文明建设的专项规划。中央和地方就主体功能区划分、生态红线划定、京津冀联防联控、长江流域水生态环境保护、碳达峰碳中和等专项规划，形成了协同效应。

在重大工程上，我们党集中力量办大事，集中力量解难题，着力打赢污染防治攻坚战，深入实施蓝天、碧水、净土保卫战；重点实施三北工程、三江源保护、青藏高原、黄土高原、荒漠化治理等关乎国家生态安全区域的生态修复工程，进一步筑牢国家生态安全屏障。

在绿色低碳转型上，我们以习近平经济思想和习近平生态文明思想为指导，立足新发展阶段、坚持新发展理念、构建新发展格局、追求高质量发展，逐步走上了“绿色且经济”“循环且经济”“低碳且经济”的道路。

在体制改革上，党中央紧紧围绕建设美丽中国、深化生态文明体制改革，加快建立生态文明制度；党的十八届四中全会提出，用严格的法律制度保护生态环境；2015年出台《中共中央国务院关于加快推进生态文明建设的意见》和《生态文明体制改革总体方案》；党的十九大提出，加快生态文明体制改革，建设美丽中国；党的二十大报告提出，“建立生态产品价值实现机制，完善生态保护补偿制度”“完善碳排放统计核算制度，健全碳排放权市场交易制度”。我国首创了自然资源资产产权制度、国土空间开发保护制度、生态文明建设目标评价考核制度和责任追究制度、生态补偿制度、河湖长制、林长制、环境保护“党政同责”和“一岗双责”等一系列极富中国特色的制度。

在法治建设上，习近平总书记明确指出，“用最严格制度最严密法治保护生态环境”。2018年宪法修订，生态文明建设被赋予更高的法律地位。2014年新修订的《中华人民共和国环境保护法》进一步明确了政府对环境保护的监督管理职责，完善了生态保护红线、污染物总量控制、环境监测和环境影响评价、跨行政区域联合防治等环境保护基本制度，强化了企业污染防治责任，加大了对环境违法行为的法律制裁，还就政府、企业公开环境信息与公众参与、监督环境保护作出了系统规定，法律的可执行性和可操作性增强，被誉为“史上最严的环境保护法”。生态文明领域的严格执法、公正司法、全民守法达到了历史的新高度。

在组织保障上，党中央作了周密安排。一是党的领导体制设置。如2013年中央设立了“全面深化改革领导小组”，2018年设立“全面深化改革委员会”。地方各级党委也设置了相应的组织。二是党对机构改革的领导。中央把涉及生态环境和自然资源的职责，由原来分属七八个部门调整为两个部门管理。三是党对“三重一大”的领导。各级党委会议事规则明确规定，凡是涉及生态文明建设的重大事项都要由党委会决策。四是党对干部和人才的领导。我们建设了一支生态文明建设铁军。

（二）生态文明建设成为“国之大者”

“国之大者”这一概念是2020年4月习近平总书记在陕西考察时明确提出的，他在谈到保护好秦岭生态环境时指出，“要自觉讲政治，对国之大者要心中有数，关注党中央在关心什么、强调什么，深刻领会什么是党和国家最重要的利益、什么是最需要坚定维护的立场”。2015年1月，习近平总书记在云南考察工作时指出，“要把生态环境保护放在更加突出位置，像保护眼睛一样保护生态环境，像对待生命一样对待生态环境”。2021年6月，习近平总书记在青海考察时再次强调，保护好青海生态环境，是“国之大者”。

党的十八大以来，以习近平同志为核心的党中央把生态文明建设摆在全局工作的突出位置，纳入国家发展总体布局。尤其是“十三五”期间，以融入经济、政治、文化、社会各方面和全过程为标志，生态文明建设从实践到认识都发生了根本性变化，取得了历史性突破，成为名副其实的“国之大者”。在2023年全国生态环境保护大会上，习近平总书记全面总结了党的十八大以来我国生态文明建设取得的举世瞩目的巨大成就，精辟概括为“四个重大转变”：即实现由重点整治到系统治理的重大转变，实现由被动应对到主动作为的重大转变，实现由全球环境治理参与者到引领者的重大转变，实现由实践探索到科学理论指导的重大转变。坚持从政治的高度推进生态文明建设，坚持将生态文明建设作为“国之大者”来推动，是以习近平同志为核心的党中央在生态文明建设领域取得的重要成就、积累的重要经验，为我国的生态文明建设作出了重要贡献。

生态文明建设作为中国特色社会主义事业的重要组成部分，丰富和发展了中国特色社会主义的科学内涵。习近平总书记指出：“生态文明建设做好了，对中国特色社会主义是加分项，反之就会成为别有用心的势力攻击我们的借口。”中国特色社会主义既坚持将经济建设作为全部工作的中心，又全面推进物质文明、政治文明、精神文明、社会文明、生态文明建设；既坚持将生态文明融入其他各项文明建设中，又坚持将生态文明作为其他各项文明建设的可持续前提和条件。

建设人与自然和谐共生的现代化为中国式现代化提供了可持续保证。

习近平总书记指出："我国建设社会主义现代化具有许多重要特征，其中之一就是我国现代化是人与自然和谐共生的现代化，注重同步推进物质文明建设和生态文明建设。"不仅要将提高自然界的生态产品的产出能力和生态服务的服务能力作为现代化建设的重要任务，而且要将生产人工生态产品作为现代化建设的重要任务，将加强生态环境保护作为服务型政府公共服务的重要职能。基于这样的科学认知和生态自觉，党的十八大将生态文明建设写入党章，党的十九大将"两山理念"和"实行最严格的生态环境保护制度"补充进了党章。

党的十八大以来，我们党进一步明确了"五个一"的生态文明建设战略地位。在"五位一体"总体布局中，生态文明建设是其中一位；在新时代坚持和发展中国特色社会主义的基本方略中，坚持人与自然和谐共生是其中一条；在新发展理念中，绿色是其中一项；在三大攻坚战中，污染防治是其中一战；在到本世纪中叶建成社会主义现代化强国目标中，美丽中国是其中一个。在新时代推进中国特色社会主义伟大事业的过程中，总体布局是系统蓝图，基本方略是实践形态，发展理念是理念导引，攻坚战役是现实任务，发展目标是理想追求，共同构成一个结构科学、逻辑严密、互动良好的有机整体。同时，"生态文明建设""绿色发展""美丽中国"等被写进党章和宪法，实现了党的主张、国家意志、人民意愿的高度统一，充分彰显了我们党对加强生态文明建设这一"国之大者"的坚定意志和坚强决心。

（三）不断创新生态文明发展理念

1. 生态兴则文明兴

人类与自然之间的关系经历了采猎文明时代使用工具的"操戈抗争"，农耕文明时代定居守业的"守阵抗争"，工业文明前期全面开发生态环境资源的"掠夺抗争"，以及后工业文明时期城市化快速发展与环境污染对抗的"同城抗争"。

一部人类文明的发展史，就是一部人与自然的关系史。自然生态的变迁决定着人类文明的兴衰更替。习近平总书记在阐述生态与文明的关系时指出，生态兴则文明兴，生态衰则文明衰。这一观点既蕴含着中国传统文化的哲学思想，又贯穿了马克思主义历史唯物主义和辩证唯物主义的哲学思维。纵观历史，放眼世界，人类文明都不可能脱离这条社会发展的普遍定律。

良好的生态环境是人类文明形成和发展的基础和条件。《人类环境宣言》中写道："环境给予人以维持生存的东西，并给他提供了在智力、道德、社会和精神等方面获得发展的机会。"遍数古中国、古巴比伦、古埃及、古印度四大文明古国，无一不发源于水量丰沛、森林茂密、田野肥沃、生态良好的地区。正是先有"生态兴"，勤劳智慧的古国人民才得以在此基础上创造出闻名世界的繁荣胜景和灿烂文化，即"文明兴"。

生态可载文明之舟，亦可覆舟。恩格斯在《自然辩证法》中曾有描述："美索不达米亚、希腊、小亚细亚以及其他各地的居民，为了得到耕地，毁灭了森林，但是他们做梦也想不到，这些地方今天竟因此成了不毛之地。"过度放牧、过度伐木、过度垦荒和盲目灌溉等，让植被锐减、洪水泛滥、河渠淤塞、气候失调、土地沙化……生态惨遭破坏，它所支持的生活和生产也难以为继，并最终导致了文明的衰落或中心的转移。

2. 绿水青山就是金山银山

在我国的经济社会发展实践过程中，对绿水青山和金山银山之间关系的认识经过了三个阶段。第一个阶段是用绿水青山去换金山银山，不考虑或者很少考虑环境的承载能力，一味索取资源。第二个阶段是既要金山银山，但是也要保住绿水青山，这时候经济发展与资源匮乏、环境恶化之间的矛盾开始凸显出来，人们意识到环境是我们生存发展的根本，要留得青山在，才能有柴烧。第三个阶段是认识到绿水青山可以源源不断地带来金山银山，绿水青山本身就是金山银山，生态优势变成经济优势，形成了一种浑然一体、和谐统一的关系，这一阶段是一种更高的境界。这三个阶段，是经济增长方式转变的过程，是发展观念不断进步的过程，也是人与自然关系不断调整、趋向和谐的过程。

2005 年 8 月，时任浙江省委书记的习近平同志在湖州安吉县余村考察，得知村里关闭矿区、走绿色发展之路的做法后给予了高度评价，并在余村首次提出了"绿水青山就是金山银山"的科学论断。这为习近平生态文明思想中"两山"理念的建立奠定了基础。"两山"理念作为习近平生态文明思想的重要内容已经成为全党全社会的共识和行动，为推进新时代生态文明建设、实现人与自然和谐共生的现代化提供了根本遵循。

2015 年 9 月，“坚持绿水青山就是金山银山”写进《中共中央国务院关于加快推进生态文明建设的意见》。2017 年 10 月，“必须树立和践行绿水青山就是金山银山的理念”被写进党的十九大报告，同时“增强绿水青山就是金山银山的意识”被写进了新修订的《中国共产党章程》。“两山论”已成为我们党重要的执政理念之一。

习近平总书记指出：“我们既要绿水青山，也要金山银山。宁要绿水青山，不要金山银山，而且绿水青山就是金山银山。”这一重要论述阐明了新时代实现人与自然的和谐共生，我们要正确处理好经济发展和生态保护的关系，保护生态环境就是保护生产力，改善生态环境就是发展生产力。历史一再证明，没有绿水青山，再多的金山银山都会付诸东流，我们要以“绿水青山就是金山银山”为导向，积极调解“绿水青山”和“金山银山”之间的矛盾关系，推进经济社会绿色转型升级，避免走先污染再治理的老路，在满足人们正常生活、生产的需求上推动经济科学、绿色、健康地发展。统筹生态环境的保护与发展，始终坚持在发展中保护，在保护中发展，坚定不移走生态优先的绿色发展道路，更好地践行绿水青山就是金山银山，不断开创现代化建设的绿色发展之路。

3. 绿色发展是发展观的深刻革命

绿色发展是创新环境发展理念的重要组成部分。发展是解决我国一切问题的基础和关键。发展理念是发展行动的先导，是管全局、管根本、管方向、管长远的东西，是发展思路、发展方向、发展着力点的集中体现。绿色发展的要义是要解决人与自然和谐共生问题，是与创新发展、协调发展、开放发展、共享发展相辅相成、相互作用，是全方位变革，是构建高质量现代化经济体系和生态文明建设的必然要求，是解决污染问题的根本之策。

再也不能以国内生产总值增长率来论英雄。2013 年 10 月，习近平总书记在出席亚太经合组织第二十一次领导人非正式会议和工商领导人峰会上发表重要演讲时指出，我们不再简单以国内生产总值增长率论英雄，而是强调以提高经济增长质量和效益为立足点。在这方面，最重要的是要完善经济社会发展考核评价体系，把资源消耗、环境损害、生态效益等体现生态文明建设状况的指标纳入经济社会发展评价体系，建立体现生态文明要求的目标体系、考核办法、奖惩机制，使之成为推进生态文明建设的重要导向和约束。

促进经济社会发展全面绿色转型。建立健全绿色低碳循环发展经济体系、促进经济社会发展全面绿色转型是解决我国生态环境问题的基础之策。坚持源头防治，调整“四个结构”，优化国土空间开发格局，全面促进资源节约集约利用，加快推进农业绿色发展。

积极稳妥推进碳达峰碳中和战略。为破解资源环境约束突出问题、实现可持续发展，党中央经过深思熟虑后提出力争 2030 年前实现碳达峰，2060 年前实现碳中和。同时要加强统筹协调，处理好发展和减排、整体和局部、长远目标和短期目标、政府和市场四对关系，推动能源革命，实现产业优化升级，加快绿色低碳科技革命。

习近平总书记强调，做好区域协调发展“一盘棋”这篇大文章，要根据各地区的条件，走合理分工、优化发展的路子。强化京津冀协同发展生态环境联建联防联治。实现京津冀协同发展，是探索生态文明建设有效路径、促进人口经济资源环境相协调的需要。以“共抓大保护、不搞大开发”为导向推动长江经济带高质量发展，使长江经济带成为我国生态优先绿色发展主战场、畅通国内国际双循环主动脉、引领经济高质量发展主力军。加快建设美丽粤港澳大湾区，着力提升生态环境质量，形成节约资源和保护环境的空间格局、产业结构、生产方式、生活方式，打造生态安全、环境优美、社会安定、文化繁荣的美丽湾区。夯实长三角地区绿色发展基础，强化生态环境共保联治，推动跨界水体环境治理，严格控制陆域入海污染，联合开展大气污染综合防治，加强固废危废污染联防联治。统筹山水林田湖草沙系统治理和空间协同保护，筑牢长三角绿色生态屏障。扎实推进黄河流域生态保护和高质量发展，要坚持山水林田湖草沙综合治理、系统治理、源头治理，坚持生态优先、绿色发展，以水而定、量水而行，因地制宜、分类施策，上下游、干支流、左右岸统筹谋划，共同抓好大保护，协同推进大治理。

4. 良好生态环境是最普惠的民生福祉

2013 年 4 月，习近平总书记在海南考察工作时指出，“良好生态环境是最公平的公共产品，是最普惠的民生福祉”。在 2018 年全国生态环境保护大会上，习近平总书记再次强调：“生态环境是关系党的使命宗旨的重大政治问题，也是关系民生的重大社会问题”。中国式现代化是人与自然和谐共生的现代化，既要创造更多物质财富和精神财富以满足人民日益增长的美好生活需要，也要提供更多优质生态产品以满足人民日益增长的优美生态环境需要。民之所好好之，民之所恶恶之。习近平总书记聚焦人民群众感受最直接、要求最迫切的突出环境问题，深刻阐明了一系列新思想新理念新观点，从提出“良好生态环境是最公平的公共产品，是最普惠的民生福祉”，到指出“发展经济是为了民生，保护生态环境同样也是为了民生”，再到强调“环境就是民生，青山就是美丽，蓝天也是幸福”。以习近平同志为核心的党中央，坚持以人民为中心的发展思想，坚持生态惠民、生态利民、生态为民，把优美的生态环境作为一项基本公共服务，把解决突出生态环境问题作为民生优先领域，积极回应人民群众所想、所盼、所急，提供更多优质生态产品，不断满足人民群众日益增长的优美生态环境需要。

政之所要，在乎民心。党的十八大以来，我国以前所未有的决心和力度推进生态文明建设，集中力量攻克群众身边的突出生态环境问题，显著增进了民生福祉。2023 年全国生态环境保护大会上，习近平总书记指出：“生态文明建设从理论到实践都发生了历史性、转折性、全局性变化，美丽中国建设迈出重大步伐。”

新时代十年，生态环境质量明显好转，改善幅度之大、速度之快、效果之好前所未有。我国重点城市 PM2.5 平均浓度累计下降 57%，降至 2022 年的 29 微克/立方米，重污染天数减少 93%，成为世界上空气质量改善最快的国家。地表水优良水体比例达到 87.9%，长江干流、黄河干流历史性全线达到Ⅱ类水质。十年来，绿水青山就是金山银山理念成为全社会的普遍共识和行动，全党全国人民推进生态文明建设的自觉性主动性显著增强。以习近平同志为核心的党中央坚持精准治污、科学治污、依法治污，坚决打好污染防治攻坚战，为中国式现代化厚植绿色底色和质量成色，为美丽中国建设赢得了战略主动。以年均 3% 的能源消费增速支撑了年均超过6%的经济增长，碳排放强度累计下降超过35%，扭转了二氧化碳排放快速增长的态势。十年来，以习近平同志为核心的党中央从思想、法律、体制、组织、作风上全面发力，加强党对生态文明建设的全面领导，全方位、全地域、全过程加强生态环境保护，推进一系列变革性实践，实现一系列突破性进展，取得一系列标志性成果。同时，推动《巴黎协定》达成、签署、生效和实施，充分发挥《生物多样性公约》第十五次缔约方大会主席国的政治领导力，经过两个阶段会议，达成“昆明－蒙特利尔全球生物多样性框架”，还与其他国家携手建设绿色“一带一路”，为建设清洁美丽的世界贡献中国智慧、中国方案、中国力量。

生态环境没有替代品，用之不觉，失之难存。当前，我国生态环境保护结构性、根源性、趋势性压力尚未根本缓解。我国污染防治攻坚战正向纵深推进，全面推进美丽中国的号角已经吹响。必须保持战略定力，坚持方向不变、力度不减，动员全民参与美丽中国建设，形成人人、事事、时时崇尚建设美丽中国的社会氛围，迸发出全面推进美丽中国建设的磅礴伟力。

（四）强调“山水林田湖草沙”一体化治理

习近平总书记在2013年11月9日召开的党的十八届三中全会上提出，“山水林田湖是一个生命共同体，人的命脉在田，田的命脉在水，水的命脉在山，山的命脉在土，土的命脉在树”。4年后，“草”被纳入这个体系；2021年全国两会参加内蒙古代表团审议，习近平总书记强调：“要统筹山水林田湖草沙系统治理，这里要加一个‘沙’字。”山水林田湖草沙生命共同体的生态要素变化，彰显出习近平总书记对筑牢国家生态安全屏障的高度重视和战略考量，并不断推动山水林田湖草沙生命共同体理念落地生根。

习近平总书记在党的二十大报告中指出，“我们要推进美丽中国建设，坚持山水林田湖草沙一体化保护和系统治理，统筹产业结构调整、污染治理、生态保护、应对气候变化”。推进生态文明建设，需要遵守生态的系统性，坚持系统思维、协同推进。统筹山水林田湖草沙系统性治理，开展山水林田湖草沙一体化保护和修复，已成为贯彻新发展理念、推动生态文明建设、实现人与自然和谐共生的重要抓手和现实路径之一。

十年来，在山水林田湖草沙一体化保护和系统治理引领下，我国统筹考虑自然生态各要素，实施一系列生态保护修复工程，不断加大生态修复力度，生态恶化趋势基本得到遏制，自然生态系统总体稳定向好，服务功能逐步增强，国家生态安全屏障骨架基本构筑。

稳步实施天然林保护修复、三北防护林体系建设、退耕还林还草、石漠化综合治理以及河湖与湿地保护修复、红树林与滨海湿地保护修复等一大批重大生态工程，不断提升亿万群众生态福祉，对维护国家生态安全具有基础性、战略性作用。加强生态保护与修复是解决我国生态环境问题的基础之策。自然生态系统是一个有机生命体，有其自然发展演化的客观规律，具有自我调节、自我净化、自我恢复的能力。要正确处理好自然恢复和人工修复的关系，把自然恢复和人工修复有机统一起来，坚持自然恢复为主，人工修复为辅，遵循生态系统自身的运行机理和规律，努力探索出最佳的生态保护修复路径，因地因时制宜、分区分类施策，努力找到生态保护修复的最佳解决方案。

坚持山水林田湖草沙一体化保护和系统治理，推进实施重要生态系统保护和修复重大工程，全面推进自然保护地体系建设，构建从山顶到海洋的保护治理大格局，筑牢国家生态安全屏障。实施一批生物多样性保护重大工程。尊重地域分异规律，科学开展大规模国土绿化行动。推行草原森林河流湖泊湿地休养生息。切实加强生态保护修复监管，拓宽绿水青山转化为金山银山的路径，为子孙后代留下山清水秀的生态空间。

习近平总书记在2023年全国生态环境保护大会上强调，继续推进生态文明建设，必须正确处理几个重大关系。坚持山水林田湖草沙一体化保护和系统治理，就必须正确处理重点攻坚和协同治理的关系、正确处理自然恢复和人工修复的关系。正确处理重点攻坚和协同治理的关系，就是要坚持系统观念，抓住主要矛盾和矛盾的主要方面，对突出生态环境问题采取有力措施，同时强化目标协同、多污染物控制协同、部门协同、区域协同、政策协同，不断增强各项工作的系统性、整体性、协同性；正确处理自然恢复和人工修复的关系，就是要坚持山水林田湖草沙一体化保护和系统治理思路，构建从山顶到海洋的保护治理大格局，综合运用自然恢复和人工修复两种手段，因地因时制宜、分区分类施策，努力找到生态保护修复的最佳解决方案。

（五）筑牢生态文明建设法治保障

习近平总书记强调：“保护生态环境必须依靠制度、依靠法治。只有实行最严格的制度、最严密的法治，才能为生态文明建设提供可靠保障。”要求“加快制度创新，增加制度供给，完善制度配套，强化制度执行”，提出“对任何地方、任何时候、任何人，凡是需要追责的，必须一追到底”，明确“要严格用制度管权治吏、护蓝增绿”。习近平生态文明思想全面总结我国生态文明建设经验，强调实行最严格的生态环境保护制度，深刻回答了生态文明建设的保障机制问题。

建设生态文明，重在建章立制。党的十八大以来，习近平总书记和党中央将制度建设作为推进生态文明建设的重中之重。2012 年，党中央、国务院印发《关于加快推进生态文明建设的意见》《生态文明体制改革总体方案》；先后出台实施了《大气污染防治行动计划》《水污染防治行动计划》《土壤污染防治行动计划》，坚决向污染宣战；出台《环境保护督察方案（试行）》《中央生态环境保护督察工作规定》《生态环境损害赔偿制度改革方案》等文件，建立中央生态环境保护督察制度、生态环境损害赔偿和责任追究等一系列重大制度。中央生态环境保护督察深入推进，在每届党的中央委员会任期内，对各省（区、市）和新疆生产建设兵团，国务院有关部门以及有关中央企业开展例行督察，并根据需要对督察整改情况实施“回头看”，针对突出生态环境问题组织开展专项督察，成为推动落实生态环境保护责任的硬招实招。对重点区域、重点工作开展监督帮扶，探索建立国家和地方协同发现并解决问题的新机制，不断健全环境治理责任体系，为美丽中国建设持续保驾护航。

2005 年，松花江发生重大水污染事件，国家累计投入治污资金 78. 4 亿元，但涉事企业仅被依法顶格罚款 100 万元。与之形成鲜明对比的是，2017 年法院为造成腾格里沙漠严重污染的八家化工企业，开具了 5. 69 亿元的“天价罚单”。从设置环保处罚上限到实施严惩重罚，我国建立和实施了中央生态环境保护督察、生态文明目标评价考核和责任追究、河湖长制、生态保护红线、排污许可、生态环境损害赔偿等一系列制度。为加快解决以块为主的地方环保管理体制存在的突出问题，2016 年 9 月，中共中央办公厅、国务院办公厅出台了《关于省以下环保机构监测监察执法垂直管理制度改革试点工作的指导意见》，改革环境治理基础制度，建立健全条块结合、各司其职、权责明确、保障有力、权威高效的地方环境保护管理体制，切实落实了对地方政府及其相关部门的监督责任，增强环境监测监察执法的独立性、统一性、权威性和有效性。2018 年 3 月，十三届全国人大一次会议通过了关于国务院机构改革方案的决定，组建生态环境部，整合相关部门生态环境保护职责，统一行使生态与城乡各类污染排放监管与行政执法职责，统一政策规划标准制定、统一监测评估、统一监督执法、统一督察问责，生态环境保护的统一性、权威性极大增强，生态文明“四梁八柱”性质的制度体系基本形成。

没有规矩，不成方圆。党的十八大以来，我们党制定修订 30 多部生态环境领域法律和行政法规，对《中华人民共和国环境保护法》《中华人民共和国大气污染防治法》等一系列法律进行重大修改；特别是 2014 年修订的《中华人民共和国环境保护法》被称为“史上最严格”的环保法；2017 年、2018 年全国人大分别通过《中华人民共和国核安全法》《中华人民共和国土壤污染防治法》，国务院出台了《排污许可管理条例》等一大批规章制度，生态环境法律体系日趋完善。

制度的生命力在于执行。习近平总书记强调：“制度的刚性和权威必须牢固树立起来，不得作选择、搞变通、打折扣。”习近平总书记对祁连山和秦岭等地的生态环境问题多次作出重要批示，始终扭住不放、一抓到底，态度坚决、严肃查处。中央生态环境保护督察制度自建立实行以来，动真碰硬、攻坚克难，坚决查处一批破坏生态环境的重大典型案件、解决一批人民群众反映强烈的突出环境问题，释放出“决不能让制度规定成为‘没有牙齿的老虎’”的强烈信号。

（六）推进生态环境治理体系和治理能力现代化

2020 年 3 月，中共中央办公厅、国务院办公厅印发《关于构建现代环境治理体系的指导意见》，首次明确提出要以推进环境治理体系和治理能力现代化为目标，建立健全领导责任体系、企业责任体系、全民行动体系、监管体系、市场体系、信用体系、法律政策体系。国家治理体系和治理能力是一个国家制度执行能力的集中体现。生态环境治理体系和治理能力现代化，是国家治理体系和治理能力现代化的重要组成部分。

提高生态环境治理体系现代化水平，需要增强全社会生态环保意识，健全生态环境治理制度，进一步完善排污许可制、环境保护和节能减排约束性指标管理、中央生态环境保护督察等制度。

要增强全社会生态环保意识。良好的生态环境是最普惠的民生福祉，与每个人息息相关。加强生态环境保护宣传教育，弘扬生态文化；充分发挥各类媒体作用，宣传环保工作先进典型，曝光突出环境问题等；加大信息公开力度，健全环境决策公众参与机制；完善监督举报、环境公益诉讼等机制，鼓励和引导各界参与环境污染监督治理。

建立地上地下、陆海统筹的生态环境治理制度。一些污染问题表现在地下、在水里，根子却在地上、在岸上。要用系统论的思想方法看问题，建立地下水、地表水、土壤污染协同防治制度，建立陆海统筹的海洋生态环境保护修复制度，进行整体保护、系统修复、综合治理。全面实行排污许可制。排污权、用能权、用水权、碳排放权市场化交易是用市场化机制激励节能减排减碳的一项基础性制度，要深入推进资源要素市场化改革，进一步完善各类产权交易机制，通过市场化的产权交易，优化资源配置，激发地区、企业保护环境的内生动力。完善环境保护、节能减排约束性指标管理。“十四五”时期要继续将相关指标作为约束性指标，分解落实到各地方，建立科学合理的考核评价体系，考核结果作为各级领导班子、领导干部综合考核评价和奖惩任免的重要依据，促进环境质量改善和相关工作落实。

完善中央生态环境保护督察制度。中央生态环境保护督察，是习近平总书记亲自倡导、亲自部署的重大改革举措和重大制度安排，推动解决了一大批长期想解决而没有解决的生态环境“老大难”问题，已成为推动落实生态环境保护“党政同责”“一岗双责”的硬招实招。不断完善生态环境保护责任体系。十八大以前，环境保护工作的主体责任由政府及环境保护职能部门承担。十八大后，生态文明建设进入了快车道。2015 年，《党政领导干部生态环境损害责任追究办法（试行）》开始实施。自此，环境保护“党政同责”在国家层面首次明确提出。2018 年 5 月，习近平总书记在全国生态环境保护大会上强调，各相关部门要履行好生态环境保护职责，管发展的、管生产的、管行业的部门必须按“一岗双责”的要求抓好工作。自此，“党政同责”“一岗双责”“三管三必须”开始成为压实各级党委和政府及有关部门生态文明建设责任的重要手段。2021 年 11 月，中共中央、国务院印发《关于深入打好污染防治攻坚战的意见》，意见要求：各级人大及其常委会加强生态环境保护立法和监督。各级政协加大生态环境保护专题协商和民主监督力度。各级法院和检察院加强环境司法。至此，在深入打好污染防治攻坚战和全面推进美丽中国建设进程中，党委、人大、政府、政协全都有了各自的任务和政治责任。

提高生态环境治理能力现代化水平，需要构建智慧高效的生态环境管理信息化体系，建立健全陆海统筹、天地一体、上下协同、信息共享的生态环境监测网络；不断完善生态环境监测技术体系，全面提高监测自动化、标准化、信息化水平；加强科技攻关，对臭氧、挥发性有机物以及新的污染物治理开展专项研究和前瞻研究，对涉及经济社会发展的重大生态环境问题开展对策性研究，加快成果转化与应用，为科学决策、环境管理、精准治污、便民服务提供支撑。

（七）筑牢国家区域生态安全屏障

牢固树立生态保护红线观念。划定并严守生态保护红线是以习近平生态文明思想为指引的重大实践，生态保护红线是生态文明建设的代表性成果和重大制度创新。2016 年 3 月 7 日，习近平在参加黑龙江代表团审议时指出，要加强生态文明建设，划定生态保护红线，为可持续发展留足空间，为子孙后代留下天蓝地绿水清的家园。2023 年 8 月 15 日，在首个全国生态日主场活动现场，中国国土勘测规划院组织编撰的《中国生态保护红线蓝皮书（2023 年）》首次与社会公众见面。这是我国首部生态保护红线蓝皮书，系统总结了全面完成生态保护红线划定的历程、方法、成果和实践案例，提出了加强生态保护红线监管、完善生态保护红线制度的思路和建议。中国式现代化是人与自然和谐共生的现代化。2013 年 5 月 24 日，习近平总书记在中共中央政治局第六次集体学习时强调，“要牢固树立生态红线的观念。在生态环境保护问题上，就是要不能越雷池一步，否则就应该受到惩罚”。划定生态保护红线只是“万里长征的第一步”，有助于提升生态系统多样性、稳定性、持续性。不仅要守住这条生命线，守护自然生态安全，更要形成全社会的责任与共识，共同构建人与自然和谐共生的生态家园。

强化京津冀生态环境联建联防联治。2014 年 2 月 26 日，习近平总书记视察北京，提出京津冀协同发展战略，并强调“要着力扩大环境容量生态空间，加强生态环境保护合作”。2015 年 5 月，中共中央、国务院印发《京津冀协同发展规划纲要》，明确将京津冀生态环境保护作为率先突破的三大重点领域之一。2018 年 7 月，国务院发布通知，将京津冀及周边地区大气污染防治协作小组调整为京津冀及周边地区大气污染防治领导小组。2018 年开始，京津冀三地连续 4 年印发京津冀生态环境联建联防联治年度重点工作举措，积极推进立法、规划、标准、执法“四个协同”，建立健全周边县（市、区）协调联动机制，在大气污染防治、清洁能源使用等领域探索形成了一大批行之有效的经验做法。2014 年，全国空气质量最差的十个城市，京津冀区域内八个城市赫然在列。2022 年，全国空气质量最差的十个城市，京津冀区域无一上榜，河北张家口还入列全国空气质量最佳前十，北京市入列最佳前二十。

全面推进长江经济带发展。长江是中华民族的母亲河、炎黄子孙的生命河，也是支撑新时代中国经济高质量发展和中华民族永续发展的重要大动脉。推动长江经济带高质量发展是党中央作出的重大决策，是关系国家发展全局的重大战略。党的十八大以来，习近平总书记高度重视长江经济带发展，先后主持召开 4 次座谈会，亲自为长江流域高质量发展把脉定向、掌舵领航。2016 年 1 月 5 日，在长江上游——重庆，推动长江经济带发展座谈会召开。2018 年 4 月 26 日，在长江中游——武汉，深入推动长江经济带发展座谈会召开。2020 年 11 月 14 日，在长江下游——南京，全面推动长江经济带发展座谈会召开。2023 年 10 月 12 日，在江西省南昌市，进一步推动长江经济带高质量发展座谈会召开。从“推动”“深入推动”“全面推动”到“进一步推动”，10 年来，长江经济带高质量发展举世瞩目。长江的10年生动书写了"把修复长江生态环境摆在压倒性位置，共抓大保护，不搞大开发"，也生动实践了"把长江经济带建设成为我国生态文明建设的先行示范带、创新驱动带、协调发展带"的宏伟蓝图。

扎实推进黄河流域生态保护和高质量发展。黄河是中华文明的摇篮。党的十八大以来，以习近平同志为核心的党中央从中华民族和中华文明永续发展的高度，作出黄河流域生态保护和高质量发展的重大战略决策。习近平总书记走遍黄河上中下游，在郑州、济南两次召开座谈会，亲自擘画、亲自部署、亲自推动，发出了"让黄河成为造福人民的幸福河"的号召。近十年来，黄河流域生态保护与高质量发展成效显著。2019年9月，黄河流域生态保护和高质量发展上升为重大国家战略。2021年10月，《黄河流域生态保护和高质量发展规划纲要》发布。党中央确定了黄河治理"生态优先、绿色发展"的新思路，全流域生态保护取得重要进展，高质量发展迈出新步伐，传承弘扬黄河文化引人关注，《中华人民共和国黄河保护法》完成立法。

加快建设美丽粤港澳大湾区。2017年，国家发改委与粤港澳三地政府共同签署了《深化粤港澳合作推进大湾区建设框架协议》。近年来，在以习近平同志为核心的党中央坚强领导下，粤港澳三地不断深化生态环境保护合作，大力推动生态环境同保共享，区域生态文明建设迈入新阶段，生态环境质量持续走在全国前列，国际一流美丽湾区和世界级城市群建设取得明显成效。推动粤港澳三地共同设立粤港环保及应对气候变化合作小组、粤澳环保合作专责小组及下设专题小组，建立了完善的生态环境领域合作机制。生态环境部分别与广东省人民政府、澳门特别行政区签署《共建国际一流美丽湾区合作框架协议》《内地与澳门特别行政区环境保护合作安排》，不断强化了生态环境保护顶层设计。粤港澳三地还联合开展生态环境治理和生态环境保护修复行动，共同推进绿色低碳发展，切实增强生态环境治理能力和水平。

保护好三江源，保护好"中华水塔"。青海是长江、黄河、澜沧江的发源地，三江源地区被誉为"中华水塔"。青海湖是阻止西部荒漠向东蔓延的天然屏障，是维系青藏高原东北部生态安全的重要结点。祁连山作为"青海北大门"，其冰川雪山融化形成的河流不但滋润灌溉着青海祁连山地区，而且滋润灌溉着甘肃、内蒙古部分地区，被誉为河西走廊的“天然水库”。党的十八大以来，习近平总书记两次考察青海、两次参加全国人大青海代表团审议并发表重要讲话。2021 年 6 月，习近平总书记再次到青海考察时强调，保护好青海生态环境，是“国之大者”。要牢固树立绿水青山就是金山银山理念，切实保护好地球第三极生态。要把三江源保护作为青海生态文明建设的重中之重，承担好维护生态安全、保护三江源、保护“中华水塔”的重大使命。2021 年 10 月 12 日，我国正式设立三江源等第一批国家公园。筑牢祖国北疆绿色生态屏障。我国是世界上荒漠化最严重的国家之一，荒漠化土地主要分布在三北（西北、华北、东北）地区。早在 1978 年，党中央就极富战略定力和历史远见地将目光锁定至 2050 年，擘画了一个跨度达 73 年的宏大工程——“三北”防护林体系建设工程。党的十八大以来，习近平总书记多次对持续推进“三北”工程建设作出重要指示。2021 年 3 月，习近平总书记在参加内蒙古代表团审议时强调，要统筹山水林田湖草沙系统治理，从系统工程和全局角度寻求新的治理之道。2022 年，国家林草局办公室印发《关于全面推进三北工程科学绿化的实施意见》，对“三北”工程建设深入发展作出政策性、制度性安排。2023 年 6 月 8 日，习近平总书记在内蒙古考察调研时指出，筑牢我国北方重要生态安全屏障，是内蒙古必须牢记的“国之大者”；同时还强调，要锚定 2050 年，深耕 2021—2030 年，力争用 10 年左右时间，打一场“三北”工程攻坚战。新时代以来，内蒙古全区草原植被盖度和森林覆盖率分别由 40. 3% 和 20. 8% 提高到 45% 和 23%，荒漠化土地和沙化土地面积持续“双减少”；城市人均公园绿地面积达 20. 7 平方米，高于全国平均水平近 40%；单位国内生产总值（GDP）用能下降 4. 1%、用水下降 40. 7%、用地下降 60%，绿色低碳发展迈出坚实步伐。

保护海洋生态环境。海洋对于人类社会生存和发展具有重要意义。党的十八大以来，党中央高度重视海洋生态文明建设和海洋生态环境保护，保护海洋生态环境在认识高度、改革力度、实践深度上发生了前所未有的深刻变化。2013 年 7 月，习近平总书记指出，要保护海洋生态环境，着力推动海洋开发方式向循环利用型转变。2019 年 10 月，习近平总书记指出，要高度重视海洋生态文明建设，加强海洋环境污染防治，保护海洋生物多样性，实现海洋资源有序开发利用，为子孙后代留下一片碧海蓝天。党的二十大报告强调，发展海洋经济，保护海洋生态环境，加快建设海洋强国。2023 年 4 月，习近平总书记在广东视察时指出，加强海洋生态文明建设，是生态文明建设的重要组成部分。要坚持绿色发展，一代接着一代干，久久为功，建设美丽中国，为保护好地球村作出重要贡献。十年来，我国改革创新力度前所未有，推动海陆统筹治理体系建设形成新格局；治理攻坚力度前所未有，推动海洋生态环境质量得到新提升；保护监管力度前所未有，推动海洋生态环境保护管护效能取得新进步；监督执法力度前所未有，推动形成海洋生态环境责任落实新机制。

（八）努力建设人与自然和谐共生的现代化

深入打好污染防治攻坚战。党的十八大以来，在习近平生态文明思想的指引下，我国持续深入打好污染防治攻坚战，推进发展方式绿色低碳转型，极大改善了生态环境和生活质量，构筑了更具韧性的生态安全屏障，生态文明建设从理论到实践都发生了历史性、转折性、全局性变化，美丽中国建设迈出重大步伐。新时代生态文明建设的成就举世瞩目，成为新时代党和国家事业取得历史性成就、发生历史性变革的显著标志。近些年，蓝天白云重新展现，绿色版图不断扩展，绿色经济加快发展，能耗物耗不断降低，浓烟重霾有效抑制，黑臭水体明显减少，城乡环境更加宜居，美丽中国建设迈出坚实步伐，绿水青山就是金山银山的理念深入人心，老百姓的生态环境获得感、幸福感和安全感都显著增强。习近平总书记在 2023 年全国生态环境保护大会上强调，全面推进美丽中国建设，加快推进人与自然和谐共生的现代化。他还强调，要持续深入打好污染防治攻坚战，坚持精准治污、科学治污、依法治污，保持力度、延伸深度、拓展广度，深入推进蓝天、碧水、净土三大保卫战，持续改善生态环境质量。

着力建设健康宜居的美丽家园。坚持良好生态环境是最普惠的民生福祉，着力建设健康宜居美丽家园。习近平总书记指出："城市是人集中生活的地方，城市建设必须把让人民宜居安居放在首位，把最好的资源留给人民。"必须把保护城市生态环境摆在更加突出的位置，科学合理规划城市的生产空间、生活空间、生态空间，处理好城市生产生活和生态环境保护的关系，既提高经济发展质量，又提高人民生活品质。2013 年年底，习近平总书记就建设海绵城市作出重要指示。此后，全国有 30 个试点城市开展了海绵城市建设探索，不仅大幅缓解了城市内涝现象，还有效改善了城市人居环境。2020 年 9 月，习近平总书记主持召开中央全面深化改革委员会第十五次会议，审议通过了《关于进一步推进生活垃圾分类工作的若干意见》，强调要加快构建以法治为基础、政府推动、全民参与、城乡统筹、因地制宜的垃圾分类长效机制，树立科学理念，分类指导，加强全链条管理。

建设好生态宜居的美丽乡村。乡村振兴，生态宜居是关键。党的十八大以来，习近平总书记围绕全面推进乡村振兴发表一系列重要讲话，作出一系列重要部署，为绘就和美乡村新画卷注入新内涵、赋予新使命。2017 年 12 月 28 日，习近平在中央农村工作会议上指出，实施乡村振兴战略，一个重要任务就是推行绿色发展方式和生活方式，让生态美起来、环境靓起来，再现山清水秀、天蓝地绿、村美人和的美丽画卷。习近平总书记在 2018 年全国生态环境保护大会上强调，农村环境直接影响米袋子、菜篮子、水缸子、城镇后花园。要调整农业投入结构，减少化肥农药使用量，增加有机肥使用比重，完善废旧地膜回收处理制度。要持续开展农村人居环境整治行动，实现全国行政村环境整治全覆盖，基本解决农村的垃圾、污水、厕所问题，打造美丽乡村，为老百姓留住鸟语花香田园风光。2021 年，中共中央办公厅、国务院办公厅印发了《农村人居环境整治提升五年行动方案（2021—2025 年）》。

加强生物多样性保护。加强生物多样性保护是建设人与自然和谐共生现代化的基础。生物多样性为人类提供了丰富多样的生产生活必需品、健康安全的生态环境和独特别致的自然景观文化等，是人类赖以生存和发展的基础，是地球生命共同体的血脉和根基。2021 年 10 月，中共中央办公厅、国务院办公厅印发《关于进一步加强生物多样性保护的意见》。习近平总书记在中国北京世界园艺博览会、联合国生物多样性峰会等多次强调加强生物多样性保护的意义，提出“共同构建地球生命共同体”“共建万物和谐的美丽家园”“构建人与自然和谐共生的地球家园”的倡议。我国持续加大生物多样性保护力度，采取一系列有力措施，生物多样性保护取得显著成效。生态系统持续修复，野生动植物种群数量持续增加。政策法规不断健全，保护能力和水平显著提升。生物资源监管严格，生物安全管理能力不断加强。深度参与全球治理，合作应对生物多样性丧失。

积极培育生态文化，倡导绿色生活方式。党的十八大以来，习近平总书记高度重视培育生态文化。在围绕生态文明建设发表的一系列重要论述中，经常灵活运用传统文化中的哲学理念，对中华优秀传统生态文化的内涵加以补充、拓展、完善。2015 年，在气候变化巴黎大会开幕式上习近平总书记引用《荀子》中的“万物各得其和以生，各得其养以成”，说明中华文明历来强调天人合一、尊重自然；2018 年，在全国生态环境保护大会上引用《易经》中的“观乎天文，以察时变；观乎人文，以化成天下”“财成天地之道，辅相天地之宜”，《老子》中的“人法地，地法天，天法道，道法自然”，《庄子》中的“天地与我并生，而万物与我为一”，李白的“天不言而四时行，地不语而百物生”等，讲述传统文化中的自然观，这些都充分体现了习近平总书记对中华优秀传统生态文化的高度重视，强调天人合一、道法自然的宇宙观和哲学思想。

党的十八大以来，大力倡导绿色低碳的生产生活方式，坚定不移走生态优先、绿色低碳发展之路。拒绝奢华和浪费，形成生态文明健康的生活风尚。深入开展“光盘”等粮食解决行动。让交通更加环保，出行更加低碳。在 2018 年全国生态环境保护大会上，习近平总书记引用了《孟子》中的“不违农时，谷不可胜食也；数罟不入洿池，鱼鳖不可胜食也；斧斤以时入山林，材木不可胜用也”；《齐民要术》中的“顺天时，量地利，则用力少而成功多”；等等。他强调要按照大自然规律活动，取之有时，用之有度。2012 年至 2022 年，我国以年均 3% 的能源消费支撑了年均 6. 2% 的经济增长，能耗强度下降了 26. 4% 。

（九）全面推进美丽中国建设

2023 年 7 月 17 日至 18 日，习近平总书记在全国生态环境保护大会上强调，今后 5 年是美丽中国建设的重要时期，要坚持以人民为中心，牢固树立和践行绿水青山就是金山银山的理念，把建设美丽中国摆在强国建设、民族复兴的突出位置，推动城乡人居环境明显改善、美丽中国建设取得显著成效，以高品质生态环境支撑高质量发展，加快推进人与自然和谐共生的现代化。

全面推进美丽中国建设，必须以习近平生态文明思想为指导，正确处理五大关系。一是高质量发展和高水平保护的关系，二是重点攻坚和协同治理的关系，三是自然恢复和人工修复的关系，四是外部约束和内生动力的关系，五是“双碳”承诺和自主行动的关系。

要持续深入打好污染防治攻坚战，深入推进蓝天、碧水、净土三大保卫战，持续改善生态环境质量。要加快推动发展方式绿色低碳转型，加快形成绿色生产方式和生活方式，厚植高质量发展的绿色底色。要着力提升生态系统多样性、稳定性、持续性，加大生态系统保护力度，拓宽绿水青山转化金山银山的路径，为子孙后代留下山清水秀的生态空间。要积极稳妥推进碳达峰碳中和，构建清洁低碳安全高效的能源体系，加快构建新型电力系统，提升国家油气安全保障能力。要守牢美丽中国建设安全底线，贯彻总体国家安全观，积极有效应对各种风险挑战，保障我们赖以生存发展的自然环境和条件不受威胁和破坏。

要健全美丽中国建设保障体系。统筹各领域资源，汇聚各方面力量，打好法治、市场、科技、政策“组合拳”。要强化法治保障，统筹推进生态环境、资源能源等领域相关法律制度修订，实施最严格的地上地下、陆海统筹、区域联动的生态环境治理制度，全面实行排污许可制，完善自然资源资产管理制度体系，健全国土空间用途管制制度。要完善绿色低碳发展经济政策，强化财政支持、税收政策支持、金融支持、价格政策支持。要推动有效市场和有为政府更好地结合，将碳排放权、用能权、用水权、排污权等资源环境要素一体纳入要素市场化配置改革总盘子，支持出让、转让、抵押、入股等市场交易行为，加快构建环保信用监管体系，规范环境治理市场，促进环保产业和环境服务业健康发展。要加强科技支撑，推进绿色低碳科技自立自强，把应对气候变化、新污染物治理等作为国家基础研究和科技创新重点领域，狠抓关键核心技术攻关，实施生态环境科技创新重大行动，培养造就一支高水平生态环境科技人才队伍，深化人工智能等数字技术应用，构建美丽中国数字化治理体系，建设绿色智慧的数字生态文明。

2023年11月7日，中央全面深化改革委员会第三次会议审议通过了《关于全面推进美丽中国建设的意见》《关于加强生态环境分区管控的指导意见》等文件，为全面推进美丽中国建设提供了具体实践指南。

（十）倡导构建人类命运共同体，建设清洁美丽世界

习近平总书记提出，“推动构建人类命运共同体，推动建设持久和平、普遍安全、共同繁荣、开放包容、清洁美丽的世界”。构建人类命运共同体，建设清洁美丽世界，体现了中国共产党对人类未来发展的深深关切，彰显了中国共产党在推动构建人类命运共同体、为全人类可持续发展作出更大贡献的责任担当。

党的十八大以来，以习近平同志为核心的党中央深刻洞察人类命运前途和时代发展趋势，敏锐把握中国与世界关系的历史性变化，提出了构建“人类命运共同体”的重要倡议；习近平总书记2013年在莫斯科国际关系学院首次向世界提出构建人类命运共同体；2015年9月习近平总书记出席第70届联合国一般性辩论并发表题为《携手构建合作共赢新伙伴 同心打造人类命运共同体》的讲话；2017年的1月，习近平总书记在联合国日内瓦总部发表题为《共同构建人类命运共同体》的主旨演讲。携手构建人类命运共同体，总目标是建设“五个世界”，其中就包括坚持绿色低碳，建设一个清洁美丽的世界。这一倡议得到了世界广泛的认同，在很多方面达成了共识。

万物并育而不相害，道并行而不相悖。人类是一个整体，地球是一个家园。人类能不能在地球上幸福地生活，同生态环境有着很大的关系。面对生态环境挑战，没有哪个国家可以成为风景独好的孤岛，没有哪个民族可以置身事外。近年来，包括中国在内的很多国家都受到高温、干旱、洪水等极端天气的影响，每个人都真切地感受到了应对气候变化的紧迫性。共建清洁美丽的世界，是各国人民的共同心愿，需要所有人一起努力。

党的十八大以来，我国持续深入打好污染防治攻坚战，加快推动发展方式绿色低碳转型，着力提升生态系统多样性稳定性持续性，积极稳妥推进碳达峰碳中和，守牢美丽中国建设安全底线，建设清洁美丽世界取得举世瞩目的奇迹。从2012年至2021年，单位国内生产总值（GDP）能耗累计下降约26.2%，全国地表水优良水质断面比例由61.7%提高到84.9%，全国地级以上城市空气质量优良天数比率达到87.5%，全国地表水Ⅰ—Ⅲ类断面比例上升至84.9%，已接近发达国家水平。我国服务业增加值占国内生产总值（GDP）比重由45.5%增长到53.3%，高技术制造业占规模以上工业增加值的比重由9.4%提升到15.1%，节能环保产业快速壮大。全国单位国内生产总值（GDP）二氧化碳排放下降了34.4%，全国煤炭消费量占能源消费总量的比重由68.5%降至56.0%，清洁能源消费量占比提升到25.5%，非化石能源消费占比达到16.6%。自然保护地面积提升到占全国陆域国土面积的18%，300多种珍稀濒危野生动植物野外种群数量稳中有升，全国森林覆盖率提高到24.02%，祖国的天更蓝、山更绿、水更清了。

中国的“绿色奇迹”，本身就是全球“绿色行动”的重要部分。作为一个拥有960多万平方公里土地、14亿多人口的大国，中国在环境保护、绿色发展领域做出的努力，其影响必将是世界性的。从贡献约1/4的新增绿化面积，到建成世界最大清洁发电体系，再到海水水质整体持续改善、空气主要污染物浓度全面下降，实实在在的成绩为美丽中国写下了生动注脚，更为美丽世界树立了“绿色样板”。

现在，我国已经成为全球生态文明建设的重要参与者、贡献者和引领者。中国行动、中国智慧、中国主张，为世界为全球生态文明建设点亮希望之光。近年来，推动建立“一带一路”防治荒漠化合作机制，支持发展中国家生物多样性保护事业，积极兑现“双碳”承诺……中国积极参与各领域国际合作，为全球提供公共产品，生动彰显了人类命运共同体理念，增强了国际社会共同应对环境问题的信心。此外，中国还为全球生态环境治理提供了宝贵经验。北京冬奥会采用的绿色技术，库布其治沙折射的“绿富同兴”发展思路，给那些面临生态环境挑战的国家和地区提供了方法路径和借鉴启示。

三、习近平生态文明思想的鲜明特点

习近平生态文明思想是习近平新时代中国特色社会主义思想的重要组成部分，是马克思主义基本原理同中国生态文明建设实践相结合的重大理论创新成果。党的十八大以来，在以习近平同志为核心的党中央坚强领导下，我国生态文明建设取得历史性成就，美丽中国建设迈出重大步伐。在这一伟大实践中，习近平总书记创造性地提出了一系列关于生态文明建设的新理念新思想新战略，形成了内涵丰富、逻辑严密、系统完备、科学规范的思想体系，深刻回答了为什么要生态文明建设、怎样建设生态文明等重大理论和实践问题，具有鲜明特点。

（一）人民至上的价值取向

习近平生态文明思想中的人民至上，不仅坚持了马克思主义关于人与自然和谐共生的价值立场，而且坚持了马克思主义关于“真正的人”理论，还坚持了马克思主义关于人与人和谐共生的价值立场，充分体现了习近平生态文明思想中的逻辑起点、逻辑主线和逻辑归宿。习近平生态文明思想中的人民至上价值观是中国共产党执政理念和执政智慧的重要体现。

习近平新时代中国特色社会主义思想明确指出，我国社会主要矛盾发生变化，人民的需求从“物质文化”扩展为“美好生活”，并提出“必须坚持以人民为中心的发展思想”。从以人为本、关爱民生的角度出发推进生态文明建设，是习近平生态文明思想最鲜明的特点之一。为了改善广大人民群众的生存环境和生活质量，就必须要走绿色发展和可持续发展道路。生态文明建设的出发点和落脚点就是要实现和维护好最广大人民的根本利益。对于怎样改善民生，习近平总书记强调，只有以人民群众最关心的最期望的事为主旨，才能更好地改善民生。只有真正了解人民群众的需求，才能做到雪中送炭，要做到始终本着顺应民意的宗旨，将生态文明建设摆在关键的位置上。习近平总书记牢牢抓住环境就是民生这一基本出发点，强调保证蓝天、碧水、青山的美丽有多重要，保护生态环境就如同保护人们的眼睛与生命一般无二。为人民谋取最普惠的福祉，实际上就是给予广大人民一个良好的生态环境。只有把生态环境保护和治理工作作为重点，以人民群众的健康问题为焦点，紧扣以人为本的主旨去建设生态文明，才能让广大人民能够生活在一个拥有蓝天、碧水、青山的良好生态环境之中。让水污染、空气污染、土壤污染不再威胁人民的健康，从而达到生态文明建设的最终目标。

（二）守正创新的文化底蕴

习近平生态文明思想坚持守正创新，是对中国共产党生态文明建设的思想理论和实践发展重要经验的深刻总结，也是中国共产党人在生态文明建设过程中不断推进理论创新、进行理论创造的重要思想方法和工作方法。习近平总书记强调："守正才能不迷失方向、不犯颠覆性错误，创新才能把握时代、引领时代。"守正，守的是马克思主义之正、中华优秀传统文化之正；创新，创的是中国特色社会主义之新、人类文明形态之新。

习近平生态文明思想始终坚持和发展马克思主义生态观，强调人与自然的辩证统一关系，坚持人与自然和谐共生，认为人与自然是生命共同体。这一生态观揭示了生态环境与人类社会的辩证关系，为新时代中国生态文明建设指明了方向。在此基础上，习近平总书记指出："建设生态文明是关系人民福祉、关乎民族未来的大计""没有和谐的生态环境，就不可能实现好的发展和稳定的局面。"因此，面对我国资源约束趋紧、环境污染严重、生态系统退化的严峻形势，必须树立高度重视生态文明建设的理念，必须尊重自然、顺应自然、保护自然。这是我们党在认识和把握人类社会发展规律基础上得出的重要结论，也是全面建设社会主义现代化国家的内在要求。"人与自然是生命共同体""要像保护眼睛一样保护生态环境，像对待生命一样对待生态环境"，这些重要论述体现了习近平总书记对人与自然关系问题认识的深化和理论创新。

中国共产党人是马克思主义的坚定信仰者和实践者，也是中华优秀传统文化的忠实传承者和弘扬者。中华文明绵延传承至今从未中断，总是在包容并蓄中不断发展。"周虽旧邦，其命维新""政者，正也""明者因时而变，知者随事而制"等思想主张，彰显了恪守正道、与时俱进、革故鼎新的优秀品质和优良传统，为中华民族生生不息、发展壮大提供了不竭动力。中华优秀传统文化中蕴含着丰富的生态思想。中华优秀传统文化中"天人合一"的思想，蕴含着"万物一体"的大生态观，追求人与自然和谐相处的价值观，具有重视人与自然共生共荣、尊重自然规律的特点，具有正确处理人与自然关系、实现人与自然和谐共生的价值导向。习近平生态文明思想继承了中华优秀传统文化中关于人与自然环境和谐相处的理念，倡导以积极的态度面对人生，尊重自然规律，充分发挥主观能动性，促进人与自然和谐共生，并对中华优秀传统文化中生态伦理理念予以继承和发展，对我国生态文明建设经验教训进行了总结和升华。

习近平生态文明思想，在生态文明建设中既坚持马克思主义生态观和中华优秀传统生态观点，又不断发展创新，形成更为先进和推动中国生态文明建设高质量发展的新思想新观点新论断，显示了丰厚的文化底蕴。

（三）念兹在兹的生态情怀

党的十八大以来，习近平总书记到各地考察调研，常常提及推动生态文明建设：在重庆强调要把修复长江生态环境摆在压倒性位置，共抓大保护，不搞大开发；在山东强调扎实推进黄河大保护，确保黄河安澜；在贵州察看乌江生态环境和水质情况；在漓江之上关切桂林山水保护；在雪域高原叮嘱切实保护好地球第三极生态……

习近平总书记重视生态环保的意识由来已久。他曾回忆说："我曾在中国黄土高原的一个小村庄生活多年，当时那里的生态环境受到破坏，百姓生活也陷于贫困。我那时就认识到，对自然的伤害最终会伤及人类自己。"可见，从那时起，保护生态环境在青年习近平的心中就深深扎下了根。

在其后的政治生涯中，他"对生态环境工作历来看得很重。在正定、厦门、宁德、福建、浙江、上海等地工作期间，都把这项工作作为一项重大工作来抓。"2005 年 8 月，时任浙江省委书记习近平到余村村考察，得知余村村的做法后评价这是"高明之举"，并首次明确提出"绿水青山就是金山银山"。党的十八大将生态文明建设纳入中国特色社会主义事业"五位一体"总体布局。在习近平总书记的带领下，新时代中国坚定走上了生态文明建设之路。

习近平总书记始终将生态环境保护看作是"国之大者"，是发展问题、民生问题，更是政治问题。他明确要求"要集中攻克老百姓身边的突出生态环境问题，让老百姓实实在在感受到生态环境质量改善。"他以时时放心不下的责任感，对如何使山更绿、水更清进行了深邃的思考，提出了"山水林田湖草沙怎么摆布，要做好顶层设计，要综合治理，这是一个系统工程，需要久久为功”“山水林田湖草沙是不可分割的生态系统。保护生态环境，不能头痛医头、脚痛医脚”等一系列重要指示，引领着生态文明建设不断深入。

习近平总书记还亲自谋划、亲自部署、亲自推动中央生态环境保护督察，推动解决一些地方多年的生态环境“顽疾”，成为督促地方落实生态环境保护责任的硬招实招。秦岭北麓，千余栋违建别墅如块块生态疮疤，蚕食着山脚的绿色。为推动问题解决，习近平总书记先后 6 次作出重要指示批示，指导专项整治行动展开。其后，习近平总书记赴陕西考察，首站就定在秦岭，亲自来“验收”整改成效。看过全面复绿的别墅区图片，远眺生机盎然的秦岭，习近平总书记就推动生态文明建设叮嘱领导干部：“要以功成不必在我的胸怀，真正对历史负责、对民族负责，不能在历史上留下骂名。”

从阿尔山林区到塞罕坝，从八步沙林场到南海广袤的红树林……一棵棵树，一片片林，见证着习近平总书记对生态和谐的深深牵挂和念兹在兹的生态情怀。

（四）统筹兼顾的整体思维

习近平总书记指出：“要从系统工程和全局角度寻求新的治理之道，不能再是头痛医头、脚痛医脚，各管一摊、相互掣肘，而必须统筹兼顾、整体施策、多措并举，全方位、全地域、全过程开展生态文明建设。”

习近平总书记强调，必须克服以往我国生态环境治理中“九龙治水”即各个部门各自为政、各个方面相互掣肘、各项措施互不衔接的弊端，全方位开展生态文明建设。一是在战略层面把生态文明建设纳入中国特色社会主义事业总体布局，并把生态文明建设内在地融入经济建设、政治建设、文化建设、社会建设各个方面和全过程。二是在政策层面综合运用行政、市场、法治、科技等多种手段推进生态文明建设。三是在生态治理实践中坚持山水林田湖草沙冰综合治理，要实现对山水林田湖草沙冰统一保护、统一修复。

习近平总书记强调，生态文明建设有其空间上的规定性，总是在一定的空间地域中展开的，因此必须全地域开展生态文明建设。一是统筹推进

“三生空间”（即生产空间、生活空间、生态空间）建设。习近平总书记指出，国土空间的开发，要从整体上加以谋划，要遵循人口资源环境相协调、经济社会生态效益相统一的原则，要科学布局“三生空间”，使大自然有更多的修复空间，给子孙后代留下更美的家园。二是协同推进城乡生态文明建设。生态文明建设是新时代文明城市创建和乡村振兴的重要内容，推进人与自然和谐共生的现代化、全面建成社会主义现代化强国，必须协同推进城乡生态文明建设，建设生态城市和美丽乡村。三是协同推进区域生态文明建设。尤其要注意加强生态环境综合治理，加快形成绿色发展方式，大力建设生态宜居环境。四是协同推进流域生态文明建设。协同推进流域生态文明建设，突破了按行政区划办事、只顾自己“一亩三分地”的惯性思维，要求对全流域的生态文明建设统筹谋划、整体施策。只有坚持协同推进流域生态文明建设，才能实现流域生态保护和高质量发展的统一。

习近平总书记强调，生态文明建设也有其时间上的规定性，总是在一定的时间中展开并表现为一个过程，因此必须全过程开展生态文明建设。一是坚持源头严防。在生态文明建设过程中，坚持源头严防，就是要坚持保护优先、节约优先的原则，以预防为主，尽可能把生态环境问题消灭在未萌状态。二是坚持过程严管。要充分发挥各级政府对生态环境治理的行政监管作用，督促企业落实主体责任，坚持对破坏生态环境的行为早发现、早制止、早整改，做到发现及时、制止有力、整改见效。三是坚持后果严惩。后果严惩是生态文明建设的一种末端控制机制，也是一种面向未来的预防机制。通过惩戒形成生态环境保护的高压态势，使人们面对生态红线时知难而退、望而却步。全方位、全地域、全过程开展生态文明建设的理念，强调以系统工程的思路推进生态文明建设，体现了习近平生态文明思想对中国传统哲学智慧注重整体的战略思维的创造性转化。

（五）严格完善的法治保障

生态文明建设重在建章立制，因此，生态文明建设必须有规可循。习近平总书记强调：“保护生态环境必须依靠制度、依靠法治。只有实行最严格的制度、最严密的法治，才能为生态文明建设提供可靠保障。”

党中央将生态文明建设置于重要战略地位，不断完善生态环境保护的顶层设计，确保生态文明建设行稳致远。2012 年 11 月，党的十八大通过的《中国共产党章程（修正案）》，把“中国共产党领导人民建设社会主义生态文明”写入党章。2013 年 11 月，党的十八届三中全会通过的《中共中央关于全面深化改革若干重大问题的决定》提出，加快建立系统完整的生态文明制度体系。2014 年 10 月，党的十八届四中全会通过的《中共中央关于全面推进依法治国若干重大问题的决定》提出，用严格的法律制度保护生态环境。2015 年 10 月，党的十八届五中全会通过的《中共中央关于制定国民经济和社会发展第十三个五年规划的建议》将绿色发展纳入新发展理念。2017 年 10 月，党的十九大通过的《中国共产党章程（修正案）》，增加了“增强绿水青山就是金山银山的意识”等内容。2022 年 10 月，党的二十大强调“建立生态产品价值实现机制，完善生态保护补偿制度”“完善碳排放统计核算制度，健全碳排放权市场交易制度”等要求。

生态环境保护党内法规建设也取得了显著进展，与生态环境立法相辅相成、有机衔接，共同作为生态文明法治保障的重要组成部分。《党政领导干部生态环境损害责任追究办法（试行）》《生态文明建设目标评价考核办法》《中央生态环境保护督察工作规定》等文件相继颁布，强化了中央对地方党委、政府生态环境保护工作的督察问责，推动落实生态环境保护“党政同责、一岗双责”，促进形成了全社会共同参与的良好局面。

党的十八大以来，由国务院制定的《排污许可管理条例》等生态环境行政法规、由生态环境部制定的《企业环境信息依法披露管理办法》等部门规章、地方环境立法如《厦门经济特区生态文明建设条例》等不断出台。我国生态环境立法形式更为多样、结构更为严密、层次更为合理，既有作为基础和依据的上位法律，也有作为补充和实施细则的下位法规，共同搭建起涵盖法律、行政法规、地方性法规、规章的完整纵向体系。

用最严格制度最严密法治保护生态环境的理念，体现了习近平总书记对当代生态危机根源的深刻反思，以及对以往我国社会主义建设经验的深刻总结，抓住了生态文明建设的“牛鼻子”，从保障机制方面回答了怎样建设生态文明的问题。

（六）永续发展的宏阔视野

生态文明建设是中华民族永续发展的千年大计，既是党的历史使命的高度彰显，也是对世界各国生态文明建设的经验总结。习近平总书记说：“从历史长河来看，如果说我们这一代人能留给后人点什么，我看生态文明建设就是很重要的一个方面。生态文明建设最能给老百姓带来获得感，环境改善了，老百姓体会也最深。”

党的二十大报告提出：“我们坚持可持续发展，坚持节约优先、保护优先、自然恢复为主的方针，像保护眼睛一样保护自然和生态环境，坚定不移走生产发展、生活富裕、生态良好的文明发展道路，实现中华民族永续发展。”习近平总书记在生态文明建设问题上，始终坚持践行可持续发展理念，致力于推动中华民族永续发展。

良好的生态环境是中华民族生息繁衍和永续发展的基础。习近平总书记指出：“生态环境是人类生存最为基础的条件，是我国持续发展最为重要的基础。”因此，建设生态文明、促进人与自然和谐共生，关系着人民的长远福祉和中华民族的未来，是功在当代、利在千秋的事业，也是实现中华民族伟大复兴中国梦的重要内容。

习近平总书记站在历史与现实的高度，将生态文明建设与当前新形势、新问题相结合，为生态治理注入了活力和动力。他说，他之所以盯住各种破坏生态环境的问题不放，就是因为如果不高度重视生态文明建设、从根本上扭转我国生态环境恶化的趋势，就是对中华民族的未来和子孙后代不负责任。

进入新时代以来，以习近平同志为核心的党中央把生态文明建设纳入中国特色社会主义的总体布局和战略布局，不仅提出要大力建设生态文明，而且强调把生态文明建设融入经济建设、政治建设、文化建设、社会建设各个方面和全过程，努力推进人与自然和谐共生的中国式现代化，实现中华民族的永续发展，为子孙后代留下天蓝、地绿、水清的生产生活环境。

鉴往知来，中国要致力顶层规划、久久为功，深入推进生态文明建设，全方位、全过程开展绿色循环、低碳发展。统筹生产、生活、生态，走生态文明发展道路，实现民族永续发展。

（七）胸怀天下的人文关怀

中国共产党是为中国人民谋幸福的政党，也是为人类进步事业而奋斗的政党。中国共产党始终把为人类作出新的更大的贡献作为自己的使命。习近平生态文明思想鲜明彰显了中国共产党这一崇高境界和人文情怀。在习近平总书记心中，生态文明是人类文明发展的历史趋势。人类只有一个地球，保护生态环境、推动可持续发展是各国的共同责任。

当下，地球面临气候变化、生物多样性丧失、环境污染三大危机。“面对生态环境挑战，人类是一荣俱荣、一损俱损的命运共同体，没有哪个国家能独善其身。”习近平总书记曾深刻指出。推动生态文明建设，既要立足中国，又要放眼世界；既要坚持中国立场，又要有全球视野；既要凝聚中国智慧和中国力量，又要融入开放理念和世界眼光。

近年来，中国共产党不仅带领全国人民大力推进生态文明建设，还积极参与全球生态治理，注重开展国际交流合作。习近平总书记强调：“保护生态环境，应对气候变化，维护能源资源安全，是全球面临的共同挑战。”气候变化、能源资源安全、网络安全、重大自然灾害等全球性问题日益增多，要求各国携手共谋生态文明治理之路，共建清洁美丽的世界。中国在处理生态环境治理问题时，积极承担应尽的国际责任与义务，不断探索适合中国国情的生态文明建设道路，不仅为共谋全球生态文明建设贡献了中国方略、中国方案，而且为共建清洁美丽家园贡献了中国角色、中国绿色。

“建设生态文明关乎人类未来。国际社会应该携手同行，共谋全球生态文明建设之路，牢固树立尊重自然、顺应自然、保护自然的意识，坚持走绿色、低碳、循环、可持续发展之路。”生态问题是人类共同面对的难题，需要全球参与行动。国际社会要加强合作，心往一处想、劲往一处使，共建人类命运共同体。

中国是全球生态文明建设的重要参与者、贡献者和引领者。习近平生态文明思想站在全人类的宽宏视野，为世界生态文明建设提供了中国方案，彰显了“各美其美、美人之美、美美与共”的中国情怀和世界胸怀。

理论是实践的先导。习近平生态文明思想为进一步加强生态环境保护、推进生态文明建设提供了方向指引和根本遵循。全党全社会必须认真学习领会、深入贯彻落实习近平生态文明思想，深刻领悟“两个确立”的决定性意义，坚决做到“两个维护”，把认真学习领会习近平生态文明思想同学习和实践马克思主义关于人与自然关系的理论结合起来，在全社会牢固树立社会主义生态文明观，进一步激发做好生态环境保护工作的强大动力，扎实推进生态文明建设，加快建设美丽中国。

（2023 年）

全面推进美丽中国建设的行动指南

在全国生态环境保护大会上，习近平总书记深刻阐述了新征程上推进生态文明建设需要处理好的五个重大关系，即高质量发展和高水平保护的关系、重点攻坚和协同治理的关系、自然恢复和人工修复的关系、外部约束和内生动力的关系、“双碳”承诺和自主行动的关系。习近平总书记关于新征程上推进生态文明建设需要处理好的五个重大关系的重要论述，充分体现了马克思主义唯物辩证的思想方法，是我们党对生态文明建设规律性认识的进一步深化，为全面推进美丽中国建设、加快推进人与自然和谐共生的现代化提供了行动指南和重要遵循。

把握主次矛盾。新征程上推进生态文明建设需要处理好的五个重大关系，以鲜明的问题导向和强烈的问题意识分析生态文明建设中的重要矛盾，进而阐明有效化解矛盾的方法和途径。比如，高质量发展和高水平保护是相辅相成、相得益彰的辩证统一关系。处理好高质量发展和高水平保护的关系，必须站在人与自然和谐共生的高度谋划发展，坚决摒弃损害甚至破坏生态环境的发展模式，坚决摒弃以牺牲生态环境换取一时一地经济增长的做法。为此，要牢固树立绿水青山就是金山银山的理念，自觉把经济活动、人的行为限制在自然资源和生态环境能够承受的范围内，在绿色低碳转型中推动发展实现质的有效提升和量的合理增长，通过高水平环境保护，不断塑造发展的新动能、新优势。

坚持系统观念。习近平总书记强调：“强化目标协同、多污染物控制协同、部门协同、区域协同、政策协同，不断增强各项工作的系统性、整体性、协同性。”自然生态系统是一个有机生命体，生态环境治理是一项系统工程，既要以重点突破带动全局工作提升，又要注重统筹兼顾、协同推进。同时也要注意，统筹协调不是“眉毛胡子一把抓”平均用力，而是要坚持“两点论”和“重点论”的统一，以重点突破带动整体推进，在整体推进中实现重点突破。实践证明，只有坚持重点攻坚，对突出生态环境问题采取有力措施，才能以重点突破带动全局工作提升。新征程上推进生态文明建设需要处理好的五个重大关系，将系统观念贯穿生态环境保护工作各方面、全过程，为推进生态文明建设提供了科学方法论。

统筹内因外因。从根本上解决生态环境问题，既离不开强有力的外部约束，也要激发全社会共同呵护生态环境的内生动力。进入新时代，我们用最严格制度最严密法治保护生态环境，强力督察、严格执法、严肃问责，让制度成为不可触碰的高压线。制定修订《中华人民共和国环境保护法》《中华人民共和国大气污染防治法》等法律法规，出台《关于加快推进生态文明建设的意见》《生态文明体制改革总体方案》等重要文件，为生态文明建设筑牢制度基础。同时，坚持人人动手、人人尽责，不断激发起全社会共同保护生态环境的内生动力。同样，我们推进碳达峰碳中和既是对国际社会的庄严承诺，也是推动经济结构转型升级、形成绿色低碳产业竞争优势，实现高质量发展的内在要求。

新征程上，我们必须提高政治站位，以更高认识、更宽视野、更大力度谋划和推进生态环境保护工作，继续推进美丽中国建设实践。

坚守人民立场，汇聚美丽中国建设的强大合力。良好生态环境是最公平的公共产品，是最普惠的民生福祉。我们党坚持以人民为中心的发展思想，大力推进生态文明建设，把解决突出生态环境问题作为民生优先领域，坚决打赢蓝天、碧水、净土三大保卫战。新时代新征程，我们要坚持人民至上，提供更多优质生态产品，不断满足人民群众日益增长的优美生态环境需要。同时，充分发挥人民群众的积极性主动性创造性，把建设美丽中国转化为全体人民的自觉行动。

保持战略定力，把握美丽中国建设的历史主动。习近平生态文明思想创造性地提出一系列新理念新思想新战略。在习近平生态文明思想指引下，我国生态文明建设成就举世瞩目，成为新时代党和国家事业取得历史性成就、发生历史性变革的显著标志。新时代生态文明建设取得的重大理论和实践成果，都是中国共产党领导中国人民独立自主探索出来的。我们必须保持战略定力，贯彻落实习近平生态文明思想，系统总结和研究党领导人民推进生态文明建设的成功经验，不断推进符合中国实际、具有中国特色、体现发展规律的美丽中国建设。

坚持问题导向，找准美丽中国建设的着力点。推进生态文明建设和生态环境保护，必须坚持问题导向，把解决实际问题作为打开工作局面的突破口，着力推动解决我国生态环境保护面临的突出矛盾和问题。要深入开展调查研究，摸清影响高质量发展的困难与根源，深入研究影响和制约环境保护的“卡脖子”技术问题、制约人民群众享有更多高品质生态产品的问题、阻碍生态产品价值实现的难点堵点问题等，认真梳理思路、总结经验，提供可供决策参考、务实管用的调研成果，从而更有针对性地推进生态文明建设。

掌握科学方法，练就美丽中国建设的真功夫。我们要深入学习贯彻习近平新时代中国特色社会主义思想，把握好其世界观和方法论，坚持好、运用好贯穿其中的立场观点方法。必须坚持系统观念，统筹兼顾、整体施策、多措并举，更加注重综合治理、系统治理、源头治理。坚持精准治污、科学治污、依法治污，运用大数据、云计算、人工智能等数字技术赋能生态治理。拓展绿色消费、绿色出行、绿色家居等应用场景，在促进节能、降碳、减污的同时，推动全民增强节约意识、环保意识、生态意识。

（2023 年，刊载于《人民日报》）

落实习近平总书记“守护好一江碧水”重要指示坚决打好打赢碧水保卫战

湖南省水资源丰富，多年平均降雨量达到1450毫米，水系发达，河流湖库众多，5千米以上的河流有5341条，常年水面面积1平方公里及以上湖泊156个，水情是最大的省情。全省96%以上区域属于长江流域，湘、资、沅、澧四水通过洞庭湖汇入长江母亲河，多年平均径流量占长江流域30%左右，在维护长江中下游生态环境安全等方面具有极其重要的战略地位。党的十八大以来，全省认真贯彻落实习近平生态文明思想，切实增强长江经济带“共抓大保护、不搞大开发”的思想自觉、行动自觉和政治担当，有力有序有效推进了“一湖四水”整治，为“守护好一江碧水”贡献了湖南力量。

一、习近平总书记对长江经济带发展的要求

长江是中华民族的母亲河，也是中华民族发展的重要支撑。过去相当长一段时间内，由于过度发展、无序发展、粗放发展，长江经济带生态环境问题突出。习近平总书记指出，“母亲河病了，而且还病得不轻”。为保护长江母亲河，2016年1月5日，习近平总书记在重庆召开推动长江经济带发展座谈会，强调“当前和今后相当长一个时期，要把修复长江生态环境摆在压倒性位置，共抓大保护、不搞大开发”。2018年4月2日，习近平总书记主持召开中央财经委员会第一次会议，明确要求打好长江保护修复攻坚战等七场标志性战役，确保三年时间明显见效。2018年4月26日，习近平总书记在武汉再次主持召开深入推动长江经济带发展座谈会，又提出了“生态优先，绿色发展”的新要求，同时强调指出，要正确把握整体

推进和重点突破、生态环境保护和经济发展、总体谋划和久久为功、破除旧动能和培育新动能、自身发展和协同发展的“五大关系”，以长江经济带发展推动高质量发展。党的十八大以来，习近平总书记围绕推动长江经济带发展作出的系列重要讲话、指示批示精神，为湖南省打好长江保护修复攻坚战提供了强大的思想指引和根本遵循。

2018 年 4 月 25 日，习近平总书记深入岳阳市君山华龙码头、城陵矶水文站视察，听取湖南省关于洞庭湖生态治理、湘江保护和治理等情况汇报，充分肯定湖南省推进“三大攻坚战”等相关工作的成效，嘱咐“守护好一江碧水”。为落实习近平总书记的殷殷嘱托，2018 年 5 月 11 日，中共湖南省委第十一届委员会第五次全体会议通过《关于坚持生态优先绿色发展深入实施长江经济带发展战略大力推动湖南高质量发展的决议》，明确要求筑牢“一湖三山四水”生态屏障，让“一湖四水”的清流汇入长江，努力打造长江经济带“绿色长廊”。2018 年 6 月 13 日，全省生态环境保护大会在长沙召开，会议要求深学笃用习近平生态文明思想，进一步动员全省各方力量，全力以赴打好污染防治攻坚战，奋力开创新时代湖南生态文明建设新局面。

二、湖南省推进碧水保卫战的现状

（一）坚持高位推动，不断强化组织领导

省委、省政府先后成立高规格的省生态环境保护委员会、突出环境问题整改领导小组等组织领导机构，全省 15 位省级领导分别担任一湖四水及主要支流省级河长，时任省委省政府主要负责同志亲自部署、亲自检查、亲自落实，多次实地调研督导，定期研究部署碧水保卫战。2015 年，湖南省出台《湖南省环境保护工作责任规定》（2018 年进行了修订），进一步明确各级各有关部门的环保职责，实现党委、政府及（纪检）监察、司法机关环保责任全覆盖。2016 年以来，湖南省出台实施《党政领导干部生态环境损害责任追究办法实施细则》《湖南省污染防治攻坚战考核暂行办法》等系列文件，启动生态环境损害赔偿制度改革试点，大幅度增加政府绩效考核比重，进一步强化生态环保硬约束，加快形成了党委政府统一领导、

部门齐抓共管的大环保工作格局。

（二）做好顶层设计，认真部署落实碧水保卫战

按照国家要求，湖南省结合实际，2015 年以来，先后出台《湖南省贯彻落实〈水污染防治行动计划〉实施方案（2016—2020 年）》《湘江保护和治理第二个“三年行动计划”实施方案（2016—2018 年）》《长江经济带（湖南省）生态环境保护实施方案》等文件，明确了碧水保卫战路线图、任务书和时间表。2018 年 6 月，根据新的形势和国家要求，又出台了《湖南省污染防治攻坚战三年行动计划（2018—2020 年）》和“碧水保卫战”实施方案，明确要求加大推进“一湖四水”整治，确保水环境质量持续改善。同时，从 2017 年开始，湖南省连续两年启动实施环境治理“夏季攻势”，省长向各市州长和省直相关部门负责人交办任务清单，通过项目化、清单化的形式将整治工作层层分解落实，按照“半月一调度、一月一通报、两月一督查、三月一评议”工作机制，推动地方集中资源攻坚克难。

（三）注重源头预防，积极推进绿色发展

坚持“绿水青山就是金山银山”的绿色发展理念，推动地方逐步摆脱传统思维惯性和路径依赖，不断提升发展质量。推进生态保护红线划定，将 20. 2% 的面积纳入保护范围，对湘江源头、饮用水水源地等生态环境敏感区实行最严格保护。以“三线一单”（生态保护红线、环境质量底线、资源利用上线和环境准入负面清单）为抓手，强化环境准入管理，明确湘江干流两岸各 20 千米范围内不得新建化学制浆、造纸、制革和外排水污染物涉及重金属的项目。结合供给侧结构性改革，近三年来，关闭了 426 处小煤矿和 1000 多家非煤小矿山，淘汰化工、造纸等规模工业企业 5000 多家，加快发展 20 个工业新兴产业链，高技术产业年均增速保持在 15% 以上。出台《关于禁止“一刀切”的意见》，严禁环保督察整改、环境执法“一刀切”。落实结构减排、管理减排和工程减排，持续降低主要水污染物排放总量，为新兴产业发展腾出了宝贵环境容量。

（四）集中攻坚克难，加快解决突出环境问题

针对影响人民群众切身利益的突出问题，制约社会经济持续健康发展的重大问题，环境治理基础设施建设的突出短板，近年来，结合污染防治攻坚战推进、环保督察整改等工作，湖南省全省上下抢抓时间，攻坚克难，持续发力，综合施策，加快解决了一批长期想解决而未解决的突出问题。

一是推进中央环保督察整改。按照“问题不查清不放过，整改不到位不放过，责任不落实不放过，群众不满意不放过”的原则，2017 年 4 月以来，加快推进中央环保督察交办问题整改。截至 2018 年底，中央环保督察组指出的 76 个问题整改完成 55 个，基本完成 5 个，达到时序并持续推进 13 个。洞庭湖非法采砂、欧美黑杨清理、东江饮用水水源保护区违规建设项目退出等重点、难点问题得到有效解决。同时，2018 年 11 月以来，认真抓好中央环保督察“回头看”配合和整改工作，加强现场调查督导，云溪绿色化工产业园、衡阳大义山自然保护区等生态环境问题整改取得有效进展。

二是着力补齐环境治理短板。以问题为导向，以项目为载体，加快补齐工业、农业和生活污染治理短板。坚决关停小造纸、小炼油等十小企业，深入推进有色、化工等十大重点行业企业清洁化改造，全省 140 个省级及以上工业聚集区全部建成污水集中处理设施。全省县级及以上城镇实现生活污水收集处理设施全覆盖，共建成城镇生活污水处理厂 148 座，其中 85 座完成一级 A 及以上标准提标改造，长沙市完成城区 101 个入河排污口的改造，基本实现污水全收集全处理。按照整县推进模式，全省 126 个县（市、区）均已启动实施农村环境连片整治，南县、津市等 35 个县（市、区）完成现场验收。划定畜禽养殖禁养区、限养区和适养区，禁养区外规模畜禽养殖场粪污处理设施装备配套率已达 83.62%，34 个县开展畜禽养殖废弃物资源化利用整县推进试点。

三是突出饮用水水源环境整治。将饮用水水源地整治纳入省政府为民办实事工程，发布第 4 号总河长令进行督办。深入开展长江经济带饮水安全专项整治行动，明确各级政府为整治的主体责任单位，每个县（市、

区）明确一名县级领导为“第一责任人”，负责水源地问题排查、整改、验收、销号等工作；建立“包片督察”机制，由原省环保厅、省水利厅、省人民检察院成立7个督察组包片督察，从行政和法律监督两个方面开展督办；建立省、市两级专家组，加强现场检查和技术指导；制定“验收销号备案”程序，规范工作流程，严把整治验收关。通过努力，湖南省在2017年投入8.4亿元，完成地市级饮用水水源地80个环境问题整治的基础上，2018年投入资金17.1亿元，提前2个月完成县级饮用水水源地254个重点问题整治，整治进度位居全国前列。

四是加强城镇黑臭水体和不达标水体整治。结合城市双修、海绵城市建设等工作，多渠道加大投入，强化监督检查，按照“控源截污，内源治理，生态修复，活水保质”的要求加快整治地级城市黑臭水体，并从2018年开始，探索启动县城、乡镇黑臭水体整治，逐步改善了城镇人居环境。通过努力，截至2018年底，全省地级城市排查的170处黑臭水体完成整治163处。长沙市圭塘河整治过程中，通过构建“建—融—管—还”可持续的资金解决方案，实现黑臭水体整治“长制久清”。同时，推动浏阳河、捞刀河等11处不达标水体全部制定并加快实施整治方案，汨罗江、衡阳蒸水等水体已达标。

五是加强重金属污染治理。认真落实重金属污染防治规划，加快推进涉重金属产业结构调整、工业污染源整治和历史遗留污染治理，有效遏制了全省重金属污染扩散。突出抓好五大重点区域综合整治，株洲清水塘已于2018年底全部关停、退出153家企业；湘潭竹埠港28家重化工企业于2014年全部退出，正在有序推进污染场地修复；衡阳水口山关停淘汰水口山冶化公司等117个涉重金属排放企业或生产线，积极推进了有色金属产业园区循环化改造；郴州三十六湾完成矿山开采秩序整治，重点推进了甘溪河—陶家河流域遗留废渣处置和生态修复；娄底锡矿山强力推进涉锑行业企业整治整合，分类加快推进了遗留废渣的安全处理处置。

（五）突出综合施策，深入推进重点流域整治

认真推进污染防治攻坚战，以环境质量改善为核心，强化转型发展、污染治理、生态保护三大举措，加强组织领导、政策支持和科技支撑，突

出抓好湘江、洞庭湖保护和治理。

持续推进湘江保护和治理“一号重点工程”。2013 年以来，湖南省委、省政府将湘江保护和治理列为省“一号重点工程”，按照“堵源头”“治与调并举”“巩固提升”的阶段目标，明确要求连续实施三个“三年行动计划”来实现“江水清、两岸绿、城乡美”的美好愿景。通过努力，第一个、第二个“三年行动计划”已顺利实施完成。2013 年以来，先后投入 500 多亿元，实施工业、农业和生活污染整治项目 3578 个，关停涉重企业 1182 家（流域涉重金属企业比 2008 年下降 50% 以上），完成 600 余个重金属治理项目，确保湘江水环境质量持续好转。根据监测，2018 年，湘江流域水质总体为优，干、支流 157 个考核断面中，Ⅰ—Ⅲ类水质断面占 98.7%，比 2012 年提高 10.5 个百分点，干流 39 个考核断面水质均达到或优于Ⅲ类标准。同时，2012 年以来，湘江流域的汞、铅、砷、镉与六价铬等重金属年均浓度均有不同程度的下降，且均达到Ⅲ类标准，其中 2018 年湘江汞、铅、砷、镉与六价铬年均浓度比 2012 年分别下降了 39.3%、63.6%、30.8%、74.4% 和 46.8%。

全面打响洞庭湖生态环境综合整治全民保卫战。省委书记、省长多次对洞庭湖水环境问题进行调研，先后召开洞庭湖治理专题会议、省市县乡村五级干部大会等会议进行安排部署。2016—2017 年，省政府组织开展了洞庭湖沟渠塘坝清淤增蓄、畜禽养殖污染整治等“五大专项行动”。2018 年以来，启动实施洞庭湖生态环境专项整治三年行动计划，全面推进农业面源、城乡生活污染等十大重点领域和华容河、大通湖等九大重点区域整治。通过努力，2015 年以来，洞庭湖水环境恶化趋势得到遏制，除总磷外，其他因子均达到三类标准。同时，湖体总磷浓度由 2015 年的 0.112 毫克/升、2016 年的 0.084 毫克/升、2017 年的 0.073 毫克/升，下降到 2018 年的 0.069 毫克/升（比 2015 年下降 38%）。

（六）夯实工作基础，不断强化支撑能力

一是强化改革创新。湖南省在全国率先出台省级生态文明体制改革方案，部署改革事项 56 项、具体任务 185 项，目前已完成 146 项。重点推进了排污权交易改革、流域生态补偿等制度落实。二是加强环境质量监测评

价。按规范加强419个地表水环境质量监测断面（评价断面345个）水质监测，每月向地方通报水环境质量状况。严格落实《湖南省环境质量考评办法》，每月召开环境治理工作会商会，对相关市州及时采取警示、约谈等措施。三是加强科技支撑。加大先进适用技术装备研发和示范推广力度，积极支持环保产业发展壮大，近年来环保产业产值年均增长25%以上。发布《关于执行污染物特别排放限值（第一批）的公告》，在湖南省相关区域、行业执行第一批污染物特别排放限值。四是多渠道筹集资金。加大财政投入，分别安排湘江保护和治理、洞庭湖生态环境整治省级奖补资金17.1亿元和32亿元，并积极通过发行专项治理债券、推行合同环境服务等模式吸引社会资金投入。五是强化法制保障。《湖南省饮用水水源保护条例》《湖南省湘江保护条例》已正式施行，《湖南省洞庭湖保护条例》《湖南省环境保护条例》制定正在顺利推进。六是深化公众参与。加大环境信息公开力度，鼓励环保志愿者（组织）加强社会监督，开通“新湖南”“时刻”客户端环保栏目，建立了环境保护宣传“一会、两报、两网、两微、两端”平台。加大绿色创建力度，积极引导推动社会公众参与。

（七）统筹督企督政，始终保持执法监管高压态势

2018年7月，湖南省环保厅出台《关于进一步加强党的建设打造湖南生态环境保护意见铁军的意见》，积极推进垂直管理改革，打造生态环保铁军。加强环保与公检法联动，建立健全两法衔接工作制度，印发《湖南省环境保护行政执法与刑事司法衔接工作办法实施细则》，省、市、县三级均已成立公安驻环保工作联络机构，省、市州及大部分县（市、区）成立检察机关驻环保部门联络机构。严格落实新环保法要求，始终保持执法监管高压态势，加大环境违法行为处罚力度。2018年，全省共立案查处4378起环境违法案件，罚款3.24亿元，按日计罚7起，查封扣押377起，限产停产197起，移送拘留464起，移送涉嫌污染犯罪78起。同时，2018年，按照“党政同责、一岗双责”和“管发展必须管环保、管生产必须管环保、管行业必须管环保”的要求，对14个市州开展了省级环保督察，交办了一批突出环境问题，压实了各级各有关部门的环保职责。

通过努力，近年来，湖南省水环境质量总体保持稳中向好趋势，有效保障了全省生产、生活和生态用水安全。根据监测，2018 年，全省地表水水质总体为优，345 个监测评价断面中，Ⅰ—Ⅲ类水质占 94.5%，比上年增加0.9 个百分点。总体而言，湖南省水环境质量在全国排名相对靠前，为保护长江母亲河作出了积极贡献。同时，通过深入贯彻落实习近平生态文明思想，扎实推进污染防治攻坚战，夯实环境治理基础设施，完善体制机制，形成了一些行之有效的策略、方法，有效提升了湖南省环境治理现代化水平，为“一湖四水”环境质量持续改善奠定了良好基础。但水污染防治涉及方方面面，目前也存在不少问题和困难。一是部分区域环境质量不容乐观。湘江、资江还有部分支流断面超标。由于江河湖库标准不一致，加上入湖河流总磷浓度高等原因，洞庭湖总磷超标问题短时间难以解决。二是污染负荷偏大。作为有色金属之乡、农业大省，湖南省产业结构不合理、发展相对粗放，加之近些年正处于加快发展阶段，主要水污染物排放量仍处于高位，减排压力巨大。尤其是农业面源污染已成为总磷、氨氮超标的主要来源。三是环境治理任务繁重。部分城市，尤其是城乡接合部，雨污分流不彻底、污水未完全收集等问题突出，畜禽（水产）养殖、农村（乡镇）生活污染治理欠账较多。四是风险隐患未完全消除到位。五大重点区域遗留污染较多，短时间难以处理到位。部分企业、园区环境违法行为时有发生。2018 年，长江经济带生态环境警示片曝光了湖南省一些问题，整治任务任重道远。五是支撑保障能力不足。基层能力偏弱，专业人才少，小马拉大车问题严重，已经成为环境治理的突出短板。先进适用技术研发与示范推广不够，有用可靠的管理经验少，地方本领恐慌问题突出。大部分市州、县（市、区）财力有限，环境治理资金投入普遍不足。

三、湖南省深入推进碧水保卫战的努力方向

生态环境保护工作既是关系党的使命宗旨的重大政治问题，也是关系百姓生活和健康的重大民生问题，还关系到中华民族的永续发展，功在当代，利在千秋。尽管湖南省推进碧水保卫战取得了一定成效，但客观来讲，相关整治工作离中央和省委、省政府的要求、人民群众的期盼仍有一定差距，时间紧、任务重、难度大，是一场大仗、硬仗、苦仗。各级生态

环境部门必须进一步提高政治站位，树牢“四个意识”，坚定“四个自信”，坚决做到“两个维护”，深刻学习领会习近平总书记重要讲话和指示批示精神，坚决扛起长江保护修复政治责任，以“等不起”的紧迫感、“慢不得”的危机感、“坐不住”的责任感坚决打好打赢碧水保卫战，让人民群众喝上干净水、放心水、安全水。

2019 年 3 月 5 日，习近平总书记在参加十三届全国人大二次会议内蒙古代表团审议时强调，要保持加强生态文明建设的战略定力，不动摇，不松懈，不开口子。2019 年中央财政安排水污染防治方面的资金达 300 亿元，增长 45.3%，为历年增长之最。这充分表明了党中央、国务院推进生态文明建设和生态环保工作的坚强意志和坚定决心。2019 年是新中国成立 70 周年，离 2020 年全面建成小康社会也只有两年，碧水保卫战已进入总攻期和决胜期，机遇与挑战并存。保护生态环境，要坚定信心，强化保障，综合施策，标本兼治，精准发力，纵深推进“一湖四水”整治。

（一）认真学习贯彻习近平生态文明思想

将学习好、宣传好、贯彻好习近平生态文明思想作为当前和今后一个时期的一项重要政治任务，在全省范围内，通过举办领导干部培训班、专题研讨班，深入开展大培训、大讨论、大宣传活动等多种形式，推动习近平生态文明思想在湖南省落地生根，开花结果。通过深学笃用习近平生态文明思想，认真落实“共抓大保护、不搞大开发”方针，积极探索以“生态优先、绿色发展”为导向的高质量发展新路子。

（二）坚持正确的策略和方法

推动碧水保卫战，需要突出生态环境质量改善“一个核心”，坚持减排与增容“两手发力”，统筹水资源、水生态、水环境“三水共治”。为确保工作成效，必须坚持如下原则和方法：一是坚持生态优先，统筹兼顾。深入贯彻新发展理念，把生态环境保护工作摆在压倒性位置，着力形成节约资源和保护生态环境的文化理念、产业结构、生产和生活方式，既追求经济效益，又追求社会效益。二是坚持系统整治，两端发力。按照“山水林田湖草”是一个命运共同体的要求，推动流域上下游、左右岸联防联控、系统整治。在持续推进污染减排同时，加强生态保护修复力度，提升环境自净能力。三是坚持综合施策，精准发力。既发挥好行政、法制的作用，又要更多地发挥好市场经济和技术手段的作用。针对具体问题，因地制宜，分类指导，精准发力。四是坚持重点突破，梯次推进。根据任务轻重缓急，拉条挂账，科学规划，既全面部署、整体推进，又有所侧重、分轻重缓急，一个重点一个重点抓，一个阶段一个阶段深化，尽力而为，量力而行。

（三）落实落地落细工作职责

细化碧水保卫战各项任务和责任分工，根据《湖南省污染防治攻坚战考核暂行办法》等文件要求，按照约束与激励并举的原则加大考核奖惩力度。纵向上，按照“只能变好，不能变差”的要求，进一步严格落实地方党委政府的主体责任，对水质持续恶化的地方党委政府及时采取警示、约谈、区域限批和督察问责等措施。按照“管行业必须管环保、管业务必须管环保、管生产经营必须管环保”的要求，强化督促检查，推动各部门积极履责，形成工作合力。

（四）加快解决突出环境问题

以中央环保督察及“回头看”反馈问题、省级环保督察发现问题、国家审计指出问题为重点，全面排查关联性、衍生性问题，并紧盯严重违法违规问题、群众反应强烈问题，拉条挂账，建立问题台账，逐一制定整改方案，明确具体任务、工作目标、主体责任、监管责任和时限要求，推动有关地方集中力量加快整改，重点通过2019年环境治理“夏季攻势”集中力量打好突出问题歼灭战。

（五）全面完成重点整治任务

结合污染防治攻坚战推进，认真落实《深入打好长江保护修复攻坚战行动方案》，以不达标水体和黑臭水体整治、入河排污口排查整治、工业园区规范化整治、畜禽养殖污染治理、长江岸线保护和修复、沿江化工污染整治等为重点，扎实推进碧水保卫战，进一步补齐环境治理短板，减少总磷、氨氮等污染物排放总量。同时，按照减排与增容并举原则，进一步加大生态用地比例，加强重要湖库、主要入湖（河）口等重点区域生态保护和修复力度，提升区域环境自净能力。

（六）不断提升支撑保障能力

结合机构改革，加快推进省级以下监测、监察环保垂直管理，建设好生态环境保护铁军。进一步完善“一湖四水”环境监测体系，增加监测点位，及时预警。加快推进生态文明体制改革，进一步丰富完善环境治理政策、措施。建立财政投入动态增长机制，并积极引导和鼓励社会资本投入，全面推进覆盖“一湖四水”的生态补偿机制，多渠道筹集整治资金。加大先进适用技术及装备推广示范，以科学事实、科研数据、科技成果为支撑，推进精细化管理、精准治污。

（七）强化环保督察和环境执法监管

深入落实省级环保督察，完善交办、巡查、约谈、专项督察机制，重点督察污染防治攻坚战贯彻落实情况。按照生态环境部统一部署，扎实推进六大环保专项行动。坚持铁腕执法，对重点污染源实行全覆盖、拉网式排查，“零容忍”各类环境违法行为。加强信息公开和宣传力度，营造良好舆论氛围，及时曝光环境违法案例，树立一批生态环境保护典型。

（潘碧灵　彭晓成）

（2019 年）

十年治一江 纵深推进湘江保护和治理

湘江发源于湖南省永州市蓝山县湘江源瑶族乡野狗岭，沿途接纳湘江西源、舂陵水等支流，在岳阳市湘阴县濠河口分东西两支并于芦林潭，汇合后注入洞庭湖。湘江流域涉及湖南、广西、江西、广东四省（自治区），干流全长948千米，流域面积94721平方千米，水系发达，支流众多，在湖南省境内河长大于5千米的河流共有2157条。作为湖南省人口最稠密、社会经济最发达的区域，湘江流域以40%的面积，承载着全省60%左右的人口、75%以上的生产总值、60%左右的污染，在全省社会经济发展和生态环境安全方面具有极其重要的战略地位。为保护母亲河，湖南省委、省政府历来高度重视湘江保护和治理工作，2013年，将湘江保护和治理作为省“一号重点工程”，明确要求按照“堵源头”“治与调并举”“巩固提升”的阶段目标，科学统筹保护与发展、近期与远期、整体与局部等的关系，连续实施三个“三年行动计划”来实现“江水清、两岸绿、城乡美”的美好愿景。按照党中央、国务院有关要求和省委、省政府统一部署，各级各有关方面共同努力，综合施策、精准发力，纵深推进了湘江保护和治理。

一、纵深推进湘江保护和治理的典型经验做法和突出成效

（一）坚持高位推进，层层压紧压实责任

流域各级各部门深入学习贯彻习近平生态文明思想，牢记习近平总书记关于长江经济带“共抓大保护、不搞大开发”的重要指示和对湖南省“守护好一江碧水”的殷殷嘱托，把湘江保护和治理作为增强“四个意

识”、坚定“四个自信”、做到“两个维护”的自觉行动。2013年，湖南省委、省政府成立高规格的湘江保护和治理委员会，省人民政府省长任主任，相关省领导任副主任，流域8市市长和26个省直部门主要负责人为成员。每年召开1—2次湘江保护和治理委员会全体会议研究部署有关工作，省委书记、省长先后多次现场督促检查、指导和协调湘江保护和治理工作。2017年以来，结合河长制实施，流域实现省、市、县、乡、村五级河长全覆盖，各级河长定期开展巡河巡查工作。按照“党政同责、一岗双责”的要求和“管行业的必须管生态环保、管发展的必须管生态环保、管业务的必须管生态环保”的原则，积极推进生态环境保护督察工作，切实强化生态环保硬约束。出台实施《党政领导干部生态环境损害责任追究实施细则（试行）》《湖南省污染防治攻坚战考核暂行办法》等文件，大幅度增加湘江保护和治理等生态环境保护工作在政府绩效考核中的比重，有效推动了各级各部门积极作为、主动作为。

（二）坚持绿色发展，加快推进产业转型升级

牢固树立“绿水青山就是金山银山”新发展理念，坚定走“生态优先、绿色发展”之路。制定《长江经济带国土空间规划湖南建议》，明确以“两区三地一枢纽”为战略要点，促进高质量发展。推进生态红线划定，湘江流域16.5%的面积纳入保护范围。明确湘江干流两岸各20千米范围内不得新建化学制浆、造纸、制革和外排水污染物涉及重金属的项目，以“三线一单”为抓手，严格建设项目环评审批和管理，从源头预防环境污染、生态破坏。加大重点工矿区产业转型升级和布局调整力度，株洲市清水塘261家重化工企业全面退出，投资总额达230亿元的三一能源装备园、绿地滨江科创园等3大项目入驻开工；衡阳市水口山五矿30万吨锌项目投产运行，“国内第一、世界一流”的绿色冶炼产业示范基地扬帆起航。结合供给侧结构性改革，在积极稳妥腾退化解旧动能的同时，千方百计发展壮大新动能。积极淘汰退出落后产能，先后关停退出涉重企业1200余家，2019年，利用综合标准依法依规退出“散乱污”企业95家。加快发展工程机械、轨道交通等20个工业新兴产业链，流域高新技术企业突破5200家，创建国家级高新技术产业园区17家。

（三）坚持两手发力，统筹推进污染减排和生态扩容

围绕抓重点、补短板、强弱项的目标，坚持两手发力，在加大重点领域污染整治，切实减少污染物排放总量的同时，加大流域生态保护修复力度，着力提升流域生态环境容量。一方面，持续推进城乡生活、农业、工业和交通污染整治，加快实施重点减排项目，完善了环境治理基础设施。截至 2019 年底，流域内共建成 97 座城镇污水处理厂，污水处理总能力达到 708 万吨/日，县级及以上城镇生活污水、垃圾收集处理设施实现全覆盖。按照整县推进模式，流域所有县（市、区）全部启动农村环境综合整治。33 个重点行业企业全面落实排污许可制度，流域内 88 家省级及以上工业园区配套建成污水集中处理设施。严格畜禽养殖分区管理，加大畜禽粪污处理，畜禽粪污资源化利用率达到 83.3%。依法强制报废超过使用年限的船舶，400 总吨以上货船全部加装生活污水处理装置。另一方面，坚持自然恢复为主、人工修复相结合的方针，因地制宜加快实施重要生态系统保护和修复重大工程，进一步提升流域生态系统质量和稳定性。推动湘江流域和洞庭湖生态保护修复工程试点纳入国家第三批“山水林田湖草”生态保护修复工程试点范围，2018 年以来，加快实施了矿区生态保护修复、生物多样性保护修复 4 大类工程 20 个子项目。实施退耕还林，湘江流域退耕还林计划任务累计达到 894.486 万亩，所有天然林均已停止商业性采伐。加强湿地保护，流域湿地保护面积达到 564 万亩，湿地保护率达到 75.46%。推进小微湿地保护和建设，开展退耕还林还湿试点 7507 亩，项目示范区环境自净能力和效果明显提升。

（四）坚持攻坚克难，集中资源解决突出环境问题

针对影响流域生态环境质量、危害群众利益的突出环境问题，从 2017 年开始，每年连续实施污染防治攻坚战“夏季攻势”，通过项目化、清单化的形式将突出环境问题整改等工作层层分解落实，推动地方集中资源攻坚克难，取得了明显成效。强力推进中央、省级交办突出环境问题整改。统筹中央、省级环保督察及“回头看”，全国人大、省人大常委会执法检查，省河长令和河长巡河等交办问题，拉条挂账，严格落实整改责任，集

中资源解决突出环境问题。截至2019年底，交办流域8市的683件突出环境问题整改完成369件。突出抓好历史遗留污染治理。娄底锡矿山突出抓好砷碱渣治理，综合治理历史遗留废渣5200余万吨。衡阳水口山曾家溪、康家溪14.7万平方米含重金属底泥安全填埋，沿线38万吨含砷废渣得到安全处置。郴州山河水库、娄底石埠坝、东安高岩水库等水质超标的饮用水水源完成替代。不断强化黑臭水体和不达标水体整治。按照“源头化、流域化、系统化”的治理方针，流域地级城市建成区143处黑臭水体完成整治132处。分类指导、综合施策，按照“一河一策”的要求加大不达标水体系统整治，浏阳河、捞刀河等水体已稳定达标。

（五）坚持群众路线，深入推进社会公众参与

坚持“一切为了群众，一切依靠群众，从群众中来，到群众中去”的原则，持续深入推进社会公众参与，广泛凝聚湘江保护和治理的社会力量。充分利用生态环境保护“两报”“两微”“两端”“两网”“两刊”宣传平台，借助六五环境日等宣传活动，全方位、广角度、多层面宣传湘江保护和治理工作，营造良好社会氛围。加大环境信息公开力度，每月定期公布湘江流域水环境质量，按要求推动重点排污单位按规范公开环境信息，从2013年开始每年公布企业环境信用评价结果，及时曝光环境不良企业。畅通信访投诉渠道，切实保障群众知情权、监督权。成立湖南省绿色卫士行动联合办公室，面向流域8市公开招募200名绿色卫士环保志愿者，设立141个守望点，积极推动“夜鹰行动”“我有一个守望点”“大美湖南绿行三湘——燃情100”“环境科普宣传下三湘”“我是民间河长，5公里行动”等五大行动取得丰硕成果，“绿色卫士”成为全国响当当的品牌活动。全面推动垃圾分类、节能节水等绿色创建行动“入单位、入学校、入社区、入家庭”，着力提升群众参与意识和实践能力，推动社会公众广泛、深入投身湘江保护和治理。

（六）坚持改革创新，不断完善体制机制

坚持向改革要动力，向创新要活力，加快推进生态文明体制改革，6个方面53项改革任务基本完成。一是严格保护制度。颁布实施《湖南省

湘江保护条例》《湖南省饮用水水源保护条例》，制定发布《湖南省农村生活污水处理设施水污染物排放标准》和第一批污染物特别排放限值，推进领导干部自然资源资产离任审计、生态环境损害赔偿制度改革试点，统筹推进生态环境系统机构改革、省以下垂直管理和综合执法改革。二是完善市场机制。全面推进阶梯水价、排污权有偿使用和交易、绿色信贷等制度，在推进发行湘江流域重金属污染治理债券的同时，积极推进污染第三方治理、合同环境服务等投融资模式吸引社会资金参与。岳阳市在整治“空心房”过程中，通过城乡建设用地增减挂钩，把废弃闲置的土地变成了“真金白银”。三是加快推动生态补偿。推动60个县（市、区）纳入国家和省级重点生态功能区统筹，落实差别化考核政策，取消对79个限制开发区域人均国内生产总值（GDP）的考核。在试点示范基础上，2019年，出台实施《湖南省流域生态保护补偿机制实施方案（试行）》，流域横向生态补偿机制全面覆盖湘江干流和重要一、二级支流。

坚持目标导向、问题导向、结果导向，流域各级各部门始终坚持系统联治、标本兼治，一年接着一年干，一件接着一件抓，干一件成一件、积小胜为大胜，2013年以来，湘江流域水生态环境质量呈稳中向好趋势，切实擦亮了湘江流域高质量发展的生态底色。根据监测，2019年，湘江流域水质总体为优，干、支流157个考核断面中，Ⅰ—Ⅲ类水质断面155个（其中Ⅰ类10个、Ⅱ类131个），占98.8%，较2012年提高10.6个百分点；干流断面水质持续保持达到或优于Ⅲ类，2019年，39个断面首次全部达到Ⅱ类水质，五种重点重金属污染物浓度（镉、汞、砷、铅和六价铬）均达到或优于Ⅲ类，2019年浓度比2013年分别下降37.8%、37.5%、35.4%、51.7%和53.1%；2019年，支流118个考核断面中，116个断面水质达到或优于Ⅲ类标准。实践充分证明，“久久为功，必有所成”。成绩取得来之不易，得益于习近平生态文明思想的科学指引，为湘江保护和治理提供了根本遵循、不竭动力和根本保障；得益于国家有关部门的正确指导，在中央环保督察整改、长江经济带发展、重金属污染治理和耕地土壤修复项目资金安排等方面给予大力支持；得益于省委、省政府的坚强领导，主要领导亲抓亲管，保持湘江保护和治理的战略定力，一张蓝图绘到底；得益于改革创新的制度红利，不断丰富政策措施，推动湘江保护和治理进入制度化、法治化轨道；得益于各级各部门的齐抓共管，以“功成不必在我”的精神境界和“功成必定有我”的历史担当持续攻坚克难，形成“横向到边、纵向到底”的强大合力；得益于社会各方面的积极参与，凝聚起各方面的智慧、汇聚起最广泛的力量，形成了“保护湘江、人人有责”的良好社会氛围。

二、纵深推进湘江保护和治理仍存在的主要困难和问题

通过努力，湘江保护和治理取得积极成效，但保护和治理工作是一项系统工程，涉及方方面面，既要多还旧账，又要不欠新账，任务仍然繁重艰巨。目前，相关工作离国家要求、离群众期待、离生态环境质量根本改善还有一定差距，仍面临不少问题和困难：一是部分地方对新发展理念认识不到位，以“牺牲环境为代价换取经济一时发展”的思想还未从根本上消除。“党政同责、一岗双责”未严格落实到位，存在层层递减的问题。二是部分区域生态环境质量改善不足。春陵水、蒸水还有部分断面超标，枯水期部分断面水质还存在反弹问题。郴州三十六湾、娄底锡矿山等重点矿区还有部分历史遗留矿渣、尾砂和矿井涌水污染治理未到位，生态环境修复难度大、周期长。三是与高质量发展差距较大。流域高耗能、高污染行业增加值占规模以上工业比重高，初级产品多，高精深、高附加值的产品少。区域发展不平衡，产业结构调整力度有待加强。部分企业绿色发展水平不高，污染排放强度大。四是城乡生活污染和农业面源污染依然突出。基础设施建设欠账较多，城镇生活污水收集管网建设欠账多，管网底数不清，权属不明，运营维护不到位现象较为普遍，部分地方老化、淤塞、破损问题突出，流域乡镇污水处理设施覆盖率仅20%左右，相当比例运行不正常，农户生活污水处理设施建成率低，“厕所革命”任务重。沟渠塘坝淤塞严重，畜禽水产、农药化肥污染程度深。五是支撑保障能力与新形势不相适应。基层监管能力薄弱，现代化、信息化管理手段运用不力，部分领域精细化管理不够，治理水平有待提升。综合施策少，行政手段用得多，法律、市场、经济等方面的手段用得少，部分措施科学性、精准性不够。地方财政资金投入普遍不足，对社会资本的拉动撬动不够。

三、关于纵深推进湘江保护和治理的主要建议对策

（一）切实加强组织领导

按照党中央、国务院以及省委、省政府的决策部署，推动流域各级各部门坚决扛起湘江保护和治理的政治责任，以抓铁有痕、踏石留印的韧劲持续攻坚克难，做到善始善终、善作善成。加大考核奖惩力度，进一步完善、细化湘江保护和治理责任体系，按照“分级管理、属地负责、党政同责、一岗双责、失职追责”的原则，层层压紧压实责任，推动形成分工明确、配合紧密的强大工作合力。加强部门工作统筹，在方案制定、项目设置、资金安排、考核奖惩、监督检查等方面，做好整合、优化，减少地方重复工作。加强流域联防联控，推动流域上下游牢固树立“一盘棋”的思想，充分考虑上中下游差异性，因地制宜突出工作重点的同时，统筹推进全流域山水林田湖草系统治理和保护，实现上下游共护共治共享。落实落细河长制，推动各级河长巡河常态化、规范化、制度化，实现河长制从“有名”向“有实”，从“有实”向“有力”转变。

（二）加快推动绿色发展

正确把握生态环境保护和经济发展的关系，引导、推动广大干部牢固树立正确的政绩观、发展观，以高质量发展为目的，结合供给侧结构性改革，加快推动新旧动能转换，持续调整优化空间格局、产业结构、生产方式。优化用地结构，全面落实《长江经济带国土空间规划湖南建议》等文件，细化、明确差别化的国土开发和管理政策，产业项目向园区集中，除资源开发和农业品加工类项目外，其它项目均须入园，加快推进干流沿江1千米化工企业搬迁整治和农村“空心房”改造，实现流域经济发展、国土开发和生态保护的相互融合。构建绿色协同发展机制，制定流域绿色产业发展规划，推动流域一体化发展和保护，因地制宜发展飞地经济，加强重点、优势产业园区共建共享。积极支持、加快推进株洲清水塘、湘潭竹埠港建设生态新城，做好重污染企业整体退出“后半篇文章”。升级改造有色、化工等传统行业，大力发展高精深产品，延长产业链条。大力发展

新一代信息技术、节能环保、医疗健康等战略性新兴产业，积极培育新的经济增长点。大力发展绿色农业、有机、循环农业，积极推广种养平衡，对照“良种、良法、良田、良态、良品”的要求，积极创建国家、省级现代生态循环农业示范基地。

（三）始终坚持民生导向

习近平总书记强调，生态环境是关系党的使命宗旨的重大政治问题，也是关系民生的重大社会问题。流域各市、县市区要积极回应人民群众的所想、所盼、所急，发扬斗争精神，敢于动真碰硬，打好打胜污染防治攻坚战，切实增强人民的获得感、幸福感和安全感。一方面，要按照“只能变好，不能变差”的原则，因地制宜采取有力有效措施，综合施策、精准施治，将确保饮用水水源安全摆在优先位置，进一步加大不达标水体、黑臭水体整治力度，切实保障江河湖库枯水期生态流量，提供更多优质生态产品满足人民日益增长的优美生态环境需要。另一方面，对照中央、省里交办的突出生态环境问题，群众反复投诉的信访问题，拉条挂账，按照“整改不到位不放过、责任不落实不放过、群众不满意不放过”的要求及时完成整改，切实维护好人民群众的生态环境权益。

（四）持续加强项目建设

按照“抓重点、补短板、强弱项”的原则，以问题为导向，科学谋划、认真筛选、加快实施一批重点项目，积极破解保护和治理不平衡、不充分的问题。全面落实县以上城市污水治理提质增效三年行动和乡镇污水处理设施建设四年行动，积极推进“无废城市”建设，加大农村人居环境改造和“美丽乡村”建设力度，不断深化“厕所革命”，补齐城乡环境治理基础设施短板。全面推动重点行业企业实施清洁化改造，深入推进省级及以上工业园区环境整治专项行动，实现工业污水集中收集、处理。开展畜禽粪污资源化利用整县推进项目建设，大力发展有机肥。积极推进湿地保护恢复、矿山生态修复、水土流失治理、河湖缓冲带建设等重点生态保护修复工程，加强水质较好湖库和水系源头区域环境保护。加大历史遗留污染治理力度，巩固五大重点区域综合整治，完成流域岸线 1 千米范围内停用时间超过 3 年的尾矿库闭库。在加大项目建设力度的同时，同步提升监管水平，定期开展绩效评估，确保相关设施持续稳定发挥生态环境效益。

（五）不断提升治理能力

围绕推进生态环境保护治理体系和治理能力现代化的目标，加大改革创新力度，发挥社会主义制度优越性，为推进湘江保护和治理提供坚实制度保障。按照“源头严防、过程严管、后果严惩”的要求，各地各部门，尤其是负有生态环境监管责任的部门，要立足于本行业加大改革创新力度，进一步完善政策措施，丰富手段，着力解决保护和治理相关政策措施碎片化、分散化、部门化、短期化等问题，建立健全最严格的保护制度。以县（市、区）为重点，切实提升基层保护和治理监督管理能力水平。围绕水环境治理、水生态修复、水资源节约等重点领域需求，集中优势科研力量加强先进适用技术及装备研发、示范和推广，加强大数据、人工智能、物联网等技术应用，提升科技支撑和信息化管理能力。不断收紧环境排放标准，持续加大生态环保督察力度，始终保持监管执法高压态势，重点加大对饮用水水源、工业园区、重点工矿企业、危险废物处置设施、医疗和城镇污水处理设施、农贸市场、规模化畜禽养殖企业等的专项执法检查力度，加强洪水、枯水期环境监管。建立财政资金投入动态增长机制，加强部门资金整合、集约利用，积极推进 PPP、污染治理第三方服务、园区环保管家等模式，引导和支持社会资金广泛参与。积极推进市场化、差异化的财税、价格、信用等政策。大力弘扬生态文明理念，加强湘江文化资源收集整理、文艺题材创作推广，讲好湘江保护和治理故事，营造良好社会氛围。紧紧依靠群众，充分调动群众参与的积极性、主动性、创造性，打好湘江保护和治理的人民战争。

（潘碧灵　彭晓成）

（2020 年）

坚持“河湖联动，五水统筹”
深化“一江一湖四水”系统保护和治理

作为长江中游省份，湖南省水资源丰富，水系发达，水情是最大的省情，全省96.7%以上的面积都属于长江流域，湘资沅澧四水通过洞庭湖汇入长江，在维护长江中下游江湖关系和生态平衡方面起着不可或缺的重要作用。“十三五”期间，全省上下坚决扛起“守护好一江碧水”的政治责任，深入贯彻落实习近平生态文明思想，有力有序有效推进了“一江一湖四水”系统保护和治理。“十四五”期间，湖南省要始终保持加强生态文明建设的战略定力，按照习近平总书记关于长江经济带发展系列重要指示批示精神要求，深入贯彻落实《中华人民共和国长江保护法》，在保护长江母亲河上体现新担当、展示新作为。

一、“十三五”开展的主要工作和取得的主要成效

（一）坚持生态优先，定方向

中共湖南省第十一届委员会第五次全体会议通过《关于坚持生态优先绿色发展深入实施长江经济带发展战略大力推动湖南高质量发展的决议》，全省各级各有关方面牢固树立“绿水青山就是金山银山”发展理念，将推动长江经济带高质量发展作为增强“四个意识”、坚定“四个自信”、做到“两个维护”的自觉行动。省政府出台《关于实施“三线一单”生态环境分区管控的意见》，建立“1+14+860”生态环境准入清单管控体系，实施差异化管理，明确湘江干流两岸各20千米范围内不得新建化学制浆、造纸、制革和外排水污染物涉及重金属的项目。综合利用能耗、环保等标准

退出落后产能，分类整治3995户“散乱污”企业，突出抓好五大重点区域产业转型升级，株洲清水塘261家、湘潭竹埠港28家重化工企业全部退出。加快发展工程机械、轨道交通设备、智能制造等20个工业新兴产业链，2020年，全省高新技术企业净增6804家。加大绿色创建力度，江华、湘阴等11个县（市、区）被评为国家级生态文明建设示范县，资兴市、永定区被评为国家“绿水青山就是金山银山”实践创新基地。

（二）坚持齐抓共管，聚合力

湖南省委、省政府成立高规格的省突出环境问题整改工作领导小组、生态环境保护委员会等组织领导机构，先后出台《湖南省污染防治攻坚战三年行动计划（2018—2020年）》《湖南省贯彻落实 < 长江保护修复攻坚战行动计划 > 实施方案》等系列文件，主要领导亲自部署、亲自推动、亲自检查，坚持“一把手”推动，“一盘棋”统筹。强化生态环境保护硬约束，建立省级生态环境保护督察机制，将有关重点工作纳入市州党委政府政治巡视、省直相关部门及市州政府绩效考核和激励措施范畴，加大监督检查和奖惩力度，压紧压实各级各有关方面责任。始终坚持执法监管高压态势，建立生态环境违法行为举报奖励制度，持续开展“环湖利剑”等专项行动，严格落实企事业单位治污主体责任。加大信息公开力度，畅通群众监督举报渠道，启动湖南绿色卫士环保公益小额资助项目，引导社会公众深入参与，广泛营造“人人关心、人人参与”的良好社会氛围。

（三）坚持补齐短板，减负荷

湖南省政府印发《关于推进城乡环境基础设施建设的指导意见》等文件，建立“长江经济带生态保护和绿色发展重点项目库”，深入推动长江保护修复攻坚八大专项行动、环境污染治理“4+1”工程，持续夯实环境治理基础设施。加强城镇生活污染治理，截至2020年底，建成县以上城镇生活污水处理厂163座，668个乡镇建成（接入）污水处理设施，全省县以上城镇污水处理率达到97.3%。加强农业农村环境整治，126个县（市、区）完成农村环境连片整治现场验收工作，102个县实施畜禽粪污资源化利用整县推进项目，升级改造洞庭湖区74万亩精养池塘。加强工业污染防治，全面完成86389家固定污染源清理整顿和排污许可发证发放任务，144家省级及以上工业园区实现“工业污水收集处理设施全覆盖、在线监测设施全联网”。加强交通污染治理，完成43个港口码头环保设施改造完善，2678艘400总吨以上货船和350艘符合改造条件的400总吨以下货船全部安装生活污水处理装置。

（四）坚持修复生态，增容量

科学划定并严格落实生态红线制度，将全省20.23%的面积纳入保护范围，将435个自然保护地整合优化为306个（增加面积6.17万公顷）。坚持自然恢复为主、人工修复相结合的方针，推动湘江流域和洞庭湖生态保护修复工程试点纳入国家第三批“山水林田湖草”生态保护修复工程试点范围，高标准实施了矿区生态保护修复、生物多样性保护修复4大类工程20个子项目。持续推进造林绿化，加强森林资源管护，认真开展长株潭生态“绿心”保护修复，全省森林覆盖率达到59.96%，森林禁伐面积达532.42万公顷。加强湿地保护，全省湿地保护总面积达77.27万公顷，湿地保护率达到75.77%，全面完成洞庭湖自然保护区核心区13.63万亩杨树清理迹地及洲滩生态修复任务，组织34个县（市、区）开展小微湿地保护与建设试点。全面加强水生生物资源保护，持续开展鱼类人工增殖放流行动，在长江湖南段、洞庭湖、湘资沅澧“四水”干流等水域全面实行“十年禁渔”。大通湖在加强流域污染治理的同时，突出抓好生态保护修复工作，全湖80%的水域有水草，水质由劣Ⅴ类好转为Ⅳ类，由过去的“水下荒漠”转变为“水下森林”。

（五）坚持综合施策，抓重点

坚持问题导向、目标导向和效果导向，紧盯重点区域、流域，落实落细目标任务，一张蓝图绘到底，一任接着一任干。将湘江保护和治理作为省“一号重点工程”，2013年开始，连续实施3个“三年行动”计划，累计退出1200余家涉重企业，突出抓好五大重点区域综合整治，持续改善流域环境质量。2020年，湘江流域水质优良率达到99.4%，镉、汞、砷、铅和六价铬五种重金属浓度比2012年平均下降58%。深入推进洞庭湖生态环境整治，2016—2017 年，实施洞庭湖水环境整治五大专项行动；2018 年开始，推动落实农业面源污染防治、城乡生活污染治理等十大重点领域和大通湖、华容河等九大片区综合整治，切实降低流域污染负荷。2020 年，湖体水质由 2015 年的Ⅴ类好转为Ⅳ类，总磷浓度持续下降为 0.06 毫克/升，比 2015 年下降 46.4%；监测到越冬水鸟 28.8 万余只，同比增加16.6%。

（六）坚持攻坚克难，解难题

针对中央层面交办、群众高度关注的重点任务、突出问题，从 2017 年开始，连续4 年发起污染防治攻坚战“夏季攻势”，以项目化、清单化的形式向各市州交办任务，推动地方集中时间、集中资源攻坚克难，加快解决了一批过去想解决而未解决的突出环境问题。截至 2020 年底，中央环保督察反馈的 76 项任务完成整改 70 项；中央生态环保督察“回头看”反馈的 41 项任务完成整改销号 33 项；2018 年、2019 年长江经济带生态环境警示片交办的 37 个问题整改销号 33 个。加强饮用水水源保护，2018 年全面完成县以上城镇集中式饮用水水源环境问题排查整治，2020 年基本完成乡镇“千吨万人”集中式饮用水水源环境问题排查整治。按照“源头化、系统化、流域化”的要求，加快推进不达标水体、黑臭水体整治，浏阳河、捞刀河等流域已稳定达标，地级城市建成区 184 处黑臭水体整治完成 181 处，长沙圭塘河积极探索“6 +”治河模式，中央电视台等 30 多家媒体进行宣传推广。加强历史遗留污染治理，完成600 余个重金属污染治理项目，娄底锡矿山综合治理历史遗留废渣约 5200 余万吨，原来不毛之地已郁郁葱葱。

（七）坚持改革创新，强能力

加快推进生态文明体制改革，6 个方面 53 项改革任务基本完成，全面推进企业（园区）环境行为信用等级评价、生态环境损害赔偿制度改革试点、排污权有偿使用和交易等制度。颁布实施《湖南省湘江保护条例》《湖南省饮用水水源保护条例》等法规，制定《湖南省农村生活污水处理排放标准》《湖南省水产养殖尾水污染物排放标准》等标准，强化地方法治保障。加大财政投入，出台湘江、洞庭湖保护和治理奖补政策，积极推进合同环境服务、第三方环境治理等模式吸引社会资金投入。与重庆、江西等省份建立跨省流域横向生态保护补偿机制，水质水量生态补偿全面覆盖四水干流和重要一、二级支流。制定突出环境问题整改验收销号（行业）标准，加大对地方的指导和帮扶力度。实施《湖南省生态环境保护工作“四严四基”三年行动计划（2019—2021年）》，切实加强基层能力建设。

通过“十三五”期间的持续努力，尤其是克服2020年疫情、特大洪水等困难，湖南省圆满完成各项约束性指标，确保水生态环境质量持续稳中向好。根据监测，2020年，全省60个国考断面优良率达到93.3%，全面消除劣Ⅴ类水体；345个省考断面优良率达到95.9%，比2015年提高8.2个百分点，其中，长江干流湖南段和湘资沅澧四水干流108个省考断面水质全部达到或优于Ⅱ类，四水主要一级支流断面全部达到或优于Ⅲ类，永州、邵阳市进入全国水环境质量状况排名前30位，较好实现“水清了、景绿了、候鸟多了、群众满意了”的目标，为保护长江母亲河作出了湖南贡献。

二、“十四五”面临的机遇和挑战

总体而言，“十三五”期间，湖南省“一江一湖四水”保护和治理工作取得显著成效，习近平生态文明思想深入人心，环境治理基础设施进一步夯实，污染防治体制机制进一步健全，为“十四五”深入推进相关重点工作、实现更高目标奠定了良好基础，也坚定了深入打好污染防治攻坚战的决心和信心。但水生态环境保护涉及方方面面，是一项复杂的系统工程，湖南省生态环境保护与社会经济发展长期矛盾和短期问题交织，生态环境保护结构性、根源性、趋势性压力总体上尚未根本缓解，犹如逆水行舟，不进则退，“十四五”乃至今后相当长一段时间内，“一江一湖四水”系统保护和治理仍然处于攻坚期、窗口期、关键期，工作要求更高、面临问题更多、触及矛盾更深，既要打攻坚战，也要打持久战。

一是思想认识不够高。部分地方、部门“绿水青山就是金山银山”新发展理念树立得不牢，生态环境保护“党政同责、一岗双责”“三管三必须”的要求落实还不到位，统筹经济高质量发展和生态环境高水平保护不够。受疫情等因素影响，一些地方对生态环境保护工作的重视程度有所减弱。部分地方或部门工作定力不够、标准不高、作风不实，抓工作不敢动真碰硬，存在不同程度的形式主义、官僚主义问题。

二是流域污染负荷重。作为人口大省、农业大省，湖南省部分区域、行业粗放的增长方式短期难以明显改变，污染物排放强度大，尤其是农业农村排放总量大，减排压力大，洞庭湖等重点区域环境负荷远超环境容量。根据第二次全国污染源普查，湖南省化学需氧量、氨氮、总磷年排放量分别达 127. 82 万吨，7. 23 万吨，2. 23 万吨，排在全国前列。其中，农业源排放占比越来越高，总磷排放占比 65% 以上。

三是治理成效有差距。水生态环境质量从量变到质变的拐点尚未到来，部分支流，如舂陵水、捞刀河部分断面水质还未达标或不稳定，一些城市黑臭水体存在返黑返臭现象。洞庭湖总磷问题短时间难以整治到位，部分沟渠塘坝淤积严重。一些河湖生态缓冲带建设和保护不够，部分区域湿地萎缩退化现象客观存在。部分乡镇、农村集中式饮用水水源水质仍未稳定达标。

四是保护治理不平衡。保护和治理工作区域、流域、行业不平衡的问题突出，范围不够广，程度不够深，成效不够稳。重城市，轻农村，工作重心、投入重点还是在城市。重治理，轻保护，末端治理、污染减排工作力度大，源头预防、生态扩容重视不够，力度较小。重下游，轻上游，流域联防联治还有欠缺，对四水源头水系保护不够。重建设，轻管理，雨污分流不彻底、管网配套不到位，部分环境治理基础设施晒太阳的问题客观存在，运行效率较低。

五是重点领域欠账多。城镇生活污水收集管网不配套问题较为突出，相当比例城镇生活污水处理设施进水污染物浓度过低。部分区域水资源保障难度大，用水总量逼近“红线”。一些企业、园区环境管理粗放，环境违法行为时有发生。部分乡镇、农村生活污水还存在直排问题，洞庭湖区农业种植、畜禽水产养殖污染问题日趋突出，整治工作严重滞后。生态环境事件多发频发的高风险态势没有根本改变，郴州三十六湾、娄底锡矿山等重点区域历史遗留污染整治任务艰巨繁重。

六是支撑保障水平低。行政手段用得多，市场、经济等手段用得少，不系统。不少县（市、区）对生态环保的投入与任务还不相匹配，社会资金投入不够。生态环境治理体系和治理能力现代化水平较低，基层监管执法能力薄弱，相关法规、标准、规范等不完善，科技支撑和信息化水平不高，统筹水环境、水生态、水资源能力不足，难以适应新形势下的任务要求。社会公众生态环境意识和实践能力总体偏弱，参与广度、深度不够。

三、深化“一江一湖四水”系统保护和治理的对策措施

“十四五”时期是我国全面建成小康社会、实现第一个百年奋斗目标之后，乘势而上开启全面建设社会主义现代化国家新征程、向第二个百年奋斗目标进军的第一个五年。2021 年 3 月，十三届全国人大四次会议通过了《中华人民共和国国民经济和社会发展第十四个五年规划和 2035 年远景目标纲要》，明确要求推动绿色发展，促进人与自然和谐共生，确保到 2025 年，生态文明建设实现新进步，生态环境持续改善。深刻认识和准确把握进入新发展阶段、贯彻新发展理念、构建新发展格局的核心要义和战略考量，要不断提高政治判断力、政治领悟力、政治执行力，把思想和行动统一到党中央、国务院的重大判断、决策部署上来，以“等不起”的紧迫感、“慢不得”的危机感、“坐不住”的责任感，保持加强生态文明建设的战略定力，以水生态环境质量改善为核心，坚持“河湖联动、五水统筹”，深化“一江一湖四水”系统保护和治理，一个问题接一个问题解决，一项制度接一项制度建立，让越来越多的河湖能够水清岸绿、鱼翔浅底，成为美丽湖南不可或缺的组成部分。

（一）深入贯彻新发展理念，以生态环境高水平保护促进经济高质量发展

深化思想认识，提高政治站位，将习近平总书记在全面推动长江经济带发展座谈会上的重要讲话精神与在湖南视察时的重要指示结合起来认真学习，深刻领会其核心要义和思想精髓，自觉用习近平生态文明思想武装头脑、指导实践、推动工作。牢固树立“绿水青山就是金山银山”新发展理念，围绕“三高四新”战略推进，坚定不移走生态优先、绿色发展道路，全面建立资源高效利用制度，加快建立健全绿色低碳循环发展经济体

系，擦亮湖南省高质量发展的生态成色。严格落实“三线一单”制度，构建国土空间开发保护新格局，对860个环境管控单元实施差异化管理。深化“放管服”改革，积极服务“六稳、六保”和“双循环”新发展格局，加快推动工业新兴优势产业链发展，积极支持清洁生产企业、生态工业园区建设，深入推进株洲清水塘、湘潭竹埠港等重点区域转型升级。加快建立生态产品价值实现机制，以洞庭湖生态经济区、郴州国家可持续发展示范区、岳阳长江经济带绿色发展示范区等为载体，加快推进产业结构转型升级，积极培育绿色增长点，大力发展生态农林业和生态旅游业，真正实现“产业兴、企业强、群众富、生态美”的目标。

（二）全面落实《中华人民共和国长江保护法》，加快构建共治共建共管共护新格局

作为全国第一部流域法律，2021年3月1日起正式实施的《中华人民共和国长江保护法》，统筹保护与开发，从规划与管控、资源保护、水污染防治、生态环境修复、绿色发展、保障与监督、法律责任等方面提出了具体要求，为永葆长江母亲河生机活力提供了法治保障。下一步，湖南省要全面深入贯彻落实《中华人民共和国长江保护法》，全面推进各级政府及有关部门全面履行法定职责，不断提升应用法治思维、法治方式推进工作的能力，推动尊法学法守法用法成为习惯和自觉。严格落实生态环境保护“党政同责、一岗双责”和“三管三必须”的要求，充分用好政治巡视、党委政府绩效考核、生态环保督察等措施，推动各级各有关部门守土有责、守土尽责。坚持源头治理、系统治理、综合治理，将“一江一湖四水”系统保护和治理工作融入经济、政治、文化和社会建设各方面和全过程，统筹局部和全局、当下和长远、治标和治本的关系，多措并举，整体施策。坚持流域联防联治，按照“统一规划、统一标准、统一监测、统一监管、统一考核”的要求，推进上下游、左右岸、干支流共建共管共护共治。坚持部门联动协调，将“一江一湖四水”系统保护与治理和河（湖）长制落实、城乡人居环境整治提升等工作一体谋划、一体部署、一体推进，按照“目标一致、规划衔接、力量整合、资金集中、措施同步”的要求，聚集重点区域、流域同向发力。

（三）牢牢把握“河湖联动，五水统筹”总要求，积极推进解决“一江一湖四水”主要问题

坚持“山水林田湖草”系统治理，从生态系统整体性和流域系统性出发，坚持问题导向、目标导向和结果导向，突出精准、科学和依法治污，以河湖为载体，统筹水环境治理、水资源利用、水生态修复、水安全保障、水文化弘扬，深化“一江一湖四水”系统保护和治理。对于长江干流湖南段，重点解决流域岸线破坏，生物多样性下降，水环境风险隐患等问题。对于洞庭湖，重点解决流域农业面源污染重，湖体及部分内湖总磷偏高，枯水期水资源短缺，部分湿地功能退化等问题。对于湘江，重点解决流域饮用水安全保障，东江湖、铁山水库等良好湖库保护，沩水、捞刀河等支流水资源保障，三十六湾、水口山等重点矿区历史遗留重金属污染等问题。对于资江，重点解决流域锑污染，水资源保障，锡矿山、龙山历史遗留重金属污染和城镇黑臭水体整治等问题。对于沅江，重点解决流域环境基础设施建设滞后，“锰三角”地区锰污染，重点河流生态水量保障等问题。对于澧水，重点解决流域小水电退出后生态恢复，环境基础设施建设滞后，大鲵自然保护区管护等问题。对于珠江水系武水，重点解决流域历史遗留重金属污染，生态流量不足等问题。同时，强化示范引领，以浏阳河、东江湖、铁山水库、潇水等为重点，因地制宜积极推进美丽河湖保护与建设试点，稳定实现“有河有水、有鱼有草、人水和谐”的目标，为人民群众提供更多更好的亲水空间。

（四）积极推动项目建设，加快补齐水生态环境治理短板

按照“补短板、强弱项、提效能、防风险”的原则，科学谋划、加快实施一批重点项目，积极破解“一江一湖四水”保护和治理不平衡、不充分的问题。完善城乡环境基础设施，按照“厂网一体”的要求，全面落实县以上城市污水治理提质增效三年行动和乡镇污水处理设施建设四年行动，巩固地级城市黑臭水体整治成效，基本消除县级城市黑臭水体。突出抓好农业农村污染治理，梯次推进农村生活污染治理，不断深化“厕所革命”，开展畜禽粪污资源化利用整县推进项目建设，积极实施一批农业面源污染防治试点示范项目，突出抓好洞庭湖区精养鱼塘养殖尾水整治。深化工业污染防治，推进有色、化工等行业企业进行清洁化改造，按照“一园一策”的要求深化园区环境整治。以三十六湾、锡矿山、锰三角等区域为重点，有序推进历史遗留污染治理，消除尾矿库、矿井涌水污染扩散。加强饮水安全保障，积极整治或替代超标饮用水水源，积极推进区域城乡供水一体化。推进重点区域生态保护修复，加强水质较好湖库和“四水”源头区域环境保护，积极开展河湖生态缓冲带修复与建设试点，加强洞庭湖等区域湿地保护修复，推动实施一批水生生物多样性保护工程。保障水资源，深化重点领域节水改造，建设节水型社会建设，实施区域再生水循环利用工程，积极推进湖区沟渠塘坝清淤疏浚，加快推动洞庭湖四口水系综合整治工程。

（五）深化改革创新，着力提升生态环境治理体系和治理能力现代化水平

持续深入推进生态文明体制改革，为“一江一湖四水”系统保护和治理工作释放更多的政策“红利”。进一步完善水生态环境监测、评价和考核体系，强化基层生态环境监测监管能力建设，提升综合监管水平。持续加大各级财政投入，大力推进产业园区、区域环境污染第三方治理，多渠道吸引社会资金参与，积极推动建立湖南省生态环境保护集团，加大绿色金融支持力度，确保生态环保投入与修复治理任务相匹配。积极推进制度创新，加快健全完善流域生态补偿，用水权、排污权等交易市场体系，完善生态环境损害赔偿，公益诉讼等制度。加大科技支撑，围绕饮水安全保障、重金属污染防治、总磷削减、农业面源污染防治等重点领域加大先进适用技术研发与示范推广。加快推进数字赋能，建设全省生态环境大数据智慧平台，提升信息化管理水平。积极推动社会公众参与，大力弘扬湖湘“亲水、爱水、护水”光荣传统，在更大范围、更高层面加大绿色学校、绿色家庭、绿色社区、绿色单位创建力度，让绿色生活与绿色消费蔚然成风，通过多种形式激发人民群众呵护好“一江一湖四水”的内在动力，形成共治共享的良好社会氛围。

（潘碧灵　彭晓成）

（2021 年）

以更高标准深入打好碧水保卫战
厚植湘江流域高质量发展的生态底色

2021 年 11 月 2 日，中共中央、国务院印发《关于深入打好污染防治攻坚战的意见》，明确要求以更高标准深入打好碧水保卫战。为保护湘江母亲河，从 2013 年开始，湖南省委、省政府将湘江保护和治理作为省“一号重点工程”，连续实施 3 个“三年行动计划”，圆满完成各项工作任务。但由于各方面原因，湘江流域水生态环境质量改善不平衡、不协调等问题依然突出，进入新发展阶段，为建设全域美丽大花园，按照党中央、国务院的决策部署，需要保持力度、延伸深度、拓宽广度，以更高标准深入推进湘江保护和治理，厚植流域高质量发展的生态底色。

一、湘江保护和治理取得显著成效

为确保流域生产、生活和生态用水安全，湖南省委、省政府历来高度重视湘江保护和治理工作，尤其是“十一五”以来，力度更大，措施更硬，投入更多。2008 年开始，启动实施湘江流域水污染综合整治行动及“千里湘江碧水行动”。2011 年开始，全面启动湘江流域重金属污染治理。2013 年 9 月，湖南省委、省政府将湘江保护和治理作为省“一号重点工程”，按照“堵源头、治调并举、巩固提升”的阶段目标，各级各有关部门以“功成不必在我”的精神境界和“建功必定有我”的历史担当持续攻坚克难，一张蓝图绘到底，一任接着一任干，统筹水环境治理、水资源保障和水生态修复，连续实施 3 个“三年行动计划”，治理成效显著，国家高度肯定，社会广泛认可，打造了“一把手推进，一盘棋谋划，一部法统领，一条江共治”内河治理的“湖南样板”。

（一）保护治理责任进一步落实

沿江各级各有关部门全面贯彻落实习近平生态文明思想，坚持“一把手”推动，“一盘棋”谋划，把修复生态环境摆在压倒性位置，作为增强“四个意识”、坚定“四个自信”、坚持“两个确立”、做到“两个维护”的具体实践。激励与约束并举，按照生态环境保护“党政同责、一岗双责”“三管三必须”的要求，通过深入开展《中华人民共和国长江保护法》《中华人民共和国水污染防治法》《湖南省湘江保护条例》等法律法规执法检查，积极推进政府绩效考核、党政主要领导干部自然资源资产离任审计、生态环境保护督察、河湖长制等工作，严格考核奖惩，层层压紧压实各级各有关部门的责任，形成了“横向到边、纵向到底”的流域齐抓共管合力，真正做到守水有责、管水担责、护水尽责，实现“一江水”同治。

（二）绿色转型发展进一步加快

各级各有关部门进一步树牢“绿水青山就是金山银山”的发展理念，坚定走“生态优先、绿色发展”的道路，建立“三线一单”管控体系，划分综合管控单元315个。流域内江华县、资兴市等13个县（市、区）被评为国家级生态文明建设示范区或“绿水青山就是金山银山”实践创新基地。积极稳妥腾退化解旧动能，累计退出涉重企业1200余家。深入推进五大重点工矿区转型升级，株洲清水塘261家、湘潭竹埠港28家有色、重化工企业全部退出。千方百计发展壮大新动能，20个工业新兴优势产业链迅猛发展，流域高新技术企业超过9000余家。2021年，湘江流域8市财政收入占全省的比重为68.8%，比2012年的65.5%提高了3.3个百分点，实现了在发展中保护、在保护中发展。

（三）生态环境质量进一步提升

根据监测，2021年，湘江流域省考断面水质优良率达到98.7%，比2012年提高了10.6个百分点，其中，东江湖（蓄水80亿立方米左右）水质长期保持为Ⅰ类，湘江干流省考断面水质全部达到Ⅱ类，部分优于Ⅱ

类，五种重点重金属浓度（镉、汞、砷、铅和六价铬）比 2012 年平均下降 58%，地级城市黑臭水体基本消除。湘江流域 16.5% 的面积纳入生态红线保护范围，天然林停止商业性采伐，湿地保护率达到 75.46%，干流全面开展“十年禁渔”，在 42 个主要控制断面建立生态流量保障目标体系，清理退出各类小水电站 237 座、河湖“四乱”323 个，越来越多的江河湖库呈现“水清岸绿、鱼翔浅底”的美景，群众生态环境获得感越来越强。

（四）环境风险隐患进一步降低

围绕抓重点、补短板、强弱项的目标，环境治理基础设施逐步完善，历史遗留污染治理加快推进，一大批影响流域生态环境质量、危害人民群众利益的突出环境问题得到有效解决。截至 2021 年底，共建成 97 座城镇和 512 个乡镇污水处理厂（设施），所有县（市、区）全部启动农村环境综合整治；全部完成 33 个行业固定污染源排污许可清理整顿任务，88 家省级及以上产业园区配套建成污水集中处理设施；完成 841 个地级、县级城镇及乡镇“千吨万人”及“千人以上”集中式饮用水水源环境问题排查整治；累计完成 600 余个重金属污染治理项目，铊浓度异常专项整治排查的 741 个问题基本整改到位，干流岸线 1 千米范围内停用超过 3 年的尾矿库完成闭库。建立流域上下游突发水污染事件联防联控机制，制定流域突发环境应急预案。

（五）支撑保障能力进一步加强

加快推进生态文明体制改革，53 项改革任务基本完成，深入落实企业（园区）环境行为信用等级评价、生态环境损害赔偿制度改革试点等制度。颁布实施《湖南省湘江保护条例》等法规，制定《农村生活污水处理设施水污染物排放标准》等标准，强化地方法治保障。加大财政投入，出台湘江保护和治理奖补政策，进一步加大绿色信贷支持力度。全面推动落实排污许可制，建立实施生态环境违法行为举报奖励制度，持续推进司法协作机制，严格落实企事业单位治污主体责任。建成 232 个国控、省控监测评价断面，实现流域市、县跨界断面自动监测全覆盖，推进岳阳、郴州驻点城市跟踪研究和技术帮扶，加大先进适用技术研发和示范推广，积极推进第三方环境治理，环保产业年均增加15%以上。

二、湘江保护和治理形势

湘江是湖南的母亲河，流域面积占全省国土面积的40.3%，作为全省社会经济最为发达、人口最为密集的区域，通过各级各有关方面的共同努力，湘江保护和治理工作前期取得显著成效，为新发展阶段深入打好污染防治攻坚战奠定了坚实基础。同时，习近平生态文明思想深入人心，新发展理念全面贯彻，生态环境治理体系不断完善，经济社会加快绿色转型，科技创新能力显著增强，等等，也为深入打好污染防治攻坚战增添了强大动力。但湘江保护和治理涉及方方面面，目前也存在不少问题和困难，流域水生态环境保护结构性、根源性、趋势性压力尚未得到根本缓解，生态环境保护仍然处于攻坚期、窗口期，机遇与挑战并举，既要打攻坚战，也要打持久战。

（一）绿色低碳转型压力大

区域、城乡发展不平衡，一些经济发展相对落后的地区统筹发展和保护的意愿不强、能力不足。一些行业、企业长期粗放发展，产业绿色低碳化发展能力有待提高。尤其受经济下行等多重因素影响，部分地区对生态环境保护的重视程度和工作力度有所减弱，上马“两高”项目、重污染项目的冲动增多。

（二）部分水体生态环境质量改善不足

部分支流，如陶家河、龙荫港水质还未达标，蒸水、捞刀河等水质不稳定，尤其是枯水期水质下降问题较为突出。部分城镇黑臭水体未实现“长制久清”，存在“返黑返臭”的问题。部分支流、湖库水生态系统功能失衡，生物多样性降低。一些区域湿地、湖库生态功能退化明显，河湖“四乱”问题仍然较多。

（三）保护和治理任务仍然十分艰巨

作为有色金属之乡，生猪养殖、粮食生产重要基地，流域主要污染物、重点重金属排放总量还处于高位。城乡生活污染治理基础设施建设欠账较多，尤其是城镇生活污水收集管网不配套、不完善等问题明显。农业污染点多面广量大，畜禽粪污资源化利用、水产养殖尾水治理等工作相对滞后，防治力度有待加大。流域降雨时空分布不均匀，一些区域水资源保障难度大，枯水期缺水问题多。

（四）环境风险隐患仍然存在

由于过去采选、冶炼行业粗放发展，郴州三十六湾、娄底锡矿山等地遗留废渣、矿井涌水污染尚未得到彻底解决。部分企业、园区环境管理不到位，环境违法行为时有发生。由于流域氮磷浓度较高，多年富集导致水体富营养化，一些航电枢纽工程库区和局部水域高温天气发生蓝藻。

（五）治理能力水平亟待提升

生态环境治理体系和治理能力现代化水平较低，基层生态环境监测、监管能力薄弱，“小马拉大车”问题突出，与日趋繁重的任务不匹配。一些地方环境治理资金短缺问题较为突出，相关法规、标准、规范等缺失，科技支撑、信息化保障能力不足。

三、下一步的工作重点和建议

2021 年 11 月 11 日，党的十九届六中全会通过《中共中央关于党的百年奋斗重大成就和历史经验的决议》，强调要坚持人与自然和谐共生，协同推进人民富裕、国家强盛、中国美丽。2021 年 11 月 25 日—28 日，湖南省第十二次党代表大会明确要坚定不移沿着习近平总书记指引的方向前进，在推动高质量发展上闯出新路子，为全面建设社会主义现代化新湖南而努力奋斗。进入新发展阶段，污染防治触及的矛盾问题层次更深、领域更广，能力要求也更高，湖南要从党的百年奋斗历程中汲取智慧和力量，全面贯彻落实《中共中央 国务院关于深入打好污染防治攻坚战的意见》，切实肩负起新时代建设美丽中国的历史使命，以问题为导向，以改善生态环境质量为核心，以实现减污降碳协同增效为总抓手，坚持科学、精准和依法治污，统筹污染治理、生态保护、应对气候变化，保持战略定力，以更高标准深入推进湘江保护和治理，以高水平保护促进流域经济社会高质量发展。

（一）深入学习贯彻习近平生态文明思想

将习近平生态文明思想宣传教育作为全省当前和今后一个时期的重要政治任务，纳入各级党委（党组）理论学习中心组学习、各级党校（行政学院）教育的重要内容，通过专题讲座、研讨交流、现场观摩等多种形式加大宣传力度，推动各级领导干部勇做习近平生态文明思想的坚定信仰者、忠实践行者、不懈奋斗者，切实用以武装头脑、指导实践、推动工作，真正担负起“守护好一江碧水”和深入打好污染防治攻坚战的政治责任，确保习近平总书记重要指示批示精神和中共中央、国务院关于生态文明建设和环境保护的各项决策部署落地见效。

（二）加快推进绿色低碳转型发展

牢固树立“绿水青山就是金山银山”的发展理念，推动全面建立资源高效利用制度，建立健全绿色低碳循环发展经济体系，促进形成简约适度、绿色低碳的生活方式。严格落实“三线一单”制度，对流域315个环境管控单元实施差异化管理，构建国土空间开发保护新格局。推广圭塘河“6+治河”、后湖综合治理等经验，全面推进生态环境导向（EOD）模式、基于自然的解决方案（NbS），构筑人与自然和谐共处的美丽家园。以长株潭都市圈、郴州国家可持续发展示范区和岳阳长江经济带绿色发展示范区建设等为抓手，做优做强智能制造、资源环保等产业链（集群），对有色、化工、建材等重点行业企业、产业园区进行清洁化改造，大力发展生态农业、林业，依托流域丰富的红色、绿色资源做大做强做精全域旅游品牌，打造绿色发展高地。积极稳妥推进碳减排、碳中和，加快建设一批低碳发展示范区、低碳示范城市、碳中和示范区。

（三）持续深化重点领域污染整治

以问题为导向，结合污染防治攻坚战“夏季攻势”、长江经济带环境污染治理“4+1”工程落实等工作，分期分批实施一批重点整治项目，积极补齐重点领域整治短板，持续降低流域污染负荷。一是加强城乡生活污染治理。大力实施城镇污水管网改造更新工程，对流域进水生化需氧量（BOD）浓度低于100毫克/升的城镇污水处理厂，制定并实施“一厂一策”系统化整治方案。因地制宜加快推动实现乡镇生活污水收集处理设施全覆盖，统筹农村“厕所革命”，加快实施农村生活污水治理规划。二是逐步解决历史遗留污染。盯紧郴州三十六湾、娄底锡矿山等五大重点区域。三是强化风险管控，逐步消除历史遗留废渣、矿井涌水、污染场地等污染，进一步降低重金属污染风险隐患。强化农业面源污染防治。以生猪养殖大县为重点，强化粪污资源化综合利用，鼓励规模以下畜禽养殖户采用“种养结合”等模式消纳畜禽粪污。深入推进农药、化肥减量增效，积极推进农田退水“零直排”综合性示范工程建设。四是深化工业污染整治。全面落实排污许可制度，持续整治“散乱污”企业，强化工业园区环境综合整治。五是加快整治不达标（黑臭）水体。按照“一河（湖）一策”的要求，综合整治陶家河、龙荫港等不达标或水质不稳定水体。梯次深化黑臭水体整治，确保城镇黑臭水体整治“长制久清”，逐步消除农村地区房前屋后和群众反映强烈的黑臭水体。六是全面强化入河排污口管控。加强入河排污口排查溯源，逐一明确责任主体，并按照“取缔一批、合并一批、规范一批”的要求实施分类整治。

（四）不断加大生态保护修复力度

按照“自然修复为主、人工修复为辅”的原则，科学开展山水林田湖草一体化保护和修复，不断提升流域环境自净能力。一是提升水源涵养能力。在湘江源头区域科学开展水源涵养林建设，全面停止流域天然林商业性采伐，有序推进天然林保护、封山育林、废弃矿山植被恢复等生态修复工程。二是推进生态缓冲带建设和管理。在沿江沿湖因地制宜划定一定宽度的生态隔离缓冲区域，严格控制与生态保护无关的开发活动，对受损河湖缓冲带进行生态修复，强化污染拦截、净化能力。三是强化水生生物多样性保护。加强流域珍稀、濒危、特有物种“三场一通道”等关键栖息地保护力度，严格执行禁渔期、禁渔区等制度，科学实施水生生物洄游通道和重要栖息地恢复工程。四是保障河湖生态用水。加快推进小水电分类清理整治，明确重点河湖生态流量目标、责任主体、主要任务和保障措施，全面落实生态流量管理措施。五是强化蓝藻水华防治。加强流域航电枢纽库区和局部水域蓝藻水华监测预警和应急处置，综合应用物理、化学、生物等方法进行综合防控，积极推进植物、水生动物除藻。

（五）着力提升治理体系与治理能力现代化水平

严格落实《关于构建现代环境治理体系的指导意见》，深入推进生态文明体制改革，完善政策体系、市场体系、监管体系。加快完善流域综合协调管理机制，加强规划、政策、重大事项的统筹协调，深入推进“一江同治”。强化科技支撑，集中优势科研力量加强重金属污染治理、蓝藻水华防范、饮用水安全保障等课题研究，示范推广先进的保护和治理技术。加快推进完善生态环境监测制度体系，强化生态环境大数据挖掘与应用，提高信息化水平。整合利用好各级各类资金，积极争取国家绿色发展基金支持，加快推行第三方治理，多渠道强化资金保障。加快推动落实流域生态补偿、生态产品价值实现等机制，引导绿色转型发展。推进环境信息公开，加大生态文明宣传报道力度，构建环境治理全民行动体系，积极引导全民践行绿色生活方式。

（潘碧灵　彭晓成）

（2022 年）

守护好一江碧水

——洞庭湖总磷污染控制与削减攻坚的实践与思考

作为长江之肾，洞庭湖在维护长江中下游生态平衡和江湖关系上起着不可或缺的重要作用。2018 年 4 月，习近平总书记视察岳阳市时嘱咐湖南省“守护好一江碧水”；2020 年 9 月，在湖南省考察时强调要“做好洞庭湖生态保护修复”。2016 年以来，湖南省委、省政府先后推进水环境综合整治五大专项行动、生态环境专项整治三年行动计划，实施水环境治理八年综合整治规划，有效改善了洞庭湖生态环境质量。但与长江流域类似的湖泊一样，洞庭湖总磷污染问题仍然突出，还需全省上下保持战略定力，坚持问题导向、目标导向和结果导向，深入推进洞庭湖总磷污染控制与削减攻坚行动（以下简称洞庭湖总磷污染攻坚），在保护长江母亲河上贡献更多力量。

一、洞庭湖总磷污染攻坚的具体实践

（一）高位统筹推动，严格落实责任

湖南省委、省政府历来高度重视洞庭湖生态环境保护，尤其是“十四五”以来，将洞庭湖总磷污染攻坚摆在更加突出的重要位置，作为坚定拥护“两个确立”、坚决做到“两个维护”的具体体现，省委、省政府主要领导多次专题研究部署，并现场督促检查相关工作，层层压紧、压实工作责任。一是严格考核奖惩。将洞庭湖总磷污染攻坚纳入省政府绩效考核、生态环境保护督察、“洞庭清波”等工作中统筹，推动各地各部门守土有责、守土尽责。二是强化部门协同。省直相关部门加强协调配合和工作统

筹，对重点任务“一月一调度、一月一通报、一季一督查”，狠抓重点领域源头治理、系统治理、综合整治。三是深化区域联动。严格落实湖区三市一区政府主体责任，不断完善“一江一湖四水”联防联治机制，推动形成“上下游同步推进、干支流同步治理、各领域同步发力”工作格局。

（二）科学谋划部署，系统精准施策

对标对表《中华人民共和国长江保护法》等文件要求，根据总磷主要来源及流域时空分布，在充分论证的基础上，2022 年 6 月，湖南省政府办公厅印发《洞庭湖总磷污染控制与削减攻坚专项行动计划（2022—2025 年）》，明确了“十四五”攻坚任务书、路线图和时间表。一是明确工作目标。坚持“稳中求进”的原则，明确要求湖体总磷浓度持续下降，在稳定达到国家考核目标（小于 0.07 毫克/升）的同时，力争 2/3 以上国家考核断面水质达到Ⅲ类，重点内湖、内河水质稳定提升。二是明确攻坚范围。按照“统筹兼顾、突出重点”的要求，明确在湖区三市一区、农业农村污染防治以及城镇生活污染治理等重点区域、领域集中攻坚。三是明确重点任务。坚持“聚焦重点、集中攻坚”的原则，明确狠抓农业农村污染防治、深化城镇生活污水收集处理等 7 项重点任务和 1 项“禁磷限磷”专项行动，并细化为 18 类具体任务，确保任务可量化、可考核、可评估。

（三）狠抓项目建设，补齐治理短板

按照“任务项目化、项目工程化”的要求，结合污染防治攻坚战“夏季攻势”、长江经济带环境污染治理“4＋1”工程实施等工作，2021 年以来累计实施完成 600 余个重点整治项目，加快补齐了治理短板。一是加强农业面源污染治理。持续在湘阴等 9 个县（市、区）积极实施长江经济带农业面源污染治理项目，试点县畜禽粪污资源综合利用率均达 90% 以上，累计完成 12.6 万亩水产养殖池塘生态化改造。二是加强城乡生活污染治理。2022 年新建污水收集管网 432 千米，城市生活污水集中收集率上升至 70.97%。推进农村人居环境整治，累计完成 356 个任务村整治。三是加强工业污染整治。湖区 28 家省级及以上产业园区全部建成污水收集处理设施，并全面实现环境污染第三方治理全覆盖。持续巩固“三磷”企业整

治，34 家化工企业关闭退出或异地迁建。四是加强入河排污口管控。综合采取控源截污、生态提质、环境扩容等措施，分期分批加快推进重点入河排污口整治，持续降低流域污染负荷。

（四）强化保护修复，夯实生态本底

以洞庭湖区域“山水林田湖草沙”一体化保护和修复工程项目为契机，加快实施生态系统保护和修复重点工程。一是加强湿地保护修复。开展洞庭湖湿地保护修复“六大行动”，实施“五大工程”，累计修复生态湿地 46349 亩，恢复湿地植被 900 公顷。二是加强内湖（河）修复。按照“一湖（河）一策”，强化大通湖、黄盖湖、华容河等内湖（河）生态保护修复，突出抓好河湖岸边生态缓冲带建设、水生植被修复等工作。三是加强黑臭水体治理。巩固提升地级城市黑臭水体整治成效，加快推进县级城市黑臭水体整治，全面推进农村黑臭水体整治，2021 年以来累计整治农村黑臭水体 72 条。四是加强水系联通。持续推进湖区生态水网体系建设，加快实施洞庭湖北部地区分片补水二期工程，突出抓好河湖连通和清淤疏浚等工作。2022 年，洞庭湖北部补水二期工程连通水系 41 千米，湖区三市小水源供水能力恢复工程新增蓄水能力 921 万平方米。

（五）推动绿色发展，加快转型升级

坚持生态优先，绿色发展，持续推动洞庭湖生态经济区建设，加快经济社会发展绿色转型。一是加快推动农业绿色发展。在湘阴等 9 个县（市、区）持续开展绿色种养循环农业试点，深入实施水产绿色健康养殖“五大行动”，建成一批高标准生态渔业养殖基地，常德澧县入选全国农业绿色发展典型案例。二是不断深化工业绿色转型。严控涉水重污染行业发展，积极引导石化、印染、农副食品加工等行业企业开展清洁生产改造。岳阳市高标准建设长江经济带绿色发展示范区，加快培育了“12 + 1”优势产业链。三是积极引导形成绿色生活方式。在湖区全面部署洗涤用品“禁磷限磷”专项行动，益阳市连续 4 年开展大通湖流域洗涤用品市场专项治理。

（六）夯实支撑保障，提升能力水平

按照任务与保障相匹配的原则，积极夯实工作基础，不断深化改革创新，着力建立健全长效整治体制机制。一是提升监测监管能力。生环、水利等部门联合出台加强枯水期、汛期生态环境管理的意见，启动洞庭湖水生态环境调查与监测，推进大通湖等重点河湖专项调查、汛期及枯水期加密监测。二是完善政策措施。颁布实施《湖南省畜禽规模养殖污染防治规定》等地方法规，制定出台《湖南省水产养殖尾水污染物排放标准》等地方标准。三是强化科技支撑。开展《一湖四水总磷浓度时空分析》《洞庭湖总磷污染来源解析及防控对策》等专题研究，开展长江生态环境保护修复“一市一策”驻点跟踪研究，组织百名生态环境领域专家深入基层指导帮扶。

通过努力，近年来，洞庭湖生态环境质量明显改善，全面达到国家考核要求。一是湖体总磷浓度持续下降。2022 年，洞庭湖总磷浓度下降为 0.06 毫克/升。其中，西洞庭湖连续 2 年达到Ⅲ类，南洞庭湖突破性达到Ⅲ类。二是入湖河流总磷浓度持续下降。2022 年，湘资沅澧四水入湖总磷浓度平均浓度为 0.046 毫克/升，较 2020 年下降 7%。三是重点内湖水质不断改善。南湖、黄盖湖、芭蕉湖等水质稳定达到Ⅲ类，华容东湖、大通湖等水质明显改善。四是湖区生态环境不断恢复。2022—2023 年度越冬候鸟达到 37.83 万只，“鸟中大熊猫”中华秋沙鸭等也频繁现身。五是群众满意度不断提升。一批突出生态环境得到有效解决，湖区三市一区生态环境质量改善“公众满意度”连续提升。

二、洞庭湖总磷污染攻坚存在的主要问题

洞庭湖总磷污染涉及方方面面，受入湖河流输入、湖区污染排放、底泥释放、气候水文变化等多重因素影响，治理难度大、周期长，且容易反弹，是一项复杂的系统工程。目前虽然取得较大成效，但湖区总磷污染防控形势依然严峻。2022 年全省未达到Ⅲ类水质标准的断面有 14 个，其中 13 个在湖区，主要超标因子为总磷。综合各方面情况，目前还存在如下主要问题。

（一）环境质量改善不平衡

一是湖体总磷持续下降难度大。2017 年以来下降幅度越来越小（且 2021 年略有反弹，较上年上升 5%），后期受洞庭湖生态疏浚、湖区采砂规模扩大、湘阴虞公港建设、航道运行增加等因素影响，湖体总磷浓度或将反弹。二是东洞庭湖总磷浓度相对较高。与西洞庭湖、南洞庭湖相比，东洞庭湖总磷浓度长期偏高，后期持续下降压力巨大。其中，2022 年为 0.067 毫克/升，超Ⅲ类标准 0.34 倍。三是部分内湖、内河水质不容乐观。大通湖、黄盖湖稳定达到国家考核目标压力大，尤其是大通湖受内源污染、汛期污染等因素影响，总磷要降到 0.075 毫克/升难度较大，华容河、新墙河、汨罗江等内河总磷浓度长期偏高。

（二）农业面源污染防治压力大

根据全国及湖南省二污普数据、长江经济带专题报告显示，总磷污染主要来源为农业面源（占比 60% 以上）。洞庭湖区是湖南省乃至全国的“米袋子”“菜篮子”，农业生产造成的总磷污染问题更为突出，防治压力更大。一是畜禽养殖粪污处理及资源化利用水平有待提升。湖区畜禽养殖大县多，生猪养殖总户数 30 余万户，总养殖量 1400 余万头（出栏量），其中规模以下（500 头以下）养殖量占比约 35%，畜禽粪污产生量大、污染重，规模以下畜禽养殖粪污直排问题依然突出。二是种植业面源污染防控压力依然较大。湖区共有耕地 1956.99 万亩，耕地复种指数高，农田化肥施用强度达 48.51 公斤/亩（折纯），为全国平均水平的 1.6 倍，氮磷流失量多，由此产生的面源污染不容忽视。三是水产养殖尾水治理能力较为薄弱。湖区水产养殖面积约 310 万亩，由于高密度养殖、过度投肥投饵等行为，水产养殖尾水总磷污染突出，尤其是冬季干塘时尾水集中排放，对洞庭湖及周边水体水质影响较大。

（三）城乡生活污水治理短板多

生活源是洞庭湖总磷污染的第二大来源，总磷贡献占比近 20%。2021 年，洞庭湖三市一区常住人口约 1563 万人，人口密度约为全省的 1.57 倍，污水处理任务重、短板多。一是城市生活污水提质增效水平不高。城市生活污水收集管网老旧破损、混错漏接、雨污合流等问题突出，污水处理设施进水污染物浓度偏低。2022 年，湖区 37 座县级及以上城镇污水处理设施进水 COD 在线监测浓度年均值仅 171 毫克/升。二是乡镇污水处理设施正常运转率低。乡镇生活污水收集管网建设滞后，污水处理设施运行维护能力不强，50% 以上的乡镇污水处理设施负荷率尚不能满足稳定运行要求（稳定运行要求负荷率超过 60%）。三是农村生活污水治理能力有待提高。湖区农村生活污水治理尚处于起步阶段，污水收集处理率偏低。截至 2022 年底，湖区三市农村生活污水处理率仅 30% 左右，个别区域不足 10%。

（四）生态系统保护修复任务重

湖区生态保护修复方面历史欠账多、修复任务重。一是生态水网受损严重。三峡工程运行以来，长江四口年分流量平均减少 187 亿立方米，洞庭湖枯水期提前并延长，枯水期河道断流现象普遍，四口水系除松滋西河全年通流外，其他河段年均断流达 137—272 天。同时，湖区部分沟渠塘坝淤塞严重，水体流通性差。二是重点河湖水生态恢复难度大。受历史投肥投饵水产养殖影响，华容东湖、大通湖、兰溪河等重点内湖（河）水质差，底泥污染负荷重，沉水植物少，底栖动物和鱼类品种单一，“水下荒漠”问题突出，恢复水生态系统完整性及稳定性难度极大。三是湿地功能退化明显。受三峡工程及人类活动影响，部分区域湿地景观碎片化、洲滩草甸化。杨树入侵、沟河引入、芦南荻扩张等对生态系统造成的负面影响（如植被群落单一化、湿地旱化等问题）尚未完全消除。

（五）支撑保障力度能力弱

与繁重的攻坚任务相比较，支撑保障能力还有较大差距。一是责任落实有差距。整治压力层层递减，区域联动、部门协同有待加强。部分地方筛选、上报、实施重点整治项目不积极，缺少系统谋划，难以支撑任务完成。二是资金投入有差距。根据测算，“十四五”期间洞庭湖总磷污染攻坚需投入 130 余亿元，地方财政困难，资金筹集难度大。有机肥料奖补、城市生活污水差异化收费与付费机制等政策缺失，社会资金投入积极性、主动性不够。三是科技支撑有差距。底泥磷污染分布与释放规律、农业面源污染时空排放特征等尚不明晰，洞庭湖水体磷污染机制等基础性研究不够。重点领域先进适用技术研发与示范推广力度有待加大，农业面源污染防治等领域标准和规范不健全。

三、深入推进洞庭湖总磷污染攻坚的几点建议

（一）加快推进产业绿色转型升级

一是积极发展生态循环农业。优化调整畜禽及水产养殖结构和布局，持续开展种养循环农业试点，加快推广多品种混养、稻渔综合种养、“设施养鱼”等生态养殖模式，积极探索形成生态循环农业“湖区样板”。二是提升涉磷行业绿色发展水平。加强涉磷企业准入与管控，持续开展食品加工、牲畜屠宰及肉类加工等重点行业企业专项排查整治，强化清洁生产改造，推动企业绿色转型升级。三是推动形成绿色生活方式。加大绿色产品供给，加强绿色生活理念全民教育，倡导绿色消费、低碳出行等生活方式，促进湖区形成绿色生活时尚。

（二）全面深化农业面源污染治理

一是提升畜禽养殖粪污处理及资源化利用水平。大力推广干清粪及地面垫料等清粪工艺，大幅减少粪污水排放量。推进规模养殖场粪污收集处理设施升级改造，确保正常运行及达标排放。加快完善规模以下畜禽粪污资源化利用设施，积极拓宽利用渠道，加快粪肥还田利用。二是强化农田面源污染防控能力。持续开展化肥减量增效行动，采用生态沟渠、生态缓冲带等构建农田氮磷拦截系统，利用坑塘建设生态塘、人工湿地等末端净化系统，加快形成一批农田尾水“零排放”试点工程。三是系统推进水产养殖尾水处理。全面规范 100 亩规模以上水产养殖池塘干塘或换水等尾水排放行为，加快推进水产养殖尾水处理设施建设，以大户自治、散户连片集中治等形式，因地制宜推广人工湿地、“三池两坝”等水产尾水处理技术。

（三）着力提升生活污水收集处理效能

一是持续推进城市生活污水处理提质增效。以进水 COD 浓度偏低的城镇生活污水处理厂为重点，全面排查片区内生活污水收集管网现状，摸清污水收集空白区、管网漏损严重区等情况，加快推进污水收集管网建设、修复与改造。二是全面推动乡镇污水处理厂正常运行。加快乡镇污水处理厂配套管网建设，提高正常进水负荷。严格落实乡镇污水处理收费政策和征收管理制度，保障污水处理厂正常运行费用。完善乡镇污水处理厂运行管理机制，全面提高运营管理能力。三是加快农村生活污水处理设施建设。按照“黑灰分离、资源化利用、就近就地分散治理优先，适度集中处理与纳管处理”的治理思路，全面推进黑水和灰水分类收集处理，因地制宜建设分散式或集中式污水收集与处理设施。

（四）积极推动生态保护修复

一是加快修复河湖沟渠生态水网。积极推动洞庭湖生态复苏，加快实施四口水系整合整治工程，提高长江四口分流入洞庭湖水量。持续推进沟渠塘坝清淤疏浚及河湖水系连通工程，改善水系连通。推进污水处理厂尾水深度处理，提高河道生态补水能力。二是科学系统开展河湖水生态修复。系统规划土著鱼类增殖放流、沉水植物补种、底泥生境改善等水生态修复工作，科学确定增殖放流量及底泥清淤量，基于水位变化情况，合理搭配沉水植物，探索研究有效种植技术。三是持续加强湿地保护修复。以杨树清理迹地、大面积州滩等区域为重点，采取生态补水、微地形改造及植物恢复等措施，重塑湿地水文情势，重建湿地植被群落，加快恢复湿地生物多样性。

（五）切实加强监测监管能力

一是开展农业面源污染监测。开展农业面源污染通量监测与评估，确定农业面源污染监管的重点区域、重点时段。应用大数据、人工智能、遥感等新技术、新手段，建立农业面源污染监管平台，实时更新农业面源污染物产生和排放情况。二是完善监管标准规范体系。制定湖区畜禽养殖、水产养殖总磷污染排放特别限值，加强对《城镇污水处理厂主要水污染物排放标准》《农村生活污水处理设施水污染物排放标准》等地方标准的执行力度。三是加强数据整合与信息共享。统筹水环境、水资源、水生态，建立完善洞庭湖水质、水量、水生态监测预警体系和信息平台，定期更新有关信息，推动跨部门、跨层级数据信息共享，提高对各类数据信息关联分析与研判能力。

（五）不断提升支撑保障能力

一是加强科技支撑能力。集中优势科研力量研究制定重点领域污染治理项目建设标准或技术规范，加强农业面源及生活污水治理新技术、新模式、新装备研发推广，建设一批污染综合治理示范工程，加快形成可复制、可推广的经验。二是加大重点领域政策扶持力度。积极推动实施化肥购买实名制及使用定额制，加快出台有机肥补贴政策，推进水产养殖尾水处理养殖户收费政策，优先将畜禽粪污资源化利用设施（如粪肥还田机械）列入农技购置补贴，积极落实生活污水差异化收费政策。三是建立多元化资金投入机制。积极争取国家生态补偿资金，加强财政资金统筹整合，加大绿色信贷、绿色债券对污染防治的支持力度。规范有序推广政府和社会资本合作（PPP）模式，引导社会资本积极参与污水处理设施建设运营。

（潘碧灵　赵媛媛　彭晓成）

（2023 年）

环境空气质量评价体系改进研究

一、研究背景

（一）采用 $PM_{2.5}$ 三年滑动均值作为考核指标是国际通行做法

“$PM_{2.5}$三年滑动均值”指标是指连续三个自然年细颗粒物年均浓度的算术平均值，采用三年滑动均值评价空气质量最早是由美国提出的，美国大气环境质量评价方法规定在达标统计方面，要求 $PM_{2.5}$一级和二级年平均标准采用年算术平均值的三年平均，而一级和二级 24 h 标准采用年第 98 百分位数的三年平均，以表征空气质量长期、稳定的达标状态。在考虑气象条件的变化对当年空气质量影响的基础上，采用三年浓度平均值，能一定程度弱化气象条件年际间的波动影响问题，更好反映污染治理带来的环境效益，美国、加拿大、欧盟等均将三年滑动均值作为重要的评价指标。使用三年滑动平均值作为评价指标，中和了气象因素的影响，更好地反映变化趋势，符合当前空气质量评价需求。

（二）北京市已将三年滑动均值应用到空气质量评价工作

不同于 SO_2、NO_2等污染物，颗粒物浓度除人为排放影响外，极易受地形、低层天气形势等方面的影响。以北京为例，其北部燕山山脉在北京逐渐收窄，只剩山海关通东北，西北风时有利于颗粒物的扩散；除此之外，气象条件对 $PM_{2.5}$的扩散均较差，特别是在南风为主导风向的条件下，极易造成污染物的累积，加重污染过程。随着治理的深入，北京市主要大气污染物浓度每年的下降幅度呈缩小趋势，在短期内受气象条件影响甚至会出现波动、反复，但长期看总体呈改善趋势。

2019年北京市在全国范围内率先使用“$PM_{2.5}$三年滑动平均值”作为年度考核目标，《北京市2019年国民经济和社会发展计划》报告中明确提出，生态环境方面，今年细颗粒物年均浓度和三年滑动平均浓度要力争持续下降。通常评价空气质量的改善情况往往只用当年浓度值，采用“三年滑动平均浓度”评价在国内属于首次。“三年滑动平均浓度”指的是从2017年至2019年$PM_{2.5}$浓度的三年平均值，这个数值要跟2016年至2018年$PM_{2.5}$浓度的三年平均值进行比较，力争持续下降。

以北京市为例，2016年$PM_{2.5}$年均浓度为73 $\mu g/m^3$，2017年降至58 $\mu g/m^3$，2018年51 $\mu g/m^3$，年均降幅达16.4%，单纯依靠加强大气污染源监管是难以实现$PM_{2.5}$浓度大幅下降的，气象条件在一定程度上也起到了改善作用。因此，考虑到气象条件的变化对当年的空气质量存在一定影响，加入三年滑动平均值的考核目标，弱化气象条件年际间的波动影响问题，突出体现人为努力对空气质量改善的贡献，更能客观评价大气污染防治工作成果，更好地反映污染治理带来的环境效益。

（三）多种因素导致2019年空气质量出现反弹

2013年《大气污染防治行动计划》正式发布，各级政府采取了一系列措施，优化能源结构，调整产业布局，加大减排力度，环境空气质量得到了显著改善，特别是2018年《打赢蓝天保卫战三年行动计划》实施以来，主要大气污染物排放总量大幅减少，环境空气$PM_{2.5}$浓度大幅降低，污染天数显著减少，人民群众的蓝天幸福感明显增强。但持续下降难度很大，一方面继续减排遇到生活污染等刚性压力，另一方面气象条件还存在不确定性，在两者的叠加作用下，环境空气中$PM_{2.5}$浓度呈现波动下降的趋势更为科学。

环境空气中污染物的浓度变化与风速、风向、湿度等气象条件密切相关，不同的气象条件，污染物水平输送和垂直扩散差异较大，而受全球范围大气环流影响，相邻两年气象条件往往存在较大变化，环境空气污染物采用年均值作为考核指标，容易受年内气象条件变化的影响，不易反映出年内大气污染防治工作取得的成效。2019年1—11月，全国337个地级及以上城市平均优良天数比例为82.5%，同比下降1.9个百分点；171个城市环境空气质量达标，同比减少 3 个；$PM_{2.5}$浓度为 34 μg/m^3，同比下降 2.9%。全国空气质量下降的原因是复杂多样的，既有气象因素的影响，也有部分地区减排力度减弱的影响，既有常规污染源管控不到位的影响，也有生活源等面源污染管控难度大的压力。

大气污染防治工作不是一朝一夕就能取得成效的，能源结构优化、产业结构调整、生产工艺改造等往往需要较长时间，工作效果难以通过年均值的变化体现，采用三年滑动平均作为评价指标，更能够体现一段时期内大气污染防治工作的成效。

二、国内外环境空气质量评价标准

（一）国内外环境空气质量指数计算方法与分级体系

随着公众环境意识的提高，公众对环境空气质量状况也日益关注，但各项空气污染物的名称、监测结果、评价标准等信息具有较强的专业性，直接发布不利于社会公众理解。空气质量指数（Air Quality Index，AQI）是将专业性较强的空气质量监测结果转换成一个无量纲的指数，根据指数大小对空气质量状况进行等级划分。我国于 2012 年 3 月发布新空气质量评价标准，监测的污染物包括二氧化硫（SO_2）、二氧化氮（NO_2）、可吸入颗粒物（PM_{10}）、细颗粒物（$PM_{2.5}$）、一氧化碳（CO）和臭氧（O_3），AQI 将这六项污染物用统一的评价标准呈现出来。

目前，我国和美国、英国、欧盟等国家和地区都建立了自己的空气质量指数计算方法与分级体系，但空气质量指数名称和计算方法并不完全一致。调研对比我国与其他主要国家空气质量指数的发展过程及参与计算的指标见表 1。从表 1 可以看出，目前国际上常用的空气质量指数主要分为 2 个类型，一种称作空气质量指数，我国和美国、英国等均使用空气质量指数，另一种是空气质量健康指数，如加拿大等，另外，德国、日本等国尚未建立空气质量指数体系，而是直接发布污染物的浓度值。

我国的指数由空气污染指数（Air Pollution Index，API）转为 AQI，而美国则由空气污染指标（Pollutants Standard Index，PSI）逐步转为 AQI。从变化趋势来看，空气质量指数的指标项目呈逐渐增多的趋势，我国与其他国家空气质量指数的指标数量、指标项目及其取值时间并不完全相同。自 1999 年美国将 $PM_{2.5}$纳入评价指标以来，大多数国家先后将 $PM_{2.5}$也作为必测指标，而总悬浮颗粒物（TSP）则逐渐被弃用，反映了颗粒物污染特征的演变规律。另外，从评价项目取值时间的变化来看，越来越注重气态污染物短期急性效应的评价，如美国近几年增加或修订了 SO_2 -1h 和 NO_2 -1h 指标，用于保护人群免受短期高浓度 SO_2和 NO_2暴露的风险。

由于日本 AQI 值采取的是单因子法，并不计算综合污染指数，所以将光化学氧化剂、非甲烷总烃纳入指标有利于及时进行光化学污染预警。此外，英国的 PM_{10}标准相当严格，PM_{10}的计算还将震荡天平法与当量重量法相区别，这可能与当地的气候条件等因素有关。

表 1　不同国家或地区空气质量指数发展过程

国家	指数名称	指标数量	指标项目
中国	空气污染指数 API (1997—1999)	3	TSP -24h，SO_2 -24h，NO_X -24h
	空气污染指数 API (2000—2011)	5	PM_{10} -24h，O_3 -1h，CO -1h，SO_2 -24h，NO_2 -24h
	空气质量指数 AQI (2012—)	10	$PM_{2.5}$ -24h，PM_{10} -24h，O_3 -1h，O_3 -8h，CO -1h，CO -24h，SO_2 -1h，SO_2 -24h，NO_2 -1h，NO_2 -24h
美国	空气污染指标 PSI (1976—1993)	5	TSP -24h，O_3 -1h，CO -8h，SO_2 -24h，NO2 -1h
	空气污染指标 PSI (1994—1998)	5	PM_{10} -24h，O_3 -1h，CO -8h，SO_2 -24h，NO_2 -1h
	空气质量指数 AQI (1999—2010)	7	$PM_{2.5}$ -24h，PM_{10} -24h，O_3 -1h，O_3 -8h，CO -8h，SO_2 -24h，NO_2 -1h
	空气质量指数 AQI (2011—)	8	$PM_{2.5}$ -24h，PM_{10} -24h，O_3 -1h，O_3 -8h，CO -8h，SO_2 -1h，SO_2 -24h，NO_2 -1h
加拿大	空气质量健康指数 AQHI	3	$PM_{2.5}$ -24h，O_3 -8h，NO_2 -24h

续表

国家	指数名称	指标数量	指标项目
英国	空气质量指数 AQI（1998—2011）	6	PM_{10} – 24h，O_3 – 1h，O_3 – 8h，CO – 8h，SO_2 – 15min，NO_2 – 1h
	每日空气质量指数 DAQI	5	$PM_{2.5}$ – 24h，PM_{10} – 24h，O_3 – 8h，SO_2 – 15min，NO2 – 1h
欧盟	普通空气质量指数 CAQI	8	$PM_{2.5}$ – 1h，$PM_{2.5}$ – 24h，PM_{10} – 1h，PM_{10} – 24h，O_3 – 1h，CO – 8h，SO_2 – 1h，NO_2 – 1h
韩国	综合空气质量指数 CAI	5	PM_{10} – 24h，O_3 – 1h，CO – 1h，SO_2 – 1h，NO_2 – 1h
澳大利亚新南威尔士州	区域空气质量 RPI（1998—2002）	6	PM_{10} – 24h，O_3 – 1h，O_3 – 4h，CO – 8h，SO_2 – 1h，NO_2 – 1h
	区域空气质量指数 RAQI（2003—2008）	7	PM_{10} – 24h，O_3 – 1h，O_3 – 4h，CO – 8h，SO_2 – 1h，NO_2 – 1h，能见度
	区域空气质量指数 RAQI（2009—）	8	$PM_{2.5}$ – 24h，PM_{10} – 24h，O_3 – 1h，O_3 – 4h，CO – 8h，SO_2 – 1h，NO_2 – 1h，能见度
日本	空气质量指数 AQI	8	PM_{10} – 1h，CO – 8h，SO_2 – 1h，NO – 24h，NO_2 – 24h，光化学氧化剂，非甲烷总烃，风速
中国香港	空气污染指数 API（1995—1995）	6	TSP – 24h，PM_{10} – 24h，O_3 – 1h，CO – 8h，SO_2 – 24h，NOx – 24h
	空气污染指数 API（1999—2005）	5	PM_{10} – 24h，O_3 – 1h，CO – 8h，SO_2 – 24h，NO_2 – 1h
	空气污染指数 API（2006—）	8	TSP – 24h，PM_{10} – 24h，O_3 – 1h，CO – 8h，SO_2 – 1h，SO_2 – 24h，NO_2 – 1h，NO_2 – 24h

（二）国内外环境空气颗粒物浓度限值及评价方法

世界卫生组织（World Health Organization，WHO）于2005年发布了《关于颗粒物、臭氧、二氧化氮和二氧化硫的空气质量准则》，指出了颗粒物准则值如下：PM_{10}年平均浓度为20 μg/m³，24小时平均浓度为50 μg/m³；$PM_{2.5}$年平均浓度为10 μg/m³，24小时平均浓度为25 μg/m³。除了准则值外，该文件还确定了$PM_{2.5}$的3个过渡时期目标值，具体如表2所示。

表2 WHO对于颗粒物的空气质量准则值和过渡时期目标

单位：μg/m³

	PM_{10}年平均	$PM_{2.5}$年平均	选择浓度的依据
过渡时期目标－1（IT－1）	70	35	相对于AQG水平而言，在这个水平的长期暴露会增加大约15%的死亡风险
过渡时期目标－2（IT－2）	50	25	除了其他健康利益外，与过渡时期目标－1相比，在这个水平的暴露会降低大约6%［2%～11%］的死亡风险。
过渡时期目标－3（IT－3）	30	15	除了其他健康利益外，与过渡时期目标－2相比，在这个水平的暴露会降低大约6%［2%～11%］的死亡风险。
空气质量准则值（AQG）	20	10	对于$PM_{2.5}$的长期暴露，这是一个最低水平，在这个水平，总死亡率、心肺疾病死亡率和肺癌的死亡率会增加（95%以上可信度）。

2016年世界卫生组织对《空气质量指南》进行了更新，并提出：将32种空气污染物分为四组，其中第一组污染物包括颗粒物、O_3、NO_2、SO_2和CO，这一组污染物被认为是最重要的，它们与人类健康密切相关，有必要对其进行系统的重新评估，同时考虑到各污染物之间的相互作用与转化，世卫组织建议建立专门工作组进行系统研究。

我国《环境质量标准》中以24 h浓度限值计算颗粒物分指数，采用过渡时期1的目标。表3是我国与美国空气质量指数（AQI）分级浓度限值对比，可以发现我国$PM_{2.5}$限制与美国相比差距仍然较大，尤其是在AQI < 150范围内的$PM_{2.5}$ − 24h均值限制相差超过一倍。

表3　美国与中国空气质量指数（AQI）分级浓度限值对比

单位：μg/m³

AQI	类别	美国		中国	
		PM_{10} − 24h	$PM_{2.5}$ − 24h	PM_{10} − 24h	$PM_{2.5}$ − 24h
0—50	优	54	12	50	35
51—100	适中	154	35.4	150	75
101—150	对敏感人群有影响	254	55.4	250	115
151—200	不健康	354	150.4	350	150
201—300	很不健康	424	250.4	420	250
301—400	危险	504	350.4	400	350
401—500	危险	604	500.4	600	500

除美国外，2008年，欧盟的空气质量标准中增加限制可吸入颗粒物$PM_{2.5}$的浓度标准，并提出具体的计划：2010年的年均目标值25 μg/m³，具有一定的超标容忍度，每年等比下降，至2015年容忍度为0，2015年需达到年均限值25 μg/m³，2020年需达到年均限值20 μg/m³。欧盟各成员国也会根据各国情况制定更加严格的标准，如英国的标准规定，PM_{10}的日均限值为50 μg/m³，每年不得超过35次，年均限制为40 μg/m³；$PM_{2.5}$日均限值为35 μg/m³，年均限值25 μg/m³。除此之外，还有很多其他国家的$PM_{2.5}$限值高于我国标准，如日本环境省提出$PM_{2.5}$的年平均值标准

≤15 μg/m³，24 小时均值标准（即一个区域指定监控点的年度 98% 分位值）≤35 μg/m³；韩国环境部提出 $PM_{2.5}$的年平均值标准≤25 μg/m³，24 小时均值标准（即一个区域指定监控点的年度 98% 分位值）≤50 μg/m³；澳大利亚环境保护部提出 $PM_{2.5}$的年平均值标准≤8 μg/m³，24 小时均值标准（即一个区域指定监控点的年度 98% 分位值）≤25 μg/m³；加拿大环境部提出 $PM_{2.5}$的日均值标准≤15 μg/m³，该值源于各类本地文献参考值；印度中央污染控制委员会也于 2009 年提出 $PM_{2.5}$的年平均值标准≤40 μg/m³，24 小时均值标准≤60 μg/m³。图 1 是中国和美国、欧盟、英国等国家和地区 $PM_{2.5}$环境空气质量标准对比。

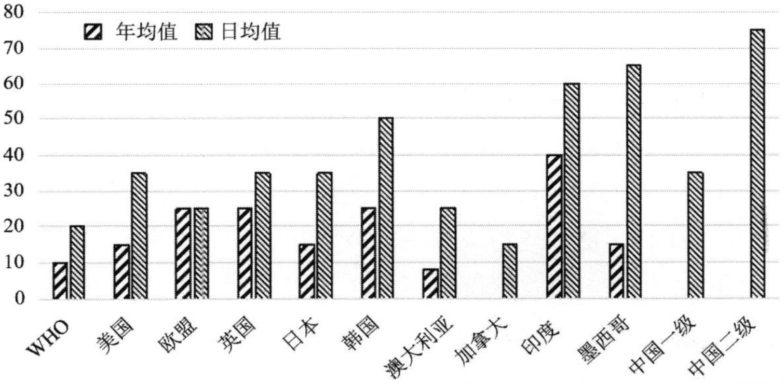

图 1　$PM_{2.5}$环境空气质量标准对比

我国 $PM_{2.5}$评价标准分为 24 h 平均和年平均两类，而 2008 年 5 月，欧盟发布《关于欧洲空气质量及清洁空气法令》中规定了 $PM_{2.5}$的目标浓度限值、暴露浓度限值和削减目标值，提出了 $PM_{2.5}$三年滑动平均的评价标准（AEI），即以 AEI 表示的平均暴露指标应基于在整个成员国领土内区域和集聚区的城市背景位置的测量结果，所有采样点连续三年的平均浓度。例如 2010 年参考年的 AEI 应为 2008 年、2009 年和 2010 年的平均浓度，但是在没有 2008 年数据的情况下，会员国可以使用 2009 年的平均浓度或 2009 年，2010 年和 2011 年的平均值。

（三）国内外环境空气质量评价标准

美国有一整套系统的基于环境空气质量达标的实施方案，将环境空气质量标准作为环境空气质量管理的目标，在其《清洁空气法案》中明确规定，各州应依据环境空气质量标准划分达标区、未达标区等，并要求各州制定达标区的空气质量标准，维持州实施计划和未达标地区空气质量改善的州实施计划，要求各州按照计划在规定的时间内达到国家环境空气质量标准或不能恶化达标区的环境空气质量。而且美国的空气质量达标评价主要针对各监测点位开展，在进行达标评价时区域内某项污染物的达标是指该区域内所有监测点位的污染物浓度均达标（即污染最高的点须达标），而在进行变化趋势分析时则会使用监测点位浓度的平均值等统计量。

欧盟在环境空气质量标准实施方面与美国做法相似，空气质量标准发布实施后，首先要求成员国按照空气质量标准中的限值将空气质量划分为达标地区、介于达标与警报之间的地区以及警报区以上 3 类地区。对于达标地区，欧盟并不要求成员制定详细的实施计划；而对于警报限值以上的地区，欧盟理事会要求成员国制定详细的计划或方案，迅速采取各种减排和控制措施，要求在规定的时间内达到达标地区。在空气质量评价方面，同样采用单因子评价法，进行单项污染物评价，以污染最严重的点位代表该区域或城市群的空气质量状况，考虑了污染物是否在允许超标的小时数或天数内。欧盟在 $PM_{2.5}$评价上统一采用25 μg/m^3 的标准，而在 O_3评价上采取三年滑动平均。

中国的空气质量控制开始较晚，在 $PM_{2.5}$和臭氧方面的标准相对于美国和欧盟有一定的落后。在跨区域的管理协调方面要落后于美国和欧盟，中国大气监管的统筹协调、统一监督和长期监督协调性仍需进一步加强。

对比我国与其他国家标准发现，达标的统计要求是指规定在一定时间内以一定的统计方式获得的污染物平均浓度水平不能超标的次数，即时间标准，各国对环境空气质量标准的达标统计要求有明显的差异，中国环境空气质量标准中未设置任何达标的统计要求，而美国、欧盟等国家和组织在其环境空气质量标准中对多项污染物提出了达标的统计要求，详见表 4。从表上可以看出，美国和欧盟几乎对每项污染物都规定了达标的统计要求，由于中国没有设置该种限制方式，虽然很多污染物相应取值时间下的浓度均值不超标，但如果标准中也明确规定类似的达标的统计要求，超标城市将增加。

表 4　美国和欧盟环境空气质量标准的达标统计要求

污染物	美国			欧盟		
	标准（μg/m³）	取值时间	达标的统计要求	标准（μg/m³）	取值时间	达标的统计要求
$PM_{2.5}$	12 35	年平均 日平均	年均值的 3 年平均不超标 第 98 百分位数的 3 年平均不能超标	25	年平均	不允许超标
PM_{10}	150	日平均	3 年平均 1 年内超标不超过 1 次	40 50	年平均 日平均	不允许超标 每年不能超标35 次
O_3	70	8h 平均	每年第 4 高的日最大 8h 均值的 3 年平均不能超标	120	8 h 平均	平均 3 年内每年不能超标 25 次
CO	9×10^3 35×10^3	8 h 平均 小时平均	每年超标不能超过 1 次	10	8 h 平均	不允许超标
SO_2	75	小时平均	日最大小时浓度的第 99 百分位数的三年平均不能超标	125 350	日平均 小时平均	每年不能超标 3 次 每年不能超标24 次
NO_2	53 100	年平均 小时平均	日最大小时浓度的第 98 百分位数的三年平均不能超标	40 200	年平均 小时平均	不允许超标 每年不能超标18 次

三、滑动均值分析

（一）研究对象

本次研究选取自2013年全国第一批开始实现六参数监测的74个重点城市作为研究对象，因为该74个城市相对来说六参数观测时间最长，空气质量监测数据最全，且该74个城市分布于全国各省市，涵盖各省会城市及京津冀、长三角、珠三角等重点区域城市，基本能代表全国大气环境质量情况。

（二）研究因子

相关研究表明，$PM_{2.5}$粒径更小，能随人类的呼吸直达肺部，毒性更强；$PM_{2.5}$也极易受到气象条件变化的影响，降水、风力风向、湿度等变化都会引起$PM_{2.5}$的急剧变化；是制约我国当前环境空气质量达标最重要的因素。研究$PM_{2.5}$的滑动均值变化情况更具紧迫性。故本次研究先选取$PM_{2.5}$作为研究因子。

（三）研究方法

根据调查国内外相关材料，为了避免或减弱气象等相关因素对空气质量波动的影响，更好地反映空气质量在长时间序列的年际变化情况，更好地反映人类活动对空气质量的影响，美国、欧盟等发达国家均引入了三年滑动均值作为研究方法。

当前滑动均值主要采用的三年滑动均值，计算主要有两种方式，一是采用前两年及当年的年均值的平均值作为当年的滑动均值：

$$\overline{C_i} = \frac{C_{i-2} + C_{i-1} + C_i}{3}$$

$\overline{C_i}$ 表示第 i 年的滑动平均值

C_i 表示第 i 年的年均值

另一种是采用当年的年均值及前后一年的年均值平均作为滑动均值。

$$\overline{C_i} = \frac{C_{i-1} + C_i + C_{i-1}}{3}$$

$\overline{C_i}$ 表示第 i 年的滑动平均值

C_i 表示第 i 年的年均值

本次研究将选取自 2013 以来 74 个城市 $PM_{2.5}$的年均数据进行滑动平均来比较分析三年滑动均值评价对空气质量年际变化平均的影响。

（四）研究结果

1. 公式一滑动均值分析

根据调查国内外相关材料，如前所述，滑动均值计算有两种不同方式，以下先按照前述方法一对重点区域及城市的三年滑动均值进行研究。

（1）整体情况

自 2013 年全国 74 个城市开展 $PM_{2.5}$监测以来，通过上述方法可计算出 2016 年至 2018 年的三年滑动均值。并可计算出 2016 年至 2018 年每年三年滑动均值改善情况。详见表 5。

2015 年至 2018 年全国 74 个城市三年滑动均值分别为64 μg/m^3、56 μg/m^3、51 μg/m^3、46 μg/m^3，分别高于当年年均值 9 μg/m^3、6 μg/m^3、4 μg/m^3、4 μg/m^3（分别比当年年均值高 15.32%、12.90%、7.88%、10.22%）。

对比年均值变化情况，2016 年有 7 个城市 $PM_{2.5}$有所反弹，2017 年有 15 个城市，2018 年有 5 个城市，其中西安市 2016、2017 年连续两年上升。

自 2013 年新标准执行以来，随着国家对大气环境质量的日益重视，“坚决打赢蓝天保卫战”成为各级政府和广大群众的共识，污染防控力度逐年加大。在此情况下，颗粒物出现反弹应是有多方面的原因。

而经过统计三年滑动均值后，2016、2017、2018 年三年出现反弹情况的每年仅有 1 个城市（分别为银川、乌鲁木齐、西安），此变化趋势与目前全国范围内掀起的“蓝天保卫战”更为契合，更能科学客观地反映各地环境空气质量状况。

表 5　74 个城市 $PM_{2.5}$ 三年滑动均值统计

城市名称	年均值						三年滑动均值				三年滑动均值较年均值差异				年均值下降率			三年滑动均值下降率		
	2013	2014	2015	2016	2017	2018	2015	2016	2017	2018	2015	2016	2017	2018	2016	2017	2018	2016	2017	2018
保定	135	129	107	93	84	67	124	110	95	81	15.89%	18.28%	13.10%	20.90%	-13.08%	-9.68%	-20.24%	-11.29%	-13.64%	-14.74%
北京	89	86	81	73	58	51	85	80	71	61	4.94%	9.59%	22.41%	19.61%	-9.88%	-20.55%	-12.07%	-5.88%	-11.25%	-14.08%
沧州	102	88	70	69	66	59	87	76	68	65	24.29%	10.14%	3.03%	10.17%	-1.43%	-4.35%	-10.61%	-12.64%	-10.53%	-4.41%
邯郸	139	115	91	82	86	69	115	96	86	79	26.37%	17.07%	0.00%	14.49%	-9.89%	4.88%	-19.77%	-16.52%	-10.42%	-8.14%
衡水	122	107	99	87	77	62	109	98	88	75	10.10%	12.64%	14.29%	20.97%	-12.12%	-11.49%	-19.48%	-10.09%	-10.20%	-14.77%
济南	110	87	90	76	65	53	96	84	77	65	6.67%	10.53%	18.46%	22.64%	-15.56%	-14.47%	-18.46%	-12.50%	-8.33%	-15.58%
廊坊	110	100	85	66	60	52	98	84	70	59	15.29%	27.27%	16.67%	13.46%	-22.35%	-9.09%	-13.33%	-14.29%	-16.67%	-15.71%
石家庄	154	124	89	99	86	72	122	104	91	86	37.08%	5.05%	5.81%	19.44%	11.24%	-13.13%	-16.28%	-14.75%	-12.50%	-5.49%
太原	81	72	62	66	66	59	72	67	65	64	16.13%	1.52%	-1.52%	8.47%	6.45%	0.00%	-10.61%	-6.94%	-2.99%	-1.54%
唐山	115	101	85	74	66	60	100	87	75	67	17.65%	17.57%	13.64%	11.67%	-12.94%	-10.81%	-9.09%	-13.00%	-13.79%	-10.67%
天津	96	83	70	69	62	52	83	74	67	61	18.57%	7.25%	8.06%	17.31%	-1.43%	-10.14%	-16.13%	-10.84%	-9.46%	-8.96%
邢台	160	130	101	87	80	69	130	106	89	79	28.71%	21.84%	11.25%	14.49%	-13.86%	-8.05%	-13.75%	-18.46%	-16.04%	-11.24%
郑州	108	88	96	78	66	63	97	87	80	69	1.04%	11.54%	21.21%	9.52%	-18.75%	-15.38%	-4.55%	-10.31%	-8.05%	-13.75%
常州	72	67	59	53	48	53	66	60	53	51	11.86%	13.21%	10.42%	-3.77%	-10.17%	-9.43%	10.42%	-9.09%	-11.67%	-3.77%
杭州	70	65	57	49	45	40	64	57	50	45	12.28%	16.33%	11.11%	12.50%	-14.04%	-8.16%	-11.11%	-10.94%	-12.28%	-10.00%
合肥	88	83	66	57	56	48	79	69	60	54	19.70%	21.05%	7.14%	12.50%	-13.64%	-1.75%	-14.29%	-12.66%	-13.04%	-10.00%

续表

城市名称	年均值						三年滑动均值				三年滑动均值较年均值差异				年均值下降率			三年滑动均值下降率		
	2013	2014	2015	2016	2017	2018	2015	2016	2017	2018	2015	2016	2017	2018	2016	2017	2018	2016	2017	2018
湖州	74	64	54	46	42	36	64	55	47	41	18.52%	19.57%	11.90%	13.89%	-14.81%	-8.70%	-14.29%	-14.06%	-14.55%	-12.77%
淮安	79	68	58	53	50	50	68	60	54	51	17.24%	13.21%	8.00%	2.00%	-8.62%	-5.66%	0.00%	-11.76%	-10.00%	-5.56%
嘉兴	68	57	53	44	42	39	59	51	46	42	11.32%	15.91%	9.52%	7.69%	-16.98%	-4.55%	-7.14%	-13.56%	-9.80%	-8.70%
金华	70	64	54	46	42	34	63	55	47	41	16.67%	19.57%	11.90%	20.59%	-14.81%	-8.70%	-19.05%	-12.70%	-14.55%	-12.77%
丽水	49	44	38	33	33	28	44	38	35	31	15.79%	15.15%	6.06%	10.71%	-13.16%	0.00%	-15.15%	-13.64%	-7.89%	-11.43%
连云港	67	61	55	46	45	44	61	54	49	45	10.91%	17.39%	8.89%	2.27%	-16.36%	-2.17%	-2.22%	-11.48%	-9.26%	-8.16%
南昌	69	52	43	43	41	30	55	46	42	38	27.91%	6.98%	2.44%	26.67%	0.00%	-4.65%	-26.83%	-16.36%	-8.70%	-9.52%
南京	78	74	57	48	40	43	70	60	48	44	22.81%	25.00%	20.00%	2.33%	-15.79%	-16.67%	7.50%	-14.29%	-20.00%	-8.33%
南通	72	62	58	46	39	41	64	55	48	42	10.34%	19.57%	23.08%	2.44%	-20.69%	-15.22%	5.13%	-14.06%	-12.73%	-12.50%
宁波	54	46	45	38	37	33	48	43	40	36	6.67%	13.16%	8.11%	9.09%	-15.56%	-2.63%	-10.81%	-10.42%	-6.98%	-10.00%
衢州	68	57	43	42	42	33	56	47	42	39	30.23%	11.90%	0.00%	18.18%	-2.33%	0.00%	-21.43%	-16.07%	-10.64%	-7.14%
上海	62	52	53	45	39	36	56	50	46	40	5.66%	11.11%	17.95%	11.11%	-15.09%	-13.33%	-7.69%	-10.71%	-8.00%	-13.04%
绍兴	71	63	55	46	45	42	63	55	49	44	14.55%	19.57%	8.89%	4.76%	-16.36%	-2.17%	-6.67%	-12.70%	-10.91%	-10.20%
苏州	70	66	58	46	42	42	65	57	49	43	12.07%	23.91%	16.67%	2.38%	-20.69%	-8.70%	0.00%	-12.31%	-14.04%	-12.24%
台州	53	46	41	36	33	29	47	41	37	33	14.63%	13.89%	12.12%	13.79%	-12.20%	-8.33%	-12.12%	-12.77%	-9.76%	-10.81%
泰州	77	72	61	55	51	49	70	63	56	52	14.75%	14.55%	9.80%	6.12%	-9.84%	-7.27%	-3.92%	-10.00%	-11.11%	-7.14%

续表

城市名称	年均值						三年滑动均值				三年滑动均值较年均值差异				年均值下降率			三年滑动均值下降率		
	2013	2014	2015	2016	2017	2018	2015	2016	2017	2018	2015	2016	2017	2018	2016	2017	2018	2016	2017	2018
温州	58	46	44	38	38	30	49	43	40	35	11.36%	13.16%	5.26%	16.67%	-13.64%	0.00%	-21.05%	-12.24%	-6.98%	-12.50%
无锡	75	68	61	53	44	43	68	61	53	47	11.48%	15.09%	20.45%	9.30%	-13.11%	-16.98%	-2.27%	-10.29%	-13.11%	-11.32%
宿迁	74	68	61	56	55	53	68	62	57	55	11.48%	10.71%	3.64%	3.77%	-8.20%	-1.79%	-3.64%	-8.82%	-8.06%	-3.51%
徐州	77	67	65	60	68	62	70	64	64	63	7.69%	6.67%	-5.88%	1.61%	-7.69%	13.33%	-8.82%	-8.57%	0.00%	-1.56%
盐城	65	58	49	43	43	43	57	50	45	43	16.33%	16.28%	4.65%	0.00%	-12.24%	0.00%	0.00%	-12.28%	-10.00%	-4.44%
扬州	70	65	55	51	54	49	63	57	53	51	14.55%	11.76%	-1.85%	4.08%	-7.27%	5.88%	-9.26%	-9.52%	-7.02%	-3.77%
镇江	72	68	59	50	55	54	66	59	55	53	11.86%	18.00%	0.00%	-1.85%	-15.25%	10.00%	-1.82%	-10.61%	-6.78%	-3.64%
舟山	33	30	29	25	25	22	31	28	26	24	6.90%	12.00%	4.00%	9.09%	-13.79%	0.00%	-12.00%	-9.68%	-7.14%	-7.69%
东莞	47	45	36	35	37	36	43	39	36	36	19.44%	11.43%	-2.70%	0.00%	-2.78%	5.71%	-2.70%	-9.30%	-7.69%	0.00%
佛山	52	45	39	38	40	35	45	41	39	38	15.38%	7.89%	-2.50%	8.57%	-2.56%	5.26%	-12.50%	-8.89%	-4.88%	-2.56%
广州	53	49	39	36	35	35	47	41	37	35	20.51%	13.89%	5.71%	0.00%	-7.69%	-2.78%	0.00%	-12.77%	-9.76%	-5.41%
惠州	38	35	27	27	29	28	33	30	28	28	22.22%	11.11%	-3.45%	0.00%	0.00%	7.41%	-3.45%	-9.09%	-6.67%	0.00%
江门	51	44	34	34	37	31	43	37	35	34	26.47%	8.82%	-5.41%	9.68%	0.00%	8.82%	-16.22%	-13.95%	-5.41%	-2.86%
深圳	40	34	30	27	28	26	35	30	28	27	16.67%	11.11%	0.00%	3.85%	-10.00%	3.70%	-7.14%	-14.29%	-6.67%	-3.57%
肇庆	54	52	39	37	41	39	48	43	39	39	23.08%	16.22%	-4.88%	0.00%	-5.13%	10.81%	-4.88%	-10.42%	-9.30%	0.00%
中山	48	38	33	30	33	30	40	34	32	31	21.21%	13.33%	-3.03%	3.33%	-9.09%	10.00%	-9.09%	-15.00%	-5.88%	-3.13%

续表

城市名称	年均值						三年滑动均值				三年滑动均值较年均值差异				年均值下降率			三年滑动均值下降率		
	2013	2014	2015	2016	2017	2018	2015	2016	2017	2018	2015	2016	2017	2018	2016	2017	2018	2016	2017	2018
珠海	38	34	31	26	30	27	34	30	29	28	9.68%	15.38%	-3.33%	3.70%	-16.13%	15.38%	-10.00%	-11.76%	-3.33%	-3.45%
成都	96	77	64	63	56	51	79	68	61	57	23.44%	7.94%	8.93%	11.76%	-1.56%	-11.11%	-8.93%	-13.92%	-10.29%	-6.56%
长沙	83	74	61	53	52	48	73	63	55	51	19.67%	18.87%	5.77%	6.25%	-13.11%	-1.89%	-7.69%	-13.70%	-12.70%	-7.27%
重庆	70	65	57	54	45	40	64	59	52	46	12.28%	9.26%	15.56%	15.00%	-5.26%	-16.67%	-11.11%	-7.81%	-11.86%	-11.54%
武汉	94	82	70	57	52	49	82	70	60	53	17.14%	22.81%	15.38%	8.16%	-18.57%	-8.77%	-5.77%	-14.63%	-14.29%	-11.67%
承德	49	52	43	40	35	32	48	45	39	36	11.63%	12.50%	11.43%	12.50%	-6.98%	-12.50%	-8.57%	-6.25%	-13.33%	-7.69%
大连	52	53	48	39	34	30	51	47	40	34	6.25%	20.51%	17.65%	13.33%	-18.75%	-12.82%	-11.76%	-7.84%	-14.89%	-15.00%
福州	36	34	29	27	27	25	33	30	28	26	13.79%	11.11%	3.70%	4.00%	-6.90%	0.00%	-7.41%	-9.09%	-6.67%	-7.14%
贵阳	53	48	39	37	32	32	47	41	36	34	20.51%	10.81%	12.50%	6.25%	-5.13%	-13.51%	0.00%	-12.77%	-12.20%	-5.56%
哈尔滨	81	72	70	52	58	39	74	65	60	50	5.71%	25.00%	3.45%	28.21%	-25.71%	11.54%	-32.76%	-12.16%	-7.69%	-16.67%
海口	27	23	22	21	20	18	24	22	21	20	9.09%	4.76%	5.00%	11.11%	-4.55%	-4.76%	-10.00%	-8.33%	-4.55%	-4.76%
呼和浩特	57	46	43	41	43	36	49	43	42	40	13.95%	4.88%	-2.33%	11.11%	-4.65%	4.88%	-16.28%	-12.24%	-2.33%	-4.76%
昆明	42	35	30	28	28	30	36	31	29	29	20.00%	10.71%	3.57%	-3.33%	-6.67%	0.00%	7.14%	-13.89%	-6.45%	0.00%
拉萨	26	25	26	28	20	20	26	26	25	23	0.00%	-7.14%	25.00%	15.00%	7.69%	-28.57%	0.00%	0.00%	-3.85%	-8.00%
兰州	67	61	52	54	49	47	60	56	52	50	15.38%	3.70%	6.12%	6.38%	3.85%	-9.26%	-4.08%	-6.67%	-7.14%	-3.85%
南宁	57	49	41	36	35	34	49	42	37	35	19.51%	16.67%	5.71%	2.94%	-12.20%	-2.78%	-2.86%	-14.29%	-11.90%	-5.41%

续表

城市名称	年均值						三年滑动均值				三年滑动均值较年均值差异				年均值下降率			三年滑动均值下降率		
	2013	2014	2015	2016	2017	2018	2015	2016	2017	2018	2015	2016	2017	2018	2016	2017	2018	2016	2017	2018
秦皇岛	65	61	48	46	44	38	58	52	46	43	20.83%	13.04%	4.55%	13.16%	-4.17%	-4.35%	-13.64%	-10.34%	-11.54%	-6.52%
青岛	67	58	52	46	39	35	59	52	46	40	13.46%	13.04%	17.95%	14.29%	-11.54%	-15.22%	-10.26%	-11.86%	-11.54%	-13.04%
厦门	36	37	29	28	27	25	34	31	28	27	17.24%	10.71%	3.70%	8.00%	-3.45%	-3.57%	-7.41%	-8.82%	-9.68%	-3.57%
沈阳	78	74	72	54	50	41	75	67	59	48	4.17%	24.07%	18.00%	17.07%	-25.00%	-7.41%	-18.00%	-10.67%	-11.94%	-18.64%
乌鲁木齐	88	61	66	74	70	54	72	67	70	66	9.09%	-9.46%	0.00%	22.22%	12.12%	-5.41%	-22.86%	-6.94%	4.48%	-5.71%
西安	105	77	58	71	76	61	80	69	68	69	37.93%	-2.82%	-10.53%	13.11%	22.41%	7.04%	-19.74%	-13.75%	-1.45%	1.47%
西宁	70	63	49	49	34	46	61	54	44	43	24.49%	10.20%	29.41%	-6.52%	0.00%	-30.61%	35.29%	-11.48%	-18.52%	-2.27%
银川	51	53	51	56	48	38	52	53	52	47	1.96%	-5.36%	8.33%	23.68%	9.80%	-14.29%	-20.83%	1.92%	-1.89%	-9.62%
张家口	40	35	34	32	31	29	36	34	32	31	5.88%	6.25%	3.23%	6.90%	-5.88%	-3.13%	-6.45%	-5.56%	-5.88%	-3.13%
长春	73	68	66	46	46	33	69	60	53	42	4.55%	30.43%	15.22%	27.27%	-30.30%	0.00%	-28.26%	-13.04%	-11.67%	-20.75%
全国74个城市	72	64	55	50	47	42	64	56	51	46	15.32%	12.90%	7.88%	10.22%	-9.69%	-5.75%	-10.50%	-11.59%	-9.94%	-8.56%

（2）重点区域分析

通过计算2015年至2018年几个重点区域的滑动均值情况，考察滑动均值与年均值的变化曲线，详见图2。几个重点区域的城市名单见表6。

表6　重点区域城市名单

序号	重点区域	主要城市	备注
1	京津冀	北京、天津、石家庄、济南、太原、保定、沧州、邯郸、衡水、廊坊、唐山、邢台、郑州	均有2013年至今的六参数监测数据
2	长三角	上海、杭州、南京、南昌、徐州、常州、合肥、湖州、淮安、嘉兴、金华、丽水、连云港、南通、宁波、衢州、绍兴、苏州、台州、泰州、温州、无锡、宿迁、盐城、扬州、镇江、舟山	均有2013年至今的六参数监测数据
3	珠三角	广州、深圳、东莞、佛山、惠州、江门、肇庆、中山、珠海	均有2013年至今的六参数监测数据
4	汾渭平原	吕梁、晋中、临汾、运城、洛阳、三门峡、西安、宝鸡、渭南、咸阳、铜川	仅西安有2013年至今的六参数监测数据
5	两湖	武汉、长沙（因为国家未明确定义该区域主要环保城市，本研究暂以省会城市代替）	均有2013年至今的六参数监测数据
6	成渝	成都、重庆（因为国家未明确定义该区域主要环保城市，本研究暂以省会城市代替）	均有2013年至今的六参数监测数据

由图2可以看出，京津冀、长三角、成渝、两湖地区的城市历史上$PM_{2.5}$浓度较高，且近年改善幅度较大，所以采用前两年及当年的三年滑动

均值会远高于当年的年均值；而珠三角由于$PM_{2.5}$浓度相对较低，年均值改善幅度较小，滑动均值依然高于当年的年均值，但随着浓度进一步降低，改善幅度的进一步减小，滑动均值慢慢逼近年均值；汾渭平原由于2015年至2017年污染物年均浓度均在上升，导致2016、2017年两年的滑动均值低于当年的年均水平，但随着当地2018年$PM_{2.5}$浓度的大大降低，2018年滑动平均高于当年的年均值。

由于京津冀、长三角、成渝两湖平均浓度每年均出现连续下降，所以三年滑动均值也在连续下降，且三年滑动均值相对于年均值下降幅度更均匀平滑。珠三角年均浓度2017相对于2016年有所反弹，年均值上升了2 μg/m³，但是三年滑动均值平滑下降，并未出现锯齿反弹情况。汾渭平原2016年至2017年由于气象等原因，污染物年均浓度均在上升，2017相对于2015年均浓度上升了18 μg/m³，但是三年滑动均值仅在2018年稍有上升，且上升幅度仅有1 μg/m³，大大消除了气象等其他因素对空气质量的影响，更能体现人类活动对空气质量的影响。

京津冀2018年$PM_{2.5}$年均浓度相对于2015年下降了29.9%，通过计算滑动均值后，2018年相对2015年下降了30.7%，下降幅度基本一致。

长三角2018年$PM_{2.5}$年均浓度相对于2015年下降了22.6%，通过计算滑动均值后，2018年相对2015年下降了27.9%，下降幅度略大于年均值下降幅度。

珠三角2018年$PM_{2.5}$年均浓度相对于2015年下降了5.9%，通过计算滑动均值后，2018年相对2015年下降了19.5%，下降幅度远大于年均值下降幅度。

汾渭平原2018年$PM_{2.5}$年均浓度相对于2015年上升了5.2%，通过计算滑动均值后，2018年相对2015年下降了13.8%，下降幅度远大于年均值下降幅度，从根本上改变了$PM_{2.5}$的变化趋势。

成渝地区2018年$PM_{2.5}$年均浓度相对于2015年下降了24.6%，通过计算滑动均值后，2018年相对2015年下降了27.8%，下降幅度大于年均值下降幅度。

两湖地区2018年$PM_{2.5}$年均浓度相对于2015年下降了25.8%，通过计算滑动均值后，2018年相对2015年下降了33.3%，下降幅度大于年均值下降幅度。

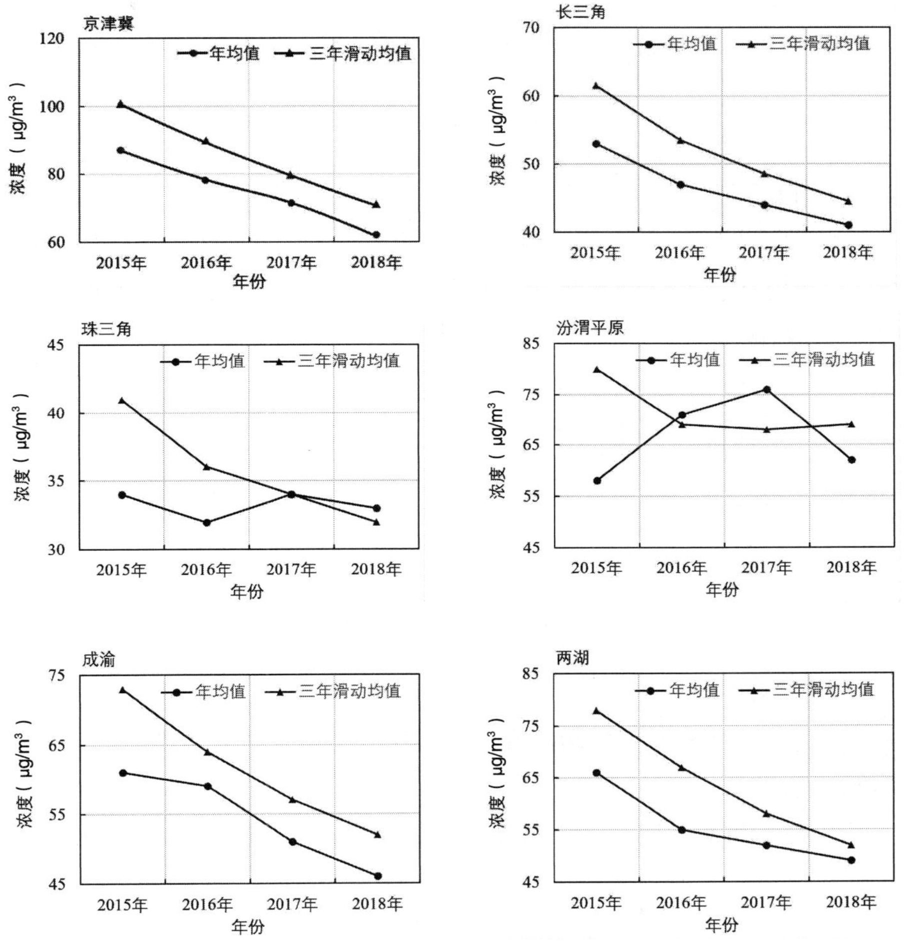

图2　重点区域三年滑动均值对比情况

（3）重点城市分析

为了研究全国各城市的滑动均值情况，本次研究选取了北京、天津等 14 个城市进行分析，各城市三年滑动均值与年均值对比见图 3。

由图 3 可知，本研究涉及的绝大部分城市滑动均值高于当年的年均值，其中西安由于年均浓度上升的原因，2016、2017 年滑动均值低于当年年均值。

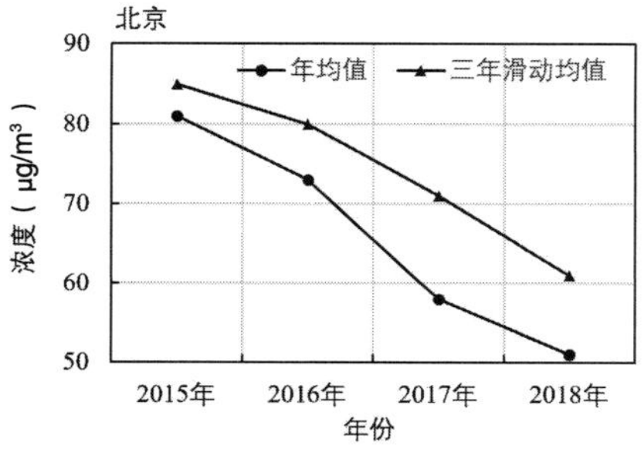
北京
年均值
三年滑动均值
浓度（μg/m³）
90
80
70
60
50
2015年
2016年
2017年
2018年
年份

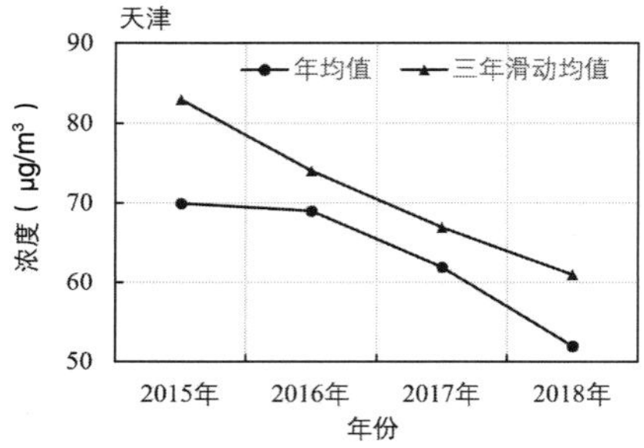
天津
年均值
三年滑动均值
浓度（μg/m³）
90
80
70
60
50
2015年
2016年
2017年
2018年
年份

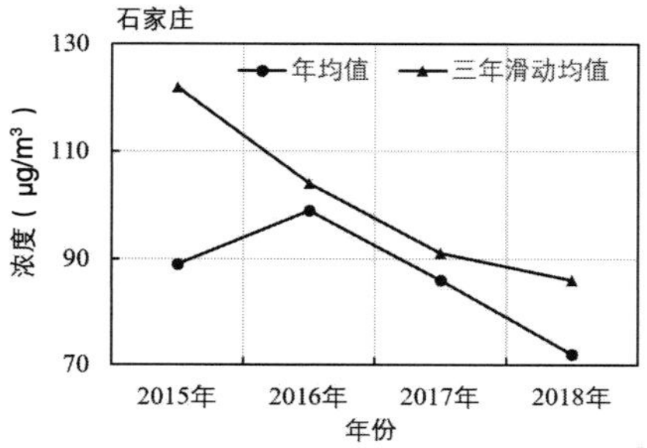
石家庄
年均值
三年滑动均值
浓度（μg/m³）
130
110
90
70
2015年
2016年
2017年
2018年
年份

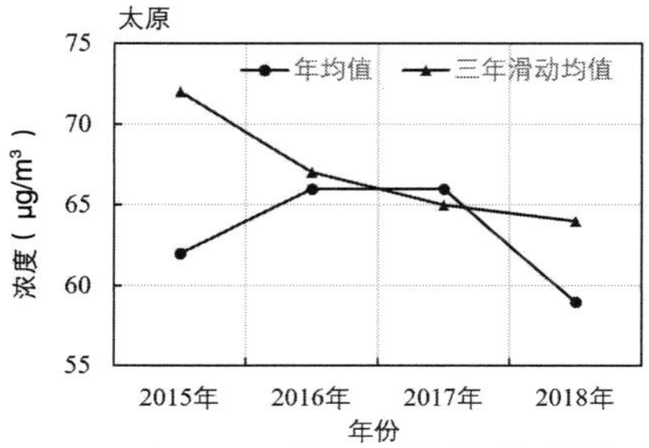
太原
年均值
三年滑动均值
浓度（μg/m³）
75
70
65
60
55
2015年
2016年
2017年
2018年
年份

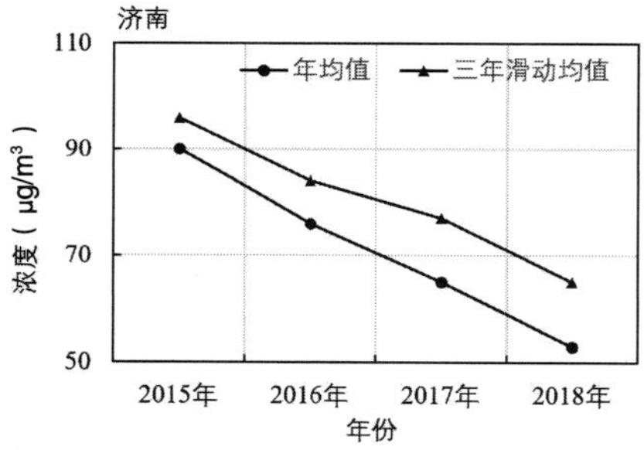
济南
年均值
三年滑动均值
浓度（μg/m³）
110
90
70
50
2015年
2016年
2017年
2018年
年份

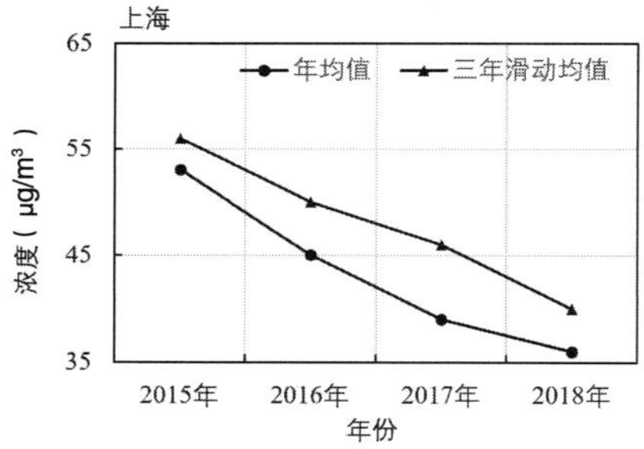
上海
年均值
三年滑动均值
浓度（μg/m³）
65
55
45
35
2015年
2016年
2017年
2018年
年份

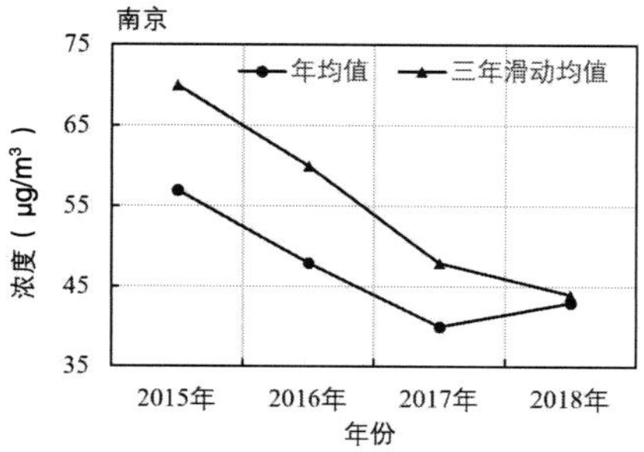
南京
年均值
三年滑动均值
浓度（μg/m³）
75
65
55
45
35
2015年
2016年
2017年
2018年
年份

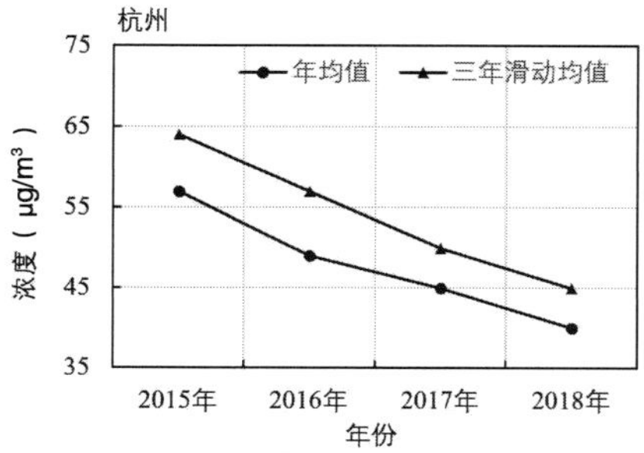
杭州
年均值
三年滑动均值
浓度（μg/m³）
75
65
55
45
35
2015年
2016年
2017年
2018年
年份

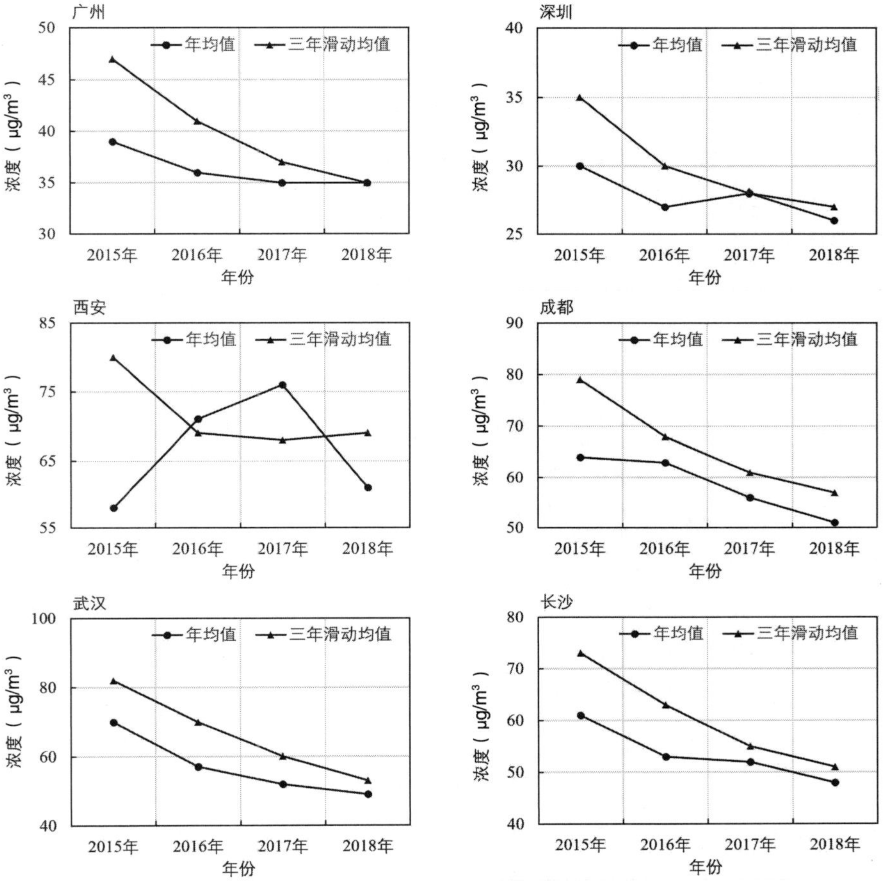

图 3　重点城市滑动均值对比情况

北京、上海、天津、济南由于近两年强有力的措施，浓度下降非常明显，改善幅度较大，滑动均值距离年均值越来越远。广州、南京、武汉、长沙等城市则由于改善幅度减小，滑动均值越来越逼近年均值，广州 2018 年滑动均值已与年均值一致。

北京、上海等城市平均浓度每年均出现连续下降，所以三年滑动均值也在连续下降。深圳、石家庄、南京虽有个别年份 $PM_{2.5}$ 年均浓度有所上升，但由于整体下降明显，所以三年滑动均值依然呈连续下降形式。西安、太原在考察时间段内由于连续两年上升，且 2018 年相对 2015 年整体呈上升态势，故西安三年滑动均值在 2018 年也出现上升，但太原三年滑动均值连续下降。

北京滑动均值高于当年的年均值，但随着北京近两年强有力的措施，浓度下降非常明显，改善幅度较大，年均值远小于滑动均值；北京年均浓度每年均出现连续下降，所以三年滑动均值也在连续下降；2018 年 $PM_{2.5}$年均浓度相对于 2015 年下降了 37.0%，通过计算滑动均值后，2018 年相对 2015 年下降了 28.2%，下降幅度小于年均值下降幅度。

天津滑动均值高于当年的年均值，近两年强有力的措施，浓度下降非常明显，改善幅度较大，年均值远小于滑动均值；天津年均浓度每年均出现连续下降，所以三年滑动均值也在连续下降；2018 年 $PM_{2.5}$年均浓度相对于 2015 年下降了 25.7%，通过计算滑动均值后，2018 年相对 2015 年下降了 26.5%，下降幅度略大于年均值下降幅度。

石家庄滑动均值高于当年的年均值，近两年强有力的措施，浓度下降非常明显，改善幅度较大，年均值远小于滑动均值；石家庄 2016 年均浓度有所反弹，其他几年均连续下降，三年滑动均值连续平滑下降；2018 年 $PM_{2.5}$年均浓度相对于 2015 年下降了 19.1%，通过计算滑动均值后，2018 年相对 2015 年下降了 29.5%，下降幅度远大于年均值下降幅度。

上海滑动均值高于当年的年均值，但随着上海近两年强有力的措施，浓度下降非常明显，改善幅度较大，年均值远小于滑动均值，随着浓度降低，改善幅度减小，滑动均值慢慢逼近年均值；上海年均浓度每年均出现连续下降，所以三年滑动均值也在连续下降；2018 年 $PM_{2.5}$年均浓度相对于 2015 年下降了 32.1%，通过计算滑动均值后，2018 年相对 2015 年下降了 28.6%，下降幅度小于年均值下降幅度。

广州滑动均值高于当年的年均值，但随着浓度降低，改善幅度减小，滑动均值慢慢逼近年均值，到 2018 年三年滑动均值已与年均值数据一致；广州年均浓度每年均出现连续下降，所以三年滑动均值也在连续下降；2018 年 $PM_{2.5}$年均浓度相对于 2015 年下降了 10.3%，通过计算滑动均值后，2018 年相对 2015 年下降了 25.3%，下降幅度远大于年均值下降幅度。

深圳滑动均值高于或等于当年的年均值，但随着浓度降低，改善幅度减小，滑动均值慢慢逼近年均值，到 2017 年三年滑动均值已与年均值数据一致；深圳年均浓度 2017 相对 2016 年有所反弹，年均值上升了 2 $\mu g/m^3$，但是通过三年滑动均值，污染物平滑下降，并未出现锯齿反弹情况；2018年 $PM_{2.5}$ 年均浓度相对于 2015 年下降了 13.3%，通过计算滑动均值后，2018 年相对 2015 年下降了 22.9%，下降幅度远大于年均值下降幅度。

太原除 2017 年滑动均值小于年均值外，其他 3 年均大于滑动均值；年均值 2016、2017 年连续两年上升，2018 年下降，滑动均值连续平滑下降；2018 年 $PM_{2.5}$ 年均浓度相对于 2015 年下降了 4.8%，通过计算滑动均值后，2018 年相对 2015 年下降了 12.5%，下降幅度大于年均值下降幅度。

西安 2015、2018 年滑动均值大于年均值外，其他 2 年均小于滑动均值；年均值 2016、2017 年连续两年上升，2018 年下降，滑动均值仅 2018 年稍有上升；2018 年 $PM_{2.5}$ 年均浓度相对于 2015 年上升了 5.17%，通过计算滑动均值后，2018 年相对 2015 年下降了 13.7%，下降幅度远大于年均值下降幅度。

济南滑动均值大于当年的年均值；年均浓度每年均出现连续下降，所以三年滑动均值也在连续下降；2018 年 $PM_{2.5}$ 年均浓度相对于 2015 年下降了 41.1%，通过计算滑动均值后，2018 年相对 2015 年下降了 32.3%，下降幅度小于年均值下降幅度。

南京滑动均值高于当年的年均值，但随着 2018 年浓度降低，滑动均值慢慢逼近年均值；年均值 2018 年稍有上升，滑动均值连续平滑下降；2018 年 $PM_{2.5}$ 年均浓度相对于 2015 年下降了 24.6%，通过计算滑动均值后，2018 年相对 2015 年下降了 37.14%，下降幅度远大于年均值下降幅度。

杭州滑动均值大于当年的年均值；年均浓度每年均出现连续下降，所以三年滑动均值也在连续下降；2018 年 $PM_{2.5}$ 年均浓度相对于 2015 年下降了 29.8%，通过计算滑动均值后，2018 年相对 2015 年下降了 29.7%，下降幅度与年均值下降幅度基本一致。

成都滑动均值大于当年的年均值；年均浓度每年均出现连续下降，所以三年滑动均值也在连续下降；2018 年 $PM_{2.5}$ 年均浓度相对于 2015 年下降了 20.3%，通过计算滑动均值后，2018 年相对 2015 年下降了 27.85%，下降幅度大于年均值下降幅度。

武汉滑动均值大于当年的年均值，但随着浓度降低，改善幅度减小，滑动均值慢慢逼近年均值；年均浓度每年均出现连续下降，所以三年滑动均值也在连续下降；2018 年 $PM_{2.5}$ 年均浓度相对于 2015 年下降了 30.0%，通过计算滑动均值后，2018 年相对 2015 年下降了 35.4%，下降幅度大于年均值下降幅度。

长沙滑动均值大于当年的年均值，但随着浓度降低，改善幅度减小，滑动均值慢慢逼近年均值；年均浓度每年均出现连续下降，所以三年滑动均值也在连续下降；2018 年 $PM_{2.5}$年均浓度相对于 2015 年下降了 21.3%，通过计算滑动均值后，2018 年相对 2015 年下降了 30.1%，下降幅度远大年均值下降幅度。

（4）小结

通过分析可以看出，该方法在 $PM_{2.5}$改善明显的情况下，三年滑动均值会远高于当年的年均值，在改善幅度减小的情况下，三年滑动均值会慢慢逼近年均值，可以很直观地辨识出改善幅度大的城市。

2015—2018 年全国 74 个城市三年滑动均值分别为 64 $\mu g/m^3$、56 $\mu g/m^3$、51 $\mu g/m^3$、46 $\mu g/m^3$，分别高于当年年均值 9 $\mu g/m^3$、6 $\mu g/m^3$、4 $\mu g/m^3$、4 $\mu g/m^3$（分别比当年年均值高 15.32%、12.90%、7.88%、10.22%）。

由于大部分城市近几年来，平均浓度每年均出现连续下降，所以三年滑动均值也在连续下降，且三年滑动均值相对于年均值下降幅度更均匀平滑。

2016 年有 7 个城市 $PM_{2.5}$年均值有所反弹，2017 年有 15 个城市，2018 年有 5 个城市，其中西安市 2016、2017 年连续两年上升。经过计算三年滑动均值后，年际变化出现锯齿反弹的城市大大减少，2016、2017、2018 年三年出现反弹情况的每年仅有 1 个城市（分别为银川、乌鲁木齐、西安），污染物平滑下降。此变化趋势与目前全国范围内掀起的“蓝天保卫战”更为契合，更能科学客观地反映各地环境空气质量状况。

2. 公式二滑动均值分析

按照前述方法二对重点区域及城市三年滑动均值进行研究。

（1）整体情况

自 2013 年全国 74 个城市开展 $PM_{2.5}$监测以来，通过上述方法可计算出 2014 年至 2017 年的三年滑动均值。并可计算出 2015 年至 2017 年每年三年滑动均值改善情况。详见表 7。

表 7　74 个城市三年滑动均值统计

城市名称	年均值						三年滑动均值				三年滑动均值较年均值差异				年均值下降率			三年滑动均值下降率		
	2013	2014	2015	2016	2017	2018	2014	2015	2016	2017	2014	2015	2016	2017	2015	2016	2017	2015	2016	2017
保定	135	129	107	93	84	67	124	110	95	81	-3.88%	2.80%	2.15%	-3.57%	-17.05%	-13.08%	-9.68%	-11.29%	-13.64%	-14.74%
北京	89	86	81	73	58	51	85	80	71	61	-1.16%	-1.23%	-2.74%	5.17%	-5.81%	-9.88%	-20.55%	-5.88%	-11.25%	-14.08%
沧州	102	88	70	69	66	59	87	76	68	65	-1.14%	8.57%	-1.45%	-1.52%	-20.45%	-1.43%	-4.35%	-12.64%	-10.53%	-4.41%
邯郸	139	115	91	82	86	69	115	96	86	79	0.00%	5.49%	4.88%	-8.14%	-20.87%	-9.89%	4.88%	-16.52%	-10.42%	-8.14%
衡水	122	107	99	87	77	62	109	98	88	75	1.87%	-1.01%	1.15%	-2.60%	-7.48%	-12.12%	-11.49%	-10.09%	-10.20%	-14.77%
济南	110	87	90	76	65	53	96	84	77	65	10.34%	-6.67%	1.32%	0.00%	3.45%	-15.56%	-14.47%	-12.50%	-8.33%	-15.58%
廊坊	110	100	85	66	60	52	98	84	70	59	-2.00%	-1.18%	6.06%	-1.67%	-15.00%	-22.35%	-9.09%	-14.29%	-16.67%	-15.71%
石家庄	154	124	89	99	86	72	122	104	91	86	-1.61%	16.85%	-8.08%	0.00%	-28.23%	11.24%	-13.13%	-14.75%	-12.50%	-5.49%
太原	81	72	62	66	66	59	72	67	65	64	0.00%	8.06%	-1.52%	-3.03%	-13.89%	6.45%	0.00%	-6.94%	-2.99%	-1.54%
唐山	115	101	85	74	66	60	100	87	75	67	-0.99%	2.35%	1.35%	1.52%	-15.84%	-12.94%	-10.81%	-13.00%	-13.79%	-10.67%
天津	96	83	70	69	62	52	83	74	67	61	0.00%	5.71%	-2.90%	-1.61%	-15.66%	-1.43%	-10.14%	-10.84%	-9.46%	-8.96%
邢台	160	130	101	87	80	69	130	106	89	79	0.00%	4.95%	2.30%	-1.25%	-22.31%	-13.86%	-8.05%	-18.46%	-16.04%	-11.24%
郑州	108	88	96	78	66	63	97	87	80	69	10.23%	-9.38%	2.56%	4.55%	9.09%	-18.75%	-15.38%	-10.31%	-8.05%	-13.75%
常州	72	67	59	53	48	53	66	60	53	51	-1.49%	1.69%	0.00%	6.25%	-11.94%	-10.17%	-9.43%	-9.09%	-11.67%	-3.77%
杭州	70	65	57	49	45	40	64	57	50	45	-1.54%	0.00%	2.04%	0.00%	-12.31%	-14.04%	-8.16%	-10.94%	-12.28%	-10.00%
合肥	88	83	66	57	56	48	79	69	60	54	-4.82%	4.55%	5.26%	-3.57%	-20.48%	-13.64%	-1.75%	-12.66%	-13.04%	-10.00%

续表

城市名称	年均值						三年滑动均值				三年滑动均值较年均值差异				年均值下降率			三年滑动均值下降率		
	2013	2014	2015	2016	2017	2018	2014	2015	2016	2017	2014	2015	2016	2017	2015	2016	2017	2015	2016	2017
湖州	74	64	54	46	42	36	64	55	47	41	0.00%	1.85%	2.17%	-2.38%	-15.63%	-14.81%	-8.70%	-14.06%	-14.55%	-12.77%
淮安	79	68	58	53	50	50	68	60	54	51	0.00%	3.45%	1.89%	2.00%	-14.71%	-8.62%	-5.66%	-11.76%	-10.00%	-5.56%
嘉兴	68	57	53	44	42	39	59	51	46	42	3.51%	-3.77%	4.55%	0.00%	-7.02%	-16.98%	-4.55%	-13.56%	-9.80%	-8.70%
金华	70	64	54	46	42	34	63	55	47	41	-1.56%	1.85%	2.17%	-2.38%	-15.63%	-14.81%	-8.70%	-12.70%	-14.55%	-12.77%
丽水	49	44	38	33	33	28	44	38	35	31	0.00%	0.00%	6.06%	-6.06%	-13.64%	-13.16%	0.00%	-13.64%	-7.89%	-11.43%
连云港	67	61	55	46	45	44	61	54	49	45	0.00%	-1.82%	6.52%	0.00%	-9.84%	-16.36%	-2.17%	-11.48%	-9.26%	-8.16%
南昌	69	52	43	43	41	30	55	46	42	38	5.77%	6.98%	-2.33%	-7.32%	-17.31%	0.00%	-4.65%	-16.36%	-8.70%	-9.52%
南京	78	74	57	48	40	43	70	60	48	44	-5.41%	5.26%	0.00%	10.00%	-22.97%	-15.79%	-16.67%	-14.29%	-20.00%	-8.33%
南通	72	62	58	46	39	41	64	55	48	42	3.23%	-5.17%	4.35%	7.69%	-6.45%	-20.69%	-15.22%	-14.06%	-12.73%	-12.50%
宁波	54	46	45	38	37	33	48	43	40	36	4.35%	-4.44%	5.26%	-2.70%	-2.17%	-15.56%	-2.63%	-10.42%	-6.98%	-10.00%
衢州	68	57	43	42	42	33	56	47	42	39	-1.75%	9.30%	0.00%	-7.14%	-24.56%	-2.33%	0.00%	-16.07%	-10.64%	-7.14%
上海	62	52	53	45	39	36	56	50	46	40	7.69%	-5.66%	2.22%	2.56%	1.92%	-15.09%	-13.33%	-10.71%	-8.00%	-13.04%
绍兴	71	63	55	46	45	42	63	55	49	44	0.00%	0.00%	6.52%	-2.22%	-12.70%	-16.36%	-2.17%	-12.70%	-10.91%	-10.20%
苏州	70	66	58	46	42	42	65	57	49	43	-1.52%	-1.72%	6.52%	2.38%	-12.12%	-20.69%	-8.70%	-12.31%	-14.04%	-12.24%
台州	53	46	41	36	33	29	47	41	37	33	2.17%	0.00%	2.78%	0.00%	-10.87%	-12.20%	-8.33%	-12.77%	-9.76%	-10.81%
泰州	77	72	61	55	51	49	70	63	56	52	-2.78%	3.28%	1.82%	1.96%	-15.28%	-9.84%	-7.27%	-10.00%	-11.11%	-7.14%

续表

城市名称	年均值						三年滑动均值				三年滑动均值较年均值差异				年均值下降率			三年滑动均值下降率		
	2013	2014	2015	2016	2017	2018	2014	2015	2016	2017	2014	2015	2016	2017	2015	2016	2017	2015	2016	2017
温州	58	46	44	38	38	30	49	43	40	35	6.52%	-2.27%	5.26%	-7.89%	-4.35%	-13.64%	0.00%	-12.24%	-6.98%	-12.50%
无锡	75	68	61	53	44	43	68	61	53	47	0.00%	0.00%	0.00%	6.82%	-10.29%	-13.11%	-16.98%	-10.29%	-13.11%	-11.32%
宿迁	74	68	61	56	55	53	68	62	57	55	0.00%	1.64%	1.79%	0.00%	-10.29%	-8.20%	-1.79%	-8.82%	-8.06%	-3.51%
徐州	77	67	65	60	68	62	70	64	64	63	4.48%	-1.54%	6.67%	-7.35%	-2.99%	-7.69%	13.33%	-8.57%	0.00%	-1.56%
盐城	65	58	49	43	43	43	57	50	45	43	-1.72%	2.04%	4.65%	0.00%	-15.52%	-12.24%	0.00%	-12.28%	-10.00%	-4.44%
扬州	70	65	55	51	54	49	63	57	53	51	-3.08%	3.64%	3.92%	-5.56%	-15.38%	-7.27%	5.88%	-9.52%	-7.02%	-3.77%
镇江	72	68	59	50	55	54	66	59	55	53	-2.94%	0.00%	10.00%	-3.64%	-13.24%	-15.25%	10.00%	-10.61%	-6.78%	-3.64%
舟山	33	30	29	25	25	22	31	28	26	24	3.33%	-3.45%	4.00%	-4.00%	-3.33%	-13.79%	0.00%	-9.68%	-7.14%	-7.69%
东莞	47	45	36	35	37	36	43	39	36	36	-4.44%	8.33%	2.86%	-2.70%	-20.00%	-2.78%	5.71%	-9.30%	-7.69%	0.00%
佛山	52	45	39	38	40	35	45	41	39	38	0.00%	5.13%	2.63%	-5.00%	-13.33%	-2.56%	5.26%	-8.89%	-4.88%	-2.56%
广州	53	49	39	36	35	35	47	41	37	35	-4.08%	5.13%	2.78%	0.00%	-20.41%	-7.69%	-2.78%	-12.77%	-9.76%	-5.41%
惠州	38	35	27	27	29	28	33	30	28	28	-5.71%	11.11%	3.70%	-3.45%	-22.86%	0.00%	7.41%	-9.09%	-6.67%	0.00%
江门	51	44	34	34	37	31	43	37	35	34	-2.27%	8.82%	2.94%	-8.11%	-22.73%	0.00%	8.82%	-13.95%	-5.41%	-2.86%
深圳	40	34	30	27	28	26	35	30	28	27	2.94%	0.00%	3.70%	-3.57%	-11.76%	-10.00%	3.70%	-14.29%	-6.67%	-3.57%
肇庆	54	52	39	37	41	39	48	43	39	39	-7.69%	10.26%	5.41%	-4.88%	-25.00%	-5.13%	10.81%	-10.42%	-9.30%	0.00%
中山	48	38	33	30	33	30	40	34	32	31	5.26%	3.03%	6.67%	-6.06%	-13.16%	-9.09%	10.00%	-15.00%	-5.88%	-3.13%

续表

城市名称	年均值						三年滑动均值				三年滑动均值较年均值差异				年均值下降率			三年滑动均值下降率		
	2013	2014	2015	2016	2017	2018	2014	2015	2016	2017	2014	2015	2016	2017	2015	2016	2017	2015	2016	2017
珠海	38	34	31	26	30	27	34	30	29	28	0.00%	-3.23%	11.54%	-6.67%	-8.82%	-16.13%	15.38%	-11.76%	-3.33%	-3.45%
成都	96	77	64	63	56	51	79	68	61	57	2.60%	6.25%	-3.17%	1.79%	-16.88%	-1.56%	-11.11%	-13.92%	-10.29%	-6.56%
长沙	83	74	61	53	52	48	73	63	55	51	-1.35%	3.28%	3.77%	-1.92%	-17.57%	-13.11%	-1.89%	-13.70%	-12.70%	-7.27%
重庆	70	65	57	54	45	40	64	59	52	46	-1.54%	3.51%	-3.70%	2.22%	-12.31%	-5.26%	-16.67%	-7.81%	-11.86%	-11.54%
武汉	94	82	70	57	52	49	82	70	60	53	0.00%	0.00%	5.26%	1.92%	-14.63%	-18.57%	-8.77%	-14.63%	-14.29%	-11.67%
承德	49	52	43	40	35	32	48	45	39	36	-7.69%	4.65%	-2.50%	2.86%	-17.31%	-6.98%	-12.50%	-6.25%	-13.33%	-7.69%
大连	52	53	48	39	34	30	51	47	40	34	-3.77%	-2.08%	2.56%	0.00%	-9.43%	-18.75%	-12.82%	-7.84%	-14.89%	-15.00%
福州	36	34	29	27	27	25	33	30	28	26	-2.94%	3.45%	3.70%	-3.70%	-14.71%	-6.90%	0.00%	-9.09%	-6.67%	-7.14%
贵阳	53	48	39	37	32	32	47	41	36	34	-2.08%	5.13%	-2.70%	6.25%	-18.75%	-5.13%	-13.51%	-12.77%	-12.20%	-5.56%
哈尔滨	81	72	70	52	58	39	74	65	60	50	2.78%	-7.14%	15.38%	-13.79%	-2.78%	-25.71%	11.54%	-12.16%	-7.69%	-16.67%
海口	27	23	22	21	20	18	24	22	21	20	4.35%	0.00%	0.00%	0.00%	-4.35%	-4.55%	-4.76%	-8.33%	-4.55%	-4.76%
呼和浩特	57	46	43	41	43	36	49	43	42	40	6.52%	0.00%	2.44%	-6.98%	-6.52%	-4.65%	4.88%	-12.24%	-2.33%	-4.76%
昆明	42	35	30	28	28	30	36	31	29	29	2.86%	3.33%	3.57%	3.57%	-14.29%	-6.67%	0.00%	-13.89%	-6.45%	0.00%
拉萨	26	25	26	28	20	20	26	26	25	23	4.00%	0.00%	-10.71%	15.00%	4.00%	7.69%	-28.57%	0.00%	-3.85%	-8.00%
兰州	67	61	52	54	49	47	60	56	52	50	-1.64%	7.69%	-3.70%	2.04%	-14.75%	3.85%	-9.26%	-6.67%	-7.14%	-3.85%
南宁	57	49	41	36	35	34	49	42	37	35	0.00%	2.44%	2.78%	0.00%	-16.33%	-12.20%	-2.78%	-14.29%	-11.90%	-5.41%

续表

城市名称	年均值						三年滑动均值				三年滑动均值较年均值差异				年均值下降率			三年滑动均值下降率		
	2013	2014	2015	2016	2017	2018	2014	2015	2016	2017	2014	2015	2016	2017	2015	2016	2017	2015	2016	2017
秦皇岛	65	61	48	46	44	38	58	52	46	43	-4.92%	8.33%	0.00%	-2.27%	-21.31%	-4.17%	-4.35%	-10.34%	-11.54%	-6.52%
青岛	67	58	52	46	39	35	59	52	46	40	1.72%	0.00%	0.00%	2.56%	-10.34%	-11.54%	-15.22%	-11.86%	-11.54%	-13.04%
厦门	36	37	29	28	27	25	34	31	28	27	-8.11%	6.90%	0.00%	0.00%	-21.62%	-3.45%	-3.57%	-8.82%	-9.68%	-3.57%
沈阳	78	74	72	54	50	41	75	67	59	48	1.35%	-6.94%	9.26%	-4.00%	-2.70%	-25.00%	-7.41%	-10.67%	-11.94%	-18.64%
乌鲁木齐	88	61	66	74	70	54	72	67	70	66	18.03%	1.52%	-5.41%	-5.71%	8.20%	12.12%	-5.41%	-6.94%	4.48%	-5.71%
西安	105	77	58	71	76	61	80	69	68	69	3.90%	18.97%	-4.23%	-9.21%	-24.68%	22.41%	7.04%	-13.75%	-1.45%	1.47%
西宁	70	63	49	49	34	46	61	54	44	43	-3.17%	10.20%	-10.20%	26.47%	-22.22%	0.00%	-30.61%	-11.48%	-18.52%	-2.27%
银川	51	53	51	56	48	38	52	53	52	47	-1.89%	3.92%	-7.14%	-2.08%	-3.77%	9.80%	-14.29%	1.92%	-1.89%	-9.62%
张家口	40	35	34	32	31	29	36	34	32	31	2.86%	0.00%	0.00%	0.00%	-2.86%	-5.88%	-3.13%	-5.56%	-5.88%	-3.13%
长春	73	68	66	46	46	33	69	60	53	42	1.47%	-9.09%	15.22%	-8.70%	-2.94%	-30.30%	0.00%	-13.04%	-11.67%	-20.75%
全国74个城市	72	64	55	50	47	42	64	56	51	46	0.19%	1.96%	1.68%	-1.35%	-13.12%	-5.75%	-10.50%	-11.59%	-9.94%	-8.56%

2014 年至 2017 年全国 74 个城市三年滑动均值分别为64 μg/m^3、56 μg/m^3、51 μg/m^3、46 μg/m^3，均与各年的年均值十分接近，2014 年滑动均值与年均值一致，2015、2016 年高于年均值1 μg/m^3（分别高 1.82%、2.00%），2017 年低于年均值1 μg/m^3（ –2.13%）。此种计算方式在一般情况下与年均值较为一致。

对比年均值变化情况，2015 年 5 个城市 $PM_{2.5}$有所反弹，2016 年有 7 个城市 $PM_{2.5}$有所反弹，2017 年有 15 个城市，其中拉萨、乌鲁木齐 2 个城市 2015、2016 年连续 2 年上升，西安市 2016、2017 年连续 2 年上升。

而经过统计三年滑动均值后，2015、2016、2017 年三年出现反弹情况的每年仅有 1 个城市，分别为银川、乌鲁木齐、西安。此变化趋势与目前全国范围内掀起的“蓝天保卫战”更为契合，更能科学客观地反映各地环境空气质量状况。

（2）重点区域分析

由图4 可以看出，对于京津冀、长三角、成渝、两湖地区，由于 $PM_{2.5}$逐年稳定下降，滑动均值与年均值数值偏差不大；而对于珠三角、汾渭平原这类 $PM_{2.5}$出现波动的区域，滑动均值与年均值数值上会有一定偏离。珠三角 2015、2016 年 $PM_{2.5}$ 下降明显，滑动均值略高于年均值（高 2 μg/m^3），2017 年 $PM_{2.5}$ 浓度出现反弹，滑动均值略低于年均值（低 1 μg/m^3）；汾渭平原 2015 年 $PM_{2.5}$下降明显，滑动均值略高于年均值（高 11 μg/m^3），2016、2017 年连续 2 年 $PM_{2.5}$浓度出现反弹，滑动均值略低于年均值（分别低3 μg/m^3、7 μg/m^3）。

由于京津冀、长三角、成渝、两湖平均浓度每年均出现连续下降，所以三年滑动均值也在连续下降，且三年滑动均值相对于年均值下降幅度更均匀平滑。珠三角年均浓度 2017 年相对 2016 年有所反弹，年均值上升了2 μg/m^3，但是三年滑动均值平滑下降，并未出现锯齿反弹情况，汾渭平原 2016 年至 2017 年由于气象等原因，污染物年均浓度均在上升，2017 年相对于 2015 年年均浓度上升了18 μg/m^3，但是三年滑动均值仅在 2017 年稍有上升，且上升幅度仅有1 μg/m^3，大大消除了气象等其他因素对空气质量的影响，更能体现人类活动对空气质量的影响。

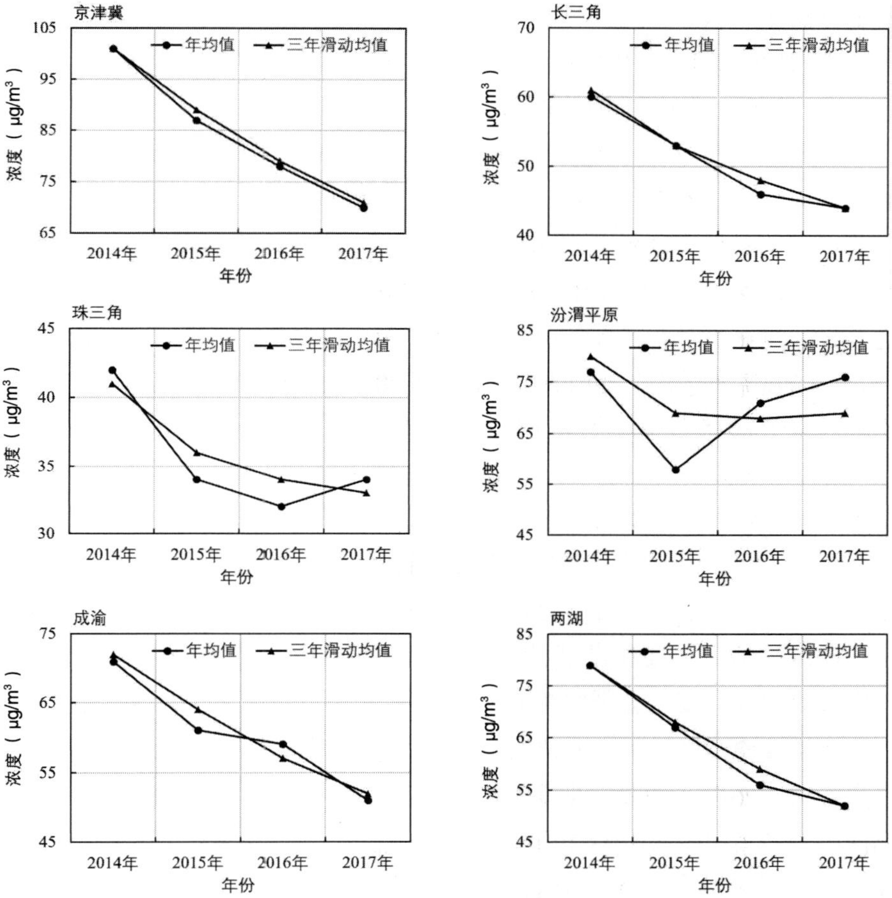

图4　重点区域滑动均值对比情况

京津冀2017年$PM_{2.5}$年均浓度相对于2014年下降了29.7%，通过计算滑动均值后，2017年相对2014年下降了30.7%，下降幅度基本一致。

长三角2017年$PM_{2.5}$年均浓度相对于2014年下降了26.7%，通过计算滑动均值后，2017年相对2014年下降了27.9%，下降幅度基本一致。

珠三角2017年$PM_{2.5}$年均浓度相对于2014年下降了19.1%，通过计算滑动均值后，2017年相对2014年下降了19.5%，下降幅度基本一致。

汾渭平原2017年$PM_{2.5}$年均浓度相对于2014年下降了1.3%，通过计算滑动均值后，2017年相对2014年下降了13.8%，下降幅度远大于年均值下降幅度。

成渝地区2017年$PM_{2.5}$年均浓度相对于2014年下降了28.2%，通过计算滑动均值后，2017年相对2014年下降了27.8%，下降幅度基本一致。

两湖地区2017年$PM_{2.5}$年均浓度相对于2014年下降了33.3%，通过计算滑动均值后，2017年相对2014年下降了33.3%，下降幅度完全一致。

（3）重点城市分析

由图5可知，本研究涉及的绝大部分城市滑动均值均与年均值比较接近，其中西安、太原、石家庄由于受到气象等原因的影响，年均值震荡下行，下降幅度不稳定，导致3个城市个别年份滑动均值与年均值偏差较大，比如石家庄2015年滑动均值比年均值高15 $\mu g/m^3$。

北京、南京、杭州、广州、武汉、长沙等城市平均浓度每年均连续稳定下降，所以三年滑动均值也在连续稳定下降。天津、济南、成都个别年份年均值下降较小，但三年滑动均值也能保持连续稳定下降。石家庄、太原、上海、深圳个别年份年均值出现震荡上升情况，但三年滑动也基本能平滑掉这种情况，变化曲线能保持平滑下降态势，仅有西安由于2016、2017年连续2年上升，滑动均值在2017年才出现略有上升的情况。

北京滑动均值与年均值数值偏差不大，2014年至2016年滑动均值略小于年均值，2017年略大于年均值。两条曲线均连续下降趋势，三年滑动均值污染物变化曲线比年均值变化曲线更加平滑；2017年$PM_{2.5}$年均浓度相对于2014年下降了32.6%，通过计算滑动均值后，2017年相对2014年下降了28.2%，下降幅度小于年均值下降幅度。

天津滑动均值与年均值数值偏差不大，2014年两个值相等，2015年滑动均值大于年均值，2016、2017年滑动均值略小于年均值。两条曲线均连续下降趋势，三年滑动均值污染物变化曲线比年均值变化曲线更加平滑；2017年$PM_{2.5}$年均浓度相对于2014年下降25.3%，滑动均值下降26.5%，下降幅度大于年均值下降幅度。

石家庄2015年滑动均值与年均值相差较大，滑动均值大于年均值达15 $\mu g/m^3$，2017年两值相等，2014、2016年滑动均值小于年均值；年均值曲线锯齿状震荡下降，滑动均值连续下降；2017年$PM_{2.5}$年均浓度相对于2014年下降30.6%，滑动均值下降29.5%，下降幅度与年均值下降幅度基本一致。

上海滑动均值与年均值数值偏差不大，2014、2016、2017 年滑动均值略大于年均值，2015 年略小于年均值。三年滑动均值污染物变化曲线比年均值变化曲线更加平滑，消除了年均值 2015 年上升趋势；2017 年 $PM_{2.5}$年均浓度相对于 2014 年下降了 25.0%，通过计算滑动均值后，2017 年相对 2014 年下降了 28.6%，下降幅度略大于年均值下降幅度。

广州滑动均值与年均值数值偏差不大，2014 年略小于年均值，2015、2016 年滑动均值略大于年均值，2017 年滑动均值与年均值一致。两条曲线均连续下降趋势，三年滑动均值污染物变化曲线比年均值变化曲线更加平滑；2017 年 $PM_{2.5}$年均浓度相对于 2014 年下降 28.6%，滑动均值下降 25.6%，下降幅度略小于年均值下降幅度。

深圳滑动均值与年均值数值偏差不大，2014 年至 2016 年滑动均值略大于年均值，2017 年略小于年均值。2017 年年均 $PM_{2.5}$浓度有所反弹，但三年滑动均值污染物变化曲线比年均值变化曲线更加平滑，消除了 2017 年的反弹情况；2017 年 $PM_{2.5}$年均浓度相对于 2014 年下降 17.7%，滑动均值下降 22.9%，下降幅度略大于年均值下降幅度。

太原 2015 滑动均值大于年均值，2016、2017 年小于年均值；2015 年年均值有所上升，但滑动均值平滑下降；2017 年 $PM_{2.5}$年均浓度相对于 2014 年下降 8.3%，滑动均值下降 11.1%，下降幅度略大于年均值下降幅度。

西安 2014、2015 年连续两年滑动均值大于年均值，2016、2017 年小于年均值；2016、2017 年连续两年均值有所上升，但滑动均值仅 2017 年略有上升；2017 年 $PM_{2.5}$年均浓度相对于 2014 年下降 1.3%，滑动均值下降 13.8%，下降幅度略大于年均值下降幅度。

济南 2015 年滑动均值大于年均值，2016、2017 年小于年均值；两条曲线均连续下降趋势，三年滑动均值污染物变化曲线比年均值变化曲线更加平滑；2017 年 $PM_{2.5}$年均浓度相对于 2014 年下降 25.3%，滑动均值下降 32.3%，下降幅度大于年均值下降幅度。

南京 2014 年滑动均值小于年均值，2015、2017 年大于年均值，2016 年两值相等；两条曲线均连续下降趋势，三年滑动均值污染物变化曲线比年均值变化曲线更加平滑；2017 年 $PM_{2.5}$年均浓度相对于 2014 年下降

45.9%，滑动均值下降 37.1%，下降幅度小于年均值下降幅度。

杭州连续四年两值都十分接近；两条曲线均连续下降趋势，三年滑动均值污染物变化曲线比年均值变化曲线更加平滑；2017 年 $PM_{2.5}$年均浓度相对于 2014 年下降 30.8%，滑动均值下降 29.7%，下降幅度与年均值基本一致。

成都滑动均值除 2016 年小于年均值外，其他三年均大于年均值；两条曲线均连续下降趋势，三年滑动均值污染物变化曲线比年均值变化曲线更加平滑；2017 年 $PM_{2.5}$年均浓度相对于 2014 年下降 27.3%，滑动均值下降 27.8%，下降幅度与年均值基本一致。

武汉连续四年两值都十分接近；两条曲线均连续下降趋势，三年滑动均值污染物变化曲线比年均值变化曲线更加平滑；2017 年 $PM_{2.5}$年均浓度相对于 2014 年下降 36.6%，滑动均值下降 35.4%，下降幅度与年均值基本一致。

长沙连续四年两值都十分接近；两条曲线均连续下降趋势，三年滑动均值污染物变化曲线比年均值变化曲线更加平滑；2017 年 $PM_{2.5}$年均浓度相对于 2014 年下降 30.8%，滑动均值下降 29.7%，下降幅度与年均值基本一致。

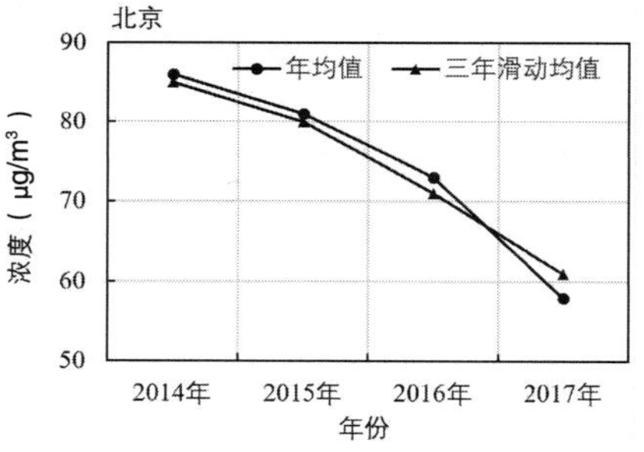

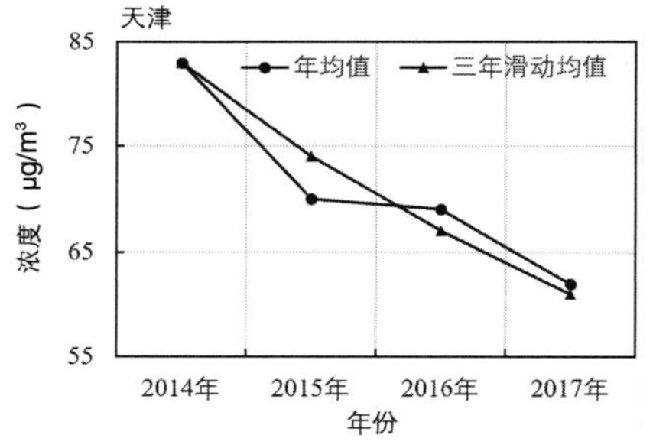

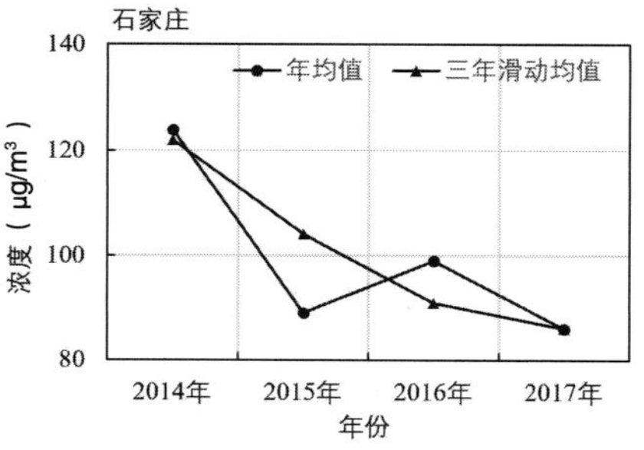

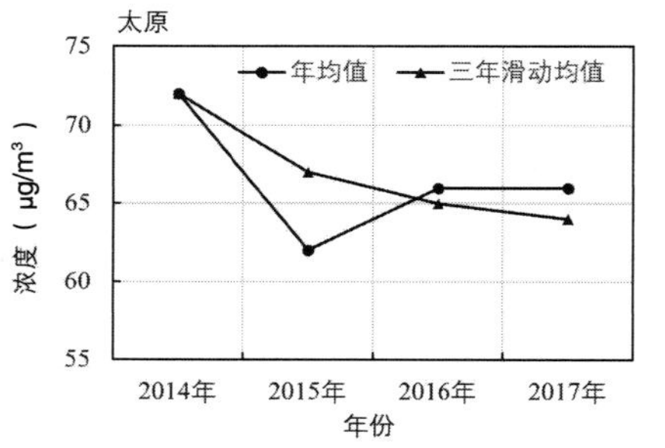

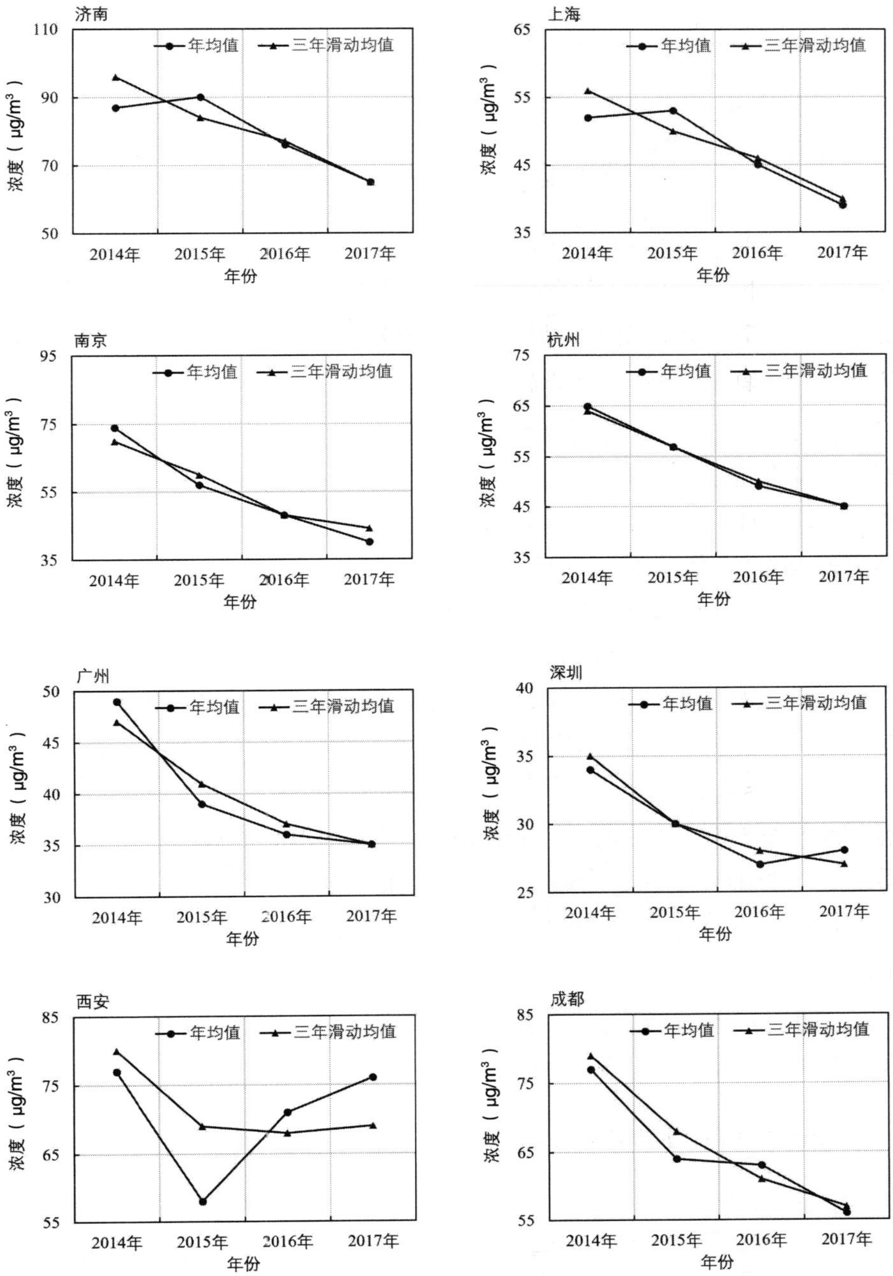
济南
上海
南京
杭州
广州
深圳
西安
成都
年均值
三年滑动均值
浓度（μg/m³）
年份
2014年
2015年
2016年
2017年

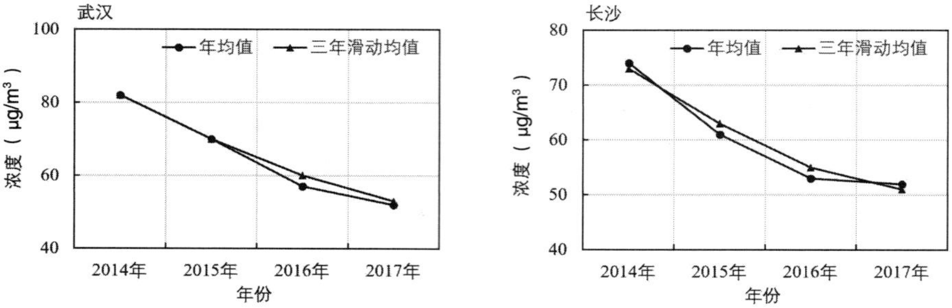

图5　重点城市滑动均值对比情况

（4）小结

前后一年及当年三年滑动均值与当年的年均值数据比较接近，差异较小。2014 年至 2017 年全国 74 个城市三年滑动均值分别为64 μg/m³、56 μg/m³、51 μg/m³、46 μg/m³，均与各年的年均值十分接近，2014 年滑动均值与年均值一致，2015、2016 年高于年均值1 μg/m³（分别高 1.82%、2.00%），2017 年低于年均值1 μg/m³（-2.13%）。几个重点城市 $PM_{2.5}$浓度三年滑动均值改善幅度与年均值改善幅度也基本一致。

由于大部分城市近几年来，平均浓度每年均出现连续下降，所以三年滑动均值也在连续下降，且三年滑动均值相对于年均值下降幅度更均匀平滑。

2015 年 5 个城市 $PM_{2.5}$年均值有所反弹，2016 年 7 个城市，2017 年 15 个城市，其中拉萨、乌鲁木齐 2 个城市 2015、2016 年连续 2 年上升，西安市 2016、2017 年连续 2 年上升。而经过统计三年滑动均值后，2015、2016、2017 年三年出现反弹情况的每年仅有 1 个城市，分别为银川、乌鲁木齐、西安。此变化趋势与目前全国范围内掀起的“蓝天保卫战”更为契合，更能科学客观地反映各地环境空气质量状况。

（五）年均值与滑动均值差异分析

由前述分析可知，大部分城市在使用本方法计算与年均值的差异较小，在变化趋势上出现明显差异的主要有西安、太原、石家庄、拉萨、乌鲁木齐。其中拉萨、乌鲁木齐、西安 $PM_{2.5}$年均值出现连续 2 年上升，而滑动均值仅出现 1 年上升，太原、石家庄 $PM_{2.5}$年均值出现 1 次反弹，而滑动均值连续下降且数据相差较大。

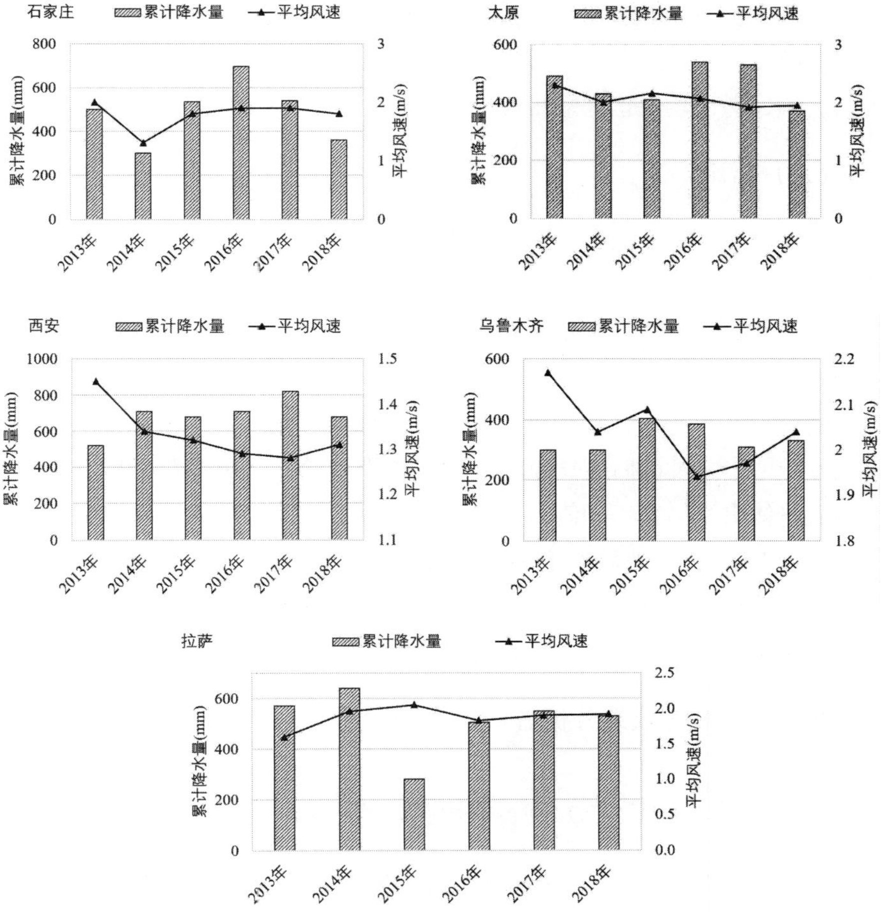

图 6　年均值与滑动均值差异大的城市降水及风速情况

通过分析上述城市的降水及风速等主要气象参数情况，可以发现西安、太原、石家庄、乌鲁木齐这 4 个城市均是整体上降水量较少，而蒸发量较大的城市，且石家庄年降水量波动很大；此 4 个城市均在近年降水量相对较大的年份，$PM_{2.5}$污染物年均值出现反弹。分析原因认为该地区日降水较小，降水不能有效清除空气中的颗粒物，相反，水蒸气会提供大气中气溶胶反应所需的凝结核，加速 $PM_{2.5}$ 等颗粒物的生成，导致 $PM_{2.5}$污染加剧，充分说明年均值评价极易受到气象变化因素影响，滑动均值正好能相对平滑地避免此类影响。

拉萨 $PM_{2.5}$年均浓度已连续多年低于30 μg/m³，2015、2016 年降水量较少，$PM_{2.5}$年均浓度就出现反弹，充分说明年均值评价极易受到气象变化因素影响，滑动均值正好能相对平滑地避免此类影响。

（六）结论

通过对滑动均值的实证比较研究，可以发现大部分城市近几年来，随年均浓度的下降，滑动均值也在逐年下降，且三年滑动均值相对于年均值下降幅度更均匀平滑，滑动均值年际变化出现锯齿反弹的城市大大减少，污染物平滑下降。

两种不同的滑动方式在目前空气质量改善明显的情况下，采用第二种方法，即取当年及前后各一年的年均值作为滑动均值更具科学性，一是滑动均值整体更为接近年均值，但却有效避免了气象等因素对环境空气质量的干扰，$PM_{2.5}$在各地政府有效工作下平滑下降；二是经过多年下降后，2017 年较 2014 年 $PM_{2.5}$改善幅度与年均值改善幅度更为一致。而第一种方法在时间上无疑更能满足考核的及时性要求。

四、*EMI* 减排效果分析法

（一）主要气象因子与 $PM_{2.5}$的关系及其年度变化

影响城市大气污染物 $PM_{2.5}$浓度的主要因子一方面取决于污染源的多少、性质和排放强度，另一方面取决于当地的气象条件。大量研究结果表明，大气污染物的扩散与气象条件密切相关。在不同气象条件下，同一个污染源造成的地面污染浓度可相差几十倍到几百倍。在污染源相对稳定的条件下，气象条件是影响城市空气污染的主导因素。气象条件对大气污染物所产生的影响主要表现为大气对污染物的稀释扩散能力、对大气污染物的物理化学转化过程以及大气状况对污染源本身的影响。主要的气象条件因素有：

1. 风速：对气态污染物和颗粒污染物来说，风代表平流输送的能力，较小的风速不利于水汽和污染物的扩散，是污染持续的有利条件。当地面出现静风时，低层表现为静稳，大气污染物因积累而浓度升高，容易造成重污染天气。风速越大，越有利于颗粒物的消散。以北京为例，通过北京市 2012 年在风速小于3 m/s时，随风速增大，均呈现出近乎直线的显著下降趋势，对于 $PM_{2.5}$，风速每增大1 m/s。其下降率约为 25%。

2013—2018 年全国平均地面风速 2 m/s，其中 2013—2015 年低于平均值，而 2016—2018 年高于平均值以上。2018 年达到最大地面风速，为 2.1 m/s，较近 6 年平均值偏高 5.0%。在全国重点区域中，六年平均地面风速分布不均，长三角最高达到2.1 m/s，其次为京津冀地区，而最低值出现在成渝地区，为1.4 m/s。可以看出北方平原（京津冀和汾渭平原）及沿海地区（长三角和珠三角）地面风速较高，而华中和西南地区由于山地、盆地较多，地面风速相对偏低。从年际变化趋势看除去 2013 年，大部分重点区域都呈整体上升的趋势。与 2013 年相比，2018 年京津冀、长三角略偏低，而两湖、成渝、珠三角和汾渭平原略偏高，其中汾渭平原偏高程度最大，为 16.4% 左右。

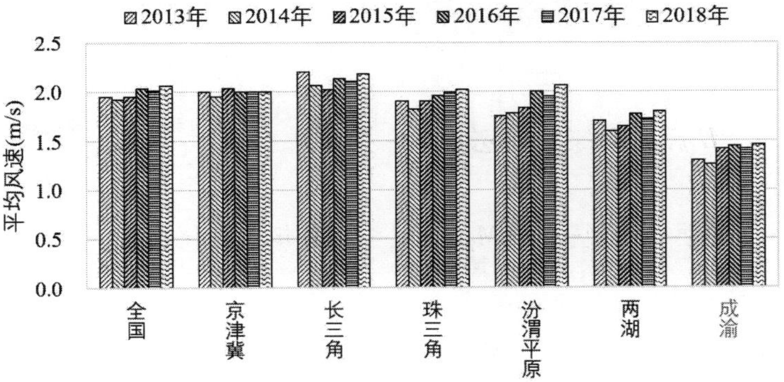

图 7　重点区域 2013—2018 年平均风速

2. 相对湿度：较高的相对湿度有利于气溶胶的吸湿增长，气溶胶的吸湿增长是指气溶胶在周围环境相对湿度增加时的吸水能力，颗粒物的吸湿增长特性可以使得颗粒物在大气中的尺寸增大浓度增高。同时高湿条件下有利于气态污染物的二次转化，如在污染背景条件下，较高相对湿度使得 $PM_{2.5}$的质量浓度迅速升高。

2013—2018 年全国平均相对湿度为 67%，其中 2013、2014 和 2017 年

在平均值以下，2015、2016 和 2018 年达到平均值以上。2016 年最大为 68. 3% ，较近 6 年平均偏高 2% 。2013 年为最低 65. 6% ，较 6 年平均偏低 2% 。在全国重点区域中，6 年平均相对湿度分布不均，珠三角最高达到 78% ，其次为成渝 76. 4% ，京津冀和汾渭平原相对湿度相对较低，分别为 58. 6% 和 76. 2% 。可以看出华中、西南地区及沿海地区（长三角和珠三角）相对湿度较高，而北方地区由于纬度较高相对湿度相对偏低。从年际变化趋势看，全国平均基本上呈现整体上升的趋势，但是北方地区（京津冀、汾渭平原）上升趋势不明显。长三角、珠三角、两湖和成渝 2018 年较近 6 年平均，分别上升 2. 3% 、0. 5% 、1. 4% 和 1. 7% 。与 2013 年相比，只有京津冀地区减少了 7% ，其他地区均升高，长三角的升高趋势最明显，达到 9% 。

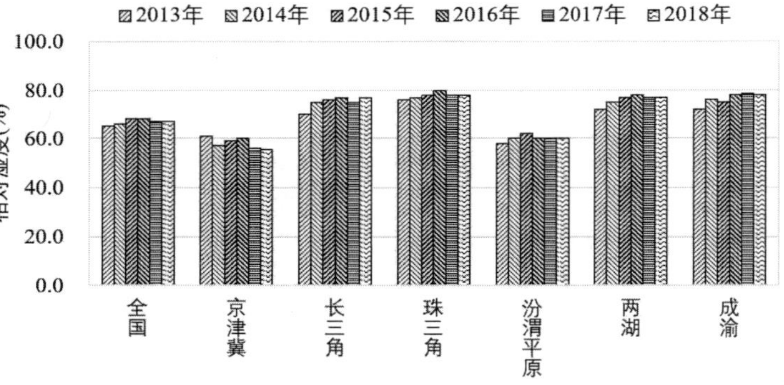

图 8　重点区域 2013—2018 年平均相对湿度

3. 降水：研究表明，降水可能会对颗粒物起到两种截然不同的作用，一方面，降水少，蒸发量大的地区，降水或降水后水汽蒸发升腾会提供大气中气溶胶反应所需的凝结核，加速 $PM_{2.5}$ 等颗粒物的生成；另一方面，降水也是去除空气中颗粒物的主要途径之一，较强的降水可以明显降低颗粒物质量浓度。

2013—2018 年全国平均降水为 944 mm，其中 2015、2016 年达到平均值以上。2016 年最大为 1038 mm，较近 6 年平均偏高 10% ，2014 年为最少 899 mm，较 6 年平均偏低 4. 8% 。在全国重点区域中，6 年平均降水量分布不均，珠三角最高达到 1798 mm，其次为长三角和两湖分别为 1385 mm

和 1352 mm，京津冀地区为最少 510 mm。可以看出北方平原（京津冀和汾渭平原）降水偏少，而沿海地区（长三角和珠三角）、华中和西南地区降水偏多。从年际变化趋势看，京津冀、长三角、珠三角和两湖降水量都呈先上升后下降的趋势，均在 2016 年达到最大，汾渭平原和成渝是先下降后增加的趋势，在 2015—2016 年达到最小。与 2013 年相比，2018 年京津冀和珠三角分别偏低 11% 和 9%，其他地区为偏高，其中长三角和成渝偏高程度最大，分别为 22% 和 12%，汾渭平原和成渝地区基本持平。

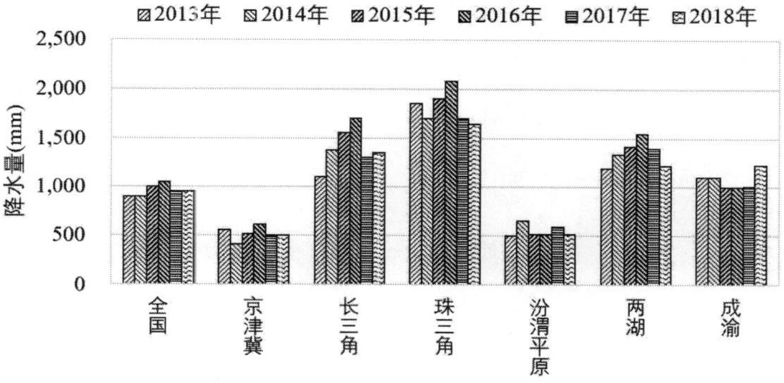

图 9　重点区域 2013—2018 年平均降水

4. 混合层高度：大气混合层高度是影响大气扩散的主要因子之一，其对大气质量评估和污染物的存储量及分布起着重要作用。混合层高度表征污染物在垂直方向被热力对流与动力湍流输送所能达到的高度，是影响污染物扩散的重要参数。混合层高度越高，越有利于污染物的扩散。

2013—2018 年全国平均混合层高度为865 m，其中 2013、2017 和 2018 年达到平均值以上。2018 年最高为887 m，较近 6 年平均升高 3.0%。2017 年和 2013 年略高于较近 6 年平均。在全国重点区域中，六年平均混合层高度分布不均，珠三角最高达到911 m，其次为汾渭平原混合层高度为最低为878 m，成渝地区和两湖地区相对较低高度分别为645 m和757 m。可以看出北方平原（京津冀和汾渭平原）及沿海地区（长三角和珠三角）混合层高度较高，而华中和西南地区由于山地和盆地较多，混合层高度相对偏低。从年际变化趋势看，除去 2013 年，京津冀、珠三角、汾渭平原和两湖混合层高度都呈整体上升的趋势，京津冀、珠三角、汾渭平原和两湖 2018

年较近六年平均，分别上升2.3%、4.8%、2.8%和2.5%。只有长三角和成渝2018年混合层高度于近6年平均基本持平。与2013年相比，2018年长三角、两湖和成渝偏低，其中长三角偏低明显达到7.4%。京津冀和汾渭平原偏高4.7%左右，珠三角基本持平。

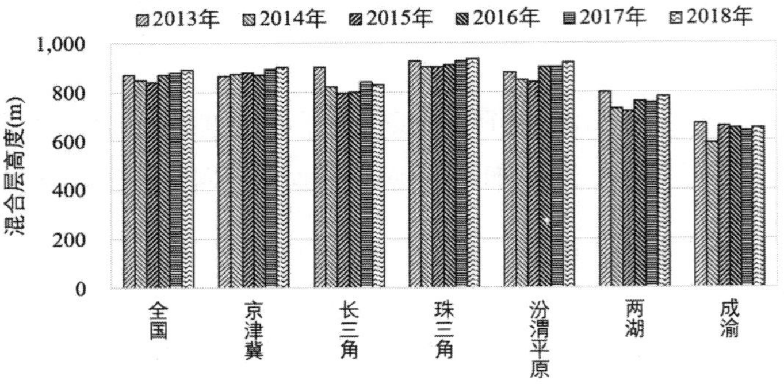

图10　重点区域2013—2018年平均混合层高度

以上气象因素相对于全国具有普适性，其包括了湿沉降，也包括了空气扩散条件和混合层高度。同时亦考虑了影响污染物的吸湿增长和二次转化的气象要素——相对湿度。从年际变化分析结果可以看出，这些气象因子都具有一定的波动性。但其只考虑了单一气象因子对$PM_{2.5}$浓度的影响，无法知道各个因子在各地影响$PM_{2.5}$浓度的定量的大小。且某些气象条件如冷空气活动对各个地区有显著的差异。例如京津冀等上游方向冷空气活动明显有利于$PM_{2.5}$污染物的扩散。但是两湖、长三角和珠三角等地区部分冷空气活动还会造成上游污染物的南下对本地输送的影响，加重本地$PM_{2.5}$污染。因此无法定量得到所有气象条件对$PM_{2.5}$浓度的综合影响。为解决该问题，我们通过引入*EMI*指数来模拟气象条件的变化，从而在环境空气质量评价中去除气象条件变化的影响。并将其与三年滑动评价方法进行对比，从而印证三年滑动评价方法的科学性。

（二）环境气象评估指数（*EMI*）定义和计算方法

环境气象评估指数（*EMI*）是通过数值方法计算出来的，可以用来定量分析气象条件对污染物浓度变化的影响程度的指数以及减排调控的实际效果的无量纲数值。它是气象条件变化所导致的细颗粒物（$PM_{2.5}$）浓度变化的指标。

EMI 的计算方法如下：

利用示踪方法时需首先定义 *EMI* 为地面1500 m高度气柱内示踪物平均浓度与参考浓度的比值，无量纲。

$$EMI = C/C_0$$

式中 C 为气柱（地面至1500m 高空）内示踪物平均浓度；C_0是根据环境空气质量指数技术规定（HJ 633 －2012）中 $PM_{2.5}$浓度优等级的上限值（35 g/m^3）。

然后有示踪气溶胶的连续性方程为：

$$\frac{\partial C}{\partial t} + u\frac{\partial C}{\partial x} + v\frac{\partial C}{\partial y} + w\frac{\partial C}{\partial z} = \frac{\partial}{\partial x}\left(K_x\frac{\partial C}{\partial x}\right) + \frac{\partial}{\partial y}\left(K_y\frac{\partial C}{\partial x}\right) + \frac{\partial}{\partial y}\left(K_y\frac{\partial C}{\partial x}\right) + S + R - Dep$$

其中 S 为示踪物源的排放率，R 表示化学反应的二次生成率，Dep 为沉降率，S，R，Dep 单位均为 $mg \times m^{-3} \times s^{-1}$。当把 $PM_{2.5}$、SO_2、NO_X当作一个整体作为示踪物后，R 的作用可以认为是示踪物内部的相互转化，对外效果可近似为0。

利用以上方程可以得到 t 时刻示踪气溶胶浓度为：

$$EMI_t = EMI_{t_0} + \int_{t_0}^{t}(iEmid + iTran + iDiff) \cdot dt$$

其中 $iEmid$，$iTran$，$iDiff$ 分别表示地表交换层的排放沉降作用、水平和垂直方向的大气输送作用、大气湍流作用对示踪物浓度变化的贡献率，三个分指数单位为 s^{-1}。

排放沉降指数：

$$iEmid = \frac{1}{C_0}\int_0^h (S - Dep)\,dh$$

传输指数：

$$iTrans = \frac{1}{C_0}\int_0^h -\left(u\frac{\partial C}{\partial x} + v\frac{\partial C}{\partial y} + w\frac{\partial C}{\partial x}\right)dh$$

扩散指数：

$$iDiff = \frac{1}{C_0}\int_0^h \left\{\frac{\partial}{\partial x}\left(K_x \frac{\partial C}{\partial x}\right) + \frac{\partial}{\partial x}\left(K_y \frac{\partial C}{\partial y}\right) + \frac{\partial}{\partial x}\left(K_z \frac{\partial C}{\partial x}\right)\right\}dh$$

这里 h 气柱高度，$h = 1500$ m，u，v，w 为风速在 x，y，z 方向上的分量，K_x，K_y，K_z 为扩散系数。

EMI 及其分指数，表征了气象条件变化对示踪物浓度变化的定量贡献和相应动力机制。结合实际大气中污染物浓度的变化情况，则可进一步分析减排调控措施的定量效果。

本文中是用中国气象局数值计算系统 CUACE－EMI 通过模拟计算得出 *EMI* 值，从而分析方法得到的 2013—2018 年定量的气象条件变化率。其排放源使用中国气象局雾－霾数值预报业务系统的排放源（2015 年），背景气象场选用 T639 分析场，并用地面、探空站资料同化。

（三）研究对象和因子

为了与三年滑动分析法做对比。本次研究同样选取自 2013 年全国第一批开始实现六参数监测的 74 个重点城市作为研究对象，通过 EMI 评估方法针对全国、重点区域和重点城市进行分析，去除气象因子影响后，$PM_{2.5}$ 的年际变化情况，及其与三年滑动均值之间的对比。

（四）研究结果

1. *EMI* 指数分析

通过 *EMI* 值的分析可以得气象条件变化率即：

$$RATW_W = (EMI - EMI_0)/EMI_0 \times 100\%$$

其中 EMI_0 即为对比标准值

实际 $PM_{2.5}$ 浓度的变化率：

$$RATE_O = (O - O_0)/O_0 \times 100\%$$

其中 O 为 $PM_{2.5}$ 浓度值，O_0 为对比初始值。

则排放变化率为：

$$RATE_S = (S - S_0)/S_0$$

其中 S 为 $PM_{2.5}$ 浓度值，S_0 为对比初始值。

则可以得出：$RATE_S = \left(\frac{O/O_0}{EMI/EMI_0} - 1\right) \times 100\%$

现在以全国74个城市为对象，2013年的年值为初始标准，开展气象条件变化率和排放变化率研究。

2. 整体情况

2013—2018年全国74个城市年*EMI*指数分别为2.27、2.36、2.33、2.27、2.28和2.27，整体来看在全国74个城市气象条件在2014年最有利于PM_2的增长，2015年次之。2013、2016、2017和2018年，气象条件的变化差别不大。从趋势分析来看，全国平均气象条件6年来有一些小波动但整体趋势变化不大，高低值变化幅度只有3.85%。

从排放率变化趋势来看，2014—2018年较2013年全国74个城市年平均排放变化率呈阶梯状一致减少的趋势，可以看出在国家政府大力减排的推动下，整体效果显著。从排放率较前一年的对比来看，2014和2015年的排放率变化最大，减少幅度达到10%以上。通过分别对74个城市的排放变化率评估分析可以看出，40个城市在个别年份出现过排放较上年增长的情况，其中太原、盐城、肇庆、成都、贵阳、昆明、拉萨、乌鲁木齐和西安出现2年以上的排放反弹。其中太原、盐城、肇庆、昆明、拉萨和西安出现连续2年排放增长，乌鲁木齐出现连续3年排放增长。

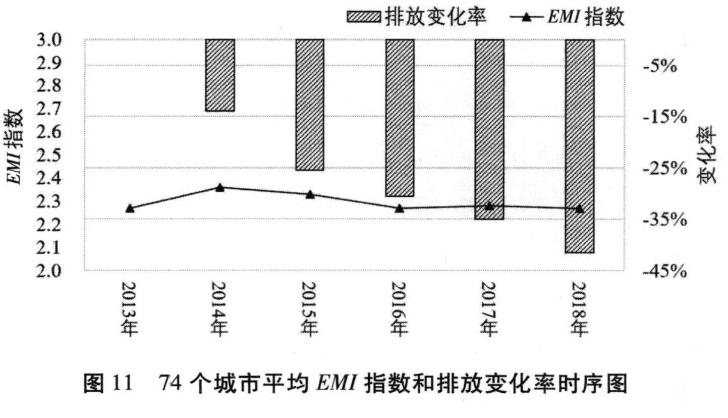

图11　74个城市平均*EMI*指数和排放变化率时序图

3. 重点区域分析

由图 12 可以看出，重点区域尺度的城市 *EMI* 变化即气象条件的变化趋势（下同）较全国平均相对波动幅度有所增大。其中京津冀地区气象条件变化率波动幅度相对较小，与 2013 年相比，2014 年和 2015 年气候条件变化率即 *EMI* 值分别上涨为 0.67% 和 1.36%，有利于 $PM_{2.5}$浓度的增长。近 3 年来 *EMI* 值分别为 −1.52%、−2.54% 和 −2.27%，整体呈有利于 $PM_{2.5}$下降趋势的气象条件背景。而从减排变化率来看，近 6 年来呈一致下降的趋势，没有出现波动反复，2018 年较 2015 年下降 20.03%。

长三角气象条件变化波动幅度较全国水平略为有所下降，与 2013 年相比近 5 年的气候条件变化率分别为 0.00%、3.35%、3.43%、0.06%、0.13% 和 0.99%。可以看出 2014 和 2015 年出现一个气象条件变差的阶段，2016 年明显好转，但 2017 和 2018 年又逐渐转差。而从减排变化率来看，近 6 年来也呈一致下降的趋势，没有出现波动反复，2018 年较 2015 年下降 15.66%。

珠三角气象条件变化波动幅度较大，达到 9.59%。与 2013 年相比近 5 年的气候条件变化率分别为 3.28%、−3.95%、−2.96%、5.26% 和 2.31%。而从减排变化率来看，近 6 年来也呈一致下降的趋势，没有出现波动反复，2018 年较 2015 年下降 9.54%。

汾渭平原与 2013 年相比近 5 年的气候条件变化率分别 6.56%、5.74%、3.95%、1.71% 和 −4.71%，污染气象条件从 2014—2017 年明显差于 2013 年，但一直往转好趋势发展。而从减排变化率来看，近 6 年来波动幅度较大，2014 和 2015 年排放率明显降低，2016 和 2017 年有所反复，2018 年排放率又有所降低。2018 年较 2015 年增长 8.73%。

两湖地区与 2013 年相比近 5 年的气候条件变化率分别 8.67%、5.66%、1.55%、2.82% 和 4.35%，最差污染气象条件出现在 2014 年，2015—2016 年有所下降，但近 2 年来又有转差的趋势。而从减排变化率来看，整体排放呈一直下降趋势，2018 年较 2015 年减少 17.53%。

成渝地区气象条件波动幅度最大，达到 13.65%。与 2013 年相比近 5 年的气候条件变化率分别 6.54%、7.35%、3.55%、3.88% 和 −5.54%，

2013—2014 年，污染气象条件呈转差的趋势，2015—2018 整体转好，其中 2018 年有利于减弱污染的气象条件明显增加。而从减排变化率来看，污染排放 2016 年略微有所反复外，整体呈下降趋势，2018 年较 2015 年减少 9.86%。

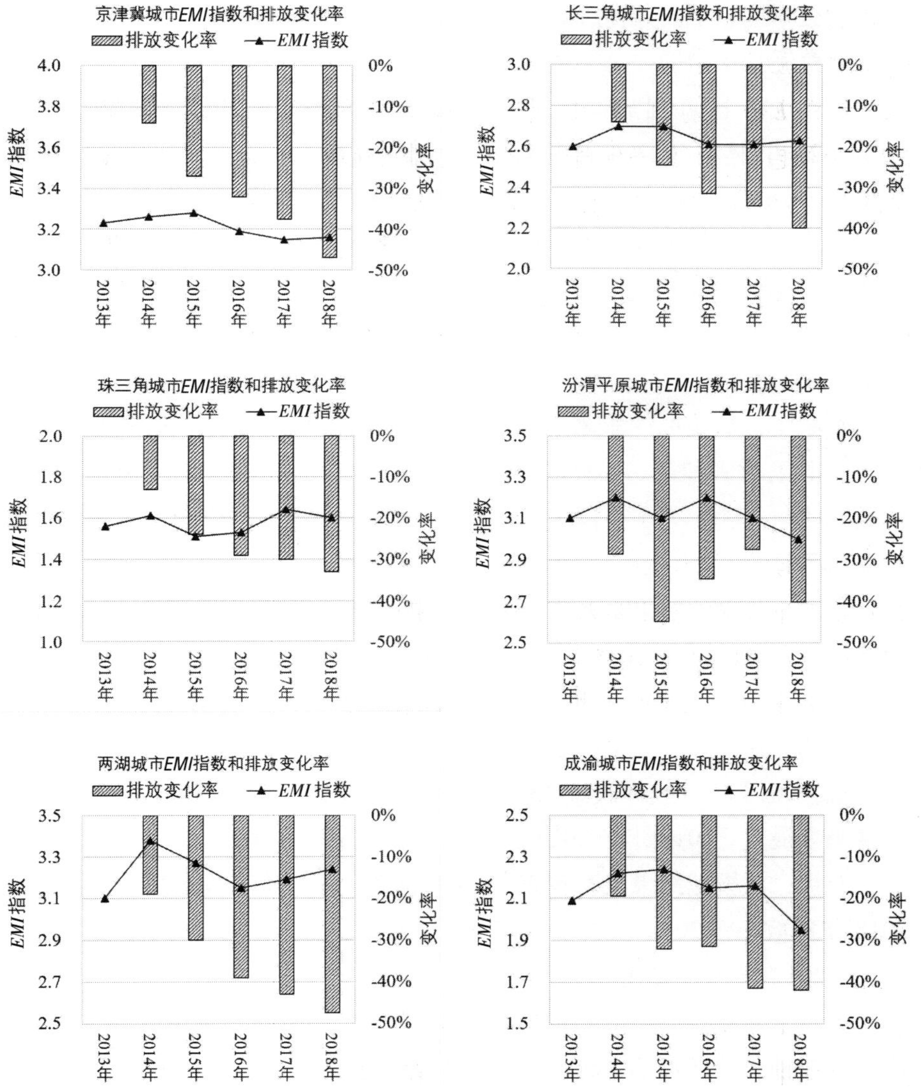

图 12　重点区域 *EMI* 变化和排放率情况

4. 重点城市分析

继续选取北京、天津等 14 个城市进行分析，各城市气象条件变化率和排放变化率见图 13。从气象条件变化率来看，各个城市都有波动，且较区域波动更明显。下面具体针对各个城市排放变化率作分析。

北京近几年措施强力，从模拟结果来看较 2013 年排放率下降幅度非常明显，且没有出现反弹情况，改善幅度较大，2018 年排放率较 2013 年减少 44.72%，其中 2017 年较上年排放下降幅度最大。2018 年排放率较 2015 年减少 28.63%。

天津，从模拟结果来看较 2013 年排放率下降幅度也非常明显，但 2016 年有反弹情况，整体改善幅度较大，2018 年排放率较 2013 年减少 44.03%，其中 2014 年排放较上年下降幅度最大。2018 年较 2015 年减少 14.23%。

石家庄，从模拟结果来看较 2013 年排放率下降幅度也非常明显，但 2016 年也有反弹情况，整体改善幅度显著，2018 年排放率较 2013 年减少 -51.91%，其中 2015 年较上年排放下降幅度最大。2018 年较 2015 年减少 10.27%。

上海，从模拟结果来看较 2013 年排放率下降幅度也非常明显，没有反弹情况，整体改善幅较大，2018 年排放率较 2013 年减少 39.34%，其中 2017 年较上年排放下降幅度最大。2018 年较 2015 年减少 23.95%。

广州，从模拟结果来看较 2013 年排放率明显下降，但 2018 年出现反弹情况，2018 年排放率较 2013 年减少 32.28%，其中 2014 年排放较上年下降幅度最大。2018 年较 2015 年减少 9.33%。

深圳，从模拟结果来看较 2013 年排放率明显下降，未出现反弹情况，2018 年排放率较 2013 年减少 36.75%，其中 2014 年排放较上年下降幅度最大。2018 年较 2015 年减少 14.20%。

太原，从模拟结果来看较 2013 年排放率明显下降，2016 年和 2017 年出现反弹情况，2018 年排放率较 2013 年减少 29.14%，其中 2014 年排放较上年下降幅度最大。2018 年较 2015 年增加 0.38%，近几年来有反弹风险，排放率没有明显下降。

西安，从模拟结果来看较 2013 年排放率明显下降，2016 年和 2017 年出现反弹情况，2018 年排放率较 2013 年减少 39. 03%，其中 2014 年排放较上年下降幅度最大。2018 年较 2015 年减少 8. 73%。

济南，从模拟结果来看较 2013 年排放率显著下降，2016 年和 2017 年出现反弹情况，2018 年排放率较 2013 年减少 48. 97%，其中 2014 年排放较上年下降幅度最大。2018 年较 2015 年减少 28. 90%。

南京，从模拟结果来看较 2013 年排放率显著下降，2016 年和 2017 年出现反弹情况，2018 年排放率较 2013 年减少 45. 52%，其中 2015 年排放较上年下降幅度最大。2018 年较 2015 年减少 14. 74%。

杭州，从模拟结果来看较 2013 年排放率显著下降，未出现反弹情况，2018 年排放率较 2013 年减少 46. 49%，其中 2014 年排放较上年下降幅度最大。2018 年较 2015 年减少 20. 67%。

成都，从模拟结果来看较 2013 年排放率显著下降，2016 年和 2018 年出现反弹情况，2018 年排放率较 2013 年减少 42. 66%，其中 2014 年排放较上年下降幅度最大。2018 年较 2015 年减少 5. 12%。

武汉，从模拟结果来看较 2013 年排放率显著下降，未出现反弹情况，2018 年排放率较 2013 年减少 49. 03%，其中 2014 年排放较上年下降幅度最大。2018 年较 2015 年减少 21. 43%。

长沙，从模拟结果来看较 2013 年排放率显著下降，未出现反弹情况，2018 年排放率较 2013 年减少 45. 92%，其中 2014 年排放较上年下降幅度最大。2018 年较 2015 年减少 13. 25%。

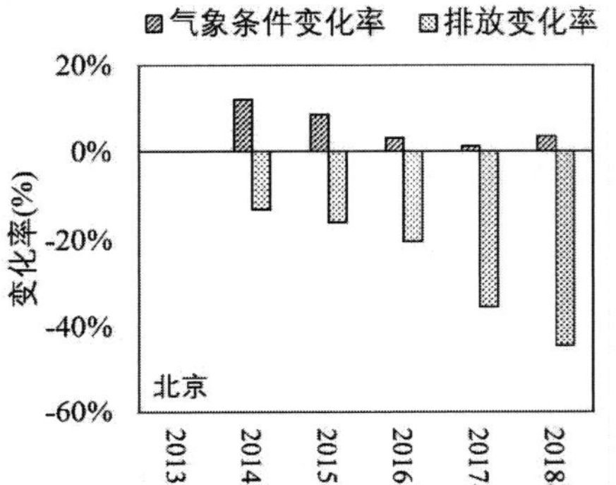

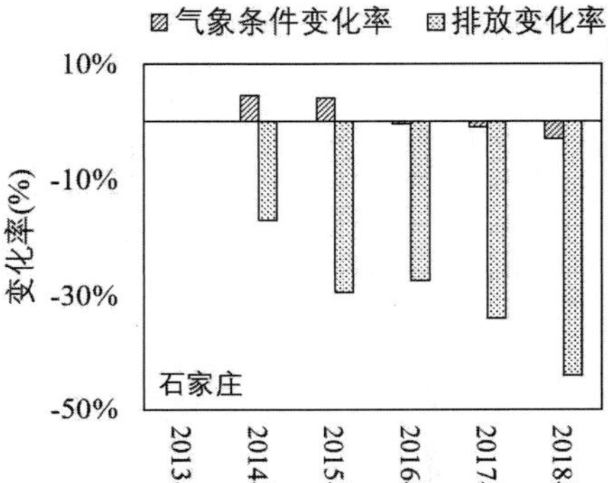

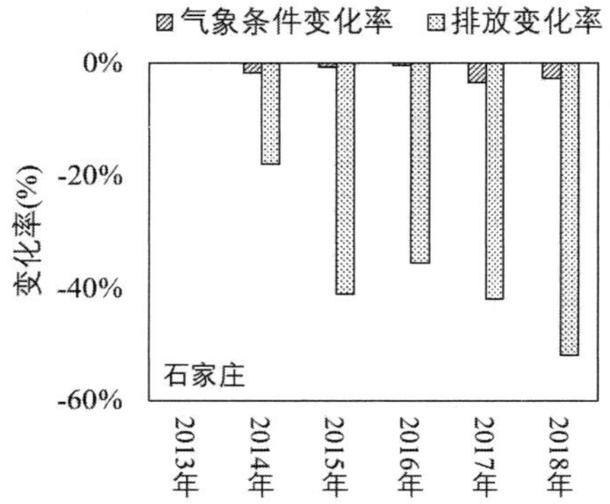
气象条件变化率 排放变化率
0%
-20%
-40%
-60%
变化率(%)
石家庄
2013年
2014年
2015年
2016年
2017年
2018年

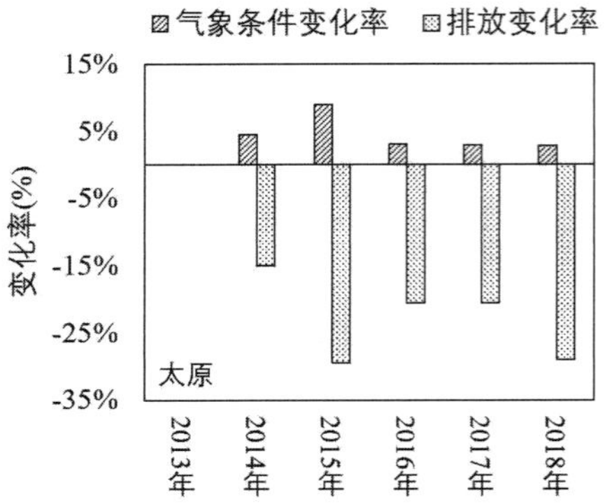
气象条件变化率 排放变化率
15%
5%
-5%
-15%
-25%
-35%
变化率(%)
太原
2013年
2014年
2015年
2016年
2017年
2018年

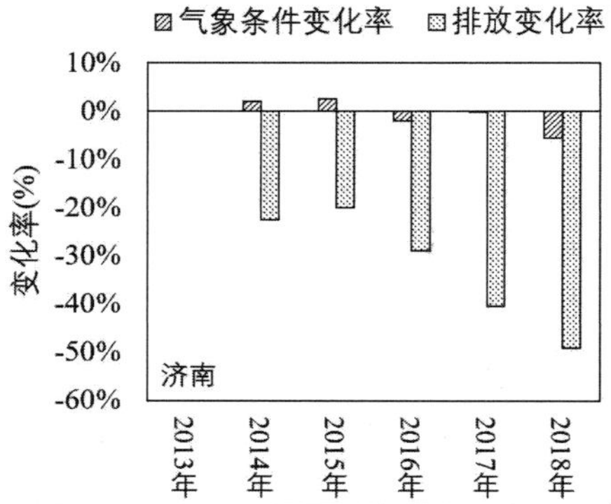
气象条件变化率 排放变化率
10%
0%
-10%
-20%
-30%
-40%
-50%
-60%
变化率(%)
济南
2013年
2014年
2015年
2016年
2017年
2018年

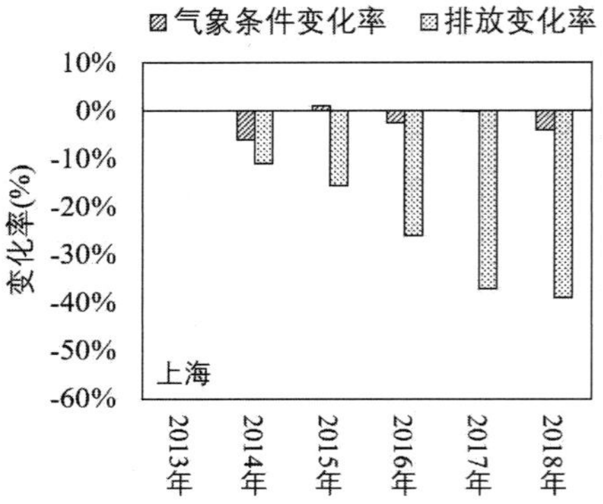
气象条件变化率 排放变化率
10%
0%
-10%
-20%
-30%
-40%
-50%
-60%
变化率(%)
上海
2013年
2014年
2015年
2016年
2017年
2018年

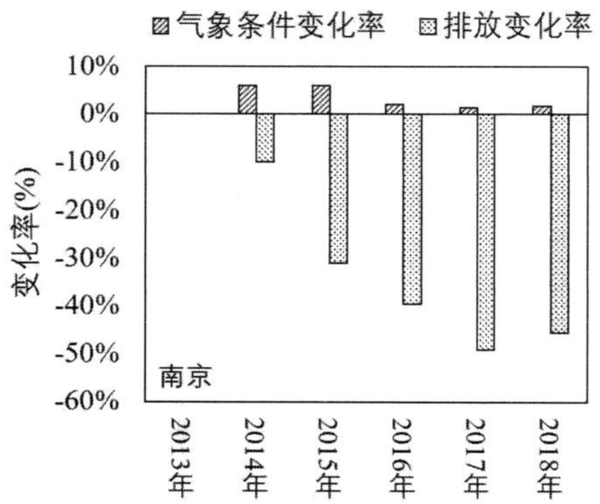
气象条件变化率 排放变化率
10%
0%
-10%
-20%
-30%
-40%
-50%
-60%
变化率(%)
南京
2013年
2014年
2015年
2016年
2017年
2018年

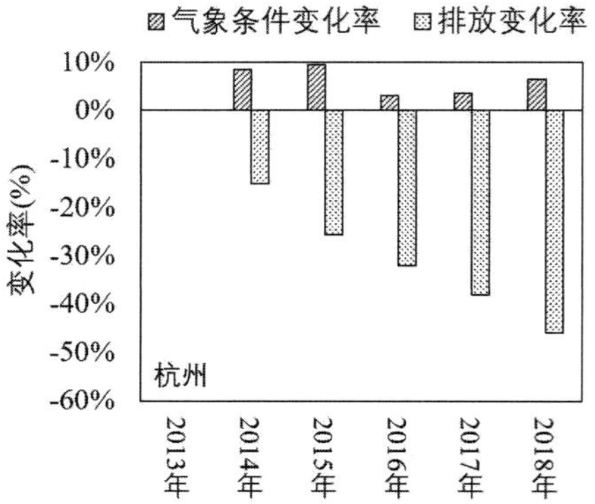
气象条件变化率 排放变化率
10%
0%
-10%
-20%
-30%
-40%
-50%
-60%
变化率(%)
杭州
2013年
2014年
2015年
2016年
2017年
2018年

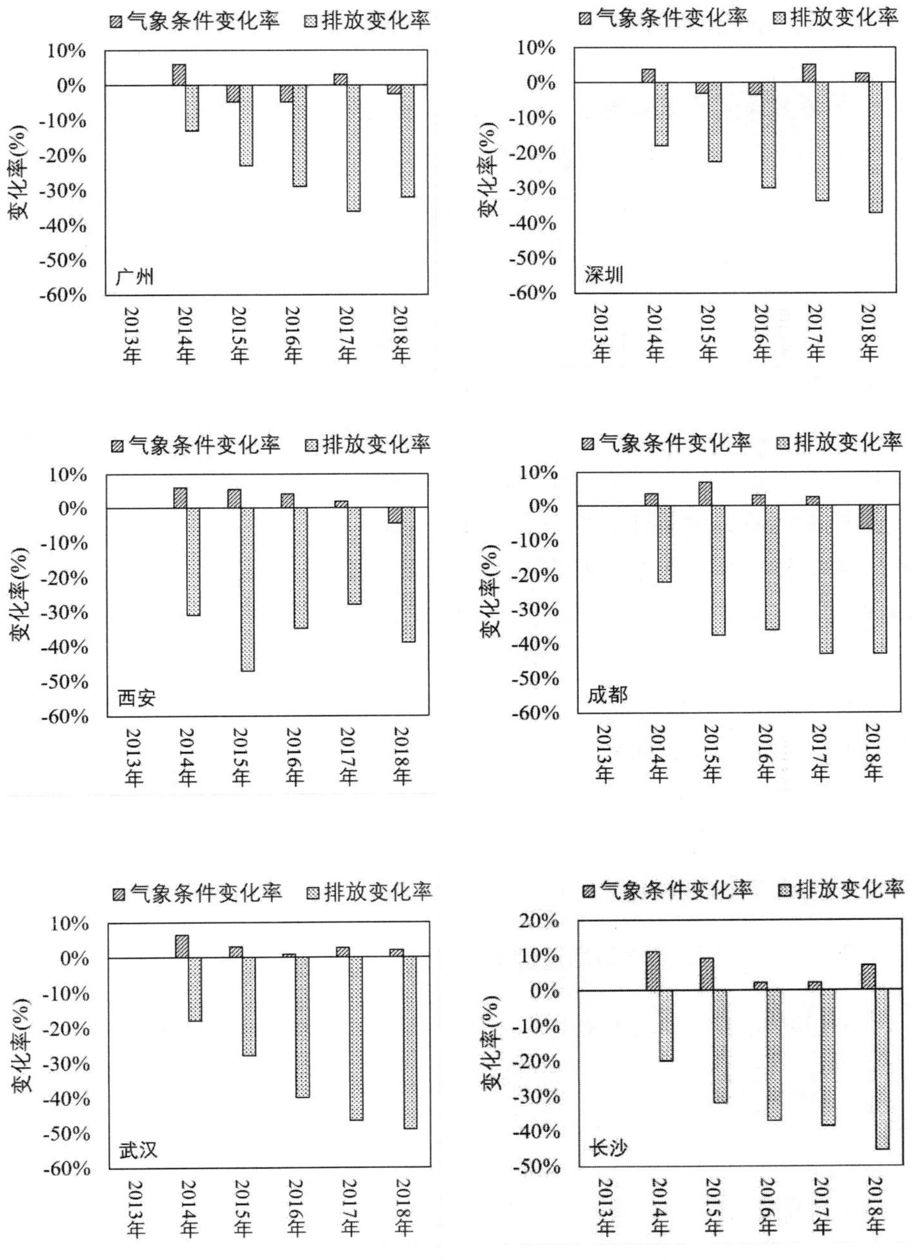

图 13　重点城市气象条件变化率和排放变化率

（五）小结

气象条件的变化对 $PM_{2.5}$ 浓度有一定的影响，通过 *EMI* 值的计算近 6 年来全国 74 个城市平均气象条件影响的波动幅度为 3.85%，区域波动幅度最大地区成渝地区达到 13.65%，城市波动相对于区域波动影响更大。波动的影响，不利于直接利用污染物浓度的变化来有效评价大气污染防治的效果。

通过对 14 个重点城市的排放率分析可以看出，近 6 年来所有城市总体都有明显下降，与 2013 年相比，2018 年北京、天津、石家庄、济南、南京、杭州、成都、武汉和济南将的排放下降幅度最大，达到 40% 以上，石家庄达到了 50%，只有太原排放的下降幅度小于 30%。2018 年与 2015 年的排放率评估数据相比，北京、上海和武汉下降幅度达到 20% 以上，广州、西安和成都下降幅度在 10% 以内，太原排放率跟 2015 年基本一致，其他城市在 10%—20% 之间。但 2015 年以来大部分城市排放下降幅度有所减缓，其中一些城市个别年份甚至出现反弹的情况。

通过对 74 个城市 2013 到 2018 年的排放变化率模拟评估分析可以得出，40 个城市在个别年份出现过排放较上年增长的情况，其中太原、盐城、肇庆、成都、贵阳、昆明、拉萨、乌鲁木齐和西安出现 2 年以上的排放反弹。其中，太原、盐城、肇庆、昆明、拉萨和西安出现连续 2 年排放增长，乌鲁木齐出现连续 3 年排放增长。

五、*EMI* 指数与滑动均值比较分析

通过对全国重点地区及重点城市滑动均值及 *EMI* 指数分析，上述两种方法均能一定程度弱化气象条件年际间的波动影响，更能客观科学反映各级人民政府的工作成效，突出体现人为努力对空气质量改善的贡献，更好地反映空气质量变化趋势。

对比两种不同的计算方式，滑动均值计算方式有以下特点：

（1）国际通行做法，适用性广。该方法是国家发达国家，包括美国、欧盟、日本等主要发达的通行做法，具有成熟、可靠等优点。通过滑动均值计算，也能与主要发达国家进行对比，明确了解中国目前的环境质量

状况。

（2）计算简便。虽然滑动均值有两种不同计算方式，但是需要计算的数据相对于 *EMI* 指数法来说少得多，且计算简便。

（3）相对于 *EMI* 指数法来说，滑动均值难以直观表述气象条件对环境空气的影响程度。

EMI 指数法有以下特点：

（1）能直观表示气象条件对环境空气质量的影响。*EMI* 指数通过对各气象要求的整合计算，能直观量化地表述出气象条件对环境空气质量的影响程度。

（2）相对于滑动均值法，*EMI* 指数计算复杂，需要占有大量的气象数据，且通过复杂的计算方法进行计算。

六、结论

（1）气象条件与当地空气污染程度紧密相关，本研究经过对气象条件的定性定量分析，发现各主要地区的大气污染气象条件的年际变化具有一定的波动，且各重点区域变化趋势也有所不同。

（2）经过对 2013—2018 年全国主要地区及城市 $PM_{2.5}$浓度的统计分析，研究发现大部分城市 $PM_{2.5}$受气象等相关因素影响，年均浓度波动较大。

（3）通过参考国际主要发达国家的方法，对全国主要地区及城市 $PM_{2.5}$浓度三年滑动均值计算，本研究发现滑动均值比年均值下降曲线更为平滑，消除了锯齿状下降曲线情况。

（4）研究发现通过采用中国气象部门采用的 *EMI* 指数分析法，可以量化表示气象因素对环境空气质量的影响，但计算相对复杂。

（5）采用前两年及当年的年平均值作为当年的三年滑动均值更切合实际考核需求。采用这种计算方法评价，可确保在当年底就把三年滑动平均直接计算出来，而采用当年的年均值与前后一年的年均值平均，则考核结果需至少延后一年，难以达到年度考核的及时性要求。

（6）目前由于全国 $PM_{2.5}$浓度较高，通过各级政府的大力工作，污染下降很快，大部分地区及城市三年滑动平均远大于当年均值，但 $PM_{2.5}$浓度较低，下降稍微较慢的区域或城市，三年滑动均值与当年均值较为接近。随着全国大气环境治理的深入，主要大气污染物浓度每年的下降幅度呈缩小趋势，在短期内受气象影响甚至出现会波动、反复，但长期看总体呈改善趋势。因此，建议在 $PM_{2.5}$浓度达标后，引进三年滑动均值作为 $PM_{2.5}$长期变化的考核依据之一，空气质量评价考核方式更为公平合理。

七、建议

（1）虽然美国、欧盟等国已经将三年滑动平均作为空气质量评价的方法应用多年，北京也于 2019 年开始将 $PM_{2.5}$三年滑动均值列为考核指标，但要将其作为标准评价方法仍有许多技术问题需要进一步研究，如评价因子的选取（$PM_{2.5}$、PM_{10}、O_3 等）、评价浓度的选取（年均值还是日均值的百分位数）、评价点位的选取（城市均值还是最大点位浓度值）等，建议针对上述问题开展系统性研究，为后续将三年滑动均值作为考核指标提供工作基础。

（2）我国幅员辽阔，不同区域的空气质量和污染特征差异较大，目前仅有北京市开展了 $PM_{2.5}$三年滑动均值作为考核指标的探索，对于其他区域，在达标阶段、污染物类型、污染物浓度分布区间等存在较大差异，建议针对不同的区域选择典型城市开展评价试点，为后续推广应用提供工作经验。

（潘碧灵　周国治　龙翔宇　李蔚　潘海婷）

（2020 年 4 月）

坚持“共抓大保护、不搞大开发”切实保护好长江母亲河

“你从雪山走来，春潮是你的风采；你向东海奔去，惊涛是你的气概。你用甘甜的乳汁，哺育各族儿女……”，20世纪80年代，一曲《长江之歌》唱出了中华儿女对长江的热爱与依恋。

长江是中华民族的母亲河、生命河，是中华民族永续发展的重要支撑。党的十八大以来，在习近平生态文明思想指引下，国务院有关部委和沿江各省（区、市）认真贯彻落实习近平总书记关于长江经济带发展一系列重要指示批示精神，提高政治站位，狠抓工作落实，长江流域生态环境保护工作取得显著成效，干流水质已达Ⅱ类，但部分区域、领域生态环境问题仍然突出，形势仍然严峻。从长远计，为子孙谋，为保护好母亲河，实现中华民族永续发展，需要各级各有关部门保持生态文明建设的战略定力，深入贯彻落实《中华人民共和国长江保护法》等文件要求，坚持“共抓大保护、不搞大开发”，深入推进长江经济带发展战略，统筹水环境、水生态、水资源、水安全、水文化和岸线整治，有效实现流域、区域生态环境高水平保护和社会经济高质量发展的协调统一。

一、长江生态环境保护工作意义重大

生态兴文明兴，生态衰文明衰。长江拥有独特的生态系统，是我国重要的生态宝库，数千年来，长江以舒朗的胸襟，带给沿江百姓以山川之秀、灌溉之利、舟楫之便、鱼米之裕，哺育了一代代中华儿女，滋养着泱泱五千年中华文明。保护好长江生态环境既是维护区域生态环境安全的基本要求，也是推动流域社会经济高质量发展的重要内容，对实现“两个一

百年”奋斗目标和中华民族伟大复兴的中国梦，具有重大现实意义和深远历史意义。

（一）长江流域综合实力较强、发展潜力巨大，是中华民族永续发展的重要支撑

长江全长6300千米，横贯我国东中西部，是亚洲和中国的第一大河，世界第三大河，流域涉及19个省（区、市），面积180万平方千米，占中国国土面积的18.8%，供水、灌溉、发电、航运等水资源综合利用体系基本形成，已建水库、水电站总装机容量和通航里程均占全国的一半以上，既是我国重要生态安全屏障，也是我国经济中心所在、活力所在。其中，长江经济带覆盖上海、江苏、浙江、安徽、江西、湖北、湖南、重庆、四川、贵州、云南等11个省市，面积约205万平方千米，占全国的21%，人口和生产总值均超过全国的40%，生态地位重要、综合实力较强、发展潜力巨大，是具有全球影响力的内河经济带、东中西互动合作的协调发展带、沿海沿江沿边全面推进的对内对外开放带，也是生态文明建设的先行示范带，事关国家安全、高质量、可持续发展的全局，对构建沿海与中西部相互支撑、良性互动的新格局，促进产业有序转移衔接、优化升级新型城镇集聚发展，形成强大发展新动力具有重大意义。

（二）长江流域山水林田湖草浑然一体，是我国重要的生态宝库

长江流域呈多级阶梯性地形，流经青藏高原、横断山脉、云贵高原、四川盆地、江南丘陵、长江中下游平原，地跨热带、亚热带和暖温带，地貌类型复杂，生态系统类型多，川西河谷生态系统、南方亚热带常绿阔叶林森林生态系统、长江中下游湿地生态系统等均是具有全球重大意义的生物多样性优先保护区域。流域分布有众多的国家级生态环境敏感区，是我国重要的生态安全屏障。目前已建立国家公园3个，占全国的60%；国家级自然保护区93个，面积2399.3万公顷，分别占全国的30.7%、26.3%；国家级水产种质资源保护区253个，占全国的51.0%；国家级森林公园255个，占全国的28.9%；国家级地质公园54个，占全国的29.3%；同时拥有世界文化和自然遗产地15处、国家级风景名胜区75处。流域森林覆盖率达41.3%，河湖、水库、湿地面积约占全国的20%，物种资源丰富，淡水鱼类占全国总数的33%，珍稀濒危植物占全国总数的39.7%，不仅有中华鲟、江豚、扬子鳄和大熊猫、金丝猴等珍稀动物，还有银杉、水杉、珙桐等珍稀植物，是我国珍稀濒危野生动植物集中分布区域。

（三）长江流域资源蕴藏丰富，是中华民族战略水源地、重要能源基地、黄金水道、重要粮食生产区

长江流域多年平均水资源总量约9958亿立方米，约占全国水资源总量的35%，居全国各大江河之首，为黄河的20倍；单位国土面积水资源量为59.5万立方米/平方千米，约为全国平均值的2倍。流域青藏高原是中华民族的“水塔”，河流、湖泊总储水量为7000亿立方米，冰川体积达4.8万亿立方米。长江年供水量超过2000亿立方米，保障了沿江4亿人生活和生产用水需求，还通过南水北调惠泽华北、苏北、山东半岛等广大地区，截至2021年5月11日，东、中线一期工程累计调水431亿立方米。长江流域是我国水能资源最为富集的地区，水力资源理论蕴藏量达30.1万兆瓦，技术可开发装机容量28.1万兆瓦，分别占全国的40%和47%，流域各类水电站2.4万余座，是我国水电开发的主要基地。同时，流域内风能、太阳能、生物能、地热能等十分丰富，是我国新能源发展的重要地区。长江是联系东中西部的“黄金水道”，水系航运资源丰富，3600多条通航河道，里程超过7.1万千米，占全国内河航运总里程的56%。长江流域矿产资源丰富，储量占全国比重50%以上的约有30种，其中钒、钛、汞、磷等矿产储量占全国的80%以上。长江流域是我国重要的粮食生产基地，耕地面积为4.62亿亩，年粮食产量1.63亿吨左右，占全国的32.5%。

（四）长江流域具有重要的洪水调蓄、水土保持等功能，是生态安全屏障区

长江流域水系发达，湖泊众多，河川如网，在降解污染、蓄洪防旱、调节气候和维护生物多样性等方面发挥着不可替代的作用，其中，鄱阳湖、洞庭湖、太湖、洪泽湖、巢湖是我国五大主要淡水湖泊，在维护流域江湖关系和生态平衡等方面起着不可或缺的重要作用。长江中上游地区，既是全球生物多样性保护的重点地区，又是生态环境脆弱地区，水土保持工作意义重大。金沙江、岷江上游及“三江并流”、丹江口库区、嘉陵江上游、武陵山、新安江和湘资沅上游等地区是国家水土流失重点预防区，金沙江下游、嘉陵江及沱江中下游、三峡库区、湘资沅中游、乌江赤水河上中游等地区是国家水土流失重点治理区，贵州等西南喀斯特地区是世界三大石漠化地区之一。

（五）长江流域是中华民族的摇篮，是辐射南北的文化融合圈

纵观中华文明发展史，长江是中华民族的重要发源地之一。从巴山蜀水到江南水乡，长江流域人杰地灵，陶冶历代思想精英，涌现无数风流人物。长江文化源远流长，它从原始石器文化到现代工商文化一脉相承，记录了中华文化的发展道路，是中华文化的重要组成部分。长江文化异彩纷呈，长江流经的十几个省（区、市）形成了一条独具特色的文化聚集带，青藏地区的藏族文化、长江上游四川盆地的巴蜀文化、长江中游江汉平原的荆楚文化和长江三角洲平原的吴越文化等，交汇融合、互联互补。长江文化开放进取，长江流域自古以来就主动吸取优秀的外来文化，率先实现从封闭型农业社会向开放型现代工业社会的转变。

二、国家高度重视长江生态环境保护工作

新中国成立后，经过几代人不懈努力，我国在长江开发上取得了举世瞩目的巨大成就，长江经济带成为我国的“金腰带”，实现了毛主席《水调歌头·游泳》提出的“更立西江石壁，截断巫山云雨，高峡出平湖”的美好愿望。但由于长期掠夺式地开发利用，长江水环境、水资源、水生态等问题也日益突出，成为影响流域社会经济持续健康发展的主要矛盾。针对长江保护与发展面临的新形势、新任务，站在中华民族永续发展的全局高度，以对子孙后代负责的历史担当，党的十八大以来，习近平总书记和党中央国务院将长江生态环境保护摆在了更加突出的战略位置，明确要求走“生态优先、绿色发展”之路，使母亲河永葆生机活力，为长江生态环境保护提供了重要战略机遇。

（一）习近平总书记亲抓亲管长江生态环境保护工作

党的十八大以来，习近平总书记走遍了长江经济带沿江省市，亲自研究、亲自部署、亲自督导，先后作出系列重要指示批示，为保护长江生态环境提供了根本遵循和行动指南。2016 年 1 月 5 日，习近平总书记在重庆主持召开推动长江经济带发展座谈会，强调：“推动长江经济带发展必须从中华民族长远利益考虑，把修复长江生态环境摆在压倒性位置，共抓大保护、不搞大开发，努力把长江经济带建设成为生态更优美、交通更顺畅、经济更协调、市场更统一、机制更科学的黄金经济带，探索出一条生态优先、绿色发展新路子。”2018 年 4 月 26 日，习近平总书记在重庆主持召开深入推动长江经济带发展座谈会，指出：“新形势下推动长江经济带发展，关键是要正确把握整体推进和重点突破、生态环境保护和经济发展、总体谋划和久久为功、破除旧动能和培育新动能、自我发展和协同发展的关系，坚持新发展理念，坚持稳中求进工作总基调，坚持共抓大保护、不搞大开发，加强改革创新、战略统筹、规划引导，以长江经济带发展推动经济高质量发展。”2020 年 11 月 14 日，习近平总书记在南京主持召开全面推动长江经济带发展座谈会，要求：“坚定不移贯彻新发展理念，推动长江经济带高质量发展，谱写生态优先绿色发展新篇章，打造区域协调发展新样板，构筑高水平对外开放新高地，塑造创新驱动发展新优势，绘就山水人城和谐相融新画卷，使长江经济带成为我国生态优先绿色发展主战场、畅通国内国际双循环主动脉、引领经济高质量发展主力军。”

（二）长江经济带发展战略是国家重大区域发展战略

自古以来，长江流域一直是我国经济发展的核心主干区。改革开放以来，我国区域经济发展开始实施“T”形空间布局战略，即以沿海地区和长江干流地区为重点的地区倾斜发展战略；稍后发展为“π”形总体空间布局战略，即在“T”形布局框架的基础上，将陇海线沿线地区作为另一条重点开发轴线，形成“π”形空间开发结构。随着改革开放的不断深入，沿海“一线”从南到北经济快速发展，作为“一轴”的长江干流地区发展不平衡，引起了党中央、国务院的重视。2013 年 7 月，习近平总书记在湖北武汉调研时指出："要大力发展现代物流业，长江流域要加强合作，充分发挥内河航运作用，发展江海联运，把全流域打造成黄金水道"。这是习近平总书记在党的十八大以后首次公开强调长江流域发展问题，也是长江经济带发展战略的重要源头。2014 年 3 月 5 日，李克强总理在十二届全国人大二次会议上所作的政府工作报告中提出"依托黄金水道，建设长江经济带"，这表明长江经济带的建设已经进入国家战略的视野。2014 年 9 月，国务院印发《关于依托黄金水道推动长江经济带发展的指导意见》。2014 年 12 月召开的中央经济工作会议，明确指出中央决定重点实施包括长江经济带发展在内的三大战略，以跨越行政区划、促进区域协调发展。2015 年 10 月 29 日，党的十八届五中全会通过的《中共中央关于制定国民经济和社会发展第十三个五年规划的建议》，提出：推进长江经济带建设，改善长江流域生态环境。2016 年 3 月 25 日，中共中央政治局召开会议，审议通过《长江经济带发展规划纲要》。2016 年 9 月，中共中央、国务院印发《长江经济带发展规划纲要》，提出长江经济带的四大战略定位：生态文明建设的先行示范带、引领全国转型发展的创新驱动带、具有全球影响力的内河经济带、东中西互动合作的协调发展带，明确要求"生态优先，绿色发展；共抓大保护、不搞大开发"，确立了"一轴、两翼、三极、多点"的发展新格局。

（三）《中华人民共和国长江保护法》是我国第一部流域法律

2020 年 12 月 26 日，十三届全国人民代表大会常务委员会第二十四次会议正式通过《中华人民共和国长江保护法》，自 2021 年 3 月 1 日起施行。作为我国第一部流域专门法律，《中华人民共和国长江保护法》的出台实施，对于贯彻落实习近平生态文明思想和习近平总书记关于长江经济带发展系列重要指示批示精神，加强长江流域生态环境保护和修复，促进资源合理高效利用，保障生态安全，实现人与自然和谐共生、中华民族永续发展，具有重大意义，既是一部生态环境保护法，也是一部高质量发展促进法。《中华人民共和国长江保护法》包括总则、规划与管控、资源保护、水污染防治、生态环境修复、绿色发展、保障与监督、法律责任和附则 9 章，共 96 条，对在流域开展生态环境保护和修复，以及各类生产生活、开发建设活动作出相应规定，具有八方面的亮点和要求：一是树立绿色发展规矩。将“共抓大保护、不搞大开发”写入法律，成为流域各地区经济发展必须共同遵守的法律制度。二是建立流域协调机制。建立国家长江流域协调机制，建立流域信息共享、地方协作机制，将“九龙治水”变为“一龙管江”，促进流域实现龙头龙身龙尾协调发展。三是强化政府管理责任。实行生态环境保护责任制和考核评价制度，理清部门履职边界，理顺中央和地方、部门与部门、流域与区域、区域与区域之间的关系。四是推进流域休养生息。推动恢复和保持长江良好的自我修复、自我净化功能。五是加强长江资源保护。重点保护珍贵、濒危水生野生动植物，建立野生动植物遗传资源基因库，进行抢救性修复。六是完善污染防治措施。在《中华人民共和国水污染防治法》基础上，增加控制总磷排放总量、加强农业面源污染防治、加快搬迁改造重点地区危化品企业等内容。七是推行生态保护补偿。国家加大财政转移支付力度，对长江干流及重要支流源头和上游的水源涵养地等生态功能重要区域予以补偿。下游地区县级以上地方政府对长江流域江河源头和上游地区实施生态环境修复和其他保护措施给予支持。八是实施最严格法律责任。对破坏长江流域自然资源、污染长江流域环境等违法行为，明确了12条法律责任，未作行政处罚规定的，适用有关法律、行政法规的规定，损害赔偿责任严，新增刑事责任多。

（四）国家对推进长江生态环境保护作出系列重要安排部署

为加强长江生态环境保护，统筹协调流域生态环境高水平保护与经济社会高质量发展，走生态优先、绿色发展之路，党的十八大以来，国家作出了系列重要部署安排。一是推动落实《水污染防治行动计划》。2015年4月，国务院出台《水污染防治行动计划》，明确在长江、黄河等7大重点流域系统推进水污染防治、水生态保护和水资源管理，明确了全面控制污染物排放、推动经济结构转型升级等十大方面的工作要求，包括狠抓工业污染防治、控制用水总量等35项工作内容，专项整治十大重点行业、控制农业面源污染等76项具体任务。二是将长江经济带生态环境保护作为中央生态环境保护督察的重要内容。根据中共中央办公厅、国务院办公厅印发的《中央生态环境保护督察工作规定》，2021年4月启动的第二轮第三批、第四批中央生态环境保护例行督察，明确将长江经济带生态环境保护纳入对云南、湖南、江西、湖北等省份的督察中，交办、反馈了系列问题。三是组织开展执法检查。2019 年开始，以长江流域为重点，全国人大常委会组织开展水污染防治法执法检查，重点了解法律制度的落实情况、法定职责的履行情况，及时向地方反馈有关意见和问题。四是组织拍摄《长江经济带生态环境警示片》。从 2018 年开始，生态环境部、中央广播电视总台通过暗访、暗查、暗拍等形式，每年组织拍摄《长江经济带生态环境警示片》，并在推动长江经济带发展领导小组会议上专题播放，以警示促重视、以警示促落实、以警示促整改。三年累计披露 484 个问题，既有共性问题，也有具体问题。五是推进实施长江经济带生态环境污染治理“4 +1”工程。针对长江生态环境存在的问题，立足于治本，推动长江经济带发展领导小组部署各省市深入推进沿江城镇污水垃圾处理、化工污染治理、农业面源污染治理、船舶污染治理和尾矿库污染治理“4 +1”工程，分别制定了相应的指导意见，明确了工作任务。六是开展长江保护修复攻坚战。经国务院同意，2019 年 1 月，生态环境部、国家发展改革委联合印发《长江保护修复攻坚战行动计划》，明确了“强化生态环境空间管控，严守生态保护红线”“排查整治排污口，推进水陆统一监管”等八方面重点任务，扎实推进劣 V 类水体整治、“三磷”整治等八大专项行动。七是持续打好长江保护修复攻坚战。2021 年 11 月 2 日，中共中央、国务院印发《关于深入打好污染防治攻坚战的意见》，明确要求“持续打好长江保护修复攻坚战”。扎实推进城镇污水垃圾处理和工业、农业面源、船舶、尾矿库等污染治理工程。持续开展工业园区污染治理、“三磷”行业整治等专项行动。推进长江岸线生态修复，巩固小水电清理整改成果。实施好长江流域重点水域十年禁渔，有效恢复长江水生生物多样性。加强太湖、巢湖、滇池等重要湖泊蓝藻水华防控，开展河湖水生植被恢复、氮磷通量监测等试点。

三、长江生态环境保护取得积极成效

党的十八大以来，以习近平生态文明思想为指引，按照长江经济带“共抓大保护、不搞大开发”的要求，各地区、各部门始终把保护长江母亲河摆在各项工作中的突出位置，标准更高、力度更大、措施更硬，突出重点、协同联动，有力有序纵深推进了长江生态环境保护工作，取得了明显成效。具体而言，可以用6个“进一步”来概括。

（一）保护责任进一步落实

按照“横向到边、纵向到底”的要求，通过深入开展《中华人民共和国长江保护法》《中华人民共和国水污染防治法》等法律法规执法检查，积极推进政府绩效考核、党政主要领导干部自然资源资产离任审计、生态环境保护督察、河湖长制等工作，有效打破部门和地方分割，推动形成了流域齐抓共管合力。沿江省市和有关部门深入学习、贯彻落实习近平总书记重要讲话精神，深刻认识到保护与发展的辩证统一关系，切实履行生态环境保护的责任，把修复长江生态环境摆在压倒性位置，作为增强“四个意识”，坚定“四个自信”，做到“两个维护”的具体实践，主要负责人亲自研究、亲自部署、亲自督促、亲自检查，层层压紧压实了各级各有关部门的责任，真正做到守水有责、管水担责、护水尽责。如针对东风湖黑臭水体治理问题，湖南省委主要领导先后5次现场督促指导，紧盯不放，明确指出，“面对环境问题，决不能不清不楚，更不能畏难回避。”

（二）绿色发展进一步加快

长江经济带各级各部门牢固树立“绿水青山就是金山银山”的新发展理念，坚定走“生态优先、绿色发展”之路，建立长江经济带负面清单管理制度体系，圆满完成了“三线一单”发布工作，共划分综合管控单元1万余个，进一步强化了源头预防和管控。积极稳妥腾退化解旧动能，整治“散乱污”企业，沿江化工企业累计关改搬转8731家。如湖南省深入推进五大重点工矿区产业结构调整，株洲清水塘261家、湘潭竹埠港28家重化工企业全部退出，加快建设生态新城。千方百计发展壮大新动能，新一代信息技术、高端装备制造业、新材料、生物医药等新兴产业迅猛发展，电子信息、装备制造等产业规模占全国比重均超过50%。2020年，长江经济带地区生产总值增长2.7%，占全国的比重为46.4%，比2015年的42.3%提高4.1个百分点；2021年上半年，长江经济带11省市地区生产总值同比上升 14%，经济总量占全国的 46.9%。长江经济带经济社会发展取得历史性成就，实现了在发展中保护、在保护中发展。

（三）水体质量进一步提升

近 5 年来，长江流域水环境质量改善前所未有。根据监测，2020 年，长江流域水质优良（Ⅰ—Ⅲ类）断面比例为 96.7%，高于全国平均水平 13.3 个百分点，较 2015 年提高 14.9 个百分点，其中，长江干流首次全线达到Ⅱ类水质，劣Ⅴ类国控断面全部完成消劣，较 2015 年降低 6.1 个百分点。长江流域 19 个省（区、市）均完成“十三五”水环境质量约束性指标。同时，洞庭湖、鄱阳湖总磷浓度均有不同程度的下降，其中洞庭湖总磷浓度由 2015 年的 0.112 毫克/升下降为 2020 年的 0.06 毫克/升，鄱阳湖总磷浓度由 2015 年的 0.062 毫克/升下降为 2020 年的 0.058 毫克/升。流域 110 个地级及以上城市的 1372 处黑臭水体消除比例超过 90%。社会各界越来越多地感受到流域江河湖库“水清岸绿、鱼翔浅底”的美丽景象，环境获得感越来越强。

（四）生态环境进一步修复

“十三五”期间，长江流域累计完成造林 2.2 亿亩、森林抚育 1.2 亿亩、石漠化治理 1560 万亩，新增水土流失治理 7.85 万平方千米。完成长江干流和主要支流两岸 10 千米范围内废弃露天矿山生态修复治理 1.3 万公顷。在长江及部分支流全面开展“十年禁渔”，累计退捕渔船 11 万艘、渔民 22.8 万人，2020 年累计清理取缔涉渔“三无”船舶 3.4 万艘，禁捕后，长江江豚等旗舰物种的出现频率增加。其中，在 2017 年率先全面禁捕的赤水河，特有鱼类种类数由禁捕前的 32 种上升至 37 种，资源量达到禁捕前的 1.95 倍。建立重点跨省河湖主要控制断面生态流量保障目标体系，确定 62 个主要控制断面保障目标。清理退出涉及自然保护区核心区或缓冲区、严重破坏生态环境的水电站 3500 多座，完成整改 2 万多座。清理整治河湖“四乱”（乱占、乱采、乱堆、乱建）问题 7.8 万个，干流规模性非法采砂基本得到控制。清理整治长江干流违法违规岸线利用项目 2431 个，腾退长江岸线 158 千米。

（五）风险隐患进一步降低

围绕抓重点、补短板、强弱项的目标，城乡生活、农业、工业和交通污染基础设施逐步完善，流域污染物排放总量大幅降低，一大批影响流域生态环境质量、危害群众利益的突出环境问题得到有效解决。长江干流沿线城市集中式污水处理设施实现全覆盖。城市建成区共消除生活污水直排口近2.4万个。1474个县级及以上集中式饮用水水源地3161个问题全部完成整治，城市饮用水水源地规范化建设完成比例达91.1%。整县推进农村人居环境整治项目，实施农村“厕所革命”，流域开展农村生活垃圾收运处理的行政村占比超过98%，基本完成9835个非正规垃圾堆放点整治。沿江1千米范围内落后化工产能已全部淘汰，存在问题的281家“三磷”企业（矿、库）均已完成整治，完成干流及主要支流岸线1千米范围内停用超过3年的尾矿库闭库，省级及以上工业园区全部建成污水集中处理设施。船舶污染物接收设施建设基本完成，31323艘100总吨以上船舶完成配置污染物收集或处理装置。

（六）防控体系进一步严密

各地区各部门加快建立健全法治保障，完善制度机制，强化服务能力，为长江生态环境保护重点任务推进提供强有力支撑。一是建立健全法治保障。完成涉及长江流域保护法规、规章、规范性文件清理工作。持续推进长江经济带司法协作机制，各地设立环境资源审判庭等专门审判机构1203个。二是依法完善制度机制。完善生态环境保护标准体系，印发相关技术导则。构建以排污许可制为核心的固定污染源监管制度体系，在长江流域核发排污许可证11万余张。推进完善流域生态保护补偿机制，指导金融机构加大绿色信贷支持力度，积极发展绿色债券市场，支持沿线城市开展绿色金融改革创新。三是强化支撑服务保障。完善监测预警体系，在长江经济带布设1720个国控断面和913个水质自动监测站，实现长江干流及重要支流省、市、县跨界断面自动监测全覆盖。推动建立跨省流域上下游突发水污染事件联防联控机制，完成长江经济带突发环境风险地图绘制，实现2万多家涉重金属和危险化学品企业环境应急预案备案全覆盖。成立国家长江生态环境保护修复联合研究中心，推进58个驻点城市跟踪研究和技术帮扶。大力发展节能环保产业，积极探索环境治理模式创新。

四、长江生态环境保护任重道远

通过努力，长江生态环境保护取得了显著成绩，但由于涉及面广、工作基础薄弱等原因，目前仍面临诸多矛盾和挑战。水生态问题仍然是长江流域最主要的问题，生态环境保护结构性、根源性、趋势性压力尚未从根本上解决，既要多还旧账，又要努力不欠新账，任重而道远。

（一）区域发展不平衡，传统的粗放型发展方式仍在持续

长江沿线是我国重要的人口密集区和产业承载区，长江经济带横跨我国地理三大阶梯，资源、环境、交通、产业基础等发展条件差异较大，地区间发展差距明显，从长江经济带整体看，化学需氧量、氨氮、总氮、总磷排放量已经越过库兹涅茨曲线拐点，排放量进入下行期。然而，上游地区氮、磷排放量未越过拐点或在拐点附近，区域经济发展上行的环境压力仍然较大。沿江工业发展各自为政，上中下游产业同构现象突出，依靠土地占用、高耗水高耗能等增量扩张的发展模式仍然占主导地位。一些地方新发展理念树得不牢，统筹发展与保护不够，在经济下行的压力下，盲目上马“两高”项目。长江经济带传统产业产能过剩矛盾依然严峻，转型发展任务艰巨，一些污染型企业向中上游地区转移。一些大城市人口增长过快，资源环境超载问题突出。

（二）流域整体性保护不足，部分区域生态系统服务功能呈退化趋势

近二十年来，长江经济带生态系统格局变化剧烈，城镇面积增加39.03%，沿江1000米岸边带城镇面积增加51.6%，农田、森林、草地、河湖、湿地等生态系统面积减少，湿地保护率远低于全国平均水平，岸线开发存在乱占滥用、占而不用、多占少用、粗放利用等问题。气候变暖使长江源区冰川退缩、冻土层消融，被誉为“中华水塔”的三江源气温平均每10年升高0.38摄氏度，高于全球及全国升温水平，1950年以来，青海省域内的冰川表现为一致性的退缩趋势，且90年代以来退缩幅度急剧增

加，威胁长期水资源战略安全。三峡工程建成运行后，与20世纪50年代相比，洞庭湖、鄱阳湖湖泊面积分别减少39.7%、43.6%，湖泊调蓄能力降低，江湖关系紧张，枯水期提前、延长。流域小水电违规开发问题多，部分河道生态流量保障不足，水体自净能力减弱，鱼类栖息生境受到威胁，“人鱼争江”问题凸显。长江水生生物多样性指数持续下降，部分水系到了最差的“无鱼”等级，鱼类资源数量下降，且鱼类资源小型化趋势明显，长江流域年捕捞产量已从20世纪50年代的40万吨以上降至2018年的10万吨左右。“四大家鱼”种苗发生量与20世纪50年代相比下降了90%以上，多种珍稀物种濒临灭绝，白鱀豚、白鲟、鲥鱼已功能性灭绝，长江江豚、中华鲟成为极危物种，外来有害生物入侵加剧。

（三）污染负荷重，环境污染形势严峻

长江经济带污染物排放总量大、强度高，根据2016年环境统计数据，长江经济带废水、化学需氧量、氨氮排放总量分别占全国的43%、37%、43%，是淮河、黄河流域的4倍、5倍，单位面积排放强度均为全国平均值的2倍。高强度污染物排放造成长江局部污染严重，流域部分支流水质较差，总磷污染成为长江流域首要污染物。湖库富营养化未得到有效控制，富营养化湖库数量增加，贫营养湖库消失，轻度富营养化湖库成为主体，太湖、巢湖、滇池等湖库蓝藻水华发生面积及频次居高不下，城镇和农村集中居住区水体黑臭现象普遍存在。全国近一半的重金属重点防控区位于长江经济带，湘江、赣江流域等地区重金属污染问题仍未得到根本解决。长江三角洲、长江中游、成渝城市群等地区集中连片污染问题突出。

（四）部分领域、区域环境治理欠账较多，后继工作任务重

部分区域、领域环境治理基础设施建设欠账多，如2021年4月开展的第二轮第三批中央生态环境保护督察，对云南、广西、湖南、江西省通报的25个典型案例中，涉及基础设施建设的就有9个，占36%。城镇生活污水收集配套管网建设严重滞后，特别是老城区、城中村以及城郊接合部等区域，管网不配套、破损、错接、漏接等问题严重，城镇污水收集率低（全国仅60%左右），广西崇左市2020年污水集中收集率仅为6.7%。同

时，污水处理厂进水污染物浓度低问题普遍，雨季污水溢流明显。城乡环境整治不平衡，部分乡镇、农村存在污水、垃圾直排现象，尤其是中西部省份更为突出。部分工业企业清洁生产水平低下，一些园区污水收集、处理设施不配套。农业种植、畜禽（水产）养殖污染治理相对滞后，根据第二次污染源普查，长江经济带省份及青海省农业源总磷排放量占各污染源磷污染物排放总量的比例高达68%。

（五）环境风险隐患多，饮用水安全保障压力大

“化工围江”问题较为明显，长江经济带分布有化工企业14813家，主要集中在158家省级以上化工园区和上千家市级园区，集中分布在云贵、川渝、湖北和江浙沪等地区，其排放量占全国化工行业排放总量的比例高达37.7%。涉危险化学品码头和船舶数量多、分布广，仅重庆至安徽段危险化学品码头就接近300个，长江干线港口危险化学品年吞吐量已达1.7亿吨，种类超过250种，运输量仍以年均近10%的速度增长。流域内30%的环境风险企业位于饮用水水源地周边5千米范围内，企业排污口与取水口交错布局，各类危、重污染源生产储运集中区与主要饮用水水源交替配置。长江中上游汇水区遍布众多尾矿库，一旦泄露，随水流很快会造成水体污染。环境激素、微塑料等新污染物污染问题逐步显现。

（六）工作基础薄弱，体制机制有待进一步建立健全

上中下游地区资源、生态利益协调机制不健全、不完善，缺乏具有整体性、专业性和协调性的大区域合作平台。考核奖惩机制有待进一步完善，生态环境保护“党政同责、一岗双责”的要求在部分区域、领域未严格落实到位，一些地方或部门工作积极性、主动性不强。科技支撑薄弱，遥感、在线监测等新技术、新方法应用覆盖面小，湖泊富营养化治理、畜禽粪污治理、污水生态处理、新化学物质防治等方面的先进适用技术研发与示范推广不够。由于发展不平衡，中西部市州、县（市、区）财政紧张，在生态环境保护方面的投入力度与形势任务需求有较大的差距。基层环境监管能力薄弱，存在“小马拉大车”的问题，与日趋繁重的工作任务不相匹配。

五、“十四五”长江经济带生态环境保护工作重点

长江生态环境保护涉及方方面面，既要打攻坚战，也要打持久战，当前及今后一段时间仍处于爬坡过坎的关键阶段，必须咬紧牙关、迎难而上。2021 年 11 月2 日，中共中央、国务院印发《关于深入打好污染防治攻坚战的意见》，明确要求“持续打好长江保护修复攻坚战”。同时，生态环境部正在组织编制《重点流域水生态环境保护规划（2021—2025 年）》，明确要求“持续推进长江流域共抓大保护”。

（一）《关于深入打好污染防治攻坚战的意见》有关要求

在总结拓展“十三五”污染防治攻坚战经验做法的基础上，根据“十四五”新任务新要求，《关于深入打好污染防治攻坚战的意见》明确要求保持力度、延伸深度、拓宽广度，以更高标准打好碧水保卫战，接续攻坚、久久为功，尤其是要持续打好长江保护修复攻坚战，为新时期长江保护修复工作指明了方向，提供了遵循。

进一步巩固长江攻坚战成效。一是持续开展工业园区污染治理专项行动，继续以省级及以上工业园区为重点，全面排查工业园区污水收集处理设施建设运行情况，推动提升污水收集处理效能。二是持续开展“三磷”行业整治专项行动，巩固对磷矿、磷化工、磷石膏库专项排查整治成果，推动问题整改见效。三是巩固小水电清理整改成果，严格控制小水电、引水式水电开发，对不符合生态保护要求的已建小水电工程，进行分类整改或采取措施逐步退出。

加快形成三水统筹的新格局。从生态系统整体性和流域系统性出发，进一步强化长江流域水生态保护、水环境治理、水资源保障“三水统筹”。一是有效恢复水生生物多样性，开展长江干流及主要支流水生生物完整性评价，持续加强长江干流和支流珍稀濒危及特有鱼类资源生境的保护。二是推进长江岸线生态修复，提高岸线利用效率，严禁破坏自然岸线生态原真性。三是持续强化水环境综合治理，扎实推进城镇污水垃圾收集处理和工业、农业面源、船舶、尾矿库等污染治理工程。四是有效保障重要河湖生态用水，强化用水总量与强度双控，加强江河湖库水量配置与调度管

理，加快研究制定并落实河湖生态流量保障实施方案。

针对重点难点问题深入攻坚。针对长江保护修复难点问题强化攻坚，力争在若干关键问题上实现突破。一是加强重要湖泊蓝藻水华防控，加强太湖、巢湖、滇池等湖泊富营养化治理及水生态系统保护修复，建立水华监测预警平台和应急机制。二是开展水生植被恢复试点，通过河湖缓冲带保护和水域水生植被恢复，逐步提升河湖自净能力，提高生物多样性。三是开展农业面源污染防治试点，鼓励指导有条件的地区开展农业面源污染调查监测评估工作，科学确定养殖规模和养殖密度，规范水产养殖生产活动，探索建立符合种植业、养殖业特点的环境管理体系，着力突破面源污染防治瓶颈。

加快构建现代环境治理体系。持续提升治理能力和治理体系现代化水平，加快推进制度保障迈上新台阶，推动长江经济带实现高质量发展。一是推动长江全流域按单元精细化分区管控，深化地表水生态环境质量目标管理，根据国控断面对应汇水范围划分若干流域控制单元，明确各级控制断面水质保护目标，未达到水质目标要求的地区，应依法制定并实施限期达标规划。二是建立健全长江流域水生态环境考核评价制度，严格落实“党政同责”“一岗双责”，引导各地履行水生态保护修复责任，为推动长江流域生态环境持续改善提供制度保障。三是强化中央生态环境保护督察，继续拍摄长江经济带生态环境警示片，完善水生态环境突出问题发现和推动解决机制，采取分析预警、调度通报、独立调查、跟踪督办等措施，推进长江水生态环境质量持续改善。

（二）《重点流域水生态环境保护规划（2021—2025 年）》有关要求

按照《水污染防治法》等文件要求，生态环境部正在会同有关部门制定《重点流域水生态环境保护规划（2021—2025 年）》（以下简称《规划》），明确以习近平生态文明思想为指引，突出流域特色，以河湖为统领，坚持山水林田湖草沙系统治理，统筹水环境、水生态、水资源等要素，推进美丽河湖建设，以高水平保护引导推动高质量发展，确保到 2025 年长江流域水环境总体优良，并实现 11 个方面的具体目标，包括地表水优良比例、城市集中式饮用水水源达到或优于Ⅲ类比例、黑臭水体消除比例等。目前，《规划》正在按程序修改完善，是下一步深入推进长江生态环境保护的重要依据。具体而言，“十四五”重点要推进以下几方面的工作。

着力推进经济社会绿色转型。调整产业结构，严格生态环境准入，推进差别化的流域性环境标准和管控，依法淘汰落后产能。优化空间布局，合理确定发展布局、结构和规模，推动重污染企业退出。推进绿色发展，推进工业企业绿色升级，提升产业园区和产业集群循环化水平，加快农业绿色发展。推动减污降碳协同治理，推进区域再生水循环利用，加强湖泊和湿地生态保护。

为人民群众提供良好水生态产品。优先保障饮用水水质安全，推进城市饮用水水源全面达标，加快农村饮用水水源保护进程，加强饮用水水源地环境监管，保障南水北调等重大调水工程水质安全。梯次深化黑臭水体整治，推进地级及以上城市黑臭水体长治久清，到2025年，基本消除县级城市黑臭水体，农村黑臭水体整治率达到40%左右。推进美丽河湖保护与建设，严格河湖流域重要生态空间管控，建成一批具有全国示范价值的美丽河湖，实现“有河有水、有鱼有草、人水和谐”目标。

巩固深化水污染治理。加强入河入海排污口排查整治，2025年底前，完成长江流域、近岸海域范围内所有排污口排查；基本完成长江流域干流及重要支流、重点湖泊、重点海湾排污口整治。推动工业企业稳定达标排放，加大工业园区整治力度，推动工业废水资源化利用，2025年底前，长江流域优先完成工业园区排查整治。推进城镇污水收集处理，补齐城镇污水收集管网短板，强化污水处理能力建设，推进污泥无害化资源化处理处置，推进初期雨水污染控制，到2025年，基本消除城市建成区生活污水直排口和收集处理设施空白区。持续推进农业农村污染防治，推进农村生活垃圾、污水治理，防治畜禽养殖污染、水产养殖污染，突破农业面源污染防治瓶颈。加强船舶废水排放监管，深入开展船舶污水治理，严格船舶淘汰制度，加大港口码头船舶水污染物收集转运处理能力建设。

积极推动水生态保护。提升水源涵养能力，严格重要水源涵养区用途管制，强化重要水源涵养区保护，加强重要水源涵养区监督管理。实施生态缓冲带保护和监管，推进生态缓冲带划定工作，强化河湖生态缓冲带监管，开展河湖生态缓冲带修复与建设试点。保护水生生物多样性，强化就地保护，加强迁地保护，科学实施水生生物洄游通道和重要栖息地恢复工程。

着力保障河湖生态用水。提高水资源利用效率，强化用水强度约束，实施用水全过程管理，加强农业、工业、城镇节水。有效保障生态流量，将保障生态流量目标作为硬约束，积极推进生态流量管理全覆盖，健全河湖生态流量保障机制，加强河湖生态流量监测，加强江河湖库水量配置与调度管理，到2025年，长江干流及主要支流生态流量管理措施全面落实。

有效防范水环境风险。加强环境风险预防设施建设，落实工业企业环境风险防范主体责任，加强工业园区环境风险防范。提升环境风险预警能力，加强环境风险调查评估，强化监控预警体系建设，2022年底前，全部完成风险源清单；2025年底前，建立完成累积性风险基础数据库。强化环境风险应急处置，强化环境风险应急协调联动机制建设，全面提升环境风险应急处置能力，到2022年，全面建成跨省流域上下游突发水污染事件联防联控机制。

持续推进长江流域共抓大保护。把修复长江生态环境摆在压倒性位置，推进长江上中下游、江河湖库、左右岸、干支流协同治理，改善长江生态环境和水域生态功能，提升生态系统质量和稳定性，明确长江流域不同区域保护治理重点，重点推进长江水生生物多样性恢复、沿江水环境风险化解防范、重点湖泊富营养化控制等工作。

强化规划实施保障。强化地方党委和政府水环境保护责任，细化明确各部门水环境保护职责，分解落实规划任务，形成有效水生态环境保护合力。积极推进相关法律法规制定修订，落实《中华人民共和国长江保护法》相关要求，建立健全长江流域水环境质量和污染物排放、生态环境修复、生态流量、生物多样性保护等标准体系。拓展资金渠道，发挥价格杠杆作用，健全污水处理费调整机制，推行差异化收费与付费机制，继续推进生态保护补偿。开展科技专项攻关，研发推广适用技术。加强监督管理，建立规划实施的考核机制，加强水生态环境监测评估，强化流域生态环境监管，严格环境执法，实施重点工程。

六、长江生态环境保护民主监督相关情况和建议

经中共中央批准，由中央统战部会同国家发展改革委、生态环境部牵头，各民主党派中央、无党派人士将开展为期五年的长江生态环境保护民主监督，这是继脱贫攻坚民主监督之后，各民主党派中央组织开展的第二个专项民主监督，也是首次对流域性问题开展专项民主监督。各民主党派中央分别对口上海市、江苏省、安徽省、江西省、湖北省、湖南省、重庆市、四川省、云南省，其中民进中央对口江西省。

（一）习近平总书记高度重视民主党派民主监督职能的发挥

民主监督是民主党派三项基本职能之一，多年来，由于多方面原因，民主监督成为各民主党派履职的一个短板。党的十八大以来，习近平总书记高度重视统一战线工作和多党合作事业，作出了一系列重要论述，尤其是对民主党派民主监督职能的发挥给予了特别关注，亲自提议、亲自研究、亲自部署了各民主党派中央对口中西部八个省（区、市）的脱贫攻坚专项民主监督，并取得了积极的成效。此次又亲自研究确定，将长江流域生态环境保护民主监督作为各民主党派、无党派人士新一轮专项民主监督的重要工作任务，这是习近平总书记和中共中央交给各民主党派、无党派人士的一项光荣的政治任务，具有十分重大的政治意义。

（二）中央对长江生态环境保护民主监督进行了周密部署安排

2021 年 6 月 16 日，中央统战部召开各民主党派中央、无党派人士开展长江生态环境保护民主监督工作启动会，中央统战部领导希望各民主党派中央、无党派人士深入学习贯彻习近平生态文明思想，准确把握民主监督的性质和定位，明确着力重点，积极提出建设性意见，帮助相关省份党委和政府改进工作，展示多党合作制度的优势。各有关方面要加强统筹协调，用好监督成果，确保取得实效。

2021 年 7 月 18 日，民进中央在京召开长江生态环境保护民主监督工作领导小组会议，民进中央主席、民进中央长江生态环境保护民主监督工作领导小组组长主持会议时强调指出，中共中央把长江生态环境保护作为

民主党派、无党派人士新一轮专项民主监督的主题，是从党和国家工作大局出发作出的重要决策，体现了中共中央对多党合作的高度重视，对民主党派的充分信任。民进中央必须从政治的高度，用心用情用力完成好中共中央交给的这项重要政治任务。必须加强学习，全面理解和准确把握长江生态环境保护的重要意义和基本依据、民主监督的重要意义，以及性质和定位，充分认识开展长江生态环境保护民主监督工作的重要性，要清醒地认识到我们的优势和短板，要把学习研究贯穿于监督活动全过程。蔡达峰要求，要加强工作谋划，力求民主监督工作取得更大实效。一是注重工作的系统性，民主监督要在创新调研方式上，注重提出和关注系统性问题，梳理好解决问题的对策，纵深解决具体问题。二是找准着力重点，要注重加强与有关部门、江西方面和会内外专家的沟通联系，提高工作效率和质量；要研究如何与民进主界别结合起来，形成特色和亮点，同时拓展渠道和平台让更多会员有效参与；要注重长短选题和课题结合，形成时间表和路线图。三是突出民主监督优势，要研究如何突出党派立场中立优势、渠道畅通优势、专业人才优势、联系广泛优势和组织优势等，与地方和有关部门一起切实推动解决一些难点问题和需要协同解决的复杂问题。

（三）长江生态环境保护民主监督的主要任务

根据长江生态环境保护民主监督工作启动会精神，各民主党派中央、无党派人士开展的长江生态环境保护民主监督将重点围绕八大领域展开：一是农业面源污染防治情况；二是城镇污水垃圾处置情况；三是工业污染治理情况；四是船舶和港口污染防控情况；五是水生态保护和修复情况；六是塑料垃圾污染治理情况；七是水资源节约集约利用与调度情况；八是突发环境事件风险防控和应急处置情况。

（四）开展长江生态环境保护民主监督的几点建议

高度重视习近平生态文明思想的贯彻落实。将习近平生态文明思想和关于全面推进长江经济带高质量发展重要指示精神的贯彻落实作为民主监督的中心内容，让习近平生态文明思想在长江流域落地生根、开花结果，推动各级领导干部真学、真懂、真信、真用，认真践行“绿水青山就是金山银山”的理念，坚持“共抓大保护、不搞大开发”的原则，坚定不移地走“生态优先、绿色发展”之路，始终保持生态文明建设战略定力，方向不变、力度不减。

积极推动《关于深入打好污染防治攻坚战的意见》落实落细落地。2021年11月2日，中共中央、国务院印发《关于深入打好污染防治攻坚战的意见》（以下简称《意见》），明确要求要深入学习贯彻习近平生态文明思想，以实现减污降碳协同增效为总抓手，以改善生态环境质量为核心，以精准治污、科学治污、依法治污为工作方针，统筹污染治理、生态保护、应对气候变化，保持力度、延伸深度、拓宽广度，以更高标准打好蓝天、碧水、净土保卫战，以高水平保护推动高质量发展、创造高品质生活，努力建设人与自然和谐共生的美丽中国。从“十三五”坚决打好污染防治攻坚战，到“十四五”深入打好污染防治攻坚战，意味着污染防治触及的矛盾问题层次更深、领域更广，要求也更高。《意见》提出了一些新要求、新任务、新举措值得大家认真学习，积极落实。如在重点任务方面，明确要求从七个方面推动绿色低碳发展；在财政投入方面，明确要求各级政府要把生态环境作为财政支出的重点领域，把生态环境资金投入作为基础性、战略性投入予以重点保障，确保与污染防治攻坚任务相匹配；在组织领导方面，明确要求全面加强党对生态环境保护工作的领导，进一步完善中央统筹、省负总责、市县抓落实的攻坚机制；在责任落实方面，明确要求地方各级党委和政府要把解决群众身边的生态环境问题作为“我为群众办实事”实践活动的重要内容，列出清单、建立台账，长期坚持、确保实效；在考核激励方面，明确提出注重选拔在生态文明建设和生态环境保护工作中敢于负责、勇于担当、善于作为、实绩突出的干部；等等。建议长江生态环境保护民主监督把各地各部门贯彻落实《意见》作为重要监督任务，推动各地落实落地落细各项重点工作，在重点区域、重点领域、关键指标上实现新突破。

高度关注高质量发展和高水平保护的协同统一。生态环境问题究其本质是社会经济问题，长江流域人口密集、社会经济发达，资源、环境压力大，亟待在绿色发展、高质量发展上实现新的突破。建议在民主监督时高度关注各地的“十四五”规划，了解当地是否真正在推进高质量发展和高水平保护的协同统一。在调研中要注意发现、挖掘、总结地方绿色转型发展的典型案例，并及时进行宣传推介，为全国其他地方走绿色发展之路提供学习借鉴。

明确思路、突出重点、加强统筹。长江流域生态环境保护涉及方方面面，中央巡视、生态环境保护督察、人大执法检查、审计等高度关注，监督检查工作较多，而且相对比较深入。在民主监督过程中，建议抓大放小、突出重点，不搞面面俱到，根据目标导向和问题导向，每年突出 1—2 个主题、对 1—2 个重点市县深入调查研究、重点监督检查，了解地方在贯彻落实习近平总书记关于长江经济带发展重要指示和党中央国务院统一决策部署方面的总体思路和大的举措，通过数据、情况的分析对比和剖析一些典型案例，发现和指出不同地方在思想观点和工作上的差距，加强党派内纵向、党派间横向协调联动，形成整体工作合力和增强流域综合监督效果，同时，帮助中央了解一些地方真实情况，便于进一步科学决策，帮助地方反映一些实际困难，助于破解一些难题。

注重掌握几个重点问题。一是高度重视长江源头区淡水资源储备减少问题，积极应对气候变化。二是高度重视长江中下游江湖关系问题，推动解决枯水期生态环境问题，尤其是总磷污染问题。三是高度重视农业面源污染问题，农业源排放的污染物占比越来越高，对生态环境的影响越来越大，亟待破题，尤其是畜禽水产养殖污染。四是高度关注城乡环境治理基础设施建设和运行管理问题，推动地方主动积极补齐短板，进行提质增效。五是高度关注医疗废水和新化学物质污染问题，推动加强城乡医疗废水严格规范处理和源头减少环境激素、抗生素等的使用、排放。六是高度关注生态保护修复重点工程，将国家公园、源头水系、重要饮用水水源、水产种质资源保护区等环境敏感区生态保护、湿地保护和修复、江湖岸线生态缓冲带建设作为国家重大工程统筹推进。

积极推动提升支撑保障能力。建议高度关注生态环境治理体系和治理能力现代化水平，推动各级党委和政府加强生态环境能力队伍建设，解决基层环境监管能力薄弱问题。建议推动各级财政认真贯彻落实习近平总书记“生态环境投入不是无谓投入、无效投入，而是关系经济社会高质量发展、可持续发展的基础性、战略性投入”的重要指示精神，切实加大生态环境保护投入，多方面筹集整治资金，尤其要加强设施运行管理费用的保障，确保稳定发挥效益。建议积极呼吁和推动国家全面加强生态补偿工作和加大生态补偿力度，积极推动绿色金融，发挥好长江绿色发展基金等的杠杆作用。建议在国家层面组织长江生态环境保护重大问题专题研究、流域问题系统研究、先进和适用产品技术组推广应用。

（2021 年 11 月 17 日）

为美丽中国注入更多文化力量

习近平总书记曾在全国生态环境保护大会上强调指出，中华民族向来尊重自然、热爱自然，绵延5000多年的中华文明孕育着丰富的生态文化。生态兴则文明兴，生态衰则文明衰。文化是更基础、更广泛、更深厚的力量，具有重要的导向、凝心和基础作用。充分发挥生态文化重要的基础作用，已成为生态文明向纵深推进的关键之举。

繁荣发展生态文化需要广泛深入宣传习近平生态文明思想。党的十八大以来，习近平总书记就生态文明建设和生态环境保护提出了一系列新理念、新思想、新战略，形成了习近平生态文明思想。其“深邃历史观、科学自然观、绿色发展观、基本民生观、整体系统观、严密法治观、全民行动观、全球共赢观”的思想精髓是新时代我国生态文明建设的根本遵循和行动指南，也是我国生态文化的核心要义。要广泛深入宣传习近平生态文明思想，让“绿水青山就是金山银山”的理念融入每一个人的心田，让人与自然和谐相处成为全社会的共同价值理念。

繁荣发展生态文化需要继承弘扬中外优秀生态文化。任何一种文化形态都不是凭空产生的，生态文化也是对农业文明和工业文明中优秀基因的继承与弘扬，是对中外优秀生态文化的兼容并蓄。中国古代“道法自然”“天人合一”“不违农时”等自然生态思想，西方国家反思工业文明带来的环境污染和生态破坏的种种弊端，相继提出的可持续发展和绿色发展理念，都值得我们认真学习、积极借鉴，并从中汲取营养，以推进我国生态文化的繁荣兴盛。

繁荣发展生态文化需要讲好中国故事、多出精品力作。党的十八大以来，在推动生态文明建设的生动实践中，形成了很多绿色发展典型案例，涌现出一大批先进典型人物，演绎出很多美丽动人的故事，提供了一大批鲜活的创作素材。各级党委和政府及有关部门应认真进行总结，广泛宣传推介。尤其是广大文艺工作者，要用各种文艺形式打造一批生态文化的精品力作。要紧跟时代变化，创新生态文化作品形式，充分利用互联网等新媒体扩大传播，发出中国生态文明建设好声音、讲述中国生态文明建设好故事。自然生态环境领域的科学家也应与艺术家一起，拿起手中的笔，投身到生态文化的宣传和创作中去，创作出自然生态文化经典作品。

繁荣发展生态文化需要各级党委和政府高度重视。生态文化体系建设是生态文明五大体系建设的重要组成部分，对推动构建生态经济、目标责任等其他四大体系建设具有指导性、基础性作用。在全面开启社会主义现代化国家新征程的新发展阶段，各级党委和政府特别是文化宣传、生态环境部门要更加重视生态文化建设，切实加强组织领导，在指导思想、宣传战略、工作目标、选题安排、资金扶持、考核奖励和作品宣传等方面作出工作安排和重点支持，认真组织“美丽中国，我是行动者”年度主题活动，有效开展环境日、地球日、全国节能宣传周等主题宣传活动，积极提倡和引导生态文化创建活动。

繁荣发展生态文化需要全社会广泛积极参与。理念是行动的先导，要深入推进提升公民生态文明意识行动计划，弘扬生态文明主流价值观，把生态文明纳入社会主义核心价值体系，形成人人、事事、时时崇尚生态文明的社会新风尚。通过多种形式激发人民群众亲近自然、热爱自然、呵护自然的热情和内在动力。在更大范围、更高层面加大绿色学校、绿色家庭、绿色社区、绿色单位创建力度，让绿色生活与绿色消费蔚然成风，为生态文明建设奠定坚实的社会、群众基础。

建设生态文明是关系中华民族永续发展的根本大计，我们要大力繁荣发展生态文化，进一步增强生态文明主流价值观的向心力和感召力，推进生态文明体系建设更加全面、更加协调、更加深入，为美丽中国建设贡献更多更基本、更深沉、更持久的文化力量。

（2021 年 3 月 9 日，刊载于《人民政协报》）

以天地之心存心 以生灵之命立命

“‘万物各得其和以生，各得其养以成。’生物多样性使地球充满生机，也是人类生存和发展的基础。保护生物多样性有助于维护地球家园，促进人类可持续发展。”2021 年 10 月 12 日，在联合国《生物多样性公约》第十五次缔约方大会领导人峰会上，习近平总书记的讲话高屋建瓴，提出了开启人类高质量发展新征程的重要倡议，为世界各国共同构建地球生命共同体凝聚共识和力量，展现了中国负责任大国的形象和担当，为推进全球生态文明建设注入了强劲动力。

早在先秦时期，庄子就提出了“天人合一”的思想，将自然世界与人类社会视为一个和谐的整体，提出在遵循自然的客观规律，保护自然环境的基础上合理开发、利用和改造自然，形成人与自然二者合一的生态良性循环互动关系。孟子也提出“不违农时，谷不可胜食也；数罟不入洿池，鱼鳖不可胜食也；斧斤以时入山林，材木不可胜用也”的论断。这集中体现了我国古代的生态文化：遵循自然规律，适当加以改造与引导；维护生态平衡，以获得可持续发展。从古至今，中国始终在传承和发展尊重自然、顺应自然、保护自然的生态文明理念，党的十八大以来，更是将生态文明建设放在了更加突出的位置，融入了经济建设、政治建设、文化建设、社会建设各方面和全过程，坚持人与自然和谐共生，努力建设美丽中国，并取得了历史性的成就。

生物多样性是生态文明的重要组成部分，关系人类福祉，是人类赖以生存和发展的基础。“鹰击长空，鱼翔浅底，万类霜天竞自由”，缤纷多彩的自然生灵正是生态之美最核心的内容。促进人与自然和谐共生，保护生物多样性不仅是一种理念，更是增进人类福祉的必由之路，不仅可以满足人民日益增长的优美生态环境需要，同时也可以推动实现更高质量、更有效率、更加公平、更可持续、更为安全的发展。

工业化社会的兴起，大幅加快了人类改造自然世界的速度，也导致了更为严重的生态环境破坏。全球森林面积在1990年至2020年损失了178万平方千米；活珊瑚覆盖面积在过去150年内减少了近一半；约有100万种动植物物种面临灭绝威胁。恩格斯曾提出："不要过分陶醉于我们人类对自然界的胜利。对于每一次这样的胜利，自然界都对我们进行报复。"面对目前全世界生态环境问题不断加剧、生物多样性不断降低的严峻形势，由193个国家签署的《生物多样性公约》应运而生，在昆明召开的第十五次缔约方大会以"生态文明：共建地球生命共同体"为主题，推动制定"2020年后全球生物多样性框架"，为未来全球生物多样性保护设定目标、明确路径，具有十分重要的意义。

生态兴则文明兴。这既蕴含着中国传统文化流传的哲学思想，又吸纳了马克思主义辩证法的哲学思维。习近平总书记提出开启人类高质量发展新征程的"四个倡议"：以生态文明建设为引领，协调人与自然关系；以绿色转型为驱动，助力全球可持续发展；以人民福祉为中心，促进社会公平正义；以国际法为基础，维护公平合理的国际治理体系。这既是中国不断探索可持续发展道路、建设生态文明的智慧结晶，又是对人类要怎样共建地球生命共同体这个时代之问的中国答案。

要像保护眼睛一样保护自然和生态环境，推动形成人与自然和谐共生新格局。2020年，习近平总书记在联合国生物多样性峰会上提出，"我们要以自然之道，养万物之生"，作为世界上生物多样性最丰富的国家之一，中国已经将生物多样性保护上升为国家战略。深入打好污染防治攻坚战，狠抓突出生态环境问题整治；完善生物多样性保护政策法规，持续推进自然生态保护监管和执法；加快推动自然保护地体系建设，不断加强野生动植物及栖息地保护和修复；强化社会宣传与国际合作，推动生物多样性保护主流化……中国全方位落实生物多样性保护举措，聚焦人类命运共同体，不拘眼前看将来，聚焦地球生命共同体，不计小利算大账，以非凡的魄力和不懈的努力交出了一份令全世界瞩目和为之赞叹的答卷，中国已成为全球生物多样性保护的重要参与者、贡献者、引领者。

以苍穹为衣，我们才能感受自然之博大；将山峦作冠，我们才能感受自然之瑰丽；把江河当血脉，我们才能感受自然之流长。我们要以习近平生态文明思想为根本点，以生物多样性保护为切入点，以统筹高质量发展和高水平保护为落脚点，以加强领导、落实责任、强化措施为着力点，不断推动生态文明建设和生物多样性保护取得新突破、新成效，坚信我们的未来既有“西塞山前白鹭飞，桃花流水鳜鱼肥”，也有“接天莲叶无穷碧，映日荷花别样红”，更有“我欲因之梦寥廓，芙蓉国里尽朝晖”。

（2021 年 10 月 20 日）

共建地球生命共同体的中国答案

"'万物各得其和以生，各得其养以成。'生物多样性使地球充满生机，也是人类生存和发展的基础。保护生物多样性有助于维护地球家园，促进人类可持续发展。"2021 年 10 月 12 日的联合国《生物多样性公约》第十五次缔约方大会领导人峰会上，习近平总书记在讲话中提出了开启人类高质量发展新征程的重要倡议，为世界各国共同构建地球生命共同体凝聚共识和力量，展现了中国负责任大国的形象和担当，为推进全球生态文明建设注入了强劲动力。

党的十八大以来，我国将生态文明建设放在了更加突出的位置，融入了经济建设、政治建设、文化建设、社会建设各方面和全过程。坚持人与自然和谐共生，努力建设美丽中国，取得了历史性的成就。

生物多样性是生态文明的重要组成部分，关系人类福祉，是人类赖以生存和发展的基础。"鹰击长空，鱼翔浅底，万类霜天竞自由。"缤纷多彩的自然生灵正是生态之美最核心的内容。促进人与自然和谐共生，保护生物多样性不仅是一种理念，更是增进人类福祉的必由之路，不仅可以满足人民日益增长的优美生态环境需要，同时也可以推动实现更高质量、更有效率、更加公平、更可持续、更为安全的发展。

工业化社会大幅加快了人类改造自然世界的速度，也导致了更为严重的生态环境破坏。全球森林面积在 1990 年至 2020 年损失了 178 万平方千米；活珊瑚覆盖面积在过去 150 年减少了近一半；约有 100 万种动植物物种面临灭绝威胁。面对目前全世界生态环境问题不断加剧、生物多样性不断降低的严峻形势，由 193 个国家签署的《生物多样性公约》应运而生，最近在昆明召开的第十五次缔约方大会以"生态文明：共建地球生命共同体”为主题，推动制定“2020年后全球生物多样性框架”，为未来全球生物多样性保护设定目标、明确路径，具有十分重要的意义。

生态兴则文明兴。这既蕴含着中国传统文化的哲学思想，又吸纳了马克思主义辩证法的哲学思维。习近平总书记提出开启人类高质量发展新征程的“四个倡议”：以生态文明建设为引领，协调人与自然关系；以绿色转型为驱动，助力全球可持续发展；以人民福祉为中心，促进社会公平正义；以国际法为基础，维护公平合理的国际治理体系。这是中国不断探索可持续发展道路、建设生态文明的智慧结晶，更是对人类要怎样共建地球生命共同体这个时代之问的中国答案。

要像保护眼睛一样保护自然和生态环境，推动形成人与自然和谐共生新格局。2020年，习近平总书记在联合国生物多样性峰会上的讲话中提出，“我们要以自然之道，养万物之生”。作为世界上生物多样性最丰富的国家之一，中国已经将生物多样性保护上升为国家战略。深入打好污染防治攻坚战，狠抓突出生态环境问题整治；完善生物多样性保护政策法规，持续推进自然生态保护监管和执法；加快推动自然保护地体系建设，不断加强野生动植物及栖息地保护和修复；强化社会宣传与国际合作，推动生物多样性保护主流化……中国全方位落实生物多样性保护举措，聚焦人类命运共同体，不拘眼前看将来，聚焦地球生命共同体，不计小利算大账，以非凡的魄力和不懈的努力交出了一份令全世界瞩目和为之赞叹的答卷，中国已成为全球生物多样性保护的重要参与者、贡献者、引领者。

以苍穹为衣，我们才能感受自然之博大；江河当血脉，我们才能感受自然之流长。我们要以习近平生态文明思想为根本点，以生物多样性保护为切入点，以统筹高质量发展和高水平保护为落脚点，以加强领导、落实责任、强化措施为着力点，不断推动生态文明建设和生物多样性保护取得新突破、新成效，坚信我们的未来既有“西塞山前白鹭飞，桃花流水鳜鱼肥”，也有“接天莲叶无穷碧，映日荷花别样红”，更有“我欲因之梦寥廓，芙蓉国里尽朝晖”。

（2021年10月28日，刊载于《人民政协报》）

四轮驱动，强力推动生物多样性保护主流化进程

目前，国际社会普遍认识到生物多样性保护的重要性，把推动生物多样性主流化作为推进生物多样性保护最重要、最有效的手段，强调要将生物多样性纳入各国政府的政治、经济、社会、军事、文化及生态环境保护、自然资源管理等发展建设的主流。中国自 1992 年签署《生物多样性公约》以来，一直非常重视生物多样性保护工作，在推动生物多样性主流化进程方面开展了一系列的工作。2022 年上半年，《生物多样性公约》第十五次缔约方大会第二阶段会议将在昆明以线下方式举行，各国将致力于推动达成兼具雄心和务实的“2020 年后全球生物多样性框架”。作为《生物多样性公约》第十五次缔约方大会东道国，中国更加需要持续加速推动生物多样性主流化进程，牢固树立“绿水青山就是金山银山”的理念，坚决摒弃先破坏后保护的老路，“政府主导、部门负责、全民参与、基础支撑”四轮驱动，推进生物多样性高水平保护与经济社会高质量发展协调统一。

强化政府主导。充分发挥各级党委和政府在生物多样性保护中的主导作用，建立健全生物多样性保护的机制体制，完善法律法规和政策体系，修订实施生物多样性保护战略计划，依法推进生物多样性保护工作。认真贯彻落实中共中央办公厅、国务院办公厅印发的《关于进一步加强生物多样性保护的意见》（以下简称《意见》），按照《意见》所确定的“时间表”“路线图”“任务书”，领导挂帅、加强领导、高位推进、狠抓落实。

压实部门责任。层层压实相关部门生物多样性保护的主体责任，各司其职、密切配合，统筹推进保护工作。一方面，建立健全多部门共同参与

的协调联动机制，明确工作任务，理顺管理体制，整合保护资源，压实工作责任，建立生物多样性保护长效机制。另一方面，将生物多样性保护纳入国民经济与社会发展规划、相关行业规划、部门规章和政策文件中，从源头介入，加强常态化管理，减少经济社会发展对生态系统功能和生物多样性的负面影响。

推动全民参与。大力推动各行各业、企事业单位、社会公众积极参与生物多样性保护。一是加快行业产业绿色转型，促进经济发展与生态环境保护相协调。推动农业、林业、渔业、水利、能源、旅游等相关行业积极主动参与，鼓励发展生态种植、生态养殖和可持续经营，推进更加合理的资源利用方式，积极探索“绿水青山就是金山银山”生态产品价值实现等，减少对生物多样性的压力。二是推动相关企事业单位将生物多样性问题纳入管理视角。《生物多样性公约》第十五次缔约方大会第一阶段会议闭幕后，国内已有多家食品饮料、能源和医药等上市公司就生物多样性保护发声或出台相关举措。我们应进一步完善信息披露等相关政策，推动企事业单位承担应尽的社会责任，为助力实现人与自然和谐相处贡献力量。三是加强面向社会公众的宣传教育。积极发挥各类保护机构、民间组织、科研教育单位和新闻媒体的作用，倡导有利于生物多样保护的绿色生产生活方式，提升全社会保护生物多样性的自觉性和参与度。特别是依托学校、动物园、植物园、森林公园、标本馆和各类自然博物馆，让广大青少年进一步认识到保护生物多样性的重要意义和面临的严峻挑战，引导和鼓励他们做生物多样性保护的示范者、监督者、传播者，担当起未来绿色发展的时代重任，共同创造人与自然和谐共生的美好未来。

完善基础支撑。从资金保障、科学研究、能力建设等方面进一步提升生物多样性保护能力水平，推动形成多元化资金投入机制。进一步建立和完善资源有偿使用、生态保护补偿横向转移支付、遗传资源惠益分享等相关政策机制，拓宽生物多样性保护的资金机制，强化和推动金融行业对生物多样性保护的参与和支持，为实现生物多样性保护提供更多资金支持渠道。推动开展基础性科学研究。加强气候变化对生物多样性影响、遗传多样性保护、外来入侵生物和野生动物疫源疫病等生物多样性保护相关新理论、新技术和新方法的研究和运用，加强专业人才培养，强化科研能力建设。推动提升管理和保护水平。从建立完善生物多样性相关标准体系、强化调查观测评估分析、整合构建数据资源平台、加强生物安全和生态安全管理，提升生物多样性保护能力水平。

（2021 年 10 月 28 日）

推进生物多样性保护与经济社会高质量发展协调统一

习近平总书记在联合国《生物多样性公约》第十五次缔约方大会领导人峰会上发表的题为“共同构建地球生命共同体”的主旨讲话，既为共同构建地球生命共同体注入了强劲动力，也为我们进一步推进生态文明建设和生物多样性保护指明了方向。

目前，国际社会普遍认识到生物多样性保护的重要性，把推动生物多样性主流化作为推进生物多样性保护最重要、最有效的手段，强调要将生物多样性纳入各国政府的政治、经济、社会、军事、文化及生态环境保护、自然资源管理等发展建设的主流。中国自1992年签署《生物多样性公约》以来，一直非常重视生物多样性保护工作，在推动主流化进程方面开展了一系列的工作。未来，我们更加需要持续加速推动生物多样性主流化进程，牢固树立“绿水青山就是金山银山”的理念，坚决摒弃先破坏后保护的老路，“政府主导、部门负责、全民参与、基础支撑”四轮驱动，推进生物多样性高水平保护与经济社会高质量发展协调统一。

强化政府主导。充分发挥各级党委和政府在生物多样性保护中的主导作用，建立健全生物多样性保护的机制体制，完善法律法规和政策体系，修订实施生物多样性保护战略计划，依法推进生物多样性保护工作。认真贯彻落实中共中央办公厅和国务院办公厅联合发布的《关于进一步加强生物多样性保护的意见》，按照意见所确定的“时间表”“路线图”“任务书”，领导挂帅、加强领导、高位推进、狠抓落实。

压实部门责任。层层压实相关部门生物多样性保护的主体责任，各司其职、密切配合，统筹推进保护工作。一方面，建立健全多部门共同参与的协调联动机制，明确工作任务，理顺管理体制，整合保护资源，压实工作责任，建立生物多样性保护长效机制。另一方面，将生物多样性保护纳入国民经济与社会发展规划、相关行业规划、部门规章和政策文件中，从源头介入，加强常态化管理，减少经济社会发展对生态系统功能和生物多样性的负面影响。

推动全民参与。大力推动各行各业、企事业单位、社会公众积极参与生物多样性保护。一是加快行业产业绿色转型，促进经济发展与生态环境保护相协调。推动农业、林业、渔业、水利、能源、旅游等相关行业积极主动参与，鼓励发展生态种植、生态养殖和可持续经营，推进更加合理的资源利用方式，积极探索“绿水青山就是金山银山”的生态产品价值实现等，减少对生物多样性的压力。二是推动相关企事业单位将生物多样性问题纳入管理视角，进一步完善信息披露等相关政策，推动企事业单位承担应尽的社会责任，为助力实现人与自然和谐相处贡献力量。三是加强面向社会公众的宣传教育。积极发挥各类保护机构、民间组织、科研教育单位和新闻媒体的作用，倡导有利于生物多样性保护的绿色生产生活方式，提升全社会保护生物多样性的自觉性和参与度。

完善基础支撑。从资金保障、科学研究、能力建设等方面进一步提升生物多样性保护能力水平。一是推动形成多元化资金投入机制。进一步建立和完善资源有偿使用、生态保护补偿、转移支付及遗传资源惠益分享等相关政策机制，拓宽生物多样性保护的资金机制，强化和推动金融行业对生物多样性保护的参与和支持，为实现多方参与的生物多样性保护提供更多资金支持渠道。二是推动开展基础性科学研究。加强气候变化对生物多样性影响、遗传多样性保护、外来入侵生物和野生动物疫源疫病等生物多样性保护相关新理论、新技术和新方法的研究和运用，加强专业人才培养，强化科研能力建设。三是推动提升管理和保护水平。从建立完善生物多样性相关标准体系、强化调查观测评估分析、整合构建数据资源平台、加强生物安全和生态安全管理等方面，提升生物多样性保护能力水平。

（2021年11月26日，刊载于《人民政协报》）

让绿色成为高质量发展最鲜明的底色

“实现碳达峰碳中和，是贯彻新发展理念、构建新发展格局、推动高质量发展的内在要求，是党中央统筹国内国际两个大局作出的重大战略决策。”推进经济社会发展全面绿色转型，加快形成绿色生产生活方式，是实现碳达峰碳中和的重大举措。党的十八大以来，我们深学笃用习近平生态文明思想，完整、准确、全面贯彻新发展理念，坚持生态优先、绿色发展，推动生态文明建设不断迈上新台阶。在全社会的共同努力下，我国绿色发展的成绩单十分亮眼，一幅青山绿水、江山如画的生态文明建设美好图景，正在神州大地铺展。

新时代新步伐，绿色发展仍需久久为功。中国共产党十九届六中全会提出：“实现创新成为第一动力、协调成为内生特点、绿色成为普遍形态、开放成为必由之路、共享成为根本目的的高质量发展。”实现绿色成为普遍形态的发展，必须推进经济社会发展全面绿色转型，建立健全绿色低碳循环发展的经济体系，推动我国绿色发展迈上新台阶。

要以生态环境高水平保护支撑高质量发展。面对复杂多变的国际形势和艰巨繁重的国内改革发展稳定任务，后续国家经济高质量发展仍面临着巨大的挑战，但越面临困难和挑战，越应保持生态文明建设战略定力，越要向绿色转型探出路、向生态产业寻动力。推动经济高质量发展，我们坚决不能再走“先污染后治理”的老路子。以往，一些地方经济发展方式粗放，在资源环境方面付出了沉重代价，积累了大量生态问题，只有坚持生态优先、绿色发展，才能把绿水青山变成金山银山。良好生态本身蕴含着无穷的经济价值，可源源不断创造综合效益，实现经济社会可持续发展，只要将绿色发展的底色铺好，今后发展就一定会高歌猛进。

要推动绿色低碳发展，促进经济社会全面绿色转型。当前，我国主要污染物排放量和能耗仍处于高位，我国单位国内生产总值（GDP）能耗是世界平均水平的1.5倍，还有很大的改进空间。我们要深入领会把握习近平总书记关于推动绿色低碳发展的重要论述，以经济社会发展全面绿色转型为引领，坚定不移走绿色低碳的高质量发展之路。坚持把减污降碳协同增效作为推动全面绿色转型的总抓手，落实中央经济工作会议要求，做好碳达峰碳中和工作，研究制定碳达峰碳中和“1+N”政策体系，进一步调整优化产业结构、能源结构、交通运输结构、用地结构；严格落实能源双控、“三线一单”等，从严从紧从实控制高耗能、高排放项目上马；推动排污权、生态产品价值实现机制等市场机制建设，建立健全绿色低碳循环发展经济体系。要突出精准治污、科学治污、依法治污，加大节能减排技术研发利用力度，实现减污降碳效益最大化。同时，要加速推动能源、交通、产业结构转型，政府、市场、社会各司其职，尽快形成良性互动的“大环保”格局。

要健全生态环境治理现代化体制机制。深入推进生态文明体制改革，构建产权清晰、多元参与、激励约束并重的生态文明制度体系。严格落实生态环境保护党政同责、一岗双责，加强和改进生态环境保护督察和综合执法。深化做实“河湖长制、林长制”，完善落实生态环境补偿、损害赔偿和资源有偿使用等制度，建立生态产品价值实现机制。建立健全以排污许可制为核心的固定污染源监管制度体系，严格落实企业主体责任。创新环保资金投入机制，大力发展绿色金融。促进环境治理数字化转型，不断提升生态环境治理能力。

“绿水逶迤去，青山相向开”。良好的生态环境是我们为子孙后代留下的宝贵生态财富。我们要推进经济社会发展全面绿色转型，让绿色成为高质量发展的鲜明底色，加快建设美丽中国，以优异成绩迎接党的二十大胜利召开。

（2022年3月4日，刊载于《人民政协报》）

让“舌尖”节俭成为“心间”自觉

两会期间，习近平总书记强调指出，制止餐饮浪费是一项长期任务，要坚持不懈抓下去，推动建设节约型社会。

习近平总书记一直高度重视粮食安全和提倡“厉行节约、反对浪费”的社会风尚，2013 年 1 月就曾作出重要指示，强调浪费之风务必狠刹，以后又多次强调要制止餐饮浪费行为。

党的十八大以来，各地区各部门认真贯彻落实习近平总书记重要指示精神，采取出台相关文件、开展“光盘行动”等措施，大力整治浪费之风，“舌尖上的浪费”现象有所缓解，特别是群众反映强烈的公款餐饮浪费行为得到有效遏制。但是，一些地方餐饮浪费现象仍然存在，有的地方甚至非常严重。因此，要多管齐下，采取更有力的举措，推动全社会深入推进制止餐饮浪费。

厉行节约、反对浪费，需要加强餐饮节约宣传教育，提高全社会的生态文明素质。增强公众对于我国人口多、耕地少、水资源短缺、粮食安全压力大的认识，增强粮食安全危机意识。要大力弘扬中华民族勤俭节约、戒奢克俭的优良传统，引导人们践行绿色生活、抵制餐饮浪费。结合不同领域、不同行业、不同群体的实际情况，推动餐饮节约理念进家庭、进机关、进乡村、进社区、进学校、进企业，在全社会营造浪费可耻、节约光荣的良好氛围。

厉行节约、反对浪费，需要制定更加严格的制度。治理“舌尖上的浪费”，离不开完善的制度保障。近年来，各地各部门纷纷出台政策举措，向餐饮浪费说“不”，引导健康理性消费，并取得扎实成效。下一步应结合各地实际，建立长效机制，进一步加强监管，进行有效引导，让治理餐饮浪费拥有源源不竭的制度动力。

厉行节约、反对浪费，需要实施更加有力的举措，加强餐饮消费的督促检查。针对在宴席、自助餐、机关食堂等场合浪费的问题，注重运用各种社会力量进行监督，对那些陋习不改，依旧讲排场、比阔气，造成餐饮浪费严重的单位和个人，采取多种手段进行批评曝光，形成强大的舆论压力。还要做好对行业协会和餐饮企业的指导工作，建立督导、检查和考核机制，加大督察和考核工作力度，深入餐饮企业进行专项检查和督导，确保制止餐饮浪费工作取得良好效果。

厉行节约、反对浪费，需要各级领导干部率先垂范。俗话说，群众看党员，党员看干部。党员干部在一定程度上代表着党和政府的形象，一言一行都有着引领和带动作用，党员干部要做厉行勤俭节约、反对铺张浪费的践行者、宣传者和监督者，要在生活的方方面面注重节约，从点滴做起，从自身做起，以自己的模范行为带动身边人，以自己良好的公德风尚影响身边人，让节约光荣、浪费可耻的思想观念深入人心，使厉行节约、反对浪费在全社会蔚然成风。

厉行节约、反对浪费，需要全社会的积极参与，大力开展“光盘行动”。积极培育尊重劳动、勤俭节约的氛围，利用各种新媒体平台、发放宣传海报等多种形式，向餐饮经营场所和消费者发出制止餐饮浪费行为的宣传单，宣传“厉行节约、反对浪费”的理念。政府可以指导餐饮行业协会将“制止餐饮浪费行为”等要求，纳入“诚信经营示范店”评选指标体系，鼓励餐饮企业通过积分奖励、停车优惠等方式对餐饮节约行为给予奖励，形成激励引导机制。通过机制创新，营造浓厚氛围，推动节约观念在全社会蔚然成风。

厉行节约、反对浪费，需要久久为功，常抓不懈。“成由勤俭败由奢”，节约意识的树立，节约美德的养成，绝非一朝一夕之功，必须持之以恒、常抓不懈。我们要记住“丰年要当歉年过”的古训，常怀危机意识、忧患意识，绵绵用力、久久为功，让勤俭节约风尚成为深入人心的文明理念，并转化为人们的具体行动和社会风尚，使之获得更为持久的生命力和影响力，让节约成为全社会的“自然而然”。

（2022 年 3 月 15 日，刊载于《人民政协报》）

构建人与自然生命共同体

人与自然生命共同体理念是对人与自然关系的重新审视，只有平衡人与自然的关系，才能更好地守护人类自身。

人与自然是辩证统一的关系，两者相互联系、相互依存、相互渗透。人由自然脱胎而来，其本身就是自然界的一部分。进入农业时代，人类开始征服、利用自然资源，出现了过度耕种、放牧、渔猎等问题。到了工业文明时期，科学技术突飞猛进，人类驾驭自然的能力越来越强，竭尽一切可能利用、征服自然，但很多方面超出了自然界的承受限度，破坏了自然生态的平衡，人与自然的关系矛盾十分突出。

党的十八大以来，以习近平同志为核心的党中央把生态文明建设纳入统筹推进“五位一体”总体布局和“四个全面”战略布局，党的十八大报告提出“我们要建设的现代化是人与自然和谐共生的现代化”，党的十九大报告更进一步提出“人与自然是生命共同体，人类必须尊重自然、顺应自然、保护自然”，推动我国生态文明建设发生了历史性、转折性、全局性变化，习近平总书记提出的共同构建人与自然生命共同体的理念，不仅成了习近平生态文明思想的重要内容和最新成果，也为全球生态文明发展贡献了中国智慧和中国方案。

人与自然生命共同体彰显了包容开放的文化自信。习近平总书记指出，中华民族向来尊重自然、热爱自然，绵延5000多年的中华文明孕育着丰富的生态文化，同时又特别强调学习马克思主义，就要学习和实践马克思主义关于人与自然关系的思想。人与自然生命共同体理念，在汲取中国传统生态文化智慧的基础上，深刻领会马克思主义自然辩证法，并借鉴人类文明发展的有益成果，引入生态科学和系统科学的观点，将人与自然看作是相互依存、互惠共生、协同发展的有机共同体，是对马克思主义关于人与自然关系思想的继承和发展，对世界积极应对气候变化挑战、加强生态文明建设、谋求人与自然和谐共生之道，提供了新的视角和遵循原则。

人与自然生命共同体彰显了人民至上的执政理念。习近平总书记指出："良好的生态环境是最公平的公共产品，是最普惠的民生福祉。"坚持人与自然生命共同体的理念，从长远根本的角度生动诠释了以人民为中心的发展思想。改革开放以来，我国经济社会发展取得巨大成就，中国奇迹举世瞩目。但在经济快速发展的同时，也付出了较为沉重的资源环境代价，过去那种粗放的发展方式已难以为继。随着生活水平持续提高，人民群众对美好生态环境的需求越来越强烈。"让老百姓呼吸上新鲜的空气、喝上干净的水、吃上放心的食物、生活在宜居的环境中"，这是新时代拓宽惠民利民之道、增进民生福祉的重要举措，彰显了党为中国人民谋幸福、为中华民族谋复兴的初心和使命。国务院发展研究中心的"中国民生调查"结果显示，受访者对周边空气质量、生活饮用水、周边水体质量的满意度分别由 2018 年的 61.7%、58.5%、43.1% 上升到 2020 年的 81.8%、78.1%、63.7%。人民群众对环境质量改善的幸福感、获得感、安全感显著提升。

人与自然生命共同体彰显了知行合一的实践伟力。尊重自然、顺应自然、保护自然，既需要理念先行悟思想，更需要知行合一下功夫，真抓实干见成效。党的十八大以来，我国生态文明建设取得瞩目成就，山水林田湖草沙治理一体推进，一系列根本性、开创性和长远性工作陆续开展，决心之大、力度之大、成效之大前所未有，人与自然生命共同体从认识到实践都发生了历史性、转折性和全局性的变化。生态文明制度体系加快形成，绿色发展方式有效推进，重大生态保护和修复工程进展顺利，生态环境治理明显加强，生态环境质量得到明显改善。2021 年，3641 个国家地表水考核断面，水质优良断面比例为 84.9%；全国 339 个地级及以上城市平均优良天数比例为 87.5%。生态环境质量日益好转。

人与自然生命共同体彰显了负责任大国的使命担当。共同构建人与自然生命共同体，中国从未缺席，始终是全球生态文明建设的参与者、贡献者、引领者。中国是最早签署《巴黎协定》的国家之一。面对全球应对气候变化的挑战，习近平总书记庄严宣布，中国将力争2030年前实现碳达峰、2060年前实现碳中和。这是中国基于推动构建人类命运共同体的责任担当和实现可持续发展的内在要求作出的重大战略决策。中国承诺实现从碳达峰到碳中和的时间，远远短于发达国家所用时间。不久前闭幕的北京冬奥会是迄今为止第一个“碳中和”的冬奥会。据测算，北京冬奥会实施了30多项低碳技术和措施，相比于传统方案共计减少二氧化碳排放100万吨左右。

“人不负青山，青山定不负人”，人与自然生命共同体理念是对人与自然关系的重新审视，只有平衡人与自然的关系，才能更好地守护人类自身。

（2022年3月31日，刊载于《人民政协报》）

坚持人与自然和谐共生 共建清洁美丽世界

1972年6月，联合国人类环境会议通过了《联合国人类环境会议宣言》，规定了人类对环境的权利和义务，呼吁为了这一代和将来的世世代代保护和改善环境，开启了全球环境保护的新纪元。50年来，保护人类赖以生存的地球家园已成为世界各国、社会各界共同关心的课题，大家越来越清醒地认识到，在发展社会经济的同时，保护好生态环境是维持人类社会持续、健康发展最为明智的选择。

新中国成立以来，中国共产党立足基本国情，遵循社会、经济和自然规律，在发展经济、建设现代化的同时，历来高度重视并积极推动生态环境保护工作。几代党和国家领导人均对加强生态环境保护作出过重要指示或具体部署。

从长远计，为子孙谋。党的十八大以来，以习近平同志为核心的党中央把生态文明建设摆在了更加突出的重要位置，在“五位一体”总体布局中，生态文明建设是重要组成部分；在新时代坚持和发展中国特色社会主义基本方略中，坚持人与自然和谐共生是一条基本方略；在新发展理念中，绿色发展是一大理念；在三大攻坚战中，污染防治是一大攻坚战；在到本世纪中叶建成富强民主文明和谐美丽的社会主义现代化强国目标中，美丽是一个重要目标，充分体现了生态文明建设在新时代党和国家事业发展中的重要地位，体现了党对生态文明建设规律的准确把握、总体部署和明确要求。

习近平生态文明思想是习近平新时代中国特色社会主义思想的重要组成部分，凝结着对发展人类文明、建设清洁美丽世界的深刻思考，是习近平总书记领导党、国家和人民在推进生态文明建设中取得的标志性、创新性、战略性重大理论成果，已成为建设美丽中国的根本遵循和行动指南，也在全球大国治国理政实践中彰显了中国特色、战略眼光和世界价值。

近年来，各地各部门以习近平生态文明思想为指引，全面加强生态文明建设，深入打好污染防治攻坚战，一体治理山水林田湖草沙，开展了一系列根本性、开创性、长远性工作，决心之大、力度之大、成效之大前所未有，生态文明建设从认识到实践都发生了历史性、转折性、全局性的变化，圆满完成污染防治攻坚战阶段性任务。我国已建成世界最大清洁发电体系，非化石能源发电装机容量突破 11 亿千瓦，单位国内生产总值（GDP）二氧化碳排放较 2005 年降低约 48.4%；森林覆盖率和森林蓄积量连续 30 年保持“双增长”，人工林面积居世界第一，为全球贡献了约 1/4 的新增绿化面积；达到或优于Ⅲ类水体比例上升至 84.9%，重污染天数下降近四成；等等。这些任务的完成既满足了人民群众对良好生态环境质量的期待，也为加强全球气候与环境治理注入了强大动力。

在实现第一个百年奋斗目标之后，我国已乘势而上开启全面建设社会主义现代化国家新征程，并向第二个百年奋斗目标进军。面对世界百年未有之大变局，作为生态环保工作者，我们要始终胸怀“国之大者”，坚决扛起生态文明建设的政治责任，勇做习近平生态文明思想的坚定信仰者、忠实践行者和不懈奋斗者，以“闯”的精神、“创”的劲头、“干”的作风，落实落细落地各项重点工作任务，努力建设人与自然和谐共生的现代化。一方面，要坚定不移贯彻新发展理念，自觉推动绿色低碳发展，深入打好污染防治攻坚战，促进我国生态环境持续改善，以生态环境高水平保护推动高质量发展，为人民群众创造高品质生活！另一方面，要秉持“人类命运共同体”的理念，坚定不移履行《联合国人类环境会议宣言》，积极深入参与全球环境治理，努力推动全球可持续发展，共同建设清洁美丽世界，呵护好全人类共同的地球家园！

（2022 年 6 月 30 日，刊载于《人民政协报》）

加强环境科普力度 助力生态文明建设

2022年9月4日，中共中央办公厅、国务院办公厅印发了《关于新时代进一步加强科学技术普及工作的意见》（以下简称《意见》），作为指导当前和今后一段时期科学技术普及工作的纲领性文件，《意见》从强化全社会科普责任、加强科普能力建设、促进科普与科技创新协同发展、强化科普在终身学习体系中的作用、营造热爱科学崇尚创新的社会氛围、加强制度保障等多方面着手，致力于全面构建政府引导、社会参与、信息化支撑、市场化运作的大科普工作格局。生态环境部门要按照《意见》要求，进一步抓好抓实环境科普工作，助力生态文明建设。

一、新时代开展环境科普工作意义重大

科普工作是建立和提高全民科学文化素质的重要途径，是社会主义精神文明建设的重要组成部分。在“共同构建人与自然生命共同体”的大目标下，生态环境问题早已不仅限于一国、一地的环境污染和生态破坏，全球气候变化、资源能源短缺等生态环境问题已经成为当前和今后数代人必须共同面对的全球性问题并需要努力加以解决。有针对性地培养青少年群体的生态环境兴趣，在全社会范围内普及生态环境知识，对于形成和强化全民生态环境意识，从而进一步推进生态文明建设具有重大意义。

做好生态环境科普工作还有着很强的现实意义，对推动经济社会发展具有积极的作用。例如，前几年，在移动通信3G普及和4G商用启动刚开始的时候，移动基站的建设推进受到很大阻力，公众担心的电磁辐射问题及相关环境投诉一度跃至环境投诉榜榜首，最高峰时原湖南省环保局一天接到相关基站建设投诉事项179项，省内通信设施建设阻工现象比比皆是。

针对这种情况，环保部门一方面会同宣传部门做好正确舆论引导，防止各种伪科学、不科学的论点和别有用心言论传播误导公众；另一方面与辐射管理权威部门编印了大量的科普宣传册广为发放，向公众普及电磁辐射常识，并协同具备资质的有关监测机构进行路演式实地检测和答疑，在科普工作的助力下，省内移动通信的升级换代工作后续得以顺利开展，如今5G时代的到来已成为广大公众普遍接受并支持的科技进步。再比如，十年前在国内难以推进的垃圾焚烧发电项目，在严格选址要求、落实防治措施、加大科普宣传等各项抓手的共同努力下，已经基本解决了邻避效应问题。特别是光大集团、军信环保等龙头企业在湖南建设的高标准垃圾焚烧发电厂均设置了生态环境科普基地，通过设置通透式的全流程参观通道，开放生产参观和科普讲解，公众不但可以直观清楚地了解所关心的事项，有心的公众还可以在科普讲解的引导下具体核算节地成本、发电效益和减排减碳效益，理解并支持项目的建设运营。

二、全面畅通新时代环境科普工作渠道

生态文明建设是新时代发展的主旋律之一。科学技术作为第一生产力，加强科普工作对于深化生态环境科技交流、促进生态文明建设意义重大。在当前互联网不断发展、新兴媒体不断涌现的大环境下，一方面科普工作渠道更趋多元化，另一方面相关渠道的监管责任也在不断增加。要确保新时代环境科普工作渠道通畅，方向明确，内容科学，必须加强以下几方面工作：一是要强化生态环境部门的主体责任引领，将环境科普工作纳入部门规划和重要议事日程，与其他中心工作联动部署；二是要鼓励和引导与生态环境相关的学校、科研机构、企业打造生态环境科普基地或适时开展普适性生态环境科普活动；三是要充分调动广大环境科技工作者和公民的积极性，鼓励科技工作者和有志公民积极参与生态科普工作，多渠道争取科普资源供给和加大科普资金投入；四是充分利用互联网、新媒体渠道打造多元互动的科普宣传平台，如湖南省将环境监测系统的公众开放日活动改成网上环境科普云课堂，课堂短视频通过“学习强国”、“红网”、“新湖南”、抖音、哔哩哔哩等平台播放数十万次，以浅显易懂、短平快的方式适应移动互联网时代用户的碎片化内容消费习惯，降低科普门槛，提

高受众数量；五是要强化生态环境科普监管，加强审核把关，防止传播伪科学。

三、促进生态环境科普与科技创新协同发展

习近平总书记强调，“科技创新、科学普及是实现创新发展的两翼，要把科学普及放在与科技创新同等重要的位置”，科普作为国家创新体系的重要组成部分，推动科普高质量发展是全面实施创新驱动战略的必然要求。要形成科普与科创齐头并进的良好格局，一是要深化科普基础工作，实施全民科学素质行动计划，针对最广泛受众特别是青少年群体开展科普工作，形成全社会热爱环境、崇尚科学的新风尚，使得广大青少年从小树立科技创新、保护和改善生态环境的志向，强化科技兴国、生态强国使命意识；二是发挥科技创新引领作用，加大具备条件的科技基础设施和科技创新基地（如生态环境科技平台、重点实验室、固体废物垃圾处置厂、污水处理厂等）向公众开放的力度，以科技创新的资源助力开展科普宣传，营造良好的科学研究应用氛围；三是发挥科普对科技成果转化的促进作用，通过组织成果推介会等形式，引导和推介科技成果应用；建设生态工业示范园区、绿色园区等，推动生态环境科技成果的快速转化。

（2022 年 9 月 15 日，刊载于《人民政协报》）

以生态环境高水平保护推动高质量发展

——学习《论坚持人与自然和谐共生》心得

2022 年 1 月，中央文献出版社出版了《论坚持人与自然和谐共生》一书，这部专题文集收入了习近平总书记关于坚持人与自然和谐共生的重要文稿 79 篇，深刻回答了为什么建设生态文明、建设什么样的生态文明、怎样建设生态文明的重大理论和实践问题，核心内容是习近平生态文明思想，其集中体现为“十个坚持”：即坚持党对生态文明建设的全面领导、坚持生态兴则文明兴、坚持人与自然和谐共生、坚持绿水青山就是金山银山、坚持良好生态环境是最普惠的民生福祉、坚持绿色发展是发展观的深刻革命、坚持统筹山水林田湖草沙系统治理、坚持用最严格制度最严密法治保护生态环境、坚持把建设美丽中国转化为全体人民自觉行动、坚持共谋全球生态文明建设之路。我通过通读《论坚持人与自然和谐共生》，结合自己多年工作实践，谈一些粗浅的学习体会。

全面加强党对生态文明建设领导。在《论坚持人与自然和谐共生》一书开卷篇《推动我国生态文明建设迈上新台阶》一文中，习近平总书记鲜明提出：“打好污染防治攻坚战时间紧、任务重、难度大，是一场大仗、硬仗、苦仗，必须加强党的领导。”

坚持尊重自然、顺应自然、保护自然。在《人与自然是生命共同体》《共同构建人与自然生命共同体》等文中，习近平总书记强调，自然是生命之母，是人类赖以生存发展的基本条件。人类可以利用自然、改造自然，但归根结底是自然的一部分。

牢固树立以人民为中心的发展理念。在《为子孙后代留下天蓝、地绿、水清的生产生活环境》《让居民望得见山、看得见水、记得住乡愁》

等文中，始终贯穿了一个重要思想，这就是积极回应人民群众所想、所盼、所急，大力推进生态文明建设，提供更多优质生态产品，不断满足人民日益增长的优美生态环境需要。

加快推进绿色低碳发展。在《保护生态环境就是保护生产力，改善生态环境就是发展生产力》等文中，习近平总书记指出，“绿水青山和金山银山决不是对立的，关键在人，关键在思路”。

一体推进山水林田湖草系统保护修复。在《加快生态文明体制改革，建设美丽中国》等文中，习近平总书记强调，要优化生态安全屏障体系，构建生态廊道和生物多样性保护网络。优化国土空间开发格局，加快构建以国家公园为主体的自然保护地体系，开展大规模国土绿化行动，提升生态系统碳汇能力。

坚决打好污染防治攻坚战。在《加大大气污染治理力度》《打好蓝天、碧水、净土保卫战》《坚决打好打胜污染防治攻坚战》等文中，习近平总书记指出，要以解决人民群众反映强烈的大气、水、土壤污染等突出问题为重点，坚持精准治污、科学治污、依法治污，让老百姓实实在在感受到生态环境质量改善。强调要加大环境治理和生态保护工作力度、投资力度、政策力度，打几场标志性的重大战役。

用最严格制度保护生态环境。在《用最严格制度最严密法治保护生态环境》等文中，习近平总书记强调，保护生态环境，不仅要有立竿见影的措施，更要有可持续的制度安排。只有实行最严格的制度、最严明的法治，才能为生态文明建设提供可靠保障。

积极参与全球环境与气候治理。在《从巴黎到杭州，应对气候变化在行动》等文中，习近平总书记指出，中国是负责任的发展中大国，是全球气候治理的积极参与者，为应对气候变化作出了重要贡献。

习近平生态文明思想是习近平新时代中国特色社会主义思想的重要组成部分，是马克思主义基本原理同中国生态文明建设实践相结合、同中华优秀传统生态文化相结合的重大成果，是以习近平同志为核心的党中央治国理政实践创新和理论创新在生态文明建设领域的集中体现，是新时代我国生态文明建设的根本遵循和行动指南。我们要通过深入学习《论坚持人与自然和谐共生》这部重要著作，进一步深刻领会习近平生态文明思想，在学深悟透、知行合一上下功夫，切实以生态环境高水平保护推动高质量发展、创造高品质生活，为建设人与自然和谐共生的美丽中国作出新的贡献。

做习近平生态文明思想的坚定信仰者。坚持用习近平生态文明思想武装头脑、指导实践、推动工作。坚决扛起生态文明建设的政治责任，把生态文明建设摆在全局工作的突出位置，始终保持战略定力，坚持不懈、奋发有为、久久为功。

坚定不移走“生态优先、绿色发展”之路。完整、准确、全面贯彻新发展理念，加快推动生产方式、生活方式、思维方式和价值观念的全方位、革命性变革，加强生态环境分区管控，严控“两高一资”项目审批，大力推进生态产业化和产业生态化，打造绿色发展高地，大力推动生态产品价值实现，努力提供更多优质生态产品以满足人民日益增长的美好生活需要。

持续改善生态环境质量。坚持以人民为中心的发展思想，坚持生态惠民、生态利民、生态为民，把解决突出生态环境问题作为民生优先领域，坚持精准治污、科学治污、依法治污，保持力度、延伸深度、拓宽广度，深入打好污染防治攻坚战。扎实推进山水林田湖草沙一体化保护和系统治理，加强生物多样性保护，着力提升生态系统质量和稳定性，建设天更蓝、山更绿、水更清、环境更优美的美丽中国，让绿色成为最鲜明、最厚重、最牢靠的底色。

严控生态环境领域风险。不断提高推进生态文明建设战略思维能力、科学决策能力，树立底线意识，强化系统思维。紧盯生态环境高风险领域，强化环境风险预警防控与应急响应体系，及时妥善应对突发生态环境事件，完善环境风险常态化管理体系，有效防范生态环境风险，确保生态环境安全，不断提升人民群众生态环境获得感、幸福感、安全感。

（2022 年 9 月 22 日）

加快建设人与自然和谐共生的中国式现代化

党的二十大报告客观总结了新时代十年生态环境保护的伟大成就，报告明确指出“中国式现代化是人与自然和谐共生的现代化”，提出了“推动绿色发展，促进人与自然和谐共生”的要求，为新时代生态文明建设指明了方向、明确了目标、提供了根本遵循。我们身处其中，见证光辉历史、展望美好未来，备受鼓舞、备受激励，感到无比光荣、无比自豪。

回顾过去，深刻认识生态文明建设取得的重大成就。党的十八大以来，以习近平同志为核心的党中央大力推进生态文明建设，开展了一系列根本性、开创性、长远性工作，全国生态文明建设和生态环境保护决心之大前所未有、力度之大前所未有、成效之大前所未有，进入了认识最深、力度最大、举措最实、推进最快、成效最好的时期，发生了历史性、转折性、全局性变化，我国成为全球生态文明建设和生态环境保护的重要参与者、贡献者、引领者。十年来，习近平生态文明思想深入人心。各地区各部门完整、准确、全面贯彻新发展理念，绿色日益成为经济社会高质量发展的鲜明底色，从“两山银行”到“生态搬迁”，从“文旅生态产业”到构建“生态产品总值（GEP）核算体系”，各地在探索“两山”转化路径方面的实践成果不断涌现，“绿水青山就是金山银山”成为打赢脱贫攻坚战和实现乡村振兴的主旋律。十年来，生态环境质量持续改善。各地坚持把解决突出生态环境问题作为民生优先领域，污染防治攻坚战阶段目标任务圆满完成，2021 年全国地级及以上城市优良天数比例达到 87.5%，我国已成为全球大气质量改善速度最快的国家；全国地表水Ⅰ—Ⅲ类断面比例上升至 84.9%，已接近发达国家水平；十年累计完成造林 9.6 亿亩，占全球人工造林的 1/4，人工林面积长期居世界首位，蓝天白云、繁星闪烁、水清岸绿、鱼翔浅底的景象成为常态。十年来，生态文明制度体系更加健全。生态文明建设列入“五位一体”总体布局，生态文明写入宪法；坚持人与自然和谐共生成为新时代坚持和发展中国特色社会主义基本方略；30多部生态环境领域法律法规予以修订，中央生态环境保护督察、环境保护“党政同责，一岗双责”、生态补偿、河湖长制、林长制、排污许可等管理制度作用显现、成效突出，解决了一批人民群众反映强烈的突出生态环境问题。十年来，生态环境治理能力明显提升。生态环境保护投入持续加大，科技创新为生态文明建设和打赢污染防治攻坚战注入强劲动力，环境监测网络和生态环境监管大数据平台为科学治污、精准治污、依法治污提供了科学支撑。

立足当下，准确理解生态文明建设新的历史任务。党的二十大报告指出“我们要推进美丽中国建设，坚持山水林田湖草沙一体化保护和系统治理，统筹产业结构调整、污染治理、生态保护、应对气候变化，协同推进降碳、减污、扩绿、增长，推进生态优先、节约集约、绿色低碳发展”。一要坚持绿水青山就是金山银山。这一重要科学理念把握自然规律、经济规律、社会规律，体现以人民为中心的发展思想，彰显马克思主义生态观和中华优秀传统文化中的生态智慧，开辟了人与自然和谐共生的新境界。二要坚持山水林田湖草沙系统治理。坚持保护优先，自然恢复为主，按照生态系统的整体性、系统性及其内在规律开展环境保护和生态修复，强化重点流域、区域生态治理。生态兴则文明兴，随着山水林田湖草沙一体化保护和系统治理工作的扎实推进，中华民族永续发展的生态根基将更加稳固。三要持续深入打好蓝天、碧水、净土保卫战。环境就是民生，青山就是美丽，蓝天也是幸福。党的二十大报告提出，深入推进环境污染防治。要严格落实“党政同责、一岗双责”“三管三必须”，深化河长制、湖长制、林长制，坚持精准治污、科学治污、依法治污，不断提高生态环境治理体系和治理能力现代化水平，接续攻坚、久久为功，着力解决人民群众最关心的突出生态环境问题，持续改善生态环境质量，防范化解生态环境风险，不断提高人民群众对美好生态环境的获得感、幸福感、安全感。

展望未来，奋力扛起生态文明建设的光荣使命。党的二十大报告深刻阐明了中国式现代化是人与自然和谐共生的现代化，对推动绿色发展、促进人与自然和谐共生作出了重大安排部署，为推进美丽中国建设指明了前进方向。作为生态环保部门的领导干部，更要胸怀“两个大局”，坚定不移以习近平生态文明思想为引领，坚决践行“绿水青山就是金山银山”的理念，认真贯彻长江经济带发展国家战略，始终牢记“守护好一江碧水”的殷殷嘱托，切实保障人民群众饮水安全，坚决打好洞庭湖总磷削减攻坚战，大力整治城乡黑臭水体、着力改善城乡人居环境，全面建设“鹰击长空、鱼翔浅底”全域美丽大花园，以生态环境高水平保护推动高质量发展、创造高品质生活。作为全国政协常委、民主党派省级组织主委，还要心怀“国之大者”，着眼民之关切，围绕生态文明建设和生态环境保护，积极建言资政，广泛凝聚共识，在减污降碳、系统治理、体制机制创新等方面多提有针对性、前瞻性、专业性的意见建议。完善工作规程，推进专项民主监督规范化、制度化建设，坚持反馈意见建议、加强经验宣传、自我提高提升和记录历程成效的有机结合，以湘江生态环境保护民主监督实效赋能美丽新湖南和生态强省建设。

（2022 年 11 月 1 日，刊载于《人民政协报》）

深化重要江河湖库生态环境保护治理

党的二十大报告提出要推动绿色发展，促进人与自然和谐共生。强调“促进人与自然和谐共生”是中国式现代化的本质要求之一，主题明确、内涵深刻，为生态文明建设指明了方向、明确了目标、提出了任务，是下一步工作的根本遵循。

党的十八大以来，在以习近平同志为核心的党中央坚强领导下，我国生态环境保护发生历史性、转折性、全局性变化。其中，全国水生态环境质量改善明显。2021 年，全国地表水Ⅰ—Ⅲ类水质断面比例为 84.9%（比 2012 年提升 23.3 个百分点），长江干流水质保持Ⅱ类，洞庭湖、鄱阳湖等重要湖库水生态逐步恢复，过冬候鸟逐年增多，被称为“鸟中大熊猫”的中华秋沙鸭也频繁现身，洞庭湖江豚、麋鹿稳定栖息数量分别达 130 多头和 220 多头。

但对标对表美丽中国建设，我国水生态环境保护工作还面临诸多问题和困难，如环境基础设施建设有短板、部分江河湖库水质改善不充分、一些湿地萎缩退化明显、工作支撑保障能力偏弱等。尤其在全球气候变化大背景下，巩固或改善水生态环境质量面临更多的不确定性，2022 年 7 月以来，由于持续高温少雨，洞庭湖、鄱阳湖湖面萎缩八成以上，水生态环境质量下降明显，人民群众守着“水窝子”没水喝的问题较为突出，社会各界广泛关注，因此，必须保持清醒头脑，持续强化生态环境保护治理。

按照党的二十大报告要求，下一步，要站在“人与自然和谐共生”的高度谋划生态文明建设，深刻领会“山水林田湖草沙是一个生命共同体”的重要意义，深学笃用习近平生态文明思想，遵循自然、社会和经济规律，以问题为导向，以项目为载体，统筹水环境治理、水生态修复和水资源保障，持续深化重要江河湖库生态环境保护治理，不断提升生态系统质量和稳定性。

在水环境治理方面，加快补齐城乡生活污染治理基础设施建设短板，尤其是突出加强污水配套收集管网建设和治理设施运行管理。全面实施农业清洁生产，推进农药化肥减量增效行动，重点抓好畜禽粪污资源化利用、水产养殖尾水生态治理等工作。不断深化工业企业（园区）环境治理，加快推进抗生素、微塑料颗粒等新化学物质防控。

在水生态修复方面，严格落实生态保护红线制度，对重点区域天然林、公益林、湿地公园等实行最严格保护，提升水源涵养净化等能力。按照“自然恢复为主、人工修复为辅”的原则，积极推进山水林田湖草沙一体化保护和修复试点示范，积累建设维护经验。

在水资源保障方面，全面落实最严格水资源管理制度，更加重视生态用水安全，切实保障河湖生态基流，深入推进节水型社会建设。开展中长期气候变化情景预估和预研究，加快实施区域水网重大工程，形成以干支流骨干水库和区域输配水工程为主体的水资源配置格局。

在支撑保障方面，按照激励与约束并举的原则，强化考核奖惩，严格落实生态环境保护“党政同责、一岗双责”。加强科技支撑，提升信息化管理能力，完善相关领域法律法规、标准规范。多渠道筹集资金，将重要河湖生态保护治理重点工程项目作为战略性、基础性投入予以保障。

（2022 年 12 月 24 日，刊载于《人民政协报》）

共同建设人与自然和谐共生的现代化

党的二十大报告指出，我们要推进美丽中国建设，坚持山水林田湖草沙一体化保护和系统治理，统筹产业结构调整、污染治理、生态保护、应对气候变化，协同推进降碳、减污、扩绿、增长，推进生态优先、节约集约、绿色低碳发展。这充分体现了党中央对生态文明建设和生态环境保护一以贯之的高度重视和深谋远虑，展示了党中央建设生态文明、建设美丽中国的坚强意志和坚定决心，为我们进一步做好生态环境保护工作提供了方向指引和根本遵循。

要积极推动形成绿色低碳的生产方式和生活方式。绿水青山既是自然财富、生态财富，又是社会财富、经济财富，保护生态环境就是保护自然价值和增值自然资本、保护经济社会发展潜力和后劲。我们要牢固树立和践行"绿水青山就是金山银山"的发展理念，加快调整优化产业、能源、交通和用地结构，建立完善生态产品价值实现、绿色金融等政策方案，全面推进各类资源节约集约利用，按照"产业生态化、生态产业化"的要求大力发展先进制造业、绿色农业、现代服务业，积极倡导绿色消费行为，推动形成绿色低碳的生产方式和生活方式，努力实现经济社会发展和生态环境保护协同共进。

要持续深入打好蓝天、碧水、净土保卫战。环境就是民生，青山就是美丽，蓝天也是幸福。我们要不断满足人民群众对良好生态环境质量的期待，严格落实"党政同责、一岗双责""三管三必须"要求，深化河长制、湖长制、林长制，坚持精准治污、科学治污、依法治污，加强重点领域区域源头治理、系统治理、综合治理，持续深入打好蓝天、碧水、净土保卫战，持续改善城乡人居环境，着力解决人民群众最关心的突出生态环境问题，切实守护“水缸子”“米袋子”“菜篮子”安全，不断提高人民群众对美好生态环境的获得感、幸福感、安全感。

要始终坚持山水林田湖草沙一体化保护和系统治理的基本方略。习近平总书记多次强调：山水林田湖草是生命共同体，要统筹兼顾、整体施策、多措并举，全方位、全地域、全过程开展生态文明建设。按照生态系统的整体性、系统性及内在规律，我们必须统筹考虑自然生态各要素、山上山下、地上地下、陆地海洋以及流域上下游、左右岸，进一步优化国土空间开发格局，加快构建以国家公园为主体的自然保护地体系，积极推行草原森林河流湖泊休养生息，按照“自然恢复为主、人工修复为辅”的原则，因地制宜加快实施一批重要生态系统保护和修复重大工程项目，并作为战略性、基础性投入予以重点保障，不断提升生态系统质量和稳定性，不断巩固中华民族永续发展的生态根基。

要积极稳妥推进碳达峰碳中和。我们要充分展现应对气候变化全球治理的大国担当，认真落实全球发展安全倡议，树立“一损俱损、一荣俱荣”的人类命运共同体理念，积极参与应对气候变化全球治理，立足我国资源能源禀赋，坚持先立后破，有计划分步骤实施碳达峰碳中和行动，深入推进能源革命，加快建立完善能源清洁低碳高效利用体系，以中国理念和实践引领全球气候治理新格局，同世界各国一道努力呵护好全人类共同的地球家园。

党的二十大报告深刻阐明了中国式现代化是人与自然和谐共生的现代化，对推动绿色发展、促进人与自然和谐共生作出了重大安排部署，为推进美丽中国建设指明了前进方向。我们要推动党的二十大战略部署落实到生态环境保护工作各方面全过程，不断开创生态文明建设新局面，努力在新征程展现新担当新作为，向历史和人民交出新的优异答卷。

坚决贯彻中国式现代化的本质要求，全面促进人与自然和谐共生。中国式现代化绝不能再走西方发达资本主义国家现代化“先污染、后治理”的老路。新征程中，我们必须尊重自然、顺应自然、保护自然，站在人与自然和谐共生的战略高度谋划发展，正确处理当前与长远之间的关系，像保护眼睛一样保护生态环境，像对待生命一样对待生态环境，破解“先污染、后治理”“边污染、边治理”的难题，协同推进降碳、减污、扩绿、增长，坚定不移走生产发展、生活富裕、生态良好的文明发展之路，为建设清洁美丽世界提供中国模式、中国经验。

紧紧锚定美丽中国建设的宏伟目标，持续保持加强生态环境保护建设的战略定力。按照两步走的战略安排，到本世纪中叶，我国要全面建成富强民主文明和谐美丽的社会主义现代化强国，其中，美丽中国是重要建设内容和衡量标志之一。我们必须坚定信心，锐意进取，守正创新，全力攻坚，统筹产业结构调整、污染治理、生态保护、应对气候变化，全方位、全地域、全过程开展生态环境保护，加快构建生态经济体系、生态文化体系、生态制度体系、生态安全体系和目标责任体系，夯实各级各有关方面支撑保障能力，不断提升生态环境治理体系和治理能力现代化水平。

自觉践行绿色低碳发展，积极营造良好社会氛围。坚持从我做起，从小事做起，自觉践行绿色低碳生活生产方式，坚决抵制和反对各种形式的资源、能源浪费，在日积月累中取得水滴石穿、绳锯木断之效。积极向社会传播生态环境保护理念，引导社会公众关注生态环境保护，让生态环境保护成为全民共识，让践行绿色低碳生活成为全民自觉行动，推动形成人人、事事、时时崇尚生态文明的社会新风尚，为生态文明建设凝聚社会公众的力量。

（2022 年 12 月 27 日，刊载于《人民政协报》）

打好绿色转型发展组合拳

2023 年 5 月 17 日，习近平总书记在听取陕西省委和省政府工作汇报时再次强调，要着力推动发展方式绿色低碳转型，提升生态文明建设水平。坚持以减污降碳协同增效为总抓手，引导发展方式绿色转型，为国民经济高质量发展提供强力支撑。这充分体现了习近平总书记对生态文明建设和生态环境保护一以贯之的高度重视和深谋远虑，彰显了中共中央建设生态文明、建设美丽中国的坚强意志和坚定决心，为我们进一步做好生态环境保护工作提供了方向指引和根本遵循。

要坚定践行习近平生态文明思想，不断凝聚绿色转型发展的磅礴力量。各级党委和政府要始终胸怀“国之大者”，坚持一张蓝图绘到底，一任接着一任干，积极探索绿色高质量发展之路；各地各部门要牢固树立“绿水青山就是金山银山”的新发展理念，自觉当好生态文明建设的引领者、推动者和实践者；各行各业要严格履行生态环境保护的社会责任，加快自身转型升级，积极参与生态环境保护行动；广大群众也要从我做起，自觉践行绿色低碳生活生产方式，深入推进资源节约集约利用，在日积月累中取得水滴石穿、绳锯木断之效。

要系统推进生态环境保护和治理，不断满足人民群众对美好生态环境的向往。良好生态环境是最公平的公共产品，是最普惠的民生福祉。不断满足人民群众对美好生态环境的向往就是生态环境保护工作的奋斗目标。然而，随着生态环境保护工作的不断深入，污染防治攻坚迈进“深水区”，更需坚持系统观念，始终坚持山水林田湖草沙一体化保护和系统治理。正如习近平总书记所指出的，“如果破坏了山、砍光了林，也就破坏了水，山就变成了秃山，水就变成了洪水，泥沙俱下，地就变成了没有养分的不毛之地，水土流失、沟壑纵横”。生态环境保护要坚决摒弃只顾部门利益、地区利益而不顾整体利益、国家利益的行为，不能九龙治水、各自为政。农业面源污染、工业污染、城乡生活污染等问题要坚持综合整治，水土流失、土地荒漠化、生态破坏等问题要坚持一体化治理，长江、黄河等重大生态保护修复工程要坚持系统思维，共同抓好大保护，协同推进大治理，不断提高生态环境治理的系统性、整体性和协同性。

要积极稳妥推进碳达峰碳中和，不断彰显我国应对气候变化全球治理的大国担当。实现碳达峰碳中和，不是别人要我们做，是我们自己要做，这是我们应对气候变化全球治理所展现出的大国担当。实现碳达峰碳中和是一场广泛而深刻的经济社会系统性变革，也是推动经济社会绿色转型的客观需要，直接关系到中国经济健康发展。我们要立足我国资源能源禀赋，坚持先立后破，有计划分步骤实施碳达峰碳中和行动，深入推进能源革命，加快建立完善清洁低碳、高效利用的能源体系，以中国理念和实践引领全球气候治理新格局，同世界各国一道努力呵护好全人类共同的地球家园。

要健全法规标准和政策体系等制度措施，不断推动经济发展方式绿色转型。一是推动产业结构优化升级，加快农业绿色发展，推进工业绿色升级；坚决遏制高耗能高排放项目盲目发展，“两高”项目要严格落实产能等量或减量置换；推进现代信息技术与绿色低碳产业深度融合，构建绿色供应链。二是加快构建清洁低碳安全高效能源体系，促进能源体系绿色低碳转型发展；加快推进低碳交通运输体系建设，优化交通运输结构，推广节能低碳型交通工具；大力发展节能低碳建筑，加快优化建筑用能结构。三是推进低碳前沿技术攻关，培育一批国家级科技创新平台；加快先进适用技术研发和推广，加强新型储能技术攻关示范和产业化应用，建立完善绿色低碳技术评估和交易体系。四是完善财税价格政策，加大对绿色低碳产业发展的支持力度，完善能源价格优惠政策；加快建设完善全国碳排放权交易市场，加强电力交易、用能权交易和碳排放权交易的统筹衔接。

“人不负青山，青山定不负人”。转变发展方式是建设生态文明的关键所在。我们要全面贯彻落实党的二十大精神，结合主题教育，真学真懂真信真用，统筹产业结构调整、污染治理、生态保护，协同推进降碳、减污、扩绿、增长，打好绿色转型发展组合拳，助推生态文明建设迈入新阶段。

（2023 年 6 月 6 日，刊载于《人民政协报》）

统筹山水林田湖草沙综合治理

近年来，我国防沙治沙取得了显著成效，但荒漠化防治和防沙治沙工作形势依然严峻，要切实增强防沙治沙工作的使命感和紧迫感，坚决打好打赢“三北”工程攻坚战。

坚持系统观念，扎实推进山水林田湖草沙一体化保护和系统治理。统筹森林、草原、湿地、荒漠生态保护修复，着力培育健康稳定、功能完备的生态系统；强化区域联防联治，实行沙漠边缘和腹地、上风口和下风口、沙源区和路径区统筹谋划，构建点线面结合的生态防护网络；优化农林牧土地利用结构，留足必要的生态空间。

坚持重点攻坚，全力打好三大标志性战役。打好科尔沁、浑善达克两大沙地歼灭战，河西走廊—塔克拉玛干沙漠边缘阻击战。从地图上看，拔掉这几个深黄的点，就能串联起一段段青绿的线，“三北”工程也将因此贯通，形成更加完整厚重的北疆绿色长城、生态安全屏障。

坚持科学治沙，全面提升荒漠生态系统质量和稳定性。牢固树立以水定绿、以水定地、以水定人、以水定产的理念，把水资源作为最大的刚性约束，大力发展节水林草。坚持“近自然恢复”的原则，充分利用本地乡土物种，宜乔则乔、宜草则草、宜灌则灌、宜沙则沙，尽可能实现结构和功能的完整性、稳定性和可持续性。此外，还需加强防沙治沙技术的应用，不断提高滴灌等节水技术水平，提升植被恢复能力。

坚持国际合作，携手各国共同推进全球荒漠化治理。不仅要履行《联合国防治荒漠化公约》，积极参与全球荒漠化环境治理，还要加强同周边国家的合作，为世界荒漠化治理贡献中国智慧和中国方案。

（2023 年）

以高水平环境保护塑造发展新动能、新优势

党的二十大报告明确指出“高质量发展是全面建设社会主义现代化国家的首要任务”。在贯彻落实党的二十大精神的开局之年，我国迈上全面建设社会主义现代化国家新征程的关键时刻。2023 年 7 月 17 日—18 日，全国生态环境保护大会在北京召开，习近平总书记出席会议并发表重要讲话，全面总结了新时代我国生态文明建设的“四个重大转变”，深刻阐述了新征程上推进生态文明建设需要处理好的“五个重大关系”，科学部署了美丽中国建设的“六项重大任务”，再次强调了坚持和加强党对生态文明建设的全面领导的“一个重大要求”，为各级各有关方面进一步加强生态环境保护、推进生态文明建设提供了方向指引和根本遵循。我们要深入贯彻全国生态环境保护大会精神，继续沿着习近平总书记指引的方向奋勇前进，充分发挥好生态环境保护的引导、优化和倒逼作用，统筹产业结构调整、污染治理、生态保护、应对气候变化，以高水平环境保护塑造发展新动能、新优势，推动生态环境保护工作不断取得新的更大成就，厚植高质量发展的绿色底色、生态成色。

始终保持战略定力，坚决扛起美丽中国建设的政治责任。生态兴则文明兴，生态衰则文明衰。人与自然是生命共同体，中国式现代化是人与自然和谐共生的现代化，美丽中国是社会主义现代化强国建设的重要组成部分。我们要牢记“国之大者”，始终保持加强生态文明建设的战略定力，自觉把思想和行动统一到习近平总书记重要讲话和大会精神上来，坚决扛起新征程中美丽中国建设的政治责任，保持必胜的决心和信心，以更加有为的精神状态担负起历史和时代赋予的重任，一张蓝图绘到底，一任接着一任干，像保护眼睛一样保护自然和生态环境，坚定不移走生产发展、生

活富裕、生态良好的文明发展道路，加快建设青山常在、绿水长流、空气常新的美丽中国，实现中华民族的伟大复兴、永续发展。

加快绿色低碳转型，以高品质生态环境支撑高质量发展。人不负青山，青山定不负人。保护生态环境就是保护生产力，改善生态环境就是发展生产力。当前，我国经济已由高速增长阶段转向高质量发展阶段，但生态环境保护结构性、根源性、趋势性压力尚未根本缓解。我们要牢固树立“绿水青山就是金山银山”的发展理念，坚持把绿色低碳发展作为解决生态环境问题的治本之策，按照“产业生态化、生态产业化”的要求加快构建绿色低碳循环经济体系，调整优化产业结构、能源结构、交通运输结构，节约集约利用各类资源，培育壮大新能源、先进制造等绿色低碳产业，加快发展生态农业、生态旅游等“生态+”产业，推动实现更高质量、更有效率、更加公平、更可持续、更为安全的发展。

维护生态环境安全，坚持山水林田湖草沙一体化保护和系统治理。大自然是人类赖以生存发展的基本条件，良好生态环境是最公平的公共产品，是最普惠的民生福祉。当前，我国生态环境与美丽中国建设的目标、人民群众对美好生活的期待相比，都还有较大差距。我们要遵循自然规律、科学规律，坚持山水林田湖草沙一体化保护和系统治理，切实巩固好、维护好我国生态环境安全。一方面，对各类自然保护地实行最严格的保护，推动森林草原河流湖泊湿地休养生息，因地因时制宜、分区分类施策加快实施重要生态系统保护和修复重大工程，不断提升生态系统多样性、稳定性、持续性。另一方面，聚焦人民群众周边的突出生态环境问题，坚持精准治污、科学治污、依法治污，保持力度、延伸深度、拓展广度，深入推进环境污染防治，坚决打好蓝天、碧水和净土三大保卫战，持续改善城乡人居环境。

深化全球国际合作，携手共同建设清洁美丽新世界。人类只有一个地球，地球是人类赖以生存的共同家园。人类是命运共同体，建设绿色家园是人类的共同梦想。近年来，全球气候变化、极端气候事件频发，给人类生存和发展带来严峻挑战。我们要秉承“一荣俱荣、一损俱损”的人类命运共同体理念，以生态文明建设为引领，深化全球国际合作，推动建设清洁美丽新世界。一方面，坚持全国统筹、节约优先、双轮驱动、内外畅通、防范风险的原则，完善能源消耗总量和强度调控，深入推进能源革命，落实好碳达峰碳中和“1 + N”政策体系，积极稳妥推进碳达峰碳中和。另一方面，坚持共同但有区别的责任原则、公平原则和各自能力原则，践行真正的多边主义，加强应对气候变化、生物多样性保护等领域的国际合作，共同实现联合国2030年可持续发展目标。

（2023年8月5日，刊载于《人民政协报》）

吹响全面推进美丽中国建设的号角

“今后5年是美丽中国建设的重要时期。”习近平总书记在全国生态环境保护大会上，系统部署了全面推进美丽中国建设的战略任务和重大举措，强调“把建设美丽中国摆在强国建设、民族复兴的突出位置”，吹响了全面推进美丽中国建设的号角。2023年8月15日，我国迎来了首个全国生态日。这个首创性、标志性的纪念日，体现了新时代生态文明建设的重要地位，也体现了全面推进美丽中国建设的坚定决心。

党的十八大以来，我国生态环境保护工作取得举世瞩目的成就，但生态文明建设仍处于压力叠加、负重前行的关键期。设立全国生态日，是标志也是动力，标志着我国在生态文明建设方面将进一步向全面、纵深推进，也将激励全社会以更加饱满的热情更加关注关心生态环境，进一步建设生态文明，全面推进美丽中国建设。

生态日的进阶之路是建设美丽中国的必然选择。2003年，浙江省湖州市安吉县决定将每年的3月25日定为“生态日”，这是我国地方设立的首个“生态日”。党的十九大以来，这股绿色风潮从浙江蔓延到全国。贵州、吉林以及西安、石家庄等省市相继都设立了生态日，还有16个省、1000多个县开展了生态文明系列创建活动。如今，将8月15日设为全国生态日，必定有助于提高全社会生态文明意识，坚持全国一盘棋、全民一条心、拧成一股绳，进一步树立尊重自然、顺应自然、保护自然的理念，推进美丽中国建设。

全国生态日赋能美丽中国建设要突出“四个自信”。当前，我国生态环境保护结构性、根源性、趋势性压力尚未根本缓解。今后5年是美丽中国建设的重要时期，必须坚持以习近平生态文明思想为指导，坚定“四个自信”，以更高站位、更宽视野、更大力度来谋划和推进新征程生态环境保护工作，全面推进美丽中国建设。

一是突出道路自信。从统筹推进“五位一体”总体布局到“绿色化”内涵的丰富，再到新发展理念的日渐深入和将建设美丽中国摆在强国建设、民族复兴的突出位置，充分体现了生态优先、绿色发展，以高品质生态环境支撑高质量发展的中国特色社会主义生态文明道路无比正确。

二是突出理论自信。党的十八大，以习近平同志为核心的党中央在中国化马克思主义思想理论的指导下不断深化对生态文明的认知，提出了新的生态文明建设理念；党的十九大，“绿水青山就是金山银山”的理念被写入《中国共产党章程》，“两山论”成为全党的共同意志；2018 年，习近平生态文明思想正式确立，为新时期生态环境保护工作提供了强大的思想指引和理论支持。

三是突出制度自信。一系列生态文明建设政策陆续出台，关于生态文明制度建设的顶层设计得到进一步完善，生态文明“四梁八柱”的制度体系更趋完备，成为美丽中国建设的坚实制度保障。

四是突出文化自信。生态文明是人类福祉的重要内容，与我国崇尚的天人合一、道法自然的宇宙观和哲学思想不谋而合，《荀子》中的“万物各得其和以生，各得其养以成”，《老子》中的“人法地，地法天，天法道，道法自然”，《庄子》中的“天地与我并生，而万物与我为一”等，均体现了中国传统文化的自然观与现代生态文明思想在本质上的一脉相承，是全面推进美丽中国建设的最大底气。

神州大地山清水秀，万里河山多姿多彩。党的十八大以来，我们始终坚持以生态文明建设为牵引抓手，不断打开从战略擘画到策略深化的通道，生态文明“兴”的愿景更加可感可及；始终坚持以践行“两山”理念为牵引抓手，不断打通从绿水青山到金山银山的通道，城乡均衡“富”的图景更加多彩出彩；始终坚持以山水林田湖草沙一体化保护和系统治理为牵引抓手，不断打开从攻坚整治到系统施治的通道，生态环境“优”的全景更加清晰清新；始终坚持以推进“人居环境整治工程”为牵引抓手，不断打开从村庄美化到全域美丽的通道，锦绣江山“美”的风景更加引人动人；始终坚持以完善生态文明制度体系为牵引抓手，不断打开从制度优势到治理效能的通道，保护修复“绿”的屏障更加牢固稳固。

2023 年，生态文明建设站上新起点，建设美丽中国踏上新征程。全国生态日的设立是吹响全面推进美丽中国建设号角的起点。我们要以此为契机，坚持以习近平生态文明思想为指引，把建设美丽中国摆在强国建设、民族复兴的突出位置，以“时时放心不下”的责任心、“如芒在背”的紧迫感、挺膺担当的精气神，坚持不懈、奋发有为，全面建设青山常在、绿水长流、空气常新的美丽中国。

（2023 年 8 月 17 日，刊载于《人民政协报》）

扛起服务国家“双碳”战略新使命

当前，全球变暖已是不争的事实，它引发的极端天气正在不断突破纪录。国家气候中心预计，全球气候变暖至少持续到2040年。而欧盟即将推出的“碳关税”（CBAM）将会给我国与欧盟的双边贸易带来影响，对我国相关产品的进出口造成压力和挑战。2020年9月，以习近平同志为核心的党中央统筹国内国际两个大局，提出了“双碳”目标的重大战略决策，2023年7月17日，在全国生态环境保护大会上，习近平总书记再次强调，我们承诺的“双碳”目标是确定不移的。高校作为“关键少数”，因其独特的资源禀赋、人才储备和科技支撑能力，在服务国家“双碳”战略进程中天地广阔、大有可为。2021年7月，教育部印发《高等学校碳中和科技创新行动计划》；2022年4月，教育部印发《加强碳达峰碳中和高等教育人才培养体系建设工作方案》。两个指导性文件的出台，为高校扛起服务国家“双碳”战略的新使命提供了重要实现路径。

截至2022年，全国共有高校3013所，各种形式的高等教育在学总规模约4655万人；有环境科学与工程一级学科博士学位授权高校70余所、一级学科硕士学位授权高校130余所，有环境类专业的院校420余所，开设环境类专业680余个。对标“双碳”战略需求，优化学科专业布局。高校可以结合自身优势学科特色，找准发力点，让“双碳”主题引领学科专业建设，形成与“双碳”战略需求相适应、传统优势学科与新兴交叉学科相融合的一流学科专业体系，加快培养碳核查、碳经纪、碳会计、碳投资咨询、碳信用评估、碳资产评估、气候变化国际合作等方向的专业人才。比如，大气科学或者气象科学具有一定优势的高校可尝试开设应对气候变化专业，财经类高校可开设碳经济专业。

培养多元紧缺人才，构筑人才培育体系。一是做好人才培育方案，做强做实碳中和相关教材建设，出版一批具有引领性、影响力的高水平教材。二是探索完善产教、科教、校企融合的育人新模式，促进培养链、人才链与产业链、创新链有机衔接。三是根据高校自身情况，整合优势教学资源，以资源、环境和能源相关专业为依托，成立碳经济研究院、碳中和未来技术学院等，服务国家重大发展战略，抢占人才培养和科学研究双高地。

强化科研重点攻关，聚力“双碳”科技创新。“双碳”战略目标的实现路径与制度安排涉及自然科学领域大量的基础理论、工程技术及社会科学领域的经济与管理等问题。高校要建立灵活的人才机制，汇聚“双碳”方向的海内外领军人才、高层次人才，组建交叉创新团队，同时依托重点实验室、协同创新中心、工程技术中心等科研机构，瞄准碳中和领域共性问题和“卡脖子”关键技术难题，强化科研重点攻关。

实施全面合作交流，提升“双碳”服务能力。对外，高校要加大和国外高校交流，打造碳中和领域创新引智基地，吸引海外高层次人才；举办国际学术会议或论坛，参与国际标准制定，提升我国在全球应对气候变化治理领域的影响力和话语权。对内，高校要面向社会积极构建服务“双碳”战略的创新实践体系，加快创新链与产业链深度融合。不仅要深化校企、校地合作，构建碳中和技术发展产学研全链条创新网络，还要加快科技成果转化，主动融入各级各类碳中和示范工程建设项目。

充分发挥智库作用，助力政府决策需要。高校要从“四要”入手，充分发挥智力资源和理论研究优势。一要定位准。紧紧围绕碳中和基本内涵、实现路径和主要路线、碳市场体制机制设计等领域，找准高校智库研究定位。二要质量高。努力产出具有决策影响力与社会公信力的标志性智力成果，提升高校智库建设标准。三要方法新。要探索智库平台建设新思路，通过数据赋能、智慧赋能，提升智库在“双碳”战略中的服务效能。四要合作广。强化机构间合作，挖掘研究深度，形成更多有价值的研究成果，提升智库成果的时效性和影响力。

加快建设低碳校园，打造社会低碳标杆。可制定实施校园低碳行动方案，使低碳理念、低碳教育、低碳生活相互融合。大力弘扬绿色低碳文化，推行科普宣传、实践活动、志愿服务等，将“双碳”战略目标转化为全体师生的思想共识和集体行动。在校园建设和管理过程中，贯彻绿色低碳理念，有效利用地源热、太阳能等可再生能源，降低燃气消耗，充分利用大数据、云服务、物联网、互联网等先进技术，构建智慧化校园能源运营管理平台。

（2023 年，刊载于《人民政协报》）

进一步推进长江经济带高质量发展
更好支撑和服务中国式现代化

长江是中华民族的母亲河、炎黄子孙的生命河，也是支撑新时代中国经济高质量发展和中华民族永续发展的重要大动脉。推动长江经济带高质量发展是党中央作出的重大决策，是关系国家发展全局的重大战略。

一、总书记高度重视，4 次座谈会为长江经济带高质量发展把脉定向

党的十八大以来，习近平总书记高度重视长江经济带发展，先后主持召开4次座谈会，亲自为长江流域高质量发展把脉定向、掌舵领航。

2016 年 1 月 5 日，在长江上游——重庆，推动长江经济带发展座谈会召开。习近平总书记强调，共抓大保护、不搞大开发，努力把长江经济带建设成为生态更优美、交通更顺畅、经济更协调、市场更统一、机制更科学的黄金经济带，探索出一条生态优先、绿色发展新路子。

2018 年 4 月 26 日，在长江中游——武汉，深入推动长江经济带发展座谈会召开。习近平总书记强调，新形势下推动长江经济带发展，关键是要正确把握整体推进和重点突破、生态环境保护和经济发展、总体谋划和久久为功、破除旧动能和培育新动能、自我发展和协同发展的关系，坚持新发展理念，坚持稳中求进工作总基调，坚持共抓大保护、不搞大开发，加强改革创新、战略统筹、规划引导，以长江经济带发展推动经济高质量发展。

2020 年 11 月 14 日，在长江下游——南京，全面推动长江经济带发展座谈会召开。习近平总书记强调，坚定不移贯彻新发展理念，推动长江经

济带高质量发展，谱写生态优先绿色发展新篇章，打造区域协调发展新样板，构筑高水平对外开放新高地，塑造创新驱动发展新优势，绘就山水人城和谐相融新画卷，使长江经济带成为我国生态优先绿色发展主战场、畅通国内国际双循环主动脉、引领经济高质量发展主力军。要把修复长江生态环境摆在压倒性位置，构建综合治理新体系，统筹考虑水环境、水生态、水资源、水安全、水文化和岸线等多方面的有机联系，推进长江上中下游、江河湖库、左右岸、干支流协同治理，改善长江生态环境和水域生态功能，提升生态系统质量和稳定性。

2023 年 10 月 12 日，在长江中游——南昌，进一步推动长江经济带高质量发展座谈会召开。习近平总书记强调，要完整、准确、全面贯彻新发展理念，坚持共抓大保护、不搞大开发，坚持生态优先、绿色发展，以科技创新为引领，统筹推进生态环境保护和经济社会发展，加强政策协同和工作协同，谋长远之势、行长久之策、建久安之基，进一步推动长江经济带高质量发展，更好支撑和服务中国式现代化。

从“推动”“深入推动”“全面推动”到“进一步推动”，10 年来，长江经济带高质量发展举世瞩目。长江的 10 年生动书写了“把修复长江生态环境摆在压倒性位置，共抓大保护，不搞大开发”，也生动实践了“把长江经济带建设成为我国生态文明建设先行示范带、创新驱动带、协调发展带”的宏伟蓝图。

二、进一步推进长江经济带高质量发展，要正确处理好“五个重大关系”

2023 年 7 月 17 日—18 日，第二次全国生态环境保护大会召开，习近平总书记全面总结了党的十八大以来我国生态文明建设取得的举世瞩目的巨大成就，精辟概括了“四个重大转变”：实现由重点整治到系统治理的重大转变，实现由被动应对到主动作为的重大转变，实现由全球环境治理参与者到引领者的重大转变，实现由实践探索到科学理论指导的重大转变。明确指明了今后 5 年我国生态文明建设的任务要求：要深入贯彻习近平生态文明思想，坚持以人民为中心，牢固树立和践行绿水青山就是金山银山的理念，把建设美丽中国摆在强国建设、民族复兴的突出位置，推动城乡人居环境明显改善、美丽中国建设取得显著成效，以高品质生态环境支撑高质量发展，加快推进人与自然和谐共生的现代化。深刻阐述了新征程生态文明建设需要处理好的“五个重大关系”。

一是高质量发展和高水平保护的关系，要站在人与自然和谐共生的高度谋划长江经济带高质量发展，通过高水平环境保护，不断塑造发展的新动能、新优势，以实打实地优化产业结构、推动产业转型升级，着力构建绿色低碳循环经济体系，有效降低发展的资源环境代价，在持续不断地改革创新中激发动能转换，推动长江经济带建设现代化经济体系。

二是重点攻坚和协同治理的关系，要坚持系统观念，抓住主要矛盾和矛盾的主要方面。长江经济带覆盖沿江11省市。各省市要加强生态环境分区管控，注重前段控污，从源头上减少污染。各省市要共抓大保护、不搞大开发，要用协同治理的方式扎实推进污染防治。各省市要贯彻落实《深入打好长江保护修复攻坚战行动方案》，对突出生态环境问题采取有力措施，强化协同推进，不断增强生态环境保护工作的系统性、整体性、协同性。

三是自然恢复和人工修复的关系，要坚持山水林田湖草沙一体化保护和系统治理，综合运用自然恢复和人工修复两种手段，因地因时制宜、分区分类施策。一方面要实施长江防护林建设、水土流失治理、河湖湿地保护等重大生态工程，充分发挥人工修复的作用，另一方面要充分用好“十年禁渔”等自然恢复手段，努力找到长江生态环境保护修复的最佳解决方案。

四是外部约束和内生动力的关系，要始终坚持用最严格制度最严密法治保护生态环境，全面落实《中华人民共和国长江保护法》，坚持源头治理、系统治理、综合治理，坚持科学治污、精准治污、依法治污，要让最严格制度最严密法治长出“钢牙”，保持常态化的外部压力。在“共同构建人与自然生命共同体”大目标下，加大“环保科普”宣传力度，在全社会范围内普及生态环境知识，激发全社会共同呵护生态环境的内生动力。

五是“双碳”承诺和自主行动的关系，我们承诺的“双碳”目标是确定不移的，但达到这一目标的路径和方式、节奏和力度则应该而且必须由我们自己作主，决不受他人左右。长江经济带沿江各省市覆盖人口规模占据中国“半壁江山”，各省市推进“双碳”战略意义重大。各省市必须立足各地资源能源禀赋，充分发挥水资源优势，坚持先立后破，有计划分步骤实施碳达峰碳中和行动，深入推进能源革命。

“五个重大关系”创造性丰富发展了对生态文明建设的规律性认识，既是实践总结也是理论概括，蕴含着丰富的世界观和方法论，充满深刻精辟的道理学理哲理，为全面建设人与自然和谐共生的美丽中国提供了有力思想武器。站在新的历史起点，我们必须牢牢把握其丰富内涵和实践要求，坚持好、运用好贯穿其中的立场观点方法，以更高站位、更宽视野、更大力度谋划和推进生态环境保护工作，进一步推进长江经济带高质量发展。

三、“守护好一江碧水”，奋力书写进一步推进长江经济带高质量发展的湖南新篇章

湖南省作为长江中游省份，是长江经济带的重要节点省份，水情是最大的省情，湖南拥有163公里长江岸线，“一湖四水”辐射全省、连通长江，全省96.7%以上的区域都属于长江流域，湘资沅澧四水通过洞庭湖汇入长江，湖南在维护长江中下游江湖关系和生态平衡方面起着不可或缺的重要作用。2018年4月25日，习近平总书记亲临岳阳视察，殷切嘱托要“守护好一江碧水”。

“十四五”期间，湖南省委、省政府始终保持加强生态文明建设的战略定力，以习近平生态文明思想为指引，认真贯彻落实习近平总书记关于长江经济带发展系列重要指示批示精神和“守护好一江碧水”殷切嘱托，深入贯彻执行《中华人民共和国长江保护法》，全面推动“一江一湖四水”系统保护和治理，在保护长江母亲河上体现新担当、展示新作为。一是水环境质量大幅改善。2022年，全省国考断面水质优良率提升至98.6%（其中Ⅰ类、Ⅱ类断面比例达到91.8%），比2018年提升8.6个百分点，排名全国前列、中部省份第1位；湘资沅澧四水及长江干流湖南段省考断面水质连续3年全部达到或优于Ⅱ类；永州、张家界等4个市州的全国地级城市地表水环境质量状况排名处于前30位。二是加快推进绿色发展。全省高新技术企业突破10000家，科技进步贡献率提高到60%以上，累计创

建国家级绿色工厂 100 家，国家级绿色园区 10 家，绿色发展指数进入全国前 10。三是群众环境满意度不断提升。全省生态环境质量改善“公众满意度”连续三年提升，2018 年以来未发生重大及以上突发环境事件，群众环境获得感不断增强。

长江大保护涉及多领域、多部门、多地方，需要上下游联动、跨区域保护，共奏长江保护“大合唱”。湖南作为长江中游地区正在加速发展的省份，发展与保护的矛盾比较突出，需要进一步提高政治站位，认真学习贯彻习近平生态文明思想，以党的二十大精神为指引，深刻领悟习近平总书记关于进一步推动长江经济带高质量发展的重要指示精神，牢记习近平总书记“守护好一江碧水”的殷殷嘱托，正确处理五大关系，系统综合施策，持续精准发力，有力有序有效纵深推进“一江一湖四水”系统保护和治理，奋力书写进一步推进长江经济带高质量发展湖南新篇章，为保护长江母亲河贡献更多的湖南力量。

（2023 年）

把生态省建设作为实施“四化两型”战略的重要抓手 推进湖南科学发展

当前，如何落实中央提出的“建设生态文明”“加快转变经济发展方式”，这是摆在我们面前的一个重大课题，全国各地都在积极探索。湖南正处于加速发展时期，站在新起点，湖南将以什么样的新引擎推动科学发展？省委、省政府顺应当前国内外发展大势，立足湖南发展的阶段性特征，着眼现实和未来需要，作出了推进“四化两型”的战略抉择，以建设“两型社会”作为加快经济发展方式转变的目标和着力点，以新型工业化、农业现代化、新型城镇化、信息化为基本途径，强调的是又好又快发展，凸显的是以人为本的发展理念，倡导的是资源节约、绿色健康的生产方式。因而，这是既要金山银山、又要绿水青山的战略，是加快发展的战略，也是转型发展的战略。作为生态文明建设的重要载体，全国生态省十几年建设的实践成果表明，生态省建设可以作为实施“四化两型”战略的重要抓手，助推湖南科学发展。

一、全国生态省建设情况及主要经验做法

自1999年海南省率先提出建设生态省以来，全国已有海南、吉林、黑龙江、福建、浙江、山东、安徽、江苏、河北、广西、四川、辽宁、天津、山西等14个省（区、市）开展了生态省建设，近期又有陕西、河南、云南、湖北、广东等省陆续启动。与此同时，环保部（现生态环境部）选择部分省、市、县开展了生态文明创建的试点。党的十七大以来，一些省（区、市）结合生态文明建设要求，把生态省建设摆在重要位置。如江苏省委、省政府要求全省上下牢固树立“环境是最稀缺资源、生态是最宝贵

财富”的生态文明观，明确提出环保优先。江苏、广西、湖北、浙江等省党委、政府先后出台了推进生态省建设，提升生态文明水平的决定。全国生态省建设蓬勃发展，成效显著。

生态省建设体制机制不断完善。生态省建设是一个综合性的系统工程，有关省（区、市）在创建过程中，形成了党委领导、政府负责、部门联动、社会广泛参与的工作格局。浙江省委、省政府成立了以省委书记为组长、省长为常务副组长、32个部门主要负责人为成员的生态省建设工作领导小组，建立健全生态省建设考核机制，将生态省建设任务完成情况与生态补偿和生态环保专项资金安排挂钩，与各类评优创先考核挂钩，与各地建设项目审批挂钩，切实提高考核的约束力。海南省将生态省建设考核结果作为地方领导干部政绩考核内容之一，同时作为奖励、问责和选拔任用的重要依据，作为环境保护和生态建设项目资金安排的重要依据。

生态省建设经费保障加强。生态省建设涉及内容广，工作任务重，时间周期长，必须有可靠的经费保障才能取得实效。江苏省“十一五”期间，环境保护和生态建设共投入资金4500亿元，“十二五”预计达6000亿元以上。湖北省把生态文明建设作为各级政府公共财政支出的重点予以倾斜，省级财政每年从“两型社会”建设激励性转移支付资金中列支1亿元，建立生态文明建设“以奖代补”资金。

生态省建设成效显现。生态经济得到长足发展，环境质量明显改善。山西省积极整合煤炭资源，培育了一批循环经济示范企业（园区、社区）。黑龙江省全省绿色（有机）食品种植面积达到6100万亩，实现总产值750亿元。江苏省加大重点流域治理力度，太湖流域基本实现建制镇污水处理设施全覆盖，太湖水质稳步改善；河北省开展城镇面貌“三年大变样”行动，确定了124家污染企业搬迁时限以及442个污染减排项目和169个基础设施项目完成时限，重点流域水环境质量不断好转；福建省2009年全省12条主要水系Ⅰ类至Ⅲ类水质比例为93.8%，森林覆盖率达到了63.1%。

二、生态省建设是实施“四化两型”战略的重要抓手

目前全国生态省建设的工作机制不断完善，循环经济和生态产业发展初见成效，环境保护和生态建设力度不断加大，生态县、生态乡镇、生态村建设等生态省建设的细胞工程不断夯实，生态省建设作为推进生态文明建设的重要载体和组织形式，已得到各地的广泛认同。生态省建设的内容、目标与湖南省“四化两型”建设协调统一，推进生态省建设，将有效促进“四化两型”战略实施，助推湖南省科学发展。

生态省建设是提高生态文明水平的重要载体。生态省建设内容涵括了经济发展、生态环境保护和社会进步三个方面共16项指标，能有力推动生态经济、生态环境、生态人居、生态文化、能力支撑等五大体系的构建。许多省、市自开展生态创建以来，转变发展方式、优化经济增长、调整产业结构、强化节能减排、加强城乡环保，改善人居环境，培育生态文化，生态文明理念日益深入人心，部分地区已初步走上了生产发展、生活富裕、生态良好的文明发展道路。实践证明，生态省建设是地方党委、政府促进区域经济、社会与环境协调发展的重大举措，是现阶段建设生态文明的基本目标模式，对于建设资源节约型、环境友好型社会、推动环境保护历史性转变具有重要意义，能极大地促进经济发展和环境保护良性互推，人与自然更加和谐。

生态省建设是促进转方式、调结构的重要手段。李克强副总理在2010年11 月10日召开的中国环境与发展国际合作委员会上，明确指出“国内发展的新形势和国际发展的新趋势，都要求我们加快转变经济发展方式，推动建设生态文明，努力走代价小、效益好、排放低、可持续的发展路子，实现经济社会又好又快发展”。这是生态省建设的核心任务和重要意义所在。“四化”建设是转方式、调结构要求在湖南的具体化，通过大力推进新型工业化、农业现代化、新型城镇化和信息化，争当科学发展排头兵。生态省建设以发展生态经济、循环经济、低碳经济、绿色经济为重点，推进生态产业建设，以对环保产业比重、主要河流年水消耗量以及主要污染物排放强度等指标限定，促使传统工业向科技含量高、经济效益好、资源消耗低、环境污染少的新型工业化转型，以大力发展环保等战略

性新兴产业推动产业升级；通过物种资源保护、绿色有机食品基地建设以及退化土地恢复率等指标要求，推进农业现代化建设，促进传统农业向集约化、现代化的有机农业转型；通过城市化水平、森林覆盖率、环境质量等指标要求，提高城市环境承载力，加大城乡统筹力度，优化人居环境，促进统筹发展、协调发展、和谐发展和可持续发展的新型城镇化建设。因此，加大生态省的建设力度，就是加快调结构转方式，就是加快“四化”的建设。

生态省建设是加快“两型社会”建设的重要推力。建设资源节约型、环境友好型社会，就是要统筹人与自然和谐发展，处理好经济建设、人口增长与资源利用、生态环境保护的关系，推动整个社会资源高效、循环利用，生产、生活、生态和谐统一。而生态省建设的本质是促进区域社会、经济与生态环境的协调发展，推动整个区域走生产发展、生活富裕、生态良好的文明发展道路。以节约能源和促进资源永续利用为重点，推进资源保障体系建设；以生态环境保护和治理、污染物减排为重点，推进山川秀美的生态环境体系建设；以城乡绿化和环境综合整治为重点，推进人与自然和谐的生态人居体系建设；以提高环境保护和环境道德意识、倡导绿色生产和绿色消费为重点，推进生态文化体系建设。生态省和“两型社会”建设内容一脉相承，加大生态省的建设力度，就是加快“两型社会”的建设步伐。建设生态省不仅仅是完成长株潭城市群“两型社会”建设试点任务，更是推进全省建设“两型社会”，全面推进21.8万平方千米、6900万人口的湖南科学跨越发展。

生态省建设有利于形成强大合力，推进“四化两型”战略。生态省建设要求生态省建设的综合指标体系纳入对各级党委、政府领导班子实绩考核内容，并建立相应的考核机制；要求各相关部门各司其职，全力参与、协调和配合；要求四个80%，即80%的市、80%的县、80%的乡镇、80%的村分别达到生态市（县、乡镇、村）的建设指标。通过生态省建设，将有效整合各级各部门、企业、社会的力量，最终形成强大的合力，按照省委、省政府的战略部署，凝心聚力，整体推进“四化两型”建设。

三、推进湖南省生态省建设的建议

全国已有19个省开展和启动了生态省创建，在全国大力推进生态文明建设之时，在湖南省大力推进“四化两型”战略之际，湖南省更应坚定不移地推进生态省的建设，为此我们建议：

尽快启动生态省建设，推进湖南省“四化两型”战略的实施，推进湖南省科学发展和“绿色湖南”的打造。

成立生态省建设领导小组。生态省建设涉及面广、工作任务重，必须切实加强组织领导。建议由省委书记任顾问，省长任组长，分管副省长任副组长，各相关部门负责人为成员。研究决策生态省建设中的重大问题，推动湖南省生态省建设。

抓紧编制《湖南生态省建设规划》。生态省建设是一条以资源禀赋、环境容量为基础的可持续发展的道路，需要10—20年的不懈努力才能实现，顶层设计、规划引领显得尤为重要。

省委、省政府尽快出台《关于加强生态文明建设的决定》，明确生态文明建设的重要意义、指导思想、目标任务和保障措施。

建立生态省建设的激励与约束机制。生态创建是系列创建，从生态村、生态乡镇、生态县、生态市到生态省共五级创建，建立“以奖促创”的激励机制和目标责任考核的约束机制，有效推动生态创建工作，保障生态省建设取得实效。

附件：

表1 生态省建设指标

	序号	名称	单位	指标	说明
经济发展	1	农村居民年人均纯收入	元/人		约束性指标
		东部地区		≥8000	
		中部地区		≥6000	
		西部地区		≥4500	
	2	城镇居民年人均可支配收入	元/人		约束性指标
		东部地区		≥16000	
		中部地区		≥14000	
		西部地区		≥12000	
	3	环保产业比重	%	≥10	参考性指标

续表

<table>
<tr><th></th><th>序号</th><th>名称</th><th>单位</th><th>指标</th><th>说明</th></tr>
<tr><td rowspan="22">生态环境保护</td><td rowspan="5">4</td><td>森林覆盖率</td><td rowspan="5">%</td><td></td><td rowspan="5">约束性指标</td></tr>
<tr><td>山区</td><td>≥65</td></tr>
<tr><td>丘陵区</td><td>≥35</td></tr>
<tr><td>平原地区</td><td>≥12</td></tr>
<tr><td>高寒区或草原区林草覆盖率</td><td>≥80</td></tr>
<tr><td>5</td><td>受保护地区占国土面积比例</td><td>%</td><td>≥15</td><td>约束性指标</td></tr>
<tr><td>6</td><td>退化土地恢复率</td><td>%</td><td>≥90</td><td>参考性指标</td></tr>
<tr><td>7</td><td>物种保护指数</td><td>——</td><td>≥0.9</td><td>参考性指标</td></tr>
<tr><td rowspan="3">8</td><td>主要河流年水消耗量</td><td>——</td><td></td><td rowspan="3">参考性指标</td></tr>
<tr><td>省内河流</td><td></td><td><40%</td></tr>
<tr><td>跨省河流</td><td colspan="2">不超过国家分配的水资源量</td></tr>
<tr><td>9</td><td>地下水超采率</td><td>%</td><td>0</td><td>参考性指标</td></tr>
<tr><td rowspan="4">10</td><td>主要污染物排放强度</td><td rowspan="3">千克/万元（GDP）</td><td></td><td rowspan="4">约束性指标</td></tr>
<tr><td>化学需氧量（COD）</td><td><5.0</td></tr>
<tr><td>二氧化硫（SO_2）</td><td><6.0</td></tr>
<tr><td colspan="3">且不超过国家总量控制指标</td></tr>
<tr><td rowspan="2">11</td><td>降水 pH 值年均值</td><td></td><td>≥5.0</td><td rowspan="2">约束性指标</td></tr>
<tr><td>酸雨频率</td><td>%</td><td><30</td></tr>
<tr><td>12</td><td>空气环境质量</td><td>——</td><td>达到功能区标准</td><td>约束性指标</td></tr>
<tr><td rowspan="2">13</td><td>水环境质量</td><td rowspan="2">——</td><td rowspan="2">达到功能区标准，且过境河流水质达到国家规定要求</td><td rowspan="2">约束性指标</td></tr>
<tr><td>近岸海域水环境质量</td></tr>
<tr><td>14</td><td>环境保护投资占 GDP 的比重</td><td>%</td><td>≥3.5</td><td>约束性指标</td></tr>
<tr><td rowspan="2">社会进步</td><td>15</td><td>城市化水平</td><td>%</td><td>≥50</td><td>参考性指标</td></tr>
<tr><td>16</td><td>基尼系数</td><td>——</td><td>0.3～0.4</td><td>参考性指标</td></tr>
</table>

基本条件：

1. 制定了《生态省建设规划纲要》，并通过省人大常委会审议、颁布实施。国家有关环境保护法律、法规、制度及地方颁布的各项环保规定、制度得到有效的贯彻执行。

2. 全省县级（含县级）以上政府（包括各类经济开发区）有独立的环保机构。环境保护工作纳入市（含地级行政区）党委、政府领导班子实绩考核内容，并建立相应的考核机制。

3. 完成国家下达的节能减排任务。三年内无重大环境事件，群众反映的各类环境问题得到有效解决。外来入侵物种对生态环境未造成明显影响。

4. 生态环境质量评价指数位居国内前列或不断提高。

5. 全省80%的地市达到生态市建设指标并获命名。

（2011年3月25日）

我国屋顶立体绿化研究

屋顶立体绿化是在各类建筑物、构筑物、桥梁（立交桥）等的屋顶、露台、天台、阳台等的顶面或垂直立面上进行造园和植物景观绿化的统称。近年来，随着我国经济的发展，一些城市深陷雾霾、沙尘污染之中，人们的生活环境受到了严重影响。支持生态产业发展，屋顶立体绿化已经成为城市生态环境治理的重要途径。

一、城市生态绿化的现状

（一）被忽略的建筑第五立面

随着中国城市化进程加快，城市规模不断扩大、城市人口不断增加，建筑物越来越高，密度越来越大，大量高密度的“钢筋水泥的森林”开始出现，绿化地和水面不断被蚕食，城市生态环境恶化，出现了大气环境和水环境严重污染等诸多环境问题。被称为建筑的第五立面的屋顶，却仍然是都市中的尚待开垦的“处女地”，处于一种被忽略、被遗忘的地位。一方面是城市绿化面积和水面面积被越来越多的高密度建筑物逐步蚕食，另一方面大量的屋顶却仍然“素面朝天”，未被有效利用。这就是目前在城市建设上存在的一对矛盾。而被众多生态环境专家、城市规划专家、建筑设计专家所推崇的“屋顶立体绿化”则是一种既能兼顾到城市经济建设发展的需要，同时又能很好地解决城市生态环境问题的双赢甚至多赢的方案。

（二）城市生态需要绿色，尽量多种植植物

$PM_{2.5}$、热岛效应、空气污染……近年来，多种城市生态问题不断冲击着各个城市，人们开始思索城市绿化该如何更好地改善城市生态环境，如何在一定程度上防灾减灾。解决这些“城市病”的方法有两类，一是节流，减少污染源；二是开源，增加绿化量，提高城市的生态自净力。然而在寸土寸金的城市中，城市人均绿地占有面积越来越少。如何解决绿化空间紧缺问题？以屋顶、墙体等建筑物外立面为依托的立体绿化无疑是解决这一矛盾的有效途径。

研究表明，各种形式的屋顶立体绿化，能够固碳增氧降低热岛效应，吸纳降解可吸入颗粒物 $PM_{2.5}$，还可以降低城市噪声、增加负氧离子含量、调节气候、节电隔热、滞尘减排、截雨防洪，是生态低碳城市的重要组成部分，有着巨大的生态效益。

屋顶立体绿化的生态功能毋庸置疑，但由于资金、房屋承受力、百姓观念滞后等种种原因，与传统绿化模式相比，多年来，立体绿化的发展相对比较缓慢。近两年，由于城市生态环境的迫切需要和城市土地供应的极度紧缺，很多城市将发展立体绿化列为城市绿化规划的重要内容，国内一些大型会展活动也大量植入立体绿化的元素，让更多百姓能够更好地了解立体绿化，体会立体绿化。

2010 年召开的上海世界博览会有 85% 的建筑物在设计修建时都引入了立体绿化这种全新的装饰理念。中国馆 3.7 万平方米的空中花园、印度馆绿色草皮覆盖的中央穹顶、法国馆环绕整个室内空间的悬空绿柱等，让游客为之震撼。

（三）我国屋顶立体绿化政策现状

随着城市经济的快速发展，以及人们对城市生态环境的日益重视，对建筑物进行立体绿化美化，逐渐受到越来越多城市的青睐。人们开始意识到屋顶立体绿化是未来城市绿化中的重要途径。尤其是进入“十二五”时期，很多城市出台或修订了相关条例和工作计划，通过一系列措施扶持屋顶立体绿化建设。

2011 年广西南宁市在修订的《南宁市城市绿化条例》中，将屋顶立体绿化条例单独列出来，鼓励新建大型公共建筑、国家机关和事业单位办公楼、居民住宅楼等建筑在符合建筑规范和安全要求的前提下进行屋顶立体绿化等立体绿化。

2011 年，北京市政府对外发布《关于推进城市空间立体绿化建设工作的意见》，通过强制性和鼓励性政策措施，使城市空间立体绿化成为首都绿化美化的常态工作，不断提高城市空间立体绿化工程的建设标准、品质和社会认知程度，计划在“十二五”期间完成 100 万平方米的立体绿化任务。

2012 年《上海市建筑节能项目专项扶持办法》划定的可支持的立体绿化示范项目是在相关重点区域的公共建筑上（含栖身小区的公共部位），利用屋顶、墙面等建筑空间开展的各类立体绿化项目，已享受绿地率抵算的立体绿化项目除外。可支持的立体绿化示范项目建设规模可分为三大类：屋顶立体绿化覆盖面积 1000 平方米以上、一般墙面绿化覆盖面积 1000 平方米以上、特殊墙面绿化覆盖面积 500 平方米以上。划定的补贴尺度为：花园式屋顶立体绿化每平方米绿化面积补贴 200 元，组合式屋顶立体绿化每平方米绿化面积补贴 100 元，草坪式屋顶立体绿化每平方米绿化面积补贴 50 元。一般墙面绿化每平方米绿化面积补贴 30 元，特殊墙面绿化每平方米绿化面积补贴 200 元。对于单个绿化示范项目，最高可获补贴 600 万元。

2012 年山东省青岛市出台了《青岛市城市绿化条例》，鼓励居民住宅楼、高架桥等适宜立体绿化的建筑物和构筑物实施立体绿化，还在植树增绿大行动中倡导立体绿化。

2013 年浙江省杭州市出台的《杭州市城市绿化管理条例》中，鼓励发展屋顶立体绿化、垂直绿化等多种形式的立体绿化和开放式绿化。

2013 年陕西省出台《西安市推进城市屋顶绿化和垂直绿化工作实施意见》：以西安市城区范围内建筑为重点，主要侧重 22 米以下的建筑屋顶进行屋顶绿化，完成的屋顶绿化可按实有面积的 20% 计算绿化面积，并纳入绿化统计工作范围。新建、改建公共机构建筑屋顶绿化建设资金列入项目总投资，养护资金纳入部门财政预算。公共机构既有建筑屋顶绿化建设和养护资金纳入部门财政预算。公共机构是指全部或者部分使用财政性资金的国家机关、事业单位和团体组织。市政府对屋顶绿化按每平方米 285 元的标准进行补贴。垂直绿化按建筑物正投影轮廓线计算，市财政按每平方米 50 元的标准进行补贴。

立体绿化事业的长足发展需要政府的大力支持。不断出台的各项相关政策，激发着各个城市发展立体绿化的动力，为我国立体绿化的更快更好发展保驾护航。

（四）我国相关绿色建筑行业政策现状

“十一五”后，我国多次把“绿色建筑与建筑节能”列入国家长期发展规划，发布了绿色建筑评价标准，每年举办国际绿色建筑与建筑节能会议及博览会，开展由政府颁发的绿色建筑创新奖评审，签署了“绿色建筑科技行动”协议，颁布了绿色建筑评价标识管理办法等管理文件，开展了 100 项绿色建筑示范和 100 项低能耗建筑示范的“双百工程”。

（五）我国屋顶立体绿化建设现状

自 20 世纪 60 年代起，我国开始研究屋顶绿化的建造技术。为了满足改善城市生态环境、增加城镇人均绿地面积等需要，屋顶绿化被列入城市建设规划、设计和建造范围。近年来，北京、上海、重庆、成都、深圳等大城市的屋顶绿化建设速度较快，绿化面积增加明显。

当前，广州市建成房屋屋顶面积在 4000 万平方米以上，尤其对人口密度较大，绿化用地有限的老城区居民来说，这无疑是一笔巨大的绿色空间和资源。有专家表示，即使将这些房屋天台的 1/4 做绿化，全年可吸收 10.4 亿克二氧化碳、提供 7.5 亿克氧气，满足近 30 万城市居民的绿色需求。如果在市中心区建造一个 1 万平方米的公园，约需投资 3000 万元，而改造 1 万平方米的天台仅需 300 万元。现湖南省某高新科技龙头企业便自主研发出成熟的屋顶绿化专利技术，通过“屋顶绿化种植基质盘”解决耐寒耐旱耐高温等问题，通过负荷极轻的专有“高效基质土壤”解决屋顶承重问题，从根本做到保护植物根系生长的同时维护屋顶层面结构，形成集成式一体化基质草坪。由于集成化和商品化，其拥有施工速度快、铺设简单，设计多样化，投入低回报大等特点。并且，通过将佛甲草等植物结合应用达到生态治理的目的，其适应性可保活30年以上。

目前太原市有屋顶立体绿化32处，总面积达到了8万多平方米，相当于在太原空中建起了一座漪汾公园。在一些社区住宅楼顶，有的居民自发建起“空中花园”，种果树，建凉亭，垒花池，俨然成为“水泥森林”中风景宜人的“绿洲”。而太原市柳南商贸住宅楼顶的花园面积，据统计已达到2000平方米，种植着丁香、月季等十多种花。不过，与太原市可以绿化的屋顶面积相比，当下绿化的总面积只是沧海一粟。

上海市目前有条件绿化的屋顶面积1900万平方米，已绿化的仅90万平方米，不到5%，而在发达国家，城市屋顶立体绿化率约15%～30%。屋顶立体绿化能净化周围环境，养护成本一年每平方米也不过10元左右。目前，天津、杭州、长沙、济南、太原、沈阳、大连、昆明等城市的屋顶绿化也自发地以各种形式开展着。

实践充分证明，屋顶立体绿化是节约土地、开拓城市空间、包装建筑物和都市的有效办法，是人类与大自然的有机结合。屋顶立体绿化不单为都市的居民在紧张的工作之余提供了一个休息和消除疲劳的舒适场所，对于一个城市来说，它更是保护生态、调节气候、净化空气、遮阴覆盖、降低室温的一项重要措施，也是美化城市、活跃景观的一种好办法。

二、城市屋顶立体绿化的生态功能与经济效益

（一）屋顶立体绿化的生态功能

1. 降低能源消耗，响应低碳潮流

屋顶立体绿化的效果主要是夏季保冷隔热、冬季保暖隔冷的作用。对于低层建筑物来说，尤其是工业厂房，由于屋顶面积比墙面面积大，在夏季从屋面进入室内空间的热负荷往往占建筑总围护面的70%以上。若把这些屋面进行绿化，不仅屋顶的外表面能降温20摄氏度以上，从屋面传入室内的热量减少75%，而且还可使建筑物周围环境的湿度和温度都有所改善，减少了室内空调、电扇等电器的使用，达到降低能源消耗和响应低碳潮流的宗旨。

2. 缓解热岛效应，降低城市温度

对现代城市的热岛效应，屋顶立体绿化可以从两个方面发挥效能：一方面是直接效果，即利用屋顶立体绿化植物的蒸腾作用将水分散发到空气中，同时带走一定的热量，从而达到降温效果；另一方面是间接效果，即通过屋顶立体绿化的隔热效果使建筑顶层室内的热负荷下降，进而减少制冷空调的使用和空调排放的热量，以此达到缓解热岛现象的目的。

3. 有效治理雨水系统，滋润都市躯体

面对城市雨水系统的恶性循环而造成的气候干燥、洪涝灾害、水质下降等现实问题，屋顶绿化可以在一定程度上缓解上述现象。此外，屋顶立体绿化对雾霾治理具有显著成效，表现在以下几个方面：

在应用于屋顶立体绿化的绿色植物中，草类具有生命力强，生长速度快，繁殖能力强，生物量大的特点，而在城市的“第五立体绿化面”利用小草“见缝插绿”可在重金属和有害微尘物质较多的城市生态治理中起着“先锋部队”的作用。据测算，1 公顷草毯绿地每年能滞留粉尘 10—70 吨，因此人们又把绿地称为“绿色除尘器”，与小灌木相结合进行屋顶立体绿化，可达到更好的生态除霾效果。此外还有：

（1）雨水的储存效果。这方面主要取决于土壤的保水性能，在普通的建筑屋面上几乎 95% 的雨水经过落水管流入地下排水管道，而绿化后的屋面约 50% 的雨水滞留在屋顶上，储存于种植基层和塑料排蓄水盘中，然后再通过水分的直接蒸发及植物的蒸腾作用扩散到大气中去，从而调节屋顶上方空气的湿度。同时削减大量的雨水下泄，缓解城市雨水排放系统的负荷，减少洪水泛滥的发生。

（2）雨水流出的延迟效果。短时间的集中排水是城市洪涝灾害的主要原因，做过绿化的屋顶每逢降雨时土壤表面滞留的雨水就会逐渐下渗，随后从排水口流出，从而增加了屋面雨水地表径流的时间及降低径流峰值，这就是延迟雨水流出的效果。

（3）雨水的净化效果。雨水不仅是自然界水循环系统中的重要环节，更是区域水资源补偿的主要来源。因此，在绿化后的屋顶上，大气中的尘埃及其污染物伴随雨水降落下来，再经过土壤的缓冲作用，截留于土壤，从而有效改善附近水域的水质。

4. 改善屋顶的物理性能，延长建筑的使用寿命建筑屋顶构造的破坏主要是由于建筑屋面结构材料的热胀冷缩的物理性能引起。昼夜、季节有着巨大的温度极值变化引起屋顶构造的膨胀和收缩，这种日复一日的伸缩现象若不加以改善，就会导致屋面材料快速老化、出现裂缝、雨水渗漏、从而缩短建筑物的使用寿命。面对以上问题，屋顶立体绿化可以有效地调节极值的变化范围，抑制屋面裂纹的发生，避免顶面与胸墙结合部位防水层的损伤。另外，屋顶立体绿化还可以通过土壤的缓冲发生“中和反应”调节其中的酸碱性能、避免太阳光对屋面直接照射，防止火灾和机械性的破坏，从而延长建筑物的使用寿命。

5. 使建筑保温隔热，创造宜人的生活空间

屋顶立体绿化常被业界人士看作一种“外部隔热材料”。一方面，屋顶立体绿化在夏季就像一台“自然式的空调”，利用植物吸收阳光的辐射热量、水分的蒸发、基质层的隔离等，有效地阻止屋顶表面温度的升高，降低顶层室内温度；另一方面，屋顶立体绿化在冬季就像一个“暖气罩”保护着建筑物，使顶层室内的温度不易外部扩散，从而起到良好的保温作用。

6. 增加二氧化碳固化效果，提高城市空气质量

屋顶立体绿化通过植物的光合作用吸收二氧化碳和释放氧气达到维护空气中二氧化碳与氧气平衡的目标，同时屋顶花园中的植物能够固化、降解大气中的烟尘、氮氧化物、重金属元素等有害物质，达到提高城市空气质量的目的。

7. 增加绿色空间结构，保护城市的生物多样性

屋顶立体绿化作为城市绿化系统中的新型绿化形式，不仅可以保持生态廊道的贯通，更是维持市区生物多样性的重要场所，尤其是对昆虫、鸟类等小型动物更是如此。2003 年瑞士应用科技大学在瑞士巴塞尔 17 个覆盖有植被的屋面上调查发现了 78 种蜘蛛和 254 种昆虫，其中有 11 %的甲壳虫和 18 %的蜘蛛是濒危物种或稀有物种。通过该研究可以得知，良好设计的植被屋面可以成为濒危物种的补偿栖息地。

（二）屋顶立体绿化的经济效益

从空中俯瞰城市，成片灰色的“水泥森林”让人窒息。众所周知，随

着城市的扩容，房子越来越多，绿化用地却越来越有限。用拆迁的方式来建绿地，因为成本等因素已不太可能，而屋顶立体绿化，由于没有土地成本，无疑成为城市中心区最廉价的绿化方式。

拥有近80年历史的纽约地标性建筑——帝国大厦在改造完成后，15年内温室气体排放量可削减10.5万吨，相当于1.75万辆轿车一年的温室气体排放总量。预计2013年改造成功后，帝国大厦的能源消耗将减少38%。虽然改造的成本预算高达2000万美元，但最终将使大厦能耗每年节省4400万美元。

在当今飞速发展的城市建设中，随着城市建筑朝着多层、高层、高密度的方向发展，有限的城市绿地空间越发显得珍贵。因此，妥善地进行屋顶绿化和立体垂直绿化，以此来弥补城市绿地面积的不足，将不失为一个既经济又行之有效的好办法。

三、我国城市立体屋顶立体绿化存在的主要问题

（一）相关政策、法规不健全

世界上许多国家都制定了屋顶立体绿化的相关政策、法规。我国的屋顶立体绿化起步较晚，相关制度也不健全，仍处于自发建设状态。目前，我国还未出台与屋顶立体绿化相关的法律。虽北京、上海、成都、杭州、重庆、深圳等大城市制定了地方性的政策法规，但这些法规实施起来较困难，且推广力度小。

目前，屋顶立体绿化主要有以下三种形式：一是政府全额出资建设；二是政府对完成屋顶立体绿化建设的单位给予一定的奖励或补贴；三是政府严把工程验收关，将屋顶立体绿化面积以一定比例折合成绿地面积，以鼓励开发商进行屋顶立体绿化建设。武汉、郑州、南京等城市因缺乏相关的政策、法规，屋顶立体绿化的发展进展仍很缓慢。目前，亟须制定相关法律法规，以调动全民进行屋顶立体绿化的积极性，从而增加城市绿化面积。

（二）宣传力度不够

目前，对屋顶立体绿化工程的误解很多。例如，很多人认为屋顶立体绿化的建造、维护成本过高，有些人觉得屋顶立体绿化既贵又麻烦，还容易引起房屋渗漏。这些误解使人们忽视了屋顶立体绿化的重大作用及其产生的社会效益、经济效益和生态效益。

（三）行业管理有待进一步规范

当前，屋顶立体绿化的行业管理不明晰，市场上的屋顶立体绿化企业资质参差不齐，屋顶立体绿化的生态循环产业发展艰难，法律法规也不健全，导致了技术标准不完善、绿化企业水平良莠不齐、工程质量普遍不高、市场竞争混乱等问题的出现，严重影响了我国屋顶立体绿化建设的推进。因此。亟待规范屋顶立体绿化企业的管理，以促进屋顶立体绿化的生态循环产业快速发展。

（四）城市建筑缺乏统一的规划

现在很多的屋顶花园都是在已经设计好的建筑物上加建的，没有进行设计结构及承载能力核算，存在安全隐患。屋顶花园安全应放在首位，必须把屋顶花园规划同建筑设计统一起来，保证建筑对屋顶花园的承载力，排除安全隐患。

（五）经济及管理问题

城市屋顶立体绿化与城市地面公共绿地不同，城市屋顶立体绿化既有城市地面公共绿地相同的作用，也涉及业主利益，要采取不同的处理方法。根据不同性质的屋顶立体绿化，政府职能部门应出台相应法律法规，做到有据可依，有法可依。

四、发展我国城市屋顶立体绿化的对策建议

（一）完善相关法律法规体系，明确政策措施和监管主体

目前，我国关于屋顶立体绿化的法规、条例主要是地方标准，缺乏统一的法规。一些国家的绿化经验证明，相关法律法规是推动开展屋顶立体绿化的前提条件。因此，我国应制定各种鼓励发展屋顶立体绿化的优惠措施，如经济补贴、减免相关审批手续等。同时，在市政建设中制定屋顶立体绿化规划，并要求园林、建设、规划、市政等部门积极支持，为其建设创造前期条件。国家可设立专项经费，适当扶持屋顶立体绿化改造项目。随着国家对屋顶立体绿化的日益重视，对整个屋顶立体绿化的生态循环产业的着重扶持，各个城市的相关政策法规必会应运而生，为屋顶绿化的发展提供巨大推动力。

（二）加强科学技术研究，强化监督管理工作

屋顶立体绿化技术是屋顶立体绿化事业能否快速发展的关键，而屋顶立体绿化的生态循环产业的科学研究则是提高屋顶立体绿化技术的重要途径。为加强屋顶立体绿化科学研究和技术攻关，国内外采取了许多有效的措施。例如，增加经费支持，鼓励科研人员开展创新性研究；引进、消化和吸收其他国家的先进技术和成功经验；加强科学技术研究的联合攻关，攻破一批制约屋顶立体绿化的关键技术，如绿化植物配置和造景技术、防水技术、承重技术、排水技术、管线合理配置技术等。

在屋顶立体绿化中，要合理配置植物，并选择轻质土壤。充分重视绿化管理工作，适时进行浇水、施肥、整形、修剪、遮阴等养护管理。同时，应成立对屋顶绿化工程进行技术指导和管理监督的部门，以确保此行业的健康、有序发展。

（三）加大宣传力度，实现政策导向

屋顶立体绿化是一项新兴的边缘科学，我国应加大宣传力度，通过网络、广播、电视、杂志等形式宣传屋顶立体绿化的意义、作用以及相关的法规、技术，以转变观念，消除人们的思想顾虑，共同推进其发展。

（四）支持企业积极投身生态产业

湖南有一家坚持15年做生态的某草业集团，研制一系列专利和专有的屋顶立体绿化技术，用生态草毯与屋顶隔离结构相结合的屋顶立体绿化新技术，解决了传统屋顶立体绿化的承重、防漏等技术难题，早在2004年就被国家建设部列为重点推广项目。它不仅质轻、不破坏屋顶结构，而且施工简单、快速，客户可适时调整布局，适时加入不同花色的植物。由于采用储水、排水一体化设计的专利，它还能防止雨水冲刷，避免基质流失，提高屋顶立体绿化的使用寿命。

该公司生产的生态绿化产品均采用农业废弃物经生物发酵加工而成的“复合无土基质”替代泥土，在基质中撒播草种，利用工厂化培育生产出生态草毯，实现真正的循环经济产业。

五、结语

屋顶立体绿化是21世纪绿化、美化城市的主要手段。屋顶立体绿化的生态循环产业的发展是其发展的根本动力。对有建筑“第五立面”之称的屋顶进行绿化，是城市三维立体绿化的重要部分，也是城市环境景观的一大飞跃。

治理雾霾，推广屋顶立体绿化，开拓绿化空间，形成城市的空中绿化系统，对改善居住条件、提高生活质量、美化城市环境的作用是不可估量的。只有利用智能系统来构筑未来的立体绿化生态城市空间，倡导“绿色建筑文化”，我们的城市才能真正成为人民宜居的生态城市。

（2013年）

莫让湿地成为生态“孤岛”

一、湿地“孤岛”现象日趋严重

历史上的洞庭湖面积曾达6000平方千米，而现在只有2800平方千米，“八百里洞庭”的壮观景象已风光不再；新中国成立以来，湖北省面积在100公顷以上的湖泊减少了477个，“千湖之省”的称号也名不副实……

国家林业局（现林业和草原局）相关部门分析，近几年，我国频频发生洪涝灾害，大量雨洪资源不断流失，其中最大的原因就是湿地面积缩减，能盛水的“盆”越来越小。

据统计，全国雨水利用率不足10%，每年直接流入大海的水量达1.6万亿立方米，相当于全国6200亿立方米用水量的2.6倍。同时，全国2/3以上的湖泊受到氮、磷等物质的污染，10%的湖泊富营养化污染严重。

这些问题的出现，也给湿地生态系统以及野生动植物带来了灭顶之灾。长江中淡水哺乳动物白鳍豚已不见踪影，长江干流中另外一种淡水哺乳动物江豚的野生种群数量每年也在下降。如果长江生态环境恶化的趋势得不到有效扭转，5至10年内，长江江豚也会步白鳍豚功能性灭绝的后尘。全国记录到的鸟类也比十年前减少40余种，超过一半的鸟类种群数量明显减少。

据世界自然基金会的地球生命指数显示，1970年至2010年，淡水物种的种群数量已经下降了76%。

虽然世界范围都在呼吁保护湿地，并为此做出了一系列的努力，然而湿地保护的速度还是赶不上湿地被破坏的速度。在我国，湿地保护的现状仍旧堪忧。

二、湿地保护迫在眉睫

种种现象都表明湿地保护迫在眉睫。面对日益突出的湿地面积减退问题，我们要做的已经不仅仅是对现有湿地进行保护，更重要的是要采取多种方式将已经遭到破坏的湿地进行修复。诸如加快制定出台有关湿地保护与修复的法律和政策，尽快出台湿地保护法，制定长江流域湿地保护规划，结合国家长江经济带发展战略，加大中央财政资金对长江经济带湿地保护与修复的支持力度。出台湿地保护与修复、湿地产权确权、湿地资源有偿使用等政策，将湿地保护纳入经济社会发展评价体系，并实行湿地保护行政首长负责制。同时，完善湿地保护管理体系，设立长江流域湿地保护管理中心，统一协调长江经济带湿地保护管理工作，健全生态保护补偿机制，加大退耕还湿力度。

没有健康的湿地，就没有健康的人类。没有湿地之美，人类也将失去心灵的激荡和对美的感知。因此，为了自己，为了子孙后代能够看到原始的湿地之美，我们必须保护湿地，珍爱生命的栖息之所。莫让湿地成为生态“孤岛”。

长江经济带 11 个省市湿地面积为 1154 万公顷，占全国湿地总面积的 21.5%。湿地生态系统具有涵养水源、调节气候、净化污水、保护生物多样性等二十余项生态功能，是推动长江经济带经济社会发展的独特优势和关键要素之一。但是近年来，由于多种原因，长江经济带正面临着水质性缺水、湿地面积萎缩、生态系统退化等诸多严峻问题，湿地保护迫在眉睫。

（2017 年 7 月）

打造生态环保产业“湘军”：3至5年内环保产业规模争超5000亿

党的十八大以来，湖南省认真学习贯彻习近平生态文明思想和中央中央、国务院关于生态环境保护的各项决策部署，顺应人民群众对优美生态环境的新期盼，把生态环境保护工作摆在更加突出的位置，强力推进生态强省建设，湖南省生态环境质量持续改善，人民群众的“获得感”“幸福感”明显增强。与此同时，随着污染防治和生态修复市场规模不断扩大，湖南省生态环保产业作为生态环境保护的重要力量和有力支撑，也在不断发展壮大。

一、生态环保产业发展迅速

党的十八大以来，党中央把生态文明建设纳入中国特色社会主义“五位一体”总体布局和“四个全面”战略布局，开创了一系列根本性、长远性工作，深刻回答了为什么建设生态文明、建设什么样的生态文明、怎样建设生态文明的重大理论和实践问题。2018 年 5 月，全国生态环境保护大会在北京召开，会议确立了习近平生态文明思想，为我们推动生态文明建设、加强生态环境保护提供了科学理论和行动指南。在 2019 年的全国两会上，习近平总书记在参加内蒙古代表团审议时，聚焦生态文明建设发表了重要讲话，强调要保持加强生态文明建设的战略定力。近年来，湖南省委、省政府认真贯彻习近平生态文明思想，高度重视生态环保产业发展，坚持把生态环保产业作为战略性新兴产业和重要经济增长点扶持培育，先后出台了相关文件，制定了一系列扶持政策，比如每年拿出 200 万元鼓励环保企业“走出去”，拿出 40 万元支持环保企业参加香港、澳门特别行政区环保展等，促进湖南省环保产业从小到大，从弱到强，从中低端向高端不断发展。2013 年，湖南省环保产业产值首次突破 1000 亿元，2017 年又突破了 2000 亿元大关，产值达到 2283.7 亿元，2018 年，预计实现产值超过 2600 亿元，环保产业已由单纯的工业污染物治理扩展到生活污染治理、农村环境保护、生态保护与修复、环保装备和监测仪器设备制造等领域，初步形成了跨领域、跨区域、多种经济成分并存的环保产业体系，这既为湖南省生态环保事业发展提供了重要的物质和技术保障，也为湖南省经济社会发展作出了积极的贡献。

二、生态环保产业需要高质量发展

但是，我们也应该清醒地看到，随着生态文明建设、污染防治攻坚战和对外开放的深入推进。一方面，湖南省生态环保产业发展面临着前所未有的机遇、广阔的市场和巨大的潜力；另一方面，省内外、国内外生态环保市场的竞争日趋激烈，而我们自身精准治理的技术水平和适应市场经济的能力尚显不足，还未完全走出“野蛮生长”的阶段，总量不大，“散小弱差”特征突出，目前，还未有一家年产值过百亿的企业，对政策依赖性较高，市场不够成熟，缺乏原创技术、创新能力和核心竞争力，与资本市场的结合不够，只有一家 A 股上市公司，发展壮大任重道远。因此，我们要居安思危，迎接挑战，创新图强，勇于竞争，推动湖南省生态环保产业高质量发展，打造生态环保产业“湘军”，不断增强产业实力、行业影响力、市场竞争力和国内外知名度。

（一）要做大做强，有为才有位

首先，要做大生态环保产业。力争用 3 至 5 年的时间，实现湖南省生态环保产业产值翻一番，总值超过 5000 亿元，这样可以对内提升行业省内地位，增强行业影响力，对外树立生态环保产业“湘军”的整体形象，增强市场竞争力。其次，要做强生态环保企业。市场经济，优胜劣汰，初级的生态环境治理技术准入门槛并不高，正因如此，生态环保领域企业市场竞争十分激烈，需要大家精耕细作，把每一个项目都做成示范工程，做成管理样板。只有企业各方面能力强，才能生存和发展壮大。

（二）要崇尚创新

生态环保企业如果老是局限于传统的技术和战法，那就很难摆脱在“红海”里激烈的竞争，唯有创新，实施差异化战略，拥有核心竞争力，才有可能寻得一片“蓝海”，才能具有竞争优势。首先是技术创新。随着生态环境领域治理的不断深入，生态治理对技术的依赖程度不断提高。比如城市污水处理厂的提标改造，就需要既先进又实用的技术；再比如，大气污染防治治理，挥发性有机物的治理就比脱硫脱硝治理的难度要大，较大面积的土壤修复与治理在全球都是一个难题，先进又实用的技术更为重要。企业要着力研发新技术、新产品、新工艺，不断提升核心竞争力。其次是商业模式创新。现在不少企业针对乡镇和农户生活污水处理都在研发一体化的污水处理设施，低成本的竞争战略就显得尤为重要。针对县域污水、垃圾处理、工业园区综合治理，采用第三方环境管家服务就是一种新模式。企业要积极探索新模式、新思路，才会具有领先优势。最后是管理的创新。随着企业的不断发展，现在不少生态环保企业的专业领域不断拓展，业务覆盖面不断扩大，有些甚至拓展到海外，集团化、国际化企业的管理难度和复杂程度不言而喻，这就需要企业管理与时俱进。

（三）要杠杆适度

金融是经济的血脉，离开了金融，生态环保产业和企业要做大做强几乎是不可能的，尤其是一些BOT、PPP、环保管家等项目。生态环保企业一定要研究金融、熟悉金融、利用金融，加快发展，尤其是要多采用直接融资，推动更多企业上市，这方面目前是我们的短板。企业上市带来的不仅仅是资金，而且还能带来管理的提升、市场的拓展等，一举多得。但与此同时，也要注意金融风险，尤其是间接融资的负债率、杠杆率不宜太高，否则，资金链一旦断裂，就可能前功尽弃，甚至倾家荡产。在这个方面，无论是生态环保企业，还是其他企业，国内都有不少失败案例，大家要引以为戒。

（四）要健康发展

首先要听党话、跟党走。不论生态环保产业，还是生态环保企业，要在“取势、明道、优术”上下功夫，才能发展好，其中“取势”最为关键。这些年大家之所以在企业管理水平不是很高的情况下仍能以较快的速度发展，很重要的原因之一是赶上了中国经济快速发展的列车，赶上了习近平总书记强力推进生态文明建设的时机，而不仅仅是企业自身的努力，对此我们要有清醒的认识。因此，我们一定要坚持党的领导，坚定“四个自信”，听党话、跟党走。其次要加强行业自律。诚信守法、公平竞争是企业永续发展、基业长青的不二法宝；投机取巧，不正当竞争，拉关系、走后门，甚至商业贿赂有可能获得一时之利，但绝不可能长久。大家尤其要清醒地认识到，党的十八大以来，以习近平同志为核心的党中央全面从严治党的坚定决心和铁的手腕，反腐败“零容忍，无禁区”“受贿行贿一起查”。因此，我们一定要加强行业自律，规范企业经营管理，构筑亲清的政商关系。

为大力推进生态环保产业发展和生态环保企业壮大，今年，湖南省生态环境厅将加大工作力度，组织多项活动，增强服务意识，营造良好环境。拟请省政府召开一次促进生态环保产业发展座谈会，着力解决影响生态环保产业发展的突出问题；利用各地环保展组织专场推介会，推介湖南省重点生态环保企业和有关优势技术；组织省内骨干生态环保企业赴广西壮族自治区、贵州省加强业务和技术交流；组织环境监测企业参加全国、全省监测技术比武；组织湖南生态环保展；组织重点环保企业赴越南、柬埔寨、印度等国开展商务考察和企业推广，推动生态环保企业“走出去”。

三、环保产业协会大有可为

近几年来，湖南省环保产业协会发展较好，会员从2013年的不到100家增加到现在的300多家，为推动湖南省环保产业发展作出了积极贡献。但我们也应该看到，湖南省环保产业协会无论是服务政府、服务行业的能力，还是会员企业的广度、深度、高度、力度，与新时代生态环保事业发展的要求仍有不小差距，需要继续努力。

年初，我到湖南省环保产业协会秘书处调研时对协会工作提出了六个“更”的建议。一是更高的认识。要切实提高政治站位，深刻领会和认真践行习近平生态文明思想，为生态文明建设、打好污染防治攻坚战和湖南省高质量发展多做贡献。二是更广的领域。要以大生态环境的理念完善环保产业协会格局，全方位、宽领域服务于湖南省生态环境产业和企业发展。三是更宽的视野。要放眼全国乃至全球市场，致力打造湖南省生态环境“湘军”的整体形象，推动湖南省生态环境企业“走出去”。四是更大的力度。要从信息、平台、技术、金融、法律等多方面加大对生态环境企业服务的力度，不断壮大企业规模。五是更高的标准。湖南省生态环境产业的规模要力争进入全国的前列，生态环境企业的发展必须彻底从初期“野蛮”生长中走出来，要按照市场经济规律和现代企业制度的要求规范发展和管理。六是更严的要求。要强化党的领导，修订、完善生态环境企业行业自律行为规范，加强日常监督和对违规问题的惩戒，推进企业自律，确保湖南省生态环境企业“行稳致远”、可持续发展；同时湖南省环保产业协会自身的管理也要规范和加强，当好表率，对会员企业负责。

总之，我希望湖南省环保产业协会的服务意识要更强，能力水平要更高，活力、凝聚力和影响力要更大，真正成为“政府的好帮手、行业的好帮手、企业的好娘家”。同时，也要积极推进重点市州成立生态环保产业协会，湖南省生态环境厅也将加强服务、联系和监督，让协会真正走到前台。湖南省各市州生态环境局也将全力支持协会的各项工作，共同为湖南省生态环保产业发展和生态环保企业壮大发挥积极的作用。

（2019年4月）

准确把握产业发展规律
加快推进绿色环保产业高质量发展

2020 年是极不平凡的一年，我们经历了抗击疫情和复工复产。现在，我想就过去一年“怎么看”和未来一年“怎么干”的问题谈些看法。

一、队伍怎么看

2020 年年初，突如其来的新冠疫情，严重影响了各行各业的发展，环保产业也未能幸免。在抗疫中，不少环保企业冲锋在前，如薪火传公司向湖北捐赠 10 台医废焚烧设备，盈峰中联环境向武汉捐赠 15 台清洁消毒车，力合科技无偿对疫情定点医院的污水及周边水质开展应急监测，瀚洋环保向长沙捐赠医疗废物应急处理设备、强化医疗废物处理。湖南省环境保护产业协会（以下简称协会）第一时间发出倡议，航天凯天、沃邦环保、恒凯环保、广电计量、和清环保、中大集团、永清环保、现代环境等众多会员单位纷纷捐款捐物，彰显了环保“湘军”的整体形象和责任担当。

在国内疫情得到有效控制后，各会员单位迅速将工作重心转移到统筹抗击疫情和复工复产双重任务上来，受湖南省生态环境厅委托，湖南省环境保护科学研究院和湖南省环境保护产业协会联合出台了《湖南省重点行业复工废水处理设施开机指导手册》等文件，指导重点行业企业复工复产。湖南省生态环保治理工程，特别是水务、垃圾处理处置、环境卫生管理等刚性需求项目加速释放，加之国家和湖南省及时制定出台了促进各行业复工复产、强化中小微企业普惠性金融支持等措施，湖南省环保产业发展形势日益好转，继续保持了较快的发展势头。

总之，湖南省环境保护产业协会的广大会员单位，经受住了抗击疫情和复工复产的双重考验，展现了较强的责任担当和市场应变能力。

二、工作怎么看

（一）成绩

一是产业规模不断壮大。节能环保产业作为湖南省确定的战略性新兴产业，产业规模不断扩大，对经济发展的支撑作用逐渐凸显。2019 年，湖南省环保产业产值超 3000 亿元，节能环保产业营业收入达 5671 亿元，在全省 8 个战略性新兴产业中仅次于新材料产业、高端装备制造业，位居第 3。预计 2020 年湖南省环保产业产值可达 3500 亿元，如果把节能、资源循环综合利用、城乡和矿山生态修复产业整合起来，营收有可能过万亿元。

二是"走出去"步伐加快。2020 年，湖南省生态环境厅牵头，先后组织省内骨干环保企业参加了上海、江苏、贵州、云南等省（直辖市）的环保产业博览会或新技术交流推介会，期间与当地生态环境部门、环保产业协会、环保企业进行了 6 场交流座谈会。进一步加强了相关环保企业与当地的业务联系，加深了企业对当地环保市场的了解，为双方交流合作创造了重要平台，得到了中国环境保护产业协会及其他地方生态环境部门、产业协会和环保企业的高度评价。

三是企业不断发展壮大。涌现出了一批骨干龙头企业，其中盈峰中联环境 2020 年的合同额超 300 亿元，营业收入超百亿元，成为湖南省第一个营收超百亿的环保企业。

四是部分行业装备技术优势明显。盈峰中联环境的环卫机械装备、餐厨垃圾处理系统是国内生活垃圾处理处置第一品牌；远大科技的工厂化节能建筑、非电空调和系列空气净化机、洁净新风机，永清环保的先进工业锅炉烟气脱硫脱硝技术及装备、离子矿化稳定药剂等产品，航天凯天的整体厂房空气净化设备，赛恩斯环保的重金属废水处理设备，湘牛环保的焦化废水处理设备，现代环境的生活垃圾填埋技术与装备，华时捷环保的低浓度二氧化硫烟气脱硫资源化技术装备等均在国内同行业中处于领先地位并占有较大市场份额。

（二）不足

一是企业“散、小、弱、差”的局面未得到根本改变。A 股上市环保企业仅有 3 家（永清环保、力合科技、华自科技），新三板挂牌 13 家，较国内先进地区有较大差距。除盈峰中联环境、航天凯天、永清环保、华自科技、力合科技外，大部分企业营收在 5000 万元至 4 亿元之间。

二是技术创新能力不足。湖南省大部分环保企业普遍缺乏核心竞争力，同质化竞争严重。从专利数据上看，截至 2020 年 7 月，全省节能环保产业专利数共计 95409 件，居全国第 13 位、中部地区第 3 位，落后于湖北省和安徽省，仅相当于广东省和江苏省的 17% 。2019 年湖南省节能环保产业专利数仅为 1987 件。

三是“走出去”活动的实效性有待进一步增强。环保企业参与面还不广，参与的企业精力投入不足，协会的前期准备工作不够充分，更多的是活动组织了、开展了，但签约项目和协议不多。

三、形势怎么看

（一）机遇

一是习近平总书记对生态文明建设一直高度重视，多次强调要保持生态文明建设的战略定力，方向不变、力度不减。党中央、国务院就加强生态文明建设和推进污染防治攻坚战作出了一系列重大决策部署，不断完善生态环保产业发展的政策措施。环保产业是战略性新兴产业，也是推进绿色发展的重要抓手。2018 年 5 月，习近平总书记在全国生态环境保护大会上的讲话中指出，要全面推动绿色发展，加快形成绿色发展方式，培育壮大节能环保产业、清洁生产产业、清洁能源产业。近几年的政府工作报告中也用较大的篇幅专门论述要“壮大绿色环保产业”“壮大节能环保产业”。

党的十八大以来，我国先后实施了大气、水、土壤领域的污染防治行动计划，“十三五”时期部署了污染防治攻坚战。近年来，《中华人民共和国固体废物污染环境防治法（修订草案）》的通过、“无废城市”建设试点启动，以及《中共中央 国务院关于营造更好发展环境支持民营企业改革发展的意见》《优化营商环境条例》等一系列政策文件的颁布出台，将持续激发企业创新活力，为绿色环保产业高质量发展创造了更多更好的机遇和条件。近年来，湖南省环保产业保持了良好的发展态势，已成为全省经济发展新的增长点。

二是污染防治攻坚战将为绿色环保产业增添持续发展的动力。《中共中央关于制定国民经济和社会发展第十四个五年规划和二〇三五年远景目标的建议》突出了以高质量发展为核心，提出要“推进清洁生产，发展环保产业，推进重点行业和重点领域绿色化改造”。国家已提出到2035年生态环境根本好转、美丽中国目标基本实现，到2050年建成美丽的社会主义现代化强国的目标，这一目标将为绿色环保产业的持续发展增添动力。

三是习近平总书记已对国际社会宣布，我国二氧化碳排放力争于2030年前达到峰值，努力争取2060年前实现碳中和。这一目标正深刻影响经济大势和产业走向，尤其是将促进源头治理和能源结构调整。生态环境部、工业和信息化部等部门，石油、化工、煤炭、钢铁、电力、汽车、交通等行业，以及上海等城市都已宣布各自的碳达峰和碳中和计划和路线图，碳减排目标正在逐渐变为具体行动，这将为绿色环保产业带来新的发展机遇。

四是湖南省委、省政府坚定不移推进生态强省建设，全力贯彻落实习近平总书记在全面推进长江经济带发展座谈会上的讲话和在湖南考察时的重要指示精神，将发展环保产业作为贯彻落实生态强省建设、打好污染防治攻坚战、推动绿色发展的重要抓手。2019年8月，省委、省政府召开了进一步促进环保产业高质量发展座谈会。2020年5月，省委办公厅、省政府办公厅印发了《关于进一步提升工业新兴优势产业链现代化水平的意见》，将环境治理技术及应用产业链作为20条新兴优势产业链之一，重点支持其发展和提升。

五是绿色金融改革为绿色环保产业发展注入了新的活力。2020年财政部和生态环境部组建了国家绿色发展基金，首期募资规模885亿元，湖南省认缴10亿元，重点投资污染治理、生态修复和国土空间绿化、能源资源节约利用、绿色交通和清洁能源等领域。湖南省已组建土壤污染防治基金，基金规模 12 亿元，其中首期已募资到位 3 亿元，基金将投入一批大的生态环境治理项目中去，这些举措都会为全省绿色环保产业发展提供新的资金渠道。

六是“绿色”已成为“一带一路”倡议发展的主题。“一带一路”倡议提出 7 年来，取得了举世瞩目的成就，基础设施建设和经贸往来让“一带一路”成为经济繁荣之路，低碳、环保理念让“一带一路”成为绿色发展之路。在“一带一路”倡议下，加强生态环境保护和气候变化方面的国际合作，推动低碳、环保和绿色发展，顺应了全球可持续发展的大趋势，绿色发展将为“一带一路”倡议参与国创造更多合作机会。我国正在推动“一带一路”倡议绿色发展国际联盟和“一带一路”倡议生态环保大数据服务平台建设，从政府层面给予企业更多支持。在资金方面，亚洲基础设施投资银行和丝路基金等机构都明确表示，优先对绿色环保项目提供资金支持。“一带一路”倡议沿线相关国家将研究制定绿色金融原则和指南，推动建立绿色投融资担保机构，促进更多低碳、环保项目立项。

（二）挑战

一是光大、首创、三峡集团等一批龙头企业已经抢占先机。绿色环保产业是一个巨大的产业链，包括上游的规划咨询、科技研发、设备制造；中游的施工、安装、治理；下游的运营、服务等。经过近 30 年的发展，在产业链上中下游已经形成了一批龙头企业，他们在相关领域深耕多年，如生活垃圾焚烧发电领域的光大环境、生活污水和生活垃圾处理运营领域的首创环境。三峡集团通过组建成立共抓长江大保护实施主体的长江环保集团，已与沿江地方各级政府签署共抓长江大保护合作协议近百份，“十四五”期间准备投资超过千亿元。行业龙头企业的迅速壮大既挤占了市场，也提高了其他企业进入的门槛。

二是不少企业开始看中了绿色环保产业的前景，在这个领域加大了布局，尤其是央企、国企的纷纷入局，加速了绿色环保产业的整合和竞争。近年来，绿色环保产业的市场竞争愈加激烈，行业洗牌的趋势更加明显，具有较强资金实力、资本运作能力和创新型的企业将具备更大的发展潜力，成为行业发展的主要力量。整合、兼并、上市融资成为绿色环保产业市场的主流。规模小、竞争力弱的小微环保企业成为被整合、兼并的对象，绿色环保产业将培育出一批大型环保集团，实现规模化、专业化发展。2019 年至今，上市公司中，以多种方式引入国资的民营环保企业就有近 20 家，国有企业从三四年前的试探性入局，到如今的大举进入环保产业，既是主动出击也是市场选择的结果。“混改组合”将国有企业的规范与民营企业的灵活、国有企业的公平与民营企业的效率、国有企业的监督与民营企业的激励有机结合，将倒逼绿色环保产业高质量发展。

三是绿色环保产业前期进入门槛不高，低水平的竞争十分激烈。由于绿色环保产业涉及国计民生的方方面面，所以和传统产业的关联性大、联系广泛，很多传统产业的企业依靠着自身业务和技术的延伸都可能进入绿色环保产业，低水平竞争十分激烈，企业同质化发展严重。

四是西方发达国家抢占了国际市场先机，而绿色“一带一路”倡议才刚刚起步。相较于发达国家，我国绿色环保产业起步晚，产品技术品牌性效应低，国际市场占有率低。目前虽然在除尘脱硫脱硝等少数领域处于领跑地位，但其他方面还处于跟跑地位，某些方面仍高度依赖进口。如在环保新材料市场领域，膜材料中的聚矾（PSF）原料、乙烯（PF）无纺布工艺链被德国、美国等控制；在环境监测领域，质谱仪、色谱仪组件以及采样设备高度依赖美国、日本，用于检测 $PM_{2.5}$粒径分布的氟化氢气体主要从美国、德国进口等。

四、产业怎么看

绿色环保产业主要包含节能、环保、资源利用和生态等四大领域，较之其他产业，主要有六个特点。一是辅助性。绿色环保项目相对于产业主导项目，更多是一个配套性、辅助性的项目，无论是制造业中的钢铁制造，还是服务业中的环境医院等，其污染治理设施只是辅助性的，而且项目投资相对于主体设备设施投资比重较小。二是社会性。绝大多数大型环保项目均由国有企业承担，环保投入不能为企业创造直接的经济利益，导致绿色环保产业利润率不高。三是广泛性。绿色环保产业从细分领域看，有节能、水污染防治、大气污染防治、土壤污染防治、固体废物处理、资源综合循环利用、生态环境修复、环境监测、环境规划咨询、环境第三方服务等，不同地区或者同一地区不同时期的重点任务不同，产业项目分布点多面广。四是专业性。绿色环保产业具有一定的专业性，适合推进第三方治理和环境服务业发展，实行污染者付费、专业化治理，专业的事情交给专业化的团队处理，效率更高。五是密集性。绿色环保产业属于资金技术密集型产业，发展以企业为主体的生态文明技术创新体系和投融资体系对产业发展至关重要，污染物的深度治理对技术的要求越来越高，城乡环境基础设施建设需要大量的资金投入，这正是部分产业发达地区通过设立环保产业发展基金、成立国有环保产业集团，吸引社会资本投资绿色环保产业的重要原因。六是长期性。良好的生态环境是人类文明存在和发展的重要基础，生态文明建设既需要打“攻坚战”，更需要打“持久战”，2030年实现碳达峰、2050年建成美丽中国、2060年实现碳中和，我国生态文明建设还有较长的路要走，绿色环保产业将长期服务于生态文明建设。

五、产业怎么干

（一）把握产业发展规律

绿色环保产业是我国未来经济增长的支柱产业之一，也是我国现阶段重点扶持的战略性新兴产业之一。从长远看，随着人民群众对美好生态环境、优质生态产品的需求不断提高，绿色环保产业具有广阔的发展前景。绿色环保产业未来会逐步向规模化、高新化、智能化、多元化、专业化、精细化、生活化、国际化的方向发展，无论是产业规模，还是企业规模都会越来越大。目前我国在环保常规技术产品方面已比较成熟，但在高端和深度治理技术方面仍有待加强，随着生态文明建设的深入推进，绿色环保产业领域的高新技术需求会不断增加，竞争会越发激烈。移动互联网、大数据、云计算、5G物联网等新兴技术与绿色环保产业的深度融合，将深刻改变绿色环保产业的生产方式、治理方式和运营模式，如智能环卫清扫机、污水处理厂自动监测和自动加药设备、远程自动化运维等将十分常见。绿色环保产业未来将打通生态与环境、一氧化碳与二氧化碳、陆地与海洋、生产与生活、室内与室外、地球与太空等，领域会更加广泛和多元，绿色环保产业未来技术密集程度将更高，治理和修复领域将更加细化和深化，更加科学精准。关注领域从生产不断向生活延伸，会拓展到室内空气治理、交通工具内空气治理、家庭净水系统、家庭能源管理、家庭厨余垃圾处理等。减碳降碳的国际合作将不断深化，绿色发展将成为“一带一路”倡议的重要主题。

（二）遵循企业发展规律

总体来看，绿色环保产业企业发展要遵循一般的市场经济发展规律，同时也要注意本行业的特殊性。

市场为要。市场是企业发展的源泉，对于从事绿色环保产业的企业而言更为重要。因为每一个治理项目的规模不大，所以要抢占市场，做大规模，同时行业内还要适度多元化，拓宽市场领域。

技术为先。绿色环保产业发展初期技术含量和门槛不高，小企业众多，竞争十分激烈，而进入中后期，技术将成为企业的核心竞争力。例如，谁掌握了耕地土壤修复先进适用技术、低品位重金属固废的提炼技术、重金属混合渣的治理技术，谁就会在该领域具有核心竞争力；若能研发出一些新技术、新材料、新装备来解决大气中氨和臭氧控制、工业无组织排放、碳减排等问题，将能补齐我国绿色环保产业领域的短板；针对多污染物协同治理，如果在提升治理效率、调控精度、降低成本等方面有高招，同样会增强企业核心竞争力。

资金为基。绿色环保产业企业要抢占治理工程项目市场，资金是重要的依托，要运营更多的第三方治理项目，资金也必不可少。要加大产业与金融的融合，尤其要重视直接融资，绿色环保产业长期稳定的收益符合资本市场的发展方向，短贷长投的间接融资一定要控制和避免。

人才为本。绿色环保产业专业性强，属于技术密集型产业，人才的培养和引进是产业和企业发展的根本保障。要在技术、市场、金融、管理等方面培养一批专业化的骨干队伍，要引进和打造一批行业领军人才，并为绿色环保科技人才创造良好的科研条件，为各类人才提供优良的创业环境。

机制为根。绿色环保产业企业的人才对企业的依赖性较弱，人才流动性较大。要培养和引进人才，要留住人才，企业的运营和管理机制十分重要。要实施股权激励计划，给予企业高管及员工一定的权利，使他们能以股东的身份参与企业决策、分享利润、承担风险，从而勤勉尽责地为企业的长期发展服务，提高企业的凝聚力和竞争力。

文化为魂。企业领导层要充分认识到企业核心文化的重要作用，要强化绿色环保企业的社会责任感。同时，要营造以人为本、诚信至上、精益求精的企业文化，打造企业可持续发展的“基因”，实现企业基业长青。

（三）紧跟行业发展规律

绿色环保产业企业的发展要紧跟行业发展规律，这样才能先人一步、事半功倍、基业长青。具体而言就是要做宽、做大、做强、做高、做深、做精。

一是做宽。狭义的环保产业仅包含环保装备制造、环境治理工程和环境服务业，而根据生态文明建设发展形势和要求，服务于2060年实现碳中和的目标，必须加强源头控制，加大节能和能源结构调整力度，服务于山水林田湖草整个生态环境系统，生态修复任务繁重。生态文明建设还要从生产领域向消费领域拓展，相应拓宽产业覆盖领域，从环保领域拓展到控碳、节能、资源综合利用和生态领域，从环保产业拓展到绿色环保产业。

二是做大。绿色环保产业无论是工程类的项目还是服务类的项目，单个项目的规模都不大，企业需要通过拓展市场占有率，形成规模效应，才能增强企业竞争力和生命力。企业要主动积极“走出去”，进一步扩大市场，做大企业规模。如力合科技专业从事环境自动化监测仪器仪表制造，省内环境自动化监测市场毕竟有限，近几年他们积极开拓省外市场，占领了云南水质自动站50%以上的自动监测仪器设备市场，并为客户提供环境监测设施的第三方运营服务，现滇池周边等地自动监测站的运营主要由力合科技负责。

三是做强。企业应围绕某一行业领域深耕，形成核心竞争力。企业做强了，就能在市场竞争中占据优势，推动企业做大。如首创水务，紧紧围绕城市供水和水环境综合治理主业，布局全国，拓展海外，截至2018年6月，其在国内的一百多个城市拥有项目，总资产达到611亿元；公司水处理能力达到2400万吨/日，服务总人口超过5000万人，经过近20年的发展，已成为全球第五大水务环境运营企业。

四是做高。要大力培养和引进人才，加大新技术、新产品、新工艺的研发投入，打造技术创新型企业。如光大国际，一直致力于发展绿色环保和新能源业务，开展了一系列高质量、高标准、高技术的环保项目，尤其是在垃圾焚烧发电领域，光大国际的技术已达到国际先进水平，国内业务遍及 23 个省（区、市），海外业务已触及德国、波兰及越南市场。

五是做深。做深就是要深耕一个区域、一个园区，对这个区域、这个园区施以全区域、全方位、全周期的环境综合治理和服务。如 2017 年年底，航天凯天中标湖北云梦县“美丽云梦” PPP 项目，为县域水环境综合治理提供全方位、全过程、全周期的服务，包括 10 个乡镇污水处理厂管网建设、18.8 千米黑臭水体治理以及 12 个乡镇垃圾收转运一体化系统建设，打造了“云梦模式”。航天凯天还在河北衡水高新区开展环境污染第三方治理，由航天凯天对衡水高新区进行系统的规划、监测、检测、建设、治理和运营，实现了整体打包和收付费机制的创新，创造了“衡水模式”。

六是做精。围绕一个细分市场，如垃圾焚烧、水务、医疗废水、自动监控等，做专做精，在专一方向技术上持续积累，准确把握和引领行业技术前沿，延伸产业链，持续深耕市场，延伸服务链。要抓住适合自身发展的产品（技术、服务），形成优势和核心竞争力。如成立于 2014 年 10 月的湖南君悦达科技有限公司，专注于医院污水处理，现已成为国内领先的医院智慧环境治理综合服务商。

六、协会怎么干

环保产业协会的职能主要是服务，即为产业发展服务、为企业服务、为政府服务。随着生态文明建设和污染防治攻坚战的不断深入，随着湖南生态环保企业“走出去”步伐的加快，环保产业协会的思想观念、工作领域、工作标准、工作方法等也需进行改变和提升。

拓宽领域。应适应生态文明建设发展的需要，延伸服务领域，目前湖南省环境保护产业协会会员单位主要是从事环保装备制造、环境工程治理和环境服务业的单位，节能、资源循环利用、生态修复等领域的企业较少，协会应强化生态文明整体意识，服务山水林田湖草整个生态环境系统的保护和治理，从环保拓展到节能、资源、生态，构建绿色环保产业协会新格局。

加强谋划。要认真研究《中共中央关于制定国民经济和社会发展第十四个五年规划和二〇三五年远景目标的建议》，尤其是生态文明建设和污染防治攻坚战的规划和具体工作部署，认真研究各省（区、市）的工作部署和阶段性工作重点，结合湖南省绿色环保产业企业的发展现状、能力水平、优势特点、困难和不足，科学、合理地谋划年度工作任务、重点领域、重点区域，使目标任务更具针对性，有效解决企业难点、痛点。

突出实效。每一次参展、每一场活动、每一次推介、每一次拜访都要把实效放在首位。只有真正见到实效，协会才更具吸引力、凝聚力和生命力。

周密组织。要用心对待每一次活动，事前精心准备，事中周密组织，事后跟踪总结。将服务意识贯穿于协会各项活动，真正为会员单位办实事、办好事。

凝聚力量。协会要充分发动轮值会长、副会长、常务理事等单位的力量，发挥会员企业的主体作用，强化轮值会长、副会长的主体责任，凝聚大家的智慧和力量。每一次活动都要充分吸引会员企业参与，尤其是中小企业的参与。协会要充分服务于广大会员企业，把服务做到位，把成效体现出来。

2021 年，是“十四五”开局之年，也是全面建设社会主义现代化国家新征程的开启之年，我们要全面推进生态强省建设，深入打好污染防治攻坚战，加快推进碳达峰的步伐，继续打好长江保护修复攻坚战、洞庭湖保护修复专项行动，实现湘江保护与治理第三个“三年行动计划”顺利收官，争取新一轮山水林田湖草项目等。生态环境保护的任务艰巨而繁重，绿色环保产业既面临良好的发展机遇，也面临更加激烈的竞争。征途漫漫，唯有奋斗！我们要深入学习贯彻习近平生态文明思想和习近平总书记视察湖南重要讲话指示精神，认真分析形势，把握发展机遇，勇于迎接挑战，立足实情实际，发挥优势特长，找准工作的着力点和突破口，做大产业规模，壮大企业实力，增强企业市场竞争力，提升工作质量和实效，推动绿色环保产业高质量发展，为“三高四新”战略的落实，为生态文明建设实现新作为提供有力的支撑和保障，并在新征程上取得更大、更好的成绩，不断展现绿色环保产业“湘军”的力量与风采。

（2021 年 3 月）

全面推行EOD模式
夯实乡村振兴战略实施的生态底色

习近平总书记强调“从中华民族伟大复兴战略全局看，民族要复兴，乡村必振兴”，在十九大报告中明确要求大力实施乡村振兴战略。近年来，国家先后出台《关于实施乡村振兴战略的意见》《中华人民共和国乡村振兴促进法》等系列法规政策，加快部署推进各项重点任务，乡村振兴战略实施开局良好。但乡村振兴涉及方方面面，是一项复杂的系统工程，面临诸多问题和困难，其中生态环境是重要制约因素，亟待全面推行生态环境导向的开发模式（以下简称EOD模式），统筹生态环境高水平保护与高质量发展，夯实乡村战略实施的生态底色，加快实现产业强、环境美、群众富的愿景。

一、清醒认识乡村振兴面临的生态环境问题

党的十八大以来，以习近平同志为核心的党中央坚持把解决好“三农”问题作为全党工作的重中之重，通过全国上下共同努力，我国农业农村发展取得历史性成就、社会发生历史性变革。当前我国正意气风发向着全面建设社会主义现代化强国的第二个百年奋斗目标迈进，成效显著。但受历史和现实、自然和人为等因素影响，未有效统筹农业农村发展与生态环境保护的关系，我国乡村振兴战略实施面临的生态环境问题不容忽视，部分地方问题十分突出，短期影响工作推进的实效，长期危害政策落实的根基，生态环境问题亟待解决。

（一）农业生产模式较为粗放

改革开放以来，我国全面提升农业综合生产能力，肉蛋菜果鱼等产量稳居世界第一。但高产量的背后，我国农业也从传统的“低能耗、低污染”有机农业逐步转向集约的“高能耗、高污染”化学农业，过多依赖“大药、大肥”的粗放生产模式。2020 年，全国农用化肥使用量达到 5250 万吨，接近世界使用总量的 1/3，水稻、玉米、小麦三大粮食作物化肥有效利用率仅为 40.2%，每公顷土地施用化肥强度达到 313.5 千克（为国际公认安全上限的 1.39 倍）。农药使用量达到 140 余万吨，使用量居世界首位，利用率仅 40.6%。农药、化肥等的大量投入、低效使用，既污染生态环境，又抬高农业生产成本，还直接损害“米缸子”“菜篮子”质量，危害舌尖上的安全。同时，我国每年约产生畜禽粪污 30 亿吨、种植业废弃物 7.8 亿吨，有相当比例未被有效综合利用，直接或间接排放，既严重污染周边环境，也白白浪费宝贵资源。

（二）生态环境破坏形势严峻

第二次全国污染源普查显示，2017 年，全国农业源排放化学需氧量 1067.1 万吨、总磷 21.2 万吨，分别占全国化学需氧量、总磷排放总量的 49.8% 和 67.3%，洞庭湖、鄱阳湖等农产品集中生产区污染负荷更重，严重污染土壤、地表水和地下水。根据 2014 年《全国土壤污染状况调查公报》，全国耕地土壤点位超标率达到 19.4%。一些农业生产发达区域地表水环境质量不容乐观，地下水污染问题积重难返。总磷污染已成为长江流域等水体首要污染指标，湖库富营养化问题越来越突出，尤其是太湖、巢湖等湖库蓝藻频繁爆发。农膜年使用量超过 200 万吨，“白色污染”严重损害土壤结构。同时，农区生物多样性下降，生态系统失衡，一些区域外来生物入侵问题严重。此外，长江、黄河中上游地区水土流失严重，南方粮食主产区耕地酸化、滨海灌溉区耕地盐碱化、东北黑土地退化等问题也日趋明显。

（三）乡村人居环境不容乐观

相较于城市，乡村人居环境整治欠账较多、管理薄弱，相当部分地方“脏乱差”的问题长期未得到有效解决。近年来，虽然通过农村环境整治、“厕所革命”等工作解决了不少问题，但全国仍有80%左右的村庄的生活污水没有得到有效收集和处理，还有25%左右的村庄生活垃圾没有得到收集和处理，乡村“污水靠蒸发、垃圾靠风刮”的问题较为普遍，尤其在中西部更为突出。由于长期污水、垃圾直排，缺少清淤疏浚，一些群众房前屋后黑臭水体数量增多，污染程度加深，群众反映强烈，信访投诉较多。部分区域农村安全饮水保障难度大，受生产生活污染或背景值高等因素影响，水源存在氟化物、铁、锰等无机物以及微生物超标问题。由于人口大量外出、规划布局不合理、管理不到位等问题，部分乡村生态环境、历史文化保护不够，村容村貌不容乐观，一些地方“空心村”现象严重。

（四）乡村生态产品推广缓慢

近年来，我国在推进生态产品价值实现的机制理论和实践创新上作了许多有益探索，取得了众多成功经验，但总体尚处于起步探索阶段，相关体制机制不健全、不完善，生态优势转化为经济优势的能力与社会实际需求差距较大。由于缺少权威的评价标准和必要的监督机制，目前乡村生态产品边界不清，底数不明，市场供给质量良莠不齐，“劣币驱逐良币”现象屡屡发生，不仅侵害了生产者的权益，也降低了消费者的积极性。乡村生态产品价值实现途径还比较单一，大部分地方重农产品、工艺品等物质产品生产，轻旅游、康养等服务功能产品开发，区域一、二、三产业融合发展不够，产品及服务价值增值能力不强，品牌辐射带动作用有限。同时，由于人才队伍建设不足、市场主体参与积极性不高，大部分地方生态产品标准化、特色化、优质化和品牌化水平低，持续竞争能力差。

二、准确把握EOD模式对乡村振兴的重要意义

EOD模式是以习近平生态文明思想为指引，以生态保护和环境治理为基础，以特色产业运营为支撑，以区域综合开发为载体，采取产业链延

伸、联合经营、组合开发等方式，推动公益性较强、收益性差的生态环境治理项目与收益较好的关联产业有效融合，一体化统筹实施，将生态环境治理带来的经济价值内部化，是一种创新性的项目组织实施方式。乡村振兴战略的总要求是产业兴旺、生态宜居、乡风文明、治理有效、生活富裕，既是攻坚战，也是持久战，需遵循自然规律和社会规律。大力推行 EOD 模式，可以有效实现生产、生活、生态“三生共赢”，是推动乡村振兴发展的重要手段。

（一）推行 EOD 模式是发展乡村生态经济的必然要求

产业兴则乡村兴，产业振兴是乡村振兴的首要目标，加快构建绿色低碳循环产业体系是实现产业振兴、乡村振兴的必然要求。进入新发展阶段，必须摒弃过去粗放发展方式，按照“产业生态化、生态产业化”的要求，以生态经济理论为基础，通过推行 EOD 模式，全面发展资源节约型、环境友好型的生态农业、绿色农业。同时，有机整合一、二、三产业，形成稳健的生态产业链条、集群，推动自然资本加速增值，增加优质生态产品供给量，形成与资源环境承载力相匹配、与生产生活生态相协调的产业发展格局，以绿色发展支撑产业兴旺，促进乡村持续健康发展。如浙江丽水“丽水山耕”生态有机农产品平均溢价超过 30%，充分体现了“生态”的附加值。

（二）推行 EOD 模式是改善乡村人居环境的重要支撑

良好的生态环境是乡村的最大优势和宝贵财富，建设美丽宜居乡村，是实施乡村振兴战略的重要任务，是留住美丽乡愁、增进民生福祉的重要支撑。围绕生活环境整洁优美、生态系统稳定健康等目标，通过推行 EOD 模式，以关联绿色、生态产业发展反哺生态环境治理，破解城乡二元困境，统筹山水林田湖草系统治理。在充分保护乡村原有自然风貌和人文环境的同时，开展人居环境专项整治，加快解决生活污水垃圾处理不到位、交通出行不便、村容村貌差等突出问题，为老百姓留住鸟语花香田园风光，提升乡村生态功能和服务价值，真正实现百姓富、生态美的和谐统一。如浙江久久为功推进“千村示范、万村整治”工程，与时俱进建设美丽乡村，2018 年荣获联合国的最高环境荣誉——“地球卫士奖”。

（三）推行 EOD 模式是提升乡村治理效能的有效途径

乡村治，百姓安，国家稳，乡村治理有序、有效，才能确保乡村长治久安。按照系统治理、依法治理、综合治理、源头治理的要求，通过推行 EOD 模式，在大力弘扬和践行社会主义核心价值观，不断提高乡村社会文明程度的同时，有效整合各方力量，积极构建政府、市场主体、村集体、村民等多方共建共管格局。持续深化改革创新，强化科技支撑，灵活运用行政、市场、经济、法律等手段，建立系统化、规范化、精细化、长效化的政策制度和工作机制，有效推进乡村治理体系和治理能力现代化，打造充满活力、和谐有序的善治乡村。如湖南津市通过三本“小存折”（红色存折、绿色存折、爱心存折）找到了乡村治理的“金钥匙”，通过积分制形成了乡村共建共治共享的大合力。

三、在乡村振兴中全面推进 EOD 模式的建议

乡村振兴是解决城乡发展不平衡、乡村发展不充分问题的重要抓手，关系全面建设社会主义现代化国家的全局性、历史性任务，意义重大，影响长远。尤其在新冠疫情加剧世界局势动荡的特殊时刻，为更好地统筹社会发展和国家安全，全面推进乡村振兴战略实施更为重要、更为紧迫，必须真抓实干，确保工作落地见效。作为新生事物，在乡村振兴中推行 EOD 模式尚处于探索阶段，目前也面临较多的问题和困难，如社会认知度不高、专业人才缺乏、政策标准不完善、支撑保障不到位等，亟待以问题为导向，提高思想认识，强化组织领导，综合施策，精准发力，加快形成各级各方共同推进的强大合力。

（一）强化宣传教育，牢固树立“绿水青山就是金山银山”的发展理念

通过专题讲座、案例学习、现场研学等多种形式加强习近平生态文明思想宣贯，推动各级各有关方面深刻认识 EOD 模式助力乡村振兴的重要意义，切实用习近平生态文明思想武装头脑、指导实践、推动工作，始终坚

持“生态优先、绿色发展”的原则，正确处理发展与保护的关系，绝不牺牲生态环境换取一时的经济增长。通过电视、报纸、广播、网络等多种途径积极倡导绿色消费观念，广泛培育生态文化，深入推进绿色创建行动，在全社会形成支持 EOD 模式推行、强化绿色发展的良好氛围，确保人与自然和谐共生的生态价值观和系统认识论深入人心。

（二）强化规划引领，将 EOD 模式融于乡村振兴战略实施各领域、全过程

2018 年以来，中共中央、国务院印发了《乡村振兴战略规划（2018—2022 年）》等系列文件，明确要求强化规划引领，优化乡村生产生活生态空间，构建乡村振兴新格局。按照“生态优先、绿色发展”的要求，为确保政策举措的连续性和稳定性，需要将 EOD 模式融于乡村振兴战略实施中的产业发展、基础设施建设、生态环境保护等各个领域、各个环节，在相关规划、实施方案中一体谋划、一体部署、一体推进，指导各地各部门有序分类推进各项重点工作，确保一张蓝图绘到底。尤其在乡村规划编制、实施过程中，要问需于民、问计于民、问效于民，摸清家底，分类施策，确保规划科学可行，措施落地见效。

（三）强化试点示范，因地制宜积极探索 EOD 模式实践途径

EOD 模式是践行“绿水青山就是金山银山”理念的重要举措，也是破解生态环境保护和社会经济发展瓶颈的有效途径，但目前还在实践探索阶段，可复制、可推广的经验较少。同时，各地条件不尽相同，不可能一方包治百病，因此需要立足本地实际加强试点示范，顺应乡村发展规律和演变趋势，按照“生态环境 + 产业开发”或“产业开发 + 生态环境”的模式，因地制宜多渠道探索“两山”转换途径，分类开发新产品、新业态、新模式，打造各具特色的现代版“富春山居图”。在实践探索过程中，要坚持稳中求进的工作总基调，避免急于求成，一哄而上，甚至“一刀切”，不搞表面工程、形象工程。

（四）强化政策支持，持续增强 EOD 模式推行的内生动力

持续加强改革创新，不断完善政策措施，切实提升 EOD 模式自我造血

能力，增强相关利益方的内生动力，从“要我做”转变为“我要做”。一是加快完善生态产品价值实现机制，确保生态产品可核算、可交易、可变现，通过EOD模式的推行提升区域生态产品生态溢价，提高市场竞争能力，并获取相应的生态补偿资金，引导社会资源向乡村汇聚。二是推动投融资方式多元化，强化绿色金融支持政策，给EOD项目予以财政补贴、贷款贴息等支持，鼓励银行、基金等金融机构设立EOD推行的专项资金、基金，大力推进“PPP+EOD”，探索“生态资产权益抵押+项目贷”“绿色债券”等融资渠道。三是完善激励与约束并举机制，将EOD模式推行纳入地方党委和政府绩效考核、真抓实干激励等措施中，健全领导干部自然资源资产离任审计制度，将考核结果与官员晋升有机结合。四是强化土地保障、商业保险、品牌建设等政策支持，推动EOD模式从“筹钱的工具”转变为“挣钱的工具”。

（五）强化科技支撑，加快突破EOD模式推行关键技术

充分发挥科技的引领作用，充分考虑EOD模式推行中生态环境治理、重点产业发展、综合运营管理等方面的需求，加强关键共性技术研发，推进绿色科技成果转化，切实提升工作效率。一是加强循环经济、生态经济研究，推进建立以减量化、再利用、资源化为特征的乡村生态产业系统。二是加强先进保护和治理技术研发，尤其是要加快探索符合乡村实际、低成本的污染治理模式，降低污染治理成本。三是加强农业绿色科技创新，围绕生物种业培育、农产品精加工、精准施肥用药、农业面源污染防治、农业废弃物利用、退化耕地修复等领域，加快攻克一批关键核心技术。四是加强大数据技术应用，推进智慧农业、休闲农业建设，形成网格化、数字化的管理方式，提升EOD项目运营管理能力。

（六）强化队伍建设，夯实EOD模式推行的基层根基

本强则茂，基壮则安，把基层人才队伍建设摆在突出位置，是全面实施乡村振兴战略的必然要求。一是充分发挥中国特色社会主义制度优势，建立健全地方党委书记抓乡村振兴的责任机制，把EOD模式推行变成“一把手”工程，推动地方各级党委和政府的主要负责人亲自谋划部署，

亲自协调解决问题，亲自督促政策落实。二是加大绿色技术推广、经营管理等专题培训教育力度，加快培养新型职业农民、实用人才，引导各类人才上山下乡，解决好“谁来种地、谁来振兴”的问题。三是完善“农户+合作社”“农户+合作社+公司”利益联结机制，提升社会化组织服务能力，积极培育家庭农场、农民合作社等新型经营主体。四是发展壮大龙头企业，提升区域整体开发和保护能力，促进乡村一、二、三产业融合发展，确保区域持续健康、高质量发展。

（潘碧灵　彭晓成　吴小平　张伏中　赵媛媛）

（2020年）

为全面建成小康社会增添绿色底色

举世瞩目、万众关注的第十三届全国人民代表大会第三次会议于2020年5月22日上午在人民大会堂隆重开幕。5月22日下午，习近平总书记再次来到他所在的十三届全国人大内蒙古代表团，这已经是十三届全国人代会期间习近平总书记第三次参加内蒙古团审议。习近平总书记曾经说过，“我选择在内蒙古自治区参加选举，表达了党中央对民族边疆地区的重视，体现党中央加快推进欠发达地区发展、打赢脱贫攻坚战的决心”，念兹在兹，不仅仅是脱贫攻坚战，污染防治攻坚战总书记也时刻念在心里，抓在手上，每次参加内蒙古代表团的审议，习近平总书记都会强调生态文明建设。

2018年3月5日，习近平总书记在十三届全国人大一次会议内蒙古代表团审议时指出，内蒙古产业发展不能只盯着羊、煤、土、气，要大力培育新产业、新动能、新增长极，实现高质量发展。2019年3月5日，习近平总书记在十三届全国人大二次会议内蒙古代表团审议时指出，党的十八大以来，我们党关于生态文明建设的思想不断丰富和完善。在“五位一体”总体布局中，生态文明建设是其中一位，在新时代坚持和发展中国特色社会主义基本方略中，坚持人与自然和谐共生是其中一条基本方略，在新发展理念中，绿色是其中一大理念，在三大攻坚战中，污染防治是其中一大攻坚战。这“四个一”体现了我们党对生态文明建设规律的把握，体现了生态文明建设在新时代党和国家事业发展中的地位，体现了党对建设生态文明的部署和要求。保护好生态环境，这不仅是内蒙古自治区的责任，也是其迈向高质量发展的必由之路。习近平总书记对代表们说，要保持加强生态文明建设的战略定力，探索以生态优先、绿色发展为导向的高质量发展新路子，加大生态系统保护力度，打好污染防治攻坚战，守护好祖国北疆这道亮丽风景线。十三届全国人大三次会议期间，习近平总书记在内蒙古代表团再次强调，“坚持人民至上，不断造福人民，把以人民为中心的发展思想落实到各项决策部署和实际工作之中”“生态环境保护就是为民造福的百年大计”“要保持加强生态文明建设的战略定力，牢固树立生态优先、绿色发展的导向，……持续打好蓝天、碧水、净土保卫战”。

实际上，不只是在内蒙古代表团审议时，习近平总书记强调要加强生态文明建设，在春节之后习近平总书记就统筹疫情防控和经济社会发展三次出京考察调研，生态保护、绿色发展的理念贯穿始终。在浙江，习近平总书记勉励大家“把绿水青山建得更美，把金山银山做得更大”；在陕西，他告诫要“当好秦岭生态卫士，决不能重蹈覆辙”；在山西，他强调“正确的就要坚持下去，久久为功，不要反复、不要折腾，争取早日蹚出一条转型发展的新路子”。

当前，中国发展面临的风险挑战前所未有，“六稳”“六保”的任务十分繁重，但在抓好常态化情况下疫情防控和统筹经济社会发展的关键时刻，全国两会召开前夕，习近平总书记在地方考察中一直强调生态文明建设，此次在内蒙古代表团又再次进行了强调，释放出的信号非常明确：无论形势多困难、挑战多严峻，都不可犹豫、不能退缩，中国将始终坚定不移地走“生态优先、绿色发展”之路。

2020 年是全面建成小康社会收官之年，习近平总书记指出，到 2020 年全面建成小康社会，是我们党向人民作出的庄严承诺，不能一边宣布全面建成小康社会，一边生态环境质量仍然很差，这样人民不会认可，也经不起历史检验。站在这个层面，我们才能更好地理解习近平总书记的重要指示和明确要求。

我们一定要认真学习理解和深入贯彻落实习近平总书记在内蒙古代表团审议时的重要讲话精神，保持加强生态文明建设的战略定力，方向不变，力度不减，坚决打好蓝天、碧水、净土保卫战，推动生态环境质量持续好转，实现污染防治攻坚战阶段性目标，加快构建现代环境治理体系，不断增强人民群众的获得感、幸福感和安全感，为全面建成小康社会增添绿色底色。

（2020 年 5 月）

完善立法 增进环境信用评价法治化

党的十九大以来，社会信用体系建设被提升到了国家治理体系和治理能力现代化的高度。环境信用评价体系建设不仅是中央生态文明制度体系建设中的重要环节，也是提高企业的社会责任意识和环境自律意识的重要手段。十九大报告明确要求健全环境信用评价制度，习近平总书记也强调要推进环境治理体系和治理能力现代化，建立健全领导责任体系、信用体系等七大体系。

近年来，我国生态环境部积极推进企业环境信用评价试点，联合相关部门出台了《企业环境信用评价办法》等文件，构建起省级统筹推进，覆盖省、市、县三级的环境信用评价体系。全国已有近 20 个省、80 多个地市、230 多个县级生态环境部门，开展了企业环境信用评价，环境信用评价体系建设取得了积极成效。但在工作推进过程中，仍存在一些问题，需予以重视、解决。

环境信用评价范围过窄。从全国来看，目前仍有部分省市还未正式开展此项工作。而大多数已开展此项工作的地方，评价范围也仅限于国控重点企业，部分地方仅几百家企业参评，远没实现污染源企业全覆盖。

各地评价体系标准不一。全国各地开展企业环境信用评价起步有早有晚，有的地方早在国家发布有关文件的前几年就开展了评价工作。为了尊重地方的首创精神，2013 年印发的《企业环境信用评价办法（试行）》特地明确表示有关地方环保部门已经制定企业环境信用评价管理规范性文件的，可以继续适用。因此，目前各地执行的评价指标体系、评价方法、信用等级标识等，都不尽相同。如辽宁实行 10 分动态记分制，四川实行百分制加减分法评价，江苏、山东参照机动车管理实行 12 分制评价，湖南则是按实施细则标准评定诚信、合格、风险、不良四个等级。

信用评价结果运用不畅，让以评促改的目的落空。部分地方的企业环境信用评价以一年为一个周期，当年评价上一年企业环境信用状况。目前，各地的习惯做法，是在每年上半年发布上年度企业环境信用状况，但有的地区则迟至下半年甚至年底才发布。此时，部分企业环境信用情况已经发生变化，如一些违法情形已得到纠正，又如一些企业则新近发生了严重环境违法行为，企业环境信用结果发布滞后。同时，很多对企业有监管权的部门不了解或不重视运用企业环境信用等级评价结果，致使评价工作没能发挥以评促改的作用。

就现状而言，应将环境信用评价范围扩大，力争污染源企业全覆盖。同时，还应将评价范围拓展到申领排污许可证的企业、环评机构、环境监测机构、机动车尾气检验机构、危险废物处置利用机构等环境服务业企业，鼓励其他企业自愿参加评价。

强化联合惩戒机制。根据国家发改委等 31 个部门联合印发的《关于对环境保护领域失信生产经营单位及其有关人员开展联合惩戒的合作备忘录》相关要求，将企业环境信用评价信息通过政府网站等渠道向社会公开。建立与财政、税务、国资、海关等信用体系建设成员单位，人民银行和银监、证监等金融业监管机构，行业协会等部门的密切互动，实现企业环境信用多部门联动激励、惩戒，充分应用评价结果，共建环保“守信激励”和“失信惩戒”的环境信用信息共享机制。

以完善法律法规为根本。根据环境信用评价体系建设的需要，总结各地近年来的一些经验做法，加快修订完善相关制度，实现环境信用评价法治化、制度化、程序化。以法律法规来统一评价指标体系、企业环境信用分级以及评价结果发布时间，改变目前各地标准不统一的状况，增强评价的权威性。而在此之前，宜着手推进环境信用评价立法工作的开展，尽快在国家层面出台一系列关于环境信用评价的指导性文件，为相关法律法规的制定奠定基础。

（2020 年 5 月 24 日）

健全完善法律法规体系
为绿色低碳发展提供法治保障

2020年第75届联合国大会上，习近平总书记向全世界郑重承诺，力争在2030年前实现碳达峰，努力争取在2060年前实现碳中和。这是根据中国可持续发展的内在要求和推动构建人类命运共同体的历史责任担当而作出的重大战略决策，是当代中国生态文明建设的重要内容，充分体现了中国的主动作为和责任担当。为此，中共中央、国务院印发了《关于完整准确全面贯彻新发展理念做好碳达峰碳中和工作的意见》，国务院印发了《2030年前碳达峰行动方案》《关于加快建立健全绿色低碳循环发展经济体系的指导意见》，系统谋划，总体部署，统筹推进，中国绿色低碳转型发展取得了历史性的巨大成就。从国家层面看，在能源绿色低碳转型方面，水电、风电、太阳能发电、生物质发电装机均居世界第一，煤电能效和排放水平全球领先；在节能减排方面，能耗强度累计下降26.2%；“绿水青山就是金山银山”的理念深入人心，简约适度、绿色低碳、文明健康的生活方式正成为更多群众的自觉选择。

习近平总书记强调“实现‘双碳’目标是一场广泛而深刻的变革，不是轻轻松松就能实现的”，需要充分认识实现“双碳”目标的紧迫性和艰巨性。特别是针对我国该项工作起步较晚，行业多、基数庞大的现状，如何运用法律手段支持“双碳”工作落实，为绿色低碳发展提供法治保障，具有十分重要的意义。法治兴则国家兴，法治强则国家强。然而，健全绿色低碳发展的法律体系，难在“体系”，推进包括碳中和专项法律的环境法典编纂，难在“全面”。因此，扎扎实实把党中央决策部署落到实处，需要提高战略思维能力，把系统观念贯穿工作全过程，处理好发展和减排的关系、整体和局部的关系、长远目标和短期目标的关系、政府和市场的关系。我国生态环境法律体系主要存在三个方面突出问题：

一是生态环境领域法律法规的衔接有待进一步加强。党的十八大以来，在习近平总书记“用最严格制度最严密法治保护生态环境”严密法治观的指引和推动下，生态环境法律法规制修订进入“快车道”，先后完成了《中华人民共和国环境保护法》《中华人民共和国长江保护法》等30余部法律行政法规的制定修订，立法数量大大增加，但同时也出现了法律规定重复率高、矛盾冲突多、适用难的情况。随着生态文明建设朝着减污降碳战略方向的迈进，迫切需要建立统筹污染治理、生态保护、气候变化应对、生态环境质量持续改善的生态环保法律体系。

二是绿色低碳领域专项法律缺乏。在党中央高度重视碳达峰碳中和的形势下，中国现有生态环保法律法规中绿色低碳发展理念虽然有不同程度的体现，但“双碳”愿景的实现势必会触及多领域多行业主体的利益，这些利益需要用法治手段进行调整，予以规范。目前，距离碳达峰不到10年时间，中国尚未制定绿色低碳领域专门法律，无法有效彰显国家在法律层面实现“双碳”目标的决心，无法有效统筹和有序推动全国绿色低碳发展相关工作。

三是部分法律法规存在不适应条款。现行法律法规存在无法适应新时代推进碳达峰碳中和工作需要的条款，亟需修订调整，补充完善。如《中华人民共和国节约能源法》中的大部分处罚条款对于违法用能行为惩戒力度不强；《中华人民共和国循环经济促进法》《中华人民共和国清洁生产促进法》《中华人民共和国可再生能源法》存在保障措施不够全面、法律责任过于虚化、相关规划尚未充分衔接等问题；《中华人民共和国森林法》《中华人民共和国物权法》对林业碳汇占有权、使用权、处置权、收益权未进行明晰界定，林业碳汇交易缺乏必要法律依据等。同时，我国生态环境部2020年公布了多起碳排放数据弄虚作假等典型问题案例，可见碳交易作为中国实现“双碳”目标的重要政策工具，急需出台与完善国家层面的有关立法，提升碳交易的法律权威性。

“十四五”是碳达峰的关键期、窗口期，面对新的形势和任务，只有进一步增强推动绿色低碳发展的能力，才能更好践行绿色发展理念。对此，建议如下：

第一，加快推进生态环境法典的编纂。2020 年 10 月，习近平总书记在中央全面依法治国工作会议上提出，要总结编纂民法典的经验，适时推动条件成熟的立法领域法典编纂工作。当前，中国环境立法体系已经形成，环境法典编纂的基本条件已经成熟，法典编纂给现行环境法律提供了一个从分散走向内部协调一致的契机，促进全国生态环境立法体系“提档升级”。环境法典编纂，应该以习近平生态文明思想和习近平法治思想为指导，将绿色发展、减污降碳理念融入环境法典编纂全过程，通过整合与低碳发展相关的法律制度，充分彰显中国特色社会主义法律制度成果，展示中国生态环境领域的立法成就。建议国家立法机关和相关部门积极开展立法调研论证，通过编纂一部体系严密、规定严格、保障有力的生态环境保护法典，进一步提升全国生态文明建设法治化水平。

第二，加快推动“双碳”专项立法。制定专项法律，需要较为成熟的方案准备和论证过程，从立法计划的提出到法律草案的起草，再到有关方面的反复协调，直到提请全国人大常委会审议，时间周期比较长，为助力“双碳”目标的实现，建议尽快明确立法时间表和路线图，为促进绿色发展实现提供专项法律保障。可先采用全国人大常委会决议的形式，表达实现“双碳”目标的鲜明政治态度，为开展碳达峰碳中和工作提供基本的法律遵循。在有关决定公布之后，同时加快《碳达峰碳中和促进法》立法进程，构建以经济社会发展全面绿色转型为引领，以能源绿色低碳发展为关键的“双碳”工作基本管理制度，围绕绿色转型、降碳增汇、科技创新、激励措施、法律责任等，将中国经济社会发展各领域、全过程的绿色低碳要求制度化、法制化，以法治的力量确保如期实现碳达峰碳中和目标。

第三，加强相关法律法规协调衔接。一是坚持“先清理后立法”原则。法律法规清理是中国特色社会主义法治取得重大成就的一项成功经验，通过对现有法律法规全面有效清理评估，可以避免出现随意立法和法律法规之间存在较大重复的问题。建议对中国现有绿色低碳发展相关领域的法律法规进行一次全面清理和评估，对确实不能满足工作需要且迫切需要立法的，做好科学论证，保证立法决策的科学性和正确性。二是加快制定修订相关法律法规。建议尽快对《中华人民共和国循环经济促进法》《中华人民共和国清洁生产促进法》《中华人民共和国可再生能源法》等相关法律法规进行修改完善，强化降碳的法律约束。为进一步规范和发展国内碳交易市场，建议加快推进《碳排放权交易管理暂行条例》及其配套规章和规范性文件的制定出台，特别是加大对碳排放数据弄虚作假行为的处罚力度，增加违法成本，提升威慑力。三是鼓励制定地方性法规。目前，青海、山西、南昌、石家庄、深圳、天津等地区出台了促进应对气候变化或低碳发展的地方性法规规章，既推进了本地区的碳达峰碳中和工作，又对推进全国的相关立法工作发挥了立法试验田作用。鼓励地方人大和政府先行先试，可根据地方推进碳达峰碳中和的需要以及气候变化应对工作，制定相关地方性法规，为国家立法提供有益实践。同时，要健全全社会普法教育机制，及时普及有关“双碳”目标方面的法律政策，增强全民绿色低碳法治观念。通过构建完备的法律法规标准体系，不断强化绿色低碳发展支撑，以法治的力量推进碳达峰碳中和工作落地见效。

（2020 年 10 月）

加快建立生态产品价值实现机制
赋能绿色高质量发展

党的十八大报告明确指出要增强生态产品生产能力，把生态产品作为新时代中国特色社会主义新发展理念的重要内容和生态文明建设的重要基础，维系良好的生态产品已成为生态文明建设布局中的关键环节。十九大报告进一步明确“要提供更多优质生态产品以满足人民日益增长的优美生态环境需要”。党的十九届五中全会明确提出，要建立生态产品价值实现机制，完善市场化、多元化的生态补偿机制。“绿水青山就是金山银山”理念是习近平生态文明思想的重要组成部分，生态产品价值实现不仅是绿色发展的内在要求，更是“绿水青山”和“金山银山”转化的桥梁，也是满足人民日益增长的美好生活需要的必然要求。

一、发展现状

2011 年 6 月，国务院印发的《全国主体功能区规划》提出“生态产品指维系生态安全、保障生态调节功能、提供良好人居环境的自然要素，包括清新的空气、清洁的水源和宜人的气候等”，并指出必须把提供生态产品作为发展的重要内容，把增强生态产品生产能力作为国土空间开发的重要任务，这是在国家层面首次提出“生态产品”的概念。2021 年 4 月，中共中央办公厅、国务院办公厅印发《关于建立健全生态产品价值实现机制的意见》，提出建立健全生态产品价值实现机制是践行“绿水青山就是金山银山”理念的关键路径，是从源头上推动生态环境领域国家治理体系和治理能力现代化建设的必然要求，对推动经济社会发展全面绿色转型具有重要意义。

2019 年以来，国家先后批准在浙江丽水、江西抚州、湖南岳阳、福建南平、陕西安康等地开展生态产品价值实现机制试点，全国各地各级政府也都在积极探索“政府主导、企业和社会各界参与、市场化运作、可持续的生态产品价值”实现路径，并取得了初步成效。作为长江中游省份，湖南生态环境优美、自然禀赋优良，尤其是党的十八大以来，湖南省持续深入打好污染防治攻坚战，进一步夯实了“一江一湖三山四水”生态安全屏障。2021 年和 2022 年 1—6 月，湖南省地表水国考断面水质优良率分别达到 97.3%，98.6%，排名全国第 4 位和第 3 位，进入全国地表水环境质量前 30 位的地级城市分别为 3 个、5 个，数量居全国第 3 位和第 2 位，14 个市州城市环境空气质量优良天数比例为 91%，森林覆盖率达到 59.96%，湿地保护率为 75.77%，建成各类自然保护区 180 余个，拥有 4A、5A 级景区 150 余个，17 个县（市、区）获评国家生态文明建设示范区。在绿色高质量发展的新时代背景下，湖南需要进一步盘活生态资产，实现绿水青山向金山银山的转化，以生态产品价值的实现助力富饶美丽幸福新湖南的建设。

二、存在的问题

各地在推进生态产品价值实现过程中遇到瓶颈，主要是生态产品“难度量、难抵押、难交易、难变现”等，具体表现在：

（一）生态产品价值核算的体系尚未形成统一认识

生态产品价值核算是一项系统性、复杂性的长期工程，目前我国在生态产品价值核算方面已有一定探索，但标准不一致、方法不统一、可比性较差，每项产品与服务的经济价值缺乏科学性的估值、标准化的定价，生态资源向生态资产的转化变现缺少依据。生态产品的内涵界定还没有形成共识，由于自然资源产权制度不完备，特定的生态空间无法清晰界定产权，受益主体也难以标识，一些资源的所有权、使用权、租赁权没有法律意义的合法抵押、交易权限。生态产品价值评估理论和方法缺乏规范支撑，科学评估生态产品的核算体系尚未形成，致使生态服务市场交易、生态转移支付、生态补偿、环境污染责任保险等促进生态产品价值实现的制度机制缺乏科学依据。生态产品价值难以评估，不同区域生态产品价值核算数据来源渠道、核算指标体系及核算方法模型多样化、层次不一，同时，不同类型生态产品具有不同特性，决定了生态产品价值难以准确量化，加之生态产品市场交易管理办法或条例、相关配套细则、交易总量设定、流转规则和配额分配方案等均尚待完善。

（二）生态产品价值实现的途径还未全面展开

现阶段生态产品供给以政府为主，缺乏有效的市场机制，生态产品供给量难以满足人民群众对生态产品全方位、多层次的需求。由于市场体系不够完整、产权的初始分配不公平、反映生态产品质量的价格机制发育不成熟等问题，生态产品尚未形成完善的交易市场。目前只有水权、排污权、碳排放权等环境资源权益进入了交易市场，生态产品供给方与需求方、资源方与投资方仍对接不畅，调节气候、涵养水源、生物多样性等生态权很难进入交易市场。市场机制尚未健全，尤其是自然资源产权制度改革相对滞后。长期以来，自然资源所有者缺位、所有权边界模糊等问题突出，反映市场供求和资源稀缺程度、体现自然价值和代际补偿的资源有偿使用制度不完善，导致自然资源及其产品价格被严重低估，生态保护得不到合理回报，大量生态产品被无约束地过度使用。

（三）生态产品价值转化的机制还不健全

由于生态产品产权边界模糊、缺乏统一的核算方法、生态产品的统计和监测体系不健全，在评估生态产品价值时，目前市场价格更多体现的是生态产品的人工价值和部分天然价值，代际补偿价值和外部补偿价值等间接价值往往被忽略，价格偏差无法完全反映其真实价值。对于调节服务等不具备直接使用价值的生态产品，一般难以通过生态补偿等方式实现生态产品价值转化。生态保护补偿资金来源渠道过窄、补偿方式单一，资金来源上主要依靠中央财政转移支付，地方财政投入普遍不足；企事业单位投入、生态银行（保险）、社会捐赠等其他渠道仍需拓展；生态补偿标准仍然偏低，远低于商业开发可获得的经济效益。在这种情况下，各类社会主体普遍存在保护动力不足、开发欲望强烈的问题。生态产品价值转化后，利益分配机制不健全，生态产品收益共享理念尚未形成共识。生态保护地区的原住民因保护生态丧失了部分发展机会，因此在生态产品收益分配时，其理应得到更多照顾和倾斜，生态产品收益也要更多用于当地经济发展和社会民生改善，这是生态产品价值转化社会公平维度的基本要求。但目前，供给地和受益地之间利益分配和风险分担机制还不健全，生态补偿、生态环境损害赔偿制度仍须加大实施力度，污水、垃圾处理收费机制以及生态环境损害鉴定评估和实施机制仍须完善。

三、对策与建议

长江是中华民族的母亲河，长江经济带是“一带一路”在国内的主要交汇地带。必须努力把长江经济带建设成为生态更优美、交通更顺畅、经济更协调、市场更统一、机制更科学的黄金经济带，探索出一条生态优先、绿色发展的新路子，充分体现长江的生态价值，让生态长江成为最普惠的民生福祉。

（一）完善政府主导公众参与的体制机制

生态产品价值实现的主要路径包括生态产品经营开发和生态产品保护补充两大类，前者主要靠市场调节，而后者则靠政府主导。“清新的空气、清洁的水源和宜人的气候”等生态产品都难以靠市场进行调节，现阶段主要以政府供给为主。长江经济带涉及沿岸11个省市，以水为纽带，连接上下游、左右岸、干支流、江湖库，是一个完整的自然经济社会大系统，要一体推进水环境、水生态、水资源、水安全和岸线等“四水一岸”的保护修复，统筹实施生态环保、绿色低碳、区域协调等7个方面的重大任务。长江流域沿岸地区政府部门要统筹区域内矿、地、水等资源和产业发展，牵头将生态环境保护、产业发展与生态产品价值实现一体规划、一体实施、一体见效。优化调整区域国土空间规划，加强生态环境保护、生态修复和后续产业发展，带动“生态＋旅游”“生态＋文化”等多种产业形态共同发展，把曾经污染严重的区域转变为生态良好的景区，带动周边区域发展和资源溢价，使经营性生态产品价值通过产业转型发展得以显化，实现生态、经济、社会等综合效益。同时，以增加生态产品为核心，推进国土综合整治，推进山、水、林、田、路和城乡居民点、工矿用地等国土空间的生态修复和综合整治，建设生态景观区，系统治理修复受损的自然生态系统，大幅提升优质生态产品供给能力。扎实开展“两山”理论研究，夯实生态产品价值实现智力支撑。对于涉及区域层面的规划还应吸纳公众参与，大力宣传生态优先、绿色发展理念，引导公众参与长江大保护，提高公众的责任意识和参与意识，推动形成共同保护长江母亲河的良好氛围。

（二）建立健全生态产品价值核算体系

一是建立统一的生态产品价值核算技术体系。明确生态产品价值核算原则、指标体系、评估方法、数据来源等，解决当前生态产品价值核算内涵和边界不清晰、核算方法不统一等问题，提升生态产品价值的真实性、客观性，降低生态产品的市场壁垒，提高市场认可度。二是开展长江经济带生态产品价值核算。将生态环境优势转化为生态农业、生态旅游业等生态经济的优势，“绿水青山”也就变成了“金山银山”。开展生态产品价值核算有利于掌握各类生态产品的数量、质量，形成生态产品目录清单，为精准实施生态产品价值实现机制打下基础。三是加强对专业生态产品评估机构的支持力度，加大对生态产品价值评估技术标准和方法的研究力度，建立类型完备、标准清晰、方法科学、范围广泛的生态产品价值评估体系，特别是要与国际通行的价值评估技术标准接轨，全面提升我国生态产品价值评估机制的科学性。

（三）建立健全生态产品市场交易机制

一是通过综合利用国土空间规划、建设用地供应、产业用地政策、绿色标识等政策工具，发挥生态优势和资源优势，推进本地区生态产业化和产业生态化，以可持续的方式开发经营生态产品，将生态产品的价值附着于农产品、工业品、服务产品，并转化为可以直接进行市场交易的商品。二是针对江河沿岸过度开发的问题，采用河流生态修复工程方案，建设生态驳岸，增强生物多样性；建立植被缓冲带，过滤地表径流中的沉淀物；建立鱼、虫、鸟生态圈，优化生物种群结构，增强自然生态系统的稳定性。三是开展生态资产与生态产品市场交易的体制机制建设，形成生态资产确权、第三方核算、交易市场、转移登记与监管制度等完整的交易体系。基于自然资产确权登记，建立生态资源实物账户、功能量账户和资产账户，为评价考核提供数据支撑，对山水林田湖草等自然资源的物权进行梳理，明晰可用于交易的产权，以第三方机构确定的生态资产与生态产品核算结果为基础，在已有的单株碳汇基础上探索开展出让、租赁、买卖等生态资产产权和生态产品交易试点。建立各类生态资产产权和生态产品的市场交易制度、产权转移登记与监管制度，制定交易行为与资金管理等配套政策，为生态资产与产品交易市场化建设提供保障。

（四）健全要素市场配置为主体的生态补偿体系

生态补偿转移机制是我国有效开发生态产品和服务的一项重要制度设计。《中华人民共和国环境保护法》提出生态保护补偿制度的要求，在后续的法律修订工作中都将财政转移支付、生态补偿纳入法律条文。特别是《中华人民共和国长江保护法》在长江流域横向生态保护补偿方面，明确指出要在上下游、左右岸、干支流地方人民政府之间开展相关工作，突出了长江流域生态补偿具有整体性、系统性和全面性的特征。鼓励社会资本建立市场化运作的长江流域生态保护补偿基金，开展补偿双方的主体不仅仅局限于地方人民政府之间，也可以是受益地区的企业、个人或其他非法人组织对保护区域的政府或其他主体进行生态保护补偿。补偿方式除了直接的资金和物资补偿，也可包括技术和项目补偿，采取对口协作、产业转移、人才培训、共建产业园区等方式帮助受偿方发展产业，形成可持续发展机制。同时，应积极探索生态受益地区与保护地区、流域上游与下游、省际、地市间的流域内补偿机制，找寻生态与发展互利共赢的最大公约数，在发展中寻求最佳平衡点，护佑良好生态绿色空间的“守护人”输出“高颜值”的生态产品理应享有的发展权利，把“美丽经济”绿水青山蕴含的生态产品价值转化为“金山银山”。生态产品价值转化后取得的收益需要利益共享，主要用于当地发展，优先发展有利于提升当地就业的生态项目，拓展价值实现的渠道和途径，综合运用产品、市场、金融等手段，为当地居民特别是贫困人群创造发展机会。

（五）引导公众合理消费和使用生态产品

生态产品的消费只要不超过其承载的极限，产品就能源源不断地向人们提供服务，在此过程中，往往还有产品具有自我增值和积累能力，以供子孙后代长久享用。要增强全民节约意识，推进消费结构绿色转型升级，加快形成简约适度、绿色低碳、文明健康的生活方式和消费模式。

一是系统设计促进绿色消费的制度政策体系，全面促进重点领域消费绿色转型，包括提升食品消费绿色化水平，推行绿色衣着消费，推广绿色居住消费，发展绿色交通消费，促进绿色用品消费，引导文化和旅游领域绿色消费，激发全社会绿色电力消费潜力，推进公共机构消费绿色转型等。二是强化绿色消费科技和服务支撑，包括推广应用先进绿色低碳技术，推动产供销全链条衔接畅通，加快发展绿色物流配送，拓宽闲置资源共享利用和二手交易渠道，构建废旧物资循环利用体系等。三是建立健全绿色消费制度保障体系，包括加快健全法律制度，优化完善标准认证体系，探索建立统计监测评价体系，推动建立绿色消费信息平台等。四是完善绿色消费激励约束政策，包括增强财政支持精准性，加大金融支持力度，充分发挥价格机制作用，推广更多市场化激励措施，强化对违法违规等行为的处罚约束等。

（2021 年）

深入贯彻落实新发展理念
持续打好污染防治攻坚战

2021年3月5日，全国“两会”期间，十三届全国人大四次会议通过的《中华人民共和国国民经济和社会发展第十四个五年规划和2035年远景目标纲要》明确要求“推动绿色发展，促进人与自然和谐共生”；习近平总书记在参加内蒙古、青海代表团审议时再次强调要加强生态环境保护相关工作，李克强总理在政府工作报告中明确提出“加强污染防治和生态建设，持续改善环境质量”，为下一阶段工作指明了前进方向，提供了根本遵循。我们必须认真贯彻落实全国“两会”精神，结合“三高四新”战略实施，准确把握新发展阶段、深入贯彻新发展理念、加快构建新发展格局，继续打好污染防治攻坚战，确保“十四五”生态环境保护工作谋好篇、起好步、开好局，在生态文明建设上展现新作为，以生态环境高水平保护促进全省社会经济高质量发展。

一、切实提高政治站位，准确把握“十四五”生态环境保护工作的形势任务

按照党中央、国务院的统一部署，通过努力，全省“十三五”规划纲要确定的9项生态环境约束性指标和污染防治攻坚战阶段性目标任务圆满完成，其中，60个“水十条”考核评价断面优良率达到93.3%，消除了劣V类水体；空气优良率达到91.7%，重污染天数明显减少；森林覆盖率达到59.9%，湿地保护率达75.7%。同时，习近平生态文明思想深入人心，环境治理基础设施进一步夯实，污染防治体制机制进一步健全，为

“十四五”深入推进相关重点工作、实现更高目标奠定了良好基础。但生态环境保护涉及方方面面，是一项复杂的系统工程，全省生态环境保护与社会经济发展长期矛盾和短期问题交织，部分行业、区域污染源头预防和管控不到位，环境治理区域、行业不平衡、不充分问题突出，重金属超标耕地修复、矿井涌水污染治理、危险废物超期贮存治理等历史遗留问题较多，大气、水、土壤生态环境质量改善成效还不稳定，突发性环境风险事故时有发生，生态环境治理能力总体偏弱。“十四五”乃至今后相当长一段时间内，全省生态环境保护工作仍然处于攻坚期、窗口期、关键期。立足历史新方位，我们必须提高政治判断力、政治领悟力、政治执行力，把思想和行动统一到党中央、国务院的重大判断、决策部署上来，保持加强生态文明建设的战略定力，坚持方向不变、力度不减、标准不降，科学谋划并加快推进“十四五”时期生态环境保护目标任务。

二、牢固树立“绿水青山就是金山银山”新发展理念，坚定不移走“生态优先、绿色发展”之路

《中华人民共和国国民经济和社会发展第十四个五年规划和2035年远景目标纲要》明确提出“十四五”时期生态文明建设要实现新进步，对推动绿色低碳发展、全面提高资源利用效率等作出了具体部署和安排。加强生态环境保护是社会经济高质量发展的应有之义，在加快形成“双循环、双促进”的新发展格局中，我们须始终牢固树立“绿水青山就是金山银山”新发展理念，坚定不移走“生态优先、绿色发展”之路，结合供给侧结构性改革，全面建立资源高效利用制度，加快建立健全绿色低碳循环发展经济体系，促进社会经济发展全面绿色转型，擦亮湖南高质量发展的生态成色。立足资源环境承载力，严格落实“三线一单”制度，对860个环境管控单元实施差异化管理，构建国土空间开发保护新格局。深化“放管服”改革，积极推动智能制造、资源环保等新兴优势产业链发展，深入推进有色、化工等重点行业企业清洁化改造，大力支持产业园区循环化、生态化改造，加快推动株洲清水塘、湘潭竹埠港等重点区域替代产业发展，推动产业结构、重点区域转型升级。加快建立生态产品价值实现机制，建立生态产品清单，以洞庭湖生态经济区、郁州国家可持续发展示范区等为

载体，大力发展生态农林业和生态旅游业，积极培育绿色增长点，推动实现“产业生态化、生态产业化”双赢目标。

三、着眼“双碳”目标，全领域、全过程、全方位控制温室气体排放

气候变化是重大全球性挑战，事关人类未来和各国发展。总书记在中央财经委员会第九次会议上强调：实现碳达峰、碳中和是一场广泛而深刻的经济社会系统性变革，要把碳达峰、碳中和纳入生态文明建设整体布局，拿出抓铁有痕的劲头，如期实现 2030 年前碳达峰、2060 年前碳中和的目标。作为中部省份，与发达地区相比，湖南如期实现碳达峰碳中和的愿景目标面临困难更多、任务异常艰巨，还需尽快把实现国家目标转化为地方、部门和行业的实际行动，科学编制应对气候变化行动方案，明确时间表、路线图、任务书，纳入生态省建设布局中，全面启动相关重点工作。深入推进能源革命，不断提升能源使用效率，严格控制化石能源总量，加快发展生物质能、分布式太阳能等新能源，加快引入宁夏、内蒙古等省份清洁电力，持续优化全省能源供给结构。推动重点城市、重点行业、重点企业制定碳达峰行动方案，加大对二氧化碳减排重大项目和技术创新扶持力度，积极推动实施一批碳减排示范工程，严格控制工业行业、交通领域、建筑领域二氧化碳排放。发挥比较优势，开展大规模国土绿化行动，加大“碳汇林”“碳汇草”建设，提升全省生态系统碳汇能力。深入推进低碳发展示范区、低碳示范城市、碳中和示范区建设，加快开展气候投融资试点和碳交易市场建设，积极争取将亚太绿色低碳发展高峰论坛升级为国家级论坛。

四、突出“精准治污、科学治污和依法治污”，深入打好污染防治攻坚战

生态环境是易碎品，环境保护如逆水行舟，不进则退。确保大气、水、土壤生态环境质量持续改善，既须严格不欠新账，又应努力多还旧账，工作任务更重、触及矛盾更深、工作要求更高，须按照“精准治污、科学治污和依法治污”的要求，以问题为导向，以生态环境质量改善为核

心，坚持稳中求进总基调，提高工作的系统性、科学性、针对性，深入打好污染防治攻坚战。以 $PM_{2.5}$和 O_3协同控制为主线，持续推进大气污染防治攻坚行动。以长株潭城市群为重点，持续加快大气型污染源污染治理，强化 $PM_{2.5}$、O_3等多污染物协同控制和区域协同治理，全面推进大气环境质量达标城市建设，基本消除重污染天气，努力实现“蓝天白云、繁星闪烁”。坚持五水共治，持续推进水污染防治攻坚行动。以长江干流湖南段、湘江、沅江、资水、澧水和洞庭湖为统领，统筹水环境治理、水资源保障、水生态修复、水安全防范、水文化弘扬，坚持“一河（湖）一策”系统、综合施治，让更多的河流“鱼翔浅底、水清岸绿”。突出系统防治，持续推进土壤污染防治攻坚行动。坚持“预防为主、保护优先、风险控制”的原则，加快推进郁州三十六湾、娄底锡矿山等重点工矿区遗留污染治理，持续强化土壤安全利用和地下水污染风险管控，突出抓好畜禽粪污、水产养殖尾水综合治理，深入开展农村人居环境整治提升行动计划，确保“吃得放心、住得安心”。

五、坚持“山水林田湖草”系统治理，稳步提升生态系统质量和稳定性

“生态兴、文明兴”，山水林田湖草是生命共同体，我们必须尊重自然、顺应自然、保护自然，算大账、算长远账、算整体账、算综合账，对自然生态系统进行整体保护、系统修复、综合治理，提高生态系统自我修复能力和稳定性，守住自然生态安全边界，提升生态系统服务功能。按照“划得出、守得住”的要求，科学划定并严格守护生态保护红线、环境质量底线、资源利用上线，加快构建以国家公园为主体的自然保护地体系，对武陵源、东江湖、南山公园等各类“净土”进行最严格的保护，进一步优化“一湖三山四水”生态安全格局，确保生态红线保护面积占比不低于20. 3%，自然保护地面积占比不低于 11. 5%。坚持“保护优先、自然恢复”为主的原则，全方位、全地域、全过程系统保护武陵山脉、洞庭湖湿地、南岭山地森林及生物多样性保护生态功能区等生态敏感区域。按照“分类指导、因地制宜”的原则，加快实施“一湖四水”沿岸生态绿环，湘西南喀斯特石漠化整治，四水源头地区生态环境保护，娄底锡矿山、郁

州三十六湾重点矿区生态恢复等重点生态保护修复工程。推进城市生态系统保护修复，以长株潭绿心为重点，开展城市区域山水林田湖草系统治理示范，推进生态修复和功能完善工程。加强生物多样性保护，强化外来物种管控，加快实施一批生物多样性保护重点工程，在长江干流湖南段、洞庭湖、湘资沅澧“四水”干流等水域全面实行“十年禁渔”。

六、坚持改革创新，着力提升生态环境治理体系和治理能力现代化水平

生态环境保护和生态文明建设任务艰巨繁重，道阻且长，行则将至，唯有夯基垒台，方能积厚成势。严格落实《关于构建现代环境治理体系的指导意见》，进一步完善体制机制，加快形成导向清晰、决策科学、执行有力、激励有效、多元参与、良性互动的“大生态环境保护格局”。持续深入推进生态文明体制改革，加快健全完善生态补偿，用水权、排污权等交易市场体系，完善生态环境损害赔偿，公益诉讼等制度，为保护和治理工作释放更多的政策“红利”。进一步完善生态环境监测、评价和考核体系，强化基层生态环境监测监管能力建设，提升综合监管水平。持续加大各级财政投入，大力推进企业、产业园区、区域环境污染第三方治理，多渠道吸引社会资金参与，积极推动建立湖南省生态环境保护集团，加大绿色金融支持力度，确保生态环保投入与修复治理任务相匹配。加大科技支撑，围绕 VOCS 控制、饮水安全保障、重金属污染防治、总磷削减等重点领域加大先进适用技术研发与示范推广。建设全省生态环境大数据智慧平台，提升信息化管理水平。积极推动社会公众参与，大力弘扬、繁荣发展生态文化，在更大范围、更高层面加大绿色学校、绿色家庭、绿色社区、绿色单位创建力度，让绿色生活与绿色消费蔚然成风，通过多种形式激发人民群众呵护好生态环境的内在动力，形成共治共享的良好社会氛围。

（2021 年）

组建国有环保集团很有必要

环保产业是战略性新兴产业，也是推进绿色发展的重要抓手。习近平总书记于2018年5月在全国生态环境保护大会上的讲话指出，要全面推动绿色发展，加快形成绿色发展方式，培育壮大节能环保产业、清洁生产产业、清洁能源产业。《中华人民共和国国民经济和社会发展第十四个五年规划和2035年远景目标纲要》提出，要“推进清洁生产，发展环保产业，推进重点行业和重点领域绿色化改造”。近年来，湖南省环保产业保持良好的发展态势，年均增长在15%以上，已成为全省经济发展的新的增长点和战略性新兴产业，为全省经济社会高质量发展作出了重要贡献，但还存在一些短板和问题。一是企业“散小弱差”的局面未得到根本改变。A股上市环保企业仅3家（永清环保、力合科技、华自科技），新三板挂牌的只13家，较国内先进地区有较大差距。除盈峰中联环境、航天凯天、永清环保、华自科技、力合科技外，大部分企业营收只有5000万至4亿元。二是技术创新能力不足。湖南省大部分环保企业普遍缺乏核心竞争力，同质化竞争严重。从专利数据上看，2019年，全省节能环保产业专利数1987件，总额95409件，居全国第13位，中部地区第3位。三是企业履行社会责任的责任感不强。有些重要的治理项目，环境效益和社会效益较高，经济效应相对较低，民营企业投资的积极性不高，影响项目实施的进程。因此，加快湖南国有环保集团的组建很有必要。

一、湖南国有企事业单位环保业务现状

据不完全统计，湖南省国资企业中涉及环保业务的共计8家，包括现代投资、湖南建工集团、湖南省建筑设计院、湖南交水建集团、华菱钢铁

等企业，目前各企业在各自细分领域独立运营。其中，现代投资下属现代环境公司是省属企业中专门从事环保业务的企业，为新三板上市公司，资产总额14.05亿元，年产值4亿元，在生活垃圾处理处置、工业固危废处理处置及资源化利用、生物质焚烧发电、污废水处理处置、土壤修复等方面提供从投资、建设、技术服务、装备制造到运营管理、循环利用等全过程综合服务。除省属企业外，湖南省有色金属研究院、湖南省环境保护研究院等科研院所也涉及环境咨询、环境工程、环境监理等环保业务。

湖南省国有企事业单位环保业务具有以下几个特点：一是业务范围覆盖环保产业中下游，且具备一定的项目运营经验，但各个企业各自为战，单个企业实力偏弱，尚未形成合力，未形成综合效益。二是从财务情况来看，除现代环境外，其他公司营业收入和净利润不高，资产负债率较高，投资回报较为缓慢。三是技术创新能力不强，技术储备不足，核心竞争力不强。

二、组建湖南环保集团的论证分析

（一）必要性

湖南省环境污染历史欠账多，环境承载压力大，打好污染防治攻坚战任务艰巨，仍有不少“硬骨头”要啃。要实现生态环境的根本好转，建设美丽湖南，加大生态文明建设和生态环保的投入必不可少。因此，组建国有湖南环保集团，履行国有企业生态文明建设的政治责任，充分发挥作为湖南省生态文明建设的引领者、推动者、实践者的作用十分必要。

一是组建国有湖南环保集团有利于湖南省环保产业做大做强。目前湖南省环保企业数量虽多，但龙头企业实力不强。从上市环保企业数量上看，目前全国A股上市环保企业达120家，新三板上市353家，而湖南省A股上市环保企业仅2家，新三板上市13家。从单个企业规模上看，除个别企业外，湖南省排名靠前的龙头骨干环保企业年产值大部分为3亿至5亿元，规模较发达省份更小。整合现有国有企业环保业务，组建国有湖南环保集团，打造环保产业龙头企业，有利于环保企业参与市场竞争，实现“走出去”战略，推动湖南省环保产业做大做强。

二是组建国有湖南环保集团有利于落实党和政府的决策部署。污染防治攻坚战需要政府和企业双向发力。有一些政府类的治理项目，环境效益和社会效益较高，经济效益相对较低；有一些政府类的治理项目资金投入大，回收周期相对较长，但又必须治理，这就需要国有企业履行社会责任，参与解决一些全省突出环境问题，实现党和政府的决策部署。

三是组建国有湖南环保集团有利于环保专项资金项目的实施推进。目前市县政府，尤其是县（市、区）政府普遍缺乏实施环保项目的专业平台，很多环保专项资金项目交由地方生态环境部门实施，这既不符合法律法规的要求，也影响项目实施的效果。组建国有环保公司，承担环保专项资金项目的实施任务，有利于规范项目运作，加快项目实施。

四是组建国有湖南环保集团有利于实现资本的放大效应。国有环保集团可以吸收民营资本参与，也可以通过银行、证券等金融机构进行间接、直接融资，充分实现国有资本的放大效应，吸引更多的资金投入生态文明建设和污染防治工作中。

（二）可行性

组建国有湖南环保集团具有以下有利条件：

一是绿色环保产业规模大。节能环保产业作为湖南省战略性新兴产业，产业规模不断扩大，对经济发展的支撑作用逐渐凸显。2019 年湖南省节能环保产业营业收入达到 5671.62 亿元，在八大战略性新兴产业排名中仅次于新材料、高端装备制造业，位居第三位，如果把资源综合循环利用、城市和矿山生态修复产业整合起来，营收将超过万亿元。

二是应对气候变化和污染防治工作的持续发力为环保集团的组建和发展带来了新机遇。国家正在制定 2030 年碳达峰和 2060 年碳中和行动计划，“十四五”期间国家要求生态环境质量持续改善，“十五五”期间全面改善，“十六五”期间根本改善，到 2035 年基本建成美丽中国，到 2050 年建成美丽的社会主义现代化国家，也就是说绿色环保产业至少还有 30 年至 40 年的高速发展期，这为环保集团的组建和发展带来了长期的机遇。

三是开发模式的创新为环保集团的发展带来了新的盈利点。2020 年生态环境部、国家发改委联合推动了生态环境导向的开发模式（EOD 模式），该模式通过“肥瘦搭配”，将公益性较强、收益性差的生态环境治理项目与收益较好的关联产业打包，一体化实施。EOD 模式的创新改变了以往部分环保项目环境效益和社会效益突出，经济效益差的问题，尤其是城市环境整体综合整治项目，还可以带来较高的经济回报。如湖南省常德市穿紫河、长沙市圭塘河的综合整治等都是一些极为成功的案例。EOD 模式的实施主体是市县人民政府和园区管委会，湖南环保集团的国有属性将有利于参与 EOD 项目的实施，为企业的发展带来新的盈利点。

四是绿色金融改革为环保集团的发展注入了新的活力。2020 年财政部和生态环境部组建了国家绿色发展基金，首期募资规模为 885 亿元，湖南省认缴 10 亿元，重点投资污染治理、生态修复和国土空间绿化、能源资源节约利用、绿色交通和清洁能源等领域。湖南省已组建了土壤污染防治基金，基金规模为 12 亿元，其中首期已募资到位 3 亿元，这些基金将投入一批大的生态环境治理项目，这为环保产业集团的发展提供了新的资金渠道。组建湖南环保集团有利于大的绿色环保项目的包装和贮备，可以从国家绿色发展基金中争取更多的资金和项目支持。据了解，三峡集团“十四五”期间拟投资 1000 亿元用于环境治理，目前，三峡集团已与湖南省岳阳、株洲、郴州等市开展了合作，组建湖南环保集团也有利于央地国企在生态环境治理领域的深度合作。

五是部分省份已有成功经验。据了解，目前全国已有北京、江西、辽宁、内蒙古、四川、上海、重庆、浙江、陕西、广西等十余个省份成立省级国有环保集团，在各省污染防治和生态保护方面发挥了积极作用。如北京市的首创水务，紧紧围绕城市供水和水环境综合治理主业，布局全国，拓展海外，截至 2018 年 6 月，已在全国 23 个省、自治区和直辖市的 100 余个城市拥有项目，总资产达到 611 亿元；公司水处理能力达到 2400 万吨/日，服务总人口超过 5000 万，经过近二十年发展，已成为全球第五大水务环境运营企业。2020 年 4 月，江苏省委、省政府批准成立了江苏环保集团。江苏环保集团通过整合省级有关环保资产、引入央企资本组建，注册资本为 50 亿元。其中，省级单位出资 40 亿元，占比 80%；央企出资 10 亿元，占比 20%。江苏环保集团作为江苏省重点环境基础设施建设项目的省级投资主体、统筹全省环境治理工作的重要抓手、引导省市国有资本联动发展环保产业的主要力量、全省环境治理技术研发和数据集成的重要平台，将着力在大气和水环境治理、土壤污染治理与修复、固危废安全处置、生态保护修复、农村环境综合整治、工业园区环境整治、生态环境监测监控建设运维等方面发挥作用。

三、湖南环保集团组建方式

湖南环保集团组建可以以科研创新能力为基础，产业项目发展做支撑，融资平台做保障。企业业务按照做好存量、做优做大增量的发展思路，初期可重点做好乡镇污水处理设施建设、城乡黑臭水体整治、污染场地修复、矿山生态修复、污染治理工程、环保新技术开发、环保装备制造、环保服务业、环境规划咨询、环境影响评价、环境监测等方面工作，逐步向节能、资源利用、生态等领域拓展。湖南环保集团具体组建方式有新组建、重组或引入战略投资者混组等。

（2021 年 1 月）

抗生素污染治理 医疗行业可先试光催化技术

抗生素污染是一个世界性问题，世界卫生组织曾警告称“后抗生素时代”来临。在我国，人用抗生素总用量一直居高不下，而近年来，兽用抗生素在养殖业和畜牧业中，也被大量使用，导致其对生态环境和人类健康的危害日益严重。

尤其是我国水体中抗生素的污染问题，日益突出，必须引起国家和民众的高度重视。国家各部门要统一协调、密切配合、多管齐下，尽快行动起来，把抗生素污染这个威胁人类健康的“隐形杀手”，尽早扼杀于摇篮之中。

就当前而言，我国抗生素污染存在的主要问题之一就是抗生素滥用，这是因为我国对抗生素的管控相对宽松。世界卫生组织 2011 年就曾对此发出警示称，中国住院患者的抗生素使用率高达 70%，远远高于 30% 的国际水平。

在我国的养殖业中也存在着滥用抗生素现象。主要表现为超品种、超时间、超剂量使用，不遵守休药期、停药期，随意联合用药或人药兽用等，尤其是大量中小养殖户，滥用抗生素的情况更为明显。据 2020 年的调查报告显示，因我国长江流域抗生素浓度偏高，导致长三角地区约 40% 孕妇的尿液中检出抗生素、近 80% 儿童的尿液中检出兽用抗生素。

在我国的污水管理中，没有抗生素含量的设定限值。我国各类污水排放标准中，目前并没有抗生素的排放标准和要求，其中也包括医疗污水和畜禽养殖业污废水排放标准。这也直接导致对重点行业污水的排放管理不到位，尤其是对药企、养殖畜牧业、医疗机构等抗生素相关的重点行业污水中抗生素排放不够重视，监管也不到位。而普通民众也缺乏这方面的环保意识。比如，居民生活污水中抗生素来源之一是人们将不用或过期的抗生素未经处理就直接丢弃到生活环境中，最终进入水体。

针对现状，治理抗生素污染，就需要政府加强对医疗和养殖业等领域使用抗生素的管理，促使有关机构严格遵守相关法律法规，防止抗生素滥用。同时，也要加强对重点相关行业的污水排放管理，从检查、整改到验收，每一个相关环节都要做到位。

在制度建设方面，也要尽快制定污水抗生素排放标准，完善抗生素生态风险评价，设定抗生素排放限值。针对已有污染现状，则需尽快研发、推广先进有效的治理技术。

目前国际认可的水中抗生素定量检测方法是固相萃取—液相色谱—串联质谱法。光化学降解是抗生素类污染物在环境中的重要消失途径，光催化技术能让水体中抗生素降解为低毒或者无毒的小分子物质，甚至直接降解为二氧化碳和水。因此，可以在医疗行业先行先试，推广光催化技术等先进有效的治理技术，在抗生素污染排放的主要源头实现有效治理。

与此同时，要加强对药品等容易污染环境的生活用品的管理，加大回收设备设施建设，如在居民区设专门收集不用或过期药品的回收箱等。此外，也要充分利用各种媒体，宣传关于水环境保护的法律法规，宣传抗生素滥用和随意丢弃相关药品带来的严重后果，提高全民环保意识。如此多管齐下、及时行动，方能逐步减少甚至消除抗生素污染，保障民众生命健康。

（2021 年 3 月 8 日）

保护生物多样性 促进人与自然和谐共生

“万物各得其和以生，各得其养以成”，生物多样性使地球充满生机，是人类生存和发展的基础。保护生物多样性有助于维护地球家园，促进人类可持续发展。2021 年 10 月 12 日，在联合国《生物多样性公约》第十五次缔约方大会领导人峰会上，习近平主席的讲话高屋建瓴，提出了开启人类高质量发展新征程的重要倡议，为世界各国共同构建地球生命共同体凝聚共识和力量，展现了中国负责任大国的形象和担当，为推进全球生态文明建设注入了强劲动力。

早在先秦时期，庄子就提出了“天人合一”的思想，将自然世界与人类社会视为一个和谐的整体。在今天看来，就是要在遵循自然的客观规律、保护自然环境的基础上合理开发、利用和改造自然，形成人与自然二者合一的生态良性循环互动的关系。孟子也有过“不违农时，谷不可胜食也，数罟不入洿池，鱼鳖不可胜食也；斧斤以时入山林，材木不可胜用也”的论断。先哲的思想体现了我国古代的生态智慧：遵循自然规律，适当加以改造与引导；维护生态平衡，以获得可持续发展。从古至今，中国始终传承和遵循尊重自然、顺应自然、保护自然的生态文明发展理念。党的十八大以来，我国将生态文明建设放在了更加突出的位置，融入经济建设、政治建设、文化建设、社会建设各方面和全过程，坚持人与自然和谐共生，努力建设美丽中国。

生物多样性是生态文明的重要组成部分，关系人类福祉。“鹰击长空，鱼翔浅底，万类霜天竞自由”，缤纷多彩的自然生灵正是生态之美的核心内容。促进人与自然和谐共生，保护生物多样性不仅是一种理念，更是增进人类福祉的必由之路；不仅可以满足人民日益增长的优美生态环境需要，也可以推动实现更高质量、更有效率、更加公平、更可持续、更为安全的发展。

工业化社会的兴起，加快了人类改造自然世界的速度和强度，也导致了更为严重的生态环境破坏。全球森林面积在1990年至2020年期间损失了178万平方千米；活珊瑚覆盖面积在过去150年减少了近一半；约有100万种动植物物种面临灭绝威胁。恩格斯曾提出“不要过分陶醉于我们人类对自然界的胜利。对于每一次这样的胜利，自然界都对我们进行报复”的醒世名言。面对目前全世界生态环境问题不断加剧、生物多样性不断降低的严峻形势，由193个国家签署的《生物多样性公约》应运而生。2021年10月10日，在昆明召开的第十五次缔约方大会以“生态文明：共建地球生命共同体”为主题，推动制定“2020年后全球生物多样性框架”，为未来全球生物多样性保护设定目标、明确路径，具有十分重要的意义。

生态兴则文明兴。这既蕴含着中国传统文化中的哲学思想，又体现了马克思主义哲学的辩证思想。在大会上，习近平主席提出开启人类高质量发展新征程的“四个倡议”：以生态文明建设为引领，协调人与自然关系；以绿色转型为驱动，助力全球可持续发展；以人民福祉为中心，促进社会公平正义；以国际法为基础，维护公平合理的国际治理体系。这既是中国不断探索可持续发展道路、建设生态文明的智慧结晶，更是对人类要怎样共建地球生命共同体这个时代之问的中国答案。

人类应该以自然为根，尊重自然、顺应自然、保护自然。我们要像保护眼睛一样保护自然和生态环境，形成人与自然和谐共生的新格局。2020年，习近平主席在联合国生物多样性峰会上的讲话中提出“我们要以自然之道，养万物之生”。作为世界上生物多样性最丰富的国家之一，中国已经将生物多样性保护上升为国家战略。深入打好污染防治攻坚战，狠抓突出生态环境问题；完善生物多样性保护政策法规，持续推进自然生态保护监管和执法；加快推动自然保护地体系建设，不断加强野生动植物及栖息地保护和修复；强化社会宣传与国际合作，推动生物多样性保护主流化……中国全方位落实生物多样性保护举措，聚焦人类命运共同体，不拘眼前看将来；聚焦地球生命共同体，不计小利算大账，以非凡的魄力和不懈的努力交出了一份令全世界瞩目和为之赞叹的答卷，中国已成为全球生物多样性保护的重要参与者、贡献者、引领者。

以苍穹为衣，我们才能感受自然之博大；将山峦作冠，我们才能感受自然之瑰丽；把江河当血脉，我们才能感受自然之流长。我们要以习近平生态文明思想为根本点，以生物多样性保护为切入点，以统筹高质量发展和高水平保护为落脚点，以加强领导、落实责任、强化措施为着力点，不断推动生态文明建设和生物多样性保护取得新突破、新成效，坚信我们的未来既有“西塞山前白鹭飞，桃花流水鳜鱼肥”，也有“接天莲叶无穷碧，映日荷花别样红”，更有“我欲因之梦寥廓，芙蓉国里尽朝晖”。

（2021 年 10 月 27 日）

奋力书写绿色发展新篇章
加快建设人与自然和谐共生的现代化

生态兴则文明兴，生态衰则文明衰。站在实现中华民族伟大复兴、永续发展的战略高度，党和国家历来高度重视并积极推动生态文明建设和环境保护工作，尤其是2012年以来，将其摆在了更加突出的重要位置。党的十八大报告指出："大力推进生态文明建设"；党的十九大报告强调："加快生态文明体制改革，建设美丽中国。"在以习近平同志为核心的党中央坚强领导下，通过各级各有关部门的共同努力，全国生态环境保护发生历史性、转折性、全局性变化，祖国天更蓝、山更绿、水更清。在全面建设社会主义现代化国家新征程中，习近平总书记在党的二十大报告中要求："推动绿色发展，促进人与自然和谐共生"，为下一阶段生态环境保护工作提供了基本遵循和行动指南。作为生态环境保护工作者，我们要深入贯彻落实党的二十大精神，把准方向、咬定目标，以更大决心、更高标准、更大力度深入打好污染防治攻坚战，加快发展方式绿色转型，为建设美丽中国、打造人类命运共同体贡献更多的智慧和力量。

深刻理解中国特色社会主义制度的显著优势，不断加强党的全面领导。"万山磅礴，必有主峰"，办好中国的事情，关键在党，中国共产党领导是中国特色社会主义最本质的特征，是中国特色社会主义制度最大的优势。生态环境保护是"国之大者"，在新征程中，我们必须坚决维护党中央权威和集中统一领导，进一步增强"四个意识"，坚定"四个自信"，做到"两个维护"，把党的领导落实到生态文明建设和环境保护各方面、各环节，充分发挥中国特色社会主义制度集中力量干大事的优越性，牢固树立"一盘棋"思想，严格落实生态环境保护"党政同责、一岗双责"和

“三管三必须”要求，把生态文明理念转变为各级各有关部门的共同意志、共同行动，坚决做到令行禁止，不断把中国政治制度优势转化为国家治理效能，开辟“中国之治”更新、更高的境界。

深刻理解和把握中国式现代化的本质要求，全面促进人与自然和谐共生。西方资本主义发达国家的现代化是通过过度开发自然资源、大规模破坏生态环境所换取的，侵占了发展中国家现代化的发展空间，在自身遭遇前所未有的大自然报复的同时，也造成严重的生态后果，中国式的现代化绝不能再走西方发达资本主义国家现代化“先污染、后治理”的老路。在新征程中，我们必须尊重自然、顺应自然、保护自然，站在人与自然和谐共生的战略高度谋划高质量发展和高水平保护的协调统一，正确处理当前与长远之间的关系，像保护眼睛一样保护生态环境，像对待生命一样对待生态环境，积极破解“先发展、后治理”“边治理、边破坏”的难题，协同推进降碳、减污、扩绿、增长，坚定不移走生产发展、生活富裕、生态良好的文明发展之路，为建设清洁美丽世界提供中国模式、中国经验。

紧紧锚定美丽中国建设的宏伟目标，持续保持加强生态环境保护建设的战略定力。按照两步走的战略安排，到本世纪中叶，中国要全面建成富强民主文明和谐美丽的社会主义现代化强国，其中，美丽中国是重要建设内容和衡量标志之一，这一使命光荣、任务艰巨，绝不是轻轻松松、敲锣打鼓就能实现的。在新征程中，我们必须坚定信心、锐意进取、守正创新、全力攻坚，持续保持加强生态环境保护建设的战略定力，不动摇、不松劲、不开口子，咬紧牙关，爬过这个坡，迈过这道坎，统筹产业结构调整、污染治理、生态保护、应对气候变化，全方位、全地域、全过程开展生态环境保护，加快构建生态经济体系、生态文化体系、生态制度体系、生态安全体系和目标责任体系，夯实各级各有关部门支撑保障能力，不断提升生态环境治理体系和治理能力现代化水平。

牢固树立“绿水青山就是金山银山”的发展理念，积极推动形成绿色低碳的生产方式和生活方式。“人不负青山，青山定不负人”，绿水青山既是自然财富、生态财富，又是社会财富、经济财富，保护生态环境就是保护自然价值和增值自然资本、保护经济社会发展潜力和后劲。在新征程中，我们必须完整、准确、全面贯彻新发展理念，牢固树立和践行“绿水青山就是金山银山”的发展理念，加快调整优化产业、能源、交通和用地结构，建立完善生态产品价值实现、绿色金融等政策措施，全面推进各类资源节约集约利用，按照“产业生态化、生态产业化”的要求大力发展先进制造业、绿色农业、现代化服务业，积极倡导推广绿色消费，广泛开展绿色创建行动，推动形成绿色低碳的生产方式和生活方式，努力实现经济社会发展和生态环境保护协同共进。

时刻铭记生态为民、生态惠民、生态利民的初心使命，深入打好蓝天、碧水、净土保卫战。环境就是民生，青山就是美丽，蓝天也是幸福，环境问题关系民生大计，生态质量凸显幸福指数。通过努力，近年来，全国生态环境质量保持稳中向好趋势，绿水青山、蓝天白云成为新常态。但成效还不稳固，稍有松懈就有可能反复。为民造福是立党为公、执政为民的本质要求，在新征程中，我们必须时刻铭记生态为民、生态惠民、生态利民的初心使命，敢于斗争、善于斗争，坚持精准、科学和依法治污，加强重点领域和重点区域源头治理、系统治理、综合治理，持续深入打好蓝天、碧水、净土保卫战，基本消除重污染天气、城市黑臭水体，切实守护“水缸子”“米袋子”“菜篮子”安全，持续改善城乡人居环境，不断满足人民群众对良好生态环境的期待。

始终坚持山水林田湖草沙一体化保护和系统治理的基本方略，不断提升生态系统多样性、稳定性、持续性。生态是统一的自然系统，是相互依存、紧密联系的有机链条。习近平总书记多次强调“山水林田湖草是生命共同体，要统筹兼顾、整体施策、多措并举，全方位、全地域、全过程开展生态文明建设”。按照生态系统的整体性、系统性及内在规律，我们必须统筹考虑自然生态各要素、山上山下、地上地下、陆地海洋以及流域上下游、左右岸，进一步优化国土空间开发格局，加快构建以国家公园为主体的自然保护地体系，积极推行草原森林河流湖泊湿地休养生息，按照“自然恢复为主、人工修复为辅”的原则，因地制宜加快实施一批重要生态系统保护和修复重大工程项目，并作为战略性、基础性投入予以重点保障，不断提升生态系统质量和稳定性。

充分展现应对气候变化全球治理的大国担当，积极稳妥推进碳达峰碳中和。地球是人类的共同家园，也是人类到目前为止唯一的家园，建设绿色家园是人类共同的梦想，保护生态环境、推动可持续发展是各国共同的责任。由于温室气体过度排放，近年来，气候危机“灰犀牛”正加速向人类走来，极端气温、极端干旱、强降雨等频繁发生。在新征程中，我们要体现大国责任担当，认真落实全球发展安全倡议，树立人类命运共同体理念，积极参与应对气候变化全球治理，立足中国资源能源禀赋，坚持先立后破，有计划分步骤实施碳达峰碳中和行动，深入推进能源革命，加快建立完善能源清洁低碳高效利用体系，以中国理念和实践引领全球气候治理新格局，同世界各国一道努力呵护好全人类共同的地球家园。

（2022 年 10 月 19 日）

充分发挥党派优势
为谱写中国式现代化湖南新篇章贡献民进力量

党的二十大庄严宣告了新时代新征程中国共产党的使命任务，深刻阐述了中国式现代化的“五个特征”、本质要求等重大理论和现实问题，确定了全面建成社会主义现代化强国总的战略安排，周密部署了未来五年的主要目标任务，这是事关党和国家事业继往开来、事关中国特色社会主义前途命运、事关中华民族伟大复兴的大政方针，是需要全社会团结奋斗、攻坚克难、坚定不移地贯彻落实的战略任务。

党的二十大报告提出的中国式现代化具有鲜明的中国特色。中国式现代化是人口规模巨大的现代化，是全体人民共同富裕的现代化，是物质文明和精神文明相协调的现代化，是人与自然和谐共生的现代化，是走和平发展道路的现代化。总体而言，中国式现代化，是道路正确、理论科学、制度优越、文化先进的现代化，是中国共产党百年探索的经验总结，是改革开放四十多年勇于创新的成果。中国式现代化超越了西方现代化的局限性，引领了社会主义发展新方向，为发展中国家走向现代化提供了新选择，为建设美好世界贡献了中国方案、中国智慧。中国式现代化的提出，充分彰显了中国特色社会主义道路自信、理论自信、制度自信和文化自信。

党的二十大报告对中国式现代化的本质要求作出科学概括，即坚持中国共产党领导，坚持中国特色社会主义，实现高质量发展，发展全过程人民民主，丰富人民精神世界，实现全体人民共同富裕，促进人与自然和谐共生，推动构建人类命运共同体，创造人类文明新形态。这一概括从领导力量、方向道路、发展方式、民主政治、精神文化、社会公平、生态文明、全球治理、文明境界等方面对推进社会主义现代化建设提出要求，是我们党对我国和世界现代化发展历史经验的深刻总结。

党的二十大报告从领导核心、发展道路、根本立场、基本动力、精神状态等方面确立了前进道路上必须牢牢把握的五个重大原则，即坚持和加强党的全面领导、坚持中国特色社会主义道路、坚持以人民为中心的发展思想、坚持深化改革开放、坚持发扬斗争精神。为我们从容应对各种风险考验，以中国式现代化全面推进中华民族伟大复兴提供了根本遵循。

新时代新征程赋予中国特色社会主义参政党新的光荣使命和重大责任，湖南民进要在履职尽责中更加奋发有为，更好地担负起中国共产党好参谋、好帮手、好同事的光荣责任，更好地担负起中国特色社会主义事业的亲历者、实践者、维护者、捍卫者的崇高使命。要坚持围绕中心、服务大局，坚持立会为公、参政为民，把各项工作放在党和国家的发展大局大势中来谋划，放在新型政党制度框架中来推进，以服务高质量发展作为履职尽责的第一要务，坚持贯彻以人民为中心的发展思想，把满足人民对美好生活的新期待作为履职尽责的着力点和落脚点，准确把握中国式现代化的本质要求、全面建设社会主义现代化国家“五个坚持”的重大原则，把握新时代发展的历史方位、基本国情和主要矛盾，把握“五位一体”总体布局和“四个全面”战略布局，坚持稳中求进工作总基调，坚持统筹发展与安全，致力于推动党的二十大决策部署的贯彻落实，聚焦全面建设社会主义现代化强国、全面推进中华民族伟大复兴的重大问题，聚焦湖南“三高四新”战略定位和使命任务的重点问题，聚焦党委和政府关注、人民群众关心、社会各界关切的难点热点问题，深入开展调查研究，提高建言献策质量。提高专题常委会议政效能，打造“民进科教创新论坛”新平台。扎实开展政党协商、政协协商、民主监督、重点考察调研、反映社情民意信息、议政建言、定点帮扶和社会服务等履职工作，坚持发扬民主和增进团结相互贯通、建言资政和凝聚共识双向发力。积极参与教育、文化和出版传媒等事业的改革发展，发挥自身特色和优势，多建睿智之言，多献务实之策，多做凝心聚力的工作，多为群众办实事，为谱写中国式现代化湖南新篇章作出新的更大的贡献。

（2022 年）

坚持山水林田湖草沙一体化保护和系统治理

继2021年“坚持山水林田湖草沙一体化保护和系统治理”被写入《中共中央关于党的百年奋斗重大成就和历史经验的决议》后，习近平总书记在党的二十大报告中再次强调，“推进美丽中国建设，坚持山水林田湖草沙一体化保护和系统治理”。

“坚持山水林田湖草沙一体化保护和系统治理”是习近平生态文明思想的重要观点，体现了马克思主义哲学的基本观点，体现了中国共产党人一贯坚持的系统观念，是马克思主义中国化时代化的理论创新。马克思主义认为，万事万物是相互联系、相互依存的。只有用普遍联系的、全面系统的、发展变化的观念观察事物，才能把握事物发展规律。习近平总书记强调，“生态是统一的自然系统，是相互依存、紧密联系的有机链条”。大自然是一个相互依存、相互影响的系统，山水林田湖草沙是不可分割的有机整体，也是决定区域发展空间和资源环境承载力的重要因素。因此，做好生态环境保护必须坚持系统思维，要按照生态系统的内在规律，统筹考虑自然生态各要素，从而达到增强生态系统循环能力、维护生态平衡的目标。

深入推进“山水林田湖草沙一体化保护和系统治理”，需要从以下三方面进一步发力：

一是要从“单一治理”转变“系统思维”，加强生态文明领域的顶层设计与整体谋划。调整优化生态系统管理思路，树立“构建人与自然生命共同体”的目标导向，完善生态文明领域统筹协调机制，统筹治山、治水、治林、治田、治湖、治草等，一体化保护形态各异、功能多样的生态系统。

二是要统筹兼顾、综合施策。对存在的突出环境问题要系统分析，统筹考虑，不能头痛医头、脚痛医脚。坚持流域、区域系统治理、综合治理，打通地上地下、岸上岸下、陆地和海洋、城市和农村，对山水林田湖草沙进行统一保护、统一修复。综合运用法律、行政、市场、科技等多种手段，多管齐下、共同发力。

三要着力扩大环境容量生态空间。生态空间是人类得以生存、发展的重要空间，是一个国家或民族永续发展的基石。加大对重要生态空间的管控力度，将过去注重增加生态系统“数量”向“数量与质量并重、质量优先”转变，强化生态空间对城乡空间结构和布局的隔离缓冲作用，坚持空间均衡的原则，统筹配置森林、湿地、水系流域、野生动物栖息地等生态空间，不断增强生态保护与修复工作的整体性、系统性和协调性，系统推动生态环境治理。

（2022 年 11 月 4 日）

夯实绿色发展根基 促进人与自然和谐共生

“人不负青山，青山定不负人”。2018 年以来，党中央继续以前所未有的力度抓生态文明建设，各级各有关部门深学笃用习近平生态文明思想，树牢“绿水青山就是金山银山”的发展理念，围绕“产业减碳、发展增绿”的要求，坚定不移走生态优先、绿色发展之路，积极促进经济社会发展全面绿色转型，加快建设人与自然和谐共生的现代化，并创造了举世瞩目的绿色发展奇迹和生态奇迹。美丽中国建设迈出重大步伐，绿色日益成为经济社会高质量发展的鲜明底色。

一是生态文明制度进一步完善，用最严密法治守护最美中国。我国将生态文明建设写入宪法，制定和修改《中华人民共和国长江保护法》《中华人民共和国黄河保护法》《中华人民共和国湿地保护法》等系列法律，覆盖各重点区域、各种类资源、各环境要素的生态文明法律法规体系基本建立。建立完善推进绿色发展的目标评价考核制度，摒弃“唯 GDP 论英雄”的发展观、政绩观，层层压实各级各有关部门责任。加快建立完善政府有力主导、企业积极参与、市场有效调节的体制机制，更好激发全社会参与绿色发展的积极性。

二是国土空间分布进一步优化，筑牢生态安全屏障。实现国土空间规划“多规合一”，着力防控化解生态风险，818 个县（市、区）纳入国家重点生态功能区统筹范围，建立各级各类自然保护地近万处，占陆地国土面积的 17% 以上。科学划定生态保护红线，保护面积占陆地国土面积比超过 30%。实施重要生态系统保护和修复重大工程，科学开展大规模国土绿化行动，2000 年以来，全球新增绿化面积中约 1/4 来自中国。

三是绿色低碳产业进一步扩大，持续深化新旧动能转换。积极调整优化产业结构，退出钢铁过剩产能达 1.5 亿吨以上，水泥过剩产能 3 亿吨，电解铝、水泥等行业的落后产能基本出清。加快发展先进制造业，2021 年，我国高技术制造业、装备制造业增加值占规模以上工业增加值比重分别达到 15.1% 和 32.4%，新能源汽车产销量连续 8 年居全球第一，“中国制造”逐步向“中国智造”转型升级。

四是绿色能源占比进一步增加，推进降碳减污协同增效。构建碳达峰、碳中和“1 + N”政策体系，稳妥有序推进能源绿色低碳转型。根据初步测算，截至 2022 年底，清洁能源消费比重升至 26.3%，煤炭消费比重降至 56.2%；可再生能源发电装机突破 12 亿千瓦，占总发电装机容量的 47.3%，其中风电、光伏年发电量首次突破 1 万亿千瓦时。2012 年以来，以年均 3% 的能源消费增速支撑了年均 6.6% 的经济增长。

五是生态环境质量进一步改善，守护最普惠的民生福祉。通过持续努力，天更蓝了，山更绿了，水更清了，人民群众环境获得感明显增强。2022 年，全国地级及以上城市优良天数比例为 86.5%，$PM_{2.5}$平均浓度 29 微克/立方米，首次降低到 30 微克/立方米以内。全国地表水优良水质断面比例为 87.9%，总体已接近发达国家水平。截至 2021 年，森林覆盖率达到 24.02%，森林蓄积量达到 194.93 亿立方。

（2023 年）

培养环境科技人才和科技创新
高校重任在肩使命如磐

湘潭大学有着光荣的办学历史，是毛泽东主席亲自倡办、亲笔题写校名，并亲切嘱托一定要办好的大学；是邓小平等领导同志亲自批准复办，复校四年即被国务院确定为全国16所综合性重点大学之一的大学；是习近平总书记寄予殷切厚望，希望扎根伟人故里，办得更好、更有特色的大学。近年来，特别是习近平总书记作出重要批示以来，学校发展进入了快车道，成功入选国家“双一流”建设高校。2023年是湘潭大学建校65周年，也是习近平总书记作出重要批示5周年，我们将按照建设“国际视野、中国气派”的“双一流”综合性大学的目标大步迈进。

环境学科是湘潭大学的传统优势学科，创建于1974年11月。湘潭大学是国内首批设立环境保护本科专业的高校之一。经过近50年的建设与发展，湘潭大学环境学科已逐步形成了“本—硕—博—博后”完整的专业人才培养体系，培养了一大批优秀人才。特别是近年来，湘潭大学坚持“科学研究、技术创新、装备研发、工程应用”一体化培养高水平环境科学研究和环境科技创新人才，对环境保护产业形成了强有力的全链条支撑，在水污染控制技术、大气污染治理技术、环境化学与监测、环境装备等领域形成了鲜明的研究特色，取得了较好成绩。湘潭大学研发的“废铅蓄电池资源循环利用技术与装备”不仅完全适应了我国废铅蓄电池资源循环行业的复杂情况，推动行业从达标排放迈向清洁生产，技术装备水平全球领先，并引领着世界行业技术装备的绿色低碳发展，国内行业占有率接近90%，世界行业占有率超过60%，为我国生态文明建设和世界铅资源循环、铅污染防治等作出了重要贡献。

第二十一届中国国际环保展览会不仅生动展示了新时代环境科技创新成果，更彰显了我国生态环境领域和环保产业发展的新方向，为参展的社会各界人士带来了一场环保领域的饕餮盛宴。高校作为国家环境科学技术人才培养的关键载体和环境科技创新的重要阵地，重任在肩，使命如磐。湘潭大学衷心希望以参加本次环保展会为契机，与生态环境保护领域各界朋友一道勠力同心、团结奋进，以习近平生态文明思想为指引，全力实施“双碳”战略，努力为我国生态文明建设和深入打好污染防治攻坚战作出更大贡献。

（2023 年）

做到四个坚持

——筑就功能完备、牢不可破的北疆绿色长城、生态安全屏障

我国是世界上荒漠化最严重的国家之一，全国荒漠化土地面积257.37万平方千米，占国土面积的26.81%。沙化土地面积168.78万平方千米，占国土面积的17.58%，荒漠化土地主要分布在三北（西北、华北、东北）地区。早在1978年，党中央就极富战略定力和历史远见地将目光锁定至2050年，擘画了一个跨度达73年的宏大工程——“三北”防护林体系建设工程。45年筚路蓝缕，通过长期、持续系统治理，全国荒漠化、沙化土地呈现出“整体好转、改善加速”的良好态势，先后涌现出塞罕坝、右玉、八步沙、柯柯牙等治沙先进典型和石光银、王有德、牛玉琴、石述柱、殷玉珍等治沙英雄。尤其是党的十八大以来，全国防沙治沙取得了显著成效，累计完成防沙治沙任务2033万公顷，53%的可治理沙化土地得到有效治理。但在中国版图上，仍存在一条西起塔里木盆地、东至松嫩平原西部的万里风沙带，全国荒漠化防治和防沙治沙工作形势依然严峻，工程建设进入到“啃硬骨头”阶段。2023年6月，习近平总书记在内蒙古考察调研时指出，筑牢全国北方重要生态安全屏障，是内蒙古必须牢记的“国之大者”；同时还强调，要锚定2050年，深耕2021—2030年，力争用10年左右时间，打一场“三北”工程攻坚战。习近平总书记的重要指示为新时代的防沙治沙工作指明了正确方向，提出了明确要求，我们必须进一步提高政治站位，切实增强防沙治沙工作的使命感和紧迫感，坚决打好打赢“三北”工程攻坚战。

第一，要坚持系统观念，扎实推进山水林田湖草沙一体化保护和系统治理。2021年“两会”期间，习近平总书记参加内蒙古代表团审议时指

出，“统筹山水林田湖草沙系统治理，这里要加一个‘沙’字。”一字之变，体现的是要从系统工程和全局角度寻求新的治理之道。一是统筹森林、草原、湿地、荒漠生态保护修复，着力培育健康稳定、功能完备的生态系统；二是强化区域联防联治，实行沙漠边缘和腹地、上风口和下风口、沙源区和路径区统筹谋划，构建点线面结合的生态防护网络；三是优化农林牧土地利用结构，留足必要的生态空间，保护好来之不易的草原、森林。

第二，要坚持重点攻坚，全力打好三大标志性战役，即黄河“几字弯”攻坚战，科尔沁、浑善达克两大沙地歼灭战，河西走廊—塔克拉玛干沙漠边缘阻击战。从“攻坚战”“歼灭战”到“阻击战”，瞄准的都是“硬骨头”和战略要点，针对的是防沙治沙工作的长期性、艰巨性和不确定性。从地图上看，拔掉这几个深黄的点，就能串联起一段段青绿的线，“三北”工程也将因此贯通，形成更加完整的北疆绿色长城、生态安全屏障。

第三，要坚持科学治沙，全面提升荒漠生态系统质量和稳定性。首先，必须牢固树立以水定绿、以水定地、以水定人、以水定产的理念，把水资源作为最大的刚性约束，大力发展节水林草。其次，应坚持“近自然恢复”的原则，要充分利用本地乡土物种，宜乔则乔、宜草则草、宜灌则灌、宜沙则沙，尽可能实现结构和功能的完整性、稳定性和可持续性。最后，加强防沙治沙技术的应用，不断提高滴灌等节水技术水平，创新“草方格”等防风固沙手段，提升植被恢复能力。

第四，要坚持国际合作，携手各国共同推进全球荒漠化治理。中国沙尘天气的境外沙尘源地主要是蒙古国、哈萨克斯坦和俄罗斯，其中，以蒙古国的影响最为突出，是影响全国沙尘天气最主要的沙尘源地之一。坚持国际合作，不仅要履行《联合国防治荒漠化公约》，积极参与全球荒漠化环境治理，还要加强同周边国家的合作，为世界贡献荒漠化治理的中国智慧和中国方案，共同应对沙尘灾害天气。

（2023 年）

以“千万工程”为思想指引
当“千万工程”坚定践行者

2003年6月，时任浙江省委书记的习近平同志审时度势、高瞻远瞩，作出了实施“千村示范、万村整治”工程（以下简称“千万工程”）的决策。习近平同志对“千万工程”的其中一个定位就是：促进人与自然和谐发展的生态工程，并且把农村作为建设生态省的重点、难点和主战场。在实施“千万工程”两年后，习近平同志在安吉余村考察时，首次提出“绿水青山就是金山银山”的重要理念。可以说，“千万工程”为习近平生态文明思想中“两山理念”形成提供了生动实践基础，“两山理念”又指导“千万工程”结出丰硕成果。经过20年的发展实践，“千万工程”的内涵外延不断深化拓展、迭代升级，造就了浙江万千美丽乡村，造福了万千农民群众，以“两山理念”为导向的生态文明战略也为世界可持续发展提供了“中国方案”。“千万工程”之所以能够取得如此巨大的成就，根源就在于中国共产党始终坚持人民至上、为民解忧，坚持生态优先、绿色发展，坚持真抓实干、久久为功。面对高等教育百舸争流的竞争形势和千帆竞逐的发展态势，作为高校管理者的我们，要深入学习运用贯通浙江“千万工程”之经验，带着情怀温度、遵循客观规律、始终坚持不懈，把推动学校高质量发展作为一项系统工程来落实。

坚持人民至上、为民解忧。习近平总书记在第十四届全国人民代表大会第一次会议上讲话时强调：“我们要始终坚持人民至上。全面建成社会主义现代化强国，人民是决定性力量。”人民是历史的创造者，是推进现代化最坚实的根基、最深厚的力量。坚持人民至上，对广大干部在新的赶考之路上完成既定任务，以中国式现代化全面推进中华民族伟大复兴，具有十分重要的现实意义和深远的历史意义。一要紧紧依靠人民。古人说：“能用众力，则无敌于天下矣；能用众智，则无畏于圣人矣。”中国特色社会主义民主是维护人民根本利益最广泛、最真实、最管用的民主，我们要坚持人民民主，更好地把人民的智慧和力量凝聚到人民事业中来。二要不断造福人民。推动经济社会发展，归根到底是为了不断满足人民群众对美好生活的需要。要把为民造福作为最重要的政绩，领导干部要清醒认识到，自己手中的权力、所处的岗位，是党和人民赋予的，是为党和人民做事用的，只能用来为民谋利。三要牢牢植根人民。世界正经历百年未有之大变局，中国正处于实现中华民族伟大复兴的关键时期，越是艰难险阻，越是风高浪急，就越要牢牢植根于人民之中，真正同人民站在一起、想在一起、干在一起，唯有如此，才能“任凭风浪起，稳坐钓鱼船”。坚持以人民为中心的发展思想，不是一句空洞口号，必须落实到各项决策部署和实际工作之中。作为一名高校领导干部和教育工作者，更要学深悟透“人民至上”中所蕴含的为民解忧情怀，服务师生办好实事，深入开展调查研究，用心用情解决师生群众急难愁盼的问题，比如学生宿舍严重不足、校内环境有待提升、周边配套亟待完善、加快推进长株潭一体化进程等，让赶考答卷更有厚度、发展实绩更有温度，不断增强师生群众的获得感、幸福感、安全感。

坚持生态优先、绿色发展。目前，中国生态文明建设进入以降碳为重点战略方向、减污降碳协同增效、促进经济社会发展全面绿色转型的新时期。全面绿色转型要求全社会共同推动绿色发展，绿色是高质量发展的基础底色和中国式现代化的时代特色。必须保持生态文明建设战略定力，从党的十八大报告到二十大报告，从《习近平谈治国理政》的重要论述到《习近平关于社会主义生态文明建设的重要论述摘编》，都强调了“生态文明建设是关系中华民族永续发展的根本大计”这一战略定力，指明了新时代生态文明建设的战略方向要坚决杜绝以牺牲资源环境为代价换取一时的经济增长。生态优先绿色发展新路，是一条适应新形势、顺应新要求的经济转型之路。必须坚持贯彻新发展理念的战略方向，确立生态优先发展的方针，坚持绿水青山就是金山银山，加快构建新发展格局，统筹好经济发展和生态环境保护建设的关系，探索以生态优先、绿色发展为导向的高质量新路子，推进经济社会发展全面绿色转型。必须加快建设资源节约、环境友好的绿色发展体系，建设绿色科技创新体系，完善资源节约和循环利用体系，大力推进资源节约和循环发展，加快推动生活方式的绿色革命。必须保持好污染防治攻坚战的战略定力，积极推进美丽中国建设实践，扎实推动绿色低碳高质量发展，扎实推进蓝天保卫战、碧水保卫战、净土保卫战，加强固体废物和新污染物治理，深入推进“无废城市”高质量建设，切实维护生态环境安全，加快健全现代环境治理体系。高等教育同样要保持“推动学校高质量发展”的战略定力，坚持“国际视野、中国气派”的战略方向，坚守“学术湘大、实力湘大、活力湘大、至善湘大、美丽湘大、平安湘大”的战略执行。

坚持真抓实干、久久为功。新时代画卷锦绣壮丽，新征程篇章气势恢宏。全面建设社会主义现代化国家，是一项伟大而艰巨的事业，前途光明，任重道远，绝不是轻轻松松、敲锣打鼓就能干成的，必须准备付出更为艰巨、更为艰苦的努力，以奋斗姿态、实干状态走好新的赶考之路。一要勇于担当作为。干事担事是广大干部的职责所在、价值所在。面对改革中的深层次难题，就要知难而进，有逢山开路、遇河架桥的精神，积极寻找克服困难的具体对策，决不能被困难所吓倒。面对工作中的具体矛盾，就要勇于担当负责，有明知山有虎、偏向虎山行的劲头，努力找到化解矛盾的具体办法，绝不能在挑战面前缴械。二要发扬斗争精神。新征程上，我们面临的风险考验只会越来越复杂，甚至会遇到难以想象的惊涛骇浪，要自觉加强斗争精神和养成斗争本领，在斗争中学会斗争，在斗争中成长提高，努力成为敢于斗争、善于斗争的勇士。要坚定斗争意志，不屈不挠、一往无前。善斗争、会斗争，提升见微知著的能力，透过现象看本质，准确识变、科学应变、主动求变。三要树立正确的政绩观。以为民造福为最大的政绩，树立“功成不必在我”的思想境界，胸怀“功成必定有我”的历史担当，不慕虚荣、不务虚功、不图虚名，多做打基础、利长远的实事，多干前人栽树后人乘凉的好事，多谋解决问题的实招硬招，发扬钉钉子精神，滴水穿石、久久为功，创造经得起时间、历史、人民检验的政绩。2023 年恰逢毛泽东同志诞辰 130 周年、毛泽东同志亲笔题写校名暨建校 65 周年、习近平总书记对学校作出重要批示 5 周年，我们更要深入学习“千万工程”经验，深刻领悟“千万工程”理念和方法，争当“千万工程”忠实践行者，按照学校既定目标，强化使命担当，坚持一张蓝图绘到底，推动学校改革创新和高质量发展，努力把学校办得更好、更有特色。

（2023 年）

加强环境科普 助力打通生态环境法治宣传“最后一公里”

党的十八大以来，生态环境领域法治建设进入“快车道”，取得了前所未有的成就。生态文明写入了党章和宪法，覆盖水、大气、土壤、固体废物、噪声污染防治以及长江、湿地保护等领域的25部生态环境相关法律得到了制定修订，中共中央、国务院还出台了《关于加快推进生态文明建设的意见》《生态文明体制改革总体方案》等文件，建立了一系列创新性制度，生态文明“四梁八柱”性质的制度体系基本形成。习近平总书记在中共中央政治局第三次集体学习时强调“要加强国家科普能力建设”，党的二十大报告也将科普作为提高全社会文明程度的重要举措。这一系列重要论述为新时期助推生态环境法治宣传提供了新思路。

加强环境科普是打通生态环境法治宣传“最后一公里”的关键一招。作为全国政协委员、湖南省政协副主席，我一直聚焦人民群众最关心的环境保护问题并建言献策，提交了数十件提案，不少提案建议都得到了采纳和落实。例如，全国政协十三届五次会议期间，我提交了“关于在长江流域省市区禁止含磷洗涤用品销售的提案”，得到了各界的广泛关注和讨论。长江流域有关省份也加强了地方立法和政策制定，如湖南、江西均出台或制定相关政策，将洞庭湖、鄱阳湖等重要水体汇水范围划作含磷洗涤用品禁售、禁用区域。然而，一切法律、政策的实施都离不开有效宣传，禁止含磷洗涤用品销售是如此，完善生态环境公益诉讼、落实生态补偿和生态环境损害赔偿等制度同样如此。通过采取环境科普等群众喜闻乐见的宣传方式，才能使生态环境法律、法规更好为群众所接受、所掌握，真正落地生根、开花结果。

积极推进环境科普，激发公众参与生态环境法治宣传活力。在任湖南省生态环境厅副厅长时，我坚持科普工作线上、线下两手抓。线上在湖南省生态环境厅官网设立“绿色环保知识”科普专栏，湖南省生态环境厅官微设立了“一图读懂”“保护动植物”“环保小故事”等专栏，通过图文并茂的形式积极组织环保宣贯，紧跟工作动态，实时宣传环保法律法规、政策、制度，围绕“臭氧”“挥发性有机物（VOCs）”“双碳”“辐射”等群众关注的热点环境问题精准科普；线下联合省科技厅印发了《湖南省省级生态环境科普基地管理办法》，评选出省级环境科普基地 20 家，推动创建国家生态环境科普基地，并依托环境科普基地、环境教育基地等，开展环保设施开放活动，讲解生态环境知识，组织环境科普进校园、进社区等活动，增强公众的参与感、实践感。

高校应该成为环境科普助推生态环境法治宣传的主力军。作为湘潭大学校长，我还认为，中国的高校是科学思想传播的“黑土地”，是社会文明进步的“领路人”。北京大学早在 1919 年就成为中国最早传播马克思主义和民主科学思想的发祥地。截至 2022 年，全国已有高校 3013 所，接受各类高等教育的在校生 4655 万人。高校拥有独特的资源禀赋、人才储备和科技支撑能力，抓住高校这个“关键少数”开展环境科普，能够在广大青年群体中凝聚共识，有效助推生态环境法治宣传，为生态文明建设添砖加瓦。

（2023 年）

做好两种思想结合 讲好中国环保故事

2018年全国生态环境保护大会正式确立了习近平生态文明思想，其核心内容之一就是提出以生态文化建设为基础的生态文明“五大体系建设”，生态环境文化一直是生态文明建设中十分重要的内容。实际上，一种文明形态确实需要一批经典巨著作为标志与支撑，就像60年前《寂静的春天》开创了全球绿色浪潮，中国生态文明建设的伟大实践也是如此。

近年来，我们坚持以习近平生态文明思想为指引，坚持绿水青山就是金山银山的理念，坚持山水林田湖草沙一体化保护和系统治理，全方位、全地域、全过程加强生态环境保护，生态文明制度体系更加健全，污染防治攻坚向纵深推进，绿色、循环、低碳发展迈出坚实步伐，生态环境保护发生历史性、转折性、全局性变化，我们的祖国天更蓝、山更绿、水更清。与此同时，我们通过加强思想文化宣传工作，创新宣传与文化普及的方式，积极开展适应融媒体时代的新闻宣传，繁荣文学、戏剧、电影等多种形式的文艺创作，甚至催生了生态文学的产生，讲述了中国生态环保的动人故事。人民群众生态环保意识普遍提高，全球对中国生态文明建设成就有了更加深刻的了解。

但是整体而言，世界各国对构建人与自然和谐关系的中国智慧和中国方案还缺乏全面、真实的认知，西方主流社会对中国生态文明建设的认知还停留在四十年前。究其原因，我们还没有奉献出跟中国生态文明建设巨大成就相媲美的著作，而那些博得一时眼球的新闻和新媒体作品，由于缺乏深度和感染力，难以达到影响持久而深远的效果。回顾世界环保史，《日本环保行政亲历记》反映了解决水俣病等环境公害的历史，《大雾霾：中世纪以来的伦敦空气污染史》讲述了伦敦烟雾事件背景下英国政府和社会公众积极应对空气污染的措施。这些作品对人类检视自身行为、推动文明养成发挥了正面作用。

中国生态文明建设的广度、深度和成效都绝非世界其他各国可比，理应创作出记录这一伟大历史进程的文化佳作，于国内民众来说，可以提升国民生态文明素养，树立国民生态价值观念，在全社会营造崇尚自然、尊重自然、顺应自然的良好氛围，提高全社会文明程度，启迪人、引导人、教育人，坚持生态优先、绿色发展，构建人与自然和谐共生的现代化。于国外来讲，可以增强中华文明的传播力、影响力，讲好生态文明建设的中国经验、中国方案和中国智慧，增强中华民族的文化自信与道路自信，推动构建人类命运共同体，建设清洁美丽世界，携手共同解决人类面临的气候问题和生态困境。

如果在中国这个全球有史以来最大的生态文明实践地、创新处，不能形成一些标识性的经典文化作品，流传于历史，影响着世界，那么这样的文明成果，其实是打折扣的，其文化影响是有限度的。全国宣传思想文化工作会议正式确立了习近平文化思想，新时期的思想文化工作必须要有新气象、新作为。我们以生态文学为例，因为文学是一切艺术中最基础、最持久、最深沉的力量，中国文化之美正是由《诗经》、唐诗宋词和《红楼梦》等文学经典来展现和传承的。生态环境部与中国作家协会联手，组织召开生态文学论坛，联合印发《关于促进新时代生态文学繁荣发展的指导意见》，发布首批生态文学推荐书目，其他机关单位也组织了优秀生态文学作品创作活动。但是我们的主流作家还是习惯于山川日月、花木鸟兽的书写，有的作品还是围绕作者个人的小情绪，他们的写作很大程度上远离了生态文明建设一线，尤其是污染防治攻坚战这个主战场，反映和记录新时代生态文明伟大实践的优秀作品并没有大量涌现。以中央环保督察、三大保卫战、母亲河保护、生物多样性保护、海洋保护为题材的优秀生态文学作品还难觅其踪，中国生态文明建设火热的实践和丰硕的成果，在主流作家作品中还没有得到充分的投射，目前，生态文学未能在生态文明建设中，很好地承担起举旗帜、聚民心、育新人、兴文化、展形象的使命任务。这种文学现象与坚持以人民为中心的写作要求相比，与习近平文化思想的要求相比，都存在较大差距。中国生态文化和生态文学的这种写作现状与国人弱于逻辑思维、科学意识薄弱有关，老旧落后的生产工艺如何转化为低碳环保的自动化生产线，滚滚浓烟如何变幻为万里蓝天，肆意排放的污水如何化作一鸿清水，对于长于形象思维、弱于逻辑思维的作家而言都是一次严峻的挑战。作家们写惯了山川日月、花木鸟兽，因此，必须改变原来的写作习惯，把作品写在祖国大地上、火热实践中。

生态文明建设的伟大社会实践，迫切需要诞生一批更有深度、更有广度、更加震撼人心的生态文化作品。为此，需要进一步深化思想认识，坚持以习近平生态文明思想和文化思想为指引，做好两个思想的结合，讲好中国环保故事，加快美丽中国建设。

（2023 年）

全面推进美丽中国建设的新号角已经吹响

习近平总书记在2023年全国生态环境保护大会上，系统部署了全面推进美丽中国建设的战略任务和重大举措，强调“把建设美丽中国摆在强国建设、民族复兴的突出位置”。11月7日，中央全面深化改革委员会第三次会议召开，审议通过了《关于全面推进美丽中国建设的意见》《关于加强生态环境分区管控的指导意见》等文件，吹响了全面推进美丽中国建设的新号角。

党的十八大以来，以习近平同志为核心的党中央加强党对生态文明建设的全面领导，把生态文明建设摆在全局工作的突出位置，作为“国之大者”，作出一系列重大战略部署。在“五位一体”总体布局中，生态文明建设是其中一位；在新时代坚持和发展中国特色社会主义的基本方略中，坚持人与自然和谐共生是其中一条；在新发展理念中，绿色是其中一项；在三大攻坚战中，污染防治是其中一战；在到本世纪中叶建成社会主义现代化强国目标中，美丽中国是其中一个。这充分体现了党中央对生态文明建设的高度重视，明确了生态文明建设在党和国家事业发展全局中的重要地位。习近平总书记亲自谋划、亲自推动，不断推进生态文明建设的理论和实践创新，形成了习近平生态文明思想。以前所未有的力度推动生态文明建设，污染防治攻坚战阶段性目标任务圆满完成，美丽中国建设迈出重大步伐，我国生态环境保护发生历史性、转折性、全局性变化，祖国天更蓝、地更绿、水更清，万里河山更加多姿多彩。

但是我国生态环境保护结构性、根源性、趋势性压力尚未根本缓解，资源环境压力仍处于高位，生态环境质量稳中向好的基础还不牢固。今后5年是美丽中国建设的重要时期，必须保持加强生态文明建设的战略定力，持续深入打好污染防治攻坚战，持续改善生态环境质量，全面推进美丽中国建设。

要深入贯彻习近平生态文明思想。习近平生态文明思想是习近平新时代中国特色社会主义思想中的重要组成部分，是社会主义生态文明建设理论创新、实践创新成果的集合体，深刻揭示了人与自然和谐共生的内在规律和本质要求。要深刻理解与把握习近平生态文明思想，努力建设人与自然和谐共生的美丽中国。要加强党对生态文明建设的全面领导，主动担负起生态文明建设的政治责任，认真落实“党政同责、一岗双责”“三管三必须”。要将生态文明建设摆在全局工作的突出位置，保持战略定力，加快推进经济社会发展全面绿色转型，推动减污降碳协同增效。要加强生态文化建设，大力宣传“生态兴则文明兴，生态衰则文明衰”“人不负青山，青山定不负人”“绿水青山就是金山银山”等理念，把深入贯彻习近平生态文明思想、建设美丽中国转化为全体人民的自觉行动。

要协同推进高质量发展和高水平保护。以高水平保护促进高质量发展，以高品质生态环境支撑高质量发展。处理好高质量发展和高水平保护的关系，自觉把经济活动、人的行为限制在自然资源和生态环境能够承受的限度内，在绿色低碳转型中推动发展，实现质的有效提升和量的合理增长。顺应人民群众对美好生活的向往，努力提供更多优质生态产品，让人民群众在绿水青山中共享自然之美、生命之美、生活之美。

要加强生态环境分区管控。进一步完善问题导向、精准管控、全域覆盖的生态环境分区管控体系，把生态保护红线、环境质量底线、资源利用上线等生态环境“硬约束”，落实到生态环境管控单元。将生态环境分区管控与主体功能区战略、国土空间规划等相衔接，使生产空间、生活空间、生态空间更加明确。强化生态环境分区管控在政策制定、环境准入、执法监管等领域应用和监督管理，不断提高生态环境精准、科学、依法治理水平。

要持续深入推进污染防治攻坚。以更高标准打好蓝天、碧水、净土保卫战，增强系统观念，将环境污染治理与生态保护修复结合起来，保护生物多样性，维护国家生态安全。加强山水林田湖草沙一体化保护和系统治理，构建从山顶到海洋的保护治理大格局，强化水资源、水环境、水生态

“三水统筹”，大力推进“美丽河湖”“美丽海湾”建设，持续改善生态环境质量。把绿色低碳发展作为解决生态环境问题的根本之策，积极稳妥推进碳达峰、碳中和，促进社会经济全面绿色低碳转型。

要着力抓好生态文明制度建设。打好法治、市场、科技、政策“组合拳”，持续完善生态环境领域法制、体制、机制和规制，不断完善相关标准和规划。继续发挥生态环境保护督察利剑作用，积极推进第三轮督察工作。实施最严格的地上地下、陆海统筹、区域联动的生态环境治理制度。推动局部和全局相协调、治标和治本相贯通、当前和长远相结合。加强促进绿色低碳发展的制度建设，完善支持绿色发展的财税、金融、投资、价格政策和标准体系。

2023 年，生态文明建设站在新起点，建设美丽中国踏上新征程。中央全面深化改革委员会第三次会议对全面推进美丽中国建设进行了全面部署，吹响了全面推进美丽中国建设的新号角。我们要以此为契机，以“时时放心不下”的责任心、“如芒在背”的紧迫感、挺膺担当的精气神，坚持不懈、奋发有为，全面建设青山常在、绿水长流、空气常新的美丽中国。

（2023 年）

关于加快实施“四化两型”战略的思考

在中共湖南省委“三问”建言献策活动中，就加快湖南省“四化两型”战略实施我做了一些思考，提出如下建议：

一、树立一个目标

科学发展排头兵是一个宏伟的目标，但湖南有一定的条件和优势，经过努力是完全可以实现的。首先，符合国家的总体战略布置。中部崛起战略和长株潭“两型社会”建设既为湖南科学发展带来了动力和机遇，也对湖南提出了任务和要求；其次，湖南具有现实和后发优势。我国经济正在从依靠投资和出口拉动转到以内需主导的思路上来，经济发展方式加速转变，产业加快转移。湖南的资源、区位、交通、人口等方面的优势将有利于扩大内需、承接产业转移。湖南工程机械、电动机车、新能源、环保产业、文化旅游产业等与东部省份站在了同一条起跑线上，有率先发展的势头。湖南森林覆盖率达57%，位居全国前列，良好的生态环境既是一种竞争优势，也是一笔财富。

二、突出两个重点

“四化两型”战略是一个系统工程，任务繁多，在整体推进“四化两型”的同时，应注意抓住重点和难点，“两型”引领、“两新”主导，实现重点突破。一是突出“两新”。新型工业化，要不断推动传统产业优化升级，实现传统产业的规模化、高端化、品牌化和“两型化”，着力培育战略性新兴产业，调整优化实行内涵式发展，着力发展低碳、生态、循环经济，优化产业、企业、产品结构和区域布局。新型城镇化，要树立综合效益、以人为本、城乡一体化、可持续发展和交通优先的理念，以生态化城市群为主要载体推动城镇化，加强区域中心城市建设，加快县域城镇体系建设，突出城市定位、综合交通、生态宜居、低碳环保等重点。二是突出“两型社会”建设。通过健全完善法规政策标准、严格项目准入、大力加强节能环保、积极开展生态文明创建，积极探索代价小、效益好、排放低、可持续的环境发展之路。

三、拉长三条短腿

要统筹兼顾、协调发展。一是拉长市场化短腿。2010年末，湖南省私营企业户数只占全国的2.2%。要营造市场化浓厚氛围，培育壮大市场主体，放宽市场准入限制，深化国有企业改革，加快要素市场改革，切实转变政府职能，加强市场法制建设。二是拉长国际化短腿。湖南2009年的外贸依存度仅5.4%，外资依存度为4.08%，必须扩大对外开放、加大招商引资力度，积极承接沿海产业转移，加快发展服务外包，大力发展对外贸易，积极主动“走出去”。三是拉长服务业短腿。2010年湖南第三产业比重为39.7%，比全国平均水平低2.9个百分点，县域“十一五”期间第三产业比重不升反降。必须大力调整三次产业结构，把推动服务业的大发展作为产业结构优化升级的战略重点，不断提升服务业的比重和水平。

四、破解四大难题

一是破解资金难题。尽力争取国家支持和外来投资，不断扩大直接和间接融资，努力启动民间投资。二是破解技术难题。要寻求在一些重点关键领域核心技术和共性技术的突破，要积极引进国内外先进技术，要大力推动技术与资本的融合。三是破解能源难题。湖南能源对外依存度高达47%，必须严格耗能项目准入，调整优化产业结构，大力发展清洁能源，大力推进节能增效，加强区域能源合作。四是破解有色金属产业可持续发展难题。有色金属产业既是湖南最大的优势，也是湖南最大的隐患，必须采用最为严格的项目准入和最大力度的治污措施调整和优化产业结构，提升产业集中度和区域聚集度，实行排污总量控制和削减的目标责任制。

五、抓住五个环节

一是形成统一认识。增强加快“四化两型”的责任感、使命感、紧迫感。二是做好顶层设计。编制既覆盖全省又突出重点的顶层规划设计，设计中应有国际视野和整体性，比如美国旧金山湾区和我国山东的发展模式值得湖南省学习借鉴。三是实现整体联动。各级各部门要协调配合，共同推进。四是创新体制机制。深化行政管理体制改革，创新行政管理方式方法，建立相关激励约束机制。五是强化目标责任。制定标准指标体系，实行目标责任制，发挥考核和用人对“四化两型”的促进作用。

（2011 年 10 月）

青年要在中国式现代化建设中挺膺担当

广大青年是中国式现代化建设的主力军。习近平总书记在同团中央新一届领导班子成员集体谈话时强调，切实肩负起新时代新征程党赋予的使命任务，充分激发广大青年在中国式现代化建设中挺膺担当。在庆祝中国共产主义青年团成立100周年大会上，习近平总书记勉励新时代的广大共青团员，做理想远大、信念坚定的模范，做刻苦学习、锐意创新的模范，做敢于斗争、善于斗争的模范，做艰苦奋斗、无私奉献的模范，做崇德向善、严守纪律的模范。

在中国式现代化建设中挺膺担当，广大青年要做到理想远大、信念坚定。青年理想远大、信念坚定，是一个国家、一个民族无坚不摧的前进动力。政治上的坚定源于理论上的清醒。新时代中国青年要带头学习马克思主义理论，从内心深处厚植对中国共产党的信赖、对中国特色社会主义的信心、对马克思主义的信仰。与时代同向，与祖国同行，是当代中国青年的正确方向。新时代中国青年要自觉听从党和人民召唤，在中国式现代化建设中挺膺担当，让青春在祖国和人民最需要的地方绽放绚丽之花。

在中国式现代化建设中挺膺担当，广大青年要做到刻苦学习、锐意创新。广大青年的素质和本领直接影响着实现中国梦的进程，直接影响着中国式现代化建设的成果。刻苦学习、锐意创新，是广大青年改变自身命运、实现人生理想的根本途径，也是广大青年成长成才的努力方向。让勤奋学习成为青春远航的动力，让增长本领成为青春搏击的能量，广大青年才能当好伟大理想的追梦人、伟大事业的生力军。不断学习、不断实践、不断创新，厚积知识、丰富学识、增长见识，当代青年一定能用青春的能动力和创造力激荡起中国式现代化建设的澎湃春潮。

在中国式现代化建设中挺膺担当，广大青年要做到敢于斗争、善于斗争。新时代中国青年的斗争精神，就体现在与困难角力、与阻力对垒，战风斗雨、闯关夺隘，克服不利条件去争取胜利，把“不可能”变成“一定能”。我们从斗争实践中懂得，社会进步、民族复兴、人民幸福，必须依靠自己的英勇奋斗来实现，幸福不会从天而降，梦想不会自动成真。广大青年要保持初生牛犊不怕虎、越是艰险越向前的刚健勇毅，面对困难挫折撑得住，关键时刻顶得住，风险挑战扛得住，才能在中国式现代化建设中当好开路先锋、事业闯将。

在中国式现代化建设中挺膺担当，广大青年要做到艰苦奋斗、无私奉献。青春需要在艰苦奋斗中不断磨砺，青年需要在艰苦奋斗中历练本领。选择扎根条件艰苦的基层、国家建设的一线、项目攻关的前沿，在急、难、险、重的岗位中受锻炼、增才干。广大青年要胸怀“国之大者”，担当使命任务，新时代广大青年唯有用脚步丈量祖国大地，用眼睛发现中国精神，用耳朵倾听人民呼声，用内心感应时代脉搏，把对祖国血浓于水、与人民同呼吸共命运的情感贯穿学业全过程、融汇在事业追求中，才能在中国式现代化建设中当好追梦人、做好生力军。

在中国式现代化建设中挺膺担当，广大青年要做到崇德向善、严守纪律。青年处在价值观形成和确立的时期，抓好这一时期的价值观养成十分重要。广大青年须加强品德锤炼，自觉树立和践行社会主义核心价值观，努力成长为堪当民族复兴重任的时代新人。道不可坐论，德不能空谈。崇尚对党忠诚的大德，才能筑牢理想信念、认清大是大非；崇尚造福人民的公德，才能以人民为中心、以天下为己任；崇尚严于律己的品德，才能清清白白做人、干干净净做事。以大德铸魂、公德善心、品德润身，就能在中国式现代化建设中激发出更多向上向善的力量。

中国式现代化建设是一场接力赛，需要全体中华儿女，尤其是广大青年共同努力，一棒接着一棒跑。新时代的广大青年，生逢其时、重任在肩，施展才干的舞台无比广阔，实现梦想的前景无比光明。广大青年要深刻领会习近平总书记提出的“五个模范”的要求，在中国式现代化建设中挺膺担当，在建设中国特色社会主义事业中实现自我。

（2023 年，刊载于《人民政协报》）

后　记

今年 2 月，组织安排我到湘潭大学任校长。光阴似箭，时光如梭。一晃我在湖南省生态环境厅领导岗位上已经工作了整整 15 年。其间，全国生态文明建设和生态环境保护发生历史性、转折性、全局性变化。在任初期，正是我国环境污染最为严重的时期。以湖南省为例，湘江重金属污染十分严重，饮用水不达标十分普遍，洞庭湖水环境质量恶化为Ⅴ类，酸雨十分突出，农村环境问题整治、土壤污染防治尚未纳入议事日程……在习近平生态文明思想的坚定指引下，在湖南省委、省政府的坚强领导下，我与几任班子的领导一起，负重前行、攻坚克难，有力有序有效纵深推进了湘江保护与治理省“一号重点工程”三个三年行动计划、洞庭湖水环境综合整治、污染防治攻坚战“夏季攻势”、涉铊专项整治、大气污染防治行动计划、长株潭大气污染防治联防联控、土壤环境质量普查及详查、重点区域土壤修复治理、农村环境综合整治、生态示范区创建、自然保护区整治保护、监测执法能力建设、“三线一单”划定、排污许可证发放试点、环境信用评价试点等行动计划、攻坚战役、重点工作和改革创新，推动湖南天更蓝、水更清、地更净。其中，2022 年，湖南省国考断面水质优良率达到 98.6%，位居全国第 4；长江干流湖南段及湘资沅澧四水干流水质连续 3 年达到或优于Ⅱ类；洞庭湖湖体总磷浓度下降为 0.06 毫克/升，西洞庭湖连续 2 年达到Ⅲ类，南洞庭湖突破性达到Ⅲ类；永州、张家界等四个城市水环境质量排名全国地级城市前 30 位，数量和排位均创历年最佳；地级以上城市集中式饮用水水源水质达标率 100%……作为全国生态环境保护战线的一员“老兵”，15 年来我全程参与，亲眼见证，深感成效很大、成果丰硕，我深感荣幸、荣耀。

在离开湖南省生态环境厅之时，我将在生态环境部门工作期间的一些文稿进行整理，算是对我15年工作的一个总结。有些帮助整理文稿的同志在看到文稿后，认为很受启发，他们建议将文稿结集出版，对湖南省乃至全国的生态文明建设和污染防治攻坚战提供一些指导和参考。刚开始我也未太引起重视，但到学校工作一段时间后，我感觉到作为“双一流”大学校长，无论是抓学校的改革，还是抓学校的发展，具有一定的学术素养是十分重要的。与此同时，今年我也牵头申报了湖南省生态环境厅“湖南省生态环境保护工作的发展历程及展望”重点科技项目课题，最终中标，课题申报时也提出将我15年来围绕生态文明建设撰写的文稿作为课题成果之一。于是我对这些文稿进行了一些分析和总结，觉得具有以下几个特点：一是时代性。文稿反映了15年多来我国生态文明建设发展的伟大历程。我是2008年元月从郴州市人民政府领导岗位上调任湖南省环境保护局（2009年升格为湖南省环境保护厅，2018年组建湖南省生态环境厅）工作的，我在湖南省生态环境部门领导岗位任职的15年，正是我国生态文明建设发生历史性、根本性、转折性变化的15年。2007年10月，党的十七大第一次明确提出建设生态文明的要求。2012年11月，党的十八大把生态文明建设纳入“五位一体”总体布局，将生态文明建设写入党章并作出阐述。2018年3月，十三届全国人大一次会议表决通过宪法修正案，把贯彻新发展理念、生态文明和建设美丽中国的要求写入宪法。2018年5月，党中央召开全国生态环境保护大会，正式确立习近平生态文明思想。2023年6月28日，十四届全国人大常委会第三次会议决定，将8月15日设立为全国生态日。我全程见证和参与了这一伟大历程，这些文稿，也真实记录了我国生态文明建设的伟大历程。二是全面性。我在湖南省生态环境部门工作期间，先后分管过自然生态，农村环境整治，环境监测，执法监察，大气、水、土壤、噪声、核与辐射环境管理，环境影响评价与排污许可，政务服务，科技与财务，环境信用评价，环保产业等业务工作，基本覆盖了生态环境的所有业务领域。同时，我从2008年3月起，先后任第十一届、第十二届全国政协委员、第十三届全国政协常委、第十四届全国政协委员，在全国政协这个平台上积极履职，提交的提案、信息总量分别超百件，被誉为“绿色提案大户”“环保代言人”，我还多次在全国政协大会、

常委会上发言，参加了全国政协组织的赴山东、海南、江西、四川、山东、湖北、宁夏、青海、浙江、河南、内蒙古等地的调研活动。这些文稿，从不同角度阐释了生态文明建设的理论和实践问题，能够比较完整地呈现我国生态文明建设的历史演进及其重大意义。三是学术性。我到湘潭大学任职后，充分利用综合性大学的学科集群优势和湘潭大学环境与资源学院的人才优势，针对生态文明建设领域的重点、难点和热点问题，组织开展了一些课题研究，形成了一些学术成果。这些文稿，瞄准理论前沿，回应现实需求，着力推动习近平生态文明思想的学理化阐释、学术化表达、系统化构建、大众化传播和实践性转化，力求为加快建设人与自然和谐共生的美丽中国贡献湘大智慧。如果这些文稿能够出版，无论是对我个人的学术研究，还是对我们学校的学科发展，都将有一定的帮助，也是给湘潭大学建校 65 周年献上的一份薄礼。

基于以上考虑，半年多的时间里，我对 230 多万字的文稿进行了系统的整理和编辑，形成了理论篇、调研篇、实践篇、建言篇、感悟篇等 5 辑书稿。其中，理论篇、调研篇、感悟篇等 3 辑书稿基本按照时间顺序排列，只有理论篇把习近平生态文明思想的学习和研究文稿集中放在了前面；实践篇、建言篇等 2 辑书稿先按守护一江碧水、污染防治攻坚、美丽乡村建设、自然生态保护、环境监测执法监察、深化改革创新等模块进行分类，每个模块再大致按时间顺序排列。

为了使书稿更加全面和系统，我另外收集了几篇其他方面的文稿：一是在理论篇的最后，收录了三篇文稿，一篇是《全面推进美丽中国建设的新号角已经吹响》，这是针对刚刚召开的中央全面深化改革委员会第三次会议审议通过的《关于全面推进美丽中国建设的意见》文件撰写的一篇述评，也算是对我从事生态环保工作实践和研究的阶段性总结；另一篇是《关于加快实施“四化两型”的战略思考》，这是我对湖南省一个时期经济社会发展的整体思考，还有一篇是《青年要在中国式现代化建设中挺膺担当》，这是我在任湘潭大学校长后对青年的一些希望；二是在实践篇的最后，收录了湖南省生态环境厅发布的《湖南省 2016 年生态环境保护工作年度报告》，这是对一个省域年度生态环保工作的综合系统反映；三是在调研篇中，收录了《攸县城乡环境同治、创新社会管理的经验和做法值得

推广》，这是湖南省人大环资委牵头，我参与调研后形成的综合调研报告，得到了中央、湖南省多位领导肯定性批示，在湖南省乃至全国形成了较大的影响，对全国农村环境综合整治产生过重要推动作用。四是在感悟篇以附录形式收录了一些媒体采访或报道的文章，这是为了便于读者更深入地了解关于某些方面问题我的一些思想和观点，还有几篇是媒体对我个人成长和履职的采访报道，也是为了读者能比较全面地了解我的成长历程。在感悟篇的最后，还收录了两篇文稿，一篇是《绿水青山常在 深情厚谊永存》，这是我离开湖南省生态环境厅时写的一篇离别感言，既是对15年来一起共同团结奋斗的环保“铁军”的依依不舍，也是对15年来工作的一个小结。另一篇是我在湘潭大学2023届学生毕业典礼上的一篇讲话，《人生不是百米跑，而是一场马拉松》，这是这些年我人生的一些感悟，也标志着我新岗位、新生活的开始。

本书的出版得到了组织、领导、专家和朋友们的关心和大力支持。首先，我要感谢组织多年的关心和培养，感谢组织给予我研究实践的舞台和平台。其次，我要感谢中国工程院院士、中南大学副校长柴立元，中国美术家协会副主席、中国美术馆馆长吴为山，在百忙之中柴立元院士拨冗为本书作序，吴为山副主席亲自为本书题写书名。此外，我还要感谢为本书出版付出辛勤劳动的同志们、同事们。彭晓成同志对文稿进行了初步整理，汪理科同志进行了初次审阅，刘锦军同志进行了整体编排和多次审阅，申永丰同志多次参与研讨，湘潭大学出版社牛敬丹、唐剑君、张蔚、廖文婷、王晓园、贺佳、肖迪等同志和环境与资源学院研究生向璐瑶、叶陈若等同学进行了认真编辑和反复校对，在此一并表示衷心的感谢！

潘碧灵

2023年9月10日，于湘潭大学建校65周年之际